BAUSTOFFKENNTNIS

BAUSTOFFKENNTNIS

Begründet 1957 von Dipl.-Ing. Wilhelm Scholz,
fortgeführt von Prof. Dr.-Ing. Harald Knoblauch bis zu 12. Auflage,
fortgeführt von Prof. Dipl.-Ing. Wolfram Hiese bis zur 16. Auflage,

neu herausgegeben ab der 17. Auflage von

Prof. Dipl.-Ing. Rolf Möhring

Bearbeitet von

**Ass. Prof. Dipl.-Ing. Dr. techn. Heinrich Bruckner/Wien
Prof. Dr.-Ing. Imke Engelhardt/München
Prof. Dipl.-Holzw. Rainer Grohmann/Rosenheim
Prof. Dr.-Ing. Wolf-Rüdiger Metje/Holzminden
Prof. Dipl.-Ing. Rolf Möhring/Holzminden
Prof. Dipl.-Ing. Wolfgang Pützschler/Minden
Prof. Dr.-Ing. Norbert Rogosch/Holzminden
Prof. Dr.-Ing. Detlef Schmidt/Leipzig
Prof. Dr. rer. nat. Thomas Thielmann/Holzminden**

18. neu bearbeitete und aktualisierte Auflage

 Bundesanzeiger Verlag

1. Auflage 1957	10. Auflage 1984
2. Auflage 1957	11. Auflage 1987
3. Auflage 1959	12. Auflage 1991
4. Auflage 1960	13. Auflage 1995
5. Auflage 1962	14. Auflage 1999
6. Auflage 1965	15. Auflage 2003
7. Auflage 1969	16. Auflage 2007
8. Auflage 1972	17. Auflage 2011
9. Auflage 1980	18. Auflage 2016

Bibliografische Information der Deutschen Nationalbibliothek
Die Deutsche Nationalbibliothek verzeichnet diese Publikation in der Deutschen Nationalbibliografie; detaillierte bibliografische Daten sind im Internet über http://dnb.d-nb.de abrufbar.

Ihre Meinung ist uns wichtig!
http://www.bundesanzeiger-verlag.de/Meinung

Bundesanzeiger Verlag GmbH
Amsterdamer Straße 192
50735 Köln

Internet: www.bundesanzeiger-verlag.de
Weitere Informationen finden Sie auch in unserem Themenportal unter
www.betrifft-bau.de

Beratung und Bestellung:
Tel.: +49 (0) 221 97668-306
Fax: +49 (0) 221 97668-236
E-Mail: bau-immobilien@bundesanzeiger.de

ISBN (Print): 978-3-8462-0538-9

© 2016 Bundesanzeiger Verlag GmbH, Köln
Alle Rechte vorbehalten. Das Werk einschließlich seiner Teile ist urheberrechtlich geschützt. Jede Verwertung außerhalb der Grenzen des Urheberrechtsgesetzes bedarf der vorherigen Zustimmung des Verlags. Dies gilt auch für die fotomechanische Vervielfältigung (Fotokopie/Mikrokopie) und die Einspeicherung und Verarbeitung in elektronischen Systemen. Hinsichtlich der in diesem Werk ggf. enthaltenen Texte von Normen weisen wir darauf hin, dass rechtsverbindlich allein die amtlich verkündeten Texte sind. Zahlenangaben ohne Gewähr.

Herstellung: Günter Fabritius
Satz: Main Typo, Reutlingen
Druck und buchbinderische Verarbeitung: Medienhaus Plump, Rheinbreitbach

Printed in Germany

Vorwort zur 18. Auflage

Das vorliegende Werk Baustoffkenntnis in der nunmehr 18. Auflage wurde von Baurat Dipl.-Ing. Wilhelm Scholz, Holzminden, gegründet und erschien erstmals 1957 im Werner Verlag. Es wurde von diesem als Herausgeber bis zur 8. Auflage 1972 bearbeitet. Die 9. bis 12. Auflage, 1980 bis 1991, hat Prof. Dr. Harald Knoblauch, Essen, mit einer Reihe neuer Autoren herausgegeben. Die 13. bis 16. Auflage, 1995 bis 2007, wurde folgend von Prof. Dipl.-Ing. Wolfram Hiese, Minden, mit ergänzend weiteren Autoren betreut. Seit der 17. Auflage, 2011, wird das Buch unter Mitarbeit der Kollegen vorangegangener Auflagen und einer neu hinzugekommenen Kollegin vom jetzigen Herausgeber fortgeführt.

An der grundsätzlichen Ausrichtung als Standardwerk für Baustoffe hat sich im Kontinuum der Auflagen nichts geändert. Der prägende Charakter wird bestimmt durch das Angebot, technisch – sachorientierte Grundlagen und relevante Stoffdaten für die verantwortungsvolle Materialauswahl der jeweiligen spezifischen Anforderungen einer Bauaufgabe zur Verfügung zu stellen. Die mögliche Darstellung der Vielfalt einsetzbarer Materialgruppen mit visuellem Schwerpunkt ist insoweit nicht das primäre Ziel. Die Voraussetzung für ein materialgerechtes und in Folge mangelfreies Bauen ist die profunde Kenntnis der eingesetzten Baustoffe. Die Anwendung von natürlichen oder synthetischen Stoffen in der Umsetzung von Planung als gedanklich vorweggenommener Nutzung in räumlich - materielle Umwelt kann nur dann mit hoher Qualität erfolgen, wenn die jeweiligen Anwendungsanforderungen eindeutig identifiziert werden und die spezifischen, zu fügenden Materialien hinsichtlich ihrer Eignung für das zu erreichende Ziel erkannt und optimal eingesetzt werden können.

Ein Gebäude aus der Zeit des Wechsels vom 19. In das 20. Jahrhundert, dem Jugendstil, weißt etwa 22 unterschiedliche Materialien auf. Für die heute Bauschaffenden stehen Materialien im Umfang von Rezepturen in sechsstelliger Größenordnung zur Verfügung. Gleichzeitig werden im sozio-ökologischen Lebensbereich, auch politisch gewollt, Einzelaspekte priorisiert. Als Folge ist ablesbar, dass bei Optimierung nur eines Aspektes ungewollt begleitende Anforderungen leiden können. Energieeinsparung versus Feuchteschutz, Schalldämmung und Brandschutz? Schimmelpilz oder lüftungstechnische Aufrüstung? Instandhaltung, Instandsetzung, Sanierung, Umnutzung, Bauen im Bestand oder Neubau, die erforderlichen Antworten hinsichtlich der Verträglichkeit von Materialien Bestand / Neu oder Neu können nur vom Planenden und Ausführendem durch sorgfältiges Abwägen im Einzelfall getroffen werden.

Um aber den aktuellen Stand der Entwicklung vollumfänglich zu begreifen und belastbare Antworten zu finden, sind Baustoffkennwerte unerlässlich, aber auch sorgfältig für die gestellte Aufgabe zu interpretieren. Das vorliegende Werk will diese Sichtweise anbieten und gleichzeitig die Notwendigkeit zum eigenverantwortlichen Handeln hervorheben.

Mein Dank gilt allen Autoren für die präzise inhaltliche Bearbeitung, Herrn Erwin Puschkarsky für die sorgfältige Durchsicht der Beiträge und Frau Dipl.-Ing. (FH) Bettina Kronier für die wie immer professionelle und zielstrebige verlagsinterne Betreuung.

Holzminden, im Juli 2016   Prof. Dipl.-Ing. Rolf Möhring

Inhaltsverzeichnis

Vorwort zur 18. Auflage V
1 Natursteine 1.1
Prof. Dipl.-Ing. Wolfgang Pützschler
  1.1   Allgemeines 1.1
  1.2   Die wichtigsten gesteinsbildenden Mineralien 1.1
       1.2.1   Arten 1.1
       1.2.2   Härte 1.2
       1.2.3   Kristallform 1.2
       1.2.4   Chemische Zusammensetzung 1.3
  1.3   Die Gesteine 1.5
       1.3.1   Allgemeines 1.5
       1.3.2   Magmagesteine 1.5
              1.3.2.1   Allgemeines 1.5
              1.3.2.2   Tiefengesteine 1.6
              1.3.2.3   Ergussgesteine 1.7
              1.3.2.4   Ganggesteine 1.7
       1.3.3   Sedimentgesteine 1.8
              1.3.3.1   Allgemeines 1.8
              1.3.3.2   Verwitterung 1.8
              1.3.3.3   Klastische Sedimente 1.10
              1.3.3.4   Chemische und organische Sedimente 1.11
       1.3.4   Metamorphe Gesteine 1.12
              1.3.4.1   Allgemeines 1.12
              1.3.4.2   Kristalline Schiefer 1.12
              1.3.4.3   Kontaktgesteine 1.14
              1.3.4.4   Mischgesteine 1.14
  1.4   Bautechnisch wichtige Minerale und Gesteine 1.15
       1.4.1   Minerale 1.16
       1.4.2   Gipsstein $CaSO_4 \cdot 2\,H_2O$ bzw. Anhydrit $CaSO_4$ 1.17
       1.4.3   Kalkstein $CaCO_3$, Magnesit $MgCO_3$ und Dolomit $MgCO_3 \cdot$
              $CaCO_3$ 1.17
              1.4.3.1   Solnhofener Platten (fälschlich Solnhofener
                            „Schiefer") 1.18
              1.4.3.2   Marmor 1.18
              1.4.3.3   Kalktuffe 1.18
       1.4.4   Sandstein 1.19
              1.4.4.1   Eigenschaften 1.19
              1.4.4.2   Feinkörnige Arten 1.20
              1.4.4.3   Grauwacke, Konglomerat, Brekzien 1.21
              1.4.4.4   Quarzit 1.21
       1.4.5   Tone, Lehm und Bentonit 1.21

		1.4.6	Tiefengesteine (siehe auch Tafel 5.1)	1.22
			1.4.6.1 Granit	1.22
			1.4.6.2 Syenit, Diorit, Gabbro	1.23
		1.4.7	Ergussgesteine (siehe auch Tafel 5.1)	1.23
			1.4.7.1 Basalt	1.23
			1.4.7.2 Phonolith, Diabas, Melaphyr	1.24
			1.4.7.3 Trachyt, Andesit, Rhyolith, Dacit	1.24
			1.4.7.4 Porphyr	1.25
		1.4.8	Metamorphe Gesteine (s. auch Tafel 5.1)	1.25
			1.4.8.1 Serpentinit, Amphibolith	1.25
			1.4.8.2 Gneis	1.26
		1.4.9	Dachschiefer DIN EN 12 326	1.26
		1.4.10	Lehm	1.26
			1.4.10.1 Entstehung und Arten	1.26
			1.4.10.2 Eigenschaften und Anwendung	1.27
	1.5	Erdzeitalter		1.28
	1.6	Böden, Bezeichnungen im Erdbau		1.29
	1.7	Bearbeitung der Natursteine		1.30
	1.8	Verarbeiten der Natursteine		1.31
		1.8.1	Versetzen	1.31
		1.8.2	Reinigen	1.32
		1.8.3	Schutz	1.33
	1.9	Schäden durch Luftverschmutzung		1.33
		1.9.1	Allgemeines	1.33
		1.9.2	Schäden durch SO_2	1.33
		1.9.3	Schäden durch CO_2	1.34
		1.9.4	Schäden durch Staub und Ruß	1.34
		1.9.5	Schäden durch Pilze, Algen, Flechten und Bakterien	1.35
		1.9.6	Maßnahmen zur Erhaltung	1.35
	1.10	Natursteine und Radioaktivität		1.35
	1.11	Gesteinsprüfungen, Normen (z.T. mit Kurzangaben)		1.35
	1.12	Literatur		1.38
2	**Keramische und mineralisch gebundene Baustoffe**			**2.1**
	Prof. Dr.-Ing. Wolf-Rüdiger Metje			
	2.1	Überblick über keramische Baustoffe und Lehmbaustoffe		2.1
		2.1.1	Die Rohstoffe	2.1
		2.1.2	Lehmbauweisen	2.2
		2.1.3	Herstellung der keramischen Baustoffe	2.2
		2.1.4	Einteilung der keramischen Baustoffe	2.3
	2.2	Mauerziegel		2.4
		2.2.1	Ziegelarten	2.4
		2.2.2	Maße und Eigenschaften	2.6
		2.2.3	Bezeichnung	2.10

	2.2.4	Mauerziegel mit allgemeiner bauaufsichtlicher Zulassung	2.11
	2.2.5	Verwendung im Mauerwerksbau	2.11
		2.2.5.1 Wandaufbau	2.11
		2.2.5.2 Einschaliges Mauerwerk	2.12
		2.2.5.3 Zweischaliges Mauerwerk	2.12
		2.2.5.4 Verblendmauerwerk (Sichtmauerwerk)	2.14
	2.2.6	Besondere Ziegel und Klinker	2.15
		2.2.6.1 Schornsteinziegel	2.15
		2.2.6.2 Kanalklinker	2.16
		2.2.6.3 Pflasterziegel	2.17
		2.2.6.4 Schallschluckende Ziegel	2.18
		2.2.6.5 Flachziegelstürze	2.18
		2.2.6.6 Ziegel-U-Schalen und Ziegel-L-Schalen	2.18
		2.2.6.7 Ziegel-Rollladenkasten und Rollladen-Gurtwickler-Ziegel	2.19
2.3	Ziegel für Decken und Wandtafeln		2.20
	2.3.1	Allgemeines	2.20
	2.3.2	Statisch mitwirkende Deckenziegel nach DIN 4159	2.20
	2.3.3	Statisch nicht mitwirkende Deckenziegel nach DIN 4160	2.22
	2.3.4	Ziegel für Vergusstafeln nach DIN 4159	2.23
2.4	Dachziegel		2.24
	2.4.1	Begriffe und Dachziegelarten	2.24
		Dachziegel mit Falzen	2.25
	2.4.2	Maße und Eigenschaften	2.27
	2.4.3	Formziegel	2.28
	2.4.4	Anwendungen	2.28
2.5	Steinzeugwaren		2.29
	2.5.1	Herstellung	2.29
	2.5.2	Steinzeugrohre und -formstücke	2.29
	2.5.3	Steinzeugteile	2.32
2.6	Feuerfeste Baustoffe		2.33
	2.6.1	Feuerfeste Steine	2.33
	2.6.2	Schamotterohre	2.33
2.7	Keramische Fliesen und Platten		2.34
	2.7.1	Klassifizierung und Gütemerkmale	2.34
	2.7.2	Trockengepresste keramische Fliesen und Platten	2.35
		2.7.2.1 Fliesen und Platten mit einer Wasseraufnahme $E > 10\%$	2.35
		2.7.2.2 Fliesen und Platten mit einer Wasseraufnahme $E \leq 3\%$	2.36
	2.7.3	Keramische Spaltplatten	2.37
	2.7.4	Bodenklinkerplatten	2.37
	2.7.5	Glasuren	2.38
	2.7.6	Verlegen von Fliesen und Platten	2.39

Inhaltsverzeichnis

		2.7.7	Anwendung von Fliesen und Platten	2.40
2.8	Sanitärkeramik			2.42
2.9	Kalksandsteine			2.43
	2.9.1		Herstellung	2.43
	2.9.2		Steinarten	2.43
	2.9.3		Maße und Eigenschaften	2.44
	2.9.4		Sonderbauteile	2.47
	2.9.5		Bezeichnung der Kalksandsteine	2.48
	2.9.6		Die Verwendung im Mauerwerksbau	2.48
		2.9.6.1	Allgemeines	2.48
		2.9.6.2	KS-Mauerwerk mit Putz	2.49
		2.9.6.3	Sichtmauerwerk	2.49
		2.9.6.4	Oberflächenbehandlung	2.49
2.10	Hüttensteine			2.50
2.11	Steine und Bauteile aus Porenbeton			2.50
	2.11.1		Herstellung	2.51
	2.11.2		Porenbeton-Plansteine nach DIN V 4165-100	2.51
	2.11.3		Porenbeton-Planelemente nach DIN V 4165-100	2.53
	2.11.4		Porenbeton-Bauplatten und Porenbeton-Planbauplatten nach DIN 4166	2.54
	2.11.5		Verwendung im Mauerwerksbau	2.55
	2.11.6		Bewehrte Porenbeton-Bauteile	2.56
2.12	Steine und Wandplatten aus Beton			2.58
	2.12.1		Allgemeines	2.58
	2.12.2		Vollsteine und Vollblöcke aus Leichtbeton	2.58
	2.12.3		Hohlblocksteine aus Leichtbeton	2.61
	2.12.4		Hohlblocksteine aus Beton	2.62
	2.12.5		Hohlwandplatten aus Leichtbeton	2.64
	2.12.6		Wandbauplatten aus Leichtbeton	2.64
2.13	Bauteile aus Beton			2.65
	2.13.1		Formstücke und Mantelrohre für Hausschornsteine	2.65
	2.13.2		Zwischenbauteile für Stahlbeton- und Spannbetondecken	2.66
	2.13.3		Dach- und Formsteine aus Beton nach DIN EN 490	2.67
	2.13.4		Betonwerksteine	2.67
	2.13.5		Rohre aus Beton	2.68
	2.13.6		Betonteile im Straßenbau	2.70
2.14	Bauteile aus Faserzement und Asbestzement			2.71
	2.14.1		Allgemeines	2.71
	2.14.2		Asbestzement	2.72
	2.14.3		Faserzement	2.73
		2.14.3.1	Allgemeines	2.73
		2.14.3.2	Herstellung	2.73
	2.14.4		Wellplatten	2.74
	2.14.5		Ebene Dachplatten aus Faserzement	2.76

		2.14.6	Ebene Tafeln	2.77

	2.14.7	Rohre für Haustechnik	2.77
	2.14.8	Rohre für den Tiefbau	2.77
2.15	Bauplatten mit mineralischen Bindemitteln		2.78
	2.15.1	Allgemeines	2.78
	2.15.2	Bauplatten mit mineralischen Zuschlagstoffen	2.78
2.16	Literaturverzeichnis		2.79

3 Bauglas ... 3.1
Prof. Dipl.-Ing. Rolf Möhring, Prof. Dr. rer. nat. Thomas Thielmann

3.1	Allgemeines		3.1
	3.1.1	Historische Entwicklung	3.1
	3.1.2	Aufgaben von Bauglas	3.1
3.2	Zusammensetzung und Struktur		3.2
3.3	Rohstoffe		3.2
3.4	Herstellung		3.3
	3.4.1	Floatglas	3.3
	3.4.2	Gussglas (Ornamentglas)	3.4
	3.4.3	Glasfehler	3.4
3.5	Eigenschaften von Flachglas (Floatglas)		3.4
	3.5.1	Mechanische Eigenschaften	3.5
	3.5.2	Thermische Eigenschaften	3.5
	3.5.3	Optische Eigenschaften	3.5
	3.5.4	Chemische Beständigkeit	3.6
	3.5.5	Berechnung der Glasdicke	3.7
3.6	Arten von Flachglas		3.8
	3.6.1	Gartenbauglas (DIN 11 525)	3.9
	3.6.2	Floatglas (DIN EN 572-2)	3.9
	3.6.3	Poliertes Drahtglas (DIN EN 572-3)	3.10
	3.6.4	Gezogenes Flachglas (DIN EN 572-4)	3.10
	3.6.5	Ornamentglas (DIN EN 572-5)	3.11
	3.6.6	Drahtornamentglas (DIN EN 572-6)	3.11
	3.6.7	Borosilicatglas (DIN EN 1748-1-1)	3.12
	3.6.8	Selbstreinigendes Glas	3.12
	3.6.9	Begriffe von Glasarten nach DIN 1259-1	3.13
3.7	Sicherheitsgläser		3.15
	3.7.1	Aufgaben und Arten	3.15
	3.7.2	Einscheiben-Sicherheitsglas ESG	3.16
		3.7.2.1 Herstellung	3.17
		3.7.2.2 Eigenschaften und Anwendung	3.17
	3.7.3	Heißgelagertes Einscheiben-Sicherheitsglas ESG-H	3.18
	3.7.4	Teilvorgespanntes Glas TVG	3.18
	3.7.5	Verbund-Sicherheitsglas VSG, Verbundglas VG	3.18
		3.7.5.1 Herstellung	3.19
		3.7.5.2 Eigenschaften	3.19

Inhaltsverzeichnis

		3.7.5.3	Anwendung von VSG	3.19
	3.7.6		Begehbares Glas	3.20
	3.7.7		Alarmglas	3.20
3.8	Isoliergläser			3.21
	3.8.1		Allgemeines	3.22
		3.8.1.1	CE-Kennzeichnung von Mehrscheiben-Isolierglas	3.22
		3.8.1.2	Aufbau von Mehrscheiben-Isolierglas	3.22
		3.8.1.3	Randverbund	3.23
		3.8.1.4	Besondere optische Erscheinungen bei Isoliergläsern	3.24
	3.8.2		Strahlungsphysikalische Begriffe	3.24
	3.8.3		Wärmeschutz	3.26
		3.8.3.1	Konventionelles Isolierglas	3.26
		3.8.3.2	Beschichtetes Isolierglas (Warmglas)	3.27
		3.8.3.3	-Heizscheiben	3.28
	3.8.4		Sonnenschutz	3.29
	3.8.5		Schallschutz	3.32
3.9	Glasfassaden			3.33
3.10	Brandschutz			3.36
	3.10.1		Allgemeines	3.36
	3.10.2		Brandschutzgläser der F-Klassen/EI-Klassen	3.37
	3.10.3		Brandschutzgläser der G-Klassen/E-Klassen	3.37
3.11	Profilbauglas			3.37
	3.11.1		Maße, Anforderungen und Bezeichnung	3.38
	3.11.2		Anwendung und Einbau	3.38
3.12	Pressglas			3.39
	3.12.1		Glassteine	3.39
	3.12.2		Betongläser	3.40
	3.12.3		Glasdachsteine	3.40
3.13	Glasfasern			3.41
	3.13.1		Herstellung, Eigenschaften und Anwendung	3.41
	3.13.2		Textilglas	3.42
	3.13.3		Glaswolle	3.42
3.14	Schaumglas			3.42
3.15	Gesundheitsrisiken und Recycling			3.43
3.16	Literatur			3.44

4 Anorganische Bindemittel 4.1
Prof. Dr.-Ing. Wolf-Rüdiger Metje

4.1	Gipsbinder und Gips-Trockenmörtel		4.1
	4.1.1	Gipsbinder	4.2
	4.1.2	Gips-Trockenmörtel und Gips-Trockenmörtel für besondere Zwecke	4.2
	4.1.3	Sonstige Gipsbinder (nicht zu DIN EN 13 279 gehörend)	4.3

	4.1.4	Verarbeitung, Verwendung und Eigenschaften von Gipsbindern	4.3
	4.1.5	Prüfverfahren von Gipsbindern	4.6
	4.1.6	Gipsbaustoffe	4.7
		4.1.6.1 Gipskartonplatten DIN 18 180, Verarbeitungsgrundlagen DIN 18 181	4.8
		4.1.6.2 Gipsfaserplatten DIN EN 15 283	4.11
		4.1.6.3 Gips-Wandbauplatten (GW)	4.11
		4.1.6.4 Sonstige Gipsbaustoffe	4.12
4.2	Calciumsulfat-Binder und Calciumsulfat-Compositbinder		4.13
	4.2.1	Allgemeines	4.13
	4.2.2	Festigkeiten, Kennzeichnung	4.14
	4.2.3	Anwendung	4.14
	4.2.4	Prüfung	4.14
4.3	Kaustische Magnesia und Magnesiumchlorid		4.15
	4.3.1	Allgemeines, Erhärtung	4.15
	4.3.2	Magnesiabinder für Holzwolle-Leichtbauplatten	4.16
	4.3.3	Anforderungen und Prüfung	4.16
4.4	Baukalke		4.16
	4.4.1	Luftkalke	4.17
	4.4.2	Hydraulische Kalke	4.18
		4.4.2.1 Allgemeines	4.18
		4.4.2.2 Arten (siehe auch Tafel 4.7)	4.18
	4.4.3	Bezeichnung der Baukalke	4.19
	4.4.4	Prüfungen und weitere Anforderungen	4.21
		4.4.4.1 Druckfestigkeit	4.21
		4.4.4.2 Erstarrungszeiten	4.21
		4.4.4.3 Mahlfeinheit	4.21
		4.4.4.4 Raumbeständigkeit	4.21
		4.4.4.5 Schüttdichte	4.22
		4.4.4.6 Ergiebigkeit	4.22
		4.4.4.7 Reaktionsfähigkeit	4.22
		4.4.4.8 Prüfungen an Normmörtel	4.23
	4.4.5	Löschen von Kalk	4.23
	4.4.6	Anwendung von Baukalk	4.24
4.5	Latent-hydraulische Stoffe und Puzzolane		4.24
	4.5.1	Allgemeines	4.24
	4.5.2	Latent-hydraulische Stoffe, Hochofenschlacke	4.25
	4.5.3	Natürliche Puzzolane, Trass	4.25
	4.5.4	Künstliche Puzzolane	4.26
		4.5.4.1 Steinkohlenflugasche, Kurzzeichen SFA (Flugasche, allgemein: FA)	4.26
		4.5.4.2 Silikastaub, Kurzzeichen SF (Silica-Fume)/ Silikasuspension	4.28

		4.5.4.3	Sonstige Puzzolane	4.29
		4.5.4.4	Reaktionsschema	4.30
4.6	Zemente			4.30
	4.6.1	Allgemeines und Übersicht über die Zemente		4.31
	4.6.2	Portlandzement CEM I (altes Kurzzeichen: PZ)		4.33
		4.6.2.1	Eigenschaften des Portlandzementklinkers	4.34
		4.6.2.3	Reaktion mit Sulfaten	4.36
		4.6.2.4	Rostschutz, Kalkausblühungen	4.36
		4.6.2.5	Wasserbedarf	4.36
		4.6.2.6	Hydratationswärme	4.37
		4.6.2.7	Rheologisches Verhalten	4.37
	4.6.3	Portlandhüttenzement CEM II/A–S oder CEM II/B–S (früher Eisenportlandzement EPZ); Hochofenzement CEM III/A oder CEM III/B oder CEM III/C (früher HOZ)		4.37
	4.6.4	Portlandpuzzolanzement CEM II/A–P oder CEM II/B–P (früher Trasszement TrZ) sowie CEM II/A–Q oder CEM II/B–Q		4.38
	4.6.5	Portlandschieferzement CEM II/A–T oder CEM II/B–T (früher PÖZ)		4.39
	4.6.6	Portlandflugaschezement CEM II/A–V oder CEM II/B–V (früher FAZ)		4.39
	4.6.7	Portlandkalksteinzement CEM II/A–L oder CEM II/B–L sowie CEM II/A–LL oder CEM II/B–LL (früher PKZ)		4.39
	4.6.8	Weitere Normalzemente nach DIN 197-1		4.40
	4.6.9	Anforderungen an die Zemente		4.40
		4.6.9.1	Erstarrungsbeginn	4.40
		4.6.9.2	Raumbeständigkeit	4.41
		4.6.9.3	Druckfestigkeit	4.41
		4.6.9.4	Anforderungen an Normzemente mit besonderen Eigenschaften	4.42
	4.6.10	Bezeichnung der Zemente		4.43
	4.6.11	Dichte, Schüttdichte, Lagerung		4.44
	4.6.12	Güteüberwachung		4.44
		4.6.13 Prüfung		4.45
		4.6.13.1	Mahlfeinheit nach DIN EN 196-6	4.45
		4.6.13.2	Erstarren nach DIN EN 196-3	4.45
		4.6.13.3	Raumbeständigkeit nach DIN EN 196-3	4.46
		4.6.13.4	Festigkeit nach DIN EN 196-1	4.47
		4.6.13.5	Sonstige Prüfungen	4.48
	4.6.14	Normzemente für spezielle Anwendungsgebiete		4.48
		4.6.14.1	Weißer Zement	4.48
		4.6.14.2	Hydrophobierter Zement, Pectacrete	4.49
		4.6.14.3	Sonderzement mit sehr niedriger Hydratationswärme (DIN EN 14 216)	4.49
	4.6.15	Sulfathüttenzement nach DIN EN 15 743 SSC		4.50

		4.6.16	Tonerdezement, Tonerdeschmelzzement (TSZ) – nicht genormt	4.50

		4.6.17	Sonstige Zemente und Spezialbindemittel	4.52
			4.6.17.1 Quellzement – nicht genormt	4.52
			4.6.17.2 Tiefbohrzement, Bohrlochzement – nicht genormt	4.52
			4.6.17.3 Injektionszement, Feinstzement	4.52
			4.6.17.4 Schnellzement – nicht genormt	4.53
			4.6.17.5 Dämmer	4.53
			4.6.17.6 Weitere Zemente und Zementbezeichnungen	4.54
	4.7	Putz- und Mauerbinder MC (früher PM-Binder)		4.54
	4.8	Hydraulische Boden- und Tragschichtbinder HRB		4.56
	4.9	Wasserglas		4.56
	4.10	Mischen von Bindemitteln		4.57
	4.11	Einwirkung der Bindemittel auf Baumetalle		4.58
		4.11.1 Gipsmörtel		4.58
		4.11.2 Frische Kalk- und Zementmörtel		4.58
		4.11.3 Steinholz, Magnesiamörtel		4.58
		4.11.4 Nachprüfung, Lehm		4.58
	4.12	Gesundheit und Umwelt		4.59
	4.13	Literaturverzeichnis		4.60

5 Gesteinskörnungen für Mörtel und Beton 5.1
Prof. Dipl.-Ing. Wolfgang Pützschler

	5.1	Allgemeines		5.1
	5.2	Arten von Gesteinskörnungen		5.2
		5.2.1 Natürliche Gesteinskörnungen		5.2
		5.2.2 Künstliche Zuschläge/Industriell hergestellte Gesteinskörnungen		5.3
		5.2.3 Gesteinskörnungen/Zuschläge für Sonderzwecke		5.4
	5.3	Allgemeine Anforderungen an Gesteinskörnungen		5.8
	5.4	Ermittlung der Rohdichte		5.10
		5.4.1 Trockenrohdichte von Gesteinskörnungen		5.10
		5.4.2 Rohdichte und Wasseraufnahme von rezyklierten Gesteinskörnungen		5.10
	5.5	Schädliche Bestandteile		5.11
		5.5.1 Gehalt an Feinanteilen		5.11
		5.5.2 Organische Verunreinigungen		5.13
		5.5.3 Bestandteile, die die Oberflächenbeschaffenheit von Beton beeinflussen		5.14
			5.5.3.1 Quellfähige, leichtgewichtige organische Verunreinigungen	5.14
		5.5.4 Stahlangreifende Stoffe, Chloride		5.14
		5.5.5 Schwefelverbindungen, Sulfate, Gesamt-Schwefelgehalt		5.15
		5.5.6 Bestandteile, die die Raumbeständigkeit bei Schlacken beeinflussen		5.15
		5.5.7 Alkalilösliche Kieselsäure		5.16

Inhaltsverzeichnis

5.6	Weitere Anforderungen an Gesteinskörnungen		5.21
	5.6.1	Kornform von groben Gesteinskörnungen	5.21
	5.6.2	Verwitterungsbeständigkeit	5.23
		5.6.2.1 Frost-Tau-Beständigkeit von groben Gesteinskörnungen	5.23
		5.6.2.2 Magnesiumsulfat-Wert	5.24
	5.6.3	Widerstand gegen besondere mechanische Beanspruchung	5.25
	5.6.4	Muschelschalengehalt	5.26
	5.6.5	Zusätzliche Bestimmungen und Anforderungen für leichte und für rezyklierte Gesteinskörnungen	5.26
5.7	Kornzusammensetzung		5.27
	5.7.1	Korngruppen und Bezeichnungen der Gesteinskörnung	5.27
	5.7.2	Anforderungen an die Kornzusammensetzung nach der DIN EN 12 620	5.29
5.8	Regelanforderungen an Gesteinskörnungen		5.35
5.9	Korngrößenverteilung, Sieblinien		5.37
	5.9.1	Allgemeines	5.37
	5.9.2	Wasseranspruchszahlen/Körnungskennwerte	5.42
		5.9.2.1 Sieblinienkennwerte	5.43
		5.9.2.2 Spezifische Oberfläche	5.45
		5.9.2.3 Wasseranspruchszahlen	5.45
5.10	Zusammensetzung von Gesteinskörnungen aus einzelnen Korngruppen		5.46
5.11	Ausfallkörnung		5.50
5.12	Mehlkorn		5.50
5.14	Güteüberwachung, Konformitätsnachweis		5.53
5.15	Literatur		5.54

6 Beton ... 6.1
Prof. Dr.-Ing. Detlef Schmidt

6.1	Allgemeines		6.1
	6.1.1	Begriffe	6.1
	6.1.2	Druckfestigkeitsklassen	6.2
	6.1.3	Expositionsklassen	6.3
6.2	Eigenschaften des Frischbetons		6.6
	6.2.1	Konsistenz	6.6
	6.2.2	Frischbetonrohdichte, Luftgehalt	6.7
6.3	Betonzusammensetzung		6.8
	6.3.1	Allgemeines	6.8
	6.3.2	Gesteinskörnung	6.8
	6.3.3	Zement	6.10
	6.3.4	Wasser	6.10
	6.3.5	Wasserzementwert	6.12
	6.3.6	Leistungsbeschreibung	6.14
6.4	Betonzusätze		6.16
	6.4.1	Allgemeines	6.16

		6.4.2 Betonverflüssiger (BV)	6.17
	6.4.3	Fließmittel (FM)	6.18
	6.4.4	Luftporenbildner (LP)	6.20
	6.4.5	Dichtungsmittel (DM)	6.21
	6.4.6	Verzögerer (VZ)	6.22
	6.4.7	Beschleuniger (BE)	6.23
	6.4.8	Einpresshilfen (EH)	6.24
	6.4.9	Stabilisierer (ST)	6.24
	6.4.10	Chromatreduzierer (CR)	6.24
	6.4.11	Recyclinghilfen (RH)	6.25
	6.4.12	Betonzusatzstoffe	6.25
6.5	Berechnung der Betonzusammensetzung		6.26
	6.5.1	Mischungsverhältnis	6.26
	6.5.2	Stoffraumrechnung	6.27
	6.5.3	Zementleimmethode	6.28
	6.5.4	Grenzwerte für Betonzusammensetzung	6.29
	6.5.5	Entwurf der Betonzusammensetzung	6.30
6.6	Eigenschaften des Festbetons		6.32
	6.6.1	Festigkeit	6.32
	6.6.2	Dichtigkeit	6.34
	6.6.3	Zusammenwirken Bewehrung/Beton (Stahlbeton)	6.36
	6.6.4	Spannungs-Dehnungs-Linie	6.37
	6.6.5	Kriechen und Relaxation	6.38
	6.6.6	Schwinden, Schrumpfen und Quellen	6.39
	6.6.7	Wärmedehnung	6.43
	6.6.8	Risse und Fugen	6.43
6.7	Herstellen von Bauwerken und Bauteilen aus Beton		6.44
	6.7.1	Baustellenbeton	6.45
	6.7.2	Transportbeton	6.45
	6.7.3	Verarbeiten des Betons	6.46
	6.7.4	Nachbehandlung des Betons	6.50
	6.7.5	Ausschalfristen	6.51
	6.7.6	Einbau der Betonbewehrung, Betondeckung	6.51
6.8	Betonieren bei besonderen Witterungsbedingungen		6.53
	6.8.1	Reifegrad und wirksames Betonalter	6.53
	6.8.2	Betonieren bei kühler Witterung und bei Frost	6.53
	6.8.3	Betonieren bei heißer Witterung	6.55
	6.8.4	Wärmebehandlung	6.56
6.9	Betonieren nach besonderen Verfahren		6.56
	6.9.1	Unterwasserbeton	6.56
	6.9.2	Prepakt- und Colcretebeton	6.58
	6.9.3	Spritzbeton und Spritzmörtel	6.58
	6.9.4	Vakuumbeton	6.59
6.10	Betone mit besonderen Eigenschaften		6.60

Inhaltsverzeichnis

	6.10.1	Hochfester Beton, Hochleistungsbeton	6.60
	6.10.2	Selbstverdichtender Beton	6.62
	6.10.3	Beton mit hohem Frost- bzw. Frost-Tausalz-Widerstand	6.63
	6.10.4	Beton mit hohem Widerstand gegen chemischen Angriff	6.64
	6.10.5	Beton mit hohem Verschleißwiderstand	6.66
	6.10.6	Beton für hohe Gebrauchstemperaturen bis 250 °C	6.67
	6.10.7	Beton mit hohem Wassereindringwiderstand; FD-Beton	6.68
6.11	Qualitätssicherung		6.69
	6.11.1	Allgemeines	6.69
	6.11.2	Erstprüfung	6.70
	6.11.3	Charakteristische Druckfestigkeit f_{ck}	6.70
	6.11.4	Konformitätskontrolle	6.72
		6.11.4.1 Konformitätskriterien für die Druckfestigkeit	6.72
		6.11.4.2 Konformitätskriterien für andere Eigenschaften als die Druckfestigkeit	6.75
	6.11.5	Betonfamilie	6.77
	6.11.6	Überwachung	6.78
6.12	Prüfverfahren für Frischbeton		6.80
	6.12.1	Konsistenz	6.80
	6.12.2	Luftgehalt	6.81
	6.12.3	Frischbetonrohdichte	6.81
	6.12.4	Wasserzementwert	6.81
6.13	Prüfverfahren für Festbeton		6.82
	6.13.1	Druckfestigkeit an gesondert hergestellten Probekörpern	6.82
	6.13.2	Druckfestigkeit am Bauwerk	6.83
	6.13.3	Biegezugfestigkeit	6.84
	6.13.4	Spaltzugfestigkeit, Zugfestigkeit	6.85
	6.13.5	Wassereindringtiefe unter Druck	6.85
	6.13.6	Verschleißwiderstand	6.85
	6.13.7	Mischungsverhältnis, Bindemittelgehalt	6.86
	6.13.8	Bestimmung der Karbonatisierungstiefe	6.86
6.14	Sichtbeton		6.86
6.15	Beton für massige Bauteile		6.88
6.16	Farbiger Beton		6.89
6.17	Trockenbeton		6.90
6.18	Spannbeton		6.90
6.19	Straßenbeton		6.92
	6.19.1	Allgemeines	6.92
	6.19.2	Zusammensetzung	6.93
	6.19.3	Herstellen und Verarbeiten	6.95
	6.19.4	Nachbehandlung	6.96
	6.19.5	Prüfung	6.96
	6.19.6	Erhaltung von Betonstraßen	6.97
6.20	Leichtbeton		6.98

	6.20.1	Allgemeines	6.98
	6.20.2	Porenbeton und Schaumbeton	6.99
	6.20.3	Haufwerksporiger Leichtbeton	6.100
	6.20.4	Leichtbeton mit geschäumtem Polystyrol (Styroporbeton)	6.101
	6.20.5	Gefügedichter Leichtbeton	6.102
	6.20.6	Hochfester Leichtbeton	6.104
6.21	Schwerbeton (Strahlenschutzbeton)		6.105
6.22	Faserbeton		6.106
	6.22.1	Allgemeines	6.106
	6.22.2	Stahlfaserbeton	6.107
	6.22.3	Glasfaserbeton (GFB)	6.108
	6.22.4	Übrige Faserbetone	6.109
6.23	Textilbeton		6.109
6.24	Beton mit Kunststoffen		6.111
	6.24.1	Kunststoffmodifizierte Zementmörtel (PCC)	6.111
	6.24.2	Reaktionsharzbeton und -mörtel	6.111
6.25	Schutz und Instandsetzung von Beton		6.112
	6.25.1	Allgemeines	6.112
	6.25.2	Gestaltung und Ausführung der Bauwerke	6.113
	6.25.3	Depassivierung und Korrosion der Bewehrung	6.114
	6.25.4	Instandsetzungsverfahren bei Bewehrungskorrosion	6.117
	6.25.5	Instandsetzungsmörtel	6.123
	6.25.6	Oberflächenschutzsysteme	6.124
	6.25.7	Technologische Hinweise zur Betoninstandsetzung	6.127
	6.25.8	Rissinstandsetzung	6.127
6.26	Recycling von Beton		6.130
6.27	Gesundheitsrisiken		6.131
6.28	Literatur		6.132

7 Mauer- und Putzmörtel; Estriche — 7.1
Prof. Dr.-Ing. Wolf-Rüdiger Metje

7.1	Allgemeines		7.1
7.2	Mauermörtel		7.5
	7.2.1	Allgemeines	7.5
	7.2.2	Anforderungen an Mauermörtel	7.6
	7.2.3	Mörtelgruppen (MG), Anwendung	7.8
	7.2.4	Sonstige Mauermörtel	7.9
7.3	Putzmörtel		7.11
	7.3.1	Allgemeines	7.11
	7.3.2	Anforderungen	7.12
	7.3.3	Zusammensetzung des Putzmörtels	7.13
	7.3.4	Putzgrund	7.15
	7.3.5	Putzausführung	7.18
	7.3.6	Außenputz	7.19
	7.3.7	Innenputz	7.22

Inhaltsverzeichnis

	7.3.8	Putze für den Brandschutz	7.22
	7.3.9	Putz mit überwiegend organischem Zuschlag	7.24
	7.3.10	Wärmedämmputz, Wärmedämm-Verbundsysteme	7.24
	7.3.11	Leichtputze	7.26
	7.3.12	Kunstharzputze	7.26
	7.3.13	Sonstige Putzmörtel	7.27
	7.3.14	Putzbewehrung	7.28
7.4	Vermeidung von Putzschäden		7.28
7.5	Ausblühungen		7.29
	7.5.1	Allgemeines	7.29
	7.5.2	Karbonate	7.30
	7.5.3	Sulfate	7.31
	7.5.4	Chloride	7.31
	7.5.5	Nitrate	7.32
	7.5.6	Beseitigung von Mauerausblühungen	7.32
7.6	Estriche		7.33
	7.6.1	Allgemeines	7.33
	7.6.2	Calciumsulfatestrich CA (Calcium sulfat screed)	7.34
	7.6.3	Magnesiaestrich MA	7.35
	7.6.4	Zementestrich CT	7.37
	7.6.5	Gussasphaltestrich GE	7.39
7.7	Hochbeanspruchbare Estriche, Industrie-Estriche		7.40
	7.7.1	Allgemeines	7.40
	7.7.2	Hochbeanspruchbarer Gussasphaltestrich	7.40
	7.7.3	Hochbeanspruchbarer Magnesiaestrich	7.41
	7.7.4	Hochbeanspruchbarer Zementestrich, zementgebundene Hartstoffestriche	7.41
7.8	Schwimmende Estriche		7.43
7.9	Verbundestriche		7.46
7.10	Estriche auf Trennschicht		7.49
7.11	Estriche mit Kunststoffen		7.50
7.12	Prüfung von Estrichen		7.51
	7.12.1	Allgemeines	7.51
	7.12.2	Festigkeitsprüfung	7.51
	7.12.3	Härte von Gussasphalt	7.53
	7.12.4	Oberflächenhärte von Magnesiaestrich	7.53
	7.12.5	Abnutzbarkeit, Schleifverschleiß	7.53
7.13	Literaturverzeichnis		7.54
8	**Eisen und Stahl**		**8.1**
	Prof. Dr.-Ing. Imke Engelhardt		
8.1	Allgemeines		8.1
8.2	Gusswerkstoffe		8.1
	8.2.1	Gusseisen	8.1
		8.2.1.1 Allgemeines	8.2

		8.2.1.2	Bezeichnung von Gusseisen nach DIN EN 1560 (2011-05)	8.2
		8.2.1.3	Gusseisen mit Lamellengraphit (GJL) nach DIN EN 1561 (2012-01)	8.3
		8.2.1.4	Gusseisen mit Kugelgraphit (GJS) nach DIN EN 1563 (2012-03)	8.3
		8.2.1.5	Temperguss (GJM) nach DIN EN 1562 (2012-05)	8.4
		8.2.1.6	Austenitische Gusseisen nach DIN EN 13 835 (2012-04)	8.4
	8.2.2	Stahlguss (GS)		8.5
8.3	Stahlherstellung			8.6
	8.3.1	Allgemeines		8.6
	8.3.2	Ausgangsstoffe bei der Stahlherstellung		8.6
	8.3.3	Der Hochofenprozess: Vom Erz zum Roheisen		8.8
	8.3.4	Verfahren der Stahlherstellung: Vom Roheisen zum Stahl		8.10
		8.3.4.1	Allgemeines	8.10
		8.3.4.2	Sauerstoffblas-Verfahren	8.11
		8.3.4.3	Elektrostahl-Verfahren	8.12
		8.3.4.4	Siemens-Martin-Verfahren (SM-Verfahren)	8.12
	8.3.5	Neuere Verfahren zur Stahlherstellung		8.12
		8.3.5.1	Schmelzreduktionsverfahren	8.12
		8.3.5.2	Direktreduktionsverfahren	8.13
	8.3.6	Nachbehandlung von Stahl (Sekundärmetallurgie)		8.13
		8.3.6.1	Vakuumbehandlung	8.13
		8.3.6.2	Desoxidation	8.13
		8.3.6.3	Entschwefelung	8.13
	8.3.7	Vergießen		8.14
		8.3.7.1	Blockguss	8.14
		8.3.7.2	Stranggguss	8.14
	8.3.8	Formgebung		8.15
		8.3.8.1	Allgemeines	8.15
		8.3.8.2	Warmwalzverfahren	8.16
		8.3.8.3	Schmieden und Pressen	8.16
		8.3.8.4	Kaltumformen	8.17
	8.3.9	Beschichten von Stahl		8.18
8.4	Gefügeaufbau von Eisen und Stahl			8.18
8.5	Wärmebehandlung			8.20
	8.5.1	Allgemeines		8.20
	8.5.2	Glühen		8.21
	8.5.3	Härten (Umwandlungshärtung)		8.21
	8.5.4	Vergüten und Patentieren		8.22
	8.5.5	Wärmebehandlung beim Walzen		8.22
8.6	Prüfung von Stahl			8.23
	8.6.1	Zugversuch		8.23

Inhaltsverzeichnis

		8.6.2	Dauerschwingversuch, Zeitstandversuch	8.25
		8.6.3	Kerbschlagbiegeversuch	8.25
		8.6.4	Härte und Umformbarkeit	8.26
			8.6.4.1 Härte	8.26
			8.6.4.2 Umformbarkeit	8.27
	8.7	Einteilung und Bezeichnungssysteme der Stähle		8.27
		8.7.1	Allgemeines	8.27
		8.7.2	Einteilung der Stähle nach DIN EN 10 020	8.27
		8.7.3	Bezeichnungssysteme nach DIN EN 10 027	8.29
			8.7.3.1 Kurznamen nach DIN EN 10 027-1	8.29
			8.7.3.2 Nummernsystem nach DIN EN 10 027-2	8.32
	8.8	Stähle für den Stahlbau [8.23]		8.32
		8.8.1	Allgemeines	8.32
		8.8.2	Warmgewalzte unlegierte (allgemeine) Baustähle	8.34
		8.8.3	Wetterfeste Baustähle	8.36
			8.8.4 Feinkornbaustähle	8.36
		8.8.5	Nichtrostende Stähle	8.38
		8.8.6	Warmfeste und kaltzähe Stähle	8.41
		8.8.7	Vergütungs- und Einsatzstähle	8.42
		8.8.8	Stähle für Seildrähte	8.42
	8.9	Stahlerzeugnisse		8.42
		8.9.1	Allgemeines	8.43
		8.9.2	Flacherzeugnisse	8.43
		8.9.3	Langerzeugnisse	8.44
		8.9.4	Kaltprofile *(Siehe auch [8.7].)*	8.50
		8.9.5	Ankerschienen	8.50
		8.9.6	Bauelemente aus Metallblech	8.52
		8.9.7	Wabenträger und Cellform-Träger	8.54
		8.9.8	Hohlprofile und Rohre *(s.a. Tafel 8.10)*	8.56
			8.9.8.1 Hohlprofile	8.56
			8.9.8.2 Rohre für Flüssigkeiten und Gase	8.57
		8.9.9	Drahtseile *[8.23]*	8.59
			8.9.9.1 Litzenseile	8.59
			8.9.9.2 Spiralseile	8.59
			8.9.9.3 Paralleldrahtbündel, Parallellitzenbündel	8.60
			8.9.9.4 Endverankerung	8.60
	8.10	Verbindungsmittel im Stahlbau		8.61
		8.10.1	Niete und Schrauben	8.61
			8.10.1.1 Niete	8.61
			8.10.1.2 Schrauben	8.61
		8.10.2	Kleben *(s.a. Merkblatt MB 382, Ausgabe 1998; www.stahl-info.de)*	8.62
			8.10.2.1 Allgemeines	8.62
			8.10.2.2 Verfahren	8.62

	8.10.3	Schweißen	8.63
		8.10.3.1 Allgemeines	8.64
		8.10.3.2 Metall-Lichtbogenhandschweißen (E)	8.65
		8.10.3.3 Schutzgasschweißen	8.65
		8.10.3.4 Weitere Schweißverfahren	8.65
		8.10.3.5 Schweißunregelmäßigkeiten	8.66
8.11	Betonstahl (s.a. www.baustahlgewebe.com)		8.67
	8.11.1	Allgemeines	8.67
	8.11.2	Betonstahl nach DIN EN 10 080 (2005/08)	8.68
	8.11.3	Kennzeichnung von Betonstahl	8.69
	8.11.4	Betonstahl in Stäben (Betonstabstahl)	8.70
	8.11.5	Bewehrungsdraht	8.70
	8.11.6	Frühere Betonstahlsorten	8.71
	8.11.7	Betonstahlmatten	8.73
		8.11.7.1 Allgemeines	8.73
		8.11.7.2 Lagermatten	8.73
		8.11.7.3 Designmatten	8.75
		8.11.7.4 Vorratsmatten	8.78
		8.11.7.5 Verlegung der Matten	8.78
		8.11.7.6 Betonstahl-Elemente	8.78
	8.11.8	Betonstahl in Ringen	8.79
	8.11.9	Stahlgitterträger	8.79
	8.11.10	Weitere Betonstähle mit Zulassungsbescheid	8.81
	8.11.11	Betonstähle mit erhöhtem Korrosionswiderstand	8.81
	8.11.12	Betonstahlverbindungen	8.82
		8.11.12.1 Schweißen von Betonstahl	8.82
		8.11.12.2 Mechanische Verbindungen (s.a. [8.9])	8.82
		8.11.12.3 Vorgefertigte Bewehrungsanschlüsse	8.85
	8.11.13	Prüfung von Betonstahl nach DIN EN ISO 15 630 (02.11)	8.86
		8.11.13.1 Betonstabstahl, -walzdraht und -draht nach DIN EN ISO 15 630-1 (02.11)	8.86
		8.11.13.2 Geschweißte Betonstahlmatten nach DIN EN ISO 15 630-2 (2011/02)	8.87
8.12	Spannstahl (s.a. Abschnitt 6.18)		8.89
	8.12.1	Arten	8.89
	8.12.2	Anforderungen und Eigenschaften	8.90
	8.12.3	Verankerungen	8.90
8.13	Brandverhalten und Brandschutz von Gusseisen und Stahl		8.91
	8.13.1	Gusseisen	8.91
	8.13.2	Stahl [8.23]	8.91
		8.13.2.1 Verhalten bei Erwärmung	8.91
		8.13.2.2 Brandschutzmaßnahmen	8.93
		8.13.2.3 Feuerschutztechnische Berechnungen	8.94
8.14	Korrosion und Korrosionsschutz (s.a. [2; 2 a])		8.95

Inhaltsverzeichnis

	8.14.1	Ursachen der Korrosion	8.96
		8.14.1.1 Allgemeines	8.96
		8.14.1.2 Chemische Korrosion	8.97
		8.14.1.3 Elektrochemische Korrosion	8.97
		8.14.1.4 Atmosphärische Korrosion	8.97
	8.14.2	Aktiver Korrosionsschutz	8.98
		8.14.2.1 Konstruktive Gestaltung	8.98
		8.14.2.2 Auswahl widerstandsfähiger Stähle	8.98
		8.14.2.3 Beeinflussung des Korrosionsmittels	8.98
		8.14.2.4 Kathodischer Korrosionsschutz	8.98
	8.14.3	Passiver Korrosionsschutz durch Beschichtungssysteme *nach DIN EN ISO 12 944-1 bis -8 (s.a. Merkblatt 405, Ausgabe 2005; www.stahl-info.de)*	8.99
		8.14.3.1 Allgemeines	8.99
		8.14.3.2 Umgebungsbedingungen nach DIN EN ISO 12 944-2 (1998/07)	8.100
		8.14.3.3 Grundregeln zur korrosionsschutzgerechten Gestaltung nach DIN EN ISO 12 944-3 (1998/07)	8.101
		8.14.3.4 Oberflächenvorbereitung nach DIN EN ISO 12 944-4 (1998/07)	8.103
		8.14.3.5 Beschichtungssysteme nach DIN EN ISO 12 944-5 (2008/01) (s.a. Tafel 8.21)	8.108
		8.14.3.6 Ausführung und Überwachung von Beschichtungsarbeiten nach DIN EN ISO 12 944-7 (1998/07) und DIN 18 364 (2012/09) (s.a. ZTV-KOR-Stahlbauten, Abschnitt 8.14 Normen)	8.112
		8.14.3.7 Korrosionsschutz von tragenden dünnwandigen Bauteilen nach DIN 55 928-8 (07.94)	8.113
	8.14.4	Nichtmetallische Überzüge	8.114
	8.14.5	Metallische Überzüge	8.114
		8.14.5.1 Elektrolytische Überzüge	8.114
		8.14.5.2 Spritzmetallüberzüge	8.115
		8.14.5.3 Weitere Verfahren	8.115
	8.14.6	Feuerverzinken	8.115
		8.14.6.1 Diskontinuierliches Verzinken (Stückverzinken) (s.a. Merkblatt MB 329: Stückverzinken; www.stahl-info.de)	8.116
		8.14.6.2 Kontinuierliches Verzinken (Bandverzinken)	8.117
8.15	Recycling von Stahl		8.121
8.16	Literatur		8.121
9	**Nichteisenmetalle (NE-Metalle)**		**9.1**
Prof. Dr.-Ing. Imke Engelhardt			
9.1	Allgemeines		9.1
9.2	Blei Pb (2- und 4-wertig)		9.1

	9.2.1	Vorkommen, Gewinnung und Sorten	9.1
	9.2.2	Legierungen	9.2
	9.2.3	Eigenschaften	9.2
	9.2.4	Korrosionsverhalten	9.2
	9.2.5	Verwendung im Bauwesen	9.2
9.3	Zinn Sn (Stannum, 2- und 4-wertig)		9.3
	9.3.1	Vorkommen, Gewinnung und Eigenschaften	9.3
	9.3.2	Verwendung im Bauwesen	9.3
9.4	Zink Zn (2-wertig)		9.3
	9.4.1	Gewinnung und Sorten	9.4
	9.4.2	Legierungen	9.4
	9.4.3	Korrosionsverhalten	9.5
	9.4.4	Verwendung im Bauwesen	9.5
9.5	Kupfer Cu (Cuprum 2- und 1-wertig)		9.5
	9.5.1	Vorkommen, Gewinnung	9.6
	9.5.2	Bezeichnung von Kupferwerkstoffen	9.6
	9.5.3	Eigenschaften	9.7
	9.5.4	Kupfersorten	9.7
	9.5.5	Kupferlegierungen	9.7
	9.5.6	Verwendung im Bauwesen	9.8
	9.5.7	Korrosionsverhalten von Kupfer	9.9
9.6	Nickel Ni (2- und 4-wertig)		9.9
	9.6.1	Vorkommen, Gewinnung und Eigenschaften	9.10
	9.6.2	Sorten, Legierungen und Verwendung	9.10
9.7	Aluminium Al (3-wertig)		9.10
	9.7.1	Vorkommen, Gewinnung, Weiterverarbeitung	9.11
	9.7.2	Arten von Aluminiumwerkstoffen	9.12
		9.7.2.1 Aluminium-Knetwerkstoffe	9.12
		9.7.2.2 Aluminium-Gusswerkstoffe	9.13
	9.7.3	Bezeichnung von Aluminium-Werkstoffen	9.14
		9.7.3.1 Knetwerkstoffe und Knetlegierungen	9.14
		9.7.3.2 Gusswerkstoffe	9.15
	9.7.4	Eigenschaften von Aluminiumwerkstoffen	9.15
		9.7.4.1 Physikalische Eigenschaften	9.15
		9.7.4.2 Mechanische Eigenschaften	9.15
		9.7.4.3 Bearbeitungsmöglichkeiten	9.16
	9.7.5	Korrosionsverhalten und Oberflächenbehandlung	9.16
	9.7.6	Verwendung im Bauwesen	9.17
9.8	Magnesium Mg (2-wertig)		9.17
	9.8.1	Gewinnung und Sorten	9.17
	9.8.2	Eigenschaften und Verwendung im Bauwesen	9.18
9.9	Titan Ti (2- und 3-wertig)		9.18
	9.9.1	Vorkommen, Gewinnung und Eigenschaften	9.18
	9.9.2	Verwendung im Bauwesen	9.19

Inhaltsverzeichnis

9.10	Löten		9.19
	9.10.1	Allgemeines	9.19
	9.10.2	Lotlegierungen (Lote, Lotmetalle)	9.19
	9.10.3	Ausführung von Lötverbindungen	9.20
9.11	Recycling, Umwelt und Gesundheitsrisiken		9.20
9.12	Literatur		9.21

10 Bitumen, Asphalt, Teerpech 10.1
Prof. Dr.-Ing. Norbert Rogosch

10.1	Allgemeines		10.1
10.2	Bitumen		10.1
	10.2.1	Begriffe	10.1
	10.2.2	Herstellung	10.2
	10.2.3	Zusammensetzung und Struktur	10.3
	10.2.4	Eigenschaften	10.4
		10.2.4.1 Konsistenz, Fließverhalten	10.5
		10.2.4.2 Plastizitätsspanne	10.6
		10.2.4.3 Adhäsion und Alterung	10.6
		10.2.4.4 Verhalten gegenüber Wasser und Chemikalien	10.7
		10.2.4.5 Physikalische Kenndaten	10.8
	10.2.5	Sorten und Beschaffenheitsvorschriften	10.8
		10.2.5.1 Allgemeines	10.8
		10.2.5.2 Straßenbaubitumen (DIN EN 12 591) – (Destillationsbitumen)	10.9
		10.2.5.3 Hochvakuumbitumen (Hartbitumen)	10.9
		10.2.5.4 Oxidationsbitumen	10.10
		10.2.5.5 Polymermodifizierte Bitumen	10.10
		10.2.5.6 Heißbitumen	10.11
		10.2.5.7 Zusätze zur Absenkung der Einbautemperatur von Asphalt	10.11
10.3	Aus Bitumen abgeleitete Produkte (früher: Bitumenhaltige Bindemittel)		10.12
	10.3.1	Allgemeines	10.12
	10.3.2	Bitumenlösungen	10.13
		10.3.2.1 Allgemeines	10.13
		10.3.2.2 Fluxbitumen	10.13
		10.3.2.3 Kaltbitumen	10.14
		10.3.2.4 Bitumenanstrichmittel	10.14
	10.3.3	Bitumenemulsionen	10.15
		10.3.3.1 Allgemeines	10.15
		10.3.3.2 Anionische Emulsionen	10.15
		10.3.3.3 Kationische Emulsionen	10.16
		10.3.3.4 Brechverhalten und Bindemittelgehalt	10.16
		10.3.3.5 Spezialprodukte	10.17
		10.3.3.6 Anwendung und Anforderungen	10.17
10.4	Asphalt		10.20

	10.4.1	Naturasphalte	10.20
	10.4.2	Technische Asphalte	10.20
		10.4.2.1 Mineralstoffe	10.20
		10.4.2.2 Herstellung des Asphaltmischguts	10.21
		10.4.2.3 Asphalteigenschaften	10.23
10.5	Anwendung von Bitumen und Asphalt im Straßenbau		10.26
	10.5.1	Begriffe	10.26
	10.5.2	Mischgut mit Hohlräumen (Walzasphalt)	10.28
	10.5.3	Mischgut ohne Hohlräume (Gussasphalt und Asphaltmastix)	10.28
	10.5.4	Mischgutarten und Anforderungen	10.29
	10.5.5	Asphaltbefestigungen	10.39
		10.5.5.1 Tragschichten	10.39
		10.5.5.2 Tragdeckschichten	10.40
		10.5.5.3 Binderschichten	10.40
		10.5.5.4 Deckschichten	10.40
		10.5.5.5 Besondere Einbauweisen bei Deckschichten	10.42
		10.5.5.6 Weitere Asphaltbefestigungen	10.43
	10.5.6	Brückenbeläge	10.44
	10.5.7	Sonderbeläge	10.45
	10.5.8	Wiederverwendung von Asphalt	10.46
10.6	Anwendung von Bitumen im Wasserbau		10.48
10.7	Anwendung von Bitumen im Hoch- und Industriebau		10.50
	10.7.1	Allgemeines, Begriffe	10.50
	10.7.2	Bauwerksabdichtungen	10.51
		10.7.2.1 Abdichtungsarten	10.51
		10.7.2.2 Abdichtungsstoffe (Bitumenhaltige Bautenschutzmittel)	10.52
		10.7.2.3 Abdichtungsbahnen (Bitumenbahnen)	10.54
		10.7.2.4 Abdichtungsverfahren	10.55
	10.7.3	Dachabdichtungen	10.59
	10.7.4	Asphalt-Bodenbeläge	10.60
		10.7.4.1 Gussasphaltestrich	10.60
		10.7.4.2 Asphaltplattenbeläge	10.61
	10.7.5	Bitumenhaltige Fugenvergussmassen	10.62
10.8	Sonstige Anwendungen von Bitumen		10.62
10.9	Steinkohlenteerpech und Steinkohlenteer-Spezialpech		10.63
	10.9.1	Allgemeines	10.63
	10.9.2	Begriffe	10.63
	10.9.3	Umweltverträgliche Verwertung von pechhaltigen Straßenbaustoffen	10.64
10.10	Literatur		10.65

11 Beschichtungen, Anstriche ... 11.1
Prof. Dipl.-Ing. Rolf Möhring, Prof. Dr. rer. nat. Thomas Thielmann

- 11.1 Allgemeines ... 11.1
- 11.2 Begriffe ... 11.1
- 11.3 Farbmittel (Pigmente und Farbstoffe) ... 11.4
  - 11.3.1 Allgemeines ... 11.4
  - 11.3.2 Anorganische Pigmente *(Mineralfarben)* ... 11.5
  - 11.3.3 Organische Pigmente und Farbstoffe ... 11.6
  - 11.3.4 Metallische Pigmente ... 11.6
  - 11.3.5 Leuchtpigmente ... 11.6
  - 11.3.6 Kalk- bzw. Zementechtheit ... 11.6
  - 11.3.7 Weitere Eigenschaften ... 11.7
- 11.4 Bindemittel ... 11.7
- 11.5 Anstriche (Beschichtungen) ... 11.8
  - 11.5.1 Begriffe und Anforderungen ... 11.8
  - 11.5.2 Kalkfarbanstrich ... 11.11
  - 11.5.3 Zementfarbanstrich ... 11.12
  - 11.5.4 Wasserglasfarbanstrich ... 11.12
  - 11.5.5 Leimfarbanstrich ... 11.13
  - 11.5.6 Kaseinleimanstrich ... 11.13
  - 11.5.7 Kunststoffdispersionsfarben (KD-Farben) ... 11.14
    - 11.5.7.1 Allgemeines ... 11.14
    - 11.5.7.2 Eigenschaften ... 11.14
    - 11.5.7.3 KD-Farben für Außenanwendungen ... 11.15
    - 11.5.7.4 KD-Farben für Innenanwendungen ... 11.15
  - 11.5.8 Ölfarbanstriche ... 11.16
  - 11.5.9 Öllackanstriche ... 11.17
  - 11.5.10 Lackfarbanstriche ... 11.18
    - 11.5.10.1 Alkydlackanstriche ... 11.18
    - 11.5.10.2 Acrylharze und Acrylharzlacke ... 11.18
    - 11.5.10.3 Spirituslacke ... 11.18
    - 11.5.10.4 Nitro- oder Celluloselacke ... 11.19
    - 11.5.10.5 Zaponlack ... 11.19
    - 11.5.10.6 Reaktionslacke (Zweikomponentenlacke) ... 11.19
    - 11.5.10.7 Siliconharzlacke (siehe Abschnitt 14.8) ... 11.19
    - 11.5.10.8 Chlorkautschuklackfarbe ... 11.19
    - 11.5.10.9 Weitere Lacke ... 11.20
- 11.6 Entfernung alter Anstriche/Beschichtungen ... 11.20
- 11.7 Anstrichschäden ... 11.21
  - 11.7.1 Allgemeines ... 11.21
  - 11.7.2 Schadensformen und ihre Ursachen ... 11.21
- 11.8 Beizen (Holzbeizen) ... 11.22
  - 11.8.1 Farbstoffbeizen ... 11.22
  - 11.8.2 Chemische Holzbeizen ... 11.22

	11.9	Holzpolituren	11.22
		11.9.1 Schellack-Politur	11.22
		11.9.2 Nitrocellulose-Politur	11.22
		11.9.3 Spritzpolitur	11.23
	11.10	Blattmetalle	11.23
	11.11	Hilfsstoffe für Anstriche	11.23
		11.11.1 Abbeizmittel *(siehe Abschnitt 11.6)*	11.23
		11.11.2 Verdünnungsmittel	11.23
		11.11.3 Anstrichfungizide *(pilzwidrige Anstriche)*	11.23
		11.11.4 Anstricharmierungen	11.24
		11.11.5 Spachtelmassen *(siehe Abschnitt 15.2)*	11.24
	11.12	Gesundheitsrisiken und Schutzmaßnahmen beim Umgang mit Anstrichstoffen	11.24
	11.13	Ersatzstoffe	11.25
	11.4	Literatur	11.26
12	**Tapeten, Wand- und Deckenbeläge, Spannstoffe**		**12.1**
	Prof. Dipl.-Ing. Rolf Möhring, Prof. Dr. rer. nat. Thomas Thielmann		
	12.1	Allgemeines	12.1
	12.2	Arten	12.2
		12.2.1 Tapeten	12.3
		12.2.2 Beläge (ohne Platten aus Kunststoffen, Holzwerkstoffen oder Keramik)	12.5
		12.2.3 Spannstoffe	12.5
		12.2.4 Leisten: aus Holz, Kunststoff, Metall.	12.6
		12.2.5 Kordeln: aus natürlichen oder synthetischen Fasern.	12.6
		12.2.6 Borten: aus Papier, Textilien und anderen Stoffen entsprechend den Tapeten.	12.6
		12.2.7 Unterlagsstoffe	12.6
		12.2.8 Klebstoffe für Tapezierarbeiten	12.7
	12.3	Beurteilungskriterien und Anforderungen	12.8
		12.3.1 Tapeten	12.8
		12.3.2 Beläge, Anforderungen und Lieferformen	12.10
		12.3.3 Spannstoffe, Anforderungen und Lieferformen	12.10
		12.3.4 Leisten	12.11
		12.3.5 Kordeln	12.11
		12.3.6 Borten	12.11
		12.3.7 Unterlagsstoffe	12.11
		12.3.8 Klebstoffe für Tapezierarbeiten	12.11
	12.4	Literatur	12.12
13	**Bodenbeläge**		**13.1**
	Prof. Dipl.-Ing. Rolf Möhring, Prof. Dr. rer. nat. Thomas Thielmann		
	13.1	Allgemeines	13.1
	13.2	Elastische Bodenbeläge aus Linoleum, Kunststoff und Gummi	13.2
	13.3	Textile Bodenbeläge	13.3

	13.3.1	Webteppiche	13.4
	13.3.2	Wirk- und Strickteppiche *(Gewirkte und Gestrickte)*	13.4
	13.3.3	Tuftingteppiche *(Abb. 13.5)*	13.5
	13.3.4	Nadelvlies-Bodenbeläge	13.5
	13.3.5	Klebpolteppiche *(Klebnoppentextilien)*	13.5
	13.3.6	Flockteppiche *(Flocktextilien)*	13.5
	13.3.7	Nähwirkteppiche *(Nähwirkstoffe)*	13.5
	13.3.8	Vlieswirkteppiche *(Vlieswirkstoffe)*	13.5
	13.3.9	Richtungsloser Teppich (Kugelgarn)	13.5

13.4 Beurteilungskriterien ... 13.7
    13.4.9 Verschleißverhalten ... 13.10
        13.4.9.1 Verschleißverhalten von elastischen Bodenbelägen . 13.10
        13.4.9.2 Einstufung von Polteppichen (DIN EN 1307) ... 13.13
        13.4.9.3 Verschleißverhalten von textilen Bodenbelägen ... 13.14
    13.4.10 Feuchtraumeignung ... 13.14
    13.4.11 Lichtechtheit ... 13.15
    13.4.12 Reibechtheit ... 13.15
    13.4.13 Wasserechtheit ... 13.15

13.5 Literatur ... 13.18

14 Kunststoffe ... 14.1
Prof. Dipl.-Ing. Rolf Möhring, Prof. Dr. rer. nat. Thomas Thielmann

14.1 Kurzzeichen für Kunststoffe ... 14.1
14.2 Begriffe und Einführung ... 14.1
14.3 Allgemeine Eigenschaften der Kunststoffe (siehe Tafel 14.2) ... 14.2
14.4 Einteilung der Kunststoffe ... 14.5
    14.4.1 Einteilung nach dem Herstellungsprinzip ... 14.5
    14.4.2 Molekularstruktur und daraus resultierendes mechanisch-thermisches Verhalten ... 14.8
        14.4.2.1 Thermoplaste (griech.: thermos – warm; plastikos – zum Formen) ... 14.9
        14.4.2.2 Elastomere (griech.: elastos – dehnbar, biegbar) ... 14.13
        14.4.2.3 Duroplaste (lat.: durus – hart; griech.: plastikos – zum Formen) (Duromere) ... 14.14
    14.4.3 Einteilung der Kunststoffe nach ihrer Polarität ... 14.15
14.5 Beeinflussung der Eigenschaften von Kunststoffen ... 14.16
    14.5.1 Polymerisationsgrad ... 14.16
    14.5.2 Kristallinität ... 14.16
    14.5.3 Verzweigungsgrad ... 14.17
    14.5.4 Weichmacher ... 14.17
    14.5.5 Stabilisatoren ... 14.17
14.6 Bautechnisch wichtige Plastomere ... 14.18
    14.6.1 Polyolefine und ähnliche Polymere ... 14.18
        14.6.1.1 Polyethylen PE $(C_2H_4)_n$ ... 14.18
        14.6.1.2 Polypropylen PP $(C_3H_6)_n$ ... 14.20

	14.6.1.3	Polybuten-1 PB [$(C_4H_8)_n$ = Polybutylen]	14.21
	14.6.1.4	Polyisobutylen PIB $(C_4H_8)_n$	14.21
	14.6.1.5	Polyoxymethylen POM $(CH_2O)_n$	14.22
14.6.2	Polyvinyle und ähnliche Polymere		14.22
	14.6.2.1	Polyvinylchlorid PVC	14.23
	14.6.2.2	PVC hart (Hart-PVC, PVC-U)	14.23
	14.6.2.3	PVC weich (Weich-PVC; PVC-P)	14.24
	14.6.2.4	Übrige PVC-Sorten	14.25
	14.6.2.5	Polystyrol PS	14.25
	14.6.2.6	Styrol-Copolymerisate (Cop.)	14.26
	14.6.2.7	Acrylharze	14.27
	14.6.2.8	Polyvinylacetat PVAC	14.28
	14.6.2.9	Polyvinylpropionat PVP	14.29
	14.6.2.10	Polyvinylalkohol PVAL	14.29
	14.6.2.11	Polyvinylbutyral PVB	14.30
	14.6.2.12	Polyvinylether (ohne Abkürzung)	14.30
14.6.3	Polyfluorcarbone = Fluorpolymerisate		14.30
	14.6.3.1	Polytetrafluorethylen PTFE	14.30
	14.6.3.2	Polychlortrifluorethylen PCTFE	14.31
	14.6.3.3	Polyvinylfluorid PVF	14.31
14.6.4	Polyamide PA		14.31
14.6.5	Lineare Polyester		14.32
	14.6.5.1	Polycarbonate PC	14.32
	14.6.5.2	Polyethylenterephthalat PET	14.33

14.7 Duroplaste → Bautechnisch wichtige duroplastische vollsynthetische Kunststoffe ... 14.34

14.7.1	Formaldehydharze		14.34
	14.7.1.1	Phenol-Formaldehydharze PF (Phenoplaste)	14.35
	14.7.1.2	Harnstoff-Formaldehydharze UF (Aminoplaste)	14.36
	14.7.1.3	Melaminharze MF (Aminoplaste)	14.36
	14.7.1.4	Resorcin-Formaldehydharz RF	14.37
14.7.2	Vernetzte Polyester		14.37
	14.7.2.1	Ungesättigte Polyesterharze UP	14.37
	14.7.2.2	Alkydharze („Alkyd", gebildet aus Alkohol und Acid)	14.38
14.7.3	Epoxidharze EP		14.38
14.7.4	Glasfaserverstärkte Kunststoffe GFK		14.39
14.7.5	Vernetzte (und lineare) Polyurethane PUR		14.40

14.8 Silikone SI (auch Silicon-Polymere, Silicone oder Siloxane) [2] ... 14.41
14.9 Hydrophobierungsmittel ... 14.42
14.10 Abgewandelte Naturstoffe (halbsynthetische Kunststoffe) ... 14.42

14.10.1	Celluloseabkömmlinge		14.43
	14.10.1.1	Zellglas	14.43
	14.10.1.2	Vulkanfiber VF	14.43

Inhaltsverzeichnis

	14.10.1.3	Cellulosenitrat CN	14.43
	14.10.1.4	Celluloseacetat CA (Acetylcellulose)	14.43
	14.10.1.5	Celluloseacetobutyrat CAB	14.44
	14.10.1.6	Cellulosepropionat CP	14.44
	14.10.1.7	Methylcellulose MC (Zellkleister)	14.44
14.10.2	Eiweißabkömmlinge (Casein-Formaldehyd CSF)		14.44
14.10.3	Kautschukabkömmlinge		14.44
	14.10.3.1	Naturkautschuk NK und Gummi	14.44
	14.10.3.2	Chlorkautschuk	14.44
	14.10.3.3	Cyclokautschuk	14.45
14.11 Elastomere (Elaste)			14.45
14.11.1	Dien-Elastomere		14.45
14.11.2	Polysulfidkautschuk SR		14.46
14.12 Verarbeitung der Kunststoffe			14.46
14.12.1	Begriffe		14.46
14.12.2	Formgebung der Plastomere		14.47
14.12.3	Formgebung der Duromere		14.47
14.12.4	Schweißen von Plastomeren		14.47
14.13 Geokunststoffe			14.48
14.13.1	Geogitter		14.49
14.13.2	Geozellen		14.50
14.13.3	Geotextilien		14.50
14.13.4	Auswahlkriterien für die Anwendung von Geotextilien und Geogittern		14.52
14.14 Verwendung von Kunststoffen im Bauwesen			14.53
14.14.1	Folien und Bahnen		14.53
	14.14.1.1	Bautenschutzfolien	14.53
	14.14.1.2	Dachbelagsbahnen	14.53
	14.14.1.3	Abdichtungsbahnen	14.54
	14.14.1.4	Wickelfolien	14.55
	14.14.1.5	Dekorations- und Polsterfolien	14.55
	14.14.1.6	Dampfbremsen, Unterspannbahnen	14.55
14.14.2	Fußbodenbeläge		14.56
14.14.3	Wandbeläge		14.56
14.14.4	Wandfliesen		14.56
14.14.5	Bau- und Möbelplatten		14.56
	14.14.5.1	Dekorative Schichtpressstoffplatten	14.56
	14.14.5.2	Kunststoffbeschichtete Spanplatten und Holzfaserplatten	14.57
	14.14.5.3	Kunstharzpressholz	14.57
14.14.6	Kunststoffbeschichtete Metalle		14.57
14.14.7	Bauprofile		14.58
14.14.8	Kunststoffrohre und -formstücke		14.59
	14.14.8.1	Allgemeines	14.60

14.14.8.2 Arten von Kunststoffrohren 14.61
14.14.8.3 Anwendungsgebiete von Kunststoffrohren 14.62
14.14.9 Dachrinnen 14.63
14.14.10 Profilplatten, Tafeln und Flachstäbe 14.63
14.14.11 Lichtkuppeln, Lichtbänder und Lichtschalen 14.64
14.14.12 Fenster und Fenstertüren 14.64
14.14.13 Fensterzubehör 14.64
14.14.14 Tragwerke aus Kunststoffen 14.65
14.14.15 Weitere Verwendungsgebiete von Kunststoffen 14.65
14.15 Gesundheitsrisiken und Recycling von Kunststoffen 14.65
14.16 Literatur 14.67

15 Klebstoffe, Dichtstoffe, Kitte, Spachtelmassen 15.1
Prof. Dipl.-Ing. Rolf Möhring, Prof. Dr. rer. nat. Thomas Thielmann
15.1 Klebstoffe 15.1
15.1.1 Begriffe und Einführung 15.1
15.1.2 Leim, Leimlösungen 15.4
15.1.3 Dispersionsklebstoffe 15.4
15.1.4 Lösemittelklebstoffe (Kleblacke) 15.4
15.1.5 Kontaktklebstoffe (Kunstkautschukklebstoffe) 15.6
15.1.6 Haftklebstoffe 15.7
15.1.7 Reaktionsharzklebstoffe (Reaktionsklebstoffe) 15.7
15.1.8 Feste Klebstoffe (Schmelzklebstoffe) 15.8
15.1.9 Montageklebstoffe 15.8
15.2 Dichtstoffe 15.8
15.2.1 Begriffe und Einführung *(s.a. Abschnitt 15.1)* 15.10
15.2.2 Silicon-Dichtstoffe 15.14
15.2.3 Polysulfid-Dichtstoffe 15.15
15.2.4 Acryl-Dichtstoffe *(siehe Abschnitt 14.6.2.7)* 15.16
15.2.5 Polyurethan-Dichtstoffe *(siehe Abschnitt 14.7.5)* 15.16
15.2.6 Butylkautschuk- und Polyisobutylen-Dichtstoffe *(IIR siehe Abschnitt 14.10.1 und PIB siehe Abschnitt 14.6.1.4.)* 15.16
15.3 Kitte 15.17
15.3.1 Begriff und Einführung 15.17
15.3.2 Leinölkitte 15.17
15.3.3 Glycerinkitt 15.18
15.3.4 Wasserglaskitt 15.18
15.3.5 Eiweißkitt 15.18
15.3.6 Leimkitt 15.18
15.3.7 Sulfitablaugekitt 15.18
15.3.8 Phenoplastkitt 15.18
15.3.9 Kautschukkitt 15.18
15.3.10 Bitumenkitt 15.18
15.3.11 Rostkitt, Eisenkitt 15.19
15.4 Spachtelmassen 15.19

	15.4.1	Begriff und Einführung	15.19
	15.4.2	Spachtelputz, Kunstharzputz	15.19
	15.4.3	Spachtelmakulatur	15.19
	15.4.4	Arten von Spachtelmassen	15.19
	15.4.5	Verwendung von Spachtelmassen	15.20
15.5	Gesundheitsrisiken und Recycling		15.20
15.6	Literatur		15.21

16 Dämmstoffe ... 16.1
Prof. Dipl.-Ing. Rolf Möhring, Prof. Dr. rer. nat. Thomas Thielmann

16.1	Allgemeines		16.1
16.2	Wärmeschutz		16.2
	16.2.1	Definitionen und Bemessungswerte	16.3
	16.2.2	Wärmeschutznachweise	16.16
	16.2.3	Mindestwerte des Wärmeschutzes für Aufenthaltsräume	16.16
16.3	Wärmedämmstoffe		16.18
	16.3.1	Faserdämmstoffe	16.27
	16.3.2	Schaumkunststoffe	16.28
	16.3.3	Mineralische Schaumstoffe	16.29
	16.3.4	Wärmedämm-Verbundsysteme (WDVS)	16.30
	16.3.5	Leichtbauplatten	16.31
	16.3.6	Gips-Deckenplatten und Gipskarton-Verbundplatten	16.33
	16.3.7	Holzfaserdämmstoffe	16.34
	16.3.8	Spanplatten als Schallschluckplatten	16.35
	16.3.9	Dämmstoffe aus Kork	16.36
16.4	Schallschutz		16.37
	16.4.1	Definitionen und Anforderungen	16.38
	16.4.2	Schalldämmung durch einschalige Bauteile	16.40
	16.4.3	Schalldämmung durch mehrschalige Bauteile	16.43
	16.4.4	Schallschluckung	16.44
16.5	Brandschutz		16.46
	16.5.1	Brennbarkeit von Baustoffen	16.49
	16.5.2	Feuerwiderstandsdauer von Bauteilen	16.49
16.6	Literatur		16.52

17 Holz und Holzwerkstoffe ... 17.1
Prof. Dipl.-Holzw. Rainer Grohmann

17.1	Allgemeines [17.8], [17.11], [17.35]		17.1
17.2	Aufbau des Holzes [17.9], [17.10]		17.1
	17.2.1	Lebendes Holz	17.1
	17.2.2	Chemischer Aufbau des Holzes [2], [17.36]	17.2
	17.2.3	Makroskopischer Aufbau des Holzes	17.2
	17.2.4	Mikroskopischer Aufbau des Holzes	17.4
17.3	Merkmale des Holzes		17.6
17.4	Holzarten und allgemeine Eigenschaften des Holzes		17.7
	17.4.1	Arten	17.10

	17.4.2	Allgemeine Eigenschaften des Holzes	17.10
	17.4.3	Dauerhaftigkeit und Resistenz [17.5], [17.10]	17.10
	17.4.4	Brandverhalten von Holz [17.7], [17.15]	17.12
17.5	Feuchtetechnische Eigenschaften des Holzes – Sorption		17.13
	17.5.1	Holzfeuchte und Wassergehalt	17.13
	17.5.2	Anlagerung von Feuchte im Holz [17.37]	17.13
	17.5.3	Quellen und Schwinden	17.14
17.6	Bauphysikalische und chemische Eigenschaften des Holzes		17.17
	17.6.1	Dichte	17.17
	17.6.2	Thermische Eigenschaften	17.17
	17.6.3	Wasserdampfdiffusion von Holz	17.17
	17.6.4	Akustische Eigenschaften von Holz	17.17
	17.6.5	Verhalten von Holz gegenüber elektrischem Strom	17.18
	17.6.6	Korrosionseigenschaften von Holz	17.18
17.7	Elastomechanische Eigenschaften von Holz [17.9], [17.13]		17.18
	17.7.1	Festigkeit, E-Modul, G-Modul von Holz	17.18
	17.7.2	Härte von Holz	17.19
17.8	Prüfung von Holz (siehe auch [5])		17.20
	17.8.1	Allgemeines	17.20
	17.8.2	Bestimmung der Rohdichte ρ	17.20
	17.8.3	Bestimmung der Holzfeuchte u	17.20
	17.8.4	Bestimmung von Quellung und Schwindung	17.21
	17.8.5	Bestimmung der Druck- und Zugfestigkeit parallel zur Faser	17.21
	17.8.6	Bestimmung der Druckfestigkeit quer zur Faser	17.22
	17.8.7	Bestimmung der Scherfestigkeit in Faserrichtung	17.22
17.9	Konstruktive Vollholzprodukte [17.16]		17.23
	17.9.1	Baurundholz	17.24
	17.9.2	Bauschnittholz	17.24
	17.9.3	Konstruktionsvollholz (KVH®) [17.6], [17.16]	17.29
	17.9.4	Massivholz MH® [17.22]	17.30
	17.9.5	Balkenschichtholz (Duo-, Triobalken) [17.16], [17.24]	17.30
	17.9.6	Kreuzbalken	17.31
	17.9.7	Brettschichtholz BSH [17.16], [17.18], [17.19]	17.31
17.10	Parkett [17.20]		17.33
	17.10.1	Allgemeines	17.33
	17.10.2	Parkettarten	17.34
	17.10.3	Verlegung von Parkett	17.34
17.11	Holzpflaster [17.21]		17.36
	17.11.1	Holzpflasterarten	17.36
	17.11.2	Verlegung von Holzpflaster	17.36
17.12	Besondere Holzbauteile		17.37
	17.12.1	Vergütetes Holz	17.37
	17.12.2	Nagelplatten-Binder [17.32]	17.37
	17.12.3	Holzrahmenbau [17.33]	17.37

Inhaltsverzeichnis

17.12.4	Brettstapelbauweise [17.34]	17.38
17.13	Holzwerkstoffe [17.3], [17.10]	17.38
17.13.1	Allgemeines	17.38
17.13.2	Massivholzplatten SWP	17.39
17.13.3	Sperrholz	17.41
17.13.3.1	Klassifizierung von Sperrholz nach DIN EN 313-2	17.41
17.13.3.2	Stab- und Stäbchensperrholz für allgemeine Zwecke nach DIN 68 705-2 (03.16)	17.43
17.13.4	Spanplatten	17.44
17.13.4.1	Herstellung von Spanplatten	17.44
17.13.4.2	Klassifizierung von Spanplatten nach DIN EN 309	17.45
17.13.4.3	Anforderungen an Spanplatten nach DIN EN 312	17.45
17.13.4.4	Mineralisch gebundene Flachpressplatten [17.3]	17.48
17.13.5	OSB-Platten [17.3]	17.49
17.13.6	Langspanholz TimberStrand™ [17.3]	17.49
17.13.7	Furnierstreifenholz Parallam PSL [17.3]	17.50
17.13.8	Furnierschichtholz FSH [17.3]	17.50
17.13.9	Faserplatten	17.51
17.13.9.1	Herstellung und Anwendung	17.51
17.13.9.2	Holzfaserplatten nach DIN EN 316 und DIN EN 622	17.51
17.13.9.3	Zementfaserplatten	17.53
17.14	Holzzerstörer [17.10], [17.23]	17.53
17.14.1	Allgemeines	17.53
17.14.2	Holzzerstörende Pilze	17.54
17.14.3	Holzzerstörende Insekten	17.55
17.15	Holzschutz	17.59
17.15.1	Allgemeines	17.60
17.15.2	Planung von Holzschutzmaßnahmen	17.60
17.15.3	Vorbeugender baulicher Holzschutz [17.2]	17.61
17.15.3.1	Allgemeines	17.61
17.15.3.2	Vorbeugende bauliche Maßnahmen	17.61
17.15.3.3	Besondere bauliche Maßnahmen	17.62
17.15.3.4	Bauliche Maßnahmen bei Holzwerkstoffen	17.64
17.15.4	Vorbeugender chemischer Holzschutz [17.25 bis 17.30]	17.66
17.15.4.1	Allgemeines	17.66
17.15.4.2	Gebrauchsklassen von Vollholz	17.68
17.15.4.3	Arten von Holzschutzmitteln	17.70
17.15.4.4	Einbringverfahren von Holzschutzmitteln	17.71
17.15.4.5	Schutz von tragendem Holz	17.74
17.15.4.6	Schutz von nichttragendem Holz	17.75
17.15.4.7	Schutz von Holzwerkstoffen	17.77
17.15.5	Bekämpfender Holzschutz	17.77
17.15.5.1	Allgemeines	17.77

	17.15.5.2 Bekämpfungsmaßnahmen gegen Pilzbefall (Schwammschäden)	17.77
	17.15.5.3 Bekämpfungsmaßnahmen gegen Insektenbefall	17.77
	17.15.5.4 Bekämpfende Holzschutzmittel	17.78
17.15.6	Brandschutz von Holz	17.79
17.16	Gesundheitsrisiken und Recycling [17.29], [17.31]	17.79
17.16.1	Gesundheitsrisiken	17.79
17.16.2	Umgang mit schutzmittelbehandeltem Altholz	17.80
17.17	Literatur	17.81

18 Ökologische Aspekte von Baustoffen 18.1

Ass. Prof. Dipl.-Ing. Dr. techn. Heinrich Bruckner

18.1	Ökologische Grundlagen	18.1
18.1.1	Ökologie	18.1
18.1.2	Ökologisches Bauen	18.1
18.1.3	Der Lebensweg eines Bauprodukts	18.2
18.1.4	Nachhaltige Bewirtschaftung	18.3
18.1.5	Ressourceneffizienz, ressourceneffizientes Bauen	18.4
18.1.6	Natur	18.4
18.1.7	Gesundheit	18.6
18.2	Schadstoffe, ionisierende Strahlung, Grenzwerte	18.7
18.2.1	Grenzwerte, Richtwerte	18.7
18.2.2	Schadstoffe und Schadwirkungen im Bauwesen	18.9
18.2.3	Radioaktivität	18.17
	18.2.3.1 Arten von Radioaktivität	18.17
	18.2.3.2 Kenngrößen zur Beschreibung der Radioaktivität	18.18
	18.2.3.3 Strahlenbelastung	18.19
18.2.4	Gesundheitliche Auswirkungen	18.21
18.3	Rechtliche Bedingungen für die Anwendung von Baustoffen	18.22
18.3.1	Bauproduktenverordnung	18.22
18.3.2	Rechtliche Bedingungen für die Anwendung (Bauregellisten)	18.23
18.4	Methoden und Kennwerte zur ökologischen Beurteilung	18.24
18.4.1	Ansätze zur ökologischen Beurteilung	18.24
18.4.2	Umweltverträglichkeitsprüfung	18.25
18.4.3	Umweltmanagementsysteme EN 14 001, EN 14 004	18.25
18.4.4	Umweltmanagement – EN ISO 14 040, EN ISO 14 044	18.25
18.4.5	Überblick über Ansätze zur Wirkungsabschätzung und Auswertung	18.27
	18.4.5.1 SPI-Konzept	18.27
	18.4.5.2 Methode der Wirkungskategorien	18.28
	18.4.5.3 MIPS	18.28
	18.4.5.4 KEA	18.29
	18.4.5.5 Monetäre Bewertungssysteme	18.29
	18.4.5.6 ABC-Methode	18.30

Inhaltsverzeichnis

		18.4.5.7	EN 15 804 Umweltproduktdeklarationen – Grundregeln für die Produktkategorie Bauprodukte	18.30
18.5	Literatur			18.31

19 Gefahrstoffe im Bauwesen 19.1
Prof. Dipl.-Ing. Rolf Möhring, Prof. Dr. rer. nat. Thomas Thielmann

19.1	Einleitung und Vorbemerkungen			19.1
19.2	Die Gefahrstoffverordnung			19.2
	19.2.1	Änderungen in der GefStoffV vom 26. November 2010		19.2
	19.2.2	Der Gefahrstoffbegriff		19.3
	19.2.3	Einstufung und Kennzeichnung		19.4
	19.2.4	Arbeitgeberpflichten		19.4
		19.2.4.1	Informationsermittlung und Gefährdungsbeurteilung	19.5
		19.2.4.2	Schutzpflicht	19.7
		19.2.4.3	Schutzmaßnahmen	19.9
		19.2.4.4	Information der Beschäftigten	19.10
		19.2.4.5	Einsatz von Fremdfirmen	19.12
19.3	Grenzwerte			19.12
19.4	Informationsbeschaffung mit GISBAU			19.14
	19.4.1	Allgemeines		19.14
	19.4.2	Produktgruppen und Produkt(gruppen)-Informationen, der Produktcode		19.14
	19.4.3	Betriebsanweisungsentwürfe		19.15
19.5	Literatur			19.15

20 Allgemeines Literaturverzeichnis 20.1
21 Stichwortverzeichnis 21.1

1 Natursteine

Prof. Dipl.-Ing. Wolfgang Pützschler

1.1 Allgemeines

Natursteine bilden die feste Erdkruste. Sie sind primär durch Abkühlung des unter der äußersten Erdkruste befindlichen Magmas (Gesteinsschmelze) entstanden. Durch Vorgänge auf der Erdoberfläche (Verwitterung) und im Bereich der Erdkruste (Gebirgsbildungen) können die zunächst gebildeten Gesteine verändert und neue Gesteinsarten gebildet werden. Natursteine sind wichtige Baustoffe. Sie werden verwendet als:
Gesteinskörnung für Mörtel und Beton (siehe Kapitel 5), als Naturwerkstein für Massiv- und Verblendmauerwerk, für Fassadenbekleidungen, Bodenbeläge, Treppen, Fensterbänke und für Dachbedeckungen; im Straßenbau als Frostschutzmaterial, als Schotter, Splitt und Brechsand oder als Mineralbeton (abgestuftes Korngemisch aus gebrochenem Gestein ohne Bindemittel); im Wasserbau für Schütt- und Uferbausteine; im Eisenbahnbau als Gleisbettungsstoff; daneben auch als Pflaster-, Bord-, Grenz-, Prell- und Nummernsteine.
Natursteine sind auch wichtiges Ausgangsmaterial für die Herstellung anderer Baustoffe, z.B. durch Schmelzen und Verspinnen für Steinwolle; Mergelkalk, Kalkstein, Gipsstein für die Produktion von Zement, Kalk, Gips; Ton für Ziegel und andere keramische Erzeugnisse. Eigenschaften und Verwendbarkeit der Natursteine hängen im Wesentlichen von ihrer geologischen Entstehung und ihrer Zusammensetzung – Mineralbestand – ab.

1.2 Die wichtigsten gesteinsbildenden Mineralien

1.2.1 Arten

Beim Erstarren des Magmas scheiden sich die in ihm enthaltenen Stoffe als Mineralien aus. Durch Verwitterung und Vorgänge in tieferen Teilen der Erdkruste können Umbildungen und Neubildungen von Mineralien erfolgen. Mineralien sind chemisch und physikalisch einheitliche kleinste Teile der Gesteine, homogen (Einschlüsse unberücksichtigt), in der Regel kristallin, nur wenige sind amorph (z.B. Opal). Organische Verbindungen – wie z.B. Kohle – gehören nicht zu den Mineralien.
Es gibt weit über 2000 bekannte Mineralien. Zu den gesteinsbildenden Mineralien zählen ungefähr 200, von denen lediglich etwa 40 häufig anzutreffen sind. Die wichtigsten gesteinsbildenden Mineralien sind (ungefähre prozentuale Anteile in Klammern):
Feldspat und Feldspatvertreter (55 bis 60 %), Amphibole (Hornblenden) und Augit (15 bis 16 %), Quarz (12 %), Glimmer (3 bis 4 %), ferner Olivin, Kalkspat und Aragonit (1,5 %), Dolomit, Gips, Anhydrit, Limonit, Glaukonit, Tonmineralien (1 bis 1,5 %), Steinsalz, Kalisalz, Graphit, Granate, Chlorite, Serpentin, Talk. Daneben sind auch andere Mineralien (die keine Gesteine bilden) von erheblicher Bedeutung, z.B. Magnetit Fe_3O_4 und Hämatit Fe_2O_3 (3 %) sowie andere Erze für die Hüttenindustrie.
Zur Bestimmung und Einteilung der Mineralien dienen:
Härte, Kristallform, chemische Zusammensetzung, Farbe, Strich (auf unglasierter Porzellantafel), Glanz, Lichtbrechung, Dichte, Spaltbarkeit und Aussehen von Bruchflächen (muschelig, körnig, faserig).

1 Natursteine

1.2.2 Härte

Als Härte bezeichnet man allgemein den Widerstand, den ein Stoff dem Eindringen eines anderen Stoffes entgegenstellt. In der Mineralogie dient als Maßstab für die Härte die von dem Wiener Professor *Friedrich Mohs* (1773 bis 1839) aufgestellte Härteskala.

Sie umfasst 10 Härtestufen, wobei 10 Minerale unterschiedlicher Härte so geordnet sind, dass ein Mineral das in der Reihenfolge vor ihm stehende ritzt und somit 1 Ritzhärtegrad härter ist. Selbst wird es wiederum von dem nachfolgenden Mineral geritzt.

In der Tafel 1.1 ist die *Mohs*'sche Härteskala zusammen mit Hilfsmitteln zur Härtebestimmung angegeben.

Da die zehn Härtestufen nach Mohs nur eine Folge und keine technische Bewertung der Ritzhärteverhältnisse angeben, sind zum Vergleich die Härtewerte für die von *Mohs* zur Abstufung herangezogenen Mineralien auch nach neueren Prüfmethoden aufgeführt.

Tafel 1.1 Härteskala nach Mohs mit Härtevergleichsangaben

Mohs'sche Ritzhärte	Mineral	Finger-nagel	Kupfer-münze	(Fenster-) Glas	Messer (Stahl)	*Vickers*-Härte in N/mm² (gerundet)	relative*) Schleifhärte nach *Rosival*
1	Talk	ritzt				20	0,03
2	Gips		ritzt		ritzt leicht	300	1
3	Kalkspat			ritzt		1 700	3,75
4	Flußspat					2 430	4,17
5	Apatit				ritzt schwer	5 980	5,42
6	Feldspat	ritzt nicht				9 120	31
7	Quarz		ritzt nicht			10 980	100
8	Topas			ritzt nicht		12 260	146
9	Korund				ritzt nicht	20 590	833
10	Diamant					98 070	117 000

*) Auf Quarz = 100 bezogen.

Die durch Unterlegung hervorgehobenen Angaben machen deutlich, dass der aus den Vergleichswerten ersichtliche Unterschied des Widerstandes gegen mechanische Schleifeinwirkungen bei modernen Bewertungsverfahren wesentlich größer ist, als in den Ritzhärtstufen nach *Mohs* zum Ausdruck gebracht wird.

1.2.3 Kristallform

Kristalle sind von gesetzmäßig angeordneten, ebenen Flächen begrenzt, die charakteristische Kristallformen ergeben.

Legt man in die Kristalle gedachte Achsen hinein, so lassen sich aufgrund der Längen dieser Achsen (im Verhältnis zueinander) und der sich ergebenden Winkel (unter denen sich die Achsen schneiden) bereits sechs Kristallsysteme (siehe Tafel 1.2) unterscheiden. Werden dabei nun auch noch die möglichen Symmetrieverhältnisse berücksichtigt, so gelangt man sogar zu 32 Kristallklassen.

1.2 Die wichtigsten gesteinsbildenden Mineralien

Häufig wird neben dem hexagonalen System die trigonale Form als gesondertes System angegeben (dann sieben Kristallsysteme), weil beide trotz gleicher Achsen unterschiedliche Symmetrien aufweisen [1.1], [1.2].

Zur Bestimmung der Minerale nach ihren äußeren Kennzeichen wird die Kristallform neben Härte und Farbe am meisten herangezogen.

Tafel 1.2   Kristallsysteme

Name	Kristallachsen		Name	Kristallachsen	
kubisch		3 aufeinander senkrecht stehende, gleich lange Achsen	rhombisch		3 aufeinander senkrecht stehende, verschieden lange Achsen
tetragonal		3 aufeinander senkrecht stehende Achsen. Die senkrecht Stehende hat eine andere Länge als die beiden gleich langen anderen.	monoklin		3 verschieden lange Achsen; 2 davon bilden keinen rechten Winkel, die 3. steht auf der durch sie beschriebenen Ebene senkrecht.
hexagonal / trigonal		3 gleich lange Achsen in einer Ebene, Winkel untereinander 120° (bzw. 60°), eine 4. Achse senkrecht dazu	triklin		3 verschieden lange, in verschiedenen Winkeln aufeinander stehende Achsen

Insgesamt ergeben sich darunter 32 Kristallklassen.

1.2.4 Chemische Zusammensetzung

Im Vergleich zu den vorgenannten Kriterien Härte, Farbe, Kristallform erfordert die Einteilung nach der chemischen Zusammensetzung einen deutlich größeren Aufwand.
Die Mineralien lassen sich in folgende Stoffgruppen einteilen:

1. *Elemente*, z.B. Diamant (C), Gold, Schwefel
2. *Sulfide*, z.T. unterteilt in
   a) Kiese (metallisch glänzend, hell), z.B. Kupferkies $CuFeS_2$, Magnetkies FeS
   b) Glanze (metallisch glänzend, dunkel), z.B. Bleiglanz PbS
   c) Blenden (nicht- oder halbmetallischer Glanz), z.B. Zinkblende ZnS
3. *Halogenide* (Halide), z.B. Steinsalz NaCl, Sylvin KCl, Flussspat CaF_2
4. *Oxide und Hydroxide*, z.B. Quarz SiO_2, Korund Al_2O_3, Rutil TiO_2, Goethit, Nadeleisenerz FeOOH (ähnlich: Brauneisen, Limonit), Magnetit Fe_3O_4, Hämatit Fe_2O_3, Ilmenit $FeTiO_3$
5. *Carbonate (Nitrate, Borate)*, z.B. Kalkspat und Aragonit $CaCO_3$, Dolomit $CaCO_3 \cdot MgCO_3$, Magnesit $MgCO_3$
6. *Sulfate (und Chromate, Molybdate, Wolframate)*, z.B. Gips $CaSO_4 \cdot 2\,H_2O$, Anhydrit $CaSO_4$, Schwerspat (Baryt) $BaSO_4$
7. *Phosphate (und Arsenate, Vanadate)*
   z.B. Apatit $Ca_5(PO_4)_3F$ [$= 3\,Ca_3(PO_4)_2 \cdot CaF_2$, statt F auch Cl oder OH]

1 Natursteine

8. *Silikate*, vorherrschende Gruppe, kann eingeteilt werden in:
   a) Feldspäte, z.B.
      Orthoklas $K_2O \cdot Al_2O_3 \cdot 6\ SiO_2$ Kalifeldspat
      Albit $Na_2O \cdot Al_2O_3 \cdot 6\ SiO_2$ Natronfeldspat   ⎫ Mischglieder
      Anorthit $CaO \cdot Al_2O_3 \cdot 2\ SiO_2$ Kalkfeldspat   ⎭ = Plagioklase
   b) Feldspatvertreter (bilden sich statt der Feldspäte, wenn der SiO_2-Gehalt des Magmas zur Bildung der Feldspäte nicht ausreicht), z.B.
      Leuzit $K_2O \cdot Al_2O_3 \cdot 4\ SiO_2$
      Nephelin $Na_2O \cdot Al_2O_3 \cdot 2\ SiO_2$
   c) Augite (Pyroxene), Amphibole (Hornblenden), z.B. Gemeiner Augit $CaO \cdot (Mg\ oder\ Fe)O \cdot 2\ SiO_2$ (kann auch Al, Fe^{3+}, Na, Ti enthalten)
      Enstatit $MgO \cdot SiO_2$ (auch mit Fe)
      Gemeine Hornblende, z.B.
      $2\ CaO \cdot 4\ (Mg\ oder\ Fe)O \cdot (Mg\ oder\ Fe)(OH)_2 \cdot 8\ SiO_2$
   d) Glimmer, z.B. Biotit (schwarz),
      $K_2O \cdot 2\ (Mg\ oder\ Fe)(OH)_2 \cdot 2\ FeO \cdot 2\ MgO \cdot Al_2O_3 \cdot 6\ SiO_2$
      Muskovit (hell, farblos) $KAlO\ (OH\ oder\ F)_2 \cdot Al_2O_3 \cdot 3\ SiO_2$
   e) Olivingruppe, z.B.
      Forsterit $2\ MgO \cdot SiO_2$ ⎫
      Fayalit $2\ FeO \cdot SiO_2$ ⎭ Mischglieder = Olivin
   f) Granatgruppe, z.B.
      Topas $Al_2O_2\ (OH\ oder\ F)_2 \cdot SiO_2$
   g) Serpentingruppe, z.B.
      Serpentin $3\ MgO \cdot 2\ SiO_2 \cdot 2\ H_2O$ (auch mit Fe für Mg)
      Talk $3\ MgO \cdot 4\ SiO_2 \cdot H_2O$
   h) Kaolinitgruppe (Tonmineralien), z.B.
      Kaolinit $Al_2O_3 \cdot 2\ SiO_2 \cdot 2\ H_2O$
      Montmorillonit $Al_2O_3 \cdot 4\ SiO_2 \cdot H_2O$

Die Silikate enthalten als grundlegendes Strukturelement das $[SiO_4]^{4-}$-Tetraeder. Diese Tetraeder können sich zu ketten- und bandförmigen sowie zu schichten- und netzartigen ausgedehnten Strukturen zusammenschließen, wobei immer ein O-Atom als Brücke zwischen zwei Si-Atomen wirkt (s. Abb. 1.1).

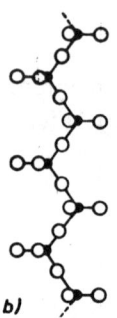
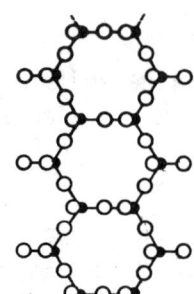
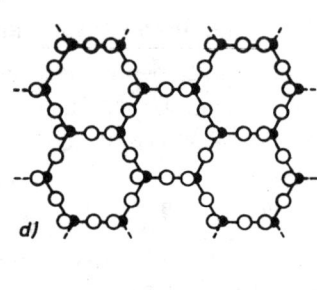

Abb. 1.1 Silikat-Gitter
a) SiO_4-Tetraeder
b) Kette (z.B. in Augiten)
c) Band (z.B. in Hornblenden)
d) Netz

1.3 Die Gesteine

1.3.1 Allgemeines

Die Gesteine stellen Gemenge verschiedenartiger Mineralien dar, teilweise bestehen sie auch nur aus einer Mineralart, z.B. Gips. Nach ihrer Entstehung teilt man die Gesteine in drei Hauptgruppen ein:

a) **Magmagesteine** (Erstarrungs-, Eruptivgesteine, Magmatite), die aus dem schmelzflüssigen Magma erstarren,

b) **Sedimentgesteine** (Schicht-, Absatzgesteine), die durch Ablagerung von verwittertem Gesteinsmaterial entstehen,

c) **Metamorphe Gesteine** (Umwandlungsgesteine), die durch Umwandlung anderer Gesteine infolge Druck- und Temperatureinwirkung in der Erdkruste entstehen.

In der uns bekannten Erdkruste (etwa bis 16 km Tiefe) sind fast 95 % Magmagesteine und metamorphe Gesteine, nur etwa 5 % sind Sedimentgesteine. Dagegen wird die Erdoberfläche zu annähernd 75 % von Sedimenten bedeckt und nur zu 25 % von Magmagesteinen und metamorphen Gesteinen.

Im Bauwesen sind bei den Gesteinen noch allgemein folgende **Bezeichnungen** üblich: *Naturstein* als natürlich entstandenes Gestein im Gegensatz zum künstlich hergestellten Stein (Ziegel, Kalksandstein, Beton). *Werkstein:* Handwerksgerecht (vom Steinmetz) zu bestimmter Form bearbeiteter Naturstein. *Fest- und Lockergestein* je nach Zusammenhalt der Gesteinsmasse. *Hart- und Weichgestein* je nach Druckfestigkeit. Als Grenze gilt im Allgemeinen die Druckfestigkeit von 180 N/mm². Weichgesteine sind vorwiegend Sand- und Kalksteine, Lavagesteine und Tuffe.

1.3.2 Magmagesteine

1.3.2.1 Allgemeines

Magmagesteine entstehen direkt aus dem Magma. Das Magma befindet sich unter dem inneren Erdmantel der Erdkruste (Dicke der Kruste typischerweise 30 bis 60 km, in einigen Ozeanbereichen sogar unter 10 km) und ist eine mit Gasen und Dämpfen (H_2O) gesättigte Schmelze, die folgende Hauptbestandteile enthält: SiO_2, Al_2O_3, Fe_2O_3, FeO, MgO, CaO, Na_2O und K_2O. Die Temperatur des Magmas wird auf 1000 °C bis 1300 °C geschätzt. Die eingeschlossenen Gase und Dämpfe bewirken einen hohen Druck, der dem Druck der auf dem Magma lastenden Gesteinsmassen entgegenwirkt.

Durch Bewegungen in der Erdkruste (Gebirgsbildungen) und durch Wärmedifferenzen kann das Magma selbst in Bewegung geraten, unter Schwachstellen der Erdkruste emporsteigen, in Spalten eindringen oder auch die Erdrinde durchbrechen und sich als **Lava** auf die Erdoberfläche ergießen. Bei solchen Vorgängen kühlt sich das Magma ab, Gase und Dämpfe können ganz oder teilweise entweichen, und das Magma geht aus dem Schmelzfluss in den festen Zustand über: Es erstarrt zu Mineralien und Gesteinen. Bei diesen Vorgängen treten Entmischungen auf – einzelne Mineralien kristallisieren vorzeitig aus und sinken wegen ihrer höheren Dichte ab, gasförmige Stoffe spalten sich ab. Aus dem Magma, das ursprünglich eine etwa dem Gabbro entsprechende Zusammensetzung hat, entstehen so unterschiedlich zusammengesetzte Gesteine.

Die innerhalb der Erdkruste sich bildenden Gesteine nennt man **Tiefengesteine** (oder *Plutonite* – nach dem griechischen Gott der Unterwelt Pluto), die aus dem sich auf die Erdoberfläche ergießenden Magma entstehenden Gesteine **Ergussgesteine** (oder Vulkanite). Dringt Magma in Gesteinsspalten (Abkühlspalten) ein und kühlt hier ab, so bilden sich **Ganggesteine**. Diese drei Gesteinsgruppen unterscheiden sich, selbst wenn sie die gleiche Zusammensetzung besitzen, durch ihr Gefüge und ihre Ausbildungsform.

In der Tafel 1.3 sind die wichtigsten Magmagesteine aufgeführt. Jeweils in einer Zeile angegebene Gesteine sind aus Magma etwa gleicher Zusammensetzung entstanden und haben daher auch weitgehend gleichen Mineralbestand. Die Zeilen selbst sind nach der chemischen Charakteristik der jeweiligen Magmen geordnet, wobei der SiO_2-Gehalt zur Einteilung dient. Gesteine mit relativ niedrigem SiO_2-Gehalt werden als basische, die mit hohem SiO_2-(Kieselsäure-)Gehalt als saure Gesteine bezeichnet. SiO_2-ärmere Gesteine enthalten mehr dunklere (Fe-, Mg-haltige) Mineralien (Augit, Hornblende, Olivin) und sind deshalb insgesamt dunkel, SiO_2-reichere Gesteine sind heller, da sie mehr helle Minerale (Quarz) enthalten.

Tafel 1.3   Die wichtigsten Magmagesteine

Chemische Charakteristik	Tiefengesteine	Ergussgesteine		Ganggesteine	Mineralbestand
		alt	jung		
Saure Gesteine 65 bis 82 % SiO_2 (hell)	Granit	Quarzporphyr	Liparit Rhyolith	Granitporphyr Pegmatit	Q Kf Pl Bi
	Syenit	Orthophyr	Dacit Trachyt[1)]	Syenitporphyr	Kf Pl Ho Aug Bi
Intermediäre Gesteine 52 bis 65 % SiO_2	Diorit	Porphyrit	Andesit	Dioritporphyrit	Pl Ho Bi Aug
Basische Gesteine 40 bis 52 % SiO_2 (dunkel)	Gabbro Olivingabbro	Diabas Melaphyr	Basalt Olivinbasalt	Gabbroporphyrit	Pl Aug Ho Ol
	Peridotit Dunit	Pikrit	Pikritbasalt	Kimberlit	Aug Ol
[1)] Trass ist ein Trachyttuff. Erläuterung zur Tabelle: Q = Quarz, Kf = Kalifeldspat, Pl = Plagioklas (Ca-Na-Feldspat), Bi = Biotit (dunkler Glimmer), Aug = Augit, Ho = Hornblende, Ol = Olivin.					

Magmagesteine sind mit Ausnahme der porösen Lavagesteine dicht (Porenvolumen < 1 Vol.-%), fest (Druckfestigkeit zwischen 160 und 400 N/mm²), relativ verschleißfest und wetterbeständig (ausgenommen Sonnenbrenner-Basalt, siehe Abschnitt 1.4.7.1).

Die (Rein-)Dichte der Magmagesteine liegt zwischen 2,58 und 3,15 g/cm³. Weitere technische Daten siehe Abschnitt 5.2, Tafel 5.1 bzw. DIN 52100-2, Tab. A.1 im Anhang A.

1.3.2.2 Tiefengesteine

Durch langsame Abkühlung gute Kristallausbildung, vollkristallin (kein Glas), gleichmäßig *körnig* bis *grobkörnig*, richtungslos (keine Schichtung oder Schieferung). Durch Volumenverminderung bei der Erstarrung können sich feine Risse, Spalten oder Klüfte bilden, auch etwa waagerechte Fugen – Bankung – infolge Druckentlastung.

Die wichtigsten Tiefengesteine sind: Granit, Syenit, Diorit und Gabbro, wobei Granit das häufigste Tiefengestein ist.

1.3.2.3 Ergussgesteine

Durch schnelle Abkühlung nur wenig oder keine Zeit zur Kristallbildung, daher *feinkörnige* Struktur oder *glasige* Erstarrung. Viele Gesteine enthalten jedoch auch in der feinkörnigen oder glasigen Grundmasse größere Mineralkörner – Einsprenglinge –, die schon vor Erreichen der Erdoberfläche aus dem Magma auskristallisierten, dann: *porphyrische* Struktur. Bei manchen Ergussgesteinen ist die Fließrichtung noch erkennbar. Beim Abkühlen der Lava entstehen durch Schrumpfung Spalten, die oft zu typischen Absonderungsformen führen, z.B. fünf- oder sechsseitige Säulen bei Basalt. Je nach Art des Magmas und der Art des Durchbruchs durch die Erdrinde (flächenförmige, Spalten-, Punkt- oder Kratereruption) kann es zu einem Ausfließen von gasarmer oder gasreicher Lava oder aber bei explosionsartigen Eruptionen zum Auswurf von Lockerprodukten kommen. Gasarme Lava ist zähflüssig und bildet kuppenförmige Aufstauungen. Gasreiche Laven sind dünnflüssig, passen sich dem Gelände an und erstarren mit rauer Oberfläche, da gegen Ende der Kristallisation eine stürmische Entgasung erfolgt. Auf dem Meeresboden ausfließende Laven bilden unter dem Druck der auflagernden Wassermassen meist etwa kopfgroße und kugelförmige Blöcke. Lockerprodukte können Aschen, Bimssteine, Auswürflinge oder Tuffe sein.
Aschen sind staubfeine Lavatröpfchen, die sich lange (Tage, Wochen) in der Luft gehalten haben. **Bimssteine** sind durch Gase stark aufgeblähte, dann rasch abgekühlte und glasig erstarrte Magmafetzen. Sie sind sehr porös (leichter als Wasser). **Auswürflinge** sind durch Gasexplosionen herausgeschleudertes Material (abgerundet auch als Bomben bezeichnet). Aus der Ablagerung von Aschen und Auswürflingen können sich **Tuffe** bilden, wenn das Material (unter dem Einfluss von Wasser) verkittet und verfestigt wird.
Ergussgesteine sind – wie alle an der Erdoberfläche befindlichen Gesteine – der Verwitterung ausgesetzt. Auch bei gleichem Mineralbestand können die Gesteinseigenschaften der Ergussgesteine je nach Verwitterungsgrad sehr verschieden sein. Der Verwitterungsgrad ist weitgehend vom geologischen Alter beeinflusst, weshalb man „alte" (in Deutschland vorwiegend im Devon bis Perm entstandene) und „junge" (vorwiegend im Tertiär entstandene) Ergussgesteine unterscheidet.
Die wichtigsten Ergussgesteine sind: Diabas, Quarzporphyr (alt), Basalt, Basaltlava und Trachyt (jung).

1.3.2.4 Ganggesteine

Stehen zwischen Tiefen- und Ergussgesteinen. Ganggesteine bilden sich, wenn (meist dünnflüssiges) Magma in Gesteinsspalten eindringt und hier abkühlt. Dabei können je nach Breite (manchmal nur wenige mm) und Form der etwa senkrecht verlaufenden Gänge und je nach Abkühlungsbedingungen Ganggesteine entstehen, die
1. in Zusammensetzung und Gefüge völlig mit dem entsprechenden Tiefengestein übereinstimmen,
2. dieselbe Zusammensetzung wie das Tiefengestein haben, aber schneller abkühlten (schmale Gänge) und dabei feinkörnig, in Oberflächennähe auch porphyrisch (dichte, feinkörnige Grundmasse mit größeren Einsprenglingen) erstarrten,
3. aus abgespaltenem Restmagma entstanden und so andersartige (Spaltungs-)Gesteine oder Mineralien bilden (z.B. Erzgänge). Die Gesteine können dabei grobkörnig (z.B. Pegmatite) oder auch feinkörnig (z.B. Aplite) sein.

1 Natursteine

Wichtige Ganggesteine sind: Granitporphyr und Pegmatit, Syenitporphyr, Diorit- und Gabbroporphyrit.

1.3.3 Sedimentgesteine

1.3.3.1 Allgemeines

Sedimentgesteine entstehen an der Erdoberfläche aus der Zerstörung anderer Gesteine. Sonne, Wasser, Frost, Wind und Organismen zerstören die Gesteine **(Verwitterung)**. Die Zerstörbarkeit der Gesteine hängt von ihrem Gefüge und ihrem Mineralbestand ab. Manche Mineralien verwittern leicht, andere fast gar nicht. Für die wichtigsten gesteinsbildenden Mineralien ergibt sich vom leicht zerstörbaren Nephelin bis zum kaum zerstörbaren Quarz folgende Reihenfolge für ihren Widerstand gegen Verwitterung: Nephelin, Leuzit, Olivin, Na-haltige Kalkfeldspäte, Augit, Hornblende, Biotit, Ca-haltige Natronfeldspäte, Kalifeldspat, Muskovit, Quarz.

Die Art der Verwitterung hängt hauptsächlich vom Klima ab. Grundsätzlich kann man unterscheiden:
a) Gesteinszerfall durch physikalische (oder mechanische) Verwitterung,
b) Gesteinszersetzung durch chemische Verwitterung.

Vielfach werden auch bestimmte biologische Vorgänge als biologische Verwitterung bezeichnet, z.B. der Wachstumsdruck von Wurzeln in Gesteinsspalten oder die CO_2-Absonderung von Wurzeln, die zerstörende Wirkung auf das Gestein haben. Diese Wirkung lässt sich aber auch als physikalische oder chemische Verwitterung einordnen.

1.3.3.2 Verwitterung

Die **physikalische Verwitterung** führt zu einer reinen Zerkleinerung der Gesteine ohne Änderung der Zusammensetzung. Beispiele: Gefügeauflockerung bis zum Zerfall durch häufigen und schnellen Wechsel zwischen starker Erwärmung (Sonnenbestrahlung) und starker Abkühlung (Regen, Nacht) oder durch Gefrieren von Wasser, das in Poren, Risse oder Spalten eingedrungen ist. Zermürbung des Gesteins durch den Kristallisationsdruck auskristallisierender Salze, wenn das Wasser, das die Salze gelöst enthielt, verdunstet und die Salze in Poren und Rissen auskristallisieren (ähnlich: Abmehlungen bei Ziegeln durch auskristallisierendes Natriumsulfat). Weitere Zerstörungen können durch fließendes Wasser, Geschiebewirkung und durch Abschleifen durch von Wind über die Gesteine geblasenen Sandstaub erfolgen.

Die **chemische Verwitterung** führt zu Umsetzungen zwischen Gestein und Wasser einschließlich der im Wasser gelösten Stoffe. So können wasserlösliche Mineralien gelöst, an andere Orte transportiert und beim Verdunsten des Wassers oder bei Überschreiten der Sättigungsgrenze wieder abgelagert werden. Wasserfreie Mineralien können auch in Hydrate umgewandelt werden, so wird aus Anhydrit ($CaSO_4$) durch Kristallwasseraufnahme Gips ($CaSO_4 \cdot 2\,H_2O$). Durch Hydrolyse können Silikate gespalten werden (H-Ionen werden aufgenommen, dafür Alkalien und Erdalkalien abgegeben), so entstehen beispielsweise aus Feldspäten **Tone,** zum Teil bildet sich auch kolloidale Kieselsäure. Sauerstoff kann zur Oxidationsverwitterung führen, oft unter Mitwirkung von Wasser, beispielsweise bei der Verwitterung von Eisenspat $FeCO_3$ zu Brauneisenstein $FeO(OH)$ bzw. $Fe_2O_3 \cdot nH_2O$ (Fe^{++} wird hier zu Fe^{+++} oxidiert). Auch Kohlensäure kann auf Gesteine zerstörend einwirken, so kann sie den nur sehr wenig durch Wasser löslichen Kalkstein $CaCO_3$ in das sehr viel besser lösliche Ca(HCO$_3$)$_2$ umwandeln. Schließlich wirken auch Rauch- und Abgase auf die Gesteine chemisch ein und können sie im Laufe der Zeit zerstören (siehe Abschnitt 1.9).

Tafel 1.4 Beispiele einer Verwitterung von Granit nach [1.3]

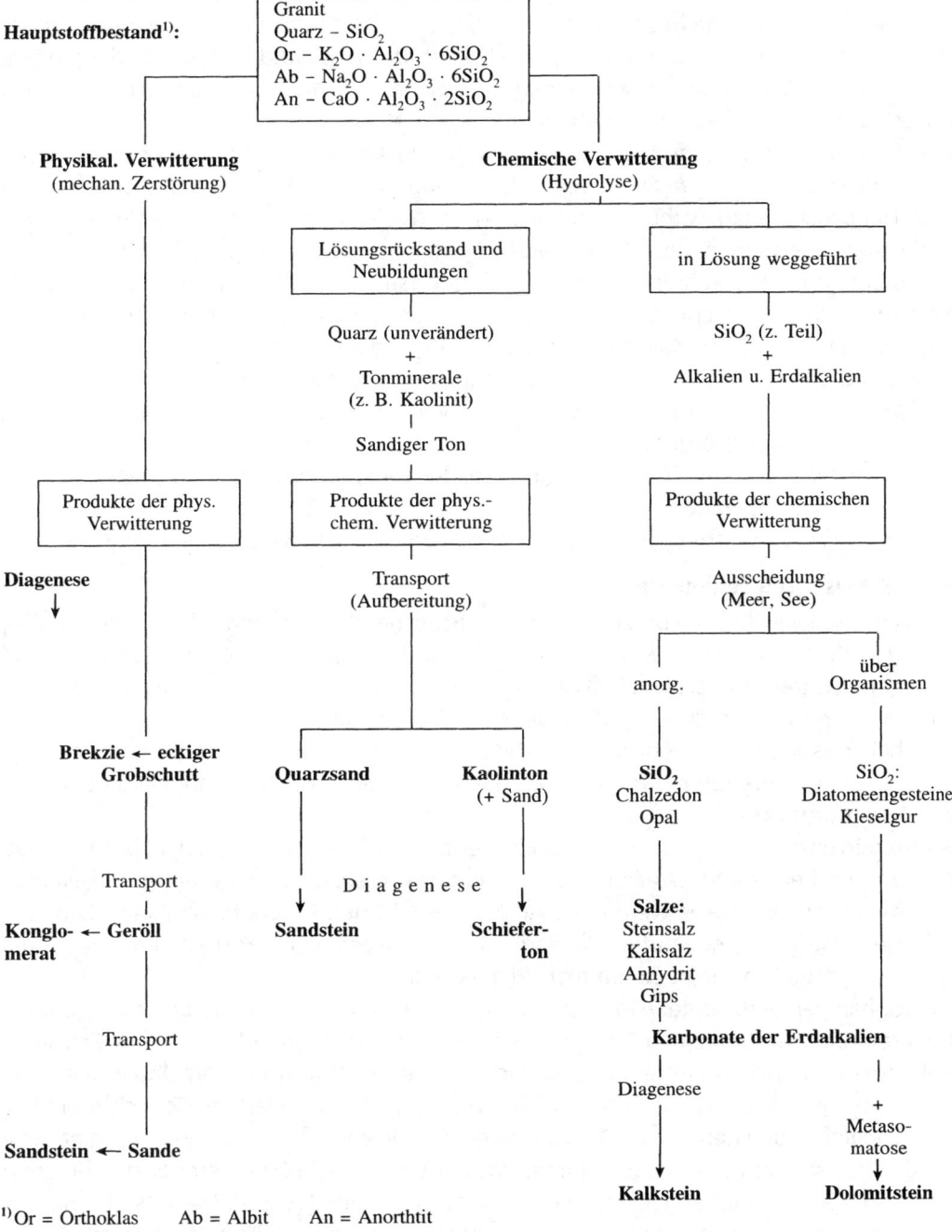

[1] Or = Orthoklas   Ab = Albit   An = Anorthtit

Die Verwitterungsprodukte können durch Wasser, Wind, Eis (Gletscher) abtransportiert, dabei noch weiter zerkleinert und an anderer Stelle abgelagert werden. Die meisten Abla-

1 Natursteine

gerungen erfolgen im Meer entsprechend dem Gefälle beim Transport. Dabei können sich abgestorbene oder angeschwemmte Tier- oder Pflanzenreste mit einlagern. Solche in den Sedimenten erhalten gebliebene Reste werden als **Fossilien** bezeichnet. Sie sind ein Erkennungsmerkmal der Sedimentgesteine. Ein anderes typisches Merkmal der Sedimente ist die ausgeprägte **Schichtung**. In den geologischen Zeiträumen ändern sich das Verwitterungsmaterial und die Korngröße je nach Verwitterungs- und Transportbedingungen, sodass bei der Ablagerung verschiedenartige Schichten entstehen, welche sich meist auch optisch gut sichtbar voneinander abheben.

Die Verwitterungsprodukte werden zunächst nur locker abgelagert: Gerölle, Kies, Sand, Ton. Durch Überdeckung mit weiteren Ablagerungen werden die unteren Schichten verändert: Der Druckanstieg, verbunden mit teilweiser Entwässerung, chemischen Umbildungen und Umkristallisationen, bewirkt eine Verfestigung. Solche Vorgänge, die zur Bildung fester Sedimentgesteine führen, werden als **Diagenese** bezeichnet. So sind z.B. Sandstein, Kalkstein, Schieferton entstanden. Mit Stoffaustausch (Metasomatose) verbunden ist die Bildung von Dolomit aus Kalkstein (Zufuhr von Mg, Abgabe von Ca).

Sedimentgesteine werden nach ihrer Entstehung eingeteilt in:
a) *Klastische Sedimente* (Trümmergesteine, Verwitterungsrestbildungen) bei vorherrschend physikalischer Zerstörung,
b) *Chemische Sedimente* (Verwitterungsneubildungen) bei vorherrschend chemischer Zersetzung und Umwandlung,
c) *Organische Sedimente*, wenn Organismen in erheblichem Maß beteiligt sind.

1.3.3.3 Klastische Sedimente

Man unterscheidet bei den Lockergesteinen entsprechend ihrer Korngröße: Blöcke, Gerölle, Schotter, Kies, Sand, Löss, Schluff, Lehm, Ton und Mergel. Die groben Sedimente sind weniger weit transportiert (am Fuß der Gebirge, Oberlauf der Flüsse), die feinen haben oft einen weiten Weg zurückgelegt (Mündungsgebiet der Flüsse).

Durch Verfestigung (Diagenese) entstehen aus groben, eckigen, wenig verfrachteten Lockergesteinen **Brekzien** (Breccien), aus durch den Transport abgerundeten groben Steinen **Konglomerate**.

Sandstein entsteht aus verfestigten Sanden, enthält vorwiegend Quarz, daneben Feldspat, Glimmer und andere Mineralien sowie ein toniges, kalkiges oder kieseliges Bindemittel. Glimmerreiche Sandsteine werden als Arkosen bezeichnet. **Quarzite** sind Sandsteine mit sehr viel kieseligem Bindemittel und vergleichsweise wenig Quarzkörnern. Im Erdaltertum gebildete graue Sandsteine nennt man **Grauwacke**.

Die tonhaltigen Sedimente – Ton, Mergel (kalkhaltiger Ton), Lehm (magerer Ton, enthält höheren Anteil an Quarz und Glimmer), Schlick (schlammartige Ablagerung mit Feinsand, Kalk oder organischen Stoffen) und Schlamm (Tone mit abgestorbenen Organismen und Feinsand) – gehen durch Diagenese in **Schieferton** oder den noch festeren **Tonschiefer** über.

Eine Sonderstellung nehmen die **Tuffgesteine** ein. Sie entstehen nicht aus Verwitterungsprodukten, sondern direkt aus Magma, das bei Vulkanausbrüchen empor geschleudert und als Lockerprodukt abgelagert wurde (siehe Abschnitt 1.3.2.3). Die Gesteinsbildung entspricht aber der der Sedimentgesteine: Ablagerung, zum Teil von Wind und Wasser umgelagert, Verfestigung durch Diagenese. Sie stehen deshalb zwischen Magma- und Sedimentgesteinen. Die Zusammensetzung der Tuffgesteine entspricht der des jeweiligen

Magmas, aus dem die Lockerprodukte entstanden, sodass es Tuffe zu jedem Ergussgestein gibt.

1.3.3.4 Chemische und organische Sedimente

Chemische Sedimente sind häufig von organischen nicht scharf zu trennen. Ausfällungsgesteine bilden sich, wenn mit Wasser zunächst gelöste Stoffe durch veränderte Bedingungen (Abkühlung, Überschreiten der Sättigung, Zufuhr fällender Reagenzien und Ähnliches) ausgefällt werden. So entsteht aus dem Kalkgehalt des Meerwassers (von Verwitterungslösungen des Festlandes zugeführt) **Kalkstein**. Ein Teil des im Meerwasser enthaltenen Kalks wird aber auch von im Meer lebenden Organismen aufgenommen und zu Hartteilen (Muschelschalen) verarbeitet. Sterben die Organismen ab, sinken die Hartteile zu Boden und bilden ebenfalls Kalkstein, sodass Kalkstein häufig aus ausgefälltem und organischem Sediment gemischt gebildet wird. Vorwiegend aus organischen Bestandteilen sind Muschelkalk, Kreide (z.B. Insel Rügen) und Korallenkalk aufgebaut. Ausfällungskalke sind häufig mit Ton, kieseligen Ablagerungen und Dolomit vermischt. Kalkoolithe sind aus kugelförmigen, etwa erbsengroßen Kalkausscheidungen (um Kristallisationskeime, Sandkörner, Kleintierschalen) zusammengewachsene Kalksteine.

Kalkausscheidungen auf dem Festland werden als **Kalksinter** (Süßwasserkalke) bezeichnet. Lockere Absätze um Pflanzenteile ergeben **Kalktuff**, festere Ablagerungen **Travertin**. Auch die in Tropfsteinhöhlen hängenden Stalaktiten und die vom Boden entgegen wachsenden Stalagmiten sind Kalksinter. Süßwasserkalke haben mengenmäßig nur geringe Bedeutung, die Masse der Kalke sind Meeresausscheidungen.

Dolomit scheidet sich im Meerwasser nicht direkt aus, es sei denn, Meerwasserbecken mit hohem Salzgehalt dampfen ein. Dolomit kann aber im Meerwasser durch Austausch von Ca durch Mg entstehen, sodass Kalksteine „dolomitisieren".

Ähnlich wie Kalksteine können **Kieselgesteine** entstehen. Die durch chemische Verwitterung gelöste Kieselsäure (SiO_2) wird im Meer als Quarz, Chalzedon (mikrokristalliner Quarz) oder Opal ($SiO_2 \cdot nH_2O$) ausgeschieden, z.T. wird sie aber auch durch Organismen (Radiolaren, Diatomeen) aufgenommen und zum Aufbau von Schalen und ähnlichen Hartteilen genutzt. In Binnenseen entsteht dabei **Kieselgur** = Diatomeenerde.

Feuerstein oder **Flint** ist ein vorwiegend aus Chalzedon bestehendes Gestein, enthält daneben oft organisch gebildete Kieselsäureabscheidungen.

Salzgesteine sind rein chemische Sedimente, die beim Eindampfen von Meerwasserbuchten entstehen, z.B. Gips und Steinsalz.

Kohlengesteine, Bitumen, Harze sind keine Sedimentgesteine im engeren Sinne, da sie nicht aus der Verwitterung anderer Gesteine entstehen, sondern zur Hauptsache aus organischen Substanzen aufgebaut sind. Abgestorbene Pflanzenteile, die mit anderen Stoffen bedeckt werden, verwesen nicht, sondern vertorfen. Durch Diagenese entsteht aus Torf Braunkohle, durch weitere Umwandlungsprozesse Steinkohle und Anthrazit. *Bitumen* bildet sich aus Fett- und Eiweißstoffen niedriger Organismen, die in sauerstofffreien Gewässern durch Fäulnisbakterien zu Faulschlamm umgebildet werden. Dabei können sich feste Kohlenwasserstoffe bilden, die im Gestein verbleiben: *Ölschiefer*; oder es entstehen flüssige Kohlenwasserstoffe: *Erdöl*. Bernstein entsteht aus dem Harz von Nadelhölzern.

Eine Sonderstellung nimmt auch der **Boden** ein. Er bleibt nach Verwitterung des Ausgangsgesteins als Rückstand übrig, sammelt Wasser an und bildet sich unter Einfluss von Pflanzen

1 Natursteine

und Tieren, sodass an seiner Bildung physikalische, chemische und biologische Vorgänge miteinander verflochten sind, siehe Abschnitt 1.6.

Erzlagerstätten können auch als Sedimente aus der Verwitterung magmatischer Erzlagerstätten entstehen. So können sich aus Erztrümmern im Brandungsbereich des Meeres Erzkonglomerate, aus eisenhaltigen Verwitterungslösungen Brauneisenstein (auch als Oolith, etwa erbsengroße, kugelförmige Ablagerungsform) bilden. Die Salzgitter- und die lothringischen Minette-Erze sind Sedimente.

Die wichtigsten Sedimentgesteine sind in Tafel 1.5 zusammengestellt.

Die häufigsten verfestigten Sedimentgesteine sind Tonschiefer, Sandstein und Kalkstein. Technische Daten häufig verwendeter Sedimentgesteine siehe Abschnitt 5.2, Tafel 5.1 bzw. DIN 52100-2, Tab. A.1 im Anhang A.

1.3.4 Metamorphe Gesteine

1.3.4.1 Allgemeines

Bewegungen innerhalb der Erdkruste, Gebirgsbildungen und ähnliche Vorgänge können dazu führen, dass sich der auf die Gesteine wirkende Druck und die Temperatur erhöhen. Die Gesteine können weiter mit herangeführten Schmelzen, Lösungen und Gasen zusammenkommen. Durch derartige Einwirkungen können die Gesteine umgewandelt werden: metamorphe Gesteine (umgewandelte Gesteine). Umgewandelte Magmagesteine werden als *Orthogesteine*, umgewandelte Sedimentgesteine als *Paragesteine* bezeichnet. Die Umwandlungen bestehen in Veränderungen des Gefüges und/oder des Mineralbestandes. Je nach Art der Metamorphose unterscheidet man: kristalline Schiefer, Kontaktgesteine, Mischgesteine.

1.3.4.2 Kristalline Schiefer

Druck- und Temperaturerhöhung führen zur Umkristallisation der Gemengeteile, Kornvergrößerungen, Mineralneubildungen sowie Gefügeausrichtung durch nicht allseitig gleichmäßig wirkenden Druck: **Schieferung.** Von den Mineralneubildungen haben die Minerale der Chlorit-Gruppe (von griech. chloros = grüngelb; Mg-Fe-Al-Silikate) und Serizit (Glimmerart) besondere Bedeutung. Bei nur mäßigem Druck- und Temperaturanstieg bilden sich *Phyllite* (von griech. phyllon = Blatt, Gefüge ähnelt aufeinandergeschichteten Blättern): Chloritschiefer, Serizitschiefer, Talkschiefer. Aus Kalkstein bildet sich **Marmor.** Bei etwas höheren Temperaturen (300 °C bis 500 °C) und mittleren Drücken bilden sich vornehmlich *Glimmerschiefer, Quarzit* (aus Sandsteinen) und Marmor, bei noch höheren Temperaturen und Drücken **Gneis,** ebenfalls Quarzit und Marmor sowie Eklogit. Gneis ist das verbreitetste Gestein der kristallinen Schiefer.

1.3 Die Gesteine

Tafel 1.5 Die wichtigsten Sedimentgesteine

Klastische Sedimente	Chemische Sedimente		Organische Sedimente

Schutt
Gerölle
Schotter
Kies
Brekzien
Konglomerate
	Rückstandsgesteine	Böden	Kalksteine und Dolomite
			  Muschelkalk
			  Schreibkreide
			  Korallenkalk

	Ausfällungsgesteine	Kalkstein
		  mergelig
		  tonig
		  kieselig
		  dolomitisch	

Sand
Sandsteine
  quarzitisch
  tonig
  kalkig
  Quarzit
  Grauwacke
		Kalksinter
		Kalktuff
		Travertin
		Tropfstein
		Kalkoolith
			Kieselgesteine
			  Kieselgur
			  Diatomeenerde
			  Kieselsinter
			  Feuerstein z.T.

		Dolomit z.T.	

Tuff		Eisengestein
		Eisenoolith
		Brauneisenstein
			Kohlengesteine
			  Humus
			  Torf
			  Braunkohle
			  Steinkohle
			  Anthrazit
			  Harz
			  Bernstein $C_{10}H_{16}O$
			  (Kiefernharz)
			  Bitumen
			  Bitumenschiefer
			  Erdöl
			  Asphalt (Bitumen
			  imprägniert in Mineralstoff,
			  z.B. Kalkstein)

Tone
  Lehm
  Mergel
Schieferton
Tonschiefer
		Kieselgestein
		  Quarzit
		  Feuerstein z.T.	

Löss	Eindampfungs- gesteine	Anhydrit Gips Steinsalz Kali-Magnesia-Salze Sylvin KCl Carnallit $KCl \cdot MgCl_2 \cdot 6\,H_2O$ Kieserit $MgSO_4 \cdot H_2O$	

1.3.4.3 Kontaktgesteine

Dringt Magma zwischen festes Gestein, so wird letzteres erwärmt. Die Wärmeeinwirkung – ohne gleichzeitigen Druck – kann zu Gesteinsumbildungen führen. In geringer Entfernung vom Magma bilden sich vor allem *Hornfelse*. Dünne Bruchränder sind hornartig durchscheinend, sonst sehr feinkörnig und dicht (gesintert). In großer Entfernung vom Magma bilden sich Schiefer mit größeren Kristallen, die wegen ihres entsprechenden Aussehens als Flecken-, Knoten-, Frucht- oder Garbenschiefer bezeichnet werden. Aus Sandstein bildet sich hier Quarzit, aus Kalkstein Marmor.

Im direkten Kontaktbereich kann es auch zu Gesteinsumbildungen infolge Stoffzufuhr aus dem Magma kommen. Können leichtflüchtige Bestandteile des Magmas (F, B, Li, Be, P) nicht entweichen, werden die schon vorhandenen Minerale – vor allem Feldspäte – umgewandelt, wobei sich beispielsweise Topas, Turmalin (B-Al-Silikat), Lithiumglimmer und Beryll (Be-Al-Silikat) bilden. Solche Gesteine werden als Greise (wegen ihres meist grauen Aussehens) bezeichnet.

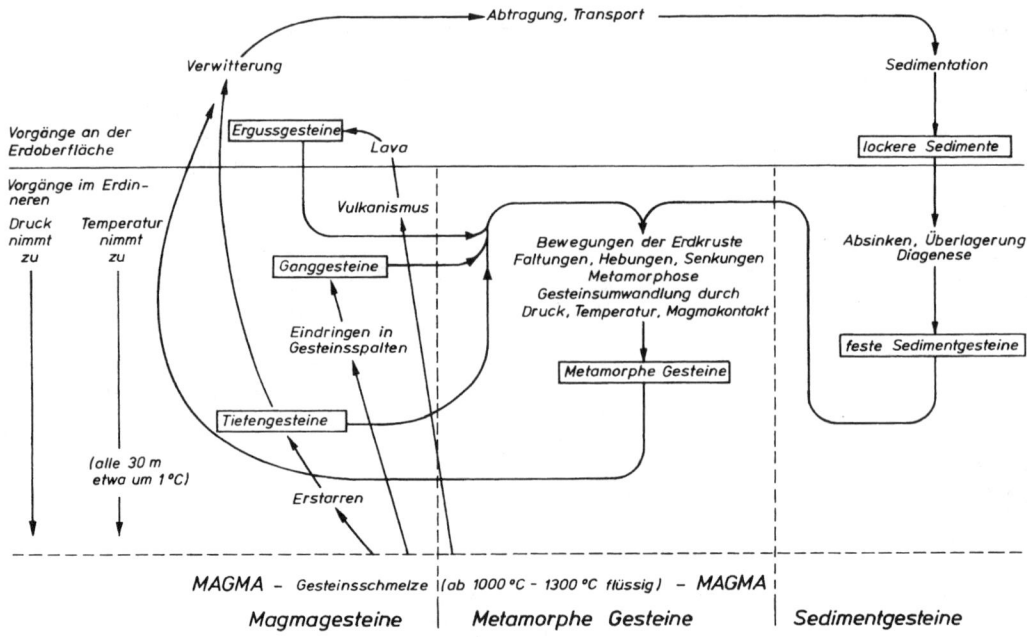

Abb. 1.2   Kreislauf der Gesteine

1.3.4.4 Mischgesteine

Bei sehr hohen Temperaturen (bis 900 °C) und hohem Druck kann schließlich ein Gestein teilweise oder völlig schmelzen. Die Schmelze ist ein neues Magma und kann wieder z.B. zu Granit erstarren. Ein solcher Granit ist von dem erstmals als Tiefengestein erstarrten Granit nicht zu unterscheiden. Bei nur teilweiser Aufschmelzung dringt die Schmelze entweder in andere Gesteine ein und bildet sie zu Injektionsgneisen um, oder sie reichert sich aderförmig im nicht aufgeschmolzenen Gesteinsteil an.

Wichtige metamorphe Gesteine sind in der Tafel 1.6 angegeben.

1.4 Bautechnisch wichtige Minerale und Gesteine

Der Hauptteil der äußeren Erdkruste besteht aus metamorphen Gesteinen, vor allem aus kristallinen Schiefern.

Den Zusammenhang Magma – Gesteinsbildung – Verwitterung – Gesteinsneu- und -umbildung zeigt Abb. 1.2.

Tafel 1.6   Metamorphe Gesteine

1. Kristalline Schiefer			
Metamorphe Gesteine, die durch erhöhten Druck und erhöhte Temperatur – beim Absinken von Gesteinsmaterial durch geologische Vorgänge – aus anderem Gestein gebildet wurden.			
a) Ausgangsgestein: Magmagestein (Orthogesteine)			
Ausgangsgestein	Umwandlungsgestein Druck/Temperatur höher niedriger		Mineralbestand
Granit, Quarzporphyr	Granitgneis	Serizitschiefer	Quarz, Feldspat, Biotit
Syenit, Trachyt	Syenitgneis	Biotitschiefer	Biotit, Quarz, Feldspat
Diorit, Porphyrit	Dioritgneis	Hornblendeschiefer	Quarz, Feldspat, Biotit
Gabbro, Basalt	Eklogit	Epidotschiefer	Augit, Granat
	Amphibolit	Chloritschiefer	Feldspat, Hornblende, Quarz
Peridotit, Pikrit	Olivinfels	Serpentinfels	Olivin, Serpentin
		Talkschiefer	Talk
b) Ausgangsgestein: Sedimentgestein (Parageisteine)			
Ausgangsgestein	Umwandlungsgestein		Mineralbestand
Konglomerate	Geröllgneise	Fleckengneis	versch. (Qu., Feldsp. u.a.)
Sandsteine	Quarzite	Quarzphyllite	Quarz, Muskovit, Chlorit
Tone, Schiefertone	Glimmerschiefer	Serizitschiefer	Qu., Bi., Muskov., Feldsp.
Kalkmergel	Granatamphibolit	Kalkglimmerschiefer	Kalkspat, Glimmer, Granat
Kalksteine	Marmor	Kalkschiefer	Kalkspat
Dolomit	Dolomitmarmor		Dolomit
2. Kontaktgesteine			

Gestein, das durch Wärme (ohne Druck) neu- oder umgebildet wurde.
Gesteine: a) Hornfelse   (am Bruchrand durchscheinend):
                    Kalksilikathornfelse, Knoten-, Fleck-, Fruchtschiefer
            b) mit Stoffzufuhr (aus Restmagma, leichtflüchtige Stoffe, z.B. F, B): Greise.			

3. Mischgestein			
Zwischen Magma und metamorphem Gestein, entstanden aus Magma, das sich durch Wiederaufschmelzen von absinkendem Gestein bildet, Gesteinsneubildung wie Tiefengestein (Granit usw.); aus Teilschmelzen: Injektionsgneise.			

1.4   Bautechnisch wichtige Minerale und Gesteine

Anschauliche Abbildungen von Gesteinen sind z.B. von Wolf-Dieter Grimm in: Bildatlas wichtiger Denkmalgesteine der BRD, Arbeitsheft 50, Bayerisches Landesamt für Denkmalpflege, K. M. Lipp-Verlag, München 1990 oder auch: Deutscher Naturwerkstein Verband e. V., Sanderstr. 4, 97070 Würzburg, Tel. 09 31/1 20 61, www.natursteinverband.de.

Ungefähre *Beurteilung der Festigkeit* der meisten Natursteine ist möglich durch Abschlagen einer Kante mit einem Hammer: Kantenabschrägung bis 20° lässt auf festes, bis 45° auf mittelfestes, bis 70° auf mürbes Gestein schließen.

1 Natursteine

Technische Daten für im Bauwesen verwendete Gesteine sind aus Abschnitt 5.2, Tafel 5.1 bzw. DIN 52100-2, Tab. A.1 im Anhang A ersichtlich.

1.4.1 Minerale

a) **Quarz:** (SiO_2) wasserhell bis weißlich glitzernd, fettglänzend, sehr hart (ritzt Glas, H 7, siehe Abschnitt 1.2.2), wetterbeständig, säurefest. Technisch wertvollstes Mineral. Kristallform: sechsseitige Pyramide auf Prisma (Bergkristall, Milchquarz, Rauchquarz, Amethyst). Reine Quarzsande als Rohstoff für Glasherstellung und sonst auch für Keramik, als Schleif- und Poliermittel und Formsand, sowie als Abstreumaterial für Grundierungen und Beschichtungen innerhalb von Betoninstandsetzungen und Anwendung im Bereich der Industriefußbodentechnik. Flint, Feuerstein, feinstkristalliner Quarz (= Chalcedon), z.T. mit Opal (amorphes, wasserhaltiges SiO_2) können als Gesteinskörnung (Zuschlag) im Beton Alkalitreiben verursachen (s. Abschn. 5.5.7).

b) **Feldspat:** Kalifeldspat (Orthoklas) hellgelb bis braunrot (fleischfarben), Kalknatronfeldspat (Plagioklas) weiß bis grünlich, mit rhombischen, ebenen Kristall- und Spaltflächen; mit Glas gerade noch ritzbar (H 6), weniger wetterbeständig (Verwitterungsrückstände: Ton, z.B. Kaolin) – Porzellanrohstoff.

c) **Augit** und **Hornblende:** Dunkelgrüne bis schwarze, gedrungene oder stänglige Kristalle, zäh und wetterbeständig (H 5 bis 6). Ähnlich Olivin, olivgrün bis braun, wenig wetterbeständig. Ihre Verwitterungsprodukte ergeben Serpentin, Talk und **Asbest**. Talk ist hitzebeständig, hat hohes Absorptionsvermögen, vielseitiger Roh- und Hilfsstoff, z.B. für Biskuitporzellan, Trübungsmittel für Glas, feuerfeste Steine, Hochspannungsisolatoren, Polier- und Schmiermittel, Farbstoffträger und Füllstoff bei Dachpappen. Serpentin auch für Kunstgewerbe (leicht zu bearbeiten, polierbar). Asbest s. Abschn. 2.14.2.

d) **Glimmer:** Kaliglimmer (Muskovit) silbrig, Magnesiaglimmer (Biotit) braun bis schwarzgrün glänzend, in feine Scheiben spaltbar, mit Messer zu schaben (H 2 bis 3), wenig wetterfest, gibt dem Gestein leicht schiefriges Gefüge, macht Granitpflaster durch Auswittern griffig. Elektro-Isoliermaterial, dünne feuerfeste Scheiben für Schutzbrillen und Ofenfenster.

e) **Kalkspat** oder **Calcit:** ($CaCO_3$) farblos bis weißlich, auch schwach gefärbt, oft kristallin (feldspatähnliche, rhombische Spaltflächen oder spitze dreiseitige Pyramiden oder sechsseitige Säulen bzw. Plättchen u. Ä.); mit Messer ritzbar (H 3 bis 4), in reiner Luft ziemlich wetterfest, nicht dagegen in Industrieluft – Verwendung s. Abschn 1.4.3.

f) **Gipsspat:** ($CaSO_4 \cdot 2\,H_2O$) weißlich bis grau, auch rötlich bis braun, dicht und kristallin (Fasergips; Marienglas, glimmerartig), mit Fingernagel zu ritzen (H 2), nicht wetterfest, da schwach wasserlöslich – Bedeutung und Verwendung s. Abschnitt 1.4.2.

g) **Schwefelkies,** Pyrit: goldfarben und bunt glänzend, verwittert leicht (in wenigen Wochen bis Monaten) unter Einfluss von Wasser und Luftsauerstoff zu Brauneisen (FeOOH) und Schwefelsäure, zum Teil auch zu Eisensulfat. Dabei entstehen hässliche Rostflecken (z.B. bei Waschbetonplatten aus Kiesen aus dem Gebiet von Köln, aus Leinekies, bei Schilfsandsteinplatten von Erder (Vlotho/Weser), Elbsandstein (Dresdner Zwinger), Granit von Mauthausen). Dies macht daher Gesteine i. Allg. eher minderwertig.

h) Als **Schneid-** und **Schleifmittel:** *Diamant* (C), härtestes Mineral (H 10), farblos, z.T. durchsichtig, starke Lichtbrechung (hoher Glanz); Rohdiamanten für Glasschneider, Steinsägen, Bohrkronen, Diamantkörnungen gebunden in Schleif-, Trennscheiben und Bohrwerkzeugen. *Siliziumkarbid* (SiC), synthetisch, Carborundum (H 9 1/2), dunkelgrün, blau bis schwarz, gebunden in Schleif- und Trennscheiben, auch für Bohrkronen. *Korund* (Al_2O_3) grau, braun bis violett (rot: Rubin, blau: Saphir, H 9), für Schmirgel; siehe auch Hartstoffe im Abschnitt 5.2.3a).

i) **Zeolithe:** Gruppe kristallwasserhaltiger Calcium-Aluminium-Silikate, z.B. Heulandit $CaO \cdot Al_2O_3 \cdot 7\,SiO_2 \cdot 6\,H_2O$. Zeolithe werden auch synthetisch hergestellt. Verwendung als Zusatz zu Asphalt, dadurch Verarbeitung bei niedrigeren Temperaturen möglich (Niedrigtemperaturasphalt).

1.4.2 Gipsstein $CaSO_4 \cdot 2\,H_2O$ bzw. Anhydrit $CaSO_4$

Gipsstein kommt wegen seiner *geringen Härte* (mit Fingernagel ritzbar! H 2 bzw. Anhydrit H 2 bis 3) und wegen seiner *Wasserlöslichkeit* (in 100 cm³ Wasser gehen 0,24 g $CaSO_4$ in Lösung) als Werkstein nicht in Frage. Desgleichen nicht als Körnung für Beton! Hierzu siehe auch „Gipstreiben" im Kapitel 4. Dagegen findet er wegen seiner oft marmorartigen Färbung sowie der guten Polierfähigkeit einiger Sorten (Alabaster) auch Verwendung im Kunsthandwerk. Nachweis im Wasserauszug mit $BaCl_2$. Rohstoff für Baugipse und Anhydritbinder, sowie als mengenmäßig gezielt begrenzter Zusatz bei der Zementherstellung im Werk zur Einstellung einer Erstarrungsoptimierung.

1.4.3 Kalkstein $CaCO_3$, Magnesit $MgCO_3$ und Dolomit $MgCO_3 \cdot CaCO_3$

Diese Karbonate reagieren mit HCl (Aufbrausen). Kalkstein gibt CO_2 leichter ab als Dolomit und Magnesit. Eine weitere Unterscheidung ist möglich durch Mg-Nachweis. Da durch Hitze CO_2 ausgetrieben wird, sind Karbonate nicht feuerbeständig. Auch Meerwasser greift kalkhaltige Steine an.

Dichte, reine Kalksteine sind sehr witterungsbeständig, Tongehalt mindert die Witterungsbeständigkeit, bei einem Tongehalt von 5 % und mehr ist mit Frostzerfall zu rechnen (dann für Straßenbau nicht verwendbar).

Kreide ist ein sehr feinkörniger, weißer, abfärbender Kalkstein, hauptsächlich aus Schalen von Meerestierchen (Foraminiferen, Muscheln).

Asphaltkalkstein ist Jura-Kalkstein, stark mit Bitumen durchtränkt (Bitumengehalt wechselnd, meist 2 % bis maximal 12,5 %). Vorkommen im Hils (östlich von Holzminden).

Mergel (tonhaltige Kalksteine; riechen beim Anhauchen nach Ton) sind keine Bausteine, erdig mürbe.

Benennung der **Kalkstein-Ton-Gesteine:**

Gesamtkarbonatgehalt	Magnesiumkarbonatgehalt in % des Gesamtkarbonatgehalts		
	0 bis 5 %	über 5 bis 30 %	über 30 %
> 0 bis 10 %	Ton	Ton	Ton
> 10 bis 30 %	Mergelton	dolomitischer Mergelton	dolomitischer Mergelton
> 30 bis 50 %	Tonmergel	dolomitischer Tonmergel	dolomitischer Tonmergel
> 50 bis 70 %	Mergel	dolomitischer Mergel	dolomitischer Mergel
> 70 bis 85 %	Kalksteinmergel	dolomitischer Kalksteinmergel	Dolomitmergel
> 85 bis 90 %	Mergelkalkstein	dolomitischer Mergelkalkstein	Mergeldolomit
> 90 bis 100 %	Kalkstein	dolomitischer Kalkstein	Dolomit

1 Natursteine

Farbe von Kalkgesteinen:
rein..	weißlich-hell
durch Gehalt an Eisenoxid	gelblich bis rotbraun
durch Gehalt an Eisenchlorid..	grau
durch Gehalt an Kohle	grau bis schwarz

Kalkgesteine sind in Deutschland weit verbreitet, z.B. Münstersche Bucht, Rheinisches Schiefergebirge, Schwäbische Alb, Mainzer Becken, Thüringen, Franken, Hannover, Harz (Iberg), Berlin (Rüdersdorf), Bernburg/Saale, südliches Schleswig-Holstein (Lägerdorf), Kalkalpen (Wetterstein), Rügen (Kreide). Vielfach sind die Vorkommen Grundlage der Kalk- und Zementindustrie.

Kalkstein auch als Werkstein, z.B. Streben des Kölner Doms z.T. aus Krensheimer Muschelkalk (südlich von Würzburg), Naumburger Dom aus Schaumkalk (Aragonit aus Freyburg/Unstrut). Dolomit ist härter als Kalkstein (H 3 bis 4), aber nicht wetterbeständiger; oft deutlich kristallin, zuckerkörnig oder sandsteinähnlich rau (Dolomitkristalle sind scharfkantig!), meist gelblich-bräunlich.

Dolomit und Magnesit sind Rohstoffe für feuerfeste Steine (Industrieofenbau). Dolomitvorkommen: Alpen (Dolomiten), Eifel, Thüringen, Sachsen, Franken, Schwaben, nördliches Sauerland/Bergisches Land (Hagen – Wülfrath). Magnesitvorkommen in Deutschland unbedeutend, bedeutend in Österreich: Steiermark und Kärnten (Radentheim).

1.4.3.1 Solnhofener Platten (fälschlich Solnhofener „Schiefer")

Solnhofener Platten werden aus einem leicht spaltbaren, sehr dichten Jurakalk gewonnen. Verwendung für Wand- und Bodenplatten, Treppenstufen, Fensterbänke, Abdeckplatten (bruchrau, halbgeschliffen, feingeschliffen, halbgeschliffen und poliert, feingeschliffen und poliert). Wegen großer Dichte und Feinheit auch für Steindruck als „Lithographenstein". Ähnlich „Flinzplatten" aus der Eichstätter Gegend. Platten oft mit Dendriten = farnartige (Erz-)Lösungsabsonderungen, braun: Eisenerz, schwarz: Manganerz. Hierbei handelt es sich somit nicht um versteinerte Pflanzen!

1.4.3.2 Marmor

Marmor ist eine Handelsbezeichnung für alle polierfähigen Kalksteine. Unter „echtem" oder „edlem" Marmor dagegen sind nur kantendurchscheinende kristalline und metamorph entstandene Kalksteine zu verstehen. Echter Marmor enthält deshalb auch keine Fossilien. Marmore und Kalksteine liefern (gewürfelt, gekörnt und gequetscht) auch Mosaik-, Terrazzo- und Edelputzmaterial.

Reiner Marmor ist weiß (z.B. Carrara/Italien); durch Eisenoxid ist er rot, durch Eisenhydroxid gelb bis braun, durch Eisensulfid, Graphit oder Kohle bläulich bzw. grau bis schwarz, durch Chlorit, Olivin, Serpentin oder Glaukonit grün gefärbt. Über Farbe, Gefüge, Handelsnamen, Vorkommen und Bezug der verschiedenen Marmorsorten und Kalksteine erteilt ggf. weitere Auskunft: Deutscher Naturwerkstein Verband e. V., Sanderstr. 4, 97070 Würzburg.

Aus Deutschland im Handel bedeutsam: „Juramarmor" (Bayern, Altmühltal), ein dichter, feinkörniger, polierbarer Kalkstein, gelbbräunlich, auch graublau, oft lebhaft gemustert, mit Versteinerungen.

1.4.3.3 Kalktuffe

Kalktuffe sind gelblich, rötlich, sehr porös, weich, kommen als Leichtbaustoffe oder zur Wärmedämmung geeignete Ausfachung von Fachwerkwänden usw. in Frage. Von größerer Bedeutung: **Travertin,** polierfähig, hellgelb bis dunkelbraun, meist gebändert, im Allgemeinen wetterbeständig, enthält oft Versteinerungen (Schneckenschalen, Blätterabdrücke), oft grobporig (feinporige sind frostempfindlicher), sehr gut bearbeitbar, manche Sorten im Handel ebenfalls als Marmor bezeichnet. Für Verkleidungen und als Bodenbelag geeignet. Bezeichnung Travertin nach dem von den Römern verarbeiteten „lapis tibertinus" = Stein vom Tiberufer. In Deutschland Hauptvorkommen: Bad Cannstatt bei Stuttgart, Gauingen (Schwäbische Alb), Bad Langensalza, Weimar.

Richtzahlen für Kalksteine
Angaben über physikalische Eigenschaften (Dichte, Wasseraufnahme, Wärmedehnung, Festigkeit u.a.) siehe Tafel 5.1 Zeilen 10 bis 12.

1.4.4 Sandstein

1.4.4.1 Eigenschaften

Angaben über physikalische Eigenschaften (Dichte, Wasseraufnahme, Wärmedehnung, Festigkeit u.a.) siehe Tafel 5.1 Zeilen 7 bis 9.
Sandstein ist umso besser, je feiner und gleichmäßiger er im Korn ist.

Toniges Bindemittel erkennt man nach Anhauchen des Steins am Geruch. Es ergibt, wenn sich nicht gleichzeitig Kieselsäure ausgeschieden hat, nur geringe Festigkeit. Auch Tongallen oder Tonnester wittern leicht aus und müssen fehlen. Da Ton Wasser aufnimmt, sind tonige Steine *frostempfindlich,* wenn sie nicht durch gleichzeitig vorhandenes kieseliges Bindemittel die nötige Widerstandsfähigkeit besitzen.

Kalkiges bzw. dolomitisches oder mergeliges **Bindemittel** erkennt man durch Säureprobe (Aufbrausen). Solche Sandsteine sind *empfindlich* gegen chemische Angriffe (bayerische Dome: Wirkung der Rauchgase). Für sie gilt daher ebenfalls das über Kalksteine in Abschnitt 1.4.3 Gesagte. Auch sind sie nicht feuerbeständig und für Seewasserbauten ungeeignet.

Kieseliges Bindemittel liegt vor, wenn weder rote bzw. rostbraune Färbung vorhanden ist, noch Tongeruch oder CO_2 nachgewiesen wird. Dies sind die *besten* und festesten *Sandsteine.* Wenn Poren mit Bindemittel gefüllt: frostsicher, z.B. der quarzitische Piesberger Sandstein (Osnabrück).

Eisenschüssiger Sandstein mit Braun- bzw. Roteisen ist erkenntlich an rotgelber bis rotbrauner Färbung. Wenn genügend Festigkeit vorhanden, ist eisenschüssiger Sandstein meist wetterbeständig.

Die **Farbe** wird durch Bindemittel und Mineralführung bedingt:

Kieselsäure, Kalk, Dolomit	weiß
Limonit (Brauneisen, $Fe_2O_3 \cdot nH_2O$)	rotgelb bis braun
Hämatit (Roteisen Fe_2O_3)	rot
Glaukonit und Chlorit	grün
Manganoxide	schwärzlich
Organische Bestandteile (Kohle)	grau bis schwarz

Kohlensandsteine bleichen beim Erhitzen durch Verbrennen der C-Beimengungen.
Die **Wasseraufnahme** soll nicht über 9 %, bei tonigen Sandsteinen nicht über 7 % des Trockengewichts betragen. Die Härte eines guten Sandsteins darf in wassersattem Zustand nicht wesentlich nachlassen (Ritzen mit Taschenmesser).

Schädliche Beimengungen: besonders hervortretende Ton-, Glimmer-, Brauneisen- und Schwefelkieseinschlüsse. Der leicht verwitternde Glimmer ist besonders nachteilig, wenn

1 Natursteine

er sich schichtweise abgelagert hat. Durch seine Verwitterung werden dann die Schichten auseinandergetrieben. Vergleiche nachfolgenden Abschnitt 1.4.6.1 über Granit.

Kieselgur, Diatomeenerde ist eine erdige, kreidige, oft fein geschichtete Masse aus Kieselpanzern, porös, besteht zu 70 bis 90 % aus SiO_2. Verwendung als Dämmstoff, Filter, Trägersubstanz und Füllstoff. Vorkommen: südliche Lüneburger Heide (Unterlüß, Abbau 1994 aus wirtschaftlichen Gründen eingestellt).

1.4.4.2 Feinkörnige Arten

Fleinsstein (Fleins), fein- bis mittelkörniger, kieseliger Sandstein, sehr hart; dunkelgrau, ähnelt Grauwacke. Fundorte z.B. Murrhardt und Esslingen bei Stuttgart.

Kohlensandstein oder *Ruhrsandstein* aus der Steinkohlenformation, fein- bis mittelkörnig, kieselig-tonig, i. Allg. sehr hart und wetterbeständig; blaugrau (kohlehaltig) bis gelblich. Hauptvorkommen: Westfalen. Das Münster in Essen ist aus Ruhrsandstein.

Dyassandstein aus der Dyas- oder Permformation (oberste Abteilung des Paläozoikums = Erdaltertums), Körner von Quarz, Hornstein (mikro- oder feinkristalliner Quarz), Kieselschiefer mit tonig-kieseligem Bindemittel; bei geringem Tongehalt hart, gut wetterbeständig; gelb bis rot, auch weißlich bis grünlichgrau.

Buntsandstein aus der Buntsandsteinformation (untere Trias), fein- bis mittelkörnig, kieselig-tonig; wenn kalkfrei, gut wetterbeständig; gelbbraun bis rot, aber auch weißlichgrau bis grünlich, oft streifig oder geflammt. Fundorte z.B. Schwarzwald, Odenwald, Spessart (roter Mainsandstein), Pfälzer Wald, Eifel, Hessisches Bergland, südlicher Harz, Solling. Der Wormser Dom ist aus Buntsandstein.

Schilfsandstein (aus dem mittleren Keuper), meist feinkörnig mit tonigem oder dolomitischem Bindemittel, häufig mit schilfähnlichen Pflanzenabdrücken (von Schachtelhalmen); braunrot, graugelb, graugrün. Hauptfundorte: Kitzingen, Heilbronn, Stuttgart. Ähnlich der *Blättersandstein* bei Mainz. Die Kreuzkirche in Hildesheim ist aus Schilfsandstein.

Rätsandstein aus der Rätformation (oberste Abteilung des Keupers), fein- bis grobkörnig, sehr hart, meist gelblich. Fundorte z.B. Balingen und Pfrondorf/Amt Tübingen.

Liassandstein aus dem Lias (untere, sog schwarze Juraformation), fein- bis mittelkörnig, kieselig, sehr hart und wetterfest; hellfarbig. Fundorte z.B. Luxemburg, Helmstedt, Porta Westfalica (Portasandstein), Mittel- und Süddeutschland.

Angulatensandstein (unterstes Glied der Juraformation), fein- bis grobkörnig, meist mit kalkig-eisenschüssigem Bindemittel; grau bis gelbbraun; wenn leicht spaltbar „Buchstein", wenn besonders weich „Malbstein" genannt. Fundorte z.B. Esslingen, Vaihingen, Plochingen (südöstlich Stuttgart).

Doggersandstein aus der Doggerformation (mittlerer, sog brauner Jura), feinkörnig, eisenschüssig, glimmerhaltig, weich, i. Allg. wenig wetterfest; gelbbraun bis dunkelrot. Hauptfundorte in Baden und Rheinpfalz.

Molassesandstein (Molasse = Ablagerung von Konglomeraten, Sandsteinen, Mergeln des Alpenvorlandes); jüngste Sandsteinbildung (aus dem Tertiär), kieselig und kalkmergelig; mit tonigem Bindemittel nicht als Baustein geeignet.

Bezeichnungen wie *Rotsandstein* (eisenschüssig), *Grünsandstein* (glaukonithaltig, Fundorte in Bayern und Westfalen) machen lediglich eine Aussage über die Farbe des Sandsteins. Die Alte Münchener Pinakothek ist aus Regensburger Grünsandstein, der Regensburger Dom aus Abbacher Grünsandstein.

Solling-Platten bestehen aus einem plattig spaltbaren, meist glimmerhaltigen Rotsandstein des Sollings bzw. Weserberglandes, auch ähnlich wie Dachschiefer zur Dachdeckung verwendet.

Obernkirchner Sandstein (bei Bückeburg), feinkörniger, gelblichgrauer Sandstein aus der Kreidezeit, sehr witterungsbeständig, zunehmend für die Denkmalrestaurierung verwendet. Das Opernhaus in Hannover ist aus Obernkirchner Sandstein.

Schlaitdorfer Sandstein (Württemberg), überwiegend dolomitisches Bindemittel, z.T. auch kieselig und tonig, Wetterbeständigkeit mäßig bis schlecht, verwendet z.B. am Kölner Dom und Ulmer Münster.

Quadersandstein aus dem Elbsandsteingebirge (südöstlich Dresden, Cotta, Reinhardtsdorf, Posta, Rathen), graue bis gelbbraune Sandsteine aus der Kreidezeit, als Werkstein, für Bildhauerarbeiten, Fassadenverkleidungen, z.B. Frauenkirche in Dresden, Figuren im Schloss Sanssouci.

1.4 Bautechnisch wichtige Minerale und Gesteine

1.4.4.3 Grauwacke, Konglomerat, Brekzien

a) Grauwacke ist ein sehr alter, kieseliger Sandstein, oft mit Einschlüssen von Bruchstücken verschiedener Gesteine; graubraun bis grauschwarz; sehr hart, kaum zu bearbeiten. Starke Eisenschüssigkeit mindert die Wetterfestigkeit. Verwendung: Bruchsteine, Pflastersteine, Schotter, Splitt.
Hauptvorkommen: Harz, Edertal, Rheinland (Gummersbach), Lausitz (Hoyerswerda).

b) Konglomerate sind Verkittungen abgerollter Gesteinstrümmer und erscheinen im Aussehen wie *Kiesbeton* (Nagelfluh).

c) Brekzien sind Verkittungen kantiger Gesteinstrümmer, ähneln *Splittbeton und sind* als Bausteine geeignet (Beurteilung etwa wie grober Sandstein).

1.4.4.4 Quarzit

Quarzit ist sandsteinähnlich, aber kristallin (umgewandelter Sand oder Sandstein), quarzgebunden, weiß bis hellgrau, sehr hart (H 7), sehr schwer zu bearbeiten, nicht mörtelbindend. Im Hochbau für Grundmauerwerk, Bodenbeläge, Treppen, Wandverkleidungen; gutes Schottermaterial für Eisenbahn- und Straßenbau. Quarzitstraßen blenden durch weißen Staub. Auch als Körnung für Estriche und Beton mit hoher Verschleißbeanspruchung geeignet.

Hauptvorkommen von *Quarzit:* Erzgebirge, Bayerische Oberpfalz (Pfahl), Taunus, Lübbecke/Westfalen, Saar (Mettlach, Orscholz).

1.4.5 Tone, Lehm und Bentonit

Tone sind keine „festen" Gesteine, sondern Mineralgemenge, die hauptsächlich durch Verwitterung feldspathaltiger Gesteine (Granit, Syenit, Porphyr, Trachyt u.a) entstanden sind. Hierbei wandeln sich die Feldspäte ((erd-)alkalihaltige Aluminiumsilikate) in Aluminiumsilikate um, die chemisch gebundenes Wasser enthalten. Neben diesen Aluminiumsilikaten (= Tonmineralien verschiedener Zusammensetzung) bestehen die Tone aus weiteren Mineralien der Ursprungsgesteine (Quarz, Kalk, Eisenverbindungen u.a.).

Bautechnisch wichtig sind die Tone als keramischer Rohstoff, für den Lehmbau und für Abdichtungszwecke.

Maßgebend für die Verwendung der Tone in der Keramik ist der Gehalt an Al_2O_3 = Tonerde. Bei hohem Tonerdegehalt, wie z.B. bei den Kaolinen, dienen die Tone als Rohstoff zur Erzeugung von Porzellan, Steinzeug und Steingut; mit fallendem Tonerdegehalt dienen die Tone zur Herstellung von Schamotte, Töpferwaren, Ziegel (s. auch Abschn. 2.1.1) sowie als Baulehm (s. Abschn 1.4.10.2).

Als Ausgangsmaterial für *Blähton* sind hohe Gehalte an Montmorillonit, an Eisenverbindungen und organischer Substanz nötig.

Der neuerdings als Betonzusatzstoff (heller hochfester Beton) eingesetzte *Metakaolin* $Al_2O_3 \cdot 2\ SiO_2$ bildet sich stufenweise durch Erhitzen von Kaolinit ($Al_2O_3 \cdot 2\ SiO_2 \cdot 2\ H_2O$) durch Wasserabspaltung zwischen 300 °C und 800 °C.

Als **Lehm** werden sehr unterschiedlich zusammengesetzte Tone mit hohem Gehalt an Sand, Eisenverbindungen, auch Kalk, bezeichnet, nähere Angaben siehe Abschn. 1.4.10. Für Abdichtungszwecke wird die Quellfähigkeit der Tone ausgenutzt. Je nach Art der Tonmineralien quellen Tone wenig (Kaolinit) oder stark (Montmorillonit, s. Abschn. 1.2.4, 8 h). In wassergesättigtem Zustand sind viele Tone praktisch wasserundurchlässig. Durch die fast kolloidale Teilchengröße bei gleichzeitig starken Haftkräften zwischen den Tonteilchen sind verbleibende Zwischenräume zu klein, um ein Durchströmen von Wasser zuzulassen. Dadurch können im Erd- und Grundbau solche Tonlagen als Dichtungsschichten genutzt werden und auch Mauerwerk als **„braune Wanne"** gegen Wasserzutritt abdichten. Ein Austrocknen der Tonschicht darf wegen des dabei auftretenden Schwindens des Tons nicht erfolgen.

Bentonit ist ein Ton mit Montmorillonit als Hauptbestandteil. Durch sein innerkristallines Quellvermögen kann er ein Vielfaches seines Eigengewichts an Wasser aufnehmen und binden. Bei weiterem Wasserangebot entsteht ein thixotropes Gel, d.h., dass sich das Gel bei Bewegung wie eine Flüssigkeit verhält, in Ruhe aber stets wieder ansteift.

Diese Eigenschaften des Bentonits werden im Bauwesen ausgenutzt, z.B. bei der Herstellung von Schlitzwänden, im Tunnelbau als Bentonitschild beim Schildvortrieb, bei Bohrarbeiten im Tiefbau als Bohrspülungsmedium, zur Basisabdichtung von Mülldeponien zum Schutz des Grundwassers.

DIN 4127   (02.14)   Erd- und Grundbau – Prüfverfahren für Stützflüssigkeiten im Schlitzwandbau und für deren Ausgangsstoffe

Zur Abdichtung der erdseitigen Flächen von Wänden und Sohlplatten wird Bentonit auch in Platten aus Wellpappen geliefert, deren Hohlröhren mit trockenem Bentonit gefüllt sind. Bei Wasserzutritt quillt der Bentonit ganz erheblich auf und bildet so durchgehend eine abdichtende Haut.

Bauwerksrisse bis maximal 1 mm Breite können überbrückt werden, und kleine Beschädigungen (z.B. durch durchdringende Nägel) schließen sich durch den Quelldruck des Bentonits wieder von selbst.

1.4.6 Tiefengesteine (siehe auch Tafel 5.1)

1.4.6.1 Granit

Granit (lateinisch: granum = Korn) besteht aus *Feldspat* (bis 60 %), *Quarz, Glimmer*, selten auch Hornblende und Augit. Farbe nach vorherrschendem Mineral: Kalifeldspat rötlich, andere Feldspäte milchig-weiß bis hellgrau-gelblich; Quarz weißlichgrau; Kaliglimmer (Muskovit) silbrig; Magnesiaglimmer (Biotit) grauschwarz (mit Quarz wie „Pfeffer und Salz"). Der schwarze sog „Belgische Granit" ist ein Kohlenkalkstein!

Wegen Farbe, Gefüge, Handelsnamen und Verwendung siehe auch Verbandshinweis unter Abschnitt 1.4.3.2 (Marmor).

Granit in seinen Abarten soll möglichst feinkörnig und gleichmäßig im Korn sein. Je ungleichmäßiger die Körnung und je gröber besonders die meist gelblich-rötlichen Feldspatkristalle, umso weniger gut ist i. Allg. der Granit. Dagegen steigt seine Güte mit wachsendem Quarzgehalt und abnehmendem Glimmeranteil. Glimmer darf vor allem nicht in größeren Plättchen vorhanden sein. Da er leicht verwittert, wird durch höheren Glimmergehalt die Wetterbeständigkeit des Granits vermindert (siehe Glimmer, Abschnitt 1.4.1d). Das Gleiche gilt für den Schwefelkiesgehalt FeS_2.

Ist der Granit gegenüber frischen Bruchflächen (durch Oxidation von Eisenverbindungen) gelb bis braun verfärbt und haben die Feldspatkristalle ihren Glanz verloren oder liegen einzelne Kristalle lose im Gefüge, so ist der Granit angewittert. Mit schnell fortschreitender Verwitterung ist dann zu rechnen. Lagert man einige Stücke in einer Wanne bis zur halben Höhe in Wasser und treten innerhalb von 28 Tagen braune bis rostrote Verfärbun-

1.4 Bautechnisch wichtige Minerale und Gesteine

gen gegenüber trocken gelagerten Vergleichsstücken auf, so ist bei freier Bewitterung mit ähnlichen Veränderungen zu rechnen.

Hauptvorkommen von *Granit:* Riesengebirge, Erzgebirge, Bayerischer Wald, Oberpfälzer Wald, Fichtelgebirge, Harz (Brockenmassiv), Odenwald (Heppenheim, Weinheim), Schwarzwald (Acher- und Murgtal, rötlicher Granit aus dem Bühlertahl), Vogesen, Lausitz (Granodiorit), Meißen (Granitsyenit), Beuchaer Granit ist Granitporphyr (siehe 1.4.7.4).

1.4.6.2 Syenit, Diorit, Gabbro

a) Syenit (nach Syene = antike Stadt in Oberägypten) besteht aus rotem Kalifeldspat (bis 70 %) und Hornblende (oft mit etwas Augit), kaum Quarz! Nicht so spröde wie Granit. Farbe graurot, dunkelgrün, dunkelgrau bis schwarz (von Hornblende bestimmt). Nachteilig wirkt der Gehalt an Biotit, Schwefelkies und Serpentin (schwarzgrün, mit Messer ritzbar). Labradorsyenit enthält blaubunt schimmernden Labradorfeldspat. Auch der sog „Schwedische (schwarze) Granit" ist Syenit. „Odenwälder Syenit" ist ein Diorit, „Hessen-Nassauischer Syenit" ist dagegen aus Diabas.

Hauptvorkommen von Syenit: Lausitz, Oberpfälzer Wald, Fichtelgebirge.

b) Diorit besteht aus weißlich-glasigem Kalknatronfeldspat und dunkler Hornblende, meist mit Biotit oder Augit, selten noch etwas Quarz. Nicht spröde, sehr zäh, Farbe dunkelgrün.

Hauptvorkommen: Oberpfälzer Wald, Thüringer Wald (Ruhla), Kyffhäuser, Odenwald, Schwarzwald, Vogesen.

Als **Mikrodiorit** wird ein grünlichgraues, auch rotbraun geflecktes, meist mittelkörniges, dem Diorit entsprechendes Ganggestein bezeichnet.

Hauptvorkommen: Saar-Nahe-Gebiet.

Granodiorit ist eine Übergangsform zwischen Diorit und Granit mit zunehmendem Anteil von Anorthit bei Abnahme des Kalifeldspatgehalts.

c) Gabbro besteht aus kalkreichem Plagioklas und dunklem (monoklinem) Augit, z.T. mit Olivin. Gabbro mit rhombischem Augit heißt *Norit.* Sehr zäh, in der Feuchtigkeit nicht immer beständig. Farbe: dunkelgrau bis schwarzgrün, oft weiß und grün gesprenkelt (Forellenstein). Fehler: schiefriges Gefüge, schädliche Beimengungen wie bei Syenit.

Hauptvorkommen: Harz (Bad Harzburg), Odenwald und südlicher Schwarzwald.

Verwendung der Tiefengesteine: Fundamente, Sockel, Pfeiler, Widerlager, Unterlagsteine, Stützmauern, Stufen; poliert für Denkmäler, Säulen, Umrahmungen, im Straßenbau für Bordschwellen, Pflastersteine und Schotter.

1.4.7 Ergussgesteine (siehe auch Tafel 5.1)

1.4.7.1 Basalt

Basalt besteht hauptsächlich aus Feldspat und Augit, meist quarzfrei; dunkelgrau bis schwarz, sehr dicht, splittrig-muscheliger Bruch. Muss gleichmäßig glasfreies Gefüge haben. Nicht zu bearbeiten, sehr wetterfest. Einsprenglinge, namentlich von Olivin (kleine olivgrüne Kristalle), mindern die Wetterfestigkeit. Kleine, helle, oft sternförmige Flecken und bisweilen davon ausgehende Haarrisse (herrührend von Anhäufungen feldspatreicher Gemengeteile, die durch Verwitterung in Ton übergehen, namentlich bei „Tagsteinen" der obersten Schicht) sowie bröckliges Gefüge lassen „Sonnenbrenner" vermuten, die bei Witterungseinfluss zerfallen. Probe: viertelstündiges Kochen in verdünnter HCl (dadurch Hervortreten der hellen Flecke); anschließend abspülen und mehrmals erhitzen. Bei Zerfall sind Sonnenbrenner zu erwarten.

1 Natursteine

Sonnenbrenner: durch Mineral Nephelin, siehe Abschnitt 1.2.4, 8 b, wandelt sich in der Sonne in das Mineral Analcim ($Na_2O \cdot Al_2O_3 \cdot 4\ SiO_2 \cdot 2\ H_2O$) um, dabei Volumenvergrößerung. Hierdurch Rissbildung und Zerfall. In völlig trockener Luft keine Umwandlung, Feuchtigkeit notwendig, da Analcim-Bildung mit Kristallwasseraufnahme verbunden ist.
Als **Dolerit** wird ein kristallinisch-feinkörniger Basalt bezeichnet.

Hauptvorkommen: Erzgebirge, Hessen, Rhön, Vogelsberg, Ohm, Westerwald, mittleres Rheintal, Eifel (Basaltlava), Hegau, Sachsen (südlich Dresden und südlich Bautzen). Verwendung s. Abschn 1.4.7.2.

Alkalibasalte haben einen höheren Gehalt an Natrium und Kalium. Hierzu gehören der **Tephrit**, er besteht aus Augit, Plagioklas und Nephelin, und die **Foidite**, die anstelle der Feldspäte weitgehend Feldspatvertreter (Foide) enthalten.

Schmelzbasalt ist ein hochverschleißfester Werkstoff, durch Erhitzen von Basalt bis zur Schmelze gewonnen und dann in Formstücke gegossen.

1.4.7.2 Phonolith, Diabas, Melaphyr

a) Phonolith ist ein basaltähnliches, grünlichgraues bis bräunliches junges Ergussgestein, hauptsächlich aus Sanidin (Kalifeldspatart) oder Albit, Nephelin oder Leuzit; Absonderung in Säulenform oder in dünnen, beim Anschlagen klingenden Platten (Klingstein).

Hauptvorkommen: Lausitz (bei Zittau), Hegau, Eifel, Kaiserstuhl, Phonolithtuff (nordöstlich Koblenz, Weibern).

b) Diabas und Melaphyr sind dem Basalt entsprechende, aber ältere Ergussgesteine. Diabas besteht aus Plagioklas und Augit, manchmal mit Quarz oder Olivin. Augit ist oft in Chlorit umgewandelt, dann grünliches Aussehen (Grünstein), sonst dunkel bis schwarz. Sehr dicht, polierfähig. Grünlicher Diabas wird fälschlich oft als grüner Porphyr bezeichnet. Melaphyr besteht ebenfalls aus Plagioklas, Augit sowie Olivin. Farbe: grünschwarz bis schwarz.

Hauptvorkommen: *Melaphyr:* Sachsen (Zwickau), Thüringer Wald, Harz (Ilfeld), Saar-Nahe-Gebiet. *Diabas:* Lausitz, Fichtelgebirge (*Proterobas* – hornblendereicher Diabas), Harz, Siegerland, Sächsische Schweiz (bei Pirna), Rennsteig, Lahn-Dill-Gebiet.

Verwendung von Basalt, Phonolith, Diabas, Melaphyr: Basalt in säulenförmiger Absonderung zu Prellsteinen, in Säulenstücken zu Sockel- und Stützmauern (Polygonmauerwerk), Grundmauern, Küstenschutz (wegen hohen Gewichts brandungssicher); Pflastersteine (werden leicht glatt), Schotter und Splitt für Straßen- und Betonbau sowie als Gleisschotter. Diabas auch für Architektur und Bildhauerarbeiten. Desgleichen *Basaltlava*, besonders für Treppenstufen und Fußbodenplatten (bleibt stets rau!). *Basalttuffe* sind oft nicht wetterbeständig und können dadurch zerbröckeln.

1.4.7.3 Trachyt, Andesit, Rhyolith, Dacit

a) Trachyt ist ein quarzfreies, jungvulkanisches Ergussgestein. Hellgrau bis bräunlich, nicht so fest wie die übrigen Ergussgesteine (nur etwa 60 bis 70 N/mm²), infolge porigrauer Grundmasse gut mörtelanziehend, bleibt auch bei Abnutzung stets rau (Treppenstufen), gut bearbeitbar, aber nicht polierbar. Nur wetterbeständig, wenn Gehalt an Sanidin (leicht verwitternde Feldspatart) gering. Das ist der Fall bei dunklen, hornblendereichen Sorten. Vorsicht bei den hellen Sorten (Kölner Dom). Zu verwerfen ist ferner poriges Gefüge und ungleichmäßiges Korn mit groben Einsprengungen (Sanidinkristalle) sowie höherem Glimmergehalt.

Trachyttuffe sind meist sehr weich (nur für Verkleidungen). Aufgeschäumter Trachyt = **Bims**. Bims vom Gebiet Laacher See (Neuwieder Becken) ist Tuff von trachytischer bis phonolithischer Zusammensetzung. Verwendung: Leichtgesteinskörnung für Bimsbeton oder -steine.

1.4 Bautechnisch wichtige Minerale und Gesteine

Hauptvorkommen: Westerwald, Siebengebirge, Eifel (Trachyttuffe).

b) Andesit besteht aus Plagioklas, Amphibol, Glimmer und Augit. Meist grünlich, sonst sehr unterschiedlich von rötlichbraun bis fast schwarz, mit feinkörniger bis glasiger Grundmasse, selten polierfähig. Name nach den Anden in Südamerika, dort vielverwendeter Rohbaustein.
Hauptvorkommen: Westerwald, Siebengebirge (Wolkenburg, Stenzelberg), Flechtinger Höhenzug (nahe Autobahn Magdeburg – Helmstedt).

c) Rhyolith ist ein graues, gelblich-grünliches oder rötliches Ergussgestein mit Einsprenglingen von Sanidin, Plagioklas, Quarz und Biotit in einer dichten, feinkörnigen oder glasigen Grundmasse.
Hauptvorkommen: Saar-Nahe-Becken (Nohfelden).

d) Dacit oder Dazit ist ein junges, SiO_2-reiches Ergussgestein mit dichter, z.T. glasiger Grundmasse und Einsprenglingen von z.B. Plagioklas, Quarz, Biotit oder Hornblende.

1.4.7.4 Porphyr

Bei Porphyr (griechisch: porphyra = Purpurschnecke) ist die Grundmasse aus Feldspat und Glimmer verschmolzen, farblich von gelb bis rötlich (purpurn), violettgrau, seltener weiß bis grünlich, mit hellen Einsprenglingen von Feldspat und Quarz. Bei reichlichem Quarzgehalt = *Quarzporphyr*.

Keratophyr = quarzfreier Porphyr. *Porphyrite* sind ebenfalls Abarten des Porphyrs, bei denen anstelle des im Porphyr vorherrschenden Kalifeldspats Natrium- und Kalziumfeldspäte treten. Zäh, gut polierbar, wetterfest. Von mangelhafter Beschaffenheit, wenn Grundmasse mürbe (mit Messer ritzbar) oder Schwefelkiesgehalt und Tongeruch beim Anhauchen. Verwendung wie Granit.

Hauptvorkommen: Löbejün bei Halle, Rochlitz/Sachsen (Porphyrtuff), Thüringer Wald (Tabarz, Inselberg: Orthoklasporphyr), Odenwald (Dossenheim, Weinheim), Schwarzwald (Varnhalt), Vogesen, Beucha bei Leipzig (Granitporphyr). Quarzporphyrite und Augitporphyrite bei Haldensleben, Quarzporphyr bei Wurzen. Für das Völkerschlachtdenkmal in Leipzig, für den Leipziger Hauptbahnhof und für die Feldherrnhalle in Nürnberg wurde Beuchaer Granitporphyr verwendet.

Als **Felsit** wird ein Porphyr bezeichnet, der wesentlich nur aus der dichten Grundmasse ohne größere Kristalleinlagerungen besteht.

1.4.8 Metamorphe Gesteine (s. auch Tafel 5.1)

1.4.8.1 Serpentinit, Amphibolith

a) Serpentinit ist ein ultrabasisches (dem Peridotit entsprechendes) metamorphes Gestein. Besteht vornehmlich aus dem Mineral Serpentin (meistens durch Verwitterung von Olivin entstanden).
Dunkelgrün, oft schwarz gefleckt (wie Schlangenhaut) oder marmoriert, sich fettig anfühlend, sehr weich (H 2 bis 3), aber polierfähig, nicht wetterbeständig. Dekorationsgestein im Gebäudeinnern (Wandverkleidungen, Säulen, Kunstgewerbe).
Hauptvorkommen: Böhmen, Erzgebirge (Zöblitz), Fichtelgebirge.

b) Amphibolit (Hornblendefels) ist ein metamorphes Gestein, vorwiegend aus Hornblende und Plagioklas, grünschwarz, feinkörnig oder schiefrig.
Weit verbreitet, meist als Einlagerungen in Gneisen und Glimmerschiefern.

1 Natursteine

1.4.8.2 Gneis

Gneis ist ein kristalliner Schiefer sehr unterschiedlicher Zusammensetzung, je nach Ausgangsgestein (siehe Abschnitt 1.3.4.2). Weit verbreitet, häufig in Innen- und Außenarchitektur (Treppenstufen, Boden- und Wandverkleidungen, als Bruchstein), aber auch im Tiefbau (Widerlager, Stützmauern, Randsteine) viel verwendet. Oft polierfähig, meist aber roh verwendet.

Hauptvorkommen: Riesengebirge, Erzgebirge, Bayerischer Wald, Fichtelgebirge, Thüringen, Spessart, Odenwald, Schwarzwald, Vogesen.

1.4.9 Dachschiefer
DIN EN 12 326

Für die Verwendung als Dachschiefer muss der Tonschiefer im Laufe langer geologischer Zeiten völlig umgewandelt (durch Hitze entwässert, silikatisiert usw.) sein.

Die Oberfläche der Schieferplatten soll matten Seidenglanz (kein stumpfes, erdiges Aussehen) zeigen und nicht vollkommen eben, sondern schwach wellig sein (sonst zu geringer Zusammenhalt der einzelnen Schichten). „Tagsteine" (Steine aus den obersten Schichten) sind – weil meist angewittert – auszuschließen.

Für Dachschiefer gelten folgende **Richtwerte:**

Rohdichte ρ_R in kg/dm³	(Rein-)Dichte ρ_0 in kg/dm³	Wahre Porosität in Vol.-%	Wasseraufnahme in M.-%	Scheinbare Porosität in Vol.-%	Biegezugfestigkeit trocken in N/mm²
2,70 bis 2,80	2,82 bis 2,90	1,6 bis 2,5	0,5 bis 0,6	1,4 bis 1,8	50 bis 80

Schiefer wird auch verwendet für Fensterbänke, Wandverkleidungen usw.

Deutsche Vorkommen: Rheinischer Schiefer bei St. Goar, im Moselgebiet, im Hunsrück, im Westerwald; Sauerland (Nuttlar), Waldeck, im Devon des Harzes bei Goslar, Schiefer im Frankenwald (südlich von Saalfeld), Lehesten bei Jena.

1.4.10 Lehm

1.4.10.1 Entstehung und Arten

Im „ökologischen" Bauen kommt Lehm als Baustoff in begrenztem Maße wieder zur Geltung. Lehm ist ein aus der chemischen Gesteinsverwitterung hervorgegangenes Sediment, das aus Ton (Tonmineralien) und Quarzkörnern besteht, vermischt mit anderen Verwitterungsresten, vornehmlich Eisenverbindungen und Kalk. Lehm ist nicht so plastisch wie Ton; tonreiche Lehme werden als „fett", tonarme Lehme als „mager" bezeichnet. Zwischen Ton und Lehm gibt es keine scharfe Grenze. Allgemein enthält Ton Teilchen kleiner als 0,002 mm Korngröße, Lehm enthält sehr ungleiche Korngrößen, vom Schluff bis zum Kies (etwa bis 20 mm).

Je nach Entstehung unterscheidet man:

Auelehm, jüngste Ablagerung in den Flussauen, entsteht aus den Ablagerungen der von den Gewässern mitgeführten Schlammmassen.

Geschiebelehm, durch Gletscher oft über weite Entfernungen transportierter Lehm mit gerundeten Körnern, z.T. kalkhaltig (Geschiebemergel). Kalkhaltiger Geschiebelehm wird als Mergel bezeichnet; als Baulehm nur bei geringem Kalkgehalt brauchbar.

1.4 Bautechnisch wichtige Minerale und Gesteine

Lösslehm, verwitterter, feinsandiger, karbonatfreier Löss. Löss ist ein mehlfeines, meist ungeschichtetes Sediment, wurde während der Eiszeiten aus den Moränen- und Flussablagerungen vor dem Inlandeis als Staub ausgeblasen und an anderer Stelle abgelagert.

Berg-, Gehängelehm, Lehm nahe den Gesteinen, aus deren Verwitterung er entstanden ist, enthält kantige (nicht gerundete), häufig auch gröbere Gesteinskörner.

1.4.10.2 Eigenschaften und Anwendung

Alle Lehme **quellen** bei Wasserzutritt und **schwinden** beim Trocknen. Die Größe der Volumenänderung ist abhängig vom Tongehalt und von der Art der Tonmineralien (Kaolinit nimmt wenig Wasser auf, Montmorillonit quillt sehr stark; siehe auch Bentonit Abschnitt 1.4.5). Im feuchten Zustand ist Lehm **formbar**, die Form bleibt beim Trocknen – abgesehen von der Schwindverkürzung – erhalten. Die Trockenschwindung beträgt bei der Herstellung von Lehmsteinen (statt Ziegeln) etwa 3 bis 5 %, bei gestampftem Lehm etwa 2 % (zum Vergleich: Beton schwindet etwa 0,04 bis 0,05 %).

Baulehm kann so, wie er in der Natur vorkommt, als Baustoff verwendet oder mit Zuschlägen vermischt werden, je nach Verhältnis zwischen Tonanteil und nichttonigen Bestandteilen. Der Tonanteil wirkt als Bindemittel (bewirkt die Bindekraft, Klebkraft), die nichttonigen Bestandteile wirken als Zuschlag. Bei fetten Lehmen – also solchen mit hoher Bindekraft – können Zuschlagstoffe zugesetzt werden. Zuschläge vermindern die Trockenschwindung, fasrige verbessern den Zusammenhalt. Verwendet werden anorganische, mineralische Zuschläge (Sand, Schlacke) und organische Zuschlagstoffe (Stroh, trockene Pflanzenfasern, Holzspäne, dünnes Gezweig, Heidekraut). Im Lehm eingeschlossenes Holz oder Stroh verrottet oder verfault nicht.

Je nach Tonanteil werden je m^3 Baulehm etwa 5 bis 13 kg, bei fettem Baulehm und Stroh als Zusatz auch bis zu 30 kg organische Zuschlagstoffe zugesetzt.

Werden mineralische Zuschläge zugegeben, schwankt deren Volumenanteil aus Gründen der Verarbeitbarkeit häufig zwischen etwa 15 und 40 %.

Die **Rohdichte** von Baulehm ist abhängig von Art und Menge der eingemischten Körnungen/Zuschläge; sie schwankt bei Baulehm ohne oder mit anorganischen Körnungen zwischen 1,6 und 2,2 kg/dm^3, bei organischen Zuschlägen dagegen nur zwischen etwa 0,6 und 1,4 kg/dm^3 (Leichtlehm).

Getrocknete Baulehme erreichen **Druckfestigkeiten** von etwa 2 bis 3 N/mm^2, Leichtlehme haben allgemein eine deutlich niedrigere Festigkeit in der Größenordnung zwischen 0,1 und 1 N/mm^2.

Die Festigkeit ist vom Feuchtigkeitsgehalt abhängig. Im Lehm können die Tonmineralien durch Wasseraufnahme quellen – Aufweitung des Kristallgitters –, wodurch der Zusammenhalt und damit die Festigkeit verringert werden. Baulehm ist deshalb dauerhaft gegen eindringende Feuchtigkeit zu schützen. Lehmbauten werden daher im mitteleuropäischen Klima in der Regel nur in der Zeit von April/Mai bis September/Oktober hergestellt.

Die im südarabischen und nordafrikanischen Raum anstehenden Lehmarten unterscheiden sich im Kornaufbau (sandreicher) und auch in der chemisch-mineralogischen Zusammensetzung von den in Deutschland vorhandenen Lehmarten. Lehmbauten dortiger Länder haben dadurch höhere Festigkeiten und auch eine bessere Beständigkeit.

1 Natursteine

1.5 Erdzeitalter

In Tafel 1.7 sind die Einteilungen im Erdzeitalter angegeben und beispielhaft technisch nutzbare Gesteine aufgezeigt, welche sich in den verschiedenen Formationen in Deutschland gebildet haben.

Tafel 1.7 Erdgeschichte und Gesteinsbildungen

Zeitalter	vor Mio. Jahren	Formation	Abteilung	technisch nutzbare Gesteine
Erdneuzeit (Neozoikum)	1	Quartär	Holozän (Alluvium)	Kalktuffe, Flusssande
			Pleistozän*)(Diluvium)	Kalktuffe, Bims, Trass, Sande, Lavaschlacke, Basalte, Kieselgur
	70	Tertiär	Pliozän, Miozän, Oligozän, Eozän, Paleozän	Basalte, Phonolite, Trachyte, Andesite, Kalksteine
Erdmittelalter (Mesozoikum)		Kreide	Oberkreide	Mergelkalksteine, Sandsteine
	135		Unterkreide	Mergelkalksteine, Sandsteine
		Jura	Malm, weißer Jura	Kalksteine, Dolomitsteine
			Dogger, brauner Jura	Sandsteine, Kalksteine
	180		Lias, schwarzer Jura	Kalkmergelsteine
		Trias	Keuper	Sandsteine, Dolomitsteine
			Muschelkalk	Kalksteine, Kalkmergelsteine, Dolomitsteine
	225		Buntsandstein	Sandsteine
Erdaltertum (Paläozoikum)		Perm	Zechstein	Kalksteine, Dolomitsteine
	275		Rotliegendes	Sandsteine, Konglomerate, Porphyre, Melaphyre
		Karbon	Oberkarbon	Sandsteine, Grauwacken, Quarzite, Kalksteine
	345		Unterkarbon	Granite, Syenite, Diorite, Gabbros, Porphyre
	400	Devon		Diabase, Keratophyre, Kalksteine, Grauwacken, Quarzite, Sandsteine, Tonschiefer
	440	Silur		Tonschiefer
	500	Ordovicium		Quarzite, Grauwacken, Kalksteine, Diabase
	580	Kambrium		Sandsteine, Grauwacken, Tonschiefer, Kalksteine, Diabase
Erdfrühzeit	1.800	Algonkium		Sandsteine, Quarzite, Granite, Diabase, Porphyre
Erdurzeit	4.000	Archaikum		Metamorphite: Gneise, Quarzite

*) Innerhalb des Pleistozäns: die Eiszeiten.

1.6 Böden, Bezeichnungen im Erdbau

Als Baugrund, bei Baugrunduntersuchungen und im Erdbau werden Böden nach Bodenart und Korngröße klassifiziert und mit Kurzzeichen benannt.
Die wichtigsten **Bezeichnungen** sind:

Mergel: Meistens Gemische aus Ton und Schluff mit fein verteiltem kohlensaurem Kalk (Kalkgehalt etwa zwischen 25 und 50 %). Je nach Kalkgehalt unterscheidet man: Mergel, Mergelton, Tonmergel, Ton (siehe auch Abschnitt 1.4.3).

Geschiebemergel: Als Grundmoräne vom Inlandeis in der Diluvialzeit abgelagert (Gletscherablagerungen). Gesteinstrümmer aller Korngrößen vertreten: große Steinblöcke (Findlinge), Steine, Kies, Sand, Schluff und Ton.

Geschiebelehm: Verwitterungsschicht an der Oberfläche des Geschiebemergels (Kalk ausgewaschen).

Löss: Angewehter Boden, hauptsächlich Grobschluff und durch Kalk verkittet.

Lösslehm: Verwitterungsboden vom Löss (Kalk ausgewaschen und Feldspat zu Tonmineralien zersetzt).

Lehm: Gemische aus Schluff, Feinsand und Ton.

Auelehm: Mit Sand durchsetzte Ton- bzw. Schluffablagerungen in Talauen.

Flinz: Tertiäre, meist glimmerhaltige Sand-Schluff-Ton-Gemische.

Bänderton: Sedimente eiszeitlicher Gletscherseen. Im Ton und Schluff sind Zwischenlagen von Grobschluff und Feinsand vorhanden.

Schluff: Staubfeine Sande < 0,06 mm, Einzelkorn nicht mehr mit Auge erkennbar; enthält Quarz, Glimmer, Feldspat, Karbonate, wenig Ton; z.T. mit stickstoffreichen Huminstoffen.
Schluff mit Kalk verkittet → Löss.

Zum Klassifizieren einer Bodenprobe sind in der Regel Laborversuche auszuführen. Bei der danach erfolgenden Bezeichnung gibt der erste Kennbuchstabe den Hauptbestandteil und der zweite eine bestimmte kennzeichnende bauphysikalische Eigenschaft oder den Nebenbestandteil an. Entsprechend ihrer stofflichen Zusammensetzung können Böden demnach gegebenenfalls verschiedenen Bodengruppen angehören und zugeordnet werden.

Für die **Bodengruppen** werden nach DIN 18 196 (05.11) folgende Kurzzeichen verwendet:

Für die *Bodenbestandteile:*

G	Kies (Grant)		O	Organische Beimengungen
S	Sand		H	Humus, Torf
U	Schluff		F	Faulschlamm (Mudde)
T	Ton		K	Kalk

Für *bodenphysikalische Eigenschaften:*

W	weitgestufte Korngrößenverteilung			
E	enggestufte Korngrößenverteilung			
I	intermittierend gestufte Korngrößenverteilung			
L	leicht plastisch		Z	zersetzter Torf
M	mittel plastisch		N	nicht bis kaum zersetzter Torf
A	ausgeprägt plastisch			

Beispiele:
- GE = enggestufter Kies
- SU = Sand-Schluff-Gemisch
- TA = ausgeprägt plastischer Ton
- OT = Ton mit organischen Beimengungen

1 Natursteine

Für die Einteilung von Boden und Fels bei Erdarbeiten gemäß VOB gilt die DIN 18 300 (08.15), und Bohrarbeiten werden gemäß DIN 18 301 (08.15) geregelt. Die Bodenklassifikation für bautechnische Zwecke im Erd- und Grundbau wird nach DIN 18 196 durchgeführt und für die auf die Baugrundbeschaffenheit ausgerichtete Untersuchung von Bodenproben stehen DIN 18 121 bis DIN 18 137 zur Verfügung.

Für die Benennung, Beschreibung und Klassifizierung von Boden gilt die DIN EN ISO 14 688-1 und -2 (jeweils 12.13). Danach werden die in der folgenden Übersicht vorgestellten Einteilungen und Bezeichnungen vorgenommen.

Korngrößenklassifikation nach DIN EN ISO 14 688-1 (12.13)

Bereich	Benennung	Kurzzeichen	Korngröße in mm
sehr grobkörniger Boden	großer Block	LBo	> 630
	Block	Bo	> 200 bis 630
	Stein	Co	> 63 bis 200
grobkörniger Boden	Kies	Gr	> 2 bis 63
	Grobkies	CGr	> 20 bis 63
	Mittelkies	MGr	> 6,3 bis 20
	Feinkies	FGr	> 2,0 bis 6,3
	Sand	Sa	> 0,063 bis 2,0
	Grobsand	CSa	> 0,63 bis 2,0
	Mittelsand	MSa	> 0,2 bis 0,63
	Feinsand	FSa	> 0,063 bis 0,2
feinkörniger Boden	Schluff	Si	> 0,002 bis 0,063
	Grobschluff	CSi	> 0,02 bis 0,063
	Mittelschluff	MSi	> 0,0063 bis 0,02
	Feinschluff	FSi	> 0,002 bis 0,0063
	Ton	Cl	< 0,002

1.7 Bearbeitung der Natursteine

Pflaster- und *Schottermaterial* gewinnt man im Bruch durch Sprengen mit schwach treibendem Pulver (sonst sprengrissig!). *Werksteine* dagegen besser mit Keilen und Brechwerkzeugen von der Bank abheben und mit Schrotkeilen von Größe abkeilen. Bearbeitung zweckmäßig noch in bruchfeuchtem Zustand, weil dann wesentlich leichter!

Rohe Formgebung mit mindestens 3 cm „Bruchzoll" mit dem Bossierhammer. Bei mancher Verblendung oder späterer bildhauerischer Bearbeitung bleibt der „Bossen" auf der Ansichtsfläche des Steins stehen, ohne oder mit „Randschlag" (letzterer wird mit Zahneisen vorgehauen, mit Schlageisen nachscharriert).

Die Bearbeitung der Sichtflächen ist nach ATV der VOB gemäß DIN 18332 durch folgende Begriffe und zusätzlich in manuelle oder maschinelle Ausführungsweisen zu unterscheiden:

poliert	diamantgesägt	beflammt	gebeilt
fein geschliffen	stahlsandgesägt	scharriert	geflächt
geschliffen	gesandelt	frei von Hieb	gekrönelt
grob geschliffen	abgerieben	gestockt	gespitzt
naturrau	geschurt	geriffelt	geprellt
naturrau anpoliert	sandgestrahlt	gezahnt	gebosst
naturrau angeschliffen	jetgestrahlt		

1.8 Verarbeiten der Natursteine

Mit Maschinen sind auch folgende Werksteinbearbeitungen möglich:
Zersägen (bei Weichgesteinen sogar in Gattern zu Platten), Sägeblätter entweder mit Diamanten besetzt (Diamantschnitt) oder glatte Stahlbänder; als Schneidemittel dient dann Sand bzw. Stahlsand mit Wasser (Sandschnitt).
Schneiden (mit Karborundumscheiben) bei kleineren Werkstücken und Platten
Drehen (mit diamantbesetztem Meißel), z.B. bei Säulen
Hobeln (nur bei Weichgesteinen möglich)
Schleifen, Polieren, Bohren.
Handbearbeitungswerkzeuge siehe auch Abb. 1.3.

1.8 Verarbeiten der Natursteine

1.8.1 Versetzen

Geschichtete Steine stets „lagerhaft" bearbeiten und auf ihr „Haupt" (= „auf Lager", d.h. parallel zur natürlichen Schichtung), nie auf „Spalt" versetzen, da sonst ein Ablösen oder Abscheren von Schichten begünstigt wird. Ausnahme: nichttragende Verblender und Verblendplatten. VOB-Hinweise zum Ansetzen von Naturstein-Plattenbekleidungen enthält die DIN 18 332 „Naturwerksteinarbeiten" (09.12).

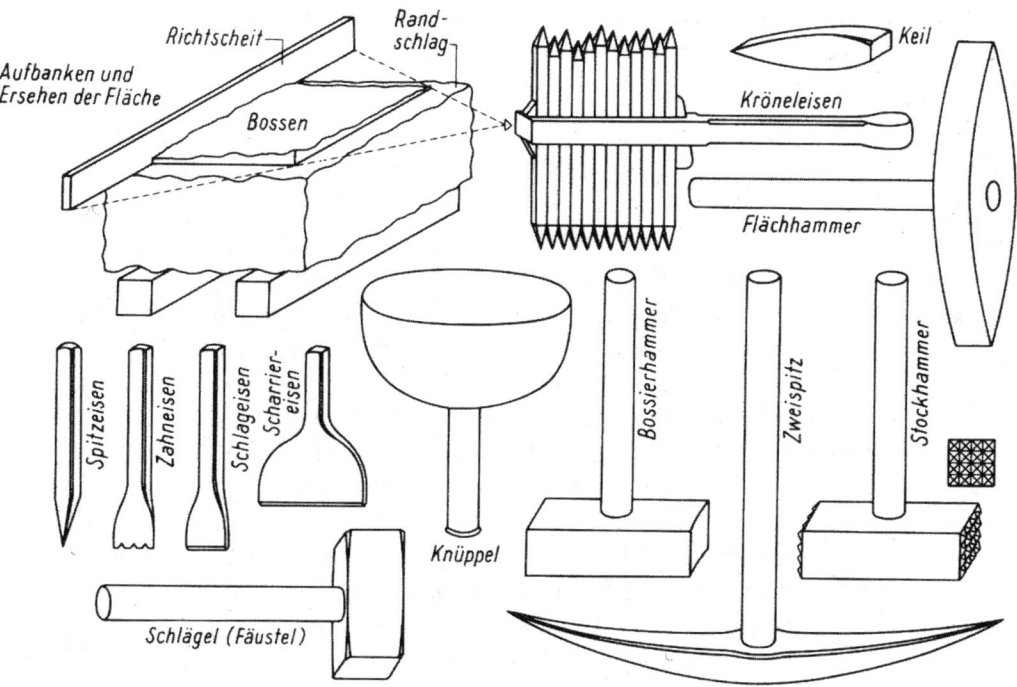

Abb. 1.3 Steinbearbeitungswerkzeuge

Bei Bauteilen, die frei stehen (z.B. Fialen) oder vorspringen (Gesimse, Abdeckungen), und besonders bei Reliefs ist die Schichtung so auszunutzen, dass senkrechte oder aufgerichtete Schichtungsfugen nicht dem Wetter zugekehrt sind (sonst Abfrieren in Schichten!). Zum guten Wasserablauf: vorspringende Steine abschrägen, Stufen von Freitreppen nach vorn etwas entwässern und stets mit Gefälle vom Gebäude weg (desgleichen Terrassen).

1 Natursteine

Werksteine nie auf Biegung beanspruchen (Stürze mit Entlastungsbogen; Sohlbänke, Stufen usw. nicht hohl verlegen!).

Mauerwerke aus Natursteinen mit geringer Wasseraufnahme (Granit, Basalt usw.) mit Zement fugen! Saugfähige Natursteine (Kalkstein und die meisten Sandsteine) dagegen sollten wegen Sprödheit, Verfärbungen und Ausblühungen (siehe hierzu auch Kapitel 4 Bindemittel) nicht mit Zement verfugt werden, sondern mit hydraulischem Kalk bzw. Trasskalk. Bei sehr exponiert stehenden Bauteilen können die Fugen auch mit Blei verstemmt (z.B. Hermannsdenkmal bei Detmold, Rathauskuppel Hannover) oder mit dauerplastischem Fassadenkitt ausgepresst werden.

Für Mauerwerk aus Natursteinen weist die DIN EN 1996-1-1/NA: 2012-05 im normativen Anhang NA.L maßgebliche Angaben für die Konstruktion, Ausführung und Bemessung aus. Dieser Anhang enthält zusätzliche, nicht im Widerspruch zum Eurocode 6 stehende Festlegungen und gilt dabei nicht für die Bemessung von Trockenmauerwerk. Insgesamt werden darin sehr eindeutige Vorgaben für die Ausführung mit weiterer Unterscheidung in Tragendes Mauerwerk, Schwergewichtsmauerwerk, Verblendmauerwerk, Vorsatzschalen und Trockenmauerwerk gemacht. Weiterhin sind detaillierte Beschreibungen und Anforderungen der verschiedenen Verbandarten und sich danach für die Bemessung von Natursteinmauerwerk in Abhängigkeit von den Mörtelgruppen bei Verwendung von Normalmauermörtel ergebende charakteristische Werte der Druckfestigkeit je nach Steinfestigkeit und insgesamt bewerteter Güteklasse zu entnehmen.

1.8.2 Reinigen

Stark verschmutzte Werksteinfassaden kann man durch Bearbeitung mit dem Sandstrahlverfahren reinigen. Jedoch wird hierbei die Oberfläche zusätzlich aufgeraut und dadurch sehr schnell wieder schmutzempfindlich.

Auch die chemische Kaltreinigung durch Absäuern ist nicht zu empfehlen (besonders, wenn neben dem Fugenmaterial auch die Werksteine kalkhaltig sind), weil die Säure selbst bei rascher und sorgfältiger Nachspülung mit Wasser nicht vollständig entfernt werden kann und Anteile im Steinmaterial verbleiben. So besteht die Gefahr, dass die Steine und der Fugenmörtel angegriffen werden und dadurch erneut Verfärbungen und/oder Ausblühungen bzw. sogar anschließend noch Oberflächenschädigungen durch Kristallisationsdrücke der Salze auftreten. Gut bewährt dagegen hat sich das Abstrahlen mit Dampfstrahlgeräten (u.U. in Verbindung mit einem Reinigungsmittel) bzw. der Einsatz von neuen, wesentlich schonenderen Partikelstrahlverfahren.

Die Industrie hat auch spezielle chemische Reinigungsmittel für Natursteinfassaden auf Säurebasis (nicht für polierte und nicht für kalkhaltige oder andere säureempfindliche Natursteine – Vorversuch!) und auf Alkalibasis entwickelt. Die Mittel werden nach gründlichem Vornässen (um Absaugen durch den Untergrund zu verhindern) aufgetragen und müssen nach der Einwirkungszeit mit hohem Wasserüberschuss abgespült werden, um unerwünschte Nebenwirkungen (Lösen von Gesteins- oder Mörtelbestandteilen, Bildung von später ausblühenden Substanzen oder Salzen u.a.) zu vermeiden. Bei Verwendung alkalisch wirkender Reinigungsmittel ist ggf. außerdem eine Neutralisation (durch sauer reagierende Mittel) erforderlich, um so der Bildung von schädlichen, weil treibend wirkenden Salzen (entstehend aus der Base im Reiniger und stets in der Außenumgebung vorhandener Luftkohlensäure) entgegenzuwirken.

1.8.3 Schutz

Die meisten Natursteine haben eine so hohe Wetterbeständigkeit, dass sie keiner schützenden Behandlung bedürfen. Bei porösen, saugenden Natursteinen kann eine Imprägnierung mit wasserabweisenden Mitteln zweckmäßig sein, um die mit erhöhter Wasseraufnahme verbundenen möglichen Folgen – stärkere Verschmutzung, Lösen, Salzbildungen, Eisbildung mit Gefügezerstörung – zu vermeiden. Hierfür haben sich ausreichend tief eindringende Silikonharze und Siloxane gut bewährt. Näheres, auch über Konservierung angewitterter Natursteine, siehe [1.15] und zu bauschädlichen Salzen [1.8], [1.14] und [1.15].

Weitere Informationen über Natursteinmauerwerk und Außenwandbekleidungen:
Reul, H., Handbuch Bautenschutz und Bausanierung, Verlag Rudolf Müller, Köln, 2007
Snethlage, R., Leitfaden Steinkonservierung, Fraunhofer IRB Verlag, Stuttgart, 2013
Informationen vom Deutschen Naturstein-Verband e. V. (DNV), Sanderstraße 4, 97070 Würzburg
Außerdem:

DIN EN 1996-1-1/NA	(05.12)	Nationaler Anhang – Eurocode 6 : Bemessung und Konstruktion von Mauerwerksbauten – Teil 1-1: Allgemeine Regeln für bewehrtes und unbewehrtes Mauerwerk, NCI Anhang NA.L – Konstruktion, Ausführung und Bemessung von Mauerwerk aus Naturstein
DIN 18 332	(09.12)	Naturwerksteinarbeiten (VOB)
DIN 18 515-1	(05.15)	Außenwandbekleidungen-Grundsätze für Planung und Ausführung – Teil 1: Angemörtelte Fliesen und Platten
DIN 18 516-1	(06.10)	Außenwandbekleidungen, hinterlüftet – Teil 1: Anforderungen, Prüfgrundsätze
DIN 18 516-3	(09.13)	Außenwandbekleidungen, hinterlüftet – Teil 3: Naturwerkstein; Anforderungen, Bemessung
DIN EN 12 004	(02.14)	Mörtel und Klebstoffe für Fliesen und Platten – Anforderungen, Konformitätsbewertung, Klassifizierung und Bezeichnung

1.9 Schäden durch Luftverschmutzung

1.9.1 Allgemeines

Durch aggressive Luftverschmutzung entstehen an Bauten und Kunstdenkmälern hohe Schäden, die solche durch „normale" Witterung und Abnutzung deutlich übertreffen. Besonders gefährdet sind Natursteine mit porösem Gefüge und kalk- oder dolomithaltigen Bindemitteln. Schmutzig-weiße Ausblühungen, Krustenbildung, Absanden, schalenförmige oder trichterförmige Abplatzungen und Bröckelzerfall sind Zeichen äußerer Einwirkungen, die bis zur Zerstörung von Natursteinfassaden und Natursteindenkmälern und damit zur Vernichtung ihres kulturhistorischen Wertes führen.

Als atmosphärische Schadstoffe wirken vor allem SO_2 und CO_2, aber auch Ruß und Staub ein. Daneben können noch Chlorid-, Ammonium- und Fluorverbindungen eine Rolle spielen, ebenso Stickoxide, die mit Wasser in salpetrige Säure übergehen können.

1.9.2 Schäden durch SO_2

SO_2 reagiert mit Feuchtigkeit zu schwefliger Säure oder nach Aufoxidation zu Schwefelsäure H_2SO_4. Die Säurebildung kann dabei schon in der Atmosphäre (mit Regen) erfolgen, kann aber auch erst im Naturstein durch Reaktion des gasförmig eingedrungenen SO_2 mit im Bauwerk vorhandener Feuchtigkeit, mit Kondensat oder Tau vor sich gehen. Deshalb treten vom SO_2 ausgehende Schäden auch an schlagregengeschützten Seiten, hier oft sogar verstärkt, auf.

Durch Säure erfolgt bei kalk- oder dolomithaltigem Naturstein eine *Auflösung*:

$$CaCO_3 + 2\ H^- \rightarrow Ca^{2+} + CO_2 + H_2O$$

Durch H_2SO_4 erfolgt gleichzeitig die Bildung von wasserlöslichem Calciumsulfat. Dieses kann ausgewaschen, mit Wasser an die Steinoberfläche transportiert werden und dort bei Verdunsten des Wassers auskristallisieren. Es erscheint hier als weiße Ausblühung oder bei größerer Menge als Kruste an der Oberfläche. Durch das Lösen von Kalk oder Dolomit wird die Porosität des Natursteins erhöht, dadurch das Eindringen von Schadstoffen erleichtert, außerdem die Festigkeit erniedrigt und schließlich das Gefüge zerstört.

Kristallisiert das Calciumsulfat bereits im Innern des Natursteins aus, so kommt noch ein *treibender Effekt* hinzu:

$$CaCO_3 + H_2SO_4 + H_2O \rightarrow CaSO_4 \cdot 2\ H_2O + CO_2$$

Die Auskristallisation als Gips $CaSO_4 \cdot 2\ H_2O$ ist mit einer 100%igen Volumenvergrößerung verbunden. Der dabei entstehende Kristallisationsdruck kann das Gefüge des Natursteins zersprengen, zu Rissen und zu schalenförmigen oder auch punktuellen Abplatzungen führen. Bei Dolomit oder magnesithaltigem Gestein kommt die Bildung von kristallwasserhaltigem Magnesiumsulfat (Bittersalz) hinzu:

$$MgCO_3 + H_2SO_4 + 7\ H_2O \rightarrow MgSO_4 \cdot 7\ H_2O + H_2O + CO_2$$

Die Auskristallisation dieses Sulfats ist mit einer etwa 430%igen Volumenvergrößerung und entsprechend hohem Kristallisationsdruck verbunden.

Zur Rolle der Salze bei Schäden an Natursteinen siehe auch [1.8], [1.14] und [1.15].

1.9.3 Schäden durch CO_2

CO_2 kann als Schadstoff aus der Luftverschmutzung nur insoweit angesehen werden, als der CO_2-Gehalt der Luft die natürliche Konzentration von 0,029 Vol.-% übersteigt. Hauptsächlich durch die Verbrennung fossiler Brennstoffe ist die Luft vielfach CO_2-reicher, in Industrieatmosphäre steigt die CO_2-Konzentration bis auf 0,1 Vol.-%.

Durch CO_2 werden vorwiegend poröse Kalksteine und Sandsteine mit kalkigem Bindemittel angegriffen, dolomithaltige Gesteine sind weniger betroffen.

Es entsteht folgende Schadensreaktion:

$$CaCO_3 + H_2O + CO_2 \rightarrow Ca(HCO_3)_2$$

Der schwer wasserlösliche Kalk $CaCO_3$ wird durch kohlensäurehaltiges Wasser in das leicht wasserlösliche Calciumhydrogencarbonat überführt. Es wird gelöst und kann mit dem Wasser abtransportiert werden. Die Folgen sind wie bei der SO_2-Einwirkung Ausblühungen, Erhöhung der Porosität und Gefügezerstörungen. Das bei der SO_2-Einwirkung frei werdende CO_2 (siehe oben) wirkt in gleicher Weise lösend auf den Kalk.

Insgesamt ist die Schädigung durch CO_2 aber von geringerer Bedeutung als die Wirkung des SO_2.

1.9.4 Schäden durch Staub und Ruß

Staub und Ruß wirken nicht nur als Verschmutzung, sie setzen sich in den oberflächennahen Poren und der Oberfläche selbst fest, verdichten sie und behindern die Wasserdampfdiffusion. Durch Fugen und Risse eingedrungenes Wasser wird somit am Wiederaustritt gehindert. Das unterstützt die vorgenannten, an die Gegenwart von Wasser gebundenen

Schadensreaktionen, fördert die Krustenbildung, wobei Gips den Staub und Ruß verkittet, und mindert durch die eingeschlossene Feuchtigkeit die Frostbeständigkeit des Natursteins. Auch durch die unterschiedliche Wärme- und Feuchtedehnung von Kruste und Originalgestein kommt es bereits zu Abplatzungen. An Wetterseiten werden Staub und Ruß durch häufiges Beregnen ab- und ausgewaschen, weshalb sich Krusten vornehmlich an regengeschützten Seiten bilden.

1.9.5 Schäden durch Pilze, Algen, Flechten und Bakterien

Schäden werden auch durch Pilze, Algen, Flechten sowie durch Schwefelsäure und Salpetersäure bildende Bakterien verursacht. Letztere können aus Ammoniak über salpetrige Säure schließlich Salpetersäure bilden, können aber im stark alkalischen Bereich (pH-Wert von etwa 9,5 bis 14) nicht existieren. Schädigungen treten aber auch hier nur in Gegenwart von Feuchtigkeit auf.

1.9.6 Maßnahmen zur Erhaltung

Erhaltungsmaßnahmen sind einmal die Hydrophobierung (mit Siliconharzen, Silanen), um das Eindringen von Wasser zu verhindern, und andererseits die Steinverfestigung durch Zufuhr von Bindemitteln, z.B. durch Kieselsäureester, welche Kieselgel als Bindemittel abscheiden. Die anzuwendenden Produkte müssen in ihrer Wirkung (Eindringtiefe und Veränderung der Wasserdampfdurchlässigkeit) möglichst zutreffend auf das jeweilige Naturgestein abgestimmt sein. Allgemeine VOB-Forderungen für chemische Einsatzstoffe zur Instandsetzung und Oberflächenbehandlung sind in DIN 18332 enthalten.

Angaben über Schadensreaktionen von Naturstein sind auch in [1.15] angegeben. Die Steinkonservierung selbst wird in [1.12] und [1.15] maßgeblich vorgestellt.

1.10 Natursteine und Radioaktivität

Natursteine bergen im Allgemeinen keine Gesundheitsrisiken. Alle natürlichen Gesteine und Böden enthalten aber sehr geringe Mengen radioaktiver Stoffe, Radionukleide. Im Wesentlichen handelt es sich dabei um Radium 226, Thorium 232 und Kalium 40. Je nach Lagerstätte und Gesteinsart ist der Gehalt an Radionukleiden unterschiedlich, er nimmt von den Sedimentgesteinen über die Erstarrungsgesteine zu den Tiefengesteinen (Granit) etwas zu und ist bei den Uranmineralien (z.B. Pechblende) am höchsten. Erhöhte Radioaktivität weisen z.B. Standorte im Fichtelgebirge, im Bayerischen Wald, im Erzgebirge und im Harz auf. Beim Zerfall von Radium und Thorium entsteht das radioaktive Edelgas Radon, das aus dem Erdboden bzw. aus den Gesteinen in die Luft entweicht.

Die natürliche Radioaktivität bzw. die hiervon ausgehende Strahlung ist im Allgemeinen so gering, dass sie kein Gesundheitsrisiko darstellt. Allerdings kann sich Radon im Inneren von Gebäuden anreichern, wenn sein Eindringen nicht durch eine abschirmende, dichte (Beton)-Sohlplatte weitgehend behindert wird.

1.11 Gesteinsprüfungen, Normen (z.T. mit Kurzangaben)

Normen

DIN 482	(04.02)	Straßenbordsteine aus Naturstein
DIN 52 098	(06.05)	Prüfverfahren für Gesteinskörnungen – Bestimmung der Korngrößenverteilung durch Nasssiebung

1 Natursteine

DIN 52 099	(10.13)		Prüfung von Gesteinskörnungen; Prüfung auf Reinheit
DIN 52 100-2	(06.07)		Naturstein; Gesteinskundliche Untersuchungen; Allgemeines und Übersicht Norm enthält Angaben zur mikroskopischen, chemischen und physikalischen (Röntgen-)Untersuchung
DIN 52 102	(10.13)		Prüfverfahren für Gesteinskörnungen – Bestimmung der Trockenrohdichte mit dem Messzylinderverfahren und Berechnung des Dichtigkeitsgrades
DIN 52 106	(12.13)		Prüfung von Gesteinskörnungen; Untersuchungsverfahren zur Beurteilung der Verwitterungsbeständigkeit
DIN 52 108	(05.10)		Prüfung anorganischer nichtmetallischer Werkstoffe; Verschleißprüfung mit der Schleifscheibe nach Böhme; Schleifscheibenverfahren
DIN 52 115-2	(02.14)		Prüfung von Gesteinskörnungen – Teil 2: Schlagversuch an Schotter/gebrochener Gesteinskörnung > 32 mm
DIN EN 771-6	(11.15)		Festlegungen für Mauersteine – Teil 6: Natursteine Die Norm enthält Anforderungen an Maße, Oberflächenbeschaffenheit, Rohdichte, Druckfestigkeit, Biegefestigkeit, Gesamtporosität, offene Porosität, kapillare Wasseraufnahme, Frost/Tauwiderstand und wärmeschutztechnische Eigenschaften mit Bezug auf entsprechende Prüfverfahren.
DIN EN 772-4	(10.98)		Prüfverfahren für Mauersteine – Teil 4: Bestimmung der Dichte und der Rohdichte sowie der Gesamtporosität und der offenen Porosität von Mauersteinen aus Naturstein
DIN EN 932			Prüfverfahren für allgemeine Eigenschaften von Gesteinskörnungen
	-1	(11.96)	Probenahmeverfahren
	-2	(03.99)	Verfahren zum Einengen von Laboratoriumsproben
	-3	(12.03)	Durchführung und Terminologie einer vereinfachten petrographischen Beschreibung
	-5	(05.12)	Allgemeine Prüfeinrichtungen und Kalibrierung (Entwurf)
DIN EN 933			Prüfverfahren für geometrische Eigenschaften von Gesteinskörnungen
	-1	(03.12)	Bestimmung der Korngrößenverteilung, Siebverfahren (zzt. in Änderung)
	-2	(01.96)	Bestimmung der Korngrößenverteilung; Analysensiebe, Nennmaße der Sieböffnungen
	-3	(04.12)	Bestimmung der Kornform, Plattigkeitskennzahl (zzt. in Änderung)
	-4	(01.15)	Bestimmung der Kornform, Kornformkennzahl
	-5	(02.05)	Bestimmung des Anteils von gebrochenen Körnern in groben Gesteinskörnungen
	-6	(07.14)	Beurteilung der Oberflächeneigenschaften, Fließkoeffizienten von Gesteinskörnungen (mit Berichtigung (09.04)) (zzt. in Änderung)
	-7	(05.98)	Bestimmung des Muschelschalengehaltes; Prozentsatz von Muschelschalen in groben Gesteinskörnungen
	-8	(07.15)	Beurteilung von Feinanteilen; Sandäquivalent-Verfahren (Entwurf)
	-9	(07.13)	Beurteilung von Feinanteilen; Methylenblau-Verfahren
	-10	(10.09)	Beurteilung von Feinanteilen; Kornverteilung von Füller (Luftstrahlsiebung)
DIN EN 1097			Prüfverfahren für mechanische und physikalische Eigenschaften von Gesteinskörnungen
	-1	(04.11)	Bestimmung des Widerstandes gegen Verschleiß
	-2	(07.10)	Verfahren zur Bestimmung des Widerstandes gegen Zertrümmerung
	-3	(06.98)	Bestimmung von Schüttdichte und Hohlraumgehalt
	-4	(06.08)	Bestimmung des Hohlraumgehaltes an trocken verdichtetem Füller
	-5	(06.08)	Bestimmung des Wassergehaltes durch Ofentrocknung (mit Berichtigung (09.08))
	-6	(09.13)	Bestimmung der Rohdichte und der Wasseraufnahme
	-7	(06.08)	Bestimmung der Reindichte von Füller; Pyknometer-Verfahren (mit Berichtigung (09.08))
	-8	(10.09)	Bestimmung des Polierwertes

1.11 Gesteinsprüfungen, Normen (z.T. mit Kurzangaben)

	-9	(03.14)	Bestimmung des Widerstandes gegen Verschleiß durch Spikereifen; Nordische Prüfung
	-10	(09.14)	Bestimmung der Wassersaughöhe
DIN EN 1341		(03.13)	Platten aus Naturstein für Außenbereiche – Anforderungen und Prüfverfahren
DIN EN 1342		(03.13)	Pflastersteine aus Naturstein für Außenbereiche – Anforderungen und Prüfverfahren
DIN EN 1343		(03.13)	Bordsteine aus Naturstein für Außenbereiche – Anforderungen und Prüfverfahren
DIN EN 1367			Prüfverfahren für thermische Eigenschaften und Verwitterungsbeständigkeit von Gesteinskörnungen
	-1	(06.07)	Bestimmung des Widerstandes gegen Frost-Tau-Wechsel
	-2	(02.10)	Magnesiumsulfat-Verfahren
	-3	(06.01)	Kochversuch für Sonnenbrand-Basalt und Zerfall von Stahlwerksschlacken (mit Berichtigung (09.04))
	-4	(06.08)	Bestimmung der Trockenschwindung
	-5	(04.11)	Bestimmung des Widerstandes gegen Hitzebeanspruchung
DIN EN 1467		(06.12)	Naturstein – Rohblöcke – Anforderungen
DIN EN 1468		(06.12)	Naturstein – Rohplatten – Anforderungen
DIN EN 1469		(05.15)	Naturstein – Bekleidungsplatten, Anforderungen
DIN EN 1744			Prüfverfahren für chemische Eigenschaften von Gesteinskörnungen
	-1	(03.13)	Chemische Analyse
	3	(11.02)	Herstellung von Eluaten durch Auslaugung von Gesteinskörnungen
	-5	(12.06)	Bestimmung der säurelöslichen Chloride
	-6	(12.06)	Bestimmung des Einflusses von Auszügen rezyklierter Gesteinskörnung auf den Erstarrungsbeginn von Zement
DIN EN 1925		(05.99)	Prüfung von Naturstein; Bestimmung des Wasseraufnahmekoeffizienten infolge Kapillarwirkung
DIN EN 1926		(03.07)	Prüfung von Naturstein; Bestimmung der Druckfestigkeit
DIN EN 1936		(02.07)	Prüfung von Naturstein; Bestimmung der Reindichte, der Rohdichte, der offenen Porosität und der Gesamtporosität
DIN EN 12 057		(05.15)	Natursteinprodukte – Fliesen – Anforderungen
DIN EN 12 059		(03.12)	Natursteinprodukte – Steine für Massivarbeiten – Anforderungen
DIN EN 12 326			Schiefer und Naturstein für überlappende Dachdeckungen und Außenwandbekleidungen
	-1	(11.14)	Teil 1: Spezifikationen für Schiefer
	-2	(09.11)	Teil 2: Prüfverfahren für Schiefer
DIN EN 12 370		(06.99)	Prüfverfahren für Naturstein – Bestimmung des Widerstandes gegen Kristallisation von Salzen
DIN EN 12 371		(07.10)	Prüfverfahren für Naturstein – Bestimmung des Frostwiderstandes
DIN EN 12 372		(02.07)	Prüfverfahren für Naturstein – Bestimmung der Biegefestigkeit unter Mittellinienlast
DIN EN 12 407		(06.07)	Prüfung von Naturstein – Petrographische Prüfung
DIN EN 12 440		(04.08)	Naturstein – Kriterien für die Bezeichnung
DIN EN 12 620		(07.08)	Gesteinskörnungen für Beton (einschließlich Beton für Straßen und Deckschichten), Entwurf (07.15)
DIN EN 12 670		(03.02)	Naturstein – Terminologie
DIN EN 13 139		(08.02)	Gesteinskörnungen für Mörtel, Entwurf (07.15)
DIN EN 13 161		(08.08)	Prüfverfahren für Naturstein – Bestimmung der Biegefestigkeit (unter Drittellinienlast)
DIN EN 13 242		(03.08)	Gesteinskörnungen für ungebundene und hydraulisch gebundene Gemische für Ingenieur- und Straßenbau Entwurf (07.15)
DIN EN 13 364		(03.02)	Prüfung von Naturstein – Bestimmung der Ausbruchlast am Ankerdornloch

1 Natursteine

DIN EN 13 373	(08.03)	Prüfverfahren für Naturstein – Bestimmung geometrischer Merkmale von Gesteinen
DIN EN 13 383		Wasserbausteine
-1	(08.02)	Teil 1: Anforderungen Entwurf (07.15)
-2	(07.02)	Teil 2: Prüfverfahren
DIN EN 13 450	(06.03)	Gesteinskörnungen für Gleisschotter, Entwurf (07.15)
DIN EN 13 755	(08.08)	Prüfverfahren für Naturstein – Bestimmung der Wasseraufnahme unter atmosphärischem Druck

Nachdem sich bei insgesamt vermehrter und international nachgefragter Schiffsfrachtsituation inzwischen verstärkt auch ein Welthandel auf dem Natursteinsektor eingestellt hat, kommt dem Qualitätsnachweis von Natursteinen aus Fernabbaugebieten eine vergrößerte Bedeutung zu. Zur Vermeidung von Schäden in der Anwendung sind diesbezüglich gegebenenfalls die Vereinbarung heimischer Qualitäts- und Prüfkriterien sowie hierauf bezogene Identitätstests im Vergleich von vorab übergebenen Natursteinmustern und angeliefertem Steinmaterial angezeigt bzw. die Kontaktaufnahme zu nachfolgenden Verbänden ratsam.

Information, Auskunft und Beratung sowie Nachweis von Lieferanten durch:
Deutscher Naturwerkstein Verband e. V., Sanderstr. 4, 97070 Würzburg, Tel. 09 31/1 20 61, www.natursteinverband.de
Bundesverband Mineralische Rohstoffe e. V., Annastr. 67–71, 50968 Köln, Tel. 02 21/93 46 74–67, www.bv-miro.org

1.12 Literatur

[1.1] Schumann, W., Der große BLV Steine- und Mineralienführer, BLV Buchverlag, 2007
[1.2] Hochleitner, R., Der neue Kosmos-Mineralienführer, 1. Aufl., Franck Kosmos Verlag, 2009
[1.3] Villwock, R., Industriegesteinskunde, Stein Verlag, Offenbach (Main), 1966
[1.4] Die Entwicklungsgeschichte der Erde, VEB F. A. Brockhaus-Verlag, Leipzig, 1959
[1.5] Zusammenstellung bewährter Naturwerksteine, Bautechnische Information, Hrsg. Informationsstelle Naturwerkstein, 97070 Würzburg (vergriffen)
[1.6] Gebäudeschäden durch Luftverschmutzung, Schriftenreihe des Bundesministers für Raumordnung, Bauwesen und Städtebau
[1.7] Mehling, G. / Germann, A. / Kownatzki, R., Natursteinlexikon: Gesteinskunde und Handelsnamen / Natursteingewinnung / Natursteinbearbeitung / Naturstein im Innen- und Außenbereich / Kunstgeschichte und Architektur, Callwey Verlag München, 2003
[1.8] WTA Schriftenreihe Heft 1, Die Rolle von Salzen bei der Verwitterung von mineralischen Baustoffen, Wissenschaftlich-Technische Arbeitsgemeinschaft für Bauwerkserhaltung und Denkmalpflege e. V., Baierbrunn, 1992
[1.9] Hill, D., Taschenatlas Naturstein (über 300 Steinsorten im Porträt), Verlag Eugen Ulmer, 2008
[1.10] Sebastian, U., Gesteinskunde: Ein Leitfaden für Einsteiger und Anwender, 3. Auflage, Springer Spektrum Verlag, 2014
[1.11] Rohstoffsicherungsbericht 2012 des Niedersächsischen Landesamtes für Bergbau, Energie und Geologie, Hannover
[1.12] Uhlig, R., Veredelter Sandstein, Die Naturstein-Industrie, Heft 2/2000, Stein Verlag AG, Baden-Baden
[1.13] Maresch, W. / Schertl, H.-P. / Medenbach, O., Gesteine: Systematische Bestimmung, Entstehung, 2. Auflage, Schweizerbart Verlag, 2014
[1.14] Stark, J. / Stürmer, S., Bauschädliche Salze, Heft 103 der Bauhaus-Uni Weimar, 1996
[1.15] Snethlage, R. / Pfanner, M., Leitfaden Steinkonservierung, Fraunhofer IRB Verlag, Stuttgart, 2013
[1.16] Hann, H.P., Grundlagen und Praxis der Gesteinsbestimmung, 1. Auflage, Verlag Quelle & Meyer, 2015

2 Keramische und mineralisch gebundene Baustoffe

Prof. Dr.-Ing. Wolf-Rüdiger Metje

2.1 Überblick über keramische Baustoffe und Lehmbaustoffe

Ungebrannter Lehm ist ein natürlicher Baustoff, der in vielen Kulturen Verwendung gefunden hat und bis ins 19. Jahrhundert in Mitteleuropa noch weit verbreitet war. Gebrannter Ton ist der älteste künstlich hergestellte Werkstoff, aus dem bereits vor 10 000 Jahren Gefäße gefertigt wurden. Die ersten gebrannten Ziegel finden wir in ägyptischen Bauwerken (3500 v. Chr.), später sogar glasierte Ziegel in Mesopotamien. Keramische Baustoffe sind uns geläufig und haben sich vielfältig bewährt. Inzwischen erlangen neue keramische Stoffe in anderen Bereichen der Technik eine außerordentliche Bedeutung.

2.1.1 Die Rohstoffe

Der wesentliche Bestandteil aller keramischen Baustoffe ist **Ton** (siehe Abschn. 1.4.5). Reiner Ton ist sehr feinkörnig mit Korngrößen von 0,1 bis 10 µm. Die Tonminerale bestehen überwiegend aus Aluminiumsilikaten, denen Hydratwasser angelagert ist. Sie haben eine feine Blattstruktur, die einerseits die Aufnahme von Wasser zwischen Kristallebenen ermöglicht, zum anderen auf der großen Kornoberfläche Haftkräfte entstehen lässt. Dadurch werden die plastische Verformbarkeit und die Standfestigkeit des Formlings ermöglicht, sodass eine Schalung nur kurzfristig oder gar nicht nötig wird [2], [2.2], [2.3], [2.4], [2.5]. Der Wasserverlust beim Trocknen und Brennen führt allerdings zum Schwinden mit teilweise beträchtlicher Volumenminderung. Die meisten natürlichen Tonvorkommen enthalten Beimengungen, die die Verwendbarkeit des Rohstoffs bestimmen. Lehm, eine Mischung von Ton und Sand, sowie Mergel, der Kalk enthält, sind als Grundstoffe für ungebrannte und gebrannte Ziegel, Grobkeramik und Lehmbauweisen einzusetzen. Für Feinkeramik sind einige Vorkommen mit feinem Sand geeignet. In den meisten Fällen muss man die Rohstoffe aus verschiedenen Komponenten mischen, um ein gleichmäßiges und hochwertiges Erzeugnis zu erhalten. Das Ausgangsmaterial von Porzellan ist Kaolin, ein besonders reiner, ungefärbter Ton, der an der Stelle der Gesteinsverwitterung verblieben ist und feste Minerale des ursprünglichen Gesteins wie Quarz enthält [2.3].

Man nennt Stoffe ohne plastische Verformbarkeit **Hartstoffe.** Bei steigendem Gehalt verkürzen sie den Trocknungsprozess, vermindern das Schwinden und setzen als Flussmittel die Brenntemperatur herab. Sie werden daher oft fein gemahlen den natürlichen Tonen zugesetzt, die dadurch gemagert werden. Ein zu hoher Anteil vermindert die Festigkeit, da der Ton seine Bindekraft verliert.

Die **Farbe** des Brennguts wird durch geringe Beimengungen von Metalloxiden bestimmt. Steingut- und Porzellanerden müssen frei von farbgebenden Stoffen sein, da der Scherben weiß ist. Für Ziegel ist die rote Farbe deshalb so charakteristisch, weil das braune Eisen(III)-Oxidhydrat $Fe_2O_3 \cdot H_2O$ in vielen Sedimenten zu finden ist. Es verliert beim Brennen das Wasser und wird in das rote Eisen(III)-Oxid Fe_2O_3 überführt. Im reduzierenden Feuer entsteht Eisen(II)-Oxid mit einer blaugrauen Farbe. Ist neben Eisen auch Kalk vorhanden, entsteht beim Brand eine gelbe Ziegelfarbe. Durch Zugabe von Mangan kann man eine braune Farbe und mit Graphit eine graue Tönung erzielen. In weit größerem Umfang finden die unterschiedlichsten Zusätze ihre Anwendung bei der Farbgebung der Fliesenglasur.

2 Keramische und mineralisch gebundene Baustoffe

2.1.2 Lehmbauweisen

Mit Ende des 19. Jahrhunderts wurde in Mitteleuropa die Lehmbauweise endgültig durch Mauerwerksbau und Betonbau verdrängt. Die Anwendung dieser traditionellen Bauweise ist heute auf wenige Bauten beschränkt und wird mit neuen Techniken ausgeführt [2.4]. Die Anwendung erfolgt in den Bereichen
- Lehmsteinbau, Lehmstampfbau, Mauerwerk mit Lehmmörtel,
- Ausfachung von Holzfachwerk, Leichtlehmbau,
- Füllungen in Holzbalkendecken und Dächern,
- Lehmputz, Lehmmörtel.

Bei den Baulehmen unterscheidet man nach der Rohdichte der fertigen, trockenen Bauteile [2.4]:

Schwerlehm (Rohdichte 2000 bis 2400 kg/m^3) wurde bzw. wird ohne Aufbereitung im Stampfbau, für Stützmauern und eventuell auch für Kellermauerwerk verwendet.

Massivlehm (Rohdichte 1700 bis 2000 kg/m^3) wurde bzw. wird vereinzelt für alle tragenden Bauweisen (z.B. Lehmsteine) sowie für Fußböden, Gewölbe und Füllungen eingesetzt.

Faserlehm oder Strohlehm (Rohdichte 1200 bis 1700 kg/m^3) war für vorgefertigte Bauteile (Lehmsteine, Platten, Decken, Stürze) geeignet.

Leichtlehm (Rohdichte 300 bis 1200 kg/m^3) ist ein Gemisch von Lehm mit leichten Zuschlägen. Er wird in den letzten Jahren vermehrt für unbelastete Wände und Decken sowie in Skelettbauten verwendet.

Lehmstroh (Rohdichte 150 bis 300 kg/m^3) kann für dämmende Ausfachungen Verwendung finden.

Da Lehm nur durch Austrocknung erhärtet und bei größerer Feuchtigkeitsaufnahme wieder plastisch wird, benötigt er besondere Schutzmaßnahmen, die man auch an alten, bestehenden Lehmbauten erkennen kann. Gegen Bodenfeuchte ist eine Sperrschicht und gegen Spritzwasser, Erdanschüttung und Hochwasser ein entsprechender wasserbeständiger Sockel vorzusehen.

Als Wetterschutz wird der Lehm verputzt, oder er erhält eine hinterlüftete Verkleidung an der Wetterseite. Auch der Dachüberstand wird größer gewählt. Der Außenputz soll dicht, aber dampfdurchlässig sein, ferner muss er gut verformbar sein. Dies erfüllt am besten ein Kalkputz, der auch mit Fasern versehen sein kann. Als Innenputze kann man alle gebräuchlichen Putze verwenden. In beiden Fällen ist auch Lehmputz möglich. Im Einzelnen gibt es verschiedene Ausführungsmöglichkeiten, die zudem noch beeinflusst werden durch die Größe der Ausfachungsfelder und die Sonneneinstrahlung. Ausführliche Beschreibungen u.a. in [2.4].

2.1.3 Herstellung der keramischen Baustoffe

Um Eigenschaften und Farbe gleichmäßig zu erhalten, werden die Rohstoffe meist aus verschiedenen Vorkommen gemischt und mit den erwähnten Zusätzen versehen. Dazu dient die Aufbereitung, die sowohl unerwünschte Bestandteile ausscheiden als auch eine gleichmäßige, homogene Masse erzeugen soll, die den zur Formgebung gewünschten Feuchtigkeitsgrad hat. In der Trockenaufbereitung werden Tone mit Heißluft getrocknet, staubfein gemahlen und dann gemischt. Danach wird Wasser bis zur Plastifizierung zugege-

2.1 Überblick über keramische Baustoffe und Lehmbaustoffe

ben. Beim Nassverfahren werden die grubenfeuchten Tone in Kollergängen und Walzwerken durchgemischt. Kleine Steine und Kalkstücke werden dabei zerkleinert und verteilt. Um die gleichmäßige Durchfeuchtung und die Verarbeitbarkeit zu verbessern, lagert man die fertige Masse in Maukürmen oder Sumpfhäusern.

Die Formgebung geschieht heute weitgehend automatisch. Ziegel werden mit der Strangpresse hergestellt, die einen endlosen Strang aus einem Mundstück presst, der durch einen Draht in Stücke geteilt wird. Ähnlich ist die Formgebung bei vertikalen Rohrpressen für Steinzeugrohre, die außerdem noch die Muffe ausformen müssen. Fliesen und Falzziegel entstehen unter Stempelpressen.

Das für die Formgebung notwendige Wasser wird beim Trocknen wieder entzogen. Dazu benötigte man früher einige Wochen im Freien. In Trockenkammern oder -kanälen kann man heute den gleichen Prozess in wenigen Tagen bei Temperaturen bis 80 °C abwickeln. Soweit eine Glasur vor dem Brennen aufgebracht werden soll, erfolgt dies durch Auftragen oder Tauchen.

In Tunnelöfen von über 100 m Länge wird heute Grobkeramik gebrannt. In der Vorwärmzone, der Brennzone und der Abkühlzone wird die Temperatur automatisch gesteuert. Der Ringofen, in dem die Brennzone kontinuierlich weiterwandert, hat seine Bedeutung verloren. Für die Feinkeramik gibt es verschiedene Ofenkonstruktionen wie Kammerofen, Haubenofen, Rollenofen. Die Brenndauer liegt zwischen Stunden und Tagen. Die Zusammensetzung der Masse und die gewünschte Scherbendichte bestimmen die Brenntemperatur. Sie liegt bei etwa

 900 bis 1100 °C für Ziegelwaren,
1150 bis 1300 °C für Steinzeug, Klinker,
1100 bis 1300 °C für Steingut,
1300 bis 1450 °C für Porzellan,
1300 bis 1800 °C für feuerfeste Steine.

2.1.4 Einteilung der keramischen Baustoffe

Brenntemperatur und Stoffzusammensetzung bestimmen die Eigenschaften der keramischen Baustoffe wie Dichte, Porosität, Festigkeit und Wasseraufnahme.
Zur Erläuterung werden die Vorgänge in der Tonmasse bei Erhitzung beschrieben:

	bis	120 °C	Austreiben des Wassers
450	bis	600 °C	Umwandlung der Tonminerale unter Abspaltung des Hydratwassers
		800 °C	Verfestigung durch beginnende Grenzflächenreaktionen
1000	bis	1500 °C	Beginnendes Schmelzen einzelner Phasen mit Verdichtung der Masse (Sintern)
	ab	1200 °C	Schmelzen.

Belässt man die Brenntemperatur unterhalb der Sintergrenze, entsteht ein fester Scherben, der durch das ausgetriebene Wasser Poren enthält. Da die Kristallstruktur erhalten bleibt, ist die Schrumpfung der Masse gering. Die Poren ermöglichen eine hohe Wasseraufnahme. Geht man beim Brand bis zur Sintergrenze, verändert sich die Struktur, da einzelne Phasen schmelzen. Es entsteht eine glasartige Struktur, die nichtgeschmolzene Kristalle und Poren einschließt. Die Wasseraufnahme dieses Scherbens ist gering.

Nach der Struktur des Scherbens und der Reinheit und Mahlfeinheit der Rohstoffe teilt man keramische Baustoffe ein:

2 Keramische und mineralisch gebundene Baustoffe

Tafel 2.1 Einteilung der keramischen Baustoffe

	Grobkeramik	**Feinkeramik**
Irdengut mit porösem Scherben	Mauerziegel Deckenziegel Dachziegel	Irdengutfliesen (farbig) Steingutfliesen und -geschirr (weiß) mit Glasur
Sinterzeug mit dichtem Scherben	Klinker Riemchen Spaltplatten Steinzeug	Steinzeugfliesen Porzellan mit und ohne Glasur (einschl. Sanitärporzellan)
Feuerfeste Steine	Steine Formstücke	

2.2 Mauerziegel

Normen

DIN 105-100	(01.12)	Mauerziegel – Mauerziegel mit besonderen Eigenschaften
DIN 105-5	(06.13)	Mauerziegel – Leichtlanglochziegel und Leichtlanglochziegelplatten
DIN 105-6	(06.13)	Mauerziegel – Planziegel
DIN 1053-4	(04.13)	Mauerwerk; Fertigbauteile
DIN EN 1996-1-1	(02.13)	Eurocode 6: Bemessung und Konstruktion von Mauerwerksbauten – Allgemeine Regeln für bewehrtes und unbewehrtes Mauerwerk
DIN EN 1996-1-1/NA/A2	(01.15)	Nationaler Anhang – Eurocode 6: Bemessung und Konstruktion von Mauerwerksbauten – Allgemeine Regeln für bewehrtes und unbewehrtes Mauerwerk
DIN EN 1996-2	(12.10)	Eurocode 6: Bemessung und Konstruktion von Mauerwerksbauten – Planung, Auswahl der Baustoffe und Ausführung von Mauerwerk
DIN EN 1996-2/NA	(01.12)	Nationaler Anhang – Eurocode 6: Bemessung und Konstruktion von Mauerwerksbauten – Planung, Auswahl der Baustoffe und Ausführung von Mauerwerk
DIN EN 771-1	(11.15)	Festlegungen für Mauersteine; Teil 1: Mauerziegel
DIN 20 000-401	(11.12)	Regeln für die Verwendung von Bauerzeugnissen – Mauerziegel nach DIN EN 771-1
DIN SPEC 1057-100	(11.09)	Baustoffe für freistehende Schornsteine; Radialziegel mit besonderen Eigenschaften
DIN 4051	(04.02)	Kanalklinker – Anforderungen, Prüfung, Überwachung
DIN EN 1344	(10.15)	Pflasterziegel – Anforderungen und Prüfverfahren
DIN 18 503	(12.03)	Pflasterklinker – Anforderungen und Prüfverfahren

2.2.1 Ziegelarten

Für die Mauerziegel gilt die DIN EN 771-1 mit der Anwendungsnorm DIN 20 000-401 oder mit der Kombination DIN EN 771-1 und DIN 105-100.
Danach gelten für tragendes Mauerwerk gemäß DIN EN 1996 nur Mauerziegel der Kategorie I nach DIN EN 771-1.

2.2 Mauerziegel

Es werden unterschieden:
- **LD-Ziegel** (Mauerziegel mit einer Brutto-Trockenrohdichte ≤ 1000 kg/m^3 zur Verwendung in geschütztem Mauerwerk): Hochlochziegel, Langlochziegel, Mauertafelziegel
- **HD-Ziegel** (alle Mauerziegel zur Verwendung in ungeschütztem Mauerwerk und Mauerziegel mit einer Brutto-Trockenrohdichte > 1000 kg/m^3): Vollziegel, Hochlochziegel, Langlochziegel, Mauertafelziegel, Vormauer-Ziegel, Vormauer-Hochlochziegel, Vollklinker, Hochlochklinker, hochfeste Ziegel und hochfeste Klinker, Keramikklinker.

Es gelten folgende Begriffe:
Mauerziegel: Mauerstein, der aus Ton oder anderen tonhaltigen Stoffen, mit oder ohne Sand oder anderen Zusätzen bei einer ausreichend hohen Temperatur gebrannt wird, um einen keramischen Verbund zu erzielen.
Vollziegel: HD-Ziegel, dessen Querschnitt durch Lochung senkrecht zur Lagerfläche bis 15 % gemindert sein darf oder Mulden aufweist, deren Anteil höchstens 20 %, bezogen auf das Volumen der Ziegel, betragen darf.
Hochlochziegel: LD-Ziegel oder HD-Ziegel mit senkrecht zur Lagerfläche gelochten Ziegeln mit der Lochung A, B oder W.
Vormauerziegel sind HD-Ziegel (auch mit strukturierter Oberfläche), deren Frostwiderstand durch Prüfung nachgewiesen ist.
Klinker sind oberflächig gesinterte HD-Ziegel (auch mit strukturierter Oberfläche) mit einem Massenanteil der Wasseraufnahme bis etwa 6 % und mindestens der Druckfestigkeitsklasse 28, deren Frostwiderstand durch Prüfung nachgewiesen ist und die die besonderen Anforderungen hinsichtlich der Scherbenrohdichte erfüllen. Erhöhte Anforderungen an **Keramikklinker sowie hochfeste Ziegel und hochfeste Klinker.**
Handformziegel sind HD-Ziegel mit unregelmäßiger Oberfläche, deren Gestalt von der prismatischen Form geringfügig abweichen darf.
Formziegel sind Vollziegel und Hochlochziegel in einer nicht nur von Rechtecken begrenzten Form.
Wärmedämmziegel sind LD-Ziegel mit engeren Grenzen der Rohdichteklassen, die in besonderem Maße erhöhte Anforderungen an die Wärmedämmung und zusätzliche Anforderungen hinsichtlich der Lochung (WDz) erfüllen.
Mauertafelziegel sind Mauerziegel, die für die Herstellung von bewehrtem Mauerwerk oder geschosshohen Tafeln aus Mauerwerk mit senkrechten Kanälen zur Verfüllung mit Mörtel oder Beton geeignet sind.
Planziegel: Mauerziegel mit besonderer Maßhaltigkeit insbesondere hinsichtlich der Ziegelhöhe.
Langlochziegel: LD-Ziegel oder HD-Ziegel mit horizontaler Lochung.
Folgende Ziegelarten werden u.a. nach DIN EN 771-1 und DIN 105-100 unterschieden:

Vollziegel	ohne Lochung oder mit Lochung bis 15 % der Lagerfläche (Abb. 2.1)
Hochlochziegel	mit Lochung A, B oder W Gesamtlochquerschnitt > 15 % und ≤ 50 % der Lagerfläche (Abb. 2.2 und 2.3)
Hochlochziegel W	Ziegel der Lochung B, der zusätzliche Anforderungen hinsichtlich der Lochung erfüllt; Lochung W (Abb. 2.5)
Langlochziegel	mit Lochung gleichlaufend zur Lagerfläche (Abb. 2.4)

2 Keramische und mineralisch gebundene Baustoffe

Bei Vollziegeln können durchgehende Löcher bis zu 15 % der Lagerfläche angeordnet werden. Bei größeren Ziegelformaten werden zur besseren Handhabung Grifflöcher angelegt. Bei der Fabrikation können damit bestimmte Rohdichteklassen eingehalten werden. Hochlochziegel haben Lochgruppen senkrecht zur Lagerfuge, die je nach Lochung (A, B oder W) verschiedene Grenzmaße haben und rund, rechteckig oder rhombisch sein können, jedoch insgesamt 55 % der Lagerfläche nicht überschreiten dürfen. Bei Hochlochziegeln mit Lochung W darf der Lochanteil maximal 50 % der Lagerfläche betragen. Die Außenwandungen sind auf ≥ 10 mm, bei Klinkern und Vormauerziegeln auf ≥ 20 mm festgelegt.

2.2.2 Maße und Eigenschaften

a) Ziegelmaße

Die **Ziegelmaße** entsprechen den Nennmaßen der DIN 4172 „Maßordnung im Hochbau" und berücksichtigen eine Lagerfuge von 12 mm und eine Stoßfuge von 10 mm. In Tafel 2.2 sind die Nennmaße mit den Toleranzmaßen angegeben. Die möglichen Maßabweichungen sind auf die Bedingungen der keramischen Fertigung abgestellt und weisen höhere Werte auf als bei Steinen mit mineralischen Bindemitteln. Allerdings ist bei Lieferungen für *ein* Bauwerk die **Maßspanne** (siehe Tafel 2.2) zwischen dem größten und dem kleinsten Ziegel eingeschränkt.

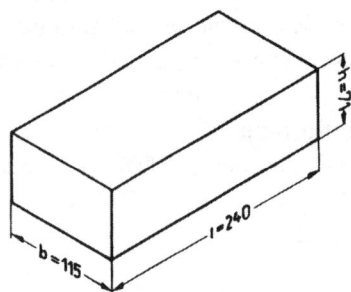
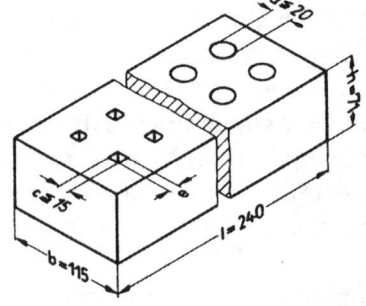

Abb. 2.1 Vollziegel

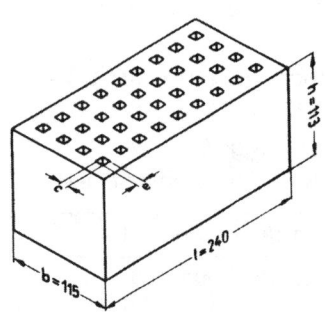
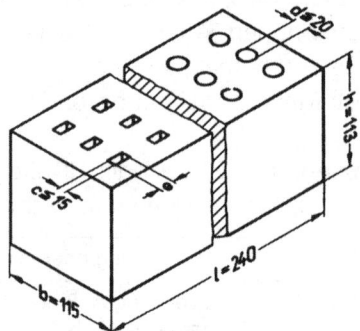

Abb. 2.2 Hochlochziegel, Lochung A und B

2.2 Mauerziegel

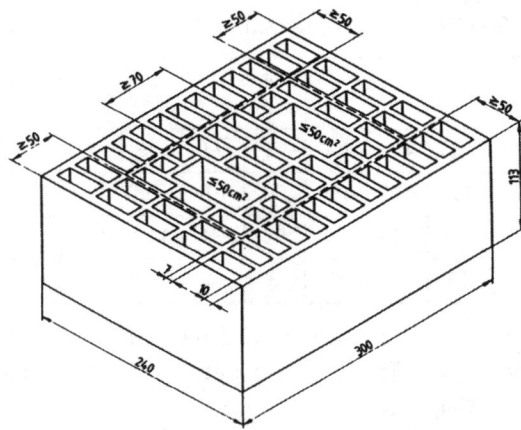

Abb. 2.3 Hochlochziegel, Lochung B, Format 5 DF mit Grifflochanordnung

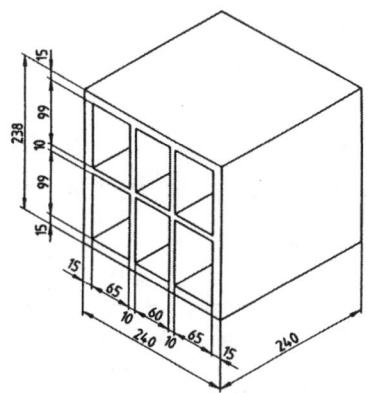

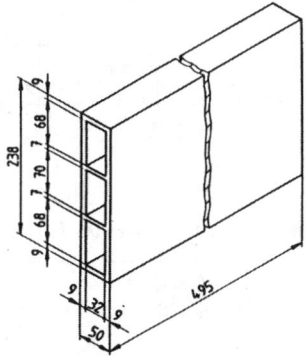

Abb. 2.4 Leichtlanglochziegel und Leichtlangloch-Ziegelplatte

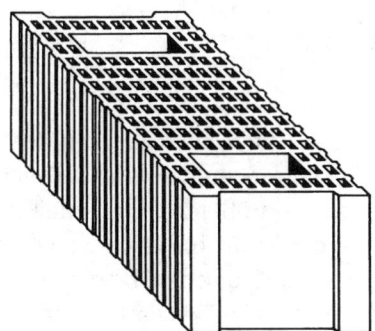

Abb. 2.5   Leichthochlochziegel W
mit Mörteltaschen

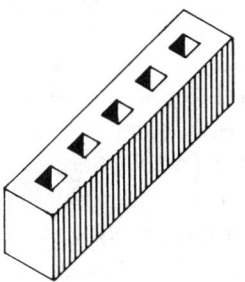

Abb. 2.6 Riemchen oder Sparverblender

2 Keramische und mineralisch gebundene Baustoffe

Tafel 2.2 Ziegelmaße für LD-Ziegel nach DIN 105-100
Nennmaße, Kleinstmaße, Größtmaße und Maßspanne (Auswahl)

	Länge und Breite in mm									Höhe in mm			
Nennmaß	90	115	145	175	240	300	365	425	490	52	71	113	175	238
Kleinstmaß	85	110	139	168	230	290	355	415	480	50	68	108	170	233
Größtmaß	95	120	148	178	245	308	373	433	498	54	74	118	180	243
Maßspanne	5	6	7	8	10	12	12	12	12	3	4	4	5	6

b) Die **Ziegelformate** leiten sich vom Dünnformat (DF) und vom Normalformat (NF) ab. Für weitere Formate werden Kurzbezeichnungen nach Tafel 2.3 angegeben; sie sind in der Höhe aufeinander abgestimmt, wie in Abb. 2.7 dargestellt.

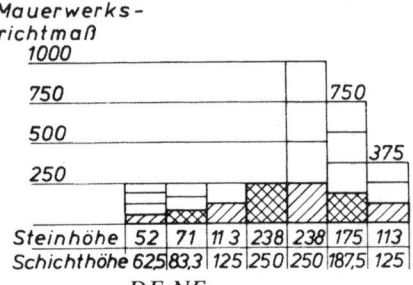

Abb. 2.7 Ziegel-, Steinhöhenmaße und Schichthöhen im Mauerwerk

Tafel 2.3 Ziegelformate (Auswahl) nach DIN 105

	Vollziegel Hochlochziegel				Hochlochziegel				
Formatkurzzeichen	DF	NF	2 DF	3 DF	5 DF	6 DF	10 DF	12 DF	16 DF
Länge in mm	240	240	240	240	300	240	300	365	490
Breite in mm	115	115	115	175	240	365	240	240	240
Höhe in mm	52	71	113	113	113	113	238	238	238

c) Rohdichte

Die **Ziegelrohdichte** wird aus der Masse des getrockneten Ziegels und dem äußeren Volumen einschließlich aller Hohlräume (Löcher, Grifflöcher, Mörteltaschen) bestimmt. Durch einen größeren Anteil der Lochflächen, aber auch durch einen größeren Porenanteil im Ziegelscherben erreicht man eine geringere Rohdichte. Dem Rohton für Leichtziegel ist meist brennbares Material (Sägemehl, Polystyrol in Form einzelner Kügelchen) beigemischt, das beim Brand Poren bildet. Die Zugabe von Zusatzstoffen ist für alle Ziegelarten erlaubt. Die Ziegel werden einer Rohdichteklasse zugeordnet, die den oberen Grenzwert angibt, der vom Mittelwert der Prüfung nicht überschritten werden darf. Einzelwerte dürfen um 0,1 kg/dm^3 höher liegen, bei Leichtziegeln um 0,05 kg/dm^3.

Die **Scherbenrohdichte** ist für einzelne Ziegelarten begrenzt. Klinker müssen einen Mindestwert von 1,9 kg/dm^3 einhalten. Für Leichthochlochziegel W sind Obergrenzen angegeben.

2.2 Mauerziegel

Tafel 2.4 Rohdichteklassen für Ziegel nach DIN 105-100

Ziegelart	Rohdichteklasse									
LD-Ziegel						0,8		0,9		1,0
HD-Ziegel	0,8	0,9	1,0	1,2	1,4	1,6	1,8	2,0	2,2	2,4

d) Druckfestigkeit

Die Benennung der Festigkeitsklasse erfolgt nach dem zugelassenen kleinsten Einzelwert einer Prüfserie. Daneben muss von der Serie auch der Mittelwert eingehalten werden (Tafel 2.5). Klinker müssen mindestens zur Festigkeitsklasse 28 gehören. Die hochfesten Ziegel und Klinker werden in die Klassen 36, 48 und 60 eingestuft.

Tafel 2.5 Druckfestigkeitsklassen von Ziegeln nach DIN 105-100

Druckfestigkeitsklasse	Druckfestigkeit in N/mm²	
	Umgerechnete mittlere Mindestdruckfestigkeit f_{st}	kleinster Einzelwert
4	5,0	4,0
6	7,5	6,0
8	10,0	8,0
10	12,5	10,0
12	15,0	12,0
16	20,0	16,0
20	25,0	20,0
28	35,0	28,0
36	45,0	36,0
48	60,0	48,0
60	75,0	60,0

Die Prüfung auf Druckfestigkeit wird in der Regel an sechs lufttrockenen Proben durchgeführt. Die Belastung erfolgt senkrecht zur Lagerfläche. Als Druckfläche gilt die ganze Lagerfläche einschließlich etwaiger Löcher. Zum Abgleichen der Druckflächen wird Zementmörtel (1 Raumteil Zement der Festigkeitsklasse 42,5 R und 1 Raumteil gewaschener Natursand 0 bis 1 mm) verwendet. Dieser Abgleich ist bei Ziegeln notwendig, da die Unebenheiten der Oberfläche das Ergebnis verfälschen würden.

Die gemessene Bruchfestigkeit der Probekörper muss teilweise korrigiert werden, da kleinformatige Körper günstigere Prüfergebnisse durch die behinderte Querdehnung an den Druckplatten der Prüfmaschine aufweisen. Für höhere Probekörper wird eine rechnerische Steinfestigkeit ermittelt durch die gemessene Bruchspannung und einen Formfaktor f.

$$f_{st} = f_{st,l} \cdot f$$

mit f_{st} umgerechnete Steindruckfestigkeit einschließlich Formfaktor
       $f_{st,l}$ die auf eine Prüfung im lufttrockenen Zustand umgerechnete mittlere Steindruckfestigkeit
       f Formfaktor

Nennmaß der Ziegelhöhe (mm)	40 ≤ h < 52	52 ≤ h < 75	75 ≤ h < 100	100 ≤ h < 175	175 ≤ h < 238	h > 238
Formfaktor f	0,6	0,8	0,9	1,0	1,1	1,2

e) Die Frostbeständigkeit wird bei allen Klinkern und Vormauerziegeln gefordert. Das Prüfverfahren wird nach DIN 52 252, Prüfung der Frostwiderstandsfähigkeit von Vormauerziegeln und Klinkern, durchgeführt.

f) Schädliche Einflüsse und Salze
Ziegel und Klinker sollen frei von treibenden Einschlüssen (z.B. Kalkknollen) sein, die durch Wasseraufnahme des gebrannten Kalks ein Abblättern oder Absprengen verursachen. Bei Verdacht oder Schäden am Mauerwerk kann eine Prüfung durch Lagerung im Wasserdampf erfolgen. Schädliche Salze können das Gefüge des Mauerwerks zerstören oder zu Ausblühungen führen (siehe Abschn. 7.5). Es werden Untersuchungen auf Sulfate (Magnesium-, Natrium- und Kaliumsulfat) durchgeführt [2].

g) Rissefreiheit
Bei unverputztem Mauerwerk wird durch Risse das Eindringen von Wasser erleichtert. Verblender sollen an je einer Läufer- und Kopfseite frei von Rissen, Kantenbeschädigungen und Deformierungen sein. Kleine, kurze Haarrisse sind nicht nachteilig, Schwind- und Brandrisse sowie Treibrisse durch Steineinschlüsse sind Herstellungsfehler. Durch zu scharfen Brand können Deformierungen auftreten, die zu krummen und windschiefen Flächen führen.

h) Wasseraufnahme: Vormauerziegel weisen eine höhere Wasseraufnahme als Klinker auf. Der Massenanteil der Wasseraufnahme beträgt bei Klinkern etwa 6 %, während die Wasseraufnahme bei Vormauerziegeln wesentlich größer sein kann. Die Wasseraufnahme ist jedoch kein eindeutiges Unterscheidungsmerkmal zwischen Klinkern und Vormauerziegeln.

2.2.3 Bezeichnung

Es werden für die verschiedenen Ziegelarten der DIN 105 folgende Kurzzeichen verwendet (Auswahl):

LD-Ziegel	HLz	Hochlochziegel	Lz	Langlochziegel
HD-Ziegel	Mz	Vollziegel	KHLz	Hochlochklinker
	HLz	Hochlochziegel	VMz	Vormauervollziegel
	THLz	Mauertafelziegel	VHLz	Vormauerhochlochziegel
	KMz	Vollklinker	KHK	Keramikhochlochklinker
	KK	Keramikvollklinker	Lz	Langlochziegel
DIN 105-5	LLz	Leichtlanglochziegel	LLp	Leichtlangloch-Ziegelplatten
DIN 105-6	PMz	Planvollziegel	PHLz	Planhochlochziegel

Hochlochziegel erhalten zusätzlich den Buchstaben A, B oder W der Lochungsart.
Die vollständige Bezeichnung eines Ziegels gibt nacheinander DIN-Hauptnummer, Kurzzeichen der Ziegelart, Druckfestigkeitsklasse, Rohdichteklasse und Format-Kurzzeichen bzw. Abmessung (gegebenenfalls mit Wandbreite) an.

2.2 Mauerziegel

Beispiele:
Ziegel DIN 105 – HLzA 12 – 1,2 – 2 DF
Ziegel DIN 105 – VMz 20 – 1,8 – NF
Ziegel DIN 105 – HLzW 6 – 0,8 – 10 DF 300
Klinker DIN 105 – KMz 36 – 2,0 – DF
Klinker DIN 105 – KHK B 60 – 1,6 – DF
Ziegel DIN 105-5 – LLz 12 – 0,9 – 3 DF
Ziegel DIN 105-6 – PHLz B 8 – 0,8 – 10 DF 300

2.2.4 Mauerziegel mit allgemeiner bauaufsichtlicher Zulassung

Die Verwendung von Ziegeln, die von den Normen abweichen, sogenannte „Neue Baustoffe, Bauteile oder Bauarten", bedürfen eines besonderen Nachweises der Brauchbarkeit, z.B. durch eine allgemeine bauaufsichtliche Zulassung des Deutschen Instituts für Bautechnik Berlin (DIBt).

Mauerziegel mit allgemeiner bauaufsichtlicher Zulassung sind Mauerziegel, die z.B. hinsichtlich der Lochbilder von DIN EN 771-1 und DIN 105-100 abweichen, um bessere Rechenwerte der Wärmeleitzahlen zu erreichen.

Planziegel sind Ziegel mit besonderer Maßhaltigkeit insbesondere in Ziegelhöhe, die mit Dünnbettmörtel verarbeitet werden. Die Stirnflächen der Planziegel sind häufig mit Nuten und Federn oder Mörteltaschen (bei Stirnbreiten ≥ 175 mm) versehen. Für Planziegel gilt die DIN 105-6.

Zur Verbesserung des Schallschutzes sind sogenannte **Schallschutz-Füllziegel** bauaufsichtlich zugelassen worden. Schallschutz-Füllziegel sind großformatige Hochlochziegel mit einem Lochanteil von circa 52 bis 54 % des Querschnitts, die jeweils nach dem Mauern mit einem Verfüllmörtel (Trockenrohdichte in der Regel ≥ 1,8 kg/dm³) ausgefüllt werden. In [2.6] werden regelmäßig aktuelle bauaufsichtliche Zulassungen veröffentlicht.

2.2.5 Verwendung im Mauerwerksbau

2.2.5.1 Wandaufbau

Mauerwerkswände sind im Verband zu mauern, sodass Stoß- und Längsfugen übereinanderliegender Schichten um das Überbindemaß $ü ≥ 0,4\,h$ bzw. $ü ≥ 4,5$ cm versetzt sind. Stoßfugen sind in der Regel 10 mm und Lagerfugen 12 mm dick, Fugen von Dünnbettmörteln 1 bis 3 mm. Stoß- und Lagerfugen sind vollflächig herzustellen. Ausnahmen sind nur möglich bei Steinformen für unterbrochene Stoßfugen. So werden Steine mit Mörteltaschen knirsch verlegt und die Mörteltaschen gefüllt, oder die Steinflanken werden vermörtelt. Bei Steinen mit Verzahnung oder Nut und Feder kann eine Vermörtelung der Stoßfugen entfallen, falls die Steine hinsichtlich ihrer Form und Maße geeignet sind. Bei Stoßfugenbreiten > 5 mm müssen die Fugen beim Mauern beidseitig an der Wandoberfläche mit Mörtel verschlossen werden.

Bei Außenwänden sind die konstruktiven Lösungen zum Schutz gegen Schlagregen, zum Wärme-, Schall- und Brandschutz von besonderem Interesse. Die Anforderungen der Energieeinsparverordnung (EnEV) lassen sich kaum mit Wanddicken von 24 cm und 30 cm allein erfüllen. In vielen Fällen kann eine zusätzliche Wärmedämmung erforderlich werden. Dazu sind die Anforderungen an den Schallschutz zu erfüllen [2.6], [2.7]. Im Folgenden werden die Ausführungen mit ein- und zweischaligem Mauerwerk behandelt.

2.2.5.2 Einschaliges Mauerwerk

a) Einschalige geputzte Wände können aus Hintermauerziegeln oder Steinen bestehen, die nicht frostbeständig sein müssen. Wirtschaftlich können hier großformatige Steine eingesetzt werden. Der Schutz gegen Schlagregen wird vom Außenputz übernommen. Die Wanddicke beträgt bei Räumen für den dauernden Aufenthalt von Menschen mindestens 24 cm.

Der Außenputz muss die Anforderung nach DIN EN 998-1 und DIN 18 550 erfüllen, oder es ist ein anderer Witterungsschutz (z.B. hinterlüftete Verkleidung) vorzusehen.

Hinsichtlich der Schlagregenbeanspruchung sind die Hinweise der DIN 4108-3 zu berücksichtigen.

Die geputzten einschaligen Außenwände gelten als bauphysikalisch unproblematisch. Eine Auswertung von Schadensfällen zeigt, dass die Schlagregensicherheit bei Außenwänden mit Putz vergleichsweise besser abschneidet als bei zweischaligem Verblendmauerwerk ohne Luftschicht.

b) Einschaliges Verblendmauerwerk (Sichtmauerwerk) wird im Verband gemauert, die vordere Steinreihe aus Verblendmauersteinen in gleicher Höhe wie die hintere Reihe. Der gesamte Wandquerschnitt übernimmt die Aufgabe der Lastabtragung sowie den Wärme- und Feuchteschutz. In jeder Mauerschicht wird die Innenlängsfuge in 2 cm Dicke besonders sorgfältig ausgeführt und mit weichem Vergussmörtel vergossen. Entsprechend dem Verband ist die Längsfuge versetzt. Diese dichte Fuge im Mauerwerk verhindert bei eindringendem Wasser ein Durchschlagen auf die hintere Schale. Eingedrungenes Wasser kann durch die Steine und die Mörtelfuge nach außen oder innen diffundieren. Empfohlen wird eine Wanddicke von 37,5 cm, die den Mindestwert von 31 cm übersteigt. Vor- und Hintermauerwerk sollten annähernd gleiche Eigenschaften (Druckfestigkeit, Saugfähigkeit) aufweisen.

Wird kein Fugenglattstrich ausgeführt, sollen die Fugen der Sichtflächen mindestens 15 mm tief flankensauber ausgekratzt und anschließend handwerksgerecht ausgefugt werden.

Für die zulässige Beanspruchung ist die im Querschnitt verwendete niedrigste Steinfestigkeitsklasse maßgebend.

Die hohlraumfreie und durchgehende Längsmörtelfuge ist in der Praxis nicht immer sicher zu erreichen. Abgesehen von den hohen Anforderungen an die Ausführung kann diese Konstruktionsart die Anforderungen hinsichtlich des Wärmeschutzes nur schwer erfüllen.

2.2.5.3 Zweischaliges Mauerwerk

a) Zweischaliges Mauerwerk kann in verschiedenen Konstruktionsarten ausgeführt werden:
- mit Putzschicht auf der Innenschale
- mit Luftschicht
- mit Luftschicht und Wärmedämmung,
- mit Kerndämmung.

Die Außenschale darf nicht zur Lastabtragung herangezogen werden. Als Verblendschale oder geputzte Vormauerschale muss sie mindestens 9 cm dick sein, sonst gilt sie als Bekleidung. Üblich ist eine Ausführung von 11,5 cm Dicke, die nur bei besonderen Verblenderformaten unterschritten wird. Das Format der Verblender (z.B. NF oder DF) kann vom Format der zweiten Schale abweichen (z.B. großformatige Steine). Für die Verblendschale sind nur die Mörtelgruppen II und IIa zugelassen. Eine Verbindung beider Schalen durch Bindersteine ist nicht erlaubt. Die beiden Schalen sind durch Drahtanker aus nichtrostendem Stahl (Werkstoff-Nr. 1.4401 oder 1.4571) zu verbinden. Die Drahtanker sind ausreichend im Mauerwerk zu verankern, z.B. durch Winkelhaken in der Lagerfuge. Eine Kunststoffscheibe verhindert das Überleiten von Feuchtigkeit. Andere Ausführungen benötigen eine allgemeine bauaufsichtliche Zulassung. Für die **Drahtanker** sind Anzahl und Durchmesser mit den Mindestwerten gemäß Tafel 2.6 festgelegt.

Tafel 2.6 Mindestanzahl der Drahtanker je m² Wandfläche (Durchmesser 4 mm)

Gebäudehöhe	Windzonen 1 bis 3 Windzone 4 Binnenland	Windzone 4 Küste der Nord- und Ostsee und Inseln der Ostsee	Windzone 4 Inseln der Nordsee
h ≤ 10 m	7[a]	7	8
10 m < h ≤ 18 m	7[b]	8	9
18 m < h ≤ 25 m	7	8[c]	nicht zulässig

[a] in Windzone 1 und Windzone 2 Binnenland: 5 Anker / m²
[b] in Windzone 1: 5 Anker / m²
[c] ist eine Gebäudegrundrisslänge kleiner als h/4: 9 Anker / m²

Die Außenschale erhält vertikale Dehnungsfugen, deren Abstände sich nach Klima, Art der Baustoffe und Wandfarbe richten, ferner an den Gebäudeecken und in der Verlängerung der Fensterlaibungen:
Empfehlungen für KS-Steine [2.9]:   max. 8 m
für Ziegel [2.7] mit Luftschicht: 10 bis 12 m
mit Kerndämmung: 6 bis 8 m
für horizontale Dehnungsfugen: 6 bis 12 m
Weitere Anweisungen über die zulässige Höhe über Gelände, die Höhenabstände der Abfangung, die Auflagerbreite und den Feuchtigkeitsschutz an den Auflagern findet man in DIN EN 1996.

b) Zweischaliges Mauerwerk mit Putzschicht erhält auf der Außenseite der Innenschale eine durchgehende dichte Putzschicht, vor der das Verblendmauerwerk so dicht wie möglich (Fingerspalt) hochgemauert wird. Gegen die jetzt vorgeschriebene Ausführungsart werden Bedenken angemeldet [2.7], sodass besser einer Vormauerschale mit ausreichender Luftschicht der Vorzug zu geben ist. Lüftungsöffnungen sind unten vorzusehen, auf obere Entlüftungsöffnungen darf verzichtet werden. Problematisch sind sicher die Stellen, an denen die Drahtanker die Putzschicht durchstoßen, unabhängig davon, ob die Drahtanker beim Mauern eingelegt werden (Herstellung) oder nachträglich Gewindedrahtanker (Kosten) angebracht werden.

Die Schlagregensicherheit dieser Konstruktion stellt große Anforderungen an die handwerkliche Sorgfalt.

Erhält die Außenschale einen Außenputz, so kann die innere Schutzschicht entfallen.

c) Zweischaliges Mauerwerk mit Luftschicht muss mit einer Dicke der Luftschicht von 6 cm bis 15 cm ausgeführt werden (bei abgestrichenem Fugenmörtel 4 cm). Die Luftschicht darf nicht durch Mörtelbrücken unterbrochen werden und ist beim Hochmauern abzudecken. Lüftungsöffnungen am unteren und oberen Rand sollen jeweils 75 cm² auf 20 m² Wandfläche ausmachen und können z.B. als offene Stoßfugen ausgeführt werden.

Bei dieser Bauweise handelt es sich um eine traditionelle Bauweise, die bei handwerksgerechter Ausführung beste Voraussetzungen für einen Schlagregenschutz bietet.

d) Zweischaliges Mauerwerk mit Luftschicht und Wärmedämmung wird mit einer Dämmschicht auf der Außenseite der Innenschale ausgeführt. Der lichte Abstand der Mauerschalen darf 15 cm nicht überschreiten, die Luftschicht muss mindestens 4 cm betragen. Ferner gelten die im vorhergehenden Absatz beschriebenen Bestimmungen.
Auch diese Konstruktion hat sich in der Praxis bewährt.

e) Zweischaliges Mauerwerk mit Kerndämmung wird ohne Luftschicht oder mit geringer Luftschichtdicke < 4 cm hergestellt, wenn die Dämmstoffe den Bedingungen der Norm entsprechen oder allgemein bauaufsichtlich zugelassen sind. Besonders zu beachten ist, dass die Außenschale vollfugig vermauert und ausgefugt wird. Da eine Hinterlüftung fehlt, ist die Verblendschale hohen Belastungen durch Feuchte und Temperatur ausgesetzt und soll nicht aus Ziegeln oder Steinen (bzw. mit Beschichtungen) mit hohem Wasserdampf-Diffusionswiderstand bestehen. Im Fußbereich sind Entwässerungsöffnungen von mindestens 50 cm^2 je 20 m^2 sinnvoll. Die Baustoffe der Kerndämmung müssen dauerhaft wasserabweisend (hydrophob) sein und können bestehen aus

– Schüttungen aus Blähperlite, Mineralfasergranulat, expandiertem Polystyrolgranulat (Gitter an Entwässerungsöffnungen),
– platten- oder mattenförmigen Mineralfaserdämmstoffen (dichter Stoß),
– Platten aus Schaumkunststoffen (Stufenfalz, Nut und Feder oder zwei Lagen mit versetzten Stößen),
– Ortschaum (PUR, UF); Anwendung auch durch nachträgliches Ausschäumen von Hohlräumen, die der Norm entsprechende Abmessungen haben.

Zusammenstellung und ausführliche Beschreibung der Dämmstoffe in Kap. 16 und [2.6]. Bei dieser Konstruktion ist die Sicherheit bei Schlagregenbeanspruchung nicht so hoch wie bei zweischaligem Mauerwerk mit Luftschicht.

2.2.5.4 Verblendmauerwerk (Sichtmauerwerk)

Durch eine **Außenwand ohne Luftschicht** soll der Wasserdampf möglichst ungehindert diffundieren können. Der Wasserdampf des warmen Innenraums soll abgeleitet und das von der Außenseite eingedrungene Wasser soll wieder abgegeben werden. Hierzu ist ein möglichst geringer Wasserdampf-Diffusionswiderstand erwünscht, der durch Vormauersteine und Kalkzementmörtel am besten erreicht wird. Eine diffusionsdichte Beschichtung ist hier nicht angebracht. Dem entsprechen die Vorschriften für eine Vormauerschale bei Kerndämmung.

Wird das **Mauerwerk mit Luftschicht** ausgeführt, kann die Feuchtigkeit *hinter* der Außenschale abgeführt werden, sodass man Klinkermauerwerk mit einem hohen Diffusionswiderstand ausführen kann. Der Mauermörtel soll aber auch hier Kalkzementmörtel sein, der bei thermischer Belastung eine bessere Verformungsfähigkeit aufweist. Ein Ausfugen mit Zementmörtel ist möglich.

Der **Mauer- und Fugenmörtel** muss dicht und haftschlüssig ausgeführt werden, damit Schlagregen nicht durch Risse und Hohlräume hereingedrückt werden kann. Die Wasseraufnahme soll auf die Kapillarwirkung beschränkt bleiben. In Hohlräumen angesammeltes Wasser wird nur langsam nach außen geleitet und durchfeuchtet schließlich die gesamte Wand.

Der Fugenmörtel wird in zwei Arbeitsgängen fest in die Fuge gepresst und glattgestrichen. Die Fuge soll mit der Mauerfläche bündig verlaufen und das Mauerwerk nicht unterschneiden, damit kein Wasser stehen bleiben kann. Durch Vornässen und Nachbehandeln soll ein Austrocknen des Fugenmörtels verhindert werden [2.7].

Wird ein **Fugenglattstrich** vorgesehen, so wird beim Mauern mit Werkmörtel aus den Fugen tretender Mauermörtel abgestrichen und nach dem Ansteifen mit einem Schlauchstück, Fugeisen o.Ä. verstrichen. Die Fugenfarbe wird dabei weitgehend durch die Konsistenz des Mörtels beim Verstreichen der Fugenoberfläche bestimmt. Eine zu frisch verstrichene Fuge wird hell, angesteifter Mörtel wird dunkel. Beim Fugenglattstrich ist eine vollfugige Vermauerung zwingende Voraussetzung, und damit wird häufig eine kraftschlüssige Verbindung zwischen Steinen und Mörtel erreicht.

Bei einer nachträglichen Verfugung sind die Fugen gleichmäßig 15 bis 18 mm tief flankensauber auszukratzen. Vor Einbringen des maschinell gemischten Fugenmörtels ist die Fassade ausreichend vorzunässen.

Um das Mauerwerk zu **reinigen,** vor allem um Mörtelreste zu entfernen, lassen sich glatte Ziegelflächen mit Spachtel und Wurzelbürste *trocken* bearbeiten. Vorteilhaft ist es, wenn man durch Folienabdeckung grobe Verschmutzungen vermieden hat. Genügt die Trockenreinigung nicht oder will man altes Sichtmauerwerk auffrischen, wird die Wand *abgesäuert* mit geeigneten Säurelösungen oder milder wirkenden Reinigungsmitteln aus dem Handel. Um ein Eindringen der Säure in Stein und Mörtel zu vermeiden, wird die Wand ausgiebig vorgenässt, bis ihre Oberfläche wassergesättigt ist. Die Säurelösung wird nach dem Putzen mit Schrubber oder Bürste mit ausreichend Wasser abgespült. Engobierte und glasierte Ziegel sowie helle Ziegel sollen nicht abgesäuert werden. Die Reinigung ist schwierig bei strukturierter Oberfläche (handgestrichene oder besandete Ziegel).

2.2.6 Besondere Ziegel und Klinker

2.2.6.1 Schornsteinziegel

DIN SPEC 1057-100 gibt für frei stehende Schornsteine in Massivbauart folgende Steine und Ziegel an: Klinker, Ziegel und Kalksandsteine als Vollsteine mit und ohne Lochung. Radialziegel werden in drei Größen hergestellt, die auf Schornsteinradien bezogen sind (Abb. 2.8). Durch konische Ausführung der Setzfuge lassen sich Schornsteinhalbmesser in gewissen Bereichen herstellen.

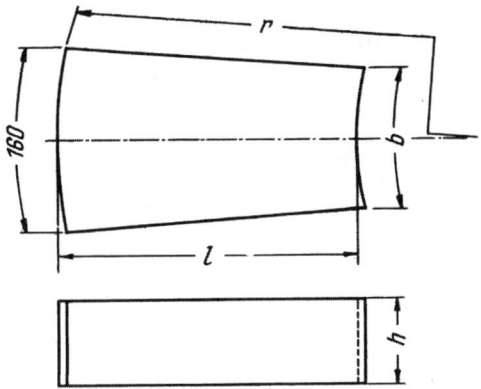

Abb. 2.8 Radialstein für Schornsteinmauerwerk

2 Keramische und mineralisch gebundene Baustoffe

Die **Bezeichnung** erfolgt nach Druckfestigkeitsklassen wie bei Klinkern und Mauerziegeln (siehe Abschn. 2.2.2):
Radial-Vollziegel   Rz 12, Rz 20, Rz 28 und Rz 36
Radial-Klinker   R 28 und R 36

Tafel 2.7   Radialziegel für Schornsteine nach DIN SPEC 1057-100

Kurzzeichen	Größe	Breite b	Länge l	Höhe h	Außenradius r_a	Verwendbar für Außenradius
–	–	mm	mm	mm	cm	cm
2401	1	140	240	71	200	140–450
2402	2	120			100	80–140
2403	3	100		90	70	60– 80
1751	1	145	175	71	200	120–500
1752	2	125		90	85	70–130
1753	3	105			55	50– 70
1151	1	150	115	71	200	100–500
1152	2	140			100	80–210
1153	3	130		90	65	50– 80

Radialziegel sind in der Reihenfolge Benennung, DIN-Hauptnummer, Steinart-Kurzzeichen, Druckfestigkeitsklasse und Rohdichteklasse, Höhe und Form-Kurzzeichen zu bezeichnen. Eine vollständige Steinbezeichnung lautet:
DIN SPEC 1057 – Rz 20 – 2,0 – 71 – 2403

Kennzeichnung:
Die **Rohdichteklasse** der Radialvollziegel muss mindestens 1,8 und der Radialklinker mindestens 2,0 betragen. Frostbeständigkeit ist für alle Radialziegel gefordert. Prüfungen erfolgen wie in DIN 105-100 und DIN 106.
Neben den Radialziegeln dürfen auch Klinker, Ziegel und Steine verwendet werden, die frostbeständigen Vollsteine NF sind mit einer Festigkeitsklasse von mindestens 12 N/mm² auszuführen. Die Ausführung von frei stehenden Schornsteinen in Massivbauart ist in DIN 1056 festgelegt.

2.2.6.2 Kanalklinker
Ziegel nach DIN 4051 in Normalformat und in den Keilformaten A, B und C. Mit Keilklinkern (A und B) und Normalklinkern kann man auch Eiprofile mauern. Mit den keilförmigen Kanalschachtklinkern vermeidet man weit klaffende Fugen bei runden Einstiegsschächten (Abb. 2.9 und 2.10).

2.2 Mauerziegel

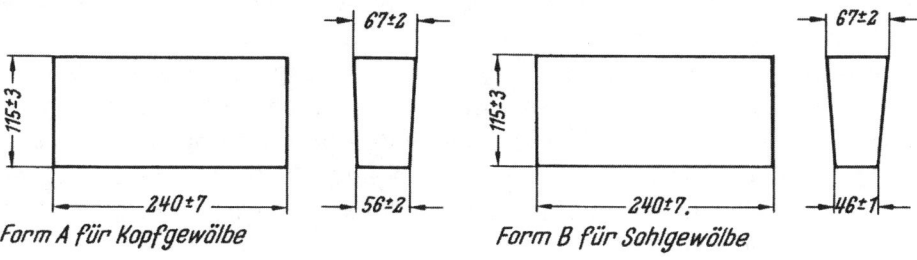

Abb. 2.9   Kanalkeilklinker

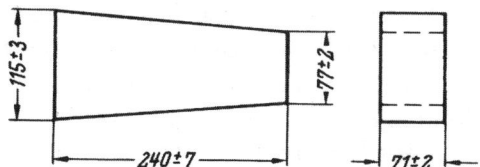

Abb. 2.10   Kanalschachtklinker Form C

Bezeichnung:	Kanalklinker DIN 4051 – NF K
	Kanalklinker DIN 4051 – A (oder B)
	Kanalschachtklinker DIN 4051 – C
Druckfestigkeit:	Mittelwert $\geq$ 45 N/mm^2; Kleinstwert $\geq$ 40 N/mm^2
Wasseraufnahme:	$\leq$ 6 Masse-%
Säurebeständigkeit:	Kochen des Scherbens 1 Std. in Schwefel- und Salpetersäure
Frostbeständigkeit:	wie unter Abschnitt 2.2.2 beschrieben
Verschleißprüfung:	Abriebverlust mit *Böhmscher* Schleifscheibe $\leq$ 15 cm^3/50 cm^2

Ähnliche Anforderungen werden gestellt an:
Wasserbauklinker   Wasseraufnahme $\leq$ 4 Masse-%
Tunnelbauklinker   nach Vorschrift der Deutsche Bahn AG: Druckfestigkeit $\geq$ 50 N/mm^2

2.2.6.3 Pflasterziegel

Arten: Bestimmte Form- und Maßanforderungen erfüllende Ziegelsteine für Pflasterungen werden als Pflasterziegel (bisher: Pflasterklinker) bezeichnet. Pflasterziegel werden in ungebundener Verlegungsform (Pflasterziegel, die mit schmalen sandgefüllten Fugen auf einem Sandbett verlegt werden) oder in gebundener Verlegungsform (Pflasterziegel, die mit Zementmörtelfugen auf einem Zementmörtelbett verlegt werden) verwendet. Sie werden in verschiedenen Formaten hergestellt: Normal-, Dünn-, Reichs- und Oldenburger Format[1], auch andere. Pflasterziegel werden zur Herstellung von Pflasterungen für die Befestigung von Flächen, insbesondere Verkehrsflächen, verwendet. Heute werden sie oft angewandt bei der Gestaltung von Plätzen und Fußgängerbereichen, da sie in Farbe und Muster vielfältige Möglichkeiten bieten.
Anforderungen sind festgelegt in DIN EN 1344 „Pflasterziegel". Die Kanten können ungefast oder mit Fasen versehen sein. Anforderungen werden gestellt an Form, Maße,

---

1   Reichsformat (RF) 25,0 × 12,0 × 6,5; Oldenburger Format (OF) 22,5 × 10,5 × 5,2 (in cm).

2 Keramische und mineralisch gebundene Baustoffe

Maßabweichungen, Frost-Tau-Widerstand, Biegebruchlast, Abriebwiderstand und eventuell Werte für den Gleit-/Rutschwiderstand.

Bezeichnungsbeispiel für einen Pflasterziegel für die Verwendung in Außenbereichen: DIN EN 1344; Pflasterziegel aus Ton und Ergänzungsziegel zur ungebundenen Verlegung im Sandbett für die Verwendung in außen liegenden Fußgänger- und Fahrzeugverkehrsbereichen; Maße Länge l = 240 mm, Breite w = 118 mm, Dicke t = 52 mm; Biegefestigkeit 30 N/mm²; Rutsch-/Gleitwiderstand auf unpolierten Pflasterziegeln: U2; Haltbarkeit: FP 100; engfugige Verlegung (E).

2.2.6.4 Schallschluckende Ziegel

Für besondere Anforderungen an Schalldämmung werden Wandsteine und Deckenelemente in verschiedenen Ausführungen hergestellt. Als Vorsatzschale werden Ziegel mit einem Lochanteil von etwa 50 % versetzt. Im Luftraum zwischen den Wänden werden Mineralfasermatten angeordnet. Stärker absorbierend wirken Steine, die aus einer 30 mm dicken gelochten Akustikplatte und einem Resonator-Raum bestehen, der rundum von Ziegeln umschlossen ist und eine Dämmmatte trägt. Diese Steine werden z.B. in Dicken von 90 mm bis 130 mm hergestellt und ohne Zwischenraum vermauert. Soweit es statisch notwendig ist, kann auch Stahlbewehrung eingelegt werden (Abb. 2.11 als Beispiel).

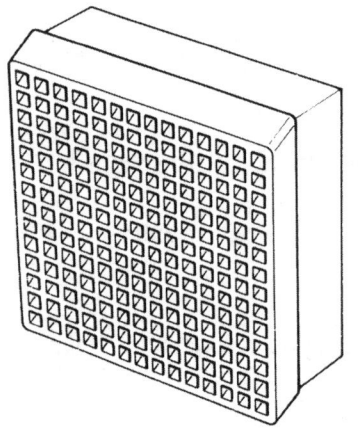
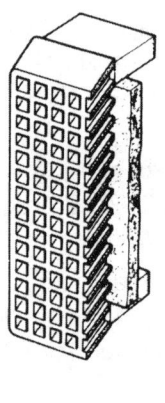

Abb. 2.11
Akustik-Ziegel (Beispiel), Ansicht mit Mineralfasermatte im Resonator-Raum

2.2.6.5 Flachziegelstürze

Die Flachziegelstürze werden überwiegend mit schlaffer Bewehrung und Längen bis zu 3 m hergestellt. Die Breite der Stürze beträgt 11,5 cm bzw. 17,5 cm, die Höhe 7,1 cm. Die Stürze werden als rechteckige, oben offene Schalen ausgebildet. Der Flachziegelsturz erhält seine volle Tragfähigkeit durch das Zusammenwirken des vorgefertigten Sturzes mit dem darüber befindlichen Mauerwerk und/oder gegebenenfalls dem Beton des Ringankers oder der einbindenden Stahlbetondecke.

2.2.6.6 Ziegel-U-Schalen und Ziegel-L-Schalen

Ziegel-U-Schalen sind Ziegelbauteile, die das Einschalen von Balken und Stürzen ersparen und wesentlich dazu beitragen, Wärmebrücken und Kondensatbildung zu vermeiden. Es ist außerdem ein einheitlicher Putzgrund gewährleistet. Die Druckfestigkeit der Ziegel-U-Schalen beträgt $\geq$ 6 N/mm².

2.2 Mauerziegel

Die Ziegel-U-Schalen können ebenso für die Ausbildung senkrechter Leitungsschächte und als Schalelement für Stahlbetonstützen verwendet werden.

Tafel 2.8 Ziegel-U-Schalen

Außenmaße cm			Stahlbetonquerschnitte[2] cm		Gewicht
Breite b	Höhe h	Länge l	lichte Breite	lichte Höhe	kg/St.
17,5	23,8	24	10	20	8
24	23,8	24	16	20	9
30[1]	23,8	24	21/22 (13)	19/20 (19)	10
36,5[1]	23,8	24	25/27/28 (19)	18/20 (19)	10/11

[1] Auch lieferbar mit eingebauter Hartschaum-Wärmedämmung. Dann gelten für den Stahlbetonquerschnitt die ( )-Werte.
[2] Maße je nach Lieferwerk.

Ziegel-L-Schalen sind Bauteile, die als Anschluss-Formziegel für Deckenauflager vorgesehen werden können. Zur Vermeidung von Wärmebrücken enthalten sie häufig eine zusätzliche Wärmedämmung. Durch den Einbau von L-Schalen als Deckenabschluss wird das Aufmauern einer Außenschale überflüssig.

2.2.6.7 Ziegel-Rollladenkasten und Rollladen-Gurtwickler-Ziegel

Die **Ziegel-Rollladenkästen** sind vorgefertigte Bauelemente, die beim Einbau keine Schalung erfordern. Bis zu einer Länge von circa 2 m sind sie von Hand versetzbar.

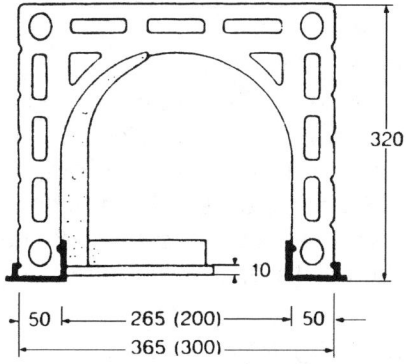 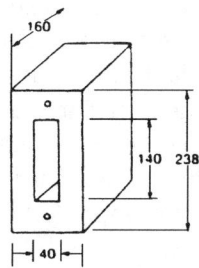

Abb. 2.12 Ziegel-Rollladenkasten und Rollladen-Gurtwickler-Ziegel

Die Ziegel-Rollladenkästen sind für ein- und zweischaliges Mauerwerk lieferbar.
Es wird ein einheitlicher Putzgrund geschaffen und damit eine mögliche Rissbildung bei unterschiedlichen Baustoffen vermieden.
Der **Rollladen-Gurtwickler-Ziegel** ermöglicht den Einbau des Gurtwicklers ohne Stemmarbeiten.

2.3 Ziegel für Decken und Wandtafeln

2.3.1 Allgemeines

Normen

DIN 1045-100	(11.12)	Teil 100: Ziegeldecken
DIN 1053-4	(04.13)	Mauerwerk – Teil 4: Fertigbauteile
DIN 4159	(05.14)	Ziegel für Ziegeldecken und Vergusstafeln, statisch mitwirkend
DIN 4160	(04.00)	Ziegel für Decken, statisch nicht mitwirkend

Die Deckenziegel werden in Stahlbetonrippendecken oder Ziegeldecken eingebaut. Sie dienen der Gewichtsverminderung und werden als statisch mitwirkende Ziegel auch zur Spannungsaufnahme herangezogen. Ihre Anwendung erfolgt vor allem im Montagebau mit vorgefertigten Deckentafeln. Mit den Wandziegeln werden vorgefertigte Wandtafeln erstellt.
Ziegeldecken sind nach DIN 1045-100 auszuführen. Anwendung für vorwiegend ruhende Verkehrslasten, Werkstätten mit leichtem Betrieb und Pkw-Lasten mit bestimmten Bedingungen für die Querbewehrung.
Stahlbetonrippendecken sind nach DIN EN 1992 auszuführen. Anwendung wie vor, jedoch beschränkt auf $p \leq 5{,}0$ kN/m².
Geschosshohe Wandtafeln sind nach DIN 1053-4 „Mauerwerk – Fertigbauteile" auszuführen und können zusammengebaut tragende, aussteifende und nichttragende Wände bilden. Man unterscheidet:
– Ziegel für Ziegeldecken nach DIN 1045-100,
– Ziegel für Vergusstafeln nach DIN 1053-4.

2.3.2 Statisch mitwirkende Deckenziegel nach DIN 4159

Der Rohstoff ist Ton mit Magerungsmitteln und/oder porenbildenden Stoffen. Deckenziegel müssen rissefrei gebrannt sein. Die Stoßfugen werden vermörtelt (Zementmörtel). Dazu sind Aussparungen auf voller Höhe vorgesehen (vollvermörtelt), denen eine gelochte Zone im Ziegel entspricht. Befinden sich Fugenaussparung und Lochzone nur im oberen Bereich, spricht man von teilvermörtelter Stoßfuge. Werden Deckenziegel zur Druckübertragung im Bereich negativer Momente herangezogen, müssen sie eine vollvermörtelte Stoßfuge haben. Für Deckenziegel sind sechs Rohdichteklassen und sechs Druckfestigkeitsklassen vorgesehen (siehe Tafel 2.9):

Tafel 2.9 Rohdichte- und Druckfestigkeitsklassen von Deckenziegeln nach DIN 4159

Druckfestigkeitsklasse	Mittelwert in N/mm²	Mittelwerte der Rohdichte in kg/dm³					
18	22,5	0,60	0,70	0,80	1,00	1,20	1,40
20	25,0	–	0,70	0,80	1,00	1,20	1,40
24	30,0	–	–	0,80	1,00	1,20	1,40
28	35,0	–	–	–	1,00	1,20	1,40
30	37,5	–	–	–	–	1,20	1,40
36	45,0	–	–	–	–	1,20	1,40

Nach Verwendungsstelle und Ziegelform unterscheidet man:
– **Deckenziegel für Ziegeldecken** (Abb. 2.13 und 2.14; Tafel 2.10)
  Kurzzeichen: ZDT – für teilvermörtelbare Stoßfugen
                ZDV – für vollvermörtelbare Stoßfugen

2.3 Ziegel für Decken und Wandtafeln

- **Deckenziegel für Stahlbetonrippendecken** (Abb. 2.15)
- **Zwischenbauteile für Stahlbetonrippendecken** (Abb. 2.16, Tafel 2.11)

Beispiel für eine Bezeichnung:
Ziegel DIN 4159 – ZDT –18 – 1,0 – 250 × 333 × 190 – 60
Deckenziegel-Rippendecken für teilvermörtelbare Stoßfugen mit Festigkeitsklasse 18 – Rohdichteklasse 1,0 – Breite 250 mm – Länge 333 mm – Dicke 190 mm und Rechenwert der Stegdicke und Wandungen 60 mm.

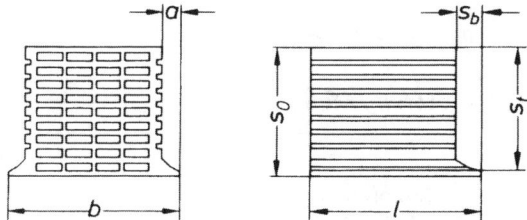

Abb. 2.13 Deckenziegel ZDV für Stahlsteindecken (vollvermörtelbare Stoßfuge)

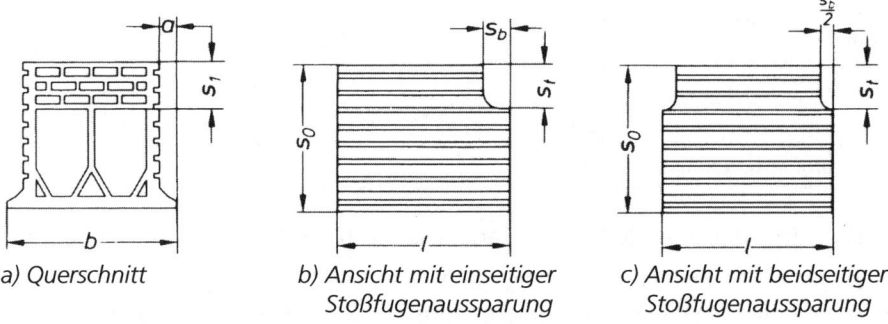

a) Querschnitt   b) Ansicht mit einseitiger Stoßfugenaussparung   c) Ansicht mit beidseitiger Stoßfugenaussparung

Abb. 2.14 Deckenziegel ZDT für Stahlsteindecken (teilvermörtelbare Stoßfuge)

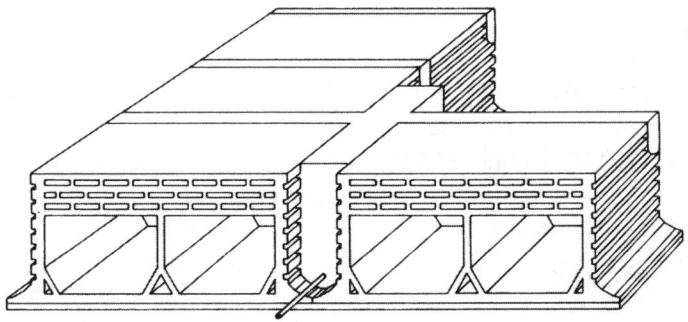

Abb. 2.15 Stahlbetonrippendecke mit Ziegeln

2 Keramische und mineralisch gebundene Baustoffe

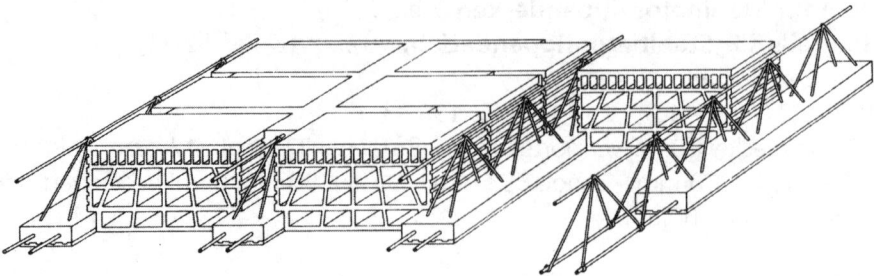

Abb. 2.16 Stahlbetonrippendecke mit vorgefertigten Rippen und tragenden Ziegeln

Tafel 2.10 Deckenziegel für Ziegeldecken und Wandtafeln, Maße

Breite b	mm	250									
Länge l	mm	166 bis 500									
Dicke s_o	mm	90	115	140	165	190	215	240	265	290	315	365

Tafel 2.11 Zwischenbauteile für Stahlbetonrippendecken, Maße

Rippenachsabstände	mm	333 500 625 750									
Länge l	mm	166 bis 500									
Dicke s_o	mm	115	140	165	190	215	240	265	290	315	365
Auflagertiefe auf vorgefertigten Rippen	mm	mind. 25									

2.3.3 Statisch nicht mitwirkende Deckenziegel nach DIN 4160

In Stahlbetonrippendecken werden Ziegel eingebaut, die nur als Schalkörper dienen. Wegen der Beanspruchung beim Schalen und Betonieren müssen sie eine Einzellast tragen, die den Ziegel auf Biegung beansprucht. Sie beträgt
– 2 kN bei 166 mm Ziegellänge,
– 3 kN bei 250 mm Ziegellänge,
– 5 kN bei 333 mm Ziegellänge.
Die Mittelwerte der Rohdichte sind festgelegt auf 0,60/0,80/0,90/1,00 und 1,20 kg/dm³. Die Ziegelbreiten sollen auf die Rippenachsmaße von 333 mm, 500 mm, 625 mm und 750 mm abgestimmt sein. Regellängen sind 250 mm und 333 mm. Alle Dickenmaße beginnen mit 115 mm und steigen um je 25 mm. Die Norm unterscheidet vier verschiedene Formen, die einem bestimmten Einsatzbereich entsprechen.
Form A: Deckenziegel für Stahlbetonrippendecken mit Ortbetonrippen (Abb. 2.17)
Form B: Zwischenbauteile für Stahlbetonrippendecken mit vorgefertigten Rippen (Abb. 2.18)
Form C: Deckenziegel für Balkendecken mit Ortbetonrippen
Form D: Zwischenbauteile für Balkendecken mit vorgefertigten Rippen
Beispiel für eine Bezeichnung:
Ziegel DIN 4160 – Bs – 0,80 – 440 × 250 × 190
Zwischenbauteil Form B – s = senkrechte Flanken – Rohdichteklasse 0,80 – Breite 440 mm, Länge 250 mm, Dicke 190 mm

2.3 Ziegel für Decken und Wandtafeln

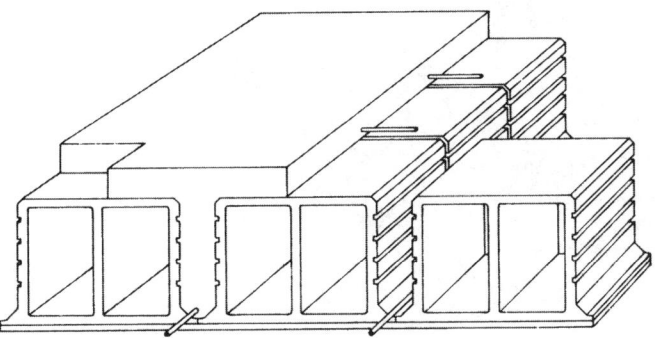

Abb. 2.17 Stahlbetonrippendecke mit nichttragenden Deckenziegeln (Form A)

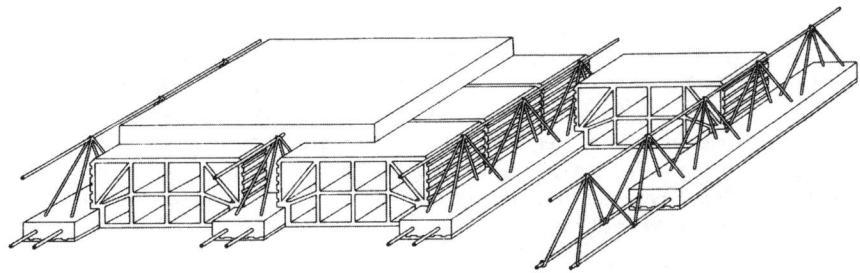

Abb. 2.18 Stahlbetonrippendecke mit vorgefertigten Rippen und nichttragenden Ziegeln (Form Bs)

2.3.4 Ziegel für Vergusstafeln nach DIN 4159

Die Ziegel unterscheiden sich in Form und Abmessungen nicht von den Deckenziegeln der Tafel 2.10. Lediglich Außenwandziegel dürfen einen statisch nicht wirksamen Querschnitt an der Außenseite haben, der aus durchlaufenden Lochkanälen besteht. Die Festigkeitsklassen mit ihren zugeordneten Rohdichten siehe Tafel 2.12.

Tafel 2.12 Festigkeitsklassen und Rohdichten der Ziegel für Vergusstafeln nach DIN 4159

Druckfestig-keitsklasse	Mittelwert in N/mm²	Mittelwert der Rohdichte in kg/dm³					
6	7,5	0,60	0,70	0,80	1,00	–	–
8	10,0	0,60	0,70	0,80	1,00	–	–
12	15,0	0,60	0,70	0,80	1,00	1,20	–
18	22,5	0,60	0,70	0,80	1,00	1,20	1,40
24	30,0	–	–	0,80	1,00	1,20	1,40
30	37,5	–	–	0,80	1,00	1,20	1,40
36	45,0	–	–	–	–	1,20	1,40

Kurzzeichen für **Wandziegel:**
– für teilvermörtelbare Stoßfugen – ZVT
– für vollvermörtelbare Stoßfugen – ZVV
Beispiel einer Bezeichnung:
Ziegel DIN 4159 – ZVT – 18 – 1,0 – 250 × 333 × 190
Wandziegel für teilvermörtelbare Stoßfugen – Festigkeitsklasse 18 – Rohdichte 1,0 – Breite 250 mm – Länge 333 mm – Dicke 190 mm

2 Keramische und mineralisch gebundene Baustoffe

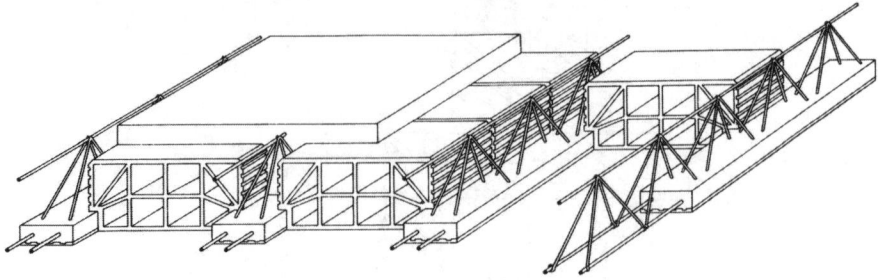

Abb. 2.19 Tonhohlplatten (Hourdis)

2.4 Dachziegel

Normen

DIN EN 1304	(08.13)	Dach- und Formziegel – Begriffe und Produktspezifikationen
DIN EN 538	(11.94)	Tondachziegel für überlappende Verlegung – Prüfung der Biegetragfähigkeit
DIN EN 539-1	(12.05)	Dachziegel für überlappende Verlegung – Bestimmung der physikalischen Eigenschaften – Teil 1: Prüfung der Wasserundurchlässigkeit
DIN EN 539-2	(08.13)	wie vor, Teil 2: Prüfung der Frostwiderstandsfähigkeit
DIN EN 1024	(06.12)	Tondachziegel für überlappende Verlegung – Bestimmung der geometrischen Kennwerte

2.4.1 Begriffe und Dachziegelarten

Herstellung

Dachziegel sind flächige keramische Bauteile zur Deckung von geneigten Dachflächen. Sie werden aus tonigen Massen gegebenenfalls mit Zusätzen geformt und gebrannt. Dachziegel unterscheiden sich nach Art der Herstellung, Form und Abmessungen.

Man kann Dachziegel in der natürlichen Brennfarbe (gelbrot) herstellen. Sehr oft ist durch Tauchen oder Spritzen eine Engobe oder eine Glasur aufgetragen, die mitgebrannt wird. Sie soll eine gleichmäßige Oberfläche und Farbe bewirken.

Für Fleckton engobiert man nur Teile und erreicht eine lebhafte Oberfläche. Hat die Engobe durch Staub oder Schmutz wenig Haftung mit dem Ziegel, löst sie sich mit der Zeit ab. Aber auch unterschiedliche Eigenschaften (z.B. Temperaturdehnungskoeffizient) zwischen beiden führen zu Abplatzungen. Gedämpfte Dachziegel erhalten eine graublaue Farbe, indem das rote Eisen(III)-Oxid durch eine reduzierende Flamme in FeO verwandelt wird.

Die Formgebung geschieht nach zwei Verfahren. Ziegel mit zwei Falzseiten oder konischen Formen werden unter Stempelpressen hergestellt: **Pressdachziegel.** Einfache Formen stellt man als **Strangdachziegel** in Strangpressen her.

Dachziegel ohne Falze

Biberschwanzziegel	flacher Ziegel mit verschiedenem Schnitt am Schwanzende (oft Segmentschnitt) (Abb. 2.20)
Hohlpfanne	wegen Wölbung auch S-Pfanne, Kurz- und Langschnittpfanne (Abb. 2.21)
Krempziegel	einseitig übergreifende Krempe in konischer Form
Mönch- u. Nonnenziegel	zwei konisch geformte Dachziegel (Abb. 2.22)

2.4 Dachziegel

Dachziegel mit Falzen

Muldenfalzziegel	mit zwei Mulden und Mittelrippe (Decken im Verband)
Doppelfalzziegel	Falzziegel ohne Mittelrippe (Abb. 2.24)
Flachdachpfanne	sorgfältig ausgebildete Falze mit zur Seite gerichteter Deckfuge (Abb. 2.25)
Falzpfanne	Mulde wie Hohlpfanne, jedoch Falze mit zur Seite gerichteter Deckfuge
Strangfalzziegel	flache Ziegel mit einem einfachen Seitenfalz (Abb. 2.23)

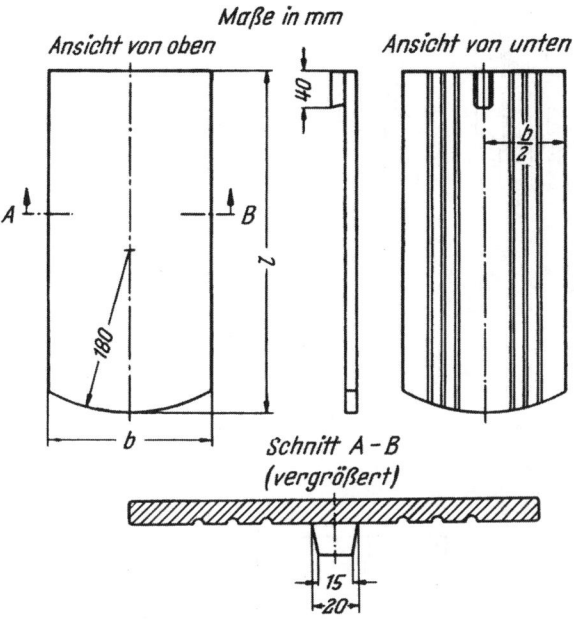

Abb. 2.20 Biberschwanzziegel mit Segmentschnitt

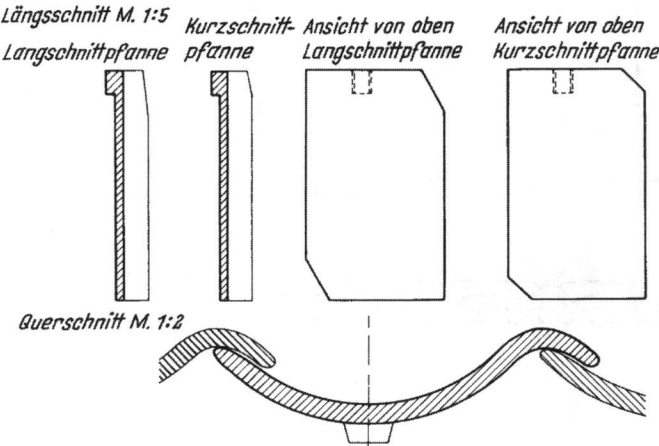

Abb. 2.21 Hohlpfannen

2.25

2 Keramische und mineralisch gebundene Baustoffe

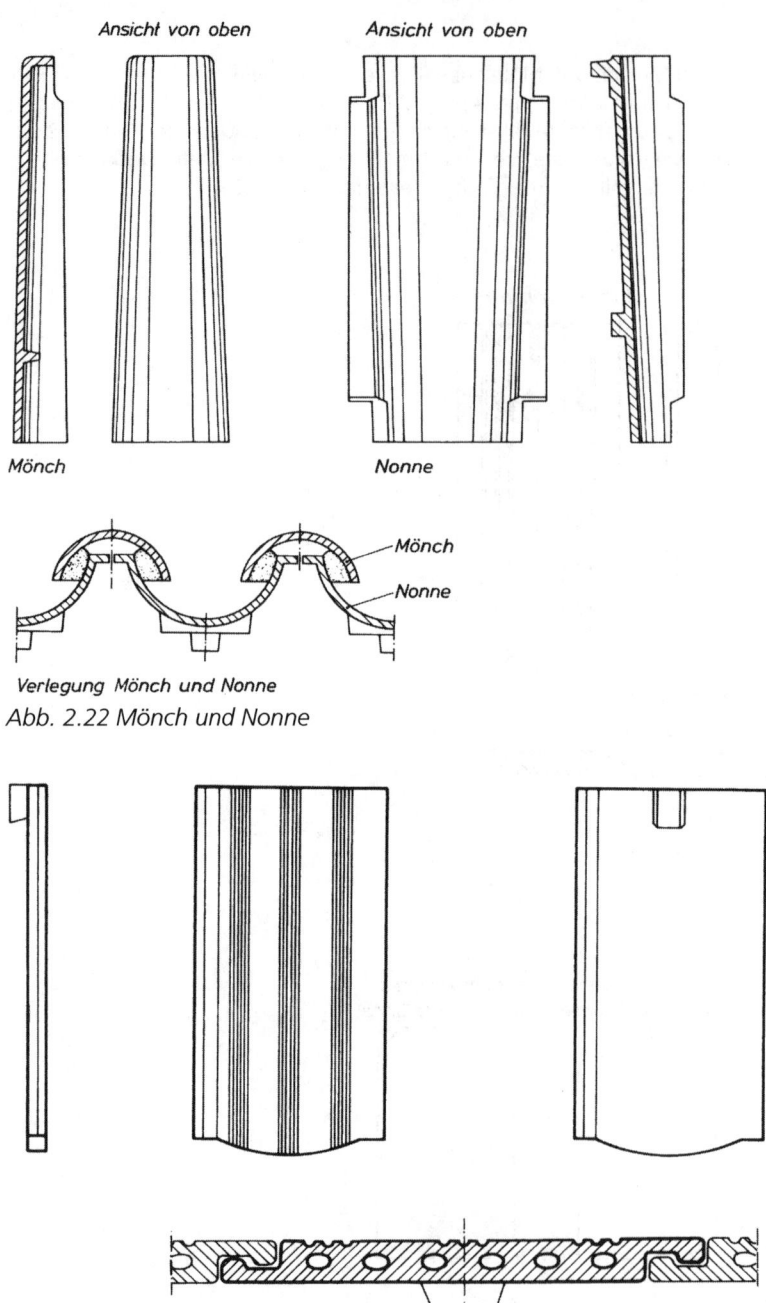

Abb. 2.22 Mönch und Nonne

Abb. 2.23 Strangfalzziegel

2.4 Dachziegel

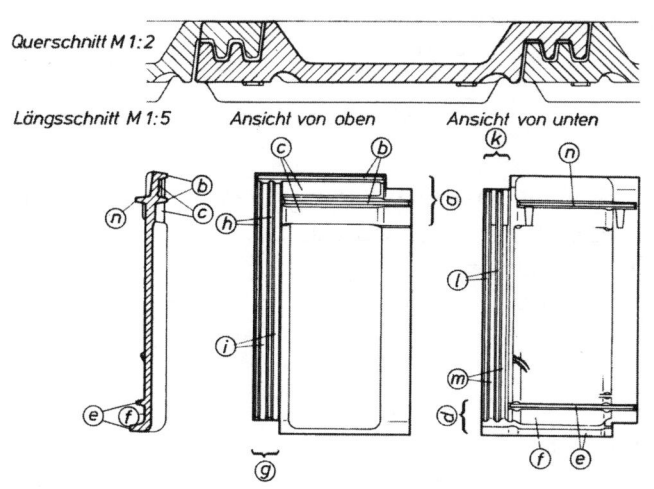

a) Kopffalzteil
b) Kopffalzrippen
c) Kopffalznuten
d) Fußfalzteil
e) Fußfalzrippen
f) Fußfalznut
g) Seitenfalzteil
h) Seitenfalzrippen
i) Seitenfalznuten
k) Deckfalzteil
l) Deckfalzrippen
m) Deckfalznuten
n) Aufhängenase

Abb. 2.24 Doppelfalzziegel

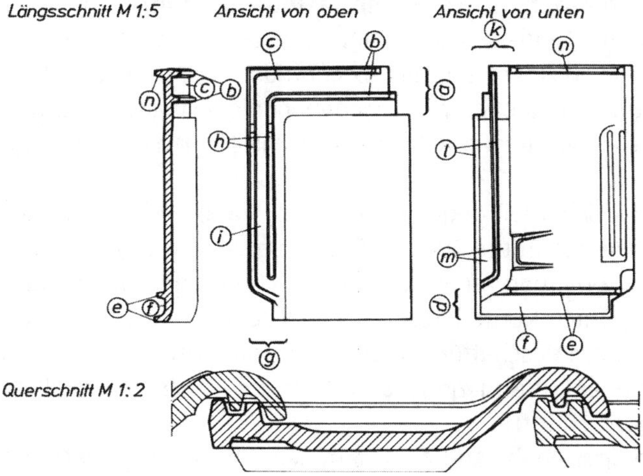

a) bis n) siehe Abb. 2.24.

Abb. 2.25 Flachdachpfanne, einfach gefalzt

2.4.2 Maße und Eigenschaften

Die DIN EN 1304 legt keine Abmessungen fest (Empfehlung für Biberschwanzziegel 155 mm × 375 mm und 180 mm × 380 mm). Die kennzeichnenden Maße werden vom Hersteller angegeben (für verfalzte Dachziegel sind es die Deckmaße). Abweichungen sind bis zu 2 % zulässig.

Neben den Deckmaßen der einzelnen Ziegel werden die Mittelwerte der Decklänge und Deckbreite von zehn Ziegeln so gemessen, dass Länge oder Breite mit gezogener und gedrückter Ziegelreihe bestimmt wird. Der Mittelwert aus l_1 und l_2 wird mit dem Sollwert verglichen. Ähnliche Toleranzen sind für Verkrümmung und Flügeligkeit (Verwindung) festgelegt.

Die Oberfläche soll rissefrei sein, Glasur und Engobe witterungsbeständig wie der ganze Ziegel. Die Wasserundurchlässigkeit wird geprüft, indem über dem waagerecht liegenden Ziegel in einem Rahmen 60 mm ± 5 mm Wassersäule aufgebracht wird. Für die Beurteilung der Frostwiderstandsfähigkeit ist das Verhalten der Ziegel auf dem Dach maßgebend. Die Prüfung der Frostwiderstandsfähigkeit ist nach DIN EN 539-2 durchzuführen. Die mechanische Festigkeit wird durch die Biegetragfähigkeit nach DIN EN 538 geprüft:

2 Keramische und mineralisch gebundene Baustoffe

	Mindestlast der Dachziegel kleinster Einzelwert
Falzziegel mit ebener Sichtfläche	0,9 kN
Hohlpfannen, Falzziegel	1,2 kN

2.4.3 Formziegel

Sie ergänzen die genormten Dachziegel, um eine einwandfrei gedeckte Dachfläche mit allen Anschlüssen, Übergängen und Abschlüssen zu ermöglichen:
– First- und Gratziegel mit Anfänger und Endstück,
– Kehlziegel,
– Ortgangziegel,
– First- und Wandanschlussziegel,
– Belüftungs- und Entlüftungsziegel,
– Durchlass für Dunstrohr und Antenne.

2.4.4 Anwendungen

Die Verwendung bestimmter Dachziegelarten ist an eine **Mindestdachneigung** gebunden. Dazu sind zu beachten: örtliches Klima (Niederschlagsmengen), Lage von Dachfläche und Gebäude, Dachform und -konstruktion. In einer Informationsschrift der Arbeitsgemeinschaft Ziegeldach, Bonn, sind Mindestneigungen der Sparren angegeben, die teilweise unter den früher üblichen Werten liegen. Diese Werte sind auch bei Aufschieblingen einzuhalten, z.B. bei Dachgauben.

Eine **Unterkonstruktion** erhöht die Sicherheit gegen Flugschnee, Staub und Sturm. Dies kann eine Spannbahn sein, die parallel zur Traufe über die Sparren gespannt wird. Wichtig ist eine ausreichende Belüftung des Zwischenraums zwischen Dachhaut und Spannbahn und des darunter liegenden Raums. Durch Konterlattung auf den Sparren wird ein ausreichender und durchgehender Querschnitt geschaffen. Zuluft durch Traufenspalt von 1,5 bis 2,5 cm; Abluft durch Lüftungsfirst oder Lüftungsziegel unterhalb des Firstes (maximal ein Stück je Meter mit 15 cm² Abluftquerschnitt).

Die **Lattung** ist nach Gewicht und Sparrenabstand zu bestimmen. Bei Falzziegeldeckung (0,55 kN/m²) wird empfohlen:

Lattenquerschnitt	Sparrenabstand
24/48	bis 750 mm
30/50	bis 900 mm
40/60	bis 1000 mm

Der Lattenabstand wird bei Falzziegeln von der Decklänge der Ziegel bestimmt (siehe Abschn. 2.4.2). Bei Hohlpfannen u.a. wird die Überdeckung mit 7 bis 9 cm festgelegt.
Die Ziegeldeckung kann trocken oder mit Vermörtelung erfolgen.

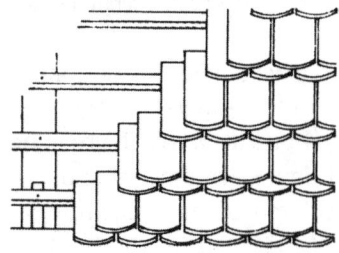

Abb. 2.26 Biberschwanzziegel in Kronendeckung

Tafel 2.13 Mindestdachneigungen

Dachziegelart	Ziegeldächer, einfach	Ziegeldächer mit Unterkonstruktion
Flachdachpfannen Flachkremper	15 bis 18°	10 bis 15°
Kronenkremper Reformpfannen Falzziegel Falzpfannen	25 bis 30°	20 bis 25°
Hohlpfannen	30 bis 35°	20 bis 25°
Biberschwanzziegel Doppeldeckung Kronendeckung	30 bis 35° 30 bis 35°	25 bis 30° 30 bis 35°

2.5 Steinzeugwaren

Normen

DIN EN 295-1	(05.13)	Steinzeugrohrsysteme für Abwasserleitungen und -kanäle; Anforderungen an Rohre, Formstücke und Verbindungen
-2	(05.13)	wie vor; Bewertung der Konformität und Probenahme
-3	(03.12)	wie vor; Prüfverfahren
-4	(05.13)	wie vor; Anforderungen an Übergangs- und Anschlussbauteile und flexible Kupplungen
-5	(05.13)	wie vor; Anforderungen an gelochte Rohre und Formstücke
-6	(05.13)	wie vor; Anforderungen an Bauteile für Einstieg- und Inspektionsschächte
-7	(05.13)	wie vor; Anforderungen an Rohre und Verbindungen für Rohrvortrieb
DIN 18 902	(06.86)	Steinzeugteile für den Stallbau; Schalen, Platten, Tröge; Maße, Anforderungen, Prüfung

2.5.1 Herstellung

Aus vier bis fünf Tonsorten wird die Rohmasse gemischt und aufbereitet. Man setzt ihr etwa ein Drittel Schamotte (siehe Abschn. 2.6) zu, um bessere Bedingungen beim Pressen, Trocknen und Brennen zu erhalten und das Schwindmaß zu vermindern. Die Aufbereitung erfolgt im Trocken- oder Nassverfahren, der sich eine längere Lagerung im Maukturm oder Sumpfhaus anschließt. Rohre und Formstücke werden in hydraulischen Pressen geformt und verdichtet. In Trockenkammern werden sie etwa drei Tage getrocknet und vor dem Brand im Tauchbad glasiert. Nun erfolgt in Tunnelöfen (Länge etwa 140 m) der Brand über drei Tage hin mit maximaler Temperatur von 1150 °C bis zum Sintern. Es entsteht ein dichter, korrosionsbeständiger Steinzeugscherben mit einer Biegezugfestigkeit bis 40 N/mm².

2.5.2 Steinzeugrohre und -formstücke

Steinzeugrohre werden meist als Muffenrohre (siehe Abb. 2.34) für die Grundstücksentwässerung und für die Kanalisation im kommunalen und industriellen Bereich eingesetzt. Die Nennweiten liegen zwischen DN 100 und DN 1400. Maße und Anforderungen sind in EN 295-1 festgelegt, die weitgehend mit der alten DIN 1230 übereinstimmt. Bei maßlicher Anpassung sind Adapter vorhanden. Für die Werke des Fachverbandes Steinzeugindustrie ist die Werknorm WN 295 maßgebend, die teilweise höhere Anforderungen als die Europäische Norm ansetzt. Muffenlose Rohre mit DN 150 bis DN 1000 werden für den Vortrieb hergestellt [2.8].

Die wichtigsten **Eigenschaften** der Steinzeugwaren sind chemische Beständigkeit, Abriebfestigkeit und geringe Wandrauigkeit. Für die Tragfähigkeit sind Klassen festgelegt, durch die die Scheiteldruckkraft FN (in kN/m) mit der Formel bestimmt wird:

FN = Tragfähigkeitsklasse × Nennweite/1000

Es gibt die Tragfähigkeitsklassen 95, 120, 160, 200, 240, 260 und 280 (siehe Tafeln 2.14 und 2.15).

Ergänzend werden Formstücke, Bögen und Abzweige (Abb. 2.30 und 2.31), Anschlussstellen, Sattelstücke, Übergangsstücke und weitere Teile hergestellt.

Rohre und Formstücke werden nur mit vorgefertigten **Verbindungen** ausgeliefert, da von der Dichtung die Eigenschaften des erstellten Bauwerks in erheblichem Maße abhängen. Sie müssen neben der Dichtheit genügend Elastizität aufweisen, um eine flexible Verlegung und Verformungen im Gebrauch zu ermöglichen (Abwinkelbarkeit). Dazu müssen ausreichend Scherkräfte übertragen werden können. Ferner sind die Wurzelfestigkeit, chemische und biologische Beständigkeit, Dauerhaftigkeit für Temperatur und Alterung und Korrosionsfestigkeit gefordert.

In der Europäischen Norm werden **Verbindungssysteme** A bis G festgelegt, wobei **System C** der Steckmuffe K und **System F** der Steckmuffe L in der alten DIN 1230 entsprechen.

Beispiel für die **Bezeichnung** der Steinzeug-Bauteile (eingebrannt):

Rohr EN 295-1 – DN 300 – FN 48 – C

Benennung des Bauteils – Norm – Nennweite – Scheiteldruckkraft – Verbindungssystem

Abb. 2.27 Dichtung für Steinzeugrohre DN 100 bis DN 200 Steckmuffe L (Lippendichtung)

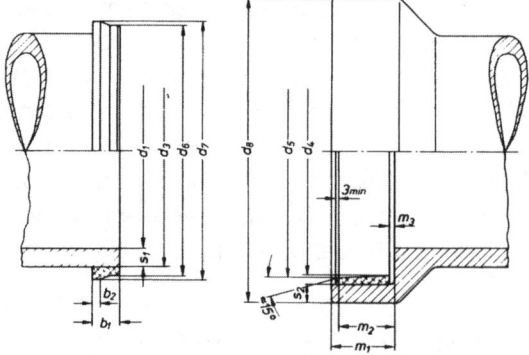

Abb. 2.28 Spitzende und Muffe eines Steinzeugrohrs (Nennweite über DN 200 mit System C)

2.5 Steinzeugwaren

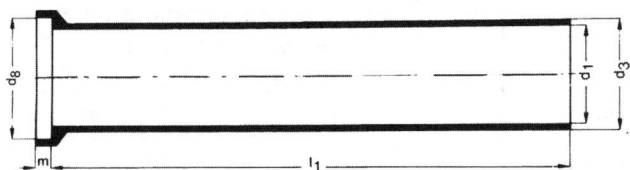
Abb. 2.29 Steinzeugrohr (N)

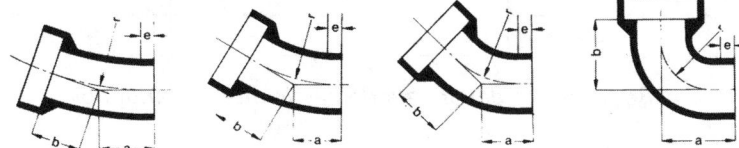
Abb. 2.30 Steinzeug-Bogen 15°, 30°, 45° und 90°

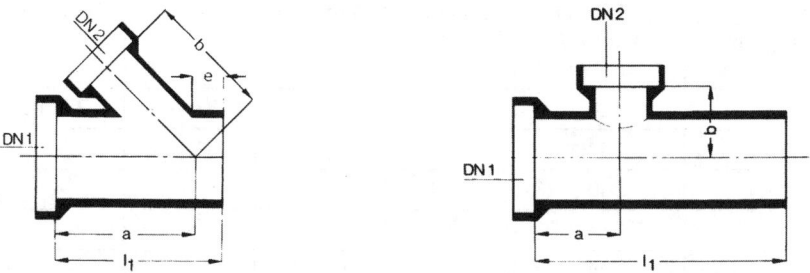
Abb. 2.31 Steinzeug-Abzweige für 45° und 90° (DN 2 = Nennweite des Abzweiges)

Tafel 2.14 Maße und Grenzabmaße für durch die Muffe bestimmte Verbindungssysteme (Auswahl)

Nennweite DN in mm	Tragfähikkeitsklasse/ Scheiteldruckkraft		Innendurchmesser der Muffe oder des Muffenausgleichringsmm		
	Tragfähig- keitsklasse	Scheiteldruck- kraft FN in kN/m	System C	System D	System I
100	–	34	–	146,8±0,5	–
150	–	28	208±0,5	204,5±0,5	–
150	–	34	208±0,5	204,5±0,5	–
200	200	40	260,0±0,5	269,0±0,5	–
225	200	45	300,0±0,5	–	–
250	240	60	341,5±0,5	331,3±0,6	317,5 ±0,5
300	240	72	398,5±0,5	385,8±0,6	–
350	200	70	459,0±0,5	–	–
400	160	64	507,5±0,5	521,0±0,75	–
450	160	72	579,0±0,5	583,1±0,75	–

2 Keramische und mineralisch gebundene Baustoffe

Nennweite DN	Tragfähikkeitsklasse/ Scheiteldruckkraft		Innendurchmesser der Muffe oder des Muffenausgleichringsmm		
in mm	Tragfähig-keitsklasse	Scheiteldruck-kraft FN in kN/m	System C	System D	System I
500	160	80	637,0±0,5	–	–
600	95	57	720,0±0,5	739,8±0,5	–
700	120	84	871,5±0,5	–	–
800	120	96	976,0±0,5	–	–

Tafel 2.15 Maße und Grenzabmaße für durch das Spitzende bestimmte Verbindungssysteme (Auswahl)

Nennweite DN	Tragfähikkeitsklasse/ Scheiteldruckkraft		Innendurchmesser der Muffe oder des Muffenausgleichringsmm			
in mm	Tragfähig-keitsklasse	Scheiteldruck-kraft FN in kN/m	System E	System F	System G	System H
100	–	28	–	–	131,4±2	122±1,5
100	–	34	–	131±1,5	131,4±2	–
100	–	40	122±1,5	–	–	–
125	–	34	–	159±2	–	–
150	–	34	–	186±2	–	–
200	160	32	231±2	242±3	–	–
200	200	40	–	242±3	–	–
225	160	36	–	271±3	–	–
225	200	45	263±2	–	278±4	–
250	240	60	296±3	–	–	–
250	280	70	–	–	318±4	–
300	160	48	–	–	380±4	–
300	240	72	357±4	–	380±4	–
Außendurchmesser Spitzende = Umfang dividiert durch π						

Rohre von DN 100 bis DN 200 werden mit einer in der Muffe fest verbundenen Lippendichtung aus Kautschuk-Elastomer ausgerüstet (siehe Abb. 2.27). Bei Rohren ab DN 200 werden Dichtelemente in der Muffe und am Spitzende aus Polymerwerkstoffen angegossen (siehe Abb. 2.28). Durch die Markierung der Scheitellage können Maßtoleranzen ausgeglichen werden, sodass in der Sohle keine Stufen entstehen.

2.5.3 Steinzeugteile

Weiterhin werden Steinzeugteile für die **Kanalisation** hergestellt: Sohlschalen, Profilschalen, Halbschalen und Platten.
Steinzeugteile für den **Stallbau** (DIN 18 902) sind Schalen, Platten und Tröge.

2.6 Feuerfeste Baustoffe

Normen

DIN 51 060	(06.00)	Feuerfeste keramische Rohstoffe und feuerfeste Erzeugnisse – Definition der Begriffe feuerfest, hochfeuerfest
DIN 1089-1	(02.95)	Feuerfeste Werkstoffe für Koksöfen; Silikasteine
-2	(02.95)	wie vor; Schamottesteine

2.6.1 Feuerfeste Steine

Feuerfeste Steine (beständig bis 1500 °C) und hochfeuerfeste Steine (beständig bis 1800 °C) werden zum Auskleiden von Herden, Öfen, Hochöfen, Schornsteinen, zum Bau von industriellen Schmelzöfen, Glaswannen, Wärmetauschern u.a. verwendet. Diese Steine haben auch eine größere chemische Beständigkeit. Es sind vorwiegend Silikate und Oxide mit höherem Erweichungspunkt, bei denen die Flussmittel (Kalk, Feldspat, Eisenoxid) weitgehend fehlen. Die Herstellung erfolgt im Nass- oder Trockenpressverfahren und durch schmelzflüssiges Gießen mit nachfolgendem Brand.

Schamottesteine: Feuerfester Ton wird mit Schamottemehl (gemahlener gebrannter Schamotteton) gemagert und bei Temperaturen über 1250 °C gebrannt. Meistverwendeter feuerfester Baustoff. Steine werden mit Schamottemörtel vermauert.

Magnesitsteine: aus Magnesit $MgCO_3$, bei über 1600 °C zu MgO gebrannt. Basischer Stein, verwendbar bis 1700 °C.

Dolomitsteine: aus Dolomit $(Ca, Mg)CO_3$, bei etwa 1600 °C zu $(Ca, Mg)O$ gebrannt. Basischer Stein, geringe Wetterbeständigkeit (d.h. Lagerfähigkeit), da CaO noch mit Luftfeuchtigkeit und Kohlensäure reagiert. Teerdolomitstein oder als Stampfmasse mit Teer vermischt (z.B. für Blasstahlkonverter).

Silikasteine: aus gemahlenem Quarzit SiO_2 (Dinassand) zu 95 Masse-% (Rest Al_2O_3, CaO u.a.), bei etwa 1500 °C gebrannt. Verwendbar bis 1650 °C (für Stahlwerks- und Koksöfen).

Andere **feuerfeste und hochfeuerfeste Baustoffe:** Sillimanitsteine, Mullitsteine, Korundsteine (Al_2O_3), Chrommagnesitsteine, Kohlenstoffsteine, Siliciumcarbidsteine.

2.6.2 Schamotterohre

Für Rauch- und Abgasschornsteine werden Vierkantrohre von 10,5/14 cm bis 60/60 cm oder Rundrohre bis 60 cm Durchmesser hergestellt (Baulänge 50 cm). Dazu gehören Bogen, Anschluss- und Reinigungsstücke. Die Innenseite ist glatt oder in Abgasrohren auch glasiert. Diese Rohre werden in Säurekitt oder Mauermörtel Gruppe II versetzt. Die Schamotterohre dürfen nicht angestemmt werden; daher sind alle Anschlüsse und Öffnungen vorher zu planen und auszuführen. Bei Nichtbenutzung werden sie geschlossen.

Anstelle eines geschlossenen Rohrs nimmt man auch als Innenfutter Einzelplatten mit Nut und Feder, aus denen man die Querschnitte zusammensetzt (Wanddicke: Rohre 30 bis 50 mm, Platten 50, 65 und 90 mm).

Rauchschornsteine werden mit Ziegeln oder Mauersteinen ummauert oder in dazugehörige Mantelrohre aus Leichtbeton (siehe Abschn. 2.13.1) eingesetzt. Zwischen Innenrohr und Mantel wird eine Dämmschicht (z.B. Perlite) gefüllt.

2.7 Keramische Fliesen und Platten

Normen

DIN EN 14 411	(12.12)	Keramische Fliesen und Platten –Definitionen, Klassifizierung, Eigenschaften, Konformitätsbewertung und Kennzeichnung
DIN EN ISO 10 545-1	(02.15)	Keramische Fliesen und Platten – Probenahme und Grundlagen für die Annahme
-2	(12.97)	wie vor; Bestimmung der Maße und der Oberflächenbeschaffenheit
-3	(12.97)	wie vor; Bestimmung der Wasseraufnahme, offenen Porosität, scheinbarer relativer Dichte und Rohdichte
-4	(11.14)	wie vor; Bestimmung der Biegefestigkeit und der Bruchlast
-6	(05.12)	wie vor; Bestimmung des Widerstandes gegen Tiefenverschleiß, unglasierte Fliesen und Platten
-7	(03.99)	wie vor; Bestimmung des Widerstandes gegen Oberflächenverschleiß – Glasierte Fliesen und Platten
-9	(12.13)	wie vor; Bestimmung der Temperaturwechselbeständigkeit
-12	(12.97)	wie vor; Bestimmung der Frostbeständigkeit
DIN EN 12 004	(02.14)	Mörtel und Klebstoffe für keramische Fliesen und Platten; Anforderungen, Konformitätsbewertung, Klassifizierung und Bezeichnung
DIN 18 157-1 E	(01.16)	Ausführung von Bekleidungen und Belägen im Dünnbettverfahren; Zementhaltige Mörtel
DIN 18 158 E	(01.16)	Bodenklinkerplatten
DIN 18 352	(09.12)	Fliesen- und Plattenarbeiten
DIN 18 515-1	(05.15)	Außenwandbekleidungen: Angemörtelte Fliesen oder Platten; Grundsätze für Planung und Ausführung

2.7.1 Klassifizierung und Gütemerkmale

Die DIN EN 14 411 erläutert als Grundlagennorm Begriffe, Klassifizierung, Gütemerkmale und Kennzeichnung von keramischen Fliesen und Platten. Die in Tafel 2.16 angegebenen Klassifizierungen beschreiben die Anforderungen, die jeweils an ein Material der ersten Sorte zu stellen sind.

Tafel 2.16 Klassifizierung der keramischen Fliesen und Platten nach ihren Gruppen der Wasseraufnahme und ihrer Formgebung

Formgebung	Gruppe I $E \leq 3\,\%$	Gruppe IIa $3\,\% < E \leq 6\,\%$	Gruppe IIb $6\,\% < E \leq 10\,\%$	Gruppe III $E > 10\,\%$
A Stranggepresste Fliesen und Platten	Gruppe AI$_a$ $E \leq 0{,}5\,\%$	Gruppe AII$_{a\text{-}1}$	Gruppe AII$_{b\text{-}1}$	Gruppe AIII
	Gruppe AI$_b$ $0{,}5\,\% < E \leq 3\,\%$	Gruppe AII$_{a\text{-}2}$	Gruppe AII$_{b\text{-}2}$	
B Trockengepresste Fliesen und Platten	Gruppe BI$_a$ $E \leq 0{,}5\,\%$	Gruppe BII$_a$	Gruppe BII$_b$	BIII
	Gruppe BI$_b$ $0{,}5\,\% < E \leq 3\,\%$			
nach deutscher Norm: Bodenklinkerplatten	DIN 18 158			

Die **Einteilung** der keramischen Materialgruppe erfolgt nach den Herstellungsverfahren und Gruppen der Wasseraufnahme. Damit werden auch die Materialzusammensetzung, die Porosität und der Sinterungsgrad beim Brand zugeordnet. Die **Gütemerkmale** der Fliesen und Platten nach Euronorm sind in Tafel 2.17 zusammengestellt und stellen eine Erweiterung und Vereinheitlichung der bisherigen Anforderungen dar, sodass Produkte verschiedener europäischer Länder miteinander verglichen werden können. Auch die Prüfmethoden sind in besonderen Prüfnormen festgelegt, ebenso Bestimmungen über die Probeentnahme und die Abnahme von Lieferungen (DIN EN ISO 10 545).

Tafel 2.17 Gütemerkmale und -anforderungen Gruppe AI; E ≤ 3 %; „Präzision" (Beispiele)

Gütemerkmal	Erläuterung	Anforderung
Maßabweichung für Länge, Breite und Dicke	formatabhängig	Länge und Breite max. ± 1,0 % Dicke bis zu ± 10 %
Geradheit und Rechtwinkligkeit der Kanten	formatabhängig	bis zu ± 1 %
Ebenflächigkeit	formatabhängig	bis zu ± 0,8 %
Oberflächenfehler Risse, Entglasungen, matte Stellen, Flecken, abgestoßene Kanten	erkennbar aus 1 m Entfernung	95 % der Lieferung frei von Fehlern
Wasseraufnahme E	Kochversuch 2 h Nachlagerung 4 h	≤ 3 % max. Einzelwert ≤ 3,3 %
Biegefestigkeit		23 N/mm^2 min. Einzelwert 18 N/mm^2
Widerstand gegen Tiefenverschleiß Oberflächenverschleiß	unglasierte Bodenfliesen glasierte Fliesen	max. 275 Umdrehungen Verschleißklasse ist anzugeben
Frostbeständigkeit	50 Frost-/Tau-Wechsel	gefordert
Beständigkeit gegen Fleckenbildner, Haushaltschemikalien Badewasserzusätze	B I unglasiert: B I glasiert und B III:	nicht gefordert mind. Klasse 2/Klasse B
Beständigkeit gegen Laugen und Säuren mit niedriger Konzentration		Klasse ist vom Hersteller anzugeben.

2.7.2 Trockengepresste keramische Fliesen und Platten

Als Rohstoffe für feinkeramische Fliesen werden Ton und Kaolin mit gemahlenem Quarzsand und Kreide zu unterschiedlichen Anteilen in einer Aufschlämmung gemischt. In einem Sprühturm wird das Wasser durch einen heißen Luftstrom entzogen. Das feuchte Pulver wird in Flachpressen zu Rohlingen gepresst, die eine ausreichende Festigkeit für die weitere Bearbeitung besitzen.

2.7.2.1 Fliesen und Platten mit einer Wasseraufnahme E > 10%

Steingutfliesen (STG) – weißer Scherben Irdengutfliesen (IG) – farbiger Scherben
Die Rohlinge werden bei etwa 1150 °C unterhalb der Sintergrenze gebrannt, sodass der Scherben ein Porenvolumen von 20 bis 30 % aufweist. Er lässt sich daher gut bearbeiten, ist aber nicht frostbeständig und kann nur in Innenräumen verwendet werden. Die äußeren Schwindmaße sind gering, und die Maße der Fliesen können daher mit geringen Toleranzen eingehalten werden.

Alle Fliesen aus Steingut oder Irdengut müssen eine dichte Glasur erhalten. Sie wird teilweise nach dem ersten Brand (Biskuitbrand) aufgebracht und die Fliese danach nochmals gebrannt, um die Glasur zum Sintern zu bringen (Glattbrand). Manchmal wird die Glasur bereits vor dem ersten Brand aufgebracht, sodass der zweite Brand gespart wird.

Die **Abmessungen** der Fliesen sind durch das modulare Koordinierungsmaß M (oder das Nennmaß N) bestimmt, das um die Fugenbreite größer ist als das Werkmaß W. Die zulässigen Abweichungen beziehen sich auf das Werkmaß. In der Norm sind für das modulare Koordinierungsmaß Vorzugsmaße festgelegt (siehe Tafel 2.18), aber auch eine Reihe von gebräuchlichen Nennmaßen ist angegeben.

Die **Kennzeichnung** erfolgt durch:
- Formgebungsverfahren,
- Anhang der DIN EN 14 411, der die spezifische Gruppe behandelt,
- Nenn- und Werkmaße, ob modular (M) oder nichtmodular,
- Oberflächenbeschaffenheit, d.h. glasiert (GL) oder unglasiert (UGL).

Beispiel
Stranggepresste Fliese und Platte „Präzision", EN 14 411, Anhang A
A I M 25 cm × 12,5 cm (W 240 mm × 115 mm × 10 mm) GL

2.7.2.2 Fliesen und Platten mit einer Wasseraufnahme E ≤ 3%

Steinzeug (STZ), glasiert (GL), unglasiert (UGL)
Die Rohstoffe der Steinzeugfliesen enthalten einen höheren Anteil an Feldspat, der bereits um 1000 °C schmilzt und einen Glasfluss bildet. Er schmilzt kleine Kristalle anderer Minerale, vor allem füllt er die Hohlräume im Korngerüst und zieht durch Oberflächenspannung den Scherben zusammen. Dadurch entsteht ein porenarmer Keramikwerkstoff mit hoher Festigkeit, Frostbeständigkeit und chemischer Widerstandsfähigkeit. Durch das Schwinden bedingt sind höhere Toleranzen für die Plattenmaße notwendig. Modulare Vorzugsmaße sind in Tafel 2.18 genannt.

Unglasierte Steinzeugfliesen werden mit glatter, rauer oder profilierter Oberfläche hergestellt. Eine strukturbedingte Empfindlichkeit gegen Fleckenbildner (Tinte, Fruchtsäfte u.a.) kann man durch speziell entwickelte Werkstoffe sehr reduzieren. Oberflächenversiegelung oder Imprägnierung sind nur mit einigen organischen Mitteln möglich und bieten keine zufriedenstellende Lösung. Die Verschleißfähigkeit ist nicht nur durch die Härte des Materials gegeben, sondern auch durch den homogenen Werkstoffaufbau, sodass bei Abrieb keine Farbänderung auftritt.

Glasierte Steinzeugfliesen erhalten den Glasurauftrag vor dem Brand. Er dient vor allem dem Schmuck, sodass auch Siebdruck angewandt wird. Für den Verschleiß beurteilt man hierbei die sichtbaren Veränderungen an der Oberfläche.

Die genormten Maße, die Tafel 2.18 ausweist, geben nur einen Teil der **Formen** und **Formate** an, die hergestellt werden. Man findet:
- Mosaik (Fläche unter 90 cm^2) mit Seitenlängen von 1,24 cm, 2 cm, 4,2 cm und 5 cm als Rechtecke, Sechsecke, Achtecke,
- Großplatten 60 cm × 60 cm (maximal 160 cm × 125 cm),
- Ornamentformen,
- Steinzeugriemchen (Fläche über 90 cm^2, Kanten mindestens 3 : 1).

Tafel 2.18 Modulare Vorzugsmaße für trockengepresste keramische Fliesen und Platten

Werkstoffgruppe	hohe Wasseraufnahme $E > 10\%$	niedrige Wasseraufnahme $E \leq 3\%$
Koordinierungsmaße (C) in cm	M 30 × 30 M 30 × 15 M 25 × 25 M 20 × 20 M 20 × 15 M 20 × 10 M 15 × 7,5 M 10 × 10	M 30 × 30 M 20 × 20 M 20 × 15 M 20 × 10 M 15 × 15 M 10 × 10
Werkmaß (W) in mm	mit Fugenbreite 1,5 bis 5 mm	mit Fugenbreite 2 bis 5 mm
	vom Hersteller zu wählen und anzugeben	
Dicke (d) in mm	vom Hersteller anzugeben: üblich 5 bis 18 mm	

Eine Ergänzung bilden besondere Formstücke für Sockel, Rinnen und Treppenauftritte. Zur leichteren Verlegung werden kleine Formate mit exaktem Fugenschnitt auf Vorder- und Rückseite mit Rundlochpapier oder Netzpapier zu Tafeln verklebt, die in Größen bis 30/60 cm oder 50/50 cm geliefert werden. Beim Verlegen sind dann nur noch die Fugen an den Tafelrändern einzupassen.

2.7.3 Keramische Spaltplatten

Die Rohstoffe werden wie bei der Ziegelherstellung zu einer plastischen Masse aufbereitet und erhalten ihre Form in einer Strangpresse, indem die dem Format entsprechenden Stücke von einem endlosen Massestrang geschnitten werden. Zu zwei oder vier Stück liegen die Spaltplatten mit den Rückseiten aneinander und werden zusammen im Ofen gebrannt. Die Einzelplatten werden an den Spalten durch einen Hammerschlag getrennt und weisen an der Rückseite schwalbenschwanzförmige Rippen auf, dadurch wird die Haftung im Mörtelbett verbessert. Der Scherben ist gesintert und frostbeständig, hat aber eine etwas höhere Porosität als Steinzeug. Spaltplatten werden glasiert und unglasiert hergestellt.

Die **Abmessungen** betragen für Spaltplatten (Beispiele): 240 mm × 115 mm und 240 mm × 73 mm (nicht modulare Maße) und wie in Tafel 2.18 beschrieben (modulare Maße).

Neben den normalen Rechteckplatten gibt es für Abschlüsse Formen mit gerundeten Kanten. Eine Vielzahl von Formteilen ergänzt die Wand- und Bodenplatten (Schenkel, Hohlkehlen, Kehlsockel, Treppenplatten und Formstücke für Schwimmbecken).

Die **Eigenschaften** und Anforderungen unterscheiden sich wenig von denen für Steinzeugplatten. Je nach Scherbenart ist die Wasseraufnahme auf 3 bzw. 6 Masse-% begrenzt. Neben Frostbeständigkeit ist hier auch Säure- und Laugenbeständigkeit für den Scherben gefordert. Für den Säureschutzbau oder die Ausmauerung chemischer Behälter werden besondere Bedingungen gestellt. Anforderungen an die Glasur entsprechen denen für Steinzeugfliesen (siehe Abschn. 2.7.5).

2.7.4 Bodenklinkerplatten

Die Platten im größeren Format bestehen aus Klinkermaterial. Sie werden in Flachpressen geformt. Die Maße beschränken sich gemäß DIN 18 158 auf die in Tafel 2.19 angegebenen Werte. Die Toleranzmaße sind größer als bei Fliesen. Dafür tritt neben die geforderte

2 Keramische und mineralisch gebundene Baustoffe

Biegefestigkeit eine Druckfestigkeit[2] von mindestens 150 N/mm². Weitere Anforderungen an die unglasierten Platten entsprechen denen für Steinzeugfliesen.

Tafel 2.19 Vorzugsmaße für Bodenklinkerplatten nach DIN 18 158

Nennmaße in mm	Werkmaße in mm (Plattenmaße)		
	Breite	Länge	Dicke
300 × 300	290	290	
250 × 250	240	240	10, 15, 20,
125 × 250	115	240	25, 30, 35
200 × 200	194	194	oder 40
100 × 200	94	194	

2.7.5 Glasuren

Der keramische Scherben ist meist rau und einfarbig. Um die Oberfläche zu glätten und farblich zu gestalten, bringt man einen glasierten Überzug auf, eine Aufschlämmung von Kaolin, Feldspat, Quarz und Glasstaub. Dabei benutzt man Einrichtungen zum Gießen, Sprühen, Schleudern oder Tupfen, um besondere Effekte zu erzielen. Dekore erhält man durch Siebdruck oder mit Abziehbildern. Die im Glattbrand entstehende harte Glasurschicht kann eine hohe Widerstandsfähigkeit aufweisen (z.B. Labortischfliesen). Färbende Metalloxide wie Manganoxid, Eisenoxid, Kobaltoxid und anorganische Pigmente ermöglichen eine vielfältige Gestaltung der Oberfläche, können aber auch die chemische und physikalische Beständigkeit verändern. Blei erhöht den Glanz, führt aber mit Sulfiden zu Verfärbungen. Daher sollen Hüttenzement und Schlackensand nicht bei Fliesenarbeiten verwendet werden.
Die **Rissefreiheit** der Glasur wird in allen Normen gefordert. Ist es aus technischen Gründen nicht möglich, die Risse bei besonders schönen Glasuren zu verhindern, oder sind sie sogar beabsichtigt (Craquelé-Effekt), muss der Hersteller diese Fliesen besonders kennzeichnen.
Eine Prüfung auf **Verschleißbeständigkeit** erfolgt bei glasierten Fliesen, die als Bodenbelag dienen sollen. Sie besteht im Wesentlichen darin, dass Korund-Schleifkorn und Stahlkugeln auf der Prüffläche schleifend-rollend bewegt werden. Man beurteilt das Verschleißbild nach Augenschein und ordnet die Glasur in eine von fünf Gruppen für sehr leichte bis starke Beanspruchung ein (siehe Abschn. 2.7.7).
Die **chemische Beständigkeit** gegen Säuren und Laugen ist nur für Glasuren auf Spaltplatten zwingend gefordert. Sie kann vereinbart werden bei anderem Material. Dann wird die Glasur einer 3%igen Salzsäure und Kalilauge und einer 10%igen Zitronensäure ausgesetzt und sieben Tage lang geprüft.
Bei üblicher Beanspruchung erscheint es wichtiger, dass die Beständigkeit gegen Haushaltschemikalien (Badezusätze, Reinigungsmittel) zugesichert wird. Außerdem dürfen Fleckenbildner keine nennenswerten Spuren hinterlassen (Füllhaltertinte, Kaliumpermanganatlösung).
Alte Bezeichnungen:
Fayence: weiße, undurchsichtige Glasur auf porösem Scherben mit Scharffeuerbemalung – nach der italienischen Stadt Faenza
Majolika: deckende Glasur, weiß oder farbig auf porösem Scherben – nach der Insel Mallorca

---

2 Prüfung nur nach Vereinbarung.

2.7.6 Verlegen von Fliesen und Platten

Das Verlegen bezeichnet vor allem die Arbeiten an waagerechten Flächen, bei senkrechten Flächen spricht man von Ansetzen. Beide Arbeiten werden sowohl in dem althergebrachten Mörtelbettverfahren (Dickbett) als auch im Klebeverfahren (Dünnbett) ausgeführt.

a) Dickbettmethode

Die Dickbettmethode wird in den wichtigsten Punkten in der DIN 18 352 (VOB Teil C) beschrieben, die auch die vertraglichen Bedingungen und die Abrechnung festlegt. Der Untergrund muss fest sein, da der Mörtel keine Verformungen ohne Bruch zulässt (Mauerwerk, Beton). Bei stark saugendem Untergrund ist ein Spritzbewurf aus Zementmörtel in einem Mischverhältnis Zement zu scharfem, gewaschenem Sand (0 bis 4 mm) = 1 : 3 in Raumteilen aufzubringen.

Zum Ansetzen der **Wandbeläge** wird ein plastischer Zementmörtel in einem Mischverhältnis Zement zu scharfem, gewaschenem Sand (0 bis 4 mm) = 1 : 5 in Raumteilen gewählt, der je nach Unebenheit der Wand in einer Dicke von 10 bis 20 mm ausgeführt wird.

Wird ein Wand- oder Fassadenbelag als „schwimmender Belag" vor einer Dämmschicht oder Dichtungsschicht ausgeführt, so ist zunächst ein tragender Zementputz mit Bewehrung herzustellen, der durch Anker punktweise mit dem Untergrund verbunden ist. Hier sind auch Dehnungsfugen notwendig, die in der DIN 18 515 „Fassadenbekleidungen" alle 3 bis 6 m sowie an den Gebäudeecken vorgeschrieben sind.

Bodenbeläge kann man im Verbund mit einem festen Untergrund (Beton) verlegen; dann muss man vor allem Verschmutzung und losen Staub entfernen. Der Spritzbewurf wird durch eine Zementschlämme ersetzt. Der Verlegemörtel besteht aus Zementmörtel in einem Mischverhältnis Zement zu scharfem, gewaschenem Sand (0 bis 8 mm) = 1 : 5 bis 1 : 6 in Raumteilen. Er wird erdfeucht aufgezogen, leicht verdichtet und mit trockenem Zement überpudert.

b) Dünnbettmethode

Da das Dünnbett nur 2 bis 4 mm dick ist, kann man nur einen ebenen Untergrund und ebenflächige Platten von gleichmäßiger Dicke verwenden. Nach der **Art des Untergrunds** richtet sich die Art des Materials. Es wird mit der Kammkelle auf Boden oder Wand aufgestrichen (Floating) oder auf die Rückseite der Fliesen (Buttering) aufgetragen bzw. als Kombination beider Verfahren. Die Fliesen werden darauf angesetzt und durch Anpressen, Anklopfen oder Einschieben unter Druck möglichst satt mit dem Grund verbunden. Feinkeramische Fliesen kann man meist ohne Schwierigkeiten gut verwenden. Von den grobkeramischen Platten ist die speziell mit feiner Profilierung versehene Dünnbett-Spaltplatte nach dieser Methode zu verlegen.

Hydraulisch erhärtende Dünnbettmörtel sind am weitesten verbreitet. Der Mörtel enthält Zement als Bindemittel mit Sand, dazu einen Kunststoffzusatz von 1 bis 2 %, der den frischen Mörtel klebriger und geschmeidiger macht und vorzeitiges Austrocknen verhindert. Da nach dem Erhärten der Dünnbettmörtel sich wie normaler Zementmörtel verhält, ist er für festen Untergrund wie Beton, Zement- und Kalkzementputz und Zementestrich gut geeignet, aber auch für Gussasphalt. Rechnet man noch mit Verformungen des Grundes (Schwinden des Betons), wählt man besser Dispersionsklebstoffe. Sie erhärten durch Austrocknen, sind nicht frostbeständig und nicht dauernd wasserbeständig. Im Außenbereich und bei starker Feuchte sind sie nicht anwendbar. Vorzugsweise setzt man sie ein, wenn Spanplatten (V 100), Gipskartonplatten (werksimprägniert), Gipsbauplatten oder glasierte Fliesen (alt) den Untergrund bilden.

Zuerst in der Säurefliesnerei, später auch an anderen Stellen wurden als optimale Lösung **Reaktionsharzklebstoffe** eingesetzt, mit mineralischen Stoffen gefüllte Kunstharze. Die Komponenten werden erst vor dem Verarbeiten gemischt und erhärten durch chemische Reaktionen. Auf der Basis von Epoxidharzen sind sie frost- und wasserbeständig, aber relativ starr. Polyurethanklebstoffe bleiben elastisch, jedoch wird ihre Frost- und Wasserbeständigkeit nicht bei allen Fabrikaten zugesichert. Die Anwendung ist bei jedem Untergrund möglich, jedoch verwendet man aus Kostengründen den Klebstoff dort, wo der Untergrund vor aggressiven Flüssigkeiten geschützt werden muss (Thermal- und Solebäder, Getränkeindustrie).

c) Fugen

In der DIN 18 352 werden für Fliesen- und Plattenarbeiten folgende Fugenbreiten empfohlen:

Feinkeramische Fliesen	bis 10 cm Seitenlänge 1 bis 3 mm, über 10 cm Seitenlänge 2 bis 8 mm
Keramische Spaltplatten	bis 30 cm Seitenlänge 4 bis 10 mm, über 30 cm Seitenlänge mind. 10 mm
Bodenklinkerplatten	8 bis 15 mm

Der Fugenraum ist sofort nach dem Verlegen sorgfältig auszukratzen und zu reinigen. Bis zum Verfugen sollte eine längere Zeitspanne liegen, damit die Belagschicht austrocknen kann. Oft wird allerdings am selben Tag verfugt. Üblich sind fabrikseitig vorgefertigte Mischungen mit Farbzusätzen. Sind besondere chemische Angriffe zu erwarten, so stellt die Fuge im Allgemeinen den schwächsten Punkt dar, sodass säurefester Kunstharz- oder Bitumenkitt zu verwenden ist.

Besondere Maßnahmen und Konstruktionen bei Fußbodenheizungen, Balkon- und Terrassenbelägen, hinterlüfteten Fassaden oder abgehängten Keramikdecken findet man in der Literatur für Baukonstruktionen und in Firmenveröffentlichungen.

2.7.7 Anwendung von Fliesen und Platten

Als **Wandbelag** können ohne Frostbeständigkeit Steingutfliesen mit Glasur, mit Frostbeständigkeit Steinzeugfliesen mit und ohne Glasur eingesetzt werden. Bei Innenräumen wählt man meistens Steingutfliesen mit Glasur und verlegt sie möglichst im Dünnbettverfahren. Beim **Bodenbelag** muss man nach der Beanspruchung den Wohnbereich, den Objektbereich, den gewerblichen Bereich und den Barfußbereich unterscheiden. Für den frostgefährdeten Außenbereich kommen nur Steinzeugfliesen in Frage.

a) Bodenbelag im Wohnbereich und Objektbereich

Im Wohnbereich werden keine sehr hohen Anforderungen an die Verschleißfestigkeit von Belägen gestellt. Wichtiger ist die mögliche Auswahl unter einer Vielfalt von Formen und Farben. Auch die leichte Pflege ist sehr erwünscht. Deshalb wird neben der unglasierten Steinzeugfliese oft die **glasierte Fliese** eingesetzt. Allerdings kann die Oberfläche durch Verschleiß ihren Glanz verlieren, ohne dass die Funktionsfähigkeit sehr beeinträchtigt wird. Der Übergang zum stärker beanspruchten Objektbereich ist fließend. Für Wohnbereiche, Ausstellungsräume, Büros, Gaststätten und Verkaufsräume sind diese glasierten Fliesen je nach ihren Eigenschaften geeignet. Zu beachten ist die gegebenenfalls erforderliche Frostbeständigkeit. Zur Information über die Verschleißfestigkeit der Glasur erfolgt eine Einstufung in fünf Abriebgruppen:

Gruppe I: Sehr leichte Beanspruchung. Niedrige Begehungsfrequenz mit weichem und sauberem Schuhwerk: Schlaf- und Sanitärräume im Wohnbereich.
Gruppe II: Leichte Beanspruchung. Mittlere Begehungsfrequenz mit normalem Schuhwerk: Wohnräume.
Gruppe III: Mittlere Beanspruchung. Kratzende Verschmutzung bei mäßiger Verkehrsfrequenz: Treppen, Küchen, Flure, Hotelzimmer.
Gruppe IV: Stärkere Beanspruchung. Kratzende Verschmutzung mit höherer Verkehrsfrequenz: Verkaufsräume, Hotels, Schulen.
Gruppe V: Starke Beanspruchung. Für Anwendungsbereiche mit sehr starkem Publikumsverkehr: Eingangshallen für Hotels und Banken, Restaurants.

Neu entwickelte Hartglasuren erweitern den Einsatzbereich von glasierten Fliesen. Sie haben eine Mohs'sche Ritzhärte von 8. Für Supermärkte, Bahnhofshallen u.Ä. ist die unglasierte **Steinzeugfliese** oder die **Spaltplatte** zu empfehlen, die als Feinsteinzeugfliese über noch bessere Eigenschaften bezüglich Härte, Verschleiß und Fleckenempfindlichkeit verfügt.

Die Prüfung erfolgt nach DIN EN ISO 10 545-7. Stahlkugeln mit Schleifmittel und Wasser rotieren auf der Oberfläche (Glasur) unter definierten Bedingungen. Durch visuellen Vergleich von beanspruchten und unbeanspruchten Proben wird der Verschleißgrad festgestellt und die Fliese eingestuft.

b) Bodenbelag im gewerblichen Bereich

In gewerblichen Räumen ist bei Unfallgefahr eine besondere **Trittsicherheit** erforderlich, oft auch bei starker Verschmutzung. Verwendet werden unglasierte Steinzeugfliesen, die eine glatte oder profilierte Oberfläche aufweisen und immer frostbeständig sind. Für den Einsatz hat der Hauptverband der gewerblichen Berufsgenossenschaften, Zentralstelle für Unfallverhütung und Arbeitsmedizin, Bonn, im „Merkblatt für Fußböden in Arbeitsräumen und Arbeitsbereichen mit erhöhter Rutschgefahr" Beurteilungskriterien bestimmt. Dort ist auch die Zuordnung der **Bewertungsgruppen** zu einzelnen Arbeitsbereichen festgelegt. Dafür einige Beispiele:

Fischverarbeitung	R 13 V 10	Schlachthaus	R 13 V 10
Waschhalle für Kfz	R 11 V 4	Großküchen	R 12 V 4
Frischmilchherstellung	R 12	Kühlräume	R 12
Verkaufsraum Fleisch	R 11	Wäscherei	R 11

– Trittsicherheit

Um die Rauigkeit der Oberfläche festzustellen, wird eine geneigte Fliesenfläche mit Sicherheitsschuhen begangen und dabei ein Gleitmedium (Öl) zugefügt. Es wird der Grenzwinkel bestimmt, bei dem noch ein Begehen, ohne zu rutschen, möglich ist. Nach dem Winkelmaß erfolgt eine Einstufung in die Gruppen R 10 bis R 13.

Bewertungsgruppe	Beurteilung	Neigungswinkel der Prüffläche
R 9	geringer Haftbeiwert	3 bis 10°
R 10	normaler Haftbeiwert	> 10 bis 19°
R 11	erhöhter Haftbeiwert	> 19 bis 27°
R 12	großer Haftbeiwert	> 27 bis 35°
R 13	sehr großer Haftbeiwert	über 35°.

– Verdrängungsraum

Bei Räumen mit Verschmutzung und Wasseranfall ist ein Verdrängungsraum zwischen oberer Gehebene und Entwässerungsebene erforderlich, der dadurch gebildet wird, dass auf der Platte Nocken, Waffelmuster oder Stege angeordnet sind. Die einige Millimeter tiefer liegende Entwässerungsebene ermöglicht das Abfließen von Flüssigkeit und die Aufnahme von Schmutz. Das freie Volumen zwischen den beiden Ebenen wird ausgemessen.

Bezeichnung Verdrängungsraum	V 4	V 6	V 8	V 10
Mindestvolumen des Verdrängungsraums	4	6	8	10 cm³/dm²

c) Bodenbeläge im Barfußbereich

Im Barfußbereich von Schwimmanlagen und Sportstätten sind ähnliche Einstufungen von den Unfallversicherern vorgenommen worden. Sie erfolgen nach dem Regelwerk der Bundesarbeitsgemeinschaft der Unfallversicherungsträger der öffentlichen Hand – BAGUV – (Abteilung Unfallverhütung), München, im „Merkblatt Bodenbeläge für nassbelastete Barfußbereiche".

Die Belagoberflächen sind eben, feinrau oder mäßig profiliert. Prüfverfahren nach DIN 51 097: schiefe Ebene, Begehung barfuß, Gleitmedium Lauge.

Bewertungsgruppe	Mindestneigungswinkel	Anwendungsbereiche (Beispiele)
A	12°	Barfußgänge, Umkleideräume
B	> 18°	Duschräume, Beckenumgänge, Beckenböden in Nichtschwimmerbereichen
C	> 24°	Treppen ins Wasser, geneigter Beckenrand

2.8 Sanitärkeramik

Sanitärerzeugnisse wie Waschtische, Klosetts oder Spülbecken werden aus **Sanitärporzellan** und **Feuerton** hergestellt (früher aus Steingut und Steinzeug). Die Rohstoffe des Sanitärporzellans werden, fein gemahlen, zu einem wässrigen Gießschlicker gemischt. Beim Feuerton wird gemahlene Schamotte zugemischt, die eine gute Standfestigkeit beim Brennen und geringe Schwindmaße bewirkt. Dadurch ist dieser Werkstoff für großformatige Teile geeignet. Die Formgebung basiert auf einem Grundmodell, von dem die negativen Arbeitsformen aus Gips abgenommen werden. Diese Formen werden mit dem Gießschlicker ausgegossen, der sich an der Gipsform mit seinen feinen Teilchen anlagert, da das Wasser vom Gips aufgesogen wird. Nach 1 bis 2 Stunden hat sich die gewünschte Wanddicke des Formlings gebildet, sodass der Restschlicker abgeführt werden kann und dadurch im Formling der Hohlraum entsteht. Die Gipsform wird nach weiteren 2 Stunden entfernt und kann wiederverwendet werden. Der Formling wird geglättet und verputzt. Nach dem Trocknen wird die Glasur (weiß oder farbig) aufgespritzt und anschließend das Brenngut im Tunnelofen gebrannt (Durchlaufzeit 15 bis 25 Stunden). Die Prüfung der Teile erstreckt sich auf Funktionsfähigkeit und einwandfreie Oberfläche. Bei wandhängenden Teilen ist die mechanische Festigkeit von besonderer Bedeutung. Ein Klosett muss z.B. eine Mindestbelastung von 4 kN aufnehmen.

Sanitärporzellan: Waschtische, Bidets, Klosetts und Urinale
Feuerton: Brausewannen, Spültische, Wasch- und Urinalanlagen, ferner großformatige Waschtische, Einbauspülen und spezielle Badewannen

2.9 Kalksandsteine

Normen

DIN 106 E	(06.15)	Kalksandsteine mit besonderen Eigenschaften
DIN EN 771-2	(11.15)	Festlegungen für Mauersteine – Teil 2: Kalksandsteine
DIN 20 000-402	(03.16)	Anwendung von Bauprodukten in Bauwerken – Regeln für die Verwendung von Kalksandsteinen nach DIN EN 771-2

2.9.1 Herstellung

Im Mischungsverhältnis von etwa 1 : 12 wird gemahlener Branntkalk (CaO) mit kieselsäurehaltigen Zuschlägen (Sand) unter geringem Wasserzusatz gemischt. Das Gemisch wird in Reaktionsbehältern zwischengelagert. Dort löscht der Kalk zu Kalkhydraten ab. Nach etwa 4 Stunden wird das Gemisch in einem Nachmischer auf Pressfeuchte gebracht und in automatischen Pressen mit Drücken bis 25 N/mm^2 zu Rohlingen geformt. Die Rohlinge werden auf Transportwagen gestapelt und in Druckkesseln von 2 m Durchmesser – den Autoklaven – unter Sattdampfdruck bei etwa 16 bar und Temperaturen von 160 bis 220 °C gehärtet (Dauer 4 bis 8 Stunden). Bei der Härtung findet eine Reaktion zwischen dem Kalk und dem durch heißen Wasserdampf aufgeschlossenen Siliciumoxid des Zuschlags statt (siehe [2]). Es treten an den Kornoberflächen Calciumhydrosilicate in Kristallform (C-S-H-Phasen) auf, die eine feste, dauerhafte Verkittung der Sandkörner bilden. Eine Karbonatisierung tritt bei der Herstellung nicht auf. Der Kalksandstein hat nach dem Verlassen des Härtekessels seine endgültige Festigkeit erreicht und kann nach Abkühlung auf der Baustelle verarbeitet werden.

2.9.2 Steinarten

Die Kalksandsteine sind in der DIN EN 771-2 geregelt. Da der harmonisierte Teil der DIN EN 771-2 nicht alle Anforderungen beinhaltet, die in Deutschland für die Verwendung nach DIN EN 1996 gelten, sind die zusätzlichen Anforderungen in der DIN 106 enthalten. Wenn CE-gekennzeichnete Steine zusätzlich mit der Norm übereinstimmen, sind die Verwendungsregeln gemäß DIN 20 000-402 nicht zu berücksichtigen.

KS-Steine sind **Mauersteine**, die vorwiegend aus Kalk und kieselsäurehaltigen Stoffen bestehen und nach innigem Mischen verdichtet, geformt und unter Dampfdruck gehärtet sind.

Vollsteine sind – abgesehen von durchgehenden Grifföffnungen oder Hantierlöchern – fünfseitig geschlossene Mauersteine mit einer Steinhöhe von ≤ 123 mm, deren Querschnitt durch Lochung senkrecht zur Lagerfläche um bis zu 15 % gemindert sein darf.

Lochsteine sind fünfseitig geschlossene Mauersteine (abgesehen von durchgehenden Grifföffnungen oder Hantierlöchern) mit einer Steinhöhe ≤ 123 mm, deren Querschnitt durch Lochung senkrecht zur Lagerfläche um mehr als 15 % gemindert sein darf. Der maximale Lochanteil darf 50 % nicht überschreiten.

Blocksteine sind fünfseitig geschlossene Mauersteine (abgesehen von durchgehenden Grifföffnungen oder Hantierlöchern) mit einer Steinhöhe > 123 mm, deren Querschnitt durch Lochung senkrecht zur Lagerfläche um bis zu 15 % gemindert sein darf.

Hohlblocksteine sind fünfseitig geschlossene Mauersteine (abgesehen von durchgehenden Grifföffnungen oder Hantierlöchern) mit einer Steinhöhe > 123 mm, deren Querschnitt durch Lochung senkrecht zur Lagerfläche um mehr als 15 % gemindert sein darf. Der maximale Lochanteil darf 50 % nicht überschreiten.

Plansteine sind Voll-, Loch-, Block- und Hohlblocksteine, an die erhöhte Anforderungen hinsichtlich der Grenzabmaße der Höhe sowie an Planparallelität und Ebenheit der Lagerflächen gestellt werden und die somit die Voraussetzungen zur Vermauerung mit Dünnbettmörteln erfüllen.

Planelemente sind KS-Steine mit einer Höhe > 248 mm und einer Länge von ≥ 498 mm, deren Querschnitt durch Lochung senkrecht zur Lagerfläche um bis zu 15 % der Lagerfläche gemindert sein darf und an die erhöhte Anforderungen hinsichtlich der Grenzabmaße der Höhe sowie an Planparallelität und Ebenheit der Lagerflächen gestellt werden und die somit die Voraussetzungen zur Vermauerung mit Dünnbettmörteln erfüllen.

Fasensteine sind Plansteine mit abgefasten Kanten.

Bauplatten sind KS-Steine für nichttragende innere Trennwände mit einer Höhe von 248 mm, die mit einem umlaufenden Nut-Feder-System ausgebildet sein können.

Vormauersteine sind KS-Steine für Verblendmauerwerk mindestens der Druckfestigkeitsklasse 10, die den Nachweis des Frostwiderstandes erbracht haben.

Verblender sind KS-Steine für Verblendmauerwerk mindestens der Druckfestigkeitsklasse 20. An sie werden höhere Anforderungen hinsichtlich Maßabweichungen und Frostwiderstandsfähigkeit gestellt. Für die Herstellung der KS-Verblender werden besonders ausgewählte Rohstoffe verwendet.

Riemchen sind KS-Steine mit einer Steindicke < 90 mm, die für Fassadenbekleidungen verwendet werden. Die Mindestbreite beträgt 10 mm. An Riemchen werden die erhöhten Anforderungen für KS-Verblender hinsichtlich der Frostwiderstandsfähigkeit gestellt.

Griffhilfen sollen bei Steinformaten > 2 DF, die von Hand vermauert werden, angebracht werden. Die Griffhilfen dürfen auch als Grifftaschen in die Mörteltaschen mit einbezogen werden. Oben liegende Griffhilfen dürfen bei Steinbreiten ≥ 175 mm angeordnet werden. Die Breite der Griffhilfe sollte nicht mehr als die halbe Steinbreite betragen.

Bei Voll-, Block- und Plansteinen sowie Planelementen können auf der Mittelachse Hantier- bzw. Daumenlöcher mit einer Tiefe von maximal 85 mm und einem lichten Durchmesser von maximal 50 mm angeordnet werden, die auf den Lochanteil anzurechnen sind.

Mörteltaschen dürfen an allen Steinen angebracht werden. Sie sollen etwa 15 mm tief sein und – gemessen an der Steinoberfläche – über die halbe Steinbreite reichen. Bei Anordnung der Mörteltaschen an nur einer Stirnfläche des Steins soll die Tiefe 30 mm betragen.

Nut-Feder-Systeme an den Stirnseiten der KS-Steine sollen so ausgeführt sein, dass die Tiefe der Nut 4 mm nicht überschreitet.

2.9.3 Maße und Eigenschaften

a) Steinmaße und Maßtoleranzen

Die Maße sind in den Tafeln 2.20 und 2.21 angegeben. Für nichttragende Verblenderschalen sind auch andere Steinmaße erlaubt (Länge 190 bis 290 mm, Breite 90 bis 115 mm, Höhe 52 bis 113 mm).

Beispiele für KS-Steinformate siehe Abb. 2.32.

Die zulässigen Abweichungen der Steinmaße betragen für den Einzelwert ± 3 mm, für den Mittelwert ± 2 mm. Abweichend davon betragen bei Steinen ≥ 2 DF die zulässigen Abweichungen der Höhenmaße für den Einzelwert ± 4 mm, für den Mittelwert ± 3 mm. Die zulässigen Abweichungen bei KS-Verblendern betragen für Länge, Breite und Höhe für den Einzelwert ± 2 mm, für den Mittelwert ± 1 mm.

2.9 Kalksandsteine

Bei Plansteinen sind die zulässigen Maßabweichungen der Höhe für den Mittelwert auf ± 1,0 mm festgelegt.

Tafel 2.20 Nennmaße Voll-, Loch-, Block-, Hohlblock-, Plan- und Fasensteine DIN 106

Maße in mm		
Länge[2]	Breite[1]	Höhe[1]
240 (248)[3], 300 (298), (308)[3], 365 (373)[3], 490 (498)[3], (623)	115[5] 120[5] 150 175 200 240 300 365	52, 71, 113 (123)[4], 155, 248 (248)[4],

[1] Steine dürfen auch in den Breiten 123 mm, 140 mm, 190 mm, 214 mm, 248 mm, 265 mm, 298 mm und in den Höhen 175 mm, 190 mm, 198 mm sowie in den für Sanierungen erforderlichen historischen Steinabmessungen hergestellt werden.
[2] Bei Steinen mit Nut-Feder-System gelten die Maße als Abstand zwischen der Außenfläche der einen Stirnseite und der Nutengrundfläche der anderen Stirnseite.
[3] Für Steine mit Nut-Feder-System gelten zusätzlich die Klammerwerte.
[4] Die Klammerwerte gelten nur für Plansteine und Fasensteine.
[5] Gilt nicht für Fasensteine.

Tafel 2.21 Nennmaße, Planelemente und Bauplatten nach DIN 106

Maße in mm		
Länge[1]	Breite	Höhe
248[4], 498, 623, 898, 998	50[2, 3] 70[2, 3] 90[2] 100[2] 115 120 150 175 200 214 240 265 300 365	248[2], 498, 598, 623

[1] Bei Steinen mit Nut-Feder-System gelten die Maße als Abstand zwischen der Außenfläche der einen Stirnseite und der Nutengrundfläche der anderen Stirnseite.
[2] Für nichttragende innere Trennwände.
[3] Nur in Verbindung mit der Höhe 248 mm.
[4] Nur in Verbindung mit der maximalen Breite 100 mm und der Höhe 248 mm.

2 Keramische und mineralisch gebundene Baustoffe

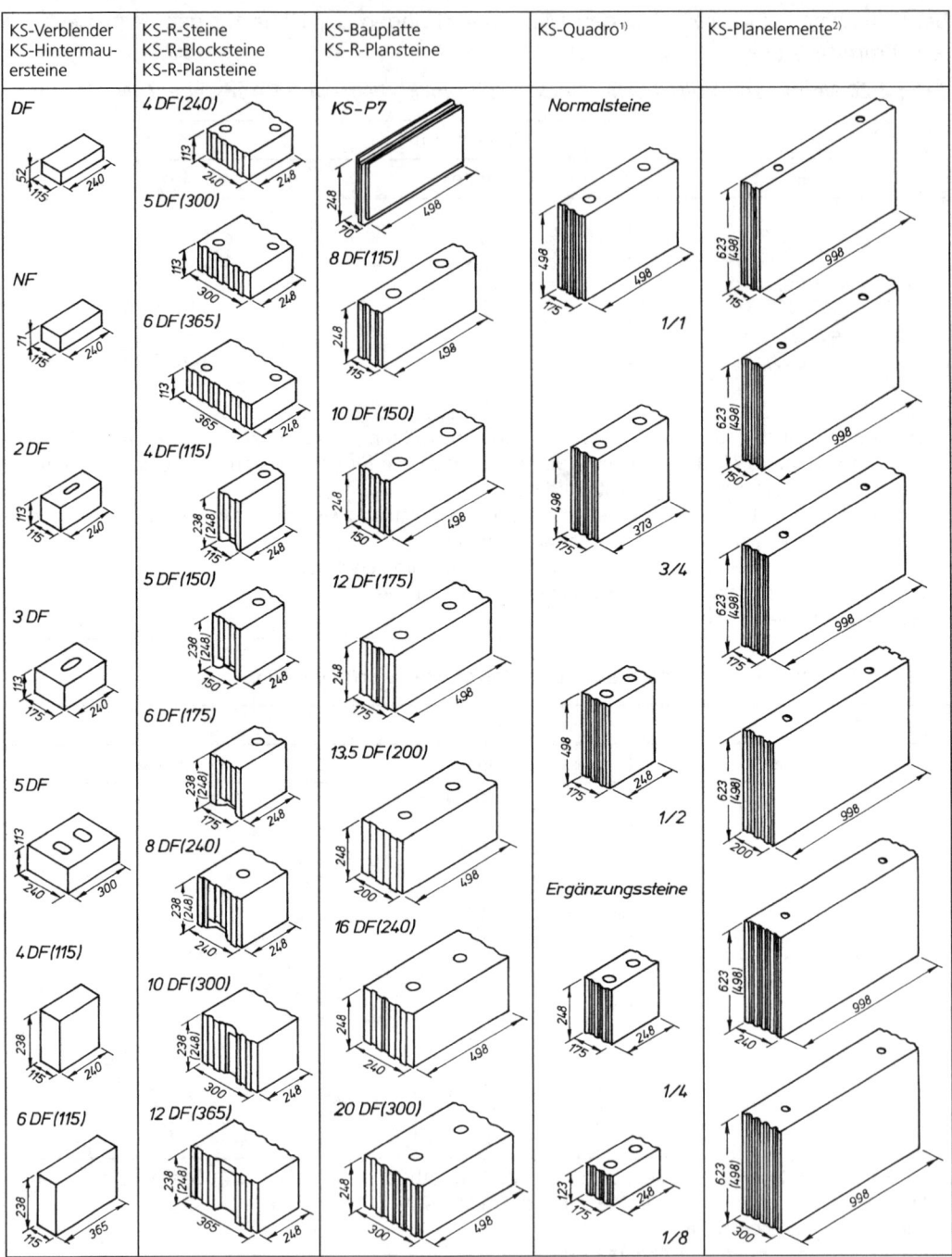

Bei Steinen mit Nut-Feder-System ergibt sich die Steinlänge aus dem Längenrastermaß (z.B. 250 mm − 2 mm (Fertigungstoleranz) = 248 mm).
[1] KS-Quadro sind ebenfalls in den Wandstärken 115 mm, 150 mm, 200 mm, 240 mm, 300 mm sowie 365 mm erhältlich.
[2] KS-Planelemente sind ebenfalls in den Wandstärken 214 mm und 265 mm sowie für nichttragende Innenwände in 100 mm erhältlich.
Die Zeichnungen sind nicht maßstabsgerecht. Die regionalen Lieferprogramme sind zu beachten.

Abb. 2.32 KS-Steinformate aus [2.9]

b) Rohdichte

Kalksandsteine sind in den **Rohdichteklassen**
0,6 – 0,7 – 0,8 – 0,9 – 1,0 – 1,2 – 1,4 – 1,6 – 1,8 – 2,0 – 2,2
genormt, Vormauersteine und Verblender in den Rohdichteklassen 1,0 bis 2,2. Bevorzugt werden die Rohdichteklassen 1,2 bis 2,0.
KS-Steine sind nach ihrer Druckfestigkeit und Rohdichte zu kennzeichnen.

c) Druckfestigkeit

Folgende **Druckfestigkeitsklassen** sind genormt:

KS-Steine	4	6	8	10	12	16	20	28	36	48	60
KS-Vormauersteine und -Verblender				10	12	16	20	28	36	48	60

Die Festigkeitsklassen 10; 12; 16; 20; 28 werden bevorzugt, während die Festigkeitsklassen 36; 48; 60 auf Sonderfälle beschränkt sind.
Die Prüfung auf Druckfestigkeit wird an sechs Probekörpern durchgeführt, die einen Feuchtigkeitsgehalt von weniger als 6 Masse-% haben müssen. Es werden bei großen Formaten ganze Steine geprüft. Bei Vollsteinen DF und NF werden zwei Steinhälften gegenläufig, bei Lochsteinen DF und NF zwei ganze Steine aufeinandergelegt.
Die Ermittlung der rechnerischen Steinfestigkeit mit Hilfe eines Formfaktors erfolgt wie nach DIN 105-100 und ist in Abschnitt 2.2.2 unter Druckfestigkeit beschrieben.

d) Frostbeständigkeit

Diese Forderung wird nur an KS-Vormauersteine und KS-Verblender gestellt, die einer Frost-/Tauwechsel-Prüfung unterzogen werden. Nach 48 Stunden Wasserlagerung werden die sechs Steine (Regelfall) einem Temperaturwechsel von −15 °C bis (+ 20 ±5) °C unterzogen, der bei Vormauersteinen und bei Verblendern 50-mal erfolgt. Die Beurteilung erfolgt durch die Feststellung von Aufbauchungen der Flächen, größeren Kavernen und deutlicher Minderung der Kantenfestigkeit oder gegebenenfalls einer Prüfung der Druckfestigkeit (Minderung um mehr als 20 % nicht zulässig).

e) Einschlüsse, Ausblühungen und Verfärbungen

Da organische Einschlüsse (Kohle, Pflanzen) und Ton zu Abblätterungen oder Kavernen führen oder das Steingefüge stören können, werden bei Verblendern an die Reinheit der Rohstoffe besondere Anforderungen gestellt.

2.9.4 Sonderbauteile

Zur Rationalisierung des Bauablaufs werden insbesondere folgende Sonderbauteile eingesetzt:
KS-Flachstürze werden vorzugsweise für Verblendmauerwerk gefertigt bis zu Nennlängen von 3 m. Sie werden auch für das Überdecken von Tür- und Fensteröffnungen verwendet.
KS-U-Schalen werden für Ringbalken, Stürze, Stützen und Schlitze im Mauerwerk eingesetzt.
KS-Sondersteine werden regional produziert, z.B. Installationssteine für Schalter und Steckdosen, Verblender mit schrägen oder runden Ecken.

2.9.5 Bezeichnung der Kalksandsteine

Die Steinarten werden in Verbindung mit den Buchstaben KS durch Kurzzeichen bezeichnet:

Kurzzeichen der Steinart:	KS
Voll- und Blocksteine	ohne
Loch- und Hohlblocksteine	L
Plansteine	P
Planelemente	
– ohne Längsnut, ohne Lochung	XL
– mit Längsnut, ohne Lochung	XL-N
– ohne Längsnut, mit Lochung	XL-E
Fasensteine	F
Bauplatten	BP
KS-Vormauersteine	KS Vm
KS-Verblender	KS Vb
Kurzzeichen der Stirnseitengestaltung	
Glatt	ohne
Nut- und Federsystem	-R, z.B. KS L-R

Nach der DIN-Nr. folgen die Kurzzeichen für die Steinart, die Steinsorte, die Druckfestigkeitsklasse und die Rohdichteklasse. Die abschließende Formatangabe erfolgt mit Kurzzeichen oder Steinmaßen.

Beispiele:

Kalksandstein DIN 106 – KS 12 – 1,6 – 2 DF
Kalksandstein DIN 106 – KS L-R 6 – 1,2 – 10 DF
Kalksandstein DIN 106 – KS Vm L – 12 – 1,4 – 2 DF
Kalksandstein DIN 106 – KS Vb – 20 – 1,8 – NF

2.9.6 Die Verwendung im Mauerwerksbau

2.9.6.1 Allgemeines

Die Ausführungen im Abschnitt 2.2.4 über Verarbeitung, Wandaufbau und Sichtmauerwerk gelten im Grundsätzlichen auch für Kalksandsteine. Einige Besonderheiten sollen noch erwähnt werden:

– Anwendung der sogenannten Stumpfstoßtechnik, d.h., KS-Mauerwerk kann ohne Verzahnung mit Stumpfstoß ausgeführt werden. Nach einer typengeprüften Bauweise kann unter gewissen Voraussetzungen auf die Verzahnung der Innenwände untereinander sowie mit den Außenwänden verzichtet werden. Dazu gehören besondere Nachweise und konstruktive Maßnahmen, doch wird die Ausführung erleichtert.
– Ausnutzung der hohen Steinfestigkeiten insbesondere bei Verwendung von Plansteinen und -elementen. Die Grundwerte der zulässigen Druckspannungen sind höher als bei Mauerwerk mit Normalmörtel.
– Für großformatige Kalksandsteine werden Versetzgeräte für eine rationelle Herstellung des Mauerwerks angeboten.
– Wegen der Maßhaltigkeit der KS-Steine ist häufig ein Dünn- oder Spachtelputz für das Mauerwerk ausreichend.

2.9.6.2 KS-Mauerwerk mit Putz

Um den Putz auf der glatten Steinfläche haften zu lassen, soll das Mauerwerk je nach Witterung ausreichend vorgenässt werden. Außenputzsysteme müssen witterungsbeständig sein, d.h. den Einwirkungen von Feuchtigkeit und wechselnden Temperaturen widerstehen. Der traditionelle Putzaufbau ist mehrlagig und besteht aus dem Spritzbewurf als Haftgrund, dem Unterputz und dem Oberputz als Dekorschicht. Zu empfehlen ist ein Spritzbewurf aus Zementmörtel, der durch seine warzenförmige Verteilung auf der Steinoberfläche die Putzhaftung verbessert. Die weitere Herstellung des Putzes ist in Abschnitt 7.3.5 beschrieben.
Für Innenputze haben sich in der Praxis einlagige Putze mit einer Dicke von circa 10 mm, Haftputze mit einer Dicke von circa 5 mm oder Spachtelputze bei Mauerwerk mit Dünnbettmörtel mit einer Dicke von circa 3 mm bewährt. Auf das Grundieren des KS-Mauerwerks kann in der Regel verzichtet werden.
Die glatten und ebenen KS-Wände veranlassen manchen Bauherrn, in untergeordneten Räumen (z.B. Keller, Garagen) gänzlich auf Putz zu verzichten.

2.9.6.3 Sichtmauerwerk

Die Verwendung von frostwiderstandsfähigen Vormauersteinen oder Verblendern ist für Außenwände selbstverständlich. Sie haben jeweils eine kantensaubere Kopf- und Läuferseite. Doch wird man bei besonderen Anforderungen noch Steine auf der Baustelle aussortieren. Da die KS-Steine aus verschiedenen Lieferungen oder von verschiedenen Werken geringfügige Farbunterschiede aufweisen, wird man für den ganzen Bau oder Bauabschnitt eine geschlossene Lieferung vereinbaren. Die Steine müssen sauber gelagert (Bodenabstand) und vor Verschmutzung geschützt werden, da sie empfindlich sind. Üblicherweise werden sie in Folien verpackt geliefert.
Die Sichtfugen können durch nachträgliches Verfugen oder durch Fugenglattstrich des Mauermörtels ausgeführt werden. Bei der letzteren Ausführung wird vollfugig gemauert und der ausquellende Mörtel angedrückt und glattgestrichen. Damit wird eine gute Haftung zwischen Stein und Mörtel erzielt, ohne dass eine Bindemittelanreicherung an der Fugenoberfläche eintritt, die die Rissneigung erhöht. Für schlagregenbeanspruchtes KS-Mauerwerk ist diese Ausführung zu empfehlen. Eine nachträgliche Verfugung ist bei farblichen Zusätzen zum Fugmörtel angebracht und auch dann, wenn der Beschauer von der Sichtfläche einen geringen Abstand hat. Ein trockener Fugmörtel lässt sich schneller und ohne starke Verschmutzung einbringen. Er bringt aber nicht den guten Mörtelschluss an den Stein und fördert damit Wassereintritt und Durchfeuchtung des Mauerwerks.

2.9.6.4 Oberflächenbehandlung

Deckende Beschichtungen (Anstriche) und farblose Imprägnierungen vermindern die Feuchtigkeitsaufnahme des KS-Sichtmauerwerks bei Regen und Schlagregen. Sie wirken dadurch einer Verschmutzung entgegen. Als farblose Imprägnierungen für außen können Kieselsäure-Imprägniermittel oder Silikon-, Silan- oder Siloxan-Imprägniermittel eingesetzt werden. Für deckende, wetterbeständige Anstrichsysteme werden Dispersions-Silikatfarben, Silikonharz-Emulsionsfarben und Siloxanfarben empfohlen. Andere Anstrichsysteme sind möglich, sofern der Hersteller die Eignung auf das Objekt bezogen bestätigt. Die Wirksamkeit der verschiedenen geeigneten Oberflächenschutzsysteme beruht weitgehend auf der hydrophobierenden (wasserabweisenden) Wirkung. Bei geeigneten Anstrichsystemen wird dabei die Wasserdampfdiffusion kaum beeinträchtigt, sodass eindringende Feuchtigkeit schnell wieder austrocknen kann. Imprägnierungen und Anstriche müssen alkalibeständig sein und hohe Alterungs- und UV-Beständigkeit haben. Vergleiche dazu die Abschnitte 6.25.6, 11.2 und 11.5.

Kalksandsteine sind empfindlich gegen Säuren und mechanische Beschädigung. Daher sollte man besser vorbeugend die Sichtflächen gegen Mörtel, Zementleim oder Schmutz schützen, am besten durch eine Folienabdeckung während der Bauarbeiten.

Das **Reinigen** und Entfernen eines Zementschleiers darf niemals mit Säuren geschehen (wie bei keramischen Baustoffen möglich).

Kleine Stellen mit Mörtel oder Schmutz reinigt man mit Glaspapier, einem Reinigungsstein oder einem KS-Stein. Mit einem Spachtel kann man harte Bitumenflecke lösen. Größere Flächen geht man mit klarem Wasser und Wurzelbürste an, oder man benutzt besondere Steinreiniger, die nach Herstellervorschrift für KS-Steine anzuwenden sind. Dazu gehören auch algenbeseitigende Mittel.

Schließlich kann man eine **Dampfstrahlreinigung** bei größeren und älteren Sichtmauerwerksflächen empfehlen. Jedoch sollten Dampfdruck und Entfernung der Düse zum Mauerwerk an einer Probefläche getestet werden, damit die Oberfläche der Steine nicht durch zu hohen Dampfstrahldruck angegriffen wird und Farbunterschiede vermieden werden. Auf scharfe chemische Zusatzmittel sollte nach Möglichkeit verzichtet werden.

2.10 Hüttensteine

Norm
DIN 398   (06.76)   Hüttensteine; Voll- und Lochsteine, Hohlblocksteine

Aus Hüttensand (granulierter Hochofenschlacke; siehe Abschn. 5.2.2) als Zuschlag und Zement oder Kalk als Bindemittel wird ein Mörtel hergestellt. Die Steine werden in Stempelpressen gepresst oder in Formen gerüttelt. Die Hüttensteine erhärten an der Luft im normalen Abbindevorgang des Bindemittels. Durch Zuführen von CO_2-haltigen Abgasen oder Dampf kann man den Vorgang beschleunigen. Die Normvorschriften für Hüttensteine sind hinsichtlich Arten, Formen, Maßen und Eigenschaften weitgehend auf die DIN 106 „Kalksandsteine" abgestellt. Änderungen in Bezeichnungen und Einteilungen sind auch für die DIN 398 in neuer Ausgabe zu erwarten. Die Anwendung der Hüttensteine erfolgte nur regional und in geringem Maße.

Die Kurzzeichen für die Steinart werden durch Rohdichte, Druckfestigkeit, Steinformat und DIN-Nr. ergänzt.

HSV – Hütten-Vollstein, HSL – Hütten-Lochstein, HHbl – Hütten-Hohlblockstein
Beispiel: HSL 1,6 – 12 – 2 DF DIN 398

2.11 Steine und Bauteile aus Porenbeton

Normen
DIN V 4165-100	(10.05)	Porenbetonsteine – Plansteine und Planelemente mit besonderen Eigenschaften
DIN 4166	(10.97)	Porenbeton-Bauplatten und Porenbeton-Planbauplatten
DIN EN 771-4	(11.15)	Festlegungen für Mauersteine; Teil 4: Porenbetonsteine
DIN 20 000-404	(12.15)	Anwendung von Bauprodukten in Bauwerken – Regeln für die Verwendung von Porenbetonsteinen nach DIN EN 771-4

2.11 Steine und Bauteile aus Porenbeton

2.11.1 Herstellung

Die Herstellung erfolgt stationär mit industriellen Verfahren in Porenbetonwerken. Quarzhaltiger Sand oder andere quarzhaltige Zuschlagstoffe, gegebenenfalls Zusatzstoffe, Bindemittel, Treibmittel und Wasser sind die erforderlichen Rohstoffe. Außer quarzhaltigem Sand werden auch geeignete Flugaschen eingesetzt. Der Sand wird zementfein oder zu Schlämmen gemahlen. Als Bindemittel verwendet man Branntkalk und/oder Zement. Bei bestimmten Rezepturen werden auch zusätzlich geringe Anteile von Gips oder Anhydrit beigegeben. Feines Pulver oder eine feinteilige Paste von Aluminium wird als Porosierungsmittel eingesetzt. Die feingemahlenen Grundstoffe werden dosiert, in einem Mischer zu einer wässrigen Suspension gemischt und in Gießformen gefüllt. Das Wasser löscht unter Wärmeentwicklung den Kalk. Das Aluminium reagiert in der Mischung mit der alkalischen Flüssigkeit. Dabei wird gasförmiger Wasserstoff frei, der die Poren bildet und ohne Rückstände entweicht. Die Kugelporen haben einen Durchmesser von circa 0,5 bis 1,5 mm. Die Porenwände sind im Wesentlichen Kalzium-Silikathydrate. Das Rohstoffgemisch wird in Formen gegossen. Anschließend treibt der entstehende Wasserstoff die Mischung auf, bis sie die Form ganz ausfüllt. Der standfeste Rohblock wird nach Entfernen der Form maschinell geschnitten mit Stahldrähten zu Blöcken, Platten oder großen Elementen und anschließend 6 bis 12 Stunden in Autoklaven bei Sattdampf-Atmosphäre von circa 190 °C gehärtet. Dadurch wird eine höhere Druckfestigkeit erreicht und das Restschwindmaß des Porenbetons gegenüber einer Lufthärtung sehr gering gehalten [2.9], [2.14].

2.11.2 Porenbeton-Plansteine nach DIN V 4165-100

Porenbetonsteine sind europäisch in der DIN EN 771-4 geregelt. Da der harmonisierte Teil der Norm nicht alle Anforderungen beinhaltet, die in Deutschland für die Verwendung nach DIN 1053 gelten, sind in der DIN V 4165-100 zusätzliche Anforderungen enthalten. Wenn CE-gekennzeichnete Porenbetonsteine zusätzlich mit der DIN V 4165-100 übereinstimmen, sind die Verwendungsregeln gemäß DIN 20 000-404 nicht zu berücksichtigen.

a) Steinmaße

Durch das Schneiden mit Stahldrähten ist die Oberfläche plan und gut maßhaltig, allerdings auch rau durch die angeschnittenen Poren. Die Maße der Porenbeton-Plansteine für Mauerwerk mit Dünnbettmörtel sind in Tafel 2.22 angegeben. Die Stirnflächen der Blocksteine werden auch mit Mörteltaschen oder Nut- und Federausbildung hergestellt. Grifftaschen dürfen ebenfalls an den Stirnseiten der Steine angeordnet werden.

Tafel 2.22 Maße für Porenbeton-Plansteine

Länge in mm ± 1,5 mm	Breite in mm ± 1,5 mm	Höhe in mm ± 1,0 mm
249, 299, 312, 332, 374, 399, 499, 599, 624	115 120 125 150 175 200 240 250 300 365 375 400 500	124, 149, 164, 174, 186, 199, 249

b) Rohdichte

Es werden Rohdichteklassen von 0,35 bis 1,00 angegeben, die bestimmten Festigkeitsklassen zugeordnet werden (siehe Tafel 2.23). Die Prüfung erfolgt an drei Probekörpern (Prismen) im getrockneten Zustand. Die niedrigen Rohdichten weisen geringe Rechenwerte der Wärmeleitfähigkeit auf. Geringere Rechenwerte der Wärmeleitfähigkeit als die gemäß DIN 4108 sind oft durch besondere bauaufsichtliche Zulassungen festgelegt.

c) Druckfestigkeit

Es sind vier Festigkeitsklassen festgelegt, von denen Festigkeitsklassen 2 und 4 häufig Verwendung finden. Die Porenbeton-Blocksteine sind einerseits leicht zu bearbeiten (sägen, bohren, fräsen), andererseits nicht sehr widerstandsfähig gegen Abrieb, Stoß und Schlag. Für Porenbeton der Festigkeitsklassen 2 und 4 können besondere Dübelsysteme erforderlich werden. Mindestens jeder 10. Stein ist mit Festigkeitsklasse und Rohdichteklasse sowie Herstellerkennzeichen durch Stempelung zu versehen. Bei Paketierung genügt ein Kennzeichen je Paket, meist auf der Verpackung oder einem beigefügten Beipackzettel.

d) Frostbeständigkeit

Eine Prüfung auf Frostbeständigkeit erfolgt nicht. Nach Laborversuchen ist diese abhängig vom Feuchtigkeitsgehalt und lässt sich nachweisen bis etwa 40 Masse-% Feuchtigkeit. Auf der Baustelle ist bei außergewöhnlich hoher Durchfeuchtung ein Frostschaden möglich. Porenbetonmauerwerk ist daher durch Putz oder Anstrich gegen Eindringen von Feuchtigkeit zu schützen [2.10], [2.14].

2.11 Steine und Bauteile aus Porenbeton

Tafel 2.23 Porenbeton-Plansteine und -Planelemente, Festigkeitsklassen und Rohdichteklassen

Festigkeits-klasse	Druckfestigkeit		Rohdichte-klasse	mittlere Rohdichte[1] in kg/dm³
	Mittelwert mind. in N/mm²	kleinster Einzelwert in N/mm²		
2	2,5	2,0	0,35 0,40 0,45 0,50	0,30 bis 0,35 0,36 bis 0,40 0,41 bis 0,45 0,46 bis 0,50
4	5,0	4,0	0,55 0,60 0,65 0,70 0,80	0,51 bis 0,55 0,56 bis 0,60 0,61 bis 0,65 0,66 bis 0,70 0,71 bis 0,80
6	7,5	6,0	0,65 0,70 0,80	0,61 bis 0,65 0,66 bis 0,70 0,71 bis 0,80
8	10,0	8,0	0,80 0,90 1,00	0,71 bis 0,80 0,81 bis 0,90 0,91 bis 1,00

[1] Einzelwerte dürfen die Klassengrenzen bei den Rohdichteklassen < 0,70 um nicht mehr als 0,03 kg/dm³, bei den Rohdichteklassen ≥ 0,70 um nicht mehr als 0,05 kg/dm³ über- oder unterschreiten.

e) Wasseraufnahme

Im Porenbeton sind Kapillaren und Kugelporen (0,15 bis 2 mm Ø) enthalten. Die Poren können an der Steinoberfläche schnell Wasser aufnehmen und durch Kapillarwirkung weiterleiten. Die Wasserabgabe kann bei einem Feuchtigkeitsgehalt von weniger als 15 Masse-% nur durch Dampfdiffusion erfolgen, sodass nur eine relativ langsame Austrocknung möglich ist. Die Gleichgewichtsfeuchte im trockenen Mauerwerk liegt niedrig bei circa 3,5 Masse-%.

f) Bezeichnung der Porenbeton-Plansteine

DIN-Hauptnummer, Steinart (Porenbeton-Planstein PP) und Festigkeitsklasse, Rohdichteklasse und Maße (Länge × Breite × Höhe)
Beispiel für die Bezeichnung eines Porenbeton-Plansteins (PP) der Festigkeitsklasse 2, der Rohdichteklasse 0,40, der Länge 499 mm, der Breite 300 mm und der Höhe 249 mm:
Porenbeton-Planstein DIN V 4165 – PP 2 – 0,40 – 499 × 300 × 249

2.11.3 Porenbeton-Planelemente nach DIN V 4165-100

Porenbeton-Planelemente werden ebenfalls in Dünnbettmörtel versetzt, der eine Fugendicke von nur 1 bis 3 mm erfordert. Die Maße der Porenbeton-Planelemente sind in Tafel 2.24 zusammengestellt. Zur Verarbeitung wird ein Dünnbettmörtel als Werktrockenmörtel verwendet. Er ist mit einer Zahnkelle oder Mörtelschlitten aufzutragen. Höhendifferenzen können nicht mehr mit dem Mörtelbett ausgeglichen werden.
Mauerwerk mit Planelementen und Dünnbettmörtel spart an Mörtelmenge und führt zu einer wirtschaftlicheren Herstellung. Der Rechenwert der Wärmeleitfähigkeit für das Mau-

erwerk wird vermindert, da der Fugenanteil nur noch sehr gering ist.

Bezeichnung der Porenbeton-Planelemente
DIN-Hauptnummer, Steinart (Porenbeton-Planelement PPE) und Festigkeitsklasse, Rohdichteklasse und Maße (Länge × Breite × Höhe)

Beispiel für die Bezeichnung eines Porenbeton-Planelements (PPE) der Festigkeitsklasse 4, der Rohdichteklasse 0,60, der Länge 999 mm, der Breite 300 mm und der Höhe 499 mm:
Porenbeton-Planelement DIN V 4165 – PPE 4 – 0,60 – 999 × 300 × 499

Tafel 2.24 Maße der Porenbeton-Planelemente; Maße in mm

Länge ± 1,5 mm	Breite ± 1,5 mm	Höhe ± 1,5 mm
499, 599, 624, 749, 999, 1124, 1249, 1374, 1499	115 125 150 175 200 240 250 300 365 375 400 500	374, 499, 599, 624

2.11.4 Porenbeton-Bauplatten und Porenbeton-Planbauplatten nach DIN 4166

Bauplatten (auch Zwischenwandplatten) aus Porenbeton werden für nichttragende, leichte Trennwände verwendet und dürfen daher nicht bei tragenden Wänden eingesetzt werden. Sie werden mit normaler Fugendicke mit Normal- oder Leichtmörtel (Porenbeton-Bauplatten) oder mit Dünnbettmörtel verarbeitet und haben danach verschiedene Abmessungen (siehe Tafeln 2.25 und 2.26).

Die Stirnflächen der Bauplatten dürfen ebenflächig ausgebildet, mit Aussparungen (z.B. Mörteltaschen) und/oder mit Nut- und Federausbildung versehen sein. Nut- und Federausbildungen dürfen auch in der Lagerfugenfläche von Porenbeton-Bauplatten vorgenommen werden.

Rohdichteklassen der Bauplatten:
0,35 – 0,40 – 0,45 – 0,50 – 0,55 – 0,60 – 0,65 – 0,70 – 0,80 – 0,90 – 1,00

Biegezugfestigkeit mindestens von 0,4 N/mm^2

2.11 Steine und Bauteile aus Porenbeton

Tafel 2.25 Maße der Porenbeton-Bauplatten; Maße in mm

Länge[1] ± 3 mm	Breite ± 3 mm	Höhe ± 3 mm
365, 390, 490, 590, 615, 740, 990	25 30 50 75 100 115 120 125 150 175 200	190, 240, 390

[1] Für Platten mit Mörteltaschen darf und für Steine mit Nut- und Federausbildung muss die Länge der Platte um 9 mm erhöht werden.

Tafel 2.26 Maße der Porenbeton-Planbauplatten; Maße in mm

Länge ± 1,5 mm	Breite ± 1,5 mm	Höhe ± 1 mm
374, 399, 499, 599, 624, 749, 999	25 30 50 75 100 115 120 125 150 175 200	199, 249, 399, 499, 624

Bezeichnung (Beispiele):
Porenbeton-Bauplatte DIN 4166 – Ppl – 0,50 – 490 × 100 × 240
Porenbeton-Planbauplatte DIN 4166 – PPpl – 0,60 – 499 × 100 × 499

2.11.5 Verwendung im Mauerwerksbau

Mauerwerk aus Porenbeton-Plansteinen und -Planelementen hat eine geringe Rohdichte und dadurch eine hohe Wärmedämmung. Bei Ausführung einer einschaligen Wand lassen sich die Vorschriften der Energieeinsparverordnung ohne zusätzliche Maßnahmen erfüllen. Diese Werte werden allerdings von anderen Wandbaustoffen (Leichtziegel, siehe Abschn. 2.2.1 und 2.16.3) fast erreicht. Durch die Verminderung des Fugenanteils erzielt man bei Mauerwerk mit Porenbeton-Plansteinen bzw. -Planelementen und Dünnbettmörtel eine Verbesserung des Rechenwerts der Wärmeleitfähigkeit. Zweischaliges Mauerwerk erhält eine Verblendschale aus anderen, frostbeständigen Baustoffen und sollte möglichst mit Luftschicht ausgeführt werden.

Porenbetonsteine können mit Hilfe einer Hand- oder Bandsäge geschnitten werden. Die in Abschnitt 2.11.6 beschriebenen Porenbetonstürze ermöglichen es, die Wand ohne

Wechsel des Baustoffs herzustellen, wodurch Putzrisse und Wärmebrücken vermieden werden.

Der **Wandputz** muss der Steinfestigkeit und der Wasseraufnahme Rechnung tragen. Bei normalem Putz nach DIN EN 998-1 ist ein Spritzwurf aufzubringen, danach zwei Putzlagen (siehe Abschn. 7.3.5.b und Arbeitsanleitung der Hersteller). Für Außen- und Innenputze werden abgestimmte Fertigputze als Werktrockenmörtel angeboten, die z.T. als Einlagenputz von 10 mm außen und 5 mm innen aufgebracht werden. Putze oder Beschichtungen müssen eine ausreichend hohe Wasserdampfdiffusion haben und wasserabweisend (d.h. schlagregendicht) eingestellt sein [2.10]. Das Ansetzen von Spaltplatten und Riemchen auf Porenbeton-Mauerwerk ist problematisch und wird nicht empfohlen.

2.11.6 Bewehrte Porenbeton-Bauteile

a) Herstellung

Bewehrte Porenbetonbauteile werden als Dach- und Deckenplatten, Wandplatten, geschosshohe Wandtafeln und Stürze hergestellt. Für die bewehrten Porenbetonbauteile gelten überwiegend bauaufsichtliche Zulassungen.

Für bewehrte Bauteile werden Bewehrungskörbe in einem gesonderten Prozess hergestellt. Der Stahldraht wird von Rollen gezogen, gerichtet und abgelängt. Er wird durch Punktschweißung zu Matten verbunden und gegebenenfalls zu Körben gebogen oder zusammengefügt. Die Bewehrung erhält einen Korrosionsschutz, da der Porenbeton wegen seiner hohen Porosität keinen ausreichenden Schutz bietet. Der Korrosionsschutz wird üblicherweise in einem Tauchbad aufgebracht. Als Rostschutz kommen organische (z.B. Bitumen mit einer Beimischung von Quarz) und anorganische Materialien (z.B. Zementschlämme) in Frage. Für die Bemessung und Konstruktion gelten die Regelungen der bauaufsichtlichen Zulassungen.

b) Festigkeits- und Rohdichteklassen

Die Zulassungen für Dach- und Deckenplatten, Wandplatten, geschosshohe Wandtafeln und Stürze beschränken sich auf zwei Festigkeitsklassen und drei Rohdichteklassen.

In Tafel 2.27 sind die Grunddaten für bewehrte Porenbetonbauteile zusammengestellt.

2.11 Steine und Bauteile aus Porenbeton

Tafel 2.27 Festigkeitsklassen und Rohdichteklassen von bewehrten Porenbetonbauteilen

Porenbetonprodukte	Festigkeitsklasse	Mindestdruckfestigkeit		Rohdichteklasse
		Mittelwert N/mm²	Kleinster Einzelwert N/mm²	
Dach- und Deckenplatten	3,3	3,5	3,3	0,50 0,60
	4,4	5,0	4,4	0,60 0,70
Wandplatten, bewehrt	3,3	3,5	3,3	0,50 0,60
	4,4	5,0	4,4	0,60 0,70
Geschosshohe Wandtafeln, bewehrt und unbewehrt	3,3	3,5	3,3	0,50 0,60
	4,4	5,0	4,4	0,60 0,70
	6,6[1)	7,5	6,6	0,80
Stürze	4,4	5,0	4,4	0,70

[1) Nur für unbewehrte geschosshohe Wandtafeln.

c) Dach- und Deckenplatten
Liefermaße: Länge bis 7,50 m (je nach Dicke),
Breite 60, 62,5 und 75 cm,
Dicke von 10 bis 30 cm.

Die Platten werden auf den Tragkonstruktionen zugfest verankert und erhalten zur gegenseitigen Verbindung an den Längsseiten eine durchgehende Nut, die mit Zementmörtel ausgegossen wird. Mit besonderen Fugenbewehrungen und Betondübeln kann man einen schubfesten Verbund zwischen den Einzelplatten herstellen, sodass wie beim Ortbeton eine tragende Dachscheibe bis maximal 35 m Stützweite entsteht (Ausführung nach Zulassung).

d) Wandtafeln
Wandtafeln und wandgroße Elemente werden als tragende Wände in Gebäuden bis zu drei Vollgeschossen eingesetzt, meist in Verbindung mit Porenbeton-Deckenplatten. Die Tafeln werden senkrecht aufgestellt und sind bis zu einer Geschosshöhe von 3,50 m zugelassen.

e) Wandplatten
Wandplatten bilden bei Skelett-Tragwerken aus Beton oder Stahl, überwiegend im Industrie-, Verwaltungs- und Sportstättenbau, den Raumabschluss. Sie werden als „nichttragend" bezeichnet, da sie außer ihrer Eigenlast nur Windlasten übertragen. Diese Wandplatten haben die gleichen Abmessungen wie die oben genannten Deckenplatten und werden vertikal oder horizontal verlegt (außerdem Großwandplatten 3,50 m × 6,00 m). Verschiedene Möglichkeiten der Konstruktion und Verankerung (rostfreier Stahl) werden von Herstellerfirmen vorgeschlagen. Der Wetterschutz der Fassade wird überwiegend durch eine diffusionsfähige Beschichtung auf Kunststoffbasis hergestellt.

f) Fertigteilstürze

Fertigteilstürze werden bei Porenbeton-Mauerwerk verwendet und können Öffnungen bis 1,60 m überbrücken.

2.12 Steine und Wandplatten aus Beton

Normen

DIN 18 148	(10.00)	Hohlwandplatten aus Leichtbeton
DIN 18 151-100	(10.05)	Hohlblöcke aus Leichtbeton – Hohlblöcke mit besonderen Eigenschaften
DIN 18 152-100	(10.05)	Vollsteine und Vollblöcke aus Leichtbeton – Vollsteine und Vollblöcke mit besonderen Eigenschaften
DIN 18 153-100	(10.05)	Mauersteine aus Beton (Normalbeton) – Mauersteine mit besonderen Eigenschaften
DIN 18 162	(10.00)	Wandbauplatten aus Leichtbeton, unbewehrt
DIN EN 771-3	(11.15)	Festlegungen für Mauersteine; Teil 3: Mauersteine aus Beton (mit dichten und porigen Zuschlägen)
DIN V 20 000-403	(06.05)	Anwendung von Bauprodukten in Bauwerken – Regeln für die Verwendung von Mauersteinen aus Beton nach DIN EN 771-3

2.12.1 Allgemeines

Aus **Beton** und – vor allem – **Leichtbeton** werden Steine und Platten hergestellt. Die porigen Gesteinskörnungen werden zu einem Beton mit Haufwerksporen verarbeitet. Loch- und Hohlblocksteine erhalten zusätzlich Hohlräume. Der Beton wird in Formen gepresst und meist zur Erhärtung einer Wärmebehandlung unterzogen.

An Leichtzuschlägen werden vor allem Naturbims, Lavaschlacke, aber auch Blähton, Hüttenbims und Ziegelsplitt verarbeitet.

Tafel 2.28 Festigkeitsklassen von Steinen und Blöcken aus Beton

Vollstein	Vollblock	Hohlblockstein Leichtbeton	Hohlblockstein Beton	Steindruckfestigkeit in N/mm²	
				Mittelwert	Einzelwert
DIN V 18152-100		DIN V 18 151-100	DIN V 18 153-100		
V 2	Vbl 2	Hbl 2	Hbn 2	≥ 2,5	≥ 2,0
V 4	Vbl 4	Hbl 4	Hbn 4	≥ 5,0	≥ 4,0
V 6	Vbl 6	Hbl 6	Hbn 6	≥ 7,5	≥ 6,0
V 8	Vbl 8	Hbl 8	Hbn 8	≥ 10,0	≥ 8,0
V 12	Vbl 12	Hbl 12	Hbn 12	≥ 15,0	≥ 12,0
V 20	Vbl 20	–	Hbn 20	≥ 25,0	≥ 20,0

2.12.2 Vollsteine und Vollblöcke aus Leichtbeton

a) Vollsteine haben eine Steinhöhe bis 115 mm und Formate von 1 DF bis 10 DF (Tafel 2.29). Sie können Griffschlitze erhalten. Die Vollsteine werden auch als Plan-Vollsteine hergestellt.

b) Vollblöcke haben eine Steinhöhe von 238 mm oder 248 mm und Formate bis 24 DF. Sie dürfen Schlitze von Lagerfläche zu Lagerfläche aufweisen. In der Regel sind an den Stirnseiten 20 mm tiefe Nuten zur Vermörtelung angeordnet, wenn die Steine knirsch gegeneinander vermauert werden (Steinlängen größer). Auch die Ausbildung von Nut und Feder ist an den Stirnseiten erlaubt.

2.12 Steine und Wandplatten aus Beton

c) Rohdichte:
Klasseneinteilung 0,45 – 0,50 – 0,55 – 0,60 – 0,65 – 0,70 – 0,80 – 0,90 – 1,0 – 1,2 – 1,4 – 1,6 – 1,8 – 2,0
Lieferbare Bims-Vollsteine haben Rohdichten von 0,5 bis 1,2, Bims-Vollblöcke von 0,5 bis 0,8 kg/dm^3.

d) Druckfestigkeit: Es gibt sechs Festigkeitsklassen nach Tafel 2.28.

e) Frostbeständigkeit wird nicht erwartet.

f) Bezeichnung
V Vollstein, Vbl Vollblock.
Danach folgen Festigkeitsklasse und Rohdichte. Das Format wird durch Kurzzeichen mit DF oder Wandbreite beschrieben. Schlitze im Vollblock werden durch den Kennbuchstaben S angegeben. Der Buchstabe W kennzeichnet Vollblöcke mit bestimmten Bedingungen und günstigerem Rechenwert der Wärmeleitfähigkeit. Ein Zusatz der Buchstaben NB für Naturbims oder BT für Blähton ist möglich, wenn diese Zuschläge ausschließlich verwendet wurden, z.B. Vbl-NB, Vbl-BT. Die Formatangabe der Vollblöcke wird durch die Steinmaße in mm ergänzt.

Beispiele:
Vollstein DIN 18 152 – V 6 – 1,2 – 2 DF – 240/115/113
Vollblock DIN 18 152 – Vbl SW-P 2 – 0,50 – 20 DF – 497/300/248 – N + F

Tafel 2.29 Formate und Maße von Vollsteinen aus Leichtbeton (Beispiele)

Format-Kurzzeichen	Maße in mm			
	Systemlänge	Breite ± 3	Höhe Vollsteine V ± 3	Höhe Plan-Vollsteine V-P ± 1,0
DF (Dünnformat)	250	115	52	60
NF (Normalformat)	250	115	71	81
1,7 DF	250	95	113	123
2 DF	250	115	113	123
3 DF	250	175	113	123
3,5 DF	250	200	115	123
4 DF	250	200	240	123
5 DF	250	200	300	123
6 DF	250	200	365	123
7 DF	250	200	425	123
8 DF	500	200	240	123
10 DF	500	200	300	123

2 Keramische und mineralisch gebundene Baustoffe

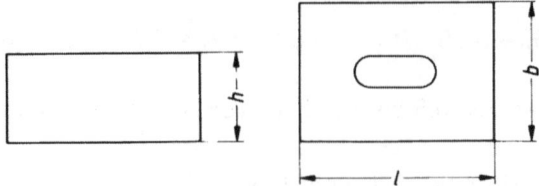

Abb. 2.33 Vollstein aus Leichtbeton mit Griffschlitz nach DIN V 18 152-100

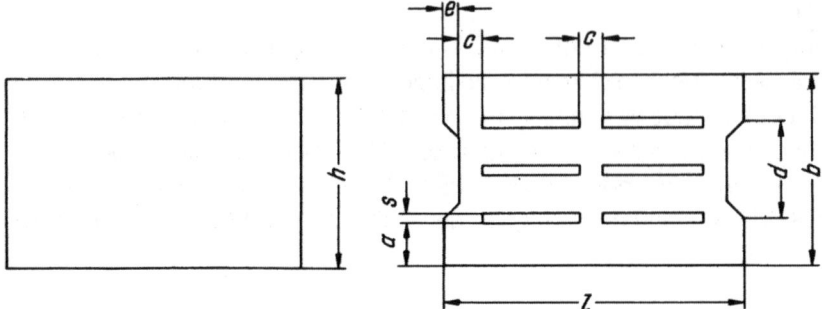

Abb. 2.34 Vollblock aus Leichtbeton mit Schlitzen nach DIN V 18 152-100

Tafel 2.30 Formate und Maße von Vollblöcken aus Leichtbeton

Format-Kurzzeichen	Maße in mm			
	Systemlänge	Breite ± 3	Höhe Vbl ± 4	Höhe Vbl-P ± 1,0
6 DF	250	175	238	238 oder 248
8 DF		240		
10 DF		300		
12 DF		365		
16 DF		490		
10 DF	310	240		
9 DF	375	175		
12 DF		240		
15 DF		300		
18 DF		365		
24 DF		490		
12 DF	500	175		
16 DF		240		
20 DF		300		
24 DF		365		

2.12 Steine und Wandplatten aus Beton

2.12.3 Hohlblocksteine aus Leichtbeton

a) Steinmaße

Die Maße sind in Tafel 2.31 zusammengestellt und gelten für die Steinlängen bei Knirschvermauerung. In der Regel sind an den Stirnseiten die erforderlichen Nuten und Griffhilfen angeordnet. Die Zahl der Kammern, die nebeneinander liegen und durch die Steinbreite bestimmt werden, führt zu Bezeichnungen wie *Einkammerstein* (1 K; nur bei b = 17,5 cm) oder *Vierkammerstein* (4 K). Die kleinste Stegbreite ist 30 mm. Querstege steifen aus und sind zweckmäßig gegeneinander versetzt angeordnet, damit keine Wärmebrücken entstehen. Die obere Kammerabdeckung beträgt 15 mm. Format-Kurzzeichen richten sich nach dem Vielfachen des DF und werden ergänzt durch die Steinbreite in Millimeter, falls es bei der Formatangabe zu einer Verwechslung kommen kann.

Tafel 2.31 Formate und Maße von Hohlblocksteinen aus Beton (Beispiele)

Bezeichnung mit Zahl der Kammern		Format-kurzzeichen bzw. Länge	Maße in mm			
nach DIN 18 151	nach DIN 18 153		System-länge	Breite ± 3	Höhe ± 4	Höhe Planstein
	1K Hbn	8 DF	500	115		
1K + 2K Hbl	1K + 2K Hbn	12 DF	500	175		
1K + 2K Hbl	1K + 2K Hbn	9 DF	375			
2K–4K Hbl	2K–4K Hbn	16 DF	500			
2K–4K Hbl	2K–4K Hbn	12 DF	375			
2K–4K Hbl	2K–4K Hbn	8 DF	250	240	238	238 oder 248
2K–5K Hbl	2K–4K Hbn	20 DF	500			
2K–5K Hbl	2K–4K Hbn	15 DF	375			
2K–5K Hbl	2K–4K Hbn	10 DF	250	300		
3K–6K Hbl	3K–6K Hbn	24 DF	500			
3K–6K Hbl	3K–6K Hbn	18 DF	375			
3K–6K Hbl	3K–6K Hbn	12 DF	250	365		
5K + 6K Hbl	4K–6K Hbn	16 DF	250	490		

b) Rohdichte

Klasseneinteilung: 0,45 – 0,50 – 0,55 – 0,60 – 0,65 – 0,70 – 0,80 – 0,90 – 1,00 – 1,20 – 1,40 – 1,60. Von der Güteschutzvereinigung der Rheinischen Bimsindustrie werden folgende Steinrohdichten als Höchstwerte angegeben: 0,8 bei Hbl 2 ; 0,9 bei Hbl 4 und 1,0 bei Hbl 6.

c) Druckfestigkeit

Die Festigkeitsklassen werden gekennzeichnet durch Nuten auf der Mitte der Längsseite oder Farbstreifen. Auf jedem 50. Stein oder jedem Paket ist die Kennzeichnung erforderlich, dazu Werkskennzeichen und Rohdichte.

d) Frostbeständigkeit wird nicht erwartet.

e) Bezeichnung: Hbl Hohlblockstein aus Leichtbeton
Beispiel für einen Vierkammerstein mit der Festigkeitsklasse 2, der Rohdichteklasse 0,50 und b = 300 mm, l = 247 mm und h = 248 mm; Format 10 DF mit Nut und Feder
Hohlblock DIN 18 151-4 K Hbl – P2 – 0,50 – 10 DF – 247/300/248 – N+F

2.12.4 Hohlblocksteine aus Beton

Das Betongefüge dieser Steine kann sowohl geschlossen als auch haufwerkporig sein.

a) Steinmaße
Die Formate entsprechen weitgehend denen der Leichtbetonsteine, lediglich bei zu hohen Gewichten entfallen einige Größen (siehe Tafel 2.31). Die Abb. 2.35 und 2.36 gelten auch für Betonsteine.
Ein T-Hohlstein, wie in Abb. 2.45 dargestellt, ist hier bereits genormt, wird aber auch in Leichtbeton hergestellt. Dadurch entfallen durchgehende Stoßfugen im Mauerwerk.

b) Rohdichte: Klasseneinteilung 1,2 – 1,4 – 1,6 – 1,8

c) Druckfestigkeit
Die Festigkeitsklassen werden gekennzeichnet durch Nuten oder Farbstreifen (siehe Abschn. 2.12.2) und sind in Tafel 2.28 angegeben.

d) Frostbeständigkeit bei Vormauersteinen und -Blöcken gemäß DIN 52 252.

e) Bezeichnung: Hbn Hohlblockstein aus Normalbeton
Beispiel für einen Vierkammerstein mit der Festigkeitsklass 4, der Rohdichteklasse 1,4 und $b = 300$ mm, $l = 370$ mm und $h = 238$ mm, Format 15 DF mit Stirnseitennut und Nut- und Federausbildung der Stoßfuge:
Hohlblock DIN 18 153-4 K Hbn 4 – 1,4 – 15 DF – 370/300/238 – SN/N+F

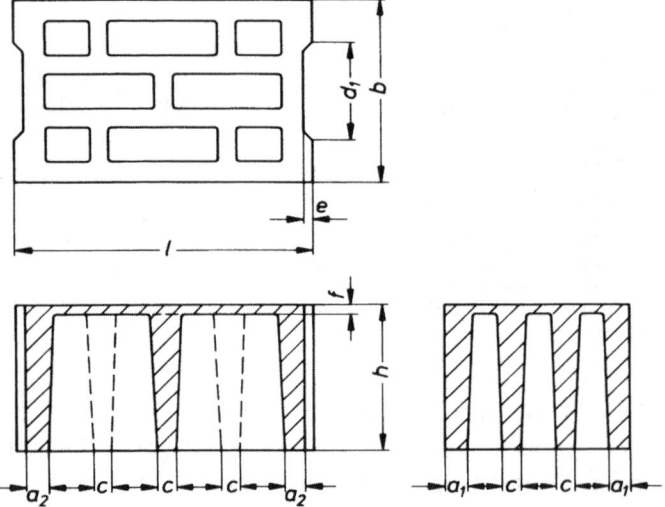

Abb. 2.35 Dreikammer-Hohlblockstein (Beispiel)

2.12 Steine und Wandplatten aus Beton

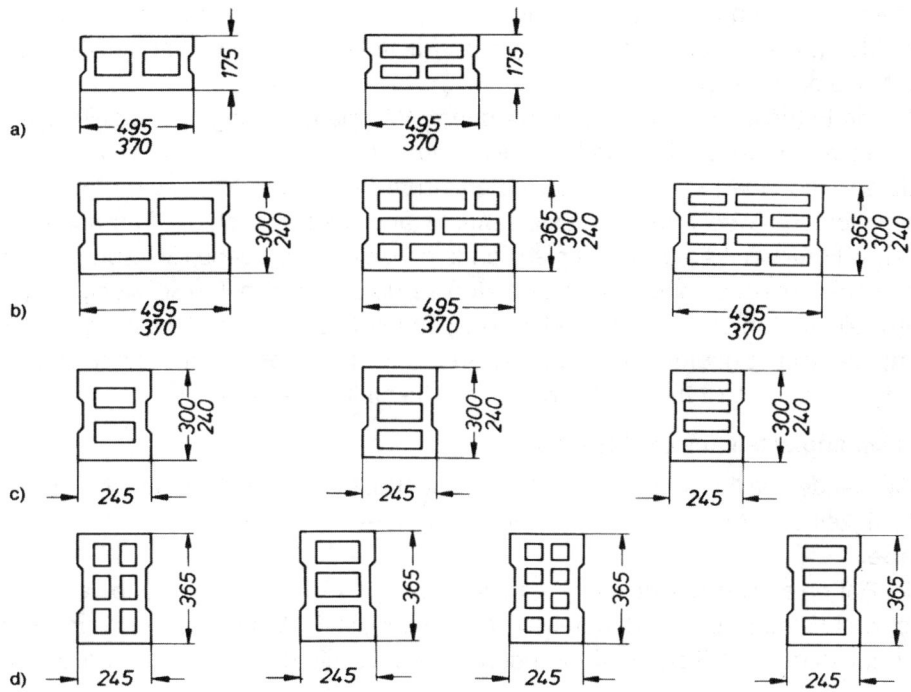

Abb. 2.36 Verschiedene Querschnitte von Hohlblocksteinen

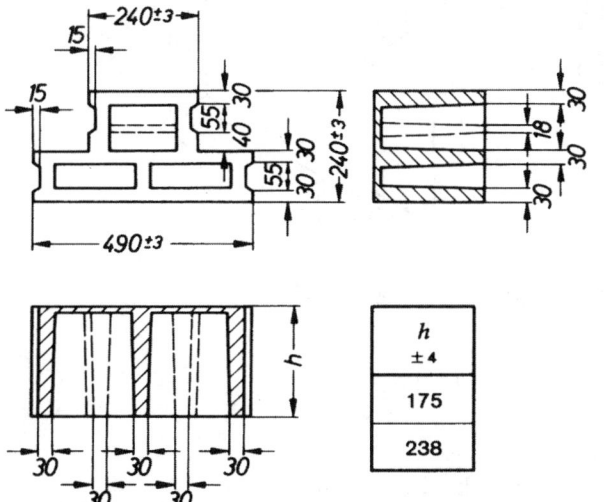

Abb. 2.37 T-Hohlstein nach DIN 18 153

f) Arten von Betonsteinen

Betonsteine werden in vielen weiteren Arten auf dem Baumarkt angeboten. Für diese ist jeweils eine allgemeine bauaufsichtliche Zulassung ausgesprochen.
Ein Teil dieser Steine besteht aus anderen oder besonders ausgesuchten Baustoffen (z.B. Trass-, Kalk-, Bimssteine). Zum anderen können besondere Formen oder Formate zugelassen werden (z.B. T-Vollsteine oder H-Steine; besondere Abmessungen bei Blocksteinen).

2 Keramische und mineralisch gebundene Baustoffe

Eine besondere Zulassung ist auch dann erforderlich, wenn zwar Abmessungen und Festigkeiten mit Normwerten übereinstimmen, aber für Rohdichten und Wärmeleitzahlen günstigere Werte beansprucht werden.

Eine Anzahl von Betonsteinarten hat eine integrierte Wärmedämmung, die aus EPS-Plattenstücken im Stein besteht (z.B. Gisotherm, Montage-Isolierblock-System Hinse).

Als besondere Wandbauarten sind Hohlsteine anzusprechen, deren Hohlräume mit Mörtel vergossen werden. Dabei übernehmen die Steine (auch Ziegel) noch die Tragfunktion. Dem Beton- und Mauerwerksbau rechnet man Sonderbauarten zu, bei denen Schalungssteine aufgesetzt und die in mehreren Schichten mit Beton ausgefüllt werden. Die Schalungssteine bestehen aus Leichtbeton, Normalbeton oder Holzspanbeton. Die Verwendungsmöglichkeit für bestimmte Bauteile (z.B. Brandwand, Kellerwand) ist in den Zulassungen festgelegt. Der Einbau von Bewehrungen ist möglich. Ausführliche Darstellung in [2.6].

2.12.5 Hohlwandplatten aus Leichtbeton

Geeignet für Wände, die überwiegend durch ihre Eigenlast beansprucht werden. Nachweis der Druckfestigkeit von 2,5 N/mm^2 (Einzelwert mindestens 2,0 N/mm^2).

Plattenmaße

Die Form der Platten entspricht einem Einkammerstein mit der Länge 490 mm und der Höhe 238 mm (bzw. 175 mm). Die Plattenbreite (Wandbreite) ist 100 mm oder 115 mm und gibt das Format 10 oder 11,5 an. Ausführungen ohne oder mit Stirnseitennut (Abb. 2.38).

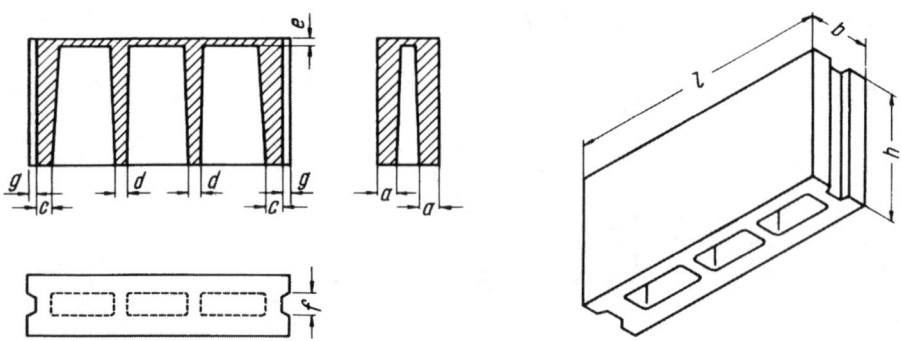

Abb. 2.38 Hohlwandplatte aus Leichtbeton (Beispiel mit Stirnseitennut)

Rohdichte
Klasseneinteilung 0,60 – 0,70 – 0,80 – 0,90 – 1,0 – 1,2 – 1,4
Bezeichnung
Beispiel für Rohdichte 0,8 und Format 11,5:
Hohlwandplatte aus Leichtbeton DIN 18 148 – Hpl 0,8 – 11,5

2.12.6 Wandbauplatten aus Leichtbeton

Geeignet für Wände, die überwiegend durch ihre Eigenlast beansprucht werden. Nachweis der Biegezugfestigkeit von 1,0 N/mm^2.

Plattenmaße
Es sind Vollplatten, die an Stoß- und Lagerfugen Nuten haben dürfen.

Format 5, 6 und 7	Format 10
mit 50, 60 und 70 mm Dicke	mit 100 mm Dicke
990/320 mm und 990/240 mm	490/240 mm

Rohdichte
Klasseneinteilung 0,8 – 0,9 – 1,0 – 1,2 – 1,4
Bezeichnung
Beispiel mit Rohdichte 1,2, Format 7 und 990 mm Länge:
Wandbauplatte DIN 18 162 – Wpl 1,2 – 7 – 990

2.13 Bauteile aus Beton

Normen

DIN EN 490	(01.12)	Dach- und Formsteine aus Beton für Dächer und Wandbekleidungen; Produktanforderungen
DIN EN 491	(11.11)	wie vor; Prüfverfahren
DIN V 18 500	(12.06)	Betonwerkstein
DIN 18 333	(09.12)	Betonwerksteinarbeiten
DIN V 1201	(08.04)	Rohre und Formstücke aus Beton, Stahlfaserbeton und Stahlbeton für Abwasserleitungen und -kanäle – Typ 1 und Typ 2; Anforderungen, Prüfung und Bewertung der Konformität
DIN EN 1916	(04.03)	Rohre und Formstücke aus Beton, Stahlfaserbeton und Stahlbeton
DIN EN 1338	(08.10)	Pflastersteine aus Beton – Anforderungen und Prüfverfahren
DIN EN 1339	(08.10)	Platten aus Beton – Anforderungen und Prüfverfahren
DIN EN 1340	(08.10)	Bordsteine aus Beton – Anforderungen und Prüfverfahren
DIN 483	(10.05)	Bordsteine aus Beton – Formen, Maße, Kennzeichnung

Aus der großen Zahl von Betonfertigteilen wird nur eine begrenzte Auswahl näher beschrieben. Lieferbare Bauteile und Größen nach Verzeichnissen der Hersteller [2.1].

2.13.1 Formstücke und Mantelrohre für Hausschornsteine

Neben den gemauerten Schornsteinen können auch **Formstücke** aus Leichtbeton mit Querschnitten bis 400 cm² für Hausschornsteine eingesetzt werden. Baustoff ist ausschließlich Leichtbeton von maximal 1,75 kg/dm³ Trockenrohdichte mit leichten Gesteinskörnungen (Leichtzuschlägen). Die Formstücke werden in den Festigkeitsklassen 4, 6, 8 und 12 hergestellt. Es werden eine glatte Innenfläche und maximale Werte für die Gasdurchlässigkeit gefordert. Die Wangen werden vollwandig oder mit Zellen hergestellt. Querschnittsmaße liegen zwischen 135 mm und 260 mm (rund oder quadratisch), die Züge werden einzeln oder in Gruppen angeordnet. Die 25 cm hohen Stücke werden in Mauermörtel der Mörtelgruppe II versetzt. Außenschornsteine sind frostbeständig und verputzt auszuführen (Abb. 2.39).

2 Keramische und mineralisch gebundene Baustoffe

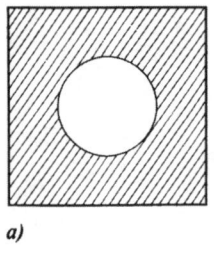

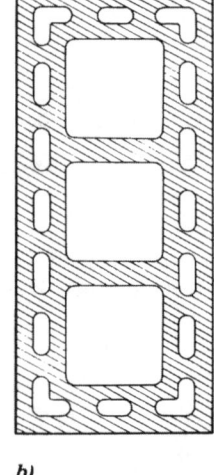

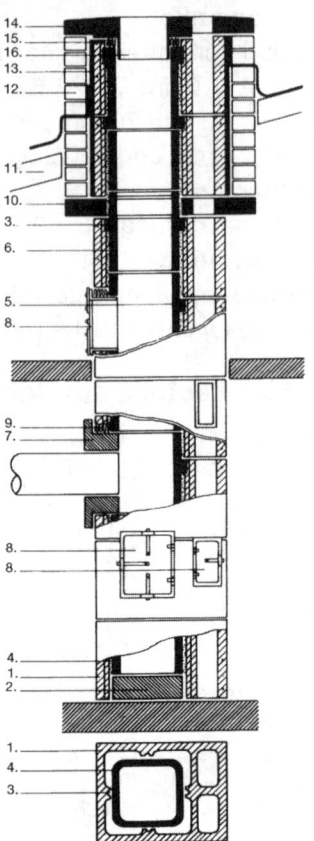

Abb. 2.39
Formstücke für Hausschornsteine aus Leichtbeton
a) einzügig ohne Zellen
b) dreizügig mit Zellen

Abb. 2.40
Hausschornstein aus Innenrohr und Mantelrohr
 1. Mantelrohr
 2. Sockelstein
 4. Innenrohr (Schamotte)
 5. Abstandhalter
 6. Dämmmaterial
 7. Anschlussstein
 8. Reinigungsöffnung
10. Kragplatte
12. Ummauerung
14. Betonabdeckung

Schamotterohre (siehe Abschn. 2.6.2) werden ummauert oder in **Mantelformstücken** aus Leichtbeton versetzt (nach Zulassung). Die Zwischenräume sind mit Dämmstoff gefüllt. Oft sind neben den Rauchrohren noch Abluftschächte angeordnet, sodass die größten Formstücke Abmessungen von 72/91 cm haben. Beide Arten werden durch Formstücke für Anschluss- und Reinigungsöffnungen und Schleifstücke (für Neigung) ergänzt. Kragplatte und Abdeckplatte – sogar ganze Fertigteile – für Schornsteinköpfe gehören dazu (siehe Abb. 2.40).
Ähnliche Fertigteile – manchmal geschosshoch – werden für mehrzügige Lüftungssysteme angeboten.

2.13.2 Zwischenbauteile für Stahlbeton- und Spannbetondecken

Sie werden als tragende und statisch nicht mitwirkende Hohlkörper in Rippen- und Balkendecken eingebaut (vgl. die Erläuterungen zu Zwischenbauteilen aus Ziegeln unter Abschn. 2.3). Als Baustoffe sind sowohl Normalbeton (Rohdichte über 2,0 kg/dm³) als auch Leichtbeton (Rohdichte < 2,0 kg/dm³) zulässig. Druckfestigkeit (im Mittel 20 N/mm²) bei statisch mitwirkenden Teilen und die Aufnahme einer Streifenlast auf dem Körper für Beanspruchungen im Bauzustand werden gefordert. Von den verschiedenen zulässigen Formen wird ein Beispiel in Abb. 2.41 dargestellt.

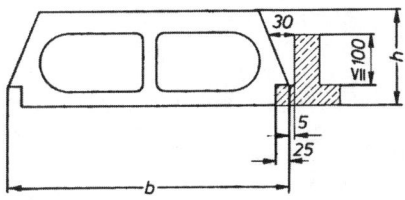

Abb. 2.41 Zwischenbauteil für Stahlbetondecken, Beispiel: Form D für vorgefertigte Rippen

2.13.3 Dach- und Formsteine aus Beton nach DIN EN 490

Dachsteine werden aus quarzhaltiger Mörtelmischung im Strangpressverfahren auf Unterlagsplatten hergestellt und durch Presswalzen verdichtet. Farbpigmente (Zementfarben) werden schon in die Mischung gegeben, insbesondere bei glatter Betonoberfläche. Der frische Beton wird mit einer Dispersionsfarbe beschichtet. Nach der Dampfhärtung wird eine weitere Farbschicht aufgetragen und getrocknet, die allerdings später abwittert. Eine raue Oberfläche erreicht man mit einem gesinterten Farbgranulat. Die Betonaushärtung erfolgt in 8 bis 12 Stunden in temperaturgesteuerten Härtekammern.

Es werden überwiegend hergestellt:
- großformatige Betondachsteine mit 300 bis 400 mm Deckbreite und 420 mm Länge,
- kleinformatige Betondachsteine mit Deckbreiten von 200 mm und kleiner (400 mm Länge).

Die Anforderungen erstrecken sich auf Oberfläche und Farbe (gleichmäßig, dicht), Maßhaltigkeit, Tragfähigkeit und Wasserundurchlässigkeit.

In Ergänzung zu den Dachsteinen wird eine Vielzahl von Formsteinen (Firststein, Gratstein, Kehlstein, Ortgangstein etc.) angeboten.

Verarbeitungsregeln enthalten die DIN 18 338 (VOB Teil C), die „Regeln der Dachdeckungen mit Betondachsteinen" vom Zentralverband des Dachdeckerhandwerks und Hersteller-Verlegeanleitungen.

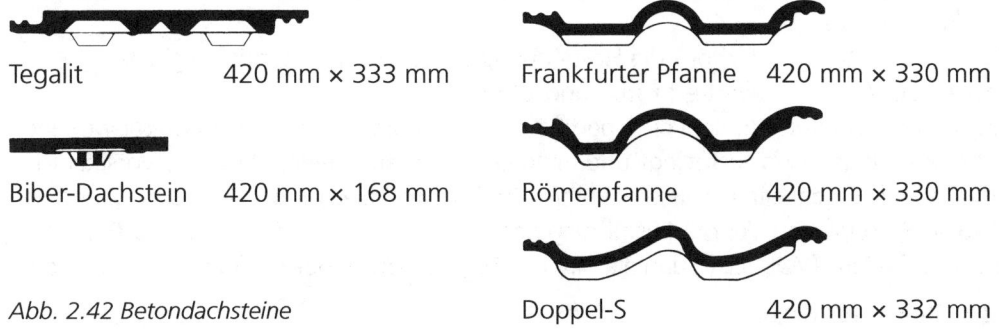

Tegalit	420 mm × 333 mm	Frankfurter Pfanne	420 mm × 330 mm
Biber-Dachstein	420 mm × 168 mm	Römerpfanne	420 mm × 330 mm
		Doppel-S	420 mm × 332 mm

Abb. 2.42 Betondachsteine

2.13.4 Betonwerksteine

a) Betonwerkstein ist der Sammelbegriff für Bauteile aus bewehrtem oder unbewehrtem Beton, die vorgefertigt werden und deren Oberfläche bearbeitet oder besonders gestaltet wird. Man wendet Betonwerkstein als Bodenbeläge (Platten), Treppenstufen, Fensterbänke, Fassadenbekleidungen und Mauerwerk aus Ornamentsteinen, Spaltsteinen oder Riemchen [2.1], [2.13]. Die Oberfläche wird steinmetzmäßig bearbeitet durch
– Spalten (Platten teilen oder Rippen abschlagen),

– Bossieren oder Spitzen,
– Stocken oder Scharrieren.
Weitere Bearbeitungen der Betonoberfläche sind
– Absäuern, Strahlen und Flammstrahlen,
– Grobschleifen (Werkstück hat Poren und Schleifrillen),
– Feinschleifen (mit Poren ausspachteln).
Die Sichtfläche kann auch durch eine besondere Schalungsstruktur oder ausgewählte Zuschlagstoffe bestimmt sein. Sollen diese Zuschläge zur Geltung kommen, wird ein Vorsatzbeton (über 8 mm, bei Stufen ≥ 15 mm) mit besonderen Gesteinskörnungen hergestellt und darunter frisch in frisch der normale Kernbeton. Der Vorsatzbeton muss mit dem Kernbeton untrennbar verbunden sein.

b) Bei **Waschbeton** ist das grobe Korn an der Oberfläche sichtbar und wird zu etwa 1/3 freigelegt, damit es noch im Mörtelgerüst fest eingebettet bleibt. Man kann farblich ausgewählten Kies oder Splitt als Grobkorn einer Ausfallkörnung (siehe Abschn. 5.11 und 6.14) verwenden, um einen besonderen Effekt bei Boden- oder Fassadenplatten zu erzielen. Das Auswaschen des Feinmörtels geschieht durch:
– Bearbeiten des noch frischen Betons mit Bürste und Wasser;
– Verzögerung der Zementerhärtung an der Oberfläche durch eine Schalungspaste und nachfolgendes Abspülen des Feinmörtels;
– Setzen einzelner Körner in Sandbettung, wodurch der Zementmörtel sie nicht voll umschließen kann.

c) Terrazzoplatten und -treppenstufen erhalten in der Vorsatzschale farblich und größenmäßig ausgesuchte Steine. Oft wird auch der Feinmörtel durch Steinmehl eingefärbt. Die ausreichend erhärtete Oberfläche wird geschliffen und dabei das Korn angeschnitten, sodass seine Färbung gut zur Geltung kommt. Meist wird dafür Kalkstein eingesetzt, der für Außenbereiche frostbeständig sein muss.

d) Oberflächenbehandlungen erfolgen zusätzlich zur Bearbeitung und bestehen aus dem Auftragen von
– Fluat   (erhöht die Härte und chemische Widerstandsfähigkeit),
– Polierwachs   (vertieft Farbe und Glanz),
– Versiegelungsmasse (macht die Oberfläche durch Imprägnierung u.a. wasserabweisend).

Die Anforderungen sind festgelegt und erstrecken sich auf Maße, Ebenheit, Vorsatzdicke, Beschaffenheit, Festigkeiten, Wasseraufnahme für Teile im Freien (unter 15 Masse-%) und Verschleiß bei Betonplatten. Für die Ausführung der Verlegearbeiten sind die DIN 18 333 „Betonwerksteinarbeiten" (VOB Teil C) und die DIN 18 516 „Außenwandbekleidungen" maßgebend.

2.13.5 Rohre aus Beton

a) Für Rohre aus Beton und Stahlbeton gelten die DIN EN 1916 und die DIN V 1201 und für Schächte die DIN EN 1917 und die DIN V 4034-1.
Druckrohre sind im Betrieb einem Innendruck ausgesetzt, der bei Spannbetonrohren bis 16 bar betragen kann.
Die wichtigsten Querschnittsformen und ihre Abmessungen sind:
– **Kreisquerschnitt**   mit DN 100 bis 4000 mm
– **Eiquerschnitt**   mit b/h = 500/700 bis 1400/2100 mm
– **Maulprofil**   mit b/h = 1600/1200 bis 4000/3000 mm

Betonrohre werden auch mit Füßen hergestellt, da es die Herstellungsverfahren zulassen. Die Anschlüsse werden als Glockenmuffe (Kennzeichen – M) oder als Falz (Kennzeichen – F) ausgebildet (Abb. 2.43 bis 2.45). Als Dichtung werden meist Rollringe und Gleitringe, teilweise auch Lippendichtungen eingesetzt.

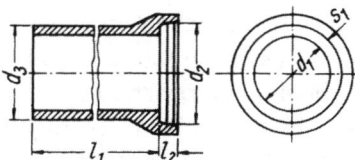

Abb. 2.43   Betonrohr mit Kreisquerschnitt ohne Fuß (Glockenmuffe)

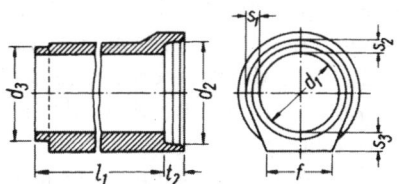

Abb. 2.44   Betonrohr mit Kreisquerschnitt mit Fuß (Glockenmuffe)

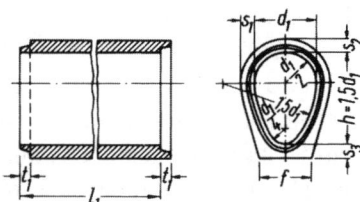

Abb. 2.45 Betonrohr mit Eiquerschnitt mit Fuß (Falz)

b) Herstellungsverfahren

Die Betonverdichtung erfolgt durch Stampfen, Pressen, Rütteln, Schleudern oder Walzen, sehr oft durch Kombination mehrerer Methoden.

Rüttelverfahren, Rüttelpressverfahren und Vakuumverfahren benutzen Rüttler, die durch mechanische Pressen oder Unterdruck unterstützt werden. In stehenden Formen lassen sich damit beliebige Querschnitte herstellen. Die Rohrsymmetrie nutzt man bei Schleuderverfahren, bei denen die Verdichtung durch die Zentrifugalkraft oder zusätzlich durch Pressen oder Walzen erzielt wird (meist angewandt bei Stahlbetonrohren). Eine Sonderstellung nimmt das WEST-Verfahren ein, das das gesamte Bausystem aus Schalung und Beton in Schwingung versetzt.

Die Rohrbewehrungen werden meist mit Betonstahl BSt 500/550 auf besonderen Schweißmaschinen erstellt.

c) Anwendungen

– Freispiegelleitungen (Abwasser),
– Druckleitungen (Wasserversorgung, Abwasser, Kühlwasser,)
– Düker, Heberleitungen,
– Stollen, Durchlässe, Schutzrohre unter Verkehrswegen,
– Einbau in offener Baugrube, Rohrdurchpressungen,
– Schachtunterteile, Einstiegschächte.

2.13.6 Betonteile im Straßenbau

a) Pflastersteine aus Beton

Starke Verbreitung auf städtischen Straßen, Plätzen, Industrieflächen, Parkplätzen, Gehwegen und Fußgängerzonen. Maßhaltigkeit, Beständigkeit und Wiederverwendbarkeit bei Aufgrabungen ergeben wirtschaftliche Vorteile, die vielfältige Struktur, Farbgebung und Gestaltung durch den Pflasterverband erlauben besondere architektonische Wirkungen. Die Oberfläche wird durch gebrochene und besonders harte Zuschläge rau und griffig. Durch ausgewählte Zuschlagstoffe und Pigmente ist eine Farbgebung möglich (besonders anthrazit, rot, gelb, braun). Die Spaltzugfestigkeit muss im Mittel 3,6 N/mm² betragen. Weitere Eigenschaften sind Dichtigkeit sowie Frost- und Tausalzwiderstand. Durch die hohe Druckfestigkeit sind die Pflastersteine ausreichend widerstandsfähig gegen Frost und Tausalz. Die Beachtung der Einbauvorschriften (Merkblatt der Forschungsgesellschaft für das Straßen- und Verkehrswesen, Köln; VOB Teil C, DIN 18 318), eine sorgfältige Planung und ein tragfähiger Unterbau sind für eine schadensfreie Ausführung wichtig.

Quadratsteine und **Rechtecksteine** nach DIN EN 1338 haben Steinhöhen von 6 cm bis 14 cm und Aufstandsflächen von 16/16 cm, 16/24, 10/20 cm und 10/10 cm.

Sechsecksteine und **Verbundsteine** werden in einer Vielzahl von Formen angeboten, die manchmal nur regional erhältlich sind. In Abb. 2.47 wird ein Schema von acht Gruppen angegeben, in die man die jeweiligen Steinformen einordnet. Steinhöhen von 6 cm, 8 cm und 10 cm sind üblich [2.11].

b) Platten

Radwegplatten und **Spurwegplatten** haben oft ein größeres Format (60/30/10 cm) und eine Verbundverzahnung, die Verschiebungen in seitlicher und vertikaler Richtung verhindert. Gehwegplatten nach DIN EN 1339 sind mit den Maßen 30/30/4, 35/35/5, 40/40/5 und 50/50/6 cm genormt. Mit der geforderten Biegezugfestigkeit von 6 N/mm² halten sie allen Beanspruchungen unter Fußgängerverkehr stand. Bei Lkw-Ladeverkehr haben sich Platten im Format 30/15/10 und 35/35/10 bewährt (Merkblatt für Befestigungen mit Pflaster- und Plattenbelägen, Forschungsgesellschaft für das Straßen- und Verkehrswesen, Köln).

c) Rasensteine und Baumscheiben

c) **Rasensteine** und **Baumscheiben** haben Durchbrüche für Pflanzenbewuchs und Bewässerung.

d) Bordsteine nach DIN EN 1340 und DIN 483

trennen die Verkehrsbereiche und dienen der Wasserführung. Sie werden auf einem Betonunterbau versetzt; Bordsteine mit entsprechend verringerter Höhe werden auf der Binderschicht der Straße aufgeklebt. Abmessungen (Abb. 2.46) und mittlere Biegezugfestigkeit (6 N/mm²) sind genormt. Eine ausreichende Frost-/Tausalz-Widerstandsfähigkeit wird gefordert, jedoch nur nach Vereinbarung geprüft. Oberfläche, Farbe und Aufbau mit Vorsatzbeton sind wählbar. Kurvensteine lassen eine Ausführung von Radien ab 0,50 m bis 12,00 m zu.

e) **Randsteine** mit 0,20 m und 0,25 m Höhe, 0,50 m Länge werden niveaugleich als Abschluss eingebaut. Dafür auch **Einfassungssteine** (Kantensteine) mit nur 5 cm und 6 cm Breite.

f) **Entwässerungsrinnen**, **Straßen-** und **Hofabläufe**, **Kabelkanal-Formsteine** werden nach besonderen Normen oder Richtlinien hergestellt.

2.14 Bauteile aus Faserzement und Asbestzement

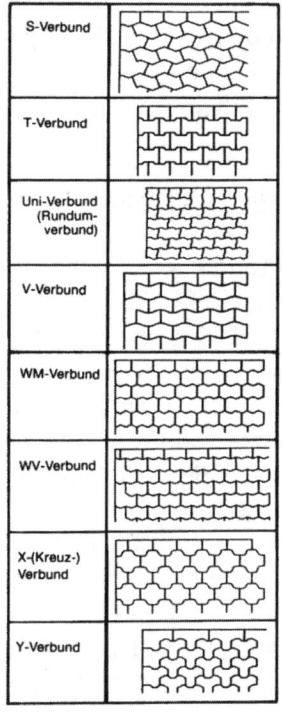

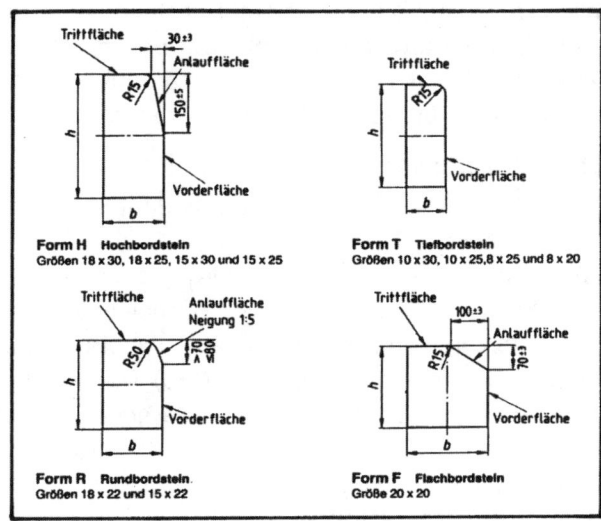

Abb. 2.46 Betonbordsteine nach DIN 483

Abb. 2.47 Verbundpflastersteine aus Beton – Systemübersicht

2.14 Bauteile aus Faserzement und Asbestzement

Normen

DIN EN 12 763	(10.00)	Faserzementrohre und -formstücke für Hausentwässerungssysteme; Maße und technische Lieferbedingungen
DIN EN 492	(12.12)	Faserzement-Dachplatten und dazugehörige Formteile
DIN EN 494	(12.15)	Faserzement-Wellplatten und dazugehörige Formteile
DIN EN 512	(04.02)	Faserzement-Produkte – Druckrohre und Verbindungen
DIN EN 588-1	(11.96)	Faserzementrohre für Abwasserleitungen und -kanäle – Rohre, Rohrverbindungen und Formstücke für Freispiegelleitungen
-2	(05.02)	wie vor; Einsteig- und Kontrollschächte

2.14.1 Allgemeines

Untersuchungen über die **Gesundheitsgefährdung durch Asbest** und drohende Rohstoffknappheit haben eine Entwicklung eingeleitet, Asbestfasern durch physiologisch unschädliche Fasern zu ersetzen. In dem freiwilligen Branchenabkommen von 1982 hat die deutsche Faserzement-Industrie den schrittweisen Ersatz von Asbestfasern durch Kunststofffasern vereinbart.

Auf dem Baumarkt findet man nunmehr ausschließlich Faserzementprodukte, nachdem zu Beginn der Umstellung zunächst kleinformatige Platten, Wellplatten, Brandschutztafeln und Blumenkästen ohne Asbest hergestellt wurden.

Vorhandene Asbestzementbauteile verursachen durch Abwitterung nur geringfügige Emissionen. Anders verhalten sich dagegen Spritzasbestputze und Asbest-Leichtbauplatten. Hier ist der Asbest nur schwach gebunden und kann als Asbestfaserstaub in die Raumluft gelangen, wo er als eingeatmeter Feinstaub zu Gesundheitsschäden führt. Bei **Sanierungen, Abbruch und nachträglichem Bearbeiten** von asbesthaltigen Baustoffen ist die Anweisung „Spritzasbest und Asbestprodukte in Innenräumen erkennen – bewerten – sanieren" des Bundesministers für Raumordnung, Bauwesen und Städtebau zu beachten.

2.14.2 Asbestzement

Für einige Bauteile mit Asbestfasern und für Sanierungsarbeiten folgen Angaben über den Baustoff Asbest:

Asbest ist ein Magnesium-Hydrosilikat, das durch Umwandlung (Kontaktmetamorphose) aus silikatischen Gesteinen (Olivin, Hornblende, Serpentin u.a.) entstanden ist. Die wichtigsten Vorkommen liegen in Kanada, Südafrika und im Ural, wo das Gestein über Tage abgebaut wird (Asbestanteil 4 bis 10 %). Die wichtigste und am weitesten verbreitete Art ist Chrysotil oder Weißasbest, dessen Faser eine Zugfestigkeit von 560 bis 760 N/mm² aufweist (Reindichte 2,3 bis 2,5 kg/dm³; Härte 3 bis 4; Schmelzpunkt etwa 1550 °C). Daneben verwendet man in geringerem Umfang Krokydolith oder Blauasbest (Reindichte 3,4 kg/dm³; Härte 5 bis 6; Schmelzpunkt etwa 1150 °C; Zugfestigkeit bis zu 2250 N/mm²).

Anwendungsbereiche: Bautafeln und -platten und Rohre aus Asbestzement, Hitzeschutzbekleidung, Dichtungen, Brems- und Kupplungsbeläge, elektrisches Isoliermaterial, Filter in der Getränkeindustrie u.a.

Zur **Herstellung** von Bauteilen (siehe Abschn. 2.14.3) aus Asbestzement wurden die Rohfaserbündel in Kollergängen aufgeschlossen, sodass man Faserstränge mit 0,1 bis 0,3 µm Durchmesser und bis 12 mm Länge verarbeitete. Durch die große und raue Oberfläche vermag die Asbestfaser die Zementteile adhäsiv zu binden und in einer Mischung mit hohem Wasseranteil zu tragen. Die gleiche Faser bewirkt die hohe Zugfestigkeit und Verformbarkeit. Weitere besondere Eigenschaften des Asbestzements sind chemische und biologische Beständigkeit durch die mineralischen Bestandteile.

Asbestzement ist beständig gegen: Laugen, schwache Säuren, Chloride, Salpeter, organische Lösungsmittel, Mineralöle, Jauche (pH > 6).

Schädlich sind folgende Stoffe bei Dauerwirkung:
– Anorganische und organische Säuren (Oxal-, Milch-, Essigsäure), Salzlösungen von Magnesiumsalzen, Sulfaten, Ammoniumsalzen, Eisenchlorid,
– warmes destilliertes Wasser, aggressive Wässer (pH < 6),
– hohe Konzentrationen einiger Gase mit Feuchtigkeit (Rauchgase, Schwefeldioxid u.a.).

Nichtbrennbarer Baustoff Klasse A1:
– hitzebeständig bis 300 °C (kurzzeitig 400 °C),
– frostbeständig,
– verschleißfest.

Gesundheitsschädlich sind Feinstaubfasern mit weniger als 3 µm Durchmesser und 5 bis 500 µm Länge, die beim Einatmen in die Lunge gelangen und Asbestose und Lungenkrebs erzeugen können. Die Gefährdung geht nicht vom Bauteil, sondern von dem Fasergehalt in der Luft aus, der früher in der Industrie bei 200 Fasern/cm³ und höher lag. Ab 1982 ist als Technische Richtkonzentration (TRK) 1 Faser/cm³ Luft festgelegt. Bei der Herstellung von Asbestzement sind ausreichende Schutzmaßnahmen zur Einhaltung der TRK getroffen. Beim Sanieren von Asbestzement auf der Baustelle sind die Unfallverhütungsvorschriften „Schutz gegen gesundheitsgefährlichen mineralischen Staub (VBG 119)" zu beachten. Es dürfen nur zugelassene Arbeitsgeräte verwendet werden, die keinen Feinstaub erzeugen. Keine Trennschleifer! Grobspanende Geräte oder Entstaubung (Kreissäge mit Entstauber, Bandsäge, Handstichsäge, Schere, Handreißer). Eine Umweltbelastung durch abgewitterte Asbestfasern ist nicht festgestellt worden.

2.14.3 Faserzement

2.14.3.1 Allgemeines

Der **Ersatz von Asbestfasern** durch physiologisch unbedenkliche, aber technisch gleichwertige Fasern hat nach einer jahrelangen intensiven Forschungsarbeit zu dem Ergebnis geführt, dass die Armierung der Zementmatrix durch modifizierte Polyacrylnitril-Fasern (Dolanit) bzw. Polyvinylalkohol-Fasern (Kuralon) erfolgt. Sie erfüllen die Forderungen nach ausreichender Zugfestigkeit, E-Modul, Haftung an der Zementmatrix und chemischer Beständigkeit sowohl gegenüber der alkalischen Umgebung des Zements als auch gegenüber den Witterungseinflüssen. Die größere Bruchdehnung der Fasern hat in dem Faserzementprodukt ein vorteilhaftes zäh-elastisches Verhalten mit größeren Verformungen vor dem Bruch zur Folge. Die letzte Entwicklung führte zu einem Fasertyp, der Faserdurchmesser von 13 bis 100 µm und Faserlängen von 2 bis 24 mm hat, je nach Anwendungsbereich. Diese Abmessungen liegen weit über den Grenzen von „lungengängigem" Feinstaub.

Der **erhärtete Faserzement** besteht zu etwa 40 % aus Portlandzement, dem zur Optimierung der Eigenschaften etwa 11 % Zusatzstoffe (z.B. Kalksteinmehl und gemahlener Faserzement) zugegeben werden. Die Armierungsfasern haben bei geringerer Rohdichte nur einen Anteil von 2 %, die Prozessfasern von 4 bis 6 %. Neben Wasser (bis 12 %) besteht der Baustoff aus Luft, die in feiner Verteilung in Mikroporen vorliegt. Er ist dadurch dampfdurchlässig, aber trotzdem wasserdicht. Die Poren bieten für gefrierendes Wasser Expansionsräume und verhindern die Zerstörung durch Frost. Eine Oberflächenbehandlung durch Beschichtung erfüllt nicht nur eine dekorative Funktion, sondern bietet auch Schutz gegen sauren Regen und Abwitterung und ist beständig gegen Temperatur, Witterung und UV-Strahlung.

2.14.3.2 Herstellung

Bei der **Fabrikation** wird ein wässriger Brei aus Zement und Fasern gemischt. Dabei müssen die Zementteilchen von den Fasern im Wasser getragen werden. Im Gegensatz zu den Asbestfasern mit ihrer feinen und ausgefransten Struktur haben die Kunststofffasern eine glatte Oberfläche und können diese Aufgabe nicht ausreichend übernehmen. Dafür werden Prozessfasern (Zellstoff) eingebracht.

Die Herstellung erfolgt nach dem bewährten **Nassverfahren** von *Hatschek* (patentiert 1900) in modifizierter Form, bei dem ein oder mehrere rotierende Siebzylinder aus den Stoffkästen mit einer wässrigen Dispersion von Zement und Fasern eine dünne Vliesschicht von etwa 1 mm aufnehmen und auf ein Transportband leiten. Auf dem Transportband (Filzband) wird durch Saugdüsen die Schicht entwässert. Es entsteht eine endlose Matte, in der sich die Fasern teilweise in Mattenebene ausrichten.

Bei der **Tafelherstellung** wird die Vliesmatte auf Formatwalzen aufgewickelt, bis die geforderte Tafeldicke erreicht ist. Die Fasern verzahnen sich mit den Nachbarschichten, sodass sich eine fest zusammenhängende Matte bildet. Nach dem Aufschneiden der Mattenzylinder löst man sie von der Formatwalze und bearbeitet sie durch automatische Stanzen und

Pressen zu kleinformatigen Platten, ebenen Tafeln und Wellplatten. Aus den noch weichen Rohplatten werden Lüftungsrohre und -formstücke von Hand geformt. Es entstehen ferner Dach- und Fassadenplatten mit Kantenlängen bis zu 160 cm, Wellplatten und ebene Tafeln, ungepresst, gepresst und normal gehärtet oder dampfgehärtet, die als großformatige Ausbauplatten oder Fassadenplatten mit einer Kantenlänge bis 360 cm Verwendung finden. Sie können eine dauerhafte Farbbeschichtung erhalten. Kleinformatige Platten können auch durchgefärbt hergestellt werden. Nach wenigen Stunden besitzen die Teile eine ausreichende Festigkeit und können von der Schalung genommen werden. Es folgt die Nacherhärtung im Lagerraum über 28 Tage oder eine Dampfhärtung. Auch großformatige Wellplatten werden ab 1990 in Deutschland nur noch asbestfrei hergestellt.

Bei der **Rohrherstellung** wird die Matte auf einen Kern aufgewickelt, der bis zum Erhärten unter Wasser im Rohr bleibt. Dann wird das Rohr abgelängt und an den Rohrenden für den Passsitz der Verbindungen abgedreht. Formteile und Rechteckrohre werden von Hand geformt. Die Tiefbauprodukte, wie Rohre, Schächte und Brunnenstuben, werden inzwischen auch als asbestfreie Erzeugnisse hergestellt.

2.14.4 Wellplatten

Die DIN EN 494 gilt für Faserzement-Wellplatten und -Formteile des Typs NT (asbestfreie Technologie).

Maße nach DIN EN 494 und Werksangaben (siehe Abb. 2.48 bis 2.50).

Profil	Dicke in mm	Plattenbreite in mm	Seitenüberdeckung in mm	Plattenlänge in mm
(5) 177/51	6,5	920	47	2500/2000/1600/1250
(8) 130/30	6,0	1067	47	830/625
		1000	90	2500/2000/1600/1250

Lange Platten werden über mehrere Pfetten gelegt. Nach Profil und Dachneigung darf der maximale Pfettenabstand 1150 bis 1450 mm betragen. Um die Dachfläche dicht zu halten, müssen bei geringen Dachneigungen Dichtungsprofile in Längs- und auch Seitenüberdeckung gelegt werden.

Dachneigung: Ausführung:
 über 10°   ohne Dichtungsprofil
 über 7°   mit Dichtungsprofil im Längsstoß
 über 5°   mit Sonderprofil im Seitenstoß (Profil 5)
 über 3°   mit Deckkappe und besonderer Kittschnur (Profil 5)

Sonderprofile in Trapezform für Dachdeckungen, Wände und Sichtblenden.

2.14 Bauteile aus Faserzement und Asbestzement

Tafel 2.32 Bauphysikalische Werte von Wellplatten und ebenen Tafeln aus Faserzement für den Hochbau
(Beispiel Fa. Eternit; andere Hersteller vergleichbare Produkte)

Baustoff		Wellplatte Profil 5 für Dach	Eterplan N (n. Kl. 2) für Innenausbau
Brandschutz-Baustoffklasse	–	A2	A2
Plattendicke	mm	6,5	6, 8, 10, 12, 15, 20
Trockenrohdichte	kg/m³	1700	1650
Feuchte lagertrocken max. Feuchte	Masse-% Masse-%	8 bis 10 23	6 bis 8 8
Rechenwerte für Biegespannung E-Modul	N/mm² N/mm²	längs: 4,0 8500	längs und quer: – 15 000
Biegefestigkeit (Bruchwerte)	N/mm²	–	längs: 17,0 quer: 24,0
Wärmedehnzahl α_T	1/K	$14 \cdot 10^{-6}$	$10 \cdot 10^{-6}$
Dehnung bei Wasseraufnahme (max.)	mm/m	3,5	2,0

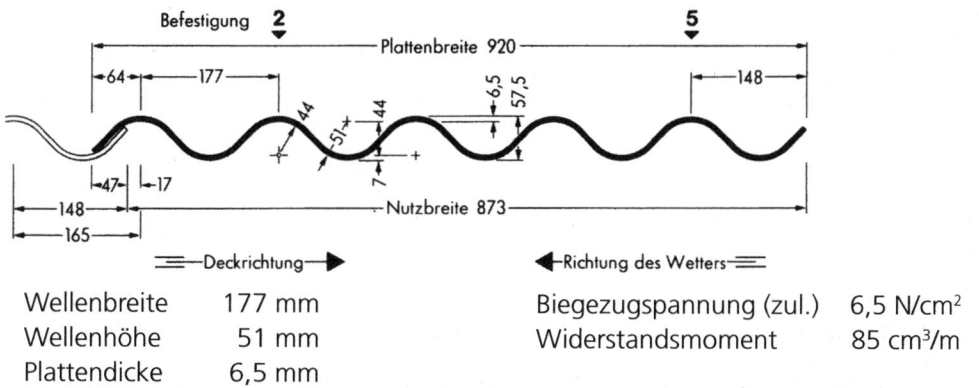

Wellenbreite 177 mm Biegezugspannung (zul.) 6,5 N/cm²
Wellenhöhe 51 mm Widerstandsmoment 85 cm³/m
Plattendicke 6,5 mm

Abb. 2.48 Wellplatten, Querschnitt, Profil 5 (177/51)

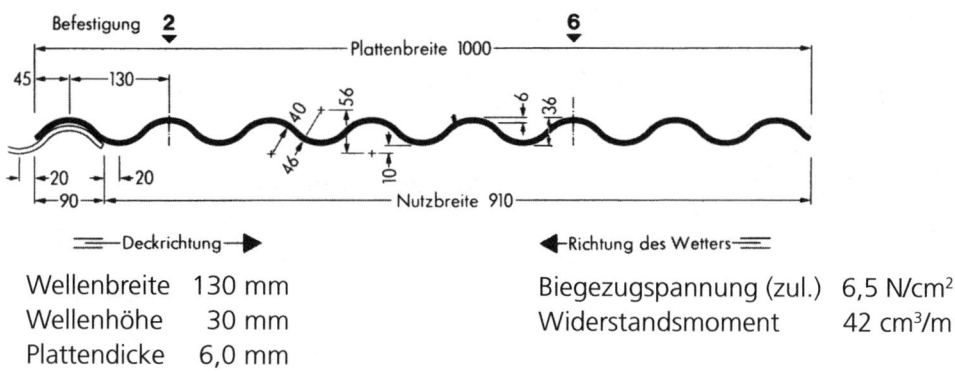

Wellenbreite 130 mm Biegezugspannung (zul.) 6,5 N/cm²
Wellenhöhe 30 mm Widerstandsmoment 42 cm³/m
Plattendicke 6,0 mm

Abb. 2.49 Wellplatten, Querschnitt, Profil 8 (130/30)

2 Keramische und mineralisch gebundene Baustoffe

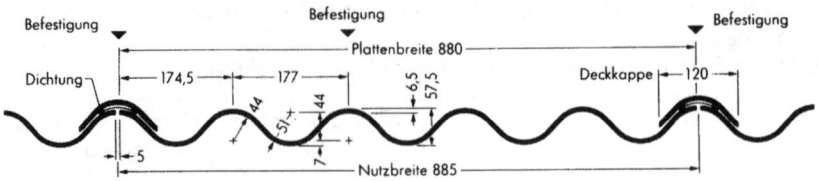

Abb. 2.50 Wellplatten; Deckung für flache Dächer mit Profil 5 (177/51)

2.14.5 Ebene Dachplatten aus Faserzement
Formate nach DIN EN 492 und Werksangaben

In Deutschland dürfen nur Faserzementdachplatten und dazugehörige Formteile für Dächer ohne Asbestfasern hergestellt und verwendet werden.
- Deutsche Deckung 40/40, 30/30 (und 20/20) mit Bogenschnitt (siehe Abb. 2.51 a)
- Doppeldeckung (Biberdeckung) 30/60 bis 20/40 (siehe Abb. 2.51 b)
- Waagerechte Deckung 60/30 (siehe Abb. 2.51 c).

Farbgebung durch farbige, trockene Streuschicht aus Pigmenten auf die obere Vliesschicht, dann einpressen. Die erhärtete, angewärmte Platte wird später mit einer Kunststoffdispersion beschichtet. Große Farbauswahl. Anwendung auch bei Fassaden, Mindestdachneigung 25°.

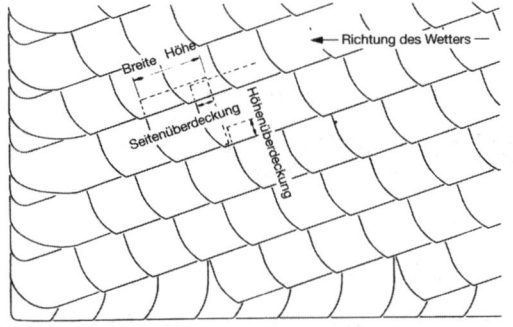

a) Deutsche Deckung
Mindestdachneigung 25°
Verlegung nur auf Schalung mit einer Lage Dachbahn

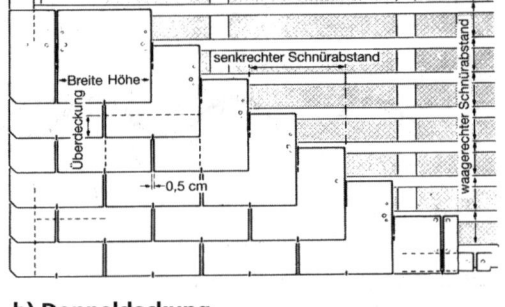

b) Doppeldeckung
Mindestdachneigung 25°
Verlegung auf Lattung oder Schalung und Dachbahn

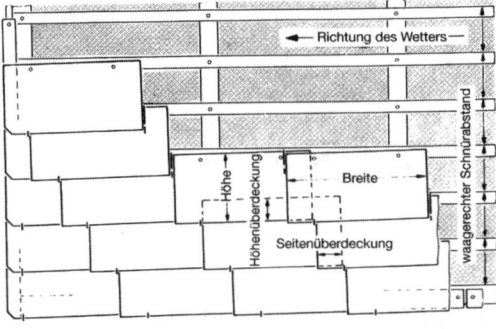

c) Waagerechte Deckung
Mindestdachneigung 30°
Verlegung auf Lattung oder Schalung und Dachbahn

Abb. 2.51 Dachplatten; Plattenanordnung

2.14 Bauteile aus Faserzement und Asbestzement

2.14.6 Ebene Tafeln
- Klasse 1, Innenbautafel, ungepresst, hellgrau
  Abmessungen bis 2500/1250 mm, Dicke 5 bis 10 mm
- Klasse 2, gepresst, normal gehärtet, beidseitig glatt
  a) hellgrau oder farbig, wetter- und frostbeständig, nichtbrennbar A1,
     Abmessungen bis 3580/1250 mm, Dicke 4 bis 20 mm
  b) Innenbautafeln, Abmessungen 2500/1250 mm, 2 bis 5 mm
  c) Unterdachtafeln
  d) ebene Tafeln mit Drahtarmierung
- Klasse 3, gepresst, dampfgehärtet
  a) farbig beschichtet für Fassaden, wetter- und frostbeständig, nichtbrennbar A1,
     Abmessungen bis 3130/1280 mm, Dicke 4 bis 12,5 mm
  b) hellgrau, sonst wie a)
  c) acrylbeschichtet, sonst wie a), Abmessungen bis 3580/1250 mm, Dicke 6 bis 20 mm
  d) mit Marmorsplitt bestreut, sonst wie a)
- **Brandschutzplatten**
  Faser-Calcium-Silicat-Platten
  Baustoffklasse A1 (nichtbrennbar), dauerhitzebeständig bis 400 °C
  Abmessungen bis 3100/1250 mm, Dicke 8 bis 30 mm, Rohdichte 0,85 kg/m³
  Wärmeleitfähigkeit 0,147 W/(m · K).
  Durch Zusatz von porigen Zuschlägen wird die Wärmedämmung erhöht. Wasseraufnahme bis 70 % des Trockengewichts. Auch als Akustikplatte mit Lochung.
- Zementgebundene Holzfaserplatten (siehe Abschn. 17.13.9.3)
  Teilweise Baustoffklasse A2 (nichtbrennbar).

2.14.7 Rohre für Haustechnik

Abwasserrohre	Nennweiten DN 100 bis DN 300
	Baulängen 1,50 bis 4,00 m
	Muffenverbindungen, muffenlose Verbindung
Lüftungs- und Abgasleitungen	Rechteckige Querschnitte, 2- und 3-zügig
(Bausysteme)	Runde Querschnitte, 2-zügig
Müllabwurfschächte	Nennweiten DN 400 bis DN 600.

2.14.8 Rohre für den Tiefbau

Abwasserleitungen	DN 100 bis DN 1000
Abwasserkanäle	DN 400 bis DN 1500, Klasse A
	DN 150 bis DN 1500, Klasse B (verstärkt)

Schächte, Straßenabläufe, Drainrohre, Filterrohre.
Mantelrohre für Fernwärmeleitungen, Versorgungsleitungen, Lüftungsleitungen, Druckrohre.
Dazu Formstücke wie Bogen, Abzweige, Übergangskupplungen u.a.

2.15 Bauplatten mit mineralischen Bindemitteln

2.15.1 Allgemeines

Bauplatten mit mineralischen Bindemitteln finden vor allem Anwendung bei Verkleidungen, leichten Trennwänden, Decken- und Wandbekleidungen, Ausfachungen etc. An diese Bauteile werden Anforderungen an den Wärme-, Schall- und insbesondere Brandschutz gestellt. Bei einzelnen Arten ist auch eine Beständigkeit gegen Feuchtigkeit und Witterung vorhanden. Die Eigenschaften werden teilweise durch Normen, bei Neuentwicklungen durch Zulassung und Prüfzeugnis, festgelegt. Zum Brandschutz siehe die Erläuterungen unter Abschnitt 16.4.

Die Platten werden teilweise mit mineralischen Zuschlagstoffen, teilweise mit Holzwolle (siehe Abschn. 16.5.5) und mit Holzspänen (siehe Abschn. 17.13.4.6), teilweise auch in Kombination hergestellt.

Anstelle von Zement wird auch Gips als Bindemittel eingesetzt (siehe Abschn. 4.1.4).

2.15.2 Bauplatten mit mineralischen Zuschlagstoffen

Der **Brandschutz** ist der wichtigste Einsatzbereich dieser Platten. Durch Verbindung von mineralischen Zuschlägen und Bindemitteln erhält man Bauplatten der Baustoffklasse A1. Organischer Anteil im Bindemittel und Oberflächenkaschierung aus Papier können eine Einstufung in die Baustoffklassen A2 oder B1 bewirken (siehe Abschn. 16.4.1). Je nach Typ werden die Platten eingesetzt als Wand- und Deckenbekleidungen, Verkleidungen von Stützen und Trägern, Fassadenelemente oder als Trägerplatten für Furniere und Laminatbeschichtung.

a) **Platten mit porösen Zuschlägen**[3]
   Fabrikat: z.B. Thermax-Brandschutzplatten
   Zuschlagstoff: Vermiculite (siehe Abschn. 5.2.3)

Typ	Thermax SL	Thermax A	Thermax M
Dicke in mm	20 bis 50	10 bis 25	16, 35
Rohdichte in kg/m^3	550	750 bis 850	475
Biegefestigkeit in N/mm^2	1,5	5 bis 6	2,3
Wärmeleitfähigkeit in W/(m · K)	0,14	0,16	0,14
Brandverhalten: Baustoffklasse	A1	A1	A2

b) **Platten mit Mineralfasern (Fibersilikat)**[4]
   Fabrikat: Promat-Feuerschutzbauplatten

Typ	PROMATECT-H	PROMATECT-L
Dicke in mm	6 bis 25	20 bis 50
Rohdichte in kg/m^3	870	450
Biegefestigkeit in N/mm^2	7,6	3,1
Wärmeleitfähigkeit in W/(m · K)	0,175	0,083
Brandverhalten: Baustoffklasse	A1	A1

---

3 Beispiele mit Herstellerangaben.
4 Beispiele mit Herstellerangaben.

2.16 Literaturverzeichnis

[2.1] Brand, J., Betonfertigteile, Herstellung und Anwendung, Verlagsges. R. Müller, Köln-Braunsfeld, 1982
[2.2] Karsten, R., Bauchemie, 11. Aufl., Dr.-Lüdecke-Verlags-GmbH, Heidelberg, 2002
[2.3] de Quervain, F., Technische Gesteinskunde, 2. Aufl., Birkhäuser Verlag, Basel/Stuttgart, 1967
[2.4] Schneider, U./Schwimann, S./Bruckner, H., Lehmbau für Architekten und Ingenieure; 1. Auflage, Werner Verlag, Düsseldorf, 1996
[2.5] Petzold, A./Hinz, W., Silikatchemie, Einführung in die Grundlagen, Ferdinand-Enke-Verlag, Stuttgart, 1987
[2.6] Mauerwerk-Kalender, Ernst & Sohn Verlag für Architektur und technische Wissenschaften GmbH, Berlin, verschiedene Jahrgänge
[2.7] Bundesverband der Deutschen Ziegelindustrie, Bonn, Technische Informationsreihe: Ziegel-Bauberatung, Loseblattsammlung
[2.8] Steinzeug GmbH (Hrsg.), Steinzeug Handbuch, 5. Aufl., 1994 (Adresse siehe Abschnitt 21.2)
[2.9] Kalksandstein Information GmbH + Co. KG (Hrsg.), Kalksandstein: Berechnung und Ausführung, Verlag Bau + Technik, Düsseldorf, 2003
[2.10] Weber, H., Das Porenbetonhandbuch: planen und bauen mit System; 5. Auflage, Bauverlag GmbH, Wiesbaden und Berlin, 1999
[2.11] Beton- und Fertigteil-Jahrbuch, Bauverlag GmbH, Wiesbaden/Berlin, verschiedene Jahrgänge
[2.12] Bundesverband Betonbauteile Deutschland e. V. (Hrsg.), Handbuch für Rohre aus Beton, Stahlbeton und Spannbeton, Bauverlag GmbH, Wiesbaden/Berlin, 1978
[2.13] Ders. Hrsg., Betonwerksteinhandbuch, VBT Verlag Bau und Technik, 2001
[2.14] Wesche, K., Baustoffe für tragende Bauteile, Bd. 2, Beton Mauerwerk, 3. Aufl., Bauverlag GmbH, Wiesbaden/Berlin, 1993
[2.15] Schneider, K.-J./Schubert, P./ Schoch, T., Mauerwerksbau – Praxis, Bauwerk Berlin, 2009
[2.16] Gösele, K./Schüle, W., Schall, Wärme, Feuchte, 10. Aufl., Bauverlag GmbH, Wiesbaden/Berlin, 2000

3 Bauglas

Prof. Dipl.-Ing. Rolf Möhring, Prof. Dr. rer. nat. Thomas Thielmann

3.1 Allgemeines

3.1.1 Historische Entwicklung

Durch Funde in Ägypten und Assyrien zeigt sich, dass man es vor 3500 bis 4000 Jahren fertigbrachte, Glasgefäße und Glasgegenstände herzustellen. Wann erstmals Glas erzeugt wurde, weiß man nicht genau. Älteste Glasfunde stammen aus dem Ende der jüngeren Steinzeit, etwa 7000 v. Chr. Die Kunst der Glasherstellung war nicht nur im Nahen Osten, sondern auch in Indien, Japan und China bekannt. Um die Zeitenwende führt die Erfindung der Glasmacherpfeife (Rohr zum Glasblasen), aber auch die Verbreitung im Römischen Reich zu einem technischen und künstlerischen Aufschwung. Eine neue Blütezeit des Glasmachens entwickelt sich mit dem Ausgang des Mittelalters (Venezianisches Glas). In Deutschland findet man zu dieser Zeit kleine Waldglashütten. Gefäße und Fensterglas sind selten und teuer.

Bis in die 20iger Jahre des 20. Jahrhunderts wurden Glaswaren und auch Flachglas fast ausschließlich im Gusstisch- oder Mundblasverfahren hergestellt. Zur Herstellung von Flachglas mussten die geblasenen Hohlzylinder aufgeschnitten und verstreckt werden. Zu Beginn des 20. Jahrhunderts gelang es, Flachglas mit einer aus Schamotte bestehenden Ziehdüse als Band unmittelbar aus der Schmelzwanne herauszuziehen. Das Verfahren heißt Fourcault-Verfahren. Später wurde dann das Libbey-Owens-Verfahren entwickelt. Beim Libbey-Owens-Verfahren wurde das Glasband direkt aus der Schmelze gezogen und in die horizontale Ebene umgelenkt. Das hatte den Vorteil, dass die Kühlung einfacher war. Der Nachteil war, dass nicht mehrere Ziehmaschinen an einer Glasschmelzwanne arbeiten können. Das Fourcault-Verfahren und das Libbey-Owens-Verfahren wurden parallel angewendet. 1928 wurden durch die Fa. Plak Glass Company die Vorteile des Fourcault- und des Libbey-Owens-Verfahrens verbessert und daraus entstand das Pittsburg-Verfahren. Dessen Nachteil bestand darin, dass die Glasoberfläche nicht eben und planparallel war, was beim Durchsehen zu Verzerrungen führte. Um Spiegelglasqualität zu erreichen, mussten die so hergestellten Scheiben geschliffen und poliert werden. Seit etwa 1960 wird fast ausschließlich das von der englischen Firma Pilkington entwickelte Floatglas-Verfahren angewendet (siehe Abschn. 3.4.1), das ohne diese zusätzliche Bearbeitung auskommt.

3.1.2 Aufgaben von Bauglas

Glas wird für die Herstellung von Glasfenstern und Glasfassaden verwendet. Es hat dabei verschiedene Aufgaben zu erfüllen: Schutz vor Regen, Wind und Kälte, Transparenz, Tageslichtnutzung und Lüftung (sogenannte Primäraufgaben). Unverzichtbare Zusatzaufgaben sind seit langem und heute in immer stärkerem Maße Wärme-, Sonnen-, Schall- und Brandschutz, Objekt- und Personenschutz, Sonnenenergienutzung und architektonische Gestaltungmöglichkeit. Diese Aufgaben werden von den heutigen Funktions- bzw. Multifunktionsgläsern erfüllt (siehe Abschn. 3.7. bis 3.10). Um die Verbrennung pflanzlicher und fossiler Brennstoffe wie Heizöl, Gas, Holz und Kohle und damit den CO_2-Ausstoß zu minimieren, sowie die Ressourcen zu schonen, sind im Laufe etwa der letzten 15 Jahre die

Anforderungen an Gläser und Fenster immer weiter erhöht worden. Mit Einführung der Energieeinsparverordnung (EnEV) wird der Nachweis eines energiesparenden Wärmeschutzes für neue Gebäude über den spezifischen Transmissionswärmeverlust erbracht. Für eine sinnvolle bauphysikalische und wirtschaftliche Abstimmung des Wärmeschutzes empfiehlt es sich, für Fenster sowie Fenstertüren einen U_w-Wert von maximal 1,3 W/(m²K) zu erfüllen. Für die Einhaltung des Passivhausstandards ist ein U_w-Wert von maximal 0,8 W/(m²K) gefordert. Für bestehende Gebäude werden nach der EnEV beim erstmaligen Einbau, der Erneuerung bzw. dem Ersatz von Fenstern sowie Fenstertüren und deren Verglasungen Höchstwerte der Wärmedurchgangskoeffizienten aufgezeigt. Der U_g-Wert einer Verglasung darf maximal 1,1 W/(m²K) betragen. Bei Sonderverglasungen ist ein höherer U_g-Wert von maximal 1,6 W/(m²K) zulässig. Ab 1.1.2016 verschärfen sich die primärenergetischen Anforderungen der EnEV 2014 über einen Multiplikator mit dem Wert 0,75. Danach liegt der maximal zulässige Jahres-Primärenergiebedarf um 25% unter dem bisherigen.

3.2   Zusammensetzung und Struktur

Die **Zusammensetzung** von gewöhnlichem Kalk-Natronglas besteht aus Siliciumoxid (SiO_2), Alkalioxiden (Na_2O und K_2O) und Erdalkalioxiden (CaO und MgO). Diese Mischung erstarrt aus der Schmelze amorph (griech.: gestaltlos), d.h. ohne Kristallbildung. Daher spricht man bei Glas auch von einer unterkühlten Schmelze. Glas hat keinen festen Schmelzpunkt. Bei hoher Temperatur ist es dünnflüssig und wird bei sinkender Temperatur umso zäher, bis es unterhalb des *Transformationspunktes* (400 bis 600 °C) nicht mehr plastisch verformbar ist. Die für die Verarbeitung gewünschte Viskosität kann man durch die Temperatur einstellen. Geringe Mengen von Metallionen färben das Glas, allerdings ist die **Farbe** von der Glaszusammensetzung und der Temperatur abhängig [3.1]. Schwefel-Eisen: braun (UV-absorbierend); Eisen-II: blau-grün; Eisen-III: braun und gelb; Kupfer: blau; Kobalt: stark blau und rosa, grün; Chrom: grün, gelb. Rotes Rubinglas erzeugen Cadmium, Kupfer und Gold in kolloidaler Verteilung. Für ungefärbtes Glas sind dies unerwünschte Verunreinigungen, die man nur bei Glas mit geringen Ansprüchen zulassen kann. Der zulässige Gehalt an Fe_2O_3 beträgt für weißes Tafelglas noch 0,1 %, für optische Gläser weniger als 0,003 %.

Die **Glasstruktur** ist ein unregelmäßiges räumliches Netzwerk von Si- und O-Atomen, in dem O-Atome in den Ecken des Si-Polyeders die Verbindung zum benachbarten Polyeder herstellen (Glasbildner oder auch Netzwerkbildner). Ohne weitere Zusätze erhält man (bei etwa 1750 °C) hochschmelzendes Kiesel- oder Quarzglas, das bis nahe 1000 °C gebrauchsfähig bleibt, eine geringe Wärmedehnung besitzt und UV-durchlässig ist. Durch die Zugabe von Alkalioxiden (z.B. Na_2O oder K_2O) und Erdalkalioxiden (z.B. CaO und MgO) werden Kationen, sogenannte Netzwerkwandler, an die Sauerstoffatome angeschlossen, und das Netzwerk wird unregelmäßig aufgelockert. Diese Fremdatome trennen und verzerren das Netzwerk. Durch den Zusatz von Alkalioxiden sinkt der Schmelzbereich stark ab, man erhält Wasserglas, das wasserlöslich ist (Na_2SiO_3). Durch die Zufügung von Kalk – oft auch Dolomitkalk – wird das Glas stabilisiert und chemisch beständig [3.1].

3.3   Rohstoffe

Die wichtigsten Rohstoffe bei der Herstellung von Glas sind Quarzsand (ca. 60 %), Kalkstein und Dolomit (ca. 20 %), sowie Soda (Na_2CO_3), Sulfat und, zur Unterstützung des Schmelzvorgangs, gegebenenfalls Glasbruch. Der Quarzsand (SiO_2) muss den erforderlichen Reinheitsgrad und die gewünschten Korngrößen (unter 1 mm) aufweisen, sodass nur bestimmte Sandvorkommen geeignet sind. Kalkstein ($CaCO_3$) und Dolomit ($CaCO_3 \cdot MgCO_3$) dürfen keine unerwünschten Beimengungen haben und werden gebrochen und gemahlen. Oft werden auch bestimmte Feldspäte beigegeben, da sie neben SiO_2 und Na_2O Aluminiumoxid (Al_2O_3) enthalten. Geringe Mengen an weiteren Zuschlägen verbessern das Schmelzen, beschleunigen die Läuterung oder vermindern die Entglasungsneigung.

Chemische Zusammensetzung von **Kalk-Natronglas** nach DIN EN 572-1 (09.04): SiO_2 69 bis 74 %; CaO 5 bis 12 %; Na_2O 12 bis 16 %; MgO 0 bis 6 %; Al_2O_3 0 bis 3 %.

3.4 Herstellung

3.4.1 Floatglas

Der Herstellungsprozess von Floatglas besteht aus folgenden Schritten (s.a. Abb. 3.1 und 3.2):

– **Schmelzen** des Rohstoffgemischs: In den in der Regel erdgasbefeuerten Schmelzwannen von bis zu 1000 t Fassungsvermögen entsteht eine Glasschmelze von circa 1550 °C.
– **Läutern:** Durch Zugabe von sogenannten Läuterungsmitteln, Durchblasen von Luft und/oder Temperaturerhöhung der Schmelze werden Luftbläschen entfernt und die Schmelze durchgemischt und homogenisiert.
– **Formgebung:** Die Glasschmelze gelangt auf ein Bad von flüssigem Zinn, dem sogenanntenFloat, auf dem sie schwimmt und sich ausbreitet. Auf Grund der Oberflächenspannung der Schmelze und der planen Oberfläche des flüssigen Zinns bildet sich ein absolut planparalleles spielgelglattesGlasband.
– **Kühlen:** Mit einer Temperatur von etwa 600 °C gelangt das Glasband in einen Rollen-Kühlkanal. Dort kühlt es langsam und spannungsfrei auf Raumtemperatur ab. Die Zugkraft der Rollen bestimmt die Dicke des Glasbandes.
– **Schneiden und Stapeln:** In einer in der Regel CNC-gesteuerten Schneidanlage wird das Glasband in Tafeln geschnitten (Maße z.B. 6,00 m · 3,21 m) und durch Vakuumsauger auf Gestelle gestapelt. Die Anforderungen an die Band- und Zuschnittmaße von Floatglas im Bauwesen sind in DIN EN 572-2 (09.04) beschrieben.
– **Transport:** Die Glasgestelle, die voll beladen etwa 20 t wiegen, werden in Spezialtransportern ausgeliefert.

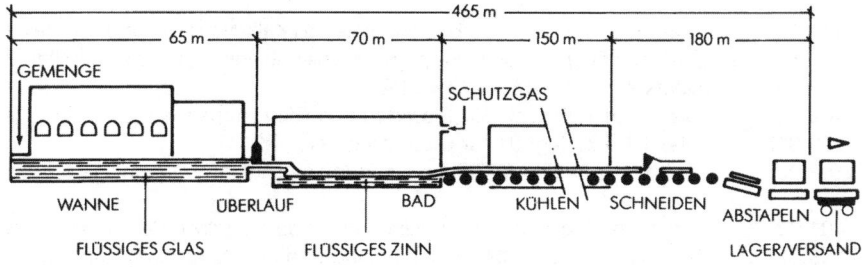

Abb. 3.1 Flachglasherstellung im Float-Verfahren (Längsschnitt)

3 Bauglas

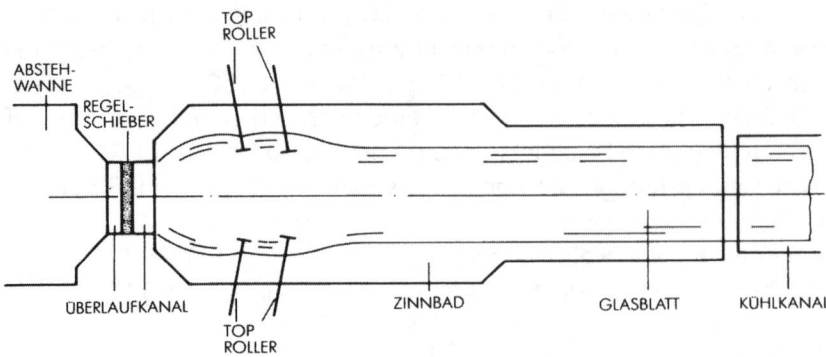

Abb. 3.2 Flachglasherstellung im Float-Verfahren (Grundriss)

3.4.2 Gussglas (Ornamentglas)

Die zähe Glasschmelze wird in einen Spalt zwischen zwei sich gegenläufig drehenden Walzen gegossen. Dadurch wird ein fortlaufendes Glasband erzeugt. Durch Walzenprägung wird die Glasoberfläche strukturiert (Ornamentglas), durch zusätzliches Einführen eines Drahtnetzes Drahtornamentglas hergestellt.

3.4.3 Glasfehler

Inhomogenität (Schliere)	wird durch unterschiedliche Brechzahlen sichtbar und entsteht bei ungleichmäßiger Glaszusammensetzung.
Entglasung	bezeichnet eine Kristallstruktur im Glas, die als unerwünschte Trübung sichtbar ist.
Stein	ist ein undurchsichtiger Einschluss.
Blase	bildet sich im Glasinnern durch Gaseinschluss.
Knoten	ist ein Oberflächenfehler und entsteht aus Glas anderer Zusammensetzung, z.T. undurchsichtig.
Ziehstreifen	sind langgezogene Oberflächenfehler wie Knoten.
Bläue	des Glases ist eine Verfärbung durch Alkaliablagerungen an der Oberfläche.
Erblinden	des Glases entsteht an der Oberfläche durch Feuchtigkeit, die das Glas angreift (z.B. Stallluft; ohne Zwischenraum gelagerte Scheiben).

3.5 Eigenschaften von Flachglas (Floatglas)

Normen

DIN EN 572-1	(11.12)	Glas im Bauwesen – Basiserzeugnisse aus Kalk-Natronsilicatglas – Teil 1: Definitionen und allgemeine physikalische und mechanische Eigenschaften Deutsche Fassung EN 572 – 01:2012
DIN 1259-1	(09.01)	Glas – Teil 1: Begriffe für Glasarten und Glasgruppen
DIN 1259-2	(09.01)	Glas – Teil 2: Begriffe für Glaserzeugnisse
TRLV	(08.06)	Technische Regeln für die Verwendung von linienförmig gelagerten Verglasungen
TRAV	(01.03)	Technische Regeln für die Verwendung von absturzsichernden Verglasungen
TRPV	(08.06)	Technische Regeln für die Bemessung und die Ausführung punktförmig gelagerter Verglasungen
DIN 18 008-1	(12.10)	Glas im Bauwesen – Bemessungs- und Konstruktionsregeln – Teil 1: Begriffe und allgemeine Grundlagen
DIN 18 008-2	(12.10)	Glas im Bauwesen – Teil 2: Linienförmig gelagerte Verglasungen
DIN 18 008-3	(12.10)	Glas im Bauwesen – Teil 3: Punktförmig gelagerte Verglasungen

3.5 Eigenschaften von Flachglas (Floatglas)

DIN 18 008-4	(12.10)	Glas im Bauwesen – Teil 4: Zusatzanforderungen an absturzsichernde Verglasungen
DIN 18 008-5	(12.10)	Glas im Bauwesen – Teil 5: Zusatzanforderungen an begehbare Verglasungen

Technische Informationen und Richtlinien beim Institut des Glaserhandwerks für Verglasungstechnik und Fensterbau sowie beim Institut für Fenstertechnik (ift) (Adressen siehe Abschn. 21.3).

Die nachfolgenden Werte für die mechanischen und thermischen Eigenschaften (s. Abschn. 3.5.1 und Abschn. 3.5.2) sind DIN 1249-10 bzw. DIN EN 572-1 (Klammerwerte) entnommen.

3.5.1 Mechanische Eigenschaften

Rohdichte/mit Drahtnetz	*2500/2600 kg/m³*
Ritzhärte nach Mohs	*5 bis 6 (6)*
Knoop-Härtewert (DIN 52 333)	*470 HK 0,1/20*
Druckfestigkeit	*700 bis 900 N/mm²*
Zugfestigkeit	*30 bis 90 N/mm²*
Biegefestigkeit/mit Drahtnetz	*45/25 N/mm²*
Elastizitätsmodul	*73 000 (70 000) N/mm²*
Querdehnzahl	*0,23 (0,2)*

Die Schwankung in den Zugfestigkeitswerten liegt in den mikroskopischen Rissen und Kerben begründet, die in allen normalen Gläsern zu finden sind. Normales Glas ist schlag- und kerbempfindlich. Seine Verformung ist spröd-elastisch, d.h., Linearität zwischen Spannung und Dehnung gilt bis zum Bruch. An der Trennstelle werden Glastafeln mit Diamant oder gehärtetem Stahl geritzt und dann gebrochen.

3.5.2 Thermische Eigenschaften

Transformationsbereich (von spröde zu plastisch-viskos)	520 bis 550 °C
Max. Gebrauchstemperatur für thermisch vorgespanntes Glas	
dauernd	200 °C
kurzzeitig	300 °C
Beständigkeit gegen Temperaturdifferenzen über die Scheibe (Erfahrungswerte)	
für technisch entspanntes Glas	40 K
für thermisch vorgespanntes Glas	200 K
Wärmedehnzahl (zwischen 20 °C und 300 °C)	$9 \cdot 10^{-6}$ K^{-1}
Wärmeleitfähigkeit	0,8 (1) W/(m · K)
Erweichungstemperatur	ca. 600 °C
Spez. Wärmekapazität	800 (720) J/(kg · K)

3.5.3 Optische Eigenschaften

Nach DIN EN 572-1 (11.12) wird ein Glaserzeugnis als klares Glas bezeichnet, wenn es nicht eingefärbt ist und wenn der Lichttransmissionsgrad des Glasproduktes genormten Mindestwerten für sichtbares Licht entspricht. Dabei dienen diese Werte nicht für Anwendungsberechnungen, sondern stellen die Kennwerte zur Beurteilung von klarem Glas dar; diese berücksichtigen nicht die Wirkung von Beschichtungen und Oberflächenrauigkeiten. DIN EN 572-1 (11.12) unterscheidet für die Beurteilung von klarem Glas „durchsichtiges" und „durchscheinendes" Glas. Nachfolgend sind die in DIN EN 572-1 (11.12) genannten Mindestwerte des Lichttransmissionsgrades für die Bezeichnung eines durchsichtigen bzw. durchscheinenden Glaserzeugnisses aus klarem Glas in Abhängigkeit von der Glasdicke angegeben.

Tafel 3.1   Mindestwerte der Lichttransmissionsgrade von klarem Glas für sichtbares Licht nach DIN EN 572-1

Nenndicke in mm	Mindestwert des Lichttransmissionsgrades für durchsichtiges Glas	Mindestwert des Lichttransmissionsgrades für durchscheinendes Glas
2	0,89	–
3	0,88	0,83
4	0,87	0,82
5	0,86	0,81
6	0,85	0,80
7	–	0,79
8	0,83	0,78
10	0,81	0,76
12	0,79	–
15	0,76	–
19	0,72	–
25	0,67	–

Anders als für den sichtbaren Wellenlängenbereich des Lichtes (circa 380 nm bis 780 nm), hängt die Durchlässigkeit von Glas bei IR-Strahlung und insbesondere bei UV-Strahlung sehr stark von der Wellenlänge der Strahlung ab.

3.5.4 Chemische Beständigkeit

Glas ist gegenüber fast allen Chemikalien sehr beständig. Die Widerstandsfähigkeit kann durch die Zusammensetzung des Glases beeinflusst werden und steigt mit dem Siliciumgehalt. Eine Ausnahme bildet Flusssäure (HF), die SiO_2 leicht angreift und die die Netzstruktur zerstört. Sie wird daher als Ätzmittel benutzt (z.B. für Mattglas). Ein vorbeugender Schutz des Glases ist notwendig beim Arbeiten mit fluorhaltigen Holz- und Fassadenschutzmitteln. Länger wirkende wässrige Lösungen führen zu Verwitterungserscheinungen. Saure Lösungen tauschen die Alkali-Ionen an der Oberfläche aus, verlieren dann aber ihre Wirkung in der Tiefe. Basische Lösungen greifen das Si-O-Netzwerk an und verändern die Oberfläche durch Abtragung. Weil das Licht nicht einheitlich an der veränderten Oberfläche reflektiert wird, irisieren (schillern) die Glasscheiben und werden blind. Solche Schäden entstehen bei längerer Einwirkung von feuchtwarmer Luft, stehendem Kondenswasser oder Industrieabgasen (Bäder, Wäschereien, Gewächshäuser; auch bei dicht gestapelten Tafeln). Manche Betonfassaden führen kalkhaltiges Niederschlagswasser auf Glasfenster, wodurch diese Wirkungen entstehen können. Angetrocknete, kalkhaltige Mörtelspritzer werden oft mit scharfen Gegenständen oder ätzenden Mitteln beseitigt, die dann Spuren hinterlassen. Sinnvoll ist eine vorbeugende Abdeckung oder die sofortige Entfernung mit Schwamm und Wasser.

Die chemischen und physikalischen Eigenschaften von Basis-Glaserzeugnissen nach DIN EN 572-1 (11.12) können als konstant angesehen werden. Die Oberflächen sind gegen

3.5 Eigenschaften von Flachglas (Floatglas)

Umwelteinflüsse im Wesentlichen unempfindlich. Glas ist ebenso gegen photochemische Effekte unempfindlich, sodass die Spektraleigenschaften der Durchlässigkeit für Licht und Sonnenenergie nicht durch Sonneneinstrahlung (direkt sowie indirekt) verändert werden. Organische Stoffe greifen Glas nicht an. Nur Silicon hat die Eigenschaft, sich auf der Glasoberfläche mit den Silicaten des Glases zu verbinden. Die Siliconschicht lässt sich kaum vom Glas lösen. Daher Glas schützen beim Arbeiten mit Siliconen, z.B. beim Imprägnieren von Sichtmauerwerk (Hydrophobieren).

3.5.5 Berechnung der Glasdicke

Glasbauteile und Verglasungskonstruktionen, die den bekannten Einwirkungen unterliegen, müssen hinsichtlich der Standsicherheit und Gebrauchstauglichkeit nachgewiesen werden. Für den rechnerischen Nachweis der Tragfähigkeit von Glasbauteilen werden die durch planmäßige Einwirkungen erzeugten bemessungsrelevanten Beanspruchungen mit den aufnehmbaren Beanspruchungen bzw. den Bauteilwiderständen verglichen, welche von der Konstruktion und der Materialwahl abhängen. Die Tragfähigkeit der Glaskonstruktion ist nachgewiesen, wenn ein ausreichend großer Abstand zwischen der rechnerisch ermittelten Beanspruchung und dem Bauteilwiderstand vorliegt. Dieser Abstand wird in der jeweiligen Bemessungsnorm definiert und ist vom verwendeten Baustoff sowie der zugrunde gelegten Sicherheitsphilosophie geprägt.

Bestimmte Glasanwendungen und Bauarten sind bereits durch Regelwerke nachweisbar, sodass deren Anwendbarkeit auf eine tragfähige Basis gestellt ist. Hierzu zählen beispielsweise Glasbauteile, die in den Anwendungsbereich der „Technischen Regeln für die Verwendung von linienförmig gelagerten Verglasungen" (kurz: TRLV) bzw. in den Anwendungsbereich der „Technischen Regeln für die Anwendung von absturzsichernden Verglasungen" (kurz: TRAV) sowie punktförmig gelagerte Verglasungen, die in den Bereich der „Technischen Regeln für die Anwendung von punktförmig gelagerten Verglasungen" (kurz: TRPV) fallen. So können anhand der bauaufsichtlich eingeführten TRLV Vertikal- als auch Überkopfverglasungen bemessen und nachgewiesen werden. Gleiches gilt beispielsweise für Glasumwehrungen, die gegen Absturz sichern. Fallen diese Konstruktionen mit den eingesetzten Werkstoffen in den Anwendungsbereich der TRAV, so sind diese entsprechend nachweisbar. Hinterlüftete Außenwandbekleidungen aus Einscheiben-Sicherheitsglas sind nach DIN 18 516-4 (02.90) nachweisbar.

Entsprechend sind verschiedene Glaskonstruktionen, die bereits in der Baupraxis zur Anwendung gebracht werden, nicht abschließend durch eine technische Regel beschrieben. Hierzu zählen beispielsweise begehbare Verglasungen. Neben rechnerischen Nachweisen kann für neuartige und zulassungspflichtige Glaskonstruktionen zusätzlich das Erfordernis von versuchstechnischen Nachweisen bestehen.

Nachfolgende Tabelle stellt ausgewählte Verglasungskonstruktionen und deren Nachweisbarkeit dar.

3 Bauglas

Tafel 3.2 Glaskonstruktionen, Regelwerke und Nachweisform

Konstruktion	Beispielanwendung	Regelwerk/Nachweisform
Linienförmig gelagerte Vertikal- und Überkopfverglasung	Fenster, Fassaden, Wintergärten	TRLV
Absturzsichernde Verglasungen	Glasumwehrungen von Geländerbauteilen, absturzsichernde Verglasungen von Fenstern und Fassaden	TRAV
Außenwandbekleidungen	Außenwandabschluss der Gebäudehülle mittels hinterlüfteter ESG-Scheiben	DIN 18 516-4
Begehbare Verglasungen	Treppenstufen aus Glas	Zustimmung im Einzelfall; Zulassung
Betretbare Verglasungen	Verglasungen im Überkopfbereich, die zu Reinigungszwecken betreten werden (Dachverglasungen)	DIN 4426; GS-BAU-18 der Berufsgenossenschaft; Zustimmung im Einzelfall; Zulassung
Tragende Glasbauteile	Glasstützen, Glasbiegeträger, aussteifende Glasbauteile	Zustimmung im Einzelfall; Zulassung
Hinweis: Zur Anwendung der Technischen Regeln sind in den einzelnen Bundesländern teilweise Ausnahmeregelungen getroffen.		

Ein Bemessungskonzept, basierend auf der Bruchmechanik von Glas, wird im Rahmen der europäischen Normung derzeit diskutiert. Trotz dieser Bemühungen im Bereich der europäischen Normung sind die meisten aktuellen technischen Baubestimmungen für Glasanwendung, wie beispielsweise TRLV und DIN 18 516-4, nach dem älteren deterministischen Sicherheitskonzept mit globalen Sicherheitsfaktoren aufgebaut.

3.6 Arten von Flachglas

DIN EN 572-1	(11.12)	Glas im Bauwesen; Basiserzeugnisse aus Kalk-Natronsilicatglas Teil 1: Definitionen und allgemeine physikalische und mechanische Eigenschaften; Deutsche Fassung EN 572-1 1:2012
DIN EN 572-2	(11.12)	Glas im Bauwesen; Basiserzeugnisse aus Kalk-Natronsilicatglas Teil 2: Floatglas; Deutsche Fassung EN 572-2 1:2012
DIN EN 572-3	(11.12)	Glas im Bauwesen; Basiserzeugnisse aus Kalk-Natronsilicatglas Teil 3: Poliertes Drahtglas, Deutsche Fassung EN 572-2 3:2012
DIN EN 572-4	(11.12)	Glas im Bauwesen; Basiserzeugnisse aus Kalk-Natronsilicatglas Teil 4: Gezogenes Flachglas; Deutsche Fassung EN 572-2 4:2012
DIN EN 572-5	(11.12)	Glas im Bauwesen; Basiserzeugnisse aus Kalk-Natronsilicatglas Teil 5: Ornamentglas; Deutsche Fassung EN 572-2 5:2012
DIN EN 572-6	(11.12)	Glas im Bauwesen; Basiserzeugnisse aus Kalk-Natronsilicatglas Teil 6: Drahtornamentglas; Deutsche Fassung EN 572-2 6:2012
DIN EN 572-7	(11.12)	Glas im Bauwesen; Basiserzeugnisse aus Kalk-Natronsilicatglas Teil 7: Profilbauglas mit oder ohne Drahteinlage; Deutsche Fassung EN 572-2 7:2012
DIN EN 572-8	(11.12)	Glas im Bauwesen; Basiserzeugnisse aus Kalk-Natronsilicatglas Teil 8: Liefermaße und Festmaße, Deutsche Fassung EN 572-2 8:2012

DIN EN 572-9	(11.12)	Glas im Bauwesen; Basiserzeugnisse aus Kalk-Natronsilicatglas Teil 9: Konformitätsbewertung/Produktnorm; Deutsche Fassung EN 572-2 9:2012
DIN EN 1748-1-1	(12.04)	Glas im Bauwesen; Spezielle Basiserzeugnisse – Borosilicatgläser – Teil 1-1: Definitionen und allgemeine physikalische und mechanische Eigenschaften; Deutsche Fassung EN 1748-1-1:2004

3.6.1 Gartenbauglas (DIN 11 525)

Gartenblankglas ist ein fast farbloses, beiderseitig ebenes und feuerblankes Flachglas mit freier Durchsicht, für Gartenbau und Landwirtschaft bestimmt. Es darf erhebliche Herstellungsfehler aufweisen, die seine Verwendung im Wohnungsbau ausschließen. Dicken in mm: 1,8 (ED); 2,8 (MD); 3,8 (DD); Breiten zwischen 30 und 73 cm; Längen zwischen 30 und 200 cm.

Gartenklarglas hat eine glatt gewalzte Oberfläche und eine durch Nörpelung hervorgerufene lichtstreuende Gegenfläche. Es ist ein Gussglas. Bläschen, Schlieren, Kratzer und Ungleichmäßigkeiten auf der Oberfläche oder im Kern sind zulässig. Sie dürfen jedoch Festigkeit und Lichtdurchlässigkeit nicht verringern. Dicken in mm: 3; 3,8; 5. Breiten zwischen 30 und 73 cm; Längen zwischen 120 und 200 cm.

3.6.2 Floatglas (DIN EN 572-2)

a) Allgemeines

Floatglas (früher Spiegelglas nach DIN 1249-3) ist ein planes, durchsichtiges, klares oder gefärbtes Kalk-Natronglas mit absolut planparallelen Oberflächen (Herstellung siehe Abschn. 3.4.1, Eigenschaften Abschn. 3.5). Floatglas ist das Basisprodukt, das heute vorwiegend zur Weiterverarbeitung, z.B. durch Einfärben und/oder Beschichten, sowie zur Herstellung von Funktionsgläsern (Wärme- und Sonnenschutz, Schallschutz, Brandschutz, Sicherheitsgläser) verwendet wird. Als Einfachglas findet Floatglas im Außenbereich für Schaufenster und Vitrinen, im Innenbereich für Spiegel, Oberlichte, Möbelglas und Tischplatten Verwendung.

b) Maße

Breite (quer zur Ziehrichtung): 3210 mm (nicht unter 3150 mm) ± 5 mm.
Längen (in Ziehrichtung): ungeteilte Bänder 4500, 5100, 6000 mm ± 5 mm; geteilte Bänder 1000 bis 2550 mm ± 5 mm. Größere Längen auf Anfrage möglich.
Rechtwinkligkeit: Die geschnittene Scheibe muss in ein um je 5 mm *größeres* Rechteck hinein passen und ein um je 5 mm *kleineres* Rechteck voll überdecken.
Dicken: 2, 3, 4, 5, 6, 10, 12, 15, 19, 25 mm ± 0,2 mm (bei kleinen Dicken) bzw. bis ±1,0 mm (bei den Dicken 19 und 25 mm).

c) Qualitätsanforderungen

Sichtbare Fehler sind punktförmige oder längliche Störungen im Glas, wie z.B. Blasen, Knötchen, Steinchen, Schlieren oder Ziehstreifen. Sie werden mit einem Messokular ausgemessen und gezählt. Je nach Größe und Anzahl der Fehler pro Scheibe werden vier Fehlerkategorien A, B, C und D unterschieden. Fehlergröße: A (0,2 bis 0,5 mm), D (> 3,0 mm); Fehleranzahl pro Scheibe: A (unbegrenzt), D (Höchstwert: 1, jedoch nicht bruchverursachend).

3 Bauglas

Optische Fehler sind störende Verzerrungen, die sich beim Durchsehen durch die Scheibe bemerkbar machen. Man prüft dies gemäß Abb. 3.3 mit Hilfe eine Rasters und stellt fest, bei welchem Winkel α, ausgehend von $\alpha = 90°$, keine störenden Verzerrungen mehr auftreten. Dieser Winkel muss bei Floatglas der Dicken ≥ 3 mm im mittleren Scheibenbereich $\geq 50°$ und in den Randbereichen $\geq 45°$ sein.

d) Bezeichnung (Beispiel) für eine Gebäudeverglasung aus klarem Floatglas, Dicke 3 mm, Länge 6,00 m, Breite 3,21 m:
Floatglas, klar, 3 mm, 6000 mm × 3210 mm, DIN EN 572-2

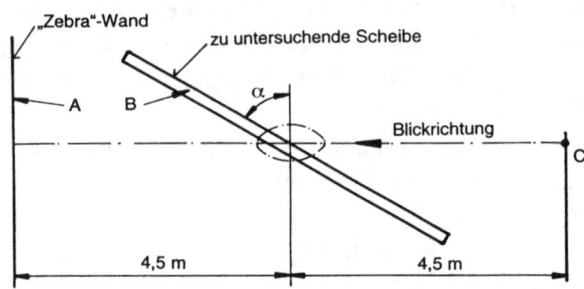

A Raster mit weißen und schwarzen Streifen („Zebra")
B um eine vertikale Achse drehbare Scheibe
C Beobachter

Abb. 3.3
Bestimmung des optischen Fehlers von Floatglas („Zebra-Test" nach DIN EN 572-2) (Draufsicht)

3.6.3 Poliertes Drahtglas (DIN EN 572-3)

Planes, durchsichtiges, klares Kalk-Natronglas mit parallelen und polierten Oberflächen, das durch Schleifen und Polieren von Drahtornamentglas (siehe Abschn. 3.6.6) hergestellt wird.

a) Maße
Breiten: 1980 bis 2540 mm ± 4 mm; Längen: 1650 bis 3820 mm ± 4 mm; Rechtwinkligkeit: wie bei Floatglas; Dicken: 6 mm + 1,4 mm bzw. − 0 mm; 10 mm ± 0,9 mm. Drahtnetz: quadratische Maschen; Maschenweite ca. 12,5 mm, Drahtdurchmesser $\geq 0,42$ mm

b) Qualitätsanforderungen
Sichtbare Fehler: ähnlich Floatglas. Fehler im Drahtnetz: Nichtparallelität zu den Scheibenkanten sowie Welligkeit und Bögen in den Drähten; Abweichungen ≤ 15 mm pro Meter.
Optische Fehler: Beim Betrachten einer Reihe von Leuchtstoffröhren durch eine waagerecht darüber im Abstand von 1 m befindliche Drahtglasplatte aus einer Entfernung von 2 m dürfen keine störenden Verzerrungen feststellbar sein.

c) Bezeichnung (Beispiel) für eine Gebäudeverglasung aus poliertem Drahtglas, Dicke 6 mm, Länge 3,30 m, Breite 1,98 m:
Poliertes Drahtglas, 6 mm, 3300 mm × 1980 mm, DIN EN 572-3

3.6.4 Gezogenes Flachglas (DIN EN 572-4)

Gezogenes Flachglas (früher Fensterglas) ist planes, durchsichtiges, klares oder gefärbtes Kalk-Natronglas, das im kontinuierlichen, anfangs vertikalen Ziehverfahren (z.B. Fourcault-Verfahren) in üblicher Dicke und mit beidseitig feuerpolierten Oberflächen hergestellt wird.

a) Maße
Breiten: 2440 bis 2880 mm ± 5 mm; Längen: 1600 bis 2160 mm ± 5 mm; Rechtwinkligkeit: wie Floatglas; Dicken: 2, 3, 4, 5, 6, 8, 10, 12 mm ± 0,2 bis ± 0,6 mm.

b) Qualitätsanforderungen

Gezogenes Flachglas wird nach Dichte (Häufigkeit) und Bedeutung der zulässigen Fehler in die Klassen 1 und 2 eingeteilt.

Optische Fehler: Beim Betrachten eines Rasters aus waagerechten und senkrechten Linien (200 mm × 70 mm große „Ziegelsteine"), das unter 45° zur Scheibe steht, dürfen keine störenden Verzerrungen feststellbar sein. Sichtbare Fehler: ähnlich Floatglas.

c) Bezeichnung (Beispiel) für eine Gebäudeverglasung aus klarem gezogenem Flachglas, Klasse 1, Dicke 3 mm, Länge 1,6 m, Breite 2,44 m:
Gezogenes Flachglas Klasse 1, klar, 3 mm, 1600 mm × 2440 mm, DIN EN 572-4

3.6.5 Ornamentglas (DIN EN 572-5)

a) Allgemeines

Ornamentglas (früher Gussglas nach DIN 1249-4) ist planes, durchscheinendes oder gefärbtes Kalk-Natronglas. Je nach der Oberflächenbeschaffenheit der Walzen (siehe Abschn. 3.4.2) hat Gussglas zwei glatte oder zwei ornamentierte oder eine glatte und eine ornamentierte Oberfläche (s.a. Abb. 3.4). Mechanische Eigenschaften: siehe Abschn. 3.5.1, Biegezugfestigkeit 25 N/mm². Anwendung: Fenster, Türen, Trennwände, Oberlichte, Beleuchtungssysteme, Möbel, Sichtschutzelemente.

Ornamentglas ist lichtdurchlässig, jedoch undurchsichtig. Nach dem Grad der Lichtstreuung und Durchsichtminderung unterscheidet man 4 Gruppen. Gruppe I: ein Gegenstand in 30 cm Abstand hinter der Scheibe ist ohne Schwierigkeiten erkennbar. Gruppe IV: höchste Lichtstreuung, praktisch undurchsichtig, Gegenstände in 30 cm Entfernung hinter der Scheibe sind nicht mehr erkennbar. Die Gruppen II und III liegen in ihren Eigenschaften dazwischen.

Ornamentglas wird auch als Einscheiben-Sicherheitsglas hergestellt und kann dann wie Drahtornamentglas (siehe Abschn. 3.6.6) verwendet werden. Es wird auch zu Isolierglas und Verbundsicherheitsglas verarbeitet.

b) Maße

Breiten: 1260 bis 2520 mm; Längen: 2100 bis 4500 mm; Abweichungen bei beiden: ± 3 mm bei Dicken von 3 bis 6 mm, ± 4 mm bei den Dicken 8 und 10 mm; Rechtwinkligkeit: wie bei Floatglas; Dicken: 3, 4, 5, 6, 8, 10 mm ± 0,5 bis ± 1,0 mm.

c) Qualitätsanforderungen

Sichtbare Fehler: ähnlich Floatglas. Fehler im Dessin: Abweichungen vom Dessin, z.B. Winkelabweichungen, Welligkeit oder Bögen, bezogen auf eine Linie oder eine Kante, dürfen nicht größer als 12 mm sein.

d) Bezeichnung (Beispiel) für eine Gebäudeverglasung aus Ornamentglas, Bezugsdessin „Pattern", klar, Dicke 4 mm, Länge 4,50 m, Breite 1,60 m:
Ornamentglas klar, „Pattern", 4 mm, 4500 mm × 1600 mm, DIN EN 572-5

3.6.6 Drahtornamentglas (DIN EN 572-6)

a) Allgemeines

Drahtornamentglas (früher Gussglas mit Drahteinlage) ist Ornamentglas, in das während der Herstellung ein an den Kreuzungspunkten verschweißtes Stahl-Drahtnetz eingelegt wird. Die Oberflächen können ornamentiert oder glattgewalzt sein. Anwendungsbereiche sind: Brüstungen, Geländer, Trennwände, Oberlichte, Brandschutzverglasungen (siehe Abschn. 3.10), Türen, Duschabtrennungen, Fassadenplatten, Ladenbau, Sanitäranlagen.

b) Maße
Breiten: 1500 bis 2520 mm ± 4 mm; Längen: 1380 bis 4500 mm ± 4 mm; Rechtwinkligkeit: wie Floatglas; Dicken: 6, 7, 8, 9 mm ± 0,6 bis ± 1,5 mm. Drahtnetz: Maschenweite ca. 12,5 bis 25 mm, Drahtdurchmesser ≥ 0,42 mm.

c) Qualitätsanforderungen
Sichtbare Fehler: ähnlich Floatglas. Fehler im Dessin: wie Ornamentglas. Fehler im Drahtnetz: Winkelabweichungen, Welligkeit oder Bögen, bezogen auf eine Linie oder eine Kante, dürfen nicht größer als 15 mm sein.

d) Bezeichnung (Beispiel) für eine Gebäudeverglasung aus Drahtornamentglas (Maschenweite 12,5 mm), klar, Bezugsdessin „Pattern", Dicke 7 mm, Länge 3,30 m, Breite 1,80 m: Drahtornamentglas (12,5 mm), klar, „Pattern", 7 mm, 3300 mm × 1800 mm, DIN EN 572-6

3.6.7 Borosilicatglas (DIN EN 1748-1-1)

a) Beschreibung
Borosilicatglas ist ein flaches, durchsichtiges, klares oder gefärbtes Glas. Es enthält 7 bis 15 % Boroxid. Dadurch verfügt es über eine hohe Temperaturwechselbeständigkeit sowie über eine sehr hohe Säure- und hydrolytische Beständigkeit. Borosilicatglas gibt es als gefloatetes, gezogenes, gewalztes oder gegossenes Glas.

b) Eigenschaften
Lagermaße: Nennlängen 500 bis 3300 mm, Nennbreiten 500 bis 2300 mm. Grenzabmaße zum Nennmaß der Länge und Breite (abhängig von Dicke und Format): 2 bis 10 mm. Nenndicken 3 bis 15 mm, Grenzabmaße – 0,4/+0,5 bis 0,9/+1,0.
Mittlerer thermischer Längenausdehnungskoeffizient in 10^{-6}/K: 3,1 bis 4,0 (Klasse 1), 4,1 bis 5,0 (Klasse 2), 5,1 bis 6,0 (Klasse 3). Nach den zulässigen optischen und sichtbaren Fehlern unterscheidet man drei Klassen A, B und C.

c) Bezeichnung (Beispiel) für gefloatetes Borosilicatglas, klar, Klasse 2, Kategorie A, Dicke 5 mm, Nennbreite 1,2 m × Nennlänge 2,0 m; Verwendung im Bauwesen:
Gefloatetes Borosilicatglas DIN EN 1748-1-1, klar, 2 A, 5 mm, 1200 mm × 2000 mm.

3.6.8 Selbstreinigendes Glas

Selbstreinigende Gläser unterscheiden sich in der Beschichtungstechnik zwischen hydrophoben und photokatalytischen Beschichtungen, die auf Floatglas aufgebracht werden. Hydrophobe Beschichtungen bewirken, dass Feuchtigkeit auf der Glasoberfläche in Tropfenform von dieser abperlt. Hydrophobe Beschichtungen werden auf die fertige Glasoberfläche nach der Glasherstellung als organische Beschichtung aufgebracht. Momentan verfügbare hydrophobe Beschichtungen werden durch UV-Strahlung abgebaut, sodass dieser Typ der Funktionsschicht vorwiegend im Innenbereich (z.B. bei Duschkabinen aus Glas) eingesetzt wird. Gläser mit hydrophober Beschichtung sind besonders pflegeleicht, da Wasserrückstände und anhaftende Schmutzpartikel minimiert werden. Bei Anwendung von derzeit verfügbaren hydrophoben Beschichtungen im Außenbereich kann der durch UV-Strahlung verursachte nachlassende hydrophobierende Effekt mittels spezieller Produkte reaktiviert werden. Photokatalytische Beschichtungen werden beim Herstellprozess des Glasproduktes auf die Glasoberfläche eingebrannt. Photokatalytische Beschichtungen spalten unter Tageslichteinstrahlung die organischen Schmutzpartikel auf der Glasoberfläche. Durch Regen auftreffendes Wasser bildet auf der Glasoberfläche einen Wasserfilm und nimmt beim Abfließen die gespaltenen Schmutzpartikel auf. Photokatalytische Beschichtungen sind langlebig sowie UV-stabil und benötigen zur Funktion das Tageslicht und den Regen (Wasser). Die Anwendung ist deshalb vorwiegend auf Außenverglasungen (Fenster, Fassaden, Wintergärten) ausgerichtet. Selbstreinigende Beschichtungen werden auf der Außenoberfläche von Gläsern (Position 1) aufgebracht, was eine Kombination mit Funktionsschichten für Sonnen- und Wärmeschutz möglich macht.

3.6.9 Begriffe von Glasarten nach DIN 1259-1

Alabasterglas: starkentglastes kalkarmes Kali-Kalkglas, dessen Trübung durch Mikrokristalle hervorgerufen wird. Verwendung z.B. bei Glasfliesen.

Antikglas: Glas mit bewusst erzeugten Blasen, Schlieren, rauhen Stellen, Schürfern oder Kratzern (Merkmale alter Gläser).

Alkali-Kalkglas: Glas mit hohem Gehalt von SiO_2 und kleinerem Gehalt von Alkalien (K, Na), Erdalkalien (Ca, Mg) und Aluminium. Arten: Kalk-Natronglas, leicht schmelzbares „Normalglas" für Bauglas (siehe Abschn. 3.3, 3.5 und 3.6) und für Glasgefäße; Kali-Kalkglas (Pottasche-Kalkglas), schwerer schmelzbar.

Bleiglas: Alkali-Blei-Silicatglas mit PbO-Gehalt $\geq$ 10 %, Verwendung z.B. als Strahlen-, Röntgen-, Schweißer- und Wärme-Schutzglas. Bleikristallglas mit PbO-Gehalt $\geq$ 24 %, Dichte $\geq$ 2,9 kg/dm³, Brechzahl $n_D \geq$ 1,45. Hochbleikristallglas mit PbO-Gehalt $\geq$ 30 %, Dichte $\geq$ 3,0 kg/dm³, Brechzahl $n_D \geq$ 1,545.

Borosilicatglas: silicatreiches Glas mit B_2O_2-Gehalt von 8 bis 13 %, hohe chemische Widerstandsfähigkeit und Temperaturwechselbeständigkeit; Verwendung u.a. zur Herstellung von Laborglasgeräten und Glasfasern. Borosilicatglas 3.3: mittlere lineare Wärmedehnzahl $3,3 \cdot 10^{-6}$ K^{-1} (s.a. Abschn. 3.6.7).

Emaille: Überzug auf Metall oder Glas (siehe Überfangglas) aus silicatreichem Spezialglas, das mit Wasser, Ton und weiteren Zusätzen (sogenannten Stellsalzen) zu einem Schlicker vermahlen wird (mittlere Korngröße circa 0,05 mm). Der Überzug auf Metallen entsteht durch Eintauchen oder Aufspritzen und anschließendes Einbrennen bei Temperaturen von 800 bis 900 °C.

Farbglas: klares oder getrübtes Glas mit unterschiedlicher spektraler Transmission oder Remission des sichtbaren Lichts. Die Färbung geschieht durch im Glas gelöste Ionen oder durch Wirkung von Färbemitteln in molekularer Form oder durch kolloide Teilchen im Glas, z.B. kolloides Gold (Goldrubinglas) oder kolloides Kupfer (Kupferrubinglas).

Glaskeramik: mikrokristallines Glas, das durch Zugabe von Keimbildnern und thermische Behandlung nach dem Erstarren des Glases entsteht. Hohe Schmelztemperatur und extrem niedrige lineare Wärmedehnzahl (praktisch gleich null).

Trübglas: Trübung hervorgerufen durch kleinste Kristalle, Tröpfchen oder Bläschen. Arten: Opakglas, weiß oder gefärbt, mehr oder weniger durchscheinend; Milchglas, milchig weiß; Opalglas, schwachgetrübt, farbig, lebhaft schillernd.

Überfangglas: farbloses Grundglas (sogenanntes Trägerglas) wird bei der Herstellung mit einer dünnen Schicht aus Farbglas, Opakglas, Milchglas o.Ä. überzogen („überfangen").

3 Bauglas

Beim Glas-Emaille (Fliesen) wird eine Emailleschicht erst nach dem Erkalten des Grundglases aufgebracht und bei Temperaturen bis 700 °C nachträglich eingebrannt.
Wasserglas: in Wasser gelöstes Alkalisilicatglas. Arten: Natronwasserglas und Kaliwasserglas.

Kathedralglas

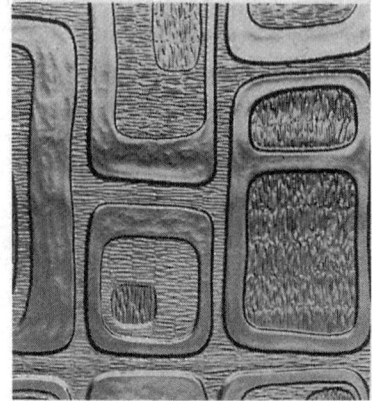
Ornamentglas Pave

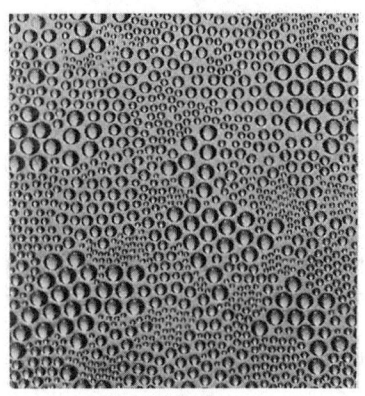
Ornamentglas Habitat

Ornamentglas Fiandra

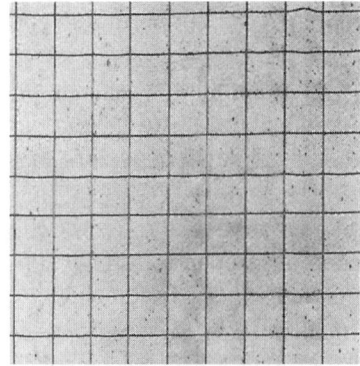
Drahtglas, beidseitig glatt

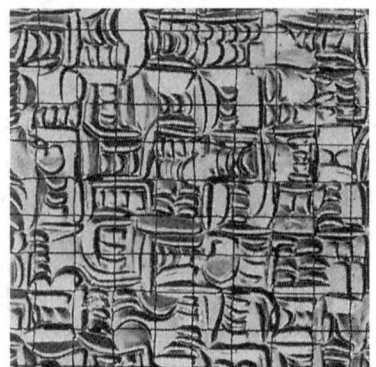
Ornamentglas Marmo

*Abb. 3.4 Beispiele für Oberflächenstrukturen von Ornamentgläsern
Hersteller: Madras (Italien)*

3.7 Sicherheitsgläser

Normen

DIN 18 032-3	(04.97)	Sporthallen etc.; Prüfung der Ballwurfsicherheit
DIN 18 036/A1	(11.06)	Eissportanlagen – Anlagen für den Eissport mit Kunsteisflächen – Grundlagen für Planung und Bau; Änderung 1
DIN 18 361	(08.15)	VOB-Teil C (ATV): Verglasungsarbeiten
DIN 18 516-4	(02.90)	Außenwandbekleidungen, hinterlüftet; Einscheiben-Sicherheitsglas; Anforderungen, Bemessung, Prüfung
DIN 18 545	(07.15)	Abdichten von Verglasungen mit Dichtstoffen – Anforderung an Glasfalze und Verglasungssysteme
DIN EN 356	(02.00)	Glas im Bauwesen; Sicherheitssonderverglasung; Prüfverfahren und Klasseneinteilung des Widerstandes gegen manuellen Angriff; Deutsche Fassung EN 356 : 1999
DIN EN 1063	(01.00)	wie vor; dto. gegen Beschuss; Deutsche Fassung EN 1063 : 1999
DIN EN 13 541	(06.12)	wie vor; dto. gegen Sprengwirkung; Deutsche Fassung EN 13541 : 2012
DIN EN 1627	(09.11)	Türen, Fenster, Vorhangfassaden, Gitterelemente und Abschlüsse – Einbruchhemmung – Anforderungen und Klassifizierung; Deutsche Fassung EN 1627: 2011
DIN EN 1628	(03.16)	wie vor; Prüfverfahren für die Ermittlung der Widerstandsfähigkeit unter statischer Belastung; Deutsche Fassung EN 1628 : 2011 + A1 : 2015
DIN EN 1629	(03.16)	wie vor; Prüfverfahren für die Ermittlung der Widerstandsfähigkeit unter dynamischer Belastung; Deutsche Fassung EN 1629 : 2011 + A1 : 2015
DIN EN 1630	(03.16)	wie vor; Prüfverfahren für die Ermittlung der Widerstandsfähigkeit gegen manuelle Einbruchversuche; Deutsche Fassung EN 1630 : 2011 + A1 2015
DIN EN 1522	(02.99)	Fenster, Türen, Abschlüsse – Durchschusshemmung – Anforderungen und Klassifizierung; Deutsche Fassung EN 1522 : 1998
DIN EN 1523	(02.99)	Fenster, Türen, Abschlüsse – Durchschusshemmung – Prüfverfahren; Deutsche Fassung EN 1523 : 1998
DIN 52290 T1 -4		Angriffhemmende Verglasung Klasse A bis D
VdS Nr. 2163	(03.16)	VdS – Richtlinien für mechanische Sicherungseinrichtungen –Einbruchhemmende Verglasungen – Anforderungen und Prüfmethoden
VdS Nr. 2534	(07.13)	VdS – Richtlinien für mechanische Sicherungseinrichtungen – Einbruchhemmende Fassadenelemente
TRAV	(01.03)	Technische Regeln für die Verwendung von absturzsichernden Verglasungen; Änderung (11.04)

3.7.1 Aufgaben und Arten

a) Aufgaben

Sicherheitsgläser haben die Aufgabe, Sachen und Menschen vor Beschädigung und Verletzungen infolge Bruch des Glases zu schützen (Splitterschutz), und sie besitzen eine angriffshemmende Wirkung. Normales Floatglas zerfällt bei Bruch in große Scheibenstücke. Die angriffshemmende Wirkung von Sicherheitsgläsern wird nach steigender Schutzwirkung in **Schutzwirkungsklassen** wie folgt unterteilt:

– durchwurfhemmend, Klassen P1A bis P5A (DIN EN 356); Prüfung mit einer ca. 4,1 kg schweren Metallkugel im freien Fall aus unterschiedlicher Fallhöhe und mit unterschiedlicher Kugelanzahl. (siehe auch DIN 52 290 -4)
– durchbruchhemmend, gegebenenfalls mit Alarmanlage, Klassen P6B, P7B, P8B (DIN EN 356); Prüfung mit einer maschinell geführten 2 kg schweren Axt. Werden Sicherheitsverglasungen im Geltungsbereich der Versicherungen verwendet, erfolgt eine zusätzliche

3 Bauglas

Kennzeichnung der Sicherheitsverglasung nach einbruchhemmenden Klassen. Beispiel: Widerstandsklasse P6 B / VdS EH1. (siehe auch DIN 52 290 -3)
- durchschusshemmend, Klassen BR1 bis BR7 (DIN EN 1063); Prüfung durch Beschießen aus unterschiedlicher Entfernung mit unterschiedlich schweren und verschieden geformten Geschossen. (siehe auch DIN 52 290 -2)
- sprengwirkungshemmend, Klassenunterteilung nach DIN EN 13 541. (siehe auch DIN 52 290 -1)

Die VdS Schadenverhütung GmbH im Gesamtverband der Deutschen Versicherungswirtschaft (GDV) führt ein Verzeichnis der von ihr anerkannten einbruchhemmenden Produkte. Sie unterscheidet bei der Prämienfestsetzung die folgenden Widerstandsklassen für einbruchhemmende Verglasungen:
- durchwurfhemmend, Klassen EH01, EH02,
- durchbruchhemmend, Klassen EH1, EH2, EH3.

Die TRAV regelt den Einsatzbereich verschiedener Glaswerkstoffe, Glasaufbauten und deren konstruktive Ausführung für die Anwendung von Glas als Absturzsicherung.

DIN 18 032-3 formuliert die Anforderungen an Ballwurfsicherheit von Verglasungen. Die Voraussetzungen für die Verwendung von Sicherheitsverglasungen als Bande beim Eishockey werden in DIN 18 036 beschrieben.

b) Arten

Sicherheitsgläser werden nach unterschiedlichen Konstruktionsprinzipien hergestellt und unterteilt in Einscheiben-Sicherheitsglas (ESG; Abschn. 3.7.2) und Verbund-Sicherheitsglas bzw. Verbundglas (VSG, VG; Abschn. 3.7.5). Neben dem klassischen ESG gibt es teilvorgespanntes Glas (TVG; Abschn. 3.7.4) und heißgelagertes Einscheiben-Sicherheitsglas (ESG-H; Abschn. 3.7.3). Daneben dient auch Drahtornamentglas als Sicherheitsglas (Splitterschutz; siehe Abschn. 3.6.6).

3.7.2 Einscheiben-Sicherheitsglas ESG

Normen

DIN 18 516-4	(02.90)	Außenwandbekleidungen, hinterlüftet; Einscheiben-Sicherheitsglas; Anforderungen, Bemessung, Prüfung
DIN EN 1863-1	(02.12)	Glas im Bauwesen – Teilvorgespanntes Kalk-Natronglas; Teil 1: Definition und Beschreibung Deutsche Fassung EN1863 – 1 : 2011
DIN EN 12 150-1	(12.15)	Glas im Bauwesen – Thermisch vorgespanntes Kalk-Natron-Einscheiben-Sicherheitsglas – Teil 1: Definition und Beschreibung
DIN EN 12 150-2	(01.05)	wie vor; Teil 2: Konformitätsbewertung/Produktnorm
DIN EN 13 024-1	(02.12)	Thermisch vorgespanntes Borosilicat-Einscheiben-Sicherheitsglas, Teil 1: Definition und Beschreibung
DIN EN 13 024-2	(01.05)	wie vor; Teil 2: Konformitätsbewertung/Produktnorm
DIN EN 14 321-1	(09.05)	Thermisch vorgespanntes Erdalkali-Silikat-Einscheiben-Sicherheitsglas, Teil 1: Definition und Beschreibung
DIN EN 14 321-2	(10.05)	wie vor; Teil 2: Konformitätsbewertung/Produktnorm
DIN EN 14 179-1	(11.14)	Heißgelagertes, thermisch vorgespanntes Kalk-Natron-Einscheibensicherheitsglas, Teil 1: Definition und Beschreibung
DIN EN 14 179-2	(08.05)	wie vor; Teil 2: Konformitätsbewertung/Produktnorm
BRLA Teil 1		Heißgelagertes Kalknatron-Einscheibensicherheitsglas (ESG-H), Lfd. Nr. 11.13, Anlage 11.11

3.7 Sicherheitsgläser

3.7.2.1 Herstellung

Einscheiben-Sicherheitsglas (ESG) nach DIN 12 150-1 (12.15) ist ein thermisch vorgespanntes Flachglas. Es wird nach dem Zuschneiden und nach gegebenenfalls erforderlichem Bearbeiten, wie z.B. Kantenbearbeitungen, Glasausschnitten und Bohrungen, bis zum Erweichungspunkt (ca. 600 °C) erwärmt und an beiden Oberflächen mit Kaltluft zügig angeblasen („Abschrecken"). Durch das „Abschrecken" verfestigen sich die beiden Oberflächenschichten rasch. Der Scheibenkern zieht sich beim weiteren Abkühlen zusammen. Dies wird jedoch durch die bereits verfestigten Außenzonen behindert, wodurch diese unter Druckspannung, der Kern unter Zugspannung, geraten (siehe Abb. 3.5). Die in diesem Eigenspannungszustand über den Querschnitt der Scheibe auftretenden Zug- und Druckkräfte stehen miteinander im Gleichgewicht.

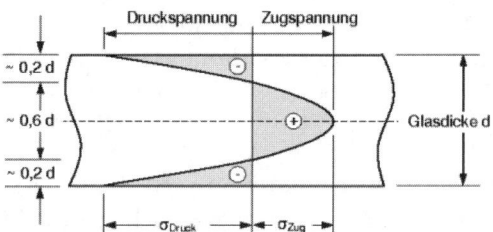

Abb. 3.5 Thermisch vorgespanntes Einscheibensicherheitsglas (ESG) – Eigenspannungszustand

3.7.2.2 Eigenschaften und Anwendung

a) Eigenschaften

Beim Scheibenbruch lösen sich ESG-Scheiben in überwiegend stumpfkantige Glaskrümel auf, die untereinander lose zusammenhängen bzw. auseinanderfallen. Dadurch wird die Verletzungsgefahr für den Menschen erheblich gemindert. Das charakteristische Bruchbild sowie die Bruchbildauswertung ist in Anhang C von DIN EN 12 150-1 festgelegt.
ESG besitzt erhöhte Stoß- und Schlagfestigkeit (Pendelschlagversuch nach DIN EN 12 600), erhöhte Ballwurfsicherheit (Prüfung nach DIN 18 032-1, -3) sowie erhöhte Beständigkeit gegenüber Temperaturdifferenzen über die Scheibenfläche (200 K). Biegefestigkeit: 120 N/mm², zulässiger Rechenwert 50 N/mm². Druckfestigkeit, E-Modul und Rohdichte wie bei Floatglas (siehe Abschn. 3.5.1). Für emailliertes ESG aus Floatglas beträgt der zulässige Rechenwert 30 N/mm², wenn die Emaille auf der Zugseite liegt. Temperaturbeständigkeit bis +250 °C. Wärmedurchgangskoeffizient U_g = 5,8 W/(m² · K); Nenndicken von 3 bis 25 mm. Verletzungen der Oberfläche sowie an der Kante von ESG führen zur Zerstörung der Scheiben. Eine Bearbeitung von ESG, wie z.B. Bearbeitung der Kanten sowie Schneiden oder Bohren, muss daher *vor* der Wärmebehandlung durchgeführt werden.
Hitzeschutzglas ist ein ESG mit einer auf der Außenseite aufgedampften Goldbeschichtung, wodurch die Wärmestrahlung zu etwa 90 % reflektiert wird. Daher kein Aufheizen der Scheibe. Lichtdurchlässigkeit etwa 30 %. Sonstige Eigenschaften wie ESG.

b) Anwendung

Ganzglasanlagen im Wohn- und Geschäftsbereich aus klarem, eingefärbtem oder mit keramischem Druck versehenem Floatglas oder aus Ornamentglas (Dicken in der Regel 10 bis 12 mm): Türen, Trennwände, Treppenaufgänge, Duschen, Umkleiden; Treppen-, Balkon- und Geländerbrüstungen (sogenannte Umwehrungen, s.a. TRAV: Technische Regeln für absturzsichernde Verglasungen); Brüstungsgläser für Ganzglasfassaden; Außenbereich: Lärmschutzwände an Verkehrswegen, Wartehallen, Vitrinen; Sportstättenbau. In allen Fällen auch als Ornamentglas.

3.7.3 Heißgelagertes Einscheiben-Sicherheitsglas ESG-H

ESG-H wird aus normalem ESG hergestellt (Bauregelliste). Die ESG-Scheiben werden nach Abkühlung auf Raumtemperatur einer vierstündigen Heißlagerung zwischen 280 und 320 °C unterworfen (sogenannter Heat-Soak-Test). Durch diese Behandlung wird die Gefahr von Spontanbrüchen infolge von Fremdeinschlüssen im Glas verringert, die bei normalem ESG ohne erkennbare äußere Einflüsse auftreten können. Brüstungselemente für Ganzglasfassaden sowie ESG oberhalb von 4 m Einbauhöhe im Bereich von Verkehrsflächen müssen grundsätzlich aus ESG-H bestehen.

Anmerkung: Heißgelagertes ESG nach DIN EN 14179-1 darf in Deutschland nur mit Zustimmung im Einzelfall verwendet werden. ESG-H ist ein geregeltes Bauprodukt nach BRL für Deutschland.

3.7.4 Teilvorgespanntes Glas TVG

TVG (nach allgemeiner bauaufsichtlicher Zulassung), auch thermisch verfestigtes Glas genannt, wird ähnlich wie ESG hergestellt (siehe Abschn. 3.7.2.1). Der Unterschied besteht darin, dass das Abblasen mit Luft verhaltener erfolgt. Biegefestigkeit 70 N/mm², zulässiger Rechenwert gemäß den Angaben der Zulassung, Temperaturdifferenz-Beständigkeit über die Scheibenfläche 100 K. Ansonsten liegen die Eigenschaften von TVG zwischen normalem Floatglas und ESG. Das Bruchbild entspricht etwa dem von normalem Floatglas (siehe Abb. 3.6), hat also bei Zerstörung eine etwas größere Reststandsicherheit als das zerkrümelnde ESG. Hinsichtlich der Bearbeitungsmöglichkeit verhält sich TVG wie ESG.

TVG wird hauptsächlich bei der Herstellung von Verbundsicherheitsglas (VSG; siehe Abschn. 3.7.5) für Trennwände, Überkopfverglasungen, Umwehrungen (siehe Abschn. 3.7.2.2b) und tragende Glaselemente, z.B. begehbares Glas (siehe Abschn. 3.7.6), eingesetzt.

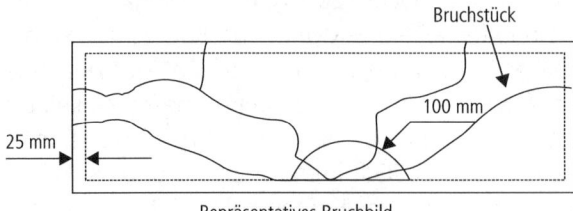

Abb. 3.6 Bruchstruktur von teilvorgespanntem Glas (TVG) nach DIN EN 1863-1 [3.6]

3.7.5 Verbund-Sicherheitsglas VSG, Verbundglas VG

Normen
DIN EN ISO 12 543	Glas im Bauwesen; Verbundglas und Verbund-Sicherheitsglas
DIN EN ISO 12 543-1 (12.11)	Teil 1: Definitionen und Beschreibung von Bestandteilen
DIN EN ISO 12 543-2 (12.11)	Teil 2: Verbund-Sicherheitsglas
DIN EN ISO 12 543-3 (12.11)	Teil 3: Verbundglas
DIN EN ISO 12 543-4 (12.11)	Teil 4: Verfahren zur Prüfung der Beständigkeit
DIN EN ISO 12 543-5 (12.11)	Teil 5: Maße und Kantenbearbeitung

3.7 Sicherheitsgläser

DIN EN ISO 12 543-6 (09.12) Teil 6: Aussehen
DIN EN 14 449 (07.05) Glas im Bauwesen – Verbundglas und Verbund-Sicherheitsglas – Konformitätsbewertung/Produktnorm

3.7.5.1 Herstellung

a) VSG: Zwei Glasscheiben werden mit hochelastischen Folien aus Polyvinylbutyral (PVB; Dicke: 0,38 und 0,76 mm) fest verbunden. Staubfrei werden die Folien eingelegt und bei erhöhter Temperatur die Scheiben zwischen Walzen zusammengepresst. Im Autoklaven erfolgt die feste Verbindung unter Hitze und Druck. Man kann Scheiben verschiedener Glasarten (Floatglas, gezogenes Flachglas, Ornamentglas, ESG, TVG; farblos, gefärbt, transparent, transluzent, opak, emailliert, sandgestrahlt, geätzt) kombinieren und die Folien transparent, transluzent, opak, gefärbt, mattbleibend oder UV-absorbierend wählen. Spezielle PVB-Folien erhöhen daneben noch die Schalleigenschaften. Zudem können Heizdrähte und Signaldrähte für Alarmanlagen in die Zwischenschichten eingebaut werden.

b) VG: Bei Verbundglasscheiben (Verbundglas) werden anstelle der PVB-Folien Verbunde mit anderen Folien, z.B. EVA, oder Glas-Kunststoff-Verbunde hergestellt.

3.7.5.2 Eigenschaften

Bei mechanischer Überlastung durch Stoß, Schlag oder Beschuss bricht das Glas zwar an, aber die Bruchstücke haften fest an der zähelastischen Folie. Damit wird verhindert, dass lose, scharfkantige Glassplitter Verletzungen herbeiführen. Außerdem erschwert die elastische Folie das Durchdringen des Glases nach dem Bruch, sodass eine Beschuss- und Durchbruchhemmung erreichbar ist. VSG besitzt nach dem Glasbruch eine gewisse Resttragfähigkeit und Reststandsicherheit und bietet so auch nach Zerstörung einen zeitlich begrenzten Sach- und Personenschutz.

3.7.5.3 Anwendung von VSG

a) Allgemein
VSG ist in den Landesbauordnungen in der Regel für die Eingangsbereiche von Schulen und Kindergärten, in Sport- und Spielstätten sowie in Hallenbädern vorgeschrieben. VSG findet wie ESG auch für Umwehrungen (s.a. TRAV) Anwendung. Bei Überkopfverglasungen ist innenseitig VSG aus Floatglas oder TVG erforderlich, um eine ausreichende Resttragfähigkeit im Falle eines Glasbruchs zu gewährleisten (s.a. TRLV). VSG wird auch zu Mehrscheiben-Isolierglas weiterverarbeitet und ermöglicht die Kombination von Schutzeigenschaften mit den Anforderungen an die Bauphysik.

b) Objekt- und Personenschutz
Je nach **Angriffsart** unterscheidet man durchwurf-, durchbruch-, durchschuss- und sprengwirkungshemmende VSG-Verglasungen mit unterschiedlichen Schutzwirkungsklassen (siehe Abschn. 3.7.1). Sie werden einschalig oder zweischalig hergestellt.
Die **Dicke** der VSG-Scheiben liegt je nach Schutzwirkungsklasse etwa zwischen 10 und 40 mm. Zweischalige VSG-Verglasungen haben Gesamtdicken etwa zwischen 21 und 52 mm. Durchschusshemmde VSG-Scheiben (Panzerglas) haben Dicken von etwa 10 bis 70 mm (einschalig) bzw. 10 und 50 mm (zweischalig, Außenscheibe). Sprengwirkungshemmende VSG-Scheiben haben Dicken etwa von 10 bis 30 mm (einschalig bzw. zweischalig). Sogenanntes Ban-

kenglas: einschalig ≥ 24 mm; zweischalig (außen/SZR/innen) z.B. 13 mm/10 mm/10,5 mm oder 24 mm/10 mm/6 mm.

3.7.6 Begehbares Glas

Begehbare Verglasungen finden vor allem in Treppenstufen aus Glas oder für Glasböden Anwendung, die durch das Eigengewicht und die nach DIN 1055 anzusetzenden Verkehrslasten beansprucht werden. Begehbare Verglasungen bedürfen einer Zustimmung im Einzelfall oder einer allgemein bauaufsichtlichen Zulassung. Bei besonderen Nutzungsbedingungen (z.B. Befahrung, erhöhte Stoßgefahr, hohe Dauerlasten) können im Einzelfall zusätzliche Anforderungen gestellt werden.

Begehbares Glas besteht in der Regel aus einer monolithischen VSG-Scheibe mit einer oben liegenden Schutzscheibe aus ESG oder TVG (siehe Abb. 3.7). Die Oberfläche der Schutzscheibe sollte zur Vermeidung der Rutschgefahr z.B. mit rutschhemmendem Siebdruck versehen werden. Das Anbringen eines Siebdruckes hat, neben der rutschhemmenden Wirkung, eine psychologische Funktion beim Begehen ansonsten transparenter Glasflächen. Die Prüfung der rutschhemmenden Eigenschaften erfolgt nach DIN 51 130 (06.04) in Verbindung mit der Arbeitsstättenverordnung ZH 1/571 (10.03). Zu den Lasten aus Eigengewicht und gleichmäßig verteilten Verkehrslasten ist der Lastfall Eigengewicht und Einzellast (Aufstandsfläche der Einzellast: 10 cm × 10 cm) in ungünstigster Laststellung zu untersuchen.

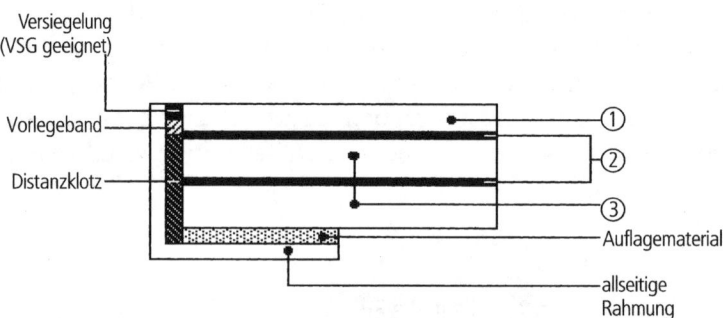

Abb. 3.7 Begehbares Glas; Aufbau und Verglasungsempfehlung [3.6]
(1) Schutzscheibe aus ESG oder TVG, Dicke > 6 mm (nicht tragend)
(2) Folien aus PVB (Polyvinylbutyral)
(3) Tragender Glasverbund aus VSG (zwei oder drei Scheiben)

3.7.7 Alarmglas

Alarmglasscheiben bestehen aus ESG und werden zur Herstellung von einschaligem VSG oder von Isolierglas verwendet. Die Alarmschleife ist auf der Angriffsseite in der Regel oben in die Oberfläche der ESG-Scheibe eingebrannt und wird über ein Anschlusskabel mit der Einbruchmeldeanlage verbunden (siehe Abb. 3.8). Da die ESG-Scheibe bei Beschädigung krümelartig als Ganzes zerbricht, wird die Alarmschleife unterbrochen und damit die Alarmanlage ausgelöst. Alternativ kann Alarmglas auch als Verbundsicherheitsglas ausgeführt werden, bei welchem in der Folien-Zwischenschicht ein dünner Alarmdraht eingelegt ist, der bei Zerstörung bzw. Bruch der Glasscheibe unmittelbar reißt. Die daran angeschlossene Meldeanlage löst den Alarm aus.

3.8 Isoliergläser

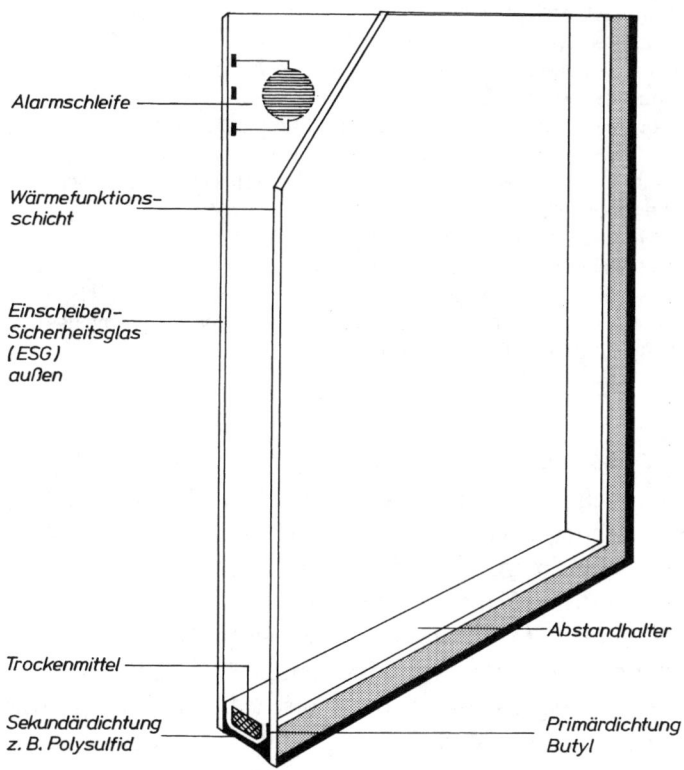

Abb. 3.8   Alarm-Isolierglas (Beispiel) [3.6]

3.8   Isoliergläser

Normen

DIN EN 673	(04.11)	Glas im Bauwesen – Bestimmung des Wärmedurchgangskoeffizienten (U-Wert) – Berechnungsverfahren
DIN EN 674	(09.11)	Glas im Bauwesen – Bestimmung des Wärmedurchgangskoeffizienten (U-Wert) – Verfahren mit dem Plattengerät
DIN EN 675	(09.11)	Glas im Bauwesen – Bestimmung des Wärmedurchgangskoeffizienten (U-Wert) – Wärmestrommesser-Verfahren
DIN EN 1096-1	(04.12)	Glas im Bauwesen – Beschichtetes Glas – Teil 1: Definitionen und Klasseneinteilung
-2	(04.12)	wie vor; Teil 2: Anforderungen an und Prüfverfahren für die Beschichtungen der Klassen A, B und S
-3	(04.12)	wie vor; Teil 3: Anforderungen an und Prüfverfahren für Beschichtungen der Klassen C und D
-4	(06.15)	wie vor; Teil 4: Konformitätsbewertung/Produktnorm
DIN 18 545	(07.15)	Abdichten von Verglasungen mit Dichtstoffen; Teil 1: Anforderungen an Glasfalze und Verglasungssysteme
TRLV	(08.06)	Technische Regeln für die Verwendung von linienförmig gelagerten Verglasungen
TRAV	(01.03)	Technische Regeln für die Verwendung von absturzsichernden Verglasungen
TRPV	(08.06)	Technische Regeln für die Bemessung und die Ausführung punktförmig gelagerter Verglasungen

3 Bauglas

DIN EN 1279-1	(08.15)	Glas im Bauwesen – Mehrscheiben-Isolierglas – Teil 1: Allgemeines, Systembeschreibung, Austauschregeln, Toleranzen und visuelle Qualität
-2	(08.15)	wie vor; Teil 2: Langzeitprüfverfahren und Anforderungen bezüglich Feuchtigkeitsaufnahme
-3	(08.15)	wie vor; Teil 3: Langzeitprüfverfahren und Anforderungen bezüglich Gasverlustrate und Grenzabweichungen für die Gaskonzentration
-4	(08.15)	wie vor; Teil 4: Verfahren zur Prüfung der physikalischen Eigenschaften des Randverbundes
-5	(08.15)	wie vor; Teil 5: Konformitätsbewertung
-6	(08.15)	wie vor; Teil 6: Werkseigene Produktionskontrolle und Auditprüfungen
DIN EN ISO 10 077-1	(05.10)	Wärmetechnisches Verhalten von Fenstern, Türen und Abschlüssen; Berechnung des Wärmedurchgangskoeffizienten; Teil 1: Allgemeines (ISO 10077 – 1 : 2006 + Cor. 1 : 2009)

3.8.1 Allgemeines

3.8.1.1 CE-Kennzeichnung von Mehrscheiben-Isolierglas

Mit dem Kurzzeichen CE (Communautés Europeennes – Europäische Gemeinschaften) werden die Bauprodukte gekennzeichnet, die den europäischen harmonisierten Produktnormen entsprechen. Trägt ein Bauprodukt das CE-Kennzeichen, so erfolgt dies eigenverantwortlich durch den Hersteller, der hierfür ein definiertes Konformitätsverfahren einhalten muss. Informationen hierzu befinden sich im Anhang ZA der jeweiligen Produktnorm. In der Produktnorm sind eine Zusammenfassung der anzuwendenden Prüf- und Klassifizierungsnormen zur Ermittlung der Produkteigenschaften von Mehrscheiben-Isolierglas sowie die Maßnahmen zur Bewertung der Konformität im Rahmen der werkseigenen Produktionskontrolle angegeben.

3.8.1.2 Aufbau von Mehrscheiben-Isolierglas

Mehrscheiben-Isolierglas ist eine Verglasungseinheit, die hergestellt ist aus zwei oder mehreren Glasscheiben aus Fensterglas (heute: gezogenes Glas), Spiegelglas (heute: Floatglas), Gussglas (heute: Ornament- oder Drahtornamentglas), allgemein aus Flachglas (Oberbegriff für alle ebenen oder gebogenen Scheiben), die durch einen oder mehrere luft- bzw. gasgefüllte Scheibenzwischenräume (SZR) voneinander getrennt sind. Im SZR befindet sich *kein* Vakuum. An den Rändern sind die Scheiben luft- bzw. gas- und feuchtigkeitsdicht miteinander verbunden. Mehrscheiben-Isoliergläser werden heute in der Regel aus Float- oder Ornamentglas so hergestellt, dass sie zugleich die Aufgaben des Wärme-, Sonnen- und Schallschutzes und unter Umständen zusätzlich die Funktion eines Sicherheitsglases erfüllen. **Modellscheiben** in Polygonform oder mit Rundungen werden mit diesen Klebeverbindungen hergestellt. Sprossen-Isolierglas und gewölbtes Isolierglas wird in verschiedenen Varianten angeboten.

Die Verglasungseinheit muss bei Lieferung eine **Taupunkt-Temperatur** des SZR unter −60 °C haben. Der gasdichte Innenraum ist mit entfeuchteter Luft oder anderen Gasen gefüllt, damit eine Kondenswasserbildung bei Gebrauchstemperaturen ausgeschlossen wird. Der Randverbund der Scheiben soll eine dampfdichte Sperre bilden, die auf viele Jahre eine Nachdiffusion von Wasserdampf verhindern muss. Er soll ferner Formänderungen aus Scher- und Zugbewegungen aufnehmen und über die Zeit beständig gegen die chemische Wirkung aus der angrenzenden Glasabdichtung und Atmosphäre sein. Diese Eigenschaften müssen in einem weiten Temperaturbereich von etwa −40 bis +80 °C erhalten bleiben.

3.8 Isoliergläser

3.8.1.3 Randverbund

Der **Randverbund** der Einzelscheiben wird heute fast ausschließlich im Klebeverfahren hergestellt. Die physikalischen Eigenschaften des Randverbundes von Mehrscheiben-Isolierglas werden nach DIN EN 1279-4 geprüft, wobei neben dem Haftverhalten der Dichtstoffe auch die Gasdichtheit der Dichtstoffe bestimmt wird. Die früheren Verbindungen von zwei Scheiben mit *eingelötetem*Bleisteg (z.B. Thermopane) oder durch Zusammen*schmelzen* der beiden Glasscheiben im Randbereich (z.B. Gado oder Sedo) sind überholt. Der Scheibenzwischenraum (SZR) wurde trocken gespült, gegebenenfalls mit Gas gefüllt, und die Spülbohrungen wurden nachträglich verschlossen.

Der heute übliche **zweifache Randverbund** (siehe Abb. 3.9) verwendet Abstandhalter aus Aluminium oder verzinktem Stahl. Er ist hohl, nach innen perforiert und gefüllt mit einem hochaktiven Trockenstoff (Molekularsieb = Zeolith = Gerüstsilikat, dessen weitmaschiges Kristallgitter Poren von $3 \cdot 10^{-4}$ mm Durchmesser besitzt), der die Luft im SZR so weit trocknet, dass sich die in Abschnitt 3.8.1.2 genannte Taupunkttemperatur von –60 °C einstellt. Außerdem wird der im Randbereich der Isolierglas-Einheit eindringende Wasserdampf absorbiert. Die dauerplastische Klebung zwischen Rahmen und Scheiben besteht aus Polyisobutylen (PIB). Dieses hat eine sehr niedrige Gasdiffusion und Wasserdampfdurchlässigkeit und verhindert weitgehend das Eindiffundieren von Feuchtigkeit und den Gasverlust. Auf dem Abstandhalter wird der Raum zwischen den Scheiben zusätzlich mit einem dauerelastischen Dichtstoff ausgefüllt. Diese zweistufige Randversiegelung hat die Scheiben dauerhaft zu verbinden und dabei die Beanspruchung aus mechanischen und thermischen Einflüssen aufzunehmen sowie den gasdichten Abschluss zu verstärken. Meist wird Polysulfidpolymer (wie Thiokol) verwendet, zunehmend aber auch Polyurethan oder bei frei liegenden Rändern, z.B. im Überkopfbereich, Silikon (UV-beständig; aber auch höhere Diffusion der Füllgase).

Andere Randverbundsysteme arbeiten mit Abstandhaltern aus Edelstahl (geringere Wärmeleitfähigkeit als Aluminium) oder mit Edelstahlabstandhaltern, die mit hochdämmendem Kunststoff kombiniert werden (geringere Kondenswasserbildung im Übergangsbereich zwischen Isolierglas und Rahmen). Neben den Systemen mit Metallabstandhaltern, die z.T. mit Kunststoffen kombiniert werden, sind Abstandhalter aus thermoplastischem Material mit eingelagertem Trocknungsmittel verfügbar. Gängige Breiten der Abstandhaltersysteme sind Systeme für Scheibenzwischenräume von 10 mm bis 20 mm, abgestuft im Intervall von 2 mm. Geringe Bedeutung haben Randverbunde mit nur einer Dichtungsebene. Bauphysikalisch betrachtet, ist im Bereich des Randverbundes ein erhöhter Abfluss an Wärmeenergie vorhanden. Dieser Einfluss wird bei kleineren Scheibenformaten deutlicher, wenn die Flächenanteile des Randverbundsystems größer werden. Die DIN EN ISO 10 077-1 berücksichtigt den Einfluss des Randverbundes von Mehrscheiben-Isolierglas auf den U_w-Wert des gesamten Fensters, sodass dieser auch im Rahmen des Nachweisverfahrens der EnEV entsprechend berücksichtigt wird.

3 Bauglas

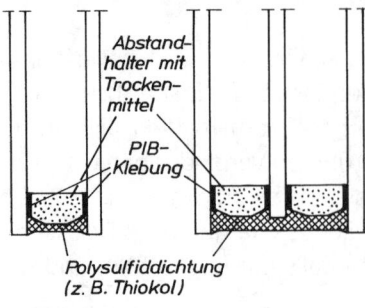

Abb. 3.9 Randverbund von Isolierglasscheiben

3.8.1.4 Besondere optische Erscheinungen bei Isoliergläsern

Doppelscheiben-Effekt: Infolge von Luftdruck- und Temperaturschwankungen ändert sich auf Grund der Gasgesetze das Volumen im SZR. Dadurch verformen sich die Scheiben minimal nach innen oder außen, und es kann zu gewissen Verzerrungen des Spiegelbilds in den Scheiben kommen. Bei kleinformatigen Scheiben (Kantenlänge < 50 cm) können die Spannungen im Glas und im Randverbund durch Verformung der Glasscheiben nur geringfügig abgebaut werden, was unter Umständen zu einer höheren Wasserdampfdiffusion (Kondenswasserbildung im SZR) und zum Glasbruch führen kann. Die Beanspruchung von Mehrscheiben-Isoliergläsern durch Luftdruck- und Temperaturschwankungen (Klimalasten) wird in der Glasdickenbestimmung berücksichtigt. Grundlage hierfür ist die „Technische Regel für Verwendung von linienförmig gelagerten Verglasungen" (kurz: TRLV).

Interferenzerscheinungen: Unter bestimmten Beobachtungswinkeln können in seltenen Fällen in der Ansicht von außen auf der Glasoberfläche bestimmte Muster in Form von regenbogenartigen Flecken, Bändern oder Ringen erscheinen, die bei Druck auf die Fläche ihre Lage ändern.

Anisotropie: An thermisch vorgespannten Gläsern (ESG, TVG) können sich unter bestimmten Lichtverhältnissen Polarisationsmuster bemerkbar machen, die auf den mehr oder weniger hohen Anteil polarisierten Lichts im Tageslicht zurückzuführen sind.

3.8.2 Strahlungsphysikalische Begriffe

Normen

DIN EN 410	(04.11)	Glas im Bauwesen; Bestimmung der lichttechnischen und strahlungsphysikalischen Kenngrößen von Verglasungen
DIN EN 673	(04.11)	Glas im Bauwesen; Bestimmung des Wärmedurchgangskoeffizienten (U-Wert); Berechnungsverfahren
ISO 9050	(08.03)	Glas im Bauwesen – Bestimmung von Lichttransmissionsgrad, direktem Sonnenlichttransmissionsgrad, Gesamttransmissionsgrad der Sonnenenergie und Ultraviolettransmissionsgrad sowie der entsprechenden Verglasungsfaktoren
DIN EN 12 898	(04.01)	Glas im Bauwesen – Bestimmung des Emissionsgrades

3.8 Isoliergläser

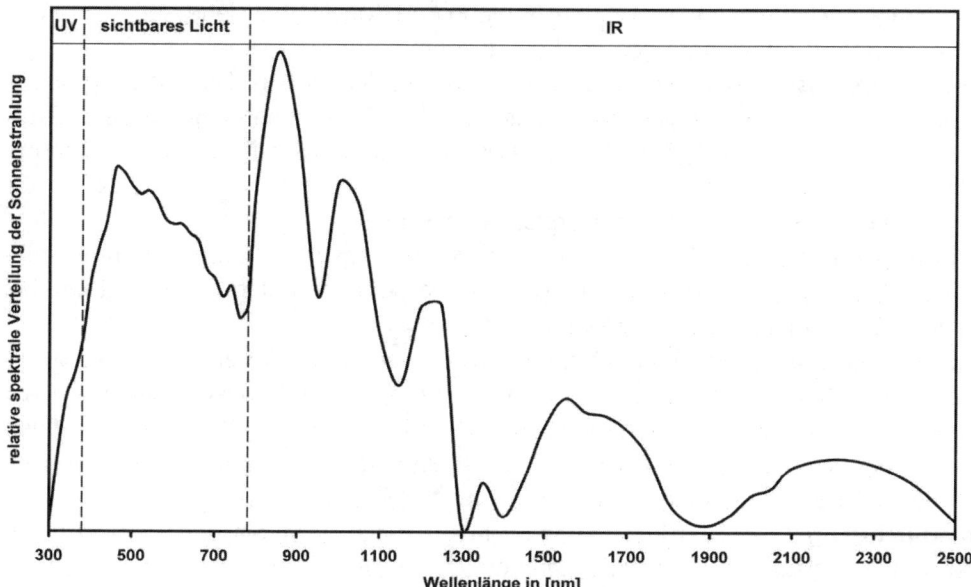

Abb. 3.10 Verteilung der Globalstrahlung nach DIN EN 410

I. Sichtbare Strahlung (Wellenlänge 0,38 bis 0,78 µm)

Lichtdurchlässigkeit (Lichttransmissionsgrad) T_L (%) gibt den direkt durchgelassenen sichtbaren Strahlungsanteil bezogen auf die Hellempfindlichkeit des menschlichen Auges, an. Sie wird von der Glasdicke beeinflusst. Einzelscheibe aus Floatglas: $T_L \approx 90$ %. Bezugsgröße 100 %: eine unverglaste Wandöffnung. Bezugslichtart: normierte spektrale Strahlungsverteilung nach DIN EN 410.

Farbwiedergabe-Index R_a beschreibt die Farbwiedergabeeigenschaften einer Verglasung. Diese verändert die spektrale Zusammensetzung des einfallenden Tageslichts und ist daher für das Farbklima in einem Raum verantwortlich. Die Skala von R_a reicht bis 100. In der Beleuchtungstechnik kennzeichnen allgemeine Farbwiedergabeindex-Werte $R_a > 90$ eine sehr gute und Werte > 80 eine gute Farbwiedergabe.

II. Gesamtstrahlung

Die auf der Erde ankommende Sonnenstrahlung setzt sich ungefähr aus 4 % UV-Strahlung, 55 % Infrarotstrahlung und den verbleibenden 41 % sichtbarem Licht zusammen. Das in Abb. 3.10 beschriebene Spektrum entspricht der Definition von DIN EN 410 unter festgelegten atmosphärischen Konstanten hinsichtlich diffuser Strahlung und der Eigenschaften von Luft.

Absorption ist der Strahlungsanteil, der vom Glas unter Temperaturerhöhung aufgenommen und als Wärmestrahlung beidseitig wieder abgestrahlt wird. Er erhöht sich bei eingefärbtem Glas.

Reflexion ist der Strahlungsanteil, der an der Oberfläche zurückgeworfen wird.

Transmission ist der Strahlungsanteil, der das Glas durchdringt.

Gesamtenergiedurchlassgrad g (%) im Wellenbereich der Globalstrahlung (siehe Abb. 3.10) setzt sich zusammen aus der direkt durchgelassenen Strahlungsenergie und der sekundären

3 Bauglas

Wärmeabgabe nach innen infolge Wärmestrahlung und Konvektion (siehe Abb. 3.11). Der Wert g ist wichtig für Berechnungen der Klimatechnik.

Mittlerer Durchlassfaktor b (shading-coefficient) ist der mittlere Durchlassfaktor der Sonnenenergie durch eine Verglasung bezogen auf den Gesamtenergiedurchlassgrad g = 80 % eines zweischeibigen Normal-Isolierglases ($b = g/0{,}8$). Wichtig für die Berechnung der Kühllast eines Gebäudes.

Früher galt $b = g/0{,}87$ (3-mm-Einfachklarglas mit g = 87 %).

Selektivkennzahl S ist das Verhältnis von Lichttransmissionsgrad T_L zum Gesamtenergiedurchlass g ($S = T_L/g$). Ein hoher Wert ist erwünscht bei Sonnenschutzgläsern (viel Licht- bei wenig Wärmedurchgang; erreichbare Grenze etwa S = 2).

Emissionsvermögen ε: Energieabstrahlung von einer Materialoberfläche. Gemessen wird die Energie-Reflexion R und daraus wird das *normale* Emissionsvermögen $\varepsilon_n = 1 - R$ berechnet, das durch Multiplikation mit einem Faktor in das *effektive* Emissionsvermögen ε umgerechnet wird. Daraus lässt sich der U_g-Wert in einem Berechnungsverfahren nach DIN EN 673 ermitteln. Je niedriger ε, umso kleiner ist der U_g-Wert.

Wärmedurchgangskoeffizient U: Wärmedurchgang durch die Verglasung (U_g) bzw. durch Fenster und Fenstertüren einschließlich Rahmen (U_W) in W/(m² · K).

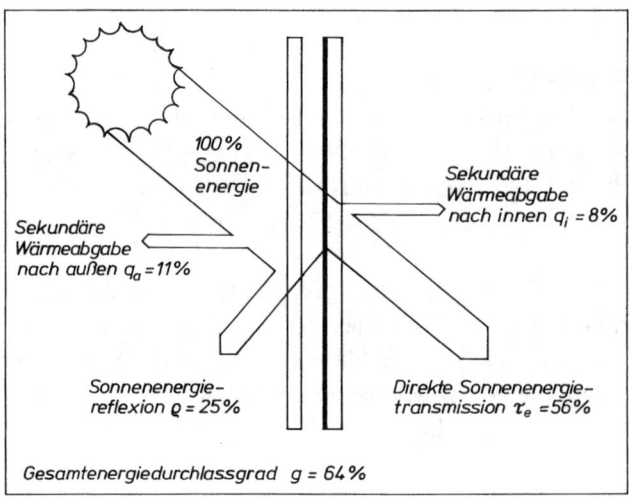

Abb. 3.11 *Sonnenenergiedurchgang durch ein beschichtetes Wärmeschutzglas gemäß DIN EN 410 [3.6]*

3.8.3 Wärmeschutz

Mit steigenden Anforderungen an den Wärmeschutz von Mehrscheiben-Isoliergläsern, die zunehmend in großflächigen Fassadenbauteilen zur Gestaltung der Gebäudehülle eingesetzt werden, ist das konventionelle *unbeschichtete* Zweischeiben-Isolierglas fast vollständig durch das transparent *beschichtete* Zwei- oder Dreischeiben-Isolierglas ersetzt worden.

3.8.3.1 Konventionelles Isolierglas

Konventionelles Isolierglas besteht aus zwei unbeschichteten Glasscheiben (Dicke 4, 5 oder 6 mm) und einem SZR von in der Regel 12 mm. Seinen Wärmedämmeffekt verdankt es allein der ruhenden Luftschicht im SZR. Wärmedurchgangskoeffizient U_g = 3,0 W/(m² · K), Lichtdurchlässigkeit $T_L \approx$ 80 %. Konventionelles Isolierglas genügt den heutigen Anforderungen an die Wärmedämmung von Verglasungen nicht mehr und findet nur noch beschränkten Einsatz. Einfachverglasungen, die bis in die 1970er-Jahre im Einsatz waren und einen U_g-Wert von bis zu 5,8 W/(m² · K) besaßen, sind im Wohnungsbau nicht mehr zugelassen.

3.8.3.2 Beschichtetes Isolierglas (Warmglas)

a) Aufbau einer Zweischeiben-Isolierglasscheibe (siehe Abb. 3.9 und 3.12): Scheibenzwischenraum (SZR) in der Regel 12 mm bis 16 mm; Gasfüllung Luft, Argon oder Krypton (siehe Abb. 3.13). Die Beschichtung befindet sich stets im Innern des SZR, in der Regel auf der Innenscheibe, es können auch beide Scheiben beschichtet sein. Um eine sichere Haftung des Isolierglas-Dichtstoffes zu gewährleisten und eine Unterwanderung der einzelnen Schichten durch Feuchtigkeit zu verhindern, werden die Schichten (soft-coating) im Randbereich der Scheibe entfernt (Randentschichtung).

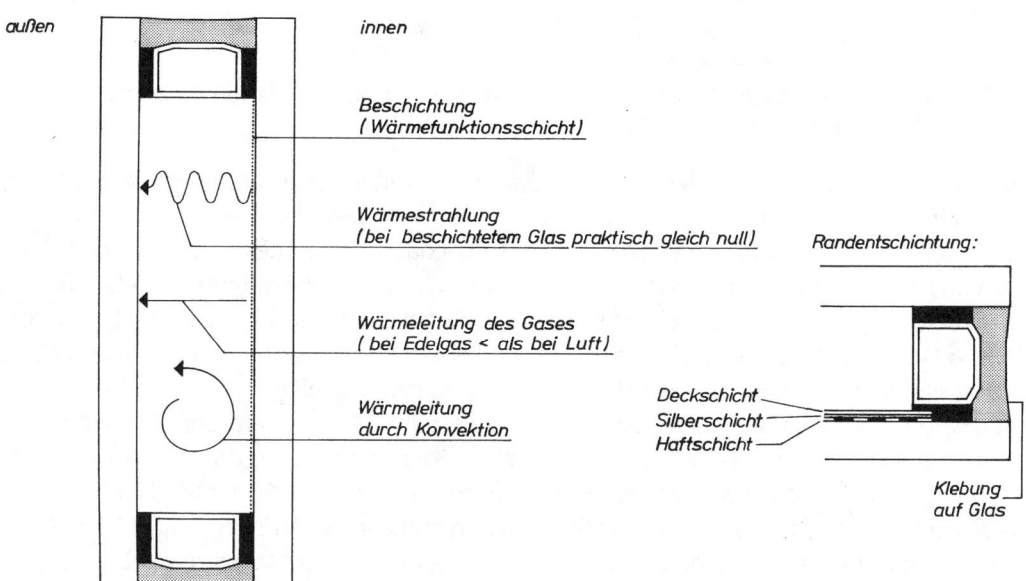

Abb. 3.12 Aufbau und Wärmefluss von beschichtetem Zweischeiben-Isolierglas mit Randentschichtung nach [3.6]

3 Bauglas

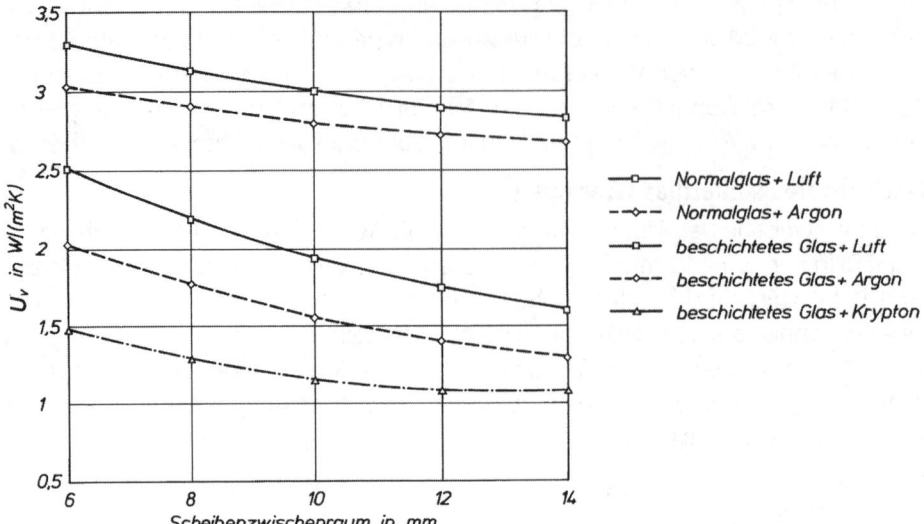

Abb. 3.13 Abhängigkeit des U_g-Werts vom Scheibenzwischenraum sowie von der Gasfüllung; berechnet nach DIN EN 673

b) Floatglasscheiben werden vielfach im Floatprozess mit einer zusätzlichen Beschichtung versehen (hard-coating), oder die Scheiben erhalten in speziellen Beschichtungswerken eine nachträglich aufgebrachte Beschichtung (soft-coating). Wärmeschutzbeschichtungen werden im Normalfall auf Position 3 eines Zweischeiben-Isolierglassystems aufgebracht. Die **Beschichtung** besteht aus Edelmetallen, in der Regel Silber, und hat eine Dicke von ca. 10 nm (10^{-9} m). In einem starken elektrischen Feld im Innern einer Vakuumkammer (ca. 10^{-3} mbar) werden durch positiv geladene Argon-Ionen aus einer Spenderkathode Edelmetallatome herausgeschlagen, die sich als hauchdünne Schicht auf der Glasoberfläche niederschlagen. Glas hat ein hohes Emissionsvermögen (ε) von ca. 0,85, d.h., 85 % seiner Wärme gibt Glas durch Strahlung von der Oberfläche ab. Durch die Metallbeschichtung wird dieses erheblich herabgesetzt und der U_g-Wert entsprechend verringert. Die Silberschicht wird durch Haft- und schützende Deckschichten ergänzt. Sonnenschutzgläser besitzen im Schichtensystem zusätzliche absorbierende und reflektierende Komponenten.

c) Der **Wärmefluss** durch Zweischeiben-Isolierglas setzt sich aus Wärmeabstrahlung von der beschichteten Oberfläche der inneren Scheibe und aus Wärmeleitung und Wärmeströmung des Gases im SZR zusammen (siehe Abb. 3.12). Durch die Metallbeschichtung und eine Argonfüllung im SZR wird der U_g-Wert gegenüber unbeschichtetem Glas je nach Dicke des SZR und der Gasart von 3,0 W/(m² · K) bis auf 1,1 W/(m² · K) herabgesetzt. Die Funktionsbeschichtung lässt das kurzwellige sichtbare Licht fast völlig hindurchtreten, reflektiert dagegen die aus dem Rauminneren auftreffende langwellige Wärmestrahlung.

3.8.3.3-Heizscheiben

Heizscheiben können auch ohne die optisch störenden Heizdrähte hergestellt werden, und zwar mit einer elektrisch leitenden Beschichtung. Sie bestehen aus zwei mit einer PVB-Folie verbundenen ESG-Scheiben, die nach außen am Rand durch eine umlaufende, elektrisch nicht leitende Versiegelung und ein Dichtungsband abgeschlossen sind. Anwendung finden diese Scheiben z.B. in Blumengeschäften, Kühlhäusern, Kühltheken und -vitrinen, im Maschinen- und Anlagenbau und bei der Verglasung von Schiffen.

3.8.4 Sonnenschutz

Die auf ein Gebäude einwirkenden Wärmelasten setzen sich aus den internen sowie den externen Lasten zusammen. Neben den internen Lasten, verursacht durch Geräte usw., ergeben sich die externen Lasten aus den Außenlufttemperaturen und der Sonnenbestrahlung auf die Gebäudehülle. Letzteres kann durch gezielte Sonnenschutzmaßnahmen beeinflusst werden. Wesentliche Zielsetzungen des sommerlichen Wärmeschutzes sind, eine Raumaufheizung durch solare Einstrahlung bestmöglich zu vermeiden und zugleich eine angenehme Raumausleuchtung zu gewährleisten.

Dieses Aufgabenspektrum wird von Sonnenschutzverglasungen dadurch erreicht, dass durch gezielte Maßnahmen der UV- und IR-Anteil in der Sonnenstrahlung soweit wie möglich ausgeblendet wird und nur der sichtbare Anteil des Lichts in das Rauminnere gelangt. Diese Eigenschaft, solare Strahlung in Abhängigkeit von der Wellenlänge gezielt durch die Verglasung in das Rauminnere zu lassen, wird durch selektive Beschichtungen erreicht.

Sonnenschutzgläser bestehen aus klarem oder in der Masse in den verschiedenen Tönungen durchgefärbtem Floatglas. Die Einfärbung der Gläser wird meist durch Zugabe von anorganischen Stoffen (Metalloxiden) in der Glasschmelze erreicht. Infolge der absorbierenden Wirkung der Gläser ist der Sonnenschutz eingefärbter Gläser von der Glasdicke abhängig. Mit einem höheren Absorptionsgrad dieser Gläser steigt in den Gläsern ebenfalls die thermische Belastung, sodass im Regelfall vorgespannte Gläser zur Reduzierung der Glasbruchgefahr eingesetzt werden. Insgesamt müssen die Gläser einen niedrigen Gesamtenergiedurchlassgrad g, eine hohe Lichtdurchlässigkeit T_L und Selektivitätskennzahl S, sowie einen möglichst niedrigen Wärmedurchgangskoeffizienten U_g besitzen.

Die genannten Sonnenschutzmaßnahmen durch Einfärbung bzw. Beschichtung können am wirksamsten über die Außenscheibe erreicht werden. So wird in den meisten Fällen eine Einfärbung der Außenscheibe durchgeführt bzw. eine Beschichtung in Position 1 und/oder Position 2 aufgebracht. Glasbeschichtungen wirken dadurch, dass die eingestrahlte Sonnenenergie reflektiert oder absorbiert wird. Absorptions- und Reflexionsgrad der Beschichtungen können entsprechend den Anforderungen variiert werden. Neben den Sonnenschutzmaßnahmen über das Glas selbst sowie dessen Modifikationen kann Sonnenschutz ebenfalls durch Sonnenschutzelemente erreicht werden, die außen- sowie innenseitig bzw. auch im Scheibenzwischenraum angeordnet werden. Hierfür sind verschiedenste Materialien geeignet, wie z.B. Jalousien oder Rollfolien. Im SZR eines Mehrscheiben-Isolierglases integrierte Sonnenschutzmaßen bieten die Möglichkeit einer vor Witterung geschützten Konstruktion.

Sonnenschutz kann auch durch **lichtstreuende Verglasungen** erreicht werden. Diese Glaseinheiten sind undurchsichtig und durchscheinend und bestehen aus mindestens zwei Glasscheiben. Dazwischen liegt Glasseiden-Gespinst oder -Vlies und/oder eine Glaskapillarplatte, die zusätzlich die Wärmedämmung erhöht. Die Scheiben können aus klarem oder eingefärbtem Floatglas, aus Drahtornamentglas oder aus Verbund- oder Einscheiben-Sicherheitsglas bestehen. Anwendung: Oberlichte, Schräg- und Dachverglasungen, Fassadenbrüstungen, Kuppeln.

3 Bauglas

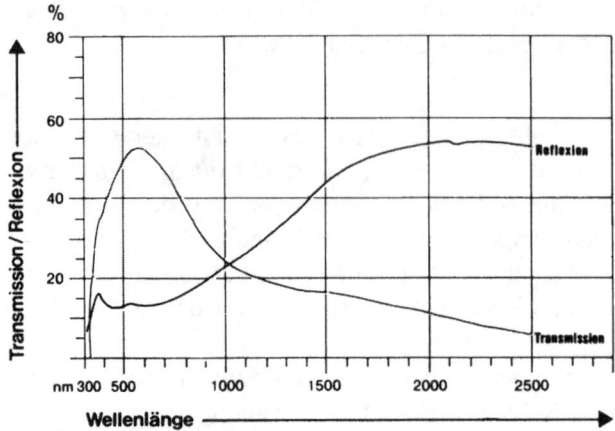

Abb. 3.14 Schematisierte Varianten von Sonnenschutzmaßnahmen (von li. nach re.: Verglasung mit Flüssigkristallen, elektrochrome Verglasung, MIG mit außen liegender VSG-Scheibe und Rollfolie, MIG mit Jalousie, MIG mit Kapillarkern und Glasseidengespinst zur Lichtstreuung)

Verglasungen mit variabler Transmission bieten die Möglichkeit, dass die strahlungsphysikalischen Eigenschaften an die witterungsbedingte Solarstrahlung angepasst werden. Entwicklungen haben beispielsweise zu Verglasungen mit schaltbaren Flüssigkristallen geführt, die sich in die Verbundfolien einbetten lassen und eine Weiterverarbeitung zum Verbundglas ermöglichen. Durch elektrische Ansteuerung kann der Transmissionsgrad der Verbundglasscheibe variiert werden. Ebenso ist eine Reihe von anorganischen Materialien verfügbar, welche sich durch Anlegen einer elektrischen Gleichspannung einfärben. Materialien mit diesen Eigenschaften werden als elektrochrom bezeichnet und ermöglichen die Konstruktion elektrochromer Mehrscheiben-Isolierglassysteme. Typische physikalische Werte elektrochromer Verglasungen im eingefärbten Zustand sind die Reduzierung der Lichttransmission sowie des Gesamtenergiedurchlassgrades auf bis zu circa 15 %, ausgehend von circa 50 % für die Lichttransmission und circa 36 % für den Gesamtenergiedurchlassgrad im ungefärbten Zustand. Verglasungen mit schaltbarer Transmission sowie mit elektrisch angesteuerten Sonnenschutzvorrichtungen können hervorragend in die Bustechnik eines Gebäudes integriert werden.

3.8 Isoliergläser

Tafel 3.3 Beispiele für Wärmeschutz- bzw. Sonnenschutzgläser

	Bezeichnung / Typ	Systemskizze	Aufbau außen SZR innen	Wärme-durch-gangs-koeffizient U_g	Gesamt-energie-durch-lassgrad g	Licht-durch-lässigkeit τ_L
1.	Einfachverglasung		6	5,8	0,85	0,90
2.	Isolierverglasung Luft		4/12/4	3,0	0,75	0,80
3.	Wärmeschutz-MIG Ar 90% LE; $\varepsilon_n = 0,1$ Pos. 3		4/16/4	1,4	0,60	0,75
4.	Wärmeschutz-MIG Ar 90% LE; $\varepsilon_n = 0,04$ Pos. 3		4/16/4	1,2	0,58	0,75
5.	Wärmeschutz-MIG Kr 90% LE; $\varepsilon_n = 0,04$ Pos. 3		4/12/4	1,1	0,63	0,79
6.	Wärmeschutz-MIG Ar 90% LE; $\varepsilon_n = 0,04$ Pos. 3		6/12/6	1,3	0,63	0,79
7.	Sonnenschutz-MIG Ar 90% LE; $\varepsilon_n = 0,02$ Pos. 2		6/14/4	1,1	0,29	0,50
8.	Sonnenschutz-MIG Ar 90% LE; $\varepsilon_n = 0,03$ Pos. 2		6/14/4	1,2	0,43	0,71
9.	3-fach-MIG Ar 90% LE; $\varepsilon_n = 0,04$ Pos. 2 / 5		4/12/4/12/4	0,7	0,5	0,72
10.	3-fach-MIG Kr 90% LE; $\varepsilon_n = 0,03$ Pos. 2 / 5		4/12/4/12/4	0,5	0,5	0,72

LE → Low-Emissionsschicht ε_n
MIG → Mehrscheibenisolierverglasung
Ar → Argonfüllung
Kr → Kryptonfüllung
Luft → Luftfüllung
SZR → Scheibenzwischenraum
Pos. → Positionsnummer (Beschichtung)
--- → Positionssymbol (Beschichtung)

3 Bauglas

Tafel 3.4 Beispiele für Schallschutzgläser

Bezeichnung / Typ	Systemskizze	Aufbau außen SZR innen	Wärmedurchgangskoeffizient U_g	Korrekturwert C/C_{tr}	bew. SchalldämmMaß R_W
1. GH-Schalldämmglas aus Float		gesamt: 7 ± 1 3/ GH /3	k. A.	k. A.	36
2. GH-Schalldämmglas aus ESG		gesamt: 12 ± 1 5/ GH /5	k. A.	k. A.	38
3. VSG-Schalldämmglas aus Float		gesamt: 9 4/ PVB /4 PVB 0,76	k. A.	k. A.	37
4. Schallschutz-MIG Ar 90 % LE; $\varepsilon_n = 0{,}04$ Pos. 3		10/16/4	1,2	−2 /−6	38
5. Schallschutz-MIG Ar 90 % LE; $\varepsilon_n = 0{,}03$ Pos. 3		10/16/4	1,1	−2 /−6	38
6. Schallschutz-MIG Kr 90 % LE; $\varepsilon_n = 0{,}04$ Pos. 3		6/16/4	1,1	−2 /−6	37
7. Schallschutz-MIG GH Kr 90 % LE; $\varepsilon_n = 0{,}04$ Pos. 3		6/16/9(GH)	1,1	−4 /−9	43

Hinweis:

Korrekturwert „C" erfasst:
- Schienenverkehr mit mittlerer und hoher Geschwindigkeit
- Autobahnverkehr
- Betriebe, mit Abstrahlung von überwiegend mittel- und hochfrequentem Lärm
- Düsenflugzeug in geringerem Abstand.

Korrekturwert „C_{tr}" erfasst:
- Schienenverkehr mit geringer Geschwindigkeit
- Discomusik
- städtischer Straßenverkehr
- Propellerflugzeug
- Düsenflugzeug in großem Abstand
- Betriebe, mit Abstrahlung von überwiegend tief- und mittelfrequentem Lärm

Ar → Argonfüllung	MIG → Mehrscheibenisolierverglasung	SZR → Scheibenzwischenraum
Kr → Kryptonfüllung	PVB → Polyvinylbutyral	Pos. → Positionsnummer (Beschichtung)
Luft → Luftfüllung	VSG → Verbundsicherheitsglas	--- → Positionssymbol (Beschichtung)
GH → Gießharzverbundscheibe	LE → Low-Emissionsschicht ε_n	

3.8.5 Schallschutz

Für den Schallschutz wichtig sind großes Scheibengewicht, asymmetrischer Aufbau, d.h. ungleich dicke Außen- und Innenscheiben, größere Breite des Scheibenzwischenraums (SZR) und die Art der Gasfüllung. Außerdem spielen für die erreichbare Schalldämmwirkung gegen Außenlärm Aufbau und Material des Fensterrahmens und die Dichtheit der Fensterfugen und des Baukörperanschlusses eine wesentliche Rolle. Eine exakte Bestimmung der Schalldämmwirkung eines Fensterelements ist nur durch Messungen möglich. Schallschutzgläser müssen stets auch gute Wärme- und Sonnenschutzeigenschaften besitzen und müssen daher stets als beschichtete Isolierglasscheiben ausgebildet sein.

Normales 2-fach-Isolierglas mit den üblichen Scheibendicken (4 mm) und SZR haben nur eine geringe Schalldämmwirkung mit R_W-Werten von ca. 33 dB (R_W bewertetes Schalldämm-Maß in Dezibel). Dickere Elemente mit asymmetrischem Aufbau (außen 10 mm, innen 4 mm dicke Scheiben) und SZR bis 20 mm erreichen R_W-Werte von 39 bzw. 40 dB. Verbundglas/Verbundsicherheitsglas mit Schallschutzfolie (Dicke 0,38 oder 0,76 mm) als äußere oder innere Scheibe hat bei großer Masse trotzdem eine geringe Biegesteifigkeit und damit auch im unteren und oberen Frequenzbereich eine gute Schalldämmwirkung. Mit großem SZR (bis 20 mm) und Argon- oder Krypton-Gasfüllung erreichen solche Zweiglas-Scheiben R_W-Werte bis zu 50 dB. Schwefelhexafluorid (SF_6)-Gas als Füllung wird heute aus Umweltschutzgründen nicht mehr verwendet und ist auch verboten.

3.9 Glasfassaden

Normen

DIN EN 13 830	(11.03)	Vorhangfassaden – Produktnorm
DIN EN 12 152	(08.02)	Vorhangfassaden – Luftdurchlässigkeit – Leistungsanforderungen und Klassifizierung
DIN EN 12 153	(09.00)	Vorhangfassaden – Luftdurchlässigkeit – Prüfverfahren
DIN EN 12 154	(06.00)	Vorhangfassaden – Schlagregendichtheit – Leistungsanforderungen und Klassifizierung
DIN EN 12 155	(10.00)	Vorhangfassaden – Schlagregendichtheit – Laborprüfung unter Aufbringung von statischem Druck
DIN EN 12 179	(09.00)	Vorhangfassaden – Widerstand gegen Windlast – Prüfverfahren
DIN EN 13 050	(09.11)	Vorhangfassaden – Schlagregendichtheit – Laborprüfung mit wechselndem Luftdruck und Besprühen mit Wasser
DIN EN 13 116	(11.01)	Vorhangfassaden – Widerstand gegen Windlast – Leistungsanforderungen
ETAG 002-1	(12.98)	Bekanntmachung der Leitlinie für die Europäische Technische Zulassung für geklebte Glaskonstruktionen (Structural Sealant Glazing Systems – SSGS); Teil 1: Gestützte und ungestützte Systeme (ETAG 002)
-2	(04.02)	wie vor; Teil 2: Beschichtete Aluminium-Systeme (ETAG 002)
DIN EN 13 022-1	(08.14)	Glas im Bauwesen – Geklebte Verglasungen – Teil 1: Glasprodukte für Structural Sealant Glazing (SSG-) Glaskonstruktionen für Einfachverglasungen und Mehrfachverglasungen mit oder ohne Abtragung des Eigengewichtes
DIN 18 516-4	(08.15)	Vorgehängte hinterlüftete Fassaden
DIN EN 14351-1	(10.08)	Ermittlung U_W-Werte; CE-Zeichen
DIN EN ISO 12567-1 / -2	(10.12)	Messung U_W-Werte Fenster und Türen
DIN EN ISO 10077-1	(10.05)	Ermittlungen U_W-Werte; Tabellen

Glasfassaden werden nach den verschiedensten Kriterien unterschieden. Ein wesentliches Unterscheidungskriterium bei der Anwendung von Glas in der Gebäudehülle ist die Anordnung als Außenwandbekleidung bzw. als Ausfachungselement in einer Skelettkonstruktion. Bei Außenwandbekleidungen werden z.B. Fassadenplatten aus Glas oder mit Glaskomponenten am Baukörper befestigt, wobei dieser in der Regel eine Wandkonstruktion darstellt. Die Wandkonstruktion kann dabei aus Ziegeln, Beton, Holztafelbau usw. ausgeführt sein. Die Außenwandbekleidungen werden entweder hinterlüftet (Kaltfassade) oder nicht hinterlüftet (Warmfassade) ausgeführt, wodurch sich unterschiedliche Anforderungen an die Fassadenplatten ergeben.

Bei der **Kaltfassade** wird eine ein- oder zweischeibige Brüstungs*platte* mit einem Luftzwischenraum von mindestens 20 bis 30 mm und oben und unten befindlichen Lüftungsschlitzen an der thermisch isolierten tragenden Außenwand befestigt. Die Luftschicht dient zur Feuchtigkeits- und bei den zweischeibigen Brüstungsplatten zusätzlich zur Wärmeabführung. Raumseitig sind die Scheiben in der Regel koloriert, und zwar durch Aufbringen von Schichten z.B. aus Emaille oder Folien.

Die **Warmfassade** ist eine einschalige, *nicht*hinterlüftete Außenwandkonstruktion aus Brüstungs*paneelen*. Sie bilden den Gebäudeabschluss und übernehmen damit auch den Wärme- und Schallschutz. Die Paneele bestehen aus ein- oder zweischeibigen Brüstungsplatten mit einer innen aufgebrachten Wärmedämmung z.B. aus PUR-Hartschaum, Mineralfaserplatten oder Foamglas und einer Dampfsperre. Sie werden in die tragende Fassadenkonstruktion eingebaut.

Bei Vorhangfassaden wird über eine Skelett-Tragkonstruktion (in der Regel aus Aluminium, Holz oder Stahl), die mit Glaselementen oder Paneelelementen ausgefacht ist, die Gebäudehülle ausgebildet. Vorhangfassaden sind meist einschalig ausgeführt, wobei die Skelett-Tragkonstruktion sowie die Ausfachungselemente in einer Ebene liegen. Aufwändigere Konstruktionen sind zweischalig als sogenannte Doppelfassaden möglich, sodass beispielsweise im Zwischenraum der beiden Fassadenhüllen Sonnenschutzelemente sowie Lüftungselemente integriert werden können. Die Skelett-Tragkonstruktion ist von der Außenseite sichtbar.

Ganzglasfassaden können auch ohne sichtbare Rahmen hergestellt werden (**Structural Glazing**). Dazu werden Isolierglasscheiben an den Scheibenrändern mittels elastomeren Dichtstoffen auf Siliconbasis auf einen Rahmen geklebt und das so vorgefertigte Structural-Glazing-Element vor Ort mit der Unterkonstruktion verbunden. Es entsteht so von außen das Bild einer homogenen, Gebäude umhüllenden Glasfläche ohne von außen sichtbare Befestigungs- und Sicherungselemente.

Flächenbündige Ganzglasfassaden (Structural Glazing) benötigen für die Anwendung in Deutschland eine bauaufsichtliche Zulassung oder eine Zustimmung im Einzelfall. Für die meisten Konstruktionen über 8 m Einbauhöhe sind zusätzliche mechanische Sicherungselemente für die Scheiben erforderlich. Bei Anwendung von Isolierglassystemen ist das Randverbundsystem im Regelfall der UV-Strahlung ausgesetzt, sodass hierfür besondere Vorkehrungen zu treffen sind (Anwendung UV-stabiler Randverbundsysteme bzw. zusätzliche Schutzmaßnahmen gegen UV-Einwirkung auf das Randverbundsystem).

Nachfolgend sind ausgewählte Typen für Fassadenplatten bzw. Paneele in schematischer Darstellung zusammengestellt:

Die Farbtöne der Bedruckungen von Fassadenplatten als Außenwandbekleidung können durch die Eigenfärbung der Glasscheibe sowie durch die Reflexionen der Glasoberfläche beeinflusst werden. Gegebenenfalls ist Weißglas zu verwenden, um diesen Einfluss zu minimieren. Die Scheibenbefestigungen werden entsprechend ihrer Anordnung und Ausbildung in linienförmige bzw. punktförmige Scheibenlagerungen unterschieden. Scheibenbefestigungen müssen so ausgeführt sein, dass keine Zwängungen entstehen und unter Last- sowie Temperatureinfluss kein Kontakt zu den angrenzenden Bauteilen entsteht. Die

3.9 Glasfassaden

Prüfung hinsichtlich der Spontanbruch-Gefahr von ESG erfolgt durch den Heißlagerungstest (Heat-Soak-Test). Beim Einbau vor hellem Hintergrund sind für emaillierte Fassadenplatten optische Unschärfen möglich, da der Emailleauftrag lichtdurchlässig sein kann. Dieser Effekt kann durch einen zusätzlichen Farbauftrag beeinflusst werden. Emaillierte Oberflächen sollten beim Einbau nicht zur Witterungsseite angeordnet werden, sondern zum Baukörper hin. Reflexionsbeschichtungen auf Position 1 von Fassadenplatten sind im Regelfall nach besonderen Reinigungsvorschriften zu behandeln, damit die Eigenschaften der Beschichtungen dauerhaft sichergestellt werden können.

Tafel 3.5 Beispiele unterschiedlicher Glaspaneelaufbauten (schematisch)

Typ	Systemskizze	Erläuterung
1. Fassadenplatten, einscheibig		ESG-H, rückseitig eingefärbt, RAL-Farbtöne verfügbar
2. Fassadenplatten, einscheibig		ESG-H, Witterungsseite mit selbstreinigender Beschichtung, rückseitig eingefärbt oder emailliert, RAL-Farbtöne verfügbar
3. Fassadenplatten, zweischeibig		ESG-H (beide Scheiben), Aufbau wie MIG-System, Sonnenschutzbeschichtung auf Position 2, Emaillierung auf Position 4
4. Paneel mit Einfachglas		ESG-H, dampfdichte Schale zur Raumseite hin, Anordnung von Dampfdruckausgleichsöffnungen im Umfassungsrahmen zwischen Glas und Dämmebene
5. Paneel mit MIG-System		ESG-H als MIG-System, dampfdichte Schale zur Raumseite hin, Anordnung von Dampfdruckausgleichsöffnungen, SZR 4 mm bis 6 mm
6. TWD-Element		Hohlkammerstrukturen (Kapillaren oder Waben) bestehen i.d.R. aus Kunststoff bzw. Glas bzw. aus mikroporösen Silikatstrukturen

--·— Emaillierung bzw. Farbbedruckung
--- Positionssymbol (Beschichtung)
(Zeichnungen nicht proportional dargestellt.)

Bei Anwendung einer transparenten Wärmedämmung (TWD-Elemente) lässt diese beispielsweise über Kapillarröhrchen einen Teil der Solarstrahlung durch die Dämmschicht hindurch und trifft auf einen dunklen Absorber. Die Weiterleitung der Solarstrahlung an den Absorber ermöglicht eine Wärmeabgabe an den dahinter gelegenen Wandaufbau, welcher in Konsequenz als Wärmespeicher wirkt. Die Wärme wird mit entsprechender Verzögerungszeit an das Rauminnere abgegeben. In den Sommermonaten kann ein temporärer Sonnenschutz erforderlich werden, zum Schutz vor Überhitzung.

3 Bauglas

3.10 Brandschutz

Normen

DIN 4102-13	(05.90)	Brandverhalten von Baustoffen und Bauteilen; Brandschutzverglasungen; Begriffe, Anforderungen und Prüfungen
DIN EN 357	(02.05)	Glas im Bauwesen; Brandschutzverletzungen aus durchsichtigen oder durchscheinenden Glasprodukten; Klassifizierung des Feuerwiderstandes
DIN EN 1363-1	(10.12)	Feuerwiderstandsprüfungen – Teil 1: Allgemeine Anforderungen
DIN EN 1363-2	(10.99)	Feuerwiderstandsprüfungen – Teil 2: Alternative und ergänzende Verfahren
DIN EN 1364-3	(05.14)	Feuerwiderstandsprüfungen für nichttragende Bauteile – Teil 3: Vorhangfassaden – Gesamtausführung
DIN EN 1364-4	(05.14)	Feuerwiderstandsprüfungen für nichttragende Bauteile – Teil 4: Vorhangfassaden – Teilausführung
DIN EN 1634-1	(03.14)	Feuerwiderstandsprüfungen und Rauchschutzprüfungen für Türen, Tore, Abschlüsse, Fenster und Baubeschläge – Teil 1: Feuerwiderstandsprüfungen für Türen, Tore, Abschlüsse und Fenster
DIN EN 1634-3	(01.05)	Prüfungen zum Feuerwiderstand und zur Rauchdichte für Feuer- und Rauchschutzabschlüsse, Fenster und Beschläge – Teil 3: Prüfungen zur Rauchdichte für Rauchschutzabschlüsse
DIN EN 13 501-1	(01.10)	Klassifizierung von Bauprodukten und Bauarten zu ihrem Brandverhalten – Teil 1: Klassifizierung mit den Ergebnissen aus den Prüfungen zum Brandverhalten von Bauprodukten
DIN EN 15 254-4	(10.13)	Erweiterter Anwendungsbereich der Ergebnisse von Feuerwiderstandsprüfungen – Nichttragende Wände – Teil 4: Verglaste Konstruktionen
ISO 834-1	(10.13)	Feuerwiderstandsprüfungen – Bauteile – Teil 1: Allgemeine Anforderungen

3.10.1 Allgemeines

Brandschutzverglasungen bestehen aus Rahmen, speziellen Brandschutzgläsern, Befestigungsmitteln und Dichtungen. Das Brandschutzglas stellt eine Komponente im gesamten System der Brandschutzverglasung dar, wobei das System zunächst als nicht geregeltes Bauteil gilt. Für das Gesamtsystem der Brandschutzverglasung als Bauprodukt und dessen Anschlüsse an den Baukörper ist in Deutschland als Verwendbarkeitsnachweis eine allgemeine bauaufsichtliche Zulassung erforderlich. Hierfür werden Prüfmethoden unter vorgeschriebenen Bedingungen angewendet, wie beispielsweise nach DIN EN 1364, bei welcher die Bauteile einem genormten Verfahren unterzogen werden.

Die Landesbauordnungen legen die Anwendung der einzelnen Feuerwiderstandsklassen je nach Bauteil und Gebäudeart fest.

Die speziellen Brandschutzgläser werden nach DIN 4102 in G- und F-Verglasungen eingeteilt. Die DIN EN 13 501-1 klassifiziert die Bauteile wie folgt:

Klasse E: Keine Flammen oder entzündbaren Gase auf der feuerabgekehrten Seite;
Klasse EW: wie E, zusätzlich darf der Strahlungsdurchgang 15 kW/m² nicht überschreiten;
Klasse EI: wie E, zusätzlich darf die Ausgangstemperatur auf der feuerabgewandten Seite im Mittel um nicht mehr als 140 K ansteigen (Hitzeschild).

Die Klasse EI entspricht den F-Verglasungen, die Klasse E den G-Verglasungen nach DIN 4102. Vom DIBt in Berlin sind bereits entsprechende Konvergenztabellen veröffentlicht worden. Zu dem Kurzzeichen wird bei der Klassifizierung der Zeitraum in Minuten als Zahl angeführt, für den das Glas die genannten Eigenschaften erreicht. Beispielsweise ergibt sich für eine feuerhemmende Verglasung nach nationaler bzw. europäischer Norm folgende Bezeichnung: EI 60/F 60.

Brandschutzgläser erfüllen bei entsprechender Dimensionierung auch die Aufgaben des Wärme-, Sonnen- und Schallschutzes.

3.10.2 Brandschutzgläser der F-Klassen/EI-Klassen

Diese Gläser müssen beim Brandversuch unter der Einheitstemperaturkurve (siehe Abb. 3.15) in der entsprechenden Feuerwiderstandsdauer den Durchtritt von Flammen und Brandgasen (Rauch) verhindern. Ein direkt hinter der Verglasung geführter Wattebausch darf sich nicht selbst entzünden, und es dürfen keine Flammen auftreten. Außerdem darf die Brandhitze nicht hindurchtreten. Auf der dem Brand abgewandten Scheibenfläche darf die Temperatur im Mittel um nicht mehr als 140 K, im Maximum um nicht mehr als 180 K gegenüber der normalen Raumtemperatur ansteigen. Die Klassifizierungsstufen werden unterteilt in EI 30/F 30 für feuerhemmend, EI 60/F 60 für hochfeuerhemmend, EI 90 bis EI 120/F 90 bis F 120 für feuerbeständig und in EW 30 bis EW 60 für strahlungsreduzierende Verglasungen. Als Gläser werden speziell vorgespannte Brandschutz-Doppelgläser (SZR 12 bis 50 mm) mit transparenter Gelfüllung oder mehrscheibiges Verbundglas (VG) mit Brandschutz-Zwischenschichten verwendet. Die zunächst transparente Gelfüllung schäumt bei Hitzeeinwirkung auf und wirkt als Wärmeisolierung, die Brandschutz-Zwischenschichten schäumen nach dem Zerspringen der dem Feuer zugewandten Seite auf und verbrauchen dabei Brandenergie.

3.10.3 Brandschutzgläser der G-Klassen/E-Klassen

Diese Gläser verhindern den Durchtritt von Flammen und Brandgasen, nicht aber den Brandhitzedurchtritt. Dieser wird aber bei den heutigen Brandschutzgläsern der G-/E-Klassen erheblich reduziert. Die Klassifizierungen sind E 30 bis E 120 bzw. G 30 bis G 120. Als Gläser werden speziell vorgespannte ESG-Scheiben, vorgespannte Borosilikatgläser und mehrscheibige Verbundgläser (VG) mit Brandschutz-Zwischenschichten verwendet.

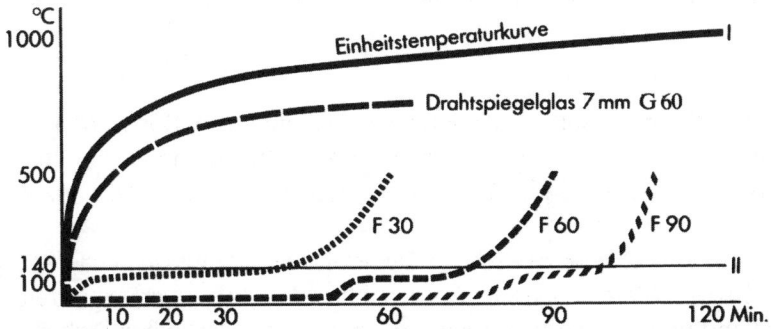

I : Temperatur im Prüfraum nach ISO 834-1 (09.99); ISO = International Organisation for Standardization
II: Maximal zulässige mittlere Erwärmung der Scheibenaußenseite - DIN 4102

Abb. 3.15 Temperaturverlauf beim Brandversuch an der Scheibenaußenseite bei G- und F-Glas

3.11 Profilbauglas

Normen
DIN EN 572-1	(11.12)	Glas im Bauwesen – Basiserzeugnisse aus Kalk-Natronsilicatglas – Teil 1: Definitionen und allgemeine physikalische und mechanische Eigenschaften
-7	(11.12)	wie vor; Teil 7: Profilbauglas mit oder ohne Drahteinlage

3 Bauglas

Profilbauglas (früher Profilglas nach DIN 1249-5; siehe Abb. 3.16) mit oder ohne Drahteinlage ist ein durchscheinendes, klares oder gefärbtes Kalk-Natronglas, das durch kontinuierliches Walzen (wie Ornamentglas oder Drahtornamentglas) hergestellt und während der Herstellung U-förmig gebogen wird.

3.11.1 Maße, Anforderungen und Bezeichnung

Breiten: 232 bis 498 mm ± 2,0 mm; Längen: Vielfache von 250 mm bis maximal 7000 mm ± 3 mm; Flanschhöhe: 41 bzw. 60 mm ± 1 mm; Dicken: 6 und 7 mm ± 0,2 mm; Abweichung des Endschnitts von der Rechtwinkligkeit (über die Flanschhöhe gemessen) 3 mm; Abweichung der Flansche von der Rechtwinkligkeit (Flanschabweichung von der Senkrechten): ≤1 mm; Drahtabstand untereinander: maximal 35 mm, Abweichung vom Sollmaß ± 6 mm; Drahtdurchmesser: 0,3 bis 0,7 mm.

Für die Beurteilung der optischen Qualität wird das zu prüfende Profilbauglas bei annähernd diffusem Tageslicht und vor einem weißen Hintergrund einer Betrachtung unterzogen. Dabei wird das zu beurteilende Profilbauglas senkrecht vor einem definierten Prüfraster platziert. Die Beurteilung erfolgt aus einem Abstand von 2 m zur Glasoberfläche sowie in senkrechter Blickrichtung zu dieser.

Blasen, Schlieren, Kratzer oder Einschlüsse im Glas sind nicht zulässig. Fehler in der Drahteinlage (wie Drahtornamentglas) dürfen 5 mm je m nicht überschreiten. Die Drahteinlage darf nicht aus der Oberfläche herausragen. Drahtbrüche im Glaskörper sind unzulässig. Die Wärmedämmung und Schalldämmung von zweischaligem Profilbauglas ist mit Isolierglas vergleichbar. Im Zwischenraum ist allerdings Kondenswasserbildung möglich. Kennwerte von Profilbauglas siehe Tafel 3.6.

Bezeichnung (Beispiel) für Profilbauglas mit Drahteinlage, klar, Dessinangabe „Pattern", Dicke 6 mm, Breite 26,2 mm, Flanschhöhe 41 mm, Länge 1,50 m, für Gebäudeverglasungen: Profilbauglas mit Drahteinlage, klar, „Pattern", 6 mm, 262 mm, 41 mm, 1500 mm, DIN EN 572-7.

3.11.2 Anwendung und Einbau

Profilbauglas findet **Verwendung** als Außen- und Innenverglasung und als Dachverglasung (mit Drahtnetz) im Industrie- und Verwaltungsbau, bei Kirchen, Schulen und Wohngebäuden. In Turnhallen kann es als ballwurfsichere Verglasung eingebaut werden, allerdings nur verstärkte Typen mit PVC-Stoßkappen.

Der **Einbau** erfolgt vertikal einschalig oder zweischalig. Das Profilbauglas muss in umlaufende Aussparungen oder U-Profile aus Metall eingesetzt werden, ohne dass Zwängungen auftreten (elastische Einlage). Die Randfuge und die Zwischenfugen werden mit elastischen Dichtstoffen abgedichtet. Belastungen aus Brüstungen müssen besonders aufgenommen werden.

Tafel 3.6 Kennwerte von Profilbauglas

Profilbauglas		einschalig		zweischalig	
Flanschhöhe		41 mm	60 mm	41 mm	60 mm
Wärmedurchgangskoeffizient U	W/(m² · K)	5,8	5,6	2,7	2,7
Lichtdurchgang T_L	%	89	89	81	85
Schalldämmaß R_W	dB	23	23	37	41
Gewicht circa	kg/m²	20	26	40	52

3.12 Pressglas

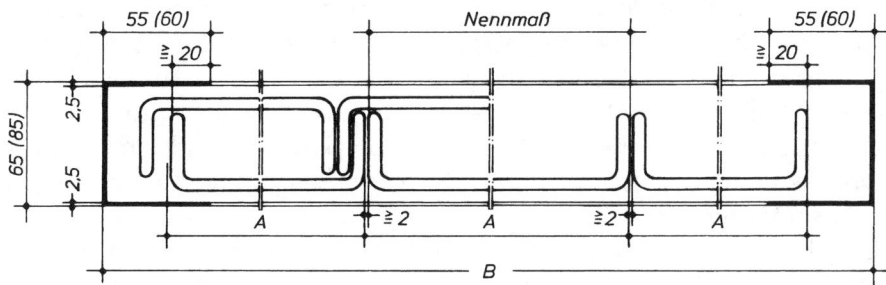

Abb. 3.16 Profilbauglas: zweischalig (links), einschalig (rechts)

3.12 Pressglas

Normen

DIN 4242	(01.79)	Glasbaustein-Wände; Ausführung und Bemessung
DIN EN 1051-1	(04.03)	Glas im Bauwesen – Glassteine und Betongläser – Teil 1: Begriffe und Beschreibungen
DIN EN 1051 -2	(12.07)	wie vor; Teil 2: Konformitätsbewertung / Produktnorm
DIN EN 12 725	(E 04.97)	Glas im Bauwesen; Wände mit Glassteinen; Planung, Bemessung und Ausführung

Pressglaskörper werden aus der viskosen Glasschmelze in Pressen geformt. Hohlkörper werden aus zwei Teilen zusammengeschweißt oder geblasen. Nach DIN EN 1051-1 werden Glassteine und Betongläser unterschieden. Glassteine werden als luftdichte und geschlossene Glashohlkörper für die Anwendung in senkrechten Anordnungen eingesetzt, wie z.B. Wänden. Betongläser werden als volle oder hohle Glaskörper für die Anwendung in nicht senkrechten Anordnungen eingesetzt, wie z.B. Decken.

3.12.1 Glassteine

Glassteine sind transluzente (Lichtdurchlässigkeit etwa 80 %), aber nicht transparente (durchsichtige) Bauelemente mit dekorativ strukturierter Oberfläche. Als Glasstein-Wände schaffen sie in Innenräumen eine großzügige helle Atmosphäre, bieten Sichtschutz und lockern die Außenansicht von Fassaden vorteilhaft auf (Tageslichtarchitektur).
Durch Einfärbung der Innenseiten oder der Glasmasse, durch Beschichtung von Innen- oder Außenseiten oder auch durch Schwärzung der Stegflächen wird eine dekorative Färbung und Strahlenschutzwirkung erreicht. Glasstein-Wände erreichen einen Wärmedurchgangskoeffizienten (U-Wert) von ca. 2,8 W/(m² · K) bei Einsatz von Wärmedämm-Mörtel. Bei doppelschaligen Wandkonstruktionen kann der U-Wert bis auf ca. 1,3 W/(m² · K) reduziert werden. Das Schalldämm-Maß R_W, abhängig vom Format der Steine, beträgt für einschalige Glasteinwände circa 40 bis 45 dB, für doppelschalige Wände circa 50 dB. Hinsichtlich des Sonnenschutzes wird ein Gesamtenergiedurchlassgrad (g-Wert) von circa 65 % erreicht. Sie lassen sich in allen baurechtlich vorgeschriebenen Feuerwiderstandsklassen ausführen. Glassteinwände sind so zu planen und auszuführen, dass direkt einwirkende Lasten mit ausreichender Sicherheit aufgenommen werden. Glassteinwände tragen nur Lasten aus Eigengewicht sowie aus senkrecht auf die Oberfläche wirkenden Horizontalkräften, wie z.B. Windlasten und Stoßkräfte. Sie können unbewehrt und bewehrt hergestellt werden

und erhalten in der Regel bewehrte Randstreifen (unter 10 cm). Für Wände über 1,50 m Länge – der kürzeren Seite – gelten bestimmte konstruktive und statische Forderungen. Der Anschluss angrenzender Bauteile soll zwängungsfrei, also mit Dehnungsfuge sein, die zweckmäßig in einem Wandschlitz oder einem U-Profil liegt. Glassteinwände gelten als sehr witterungsbeständig und bedürfen bei korrekter Ausführung keiner besonderen Wartung. In besonders exponierter Lage ist zusätzlich eine nachträgliche Behandlung der Mörtelfugen mit einem Fugenimprägniermittel möglich.

Formen, Maße, Typbezeichnungen und die nominelle Masse von Glassteinen sind im informativen Anhang C von DIN EN 1051-1 beschrieben. Die Druckfestigkeiten von Glassteinen werden nach Anhang A von DIN EN 1051-1 ermittelt. Der Mittelwert der Druckfestigkeit muss 7,0 N/mm² und der kleinste Einzelwert der Druckfestigkeit 6,0 N/mm² entsprechen.

3.12.2 Betongläser

Tragwerke aus **Glasstahlbeton** bestehen aus Stahlbetonrippen, zwischen denen quadratische und runde Betongläser eingesetzt sind. Durchscheinende Betongläser mit Prägung oder Riffelung der Innenflächen werden in unterschiedlicher Formgebung hergestellt. Detailangaben zu den verschiedenen Formen, Maßen, Typbezeichnungen und den nominellen Massen von Betonglassteinen sind im informativen Anhang C von DIN EN 1051-1 beschrieben.

Zur Reduzierung der Gleit- bzw. Rutschgefahr können Betongläser mit einer Oberflächensandstrahlung ausgeführt werden. Bei geeigneter Planung und Konstruktion können Glasstahlbetonelemente nahezu tauwasserfrei ausgeführt werden. Geeignete Maßnahmen sind die Anordnung einer Belüftung sowie eine entsprechende Dämmung der Stahlbetonrippen. Glasstahlbeton wird als Abschluss gegen die Außenluft (Oberlicht, Lichtschächte) und im Allgemeinen für vorwiegend biegebeanspruchte Bauteile verwendet. Die Betongläser sind voll in Beton gebettet und tragen mit. Die Betonrippen mit der Bewehrung können einachsig oder zweiachsig tragen und müssen mindestens 3 cm breit sein. Weitere konstruktive Angaben sind in DIN 1045, Beton- und Stahlbetonbau, bzw. in Abschnitt 20.3 zu finden. Befahrene Decken dürfen nicht in Glasstahlbeton ausgeführt werden. In Sonderfällen muss auf die Mitwirkung der Betongläser verzichtet werden. Die Druckfestigkeit von Betongläsern wird nach Anhang B von DIN EN 1051-1 ermittelt. Die Anforderungen für Druckfestigkeit liegen für den Mittelwert zwischen 12 und 180 kN und für den jeweils kleinsten Einzelwert zwischen 8 und 120 kN.

3.12.3 Glasdachsteine

Zur Belichtung von Dachräumen werden Glasdachsteine in einigen gängigen Formen der Dachziegel gepresst. Sie werden einzeln oder in kleinen Gruppen zwischen den Dachziegeln verlegt.

Anstelle von Glasdachsteinen werden heute vorwiegend Lichtpfannen aus hochtransparentem Acrylglas (PMMA) verwendet.

3.13 Glasfasern

Normen

DIN 18 191	(05.80)	Textilglasgewebe als Einlage für bituminöse Bahnen
DIN 1259-2	(01.09)	Begriffe für Glaserzeugnisse
DIN 52 270	(12.96)	Prüfung von Mineralwolle-Dämmstoffen; Begriffe, Lieferformen, Lieferarten
DIN 61 850	(05.76)	Textilglas und Verarbeitungshilfsmittel; Begriffe
DIN EN 14 020-1	(03.03)	Verstärkungsfasern – Spezifikation für Textilglasrovings – Teil 1: Bezeichnung
-2	(03.03)	wie vor; Teil 2: Prüfverfahren und allgemeine Anforderungen
-3	(03.03)	wie vor; Teil 3: Besondere Anforderungen
DIN EN 14 118-1	(06.03)	Verstärkungsprodukte – Spezifikation für Textilglasmatten (Glasseiden- und Endlosmatten) – Teil 1: Bezeichnung
DIN EN 12 654-1	(12.98)	Textilglas-Garne; Teil 1: Bezeichnung
-2	(12.98)	wie vor; Teil 2: Prüfverfahren und allgemeine Anforderungen
-3	(12.98)	wie vor; Teil 3: Allgemeine Anforderungen für allgemeine Anwendungen
DIN EN 12 971-1	(07.99)	Verstärkungen; Spezifikationen für geschnittene Textilglasgarne; Teil 1: Bezeichnung
-2	(07.99)	wie vor; Teil 2: Prüfverfahren und allgemeine Anforderungen
-3	(07.99)	wie vor; Teil 3: Technische Produktspezifikation
DIN EN 13 162	(04.15)	Wärmedämmstoffe für Gebäude – Werkmäßig hergestellte Produkte aus Mineralwolle (MW) – Spezifikation

3.13.1 Herstellung, Eigenschaften und Anwendung

Zur Herstellung von Glasfasern sind vier wesentliche Verfahren zu nennen:
– Dünnziehverfahren; Ziehen der Fasern von geschmolzenem Glas aus der Dünnziehwanne,
– Stabziehverfahren; Ziehen der Fasern von einem Glasstab,
– Schleuderverfahren (TEL-Verfahren),
– Sillanverfahren/Düsenblasverfahren (TOR-Verfahren).

Im Düsenziehverfahren werden viele Einzelfäden durch die Öffnungen einer Platinwanne ausgezogen (bis 2 µm Ø), dann zusammengefasst und aufgespult. Im Stabziehverfahren werden vor allem Fasern für Glasfasergewebe sowie für Textilglasgarne hergestellt. In diesem Verfahren werden mehrere Glasstäbe, in den Durchmessern von circa 3 bis 10 mm, eingespannt und am unteren Ende durch Erhitzen angeschmolzen. Der dabei entstehende Tropfen zieht einen dünnen und rasch erstarrenden Glasfaden, welcher auf einer rotierenden Trommel aufgespult wird. Im TEL-Verfahren wird die Glasschmelze auf einen rotierenden Schleuderring gegossen und mit Zentrifugalkraft nach außen durch Lochreihen gedrückt. Im Strahl des Ringbrenners werden die Fäden nach unten gezogen. Das TEL-Verfahren dient zur Herstellung von gleichmäßigen und schmelzperlenfreien Glasfasern für die Dämmstoffherstellung. Das neuere TOR-Verfahren benutzt zwei Gasströme (Luft und Brennergas), deren Turbulenz die zugeführte Schmelze zersprüht und die Fasern langzieht. Die Fasern haben Durchmesser von 5 bis 12 µm, bei anderen Verfahren bis 30 µm. Textilglasfasern werden zu Garnen weiterverarbeitet. Glaswolle wird als kurze Faser auf ein Förderband gesaugt. Ein aufgesprühter Kunstharzbinder verfestigt sich im anschließenden Ofendurchgang.

Glasfasern weisen, im Vergleich zu kompakten Glasformen, eine wesentlich höhere Festigkeit auf. Dies ist durch die Form der Glasfasern begründet, da die Möglichkeit für Fehlstellen geringer ist als im kompakten Werkstoffvolumen. Der Elastizitätsmodul von Glasfasern unterscheidet sich kaum von dem eines kompakten Glases. Glasfasern gelten als amorpher Werkstoff ohne Struktur. Unter Zugbeanspruchung verhalten sich Glasfasern bis zur Bruchgrenze linear elastisch. Glasfasern werden vorwiegend als Verstärkungsfasern eingesetzt. Sie finden Anwendung in der Kunststoffverarbeitung, als Verstärkungseinlage in Bitumenbahnen zur Dachabdichtung sowie als Bewehrung von Beton, wie z.B. Wellplatten, Faserplatten. Moderne Anwendungen sind Zugbewehrungen in Holz-Verbund-Konstruktionen.

3.13.2 Textilglas

Textilglasroving	(Schnüre) werden als Einlagen in glasfaserverstärkte Kunststoffe (GFK) benutzt
Textilglasgewebe und -matten	als Einlagen bei GFK, Dekorationsstoffen, Tapeten
Textilglasvlies	als Einlagen von Dichtungsbahnen oder als Zwischenschicht

3.13.3 Glaswolle

Glaswolle ist eine Mineralwolle aus verfilzten Glasfasern. Sie wird wie Steinwolle (verfilzte Steinfasern) verwendet als Dämmstoff gegen Schall und Wärme, dessen Wirkung auf möglichst hohem Luftanteil beruht. Feine Fasern ohne Unregelmäßigkeiten, Glasperlen u.Ä. ergeben dabei das geringste Raumgewicht bei gleicher Dämmwirkung. Glaswolle selbst ist nicht brennbar. Die Anwendung von Kunstharzbindern und Papierkaschierung oder die Anwendung in Sandwichbauteilen bewirkt eine Einordnung in unterschiedliche Baustoffklassen hinsichtlich der Brennbarkeit.

Lose Glaswolle	versteppt auf Wellpappe, Drahtgeflecht (mit Drahtgarn nichtbrennbar)
Glaswollmatten/Glasfilzmatten	auch mit Bitumenpapier oder Alu-Folie kaschiert
Glasfilzplatten	mit Kunstharzbindung zu weichen bis steifen Platten verarbeitet
Glasfaserschalen	zur Ummantelung von Rohren, geschlitzt
Glasfaserzöpfe	zur Dämmung von Fugen und Umwicklung von gekrümmten Rohren
Glasvliese	für Einlagen von Dichtungsbahnen, Dachbahnen und Lochglasvlies-Dachbahnen

3.14 Schaumglas

Normen

DIN V 4108-10	(12.15)	Wärmeschutz und Energieeinsparung in Gebäuden – Teil 10: Anwendungsbezogene Anforderungen an Wärmedämmstoffe; Werkmäßig hergestellte Wärmedämmstoffe
DIN EN 13 167	(04.15)	Wärmedämmstoffe für Gebäude – Werkmäßig hergestellte Produkte aus Schaumglas (CG) – Spezifikation
AGI Q 131-4	(03.01)	Technische Regel; Dämmstoffdatenblatt – Schaumglas
AGI Q 137	(12.01)	Schaumglas als Dämmstoff für betriebstechnische Anlagen

Herstellung: Aus Glas besonderer Zusammensetzung (Aluminium-Silicat) wird Glaspulver gemahlen und mit Kohlenstoff versetzt. Die Masse wird in Formen auf 1000 °C erhitzt. Dabei oxidiert der Kohlenstoff und bildet in der Schmelze kleine Gasblasen, die eine geschlossene Zellstruktur bilden ohne kapillare Verbindung. Schaumglas ist daher dampfundurchlässig. Die langsam abgekühlten Blöcke werden zu Platten geschnitten. Die schwarze Färbung von Schaumglas entsteht durch überschüssigen Kohlenstoff.

Eigenschaften: Chemikalienbeständiger Wärmedämmstoff, anwendbar von −260 bis +430 °C, unbrennbar, feuchtigkeitsbeständig, keine Wasserdampfdiffusion.

Tafel 3.7 Technische Daten von Blähglas und Schaumglas

		Schaumglas (Platten)	Blähglas (Granulat)
Rohdichte	kg/m³	100 bis 140	270 bis 1100
Schüttdichte	kg/m³		250 bis 600
Druckfestigkeit	N/mm²	0,5 bis 1,7	0,9 bis 1,6
Wasserdampfdiffusionswiderstand		dicht	offen (Granulatstruktur)
Wärmeausdehnungskoeffizient	K^{-1}	\multicolumn{2}{c}{$8,5 \cdot 10^{-1}$}
Wärmeleitfähigkeit	W/(mK)	\multicolumn{2}{c}{0,040 bis 0,058}
Quellen und Schwinden		\multicolumn{2}{c}{keine}
kapillare Leitfähigkeit von Wasser		keine	im Korn keine
Anwendungstemperatur	°C	\multicolumn{2}{c}{−260 bis +430}
Abmessungen	mm	30 < d < 180	0,04 bis 16

3.15 Gesundheitsrisiken und Recycling

Bei der Verwendung von Glas bestehen keine besonderen **Gesundheitsgefährdungen.** Der Einsatz des Edelgases Krypton bei der Füllung des Scheibenzwischenraums von Isoliergläsern ist nicht mehr üblich. In diesem Gas befinden sich geringe Anteile des radioaktiven Isotops Krypton 85. Der Umgang mit Krypton ist nach der Strahlenschutzverordnung in Deutschland nur für begrenzte Mengen frei oder anzeigepflichtig.
Bei Verwendung von Glaswolle als Dämmstoff ist das gesundheitsgefährdende Potenzial vor der Verarbeitung zu prüfen, weil die Fasergröße in den Bereich der Feinstaubfasern liegen kann.
Recycling von Glas ist heute durch die Sammlung in Containern selbstverständlich geworden. Doch ist die Wiederverwendung von *Bau*gläsern nicht einfach. Bei Rohstoffen des Fensterglases ist wegen der Durchsichtigkeit die besondere Reinheit unerlässlich. Die Sammlung von Fensterglasscherben in der Glasproduktion kann dem Herstellprozess direkt zugeführt werden. Eine Sammlung von Fensterglasscherben außerhalb des Herstellprozesses ist auf Grund der nicht exakt definierbaren Werkstoffmischung für die erneute Fensterglasherstellung kaum möglich. In manchen Fällen ist eine Verwendung für untergeordnete Glaserzeugnisse denkbar. Bei vielen Isoliergläsern ist zudem eine Beschichtung vorhanden, die für die Wiederverwendbarkeit eine Verunreinigung darstellt. Daher ist ein Einsatz nur für andere Baustoffe, z.B. durch Zermahlen der Scheiben, möglich.
Bei Isoliergläsern muss außerdem nach dem Ausbau der Scheibe zunächst eine Abtrennung der Metallteile, der Dichtstoffe und der Trockenmittelfüllung erfolgen. Dadurch ist eine Wiederverwendung mit hohen Kosten belastet. Oft ist die Entsorgung ganzer Fenster mit Rahmen unumgänglich, wodurch sich die Probleme auch noch auf die Trennung und die Entsorgung des Rahmenmaterials sowie der Beschlag- und Dichtungskomponenten erstrecken.

3.16 Literatur

[3.1] Pfaender, H. G., Schott-Glaslexikon, überarb. v. Schröder, H., Moderne Verlags-GmbH, 5. Aufl., Landsberg, 1997
[3.2] Hinz, W., Silikate, Grundlagen der Silikatwissenschaft und Silikattechnik, Bd. 1 und 2, VEB Verlag für Bauwesen, Berlin, 1971
[3.3] Klindt, L./Klein, W., Glas als Baustoff: Eigenschaften, Anwendung, Bemessung, Verlagsges. Rudolf Müller GmbH, Köln-Braunsfeld, 1977
[3.4] Memento Glashandbuch, Saint-Gobain Glass, Ausg. 2000, Aachen
[3.5] Schittich, Chr., u.a., Glasbau Atlas, Birkhäuser Verlag, Basel/Boston/Berlin, 1998
[3.6] Gestalten mit Glas, Interpane Glasindustrie AG (Hrsg.), Lauenförde, 9. Auflage Aug. 2014
[3.7] Das Glashandbuch, Hrsg. Pilkington Flachglas Markenkreis, Essen, 2002
[3.8] Petzold, A. u.a., Der Baustoff Glas, 3. Aufl., Karl Hofmann Verlag, 1990
[3.9] Wörner, J. u.a., Glasbau – Grundlagen, Berechnung, Konstruktion, Springer Verlag, Berlin, 2001
[3.10] Memento Glashandbuch, Saint-Gobain Glass Deutschland, Ausgabe 2006, Aachen
[3.11] Glas Handbuch 2006, Hrsg. Pilkington Flachglas Markenkreis, Ausgabe 2006, Gelsenkirchen
[3.12] Weller B., Hemmerle C., Jakubetz S., Unnewehr S., Photovoltaik – Technik, Gestaltung, Konstruktion, Institut für Baukonstruktion der Fakultät Bauingenieurwesen der Technischen Universität Dresden, 1. Auflage 2009
[3.13] Siebert G., Maniatis I., Tragende Bauteile aus Glas, Wilhelm Ernst & Sohn, 2. Auflage 2012
[3.14] Weller B., Tasche S. (Hrsg.), Glasbau 2012, Schneider J., Kleuderlein J., Kuntsche J. Tragfähigkeit von Dünnschicht-Photovoltaik-Modulen, (Seite 315 -325), Wilhelm Ernst & Sohn, 1. Auflage 2012
[3.15] BF – Merkblatt 002/2008, Bundesverband Flachglas e.V. Mülheimer Strasse 1, Troisdorf
[3.16] BF – Merkblatt 004/2008, Änderungsindex 1 – 07.2013, Bundesverband Flachglas e.V. Mülheimer Strasse 1, Troisdorf
[3.17] ETAG 0002, Technische Zulassung für Geklebte Glaskonstruktionen (Structural Sealant Glazing Systems – SSGS), EOTA, (für Deutschland DIBt)

4 Anorganische Bindemittel

Prof. Dr.-Ing. Wolf-Rüdiger Metje

4.1 Gipsbinder und Gips-Trockenmörtel

Normen

DIN EN 13 279		Gipsbinder und Gips-Trockenmörtel
-1	(11.08)	Begriffe und Anforderungen
-2	(03.14)	Prüfverfahren
DIN EN 13 454		Calciumsulfat-Binder, Calciumsulfat-Compositbinder und Calciumsulfat-Werkmörtel für Estriche
-1	(01.05)	Begriffe und Anforderungen
-2	(11.07)	Prüfverfahren

Gipsbinder werden aus Gipsstein $CaSO_4 \cdot 2\,H_2O$ (Doppelhydrat), siehe Abschnitt 1.4.2, durch Brennen hergestellt und zum Teil mit werkseitig zugegebenen Zusätzen zur Erzielung bestimmter Eigenschaften versetzt. Beim Brennen wird das gebundene Kristallwasser ganz oder teilweise ausgetrieben.

Mit steigender Brenntemperatur entstehen aus $CaSO_4 \cdot 2\,H_2O$ zunächst (β-)Halbhydrat $CaSO_4 \cdot 1/2\,H_2O$, danach verschiedene Modifikationen von Anhydrit (III, II, I) $CaSO_4$.

Wird Gipsbinder im Autoklaven, d.h. unter Dampfdruck, bis zur Entstehung von Halbhydrat erhitzt (Temperatur 100 bis 150 °C, Druck um 4 bar), entsteht anstelle der β-Form das α-Halbhydrat. Diese kompakte Kristallform hat andere physikalische Eigenschaften, vor allem höhere Festigkeiten (etwa dreimal so hoch) wie das β-Halbhydrat.

Beim Anmachen der Gipsbinder mit Wasser wird das ausgetriebene Wasser wieder aufgenommen, sodass das Erhärtungsprodukt wieder kristallisiertes Doppelhydrat $CaSO_4 \cdot 2\,H_2O$ ist. Anforderungen siehe Tafel 4.2.

Gipsbinder werden heute auch zu einem ganz erheblichen Anteil aus REA-Gips hergestellt, siehe Abschnitt 4.1.6.4.

Die DIN EN 13 279-1 unterscheidet folgende Arten von Gipsbindern und Gipstrockenmörtel:

Gipsbinder (Kurzzeichen A)
- Gipsbinder zur Direktverwendung oder Weiterverarbeitung (Trockenpulver-Produkte)
- Gipsbinder zur Direktverarbeitung auf der Baustelle
- Gipsbinder zur Weiterverarbeitung (z.B. für Gips-Wandbauplatten, Gipsplatten, Gipselemente für Unterdecken)

Gips-Trockenmörtel (B)

– Gips-Putztrockenmörtel	B1
– gipshaltiger Putztrockenmörtel	B2
– Gipskalk-Putztrockenmörtel	B3
– Gipsleicht-Putztrockenmörtel	B4
– gipshaltiger Leicht-Putztrockenmörtel	B5
– Gipskalkleicht-Putztrockenmörtel	B6
– Gips-Trockenmörtel für Putz mit erhöhter Oberflächenhärte	B7

Gips-Trockenmörtel für besondere Zwecke (C)

– Gips-Trockenmörtel für faserverstärkte Gipselemente	C1
– Gips-Mauermörtel	C2

4 Anorganische Bindemittel

- Akustik-Gips-Trockenmörtel C3
- Wärmedämmputz-Gips-Trockenmörtel C4
- Brandschutzputz-Gips-Trockenmörtel C5
- Dünnlagenputz-Gips-Trockenmörtel C6
- Gips-Flächenspachtel C7

4.1.1 Gipsbinder

Mit Wasser gemischter Gipsbinder wird dazu verwendet, feste Partikel durch einen Abbindeprozess in einer festgefügten Masse (Produkt) zusammenzuhalten. Der Gehalt an Calciumsulfat muss mindestens 50 % betragen. Die Kennwerte sind nach DIN EN 13 279-2 zu bestimmen.

Stuckgips: Bei 120 bis 190 °C gebrannter Gips besteht vorwiegend aus $CaSO_4 \cdot 1/2\ H_2O$, versteift rasch (Versteifungsbeginn zwischen 8 und 25 Minuten nach Anmachen mit Wasser). Verwendung: zu Stuck-, Form-, Rabitzarbeiten, zu Innenputz (Gipsputz, mit Kalk zu Kalkgipsputz) und zum werkmäßigen Herstellen von Gipsbauplatten und -körpern.

Putzgips: Er wird höher gebrannt als Stuckgips, enthält neben Halbhydrat einen erheblichen Anteil langsam hydratisierendes Anhydrit.
Er beginnt zwar meist schon früher zu versteifen als Stuckgips (siehe Tafel 4.2), kann aber deutlich länger bearbeitet werden (Abreiben von Putzflächen).
Verwendung: Innenputz (Gipsputz, Gipssandputz, Gipskalkputz), Rabitzarbeiten.

4.1.2 Gips-Trockenmörtel und Gips-Trockenmörtel für besondere Zwecke

Diese Gipse bestehen überwiegend aus Gipsbinder, denen im Herstellerwerk Zusätze (Verzögerer, Beschleuniger, Plastifizierer, Haftmittel) zugegeben werden, um die Eigenschaften des Gipses für bestimmte Verwendungszwecke zu verändern. Außerdem können Füllstoffe (Zuschläge wie Sand, Kalksteinmehl, Perlite oder Vermiculite) zugemischt sein. Der Begriff Gips-Trockenmörtel (Werktrockenmörtel) wird als Oberbegriff für alle Arten von Gips-Putztrockenmörtel, gipshaltigem Putztrockenmörtel und Gipskalk-Putztrockenmörtel, die in Gebäuden eingesetzt werden, verwendet.

Gipshandputz: Er versteift langsam und hat eine ausreichend lange Bearbeitungszeit für die Putzoberfläche (Ver- und Bearbeitungszeit ab Anmachen mit Wasser meist etwa 45 Min., mindestens 20 Min.).
Verwendung: Einlagige Innenputze, mindestens 5 mm dick.

Gipsmaschinenputz: Dieser entspricht weitgehend dem Gipshandputz, besondere Zusätze ermöglichen ein kontinuierliches maschinelles Verarbeiten. Der Versteifungsbeginn beträgt mindestens 50 Minuten.
Verwendung: Innenputz bei Einsatz von Putzmaschinen.

Gips-Mauermörtel: Gips-Trockenmörtel, der zur Herstellung von Mörteln zum Mauern nichttragender Wände, Trennwände und Decken verwendet wird.

Wärmedämmputz-Gips-Trockenmörtel: Spezieller Gips-Trockenmörtel zur Herstellung von Wärmedämmputzen.

Dünnlagenputz-Gips-Trockenmörtel: Spezieller Gips-Trockenmörtel zur Herstellung von Dünnlagenputzen, die in Schichtdicken von 3 bis 6 mm Dicke eingebaut werden.

4.1 Gipsbinder und Gips-Trockenmörtel

4.1.3 Sonstige Gipsbinder (nicht zu DIN EN 13 279 gehörend)

Estrichgips, bei 800 bis 1000 °C gebrannt, besteht aus Anhydrit $CaSO_4$ und CaO. Das CaO bildet sich dabei aus dem Gips bei hohen Temperaturen durch thermische Zersetzung: $CaSO_4 \rightarrow CaO + SO_3$ (SO_3 entweicht gasförmig)

CaO wirkt als Anreger auf den Anhydrit, der bei diesem Brennvorgang in einer extrem langsam erstarrenden Modifikation entsteht. Estrichgips wird in Deutschland nicht mehr hergestellt und wird heute ersetzt durch Anhydritestrich bzw. Fließestrich auf α-Halbhydrat-Basis. Früher auch für Stuckreliefs in Schlössern und Kirchen verwendet, da durch die lange Abbindezeit lange modellierfähig.

Marmorgips (fälschlich auch Marmorzement genannt), hergestellt aus Stuckgips, der mit Alaunlösung getränkt und durch Erhitzen zu reaktionsfähigem Anhydrit umgewandelt wird. Relativ hart (Druckfestigkeit bis etwa 40 N/mm²), schleif- und polierfähig, versteift langsamer (Verarbeitungszeit etwa 25 bis 40 Min., bearbeitbar noch länger, erst nach etwa 2 bis 6 Std. versteift).

Verwendung: Zum Ausfugen von Wandplatten in trockenen Räumen, zum Herstellen von Kunstmarmor: weißer oder gefärbter (mit Leimwasser angemachter) Gipsmörtel, oft mehrfarbig durcheinandergemischt; Aderung durch Eintauchen einzelner Gipsklumpen vor dem Vermengen in Farbbrühen. Nach dem Erstarren geschliffen und poliert. Materiallüge! Politur aber beständiger als bei echtem Marmor, der infolge seiner Säureempfindlichkeit durch Angriff der Atmosphärilien leicht blind wird.

Marmorgips ist etwa fünfmal teurer als Stuckgips, heute selten, durch weißen Portlandzement verdrängt.

Modellgipse, bestehen vorwiegend aus härterem (α-)Halbhydrat $CaSO_4 \cdot 1/2\, H_2O$, zum Teil mit Anhydrit und oft mit besonderen Zusätzen.

Verwendung: für Modelle und Formen in der Industrie (besonders keramische), für Chirurgie und Zahntechnik, für Bildhauer.

Isoliergips: Eigentlich Dämmgips, früher verwendet zur Wärme- oder Kältedämmung von Rohrleitungen oder Kesseln, durch Zusatz von Verzögerern etwa 60 Min. verarbeitbar, sehr hart (Härte etwa 45 N/mm², Druckfestigkeit etwa 30 N/mm², Rechenwert der Wärmeleitfähigkeit 0,4). Heute meist durch andere Dämmstoffe ersetzt.

Spachtelmassen auf Gipsbasis bestehen meist aus α-Halbhydrat wegen dessen höherer Festigkeit.

Leichtgips (Porengips) wird durch Zusatz von Treibmitteln hergestellt, z.B. Wasserstoffsuperoxid H_2O_2 (Abspaltung von O; siehe „Porenbeton", Abschn. 2.11 und 6.20.2).

4.1.4 Verarbeitung, Verwendung und Eigenschaften von Gipsbindern

Gipsbinder erhärten in relativ kurzer Zeit durch Wiederaufnahme des beim Brennen ausgetriebenen Kristallwassers. Zum ungestörten Ablauf der Erhärtung müssen alle Teilchen des feingemahlenen, pulverförmigen Gipsbinders beim Anmachen mit Wasser in Berührung kommen, Klumpenbildung muss vermieden werden. Deshalb Gipsbinder in Wasser einstreuen, nicht umgekehrt. Dabei immer nur so viel einstreuen, wie eben durchfeuchtet wird. Gut durchmischen, am besten mit Motorquirl! Mit sauberen Gefäßen arbeiten, alte Gipsbinderreste wirken als Kristallisationskeime und verkürzen die Verarbeitungszeit. Das Versteifen ist ein Kristallisationsvorgang, der unter dem Mikroskop zu beobachten ist.

4 Anorganische Bindemittel

Bringe auf den Objektträger einen Tropfen destilliertes Wasser und stäube mit einem Haarpinsel einige Stäubchen Gipsbinder hinein. Diese gehen zunächst in Lösung. Nach 10 bis 15 Min. kann die Kristallbildung beobachtet werden.

Nach dem Versteifen braucht man Gipsbinder nicht länger feucht zu halten (wie Kalk oder Zement), sondern er kann sofort getrocknet werden. Wichtig bei Terminbauten.

Das in Gipsbinder gebundene Kristallwasser (21 Masse-%) ist der Grund für die

a) hohe Feuerschutzwirkung von Gipsverkleidungen. Im Brandfall wird es frei und bildet einen schützenden Wasserdampfschleier, der die Temperatur unter der Verkleidung für längere Zeit niedrig hält.

Nach DIN 4102 gelten Bauteile, die mit mindestens 15 mm dickem Gipsputz versehen sind, als *feuerhemmend*. Gipsputze sind daher auch besonders geeignet für Unterdecken und Ummantelungen in feuerbeständigen Konstruktionen.

b) Volumenvergrößerung beim Abbinden um etwa 1 Vol.-%, die gegebenenfalls konstruktiv zu berücksichtigen ist. Das Trocknungsschwinden ist sehr gering und wird überlagert durch Quellvorgänge, die auf das Wachstum der Gipskristalle während der Hydratation des Gipses zurückgeführt werden können.

Der Kristallisationsdruck macht Gipsmörtel besonders geeignet zum Eindübeln und Ausgießen von Formen (presst sich in feinste Unebenheiten).

c) Weiterhin ist bei der Verwendung von Gipsbindern zu beachten: Die **Wasserlöslichkeit des Doppelhydrats.** Sie ist zwar gering (etwa 2 g/l), doch sind Schäden bei stärkerer Feuchtigkeitsaufnahme (Regen, aufsteigende, durchschlagende oder hohe Kondenswasserfeuchtigkeit) unvermeidlich, da der Gips hierbei teilweise in Lösung geht und aus dieser beim Austrocknen wieder auskristallisiert.

Gips ist daher nur an trockenen und trocken bleibenden Bauteilen zu verarbeiten. Kurzzeitige Feuchtigkeitsaufnahme mit anschließender Austrocknung, etwa wie in Wohnhausküchen und -bädern (nicht: gewerbliche Küchen, Bäder, Wäschereien), führen nicht zu Schäden (nur vorübergehender Festigkeitsrückgang). Wasserabweisend imprägnierte Gipskartonplatten werden auch ohne Bedenken in Räumen mit erhöhtem Kondenswasseranfall (z.B. in Baderäumen von Krankenhäusern) eingebaut. Nicht zu verwenden ist Gipsbinder – auch nicht als Zusatz zu anderem Mörtel – für dem Regen ausgesetzten Außenputz, für Innenputz auf Wänden mit aufsteigender Grundfeuchtigkeit oder auf Wänden, die vom Wetter leicht durchfeuchtet werden.

Die Wasserlöslichkeit aller Gipsbinder verlangt Vorsicht bei *Verarbeitung auf Beton* oder zementgebundenem Untergrund, da die in den Zement eindringende Mörtelfeuchtigkeit ($CaSO_4$-Lösung) zur Bildung des „Zementbazillus" führen kann (siehe „Sulfattreiben", Abschnitt 4.6.2.3). Desgleichen sollte man frischen Beton nie in direkte Verbindung bringen mit mittelalterlichem Mauerwerk, wenn dieses – wie häufig – gipshaltig ist, es sei denn, dass als Bindemittel sulfatbeständige Zemente (C_3A-arme bzw. -freie Zemente) verwendet werden. (Vergleiche Abschnitt 4.6.9.4.)

Ebenso darf beim Putzen dort, wo mit Zementmörtel geputzt wird (z.B. bei feuchten Kellerwänden), dem Mörtel kein Gipsbinder zugesetzt werden, da auch hierbei Schäden durch Sulfattreiben auftreten können. Grundsätzlich kann aber die Verarbeitung von Gipsbinder auf zementgebundenem Grund ohne Bedenken erfolgen, wenn der Putzgrund völlig abgebunden und trocken ist – das ist im Sommer frühestens nach zwei Wochen, bei nasser, kalter

4.1 Gipsbinder und Gips-Trockenmörtel

Witterung nicht vor acht Wochen der Fall – und nach dem Erhärten des Gipsbinders keine Nässe wieder auftritt. In der Regel aber sind Schäden zu erwarten, wenn der Betongrund noch frisch, d.h. feuchtigkeitsabsondernd ist oder wenn das Bauteil später wieder feucht wird. Nachteilig wirkt sich dabei aus, dass die Löslichkeit des Gipsbinders in einer stark alkalischen Lösung – wie es die Porenlösung im nicht ausgetrockneten, nicht carbonatisierten Beton ist – stark ansteigt (bis auf etwa das 6fache). Dadurch wird die Gipshaftung an solchem Beton erheblich beeinträchtigt. Dies ist besonders bei sehr langsam austrocknendem Leichtbeton zu beachten.

d) Deckenputz mit hohem Gipsbinderzusatz fällt oft ab in Räumen mit feuchten Dünsten (Ställe, Waschküchen usw.; Gipszusatz nicht über 10 % des Kalkgewichts!). Auch auf frischem Mauerwerk wartet man mit Gipsputz zweckmäßig, bis der Mauermörtel abgebunden ist und keine Feuchtigkeit mehr absondert. Die Treibfolgen der Gipslöslichkeit werden bisweilen als „Faulen" des Gipses bezeichnet. Das ist jedoch völlig abwegig, denn faulen können nur organische Stoffe.

Beim Verlegen von Gussasphalt-Estrich in Räumen mit Gipsputz oder Gipsbauplatten ist die Hitze rasch abzuführen (offene Fenster und Türen), sonst sind Schäden (beginnende Gipsumwandlungen) möglich.

Mauermörtel aus höher gebranntem (bei 800 bis 1000 °C) Gipsbinder ist heute nur noch von historischem Interesse. Wenngleich dieser Gips schwerer wasserlöslich ist als Stuckgips und die Anlagerung des Kristallwassers bei ihm langsamer erfolgt, sodass ein Volumenzuwachs kaum bemerkbar wird, so ist doch bei öfterer Durchfeuchtung auf lange Sicht auch bei ihm mit Schäden zu rechnen. Der ständig sich wiederholende Kreislauf In-Lösung-Gehen – Auskristallisation führt zum langsamen Zerfall der mit Gipsbinder gemauerten Bauten (Beispiel: Klosterruine Walkenried/Harz) oder bedingt entsprechende Schutz- und Sanierungsmaßnahmen.

e) Gipsbinder sind chemisch neutral[1] und nicht wie Zementmörtel oder Beton stark basisch. Daher ist für Eisen und Stahl kein Rostschutz gegeben, bei Feuchtigkeit erfolgt *Korrosion*. Deshalb bei Verwendung von Gipsbindern Stahlteile vor Rost schützen (Schutzanstrich, Lack, Binden) oder verzinkte Stahlteile verwenden (bei Rabitzgewebe verzinkten Draht). Blei wird nicht angegriffen, da sich eine Schutzschicht aus unlöslichem Bleisulfat $PbSO_4$ bildet. Schutzrohre für die Unterputzverlegung elektrischer Leitungen sind – soweit nicht aus Kunststoff – verbleit und können wie andere Bleirohre eingegipst werden.

f) Die Festigkeitseigenschaften der Gipsbinder und Gipsbaustoffe werden von der Kristallausbildung (je nach Gipsart bzw. Brennbedingungen verschieden) und vom Wassergipsverhältnis beeinflusst. Ein Beispiel für den Einfluss des Letzteren auf die Härte und Festigkeit eines Stuckgipses ist in Tafel 4.1 angegeben.

Tafel 4.1 Einfluss des Wassergipsverhältnisses auf die Festigkeit von Gipsbinder

Wassergipsverhältnis	0,8	1,2	1,6	2,0
Härte in N/mm²	17	4	2	1,5
Druckfestigkeit in N/mm²	8,3	3,0	1,4	0,8
Biegezugfestigkeit in N/mm²	3,9	1,5	0,7	0,6
Rohdichte in kg/dm³ (trocken)	1,0	0,75	0,6	0,5

---

[1] pH-Wert einer Gipslösung etwas größer als 7.

4 Anorganische Bindemittel

Der Wärmeausdehnungskoeffizient beträgt im Mittel $20 \cdot 10^{-6} \cdot K^{-1}$ (zum Vergleich: Beton etwa $10 \cdot 10^{-6} \cdot K^{-1}$).

Die Wärmeleitfähigkeit von Gipsputzen ist gering, sie beträgt etwa 0,25 bis 0,35 W/(m · K) (behagliche Oberflächen).

4.1.5 Prüfverfahren von Gipsbindern

Nach DIN EN 13 279-2 werden geprüft: Kornfeinheit (durch Sieben), Wassergipswert, Versteifungsbeginn, Biegezugfestigkeit, Druckfestigkeit, Härte und Haftzugfestigkeit. Erforderliche Probemenge: mindestens 10 dm³, aus mindestens drei etwa gleich großen Teilproben zusammengesetzt (aus mindestens drei Säcken oder verschiedenen Höhen eines Silos). Sollwerte siehe Tafel 4.2.

a) Wassergipswert (Verhältnis Anmachwassermenge zu Gipsmenge)

Wird für Stuck- und Putzgips (Gipse ohne werkseitig zugegebene Zusätze) aus der Einstreumenge ermittelt.

Einstreumenge = Gipsmenge in g, die beim Einstreuen in 100 cm³ Wasser durchfeuchtet wird (Mittel aus drei Versuchen).

Bei Gipsen mit werkseitig zugegebenen Zusätzen wird der Wassergipswert über das Ausbreitmaß auf dem Ausbreittisch wie bei der Kalkprüfung nach DIN EN 459-2 ermittelt. Der sich nach 15-maligem Anheben und Fallen der Ausbreittisch-Tischplatte bildende Kuchen soll einen Durchmesser von 165 ± 5 mm haben.

Der Wassergipswert ergibt sich dann als Quotient aus der für das Ausbreitmaß erforderlichen Wassermenge und der zugehörigen Gipsmenge.

b) Versteifungsbeginn = Zeitpunkt nach Beginn des Einstreuens, in dem die Ränder eines durch den Gipsbrei geführten Messerschnitts nicht mehr zusammenfließen (Mittel aus mindestens zwei Versuchen).

Bei Gipsen mit werkseitig zugegebenen Zusätzen erfolgt die Prüfung mit dem *Vicat*-Gerät (siehe DIN EN 196-3, Zement) mit Tauchkonus. Der Versteifungsbeginn ist erreicht, wenn der Tauchkonus 18 ± 2 mm über der Glasplatte in der Probe stecken bleibt. Angabe der Zeit vom Anmachen der Probe bis zum Versteifungsbeginn in vollen Minuten.

c) Biegezugfestigkeit, Druckfestigkeit, Härte

Prüfung an Prismen 4 cm x 4 cm x 16 cm wie in DIN EN 196-1 angegeben. Prismen werden aus Gipsbinder und Wasser mit dem zuvor ermittelten Wassergipswert bzw. mit dem Wasser-Gips-Verhältnis hergestellt, das das Ausbreitmaß von 165 mm ergibt. Die Proben werden bis zum Alter von sieben Tagen bei Normalklima (20 °C, 65 % Feuchte) gelagert, anschließend im Trockenschrank bei 40 °C bis zur Gewichtskonstanz getrocknet, danach auf Raumklima abgekühlt.

Die *Härte* wird ermittelt an drei von der Biegezugprüfung übrig gebliebenen Prismenhälften, indem auf beiden Seitenflächen in den drei Viertelspunkten der Längsachse eine Stahlkugel von Ø 10 mm mit einer Vorlast von 10 N und – innerhalb 2 Sek. ansteigend – mit einer Hauptlast von 200 N 15 Sek. lang belastet wird. Die Härte wird dann aus der mittleren Vertiefung der 18 Eindrücke (t, in 0,01 mm abgelesen) als

$$H = \frac{6{,}37}{t} \text{ in N/mm}^2 \text{ errechnet.}$$

4.1 Gipsbinder und Gips-Trockenmörtel

Tafel 4.2 Anforderungen an Gips-Trockenmörtel

Gips-Trocken-mörtel	Gehalt an Gipsbinder	Versteifungsbeginn min		Biegezug-festigkeit	Druckfestig-keit	Oberflä-chenhärte	Haftfestig-keit
		Gipshand-putz	Gips-maschinen-putz				
	%			N/mm²	N/mm²	N/mm²	N/mm²
B1	> 50	> 20	> 50	≥ 1,0	≥ 2,0	–	Der Bruch entsteht im Untergrund oder im Gipsputz. Bei Bruch: Wert ≥ 0,1
B2	< 50						
B3	< 50						
B4	> 50						
B5	< 50						
B6	< 50						
B7	> 50			≥ 2,0	≥ 6,0	≥ 2,5	

d) Haftzugfestigkeit

Für diese genormte, aber nicht verlangte, sondern nur empfohlene Prüfung wird zunächst Gipsbrei auf Unterlagsplatten (je nach zu prüfendem Gips Faserzement, Gipskarton, Gips-Wandbauplatten) aufgebracht. Nach Erhärten und Trocknen des Gipses werden zu einem Abziehgerät (Zugprüfvorrichtung) gehörende Abziehplatten mit einem Kunststoffkleber aufgeklebt. Im Abziehgerät werden die Proben durch Zug beansprucht, bis ein Abriss (an der Haftfläche Unterlagsplatte/Gips, innerhalb des Gipses oder innerhalb der Unterlagsplatte) erfolgt.

Den **Kristallisationsdruck** veranschaulicht nachstehender Versuch (Abb. 4.1), nachdem beim Anziehen des eingefüllten Gipsbreis der Stecker des Messingblechrings gelöst wird: Zeigerspitzen gehen auseinander [4.2].

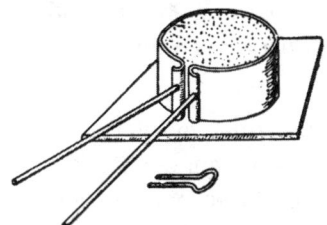

Abb. 4.1 Raumbeständigkeitsversuch

4.1.6 Gipsbaustoffe

Normen

DIN 4103		Nichttragende innere Trennwände
-1	(06.15)	Anforderungen und Nachweise
-2	(11.10)	Trennwände aus Gips-Wandbauplatten
-4	(11.88)	Unterkonstruktion in Holzbauart
DIN 18 168		Gipsplatten-Deckenbekleidungen und Unterdecken
-1	(04.07)	Anforderungen an die Ausführung
-2	(05.08)	Nachweis der Tragfähigkeit von Unterkonstruktionen und Abhängern aus Metall
DIN 18 180	(09.14)	Gipsplatten; Arten und Anforderungen

DIN 18 181	(10.08)	Gipsplatten im Hochbau; Verarbeitung
DIN 18 182		Zubehör für die Verarbeitung von Gipsplatten
-1	(11.15)	Profile aus Stahlblech
-2	(02.10)	Schnellbauschrauben, Klammern und Nägel
DIN 18 183-1	(05.09)	Trennwände und Vorsatzschalen aus Gipsplatten mit Metallunterkonstruktion; Beplankung mit Gipsplatten
DIN 18 184	(08.10)	Gipskarton-Verbundelemente mit Polystyrol- oder Polyurethan-Hartschaum als Dämmstoff
DIN EN 520	(12.09)	Gipsplatten – Begriffe, Anforderungen und Prüfverfahren
DIN EN 12 859	(07.10)	Gips-Wandbauplatten – Begriffe, Anforderungen und Prüfverfahren
DIN EN 12 860	(07.02)	Gipskleber für Gips-Wandbauplatten – Begriffe, Anforderungen, Prüfverfahren
DIN EN 13 963	(09.14)	Materialien für das Verspachteln von Gipsplattenfugen – Begriffe, Anforderungen und Prüfverfahren
DIN EN 13 964	(08.14)	Unterdecken – Anforderungen und Prüfverfahren
DIN EN 14 190	(09.14)	Gipsplatten-Produkte aus der Weiterverarbeitung – Begriffe, Anforderungen und Prüfverfahren
DIN EN 14 195	(03.15)	Metall-Unterkonstruktionsbauteile für Gipsplatten-Systeme – Begriffe, Anforderungen und Prüfverfahren
DIN EN 15 318	(01.08)	Planung und Ausführung von Bauteilen aus Gips-Wandbauplatten

4.1.6.1 Gipskartonplatten DIN 18 180, Verarbeitungsgrundlagen DIN 18 181

Platten aus modifiziertem Stuckgips, zum Teil mit organischen oder anorganischen Zusätzen, der mit fest haftendem Karton ummantelt ist. Herstellung als 1,25 m breites Endlosband, das auf gewünschte Länge – und gegebenenfalls auch auf bestimmte Breite – geschnitten wird. Festigkeit und Elastizität der Platten beruhen auf der Verbundwirkung von Gipskern und Kartonummantelung, wobei die Eigenschaften von der Faserrichtung des Kartons abhängig sind. Parallel zur Kartonfaser sind Festigkeit und Elastizität größer als quer zur Faser. Gipskartonplatten sind leicht zu bearbeiten: Schrauben, Nageln, Sägen, Schneiden, Bohren und Fräsen sind problemlos möglich. Sofern die Gipskartonplatten werkmäßig weiter bearbeitet werden (gelocht, geschlitzt, kaschiert, beschichtet), werden sie als **werkmäßig bearbeitete Platten**, sonst als **bandgefertigte Gipskartonplatten** bezeichnet.

4.1.6.1.1 Bandgefertigte Gipskartonplatten

a) Gipskarton-Bauplatten B (Kurzzeichen: GKB), Verwendung: zum Ansetzen als Wand-Trockenputz (Vorteil: keine Putzmörtelfeuchtigkeit, keine Trockenzeiten, geringer Staub- und Schuttanfall, glatte Oberfläche), ab 12,5 mm Dicke für Wand- und Deckenbekleidungen auf Unterkonstruktionen (Lattung, Metallprofile), für die Beplankung von Montagewänden sowie zur Herstellung von Gipskarton-Verbundplatten (mit Dämmstoffen kaschiert, siehe Abschnitt 16.5.6) nach DIN 18 184.

b) Gipskarton-Bauplatten F (Feuerschutzplatten; Kurzzeichen: GKF) für Bauteile, an die Anforderungen an den Brandschutz gestellt werden. Gipskern darf keine brennbaren Zusätze enthalten; zugesetzte anorganische Fasern (Glas-, Mineralfasern) verbessern den Gefügezusammenhalt im Brandfall. Gehören zur Baustoffklasse A2 nach DIN 4102 (Brandverhalten von Baustoffen und Bauteilen, siehe Abschnitt 16.4.1). Werden auch zur Beplankung aussteifender Wände verwendet.

c) Gipskarton-Bauplatten B – imprägniert (Kurzzeichen: GKBI) und
Gipskarton-Bauplatten F – imprägniert (Feuerschutzplatten I; Kurzzeichen: GKFI)

4.1 Gipsbinder und Gips-Trockenmörtel

Diese sind wasserabweisend imprägnierte Platten und haben dadurch eine verzögerte und im Vergleich zu den anderen Gipskartonplatten erheblich geringere Wasseraufnahme. Sie darf nach zweistündiger Lagerung unter Wasser höchstens 10 Masse-% betragen. In der Regel ist der Karton außerdem fungizid ausgerüstet, sodass eine größere Sicherheit gegen Pilzbefall besteht. Imprägnierte Platten sind äußerlich an der grünlichen Farbe des Kartons erkennbar. Sie werden in Dicken ab 12,5 mm hergestellt.

Alle vorgenannten Platten werden mit kartonummantelten Längskanten, voll, gefast (beide für sichtbare Fugen) oder abgeflacht (stets bei GKF) zur Aufnahme der Fugenverspachtelung (mit Fugenstreifeneinlage) und mit kartonfreien, maschinenrauen oder scharfkantig geschnittenen Querkanten hergestellt (siehe Abb. 4.2).

GKF-Platten sind innerhalb nachstehender Gewichte etwas schwerer als GKB-Platten. Auf Wunsch können die Platten auch in abweichenden Abmessungen geliefert werden. 25 mm dicke Platten werden vorwiegend für Montagewände in Riegelbauart verwendet, haben meist runde, abgeflachte kartonummantelte Längskanten (RAK, Kombination von a und d in Abb. 4.2).

d) Gipskarton-Putzträgerplatten (Kurzzeichen: GKP) werden vorwiegend als Putzträger auf Unterkonstruktionen verwendet, sie haben abgerundete Kanten (RK). Die Saugfähigkeit des verwendeten Kartons vermittelt eine gute Haftung des aufzubringenden Gipsputzes. Dicke der Platten 9,5 mm, Regelbreite 400 mm, Regellängen 1500 mm und 2000 mm, Flächengewicht 8 bis 9,5 kg/m².

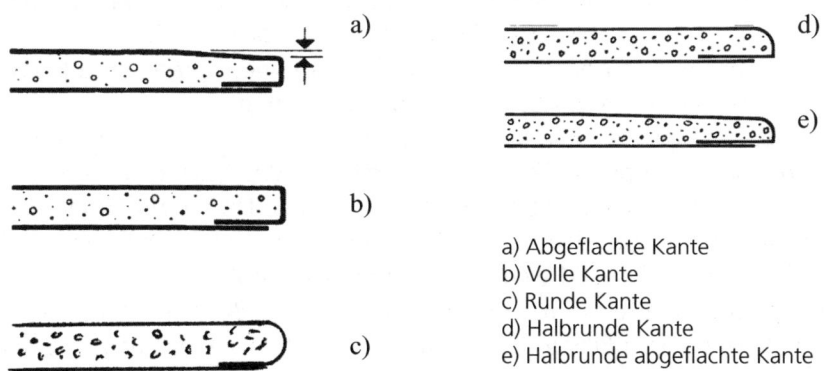

a) Abgeflachte Kante
b) Volle Kante
c) Runde Kante
d) Halbrunde Kante
e) Halbrunde abgeflachte Kante

Abb. 4.2 Kantenausbildung von Gipskartonplatten

Standardabmessungen und Gewichte sind in der nachfolgenden Tafel 4.3 angegeben:

Tafel 4.3 Maße und Gewichte von bandgefertigten Gipskartonplatten

Abmessungen in mm			Gewicht je m² in kg
Dicket	Breite	Länge alle 250 mm zwischen	
≥ 9,5	1250	2000 und 4000	6,5 bis 10
12,5			8,5 bis 13
15		2000 und 3000	10,2 bis 16
≥ 18		2000 und 2500	≥ 0,68 x t ≥ 0,8 x t (GKF, GKFI)

4.1.6.1.2 Werkmäßig bearbeitete Gipskartonplatten

Gipskarton-Zuschnittplatten: Platten mit geschlossener Sichtfläche für Wand- und Deckenbekleidungen wie GKB, aber mit anderen Breiten und Längen. Quadratische Zuschnittplatten werden als **Gipskarton-Kassetten** bezeichnet, Standardformat: 625 mm × 625 mm, Dicke 9,5 mm oder 12,5 mm.

Gipskarton-Lochplatten: Für dekorative und schallschluckende Wand- und Deckenbekleidungen, meist glasfaserarmiert. Sie haben durchgehende Löcher in verschiedener Form (rund mit gleichbleibenden oder verschiedenen Durchmessern, geschlitzt) und Musterung. Lochanteil bis etwa 20 % der Oberfläche.

Quadratische Lochplatten werden als **Gipskarton-Lochkassetten** bezeichnet, Standardformat 625 mm × 625 mm, Dicke 9,5 mm oder 12,5 mm. Die Lochplatten und Lochkassetten werden auch mit rückseitiger Faservlieskaschierung – meist rot, gelb, grün, blau oder schwarz – geliefert, sie werden dann als Gipskarton-Schallschluckplatten bezeichnet.

Sonstige, werkmäßig bearbeitete Gipskartonplatten: Zur Dekoration oder für bestimmte Verwendungszwecke können Gipskartonplatten mit anderen Materialien beschichtet oder kaschiert werden: Dekorplatten mit PVC-, Acrylat- oder Polyesterfolie; Platten mit Kunststoffbeschichtung; Platten mit Aluminiumfolie (für dampfsperrende oder reflektierende Zwecke, Foliendicke meist etwa 0,015 mm); Platten mit Bleifolie (zum Röntgen- bzw. γ-Strahlenschutz, Foliendicke je nach Strahlungsintensität zwischen 0,5 und 3 mm Dicke). Platten können auch mit Glas- oder Mineralfasermatten verbunden sein. Verwendung vorzugsweise im Brandschutz, Standardabmessungen: 90 cm breit, 2 m oder 2,5 m lang, 30 mm, 40 mm und 50 mm dick (einschließlich Glas- oder Mineralwolle). Gipskartonplatten, die mit Polystyrol- oder Polyurethan-Hartschaum fest verbunden sind, werden als Gipskarton-Verbundplatten (siehe Dämmstoffe, Abschnitt 16.5.6) bezeichnet.

Zu 4.1.6.1.1 und 4.1.6.1.2: Gipskartonplatten mit geschlossener Oberfläche und mindestens 12,5 mm Dicke gehören zur **Baustoffklasse** A2 nach DIN 4102, 9,5 mm dicke Platten nur, wenn sie mit anorganischen Bindemitteln auf mineralischem Untergrund angesetzt werden. Bei anderer Anwendung werden sie wie die Lochplatten oder die mit Kunststoff kaschierten Platten der Baustoffklasse B1 (schwer entflammbar) zugeordnet.

Bezeichnung der Gipskartonplatten in der Reihenfolge: DIN 18 180, Plattenart, Dicke, Länge, Kantenausbildung, Baustoffklasse. Die Breite wird nur bei Abweichung von der Regelbreite angegeben. Beispiel für Gipskarton-Bauplatten der Dicke 12,5 mm, 2500 mm Länge und abgeflachter Längskante: DIN 18 180 – GKB 12,5 – 2500 AK.

Werkmäßig werden die Platten mit Firmen- oder Markennamen, DIN 18 180, Kurzzeichen der Plattenart, Baustoffklasse mit Prüfzeichen (für A2 und für B1 erforderlich) auf der Plattenrückseite durch blauen – bei GKF- und GKFI-Platten durch roten – Stempelaufdruck gekennzeichnet, die Kennzeichnung verläuft dabei in Längsrichtung der Platten und der Kartonfasern.

Aus Gipskartonplatten werden auch **Trockenestrichelemente** hergestellt. Sie sind meist 2 m × 0,6 m groß, 25 mm dick und bestehen aus drei wasserfest verklebten Gipskartonplatten mit Nut- und Feder-Verfalzung an den Kanten, die ein Verlegen im Verband ermöglicht, oder aus zwei miteinander verbundenen, gegenseitig versetzt angeordneten Platten 20 oder 25 mm dick. Ober- und Unterseiten sind mit einer wasserfesten Spezialkaschierung gegen Feuchtigkeit geschützt. Daneben gibt es auch Elemente mit aufgeklebtem Polystyrolschaum oder Mineralwollekaschierung in den Gesamtdicken 35 bis 55 mm. Trockenestrich ist sofort begeh- und belegbar. Baustoffklasse A2, F30 nach DIN 4102. Elemente auch für Fußbodenheizungen.

Neuerdings werden Abschirmplatten hergestellt. Hierbei werden in den Rückseitenkarton von GK-Platten Karbonfasern integriert, die bewirken, dass die Platten elektrisch leitfähig werden. Bei entsprechendem Anschluss an einen Potenzialausgleich (geerdete Metallständer, Stahlbänder) werden elektrische Wechselfelder abgeleitet und hochfrequente Strahlen gedämpft (Elektrosmog).

Die Herstellerfirmen von Gipskartonplatten bieten zum Teil auch **Zubehörteile** sowie detaillierte Planungsunterlagen mit Angaben über den Wärme-, Schall- und Brandschutz, über Befestigungsmöglichkeiten u.Ä. für die Hauptanwendungsgebiete an: Wand-, Decken-, Stützenbekleidungen, leichte Trennwände, Montagewände, Unterdecken, Dachgeschossausbau.

4.1.6.2 Gipsfaserplatten DIN EN 15 283

Platten aus Gips und darin eingebetteten anorganischen und/oder organischen Fasern bzw. Vliesarmierungen. Fasern sind im Querschnitt weitgehend gleichmäßig verteilt und bilden ähnlich wie bei Faserzement eine Armierung. Dadurch bessere mechanische Eigenschaften als Pur-Gipsplatten. Die Platten werden vorzugsweise mit den in Tafel 4.4 angegebenen Abmessungen geliefert.

Tafel 4.4 Gipsfaserplatten, Vorzugsmaße

Länge in mm	Breite in mm	Dicke in mm			
1500	1000	10			
2500	1245	10	12,5	15	
2750	1245		12,5	15	
3000	1245		12,5	15	
Eigengewicht in kg/m²			11,5	15	18

Größere Längen auf Wunsch lieferbar. Platten werden mit circa 5 mm Fuge verlegt, Fuge wird voll ausgespachtelt, Bewehrungsstreifen nicht erforderlich. Biegefestigkeit: 7 N/mm². Meist Baustoffklasse A2 (nicht brennbar). Auch als Trockenestrichelemente und als Verbundplatten mit Hartschaum verwendet. Verarbeitung und Anwendung im Innenausbau etwa wie Gipskartonplatten.

4.1.6.3 Gips-Wandbauplatten (GW)

Massive, glatte Bauplatten aus Stuckgips. Daneben werden auch Platten mit vorgeformten Hohlräumen (maximal 40 % des Poren-Volumens) hergestellt. In Tafel 4.5 sind Rohdichte und Vorzugsmaße der Platten angegeben.

Tafel 4.5 Gips-Wandbauplatten

Rohdichte-Klassen	Rohdichte in kg/m³	Farbkennzeichnung[1]
hohe Rohdichte mittlere Rohdichte niedrige Rohdichte	1100 bis 1500 800 bis < 1100 600 bis < 800	rosa – gelb
Vorzugsmaße	Dicke 50 60 70 80 100 Länge 666 Höhe 500	in mm in mm in mm
Wandung bei Platten mit Hohlräumen: mindestens 15 mm.		
[1] Nur bei nichthydrophobierten Platten.		

Anzugeben ist ferner, ob der pH-Wert der Plattenoberfläche größer oder kleiner 6,5 ist (üblich 6,5 bis 10,5).

Für häusliche Küchen und Bäder können auch hydrophobierte Gips-Wandbauplatten geliefert werden. Sie haben nur eine geringe Wasseraufnahme, nach zweistündiger Wasserlagerung weniger als 5 Masse-% (blaue, bei weniger als 2,5 Masse-% grüne Farbkennzeichnung). Drei Platten ergeben 1 m² Wandfläche. Stoß- und Lagerflächen der Platten sind wechselseitig mit Nut und Feder ausgebildet.

Verwendung: Für leichte nichttragende Innenwände. Wandgewichte meist zwischen 54 kg/m² bei 60 mm dicken Platten und 90 kg/m² bei 100 mm dicken Platten. Je nach Plattendicke sind Wandhöhen bis zu 7 m bei beliebiger Wandlänge ohne Aussteifung möglich. Die Platten werden im Verband mit Gipskleber versetzt und sind leicht zu bearbeiten (Sägen, Fräsen, Bohren).

Die **Fugen** der Wände werden abschließend überspachtelt, gegebenenfalls wird die ganze Wand mit einem dünnen Gipsglättstrich (0 bis 3 mm) überzogen (nicht bei vorgesehener Verfliesung). Vor dem Tapezieren, Streichen oder Verfliesen (im Dünnbettverfahren) sind die Wände zu grundieren (Fluatieren unzulässig).

Wände mit 60 mm Dicke entsprechen F 30-A (feuerhemmend), ab 80 mm Dicke F 120-A (feuerbeständig) und ab 100 mm Dicke F 180-A (hochfeuerbeständig).

Metallteile, die in den Wänden eingebaut werden, sind ausreichend gegen Korrosion zu schützen.

4.1.6.4 Sonstige Gipsbaustoffe

Für den Brandschutz werden auch Gipsbauplatten aus einem Gipskern mit außenseitig fest verbundenem Glasvlies hergestellt, Baustoffklasse A1. Verwendung wie GKF-Platten. Die Nichtbrennbarkeit wird auch nicht durch aufgebrachte Dispersionsfarbe, Papiertapeten o.Ä. beeinträchtigt.

Deckenplatten aus Gips und Gipskarton-Verbundplatten siehe Abschnitt 16.5.6.

Gipsgebundene Flachpressplatten aus Gips und Holzspänen siehe Abschnitt 17.13.4.6.

Gipsbaustoffe werden auch aus **Chemiegipsen** hergestellt, die als Nebenprodukte bei chemisch-technischen Prozessen anfallen. So fällt z.B. Phosphatgips bei der Phosphorsäureherstellung aus Rohphosphat und Schwefelsäure an:

$$Ca_5(PO_4)_3F + 5\,H_2SO_4 + 10\,H_2O = 3\,H_3PO_4 + HF + 5\,CaSO_4 \cdot 2\,H_2O$$

Rohphosphat   Schwefelsäure   Phosphorsäure   Flußsäure   Phosphatgips

Nach Abscheidung von Verunreinigungen wird der Phosphatgips durch Brennen oder Autoklavbehandlung in Halbhydratgips umgewandelt.

Erhebliche Mengen an Gips fallen heute in **R**auchgas-**E**ntschwefelungs-**A**nlagen als **REA-Gips** an.

REA-Gips entsteht hauptsächlich durch Nassabsorption des SO_2 aus schwefelhaltigen Brennstoffen (Kohle, Erdöl) mit Kalk-Suspensionen:

$$SO_2 + H_2O + 1/2\ O_2 \rightarrow H_2SO_4$$
$$H_2SO_4 + Ca(OH)_2 \rightarrow CaSO_4 \cdot 2\ H_2O$$

REA-Gips ist sehr rein, besteht fast nur aus dem Doppelhydrat (bis zu 99 %), daneben etwas Sulfit ($CaSO_3 \cdot 1/2\ H_2O$), während die Naturgipse häufig 5 bis 20 % Ton und Kalk enthalten. REA-Gips fällt als Schlamm an und wird auf 7 bis 10 % Feuchtigkeit entwässert. Danach wird er wie Naturgips zur Herstellung von α- oder β-Halbhydrat als Bindemittel, für Gipsbaustoffe oder als Erstarrungsregler für Zement verwendet.

Bei manchen Kraftwerken wird das Rauchgas durch das **S**prüh**a**bsorptions**v**erfahren entschwefelt, wobei **SAV**-Produkte entstehen. Sie haben einen schwankenden Gehalt an Calciumsulfit- und Calciumsulfat-Hydraten, an Calciumcarbonat und Calciumhydroxid, zum Teil auch an Flugasche. Bei ausreichendem Gehalt an Calciumhydroxid eignen sich SAV-Produkte als Bindemittel bei der Herstellung von Kalksandsteinen.

Es wird auch **Gipsschaum** aus 60 % REA-Gips, 20 % Wasser und 20 % präpolymerem Isocyanat hergestellt, Rohdichte etwa 0,12 kg/dm³ [4.18].

4.2 Calciumsulfat-Binder und Calciumsulfat-Compositbinder

Normen

DIN EN 13 454		Calciumsulfat-Binder, Calciumsulfat-Compositbinder und Calciumsulfat-Werkmörtel für Estriche
-1	(01.05)	Begriffe und Anforderungen
-2	(11.07)	Prüfverfahren
DIN EN 13 813	(01.03)	Estrichmörtel, Estrichmassen und Estriche – Eigenschaften und Anforderungen
DIN 18 560-1	(11.15)	Estriche im Bauwesen; Allgemeine Anforderungen, Prüfung und Ausführung
-2 bis -7		siehe Abschnitt 7.6

Nichthydraulisches Bindemittel aus natürlichem oder synthetischem Anhydrit und Anregern.

4.2.1 Allgemeines

Natürlicher Anhydrit ist ein in der Natur vorkommender wasserfreier Gips $CaSO_4$, der sein Kristallwasser durch geologische Vorgänge verloren hat.

Synthetischer Anhydrit fällt an bei der Flusssäureherstellung aus Flussspat:

$$CaF_2\ +\ H_2SO_4\ =\ CaSO_4\ +\ 2\ HF$$
$$\text{Flussspat}\quad \text{Schwefelsäure}\quad \text{Anhydrit}\quad \text{Flusssäure}$$

Er wird auch als Fluoroanhydrit bezeichnet und ist – gegenüber dem oft unkontrollierbar verunreinigten natürlichen – stets von gleich bleibender Qualität.

Anhydrit wird heute auch aus REA-Gips (siehe Abschn. 4.1.6.4) hergestellt, besonders als Bindemittel für Fließestriche.

Durch **Anreger** kann Anhydrit zur mäßig schnellen Reaktion mit Wasser und damit zur Bildung von Doppelhydrat $CaSO_4 \cdot 2\ H_2O$ (Gips) gebracht werden. Ohne Anreger erfolgt

4 Anorganische Bindemittel

die Reaktion mit Wasser so langsam, dass sie bautechnisch ohne Bedeutung ist. Bei Zusatz von so ähnlich wie Katalysatoren wirkenden Anregern wird Anhydrit ein dem Gipsbinder sehr ähnliches Bindemittel.

Als Anreger kommen in Frage:

Kalkhydrat, Zement, Salze, meist K_2SO_4, Na_2SO_4. Zusatzmenge bei basischen Anregern höchstens 7 (meist 5) Masse-%, bei salzartigen Anregern höchstens 3 (meist 2) Masse-%, bei gemischten Anregern höchstens 5 Masse-%, davon maximal 3 Masse-% salzartig. Die Anreger können mit dem Anhydrit Doppelsalze bilden, z.B. $K_2SO_4 \cdot CaSO_4 \cdot H_2O$.

DIN EN 13 454-1 unterscheidet Calciumsulfat-Binder (CAB) und Calciumsulfat-Compositbinder (CAC).

Calciumsulfat-Binder bestehen aus Calciumsulfat-Komponenten, die durch Hydratation abbinden. Sie können Zusatzstoffe und Zusatzmittel enthalten.

Calciumsulfat-Compositbinder bestehen aus Calciumsulfatbindern und weiteren Zusatzstoffen.

4.2.2 Festigkeiten, Kennzeichnung

Calciumsulfat-Binder (CAB) und -Compositbinder (CAC) werden in drei Festigkeitsklassen (nach 28-Tage-Druckfestigkeit) geliefert.

Die Zahlen geben die Mindestdruckfestigkeiten bei der Normprüfung an Prismen 4 cm × 4 cm × 16 cm nach 28 Tagen in N/mm^2 an.

Bei der Normprüfung müssen im Einzelnen die in Tafel 4.6 angegebenen Werte erreicht werden.

Tafel 4.6 Calciumsulfat-Binder und -Compositbinder, Festigkeitsklassen und Festigkeitsanforderungen

Festigkeitsklasse	Mindest-Biegezugfestigkeit N/mm^2		Mindest-Druckfestigkeit N/mm^2	
	geprüft nach			
	3 Tagen	28 Tagen	3 Tagen	28 Tagen
20	1,5	4,0	8,0	20,0
30	2,0	5,0	12,0	30,0
40	2,5	6,0	16,0	40,0

4.2.3 Anwendung

Estriche nach DIN EN 13 813 und DIN 18 560 (siehe Abschnitt 7.6).

CAB und CAC trocken lagern! Nur für Bauteile, die dauernd trocken bleiben oder nur kurzfristig Feuchtigkeit ausgesetzt sind.

Estriche aus CAC und CAB haben eine sehr hohe Raumbeständigkeit (Quellen und Schwinden etwa 0,05 bis 0,15 mm/m), ausreichend hohe Festigkeit und trocknen schnell aus. Der Estrichmörtel wird in der Regel mit Sand 1:2,5 (RT) gemischt oder als Calciumsulfat-Werkmörtel geliefert. Festigkeitsklassen und weitere Angaben siehe Abschnitt 7.6.2.

4.2.4 Prüfung

Für die Prüfung der Binder (CAB) und Compositbinder (CAC) auf Mahlfeinheit, Erstarren (Beginn frühestens 25 Minuten, Ende spätestens 12 Stunden nach dem Anmachen), Raumbeständigkeit (nach gemischter Lagerung der Probekörper: 48 Stunden im Feuchtkasten, zwölf Tage an der Luft, sieben Tage unter Wasser, nochmals sieben Tage an der Luft) und Mörtelfestigkeit (Prismenlagerung zwei Tage feucht, danach im Normalklima 20 °C/65 % relative Feuchte) gilt sinngemäß die Zementprüfnorm DIN EN 196. Außerdem werden die chemische Zusammensetzung und der pH-Wert ($\geq 7{,}0$) der Binder (einschließlich Gehalt an Anregern) bestimmt. Durch die feine Mahlung (Rückstand auf dem Sieb mit der Maschenweite 0,1 mm maximal 30 Masse-%) wird die Oberfläche (d.h. die mit Wasser zu benetzende Fläche) des Mahlguts vergrößert und dadurch die Reaktion mit dem Anmachwasser intensiviert. Weiterhin werden Quellen und Schwinden durch Messung der Längenänderung von Prismen geprüft, zulässig maximal ± 0,2 mm/m.

4.3 Kaustische Magnesia und Magnesiumchlorid

Normen

DIN EN 14 016		Bindemittel für Magnesiaestriche – Kaustische Magnesia und Magnesiumchlorid
-1	(04.04)	Begriffe und Anforderungen
-2	(04.04)	Prüfverfahren
DIN EN 13 813	(01.03)	Estrichmörtel, Estrichmassen und Estriche – Eigenschaften und Anforderungen
DIN 18 560-1	(11.15)	Estriche im Bauwesen; Allgemeine Anforderungen, Prüfung und Ausführung
-2 bis -7		siehe Abschnitt 7.6

4.3.1 Allgemeines, Erhärtung

Kaustische Magnesia wurde früher nach dem Erfinder *Sorelzement* (irreführend, weil nicht hydraulisch!) genannt. Daraus wurde das sogenannte **Steinholz** (Fama, Lithoxyl u.a.) hergestellt. Der Grundstoff ist kaustisch gebrannte Magnesia MgO.

Aus Magnesit (Fundorte u.a. Insel Euböa in Griechenland, Balkanländer, Zillertal in Tirol, Kärnten, Zobten in Schlesien) gebrannt: $MgCO_3 = MgO + CO_2$. *Kaustisch* = ätzend, d.h. wie eine Base wirkend. Außer der bei etwa 800 °C gebrannten kaustischen Magnesia, die mit Wasser reagiert, gibt es auch bei 1600 °C *sinter*gebranntes MgO, das mit Wasser nicht mehr reagiert und zur Herstellung *hochfeuerfester* Steine (Magnesitsteine) verwendet wird.

Kaustische Magnesia MgO hat die Fähigkeit, mit Salzlösungen zweiwertiger Metalle wie $MgCl_2$, $MgSO_4$, $CaCl_2$ und $ZnCl_2$ eine bildsame Masse zu ergeben, die steinartig erhärtet. Am gebräuchlichsten ist dabei Magnesiumchloridlösung $MgCl_2$, fälschlich Chlormagnesium-Lauge genannt. Dabei ist darauf zu achten, dass das schwach sauer reagierende $MgCl_2$ durch eine entsprechende Menge von basischem MgO neutralisiert wird. In diesem Falle wird die hygroskopische Eigenschaft des $MgCl_2$ nicht wirksam, da nach dem Erhärten der Feuchtigkeitsgehalt des Mörtels mit der normalen Luftfeuchtigkeit im Gleichgewicht steht. Das Verhältnis $MgCl_2$ zu MgO soll bei etwa 1 : 2,5 bis 1 : 3,5 Gewichtsteilen liegen, keinesfalls $MgCl_2$-reicher als 1 : 2 sein.

Als **Füllstoffe** (Zuschlag) können anorganische (Sand, Bims, Korund) oder organische Stoffe (Sägespäne, Weichholzfasern, Kork, Gummi, Textilfasern, Papier) verwendet werden. Außerdem werden in der Regel Farbpigmente zum Einfärben zugegeben.

Beim **Erhärten** bildet sich nach [4.4] zunächst eine gallertartige Masse, aus der sich mit fortschreitender Reaktion nadelförmige Kristalle ausscheiden. Als Endprodukte sind im

4 Anorganische Bindemittel

erhärteten Magnesiamörtel neben MgO, Mg(OH)$_2$ und noch freiem MgCl$_2$ folgende Neubildungen festgestellt worden:
MgCl$_2 \cdot$ 5 Mg(OH)$_2 \cdot$ 8 H$_2$O, MgCl$_2 \cdot$ 3 Mg(OH)$_2 \cdot$ 8 H$_2$O und
MgCl$_2 \cdot$ 2 MgCO$_3 \cdot$ Mg(OH)$_2$.
Die genannten Verbindungen liegen immer in Mischungen vor, möglicherweise bestehen daneben noch weitere, ähnlich zusammengesetzte Verbindungen. Die Bildung von MgCO$_3$ erfolgt durch CO$_2$-Aufnahme des sich zunächst bildenden Mg(OH)$_2$ aus der Luft (analog zum Erhärten des Kalks, siehe Abschnitt 4.4.1).
Freies MgCl$_2$ fördert stark die elektro-chemische **Korrosion.** Vor der Verarbeitung des Mörtels sind daher alle mit ihm in Berührung kommenden Metallteile (Rohre, Zargen usw., auch aus Zink oder verzinkten Stahlteilen) abzuisolieren (am besten mit Bitumen oder Korrosionsschutzbinden).
MgCl$_2$-Lösung greift auch Emaille an; überschüssige Lösung nicht in Badewanne gießen! Die Reaktionsprodukte des Magnesiabinders greifen wegen ihrer basischen Wirkung – Mg(OH)$_2$ ist eine relativ starke Base – auch amphotere Metalle wie Aluminium und Blei an. Der Angriff auf Blei kommt jedoch sehr rasch zum Stillstand, da sich auf der Metalloberfläche schwer lösliches Bleichlorid bildet.
Kaustische Magnesia und Magnesiumchlorid werden zur Herstellung von **Magnesiaestrichen** (siehe Abschnitt 7.6.3) und als Bindemittel für Holzwolle-Leichtbauplatten verwendet.

4.3.2 Magnesiabinder für Holzwolle-Leichtbauplatten

Magnesiabinder wird aufgrund seiner Eigenschaft, an Holzfasern zu haften, auch verwendet zur Herstellung von Holzwolle-Leichtbauplatten (siehe Abschnitt 16.5.5). Da diese meist genagelt werden, wird hier anstelle der hygroskopischen und daher rostfördernden MgCl$_2$-Lösung eine nicht in gleicher Weise wirkende MgSO$_4$-Lösung verwendet (z.B. bei den magnesiagebundenen Heraklith-Leichtbauplatten). Stets verzinkte oder anderweitig rostgeschützte Nägel benutzen!
Bei Austausch der MgCl$_2$-Lösung durch MgSO$_4$-Lösung entstehen Verbindungen, die eine geringere Festigkeit des Magnesiamörtels ergeben. Austausch erfolgt deshalb nur, wo die Mörtelfestigkeit von geringer Bedeutung ist.

4.3.3 Anforderungen und Prüfung

Bei den Bindern werden die Ausgangsstoffe MgO und MgCl$_2$ auf ihre chemische Zusammensetzung geprüft. Für Magnesiaestriche gelten Anforderungen und Prüfvorschriften nach DIN EN 14 016-2, DIN EN 13 813 und DIN 18 560 (Estriche im Bauwesen).
Chemische Prüfungen an Magnesiaestrich beziehen sich auf die Ermittlung des Mischungsverhältnisses von MgO zu Gesamtfüllstoff und von MgCl$_2$ zu MgO. Bei Magnesiaestrichen, die als Steinholz bezeichnet werden, wird außerdem die Rohdichte bestimmt. Weitere Anforderungen und Prüfungen siehe Abschnitte 7.6.3, 7.7.3, 7.8 bis 7.10 und 7.12.

4.4 Baukalke

Normen

DIN EN 459-1	(07.15)	Baukalk; Begriffe, Anforderungen und Konformitätskriterien
-2	(12.10)	Baukalk; Prüfverfahren
-3	(07.15)	Baukalk; Konformitätsbewertung
DIN 51 043	(08.79)	Trass; Anforderungen, Prüfung

4.4 Baukalke

Baukalk wird entweder aus Kalkstein $CaCO_3$, auch Dolomit $CaCO_3 \cdot MgCO_3$, oder aus Kalkmergel (tonhaltiger Kalk) durch Brennen bei Temperaturen zwischen 1000 °C und 1200 °C, d.h. unterhalb der Sintergrenze, hergestellt. Aus Kalkstein bzw. dolomitischem Gestein entstehen dabei **Luftkalke**, aus Kalkmergel **hydraulische Kalke.**

4.4.1 Luftkalke

Die durch Brennen erhaltenen Branntkalke werden mit Wasser(-Dampf) gelöscht und erhärten durch Aufnahme von Luftkohlensäure (Karbonatisieren, Rückbildung zum Karbonat). Wegen der zur Erhärtung nötigen Luft(-Kohlensäure) werden sie **Luftkalke** genannt.

Das Brennen, Löschen und Erhärten stellt sich chemisch wie folgt dar (sogenannter **Kalkkreislauf):**

((Formeln bitte aus der Vorauflage übernehmen))

Brennen: $\quad CaCO_3 \quad = \quad CaO \quad + \quad CO_2$
Kalkstein wird gebrannt zu gebranntem Kalk, dabei entweicht Kohlendioxid.

Löschen: $\quad CaO \quad + \quad H_2O \quad = \quad Ca(OH)_2$
Gebrannter Kalk wird mit Wasser gelöscht zu gelöschtem Kalk (Kalziumhydroxid, Kalkhydrat).

Durch die Wasseraufnahme beim Löschen „gedeiht" der Kalk, d.h., er vergrößert sein Volumen fast auf das Doppelte (Sprengwirkung beim Nachlöschen im Bau!). Die Reaktion mit Wasser verläuft unter starker Wärmeentwicklung (exotherm).

Erhärten: $\quad Ca(OH)_2 \quad + \quad H_2O \quad + \quad CO_2 \quad = \quad CaCO_3 \quad + 2\, H_2O$
Gelöschter Kalk mit Mörtelwasser nimmt Kohlensäure aus der Luft auf Erhärteter Kalk (Kalkstein)

Durch diesen sich länger hinziehenden Prozess erklärt sich, weswegen die Beseitigung der erst allmählich frei werdenden Baufeuchtigkeit nicht durch Heizen, sondern lediglich durch Beschleunigung des Erhärtens durch CO_2-Zufuhr erreicht werden kann.

Das Mörtelwasser muss dem Mörtel während des Erhärtens erhalten bleiben und darf ihm nicht durch Zugluft, Sonnenbestrahlung oder Heizung bzw. durch Vermauern trockener, saugfähiger Steine oder durch Putzen auf trockenem, saugendem Untergrund entzogen werden. Ohne Wasser, nur mit CO_2 der Luft allein, ist ein Erhärten nicht möglich, was u.a. die lange Lagerfähigkeit trocken gelöschter Kalke beweist.

Beim Mauern saugende Steine, beim Putzen trockenen Putzgrund (Ausnahme Holzwolle-Leichtbauplatten) gut vornässen.

Die sich aus dem Mörtelwasser und dem CO_2 der Luft erst bildende Luftkohlensäure H_2CO_3 kann bei Dauerfeuchtigkeit oder unter Wasser nicht eindringen, daher Kalkmörtel *nur bei Luftzutritt* möglich (Luftmörtel)! Beim Abbruch von meterdickem mittelalterlichem Mauerwerk hat sich gezeigt, dass der Kalkmörtel im Inneren der Mauer noch weich (nicht abgebunden) war, weil die Luft nicht bis in diese Mauertiefe vordringen konnte.

Früher wurde häufig versucht, die Erhärtung und Austrocknung durch Verbrennen von Koks in offenen Kokskörben zu beschleunigen. Problematisch, da bei zu rascher Austrocknung die Karbonatisierung unterbrochen wird, wegen der ungleichmäßigen Strahlung einzelne Putzflächen zu stark erhitzt werden können und giftiges Kohlenmonoxidgas entsteht. Auch die CO_2-Ausatmung beschleunigt die Kalkerhärtung, daher werden die Wände in Neubauten nach dem Beziehen oft wieder feucht. Heute vielfach nicht so akut, da der Mörtelanteil

4 Anorganische Bindemittel

durch Verwendung großformatiger Steine geringer geworden ist und Kalkputz oft durch Wandverkleidungen (Gipskarton, Holz u.Ä.) oder Gipsputz verdrängt wird.

Zu den Luftkalken gehören:

a) Weißkalk CL (= calcium lime)

Weißkalk ist ein Luftkalk, der vorwiegend aus Calciumoxid und/oder aus Calciumhydroxid ohne Zusatz von hydraulischen Stoffen oder Puzzolanen besteht.

b) Dolomitkalk DL (= dolomitic lime)

Dolomitkalk ist ein Luftkalk, der vorwiegend aus Calciummagnesiumoxid und/oder Calciummagnesiumhydroxid ohne Zusatz von hydraulischen Stoffen oder Puzzolanen besteht. Dolomitkalk kann auch als *halbgelöschter* Kalk in den Handel kommen. Bei diesem hat der mit Wasser reaktionsfreudige CaO-Anteil zu $Ca(OH)_2$ reagiert, während das reaktionsträgere MgO vorwiegend noch unverändert als Oxid vorliegt.

Beim Erhärten von Dolomitkalk entsteht neben $CaCO_3$ (analog obigem Schema) auch $MgCO_3$. In Industrieluft daher für Außenputz Dolomitkalk vermeiden, da SO_3 der Rauchgase das $MgCO_3$ in leicht lösliches $MgSO_4$ (Bittersalz) überführt. Dann entstehen Ausblühungen!

4.4.2 Hydraulische Kalke

4.4.2.1 Allgemeines

Hydraulische Kalke enthalten Bestandteile, die durch Reaktion mit Wasser zementähnlich erhärten. Dabei wird das Wasser chemisch gebunden (Hydratbildung, Hydratation), die gebildeten Hydrate sind in Wasser unlöslich (im Gegensatz zu Löschkalk) und damit gegen den Angriff des Wassers beständig. Das Wort „hydraulisch" hat hier eine Doppelbedeutung: „wasserbindend" und „wasserfest", hat also einen ganz anderen Sinn als in der Physik.

Hydraulische Bindemittel bestehen aus Verbindungen zwischen einer unhydraulischen Base – Kalk, seltener Magnesia – und sogenannten Hydraulefaktoren:

Kieselsäure (SiO_2), Tonerde (Al_2O_3) und Eisenoxid (Fe_2O_3).

Beim Brennen von tonhaltigen Kalken entstehen Verbindungen aus dem CaO des Kalks und den Hydraulefaktoren des Tons – dieser besteht im Wesentlichen aus Al_2O_3, SiO_2, Fe_2O_3 und chemisch gebundenem Wasser, das beim Brennen aber ausgetrieben wird. – Es bilden sich u.a.: Tricalciumaluminat $3\ CaO \cdot Al_2O_3$, Tetracalciumaluminatferrit $4\ CaO \cdot Al_2O_3 \cdot FeO_3$, Dicalciumsilicat $2\ CaO \cdot SiO_2$. Diese Verbindungen reagieren mit Wasser und erhärten hydraulisch.

Außer diesen auch unter Wasser erstarrenden und erhärtenden hydraulischen Verbindungen enthalten die hydraulischen Kalke noch mindestens 3 Masse-% freies CaO (nicht an SiO_2, Al_2O_3 oder Fe_2O_3 gebunden). Dieser Anteil erhärtet wie Luftkalk.

Mit steigendem Anteil an hydraulischen Verbindungen – und abnehmendem Anteil an CaO – steigt auch die Druckfestigkeit der hydraulischen Kalke.

4.4.2.2 Arten (siehe auch Tafel 4.7)

Die Klassifizierung der hydraulischen Kalke nach ihrer Druckfestigkeit hat die früheren Bezeichnungen *Wasserkalk, Hydraulischer Kalk* und *Hochhydraulischer Kalk* abgelöst.

„Natürliche hydraulische Kalke" **NHL** werden durch Brennen von tonhaltigem Kalkstein bzw. von Kalkmergel mit nachfolgendem Löschen und gegebenenfalls Mahlen hergestellt. Die hydraulischen Eigenschaften resultieren ausschließlich aus der besonderen chemischen Zusammensetzung des natürlichen Ausgangsmaterials.

„Formulierter Kalk" **FL** ist ein Kalk mit hydraulischen Eigenschaften mit Zusätzen aus anderem hydraulischen und/oder puzzolanischem Material.
„Hydraulischer Kalk" **HL** ist ein Bindemittel, dass aus Kalk und anderen Materialien wie Zement, Hochofenschlacke, Flugasche, Kalksteinmehl und anderen geeigneten Materialien besteht.
Beispiel: Trasskalk, fabrikfertiges Gemisch von Trass mit gelöschtem Kalk. Er entspricht den Forderungen der DIN EN 459-1 für hydraulischen Kalk FL 5 (siehe Tafel 4.7).
Trasskalk-Mörtel ergeben sehr dichte und meist ausblühungsfreie Fugmörtel für Ziegel- und Natursteinverblendungen. Trasskalk-Mörtel findet auch im Straßenbau zur Vermörtelung festgewalzter Schotterschüttungen und für vermörtelte Pflasterdecken Verwendung.
Die hydraulischen Kalke stellen den Übergang vom Luftkalk zum Zement dar. Dementsprechend nimmt die erzielbare Mörtelfestigkeit in der Reihenfolge Luftkalk – Hydraulischer Kalk – Zement zu. Die Druckfestigkeit reiner Luftkalkmörtel ist niedrig, sie liegt bei 1 N/mm^2. Die höhere Festigkeit der hydraulischen Kalke war auch der Grund zu früheren, irreführenden Bezeichnungen: Zementkalk für hydraulischen Kalk und Romanzement für einen besonderen hydraulischen Kalk, den **Romankalk.** Mit Romankalk (entsprechendes Bindemittel wurde von den Römern zu betonartigen Gussmauern verwendet) wurde früher ein aus Kalkmergel gebrannter hydraulischer Kalk mit früher Erstarrung bezeichnet. Durch seinen hohen Gehalt an Calciumaluminaten war er bereits nach 15 bis 30 Min. so weit erstarrt, dass eine weitere Bearbeitung nicht mehr möglich war.
Alle Kalke können untereinander in jedem Verhältnis gemischt werden, Luftkalk auch beliebig mit Zement oder Gips und Anhydrit.
Hydraulisch erhärtende Kalke können wohl mit Zement, nicht aber mit Gips oder Anhydrit gemischt werden. Hierbei kann sonst Sulfattreiben auftreten (wie bei Zement, siehe Abschnitt 4.6.2.3).

4.4.3 Bezeichnung der Baukalke

Die Luftkalke werden nach ihrem CaO- und MgO-Gehalt, die hydraulischen Kalke nach der Druckfestigkeit von mit ihnen hergestellten Normmörteln eingeteilt, Bezeichnungen und Anforderungen siehe Tafel 4.7. Ungelöschte Kalke werden zusätzlich durch ein Q, gelöschte Kalke als Pulver durch ein S, als Teig durch S PL oder als Suspension oder Kalkmilch durch S ML und halbgelöschte Dolomitkalke durch ein zusätzliches S1 gekennzeichnet.
Beispiele:

EN 459-1	CL 90 – Q	ungelöschter Weißkalk 90
EN 459-1	CL 80 – S	Weißkalk 80, gelöscht
EN 459-1	DL 85 – S 1	Dolomitkalk 85, halbgelöscht
EN 459-1	HL2	Hydraulischer Kalk 2
EN 459-1	NHL 3,5 – Z	Natürlicher hydraulischer Kalk 3,5 mit puzzolanischen Zusätzen

Weitere allgemeine Bezeichnungen und Verarbeitungshinweise bei Baukalken:
Stückkalk ist gebrannter Kalk (Branntkalk) in stückiger Form, ungemahlen.
Feinkalk ist gebrannter Kalk (Branntkalk), zu Pulver gemahlen.
Kalkteig ist mit Wasserüberschuss gelöschter, eingesumpfter Kalk.
Kalkhydrat ist fabrikmäßig (in Löschtrommeln mit Wasserdampf) trocken zu Pulver gelöschter Kalk.

4 Anorganische Bindemittel

Muschelkalk ist gelöschter Kalk, der durch Brennen von Muscheln und nachfolgendem Löschen entsteht.

Stückkalk, Kalkteig und Muschelkalk haben nur untergeordnete Bedeutung.

Tafel 4.7 Bezeichnungen und Anforderungen an Baukalke

Baukalkart	Kurzbe-zeichnung	Chemische Anforderungen Anteile in Masse-%					Druckfestigkeit (f_c) in N/mm² nach	
		CaO + MgO	MgO	CO_2	SO_3	verfügbarer Kalk	7 Tagen	28 Tagen
Weißkalk 90	CL 90	≥ 90	≤ 5[1),2)]	≤ 4	≤ 2	≥ 80	–	–
Weißkalk 80	CL 80	≥ 80	≤ 5[1)]	≤ 7	≤ 2	≥ 65	–	–
Weißkalk 70	CL 70	≥ 70	≤ 5	≤ 12	≤ 2	≥ 55	–	–
Dolomitkalk 90-30	DL 90-30	≥ 90	≥ 30	≤ 6	≤ 2	–	–	–
Dolomitkalk 90-5	DL 90-5	≥ 90	> 5	≤ 6	≤ 2	–	–	–
Dolomitkalk 85-30	DL 85-30	≥ 85	≥ 30	≤ 9	≤ 2	–	–	–
Dolomitkalk 80-5	DL 80-5	≥ 80	>5[1)]	≤ 9	≤ 2	–	–	–
Natürlicher hydraulischer Kalk 2	NHL 2	–	–	–	≤ 2	≥ 35	–	2 bis 7
Natürlicher hydraulischer Kalk 3,5	NHL 3,5	–	–	–	≤ 2	≥ 25	–	3,5 bis 10
Natürlicher hydraulischer Kalk 5	NHL 5	–	–	–	≤ 2	≥ 15	≥ 2	5 bis 15
Hydraulischer Kalk 2	HL 2	–	–	–	≤ 3)	≥ 10)	–	2 bis 7
Hydraulischer Kalk 3,5	HL 3,5	–	–	–	≤ 3)	≥ 8)	–	3,5 bis 10
Hydraulischer Kalk 5	HL 5	–	–	–	≤ 3)	≥ 4	≥ 2	5 bis 15
Formulierter Kalk 2	FL 2	–	–	–	≤ 2	≥ 15	–	2 bis 7
Formulierter Kalk 3,5	FL 3,5	–	–	–	≤ 2	≥ 15	–	3,5 bis 10
Formulierter Kalk 5	FL 5	–	–	–	≤ 2	≥ 15	≥ 2	5 bis 15

Bei Kalkhydrat, Kalkteig und hydraulischem Kalk gelten obige Werte für das wasserfreie und kristallwasserfreie Produkt.

[1)] Für die Bodenverfestigung bzw. Bodenverbesserung ≤ 10 %.
[2)] Ein MgO-Anteil bis 7 % ist zulässig, sofern die Prüfung der Raumbeständigkeit nach DIN EN 459-2 bestanden wurde.

Bei ungelöschtem Weißkalk werden außerdem die Raumbeständigkeit nach dem Löschen (nach Anweisung des Kalkherstellers) und die Ergiebigkeit geprüft.

Der Feuchtigkeitsgehalt (freies Wasser, durch Trocknen bei 105 °C bestimmt) darf 2 Masse-%, bei HL 5 aber 1 Masse-% nicht überschreiten. Bei Kalkteig liegt der freie Wasseranteil zwischen 45 % und 70 %.

Alle Baukalke dürfen geringe Anteile an Zusatzmitteln enthalten, sofern sie Mörteleigenschaften nicht nachteilig beeinflussen. Bei Anteilen über 0,1 % sind Menge und Art anzugeben.

Sonstige physikalische Anforderungen sind im Abschnitt 4.4.4 Prüfungen angegeben.

Einsumpfdauer: Zeit, die gebrannter Kalk nach dem Nasslöschen oder Anrühren mit Wasser eingesumpft werden muss, bevor er mit Sand zu sofort verarbeitbarem Mörtel angemacht werden darf.

Mörtelliegezeit: Zeit, die der nach trockener Mischung unter Wasserzugabe angemachte Mörtel vor seiner Verarbeitung liegen bleiben muss.

Die letzten beiden Hinweise sollen verhindern, dass noch ungelöschte Kalkteilchen im Mörtel vorhanden sind, die erst im verarbeiteten Zustand nachlöschen. Dabei können wegen der mit dem Löschen verbundenen Volumenzunahme (etwa 70 %) Schäden auftreten (Kalktreiben), z.B. Absprengungen von Putzteilchen.

Bei hydraulischem Kalk wird wegen der zementähnlichen Erhärtung die Zeitdauer der Verarbeitbarkeit von mit Wasser angemachtem Mörtel angegeben.

Zur Kennzeichnung der Baukalke enthält die Verpackung bzw. der Lieferschein bei Siloware neben Normbezeichnung und Herstellerwerk Angaben zur Handelsform (z.B. gelöscht), gegebenenfalls Verarbeitungshinweise, Sicherheitsanweisungen (Kalk ist ätzend) und Überwachungskennzeichen.

4.4.4 Prüfungen und weitere Anforderungen

Bei den Baukalken werden chemische und physikalische Eigenschaften geprüft, zum Teil werden sie nach Prüfverfahren für Zement – DIN EN 196 – durchgeführt, siehe Abschnitt 4.6.13. Die Prüfungen zur Ermittlung physikalischer Eigenschaften werden nachfolgend erläutert:

4.4.4.1 Druckfestigkeit

Die Ermittlung der Druckfestigkeit erfolgt nur an hydraulischen Kalken, und zwar an Prismen 4 × 4 × 16 cm wie bei der Zementprüfung. Abweichend sind zum Teil andere Wasserbindemittelwerte vorgesehen. Zur Verdichtung des Mörtels dient ein Vibrationstisch; der für Zement übliche Schocktisch kann alternativ verwendet werden, wenn etwa gleiche Festigkeiten erzielt werden. Die Prismen werden bis zur Prüfung bei 20 °C und mindestens 90 % Luftfeuchte gelagert.

4.4.4.2 Erstarrungszeiten

Sie werden nur bei hydraulischen Kalken und dann wie bei Zement mit dem Vicatgerät bestimmt, der Erstarrungsbeginn darf nicht früher als nach 1 Stunde, das Erstarrungsende nicht später als nach 15 Stunden eintreten.

4.4.4.3 Mahlfeinheit

Der durch Siebung ermittelte Rückstand auf dem Sieb 0,09 mm darf bei Luftkalk nicht größer als 7 Masse-%, bei HL nicht größer als 15 Masse-% sein; gröber als 0,2 mm dürfen bei Luftkalk höchstens 2 Masse-%, bei HL höchstens 5 Masse-% sein.

4.4.4.4 Raumbeständigkeit

Je nach Kalkart wird die Raumbeständigkeit nach verschiedenen Verfahren an mit Wasser angemachten Kalkproben geprüft.

Gelöschter Weißkalk und hydraulischer Kalk werden wie Zement mit dem Le-Chatelier-Ring mit der Abweichung geprüft, dass hydraulischer Kalk 48 h im Feuchtkasten vorgelagert wird und die Messung bei Luftkalk sowie HL 2 und HL 3,5 nach einem Dampfbad (statt Wasserbad wie bei Zement) erfolgt. Die Änderung des Abstands der Nadelspitzen darf 20 mm nicht überschreiten.

Bei nicht vollständig abgelöschtem Kalk wird alternativ die Ausdehnung eines scheibenförmigen, gepressten Prüfkörpers (Ø etwa 5 cm, Dicke etwa 1 cm) gemessen. Nach dem Dampfbad darf sich der Durchmesser höchstens um 2 mm vergrößert haben.

4 Anorganische Bindemittel

Bei hydraulischen Kalken mit erhöhtem SO_3-Gehalt (zwischen 3 Masse-% und 7 Masse-%) kann Treiben auftreten. Dies wird durch den Kaltwasserversuch geprüft: Scheibenförmige Proben (Ø 5 bis 7 cm, etwa 1 cm dick) werden nach 24 h Feuchtlagerung 27 Tage in Wasser von 18 °C bis 21 °C gelagert. Deutliche Verkrümmungen, klaffende Kantenrisse oder Netzrisse deuten Treiben an, d.h. Raumbeständigkeit ist nicht gewährleistet. Schwindrisse haben für die Beurteilung keine Bedeutung.

Ungelöschte Weiß- und Dolomitkalke werden zunächst nach Herstellervorschrift gelöscht und eingesumpft. Aus dem entstandenen Brei werden scheibenförmige Proben (Ø 5 bis 7 cm, etwa 1 cm dick) auf Filterplatten (zum Absaugen überschüssigen Wassers) hergestellt. Nach kurzer Liegezeit (etwa 5 Min.) werden die Proben 4 h in einem Wärmeschrank bei 105 °C gelagert. Danach erfolgt die Beurteilung wie vor bei c). Kalkteig und Dolomitkalkhydrat werden auf gleiche Weise geprüft.

Bei Luftkalken, die Körner gröber 0,2 mm enthalten, wird eine zusätzliche Prüfung durchgeführt. Solche Körner bestehen in der Regel aus hartgebranntem CaO, das erst im verarbeiteten Mörtel nachlöscht und bei Putz zu kreisförmigen Absprengungen führen kann (Kalktreiben). Zur Prüfung werden etwa 250 g Kalk mit Wasser zu Kalkteig angemischt, nach 2 h werden 35 g Stuckgips hinzugefügt und daraus drei ringförmige Proben hergestellt. Nach 1 h – Zeit zum Erstarren – werden die Proben mindestens 12 h bei 40 ± 5 °C getrocknet und danach einem Dampfbad ausgesetzt. Der Dampf hydratisiert eventuell vorhandenes CaO, die dabei entstehende Volumenvergrößerung führt zu kreisförmigen Abplatzungen, Aufrissen oder Aufbrüchen.

4.4.4.5 Schüttdichte

Zur Bestimmung der Schüttdichte wird Kalk in den Füllaufsatz eines Einlaufgeräts gefüllt. Nach Lösen der Verschlussklappe fällt der Kalk in das darunter befindliche zylindrische Litergefäß. Nach Abnehmen des Füllaufsatzes und Abstreichen von überstehendem Kalk kann durch Wiegen die Schüttdichte in kg/dm^3 bestimmt werden.

Die Schüttdichten der gelöschten Weißkalke liegen zwischen 0,3 und 0,6, die der Dolomitkalke zwischen 0,4 und 0,6. Die Bereiche der hydraulischen Kalke: HL 2 von 0,4 bis 0,6; HL 3,5 von 0,5 bis 0,9; HL 5 von 0,6 bis 1,0, jeweils in kg/dm^3, NHL, FL wie bei HL.

4.4.4.6 Ergiebigkeit

Die Ergiebigkeit von ungelöschten Kalken wird durch Volumenbestimmung nach Löschen des Kalks ermittelt. Dazu werden 200 g ungelöschter Kalk in einem doppelwandigen, wärmegedämmten Löschgefäß (Innendurchmesser 113 mm, Höhe 140 mm) gelöscht und das Volumen des sich gebildeten Kalkteigs gemessen. Auf 10 kg ungelöschten Kalk bezogen muss das Volumen (= Ergiebigkeit) mindestens 26 dm^3 betragen.

4.4.4.7 Reaktionsfähigkeit

Die Reaktion von Branntkalk mit Wasser verläuft exotherm und je nach Brennbedingungen und MgO-Gehalt des Kalks unterschiedlich schnell (MgO reagiert langsam, ebenso bei erhöhten Temperaturen gebrannter Kalk). Die Reaktionsfähigkeit wird aus der Temperaturerhöhung und der Reaktionsdauer beim Löschen von gemahlenem Branntkalk ermittelt, wenn das Löschen in einem Dewar-Gefäß (Doppelglasgefäß mit evakuiertem Zwischenraum, ähnlich Thermosflasche) mit Rührwerk erfolgt.

4.4.4.8 Prüfungen an Normmörtel

Zur Herstellung des Normmörtels werden Kalk und Normsand im Volumenverhältnis 1:3 mit so viel Wasser gemischt, dass auf dem Ausbreittisch ein Ausbreitmaß von 185 ± 3 mm entsteht. Normsand und Mischer wie bei der Zementprüfung, siehe Abb. 4.9.

a) Ausbreitmaß

Die Bestimmung des Ausbreitmaßes erfolgt mit einem Ausbreittisch. Bei diesem befindet sich eine runde Tischplatte (Ø 30 cm) über einer Hubachse, durch die sie 10 mm gehoben und abgesenkt werden kann. Um das Ausbreitmaß zu bestimmen, wird Normmörtel in einen auf die Tischplatte gestellten Setztrichter mit etwa 0,35 dm³ Einfüllvolumen gefüllt und leicht verdichtet. Nach Abziehen des Setztrichters wird die Tischplatte durch 15 Hubstöße gehoben und abgesenkt, wodurch sich der Mörtel ausbreitet. Der Durchmesser des sich danach gebildeten Mörtelkuchens wird in zwei zueinander senkrechten Richtungen gemessen, der Mittelwert ist das Ausbreitmaß.

b) Wasseranspruch

Als Wasseranspruch ist die Wassermenge in g definiert, die für Normmörtel benötigt wird, wenn zu seiner Herstellung ein Beutel Normsand (= 1350 g) verwendet wird.

c) Eindringmaß

Mit dem Eindringmaß wird die Steife oder Plastizität des Normmörtels gekennzeichnet. Hierzu wird angegeben, wie tief ein 90 g schwerer Eindringkörper in den etwa 352 cm³ fassenden, 70 mm hohen Mörtelbehälter eines Steifemessgeräts eindringt. Dieses Eindringmaß soll für alle Kalke zwischen 10 und 50 mm liegen.

Im Prinzip ist das Steifemessgerät mit dem Vicat-Gerät vergleichbar, bei dem mit dem Tauchstab die Normsteife von Zementleim ermittelt wird (siehe Abb. 4.7).

d) Wasserrückhaltevermögen

Da alle Kalkmörtel Wasser für die Erhärtungsreaktionen benötigen, muss einem zu schnellen Wasserentzug (z.B. durch Ziegel, Luft) entgegengewirkt werden. Dies wird durch das Wasserrückhaltevermögen beurteilt. Dazu wird der Wasseranteil in % ermittelt, der einer festgelegten Normmörtelprobe nach Mischen und Probenherstellung innerhalb von 5 Min. durch eine Filterplatte mit Faservlies abgesaugt wird. Als Wasserrückhaltevermögen wird die Differenz aus Wassergehalt im Ausgangsnormmörtel und Wasserverlust nach Versuchsende in Prozent angegeben. Die Werte sollen zwischen 65 % und 85 % liegen.

e) Luftgehalt

Der Luftgehalt von Normmörtel wird wie bei Beton durch das Druckausgleichsverfahren bestimmt, siehe Abschnitt 6.12.2, nur wird bei Mörtel ein lediglich 1 dm³ oder 0,75 dm³ fassendes Prüfgerät verwendet. Der Luftgehalt soll bei Luftkalkmörteln kleiner 12 Vol.-%, bei hydraulischen Kalken kleiner 20 Vol.-% betragen. Detaillierte Beschreibung der Prüfungen in [5].

4.4.5 Löschen von Kalk

Branntkalk wird heute werkseitig mit Wasserdampf in Löschtrommeln „trocken gelöscht". Gelöschter Kalk hat eine starke Ätzwirkung (ist starke Base), besonders Augen und Schleimhäute sind vor Kontakt mit Kalkspritzern zu schützen. Nasslöschen erfolgt heute nur ausnahmsweise für Kalk zum Putzen oder zum Weißen. Früher gehörte das Nasslöschen und Einsumpfen zu den ersten Arbeiten auf der Baustelle.

4 Anorganische Bindemittel

Frisch gelöschter Kalk darf nie sofort verarbeitet werden, weil er ungelöschte Teilchen enthalten kann, die durch Nachlöschen sprengend wirken. Vom Lieferwerk vorgeschriebene Einsumpfdauer beachten.

4.4.6 Anwendung von Baukalk

Baukalke werden als Bindemittel für **Mauermörtel** (siehe Abschnitt 7.2) und **Putzmörtel** (siehe Abschnitt 7.3) sowie zum Weißen und für Kalkfarbanstriche (siehe Abschnitt 11.5.2) verwendet, Feinkalk auch zur Herstellung von **Kalksandsteinen**.
Außerdem wird Kalk im Grund- und Straßenbau zur **Bodenverfestigung** und **-stabilisierung** eingesetzt [4.13]. Feinkalk und Kalkhydrat werden feinkörnigen Böden (Tone, Schluffe, bindige Sande) untergemischt. Erreicht werden dabei: Reduktion des Wassergehalts im Boden, Verbesserung der Konsistenz (Erhöhung von Fließ-, Ausroll- und Schrumpfgrenze), Koagulation feinster Teilchen zu wasserbeständigeren Konglomeraten, bessere Verdichtbarkeit, Zunahme der Festigkeit und der Stabilität gegenüber Wasser und Frost. Die Stabilisierung erfolgt durch ein verändertes Verhalten der Tonmineralien (durch Ionenaustausch mit den zugeführten Ca-Ionen), durch nachfolgende Karbonaterhärtung und bei Vorhandensein bestimmter Tonminerale oder reaktionsfähiger Kieselsäure auch durch hydraulische Verfestigung (siehe Abschnitt 4.5).
Hydraulische Kalke eignen sich besonders für gemischtkörnige Böden und bewirken hier vorwiegend eine hydraulische Verfestigung.
Bei Tragschichten werden zwischen 3 und 7 %, sonst zur Verbesserung des Untergrunds 1 bis 3 %, jeweils bezogen auf das Gewicht des trockenen Bodens, lagenweise untergemischt. Im Straßenbau wird für hydraulisch gebundene Tragschichten auch hydrophobierter hydraulischer Kalk verwendet. Eigenschaften ähnlich dem hydrophobierten Zement (siehe Pectacrete Abschnitt 4.6.14.2).
Feingemahlenes *Kalksteinmehl* wird auch als **Betonzusatzstoff** verwendet, wodurch einzelne Eigenschaften des Betons verbessert werden können, z.B. die Frühfestigkeit, der Kornaufbau, das Wasserrückhaltevermögen, siehe auch Abschnitt 6.4.12. Kalksteinmehl wird deshalb auch als Bestandteil bestimmter Zemente eingesetzt.

Kostenlose Beratung über Baukalkverarbeitung und -verwendung durch Bundesverband der Deutschen Kalkindustrie e. V., Annastr. 67–71, 50 968 Köln.

4.5 Latent-hydraulische Stoffe und Puzzolane

4.5.1 Allgemeines

Latent-hydraulische Stoffe und Puzzolane sind Stoffe, die allein mit Wasser keine Bindemittel ergeben, die aber hydraulisch erhärten, wenn ihnen Kalizumhydroxid $Ca(OH)_2$ oder in ähnlicher Weise wirkende Stoffe zugesetzt werden.
Dabei bestehen **latent-**(verborgen)**hydraulische Stoffe** aus an sich hydraulisch erhärtenden Bestandteilen, doch muss die Reaktion mit Wasser und die damit verbundene Erhärtung erst durch eine zweite Komponente *ausgelöst* werden. Als solche, die Hydratation anregenden Komponenten kommen vor allem Kalk, Zement oder auch Sulfate (Gips) in Betracht.
Puzzolane haben kein „schlummerndes" Erhärtungsvermögen. Stattdessen haben sie die Fähigkeit, mit Kalkhydrat in Reaktion zu treten und dabei hydraulische Erhärtungsprodukte zu bilden. Die Reaktionsfähigkeit der Puzzolane beruht wesentlich auf dem Vorhandensein von reaktionsfähiger Kieselsäure (SiO_2 in energiereichem, glasartigem Zustand). Diese reagiert

4.5 Latent-hydraulische Stoffe und Puzzolane

mit dem vom Kalk oder Zement stammenden $Ca(OH)_2$ des Mörtels zu wasserunlöslichem Calciumsilicathydrat (zementartige Verbindung).

Puzzolane hydratisieren langsamer als latent-hydraulische Stoffe.

Da latent-hydraulische Stoffe und Puzzolane *keine selbstständigen* Bindemittel sind, gelten sie als Zusatzstoffe, die dem Zuschlag zuzurechnen sind. Auf einen vorgeschriebenen Bindemittelgehalt dürfen sie nur angerechnet werden, wenn dies durch eine allgemeine bauaufsichtliche Zulassung, Richtlinie oder ähnliche Bestimmung geregelt ist.

4.5.2 Latent-hydraulische Stoffe, Hochofenschlacke

Unter den latent-hydraulischen Stoffen hat nur Hochofenschlacke geeigneter Zusammensetzung (45 bis 55 % CaO; 28 bis 40 % SiO_2; 10 bis 23 % Al_2O_3) Bedeutung. Hochofenschlacke ist ein latent-hydraulischer Stoff, wenn sie mit Wasser- oder Luftstrahl schnell gekühlt wird und dabei glasig erstarrt = **Hüttensand**. Feingemahlen ist dieser mit Wasser und Anreger reaktionsfähig. Langsam gekühlte, kristallisierte Hochofenschlacke (Stückschlacke) ist nicht reaktionsfähig.

Während die hydraulische Wirkung der sauren (SiO_2-reichen) Hochofenschlacke lediglich auf der Anreicherung mit verbindungsfähigem SiO_2 beruht, ist die CaO-reichere basische Hochofenschlacke reaktionsfreudiger. Wird geeignetem, feingemahlenem Hüttensand lediglich Wasser zugegeben, so erfolgt die Bildung hydraulischer Erhärtungsprodukte (Calciumsilicathydrate) so langsam, dass dieser bautechnisch nicht nutzbar ist. Durch Anreger kann die Reaktion aber so beschleunigt werden, dass der Hüttensand zementartig erhärtet. Als **Anreger** kommen in Betracht: Kalk bzw. $Ca(OH)_2$-abspaltender Portlandzement (basische Anregung) oder Gips (sulfatische Anregung). Die Anreger verhindern, dass die Reaktion des Hüttensands mit Wasser durch Bildung wasserundurchlässiger Gelhäutchen um die Hüttensandteilchen zum Stillstand kommt. Gemische aus Hüttensand und Portlandzement ergeben Hochofenzement und Portlandhüttenzement (siehe Abschnitt 4.6.3). Gemische aus Hüttensand, Trass und Portlandzement ergeben Trasshochofenzement (Kompositzement), Gemische aus Hüttensand und Kalken ergeben hydraulischen Kalk.

Bis vor mehreren Jahren wurde feingemahlener Hüttensand (mit geringen Mengen Anreger) als Zusatzstoff für die Betonherstellung geliefert. Handelsnamen: Thurament, Lahyment. Thurament und Lahyment wurden im Gemisch mit Portlandzement (meist 50:50) vorwiegend für massige Bauteile verwendet (geringe Hydratationswärme).

4.5.3 Natürliche Puzzolane, Trass

Bestimmte vulkanische Tuffe und Gesteinsgläser enthalten reaktionsfähige Kieselsäure. Dazu gehören:

a) **Puzzolan- und Santorinerde**, schon im Altertum bekannte vulkanische Tuffe von Pozzuoli bei Neapel in Italien bzw. von der griechischen Insel Santorin.

b) **Trass,** DIN 51 043. Gemahlener vulkanischer Tuff, etwa dem Trachyt entsprechend. Fundorte mit Abbau in Deutschland: Eifel, besonders am Laacher See, und im Neuwieder Becken = rheinischer Trass, daneben im Ries bei Nördlingen = Suevit-Trass (von Sueven = Schwaben) oder bayerischer Trass.

Zusammensetzung etwa: SiO_2 50 bis 67 Masse-%, Al_2O_3 14 bis 20 Masse-%, Fe_2O_3 2 bis 5 Masse-%, $CaO + MgO$ weniger als 10 Masse-%, $Na_2O + K_2O$ 3 bis 8 Masse-%, chemisch und physikalisch gebundenes Wasser etwa 7 Masse-% und CO_2 etwa 3 bis 6 Masse-%.

4 Anorganische Bindemittel

Die Bestandteile liegen teilweise in glasigem Zustand, teilweise in feinkristallinen Verbindungen vor.

Trass als hydraulischer Zusatzstoff muss bei der Normprüfung eine Mindest**druckfestigkeit** nach 28 Tagen von 5 N/mm² erreichen. Die Prüfung erfolgt analog zur Zementprüfung an Prismen von 4 cm × 4 cm × 16 cm (siehe Abschnitt 4.6.13.4), die aus 720 g Trass, 180 g Kalkhydrat (mindestens 95 Masse-% Ca(OH)$_2$), 1350 g Normsand und 405 g Wasser hergestellt werden. Mit rheinischem Trass werden höhere Festigkeiten erreicht als mit bayerischem Trass. Der Trass muss außerdem so fein gemahlen sein, dass seine spezifische Oberfläche nach *Blaine* (siehe Abschnitt 4.6.13.1) mindestens 5000 cm²/g beträgt. Meist liegt sie zwischen 6000 und 10 000 cm²/g. Die **Dichte** von rheinischem Trass beträgt etwa 2,50 g/cm³, die von Suevit-Trass 2,60 g/cm³.

Verwendung: Trass wird **Beton** zugesetzt, um diesen dichter und widerstandsfähiger gegen chemische Angriffe zu machen (Bindung des Kalküberschusses, siehe Abschnitt 6.4.12). Gleichzeitig gibt Trass dem Beton infolge Steigerung der Zugfestigkeit eine gewisse Elastizität, die namentlich bei großen Betonmassen Setzrissen entgegenwirkt. Trass *verlangsamt* aber das *Erhärten* des Betons (lange nass halten!). Daher nicht für früh zu belastende Bauteile und nicht bei Frost verarbeiten. Diese Verzögerung hat ferner eine *Herabsetzung der Wärmeabgabe* und damit eine *Minderung der Schwindrissneigung* zur Folge. Auch deswegen ist Trassbeton besonders geeignet für Massenbeton. Trasszusatz bei aggressiven Wässern siehe Abschnitt 6.10.4. **Trasskalk** siehe Abschnitt 4.4.2; **Portlandpuzzolanzement** siehe Abschnitt 4.6.4. **Trasshaltige Mörtel** mindern die Ausblühgefahr, da sie einmal Kalk unlöslich binden, zum anderen durch vermehrte Gelbildung die für das Auftreten von Ausblühungen notwendige Wasserwanderung im Mörtel deutlich behindern (siehe Abschnitt 7.2.5).

Folgende **Mischungsverhältnisse** haben sich bei der Verwendung von Trass bewährt:

	Gewichtsteile in %
Trass : Kalkhydratpulver	60 : 40
Trass : Hydraulischer Kalk	40 : 60
Trass : Portlandzement	30 : 70 oder 40 : 60
Trass : Kalkhydratpulver : Zement	55 : 10 : 35 oder 45 : 10 : 45

4.5.4 Künstliche Puzzolane

4.5.4.1 Steinkohlenflugasche, Kurzzeichen SFA (Flugasche, allgemein: FA)

Normen

DIN EN 450-1	(10.12)	Flugasche für Beton; Definition, Anforderungen und Konformitätskriterien
-2	(05.05)	Flugasche für Beton; Konformitätsbewertung
DIN EN 451-1	(04.05)	Prüfverfahren für Flugasche; Bestimmung des freien Calciumoxidgehalts
-2	(01.95)	Prüfverfahren für Flugasche; Bestimmung der Feinheit durch Nasssiebung

DAfStb-Richtlinie: Verwendung von Flugasche nach DIN EN 450 im Betonbau.

a) Als Betonzusatzstoff häufig nur **Füller** genannt (andere Füller wie z.B. Kalksteinmehl sind nicht puzzolanartig). Steinkohlenflugaschen sind nichtbrennbare Bestandteile der Steinkohle (taubes Gestein, Hauptbestandteile SiO_2 – etwa 50 % – und Al_2O_3 – etwa 30 % –, daneben Fe_2O_3, CaO, MgO u.a.), die in den Feuerungen von Kraftwerken zunächst hocherhitzt werden und dann als schnell gekühlte, überwiegend glasig erstarrte Gesteinsschmelze am (Elektro-)Filter abgezogen werden. Die Puzzolan-Eigenschaften der Steinkohlenflugaschen sind von der Temperatur in den Kraftwerksfeuerungen abhängig: je höher die Temperatur,

4.5 Latent-hydraulische Stoffe und Puzzolane

umso ausgeprägter sind die Puzzolaneigenschaften. Bei niedrigen Feuerungstemperaturen (1000 bis 1100 °C) wirken die Aschen nicht als Puzzolane. Die als puzzolanischer Betonzusatzstoff verwendeten Steinkohlenflugaschen stammen aus Hochtemperaturfeuerungen (Schmelzkammerkesseln, Temp. ca. 1600 °C, mit flüssiger Schlacke) oder heute zu über 90 % aus Trockenfeuerungsanlagen (Temp. bis 1300 °C, mit trocken entaschten Kesseln ohne Schmelzschlacke) und reagieren ähnlich wie Trass mit dem $Ca(OH)_2$, das vom Portlandzement bei der Hydratation abgespalten wird, zu Calciumsilicathydrat.
Steinkohlenflugasche aus Schmelzkammerfeuerungen hat vorwiegend Kugelform, dadurch eine geringe spezifische Oberfläche, und ist sehr fein. Steinkohlenflugasche aus Trockenfeuerungsanlagen weicht mehr von der Kugelgestalt ab, hat einen geringeren Glasanteil und ist nicht ganz so fein. Für die Reaktivität der Steinkohlenflugaschen ist die Feinheit wesentlich, weshalb die puzzolanische Wirkung bei Schmelzkammerflugaschen größer ist als bei Steinkohlenflugaschen aus Trockenfeuerungsanlagen.

b) Zur **Verwendung als Betonzusatzstoff** kommt die Flugasche für Beton, Stahlbeton und Spannbeton, für Bohrpfähle und für Ortbetonschlitzwände. Die Anrechnung eines Zusatzes von Steinkohlenflugasche auf den Zementgehalt ist durch Normen und DAfStb-Richtlinien geregelt.
Danach darf der Mindestzementgehalt bei Beton je nach Verwendungszweck verringert werden, wenn
1. Portlandzement, Portlandhüttenzement, Portlandölschieferzement, Portlandkalksteinzement oder Hochofenzement mit weniger als 70 % Hüttensand verwendet wird (siehe Abschnitt 4.6),
2. der Beton nach Eignungsprüfung hergestellt wird.

Dabei wird anstelle des Wasserzementwerts w/z der äquivalente Wasserzementwert

$$\frac{w}{z+k_f \cdot f} = \frac{w}{z+0,4 \cdot f}$$ (k_f = 0,4 Anrechenbarkeitskennwert für Flugasche)

angegeben, wobei der Steinkohlenflugaschegehalt f höchstens mit $0,33 \cdot z$ eingesetzt werden darf. Der auf einen vorgeschriebenen Mindestzementgehalt z anzurechnende Flugascheanteil f darf in der Regel höchstens $0,33 \cdot z$ betragen.
Die **Nachbehandlungszeit** ist entsprechend der „Richtlinie für die Nachbehandlung von Beton" einzuhalten.
Bei Transportbeton ist im Sortenverzeichnis eine entsprechende Angabe zu machen; in den Lieferschein ist ein Hinweis auf die verlängerte Nachbehandlungszeit aufzunehmen.
Bei **Unterwasserbeton**, der keiner Frosteinwirkung und keinem chemischen Angriff ausgesetzt ist, darf der vorgeschriebene Mindestzementgehalt von mindestens 350 kg/m³ zu maximal 33 Masse-% gegen Steinkohlenflugasche ausgetauscht werden.
Ebenso kann bei **Bohrpfahlbeton** der Zementgehalt verringert werden, wenn die Differenzmenge durch Steinkohlenflugasche ersetzt wird. Bei Unterwasser- und Bohrpfahlbeton darf Zement gegen Steinkohlenflugasche nur ausgetauscht werden, wenn die schon zuvor genannten Zemente verwendet werden. In diesem Fall kann für die beiden Betone mit einem k-Wert von 0,7 (statt 0,4) gerechnet werden.
Bei **Beton mit hohem Widerstand gegen Frost-Tausalz-Beanspruchung** (Expositionsklassen XF2 und XF4) darf ein Steinkohlenflugaschegehalt auf den Wasserzementwert *nicht* angerechnet werden (k = 0), ebenso nicht auf den Mindestzementgehalt.

4 Anorganische Bindemittel

c) Allgemeine Eigenschaften und Wirkung bei Zugabe zu Beton: Farbe zementgrau, Reindichte etwa 2,3 kg/dm³, Schüttdichte 1 kg/dm³, Kornaufbau: etwa 40 % feiner als 10 µm (feiner als Zement), kugelförmige Partikel, mischbar mit allen Normenzementen und Kalk, Lieferung in grauen 50-kg-Säcken mit blauer Schrift oder lose (Silo).

Anforderungen nach DIN EN 450: Glühverlust ≤ 5 Masse-% (Ausnahmen bis 7 % möglich); SO_3 ≤ 3 Masse-%; Cl ≤ 0,1 Masse-%; CaO frei ≤ 1,0 Masse-%, bei Gehalt zwischen 1,0 % und 2,5 Masse-% Raumbeständigkeitsprüfung nach *Le Chatelier* notwendig, siehe Abschnitt 4.6.13.3; Festigkeit von Mörtelprismen bei Austausch von 25 % Zement durch Steinkohlenflugasche: ≥ 75 % der Festigkeit flugaschefreier Zementmörtelprismen nach 28 Tagen und ≥ 85 % nach 90 Tagen.

Erstarrungsbeginn bei Beton wird meist geringfügig verzögert. Verarbeitbarkeit von Beton wird verbessert: das Pumpen wird erleichtert, wirkt Entmischungen entgegen, ist gut zu verdichten und verringert etwas den Wasseranspruch; durch Kalkbindung und zusätzliche Gelbildung Ausblühungsneigung geringer, Wasserdichtheit verbessert und Schwinden etwas niedriger. Werden bei Beton Zementanteile durch Steinkohlenflugasche ersetzt, so verringert sich die Hydratationswärme im Beton (Wärmeentwicklung durch Steinkohlenflugasche nur etwa 1/10 der Zement-Hydratationswärme, besonders günstig bei Massenbeton), zugleich wird die Sulfatbeständigkeit verbessert. Je nach Anteil des Füllers bei Austausch gegen Zement wird die Frühfestigkeit des Betons etwas herabgesetzt, die Langzeitfestigkeit etwas erhöht. Durch die Einfügung der vorwiegend kugeligen Flugascheteilchen mit Durchmessern zwischen 0,001 und 0,2 mm wird der Kornaufbau von Feinstsand und Zement optimal ergänzt. Dadurch und zusammen mit der puzzolanischen Wirkung wird die Dichtigkeit von Beton gegen chemische Angriffe deutlich erhöht. So wird die chloridinduzierte Stahlkorrosion im Beton herabgesetzt und der Widerstand von Beton gegen Sulfatangriff erhöht. Bei SO_4-Gehalten von angreifenden Wässern bis 1500 mg/l kann auf die Verwendung von HS-Zementen (siehe Abschnitt 4.6.9.4) verzichtet werden, wenn bestimmte Zement-Flugasche-Kombinationen eingehalten werden.

Die durch Steinkohlenflugasche verbesserten rheologischen Eigenschaften (Fließverhalten) werden besonders bei *Selbstverdichtendem Beton* ausgenutzt.

Die Wirksamkeit der Steinkohlenflugasche ist bei Beton mit niedrigem *w/z*-Wert größer als bei wasserreicherem Beton. Die puzzolanische Reaktivität wird mit zunehmendem Betonalter immer deutlicher. Bei Hochofenzementen mit hohem Hüttensandgehalt ist die puzzolanische Wirkung weniger ausgeprägt.

Übliche Zusatzmengen bei Beton: 40 bis 80 kg/m³, bei Hochleistungsbeton sowie bei Werkfrischmörtel oft noch mehr.

Sofern *Braunkohlenflugasche* (kurz: **BFA**) die Anforderungen der DIN EN 450 erfüllt oder ihre Eignung anderweitig nachgewiesen ist, kann auch sie als Betonzusatzstoff verwendet werden. Auskünfte und Informationen durch Bundesverband Kraftwerksnebenprodukte e. V., Niederkasseler Kirchweg 98, 40547 Düsseldorf.

4.5.4.2 Silikastaub, Kurzzeichen SF (Silica-Fume)/Silikasuspension

Normen

DIN EN 13 263-1	(07.09)	Silikastaub für Beton – Definitionen, Anforderungen und Konformitätskriterien
DIN EN 13 263-2	(07.09)	Silikastaub für Beton – Konformitätsbewertung

4.5 Latent-hydraulische Stoffe und Puzzolane

Reaktionsfähige, SiO_2-haltige Stäube, die bei der Herstellung von Aluminium, Silizium, Ferrosilizium und anderen Metallen oder Legierungsgrundstoffen bei hohen Temperaturen entstehen und in Staubfiltern abgeschieden werden.

Hierzu gehört die **Microsilica** (Fa. Elkem, Prüfzeichen als Betonzusatzstoff ist erteilt). Sie besteht zu 85 bis 97 % aus amorphem SiO_2 – Rest Al_2O_3, Fe_2O_3, CaO, MgO, K_2O, Na_2O, SO_3, C –, mittlere Teilchengröße bei 0,10 bis 0,15 µm, d.h. 50- bis 100-mal feiner als Zement, Dichte 2,16 g/cm^3, wird in Pulverform oder als Suspension mit 50 % Feststoffanteil geliefert. In Pulverform gleichmäßige Verteilung im Beton auf Baustelle schwierig, daher Zusatz meist als Suspension. Als Pulver für Trockenmörtel und Trockenbeton. Zusatzmengen vorwiegend zwischen 6 und 12 % Feststoff-Microsilica, bezogen auf das Zementgewicht, Suspensionswasser ($\approx$ 50 % der Suspension) ist beim *w/z*-Wert zu berücksichtigen. Wirkung bei Zusatz zu Beton ähnlich wie die von Trass und Steinkohlenflugasche, nur ausgeprägter, da Microsilica fast nur aus reaktionsfähiger Substanz besteht.

Silika-Produkte sind allgemein relativ teuer, daher **Anwendung** nur, wo die Vorteile besonders ausgeprägt sind, z.B. bei **Spritzbeton**. Hier weniger Rückprall, weniger Staub, bessere Haftung, dickerer Auftrag möglich, günstigere mechanische Eigenschaften.

Ein weiteres Einsatzgebiet ist der **hochfeste Beton**. Solche „hochfesten Betone" werden überwiegend unter Zusatz von Silika hergestellt. Neben der puzzolanischen Reaktion SiO_2 + $Ca(OH)_2$ = Calciumsilicathydrat, bewirkt Silika eine wesentliche Verringerung des Porenvolumens (Füllereffekt) sowie eine Verbesserung der Mikrostruktur in der Kontaktzone Zement/Zuschlag mit verbessertem Verbund zwischen Zuschlag und Zementstein. Mit Silika wurde in Deutschland B 90 (Schadow-Arkaden, Düsseldorf) mit 10,5 % Silika bei 430 kg CEM I/m^3, in den USA B 140 (Two Union Square) mit 7 % Silika bei 560 kg CEM I/m^3 hergestellt.

Da Silikazusatz im Frischbeton versteifend wirkt (erhöhte Klebrigkeit), werden zur besseren Verarbeitbarkeit Betonverflüssiger zugegeben. Silikahaltige Mörtel oder Betone zeigen eine erhöhte Resistenz gegen Sulfate, haben eine hohe Dichtigkeit, auch gegenüber dem Eindringen von Chloriden, und eine verbesserte Frostbeständigkeit. Bei Stahlbeton ist der Zusatz auf 11% Silikastaub begrenzt (da das für den Korrosionsschutz wichtige $Ca(OH)_2$ gebunden wird).

Hinsichtlich der **Anrechnung** von Silika (Feststoffanteil) auf einen vorgeschriebenen Mindestzementgehalt und auf den Wasserzementwert gilt Ähnliches wie bei Flugasche. Bei Zementen, die Silikastaub als Hauptbestandteil enthalten, darf Silika nicht als Zusatzstoff verwendet werden.

Ein anderes, vergleichbares Puzzolan ist **Nanosilica**, synthetisch hergestellte, vollständig amorphe Kieselsäure (Fällungskieselsäure SiO_2), mittlere Teilchengrößen etwa 0,015 µm, sehr reaktiv. Farbe: weiß-hellgrau; Wirkungen im Beton wie vorstehend beschrieben.

4.5.4.3 Sonstige Puzzolane
a) Metakaolin
Amorpher Metakaolin (s. Abschnitt 1.4.5) hat ähnlich wie Silika hohe puzzolanische Reaktivität. Er besteht zu etwa 54 Masse-% aus SiO_2 und zu etwa 41 Masse-% aus Al_2O_3; Farbe weiß. Er reagiert mit dem $Ca(OH)_2$ der Zemente relativ schnell, neigt zur Agglomeration, weshalb bei der Verarbeitung in der Regel Betonverflüssiger (Fließmittel) eingesetzt werden. Im Beton wird u.a. die Frühfestigkeit erhöht, der Sulfatwiderstand und der Widerstand gegen das Eindringen von Chloriden werden verbessert.

4 Anorganische Bindemittel

b) Getemperte Gesteinsmehle, Kurzzeichen GG

Gebrannte, silikatische Gesteinsmehle können puzzolanische Eigenschaften haben. Beispiele: getemperter Phonolith und getempertes Lavamehl. Auch **Ziegelmehl** kann hierzu gezählt werden. Die Wirkung beruht im feingemahlenen Zustand auf beim Brennen gebildetes reaktionsfähiges SiO_2.

c) Ähnliche Wirkung wie freie Kieselsäure übt **Eiweiß**, z.B. Milcheiweiß (Kasein), aus, indem es Kalk zu wasserfestem Kalkeiweiß (Kalkalbuminat) bindet. Mit Magermilch bzw. Molke angemachter Kalkmörtel wird daher ebenfalls wasserbeständig. Für Putz auf feuchten Wänden, Kalkaußenputz auf Lehmwänden usw. vergleiche auch Wasserfestigkeit von Kaseinfarben (Abschnitt 11.5.6) und Kaseinleim (Abschnitt 15.1.2).

Im Mittelalter oft angewandt. Noch heute heißt z.B. die Bramburg bei Hannoversch Münden die „Käseburg", weil sie angeblich mit Käsequark gemauert sei; entsprechend der „Buttermilchturm" der Marienburg/Ostpreußen. Auch Blut (Bluteiweiß) und Eier wurden zugesetzt (Eierschalen in mittelalterlichen Mörteln!). Blutzusatz verwendeten schon die Römer (z.B. beim Hadrianswall in England, vgl. [4.5]).

4.5.4.4 Reaktionsschema

Vereinfacht sind die Reaktionen der latent-hydraulischen und puzzolanischen Stoffe zusammen mit der Reaktion des Zements mit Wasser in der nachfolgenden Übersicht zusammengestellt.

Tafel 4.8 Vereinfachtes Reaktionsschema hydraulischer Bindemittel-Komponenten

Klassifizierung	Baustoffart	für Reaktion notwendig	Reaktionsprodukt
hydraulisch	Zement	Wasser	CSH-Minerale und $Ca(OH)_2$
	C, S		
latent-hydraulisch	Hüttensand	Wasser und $Ca(OH)_2$ als Anreger	CSH-Minerale
	C, S		
puzzolanisch	Trass Steinkohlenflugasche Silicastaub	Wasser und $Ca(OH)_2$ als Reaktionspartner	CSH-Minerale
	S		

C = Calciumkomponente   S = Silikatische Komponente; amorphe Kieselsäure   CSH = Calciumsilicathydrat

Portlandzement setzt bei vollständiger Reaktion mit Wasser etwa 25 Masse-% $Ca(OH)_2$ frei, bezogen auf das Zementgewicht. Da bei Stahlbeton etwa 3 Masse-% $Ca(OH)_2$ zum Korrosionsschutz erhalten bleiben müssen, steht nur der Rest den Puzzolanen als Reaktionspartner zur Verfügung. Das bedeutet, dass etwa 55 bis 60 Masse-% Flugasche oder etwa 22 Masse-% Silicastaub, jeweils bezogen auf das Zementgewicht, von vollständig hydratisiertem Portlandzement puzzolanisch gebunden werden können. Bei anderen Zementen, die weniger $Ca(OH)_2$ abspalten als Portlandzement, ist das Bindevermögen entsprechend geringer.

4.6 Zemente

Normen

DIN 1164-10   (03.13)   Zement mit besonderen Eigenschaften; Zusammensetzung, Anforderungen und Übereinstimmungsnachweis von Zement mit niedrigem wirksamen Alkaligehalt

DIN 1164-11   (11.03)   Zement mit besonderen Eigenschaften; Zusammensetzung, Anforderungen und Übereinstimmungsnachweis von Zement mit verkürztem Erstarren

4.6 Zemente

DIN 1164-12	(06.05)	Zement mit besonderen Eigenschaften; Zusammensetzung, Anforderungen und Übereinstimmungsnachweis von Zement mit einem erhöhten Anteil an orgnischen Bestandteilen
DIN EN 196		Prüfverfahren für Zement
-1	(05.05)	Bestimmung der Festigkeit
-2	(10.13)	Chemische Analyse von Zement
-3	(02.09)	Bestimmung der Erstarrungszeiten und der Raumbeständigkeit
-5	(06.11)	Prüfung der Puzzolanität von Puzzolanzementen
-6	(05.10)	Bestimmung der Mahlfeinheit
-7	(02.08)	Verfahren für die Probenahme und Probenauswahl von Zement
-8	(07.10)	Hydratationswärme – Lösungsverfahren
-9	(07.10)	Hydratationswärme – Teiladiabatisches Verfahren
-10	(10.06)	Bestimmung des Gehaltes an wasserlöslichem Chrom in Zement
DIN EN 197		Zement
-1	(11.11)	Zusammensetzung, Anforderungen und Konformitätskriterien von Normalzement
-2	(05.14)	Konformitätsbewertung
DIN EN 14 216	(09.15)	Zement – Zusammensetzung, Anforderungen und Konformitätskriterien von Sonderzement mit sehr niedriger Hydratationswärme
DIN EN 15 743	(06.15)	Sulfathüttenzement – Zusammensetzung, Anforderungen und Konformitätskriterien

4.6.1 Allgemeines und Übersicht über die Zemente

Zemente erstarren und erhärten sowohl an der Luft als auch (ohne vorherige Luftlagerung!) unter Wasser. Sie sind daher durchweg „hydraulische Bindemittel". Zemente haben eine höhere Festigkeit als hydraulisch erhärtende Kalke (siehe Abschnitt 4.4.2) und die ebenfalls hydraulisch erhärtenden Putz- und Mauerbinder (siehe Abschnitt 4.7).

Die Zemente bestehen hauptsächlich aus Calciumsilicaten und Calciumaluminaten, die, feingemahlen, mit Wasser reagieren und dabei entsprechende Hydrate bilden, die die hohe Festigkeit des erhärtenden Zements bewirken. Diese Erhärtungsprodukte sind wasserbeständig. Je nach Art des Zements sind Rohstoffe, Herstellung, Zusammensetzung und Eigenschaften der Zemente verschieden. Die wichtigsten Zemente sind genormt: Portlandzement (seit 1878 genormt), Eisenportlandzement – neue Bezeichnung Portlandhüttenzement – (seit 1909), Hochofenzement (seit 1917), Trasszement – neue Bezeichnung Portlandpuzzolanzement – (seit 1941) und Portlandölschieferzement (seit 1989). Die bisher für Zement gültige nationale Norm DIN 1164 ist für die normalen Zemente von der europäischen Norm DIN EN 197 abgelöst worden. In DIN 1164 werden nur noch Zemente mit besonderen Eigenschaften behandelt. Daneben gibt es noch Spezialzemente, für die diese Normen nicht gelten. Die Normalzemente unterscheiden sich durch Art und Anteil der **Hauptbestandteile**. Hauptbestandteile sind (Kurzzeichen in Klammern):

1. Portlandzementklinker (K)
2. Hüttensand (S)
3. Silicastaub (D)
4. Puzzolane (P und Q)
5. Flugasche (V und W)
6. Gebrannter Schiefer (T)
7. Kalkstein (L und LL).

4 Anorganische Bindemittel

Tafel 4.9 Normalzemente nach DIN EN 197

Hauptzementarten	Bezeichnung der 27 Produkte (Normalzementarten)		Zusammensetzung: (Massenanteile in Prozent)[a]											
			Hauptbestandteile											Nebenbestandteile
			Portlandzementklinker	Hüttensand	Silicastaub	Puzzolane		Flugasche		Gebrannter Schiefer	Kalkstein		
						natürlich	natürlich getempert	kieselsäurereich	kalkreich				
			K	S	D[b]	P	Q	V	W	T	L[c]	LL[c]	
CEM I	Portlandzement	CEM I	95–100	–	–	–	–	–	–	–	–	–	0–5
CEM II	Portlandhüttenzement	CEM II/A-S	80–94	6–20	–	–	–	–	–	–	–	–	0–5
		CEM II/B-S	65–79	21–35	–	–	–	–	–	–	–	–	0–5
	Portlandsilicastaubzement	CEM II/A-D	90–94	–	6–10	–	–	–	–	–	–	–	0–5
	Portlandpuzzolanzement	CEM II/A-P	80–94	–	–	6–20	–	–	–	–	–	–	0–5
		CEM II/B-P	65–79	–	–	21–35	–	–	–	–	–	–	0–5
		CEM II/A-Q	80–94	–	–	–	6–20	–	–	–	–	–	0–5
		CEM II/B-Q	65–79	–	–	–	21–35	–	–	–	–	–	0–5
	Portlandflugaschezement	CEM II/A-V	80–94	–	–	–	–	6–20	–	–	–	–	0–5
		CEM II/B-V	65–79	–	–	–	–	21–35	–	–	–	–	0–5
		CEM II/A-W	80–94	–	–	–	–	–	6–20	–	–	–	0–5
		CEM II/B-W	65–79	–	–	–	–	–	21–35	–	–	–	0–5
	Portlandschieferzement	CEM II/A-T	80–94	–	–	–	–	–	–	6–20	–	–	0–5
		CEM II/B-T	65–79	–	–	–	–	–	–	21–35	–	–	0–5
	Portlandkalksteinzement	CEM II/A-L	80–94	–	–	–	–	–	–	–	6–20	–	0–5
		CEM II/B-L	65–79	–	–	–	–	–	–	–	21–35	–	0–5
		CEM II/A-LL	80–94	–	–	–	–	–	–	–	–	6–20	0–5
		CEM II/B-LL	65–79	–	–	–	–	–	–	–	–	21–35	0–5
	Portlandkompositzement[d]	CEM II/A-M	80–94	← 6–20 →										0–5
		CEM II/B-M	65–79	← 21–35 →										0–5
CEM III	Hochofenzement	CEM III/A	35–64	36–65	–	–	–	–	–	–	–	–	0–5
		CEM III/B	20–34	66–80	–	–	–	–	–	–	–	–	0–5
		CEM III/C	5–19	81–95	–	–	–	–	–	–	–	–	0–5
CEM IV	Puzzolanzement[d]	CEM IV/A	65–89	–	← 11–35 →						–	–	0–5
		CEM IV/B	45–64	–	← 36–55 →						–	–	0–5
CEM V	Kompositzement[d]	CEM V/A	40–64	18–30	–	← 18–30 →		← 6–20 →		–	–	–	0–5
		CEM V/B	20–38	31–50	–	← 31–50 →		← 21–35 →		–	–	–	0–5

[a] Die Werte in der Tafel beziehen sich auf die Summe der Haupt- und Nebenbestandteile ohne Berücksichtigung von Calciumsulfat.
[b] Der Anteil von Silicastaub ist aus Gründen des Korrosionsschutzes für Bewehrungsstahl auf 10 % begrenzt.
[c] L und LL kennzeichnen unterschiedliche Beimengungen im Kalkstein, siehe Abschnitt 4.6.7.
[d] In den Portlandkompositzementen CEM II/A-M und CEM II/B-M, in den Puzzolanzementen CEM IV/A und CEM IV/B und in den Kompositzementen CEM V/A und CEM V/B müssen die Hauptbestandteile außer Portlandzementklinker durch die Bezeichnung des Zements angegeben werden (Beispiel: siehe Abschnitt 4.6.10).

Die Kurzzeichen der Hauptbestandteile gehen zum Teil auf fremdsprachliche Bezeichnungen zurück, z.B. S = **S**lag = Schlacke (engl.), V = cendre **V**olantes = Flugasche (franz.), L = **L**imestone = Kalkstein (engl.), D = **d**ust = Staub (engl.).

4.6 Zemente

Alle Normalzemente enthalten Portlandzementklinker, daneben können weitere Hauptbestandteile zugesetzt sein. Die Zemente können außerdem bis maximal 5 Masse-% Nebenbestandteile enthalten. Außerdem wird den Zementen Calciumsulfat in Form von Gips oder/und Anhydrit zur Regelung des Erstarrungsverhaltens zugegeben.

Die Entstehung, Zusammensetzung und die Reaktionen von Portlandzementklinker sind im nachfolgenden Abschnitt 4.6.2 erläutert.

Angaben zu den anderen Hauptbestandteilen enthalten die Abschnitte 4.5.2 (Hüttensand), 4.5.4.2 (Silicastaub), 4.5.3 und 4.5.4.3 b (Puzzolane), 4.5.4.1 (Flugasche), 4.4.6 (Kalkstein) und 4.6.5 (Ölschieferzement). Hauptbestandteile müssen einen Anteil von mindestens 5 Masse-% am Zement (Summe von Haupt- und Nebenbestandteilen) ausmachen.

Als **Nebenbestandteile** können dem Zement anorganische, mineralische Stoffe zugegeben werden, die aufgrund ihrer Korngrößenverteilung die physikalischen Eigenschaften des Zements, wie z.B. die Verarbeitbarkeit oder das Wasserrückhaltevermögen, verbessern und keine negativen Wirkungen auf die Beständigkeit oder den Korrosionsschutz von Stahl im Beton haben. In Frage kommen inerte, schwach oder latent-hydraulische sowie puzzolanische Stoffe, dabei auch die zuvor als Hauptbestandteile genannten Stoffe, soweit sie nicht Hauptbestandteil eines Zements sind.

Neben den Haupt- und Nebenbestandteilen sowie dem Calciumsulfat dürfen Zemente noch geringe **Zusätze** enthalten, die die Zementherstellung erleichtern oder die Zementeigenschaften verbessern. Hierzu gehören z.B. die Mahlhilfen (meist Glykole oder Ethanolamine) und Pigmente. Die Menge der Zusätze darf höchstens 1 Masse-%, bezogen auf den Zement, betragen (ausgenommen Pigmente), organische Zusätze dürfen 0,5 Masse-% nicht überschreiten. Werden Zusatzmittel für Beton, Mörtel und Einpressmörtel nach DIN EN 934 zugegeben, muss dies besonders deklariert werden (auf Verpackung/Lieferschein). Nicht alle der in Tafel 4.9 aufgeführten Zemente sind in Deutschland von Bedeutung. Die gebräuchlichsten Zemente sind in den nächsten Abschnitten erläutert.

In Deutschland sind etwa 60 % CEM I-, ungefähr 25 % CEM II- (Anteil zunehmend) und etwa 13 % CEM III-Zemente.

4.6.2 Portlandzement CEM I (altes Kurzzeichen: PZ)

Portlandzement wird aus Kalkmergel bzw. einem Rohstoffgemisch aus etwa 78 % Kalkstein $CaCO_3$ und etwa 22 % Ton hergestellt. Dabei soll der Ton zu etwa 66 Masse-% aus SiO_2 und zu etwa 19 Masse-% aus Al_2O_3 bestehen, Rest Fe_2O_3 (etwa 9 %) und gebundenes Wasser (etwa 7 %).

Durch Erhitzen bis zur Sinterung bei 1400 °C bis 1500 °C bildet sich durch Reaktion des CaO mit dem SiO_2, Al_2O_3 und Fe_2O_3 (CO_2 des Kalksteins und H_2O des Tons entweichen früher) der „Zementklinker". Nach Kühlung und Feinmahlen unter Zusatz von Calciumsulfat (Gips, Anhydrit) – gegebenenfalls auch von Nebenbestandteilen oder anderen Zusätzen – entsteht aus dem Klinker Portlandzement.

Der Begriff „Portlandzement" geht auf den Engländer Aspdin zurück, der 1824 ein Patent auf die Herstellung von Zement aus Kalk und Ton erhielt. Der von Aspdin gebrannte Zement hatte im abgebundenen Zustand eine helle Farbe, die der des gelblichweißen Natursteins „Portlandstone" (Portland: südenglische Landschaft) sehr ähnlich war und der besonders in London ein sehr beliebter Baustein war. In Deutschland liegt der Beginn der Zementherstellung um 1850.

Die Bezeichnung Klinker für den gebrannten ungemahlenen Zement rührt von der früheren Herstellung her: Bis zur Entwicklung moderner Brennöfen wurde Zement genauso wie Ziegelklinker im Ringofen gebrannt.

4.6.2.1 Eigenschaften des Portlandzementklinkers

Der Klinker ist etwa walnussgroß, sehr fest, im Aussehen kleinen Koksstücken ähnlich und längere Zeit (auch im Freien) lagerfähig. Erst durch Feinmahlen und damit Vergrößern der reaktionsfähigen Oberfläche entsteht ein mit Wasser schnell erstarrendes Bindemittel.

Feingemahlener Klinker (Teilchengröße unter 0,06 mm) reagiert mit Wasser so schnell, dass bei einer Verwendung für Mörtel und Beton die Verarbeitungszeit bis zur merklichen Verfestigung zu kurz wäre. Die Reaktionsgeschwindigkeit wird deshalb durch werkseitiges Zumahlen von Calciumsulfat verlangsamt. Die Zugabe von etwa 3 bis 5 Masse-% Gips und/oder Anhydrit beeinflusst die Erstarrungszeit des Zements so, dass günstige Verarbeitungszeiten erzielt werden, er wirkt also verzögernd auf die Abbindereaktionen.

Der Zementklinker besteht im Wesentlichen aus den in Tafel 4.10 angegebenen Bestandteilen. Die einzelnen Klinkerbestandteile reagieren mit Wasser unterschiedlich schnell, die Reaktionen selbst verlaufen exotherm, weiter ist der Ablauf der Erhärtung, die Endfestigkeit und das Verhalten gegenüber Sulfatlösungen verschieden. Die wichtigen zementtechnischen Eigenschaften der Hauptbestandteile des Zementklinkers sind in Tafel 4.11 zusammengefasst.

Tafel 4.10 Zusammensetzung des Zementklinkers

Klinkermineral Name	Formel	Kurzzeichen	Anteile im Klinker in Masse-%	
			im Mittel	Extremwerte
Tricalciumsilicat	$3\,CaO \cdot SiO_2$	C_3S	63	45 bis 80
Dicalciumsilicat	$2\,CaO \cdot SiO_2$	C_2S	16	0 bis 32
Tricalciumaluminat	$3\,CaO \cdot Al_2O_3$	C_3A	11	7 bis 15
Calciumaluminatferrit	$4\,CaO \cdot Al_2O_3 \cdot Fe_2O_3$ oder: $2\,CaO\,(Al_2O_3, Fe_2O_3)$	C_4AF $C_2\,(A, F)$	8	4 bis 14
Daneben liegen noch freies CaO, freies MgO und nichtkristallisierte Schmelze vor. Bei den Kurzzeichen steht C für CaO, S für SiO_2, A für Al_2O_3, F für Fe_2O_3.				

Tafel 4.11 Zementtechnische Eigenschaften der Klinkerbestandteile

Klinkerphase Kurzzeichen (s. Tafel 4.10)	Erstarren Anfangserhärtung	Hydratationswärme	in Joule/g	Endfestigkeit	Verhalten gegen Sulfatwasser	Sonstiges
C_3S	schnelle Erhärtung	hoch	500	sehr hoch	günstig	spalten $Ca(OH)_2$ ab (Korrosionsschutz)
C_2S	langsame, stetige Erhärtung	niedrig	260	sehr hoch	günstig	
C_3A	schnelles Erstarren	sehr hoch	870[1] 1340[2]	gering	anfällig (ungünstig)	erhöhtes Schwinden
C_4AF bzw. C_2 (A, F)	langsame, stetige Erhärtung	mittel	420	gering	günstig	–

[1] Reaktion des C_3A nur mit Wasser.
[2] Reaktion des C_3A mit Wasser und dem im Zement enthaltenen $CaSO_4$.

4.6 Zemente

4.6.2.2 Reaktion mit Wasser[2]

Das Erstarren und Erhärten des Zements **(Hydratation)** beruht auf der Reaktion zwischen den Zementteilchen und Wasser. Dabei entstehen Calciumsilicathydrate (CSH) als feinste submikroskopische, kolloidale Reaktionsprodukte = Zementgel. Das Gel beansprucht etwa doppelt soviel Raum wie das Zementkorn, aus dem es entsteht. Dieses anfangs plastische Zementgel geht mit fortschreitender Zeit in den „Zementstein" hoher Festigkeit über. Der Verlauf der Hydratation kann schematisch so dargestellt werden (siehe Abb. 4.3):
Die Hydratation beginnt sofort bei Wasserzugabe (a), die Gelbildung setzt an den Zementkorngrenzen ein (b) und endet mit der vollständigen Umwandlung des Korns (c), vorausgesetzt, es ist genügend Wasser zur Hydratation da.

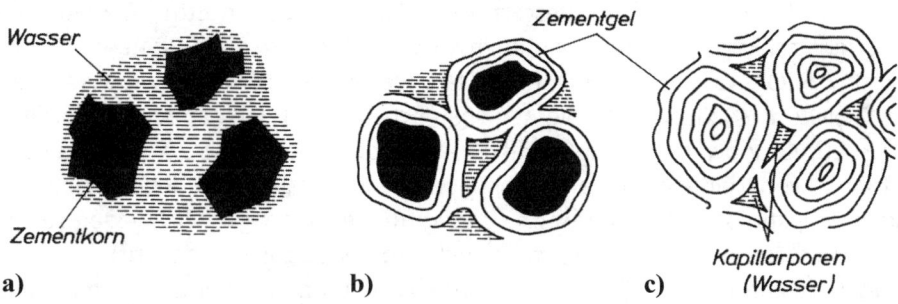

Abb. 4.3 Hydratation des Zements

Je nach Größe des Zementkorns ist die Zeit bis zur vollständigen Umwandlung in Hydrat sehr verschieden. Das bereits an den Außenflächen eines Zementkorns gebildete Gel behindert nämlich den Zutritt des Wassers zu dem noch nicht hydratisierten Kern des Zementkorns, sodass die Zeit bis zur restlosen Hydratation eines Zementteilchens sehr von der Korngröße (Feinmahlung) abhängt. Allerfeinste Teilchen können schon in Stunden umgewandelt sein, gröbere Teilchen erst nach Tagen, Wochen oder Jahren. Das bedeutet technisch: während dieser Zeit stetiger Festigkeitsanstieg durch ständig weitere Gelbildung bis zum Endpunkt der Hydratation. Der Verlauf der Hydratation ist von der Temperatur abhängig. Wie bei chemischen Reaktionen allgemein verläuft die Hydratation in der Wärme schneller, in der Kälte langsamer. Tiefe Temperaturen können die Reaktion völlig unterbrechen.
Wasserentzug – Austrocknung – unterbricht die Hydratation ebenfalls. Bei späterem erneuten Wasserangebot setzt die Hydratation wieder ein.
Die Hydratation des Zements führt zur Bildung von Calciumsilicathydraten, Calciumaluminathydraten und -ferrithydraten. Die Reaktionen sind nicht durch einfache Gleichungen zu beschreiben, da sich die Hydrate in wechselnder Zusammensetzung bilden können bzw. zuerst gebildete Hydrate zu neuen Hydraten umbilden.
Vereinfacht können die Reaktionen Zementklinkermineralien + Wasser wie folgt angegeben werden:

① $2\,(3\,CaO \cdot SiO_2) + 6\,H_2O \rightarrow 3\,CaO \cdot 2\,SiO_2 \cdot 3\,H_2O + 3\,Ca(OH)_2$
② $2\,(2\,CaO \cdot SiO_2) + 4\,H_2O \rightarrow 3\,CaO \cdot 2\,SiO_2 \cdot 3\,H_2O + Ca(OH)_2$
③a $3\,CaO \cdot Al_2O_3 + 6\,H_2O \rightarrow 3\,CaO \cdot Al_2O_3 \cdot 6\,H_2O$

---

2 Siehe auch [2].

4 Anorganische Bindemittel

oder
③b $3\,CaO \cdot Al_2O_3 + Ca(OH)_2 + 12\,H_2O \rightarrow 4\,CaO \cdot Al_2O_3 \cdot 13\,H_2O$
④ $4\,CaO \cdot Al_2O_3 \cdot Fe_2O_3 + 4\,Ca(OH)_2 + 22\,H_2O \rightarrow 4\,CaO \cdot Al_2O_3 \cdot 13\,H_2O + 4\,CaO \cdot Fe_2O_3 \cdot 13\,H_2O$

Das Volumen der Reaktionsprodukte ist etwas geringer als das der Ausgangsstoffe (etwa 0,06 cm³/g Zement), dies wird als „chemisches Schwinden" bezeichnet.

4.6.2.3 Reaktion mit Sulfaten

Durch die Zugabe von Gips oder Anhydrit ($CaSO_4$) bei der Zementherstellung zur Regelung der Erstarrungszeit unterbleibt zunächst die Reaktion ③a bzw. ③b, stattdessen reagiert das C_3A zuerst bei ausreichendem $CaSO_4$-Gehalt zu **Ettringit:**

⑤ $3\,CaO \cdot Al_2O_3 + 3\,CaSO_4 + 32\,H_2O \rightarrow 3\,CaO \cdot Al_2O_3 \cdot 3\,CaSO_4 \cdot 32\,H_2O$ (Ettringit)

Da dem Zement nicht so viel Sulfat zugesetzt wird, dass alles C_3A in Ettringit überführt werden kann, geht der Ettringit durch Reaktion mit weiterem C_3A in eine sulfatärmere Verbindung ($3\,CaO \cdot Al_2O_3 \cdot CaSO_4 \cdot 12\,H_2O$) über. Darüber hinaus vorhandenes C_3A reagiert dann gemäß Gleichung ③a bzw. ③b. Werden später dem erhärteten Zementstein erneut SO_4-Ionen (z.B. aus Grundwasser oder Abwasser) angeboten, kommt es zur erneuten Bildung von Ettringit, wobei ein erheblicher Kristallisationsdruck entsteht, der den Zementstein *zertreiben* kann: Gipstreiben, **Sulfattreiben**, Ettringittreiben (Ettringit wird wegen seiner nadelförmigen, zerstörend wirkenden Kristalle auch „Zementbazillus" genannt).

Selten tritt *falsches Erstarren* auf. Ursache: Zu starke Erwärmung bei der Zementmahlung (über 80 °C) mit Bildung von Halbhydrat-Gips und löslichem Anhydrit III, die ein vorzeitiges Ansteifen hervorrufen können.

4.6.2.4 Rostschutz, Kalkausblühungen

Das bei der Reaktion der Calciumsilicate (①,②) frei werdende $Ca(OH)_2$ ist für die Festigkeit unwesentlich, hat aber eine hohe Bedeutung für den **Korrosionsschutz von Stahl:** Es bewirkt, dass der Zementstein und damit der Stahlbeton stark basisch reagiert, pH-Wert etwa 12,6. Die Basizität nimmt allerdings ab, wenn durch Luftzutritt (schlecht verdichteter, poröser Beton) das $Ca(OH)_2$ in $CaCO_3$ überführt wird (wie bei der Erhärtung von Luftkalk). Dann kann die Rostschutzwirkung verloren gehen (bei pH-Werten unter 9,5 kann Rostbildung einsetzen).

Da $Ca(OH)_2$ wasserlöslich ist, kann es aber auch, im Zementmörtel oder Beton gelöst, als **Ausblühung** an die Oberfläche transportiert werden und nach Aufnahme von Luftkohlensäure einen fest haftenden, schwer entfernbaren weißen Belag aus $CaCO_3$ bilden (Kalkausblühungen, besonders auf schwarzem Fugenmörtel vielfach sichtbar, Kalkausscheidungen wie Stalaktiten bei Rissen im Beton usw.).

4.6.2.5 Wasserbedarf

Aus den Reaktionsgleichungen geht weiter hervor, dass der Zement etwa 25 Masse-% Wasser – bezogen auf das Zementgewicht – chemisch bindet. Außer diesem chemisch gebundenen Wasser bindet das Zementgel noch etwa 10 bis 15 Masse-% Wasser adsorptiv. Dieses „Gelwasser" reagiert nicht mit unhydratisierten Zementteilchen, sondern bleibt an das Gel gebunden. Es kann nur durch Erwärmung des Gels von diesem abgelöst werden (restlose Entfernung durch Trocknen bei 105 °C), dann entweicht es aber und kann auch nicht zur Hydratbildung beitragen. Zur vollständigen Hydratation des Zements sind deshalb einschließlich des (physikalisch gebundenen) Gelwassers etwa 35 bis 40 Masse-% Wasser notwendig.

4.6.2.6 Hydratationswärme

Die Hydratation des Zements verläuft *exotherm*, d.h., beim Erstarren und Erhärten wird entsprechend dem Reaktionsfortschritt Wärme („Hydratationswärme") frei. Die kalkreichen Verbindungen C_3A und C_3S setzen dabei mehr und – entsprechend ihrer höheren Reaktionsfähigkeit – schneller Wärme frei als die kalkärmeren Verbindungen C_2S und C_4AF. Die Gesamtwärmemenge, die bei Portlandzement bei vollständiger Hydratation frei wird, beträgt – je nach Zusammensetzung – etwa 375 bis 525 J/g (bei Hochofenzement 355 bis 400 J/g, bei Portlandpuzzolanzement (Trasszement) 315 bis 420 J/g).

Bautechnisch ist die Entwicklung der Wärmemenge in den ersten Tagen von besonderer Bedeutung, z.B. wird im Winter eine schnelle Freisetzung von Wärme zum Erreichen der Gefrierbeständigkeit des Betons gewünscht, dagegen soll bei Massenbeton die Hydratationswärme möglichst gering sein, um Temperaturspannungen im Bauteil niedrig zu halten. Die Wärmeentwicklung ist dabei nicht nur von der Zementzusammensetzung, sondern auch von der Mahlfeinheit und von der Umgebungstemperatur abhängig. Die Wärmeentwicklung unter Normbedingungen gibt die Tafel 4.12 für die ersten 28 Tage an.

Tafel 4.12 Richtwerte für die Hydratationswärme der Zemente

Festigkeitsklasse	Hydratationswärme in J/g, bestimmt mit dem Lösungskalorimeter nach Tagen			
	1	3	7	28
32,5 N	60–175	125–250	150–300	200–375
32,5 R; 42,5 N	125–200	200–335	275–375	300–425
42,5 R; 52,5 N; 52,5 R	200–275	300–350	325–375	375–425

4.6.2.7 Rheologisches Verhalten

Zementleim (Zement-Wasser-Suspension) setzt einer Verformung Widerstand entgegen. Dieser Widerstand ist bei Zementleim nicht proportional der Verformungskraft wie bei Flüssigkeiten mit bestimmter, nur von der Temperatur abhängiger Viskosität (Wasser, Öle), sondern hängt von der Beanspruchung ab. Dabei ist Zementleim in Ruhe hochviskos (gelartiger Zustand), bei Beanspruchung (Rühren, Mischen, Pumpen, Rütteln) niedrigviskos (Sol-Zustand wie kolloidale Lösungen). Das heißt, Zementleim verhält sich thixotrop. Dies erleichtert die Verarbeitung von Frischbeton (vor dem Erstarrungsbeginn), er lässt sich leichter fördern und verdichten.

Das rheologische Verhalten von Zementleim und Beton wird auch durch Betonzusatzmittel beeinflusst (Verringerung der Viskosität durch Verflüssiger und Fließmittel).

4.6.3 Portlandhüttenzement CEM II/A–S oder CEM II/B–S (früher Eisenportlandzement EPZ); Hochofenzement CEM III/A oder CEM III/B oder CEM III/C (früher HOZ)

Beide Zemente sind ein Gemisch aus Portlandzementklinker und granulierter, basischer Hochofenschlacke (Hüttensand, siehe Abschnitt 4.5.2), miteinander vermahlen unter Zusatz von wenigen Masse-% Anhydrit oder Gips zur Regelung der Erstarrungszeiten.

4 Anorganische Bindemittel

Portlandhüttenzement enthält 6 bis 35 Masse-% Hüttensand, Hochofenzement 36 bis 95 Masse-%, Rest zu 100 % jeweils Portlandzementklinker.

Durch die Kurzzeichen werden mit A die hüttensandärmeren, mit B hüttensandreichere und mit C die hüttensandreichsten Zemente gekennzeichnet, s. Tafel 4.9.

Beide Zemente werden auch unter der Sammelbezeichnung „Hütten- oder Schlackenzemente" zusammengefasst. Hüttenzemente erhärten träger als Portlandzement und entwickeln entsprechend langsamer und weniger Wärme (siehe Abschnitt 4.6.2.6). Daher Vorsicht bei Temperaturen unter +5 °C; andererseits sind sie besonders geeignet für Massenbeton, bei dem die Gefahr besteht, dass die Hydratationswärme den Beton im Inneren stark erwärmt, während sich die Außenschichten bereits wieder abkühlen, sodass Wärmespannungen und damit Risse entstehen, siehe Abschnitt 6.15. Hüttenzemente enthalten Calciumsulfid aus dem Hüttensand. Da manche Farben sulfidempfindlich sind, ist bei Putz mit Hüttenzementen zuweilen Vorsicht geboten. Hüttensand besteht aus relativ CaO-armen Verbindungen (vorwiegend $2\,CaO \cdot SiO_2$), er enthält kein C_3A. Hüttenzemente sind deshalb C_3A-ärmer als Portlandzement. Gegenüber sulfathaltigen Wässern verhalten sie sich daher besser als Portlandzement. Hüttensandreicher Hochofenzement ist sulfatbeständig, wenn der Hüttensandanteil mindestens 65 Masse-% beträgt [4.14].

Falls für Spannbeton Hochofenzement vorgesehen ist (meist wird Portlandzement verwendet), darf der Anteil an Hüttensand im Hochofenzement 50 Masse-% nicht überschreiten. Hüttensand enthält geringe Anteile an Calciumsulfid (CaS), das im Beton zu Blau- oder Blaugrünfärbungen führen kann, wenn sich aus dem CaS über Zwischenstufen Eisen- und/ oder Mangansulfidverbindungen bilden (Eisen und Mangan sind im Zement enthalten). An Luft gehen diese Verbindungen durch Oxidation relativ schnell in farblose Verbindungen über. Der Vorgang ist für die mechanischen Eigenschaften ohne Bedeutung.

4.6.4 Portlandpuzzolanzement CEM II/A–P oder CEM II/B–P (früher Trasszement TrZ) sowie CEM II/A–Q oder CEM II/B–Q

Er besteht aus 6 bis 35 Masse-% Trass und 65 bis 94 Masse-% Portlandzementklinker sowie etwas Gips oder Anhydrit (zur Regelung der Erstarrungszeit). Andere Zusätze wie bei Portlandzement siehe Abschnitt 4.6.2.

Um den Trass weitestgehend aufzuschließen, wird Portlandpuzzolanzement extra fein gemahlen. Portlandpuzzolanzement-Beton ist besonders dicht infolge des Quellvermögens und der kolloidalen Erhärtung des Trasses mit Kalk, was eine Verstopfung der Zementporen bewirkt. Auch wird dadurch seine chemische Widerstandskraft etwas gesteigert und die Neigung zu Kalkausscheidungen (Ausblühungen) verringert. Portlandpuzzolanzement *erhöht die Risssicherheit, verzögert* aber das *Erhärten* des Betons (bei niedriger Wärmetönung! vgl. Abschnitt 4.6.2.6). Aus beiden Gründen besonders für Massenbeton: lange nass halten! Ergibt bei gleichem Mischungsverhältnis geringere Anfangsfestigkeit als Portlandzement. Im Übrigen siehe „Trass", Abschnitt 4.5.3.

Mit getemperten Puzzolanen (Zeichen **Q**) werden Phonolithzement und Vulkanzement hergestellt.

Phonolith (aus Bötzingen/Kaiserstuhl) ist ein basaltähnliches, junges Ergussgestein. Der Phonolith erhält durch Tempern bei etwa 400 °C ähnliche Eigenschaften wie Trass.

Vulkanzement enthält puzzolanisches Lavamehl (aus Niederlützingen bei Andernach/Rhein). Eigenschaften – dem Phonolithzement sehr ähnlich – im Vergleich zu Portlandzement: längere Verarbeitbarkeit, langsamere Erhärtung, geringere Frühfestigkeit, gute Nacherhärtung, wenn die Nachbehandlungsdauer verlängert wird.

4.6.5 Portlandschieferzement CEM II/A–T oder CEM II/B–T (früher PÖZ)

Seit 1942 hergestellter Zement aus 65 bis 94 % Portlandzement-Klinker (meist 70 bis 73 %) und 6 bis 35 % gebranntem Ölschiefer (meist 27 bis 30 %). Der Ölschiefer (etwa 11% organische, bitumenhaltige Substanz, 41 % Kalk, 27 % Ton, 12 % Quarz) wird durch Brennen bei etwa 800 °C in einen selbstständig erhärtenden Stoff (mit Ca-Silicaten und Ca-Aluminaten, Ca-Sulfaten und reaktionsfähigem SiO_2) überführt. Bei der gemeinsamen Vermahlung mit Portlandzement-Klinker wird kein Gips/Anhydrit zugegeben, da der Ölschiefer bereits ausreichend Sulfat enthält. Feingemahlener gebrannter Ölschiefer erhärtet mit Wasser und erreicht (ohne Portlandzement-Zusatz) bei Feuchtluftlagerung ($\geq$ 90 %) Mörtelfestigkeiten nach 28 Tagen von etwa 30 bis 36 N/mm^2 (Normforderung mindestens 25 N/mm^2). Portlandschieferzement ist feiner als Portlandzement (spezifische Oberfläche nach *Blaine* etwa 4000 cm^2/g bis etwa 6800 cm^2/g) je nach Festigkeitsklasse. Die Eigenfarbe des Portlandschieferzements kann im Herstellungsprozess gesteuert werden, bei reduzierender Atmosphäre von Ofenaustrag und Kühlung entsteht grauer Portlandschieferzement, bei oxidierender Atmosphäre ein rotbrauner Portlandschieferzement (Farbe vom Fe_2O_3), als Terrament bezeichnet, der besonders für Sichtbeton und Betonwaren mit „Buntsandsteincharakter" verwendet wird. Vorkommen des Ölschiefers im NW der Schwäbischen Alb.

4.6.6 Portlandflugaschezement CEM II/A–V oder CEM II/B–V (früher FAZ)

Die Eigenschaften dieser Zemente und des daraus hergestellten Betons sind im Wesentlichen: niedrige Anfangsfestigkeit, dafür spätere starke Nacherhärtung (nach vier bis fünf Monaten etwa gleiche Festigkeit wie Portlandzement), gute Verarbeitbarkeit und gute Pumpbarkeit (verringerter Pumpenverschleiß), niedrige Hydratationswärme (günstig bei Massenbeton), durch günstiges Wasserhaltevermögen größere Sicherheit gegen Oberflächenschwindrisse. Die Nachbehandlungsdauer ist zu verlängern. Wie stark die genannten Eigenschaften ausgeprägt sind, hängt vom Flugascheanteil und den Eigenschaften der jeweils verwendeten Flugasche ab (siehe auch Abschnitt 4.5.4.1).
In Deutschland wird kieselsäurereiche Flugasche (**V**) zur Zementherstellung verwendet. Grundsätzlich kann auch kalkreiche Flugasche (**W**) mit mehr als 10 Masse-% CaO verwendet werden, wenn sie raumbeständig ist. Der Gehalt an raktionsfähigem SiO_2 muss bei beiden Arten von Flugasche mindestens 25 Masse-% betragen.

4.6.7 Portlandkalksteinzement CEM II/A–L oder CEM II/B–L sowie CEM II/A–LL oder CEM II/B–LL (früher PKZ)

Geeignetes Kalksteinmehl – möglichst hoher $CaCO_3$-Gehalt, nur geringe Mengen toniger und organischer Bestandteile – ist an sich ein inertes Gesteinsmehl, reagiert aber in geringem Maße mit dem C_3A des Klinkers, wodurch ein festerer Verbund zwischen dem Kalkstein und dem Zementstein erzielt wird. Durch die im Vergleich zum Zementklinker leichtere Mahlbarkeit des Kalksteins haben Portlandkalksteinzemente eine höhere Mahlfeinheit als Portlandzemente gleicher Festigkeitsklasse (etwa 4000 bis 4400 cm^2/g bei Portlandkalksteinzement gegenüber etwa 3000 cm^2/g bei Portlandzement 32,5 R). Gegenüber Portlandzement verbesserte Verarbeitungseigenschaften: geringere Neigung zum Bluten,

4 Anorganische Bindemittel

gutes Zusammenhaltevermögen und einen geringeren Wasseranspruch. Er erhärtet schnell und hat eine hohe Frühfestigkeit.

Die Buchstaben L und LL kennzeichnen den zulässigen Anteil an organischen Bestandteilen im Kalkstein. Bei L ist der Gesamtgehalt an organischem Kohlenstoff (*TOC-Wert* – total organic carbon –) auf 0,50 Masse-%, bei LL auf 0,20 Masse-%, jeweils bezogen auf den Kalkstein, begrenzt. Die deutschen Portlandkalksteinzemente erfüllen die Bedingungen für LL. Bei Frostversuchen hat sich die Begrenzung des TOC-Werts auf 0,20 Masse-% als günstiger erwiesen.

4.6.8 Weitere Normalzemente nach DIN 197-1

Eine gewisse, teilweise nur regionale Bedeutung haben noch die nachfolgend genannten Zemente.

a) **Portlandflugaschehüttenzement** (früher FAHZ), neue Bezeichnung: **Portlandkompositzement CEM II/B-M (S-V)**

M steht für mehrere Hauptbestandteile. Der Zement enthält neben Portlandzementklinker etwa 15 % Hüttensand und etwa 15 % Flugasche. Eigenschaften im Vergleich zu Portlandzement: niedrigere Anfangsfestigkeit, gute Nacherhärtung, langsame (niedrige) Hydratationswärmeentwicklung, s.a. Portlandflugaschezement und Portlandhüttenzement.

b) **Portlandkalksteinhüttenzement** (früher PKHZ), neue Bezeichnung: **Portlandkompositzement** CEM II/B-M (S-LL)

Bei diesem Zement sind die durch das Kalksteinmehl bedingten günstigen Verarbeitungseigenschaften nicht so stark ausgeprägt wie beim Portlandkalksteinzement (siehe Abschnitt 4.6.7), da der Kalksteinmehlanteil geringer ist. Der Hüttensand verringert etwas die Anfangsfestigkeit und die anfängliche Hydratationswärmeentwicklung.

c) **Trasshochofenzement** (früher TrHOZ), neue Bezeichnung: **Kompositzement CEM V/A (S-P)** und **CEM V/B (S-P)**

Dieser Zement wird einmal mit niedrigerem Gehalt an Trass und Hüttensand (Kennbuchstabe A), zum anderen mit höherem Trass- und Hüttensandanteil hergestellt (Kennbuchstabe B). Trasshochofenzement hat eine längere Verarbeitbarkeitszeit als Portlandzement, niedrigere Frühfestigkeit, langsame Wärmeentwicklung und ist nicht so anfällig gegenüber Sulfatlösungen. Ist länger nachzubehandeln, dann gute Nacherhärtung; wird auch als NW/HS-Zement hergestellt. Verwendung: massige Bauteile (niedrige Hydratationswärme), Wasserbau.

4.6.9 Anforderungen an die Zemente

Zemente bzw. die damit hergestellten Mörtel und Betone müssen ausreichend lange verarbeitbar sein, bestimmte Festigkeiten entwickeln, raumbeständig und dauerhaft sein. Dazu wird die chemische Zusammensetzung der Zemente durch chemische Analyse kontrolliert, die mechanisch-physikalischen Anforderungen werden geprüft, für die Dauerhaftigkeit müssen die Einflüsse auf den Beton oder Mörtel im Anwendungsfall berücksichtigt und danach die geeigneten Zementarten ausgewählt werden (siehe dazu Anwendungsbereiche für Zemente in DIN 1045-2).

4.6.9.1 Erstarrungsbeginn

Mit Erstarren wird die anfängliche Verfestigung des Zements nach Wasserzugabe mit Übergang vom plastischen in den festen Zustand bezeichnet. Die fortschreitende Verfestigung

4.6 Zemente

wird über die Eindringtiefe der *Vicat*-Nadel (siehe Abb. 4.6) gemessen. Erstarrungsbeginn darf dabei nicht vor 1 Stunde, bei Zementen der Festigkeitsklasse 52,5 nicht vor 45 Min. nach Wasserzugabe eintreten. Das Erstarrungsende ist nicht festgelegt.

Üblicherweise liegen Erstarrungsbeginn und -ende bei Portlandzement zwischen zwei und vier Stunden, bei Hochofenzement zwischen drei und fünf Stunden. Die Erstarrungszeiten sind nicht identisch mit der Verarbeitungszeit für Mörtel oder Beton (die Verarbeitung soll möglichst schnell erfolgen, um die sich bildenden Verkittungen Zement/Zuschlag nicht zu stören), sie geben nur einen Hinweis darauf, ob der Zement ausreichend lange verarbeitbar ist und sich auch ausreichend schnell verfestigt (Entschalen, Belastbarkeit).

Die Erstarrungszeiten gelten für normale Temperaturen von 15 bis 21 °C. Da jeder chemische Prozess durch Wärme beeinflusst wird, kann die Sommerhitze beschleunigend wirken, besonders wenn auch Zuschlagstoffe und Wasser warm sind. Dagegen wirken niedrige Temperaturen verzögernd, siehe Abschnitt 6.8.2.

Gelegentlich tritt *falsches Erstarren* auf: rasches Ansteifen, bei weiterer Bearbeitung jedoch Rückkehr zur normalen Konsistenz (Ursache: bei Zementmahlung zu hohe Mühlentemperatur mit Umwandlung des Rohgipses in Stuckgips).

4.6.9.2 Raumbeständigkeit

Zement darf nicht treiben. Treiben kann auftreten, wenn bei fehlerhafter Klinkerherstellung freies CaO (nicht an SiO_2 oder Al_2O_3 gebunden) in merklicher Menge vorliegt. Die Raumbeständigkeit wird mit dem *Le-Chatelier*-Ring gemessen. Zementprüfkörper dürfen den Ringspalt nur so weit öffnen, dass sich der Abstand am Ring angebrachter Messnadelspitzen höchstens um 10 mm vergrößert (siehe Abb. 4.7).

Hoher Gehalt an MgO (über 5 %) kann ebenfalls zum Treiben führen. Kontrolle durch Analyse der Rohstoffe. Alle Zemente schwinden, eine Ermittlung des Schwindmaßes ist in DIN EN 197-1 nicht vorgesehen, da dieses stark von der Verarbeitung (Wasser/Zement-Verhältnis) und den Erhärtungsbedingungen (Austrocknung) abhängt.

4.6.9.3 Druckfestigkeit

Die Druckfestigkeit der Zemente wird an Prismen 4 cm × 4 cm × 16 cm aus Zementmörtel mit 1 GT Zement, 3 GT Normsand und 0,5 GT Wasser ermittelt. Entsprechend der Mindestdruckfestigkeit nach 28 Tagen und der Anfangsfestigkeitsentwicklung (**L** (low) für niedrige, **N** für normale, **R** (rapid) für frühe Anfangsfestigkeitsentwicklung) ergeben sich die in Tafel 4.13 angegebenen Festigkeitsklassen.

Bei der Zementherstellung soll als Zielwert das Mittel aus Mindest- und Höchstwert der Druckfestigkeit nach 28 Tagen angestrebt werden. Toleranzen von maximal ± 10 N/mm² um den Mittelwert berücksichtigen unvermeidbare Schwankungen bei der Herstellung des Zements und Prüfstreuungen. Die Begrenzung der 28-Tage-Festigkeit, auch nach oben, hat den Sinn, die Zementfestigkeit möglichst konstant zu halten. Dies ist für die Betontechnologie sehr wichtig (Rechenwert bei der Betonmischungsberechnung, Einfluss auf die Betongüte). Die tatsächliche Normfestigkeit der meisten Zemente liegt etwas über dem 28-Tage-Mittelwert, etwa bei 13 N/mm² über der Nennfestigkeit.

Faustregel: Die 7-Tage-Festigkeiten des 32,5 werden vom 42,5 schon nach drei Tagen, vom 52,5 schon nach einem Tag erreicht.

Tafel 4.13 Festigkeitsklassen nach DIN EN 197-1

Festigkeits-klasse	Druckfestigkeit in N/mm²			Erstarrungs-beginn	Kennfarbe[1]	Farbe[1] des Aufdrucks
	Anfangsfestigkeit		Normfestigkeit			
	2 Tage	7 Tage	28 Tage	Min.		
32,5 L [2]	–	≥ 12				–
32,5 N	–	≥ 16	≥ 32,5	≤ 52,5		hellbraun	schwarz
32,5 R	≥ 10	–		≥ 60		rot
42,5 L [2]	–	≥ 16				–
42,5 N	≥ 10	–	≥ 42,5	≤ 62,5		grün	schwarz
42,5 R	≥ 20	–				rot
52,5 L [2]	≥ 10	–				–
52,5 N	≥ 20	–	≥ 52,5	–	≥ 45	rot	schwarz
52,5 R	≥ 30	–				weiß

[1] Nur in DIN 1164 gefordert.
[2] Nur für CEM III-Zemente

4.6.9.4 Anforderungen an Normzemente mit besonderen Eigenschaften

a) Zemente mit hohem Sulfatwiderstand (DIN 1164-11)
Zemente mit ≤ 3 Masse-% C_3A und ≤ 5 Masse-% Al_2O_3 oder mit mindestens 66 Masse-% Hüttensand (dieser ist C_3A-frei) gelten nach DIN 1164 als sulfatbeständig, da bei ihnen schädliches Ettringittreiben nicht auftritt [4.14]. Solche Zemente erhalten zusätzliche Kennbuchstaben: **HS**.
Verwendung: bei hohem Sulfatgehalt im Grundwasser oder Boden (ab 600 mg SO_4/l Wasser oder 3 g SO_4/kg Boden unbedingt erforderlich).

b) Zemente mit niedriger Hydratationswärme (DIN EN 197-1)
Zemente, die in den ersten 7 Tagen (nach DIN EN 196-8) oder nach 41 Stunden (nach DIN EN 196-9) bei der Hydratation höchstens 270 J Wärme je g Zement entwickeln. Zusätzliche Kennbuchstaben: **LH**. In der Regel sind LH-Zemente hüttensandreiche Hochofenzemente.
Verwendung: massige Bauteile, Vermeidung von Spannungen infolge Temperaturdifferenzen im Beton.

c) Zemente mit niedrigem, wirksamem Alkaligehalt (DIN EN 1164-11)
Als solche gelten:
Zemente mit ≤ 0,60 Masse-% Na_2O
Portlandhüttenzement CEM II/B-S mit ≤ 0,70 Masse-% Na_2O
Hochofenzemente mit
≥ 66 % Hüttensand und ≤ 2,0 Masse-% Na_2O
≥ 50 % Hüttensand und ≥ 1,1 Masse-% Na_2O
≤ 49 % Hüttensand und ≤ 0,95 Masse-% Na_2O.
Zusätzliche Kennbuchstaben: **NA**. – Die angegebenen Grenzwerte für Na_2O gelten für den Gesamtalkaligehalt, der Masseanteil anderer im Zement vorhandener Alkalien (Kalium) wird äquivalent auf Na_2O umgerechnet (= *Na_2NA_2-Äquivalent, O-Äquivalent*).

Bei hüttensandhaltigen Zementen ist nur ein Teil des Gesamtalkaligehalts wirksam, weshalb für NA-Zemente nicht der Gesamtalkaligehalt maßgebend ist.

Verwendung: bei Verarbeitung alkaliempfindlicher Zuschläge (mit Opalsandstein, porösem Flint, präkambrischer Grauwacke), wie sie im Ostseeküstenraum und in angrenzenden norddeutschen Gebieten bzw. in der Lausitz vorkommen. Die reaktionsfähige Kieselsäure solcher Zuschläge reagiert in feuchter Umgebung mit Alkalien (Alkalireaktion, Treiben mit Absprengungen und Rissbildungen), siehe auch Abschnitt 5.5.7.

d) Zemente mit verkürztem Erstarren (DIN 1164-11)
Es werden unterschieden:
Zement mit frühem Erstarren (FE-Zement) mit Erstarrungsbeginn ≥ 15 min und < 75 min bis < 45 min je nach Festigkeitsklasse 32,5, 42,5 und 52,5 sowie
Schnellerstarrender Zement (SE-Zement) mit Erstarrungsbeginn < 45 min.
Kennbuchstaben: Zement mit frühem Erstarren: **FE**
                    Schnellerstarrender Zement: **SE**
Verwendung: Die schnell erstarrenden Zemente (SE-Zemente) ermöglichen die sachgerechte Herstellung von Beton mit besonderen Herstellverfahren (z.B. Trockenspritzverfahren).

e) Zemente mit erhöhtem Anteil an organischen Bestandteilen (DIN 1164-12)
Als solcher Zement gilt ein Zement mit einer Gesamtmenge der (Zement-)Zusätze ≤ 1 Masse-% (bezogen auf den Zement).
Kennzeichnung: **HO**

4.6.10 Bezeichnung der Zemente

a) Normalzemente nach DIN EN 197-1
Normalzemente werden mit Kurzzeichen für die Zementart und mit der Festigkeitsklasse bezeichnet. Außerdem werden bei Portlandkompositzement und bei Kompositzement die jeweils gewählten Hauptbestandteile zusätzlich in Klammern angegeben.
Beispiele:
Portlandzement EN 197-1 – CEM I 42,5 R
    Portlandzement der Festigkeitsklasse 42,5 mit hoher Anfangsfestigkeit nach EN 197-1
Portlandhüttenzement EN 197-1 – CEM II/B-S 32,5 R
    Portlandhüttenzement mit einem Anteil an Hüttensand zwischen 21 und 35 Masse-% und der Festigkeitsklasse 32,5 mit hoher Anfangsfestigkeit
Portlandkompositzement EN 197-1 – CEM II/B-M (S-LL) 32,5 N
    Portlandkompositzement mit einem Gesamtgehalt an Hüttensand und Kalkstein (TOC-Wert 0,20 %) zwischen 21 und 35 Masse-% und der Festigkeitsklasse 32,5 mit normaler Anfangsfestigkeit
Kompositzement EN 197-1 – CEM V/A (S-V) 32,5 N
    Kompositzement mit 18 bis 30 Masse-% Hüttensand und 18 bis 30 Masse-% kieselsäurereicher Flugasche und der Festigkeitsklasse 32,5 mit normaler Anfangsfestigkeit

b) Zemente mit besonderen Eigenschaften nach DIN 1164
Angegeben werden: Kurzzeichen für die Zementart und die Festigkeitsklasse wie bei Normalzement nach DIN EN 197-1, zusätzlich Kennbuchstaben für die besondere(n) Eigenschaft(en). Beispiele:
Zement DIN 1164 CEM II/B-S 32,5 R-NA

4 Anorganische Bindemittel

Portlandhüttenzement mit 21 bis 35 % Hüttensand der Festigkeitsklasse 32,5 mit hoher Anfangsfestigkeit und niedrig wirksamem Alkaligehalt

Zement DIN 1164 CEM III/B–S 32,5 N–LH/HS

Hochofenzement mit 66 bis 80 % Hüttensand der Festigkeitsklasse 32,5 mit normaler Anfangsfestigkeit, niedriger Hydratationswärme und hohem Sulfatwiderstand

4.6.11 Dichte, Schüttdichte, Lagerung

Die Dichte und die Schüttdichte der wichtigsten Zementarten sind zusammen mit denen von Hüttensand, Trass und Steinkohlenflugasche in Tafel 4.14 angegeben.

Tafel 4.14 Dichte und Schüttdichte von Zementen und Zementbestandteilen

Zementart Zementbestandteile	Dichte in kg/dm^3	Schüttdichte in kg/dm^3 (Litergewicht) lose eingelaufen
Portlandzement	3,11	
Portlandzement – HS	3,20	
Portlandhüttenzement	3,05	0,9 bis 1,2
Hochofenzement	2,99 ± 0,1	meist 1,0 bis 1,1
Portlandpuzzolanzement	2,90	(eingerüttelt 1,6 bis 1,9)
Portlandschieferzement	3,00	
Flugaschezement	2,95	
Hüttensand	2,85	0,6 bis 1,4
Trass	2,4 bis 2,7	0,7 bis 1,0
Steinkohlenflugasche	2,2 bis 2,6	0,7 bis 1,2

Zement wird in Säcken abgepackt (früher 50 kg, seit Okt. 1994: 25 kg) oder lose geliefert. Noch fabrikheiße Zemente dürfen erst nach Abkühlung verarbeitet werden (sonst vorzeitiges Erstarren).

Grundsätzlich sind Zemente vor Feuchtigkeit und stärkerer Erwärmung zu schützen. Sehr fein gemahlene Zemente sind besonders empfindlich gegen Feuchtigkeit. Zemente sollen nicht längere Zeit gelagert werden. Als Festigkeitsverlust durch Ablagerung kann man bei gesackten Zementen nach drei Monaten 8 bis 10 %, nach sechs Monaten 10 bis 20 %, nach zwölf Monaten 20 bis 30 % annehmen. Die höheren Festigkeitsverluste gelten für feingemahlene Zemente. In Säcken aus bituminiertem Papier behält Zement bei trockener Lagerung auch über diese Zeit hinaus seine volle Bindekraft.

4.6.12 Güteüberwachung

Die Zementwerke sind verpflichtet, die Einhaltung der geforderten Eigenschaften zu überwachen. Die Eigenüberwachung wird durch eine Fremdüberwachung ergänzt und kontrolliert, die durch eine amtlich anerkannte Güteüberwachungsgemeinschaft (VDZ) oder ein entsprechendes Materialprüfungsinstitut durchgeführt wird. Prüfumfang und -häufigkeit sind in DIN 1164 sowie in DIN EN 197-1 und -2 festgelegt.

Die Übereinstimmung (Konformität) des Zements mit den Normanforderungen wird durch das EG-Konformitätszeichen CE auf Verpackung und Lieferschein gekennzeichnet, siehe Abb. 4.4.

4.6 Zemente

Abb. 4.4

EG-Konformitätszeichen (CE-Zeichen), Überwachungszeichen (Fremdüberwachung), Zeichen der Überwachungsgemeinschaft des Vereins Deutscher Zementwerke (VDZ)[3].

4.6.13 Prüfung

Für die Prüfung von Zement ist eine *Durchschnittsprobe* zu entnehmen. Haben sich Klumpen gebildet, so sind diese vor dem Mischen zu zerdrücken.

Die Prüfungen sind in Räumen vorzunehmen, die frei von Zugluft sind und Temperaturen von 18 bis 22 °C haben. Auch Zement, Wasser und Geräte müssen diese Temperatur haben. Die relative Luftfeuchtigkeit des Prüfraumes soll mindestens 50 % betragen.

4.6.13.1 Mahlfeinheit nach DIN EN 196-6

Berechnung der spezifischen Oberfläche in cm^2/g.

Hierzu wird die Zeit gemessen, während der Luft zum Druckausgleich durch eine Zementprobe hindurchströmt. Die Zementprobe ist dabei an ein unter Unterdruck stehendes U-Rohr-Manometer angeschlossen. Bei grobem Zement strömt die Luft schnell, bei feinem Zement langsam durch die Probe. Die Zeit ergibt vom Prüfverfahren – *Blaine* – abhängige, relative Werte für die spezifische Oberfläche (andere Messmethoden, z.B. Gasadsorption nach BET, ergeben abweichende Werte). Abb. 4.5 zeigt ein *Blaine*-Gerät.

Für die Mahlfeinheit sind in der Zementnorm keine Anforderungen mehr festgelegt. Die Bestimmung der spezifischen Oberfläche dient einmal zur Kontrolle des Mahlprozesses im Zementwerk, gibt aber auch dem Verwender Hinweise für das Verhalten des Zements.

Je feiner ein Zement gemahlen ist, umso größer ist die Festigkeit in den ersten Tagen und Wochen (größere Oberfläche, an der die Reaktion mit Wasser erfolgen kann). Übliche Werte zwischen 2700 cm^2/g (Portlandzement 32,5 R) und 5200 cm^2/g (Zement 52,5 und Portlandkalksteinzement).

Hochofenzemente sind etwas feiner gemahlen als entsprechende Portlandzemente. Grobgemahlene Zemente binden im Verarbeitungszustand nur wenig Wasser, neigen deshalb zum Wasserabsondern („Bluten"). Sehr fein gemahlene Zemente benötigen relativ viel Wasser zur Benetzung (höherer Wasseranspruch). Zum Füllen von Rissen mit Zementleim dürfen z.B. nur Zemente mit einer Mahlfeinheit von mindestens 4500 cm^2/g verwendet werden.

4.6.13.2 Erstarren nach DIN EN 196-3

Die Erstarrungszeiten werden mit dem *Vicat*'schen Nadelgerät ermittelt (Abb. 4.6).

---

[3] Erfolgt die Überwachung nicht durch den VDZ, so werden die Zeichen mit Ausnahme des CE-Zeichens durch ein Zeichen der hierfür zugelassenen Prüfstelle ersetzt.

4 Anorganische Bindemittel

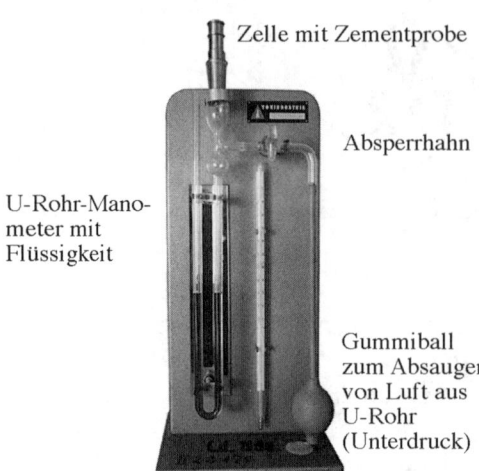
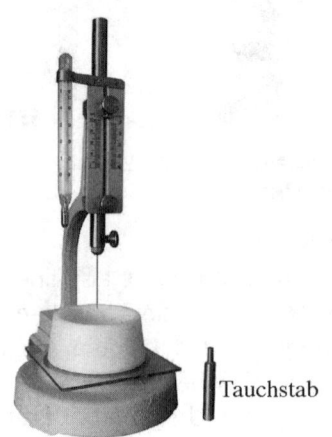

Abb. 4.5 Luftdurchlässigkeitsprüfer nach Blaine   *Abb. 4.6 Vicat'sches Nadelgerät*

Ein aus 500 g Zement angemachter Zementbrei von Normensteife (Wasserzementwert 0,23 bis 0,30) wird in den Hartgummiring bündig eingefüllt. Sodann wird die Nadel wiederholt aufgesetzt. Der Beginn des Erstarrens ist erreicht, wenn die Nadel 3 bis 5 mm über der Glasplatte im Brei stecken bleibt; das Erstarrungsende, wenn sie nur noch 0,5 mm eindringt. Die Normensteife wird auch mit dem *Vicat*-Gerät ermittelt, nur wird hierzu die Nadel gegen einen Tauchstab (Ø 10 mm) ausgewechselt. Ein Zementleim hat Normensteife, wenn er 5 Minuten nach dem Mischen mit Wasser so plastisch ist, dass der unter seiner Eigenlast eindringende Tauchstab nach 30 Sekunden 5 bis 7 mm über der Glasplatte stehen bleibt. Anderenfalls ist die Wasserzusatzmenge zu ändern.

4.6.13.3 Raumbeständigkeit nach DIN EN 196-3

Die Raumbeständigkeitsprüfung wird nach *Le Chatelier* durchgeführt.

Hierfür wird Zementleim von Normsteife (siehe Abschnitt 4.6.13.2) in einen *Le-Chatelier*-Ring (siehe Abb. 4.7) gefüllt. Der nicht vollständig geschlossene Ring besteht aus einem federnden Blechstreifen einer Kupfer-Zink-Legierung mit angeschweißten Messnadeln. Vor dem Einfüllen wird er auf eine leicht eingeölte Glasplatte gestellt und nach dem Einfüllen mit einer ebensolchen Glasplatte abgedeckt. Der Ring verbleibt anschließend 24 ± 0,5 Stunden im Feuchtkasten bei 20 °C und mindestens 98 % Luftfeuchte. Danach wird die Entfernung zwischen den Nadelspitzen auf 0,5 mm genau gemessen. Anschließend wird der Ring mit dem erhärteten Zementstein in ein Wasserbad gelegt, das Wasser in 30 ± 5 Minuten zum Kochen gebracht und 3 Stunden ± 5 Minuten auf Siedetemperatur gehalten. Nach dem Abkühlen auf 20 °C wird erneut der Abstand zwischen den Nadelspitzen gemessen und die Differenz aus beiden Messwerten als Ausdehnungsmaß gebildet. Zement gilt als raumbeständig, wenn dieses Maß 10 mm nicht überschreitet.

4.6 Zemente

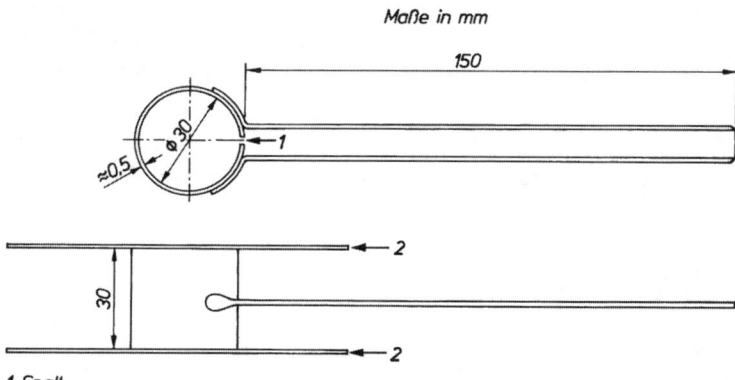

1 Spalt
2 Glasplatte

Abb. 4.7 Le-Chatelier-Ring

Wird der Versuch nicht bestanden, so ist er mit Zement zu wiederholen, der sieben Tage in einer 7 cm dicken Schicht offen ausgebreitet bei 18 bis 22 °C und mehr als 65 % relativer Luftfeuchtigkeit gelegen hat. Die Wiederholungsprüfung ist dann maßgebend. Grund: Kalktreiben verschwindet beim Ablagern allmählich durch Aufnahme von Luftfeuchtigkeit.

4.6.13.4 Festigkeit nach DIN EN 196-1

Die Festigkeit wird an Mörtelprismen 4 cm × 4 cm × 16 cm geprüft.

Herstellung der Prismen: 450 g Zement und 225 g Wasser werden in einem elektrisch angetriebenen *Mischer* 30 Sekunden gemischt (Abb. 4.8), innerhalb weiterer 30 Sekunden werden 1350 g (1 Beutel) Normsand zugegeben, danach 60 Sekunden bei hoher Geschwindigkeit durchgemischt.
CEN-Normsand besteht aus drei Korngruppen festgelegter Quarzsandvorkommen: 0,08 bis 0,5 mm, 0,5 bis 1,0 mm und 1,0 bis 2,0 mm, jeweils aus gleichen Massenteilen gemischt und in Beuteln zu 1350 g abgepackt. Zu beziehen durch: Normensand GmbH, Hans-Böckler-Weg 20, 59269 Beckum.
Der so gemischte Mörtel wird in eine Stahlform gefüllt, in der drei Prismen nebeneinander hergestellt werden können. Die Form befindet sich schon beim Einfüllen des Mörtels auf einem Schock- oder Vibrationstisch, der lotrechte Schwingungen ausführt. Der zweilagig eingebrachte Mörtel wird nach der Verdichtung gegen Wasserverdunstung geschützt gelagert (bei 20 + 1°C und ≥ 90 % relativer Luftfeuchtigkeit). Nach 20 bis 24 Stunden werden die Mörtelprismen ausgeschalt und bis zur Prüfung in Wasser von 20 + 1°C gelagert.

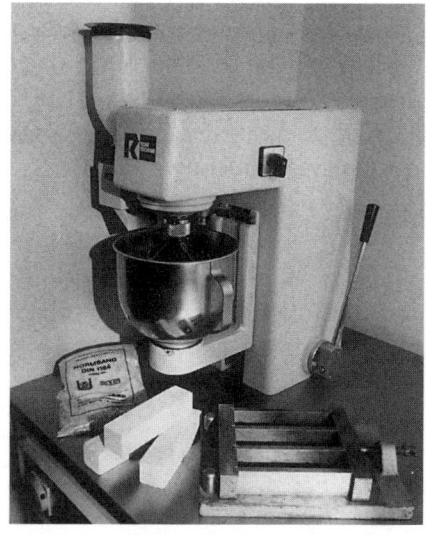

Abb. 4.8 Mörtelmischer mit Prismenform

4 Anorganische Bindemittel

Biegezugfestigkeit: Prüfung nach DIN EN 197-1 nicht erforderlich. Wenn gewünscht, werden die Prismen im Biegezugprüfgerät (siehe Abb. 4.9) geprüft: Das Prisma wird mit einer Seitenfläche (bei Herstellung) auf abgerundete Auflager, Abstand 10 cm, gelegt und mittig durch eine Prüfkraft F bis zum Bruch belastet. Biegezugfestigkeit als Mittel von drei Einzelwerten:

$$R_f (= \beta_{BZ}) = \frac{max\ M}{W} = \frac{\frac{F \cdot l}{4}}{\frac{b \cdot h^2}{6}} = \frac{\frac{F \cdot 10}{4}}{\frac{4 \cdot 4^2}{6}} = 0{,}234\ F\ \text{in N/cm}^2 = F \cdot 0{,}00234\ \text{N/mm}^2\ (F\ \text{in Newton eingesetzt})$$

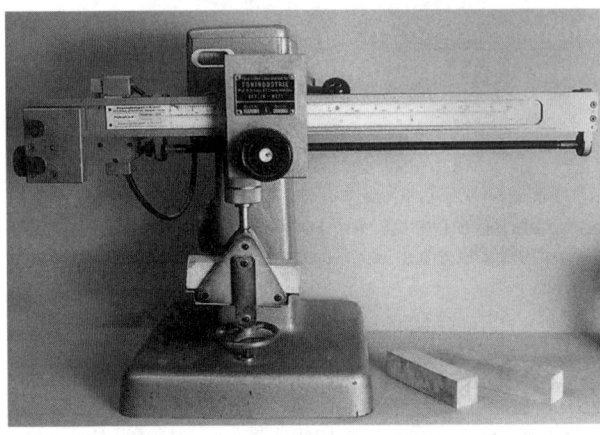

Abb. 4.9 Biegezugprüfgerät

Druckfestigkeit: Die Druckfestigkeit wird jeweils an zwei Prismenhälften geprüft, die zwischen zwei geschliffenen Druckplatten in einer Druckprüfmaschine – Kraftbereich 20 bis 200 kN – bis zum Bruch belastet werden.

Druckfläche 40 mm × 40 mm = 1600 mm²; Druckfestigkeit $R_c\ (= \beta_W) = \frac{F}{1600}\ \text{N/mm}^2$

4.6.13.5 Sonstige Prüfungen

Die Ermittlung der **Hydratationswärme** erfolgt im Lösungskalorimeter (DIN EN 196-8) oder nach dem teiladiabatischen Verfahren aus dem Temperaturanstieg von Frischmörtel (DIN EN 196-9).

Die **chemische Zusammensetzung**, der Hüttensand-, Flugasche- und Trassgehalt werden durch chemische Analyse, gegebenenfalls auch durch mikroskopische Untersuchung, nach DIN EN 196-2 bestimmt. Die **Puzzolanität** von Puzzolanzementen wird nach DIN EN 196-5 über den gelösten $Ca(OH)_2$-Gehalt einer wässrigen Aufschlämmung des Puzzolanzements ermittelt. Der **C_3A-Gehalt** wird bei HS-Zementen aus der Analyse berechnet.

4.6.14 Normzemente für spezielle Anwendungsgebiete

4.6.14.1 Weißer Zement

Portlandzement aus eisen- und manganfreien oder -armen Rohstoffen, er enthält daher kein C_4AF (siehe Abschnitt 4.6.2.1) und unterscheidet sich sonst nur durch die weiße Farbe von gewöhnlichem Portlandzement. In der Regel Festigkeitsklasse 42,5 R („Dyckerhoff-Weiß"), weiße Säcke mit schwarzem Aufdruck.

Weißer Portlandzement hat die gleichen technologischen Eigenschaften wie grauer Portlandzement. Dies gilt nicht nur für die Festigkeiten, sondern genauso für das Schwinden und Kriechen.

4.6 Zemente

Verwendung für besonders hellen Beton im Stahlbeton- und Spannbetonbau aller Festigkeitsklassen, für Betonwerkstein, für Waschbeton, Ornamentbeton, hellen Fassadenbeton (besonders in südlichen Ländern), für weiße, wetterfeste Schlämmanstriche, Putze und Fugen, weißen Terrazzo, für Fahrbahnmarkierungen, auch im städtischen Straßenbau.

4.6.14.2 Hydrophobierter Zement, Pectacrete

Hydrophobierter Zement ist in der Regel Portlandzement 32,5 R, dessen Zementteilchen durch Zumischung eines hydrophob wirkenden Stoffs wasserabweisend umhüllt sind. Er wird zur Bodenverfestigung (Straßen- und Wegebau) verwendet und kann praktisch bei jedem Wetter ungeschützt an der Baustelle lagern, keine Knollenbildung oder vorzeitige Hydratation. Hydrophobe Umhüllung wird bei Verarbeitung (Einfräsen in den Boden, Reibung mit Sand) zerstört, sodass dann volle Festigkeitsentwicklung einsetzt. Pectacrete lässt sich im Boden gut verteilen. Selbst schwieriger Boden (bindiger Boden, Einkornsand) lässt sich gut und dauerhaft verfestigen.

4.6.14.3 Sonderzement mit sehr niedriger Hydratationswärme (DIN EN 14 216)

Zemente der Festigkeitsklasse 22,5, bei denen auf Grund der Zusammensetzung, der Feinheit oder des Reaktionsvermögens der Bestandteile der Hydratationsprozess langsamer verläuft. Es werden sechs Produkte der Sonderzemente mit sehr niedriger Hydratationswärme angegeben:

Hochofenzement VLH III/B	(20 bis 34 % Klinker, 66 bis 80 % Hüttensand)
Hochofenzement VLH III/C	(5 bis 19 % Klinker, 81 bis 95 % Hüttensand)
Puzzolanzement VLH IV/A	(65 bis 89 % Klinker, 11 bis 35 % Silicastaub, Puzzolane und/oder Flugasche)
Puzzolanzement VLH IV/B	(45 bis 64 % Klinker, 36 bis 55 % Silicastaub, Puzzolane und/oder Flugasche)
Kompositzement VLH V/A	(40 bis 64 % Klinker, 18 bis 30 % Hüttensand, 18 bis 30 % Puzzolane und/oder Flugasche)
Kompositzement VLH V/B	(20 bis 39 % Klinker, 31 bis 50 % Hüttensand, 31 bis 50 % Puzzolane und/oder Flugasche).

Verwendung: Sonderzement mit sehr niedriger Hydratationswärme eignet sich insbesondere für den Bau von Dämmen und ähnlichen massiven Bauwerken, deren Maße ein niedriges Oberflächen-Volumen-Verhältnis aufweisen.

Bezeichnung:
Sonder-Hochofenzement mit sehr niedriger Hydratationswärme
   EN 14 216 – VLH III/C 22,5
   (Bezeichnung eines Sonderzementes mit sehr niedriger Hydratationswärme mit einem Massenanteil an Hüttensand zwischen 81 % und 95 %, der Festigkeitsklasse 22,5, mit sehr niedriger Hydratationswärme)
Sonder-Puzzolanzement mit sehr niedriger Hydratationswärme
   EN 14 216 – VLH IV/B (P) 22,5
   (Bezeichnung eines Sonderzementes mit sehr niedriger Hydratationswärme mit einem Massenanteil an natürlichem Puzzolan (P) zwischen 36 % und 55 %, der Festigkeitsklasse 22,5, mit sehr niedriger Hydratationswärme).

4 Anorganische Bindemittel

4.6.15 Sulfathüttenzement nach DIN EN 15 743 SSC

Sulfathüttenzemente bestehen hauptsächlich aus Hüttensand und Calciumsulfat. Im Gegensatz zu Normalzementen nach DIN EN 197-1 wird bei Sulfathüttenzement der Hüttensand hauptsächlich durch Calciumsulfate aktiviert. SSC wird auch Gipsschlackenzement genannt und steht den Hüttenzementen nahe. Der Sulfathüttenzement enthält mindestens 75 Masse-% Hüttensand, 5 bis 20 Masse-% Calciumsulfat und maximal 5 Masse-% Portlandzementklinker.

Für die SSC-Herstellung sind nur (hoch-)basische, d.h. CaO-reiche Schlacken mit möglichst hohem Al_2O_3-Gehalt (> 14 %) brauchbar. Besonders geeignet sind die Schlacken der tonereichen Minette-Erze. Das erklärt die Verbreitung des Gipsschlackenzements in Frankreich und Belgien. Auch in anderen Ländern ist der SSC verbreitet.

Eigenschaften: Erhärtet nicht so schnell wie Portlandzement, Festigkeit etwa wie Portlandzement. Wärmeentwicklung: langsam (nur mäßige Temperaturerhöhung). Nachbehandlung: unbedingt erforderlich, vor rascher Austrocknung schützen. Chemische Beständigkeit: gegenüber sulfathaltigen Lösungen, Meerwasser, Moorwasser beständig. Wasserdichtigkeit: besser als bei Portlandzement durch stärkere, Poren stopfende Gelbildung. Verhalten gegenüber Stahleinlagen: Haftung und Rostsicherheit gegeben. Zusatzmittel: verhalten sich meist anders als bei Portlandzement, Eignungsversuche unbedingt erforderlich. Schwinden: geringer als bei Portlandzement, gut raumbeständig.

Betonieren gegen Portlandzement-Beton: Vorsicht! Wenn Nahtstelle durchfeuchtet wird oder feucht bleibt, Schädigung durch Ettringitbildung (Sulfattreiben). Auf einem gut erhärteten SSC-Beton kann dagegen mit Hochofenzement oder HS-Zementen weiterbetoniert werden.

Mischen mit anderen Bindemitteln nicht zulässig, stört Erstarrungsverhältnisse, ergibt starke Festigkeitseinbußen.

Zuschlag muss sehr rein sein (gewaschen), sehr empfindlich gegen Verunreinigungen (z.B. abschlämmbare Bestandteile), Festigkeitsrückgang sehr viel stärker als bei anderen Zementen. Bei Mörtel oder Beton mit SHZ sandet Oberfläche leicht ab, da im Frühstadium der Erhärtung kalkarme Hydratationsprodukte durch Luftkohlensäure zersetzt werden können oder für die Erhärtung notwendiges, im SHZ enthaltenes $Ca(OH)_2$ zu schnell in Carbonat überführt wird. (Gegenmaßnahmen: spätes Ausschalen, Oberflächen abdecken – filmbildende Mittel –, Kalkmilchanstrich.) Lagerbeständigkeit: etwa drei Monate, dann lässt das Erhärtungsvermögen durch Luftkohlensäureeinfluss nach.

4.6.16 Tonerdezement, Tonerdeschmelzzement (TSZ) – nicht genormt –

Aus sehr reinem Kalkstein und Bauxit bis zum Schmelzen (bei ≈ 1500 °C Sinterung, bei ≈ 1600 °C vollständig geschmolzen) erhitzt und sehr fein gemahlen. Herstellung erfolgt in metallurgischen Öfen (Reverberationsofen; im elektrischen Lichtbogen), in Deutschland im Hochofen bei der Gewinnung eines Sonderroheisens (Metallhüttenwerke Lübeck), Produktion 1982 eingestellt.

Hauptbestandteile: Calciumaluminate[4]. **Erhärtung:** durch Hydratation der Calciumaluminate. Hydratationsprodukte können instabil sein und sich bei bestimmten Bedingungen (feuchte Wärme) im Laufe längerer Zeiträume weiter umwandeln, was Festigkeitsrückgang und zunehmende Porosität zur Folge hat (Umwandlungsprodukte haben höhere Dichte).

Erhärtungsverlauf: schnelle Festigkeitsentwicklung.

Bei Beton mit 300 bis 350 kg Tonerdeschmelzzement/m³ z.B.

6 Std. nach Anmachwasserzugabe etwa 20 N/mm²
18 Std. nach Anmachwasserzugabe etwa 37 N/mm²
24 Std. nach Anmachwasserzugabe etwa 42 N/mm²
28 Tage nach Anmachwasserzugabe etwa 60 N/mm² und mehr.

---

4 Überwiegend: Monocalciumaluminat $CaO \cdot Al_2O_3$
Hydratation: $CaO \cdot Al_2O_3 + 10\,H_2O \rightarrow CaO \cdot Al_2O_3 \cdot 10\,H_2O$.

4.6 Zemente

Weitere Eigenschaften: Sehr hohe Wärmeentwicklung (deshalb etwa 4 bis 5 Stunden nach Anmachwasserzugabe damit beginnen, den Beton etwa 15 Stunden lang feucht und kalt zu halten). Betonieren bei Frost (bis −15 °C) möglich.
Chemisches Verhalten: Widersteht Sulfaten, Moor-, Meerwasser, sehr reinem (weichem) Wasser. Andererseits greift Tonerdeschmelzzement Blei, Zink und Aluminium nicht an, da er keinen freien Kalk abspaltet. Gegen Laugen schlecht beständig (Portlandzement dagegen beständig).
Bei Mischung mit Portlandzement: **Schnellbinder** mit verminderter Festigkeit. Mischen nur für Dichtungsarbeiten, etwa 1:1 oder portlandzement-reicher.
Einen „*Löffelbinder*" für Dichtungen bei Wasserandrang ergibt: 1 Teil TSZ + 1 Teil Portlandzement plastisch angemacht. Dieser beginnt nach 2 Minuten zu erstarren und ist nach 4 bis 5 Minuten erhärtet.
Einen schnell erstarrenden Putz zum Ziehen von Gesimsen und dergleichen kann man durch folgende Zusätze von Tonerdeschmelzzement herstellen: bei wärmerer Witterung 1 Teil TSZ : 3 Teilen Portlandzement : 9 Teilen Sand; bei kälterer Witterung 1 Teil TSZ : 1 Teil Portlandzement : 3 Teilen Sand.
Verwendung: Bis 1962 wurde TSZ für Beton, Stahlbeton und Spannbeton verwendet. Danach in Deutschland für tragende Bauteile, Stahl- und Spannbeton verboten.
Im Jahre 1962 stürzten einige Stalldecken in Niederbayern ein, die aus mit deutschem TSZ gebundenen Spannbeton-Fertigteilen hergestellt waren. Danach wurde ein entsprechendes Verwendungsverbot erlassen. Neben dem Festigkeitsrückgang und der Porositätszunahme wurde bei den Schadensfällen auch eine Wasserstoffversprödung der Spannstähle und damit deren Versagen durch Sprödbruch festgestellt. Rostbildung wurde nicht beobachtet.
Es gibt aber auch viele Bauteile aus TSZ-Beton, die günstigeren Verhältnissen ausgesetzt sind und ihre hohe Festigkeit (ohne Umwandlungen) bisher behalten haben. Im Ausland wird TSZ im Betonbau verwendet, zum Teil müssen dabei besondere Bestimmungen eingehalten werden. TSZ wird u.a. in Frankreich, Italien, Kroatien und Polen hergestellt.

Verwendung in der Bundesrepublik Deutschland heute: im **Feuerungsbau,** Schornsteinformstücke. Mit geeigneten Zuschlägen ergibt TSZ einen bis 1600 °C hitzebeständigen Beton. Zwar erleidet auch Beton aus TSZ beim Erhitzen durch Austreibung des chemisch gebundenen Wassers Festigkeitseinbußen, er zerfällt aber nicht wie Beton aus Portlandzement, vielmehr tritt bei Temperatursteigerung eine keramische Bindung durch Sintervorgänge ein. Vielfach bewährt hat sich die *Zementmörtelauskleidung* als **Korrosionsschutz** *von Guss- oder Stahlrohren* für die Wasserversorgung mit französischem TSZ, Fondu Lafarge. Besonders bei sehr reinem Wasser oder Quellwasser (mit pH-Werten ab 5) wird TSZ anderen Zementen (sonst meist Hochofenzement oder HS-Zement) vorgezogen, z.B. Wasserleitung Hamburg – Lüneburger Heide.
Ebenso werden Gussrohre für Abwasserleitungen serienmäßig mit einer Zementmörtelschicht aus TSZ ausgekleidet (in DIN EN 598 aufgeführt). Solcher Mörtel hat eine sehr gute Beständigkeit auch gegen die biogene Schwefelsäurekorrosion durch Abwasser.
Fondu Lafarge entspricht den Empfehlungen des Bundesgesundheitsamtes und den technischen Regeln W342 des DVGW [4.15].

Weitere Verwendung: Spachtelmassen, Verstreichen von Fugen und Ausfüllen von Durchlässen im Schnellbau mit Fertigteilen, Untergießen von bald zu belastenden Auflagerkörpern bei Behelfsauflagern u.Ä.

4 Anorganische Bindemittel

4.6.17 Sonstige Zemente und Spezialbindemittel

4.6.17.1 Quellzement – nicht genormt –

Zement, der bei der Hydratation nicht wie alle übrigen Zemente schwindet, sondern sein Volumen etwas vergrößert. Ursache: In der Regel gesteigertes Ettringittreiben, das aber so gesteuert wird, dass keine Treibrisse entstehen. Muss in der ersten Zeit (8 bis 14 Tage lang) gut feucht gehalten werden, damit das zur Ettringitbildung nötige Wasser vorhanden ist. Quellzement entsteht meist durch Vermahlen oder Vermischen von Portlandzement mit den Treibkomponenten Tonerdeschmelzzement und Gips oder Calciumaluminatsulfat und freiem Kalk. Nach dem Quellvorgang verhält sich mit Quellzement hergestellter Beton hinsichtlich des Schwindens und Kriechens wie jeder andere Beton.

Die Verwendung von Quellzement erscheint nur dann von merklichem Vorteil, wenn die Quellung behindert wird (durch Widerlager), es dadurch zu einer Druckspannung im Beton kommt, die bei Betonaustrocknung und damit verbundenem Schwinden nicht gänzlich abgebaut wird. Wird in Deutschland nicht hergestellt, aber in den USA, Japan, Russland, Ukraine. Quellzement hat sich in Deutschland nicht durchsetzen können; die mit seiner Verwendung gewünschten Ziele können heute durch andere betontechnologische oder konstruktive Maßnahmen zielsicherer erreicht werden.

4.6.17.2 Tiefbohrzement, Bohrlochzement – nicht genormt –

Zur Auskleidung von Bohrlöchern (Erdöl, Erdgas) müssen Betone aggressivbeständig, verpumpbar und bei einer Zementierung in großer Tiefe (bei erhöhter Temperatur – bis zu 150 °C – und unter starkem Druck – bis zu 1000 bar –) noch normal erstarren. Insbesondere müssen sie widerstandsfähig sein gegen die Einflüsse des durchfahrenen Gebirges (z.B. beim Durchteufen von Salz-, Anhydrit- oder Gipsschichten) sowie gegen die bei Bohrspülungen üblichen Spülungszusätze.

Enthalten in der Regel kein C_3A; werden mit stark verzögernd wirkenden Zusätzen hergestellt. Ein deutscher Tiefbohrzement ist z.B. Dyckerhoff-Halliburton-Tiefbohrzement. Er wird in verschiedenen Typen hergestellt, je nach Teufenbereich, in dem er verwendet werden soll.

4.6.17.3 Injektionszement, Feinstzement

Für Zementeinpressungen zum Verfestigen und/oder Abdichten von klüftigem Gestein, Lockergestein oder Gesteinsschüttungen müssen Zementsuspensionen gute Fließeigenschaften haben und sollen während des Verpressens möglichst nicht sedimentieren (entmischen). Von den Zementeigenschaften ist dabei im Wesentlichen nur die Kornverteilung der Zementpartikel von Bedeutung. Grobe Zemente verhalten sich ungünstiger als feiner gemahlene. Am günstigsten verhalten sich Zemente mittlerer Feinheit mit engem Grobkornbereich, zum Ausfüllen enger Klüfte sind feingemahlene Zemente vorzuziehen. Grundsätzlich können alle Normzemente und allgemein bauaufsichtlich zugelassene Zemente verwendet werden. Ist der eingepresste Zement sulfathaltigen Wässern ausgesetzt, sind Zemente mit hohem Sulfatwiderstand (HS-Zement) vorzuziehen, ab 600 mg SO_4/l unbedingt erforderlich. Feinstzemente für Rissinjektionen sind Normzemente hoher Feinheit. Für Injektionen mit Zementleim (ZL – I) muss die Zementfeinheit > 4500 cm²/g betragen, für Injektionen mit Zementsuspensionen (ZS – I) muss der Zement so fein sein, dass mindestens 95 % durch das Sieb mit 16 µm Maschenweite hindurchgehen. Solche Zemente werden in Spezialmühlen gemahlen und haben spezifische Oberflächen im Bereich um 15 000 cm²/g bei einer

Korngröße überwiegend zwischen 1 und 9 µm. Die Festigkeit dieser Zemente entspricht etwa einem Zement 52,5 R. Für Injektionen werden den Feinstzementen noch Füllstoffe und Additive zugesetzt. Vor der Verarbeitung werden sie mit Wasser kolloidal aufgemischt [4.20], [4.21]. Feinstzement wird auch als Zusatz zur Herstellung von Hochleistungsbeton verwendet, wodurch das Schwinden günstig verringert wird.

4.6.17.4 Schnellzement – nicht genormt –

Spezieller Portlandzement, der sehr schnell erstarrt und erhärtet. Erreicht schon nach etwa vier Stunden Norm-Druckfestigkeiten von über 10 N/mm^2, nach zwei Tagen Festigkeit etwa wie ein Zement 52,5 R (etwa 40 N/mm^2), danach geringer Festigkeitszuwachs (28-Tage-Werte etwa 50 N/mm^2). Muss schnell verarbeitet werden, Erstarrungsbeginn spätestens nach 1/2 Stunde.

Schnellzemente sind kalkreiche Portlandzemente mit erhöhtem Aluminat- sowie einem erheblichen Fluorgehalt (wodurch neben C_3S als wesentlicher Bestandteil die Verbindung $11\, CaO \cdot 7\, Al_2O_3 \cdot CaF_2$ auftritt). Im Ausland (USA, Japan) als „Regulated Set-Cement" (Z mit reguliertem Erhärtungsverlauf) oder als „Jet-Cement" bezeichnet. Verwendung u.a. zur schnellen Reparatur beschädigter Betonflächen, von Straßendecken und zum Betonieren unter Wasser.

Herstellung in Deutschland: z.B. **Wittener Schnellzement** der Ardex Chemie, Witten, bauaufsichtlich zugelassen. Verarbeitungszeit etwa 30 Minuten (kurze Erstarrungszeit), Gemisch aus Portlandzement, Tonerdeschmelzzement und Zusätzen. Darf nicht mit anderen Bindemitteln und nicht mit Betonzusatzstoffen (außer inertem Gesteinsmehl, wie z.B. Quarzmehl) gemischt und nicht über klimabedingte Temperaturen hinaus wärmebeansprucht werden. Druckfestigkeit nach zwei Stunden bei Prüfung nach Zementnorm mindestens 4 N/mm^2. Verwendung hauptsächlich zum Ausbessern und Ersetzen von geschädigtem Beton, auch bei tragenden Konstruktionen, Befestigen von Dübeln und Ankern.

4.6.17.5 Dämmer

Spezialbindemittel zum Herstellen gut fließfähiger Suspensionen, mit denen sich unterirdische Hohlräume gut ausfüllen lassen. Besteht aus hydraulischem Bindemittel und tonhaltigem Steinmehl. Durch den Tonanteil werden eine gute Wasserbindung, eine gute Fließfähigkeit und leichte Pumpbarkeit erreicht.

Hersteller: Anneliese Zementwerke, Ennigerloh (Patentinhaber) und Dyckerhoff-Zementwerke.
Anwendung: Durch Vermischen mit Wasser (im Betonmischer) entstehen Dämmer-Suspensionen in gewünschter Konsistenz. Gut fließfähige Suspensionen erhält man bei Wasser-Dämmer-Werten (Massenverhältnis) von 0,6 bis 0,8; für Wasser dichtende Schichten werden gut pumpfähige Suspensionen mit einem Wasser-Dämmer-Wert von etwa 0,45 verwendet. Richtwerte für das Erstarren und die Druckfestigkeit gibt die Tafel 4.15 an.

Werden schnelleres Abbinden und höhere Festigkeiten gefordert, kann ein modifizierter Dämmer, „Blitzdämmer", eingesetzt werden. Erstarrungszeiten: Beginn etwa nach 3 h, Ende etwa nach 5 h, Druckfestigkeit zwischen 15 N/mm^2 und 30 N/mm^2, bei Wasser-Dämmer-Werten zwischen 0,70 und 0,45 [4.26].

Dichte 2,6 g/cm^3; spezifische Oberfläche nach *Blaine* etwa 6000 cm^2/g. Dämmer-Suspensionen reagieren *stark alkalisch* (bei Wasser-Dämmer-Wert von 0,68 beträgt der pH-Wert 12,4), sodass eingebetteter Stahl ähnlich wie bei Beton vor Korrosion geschützt ist.

4 Anorganische Bindemittel

Tafel 4.15 Eigenschaften von Dämmer-Suspensionen, Richtwerte nach [4.11]

Wasser/Dämmer-Wert	Erstarren		Druckfestigkeit von 4 cm × 4 cm × 16 cm-Prismen nach 28 Tagen Luftlagerung
	Beginn	Ende	
	Std.	Std.	N/mm²
0,45	6	12	5
0,60	10	18	2
0,80	24	48	1

Lieferung erfolgt lose oder in 30-kg-Säcken (Säcke: obere Hälfte grün, untere hellbraun). **Verwendung:** Ausfüllen von alten Rohrleitungen und Kanälen, von Klüften und Kavernen im Baugrundbereich, Verfüllen von Hohlräumen beim U-Bahn-Bau und des Hohlraums zwischen Rohraußenwand und Erdreich bei schildvorgetriebenen Tunneln sowie als dichtende Sohle bei Wasserbaumaßnahmen.

4.6.17.6 Weitere Zemente und Zementbezeichnungen

a) Erzzement, Ferrarizement, Ferrozement: frühere Bezeichnung für Zemente mit extrem niedrigem Al_2O_3- bzw. stark erhöhtem Fe_2O_3-Gehalt. **Ferrozement:** aus dem Englischen übernommene Bezeichnung für einen Verbundwerkstoff aus Zementmörtel mit hohem Bewehrungsgrad (Maschendraht und Zusatzstähle) für dünnwandige Flächentragwerke und für den Bootsbau. Zementgehalt des Mörtels meist 650 bis 800 kg/m³; w/z-Wert um 0,35; Druckfestigkeit nach 28 Tagen etwa 60 bis 90 N/mm².
b) Kolloidzement: Bezeichnung für sehr fein gemahlene Zemente, durchschnittliche Korngröße < 0,01 mm, Größtkorn 0,03 mm, für Zementsuspensionen zum Auspressen von feinen Spalten und Hohlräumen.
c) Spritzbetonzement: gipsarme Zemente, die schneller erstarren als nach der Zementnorm zulässig, werden für Spritzbeton eingesetzt (Spritzbetonzement). Beschleunigerzugabe dadurch in der Regel überflüssig. Besonders für Spritzbeton auf wasserführendem Spritzgrund. Bauaufsichtliche Zulassung notwendig, erhalten dann Zusatzbezeichnung SE, z.B. CEM I 32,5 R-SE.
d) Tunnelzement TZ: nach österreichischen „Richtlinien Spritzbeton" Zement, der für die Verwendung zu Tunnelspritzbeton wichtige Anforderungen (Erstarrungsbeginn, Mahlfeinheit, Festigkeit, Wasserabsondern, Na_2O-Äquivalent) erfüllt.
e) Belitzement: Zement aus CaO-ärmeren Rohstoffen, enthält dadurch überwiegend 2 CaO · SiO_2 (= Belit), dafür wenig 3 CaO · SiO_2.
f) Barium-, Strontiumzement: Zemente, bei denen CaO ganz oder teilweise durch BaO bzw. SrO ersetzt ist, sind chemisch widerstandsfähiger und etwas wirksamer in der Abschirmung von Gamma- und Röntgenstrahlen. Teuer, heute bedeutungslos.
g) Recyclingbinder: Spezialbindemittel aus Zement und mineralischen Zusatzstoffen unterschiedlicher Zusammensetzung je nach Verwendungszweck: Verfestigung und sichere Einbindung von Schadstoffen, z.B. bei der Wiederverwendung von teerhaltigem Straßenaufbruch, Immobilisierung und Verfestigung schwermetallhaltiger Schlacken und Schlämmen.
h) Phosphatzemente: keine Baustoffe, sondern in der Medizin verwendete Knochenersatzwerkstoffe (Calciumphosphatzement) oder Dentalwerkstoffe (Zinkphosphatzement).
Auskünfte und **Beratung** über Zement und seine Verwendung durch Bundesverband der Deutschen Zementindustrie e. V., Pferdmengesstr. 7, Postfach 510566 in 50941 Köln. Außerdem: Forschungsinstitut der Zementindustrie, Tannenstr. 2/4, 40476 Düsseldorf.

4.7 Putz- und Mauerbinder MC (früher PM-Binder)

Normen
DIN EN 413-1   (07.11)   Putz- und Mauerbinder; Zusammensetzung, Anforderungen und Konformitätskriterien
DIN EN 413-2   (08.05)   Putz- und Mauerbinder; Prüfverfahren

4.7 Putz- und Mauerbinder MC (früher PM-Binder)

Hydraulisches Bindemittel, besteht im Allgemeinen aus Zement, Gesteinsmehl und (chemischen) Zusatzmitteln (Luftporenbildner, Plastifizierer, Verzögerer), zuweilen auch mit Kalkhydratzusatz. Gesteinsmehl dient zur Regulierung (Verringerung) der vom Zement ausgehenden Festigkeit und zum Einbringen der für einen geschmeidigen Mörtel nötigen Feinstteile (Mehlkorn siehe Abschnitt 5.12); chemische Zusätze verbessern die Verarbeitungseigenschaften.
Chemische und physikalische Anforderungen siehe Tafeln 4.16 und 4.17.

Tafel 4.16 Zusammensetzung von Putz- und Mauerbinder

Art	Gehalt in %	
	Portlandzementklinker	Zusätze
MC 5	≥ 25	≤ 1[a]
MC 12,5; MC 12,5X MC 22,5; MC 22,5X	≥ 40	

[a] Der Gehalt an organischen Zusätzen bezogen auf die Trockenmasse darf einen Massenanteil von 0,5 % des Putz- und Mauerbinders nicht überschreiten.

Die Bezeichnung MC für Putz- und Mauerbinder wurde im Rahmen der europäischen Normung gewählt (MC = masonry cement, Mauerwerkszement, engl.).

Tafel 4.17 Anforderungen an die Druckfestigkeit, als charakteristische Werte angegeben

Art	Festigkeit nach 7 Tagen (Anfangsfestigkeit) MPa	Festigkeit nach 28 Tagen (Normfestigkeit) MPa	
MC 5	–	≥ 5[a]	≤ 15[a]
MC 12,5; MC 12,5X	≥ 7	≥ 12,5	≤ 32,5
MC 22,5; MC 22,5X	≥ 10	≥ 22,5	≤ 42,5

[a] Bei Prüfung von MC 5 ist eine Belastungsgeschwindigkeit von (400 ± 40) N/s zu verwenden.

Die nach DIN EN 413-2 durchzuführenden Prüfungen lehnen sich weitgehend an die Prüfverfahren für Zement (DIN EN 196) und für Baukalk (DIN EN 459-2) an. Luftgehalt und Wasserrückhaltevermögen werden an Frischmörtel mit Normkonsistenz ermittelt. Letztere ist erreicht, wenn ein Eindringmaß von 35 ± 3 mm gemessen wird, ermittelt mit dem Steifemessgerät wie bei der Kalkprüfung (siehe Abschnitt 4.4.4.8c). Durch die werkseitige Zugabe von Luftporenbildnern werden die Verarbeitbarkeit und die Witterungsbeständigkeit verbessert, durch das Wasserrückhaltevermögen wird ein Absaugen von für die Hydratation notwendigem Wasser durch saugendes Mauerwerk behindert.
Verwendung: für Putz- und Mauermörtel, Mörtelgruppen I und II (siehe Abschnitte 7.2 und 7.3), für Mörtelgruppe III nur als Zusatz zur Verbesserung der Geschmeidigkeit (anstelle von Kalk, Zusatzmenge begrenzt).
Übliche Mischungsverhältnisse (Raumteile): Außenputzmörtel 1 : 3 bis 4, Mauermörtel 1 : 3, Innenputzmörtel 1 : 4 bis 5. Für Umrechnung in Massenteile: Dichte des PM-Binders etwa 2,85 kg/dm³. Mit Wasser angemachter Mörtel ist etwa 3 bis 4 Stunden verarbeitbar, im Sommer (Temperatur > 25 °C) etwa 2 Stunden.
Sehr ergiebig, gut verarbeitbar, gute Haftung, schnelle Erhärtung (besonders im Winter vorteilhaft), gute Sperrwirkung gegen Feuchtigkeit. Zumischung zementechter Farben für

farbige Putze möglich. Auch für Unterputz unter kunststoffgebundenem Oberputz und für Gipsoberputz geeignet, wenn er zuvor ausreichend erhärtet und austrocknet.

Mit Gips nicht mischbar (Ettringittreiben), mit allen Zementen – außer TSZ und SHZ – sowie mit Baukalken mischbar.

4.8 Hydraulische Boden- und Tragschichtbinder HRB

Normen
DIN EN 13282-1 (06.13)   Hydraulische Tragschichtbinder: Schnell erhärtende hydraulische Tragschichtbinder – Zusammensetzung, Anforderungen und Konformitätskriterien
DIN EN 13282-2 (07.15)   Hydraulische Tragschichtbinder: Normal erhärtende hydraulische Tragschichtbinder – Zusammensetzung, Anforderungen und Konformitätskriterien

Hydraulisches Bindemittel zur Herstellung von Baustoffgemischen für hydraulisch gebundene Tragschichten, Bodenverfestigungen oder Bodenverbesserungen unter Verkehrsflächen. Tragschichtbinder bestehen aus Portlandzement und/oder Luftkalk und/oder Hydraulischem Kalk HL5 sowie gegebenenfalls Hüttensand oder Trass oder Ölschiefer oder Flugasche oder getempertem Phonolith-Gesteinsmehl. Daneben kann Gips/Anhydrit zur Regelung des Erstarrens zugegeben werden, außerdem bis zu 5 Masse-% aus der Portlandzement-Klinkerproduktion stammende ungebrannte oder teilweise gebrannte anorganische Stoffe, andere Zusätze bis zu 1 Masse-%.

Die Tragschichtbinder nach EN 13282-1 werden in den Festigkeitsklassen E 2, E 3, E 4 und E 4 – RS hergestellt und erhärten nach Wasserzugabe sowohl an der Luft als auch unter Wasser und bleiben unter Wasser fest.

Anforderungen: Mahlfeinheit Siebrückstand auf Sieb 0,09 mm ≤ 15 Masse-%; Raumbeständigkeit; Druckfestigkeit entsprechend Tafel 4.18. Weitere Anforderungen beziehen sich auf chemische Kennwerte (SO_3-Gehalt, Zusammensetzung). Alle Prüfungen werden entsprechend der Zementnorm durchgeführt.

Tafel 4.18 Druckfestigkeit von schnell erhärtenden hydraulischen Tragschichtbindern

Festigkeitsklassen	Druckfestigkeit in N/mm² nach		
	7 Tagen	28 Tagen	
	mind.	mind.	max.
E 2	5,0	12,5	32,5
E 3	10,0	22,5	42,5
E 4	16,0	32,5	52,5
E 4 – RS	16,0	32,5	–

4.9 Wasserglas

Anorganisches Bindemittel für Sonderzwecke. Als „Wasserglas" werden wässrige Lösungen von Alkalisilikaten bezeichnet. Durch Schmelzen von feinem Quarzpulver (SiO_2) und Pottasche (K_2CO_3) oder Soda (Na_2CO_3) und Auflösen der Schmelze in Wasser erhält man Kaliwasserglas bzw. Natronwasserglas (kolloidale Lösungen). Es handelt sich dabei vorwiegend um saure Salze wie K_3HSiO_4, $K_2H_2SiO_4$ und KH_3SiO_4 bzw. Na statt K. Da die hier vorliegende Kieselsäure eine sehr schwache Säure ist, reagieren diese Alkalisilikatlösungen stark alkalisch.

Wasserglas wird vielfältig verwendet:
a) Bindemittel für Außenanstriche auf Naturstein, Ziegel, Kalksandstein, Putz; Erhärtung durch Aufnahme von Kohlensäure (CO_2) aus der Luft, es bildet sich Kieselsäure (Verkieselung), mit $Ca(OH)_2$ vom Kalk oder vom Zement Bildung von wasserunlöslichem Kalziumsilikat, s. Abschnitt 11.5.4.
b) Bindemittel für säurefeste Kitte und säurefeste Mörtel im Säureschutzbau
c) Bindemittel für feuerfeste Kitte
d) als Bindemittel zum feuerbeständigen Verkitten von Glas und Porzellan
e) Injektionsbindemittel zur Abdichtung und Verfestigung von Mittel- und Feinsanden im Tief- und Wasserbau (DIN 4093 – Baugrund, Einpressen in den Untergrund)
f) als Imprägniermittel im Brandschutz.

Die Wasserglashärtung kann außer durch Luftkohlensäure – wie oben bei a) – auch durch Ansäuern mit anderen Säuren, durch Zugabe von Silikationen oder durch organische Härter, hier erfolgt bei der Verseifung der Ester – Härter – eine Wasserabspaltung (Kondensation), bewirkt werden.

4.10 Mischen von Bindemitteln

Ob verschiedene Bindemittel miteinander vermischt werden können, um entsprechend abgestufte Eigenschaften der damit hergestellten Mörtel oder Betone zu erreichen, hängt davon ab, ob sich die Bindemittel „vertragen" oder nicht.

Unverträglichkeit kann zwei Ursachen haben:
1. Es entstehen neben den normalen Erhärtungsreaktionen noch weitere Reaktionen, die zu Schäden führen (z.B. Ettringitbildung, Sulfattreiben).
2. Die Bedingungen für den Ablauf der normalen Erhärtungsreaktion werden durch die zugemischte Komponente so verändert (z.B. pH-Wert-Änderung), dass die Erhärtung zu schnell oder zu langsam verläuft oder die gewünschten Erhärtungsreaktionen ganz unterbleiben.

Aus solchen Gründen sind folgende Bindemittel stets allein zu verwenden: Magnesiabinder, Sulfathüttenzement, Tonerdeschmelzzement (bei letzterem Ausnahme für Schnellbinder siehe Abschnitt 4.6.16). Von den übrigen Bindemitteln können Zemente und alle anderen hydraulischen Bindemittel untereinander und mit Kalk in jedem Verhältnis, nicht aber mit Gips oder Anhydrit gemischt werden (Ettringit). Luftkalke (gelöscht) können sowohl mit den hydraulischen Bindemitteln als auch mit Gips und Anhydrit in jedem Verhältnis gemischt werden.

Grundsätzlich ist bei Bindemittelgemischen damit zu rechnen, dass die Erstarrungszeiten (bzw. Verarbeitungszeiten) und die Festigkeiten aus den Werten der Einzelbindemittel nicht genau vorhersehbar sind, sondern erforderlichenfalls durch Versuche ermittelt werden müssen.

Die Veränderung der Festigkeit eines Kalkzementmörtels, (Bindemittel zu Sand = 1 : 4 Raumteile), in Abhängigkeit vom Zement- und Kalkgehalt (Weißkalkhydrat) ist nachstehend angegeben (siehe Tafel 4.19).

Die Werte sind als Richtwerte zu betrachten. Sie werden von der Zementnormfestigkeit und vom Sandaufbau beeinflusst.

4 Anorganische Bindemittel

Tafel 4.19 Druckfestigkeit eines Kalkzementmörtels bei verschiedenen Verhältnissen von Kalk zu Zement

	Mischungsverhältnis Zement zu Kalk in Masse-%						
Zement	0	20	40	60	71	80	100
Kalk	100	80	60	40	29	20	0
in Raumteilen	0 : 1	1 : 9,6	1 : 3,6	1 : 1,6	1 : 1	1 : 0,6	1 : 0
Druckfestigkeit in N/mm²	1	2	4	9	14	18	27

4.11 Einwirkung der Bindemittel auf Baumetalle

4.11.1 Gipsmörtel

Frische, aber auch wieder durchfeuchtete, erhärtete Gipsmörtel enthalten gelöstes Sulfat, das Stahl zum Rosten bringt. Für Rabitzarbeiten daher nur verzinktes Drahtgewebe benutzen, siehe Abschnitt 4.1.4. Zink wird zwar durch Sulfatlösungen auch angegriffen, schützt aber das darunter liegende Eisen so lange, bis der Gipsputz trocken ist. Dann besteht im Allgemeinen keine Rostgefahr mehr. Blei ist in Gipswasser unlöslich und wird durch Gips nicht angegriffen. Einzugipsende Schutzrohre, Abzweigdosen usw. für elektrische Unterputzverlegung sind – soweit nicht aus Kunststoff – deswegen verbleit. Auch Zinn, Aluminium und Kupfer sind unempfindlich gegen Gips.

4.11.2 Frische Kalk- und Zementmörtel

Sie greifen infolge ihres Gehalts an gelöstem Kalkhydrat $Ca(OH)_2$ Zink, Blei und Aluminium stark, Kupfer und Zinn dagegen nicht an. Das Gleiche gilt auch von erhärtetem, aber wieder durchfeuchtetem Beton, aus dem noch $Ca(OH)_2$ ausgelaugt wird, da dieses nur in $CaCO_3$ übergehen kann, soweit Luft Zutritt hat. Beim Kupfer ist einzuschränken, dass manche Erstarrungsbeschleuniger, die dem Mörtel bzw. Beton zugesetzt werden, aggressiv werden können. Dann Bitumenanstrich vorsehen! Stahl wird dagegen von Zement nicht angegriffen (deshalb Stahlbeton möglich!). Auch frischer Kalkmörtel verhindert Rostbildung, solange er noch nicht erhärtet ist. Diese nur kurzfristige Schutzwirkung des Kalkmörtels beruht darauf, dass er – im Gegensatz zum Zement – nach dem Erhärten kein $Ca(OH)_2$ mehr absondert und dass er außerdem infolge seiner größeren Porosität Luft und Feuchtigkeit durchlässt.

4.11.3 Steinholz, Magnesiamörtel

Sie wirken infolge ihres Gehalts an $MgCl_2$ rostfördernd. Die sich beim Anmachen wie bei späterer Feuchtigkeitsaufnahme bildende Base $Mg(OH)_2$ greift außerdem Blei, Kupfer, Zink und Aluminium an. Magnesiamörtel muss daher gegen diese Metalle abgesperrt und vor späterer Durchfeuchtung geschützt werden. Wegen Holzwolle-Leichtbauplatten siehe Abschnitt 4.3.2. Vor schädlichen Einflüssen des Mörtels sind Metallteile (Rohre, Anschlussbleche, Abdeckungen usw.) durch Umwicklung mit Korrosionsschutzbinden, Unterlegen von Bitumenpappe (o.Ä.) oder durch Sperranstriche zu schützen.

4.11.4 Nachprüfung, Lehm

Von der Einwirkung frischer Mörtel auf die übrigen Metalle überzeugt man sich, indem man blank gefeilte Metallstreifen (besser Feilspäne) im Reagenzglas mit Gips- bzw. Kalkwasser erwärmt und diese Flüssigkeiten auf in Lösung gegangenes Metall untersucht. Bei Behandlung von Aluminium mit Kalkwasser ist außerdem die Abspaltung von Wasserstoffgas zu beobachten, die beim Porenbeton (siehe Abschnitt 2.11) durch Zusatz von Aluminiumpulver als Treibmittel ausgewertet wird:

$2\ Al + 3\ Ca(OH)_2 + 6\ H_2O \rightarrow 3\ CaO \cdot Al_2O_3 \cdot 6\ H_2O + 3\ H_2\uparrow$

Feuchter **Lehm** und **Ton** bringen Stahl und Gusseisen stark zum Rosten.

4.12 Gesundheit und Umwelt

Die Bindemittel werden aus natürlichen Gesteinen hergestellt, Zusatzstoffe fallen auch als Nebenbestandteile bei der Kohleverbrennung oder anderen Reaktionen natürlicher Rohstoffe an. Die Produkte enthalten dadurch auch Spurenelemente, deren Konzentration sich aus der geochemischen Verteilung in den Ausgangsstoffen ergibt. Von den Spurenelementen können Chrom – hier nur die 6-wertigen Verbindungen –, Kobalt und Nickel eine Allergie auslösen, falls eine entsprechende Hautempfindlichkeit überhaupt besteht und eine Sensibilisierung eintreten kann. (Diese Elemente sind auch allgemein in Technik, Gewerbe und privatem Umfeld, z.B. im Leder und im Schmuck, weit verbreitet, kommen in Bindemitteln aber nur im ppm-Bereich vor.)

Für Handwerker, deren Haut viel Kontakt mit Zement(-mörtel) hat und die auf Chrom allergisch reagieren (Maurerkrätze), z.B. Fliesen- und Estrichleger, stellt die Zementindustrie **chromatarme Zemente** zur Verfügung. Dabei wird bei der Zementherstellung durch Zugabe von Eisensulfat erreicht, dass beim Anmachen mit Wasser das in Lösung gehende 6-wertige Chrom zu 3-wertigem Chrom reduziert wird, das keine Chromallergie auslöst. Lieferung als Sackware mit dem Aufdruck „chromatarm gemäß TRGS 613" (Technische Regel für Gefahrstoffe) oder lose (Silo), z.B. für Werkfrischmörtel.

Von größerer Bedeutung ist die hohe Alkalität von Kalk und Zement. In Gegenwart von Feuchtigkeit wird die Haut bei längerer Einwirkung angegriffen (reizende Wirkung, worauf in der Regel auf der Verpackung vorsorglich hingewiesen wird). Besonders die Augen sind zu schützen.

Eine Umweltgefährdung erfolgt durch die Bindemittel nicht. Zum Teil entsprechen sie im erhärteten Zustand wieder den Ausgangs-Naturgesteinen (Kalkstein, Gips), zum Teil werden sie sogar zum Umweltschutz eingesetzt. So werden Spezialbindemittel auf Zementbasis zur umweltgerechten Einbindung schwermetallhaltiger Böden, Schlämmen und Stäuben sowie zur Einkapselung kontaminierter Standorte oder Deponien und zur umweltsicheren Wiederverwertung von teerhaltigen Massen aus Straßenaufbruchmaterial mit Bindung der umweltschädlichen Kohlenwasserstoffe verwendet [4.22].

Durch eine Vielzahl von Auslaugversuchen an Beton wurde festgestellt, dass umweltgefährdende Schwermetalle in der Matrix des Zementsteins fest eingebunden sind. Im Eluat lagen die Gehalte der Schwermetalle meist unter der Nachweisgrenze oder ganz wesentlich unter den Grenzwerten für Trinkwasser. Dies trifft auch für Beton mit Flugasche, für Beton mit recyceltem Beton als Zuschlag und für Beton mit Zusatzmitteln zu. Daher bestehen auch Trinkwasserspeicher meist aus Beton, Versorgungsleitungen zum Teil aus Spannbeton oder als mit Zementmörtel ausgekleidete Guss- oder Stahlrohre [4.27].

Durch die Bindung des in den Rauchgasen von Kraftwerken und anderen Feuerungsanlagen enthaltenen Schwefeldioxyds zu REA-Gips wird die Umwelt entlastet, natürliche Gipsvor-

4 Anorganische Bindemittel

kommen geschont und ein gesundheitlich unbedenklicher Baustoff gewonnen (Gips ist hautneutral, Verwendung in der Medizin zum Eingipsen).

Analoges gilt für den Hüttensand und die Steinkohlenflugasche, die umweltverträglich als Zementbestandteil oder als Betonzusatzstoff natürliche Ressourcen und Energie für die Zementproduktion einsparen, anderenfalls Deponieraum beanspruchen würden.

Da in den Zementdrehöfen hohe Temperaturen herrschen (Gastemperatur 1800 bis 2000 °C, Brennguttemperatur 1350 bis 1500 °C), können auch abgenutzte Autoreifen, Altöle und sonstige Abfälle oder Rückstände anderer Prozesse kontrolliert und schadlos verbrannt werden, wobei sie wirtschaftlich genutzt (Ausnutzung ihres Heizwerts) und nicht deponiert werden müssen.

4.13 Literaturverzeichnis

[4.1] Volkart, K., Bauen mit Gips, 11. Aufl., hrsg. vom Bundesverband der Gipsindustrie e. V., Darmstadt, 1986

[4.2] Lessing, E., Lehrversuche mit Gips, Darmstadt

[4.3] Weber, H., Ausbauhandbuch, Krämer-Verlag, Stuttgart, 1985

[4.4] Heimberger, W., Steinholz, Bauverlag GmbH, Wiesbaden/Berlin

[4.5] Perowne/Stuart, „Hadrian", S. 100, Verlag C. H. Beck, München

[4.6] Zement Taschenbuch 1984, Bauverlag GmbH, Wiesbaden/Berlin

[4.7] Heufers, H., „Weißer Portlandzement für Betonfertigteile" in: Betonwerk + Fertigteil-Technik, Heft 6/75, Bauverlag GmbH, Wiesbaden/Berlin

[4.8] Huber, H., „Die Verwendung von Flugasche bei der Betonherstellung im Kraftwerks- und Tunnelbau", Vortragsreferat, in: Betonwerk + Fertigteil-Technik, Heft 6/75, Bauverlag GmbH, Wiesbaden/Berlin

[4.9] Vorläufiges Merkblatt für Zementeinpressungen im Bergbau, Fassung 1969, vom Verein Deutscher Zementwerke, Düsseldorf

[4.10] Bonzel, J./Dahms, J., „Über den Einfluss des Zements und der Eigenschaften der Zementsuspensionen auf die Injizierbarkeit in Lockergesteinsböden", Betontechnische Berichte, 1972, S. 51–101, Beton Verlag, Düsseldorf

[4.11] „Dämmer-Mitteilungen" der Dyckerhoff Zementwerke AG, Wiesbaden

[4.12] Bayer, E., „Ferrocement im Bootsbau", in: beton, Heft 12/1978, S. 445–449, Beton Verlag, Düsseldorf

[4.13] Merkblatt für Bodenverbesserung und Bodenverfestigung mit Kalken, Ausgabe 1979, Hrsg.: Forschungsgesellschaft für das Straßenwesen, Köln

[4.14] Hochofenzement mit hohem Sulfatwiderstand, Betontechnische Berichte 1980/81, Seite 91–100, Beton Verlag, Düsseldorf

[4.15] Technische Regeln, Arbeitsblatt W 342: Werkseitig hergestellte Zementmörtelauskleidungen für Guss- und Stahlrohre – Anforderungen und Prüfungen, Einsatzbereiche, DVGW Deutscher Verein des Gas- und Wasserfaches e. V., Eschborn

[4.16] Voth, B., Boden, Baugrund und Baustoff, Bauverlag GmbH, Wiesbaden/Berlin, 1978

[4.17] Herfurth, E., Microsilica-Stäube als Betonzusatzstoff, „Beton- und Stahlbetonbau" 1988, Heft 6

[4.18] Gipsschaum, Mitteilung in Trockenbau 6/93, Verlagsges. Rudolf Müller GmbH, Köln

[4.19] Schießl, P./Härdtl, R., Steinkohlenflugasche im Beton, in: beton, Heft 11/93 und 12/93, Beton Verlag, Düsseldorf

[4.20] ZTV – ING 10, Hrsg.: Der Bundesminister für Verkehr, Verkehrsblatt Verlag, Dortmund

[4.21] Mitteilungen der Dyckerhoff AG, Biebricher Str. 69, 65203 Wiesbaden

[4.22] Mitteilungen der Heidelberger Zementwerke, Umwelttechnik, Peter-Schuhmacher-Str. 8, 68181 Leimen

[4.23] Müller, Ch. und Schießl, P., Schwinden mineralischer Baustoffe unter besonderer Berücksichtigung von Calciumsulfatestrichen, Zement – Kalk – Gips 49 (1996), Bauverlag, Wiesbaden

[4.24] Produktinformationen des Bundesverbandes Kraftwerksnebenprodukte e. V., Düsseldorf Heft 3 (1997): REA-GIPS; Heft 7 (1996): Sprühabsorptionsprodukte; Heft 27 (1997): Alpha-Halbhydrat

4.13 Literaturverzeichnis

[4.25] BVK – Betontechnische Empfehlungen, Neuausgabe, Herausgeber: Bundesverband Kraftwerksnebenprodukte e. V., Düsseldorf, 2002

[4.26] Anneliese Baustoffe für Umwelt und Tiefbau, Ennigerloh, Technische Merkblätter, 1998

[4.27] Forschungsbericht Umweltverträglichkeit von zementgebundenen Baustoffen, Untersuchungen zum Auslaugverhalten Nr. F 414 vom 22. 11. 1995, Projektleiter Professor P. Schießl, Auftraggeber Deutsches Institut für Bautechnik, Institut für Bauforschung der Rheinisch-Westfälischen Technischen Hochschule Aachen

[4.28] Schießl, P./Wiens, U./Schröder, P./Müller, Ch., Neue Erkenntnisse über die Leistungsfähigkeit von Beton mit Steinkohlenflugasche, beton, Heft 1 und 2/2001, Verlag Bau + Technik, Erkrath

[4.29] Flugasche im Beton, BVK/VGB Fachtagungsbericht 2002

[4.30] König, G./Dehn, F./Sicker, A., Heller, Hochleistungsbeton auf der Grundlage von Metakaolin, in beton, Heft 3/2001, Verlag Bau + Technik, Erkrath

[4.31] Locher, F., Zement, Verlag Bau + Technik, Erkrath, 2000

5 Gesteinskörnungen für Mörtel und Beton

Prof. Dipl.-Ing. Wolfgang Pützschler

Auch bezogen auf dieses Sachgebiet hat die Vereinheitlichung von Normen in Europa inzwischen sehr weit reichend zur Einführung einer neuen Regelwerksstruktur geführt. Zur Sicherstellung einer eindeutigeren Verständnissituation wurde dabei der Begriff *Gesteinskörnung* in den Vordergrund gestellt und der in Deutschland in der Vergangenheit gebräuchliche Begriff Zuschlag sowohl für die durch Aufbereitung von natürlichen, industriell hergestellten oder rezyklierten Materialien gewonnenen als auch für die aus Mischungen daraus bestehenden Zugabebestandteile für Mörtel und Beton abgelöst.

Normen

DIN 1045-2	(08.08)	Tragwerke aus Beton, Stahlbeton und Spannbeton – Teil 2: Beton, Festlegung, Eigenschaften, Herstellung und Konformität, Anwendungsregeln zu DIN EN 206-1 (zzt. im Entwurf 08.14)
DIN EN 1996-1-1/NA	(05.12)	Nationaler Anhang – National festgelegte Parameter - Eurocode 6: Bemessung und Konstruktion von Mauerwerksbauten – Teil 1-1: Allgemeine Regeln für bewehrtes und unbewehrtes Mauerwerk
DIN 1100	(05.04)	Hartstoffe für zementgebundene Hartstoffestriche
DIN 4226-100	(02.02)	Gesteinskörungen für Beton und Mörtel – Teil 100: Rezyklierte Gesteinskörnungen
DIN 4301	(06.09)	Eisenhüttenschlacke und Metallhüttenschlacke im Bauwesen
DIN EN 12 620	(07.08)	Gesteinskörnung für Beton (zzt. im Entwurf 07.15)
DIN EN 13 055		Leichte Gesteinskörnungen
-1	(08.02)	Teil 1: für Beton, Mörtel und Einpressmörtel (mit Berichtigung 12.04.)
-2	(09.04)	Teil 2: für ungebundene und gebundene Anwendungen
DIN EN 13 139	(08.02)	Gesteinskörnungen für Mörtel (zzt. im Entwurf 07.15)
DIN EN 13 242	(03.08)	Gesteinskörnungen für ungebundene und hydraulisch gebundene Gemische für Ingenieur- und Straßenbau (zzt. im Entwurf 07.15)

Weitere Angaben und Anforderungen im Zusammenhang mit Gesteinskörnungen für Mörtel und Beton sind in den zusätzlichen technischen Vertragsbedingungen ZTV-ING und ZTV-W enthalten, welche beim Bundesministerium für Verkehr geführt werden.
Die Benennung weiterer Normen über die Prüfung von Gesteinskörnungen für Mörtel und Beton wird als Zusammenstellung im Abschnitt 5.3 aufgeführt und jeweils im Zusammenhang mit der Vorstellung wesentlicher Anforderungen in den Abschnitten 5.3 bis 5.7 angegeben.

5.1 Allgemeines

Im bestehenden Normenverständnis stellt Gesteinskörnung allgemein körniges Material für die Verwendung im Bauwesen dar. Der typische Einsatz von Gesteinskörnungen erfolgt als ein Gemenge von Körnern, die mit Bindemittel und Wasser vermischt zur Herstellung von Mörtel und Beton verwendet werden. Korngrößen bis 4 mm Durchmesser ergeben Mörtel, bei Verwendung von gröberen Größtkorngrößen wird dagegen von Beton oder ggf. Estrich gesprochen.

5 Gesteinskörnungen für Mörtel und Beton

In der weit überwiegenden Zahl von Anwendungsfällen bilden die eingesetzten Gesteinskörnungen mit Anteilen zumeist zwischen 60 und 80 % am Gesamtgemisch der herzustellenden Beton- oder Mörtelzusammensetzungen das eigentliche Traggerüst dieser künstlichen Baustoffe. Aus diesem Grund und weil die meisten Körnungen im Gegensatz zu den eingesetzten Bindemitteln weder nennenswert schwinden noch quellen, wird in der Regel ein möglichst hoher Körnungsanteil und eine Reduktion des Bindemitteleinsatzes auf die dem Begriff zugeordnete Bindungsfunktion innerhalb der Gesamtmischung angestrebt.

5.2 Arten von Gesteinskörnungen

5.2.1 Natürliche Gesteinskörnungen

a) Mit dichtem Gefüge/normale Gesteinskörnungen

Kies und Sand, sedimentäre Lockergesteine. Stofflich: Gesteinstrümmer verschiedenster Festgesteine, deren Mineralgehalt durch Verwitterung stark verändert wurde. Nahe dem Entstehungsort (Gebirge, Flussoberlauf) grob (kiesreich, sandarm), eckig, wenig abgeschliffen, z.T. mit noch verwitternden Bestandteilen. Weiter transportierte Kiese und Sande (Küste, Flussunterlauf) sandreich, kiesarm, glatt, abgerundet, sehr hoher Quarzgehalt.

Aus Flüssen gewonnen: arm an Feinstanteilen (Mehlkorn); aus Gruben: oft lehmhaltig, weniger abgeschliffen (Ablagerung durch Gletscher).

Verbrauch an Kies und Sand etwa 500 Mio. t/Jahr. Die Aufbereitung erfolgt in einer Vielzahl von Unternehmen mit über tausend Werken in Deutschland. Hauptvorkommen: Alpenvorland, entlang dem Rhein, Niederrheinische Bucht, entlang der Weser, Elbe und Saale. In manchen Gebieten reichen zum Abbau freigegebene Vorkommen nur noch 10 bis 15 Jahre oder sind schon erschöpft; daher auch vermehrte Verwendung von zur Zerkleinerung gebrochenen Grobkiesanteilen und insgesamt zunehmender Einsatz von gebrochenem Naturstein (Splittbeton).

Festgesteine: Granit, Gabbro, Basalt, Diabas, Quarzit, dichter (fester) Kalkstein, Grauwacke u.a. feste Naturgesteine, soweit sie nicht stark angewittert, schiefrig oder tonig sind; werden in Steinbrüchen abgesprengt und nachzerkleinert (gebrochene Körnung).

Die überwiegend für die Herstellung von Mörtel und Beton verwendeten Gesteinskörnungen haben eine Rohdichte zwischen 2 und 3 kg/dm^3.

b) Mit porigem Gefüge/leichte Gesteinskörnungen

Leichte Gesteinskörnungen haben eine Rohdichte meist niedriger als 2 kg/dm^3 oder eine Schüttdichte von weniger als 1,2 kg/dm^3.

Bims, Schaumlava u. ä. vulkanische Lockergesteine (Tuffe) aus gasreichen Laven.

Rheinischer Bims hat ein Porenvolumen bis zu 85 % und eine Schüttdichte zwischen 0,3 kg/dm^3 (Grobkorn) und 0,5 kg/dm^3 (Feinkorn) sowie Rohdichten zwischen etwa 0,4 und 0,7 kg/dm^3.

Bimsvorkommen: Neuwieder Becken.

Auskunft und Beratung über Verwendung von Bims: Bundesverband Leichtbeton e. V., Sandkaulerweg 1, 56564 Neuwied.

5.2 Arten von Gesteinskörnungen

5.2.2 Künstliche Zuschläge/Industriell hergestellte Gesteinskörnungen

a) Mit dichtem Gefüge/normale Gesteinskörnungen

Hochofenschlacke: Eigenschaften abhängig von chemischer Zusammensetzung und Abkühlungsgeschwindigkeit. Schnelle Abkühlung bewirkt glasige Erstarrung (hydraulische Eigenschaften), langsame Abkühlung kristalline Erstarrung wie bei magmatischen Tiefengesteinen. Als Zuschläge werden verwendet:

Langsam gekühlte Hochofenschlacke mit dichtem kristallinem Gefüge (Hochofenstückschlacke), darf nur geringe Masseanteile schaumige, großblasige sowie glasige Stücke enthalten und muss raum- und wetterbeständig sein. Farbe: grau bis schwarz. Schlacke enthält Bläschenporen (nicht Kapillarporen), kein Vollsaugen mit Wasser. Oberfläche rau, griffig, gute Haftung von Bindemitteln, Verarbeitbarkeit von Frischbeton mit Schlacke erschwert. Gewünschte Korngruppen durch Brechen.

Hüttensand: Schnell gekühlte, granulierte Hochofenschlacke. Heller Hüttensand: schaumig (bimsähnlich), niedrige Schüttdichte (etwa 0,5 bis 0,9 kg/dm³); dunkler Hüttensand: körnig, Schüttdichte etwa 0,9 bis 1,4 kg/dm³, Kornrohdichte 2,5 bis 2,55 kg/dm³. Verwendung: Mörtelkörnung (statt Natursand, meist mit Natursand vermischt). Unterschied zu Natursand: Kornform eckig, kantig, daher Verarbeitbarkeit etwas schlechter. Hauptteil der Hüttensande zwischen 1 und 3 mm Korndurchmesser.

Sonstige Metallhüttenschlacken: Blei-, Chrom-, Kupferschlacken, nur örtlich oder für Sonderfälle von Bedeutung.

Schmelzkammergranulat entsteht bei der Verbrennung von Steinkohle in Schmelzkammerfeuerungen der Kraftwerke aus dem tauben Gestein der Kohle. Die etwa 1500 °C heiße Schmelze wird schockartig in Wasser abgeschreckt und erstarrt amorph. Enthält keine auslaugbaren umweltschädlichen Inhaltsstoffe. Dichte: 2,65 bis 2,7 kg/dm³, Rohdichte: 2,4 bis 2,6 kg/dm³, Schüttdichte: 1,05 bis 1,40 kg/dm³. Schmelzkammergranulat entsteht vorwiegend im Kornbereich 0,2 bis 11 mm.

Ziegelsplitt: Gebrochenes Ziegeltrümmergut oder Ziegeleibruch, Gefüge annähernd dicht (Klinkerbruch) oder porös (wassersaugend).

b) Mit porigem Gefüge/leichte Gesteinskörnungen

Hüttenbims: Schnell gekühlte, geschäumte Hochofenschlacke, gebrochen. Beim Brechen hoher Anfall der Körnung 0 bis 3 mm (oft 1/4 bis 1/3). Farbe (für Verwendung ohne Bedeutung) schwankt von hellgrau bis grauschwarz. Heller Bims meist leichter; dunkler schwerer. Kornform eckig, kantig (Naturbims abgerundet), Poren rund, grob, zu 50 bis 75 % abgeschlossen (Naturbims: fein, etwa gleichmäßig verteilt, schlauchartig ausgebildet, offen, Kapillarkräfte stark wirksam). Hüttenbims saugt weniger Wasser und langsamer als Naturbims. Schüttdichte zwischen (0,2 bis) 0,4 und 0,75 kg/dm³, Porenvolumen etwa 50 bis 85 Vol.-%. Druckfestigkeit 2 bis 8 N/mm² (Naturbims etwa 3 bis 5 N/mm²).

Kesselsand (Kesselasche) aus Trockenfeuerungsanlagen der Steinkohlenkraftwerke, zum Teil auch als Leichtzuschlag verwendet. Anteil brennbarer Bestandteile (Glühverlust) darf 5 M.-% nicht überschreiten. Kornrohdichte (1,5 bis 2,3) kg/dm³, Schüttdichte (0,6 bis 1,0) kg/dm³.

Blähton, Blähschiefer: Aus blähfähigen Tonen oder Schiefertonen in Drehrohrofen oder Schachtofen bei etwa 1200 °C hergestellt. Aufblähen durch entstehende Gase (CO_2, CO, SO_2, O_2, N_2), während Kornoberfläche verschmilzt. Gute Kornfestigkeit, gute Wärmedämm-

fähigkeit, Wasseraufnahme gering, frostbeständig. Schüttdichte 0,3 bis 1,0 kg/dm^3, Rohdichte 0,6 bis 1,8 kg/dm^3. Kleine Korngrößen (Sand) schwerer als Grobkorn, Blähschiefer fester als Blähton, Kornfestigkeit etwa 5 N/mm^2, Wärmeleitzahl etwa 0,15 W/(m · K).
Blähglas: Aus Recyclingglas hergestellter Blähglas-Leichtsand. Fein gemahlener Glasbruch wird mit Wasserglas als Bindemittel und Zucker als Blähstoff gemischt, zu Granulat geformt und im Blähofen zwischen 705 °C und 900 °C aufgebläht und gesintert. Die rundlichen Körner haben eine Rohdichte zwischen 0,29 und 0,54 kg/dm^3, eine Schüttdichte zwischen 0,19 und 0,30 kg/dm^3, sind ausreichend druckfest, frostbeständig, chemisch sehr beständig und haben sehr gute wärmedämmende Eigenschaften. Lieferbar in unterschiedlichen Kornklassen. Verwendung: Körnung für Mörtel und Beton, Leichtmörtel, Leichtbeton oder zur Herstellung von Brandschutzplatten, Wärmedämmschüttungen.

5.2.3 Gesteinskörnungen/Zuschläge für Sonderzwecke

a) Für verschleißfeste Schichten, Hartstoffe
Synthetischer Korund, Elektrokorund (Al$_2$O$_3$), Härte nach *Mohs:* 9, Farbe: glänzend dunkelbraun bis hellgrau je nach Reinheit. Dichte: 3,9 bis 4,0 kg/dm^3.
Siliziumkarbid (SiC), Carborundum, Härte nach *Mohs:* 9 1/2, Farbe: schwarz, grün, blau. Dichte: 3,1 bis 3,2 kg/dm^3.
Daneben werden auch besonders feste Natursteine (z.B. Basalt), dichte Schlacken sowie Metalle (Späne) als Hartstoffe verwendet. Nach DIN 1100 unterscheidet man folgende Hartstoffgruppen als Körnungsbestandteile, die dem Beton oder Estrich besonders große Verschleißfestigkeit verleihen:

A (allgemein)	Hartstoffkörnung aus Naturstein und/oder dichter Schlacke
M (Metall)	Hartstoff aus Metallen
KS (Korund/SiC)	Hartstoff aus (Elektro-)Korund und/oder Siliziumkarbid

b) Extrem leichte Körnungen, besonders zur **Wärmedämmung** oder zum **Feuerschutz**
Perlite: Wasserhaltiges, vulkanisches Glas etwa von granitischer Zusammensetzung, durch rasches Erhitzen auf 800 bis 1200 °C Ausdehnung auf das 15- bis 20fache Volumen durch Wasserdampfentwicklung (aus gebundenem Wasser) bei gleichzeitiger Sinterung der Glasmasse. Schüttdichte etwa 0,06 bis 0,2 kg/dm^3. Wärmeleitzahl: 0,040 bis 0,060 W/(m · K).
Vermiculite: Durch Erhitzen (wie Perlite) aufgeblähtes glimmerartiges Mineral, typisch: Blättchenstruktur der Glimmerminerale. Schüttdichte etwa 0,07 bis 0,2 kg/dm^3, Wärmeleitzahl: 0,046 bis 0,058 W/(m · K).
Geschäumtes Polystyrol: Geschlossenzellige, nicht saugende Kunststoff-Schaumpartikelchen mit einer Schüttdichte von etwa 0,012 kg/dm^3, Erweichungspunkt etwa 80 °C, praktisch ohne Eigenfestigkeit.
Schaumglas: anorganisches, geschäumtes Glas, dampfdicht, relativ druckfest bei flächiger Pressung, aber empfindlich schon gegenüber nur leichter Schlag-, Stoß- oder Ritzbeanspruchung.

5.2 Arten von Gesteinskörnungen

Tafel 5.1 Eigenschaften natürlicher Gesteine

	Gesteinsgruppen	1 (Rein-)Dichte	2 Rohdichte (Trockenrohdichte)	3 Wasseraufnahme	4 Quellen und Schwinden	5 Wärmedehnung	6 Schleifverschleiß Volumenverlust je 50 cm² Prüffläche	7 Druckfestigkeit des lufttrockenen Gesteins	8 Biegezugfestigkeit	9 Widerstandsfähigkeit gegen Schlag	10
		in g/cm³	in g/cm³	in Masse-%	in mm/m	in mm je m und 100 K	in cm³/50 cm² Schotter SD 10[6]	in N/mm² Splitt/Kies SZ8/12[7]	in N/mm²		
							in Masse-%	in Masse-%			
1	Granit, Granodiorit, Syenit	2,62 ... 2,85	2,60 ... 2,80	0,2 ... 0,5	0,06 ... 0,18	0,80	5,0 ... 8,0	160 ... 240	10 ... 20	10 ... 22	12 ... 27
2	Diorit, Gabbro	2,85 ... 3,05	2,80 ... 3,00	0,2 ... 0,4	0,12 ... 0,13	0,88	5,0 ... 8,0	170 ... 300	10 ... 22	8 ... 18	10 ... 20
3	Quarzporphyr, Porphyr, Porphyrit, Keratophyr, Phonolith, Liparit, Andesit, Trachyt	2,58 ... 2,83	2,55 ... 2,80	0,2 ... 0,7	0,08 ... 0,10	[3]	5,0 ... 8,0	180 ... 300	15 ... 20	9 ... 22	11 ... 23
4	Basalt, Melaphyr	3,00 ... 3,15	2,95 ... 3,00	0,1 ... 0,3		1,00	5,0 ... 8,5	250 ... 400	15 ... 25	7 ... 17	9 ... 20
5	Basaltlava	3,00 ... 3,15	2,20 ... 2,35	4,0 ... 10,0	0,10	0,75	12,0 ... 15,0	80 ... 150	8 ... 12		
6	Diabas	2,85 ... 2,95	2,80 ... 2,90	0,1 ... 0,4			5,0 ... 8,0	180 ... 250	15 ... 25	7 ... 17	9 ... 20
7	Grauwacke, Quarzit[1], Gangquarz[2]	2,64 ... 2,68	2,60 ... 2,65	0,2 ... 0,5		1,20	7,0 ... 8,0	150 ... 300	13 ... 25	10 ... 22	12 ... 27
8	Quarzitischer Sandstein	2,64 ... 2,68	2,60 ... 2,65	0,2 ... 0,5	0,30 ... 0,70	1,20	7,0 ... 8,0	120 ... 200	12 ... 20	10 ... 22	12 ... 27
9	Sonstiger Quarzsandstein	2,64 ... 2,72	2,00 ... 2,65	0,2 ... 9,0		1,20	7,0 ... 14,0	30 ... 180	3 ... 15		
10	Dichter Kalkstein, Dolomit, Kristalliner Marmor[1]	2,70 ... 2,90	2,65 ... 2,85	0,2 ... 0,6	0,10	0,75 0,40[4,5]	15,0 ... 40,0	80 ... 180	6 ... 15	16 ... 30	17 ... 28
11	Sonstiger Kalkstein, Kalkkonglomerat	2,70 ... 2,74	1,70 ... 2,60	0,2 ... 10,0	0,10 ... 0,16	0,70		20 ... 90	5 ... 8		14 ... 34
12	Travertin, Kalktuff	2,69 ... 2,72	2,40 ... 2,50	2,0 ... 5,0	0,10 ... 0,12		0,68	20 ... 60			4 ... 10
13	Vulkanischer Tuffstein, Lavaschlacke	2,62 ... 2,75	1,80 ... 2,00	6,0 ... 15,0				20 ... 30			2 ... 6
14	Bims[4]	2,25 ... 2,40			0,35 ... 1,55		–				
15	Kies[4]	2,65 ... 2,69			2,55 ... 2,65		0,2 ... 0,5				
16	Sand[4]	2,65 ... 2,69			2,55 ... 2,65		0,2 ... 0,5		50 ... 80		
17	Gneis, Granulit	2,67 ... 3,05	2,65 ... 3,00	0,1 ... 0,6		0,60[4,5]	4,0 ... 10,0	160 ... 280		10 ... 22	12 ... 27
18	Amphibolit	2,75 ... 3,15	2,70 ... 3,10	0,1 ... 0,4			6,0 ... 12,0	170 ... 280		10 ... 22	12 ... 27
19	Serpentin	2,62 ... 2,78	2,62 ... 2,75	0,1 ... 0,7	0,10 ... 0,13	0,50[4,5]	8,0 ... 18,0	140 ... 250			
20	Tonschiefer (Dachschiefer)	2,82 ... 2,90	2,70 ... 2,80	0,5 ... 0,6							
21	Baryt	–	4,10 ... 4,30	–							
22	Magnetit, Hämatit, Ilmenit	–	4,6	–							
23	Limonit, Goethit	–	3,6	–							

Gesteinsgruppen: Magmagestein (1–6), Sedimentgestein (7–16), Metamorphes Gestein (17–20), Schwere Mineralien (21–23)

[1] Metamorphes Gestein.
[2] Magmagestein.
[3] 1,25 mm/m · 100 K) für Quarzporphyr und Keratophyr; 0,53 mm/(m · 100 K) für Porphyrit.
[4] Keine Zahlenwerte in DIN 52 100 festgelegt.
[5] Gilt für norwegische Natursteine.
[6] Siebdurchgang der Prüfkörnung 35/45 nach dem Schlagversuch durch das Rundlochsieb Ø 10 mm.
[7] Schlagzertrümmerungswert, berechnet aus den mittleren Siebdurchgängen durch die fünf Prüfsiebe: 8; 5; 2; 0,63 und 0,2 mm, nach dem Schlagversuch an der Prüfkörnung 8/12.

c) Schwere Gesteinskörnungen für den Strahlenschutz (Röntgen-, γ-Strahlung)
Schwerspat (Baryt), Rohdichte 4,10 bis 4,30 kg/dm³
Magnetit, Hämatit, Ilmenit (Eisenerze), Rohdichte 4,4 bis 5,0 kg/dm³, ferner Stahl (granuliert, vorwiegend Ø 1 bis 7 mm oder als Sand mit 0,2 bis 3 mm Ø, Dichte um 7,6 kg/dm³); Blei- und Chromschlacken (Vorsicht, enthalten oft betonschädliche Bestandteile, die das Erstarren verzögern oder verhindern), Rohdichten bei 3,5 kg/dm³. Zur *Neutronenschwächung* werden kristallwasserhaltige Zuschläge verwendet (z.B. Brauneisenstein, Serpentin) oder borhaltige Stoffe (Borcalzit, Borkarbid, Borfritten).

d) Körnungen für feuerfesten Beton oder Mörtel
Schamotte: gebrannter, feuerfester Ton (mit hohem Schmelzpunkt), in verschiedene Korngrößen zerkleinert. Auch bei hohen Temperaturen (> 1000 °C) weitgehend volumenbeständig. Quarzsand und -kies sind ungeeignet, da bei Temperaturen oberhalb von 573 °C Kristallumwandlungen mit erheblichen Volumenvergrößerungen (bei etwa 870 °C um 14 %) mit entsprechendem Zertreiben auftreten.

e) Fasern für Faserzement und Faserbeton
Nach bis Anfang der 80er Jahre hierzu vorrangigem Einsatz von **Asbest** wird dies heute trotz hervorragender technischer Eigenschaften (Zugfestigkeit bis 2250 N/mm²) als nichtbrennbares, natürlich vorkommendes, aus Gesteinsumwandlungen hervorgegangenes Fasermaterial mit etwa 0,00002 mm Ø und sehr guter Haftung am Zement wegen erkannter gesundheitlich bestehender Risiken nicht mehr verwendet. Für Faserbaustoffe werden heute in inzwischen sehr vielfältiger Weise und technologisch hochwertig überwiegend **Zellstoff- oder Kunststofffasern** verwendet. Gerade beim Fasermaterial auf Kunststoffbasis hängt die Wirksamkeit einer Faserverstärkung ganz maßgeblich von der Verträglichkeit und Verbundfähigkeit mit dem Zement ab.
Stahlfasern gemäß DIN EN 14 889-1 für Mörtel und Beton werden vielfach für Industrieböden, für Spritzbeton und zunehmend allgemein im Hoch- und Tiefbau eingesetzt. Sie haben überwiegend Durchmesser zwischen 0,25 und 1 mm, Längen von 20 bis 60 mm und Zugfestigkeiten zwischen 500 und 2500 N/mm², zum Teil durch Legierungen verbesserte Korrosionsbeständigkeit, durch Profilierung der Oberfläche und/oder besondere Formgebung(Wellung, Endhaken) gute Haftung am oder Einbindung im Zement. Verwendet werden vornehmlich Drahtfasern, am Markt werden jedoch auch gestanzte und gefräste Herstellformen angeboten. Weiter siehe auch [5.1].
Glasfasern für Glasfaserbeton bestehen meist aus zirkonoxidhaltigem Glas mit hohem Alkaliwiderstand. Es sind Faserbündel aus dünnen Einzelfilamenten (Ø ≈ 20 μm). Die Glasfasern haben vorwiegend Längen zwischen 6 und 50 mm, Zugfestigkeiten von etwa 2000 bis 3500 N/mm², einen E-Modul um $0{,}75 \cdot 10^5$ N/mm² und eine Bruchdehnung von etwa 30 %. Zunehmend werden Glasfasern textiltechnisch zu Geweben verarbeitet, wodurch sie in „Textilbewehrtem Beton" zielgerichteter und effizienter eingebaut werden können.
Als **Polymerfasern** für Mörtel und Beton (nach DIN EN 14 889-2) werden insbesondere Polypropylen, Polyester, Nylon, Polyacryl sowie Polyethylen und Aramid verwendet. Im Vergleich zu anderen Fasern haben sie einen niedrigeren E-Modul, eine deutlich höhere Bruchdehnung und eine weniger gute Haftung am Zement, Längen meist im Bereich von 5 bis 40 mm und Ø oft nur zwischen 20 und 50 μm.

Der Einfluss von Fasern auf die Konsistenz und die Festigkeit von Beton oder Mörtel ist anhand einer Referenzmischung zu ermitteln und darf dabei nach Überprüfung für mehrere Fasergehalte angegeben werden.

f) Farbige Gesteinskörnungen
Für Waschbeton, Sichtbeton oder Betonwerkstein (häufig in Verbindung mit weißem Zement als Bindemittel) aus farbigem Naturstein:
Rot: Quarzporphyr (Nahe, Schwarzwald), Porphyr (Schwarzwald, Spessart), Granit (Odenwald u.a.), manche Kalksteine (Tiroler Rot)[1], und Sandsteine (Main, Neckar, Pfalz).
Grün: Diabas (Bayern, Westerwald, Sauerland), Dolomit (Anröchte).
Gelb: Quarz (Lahn, Eifel), Quarzit (Dorsten), Rhyolith (Odenwald), Granit (Odenwald), Kalkstein (Jura Gelb – Handelsbezeichnung).
Grau, graublau: Granit (Odenwald), Porphyrit (Nahe).
Weiß, beige: Marmor, Quarz.
Schwarz: Basalt (Hessen u.a.).

g) Rezyklierte Gesteinskörnungen
Mineralisches Material, das bei Abbruch-, Sanierungs- und Umbaumaßnahmen sowie beim Straßenaufbruch anfällt, kann nach Sortierung und Aufbereitung ersatzweise als Gesteinskörnung verwendet werden. Die notwendigen Anforderungen sind in der DIN EN 12 620 angegeben. Allgemein werden bei rezykliertem Material höherfeste Bestandteile (Beton, Naturstein, Ziegel, Keramik) und niedrigfeste Bestandteile (Putz, Mörtel, Blähton, Leichtbeton, Asphaltgranulat) unterschieden. Bei der Verwendung von rezyklierter Körnung sind besonders das erhöhte Wasseraufsaugvermögen (bei rezykliertem Sand aus rezykliertem Beton 5 bis 9 M.-%, im Vergleich dagegen bei Natursand um 1 M.-%), die verringerte Kornrohdichte, das etwas erhöhte Schwinden und der etwas niedrigere E-Modul gegenüber dem Einsatz natürlicher Sande und Kiese zu beachten ([5.13], [5.14]). Im Straßenbau werden seit 1992 Tragschichten vermehrt mit rezyklierten Gesteinskörnungen hergestellt. Nach DIN 4226-100 werden je nach stofflicher Zusammensetzung und Herkunftsanteilen insgesamt vier Liefertypen von rezyklierten Gesteinskörnungen unterschieden:
  Typ 1: Betonsplitt/Betonbrechsand
  Typ 2: Bauwerksplitt/Bauwerkbrechsand
  Typ 3: Mauerwerksplitt/Mauerwerkbrechsand
  Typ 4: Mischsplitt/Mischbrechsand.
Die Einteilung in die vier Typen erfolgt durch Bestimmung der Bestandteile und Ermittlung ihrer Anteile (durch Auswägen), siehe Tafel 5.2.

---

1 Handelsbezeichnung.

5 Gesteinskörnungen für Mörtel und Beton

Tafel 5.2 Bestandteile der Liefertypen von rezyklierten Gesteinskörnungen

Bestandteile	Zusammensetzung Massenanteil in Prozent			
	Typ 1	Typ 2	Typ 3	Typ 4
Beton und Gesteinskörnungen	≥ 90	≥ 70	≤ 20	≥ 80
Klinker, nicht porosierter Ziegel	≤ 10	≤ 30	≥ 80	
Kalksandstein			≤ 5	
Andere mineralische Bestandteile[a]	≤ 2	≤ 3	≤ 5	≤ 20
Asphalt	≤ 1	≤ 1	≤ 1	
Fremdbestandteile[b]	≤ 0,2	≤ 0,5	≤ 0,5	≤ 1

[a] Andere mineralische Bestandteile sind zum Beispiel: porosierter Ziegel, Leichtbeton, Porenbeton, haufwerkporiger Beton, Putz, Mörtel, poröse Schlacke, Bimsstein.
[b] Fremdbestandteile sind zum Beispiel: Glas, Keramik, NE-Metallschlacke, Gips, Gummi, Kunststoff, Metall, Holz, Pflanzenreste, Papier, sonstige Stoffe.

h) Sonstige Körnungen
Ausgangsbestandteile für bestimmte Baustoffe (z.B. Holzwolle für Leichtbauplatten, Sägemehl oder Holzspäne für Steinholz oder Magnesitestrich) werden bei diesen Baustoffen behandelt. Farbpigmente, Gesteinsmehle und Stoffe, die Mörtel oder Beton zusätzlich zugegeben werden, um bestimmte Eigenschaften (z.B. Farbe, Dichtheit) zu beeinflussen, werden als *Zusatzstoffe* bezeichnet. DIN EN 12 620 enthält auch Anforderungen an die Kornzusammensetzung von Füllern (Gesteinsmehlen).

5.3 Allgemeine Anforderungen an Gesteinskörnungen

Zur Überprüfung der Einhaltung von Anforderungen werden bei Gesteinskörnungen für Mörtel und Beton folgende **Normen** herangezogen:

DIN 52 098	(06.05)	Prüfverfahren für Gesteinskörnungen – Bestimmung der Korngrößenverteilung durch Nasssiebung
DIN 52 099	(10.13)	Prüfverfahren für Gesteinskörnungen – Prüfung auf Reinheit
DIN 52 100-2	(06.07)	Naturstein; Gesteinskundliche Untersuchungen; Allgemeines und Übersicht (Angaben zur mikroskopischen, chemischen und physikalischen (Röntgen-)Untersuchung)
DIN 52 102	(10.13)	Prüfverfahren für Gesteinskörnungen – Bestimmung der Trockenrohdichte mit dem Messzylinderverfahren und Berechnung des Dichtigkeitsgrades
DIN 52 106	(12.13)	Prüfung von Gesteinskörnungen – Untersuchungsverfahren zur Beurteilung der Verwitterungsbeständigkeit
DIN EN 932		Prüfverfahren für allgemeine Eigenschaften von Gesteinskörnungen
-1	(11.96)	Teil 1: Probenahmeverfahren
-2	(03.99)	Teil 2: Verfahren zum Einengen von Laboratoriumsproben
-3	(12.03)	Teil 3: Durchführung und Terminologie einer vereinfachten petrographischen Beschreibung
-5	(05.12)	Teil 5: Allgemeine Prüfeinrichtungen und Kalibrierung
-6	(07.99)	Teil 6: Definition für die Wiederholpräzision und Vergleichspräzision
DIN EN 933		Prüfverfahren für geometrische Eigenschaften von Gesteinskörnungen
-1	(03.12)	Teil 1: Bestimmung der Korngrößenverteilung, -Siebverfahren
-2	(01.96)	Teil 2: Bestimmung der Korngrößenverteilung

5.3 Allgemeine Anforderungen an Gesteinskörnungen

-3	(04.12)	Teil 3: Bestimmung der Kornform – Plattigkeitskennzahl
-4	(01.15)	Teil 4: Bestimmung der Kornform – Kornformkennzahl
-5	(02.05)	Teil 5: Bestimmung des Anteils an gebrochenen Körnern in groben Gesteinskörnungen
-6	(07.14)	Teil 6: Beurteilung der Oberflächeneigenschaften – Fließkoeffizient von Gesteinskörnungen
-7	(05.98)	Teil 7: Bestimmung des Muschelschalengehaltes – Prozentsatz von Muschelschalen in groben Gesteinskörnungen
-8	(07.15)	Teil 8: Beurteilung von Feinanteilen – Sandäquivalent-Verfahren
-9	(07.13)	Teil 9: Beurteilung von Feinanteilen – Methylenblau-Verfahren
-10	(10.09)	Teil 10: Beurteilung von Feinanteilen – Kornverteilung von Füller (Luftstrahlsiebung)
-11	(05.11)	Teil 11: Einteilung der Bestandteile in grober rezyklierter Gesteinskörnung
DIN EN 1097		Prüfverfahren für mechanische und physikalische Eigenschaften von Gesteinskörnungen
-1	(04.11)	Teil 1: Bestimmung des Widerstandes gegen Verschleiß (Micro-Deval)
-2	(07.10)	Teil 2: Verfahren zur Bestimmung des Widerstandes gegen Zertrümmerung
-3	(06.98)	Teil 3: Bestimmung von Schüttdichte und Hohlraumgehalt
-4	(06.08)	Teil 4: Bestimmung des Hohlraumgehaltes an trocken verdichtetem Füller
-5	(06.08)	Teil 5: Bestimmung des Wassergehaltes durch Ofentrocknung (mit Berichtigung (09.08))
-6	(09.13)	Teil 6: Bestimmung der Rohdichte und der Wasseraufnahme
-7	(06.08)	Teil 7: Bestimmung der Dichte von Füller – Pyknometer-Verfahren (mit Berichtigung (09.08))
-8	(10.09)	Teil 8: Bestimmung des Polierwertes
-9	(03.14)	Teil 9: Bestimmung des Widerstandes gegen Verschleiß durch Spikereifen – Nordische Prüfung
-10	(09.14)	Teil 10: Bestimmung der Wassersaughöhe
DIN EN 1367		Prüfverfahren für thermische Eigenschaften und Verwitterungsbeständigkeit von Gesteinskörnungen
-1	(06.07)	Teil 1: Bestimmung des Widerstandes gegen Frost-Tau-Wechsel
-2	(02.10)	Teil 2: Magnesiumsulfat-Verfahren
-3	(06.01)	Teil 3: Kochversuch für Sonnenbrand-Basalt (mit Berichtigung (09.04))
-4	(06.08)	Teil 4: Bestimmung der Trockenschwindung
-5	(04.11)	Teil 5: Bestimmung des Widerstandes gegen Hitzebeanspruchung
DIN EN 1744		Prüfverfahren für chemische Eigenschaften von Gesteinskörnungen
-1	(03.13)	Teil 1: Chemische Analyse
-3	(11.02)	Teil 3: Herstellung von Eluaten durch Auslaugung von Gesteinskörnungen
-5	(12.06)	Teil 5: Bestimmung der säurelöslichen Chloride
-6	(12.06)	Teil 6: Bestimmung des Einflusses von rezyklierter Gesteinskörnung auf den Erstarrungsbeginn von Zement

Gesteinskörnungen müssen genügend fest und witterungsbeständig sein, dürfen keine beton- oder mörtelschädlichen Bestandteile enthalten, sollen eine günstige Kornzusammensetzung und eine günstige Kornform haben. Die Druckfestigkeit soll bei Gestein mit dichtem Gefüge mindestens 100 N/mm² betragen. Natürliche Kiese und Sande haben in der Regel eine ausreichende Festigkeit; bei Felsgestein kann gegebenenfalls die Druckfestigkeit an Bohrkernen oder herausgesägten Würfeln ermittelt werden. Im Betonstraßenbau sollten die Gesteinskörnungen nach allgemeiner Einschätzung für den Oberbeton eine Druckfestigkeit von mindestens 150 N/mm², für den Unterbeton von mindestens 80 N/mm² haben. Allgemein gilt: Mergelige, tonige, mürbe oder angewitterte Gesteine sind ungeeignet, des-

5 Gesteinskörnungen für Mörtel und Beton

gleichen Zuschläge mit schiefrigem, rissigem oder absandendem Korn. Die Körner sollen beim Benetzen das Wasser nicht rasch aufsaugen.

Unerwünscht in Körnungen sind auch Bestandteile, die das färbende Eisenhydroxid freisetzen. Solche Braunverfärbungen können durch *Ortstein* (Vorkommen z.B. im Sand der norddeutschen Heidegebiete) und durch *Raseneisenerz* (auch Morast-, Sumpf-, Wiesenerz) verursacht werden und sichtbare Betonflächen unansehnlich machen.

Allgemeine Materialkennwerte für verschiedene Eigenschaften natürlicher Gesteine sind in Tafel 5.1 angegeben.

5.4 Ermittlung der Rohdichte

5.4.1 Trockenrohdichte von Gesteinskörnungen

Die Trockenrohdichte wird neben anderen Anwendungen auch benötigt für die Berechnung der Betonzusammensetzung nach Stoffraumanteilen.

Vereinfachte Bestimmung (Messzylinder-Verfahren)

Die Rohdichte ergibt sich aus der Masse einer Probe, dividiert durch deren Volumen. Bei Gesteinskörnungen mit dichtem Gefüge werden als Probemenge meist etwa 1000 g Trockenmasse verwendet, das Volumen wird durch Wasserverdrängung in einem 1000-cm^3-Messzylinder bestimmt.

Bei leichten Gesteinskörnungen mit porigem Gefüge werden etwa folgende Probemengen verwendet: 150 g bei Schüttdichten bis 0,8 kg/dm^3, 300 g bei Schüttdichten von 0,8 bis 1,2 kg/dm^3, 500 g bei Schüttdichten über 1,2 kg/dm^3.

Damit die Probe im Wasser des Messzylinders kein Wasser aufnehmen kann, muss die bei 110 ± 5 °C getrocknete Gesteinskörnung nach dem Erkalten und der Verwiegung, vor dem Einfüllen in den Messzylinder in einer Schale mit einer wasserabweisenden Flüssigkeit, z.B. Petroleum oder Cyclohexan, besprüht werden. Außerdem muss ein Aufschwimmen der leichten Körnung durch Auflegen einer genügend schweren Siebscheibe mit bekanntem Volumen V_s verhindert werden.

Normative Bestimmung der Trockenrohdichte (Pyknometer-Verfahren)

Bei der Normprüfung von üblichen Gesteinskörnungsgrößen und Körnungsrohdichten über 1 Mg/m^3 für Mörtel und Beton nach DIN EN 1097-6, Anhang A, ist die Rohdichte mit dem Pyknometer zu bestimmen. Als Mindestmassen der Einzelmessprobe sind bei 31,5 mm Größtkorn mindestens 1,5 kg, bei 16 mm 1,0 kg, bei 8 mm 0,5 kg und bei 4 mm 0,25 kg zu verwenden. Bei sehr groben Gesteinskörnungen (31,5 bis 63 mm Korngröße) ist das Volumen durch Unterwasserwägung (Drahtkorbverfahren) zu ermitteln, Probemenge bei 63 mm Größtkorn 15 kg (bzw. 7 kg bei D ≤ 45 mm). Zur Neufassung des Anwendungsteils der vorgenannten Norm ist anzumerken, dass die Verfahren konkretisiert und bezüglich der Präzision beurteilt wurden.

5.4.2 Rohdichte und Wasseraufnahme von rezyklierten Gesteinskörnungen

Die Rohdichte rezyklierter Gesteinskörnungen schwankt stärker als bei Naturstein und ist gemäß DIN 4226-100 ebenfalls nach DIN EN 1097-6 zu bestimmen. Rezyklierte Gesteinskörnungen saugen Wasser gewöhnlich vermehrter auf als natürliche Sande und Kiese. Um diesen Einfluss auf den wirksamen Wasserzementwert und das Ansteifverhalten von Beton zu berücksichtigen, wird die Wasseraufnahme nach 10 Minuten bestimmt. Die für die einzelnen Liefertypen einzuhaltenden Werte sind in Tafel 5.3 angegeben.

Die Rohdichte darf bei den Liefertypen 1 bis 3 um ± 150 kg/m^3 bezogen auf den vom Hersteller angegebenen Mittelwert schwanken, für Typ 4 gibt es keine entsprechende Bestimmung.

Tafel 5.3 Rohdichtegrenzen und Wasseraufnahmen (nach 10 Minuten) von rezyklierten Gesteinskörnungen nach DIN 4226-100

Rohdichte und Wasseraufnahme	Liefertypen			
	Typ 1	Typ 2	Typ 3	Typ 4
Minimale Rohdichte in kg/m³	2.000	2.000	1.800	1.500
Maximale Wasseraufnahme nach 10 Minuten in Masse-%	10	15	20	keine Anforderung

5.5 Schädliche Bestandteile

Als schädliche Bestandteile in Körnungen gelten Stoffe, die das Erstarren des Betons stören, die Festigkeit oder die Dichtheit des Betons herabsetzen, zu Absprengungen oder Verfärbungen führen oder den Korrosionsschutz der Bewehrung beeinträchtigen. Schädlich können je nach Menge und Verteilung u.a. wirken: abschlämmbare Bestandteile (Lehm, Ton, sehr feiner Gesteinsstaub), Stoffe organischen Ursprungs (z.B. humose Stoffe), nicht raumbeständige, erweichende, quellende, treibende Bestandteile (z.B. Braunkohle), bestimmte lösliche Salze, Schwefelverbindungen, alkalilösliche Kieselsäure, wasserlösliche Eisenverbindungen, Glimmer, schaumige und glasige Schlackenstücke, Zucker und zuckerhaltige Stoffe.

5.5.1 Gehalt an Feinanteilen

Ton, Lehm und sehr feiner Gesteinsstaub binden nicht mit Zement bzw. unterbrechen den festen Verbund zwischen Bindemittel und Gesteinskörnung. Als abschlämmbare Bestandteile bzw. als Feinanteile gelten Bestandteile, die feiner sind als 0,063 mm.
Überschläglich wird die Menge der Feinanteile von Gesteinskörnungen mit einem Größtkorn bis 4 mm durch den *Absetzversuch* bestimmt.

a) Absetzversuch nach DIN 52099

Die Messprobe von 500 g einer mäßig feuchten oder lufttrockenen, normalen oder schweren Gesteinskörnung bis 4 mm (bei porigem Leichtzuschlag 250 g getrocknet) mit etwa 750 ml Wasser in einen 1000-ml-Mischzylinder geben, verschließen und insgesamt 3-mal im Abstand von 20 Minuten schütteln, ohne weitere Erschütterung abstellen und nach einer weiteren Stunde die obere Absetzschicht volumenmäßig in cm³ bestimmen (nur wenn Flüssigkeit bereits ausreichend klar, sonst erst nach 24 Std). Je Versuch zwei Messzylinder ansetzen. Nach 1 Std. Absetzzeit errechnet man die abgesetzten Feinanteile wie folgt:

$$\frac{abgesetzte\ Teile\ in\ cm^3 \cdot 0{,}6}{500} \cdot 100 = \text{Trockenmasse in Masse-\%}.$$

Dabei ist der mit bloßem Auge noch erkennbare „scharfe" Feinsand nicht zur Schlämmschicht zu rechnen. Bei der 24-stündigen Absetzzeit ist mit 0,9 statt 0,6 g/cm³ zu rechnen, da ein höheres Raumgewicht der Aufschlämmschicht durch die nach dieser Zeit bereits dichtere Lagerung der abgesetzten Anteile entsteht.

5 Gesteinskörnungen für Mörtel und Beton

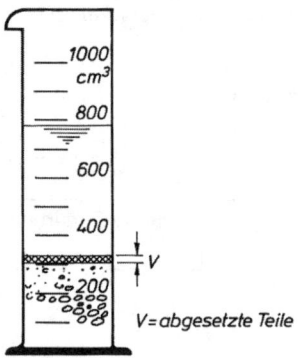

Abb. 5.1 Absetzversuch

Der Absetzversuch hat sich in der Praxis bewährt, ist einfach und schnell durchzuführen, ein brauchbares Ergebnis liegt meist bereits nach weniger als zwei Stunden vor.
Nach der Einführung der DIN EN 12 620 ist allerdings der Auswaschversuch für eine Zuordnung in Kategorien des Gehalts an Feinanteilen gemäß Tafel 5.4 maßgebend. Danach werden aufgrund des Siebdurchgangs durch das 0,063-mm-Sieb die Kategorien
$F_{1,5}$; f_3; f_4; f_{10}; f_{11}; f_{16}; f_{22} und f_{NR}
bestimmt (Indexzahlen = maximaler Siebdurchgang in Masse-%, NR = keine Anforderung). Für die einzelnen Korngruppen/Lieferkörnungen kann eine bestimmte Kategorie vereinbart werden.
Da Feinanteile auch aus tonfreien, kleinsten Gesteinskörnern bestehen können, die sich im Mörtel oder Beton unschädlich auswirken, können bei entsprechender Erfahrung oder Nachweisen Kategorien mit höherem Gehalt an Feinanteilen gewählt werden.
Tonig-lehmige Anteile können auch zu Frostschäden und zum Rosten der Bewehrung führen, weil Ton aufgesogenes Wasser lange festhält. Außerdem schwinden sie stark beim Trocknen.

b) Auswaschversuch nach DIN EN 933-1

Das Auswaschverfahren ist in der Vorgehensweise deutlich aufwändiger und stellt als Laborprüfung die zur Gesteinskörnungseinordnung und im Streitfall zu verwendende Vorgehensweise dar. Im Gegensatz zum Absetzversuch wird der Auswaschversuch auch an Körnungen oder Korngemischen über 4 mm durchgeführt. Dabei wird eine Gesteinskörnungsprobe nach Trocknung, Verwiegung und erneuter Wasserlagerung auf die Siebgrößenabstufung 8 mm, 1 mm und 0,063 mm gegeben und mittels Wasserstrahl sorgfältig ausgewaschen, getrocknet und zur Bestimmung der dem Feinanteil unter 0,063 mm entsprechenden Verlustmenge erneut gewogen. Normative Beschreibung des Versuchs siehe DIN EN 933-1.

In Entsprechung des als Siebdurchgang durch das 0,063-mm-Sieb prozentual ermittelten Massenanteils ergeben sich in Abhängigkeit von der vorliegenden Gesteinskörnung festgelegte Kategorien.

Nach dem zurzeit vorliegenden Normentwurf (07.15) sind sogar auch noch weitere Unterteilungen der Klassengrenzen und Kategorien vorgesehen, welche jedoch nicht mehr für Gesteinskörnungen zur Anwendung in Beton gelten und daher hier nicht aufgeführt werden.

5.5 Schädliche Bestandteile

Tafel 5.4 Höchstwerte und Kategorien des Gehalts an Feinanteilen nach DIN EN 12 620 (07.08)

Gesteinskörnung	Siebdurchgang durch das 0,063-mm-Sieb Massenanteil in %	Kategorie f
Grobe Gesteinskörnung	$\leq 1{,}5$	$f_{1,5}$
	≤ 4	f_4
	> 4	$f_{angegeben}$
	(nach Entwurf 07.15 neu auch:	$f_{0,5}$ und f_2)
	keine Anforderung	f_{NR}
Natürlich gestufte Gesteinskörnung 0/8 mm	≤ 3	f_3
	≤ 10	f_{10}
	≤ 16	f_{16}
	> 16	$f_{angegeben}$
	keine Anforderung	f_{NR}
Gesteinskörnungs-gemisch	≤ 3	f_3
	≤ 11	f_{11}
	> 11	$f_{angegeben}$
	(nach Entwurf 07.15 neu auch:	f_7 und f_{15} mit Erhöhung von $f_{angegeben}$)
	keine Anforderung	f_{NR}
Feine Gesteinskörnung	≤ 3	f_3
	≤ 10	f_{10}
	≤ 16	f_{16}
	≤ 22	f_{22}
	> 22	$f_{angegeben}$
	(nach Entwurf 07.15 neu auch:	f_6)
	keine Anforderung	f_{NR}

5.5.2 Organische Verunreinigungen

Bestandteile, die das Erstarrungs- und Erhärtungsverhalten des Zements verändern

Gesteinskörnungen können organische Stoffe enthalten, die das Erstarren und Erhärten von Mörtel und Beton beeinflussen. Ihr Anteil muss daher begrenzt werden, um die Erstarrungszeit nicht wesentlich zu verlängern und die Druckfestigkeit der Probekörper im Alter von 28 Tagen nicht unplanmäßig zu vermindern.

Natronlaugeversuch (DIN EN 1744-1, Abschn. 15.1): Um Verunreinigungen festzustellen, füllt man in eine durchsichtige Glasflasche von etwa 450 ml Fassungsvermögen bis zu einer Höhe von 80 mm eine 3 %ige Natriumhydroxid-Lösung (NaOH). Anschließend wird eine bei 40 °C getrocknete und durch ein 4-mm-Analysesieb gesiebte Durchgangsprobe der Gesteinskörnung in die Lösung bis zum Erreichen einer Höhe von 120 mm eingefüllt. Die Flasche ist zu verschließen, 1 Minute kräftig zu schütteln und dann 24 h stehen zu lassen und mit einer hierzu hergestellten Farbbezugslösung zu vergleichen (heller oder dunkler).

Je dunkler die Färbung der Flüssigkeit, desto größer der Anteil an Huminstoffen.

Wenn Zweifel bestehen, ob ein negativ verzögernd wirkender Einfluss auf die Hydratation von Zement vorliegt, kann dieser auch durch chemische Prüfung auf **Fulvo-**

säure (zu Huminstoffen gehörig) nach DIN EN 1744-1, Abschn. 15.2 bestimmt werden. Um tatsächliche Wirkungen von organischen Verunreinigungen auf das spätere Gebrauchsverhalten von Mörtel oder Beton nachweisen zu können, muss die Gesteinskörnung mit dem **Mörtelverfahren** gemäß DIN EN 1744-1, Abschn. 15.3 überprüft werden. Hierbei wird eine Probe der zu überprüfenden Gesteinskörnung im Anlieferungszustand verwendet und mit einer zweiten, vorher zur Zerstörung der Schädigungswirkung des organischen Anteils erhitzten Kontrollprobe des Ausgangsmaterials in direkter Gegenüberstellung zweier sonst identischer Mörtelherstellungen ausgerichtet auf die sich tatsächlich im Versuch ergebenden Erstarrungszeiten und Druckfestigkeiten geprüft.

Allgemein kann angegeben werden: Fein verteilte Humusstoffe wirken schädlicher als größere Einzelstücke; Huminstoffe stören in feiner Verteilung das Erhärten des Zements; Betone oder Mörtel im erhärteten Zustand sind dagegen eher unempfindlich gegenüber Huminstoffen; Grobanteile können allerdings auch im Festbeton quellen und ausfrieren bzw. zu Abplatzungen oder Verfärbungen führen (siehe auch nachfolgende Erklärungen).

5.5.3 Bestandteile, die die Oberflächenbeschaffenheit von Beton beeinflussen

Quellende Bestandteile wie Holz und Braunkohle können zu Verfärbungen und Aussprengungen führen, wenn sie dicht unter der Betonoberfläche liegen. Jedoch besonders unerwünscht sind Gesteinskörnungen mit reaktiven **Eisensulfidteilchen** (Untersuchung gemäß DIN EN 1744-1, Abschnitt 14.1), da sie zu farbig intensiven Flecken führen können, deren Entfernung sehr schwierig ist.

5.5.3.1 Quellfähige, leichtgewichtige organische Verunreinigungen

Quellfähige, treibend wirkende Substanzen haben eine niedrige Dichte allgemein unter 2 kg/dm^3, normale Gesteinskörnungen dagegen eine Dichte von mehr als 2 kg/dm^3. Daher eignet sich das **Aufschwimmverfahren** nach DIN EN 1744-1, Abschn. 14.2, wobei die Gesteinskörnung in eine Prüfflüssigkeit (Zinkchlorid- oder Natriumpolywolframatlösung mit Dichte knapp unter 2,0) eingebracht wird und leichtere Bestandteile zum Aufschwimmen veranlasst werden. In Anwendungsfällen für Beton mit höheren Ansprüchen an die Beschaffenheit von Oberflächen sollten daher ggf. auch zusätzliche Vereinbarungen hinsichtlich des Gehaltes an leichtgewichtigen organischen Verunreinigungen getroffen werden (zum Beispiel bei Oberflächen von Industrieböden oder hochwertigem Sichtbeton mit entscheidender Bedeutung für Aussehen, Dauerhaftigkeit, Nutzungssicherheit oder auch Abriebwirkung oder Beschichtungsfähigkeit).

Die Prüfung durch das Aufschwimmverfahren ist für Leichtgesteine nicht anwendbar, erforderlichenfalls ist hier als Erstmaßnahme ein Auslesen von Hand zur Bestimmung mengenmäßiger Anteile vorzunehmen.

5.5.4 Stahlangreifende Stoffe, Chloride

Chloride fördern als Elektrolytbildner die elektrochemische Korrosion und gehören deshalb zu den Stahl angreifenden Stoffen. Für die Prüfung einer Gesteinskörnung auf Chlorid sind neben dem einfachen Nachweis auf Vorliegen einer Chloridfreiheit (durch Ausfällung mit Silbernitrat) auch die potentiometrische Bestimmung und zwei weitere Verfahren in den Abschnitten 6.6 bzw. 7 bis 9 der DIN EN 1744-1 enthalten. Auf Anfrage muss der Chlorid-Gehalt vom Hersteller der Gesteinskörnung angegeben werden.

5.5 Schädliche Bestandteile

Andere Halogenide oder Nitrate, die den Korrosionsschutz der Bewehrung beeinträchtigen könnten, kommen in Gesteinskörnungen im Normalfall nicht oder allgemein in nur unbedeutenden Mengen vor.

5.5.5 Schwefelverbindungen, Sulfate, Gesamt-Schwefelgehalt

Sulfate können zum Treiben des Zementsteins (siehe auch Kapitel 4 Bindemittel) und damit zu Zerstörungen im Mörtel- oder Betongefüge führen. Der Nachweis bei Gesteinskörnungen kann durch eine ganze Reihe von Bestimmungen nach DIN EN 1744-1 gemäß den darin enthaltenen Abschnitten 10 bis 13 auf unterschiedliche Weise erfolgen.

Der danach chemisch bestimmte **säurelösliche Sulfatgehalt** wird nach DIN EN 12 620 bei notwendiger Forderung den Kategorien $AS_{0,2}$, $AS_{0,8}$ und $AS_{1,0}$ zugeordnet (Indexzahlen = maximaler Gehalt in M.-%). **Bei Hochofenstückschlacke** ist ein Teil des Sulfatgehalts fest gebunden und reagiert daher nicht mit dem Zement, was zu den höheren Grenzwerten führt. Gesteinskörnungen können auch Sulfide enthalten. Manche Sulfide verwittern leicht, z.B. kann Markasit FeS_2 durch Oxidation in Sulfat ($FeSO_4$) übergehen und dann ebenfalls Treiben hervorrufen. Deshalb wird neben den säurelöslichen Sulfiden und Sulfaten auch der **Gesamt-Schwefelgehalt** nach DIN EN 1744-1, Abschnitt 11 bestimmt. Markante Grenzwerte für Gesteinskörnungen nach DIN EN 12 620 werden in Kategorien S ausgewiesen und liegen allgemein bei 1 M.-% und für Hochofenstückschlacken bei 2 M.-%.

Bei rezyklierten Gesteinskörnungen kommt mit der möglichen Ausweisung von Kategorien SS noch bei Erfordernis die Erfassung von **wasserlöslichen Sulfaten** hinzu.

Schwerspat (Bariumsulfat) als Körnung für Schwerbeton ist unschädlich, da diese Form unlöslich bleibt und deshalb nicht für eine Reaktion zur Verfügung steht.

5.5.6 Bestandteile, die die Raumbeständigkeit bei Schlacken beeinflussen

a) Gebrochene **Hochofenschlacke** soll als Körnung ein gleichbleibend dichtes, kristallines Gefüge (möglichst ohne schaumige oder glasige Stücke) haben. Außerdem muss die Raumbeständigkeit durch Prüfung auf **Dicalciumsilicatzerfall** und **Eisenzerfall** nach DIN EN 1744-1, Abschnitt 19 nachgewiesen werden.

Der erste Nachweisform nutzt die bekannte Kristallumwandlung des unstabilen β-Dicalciumsilicats in die γ-Form (nachweisbar an frischen Bruchflächen im ultravioletten Licht anhand von hell leuchtenden, farbigen Punkten oder Flecken auf violettem Untergrund). Der Zerfall von Eisen durch Alterung in feuchter Umgebung wird dagegen durch Beobachtung der Veränderung wassergelagerter Schlackestücke untersucht.

b) Schlacken aus Verbrennungsprozessen als Körnung für (Leicht-)Beton oder -Mörtel sind mit Vorsicht zu verwenden, da Schwefelverbindungen enthalten sein können, welche sowohl Ausblühungen und Treibeffekte am Baustoff als auch das Abfallen von Putzen oder Schäden an Anstrichen und Tapeten bewirken können.

Häufig enthalten Stahlwerk-Schlacken auch Stückchen von **Freikalk** (*gebrannter Kalk, CaO*), welcher anschließend bei Aufnahme von Feuchtigkeit gelöscht wird und dadurch an derartigen Stellen auch noch im verbauten Zustand störende Treibwirkungen erzeugen kann. Die Prüfung auf Freikalk erfolgt nach DIN EN 1744-1, Abschnitt 18.

5 Gesteinskörnungen für Mörtel und Beton

5.5.7 Alkalilösliche Kieselsäure

Viele natürliche Gesteinsarten enthalten auch Anteile von Silikaten (Kieselsäure, SiO_2). Liegen die Kieselsäurebestandteile in ausreichender Menge und sowohl alkalilöslich als auch zugänglich vor, kann es beim schon erhärteten Beton zu Volumendehnungen („Alkalitreiben"), Ausblühungen, Abplatzungen und zur Entstehung von Risserscheinungen kommen. Als **besonders alkaliempfindliche Gesteinskörnungen** gelten in Deutschland Opalsandstein/Kieselkreide und Flint (in hierfür ausgewiesenen Gebieten von Norddeutschland gemäß Abb. 5.2 anzutreffen) sowie gebrochene Grauwacke und gebrochener Quarzporphyr (Rhyolith), gebrochene Kiese des Oberrheins bzw. Kiese und gebrochene Kiese aus dem mitteldeutschen Raum. Ein schädigendes Treibpotenzial kann auch von rezyklierter Gesteinskörnung ausgehen.

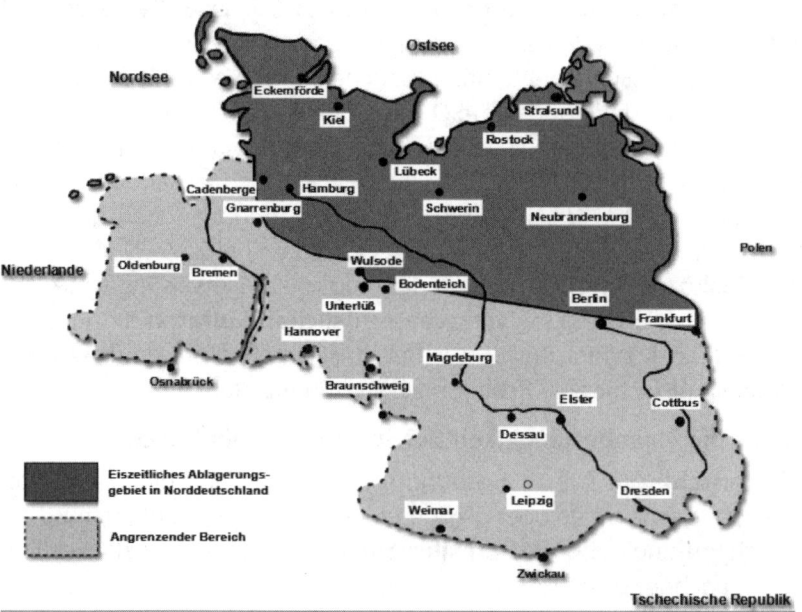

Abb. 5.2   Vorkommen alkaliempfindlicher Gesteinskörnungen in Deutschland

Bezogen auf die vorausgehende Aufzählung von typischerweise besonders gefährdeten Gesteinskörnungen und der dabei auffälligen Beteiligung von **gebrochenen Materialaufbereitungen** ist einerseits anzumerken, dass natürlich vorliegendes Rundkorn durch Transport und Verwitterung häufig bereits eine weniger reaktive Oberfläche besitzt, wogegen andererseits gerade frisch gebrochene Körnungen mit einer sogar weiter vergrößerten und gleichzeitig noch voll reaktiven Oberfläche das Gefährdungspotenzial bei empfindlichen Gesteinsarten zusätzlich erhöhen.

Der hierbei zu befürchtende **Schadensmechanismus** ist im Rahmen der Entstehung von Alkali-Kieselgel mit dabei chemisch gegebener Bestrebung zur Wasseraufnahme zu sehen, welche unter ungünstigen Umständen und zunehmender Zeit mit einer erheblichen und bis zur Zerstörung des Betongefüges reichenden Quelldruckerhöhung durch die Volumenvergrößerung verbunden ist. In Medienberichten taucht im Zusammenhang mit Schäden dieser Art in letzter Zeit der weniger fachliche Begriff „Betonkrebs" vermehrt auf.

5.5 Schädliche Bestandteile

Bei weiterhin gegebenen Schadensrisiken und intensiver Forschung haben sich in der jüngeren Vergangenheit auf diesem Gebiet noch neue Erkenntnisse ergeben und für die Betonanwendung zu Regelungs- und Klassifizierungsansätzen geführt. Hierbei sind vorrangig die weitere Beschreibung der Umgebungsbedingungen des jeweiligen Betons in Form von **Feuchteklassen**, die zusätzlich zu beachtenden Schadensauslösungen im Zusammenhang mit einer Alkalizufuhr von außen (möglich z.B. bei Verkehrsflächen, Meerwassereinfluss, Landwirtschaft oder Industriebetrieb) und auch eine für Betone nach DIN EN 206-1/DIN 1045-2 zu jeder verwendeten Gesteinskörnung nach DIN EN 12620 geforderte Einstufung in eine **Alkaliempfindlichkeitsklasse** zu nennen.

Die in Deutschland nun seit 2013 als überarbeitet geltende Richtlinie „Vorbeugende Maßnahmen gegen schädigende Alkalireaktion im Beton (**Alkali-Richtlinie**)" [5.8] des Deutschen Ausschusses für Stahlbeton e. V. ist ausschließlich befasst mit der Vermeidung von Schäden aus diesem Gefährdungszusammenhang. Innerhalb der Neufassung dieser Richtlinie wurde nunmehr erstmalig nach vielen Jahrzehnten die bisher vorhandene Dreiteilung aufgegeben und die Gliederung vermehrt an die Normen DIN EN 12620, DIN EN 206-1 und DIN 1045-2 angepasst. Weiterhin ist als wesentliche Änderung festzuhalten, dass die in der Vergangenheit zur Beschreibung der Alkali-Empfindlichkeit verwendeten Bezeichnungen „unbedenklich", „bedingt brauchbar" und „bedenklich" nicht mehr verwendet werden. Als planungstechnisch und baupraktisch maßgebliche Abschnitte innerhalb der neuen „Alkali-Richtlinie" sind demnach die Abhandlungen in *4. Einstufung der Gesteinskörnung* bzw. unter *7. Vorbeugende Maßnahmen* sowie die *Anhänge A bis C* mit der Beschreibung von zur verlässlichen Einschätzung der vorgesehenen Gesteinsverwendung heranziehbaren Prüfverfahren zu nennen.

Zur Beurteilung von bauteilbezogen vorliegenden Gefährdungen und Maßnahmen zur Vermeidung einer **schädigenden Alkali-Kieselsäure-Reaktion (AKR)** muss innerhalb der Bauteil-Planung dem jeweiligen Beton zusätzlich zur Vorgabe von Expositionsklassen in Entsprechung der zu erwartenden Umgebungsbedingungen eine der vier in Tafel 5.5 vorgestellten Feuchtigkeitsklassen zugeordnet werden. Bei der weiterhin zur Einstufung einer Bestandsprüfung benötigten Angabe handelt es sich um die Festlegung der Alkali-Empfindlichkeitsklasse, welche als Zuordnung einer oder mehrerer Korngruppen oder eines Vorkommens gegebenenfalls erst nach gesonderter Untersuchung von Gesteinskörnungen und Bewertung der Prüfergebnisse möglich ist.

Tafel 5.5   Beispiele zur Einteilung von Betonanwendungen in Feuchtigkeitsklassen

Feuchtig-keitsklasse	Beschreibung	Beispiele
WO	**Trocken** (Beton, der nach normaler Nachbehandlung nicht längere Zeit feucht und nach dem Austrocknen während der Nutzung weitgehend trocken bleibt.)	– Innenbauteile des Hochbaus; – Bauteile, auf die Außenluft, nicht jedoch z.B. Niederschläge, Oberflächenwasser, Bodenfeuchte einwirken können und/oder die nicht ständig einer relativen Luftfeuchte von mehr als 80 % ausgesetzt werden.
WF	**Feucht** (Beton, der während der Nutzung häufig oder längere Zeit feucht ist.)	– Ungeschützte Außenbauteile, die z.B. Niederschlägen, Oberflächenwasser oder Bodenfeuchte ausgesetzt sind; – Innenbauteile des Hochbaus für Feuchträume, wie z.B. Hallenbäder, Wäschereien und andere gewerbliche Feuchträume, in denen die relative Luftfeuchte überwiegend höher als 80 % ist; – Bauteile mit häufiger Taupunktunterschreitung, wie z.B. Schornsteine, Wärmeübertragungsstationen, Filterkammern und Viehställe; – Massige Bauteile gemäß DAfStb-Richtlinie „Massige Bauteile aus Beton", deren kleinste Abmessung 0,80 m überschreitet (unabhängig vom Feuchtezutritt).
WA	**Feucht + Alkalizufuhr von außen** (Beton, der zusätzlich zu der Beanspruchung nach Feuchtigkeitsklasse WF häufiger oder langzeitiger Alkalizufuhr von außen ausgesetzt ist.)	– Bauteile mit Meerwassereinwirkung; – Bauteile unter Tausalzeinwirkung ohne zusätzlich hohe dynamische Beanspruchung (z.B. Spritzwasserbereiche, Fahr- und Stellflächen in Parkhäusern, Brückenkappen); – Bauteile von Industriebauten und landwirtschaftlichen Bauwerken (z.B. Güllebehälter) mit Alkalisalzeinwirkung; – Betonschutzwände – Betonfahrbahnen der Belastungsklassen Bk 0,3 und Bk 1,0 gemäß RStO[1]
WS[2]	**Feucht + Alkalizufuhr + dynamische Beanspruchung** (Beton, der zusätzlich zu der Beanspruchung nach Feuchtigkeitsklasse WA hoher dynamischer Beanspruchung ausgesetzt ist.)	– mit Betonfahrbahnen der Belastungsklassen Bk 1,8 bis Bk 100 gemäß RStO[1]

[1] Für Betonfahrbahnen nach RStO wurden Regelungen innerhalb der Alkali-Richtlinie bereits mit Berichtigung 04.10 zurückgezogen und zur Zuordnung der Eignung von Gesteinskörnungen für den Einsatz in Betonfahrbahndecken wegen der so gegebenen Ermöglichung zeitnaher Änderungsveröffentlichungen den ARS des BMVBS zugewiesen.
[2] Die Klasse WS wird künftig ggf. in DIN 1045-2 entfallen.

Zur Verständnisbildung für die weiterhin notwendigen Einschätzungen der jeweiligen Situation und zu den hieraus resultierenden Festlegungen möglicher oder erforderlicher Maßnahmen ist darauf zu verweisen, dass schädigende Alkali-Kieselsäure-Reaktionen (AKR) in einem Betonbauteil bei oft überhaupt erst nach fünf bis zehn Jahren sichtbarem Auftreten

5.5 Schädliche Bestandteile

in der Regel über längere Zeiträume ablaufen und nur möglich sind, wenn die nachfolgenden **Einflüsse** zusammenkommen:
a) Gesteinskörnung mit kritischer Menge an alkaliempfindlichen Gesteinen,
b) ausreichend großer Alkaligehalt im Beton durch den Zement und/oder vermehrte Alkalizufuhr von außen,
c) ausreichende Durchfeuchtung des Betons und somit im Porenwasser des Betons gelöste Alkali- und Hydroxid-Ionen.

Während Wärme die Reaktivität noch verbessern kann, wird die Reaktion beim Fehlen von nur einer der vorgenannten Gegebenheiten unterbunden.

Da es nur unter den vorgenannten Voraussetzungen zur Bildung von zur Betonschädigung führendem Alkali-Kieselgel kommen kann, ist zur Vermeidung von Treibreaktionen eine der folgenden **Vorbeugungsmaßnahmen** zu treffen:
1. Begrenzung des wirksamen Gesamt-Alkaligehaltes in der Betonporenlösung,
2. Verwendung eines Zementes mit niedrigwirksamem Alkaligehalt,
3. Einsatz einer weniger oder nicht reaktiven Gesteinskörnung,
4. Begrenzung des Wassersättigungsgrades des Betons.

Dazu sind die Gesteinskörnungen im Vorgriff auf eine Verwendung zur bewussten Gefährdungsabschätzung in eine **Alkali-Empfindlichkeitsklasse** gemäß Tafel 5.6 einzustufen. Bei der Klassifizierung wird unterschieden in E I, E II und E III und zusätzlich in Entsprechung der nachfolgenden Tabelle zum unmittelbaren Verweis auf die vorliegende Gesteinskörnung als Zusatzbezeichnung O für Opalsandstein einschließlich Kieselkreide, F bei Flint bzw. S für die sonstigen mit Gefährdungspotenzial anstehenden Gesteinskörnungen zugewiesen.

Tafel 5.6 Alkali-Empfindlichkeitsklassen von Gesteinskörnungen nach „Alkali-Richtlinie" (2013)

Klasse	Gesteinskörnungen	Maßnahmen
E I-O	Opalsandstein einschließlich Kieselkreide	keine Maßnahmen erforderlich
E II-O		ggf. Maßnahmen erforderlich
E III-O		
E I-OF	Opalsandstein einschließlich Kieselkreide und Flint	keine Maßnahmen erforderlich
E II-OF		ggf. Maßnahmen erforderlich
E III-OF		
E I-S	Gebrochene Grauwacke, gebrochener Quarzporphyr (Rhyolith), gebrochener Oberrhein-Kies, rezyklierte Körnungen, Kies mit > 10 M-% der vorgenannten Körnungen, Kiese und gebrochene Kiese aus den rezenten und fossilen Flussläufen und deren Einzugsgebieten in den Gebieten der Saale, Elbe, Mulde und Elster im angrenzenden Bereich	keine Maßnahmen erforderlich
E III-S		ggf. Maßnahmen erforderlich

In Abhängigkeit von der weiterhin für die jeweilige Betonanwendung getroffenen Zuordnung zu einer Feuchtigkeitsklasse (siehe Tafel 5.5) und der beschriebenen Empfindlichkeitsklassifizierung gemäß Tafel 5.6 sowie zusätzlich nun auch noch in Abhängigkeit von der in der einzeln betrachteten Betonzusammensetzung gewählten Zementmenge ergeben sich schließlich für den Planer und Verwender die in der nachfolgenden Tafel 5.7 als **vorbeugende**

5 Gesteinskörnungen für Mörtel und Beton

Maßnahmen gelisteten Handlungsansätze. Dabei wird ersichtlich, dass bei Einordnungen in die Klasse E I keine vorbeugenden Maßnahmen erforderlich sind.

Tafel 5.7   Vorbeugende Maßnahmen für Beton abhängig von Zementgehalt und Feuchteklasse

Alkaliempfindlichkeitsklasse	Zementgehalt im Beton [kg/m³]	Maßnahmen für die Feuchtigkeitsklasse		
		WO	WF	WA
E I, E I-O, E I-OF, E I-S	Ohne Festlegung	keine		
E II-O	≤ 330		keine	NA-Zement
E III-O		keine	NA-Zement	Austausch GK
E II-OF	> 330	Keine	NA-Zement	
E III-OF		keine	NA-Zement	Austausch GK
E III-S	≤ 300	keine		
	≤ 350		keine	NA-Zement oder gutachterliche Stellungnahme
	> 350	keine	NA-Zement oder gutachterliche Stellungnahme	Austausch GK oder gutachterliche Stellungnahme
GK = Gesteinskörnung gutachtliche Stellungnahme z.B. auf der Grundlage einer AKR-Performance-Prüfung				

Für eine erste Abschätzung der Wirksamkeit einer Vorbeugungsmaßnahme durch Einsatz von NA-Zement werden in der nachfolgenden Tafel 5.8 die diesbezüglich zu erwartenden Wertigkeiten verschiedener Zementarten aufgezeigt und hierfür wegen der erheblichen Unterschiede auf eine stets betontechnologisch gesondert vorzunehmende Planungsauswahl verwiesen.

Tafel 5.8 Na_2O-Äquivalent von NA-Zementen nach DIN 1164-10 (03.13)

Zementart	Na_2O-Äquivalent [M.-%]
CEM I bis CEM V	≤ 0,60
CEM II/B-S	≤ 0,70
CEM III/A bei Hüttensandgehalt ≤ 49 M.-%	≤ 0,95
CEM III/A bei Hüttensandgehalt ≥ 50 M.-%	≤ 1,10
CEM III/B	≤ 2,00
CEM III/C	≤ 2,00

Die „Alkali-Richtlinie" sieht in den drei neu geschaffenen Anhängen zur Beurteilung der Gefährdung von Gesteinskörnungen im Hinblick auf eine schädigende Alkali-Kieselsäure-Reaktion die Angabe von verschiedenen Prüfverfahren vor, welche in der nachstehenden Tafel 5.9 aufgelistet sind.

*Tafel 5.9   Prüfverfahren für Gesteinskörnungen gemäß Anhängen der „Alkali-Richtlinie"
(2013)*

Anhang	Prüfungen
A	Natronlaugetest 4 % an Körnungen 1 bis 4 mm Petrografische Auslese und Bestimmung der Masseanteile Rohdichtebestimmung am Flintanteil Natronlaugetest 10 % an Körnungen > 4 mm
B	Schnellprüfverfahren an Mörtelprismen Betonversuch mit 40 °C-Nebelkammerlagerung
C	60 °C-Betonversuch (Alternativverfahren, informativ)

Die Prüfung nach **Anhang A** erfolgt bei Sand bis 4 mm Korngröße mit heißer, 4%iger Natronlauge. Bei gröberen Körnungen über 4 mm wird nach zunächst petrographischer Ansprache und Auslese der fraglichen Bestandteile mit heißer, 10%iger Natronlauge der Gewichtsverlust und der Anteil erweichter Körner ermittelt bzw. bei reaktionsfähigem porösem Flint gezielt ausgerichtet auf die dann allgemein auch erkennbar niedrigere Kornrohdichte geprüft.

Ob eine bestimmte Betonzusammensetzung im Zusammenwirken mit den einzelnen Komponenten des Betons für eine Schädigung durch AKR gefährdet ist, lässt sich mit eindeutigeren Untersuchungen innerhalb der in den letzten Jahren entwickelten **AKR-Performance-Prüfverfahren** ermitteln. Die Alkaliempfindlichkeit gebrochener Gesteinskörnungen oder anderer alkaliempfindlicher Gesteine wird dabei gemäß Alkali-Richtlinie betontechnologisch geprüft. Hierzu werden aus einer Betonmischung mit festgelegter Zusammensetzung mit den zu überprüfenden Gesteinen gezielt Probekörper mit definierten Abmessungen hergestellt und zur Erkundung von schädigenden Veränderungen versuchstechnisch einer eindeutig bestimmten Feucht-Warm-Lagerung ausgesetzt.

Als **Referenzverfahren** gemäß Alkali-Richtlinie ist der im **Anhang B** aufgeführte **Betonversuch mit Nebelkammerlagerung bei 40 °C** festgelegt.

Alternativ zum Referenzverfahren darf der im nur informativen **Anhang C** beschriebene Betonversuch bei 60 °C angewendet werden, wenn die Prüfstelle durch Teilnahme an den regelmäßigen Vergleichsprüfungen des Deutschen Instituts für Bautechnik anhand der festgelegten Kriterien nachgewiesen und dokumentiert hat, dass beide Verfahren zur gleichen Bewertung führen.

Zur Vervollständigung ist weiterhin anzumerken, dass der Betonversuch mit 40 °C-Nebelkammerlagerung eine Lagerungsdauer von 270 Tagen vorsieht und somit eine ganz erhebliche Vorlaufzeit erfordert. Das daher hierzu nach Abschn. B.2 im Anhang B der Alkali-Richtlinie zugelassene Schnellverfahren durch Überprüfung an Mörtelprismen bezüglich der Einhaltung von Grenzwerten für die Dehnung nach bereits 13 Tagen ist erheblich schneller, erlaubt aber lediglich eine Einstufung in die Alkali-Empfindlichkeitsklasse E I-S und verweist bei nicht bestandener Prüfung wiederum auf den Betonversuch mit Nebelkammerlagerung bei 40 °C.

5.6 Weitere Anforderungen an Gesteinskörnungen

Je nach Verwendungszweck müssen Gesteinskörnungen weitere Anforderungen erfüllen.

5.6.1 Kornform von groben Gesteinskörnungen

Die *Form* grober Gesteinskörner soll möglichst gedrungen (kugelig, würfelig) sein, da solche Körner höhere Druck- und vor allem höhere Zugfestigkeit des Betons ergeben und bei ohnehin besserer Rollfähigkeit gegenüber flachen oder länglichen Körnern bei gleicher

Konsistenz des Mörtels oder Betons durch das günstigere Verhältnis zwischen Kornoberfläche und eingeschlossenem Volumen einen niedrigeren Wasseranspruch erzeugen und deshalb zu günstigeren Wasser-Zement-Werten führen. Ein Korn gilt als ungünstig, wenn das Verhältnis der Kornlänge zur Korndicke (nicht Breite) größer als 3 ist.

Ergeben gebrochene Gesteine ein langsplittriges Brechgut, so kann beispielsweise durch zweimaliges Brechen eine geeignetere, gedrungene Kornform geschaffen werden (doppelt gebrochener Splitt).

Bestimmung der Kornformkennzahl SI

Zur Einschätzung für die Erstprüfung und in Streitfällen kann anhand einer Probe grober Gesteinskörnung der Massenanteil der Körner mit einem ungünstigen Längen-Dicken-Verhältnis nach DIN EN 933-4 mit dem Kornform-Messschieber (siehe Abb. 5.3) bestimmt werden.

Durch die dargestellte Bauart ist die Länge l für jede Einstellung gleich der 3fachen Dicke d.
Der schräge Messschlitz stellt sich somit bei Schieberbewegung stets auf $d = l/3$ ein.
Geht das längenmäßig gemessene Korn nach Fixierung des Schiebers durch den Schlitz mit der Öffnungsweite d hindurch, ist es folgerichtig „ungünstig geformt".

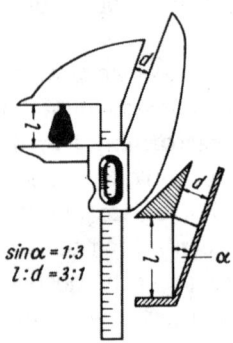

Abb. 5.3   Kornform-Messschieber

Wird eine abgewogene Messprobe (z.B. für D = 16 mm mindestens 1 kg und D = 32 mm ein Minimum von 6 kg) mit dem Messschieber untersucht, so ergibt sich aus dem Verhältnis der Masse der ungünstig, nicht kubisch geformten Körner zur Masse der Messprobe × 100 die **Kornformkennzahl SI** (**S**hape **I**ndex).

Bestimmung der Plattigkeitskennzahl FI

Die Kornform von groben Gesteinskörnungen ist im **Referenzprüfverfahren** durch die *Plattigkeit* (Verhältnis Dicke zu Breite ≤ 0,5) gekennzeichnet. Hierzu wird nach DIN EN 933-3 eine abgewogene Messprobe durch ein Stabsieb (siehe Abb 5.4) gesiebt. Die Schlitzweite (Abstand der zylindrischen Stahlstäbe) beträgt 1/2 D (D = Größtkorn der zu prüfenden Kornklasse), z.B. bei der Kornklasse 12,5/16 also 8 mm. Aus dem Verhältnis Masse des Siebdurchgangs zur Masse der Messprobe × 100 ergibt sich die **Plattigkeitskennzahl FI** (**F**lakiness **I**ndex).

5.6 Weitere Anforderungen an Gesteinskörnungen

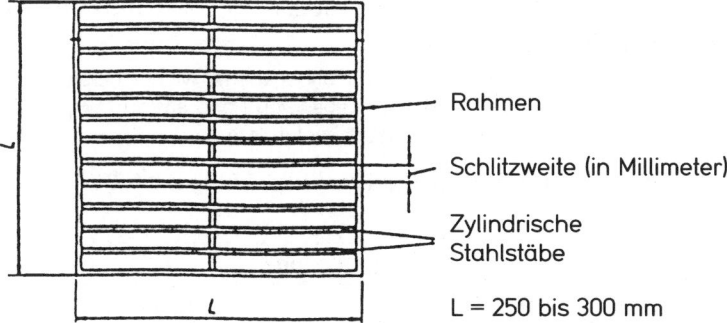

Abb. 5.4   Stabsieb zur Bestimmung der Plattigkeit

Die Tafel 5.10 zeigt die zur Beschreibung von Kornform und Plattigkeit bei groben Gesteinskörnungen verwendeten Einteilungen in Kategorien.

Tafel 5.10   Kornformkennzahl und Plattigkeitskennzahl von groben Gesteinskörnungen nach DIN EN 12 620 (07.08)

Kornformkennzahl nach Masseanteil in %	Kategorie SI	Plattigkeitskennzahl nach Masseanteil in %	Kategorie FI
≤ 15	SI_{15}	≤ 15	FI_{15}
≤ 20	SI_{20}	≤ 20	FI_{20}
≤ 40	SI_{40}	≤ 35	FI_{35}
≤ 55	SI_{55}	≤ 50	FI_{50}
> 55	$SI_{angegeben}$	> 50	$F_{angegeben}$
keine Anforderung	SI_{NR}	keine Anforderung	FI_{NR}

Nach vorliegendem **Entwurf (07.15)** sind weitere Kategoriegrenzen vorgesehen für
Kornformkennzahl bei: ≤ 25, ≤ 30, ≤ 35 und ≤ 50 sowie
Plattigkeitskennzahl bei: ≤ 10, ≤ 25, ≤ 30 und ≤ 40.
Neben der Kornform und Plattigkeit von Gesteinskörnungen ist besonders auch die **Oberflächenbeschaffenheit** von Bedeutung, da eine mäßig raue Oberfläche besser am Zementstein haftet als eine glatte, wobei dies allerdings in Hinblick auf den Wasseranspruch auch eine größere Benetzungsoberfläche schafft und so zu einem erhöhten Wasseranspruch führt.

5.6.2   Verwitterungsbeständigkeit

5.6.2.1 Frost-Tau-Beständigkeit von groben Gesteinskörnungen

Der Frostwiderstand muss für den vorgesehenen Verwendungszweck ausreichend sein. Natürlich entstandener Sand und Kies (auch gebrochen) enthalten durch die bereits bei Verwitterung und Transport erfolgte Auslese allgemein nur noch wenige Anteile frostanfälliger Körner. Nach DIN EN 1097-6 hat die Gesteinskörnung eine ausreichende Frost-Tau-Wechsel-Beständigkeit, wenn die Wasseraufnahme des Gesteins 0,5 Masse-% nicht überschreitet. Gemäß vorliegendem Entwurf zur DIN EN 12620 (07.15) ist auch durch die Bestimmung der **Wasseraufnahme** in einem Vorversuch gemäß DIN EN 1097-6 bei Einhaltung der Kategoriegrenze WA_{24} mit einer Wasseraufnahme ≤ 1 Masse-% eine hinreichende Verwendungseinschätzung möglich.

5 Gesteinskörnungen für Mörtel und Beton

Sofern erforderlich, muss die Frost-Tau-Wechsel-Beständigkeit zur Sicherstellung der Dauerhaftigkeit nach DIN EN 1367-1 weiter geprüft werden.

Für die **Prüfung** muss Material mit Korn über 4 mm in der nachstehend angegebenen Menge bereitgestellt werden (siehe Tafel 5.11). Unter- und Überkorn werden durch Aussieben von Hand entfernt, wobei die Prüfgutmenge vorher bei 110 ± 5 °C bis zur Gewichtskonstanz getrocknet wurde.

Tafel 5.11 Masse der Einzelmessproben für die Frost-Tau-Wechselprüfung nach DIN EN 1367-1

Maximale Korngröße in mm	Prüfgutmenge	
	Normale	Leichte
	Gesteinskörnung	
	Masse in g	Schüttvolumen in ml
4 bis 8	1.000	500
8 bis 16	2.000	1.000
16 bis 32	4.000	1.500
32 bis 63	6.000	–

Nach 24-stündiger Wasserlagerung werden die mit Gesteinskörnung und Wasser gefüllten Dosen in einer Frostkammer einem 10-maligen Frost-Tau-Wechsel zwischen +20 °C und –17,5 °C in vorgeschriebener Zeitdauer ausgesetzt. Danach wird der Doseninhalt durch das Sieb mit der halben Lochweite der unteren Prüfkorngröße geschüttet (z.B. Korngruppe 16/32 auf Sieb 8 mm) und am Ende der Durchgang in Masse-% errechnet.

Dementsprechend gibt es für die Frost-Tau-Wechselbeständigkeit nach DIN EN 12 620 eine Unterteilung in die Kategorien F_1, F_2, F_4 und $F_{angegeben}$ (sowie keine Anforderung: F_{NR}) mit darin durch die Indizes enthaltener Angabe für den jeweils zulässigen Masseverlust in %. Ergebnisse einer ggf. darüber hinaus erforderlichen Prüfung nach DIN EN 1367-6 unter **gleichzeitiger Einwirkung von Salz** werden in Kategorien F_{EC} eingeordnet, wobei dann mit Blick auf diese Extrembedingungen eine Überprüfung und Einteilung ohne Salzeinfluss entfällt.

5.6.2.2 Magnesiumsulfat-Wert

Für die Prüfung der Verwitterungsbeständigkeit von groben Gesteinskörnungen ist die Magnesiumsulfat-Prüfung nach DIN EN 1367-2 durchzuführen und zur Bewertung in Kategorien nach den Grenzwerten in Tafel 5.12 einzuordnen.

Zur **Prüfung** des Frost-Tau-Widerstands werden die Gesteinskörnungen zyklisch mit einer gesättigten Magnesiumsulfat-Lösung getränkt und anschließend bei 110 °C getrocknet. Dabei kristallisiert das Magnesiumsulfat in den Poren der Gesteinskörper aus, wobei ein Überdruck in den Poren entsteht und Körner zerstört werden können. Der Anteil der zerstörten Körner wird gemessen und dient zur Einteilung in Kategorien gemäß Tafel 5.12.

5.6 Weitere Anforderungen an Gesteinskörnungen

Tafel 5.12 Kategorien Magnesiumsulfat-Widerstand nach DIN EN 12 620 (07.08)

Kategorie	Magnesiumsulfat-Wert Verlust an Masse in %
MS_{18}	≤ 18
MS_{25}	≤ 25
MS_{35}	≤ 35
$MS_{angegeben}$	> 35
MS_{NR}	keine Anforderung

Diese Prüfung ist für **rezyklierte Gesteinskörnungen** mit zementhaltigen Anteilen nicht anwendbar.

Vollständigkeitshalber ist an dieser Stelle auch darauf hinzuweisen, dass die Frost-Tausalz-Wechselbeständigkeit einer Gesteinskörnung auch am erhärteten Beton bestimmter Zusammensetzung durch festgelegte Prüfungen mit 3%iger NaCl-Lösung festgestellt wird. Dabei wird nach Durchlauf bestimmter Frost-Tau-Zyklen in einer Befrostungstruhe die abgewitterte Masse ermittelt und bezogen auf 1 m² Beton-Oberfläche angegeben.

5.6.3 Widerstand gegen besondere mechanische Beanspruchung

Ob solche Anforderungen an den Widerstand grober Gesteinskörnungen gegen Zertrümmerung, Schlagzertrümmerung, Verschleiß, Abrieb und Polieren gestellt werden, hängt von der Herkunft und dem Verwendungszweck ab (z.B. bei Beton für hochbeanspruchte Verkehrsflächen). Zur Ermittlung derartiger Widerstandsfähigkeit der Gesteinskörnungen dienen die nachfolgend im Prinzip angegebenen Prüfungen. Hierzu gehörige Kategorien und Grenzwerte listet die DIN EN 12 620 im Abschnitt „Physikalische Anforderungen" auf.

a) Los-Angeles-Prüfung gegen Zertrümmerung, LA-Wert (DIN EN 1097-2)
Als Prüfgerät dient eine Stahltrommel ($\emptyset \approx 71$ cm, $l \approx 51$ cm), die um ihre horizontale Achse rotieren kann. In die Trommel werden 11 Stahlkugeln ($\emptyset \approx 46$ mm) und die zu prüfende Gesteinskörnung gefüllt. Danach führt die Trommel 500 Umdrehungen (31 bis 33 U/min) aus, eine Mitnehmerleiste an der Wand der Trommel bewirkt eine zusätzliche Bewegung des Trommelinhalts. Durch das Zusammenwirken verschiedener Beanspruchungsarten wie Abrieb, Schlag und Mahlen entstehen Feinanteile, die abgesiebt werden. Aus dem Masse-Verlust der geprüften Körnung in % ergibt sich der *Los-Angeles-Koeffizient LA* als Maß für den Widerstand gegen Zertrümmerung.

b) Schlagzertrümmerungsprüfung, SZ-Wert (DIN EN 1097-2)
Hierbei wird eine Prüfkörnung durch Schlageinwirkung beansprucht. Die Körnung befindet sich in einem Stahlmörser, der auf einem Amboss sitzt. Zentrisch über dem Mörser befindet sich ein Fallhammer, dessen Schlagkopf auf einen Stempel über dem Prüfgut trifft. Der Stempel überträgt die Schlagwirkung auf die gesamte Probenfläche. Zur Prüfung werden zehn Schläge aus 370 mm Höhe ausgeführt, danach wird das Prüfgut abgesiebt. Aus dem Masseverlust der Ausgangskörnung (= Siebdurchgang) in % ergibt sich der *Schlagzertrümmerungswert SZ* als Maß für den Widerstand gegen Schlagzertrümmerung.

c) Prüfung des Polierwiderstands, PSV-Wert (DIN EN 1097-8)
Die Beurteilung der Widerstandsfähigkeit grober Gesteinskörnungen gegen Polieren zur Verwendung auf Verkehrsflächen erfolgt mit einem Poliergerät und durch eine anschließende Reibungsmessung. Das Poliergerät besteht im Wesentlichen aus zwei übereinander angeordneten Rädern (ein „Straßenrad" mit Gesteinsproben, die am Umfang so befestigt sind, dass die Oberfläche der Gesteinskörner nach außen zeigt, sowie ein vollgummibereiftes „Polierrad", das gegen das „Straßenrad" gedrückt wird). Zur Prüfung wird das Straßenrad in Rotation versetzt und dabei als Schleifmittel ein Wasser-Korund-Gemisch zwischen beide Räder dosiert. Die Prüfung wird in zwei Abschnitten durchgeführt (drei Stunden

5 Gesteinskörnungen für Mörtel und Beton

mit gröberem Korund und drei Stunden mit feinerem Korund), wobei das Polierrad gewechselt wird. Danach wird mit einem Pendelgerät die Reibung der Gesteinsproben mit der eines Referenzgesteins (Olivinbasalt) verglichen.

Der Reibungsmesswert „Griffigkeit" ergibt sich aus der Bremswirkung, die der Gleitkörper des Pendels beim Überstreichen der Gesteinsproben erfährt. Aus dieser Griffigkeitsbestimmung ergibt sich der *PSV-Wert* (**P**olishing **S**tone **V**alue) als *Widerstand gegen Polieren*.

d) Prüfung des Widerstands gegen Abrieb, AAV-Wert (DIN EN 1097-8)

Bei dieser Prüfung werden in Kunstharz eingebettete Körner mit ihrer freien Oberfläche gegen eine waagerecht rotierende Läppscheibe (Gusseisen- oder Stahlschleifscheibe, Ø mindestens 60 cm) gedrückt. Während der vorgeschriebenen 500 Umdrehungen (≈ 30 U/min) wird kontinuierlich feiner Quarzsand als Schleifmittel zugeführt. Der am Ende der Prüfung festgestellte Massenverlust dient zur Berechnung des *Abriebwertes AAV* (**A**ggregate **A**brasion **V**alue).

Die Prüfung ist im Wesen vergleichbar mit der Verschleißprüfung mit der Schleifscheibe nach *Böhme*, DIN 52 108.

e) Prüfung auf Verschleiß durch Spikereifen, A_N-Wert (DIN EN 1097-9)

Durch eine weitere Abriebprüfung kann der Widerstand gegen *Abrieb durch Spikereifen* vorrangig für Gesteinskörnung der Kornklasse 11/16 mm bzw. alternativ 8/11 mm ermittelt werden – Abriebwert A_N (**N**ordic abrasion value). Die Prüfung ist für Deutschland nicht erforderlich.

f) Prüfung auf Verschleiß, M_{DE}-Wert (DIN EN 1097-1)

Eine dem Los-Angeles-Versuch ähnliche Prüfung ist die Verschleißprüfung in der Deval-Trommel. Das grobe Prüfgut wird in einer Stahltrommel zusammen mit Stahlkugeln bei der Rotation der Trommel durch Abrieb und Schlag beansprucht. Nach Versuchsende wird der Feinkornanteil abgesiebt und ermittelt und daraus der *Micro-Deval-Koeffizient* M_{DE} als Widerstandindikator gegen Verschleiß bestimmt.

5.6.4 Muschelschalengehalt

Soweit grobe Gesteinskörnungen aus dem Meer gewonnen werden, sollten ggf. für diese Höchstwerte des Muschelschalengehalts festgelegt werden (≤ 10 Masse-%). Ein hoher Anteil an Muschelschalen in groben Gesteinskörnungen kann sich nachteilig auf die Verarbeitbarkeit und den Wasseranspruch von Beton auswirken.

Die nach DIN EN 933-7 durchzuführende Prüfung sieht ein manuelles Aussondern von Muschelschalen oder deren Bruchstücke aus einer Messprobe grober Gesteinskörnung vor. Die gemäß DIN EN 12 620 hierfür zu bestimmende Einordnung in Kategorien SC geht vom prozentualen Masse-Anteil der ausgelesenen Muschelteile gegenüber der gesamten Messproben-Masse aus.

5.6.5 Zusätzliche Bestimmungen und Anforderungen für leichte und für rezyklierte Gesteinskörnungen

Eine Reihe von Prüfungen zu physikalischen und chemischen Anforderungen sowie zum Einfluss auf das Erstarrungsverhalten bei Mörtel und Beton ist in DIN EN 13 055-1 und in DIN EN 1744-6 aufgeführt. Stellvertretend werden hieraus die beiden nachfolgenden Prüfzusammenhänge kurz vorgestellt.

a) Raumbeständigkeit (DIN EN 13 055-1)

Falls Zweifel an der Raumbeständigkeit leichter oder rezyklierter Gesteinskörnungen – hier etwa bei Verdacht auf treibende Einschlüsse oder nicht abgelöschten Kalk – bestehen, ist die Raumbeständigkeit zu prüfen. Dazu werden Proben einer Kornklasse drei Tage unter Wasser gelagert und anschließend drei Stunden in einem Autoklaven bei 215 °C einem Druck von 2 MPa (= 2 N/mm^2) ausgesetzt. Nach Trocknen bei 110 °C und Abkühlen werden die Proben auf dem nächstkleineren Prüfsieb, das auf die untere Prüfkorngröße folgt, abgesiebt. Wenn der Durchgang durch dieses Sieb als Masseverlust 0,5 % nicht überschreitet, gilt die Gesteinskörnung als raumbeständig.

5.7 Kornzusammensetzung

b) Einfluss rezyklierter Gesteinskörnungen auf den Erstarrungsbeginn von Zement (DIN EN 1744-6)

Zur Beurteilung werden zwei Einzelmessproben aus Zementleim vorbereitet. Während die erste Probe mit Wasser bis zur Erreichung der Normsteife eingestellt wird, folgt die Zusammensetzung der zweiten Probe mit der gleichen Menge des aus der möglicherweise auffälligen Gesteinskörnung hergestellten Wasserauszugs. Der Erstarrungsbeginn wird anschließend bei beiden Zementleimproben nach DIN EN 196-3 bestimmt.

5.7 Kornzusammensetzung

DIN ISO 3310		Analysensiebe – Technische Anforderungen und Prüfung
-1	(09.01)	Analysensiebe mit Metalldrahtgewebe
-2	(07.15)	Analysensiebe mit Lochblechen
DIN ISO 565	(12.98)	Analysensiebe – Metalldrahtgewebe, Lochplatten und elektrogeformte Siebfolien – Nennöffnungsweiten
DIN EN 12 620	(07.08)	Gesteinskörnungen für Beton (zzt. im Entwurf 07.15)

5.7.1 Korngruppen und Bezeichnungen der Gesteinskörnung

Ausgehend von der DIN EN 12 620 ergeben sich innerhalb der Anwendung von Gesteinskörnungen gerade bezogen auf die geometrischen Anforderungen bei der Bezeichnung und Ausweisung von Korn- und Körnungszusammenhängen weit reichende Ordnungsstrukturen, welche nachfolgend in den wesentlichen Ansätzen vorgestellt werden. Zum Einstieg schließen sich zunächst mit Tafel 5.13 die in der Baupraxis allgemein zur Unterteilung und danach im weiteren Textteil mit den zugehörigen Erklärungen die Vorstellungen der aktuell normativ verwendeten Bezeichnungsweisen an.

Tafel 5.13 In der Baupraxis gebräuchliche Bezeichnungen abhängig von Gesteinskörnungsgrößen

Gesteinskörnung mit		Bezeichnung für			
Kleinstkorn in mm	Größtkorn in mm	ungebrochene Gesteinskörnung		gebrochene Gesteinskörnung	
–	0,25	Feinst-		Feinst-	
–	1	Fein-	Sand	Fein-	Brechsand
1	4	Grob-		Grob-	
4	32	Kies		Splitt	
32	63	Grobkies		Schotter	

Gemäß DIN EN 12620 (Entwurf 07.15) gelten künftig die nachfolgenden **Begriffe**:

Als **Gesteinskörnung** wird zur Verwendung im Bauwesen ein körniges Material bezeichnet, welches natürlich und industriell hergestellt oder rezykliert sein kann.

Die **Kornklasse** beschreibt den Anteil einer Gesteinskörnung, der durch das größere von zwei Sieben hindurchgeht und auf dem kleineren liegen bleibt.

Als **Korngruppe** einer Gesteinskörnung wird die zwischen zwei Prüfsieben ermittelte Lieferkörnung bezeichnet, wobei als d/D jeweils die untere (d) und obere (D) Siebgröße angegeben wird. Diese Bezeichnung schließt in der Lieferpraxis die beiden nachfolgend durch weitere Begriffe erklärten Zusammenhänge ein.

Unterkorn: Anteil einer Gesteinskörnung, der feiner ist als die kleinere Siebgröße (und deshalb durch das untere Prüfsieb noch hindurchfällt).

5 Gesteinskörnungen für Mörtel und Beton

Überkorn: Anteil einer Gesteinskörnung, der gröber ist als die gröbere Siebgröße (und daher auf dem oberen Prüfsieb liegen bleibt)

Die Bezeichnung **feine Gesteinskörnung** wird für kleinere Korngruppen mit D nicht größer als 4 mm und $d = 0$ verwendet, während für **grobe Gesteinskörnung** die Einteilungsgrenzwerte D größer als 4 mm und d mindestens 1 mm gelten. Die durch das 0,063-mm-Sieb hindurchgehende Kornklasse einer Gesteinskörnung wird mit **Feinanteile** bezeichnet und Gesteinskörnung, deren überwiegender Teil durch das 0,063-mm-Sieb durchgeht als **Füller** benannt.

Unter **Gesteinskörnungsgemisch** ist eine Mischung aus grober und feiner Gesteinskörnung zu verstehen, wobei die Herstellung sowohl ohne vorherige Trennung als auch durch das Zusammenfügen von groben und feinen Gesteinskörnungen erfolgen kann. Hierbei muss D größer als 4 mm und $d = 0$ mm sein. Die Kornzusammensetzung muss auch bei Korngemischen Anforderungen an den Siebdurchgang erfüllen.

Unter **Korngrößenverteilung** ist die Kornzusammensetzung zu verstehen, welche durch den Siebdurchgang durch eine festgelegte Anzahl von Sieben als Massenanteil in % ausgedrückt wird. Die Beurteilung der Kornzusammensetzung und die dabei zur Bezeichnung von Korngrößen zu verwendenden Siebgrößen ergeben sich aus den in der Tafel 5.14 wiedergegebenen Einteilungsfolgen und bedingen dabei eine Heranziehung des **Grundsiebsatzes**, des **Grundsiebsatzes + Ergänzungssiebsatz 1** oder des **Grundsiebsatzes + Ergänzungssiebsatz 2**. Dabei gilt, dass das Verhältnis D/d bei Korngruppen nicht kleiner als 1,4 sein darf und eine Kombination von Sieben aus beiden Ergänzungssiebsätzen nicht zulässig ist.

Tafel 5.14 Siebgrößen zur Bezeichnung von Korngrößen nach DIN EN 12 620

Grundsiebsatz (in mm)												
0	1	2	4		8			16		31,5 (32)		63
Grundsiebsatz + Ergänzungssiebsatz 1 (in mm)												
0	1	2	4	5,6 (5)	8	11,2 (11)		16	22,4 (22)	31,5 (32)	45	63
Grundsiebsatz + Ergänzungssiebsatz 2 (in mm)												
0	1	2	4	6,3 (6)	8	10	12,5 (12)	14	16	20	31,5 (32)	40	63

ANMERKUNG: Die in Klammern gesetzten gerundeten Größen können zur vereinfachten Bezeichnung der Korngruppen verwendet werden.

Bei groben Gesteinskörnungen wird zusätzlich zwischen *enggestuften* und *weitgestuften* Korngruppen unterschieden. Als enggestuft gelten Korngruppen, bei denen $D > 11,2$ mm und $D/d \leq 2$ ist oder bei denen $D \leq 11,2$ mm und $D/d \leq 4$ ist, z.B. 2/8 oder 8/16 oder 16/32. Als weitgestuft werden Korngruppen bezeichnet, bei denen $D > 11,2$ mm und $D/d > 2$ ist oder $D \leq 11,2$ mm und $D/d > 4$ ist, z.B. 2/16 oder 8/32.

Als Stufe oder Klasse für die Eigenschaft einer Gesteinskörnung wird der Begriff **Kategorie** als Bandbreite von Werten oder als Grenzwert genutzt. Dabei stehen unterschiedliche Eigenschaften untereinander nicht in Beziehung.

5.7 Kornzusammensetzung

5.7.2 Anforderungen an die Kornzusammensetzung nach der DIN EN 12 620

Entgegen in der Vergangenheit üblichen Regelwerksanforderungen kennt die DIN EN 12 620 keine absoluten Grenzwertfestlegungen bei der Kornzusammensetzung. Vielmehr wird dem Hersteller, gerade bei den für Beton und Mörtel ausgesprochen wichtigen feinen Gesteinskörnungen, auf die im Mittel anzugebende Sieblinie eine prozentuale Grenzabweichung für den Siebdurchgang durch die verwendeten Prüfsiebe eingeräumt. Die groben Gesteinskörnungen werden nochmals unterschieden in eng gestuft und weit gestuft. Im Fall der eng gestuften groben Gesteinskörnungen beziehen sich die Anforderungen auf den zulässigen Über- und Unterkornanteil, wogegen weit gestufte grobe Gesteinskörnungen auch noch einen bestimmten Siebdurchgang durch ein zwischen den Begrenzungssieben bestimmtes „mittleres Sieb" einhalten müssen. Darüber hinaus werden Anforderungen an Gesteinskörnungsgemische gestellt, welche etwa vergleichbar mit den früher auch als „werksgemischt" bezeichneten Gesteinskörnungen sind. Allgemein werden für Korngruppen und Korngemische die Siebdurchgänge durch die Siebe mit Öffnungsweiten von $d/2$; d; D; $1,4\,D$ und $2\,D$ festgelegt. Der Mindestdurchgang durch das Sieb mit D und der Höchstdurchgang durch das Sieb d wird zur Angabe der kennzeichnenden **Kategorie G** verwendet.

In Tafel 5.15 und in den Tafeln 5.16 a) bis d) werden die nach dem inzwischen bereits vorliegenden Normentwurf für die künftigen Zuordnungen zu erwartenden Einteilungen und Anforderungen bewusst mit Blick auf die damit verbundenen Änderungen und Erweiterungen schon vorgestellt.

Tafel 5.15 Anforderungen an die Kornzusammensetzung nach DIN EN 12 620 (Entwurf 07.15)

Gesteins-körnung	Korngruppe mm	Durchgang Massenanteil in %					Kategorie G
		2 D	**1,4 D**	**D**	**d**	**d/2**	
Grob	$D > 4$ $d \geq 1$	100	100	90 bis 99	0 bis 10	0 bis 2	$G_C 90/10$
		100	98 bis 100	90 bis 99	0 bis 15	0 bis 5	$G_C 90/15$
		100	98 bis 100	90 bis 99	0 bis 20	0 bis 5	$G_C 90/20$
		100	98 bis 100	85 bis 99	0 bis 20	0 bis 5	$G_C 85/20$
		100	98 bis 100	80 bis 99	0 bis 20	0 bis 5	$G_C 80/20$
		100	98 bis 100	85 bis 99	0 bis 15	0 bis 2	$G_{CA} 85/15$
	$D \leq 4$ $d \geq 1$	100	95 bis 100	85 bis 99	0 bis 15	–	$G_G 85/15$
		100	98 bis 100	85 bis 99	0 bis 20	0 bis 5	$G_G 85/20$
Fein	$D \leq 4$ $d = 0$	100	95 bis 100	85 bis 99	–	–	$G_F 85$
		100	98 bis 100	80 bis 99	–	–	$G_F 80$
Natürlich gestufte Gesteinskörnung	$D = 8$ $d = 0$	100	98 bis 100	90 bis 99	–	–	$G_{NG} 90$
Gesteinskörnungs-gemisch	$D > 4$ $d = 0$	100	98 bis 100	90 bis 99	–	–	$G_A 90$
		100	98 bis 100	85 bis 99	–	–	$G_A 85$

Neben den vorstehenden Vorgaben haben **weitgestufte Gesteinskörnungen** (definiert mit D/d > 2 und D > 11,2 mm) falls erforderlich noch weitere Bedingungen zur Korngrößenverteilung in Abhängigkeit von der Kategorie hinsichtlich der Gesamtbandbreite für den **Siebdurchgang mittlerer Größe** einzuhalten.

5 Gesteinskörnungen für Mörtel und Beton

Als mittleres Sieb sind dazu ausgehend vom Verhältnis $D/d < 4$ oder $D/d > 4$ die Zwischensiebgrößen $D/1{,}4$ bzw. $D/2$ festgelegt und dafür als Toleranzen für eine vom Hersteller angegebene typische Korngrößenverteilung in Höhe von ± 15 bzw. ± 17,5 Masseprozent vorgegeben. Zur eindeutigen Beschreibung werden die in der nachfolgenden Tafel 5.16 a) vorgestellten Kategorien verwendet.

Tafel 5.16 a) Grenzwerte und Toleranzen für die Korngrößenverteilung von groben Gesteinskörnungen durch Zwischensiebe nach DIN EN 12620 (Entwurf 07.15)

D/d	Zwischensieb mm	Gesamtbandbreite und Toleranzen für den Siebdurchgang mittlerer Größe Massenanteil in %		Kategorie G
		Gesamtbandbreite	Toleranzen für eine vom Hersteller angegebene typische Korngrößenverteilung	
< 4	$D/1{,}4$	25 bis 80	± 15	G 25/15
		20 bis 70	± 15	G 20/15
≥ 4	$D/2$	20 bis 70	± 17,5	G 20/17,5
Keine Anforderung				G NR

In annähernd vergleichbarer Herangehensweise erfolgt gemäß DIN EN 12620 auch der mit Tafel 5.16 b) vorgestellte Umgang mit **feiner Gesteinskörnung**, für welche sofern erforderlich ebenfalls zur typischen Korngrößenverteilung festgelegte Toleranzen einzuhalten und dafür vom Hersteller bezogen auf den Siebdurchgang durch die Siebgrößen 4, 2, 1, 0,25 und 0,063 mm anzugeben sind.

Tafel 5.16 b) Toleranzen für die anzugebende typische Korngrößenverteilung für feine Gesteinskörnungen und Gesteinskörnungsgemische nach DIN EN 12620 (Entwurf 07.15)

Siebgröße mm	D	$D/2$	0,063[a]	0,250[b]	Kategorie G_{TC}
Toleranzen für den **Siebdurchgang** Massenanteil in %	± 5	± 10[a]	± 3	± 20	$G_{TC}10$
	± 5	± 20	± 5	± 25	$G_{TC}20$
	± 7,5	± 25	± 5	± 25	$G_{TC}25$
	Keine Anforderung				$G_{TC}NR$

a In allen Fällen wird dem oberen Grenzwert, wie er sich aus der Kategorie für den Gehalt an Feinanteilen ergibt, der Vorzug gegeben.
b Anforderungen des 0,250-mm-Siebes gelten nur für feine Gesteinskörnungen.

Die Vorgehens- und Kontrollstruktur wird normativ in der DIN EN 12620 fortgesetzt für **Gesteinskörnungsgemische**, welche sofern erforderlich sowohl die Toleranzen für den Siebdurchgang durch das Zwischensieb gemäß Tafel 5.16 b) als auch die Gesamtbandbreite für den Siebdurchgang bei Zwischensieben nach Tafel 5.16 c) einhalten müssen.

5.7 Kornzusammensetzung

Tafel 5.16 c) Gesamtbandbreite für den Siebdurchgang bei Zwischensieben für Gesteinskörnungsgemische nach DIN EN 12620 (Entwurf 07.15)

Siebgröße mm	Gesamtbandbreite für den Siebdurchgang bei Zwischensieben Massenanteile in %			
	$D/2$	4 mm	2 mm	1 mm
$D \leq 10$	50 bis 90	–	–	20 bis 60
$10 < D < 32$	50 bis 90	–	20 bis 60	–
$D \geq 32$	50 bis 90	20 bis 60	–	–
ANMERKUNG Die Toleranzen werden zusätzlich durch Anforderungen zum Siebdurchgang durch das jeweilige Sieb weiter verringert.				

Auch bei den **natürlich gestuften Gesteinskörnungen 0/8 mm** kann der Hersteller zur Kontrolle der Schwankungsbreite bei hierzu bestehendem Erfordernis zur Angabe der typischen Korngrößenverteilung und Einhaltung der in Tafel 5.16 d) gemäß DIN EN 12620 vorgestellten Toleranzen aufgefordert werden.

Tafel 5.16 d) Toleranzen für die anzugebende typische Korngrößenverteilung bei natürlich gestufter Gesteinskörnung 0/8 mm nach DIN EN 12620 (Entwurf 07.15)

Siebgröße mm	Toleranzen für den Siebdurchgang Massenanteil in %
8[a]	± 5
2	± 10
1	± 10
0,250	± 10
0,125	± 3
0,063[b]	± 2
a Toleranzen von ± 5 werden durch die Anforderungen zum Siebdurchgang für D in Tabelle 2 weiter verringert.	
b Neben den hier angegebenen Toleranzen gelten auch die Höchstwerte für den Gehalt an Feinanteilen für die jeweils gewählte Kategorie für den Siebdurchgang durch das 0,063-mm-Sieb gemäß Tafel 5.4.	

Die vorausgehenden Angaben zu normativ anwendbaren Vorgaben machen deutlich, dass die Hersteller von Gesteinskörnungen nach DIN EN 12 620 eine möglichst gleichbleibende Kornzusammensetzung einhalten sollen und aus diesem Grund auf Anfrage auch die typische Kornzusammensetzung anhand des Siebdurchganges angeben müssen.
Die Anforderungen an die Kornzusammensetzung von häufiger verwendeten Korngruppen werden nachfolgend beispielhaft mit den Tafeln 5.17, 5.18 und 5.19 zum Verständnis der vorausgehend beschriebenen Einordnungsvorgaben anhand von hierzu ausgewählten Kategorien vorgestellt.

5 Gesteinskörnungen für Mörtel und Beton

Tafel 5.17 Kornzusammensetzung von Sand am Beispiel Kategorie $G_F 85$ nach DIN EN 12620 (07.08)

Korn-gruppe	Grenzwerte (absolut) und Grenzabweichungen[a] als Massenanteil in % für den Siebdurchgang durch die Prüfsiebe								
	0,063	0,250	1	1,4	2	2,8	4	5,6	8
0/1	3		85 bis 99	95 bis 100	100				
	± 5	± 25	± 5						
0/2	3				85 bis 99	95 bis 100	100		
	± 5	± 25	± 20		± 5				
0/4	3						85 bis 99	95 bis 100	100
	± 3	± 20	± 20				± 5		

[a] Die vorgegebenen Grenzabweichungen gelten für die vom Lieferanten als typisch angegebene Kornzusammensetzung; die Grenzwerte (absolut) sind einzuhalten.
Für alle drei Korngruppen gilt hier die Kategorie $G_F 85$ (benannt nach Mindest-Siebdurchgang bei D).

Während die in Tafel 5.17 als zulässig aufgeführten Grenzabweichungen zunächst sehr großzügig bemessen erscheinen, wird bei der Betrachtung der nachfolgenden Abb. 5.5 deutlich, dass die einzuhaltende Bandbreite tatsächlich eine sehr deutliche Begrenzung der Sieblinientoleranz ergibt und insgesamt gesehen sogar eine schärfere Forderung als in den bisherigen Regelungen vor 2004 einbringt. Nach den Regelungen aus dem vorliegenden Entwurf der DIN EN 12620 (07.15) und Tafel 5.16 b) ergibt sich die Ableitung der Kategoriebezeichnung G_{TC} durch die zusätzlich zahlenmäßig erfolgende Angabe der Toleranzen für die jeweilige Siebgröße D/2.

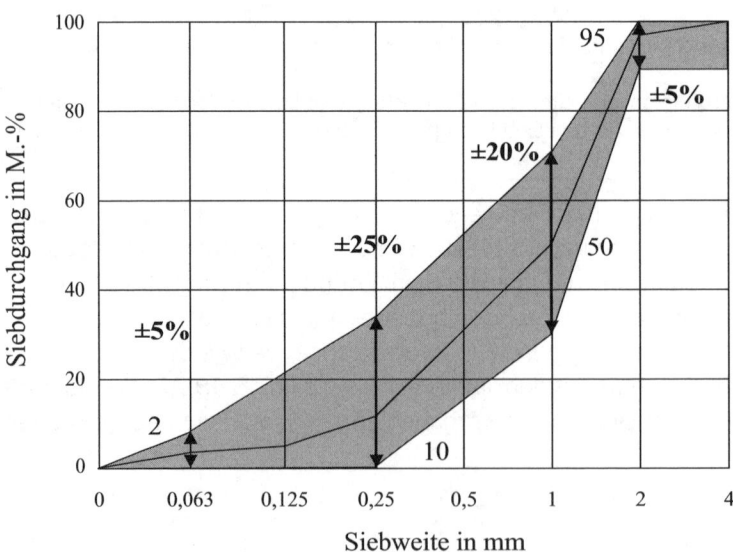

Abb. 5.5 Regelanforderung für feine Gesteinskörnung nach DIN 12 620 (07.08) am Beispiel Sand 0/2 mm

5.7 Kornzusammensetzung

Die mit den weiteren Tafeln 5.18 und 5.19 nachfolgend beispielhaft auch für grobe Gesteinskörnungen aufgezeigten Anwendungen normativer Vorgaben verdeutlichen das bei einer Ausschreibung oder Bestellung von einzelnen Korngruppen oder Korngemischen mit einer bestimmten Kategorie gegebene und vom Hersteller der Gesteinskörnung einzuhaltende Anforderungsprofil innerhalb der Kornverteilung.

Tafel 5.18 Anforderungen an die Kornzusammensetzung für enggestufte grobe Gesteinskörnungen am Beispiel der Kategorie $G_c85/20$ nach DIN EN 12 620 (07.08)

Korn-gruppe	Grenzwerte (absolut) als Massenanteil in % für den Siebdurchgang durch die Prüfsiebe										
	1	2	2,8	4	5,6	8	11,2	16	22,4	31,5	45	63
2/4	0 bis 5	0 bis 20		85 bis 99	98 bis 100	100					
2/8	0 bis 5	0 bis 20				85 bis 99	98 bis 100	100			
4/8		0 bis 5			0 bis 20	85 bis 99	98 bis 100	100			
8/16				0 bis 5		0 bis 20		85 bis 99	98 bis 100	100	
16/32						0 bis 5		0 bis 20		85 bis 99	98 bis 100	100
2/5	0 bis 5	0 bis 20			85 bis 99	98 bis 100	100				
5/8			0 bis 5		0 bis 20	85 bis 99	98 bis 100	100			
5/11			0 bis 5		0 bis 20		85 bis 99	98 bis 100	100		
8/11				0 bis 5		0 bis 20	85 bis 99	98 bis 100	100		
11/16					0 bis 5		0 bis 20	85 bis 99	98 bis 100	100	
11/22					0 bis 5		0 bis 20		85 bis 99	98 bis 100	100
16/22						0 bis 5		0 bis 20	85 bis 99	98 bis 100	100
22/32							0 bis 5		0 bis 20	85 bis 99	98 bis 100	100

In dieser der Anwendungsvorstellung dienenden Tabelle sind zur Erhöhung von Übersichtlichkeit und Verständnis einheitlich **Korngruppen der Kategorie $G_c85/20$** angegeben.
Für alle Korngruppen gelten demnach Anforderungen an den zulässigen Über- und Unterkornanteil sowie weitere Begrenzungen der Massenanteile auf dem Sieb der Nennweite $d/2$ bzw. dem Prüfsieb mit dem 1,4fachen Wert des Nenngrößtkorns D.

5 Gesteinskörnungen für Mörtel und Beton

Tafel 5.19 Anforderungen an die Kornzusammensetzung für weitgestufte grobe Gesteinskörnungen der Kategorie $G_C 90/15$ bzw. $G_A 90$ für Korngemische 0/8, 0/16 und 0/32 nach DIN EN 12 620 (07.08)

Korn-gruppe[b]	**Grenzwerte** (absolut) und **Grenzabweichungen**[a] als Massenanteil in % für den **Siebdurchgang durch die Prüfsiebe**										
	1	2	2,8	4	5,6	8	11,2	16	22,4	31,5	45	63
2/16	0 bis 5	0 bis 15				25 bis 70		90 bis 99	98 bis 100	100		
						± 17,5						
4/16		0 bis 5		0 bis 15		25 bis 70		90 bis 99	98 bis 100	100		
				± 17,5								
4/32		0 bis 5		0 bis 15				25 bis 70		90 bis 99	98 bis 100	100
								± 17,5				
8/32				0 bis 5		0 bis 15		25 bis 70		90 bis 99	98 bis 100	100
								± 17,5				
5/16			0 bis 5		0 bis 15	25 bis 70	90 bis 99	98 bis 100	100			
						± 15						
5/22			0 bis 5		0 bis 15	25 bis 70		90 bis 99	98 bis 100	100		
						± 17,5						
5/32			0 bis 5		0 bis 15			25 bis 70		90 bis 99	98 bis 100	100
							± 17,5					
8/22				0 bis 5		0 bis 15		25 bis 70	90 bis 99	98 bis 100	100	
								± 15				
11/32					0 bis 15		0 bis 15		25 bis 70	90 bis 99	98 bis 100	100
									± 15			
Korngemische[c]												
0/8	40			70		90 bis 99	98 bis 100	100				
	± 20			± 20								

Fußnoten siehe nächste Seite.

5.8 Regelanforderungen an Gesteinskörnungen

Korn-gruppe[b]	Grenzwerte (absolut) und Grenzabweichungen[a] als Massenanteil in % für den Siebdurchgang durch die Prüfsiebe										
	1	2	2,8	4	5,6	8	11,2	16	22,4	31,5	45	63
0/16		40				70		90 bis 99	98 bis 100	100		
		± 20				± 20						
0/32				40				70		90 bis 99	98 bis 100	100
				± 20				± 20				

[a] Die Grenzabweichungen gelten für den vom Lieferanten angegebenen typischen Siebdurchgang durch das betreffende Prüfsieb; die Grenzwerte (absolut) sind einzuhalten.
[b] Alle gezeigten **Korngruppen** sind in dieser Übersicht am Beispiel der Kategorie G_C**90/15** zu sehen.
[c] Alle gezeigten **Korngemische** sind in dieser Übersicht am Beispiel der Kategorie G_A**90** zu sehen.

Neben den in Tafel 5.19 angegebenen Korngemischen können bei Bedarf auch die Korngemische 0/11, 0/22 und 0/45 mit vergleichbaren Grenzwerten angeboten werden.

5.8 Regelanforderungen an Gesteinskörnungen

Innerhalb der inzwischen europäisch festgelegten Normung werden nach DIN EN 12 620 grundlegend die Eigenschaften von Gesteinskörnungen und Füllern (Gesteinsmehlen) festgelegt, welche durch Aufbereitung natürlicher, industriell hergestellter oder rezyklierter Materialien und Mischungen daraus für die Verwendung im Beton gewonnen werden. Die Norm nimmt Festlegungen von Grenzwerten und Toleranzen sowie die Einteilung in Kategorien vor und wird für die Qualitätssicherung innerhalb der Produktionskontrolle sowie auch für den Nachweis der Konformität der Produkte herangezogen.

Eigenschaftskriterien, welche bei der Überwachung von Gesteinskörnungen für Mörtel und Beton herangezogen werden, und auch die dabei für die Anwendung von Prüfverfahren geltenden Regelwerke sind der als Tafel 5.20 folgenden Prüfungsübersicht für Gesteinskörnungen zu entnehmen.

Tafel 5.20 Prüfungsübersicht für Gesteinskörnungen (s. auch nächste Seite)

a) allgemeine Eigenschaften

	Eigenschaft	Bemerkungen	Prüfverfahren
1	Kornzusammensetzung		DIN EN 933-1 DIN EN 933-10
2	Kornform von groben Gesteinskörnungen	Prüfhäufigkeit gilt für gebrochene Körnung. Prüfhäufigkeit für ungebrochenen Kies hängt vom Vorkommen ab und darf reduziert werden.	DIN EN 933-3 DIN EN 933-4
3	Gehalt an Feinanteilen		DIN EN 933-1
4	Beurteilung von Feinanteilen	Nur wenn entsprechend den Bedingungen gefordert.	DIN EN 933-8 DIN EN 933-9
5	Rohdichte und Wasseraufnahme		DIN EN 1097-6

Eigenschaft		Bemerkungen	Prüfverfahren
6	Alkali-Kieselsäure-Reaktivität		Alkali-Richtlinie
7	Petrographische Beschreibung		DIN EN 932-3

b) Eigenschaften bei bestimmten Arten der Verwendung

Eigenschaft		Bemerkungen	Prüfverfahren
1	Widerstand gegen Zertrümmerung	Für hochfesten Beton	DIN EN 1097-2
2	Widerstand gegen Verschleiß	Nur Gesteinskörnungen für Deckschichten	EN 1097-1
3	Widerstand gegen Polieren	Nur Gesteinskörnungen für Deckschichten	EN 1097-8
4	Widerstand gegen Abrieb durch Spike-Reifen	Nur in Gebieten, in denen Spike-Reifen verwendet werden.	EN 1097-9
5	Frost-Tau-Widerstand		EN 1367-1 oder EN 1367-2
6	Chloridgehalt		EN 1744-1

c) Eigenschaften von Gesteinskörnungen spezieller Herkunft

Eigenschaft		Bemerkungen	Prüfverfahren
1	Muschelschalengehalt	Für aus dem Meer gewonnene grobe Gesteinskörnungen	DIN EN 933-7
2	Raumbeständigkeit – Schwinden infolge Austrocknen		DIN EN 1367-4
3	Chloridgehalt	Für aus dem Meer gewonnene Gesteinskörnungen	DIN EN 1744-1
4	Schwefelhaltige Bestandteile	Hochofenschlacken Andere Gesteinskörnungen als Hochofenstückschlacken	DIN EN 1744-1
5	Organische Substanzen: – Humusgehalt – Fulvosäure (bei Anzeige eines hohen Humusgehaltes) – Druckfestigkeitsprüfung – Erstarrungszeit – Leichtgewichtige organische Verunreinigungen		DIN EN 1744-1
6	Dicalcium-Silikat-Zerfall	Nur Hochofenschlacken	DIN EN 1744-1
7	Bestimmung von Freikalk		DIN EN 1744-1

5.9 Korngrößenverteilung, Sieblinien

5.9.1 Allgemeines

Die Korngrößenverteilung eines Korngemischs wird gewichtsmäßig durch Maschinen- oder Handsiebung ermittelt. In Zweifelsfällen ist die Handsiebung maßgebend.
Zur Ermittlung der Kornzusammensetzung sind ausreichende Probemengen zu entnehmen.

Da sich Gesteinskörnungen bei Transport- und Lagerungsvorgängen entmischen können (das Grobe rollt an den Böschungsfuß), muss darauf geachtet werden, für den Siebversuch eine Durchschnittsprobe zu erhalten. Die jeweilige Entnahme wird auf einer sauberen, festen Unterlage gut vermischt und zu einer kreisrunden Fläche ausgebreitet. Diese wird durch zwei rechtwinklig aufeinander stehende Durchmesser in vier Kreisausschnitte zerlegt, von denen zwei gegenüberliegende sauber (einschließlich des Staubfeinen!) zu entfernen sind. Der Rest wird dann abermals gut durchgemischt und so lange wie vor geviertelt, bis Mengen entsprechend Tafel 5.21 verbleiben:

Tafel 5.21 Mindestgröße der Messproben nach DIN EN 933-1

Maximale Korngröße D in mm	90	32	16	8	≤ 4
Mindest-Masse der **Messprobe** in kg	80	10	2,6	0,6	0,2
Mindest-Volumen bei leichter Gesteinskörnung in Liter	–	2,1	1,7	0,8	0,3

Die Massen gelten für Gesteinskörnungen mit einer Kornrohdichte zwischen 2,0 kg/dm^3 und 3,0 kg/dm^3. Für Gesteinskörnungen mit einer höheren Rohdichte sind die Massen der Messproben entsprechend dem Dichteverhältnis zu korrigieren. Bei leichten Gesteinskörnungen entsprechend DIN EN 13055 ist eine Volumensäule zur Auswahl der Mindestgröße von Messproben zu verwenden.

Das Prüfgut ist zu waschen und vor dem Siebversuch bei etwa 110 °C zu trocknen. Das gewaschene und getrocknete Material (oder direkt die trockene Probe) ist in den aus einer Anzahl von Analysensieben mit Auffangschale von oben nach unten geordnet, zusammengesteckten Siebturm zu schütten. Der Siebturm ist von Hand oder mechanisch zu schütteln. Anschließend sind die Analysensiebe nacheinander von oben mit der größten Öffnungsweite beginnend abzunehmen und unter Verwendung einer Unterlage von Hand einzeln nachzusieben.

Bei anhaftenden abschlämmbaren Bestandteilen oder Klumpen ist die Menge 24 Std. im Wasser zu lagern, dann eine Nasssiebung durchzuführen. Die Rückstände dann trocknen und auf die getrocknete Prüfgutmenge einer Parallelprobe unterziehen. Maßgebend ist das Mittel aus zwei Siebungen.
Ist am Ende der Siebung vom Siebgut eine Abweichung von mehr als 1 % entstanden, so ist die Prüfung ungültig und muss wiederholt werden.

Die so gefundenen Rückstände über den einzelnen Sieben werden in einer Liste eingetragen, in Masse-% der gesiebten Ausgangsmenge ausgedrückt und daraus die Siebdurchgänge (als Ergänzungen zu 100) in Masse-% errechnet. Ein klares Bild der Kornzusammensetzung ergibt die graphische Darstellung der Siebdurchgänge: die **Sieblinie.** Die Darstellung erfolgt in einem Diagramm, bei dem auf der Abszisse in logarithmischem Maßstab die Sieböffnung, auf der Ordinate der Siebdurchgang (in nicht verzerrtem Maßstab) aufgetragen sind (siehe Abb. 5.6).

5 Gesteinskörnungen für Mörtel und Beton

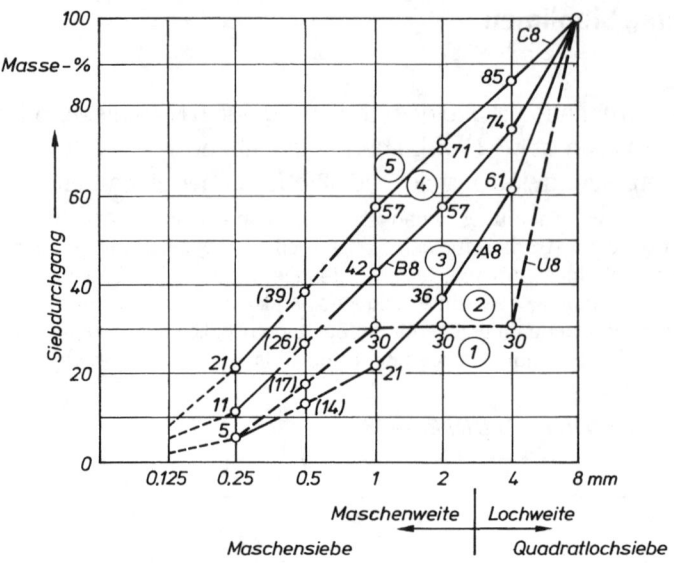

Sieblinien mit einem Größtkorn von 8 mm

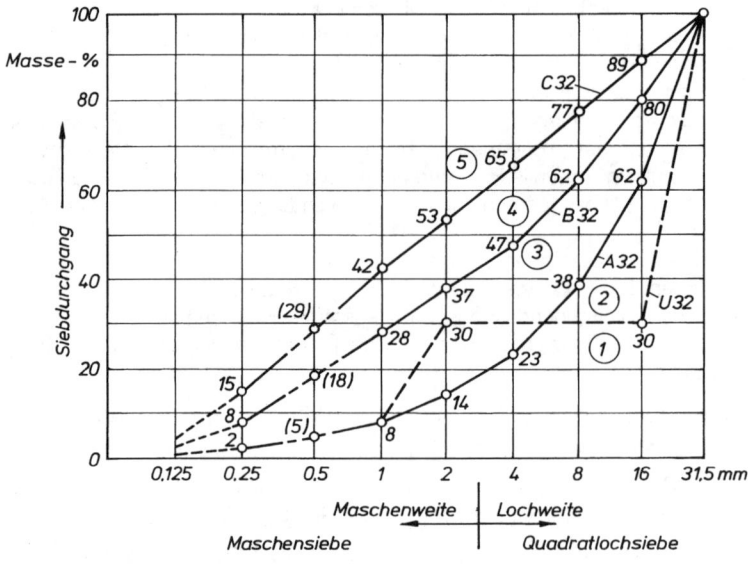

Sieblinien mit einem Größtkorn von 32 mm

① zu grob (unterhalb A bzw. unterhalb U)
② günstig für Ausfallkörnung (zwischen U und B)
③ günstig (zwischen A und B)
④ brauchbar (zwischen B und C)
⑤ zu fein (oberhalb C)

Abb. 5.6 Sieblinien nach DIN 1045-2 (s.a. nächste Seite)

5.9 Korngrößenverteilung, Sieblinien

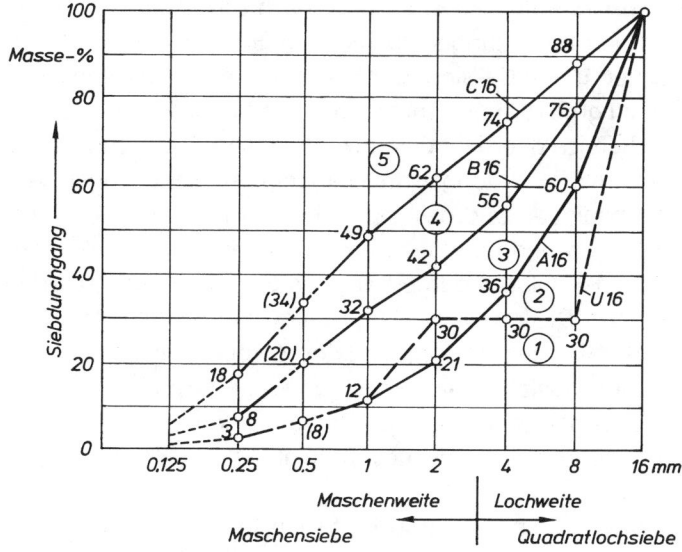

Sieblinien mit einem Größtkorn von 16 mm

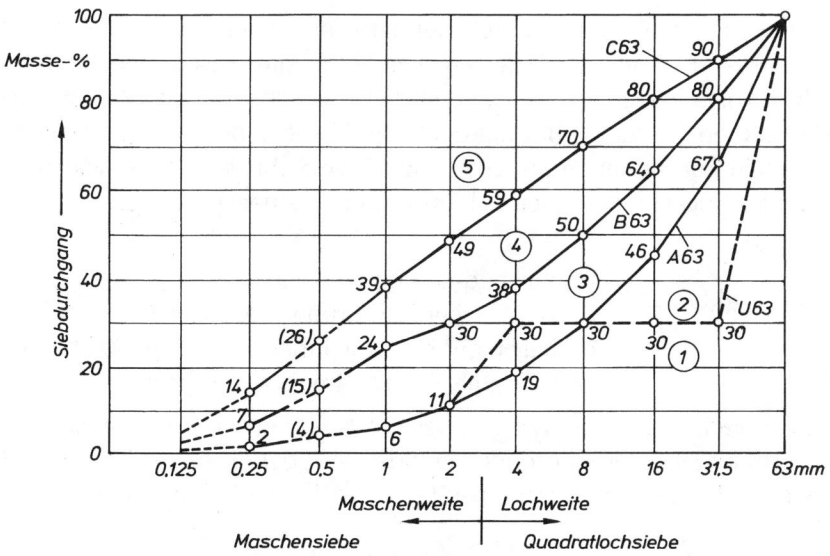

Sieblinien mit einem Größtkorn von 63 mm

① zu grob (unterhalb A bzw. unterhalb U)
② günstig für Ausfallkörnung (zwischen U und B)
③ günstig (zwischen A und B)
④ brauchbar (zwischen B und C)
⑤ zu fein (oberhalb C)

Abb. 5.6 Sieblinien nach DIN 1045-2 (Fortsetzung)

5 Gesteinskörnungen für Mörtel und Beton

Die Sieblinie wird dann mit den **Grenzsieblinien A, B** und **C** nach DIN 1045 verglichen. Diese grenzen Bereiche für Kornzusammensetzungen ab, die für Beton günstig – zwischen **A** und **B** – oder brauchbar – zwischen **B** und **C** – sind. Der Bereich unterhalb **A** kennzeichnet Gesteinskörnungen, die einen zu grobkornreichen, schwer verarbeitbaren und schwer verdichtbaren Beton ergeben. Der Bereich oberhalb **C** kennzeichnet sehr feine, sandreiche Körnungen, die zur Verarbeitung und zur Erzielung ausreichender Festigkeiten einen sehr hohen Wasser- und Zementzusatz bedingen und deshalb technologisch (und wirtschaftlich) ungünstig sind. Die Grenzsieblinien sind getrennt für Kornaufbauten mit Größtkorn 8, 16, 32 und 63 mm in den folgenden Bildern dargestellt. Das Größtkorn wird mit den Grenzsieblinien zusammen angegeben. Die jeweils mitdargestellte Grenzsieblinie **U** grenzt den Bereich für Ausfallkörnungen ab. Ausfallkörnungen sind Korngemische, bei denen eine bestimmte mittlere Korngruppe fehlt – ausfällt –, siehe auch unten und Abschnitt 5.11.
Der Aufstellung von Grenzsieblinien liegen folgende Überlegungen zugrunde:
1. Die Kornzusammensetzung soll ein möglichst dichtes, hohlraumarmes Kornhaufwerk ergeben.
2. Die Oberfläche der Kornzusammensetzung soll möglichst klein sein.
3. Die Kornzusammensetzung soll einen gut verarbeitbaren und gut verdichtbaren Beton ergeben.

Bei günstigem Kornaufbau wird für einen Mörtel oder Beton ein Minimum an Zement und Wasser (Zementleim) zur Verarbeitung und Erzielung einer bestimmten Festigkeit gebraucht. Das hat technologische Vorteile: niedriges Schwinden und Kriechen, niedrige Wärmespannungen (aus der Hydratationswärme) und somit geringere Rissneigung.
Für kugelförmige Gesteinskörnungen ergibt sich eine ideale Sieblinie, die der von dem Amerikaner *Fuller* für das trockene Betongemisch (Körnung + Zement) aufgestellten Gleichung folgt:

$$A = 100\sqrt{\frac{d}{D}} \quad bzw. \quad A = 100\left(\frac{d}{D}\right)^{0,5}$$

Hierbei bedeuten:
A Anteil einer Korngruppe von $0/d$ mm
d beliebiger Korndurchmesser zwischen 0 und D
D Durchmesser des Größtkorns in mm

Die Gleichung stellt eine Parabel dar, die etwa in der Mitte zwischen den Grenzsieblinien A und B verläuft. Für nicht kugelförmige Körnung verändert sich der Exponent 0,5, er wird kleiner. Für Kiessande aus natürlichen Vorkommen liegt er bei etwa 0,4, für gebrochenes Gestein bei etwa 0,3.
Bei einem Korngemisch, das aus Korngruppen mit wesentlich verschiedener Gesteinsrohdichte zusammengesetzt wird, sind die Sieblinien nicht auf Massenanteile des Korngemischs, sondern auf Stoffraumteile zu beziehen. Diese sind dann die durch die Kornrohdichte geteilten Massenanteile, die an der Ordinatenachse der Siebliniendarstellung als „Siebdurchgang in Volumenanteil in %" anzuschreiben sind.
Sind alle Korngrößen in einem Korngemisch in bestimmten Mengen vorhanden, spricht man von **stetigem Kornaufbau**.
Daneben gibt es den **unstetigen Kornaufbau**, bei dem das Mittelkorn fehlt.

5.9 Korngrößenverteilung, Sieblinien

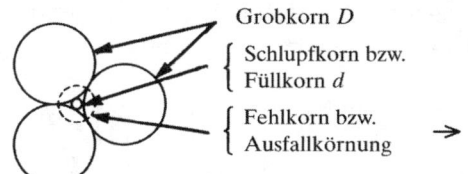

Die Sieblinie verläuft in diesem Bereich waagerecht gem. Abb. 5.6
Abb. 5.7 Schlupfkorn und Fehlkorn bei unstetigem Kornaufbau

Hierbei kann ein hohlraumärmeres Korngemisch entstehen, das bei gleichem Wasseranspruch verdichtungswilliger ist. Dabei muss das sog. Schlupfkorn (Füllkorn d) so zwischen das Grobkorn D passen, dass sich die Grobkörner berühren:
Der Durchmesser des Schlupfkorns lässt sich aus den geometrischen Beziehungen berechnen und beträgt bei kugelförmigem Zuschlag d = **0,1547** D.
In der Praxis muss d wegen der Abweichung der Gesteinskörnungen von der Kugelform und wegen der Umhüllung mit Zementleim stets etwas kleiner sein (< 0,14 D). Dabei kann ein gut zu verdichtendes Korngemisch mit günstig niedrigem Wasseranspruch entstehen.
Nach DIN 1045 können bei unstetigem Kornaufbau folgende Körnungen fehlen (Ausfallkörnungen):
bei U8: 1 bis 4 mm; bei U16: 2 bis 8 mm; bei U32: 2 bis 16 mm; bei U63: 4 bis 32 mm.
Bei nur einer Körnung (Einkornhaufwerk) entsteht ein Hohlraumgehalt von 35 bis 50 % (z.B. Leichtbeton mit Haufwerksporigkeit).
Wird als Gesteinskörnung überwiegend gebrochenes Natursteinmaterial verwendet (**Brechsand und Splitt**), ergibt sich für eine optimale Kornzusammensetzung i. Allg. ein etwas anderer Kornaufbau als für Kiessandbetone. Günstig verhalten sich Gesteinskörnungen, die im Sandbereich nahe der Sieblinie B und im Splittbereich nahe der Sieblinie A liegen. Auch Ausfallkörnungen, bei denen die Körnung 2 bis 5 mm fehlt, verhalten sich günstig. Die Sieblinien der Gesteinskörnungen von zwei Splittbetonen mit Porphyrit-Splitt, deren Kornzusammensetzung gut verarbeitbare und seit langem bewährte Betone ergibt, sind in Abb. 5.8 dargestellt (nach [5.4]).
Für gebrochene Gesteinskörnungen mit 22 mm Größtkorn sind in Heft 400 des Deutschen Ausschusses für Stahlbeton Grenzsieblinien angegeben, siehe Abb. 5.9.
Verarbeitung und Verwendungszweck von Beton erfordern allgemein zur Erzielung guter Betonierergebnisse einen bewusst festgelegten Körnungsaufbau. **Pumpbeton** z.B. erfordert eine ausreichende Menge Feinstsand unter 0,25 mm. Dieser soll zusammen mit dem Zement einen Schmierfilm an der Rohrwandung bilden und eine Wasserabsonderung des Betons verhindern. Rundes Korn lässt sich besser pumpen als plattiges oder gebrochenes Material. Ähnliche Anforderungen an den Kornaufbau gelten für **wasserundurchlässigen Beton** und **Sichtbeton**. Für die genannten Verwendungszwecke ist meist auch ein insgesamt ausreichender Sandanteil erforderlich (Anteil der Korngruppe 0/2 am Gemisch 0/32 etwa 35 %). Ein Korngemisch, dessen Sieblinie zwischen A und B, dabei aber nahe B liegt, ist häufig für die genannten Betone günstig.
Mit Verweis auf den Abschnitt 5.12 wird bereits an dieser Stelle aber auch darauf hingewiesen, dass Betone für den Verwendungszweck einer Verschleißbeanspruchung oder Frostangriff mit und ohne Taumittel insgesamt nur sehr begrenzte Mengen an Feinstkorn

bis 0,125 mm erlauben (Mehlkorngehalt), wozu neben Zement und Zusatzstoffen auch der entsprechende Feinstanteil aus dem verwendeten Sand zählt.

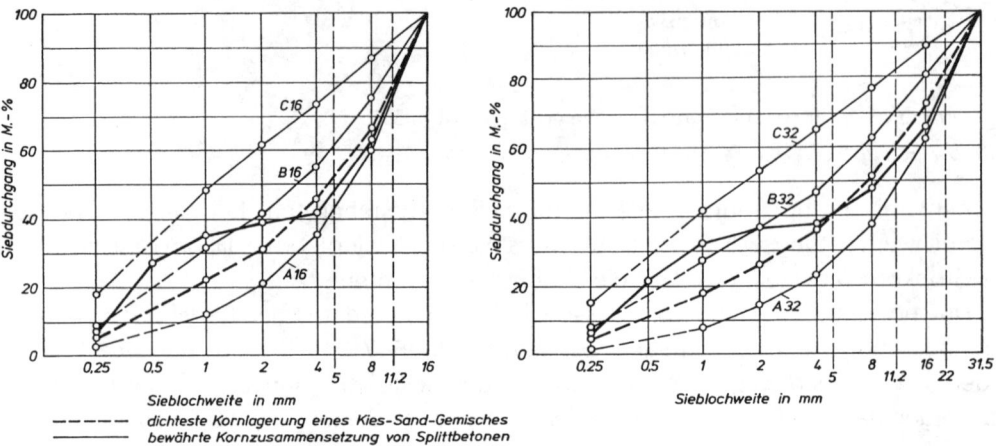

------- dichteste Kornlagerung eines Kies-Sand-Gemisches
———— bewährte Kornzusammensetzung von Splittbetonen

Abb. 5.8 Kornzusammensetzung für 2 Splittbetone

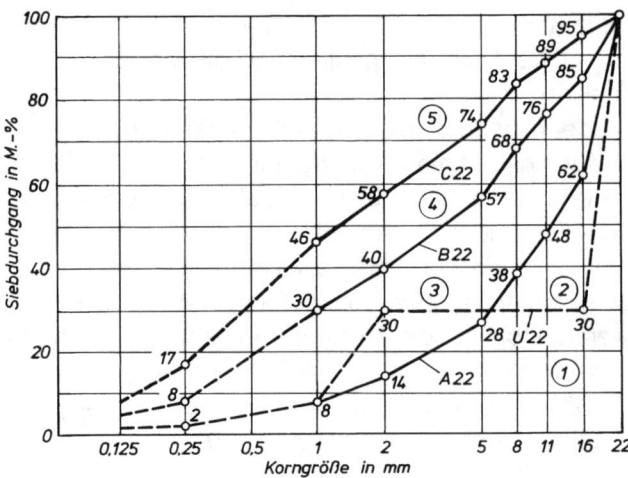

Abb. 5.9 Grenzsieblinien für gebrochene Gesteinskörnung 0/22 ① bis ⑤ siehe Abb. 5.6.

Das *Größtkorn* ist so zu wählen, wie Mischen, Fördern, Einbringen und Verdichten des Betons dies zulassen; seine *Nenngröße* darf 1/3 der kleinsten Bauteilabmessung nicht überschreiten. Bei eng liegender Bewehrung oder geringer Betondeckung soll der überwiegende Teil der Gesteinskörnung kleiner als diese Abstände sein.

5.9.2 Wasseranspruchszahlen/Körnungskennwerte

Kennwerte beschreiben eine Körnung durch eine Zahl, die eine technologische Beurteilung der Kornzusammensetzung zulässt. Solche Kennwerte sind:
a) die Sieblinienkennwerte:
 – Durchgangs-%-Summe oder D-Wert,
 – Körnungsziffer k oder k-Wert

5.9 Korngrößenverteilung, Sieblinien

– Feinheitsziffer oder der *F*-Wert nach *Hummel*
– Feinheitsmodul nach *Abrams*

b) die spezifische Oberfläche
c) die Wasseranspruchszahlen.

Die betontechnologische Bedeutung aller Kennwertbetrachtungen ist vorrangig auf eine Vergleichsmöglichkeit bei der Beurteilung verschiedener Körnungszusammensetzungen ausgerichtet. Daher wird auch bei den benannten Sieblinienkennwerten letztendlich wiederum die Betrachtungsweise bezüglich der von der geprüften Gesteinskörnung zu erwartenden spezifischen Oberfläche und einer sich daraus bei der Benetzung ergebenden Wasseranspruchszahl verfolgt. Die Tafel 5.22 gibt einen Überblick über die vorrangig genutzten Kennwerte für gebräuchliche Sieblinien.

5.9.2.1 Sieblinienkennwerte

a) Gesteinskörnungen: D-Wert

Der *D*-Wert ist die **Summe der Durchgänge** in Masse-% durch die einzelnen Siebe des Siebsatzes, wobei das Sieb mit 0,125 mm Maschenweite weggelassen wird.
Der *D*-Wert wird zuweilen auch *Q*-Wert (Quersummenzahl) genannt. Diese Bezeichnung ist unzweckmäßig, da auch der *k*-Wert eine Quersumme (der Rückstände) darstellt.

b) Gesteinskörnungen: k-Wert

Der *k*-Wert ist die **Summe aller Rückstände** in Masse-% auf den einzelnen Sieben des Siebsatzes, wobei das Sieb mit 0,125 mm Maschenweite weggelassen wird, geteilt durch 100.
Berechnungsbeispiel für *D*- und *k*-Wert für Sieblinie B 32 (siehe Abb. 5.10)

Sieb in mm	0,25	0,5	1	2	4	8	16	32	63	Σ	*D*-Wert	*k*-Wert
Siebdurchgang in M.-%	8	18	28	37	47	62	80	100	100	480	480	–
Siebrückstand in M.-%	92	82	72	63	53	38	20	0	0	420	–	4,20

Da Rückstand + Durchgang für jedes einzelne Sieb = 100 % ergeben, besteht zwischen *k*- und *D*-Wert die Beziehung

$$k\text{-Wert} = \frac{\text{Anzahl der Siebe} \cdot 100 \cdot D}{100}$$

c) Gesteinskörnungen: F-Wert

Der *F*-Wert kennzeichnet die Größe der Rückstandsfläche bei der Siebliniendarstellung (Bereich oberhalb der Sieblinie).
Der *F*-Wert geht auf *Abrams* zurück. Er erkannte, dass bei halblogarithmischer Sieblinien-Darstellung (Abszisse mit Sieböffnung in logarithmischen Maßstab) Korngemische mit gleichen Rückstandsflächen im Beton gleiche Festigkeiten ergeben, wenn die Konsistenz gleich bleibt. Der *F*-Wert kann halbgraphisch oder rechnerisch ermittelt werden.
Halbgraphische Ermittlung des *F*-Werts (siehe Abb. 5.10)
Die Sieblinie wird in einem Koordinatensystem aufgetragen, auf dessen *x*-Achse die Sieböffnungen *d* (mm) im logarithmischen Maßstab (lg 0,1 bis 1,0 = 10 cm) aufgetragen sind. Der *F*-Wert ergibt sich dann als Summe der Mittellinien bzw. 1 cm breiter senkrechter Streifen der Fläche über der Sieblinie (siehe Darstellung mit Sieblinie B 32).

5 Gesteinskörnungen für Mörtel und Beton

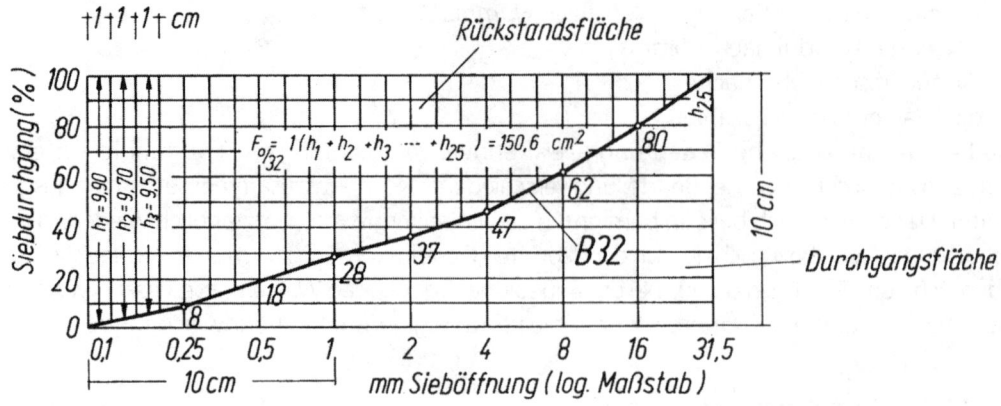

Abb. 5.10 Halbgraphische Ermittlung des F-Wertes

Rechnerische Ermittlung des F-Wertes

Für eine Korngruppe mit der oberen Prüfkorngröße d_o und der unteren Prüfkorngröße d_u gilt die Formel:

$$F = \frac{1}{2} \cdot 100 \left(lg\,(10\,d_o) + lg\,(10\,d_u) \right)$$

Zum Beispiel errechnet man den F-Wert der Korngruppe 1/2 zu:

$$F_{1/2} = \frac{1}{2} \cdot 100 \left(lg\,(10 \cdot 2) + lg\,(10 \cdot 1) \right) = \frac{1}{2} \cdot 100\,(1{,}3 + 1) = 115\ cm^2$$

Auf diese Weise ergeben sich für alle Korngruppen für den F-Wert Festwerte. Für ein Korngemisch kann der F-Wert aus den Anteilen der jeweiligen Korngruppen, multipliziert mit den errechneten festen F-Werten der Korngruppen, ermittelt werden. Für die Sieblinie B 32 ergibt sich damit z.B.:

Korngruppe in mm	Anteil in Masse-%	F-Wert der Korngruppe in cm²	F-Wert-Anteil in cm²
31,5/63	–	265	
16/31,5	20	235	0,20 · 235 = 47,00
8/16	18	205	0,18 · 205 = 36,90
4/8	15	175	0,15 · 175 = 26,25
2/4	10	145	0,10 · 145 = 14,50
1/2	9	115	0,09 · 115 = 10,35
0,50/1	10	85	0,10 · 85 = 8,50
0,25/0,50	10	55	0,10 · 55 = 5,50
0,1/0,25	8	20	0,08 · 20 = 1,60
Summen:	100 %		F 0/32 = 150,60 cm²

Rechnerische Ermittlung des F-Wertes aus den Rückstandswerten

Die Rückstandsfläche nach Abb. 5.10 kann auch aus Streifen berechnet werden, bei denen die Rückstände über den Sieböffnungen als Mittellinien aufgetragen werden. Die Breite der Streifen ist dann wegen des logarithmischen Maßstabs der Abszisse 10 · lg 2.
Da die Summe der Rückstände geteilt durch 100 der k-Wert ist, errechnet sich die Rückstandsfläche wie folgt:

5.44

$$F = 100 \cdot k(10 \cdot \lg 2) \cdot \frac{1}{10} + A$$

Der Divisor 1/10 ergibt sich aus dem Maßstab 100 % Siebdurchgang = 10 cm.
A ist ein Additionswert, der die beiden Randstreifen am linken und rechten Rand berücksichtigt, die von den Streifen mit den Rückständen als Mittellinien nicht erfasst werden. A beträgt mit ausreichender Genauigkeit 24,3 cm². Danach errechnet sich der F-Wert aus dem k-Wert zu
F = 30,1 · k + 24,3 cm².
Für die Sieblinie B 32: F = 30,1 · 4,20 + 24,3 = 150,7 cm²

5.9.2.2 Spezifische Oberfläche

Die spezifische Oberfläche ist die auf ein Volumen bezogene Oberfläche. Sie spielt technologisch eine erhebliche Rolle, da im Mörtel und im Beton die Oberfläche einer bestimmten Körnungsmenge von Bindemitteln umhüllt werden muss. Bei großer Oberfläche wird entsprechend viel Bindemittel verbraucht. Bei kugeliger Form der Gesteinskörnungen ist die spezifische Oberfläche:

$$\frac{O}{V} = \frac{\pi \cdot d^2}{\pi \cdot d^3 / 6} = \frac{6}{d}$$

Je größer der Korndurchmesser d, desto kleiner die spezifische Oberfläche.
Bei der mittleren Rohdichte einer Gesteinskörnung von 2,60 kg/dm³ ergibt sich die spezifische Oberfläche je kg Gesteinskörnung zu

$$O = \frac{2,308}{d}$$ in m², wenn d in mm eingesetzt wird.

1 kg Gesteinskörnung von kugeliger Form hat bei
30	mm Durchmesser	0,077 m² Oberfläche
10	mm Durchmesser	0,231 m² Oberfläche
1	mm Durchmesser	2,308 m² Oberfläche
0,25	mm Durchmesser	9,232 m² Oberfläche
0,1	mm Durchmesser	23,08 m² Oberfläche

(Zement etwa 350,00 m² Oberfläche)

Für die spezifische Oberfläche von Gesteinskörnungen ist also der Feinsandanteil von besonderer Bedeutung. Bei der Sieblinie B 32 bildet die Körnung 0/0,25 etwa 2/3, der ganze Rest 0,25/32 etwa nur 1/3 der Gesamtoberfläche!
Auch bei anderen Kornformen als der Kugelform bleiben diese Relationen, die Absolutwerte vergrößern sich allerdings bis auf das 2- bis 3fache.

5.9.2.3 Wasseranspruchszahlen

Wasseranspruchszahlen sind empirisch ermittelte Zahlen, die angeben, wie viel Wasser ein Beton benötigt, wenn er mit einer bestimmten Gesteinskörnung eine festgelegte Konsistenz erreichen soll. Die spezifische Oberfläche und auch die Kornform beeinflussen den Wasseranspruch. Analog zur spezifischen Oberfläche haben auch hier die feinsten Korngruppen den höchsten Wasseranspruch. Für Kornzusammensetzungen entsprechend den einzelnen Sieblinien sind die Wasseranspruchszahlen zusammen mit den übrigen Kennwerten in der

5 Gesteinskörnungen für Mörtel und Beton

Tafel 5.22 aufgeführt. Die Wasseranspruchszahlen gelten für einen plastischen Beton, der Wasseranspruch des Zements (0,80 bis 0,85 kg Wasser je 1 dm³ Zement) ist nicht berücksichtigt (1 dm³ Zement hohlraumfrei etwa 3,1 kg). Die Wasseranspruchszahlen sind wegen der *Stoffraum*rechnung bei der Ermittlung der Betonzusammensetzung in dm³ Wasser je 100 dm³ Gesteinskörnung (hohlraumfrei) angegeben.

Tafel 5.22 Kennwerte der Grenzsieblinien nach DIN 1045-2

Grenz-sieblinie	Körnungs-ziffer k	D_{63}-Wert	F-Wert	Spezifische Oberfläche in m²/kg	Wasser-anspruchszahlen in dm³/100 dm³
A 8	3,64	536	134	2,24	10,96
B 8	2,89	611	111	3,94	14,46
C 8	2,27	673	92	5,93	18,60
U 8	3,87	513	141	2,36	11,05
A 16	4,61	439	163	1,38	8,90
B 16	3,66	534	134	2,97	12,28
C 16	2,75	625	107	5,14	16,89
U 16	4,88	412	171	1,37	8,72
A 32	5,48	352	189	0,95	7,54
B 32	4,20	480	151	2,73	11,53
C 32	3,30	570	123	4,38	15,13
U 32	5,65	335	194	1,05	7,53
A 63	6,15	285	209	0,80	7,09
B 63	4,91	409	172	2,35	10,53
C 63	3,72	528	136	4,07	14,37
U 63	6,57	243	222	0,81	7,04

Zu den Wasseranspruchszahlen ist vorsorglich anzumerken, dass diese allgemein auf Rheinkies bezogen werden und daher für andere Gewinnungsgebiete in Abhängigkeit von Kornform und Oberflächenbeschaffenheit sowie unterschiedlicher Gesteinsart nennenswert verändert vorliegen können. Das meist sehr glatte und aus dichten Gesteinen bestehende Rhein-Material liefert vergleichsweise niedrige Wasseranspruchszahlen. Für die praktische Anwendung sind daher Ermittlungen von Erfahrungswerten zu örtlich vorhandenen Gesteinskörnungen unerlässlich.

5.10 Zusammensetzung von Gesteinskörnungen aus einzelnen Korngruppen

Die natürlichen Kiessandvorkommen entsprechen fast nie der idealen Siebkurve. Die norddeutschen Geschiebe-Vorkommen sind durchweg zu sandreich, während in Süddeutschland i. Allg. das Grobkorn vorherrscht. Darum werden Gesteinskörnungen in den Kiesgruben in einzelne Korngruppen getrennt und dann wieder zweckentsprechend zusammengesetzt. In der Praxis werden Korngemische mit stetigem Kornaufbau und 16 mm Größtkorn meist aus drei Korngruppen (0/2; 2/8; 8/16 oder 0/4; 4/8; 8/16), bei 32 mm Größtkorn meist aus vier Korngruppen (wie vor, zusätzlich 16/32) zusammengesetzt.

Die Festlegung der Anteile der einzelnen Korngruppen zur Erzielung eines bestimmten Korngemischs kann durch Probieren oder durch einfache Berechnung erfolgen.

5.10 Zusammensetzung von Gesteinskörnungen aus einzelnen Korngruppen

Beispiele für die Berechnung der Zusammensetzung eines Korngemischs 0/8 aus den Korngruppen 0/2 und 2/8 sind nachfolgend unter a) und b) angegeben.

a) Zusammensetzen aus zwei Korngruppen mit Hilfe der Sieblinienkennwerte

Die Berechnung der Einzelanteile kann über den *D*- oder den *k*-Wert (auch *F*-Wert) erfolgen, nachfolgendes Beispiel zeigt den Rechengang.

Gegeben sind die Korngruppen KG 1 0/2 und KG 2 2/8 mit folgender Kornzusammensetzung (durch Siebanalyse ermittelt):

Korngruppe	Durchgang in Masse-% durch die Siebe in mm							Σ	k-Wert
	0,25	0,50	1	2	4	8			
KG 1 0/2	13	45	71	96	100	100		425	1,75
KG 2 2/8	0	0	0	3	39	98		140	4,60

Gewünscht: Korngemisch für einen Estrich mit einer Sieblinie nahe B 8.

B 8	11	27	42	57	74	100	311	2,89

x % = gesuchter Anteil der Korngruppe KG 1 am Gesamtgemisch
y % = gesuchter Anteil der Korngruppe KG 2 am Gesamtgemisch

$$\frac{k_{KG1} \cdot x}{100} + \frac{k_{KG2} \cdot y}{100} = k_{B8} \quad k_{KG1} \text{ und } k_{KG2} \text{ sind die } k\text{-Werte der Korngruppen.}$$

$x + y = 100$

$$\frac{k_{KG1} \cdot x}{100} + \frac{k_{KG2} \cdot (100-x)}{100} = k_{B8}$$

$x = 100 (k_{B8} - k_{KG2})$

Allgemein wird für k_{B8} der gewünschte *k*-Wert eingesetzt.

$$x = \frac{k_{B8} - k_{KG2}}{k_{KG1} - k_{KG2}} \cdot 100$$

$$x = \frac{2,89 - 4,60}{1,75 - 4,60} \cdot 100 = \frac{-1,71}{-2,85} \cdot 100 = 60,0\%$$

y damit = 40,0 %
Es ergibt sich also folgendes Gemisch:

Korngruppe	Anteil in %	Durchgang in Masse-% durch die Siebe in mm						Σ	k-Wert
		0,25	0,50	1	2	4	8		
KG 1: 0/2	60	7,8	27	42,6	57,6	60	60	–	–
KG 2: 2/8	40	–	–	–	1,2	15,6	39,2	–	–
Gesamt: 0/8	100	7,8	27	42,6	58,8	75,6	99,2	311	2,89

Die Berechnung kann auch mit dem **Mischkreuz** über die Differenzen der *k*-(bzw. *D*- oder *F*-)Werte der Korngruppen zu der gewünschten Sieblinie erfolgen:

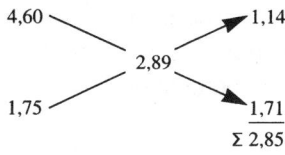

$\dfrac{1{,}14}{2{,}85} = 0{,}40 = 40\ \%$ (Korngruppe 2/8)

$\dfrac{1{,}71}{2{,}85} = 0{,}60 = 60\ \%$ (Korngruppe 0/2)

b) Zusammensetzen aus zwei Korngruppen nach dem Differenzverfahren

Wird für die gewünschte Kornzusammensetzung nur der Anteil über und unter einer bestimmten Korngröße festgelegt (z.B. für den Sandanteil), so kann das einfache Differenzverfahren angewendet werden:

Zum Beispiel sind gegeben: Korngruppen 0/2 und 2/8 wie im vorigen Beispiel.
Gesucht: Korngemisch 0/8 mit 60 % Durchgang (= a) bei 2 mm.

Durchgang durch das Sieb 2 mm   bei Korngruppe 0/2 etwa 96 % und zusätzlich
                                bei Korngruppe 2/8 weitere 3 %

Ähnlich wie bei der Berechnung mit dem k-Wert ergibt sich:

$$\frac{x}{100} \cdot 96 + \frac{y}{100} \cdot 3 = 60$$
$$x + y = 100$$

KG 1: $x = \dfrac{60 - 3}{96 - 3} \cdot 100 = \dfrac{57}{93} \cdot 100 = 61{,}3\,\%$

KG 2: $y = 100 - 61{,}3\,\% = 38{,}7\,\%$

Zusammensetzung des Korngemischs:

Korngruppe	Anteil in %	Durchgang in Masse-% durch die Siebe					
		0,25	0,50	1	2	4	8
KG 1	61,3	8	27,6	43,5	58,8	61,3	61,3
KG 2	38,7	–	–	–	1,2	15,1	37,9
Gesamt 0/8	100	8	27,6	43,5	60,0	76,4	99,2

Berechnung mit dem Mischkreuz:

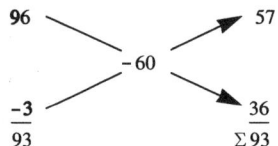

$\dfrac{57}{93} = 0{,}613 = 61{,}3\,\%\ (0/2)$

$\dfrac{36}{93} = 0{,}387 = 38{,}7\,\%\ (2/8)$

c) Zusammensetzen aus drei oder mehr Korngruppen

Soll ein Korngemisch aus drei oder mehr Korngruppen zusammengesetzt werden, kann dies mit dem **Unterkorn-Überkorn-Verfahren** oder durch das **Mischkreuz-Verfahren** erfolgen. Beim Unterkorn-Überkorn-Verfahren werden die einzelnen Korngruppenanteile zunächst nach dem Anteil in der angestrebten Sieblinie festgelegt. Danach werden diese Werte durch Berücksichtigung der Unter- und Überkornanteile der vorhandenen Korngruppen korrigiert. Da das Mischkreuz-Verfahren nur zur Berechnung von zwei Unbekannten anwendbar ist, bei z.B. vier Korngruppen aber vier unbekannte Korngruppenanteile zu ermitteln sind, muss das Mischkreuz-Verfahren in Teilschritte zerlegt werden. Hierbei werden zunächst drei Korngruppen zu einer Hilfskorngruppe zusammengefasst und die vierte Korngruppe berechnet. Im zweiten Schritt werden von den verbleibenden drei Korngruppen zwei zu einer neuen Hilfskorngruppe zusammengefasst und die dritte Korngruppe berechnet. In einem dritten Schritt werden die letzten beiden Korngruppenanteile berechnet.

5.10 Zusammensetzung von Gesteinskörnungen aus einzelnen Korngruppen

Die Berechnung erfolgt über einen Sieblinienkennwert. Während ein Berechnungsbeispiel für das Unterkorn-Überkorn-Verfahren in *Scholz/Hiese*, Baustoffkenntnis, 13. und 14. Auflage, enthalten ist, zeigt die nachfolgende Übersicht die Beispielrechnung zum Mischkreuzverfahren bei vier verschiedenen Korngruppen.

Beispiel 5.1: Zusammensetzung aus vier Korngruppen nach dem Mischkreuz-Verfahren

1. Vorhandene Korngruppen

Korngruppe	0,25	0,5	1	2	4	8	16	32	k-Wert
0 / 2	18,7	46,9	78,8	90,9	100	100	100	100	1,65
2 / 8			0,8	2,1	21,9	89,1	100	100	4,86
8 / 16				0,3	4,1	7,9	91,4	100	5,96
16 / 32						0,8	4,6	100	6,95

2. Angestrebte Sieblinie   A 32

Gewählt:	2,0	5,0	8,0	14,0	23,0	38,0	62,0	100,0	5,48

3. Hilfsgruppen bzw. Korngruppenanteile

	0,25	0,5	1	2	4	8	16	32	k-Wert
0 / 16	3,2	8,1	12,9	22,6	37,1	61,3	100	100	4,55
0 / 8	5,3	13,2	21,1	36,8	60,5	100	100	100	3,63

4. Berechnung der Korngruppenanteile

1. Schritt

16 / 32		6,95 ↘ ↗ 0,93		38,7%		16 / 32	38,7%
		5,48					
0 / 16		4,55 ↗ ↘ 1,47		61,3%			
		$\overline{2,40}$					

2. Schritt

8 / 16		5,96 ↘ ↗ 0,92		39,5% → 24,2%	8 / 16	24,2%
		4,55				
0 / 8		3,63 ↗ ↘ 1,41		60,5% → 37,1%		
		$\overline{2,33}$				

3. Schritt

2 / 8		4,86 ↘ ↗ 1,98		61,7% → 22,9%	2 / 8	22,9%
		3,63				
0 / 2		1,65 ↗ ↘ 1,23		38,3% → 14,2%	0 / 2	14,2%
		$\overline{3,21}$				

Kontrolle: 100,0%

5. Berechnung der tatsächlichen Sieblinie

Korngruppe	%	0,25	0,5	1	2	4	8	16	32	k-Wert
0 / 2	14,2%	2,7	6,7	11,2	12,9	14,2	14,2	14,2	14,2	
2 / 8	22,9%	0,0	0,0	0,2	0,5	5,0	20,4	22,9	22,9	
8 / 16	24,2%	0,0	0,0	0,0	0,1	1,0	1,9	22,1	24,2	
16 / 32	38,7%	0,0	0,0	0,0	0,0	0,0	0,3	1,8	38,7	
Summe		2,7	6,7	11,4	13,4	20,2	36,8	61,0	100,0	5,48
Angestrebt war:		2	5	8	14	23	38	62	100	5,48

5.49

5 Gesteinskörnungen für Mörtel und Beton

5.11 Ausfallkörnung

Ausfallkörnung liegt vor, wenn in einer Kornzusammensetzung mindestens eine Korngruppe fehlt (siehe Abschnitt 5.9). Die Anwendung ist selten, wenn mittlere Korngruppen nur schwer beschafft werden können oder Sieblinien mit unstetigem Kornaufbau für den Verwendungszweck geeigneter sind als Sieblinien mit stetigem Kornaufbau. Dies muss vorab durch Prüfungen beurteilt werden.

Ausfallkörnung muss aus mindestens zwei Korngruppen zusammengesetzt werden, von denen eine im Bereich bis 2 mm liegt und gemischtkörnig sein soll, z.B. 37 % von 0/2 zzgl. 63 % von 8/32 mm.

Betonmischungen mit Ausfallkörnungen zeigen beim Transport, Einbringen, Verdichten und betrieblich u.a. folgende **Vorteile**:

1. Die Luft, die vom Mischprozess her zwischen den Körnern haftet, entweicht leichter, wenn die mittlere Korngruppe wie z.B. 2/8 mm fehlt.
2. Die Rüttelschwingungen pflanzen sich auf einen größeren Umkreis fort, wenn weniger kleine Körner, dafür aber mehr gleichmäßig große Körner in der Mischung enthalten sind. Der Beton lässt sich mit dem Flaschen-Innenrüttler vorwärtstreiben.
3. Die Mischung neigt wenig oder gar nicht zu Entmischungen beim Transport auf Rutschen oder Bändern durch Abrollen oder Absondern grober Körner.
4. Der Zementmörtel ist schon vor dem Rütteln gleichmäßiger über die groben Körner > 8 mm Korngröße verteilt.
5. Beim Rütteln tritt keine Zementschlempe an die Oberfläche.
6. Beton mit zweckmäßiger Ausfallkörnung ergibt unsichtbare dichte Arbeitsfugen.
7. Wenn mit insgesamt nur zwei Korngruppen, z.B. 0/2 und 8/16 mm, gearbeitet wird, vereinfachen und verbilligen sich Lagerplatz, Vorratshaltung und Zumessung.

5.12 Mehlkorn

In der Betontechnologie werden alle Anteile zwischen 0 und 0,125 mm als Mehlkorn bezeichnet. Hierzu gehören die Anteile des Feinstsandes (0 bis 0,25 mm), die feiner als 0,125 mm sind, sowie der Zement und eventuelle Betonzusatzstoffe (z.B. Steinmehl, Trass, Flugasche, Farbpigmente). Der Mehlkorngehalt ist für die Verarbeitbarkeit und Dichte des Betons und bei einer Förderung in Rohrleitungen von Bedeutung, die notwendige Menge hängt ab vom Größtkorn des Korngemischs, vom Kornaufbau (Hohlraumgehalt und Oberfläche) u.a.

Der Mehlkorngehalt darf nicht zu groß sein, da mit ihm der Wasseranspruch steigt und der Frost- und Tausalzwiderstand sowie der Abnutzungswiderstand verringert wird, auch nehmen Schwinden und Kriechen des Betons zu. Erwünscht ist ein ausreichend hoher Mehlkorngehalt für Pumpbeton, beim Unterwasserbeton, Sichtbeton und bei feingliedrigen, eng bewehrten Baugliedern.

Allgemein ist der Mehlkorngehalt von Beton nach DIN 1045-2 auf 550 kg/m^3 begrenzt. Für Beton, der Frostangriff mit oder ohne Taumittel oder einer Verschleißbeanspruchung ausgesetzt ist (Expositionsklassen XF und XM), sowie für hochfesten Normalbeton und hochfesten Leichtbeton (ab Druckfestigkeitsklassen C 55/67 bzw. LC 55/60) gelten vom Zementgehalt abhängige Mehlkorngrenzwerte, siehe Tafel 5.23.

Tafel 5.23 Höchstzulässiger Mehlkorngehalt für Betone der Expositionsklassen XF und XM und für hochfeste Betone

Beton	Zementgehalt in kg/m³	Höchstzulässiger Mehlkorngehalt in kg/m³
Expositionsklassen XF und XM	≤ 300 ≥ 350	400 450
Hochfester Beton (ab C 55/67 und LC 55/60, alle Expositionsklassen)	≤ 400 450 ≥ 500	500 550 600
ANMERKUNG: Die Mehlkorngehalte gelten für Betone mit einem Größtkorn der Gesteinskörnung von 16 mm bis 63 mm; beträgt das Größtkorn 8 mm, kann der Mehlkorngehalt um 50 kg/m³ höher sein. Bei Zementgehalten zwischen den aufgeführten Werten sind die zulässigen Mehrkorngehalte linear zu interpolieren. Bei Betonen der Klassen XF und XM kann der Mehlkorngehalt erhöht werden, wenn – der Zementgehalt 350 kg/m³ übersteigt, um den über 350 kg/m³ hinausgehenden Zementgehalt, – ein puzzolanischer Betonzusatzstoff des Typs II verwendet wird, um den Gehalt des Zusatzstoffs, jedoch insgesamt um nicht mehr als 50 kg/m³.		

5.13   Eigenfeuchte, Oberflächenfeuchte, Kernfeuchte, Sättigungswasser

Der Wassergehalt von Gesteinskörnungen einschließlich anhaftender Feuchtigkeit ist betontechnologisch von sehr großer Bedeutung. Immerhin kann an der Gesteinskörnung etwa 1/3 der Wassermenge haften, die zur Herstellung eines gut verarbeiteten Betons erforderlich ist. Andererseits können trockene Gesteinskörnungen oder rezyklierte Gesteinskörnungen (s. Abschn. 5.2.3 g) dem Beton in nennenswerter Menge auch Anmachwasser entziehen, das der Zement zur Hydratation benötigt.

Die Ermittlung der **Eigenfeuchte** dient zur Berücksichtigung der Oberflächenfeuchte bei der Zugabewassermenge des Betons. Die Eigenfeuchte setzt sich zusammen aus der **Oberflächenfeuchte** und der **Kernfeuchte** (Tafel 5.24).

Tafel 5.24 Anhaltswerte für die Kernfeuchte von Gesteinskörnung 0/32

Herkunft der Gesteinskörnungen bzw. Gesteinsart	Typischer Kernfeuchtegehalt in Masse-%
Basalt	0,5
Moräne-Kies	0,8
Rhein-Kies	0,8
Weser-Kies	1,5
Elbe-Kies	1,5
Main-Kies	2,2

Oberflächenfeuchte (an Kornaußenflächen und in Außenporen) zusammen mit dem Zugabewasser bildet den wirksamen Wassergehalt des Frischbetons. Die Kernfeuchte ist das in den Gesteinskörnern befindliche Wasser. Kernfeuchte verdampft beim Trocknen und muss beim Errechnen der Oberflächenfeuchte berücksichtigt, d.h. von der ermittelten Eigenfeuchte abgezogen werden, da sie den Wasserzementwert nicht verändert.

Die größten Schwankungen in der Eigenfeuchte treten beim Sand 0/2 mm mit nicht selten über 10 Masse-% (bei sehr feinsandreichen Sanden noch mehr) auf, während das Was-

5 Gesteinskörnungen für Mörtel und Beton

serhaltevermögen der Korngruppen 2/8 etwa 5 Masse-%, das der Korngruppen > 8 mm etwa 3 Masse-% typischerweise nicht übersteigen kann.

Bei leichten Gesteinskörnungen wird wegen der im Trockenzustand ungünstig möglichen Wasseraufnahme zusätzlich auch das **Sättigungswasser** bestimmt. Es ist die Masse Wasser, die zur Sättigung der für Wasser zugänglichen Hohlräume dient, zuzüglich des an der Oberfläche der leichten Gesteinskörnung als Benetzungswasser im wassergesättigten Zustand anhaftenden Wassers. Zur Wasseraufnahme rezyklierter Gesteinskörnungen siehe Abschn. 5.4.2.

Methoden zur Bestimmung der Gesteinskörnungsfeuchte

a) Trocknen bei etwa 110 °C einer aus der Durchschnittsprobe abgewogenen Menge. Aus dem Masseverlust errechnet man die Eigenfeuchte f nach der Formel

Eigenfeuchte $f = \dfrac{G_f - G_t}{G_t} \cdot 100$ in Masse-% (bezogen auf die trockene Gesteinskörnung)

dabei sind G_f die Masse der Gesteinskörnungsprobe vor dem Trocknen und G_t die Masse der Probe nach dem Trocknen.

b) Durch die **Calciumcarbid-Methode (CM-Gerät),** bei der man eine bestimmte Gewichtsmenge der Gesteinskörnung zusammen mit einer Karbid-Ampulle und Stahlkugeln in ein geeichtes Druckgefäß gibt. Die Ampulle wird nach dem Verschließen durch Schütteln zertrümmert, sodass ihr Inhalt mit der Gesteinsfeuchtigkeit reagiert und Azetylen-Gas entwickelt. Dessen Druck ist am Manometer des Verschlusses feststellbar und ermöglicht in einer zugehörigen Tabelle die Ablesung des prozentualen Feuchtigkeitsgehalts. Das Gerät ermittelt in etwa 10 Minuten die Feuchte, wobei die Oberflächenfeuchte und je nach Porosität und Durchlässigkeit des Gesteins ein Teil der Kernfeuchte gemessen werden. Die Oberflächenfeuchte von Kieskörnung bis 16 mm lässt sich mit dem CM-Gerät brauchbar ermitteln, wenn der Gerätetyp hierfür größere Einwaagen vorsieht und zulässt.

c) Durch die **Abflamm-Methode (AM-Gerät),** bei der 500 g einer Durchschnittsprobe mit einer Abflammflüssigkeit übergossen und abgeflammt werden. Dabei verdampft die anhaftende Feuchtigkeit. Das abgekühlte Material wird dann zurückgewogen. Die besonders konstruierte Spezialwaage gestattet die direkte Ablesung des Feuchtigkeitsgehalts von 0 bis 25 Masse-%.

d) Die **elektrische Widerstandsmessung** kann bei stationären Betonaufbereitungsanlagen eingebaut werden. Dabei wirkt die Gesteinskörnung als Widerstand zwischen zwei Elektroden. Bei trockener Gesteinskörnung ist der Widerstand groß, bei nassem klein. Gemessen werden die angelegte Spannung und die Stromstärke. Dieses Verfahren bedingt stets eine auf die Körnungsart vorausgehende Kalibrierung der Messung.

e) Auch mit einem **Luftpyknometer** kann man ausreichend und schnell (15 Minuten) die Oberflächenfeuchte bestimmen, wenn die Rohdichte der kernfeuchten Gesteinskörnung bekannt ist. Benötigt wird dazu noch eine 5-kg-Waage mit wenigstens 1 g Anzeigegenauigkeit.

Das Luftpyknometer arbeitet nach demselben Prinzip wie der Luftgehaltsprüfer für Beton, im Grundbau wird er zur Bestimmung des Wassergehalts von Bodenproben benutzt. Die Oberflächenfeuchte f einer abgewogenen Probe G_f (etwa 1 bis 1,5 kg) wird über das Raumgewicht der feuchten Probe ρ_f ermittelt, wozu das Volumen der Probe V_f im Luftpyknometer bestimmt wird. V_f ergibt sich aus dem Druckabfall in der unter Überdruck stehenden Luftkammer des Pyknometers, wenn diese mit dem Messtopf verbunden wird. Der am Manometer abzulesende Druckabfall ist vom Luftvolumen des Messtopfes = $V_{Messtopf} - V_{Probe}$ abhängig (Gesetz von *Boyle/Mariotte*), woraus das Volumen des feuchten Zuschlags bestimmt wird.

Aus $\rho_f = \dfrac{G_f}{V_f}$ und der Rohdichte ρ der oberflächentrockenen Gesteinskörnung ergibt sich

die Oberflächenfeuchte zu $f = \dfrac{\rho - \rho_f}{\rho \cdot (\rho_f - 1)} \cdot 100$ in Masse-%.

f) Unterwasserwägung nach *Thaulow*
Es werden bestimmt:
G'_t Masse der trockenen Gesteinskörnung unter Wasser
G'_f Masse der feuchten Gesteinskörnung unter Wasser
f Eigenfeuchte in Masse-%
Bezogen auf die trockene Probe ergibt sich dann als Feuchtegehalt:

$$f = 100\left(1 - \frac{G'_f}{G'_t}\right)$$

Die Prüfung wird meist mit 4 oder 5 kg Gesteinskörnung in einem etwa 8 Liter fassenden Messtopf durchgeführt.

5.14 Güteüberwachung, Konformitätsnachweis

Hersteller von Gesteinskörnungen müssen sicherstellen, dass die Korngruppen und Körnungsgemische, die sie liefern, der DIN EN 12 620 entsprechen. Hierzu sind bei Erfordernis die werktypische Korngrößenverteilung, die Alkaliempfindlichkeitsklasse und auch zutreffende Kategorien für Eigenschaften der Gesteinskörnungen bezogen auf Regelanforderungen (siehe Abschn. 5.8) anzugeben.

Der Abnehmer/Verwender sollte dem Hersteller zum Zeitpunkt der Bestellung alle wesentlichen Anforderungen insbesondere im Zusammenhang mit einer besonderen Art der Verwendung und hinsichtlich zusätzlicher Informationen bekannt geben. Dies ist von großer Bedeutung, da auch die Art der werkseigenen Produktionskontrolle einer Gesteinskörnung von der beabsichtigten Verwendung und den diesbezüglichen Bestimmungen abhängt.

Nach DIN EN 12 620 wird der Hersteller vor der Inverkehrbringung eines Produkts zu Nachweisen und eindeutiger CE-Kennzeichnung verpflichtet. Hierzu müssen Erstprüfungen und werkseigene Produktionskontrollen durchgeführt werden, um sicherzustellen, dass das Produkt der vorgenannten Norm und den jeweiligen angegebenen Werten entspricht. Hierzu muss der Hersteller unter dem System zur Bewertung und Überprüfung der Leistungsbeständigkeit eine CE-Kennzeichnung anbringen. Die Angaben zur CE-Kennzeichnung von Gesteinskörnungen für Beton werden auf den Lieferdokumenten mit den entsprechenden Informationen angegeben.

Diesbezüglich ist zum jetzigen Zeitpunkt eine außergewöhnliche Situation eingetreten, welche auch die Gesteinskörnungen für Mörtel und Beton betrifft.

Nachdem Deutschland in der noch jüngeren Vergangenheit europäischer Regelungen bisher bei nicht hinreichend sicher erscheinendem Qualitätsstandard europäischer Produktnormen selbst weitergehende Anforderungen an Baustoffe eingebracht und über die Einbringung in die Bauregelliste verbindlich vorgeschrieben hat, sorgt derzeit das vom Europäischen Gerichtshof (EuGH) ergangene Urteil C 100/13 für größere Unruhe und aktuellen Regelungsbedarf. Der Anlass dafür wird begründet mit der EU-Bauproduktenverordnung, welche einem Mitgliedsstaat in seinem Zuständigkeitsbereich verbietet, die Bereitstellung oder Verwendung von Bauprodukten mit CE-Kennzeichnung zu untersagen oder zu behindern, wenn den Anforderungen für eine Verwendung in dem Mitgliedsstaat entsprochen wird. In dem Urteil wird die vorliegende Praxis in Deutschland mit gleichzeitiger Forderung eines Überwachungszeichens als Behinderung des freien Warenverkehrs eingestuft und daher die Verpflichtung zur Abstellung dieses Vorgehens ausgesprochen.

Ausgehend von dieser Aufforderung werden dagegen auf deutscher Seite im Bauwesen nun Verluste im Sicherheitsstandard gesehen und Überlegungen zur Neukonzeption angestellt. Letztere reichen von formalen Einwänden gegen bestimmte Passagen einer harmonisierten Produktnorm zur Erwirkung einer diesbezüglichen „Markierung als nicht-harmonisiert" (vermutlich jedoch ohne aufschiebende Wirkung für die Anwendung einer Norm) bis hin zu Ansätzen, welche über die Verwendbarkeit für bestimmte Bauaufgaben dann letztlich eher bauwerksbezogene Anforderungen deklarieren.

Vom Bundesverband Baustoffe - Steine und Erden e.V. (BBS) werden bereits Grundlagen von Anforderungsdokumenten (Bestellhilfe) und freiwilligen Herstellererklärungen erarbeitet, worin alle nationalen Anforderungen an ein Bauprodukt für einen bestimmten Verwendungszweck und die diesbezüglich freiwillige Erklärung zur Erfüllung festgelegter Anforderungen enthalten sind. Noch ungeklärte Voraussetzung für eine Anwendung ist hierbei jedoch, dass die Herstellererklärungen von behördlicher Seite innerhalb der Bauaufsicht im Sinne von Technischen Baubestimmungen anerkannt werden.

Gleichzeitig geht der ganz aktuell aus 2016 vorliegende Entwurf einer neuen Musterbauverordnung von einer künftigen Definition der Beschaffenheitsanforderungen an Bauprodukte über die Deklaration von Anforderungen an das Gebäude aus und lässt somit eine maßgebliche Abwendung von produktbezogenen Festlegungen und Regelungen erkennen. Maßgebliche Rückäußerungen zur Konzeptwahl liegen bereits von verschiedensten Verbands- und Kammerseiten sowie auch vom Deutschen Beton- und Bautechnik-Verein e.V. (DBV) vor. Die Bundesingenieurkammer hat sich mit Unterstützung von anderen Kammern und Verbänden zunächst für eine Überprüfung bezüglich einer von dem Urteil des Europäischen Gerichtshofs überhaupt ausgehenden Verpflichtung zur Änderung des Bauordnungsrechts und allgemein gegen künftige Beschaffenheitsanforderungen an ein Bauprodukt über Anforderungen an Gebäude ausgesprochen (mit der Begründung eines dadurch vermehrten Verantwortungsübertrags für den Nachweis von Produkteigenschaften auf die Seite von Bauherr, Planer und Ausführenden). Darüber hinaus werden von den Verbänden der Bauindustrie und auch dem DBV die Risiken vorrangig im Zusammenhang mit Bauwerkssicherheit, Haftung und Baukosten gesehen. Gleichzeitig wird deutlich gemacht, dass eine Befassung mit Überlegungen zur Einführung freiwilliger Nachweise vorher von Abstimmungen mit der EU-Kommission und verlässlichen Einbringungen in Verwaltungsvorschriften bezüglich einer Anerkennung durch die Bauaufsicht abhängig gemacht werden muss.

Es bleibt demnach abzuwarten, wie sich die künftige Überwachungskonzeption unter Einhaltung der Maßgaben des EuGH-Urteils letztendlich entwickeln wird.

Auskunft und Beratung zum Thema Gesteinskörnungen durch:
Bundesverband Mineralische Rohstoffe e.V., Duisburg, www.bv-miro.org

5.15 Literatur

[5.1] DAfStb-Richtlinie: Stahlfaserbeton (Ausgabe Nov. 2012), Hrsg. Deutscher Ausschuss für Stahlbeton, Berlin
[5.2] DBV-Merkblatt: Industrieböden aus Stahlfaserbeton (Ausgabe Juli 2013), Hrsg. Deutscher Beton- und Bautechnik-Verein e. V., Kurfürstenstraße 129, 10785 Berlin, www.betonverein.de
[5.3] Zement Taschenbuch 2008, Bauverlag GmbH, Wiesbaden/Berlin
[5.4] Bauen mit Splittbeton, 4. Aufl., hrsg. vom Bundesverband Naturstein-Industrie e. V., Buschstr. 22, 53113 Bonn, 1993
[5.5] Weber R., Guter Beton (Ausgabe Aug. 2014), Verlag Bau + Technik

5.15 Literatur

[5.6] Zementmerkblatt B13: Leichtbeton (Ausgabe Juni 2014), Download über www.beton.org

[5.7] Beton – Prüfung nach Norm (12. Aufl. Jan. 2011), Hrsg.: Betonmarketing Deutschland GmbH (zu beziehen über www.BetonShop.de)

[5.8] DAfStb Alkali-Richtlinie: Vorbeugende Maßnahmen gegen schädigende Alkalireaktion im Beton (Dez. 1997), Hrsg. Deutscher Ausschuss für Stahlbeton, Berlin

[5.9] DAfStb Heft 581: Verwendung von Steinkohlenflugasche zur Vermeidung einer schädigenden Alkali-Kieselsäure-Reaktion im Beton (Ausgabe Aug. 2010) Deutscher Ausschuss für Stahlbeton, Vertrieb über Beuth Verlag GmbH, Berlin

[5.10] MRC-Merkblatt: Wiederverwertung von mineralischen Baustoffen als Recycling-Baustoffe im Straßenbau der Forschungsgesellschaft für Straßen- und Verkehrswesen (FGSV), Köln 2002, www.fgsv.de

[5.11] DAfStb-Richtlinie: Beton nach DIN EN 206-1 und DIN 1045-2 mit rezyklierten Gesteinskörnungen nach DIN EN 12620 (Ausgabe Sept. 2010), Vertrieb über Beuth Verlag GmbH, Berlin

[5.12] Bericht zum Aufkommen und Verbleib mineralischer Bauabfälle im Jahr 2012, Hrsg. Bundesverband Baustoffe-Steine und Erden e.V., Berlin, www.baustoffindustrie.de

[5.13] RC-Leitfaden für Recycling-Baustoffe (Ausgabe Okt. 2015)
und
Recycling-Baustoffe nach europäischen Normen, Leitfaden für die Überwachung und Zertifizierung, Kennzeichnung und Lieferung BRB (Ausgabe Febr. 2005)
Herausgeber: Bundesvereinigung Recycling-Baustoffe e.V., 47051 Duisburg, www.recyclingbaustoffe.de

[5.14] Zementmerkblatt B2: Gesteinskörnungen für Normalbeton (Ausgabe 01.2012), Download über www.beton.org

[5.15] Weber R., Riechers H.-J., Kies und Sand für Beton (Ausgabe 2003), Verlag Bau + Technik, Düsseldorf

[5.16] Aue, W., Dahms, J., Der Einfluss von Flint auf die Alkalireaktion im Beton, in: beton Heft 11/2001, Verlag Bau + Technik, Erkrath

[5.17] Wiens U., Haase R., Marquordt D., Neuausgabe der Alkali—Richtlinie des DAfStb – Was hat sich geändert? Forschungskolloquium des DAfSb, Nov. 2013 in Bochum

[5.18] Borchers I., Müller C., Praxisgerechte Prüfung der Alkaliempfindlichkeit von Betonen für die Feuchtigkeitsklassen WF und WA in AKR-Performance-Prüfungen, in: beton, Heft 10/2014, Verlag Bau + Technik

[5.19] Drucksache 18/2688 Deutscher Bundestag auf kleine Anfrage: Ausmaß der Schäden durch Alkali-Kieselsäure-Reaktion an Betonfahrbahndecken und Ingenieurbauwerken im Bundesfernstraßennetz, Erstelldatum 29.09.2014

[5.20] Giebson C., Voland K., Ludwig H.-M., Untersuchungen zur Alkali-Kieselsäure-Reaktion in vorgeschädigten Fahrbahndeckenbetonen, in: Beton- und Stahlbetonbau, Heft 1/2015, Verlag Ernst & Sohn

6 Beton

Prof. Dr.-Ing. Detlef Schmidt

Normen

DIN 1045-2	(08.08)	Tragwerke aus Beton, Stahlbeton und Spannbeton – Teil 2: Beton; Festlegung, Eigenschaften, Herstellung und Konformität
-3	(08.08)	wie vor; Teil 3: Bauausführung
-4	(07.01)	wie vor; Teil 4: Ergänzende Regeln für die Herstellung und die Konformität von Fertigteilen
DIN EN 206-1	(07.01)	Beton – Teil 1: Festlegung, Eigenschaften, Herstellung und Konformität
+ Änderung A1	(10.04)	
	(09.15)	
DIN EN 12 350	(08.09)	Prüfung von Frischbeton
DIN EN 12 390	(12.00)	Prüfung von Festbeton
+ Berichtigungen	(05.06)	
DIN EN 12 504, -1 und -2	(07.09) und (12.12)	Prüfung von Beton in Bauwerken

Zusätzliche Technische Vertragsbedingungen (ZTV) des Bundesministeriums für Verkehr, Bau- und Stadtentwicklung:

ZTV-ING	Ingenieurbauten
ZTV-Beton-StB	Bau von Fahrbahndecken aus Beton
ZTV-W	Wasserbauwerke

Weitere Normen und Vorschriften sind in den folgenden Abschnitten aufgeführt.

Wichtige Informationen über Beton finden sich auch in:

Richtlinien des DAfStb (Deutscher Ausschuss für Stahlbeton; zu beziehen – wie die Normen – beim Beuth Verlag, Berlin),

Merkblätter des DBV (Deutscher Beton- und Bautechnik-Verein, Berlin),

Merkblätter und Broschüren des BDZ (Bundesverband der Deutschen Zementindustrie, Düsseldorf).

6.1 Allgemeines

6.1.1 Begriffe

Beton ist ein künstlicher Stein, der aus einem Gemisch von Zement, Gesteinskörnung und Wasser durch Erhärten des Zement-Wasser-Gemisches (Zementleim) entsteht. Zur Erzeugung bestimmter Frischbeton- bzw. Festbetoneigenschaften können dem Beton Betonzusatzmittel, wie z.B. Verflüssiger oder Luftporenbildner, und Betonzusatzstoffe, wie z.B. Trass oder Flugasche, zugegeben werden (siehe hierzu Abschnitt 6.4).

Die Güte und Dauerhaftigkeit des Betons hängen von der zweckmäßigen Zusammensetzung (siehe Abschnitt 6.3), der einwandfreien Verarbeitung und Verdichtung (siehe Abschnitt 6.7.3) und einer sorgfältigen Nachbehandlung (siehe Abschnitt 6.7.4) ab. Im verdichteten und erhärteten Zustand muss der Beton über dem gesamten Querschnitt ein gleichmäßiges, dichtes und festes Gefüge besitzen sowie die Stahlbewehrung satt umhüllen und ausreichend überdecken. Nur so ist gewährleistet, dass der Beton auch in oberflächennahen Schichten einen ausreichenden Widerstand gegen äußere Einwirkungen aufweist und nicht durch Korrosion der Bewehrung reißt und abgedrückt wird. Bei Außenbauteilen aus Stahlbeton, die der Witterung unmittelbar ausgesetzt sind, ist dies besonders wichtig.

6 Beton

Frischbeton heißt der Beton, solange er verarbeitet werden kann, Festbeton, sobald er erhärtet ist. Beton unmittelbar nach dem Verdichten und noch vor dem Erstarren wird als grüner Beton bezeichnet. Die sogenannte Grünstandfestigkeit ist bei Betonwaren von Wichtigkeit. Beton nach dem Erstarren, der nicht mehr verarbeitbar ist, wird als junger Beton bezeichnet. Ortbeton ist Beton, der als Frischbeton in Bauteile, die sich in ihrer endgültigen Lage befinden, eingebracht wird und dort auch erhärtet. Nach der Dichte unterscheidet man Leichtbeton, Normalbeton und Schwerbeton (siehe Tafel 6.1), wobei als Einteilungskriterium die Trockenrohdichte (Trocknung bei 105 °C) zur Anwendung kommt.

Tafel 6.1 Einteilung der Betone nach der Rohdichte nach DIN EN 206-1

Betonart[1]	Kurzzeichen	Trockenrohdichte in kg/dm³ bzw. t/m³	Gesteinskörnung, z.B.
Leichtbeton	LC	0,8 bis 2,0	Blähton, Blähschiefer, Hüttenbims, Naturbims
(Normal-)Beton[2]	C	> 2,0 bis 2,6	Sand, Kies, Splitt
Schwerbeton	C	> 2,6	Schwerspat, Eisenerz, Stahlgranulat

[1] Ein Gemisch aus Zement, Wasser und feiner Gesteinskörnung heißt Zementmörtel.
[2] Wenn keine Verwechslungen mit Schwer- oder Leichtbeton möglich sind, wird der Normalbeton als „Beton" bezeichnet.

6.1.2 Druckfestigkeitsklassen

Die Bedeutung des Betons als tragender Baustoff beruht auf seinem günstigen Festigkeitsverhalten, insbesondere unter Druckspannungen. Nach der Druckfestigkeit wird der Beton in Festigkeitsklassen eingeteilt (siehe Tafel 6.2). Für diese Klassifizierung nutzt man einen statistischen Wert, die charakteristische Druckfestigkeit, die an definierten Zylindern ($f_{ck,cyl}$) oder Würfeln ($f_{ck,cube}$) nach 28 Tagen bei definierten Lagerungsbedingungen ermittelt wird (siehe Abschn. 6.13.1).

Die sogenannte charakteristische Druckfestigkeit f_{ck}[1] beschreibt eine Festigkeit, die mit hoher Wahrscheinlichkeit nur in einer begrenzten Zahl von Fällen unterschritten wird, und zwar von 5 % aller möglichen Festigkeitswerte (Grundgesamtheit) des angegebenen Betons. Damit entsprechen diese charakteristischen Festigkeiten vom Grundsatz der Beton:Nennfestigkeit β_{WN} (5 %-Quantilwert) bei der früheren Bezeichnung Betonfestigkeitsklasse, z.B. B 25 (s. auch Abschnitt 6.11.3). Tafel 6.26 enthält die Zuordnung der Druckfestigkeitsklassen nach alter und neuer Norm.

Da die Betondruckfestigkeit an
– Würfeln mit 150 mm Kantenlänge ($f_{ck,cube}$) oder
– Zylindern mit 150 mm Durchmesser und 300 mm Höhe ($f_{ck,cyl}$)
zu prüfen ist, bei der Prüfung durch die Reibung zwischen Prüfplatte und Probekörper die Querdehnung je nach Prüfkörperform und -größe unterschiedlich behindert wird [6.1], muss die Festigkeitsklasse durch zwei unterschiedliche Zahlenwerte beschrieben werden.

---

1 f **f**astness – Festigkeit, Beständigkeit
   c **c**ompression – Druck.

Tafel 6.2 Druckfestigkeitsklassen für Normal- und Schwerbeton nach DIN EN 206-1

Druckfestigkeitsklasse[1]	Charakteristische Druckfestigkeit in N/mm²	
	$f_{ck,cyl}$	$f_{ck,cube}$
C8/10	8	10
C12/15	12	15
C16/20	16	20
C20/25	20	25
C25/30	25	30
C30/37	30	37
C35/45	35	45
C40/50	40	50
C45/55	45	55
C50/60	50	60
C55/67	55	67
C60/75	60	75
C70/85	70	85
C80/95	80	95
C90/105[2]	90	105
C100/115[2]	100	115

[1] Betone ab Druckfestigkeitsklasse C55/67 werden als hochfeste Betone (siehe Abschnitt 6.10.1) bezeichnet.
[2] Zusätzliche Nachweise erforderlich.

6.1.3 Expositionsklassen

Beton ist während seiner Nutzung unterschiedlichen Umgebungsbedingungen ausgesetzt, die mit ihren chemischen und physikalischen Einwirkungen zu berücksichtigen sind. Diese Einwirkungen werden in Expositionsklassen eingeteilt und durch folgende Symbole bzw. Abkürzungen gekennzeichnet:

- X0   Expositionsklasse ohne Korrosions- und Angriffsgefahr
- XC   Expositionsklassen für Korrosionsgefahr, ausgelöst durch Karbonatisierung (C – Carbonation)
- XD   Expositionsklassen für Korrosionsgefahr, ausgelöst durch Chloride, ausgenommen Meerwasser (D – Deicing salts)
- XS   Expositionsklassen für Korrosionsgefahr, ausgelöst durch Chloride aus Meerwasser (S – Seawater)
- XF   Expositionsklassen für Gefahr von Frostangriff mit und ohne Taumittel (F – Freezing)
- XA   Expositionsklassen für chemischen Angriff (A – Attack)
- XM   Expositionsklassen für Angriff auf den Beton durch Verschleiß (M – Mechanical abrasion).

Wird der Beton mehr als einem genannten Umwelteinfluss ausgesetzt, müssen diese Einwirkungsbedingungen als Kombination von Expositionsklassen (Tafel 6.3) ausgewiesen werden. Bei der Betrachtung der Einwirkungen werden Beton, Bewehrung oder metallische Einbauteile komplex erfasst, wobei sie nicht als Lastannahmen in die Tragwerksplanung eingehen. Bei den Expositionsklassen XF, XA, XM ist der Betonangriff dominierend, bei XC, XD, XS die Bewehrungskorrosion. Um eine Betonkorrosion durch Alkalitreiben (s. Abschn. 5.5.7) infolge Alkali-Kieselsäurereaktion (AKR) auszuschließen, müssen zusätzlich die Umwelteinflüsse durch eine der vier Feuchtigkeitsklassen WO, WF und WA Berücksichtigung finden. Bei Betonverkehrsflächen muss die Feuchtigkeitsklasse WS berücksichtigt werden. Unter Einbeziehung der Expositionsklassen sind Anforderungen an die Zusammensetzung und Eigenschaften des Betons auch unter Berücksichtigung der Nutzungsdauer des Bauwerks ableitbar (s. Tafeln 6.10).

Dabei ist zu beachten, dass im Fall mehrerer gleichzeitiger Einwirkungen diejenige Zusammensetzung des Betons gewählt wird, die der schärfsten Beanspruchung entspricht.

Wenn bei einem Betonelement Betonoberflächen unterschiedlichen Umgebungsbedingungen ausgesetzt sind, werden die Expositionsklassen auf diejenigen Oberflächen angewendet, die dem Angriff bzw. den Umgebungsbedingungen ausgesetzt sind.

Die Klassifizierung in Feuchtigkeitsklassen zur Vermeidung einer Alkali-Kieselsäurereaktion ist erforderlich, weil bei entsprechenden Voraussetzungen für ein Alkalitreiben dieses z.B. bei trockenem Beton zum Stillstand kommt bzw. bei Alkalizufuhr von außen verstärkt werden kann. Die Hersteller des Betons müssen dem Verwender angeben, für welche Feuchtigkeitsklassen der Beton verwendet werden kann. Dabei ist die Kurzbezeichnung der Feuchtigkeitsklassen (WO, WF, WA, WS) auch auf dem Lieferschein anzugeben.

Betonbauteile im Wasserbau unterliegen wasserbauspezifischen Belastungen. Um die Planungselemente der ZTV-W, LB 215 anzupassen, wurden die Expositionsklassen
- XW Wasserbeaufschlagung durch Süß- oder Meerwasser sowie
- XRD Rückseitige Durchfeuchtung

geschaffen (Weiteres siehe ZTV-W, LB 215 bzw. 219.).

Tafel 6.3 Expositionsklassen

Klassenbezeichnung	Umgebungsbedingungen mit Beispielen
Kein Korrosions- oder Angriffsrisiko • X0	Bauteile ohne Bewehrung oder eingebettetes Metall in nicht betonangreifender Umgebung wie unbewehrte Fundamente ohne Frost, unbewehrte Innenbauteile
Durch Karbonatisierung ausgelöste Bewehrungskorrosion[1] • XC1 • XC2 • XC3 • XC4	trocken oder ständig nass – Bauteile in Innenräumen mit normaler Luftfeuchte; Beton, der ständig in Wasser getaucht ist nass, selten trocken – Teile von Wasserbehältern; Gründungsbauteile mäßige Feuchte – Bauteile, zu denen die Außenluft häufig oder ständig Zugang hat (z.B. offene Hallen); Innenräume mit hoher Luftfeuchtigkeit wechselnd nass und trocken – Außenbauteile mit direkter Beregnung; Bauteile in Wasserwechselzonen
Bewehrungskorrosion, ausgelöst durch Chloride[1] • XD1 • XD2 • XD3	mäßige Feuchte – Bauteile im Sprühnebelbereich von Verkehrsflächen; Einzelgaragen nass, selten trocken – Solebäder; Bauteile, die chloridhaltigen Industrieabwässern ausgesetzt sind wechselnd nass und trocken – Bauteile im Spritzwasserbereich von taumittelbehandelten Verkehrsflächen; Parkdecks (mit zusätzlichen Maßnahmen)

6.1 Allgemeines

Klassenbezeichnung	Umgebungsbedingungen mit Beispielen
Bewehrungskorrosion, ausgelöst durch Chloride aus Meerwasser[1]	
• XS1	salzhaltige Luft, aber kein unmittelbarer Kontakt mit Meerwasser – Außenbauteile in Küstennähe
• XS2	unter Wasser – Bauteile in Hafenbecken, die ständig unter Wasser liegen
• XS3	Tidebereiche, Spritzwasser- und Sprühnebelbereiche – Kaimauern in Hafenanlagen
Frostangriff mit und ohne Taumittel[2]	
• XF1	mäßige Wassersättigung, ohne Taumittel – Außenbauteile
• XF2	mäßige Wassersättigung, mit Taumittel – Betonbauteile im Sprühnebelbereich von taumittelbehandelten Verkehrsflächen; Betonbauteile im Sprühnebelbereich von Meerwasser
• XF3	hohe Wassersättigung, ohne Taumittel – offene Wasserbehälter; Bauteile in der Wasserwechselzone von Süßwasser
• XF4	hohe Wassersättigung, mit Taumittel – Straßenbeläge, die mit Taumittel behandelt werden; Bauteile im Spritzwasserbereich von taumittelbehandelten Verkehrsflächen; Meerwasserbauteile in der Wasserwechselzone
Chemischer Angriff[3]	
• XA1	chemisch schwach angreifend – Güllebehälter; Behälter von Kläranlagen
• XA2	chemisch mäßig angreifend und Meeresbauwerke-Betonbauteile, die mit Meerwasser in Berührung kommen; Bauteile in betonangreifenden Böden
• XA3	chemisch stark angreifend – Industrieabwasseranlagen mit stark chemisch angreifenden Abwässern; Kühltürme mit Rauchgasableitung
Verschleiß	
• XM1	mäßiger Verschleiß – Industrieböden mit Beanspruchung durch luftbereifte Fahrzeuge
• XM2	schwerer Verschleiß – Verkehrsflächen mit schwerem Gabelstaplerverkehr (luft- oder vollgummibereift)
• XM3	extremer Verschleiß – Beläge von Flächen, die häufig mit Kettenfahrzeugen befahren werden; Wasserbauwerke in geschiebebelasteten Gewässern
WO (trocken) – Innenbauteile des Hochbaus – Außenbauteile, ohne Niederschlag, Oberflächenwasser, Bodenfeuchte WF (feucht) – ungeschützte Außenbauteile, Bauteile in einer Umgebung > 80% rel. Luftfeuchte – Massige Bauteile (Dicke > 0,80 m); Bauteile mit häufiger Taupunktunterschreitung – Innenbauteile in Feuchträumen (überwiegend rel. Feuchte > 80%) WA (feucht + Alkalizufuhr von außen) – Bauteile mit Meereseinwirkung, Bauteile mit Tausalzeinwirkung – Bauteile von Industriebauten und landwirtschaftlicher Bauwerke mit Alkalisalzeinwirkung WS (feucht + Alkalizufuhr von außen und hohe dynamische Beanspruchung) – Bauteile unter Tausalzeinwirkung mit zusätzlich hoher dynamischer Beanspruchung	
[1] Siehe Abschnitt 6.25.3. [2] Siehe Abschnitt 6.4.4. [3] Siehe Abschnitt 6.10.4.	

6.2 Eigenschaften des Frischbetons

6.2.1 Konsistenz

Die wichtigste Frischbetoneigenschaft ist die Konsistenz. Sie ist ein Maß für die Verarbeitbarkeit des Frischbetons und wird beeinflusst durch den Wassergehalt, den Zementgehalt sowie Form, Oberfläche und Zusammensetzung der Gesteinskörnung. Außerdem lässt sich die Konsistenz in starkem Maße durch die Zugabe von Zusatzstoffen und Zusatzmitteln verändern. Da Konsistenzmessungen somit eine gute Überwachung der Frischbetonzusammensetzung, insbesondere der richtigen Wasserzugabe, gestatten, schreibt die DIN EN 13670 / 1045-3 für Beton grundsätzlich eine laufende Konsistenzüberprüfung vor.

Von den **Prüfverfahren** (s. Abschnitt 6.12.1) mit Unterteilungen in sogenannte Konsistenzklassen (Setzmaßklassen, Setzzeitklassen (Vébé), Verdichtungsmaßklassen, Ausbreitmaßklassen) ist die bevorzugte Prüfmethode die Prüfung des Ausbreitmaßes. In Tafel 6.4 ist für die Ausbreitmaßklassen neben dem Ausbreitmaß auch der Konsistenzbereich von steif bis sehr fließfähig zugeordnet. Die Prüfung des Verdichtungsmaßes empfiehlt sich vor allem für steife Betone, Splittbeton, sehr mehlkornreiche Betone sowie Leicht- und Schwerbeton.

Tafel 6.4 Ausbreitmaßklassen mit zugeordneten Konsistenzbereichen

Ausbreitmaßklasse	Ausbreitmaß[1] in mm	Konsistenzbereich
F1	≤ 340	steif
F2	350 ... 410	plastisch
F3	420 ... 480	weich
F4	490 ... 550	sehr weich
F5	560 ... 620	fließfähig
F6	≥ 630	sehr fließfähig

[1] Es wird empfohlen, das Ausbreitmaß nur bei > 340 mm und ≤ 600 mm zu verwenden.
Bei Ausbreitmaßen von > 700 mm ist die Richtlinie des Deutschen Ausschusses für Stahlbeton „Selbstverdichtender Beton" zu beachten.

Wegen der Entmischungsgefahr beim Beton sind sehr weiche bis sehr fließfähige Konsistenzbereiche unter Zugabe eines Fließmittels zu realisieren. Diese Betone werden als Fließbetone bezeichnet.

Die Konsistenzbereiche nach DIN 1045 (alt) können den Konsistenzklassen nach DIN 1045-2 (neu) nicht ohne weiteres zugeordnet werden, weil die Klassifizierung in Bezug auf die Verarbeitbarkeit getrennt für die einzelnen Prüfverfahren erfolgt und eine gegenseitige Zuordnung der verfahrensabhängigen Konsistenzklassen nicht zweckmäßig ist. Eine Zuordnung ist nur nach Tafel 6.5 möglich.

Tafel 6.5 Zuordnung der Konsistenzbereiche nach DIN 1045 (Ausgabe 1988) zur Ausbreitmaßklasse bzw. Verdichtungsmaßklasse

DIN 1045 (1988) Konsistenzbereich	DIN 1045-2	
	Ausbreitmaßklasse	Verdichtungsmaßklasse
KS – steif	(F 1)	C 0, C 1
KP – plastisch	F 2	C 2
KR – weich	F 3	C 3
KF – fließfähig	F 4	–

Die Konsistenz ist den Gegebenheiten der Baustelle und der Art des Bauteils anzupassen. Sie muss so beschaffen sein, dass nach dem Verdichten ein dichtes und gleichmäßiges Betongefüge vorliegt und die Bewehrungsstäbe satt mit Beton umhüllt sind. Nur so kann das Ziel, einen dauerhaften Beton herzustellen, erreicht werden. Aus diesem Grunde erfordern insbesondere Außenbauteile sowie feingliedrige Querschnitte und dichtbewehrte Bauteile in der Regel einen weichen Beton mit einem Ausbreitmaß $a = 45 \pm 3$ cm. Diese weiche Konsistenz wurde deshalb auch als Regelkonsistenz (frühere Bezeichnung: KR) bezeichnet. Auf diese Weise werden Verdichtungsmängel infolge zu steifen Betons weitgehend vermieden und überdies wird einer unkontrollierten Wasserzugabe mit den damit verbundenen nachteiligen Folgen (Erhöhung des Wasserzementwerts, Verringerung der Dichtigkeit und Festigkeit des Betons) entgegengewirkt.

Die Konsistenz steif bleibt im Wesentlichen auf die Herstellung unbewehrter Bauteile beschränkt. Weicht die Konsistenz des Betons bei der Betonübergabe von der festgelegten Verarbeitbarkeit ab, ist der Beton zurückzuweisen. Befindet sich ein zu steifer Beton noch im Mischfahrzeug, kann unter Einhaltung des Wasserzementwerts z.B. durch Fließmittel die Konsistenz korrigiert werden, wenn das Zusatzmittel laut Entwurf des Betons zulässig ist. Die Menge ist auf dem Lieferschein zu vermerken

Die Wahl fließfähiger und sehr fließfähiger Konsistenzen erfordert die Beachtung der Sedimentationsstabilität und des „Blutverhaltens".

6.2.2 Frischbetonrohdichte, Luftgehalt

Unter der **Frischbetonrohdichte** D versteht man den Quotienten aus der Masse m_b und dem Volumen V_b des *verdichteten* Frischbetons (einschließlich der im Frischbeton nach dem Verdichten enthaltenen Luftporen): $D = m_b/V_b$ in kg/m³. D kann beim Anfertigen von Probewürfeln, bei der Bestimmung des Luftporengehalts mit dem LP-Topf bestimmt werden (siehe Abschnitt 6.12.3).

Die Frischbetonrohdichte hängt von der Betonzusammensetzung, von den Dichten der Betonkomponenten und von der Güte der Verdichtung ab. Insofern kann die Frischbetonrohdichte ähnlich wie die Konsistenz zur Frischbetonüberwachung herangezogen werden. Bei Verwendung normaler Gesteinskörnungen ergeben sich Frischbetonrohdichten von 2,25 bis 2,45 kg/dm³.

Unter dem **Luftgehalt** A_c versteht man das Volumen V_1 der unmittelbar nach dem Verdichten im Frischbeton befindlichen Luftporen, bezogen auf das Volumen V_b des verdichteten Frischbetons: $A_c = (V_1/V_b) \cdot 100$ in Vol.-%.

Der Luftgehalt wird üblicherweise mit dem Luftgehaltsprüfer (LP-Topf, siehe Abschnitt 6.12.2) unter Beachtung des Saugverhaltens der Eigenporen der Gesteinskörnung (Korrekturfaktor G) gemessen. Er kann auch aus den Dichten des Frischbetons, D und ρ_{bfo} (siehe unten), berechnet werden.

Der Luftgehalt hängt von der Betonzusammensetzung, insbesondere von der Sieblinie der Gesteinskörnung (sandreiche Mischungen haben einen größeren Gehalt als grobkörnige), und von der Güte der Verdichtung ab. Für Normalbeton mit einem Größtkorn von 32 mm und einer Sieblinie im günstigen Bereich gilt:

A_c < 1 Vol.-%   sehr gute Verdichtung
    = 1 bis 2 Vol.-%   gute Verdichtung
    = 2 bis 3 Vol.-%   mittlere Verdichtung.

Luftgehalte von mehr als 3 Vol.-% bei grobkörnigen und 6 Vol.-% bei feinkörnigen Gesteinskörnungen sind als unzureichend anzusehen, vorausgesetzt, dass keine luftporenbildenden Zusatzmittel (siehe Abschnitt 6.4.4) zwecks Erhöhung des Frost- und Taumittelwiderstands zugegeben wurden. Mit zunehmendem Luftgehalt im Frischbeton nimmt die Druckfestigkeit erheblich ab.

Die **Frischbetondichte** ρ_{bfo} ist der Quotient aus Masse m_b und Volumen V_o des Frischbetons *ohne* die im Frischbeton nach dem Verdichten enthaltenen Luftporen: $\rho_{bfo} = m_b/V_o$. Sie wird z.B. mit dem *Thaulow*-Topf bestimmt, indem durch Mischen des Betons mit Wasser die Luft ausgetrieben wird. Der Luftporengehalt A_c ergibt sich aus:

$$ccA_c = \left(\frac{\rho_{bfo} - D}{\rho_{bfo}}\right) \cdot 100 \; Vol.\text{-}\%$$

6.3 Betonzusammensetzung

6.3.1 Allgemeines

Der Beton ist einerseits so zusammenzusetzen und herzustellen, dass die Anforderungen an Frisch- und Festbeton erfüllt werden. Andererseits muss man berücksichtigen, dass die Betoneigenschaften eine unterschiedliche Bedeutung für die Standsicherheit und Dauerhaftigkeit des Bauwerks haben. Daraus resultiert die Einführung von Überwachungsklassen (s. Abschnitt 6.11.6), die auch dem Umstand Rechnung tragen, dass die Anfälligkeit der Schwankung der Betoneigenschaften von den Herstellverfahren, den Einbaubedingungen und deren Kontrolle abhängt.

Die Betonzusammensetzung kann auf unterschiedliche Art und Weise festgelegt werden. Bei dem sogenannten **Standardbeton** ist die Betonzusammensetzung in einer gültigen Norm vorgegeben. Die Einsatzmöglichkeiten sind durch die maximal zulässige Festigkeitsklasse C16/20 begrenzt, der Überwachungsaufwand ist dagegen gering. Die Sicherheit für die Realisierung der Festigkeit wird durch einen hohen Zementgehalt erreicht.

Der **Beton nach Zusammensetzung** kommt in der Regel nur für exponierte Ingenieurbauwerke zum Einsatz. Der Verfasser der Leistungsbeschreibung gibt auf Basis umfangreicher Versuche dem Hersteller vor, welche Ausgangsstoffe und welche Zusammensetzung zu verwenden sind, um die gewünschten Betoneigenschaften zu erreichen. Der Nachweis der Eigenschaften erfolgt beim Verwender.

Der Regelfall dürfte der **Beton nach Eigenschaften** sein. Der Verfasser der Leistungsbeschreibung stellt alle notwendigen Eigenschaften und zusätzlichen Anforderungen an den Beton zusammen. Der Hersteller (z.B. das Transportbetonwerk) wählt eine Betonzusammensetzung aus, mit der die geforderten Eigenschaften und zusätzlichen Anforderungen erfüllt werden.

6.3.2 Gesteinskörnung

Bei der Auswahl von Gesteinskörnungen sind außer den geometrischen auch die chemischen und physikalischen Anforderungen zu beachten. Die Anforderungen werden in der Regel in Kategorien (Klassen) eingeteilt, die einen Grenzwert oder die Eigenschaft als Bandbreite vorgeben (s. Kapitel 5). Wenn die Gesteinskörnung Opalsandstein, Flint, präkambrische Grauwacke oder andere alkaliempfindliche Gesteine enthalten, sind auf Basis der vom Hersteller anzugebenden Alkaliempfindlichkeitsklassen (EI, EII und EIII) vorbeugende Maß-

6.3 Betonzusammensetzung

nahmen gegen die schädigende Alkalikieselsäurereaktion (AKR) im Beton (DAfStb-Richtlinie, Ausgabe 2007, Berichtigung 2011) zu treffen (s. Abschnitt 5.5.7).

Wenn zwischen dem Hersteller einer Gesteinskörnung und dem Abnehmer keine zusätzlichen Vereinbarungen getroffen werden, entsprechen die Eigenschaften der Gesteinskörnungen den Regelanforderungen. Besondere Arten bzw. Anforderungskategorien von Gesteinskörnungen sind als zusätzliche Anforderungen festzulegen.

Die **Sieblinien** der Gesteinskörnung können stetig oder unstetig (Ausfallkörnung) sein. Bei Gesteinskörnung aus überwiegend ungebrochenem Korn sollen sie in dem günstigen Bereich der Sieblinien (siehe Abbildung 5.9) liegen. Bei Standardbeton müssen sie stetig sein, wenn die Zementgehalte nach Tafel 6.7 angewendet werden. Häufig werden Kornzusammensetzungen entsprechend Sieblinie A/B gewählt. Das Nennmaß des Größtkorns der Sieblinie soll so groß wie möglich sein, weil dann ein geringerer Zementanteil zur Verkittung der Körnungen und zum Ausfüllen kleiner Hohlräume erforderlich ist als bei Sieblinien mit kleinerem Größtkorn (zur Größtkornwahl s. Abschnitt 5.6).

Durch die Erweiterung der Grundsiebreihe um Ergänzungssiebe besteht in Bezug auf den Zementverbrauch die Möglichkeit für wirtschaftlichere Lösungen. Früher musste man z.B. bei entsprechend enger Bewehrungsführung vom Größtkorn 32 mm häufig auf 16 mm zurückgehen. Durch das jetzt mögliche Größtkorn 22,4 mm würde der Zementverbrauch weniger stark steigen als bei einer Sieblinie mit dem Größtkorn 16 mm.

Für den Einsatz von wiedergewonnener Gesteinskörnung ist die DAfStb-Richtlinie „Beton mit rezyklierten Gesteinskörnungen" zu beachten.

Zur Sicherung einer gleichbleibenden Kornzusammensetzung ist es notwendig, die Gesteinskörnung für die Betonherstellung in Korngruppen (Lieferkörnungen) zu trennen. Die Gesteinskörnung sollte in der Regel in mindestens zwei Korngruppen (besser mindestens drei Lieferkörnungen) zugegeben werden.

Beton muss eine bestimmte **Mehlkornmenge** enthalten, damit er gut verarbeitbar ist und ein geschlossenes Gefüge erhält. Dies gilt besonders für Pumpbeton, für dünnwandige, engbewehrte Bauteile, bei Beton mit hohem Wassereindringwiderstand. Der Mehlkorngehalt setzt sich zusammen aus dem Zement, dem in der Gesteinskörnung enthaltenen Anteil 0/0,125 und dem gegebenenfalls zugegebenen Betonzusatzstoff. Höchstzulässige Grenzwerte für den Mehlkorngehalt dürfen wegen der Einhaltung der Schwind- und Kriechverformungen nicht überschritten werden (siehe Tafel 5.20 in Abschnitt 5.12).

Günstige **Sieblinien für gebrochene Gesteinskörnung** haben einen S-förmigen Verlauf (siehe Abb. 5.9). Der damit hergestellte Splittbeton lässt sich ebenso gut wie Kiesbeton verarbeiten. Für die Konsistenzprüfung ist der Verdichtungsversuch nach Walz (siehe Abschnitt 6.12.1) vorzuziehen. Die Biege- und Spaltzugfestigkeit von Splittbeton ist wegen der unregelmäßigen, kubisch bis splittrigen Kornform und der kantigen und rauen Oberfläche der gebrochenen Gesteinskörnung bei gleicher Druckfestigkeit um etwa 10 bis 20 % größer als bei Kiesbeton. Auch die Grünstandfestigkeit ist besser. Anwendung findet Splittbeton (siehe auch Abschnitt 6.19.1) für Bauteile mit größerer Biegebeanspruchung sowohl im Hoch- und Ingenieurbau als auch bei der Herstellung von Fertigteilen (siehe auch [6.32]).

6 Beton

6.3.3 Zement

Zement als hydraulisches Bindemittel bewirkt nach dem Mischen mit Wasser (Zementleim) durch chemische Reaktionen zwischen den Klinkermineralen und dem Wasser (Zementstein) die Verfestigung.

Die nach DIN EN 206-1/DIN 1045-2 geforderten **Mindestzementgehalte** betragen bei Stahlbetonbauten in Innenräumen mit normaler Luftfeuchte mit Rücksicht auf den Korrosionsschutz der Stahleinlagen 240 kg/m^3. Bei anderen Umgebungsbedingungen erhöht sich der Mindestzementgehalt (s. Tafeln 6.10).

Während zur Sicherung des Korrosionsschutzes der Bewehrung ein Mindestzementgehalt erforderlich ist, kann eine hohe Zementmenge durch die Zunahme der Hydratationswärme und die daraus resultierenden Temperaturspannungen die Rissgefahr beim Beton wesentlich erhöhen. Aus diesem Grund wird z.B. für FD-Beton ein Volumen von Bindemittel und Anmachwasser ≤ 290 l/m^3 vorgeschrieben.

Mit der Wahl der Zementart werden wesentliche Eigenschaften beeinflusst. Die **Art des Zements** ist bedeutsam z.B. bei massigen Bauteilen (Abschnitt 6.15), beim Betonieren unter besonderen Witterungsbedingungen (Abschnitt 6.8) sowie bei der Verarbeitung von Gesteinskörnungen, die alkaliempfindliche Bestandteile enthalten (Abschnitt 5.5.7) und bei größeren Sulfatgehalten im Grundwasser und Baugrund (Abschnitt 6.10.4). Auch die Neigung zu Kalkausscheidungen kann durch eine geeignete Zementwahl verringert werden (Abschnitt 4.6.4).

Bei der Wahl der **Zementfestigkeitsklassen** (siehe Abschn. 4.6.9.3) für die Betonherstellung können folgende Überlegungen eine Rolle spielen. Zur Verkürzung von Schalungsfristen sind aufgrund der Frühfestigkeit höherwertige Zemente vorteilhaft. Würde man dagegen Zemente mit hohen Festigkeitsklassen für niedrige Betonfestigkeitsklassen einsetzen, könnte es infolge des zu geringen Mehlkorngehalts zur Entmischung kommen. Andererseits ist beim Einsatz einer niedrigen Festigkeitsklasse des Zements (32,5) für hohe Betonfestigkeitsklassen der Mehlkornanteil und damit der Wasseranspruch der Betonmischung zu hoch.

Zementbezeichnungen nach DIN EN 197-1 siehe Tafel 4.9.

6.3.4 Wasser

Man unterscheidet *Zugabewasser* (Anmachwasser) und Eigenfeuchtigkeit der Gesteinskörnung (*Oberflächenfeuchte,* siehe Abschnitt 5.13). Wasser bei Einsatz wässriger Zusatzmittel (≥ 3 l/m^3) bzw. Zusatzstoffe, Wasser aus speziellen technologischen Verfahren in Form von beigefügtem Eis oder Dampf geht ebenfalls in die Gesamtwassermenge ein. Für Beton ist aber der **wirksame Wassergehalt** wesentlich, d.h. die Differenz zwischen der Gesamtwassermenge und der Wassermenge, die von der Gesteinskörnung durch Poren aufgenommen wird.

Das Wasser erfüllt im Beton zwei Aufgaben:
1. Es muss die Gesteinskörnung und Zementteilchen benetzen, um als *Gleitmittel* ihren Reibungswiderstand zu verringern und eine gute Verdichtung zu gewährleisten.
2. Es ist erforderlich zur *Hydratation* des Zements als chemisch und physikalisch gebundenes Wasser.

Als **Zugabewasser** ist das in der Natur vorkommende Wasser geeignet, andere Wässer auch, soweit sie nicht Bestandteile enthalten, die das Erhärten oder andere Eigenschaften des Betons sowie den Korrosionsschutz der Bewehrung ungünstig beeinflussen (z.B. bestimmte

6.3 Betonzusammensetzung

Industrieabwässer). Wird Grundwasser, natürliches Oberflächenwasser und industrielles Brauchwasser als Zugabewasser genutzt, sind Prüfungen (DIN EN 1008) vorzusehen. Restwasser aus Wiederaufbereitungsanlagen der Betonherstellung ist bei Beachtung der darin verteilten Feststoffe für Beton geeignet. Meer- oder Brackwasser darf wegen des hohen Chloridgehaltes in der Regel nicht für bewehrte Betone zum Einsatz kommen.

Maßgebend für die Höhe des erforderlichen Wassergehalts sind der Wasseranspruch der Gesteinskörnung und die gewünschte Verarbeitbarkeit (Konsistenz) des Betons. Er hängt von Art, Größtkorn und Sieblinie der Gesteinskörnung und vom Mehlkorngehalt ab. Für die Abschätzung des Wasserbedarfs von 1 m³ verdichteten Frischbeton existiert eine Reihe von empirischen Tabellenwerten, Kurvenscharen und Formeln, in denen der **Wasserbedarf** w in kg/m³ in Abhängigkeit von der gewünschten Konsistenz und der Kornzusammensetzung der Gesteinskörnung (z.B. ausgedrückt durch die Körnungsziffer k) angegeben wird, z.B.

– die Kurven und Tabellen von *Walz* (siehe [6.5] und *Scholz*, 10. Aufl.)
– die Wasseranspruchszahlen z.B. von *Kluge* (siehe auch Tafel 5.19)
– die in den „Betontechnischen Daten 1994" der HeidelbergCement AG angegebenen Werte (siehe Tafel 6.6)
– die Formel für w von *Tietze:*

$$w = \frac{1100}{k+3} + a \qquad \begin{aligned} a &= 0 \text{ bei Konsistenz steif} \\ &= 20 \text{ bei Konsistenz plastisch} \\ &= 40 \text{ bei Konsistenz weich} \end{aligned}$$

Die Werte gelten in der Regel für Kiesbeton ohne Zusatzstoffe und Zusatzmittel. Sie sind zu erhöhen, wenn gebrochenes Korn verwendet wird und/oder Zusatzstoffe zugegeben werden, bzw. zu verringern bei Zugabe der Zusatzmittel BV, FM oder LP.

Von *Walz* (siehe oben) werden folgende **Korrekturwerte** angegeben:

1. Steigt der Mehlkorngehalt aus Zement + *gesondert* zugegebenen Zusatzstoffen über 350 kg/m³, dann erhöht sich der Wassergehalt um circa 1 kg/m³ für je 10 kg/m³ Mehlkornanteil. Der Mehlkorngehalt der Gesteinskörnung entsprechend den Sieblinien ist in den Wasserbedarfszahlen bereits berücksichtigt.
2. Verwendung von *Splitt* (gebrochenes Korn) ab 8 mm Korngröße erhöht den Wasseranspruch um wenigstens 5 %, ab bereits 4 mm Korngröße um 7 bis 10 %.
3. Bei der Verwendung eines *Verflüssigers* (BV) kann der abgelesene Wassergehalt um wenigstens 5 % vermindert werden. Bei Verwendung von *Luftporenbildnern* (LP) können im Mittel für 1 Vol.-% *zusätzlicher* Luftporen etwa 5 kg/m³ Wasser abgezogen werden (siehe Abschnitt 6.4.4).

Beispiel 6.1:   Ermittlung des Wasseranspruchs
Gegeben: Gesteinskörnung 0/32, SL A/B 32, Konsistenz weich
Gesucht: Wasseranspruch

Ergebnis:
nach Tafel 6.6:   Linear interpoliert zwischen $k = 4{,}20$ und $k = 5{,}48 \rightarrow k = 4{,}84$
$w_1 = 185$ kg/m³ (hoch)
$w_2 = 168$ kg/m³ (niedrig)
Mittelwert aus w_1 und w_2:
$w_m = 177$ kg/m³
Vergleich mit der Formel von *Tietze:* $w = \dfrac{1100}{4{,}84 + 3} + 40 = 180$ kg/m³

6 Beton

Aus Tafel 6.6 ist ableitbar, dass der Wasseranspruch der Gesteinskörnung mit zunehmender spezifischer Oberfläche und weicherer Betonkonsistenz beträchtlich ansteigt. Die Werte für Gesteinskörnungen mit großem Wasseranspruch werden in der Regel bei Verwendung von Splitt angesetzt bzw. bei Kiesen, die auch Körnungen mit poriger Struktur aufweisen. Bei den Konsistenzen sehr weich bis sehr fließfähig müssen BV oder FM als Zusatzmittel zum Einsatz kommen, um ein Entmischen bzw. Bluten des Betons zu vermeiden.

Tafel 6.6 Abschätzung des Wasseranspruchs w in kg/m³ von Frischbeton für verschiedene Konsistenzbereiche (nach [6.2]) (siehe auch [6.62])

Gesteinskörnung		Richtwerte für Wasseranspruch in kg/m³ bei Gesteinskörnung mit					
Sieblinie	Körnungs-ziffer k	großem Wasseranspruch			kleinem Wasseranspruch		
		steif	plastisch	weich	steif	plastisch	weich
A 8	3,64	155	180	200	145	170	185
B 8	2,89	190	205	230	175	195	215
C 8	2,27	210	230	250	195	220	235
A 16	4,61	140	160	185	120	140	170
B 16	3,66	170	185	215	150	170	195
C 16	2,75	190	210	235	175	200	220
A 32	5,48	130	155	175	105	135	155
B 32	4,20	145	180	195	130	165	180
C 32	3,30	165	200	215	160	190	205

Der tatsächlich erforderliche Wassergehalt zur Erreichung einer bestimmten Konsistenz lässt sich *genau* erst durch eine Probemischung ermitteln (Erst- bzw. Eignungsprüfung). *Auf der Baustelle* kann der Wassergehalt durch Trocknen einer Frischbetonprobe überprüft werden.

6.3.5 Wasserzementwert

Das Masseverhältnis von Wassergehalt und Zementgehalt wird als Wasserzementwert (w/z-Wert) bezeichnet:

$$\text{Wasserzementwert } \omega = w/z = \text{Wassergehalt } w \frac{\text{in kg oder kg/m}^3}{\text{Zementgehalt } z \text{ in kg od kg/m}^3}$$

Unter Beachtung der Ausführungen unter Abschnitt 6.3.4 ist es richtiger, bei der Definition des Wasserzementwerts den wirksamen Wassergehalt anzusetzen, weil nur dieses Wasser dem Zement zur Hydratation zur Verfügung steht.

Die Größe des Wasserzementwerts ist von ausschlaggebender Bedeutung für den Porenraum im Zementstein (siehe auch Abschnitt 6.25.3a) und damit für die Dauerhaftigkeit, Dichtigkeit und Festigkeit des Betons.

Zement bindet chemisch und physikalisch nur etwa 40 % seiner Masse an Wasser (siehe Abschnitt 4.6.2.5). Das entspricht einem Wasserzementwert von 0,4. Das darüber hinausgehende Wasser (Überschusswasser) hinterlässt im Zementstein Kapillarporen (siehe auch Abschnitt 6.6.2). Je größer der w/z-Wert wird, umso geringer sind Dichtigkeit und Festigkeit des Betons. Mit geringer werdenden Wasserzementwerten sinkt die Zementsteinporosität, und damit steigen die Festigkeit und Dichtigkeit bei vergleichbaren Frischbetonporositäten. Für hochfeste Betone kommen sogar Wasserzementwerte um 0,25 zur Anwendung.

6.3 Betonzusammensetzung

Muss aus verarbeitungstechnischen Gründen die Konsistenz des Betons weicher eingestellt werden, darf das stets nur durch gleichzeitige Erhöhung der Wasser- und Zementmenge erfolgen, damit der w/z-Wert unverändert bleibt.

Zur Gewährleistung des **Korrosionsschutzes** der Bewehrung schreibt die DIN EN 206-1/ DIN 1045-2 für Außenbauteile mit direkter Beregnung einen w/z-Wert von 0,60 vor. Auch für Betone in anderen Umgebungsbedingungen (siehe Tafeln 6.10) soll ω festgelegte Grenzwerte nicht überschreiten.

Bei Einsatz von Zusatzstoffen mit Bindemitteleigenschaften im Beton, wie Steinkohlenflugasche oder Silicastaub, erfolgt ein Austausch des Begriffs „Wasserzementwert" – unter Einbeziehung der Bindemittelwirkung des Zusatzstoffs mit einem sogenannten k-Wert – durch den **äquivalenten Wasserzementwert** (w/z (eq), also Wasser/(Zement + k × Zusatzstoff)-Wert (s. auch Abschnitt 4.5.4)).

Den Zusammenhang zwischen Beton-Würfeldruckfestigkeit, Wasserzementwert und Normdruckfestigkeit des Zements veranschaulicht das **Wasserzementwert-Gesetz von Walz** (siehe Abb. 6.1 bzw. 6.2).

Die Abb. 6.1 gestattet es, bei bekannter Normdruckfestigkeit N_{28} des Zements entweder den für eine bestimmte Betondruckfestigkeit $f_{c,cube}$ erforderlichen Wasserzementwert ω oder die sich aus einem bestimmten w/z-Wert ergebende Betondruckfestigkeit $f_{c,cube}$ abzuschätzen. In den Beispielen 6.2, 6.3 und 6.4 wird von folgenden Eckwerten ausgegangen: Zielfestigkeit des Betons $f_{c,cube}$ = 43 N/mm², mittlere Normdruckfestigkeit des Zements von N_{28} = 48 N/mm² (siehe Abschnitt 4.6.9.3).

Beispiel 6.2: $f_{c,cube} : N_{28}$ = 43 : 48 = 0,90. Aus Abb. 6.1 folgt ein w/z-Wert von ω = 0,49.
Beispiel 6.3: Gemessener w/z-Wert = 0,49. Aus Abb. 6.1 folgt (umgekehrter Weg wie in Beispiel 6.2) $f_{c,cube} : N_{28}$ = 0,90, $f_{c,cube}$ = 0,90 · 48 = 43 N/mm².

Eine Erhöhung des Luftgehalts im Frischbeton wirkt in ähnlicher Weise festigkeitsreduzierend wie zusätzliches Wasser. Werden z.B. durch Zusatzmittel höhere Luftporengehalte als 1,5 Vol.-% erreicht, so ist der über 15 l/m³ hinausgehende Luftporengehalt ΔA_c dem Wassergehalt w in kg/m³ hinzuzufügen und daraus ein **wirksamer w/z-Wert** $\omega' = (w + \Delta A_c) : z$ zu berechnen (siehe Beispiel 6.4 und Abschn. 6.3.4).

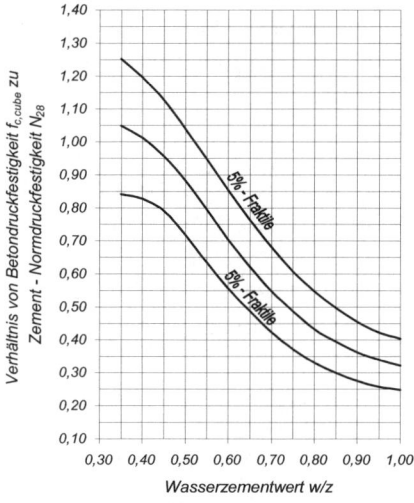

Abb. 6.1

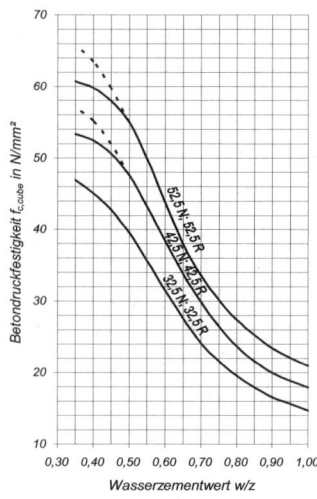

Abb. 6.2

6 Beton

Empirisch ermittelte Beziehung zwischen der Druckfestigkeit $f_{c,cube}$ von Betonen üblicher Zusammensetzung (Luftporengehalt 1,5 Vol.-%), der Normdruckfestigkeit N_{28} bzw. der Festigkeitsklasse der verwendeten Zemente und dem Wasserzementwert $\omega = w/z$ (Wasserzementwert-Gesetz von *Walz* nach [6.5]). $f_{c,cube}$ ist der Mittelwert aus der Prüfung dreier aus einer Mischung entnommenen 15-cm-Würfel nach 28 Tagen Wasserlagerung. Dem Diagramm 6.2 liegen mittlere Zementfestigkeiten zugrunde, die um 10 N/mm² über der Festigkeitsklasse des Zements liegen.

Für Betone höherer Festigkeitsklassen und besonders günstiger Zusammensetzung ergeben sich $f_{c,cube}$-Werte, die über der mittleren Kurve der Abb. 6.1 liegen. In Abb. 6.2 entsprechen diesen Betonen die gestrichelten Linien.

Für hochfeste Betone (siehe Abschnitt 6.10.1) sind diese Beziehungen nicht anwendbar.

Beispiel 6.4: Aus einer Betonberechnung ergibt sich mit den oben angegebenen Eckwerten für einen Beton mit weicher Konsistenz und einer Sieblinie A/B 32 wie in Beispiel 6.2 ein w/z-Wert von 0,49, nach der Formel von *Tietze* (siehe Abschnitt 6.3.4) ein Wassergehalt w 180 kg/m³ und daraus ein Zementgehalt $z = 180 : 0,49 = 367$ kg/m³.

Durch Zugabe von LP-Mittel sei ein LP-Gehalt von 4,0 Vol.-% angepeilt, d.h. 2,5 Vol.-% = 25 l/m³ zusätzlicher LP-Gehalt. Der wirksame w/z-Wert beträgt damit $\omega' = (180 + 25) : 367 = 0,56$. Aus Abb. 6.1 ergibt sich damit ein $f_{c,cube} : N_{28} = 0,78$ und $f_{c,cube} = 0,78 \cdot 48 = 37$ N/mm², d.h. ein Festigkeitsabfall von 6 N/mm² = 14 %. Zur Vermeidung des Festigkeitsabfalls ist eine Reduzierung des Wasserzementwerts erforderlich.

Nach Abschnitt 6.3.4 (Korrekturwerte von *Walz*) können je 1 Vol.-% zusätzlich eingeführter Luftporen 5 kg/m³ Wasser eingespart werden (Gleitwirkung der durch LP-Mittel erzeugten Kugelporen), hier also $2,5 \cdot 5 = 12,5$ kg/m³. Um unter diesen Umständen auf die gewünschte Zielfestigkeit von 43 N/mm² zu kommen, müsste zunächst der wirksame Wassergehalt $w' = 180 + 25 - 12,5 = 192,5$ kg/m³ und daraus der erforderliche Zementgehalt zu $z = 192,5 : 0,49 = 393$ kg/m³ berechnet werden.

Die gewünschte Zielfestigkeit von 43 N/mm² (siehe Beispiel 6.2) bei Einhaltung der weichen Konsistenz wird erreicht mit dem tatsächlich vorhandenen Wassergehalt von $w = 180 - 12,5 = 167,5$ kg/m³ und dem Wasserzementwert von 0,43 (= 167,5 : 393).

Wird eine Voraussage der Betonfestigkeit zu einem früheren Zeitpunkt als 28 Tage gewünscht, so kann die Abb. 6.1 als Näherung verwendet werden, wenn man die Normfestigkeit des Zements für das betreffende Alter einsetzt (siehe Beispiel 6.5).

Beispiel 6.5: Gemessener w/z-Wert = 0,49; aus Abb. 6.1 folgt $f_{c,cube} : N_{28} = 0,9$; Normdruckfestigkeit des Zements nach 7 Tagen sei $N_7 = 18,5$ N/mm²; $f_{c7} = 18,5 \cdot 0,9 = 16,7$ N/mm².

Um die charakteristische Druckfestigkeit $f_{ck,cube}$ zu sichern, ist beim Entwurf eines Betons nach Eigenschaften entsprechend Abschnitt 6.11.2 ein Vorhaltemaß zu berücksichtigen. Der Wasserzementwert beeinflusst nicht nur die Festigkeit des Betons, sondern auch dessen Beständigkeit und Widerstandsfähigkeit. Aus diesem Grund müssen auch die w/z-Werte aus den Expositionsklassen berücksichtigt werden (s. Abschnitt 6.5.5).

6.3.6 Leistungsbeschreibung

Für die Ermittlung einer Betonzusammensetzung ist es erforderlich, alle maßgebenden Anforderungen an den Beton in der Leistungsbeschreibung zu erfassen. Hierbei muss man nicht nur die gewünschten Eigenschaften des Festbetons wie Festigkeit, Dichtigkeit, Widerstandsfähigkeit beachten, sondern im gleichen Maße auch die des Frischbetons. Zu berücksichtigen sind dabei die Art des Transports, des Einbringens und der Verdichtung des Betons oder besondere Anforderungen an die Frischbetontemperatur (z.B. bei massigen Betonbauteilen oder im Winterbau). Spezialverfahren (wie Spritzbeton, Unterwasserbeton) oder eine architektonische Gestaltung von Sichtflächen erfordern besondere Festlegungen der Mischungsrezepturen. Daraus folgt, dass ein allgemein gültiges Rezept für eine Betonmischung nicht gegeben werden kann.

6.3 Betonzusammensetzung

In einer Leistungsbeschreibung muss demzufolge der Fachmann (Nachweis erweiterter betontechnologischer Kenntnisse nach DIN 1045-2 bzw. DIN 1045-3) unter Berücksichtigung der vorgesehenen Technologie und Anwendung, der Umgebungsbedingungen, der Bauteilabmessung, der Nachbehandlungsbedingungen neben den Grundangaben auch zusätzliche Angaben für eine Festlegung des Betons vornehmen.

Für die in der DIN EN 206-1 / DIN 1045 beschriebenen Bezeichnungen Standardbeton, Beton nach Eigenschaften und Beton nach Zusammensetzung (s. Abschnitt 6.3.1) sind in der Leistungsbeschreibung unterschiedliche Angaben erforderlich.

Beim **Standardbeton** muss die Leistungsbeschreibung die Grundangaben Konsistenzklasse, Druckfestigkeitsklasse (maximal C16/20), Expositionsklasse (nur XC0, XC1, XC2), Feuchtigkeitsklasse, Nennwert des Größtkorns enthalten. Aufgrund der vorgegebenen Werte der Zementgehalte (Tafel 6.7) und damit indirekt der Wasserzementwerte können in Bezug auf die Festigkeitsentwicklung nicht alle Standardbetone mit langsamer Festigkeitsentwicklung hergestellt werden. Zusätzliche Angaben können bei Transportbeton erforderlich sein, wenn das für die Abläufe auf der Baustelle bedeutsam wird.

Tafel 6.7 Mindestzementgehalte für Standardbeton mit einem Größtkorn von 32 mm und Zement der Festigkeitsklasse 32,5

Festigkeitsklasse des Betons	Mindestzementgehalt in kg/m³ verdichteten Betons für Konsistenzbereich		
	steif	plastisch	weich
C8/10[1)]	210	230	260
C12/15[1)]	270	300	330
C16/20	290	320	360

[1)] Nur für unbewehrten Beton.
Der Zementgehalt muss vergrößert werden um
– 10 % bei einem Größtkorn der Gesteinskörnung von 16 mm;
– 20 % bei einem Größtkorn der Gesteinskörnung von 8 mm.
Der Zementgehalt darf verringert werden um höchstens 10 % bei Zement der Festigkeitsklasse 42,5 und höchstens 10 % bei einem Größtkorn der Gesteinskörnung von 63 mm. Bei Stahlbeton darf der in den Tafeln 6.10 angegebene Zementgehalt nicht unterschritten werden.

Der Vorteil beim Standardbeton, die Betonzusammensetzung sofort ohne Erstprüfung (früher Eignungsprüfung) festzulegen, wird mehr als kompensiert durch einen relativ hohen Zementgehalt zur Sicherung der gewünschten Eigenschaft.

Die Angaben zur Festlegung von **Beton nach Eigenschaften** (Entwurfsbeton) gliedern sich ebenfalls in Grundangaben, die in der Leistungsbeschreibung enthalten sein müssen, und zusätzliche Angaben, falls diese für besondere Bedingungen erforderlich sind. Zu den Grundangaben zählen die Konsistenzklasse oder in besonderen Fällen der Zielwert der Konsistenz, die Druckfestigkeitsklasse, die Expositionsklassen, die Feuchtigkeitsklasse, die Festigkeitsentwicklung, der Nennwert des Größtkorns sowie die Art der Verwendung (unbewehrter Beton, Stahlbeton, Spannbeton). Falls maßgebend, können sich die zusätzlichen Angaben beziehen auf besondere Anforderungen an Zement und Gesteinskörnung, an die Frischbetontemperatur, auf Eigenschaften wie Verarbeitbarkeitsdauer, Wassereindringwiderstand, Spaltzugfestigkeit oder andere technische Anforderungen (z.B. Sichtbeton,

Widerstand gegen hohe Temperaturen) sowie auf Bedingungen für Transportbeton, die für die Abläufe auf der Baustelle bedeutsam sind.

Beim **Beton nach Zusammensetzung** müssen in der Leistungsbeschreibung die zu verwendenden Ausgangsstoffe in Art, Menge und Herkunft konkret benannt werden. Der Nachweis der Eigenschaften erfolgt beim Verwender.

6.4 Betonzusätze

6.4.1 Allgemeines

Man unterscheidet zwischen Betonzusatz*mitteln* (DIN EN 934-2) und Betonzusatz*stoffen*. **Zusatzmittel** (s. auch Abschnitt 6.27) wirken chemisch und/oder physikalisch. Sie werden dem Beton, Mörtel oder Einpressmörtel für Spannbetonkanäle zugegeben, um bestimmte Eigenschaften des Frischbetons und/oder des Festbetons zu beeinflussen. Wegen der geringen Zusatzmengen (< 5 % des Zementanteils) kann ihr Stoffraum deshalb bei der Mischungsberechnung, abgesehen von gegebenenfalls entstehenden Luftporen und dem Wasseranteil flüssiger Zusatzmittel bei hoher Dosierung ($\geq$ 3 %), unberücksichtigt bleiben. **Zusatzstoffe** sind z.B. Gesteinsmehle, latent-hydraulische Stoffe, Puzzolane, Farbpigmente u.Ä., die ebenfalls bestimmte Eigenschaften des Betons beeinflussen sollen. Ihr Stoffraum muss bei der Mischungsberechnung berücksichtigt werden.

Alle Betonzusätze dürfen weder die Güte des Betons beeinträchtigen noch die Stahlkorrosion fördern. Deshalb dürfen nur Betonzusatzmittel nach DIN EN 934 oder mit allgemeiner bauaufsichtlicher Zulassung verwendet werden. Ähnliches gilt auch für die Betonzusatzstoffe (s. Abschnitt 4.5). Tafel 6.8 enthält ausgewählte Wirkungsgruppen von Betonzusatzmitteln.

Tafel 6.8 Betonzusatzmittel

Wirkungsgruppe	Kurzzeichen	Farbkennzeichen[1]
Betonverflüssiger	BV	gelb
Fließmittel	FM	grau
Luftporenbildner	LP	blau
Dichtungsmittel	DM	braun
Verzögerer	VZ	rot
Beschleuniger	BE	grün
Einpresshilfen	EH	weiß
Stabilisierer	ST	violett
Chromatreduzierer	CR	rosa
Recyclinghilfen	RH	schwarz

[1] Die Farbkennzeichen der Gebinde wurden eingeführt, um Verwechslungen zu vermeiden.

Durch die Zuteilung eines Prüfzeichens und die damit verbundene Prüfung werden **Eignungsprüfungen** für den Betonhersteller nicht überflüssig! Dies muss beachtet werden, da die Wirkung von den Ausgangsstoffen und der Zusammensetzung des Betons oder Mörtels sowie von den übrigen Bedingungen bei der Betonherstellung abhängt und weil die Zusatzmittel gleichzeitig bestimmte Betoneigenschaften positiv, andere negativ beeinflussen können. Auch Bauausführungen, die vom Normalfall abweichen (wechselnde Temperaturen, andere Gesteinskörnung oder Mischungsverhältnisse), können die Wirkung verändern.

Sogenannte **multifunktionale Zusatzmittel** beeinflussen mehrere Eigenschaften von Frisch- und/oder Festbeton. Bei Kombinationen von Zusatzmitteln sind die Anforderungen von Verzögerer bzw. Erstarrungsbeschleuniger mit Betonverflüssiger bzw. Fließmittel in DIN EN 934 verankert.

Die zulässige **Menge** von Zusatzmitteln liegt innerhalb des vom Hersteller empfohlenen oder auf Baustellenerfahrung beruhenden Dosierbereichs. Die Höchstzugabe von 5 % des Zementgehalts kann bei der Zugabe mehrerer Zusatzmittel und bei hochfestem Beton überschritten werden, wobei die Angaben im Zulassungsbescheid maßgebend sind. Geringe Zusatzmittelmengen von < 2 g/kg Zement sind nur erlaubt, wenn sie in einem Teil des Zugabewassers aufgelöst wurden.

Die Betonzusatzmittel gibt es als Pulver, Granulat oder/und in flüssiger Form. Das Pulver wird im Allgemeinen dem Zement trocken zugesetzt und im Betonmischer gemischt oder schon mit dem Bindemittel Zement vorgemischt. Flüssige Zusatzmittel werden meist dem Anmachwasser beigegeben. Die Art der Zugabe und vor allem die Zugabemenge ist genau nach den Angaben des Prüfbescheides und den Anwendungshinweisen des Herstellers auszuführen. Da ungleichmäßige Verteilung des Zusatzmittels örtliche Schäden im Beton verursachen kann, sollte der Beton mit Zusatzmittel grundsätzlich etwas länger gemischt werden als Beton ohne Zusatzmittel. Aus dem gleichen Grund sind lange Mischzeiten in der Mischanlage erforderlich. Wenn nach dem Hauptmischgang Fließmittel auf der Baustelle zugegeben werden soll, ist eine Mischzeit von einer Minute pro m³ Beton (mindestens fünf Minuten) einzuhalten. Die Zugabe von Verzögerer auf der Baustelle setzt die Einhaltung gesonderter Forderungen und zusätzliche Eignungsprüfungen voraus.

6.4.2 Betonverflüssiger (BV)

Diese Zusatzmittel werden mit dem Ziel eingesetzt,
- bei gleicher Verarbeitbarkeit des Betons den Wasseranspruch zu vermindern oder
- bei gleichem Wasserzementwert die Verarbeitbarkeit des Frischbetons zu verbessern.

Die Verringerung des Wasseranspruchs bis zu 15 l/m³ bewirkt im Beton bei gleichem Zementgehalt durch die damit verbundene Reduzierung des Wasserzementwerts eine Erhöhung der Festigkeit, Dichtigkeit und Widerstandsfähigkeit oder unter Beibehaltung des Wasserzementwerts eine Verringerung des Zementgehalts im Beton. Die auf diese Weise erreichte Zementreduzierung vermindert z.B. bei Massenbeton die Rissgefahr infolge zu großer Hydratationswärmeentwicklung.

Die Verbesserung der Verarbeitbarkeit bei gleichem Wasserzementwert bewirkt je nach Zugabemenge des BV eine Vergrößerung des Ausbreitmaßes von etwa 5 bis 12 cm. Erreicht werden die Wirkungen der BV, aber auch die der Fließmittel, durch folgende Mechanismen:
- Herabsetzung der Oberflächenspannung des Zugabewassers,
- Abstoßeffekt durch gleichsinnige Auflladung der Zementteilchen über eine Anlagerung an deren Oberfläche,
- Reibungsverringerung zwischen den Zementteilchen.

Die Wassereinsparung ist abhängig vom Zusatzmittel sowie von der Betonzusammensetzung (Zementgehalt, Sieblinie usw.) und bei steifem Beton geringer als bei weichem.

Als Nebenerscheinung können je nach Grundstoffbasis der BV und der FM Erstarrungsverzögerungen oder Luftporenbildungen vorkommen (siehe Abschnitt 6.4.3).

6 Beton

6.4.3 Fließmittel (FM)

Die Fließmittel, auch Superverflüssiger genannt, zählten bis 1980 zu der Betonzusatzmittelgruppe BV, beruhen demzufolge auf den gleichen Wirkungsmechanismen wie die BV, besitzen jedoch eine zwei- bis dreimal stärkere Wirkung durch eine andere Wichtung der Wirkungsmechanismen durch Einsatz anderer Wirkstoffe.

Abb. 6.3 kennzeichnet die bereits bei den BV genannten Ziele.

Pfeil 1 weist auf die Konsistenzveränderung bis zum Fließbeton (Konsistenz fließfähig) bei gleichbleibendem Wasserzementwert hin. Dadurch sind z.B. ein leichterer Betoneinbau bei filigranen Bauteilen und kürzere Betonierzeiten möglich.

Aus Pfeil 2 kann die erreichbare Wasserzementwert-Reduzierung bei konstantem Ausbreitmaß abgeleitet werden. Die Vorteile liegen in der Erhöhung der Festigkeit und Dauerhaftigkeit sowie in der Verringerung des Schwindmaßes.

Mit der Kombination beider Grundprinzipien nach Pfeil 3 lassen sich Qualitätsverbesserungen mit verarbeitungstechnischen Vorteilen im konstruktiven Ingenieurbau erreichen und nutzen. Aufgrund unterschiedlicher Wirkstoffgruppen bei den verflüssigend wirkenden Betonzusatzmitteln BV und FM treten verschiedene Nebeneffekte auf, die betontechnologisch zu beachten sind.

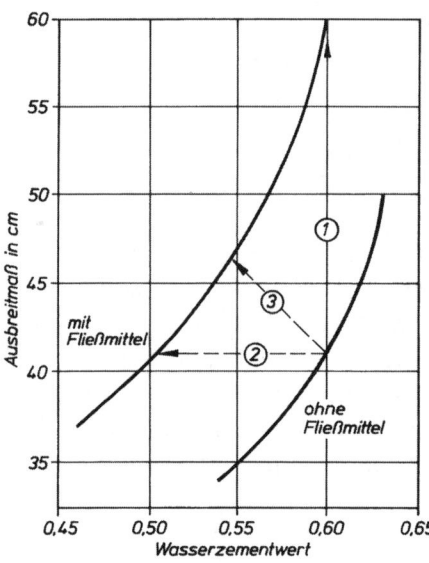

Abb. 6.3 Anwendungsmöglichkeiten für Fließmittel bei gleichem Zementgehalt

Wirkstoffgruppe Ligninsulfonate: Durch Zugabe von Entschäumern wird deren Neigung zur Luftporenbildung reduziert, sodass ein Einsatz in Kombination mit Luftporenbildnern nicht sinnvoll ist. Die Herabsetzung der Oberflächenspannung beim Zugabewasser fördert das „Bluten" des Betons. Aus diesem Grund soll der Ausgangsbeton einen niedrigen Wassergehalt aufweisen. Außerdem sind schwache bis starke Verzögerungen des Erstarrungsverlaufs zu beachten.

Wirkstoffgruppe Melaminharze: Verzögerungen bei der Erhärtung des Betons treten nicht auf. Ab 20 °C und besonders ausgeprägt bei höheren Temperaturen ist mit einem schnellen Ansteifen des Betons zu rechnen. Die volle Wirksamkeit der Verflüssigung mit geringer Neigung zum Entmischen wird erst bei höherer Dosierung erreicht.

Die **Wirkstoffgruppe Naphthalinsulfonate** zeigt bereits bei geringen Dosierungen gute Verflüssigungseffekte. Die geringe Verzögerung der Zementhydratation wird bereits nach kurzer Zeit abgebaut. Eine Überdosierung kann zu plötzlichen Entmischungen des Betons führen. Durch den teilweisen Einsatz von Entschäumern ist die Herstellung von luftporenhaltigen Betonen problematisch.

Bei den drei erläuterten traditionellen Wirkstoffgruppen beruht der Verflüssigungseffekt vor allem auf der bipolaren Struktur des Fließmittels. Die negativ geladenen Sulfonsäuregruppen bewirken bei der Umhüllung der Zementpartikel mit den Fließmittelketten die negative Gesamtladung der Zementteilchen.

Bei der neuen Klasse der Fließmittel, den **Polycarboxylaten**, kommt zur negativen Gesamtladung der Zementteilchen (hier durch die negative Ladung der Polycarboxylate) noch eine sterische Abstoßung hinzu. Seitenketten mit langen Makromolekülen verleihen den Fließmitteln eine kammähnliche Struktur. Durch mehrschichtige Hydrathüllen an den Seitenketten wird das Aneinander-vorbei-Gleiten des Anmachwassers verstärkt. Dieser sogenannte elektrosterische Effekt bewirkt zusätzlich eine zeitliche Verlängerung der verbesserten Verarbeitbarkeit, weil die entstehenden Hydratphasen des Zements erst relativ spät diese Seitenketten beeinflussen. Zu beachten ist, dass die Fließmittelwirkung wesentlich von der Molekülstruktur der Polycarboxylate (z.B. unterschiedliche Verknüpfung zwischen Haupt- und Seitenkette, verschiedene Seitenkettendichten) und den von der Temperatur abhängigen Wechselwirkungen zu den anderen Betonausgangsstoffen abhängt. Nach ZTV-W, LB 215 wird für die Errichtung von Wasserbauwerken bei der Anwendung von Polycarboxylaten die Konstanz der in den Eignungsprüfungen verwendeten Ausgangsstoffe auch während der Errichtung gefordert.

Sehr weiche bis fließfähige Konsistenzen beim Frischbeton können wegen Entmischungserscheinungen (Bluten) bei weiterer Wasserzugabe nur mit Fließmitteln realisiert werden. Unter **Fließbeton** ist ein Beton mit sehr weicher bis sehr fließfähiger Konsistenz mit gutem Fließ- und Zusammenhaltevermögen zu verstehen, wobei diese Konsistenzbereiche durch die sofortige und/oder nachträgliche Zugabe eines Fließmittels eingestellt werden. Als Ausgangsbeton dient ein Beton der Konsistenzbereiche steif, besser plastisch, bzw. weich, wenn dieser Konsistenzbereich durch verflüssigende Zusatzmittel eingestellt wurde.

Zu beachten ist, dass die verflüssigende Wirkung bei Fließmitteln obiger drei Wirkstoffgruppen meist auf 30 bis 60 Minuten nach Zumischen begrenzt ist und die **Wirkungsdauer** auch durch die Temperatur beeinflusst wird. Bei höheren Temperaturen nimmt die Wirkung mit der Zeit stärker ab als bei niedrigen Frischbetontemperaturen. Die Zugabe des Fließmittels soll deshalb unmittelbar vor dem Einbau erfolgen. Bei Transportbeton wird das Fließmittel erst nach Ankunft auf der Baustelle zugegeben und im Fahrmischer mindestens fünf Minuten gemischt. Bei Dosierung in stationären Mischern mit besonders guter Mischwirkung darf die Mischzeit eine Minute nicht unterschreiten.

Technische Vorteile bietet der Fließbeton vor allem beim Betonieren schmaler und hoher oder dichtbewehrter Bauteile, bei Straßenbeton, Industrieböden und anderen horizontalen oder nur schwach geneigten Bauteilen (etwa bis 3 % Neigung). Er ist besonders wirtschaftlich, wenn er ohne Zwischenschaltung von Kran oder Betonpumpe unmittelbar über Rutschen oder durch Rohre an die Einbaustelle gelangt.

Mit den Fließmitteln, z.B. auf Polycarboxylatbasis, durch einen hohen Fließmittelanteil und fließfähigen Feinstoffanteil ist es möglich, einen sogenannten **Selbstverdichtenden Beton**

(SVB) herzustellen, der ohne Verdichtungsarbeit, aber mit ausreichender Entlüftungsmöglichkeit, jeden Hohlraum innerhalb der Schalung entmischungsfrei ausfüllt (s. Abschnitt 6.10.2; siehe auch [6.63]).

Im Straßenbau sind die besonderen Regelungen für Fahrbahndecken aus Beton mit Fließmittel (ZTV Beton-StB) zu beachten.

6.4.4 Luftporenbildner (LP)

Luftporenbildner erzeugen während des Mischens im Frischbeton eine bestimmte Menge kleiner, gleichmäßig verteilter Luftporen, die nach dem Verdichten und Erhärten im Beton verbleiben. LP-Mittel sollen vorwiegend zur Verbesserung der Frost- bzw. Frost-Taumittel-Beständigkeit dienen. Durch sie werden etwa kugelförmige Mikroluftporen (Durchmesser bis 0,3 mm), die sogenannten A 300, gleichmäßig verteilt und in geringem Abstand voneinander in den Beton eingeführt. Der **Abstandsfaktor** als ein statistisch errechneter Wert für den Abstand eines Punkts im Zementstein vom Rand der nächsten Luftpore soll kleiner als 0,2 mm sein. Die Luftporenbildung erfolgt in der Regel durch grenzflächenaktive, schaumbildende Stoffe auf physikalisch-mechanische Weise (nicht wie beim Porenbeton infolge chemischer Reaktionen). Die Luftporenbildner, z.B. auf Basis von Naturharzseifen oder von Alkylarylsulfonaten oder Polyglycolether, erzeugen während des Mischens im Beton einen feinblasigen Schaum. Dieser muss möglichst stabil sein, damit sich die kleinen Luftbläschen nicht zu großen Blasen vereinigen und nicht beim Fördern, Einbauen und Rütteln des Betons entweichen, sondern auch während des Erhärtens des Betons bestehen bleiben. Die Luftporen bewirken auch, dass der Beton geschmeidiger und besser verarbeitbar wird, gleichzeitig der Wasseranspruch des Betons sinkt und der notwendige Mehlkorngehalt vermindert werden kann. Durch 1 % zusätzlich eingeführte Luftporen können etwa 5 Liter Wasser je m^3 Beton eingespart und der Mehlkorngehalt um 10 bis 15 kg vermindert werden – bei gleichbleibender Verarbeitbarkeit des Betons.

Die Erhöhung des **Frostwiderstandes** des LP-Betons ist darauf zurückzuführen, dass die kugelförmigen Poren die röhrenförmigen Hohlräume (Kapillaren) und deren Saugwirkung unterbrechen und das bei Frost durch die Eisbildung verdrängte Kapillarwasser aufnehmen. Die Mikroluftporen ermöglichen einen Ausgleich des beim Gefrieren des Wassers in den Kapillarporen entstehenden Überdrucks [6.9].

Die Luftporen bilden sich leichter und zahlreicher in plastischem und weichem (Regelkonsistenz) sowie feinstoffreichem Beton (Korngruppe 0,25/0,5 mm, bei nicht zu hohem Mehlkorngehalt). In erdfeucht hergestelltem Beton können Mikroluftporen durch LP-Mittel nur mit großem Aufwand erzeugt werden.

Der **Einsatz von LP-Mitteln** ist für Beton bei Frostangriff und Einsatz von Taumitteln bzw. bei hoher Wassersättigung empfehlenswert und für Straßenbeton nach ZTV-Beton-StB und Kappenbeton zwingend vorgeschrieben. Verzichtet man auf den Einsatz von Luftporenbildnern, ist die Widerstandsfähigkeit des Betons bei Frostangriff durch eine Reduzierung des Wasserzementwerts (s. Tafeln 6.10) zu sichern. Der notwendige Luftporengehalt im verdichteten Frischbeton ist in DIN EN 206-1 / DIN 1045-2 aufgeführt und in Tafel 6.9 angegeben. Die in Tafel 6.9 angegebenen Luftgehalte enthalten auch bis 2 % Verdichtungsporen. Bei der Festlegung des Luftporengehalts für den Zeitpunkt der Lieferung sind eventuell mögliche Verluste während des Pumpens (gegebenenfalls ist ein Pumpversuch erforderlich), des Verarbeitens und Verdichtens zu berücksichtigen.

Tafel 6.9 Luftgehalt im Frischbeton bei hohem Frostwiderstand und Taumittelbeanspruchung (ZTV-Beton-StB; ZTV-ING)

Größtkorn der Gesteinskörnung in mm	Mittlerer Mindestluftgehalt[1] in Vol.-% in Abhängigkeit von der Konsistenzklasse		
	C1 ohne BV, FM	C2 bzw. F2 u. F3 sowie C1 mit BV, FM	≥ F4[3]
8	5,5	6,5[2]	6,5[2]
16	4,5	5,5[2]	5,5[2]
32 (bzw. 22)	4,0	5,0[2]	5,0[2]

[1] Einzelwerte höchstens 0,5 Vol.-% niedriger.
[2] Bei Nachweis in der Erstprüfung, dass Luftporenkennwerte im Festbeton gesichert, gilt ein um 1 % niedrigerer Mindestluftgehalt bei zusätzlicher Begrenzung des maximalen Luftgehaltes im Frischbeton.
[3] Bei Ausbreitmaßklasse F6 sind die Luftporenkennwerte im Festbeton nachzuweisen.

Durch die Verdichtung des Frischbetons verringert sich zwar der Luftgehalt, der Anteil an Mikroporen wird dabei aber wenig betroffen. Bei der Herstellung von Beton mit Luftporenbildnern lässt sich die Anzahl der Mikroporen nicht ohne weiteres über die Menge an LP steuern, weil diese von Einflussgrößen wie Zementart und -menge, Mehlkorn, Mischerart, Mischzeit, Art des Betoneinbringens sowie Temperatur abhängt. Aufgrund des Temperatureinflusses kann es dadurch möglich sein, dass man die Menge an LP während des Tages verändern muss.

Da ein Übermaß an Luftporen das Schwinden und die Druckfestigkeit nachteilig beeinflusst, ein gewisser Mindestgehalt von Luftporen aber vorgeschrieben ist, muss der Luftgehalt im Frischbeton bestimmt werden (siehe Abschnitt 6.12.2). Aus der Bestimmung der Frischbetonporosität können keine Informationen abgeleitet werden, ob die Luftporenmerkmale im Festbeton zur Sicherung der Frost-Taumittel-Beständigkeit vorliegen. Nach dem „Merkblatt für die Herstellung und Verarbeitung von Luftporenbeton (2004)" muss der Mikroluftporengehalt A 300 bei der Erstprüfung ≥ 1,8 Vol.-% bzw. bei der Bauwerksprüfung ≥ 1,5 Vol.-% und der statistisch errechnete Wert des Abstandsfaktors bei der Erstprüfung ≤ 0,20 mm bzw. bei der Bauwerksprüfung ≤ 0,24 mm sein. Die Messgrößen für die Luftporenmerkmale werden am Festbeton nach aufwendiger Probenpräparation in der Regel mit einem Bildverarbeitungssystem erfasst.

Bei Sichtbeton ist wegen erhöhter Bildung von Luftporen an der Oberfläche Vorsicht geboten. LP-Mittel können die Pumpfähigkeit des Frischbetons beeinträchtigen. Es sind demzufolge Pumpversuche in die Eignungsprüfungen einzubeziehen.

Nicht zu den LP-Mitteln im vorstehenden Sinne gehören die Schaumbildner, die zur Herstellung von Porenleichtbeton oder Schaumbeton (siehe Abschnitt 6.20.2) und für sehr leichte Mörtel verwendet werden.

Durch die Zugabe von elastischen Hohlkugeln lässt sich zielsicher ein erforderlicher Luftporengehalt im Luftporenbeton erreichen. Die Hohlkugeln mit einer elastischen Kunststoffhülle besitzen einen Durchmesser < 0,08 mm. Sie werden für Bauteile verwendet, die großer Frost-Taumitteleinwirkung ausgesetzt sind.

6.4.5 Dichtungsmittel (DM)

Dichtungsmittel sind Zusatzmittel, die die kapillare Wasseraufnahme von Festbeton verringern. Für die Herstellung dichter Betone sind in erster Linie allgemeine betontechnologische Voraussetzungen zu beachten: niedriger Wasserzementwert, ausreichend hoher Zementgehalt bzw. ausreichende Mehlkornmenge, günstiger Kornaufbau, gute Verdichtung sowie entsprechende Nachbehandlung (ausreichender Hydratationsgrad) des jungen Betons.

DM sollen die Wasseraufnahme bzw. das Eindringen von Wasser in den Beton vermindern. Dichtungsmittel kommen z.B. zum Einsatz für Betone, die am Bauwerk gegen aufsteigende Feuchtigkeit und herabfließendes Wasser *zusätzlich* geschützt werden sollen.

Die Dichtungsmittel bestehen hauptsächlich aus grenzflächenaktiven Substanzen, wie z.B. aus Salzen langkettiger Fettsäuren (Stearate, Oleate). Die wasserabweisende Wirkung entsteht dadurch, dass die polaren Gruppen adsorptiv an der Feststoffoberfläche gebunden werden, der unpolare Teil von der Oberfläche weggerichtet ist. Die Benetzbarkeit auch der Kapillarporen reduziert sich auf diese Art und Weise. Zu beachten ist, dass mit zunehmendem Druck des Wassers die wasserabweisende Wirkung abnimmt [6.50].

Zusatzmittel, die je nach Zusammensetzung porenverstopfend (quellfähig), porenvermindernd oder verflüssigend wirken, zählt man nicht zu den Dichtungsmitteln.

6.4.6 Verzögerer (VZ)

Verzögerer sind Betonzusatzmittel, die die Zeit vom Beginn des Übergangs der Mischung vom plastischen in den festen Zustand verlängern. VZ sollen das Erstarren des Betons deutlich verzögern. Bei normalen Temperaturen beginnt mit Normzement hergestellter Beton im Allgemeinen nach 2 bis 3 Std. zu erstarren. Soll der Beton länger als gewöhnlich verarbeitbar bleiben, so können VZ dies ermöglichen. Erstarrungsverzögerer werden meist verwendet, wenn größere Bauteile ohne Arbeitsfugen hergestellt oder wenn der Beton in Teilabschnitten nachverdichtet werden soll, wenn lange Transportwege zur Einbaustelle oder wenn im Hochsommer die Erstarrungsbeschleunigung durch hohe Temperaturen ausgeglichen werden soll. Die Hydratationswärmeentwicklung des Zements verläuft entsprechend der Verzögerung langsamer (günstig bei Massenbeton).

Bei Zugabe von VZ ist eine erweiterte Eignungsprüfung unter Baustellenbedingungen erforderlich. Bei hohen Temperaturen ist die verzögernde Wirkung geringer als bei tiefen; niedrige *w/z*-Werte verkürzen die Verzögerung, höhere verlängern sie; bei schlackenreichem Hochofenzement ist die Wirkung größer als bei Portlandzement; bei sehr fein gemahlenen Zementen ist die Wirkung schwächer. C_3A- und alkaliarme Zemente sind leichter zu verzögern. Die erforderliche Verzögerermenge steigt mit zunehmender Mahlfeinheit des Zements. Die Verzögerungszeiten können Stunden, aber auch einige Tage erreichen.

Zu beachten ist, dass der Beton vor dem Austrocknen, vor Frost und niedrigen Temperaturen länger geschützt werden muss. Ausgiebiges Vornässen der Schalung ist erforderlich, um das Verdursten des Betons an den Schalflächen, was zum Absanden der Oberfläche führen kann, zu vermeiden. Die 28-Tage-Druckfestigkeit wird nicht beeinflusst, sie kann eventuell etwas höher liegen, die Erhärtung verläuft normal. Die Bildung von Schwindrissen in jungem Beton kann nachteilig begünstigt werden, ebenso können sich Kalkausblühungen verstärken und Farbunterschiede bei glattem Sichtbeton ausbilden.

Bei den **Wirkstoffen** der Verzögerer sind Saccharosen, Hydroxycarbonsäuren, Gluconate am verbreitetsten sowie bei den anorganischen Wirkstoffen die Phosphate. Diese Stoffe behindern je nach Art vorübergehend das Inlösunggehen der reaktionsschnellen Zementkomponenten, z.B. der Aluminate, oder die Einwirkung des Wassers, sodass der Hydratationsbeginn verzögert wird.

Die Art des Verzögerers ist entscheidend für die Gefahr des **„Umschlagens"**, d.h., anstelle einer Verzögerung kann eine Beschleunigung des Erstarrens eintreten. Beim phosphathaltigen Verzögerer verlängert sich die Verarbeitungszeit bei steigender Zugabemenge nur bis zu einem bestimmten Wert; eine weitere Erhöhung bewirkt keine weitere Verzögerung. Beim saccharosehaltigen Verzögerer tritt bei geringer Zugabe eine erhebliche Verzögerung der Verarbeitbarkeit ein, wobei die Gefahr des Umschlagens dagegen bei einer Überdosierung sehr groß ist. Nach ZTV-ING und im Straßenbau dürfen keine Verzögerer der Wirkstoffgruppen Saccharose und Hydroxycarbonsäure verwendet werden.

Wird die Verarbeitbarkeitszeit von Beton um mehr als drei Stunden verlängert, so ist die DAfStb-Richtlinie für Beton mit verlängerter Verarbeitbarkeitszeit (Verzögerter Beton) zu beachten. Sie enthält Angaben zur Durchführung der notwendigen Eignungsprüfung, zur Herstellung, Verarbeitung und Nachbehandlung des Betons. Die Verarbeitbarkeitszeit wird als Zeitraum definiert, in dem der Beton mit den vorgesehenen Geräten verdichtbar ist, wobei bei Baustellenbeton ab Herstellung, bei Transportbeton ab Übergabe auf der Baustelle gerechnet wird. Die Verzögerungszeit ist der Zeitraum, um den die Verarbeitbarkeitszeit durch Zugabe der VZ verlängert wird.

Zu beachten ist unbedingt, dass bei Einsatz eines anderen Zements bei sonst gleichen Bedingungen bis zu 50 % unterschiedliche Verzögerungszeiten auftreten können. Außerdem steigt bei steigender Zugabemenge an VZ die sogenannte Liegezeit, d.h. die Zeit zwischen dem Mattfeuchtwerden der Oberfläche (Ende des Blutens) und dem Erstarrungsende, mit dem Nachteil, dass die Gefahr des Auftretens von Schwindrissen zunimmt.

6.4.7 Beschleuniger (BE)

Die Beschleuniger werden nach DIN EN 934 in Erstarrungsbeschleuniger und Erhärtungsbeschleuniger unterteilt. Bei Einsatz von **Erstarrungsbeschleunigern** verringert sich die Zeit vom Beginn des Übergangs der Mischung vom plastischen in den festen Zustand. Anforderungen an eine Festigkeitserhöhung nach kurzer Zeit bestehen nicht.

Erhärtungsbeschleuniger sind dagegen Zusatzmittel, die die Anfangsfestigkeit beschleunigen, mit oder ohne Einfluss auf die Erstarrungszeit. Bei 20 °C und nach 24 h soll die Prüfmischung z.B. eine Druckfestigkeit ≥ 120 % aufweisen, bei 5 °C und 48 h ≥ 130 % als der Referenzbeton ohne Erhärtungsbeschleuniger.

Beschleuniger werden als Gefrierschutz für jungen Beton, zur Erhöhung der Standfestigkeit von Betonwaren und zur schnellen Wiedergewinnung der Schalung in Beton- und Fertigteilwerken, bei Spritzbeton, zur Abdämmung von Wassereinbrüchen im Stollen- und Tunnelbau und beim Einsetzen von Ankern und Steinschrauben angewendet.

Die Wirkung der Beschleuniger ist stark von der Zementart – feingemahlener Portlandzement reagiert am stärksten – und von der Betontemperatur abhängig, sodass baustellengemäße Vorversuche besonders wichtig sind. Bei Überdosierung kann das Erstarren verzögert statt beschleunigt werden (Umschlagen).

Früher bestanden die Beschleuniger überwiegend aus Chloriden (z.B. Calciumchlorid). Nach den Regelwerken sind chloridhaltige oder andere die Stahlkorrosion fördernde Stoffe für Stahl- und Spannbeton nicht zulässig. Die Beschleuniger bestehen aus Salzen, wie z.B. bestimmten Carbonaten, Aluminaten, Silicaten, Nitriten oder Formiaten.

Die Frühfestigkeit des Betons wird im Allgemeinen erhöht, die 28-Tage-Festigkeit oft vermindert. Ferner vergrößern die BE das Schwindmaß, die anfängliche Wärmeentwicklung und die Gefahr der Ausblühungen. Die Erstarrungsbeschleuniger werden auch aus den oben genannten Gründen als „Frostschutzmittel (BE)" in den Handel gebracht.

Bei einer Forderung nach Erhärtungsbeschleunigung sollte man in der Regel den Einsatz von hochwertigem Zement, das Absenken des Wasserzementwerts mit Fließmittel und eventuell die Wärmebehandlung des Betons vorsehen.

6.4.8 Einpresshilfen (EH)

Einpresshilfen verbessern die Eigenschaften von Einpressmörtel für die Spannkanäle im Spannbetonbau. Sie sollen den Wasseranspruch und das Absetzen (Sedimentation) des Zementleims oder -mörtels verhindern, das Fließen des Mörtels beim Einpressen verbessern und ein mäßiges Quellen des Mörtels bewirken. Einpresshilfen besitzen deshalb einen Treibeffekt (meist durch Aluminiumpulver), der dem normalen Schwinden entgegenwirken soll (Kompensation des Schwindens), sie wirken verflüssigend und erhöhen die Frostbeständigkeit des Mörtels ähnlich wie die LP-Mittel, haben auch eine verzögernde Komponente zur Verlängerung der Verarbeitungszeit.

Die Zugabemenge der EH ist durch Eignungsprüfung zu bestimmen und während der Bauausführung durch Güteprüfungen nach DIN EN 445 zu überwachen. Bei Bauwerkstemperaturen unter +5 °C ist das Einpressen zu unterlassen. Näheres über die Prüfverfahren der Einpressmörtel für Spannglieder sowie über die Einpressverfahren kann den Normen DIN EN 445 bis DIN EN 447 entnommen werden.

6.4.9 Stabilisierer (ST)

ST sollen das Absondern von Anmachwasser, das sogenannte „Bluten" des Frischbetons, vermindern. Der innere Zusammenhalt der Betonbestandteile wird vergrößert, Entmischungen entgegengewirkt. Die Stabilisierung wird erreicht durch Stoffe wie Polyethylenoxid, die durch Bildung extrem langer Molekülketten im Anmachwasser dem Frischbeton thixotrope Eigenschaften verleihen und ihm einen guten Zusammenhalt bei Verringerung der inneren Reibung geben. Gleichzeitig erhöhen die Wirkstoffe das Wasserrückhaltevermögen.

Anwendung: bei Leichtbeton, um ein Aufschwimmen von leichten Gesteinskörnungen zu verhindern; bei Pumpbeton, um schwer pumpbare Betonmischungen pumpfähiger zu machen; bei Sichtbeton, um einheitlichere Farbwirkungen zu erzielen (durch gleichmäßige Wasserverteilung); bei Spritzbeton, um den Rückprall zu verringern; bei Werkmörtel (Transportmörtel), um dem Wasserabsondern oder zu starkem Wasserabsaugen durch Mauersteine entgegenzuwirken.

6.4.10 Chromatreduzierer (CR)

CR leisten einen Beitrag zur Eindämmung des als Berufskrankheit anerkannten Chromatekzems (Maurerkrätze), in dem wasserlösliche sechswertige Chromanteile im Zement in unwirksame dreiwertige Verbindungen überführt werden. Anwendung finden die Chromatreduzierer in Mörteln und Betonen, bei deren Verarbeitung mit direktem Hautkontakt zu rechnen ist.

Von den Wirkstoffen mit hohem Reduktionspotential wird am häufigsten Eisen(II)sulfat eingesetzt. Zu beachten ist, dass der Eisen(II)-Gehalt chromatarmer Zemente infolge Luftoxidation nur eine begrenzte Zeit wirken kann.

Der Chromatgehalt in Beton, Estrich und Mörtel darf nach der Gefahrstoffverordnung zwei ppm nicht überschreiten.

6.4.11 Recyclinghilfen (RH)

Bei der Wiederverwendung von Waschwasser, das beim Reinigen von Mischfahrzeugen und Mischern anfällt, haben die Recyclinghilfen die Aufgabe, die Hydratation des im Waschwasser enthaltenen Zements zu verzögern. Es handelt sich dabei um langzeitverzögernde Zusatzmittel z.B. auf Basis von Phosphonsäure.
Weiterhin kann der Hydratationsfortschritt im Frischbeton bis zu drei Tage gestoppt werden. Nach einer vorher bestimmten Ruhezeit kann der Beton aktiviert und verarbeitet werden. Dabei verhält sich der verzögerte Beton wie ein Beton ohne Recyclinghilfe.

6.4.12 Betonzusatzstoffe

Betonzusatzstoffe sind fein aufgeteilte Stoffe, die bestimmte Betoneigenschaften beeinflussen und als Volumenbestandteile zu berücksichtigen sind, da sie dem Beton in deutlich größeren Mengen zugegeben werden als die Betonzusatzmittel.
Sie beeinflussen den Mehlkorngehalt des Betons, die Konsistenz und Verarbeitbarkeit des Frischbetons und können auch die Festigkeit, die Dichtigkeit und die Beständigkeit des erhärteten Betons verbessern. Zusatzstoffe, die aufgrund ihrer Bindemittelwirkung im Beton bei der Betonzusammensetzung auf den Zementgehalt und den Wasserzementwert angerechnet werden, sind nach DIN EN 206-1/DIN 1045-2 Zusatzstoffe des Typs II (z.B. Steinkohlenflugasche, Silikastaub); andere, wie Gesteinsmehle und Pigmente, Zusatzstoffe des Typs I (weitgehend inaktiv).
Zu den Betonzusatzstoffen zählt man
– weitgehend inerte Gesteinsmehle (DIN EN 12 620 (2008-07)),
– anorganische, puzzolanische Stoffe, und zwar Steinkohlenflugasche (DIN EN 450 (2005-05)), Silikastaub (DIN EN 13 263 (2009-07)) in pulverförmiger Form oder in wässriger Suspension,
– Trass (DIN 51 043 (1979-08)), der ebenfalls puzzolanisch reagiert,
– Farbpigmente (DIN EN 12 878 (2006-05)),
– Zusatzstoffe mit allgemeiner bauaufsichtlicher Zulassung.

Feingemahlene **Gesteinsmehle,** wie Quarz- oder Kalksteinmehl, können zementarmen Betonen oder Betonen aus Sand mit geringen Feinanteilen zugesetzt werden, mit dem Ziel einen ausreichend hohen Mehlkornanteil zu erreichen. Der Mehlkornanteil ist aus Verarbeitbarkeitsgründen und für ein geschlossenes dichtes Betongefüge erforderlich.
Die **puzzolanischen Betonzusatzstoffe** (siehe Abschnitte 4.5.3 und 4.5.4) haben neben ihrer Funktion als Mehlkorn im Beton Vorteile durch ihr Reaktionsvermögen mit dem Calciumhydroxid des Zementsteins. Die kieselsäurereichen oder kieselsäure- und tonerdehaltigen Stoffe bilden unlösliche Erhärtungsprodukte (z.B. Calciumsilicathydrate) mit zementsteinähnlichen Eigenschaften. Da diese puzzolanischen Reaktionen langsam ablaufen (Monate), tritt beim Beton eine geringe Erwärmung bei massigen Bauteilen ein und man erzielt eine gute Nacherhärtung bei ausreichend langem Feuchteangebot. **Puzzolane** können auf den Bindemittelgehalt angerechnet werden, sodass der Zementgehalt verringert werden kann (dadurch erfolgt auch eine Senkung der Hydratationswärme). In Folge der mit der puzzolanischen Reaktion abnehmenden Alkalität ist die Zugabemenge von Steinkohlenflugasche und Silikastaub nach DIN EN 450 begrenzt, um einer Korrosionsgefährdung der Bewehrung vorzubeugen. Für Bauteile mit größerer Rissgefährdung (z.B. massige wasserundurchlässige

Stahlbetonbauteile mit bestimmter Rissbreitenbeschränkung) ist bei Zugabe von Steinkohlenflugasche eine gegebenenfalls nach längerer Erhärtungszeit eintretende Nacherhärtung (siehe Abb. 6.5) zu berücksichtigen.

Steinkohlenflugasche hat sich beim Betonbau auch durch die überwiegend kugelige Form der Partikel und den damit verbundenen Kugellagereffekt ein breites Anwendungsgebiet gesichert. **Silikastaub,** insbesondere in Form der wässrigen Suspension, ist ein häufiger Bestandteil bei der Herstellung hochfester Betone geworden (siehe Abschnitt 6.10.1).

Nach DIN EN 15167-1 kann **Hüttensandmehl (HSM)** mit latenthydraulischen Eigenschaften als Zusatzstoff verwendet werden.

Auch die **Farbpigmente** zum Einfärben von Beton gehören zu den Betonzusatzstoffen. Verwendet werden hauptsächlich anorganische, synthetisch hergestellte Buntpigmente, die licht- und wetterfest sowie alkalibeständig sind: Die Basisfarben Gelb, Rot, Schwarz werden durch Eisenoxidpigmente, Grün durch Chromoxid, Blau durch Kobaltspinell, Tiefschwarz durch Kohlenstoffpigmente realisiert. Aufhellungen erreicht man durch weißes Titandioxid. Durch Mischen der Basisfarben sind unterschiedliche Färbungen realisierbar. Das Einfärben erfolgt mit Pulverpigmenten, Flüssigfarben oder granulierten Pigmenten [6.10].

Die Farbwirkung kann nur am ausgetrockneten, erhärteten Beton beurteilt werden und hängt auch von der Zementsorte ab. Empfehlenswert ist, für farbigen Beton Weißzement als Bindemittel zu verwenden, da dadurch vom Zement und Wasser-Zement-Verhältnis ausgehende Farbwirkungen, die unter Umständen wechseln können, weitgehend vermieden werden.

Die Teilchengröße der meisten Farbpigmente liegt bei 0,005 mm, die Pigmente sind also viel feiner als Zement, die Dichten der genannten anorganischen Pigmente schwanken zwischen 3,7 und 5,2 g/cm³. Die Zusatzmenge beträgt je nach Farbwirkung meist zwischen 2 und 8 %, bezogen auf das Zementgewicht.

Mit der Zugabe von Titandioxid entstehen aktive Betonoberflächen, die durch Photokatalyse zur Zersetzung organischer Substanzen bzw. über die hydrophile Ausbildung der Oberflächen zur Selbstreinigung beitragen.

Betonzusätze mit organischen Bestandteilen, wie z.B. Kunststoffemulsionen oder -dispersionen (siehe auch Abschnitte 6.24 und 6.25): ihr Hauptanwendungsgebiet liegt zurzeit bei Ausbesserungsarbeiten, sie dienen oft als Haft- und Kontaktmittel, um Mörtel oder Beton plastischer und klebefähiger zu machen.

6.5 Berechnung der Betonzusammensetzung

6.5.1 Mischungsverhältnis

Das Mischungsverhältnis (MV) beim Beton wird stets in Masseteilen angegeben unter Berücksichtigung der Ausgangsstoffe Zement, Gesteinskörnung und Wasser.
Mischungsverhältnis

$$\frac{z}{z} : \frac{g}{z} : \frac{w}{z} = 1 : k : \omega$$

wobei z Zementmenge in kg bzw. kg/m³
       g Gesteinskörnung (oberflächentrocken) in kg bzw. kg/m³
       w Wassergehalt in kg bzw. kg/m³

6.5 Berechnung der Betonzusammensetzung

Das Mischungsverhältnis gibt an, wie viele Masseanteile oberflächentrockene Gesteinskörnung und Wasser auf einen Masseteil Zement kommen.

Das Mischungsverhältnis MV, d.h. also die Zusammensetzung des Betons, wird in vielen Fällen aufgrund von Erfahrungswerten bekannt sein. Liegen keine Erfahrungswerte vor, ist bei Beton nach Eigenschaften der Hersteller, bei Beton nach Zusammensetzung der Ausschreibende für Erstprüfungen (s. Abschnitt 6.11.2) verantwortlich.

Die Zusammensetzung solcher Probemischungen kann unter Zugrundelegung der gewünschten Betoneigenschaften durch sogenannte **Mischungsberechnungen** ermittelt werden. Dazu sind die folgenden Verfahren üblich:
1. Stoffraumrechnung
2. Zementleimmethode.

6.5.2 Stoffraumrechnung

Grundlage der Stoffraumrechnung ist die Überlegung, dass sich 1 m³ verdichteter Frischbeton aus dem Stoffraum V_g und V_z der beiden Bestandteile Gesteinskörnung und Zement, aus dem Volumen des Wassers V_w und aus dem Luftporenvolumen V_l zusammensetzt, ausgedrückt in der sogenannten **Stoffraumgleichung** (siehe hierzu Beispiel 6.6 Stoffraumberechnung) des verdichteten Frischbetons:

$$1000 = V_z + V_g + V_w + V_l = \frac{z}{\rho_z} + \frac{g}{\rho_g} + \frac{w}{\rho_w} + V_l \quad \text{in dm}^3/\text{m}^3$$

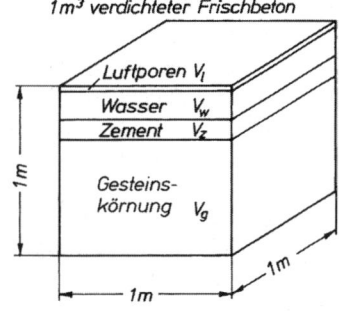

Hierin bedeuten in 1 m³ verdichtetem Frischbeton:
g Gesteinskörnung (oberflächentrocken, kg/m³)
z Zementmenge (kg/m³)
w Wassergehalt (Zugabewasser und Oberflächenfeuchte der Gesteinskörnung, kg/m³)
V_l Luftporenvolumen (dm³/m³)
ρ_g Kornrohdichte der Gesteinskörnung (kg/dm³)
ρ_z Dichte des Zementes (kg/dm³)
ρ_w Dichte des Wassers = 1 kg/dm³

Beim Einsatz von Zusatzstoffen im Beton erweitert sich obige Gleichung um den Summanden f/ρ_f
f Zusatzstoffmenge (kg/m³)
ρ_f Dichte des Zusatzstoffes (kg/dm³)

Beispiel 6.6: Aus den Ergebnissen der Beispiele 6.2 bis 6.4 (Beton mit LP; Wassergehalt 167,5 kg/m³; $\omega = 0{,}43$) ergibt sich:

Zementmenge: $z = \dfrac{w}{\omega} = \dfrac{167{,}5}{0{,}43} = 390$ kg/(m³ Beton)

Gesteinskörnung: Aus der Stoffraumgleichung (Kornrohdichte $\rho = 2{,}65$ kg/dm³; Dichte des Zements $\rho_z = 3{,}1$ kg/dm³; Luftporenvolumen 4,0 % = 40 dm³/m³) ergibt sich eine Gesteinskörnungsmenge

$$g = \left[1000 - \left(\frac{z}{\rho_z} + \frac{w}{\rho_w} + V_l\right)\right] \cdot \rho_g = \left[1000 - \left(\frac{390}{3{,}1} + \frac{167{,}5}{1} + 40\right)\right] \cdot 2{,}65$$

g = 1767 kg Gesteinskörnung (oberflächentrocken)/m³ Beton

Das Mischungsverhältnis für diesen Beton mit Luftporenbildner lautet dann 1 : 4,53 : 0,43.

6 Beton

6.5.3 Zementleimmethode

Bei der Zementleimmethode wird der erforderliche Wasserzementwert wie bei der Stoffraumrechnung mit Hilfe der Abb. 6.1 oder 6.2 bestimmt. Mit diesem w/z-Wert wird im Labor eine ausreichende Menge Zementleim hergestellt. Einer bestimmten Menge des vorgesehenen Gesteinskörnunggemisches (oberflächentrocken) wird nun unter ständigem Mischen so viel von dem Zementleim zugegeben, bis der entstehende Beton die gewünschte Konsistenz hat. Die Mischungsberechnung erfolgt nach Beispiel 6.7.

Beispiel 6.7 (Zementleimmethode):
Die Ausgangswerte für den Versuch seien:
Wasserzementwert $\omega = 0{,}47$; gewünschte Sieblinie A/B 32; plastische Konsistenz (Verdichtungsmaß 1,15); vorhandene Baustoffe: CEM I 32,5 N; Sand bzw. Kiessand 0/2 und 2/8; Kalksteinsplitt 8/16 und 16/32.

Die Berechnung und Durchführung der Zementleimmethode geht dann wie folgt vor sich:

1. Herstellen des Gesteinskörnunggemisches
40 kg oberflächentrockene Gesteinskörnung werden entsprechend der Sieblinie A/B 32 aus den vorgesehenen 4 Körnungen 0/2 (Sand), 2/8 (Kiessand) sowie 8/16 und 16/32 (Kalksteinsplitt) im Labormischer gemischt.

2. Herstellen des Zementleims
Mit dem Wasserzementwert $\omega = 0{,}47$ wird aus 10 kg CEM I 32,5 N Zementleim angerührt:

10,0 kg Zement
4,7 kg Wasser
14,7 kg Zementleim

$$\omega = \frac{4{,}7}{10{,}0} = 0{,}47$$

3. Herstellen des Frischbetons und Bestimmung der Frischbetonrohdichte
Zur Gesteinskörnung wird unter ständigem Mischen so lange Zementleim hinzugegeben, bis die gewünschte Konsistenz erreicht ist. Die Mischtrommel muss vorher nass ausgewischt werden, da sonst ein Teil des Zementleims an den Wandungen der Mischtrommel haften bleibt und der Mischung verlorengeht.

gesamte Zementleimmenge	14,7 kg
übrigbleibende Zementleimmenge	3,7 kg
verbrauchte Zementleimmenge	11,0 kg

Mit dem hergestellten Frischbeton wird die Frischbetonrohdichte bestimmt (siehe Abschnitt 6.12.3): Frischbetonrohdichte $D = 2{,}45 \text{ kg/dm}^3$.

4. Zusammensetzung der Labormischung und Mischungsverhältnis MV

Zementgehalt	$Z = \dfrac{\text{verbrauchte Zementleimmenge}}{1+\omega} = \dfrac{11{,}0}{1{,}47}$	=	7,48 kg
Wassergehalt	$W = $ verbrauchte Zementleimmenge $- Z = 11{,}0 - 7{,}48$	=	3,52 kg
Gesteinskörung	$G =$	=	40,00 kg
	insgesamt		51,00 kg

$$\text{Mischungsverhältnis } MV = 1 : \frac{40{,}0}{7{,}48} : \frac{3{,}52}{7{,}48}$$
$$= 1 : 5{,}35 : 0{,}47 \quad (1 : k : \omega)$$

5. Zusammensetzung von 1 m³ verdichtetem Frischbeton (bei trockenem Zuschlag)

Zementgehalt	$z = \dfrac{1000 \cdot D \cdot Z}{Z+G+W} = \dfrac{1000 \cdot 2{,}45 \cdot 7{,}48}{51{,}0}$	=	359 kg/m³
Gesteinskörnung	$g = k \cdot z = 5{,}35 \cdot 359$	=	1920 kg/m³
Wassergehalt	$w = \omega \cdot z = 0{,}47 \cdot 359$	=	169 kg/m³
	insgesamt		2448 kg/m³

6.5 Berechnung der Betonzusammensetzung

6.5.4 Grenzwerte für Betonzusammensetzung

Außer der Ableitung der Betonzusammensetzung unter Beachtung der Druckfestigkeitsklasse sind in gleichem Maße die von den Expositionsklassen abhängigen Anforderungen an Zusammensetzung und Eigenschaften des Betons zu beachten. Die DIN 1045 gibt Grenzwerte in Bezug auf die wichtigsten Kenngrößen an, wie höchstzulässiger Wasserzementwert, Mindestfestigkeitsklasse, Mindestzementgehalt, damit die gewünschten Eigenschaften des Betons auch nach langer Nutzungsdauer gewährleistet bleiben (siehe Tafeln 6.10).

Tafel 6.10a Grenzwerte für Zusammensetzung und Eigenschaften von Beton nach DIN 1045 bei keinem Korrosionsrisiko (X0) bzw. der Gefahr einer Bewehrungskorrosion (Ursache Karbonatisierung bzw. Chloride)

Kenngröße	Expositionsklassen (s. Tafel 6.3)						
	X0[1]	XC1; XC2	XC3	XC4	XS1[2]; XD1[2]	XS2[2]; XD2[2]	XS3[2]; XD3[2]
Höchstzulässiger w/z-Wert bzw. w/z (eq)	–	0,75	0,65	0,60	0,55	0,50	0,45
Mindestdruckfestigkeitsklasse	C8/10	C16/20	C20/25	C25/30	C30/37	C35/45	C35/45
Mindestzementgehalt[3] (min z) in kg/m³	–	240	260	280	300	320	320
min z (bei Anrechnung von Zusatzstoffen) in kg/m³	–	240	240	270	270	270	270

[1] Nur für unbewehrten Beton.
[2] Für massige Bauteile (> 80 cm) gilt min z = 300 kg/m³; bei LP-Beton eine Festigkeitsklasse niedriger.
[3] Bei einem Größtkorn der Gesteinskörnung von 63 mm darf der Zementgehalt um 30 kg/dm³ reduziert werden.

Tafel 6.10b Grenzwerte für Zusammensetzung und Eigenschaften von Beton nach DIN 1045 bei Angriffen durch Frost (XF)

Kenngröße	Expositionsklasse (Frostangriff mit und ohne Taumittel) (s. Tafel 6.3)					
	XF1	XF2		XF3		XF4
		mit LP	ohne LP	mit LP	ohne LP	
Höchstzulässiger w/z-Wert bzw. w/z (eq)	0,60	0,55[1]	0,50[1]	0,55	0,50	0,50[1]
Mindestdruckfestigkeitsklasse	C25/30	C25/30	C35/45	C25/30	C35/45	C30/37
Mindestzementgehalt[4] (min z) in kg/m³	280	300	320	300	320	320
min z (bei Anrechnung von Zusatzstoffen) in kg/m³	270	[1]	[1]	270	270	[1]
Mindestluftgehalt in %	–	[2]	–	[2]	–	[2], [3]
Andere Anforderungen	Gesteinskörnung mit Regelanforderungen und zusätzlich Widerstand gegen Frost bzw. Frost-Taumittel (s. Tafel 5.10)					
	F_4	MS_{25}		F_2		MS_{18}

[1] Zugabe von Zusatzstoffen Typ II zulässig; Anrechnung auf Zementgehalt oder w/z-Wert unzulässig.
[2] Der mittlere Luftgehalt im Frischbeton unmittelbar vor dem Einbau muss bei einem Größtkorn der Gesteinskörnung von 8 mm ≥ 5,5 Vol.-%, 16 mm ≥ 4,5 Vol.-%, 32 mm ≥ 4 Vol.-% und 63 mm ≥ 3,5 Vol.-% betragen (Einzelwerte höchstens 0,5 Vol.-% kleiner). Für Fließbeton (Konsistenzklasse ≥ F4) ist der Mindestluftgehalt um 1 Vol.-% zu erhöhen.
[3] Erdfeuchter Beton mit w/z ≤ 0,40 darf ohne LP hergestellt werden.
[4] Bei einem Größtkorn der Gesteinskörnung von 63 mm darf der Zementgehalt um 30 kg/m³ reduziert werden.

Tafel 6.10c Grenzwerte für Zusammensetzung und Eigenschaften von Beton nach DIN 1045 bei Angriffen durch aggressive chemische Umgebung (XA) und Verschleiß (XM)[1)]

Kenngröße	Expositionsklasse (s. Tafel 6.3)					
	XA1	XA2	XA3	XM1	XM2	XM3
Höchstzulässiger w/z-Wert bzw. w/z (eq)	0,60	0,50	0,45	0,55	0,55	0,45	0,45
Mindestdruckfestigkeitsklasse	C25/30	C35/45[3)]	C35/45[3)]	C30/37[3)]	C30/37[3)]	C35/45[3)]	C35/45[3)]
Mindestzementgehalt (min z)[2)] in kg/m³	280	320[4)]	320[4)]	300	300	320	320
Andere Anforderungen					Oberflächenbehandlung[5)]		Hartstoffe

[1)] Für hohen Verschleißwiderstand muss die Gesteinskörnung bis 4 mm Größtkorn überwiegend aus Quarz oder Stoffen mindestens gleicher Härte bestehen, das gröbere Korn aus Stoffen mit hohem Verschleißwiderstand (s. auch Abschnitt 5.2.3).
[2)] min z bei Anrechnung von Zusatzstoffen 270 kg/m³. Bei einem Größtkorn der Gesteinskörnung von 63 mm darf der Zementgehalt um 30 kg/m³ reduziert werden.
[3)] Bei Verwendung von LP-Beton eine Festigkeitsklasse niedriger.
[4)] Bei chemischem Angriff durch Sulfate muss oberhalb der Expositionsklasse XA1 ein HS-Zement (s. Abschnitt 4.6.9.4) verwendet werden. Bei einem Sulfatgehalt des Wassers von $SO_4^{2-} \leq 1500$ mg/l darf anstelle von HS-Zement eine Mischung aus Zement und Flugasche zur Anwendung kommen.
[5)] Zum Beispiel Vakuumieren und Flügelglätten des Betons.

Aus den Tafeln 6.10 ist auch die Bedeutung des Wasserzementwertes ableitbar, der über die Zementsteinporosität primär nicht nur die Festigkeit, sondern auch die Dichtigkeit und Widerstandsfähigkeit des Betons beeinflusst. Die Mindestzementgehalte sichern nicht nur eine ausreichende Zementleimmenge für die Verdichtung des Betons sowie die Verkittung der Gesteinskörnung, sondern gewährleisten auch das ausreichende basische Milieu des Betons zum Schutz der Bewehrung. Die Hinweise zur Nutzung der geeignetsten Ausgangsstoffe zur Erreichung der geplanten Betoneigenschaften beschränken sich auf das Wesentliche.

6.5.5 Entwurf der Betonzusammensetzung

Auf Basis der Leistungsbeschreibung, in der alle maßgebenden Anforderungen an den Beton erfasst sind, kann nachfolgender Algorithmus zur konkreten Ableitung des Mischungsverhältnisses führen:
1. Auswahl der Ausgangsstoffe
   - Zementwahl: Festlegung der Zementart (Zemente mit besonderen Eigenschaften?) und der Zementfestigkeitsklasse
   - Gesteinskörnung: Anzahl der Lieferkörnungen für optimale Kornzusammensetzung; Einsatz von Splitt; Kategorien der Gesteinskörnung
   - Betonzusatzmittel: Art und Menge; Beeinflussung der Eigenschaften bei Einsatz von ≥ 2 Zusatzmitteln
   - Betonzusatzstoffe: Art und Menge.
2. Ermittlung und Festlegung des Wasserzementwerts
   - Ermittlung von ω aus Zielfestigkeit des Betons und Zementfestigkeitsklasse, z.B. durch Nutzung von Abb. 6.1, 6.2

6.5 Berechnung der Betonzusammensetzung

- Höchstzulässige Wasserzementwerte entsprechend Tafel 6.10 a, b, c
- Für die Festlegung des Wasserzementwerts ist der kleinste aus den Betoneigenschaften abgeleitete ω maßgebend.
- Kann bei Einsatz von Zusatzstoffen deren Anteil berücksichtigt werden?

3. Wassermenge w
   Ermittlung der Wassermenge in Abhängigkeit vom festgelegten Konsistenzbereich und der Zusammensetzung der Gesteinskörnung, z.B. durch die Zementleimmethode.
4. Zementgehalt z
   Berechnung des Zementgehalts und Vergleich mit den erforderlichen Mindestzementgehalten bzw. zulässigen Höchstwerten.
5. Ermittlung von Frischbetonporenraum; Zementdichte und Kornrohdichte.
6. Berechnung der Gesteinskörnung unter Nutzung der Stoffraumgleichung und Überprüfung des Mehlkornanteils.
7. Berechnung des Mischungsverhältnisses.

Diese Vorgehensweise soll am Beispiel 6.8 näher erläutert werden.

Beispiel 6.8: In der Leistungsbeschreibung für ein Stahlbetonaußenbauteil mit hohem Frost- und Taumittelwiderstand sind folgende Angaben enthalten: plastischer Konsistenzbereich; Druckfestigkeitsklasse C30/37; Expositionsklasse XF4; Festigkeitsentwicklung mittel; Größtkorn der Gesteinskörnung 32 mm; Gesteinskörnung MS_{18}.

1. Ausgangsstoffe: CEM I 42,5 N; drei Lieferkörnungen, Sieblinie A/B 32
   Luftporenbildner (Hinweise des Herstellers beachten.)
2. Wasserzementwert:
   - Festigkeit: Um die charakteristische Druckfestigkeit von 37 N/mm² zu sichern, sind sowohl ein Vorhaltemaß (z.B. 8 N/mm$_2$) als auch der erhöhte Luftgehalt durch den Luftporenbildner zu berücksichtigen. Die Zielfestigkeit von 45 N/mm² muss wegen des Festigkeitsverlustes durch den Luftgehalt (siehe auch Beispiel 6.4) auf 51 N/mm² erhöht werden. Unter Nutzung der Abb. 6.2 ergibt sich $w/z = 0{,}43$.
   - XC4; XF4: Nach Tafeln 6.10 höchstzulässiger w/z-Wert 0,50.
   Mit dem Wasserzementwert von 0,43 sind somit die Eigenschaften des Betons realisierbar.
3. Wassermenge: Mit der Zementleimmethode wären auch die konkreten Auswirkungen des LP auf die für plastische Konsistenz notwendige Wassermenge erfassbar. Der Wassergehalt kann auch entsprechend der Vorgehensweise in den Beispielen 6.2 bis 6.4 ermittelt werden. Angenommenes Ergebnis: 165 l Wasser/m³ Beton.
4. Zementgehalt ergibt sich aus 165/0,43 zu 384 kg/m³
   Damit erfüllt der Zementgehalt auch den Mindestgehalt der Expositionsklasse XF4.
5. Der ermittelte Frischbetonporenraum beträgt im Mittel 4 Vol.-%; die Kornrohdichte der Gesteinskörnung 2,60 kg/dm³ (s. Tafel 5.1); Reindichte des Zements 3,1 kg/dm³ (s. Tafel 4.14).
6. Gesteinskörnung $g = \left[1000 - \left(\dfrac{384}{3{,}1}\right) + 165 + 140\right] \cdot 2{,}6 = 1745$ kg/m³

   Der Mehlkornanteil ($\leq 0{,}125$ mm) soll nach Tafel 5.20 $450 + 34 = 484$ kg/m³ nicht überschreiten.
   Die Gesteinskörnung hat einen Anteil $\leq 0{,}125$ mm von 1,5 %.
   Der Mehlkornanteil beträgt somit $384 + 26 < 484$ kg/m³.
7. Mischungsverhältnis MV = $\dfrac{z}{z} : \dfrac{g}{z} : \dfrac{w}{z}$
   1 : 4,54 : 0,43 mit LP

Der Nachweis, dass die geplanten Eigenschaften des Betons erreicht werden, die Eignung vorliegt, ist durch Erstprüfung zu erbringen.

6 Beton

Bei der baupraktischen Umsetzung der Betonzusammensetzung muss beachtet werden, dass die Gesteinskörnungen in feuchtem Zustand zur Verfügung stehen. Die ermittelten Werte im Beispiel 6.8 gelten für trockene Gesteinskörnung und sind auf feuchte Gesteinskörnung umzurechnen. Außerdem ist die Oberflächenfeuchte der Gesteinskörnung (Eigenfeuchte) beim Zugabewasser zu berücksichtigen (Beispiel 6.9).

Beispiel 6.9: Zusammensetzung für 1 m³ Frischbeton (s. auch Beispiel 6.8) unter Berücksichtigung der Eigenfeuchte der Gesteinskörnung

Die Berechnung der Eigenfeuchte der Gesteinskörnung (Feuchtegehalt f) erfolgt nach $f = \dfrac{g_f - g_t}{g_t} \cdot 100\%$.

Der Anteil der feuchten Gesteinskörnung (g_f) ergibt sich dann aus $g_f = \left(1 + \dfrac{f}{100}\right) \cdot g_t$.

Korngruppen		bei trockener Gesteinskörnung g_t in kg	Eigenfeuchte		bei feuchter Gesteinskörnung g_f in kg
			%	kg	
0/4	35 %	611	3,8	23	634
4/16	36 %	628	2,6	16	644
16/32	29 %	506	1,7	9	515
		Σ 1745 kg		Σ 48 kg	Σ 1793 kg

Die Wassermenge von 165 l/m³ setzt sich aus 45 l Wasser durch die Oberflächenfeuchte der Gesteinskörnung und aus 120 l Zugabewasser zusammen.

6.6 Eigenschaften des Festbetons

6.6.1 Festigkeit

Beton ist ein Baustoff, dessen Druckfestigkeit etwa zehnmal so groß ist wie seine Zugfestigkeit. Innere Zugkräfte müssen daher entweder durch „schlaffe" Stahlbewehrung aufgenommen (Stahlbeton, siehe Abschnitt 6.6.3) oder durch Vorspannung unterdrückt werden (Spannbeton, siehe Abschnitt 6.18).

Bei der Zugfestigkeit unterscheidet man Biegezugfestigkeit, Spaltzugfestigkeit und reine Zugfestigkeit (siehe Abschnitte 6.13.3 und 6.13.4). Der Zusammenhang zwischen der Druckfestigkeit des Betons und den verschiedenen Zugfestigkeiten kann Abb. 6.4 entnommen werden:

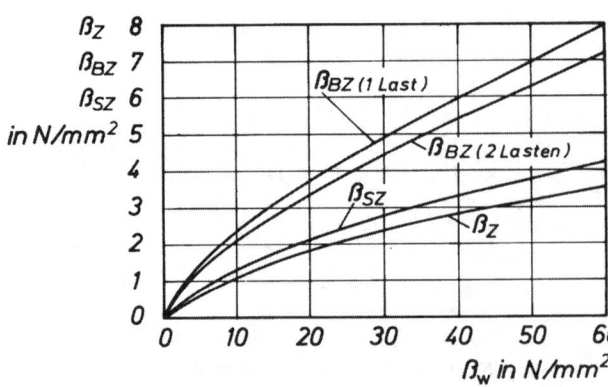

Abb. 6.4
Zusammenhang zwischen Zug- und Druckfestigkeit von Beton [6.15];

β_W = Würfeldruckfestigkeit,
β_{BZ} = Biegezugfestigkeit mit einer Einzellast in Balkenmitte bzw. zwei Einzellasten in den Drittelspunkten,
β_{SZ} = Spaltzugfestigkeit,
β_z = reine Zugfestigkeit
(Probekörper lagerten nach Wasserlagerung vom 7. bis zum 28. Tag an der Luft)

6.6 Eigenschaften des Festbetons

Die *Höhe* der Betondruckfestigkeit hängt in erster Linie von dem Wasserzementwert und von der Zementfestigkeit ab (siehe Abb. 6.1). Die *Entwicklung* der Betonfestigkeit wird hauptsächlich durch die Eigenschaften des Zements, den Wasserzementwert, die Erhärtungstemperatur und die Hydratationsdauer beeinflusst.

Bei gleichem Klinkermineralbestand der **Zemente** bewirkt die unterschiedliche Mahlfeinheit eine schnellere bzw. langsamere Festigkeitsentwicklung. Zur Steigerung der Frühfestigkeit setzt man Portlandzemente höherer Festigkeitsklassen mit größerer Mahlfeinheit ein. Aus Abschnitt 4.6.13.1 sind diese Einflüsse ableitbar.

Außer der im Abschnitt 6.3.5 erläuterten Wirkung des **Wasserzementwerts** auf die Druckfestigkeit spielt dieser auch für die Frühphase der Erhärtung eine wesentliche Rolle, weil bei einem niedrigen Wasserzementwert ein geringer Hydratationsgrad und eine kurze Erhärtungszeit ausreichen, damit die Hydratationsprodukte des Zements und die Gesteinskörnung zusammenwachsen.

Beim Einfluss der **Temperatur** auf die Festigkeit sind zwei gegenläufige Entwicklungen zu beachten. Generell ist bei höherer Temperatur die Reaktionsgeschwindigkeit größer, d.h., die Festigkeitsentwicklung schreitet schneller voran. Bei niedrigen Temperaturen, wie z.B. beim Betonieren im Winter, verzögert sich die Festigkeitsentwicklung. Andererseits wird bei höherer Temperatur die Struktur des Zementsteins negativ beeinflusst (s. Abschnitt 6.8.1), sodass die erreichbare Endfestigkeit in geringerer Größenordnung liegt.

Die **Hydratationsdauer** des Betons bewirkt, dass die Festigkeit mit zunehmendem Betonalter steigt. Zu beachten ist dabei, dass eine ausreichende Feuchte im Beton vorhanden sein muss. Es wurden zahlreiche Formeln entwickelt [6.36], um die Entwicklungskurve darstellen bzw. berechnen zu können. Die Hydratation wird durch den Hydratationsgrad α charakterisiert [6.52], der das Verhältnis aus der bis zum betrachteten Zeitpunkt gebildeten Menge zu der maximal möglichen Menge an Hydratphasen angibt. Im Bereich von $\alpha >$ 20 % besteht ein nahezu linearer Zusammenhang zwischen dem Druckfestigkeitsanstieg des Betons und dem Hydratationsgrad.

Man kann die Betondruckfestigkeit für ein bestimmtes Alter angenähert mit Hilfe des Wasserzementgesetzes von *Walz* (siehe Abb. 6.1) berechnen, wenn man die Normdruckfestigkeit des Zements in dem betrachteten Alter berücksichtigt (siehe auch Beispiel 6.5). Die Festigkeitssteigerung nach dem 28. Tag (Abb. 6.5) ist bei langsam erhärtenden Zementen (z.B. CEM III) groß (Nacherhärtung), kann aber baupraktisch nur selten genutzt werden.

Die Festigkeit ist keine physikalisch eindeutig definierte Größe, sondern abhängig von den in den Prüfnormen getroffenen Vereinbarungen; entsprechende Festlegungen ermöglichen deren Vergleich. Prüfung der Druckfestigkeit: siehe Abschnitte 6.13.1. und 6.13.2. Umrechnungsfaktoren für den Fall, dass die Druckfestigkeitsprüfung nicht an 150-mm-Würfeln durchgeführt wird, sind in Tafel 6.36 angegeben.

Die Kennwerte der Festigkeit von Probekörpern basieren auf einer Kurzzeitbeanspruchung bei der Festigkeitsprüfung und werden durch die Höchstlast bestimmt. Bei Beton entstehen aber weit vor Erreichen der Höchstlast Mikrorisse. Mit Hilfe bruchmechanischer Modelle [6.60] kann das Verformungs- und Versagensverhalten von Betonbauteilen wirklichkeitsnah beschrieben werden.

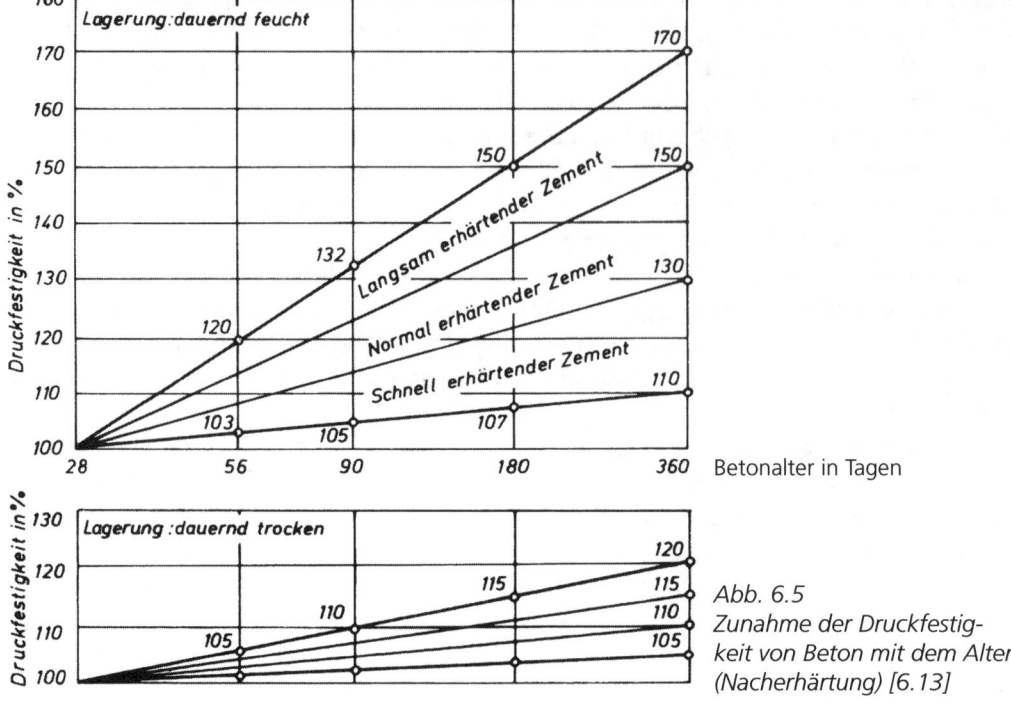

Abb. 6.5
Zunahme der Druckfestigkeit von Beton mit dem Alter (Nacherhärtung) [6.13]

6.6.2 Dichtigkeit

Im ungerissenen Zementbeton erfolgt der Transport von Gasen und Flüssigkeiten vorwiegend im Porensystem des Zementsteins bzw. an Fehlstellen im Verbund Zementstein/Gesteinskörnung. Die Dichtigkeit des Betons ist demnach im Wesentlichen von diesen beiden Einflussfaktoren abhängig.

Eine fehlende Haftung der Gesteinskörnung am Zementstein verursacht einen großen Festigkeitsabfall und wird bei Einsatz geeigneter Gesteinskörnung vermieden. Fehlstellen im Verbund sind bei Einhaltung einer ausreichenden Zementleimmenge und bei Gesteinskörnungen, die die Regelanforderungen erfüllen, weitgehend auszuschließen.

Von den Porenarten des Betons spielen bei guter Betonverdichtung für dessen Dichtigkeit die **Kapillarporen des Zementsteins** (Tafel 6.11) die entscheidende Rolle. Diese Porosität wird vorrangig durch den Wasserzementwert und den Hydratationsgrad bestimmt. Die Dichtigkeit des Zementsteins hängt von der Größe des Kapillarporenraums ab. Das Zementgel ist praktisch wasserundurchlässig. Bis zu einem Kapillarporenraum von etwa 20 Vol.-% sind die Kapillarporen untereinander nicht verbunden, sodass die Wasserdurchlässigkeit praktisch gleich null ist. Das ist bei vollständiger Hydratation bis zu einem Wasserzementwert von etwa 0,50 der Fall (siehe Abb. 6.6). Ab $\omega \geq 0{,}70$ bleibt Zementstein auch nach vollständiger Hydratation wasserdurchlässig.

6.6 Eigenschaften des Festbetons

Tafel 6.11 Porenarten und -größen im Zementstein

Porenart	Entstehungsursache	Porengröße in nm
Gelporen	Im Zementgel durch scharfe Trocknung	10^0 bis 10^2
Schrumpfporen	Volumenverringerung bei Zementerhärtung	etwa 10^1
Kapillarporen	Durch nicht chemisch gebundenes Wasser; Entweichen des verdunstbaren Wassers	10^1 bis 10^5
Verdichtungsporen	Nicht vollständige Verdichtung	10^4 bis 10^6

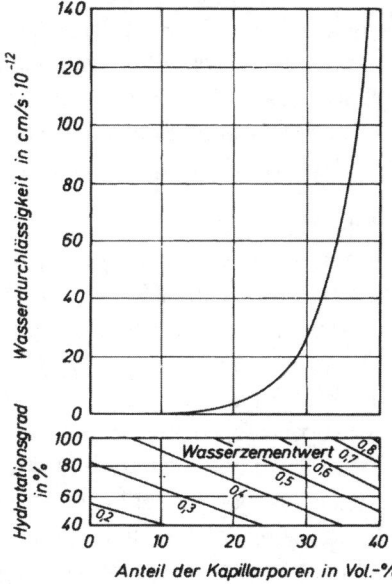

Abb. 6.6
Wasserdurchlässigkeit von Zementstein nach T. C. Powers [6.53]

Die Angabe von maximalen Wasserzementwerten bei den Betonen mit hohem Wassereindringwiderstand sowie bei den sogenannten flüssigkeitsdichten Betonen (s. Abschnitt 6.10.7) muss immer im Zusammenhang mit einem hohen **Hydratationsgrad** α und dessen Einfluss auf die Porosität durch gute Nachbehandlung (siehe Abschnitt 6.7.5) gesehen werden. Nachfolgendes Beispiel soll das verdeutlichen.

Beispiel 6.10: Berechnung der Kapillarporosität im Beton bei unterschiedlichen Hydratationsgraden

Die Kapillarporosität (p_k) errechnet sich (bezogen auf 1000 dm³ Beton) aus

$$p_k = \frac{W - 0{,}40 \cdot \alpha \cdot Z}{1000} \cdot \frac{1}{\rho_w} \cdot 100 \text{ in Vol.-\%}$$

mit W = Wassergehalt in kg
 α = Hydratationsgrad
 Z = Zementgehalt in kg
 ρ_w = Dichte des Wassers in kg/dm³

Es wird davon ausgegangen, dass das chemisch und chemisch-physikalisch gebundene Wasser bei vollständiger Hydratation des Zements etwa 40 M.-% beträgt (Faktor 0,40 in Formel).

Bei unterschiedlichen Qualitäten in der Nachbehandlung ($\alpha \approx 0{,}9$ bei guter, $\alpha \approx 0{,}6$ bei schlechter Nachbehandlung) ergeben sich bei einem Beton mit einem Wasserzementwert von 0,60 und einem Zementgehalt von 350 kg/m³ nachfolgende Kapillarporositäten:

6 Beton

$$\text{Bei } \alpha = 0{,}9 \quad p_k = \frac{350 \cdot 0{,}6 - 0{,}4 \cdot 0{,}9 \cdot 350}{1000} \cdot 100 = 8{,}4 \text{ Vol.-\%}$$

$$\text{Bei } \alpha = 0{,}6 \quad p_k = \frac{350 \cdot 0{,}6 - 0{,}4 \cdot 0{,}6 \cdot 350}{1000} \cdot 100 = 12{,}6 \text{ Vol.-\%}$$

Daraus folgt, dass die Dichtigkeit des Betons auch bei Einhaltung von Rezepturvorschriften baupraktisch durch das Erreichen eines hohen Hydratationsgrads gesichert ist.

Wird ein ungerissenes Betonbauteil einseitig mit drückendem Wasser beaufschlagt, so erfolgt der Feuchtetransport im Beton in unterschiedlicher Weise. An der wasserbeaufschlagten Seite dringt das Wasser durch den hydrostatischen Druck in den Beton ein. An diesen Druckwasserbereich (bis 25 mm bei einer Betonfestigkeitsklasse C30/37) schließt sich die Zone an, in der das Wasser kapillar weitergeleitet wird. Im anschließenden Kernbereich stellt sich ein Gleichgewicht hinsichtlich des Feuchtetransportes ein. Zur Luftseite erfolgt eine Feuchteabgabe durch Diffusion. Somit geht bei einem ungerissenen Beton mit einer Dicke ≥ 200 mm und einem Wasserzementwert ≤ 0,55 der Wasserdurchtritt gegen Null. [6.]

6.6.3 Zusammenwirken Bewehrung/Beton (Stahlbeton)

Beton ist ein Baustoff, dessen Druckfestigkeit wesentlich höher ist als seine Zugfestigkeit (siehe Abschnitt 6.6.1). Ein einfacher Biegebalken aus reinem Beton (siehe z.B. Abb. 6.14) bricht, wenn die Zugspannungen auf der Balkenunterseite die geringe Zugfestigkeit überschreiten, lange bevor die Druckspannungen auf der Balkenoberseite die Druckfestigkeit erreicht haben. Damit bei Biegebeanspruchung die Druckfestigkeit des Betons in der Druckzone ausgenutzt werden kann, muss der Beton in der Zugzone „verbessert" werden. Das geschieht durch das Einbetonieren von Betonstabstahl in Form von Einzelstäben oder Betonstahlmatten. Die Oberfläche der Stahlstäbe kann glatt sein, ist heute aber in der Regel gerippt oder profiliert. Die Zugkräfte in den Stahlstäben werden über Haftung, Reibung und Oberflächenverbund (früher bei glatten Stäben über Endhaken) an den sie umhüllenden Beton abgegeben. Der umhüllende Beton leitet diese Kräfte durch seine Schubtragfähigkeit weiter. Der Balken wird dadurch befähigt, Biegedruck- und Biegezugkräfte aufzunehmen. Man erhält so den Verbundbaustoff Stahlbeton.

Die **Verbundfestigkeit** beruht bei den heute vielfach eingelegten Rippenstählen in erster Linie auf der Schubtragfähigkeit des Betons, die durch die Verzahnung der Rippen mit dem Beton wirksam wird. Die Anwendung der Rippenstähle führt zu gleichmäßig verteilten Rissen geringer Rissbreite.

Bei der **Berechnung der Tragfähigkeit** eines Stahlbetonbiegebalkens geht man von folgenden Voraussetzungen aus:

In der Zugzone trägt allein der Stahl, für den bestimmte idealisierte Spannungs-Dehnungs-Diagramme angenommen werden. Die Zugfestigkeit des Betons wird dabei *nicht* in Rechnung gestellt. Vielmehr wird davon ausgegangen, dass sich auf der Zugseite des Balkens Risse bilden. Zur Sicherung der Gebrauchstauglichkeit und Dauerhaftigkeit der Stahlbetonbauteile ist die Rissbreite in Abhängigkeit von den Umweltbedingungen durch geeignete Wahl von Bewehrungsgrad, Stahlspannung und Stabdurchmesser zu beschränken (0,1 bis 0,3 mm). In der Druckzone trägt der Beton entsprechend einem ebenfalls idealisierten Spannungs-Dehnungs-Diagramm. Als Grenzwert für die maximal zulässige Betonstauchung wird 3,5 ‰ festgelegt.

6.6.4 Spannungs-Dehnungs-Linie

a) Unter **Dehnung** versteht man hier ganz allgemein Längenänderung Δl, bezogen auf die Ausgangslänge l_0 : $\varepsilon = \Delta l/l_0$ (dimensionslos) oder $\varepsilon = (\Delta l/l_0) \cdot 100$ in %. Positive Dehnungen ($\varepsilon \geq 0$) bedeuten Verlängerungen, negative Dehnungen ($\varepsilon < 0$) bedeuten Verkürzungen. Unmittelbar nach Aufbringen einer äußeren Last treten im Beton infolge innerer Spannung σ elastische (ε_{el}) und bleibende (ε_{bl}) Verformungen auf. Letztere werden auch plastische Verformungen genannt. Die elastischen Dehnungen gehen nach Entlastung wieder zurück, die plastischen Dehnungen bleiben auch nach Entlastung bestehen. Die Gesamtdehnung ε_{ges} unter Belastung setzt sich also aus zwei Anteilen zusammen: $\varepsilon_{ges} = \varepsilon_{bl} + \varepsilon_{el}$ (siehe Abb. 6.7).

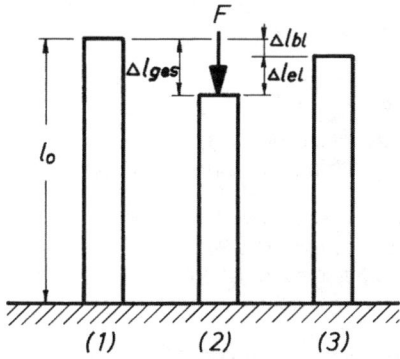

Abb. 6.7
Längenänderungen Δl eines Stabes der Länge l_0 (1) unter einer Last F (2) und nach Entlastung (3)

b) Die **Spannungs-Dehnungs-Linie** (σ-ε-Linie) kennzeichnet den Zusammenhang zwischen einer Spannung und der von ihr in Beanspruchungsrichtung ausgelösten Dehnung. Eine Spannung löst auch rechtwinklig zu ihrer Wirkungsrichtung eine Dehnung aus.
Beton wird als *viskoelastischer* Stoff bezeichnet. Kennzeichnend dafür ist seine von Anfang an gekrümmte σ-ε-Linie: Auch bei geringen äußeren Lasten federt der Beton nach Entlastung nicht mehr auf seine Ausgangslänge zurück, sondern weist bleibende Verformungen auf. Mit zunehmender Belastung wachsen diese bleibenden Verformungen immer stärker an. Die Ursache für die bleibenden Verformungen kann vereinfacht durch die Zunahme der Mikrorisse angegeben werden. Bei Spannungen in einer Größe von etwa 40 % der Druckfestigkeit wachsen die Mikrorisse als erstes in der Kontaktzone zwischen Zementstein und groben Zuschlägen. Häufigkeit und Länge der Mikrorisse nehmen mit steigenden Spannungen zu.

c) Der **Elastizitätsmodul** E (kurz E-Modul) ist definiert als das Verhältnis von Spannung zu elastischer Dehnung: $E = \sigma/\varepsilon_{el}$. Beton folgt dieser Beziehung (Hooke'sches Gesetz) näherungsweise nur bei kurzzeitiger Druckbeanspruchung bis zu etwa 40 % seiner Druckfestigkeit. Die Beziehung zwischen der Spannung und der Dehnung für kurzzeitig wirkende Lasten und einachsige Spannungsverteilung kann beim Beton vereinfacht durch Abb. 6.8 dargestellt werden. Der E-Modul ist als Sekantenmodul aufzufassen und entspricht dem Anstieg der Sekante; gleichzeitig werden die Druckspannungen (σ_c) und die Stauchungen (ε_c) mit positiven Vorzeichen versehen.

Der E-Modul von Beton hängt vom E-Modul der Gesteinskörnung und des Zementsteins sowie vom Zementsteinvolumen des Betons ab. In den Regelwerken zur Bemessung von Stahl- und Spannbetontragwerken gibt man Rechenwerte des E-Moduls an, die wegen der genannten Abhängigkeit keine zugesicherten Eigenschaften des Betons darstellen.

6 Beton

Aus Tafel 6.12 ist der Einfluss der Beton- bzw. der Zementsteinfestigkeit auf den E-Modul ableitbar. Mit der E-Modul-Zunahme tritt gleichzeitig eine zunehmende Sprödigkeit (Verringerung der Bruchdehnung) auf.

Obwohl der E-Modul des Betons nur unter den bereits genannten Einschränkungen als Konstante angesehen werden kann, ist er zur Bewertung des Bauwerksverhaltens, vor allem der durch die Einwirkungen bewirkten Verformungen bzw. Durchbiegung, unverzichtbar.

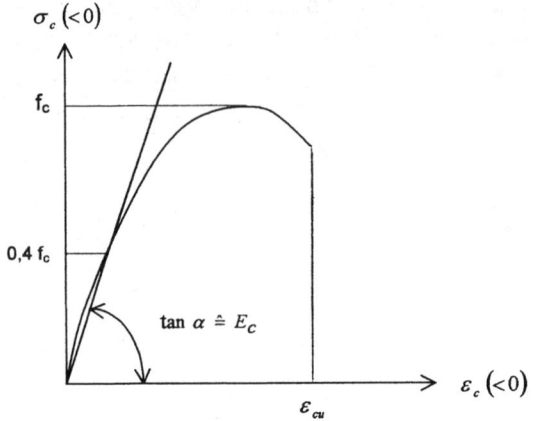

Abb. 6.8
Schematische Darstellung einer Spannungs-Dehnungs-Linie für Beton

f_c Druckfestigkeit des Betons
E_c Elastizitätsmodul des Betons
ε_{cu} Bruchstauchung in der äußeren Faser des gedrückten Betons

Tafel 6.12 Festigkeits- und Formänderungskennwerte von Beton nach DIN 1045

Kenngröße	Festigkeitsklasse									
	C12/15	C16/20	C20/25	C25/30	C30/37	C35/45	C40/50	C45/55	C50/60	C55/67	C60/75
f_{ck} [1] in N/mm²	12	16	20	25	30	35	40	45	50	55	60
f_{ck} [2] in N/mm²	15	20	25	30	37	45	50	55	60	67	75
E_{cm} [3] in kN/mm²	25,8	27,4	28,8	30,5	31,9	33,3	34,5	35,7	36,8	37,8	38,8

[1] $f_{ck} = f_{ck,cyl}$ charakteristische Druckfestigkeit (Prüfkörper Zylinder mit 150 mm Ø und 300 mm Höhe)
[2] f_{ck} charakteristische Druckfestigkeit (Prüfkörper Würfel mit 150 mm Kantenlänge)
[3] E_{cm} Elastizitätsmodul des Betons (Mittelwert); die Werte gelten für Spannungen < 0,4 f_{ck}.

d) Die **Querdehnzahl** μ ist definiert als das Verhältnis von Querdehnung ε_q zu Längsdehnung ε_l: $\mu = \varepsilon_q/\varepsilon_l$. Dabei wirkt die Belastung in Längsrichtung. Bei Normalbeton liegt μ je nach Gesteinskörnungsart zwischen 0,1 und 0,35. Nach DIN 1045 darf mit einem mittleren Wert von $\mu = 0,2$ gerechnet werden.

6.6.5 Kriechen und Relaxation

Mit Kriechen wird die *zeitabhängige* Zunahme der Verformungen unter andauernden Spannungen bezeichnet und mit Relaxation die zeitabhängige Abnahme der Spannungen unter einer aufgezwungenen konstanten Verformung (siehe Abb. 6.9).

6.6 Eigenschaften des Festbetons

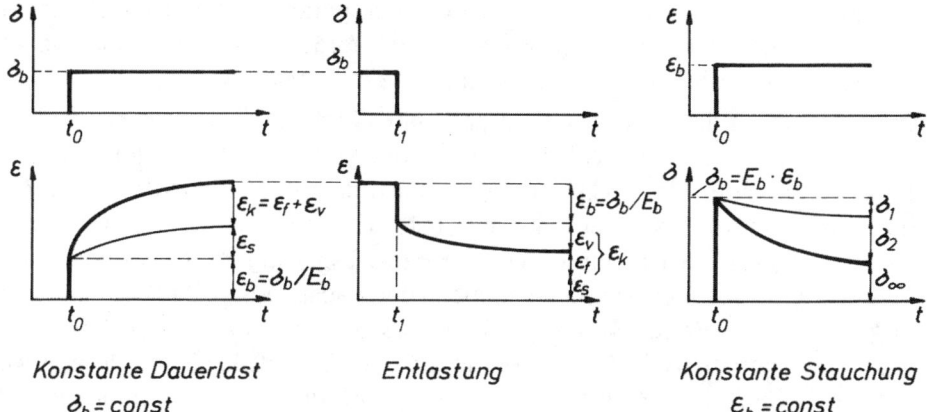

Abb. 6.9 Schwinden, Kriechen und Relaxation von Beton (schematisch) nach [6.6]; es bedeuten: ε_k Kriechen; ε_f Fließanteil (irreversibel); ε_v verzögerter elastischer Anteil (reversibel); ε_s Schwinden; σ_1, σ_2 Spannungsabfall infolge Schwinden (σ_1) und Kriechen (σ_2); σ_∞ verbleibende Spannung

Die **Kriechverformung** ε_k setzt sich aus zwei Anteilen zusammen: $\varepsilon_k = \varepsilon_f + \varepsilon_v$. Beim *Fließanteil* ε_f handelt es sich um irreversible (bleibende) Verformungen, die anfangs schnell zunehmen und dann allmählich einem Endwert zustreben, der sich unter Umständen erst nach etwa fünf Jahren einstellt. Unter ε_v versteht man *verzögerte* elastische Verformungen, die ihren Endwert nach etwa drei Jahren erreichen und nach Entlastung ebenso langsam wieder zurückgehen. Die Kriechverformungen nehmen Werte etwa von 0,1 bis 1 mm/m an. Das Kriechen hängt mit dem Aufbau des Zementsteins zusammen: Bei Belastung wird (vereinfacht dargestellt) Wasser aus den feinen Gelporen herausgedrückt, wodurch es zu einer bleibenden Volumenverringerung des Zementsteins kommt [6.33]. Insofern hängen der zeitliche Verlauf und die Größe des Kriechens von der Größe der Last, vom Anteil des Zementsteins im Beton und seiner Festigkeit und von den Austrocknungsbedingungen des Betons ab. Je größer die Last, je höher der Volumenanteil des Zementsteins und je kleiner seine Festigkeit (großer Wasserzementwert), je dünner das Bauteil und je trockener die umgebende Luft ist, umso größer wird die Kriechverformung sein. Umgekehrt wird der Beton umso weniger kriechen, je höher der Erhärtungsgrad bzw. Reifegrad (siehe Abschnitt 6.8.1) des Betons zum Zeitpunkt der Lastaufbringung ist und je später die Last aufgebracht wird. Bei schlaff bewehrten Stahlbetonbauteilen werden die Kriechverformungen in der Regel vernachlässigt. Beim Spannbeton führt das Kriechen jedoch zu einem Abfall der Vorspannung und muss daher rechnerisch erfasst werden.

6.6.6 Schwinden, Schrumpfen und Quellen

Unter Schwinden wird die Volumenverringerung des unbelasteten Betons während des allmählichen Austrocknens verstanden. Das Schwinden ist also wie das Kriechen ein zeitlicher Vorgang (siehe Abb. 6.9).

Den Begriff Schrumpfen nutzt man, wenn Volumenverringerungen durch chemische Reaktionen eintreten. Die Volumenverringerungen, die auf chemische Reaktionen bei den Hydratationsvorgängen des Zements zurückzuführen sind, werden auch als chemisches Schwinden bezeichnet.

6 Beton

Dem Schwinden werden letztendlich alle Volumenverringerungen des Betons unabhängig von den Ursachen zugeordnet. Beim Schwinden laufen Vorgänge ab, die in plastisches Schwinden, Schrumpfen und Trocknungsschwinden unterteilt werden:

a) Beim plastischen Schwinden, besser als Kapillar- oder Frühschwinden bezeichnet, wirken die Ursachen der Austrocknung (z.B. Wind, Sonne, niedrige relative Luftfeuchte) frühzeitig noch vor Erhärtungsbeginn. Lässt man unmittelbar nach dem Betoneinbau ein Verdunsten des Anmachwassers zu, sind die Betonbestandteile nicht mehr vollständig mit Wasser bedeckt. Es kommt in den Zwischenräumen der Partikel zur Ausbildung von Kapillarporen und durch den Wasserverlust zu einer Meniskenbildung in den Kapillarporen. Bedingt durch die Oberflächenspannung des Wassers und den Krümmungsradius in der Kapillarpore entsteht in der Pore ein Kapillardruck (Abb. 6.10 a), der im Betongefüge als kapillarer Unterdruck wirksam wird. Dieser führt zusammen mit der Wasserverdunstung zu einer Kontraktion des noch plastischen Betons. Da zu diesem Zeitpunkt die sehr geringe Zugfestigkeit des jungen Betons lokal durch die entstandenen Zugspannungen überschritten wird, kommt es zur Rissbildung. Die entstehenden Risse sind in der Regel tiefgehend und schädigen das Bauteil nachhaltig. Daraus folgt, dass ein frühzeitiger Wasserverlust durch Verdunstung unbedingt durch frühzeitige Nachbehandlung (Abschnitt 6.7.4) zu verhindern ist. Abb. 6.10 b zeigt den Zusammenhang zwischen plastischem Schwindmaß und Kapillardruck, der von der Betonzusammensetzung, insbesondere vom Zement, Betonzusatzstoffen und den Feinanteilen, der Bauteilgeometrie sowie von den klimatischen Bedingungen abhängig ist. Überschreitet der Kapillardruck eine vom Gefüge abhängige Größe, kommt es zum Lufteintritt in das Partikelsystem. Der Kapillardruck bricht zusammen und das plastische Schwinden endet durch die nun fehlenden Kapillarkräfte sowie die voranschreitende Hydratation.

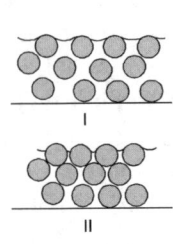
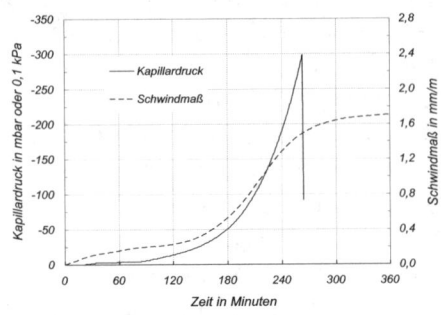

a) Kontraktionsmodell   b) Kapillardruck und Schwindmaß

Abb. 6.10 a) I – Mit beginnender Wasserverdunstung Bildung von Menisken
II – Mit kleiner werdendem Meniskenradius Ansteigen des Kapillardruckes und dadurch bedingte Kontraktion
b) Kapillardruck und Schwindmaß bei einem zementreichen Beton ohne frühzeitige Nachbehandlung (siehe [6.61])

Die Volumenverringerung, die auf dem Entzug von Kapillarwasser beruht, ist wesentlich größer als das Schwinden des erhärteten Betons. Durch gute Nachbehandlung des Betons (Feuchthalten) wird dieses plastische Schwinden so gering gehalten, dass sein Einfluss auf die Formänderungen des Betons vernachlässigt werden kann und keine nachteiligen Auswirkungen (Risse) auftreten. Bei der Berechnung von Bauteilen nach EC 2 setzt sich demzufolge das Schwinden $\varepsilon_{cs\infty}$ zum Zeitpunkt $t = \infty$ (Endschwindmaß) nur aus den Anteilen Schrumpfen und Trocknungsschwinden zusammen. Zu beachten ist, dass dabei die Begriffe Schwinddehnung, Schrumpfdehnung und Trocknungsschwinddehnung genutzt werden, sodass diese Formänderungen mit einem negativen Vorzeichen versehen werden müssen, weil keine Dehnungen, sondern Verkürzungen eintreten.

b) Das **Schrumpfen** setzt sich aus chemischem und autogenem Schwinden zusammen. Das **chemische Schwinden** entsteht infolge der chemischen Bindung des Wassers in den Hydratationsprodukten des Zements. Dabei verliert das Wasser etwa 25 % seines Volumens. Da 100 g Zement etwa 25 cm³ Wasser chemisch binden, beträgt die Volumeneinbuße, auf 100 g Zement bezogen, etwa 6 cm³ [6.33]. Die äußeren Abmessungen des Betons werden durch das chemische Schwinden kaum beeinflusst. Es entstehen die Schrumpfporen. Durch die Bindung des Wassers bei der Hydratation entsteht der physikalische Effekt der Selbstaustrocknung. Der Wasserdampfdruck in der Porenstruktur des Betons sinkt dabei. Der Unterdruck infolge Selbstaustrocknung führt ebenfalls zum Schwinden. Voraussetzung für dieses sogenannte **autogene Schwinden** ist ein niedriger Wasserzementwert ($w/z \leq 0{,}40$). Das autogene Schwinden beginnt unmittelbar mit der Hydratation des Zements. Das autogene Schwinden hochfester Betone (geringer Wasserzementwert) erreicht nach 7 Tagen Werte bis 0,25 mm/m, nach 100 Tagen bis 0,40 mm/m.

c) Trocknungsschwinden
Der zeitabhängige Verlauf des Schwindens wird vor allem durch die Austrocknung des Betons nach außen, das Trocknungsschwinden, verursacht. Die Volumenabnahme mit zunehmendem Wasserverlust läuft ab, bis der Feuchteausgleich mit der Umgebung erreicht ist. Das Austrocknungsverhalten eines Betonbauteils hängt somit nicht nur von der relativen Luftfeuchte und der Temperatur ab, sondern vor allem auch vom Verhältnis der Oberflächen zum Umfang. Der Zeitraum bis zum Erreichen der Ausgleichsfeuchte und des Endschwindmaßes kann bei größeren Bauteilquerschnitten mehrere Jahre betragen. An der Betonoberfläche ist die Austrocknung größer als in tiefer liegenden Betonbereichen, sodass die an der Betonoberfläche ablaufende Volumenverringerung behindert wird. Die entstehenden Zwangsspannungen können zu Aufwölbungen bzw. beim Überschreiten der Zugfestigkeit zu Rissen führen.

Das sogenannte **Karbonatisierungsschwinden** resultiert aus der Bindung von CO_2-Molekülen und der damit einhergehenden Freisetzung von H_2O-Molekülen, die nach außen verdunsten. Dieser Schwindanteil ist vernachlässigbar.

Die DIN EN 1992-1-1/NA gibt für das Schwinden des Betons beim erstmaligen Austrocknen während des Erhärtens als Gesamtwert ein Endschwindmaß von $\varepsilon_{s\infty} \approx 0{,}1$ bis $0{,}6$ mm/m an. Endschwindmaße in Abhängigkeit von der relativen Luftfeuchte der Umgebung, den Bauteilabmessungen bzw. dem Konsistenzbereich des Betons enthält Tafel 6.13.

Tafel 6.13 Endschwindmaße $\varepsilon_{cs\infty}$ in ‰ für Beton (Richtwerte)

Lage des Bauteils mit relativer Luftfeuchte	Endschwindmaße in ‰[1] bei wirksamer Bauteildicke[2] in mm	
	≤ 150	bis 600
innen; 50 %	− 0,60	− 0,50
außen; 80 %	− 0,33	− 0,28

[1] Bei steifer Frischbetonkonsistenz mit 0,7, bei weicher Konsistenz mit 1,2 multiplizieren.
[2] Wirksame Bauteildicke = Quotient aus doppelter Querschnittsfläche und Querschnittsumfang.

6 Beton

Czernin [6.33] gibt für übliche Betonzusammensetzungen **Gesamtschwindmaße** von 0,1 bis 0,8 mm/m an (siehe auch Abb. 6.11). Auch das Schwindmaß bis zu einem bestimmten Zeitpunkt oder das Nachschwinden (Restschwindmaß) von einem bestimmten Zeitpunkt an (wichtig z.B. für Fertigteile nach der Auslieferung) lässt sich unter Nutzung des Heftes 525 vom DAfStb berechnen. *Manns* [6.35] gibt für langsam austrocknenden Beton unter normalen Umweltbedingungen folgende Schwindmaße an: Zementstein 3 bis 4 mm/m, Mörtel 1 bis 2 mm/m, Beton 0,2 bis 0,5 mm/m.

Einflussfaktoren auf das Schwinden beim ersten Austrocknen sind wie beim Kriechen Wasserzementwert und Zementgehalt, also Aufbau und Volumenanteil des Zementleims bzw. Zementsteins, und die Austrocknungsbedingungen. Bei dünnen Bauteilen ist das Endschwindmaß nach einem bis zwei Jahren erreicht, bei dickeren Bauteilen erst nach wesentlich längerer Zeit. Der Einfluss der Zementart auf das Schwinden ist gering. Feiner gemahlene Zemente schwinden etwas mehr als gröber gemahlene. Spannungen im Beton haben nach herrschender Meinung keinen Einfluss auf den Schwindvorgang.

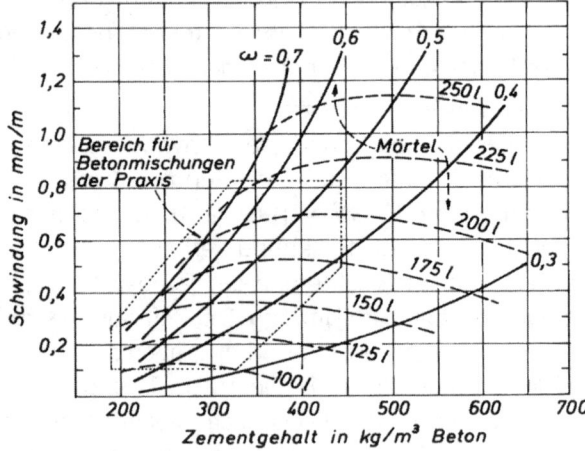

Abb. 6.11
Schwinden von Mörtel und Beton [6.33] (Die ausgezogenen Linien gelten für Wasserzementwerte von $\omega = 0,3$ bis $0,7$, die gestrichelten Linien für Wassergehalte von $w = 100$ bis 250 kg/m^3.)

Wird der Beton nach der Austrocknung wieder wassergelagert oder auf andere Art und Weise durchfeuchtet, vergrößert er sein Volumen wieder. Dieses **Quellen** beträgt nach der ersten Austrocknung etwa 40 bis 80 % der vorangegangenen Schwindverformung [6.35]. Schließlich zeigt der Beton wie jeder andere poröse Baustoff **Feuchtigkeitsdehnungen**: Bei Feuchtigkeitsaufnahme, z.B. durch Kondensation der Luftfeuchtigkeit in den Poren des Betons, besonders in den feinen Kapillar- und Gelporen des Zementsteins, wird der Beton länger, bei Feuchtigkeitsabgabe wird er kürzer. Diese Feuchtigkeitsdehnungen sind deutlich kleiner als das Schwinden beim ersten Austrocknen. Der größere Teil dieser ersten Schwindverformung ist nämlich irreversibel, was mit Strukturveränderungen des Zementgels beim Austrocknen in Zusammenhang gebracht wird.

Die hygrischen Verformungen des Betons durch Schwinden und Quellen werden nach dem Münchner Modell [6.65] maßgebend von der Oberflächenenergie der Gelpartikel und dem Spaltdruck des eindiffundierenden Wassers beeinflusst. Der Zement wirkt sich auf die hygrischen Verformungen direkt durch die Konzentration der Alkalien in der Porenlösung und indirekt über die Beeinflussung der spezifischen Oberfläche des Zementsteins aus [6.7].

6.6 Eigenschaften des Festbetons

6.6.7 Wärmedehnung

Die Wärmedehnung eines Materials berechnet man nach der Formel $\varepsilon_t = \alpha_t \cdot \Delta T$. Die lineare Wärmedehnzahl α_t schwankt bei Beton zwischen den Grenzen $5 \cdot 10^{-1}$ bis $14 \cdot 10^{-6}$ 1/K. Sie ist abhängig vom Zementstein ($\alpha_t \approx 8$ bis $23 \cdot 10^{-6}$) und dessen Feuchtigkeit sowie von der Gesteinskörnung ($\alpha_t \approx 4$ bis $12 \cdot 10^{-6}$). Von Bedeutung sind die unterschiedlichen Wärmedehnzahlen von Zementstein und Gesteinskörnung nur in wenigen Fällen. Bei der Wärmebehandlung von Beton mit Kalksteinsplitt kann die stärkere Ausdehnung des Zementsteins z.B. ein Ablösen von der Kalksteinoberfläche zur Folge haben. Zu beachten sind die Unterschiede vor allem bei Beton für hohe Gebrauchstemperaturen (s. Abschnitt 6.10.6). Die Wärmedehnung von Beton ist etwa gleich der von Stahl. Nach DIN 1045 darf für beide Baustoffe mit einem α_t-Wert von $10 \cdot 10^{-6} = 10^{-5}$ 1/K gerechnet werden. Bei einer Temperaturdifferenz von 15 K ergibt sich somit eine Wärmedehnung von $\varepsilon_t = 10^{-5} \cdot 15 = 0{,}15$ mm/m. Da die Wärmeleitfähigkeit von Stahl ($\lambda = 60$ W/(m · K)) sehr viel größer als die von Beton ($\lambda = 2{,}1$ W/(m · K)), treten im Stahlbeton bei Temperaturänderungen, trotz der etwa gleich großen linearen Wärmedehnzahlen, Spannungen in der Haftfläche zwischen Beton und Stahl auf. Diese Spannungen werden jedoch infolge des guten Verbunds zwischen den Stahleinlagen und dem Beton ohne Schwierigkeiten aufgenommen (siehe auch Abschnitt 6.6.3).

6.6.8 Risse und Fugen

Wenn sich ein Bauwerk oder Bauteil infolge Schwindens, Kriechens und/oder Temperaturänderungen nicht frei verformen kann, entstehen innere Spannungen, die zu Rissen führen können.

Schalenrisse (Oberflächenrisse) entstehen z.B., wenn in oberflächennahen Schichten die Zugfestigkeit des Betons überschritten wird, weil die Oberfläche durch Verdunsten des Wassers schwindet oder weil sie sich stärker abkühlt als das Innere des Betons. Schalenrisse reichen meist nur wenige Zentimeter in den Beton hinein und sind im Allgemeinen nur wenige zehntel Millimeter breit.

Spaltrisse gehen durch das ganze Bauteil hindurch. Auch sie sind im Normalfall nur wenige Zehntelmillimeter breit, können allerdings in ungünstigen Fällen (z.B. Versagen der Bewehrung) auch leicht auf einige Millimeter anwachsen. Spaltrisse können z.B. entstehen, wenn aufgehende Bauteile auf erhärteten Beton aufbetoniert werden. Dieser macht die Verformungen des frischen Betons (Schwinden, Abkühlen nach Aufheizen durch Hydratation des Zements) nicht mit, es kommt zur Verformungsbehinderung, was zu Rissen im neuen Beton führt.

Eine Maßnahme zur Verhinderung von Spaltrissen ist die Anordnung von durchgehenden **Bewegungsfugen.** Wegen der schwer zu erfassenden Vielfalt der Einflussgrößen gibt es keine allgemein gültige Berechnungsmethode für Fugenabstand und Fugenbreite. Richtwerte für den Fugenabstand siehe Tafeln 6.14, 6.15 und 6.16. Die Fugenbreite soll aus Herstellungs- und Abdichtungsgründen insgesamt nicht unter 5 mm und nicht über 30 mm betragen und mit einer zulässigen Gesamtverformung des Fugendichtstoffes von 25 % berechnet werden (siehe auch DIN 18 540 – Abdichtung von Außenwandfugen ...). Über Fugen siehe auch Abschnitte 6.7.4 (Arbeitsfugen), 6.15 (Massenbeton), 6.19.4 (Fugen in Betonstraßendecken), 6.25.2 (Fugen bei sehr starkem chemischem Angriff).

Tafel 6.14 Richtwerte für den Fugenabstand bei horizontalen Baugliedern nach [6.35]

Bauglied	höchstzulässiger Fugenabstand m
Estriche im Freien	2 bis 4
Estriche in Räumen	4 bis 6
Fahrbahndecken	4 bis 7
Dachdecken (Warmdach)	4 bis 6
Dachdecken (Kaltdach)	10 bis 15
Geschossdecke	20 bis 30
Bei unbewehrtem Beton sollte der Fugenabstand in der Regel 5 m nicht überschreiten.	

Tafel 6.15 Richtwerte für den Fugenabstand bei aufgehendem Beton in Abhängigkeit von der Temperaturdifferenz zum vorhandenen Beton nach Wischers nach [6.35]

Temperaturdifferenz K	höchstzulässiger Fugenabstand m
< 20	20 bis 40
20 bis 30	10 bis 20
30 bis 40	6 bis 10
40 bis 50	4 bis 6
Bei unbewehrtem Beton sollte der Fugenabstand in der Regel 10 m nicht überschreiten.	

Tafel 6.16 Richtwerte für den Fugenabstand bei aufgehendem Beton in Abhängigkeit von der Bauteildicke nach Wischers und Dahms nach [6.35]

Bauteildicke cm	höchstzulässiger Fugenabstand m
bis 30	10 bis 20
30 bis 60	8 bis 15
60 bis 100	6 bis 10
100 bis 150	5 bis 8
150 bis 200	4 bis 6
Bei unbewehrtem Beton sollte der Fugenabstand in der Regel 10 m nicht überschreiten.	

6.7 Herstellen von Bauwerken und Bauteilen aus Beton

Beton wird entweder auf der Baustelle gemischt (Baustellenbeton) oder im Werk und von dort zur Baustelle transportiert (Transportbeton). Wesentliche Hinweise sind erforderlich zum Mischen des Betons, Befördern des Betons zur Baustelle, Fördern des Betons auf der Baustelle zur Einbaustelle, Einbringen des Betons in die Schalung, Verdichten des Betons, gegebenenfalls Nachverdichten, Nachbehandeln des Betons.

Für die ordnungsgemäße Durchführung der Arbeiten auf der Baustelle oder in einem Betonwerk ist der Unternehmer, der von ihm beauftragte Bauleiter bzw. technische Leiter oder dessen fachkundiger Vertreter (gegebenenfalls Nachweis erweiterter betontechnologischer Kenntnisse nach DIN 1045-3 durch den Ausbildungsbeirat Beton des DBV e.V.) verantwortlich. Während der Bauausführung sind fortlaufend Aufzeichnungen über alle für die Qualität und Standsicherheit des Bauwerks wichtigen Gegebenheiten zu machen (Bautagebuch). Jeder

6.7 Herstellen von Bauwerken und Bauteilen aus Beton

Lieferung von Baustoffen, Bauteilen und Beton auf die Baustelle muss ein nummerierter Lieferschein beigegeben sein und zu den Aufzeichnungen genommen werden.

6.7.1 Baustellenbeton

Baustellenbeton ist Beton, der auf der Baustelle durch den Verwender für den Eigenverbrauch hergestellt wird.

a) Lagern der Betonbestandteile

Die Betonbestandteile müssen so gelagert werden, dass sie in einwandfreiem Zustand verbleiben. Sackzement ist auf Holzrosten zu lagern und mit Folien abzudecken. Von jeder Zementlieferung sind etwa fünf kg schwere „Rückstellproben" zu entnehmen und für eventuelle spätere Beanstandungen in luftdicht verschlossenen Behältern aufzubewahren. Die Gesteinskörnung muss vor Verunreinigungen geschützt werden. Verschiedene Korngruppen sind durch ausreichend hohe und lange standfeste Wände voneinander zu trennen. Flüssige Zusatzmittel müssen vor Frost, pulvrige vor Feuchtigkeit geschützt werden.

b) Abmessen der Betonbestandteile

Die Betonbestandteile müssen nach Masse (Gewicht) abgemessen werden, und zwar mit einer Genauigkeit von drei Masse-%. Andere Verfahren sind zulässig, falls die geforderte Dosiergenauigkeit erreichbar ist. Die Zugabe von Zusatzmitteln ist in Abschnitt 6.4 beschrieben.

c) Mischen und Befördern des Betons

Der Beton wird in Betonmischern gemischt. Als Mischer werden in der Regel Zwangsmischer verwendet. Die Größe der **Mischer** wird durch den Nenninhalt gekennzeichnet. Der Nenninhalt gibt das Volumen des mit einem Arbeitsspiel herstellbaren Frischbetons im verdichteten Zustand (Verdichtungsmaß 1,45) an. Das Volumen der Trockenfüllmenge ist für Kiesbeton mit 1,5 × Nenninhalt und für Splittbeton mit dem Faktor 1,62 anzunehmen. Die Zusammensetzung einer Mischerfüllung muss als schriftliche **Mischanweisung** dem Mischerführer vorliegen und die folgenden Angaben enthalten: Festigkeitsklasse des Betons; Expositionsklasse; Art, Festigkeitsklasse und Menge des Zements in kg/m^3 verdichteten Betons; Art und Menge der Gesteinskörnung sowie Menge der getrennt zuzugebenden Korngruppenanteile; Konsistenzmaß des Frischbetons; gegebenenfalls Art und Menge von Betonzusatzmitteln und -zusatzstoffen; außerdem Wasserzementwert w/z; Wassergehalt w (Zugabewasser, Oberflächenfeuchte der Gesteinskörnung und Zusatzmittelmenge, wenn diese drei l/m^3 verdichteten Betons oder mehr beträgt).

Die **Mischzeit,** die zur Herstellung eines gleichmäßigen Frischbetongemisches erforderlich ist, beträgt nach Zugabe aller Stoffe bei Mischern mit besonders guter Mischwirkung wenigstens 1/2 Minute, sonst wenigstens 1 Minute.

Wird Beton mit plastischer oder fließfähiger Konsistenz von einer benachbarten Baustelle in Fahrzeugen ohne Rührwerk angeliefert, muss er spätestens 20 Minuten nach dem Mischen vollständig entladen sein, Beton mit steifer Konsistenz spätestens nach 45 Minuten.

6.7.2 Transportbeton

Transportbeton ist Beton, der im frischen Zustand dem Verwender geliefert wird. Er wird in Fahrzeugen an der Baustelle in einbaufertigem Zustand übergeben. Als Transportbeton bezeichnet man auch den Beton, der vom Verwender außerhalb der Baustelle bzw. auf der Baustelle, aber nicht vom Verwender, hergestellt und geliefert wird.

6 Beton

a) Mischen des Betons

Man unterscheidet werkgemischten und fahrzeuggemischten Transportbeton. **Werkgemischter Transportbeton** wird im Werk fertig gemischt. Betone mit plastischer bis fließfähiger Konsistenz werden mit Mischfahrzeugen oder Muldenfahrzeugen mit Rührwerk zur Baustelle befördert und entweder während der Fahrt ständig bewegt (Rührgeschwindigkeit zwei bis sechs Umdrehungen je Minute) oder auf der Baustelle nochmals durchgemischt. Beton mit steifer Konsistenz darf auch in Fahrzeugen ohne Rührwerk befördert werden.
Fahrzeuggemischter Transportbeton wird in Mischfahrzeugen zur Baustelle befördert und in diesen auch gemischt, und zwar entweder während der Fahrt oder, meistens, nach Eintreffen auf der Baustelle. Unmittelbar vor Entleeren des Mischfahrzeugs ist der Beton nochmals durchzumischen. Die Mischdauer beträgt mindestens 50 Umdrehungen bei einer Mischgeschwindigkeit von 4 bis 12 Umdrehungen je Minute. Nach Abschluss des Mischvorgangs darf der Frischbeton nicht mehr verändert werden. Dies gilt nicht bei Zugabe und Nachdosierung eines Fließmittels (siehe Abschnitt 6.4.3). Die Entleerung des Betons aus Mischfahrzeugen und Fahrzeugen mit Rührwerk soll spätestens 90 Minuten, von Beton mit steifer Konsistenz aus Fahrzeugen ohne Rührwerk spätestens 45 Minuten nach Wasserzugabe abgeschlossen sein. Besondere Witterungsverhältnisse oder die Wirkung von Zusatzmitteln (Beschleuniger, Verzögerer) können diese Zeiten verändern.

b) Bestellung und Lieferung von Transportbeton

Die **Bestellung** von Transportbeton geschieht anhand eines Betonsortenverzeichnisses, in dem die Betonsorten, unterschieden nach Festigkeitsklasse, Expositionsklasse, Konsistenzbereich und Zusammensetzung, mit allen wichtigen betontechnologischen Daten aufgeführt sind. Bei der Bestellung von Transportbeton sind anzugeben: Tag und Uhrzeit des Betonierbeginns; Gesamtmenge und stündlicher Bedarf; Zufahrtverhältnisse zur Baustelle; Anschrift und Telefonnummer der Baustelle; gegebenenfalls Angabe von Besonderheiten, wie z.B. Sichtbeton, Pumpbeton, Vakuumbeton.
Bei **Anlieferung** von Transportbeton ist dem Verantwortlichen auf der Baustelle ein nummerierter Lieferschein auszuhändigen. Der **Lieferschein** muss folgende Angaben enthalten: Herstellwerk, Datum und Zeit des Beladens (Zeitpunkt der ersten Reaktion zwischen Zement und Wasser), Kennzeichen des Lieferfahrzeugs; Name des Käufers, Baustelle, Verweise auf die Leistungsbeschreibung; Betonmenge; Übereinstimmungserklärung mit Bezug auf die Leistungsbeschreibung, Zertifizierungsstelle; Ankunftszeit auf der Baustelle, Beginn und Ende der Entladung; außerdem die Angaben aus der Leistungsbeschreibung (s. Abschnitt 6.3.6). Ist im Bauvertrag die ZTV-ING bzw. die ZTV-W, LB 215 als Vertragsgrundlage vereinbart, muss der Lieferschein die chargenweisen Dosiermengen der Betonausgangsstoffe als Soll- und Istwertausdruck enthalten.
Die vereinbarte **Konsistenz und gegebenenfalls der vereinbarte Luftgehalt** muss bei Übergabe des Betons auf der Baustelle vorhanden sein.

6.7.3 Verarbeiten des Betons

Unter dem Begriff Verarbeiten werden im Allgemeinen die Vorgänge Fördern des Betons auf der Baustelle zur Einbaustelle, Einbringen des Betons in die Schalung und Verdichten des Betons zusammengefasst. Der Beton ist möglichst bald nach dem Mischen, Transportbeton möglichst sofort nach der Anlieferung zu verarbeiten, in beiden Fällen aber, ehe er ansteift.

6.7 Herstellen von Bauwerken und Bauteilen aus Beton

Wird der Beton mit Fahrzeugen mit Rührwerk angeliefert, sollte der Beton innerhalb von 90 Minuten, bei Fahrzeugen ohne Rührwerk innerhalb von 45 Minuten nach der ersten Wasserzugabe eingebaut sein. Besonderheiten beim selbstverdichtenden Beton siehe Abschnitt 6.10.2.

a) Fördern und Einbringen des Betons

Die Betonzusammensetzung muss mit der Art der Förderung und des Einbringens übereinstimmen, um Entmischungserscheinungen bei der Verarbeitung auszuschließen. Das **Fördern** von Baustellenbeton erfolgt noch überwiegend mittels Transportgefäßen (z.B. Krankübel) oder Gurtförderern, bei Transportbeton ist fast ausschließlich die Rohrförderung bis in die Einbaulage üblich (Pumpbeton).

Beim **Einbringen** in stützen- und wandartigen Schalungen ist der Beton z.B. durch Fallrohre zusammenzuhalten, die erst kurz über der Verarbeitungsstelle enden sollen. Gurtförderer müssen an der Abwurfstelle Abstreifer, Prallbleche und Schütttrichter besitzen. Beim Einbringen des Betons ist unbedingt darauf zu achten, dass Schalung, Bewehrung und Einbauteile benachbarter Betonierabschnitte nicht durch umherspritzenden Beton verkrustet werden.

Bei **Pumpbeton** ist auf einen ausreichenden Mehlkorngehalt und Feinmörtelanteil zu achten (siehe Tafel 5.20). Sie erhöhen die Fließfähigkeit des Betons in den Rohren und vermeiden das Entmischen. Entmischungsvorgänge sind häufig Verursacher von Rohrleitungsverstopfern. Diese sind in der Regel nur mit einem erheblichen Aufwand zu beseitigen. Die Zugabe von Fließmitteln kann das Pumpen erleichtern. In Zweifelsfällen können im Rahmen der Eignungsprüfungen Pumpversuche erforderlich sein. Förderweiten bzw. -höhen von 600 m bzw. 400 m sind nur dadurch erreichbar; ebenso ist damit der Einsatz von Betonpumpen mit mehrfach geknickten Auslegern möglich.

b) Formgeben des Betons (Schalung)

Ziel der Formgebung und Verdichtung ist es, dem Beton die gewünschte geometrische Gestalt und die erforderlichen Festbetoneigenschaften (Festigkeit, Dichtigkeit, Dauerbeständigkeit) zu geben.

Bei der Formgebung muss nach einer monolithischen Herstellung am Bauwerk auf der Baustelle und nach einer Fertigung im Betonfertigteilwerk unterschieden werden. Auf den **Baustellen** kommen fast ausschließlich komplette Schalungssysteme zum Einsatz (Träger- bzw. Rahmenschalungen), die in der Regel allen Anforderungen an Geometrie und Betonierbelastungen (in Abhängigkeit von Betonzusammensetzung, Frischbetontemperatur, Konsistenz, Einbaugeschwindigkeit etc.) gerecht werden. Sie bestehen aus einem tragenden Stützsystem aus Stahl oder Holz mit den dazugehörigen Verbindungs- und Aussteifungsmitteln sowie einer Schalhaut, die die Gestaltung der Betonoberfläche übernimmt. Als **Schalhaut** werden überwiegend kunstharzfilmvergütete Sperrholzplatten eingesetzt. In Abhängigkeit von der Wiederverwendbarkeit werden speziell gefertigte Furnier-, Stab- und Stäbchensperrholzplatten in meist raumgroßen Abmessungen und mit unterschiedlicher Oberflächenstruktur genutzt. Hölzerne Schalungen (Schalbretter) und Vollkunststoffmatrizen finden nur noch aus ästhetischen Gründen gelegentlich Anwendung. Für hohe, turmartige Bauwerke (z.B. Silos, Kühltürme) haben sich Gleit- und Kletterschalungen bewährt; sie bedingen aber einen ununterbrochenen Betonierablauf.

Auf die Innenseite von nichtsaugenden Holz- und Stahlschalungen können wasserabführende Schalungsbahnen, z.B. Schalungsvliese aus PP-Spinnvlies, mittels Tacker oder Spannhaken aufgespannt werden, wodurch eine Verbesserung der Oberflächenqualität (Dichtigkeit, w/z-Wert) erreicht wird. Außerdem wird die Nachbehandlung wirksam unterstützt, da die Bahnen zunächst noch auf der Betonoberfläche verbleiben können.

In den **Betonfertigteilwerken** ist der Einsatz von Stahlformen bei der Fertigung einer größeren Anzahl von Bauteilen gleicher oder ähnlicher Geometrie üblich. Hier wird auch die Schalhaut aus Blechen gebildet. Eine hohe geometrische Genauigkeit ist damit erreichbar. Werden nur wenige oder einzelne Fertigteile benötigt, kommen großformatige stählerne Fertigungstische zum Einsatz, auf denen eine Randschalung, meist aus Schalplatten geschnitten, aufgesetzt wird. In der Vorfertigung sind die Formgebungsmittel häufig einer intensiven Verdichtungswirkung ausgesetzt und verschleißen daher relativ schnell.

Bei der Herstellung von **Betonwaren** (z.B. Straßenverbundbausteine, Betondachsteine) sind hochspezialisierte Maschinen und Vorrichtungen erforderlich. Betonwaren werden in der Regel in einer Massenproduktion gefertigt, die Maschinen sind deshalb meist sehr typspezifisch ausgelegt und wenig flexibel.

Bei allen Formgebungsarbeiten ist darauf zu achten, dass die Schalhaut so dicht (fugenfrei) ausgebildet ist, dass beim Betonieren und Verdichten kein Auslaufen von Zementleim und Feinstbestandteilen auftritt. Vor dem Betonieren sind geeignete **Trennmittel** aufzutragen. Sie erleichtern bzw. ermöglichen eine zerstörungsfreie Entschalung des Betons. Als Trennmittel kommen sogenannte Schalöle (Wasser-Öl-Emulsionen), Wachspräparate und Kunststoffdispersionen zum Einsatz. Bei allen erprobten Trennmitteln wird bei sorgfältiger Anwendung ein Verflecken des erhärteten Betons vermieden.

c) Verdichten des Betons

Beim Verdichten des Betons müssen die Bewehrungsstäbe dicht mit Beton umhüllt und vor allem Kanten und Ecken der Formgebungsmittel ohne Hohlräume ausgebildet werden. Um die geforderten Festbetoneigenschaften zu erreichen, wird erst dann von einer ausreichenden Verdichtung gesprochen, wenn der Frischbetonporengehalt nach dem Verdichten etwa 1 bis 3 Vol.-% beträgt.

Für die Verdichtung stehen zwei grundsätzliche Möglichkeiten zur Verfügung (Tafel 6.17):
– Verdichtung bei bleibendem thixotropem Zustand der Zementleimphase des Betongemischs während der Verdichtungsdauer. Durch Vibrationseinwirkungen (Schwingungen) mit Drehzahlen von $n \geq 1000$ min^{-1} tritt eine „Verflüssigung" ein, wodurch die innere Reibung stark verringert wird.
– Verdichtung bei nichtthixotropem Zustand der Zementleimphase des Betongemischs während der Verdichtungsdauer. Der Beton verhält sich wie ein Stoffgemisch; der Zementleim ist nur Gleitmittel.

Für die **Wahl der Verdichtungsart** ist die Konsistenz des Frischbetons maßgebend. Etwa 90 % des verarbeiteten Betons werden durch Vibration, der restliche Anteil durch die übrigen Verfahren verdichtet. Während die Vibration, das Stampfen (in niedriger Qualität auch als Stochern und Klopfen an die Schalung ausgeführt) und eingeschränkt das Vakuumieren für einen Baustelleneinsatz in Frage kommen, sind die Vibration steifer Betone, das Schocken, das Schleudern, das Pressen und das Vakuumieren bevorzugte Verdichtungsverfahren der Betonfertigteil- und Betonwarenindustrie. Die nichtthixotropen Verfahren werden oftmals zwecks Erhöhung des Verdichtungseffekts und Verkürzung der Verdichtungszeiten mit dem Vibrieren kombiniert.

6.7 Herstellen von Bauwerken und Bauteilen aus Beton

Für das Verdichten von Beton durch Rütteln sind Regelwerke im Zusammenwirken mit DIN 1045, Teil 3 und Teil 4 maßgebend. Es werden die Rüttelparameter und -mechanik, die Anwendung von Innen-, Außen-, Schalungs- und Oberflächenrüttlern sowie der Einsatz von Rütteltischen und -böcken bei der Fertigteilherstellung beschrieben und die Verarbeitungsvorschriften genannt.

Tafel 6.17 Zuordnung der Verdichtungsverfahren

Zustand des Zementleims	Verfahren	
	elementar	kombiniert
thixotrop	Vibration (Rütteln)	
nichtthixotrop	Schocken	
	Stampfen	Vibrostampfen
	Schleudern	
	Pressen	Vibropressen
	Vakuumieren	Vibrovakuumieren

Bezeichnungen wie Schleuderbeton, Stampfbeton usw. weisen auf die angewendete Verdichtungsart hin.

Das **Nachverdichten** von bereits verdichtetem Beton ist vor allem bei Beton mit höherem Wassergehalt oder geringerem Wasserrückhaltevermögen nötig, außerdem bei hohen Steiggeschwindigkeiten des eingebrachten Betons und immer im oberen Bereich höherer Bauteile. Nachverdichten kann durch Innenrüttler und Oberflächenrüttler geschehen, bei waagerechten Betonflächen auch durch Glättmaschinen. Der Beton muss noch verformbar und darf noch nicht erstarrt sein.

Selbstverdichtender Beton (SVB) ist ein Beton, der ohne Einwirkung zusätzlicher Verdichtungsenergie allein unter dem Einfluss der Schwerkraft fließt, entlüftet sowie die Bewehrungszwischenräume und die Schalung vollständig ausfüllt (siehe Abschnitt 6.10.2).

d) Arbeitsfugen

Bei Betonierpausen von mehr als einer Stunde bilden sich zwischen dem erstarrten bzw. erhärteten und dem neuen Beton Arbeitsfugen, die Schwachstellen im Betongefüge darstellen. Um einen kraftschlüssigen und dichten Verbund zwischen altem und neuem Beton zu erhalten, ist beim Weiterbetonieren besonders sorgfältig vorzugehen:

Anschlussfläche möglichst frühzeitig aufrauen und von losen Bestandteilen und nicht einwandfreiem Beton befreien; älteren Beton mehrere Tage lang vorfeuchten, vor dem Betonieren aber mattfeucht abtrocknen lassen. Auf waagerechte Arbeitsfugen zunächst eine Feinbetonschicht (0/8 oder 0/4) mit niedrigem Wasserzementwert aufbringen (gegebenenfalls Zugabe von Haftmitteln). Senkrechte oder geneigte Arbeitsfugen einschalen (z.B. mit verlorener Streckmetallschalung, nach ZTV-W, LB 215 wird vor der folgenden Anbetonage des nächsten Betonabschnittes der Ausbau des Streckmetalls gefordert), damit der Beton im Bereich der Fuge einwandfrei verdichtet werden kann und sich einwandfreie Anschlussflächen ausbilden. Um ein zu großes Temperaturgefälle zwischen altem und neuem Beton zu vermeiden, muss der alte Beton erwärmt oder der neue gekühlt werden. Wenn möglich, Arbeitsfugen durch Verwendung von VZ-Mitteln vermeiden, wenn unvermeidbar, an wenig beanspruchte Stellen legen. Falls erforderlich, zur Abdichtung Fugenbänder einlegen.

6.7.4 Nachbehandlung des Betons

Der **junge Beton** muss während der ersten Zeit des Erhärtens vor allen schädigenden Einflüssen geschützt werden: Schwingungen und Erschütterungen, starker Regen und strömendes Wasser, chemischer Angriff, starke Abkühlung.

Die größte Gefahr jedoch für jungen Beton ist das *zu schnelle Austrocknen* der Oberfläche durch Sonneneinstrahlung und/oder Wind. Hierbei wird dem Beton wie auch bei zu starker Erwärmung ein Teil des zur Hydratation erforderlichen Wassers entzogen, damit der Erhärtungsverlauf verzögert und die Porosität erhöht. Zusätzlich schwindet der Beton an der Oberfläche, was zu Schwindspannungen und gegebenenfalls zu Schwindrissen führt. Um diese Schäden zu vermeiden, muss der Beton vor Verdunstung des in ihm befindlichen Wassers geschützt werden. **Nachbehandlungsmaßnahmen**, die einzeln oder in Kombination Anwendung finden, sind Belassen der Schalung, Abdecken mit Kunststoff-Folien, Aufbringen feuchter Abdeckungen, Besprühen bzw. Benebeln mit Wasser, Auftragen von schutzfilmbildenden Nachbehandlungsmitteln.[2]

Bei feuchtem, regnerischem oder nebligem Wetter ist die Wasserverdunstung an der Betonoberfläche gering, sodass diese „natürliche" Nachbehandlung als ausreichendes Nachbehandlungsverfahren zum Schutz gegen übermäßiges Verdunsten gelten kann. Die relative Luftfeuchte muss dabei über 85 % liegen.

Nachbehandlungsmittel dürfen nicht angewendet werden, wenn auf den Beton später Estrich, Putz oder Anstriche aufgebracht werden sollen.

Die **Nachbehandlungsdauer** soll auch sichern, dass eine hohe Dichtigkeit des Oberflächenbereichs (Betondeckung) gegen das Eindringen von Gasen oder Flüssigkeiten erreicht wird. Die Nachbehandlungsdauer hängt im Wesentlichen von den Umgebungsbedingungen und der Festigkeitsentwicklung des Betons ab, sowie von der Betontemperatur (Tafeln 6.18 und 6.19).

Mangelhafte oder ganz unterlassene Nachbehandlung ist vielfach die Ursache für Betonschäden (Risse, Absanden der Oberfläche, Festigkeitsminderung), obwohl der Beton richtig zusammengesetzt, hergestellt und verarbeitet worden ist. Daher ist die Art der Nachbehandlung vor Baubeginn zwischen Auftraggeber und Auftragnehmer zu vereinbaren und im Leistungsverzeichnis als gesonderte Position auszuweisen. Hierzu ist vor dem Betonieren die Vorlage bauteilbezogener Nachbehandlungskonzepte zu fordern und deren Umsetzung zu kontrollieren.

Tafel 6.18 Mindestdauer der Nachbehandlung

Expositionsklasse	Erforderliche Festigkeit im oberflächennahen Bereich	Ohne genaueren Nachweis der Festigkeit
X0; XC1	–	0,5 Tage[1)]
Alle, außer X0; XC1; XM	$0{,}50 \cdot f_{ck}$	Mindestdauer nach Tafel 6.19
XM	$0{,}70 \cdot f_{ck}$	Mindestdauer nach Tafel 6.19 verdoppeln
[1)] Nachbehandlungszeit bei Verarbeitbarkeitszeit > 5 Std. angemessen verlängern sowie bei Temperaturen < 5 °C um die Zeitdauer verlängern, während der die Temperaturen < 5 °C lagen.		

---

2 Technische Lieferbedingungen für flüssige Beton-Nachbehandlungsmittel. Ausgabe 1996 (TL NBM-StB 96).

Tafel 6.19 Mindestnachbehandlungsdauer für Expositionsklassen (außer X0, XM und XC1) in Abhängigkeit von der Oberflächentemperatur und der Festigkeitsentwicklung von Beton

Temperatur der Oberflächenbetonschicht θ in °C	Mindestnachbehandlungsdauer in Tagen[1] bei Festigkeitsentwicklung r[2]			
	schnell $r \geq 0{,}50$	mittel $r = 0{,}35$	langsam $r = 0{,}15$	sehr langsam $r < 0{,}15$
≥ 25	1	2	2	3
$25 > \theta \geq 15$	1	2	4	5
$15 > \theta \geq 10$	2	4	7	10
$10 > \theta \geq 5$[3]	3	6	10	15

[1] Bei mehr als 5 Std. Verarbeitbarkeitszeit ist die Nachbehandlungsdauer angemessen zu verlängern.
[2] Festigkeitsentwicklung r ist das Verhältnis der mittleren Druckfestigkeit nach 2 Tagen ($f_{cm\,2}$) und der mittleren Druckfestigkeit nach 28 Tagen ($f_{cm\,28}$), z.B. aus der Erstprüfung.
[3] Bei Temperaturen < 5 °C muss die Nachbehandlungszeit um die Zeit verlängert werden, während der die Temperatur < 5 °C lag.

6.7.5 Ausschalfristen

Das Ausrüsten und Ausschalen des Betons darf erst dann stattfinden, wenn der Beton *ausreichend erhärtet* ist (Erhärtungsprüfung), um aufgebrachte Lasten aufnehmen zu können, ungewollte Verformungen gering zu halten und eine Beschädigung der Oberflächen und Kanten auszuschließen. Bei der Ermittlung von Ausschalfristen sind die zusätzlich aufgebrachten Lasten, z.B. aus dem Arbeitsbetrieb, unbedingt zu berücksichtigen.
Die Ermittlung von Ausrüst- und Ausschalfristen wird häufig durch die Prüfung der Reife des Betons unterstützt (siehe Abschnitt 6.8.1).

6.7.6 Einbau der Betonbewehrung, Betondeckung

DBV-Merkblatt Bautechnik – Betondeckung und Bewehrung nach EC2 (Ausgabe 2011-01); Hrsg. Deutscher Beton- und Bautechnik-Verein.

Der lichte Abstand zwischen der Schalungsinnenfläche und der Bewehrung (einschließlich Bügeln) muss so groß sein, dass der einwandfreie Verbund zwischen Bewehrung und Beton sichergestellt, die Bewehrung vor Korrosion geschützt (siehe Abschnitt 6.25.3) und der Brandschutz gewährleistet ist.
Daher ist der Bewehrungsstahl von Bestandteilen, die den Verbund beeinträchtigen können, wie z.B. Schmutz, Fett, Eis und losem Rost, zu befreien. Zum Einführen der Innenrüttler sind Rüttelgassen freizulassen. Das hohlraumfreie Einbringen des Betons muss durch Einfüllöffnungen vor allem bei dickeren Bauteilen gesichert werden. Bei Decken die obere Bewehrung z.B. durch stabile Unterstützungskörbe oder Stehbügel gegen Herunterdrücken schützen, die untere Bewehrung durch ausreichend feste und kippsichere Abstandhalter. Richtwerte für Art, Anzahl und Abstand der Abstandhalter siehe o.a. Merkblätter.
Die Betondeckungsmaße sind der Tafel 6.20 zu entnehmen.
Die in Tafel 6.20 angegebenen **Mindestmaße der Betondeckung** (c_{min}) sind aus Korrosionsschutzgründen nach dem Betonieren und Erhärten des Betons zu gewährleisten. Demzufolge muss während der Phase der Herstellung (Einschalen, Verlegen der Bewehrung) vor

dem Betonieren ein sogenanntes Vorhaltemaß Δc sichergestellt sein, um die unvermeidlichen Maßabweichungen aus Biegen und Verlegen der Bewehrung, Art und Einbau der Abstandhalter, Herstellen der Schalung sowie Einbringen und Verdichten des Betons abzudecken. Die Mindestbetondeckung für Spannstahl ist mindestens um 10 mm größer als beim Betonstahl.

Für Spannbetonbauteile mit sofortigem Verbund sollte die Mindestbetondeckung $\geq 2\,\emptyset$ des Spanngliedes sein, bei gerippten Drähten $\geq 3\,\emptyset$; bei nachträglichem Verbund bezieht sich die Mindestbetondeckung auf den äußeren Durchmesser des Hüllrohrs.

Das **Nennmaß der Betondeckung** $c_{nom} = c_{min} + \Delta c$ ist somit bei Planung, Entwurf und Ausführung zu berücksichtigen. Das Vorhaltemaß für die Maßabweichungen Δc hängt von der Größe und Art des Bauteils, der Art der Konstruktion, der Bauausführung und Güteüberwachung sowie der Art der baulichen Durchbildung ab. Das Vorhaltemaß Δc sollte 10 mm bei Expositionsklasse XC1 und 15 mm für die anderen Expositionsklassen betragen, kann aber abgemindert werden, wenn durch eine Qualitätskontrolle kleinere Maßabweichungen gesichert sind.

Wenn gegen unebene Oberflächen betoniert wird, ist c_{min} zu erhöhen, z.B. um das Differenzmaß der Unebenheit.

Um Verbundkräfte sicher zu übertragen und aus Verdichtungsgründen sollte das Nennmaß der Betondeckung nicht kleiner sein als der Betonstahldurchmesser bei einem Beton mit einem Größtkorn bis 16 mm, bei größerem Nennwert des Größtkorndurchmessers des Betonzuschlags 5 mm größer als der Stahldurchmesser.

Die Betondeckungen können möglicherweise aus Brandschutzgründen unzureichend sein.

Tafel 6.20 Anforderungen an die Betondeckung für Betonstahl in Abhängigkeit von der Expositonsklasse

Expositionsklasse[1]	Betondeckung[2] in mm	
	Mindestmaß c_{min}	Nennmaß c_{nom}
XC1	10	20
XC2; XC3	20	35
XC4	25	40
XD1; XD2; XD3[3]	40	55
XS1; XS2; XS3	40	55

[1] Für die Expositionsklassen XA; XF; XM darf die Betondeckung nicht kleiner sein als die für die Bewehrungskorrosion maßgebende Expositionsklasse. Für die Expositionsklasse XM kann die Mindestbetondeckung bei XM1 um 5 mm, bei XM2 um 10 mm, bei XM3 um 15 mm durch Opferbeton vergrößert werden.

[2] Abminderung möglich, wenn
 – f_{ck} um 2 Festigkeitsklassen höher liegt als erforderlich (Abminderung 5 mm), für XC1 unzulässig,
 – Bauteile eine kraftschlüssige Verbindung Fertigteil/Ortbeton aufweisen,
 – Qualitätskontrolle von Planung bis Bauausführung entsprechend DBV-Merkblatt Betondeckung und Bewehrung gesichert ist (Abminderung in der Regel 5 mm).

[3] Im Einzelfall besondere Korrosionsschutzmaßnahmen für die Bewehrung.

6.8 Betonieren bei besonderen Witterungsbedingungen

6.8.1 Reifegrad und wirksames Betonalter

Einen großen Einfluss auf den Erhärtungsverlauf des Betons hat die Temperatur. Allgemein gilt: Höhere Lagerungstemperaturen beschleunigen die Festigkeitsentwicklung, niedrige Temperaturen verzögern sie. Die Endfestigkeit wird durch niedrige Erhärtungstemperaturen nicht verringert. Vielmehr hat sich gezeigt, dass ein zunächst bei niedriger Temperatur langsam fest werdender Beton am Schluss eine etwas höhere Endfestigkeit aufweist. Dies wird darauf zurückgeführt, dass sich ein höherer Anteil langfaseriger Hydratationsprodukte gebildet hat [2].

Die Verlangsamung der Betonerhärtung durch niedrige Temperaturen lässt sich mit Hilfe der *Saul'schen Regel* abschätzen: Betone gleicher Zusammensetzung haben bei unterschiedlicher Lagerungstemperatur dann die gleiche Festigkeit, wenn der gleiche **Reifegrad R** erreicht ist.

Reifegrad $R = \Sigma t_i \cdot (\vartheta_i + 10)$ in °C × Tage

Hierin bedeuten:

ϑ_i Mittlere Tagestemperatur des Betons in °C
t_i Anzahl der Tage mit ϑ_i

Mit Hilfe der Gleichung für den Reifegrad kann das sogenannte **wirksame Betonalter t_w** berechnet werden. Es ist dies dasjenige Alter, das einer *durchgehenden* Lagerungstemperatur von 20 °C entspricht:

$R_w = t_w \cdot (20 + 10) = t_w \cdot 30$

Setzt man $R = R_w$, ergibt sich das wirksame Betonalter zu

$$t_w = \frac{\Sigma t_i \cdot (\vartheta_i + 10)}{30} \text{ in Tage}$$

Beispiel 6.10 („Wirksames" Betonalter):
Ein Beton ist 14 Tage lang anstatt bei 20 °C bei einer Lagerungstemperatur von nur 5 °C erhärtet. Damit hat er einen Reifegrad von $R = 14 \cdot (5 + 10) = 210$. Dieser Reifegrad entspricht einem wirksamen Betonalter von $t_w = 210 : 30 = 7$ Tagen.

Beispiel 6.11 (Verlängerung der Ausschalfrist):
Eine Betondecke hat unter normalen Verhältnissen (Temperatur + 20 °C) eine Ausschalfrist von 10 Tagen. Um wie viele Tage verlängert sich diese Frist, wenn 5 Tage lang eine Temperatur von + 5 °C geherrscht hat? Reife im Normalfall: $R = 10 \cdot (20 + 10) = 300$. Damit im zweiten Fall dieselbe Reife erreicht wird, muss die Ausschalfrist um x Tage verlängert werden: $300 = 5 \cdot (20 + 10) + 5 \cdot (5 + 10) + x \cdot (20 + 10)$; aus dieser Gleichung ergibt sich eine Verlängerung der Ausschalfrist von $x = 2{,}5$ Tagen.

Für genauere Abschätzungen der Festigkeitsentwicklung werden z.B. Berechnungen zur gewichteten Reife des Betons [6.40] unter Einbeziehung von Eichgrafiken genutzt bzw. sogenannte Reifecomputer, die zusätzlich den Temperaturverlauf im Beton einbeziehen.

6.8.2 Betonieren bei kühler Witterung und bei Frost

Nach DIN EN 13670/DIN 1045-3 muss der Frischbeton beim Einbau bestimmte **Mindesttemperaturen** besitzen (siehe Tafel 6.21).

Gefriert das Wasser im jungen Beton, kann das Betongefüge durch den entstehenden Eisdruck gelockert oder sogar gesprengt und die Festigkeit herabgesetzt werden. Einmaliges Durchfrieren übersteht der Beton in der Regel ohne Schädigung, wenn er eine Druckfestigkeit von mindestens 5 N/mm² besitzt.

6 Beton

Diese sogenannte **Gefrierbeständigkeit** hat ein Beton mit einem Zementgehalt von mind. 270 kg/m³ und einem Wasserzementwert von höchstens 0,6 erreicht, wenn ein rasch erhärtender Zement verwendet wird (z.B. der Festigkeitsklasse 32,5 R) und wenn die Betontemperatur mindestens drei Tage lang +10 °C nicht unterschritten hat. Für andere Betontemperaturen gelten die Richtwerte der Tafel 6.22. Voraussetzung ist dabei, dass der Beton vor starkem Feuchtigkeitszutritt (z.B. Niederschlag) geschützt ist, damit der im Beton entstehende Kapillarporenraum sich nicht wieder mit Wasser vollsaugt.

Tafel 6.21 Mindesttemperaturen von Frischbeton beim Einbringen nach DIN 1045

Lufttemperatur in °C	Mindesttemperatur des Frischbetons beim Einbringen[1] in °C	
+5 bis −3	+5	allgemein
	+10	bei Zementgehalt < 240 kg/m³ oder bei Verwendung von LH-Zementen
unter −3	+10	anschließend mindestens drei Tage lang auf dieser Temperatur halten

[1] Die Frischbetontemperatur darf +30 °C nicht überschreiten, sofern nicht durch geeignete Maßnahmen nachteilige Folgen mit Sicherheit vermieden werden.

Tafel 6.22 Erforderliche Erhärtungszeit zum Erreichen der Gefrierbeständigkeit von Beton mit einem **w/z-Wert = 0,6**

Zementfestigkeitsklasse	Vorerhärtungszeit in Tagen		
	Betontemperatur		
	+ 5 °C	+ 12 °C	+ 20 °C
52,5 N, 52,5 R, 42,5 R	0,75	0,5	0,5
42,5 N, 32,5 R	2	1,5	1
32,5 N	5	3,5	2

Folgende **Maßnahmen** sind bei kühler Witterung und Frost zu empfehlen:
a) Verwendung von Zementen mit hoher Wärmeentwicklung, Erhöhung des Zementgehalts, Verwendung frisch gemahlener, noch heißer Zemente. Zur Vermeidung von Temperaturrissen sind die Zemente mit den Festigkeitsklassen 42,5 R, 52,5 N und 52,5 R nur bei dünnen Bauteilen (hohe Wärmeableitung) anzuwenden.
b) Verringerung des Wasserzementwerts, wodurch wie mit Maßnahme a und c eine höhere Frühfestigkeit erreicht wird.
c) Verwendung von Zusatzmitteln. Erstarrungsbeschleuniger BE beschleunigen die Erhärtung. Betonverflüssiger BV und Fließmittel FM setzen bei gleichbleibender Verarbeitbarkeit die Wasserzugabe und damit den Wasserzementwert herab.
d) Anwärmen der Betonbestandteile. Bei normalem Konstruktionsbeton nimmt die Frischbetontemperatur um 1 °C zu, wenn die Temperatur des Zements um 10 °C, die des Zugabewassers um 3,6 °C oder die der Gesteinskörnung um 1,6 °C erhöht wird (siehe unten).

Die **Temperatur des Frischbetons** ϑ_b ergibt sich aus den Temperaturen der Betonbestandteile abschätzungsweise nach folgender Gleichung:

$$\vartheta_b = \frac{z \cdot \vartheta_z \cdot c_z + g \cdot \vartheta_g \cdot c_g + w \cdot \vartheta_w \cdot c_w}{z \cdot c_z + g \cdot c_g + w \cdot c_w}$$

6.8 Betonieren bei besonderen Witterungsbedingungen

Hierin bedeuten:
z, g, w   Zement, Gesteinskörnung und Wassergehalt des Betons in kg/m³
cz, cg, cw   spezifische Wärme der Betonbestandteile in kJ/(kg · K)
θ Temperatur in °C

Setzt man für $c_z \approx c_g \approx 0{,}84$ und $c_w = 4{,}2$ ein und kürzt mit 0,84, ergibt sich die Gleichung

$$\vartheta_b = \frac{z \cdot \vartheta_z + g \cdot \vartheta_g + 5 \cdot w \cdot \vartheta_w}{z + g + 5 \cdot w}$$

Um die Frischbetontemperatur um den Betrag $\Delta\theta_b$ anheben zu können, müssen die Temperaturen der Betonbestandteile wie folgt erhöht werden:

$$\Delta\vartheta_b = \frac{z \cdot \Delta\vartheta_z}{z + g + 5 \cdot w} \text{ oder } = \frac{g \cdot \Delta\vartheta_g}{z + g + 5 \cdot w} \text{ oder } = \frac{w \cdot \Delta\vartheta_w}{z + g + 5 \cdot w}$$

Am einfachsten und wirtschaftlichsten lässt sich das Anmachwasser erwärmen. Es darf nicht über 90 °C erwärmt werden. Ist es wärmer als 70 °C, muss es zunächst mit der Gesteinskörnung gemischt werden. Der Zement würde sonst zu schnell erstarren. Aus demselben Grund darf die Frischbetontemperatur 30 °C niemals überschreiten. Gesteinskörnungen können, wenn Dampf vorhanden ist, mit Heizschlangen, Dampflanzen oder Dampfschläuchen erwärmt werden.

e) Nachbehandlungsmaßnahmen des erhärteten Betons sind bei mäßigem Frost wärmedämmende Ummantelung, z.B. Bretterschalung, trockene Stroh- oder Schilfmatten, Mineralwollematten, Leichtbau- oder poröse Kunststoffplatten. Alle Abdeckungen müssen vor Durchfeuchtung geschützt werden. Ihre Wirkung erhöht sich, wenn sich zwischen Beton und Ummantelung eine ruhende Luftschicht befindet. Bei strengem Frost und längeren Kälteperioden müssen das ganze Bauwerk und die Mischanlage mit Schalung oder Planen umschlossen und gegebenenfalls die umgebende Luft beheizt werden, sogenannter Winterbau.

f) Ausschalen erst dann, wenn der Beton ausreichend erhärtet ist. Gegebenenfalls sind Erhärtungsprüfungen an Probewürfeln durchzuführen, die unter Bauwerksbedingungen gelagert worden sind, oder es sind Rückprallprüfungen (siehe Abschnitt 6.13.2 b) durchzuführen.

g) Niemals dürfen gefrorene Gesteinskörnungen verwendet werden. An gefrorene Bauteile darf nicht anbetoniert werden, und durch Frost geschädigter Beton ist vor dem Weiterbetonieren zu entfernen.

6.8.3 Betonieren bei heißer Witterung

Beim Betonieren bei heißer Witterung kann die Betontemperatur auf *über 25 °C* ansteigen und der Beton rascher ansteifen. Gegenmaßnahmen sind:
Lagerung der Gesteinskörnung im Schatten und/oder Berieselung der Grobkörnung mit Wasser; Verwendung von kühlem Zugabewasser aus abgedeckten oder tiefverlegten Leitungen. Als Zement ist möglichst einer der Festigkeitsklasse 32,5 N zu verwenden. Wird der Beton offen transportiert, ist er durch Planen oder Folien vor Sonneneinstrahlung und Wind zu schützen. Holzschalungen sind gut anzunässen. Die Oberfläche des verdichteten Betons ist so bald wie möglich gegen Austrocknung zu schützen. Zusätzlich zu den üblichen Nachbehandlungsmaßnahmen (siehe Abschnitt 6.7.4) Abdecken mit feuchten Matten oder feuchtem Sand.

6 Beton

6.8.4 Wärmebehandlung

Die schnelle Erhärtung des Betons infolge erhöhter Temperatur wird bei der Herstellung von Fertigteilen und Betonwaren bewusst ausgenutzt, um so zeitig wie möglich ausschalen zu können.

Verfahren der Wärmebehandlung [6.21][6.66] sind:
a) Dampfbehandlung: auf die verdichteten Betonbauteile, die in Kammern oder Tunneln oder nur unter Folien lagern, wird gesättigter Wasserdampf geleitet.
b) Warmluftbehandlung: anstelle von Dampf wird mit erwärmter Luft (relative Luftfeuchte ≥ 80 %) gearbeitet.
c) Aufheizen der Schalung durch Dampf, Öl oder Elektrowärme: entweder kastenförmig ausgebildete Schalungen oder Heizschlangen. Das Verfahren ist wirtschaftlicher und technisch einfacher als a und b.

Die Wärmebehandlung erfolgt nach einem Programm, das sich in die Abschnitte Vorlagern, Aufwärmen, Durchwärmen und Abkühlen untergliedert mit Gesamtbehandlungszeiten von mehreren Stunden. Bei Betontemperaturen ab 60 °C nehmen die Festigkeitsverluste gegenüber Normalerhärtung bei gleichem Hydratationsgrad rasch zu.

Bei der Dampfbehandlung ist Folgendes zu beachten. Die Betontemperatur darf während der ersten drei Stunden nach dem Mischen 30 °C bzw. während der ersten vier Stunden 40 °C nicht überschreiten. Der Temperaturanstieg soll 20 K/Stunde nicht übersteigen. Die mittlere Betontemperatur darf 60 °C (Dauerhaftigkeitsforderung für feuchtebelastete Außenbauteile, Gefährdung durch sekundäre Ettringitbildung) nicht überschreiten. Die Abkühlung soll 10 K/Stunde nicht übersteigen. Während Nachbehandlung und Abkühlung ist der Beton vor Feuchtigkeitsverlust zu schützen.

Die bei einem Wärmebehandlungsprogramm zu beachtenden Bedingungen, insbesondere die grundlegenden physikalischen Vorgänge, sind in [6.21] mit konkreten Beispielen belegt. Andere Möglichkeiten, die Festigkeitsentwicklung des Betons zu beschleunigen, sind die in Abschnitt 6.8.2 genannten Maßnahmen und das Mischen von Beton mit Dampfzuführung.

6.9 Betonieren nach besonderen Verfahren

6.9.1 Unterwasserbeton

Unterwasserbeton [6.51] ist ein Beton, der unter Wasser geschüttet wird, wobei das Wasser keine Strömung besitzen darf.

Die Zusammensetzung des Betons muss so sein, dass er als zusammenhängende Masse fließt und ohne Verdichtung ein geschlossenes Gefüge aufweist. **Verfahren:** Außer den in Abb. 6.12 dargestellten Contractor-, Hydroventil- und Mörtelinjektionsverfahren (siehe Abschnitt 6.9.2) sind das Pump-, das Kübel- und das Austrittsventilverfahren zu nennen. Beim Kübelverfahren wird ein geschlossener Spezialkübel mit Frischbeton an die Einbaustelle gebracht und dort geöffnet. Das Austrittsventilverfahren baut auf dem Hydroventilverfahren auf, besitzt aber ein Austrittsventil. Eine sehr vorteilhafte Kombination zwischen Hydroventil- und Austrittsventilverfahren ist die KDT-Tremie-Methode (**K**ajima-**D**ouble-**T**ube), bei der zum Fördern des Betons eine Doppelrohrkonstruktion zum Einsatz kommt.

Die erreichbare Betonfestigkeit ist stark verfahrensabhängig. Beim Injektionsverfahren beträgt sie etwa ein Drittel gegenüber der Festigkeit beim Contractorverfahren, was bei der Eignungsprüfung über die anzustrebende Zielfestigkeit berücksichtigt werden muss.

6.9 Betonieren nach besonderen Verfahren

Weitere **Anforderungen an den Beton** sind: fließfähige Konsistenz (Ausbreitmaß 50 bis 60 cm; verfahrensbedingt können andere Konsistenzbereiche notwendig sein); Wasserzementwert 0,60; Sieblinie der Gesteinskörnung stetig im günstigen Bereich; Zementgehalt ≥ 350 kg/m³ bei 32 mm Größtkorn; Mehlkorngehalt entsprechend Tafel 5.20.

Beim **Einbringen** darf der Beton niemals frei durch das Wasser fallen, damit der Zement nicht ausgewaschen wird. Unter dem Namen Hydrocrete gibt es ein Spezial-Einbauverfahren, das hiervon eine Ausnahme macht (siehe unten). Beim Einbringen des Betons mit ortsfesten Trichtern oder geschlossenen Kästen müssen diese so tief in den bereits eingebrachten Beton eintauchen, dass der ausfließende Beton mit dem Wasser *nicht* in Berührung kommt. In Wassertiefen unter 1 m ist an der Stelle des Betonierbeginns zunächst so viel Beton einzubringen, dass der Beton über die Wasseroberfläche ragt. Der folgende Beton wird dann stets über Wasser auf den herausragenden Beton aufgeschüttet und dabei mit natürlicher Böschung vorsichtig vorangetrieben.

Hydrocrete ist die Bezeichnung für ein Spezial-Einbauverfahren, auch von Unterwasserbeton mit hoher Dichtigkeit. Der Beton ist dabei im frischen Zustand so erosionsfest, dass er durch Verwendung geeigneter Zusatzmittel ohne Entmischung unter Wasser mehrere Meter frei abstürzen kann und selbst 10 cm dicke Platten sicher unter Wasser betoniert werden können. Er braucht nicht verdichtet zu werden und nivelliert sich durch Fließen auf eine Oberflächenebenheit von ± 3 cm. Mit dem Verfahren wird unbewehrter und bewehrter Beton hergestellt.

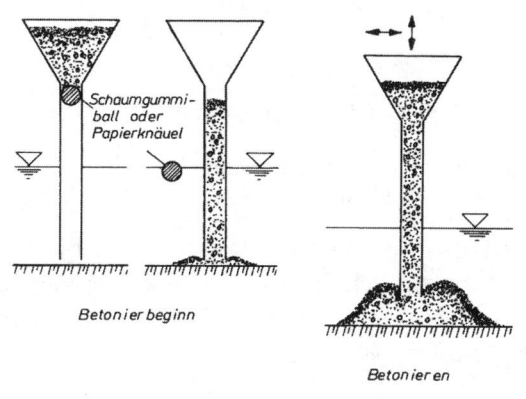
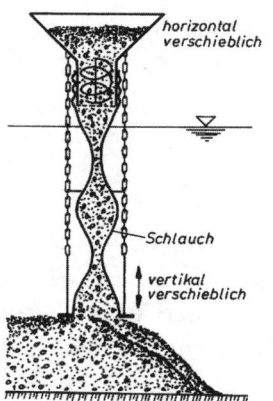

a) Contractorverfahren

b) Hydroventilverfahren

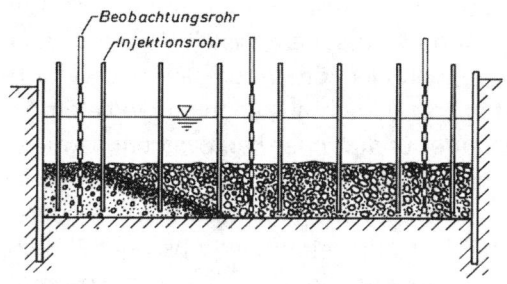

c) Mörtelinjektionsverfahren

Abb. 6.12
Einbauverfahren von Unterwasserbeton (schematisch); nach [6.51]

6.9.2 Prepakt- und Colcretebeton

In eine druckfeste Schalung wird grobe Gesteinskörnung (Korndurchmesser ≥ 32 mm) in möglichst dichter Packung eingebracht und dann von unten her gleichmäßig ansteigend Zementleim oder Zementmörtel (Korndurchmesser bis 4 mm) mit geringem Druck so eingepresst, dass er den gesamten Hohlraum zwischen den groben Körnern (etwa 35 bis 45 Vol.-%) ausfüllt (siehe auch Abb. 6.12 c).

Beim **Prepaktverfahren** werden Zement, Sand (Größtkorn 1,5 bis 2 mm) und Wasser sowie ein verflüssigendes und gegebenenfalls treibendes Zusatzmittel gemeinsam gemischt. Das **Colcreteverfahren** verzichtet meist auf Zusatzmittel. In einem hochtourigen Mischer werden zunächst Zement und Wasser gemischt und erst danach der Sand (Größtkorn 2 bis 4 mm) unter Mischen zugegeben. Eine Besonderheit sind die Colcretebetonplatten: Steppdeckenartige Kunststoffmatten werden unter Wasser verlegt und anschließend mit Colcrete-Mörtel ausgepresst.

Prepakt- und Colcretebeton sind besonders *schwindarm,* da sich in den Berührungspunkten der Körner keine dem Schwinden unterliegende Mörtelschicht befindet. Andererseits kann es im Mörtel selbst zu Schwindrissen kommen, weil sein Schwinden durch das starre Korngerüst behindert wird. Daher gegebenenfalls Zugabe von quellenden Zusatzmitteln. Anwendung findet diese Art der Betonherstellung beim Betonieren an schwer zugänglichen Stellen, im Wasserbau (Befestigung von Böschungen), bei Strahlenschutzbeton (siehe Abschnitt 6.21) und bei Unterwasserbeton (siehe Abschnitt 6.9.1).

6.9.3 Spritzbeton und Spritzmörtel

Normen

DIN 18 551	(2013-07)	Spritzbeton – Anforderungen, Herstellung, Bemessung und Konformität
DIN EN 14487 – 1	(2006-03)	Spritzbeton – Begriffe, Festlegungen, Konformität
DIN EN 14487 – 2	(2007-01)	Spritzbeton – Begriffe, Ausführung

Spritzbeton und Spritzmörtel werden in geschlossenen, überdruckfesten Schlauch- und/oder Rohrleitungen zur Einbaustelle gefördert, dort durch Spritzen an eine vorbereitete Fläche (Fels- oder Erdoberfläche, einseitige Schalung aus Holz oder Stahl, erhärteter Beton, Mauerwerk) aufgebracht und dabei durch den Aufprall verdichtet.

a) Anwendung

Ursprünglich wurde das Spritzverfahren durch die Fa. Torkret *(Torkretbeton)* zur Bergsicherung und Auskleidung bei Untertagebauten sowie zur Ausbesserung von schadhaften Bauteilen (Brandschäden, Frostschäden, aggressive Einflüsse) entwickelt. Heute werden die Vorteile des Spritzbetons (einseitige Schalung, geringer Förder-, Einbau- und Verdichtungsaufwand, Möglichkeit des Überkopfbetonierens) auch auf anderen Gebieten des Bauwesens, wo es um die Herstellung *flächenhafter* und *dünner Bauteile* geht, genutzt: Behälterbau, Schwimmbecken, Kanalauskleidungen, Schiffe und Pontons, Hallenbäder (Schalen, Faltwerke), Sicherung von Hängen und Böschungen. Spritzmörtel aus besonderen Zuschlägen, wie z.B. Perlite, Vermiculite, Fasern (Faserspritzbeton siehe Abschnitt 6.22.2), werden als akustische Auskleidungen, Antikondensputz gegen Schwitzwasser sowie als Ummantelung zur Verbesserung der Wärmedämmung und des Brandschutzes auf vorhandene Bauteile aufgebracht.

6.9 Betonieren nach besonderen Verfahren

b) Herstellung

Beim Trockenspritzverfahren schwimmt das Trockengemisch aus Zement, Gesteinskörnung und gegebenenfalls Zusatzstoffen in der Förderleitung in einem Druckluftstrom *(Dünnstromförderung)* bis zur Spritzdüse, in der das erforderliche Wasser und gegebenenfalls flüssige Zusatzmittel zugegeben werden. Beim Nassspritzverfahren wird der Ausgangsmischung das Wasser bereits im Mischer zugegeben und diese Nassmischung entweder wie beim Trockenspritzverfahren mit Druckluft im Dünnstrom oder mit Kolben-, Schnecken- oder Rotorpumpen im sogenannten Dichtstrom *(Dichtstromförderung)* zur Spritzdüse gefördert. Der Dichtstrom muss an der Spritzdüse durch Zuführung von Druckluft (Treibluft) noch auf die für das Aufbringen erforderliche Geschwindigkeit gebracht werden. Dabei können ihm in der Düse gegebenenfalls flüssige Zusatzmittel (z.B. Erstarrungsbeschleuniger) zugegeben werden. Soll der Spritzbeton an der Auftragsfläche haften, dann ist diese z.B. mit Druckluft oder -wasser oder Sandstrahlen zu säubern. Flammstrahlen ist nicht geeignet. Lose, verwitterte oder beschädigte Teile sind zu entfernen, Stahleinlagen (möglichst kleine Durchmesser, lichter Abstand ≥ 5 cm) gut zu befestigen. Die Spritzdüse ist rechtwinklig im Abstand von etwa 0,5 bis 1,5 m von der Auftragsfläche so zu führen, dass möglichst wenige Bestandteile des Betons zurückprallen.

c) Zusammensetzung des Betons

Durch den Rückprall weicht die Zusammensetzung des Spritzbetons von der des Bereitstellungsgemisches ab. Die Festlegungen zum Mindestzementgehalt und Mehlkorngehalt nach DIN EN 206-1/DIN1045-2 gelten für das Bereitstellungsgemisch, wobei verfahrensbedingt höhere Mehlkorngehalte möglich sind. Der Wasserzementwert liegt beim Trockenspritzverfahren in der Regel unter 0,50, sodass beim Nachweis der – für Beton entsprechender – Expositionsklassen festgelegten Höchstwerte (Tafeln 6.10) für den Spritzbeton ein Wasserzementwert $< 0,50$ angenommen werden kann. Beim Nassspritzverfahren ist die Konsistenz der Ausgangsmischung von der Förderart abhängig; steif bis plastisch bei Dünnstromförderung, plastisch bis fließfähig bei Dichtstromförderung.
Zusätze werden zur Beschleunigung zugegeben und zur Verringerung des Rückpralls (z.B. Silicastaub).

d) Prüfung

Bei der Prüfung des Spritzbetons sind Untersuchungen in den drei Prüfebenen Bereitstellungsgemisch, Spritzbeton und Spritzgemisch-Rückprall sowie Festbeton vorzunehmen. Zur Prüfung auf Festigkeit werden Bohrkerne (Durchmesser 10 cm) entweder aus dem Bauwerk oder aus gesondert hergestellten Platten (Mindestabmessungen: 40 cm x 40 cm x 12 cm) entnommen.

6.9.4 Vakuumbeton

Das Vakuumverfahren wurde 1967/68 von der schwedischen Firma Tremix AB entwickelt. Man findet es bei der Herstellung von Industriefußböden, Fahrbahntafeln, Parkdecks usw.

a) Herstellung

Der normal, z.B. mit Innenrüttlern, verdichtete Beton wird mit Vibrationsbohlen abgezogen. Danach erfolgt die Vakuumbehandlung durch Auflegen von Filtermatten (Sperre für Mehlkorn), Auflegen des Vakuumteppichs, Absaugen eines Teils des Wassers aus dem Beton mit Vakuumaggregaten. Der Beton ist sofort begehbar und wird mit Rotorglättern bearbeitet.

Während der Vakuumbehandlung liegt auf dem Beton eine Auflast von etwa 80 kN/m² (= 8 m Wassersäule). Die Sieblinie der Gesteinskörnung soll im Bereich A/B nach Abb. 5.6 liegen. Ein hoher Feinkornanteil des Betons verlängert die Saugzeit, deshalb soll dieser Anteil auf das mögliche Minimum beschränkt werden. Die Dauer der Vakuumbehandlung beträgt etwa eine bis zwei Minuten je cm Deckenstärke, wobei etwa 0,3 l Wasser je m² Betonfläche abgesaugt werden.

b) Eigenschaften

Die Oberfläche des Vakuumbetons besitzt eine hohe Ebenflächigkeit und Verschleißfestigkeit, auf die ohne Estrichzwischenlage beliebige Beläge aufgebracht werden bzw. Hartstoffe eingearbeitet oder zusätzliche Verschleißschichten ohne Haftbrücke „frisch-auf-frisch" aufgezogen werden können. Durch die Vakuumbehandlung reduziert sich der *w/z*-Wert um 10 bis 20 % und erhöht sich die Festigkeit um 30 bis 50 %. Der Beton wird dichter, damit erhöhen sich Wassereindringwiderstand, Frostbeständigkeit und Widerstand gegen chemischen Angriff. Geringer wird auch das Schwinden und Schrumpfen.

6.10 Betone mit besonderen Eigenschaften

Betone mit besonderen Eigenschaften kommen auch in Bauwerken zum Einsatz, für die der Bundesminister für Verkehr zuständig ist. Es gelten bei der Fertigung von Ingenieurbauwerken, Betonfahrbahndecken, Wasserbauwerken Anforderungen, die manchmal über die in der DIN EN 206-1 / DIN 1045-2 enthaltenen hinausgehen. In Tafel 6.23 sind die Zusätzlichen Technischen Vertragsbedingungen (ZTV) genannt, die nach Beauftragung Vertragsbestandteil werden.

Tafel 6.23 Zusätzliche Technische Vertragsbedingungen (ZTV) des für Verkehrsbauwerke an den Bundesfern- und Bundeswasserstraßen zuständigen Bundesministers

Vorschrift bzw. Vertragsgrundlage	Geltungsbereich
ZTV – ING ZTV Beton – StB ZTV – W	Bau und Erhaltung von Ingenieurbauwerken sowie Bundesfernstraßenbau Fahrbahndecken aus Beton Wasserbauwerke

6.10.1 Hochfester Beton, Hochleistungsbeton

(Siehe auch [6.46]).

Mit Fließmitteln und Silicastaub (Mikrosilica Silica fume) sowie niedrigen Wasserzementwerten kann Beton hergestellt werden, dessen Druckfestigkeit weit über 60 N/mm² (ab C55/67 bzw. LC 55/60) hinausgeht. Durch die geringe Zementsteinporosität kommen Eigenschaften wie hohe Dichtigkeiten, verbunden mit Verbesserungen der Dauerhaftigkeit und Beständigkeit, hinzu. Solche Betone bezeichnet man als **hochfeste Betone** (s. Tafel 6.2) oder auch als **Hochleistungsbetone.**

Die positive **Wirkung von Silicastaub** hinsichtlich Festigkeit und Dichtigkeit beruht auf folgenden Faktoren:
– Silicastaub besteht aus mehr als 90 % amorphem SiO_2 und reagiert mit dem $Ca(OH)_2$ des Zementsteins zu weiteren festigkeitsbildenden Calciumsilicathydraten (puzzolanische Reaktion).

- Durch die geringe Korngröße des Silicastaubes (< 0,2 µm) ist von einem wirksamen Füllereffekt auszugehen. Die Staubpartikel sind in der Lage, die kleinsten Lücken zwischen den Zementkörnern auszufüllen, erhöhen somit entscheidend die Packungsdichte.
- Die kleinen Teilchen in Verbindung mit der puzzolanischen Reaktion verbessern die Mikrostruktur an der Schwachstelle des Betons, und zwar zwischen Zementstein und Gesteinskörnung. Damit erfolgt der Bruch beim hochfesten Beton auch durch die Gesteinskörnung und nicht wie beim Normalbeton um die Gesteinskörnung.

Die **Einsatzmenge von Silicastaub** wird von folgenden Eigenschaften bestimmt:
- Mit zunehmendem Silicastaubanteil erhöht sich der Wasseranspruch, und ab etwa 10 % vom Zementanteil ist eine deutlich zunehmende Klebrigkeit des Zementleims zu verzeichnen.
- Durch die Reaktion des amorphen SiO_2 mit dem $Ca(OH)_2$ ist bei bewehrten Betonen zu beachten, dass zur Aufrechterhaltung des für den Korrosionsschutz notwendigen pH-Werts des Porenwassers der Gehalt an Silicastaub den Wert von 11 % der Zementmasse nicht überschreitet.

Bei hochfestem Beton (ab Betonfestigkeitsklasse C55/67) liegen die Richtwerte für die Obergrenze des Mehlkorngehalts höher, weil größere Zementanteile (Mehlkornbestandteil) zu dessen Herstellung erforderlich sind.

Aus verarbeitungstechnischen Gründen wird Silicastaub in der Regel als Suspension, seltener in Pulverform dem Beton zugegeben. Die Suspension enthält etwa 50 % Wasser, das bei der Berechnung des Wasserzementwerts zu berücksichtigen ist. Durch die hohe spezifische Oberfläche von Silicastaub (≈ 20 m^2/g) und den damit verbundenen hohen Wasseranspruch ist es erforderlich, zur Erreichung niedriger Wasserzementwerte von 0,35 bis 0,25 Fließmittel einzusetzen (siehe Abschnitt 6.4.3). Neben Zementgehalten mit hoher Festigkeitsklasse, insbesondere mit geringer spezifischer Oberfläche, sind auch hohe Festigkeitsanforderungen an die Gesteinskörnung zu stellen. Mit Zementgehalten von 450 kg/m³ und 10 % Silicastaub ist es bei Einsatz von Fließmitteln (bis 20 l/m³) auch bei Wasserzementwerten von 0,25 möglich, eine weiche bis fließfähige Konsistenz zu erhalten. Dieser Beton ist pumpfähig und lässt sich auf der Baustelle sehr gut verarbeiten.

Die Struktur der Hochleistungsbetone gegenüber Normalbeton ist gekennzeichnet durch eine Verringerung der Festbetonporosität (etwa bis 6 Vol.-%) und durch kleinere Porengrößen im Kapillarporenbereich. Die dadurch bedingte Verminderung der Durchlässigkeit für flüssige und gasförmige Medien sichert die hohe Widerstandsfähigkeit der Hochleistungsbetone.

Von Nachteil beim hochfesten Beton ist die Erhöhung der Materialsprödigkeit sowie die Abplatzneigung im Brandfall. Letztere kann durch Zugabe z.B. von Polypropylenfasern vermindert werden.

Hochleistungsbeton findet Anwendung für Bauteile mit hoher mechanischer und Umweltbelastung, zum Schutz vor umweltgefährdenden Stoffen. Auch für druckbeanspruchte Bauteile ohne größere Exzentritäten, biegebeanspruchte mit großer Spannweite sowie Verbundkonstruktionen hat er sich bewährt.

Ultrahochfester Beton (UHPC), auch als Hochleistungsfeinkornbeton bezeichnet, weist neben den erreichbaren Druckfestigkeiten (Druckfestigkeitsbereich von 150 N/mm² bis 230 N/mm²) auch eine extreme Dichtigkeit (Kapillarporosität etwa 2 Vol.-%) auf. Er wird hergestellt, indem alle Schwachstellen in dessen Struktur minimiert werden. Das erreicht man durch eine Optimierung der Packungsdichte von Zement, Zusatzstoffen und feinen Gesteinskörnungen, durch Verbesserung der Mikrostruktur, z.B. durch nachträgliche Wärmebehandlung, durch Erhöhung der Duktilität durch Stahlfasereinsatz. Hochwirksame Fließmittel zur Verringerung des Wasser-Bindemittel-Werts auf $\leq 0{,}20$ sind außerdem erforderlich. Die Zementgehalte liegen um 700 kg/m^3. Die Bezeichnung „reaktiver Pulverbeton" wird wegen des Fehlens von Gesteinskörnungen ≥ 1 mm genutzt.

6.10.2 Selbstverdichtender Beton

DAfStb-Richtlinie: Selbstverdichtender Beton (2012-09) DIN EN 206-9: Ergänzende Regeln für selbstverdichtenden Beton (SVB) (2010-09)

Selbstverdichtender Beton (SVB) ist ein Beton, der ohne Einwirkung zusätzlicher Verdichtungsenergie unter dem Einfluss der Schwerkraft fließt und entlüftet sowie die Bewehrungszwischenräume und eine beliebig geformte Schalung vollständig ausfüllt. Es darf außerdem weder ein Wasserabsondern (Bluten) noch ein Absetzen von Grobkorn (Sedimentieren) erfolgen. Daraus folgt, dass die **Betonzusammensetzung** in einigen Punkten von der üblichen Betontechnologie (nach DIN EN 206-1/DIN 1045-2) abweichen muss, um diese Eigenschaften zu erfüllen. In der Betonmischung wird eine Erhöhung des Mehlkornanteils vorgenommen (450 bis 650 kg/m^3) und hochwirksame Fließmittel (z.B. auf Basis Polycarboxylate) werden eingesetzt. Damit gelingt es, bei hohem Fließvermögen des Frischbetons der Gefahr des Absetzens der Gesteinskörnung (Dichte 2,6 kg/dm^3 bis 2,8 kg/dm^3) im Zementleim (Dichte $\approx 1{,}7$ kg/dm^3) entgegenzuwirken und dem Aufsteigen der Luftblasen bei der Selbstentlüftung einen geringen Widerstand entgegenzusetzen.

Entscheidend für den Einsatz des SVB ist die optimale Verarbeitbarkeit, die durch **Prüfgrößen** wie Fließfähigkeit, Viskosität, Blockierneigung, Selbstnivellierungsfähigkeit, Selbstentlüftungsfähigkeit und Gefügestabilität charakterisiert wird. Der **Entwurf der Mischungszusammensetzung** [6.4] unterscheidet sich wesentlich von der üblichen Vorgehensweise. Zu beachten ist, dass der SVB wesentlich empfindlicher auf Abweichungen von der optimalen Mischung reagiert, z.B. bei kleinen Schwankungen der Fließmitteldosierung, bei Ungenauigkeiten bei der Bestimmung des Feuchtegehalts der Gesteinskörnung, bei Änderung des Wasseranspruchs des Mehlkorns. Der gleichbleibende Kornaufbau der mehlfeinen Betonzusatzstoffe muss prüftechnisch durch einen gleichbleibenden Wasseranspruch nachgewiesen werden. Sowohl durch niedrige als auch durch hohe Temperaturen kann die Verarbeitbarkeit des SVB negativ beeinflusst werden, wobei die Grenze zwischen gutem und ungünstigem Frischbetonverhalten sehr scharf ist. Ein Verlust der selbstverdichtenden Eigenschaften des Betons wäre die Folge.

Um die gleichmäßige Ausbreitung des SVB in der Schalung mit Bewehrung zu sichern, insbesondere keinen Stau für die groben Gesteinskörnungen durch die Bewehrung zu bewirken, muss man den Durchmesser des Größtkorns und die Grobkornmenge begrenzen. Für die Planung und Bemessung von Schalungen empfiehlt es sich aus baupraktischer Sicht, den vollen hydrostatischen Druck anzusetzen.

Für die **Selbstentlüftungsfähigkeit** des SVB ist außer der geringen Viskosität und Fließgrenze auch der Weg entscheidend, den die Luftblasen bis zur Oberfläche zurücklegen müssen. Die Selbstentlüftung nimmt demnach mit zunehmender Tiefe ab. Außerdem sollte der SVB im Bauteil ohne Unterbrechung fließen. Je länger der Fließweg, umso länger ist die Zeit, die im Beton enthaltene Luft abzugeben. Bei langen Fließwegen sind Luftgehalte zu erreichen, die nur wenig über denen des durch Rütteln verdichteten Betons liegen.

Der selbstverdichtende Beton ist ein Überbegriff für ähnliche Frischbetoneigenschaften. Die Festbetoneigenschaften hängen im Endeffekt von den jeweiligen Betonrezepturen ab. Der Einsatz von SVB kann trotz höherer Kosten zu **Vorteilen** für Architekten, Tragwerksplaner, Bauunternehmer und Bauherren führen, weil
– die Herstellung komplizierter Bauteilgeometrien möglich wird,
– fehlerfreie Sichtbetonflächen zuverlässig erreichbar sind,
– Bereiche mit hohem Bewehrungsanteil vollständig ausgefüllt werden sowie keine Rüttelgassen erforderlich sind,
– die Umhüllung der Bewehrung ohne Fehlstellen zu einer erhöhten Dauerhaftigkeit führt,
– die Lärmbelästigung beim sonst notwendigen Verdichten des Betons entfällt.

Für die Herstellung und den Einbau des selbstverdichtenden Betons ist ein enges Qualitätssicherungssystem erforderlich, verbunden mit einem gegenüber Rüttelbeton höheren Prüfaufwand.

6.10.3 Beton mit hohem Frost- bzw. Frost-Tausalz-Widerstand

Der Widerstand des Betons gegenüber Frosteinwirkungen ist im Wesentlichen von seiner Porosität und dem Feuchtegehalt abhängig. Frostschäden im Beton entstehen vereinfacht dargestellt dadurch, dass sich das in den Poren befindliche Wasser beim Gefrieren um etwa 9 % ausdehnt und sich der hydraulische Druck des in kleineren Poren noch nicht gefrorenen Wassers wesentlich erhöht.

Tausalze bzw. Taumittel entziehen dem Beton die Lösungswärme des Salzes und die Schmelzwärme des Eises mit der Folge einer deutlichen Temperaturerniedrigung der oberflächlichen Schicht. Hinzu kommt das Verdünnungsbestreben von Salzlösungen, sodass durch eine höhere Durchfeuchtung des Betons und eine wesentlich niedrigere Temperatur die Schädigung durch Tausalze/-mittel größer ist als bei alleinigem Frostangriff.

a) Beton mit hohem Frostwiderstand muss dann hergestellt werden, wenn er im durchfeuchteten Zustand häufig schroffen Frost-Tau-Wechseln ausgesetzt wird. Dies ist z.B. bei vielen Wasserbauten wie Hafenmolen, Schifffahrtsschleusen, Uferschutzbauwerken und Staumauern der Fall sowie bei allen voll der Witterung ausgesetzten Brücken- und Hochbauten aus Beton.

Die Bedeutung des Feuchtegehalts des Betons beim Frostwiderstand kommt in den Expositionsklassen XF1 und XF3 (s. Tafel 6.3) durch die Kennzeichnung der Umgebung mit mäßiger Wassersättigung (XF1; z.B. Außenbauteile) bzw. hoher Wassersättigung (XF3; z.B. offene Wasserbehälter) und den höheren Anforderungen an den Beton bei der Expositionsklasse XF3 (s. Tafel 6.10 b) zum Ausdruck. Mit der Reduzierung des maximalen Wasserzementwerts des Betons von 0,60 (XF1) auf 0,50 (XF3) reduziert sich vor allem die Kapillarporosität des Zementsteins. Verständlich ist weiter, dass außer einem ausreichenden Frostwiderstand des Zementsteins auch für die Gesteinskörnung die gleiche Anforderung gilt (F_4 bzw. F_2; siehe Abschnitt 5.6.2.1).

Die im Abschnitt 6.4.4 erläuterte positive Wirkung von Luftporenbildnern auf den Frost-Taumittel-Widerstand kann bereits in der Expositionsklasse XF3 genutzt werden. Durch diese betontechnologische Maßnahme ist es möglich, den maximalen Wasserzementwert auf

0,55 zu begrenzen. Die weiteren einzuhaltenden Grenzwerte für die Zusammensetzung eines Betons bei Frostangriff (ohne Taumittel) sind in Tafel 6.10 b angeführt.
Zementschlämmeschichten auf der Oberfläche nach dem Rütteln sind später besonders frostempfindlich und gegebenenfalls durch Besenstrich zu entfernen.

b) Beton mit hohem Frost-Taumittel-Widerstand muss dann hergestellt werden, wenn im durchfeuchteten Zustand neben Frost auch Taumittel auf ihn wirken. Dies geschieht nicht nur durch direkte Einwirkung beim Streuen auf Verkehrsflächen, sondern auch indirekt durch Anspritzen oder Abtropfen von Tausalzlösungen bei anderen Bauteilen, wie z.B. Gehwegkappen von Brücken, Wänden und Pfeilern an Straßen, Parkdecks und in Kläranlagen. Taumittel in salzförmiger Form (Tausalze) kommen selten zum Einsatz, sodass der Begriff Frost-Tausalz-Widerstand von Frost-Taumittel-Widerstand abgelöst wurde.
Bei Beton mit hohem Frost-Taumittel-Widerstand sind bei hoher Wassersättigung (Expositionsklasse XF4; z.B. mit Taumitteln behandelte Vekehrsflächen) unbedingt Luftporenbildner einzusetzen. Bei mäßiger Wassersättigung (XF2; z.B. Bauteile im Spritzwasserbereich von taumittelbehandelten Vekehrsflächen) kann die Widerstandsfähigkeit mit und ohne LP-Mittel realisiert werden. Die Forderungen an die Betone enthält Tafel 6.10 b.
Bei Betonfahrbahnen (sehr starker FT-Angriff) müssen die Anforderungen an Ausgangsstoffe und Beton der ZTV Beton – StB beachtet werden.

6.10.4 Beton mit hohem Widerstand gegen chemischen Angriff

a) Arten und Vorkommen betonangreifender Stoffe

Beim Beton ist der Zementstein bei Einwirkung von aggressiven Wässern, Böden und Gasen in der Regel der schwache Bestandteil im Gefüge. Betonangreifende Stoffe wirken lösend und/oder treibend auf den Zementstein. Natrium- und Kaliumionen (aus Zement, Taumittel oder Meerwasser) können alkaliempfindliche Gesteinskörnung (alkalireaktive Kieselsäure) angreifen (siehe Abschnitt 5.5.7). Treiberscheinungen durch die Alkali-Kieselsäure-Reaktion (AKR) im Beton sind die Folge.
Lösende Stoffe sind z.B. anorganische und organische Säuren, weiche Wässer; treibende z.B. Sulfate (siehe Abschnitt 4.6.2.3). Chloride fördern die Korrosion des Bewehrungsstahls (siehe Abschnitt 6.25.3). Tafel 6.24 enthält Hinweise, durch welche Bestandteile in aggressiven Medien Beton angegriffen werden kann.

Tafel 6.24 Betonangreifende Bestandteile von Medien [6.16]

Auftreten betonangreifender Medien	Betonangreifende Bestandteile
Meerwasser	Magnesiumverbindungen, Sulfate
Gebirgs-, Quellwässer	gelegentlich kalklösende Kohlensäure, Sulfate
Moorwässer	oft kalklösende Kohlensäure, Sulfate, Huminsäuren
Bodenwasser verunreinigt	oft kalklösende Kohlensäure, Sulfate, Magnesiumverbindungen zusätzlich Schwefelwasserstoff, Ammonium- und organische Verbindungen
Flusswasser	in der Regel Konzentration betonangreifender Stoffe gering

6.10 Betone mit besonderen Eigenschaften

Auftreten betonangreifender Medien	Betonangreifende Bestandteile

Abwässer
  häusliche
 	
  industrielle
	Säuren und deren Salze, organische Verbindungen
	Ammoniumverbindungen, Schwefelwasserstoff
	(biogene Schwefelsäurekorrosion)
	unterschiedlich je nach Art des Betriebs

Böden	Eisensulfide sowie austauschfähige (säurebildende) Bestandteile
Böden aus Zechstein-, Trias-, Jura-, Tertiärformation	häufig Sulfate; Magnesium- und Natriumsulfat vorzugsweise in Nähe von Salzlagerstöcken (Anhydrit, Gips)
Moorböden (Torf)	oft kalklösende Kohlensäure, Sulfate, Huminsäuren
Faulschlamm (Klärschlamm)	Huminsäuren
Deponien	je nach Abfallprodukten in Sickerwasser häufig betonangreifende Stoffe
Abgase aus Verbrennungsprozessen	gas- und staubförmige Bestandteile; Aerosole lösen sich bei Taupunktunterschreitung im Kondensat, dann mineralische, organische Säuren bzw. unterschiedlich konzentrierte Salzlösungen
Brandgase chlorhaltiger Kunststoffe	Chlorwasserstoff
Faulgase	Schwefelwasserstoff, durch bakterielle Oxidation Schwefelsäure (Luftsauerstoff erforderlich)

b) Beurteilung von Wässern und Böden

Die Aggressivität von Wässern vorwiegend natürlicher Zusammensetzung kann mit Tafel 6.25 anhand der aufgeführten Grenzwerte beurteilt werden. Die Grenzwerte gelten für stehendes oder schwach fließendes Wasser und in großen Mengen vorhandenes Wasser (keine Konzentrationsänderung der angreifenden Ionen).

Tafel 6.25 Grenzwerte für die Expositionsklassen bei chemischem Angriff (XA) nach DIN 1045

Chemisches Merkmal[1)]	Expositionsklassen[2)]		
	XA1	XA2	XA3
SO_4^{2-} in mg/l Wasser	≥ 200 bis 600	> 600 bis 3000	> 3000 bis 6000
SO_4^{2-} in mg/kg Boden[3)]	≥ 2000 bis 3000[4)]	> 3000[4)] bis 12 000	> 12 000 bis 24 000
pH-Wert des Wassers	≤ 6,5 bis 5,5	< 5,5 bis 4,5	≤ 4,5 bis 4,0
Säuregrad des Bodens in ml/kg Boden	> 200	–	–
Kalklösendes CO_2 in mg/l Wasser	≥ 15 bis 40	> 40 bis 100	> 100
NH_4^+ in mg/l Wasser	≥ 15 bis 30	> 30 bis 60	> 60 bis 100
Mg^{2+} in mg/l Wasser	≥ 300 bis 1000	> 1000 bis 3000	> 3000

[1)] Prüfverfahren nach DIN 4030-2; außer Sulfatgehalt im Boden nach DIN EN 196-2.
[2)] Wasser- bzw. Bodentemperatur 5 bis 25°; Fließgeschwindigkeit so klein, dass hydrostatische Bedingungen annehmbar.
[3)] Tonböden mit einer Durchlässigkeit < 10^{-5} m/s dürfen in eine niedrigere Klasse eingestuft werden.
[4)] Bei Gefahr der Anhäufung von Sulfationen im Beton – Wechsel zwischen Trocknung, Durchfeuchtung oder kapillares Saugen – Verminderung des Grenzwerts auf 2000 mg/kg.

Der Angriffsgrad erhöht sich (Ausnahme Meerwasser), wenn zwei oder mehr Werte im oberen Viertel eines Bereichs liegen, bei höherer Temperatur, höherem Druck.

6 Beton

Der **Angriffsgrad** nimmt ab bei niedriger Wassertemperatur, bei langsamer Erneuerung der betonangreifenden Bestandteile infolge geringer Wassermengen und bei nicht bewegtem Wasser bzw. bei kurzzeitiger Einwirkung.

Die Komplexität der Korrosionsvorgänge [2] lässt sich nicht problemlos in einer Tabelle mit Grenzwerten erfassen. Weitergehende Informationen zu allen wesentlichen betonaggressiven Medien einschließlich Schutzmaßnahmen sind in [6.16] enthalten.

Mit betonangreifenden Böden ist zu rechnen, wenn der Beton aufgrund der geologischen Formation in Bodenschichten kommt, die Gips, Anhydrit oder andere Sulfate enthalten, sowie bei Bodenverfärbungen. Die Einteilung nach Tafel 6.25 gilt für häufig durchfeuchtete Böden (bei geringer Durchfeuchtung und/oder Durchlässigkeit Verringerung des Angriffsgrads). Bei Böden mit Sulfidgehalten > 100 mg S^{2-}/kg lufttrocknen Bodens ist mit einer beachtenswerten Erhöhung des Sulfatgehalts zu rechnen, wenn die Voraussetzungen für die Oxidierbarkeit der Sulfide im Boden gegeben sind.

c) Betontechnologische und konstruktive Maßnahmen

Die Widerstandsfähigkeit des Betons gegen chemischen Angriff hängt weitgehend von seiner Dichtigkeit ab.

Unter Nutzung der Tafel 6.10 c können die Anforderungen an den Beton in Bezug auf Wasserzementwert, Zementgehalt und -art (SR-Zement), Betondruckfestigkeitsklasse abgeleitet werden. Wesentlich für die Dichtigkeit ist auch die gute Nachbehandlung des Betons. Bei längerer Einwirkung von sehr starkem Angriff muss der Beton ein Oberflächenschutzsystem erhalten (siehe Abschnitt 6.25.6).

Betonangreifende Bestandteile stellen keine Gefährdung für die Bewehrung bei sachgerechtem Beton (einschließlich Betondeckung) dar. Zu berücksichtigen ist aber, dass die Wirksamkeit der Betondeckung vermindert werden kann.

Erhöht man die Dichtigkeit der Betone wie beim hochfesten Beton und reduziert gleichzeitig den Zementanteil (auf etwa 250 kg/m³) unter Einsatz von Flugasche, Mikrosilica, dann steigt die Widerstandsfähigkeit dieses Betons auch gegen sauer reagierende Medien, wie sie z.B. im Kühlturminneren auftreten [6.14]. Bei dieser Anwendung führt die große Dichtigkeit zu einer hohen Festigkeit, die aus statischen Gründen aber nicht erforderlich wäre; gleichzeitig wird der Anteil des säurelöslichen Bindemittels minimiert. Dieser Beton weist dadurch einen hohen Widerstand gegen sauer reagierende Medien auf.

6.10.5 Beton mit hohem Verschleißwiderstand

Beton muss mit hohem Abnutzwiderstand hergestellt werden, wenn er starker mechanischer Beanspruchung ausgesetzt wird, wie z.B. durch starken Straßenverkehr, rutschende Schüttgüter, häufige Stöße und Bewegungen schwerer Gegenstände und stark strömendes und Feststoffe führendes Wasser (Expositionsklasse XM, siehe Tafel 6.3).

Die **Zusammensetzung** des Betons muss auf einen mörtelarmen Beton aus Gesteinskörnungen mit hoher Verschleißfestigkeit abzielen, da die Verschleißfestigkeit des Zementsteins und des Feinmörtels kleiner ist als die verschleißfester Gesteinskörnungen. Bis 4 mm Korngröße soll die Gesteinskörnung überwiegend aus Quarz oder anderem gleich hartem Material bestehen, über 4 mm Korngröße aus Gestein oder künstlichen Stoffen mit hohem Verschleißwiderstand, wie z.B. Granit, Quarzporphyr, Basalt, Quarzit, bzw. bei besonders hoher Beanspruchung aus Hartstoffen, wie z.B. dichte Schlacke, Korund Al_2O_3 (Härte 9)

6.10 Betone mit besonderen Eigenschaften

oder Siliciumcarbid SiC (Karborund, Härte 9,5). Die Körner sollen gedrungen sein und eine mäßig raue Oberfläche besitzen.

Weitere Anforderungen siehe Tafeln 6.10 c, 6.20. Beton, der beim Verarbeiten Wasser oder auf der Oberfläche Zementschlämme absondert, ist ungeeignet. Mehlkorngehalt nach Tafel 5.20.

Die Prüfung des Verschleißwiderstands von Beton kann mit der *Böhme*-Scheibe nach DIN 52 108 durchgeführt werden. Hierbei wird der Abrieb in cm³ oder in mm infolge Schleifens des Betons mit künstlichem Korund bestimmt (siehe Abschnitt 6.13.6).

Hinsichtlich Beton für Straßendecken siehe Abschnitt 6.19.3. Für Hartbetonbeläge im Industriebau gilt AGI-Arbeitsblatt A 10 sowie [6.22].

6.10.6 Beton für hohe Gebrauchstemperaturen bis 250 °C

Obwohl Beton nach DIN 4102 zu den nicht brennbaren Stoffen (Baustoffklasse A) gehört, verändert er seine Eigenschaften bei höheren Temperaturen stark.

a) Allgemeines

Die **Festigkeit** kann zwar zunächst leicht ansteigen, bedingt durch verstärkte Hydratation und Austrocknung. Ab 300 °C fällt sie jedoch mit steigender Temperatur, besonders zwischen 400 und 700 °C, bis auf 20 % ihres Ausgangswerts bei etwa 1000 °C ab. Grund: Der Zementstein gibt unter starkem Schwinden (etwa 2 %) sein Hydratwasser ab, die Gesteinskörnung dehnt sich aus, wobei quarzhaltige bei 500 bis 600 °C zusätzlich sprunghaft ihre Wärmedehnzahl erhöhen. Das führt zu Gefügezerstörungen, die allerdings ab etwa 900 °C allmählich wieder ausheilen, weil an die Stelle der hydraulischen Bindung des weitgehend dehydratisierten Zementsteins durch Sinterungsvorgänge eine keramische Bindung tritt. Dadurch steigt die Festigkeit wieder an (feuerfester Beton, siehe unten). Wegen des Festigkeitsabfalls ab 300 °C darf Beton Gebrauchstemperaturen von mehr als 250 °C zwar kurzfristig, nicht aber über längere Zeit ausgesetzt werden.

b) Betone für Temperaturen bis 250 °C

Diese Betone sollen eine geringe Wärmedehnung besitzen, um Zwängungsspannungen in den Bauteilen möglichst klein zu halten. Anstelle der üblichen quarzitischen Gesteinskörnung ($\alpha_t \approx 10 \cdot 10^{-6}$ 1/K) wird daher auch Gesteinskörnung mit geringerer Wärmedehnzahl α_t verwendet, häufig Kalkstein ($\alpha_t \approx 5 \cdot 10^{-6}$ 1/K), daneben Hochofenschlacke, Diabas, Basalt, Ziegelsplitt, Blähton.

Reiner Kalksteinbeton erleidet durch Temperaturbelastung einen größeren Festigkeitsabfall als Beton mit quarzitischer Gesteinskörnung. Der Festigkeitsabfall ist jedoch geringer, wenn dem Kalksteinbeton z.B. 40 bis 50 % Elektrofilterasche (bezogen auf den Zementgehalt) zugegeben werden oder für die Körnung 0/4 quarzitische Gesteinskörnung verwendet wird (hydrothermale chemische Reaktionen mit dem Zement). Bei feuchtem Kalksteinbeton kann diese Maßnahme sogar zu einer Festigkeitssteigerung gegenüber einem thermisch nicht beanspruchten Vergleichsbeton führen [6.25].

Die Werte für die Druckfestigkeit und den E-Modul müssen für Dauerbeanspruchungen über 80 °C experimentell bestimmt werden (Eignungsprüfungen). Bei kurzzeitiger Einwirkung über 80 bis 250 °C (bis 24 Stunden) dürfen ohne Nachweis die 0,7-fachen Werte der Tafel 6.12 in Rechnung gestellt werden.

Bei der Herstellung muss der Beton entsprechend Tafel 6.19 sorgfältig nachbehandelt werden. Vor der ersten Erhitzung, die möglichst langsam erfolgen soll, muss dem Beton die Möglichkeit zum Austrocknen gegeben worden sein. Ist im Gebrauchszustand mit Feuchtigkeit im Beton zu rechnen, empfiehlt sich, wie oben angeführt, die Verwendung von Flugasche oder quarzitischer Gesteinskörnung 0/4.

c) Feuerfeste und hochfeuerfeste Betone

Diese Betone können Temperaturen weit über 250 °C bis 1200 °C bei Portlandzement bzw. 1700 °C bei Tonerdezement längere Zeit ausgesetzt werden (sog. Feuerbeton). Sie finden im Feuerungs- und Hochofenbau Anwendung und besitzen den Vorteil, dass z.B. Ausmauerungen mit großformatigen Betonelementen bzw. monolithisch aus Ortbeton hergestellt werden können.

Charakteristisches Merkmal dieser Betone ist der Übergang von der hydraulischen zur keramischen Bindung beim ersten Erhitzen (siehe oben). Als Zemente kommen CEM I und hüttensandhaltige Zemente sowie Tonerdezement CAC in Frage, wobei letzterer die höchste Feuerbeständigkeit besitzt. Bei höheren Temperaturen geht das $Ca(OH)_2$ in CaO über, das später nach Abkühlung und bei Zutritt von Feuchtigkeit wieder $Ca(OH)_2$ bildet und zum Treiben führt. Dies lässt sich verhindern, wenn dem Beton mehlfeine Zusatzstoffe zugegeben werden, wie z.B. feuerfester Ton, Chromerz, Schamotte- und Ziegelmehl, die das freie CaO bei etwa 600 °C binden. Dies ist nicht erforderlich bei CEM III und CAC, die wenig bzw. gar kein $Ca(OH)_2$ bei der Erhärtung abspalten.

Als Gesteinskörnung wird hauptsächlich Schamotte verwendet, außerdem Korund Al_2O_3, Chromerze, Siliciumcarbid SiC (Karborund).

Die **Zusammensetzung** entspricht der von Normalbeton: Zementgehalt 300 bis 400 kg/m³; Sieblinie im günstigen Bereich, gegebenenfalls Zugabe von mehlfeinen Zusatzstoffen (siehe oben) bis zu 100 % des Zementgewichts; Wasserzugabe so bemessen, dass plastischer Beton entsteht; w/z-Wert 0,60. Wegen des hohen Mehlkorngehalts ist eine intensive Vermischung erforderlich, daher Mischzeit ≥ 5 Minuten. Freie Flächen mindestens 7 Tage feucht halten und vor Austrocknung schützen. Die erste Erwärmung muss unter Beachtung besonderer Vorkehrungen erfolgen. Bis zu 600 °C soll der Temperaturanstieg etwa 10 bis 20 K je Stunde betragen, darüber hinaus bis etwa 1200 °C etwa 100 K je Stunde. Weitere Einzelheiten siehe [6.11], [6.39].

6.10.7 Beton mit hohem Wassereindringwiderstand; FD-Beton

Die Grundlagen zur Erreichung einer hohen Dichtigkeit des Betons und die darauf aufbauenden Vorschriften und Prüfverfahren werden durch definierte Begriffe verbunden.

Unter *Beton mit hohem Wassereindringwiderstand* (früherer Begriff **wasserundurchlässiger Beton**) versteht man einen Beton mit definiertem Widerstand gegen drückendes Wasser (s. Abschnitt 6.13.5). Er wird da benötigt, wo Betonbauteile längere Zeit einseitig dem Wasser ausgesetzt sind, wie z.B. bei Stau- und Kaimauern, Schleusen, Kanalauskleidungen, Wasserbehältern, Klär- und Schwimmbecken, Grundwasserwannen (Weiße Wannen [6.23]) und Rohrleitungen.

Der Wassereindringwiderstand von Beton hängt von der Dichtigkeit des Zementsteins und von der Gefügedichtigkeit des Betons (Verdichtungsporen, Kiesnester, Wasserlinsen unter groben Zuschlagkörnern infolge Blutens des Zements) ab. Bei Verwendung von plattigem und/oder länglichem Grobkorn, unter dem sich leicht Wasserlinsen bilden können, empfiehlt sich Nachrütteln (siehe Abschnitt 6.7.3 c). Arbeitsfugen sind möglichst zu vermeiden oder sehr sorgfältig herzustellen (siehe Abschnitt 6.7.3 d).

Eine gute Gefügedichtigkeit des Betons wird durch folgende Maßnahmen begünstigt: Sieblinie der Gesteinskörnung dicht unter B; das grobe Korn möglichst gedrungen, rund oder kantig; optimaler Mehlkorngehalt zwischen 350 und 400 kg/m^3 Beton.

Die Anforderungen an einen Beton mit hohem Wassereindringwiderstand für eine Bauteildicke $d \leq 40$ cm entsprechen mindestens denen der Expositionsklasse XC4 (s. Tafel 6.10 a). Es ist darauf zu achten, dass die Festigkeit und die Festigkeitsentwicklung des einzubauenden Betons den Annahmen der Rissbreitenbeschränkung entsprechen.

In Bauwerken aus Beton, die die Umwelt vor wassergefährdenden Stoffen schützen sollen, wird der Begriff **Dichtheit** eingeführt. Dichtheit bedeutet entsprechend DAfStb-Richtlinie Betonbau beim Umgang mit wassergefährdenden Stoffen (Ausgabe 2004), dass die Eindringfront des Mediums als Flüssigkeit im Beaufschlagungszeitraum mit einem Sicherheitsabstand die der Beaufschlagung abgewandte Seite des Betonbauteils nachweislich nicht erreicht.

Mit den eingeführten Begriffen **FD-Beton** und **FDE-Beton** ist verknüpft, dass die Betonbauten für eine jeweils definierte Dauer dicht bleiben. Unter FD-Beton versteht man einen flüssigkeitsdichten Beton nach DIN 1045 mit vorgegebener Zusammensetzung ($\geq$ C30/37) und begrenzter Eindringtiefe von wassergefährdenden Flüssigkeiten. Der Wasserzementwert soll zwischen 0,45 und 0,50 liegen, wobei das in flüssigen Zusatzmitteln enthaltene Wasser anzurechnen ist. Zur Reduzierung des Schwindens und der Hydratationswärme darf das Volumen von Zement und Anmachwasser 290 l/m^3 nicht überschreiten. Das Größtkorn der Gesteinskörnung (Sieblinie A/B) soll 16 bzw. 32 mm betragen. Um Entmischungen des Betons (Bluten oder Haufwerksporigkeit) zu vermeiden, ist eine weiche Konsistenz zu verwenden. Kunststoffmodifizierungen, Fasern, Vakuumieren können beim FD- bzw. FDE-Beton bestimmte Eigenschaften verbessern.

FDE-Beton ist ein **f**lüssigkeits**d**ichter Beton mit **E**indringnachweis. Diese Bezeichnung wird für diejenigen Betone verwendet, die nicht den Festlegungen für den FD-Beton entsprechen, aber trotzdem Eindringtiefen aufweisen, die kleiner als die des FD-Betons sind.

Die Angaben zur Eindringtiefe der wassergefährdenden Flüssigkeit in den Beton basieren auf Parametern bei der Prüfung, wie statische Höhe der Prüfflüssigkeit von 0,4 m, Eindringzeit 72 Stunden, sichtbare Eindringtiefe durch feuchte/trockene bzw. dunkle/helle Grenzen.

Um nicht für jede in der Praxis genutzte Chemikalie Eindringuntersuchungen durchführen zu müssen, werden Grenzlinien erstellt, mit deren Hilfe die Eindringtiefe des nicht untersuchten Mediums unter Nutzung dessen Viskosität und Oberflächenspannung ohne weitere Prüfungen ermittelt werden kann.

6.11 Qualitätssicherung

6.11.1 Allgemeines

Qualitätsmanagementsysteme (QMS) in Anlehnung an die Normenreihe DIN EN ISO 9000 bis 9004 sind ein Instrument, um bei immer komplexeren Bauaufgaben die Qualität zielsicher und kostengünstig zu sichern. Qualität wurde auch in der Vergangenheit erreicht, wobei die Zielsicherheit und Durchgängigkeit nicht immer ausreichend waren. Qualitätsmanagement ist eine Führungsaufgabe. Es geht auch darum, dass durch die Darlegung des Qualitätsmanagementsystems Vertrauen gegenüber dem Kunden oder einer autorisierten Stelle gebildet wird. Die Qualitätssicherung ist ein Unterbegriff innerhalb des Qualitätsmanagements. Die Produktionskontrolle umfasst alle erforderlichen Maßnahmen zur Sicherung und Steuerung der Qualität, also von der Baustoffauswahl über den Betonentwurf und die Betonherstellung bis zur Überwachung, den Prüfungen sowie der Konformitätskontrolle (Kontrolle auf Übereinstimmungen).

Neben der Erläuterung einiger Begriffe werden besonders die Betonüberwachung und Prüfung, die Konformitätskriterien sowie das Betonfamilienkonzept behandelt.

6.11.2 Erstprüfung

Erstprüfungen (früher **Eignungsprüfung** genannt) werden rechtzeitig vor Verwendung des Betons auf der Baustelle durchgeführt. Durch sie wird festgestellt, ob der Beton mit den in Aussicht genommenen Ausgangsstoffen und der vorgesehenen Konsistenz unter den zu erwartenden Baustellenverhältnissen zuverlässig verarbeitet werden kann und ob er die geforderten Eigenschaften sicher erreicht.

Erstprüfungen werden nicht nur bei Produktionsbeginn einer neuen Betonsorte, sondern auch bei neuen Produktionseinrichtungen durchgeführt.

Ziel ist die Ermittlung, nicht nur wie der Beton zusammengesetzt, sondern auch hergestellt werden muss, um alle Anforderungen im frischen und erhärteten Zustand zu erfüllen. Erstprüfungen sind zu wiederholen, wenn wesentliche Änderungen der Ausgangsstoffe oder der festgelegten Anforderungen eingetreten sind. Da Erstprüfungen bei einer Frischbetontemperatur zwischen 15 und 22 °C durchgeführt werden, müssen zusätzliche Prüfungen erfolgen, wenn der Nutzer bei stark abweichenden Temperaturen betoniert oder eine Wärmebehandlung anwendet. Bei jeder Erstprüfung sind von der jeweiligen Betonzusammensetzung mindestens 3 Probekörper zu prüfen, wobei die Festigkeit als Mittelwert angegeben wird. Um die Betonfestigkeitsklasse, also die charakteristische Festigkeit f_{ck} (s. Tafel 6.2), mit den Übereinstimmungskriterien (s. Abschnitt 6.11.4) zu erreichen, muss der Mittelwert aus der Erstprüfung um ein Vorhaltemaß höher liegen als die charakteristische Festigkeit. Das Vorhaltemaß sollte ungefähr das Doppelte der erwarteten Standardabweichung (s. Abschnitt 6.11.3) sein, das heißt mindestens ein Vorhaltemaß von 6 N/mm² bis 12 N/mm². Das Vorhaltemaß wird wesentlich beeinflusst von der Herstellanlage und den verfügbaren Angaben über die Schwankungen bei den Ausgangsstoffen.

Die für die Produktion des Betons geplante mittlere Festigkeit bezeichnet man als **Zielfestigkeit**.

Bei Standardbeton ist keine Erstprüfung durch den Hersteller notwendig.

6.11.3 Charakteristische Druckfestigkeit f_{ck}

Unter der charakteristischen Festigkeit versteht man den Festigkeitswert, den erwartungsgemäß **5 % der Grundgesamtheit** aller möglichen Festigkeitsmessungen der Menge des betrachteten Betons (z.B. im Beurteilungszeitraum) *unterschreiten*. Diese charakteristische Druckfestigkeit wird als f_{ck} bezeichnet. Die Zahlen bei der Betonfestigkeitsklasse (z.B. C20/25) entsprechen festgelegten charakteristischen Druckfestigkeiten (s. Tafel 6.2).

Bei der Bezeichnung der Betonfestigkeitsklassen nach DIN 1045 (1988), z.B. B 25, basiert die Zahl ebenfalls auf der statistischen Maßzahl, dem **5%-Quantil** der Druckfestigkeit des gesamten Betons einer Festigkeitsklasse. Diese Festigkeit wurde als Beton-Nennfestigkeit (β_{WN})

6.11 Qualitätssicherung

Nennfestigkeit (β_{WN}) bezeichnet. Trotzdem entsprechen sich β_{WN} und f_{ck} nur im Grundsatz. Durch die Unterschiede in den Prüfvorschriften bei der Festigkeitsbestimmung (Probekörper, Lagerung) ergeben sich Umrechnungswerte für den Zusammenhang sowohl zwischen Zylinderfestigkeit ($f_{ck,cyl}$) und Würfelfestigkeit ($f_{ck,cube}$) als auch zwischen den Würfelfestigkeiten ($f_{ck,cube}$ und β_{WN}); auch die Annahmekriterien für den Nachweis der Druckfestigkeitsklasse unterscheiden sich. Eindeutige Zuordnungen der Druckfestigkeitsklassen, notwendig in einer begrenzten Übergangszeit, enthält Tafel 6.26, ältere Bezeichnungen siehe [6.45].

Tafel 6.26 Zuordnung der Druckfestigkeitsklassen

	Druckfestigkeitsklasse (DIN 1045; Ausgabe 1988)	Druckfestigkeitsklasse nach DIN EN 206-1/DIN 1045-2
DIN 1045: 1988	B 5 B 10 B 15 B 25 B 35 B 45 B 55	C8/10 C8/10 C12/15 C20/25 C30/37 C35/45 C45/55
DAfStb-Richtlinie Hochfester Beton	B 65 B 75 B 85 B 95 B 105 B 115	C55/67 C60/75 C70/85 C80/95 C90/105 C100/115
DIN 4219-1: 1979	LB 8 LB 10 LB 15 LB 25 LB 35 LB 45 LB 55	LC8/9 LC12/13 LC16/18 LC25/28 LC35/38 LC45/50 LC50/55

Dem besseren Verständnis des 5%-Quantils dienen nachstehende Ausführungen. Unter der Grundgesamtheit versteht man die Gesamtheit aller möglichen oder denkbaren Messwerte. Tatsächlich kann jedoch nur eine Stichprobe untersucht werden, die allerdings nur dann mit genügender Sicherheit Aufschluss über die Grundgesamtheit gibt, wenn sie genügend groß ist (siehe unten). Entspricht die sich aus den Messwerten ergebende Häufigkeitsverteilung der sogenannten *Gauß*'schen Glockenkurve (Normalverteilung der Häufigkeit der Messwerte), was bei ordnungsgemäßer Herstellung und Prüfung die Regel ist, können Mittelwerte, Standardabweichung, Variationskoeffizient und 5%-Quantil (siehe Tafel 6.27) rechnerisch oder grafisch ermittelt werden.

6 Beton

Tafel 6.27 Statistische Maßzahlen und Häufigkeitsverteilung

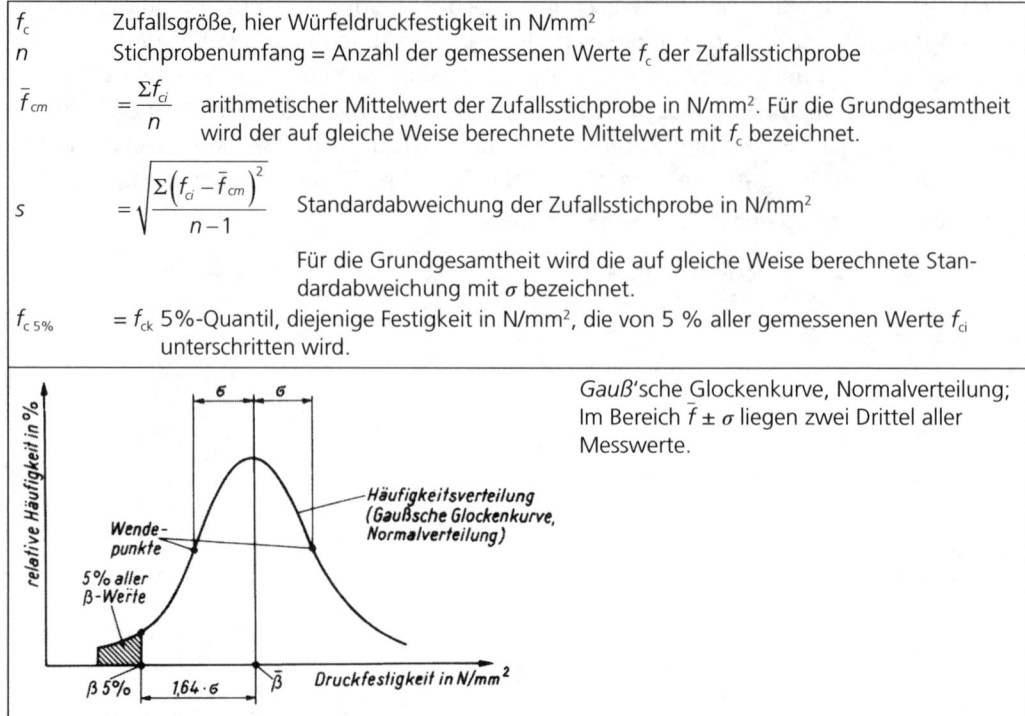

6.11.4 Konformitätskontrolle

Die Konformitätskontrolle als wesentlicher Bestandteil der Produktionskontrolle umfasst die Handlungen und Entscheidungen, die auf Basis bestehender Regeln durchgeführt und getroffen werden müssen, um die **Übereinstimmung (Konformität)** des Betons mit der Festlegung nachzuprüfen. Die Übereinstimmung zwischen den festgelegten Anforderungen und den erreichten Kennwerten erstreckt sich auf die Frisch- und Festbetoneigenschaften. Die Betoneigenschaften werden dabei mit genormten Prüfverfahren erfasst.

6.11.4.1 Konformitätskriterien für die Druckfestigkeit

Ziel der **Übereinstimmungsprüfung** ist es, die Übereinstimmung der Betondruckfestigkeit mit den festgelegten Festigkeitsklassen zu kontrollieren. Der 5%-Quantilwert der Festigkeitsverteilung drückt auch aus, dass jede hergestellte Betonmenge (Los) einen zufälligen Anteil (Schlechtanteil) enthält, der 5 % nicht überschreiten darf.

Im Folgenden werden die Übereinstimmungskriterien für die sogenannte stetige Herstellung erläutert. Während die **Erstherstellung** die Herstellung bis zum Erreichen von mindestens 35 Prüfergebnissen umfasst, ist die **stetige Herstellung** erreicht, wenn innerhalb einer Zeitspanne von nicht mehr als zwölf Monaten mindestens 35 Prüfergebnisse erhalten wurden. Bei einer Betonfertigung mit hohem Stichprobenumfang werden Annahmekennlinien zur Beurteilung der Betonfestigkeit genutzt.

6.11 Qualitätssicherung

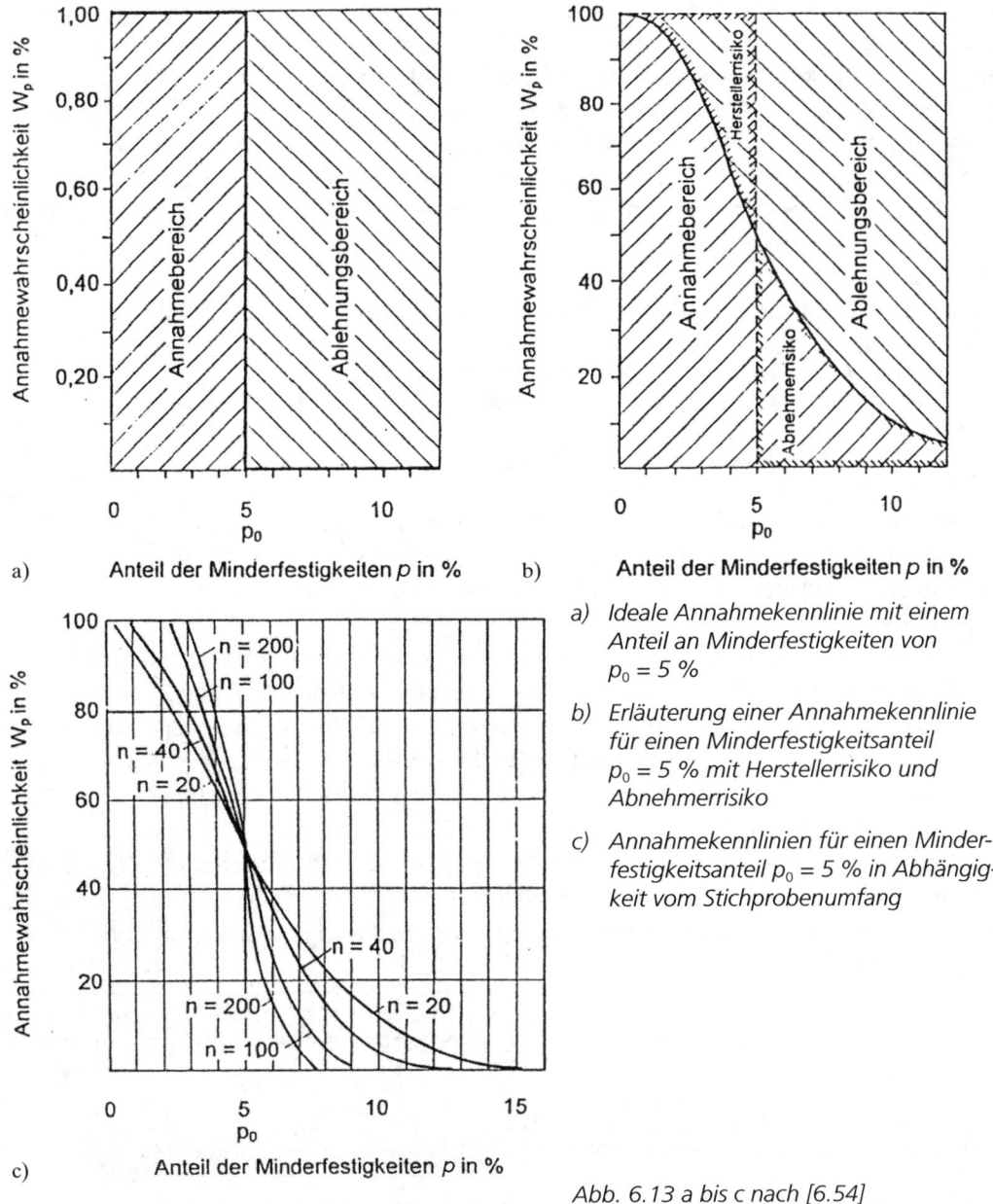

a) Ideale Annahmekennlinie mit einem Anteil an Minderfestigkeiten von $p_0 = 5\,\%$

b) Erläuterung einer Annahmekennlinie für einen Minderfestigkeitsanteil $p_0 = 5\,\%$ mit Herstellerrisiko und Abnehmerrisiko

c) Annahmekennlinien für einen Minderfestigkeitsanteil $p_0 = 5\,\%$ in Abhängigkeit vom Stichprobenumfang

Abb. 6.13 a bis c nach [6.54]

Unter einer **Annahmekennlinie** versteht man die Grenze, die mit Hilfe von Stichproben und unter Zugrundelegung eines bestimmten Prüfplans über Annahme bzw. Ablehnung einer bestimmten Fertigung entscheiden soll. Eine Betonfertigung gilt dann als „schlecht", wenn der Anteil p an Minderfestigkeiten $> 5\,\%$ ist. Die ideale Annahmekennlinie in Abb. 6.13 a drückt einen Zustand aus, der sich nur bei Prüfung der Grundgesamtheit ergeben würde. Es liegt die Vorstellung zugrunde, dass der Fehlerprozentsatz in der Stichprobe mit dem der Grundgesamtheit übereinstimmt. Da er aber in Wirklichkeit nur in der Nähe liegt, gibt es folgendes Risiko: Der Hersteller des Betons muss damit rechnen, dass manche Lieferung

6 Beton

abgelehnt wird, die jedoch den Qualitätsanforderungen entspricht, und umgekehrt kann es dem Abnehmer passieren, dass er eine Lieferung annimmt, die unter dem Qualitätsniveau liegt. Dieses **Risiko des Herstellers und des Abnehmers** ist in Abb. 6.13 b dargestellt. Der Kurvenverlauf der Annahmewahrscheinlichkeit W_p in Abhängigkeit vom Minderfestigkeitsanteil hängt wesentlich vom Umfang der Stichprobe n (Abb. 6.13 c) ab.

Eine Betonherstellung hinsichtlich der Druckfestigkeit (5%-Quantil) gilt bei Nutzung von Annahmekennlinien dann als erfolgreich, wenn folgendes Übereinstimmungskriterium erfüllt ist:

5%-Quantil = $f_{cm} - \lambda \cdot \sigma$

wobei 5%-Quantil ≥ festgelegte charakteristische Festigkeit

Darin bedeuten
f_{cm} Mittelwert der 28-Tage-Druckfestigkeiten von n Probekörpern
σ Standardabweichung einer großen Zufallsstichprobe in N/mm², die die Grundgesamtheit gut widerspiegelt
λ Annahmekonstante (aus Annahmekennlinie abgeleitet)
n Stichprobenumfang

In der DIN 1045 wird für λ ein Wert von 1,48 und $n = 15$ angesetzt. Der Wert 1,48 resultiert aus Arbeiten von Taerwe (Überprüfung dieses statistischen Übereinstimmungskriteriums siehe [6.30]). Die Unterschiede in der Qualitätsprüfung nach DIN 1045 (alt bzw. neu) sind in [6.42] aufgezeigt.

In der DIN 1045 werden zwei Übereinstimmungskriterien für die Ergebnisse der Druckfestigkeitsprüfung angegeben (Tafel 6.28). Das Kriterium 1 entspricht obigen Ausführungen. Das zweite Kriterium führt dazu, dass bei unerwünscht hohen Inhomogenitäten des Betons und somit hoher Standardabweichung keine Übereinstimmung vorhanden ist.

Eine Übereinstimmung wird bestätigt, wenn die Festigkeitsergebnisse beiden Kriterien nach Tafel 6.28 entsprechen.

Bei der Erstherstellung (Herstellung, bis mindestens 35 Prüfergebnisse verfügbar sind) wird die Standardabweichung nicht in den Übereinstimmungskriterien genutzt.

Tafel 6.28 Konformitätskriterien für Ergebnisse der Druckfestigkeitsprüfung nach DIN 1045

Herstellung	Anzahl n der Festigkeitsergebnisse	Kriterium 1 Mittelwert f_{cm} in N/mm²	Kriterium 2 Einzelwert f_{ci} in N/mm²
Erstherstellung	3	≥ f_{ck} + 4	≥ f_{ck} – 4
stetige Herstellung	≥ 15	≥ f_{ck} + 1,48 σ [1]	≥ f_{ck} – 4

[1] Die Standardabweichung σ muss aus mindestens 35 aufeinander folgenden Prüfergebnissen berechnet werden ($\sigma \geq 3$ N/mm²), die in einem Zeitraum entnommen sind, der > 3 Monate ist und unmittelbar vor dem Herstellungszeitraum liegt, innerhalb dessen die Übereinstimmung nachzuprüfen ist. Das Übereinstimmungskriterium für den Mittelwert f_{cm} muss auf die letzten 15 Prüfergebnisse angewandt werden.

Wenn **hochfester Beton** verwendet wird, sind im Rahmen der Produktionskontrolle zusätzliche Maßnahmen und Prüfungen bei der Baustoffüberwachung, bei der Ausstattung, bei den Herstellverfahren und bei den Betoneigenschaften zu beachten. Die Festigkeitsanforderungen (stetige Herstellung) gelten z.B. als erfüllt, wenn bei einer Stichprobe $n = 15$ der Mittelwert ≥ f_{ck} + 1,48 σ ($\sigma \geq 5$ N/mm²) und der kleinste Einzelwert der Stichprobe ≥ 0,90 f_{ck} sind. Das Prinzip der Betonfamilien (s. Abschnitt 6.11.5) ist auf hochfesten Beton nicht anwendbar.

6.11 Qualitätssicherung

Die **Übereinstimmungserklärung** des Betons aus der Produktion steht erst 28 Tage nach Herstellung und Einbau des Betons zur Verfügung. Nicht selten wurden aus unterschiedlichen Gründen Veränderungen der Betondruckfestigkeit zwischen dem Hersteller (Transportbetonwerk) und der Baustelle festgestellt. Daraus resultiert, dass nach DIN 1045-3 trotz Qualitätsmanagementsystem des Herstellers eine Annahmeprüfung (Identitätsprüfung) für jede Transportbetonsorte von Entwurfsbeton für ein bestimmtes Betonvolumen durchzuführen ist (Annahmekriterien für die Druckfestigkeit siehe Tafel 6.29). Die Proben für die Druckfestigkeit von Beton nach Eigenschaften (Entwurfsbeton) müssen gleichmäßig über die Betonierzeit verteilt und aus verschiedenen Lieferfahrzeugen entnommen werden (ein Probekörper bei der Probenahme).

Tafel 6.29 Annahmekriterien (Beispiele) für Druckfestigkeiten der Baustelle

Anzahl der Festigkeitsergebnisse	Kriterium 1 Mittelwert in N/mm²	Kriterium 2[1)] Einzelwert in N/mm²
3 bis 4	$\geq f_{ck} + 1$	$\geq f_{ck} - 4$
5 bis 6	$\geq f_{ck} + 2$	$\geq f_{ck} - 4$

[1)] Die angegebenen Werte gelten für Betone der Überwachungsklassen 1 und 2 (siehe Abschnitt 6.11.6).

Bei **Nichtkonformität** muss der Hersteller Sofortmaßnahmen ergreifen wie
– Wiederholungsprüfungen, um die Nichtkonformität zu kontrollieren,
– Ergreifen von korrigierenden Maßnahmen bei der Produktion,
– Information des Verwenders und des „Verfassers" des Betons nach Eigenschaften, wenn die Nichtkonformität bei der Betonlieferung nicht offensichtlich war. In der Regel werden dann zusätzliche Prüfungen am Bauwerk sowie an Bohrkernen aus dem Bauwerk durchgeführt (s. Abschnitt 6.13.2).
– Aufzeichnung der vorgenommenen Maßnahmen.

6.11.4.2 Konformitätskriterien für andere Eigenschaften als die Druckfestigkeit
a) Spaltzugfestigkeit
Die Zugfestigkeit des Betons kann über die Prüfung der Spaltzugfestigkeit und nach Umrechnung (s. Abschnitt 6.6.1) beurteilt werden. Entsprechend den Ausführungen bei den Übereinstimmungskriterien für Ergebnisse der Druckfestigkeitsprüfung ergeben sich ähnliche Kriterien für Ergebnisse der Spaltzugfestigkeitsprüfung (Tafel 6.30).

Tafel 6.30 Übereinstimmungskriterien für Ergebnisse der Spaltzugfestigkeitsprüfung

Herstellung	Anzahl der Festigkeitsergebnisse (in der Reihe)	Kriterium 1[1)] Mittelwert f_{tm} in N/mm²	Kriterium 2[1)] Einzelwert in N/mm²
Erstherstellung	3	$\geq f_{tk} + 0{,}5$	$\geq f_{tk} - 0{,}5$
stetige Herstellung	15	$\geq f_{tk} + 1{,}48\,\sigma$	$\geq f_{tk} - 0{,}5$

[1)] f_{tk} ist die charakteristische Spaltzugfestigkeit.

Die Übereinstimmung liegt vor, wenn beide Kriterien erfüllt sind. Zu beachten ist, dass das Prinzip der Betonfamilien nicht zur Anwendung kommt.

6 Beton

b) Andere Eigenschaften als die Festigkeit

Außer der Festigkeit spielen der Wasserzementwert, der Zementgehalt, die Frischbetonporosität, die Konsistenz u.a. eine wesentliche Rolle für die Betonqualität, sodass auch für diese Eigenschaften Übereinstimmungskriterien bei laufender Herstellung vorliegen müssen. Die Beurteilung bezieht man auf eine Beurteilungszeitspanne, die die letzten zwölf Monate nicht überschreiten darf.

Bei der Bestätigung der Übereinstimmung muss auch die sogenannte **annehmbare Qualitätsgrenzlage (AQL)** beachtet werden. Darunter versteht man die Qualitätslage, die – bei Betrachtung einer kontinuierlichen Serie von Losen – im Zusammenhang mit Stichprobenprüfungen die Grenze einer zufrieden stellenden mittleren Qualitätslage ist. Die anzuwendenden AQL-Werte wurden festgelegt. Die Wahrscheinlichkeit, dass ein Los (Qualitätslage gleich AQL) angenommen wird, nimmt mit dem Stichprobenumfang zu. Die Übereinstimmung mit der geforderten Eigenschaft wird bestätigt, wenn die Anzahl der Prüfergebnisse, die außerhalb der festgelegten Grenzwerte liegen, die Annahmezahl nach Tafel 6.31 a, b nicht überschreitet. Die auf dieser Grundlage aufgebauten Übereinstimmungskriterien für ausgewählte Eigenschaften enthält Tafel 6.32.

Tafel 6.31 a, b Ausgewählte Annahmezahlen für andere Eigenschaften als die Festigkeit

a) AQL = 4 %

Anzahl der Prüfergebnisse	Annahmezahl
1 bis 12	0
13 bis 19	1
20 bis 31	2
32 bis 39	3
40 bis 49	4
50 bis 64	5

b) AQL = 15 %

Anzahl der Prüfergebnisse	Annahmezahl
1 bis 2	0
3 bis 4	1
5 bis 7	2
8 bis 12	3
13 bis 19	5
20 bis 31	7

Tafel 6.32 Ausgewählte Übereinstimmungskriterien für andere Eigenschaften als die Festigkeit (DIN EN 206)

Eigenschaft[1]	Mindestanzahl von Bestimmungen	Annahmezahl	Grenzwerte Untergrenze	Grenzwerte Obergrenze
Wasserzementwert	1 Beurteilung pro Tag	Tafel 6.31 a	[2]	+ 0,02
Zementgehalt	1 Beurteilung pro Tag	Tafel 6.31 a	– 10 kg/m^3	[2]
Luftgehalt von Beton mit LP	1 Probe je Herstellungstag nach Stabilisierung	Tafel 6.31 a	– 0,5 %	+ 1,0 %
Konsistenz – Ausbreitmaß	[3]	Tafel 6.31 b	– 15 mm[4]	+ 30 mm[4]
– Verdichtungsmaß	[3]	Tafel 6.31 b	– 0,05[4]	+ 0,03[4]

[1] Prüfverfahren s. Abschnitt 6.12.
[2] Keine Beschränkung, falls keine Grenze festgelegt ist.
[3] Wenn Proben für die Prüfung von Festbeton hergestellt bzw. Luftgehalte geprüft werden bzw. in Zweifelsfällen nach Augenscheinprüfung.
[4] Bei Konsistenzprüfung zu Beginn des Entladens eines Fahrmischers etwas größere Werte (siehe DIN 1045-2).

6.11.5 Betonfamilie

(Siehe auch [6.31].)

Unter einer **Betonfamilie** versteht man nach DIN 1045 eine Gruppe von Betonzusammensetzungen, für die ein verlässlicher Zusammenhang zwischen maßgebenden Eigenschaften festgelegt und dokumentiert ist. Unter folgenden Voraussetzungen dürfen Betone verschiedener Zusammensetzung zu einer Betonfamilie zusammengefasst werden:
– Zement gleicher Art, Festigkeitsklasse und Herkunft,
– Gesteinskörnung gleicher Art und gleichen geologischen Ursprungs,
– Betone der Festigkeitsklassen C12/15 bis C55/67 müssen in mindestens zwei Familien eingeteilt werden,
– Separate Betonfamilien mit Zusatzstoffen des Typs II (Flugasche, Silicastaub, Trass) oder Verzögerer (Verzögerungszeit ≥ 3 h) sowie Betone mit LP, BV oder FM bei Beeinflussung der Druckfestigkeit.

Gerechtfertigt ist eine Familienbildung, weil die Einflüsse auf die Qualität (z.B. durch veränderte Ausgangsstoffe oder systematische Fehler bei der Produktion) an den Prüfergebnissen jeder beliebigen Betonsorte innerhalb der betrachteten Familie erkennbar sind. Dieses Betonfamilienkonzept gestattet es, die erforderliche Anzahl an Prüfungen zu verringern und frühzeitig z.B. bei anderen Ausgangsstoffen auf Veränderungen bei Betonsorten geringer Produktionsraten hinzuweisen.

Die Zusammenfassung von Betonzusammensetzungen in Betonfamilien ist insbesondere sinnvoll, wenn bei kleinen Liefermengen viele unterschiedliche Betonsorten produziert werden. Nutzt man bei den Übereinstimmungsnachweisen das Betonfamilienkonzept, dann ist für die Betonfamilie ein **Referenzbeton** auszuwählen. Dabei wird ein Beton aus dem Mittelfeld der Familie oder der am häufigsten hergestellte Beton ausgewählt. Enthält die Betonfamilie Betonsorten mit unterschiedlicher Festigkeit, so werden diese mit einer festzulegenden Transformationsmethode umgerechnet. Von den drei wesentlichen Verfahren einer solchen Datentransformation
– Methode 1 Druckfestigkeitsfaktor
– Methode 2 Druckfestigkeitsdifferenz
– Methode 3 Wasserzementwert

nutzt man baupraktisch vor allem Methode 2.

Im Folgenden wird die Transformation nach der Druckfestigkeitsdifferenz erläutert. Generell sind für jede Betonsorte aus der Erstprüfung (s. Abschnitt 6.11.2) die Zielfestigkeiten in die Transformation einzubeziehen.

Der **Nachweis der Zugehörigkeit zu einer Betonfamilie** bei einer stetigen Herstellung einschließlich der Konformität hat drei Kriterien zu berücksichtigen:
– Nach 28 Tagen muss jedes Festigkeitsergebnis $f_{ci} \geq f_{ck} - 4$ sein (s. Tafel 6.28; Kriterium 2). Trifft das nicht zu, dann liegt die Nichtkonformität vor.
– Für jede Betonsorte der Betonfamilie wird durch ein Bestätigungskriterium überprüft, ob der Beton zur Familie gehört (Kriterium 3; siehe Tafel 6.33). Die Erfüllung des Kriteriums 3 bedeutet, dass der Mittelwert f_{cm} von n Druckfestigkeitsergebnissen einer Betonsorte nachstehende Forderung erfüllt; untersucht werden alle Betonsorten der Familie.

Tafel 6.33 Geforderter Mittelwert in Abhängigkeit von der Anzahl der Druckfestigkeitsergebnisse (Kriterium 3)

Anzahl n der Druckfestigkeitsergebnisse einer Betonsorte	Mittelwert f_{cm} von n Druckfestigkeitsergebnissen muss $\geq$ sein als
1	$f_{ck} - 4$
2	$f_{ck} - 1$
3	$f_{ck} + 1$
4	$f_{ck} + 2$
5	$f_{ck} + 2,5$
6 bis 14	$f_{ck} + 3$
≥ 15	$f_{ck} + 1,48 \cdot \delta$

Die aus den Druckfestigkeitsergebnissen ermittelte Standardabweichung (die letzten 15 Ergebnisse werden ausgewertet $\wedge = s_{15}$) darf außerdem nicht signifikant von der angenommenen Standardabweichung δ (aus mindestens 35 aufeinander folgenden Festigkeitsergebnissen berechnet aus Zeitraum $\geq$ 3 Monate) abweichen. Das liegt vor, wenn $0,63\,\delta \leq s_{15} \leq 1,37\,\delta$.

Erfüllt eine Betonsorte nicht dieses Kriterium 3, so ist dieser Beton aus der Familie zu entfernen und als einzelne Betonsorte nachzuweisen.

- Das in Tafel 6.28 angegebene Kriterium 1 bedeutet für die Betonfamilie, dass die mittlere Festigkeit aller transponierten Ergebnisse größer oder gleich der charakteristischen Festigkeit des Referenzbetons plus 1,48 × Standardabweichung der Familie ist.

Um die einzelnen Druckfestigkeitsergebnisse der zu einer Betonfamilie gehörenden unterschiedlichen Druckfestigkeitsklassen zu nutzen, erfolgt die Transformation jedes Festigkeitswerts mit der Druckfestigkeitsdifferenz. Diese ergibt sich aus der Differenz der Zielfestigkeit des Referenzbetons und der Zielfestigkeit der betrachteten Betonsorte. Damit wird aus dem Festigkeitswert f_{ci} der Betonsorte ein transponierter äquivalenter Festigkeitswert $f_{ci,\,trans} = \Delta + f_{ci}$.

Beispiel: Zielfestigkeit des Referenzbetons C20/25 sei 32,2 N/mm²
Zielfestigkeit der Festigkeitsklasse C30/37 sei 43,5 N/mm²
Druckfestigkeitsdifferenz-Faktor $\Delta = -11,3$
Ermittelte Druckfestigkeit von C30/37 f_{ci} = 39 N/mm²
$f_{ci,\,trans} = -11,3 + 39 = 27,7$ N/mm²

Die Berechnung des Mittelwerts aller transponierten Festigkeitsergebnisse sowie der Standardabweichung wird entsprechend Abschnitt 6.11.2 vorgenommen.

6.11.6 Überwachung

Die Überwachung muss sicherstellen, dass die Bauausführung den Vorgaben entspricht. Ziel ist es, die Schwankungen der Betoneigenschaften durch Festlegungen bei den Herstellverfahren und bei der Qualitätskontrolle zu reduzieren. Neben der Überwachung von Schalungen, des Bewehrens und eventuell des Vorspannens hat die Betonüberwachung während des Einbaus auf der Baustelle einen hohen Stellenwert. Am Beispiel des als Transportbeton gelieferten „Betons nach Eigenschaften" ist diese Bauüberwachung in Tafel 6.34 charakterisiert.

6.11 Qualitätssicherung

Tafel 6.34 Überwachungsklassen für Beton

Kenngröße	Überwachungsklasse		
	1	2[1)]	3[1)]
Druckfestigkeitsklasse für Normal- und Schwerbeton	$\geq$ C25/30[2)]	$\geq$ C30/37 und $\leq$ C50/60	$\geq$ C55/67
Expositionsklasse	X0; XC; XF1	XS; XD; XA; XM[3)]; $\geq$ XF2	
Besondere Eigenschaften wie • Beton für wasserundurchlässige Baukörper[4)] (z.B. weiße Wannen) • Unterwasserbeton • Verzögerter Beton[5)] • FD/FDE-Beton[5)]		x x x x	

[1)] Beton nach Überwachungsklasse 2 und 3 erfordert eine Überwachung sowohl durch das Bauunternehmen als auch durch eine dafür anerkannte Überwachungsstelle.
[2)] Spannbeton der Festigkeitsklasse C25/30 ist in Überwachungsklasse 2 einzuordnen.
[3)] Gilt nicht für übliche Industriefußböden.
[4)] Beton mit hohem Wassereindringwiderstand darf in Überwachungsklasse 1 eingeordnet werden, wenn der Baukörper nur zeitweilig aufstauendem Sickerwasser ausgesetzt ist.
[5)] Richtlinien des DAfStb beachten.

Beton fällt in die Überwachungsklasse 1, wenn keine besonderen Betoneigenschaften vorliegen. Das Bauunternehmen nimmt eine „Eigenüberwachung" vor, eine Überwachung des Betoneinbaus durch eine anerkannte Überwachungsstelle ist nicht gefordert. Die Überwachungsklassen 2 und 3 erfordern neben der Überwachung durch das Bauunternehmen zusätzlich eine „Fremdüberwachung" durch eine durch das Deutsche Institut für Bautechnik Berlin anerkannte Überwachungsstelle. Außerdem müssen Bauunternehmen, die Beton der Überwachungsklassen 2 und 3 einbauen, über eine ständige Betonprüfstelle verfügen (die Aufgabe kann durch schriftliche Vereinbarung übertragen werden) und den Betoneinbau ausreichend dokumentieren. Weitere Pflichten (Kennzeichnung, Schulungen usw.) sind der DIN 1045-3 zu entnehmen.

Verständlich ist weiterhin, dass auch der Umfang und die Häufigkeit der Prüfungen von Überwachungsklasse (ÜK) 1 zu 3 zunehmen. Wie sich z.B. die Überwachungsklasse auf die Häufigkeit der Prüfungen an Beton nach Eigenschaften auswirkt, wird in Tafel 6.35 verdeutlicht.

Die Aufgaben der anerkannten Überwachungsstelle (Fremdüberwachung) sind weitgehend mit der früheren Güteüberwachung von Beton B II auf Baustellen identisch.

Bei der Herstellung und Überwachung von Fertigteilen sind in der DIN 1045-4 zusätzlich fertigteilspezifische Aspekte zur Produktion enthalten.

6 Beton

Tafel 6.35 Häufigkeit der Prüfungen an Beton nach Eigenschaften

Prüfgegenstand	Mindestprüfhäufigkeit bei Überwachungsklasse		
	1	2	3
Lieferschein	jedes Lieferfahrzeug		
Konsistenz[1]	im Zweifel	beim ersten Einbringen jeder Betonzusammensetzung; bei Herstellung von Probekörpern für die Festigkeitsprüfung sowie in Zweifelsfällen	
Frischbetonrohdichte	bei Herstellung von Probekörpern für die Festigkeitsprüfung sowie in Zweifelsfällen		
Gleichmäßigkeit des Betons (Augenschein)	Stichprobe	jedes Lieferfahrzeug	
Druckfestigkeit[2]	im Zweifel	3 Proben je 300 m³ oder [3] je 3 Betoniertage	3 Proben je 50 m³ oder [3] je 1 Betoniertag
Luftgehalt bei „LP-Beton"	entfällt	zu Beginn jedes Betonierabschnitts sowie in Zweifelsfällen	

[1] Zusätzliche Augenscheinprüfungen bei ÜK 1 als Stichprobe, bei ÜK 2 und 3 an jedem Lieferfahrzeug.
[2] Prüfung an in Formen hergestellten Probekörpern muss an jedem Beton erfolgen (Prinzip der Betonfamilie beachten).
[3] Maßgebend ist die Forderung mit der größten Probenanzahl.

6.12 Prüfverfahren für Frischbeton

Vergleiche DIN EN 12 350-1 bis -7 (2000); - 8 bis 12 (2008)

6.12.1 Konsistenz

Der Verdichtungs- oder der Ausbreitversuch werden in Deutschland vorwiegend genutzt. Das Setzmaß (Slump) ist das im Ausland am häufigsten verwendete Konsistenzmaß. Die Vébé-Prüfung erfordert einen relativ hohen apparativen Aufwand.

a) Verdichtungsversuch für die Konsistenzbereiche steif bis weich mit einem 40 cm hohen, oben offenen Blechkasten (Grundfläche 20 cm × 20 cm) oder einer 20-cm-Würfelform mit Aufsatzrahmen:

Behälter feucht auswischen oder leicht einölen, vom oberen Rand aus mit einer Kelle Frischbeton lose einfüllen, mit Stahllineal ohne Verdichtungswirkung abstreichen, durch Rütteln verdichten, bis der Beton nicht mehr zusammensackt. Der Mittelwert des Abstandes zwischen der Oberfläche des verdichteten Betons und der Behälteroberkante (s) geht in die Berechnung des Verdichtungsmaßes c ein. Verdichtungsmaß $c = 400 : (400 - s)$ auf 0,01 gerundet.

b) Ausbreitversuch für die Konsistenzbereiche plastisch bis sehr fließfähig auf einem 70 cm × 70 cm großen Ausbreittisch:

Die Mitte der Tischplatte (Blech) muss durch ein Kreuz und einen Kreis von 21 cm Durchmesser bezeichnet, die Hubhöhe von 4 cm durch einen Anschlag begrenzt sein. Der kegelstumpfförmige, 20 cm hohe Setztrichter hat oben einen lichten Durchmesser von 13 cm, unten von 20 cm.

Der Beton wird lose in den mittig aufgestellten Trichter gefüllt. Nach Hochziehen der Form hebt man den Ausbreittisch am Handgriff 15-mal bis an den Anschlag und lässt ihn wieder fallen. Dann werden zwei senkrecht aufeinander stehende Durchmesser des ausgebreiteten Betons auf 5 mm gemessen. Das Ausbreitmaß ist das Mittel daraus: $a = (a_1 + a_2)/2$ und ist auf 10 mm gerundet anzugeben. Der Beton muss nach dem

6.12 Prüfverfahren für Frischbeton

Ausbreiten geschlossen und gleichförmig sein. Fällt er bröckelig auseinander, so ist der Ausbreitversuch zur Bestimmung des Konsistenzmaßes nicht geeignet.

c) Setzversuch (Slump test) eignet sich nur für weichen und plastischen Beton. Das Grundprinzip der Bestimmung beruht darauf, dass nach definiertem Einfüllen und Verdichten des Betons und dem Hochziehen einer kegelstumpfförmigen Metallform die Strecke des abgesunkenen Kegelstumpfs gegenüber der Form gemessen wird.

d) Vébé-Test (Setzzeitversuch) ist nur für Betone mit steifer und steifplastischer Konsistenz geeignet. Das Grundprinzip der Bestimmung beruht darauf, dass nach definiertem Einfüllen und Verdichten der Beton in dem Setzzeit-Messgerät durch Rütteln umgeformt wird, bis eine aufliegende Plexiglasscheibe vollständig benetzt ist.

6.12.2 Luftgehalt

Die Bestimmung des Luftgehalts von verdichtetem Frischbeton, der mit relativ dichter Gesteinskörnung hergestellt wurde, basiert auf dem Gesetz von Boyle/Mariotte: Druck × Volumen = const.

Neben dem Wassersäulenverfahren ist die häufigste Prüfmethode das Druckausgleichsverfahren. Der Luftgehaltsprüfer bei diesem Verfahren (LP-Topf) besteht aus einem wasserdichten Behälter > 5 l Nennvolumen mit Deckel und Druckkammer, einer eingebauten Luftpumpe und Manometer.

Nach Aufsetzen des Oberteils und Verschließen des Prüfgeräts wird das noch freie Volumen zwischen Druckkammer und Betonoberfläche mit Wasser aufgefüllt. Der Beton im Probenbehälter wurde vorher definiert verdichtet. Nach dem Erzeugen eines definierten Drucks erfolgt durch Öffnen eines Überströmventils der Druckausgleich zum Probenbehälter. Der Druckabfall ist ein Maß für den im Frischbeton vorhandenen Luftgehalt. Der Luftgehalt lässt sich in Vol.-% am Manometer ablesen. Der Prüfwert ist unter Berücksichtigung des vom Betonlieferanten anzugebenden Korrekturwertes G der Gesteinskörnung anzugeben.

6.12.3 Frischbetonrohdichte

Behälter mit einem Volumen ≥ 5 l (Volumen V) leer (m_1) und mit bis zum Rand gefüllten und verdichteten Beton (m_2)
wiegen: Frischbetonrohdichte $D = \dfrac{m_2 - m_1}{V}$ in kg/m³

Die Rohdichte ist auf 10 kg/m³ gerundet anzugeben. Die Frischbetonrohdichte kann bei bekannter Mischerfüllung genutzt werden zur Überprüfung des Zementgehalts z in 1 m³ verdichtetem Frischbeton.

$$z = \frac{D \cdot Z}{Z + G + W + F}$$

Hierin bedeuten:

z   Zementgehalt in 1 m₃ verdichtetem Frischbeton in kg/m³
Z   Zement in kg
G   oberflächenfeuchter Zuschlag (in kg)
W   Zugabewasser in kg
F   Zusatzstoff in kg

} in einer Mischerfüllung

6.12.4 Wasserzementwert

Beim Auswaschen des Frischbetons durch das 0,25-mm-Sieb werden alle Anteile < 0,25 mm des Betons erfasst, wie Zement, Zusatzstoffe, Feinstsand. Der Wasserzementwert kann am Frischbeton nur ermittelt werden, wenn der Beton keine Zusatzstoffe enthält, der Kornanteil

6 Beton

0,25 mm der Gesteinskörnung ermittelt wurde und bei Verwendung von Restwasser dessen Feststoffgehalt Berücksichtigung findet. Der Wassergehalt dient zur Information über die Gleichmäßigkeit der Betonzusammensetzung und ergibt sich aus dem Masseverlust einer Probemenge von > 5 kg nach scharfem Trocknen. Außerdem muss beim Wassergehalt für die Bestimmung des Wasserzementwerts die Kernfeuchte der Zuschläge in die Berechnung einfließen.

Eine Berechnung des Wasserzementwerts ω kann z.B. wie folgt vorgenommen werden:

$$w = \frac{D \cdot W}{B_f}; \quad \omega = w / z = \frac{D \cdot B_w}{z \cdot B_f} = \frac{(Z + G + W + F) \cdot B_w}{B_f \cdot Z}$$

Hierin bedeuten:

- B_f eingewogene Frischbetonmenge in kg
- B_{tr} getrocknete Frischbetonprobe in kg
- B_w $= B_f - B_{tr} =$ Wassergehalt der Frischbetonprobe in kg
- D Frischbetonrohdichte in kg/m³
- w, z Wassergehalt und Zementgehalt in 1 m³ verdichtetem Beton in kg/m³

6.13 Prüfverfahren für Festbeton

Es werden einige ausgewählte Prüfverfahren beschrieben. Vergleiche DIN EN 12 390-1 bis -10.

6.13.1 Druckfestigkeit an gesondert hergestellten Probekörpern

Die Druckfestigkeit wird nach DIN 1045 am 150-mm-Würfel oder an Zylindern mit 150 mm Durchmesser und 300 mm Höhe bestimmt. Die kleinste Abmessung der Probekörperform muss mindestens dem dreieinhalbfachen Größtkorn der Gesteinskörnung entsprechen. Das gilt auch für die übrigen Festbetonprüfungen. Nutzt man Würfel mit 100, 200 oder 300 mm Kantenlänge sowie Zylinder mit entsprechendem Durchmesser und jeweils doppelter Höhe, sind entsprechende Umrechnungsfaktoren nach Tafel 6.36 zu beachten (s. auch Abschnitt 6.1.2). Die Probekörper werden bis zum Bruch belastet, und die Druckfestigkeit wird nach der Formel $f_c = F_{max}/A_0$ berechnet (F_{max} ist die maximale Kraft, A_0 die Querschnittsfläche in mittlerer Probenhöhe). Die Druckfestigkeit ist auf 0,5 N/mm² anzugeben.

Die Formen (Gusseisen, Stahl, Kunststoff) werden mit einem Aufsatzkasten versehen, innen leicht eingeölt, mit Beton gefüllt und in der Regel auf dem Rütteltisch verdichtet. Der überstehende Beton wird abgezogen, die Oberfläche geglättet und gekennzeichnet (Datum, Nummer).

Die Probekörper werden witterungsgeschützt, mit feuchten Tüchern abgedeckt und erschütterungsfrei gelagert und in der Regel nach 24 Stunden entschalt. Danach lagern sie bis zur Prüfung 28 Tage unter Wasser. Die Lagerung der Prüfkörper nach der früheren DIN 1048 (7 Tage unter Wasser, 21 Tage an der Luft) hat bei der Prüfung durch den geringeren Feuchtegehalt höhere Festigkeitswerte zur Folge (Tafel 6.36). In der Druckprüfmaschine wird die Belastung auf die Seitenflächen der Würfel mit einer konstanten Belastungszunahme bis zum Bruch aufgebracht. Bei der Prüfung der Druckfestigkeit ist zu beachten, dass an die Ebenflächigkeit der zu belastenden Flächen hohe Forderungen gestellt werden.

Tafel 6.36 Richtwerte zur Umrechnung von Würfeldruckfestigkeiten

Bedingungen	Umrechnung
Unterschiedliche Lagerungsbedingungen[1]	Druckfestigkeitsklasse $\leq$ C50/60 $f_{c,cube} = 0{,}92\, f_{c,dry}$ Druckfestigkeitsklasse $\geq$ C55/67 $f_{c,cube} = 0{,}95\, f_{c,dry}$
Andere Probekörper als Würfel mit 150 mm Kantenlänge	$f_{c,dry}$ (150 mm) = 0,97 · $f_{c,dry}$ (100 mm) $f_{c,dry}$ (150 mm) = 1,05 · $f_{c,dry}$ (200 mm) $f_{c,dry}$ (150 mm) = 1,10 · $f_{c,dry}$ (300 mm)

[1] $f_{c,cube}$ Lagerung nach EN 12 390-2 (28 Tage unter Wasser).
$f_{c,dry}$ Lagerung nach DIN 1048 (7 Tage unter Wasser, 21 Tage an der Luft).

Die **Erhärtungsprüfung** gibt einen Anhalt über die Festigkeit des Betons im Bauwerk zu einem bestimmten Zeitpunkt und damit auch für Ausschalfristen. Die Probekörper für diesen Nachweis sind aus dem Beton, der für die betreffenden Bauteile bestimmt ist, herzustellen, unmittelbar *neben* oder *auf* diesen Bauteilen zu lagern und wie diese nachzubehandeln (Einfluss der Temperatur und der Feuchte). Für die Erhärtungsprüfung sind mindestens drei Probekörper herzustellen; eine größere Anzahl von Probekörpern empfiehlt sich aber, damit die Festigkeitsprüfung bei ungenügendem Ausfall zu einem späteren Zeitpunkt wiederholt werden kann.

Auf Baustellen kann der Einsatz temperaturgesteuerter Würfellagerungsboxen für die Erhärtungsprüfung sinnvoll sein. Hierbei erfolgt die Steuerung der Würfellagerungstemperatur über in das Bauteil einbetonierte Thermolelemente.

6.13.2 Druckfestigkeit am Bauwerk

In Sonderfällen, z.B. wenn keine Ergebnisse von Druckfestigkeitsprüfungen vorliegen oder die Ergebnisse *ungenügend* waren oder sonst erhebliche Zweifel an der Betonfestigkeit im Bauwerk bestehen, kann es nötig werden, die Betondruckfestigkeit durch Entnahme von Probekörpern aus dem Bauwerk oder am fertigen Bauteil durch zerstörungsfreie Prüfungen nach DIN EN 12 504, DIN EN 13 791 zu bestimmen. Dabei sind Alter und Erhärtungsbedingungen (Temperatur, Feuchte) des Bauwerkbetons zu berücksichtigen. Der Nachweis der Betonfestigkeit am Bauwerk wird auch immer dann erforderlich, wenn der Hersteller die Nichtübereinstimmung des Betons bekannt gegeben hat.

Die Druckfestigkeit am Bauwerk kann durch Entnahme von Probekörpern (zerstörende Prüfung) oder durch die Bestimmungen der Rückprallzahl, der Ausziehkraft oder der Ultraschallgeschwindigkeit (zerstörungsfreie Prüfung) oder durch Kombination mehrerer Verfahren bestimmt werden.

a) Bei der **zerstörenden Prüfung** werden *Bohrkerne* von 100 bzw. 150 mm Durchmesser nass herausgebohrt. Die Festigkeiten von luftgelagerten Bohrkernen mit 100 und 150 mm Durchmesser dürfen der Würfeldruckfestigkeit eines bis zur Prüfung wassergelagerten Würfels mit 150 mm Kantenlänge gleichgesetzt werden. Dabei sollen Höhe und Durchmesser gleich sein.

b) Bei der **Rückprallprüfung** wird der vorne leicht gerundete Schlagbolzen des Hammers (Rückprallhammer nach Schmidt, Modell N) langsam senkrecht gegen die Betonoberfläche gedrückt und dadurch im Innern des Hammers eine Feder gespannt. Ist eine bestimmte Spannung erreicht, wird die Feder mechanisch ausgelöst und dadurch ein Schlaggewicht beschleunigt. Das Schlaggewicht trifft über den Schlagbolzen mit einer bestimmten Energie auf die Betonoberfläche auf und prallt anschließend zurück. Die Rückprallstrecke R wird am Hammer in Skalenteilen abgelesen. Damit wird ein Kennwert für das elastische Verhalten des Betons in oberflächennahen Schichten ermittelt, aus dem auch auf die Druckfestigkeit geschlossen werden

6 Beton

kann. Bei geschädigten Betonoberflächen versagt diese Methode zur Beurteilung der Druckfestigkeit. Die Wirkung der Schwerkraft auf R muss bei nicht waagerechter Schlagrichtung berücksichtigt werden. Bei den Rückprallmessungen ist weiter zu beachten, dass die Karbonatisierung des Betons die Messstellenwerte vergrößert und eine scheinbar höhere Druckfestigkeit vortäuscht.

c) Die **Auswertung** von Druckfestigkeitsprüfungen am Bauwerk geschieht nach DIN EN 13 791. Der Beton muss dabei ein Alter von 28 bis 90 Tagen haben.

Ergebnisse von Schlagprüfungen an einem Bauwerk oder Bauteil werden mit Hilfe von **Bezugsgeraden W** bzw. **Bezugskurven** ausgewertet, und zwar dann auch für den weniger bzw. mehr als 28 bis 90 Tage alten Beton. Die Bezugsgerade W wird aufgestellt, indem man Betonwürfel ähnlicher Zusammensetzung in der Prüfmaschine mit etwa 2,5 N/mm² vorbelastet, dann zunächst mit dem Schlaghammer prüft und anschließend bis zum Bruch belastet. Zur Aufstellung der Bezugskurven werden an besonders ausgesuchten Messstellen des Bauwerks zunächst zerstörungsfreie Prüfungen durchgeführt und dann Bohrkerne entnommen, geprüft und ausgewertet.

6.13.3 Biegezugfestigkeit

Die Prüfung der Biegezugfestigkeit (siehe Abb. 6.14) geschieht an Balken auf zwei Stützen, und zwar heute in der Regel mit zwei Einzellasten in den Drittelpunkten. Wenn entsprechende Vorrichtungen für die Drittelpunktbelastung fehlen, darf der Balken auch mit einer Einzellast in der Mitte belastet werden.

Die Biegezugfestigkeit ist auf 0,1 N/mm² gerundet anzugeben.

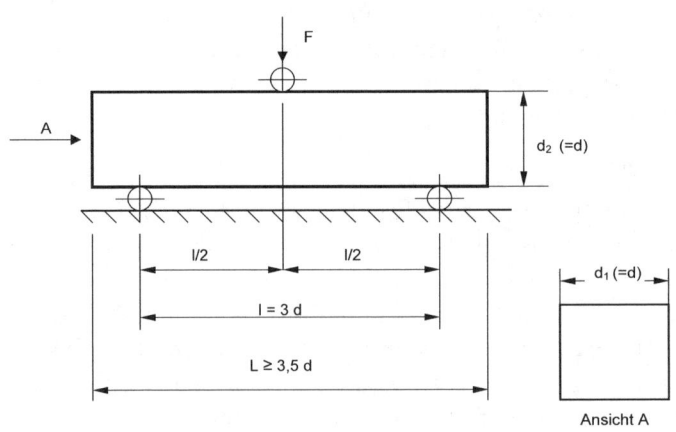

1 Einzellast in der Mitte

$$f_{ct} = \frac{3 \cdot F \cdot l}{2 \cdot d_1 \cdot d_2^2} \text{ in N/mm}^2$$

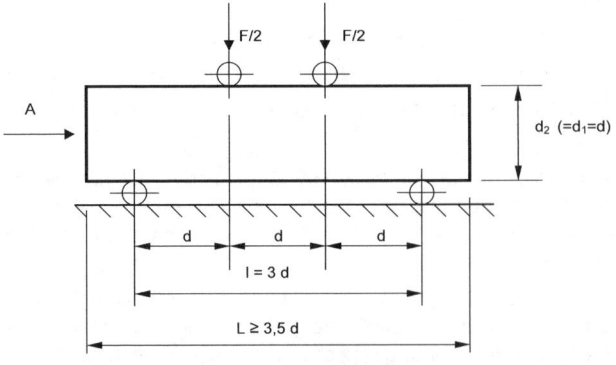

2 Einzellasten in den Drittelpunkten

$$f_{ct} = \frac{F \cdot l}{d_1 \cdot d_2^2} \text{ in N/mm}^2$$

d_1 Breite des Balkens im Bruchquerschnitt an der Zugseite in mm
d_2 mittlere Höhe des Balkens im Bruchquerschnitt in mm
F Bruchlast in N
l Auflagerabstand in mm (in der Regel 600 mm)

Abb. 6.14
Biegezugfestigkeitsprüfung

6.84

6.13.4 Spaltzugfestigkeit, Zugfestigkeit

a) Die **Prüfung der Spaltzugfestigkeit** f_{ct} geschieht an Zylindern (Abb. 6.15) mit den gleichen Abmessungen wie in Abschnitt 6.13.1 (Regelgröße: 150 mm Durchmesser, 300 mm Länge). Sie kann jedoch auch an Probekörpern mit rechteckigem Querschnitt, z.B. an den Reststücken der Biegezugfestigkeitsprüfung (Abb. 6.14), oder an Würfeln geprüft werden.

Der zylindrische Probekörper wird mit Hilfe eines Zwischenstreifens aus Hartfaserplatten mit einer Druckkraft entlang seiner Längsachse belastet. Die sich ergebende orthogonale Zugkraft verursacht den Bruch unter Zugspannung. Die Spaltzugfestigkeit ist auf 0,05 N/mm² anzugeben.

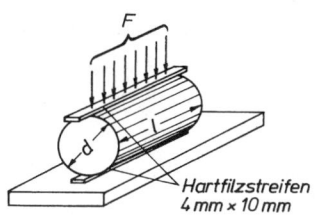

$f_{ct} = \dfrac{0{,}64 \cdot F}{d \cdot l}$ F Bruchlast in N

$f_{ct} = \dfrac{0{,}64 \cdot F}{h \cdot b}$ d, l, b, h Maße in mm

Abb. 6.15 Spaltzugfestigkeitsprüfung

b) Die reine **Zugfestigkeit** kann man an Zylindern von 15 cm Durchmesser und 30 cm Länge prüfen, auf deren Stirnflächen steife Stahlplatten mit Zugstangen aufgeklebt werden. Da der Versuchsaufwand relativ groß ist, wird anstelle der direkten Zugfestigkeit meist entweder die Biegezugfestigkeit oder die Spaltzugfestigkeit geprüft.

6.13.5 Wassereindringtiefe unter Druck

Der frühere Begriff der „Wasserundurchlässigkeit" wurde durch den realitätsnäheren „Wassereindringtiefe unter Druck" abgelöst.

Die **Wassereindringtiefe** unter Druck wird an ≥ 28 Tagen alten Probekörpern geprüft, deren Kantenlänge bzw. deren Durchmesser ≥ 150 mm betragen. Sie werden nach dem Ausschalen auf der Oberseite auf einer Fläche von 10 cm Durchmesser aufgeraut. Nach 28 Tagen Wasserlagerung wird auf der aufgerauten Fläche Druckwasser aufgebracht, und zwar drei Tage ein Wasserdruck von 0,5 N/mm². Die Platten, in der Regel drei Stück je Prüfung, werden mittig wie bei der Spaltzugprüfung (siehe Abschnitt 6.13.4.a) aufgespalten und anschließend die größte Eindringtiefe in mm bestimmt.

6.13.6 Verschleißwiderstand

Probekörper sind Platten oder Würfel von quadratischer Grundfläche (7,1 cm × 7,1 cm = 50 cm² Prüffläche), die aus dem Beton, z.B. Betonwerksteine, Fußbodenplatten bzw. Hartstoffestrich (siehe Abschnitte 6.10.5 und 7.7.4), herausgeschnitten werden.

Die Prüfung geschieht auf der Schleifscheibe nach *Böhme* nach DIN 52 108 (01.06): Die Proben werden mit einer Kraft von 300 N auf eine rotierende, mit künstlichem Korund bestreute gusseiserne Platte gedrückt. Insgesamt wird die Probe 16 · 22 = 352 Umdrehungen unterworfen, das entspricht einem Schleifweg von etwa 485 m. Nach jeweils 22 Umdrehungen wird der Gewichtsverlust gemessen und die Probe um 90° gedreht. Als Abnutzwiderstand bzw. Schleifverschleiß wird der gesamte Volumenverlust in $cm^3/50\ cm^2$ Prüffläche oder der Dickenverlust in mm angegeben. Die Einteilung in Verschleißklassen nach DIN EN 13 815 erfolgt nach der Abriebmenge.

6.13.7 Mischungsverhältnis, Bindemittelgehalt

Vergleiche DIN 52 170-1 bis -4 (02.80).

Die nachträgliche Bestimmung des Mischungsverhältnisses und des Bindemittelgehaltes von bereits erhärtetem Beton kann nur angenähert mit einer Genauigkeit von etwa ± 10 % erfolgen, indem der Zementstein mit Salzsäure aus dem Beton herausgelöst wird. Voraussetzung dafür ist, dass der Zement völlig salzsäurelöslich und dass die Gesteinskörnung salzsäureunlöslich ist. Für die Normzemente trifft dies außer auf Trasszement zu. Die Gesteinskörnungen enthalten häufig salzsäurelösliche Anteile, stehen jedoch für eine gesonderte Untersuchung meist nicht mehr zur Verfügung. Handelt es sich bei den salzsäurelöslichen Bestandteilen in erster Linie um $CaCO_3$ und/oder $MgCO_3$, so kann ihr Anteil durch eine zusätzliche CO_2-Gehaltsbestimmung des Betons ermittelt werden.

6.13.8 Bestimmung der Karbonatisierungstiefe

Zur Messung der Karbonatisierungstiefe (siehe auch Abschnitt 6.25.3) benötigt man eine frische Bruchfläche im Beton. Aus ebenen Flächen wird mit Hammer und Meißel oder Schlagbohrer bzw. Bohrhammer ein Stück herausgebrochen. Kanten werden mit dem Hammer abgeschlagen. Die frische Fläche *sofort* zunächst mit Pressluft oder einem Blasebalg abblasen und anschließend mit Indikatorlösung besprühen. Als Indikatorlösung wird in der Regel farblose 1%ige Phenolphthaleinlösung verwendet (10 g Phenolphthalein auf 1000 ml Methanol). Dabei färbt sich der innen liegende, nicht karbonatisierte und ausreichend alkalische Beton rotviolett, während die äußere karbonatisierte Betonschicht mit pH-Werten unter 9,5 farblos bleibt.

Da die Karbonatisierungsfront in der Regel unregelmäßig verläuft, muss die Messstelle zur Abschätzung eines realistischen Mittelwerts ausreichend groß sein. Günstig sind mehrere Messstellen. Sehr trockener Beton zeigt unter Umständen nur eine schwache Färbung. Dann mit Wasser vorsprühen oder 1 % destilliertes Wasser der Indikatorlösung zugeben.

6.14 Sichtbeton

Merkblatt Sichtbeton. Deutscher Beton- und Bautechnik-Verein e. V. und Bundesverband der Deutschen Zementindustrie (08.04)

Siehe auch [6.34], [6.56] sowie Abschnitt 6.16.

Sichtbeton ist ein Beton, dessen Ansichtsflächen gestalterische Funktionen erfüllen und ein vorausbestimmtes Aussehen haben. Möglichkeiten der **Oberflächengestaltung** sind z.B.: Schalungsabdruck; Durchfärbung des Betons; schwache Oberflächenbearbeitung des Frischbetons, z.B. durch Glätten, Besenstrich; frühzeitige Bearbeitung der Mörtelschicht, z.B. durch Auswaschen (Waschbeton siehe unten); nachträgliche werksteinmäßige Bearbeitung der erhärteten Mörtelschicht. Bei stark profilierter Oberfläche durch besondere Schalungselemente oder durch tiefe Oberflächenbearbeitung spricht man von Strukturbeton.

6.14 Sichtbeton

Die Anforderungen an das Aussehen von Betonoberflächen, die Vorstellung des Planers von der Wirkung einer Sichtbetonfläche muss mit den material- und herstellungstechnischen Randbedingungen in Übereinstimmung gebracht werden. Das Merkblatt Sichtbeton erleichtert mit der Einführung zentraler Schlüsselbegriffe die fachliche Kommunikation zwischen Bauherrn, Planer und Ausführendem. Besonders hervorzuheben ist die Klassifizierung in vier Sichtbetonklassen:
- Sichtbetonklasse SB 1, niedrigste Qualitätsstufe mit geringen gestalterischen Anforderungen (Beispiel Kellerwände)
- Sichtbetonklasse SB 2, normale gestalterische Anforderungen (Beispiel Treppenhäuser, Stützwände)
- Sichtbetonklasse SB 3, hohe gestalterische Anforderungen (Beispiel Fassaden)
- Sichtbetonklasse SB 4, besonders hohe gestalterische Bedeutung (Beispiel repräsentative Bauteile)

Den Sichtbetonklassen werden konkrete Einzelkriterien wie Textur, Porigkeit, Farbton, Arbeits- und Schalhautfugen, Ebenheit, Probefläche, Schalhautklasse zugeordnet, sodass die gewünschte Qualität mit diesen Vorgaben und Hinweisen besser erreicht werden kann. Im Folgenden einige weitere Hinweise.

Stets die gleichen **Ausgangsstoffe** verwenden; Zemente nur aus dem gleichen Werk beziehen. Bewährt haben sich mittelfeine Zemente. Großen Einfluss haben auch die Farbe und der Mehlkornanteil des Sandes, wobei selbst der Sand aus ein und derselben Grube unterschiedlich sein kann. Stets gleiche Zusätze verwenden.

Die **Betonzusammensetzung** muss so genau wie möglich eingehalten werden. Das gilt besonders für den Wasserzementwert und den Mehlkorngehalt, der die Richtwerte der Tafel 5.20 nicht unterschreiten sollte. Zementgehalt ≥ 300 kg/m³, günstig weiche oder fließfähige Konsistenz, Überprüfung durch das Ausbreitmaß. In Wand- und Stützenfüßen weichere und feinkörnigere (0/4 bis 0/8) Mischungen mit gleichem Wasserzementwert einbringen.

Die **Schalung** muss dicht und steif sein und aus gleichem und gleich vorbehandeltem Material bestehen. Trockene Schalbretter aus Holz gut vornässen bzw. neue Bretter mit Zementleim ($w/z = 0,8$ bis $1,0$) oder Kalkmilch einstreichen und Anstrich nach dem Abtrocknen sofort wieder entfernen. Möglichst abtrocknende Trennmittel und nicht Schalöle verwenden. Sparsam und gleichmäßig dick auftragen. Innerhalb der Schalung möglichst wenig Behinderungen durch Anker, Haken und Bewehrung (gegebenenfalls nachträglich zulegen), für Schalungsanker stets Hüllrohre verwenden.

Konstruktive Maßnahmen sind ausreichende Betondeckung (≥ 3 cm) und Einstreichen von herausragenden Bewehrungsstäben mit Zementleim, um Rostflecken oder -fahnen zu vermeiden. Die Auffälligkeit von Wasserfahnen kann gemindert werden durch vertikal strukturierte Oberfläche bzw. Anlegen von gewollten Schalungsfugen. Fensterbänke sollten weit vor die Fassade herausgezogen oder zwischen sichtbare Kanten gelegt werden.

Beim **Waschbeton** (meist werkmäßige Herstellung als Fertigteile oder Betonwaren) wird die äußere Zementmörtelschicht vor dem völligen Erhärten entfernt (ausgewaschen), sodass die gröberen Körner bis etwa zu einem Drittel ihrer Dicke sichtbar werden. Dabei werden in der Regel liegende Schalungen mit chemischen Hilfsmitteln eingestrichen, die das Erstarren des Zements an der Oberfläche verzögern oder unterbinden. Bewährt haben sich Ausfallkörnungen: 25 % 0/2 und 75 % Grobkorn bis 8, 16 oder 32 mm. Das Aussehen der Oberfläche wird von der Auswahl des Grobkorns (rund, gebrochen, weiß, farbig) und gegebenenfalls von der Einfärbung des Bindemittels beeinflusst (siehe auch Abschnitt 6.16). Interessant ist das Verfahren zur Übertragung von Motiven und Bildern auf Beton (**Beton-Gravur; Fotobeton**). Dabei wird eine mit Verzögerer beschichtete Folie in die Schalung im Fertigteilwerk eingeklebt, sodass diese beim Betonieren nicht verrutscht. Durch verschiedene Verzögerermengen auf der Folie entsteht nach dem Entschalen und vorsichtigem Waschen eine optisch dreidimensional wirkende Oberfläche mit entsprechenden Hell-Dunkel-Effekten.

6.15 Beton für massige Bauteile

Siehe auch [6.36], [6.39], DAfStB-Richtlinie Massige Bauteile aus Beton 2005.

Von **Massenbeton** wird im Allgemeinen gesprochen, wenn die Dicken der zu betonierenden Bauteile ≥ 0,80 m sind, z.B. bei Staumauern, Schleusen, Gründungskörpern, Brückenpfeilern und Schutzräumen. Außer bei Schutzräumen spielt bei solchen Bauteilen die Druckfestigkeit eine untergeordnete Rolle. Viel bedeutsamer ist bei dicken Bauteilen die Tatsache, dass sie sich durch die entsprechende Hydratationswärme des Zements aufheizen und dass dadurch Risse entstehen können (siehe auch Abschnitt 6.6.8 bzw. [6.36]).

Die **Temperaturerhöhung im Beton** infolge Hydratationswärme des Zements lässt sich nach folgender Formel abschätzen:

$$\Delta \vartheta_n = \frac{z \cdot H_n}{\rho_b \cdot c_b} \text{ in K}$$

Hierin bedeuten:

$\Delta \vartheta_n$ Temperaturerhöhung in K nach n Tagen
z Zementgehalt in kg/m³
H_n Hydratationswärme des Zements in kJ/kg nach n Tagen (siehe Tafel 4.12)
ρ_b Betonrohdichte in kg/m³ (≈ 2500)
c_b Spezifische Wärme des Betons in kJ/(kg · K) (≈ 0,96 bis 1,2)

Da das Produkt $\rho_b \cdot c_b$ für übliche Betone etwa $2{,}5 \cdot 10^3$ kJ/(m³ · K) beträgt, ist die Temperaturerhöhung im Wesentlichen vom Zementgehalt und von der Art des verwendeten Zements abhängig:

$$\Delta \vartheta_n \approx \frac{z \cdot H_n}{2500}$$

Die durch die Temperaturunterschiede im Beton hervorgerufenen Zugspannungen müssen geringer bleiben als die vorhandene Zugfestigkeit des Betons. Um eine Rissbildung zu verhindern, sollte der Temperaturunterschied zwischen Betonmitte und Betonoberfläche weniger als 15 K betragen.

Maßnahmen gegen die Rissbildung sind zunächst die **Anordnung von Fugen.** Sie können als Dehnungsfugen (Raumfugen) oder Scheinfugen ausgebildet werden (siehe Abschnitt 6.19.3). Bei wasserundurchlässigen Bauwerken oder Beton mit hohem Widerstand gegen starken chemischen Angriff müssen in Raumfugen Fugenbänder eingelegt werden. Der Abstand der Fugen hängt ab von der Frischbeton- und Außentemperatur, von den Eigenschaften (Festigkeit, E-Modul, Wärmedehnzahl, Kriechzahl) der Ausgangsstoffe und des Betons und von der Bauteildicke. Er wird allgemein nach Erfahrungen zwischen 3 und 15 m festgelegt (siehe auch Abschnitt 6.6.8).

Betontechnologische Maßnahmen zielen auf eine möglichst geringe Erwärmung des Betons ab. Aus diesem Grunde werden LH-Zemente mit niedriger Hydratationswärme verwendet. Der Zementgehalt ist durch glatte und rundliche Gesteinskörnung, Sieblinie nahe A oder Ausfallkörnung und möglichst großes Grobkorn bis 125 mm bzw. bei Spezialverfahren im Talsperrenbau sogar bis 400 mm so niedrig wie möglich zu halten. Für den Nachweis der Betonfestigkeit ist unter Umständen ein späterer Prüftermin als 28 Tage zu vereinbaren. Wasser, Gesteinskörnung und/oder Beton kühlen, z.B. durch Zugabe von Eisschnee oder feinkörnigem Splittereis, Kühlen des Betons im Fahrmischer mit flüssigem Stickstoff. Zur Verringerung des Schwindens ist eine besonders sorgfältige Nachbehandlung erforderlich (siehe Abschnitt 6.7.4).

Auch durch **verfahrenstechnische Maßnahmen** kann dem Aufheizen des Betons entgegengewirkt werden. Dazu gehören: Betonieren in kleinen Abschnitten oder in senkrechten Blöcken mit Zwischenräumen; Rohrinnenkühlung (teuer, kann aber unter Umständen wirtschaftlich sein); Anordnung einer Vorsatzbetonschale um einen zementärmeren Kern. Die Gefahr von Schalenrissen kann gemindert werden, indem die Abkühlung verlangsamt wird, z.B. durch *späteres Ausschalen*. Zusätzliche Bewehrung hat nur als starke Flächenbewehrung einen Sinn.

6.16 Farbiger Beton

Farbiger Beton wird z.B. bei der Herstellung von großformatigen Fassaden- und Brüstungselementen, Bodenplatten, Treppenbelägen und Betonpflastersteinen häufig als Vorsatzschicht (3 bis 8 cm dick) verwendet. Die Farbwirkung wird durch Pigmente [6.10] und/oder farbige Gesteinskörnungen sowie durch eine besondere Oberflächenbehandlung hervorgerufen. Für farbigen Beton gelten im Übrigen die für Sichtbeton festgelegten Regeln (siehe Abschnitt 6.14). Um die tatsächliche Farbwirkung beurteilen zu können, empfiehlt sich die Anfertigung größerer Probeelemente.

a) Ausgangsstoffe des Betons

Als **Zement** kann jeder Normzement verwendet werden. Besonders bewährt hat sich jedoch Weißzement CEM I. Er ist allerdings etwa dreimal so teuer wie Grauzement, da er mit besonders ausgewählten Rohstoffen und nach einem speziellen Verfahren hergestellt wird. Zementgehalt: 330 bis 360 kg/m³.

Als **Farbstoffe** kommen nur licht-, wetter- und alkalibeständige anorganische Baupigmente (Pulver, Flüssigfarbe, Granulat) in Frage, meist Eisenoxidgelb, -rot, -braun und -schwarz, daneben auch Chromoxidgrün und gelegentlich Kobaltblau oder Manganblau sowie zur Aufhellung Titanoxidweiß (siehe auch Abschnitt 6.4.12). Der Anteil beträgt bei Grauzement bis 6 %, bei Weißzement 0,2 bis 1 % des Zementgewichts.

Als **farbige Gesteinskörnungen** kommen in der Regel Hartgesteine wie Quarz, Quarzit, Diabas, Granit, Porphyr, zum Teil auch Kalkstein und Marmor zur Anwendung. Das Größtkorn ist meist nicht größer als 16 mm.

b) Oberflächenbehandlung

Das übliche Verfahren der nachträglichen Oberflächenbehandlung ist das **Feinwaschen**. Dabei wird mit einem Wasserstrahl und/oder einer Bürste eine etwa 1 bis 1,5 mm dicke Feinmörtelschicht von der Oberfläche des Betons abgetragen. In einem zweiten Arbeitsgang wird die Oberfläche unter Umständen mit Ameisensäure 1 : 10 abgesäuert, um einen auf der Oberfläche verbleibenden Zementschleier zu entfernen. Damit sich die Feinmörtelschicht leicht löst, wird auf die mit der Betonoberfläche in Berührung kommende Schalungsfläche ein flüssiger Kontaktverzögerer aufgebracht, in der Regel mit Schaumstoffwalzen oder durch Spritzen. Das Auswaschen muss dann möglichst bald nach dem Ausschalen geschehen. Es kann auch ohne Kontaktverzögerer gearbeitet werden. Nur muss das Auswaschen dann zum frühestmöglichen Zeitpunkt geschehen (im Sommer etwa 1,5 Stunden nach dem Mischen des Betons).

6.17 Trockenbeton

DAfStb-Richtlinie für die Herstellung und Verwendung von Trockenbeton und Trockenmörtel (Ausgabe 2005)

Trockenbeton und Trockenmörtel werden werkmäßig hergestellt. Diese Baustoffe bestehen aus Zement, trockenen Gesteinskörnungen und gegebenenfalls Betonzusätzen in einer gleichbleibenden Zusammensetzung. Nach Zugabe einer bestimmten Menge Wasser oder Anmachflüssigkeit (Wasser mit Betonzusätzen) erhält man Normalbeton oder Zementmörtel. Durch die getroffenen Festlegungen über die Anforderungen an das Herstellwerk, an die Ausgangsstoffe, an den Trockenbeton und Trockenmörtel selbst sowie über Zusammensetzung einschließlich Erstprüfung, notwendige Aufzeichnungen, Mischanweisungen, Liefern und Lagern, Überwachung kann Trockenbeton und Trockenmörtel wie Beton und Mörtel nach DIN 1045 verwendet werden; in Spannbetonbauteilen zum Schließen von Aussparungen und zum Ausbessern.

Im Sortenverzeichnis des Herstellwerkes müssen alle wesentlichen Angaben zum Trockenbeton bzw. Trockenmörtel enthalten sein, von dessen Festigkeitsklasse und Konsistenzbereich über Art und Menge des Zements, der Gesteinskörnungen, der Betonzusätze, der Anmachflüssigkeit bis zur Festigkeitsentwicklung und gegebenenfalls besonderen Einbaubedingungen (z.B. Spritzbeton).

Trockenbeton, Trockenmörtel sind in Säcken, Großgebinden oder anderen geeigneten Behältern abgefüllt, sodass bei fachgerechter Lagerung die Verwendungsfähigkeit für eine Zeitspanne von mindestens sechs Monaten sichergestellt ist, bei lose ausgelieferten (z.B. in Silos) mindestens drei Monate; überlagerter bzw. teilweise erhärteter Trockenbeton oder Trockenmörtel darf nicht verwendet werden.

Die Anweisungen auf der Verpackung bzw. auf dem Begleitzettel, insbesondere zum höchstmöglichen Wassergehalt oder Gehalt an Anmachflüssigkeit (kein Überschreiten des höchstzulässigen Wasserzementwerts), sind einzuhalten. Verwendet man Teilmengen aus Gebinden, Silos usw., sind diese abzuwiegen, sodass nach korrigierter Wasserzugabe die Einhaltung des Wasserzementwerts gesichert ist.

Die Überwachung der Qualität bei der Bauausführung erfolgt entsprechend den gültigen Vorschriften.

6.18 Spannbeton

DIN EN 1992: Tragwerke aus Beton, Stahlbeton und Spannbeton

Der Grundgedanke des Spannbetons ist, die Zugzone eines Biegebalkens aus Beton durch Vorspannen eingelegter Spannstähle so unter Druck zu setzen, dass die im Balken infolge

6.18 Spannbeton

ruhender bzw. nicht ruhender Einwirkungen auftretenden Zugkräfte diese Druckspannungen erst abbauen müssen, bevor Zugspannungen im Beton auftreten können.
Bei der Vorspannung mit Spanngliedern unterscheidet man:

a) nach dem Vorspanngrad

volle Vorspannung: Im Gebrauchszustand treten im Beton im Allgemeinen keine Zugspannungen auf.
beschränkte Vorspannung: Im Gebrauchszustand werden Betonzugspannungen im Rahmen der Biegezugfestigkeit zugelassen. Zur Risssicherung sind zusätzliche (schlaffe) Stahleinlagen erforderlich.
teilweise Vorspannung: Vorspannung nur für bestimmte Lastfallkombinationen.

b) nach dem Zeitpunkt des Vorspannens

vor Erhärten des Betons: Spannbettvorspannung. Die Spannglieder werden zwischen festen Widerlagern gespannt, anschließend einbetoniert. Nach dem Erhärten des Betons wird die Verbindung mit den Widerlagern gelöst, die Vorspannkräfte werden somit auf das Bauteil übertragen.
nach Erhärten des Betons: Bereits erhärtete Betonbauteile lassen sich als Widerlager benutzen. Die Vorspannkräfte werden über Ankerkörper sofort auf den Beton übertragen.

c) nach Art der Verbundwirkung

Vorspannung mit sofortigem Verbund: Spannbettvorspannung siehe oben. Verbundwirkung entsteht gleichzeitig mit dem Erhärten des Betons. Unter anderem genutzt bei werkmäßig hergestellten Spannbeton-Hohldielen.
Vorspannung ohne Verbund: Die Spannglieder liegen außerhalb oder innerhalb (in Gleitkanälen) des vorzuspannenden Bauteils. Wegen erhöhter Korrosionsgefahr nur in Sonderfällen, z.B. für demontierbare Bauwerke, Erdanker für Baugrubensicherungen, angewandt. Vorteil dieses Verfahrens: Spannglieder sind jederzeit auswechselbar. Deshalb werden heute versuchsweise Spannglieder mit zusätzlichem Korrosionsschutz eingebaut: Sie besitzen entweder eine Schmierfettumhüllung oder einen Zinküberzug mit zusätzlicher Kunststoffbeschichtung.
Vorspannung mit nachträglichem Verbund (wird überwiegend angewandt): Die Spannglieder werden vor dem Betonieren fertig in Gleitkanälen (Hüllrohren) verlegt oder nachträglich in einbetonierte Hüllrohre eingefädelt. Nach dem Erhärten des Betons werden die Spannglieder gegen den bereits erhärteten Beton vorgespannt, durch Ankerkörper verankert und die Gleitkanäle sofort mit Einpressmörtel verpresst. Dadurch wird ein wirksamer Korrosionsschutz und nach Erhärten des Mörtels Verbundwirkung erzielt.
Auch **Glasfaser-Harz-Verbundstäbe** und mit Carbonfaser verstärkter Kunststoff [6.24] sind als Hochleistungsverbundwerkstoff (HLV) im Beton als Spannglieder zugelassen.
Die Betonzusammensetzung ist so zu wählen, dass Schwinden und Kriechen möglichst gering werden (geringer Abfall der Vorspannkraft) und der Beton möglichst dicht ist (Korrosionsschutz der Spannstähle). Das bedeutet Einschränkung des Zementgehalts, niedriger Wasserzementwert (gegebenenfalls FM, siehe Abschnitt 6.4.3), steif-plastische Konsistenz, gute Verdichtung durch kräftig wirkende Rüttler, sorgfältige Nachbehandlung. Betonzusatzstoffe dürfen bei Spannbeton mit sofortigem Verbund nur verwendet werden, wenn die Unschädlichkeit auf Spannstahl (z.B. bei Flugasche, Silicastaub) nachgewiesen wurde.

Auf den **Korrosionsschutz der Spannstähle** ist besonderes Augenmerk zu legen, da bei diesen zusätzlich zu sonstigen Korrosionsschäden Spannungsrisskorrosion auftreten kann. Aufgrund der hohen Stahlspannungen kann es bereits durch kleine Korrosionsnarben auf den Spannstählen zu Kerbspannungsspitzen kommen, die zu plötzlichem transkristallinem Bruch ohne vorherige Ankündigung durch plastische Verformungen führen können.
Spannstahl darf beim Einbau nur leichten Flugrost (lässt sich mit einem trockenen Lappen entfernen) aufweisen, Narbenrost darf nicht tiefer als 20 bis 40 µm eingefressen sein. Spannglieder dürfen höchstens 12 Wochen unverpresst in den Hüllrohren liegen, davon höchstens vier Wochen frei in der Schalung und zwei Wochen gespannt. Bei Überschreitung dieser Fristen: Spülen mit getrockneter, gegebenenfalls gereinigter Luft; Beschichten (Fett, Ölemulsion, Wachs; muss vor dem Verpressen wieder entfernt werden); Füllen der Hüllrohre mit Schutzgas bzw. mit Kalkmilch (Ausschluss von CO_2!). Zwecks Gewährleistung einer ausreichenden und lang andauernden Alkalität des umgebenden Betons bei Hochofenzementen nur die mit der Festigkeitsklasse 42,5 sowie ausreichende Betonüberdeckung (siehe Abschnitt 6.7.6) wählen. Gehalt an Chloriden der Gesteinskörnung $\leq$ 0,02 Masse-% wasserlösliches Chlorid, im Anmachwasser $\leq$ 600 mg Cl^- je Liter. Meerwasser und andere salzhaltige Wässer nicht als Anmachwasser verwenden. Zusatzmittel müssen für Spannbeton zugelassen sein.

Einpressmörtel wird nach dem Spannen der Spannglieder in die Hüllrohre gepresst und hat die Aufgabe, einen Verbund zwischen Beton und Spannstahl herzustellen und den Spannstahl vor Korrosion zu schützen.

Der Einpressmörtel besteht vorwiegend aus Portlandzement, Wasser, Einpresshilfen EH und gegebenenfalls Zusatzstoffen (Silikastaub) und Gesteinskörnung. w/z-Wert $\leq$ 0,44, Chloridgehalt des Wassers $\leq$ 500 mg Cl^- je Liter. Der Einpressmörtel muss folgende Eigenschaften besitzen: ausreichendes Fließvermögen während des gesamten Fließvorgangs; geringes Absetzmaß (< 0,3 %, drei Stunden nach dem Mischen); Zylinderdruckfestigkeit nach 28 Tagen im Mittel $\geq$ 30 N/mm², Einzelwert $\geq$ 27 N/mm². Bei Bauwerkstemperaturen unter +5 °C darf nicht eingepresst werden.

6.19 Straßenbeton

Siehe auch [6.57].

6.19.1 Allgemeines

Die Beanspruchung der Fahrbahndecken ist außerordentlich hoch: stehender und rollender Verkehr (Druck-, Schub- und Biegezugbeanspruchung, Verschleiß), Frost und Taumittel, unterschiedliche Temperaturen an der Ober- und Unterseite der Decke. Außerdem soll die Oberfläche eben und griffig bleiben. Der Beton (siehe Tafel 6.37) muss daher außer einer hohen Druck- und Biegefestigkeit einen ausreichenden Frost-Taumittel-Widerstand, eine dauerhafte Griffigkeit und einen hohen Widerstand gegen Abnutzung aufweisen. Die Fahrbahndecke aus Beton als oberer Teil des Oberbaus einer Straße kann ein- oder zweischichtig hergestellt werden. Bei einer zweischichtigen Betondecke weist der Beton der zwei Schichten unterschiedliche Zusammensetzung auf.

6.19.2 Zusammensetzung

Fahrbahndeckenbeton ist als Beton nach Eigenschaften entsprechend den Expositionsklassen XC4, XF4 und XM2 zusammenzusetzen. Tafel 6.37 enthält die Anforderungen.

Tafel 6.37 Anforderungen an den Fahrbahndeckenbeton [6.57]

Kenngrößen	Bauklasse	Anforderungen
Expositionsklasse	SV, I bis III	XC4, XF4, XM2[1), 2)]
Druckfestigkeitsklasse	SV, I bis VI	C30/37
Zementgehalt	SV, I bis III	≥ 350 kg/m³; Festlegung aus Erstprüfung
Kornzusammensetzung	SV, I bis III	– Sieblinie A/B; Größtkorn 16, 22, 32 mm; mindestens drei Lieferkörnungen – bei 8 mm Größtkorn zwei Lieferkörnungen – Begrenzung der Anteile < 1 bzw. 2 mm
	IV bis VI	Mindestens zwei Lieferkörnungen 0/4 und > 4 mm
Mehlkorn- und Feinstsandgehalt	SV, I bis VI	≤ 450 kg/m³; bei Größtkorn 8 mm ≤ 500 kg/m³
Mindestluftgehalt des Frischbetons[3)]	SV, I bis VI	– Für Betone ohne BV, FM Einzelwert $\geq 3{,}5$ Vol.-%; Tagesmittelwert $\geq 4{,}0$ Vol.-% – Für Betone mit BV, FM und ohne Prüfung der Luftporenkennwerte in Erstprüfung 1 Vol.-% größer
Druckfestigkeit	SV, I bis VI	nach 28 Tagen $f_{ck,cube} = 37$ N/mm²
Biegezugfestigkeit[4)]	SV, I bis III IV bis VI	nach 28 Tagen $f_{cbt} \geq 4{,}5$ N/mm² nach 28 Tagen $f_{cbt} \geq 3{,}5$ N/mm²
Nachbehandlung	SV, I bis VI	– Nassnachbehandlung ≥ 3 Tage – Nachbehandlungsmittel mit Sperrkoeffizient > 75 % – bei Lufttemperaturen > 30 °C, starker Sonneneinstrahlung, starkem Wind oder relativer Luftfeuchte < 50 % zusätzlich Nachbehandlung • Abdecken mit Folie • Wasser erhaltende Abdeckungen $\}$ ≥ 3 Tage feucht halten

[1)] Nur für Oberbeton.
[2)] Für Bauklasse IV und V nur XM1.
[3)] Bei Größtkorn ≤ 16 mm ist Mindestluftgehalt um 0,5 Vol.-% zu erhöhen.
[4)] Nur bei Erstprüfung nachzuweisen.

Die Bauklasse hängt u.a. von der Straßenart ab, z.B. Bauklasse SV Schnellverkehrsstraße bis Bauklasse VI Anliegerstraße, befahrbarer Wohnweg.
Die standardisierten Bauweisen mit Betondecken für Fahrbahnen unterscheiden sich für die einzelnen Bauklassen durch unterschiedliche Ausbildung der Trag- und Frostschutzschichten sowie Unterschiede in den Betondicken.
Betreffs der Gefährdung durch Alkali-Kieselsäure-Reaktion sind die Rundschreiben des für die Bundesfernstraßen zuständigen Bundesministers zu berücksichtigen. Für die Bauklassen SV, I, II und III ist die Feuchtigkeitsklasse WS und für die Bauklassen IV, V und VI die Feuchtigkeitsklasse WA anzuwenden.

6 Beton

a) Als **Zement** für Betondecken ist in der Regel ein Portlandzement CEM I der Festigkeitsklasse 32,5 R zu verwenden. Die Nutzung von Portlandhüttenzement, Portlandschieferzement, Portlandkalksteinzement oder Hochofenzement erfordert eine Abstimmung mit dem Auftraggeber. Wegen Bedenken der Frost-Taumittelbeständigkeit soll von den Hochofenzementen nur CEM III/A mit der Festigkeitsklasse $\geq 42,5$ Anwendung finden. Aufgrund von hygrischen Verformungen von alten Betonplatten, die ursächlich möglicherweise durch sehr hohe Alkalianteile der Zemente ausgelöst sein könnten, darf der Gesamtalkaligehalt des Zements 1,0 Masse-% nicht überschreiten.

Zur Reduzierung der Dauer von verkehrslenkenden Maßnahmen oder bei niedrigen Temperaturen zur schnellen Erhärtung kann die Verwendung von Zement der Festigkeitsklasse 42,5 R vorteilhaft sein. Die gleiche Festigkeitsklasse kommt für die Herstellung von frühhochfestem Straßenbeton mit Fließmittel zum Einsatz. Für frühhochfesten Straßenbeton bestehen Anforderungen für die Druckfestigkeit nach zwei Tagen.

Zusätzlich zur DIN EN 197-1 gelten weitere Forderungen wie Erstarrungsbeginn bei Prüftemperatur 20 °C frühestens nach zwei Stunden (Berücksichtigung der teilweise längeren Transportwege und Verarbeitungszeiten); Mahlfeinheit ≤ 3500 cm^2/g (spezifische Oberfläche nach *Blaine*).

Der Zementgehalt ist zwar aufgrund einer Erstprüfung festzulegen, bei Decken der Bauklassen SV, I bis III darf er jedoch 350 kg/m^3 nicht unterschreiten.

Bei zweischichtigen Decken muss für den Ober- bzw. Unterbeton Zement der gleichen Art und Festigkeitsklasse verwendet werden.

Wasserzementwert $\leq 0,45$. Stets Zugabe von LP-Mitteln.

b) Als Gesteinskörnung kommt nur natürliches oder künstliches und beständiges Gestein mit dichtem Gefüge in Frage. Auch rezyklierte Gesteinskörnungen werden genutzt.

In Bezug auf den Widerstand gegen Frost und die schädlichen Bestandteile werden an die Gesteinskörnung für Deckenbeton sehr hohe Anforderungen gestellt. Im Verlauf der Nutzungsdauer einer Decke darf nur eine geringe Veränderung der Mikrorauheit (wenig polierbar) eintreten. Der Beton muss deshalb einen hohen Anteil von gebrochenem Gestein enthalten, und zwar

– mindestens 50 % Splitt für die Körnung > 8 mm und
– mindestens 35 % Splitt, bezogen auf die gesamte Körnung.

Da gedrungene Kornformen die sogenannte Polierneigung verringern, wird der Einsatz von Edelsplitt (Kornformkennzahl mindestens SI$_{20}$) empfohlen.

c) Kornzusammensetzung (siehe Abb. 5.6). Größtkorn im Hinblick auf die Polierbarkeit des grobkörnigen Gesteins auf 31,5 mm begrenzen. Es sind bei Korngemischen 0/16 für die Bauklassen SV, I bis IV mindestens drei Korngruppen erforderlich; Sandanteil unter 1 mm ≤ 27 Masse-%, unter 2 mm ≤ 30 Masse-%. Mehlkornanteil und Feinstsand sind auf das Mindestmaß zu beschränken (≤ 450 kg/m^3).

Für die im Oberbeton verwendeten Gesteinskörnungen ist nach TL Beton-StB bzw. TL-Gestein-StB der Polierwiderstand (PSV) (z.B. „Waschbeton": Bauklassen SV, I bis III: PSV = 53) nachzuweisen.

d) Die **Konsistenz** ist so einzustellen, dass der Beton sich nicht entmischt, ein gleichmäßiges dichtes Gefüge erhält und der erforderliche Deckenschluss erreicht wird. Zu beachten sind weiter die Einbaugeräte, die Temperatur sowie die Neigung der Fahrbahnflächen. Bei

Einsatz von Fließmitteln wählt man bei frühhochfestem Straßenbeton eine plastische Konsistenz, sonst eine weiche Konsistenz. Schwankungen der Konsistenz an der Einbaustelle sind nachteilig, da zu jeder Konsistenz eine bestimmte Höheneinstellung der Einbaugeräte gehört. Außerdem können Unebenheiten der Oberfläche und Änderungen im LP-Gehalt die Folge sein.

e) Der geforderte **Mindestluftgehalt** unmittelbar vor dem Einbau muss bei Beton ohne BV oder FM im Tagesmittel 4,0 Vol.-% (Einzelwert 3,5 Vol.-%) betragen. Bei Beton mit BV oder FM liegen die Mindestwerte nur dann 1 Vol.-% höher, wenn bei der Eignungsprüfung der Abstandsfaktor 0,20 mm nicht überschritten und der Mikro-Luftporengehalt A 300 von 1,8 Vol.-% nicht unterschritten werden. Der Wert A 300 kennzeichnet den Gehalt an feinen Luftporen mit Durchmessern zwischen rund 10 µm und 300 µm. Der Abstandsfaktor sowie der Wert A 300 können nur am erhärteten Beton durch mikroskopische Bestimmung ermittelt werden. Für die Ableitung der Kennwerte wird ein idealisiertes Porensystem zugrunde gelegt. Der geforderte Mindestgehalt ist natürlich abhängig von der Zementleimmenge und somit auch vom Größtkorn. Bei einem Größtkorn ≤ 16 mm ist der Mindestluftgehalt demzufolge um 0,5 Vol.-% zu erhöhen.

6.19.3 Herstellen und Verarbeiten

a) Das **Mischen** geschieht in zentralen Mischanlagen oder im Transportbetonwerk und soll nach Zugabe aller Stoffe mindestens 45 Sekunden dauern. Die Mischanlage (meist Ein- oder Zweiwellen-Trogmischer mit 1000 bis 5000 Liter Nenninhalt) muss so groß sein, dass kontinuierlich eingebaut werden kann. Ein Stillstand des Fertigers kann zu Oberflächenunebenheiten führen. Zwischen Mischen und Einbau dürfen nicht mehr als 45 Minuten liegen.

b) Der **Einbau** geschieht mit Hilfe von schienengeführten Betonfertigern (Abgleichelement, Rüttelbohle, Glättbohle), die auf stählernen Seitenschalungen oder auf Randstreifen aus Beton laufen, oder überwiegend mit Hilfe von Gleitschalungsfertigern (GSF). Diese fahren auf langen Raupen mit 0,8 bis 1,5 m/s direkt auf dem Untergrund und führen die etwa 8 m langen Seitenschalungen (geschleppte Schalung) kontinuierlich mit.

Der Beton wird einschichtig (Splittbeton) oder zweischichtig (unten Kiesbeton, oben Splittbeton) eingebracht. Jede Schicht wiederum kann in einer Lage oder mehrlagig (Dicke jeder Lage mindestens 5 cm) eingebracht werden. Beim einlagigen Einbau einer 22 cm dicken Betondecke aus Splittbeton beträgt die Überhöhung vor dem Verdichten bis zu 7 cm. Die Regeldicke liegt bei 30 cm. Bei der zweischichtigen oder zweilagigen Herstellung der Straßendecke ist zu beachten, dass ein Verbund zwischen Ober- und Unterbeton nur bei einer Herstellung „frisch in frisch" erzielt werden kann.

c) Die **Verdichtung** des Betons geschieht bei den Bauklassen I bis III maschinell und gleichzeitig über die ganze Betonierbreite mit Oberflächenverdichtern oder Innenrüttlern. Bei Letzteren muss zur Erzielung einer profilgerechten geschlossenen Oberfläche stets noch ein Deckenfertiger oder eine schwere Rüttelbohle folgen. Nach dem Glätten ist die Oberfläche auch aus Gründen der Lärmminderung z.B. mit einem Jutetuch (Längstextur) abzuziehen, damit eine ausreichende Griffigkeit entsteht.

Anstelle dieser Strukturierung können die Oberflächen auch ausgewaschen („Waschbetonbauweise") werden (Freilegen von Kornspitzen).

Der Lärmschutz kann auch über einen offenporigen Belag (**Drainbeton,** haufwerksporiger Beton) unter Verwendung von Edelsplitt 5/8 und Zusatz von Kunststoffdispersion zum

6 Beton

Beton verbessert werden. Durch niedrige Wasserzementwerte werden trotz des offenporigen Gefüges mit Hohlraumgehalten ≥ 20 Vol.-% Druckfestigkeiten beim Drainbeton von ≥ 30 N/mm² erreicht [6.47].

Bei der Anwendung von **Walzbeton** für Nutz- und Verkehrsflächen wird erdfeuchter Beton mit einer Kornzusammensetzung nahe Sieblinie B 16 nach einer Vorverdichtung mit Hochverdichtungsbohlen anschließend durch Glatt- und Gummiwalzen endverdichtet. Der Walzbeton kann bereits im frischen Zustand befahren werden.

Die Betondecke wird quer zur Fahrtrichtung durch Querfugen und in Fahrtrichtung durch Längsfugen ausgebildet.

d) Fugen werden in der Regel nicht mehr als durchgehende Raumfugen (nur im Anschluss an Brücken oder andere Einbauten) ausgebildet, sondern als **Scheinfugen** an der Oberseite der Decke (Tiefe mindestens 25 % und höchstens 45 % der Deckendicke) in einem Abstand von 6 m angeordnet. Nach dem *selbsttätigen* Aufreißen der Scheinfuge bis zur Unterseite der Decke entstehen so konstruktiv günstige, nahezu quadratische Deckenplatten, die keiner Bewehrung mehr bedürfen.

Scheinfugen werden durch Einrütteln von Fugeneinlagen in den frischen Beton oder durch Einschneiden des erhärteten Betons nach 6 bis 20 Stunden hergestellt. In die Fugen (Breite 8 bis 15 mm) wird ein Dichtungsband und anschließend das Vergussmaterial eingebracht, entweder bitumenhaltige Heißvergussmassen oder Kaltvergussmassen aus reaktiven Ein- oder Zweikomponenten-Systemen.

Pressfugen trennen die Betonplatten zwar in ganzer Dicke voneinander, ermöglichen aber im Gegensatz zu Raumfugen keine zwängungsfreie Ausdehnung der Platten. Sie entstehen, wenn benachbarte Fahrbahnfelder in zeitlichem Abstand betoniert werden (frischer Beton an erhärteten Beton). Sie erhalten im oberen Teil in der Regel einen 10 mm breiten Fugenspalt, in den wie bei den Scheinfugen ein Fugenfüllstoff eingebracht wird.

An den Querfugen werden zur Lastübertragung und zur Höhensicherung **Dübel** z.B. aus Betonrundstahl (Durchmesser 25 mm, Länge 50 cm) in den frischen Beton eingerüttelt. Sie erhalten einen gut haftenden Kunststoffüberzug (Gleiten im Beton) und haben einen Abstand von 30 cm. In den Längsfugen zwischen den Fahrbahnstreifen werden in halber Plattenhöhe **Anker** z.B. aus Betonformstahl eingelegt: Durchmesser ≥ 16 mm, Länge ≥ 60 cm, Abstand 1,5 m. Sie sollen ein Auseinanderwandern der Platten verhindern. Sie müssen im Fugenbereich beschichtet sein.

6.19.4 Nachbehandlung

Gegen Austrocknen, Auswaschen durch Regen und gegen Frost wird der Oberbeton bei den Bauklassen SV, I bis VI sofort nach Fertigstellung geschützt. Ansonsten sind die im Abschnitt 6.7.4 formulierten Grundsätze und die Richtlinie zur Nachbehandlung von Beton zu beachten. Das heute gebräuchlichste Verfahren zur Nachbehandlung (Tafel 6.37) ist das Aufbringen von hell pigmentierten Nachbehandlungsmitteln, wobei die aufzubringende Menge von deren Sperrwirkung, der herrschenden Witterung sowie deren Abwitterung zur Realisierung der Anfangsgriffigkeit abhängt.

6.19.5 Prüfung

Art und Umfang der Prüfungen von Straßenbeton sind in der ZTV Beton-StB festgelegt. Sie weichen zum Teil von der DIN 1045 und der DIN EN 206 ab.

Bei Erstprüfungen ist z.B. auch die Biegezugfestigkeit zu prüfen (siehe Tafel 6.37).
Die vom Auftragnehmer während der Bauausführung vorzunehmende Eigenüberwachungsprüfung umfasst bei Frischbeton: Konsistenz, w/z-Wert, Zusammensetzung einmal täglich; Rohdichte bei jeder Probekörperherstellung; LP-Gehalt und Lufttemperatur stündlich bei Oberbeton; Betontemperatur alle zwei Stunden bei Lufttemperaturen unter +5 °C und über +25 °C. Bei Festbeton: Rohdichte und Druckfestigkeit zu Anfang und alle 1000 m², jedoch nicht öfter als einmal am Tag; hinzu kommt die Messung der Dicke, Ebenheit, profilgerechten Lage und Griffigkeit.
Kontrollprüfungen werden vom Auftraggeber durchgeführt. Die Ergebnisse der Kontrollprüfung werden der Abnahme und Abrechnung zugrunde gelegt.

6.19.6 Erhaltung von Betonstraßen

ZTV BEB-StB: Zusätzliche Technische Vertragsbedingungen und Richtlinien für die Bauliche Erhaltung von Verkehrsflächen – Betonbauweisen. Hrsg.: Forschungsgesellschaft für Straßen- und Verkehrswesen.

Zu den Bauverfahren, die im Rahmen der Instandhaltung, Instandsetzung bzw. Erneuerung von Verkehrsflächen von Bedeutung sind, zählt man u.a. das Ausbessern von Fugenfüllungen, das Aufweiten und Verfüllen von Rissen, das nachträgliche Verdübeln und Verankern von Betonplatten, das Ausbessern von Kantenschäden und Eckabbrüchen, das Heben und Festlegen von Platten und Plattenteilen, das Behandeln und Beschichten von Oberflächen. Bei den Instandhaltungsmaßnahmen von **Rissen** muss beachtet werden, dass bei durchgehenden Rissen nur durch den Einbau von Dübeln bzw. Ankern eine dauerhafte Sanierung erreichbar ist. Die Verfüllung von oberflächennahen Rissen unter 1 mm Breite kann durch Reaktionsharze, die für Injektionen geeignet sind, vorgenommen werden. Breitere Risse über 1 mm Breite werden durch Aufschneiden auf 10 bis 15 mm erweitert und anschließend mit Vergussmaterial (siehe Abschnitt 6.19.2) verfüllt.
Das Grundprinzip der **nachträglichen Verdübelung** ist in Abb. 6.16 aufgezeigt. Die in Abb. 6.16 dargestellte nachgiebige Einlage (z.B. aus Weichfasern) dient zur Vermeidung von Längsdruckkraftübertragungen über den Reaktionsharzmörtel im Rissbereich. Nach der Erhärtung des Reaktionsharzmörtels ist der Riss aufzuweiten und mit einer Fugenmasse zu verschließen.

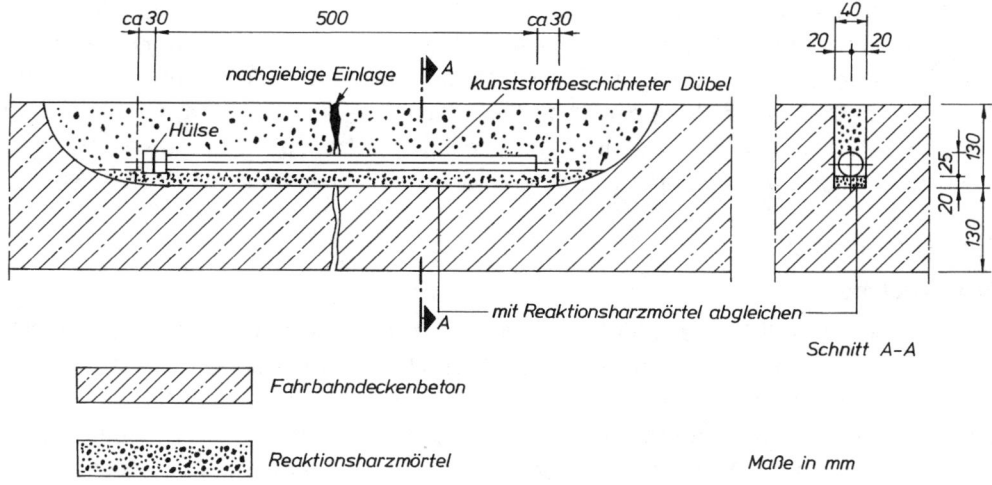

Abb. 6.16 Verdübeln in Querrichtung

Eine nachträgliche Verdübelung von durchgehenden Querrissen kann erforderlich sein, um Stufenbildung zwischen den Plattenteilen zu vermeiden. Zum Einsetzen der Dübel werden in die Decke etwa 40 mm breite und 800 mm lange Schlitze eingeschnitten (Tiefe 1/2 Deckendicke). Ähnlich geschieht die nachträgliche Verankerung von Längspressfugen oder durchgehenden Längsrissen. Um ein Auseinanderwandern der Plattenteile zu verhindern, werden hierbei die Anker an den Enden abgebogen und ragen in Bohrlöcher im Beton hinein. Größere **Kantenabbrüche** an den Rissflanken oder an Fugen werden mit Zement- oder reaktionsharzhaltigen Systemen ausgebessert. Frühhochfesten Reparaturbeton nutzt man für die Ausbesserung von Kantenschäden und Eckabbrüchen größer 50 mm Dicke.

Das Heben und Festlegen von ganzen Platten zum Ausgleich von **Stufen** an den Quer- oder Längsfugen geschieht durch Unterpressen mit Druck mit einem hydraulischen Spezialmörtel. Zu diesem Zweck werden im Abstand von 0,5 bis 1 m von den Fugen Bohrlöcher von bis 40 mm Durchmesser bis etwa 2 cm unter die Plattenunterkante gebohrt.

Die **Oberflächenbehandlung** mit Reaktionsharz oder mit Reaktionsharzmörtel (siehe Abschnitt 6.24.2) wird insbesondere bei polierten und ausgemagerten Betonoberflächen bzw. bei Oberflächen mit negativen Auswirkungen auf die Lärmemissionen vorgenommen.

Der **Ersatz von Platten** und Plattenteilen aufgrund von Rissen, vertikalen Plattenbewegungen und Eckabbrüchen kann teilweise oder vollständig in voller Tiefe erfolgen; der dauerhafte Ersatz in der Dicke der vorhandenen Betonplatte. Genutzt wird frühhochfester Reparaturbeton, der nach acht Stunden eine Mindestdruckfestigkeit von 20 N/mm² aufweisen muss. Bei einer Verarbeitungszeit von > 30 Min. sind die einzelnen Chargen frisch in frisch einzubauen. Ein streifenweiser Ersatz wird z.B. vorgenommen, wenn Fahrstreifen aufgrund gestiegener Verkehrsbelastung unterdimensioniert sind. Der Betoneinbau soll dabei mit Fertigern vorgenommen werden und erfolgt im Tiefeinbau unter Beibehaltung der Höhenlage und Querneigung.

Eine **Erneuerung** von Betonfahrbahnen geschieht aus unzureichender Tragfähigkeit z.B. wegen Unterdimensionierung. Das Erneuern von ganzen Betonfahrbahnen in Betonbauweise geschieht nach drei verschiedenen Verfahren. Beim Tiefeinbau wird die bisherige Straßenbefestigung vollständig ausgebaut und erneuert, gegebenenfalls unter Wiederverwendung der entfernten Schichten nach Aufbereitung, z.B. als Tragschichtmaterial. Beim Hocheinbau wird die vorhandene Straßenbefestigung nach entsprechender Vorbereitung (z.B. Zertrümmern der alten Betondecke) als Tragschicht belassen. Bei der Kombination von Hoch- und Tiefeinbau werden Teile des vorhandenen Oberbaus aufgenommen und unter Berücksichtigung der verbleibenden Schicht durch einen neu dimensionierten Oberbau ersetzt.

6.20 Leichtbeton

6.20.1 Allgemeines

Beton mit Trockenrohdichten $\leq$ 2000 kg/m³ wird als **Leichtbeton** bezeichnet. Das geringe Gewicht wird durch porige Zuschläge (siehe Abschnitt 5.2) und/oder durch die Porigkeit des Betongefüges erreicht (siehe Abb. 6.17 bis 6.20). Porenbetone und haufwerksporige Leichtbetone finden Anwendung als tragendes Mauerwerk mit guter Wärmedämmung, als Wandelemente und Deckenplatten. Gefügedichte Leichtbetone können Festigkeiten bis 90 N/mm² erreichen und finden als Stahl- und Spannleichtbeton im Hochbau und konstruktiven Ingenieurbau (Brücken, Schalen usw.) Verwendung (siehe auch [6.9]). Er wird deshalb auch als Konstruktionsleichtbeton (siehe Abschnitt 6.20.6) bezeichnet. Leichtbetone mit geschlossenem Gefüge können aber auch mit vergleichsweise geringer Festigkeit, aber guter Wärmedämmung für tragende Bauteile eingesetzt werden. Einige technologische Besonderheiten sind z.B. bei gefügedichtem Leichtbeton mit Leichtzuschlägen auf Basis von geschäumtem Polystyrol zu beachten (siehe Abschnitt 6.20.4).

6.20.2 Porenbeton und Schaumbeton

Siehe auch [6.47].

Man unterscheidet nach dem Herstellungsverfahren zwischen Porenbeton und Schaumbeton. Bei der Herstellung von **Schaumbeton**, auch als **Porenleichtbeton** bezeichnet, wird ein Feinmörtel in Spezialmischern mit einem gesondert vorgefertigten Schaum durchgearbeitet. Er erreicht im Gegensatz zu Gasbeton bereits im Mischer sein endgültiges Volumen und erhärtet wie Normalbeton an der Luft. Schaumbeton besitzt eine „schlagsahneartige" Konsistenz und lässt sich leicht verarbeiten. Materialeigenschaften siehe Tafel 6.38. Von Nachteil ist sein hohes Schwindmaß.

Mögliche Anwendung von Schaumbeton: wärmedämmende und frostbeständige Ausgleichsschichten auf Decken und Flachdächern; Unterböden in Industrie- und Sporthallen sowie in Viehställen; Unterbeton und Tragschichten im Straßen- und Tiefbau.

Porenbeton (dampfgehärtet, siehe Abschnitt 2.11) entsteht durch Reaktion der kalkhaltigen und silicatischen Komponente durch Autoklavbehandlung (Dampfhärtung unter hohem Druck), wobei die Porenbildung durch einen chemischen Prozess (Gasbildung) verursacht wird.

Tafel 6.38 Anhaltswerte für die Materialeigenschaften von Porenleichtbeton [6.48]

Trockenrohdichte kg/dm^3	Druckfestigkeit N/mm^2	Biegezugfestigkeit N/mm^2	Elastizitätsmodul N/mm^2	Endschwinden mm/m
0,4	1,2	–	–	–
0,6	1,7	0,3	500	3,5
0,8	2,2	0,6	1 500	2,7
1,0	3,0	0,9	3 000	2,0
1,2	5,0	1,2	5 000	1,3
1,4	9,0	1,6	7 500	1,1
1,6	15,0	2,1	13 000	0,9
1,8	> 20,0	> 2,5	> 17 500	0,8

6 Beton

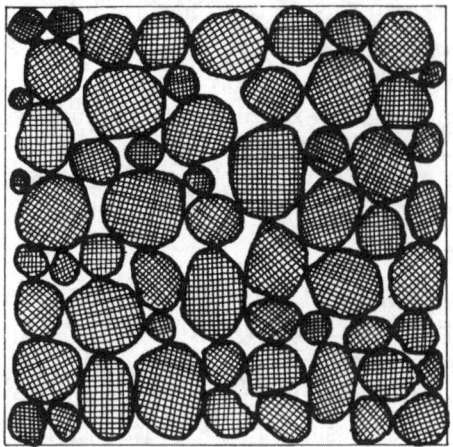

Abb. 6.17 Haufwerksporiger Leichtbeton mit leichter Gesteinskörnung

Abb. 6.18 Haufwerksporiger Leichtbeton mit Kies

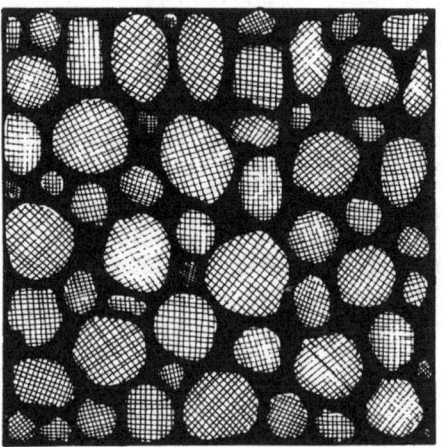

Abb. 6.19 Gefügedichter Leichtbeton mit leichter Gesteinskörnung

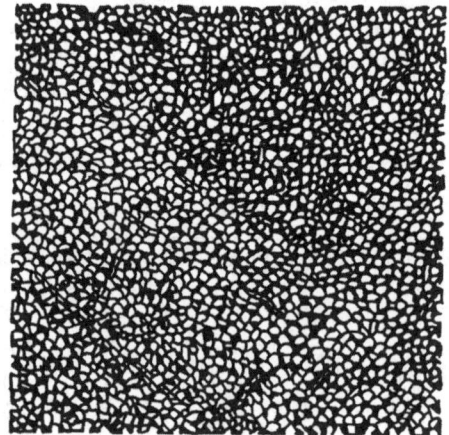

Abb. 6.20 Porenbeton oder Schaumbeton

6.20.3 Haufwerksporiger Leichtbeton

Beim haufwerksporigen Leichtbeton (LAC)[3] sind die Gesteinskörner von Zementleim bzw. -mörtel (steifplastische Konsistenz) umhüllt und berühren sich in dichtester Lagerung punktförmig (siehe Abb. 6.17 und 6.18). Leim- bzw. Mörtelgehalt 200 bis 400 dm³/m³ Beton. Körnungen meist 4/8 oder 8/16 (Einkornbeton!), ihr Anteil etwa (1,1 bis 1,2) × Schüttgewicht in kg/m³. Anwendung: werkmäßige Herstellung von Steinen und Platten (siehe Abschnitt 2.12).
Die mit dem Leichtzuschlag Blähton erreichbaren Druckfestigkeiten und Trockenrohdichten können Abb. 6.21 entnommen werden.

---

[3] **l**ightweight **a**ggregate **c**oncrete with open structur.

6.20 Leichtbeton

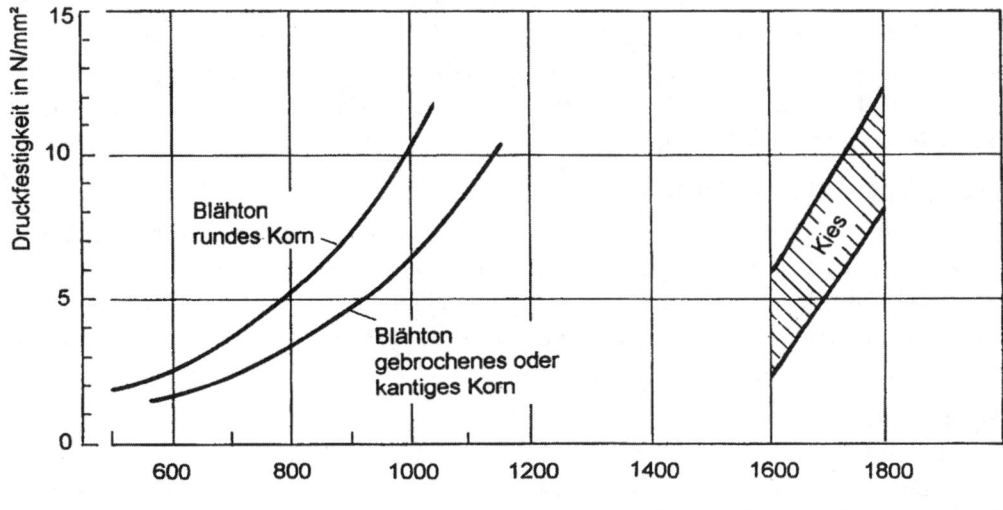

Abb. 6.21 Würfeldruckfestigkeit haufwerksporiger Betone in Abhängigkeit von Rohdichte und Gesteinskörnung [6.9]

Vorgefertigte bewehrte Bauteile aus LAC (DIN EN 1520, DIN 4213) werden neben den Abmessungen durch die Art des Bauteils (z.B. W-Wand; F-Decke) durch die Druckfestigkeit und Trockenrohdichte gekennzeichnet. Bei der Druckfestigkeit erfolgt die Angabe als deklarierte (vom Hersteller zugesicherte) charakteristische Druckfestigkeit bzw. als deklarierte Festigkeitsklasse (von LAC2 bis LAC25).

Der Schutz der Bewehrung wird je nach vorgesehener Expositionsklasse durch Beschichten der Bewehrungsstäbe oder durch deren Einbettung in eine Zone aus Beton mit geschlossenem Gefüge vorgenommen. Der Einsatz dieser bewehrten Betone ist auf wenige Umweltklassen (z.B. XC1 bis XC3) begrenzt.

Für Drain- oder Filteraufgaben im Straßen- und Tiefbau werden Betone mit gebrochenen oder natürlichen Normalzuschlägen verwendet. Bei Betonrohdichten bis minimal 1,50 kg/dm³ liegen die Druckfestigkeiten zwischen 3 und 7 N/mm².

6.20.4 Leichtbeton mit geschäumtem Polystyrol (Styroporbeton)

Bei diesem Leichtbeton werden die Poren aus geschäumten Polystyrolpartikeln (Durchmesser 0,5 bis 5 mm) mit geschlossenzelliger Struktur (keine Wasseraufnahme während des Mischens und Förderns) gebildet (Styroporbeton). Die Polystyrolperlen besitzen eine Schüttdichte von 12 bis 15 kg/m³. Aufgrund der geringen Rohdichte der Schaumpolystyrolkugeln ($\approx$ 0,03 kg/dm³) lässt sich Beton mit Rohdichten von 0,40 bis 0,80 kg/dm³ mit Druckfestigkeiten von 1 bis 6 N/mm² und E-Moduln von 700 bis 2500 N/mm² herstellen [6.6].

Anwendung: Dämmputze und Isoliermörtel; Dachdämmung mit vorgefertigten Platten oder gepumptem Styroporbeton; wärmedämmende Unterböden im Hoch- und Industriebau; großformatige Außenwandelemente mit und ohne Vorsatzschichten; Hohlblock- und Schalungssteine; wärmedämmende Tragschichten im Straßen- und Eisenbahnbau.

Die **Herstellung des Betons** erfolgt in üblichen Zwangsmischern, die Förderung in Kübel- oder Pritschenwagen. Der Beton kann auch gepumpt werden. Verdichten durch Rütteln (keine Innenrüttler) oder Stampfen. Rüttelzeit nur 5 bis 10 Sekunden, um ein Aufschwimmen der Styroporpartikel zu vermeiden. Wegen der starken Erwärmung des Styroporbetons und wegen des fehlenden Wasserrückhaltevermögens der geschlossenzelligen Styroporpartikel ist eine sorgfältige Nachbehandlung erforderlich (Vermeidung von Schwindrissen): langes Feuchthalten, langsames Abkühlen.

6.20.5 Gefügedichter Leichtbeton

Gefügedichter Leichtbeton (Konstruktionsleichtbeton) wird ganz oder teilweise mit porigem Zuschlag (siehe Abschnitt 5.2) hergestellt und entspricht mindestens der Festigkeitsklasse LC8/9 (Tafel 6.39). Außerdem erfolgt eine Einteilung in Rohdichteklassen (siehe Tafel 6.40), um über die Rohdichte die technologischen/konstruktiven (geringe Masse) oder wärmeschutztechnischen Vorteile erfassen zu können.

a) Eigenschaften

Für die **Festigkeit** von Leichtbeton spielt die Kornfestigkeit der leichten Gesteinskörnung eine entscheidende Rolle, weil sie anders als beim Normalbeton in der Regel *kleiner* ist als die maximal erreichbare Festigkeit des Zementsteins bzw. -mörtels (Matrixfestigkeit). Leichtbeton hat demgemäß eine andere Festigkeitsentwicklung als Normalbeton und erreicht unter Umständen seine Endfestigkeit bereits nach 7 Tagen. Das Wasserzementgesetz von *Walz* verläuft im Bereich niedriger Wasserzementwerte wesentlich flacher als bei Normalbeton, d.h., der Einfluss des Wasserzementwerts auf die Festigkeit des Leichtbetons wird wesentlich geringer.

Tafel 6.39 Festigkeitsklassen für Leichtbeton nach DIN EN 206-1/DIN 1045-2

Festigkeitsklasse	$f_{ck,cyl}$ in N/mm²	$f_{ck,cube}$ in N/mm²
LC8/9	8	9
LC12/13[1]	12	13
LC16/18	16	18
LC20/22	20	22
LC25/28	25	28
LC30/33	30	33
LC35/38	35	38
LC40/44	40	44
LC45/50	45	50
LC50/55[2]	50	55
LC55/60	55	60
LC60/66	60	66
LC70/77	70	77
LC80/88	80	88

[1] Die Festigkeitsklasse LC12/13 darf nur bei vorwiegend ruhenden Lasten verwendet werden.
[2] Ab LC55/60 Bezeichnung als hochfester Leichtbeton.

6.20 Leichtbeton

Tafel 6.40 Rohdichteklassen von Leichtbeton

Kenngröße	Rohdichteklasse					
	D1,0	D1,2	D1,4	D1,6	D1,8	D2,0
Trockenrohdichte in kg/m³	≥ 800 bis 1000	> 1000 bis 1200	> 1200 bis 1400	> 1400 bis 1600	> 1600 bis 1800	> 1800 bis 2000

Schwinden und Kriechen ist etwa um 20 % höher als bei Normalbeton, die Querdehnzahl kann zu 0,2 angenommen werden. Obwohl für Leichtbeton der lineare Wärmedehnungskoeffizient im Allgemeinen gleich $8 \cdot 10^{-6}$ K^{-1} gesetzt wird, darf der Unterschied der Wärmedehnzahlen zwischen Stahl ($10 \cdot 10^{-6}$ K^{-1}) und Leichtbeton bei der Bemessung vernachlässigt werden. Während die Wasseraufnahme meist größer ist als bei Normalbeton, entsprechen Wassereindringtiefe und Wasserdampfdurchlässigkeit dem Normalbeton, der Feuerwiderstand ist wegen der höheren Wärmedämmung der leichten Gesteinskörnung höher. Die Betondeckung der Stahleinlagen (Einflüsse wie bei Normalbeton, siehe Tafel 6.20) muss mindestens 5 mm größer als das Größtkorn sein.

In der Leistungsbeschreibung zur Festlegung von **Beton nach Eigenschaften** (s. Abschnitt 6.3.6) muss außer den bei Normalbeton erforderlichen Angaben auch die Rohdichteklasse oder der Zielwert der Rohdichte enthalten sein. Als Bemessungswert der Rohdichte werden nach DIN 1045-1 für unbewehrten Leichtbeton 50 kg/m³, für Stahlbeton 150 kg/m³ höhere Werte angesetzt, als es der Rohdichteklasse entspricht; z.B. für die Rohdichteklasse 1,6 als Bemessungswert der Rohdichte für unbewehrten Beton 1650 kg/m³, für Stahlbeton 1750 kg/m³. Der E-Modul für Leichtbeton kann als Kennwert für die Bemessung aus dem für Normalbeton der entsprechenden Festigkeitsklasse nach

$E_{lcm} = E_{cm} \cdot \eta_E$ mit $\eta_E = (\rho/2200)^2$

berechnet werden (siehe Tafel 6.12).

b) Herstellung und Übereinstimmungskriterien

Die porigen Gesteinskörnungen saugen einen Teil des Anmachwassers auf und entziehen es dem Zementleim. Dies ist bei der Berechnung des für die Festigkeit und den Korrosionsschutz der Bewehrung **wirksamen Wasserzementwerts** zu berücksichtigen. Bei Verwendung trockener Gesteinskörnung kann er nach der Formel $\omega = $ (Zugabewasser – $WA_{30\,Min.}$)/Zement berechnet werden. $WA_{30\,Min.}$ ist diejenige Wassermenge, die trockene Gesteinskörnung innerhalb von 30 Minuten aufsaugt, bei Blähton z.B. 5 bis 24 Vol.-%. Das Wassersaugen der leichten Gesteinskörnung ist bei der Herstellung von Leichtbeton z.B. durch Anfeuchten zu berücksichtigen. Der Einsatz von Natursand bzw. Leichtsand beeinflusst Rohdichte- und Festigkeitsklasse, wobei je nach Festigkeits- und Rohdichteklasse sowohl Natursand als auch Leichtsand genutzt werden. Die Festigkeitsklasse LC50/55 z.B. mit Rohdichteklasse D1.8 erfordert den Einsatz von Natursand, mit Rohdichteklasse D1,6 auch Leichtsand in geringerer Menge. Die Trockenrohdichte kann mit der Formel $\rho = (1{,}2 \cdot z + g_t)/1000$ abgeschätzt werden (z = Zementgehalt und g_t = Trockengewicht der Gesteinskörnung und gegebenenfalls Zusatzstoffe, wie Füller, in kg/m³).

Bei der **Herstellung** ist darauf zu achten, dass Leichtbeton sich beim Abbinden des Zements stärker erwärmt als Normalbeton, da er bei gleichem Zementgehalt eine geringere Wärmekapazität besitzt (geringeres Gewicht) und die Wärme langsamer abfließt (geringere

Wärmeleitfähigkeit). Leichtbeton ist daher mit besonderer Sorgfalt nachzubehandeln: lange feucht halten, langsam abkühlen lassen. Gegebenenfalls sind LH-Zemente einzusetzen.
Hinsichtlich der **Übereinstimmungskriterien** gelten die gleichen Grundsätze wie bei Normalbeton; zusätzlich ist für die Rohdichte des Leichtbetons zu beachten, dass die ausgewählten Annahmewerte nach Tafel 6.32 a mit dem unteren Grenzwert der Rohdichte − 30 kg/m^3 und dem oberen Grenzwert der Rohdichte + 30 kg/m^3 in Ansatz gebracht werden.

6.20.6 Hochfester Leichtbeton

Darunter versteht man einen gefügedichten Leichtbeton mit hohen Festigkeiten (ab LC 55/60). Zur Herstellung von hochfestem Leichtbeton (Hochleistungsleichtbeton) werden zum einen die Festigkeitseigenschaften der Bindemittelmatrix gesteigert, und zwar wie beim hochfesten Beton (s. Abschnitt 6.6.2) durch Mikrosilica, Fließmittel und niedrigen Wasserzementwert. Zum anderen kommen höherfeste leichte Gesteinskörnungen zum Einsatz.

Den Vorteilen, wie hohe Festigkeit bei geringerer Rohdichte und besserer Dauerhaftigkeit aufgrund der niedrigen Porosität des Zementsteins, stehen als Nachteile das **Sprödbruchverhalten** und das ungünstige Verhalten im Brandfall gegenüber.

Nach Abb. 6.22 nehmen beim hochfesten Leichtbeton die erreichbaren Betonstauchungen bei Maximallast zwar zu, es kommt aber zu einem spröden Versagen. Durch die höhere Festigkeit und Steifigkeit der Bindemittelmatrix verläuft die Spannungs-Dehnungs-Linie in einem größeren Bereich linear-elastisch. Eine Verformung des Betons ist nach dem Erreichen der Betondruckfestigkeit kaum möglich.

Beim hochfesten Leichtbeton verschlechtert sich wie beim hochfesten Beton das Brandverhalten, weil der bei Erhitzung entstehende Wasserdampf durch die niedrige Porosität des Zementsteins nicht ohne weiteres entweichen kann. Im Brandfall treten im Inneren große Spannungen auf, die zu einem explosionsartigen Abplatzen der äußeren Schichten führen. Abhilfe wird durch Kunststofffasern im Beton (z.B. auf Basis Polypropylen) geschaffen, die im Brandfall zu Entlüftungskanälen führen und damit den Dampfdruck abbauen.

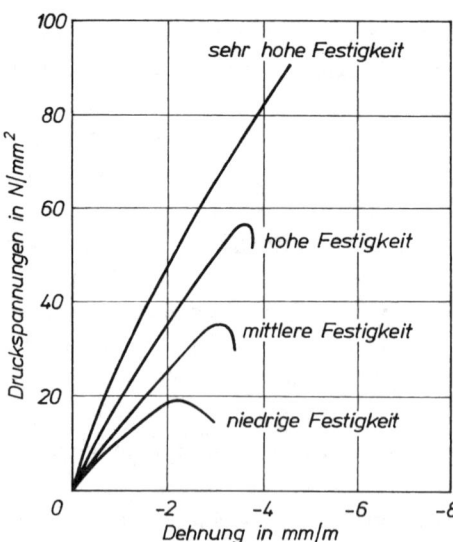

Abb. 6.22
Idealisierte Spannungs-Dehnungs-Linien von gefügedichtem Leichtbeton

6.21 Schwerbeton (Strahlenschutzbeton)

Siehe auch [6.49].

Als Schwerbeton bezeichnet man Beton mit einer Trockenrohdichte über 2600 kg/m³. Diese hohe Rohdichte ist nur durch schwere Gesteinskörnung (Kornrohdichte ≥ 3000 kg/m³ bzw. 3 kg/dm³) realisierbar. Die Festigkeitsklassen entsprechen denen für Normalbeton (s. Tafel 6.2).
Verwendung findet Schwerbeton z.B. für besonders schwere Fundamente, als Gegengewicht für Bagger und Krane. Große Bedeutung hat der Schwerbeton als Strahlenschutzbeton für Röntgenanlagen und im Schutzraumbau [6.20] gewonnen. Zur Erreichung einer hohen Betonrohdichte (5,6 kg/dm³ erreichbar) und zum Schutz gegen γ-Strahlen werden Schwerzuschläge, zum Schutz gegen Neutronenstrahlung (Neutronenbremse) werden Gesteinskörnungen mit hohem Kristallwassergehalt und borhaltige Zusatzstoffe verwendet (siehe Abschnitt 5.2.3 c).
Bei der **Zusammensetzung** von Schwerbeton kommen Gesteinskörnungen mit Dichten von 4 kg/dm³ (Baryt) bis 7 kg/dm³ (Eisengranalien) zum Einsatz. Die Gesteinskörnungen mit hohem Kristallwassergehalt und borhaltige Zusatzstoffe weisen Dichten um 3,5 kg/dm³ bzw. 2,5 kg/dm³ auf. Beim Einsatz von Schwerbeton für den Strahlenschutz ist vor der Verwendung teurer Schwerzuschläge stets zu prüfen, ob die erforderliche Abschirmwirkung nicht auch durch dickeren Normalbeton erreicht werden kann. Wegen der meist größeren Dicken sind die für Massenbeton geltenden Regeln zu beachten. Meist werden LH-Zemente der Festigkeitsklasse 32,5 verwendet. Der w/z-Wert sollte ≤ 0,60 sein (Vermeidung von Wasserabsonderung, niedriger Kapillarporenraum). Da insbesondere bei der Verwendung künstlicher Schwerzuschläge Luftporengehalte über 3 Vol.-% auftreten können, ist der sogenannte wirksame Wasserzementwert (siehe Abschnitt 6.3.5, insbesondere Beispiel 6.4) anzunehmen. Dies ist auch bei der Anwendung des Wasserzementwertgesetzes von *Walz* (siehe Abb. 6.2) zur Berechnung der Druckfestigkeit zu berücksichtigen. Der Wasserbedarf des Frischbetons entspricht in etwa Tafel 6.6. Er ist so zu bemessen, dass ein steif-plastischer Rüttelbeton entsteht. Dadurch soll vermieden werden, dass die schweren Gesteinskörnungen im leichteren Mörtel aus normalem Sand absinken.
Zur **Mischungsberechnung** von Strahlenschutzbeton müssen die erforderliche Betontrockenrohdichte, die chemische Zusammensetzung der Gesteinskörnungen und der erforderliche Wasser(stoff)gehalt (chemisch gebundenes Wasser + Kristallwassergehalt) bekannt sein. In der Leistungsbeschreibung zur Festlegung von Beton nach Eigenschaften muss der Zielwert der Rohdichte enthalten sein. Der für die Neutronenschwächung *anrechenbare* Wassergehalt ergibt sich aus dem im Zementstein gebundenen Wasser (etwa 14 bis 25 % des Zementgehalts, je nach Hydratationsgrad und Art des Zements) und dem Kristallwassergehalt der Gesteinskörnung (z.B. etwa 10 bis 13 Masse-% bei Limonit und Serpentin). Dabei ist der Einfluss höherer Temperaturen auf den Kristallwassergehalt zu berücksichtigen. Um eine bestimmte Festbetontrockenrohdichte zu erreichen, ist eine um 0,1 größere Frischbetonrohdichte anzustreben. Das Mengenverhältnis von Normal- und Schwerzuschlag kann dann nach folgendem Beispiel 6.12 berechnet werden.

Beispiel 6.12 (Schwerbetonberechnung):

ρ_N = 2,75 kg/dm³ (Kalkstein); ρ_S = 5,2 kg/dm³ (Magnetit)
gewünschte Betontrockenrohdichte D = 3,6 kg/dm³

Aus einer Mischungsberechnung nach Abschnitt 6.5.2 seien ermittelt worden:
Wassergehalt w = 160 kg/m³; Zementgehalt z = 290 kg/m³
Stoffraum der Gesteinskörnung V_g = 740 dm³/m³
Damit ergibt sich für das Gewicht der Gesteinskörnung aus Normal- und Schwerzuschlag:
$g = g_N + g_S = 1000 \cdot (3{,}6 + 0{,}1) - 290 - 160 = 3250$ kg/m³
Aus dem Volumen der Gesteinskörnung

$$V_g = \frac{g_N}{\rho_N} + \frac{g_S}{\rho_S} \quad \text{mit } 740 = \frac{g_N}{2{,}75} + \frac{g_S}{5{,}2} \quad \text{folgt } g_N = 2035 - 0{,}53\, g_S$$

Die Anteile an Normalzuschlag (g_N) und Schwerzuschlag (g_S) sind somit über 3700 = 160 + 290 + 2035 − 0,53 g_S + g_S ermittelbar zu g_S = 2585 kg/m³ und g_N = 665 kg/m³.

Bei der **Herstellung** ist gegenüber Normalbeton Folgendes zu beachten: besonders gutes und in der Regel längeres Mischen; Mischer bei schweren Gesteinskörnungen wegen des höheren Gewichts und Verschleißes nur 1/4 bis 1/2 füllen. Wegen Entmischungsgefahr kleine Fallhöhen beim Einbringen des Betons und kurze Rüttelzeiten sowie geringe Abstände und Eintauchtiefen der Rüttelflasche wählen.

Bei Schwerbeton hat sich das Prepaktverfahren (siehe Abschnitt 6.9.2) besonders bewährt, insbesondere bei Bauteilen mit unregelmäßigen Abmessungen, Rohrdurchführungen und Aussparungen. Weiterhin wird auch ein sogenanntes Puddelverfahren angewendet, bei dem große Schwerzuschlagstücke (z.B. aus Stahl) in schichtweise eingebrachten Mörtel eingerüttelt werden.

Strahlenschutzbeton sollte mindestens 14 Tage lang feucht gehalten werden, damit vom Zement möglichst viel Wasser chemisch gebunden wird (Neutronenbremse). Die Schalung muss bei Schwergewichtsbeton besonders stabil (größere Frischbetonrohdichte) und bei Strahlenschutzbeton außerdem besonders dicht sein (Vermeiden von Hohlräumen im Beton durch auslaufenden Zementleim). Hülsen für Ankerstäbe sind ungünstig, besser im Beton verbleibende Ankerstäbe verwenden. Arbeitsfugen vermeiden (VZ-Mittel verwenden!).

Hinsichtlich der **Übereinstimmungskriterien** gelten die gleichen Grundsätze wie bei Normalbeton; zusätzlich ist für die Rohdichte des Schwerbetons zu beachten, dass die gewählten Annahmewerte nach Tafel 6.31 a mit dem unteren Grenzwert der Rohdichte − 30 kg/m³ (oberer Grenzwert keine Beschränkung) in Ansatz gebracht werden.

6.22 Faserbeton

6.22.1 Allgemeines

Siehe auch [6.47].

Beton und Mörtel haben eine geringe Biegezug- und Zugfestigkeit, Bruchdehnung und Schlagzähigkeit sowie eine große Reißneigung. Diese Eigenschaften können durch das Einmischen von Fasern verbessert werden. Faserbeton ist ein Beton, in den vorzugsweise Stahl-, Glas- oder Kunststofffasern eingearbeitet werden, um das Riss- und Bruchverhalten zu verbessern. Die Fasern wirken dort als Bewehrung. Durch Zugabe von Fasern wird erreicht, dass sich nach Überschreiten der Zugfestigkeit im Beton bzw. im Mörtel (sogenannte Matrix) anstelle weniger breiter Risse viele sehr feine Risse bilden, die von den Fasern überbrückt werden. Ein Weiteraufreißen dieser feinen Risse wird durch die Fasern allerdings nur dann verhindert, wenn sie genügend fest in der Matrix haften und wenn ihre Zugfestigkeit nicht überschritten wird. Damit die Zugfestigkeit β_Z der Fasern voll ausgeschöpft werden kann, bevor die Haftfestigkeit τ der Fasern in der Matrix überschritten wird und sie aus der Matrix herausgezogen werden, müssen Länge l und Durchmesser d der Fasern in einem bestimmten Verhältnis stehen ($l : d = \beta_z : 2\,\tau$). Mörtel oder Beton bricht bei Zugbeanspruchung nahezu schlagartig bei einer Bruchdehnung von etwa 0,2 ‰. Wenn in Kraftrichtung ausreichend viele Fasern im Beton vorhanden sind, dann übernehmen diese nach dem Anriss des Zementsteins die Zugkräfte. Als *kritischen Fasergehalt* bezeichnet man den Fasergehalt in Vol.-%, der diese Aufgabe erfüllt. Er hängt von der Zugfestigkeit der verwendeten Fasern, deren Länge und von der Betonzugfestigkeit ab.

Während die Druckfestigkeit von Faserbeton mit steigendem Fasergehalt aufgrund der Behinderung des Entstehens von Mikrorissen nur etwas zunimmt, ist der Anstieg der Bruchdehnung und insbesondere der Bruchenergie wesentlich. Die deutlich größere Bruchenergie führt zu einer deutlichen Verbesserung des Widerstands gegen dynamische Beanspruchungen einschließlich Schlag. Die Zug- und die Biegezugfestigkeit steigen insbesondere dann, wenn der Fasergehalt über dem kritischen Wert liegt.

6.22.2 Stahlfaserbeton

Drei verschiedene Stahlfasergattungen, und zwar Drahtfasern, spanabhebend gewonnene Stahlfasern und Blechfasern, kommen im Stahlfaserbeton zur Anwendung.

Die **Drahtfasern** mit gewünschten Stahlfaserdurchmessern von 0,3 bis 1 mm werden in der Regel aus Walzdraht (Ø 5 bis 6 mm) in einem kalten Verformungsprozess gezogen und in Längen zwischen 30 und 60 mm geschnitten. Neben geraden Drahtkurzschnitten sind am Faserende oder auf ganzer Länge gebogene bzw. gequetschte Fasern auf dem Markt. Sie weisen die höchsten Zugfestigkeiten (bis 1600 N/mm²) auf.

Durch Fräsen gewinnt man die **spanabhebend gewonnenen Stahlfasern** in gewünschter Form und Länge mit Zugfestigkeiten um 800 N/mm².

Blechfasern entstehen durch Stanzen aus gewalztem Stahlblech mit anschließender Profilierung. Die Zugfestigkeiten liegen bei circa 500 N/mm².

Die **geometrische Form** der Fasern hat sowohl auf die Verarbeitbarkeit als auch auf die Eigenschaften großen Einfluss. Mit dem Stahlfaserbeton will der Planer in der Regel eine Behinderung der Rissbildung oder eine Behinderung der Rissausweitung erreichen. Für die Behinderung der Rissbildung (Zustand 1) sind wegen der rauen Oberfläche gefräste Fasern günstiger, weil sie über die gesamte Länge im Zementstein verankert werden und somit die volle Zugfestigkeit der Faser risshemmend wirkt. Im Zustand II, also nach der Rissbildung, haben Drahtfasern mit Endverankerungen Vorteile, weil sie den Rissbereich zusammenhalten und somit die Rissausweitung verhindern.

Bei der **Herstellung** des Stahlfaserbetons wird in der Regel zuerst das Zementleim-Gesteinskörnung-Gemisch hergestellt. Danach erfolgt das Einbringen der Fasern, wobei z.B. Rüttelsiebe oder Gebläse zum Einsatz kommen, die eine kontinuierliche, nicht zu schnelle Beschickung sichern. Die Gefahr der Zusammenballungen der Fasern, die sogenannte Bildung von Trocken- bzw. Feuchtigeln, ist bei diesen Verfahren gering. Die Geometrie der Drahtfasern beeinflusst ebenfalls die Neigung zur Faserzusammenballung. Auch durch mit wasserlöslichen Klebern verklebte Bündel umgeht man die Igelbildung.

Stahlfasern sind im Gegensatz zur üblichen Bewehrung als Volumenbestandteil des Betons in der Stoffraumrechnung zu berücksichtigen. Der **Fasergehalt** richtet sich auch nach den gewünschten Eigenschaftsverbesserungen und liegt zwischen 25 und 120 kg/m³. Die

Gesteinskörnung soll feinkornreicher sein und der Sieblinie B entsprechen. Das Größtkorn des Betonzuschlags sollte bei Stahlfaserbeton etwa ein Drittel der Faserlänge nicht überschreiten. Wegen der schlechten Verarbeitbarkeit ist in der Regel ein relativ hoher Zementgehalt und der Einsatz von Verflüssigern erforderlich.

Mit Hilfe des SIFCON-Verfahrens (**S**lurry **I**nfiltrated **F**ibre **Con**crete) sind Fasergehalte über 10 Vol.-% realisierbar. Dabei werden die in die Schalung eingestreuten Stahlfasern mit einer Zementsuspension infiltriert. Beim SIMCON-Verfahren nutzt man Fasermatten mit anschließender Infiltration hochfester Mörtel.

Anwendung [6.28] kann der Stahlfaserbeton da finden, wo es besonders auf *Rissesicherung* ankommt, und bei dreiaxial beanspruchten Bauteilen, wie z.B. bei Spannbeton-Reaktordruckbehältern, dünnen Schalen und kurzen Balken. Als *Stahlfaserspritzbeton* findet er wie der normale Spritzbeton z.B. als Bergsicherung im Tunnel- und Stollenbau, bei der Hangsicherung, als Feuerschutzummantelung von Stahlstützen Anwendung. Im Tiefbau wendet man Stahlfaserpumpbeton z.B. für Tunnelinnenschalen an, um durch Herausnahme der aufwendigen Bewehrungsarbeiten aus dem Arbeitsprozess einen 24-stündigen Betonierrhythmus zu ermöglichen; aber auch bei Stützwänden, Rammpfählen usw. kam dieser Beton zum Einsatz.

Ein Haupteinsatzbereich liegt bei der Fertigung von Bodenplatten im Wohn-, Gewerbe- und Industriebereich. Für Industriefußböden werden dabei die gute Zugtragfähigkeit sowie die hohe Schlag- und Ermüdungsfestigkeit genutzt.

Allgemeine Bemessungsgrundlagen, die auf dem Sicherheitskonzept der DIN 1045-1 aufbauen, einschließlich konstruktive Durchbildung, Herstellung, Bauausführung, Überwachung und Prüfungen, sind in [6.17] enthalten; darin werden auch Faserbetonklassen auf Basis einer äquivalenten Zugfestigkeit definiert.

Zu beachten ist bei der Anwendung von Stahlfaserbeton, dass Stahlfasern, die an der Oberfläche im karbonatisierten Beton liegen, bei Witterungseinfluss korrodieren. Bis auf den schlechten optischen Eindruck durch die Rostbildung tritt dabei aber keine wesentliche Schädigung ein.

6.22.3 Glasfaserbeton (GFB)

Norm
DIN EN 1170-1 bis -7   (01.98)   Prüfverfahren für Glasfaserbeton

Die **Glasfasern** müssen wegen des Zements alkalibeständig sein wie AR-Gläser (alkali-resistent) oder Soda-Zirkon-Glas (Cem Fil; Pilkington-Konzern, England). Herstellverfahren der Fasern siehe Abschnitt 3.13.1.

Die **Herstellung** des Glasfaserbetons geschieht in der Regel durch Einrieseln bzw. Einspritzen (Spray-up-Verfahren), durch Einlegen bzw. Eintauchen (Lay-up-Verfahren; Auflegeverfahren) oder im Wickelverfahren (Winding-Verfahren). Das Mischen im Mischer wird seltener angewendet, da die spröden Glasfasern beim Mischen leicht brechen.

Beim *„spray-up"-Verfahren* werden Endlosfasern oder -rovings auf 10 bis 60 mm Länge geschnitten und gleichzeitig mit dem Zementleim oder -mörtel auf eine horizontale Schalung gespritzt, deren Unterseite als Filter ausgebildet ist (z.B. Papier auf Lochmetall, poröse Kunststofffolie), sodass das Überschusswasser abgesaugt werden kann (dadurch Verringern des Wasserzementwerts der Mischung von 0,35 bis 0,5 auf Werte von 0,2 bis 0,3). Das Überschusswasser wird auch durch Schleudern entfernt. Bauteildicke 10 bis 15 mm bei Fasergehalten von 4 bis 10 Vol.-%.

Beim *„lay-up"-Verfahren* werden Endlosfasern (Faserbündel, Gewebe, Matten, Vliese), in Zementleim getränkt, in die Schalung eingelegt, unter Umständen Zementleim zugegeben, hochfrequent gerüttelt und das Überschusswasser abgesaugt bzw. herausgepresst. Fasergehalt maximal 15 Vol.-%. Beim *Wickelverfahren* werden Endlosfasern in Zementschlämme getränkt, auf Zylinder aufgewickelt, unter Umständen danach zusätzlich mit gehäckselten Fasern und Zementschlämmen besprüht, durch Anpressrollen und gegebenenfalls Absaugen verdichtet. Fasergehalt maximal 15 Vol.-%.

Anwendungsgebiete des Glasfaserbetons [6.27] sind hochwertige *dünnwandige Erzeugnisse* wie z.B. Fassadenelemente, Faltwerke, Rohre, Druckbehälter, Schalen; Nasszellen; Dämmstoffe für Wärme- und Brandschutz; Rammpfähle (hohe Schlagzähigkeit); faserverstärkter Putz, Glasfaserspritzbeton, Estriche. In glasfaserverstärkten Zementmörteln für die Betoninstandsetzung nutzt man neben der verringerten Reißneigung im frischen und erhärteten Zustand auch die Standfestigkeit der Frischmörtel, insbesondere bei Beschichtungsarbeiten an senkrechten Flächen und bei Überkopfarbeiten.

Bei wassergelagerten Glasfaserbetonen stellte man trotz Einsatz alkalibeständiger Glasfasern Festigkeitsverluste fest, die auf eine mechanische Beanspruchung der empfindlichen Glasfasern durch scharfkantige Hydratationsprodukte zurückgeführt wurden [6.9]. Weiterentwickelte Glasfasern (Cem-Fil 2) sollen ein besseres Langzeitverhalten aufweisen.

Die Dauerhaftigkeit des Glasfaserbetons kann bei Einsatz sehr dünner Bauteile (< 15 mm) sowie von Feinsand durch die Karbonatisierung des gesamten Querschnitts in relativ kurzer Zeit sichergestellt werden. Der Abfall des pH-Werts der Porenlösung einschließlich der Bildung von $CaCO_3$ verhindert den Angriff der Porenlösung auf die Glasfasern.

6.22.4 Übrige Faserbetone

Kunststofffasern für Faserbetone müssen in ihrem E-Modul mindestens in der Größenordnung des E-Moduls vom Zementstein liegen.

Kunststofffasern werden aus Polypropylen (PP) wegen seiner geringen Kosten und guten Alkalibeständigkeit hergestellt, und zwar entweder als Einzelfaden („filaments") nach dem üblichen Düsenziehverfahren oder aus extrudierten PP-Folien. Diese werden in 2-cm-Streifen geschnitten, im Warmluftstrahl auf das 8-fache der Ausgangslänge gereckt und anschließend um die Längsachse verdreht, wobei sie zerfasern („fibrillate"). Länge der Fasern etwa 40 mm, Fasergehalt bis etwa 1,5 Vol.-%, Verarbeitung vorwiegend in Mischern. Hochfeste Polyacrylnitrilfasern (Dolanit) oder Fasern aus Polyvinylalkohol (Kuralon) werden ebenfalls in Faserzementprodukten eingesetzt.

Kohlenstofffasern für Faserbeton sind zu teuer. Organische Fasern kommen aufgrund ihres niedrigen *E*-Moduls und geringer Beständigkeit nicht in Frage. Asbestfasern sind wegen ihrer gesundheitsschädigenden Wirkung verboten (siehe auch Abschnitt 2.14.1 und 2.14.2).

6.23 Textilbeton

Die in Abschnitt 6.22 vorgestellten Faserbetone, also die Anwendung von „Kurzfasern" im Beton, verbessern insbesondere das Bauteilverhalten nach Rissbildung. Die technologisch gut beherrschbaren Anteile der Fasern im Beton liegen mit 3 bis 6 Vol.-% meist im Bereich des kritischen Fasergehalts, selten darüber. Die Fasern im Beton sind dabei zufällig zwei- oder dreidimensional ausgerichtet.

Wenn Faserstränge planmäßig in vorgegebene Richtungen laufen, kann auf diese Weise die gesamte Bewehrung nicht nur entsprechend der Beanspruchung angeordnet werden, sondern es tritt auch eine bessere Ausnutzung der Fasern ein. Charakteristisch für Textilien ist, dass sie meist aus Fasern bestehen und in zwei Dimensionen sehr viel ausgedehnter sind als in einer dritten Dimension. Mit Verfahren aus der Textiltechnik lassen sich textile Strukturen, wie Gelege oder Gewebe, aus Rovings herstellen. Unter **Rovings** versteht man Bündel aus über 500 Elementfasern, deren Durchmesser dennoch mit bis zu 30 μm gering sind. Die Feinheit der Fasern wird in tex angegeben (1 $tex = \frac{1\,g}{1000\,m}$). **Gelege** sind textile Flächengebilde, die durch Aufeinanderlegen von Rovings und Fixieren an den Kreuzungspunkten (z.B. durch Wirktechnik) entstehen (s. Abb. 6.23). **Gewebe** sind textile Flächengebilde, die aus Kettfäden (parallel zur Gewebelänge) und Schussfäden (parallel zur Gewebebreite) gebildet werden.

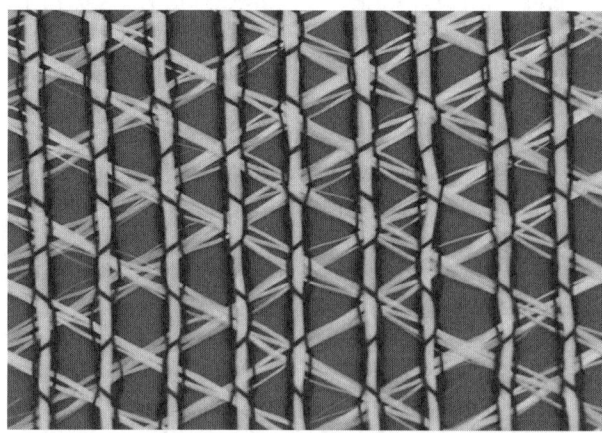

Abb. 6.23
Triaxiales Gelege (Glasfaser-Rovings), fixiert durch Wirktechnik (Polypropylen)

Von den Fasern, die zu textilen Strukturen verarbeitet werden, spielen aus preislichen Gründen die Rovings aus alkaliresistentem Glas (AR-Glas) eine bedeutende Rolle [6.19]. Die aus alkaliresistenten Fasern hergestellten textilen Strukturen und der Einsatz dieser textilen Gebilde als Bewehrung im Beton führte zur Bezeichnung Textilbeton [6.41]. Das Größtkorn der Gesteinskörnung im Beton muss kleiner als die Öffnungsweiten des angewendeten Textils sein. Bei hohen Zementgehalten (Zement : Gesteinskörnung etwa 1 : 1) wird mit Fließmitteln eine fließfähige Konsistenz der Mischung eingestellt.

Die Herstellung von Betonelementen im Fertigteilwerk ist günstig, weil dieser Hochleistungsverbundbaustoff durch kleine Abmessungen bei geringem Gewicht günstige Transportbedingungen zur Folge hat. An mehreren Pilotprojekten, wie Kleinkläranlagen, Regenwasserspeicher, Verstärkung von Stahlbetonbauteilen, Fassadenelemente, bauteilintegrierte Schalungselemente, Balkonfußbodenplatte, Rautenfachwerk, werden die Eigenschaften dieses Baustoffes weiter erforscht.

6.24 Beton mit Kunststoffen

6.24.1 Kunststoffmodifizierte Zementmörtel (PCC)

Zur Vergütung von zementhaltigen Produkten kommen insbesondere Kunststoffdispersionen und Dispersionspulver zum Einsatz [6.29].

Bei den **Kunststoffdispersionen** sind 0,1 bis 3 µm große Polymerteilchen in Wasser fein verteilt. Zur Stabilisierung solcher Dispersionen nutzt man u.a. Emulgatoren und Schutzkolloide. Jedes Polymerteilchen besteht aus einer großen Anzahl von kettenförmigen Makromolekülen. Die chemische Basis dieser Kunststoffdispersionen war bis etwa 1970 Polyvinylacetat. Jetzt kommen in den Plastomerdispersionen Stoffklassen wie Vinylacetat-Co- und Terpolymere, Reinacrylate, Styrolacrylate, Styrol-Butadien-Polymere, Vinylpropionat-Copolymere, Polyvinyliden-Vinylchlorid-Polymere zum Einsatz. Die Nachteile der Kunststoffdispersionen beim Einsatz in kunststoffmodifizierten Zementmörteln (PCC **p**olymer **c**ement **c**oncrete; SPCC = spritzfähiger PCC) wie mögliche Dosierfehler, Frostanfälligkeit werden durch Einsatz von Dispersionspulver im Zementmörtel vermieden.

Die **Dispersionspulver** erhält man durch Sprühtrocknung spezieller Dispersionen. Beim Anrühren von Dispersionspulver enthaltenden PCC-Systemen mit Wasser tritt eine Redispergierung des Pulvers ein. Der wesentliche Vorteil eines solchen Einkomponentensystems ist die hohe Qualitätskonstanz des kunststoffmodifizierten Zementmörtels. Kunststoffmodifizierte Zementmörtel mit Zweikomponentenharzen in Form von **Epoxidharzemulsionen** bezeichnet man auch als ECC-Systeme.

Wirkung der Kunststoffzusätze: Sie reichern sich in den Porenräumen, auch des Zementgels, an und bilden bei Wasserentzug durch die Zementhydratation einen Dispersionsfilm mit hoher Zugfestigkeit und guter Adhäsion zum Zementstein. Sind die Polymere gleichzeitig hydrophob, wird auch der Wassertransport reduziert. Die Dispersionen verbessern beim Zementmörtel sehr stark die Adhäsionseigenschaften zu den unterschiedlichsten Materialien. Selbst auf Untergründen, bei denen Zementmörtel keine nennenswerte Haftung aufweist (z.B. Holz, PVC), sind durch geeignete Dispersionszusätze gute Haftfestigkeiten erreichbar. Bei Instandsetzungsmörteln für korrodierten Stahlbeton spielen außerdem die Erhöhung der Biegezugfestigkeit sowie die Verringerung des E-Moduls durch die Kunststoffvergütung eine wesentliche Rolle. Hinzu kommt, dass das Eindringen von Chloriden und von CO_2 verringert wird.

6.24.2 Reaktionsharzbeton und -mörtel

Bei Reaktionsharzbeton und -mörtel [6.29] wird der Zementleim *ganz* durch Kunststoff ersetzt, und zwar durch meist flüssige Reaktionsharze, die nach der Zugabe von Reaktionsmitteln (Härter, Beschleuniger, Verzögerer, Katalysator) durch Polyaddition oder Polymerisation ohne Abspaltung flüchtiger Stoffe bei Normaltemperatur aushärten. Im Wesentlichen handelt es sich dabei um ungesättigte Polyester-(UP-) und Acrylharze (AY; vernetzende Acrylharze nach DIN EN 1504-1) sowie um Epoxid-(EP-) und Polyurethan-(PUR-)Harze. Reaktionsharzbetone werden vorwiegend für die Herstellung von Fertigteilen in Werken verwendet, Reaktionsharzmörtel dagegen auch auf der Baustelle als Reparatur-, Estrich- und Beschichtungsmörtel sowie zum Kleben.

Die **Vorteile** der Reaktionsharzbetone und -mörtel sind hohe Früh- und Endfestigkeiten, hohe Haftfestigkeit, hohe Schlagzähigkeit und Abriebbeständigkeit, Witterungsbeständigkeit und chemische Widerstandsfähigkeit, keine Wasseraufnahme und kein Quellen, elektrische Isolation (keine vagabundierenden Ströme), dekorative Gestaltungsmöglichkeiten durch Pigmente und/oder Gesteinskörnungen.

Als **Gesteinskörnungen** werden in der Regel getrocknete Quarzsande, Elektrokorund und Quarzmehl verwendet. Die Sieblinie soll möglichst dicht an der *Fuller*parabel (siehe Abschnitt 5.9.1) liegen. Der für ausreichenden Feinmörtelgehalt erforderliche Mehlkorngehalt (20 bis 25 %) muss allerdings wegen des fehlenden Zements voll durch die Gesteinskörnung oder durch Zusatzstoffe gedeckt werden.

Wegen der Feuergefährlichkeit und der Emission leichtflüchtiger und leichtentzündbarer Bestandteile sind bei der Lagerung und Verarbeitung von Reaktionsharzen besondere Vorsichtsmaßnahmen zu beachten.

Der **Härtungsvorgang** von Reaktionsharzen ist stark von der Temperatur abhängig. Unterhalb einer Arbeitstemperatur von 10 °C kann der Härtungsprozess zum Stillstand kommen. Baupraktisch ist zu beachten, dass bei den durch Polymerisation aushärtenden UP und AY bei niedrigen Temperaturen ein Kettenabbruch erfolgt. Eine nachträgliche Temperaturerhöhung bringt keinen Festigkeitszuwachs. Bei hohen Außentemperaturen muss das Reaktionsharz (Harz + Härter + Beschleuniger) so angesetzt werden, dass eine ausreichend lange Verarbeitungszeit (Topfzeit) zur Verfügung steht.

6.25 Schutz und Instandsetzung von Beton

Richtlinie für Schutz und Instandsetzung von Betonbauteilen. Deutscher Ausschuss für Stahlbeton; Oktober 2001 einschließlich Berichtigungen (2005 und 2014)
DIN EN 1504-1 bis -10 (2004 bis 2006): Produkte und Systeme für den Schutz und die Instandsetzung von Betontragwerken

6.25.1 Allgemeines

Beim Schutz des Betons sind wie beim Stahl aktive und passive Korrosionsschutzmaßnahmen (siehe Abschnitt 8.14) anzuwenden. Nach DIN 1045 muss Beton, der längere Zeit „sehr starken chemischen Angriffen" ausgesetzt ist, wie ein Beton bei „starkem chemischem Angriff " aufgebaut sein (aktive Schutzmaßnahme) und vor dem unmittelbaren Zutritt der angreifenden Stoffe geschützt werden (passive Schutzmaßnahme). Die zweckmäßige Gestaltung und Ausführung des Bauwerks ist ebenfalls eine aktive Korrosionsschutzmaßnahme. Schäden am Beton können durch sehr unterschiedliche Vorgänge verursacht werden. Zu nennen sind mechanische Einwirkungen (wie Anprall, Überlastung, Setzungsbewegungen), chemische und biologische Angriffe, physikalische Einflüsse (z.B. Frost-Tau-Vorgänge, thermische Rissbildung, Salzkristallisation, Erosion), die einzeln oder kombiniert auftreten können. Einen Überblick über die Prinzipien und Verfahren zur Behebung solcher Betonschäden gibt Tafel 6.41. Schäden durch Korrosion der Bewehrung sind häufiger, sodass die Prinzipien und Verfahren zur Behebung ausführlicher dargelegt werden.

6.25 Schutz und Instandsetzung von Beton

Tafel 6.41 Prinzipien und Verfahren zur Behebung von Schäden im Beton nach DIN EN 1504

Prinzip-Nr.	Kurzzeichen	Grundprinzip	Ausgewählte Verfahren
Prinzip 1	PI (Protection Ingress)	Schutz gegen das Eindringen von korrosionsfördernden Medien und biologischen Lebensformen	• Versiegelnde Imprägnierung[1] • Oberflächenbeschichtung mit und ohne rissüberbrückende Eigenschaften • Rissversiegelung oder Abdeckung • Umwandlung von Rissen in Dehnungsfugen • Montage von Vorsatzplatten
Prinzip 2	MC (Moisture Control)	Regulierung des Wasserhaushaltes des Betons innerhalb eines festgelegten Wertebereiches	• Hydrophobierende Versiegelung • Oberflächenbeschichtung • Schutzdächer oder Verkleidung
Prinzip 3	CR (Concrete Restauration)	Betonersatz zur Wiederherstellung eines Betontragwerkes (geometrische Form und Funktion, Wiederherstellen der Eigenschaften)	• Mörtelauftrag von Hand • Querschnittsergänzung durch Betonieren • Beton- oder Mörtelauftrag durch Spritzverarbeitung • Auswechseln von Bauteilen
Prinzip 4	SS (Structural Strengthening)	Verstärkung, also Erhöhung oder Wiederherstellung der Tragfähigkeit eines Bauteils des Betontragwerkes	• Zufügen oder Auswechseln von Bewehrungsstahl • Einbau von Verbindungs- und Bewehrungsstäben in den Beton in vorgebildete Nuten oder gebohrte Löcher • Verstärkung durch Laschen (Stahl oder Faserlaminat) • Querschnittsergänzung mit Mörtel oder Beton • Injizieren in Risse, Hohlräume oder Fehlstellen • Vorspannen mit externen Spanngliedern
Prinzip 5	PR (Physical Resistance)	Physikalische Widerstandsfähigkeit erhöhen gegen physikalischen oder mechanischen Angriff	• Überzüge oder Beschichtungen • Imprägnierung (versiegelnd oder hydrophobierend)
Prinzip 6	RC (Resistance to Chemicals)	Widerstandsfähigkeit gegen Chemikalien erhöhen, Betonoberfläche gegen Zerstörungen durch chemische Substanzen schützen	• Überzüge oder Beschichtungen • Imprägnierung (versiegelnd oder hydrophobierend)

[1] Durch dünnflüssige Reaktionsharze tritt eine Verfestigung der Betonoberfläche, eine Verringerung der Porosität ein.

6.25.2 Gestaltung und Ausführung der Bauwerke

Das Bauwerk ist so auszubilden, dass die den angreifenden Stoffen ausgesetzten Flächen möglichst klein sind. Kanten, Kehlen und Ecken sind auszurunden. Die Bauwerkflächen müssen eben sein und zwecks Wasserabführung ein Gefälle ≥ 1,5 % besitzen. Zur

6 Beton

Beschränkung der Rissbildung: bei größeren Bauwerken Dehnungsfugen anordnen (siehe Abschnitt 6.6.8); unter Umständen Stahlbeton nach Zustand I bemessen; Bewehrung mit möglichst kleinem Durchmesser wählen. Korrosions- und alkalibeständige Abstandhalter verwenden. Beton möglichst ohne Unterbrechung einbringen; unvermeidbare Arbeitsfugen an statisch wenig beanspruchte Stellen legen. Möglichst keine Nachbehandlungsmittel verwenden, da sie die Haftung nachträglich aufzubringender Schutzüberzüge behindern können. Gegen ein späteres Abdrücken von Schutzüberzügen durch Wasser oder Wasserdampf unter Umständen Bauwerksabdichtungsmaßnahmen anordnen. Müssen **Fugen** angeordnet werden, sind Abstand (siehe auch Abschnitt 6.6.8) und Breite der Fugen so zu wählen, dass die Dehnungen des Fugenmaterials < 25 %, bezogen auf die Ausgangsbreite der Fuge, bleiben und die Fuge vor Einbringen des Fugenmaterials einwandfrei gesäubert und das Fugenmaterial fehlerfrei eingebracht werden kann. Fugenmaterial (Fugenmassen, Dichtungsprofile und Fugenbänder) müssen die geforderte Dehnung auch nach langer Einwirkungsdauer der angreifenden Stoffe ohne Schädigung überstehen. Stoffe und Arten von Fugenmaterial siehe Abschnitte 10.7.5 (bitumenhaltige Fugenvergussmassen), 14.13.7 (Fugenbänder und -profile) und 15.4 (Fugendichtungsmassen). Ausführungsbeispiel siehe Abb. 6.24.

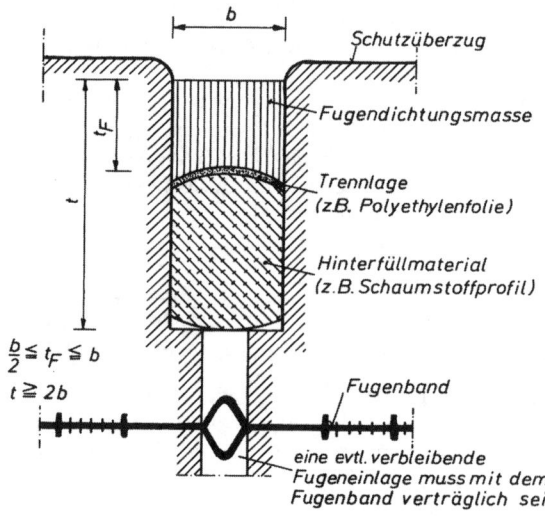

Abb. 6.24
Fuge mit Fugenband (Schutzüberzug unterbrochen); nach Merkblatt für Schutzüberzüge auf Beton bei sehr starken Angriffen nach DIN 4030

6.25.3 Depassivierung und Korrosion der Bewehrung

Voraussetzung für den Korrosionsschutz des Stahls im Beton ist die Ausbildung von Passivschichten auf der Oberfläche des Betonstahls im basischen Milieu des Betons. Die Passivierung der Betonstahloberfläche wird aufgehoben (Depassivierung), wenn der pH-Wert des an den Betonstahl angrenzenden Betons unter den zur Passivierung erforderlichen Mindestwert absinkt. Aber auch aggressive Anionen, insbesondere Chloride, können den passiven Zustand des Betonstahls im basischen Milieu des Betons aufheben, wenn eine bestimmte Mindestkonzentration vorhanden ist.

Bewehrungskorrosion kann somit verursacht werden durch
– physikalischen Verlust der schützenden Betondeckung,

6.25 Schutz und Instandsetzung von Beton

- chemischen Verlust des basischen Milieus (auch Alkalität genannt) in der schützenden Betondeckung als Ergebnis der Reaktion mit dem Kohlendioxid (CO_2) der Luft,
- Verunreinigungen der schützenden Betondeckung mit korrosionsfördernden Stoffen (insbesondere Chloridionen), die beim Mischen in den Beton eingetragen wurden oder aus der Umgebung in den Beton gelangt sind.

Der Vollständigkeit halber soll auf elektrische Streuströme hingewiesen werden, die von benachbarten elektrischen Anlagen durch die Bewehrung weitergeleitet wurden oder in der Bewehrung induziert worden sind und zur Bewehrungskorrosion führen können.

a) Natürlicher Korrosionsschutz der Bewehrung

Das Wasser in den Betonporen (Gelporen Ø 10^{-2} µm und Kapillarporen Ø von 10^{-2} bis 10 µm im Zementstein; Luftporen Ø $\geq$ 10 µm, überwiegend 0,1 bis 2 mm, im Zementmörtel) besitzt eine relativ hohe Alkalität mit einem pH-Wert von etwa 12,6. Sie ist insbesondere bedingt durch die Bildung von $Ca(OH)_2$ bei der Hydratation des Portlandzementklinkers (siehe Abschnitt 4.6.2.2). Das alkalische Milieu führt zur Bildung einer Passivierungsschicht auf der Stahloberfläche, die diese auch bei Zutritt von Wasser und Sauerstoff vor weiterer abtragender Korrosion schützt. Voraussetzung ist allerdings, dass der Stahl auf seiner ganzen Oberfläche lückenlos und fest haftend von Beton umschlossen ist.

b) Karbonatisierung des Betons

Infolge des Eindringens des in der Luft befindlichen CO_2 wird der Beton von außen nach innen fortschreitend neutralisiert: Das CO_2 reagiert mit dem im Porenwasser befindlichen $Ca(OH)_2$ zu $CaCO_3$ und Wasser (siehe Abschnitt 4.4.1 und 4.6.2.4), wodurch der pH-Wert unter 9 fällt. Diesen Prozess nennt man Karbonatisierung des Betons.

Der Einfluss von SO_2 und anderen in der Luft befindlichen Gasen, wie NO_2, auf die Neutralisation des Porenwassers ist unbedeutend, da ihr Gehalt selbst in Industrieluft um etwa drei Zehnerpotenzen niedriger ist als der CO_2-Gehalt. Dieser erreicht etwa die folgenden Werte: Landluft 0,03 Vol.-% = 600 mg/m³, Stadtluft 0,05 Vol.-% = 1000 mg/m³, Ballungsgebiete 0,08 Vol.-% = 1400 mg/m³.

Bei pH-Werten unter 11,5 ist die **Passivierung der Stahlbewehrung** aufgehoben, der Stahl rostet, d.h., es bildet sich $FeO(OH)$. Dies ist mit einer Volumenvergrößerung verbunden (Fe : FeO(OH) = 1 : 2,5), die zum Abplatzen der Betonüberdeckung führen kann, einem der am häufigsten sichtbaren Schäden an Betonoberflächen. Oft wird als Grenzwert, der für die Passivierung maßgebend ist, der pH-Wert von 9 angegeben. Die Angabe des Grenzwerts muss im Zusammenhang mit der Bestimmungsmethode gesehen werden. Am häufigsten wird zur Ermittlung der Karbonatisierungstiefe (siehe Abschnitt 6.13.8) der Indikator Phenolphthalein genutzt. Da der Farbumschlag von rotviolett nach farblos bei einem pH-Wert von $\approx$ 9 erfolgt, gibt man als Grenzwert für die Depassivierung den pH-Wert 9 an. Die Ermittlung des pH-Werts unter demselben Gesichtspunkt an einer wässrigen Betonaufschlämmung zeigt dagegen pH = 11,5 an.

Der **Karbonatisierungsfortschritt** im Beton wird von verschiedenen Faktoren beeinflusst. Am größten ist er bei relativen Luftfeuchten von 50 bis 70 %. Unter Wasser und bei relativen Luftfeuchten unter 30 % ist er praktisch gleich null. „Im Freien unter Dach", also vor Regen geschützt, ist er zwei- bis dreimal schneller als „Im Freien ungeschützt", da mit Wasser gefüllte Betonporen dem Eindringen von CO_2 größeren Widerstand entgegensetzen als leere Poren. Erhöhte CO_2-Konzentrationen und erhöhte Temperaturen (Abgasfilter,

6.115

6 Beton

Schornsteine, Industrie- und Stadtatmosphäre) beschleunigen die Karbonatisierung. Dem Karbonatisierungsfortschritt entgegen wirken niedriger Wasserzementwert (geringe Porosität des Zementsteins) und hoher Zementgehalt sowie die Verwendung von Portlandzement (bei der Hydratation entsteht viel $Ca(OH)_2$).

Der **zeitliche Verlauf der Karbonatisierung** (Beispiele siehe Abb. 6.25) lässt sich durch die Funktion $s = c \cdot \sqrt{t}$ beschreiben. Die Karbonatisierungstiefe s wächst also am Anfang schnell, nach etwa 20 bis 30 Jahren sehr langsam. Der Karbonatisierungskoeffizient c ist eine für einen bestimmten Beton und bestimmte Umweltbedingungen charakteristische Größe. Sie kann berechnet werden, wenn für ein bestimmtes Alter die Karbonatisierungstiefe experimentell bestimmt worden ist (siehe Abschnitt 6.13.8). Beispiel (C30/37 in Abb. 6.25): bekannt $t = 20$ Jahre, $s = 10$ mm, daraus folgt $c = 10 : \sqrt{20} = 2{,}23$. Nach Tafel 6.21 soll ein solcher Beton in der Expositionsklasse XC3 eine Betondeckung von $c_{min} = 20$ mm haben. Der Zeitraum, in dem die Karbonatisierungsfront in diesem Fall die Bewehrung erreicht haben würde, ergibt sich zu $t = s^2 : c^2 = 80$ Jahre. Hieraus erkennt man die große Bedeutung der Betondeckung.

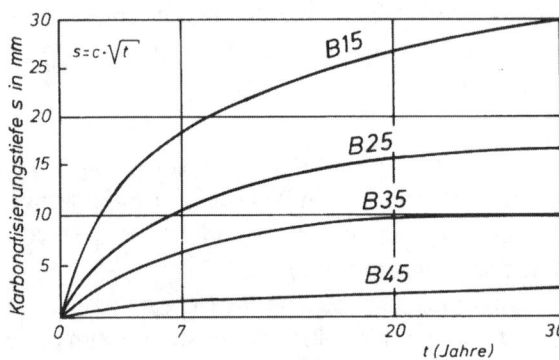

Abb. 6.25
Karbonatisierungsverlauf von Zementbeton („im Freien unter Dach")

Durch Risse im Beton, aber auch durch Wassersäcke unter großen Zuschlagkörnern, Verdichtungsporen und Nestern können in der Karbonatisierungsfront örtlich Spitzen auftreten. Als unbedenklich für die Bewehrungskorrosion werden die folgenden Rissbreiten angesehen: bis 0,3 mm in trockenen Räumen, bis 0,2 mm bei Bauwerken im Freien und bis 0,1 mm bei stark korrosionsfördernden Umweltbedingungen. Hinsichtlich der Beschränkung der Rissbreite siehe Abschnitt 6.6.3.

c) Karbonatisierungsbremsen

Der Fortschritt der Karbonatisierung kann vollständig gestoppt werden durch das Aufbringen einer „Karbonatisierungsbremse" in Form einer Beschichtung. Sie ist zweckmäßig, wenn die Karbonatisierungsfront die Bewehrung noch nicht erreicht hat, und häufig erforderlich als Abschluss einer Betonreparatur (Abschnitt 6.25.4). Der Diffusionswiderstand s_{dCO_2} (diffusionsäquivalente Luftschichtdicke) einer Beschichtung errechnet sich nach der Formel $s_{dCO_2} = \mu_{CO_2} \cdot s$. Hierin bedeutet μ_{CO_2} die dimensionslose Diffusionswiderstandszahl der Beschichtung für CO_2 (sie sagt aus, wievielmal undurchlässiger die Beschichtung ist als Luft unter gleichen Bedingungen) und s die Dicke der Beschichtung. Eine Beschichtung wirkt als Karbonatisierungsbremse, wenn $s_{dCO_2} \approx 50$ m ist. Eine 10 mm dicke Betonschicht ($\mu_{CO_2} \approx 200$) hat einen Diffusionswiderstand von $s_{dCO_2} \approx 2$ m. Hochsperrende Kunststoffbeschichtungen (siehe Tafel 6.44) erreichen für CO_2 s_d-Werte von einigen hundert Metern.

Von der Bautenschutzmittelindustrie werden seit längerem Beschichtungssysteme angeboten, die auf der frischen Betonoberfläche als verdunstungshemmende Nachbehandlungsmittel wirken, gleichzeitig aber nach dem Erhärten des Betons auf seiner Oberfläche einen fest haftenden Film mit langjähriger dauerhafter Schutzwirkung gegen das Eindringen von Schadstoffen bilden.

d) Depassivierung durch Anionen

Der passive Zustand des Betonstahls kann auch im Beton mit $11{,}5 \leq pH \leq 13{,}8$ durch aggressive Anionen, wie Chloride, Sulfate und Nitrate, aufgehoben werden. In der Baupraxis sind vor allem einwirkende Chloride, z.B. durch Taumittel oder beim Brand von PVC, problematisch. Der kritische Chloridgehalt im Beton, bei dem eine Bewehrungskorrosion wahrscheinlich ist, hängt von den Umgebungsbedingungen, der Betonzusammensetzung und der Dichtigkeit des Betons ab. Häufig wird als Grenzwert eine Gesamtchloridkonzentration von 0,5 Masse-%/Zementgehalt angegeben. Die Chloride verdrängen an der Bewehrung die adsorbierten passivierenden Hydroxylionen (OH^-). Das Erscheinungsbild der Korrosion bei örtlich begrenzter Depassivierung ist die Lochfraßbildung.

e) Bewehrungskorrosion

Nach Verlust des Korrosionsschutzes korrodiert die Bewehrung in Gegenwart von Wasser und Sauerstoff, wobei insbesondere geringe Betondeckungen bzw. hohe Festbetonporositäten die Rostbildung fördern. Die Korrosionsvorgänge können in einen anodischen (Eisenionen gehen in Lösung) und einen kathodischen Teilprozess aufgeteilt werden. Beim sogenannten Makrokorrosionselement sind die anodisch wirkenden Bereiche von den kathodischen örtlich getrennt [6.12]. Das typische Erscheinungsbild bei korrodiertem Stahlbeton reicht von Rostfahnen über Risse im Bewehrungsverlauf bis hin zu Betonaufwölbungen über der rostenden Bewehrung mit Abplatzungen.

6.25.4 Instandsetzungsverfahren bei Bewehrungskorrosion

a) Allgemeines

Instandsetzungsmaßnahmen am Beton werden insbesondere bei bewehrten Betonen erforderlich, weil in der Vergangenheit unzureichende Betondeckungen und schlechte Betonqualität nicht selten Ausgangspunkt von Bewehrungskorrosion waren. Zur **Vorbereitung** und zur **Auswahl des Korrosionsschutzes** bei der Betoninstandsetzung müssen von der Stahlbetonkonstruktion mindestens bekannt sein:

– Karbonatisierungstiefen (z.B. durch Besprühen frischer Bruchflächen mit Phenolphthaleinlösung),
– vorhandene Betondeckungen (z.B. durch magnet-induktive Messgeräte),
– Anteil an aggressiven Ionen (insbesondere Chloridionen),
– Betonfestigkeit, -dichtigkeit, Oberflächenzugfestigkeit,
– Abrostungsgrad der Bewehrung.

Ferner müssen die weiteren Nutzungsbedingungen Beachtung finden. Auf der Grundlage dieser Ergebnisse kann die Entscheidung getroffen werden, ob Korrosionsschutzmaßnahmen allein ausreichend sind oder Verstärkungen erforderlich werden. Bei der Instandsetzung können für den Korrosionsschutz folgende **Grundsatzlösungen** zur Anwendung kommen:

– Wiederherstellung des alkalischen Milieus (Instandsetzungsprinzip R),
– Begrenzung des Wassergehalts im Beton (Instandsetzungsprinzip W),

- Beschichtung der Bewehrung (Instandsetzungsprinzip C),
- Kathodischer Korrosionsschutz (Instandsetzungsprinzip K).

Zu beachten ist weiterhin, dass auch dann vorbeugende Korrosionsschutzmaßnahmen bei Stahlbetonkonstruktionen realisiert werden sollten, wenn eine Bewehrungskorrosion innerhalb der angestrebten Nutzungsdauer zu erwarten ist. Mit der Richtlinie für Schutz und Instandsetzung von Betonbauteilen [6.44] steht eine Ausarbeitung zur Verfügung, die von der Planung über die Bauausführung bis zur Qualitätskontrolle alle wesentlichen Details enthält. Die dargelegten Instandsetzungsmaßnahmen beziehen sich auf den dauerhaften Schutz der Stahlbetonbauteile, bei denen korrodierender Bewehrungsstahl zum Bauschaden führte und die Wiederherstellung des Korrosionsschutzes gefordert wird. Ist die Depassivierung durch Karbonatisierung eingetreten, können folgende Grundsatzlösungen Anwendung finden:
- Realkalisierung mit alkalischem Beton bzw. Mörtel durch flächigen Auftrag,
- örtliche Ausbesserung mit alkalischem Beton bzw. Mörtel,
- Begrenzung des Wassergehalts im Beton,
- Beschichten der Bewehrung nach Prinzipien des Stahlbaus.

In der DIN EN 1504 erfolgt eine andere Einteilung der Prinzipien und Verfahren bei Schäden durch Bewehrungskorrosion. Es wurden auch Grundprinzipien und Verfahren aufgenommen, die seltener zum Einsatz kommen. Die Nummerierung der Prinzipien beginnt mit Nummer 7 in Fortsetzung der Tafel 6.41.
- Prinzip 7: PR (**P**reserving or **R**estoring Passivity) hat zum Ziel den Erhalt oder die Wiederherstellung der Passivität.
- Prinzip 8: IR (**I**ncreasing **R**esistivity) bewirkt über die Begrenzung des Feuchtegehaltes und die Erhöhung des elektrischen Widerstandes des Betons eine geringe Korrosionsrate.
- Prinzip 9: CC (**C**athodic **C**ontrol) schafft Bedingungen durch Kontrolle der kathodischen Bereiche, sodass keine anodischen Reaktionen ausgelöst werden können.
- Prinzip 10: CP (**C**athodic **P**rotection) hat den kathodischen Korrosionsschutz als Ziel.
- Prinzip 11: CA (**C**ontrol of **A**nodic Areas) schafft Bedingungen durch Kontrolle der anodischen Bereiche, sodass die Bewehrung nicht an der Korrosionsreaktion teilnimmt.

Zur Entrostung der Bewehrung dürfen nur mechanische Verfahren, wie Strahlen mit trockenem oder feuchtem Strahlmittel und Hochdruckwasserstrahlen (≥ 60 N/mm²), angewandt werden. Im Allgemeinen reicht der Oberflächenvorbereitungsgrad Sa 2 außer bei zu beschichtenden Stahloberflächen beim Instandsetzungsprinzip C (Sa 2½).

b) Realkalisierung mit alkalischem Beton bzw. Mörtel (Grundsatzlösung R 1)

Bei diesem Verfahren wird entsprechend Abb. 6.26 über die auszubessernden Bereiche und die gesamte Betonoberfläche eine Beschichtung aus zementgebundenem Mörtel oder Beton aufgebracht. Die dauerhafte Repassivierung des Bewehrungsstahls erfolgt durch Realkalisierung, d.h. durch Diffusion von OH-Ionen in die karbonatisierten Bereiche des Altbetons. Um die dauerhafte Repassivierung zu sichern, müssen die aufgeführten Anforderungen in Abb. 6.26 eingehalten werden. Ist die Karbonatisierung um mehr als 20 mm hinter die oberflächennächste Bewehrung vorgedrungen, muss der Beton bis zur Oberfläche der äußeren Bewehrungslage entfernt werden. Als Zement für den Instandsetzungsmörtel soll CEM I verwendet werden, weil der hohe Anteil an OH-Ionen im Zementstein die Realkalisierung fördert.

6.25 Schutz und Instandsetzung von Beton

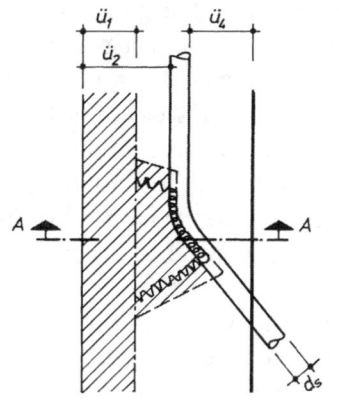

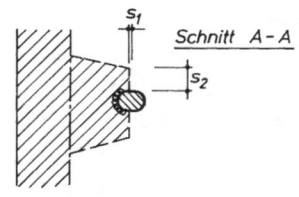

— · — · — alte Betonoberfläche oder Oberfläche, bis zu der großflächig abgetragen wurde
———— Karbonatisierungsgrenze im Altbeton
– – – – Mindestbetonausbruch
/////// Instandsetzungsbeton bzw. -mörtel
wwwww Betonabplatzung
πππππππ korrodierte Stahloberfläche

Anforderungen:

$ü_1$ > $t_{K,l}$ (Karbonatisierungstiefe im Instandsetzungsmörtel am Ende der angestrebten Restnutzungsdauer)
$ü_1$ ≥ 20 mm
$ü_2$ ≥ Mindestbetondeckung (Tafel 6.20)
$ü_4$ ≤ 20 mm
s_1 = 0
s_2 = Sicherheitszuschlag für hohlraumfreies Einbringen, i.d.R. 20 mm
d_s = Nenndurchmesser des Bewehrungsstabs

Abb. 6.26 Grundsatzlösung R1 – Schema nach [6.44]

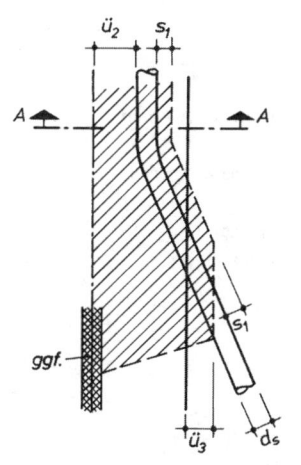

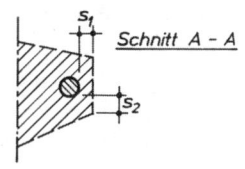

— · — alte Betonoberfläche
———— Karbonatisierungsgrenze im Altbeton
– – – – Mindestbetonausbruch
/////// Instandsetzungsbeton bzw. -mörtel
▨▨▨▨▨ Oberflächenschutzmaßnahme

Anforderungen:

$ü_2$ > $t_{K,l}$ (Karbonatisierungstiefe im Instandsetzungsmörtel am Ende der angestrebten Restnutzungsdauer)
$ü_2$ ≥ 10 mm
$ü_3$ ≥ $\Delta t_{K,l}$ (maximale zusätzliche Karbonatisierungstiefe des Altbetons am Ende der angestrebten Restnutzungsdauer)
s_1 = Sicherheitszuschlag, i.d.R. 15 mm
   Sonderfall
   wenn $ü_2$ ≥ 20 mm
   → s = 0 (analog R1)
s_2 = Sicherheitszuschlag, i.d.R. 20 mm
d_s = Nenndurchmesser des Bewehrungsstabs

Abb. 6.27 Grundsatzlösung R2 – Schema nach [6.44]

6 Beton

c) Örtliche Ausbesserung mit alkalischem Beton bzw. Mörtel (Grundsatzlösung R 2)

Das Verfahren kommt nur bei örtlich begrenzten korrodierten Bereichen (z.B. Schäden durch geringe Betondeckung) zur Anwendung. Entsprechend Abb. 6.27 ist auch der nicht-korrodierte Stahl im karbonatisierten Bereich freizulegen und zu beschichten, weil sonst durch Makrokorrosionselementbildung zwischen Stahl im karbonatisierten Bereich (Anode) und Neubeton (Kathode) ein Korrosionsstrom fließt (Rostbildung). Die in den Anforderungen der Abb. 6.27 angeführten Sicherheitszuschläge s_1, s_2 sind demzufolge auch aus Korrosionsschutzgründen erforderlich. Als Zement für den Instandsetzungsmörtel soll CEM I verwendet werden.

Bei der Grundsatzlösung R 2 wird oftmals die gesamte Oberfläche zur Verbesserung des Karbonatisierungswiderstands beschichtet, wobei die begrenzte Nutzungsdauer des Anstrichsystems im Instandhaltungsplan zu berücksichtigen ist. Liegen die örtlich geringen Betondeckungen bei < 10 mm, kann das Verfahren R 2 nicht angewendet werden; es ist die Grundsatzlösung C zu nutzen.

d) Begrenzung des Wassergehalts im Beton (Grundsatzlösung W)

Durch die Begrenzung des Wassergehalts im Beton wird die Korrosion durch weitgehende Unterdrückung der elektrolytischen Teilprozesse verhindert. Unter Nutzung der Parameter nach Abb. 6.28 verhindert man eine Wasseraufnahme über die Betonoberfläche. Andere Wasseraufnahmequellen müssen ausgeschlossen sein [6.55]. Der Sicherheitszuschlag kann null betragen, wenn die Rostbildung nur an der der Betonoberfläche zugewandten Umfangshälfte der Bewehrung aufgetreten ist. Die Oberflächenbeschichtung muss regelmäßig überprüft und entsprechend dem Instandhaltungsplan erneuert werden.

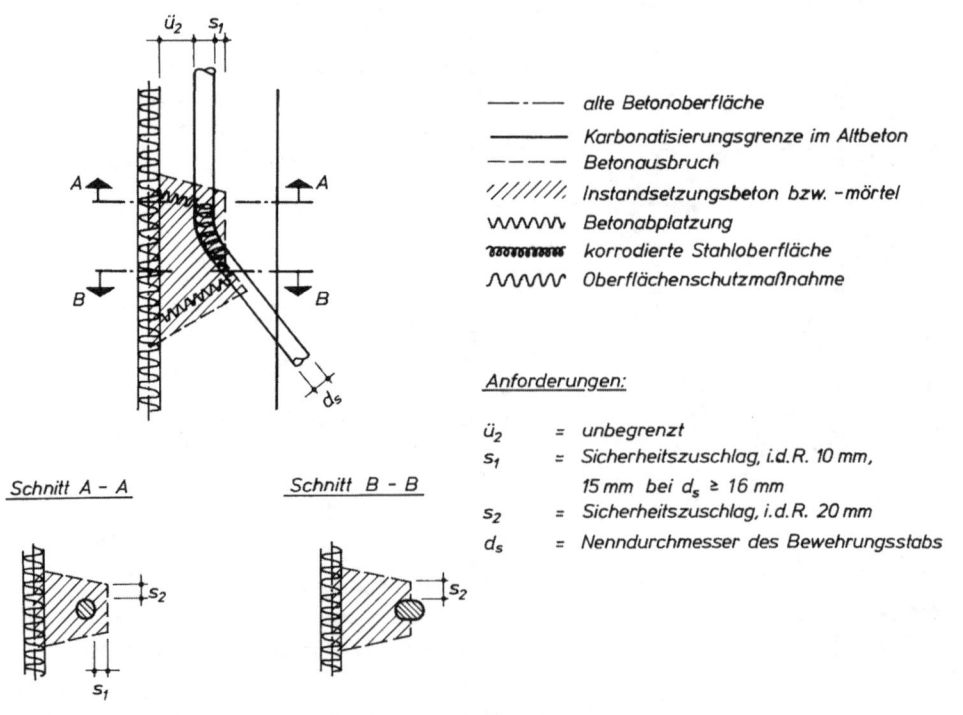

Abb. 6.28 Grundsatzlösung W – Schema nach [6.44]

e) Beschichtung der Bewehrung nach Prinzipien des Stahlbaues (Grundsatzlösung C)

Wenn die drei bisher erläuterten Verfahren nicht anwendbar sind, muss die Bewehrung in den Teilen stahlbaumäßig beschichtet werden, die einer Depassivierung in der vorgesehenen Restnutzungsdauer ausgesetzt sind. Die wesentlichen Anforderungen enthält Abb. 6.29. Beim Beschichten der Stahloberflächen kommen reaktionsharzhärtende Systeme (insbesondere auf Epoxidharzbasis) oder kunststoffmodifizierte zementhaltige Systeme zur Anwendung (Tafel 6.42). Bereits kleinste Fehlstellen in der Beschichtung (z.B. in Kreuzungsbereichen von Bewehrungsstäben, an der Rückseite von Doppelstäben) können zu örtlich sehr hoher Korrosionsaktivität führen.

Im Regelfall wird die gesamte Betonoberfläche mit einem Oberflächenschutzsystem zur Verbesserung des Karbonatisierungswiderstands versehen (Kombination mit Prinzip W).

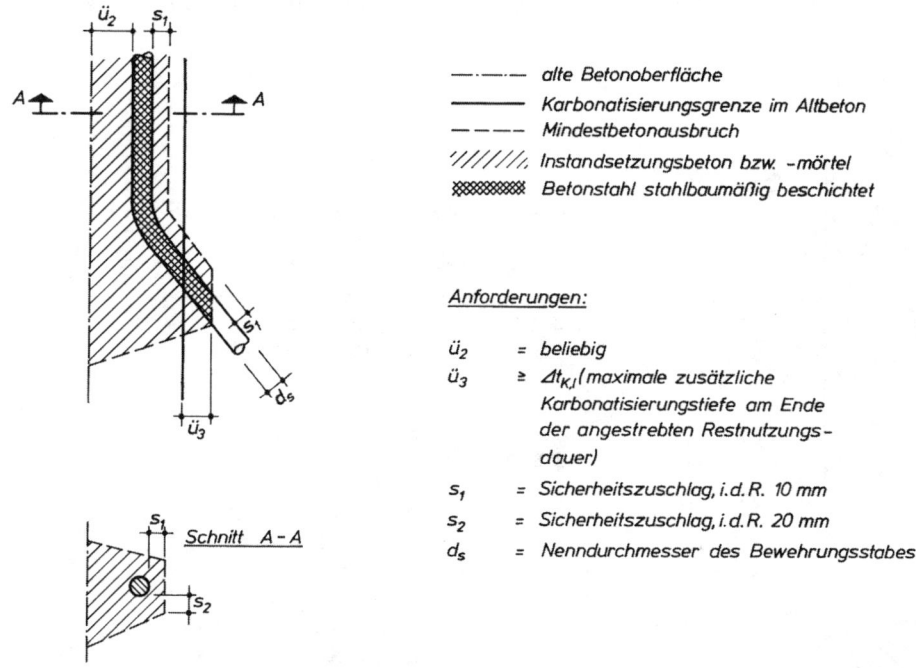

Abb. 6.29 Grundsatzlösung C – Schema nach [6.44]

Tafel 6.42 Beschichtungssysteme beim Beschichten der Bewehrung (Instandsetzungsprinzip C, C – Cl)

Beschichtungsstoff	Mindestschichtdicke
Reaktionsharzsystem (z.B. auf Epoxidharzbasis)	300 µm (einschichtig oder 1. Schicht 200 µm, dann 2. Schicht mit Besandung)
Kunststoffmodifizierte zementhaltige Systeme	1000 µm (in mindestens zwei Arbeitsschritten)

Wenn die Depassivierung der Bewehrung durch Chloride erfolgt, sind Zusatzmaßnahmen bei den bisher erläuterten Instandsetzungsprinzipien erforderlich.
Der kritische, korrosionsauslösende Chloridgehalt und dessen Abhängigkeit von einer Reihe von Einflussfaktoren erfordert vom sachkundigen Planer Festlegungen zur Sanierung, bei

denen die nachfolgenden Grundsatzlösungen nur als Richtwerte zu verstehen sind. Chloridgehalte im Bereich der Betondeckung von > 0,2 % Cl⁻/Zementmasse oder über 0,03 % der Betonmasse erfordern die Aufstellung von Konzentrationsprofilen über die Bauteildicke. Bei > 0,5 % Cl⁻/Zementmasse (Stahlbeton) und > 0,2 % Cl⁻/Zementmasse (Spannbeton) werden diese als kritisch angesehen. Der Zementgehalt wird dabei bei unbekannter Betonzusammensetzung auf der sicheren Seite liegend abgeschätzt.

f) Dickbeschichtung mit alkalischem Mörtel bzw. Beton (Grundsatzlösung R1 – Cl)

Der Beton muss entsprechend Abb. 6.30 mit einem Sicherheitszuschlag überall dort bis zur Bewehrung abgetragen werden, wo der korrosionsauslösende Chloridgehalt überschritten wird. Bei starken Schwankungen in der Chlorideindringtiefe ist der Sicherheitszuschlag s_2 von 5 mm zu erhöhen. Die Beschichtung mit alkalischem Mörtel, in der Regel kombiniert mit einem Anstrichsystem, muss ein erneutes Vordringen der Chloride bis zur Bewehrung verhindern.

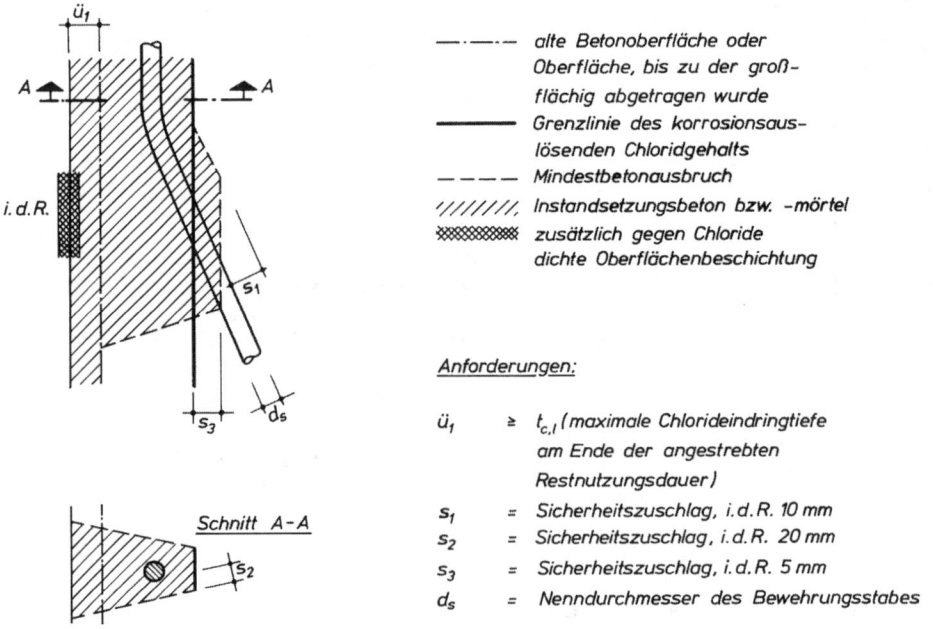

Abb. 6.30 Grundsatzlösung R1 – Cl – Schema nach [6.44]

g) Grundsatzlösung (R2 – Cl)

Die in Abb. 6.27 enthaltene Karbonatisierungsgrenze ist durch die Grenze mit dem korrosionsauslösenden Chloridgehalt zu ersetzen. Das Oberflächenschutzsystem muss die Chlorideindringung verhindern.

h) Begrenzung des Wassergehalts (W – Cl)

Die Anwendung dieses Prinzips erfordert den Nachweis der Wirksamkeit der Grundsatzlösung W – Cl am Objekt, weil mit den Chloriden eine erhöhte elektrolytische Leitfähigkeit des Betons verbunden ist. Die Karbonatisierungsgrenze in Abb. 6.28 ist durch die Grenze mit korrosionsauslösendem Chloridgehalt zu ersetzen.

6.25 Schutz und Instandsetzung von Beton

i) Beschichtung der Bewehrung (C – Cl)
Gegenüber den bereits dargelegten Anforderungen muss das Oberflächenschutzsystem die weitere Chlorideindringung verhindern.

j) Kathodischer Korrosionsschutz (K)
Stahlbetonbauteile, die bis zur Bewehrung bzw. in tieferen Bereichen korrosionsauslösende Chloridgehalte aufweisen, können durch den kathodischen Korrosionsschutz (siehe Abschnitt 8.14.2.4) wirksam vor weiterer Korrosion geschützt werden. Bei der Verfahrensanwendung ist Folgendes zu beachten:
- Die zu schützende Bewehrung muss untereinander im metallischen Kontakt stehen. Der Korrosionsschutz erfolgt durch fremdstrominduzierte Polarisierung mit inerten Anoden.
- Der Schutzstrom soll auf die gesamte Oberfläche der Stähle in kontrollierter Weise aufgebracht werden.
- Für jede zu schützende Stahlbetonkonstruktion muss der erforderliche Schutzstrombedarf neu ermittelt werden.

6.25.5 Instandsetzungsmörtel

Dem sachkundigen Planungsingenieur obliegt unter Beachtung der bauphysikalischen Bedingungen, der Untergrundbeschaffenheit usw. die **Auswahl der Instandsetzungsbetone bzw. -mörtel.** Instandsetzungsmörtel müssen so zusammengesetzt sein, dass ihre Eigenschaften im Verbund mit dem auszubessernden Altbeton zu geringen Spannungen führen. So soll der Instandsetzungsmörtel möglichst schwindarm sein und einen niedrigen E-Modul besitzen. Während der Aushärtung bauen sich, bedingt durch die behinderte Verformung, Zugspannungen (Schwind-, Schrumpfspannungen) auf. Außerdem können Zugspannungen entstehen, wenn nach der durch die Hydratation bzw. Härtungsreaktion erfolgten Erwärmung die Abkühlung auf Umgebungstemperatur erfolgt. Diese Anfangsspannungen werden überlagert durch Spannungen entsprechend den witterungsabhängigen Temperatur- und Feuchteänderungen. Eine Berechnung der Anfangsspannungen ist kaum möglich, weil sich während der Erhärtung Baustoffkennwerte, wie Elastizitätsmodul, Relaxationsverhalten in Abhängigkeit von Zeit, Temperatur und Spannungszustand ändern.
Als **Instandsetzungsmörtel** zur Sicherung des Korrosionsschutzes kommen Systeme insbesondere auf Basis kunststoffmodifizierter Zementmörtel (PCC – **p**olymer **c**ement **c**oncrete) sowie Spritzbeton nach DIN 18 551 zum Einsatz. Spritzfähiger PCC hat die Bezeichnung SPCC. Durch die Modifizierungen von Zementmörteln mit Kunststoffzusätzen (siehe Abschnitt 6.24.1) vor allem in Form von in Wasser redispergierbarem Kunststoffdispersionspulver verbessert man Eigenschaften wie die Klebwirkung und das Wasserrückhaltevermögen der Frischmörtel. Beim erhärteten PCC sind die höhere Biegezugfestigkeit, die Verringerung des E-Moduls und der höhere Haftverbund von Vorteil.
Beton bzw. Mörtel wird in der Regel mit einer Haftbrücke auf Zementbasis (auch geeignete Epoxidharze möglich) frisch in frisch verarbeitet.
Die Auswahl der Instandsetzungsmörtel wird erleichtert durch die Einführung von **Beanspruchbarkeitsklassen** (Tafel 6.43). Bei jeder Instandsetzung muss für das Bauteil die Beanspruchbarkeitsklasse festgelegt werden. Die verwendeten Systeme erfüllen die zahlreichen baustoff- und systembezogenen Anforderungen der entsprechenden Beanspruchbarkeitsklasse.

Tafel 6.43 Beanspruchbarkeitsklassen mit Anwendungsbereichen

Beanspruchbarkeitsklasse und Baustoffart		Eignung für Prinzip R	dynamische Beanspruchung	statische Mitwirkung	Flächengröße und Lage
M 1	zementgebunden	–	–	–	örtlich begrenzt; beliebige Lage
M 2	zementgebunden				
	• PCC1	+	+	–	beliebige Flächengröße; waagerechte/schwach geneigte Oberfläche
	• PCC2	+	+	–	beliebige Flächengröße in beliebiger Lage
	• SPCC	+	+	–	beliebige Flächengröße; Unterseiten, vertikale und stark geneigte Flächen
	reaktionsharzgeb.				
	• PC II	–	+	–	örtlich begrenzt; beliebige Lage
	• PC I	–	+	–	örtlich begrenzt; waagerechte/ schwach geneigte Oberflächen
M 3	zementgebunden	+	+	+	beliebig

Wird Beton für die Instandsetzung erforderlich, sind die Anforderungen aus den Umgebungsbedingungen zu berücksichtigen. Gleiches gilt bei der Nutzung von Spritzbeton (DIN 18 551). Von Vorteil ist u.a., dass die Anforderungen an das Brandverhalten erfüllt werden. Zementmörtel müssen nach [6.44] Zementanteile > 400 kg/m³ aufweisen und mit einem Wasserzementwert ≤ 0,5 verarbeitet werden.

Reaktionsharzbeton und -mörtel (PC – **p**olymer **c**oncrete) kommen nur in Ausnahmefällen zur Anwendung, wenn z.B.
– sehr schnelle Aushärtung bzw. sehr hohe chemische Widerstandsfähigkeit und mechanische Abriebfestigkeit gefordert werden,
– für zementgebundene Mörtel bzw. Beton (auch PCC) keine Nachbehandlungsmaßnahmen möglich sind.

Die Wiederherstellung des Korrosionsschutzes der Bewehrung kann mit PC (z.B. auf Epoxidharzbasis) in der Regel nicht sichergestellt werden (Beschichtungen der Stahloberfläche erforderlich).

6.25.6 Oberflächenschutzsysteme

Oberflächenschutzsysteme kommen im Rahmen des Betonschutzes bzw. der Betoninstandsetzung in Form von Imprägnierungen und Kunststoffbeschichtungen zur Erhöhung der Dauerhaftigkeit zum Einsatz. In der Tafel 6.44 werden die Oberflächenschutzsysteme mit ihren Systembezeichnungen OS 1 bis OS 13 charakterisiert.

Die hydrophobierenden **Imprägnierungen** mit Silanen, Siloxanen wirken wasserabstoßend, bilden keinen zusammenhängenden geschlossenen Film und beeinflussen demzufolge unwesentlich die Dampfdiffusion. Als Karbonatisierungsbremse sind sie ungeeignet. Die versiegelnden Imprägnierungen (z.B. mit dünnflüssigen Reaktionsharzsystemen) verringern die Porosität der Oberfläche und führen zur Verfestigung. Es bildet sich auf der Betonoberfläche ein unregelmäßiger dünner Film.

Tafel 6.44 Kennzeichnung von Oberflächenschutzsystemen mit Anwendungshinweisen [6.44]

Oberflächen-schutz-systeme[1]	Anwendungshinweis
OS 1	Hydrophobierung für bedingten Feuchteschutz
OS 2	Beschichtung für nichtbegeh- und -befahrbare Flächen
OS 4	Beschichtung mit erhöhter Dichtheit für nichtbegeh- und -befahrbare Flächen
OS 5	Beschichtung mit geringer Rissüberbrückungsfähigkeit für nichtbegeh- und -befahrbare Flächen
OS 7	Beschichtung unter Dichtungsschichten für begeh- und befahrbare Flächen
OS 8	Starre Beschichtung für befahrbare, mechanisch stark belastete Flächen
OS 9	Beschichtung mit erhöhter Rissüberbrückungsfähigkeit für nichtbegeh- und -befahrbare Flächen
OS 10	Beschichtung als Dichtungsschicht mit hoher Rissüberbrückung unter Schutz- und Deckenschichten für begeh- und befahrbare Flächen
OS 11	Beschichtung mit erhöhter dynamischer Rissüberbrückungsfähigkeit für begeh- und befahrbare Flächen
OS 13	Beschichtung mit nichtdynamischer Rissüberbrückungsfähigkeit für begeh- und befahrbare, mechanisch belastete Flächen

[1] Einige Oberflächenschutzsysteme sind weggefallen; trotzdem Beibehaltung der ursprünglichen Bezeichnung OS 1 usw.

Beschichtungen zur Abschirmung der korrosionsfördernden Medien werden in ihrem Regelaufbau in mehreren Teilschritten hergestellt. Grundierungen verbessern die Haftung zur nächsten Schicht, tragen auch zur begrenzten Erhöhung der Festigkeit des Untergrunds bei. Kratz- und Ausgleichsspachtelungen sind in der Regel bei unebenen Untergründen erforderlich. Die **h**auptsächlich **w**irksamen **O**berfächenschutzschichten (hwO) in der Beschichtung beeinflussen entscheidend die Schutzfunktionen, wobei die Kennwerte für die Diffusionsfähigkeit für Wasser, für CO_2, für die Temperaturwechselbeständigkeit, Rissüberbrückung sowie Verschleißfestigkeit wesentlich sind. Deckversiegelungen weisen eine hohe Dichtigkeit auf. Für den **Korrosionsschutzstoff** kommen außer der Beständigkeit gegen angreifende Medien Forderungen hinsichtlich einer ausreichenden Haftzugfestigkeit ($\geq 1,5$ N/mm²) und einer der Konstruktion entsprechenden Rissweitenüberbrückung hinzu. In einigen Anwendungsfällen spielt auch die physiologische Unbedenklichkeit (z.B. bei Trinkwasser) eine Rolle. Die Schichtdicke der passiven Schutzmaßnahmen muss mit zunehmender Aggressivität steigen. Die Bemessung der Schichtdicke von Beschichtungen hängt bei zusätzlichen mechanischen Beanspruchungen nicht nur von der Belastung (Fußgänger- bzw. Fahrverkehr), sondern u.a. auch vom E-Modul ab, sodass allgemeine Schichtdickenfestschreibungen problematisch sind bzw. nur in Abhängigkeit von den verschiedenen Belastungen und Baustoffen angegeben werden können.
Als Beschichtungen kommen vor allem Stoffe auf Reaktionsharzbasis (z.B. Epoxidharz EP, Polyurethanharz PUR) zur Anwendung mit und ohne Verstärkungsmaterialien (z.B. Fasern) oder Füllstoffen. Die Verarbeitungshinweise der Hersteller der Überzugstoffe sind genau zu beachten: Topfzeit, Wartezeiten zwischen dem Aufbringen der einzelnen Schichten, Trocknungs- bzw. Erhärtungszeiten bis zur ersten möglichen Beanspruchung.

Das Aufbringen geschieht durch Streichen, Rollen, Spritzen oder Spachteln. In der Regel ist bei stark saugendem Untergrund oder dickflüssigen Systemen eine Grundierung erforderlich. Bei einmaligem Auftrag lassen sich auf vertikalen Flächen folgende Schichtdicken erreichen: Streichen bzw. Rollen bis 0,2 mm, Spritzen bis 1 mm, Spachteln bis 3 mm.

Aufgrund unterschiedlicher Eigenschaften des Betons und der Oberflächenschutzsysteme werden in die Baustoffe Spannungen eingetragen, wobei die Grenzfläche Beton/Schutzsystem besonders anfällig ist. An den **Betonuntergrund** sind deshalb folgende Anforderungen zu stellen:

- Die Oberflächenzugfestigkeit des Betons muss so hoch sein (siehe Tafel 6.45), dass die auftretenden Belastungen aufgenommen werden.
- Die zu schützende Betonoberfläche sollte von sich leicht lösenden arteigenen Schichten (z.B. Zementhaut) frei sein. Das Beseitigen solcher Schwachstellen ist notwendig, z.B. durch Schleifen oder Druckstrahlen.
- Der Untergrund muss staubfrei sein sowie frei von Verunreinigungen wie Öle und Fette. Zu beachten ist außerdem ein geringer Porenanteil der Betonoberfläche (< 5 %) zur Erreichung eines geschlossenen Anstrichfilms. Bei Beschichtungen mit Schichtdicken > 1 mm spielt dieser Porenanteil in Abhängigkeit von den Beschichtungsmaterialien eine unterschiedliche Rolle.
- Die Forderung hinsichtlich der Einhaltung von Grenzwerten der Betonfeuchtigkeit hängt vor allem vom Bindemittel des Oberflächenschutzsystems ab. Die Gründe hierfür liegen in der unbefriedigenden Benetzung von feuchten Untergründen und in der möglichen Beeinflussung der Aushärtung mancher Schutzsysteme. Die Feuchte des Betonuntergrunds soll z.B. bei Epoxidharz in der Regel weniger als 4 Masse-% betragen. Die **Bindemittelgruppen** in den Oberflächensystemen mit konkreten Anforderungen an Stoffsysteme und Eigenschaften sind vielfältig. Zum Einsatz kommen u.a. Polymerdispersionen, Polyurethane, Polymer-Zement-Gemische, Epoxidharze, ungesättigte Methacrylatharze (auch 2-K-Polymethylmethacrylat genannt).

Die aufgeführten Anforderungen an den Betonuntergrund werden in Tafel 6.45 für dessen Oberflächenzugfestigkeit bei den einzelnen Oberflächenschutzsystemen konkretisiert. Je höher die Belastungen des Oberflächensystems sind, umso besser muss auch die Qualität des Betonuntergrunds sein. Die Oberflächenzugfestigkeit erfasst insbesondere den Beton im Oberflächenbereich, der gegenüber dem Kernbereich häufig schlechtere Eigenschaften aufweist.

Tafel 6.45 Geforderte Oberflächenzugfestigkeit des Betonuntergrunds bei der Schutzmaßnahme „Örtliche Ausbesserung bzw. flächige Beschichtung"

Schutz- bzw. Instandsetzungssystem	Oberflächenzugfestigkeit in N/mm² (Mindestwert)	
	Mittelwert	kleinster Einzelwert
Mörtel und Beton	1,5	1,0
OS 2	0,8	0,5
OS 5 ohne Feinspachtel	1,0	0,6
OS 4; OS 5; OS 9 mit Feinspachtel	1,3	0,8
OS 8	2,0	1,5
OS 11; OS 13	1,5	1,0

6.25.7 Technologische Hinweise zur Betoninstandsetzung

Vorarbeiten bei einer Betoninstandsetzung bestehen im Entfernen des losen und schadhaften Betons und in der Markierung von geplanten Stemmarbeiten. Das Freilegen der Bewehrung und das Entfernen dickerer Betonschichten erfolgt in der Regel mit Elektro- oder Drucklufthammer, aber auch bei kleineren Flächen von Hand mit Hammer und Meißel. Die Ausbruchufer sollen etwa eine Neigung von 45° aufweisen. Mit der Nadelpistole werden kleinere Betonflächen bearbeitet und Bewehrungsstäbe von Rostkrusten befreit. Bei der Nadelpistole treffen die aus dem Kopf der Pistole hervorstehenden Nadeln mit hoher Schlagfrequenz auf die zu behandelnde Oberfläche.

Zur Oberflächenvorbereitung wird häufig das **Strahlen mit Feststoffen** angewendet. Zur Reduzierung der Staubentwicklung erfolgt ein Anfeuchten des Strahlmittels durch Wassernebel beim Austritt aus der Düse; seltener nutzt man einen speziellen Strahlkopf zum Absaugen des Strahlschutts.

Eine weitere Methode ist das **Druck- bzw. Hochdruckwasserstrahlen**. Bei Drücken bis 600 bar spricht man von Druckwasserstrahlen, darüber von Hochdruckwasserstrahlen. Während mit dem Druckwasserstrahlen (Kalt- und Heißwasser bis 60 °C) vor allem Verschmutzungen entfernt werden, lässt sich mit dem Hochdruckwasserstrahlen Beton nicht nur aufrauen, sondern auch abtragen. Das Einhalten definierter Abtragtiefen ist problematisch (Kraterlandschaft).

Sofern eine Haftbrücke auf Epoxidharzbasis vorgesehen ist, muss die Entrostung der Bewehrung dem Norm-Reinheitsgrad Sa 2½, bei zementgebundenem Korrosionsschutz Sa 2 entsprechen.

Während **Flammstrahlen** nach der Richtlinie DVS 0302 in der Baupraxis wenig zum Einsatz kommt, ist das **Fräsen** zum Entfernen von Schichten > 1 mm häufig. Um den gewünschten Oberflächenzustand zu erreichen, kann es erforderlich sein, verschiedene Verfahren zu kombinieren. Die Flächen müssen aber abschließend von Staub gereinigt werden (Druckluft, Industriestaubsauger). Beim Auftragen einer zementgebundenen Haftbrücke muss ein stark saugender Betonuntergrund vorgenässt werden. Instandsetzungsmörtel auf Basis von Spritzbeton erfordern keine Haftbrücke. Das Auftragen des zementgebundenen Instandsetzungsmörtels erfolgt in die noch frische Haftbrücke. In der Regel werden PCC-Systeme genutzt, wobei diese durch Andrücken verdichtet werden. Das Abreiben nimmt man erst vor, wenn der Mörtel angezogen hat. Die Grundsätze der Nachbehandlung sind zu beachten.

Eine Egalisierung durch Feinspachtel wird erforderlich, wenn die Betonoberfläche abschließend beschichtet wird. Die Beschichtung ist eine Oberflächenschutzmaßnahme, die zu durchgehenden, gleichmäßigen Schichten auf der Betonoberfläche einschließlich gefüllter Poren führt. Beschichtungen erfordern eine Grundierung.

6.25.8 Rissinstandsetzung

Die **Ursachen der Rissentstehung** sind mannigfaltig (z.B. durch Setzungen, Treibvorgänge, Temperaturspannungen) und müssen vor einer Rissinstandsetzung einschließlich der zu erwartenden Rissbewegungen bekannt sein. Bei wiederkehrenden Rissbewegungen in Größenordnungen über 0,2 mm reicht die Rissüberbrückungsfähigkeit von Oberflächenschutzsystemen unter Berücksichtigung der Dauerhaftigkeit nicht aus. In solchen Fällen sind spezielle Lösungen, wie Schaffung einer freien Dehnlänge der Beschichtung einschließlich der Erhöhung der Zugfestigkeit durch Fasern [6.59] auszuwählen.

In der Baupraxis hat die **Rissfüllung bei Betonbauteilen [6.64]** folgende Ziele:
- Schließen zur Reduzierung des Eindringens korrosionsfördernder Medien
- Abdichten zur Beseitigung rissebedingter Undichtigkeiten
- dehnfähiges, dichtendes Verbinden zur Herstellung einer begrenzten Dehnbarkeit beider Rissufer
- kraftschlüssiges Verbinden zur Wiederherstellung der Tragfähigkeit
- Füllen der Hohlräume.

Diese Ziele können durch Tränkungen (ohne Druck bzw. Druck < 0,1 bar) oder Injektionen (Füllen der Risse unter Druck) erreicht werden. Tafel 6.46 kennzeichnet die wichtigsten Parameter, die bei einer Rissfüllung durch Injektionen zu beachten sind. Daraus ist ableitbar, dass bei der Erfassung der Rissmerkmale vor allem Rissursachen, Rissbreitenänderungen und Rissuferfeuchte von ausschlaggebender Bedeutung sind und die Wahl des Füllguts entscheidend beeinflussen. Der Unterschied zwischen oberflächennahen Rissen und Trennrissen besteht darin, dass oberflächennahe Risse nur geringe Querschnittsteile (häufig netzartige Ausbildung), während Trennrisse wesentliche Teile des Querschnitts (z.B. Zugzone, Steg) bzw. den Gesamtquerschnitt erfassen.

Beim **Schließen** des Risses **durch Tränkung** muss eine ausreichende ununterbrochene Zufuhr des Epoxidharzes (EP-T) bzw. der Zementleime (ZL-T) und Zementsuspensionen (ZS-T) bis zur Beendigung des kapillaren Saugens gewährleistet sein. Vor Tränkungsbeginn ist die Risszone von Feinstoffen und haftungsmindernden Verunreinigungen zu säubern. Die Richtwerte für notwendige Rissbreiten betragen bei der Tränkung mit EP-T etwa 0,2 mm, bei ZS-T etwa 0,4 mm, bei ZL-T etwa 0,8 mm. Eine Wiederholung der Tränkung ist nicht möglich.

Zum **Schließen** und Abdichten von Rissen und Hohlräumen **durch Injektionen** setzt man Systeme auf Basis von Epoxidharzen (EP-I), Polyurethanen (PUR-I) bzw. Zementleimen (ZL-I) und Zementsuspensionen (ZS-I) ein. Bei Letzteren muss bei trockenen Rissflanken vorgenässt werden.

Für das dehnfähige Verbinden kommen **Polyurethansysteme** (PUR-I) zum Einsatz. PUR-I wird ebenfalls verwendet, wenn der Feuchtezustand der Risse durch „unter Druck wasserführend" beschreibbar ist. In diesem Fall wird durch **Vorinjizieren** mit einem schnell schäumenden PUR (SPUR) eine vorübergehende Verminderung einer unter Druck stehenden Wasserzufuhr erreicht. Zur Sicherung der Dehnfähigkeit muss eine Porenbildung durch Reaktion der Polyurethane mit Wasser erfolgen. Aus diesem Grund muss man bei trockenen Rissen mit Wasser vorinjizieren. Infolge der begrenzten Dehnfähigkeit des Füllguts können Risse < 0,3 mm in der Regel nur dann dauerhaft abgedichtet werden, wenn unwesentliche Rissbreitenänderungen auftreten. Bei undichten Stellen kann nachinjiziert werden (neue Packer setzen).

Zum kraftschlüssigen Verbinden eignen sich vor allem **Epoxidharzsysteme** (EP-I) bei trockenen Rissufern. Während die Zugfestigkeit der Verbindung beim Einsatz von EP-I durch die Qualität des Betons bestimmt wird, hängt diese bei der Verwendung von ZL-I bzw. ZS-I in der Regel von den Füllguteigenschaften ab.

Zementleim (ZL) darf nur aus Zement mit einer Mahlfeinheit > 4500 cm^2/g hergestellt werden, **Zementsuspension** (ZS) aus Feinstzement mit wesentlich größerer Mahlfeinheit, wobei über 95 % der Teilchen < 16 µm sind. Zur Herstellung von ZL und ZS sind spezielle Rührwerke erforderlich.

Tafel 6.46 Rissfüllstoffspezifische Anwendungsbedingungen für die Füllart Injektion nach [6.44]

Merkmal	Epoxidharz EP-I	Polyurethanharz PUR-I	Zementleim ZL-I	Zementsuspension ZS-I
Rissart	Trennriss oder oberflächennaher Riss	Trennriss	Trennriss	Trennriss bzw. oberflächennaher Riss
Rissbreite w	$\geq 0{,}10$ mm	$\geq 0{,}30$ mm; kleiner beim Ziel Abdichtung	$\geq 0{,}80$ mm	$\geq 0{,}25$ mm
Feuchtezustand	trocken	feucht (evtl. vornässen); wasserführend	feucht (evtl. vornässen); wasserführend	feucht (evtl. vornässen); wasserführend
Vorangegangene Maßnahme	nicht zulässig, wenn mit EP oder PUR gefüllt	wiederholte Füllung zulässig	Wiederholung der Füllung zulässig nur nach Einsatz von ZL-I bzw. ZS-I	
Rissbreitenänderung • kurzzeitig (während der Erhärtung)	$\Delta_w \leq 0{,}10\,w$ bzw.[1]) $\leq 0{,}03$ mm	keine Anforderungen	nicht zulässig	
• täglich (während Erhärtung)	abhängig von Festigkeitsentwicklung	keine Anforderungen	nicht zulässig	
• nach Erhärtung	nicht zulässig	bei $w \geq 0{,}3$ mm: $\Delta_w \leq 0{,}05\,w$ bei $w \geq 0{,}5$ mm: $\Delta_w \leq 0{,}1\,w$ (bei etwa 15 °C)	nicht zulässig	

[1]) Kleinerer Wert maßgebend.

Bei **Injektionen** kommen als Einfüllstutzen sowohl Bohrpacker als auch Klebepacker zur Anwendung. Es muss gerätetechnisch gesichert sein, dass der Arbeitsdruck 10 bar nicht überschreiten kann. Der Injektionsdruck ist abhängig von Füllart und Füllgut. Das Füllen oberflächennaher Hohlräume erfordert besondere Sorgfalt. Vorgespannte Bauteile müssen über Klebepacker injiziert werden. Hinweise zur Anordnung der Einfüllstutzen enthält Abb. 6.31. Die Einfüllstutzen werden in Injektionsrichtung von unten nach oben nacheinander jeweils nach Austritt des Injektionsmittels aus dem vorhergehenden Füllvorgang genutzt. Aus den in Abb. 6.31 gegebenen Empfehlungen sind bei veränderlichen Risstiefen entsprechende Schlussfolgerungen ableitbar.

Als **Injektionsgeräte** kommen ein- oder zweikomponentig arbeitende Maschinen zum Einsatz. Bei den einkomponentigen Anlagen werden die Injektionsstoffe vorgemischt, und das Füllgut wird aus dem Vorratsbehälter abgesaugt. Die zweikomponentigen Anlagen führen beide Komponenten von Epoxidharz bzw. Polyurethan in getrennten Schläuchen bis zur Injektionspistole, wo die Durchmischung erfolgt.

6 Beton

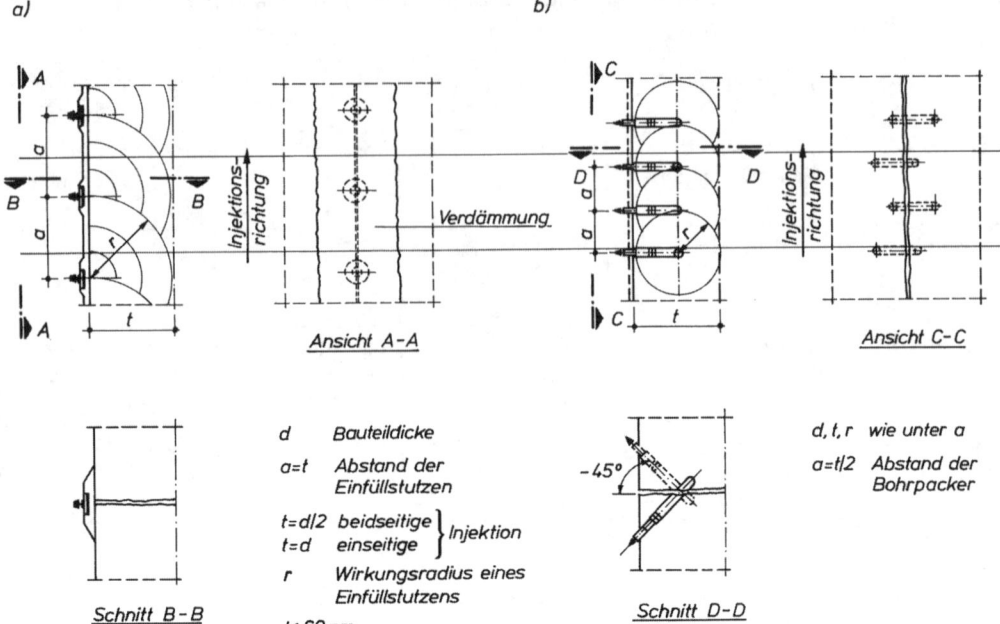

Abb. 6.31 Anordnung von Einfüllstutzen bei der Injektion von Betonrissen [6.44]
  a) Befestigung auf der Bauteiloberfläche (in der Regel mit Verdämmung)
  b) Befestigung in Bohrlöchern mit Bohrpacker (in der Regel ohne Verdämmung)

6.26 Recycling von Beton

DAfStb-Richtlinie: Beton mit rezyklierten Gesteinskörnungen nach DIN 4226-100; Ausgabe 2004

Die Wiederverwendung von Beton in Form von gebrochenem Material als Zuschlag [6.38] hat die gravierenden **Vorteile,** dass durch die Aufbereitung des Altbetons die Deponie entlastet, teure Rekultivierungen vermieden und nicht zuletzt natürliche Gesteinsvorkommen geschont werden. Zum Schutz der Natur wäre es außerdem sinnvoll, selbst bei kostengünstigeren Natursteinvorkommen die eventuell etwas teureren Betonsplitte einzusetzen. Das **Recyclingverfahren für Festbeton** hat sich zuerst aus wirtschaftlichen Gründen vor allem bei der Grunderneuerung von Betonfahrbahnen durchgesetzt. Die Altbetondecken werden durch automatische Hub-Fall-Vorrichtungen (Fallschwert) zertrümmert. Das vorab gesiebte Abbruchmaterial mit Korngröße > 80 mm bricht man in mobilen Aufbereitungsanlagen mit Prallmühlen auf Korngemische 0/45 bzw. klassiert es in die verschiedenen Korngruppen. Bei der Aufbereitung des Betons in stationären, semimobilen und mobilen Anlagen sind die mit Nassaufbereitung besonders vorteilhaft, weil dadurch u.a. der beim Brechen anfallende Staub an den Zuschlagkörnern entfernt wird.

Die **rezyklierte Gesteinskörnung** darf nach obiger DAfStb-Richtlinie höchstens mit den in Tafel 6.47 angegebenen Anteilen in Beton verarbeitet werden, wobei die Betonzusammensetzung durch eine erweiterte Erstprüfung beurteilt wird. Aufgrund der erhöhten Wasseraufnahme von Betonsplitt und -brechsand müssen auch die Konsistenzänderungen in Abhängigkeit von der Zeit sowie die Kern- und Oberflächenfeuchte des rezyklierten Zuschlags erfasst werden. Zu beachten ist ferner, dass durch die unterschiedlichen Kornrohdichten von Sand, Kies, Splitt gegenüber dem Betonsplitt in Tafel 6.47 die Volumenanteile von rezykliertem Zuschlag als Höchstanteile ausgewiesen sind. Bei der Betonherstellung mit Betonbrechsand gegenüber Betonen aus natürlichen Gesteinskörnungen sind die Festigkeitsabfälle zu beachten. Die Frostbeständigkeit sowie die Beständigkeit nach 50 Frost-Tausalz-Wechseln wurden nachgewiesen [6.37].

Von Bedeutung ist ferner, dass die Zusatzmittel in Betonen eine Wiederverwendung dieser Altbetone nicht beeinträchtigen, weil die Wirkstoffe fest eingebaut bzw. absorbiert werden, sodass die Konzentration der Wirkstoffe in der wässrigen Phase unwesentlich ist.

Tafel 6.47 Zulässige Anteile rezyklierter Gesteinskörnungen > 2 mm

Anwendungsbereich		Gesteinskörnung[1] in Vol.-%	
Expositionsklasse bzw. besondere Eigenschaft	Feuchtigkeitsklasse[2]	Typ 1[3]	Typ 2[3]
XC1 XC0 bis XC4	W0 (trocken) WF (feucht)	≤ 45	≤ 35
XF1 und XF3	WF (feucht)	≤ 35	≤ 25
Beton mit hohem Wassereindringwiderstand	WF (feucht)	≤ 35	≤ 25
XA1	WF (feucht)	≤ 25	≤ 25

[1] Die Herkunft des zu rezyklierenden Altbetons und der darin verarbeiteten Gesteinskörnungen muss aus Gründen der Einstufung in eine unbedenkliche Alkaliempfindlichkeitsklasse bekannt sein.
[2] Siehe Tafel 5.7.
[3] Siehe Tafel 5.2.

Frischbetonrecycling bedeutet die Trennung in Gesteinskörnung und in ein Wasser-Zement-Feststoff-Gemisch durch Auswaschen. Die Trennung erfolgt dabei im Bereich um 0,25 mm. Die Gesteinskörnung wird in einer Bevorratungsbox vorgehalten und nach Bedarf eingesetzt. Das Restwasser aus diesem Prozess und das Restwasser aus dem Spülen der Fahrmischer und Betonpumpen werden in einem Becken durch Rührwerke bewegt, um ein Sedimentieren der Feinanteile zu vermeiden (Recyclinganlagen [6.58]). Grundprinzip der Restwasserverwendung ist die Ermittlung der Feststoffe aus der Restwasserdichte, sodass Feststoff- und Wasseranteil bei der Verwendung von Restwasser zur Betonherstellung bekannt sind. Die DAfStb-Richtlinie für Herstellung von Beton unter Verwendung von Restwasser, Restbeton und Restmörtel muss beachtet werden. Frischbetonrecycling trägt damit durch die rückstandslose Verwertung von Betonresten aus der Produktion und zurückgenommenem Beton zur Einsparung von Ausgangsstoffen sowie Deponieraum bei. Verschiedene Fertigteilwerke wenden ein ganzheitliches Recyclingkonzept [6.8] in fünf Prozessstufen an, bei dem sämtliche im Werk anfallenden Produktionsrückstände in Form von Restbeton und Waschwasser wieder der Produktion zur Verfügung stehen.

6.27 Gesundheitsrisiken

Von dem seit fast 150 Jahren verwendeten Beton sind keine Gesundheitsrisiken bekannt. Natürlich erfordert bei der Verarbeitung des Zements mit Wasser die Alkalität des Zementleims von pH ≈ 12,6 entsprechende Aufmerksamkeit. Nach der Gefahrstoffverordnung sind Zement und Beton jedoch nicht „ätzend", sondern nur „reizend".

Wesentliche technologische und wirtschaftliche Vorteile beim Bauen mit Beton erfordern in verstärktem Maß den Einsatz von **Betonzusatzmitteln**. Obwohl bei üblichen Dosierungen zwischen 0,2 % und 3 % der Zementmenge die Zusatzmittel im Mehrstoffsystem Beton eine mengenmäßig untergeordnete Rolle spielen, ist eine Bewertung der eingesetzten Chemikalien in ihrer Wirkung [6.43] auf die Umwelt erforderlich.

Bei den Betonverflüssigern und Fließmitteln kommen zum Einsatz
- Ligninsulfonate, ein modifiziertes Naturprodukt, das aus Lignin (Holzbestandteil) gewonnen wird;
- Melaminsulfonate, Naphthalinsulfonate, Polyacrylate als synthetisch hergestellte Polymere.

Diese Rohstoffe können von ihrer akuten Toxizität als unbedenklich angesehen werden. Alle Rohstoffe sind wässrige Lösungen und lösungsmittelfrei. Der bei einigen BV bzw. FM vorgenommene Zusatz von Entschäumern sowie Konservierungsmitteln zum Schutz vor biologischem Befall erfolgt in hohen Verdünnungen. Es handelt sich dadurch um keine Gefahrstoffe mehr; eine Kennzeichnungspflicht ist nicht erforderlich.

Die bei den Verzögerern eingesetzten Saccharosen und Gluconate sind auch Lebensmittel und demzufolge ungefährlich. Phosphate werden als nicht akut toxisch eingeordnet.

Die in Beschleunigern enthaltenen Silicate, Aluminate, Carbonate und Formiate reagieren in wässriger Lösung alkalisch und stellen kein Gefährdungspotential dar. Bei den Luftporenbildnern sind die natürlichen Wurzelharze sowie einige synthetische Tenside als Rohstoff zwar von der akuten Toxizität nicht bedenklich, reizen allerdings in der Regel die Haut und die Schleimhäute. Sie sind dann mit dem Gefahrensymbol Xi = reizend gekennzeichnet. Neuere Entwicklungen stellen keine Gefahrstoffe dar.

Das bei den Dichtungsmitteln im Allgemeinen eingesetzte Calciumstearat ist physiologisch unbedenklich. Auch von dem in Einpresshilfen enthaltenen metallischen Aluminium sind keine toxischen Wirkungen bekannt. Von den in Stabilisierern eingesetzten Rohstoffen Celluloseether und Stärkeether geht keine Gefährdung aus.

Beim Einsatz von rezykliertem Zuschlag (Betonsplitt) darf der Zuschlag zulässige Grenzwerte an Schadstoffen nicht überschreiten. Auf der sicheren Seite befindet man sich auch deshalb, weil die Grenzwerte sich auf das Eluat bei ungeschützter, zeitlich unbegrenzter Lagerung von Stoffen im Freien beziehen.

6.28 Literatur

[6.1] Stark, J./Krug, H., Baustoffkenngrößen, Weimar, Schriften der Bauhaus-Universität, Nr. 102, 1996
[6.2] Betontechnische Daten, 12. Aufl., Readymix Transportbeton GmbH, 40885 Ratingen, 1993
[6.3] Europäische Regeln für Beton, Beton Verlag, Düsseldorf, 1993
       Weigler, H., Teil 1 DIN V ENV 206 – Erläuterungen und Gegenüberstellung zu DIN 1045
[6.4] DBV-Merkblatt, Selbstverdichtender Beton (SVB). Berlin, 2005
[6.5] Walz, K., Herstellung von Beton nach DIN 1045, Beton Verlag, Düsseldorf, 1972
[6.6] Wesche, K., Baustoffe für tragende Bauteile (Bd. 2 Nichtmetallisch-anorganische Stoffe – Beton, Mauerwerk), 3. Aufl., Bauverlag GmbH, Wiesbaden/Berlin, 1992
[6.7] Fleischer, W., Einfluss des Zements auf Schwinden und Quellen von Beton, München, Technische Universität, Baustoffinstitut, 1992
[6.8] Ganzheitliches Recyclingkonzept in: beton 6/2005, S. 320
[6.9] Grübl, P./Weigler, H./Karl, S.; Beton, Arten, Herstellung, Eigenschaften, Berlin, Ernst & Sohn Verlag, 2001

6.28 Literatur

[6.10] Paris, N./Britz, Ch., Einfärben mit Pulver, Flüssigfarbe oder Granulat, Betonwerk + Fertigteil-Technik 64. Jg., 7/98, S. 48 ff.
[6.11] Kordina, K./Meyer-Ottens, C., Beton-Brandschutz-Handbuch, Verlag Bau + Technik, Erkrath, 1999
[6.12] Schießl, P., Einfluss von Rissen auf die Dauerhaftigkeit von Stahlbeton und Spannbetonbauteilen, Schriftenreihe des Deutschen Ausschusses für Stahlbeton (1986), Heft 370, S. 10 ff.
[6.13] Basalla, A., Baupraktische Bautechnologie, 4. Aufl., Bauverlag GmbH, Wiesbaden/Berlin, 1980
[6.14] Budnik, H./Starkmann, U.; Der Naturzugkühlturm Niederaußem in: Beton 49 (1999) Heft 10, S. 548 ff.
[6.15] Reinhardt, H.-W., Ingenieurbaustoffe, Ernst & Sohn Verlag für Architektur und technische Wissenschaften GmbH, Berlin, 1973
[6.16] Ettel, W.-P. u.a., Bautenschutztaschenbuch: Schutz der Bauwerke vor Wässern und aggressiven Medien, 2. Aufl., Verlag für Bauwesen, Berlin/München, 1992
[6.17] DBV-Merkblatt, Stahlfaserbeton (Fassung 2001), Deutscher Beton-Verein e. V., Berlin
[6.18] Wittmann, F. H., Ursache und betontechnologische Bedeutung des Kapillarschwindens, Betonwerk + Fertigteil-Technik, 1978, 5
[6.19] Orlowsky, H.: Zur Dauerhaftigkeit von AR-Glasfaserbewehrung in Textilbeton. DAfStb, Heft 558, 2005
[6.20] Schwerbeton/Strahlenschutzbeton. Zement-Merkblatt Betontechnik 2002
[6.21] Reichel, W., Wärmebehandlung des Betons – Verfahren, Energieaufwand und Dauerhaftigkeit, VÖZ, Wien, 1984
[6.22] Lohmeyer, G./Ebeling, K.; Betonböden im Industriebau, Verlag Bau + Technik, Düsseldorf, 1999
[6.23] Lohmeyer, G./Ebeling, K.; Weiße Wannen, einfach und sicher, Verlag Bau + Technik, Düsseldorf, 2006
[6.24] Andrä, H.-P./Maier, M.: Instandsetzung von Brücken mit einer neuen Generation von Spanngliedern auf Basis von CFK-Bändern. Bauingenieur, Band 80, Januar 2005
[6.25] Seeberger, J. u.a., Festigkeitsverhalten und Strukturänderungen von Beton bei Temperaturbeanspruchung bis 250 °C. Heft 360 des DAfStb, Ernst & Sohn Verlag für Architektur und technische Wissenschaften GmbH, Berlin
[6.26] Deutscher Beton-Verein, Merkblatt: Grundlagen zur Bemessung von Industriefußböden aus Stahlfaserbeton, 1996
[6.27] Glasfaserbeton – Konstruieren und Bemessen, Beton Verlag, Düsseldorf, 1994
[6.28] DBV-Heft 7. Stahlfaserbeton – Beispielsammlung zum DBV-Merkblatt 2001
[6.29] Ettel, W.-P., Kunstharze und Kunststoffdispersionen für Mörtel und Betone: Struktur der Polymere, Planung, Bemessung, Prüfung, Beton Verlag Düsseldorf, 1998
[6.30] König, G., u.a., Sichere Betonproduktion in: beton 1998, Heft 11, S. 680 ff.
[6.31] Böing, R., Konformitätskontrolle der Druckfestigkeit nach DIN EN 206-1/ DIN 1045-2 in Beton 52 (2002) Heft 6, S. 306 ff.
[6.32] Härig, S. u.a., Bauen mit Splittbeton, Hrsg.: Bundesverband Naturstein-Industrie e. V., 4. Aufl., Buschstraße 22, 53113 Bonn, 1993
[6.33] Czernin, W., Zementchemie für Bauingenieure, Bauverlag GmbH, Wiesbaden/Berlin, 1977
[6.34] Peck, M. D.: Sichtbeton – Hinweise zur Planung und Ausführung, beton 55 (2005); H.3, S. 82 ff.
[6.35] Manns, W., Formänderungen von Beton, in: Zement-Taschenbuch 1984, Seite 307 bis 333, Bauverlag GmbH, Wiesbaden/Berlin, 1984
[6.36] Röhling, S./Eifert, H./Kaden, R.; Betonbau, Planung und Ausführung, Berlin: Verlag für Bauwesen, 2000
[6.37] Lukas, W., Auswirkungen auf technologische Kenngrößen von Beton bei Verwendung von Recycling-Material, Zement + Beton (Österreich) 1993, Heft 3, S. 33 ff.
[6.38] Müller, Ch./Schießl, P./Kwiasowski, R., Recyclingzuschlag für Beton – Anwendung von Recyclingmaterialien nach DIN 1045, Beton 8/96, S. 473–478
[6.39] Kollo u.a.; Massenbeton – Feuerbeton, Schriftenreihe Spezialbetone Band 4, Düsseldorf, Verlag Bau + Technik, 2001
[6.40] de Vree, R. T. u.a., Gewichtete Reife des Betons, Beton 48 Jg., 11/98, S. 674 ff.
[6.41] Curbach, M. u.a.; Sachstandsbericht zum Einsatz von Textilien im Massivbau, Beuth-Verlag: DAfStb, Heft 488, 1998

6 Beton

[6.42] Schäper, M.: Betonkonformität und Betonidentität. Verband Deutscher Betoningenieure e. V.: Information 91/04
[6.43] Hohberg/Müller/Schieß/Volland, Umweltverträglichkeit zementgebundener Baustoffe. Sachstandsbericht, DAfStb, Heft 458, Berlin, 1996
[6.44] Richtlinie für Schutz und Instandsetzung von Betonbauteilen. Deutscher Ausschuss für Stahlbeton, 2001 + Berichtigungen 2005
[6.45] Ettel, W.-P.: Baustoffe gestern und heute. 1. Auflage Berlin: Bauwerk 2006
[6.46] Richter, T.; Hochfester Beton – Hochleistungsbeton, Schriftenreihe Spezialbetone, Band 3, Düsseldorf, Verlag Bau + Technik, 1999
[6.47] Nussbaum u.a.; Faserbeton, Porenleichtbeton, Dränbeton, Schriftenreihe Spezialbetone, Band 2, Düsseldorf, Verlag Bau + Technik, 2001
[6.48] Lewandowski, R., Fließfähiger Porenleichtbeton, in: Zeitschrift VDB-Information 19/80 (Verband Deutscher Betoningenieure e. V.)
[6.49] Schwerbeton/Strahlenschutzbeton. Zement-Merkblatt Betontechnik, Jan. 2002
[6.50] Benedix, R.; Chemie für Bauingenieure, Stuttgart, Leipzig: B. G. Teubner, 3. Auflage 2006
[6.51] Tegelaar, A. u.a., Unterwasserbeton – Bohrpfahlbeton, Schriftenreihe Spezialbetone, Bd. 1, Verlag Bau + Technik GmbH, Düsseldorf, 1998
[6.52] Stark, J./Wicht, B.; Anorganische Bindemittel – Zement – Kalk – Spezielle Bindemittel; Weimar: Schriften der Bauhaus-Universität, 109; 1998
[6.53] Zement-Taschenbuch 2002. Düsseldorf: Verlag Bau + Technik
[6.54] Bonzel, J./Manns, W., Beurteilung der Betondruckfestigkeit mit Hilfe von Annahmekennlinien, in: beton, 1969, Heft 7 und 8
[6.55] Klopfer, H., Bauphysikalische Betrachtung der Schutz- und Instandsetzungsmaßnahmen für Betonoberflächen, DAB 1/90, S. 99 ff.
[6.56] Lamprecht, H.-O. u.a., Betonoberflächen – Gestaltung und Herstellung, Expert Verlag, Grafenau (Württ.), 1984
[6.57] Eifert, H.; Vollpracht, A.; Hersel, O.: Straßenbau heute – Betondecken. Hrsg.: Bundesverband der Deutschen Zementindustrie, Düsseldorf, 2004
[6.58] Sonnenberg, R.; Recyclinganlagen für Frischbeton in: Beton 49 (1999) Heft 6, S. 342
[6.59] Rieche, G., Rissüberbrückende Kunststoffbeschichtung für mineralische Baustoffe, in: Farbe und Lack 85 (1979), 10, S. 284 ff.
[6.60] Slowik, V.: Beiträge zur experimentellen Bestimmung bruchmechanischer Materialparameter von Beton in Aedificatio Verlag, building materials report No. 3, 1995
[6.61] Slowik; Schmidt: Betonrisse im frühen Alter und ihre Bedeutung für die Dauerhaftigkeit der Bauwerke, Forschungsbericht 2009, Hochschule für Technik, Wirtschaft und Kultur Leipzig, University of Applied Sciences, Leipzig, Germany, 43-45.
[6.62] Weber: Guter Beton, 23. Auflage, Verlag Bau+Technik 2010
[6.63] Zement – Taschenbuch, 51. Ausgabe, Verlag Bau+Technik 2008
[6.64] SIVV-Handbuch, Ausgabe 2010, IRB Verlag Stuttgart

7 Mauer- und Putzmörtel; Estriche

Prof. Dr.-Ing. Wolf-Rüdiger Metje

Normen

DIN 18 555		Prüfung von Mörteln mit mineralischen Bindemitteln
-3	(09.82)	Festmörtel; Bestimmung der Biegezugfestigkeit, Druckfestigkeit und Rohdichte
-4	(03.86)	Festmörtel; Bestimmung der Längs- und Querdehnung sowie von Verformungskenngrößen von Mauermörteln im statischen Druckversuch
-6	(11.87)	Festmörtel; Bestimmung der Haftzugfestigkeit
-7	(11.87)	Frischmörtel; Bestimmung des Wasserrückhaltevermögens nach dem Filterplattenverfahren
-9	(09.99)	Festmörtel; Bestimmung der Fugendruckfestigkeit
DIN EN 12 878	(07.14)	Pigmente – Pigmente zum Einfärben von zement- und kalkgebundenen Baustoffen – Anforderungen und Prüfverfahren
DIN EN 998-1	(12.10)	Festlegungen für Mörtel im Mauerwerksbau; Putzmörtel
-2	(12.10)	Festlegungen für Mörtel für Mauerwerk; Mauermörtel
DIN EN 1015		Prüfverfahren für Mörtel für Mauerwerk
-1	(05.07)	Bestimmung der Korngrößenverteilung (durch Siebanalyse)
-2	(05.07)	Probenahme von Mörteln und Herstellung von Prüfmörteln
-3	(05.07)	Bestimmung der Konsistenz von Frischmörtel (mit Ausbreittisch)
-4	(12.98)	Bestimmung der Konsistenz von Frischmörtel (mit Eindringgerät)
-6	(05.07)	Bestimmung der Rohdichte von Frischmörtel
-7	(12.98)	Bestimmung des Luftgehaltes von Frischmörtel
-9	(05.07)	Bestimmung der Verarbeitbarkeitszeit und der Korrigierbarkeitszeit von Frischmörtel
-10	(05.07)	Bestimmung der Trockenrohdichte von Festmörtel
-11	(05.07)	Bestimmung der Biegezug- und Druckfestigkeit von Festmörtel
-12	(11.15)	Bestimmung der Haftfestigkeit von erhärteten Putzmörteln
-17	(01.05)	Bestimmung des Gehaltes an löslichem Chlorid von Frischmörtel
-18	(03.03)	Bestimmung der kapillaren Wasseraufnahme von erhärtetem Mörtel (Festmörtel)
-19	(01.05)	Bestimmung der Wasserdampfdurchlässigkeit von Festmörteln aus Putzmörteln
-21	(03.03)	Bestimmung der Verträglichkeit von Einlagenputzmörteln mit Untergründen

Normen zu Bindemitteln für Mörtel siehe Kapitel 4.
Normen zu Gesteinskörnungen für Mörtel siehe Kapitel 5.
Weitere Normen zu Putz siehe Abschnitt 7.3, zu Estrichen siehe Abschn. 7.6.

7.1 Allgemeines

a) Mörtel sind Gemische aus Bindemittel und Gesteinskörnungen bis 4 mm Größtkorn. Mörtel wird als Baustellenmörtel oder meistens als Werkmörtel verwendet. Baustellenmörtel wird im Gegensatz zum Werkmörtel auf der Baustelle nach Raumteilen (RT) gemischt; Wasser wird nicht abgemessen, sondern so lange zugesetzt, bis die gewünschte Verarbeitungskonsistenz erreicht ist. Werkmörtel wird in einem Werk genau dosiert zusammengesetzt.

Zusatzstoffe und Zusatzmittel können dem Mörtel ähnlich wie beim Beton zugesetzt werden. Das Verhältnis Bindemittel zu Sand ist für die Festigkeit und die Raumbeständigkeit eines Mörtels von Bedeutung. Bindemittelarme (magere) Mörtel sind wenig fest, sie sanden leicht

ab, bindemittelreiche (fette) Mörtel schwinden stark und können Schwindrisse bilden – außer bei Gips oder anhydrithaltigen Mörteln.
Bewährte Mischungsverhältnisse für Mauermörtel als Baustellenmörtel sind in der DIN V 18 580 enthalten.
Im Übrigen gelten allgemein die für Gesteinskörnungen und Beton schon beschriebenen technologischen Zusammenhänge.
Hier nicht behandelt werden Mörtel und Klebstoffe für Fliesen und Platten (siehe Abschnitt 2.7.6) sowie Einpressmörtel (siehe Abschnitt 6.18) und Zusatzstoffe und Zusatzmittel für Beton, Mörtel und Einpressmörtel (siehe Abschnitt 6.4).

b) Werkmörtel werden geliefert als
– *Werk-Trockenmörtel,* dem auf der Baustelle nur Wasser zugegeben wird (Zugabe anderer Stoffe unzulässig),
– *Werk-Vormörtel,* der als Kalkmörtel zur Baustelle kommt, wo ihm Wasser und gegebenenfalls zusätzliche Bindemittel – z.B. Zement, um Kalkzementmörtel zu erhalten – zugegeben werden,
– *Werk-Frischmörtel,* der wie Transportbeton in verarbeitbarer Konsistenz ohne Zugabe von Wasser oder anderen Stoffen gebrauchsfertig ist,
– *Mehrkammer-Silomörtel;* bei diesem sind die Mörtelausgangsstoffe in getrennten Kammern eines werkmäßig befüllten Silos enthalten. Die Ausgangsstoffe werden nach einem vom Werk fest einprogrammierten, baustellenseitig nicht veränderbaren Verhältnis unter Wasserzugabe so gemischt, dass am Mischerauslauf des Silos ein verarbeitungsfähiger Mörtel entnommen werden kann.

Für Werkmörtel gilt die DIN EN 998.
Die Norm gilt nicht für Mörtel, deren Hauptbindemittel Gips ist. Wenn Gips das aktive Grundbindemittel ist, wird der Mörtel durch die DIN EN 13 279 abgedeckt.
Werk-Trockenmörtel wird vorwiegend in Säcken geliefert und muss bei trockener Lagerung mindestens vier Wochen verwendungsfähig sein. Auf der Verpackung, bei loser Lieferung auf dem Lieferschein, sind Verarbeitungshinweise, z.B. Menge des Zugabewassers und Lagerungsbedingungen, anzugeben. Werk-Vormörtel und Werk-Frischmörtel werden in Fahrzeugen geliefert, wobei eine gleichmäßige Zusammensetzung des Mörtels bei Übergabe auf der Baustelle gewährleistet sein muss. Auf dem Lieferschein, einem Begleitzettel oder mitzulieferndem technischen Merkblatt müssen die notwendigen Verarbeitungshinweise, bei Werk-Vormörtel auch Art und Menge der Bindemittelzugabe enthalten sein, um aus dem Vormörtel Mörtel höherer Festigkeit zu machen.

c) Die Prüfung der Mörtel erfolgt nach DIN EN 1015. Nach DIN EN 1015-2 werden zur Prüfung die in Tafel 7.1 angegebenen Probemengen benötigt.
Geprüft werden Konsistenz, Rohdichte und Luftgehalt von Frischmörteln sowie Biegezug- und Druckfestigkeit, Fugendruckfestigkeit und Rohdichte, teilweise auch Längsdehnung, Querdehnung und E-Modul von Festmörteln, die Haftscherfestigkeit zwischen Stein und Mörtel und die Haftzugfestigkeit zur Ermittlung der Verbundfestigkeit zwischen Mörtel und Untergrund bei Zugbeanspruchung. Bei Dünnbettmörteln für Mauerwerk werden noch Verarbeitbarkeitszeit und Korrigierbarkeitszeit geprüft. Weitere Prüfungen bei Estrich siehe Abschnitt 7.6.

7.1 Allgemeines

Tafel 7.1 Mindestmengen für Probematerial zur Prüfung von Mörtel und Estrich

Probematerial	Mindestmenge (Richtwert)
Bindemittel	2 000 g
Zuschlag dichter Zuschlag	10 000 g
poriger Zuschlag	5 000 g
Werk-Trockenmörtel	5 000 g
Werk-Vormörtel	5 000 g
Frischmörtel	5 000 g
Festmörtel[1]	drei Probekörper je Prüfung oder 2000 g

[1] Soll die Biegezugfestigkeit von Estrichmörtel aus einem vom tragenden Untergrund durch Dämmschicht oder Zwischenlage getrennten Estrich ermittelt werden, sind mindestens zwei Platten von etwa 40 cm × 40 cm aus dem Estrich herauszuschneiden.

Tafel 7.2 Definierte Ausbreitmaße bezogen auf die Rohdichte des Frischmörtels

Rohdichte des Frischmörtels kg/dm^3	Ausbreitmaß in mm
> 1200	175 ± 10
> 600 bis 1200	160 ± 10
> 300 bis 600	140 ± 10
≤ 300	120 ± 10

d) Prüfverfahren

Die **Konsistenz** wird mit dem Ausbreittisch nach DIN EN 1015-3 bestimmt. Dabei wird Mörtel in einen Setztrichter (unterer Ø 10 cm, Höhe 6 cm) auf die Glasplatte des Ausbreittisches gefüllt, nach Ziehen des Setztrichters die Glasplatte 15-mal durch Drehen der Hubachse angehoben und um 1 cm fallen gelassen, wobei sich der Mörtel entsprechend ausbreitet (vergleichbar mit dem Ausbreitmaß bei Beton). Die Konsistenz kann auch durch das Verdichtungsmaß bestimmt werden. Die Prüfung wird wie bei Beton durchgeführt (siehe Abschnitt 6.12.1), nur wird ein Blechkasten von 10 cm × 10 cm Grundfläche und 20 cm Höhe verwendet. Daneben kann die Konsistenz auch mit dem Eindringgerät nach DIN EN 1015-4 geprüft werden. Hierbei ergibt sich die Konsistenz aus der Eindringtiefe eines 90 g schweren Fallkegels, der aus 20 cm Höhe in ein mit Mörtel gefülltes Gefäß (Ø 8 cm, $h = 7$ cm) fallen gelassen wird. Die Eindringtiefe in mm ist ein Maß für die Konsistenz.

Zur Ermittlung der **Rohdichte** wird Mörtel in ein 1 dm^3 fassendes Messgefäß gefüllt und anwendungsgerecht verdichtet. Die Rohdichte ergibt sich dann aus dem Quotienten Mörtelmasse (Gewicht) durch Volumen des Messgefäßes.

Der **Luftgehalt** wird wie bei Beton nach dem Druckausgleichsverfahren (siehe Abschnitt 6.12.2) gemessen, nur wird für Mörtel ein LP-Topf mit lediglich 1 dm^3 Fassungsvermögen verwendet.

Die **Festigkeitsprüfung** von Mörteln erfolgt an Prismen von 4 cm × 4 cm × 16 cm wie bei der Zementprüfung (siehe Abschnitt 4.6.13.4). Bei der Herstellung der Prismen wird der Mörtel je nach Art und Verwendungszweck verdichtet: durch 10-maliges Heben der Form um etwa 3 cm und anschließendes Fallenlassen; durch Schwingungen auf dem Vibrationstisch oder durch Stampfen. Fließmörtel wird nicht verdichtet. Die Probekörper lagern bis zur Prüfung unter den in Tafel 7.3 angegebenen Bedingungen. E-Modul, Längs- und Querdehnung werden an Prismen 10 cm × 10 cm × 20 cm oder 9,5 cm × 9,5 cm × 20 cm ermittelt. Zur Prüfung der **Mörtelfestigkeit in der Fuge** werden zwei Referenzsteine (KS 12 – 2,0 – NF) aufeinander gemauert, wobei in den Mörtel eine Gitterform eingelegt wird, sodass kleine Prismen von 20 mm × 20 mm × 12 mm (= Lagerfugenhöhe) entstehen. Durch zwischengelegte Faservliese wird der Mörtel von den Steinen getrennt, ohne dass ein Absaugen von Mörtelwasser durch die Steine verhindert wird. Nach 28 Tagen wird die Druckfestigkeit der kleinen Probekörper ermittelt. Alternativ kann die Festigkeit auch an Mörtelproben von 80 mm × 80 mm × 12 mm geprüft werden, die aus dem Lagerfugenmörtel herausgesägt werden. Die Prüfung berücksichtigt, dass die Saugfähigkeit der Mauersteine die Mörteldruckfestigkeit beeinflussen kann.

Tafel 7.3 Lagerungsbedingungen für Mörtel-Probekörper

Mörtelart	Lagerungsdauer in Tagen im Klima		
	(95 ± 5)% oder Plastikbeutel[1]		Normalklima
	in der Form	entschalt	DIN 50 014 – 20/65
Baukalkmörtel Zementmörtel andere Mörtel mit hydraulischen Bindemitteln	2[2] 5[4]	5 2	21
gipshaltige Mörtel anhydrithaltige Mörtel	2	–	26
Magnesiamörtel	–	–	28[3]

[1] Lagerungstemperatur: 20 ± 2 °C und relative Luftfeuchte von (95 ± 5)%.
[2] Bei Mörteln mit Verzögerern darf die angegebene Lagerungsdauer in der Form angemessen überschritten werden, die gesamte Lagerungsdauer beträgt stets 28 Tage.
[3] Die Probekörper werden nach 24 Stunden entschalt.
[4] Luftkalkanteil ≤ 50 % der Gesamtmasse des Bindemittels.

Zur Ermittlung der **Haftzugfestigkeit** werden mit einem Kunstharzkleber Prüfstempel (Ø 50 mm) auf den erhärteten Mörtel aufgeklebt und mit einem Zuggerät senkrecht zum Untergrund abgezogen. Die Prüffläche wird zuvor durch eine bis mindestens 2 mm tief in den Untergrund reichende Bohrung seitlich abgetrennt.

Die **Verarbeitbarkeitszeit von Dünnbettmörteln** wird über das Ausbreitmaß ermittelt. Verringert sich dieses um 30 mm gegenüber dem Ausbreitmaß zur Zeit des Anmachens des Mörtels, bedeutet das das Ende seiner Verwendbarkeit.

Die **Korrigierbarkeitszeit** wird über die Haftung von Dünnbettmörtel an aufgelegten Würfeln mit 50 mm Kantenlänge (aus Plansteinen herausgesägt) bestimmt.

7.2 Mauermörtel

Normen

DIN 1053-4	(04.13)	Mauerwerk; Fertigbauteile
DIN V 4108-4	(02.13)	Wärmeschutz und Energie-Einsparung in Gebäuden, Teil 4: Wärme- und feuchteschutztechnische Bemessungswerte
DIN EN 934-3	(09.12)	Zusatzmittel für Beton, Mörtel und Einpressmörtel – Teil 3: Zusatzmittel für Mauermörtel – Definitionen, Anforderungen, Konformität, Kennzeichnung und Beschriftung
DIN V 18 580	(03.07)	Mauermörtel mit besonderen Eigenschaften
DIN V 20 000-412	(03.04)	Anwendung von Bauprodukten in Bauwerken – Regeln für die Verwendung von Mauermörtel
DIN EN 13 139	(08.02)	Gesteinskörnungen für Mörtel
DIN EN 13 055-1	(08.02)	Leichte Gesteinskörnungen für Beton, Mörtel und Einpressmörtel

Weitere Normen siehe unter 7.

7.2.1 Allgemeines

Als **Bindemittel** kommen Baukalke, Zemente und PM-Binder in Betracht.
Sand muss mineralischen Ursprungs und gemischtkörnig sein und darf schädliche Bestandteile höchstens in unwesentlichen Mengen enthalten. Für den Sand (Gesteinskörnungen) gelten die Anforderungen nach DIN EN 13 139 und DIN EN 13 055-1.
Als **Zusatzstoffe** können Trass, Gesteinsmehle, Flugaschen und gegebenenfalls auch Farbpigmente zugegeben werden.
Zusatzmittel werden ähnlich wie bei Beton angewendet: Luftporenbildner, Erstarrungsverzögerer, Dichtungsmittel, Verflüssiger, Erstarrungsbeschleuniger, Haftmittel, Stabilisierer. Luftporenbildner dürfen bei Normal- und Leichtmörtel nur in solcher Menge zugesetzt werden, dass die Trockenrohdichte um nicht mehr als 0,3 kg/dm^3 gegenüber Mörtel ohne Luftporenbildner verringert wird. Bei Verwendung von Zusatzmitteln ist stets eine Mörtel-Erstprüfung erforderlich und nachzuweisen, sodass die Zusatzmittel bei bewehrtem Mauerwerk oder stählernen Verankerungen die Korrosion nicht fördern. Das Prüfzeichen eines Zusatzmittels gilt als Nachweis.
Bei Mauermörtel wird zwischen Normalmörtel, Leichtmörtel und Dünnbettmörtel unterschieden.
Normalmörtel (NM) sind Mörtel mit Gesteinskörnungen mit dichtem Gefüge und einer Trockenrohdichte $\geq$ 1,5 kg/dm^3. Mörtel, die entsprechend Tafel 7.4 zusammengesetzt sind, haben eine Rohdichte $\geq$ 1,5 kg/dm^3. Bei Mörtel mit anderer Zusammensetzung ist die Rohdichte zu bestimmen. Normalmörtel werden je nach Festigkeit nach DIN 1053-1 in die Mörtelgruppen I, II, IIa, III und IIIa eingeteilt.
Leichtmörtel (LM) sind Mörtel, die in der Regel mit Gesteinskörnungen mit porigem Gefüge und/oder mit Perlite, Blähglasgranulat, Bims u.ä. Leichtzuschlägen hergestellt werden, es können aber auch Zuschläge mit dichtem Gefüge verwendet werden. Sie müssen eine Trockenrohdichte von < 1,3 kg/dm^3 haben.
Leichtmörtel dürfen nur als Werk-Trockenmörtel oder als Werk-Frischmörtel hergestellt werden. Die Leichtmörtel werden nach ihrer Wärmeleitfähigkeit in die Gruppen LM 21 und LM 36 eingeteilt.
Dünnbettmörtel (DM) sind Zementmörtel mit Sand bis 1 mm Korngröße sowie Zusätzen (Zusatzmittel und Zusatzstoffe). Die Zusätze haben u.a. die Aufgabe, dafür zu sorgen, dass

7.2.2 Anforderungen an Mauermörtel

dem Zement das zur Hydratation notwendige Wasser nicht vorzeitig aus dem Mörtel entzogen wird. Aufgrund der hohen Druckfestigkeit dieser Mörtel gehören sie zur Mörtelgruppe III. Sie werden als Werk-Trockenmörtel geliefert.

Mauermörtel müssen gut verarbeitbar sein, eine ausreichende Festigkeit erreichen, ein günstiges Verformungsverhalten haben und dabei einen genügend festen Verbund zwischen den Mauerwerkssteinen vermitteln, gegebenenfalls auch eine niedrige Wärmeleitfähigkeit haben. Der Mauermörtel muss der DIN EN 998-2 entsprechen (CE-Kennzeichnung). Damit eine Anwendung erfolgen kann, ist die DIN V 20 000-412 zusätzlich zu berücksichtigen. Da die Anwendung nach DIN EN 998-2 unwirtschaftlich ist, wurde die DIN V 18 580 eingeführt (CE-Kennzeichnung und Ü). In der DIN V 18 580 wurden die bisherigen Bezeichnungen nach DIN 1053-1 übernommen.

Die Anforderungen gemäß DIN EN 998-2 und DIN V 18 580 sind in den Tafeln 7.5 bis 7.8 angegeben.

Tafel 7.4 Normalmörtel als Baustellenmörtel, Mischungsverhältnisse in Raumteilen

Mörtel-gruppe	Luftkalk		Hydraulischer Kalk (HL 2)	Hydraulischer Kalk (HL 5), Putz- und Mauerbinder (MC 5)	Zement	Sand[1] aus natürlichem Gestein
	Kalkteig	Kalkhydrat				
I	1	–	–	–	–	4
	–	1	–	–	–	3
	–	–	1	–	–	3
	–	–	–	1	–	4,5
II	1,5	–	–	–	1	8
	–	2	–	–	1	8
	–	–	2	–	1	8
	–	–	–	1	–	3
IIa	–	1	–	–	1	6
	–	–	–	2	1	8
III	–	–	–	–	1	4
IIIa[2]	–	–	–	–	1	4

[1] Die Werte des Sandanteils beziehen sich auf den lagerfeuchten Zustand.
[2] Die Mörtelgruppe IIIa hat eine höhere Festigkeit als die Mörtelgruppe III, was vor allem durch besonders günstig zusammengesetzten Sand erreicht wird.

7.2 Mauermörtel

Tafel 7.5 Anforderungen an Mauermörtel nach DIN EN 998-2 und DIN V 20 000-412

Geforderte Mörtelgruppe nach DIN 1053	Erforderliche Mörteleigenschaften nach DIN EN 998-2 und DIN V 20 000-412							
	Druckfestigkeitsklasse	Trockenrohdichte kg/m³	Wärmeleitfähigkeit W/(m·K)	Verbundfestigkeit[1] N/mm²	Chloridgehalt Masse-%	Verarbeitbarkeitszeit h	Korrigierbarkeitszeit min	Brandverhaltensklasse
Normalmauermörtel									
I	M 2,5	≥ 1500	Keine Anforderung	–	≤ 0,1	Keine Anforderung	Keine Anforderung	A 1
II	M 5			≥ 0,04				
IIa	M 10			≥ 0,08				
III	M 15			≥ 0,10				
IIIa	M 30			≥ 0,12				
Leichtmauermörtel									
LM 21	M 10	≤ 700	≤ 0,18	≥ 0,08	≤ 0,1	Keine Anforderung		A 1
LM 36	M 10	> 700 ≤ 1000	≤ 0,27	≥ 0,08				
Dünnbettmörtel[2]									
DM	M 15	≥ 1300[3]	k. A.	≥ 0,20	≤ 0,1	≥ 4	≥ 7	A 1

[1] Maßgebende Verbundfestigkeit nach DIN EN 1052-3 mit der Anfangsscherfestigkeit (Referenzsteine) multipliziert mit dem Prüffaktor 1,2.
[2] Nur mit Gesteinskörnung bis zu einem Größtkorn von 1,0 mm zulässig.
[3] Der Wert ist als Anhaltswert zu verstehen.

Tafel 7.6 Anforderungen an die Druckfestigkeit gemäß DIN EN 998-2 und DIN V 18 580 (CE und Ü)

Mörtelart	Mörtelgruppe nach DIN V 18580 min.	Druckfestigkeitsklasse nach DIN EN 998-2 min.	Fugendruckfestigkeit im Alter von 28 Tagen[1,2]		
			Verfahren I N/mm²	Verfahren II N/mm²	Verfahren III N/mm²
Normalmauermörtel	I	M 1	–	–	–
	II	M 2,5	≥ 1,25	≥ 2,5	≥ 1,75
	IIa	M 5	≥ 2,5	≥ 5,0	≥ 3,5
	III	M 10	≥ 5,0	≥ 10,0	≥ 7,0
	IIIa	M 20	≥ 10,0	≥ 20,0	≥ 14,0
Leichtmauermörtel	LM 21	M 5	≥ 2,5	≥ 5,0	≥ 3,5
	LM 36	M 5	≥ 2,5	≥ 5,0	≥ 3,5
Dünnbettmörtel	DM	M 10	–	–	–

[1] Prüfung nach DIN 18 555-9. Die Anforderungen gelten als erfüllt, wenn der Nachweis nach einem der drei genannten Verfahren erfolgt ist.
[2] Die Prüfung der Fugendruckfestigkeit muss mit Referenzsteinen erfolgen.

7 Mauer- und Putzmörtel; Estriche

Tafel 7.7   Anforderungen an die Verbundfestigkeit gemäß DIN EN 998-2 und DIN V 18 580 (CE und Ü)

Mörtelart	Mörtelgruppe nach DIN V 18580 min.	Druckfestigkeitsklasse nach DIN EN 998-2 min.	Verbundfestigkeit im Alter von 28 Tagen[1]	
			Charakteristische Anfangsscherfestigkeit nach DIN EN 1052-3[2] N/mm²	Mindesthaftscherfestigkeit (Mittelwert) nach DIN 18 555-5[3] N/mm²
Normalmauermörtel	I	M 1	–	–
	II	M 2,5	≥ 0,04	≥ 0,10
	IIa	M 5	≥ 0,08	≥ 0,20
	III	M 10	≥ 0,10	≥ 0,25
	IIIa	M 20	≥ 0,12	≥ 0,30
Leichtmauermörtel	LM 21	M 5	≥ 0,08	≥ 0,20
	LM 36	M 5	≥ 0,08	≥ 0,20
Dünnbettmörtel	DM	M 10	≥ 0,20	≥ 0,50

[1] Die Prüfung muss mit Referenzsteinen erfolgen.
[2] Maßgebende Verbundfestigkeit nach DIN EN 1052-3 mit der Anfangsscherfestigkeit (Referenzsteine) multipliziert mit dem Prüffaktor 1,2.
[3] Maßgebende Haftscherfestigkeit nach DIN 18 555-5 (Referenzsteine) multipliziert mit dem Prüffaktor 1,2.

Tafel 7.8   Anforderungen an die Leichtmauermörtel gemäß DIN EN 998-2 und DIN V 18 580 (CE und Ü)

Leichtmauermörtel	Längsdehnungsmodul E_l[1] N/mm²	Querdehnungsmodul E_q[1] N/mm²
LM 21	≥ 2000	≥ 7500
LM 36	≥ 3000	≥ 15 000

[1] Prüfung im Alter von 28 Tagen nach DIN 18 555-4.

Die Korrigierbarkeitszeit gibt an, bis wann mit Dünnbettmörtel vermauerte Steine in ihrer Lage noch verändert (ausgerichtet) werden können, ohne dass die Mörtelhaftung und damit der Mauerwerksverbund merklich gestört werden.

7.2.3   Mörtelgruppen (MG), Anwendung

Für die Herstellung von Mauerwerk sind in DIN EN 1996-3 und DIN EN 1996-3/NA Berechnungsgrundlagen in Abhängigkeit von der Beanspruchung und Eigenschaften von Mauersteinen und Mauermörtel angegeben. Für die Normalmauermörtel gilt:

Mörtelgruppe I (MG I): Zulässig bis maximal zwei Vollgeschosse bei Wanddicken ≥ 24 cm (bei zweischaligem Mauerwerk gilt als Wanddicke die Dicke der Innenschale). Nicht zulässig für Kellermauerwerk, bewehrtes Mauerwerk, Gewölbe, Außenschale bei zweischaligen Außenwänden. Bei ungünstigen Witterungsbedingungen (Nässe, niedrige Temperaturen) möglichst nicht verwenden (sondern MG II). Mittlere Druckfestigkeit der Mörtel nach 28 Tagen etwa 0,5 bis 1 N/mm².

Mörtelgruppe II und IIa (MG II, MG IIa): Mörtel muss vor Erstarrungsbeginn verarbeitet sein. Beide Mörtelgruppen sollen nicht gleichzeitig auf einer Baustelle verwendet werden (Verwechslungsgefahr).

Mörtelgruppe III und IIIa (MG III, MG IIIa): Muss wie MG II und IIa vor Erstarrungsbeginn verarbeitet sein. Für die Anwendung keine Beschränkung, ausgenommen Mauerwerk für frei stehende Schornsteine (Mörtelfestigkeit zwischen 2,5 und 8 N/mm^2) und zweischaliges Mauerwerk (Außenschale in MG II oder IIa), für Außenschale zum nachträglichen Verfugen zulässig und für bewehrte Bereiche der Außenschale.

Leichtmauermörtel ist nicht zulässig für bewehrte Mauerwerksteile, Gewölbe und der Witterung ausgesetztes Sichtmauerwerk.

Dünnbettmauermörtel ist nicht zulässig für Gewölbe und für Mauersteine mit Maßabweichungen in der Höhe von mehr als 1,0 mm (wegen dünner Fuge sind Plansteine mit geringen Maßtoleranzen erforderlich). Für bewehrte Mauerwerksteile kommt Dünnbettmörtel wegen der geringen Fugendicke nicht in Frage. Bei der Verarbeitung des Mörtels ist darauf zu achten, dass dem Mörtel durch stark saugende Steine nicht zu viel Wasser entzogen wird, sonst wird die Erhärtung des Mörtels gestört oder auch teilweise unterbunden. Gegebenenfalls Steine vornässen oder Mörtel mit verbessertem Wasserrückhaltevermögen verwenden oder Mauerwerk feucht halten. Bei Verwendung von Dünnbettmörtel soll die Fugendicke für Stoß- und Lagerfugen 1 bis 3 mm betragen.

Für **Natursteinmauerwerk** ist als Mauermörtel Normalmauermörtel zu verwenden.

Bei **bewehrtem Mauerwerk** darf die Bewehrung nur in Normalmörtel der Mörtelgruppen III oder IIIa eingebettet werden. Für unbewehrte Teile des Mauerwerks dürfen auch alle anderen Mörtel verwendet werden, ausgenommen MG I.

Frischer Mauermörtel ist vor Frost zu schützen, die Verwendung von Frostschutzmitteln ist nicht zulässig. Auf gefrorenem Mauerwerk darf nicht gemauert werden, der Einsatz von Auftausalzen ist nicht erlaubt.

Die gleichzeitige Verwendung von Normalmörtel und von Leichtmauermörtel auf einer Baustelle ist zulässig, da beide Mörtel so gut optisch zu unterscheiden sind, dass keine Verwechslungsgefahr besteht.

7.2.4 Sonstige Mauermörtel

Für **schlagregenbeanspruchtes Verblendmauerwerk** hat sich trasshaltiger Mörtel besonders bewährt. Die Trassanteile wirken dabei durch vermehrte Gelbildung dichtend (Poren verstopfend). Außerdem wirkt Trass Kalkausblühungen entgegen, da er einen Teil des Kalks [$Ca(OH)_2$] bindet, der bei der Hydratation des Zements frei wird.

Folgende Mischungsverhältnisse werden bei trasshaltigen Mörteln empfohlen:

1 RT Hydraulischer Trasskalk (HL 5) + 3 RT Sand (MG II)
1 RT Portland-Z. + 2 RT Hydr. Trasskalk + 8 RT Sand (MG IIa)
1 RT Portland-Z. + 1 RT Trasspulver + 1 RT Kalkhydrat + 7 bis 8 RT Sand (MG IIa)
1 RT Portland-Z. + 1 RT Trasspulver + 4 bis 6 RT Sand (MG III)
2 RT Portland-Z. + 1 RT Trasspulver + 1 RT Kalkhydrat + 6 RT Sand (MG III)

Der Sand soll dabei immer gemischtkörnig sein mit ausreichendem Feinstkornanteil (0/0,25 mm etwa 15 bis 25 Masse-%), fehlendes Feinstkorn kann durch Gesteinsmehl oder Trass ersetzt werden.

Die genannten Mörtel sind auch als Fugenmörtel gut geeignet, falls nachträglich verfugt wird und die Verfugung nicht durch Glattstrich des Mauermörtels erfolgt. Bei Fugenmörtel soll die Korngröße des Sandes 2 mm nicht übersteigen.

Mauermörtel für Schornsteinformsteine (aus Schamotte) müssen hinreichend beständig sein gegenüber den Rauch- und Abgasen. Sie bestehen meist aus Hochofenzement, Quarzsand (bis 1 mm) und zugesetztem feinem Ton oder sind Schamottemörtel.

Glasbausteine werden mit Mörtel der Mörtelgruppe III vermauert, der eine 28-Tage-Druckfestigkeit von mindestens 12,0 N/mm^2 erreichen muss. Zur Erhöhung der Geschmeidigkeit werden dem Mörtel oft Kalkhydrat oder Trass zugesetzt.

Mittelbettmörtel ist Mauermörtel für Fugendicken von etwa 5 mm bis 7 mm; die Verwendung ist zurzeit noch nicht genormt, sondern nur über bauaufsichtliche Zulassungen geregelt. Anwendbar bei Steinmaßtoleranzen bis 3 mm, Vorteil: geringere Querverformung des Mörtels bei geringerer Fugendicke, geringere Querzugbeanspruchung der Steine, besonders bei Leichtmörtel und hochfesten Steinen, geringerer Einfluss auf die Wärmeleitung. Größtkorn des Mörtels 2 bis 3 mm, sonst ähnlich dem Dünnbettmörtel.

Vergussmörtel dient zum nachträglichen Ausgießen trocken aufeinander gesetzter, besonders geformter Steine. Der Mörtel muss ein hohes Fließ- und Zusammenhaltevermögen aufweisen.

Schaummörtel, besonders leichter Mörtel, der in sich geschlossene Luftbläschen enthält, die durch Zugabe von Schaumbildnern zum (Zement-)Mörtel (mit Sand oder Leichtzuschlägen) beim Mischvorgang entstehen. Stabilisierer sorgen dafür, dass die Luftbläschen während der Verarbeitungszeit erhalten bleiben. Schaummörtel kann auch durch Zumischen von getrennt erzeugtem Schaum hergestellt werden. Verwendung begrenzt auf Sonderfälle, meist nur als Füllmörtel.

Kolloidalmörtel sind Zementmörtel, die in einem hochtourigen Spezialmischer besonders intensiv aufbereitet werden. Dadurch ist die Gelbildung des Zements stärker, der Mörtel bekommt kolloidale Eigenschaften, setzt sich nicht ab, entmischt sich auch unter Wasser kaum, ist gut pumpfähig. Verwendung besonders zum nachträglichen Vergießen oder Verfugen von Trockenmauerwerk oder zur Vermörtelung von Uferschutzwerken.

Klebemörtel sind in der Regel kunststoffmodifizierte Portlandzementmörtel mit feinem Quarzsand. Die Kunststoffkomponenten sind auf den jeweiligen Anwendungsbereich abgestimmt, Verwendung: z.B. Verbinden von Betonfertigteilen, Verbinden von Altbeton mit frischem Mörtel.

Als **Mauermörtel** für Lehmsteinwände kann bei eingeschossigen Bauten Lehmmörtel (relativ dünnflüssig) oder Kalkmörtel (MG I) verwendet werden, sonst ist mit Mörtelgruppe II (siehe Abschn. 7.2.3) zu mauern.

7.3 Putzmörtel

Normen

DIN 4102-4	(05.16)	Brandverhalten von Baustoffen und Bauteilen; Zusammenstellung und Anwendung klassifizierter Baustoffe, Bauteile und Sonderbauteile
DIN 4103-1	(06.15)	Nichttragende innere Trennwände; Anforderungen und Nachweise
-4	(11.88)	Nichttragende innere Trennwände; Unterkonstruktion in Holzbauart
DIN 4121	(07.78)	Hängende Drahtputzdecken; Putzdecken mit Metallputzträgern, Rabitzdecken, Anforderungen für die Ausführung
DIN 18 202	(04.13)	Toleranzen im Hochbau; Bauwerke
DIN 18 350	(08.15)	VOB Vergabe- und Vertragsordnung für Bauleistungen, Teil C, Allgemeine Technische Vertragsbedingungen für Bauleistungen; Putz- und Stuckarbeiten
DIN 18 550-1	(12.14)	Planung, Zubereitung und Ausführung von Innen- und Außenputzen – Ergänzende Festlegungen zu DIN EN 13 914-1 für Außenputze
DIN 18 550-2	(06.15)	Planung, Zubereitung und Ausführung von Innen- und Außenputzen – Ergänzende Festlegungen zu DIN EN 13 914-2 für Innenputze
DIN 18 558	(01.85)	Kunstharzputze; Begriffe, Anforderungen, Ausführung
DIN EN 998-1	(12.10)	Festlegungen für Mörtel im Mauerwerksbau – Putzmörtel
DIN EN 13 279-1	(11.08)	Gipsbinder und Gips-Trockenmörtel – Begriffe und Anforderungen
DIN EN 13 279-2	(03.14)	Gipsbinder und Gips-Trockenmörtel – Prüfverfahren
DIN EN 13 914-1	(06.05)	Planung, Zubereitung und Ausführung von Innen- und Außenputzen – Außenputz
DIN EN 13 914-2	(07.05)	Planung, Zubereitung und Ausführung von Innen- und Außenputzen – Planung und wesentliche Grundsätze für Innenputz

Weitere Normen siehe unter 7.

7.3.1 Allgemeines

Putzmörtel dienen zur Herstellung von Putz auf Wänden und Decken. Für die Herstellung von Putz gelten DIN EN 998-1, DIN EN 13 914 und DIN 18 550. Für Mörtel, deren Hauptbindemittel Gips ist, gilt DIN EN 13 279. Für Drahtputzarbeiten auf Rabitzwänden gilt DIN 4103, auf Decken DIN 4121 – Hängende Drahtputzdecken – (siehe auch Abschnitt 7.3.4, Ende). Neben Baustellenmörtel wird hauptsächlich Werkmörtel (siehe Abschnitt 7.1) verwendet.

Einfache Oberflächenbehandlungen wie Wischputz, Schlämmputz, Rappputz o.Ä. sind keine Putze im Sinne obiger Normen, sondern nur an Wand- und Deckenflächen ein- oder mehrlagig in bestimmter Dicke angetragene Mörtelbeläge mit mineralischen Bindemitteln. Kunstharzputze sind Beschichtungen mit putzartigem Aussehen. Sie können anstelle eines Putzes mit mineralischen Bindemitteln als Oberputz verwendet werden, siehe Abschnitt 7.3.12.

Einteilung der Putze

Die DIN EN 998-1 unterscheidet folgende Putzmörtel und Abkürzungen:

- Normalputzmörtel   GP
- Leichtputzmörtel   LW
- Edelputzmörtel   CR
- Einlagenputzmörtel   OC
- Sanierputzmörtel   R
- Wärmedämmputzmörtel   T

Die Putze werden nach Art, Anwendung, Putzgrund, Lagen, Mörtel und Putzweise bezeichnet, zum Beispiel:

7 Mauer- und Putzmörtel; Estriche

- wasserabweisender Außenwandputz auf Mauerwerk aus HLz 12, zweilagig, Mörtelgruppe PII, Oberputz als Kratzputz;
- *einlagiger* Putz und *zweilagiger* Putz aus Unter- und Oberputz sowie *mehrlagige* Putze. Der Unterputz ist die tragende Schicht des Putzes. Der Oberputz bestimmt die ästhetische Wirkung des Putzes. Bei Außenputz muss er witterungsbeständig sein.

Zur Erhöhung der Putzhaftung oder um ein schwaches, zu starkes oder unterschiedliches Saugvermögen des Putzgrundes auszugleichen, empfiehlt sich eine Vorbehandlung des Putzgrundes mit einem Spritzbewurf, siehe Abschnitt 7.3.4. Der Spritzbewurf gilt nicht als Putzlage!

Benennung der Putzmörtel nach den Bindemitteln: Luftkalkmörtel und hydraulischer Kalkmörtel, Kalkzement-, Kalkgips-, Gips-, Zementmörtel usw.

Die Oberflächengestaltung wird bedingt durch die Putzweisen. Bei Außenputz: Rapp-, Kellen-, Rau-, Spritz-, Kratzputz, gewaschener Putz usw. (siehe Abschnitt 7.3.6, Ende). Bei Innenputz: gescheibter, gefilzter, geglätteter Putz usw.

Kellenputz wird mit der Kelle angeworfen und mit der Kelle auseinander gestrichen, sodass die einzelnen Kellenstriche erkennbar bleiben.

Rauputz aus mittel- bis grobkörnigem Material wird mit dem Handbrett von unten nach oben, waagerecht oder kreisförmig gezogen. Dabei werden die groben Körner mitgezogen, rollen über den Unterputz und hinterlassen entsprechend der Ziehrichtung markante Rillen.

Beim Spritzputz wird feinkörniges nasses Mörtelmaterial mit einem Reiserbesen („Besenputz") oder mit der Spritzmaschine auf den Unterputz aufgespritzt.

7.3.2 Anforderungen

a) Allgemeine Anforderungen

Gleichmäßig gute Haftung am Putzgrund und gute Haftung der einzelnen Lagen aneinander; gleichmäßiges Gefüge innerhalb der einzelnen Lagen. Festigkeit und Oberflächenbeschaffenheit müssen dem Verwendungszweck entsprechen. Die Mörtelfestigkeit soll vom Putzgrund nach außen abnehmen. Keinesfalls darf der Oberputz eine höhere Festigkeit haben als der Unterputz (sonst Gefahr, dass sich der Oberputz ablöst, siehe Abschnitt 7.4). Die Festigkeit wird nach DIN EN 1015-11: Bestimmung der Biegezugfestigkeit und Druckfestigkeit an Prismen ermittelt. Dabei müssen die einzelnen Putzmörtel die in Tafel 7.9 angegebenen Druckfestigkeitskategorien erreichen.

Tafel 7.9 Klassifizierung der Eigenschaften von Festmörtel – Putzmörtel nach DIN EN 998-1

Eigenschaften	Kategorien	Werte
Druckfestigkeit nach 28 Tagen	CS I CS II CS III CS IV	0,4 bis 2,5 N/mm^2 1,5 bis 5,0 N/mm^2 3,5 bis 7,5 N/mm^2 $\geq$ 6,0 N/mm^2
Kapillare Wasseraufnahme	W 0 W 1 W 2	Nicht festgelegt $c \leq 0,40$ kg/ m$^2 \times$ min^{0,5} $c \leq 0,20$ kg/ m$^2 \times$ min^{0,5}
Wärmeleitfähigkeit	T 1 T 2	$\leq 0,1$ W/ m $\times$ K $\leq 0,2$ W/m $\times$ K

7.3 Putzmörtel

Die nationale Ausführungsnorm DIN 18 550 nennt weiterhin die folgenden Putzmörtelgruppen:
- P I   Luftkalkmörtel; Wasserkalkmörtel, Mörtel mit hydraulischem Kalk,
- P II Kalkzementmörtel, Mörtel mit hochhydraulischem Kalk oder mit Putz- und Mauerbinder,
- P III Zementmörtel mit oder ohne Zusatz von Kalkhydrat,
- P IV Gipsmörtel und gipshaltige Mörtel.

Außerdem werden weiterhin an den Regenschutz folgende Anforderungen gestellt:
Wasserhemmendes Putzsystem $0,5 < w < 2,0$ kg/(m² × h^{0,5})
Wasserabweisendes Putzsystem $w < 0,5$ kg/(m² × h^{0,5}).

Werden Baustellenmörtel entsprechend Tafel 7.10 zusammengesetzt, so gelten die Festigkeitsanforderungen als erfüllt. Dabei ist vorausgesetzt, dass ein gemischtkörniger Sand mit dichtem Gefüge verwendet wird, der eine möglichst geringe Haufwerksporigkeit besitzt. Innen- und Außenputz müssen wasserdampfdurchlässig sein. Die Wasserdampfdurchlässigkeit muss auf den Wandaufbau abgestimmt sein, damit keine unzulässige Feuchtigkeitserhöhung in der Wand durch Kondensation auftritt. Die diffusionsäquivalente Luftschichtdicke darf bei Außenputzen bei keiner Putzlage den Wert von 2,0 m überschreiten. Putze, die entsprechend den Angaben in Tafel 7.10 zusammengesetzt sind, und Kunstharzputze erfüllen diese Anforderung.

b) Zusätzliche Anforderungen

Außenputz: Witterungsbeständigkeit, Widerstandskraft gegen durch Sonnenbestrahlung auftretende thermische Spannungen (in dunklen Putzen und auf Wänden mit hoher Wärmedämmung besonders stark), wasserhemmende oder wasserabweisende Eigenschaften.

Sockelputze sowie Außenputze *unter Erdoberfläche:* Wasseraufnahme möglichst niedrig, frostbeständig, mittlere Druckfestigkeitskategorie mindestens CS IV bzw. Eignung als Untergrund für wassersperrende Anstriche. Bei Außensockelputz auf Mauerwerk mit Steinen der Festigkeitsklasse 8 und niedriger genügt eine Druckfestigkeitskategorie CS III.

Innenputz: Ebene Oberfläche, Eignung als Untergrund für Anstriche einfacher Art (Leim- oder Kalkfarben) und leichte Tapeten (siehe Abschnitt 12.1), im Allgemeinen gute Wasserdampfdurchlässigkeit und kapillares Saugvermögen. In Sonderfällen: Eignung als Untergrund für dichte Anstriche, schwere Tapeten, Kunststoffbeschichtungen, Schallschluckplatten, hierfür Putze mit mindestens 2,5 N/mm² Druckfestigkeit. Für Treppenhäuser, Flure in Schulen sowie andere Wandflächen, die mechanischer Beanspruchung ausgesetzt sind, ist Putz mit erhöhter Abriebfestigkeit, mittlere Druckfestigkeit ebenfalls mindestens 2,5 N/mm², vorzusehen.

7.3.3 Zusammensetzung des Putzmörtels

Bewährte Mischungsverhältnisse für Baustellenputzmörtel sind der Tafel 7.10 zu entnehmen. Für die Mörtelgruppen P I, P II und P IV gelten die niedrigen Werte des Sandanteils beim Mischen von Hand, die höheren beim Mischen mit der Maschine (Zwangsmischer). Für den Sandanteil sind Abweichungen bis 20 % nach oben und bis zu 10 % nach unten zulässig. Zur Verbesserung der Wärmedämmung des Putzes können vor allem die gröberen Kornanteile durch geeignete leichte Gesteinskörnungen (Leichtzuschlagstoffe) ersetzt und als zusätzlicher Schutz gegen Rissbildung organische oder anorganische Faserstoffe zugegeben werden. Die **Reinheit des Sandes** ist gewährleistet, wenn an abschlämmbaren Bestandteilen toniger oder lehmiger Natur im Allgemeinen nicht mehr als 5 Masse-% vorhanden sind (siehe Absetzversuch, Abschnitt 5.5.1.a).

7 Mauer- und Putzmörtel; Estriche

Stark Wasser aufnehmende und dabei quellende Körner, wie z.B. Körner aus Braunkohle, weichem Mergel, Ton- oder Kreideknollen, dürfen nicht enthalten sein, weil sie im Putz zum Treiben und zu Absprengungen führen können. Körner aus Ortstein, Raseneisenerz oder ähnlichen Gesteinen sind nicht witterungsbeständig, können sich in Limonit oder andere, bräunliche Verfärbungen verursachende Eisenverbindungen umwandeln.

Der Gehalt an schädlichen organischen Bestandteilen ist als ungefährlich anzusehen, wenn beim Versuch mit Natronlauge (siehe Abschnitt 5.5.2) die Flüssigkeit nach 24 Stunden farblos bis gelb bleibt.

Die **Kornzusammensetzung** soll gemischtkörnig sein, der Feinstanteil < 0,25 mm soll möglichst zwischen 10 und 30 Masse-% betragen.

Tafel 7.10 Mischungsverhältnisse in Raumteilen von Putzmörtel

Zeile	Mörtel-gruppe		Mörtelart	Baukalk DIN 1060-1[7]				Putz- und Mauer-binder	Zement	Baugipse ohne werk-seitig beigegebene Zusätze		Anhy-drit-binder	Sand[1]
				Luftkalk Wasserkalk		Hydrau-lischer Kalk	Hoch-hydrau-lischer Kalk[8]			Stuck-gips	Putzgips		
				Kalk-teig Roh-dichte	Kalk-hydrat								
				Schüttdichte der Ausgangsstoffe[2] in kg/dm³									
				1,25[3]	0,5	0,8	1,0	1,0	1,2	0,9	0,9	1,0	1,3[4]
1	P I	a	Luftkalkmörtel	1,0[6]	1,0[6]								3,5 bis 4,5
2													3,0 bis 4,0
3		b	Wasserkalkmörtel	1,0	1,0								3,5 bis 4,5
4													3,0 bis 4,0
5		c	Mörtel mit hydrau-lischem Kalk			1,0							3,0 bis 4,0
6	P II	a	Hochhydraulischer Kalkmörtel, Mörtel mit Putz- und Mauerbinder				1,0	1,0					3,0 bis 4,0 3,0 bis 4,0
7		b	Kalkzementmörtel	1,5	2,0				1,0 1,0				9,0 bis 11,0 9,0 bis 11,0
8	P III	a	Zementmörtel mit Kalkzusatz	≤ 0,5					2,0				6,0 bis 8,0
9		b	Zementmörtel						1,0				3,0 bis 4,0
10	P IV	a	Gipsmörtel							1,0[5]			–
11		b	Gipssandmörtel							1,0[5]			1,0 bis 3,0
12		c	Gipskalkmörtel	1,0							1,0 bis 2,0		3,0 bis 4,0
13		d	Kalkgipsmörtel	1,0							0,2 bis 0,5		3,0 bis 4,0

[1] Die Werte dieser Tafel gelten nur für mineralische Zuschläge mit dichtem Gefüge.
[2] Schüttdichte in kg/dm³, die bei der Umrechnung von Raumteilen in Gewichtsteile zugrunde zu legen sind, wenn die Schüttdichten nicht bekannt sind.
[3] Für die nachträgliche Bestimmung des Mischungsverhältnisses ist bei Kalkteig mit einem Feuchtigkeitsgehalt von 65 Masse-%, bezogen auf das Teiggewicht, bei Branntkalk mit einer Ergiebigkeit von 28 Liter/10 kg zu rechnen, falls die Kennwerte des verarbeiteten Kalks nicht bekannt sind.
[4] Bei etwa 2 bis 5 Masse-% Feuchtigkeit, bezogen auf den trockenen Sand.
[5] Um die Geschmeidigkeit zu verbessern, kann Weißkalk in geringen Mengen, zur Regelung der Versteifungszeiten können Verzögerer zugesetzt werden.
[6] Ein begrenzter Zementzusatz ist zulässig.
[7] In der Putznorm DIN V 18 550 beziehen sich die Mischungsverhältnisse noch auf die früheren Kalkbezeichnungen.
[8] Bezeichnungen nach neuer Kalknorm: HL 5.

(Mörtelgruppen P Org 1 und P Org 2 siehe Abschnitt 7.3.12.)

7.3 Putzmörtel

Größtkorn je nach Verwendungszweck. Im Allgemeinen soll sein Durchmesser mindestens einem Drittel der Putzlagendicke entsprechen. Das heißt, der Unterputz darf nicht feinkörnig sein. Auch für den Spritzbewurf ist nur ein grobkörniger Sand geeignet. In der Regel wird für Spritzbewurf und Unterputz Sand der Korngruppe 0 bis 4 mm verwendet. Die Sandkörnung für den Oberputz wird durch die gewünschte Putzweise bestimmt.

Die **Kornform** soll gedrungen sein. Plattige oder splittrige Körner ergeben wenig dichten Putz. Sie verlangen (infolge ihrer großen Hohlräumigkeit) hohen Bindemitteleinsatz und neigen daher zu Schwindrissen.

Bei Verwendung von Zusatzmitteln: Eignung mit den vorgesehenen Bindemitteln und Zuschlägen prüfen, gegebenenfalls auch Verträglichkeit mit geplantem Anstrich oder Belag.

Für gefärbte Putze nur lichtechte, kalk- bzw. zementechte Farbmittel (siehe Abschnitt 11.3) verwenden, die andererseits auch das Bindemittel nicht angreifen und die Putzeigenschaft nicht schädigen. Im Allgemeinen Farbstoffzusatz < 5 Masse-% des Bindemittelanteils.

7.3.4 Putzgrund

Der Putzgrund soll so maßgerecht sein, dass der Putz in gleichmäßiger Dicke aufgetragen werden kann, andernfalls muss abgeglichen werden. Toleranzen siehe DIN 18 202. Ferner muss der Putzgrund sauber, staubfrei (abfegen!) und rau sein. Sonst aufrauen oder Spritzbewurf. Letzteren gut erhärten lassen (darf sich nicht mit der Hand abwischen lassen; auch bei Spritzbewurf aus Mörtelgruppe III mindestens 12 Stunden warten!).

a) **Beton** als Putzgrund muss trocken und saugfähig sein. Haften Reste von Schalungstrennmitteln (Öle, Wachse) am Beton, müssen sie entfernt werden, sonst wird keine feste Putzhaftung erreicht.

Schwach oder nicht saugender Grund ist aufzurauen und anzuspritzen. Die Putzhaftung wird auf nur schwach saugfähigem Putzgrund durch einen *nicht deckend* aufgebrachten Spritzbewurf verbessert.

b) **Zement-Spritzbewurf** darf nicht zu feinsandig und nicht zu wasserreich sein, damit sich auf seiner Oberfläche nicht durch Sedimentation ein bindemittelreicher Film bildet, der infolge seiner glasartigen Beschaffenheit nicht mehr saugt und den Putzmörtel nicht mehr anzieht. Solche sinterartigen Filme können sich auf dem Spritzbewurf auch bilden, wenn der Untergrund (etwa durch Schalöl verschmutzte oder zu glatte und dichte Betonflächen) das Überschusswasser aus dem Spritzbewurf nicht aufnimmt. Sie machen das Haften des Putzmörtels unmöglich und schaden mehr als sie nützen. Ein volldeckender Zement-Spritzbewurf schwindet stark netzrissig und muss daher völlig abgebunden sein, bevor der Unterputz aufgebracht wird, sonst übertragen sich seine Schwindrisse auch auf den Unter- bzw. Deckputz.

Der Putzgrund muss *einheitlich* sein. Bei Mischmauerwerk und Mauerwerk mit stark unterschiedlichem Saugen von Steinen und Mörtel ist ein volldeckender Spritzbewurf aufzubringen, wenn nicht sogar Putzträger oder Putzhaftbrücken notwendig sind. Jeder Materialwechsel im Putzgrund birgt wegen ungleicher Wärme- und Schwindspannungen die Gefahr von Putzrissen über dem Zusammenstoß der ungleichen Materialien. Zur Verbindung von Mörteln mit unterschiedlichen Materialien ist zu berücksichtigen, dass die Wärmedehnzahlen (in 10^{-6} 1/K) von

Kalkmörtel	6	Kalkzementmörtel	8	Zementmörtel	10
Ziegel(-mauerwerk)	6	Kalksandstein(-mauerwerk)	8	Beton	10
		Porenbeton	8	Stahl	10

betragen (Richtzahlen), die aufgeführten Baustoffe somit deutlich unterschiedliche Temperaturdehnungen haben.

Weiterhin sind hygrische Formänderungen (Schwinden – Quellen) zu beachten. Sie können sowohl zwischen Putzgrund und Putz als auch zwischen einzelnen Putzschichten zu erheblichen Scherspannungen (Druck bei Erwärmung und Wasseraufnahme, Zug bei Abkühlungen und Trocknung) führen und die Haftung beeinträchtigen. Deutliche Unterschiede treten dabei zwischen mineralischem Putz (-grund) und Kunstharzputz auf.

Zu überputzende Betonstürze z.B. sind daher nicht nur aus wärmetechnischen Gründen mit einer Dämmplatte zu verkleiden, sondern auch zur Vermeidung von Temperaturspannungsrissen. Stets die Fuge zwischen Dämmplatte und angrenzendem Putzgrund mit Drahtgewebe überspannen, sonst Rissbildung über der Fuge.

c) Mauersteine

Mauerziegel können sehr unterschiedliche Saugfähigkeit haben. Spritzbewurf in der Regel nicht erforderlich.

Kalksandsteine saugen stark und haben glatte Oberflächen. Spritzbewurf – oder eventuell Grundierung zur Verringerung des Saugvermögens – meist erforderlich.

Leichtbetonsteine saugen meist wenig, gute Putzhaftung durch raue Oberfläche, Vorbehandlung nicht notwendig.

Porenbetonsteine saugen stark, Oberfläche rau. Spritzbewurf (oder Grundierung) außer bei dickerem Kalkgips-Maschinenputz erforderlich. Porenbeton quillt bei Durchfeuchtung. Wird er in diesem Zustand verputzt, entstehen beim Austrocknen durch das dann starke Schwinden des Porenbetons Spannungen im Putz, da dieser nicht entsprechend mit schwindet. Mögliche Folge: Ausbauchen und Ablösen der Putzschale. Außenputz auf Porenbeton oder Putzgrund mit ähnlich hoher Wärmedämmung wird bei Sonnenbestrahlung stark aufgeheizt, daher möglichst elastischen Putz wählen.

Putzgrund aus *großformatigen Mauersteinen* (Ziegel, Porenbeton u.a.) mit unvermörtelten Stoßfugen und verbesserter Wärmedämmung erfordert darauf abgestimmten Putz (siehe vorletzter Absatz unter 7.3.11).

d) Holzwolle-Leichtbauplatten

erfordern stets einen Spritzbewurf aus einem Mörtel der Gruppe P II (siehe Tafel 7.10). Die Platten dürfen vorher *nicht angenässt werden* (Quellen und späteres Schwinden führt zu Rissen).

Bei magnesia- oder zementgebundenen Platten soll der Spritzbewurf hauptsächlich vor eindringender Feuchtigkeit schützen. Auch bei Innenputzen sollte auf den Spritzbewurf nicht verzichtet werden. Werden Holzwolle-Leichtbauplatten an Konstruktionen unter nicht wärmegedämmtem Dachraum oder unmittelbar unter der Dachhaut angebracht und unterseitig verputzt, so ist die Plattenrückseite ebenfalls vorher mit einem Porenverschluss zu versehen. Dadurch wird die Wärmedämmung erhöht und die Gefahr einseitiger Spannung beseitigt. Plattenfugen sind ebenso wie Fugen zu angrenzenden anderen Baustoffen mit mindestens 80 mm breiten, korrosionsgeschützten Drahtnetzstreifen zu bewehren, desgleichen ein- und ausspringende Ecken.

Auf gefrorenem Putzgrund darf nicht geputzt werden!

7.3 Putzmörtel

e) Putzträger
über ungeeignetem Putzgrund müssen beständig sein und so eng geheftet werden, dass sie *nicht durchhängen*. Werden nur einzelne Bauteile überspannt, so muss der Putzträger allseitig mindestens 10 cm *übergreifen* und auf dem umgebenden Putzgrund, nicht auf dem überspannten Bauteil befestigt werden (möglichst nicht auf Holz, bewirkt durch Arbeiten Risse).

Als Putzträger werden beispielsweise verwendet:

1. Rohrgewebe aus Schilfrohr mit verzinktem Draht einfach, halbdicht oder dicht gebunden in aufgerollten Matten von 10 m² oder 20 m², 0,80 bis 3,00 m breit. Rabitz[1]-Rohrmatten auf Ø 1,2 mm verzinkten Laufdrähten (Laufdrahtentfernung 10 cm) können frei tragend bis 80 cm Balkenabstand verwendet werden.

2. Staußziegelgewebe: Drahtziegelgewebe, Ziegelrabitz[1], Sterndelrabitz[1]. Quadratisches Drahtgeflecht von 2 cm Maschenweite mit auf den Kreuzungsstellen aufgepressten gebrannten Tonkreuzchen. In Rollen 1 m breit, 6 m lang sowie in Streifen 12, 14, 16, 18, 20, 22, 24, 30, 34 und 50 cm breit, 6 m lang. Für Unterdecken, feuerbeständige Ummantelung von Holz und Stahl. *Stauß-Matten* 1,00 m × 2,50 m mit punktverschweißten Rundstählen Ø 4,6 mm (Rundstahlabstand längs 20 cm, quer 30 cm). Für ein- und zweischalige Zwischenwände, Schwebedecken usw.

3. Drahtgewebe und -geflecht (Rabitzgewebe)[1], roh oder verzinkt, mit quadratischen, dreieckigen oder sechseckigen Maschen von 15 bis 25 mm Weite, in 1 m breiten Rollen, 25 und 50 m lang; als Rabitzstreifengewebe 12, 16, 20, 24, 30, 40 und 50 cm breit. Beim Stahlnetz-Rabitz ist das Gewebe punktverschweißt. Beim Rillenputzgeflecht „Dona" sind in Abständen von 25 cm in das Geflecht Rillen eingepresst, die auf dem Putzgrund aufliegen, sodass der Putzträger selbst in der Mitte der Putzschicht liegt.

Bei *Baustahl-Rabitzmatten* 1,00 bis 5,00 m ist das Rabitzgewebe auf Beton-Bewehrungsmatten (siehe Abschnitt 8.11.7) aufgeschweißt (Längsstäbe im Abstand von 75 mm, Querstäbe von 200 mm). Für Verkleidungen, Hängedecken und Trennwände.

Verzinkte Drahtgewebe werden auch mit zwischen den Längen- und den Querdrähten eingelegter, perforierter, feuchteabsorbierender Pappe geliefert. Als Putzträger für bestimmte Konstruktionen kann auf die Absorptionspappe auch wasserdichtes Bitumenpapier aufgebracht sein. Draht-Ø 1,5 bis 3 mm, Maschenweite in der Regel 38 × 50 mm, Lieferform vorzugsweise in Tafeln von 2,40 × 0,70 m [7.10].

4. Gefalztes **Rippenlochmetall** aus gelochten und (zur Beseitigung von Materialspannungen als Voraussetzung für rissefreien Putz) geglühten Stahlbändern, durch Längsfalze miteinander verbunden, unlackiert und lackiert, in Tafeln von 0,50 m × 2,00 m. Sehr stabil, daher als Deckenputzträger zugleich Schalung für Auffüllung (Rippen nach oben mit Spezialschlaufen nageln).

5. Streckmetall und Rippenstreckmetall
Streckmetall
Nr. 1: Lagermaß 2500 mm × 2000 mm
Nr. 1 a: Lagermaß 1500/1600 mm × 2000 mm
Rippenstreckmetall

---

1 Nach dem Berliner Baumeister Rabitz, der 1878 die erste Drahtputzwand erstellte.

7 Mauer- und Putzmörtel; Estriche

Herstellung aus kaltgewalztem Bandstahl in den Sorten VOLLRIP (mit vollwandigen Rippen), LOCHRIP (mit durchbrochenen Rippen: dadurch Angleichung der Schwindverhältnisse im Mörtel und weitergehende Rissesicherheit), COMBIRIP mit hinterlegten Papierstreifen, besonders für maschinellen Putzauftrag. SUPERRIP aus Edelstahl rostfrei. Alle Sorten auch sickenversteift in den Grätenfeldern: dadurch verminderte Durchbiegung und Rückfederung beim Mörtelauftrag, schnellere Arbeit, weniger Mörtel.
Abmessungen: Tafeln von 0,60 m Breite und 2,50 m Länge = 1,5 m^2.
Ausführungsarten: blank, galvanisch-verzinkt am Band; volllackiert, galvanisch verzinkt mit zusätzlicher Volllackierung, Edelstahl rostfrei.
Verpackung: in Paketen zu 20 Tafeln = 30 m^2 gebündelt.
Anwendungsgebiete: Rabitzdecken, Rabitzgewölbe, Vielecke oder Bogenkonstruktionen; Rabitzwände; Rabitzverkleidungen, äußere und innere Verkleidung von Holzfachwerken; Ummantelungen von Stahl- und Holzkonstruktionen, Konstruktionselement für schalungslose landwirtschaftliche Silos. Als verlorene Schalung bei Stahlbetonbauten und zur Herstellung von Arbeitsfugen im Massenbeton.
FLACHRIP, mit nur 4 mm hoher Rippe, für geringe Mörtelstärken und kurze Spannweiten: zum Ummanteln von Fachwerk, zum Überspannen von Schlitzen, Leichtbauplatten, als Haftgrund für Wandverkleidungen, zum Armieren von Fliesenelementen.
Rippenstreckmetall „VOLLRIP", „LOCHRIP", „FLACHRIP", „COMBIRIP", „SUPERRIP" sind eingetragene Warenzeichen der Rippenstreckmetall-Gesellschaft mbH, Hilchenbach.
Die Sorten VOLLRIP F, LOCHRIP F und FLACHRIP F sind galvanisch verzinkt und zusätzlich volllackiert. Sie sind für Außenputz und Feuchträume oder bei korrosionsfördernder Umgebung vorzusehen (F für Feuchtigkeit).
6. Holzwolle-Leichtbauplatten und Mehrschicht-Leichtbauplatten (siehe Abschnitt 16.5.5)
7. Gipskarton-Putzträgerplatten (siehe Abschnitt 4.1.6.1.d)
Alle *stählernen Putzträger* müssen in kondenswassergefährdeten Räumen und bei Verarbeitung mit Gipsmörtel verzinkt oder mit Rostschutzanstrich versehen sein.
Putzecken, die Stoßbeanspruchung ausgesetzt sind, durch *Putzeckleisten* schützen. *Putzstöße* trennen. *Bewegungsfugen* durch bewegliche Spezialprofile überbrücken (z.B. Protektor-Dehnungsfugenleisten). *Einputzschienen* für Vorhänge und Gardinen aus Aluminium oder Kunststoff (siehe Abschnitt 14.13.7).
Hängende Drahtputzdecken sind mit Mörtelgruppe P II oder P IV herzustellen, die fertige Putzdecke soll mindestens 25 mm, aber nicht mehr als 50 mm dick sein, der Putzträger soll auf der Sichtseite mindestens 15 mm vom Putz überdeckt sein.

7.3.5 Putzausführung

Erst damit beginnen, wenn kein Setzen mehr zu befürchten ist! Sonst entstehen Setzrisse im Putz. Sehr stark saugenden Putzgrund gegebenenfalls vor dem Putzen grundieren. Ist nicht ausreichende Putzhaftung – auch eines Spritzbewurfs – zu erwarten, z.B. bei veröltem Putzgrund, sind zunächst *Haftbrücken* (Haftmittel-Schlämmen, meist auf Basis organischer Stoffe) aufzubringen.

a) Berücksichtigung der Witterungsverhältnisse:
Saugenden Grund gut *vornässen* (siehe Abschnitt 4.4.1), Ausnahme: Holzwolle-Leichtbauplatten (siehe Abschnitt 7.3.4). Abgesehen von der Gefahr des Quellens saugen diese

wegen ihrer Großporigkeit nicht (große Poren laufen aus!). Das Gleiche gilt im Allgemeinen auch bei Bimsbaustoffen. Diese sollten daher nur bei unvermeidlicher Sonnen- und trockener Windeinwirkung ausnahmsweise vorgenässt werden. Im Übrigen *nicht bei Prallsonne* (sonst Sonnenblenden!) *oder* trockenem *Windanfall* (Ostwind) putzen! Desgleichen *nicht auf gefrorenem Grund, bei Frost* oder zu erwartendem Nachtfrost, es sei denn, dass die Arbeitsstelle vollständig gegen die Außentemperatur abgeschlossen und der so entstandene Arbeitsraum bis zur ausreichenden Erhärtung des Putzes beheizt wird. Mit den Innenputzarbeiten in Gebäuden soll bei Außentemperaturen unter +5°C erst begonnen werden, wenn entweder die verglasten Fenster eingesetzt oder die Fensteröffnungen behelfsmäßig verschlossen und die Räume durch die endgültige oder eine behelfsmäßige Heizanlage genügend erwärmt sind. Nicht zu kräftig heizen, um einen zu schnellen Wasserentzug aus dem frischen Putz und damit eine ungenügende Erhärtung zu verhindern.

b) Verarbeitung des Putzmörtels:
Erhärtende Mörtel nie durch erneute Wasserzugabe wieder verarbeitbar machen!
Wegen Treibgefahr dürfen Baugipse nicht in einer Mischung mit hydraulischen Bindemitteln (z.B. hydraulischen Kalken, Zementen) verarbeitet werden; siehe Abschnitt 4.1.4.c.
Aufbringen des Putzes: entweder mit Putzmaschinen anspritzen (ähnlich Spritzbeton) oder mit der Hand anwerfen. Mörtel aus Haftputzgips (siehe Abschnitt 4.1.2) können aufgezogen werden, andere Putze sollen kräftig angeworfen werden!
Bei mehrlagigem Putz wird die Dicke jeder Lage durch das Größtkorn des Sandes bestimmt (Unterputz höchstens d = dreifacher Korndurchmesser). Unterputz ist aufzurauen. Die folgende Lage erst aufbringen, wenn vorhergehende so weit erhärtet ist, dass sie die neue Lage tragen kann. – Putzlehren müssen aus dem gleichen Material bestehen wie der Putz, desgleichen Anschlüsse an Fenstern, Türen usw. sowie Ausbesserungen.
Der Aufbau des Putzes richtet sich nach dem Zweck sowie der Beschaffenheit des Putzgrundes. Grundsätzlich soll der Unterputz mindestens so fest sein wie der Oberputz! (Vergleiche „Zweilagiger Putz", Abschnitt 7.4.)

c) Nachbehandlung:
Kalk- und Zementputz vor zu schneller Austrocknung durch Sonne, Strahlwärme und Zugluft schützen (siehe Abschnitt 4.4.1 und 4.6.2.2), unter Umständen durch Wasserzerstäubung feucht halten. Gipsputz kann nach dem Erstarren sofort austrocknen.

7.3.6 Außenputz

Aufbau *siehe Tafel 7.11.*
Die in dieser Tafel angegebenen Möglichkeiten für den Putzaufbau sind bewährt, sach- und fachgerechte Ausführung vorausgesetzt. Die Festigkeit des Oberputzes ist dabei geringer als die des Unterputzes, oder beide Putzlagen sind gleich fest, damit die in den Berührungsflächen der einzelnen Putzlagen auftretenden Spannungen, z.B. durch Schwinden oder Temperaturdehnungen, aufgenommen werden können. Außenputz kann als wasserhemmender oder wasserabweisender Putz ausgeführt werden. Nach DIN V 18 550 gelten die in Tafel 7.11 angegebenen Mörtelgruppen bzw. Mörtelkombinationen als wasserhemmende bzw. wasserabweisende Putze.
Bei anderem Putzaufbau ist die Eignung des Putzes als wasserhemmender oder wasserabweisender Putz nachzuweisen.

7 Mauer- und Putzmörtel; Estriche

Tafel 7.11 Putzsysteme für Außenputze

Zeile	Anforderung bzw. Putzanwendung	Mörtelgruppe für Unterputz	Druckfestigkeitskategorie des Unterputzes DIN EN 998-1	Mörtelgruppe bzw. Beschichtungsstofftyp für Oberputz	Druckfestigkeitskategorie des Oberputzes DIN EN 998-1
1	ohne besondere Anforderung	–	–	P I	CS I
2		P I	CS I	P I	CS I
3a		–	–	P II	CS II
3b		–	–	P II	CS III
4a		P II	CS II	P I	CS I
4b		P II	CS III	P I	CS I
5a		P II	CS II	P II	CS II
5b		P II	CS III	P II	CS II
5c		P II	CS III	P II	CS III
6		P II	CS III	P Org 1	–
7		–	–	P Org 1[1]	–
8		–	–	P III	CS IV
9	wasserhemmend	P I	CS I	P I	CS I
10		–	–	P I	CS I
11a		–	–	P II	CS II
11b		–	–	P II	CS III
12a		P II	CS II	P I	CS I
12b		P II	CS III	P I	CS I
13a		P II	CS II	P II	CS II
13b		P II	CS III	P II	CS II
13c		P II	CS III	P II	CS III
14		P II	CS III	P Org 1	–
15		–	–	P Org 1[1]	–
16		–	–	P III	CS IV
17	wasserabweisend	P Ic	CS I	P I	CS I
18a		P II	CS II	P I	CS I
18b		P II	CS III	P I	CS I
19		–	–	P I	CS I
20a		–	–	P II	CS II
20b		–	–	P II	CS III
21a		P II	CS II	P II	CS II
21b		P II	CS III	P II	CS II
21c		P II	CS III	P II	CS III
22		P II	CS III	P Org 1	–
23		–	–	P Org 1[1]	–
24		–	–	P III	CS IV
25	Kellerwandaußenputz	–	–	P III[2]	CS IV
26	Außensockelputz	–	–	P III[2]	CS IV
27		P III	CS IV	P III[2]	CS IV
30		P III	CS IV	P II[2]	CS III
31		P II	CS III	P II[2]	CS II[3]
32[4]		P II	CS II[3]	P II[2]	CS II[3]

[1] Nur bei Beton mit geschlossenem Gefüge als Putzgrund.
[2] Ein Sockelputz sowie ein Kelleraußenwandputz sind im erdberührten Bereich immer abzudichten. Der Putz dient als Träger der vertikalen Abdichtung.
[3] > 2,5 N/mm²
[4] Gilt nur für Sanierputze.

7.3 Putzmörtel

Außenputzdicke 20 mm.

Die Anwendung von **Dichtungsmitteln** für Baustellenmörtel ist problematisch. Wird dem *Unterputz* ein Dichtungsmittel zugesetzt, so muss der Oberputz unverzüglich auf den Unterputz aufgebracht werden, weil ein abgebundener Unterputz mit Dichtungszusatz kaum noch Mörtelwasser anzieht. Der Oberputz hat dann nur eine geringe Haftung und löst sich oft schon unter den Wärmespannungen bei wechselnden Temperaturen ab.

Die Zugabe von Dichtungsmitteln zum *Oberputz* ist wenig wirksam, weil der Oberputz verhältnismäßig dünn und der Witterung stärker ausgesetzt ist als der Unterputz. Außerdem können Dichtungsmittel im Oberputz zu Flecken und Absätzen führen. Es besteht auch die Gefahr, dass durch Fehlstellen eingedrungenes Regenwasser hinter die gedichtete Schicht gelangt, sich hier ausbreitet und dann zu Feuchtigkeits- und Frostschäden führt, weil der gedichtete Oberputz diese Feuchtigkeit nicht oder nur schwer wieder nach außen zurücklässt. Grundsätzlich sollte man daher Dichtungsmittelzusätze nicht zu reichlich dosieren. Sie sollen zwar das Eindringen des Regenwassers hemmen, müssen andererseits aber auch etwa durchgetretener Feuchtigkeit die Rückwanderung sowie etwaige Dampfdiffusion von innen gestatten. Werkmörtel sind, soweit erforderlich, wasserhemmend oder wasserabweisend eingestellt.

Durch das Aufsprühen oder Aufstreichen von **Hydrophobierungsmitteln** (Siloxanen) kann eine viele Jahre andauernde wasserabweisende Wirkung erzielt werden; ist bei Neubauten mit Putz aus Werkmörtel nicht notwendig, da diese schon Hydrophobierungsmittel enthalten. Bei Fassadensanierungen von Altbauten werden zuweilen solche Mittel aufgesprüht oder aufgestrichen (siehe auch Abschnitt 14.8 und [2]).

Auch filmbildende, sogenannte „atmungsaktive" (d.h. Wasserdampf oder Druckwasser durchlassende) **Kunstharz-Dispersionsbinderanstriche** können, wenn sie an ungeschützt stehenden Wettergiebeln dem Schlagregen und starkem Winddruck ausgesetzt sind oder wenn durch Beschädigung oder durch Risse des Putzes Kapillarfeuchtigkeit unter den Anstrichfilm gelangt, zu Abplatzungen und Frostschäden führen, da sie die eingedrungene Feuchtigkeit nicht wieder zurücklassen. Im ersteren Fall sitzen meist unter dem abplatzenden Anstrichfilm Sandkörner aus der Putzoberfläche, weil diese infolge von Bikarbonatbildung durch die Kohlensäure des eingedrungenen und unter dem Anstrichfilm lange Zeit festgehaltenen Regenwassers aufgelockert wurde; siehe Abschnitt 11.5.7.

Oberflächengestaltung nicht zu rau, sonst mangelhafte Regenableitung und rasche Verschmutzung durch Staubablagerung (besonders in Industriegegenden). Glattreiben der Putzfläche kann zur Bildung eines unerwünschten Bindemittelfilms führen, der zu Schwindrissen neigt und bei Kalkmörteln die Erhärtung der tiefer liegenden Schichten hemmt.

Als **„Edelputze"** sind verarbeitungsfertig gemischte Kalk- oder Kalkzementtrockenmörtel (in Säcken) für Außenputz im Handel; mit kalk- und zementechten Farben (siehe Abschnitt 11.3.6) oder schönfarbigen Gesteinsmehlen durchgefärbt, oft (besonders für *Kratzputze*) mit glitzernden Mineralkörnungen (Kalkspat, Feldspat, Glimmer o.Ä.) durchsetzt. Beim Kratzputz wird die frisch abgebundene Putzfläche mit einer Ziehklinge oder einem Kratzbrett abgezogen. Durch dieses Aufreißen der Oberfläche wird der Luftkohlensäure der Zutritt erleichtert, sodass der Putz bis in die Tiefe gut durchkarbonatisiert und dadurch fest wird.

Bei sogenannten **Steinputzen** sind dem abgetönten Bindemittelgemisch farbige, gebrochene Natursteinkörnungen zugegeben. Steinputze werden nach dem Erhärten steinmetzmäßig bearbeitet (gespitzt, gestockt und scharriert).

Bei **Waschputzen** sind anstatt der Natursteinkörnungen abgerollte, farbige Natursteinkiesel mit dem Bindemittel gemischt. Das Bindemittel im Oberflächenbereich wird auch durch Kontaktverzögerer so lange am Erhärten gehindert, bis der Untergrund fest genug ist, um die oberflächliche Bindemittelschlämme abwaschen zu können und damit die Sandkörner sauber sichtbar werden. Kontrastwirkung kann erzielt werden durch Einfärben des Mörtels mit alkalibeständigen Pigmenten (Eisen- und Chromoxiden, Titanoxid; vgl. „Zementfarben", Abschnitt 11.3.6).

Als Unterputz für Steinputze und Waschputze ist Mörtelgruppe P III zu verwenden.

7.3.7 Innenputz

a) Innenwandputz

Aufbau siehe Tafel 7.12. Soll dem Oberputz Gips zugesetzt werden, so ist auch im Unterputz Gips zu verwenden! Putzdicke im Mittel 15 mm. Bei einlagigen Putzen aus Mörteln der Gruppe P IV sowie aus Maschinen- und Fertigputzgips ist eine mittlere Putzdicke von 10 mm zulässig, sie darf an keiner Stelle 5 mm unterschreiten.

b) Innendeckenputz

Putzdicke mindestens 15 mm, aber nicht über 20 mm. Bei einlagigen Putzen aus Mörteln der Gruppe P IV sowie aus Maschinen-, Fertig- und Haftputzgips ist eine mittlere Putzdicke von 10 mm zulässig, sie darf an keiner Stelle 5 mm unterschreiten. Die Putzdicke wird ohne den Putzträger gemessen. Sollen Schallschluckplatten auf Deckenputz aufgeklebt werden, muss dieser aus einem Mörtel der Gruppen P II oder P IV bestehen. Zur Putzhaftung auf glattem Beton siehe Abschnitt 7.4.

Da bei hölzernen Dachstühlen außer mit Setzungen auch mit Bewegungen durch Arbeiten des Holzes sowie mit Durchbiegungen der Sparren durch Wind- und Schneelast zu rechnen ist, sind beim Putzen ausgebauter Dachgeschosse alle Putzflächen, die von Teilen des Dachstuhls getragen werden (Dachschrägen, Kehlbalkendecken), vom Wandputz durch einen Kellenschnitt zu trennen. Anderenfalls ist Rissbildung unvermeidlich, weil der Wandputz die Bewegungen des Dachstuhls nicht mitmacht! Der Kellenschnitt ist durch eine Tapetenleiste oder Kordel zu decken. Ähnlich ist auch zu verfahren unter Massivdecken, wenn diese auf Gleitfolien im Mauerwerk aufgelegt sind.

7.3.8 Putze für den Brandschutz

Putze werden auch als brandschutztechnisch wirksame Bekleidung von Bauteilen zur Erhöhung des Feuerwiderstands verwendet. Hierfür kommen Putze der Mörtelgruppe P II oder P IV nach DIN 18 550 oder Perlite- oder Vermiculiteputze in Frage (siehe auch DIN 4102-4 und Abschnitt 16.4.2).

a) Putze ohne Putzträger

Für die brandschutztechnische Wirkung des Putzes ist eine gute Haftung am Putzgrund unerlässlich, deshalb ist vor dem Putzen auf Mauerwerk oder Beton grundsätzlich ein mindestens 5 mm dicker Spritzbewurf aufzubringen. Lediglich bei maschinellem Putzauftrag mit Maschinenputzgips und bei fugenreichem Mauerwerk (Ziegel- oder Steinaußenflächen ≤ 240 mm × 115 mm), bei dem eine gute Verzahnung des Putzes in den Fugen gewährleistet wird, ist ein Spritzbewurf nicht notwendig. Bei sehr glattem Putzgrund – Stahlbauteile, Trapezbleche, Beton, der auf glatter Stahlschalung oder glatten, kunststoffbeschichteten

Schaltafeln hergestellt wurde – sind Putzträger zu verwenden, andernfalls ist eine ausreichende Putzhaftung gesondert nachzuweisen.

Tafel 7.12 Putzsysteme für Innenputze

Zeile	Anforderung bzw. Putzanwendung	Mörtelgruppe für Unterputz	Druckfestigkeitskategorie des Unterputzes DIN EN 998-1	Mörtelgruppe bzw. Beschichtungsstofftyp für Oberputz	Druckfestigkeitskategorie des Oberputzes DIN EN 998-1
1	übliche Beanspruchung	–	–	P I	CS I
2		P I	CS II	P I	CS I
3		–	–	P II	CS II
4a		P II	CS II	P I	CS I
4b		P II	CS II	P II	CS II
4c		P II	CS II	P IV	[2]
4d		P II	CS II	P Org 1	–
4e		P II	CS II	P Org 2	–
5		–	–	P III	CS IV
6a		P III	CS III	P I	CS I
6b		P III	CS III	P II	CS II
6c		P III	CS IV	P II	CS III
6d		P III	CS IV	P III	CS IV
6e		P III	CS III	P Org 1	–
6f		P III	CS III	P Org 2	–
7		–	–	P IV	[2]
8a		P IV	[2]	P I [4]	CS I
8b		P IV	[2]	P II [4]	CS II
8c		P IV	[2]	P IV	[2]
8d		P IV	[2]	P Org 1	–
8e		P IV	[2]	P Org 2	–
9a		–	–	P Org 1 [3]	–
9b		–	–	P Org 2 [3]	–
10	Feuchträume	–	–	P II	CS II
11		P II	CS II	P I [4]	CS I
12a		P II	CS II	P II	CS II
12b		P II	CS III	P Org 1	–
13a		–	–	P III	CS III
13b		–	–	P III	CS IV
14a		P III	CS III	P II	CS II
14b		P III	CS IV	P III	CS IV
14c		P III	CS III	P Org 1	–
14d		P III	CS IV	P Org 1	–
15		–	–	P Org 1 [3]	–

[1] Oberputze dürfen mit abschließender Oberflächengestaltung oder ohne ausgeführt werden (z.B. bei zu beschichtenden Flächen).
[2] Druckfestigkeit ≥ 2,0 N/mm²
[3] Nur bei Beton mit geschlossenem Gefüge als Putzgrund.
[4] Dünnlagige Oberputze.

b) Putze mit Putzträgern

Putzträger (Ziegeldrahtgewebe, Drahtgewebe, Streckmetall, Rippenstreckmetall, siehe Abschnitt 7.3.4) müssen ausreichend verankert werden, Stöße sollen sich etwa 100 mm überlappen, die einzelnen Putzträgerbahnen sind dabei durch Verrödelung mit Draht zu verbinden. Putz kann auch auf Holzwolle-Leichtbauplatten (siehe Abschnitt 16.5.5) aufgebracht werden.

c) Perliteputz, Vermiculiteputz
Sie werden für zweilagige Putze wie folgt verwendet:
Unterputz, mindestens 10 mm dick, Mischungsverhältnisse:
1 RT Zement zu 4 bis 5 RT Perlite, Körnung etwa 0/3 mm,
bzw. geblähte Vermiculite, Körnung etwa 3/6 mm, oder
1 RT Baugips zu etwa 1,5 RT Perlite oder Vermiculite, Körnung wie vor.
Oberputz, etwa 5 mm dick, Mischungsverhältnisse wie vor, Anteil der Körnung 0/1 mm im Perlite oder Vermiculite höchstens 30 %. Zur besseren Verarbeitung dürfen bei zementhaltigen Putzen bis zu 20 % des Zements durch Kalkhydrat ersetzt werden. Die Rohdichte von Perlite und Vermiculite darf bei loser Einfüllung in ein Messgerät höchstens 0,13 kg/dm^3 betragen. Die Putzoberfläche ist zu glätten oder zu filzen.

d) Putzdicke
Die brandschutztechnisch notwendige Putzdicke ist von der geforderten Feuerwiderstandsklasse und sonstigen Gegebenheiten, wie Art des zu schützenden Bauteils, bei Stahlstützen Verhältnis der einem Feuer ausgesetzten Oberfläche zum Stahlquerschnitt, abhängig. Bei Stahlstützen mit einer Bekleidung aus Putz auf nichtbrennbarem Putzträger schwankt z.B. die Mindestputzdicke zwischen 15 mm (Feuerwiderstandsklasse F 30-A) und 65 mm (F 180-A) bei Putz aus Mörtelgruppe P II oder P IVc. Bei Putz aus Mörtelgruppe P IV oder den sich noch etwas günstiger verhaltenden Perlite- oder Vermiculiteputzen kann die Putzdicke im Allgemeinen 5 oder 10 mm geringer sein.

7.3.9 Putz mit überwiegend organischem Zuschlag

Nach DIN EN 998-1 können auch organische Stoffe als Zuschlag für Putz verwendet werden. Zur Verwendung kommen Kunststoffgranulate als Zuschlag mit dichtem Gefüge und geschäumte Kunststoffe als Zuschlag mit porigem Gefüge. Der Zuschlag muss alterungsbeständig sein, die physikalischen Eigenschaften des Putzes dürfen sich im Laufe der Zeit nicht wesentlich ändern. Mit organischem Zuschlag hergestellte Putze haben meist spezifische Eigenschaften, z.B. hohe Wärmedämmung, die Putzdicke richtet sich nach dem angestrebten Effekt. Der Putz wird in der Regel als Werk-Trockenmörtel geliefert, die Anweisungen des Mörtelherstellers hinsichtlich Anwendung, Putzlagen, Art des Oberputzes oder einer Beschichtung sind zu befolgen.

7.3.10 Wärmedämmputz, Wärmedämm-Verbundsysteme

Als Wärmedämmputz werden solche Putze bezeichnet, bei denen die Wärmeleitzahl $\lambda \leq 0{,}2\,\text{W/(m}\cdot\text{K)}$ beträgt (als Rechenwert). Dies ist der Fall, wenn die Trockenrohdichte des erhärteten Mörtels $\rho \leq 0{,}6$ kg/dm^3 ist.
Als Gesteinskörnungen (Zuschlag) werden vorwiegend expandiertes Polystyrol (EPS) sowie Perlite, Blähglasgranulat und Vermiculite verwendet. Es können auch organische und mineralische Zuschläge kombiniert werden.

a) Wärmedämmputze werden als Unterputz für außen liegende Wärmedämmputzsysteme angewendet. Der auf solchen Unterputz abgestimmte Oberputz muss wasserabweisend sein und darf nur aus mineralischen Bindemitteln und Zuschlägen bestehen, er kann ein- oder zweischichtig sein.

Unter- und Oberputz sind aus Werk-Trockenmörteln herzustellen. Der Unterputz muss mindestens 75 Vol.-% EPS als Zuschlag enthalten, eine Rohdichte von mindestens 0,20 kg/dm³ erreichen und eine Mindestdruckfestigkeit von 0,40 N/mm² haben. Ferner muss der Unterputz wasserhemmend sein (Wasseraufnahmekoeffizient des Festmörtels $\leq 2,0$ kg/(m² · h^{0,5}). Je nach Wärmedämmwirkung wird der Unterputz in folgende Wärmeleitfähigkeitsgruppen eingeteilt:

060   070   080   090   100

= jeweils Rechenwert der Wärmeleitfähigkeit in 10^{-3} · W/(m · K).

Die Wärmeleitfähigkeitsgruppe ist vom Hersteller des Werk-Trockenmörtels anzugeben. Der Oberputz des Wärmedämmputzsystems muss eine Druckfestigkeit zwischen 0,80 N/mm² und 3,0 N/mm² haben. Die wasserabweisende Wirkung gilt als erfüllt, wenn der Wasseraufnahmekoeffizient $\leq 0,5$ kg/(m² · h^{0,5}) beträgt.

Um zu beurteilen, ob eine ausreichende Haftung zwischen den einzelnen Putzlagen und zwischen Unterputz und Putzgrund erzielt werden kann, wird die Haftzugfestigkeit des Putzsystems geprüft. Dabei darf der Bruch nicht in einer Haftfläche erfolgen.

b) Wärmedämmputzsysteme sind schwerentflammbar (Baustoffklasse B1 nach DIN 4102). Die Dicke des Wärmedämmputzsystems richtet sich nach der gewünschten Wärmedämmwirkung. Der Unterputz muss mindestens 20 mm und soll höchstens 100 mm dick sein. Bis zu 60 mm Putzdicke können in einem Arbeitsgang aufgespritzt werden. Der Oberputz, der den Feuchteschutz und eine mechanische Mindestbeanspruchbarkeit gewährleisten soll, muss eine mittlere Dicke von 10 mm (≥ 8 mm und ≤ 15 mm) aufweisen.

Der Oberputz darf frühestens sieben Tage nach Fertigstellung des Unterputzes aufgetragen werden; bei sehr dickem Unterputz ist eine Zeitspanne von mindestens einem Tag je 10 mm Dicke vorzusehen. Die Putzregel, dass der Unterputz mindestens so fest sein soll wie der Oberputz, gilt hier nicht – sie gilt nur für mehrschichtige Putze aus vergleichbaren Mörteln. Bei Wärmedämmputzsystemen ist der feste, steife Putzgrund über den wenig festen, sehr verformungsfähigen Unterputz mit dem relativ festen, steifen Oberputz verbunden. Die Auflagerung des Oberputzes ist gleichsam eine „elastische Bettung", Verformungen des Oberputzes können weitgehend unabhängig von denen des Putzgrundes ablaufen.

c) Wärmedämm-Verbundsysteme kombinieren eine Dämmschichtplatte mit einem hydrophobierten Oberputz. Die Dämmplatte kann aus Schaumkunststoff, z.B. Polystyrol (raue Platten ohne Schäumhaut), oder aus Faserdämmstoff, z.B. Mineralwolle, bestehen. Die Platten werden mit einem Klebemörtel an der Außenwand angesetzt – der Kleber muss mindestens 40 % der Plattenfläche bedecken –, je nach Gebäudehöhe und Gewicht werden sie auch zusätzlich angedübelt und anschließend mit einem Armierungsmörtel mit eingelegtem Armierungsgewebe überzogen. Armierungsgewebe und Armierungsmörtel sorgen für einen Ausgleich der temperaturbedingten Spannungen, die in der Armierungsschicht auftreten. Abschließend wird der Oberputz (P Ic oder P II) aufgebracht, eventuell auch ein Unterputz aus Leichtputz und ein Oberputz. Siehe auch „Thermohaut" in Abschnitt 7.3.12. Es gibt auch Systeme mit werkseitig gewebearmierten Dämmplatten, die angedübelt und danach verputzt werden.

7.3.11 Leichtputze

Leichtputze sind Putze der Mörtelgruppe P I oder P II, deren Trockenrohdichte zwischen 0,6 kg/dm³ und 1,3 kg/dm³ liegt. Sie sind keine Wärmedämmputze, sondern nur Putze mit niedriger Rohdichte. Letztere wird dadurch erreicht, dass anstelle der sonst für Putze üblichen Sande mineralische und/oder organische Zuschläge mit porigem Gefüge verwendet werden (Blähton, Perlite, Blähglasgranulat, EPS-Perlen). Leichtputze mit organischem Zuschlag mit porigem Gefüge dürfen bei Außenputzen nur als Unterputz verwendet werden. Die Druckfestigkeit von Leichtputz darf 5,0 N/mm² nicht wesentlich überschreiten, er soll dadurch ausreichend elastisch sein.

Leichtputze werden nur als Werkmörtel hergestellt. Soweit ihr Anteil an organischen Stoffen (Zuschlag und Zusätze) 1 Masse-% nicht überschreitet, gelten sie als nichtbrennbar (Baustoffklasse A1 nach DIN 4102).

Für Leichtziegelmauerwerk mit unvermörtelten Stoßfugen und Leichtmauermörtel ist vorzugsweise Leichtputz (oder Wärmedämmputz) zu verwenden. Ein solcher „weicherer" Putz mit zugleich niedrigerem E-Modul ist besser auf den nicht so festen Putzgrund des Leichtziegelmauerwerks abgestimmt (zu fester Putz kann zu Rissen führen). Dasselbe gilt auch für Mauerwerk aus Leichtbetonsteinen und aus Porenbeton.

Für Innenputze werden auch Leichtputze auf Gipsbasis (Naturgips oder Alpha-Halbhydrat aus REA-Gips sowie mit Perlite oder Blähglasgranulat im Zuschlag) hergestellt.

7.3.12 Kunstharzputze

a) Zusammensetzung

Kunstharzputze sind Putze als Beschichtungen mit organischen Bindemitteln. Sie bestehen aus Polymerisatharzen als Kunststoffdispersion oder Lösung, mineralischem oder organischem Zuschlag – auch als Füllstoff bezeichnet –, Kornanteil überwiegend > 0,25 mm, und gegebenenfalls Zusatzstoffen, z.B. Weiß- und Buntpigmenten, Zusatzmitteln wie filmbildende Hilfsstoffe, Entschäumer, Verdickungsmittel sowie Wasser oder Lösungsmittel zur Einstellung der Verarbeitungskonsistenz. Das Bindemittel kann vorliegen als Kunststoffdispersion mit oder ohne Weichmacheranteil, z.B. Polymere aus Acrylsäureestern, Methacrylsäureestern, Vinylacetat, Vinylpropionat, Styrol, Butadien und Styrol-Acrylat oder als Lösung mit oder ohne Weichmacheranteil, z.B. Polymere aus Acrylsäureestern, Methacrylsäureestern, Vinylaromaten. Der Bindemittelgehalt des Beschichtungsstoffes für Kunstharzputze muss als Innenputz mindestens 4,5 Masse-%, für andere Kunstharzputze mindestens 7 Masse-% Polymerisatharz-Festgehalt, bezogen auf den Festkörper, enthalten. Ist das Größtkorn im Beschichtungsstoff ≤ 1 mm, muss der Bindemittelgehalt um 1% höher sein, also 5,5 Masse-% bzw. 8,0 Masse-% betragen.

b) Anwendung und Aufbau

Kunstharzputze werden auf Unterputz aus Mörteln mit mineralischen Bindemitteln oder auf Beton aufgebracht. Zuvor ist ein Grundanstrich erforderlich.

Wegen der größeren thermischen und hygrischen Formänderungen gegenüber mineralischem Putz(-grund) ist eine gute Haftung besonders notwendig (siehe auch Abschnitt 7.3.4). Kunstharzputze werden verarbeitungsfertig vom Herstellerwerk geliefert. Außer geringer Zugabe von Wasser oder Lösemitteln zur Regulierung der Konsistenz sind Veränderungen der Zusammensetzung unzulässig.

7.3 Putzmörtel

Der Beschichtungsstoff für Kunstharzputz muss rissfrei auftrocknen. Die Verfestigung erfolgt durch Verdunsten des Wassers oder des Lösemittels. Die Schichtdicke des Kunstharzputzes richtet sich nach der Korngröße des Größtkorns (= Mindestschichtdicke) oder der gewünschten Oberflächenstruktur.

Bei der Herstellung sollen Untergrund und umgebende Luft eine Temperatur von mindestens 5 °C haben, bei starker Sonnenbestrahlung oder starker Windeinwirkung sollte Kunstharzputz nicht aufgebracht werden.

Als Unterputz kommt P I allgemein nicht in Frage, alle anderen Mörtelgruppen sind als Unterputz für Kunstharzputze geeignet, Mörtelgruppe P IV nur bei Innenputzen.

Kunstharzputze haben ein besseres Dehnungsvermögen als mineralische Putze, sind zäh-elastisch bei guter Oberflächenhärte und Abriebfestigkeit, die Wasserdampfdurchlässigkeit ist allerdings niedriger als bei mineralischen Putzen.

Kunstharzputze werden seit etwa 1960 in nennenswertem Umfang verwendet. Ein breites Anwendungsgebiet haben sie als Deckschicht außen liegender Wärmedämmsysteme, z.B. der „Thermohaut" auf Außenwänden: Auf die mit Spezialkleber (kunststoffgefüllte Zementmörtel) auf die Wand geklebten Hartschaumplatten aus Polystyrol oder Polyurethan werden Glasgittergewebe in Kunststoffmörtel eingebettet und darauf der Kunstharzputz aufgebracht. Auch zur Beschichtung von Fertigteilen (Großtafelbau, Fertiggaragen) oder von Holzspanplatten (Fertighausbau) sind Kunstharzputze geeignet.

7.3.13 Sonstige Putzmörtel

a) Sanierputze sind werkgemischte Trockenmörtel, die auf feuchtem, auch salzhaltigem Mauerwerk fest haften, eine hohe Wasserdampfdurchlässigkeit haben und wasserabweisend sind, meist mit hohem Luftporenvolumen. Sie sollen die Feuchtigkeitsabgabe des Mauerwerks nicht behindern, die Feuchtigkeit soll aber innerhalb des Putzes verdunsten und nicht kapillar bis zur Oberfläche geleitet werden, um sichtbare Salzablagerungen und Ausblühungen zu verhindern, sodass die Putzoberfläche ansehnlich und ohne Schäden bleibt. Zugleich sollen Sanierputze das Eindringen von Feuchtigkeit in das Mauerwerk verhindern. Sanierputze sind keine Sperrputze. Die Druckfestigkeit nach 28 Tagen ist in der Regel kleiner als 6 N/mm², der Luftporengehalt des Frischmörtels größer als 25 Vol.-%, die Wasserdampfdiffusionswiderstandszahl kleiner als 12. Der Festmörtel soll eine Rohdichte < 1,4 kg/dm³ und eine Porosität > 40 % haben [7.12].

Die meisten Sanierputze sind Zement- oder Kalkzementmörtel, Zuschlag meist Sand oder/und Leichtzuschläge, teilweise enthalten sie auch Trass, dazu kommen hydrophobe und andere Zusätze.

b) Kompressenputz ist ein Putz, der bei Fassadensanierungen als „Opferputz" zur Entsalzung oberflächennaher Mauerwerksschichten aufgebracht und nach ein bis zwei Jahren mit den aufgenommenen Salzen wieder entfernt und durch den endgültigen (Sanier-)Putz ersetzt wird. Kompressenputz wird angewendet, wenn über lange Zeit durch aufsteigende Feuchtigkeit, defekte Dachentwässerung u.Ä. größere Mengen an bauschädlichen Salzen oder anderen Schadstoffen in Mauerwerk eingedrungen sind. Die kapillare Saugfähigkeit des Kompressenputzes muss größer sein als die des Mauerwerks, sodass salzhaltiges Wasser in den Putz gesaugt und nach Verdunsten des Wassers Salze und andere mitgeführte Schadstoffe hier abgelagert werden.

c) Schlitzmörtel sind Werk-Trockenmörtel zum Zuputzen von Wandschlitzen und Installationsschächten. Meist Zementmörtel mit kugelig expandiertem Polystyrol als Zuschlag und chemischen Zusätzen. Haften gut, können in einem Arbeitsgang bis 6 cm dick aufgebracht werden, sind geschmeidig und umhüllen Rohrleitungen weitgehend hohlraumfrei, gute Wärmedämmung.

d) Als **Trockenputz** werden Gipskartonplatten oder Gipsfaserplatten (siehe Abschnitt 4.1.6.2) bezeichnet, die anstelle von Putzmörtel zur Bekleidung von Wänden und Decken dienen.

e) Als Putz für Lehmsteinwände kommen **Lehmputze** und die Mörtelgruppen P I und P II (siehe Abschnitt 7.3.3) in Frage; sehr feste und spröde Putze sind für Lehmbauteile ungeeignet. Die Putze (und gegebenenfalls Anstriche darauf) müssen wasserdampfdurchlässig sein, auf Außenseiten sollen sie wasserabweisende Eigenschaften haben.

Für Außenputz an der Wetterseite ist nur Mörtelgruppe P II zu verwenden, an geschützten Seiten kann auch mit Mörtelgruppe P Ic geputzt werden. Innen kann außer Mörtelgruppe P I auch Kalkgipsmörtel (P IVd) verwendet werden.

Mit dem Putzen darf erst begonnen werden, wenn Lehmwände so weit getrocknet sind, dass Setzerscheinungen und Schwindrisse nicht mehr zu erwarten sind. Bei trockenem Wetter ist das bei gestampften Lehmwänden frühestens nach drei bis vier Monaten, bei Lehmsteinwänden frühestens nach zwei bis drei Monaten der Fall.

Um eine ausreichende Putzhaftung zu erzielen, sind Lehmwände in der Regel aufzurauen. Der Putzgrund ist vor dem Putzen durch Bespritzen anzunässen. Die Putzhaftung kann durch Putzträger (siehe Abschnitt 7.3.4) deutlich verbessert werden.

7.3.14 Putzbewehrung

Putzbewehrung ist eine Einlage im Putz aus Metall, mineralischen Fasern (Glas) oder Kunststoff-Fasern, die zur Verminderung der Rissbildung dient. Sie verbessert auf bestimmtem, schwierigem Putzgrund die Zugfestigkeit des Putzes (Einlage in der zugbelasteten Zone). Die Verbindung der Putzbewehrung mit dem Putzgrund soll auf das notwendige Haften beschränkt werden, um möglichst wenig Spannungen des Putzgrundes auf die Bewehrung zu übertragen. Stöße von Bewehrungsgeweben sind in der Regel 10 cm zu überlappen. Die Art der Bewehrung ist auf Putzgrund, Putzart und Zusammensetzung des Putzmörtels abzustimmen. Häufig ist eine Bewehrung nicht ganzflächig notwendig, oft genügt eine Fugenbewehrung oder auch eine Faser- bzw. Haarbeimischung in den Mörtel. Faser- oder Haarbeimischungen gelten als Mörtelzusatzstoffe, nicht als Putzbewehrung.

Häufig verwendet wird Glasgitter-Armierungsgewebe, besonders für Putze auf Wärmedämmschichten (siehe Thermohaut, Abschnitt 7.3.12). Die Glasfasern sind dabei versiegelt, um sie vor einem Alkaliangriff durch den Putz zu schützen. Als Kunststoffarmierung werden meist Polyestergewebe oder -vliese verwendet.

Ebenfalls vielfach verwendet werden punktgeschweißte, verzinkte Drahtgitter, Drahtdicke etwa 1 mm, Maschenweite 10 bis 15 mm, besonders zur ganzflächigen Bewehrung von Holzwolle-Leichtbauplatten.

7.4   Vermeidung von Putzschäden

Zweckmäßige Mörtelzusammensetzung wählen sowie möglichst sauberen, gemischtkörnigen Sand mit geringem Hohlraumgehalt verwenden; siehe Angaben in Abschnitt 7.3.3.

Zementputz ist starr, wird *leicht rissig* wegen ungleicher Ausdehnung von Putz und Ziegelgrund (Ausdehnungszahl von Zementputz etwa doppelt so groß wie die von Ziegeln!). Bei Außenputz saugen dann Haarrisse kapillar Wasser an (Wanddurchfeuchtung, Frostschäden). Zementputz außen nur auf Beton sowie als Sockelputz und unter der Erde; im Inneren ausnahmsweise für mechanisch beanspruchten Sockelputz. Hat geringe Dampfdurchlässigkeit und Wasseraufnahme, *schwitzt leicht!* Zementputz mit Zementglättschicht nur bei Putzflächen, die ständig feucht bleiben, etwa als Behälterputz oder auf Bauteilen im Grundwasser.

Zweilagiger Putz: Obere Schicht nicht fester als die darunter liegende, weil sie dann nachgiebiger ist und das Schwinden des fetten Unterputzes sowie die Temperaturspannungen des Untergrunds ausgleicht! Die jeweiligen für den Unter- und Oberputz zu wählenden Mörtel geben die Tafeln 7.10 und 7.11 an. Der Oberputz wird nach ausreichender Erhärtung des Unterputzes aufgebracht. Bei den Werkmörteln sind die Angaben der Hersteller zu beachten. Der **Untergrund** muss sauber (abfegen!), fest und rau sein (Fugen auskratzen, unter Umständen mit Zementmörtel 1:3 vorspritzen; siehe Abschnitt 7.3.4, 3. Absatz!). Entsprechend Witterung und Saugfähigkeit vornässen (Ausnahme siehe Abschnitt 7.3.5a)! Soweit nicht Maschinenputz, Mörtel stets mit der Kelle kräftig anwerfen, sodass er gut verdichtet und die Luft darunter verdrängt wird; nicht mit dem Brett aufziehen! Nicht bei Sonne oder trockenem Ostwind, aber auch nicht bei Frost oder zu erwartendem Frost putzen. Im Sommer Putz lange feucht halten und gegen Sonne schützen.

Bei glattem, dichtem, kaum saugendem Beton (besonders bei Betondeckenelementen) ist vor dem Putzen eine Haftbrücke aufzubringen, Betokontakt, Kombikontakt u.Ä. Eine solche Kunststoffdispersion verbessert die mechanische Haftung des Putzes am Untergrund. Spätere **Putzschäden** sind häufig die Folge von Feuchtigkeitsanreicherungen im Putz. Konstruktive Mängel – fehlende oder schadhafte Sperrschichten, falsche Sockelausbildung, fehlerhafte Ausbildung von äußeren Fenstersohlbänken, Risse, ungenügende Wärmedämmung mit erhöhter Kondensation, in diesem Fall zusammen mit nicht ausreichender Lüftung – führen oft zu Putzschäden, besonders, wenn der Oberputz oder ein darauf aufgebrachter Anstrich eine niedrige Wasserdampfdurchlässigkeit hat. Auch die unterschiedliche Wärme- und Feuchtedehnung von mineralischem Putz und organischen Beschichtungen (z.B. Kunstharzputz) kann von Fehlstellen ausgehende Blasenbildungen oder Ablösungen hervorrufen.

7.5 Ausblühungen

Normen

DIN EN 772-5	(03.02)	Prüfverfahren für Mauersteine; Bestimmung des Gehaltes an aktiven löslichen Salzen von Mauerziegeln

7.5.1 Allgemeines

Ausblühungen sind Stoffe, die sich sichtbar auf der Oberfläche von Mauerwerk oder Putz ablagern. Sie treten auf, wenn wasserlösliche Stoffe im Bauteil gelöst, durch Poren zur Oberfläche transportiert und beim Verdunsten des Wassers abgelagert werden. Sichtbare Ausblühungen sind besonders dann zu beobachten, wenn ein Bauteil länger durchfeuchtet wird, lösliche Stoffe vorhanden sind und die Verdunstungsgeschwindigkeit gering ist. Bei schneller Verdunstung erfolgt der Übergang flüssiges Wasser/Dampf schon innerhalb des Bauteils, wobei sich die gelösten Stoffe schon in den Poren unterhalb der Oberfläche und damit unsichtbar ausscheiden. Ausblühungen sind vorwiegend weiß, seltener grün, auch gelblich (Vanadium-, gelegentlich auch Chrom- oder Molybdän-Verbindungen).

Häufig werden Ausblühungen ganz allgemein als „Salpeter" oder „Mauersalpeter" bezeichnet. Diese Bezeichnung trifft nur für die heute relativ seltenen Nitratausblühungen zu, siehe Abschnitt 7.5.5. Die meisten Ausblühungen sind Karbonate oder Sulfate, auch Chloride. Die ausblühenden Stoffe können aus dem Mörtel, aus den Ziegeln oder aus anderen Baustoffen herausgelöst sein. Um festzustellen, ob Baustoffe ausblühfähige Stoffe enthalten, müssen *unverarbeitete Rückstellproben* untersucht werden. Verarbeitete Baustoffe können durch die kapillare Saugfähigkeit aus dem Mörtel oder anderen Baustoffen ausblühfähige Stoffe aufnehmen, die sie ursprünglich nicht enthielten.

Prüfung: Auslaugung mit destilliertem (entionisiertem) Wasser und anschließender Analyse des Wasserauszugs (Perkolats). Als **Perkolator** wird eine sich nach unten kegelig verjüngende, etwa 45 cm lange Glasröhre bezeichnet, die am unteren Kegelende durch einen Glashahn verschlossen werden kann. Wird in das untere Ende des Perkolators ein Filter (z.B. Watte) und darauf pulverisiertes Probematerial eingeführt, so kann die Probe durch destilliertes Wasser ausgelaugt werden, wobei der Wasserdurchtritt durch eine entsprechende Einstellung des Glashahns geregelt wird. Das langsam austropfende Wasser (Perkolat) wird aufgefangen und analysiert (Bestimmung von SO_4^{--}, Ca^{++}, Mg^{++}, Na^+ und K^+).

Die Art der Ausblühungen wird durch chemische Analyse bestimmt.

7.5.2 Karbonate

a) Kalk- wie Zementmörtel enthalten im Mörtelwasser bis 1,7 g/l gelöstes $Ca(OH)_2$. Darüber hinaus können weitere Mengen an $Ca(OH)_2$ als Festteilchen im Mörtelwasser (Suspension) enthalten sein. Dieses $Ca(OH)_2$ zieht beim Vermauern trockener, nicht vorgenässter poröser Ziegel in die Steine, setzt sich beim Verdunsten des Wassers an ihrer Oberfläche ab und verwandelt sich dann durch Aufnahme von CO_2 aus der Luft zu $CaCO_3$ (siehe Abschnitt 4.4.1).

b) Auf gleiche Weise erklären sich im **Ziegelrohbau** vielfach auch Schmutzränder um die Ziegel nach dem Fugen, weil das $Ca(OH)_2$-haltige Mörtelwasser des Fugenmörtels angesogen wurde.

Sehr kräftige, von Fugen ausgehende Karbonatausblühungen entstehen auf Ziegel- und Klinkerflächen, wenn unmittelbar nach dem Fugen die frisch verfugte Mauerfläche von Schlagregen getroffen wird. Dieser wäscht aus den Fugen das im Mörtel enthaltene $Ca(OH)_2$, welches größtenteils beim Ablaufen an der Oberfläche der Steine kapillar festgehalten wird und dann dort karbonatisiert.

Gegenmaßnahmen zu a und b: Annässen der Steine vor dem Vermauern bzw. der Mauer vor dem Fugen, um sie so weit zu sättigen, dass sie kein $Ca(OH)_2$-haltiges Mörtelwasser mehr aufsaugen. Fertiges Mauerwerk möglichst gegen Regenwasserdurchfeuchtung schützen.

c) An altem Mauerwerk können Karbonatausblühungen entstehen, wenn es durch Regenwasser durchnässt wird. Dieses verwandelt infolge seines Kohlensäuregehalts den in den Fugen erhärteten Kalk $CaCO_3$ in wasserlösliches Kalziumhydrogenkarbonat (Kalziumbikarbonat) $Ca(HCO_3)_2$. Dieses zerfällt beim Verdunsten unter Ausscheidung von Kalk:
$Ca(HCO_3)_2 = CaCO_3 + H_2O + CO_2$.

d) Feuchte Wandflecke in wiederhergestellten, zuvor ausgebrannten Häusern können auf hygroskopische Aschensalze zurückzuführen sein (Pottasche K_2CO_3 von verbrannten Holz-

7.5 Ausblühungen

teilen), wenn am Mauerwerk liegender Brandschutt der Durchfeuchtung ausgesetzt war. Karbonatausblühungen sind harmlos (nur Schönheitsfehler), soweit es sich um das unlösliche $CaCO_3$ handelt; das hygroskopische Kaliumkarbonat dagegen führt zu Mauerdurchfeuchtungen und -zermürbungen. Vergleiche „*hygroskopisch*", Abschnitt 7.5.4.

7.5.3 Sulfate

a) Zementmörtel, der lösliches $CaSO_4$ und Alkalien enthält (dem Zement wird Gips zur Regelung der Erstarrungszeit zugemahlen), kann im Ziegelrohbau zu Sulfatausblühungen führen, wenn er mit saugfähigen Steinen verarbeitet wird. Grund wie unter Abschnitt 7.5.2. Besonders leicht blüht Na_2SO_4 aus. Diese Ausblühungen wiederholen sich nach jeder Durchfeuchtung unter Umständen jahrelang (bis alles Sulfat ausgelöst ist), *besonders an Schlagwetterseiten,* da Regenwasser ein sehr großes Lösungsvermögen hat (es ist CO_2-haltig und frei von gelösten Salzen).

b) Sulfatausblühungen können auch zurückzuführen sein auf Sulfatgehalt der Ziegel oder des Mörtelwassers (z.B. Meerwasser), auf sulfathaltiges (z.B. durch Beton durchgesickertes) Sickerwasser oder sulfathaltige Grundfeuchtigkeit (stets bei gipshaltigen Böden und in der Nähe von Koks- und Schlackenhalden)!

Bei Ziegeln kann nach *Lipinski* mit Vorbehalt gesagt werden, dass das Auftreten von Ausblühungen bei einem Gehalt an Magnesium- und Natriumsulfat von zusammen unter 0,04 Masse-% als unwahrscheinlich, bei einem Gesamtgehalt von über 0,08 Masse-% als wahrscheinlich anzunehmen ist. Natrium- und Magnesiumsulfat kristallisieren im Gegensatz zu Kaliumsulfat mit Kristallwasseraufnahme aus und können unter Umständen durch den Kristallisationsdruck zu Abmehlung, Gefügezerstörungen und Abdrücken von Putz führen, siehe auch Angaben über Ausblühsalze in Ziegeln in DIN 105 Mauerziegel.

Bei lang dauernder Wirkung können Sulfate zur völligen Zermürbung der Ziegel führen, besonders wenn diese nur schwach gebrannt sind.

Gegenmaßnahmen: Zementhaltiges Mauerwerk absperren gegen Durchfeuchtung durch aufsteigende, seitlich eindringende oder Sickerfeuchtigkeit!

7.5.4 Chloride

a) Chloridausblühungen auf Ziegelrohbauflächen sind meist zurückzuführen auf **unsachgemäßes Absäuern,** das vor dem Fugen mit verdünnter Salzsäure (siehe Abschnitt 7.5.6) vorgenommen wird, um bereits zu $CaCO_3$ abgebundene, wasserunlösliche Mörtelspritzer zu entfernen. Die Salzsäure verwandelt dabei den Kalk in lösliches, abwaschbares Kalziumchlorid:

$CaCO_3 + 2\ HCl = CaCl_2 + H_2O + CO_2$

Wird vor dem Absäuern das Mauerwerk nicht gründlich genässt, so zieht HCl in die Fugen und Steine und löst dort gleichfalls Kalk (und Zement). Auch nach dem Absäuern muss gut nachgespült werden, sonst bilden in den Fugen zurückgebliebene Säureteilchen das im Fugenmörtel enthaltene $Ca(OH)_2$ ebenfalls zu löslichem $CaCl_2$ um, welches sich dann beim Verdunsten absetzt:

$Ca(OH)_2 + 2\ HCl = CaCl_2 + 2\ H_2O$

Durch den Säureangriff wird auch die Haftung des Fugenmörtels an die Steine verhindert. Es entstehen dann Risse zwischen Stein und Fugenmörtel, die zu Mauerdurchfeuchtungen führen (besonders gefährlich bei Hartbrandstein- und Klinkerverblendung! Vergleiche „Klinker", Abschnitt 2.2.1).

7 Mauer- und Putzmörtel; Estriche

Gegenmaßnahmen: Mauerwerk vor dem Absäuern gründlich nässen, nach dem Absäuern möglichst schnell und reichlich nachspülen.

Man braucht nicht zu fürchten, dass durch das Annässen die Austrocknung des Baus verzögert wird, da das aufgesogene Wasser in wenigen Tagen verdunstet.

b) Chloridausblühungen können auch von heute nur selten verwendeten chlorhaltigen **Frostschutzmitteln** herrühren oder im Sockelbereich von aufgesaugten Tausalzen.

Chloride sind meist *hygroskopisch*, d.h., sie nehmen – wenn sie nicht durch Schlagregen abgespült werden – bei feuchtem Wetter aus der Luft so viel Wasser auf, dass sie in Lösung gehen (feuchte Flecke an der Wand). Bei trockenem Wetter kristallisieren sie infolge Verdunstung des Wassers wieder aus usw. Durch den sich auf diese Weise ständig wiederholenden Kristallisationsdruck zermürben sie allmählich Mörtel und Steine.

7.5.5 Nitrate

Nitrate sind oft *hygroskopisch*. Nitratausblühungen können entstehen durch in Mauerwerk eingedrungene Nitrate, die aus der Oxidation organischer Substanzen entstanden sind. In Ziegeln oder Bindemitteln können sie herstellbedingt nie von vornherein enthalten sein.

Echter Mauersalpeter (Mauerfraß) $Ca(NO_3)_2$ entsteht durch stete Zufuhr von Stickstoffverbindungen (*Jauche*, undichte Klosettrohre, nitrathaltiges Grundwasser, faulende Stoffe, Kunstdünger). Diese wandeln sich mit dem Kalk im Mörtel um in Kalziumnitrat $Ca(NO_3)_2$, welches sich mit der Zeit so stark anhäufen kann, dass das ganze Mauerwerk zerstört wird: einerseits durch Lockerung des Mörtels infolge der Umbildung und Herauslösung des Kalkes, andererseits – wegen der hygroskopischen Eigenschaft des Nitrats – durch Zermürbung von Mörtel und Stein infolge des im Wechsel von trockener und feuchter Witterung ständig abwechselnden Lösungs- und Kristallisationsvorgangs des Salzes; siehe Abschnitt 7.5.4, Schluss.

Gegenmaßnahmen: Unterbindung des Zuflusses von stickstoffhaltigen Stoffen durch gute Dichtung der Rohre, Absperren gegen eindringende Jauche oder nitrathaltige Abwässer (waagerechte Sperrpappe in den Mauern muss beiderseits auch durch den Putz hindurchgehen!) sowie Sicherung gegen Berührung mit Kunstdünger, Mist, Pflanzen- oder Humusresten. Bei Neubauten Steinstapel nicht ohne Unterlage auf humushaltigen Boden aufsetzen!

7.5.6 Beseitigung von Mauerausblühungen

a) Unterbindung der ursächlichen Mauerdurchfeuchtung, besonders durch Regenwasser und Bodenfeuchtigkeit.

b) Entfernung der Ausblühungen durch trockenes Abbürsten. Bei Nassbehandlung würden die ausgeblühten Salze nach Lösung größtenteils wieder vom Mauerwerk aufgesogen! Nur bei Karbonaten – wenn erforderlich – danach noch Absäuern mit 5- bis 6%iger Essigsäure oder handelsüblicher (etwa 36%iger) Salzsäure, in Wasser verdünnt auf 1:10 für Mauerflächen; 1:50 für Putzflächen. Dabei sind wesentlich gutes Vornässen und gutes Nachspülen wichtig!

Die (Bau-)Chemische Industrie bietet geeignete Mittel zum Entfernen von Kalkausblühungen und Zementschleier an.

c) Hat das Mauerwerk schon gelitten, etwa durch Mauersalpeter, so muss man es herausstemmen und ersetzen. Das erneuerte Mauerwerk bzw. der aufgebrachte Putz ist gegen Durchfeuchtung und Kontakt entsprechend schädigender Salze abzusperren.

7.6 Estriche

Normen

DIN 272	(02.86)	Prüfung von Magnesiaestrich
DIN 1045-2	(08.08)	Tragwerke aus Beton, Stahlbeton und Spannbeton; Teil 2: Beton; Festlegung, Eigenschaften, Herstellung und Konformität
DIN 1100	(05.04)	Hartstoffe für zementgebundene Hartstoffestriche
DIN 4109	(11.89)	Schallschutz im Hochbau; Anforderungen und Nachweise
DIN 18 202	(04.13)	Toleranzen im Hochbau; Bauwerke
DIN 18 560		Estriche im Bauwesen
DIN 18 560-1	(11.15)	Allgemeine Anforderungen, Prüfung und Ausführung
DIN 18 560-2	(09.09)	Estriche und Heizestriche auf Dämmschichten (schwimmende Estriche)
DIN 18 560-3	(03.06)	Verbundestriche
DIN 18 560-4	(06.12)	Estriche auf Trennschicht
DIN 18 560-7	(04.04)	Hochbeanspruchbare Estriche (Industrieestriche)
DIN EN 13 318	(12.00)	Estrichmörtel und Estriche – Begriffe
DIN EN 13 813	(01.03)	Estrichmörtel, Estrichmassen und Estriche – Eigenschaften und Anforderungen
DIN 18 354	(08.15)	Gussasphaltarbeiten
DIN EN 12 697-20	(06.12)	Asphalt – Prüfverfahren für Heißasphalt – Teil 20: Eindringversuch an Würfeln oder zylindrischen Probekörpern
DIN EN 13 892		Prüfverfahren für Estrichmörtel und Estrichmassen
DIN EN 13 892-3	(03.15)	Bestimmung des Verschleißwiderstandes nach Böhme
DIN EN 13 892-6	(02.03)	Bestimmung der Oberflächenhärte
DIN EN 13 892-8	(02.03)	Bestimmung der Haftzugfestigkeit

Siehe auch Normen unter den Abschnitten 7, 7.2 und 7.3.

7.6.1 Allgemeines

Gemäß DIN EN 13 318 sind Estriche alle Schichten aus Estrichmörtel, die eine vorgegebene Höhenlage erreichen sollen und/oder einen Bodenbelag aufnehmen sollen und/oder unmittelbar genutzt werden.

a) Je nach Verbindung zum tragenden Untergrund unterscheidet man folgende Arten:
Verbundestriche, die direkt mit dem tragenden Untergrund verbunden sind; der Verbund kann gegebenenfalls durch eine Haftbrücke (Anstrich oder dünne Schicht) verbessert werden.
Estriche auf Trennschicht, die durch eine dünne Zwischenlage (Folien, Ölpapier, Pappen) vom tragenden Untergrund getrennt sind.
Schwimmende Estriche, die als lastverteilende Platten auf einer Dämmschicht aufgebracht werden, auf der Unterlage beweglich sind und keine direkte Verbindung mit angrenzenden Bauteilen haben.

b) Estriche werden nach dem verwendeten Bindemittel als Calciumsulfatestrich, Magnesiaestrich, Zementestrich, Kunstharzestrich oder Gussasphaltestrich bezeichnet.
Es wurden Bezeichnungen für die Estricharten eingeführt, die auf der englischen Schreibweise beruhen. In Tafel 7.13 wird ein Überblick gegeben.

Tafel 7.13 Alte und neue Bezeichnungen der Estriche

Kurzzeichen alt	Kurzzeichen neu	Bedeutung
ZE	CT	Zementestrich (Cementious screed)
AE	–	Anhydritestrich mit Anhydritbinder entfällt in der neuen Norm, dafür CA.
–	CA (CAF national)	Calciumsulfatestrich (Calcium sulfat screed). In DIN 18 560 wurde zusätzlich CAF für Calciumsulfat-Fließestrich eingeführt.
ME	MA	Magnesiaestrich (Magnesite screed)
GE	AS	Gussasphaltestrich (Mastic asphalt screed)
–	SR	Kunstharzestrich (Synthetic resin screed)

Estriche werden meist einschichtig hergestellt. **Mehrschichtige Estriche** (mit Unter- oder Übergangsschichten und Ober- oder Nutzschicht) werden angewendet, wenn an die Oberfläche besondere Anforderungen gestellt werden (z.B. farbiges Aussehen, hohe Abriebfestigkeit) und die entsprechenden Eigenschaften nicht für den gesamten Estrichquerschnitt gefordert werden. Übergangsschichten können auch bei größeren Festigkeitsunterschieden zwischen dem tragenden Untergrund und der Estrichoberschicht erforderlich sein (z.B. bei Hartstoffestrichen, siehe Abschnitt 7.7). Ein Ausgleichestrich soll größere Unebenheiten des Untergrunds (zulässige Toleranzen siehe DIN 18 202) ausgleichen. Der eigentliche Estrich wird dann darauf aufgebracht.

Estriche können auch als **Fertigteilestriche** aus vorgefertigten, kraftschlüssig miteinander verbundenen Platten bestehen (siehe Abschnitt 4.1.6.1.2).

c) Je nach Größe der Estrichfläche und Art des Estrichs erhalten Estriche **Fugen,** und zwar durchgehende Bewegungsfugen oder bis maximal zur Hälfte der Estrichdicke eingeschnittene Scheinfugen oder auch Randfugen, die den Estrich von seitlich angrenzenden Bauteilen trennen.

Bewegungsfugen sollen Verformungen des Estrichs durch Schwinden, Temperatureinwirkung oder Belastung ermöglichen. Scheinfugen sollen Verkürzungen des Estrichs z.B. durch Schwinden erlauben. Vom Bauwerksplaner ist ein Fugenplan mit Art und Lage der Fugen aufzustellen. Bei Bauwerks- und Bewegungsfugen ist der Einbau von Fugenprofilen empfehlenswert (sonst elastische Fugenmasse). Scheinfugen werden nach dem Austrocknen vor dem Aufbringen eines Belags kraftschlüssig geschlossen, außer in Türdurchgängen bei Belägen aus Naturstein oder Keramik.

d) Anforderungen: Estriche müssen eine bestimmte Festigkeit oder Härte haben und ausreichend dick sein. Gegebenenfalls müssen sie außerdem noch Anforderungen an die Rohdichte, den Schleifverschleiß (Abrieb) und die Oberflächenhärte erfüllen, wobei diese Anforderungen auf die Festigkeitsklasse des Estrichs abgestimmt sein müssen. Die geforderten Eigenschaften sollen möglichst gleichmäßig eingehalten werden, bei mehrschichtigen Estrichen in jeder Schicht.

7.6.2 Calciumsulfatestrich CA (Calcium sulfat screed)

a) Zusammensetzung und Verarbeitung

Calciumsulfatestrich wird aus Calciumsulfat-Binder (siehe Abschnitt 4.2.2) und Sand hergestellt, gegebenenfalls unter Zugabe von Zusatzmitteln (z.B. Fließmittel). Als Bindemittel wird zunehmend auch Calciumsulfat-Binder aus REA-Gips sowie Alpha-Halbhydrat eingesetzt. In DIN 18 560 werden Calciumsulfat-Fließestriche als nationale Festlegung mit CAF bezeichnet. Der Estrich ist eben abzuziehen und zu verdichten (bei der stark zunehmenden Ausführung als Fließestrich kaum erforderlich), die Oberfläche gegebenenfalls abzureiben und zu glätten, die Oberfläche darf dabei nicht gepudert oder genässt werden. Die Estrichtemperatur darf bei der Herstellung und während der ersten beiden Tage +5 °C nicht unterschreiten. Während der ersten zwei Tage soll die Erhärtung nicht durch Schlagregen, starke Erwärmung, Zugluft (zu schneller Wasserentzug) oder ähnliche schädliche Einwirkungen gestört werden.

Calciumsulfatestrich wird entsprechend den bei der Erstprüfung zu erzielenden Biegezugfestigkeiten in Festigkeitsklassen eingeteilt. Die Festigkeiten werden an Prismen 4 cm × 4 cm × 16 cm geprüft.

Calciumsulfatestrich darf ständiger Feuchtigkeitseinwirkung nicht ausgesetzt werden. Muss mit Feuchtigkeit durch Dampfdiffusion gerechnet werden, ist eine *Dampfsperre* anzuordnen.

b) Fugen sind auch bei großen Flächen (1000 m²) wegen der guten Raumbeständigkeit (Schwinden um 0,1 mm/m) nicht erforderlich, nur Bewegungsfugen der Unterkonstruktion müssen durchgehen. In Kombination mit einer *Fußbodenheizung* sind allerdings Dehnungsfugen vorzusehen, wenn die Seitenlängen der Estrichfläche 6 bis 7 m übersteigen (Längenänderung bis 0,4 mm/m).

c) Nachbehandlung ist nicht erforderlich, der Estrich kann nach 1 bis 2 Tagen begangen werden (Baustellenverkehr nach 3 bis 5 Tagen). Im Allgemeinen ist Calciumsulfatestrich nach 10 Tagen so weit erhärtet und ausgetrocknet (Restfeuchtigkeitsgehalt ≤ 1 Masse-%), dass bereits ein Belag aufgebracht werden kann. Bei dampfundurchlässigen Belägen sollte die Restfeuchtigkeit nicht über 0,5 Masse-%, bei Heizestrichen nicht über 0,3 Masse-% liegen. Für den Belag ist ein Abspachteln der Oberfläche meist nicht nötig, da Calciumsulfatestrich wegen des hohen Bindemittelanteils mit einwandfrei glatter Oberfläche hergestellt werden kann. Fließestrich ist vor Aufbringen eines Belags anzuschleifen. Lösemittelhaltige Kleber für den Oberbelag sind wasserhaltigen vorzuziehen. Die Wärmeleitfähigkeit von Calciumsulfatestrich ist relativ niedrig, sie liegt bei 0,7 W/(m · K).

d) Anforderungen an Dicke und Festigkeit bei Verlegung als schwimmender Estrich siehe Tafeln 7.22 und 7.23; Nennwerte für den Schleifverschleiß bei besonderer Oberflächenbeanspruchung siehe Tafel 7.16.

7.6.3 Magnesiaestrich MA

a) Herstellung: Magnesiaestrich wird aus kaustischer Magnesia MgO und einer wässrigen Lösung aus Magnesiumchlorid $MgCl_2$ nach DIN EN 14 016 – oder auch einer gleichartig wirkenden Salzlösung anderer zweiwertiger Metalle – sowie anorganischen oder organischen Füllstoffen als Zuschlag und gegebenenfalls weiteren Zusätzen (Farbstoffe) hergestellt (siehe Abschnitt 4.3). Dabei sollen auf 1 Masseteil wasserfreies $MgCl_2$ für Unterschichten 2 bis 3,5 und für Nutzschichten 2,5 bis 3,5 Masseteile MgO kommen. Zunächst MgO mit Zuschlagstoffen trocken mischen, erst dann $MgCl_2$-Lösung zusetzen. Zu wenig bzw. zu schwache $MgCl_2$-Lösung lässt Magnesiamörtel nicht richtig erhärten und staubig werden. Zu viel bzw. zu starke $MgCl_2$-Lösung dagegen führt zu hygroskopischer Feuchtigkeitsaufnahme und damit zum Quellen. Die $MgCl_2$-Lösung soll eine Reindichte für Unterschichten von 1,13 bis 1,15, für Nutzschichten von 1,16 bis 1,19 haben; das entspricht nach *Baumé* einer Konzentration von 17 bis 19 °Bé bzw. 20 bis 23 °Bé (Kontrolle durch Tauchspindel eines Aräometers).

Magnesiaestriche werden in **Biegezugfestigkeits- bzw. Oberflächenhärteklassen** (siehe Tafel 7.14) eingeteilt.

b) Feuchtigkeitsverhalten: Magnesiaestrich kann bei $MgCl_2$-Überschuss bei feuchtem Wetter „schwitzen" und aufbeulen. Außerdem kann die $MgCl_2$-Lösung dann in die Wände ziehen und auch dort zu nassen Flecken führen (Vorbeugung: Bitumenanstrich oder andere Isolierung der anschließenden Wandteile). Dies kommt aber auch vor, wenn beim Verlegen mit der $MgCl_2$-Lösung unvorsichtig umgegangen wurde oder wenn dem Estrich Feuchtigkeit (etwa aufsteigende) zugeführt wird. Darin geht dann das $MgCl_2$ (zum Teil auch andere Bestandteile) in Lösung, bereits gebildete Abbindeprodukte können wieder zerfallen, sodass der Magnesiaestrich nicht ausreichend fest oder sogar wieder weich wird. Aus diesem Grunde Vorsicht in nicht unterkellerten Räumen! Dauernder Feuchtigkeitsbeanspruchung darf Magnesiaestrich nicht ausgesetzt werden. Ist mit Feuchtigkeit durch Dampfdiffusion zu rechnen, ist eine *Dampfsperre* anzuordnen.

Tafel 7.14 Oberflächenhärteklassen für Magnesiaestriche und sonstige Estrichmörtel

Klasse	SH 30	SH 40	SH 50	SH 70	SH 100	SH 150	SH 200
Oberflächenhärte in N/mm^2	30	40	50	70	100	150	200

Gegen Feuchtigkeit von oben schützt man Magnesiaestrich durch Ölen mit säurefreien Mineralölen oder durch regelmäßiges Bohnern.

Im Allgemeinen schwindet Magnesiaestrich beim Erhärten. Das **Schwinden** ist auch abhängig von der Art der Füllstoffe (Zuschläge). Organische Füllstoffe nehmen beim Anmachen Wasser auf und quellen, beim Austrocknen geben sie die Feuchtigkeit wieder ab und verursachen ein entsprechendes Schwinden. Schwindgefahr ist besonders groß über dauernd warmen Räumen (Heizkellern, Backstuben). Auch dort ist daher Magnesiaestrich ungeeignet. Bei Flächen mit größeren Seitenlängen als 8 m sind unbedingt **Fugen** vorzusehen.

c) Anwendung

Auf **Betondecken** durch dichtes Betongefüge bzw. durch Absperren dafür sorgen, dass Mörtelfeuchtigkeit nicht bis an die Stahleinlagen eindringen kann. Über Decken mit Spannbeton sind Magnesiaestriche wegen der Korrosionsgefahr unzulässig. Auf Trägerdecken müssen die oberen Trägerflansche mit Rostschutz versehen und mindestens 3 cm vom Überbeton bedeckt werden. Nach dem Erhärten greift der Mörtel Metalle nicht mehr an. Er wird aber erneut aggressiv, wenn er wieder feucht wird. Auch deswegen Magnesiaestrich *nur in trockenen Räumen!* Eindringende $MgCl_2$-Lösung kann auch Schäden durch Magnesiatreiben des Zements verursachen (siehe Abschnitt 4.6.9.2). Aus diesem Grunde Magnesiaestrich auf Betondecken frühestens nach 3 bis 4 Wochen aufbringen, nachdem der Beton ausreichende Festigkeit erreicht hat. Bei Auswechslung eines Magnesiaestrichfußbodens gegen Zementestrich ist der Unterboden zuvor von allen Magnesiaestrichpartikeln zu reinigen und mit einem Schutzanstrich zu versehen. Sonst kann die Estrichfeuchtigkeit Chlormagnesiumreste in Lösung bringen, dadurch ebenfalls Magnesiatreiben hervorrufen und somit das Abheben des Estrichs bewirken.

Ungeeignete Unterböden sind: Schlacken-, Bims- und Leichtbetone ohne Überbeton, weil sie meist nicht die erforderliche Druckfestigkeit (12 N/mm^2) aufweisen. Außerdem saugen sie viel MgCl$_2$-Lösung ab, die dann zu chemischen Schäden führen kann. Zementglattstrich, Terrazzo und Fußbodenfliesen beeinträchtigen wegen ihrer Glätte, Asphalt und Teer sowie durch Öle und Fette verunreinigter Untergrund wegen seiner wasserabweisenden Wirkung die Haftung des Magnesiaestrichs.

Magnesiaestrich mit einer Rohdichte bis 1,6 kg/dm^3 wird auch als **Steinholz** oder Steinholzestrich bezeichnet. Anforderungen an die Rohdichte werden aber nur gestellt, wenn dies wegen der Wärmeleitfähigkeit und/oder der Eigenlast erforderlich ist. Dabei gelten die in Tafel 7.15 angegebenen Rohdichteklassen für die Trockenrohdichte.

Tafel 7.15 Magnesiaestriche, Rohdichteklassen

Rohdichteklasse	Mittelwert jeder Serie in kg/dm^3	Größter Einzelwert in kg/dm^3
0,4	≤ 0,40	0,50
0,8	≤ 0,80	0,90
1,2	≤ 1,20	1,30
1,4	≤ 1,40	1,50
1,6	≤ 1,60	1,70
1,8	≤ 1,80	1,90
2,0	≤ 2,00	2,10
2,2	≤ 2,20	2,30

In Wohnräumen meist zweischichtig (je 10 mm dick), in Fabriken usw. einschichtig (Industrie- oder Fabrikboden 15 bis 25 mm dick). Unterböden und zweischichtige Böden werden möglichst trocken aufgestrichen, einschichtige Fabrikböden dagegen erdfeucht gestampft (abnutzungsfester). Für die Unterböden verarbeitet man grobes Sägemehl in magerer Mischung (MgO : Füllstoff = 1 : 4 in Raumteilen) mit schwacher MgCl$_2$-Lösung, für die Nutzschichten dagegen feineres Holzmehl und anorganische Füllstoffe unter Farbpigmentzusatz in fetter Mischung (MgO : Füllstoff = 1 : 2) mit stärkerer MgCl$_2$-Lösung. Nutzschichten auf der Unterschicht nicht vor 24, jedoch nicht nach 48 Stunden aufbringen. Der Unterboden muss feucht sein. Schnelle Austrocknung durch Sonne, Zug oder Heizung vermeiden. Die Estrichtemperatur soll beim Verlegen von Magnesiaestrich und während der ersten zwei Tage mindestens +5 °C betragen. Der Estrich ist nach zwei Tagen begehbar, höhere Belastung erst nach fünf Tagen.

Zur **Pflege** nach der Austrocknung (frühestens nach fünf Wochen) mit säurefreiem Mineralöl tränken oder bohnern. Im Winter in der Nähe von Öfen und Heizrohren hin und wieder feucht (ohne Soda und Seife) aufnehmen. Sonst Schwindrissgefahr! Darum Heizkörper nie unmittelbar auf Magnesiaestrich stellen! Im Übrigen häufiges Aufwischen vermeiden! Verschmutzte Böden mit Stahlspänen abziehen.

Werden bei Magnesiaestrich **besondere Anforderungen** an die Oberflächenhärte und den Verschleißwiderstand gestellt, so können hierfür bestimmte, durch entsprechende Prüfungen nachzuweisende Werte vereinbart werden.

7.6.4 Zementestrich CT

a) Zusammensetzung

Aus Zement, Gesteinskörnungen, Wasser und gegebenenfalls Zusatzstoffen oder/und Zusatzmitteln hergestellt. Für die Herstellung gelten die gleichen Grundsätze wie für die

Herstellung von Beton: Möglichst niedriger Wasserzementwert, günstige Kornzusammensetzung der Gesteinskörnungen, ausreichender, aber nicht zu hoher Zementgehalt. Die Gesteinskörnungen sollen gemischtkörnig sein. Bei Estrichdicken bis 4 cm sollte das Größtkorn 8 mm, bei größeren Dicken (maximal) 16 mm betragen. Günstig sind Gemische aus 50 % Sand 0/2 und 50 % Kiessand 2/8 bzw. aus 35 % Sand 0/2, 35 % Kiessand 2/8 und 30 % Kies 8/16 (Sieblinien im günstigen Bereich, obere Hälfte zwischen A und B nach DIN 1045, siehe Abschnitt 5.9). Eine Zugabe von Flugasche (siehe Abschnitt 4.5.4.1) erleichtert die Verarbeitung des Estrichs, bei Fließestrichen (mit Fließmittel, siehe Abschnitt 6.4.3) ist die Zugabe von Flugasche besonders empfehlenswert. Estriche im Freien sollten unter Zusatz von Luftporenbildnern (siehe Abschnitt 6.4.4) hergestellt werden, um ausreichenden Frost-Tausalz-Widerstand zu erreichen. Der Zementgehalt richtet sich nach der verlangten Festigkeitsklasse und dem Größtkorn des Zuschlags, er liegt meist zwischen 340 und 480 kg je m^3 fertigen Estrichs, bei schwimmend verlegten Estrichen soll er 400 kg/m^3, bei Verbundestrichen und Estrichen auf Trennschicht 450 kg/m^3 nicht überschreiten (Schwinden!).

b) Einbringen

Die Estrichtemperatur soll beim Verlegen und während der ersten drei Tage +5 °C nicht unterschreiten. Der Estrich ist nach dem Einbringen gut zu verdichten (entfällt weitgehend bei Fließestrich), die Oberfläche gegebenenfalls abzureiben und zu glätten. Die Oberfläche darf dabei nicht mit Zement gepudert, sie darf hierbei auch nicht genässt werden. Auch das Aufbringen von Feinmörtel zum Glätten ist unzulässig.

Fugen sind etwa alle 5 bis 6 m vorzusehen, ebenso an vor- oder zurückspringenden Ecken, hier gegebenenfalls nur eingeschnittene Scheinfugen. Fugenabstand auch von der Temperaturbeanspruchung (Heizestrich) abhängig.

Der Estrich ist mindestens drei Tage, besser sieben Tage, bei niedrigen Temperaturen oder langsam erhärtenden Zementen entsprechend länger *feucht* zu *halten* bzw. vor dem Austrocknen zu schützen. Je länger der Estrich feucht gehalten wird, umso günstiger ist sein Schwindverhalten. Estrich mindestens drei, besser sieben Tage vor Zugluft schützen (Außenwandöffnungen schließen). Hohe Temperaturen führen zu schnellem Austrocknen – besonders der oberen Schicht – mit möglichen Aufwölbungen und Rissen.

Schwimmend verlegte Estriche sollen im Allgemeinen nicht vor drei Tagen begangen und nicht vor sieben Tagen höher belastet werden, Verbundestriche und solche auf Trennschichten können schon etwas früher belastet werden.

Beläge sollten erst aufgebracht werden, wenn die Restfeuchte ≤ 2,0 Masse-% – keramische und dampfdichte Beläge bei Fußbodenheizung ≤ 1,5 Masse-% – bzw. ≤ 2,5 Masse-% bei dampfdurchlässigen Belägen beträgt. Meist ist dies ab etwa drei Wochen erreicht.

Tafel 7.16 Verschleißwiderstandsklassen nach Böhme für Zement- und sonstige Estrichmörtel

Klasse	A 22	A 15	A 12	A 9	A 6	A 3	A 1,5
Abriebmenge in cm^3/50 cm^2	22	15	12	9	6	3	1,5

Werden an Zementestrich bei direkter schleifender, rollender oder stoßender Belastung (Fahrverkehr, Industrie- und Werkstättenbetrieb) **besondere Anforderungen** an den Verschleißwiderstand gestellt, so können hierfür bestimmte, durch entsprechende Prüfungen nachzuweisende Werte vereinbart werden. Nennwerte für den Schleifverschleiß sind in Tafel 7.16 angegeben. Prüfung siehe Abschnitt 7.12.5.

Bei Industriefußböden kann auch *vakuumbehandelter* Beton anstelle eines Estrichs die Nutzfläche bilden; siehe Abschnitt 6.9.4.

c) Terrazzo ist ein Zementestrich mit weißem und farbigem Zuschlag aus schleif- und polierfähigen Natursteinen, z.B. Marmorbruch. Als Zement wird vorzugsweise weißer Zement („Dyckerhoff-Weiß") verwendet. Terrazzo wird etwa 2 bis 3 cm dick auf eine frisch erhärtete, aufgeraute Betonunterlagsschicht aufgebracht, gewalzt (zur Verdichtung) und nach dem Erhärten geschliffen, meist zweimal. Nach dem Feinschliff wird die Oberfläche häufig mit einem Härtefluat behandelt. Nach dem Austrocknen wird Terrazzo mit Seifenwasser gereinigt, danach kann die Oberfläche gewachst oder geölt werden. Terrazzo einschließlich Unterlagsschicht ist von den Umfassungswänden zu trennen (Bitumenpappstreifen). Empfehlenswert ist eine Feldereinteilung, Seitenlänge möglichst nicht größer als 2 m, da Terrazzomörtel sehr zementreich ist und sich bei größeren Flächen Schwindrisse bilden können.

7.6.5 Gussasphaltestrich GE

Estrich aus Bitumen nach DIN EN 12 591 Hochvakuum- oder Hartbitumen oder einem Gemisch aus diesen und Gesteinskörnungen (einschließlich Füller). Nähere Angaben zur Zusammensetzung siehe Abschnitt 10.7.4.1.

Gussasphaltestrich wird auf Grund seiner Stempeleindringtiefe (ermittelt nach DIN EN 12 697-20) in **vier Härteklassen** eingeteilt; siehe Tafel 7.17.

Tafel 7.17 Gussasphaltestriche, Härteklassen an Würfeln – Eindringtiefe in Einheiten von 0,1 mm

Prüfbedingungen	Härteklassen				
	ICH 10	IC 10	IC 15	IC 40	IC 100
(22 ± 1) °C, 100 mm², 5 h	≤ 10	≤ 10	≤ 10	–	–
(40 ± 1) °C, 100 mm², 2 h	≤ 20	≤ 40	≤ 60	–	–
(40 ± 1) °C, 500 mm², 5 h	–	–	–	15 bis 40	40 bis 100

Herstellung: Gussasphaltestrich wird meist mit einer Temperatur zwischen 220 °C und 250 °C eingebaut. Die Oberfläche des Estrichs wird vor dem Erkalten mit feinem Sand abgerieben. Gussasphaltestrich wird mindestens 2 cm, meist aber 3 cm dick eingebaut. Bei Dicken über 4 cm ist Gussasphalt zweilagig einzubringen. Er ist nach dem Abkühlen – etwa nach 2 bis 3 Stunden – begehbar, kann gegebenenfalls auch schon nach etwa 4 Stunden belegt werden. Gussasphaltestrich erfordert *keine Fugen*. Er kann praktisch bei jedem Wetter und jeder Jahreszeit verlegt werden. Er ist unempfindlich gegenüber Wasser und aufsteigender Feuchtigkeit und ist wasserundurchlässig.

Gussasphaltestrich verformt sich bei Erwärmung. Kurzfristig können erhöhte Temperaturen, z.B. kochendes Wasser, einwirken. Hinsichtlich seines Brandverhaltens gehört Gussasphaltestrich zur Baustoffklasse B1 nach DIN 4102.

7.7 Hochbeanspruchbare Estriche, Industrie-Estriche

7.7.1 Allgemeines

Estriche, die besonders hohen mechanischen Beanspruchungen ausgesetzt sind, sollen eine hohe Festigkeit, hohe Oberflächenhärte und einen hohen Widerstand gegen Verschleiß haben. Je nach Art und Schwere mechanischer Beanspruchung werden drei **Beanspruchungsgruppen** unterschieden:

Gruppe I: **Schwer** z.B. Bearbeiten, Schleifen oder Kollern von Metallteilen, Absetzen von Gütern mit Metallgabeln, Fußgängerverkehr mit mehr als 1000 Personen am Tag; Bereifungsart: Stahl und Polyamid

Gruppe II: **Mittel** Schleifen und Kollern von Holz, Papierrollen und Kunststoffteilen, Fußgängerverkehr von 100 bis 1000 Personen am Tag; Bereifungsart: Urethan-Elastomer

Gruppe III: **Leicht** z.B. Montage auf Tischen; Fußgängerverkehr bis 100 Personen am Tag; Bereifungsart: Elastik und Lufttreifen.

Neben hohem Widerstand gegen mechanische Beanspruchung – bei Flurförderzeugen mit Stahlrollen bis zu einer Pressung von 40 N/mm^2 – müssen sie gegebenenfalls noch **anderen Anforderungen** genügen, z.B. an die chemische Beständigkeit, an die elektrische Leitfähigkeit oder gegenüber besonderen klimatischen Einwirkungen. Allgemein muss der Untergrund ausreichend fest, bei mehrschichtigen Estrichen auch das Verformungsverhalten der einzelnen Schichten aufeinander abgestimmt sein.

Hochbeanspruchbare Estriche können als Gussasphaltestrich, als Magnesiaestrich, als Kunstharzestrich und als zementgebundener Hartstoffestrich hergestellt werden, Calciumsulfatestrich ist ungeeignet.

7.7.2 Hochbeanspruchbarer Gussasphaltestrich

Es werden die in Tafel 7.18 angegebenen Estriche eingesetzt. In der Regel werden sie einschichtig auf Trennschicht aus Rohglasvlies hergestellt, bei Nenndicken über 40 mm zweischichtig.

Bei bitumengebundenem Untergrund wird der Estrich als Verbundestrich hergestellt. Als Gesteinskörnung wird gebrochenes Material nach TL Min-StB (Technische Lieferbedingungen für Mineralstoffe im Straßenbau) mit folgender Korngrößenverteilung verwendet:

Füller 0 bis 0,9 mm: 20 bis 30 %
Sand 0,9 bis 2 mm: 15 bis 40 %
Splitt über 2 mm: 40 bis 55 %

Bei der Eignungsprüfung muss der Estrich eine Biegezugfestigkeit von mindestens 8 N/mm^2 erreichen und eine Wasseraufnahme von höchstens 0,7 % haben. Diese Forderungen gelten für alle Härteklassen.

Bezeichnung des Estrichs siehe Abschnitt 7.7.4, Ende.

7.7 Hochbeanspruchbare Estriche, Industrie-Estriche

Tafel 7.18 Hochbeanspruchbarer Gussasphaltestrich; Nenndicken, Körnungen und Härteklassen

Beanspruchungs-gruppe	Nenndicke in mm	Größtkorn der Gesteinskörnung in mm	Härteklassen nach DIN EN 13 813 bei		
			beheizten Räumen	unbeheizten Räumen und im Freien	Kühlräumen
I (schwer)	≥ 35 ≥ 30	11 8	IC 10 oder IC 15	IC 15 oder IC 40	IC 40 oder IC 100
II (mittel)	≥ 30 ≥ 30	8 5			
III (leicht)	≥ 25 ≥ 30	8 5			

7.7.3 Hochbeanspruchbarer Magnesiaestrich

In Tafel 7.19 sind die Festigkeitsklassen und geforderten Eigenschaften in Abhängigkeit von der Beanspruchungsgruppe angegeben. Bei zweischichtiger Ausführung gelten die Werte für die Nutzschicht.

Tafel 7.19 Hochbeanspruchbarer Magnesiaestrich; Anforderungen Bestätigungsprüfung

Beanspruchungs-gruppe	Biegezugfestig-keitsklasse	Oberflächenhärte in N/mm^2 bei der Bestätigungsprüfung		Biegezugfestigkeit in N/mm^2 bei der Bestätigungsprüfung	
		Mittelwert	kleinster Einzelwert	Mittelwert	kleinster Einzelwert
I (schwer)	F 11	≥ 160	≥ 140	≥ 9	≥ 8
II (mittel)	F 10	≥ 120	≥ 105	≥ 8	≥ 7
III (leicht)	F 8	≥ 80	≥ 70	≥ 7	≥ 6

In der Regel wird der Estrich als Verbundestrich nach Auftrag einer Haftbrücke auf den Tragbeton hergestellt.
Wird er in Sonderfällen auf Trenn- oder Dämmschicht aufgebracht, ist er zweischichtig auszuführen, wobei die Unterschicht mindestens der Festigkeitsklasse ME10 entsprechen muss. Einschichtiger Estrich muss eine mittlere Rohdichte von mindestens 1,4 kg/dm^3 haben und soll nicht dicker als 25 mm sein.
Bei zweischichtiger Ausführung gilt für die Dicke:

Oberschicht (Nutzschicht):	mindestens 8 mm
Unterschicht bei Verbundestrich:	mindestens 15 mm
Unterschicht über Trennschicht:	mindestens 30 mm
Unterschicht über Dämmschicht:	mindestens 80 mm

Bezeichnung des Estrichs siehe Abschnitt 7.7.4, Ende.

7.7.4 Hochbeanspruchbarer Zementestrich, zementgebundene Hartstoffestriche

Hochbeanspruchbare Zementestriche werden mit Hartstoffen nach DIN 1100 (siehe Abschnitt 5.2.3a) hergestellt.
Als Hartstoffestriche kommen Estriche in den Biegezugfestigkeitsklassen F 9 A, F 9 KS und F 11 M in Frage (siehe Tafel 7.21). M, A und KS geben dabei die Art des Hartstoffzuschlags

an: M = Metalle, A (Allgemein) = feste Natursteine, dichte Schlacke oder Gemische mit M und KS, K = Elektrokorund, S = Siliziumkarbid.

Herstellung: Hartstoffestriche werden auf einen ausreichend festen Tragbeton, Festigkeitsklasse mindestens C20/25, einschichtig oder zweischichtig aufgebracht. Zweischichtige Hartstoffestriche bestehen aus der Übergangsschicht und der Hartstoffschicht. Die Übergangsschicht muss bei Verbundestrichen mindestens 25 mm dick sein und der Festigkeitsklasse F5 entsprechen. Bei Estrichen auf Dämmschichten und auf Trennschichten muss die Übergangsschicht mindestens 80 mm dick sein. Bei entsprechender Belastung können eine größere Schichtdicke und Bewehrung nach statischer Berechnung erforderlich sein. Für die Übergangs- und die Hartstoffschicht ist Zement gleicher Art und Festigkeitsklasse zu verwenden. Die Hartstoffschicht ist „frisch auf frisch" auf die noch nicht erstarrte Übergangsschicht aufzubringen. Die Hartstoffschicht kann auch durch Aufbringen und Einarbeiten einer trockenen Mischung aus Hartstoff und Zement auf die noch frische Übergangsschicht hergestellt werden, wobei aber die in Tafel 7.20 angegebene Mindestdicke der Hartstoffschicht erreicht werden muss. Auf erstarrten Tragbeton oder die erstarrte Übergangsschicht kann die Hartstoffschicht nur unter Verwendung einer Haftbrücke aufgebracht werden.

Tafel 7.20 Zementgebundene Hartstoffestriche, Nenndicke der Hartstoffschicht

Beanspruchungsgruppe	Nenndicke in mm bei Festigkeitsklasse		
	F 9 A	F 11 M	F 9 KS
I (schwer)	≥ 15	≥ 8	≥ 6
II (mittel)	≥ 10	≥ 6	≥ 5
III (leicht)	≥ 8	≥ 6	≥ 4

Um der vorgesehenen Beanspruchung zu widerstehen, muss die Hartstoffschicht ausreichend dick sein (siehe Tafel 7.20), die Druckfestigkeitsanforderungen und die Anforderungen an den Schleifverschleiß (Abrieb) sowie an die Biegezugfestigkeit nach Tafel 7.21 erfüllen.

Tafel 7.21 Zementgebundener Hartstoffestrich, Schleifverschleiß und Biegezugfestigkeit der Hartstoffschicht für die Bestätigungsprüfung

Festigkeitsklasse	Schleifverschleiß in $cm^3/50\ cm^2$	Biegezugfestigkeit in N/mm^2	
	Mittelwert	kleinster Einzelwert	Mittelwert
F 9 A	≤ 7	≥ 8	≥ 9
F 11 M	≤ 4	≥ 10	≥ 11
F 9 KS	≤ 2	≥ 8	≥ 9

Bezeichnung der hochbeanspruchbaren Estriche in der Reihenfolge: DIN 18 560 – Estrichart und Festigkeits- bzw. Härteklasse, gegebenenfalls mit Hartstoffart – Buchstabe für die Verlegart: S = schwimmend, V = Verbundestrich, T = auf Trennschicht – Nenndicke in mm, bei zweischichtigen Estrichen Nenndicken beider Schichten, z.B.:

Hartstoffestrich DIN 18 560 – CT – C 60 – F 10 – A 1,5 – DIN 1100 – A – V 10/30
   (Zweischichtiger zementgebundener Hartstoffestrich (CT) der Druckfestigkeitsklasse C 60, der Biegezugfestigkeitsklasse F 10, der Verschleißwiderstandsklasse nach Böhme A 1,5 mit Hartstoffen nach DIN 1100 der Gruppe A als Verbundestrich (V) mit Nenndicken von 10 mm für die Hartstoffschicht und 30 mm für die Übergangsschicht)

Magnesiaestrich DIN 18 560 – MA – C 50 – F 10 – SH 150–V 15
(einschichtiger Magnesiaestrich (MA) der Druckfestigkeitsklasse C 50, der Biegezugfestigkeitsklasse F 10, der Oberflächenhärte SH 150 als Verbundestrich (V) mit 15 mm Nenndicke).

7.8 Schwimmende Estriche

Schwimmende Estriche werden auf Dämmschichten aus Dämmstoffen (siehe Abschnitte 16.5.1 und 16.5.2) verlegt, um Anforderungen an den Wärme- und/oder Schallschutz zu erfüllen. Vor Einbringen des Estrichs ist sicherzustellen, dass der tragende Untergrund keine punktförmigen Erhebungen, Rohrleitungen o.Ä. aufweist, die zu Schallbrücken und/oder Schwankungen in der Estrichdicke führen. Vorhandene Rohrleitungen müssen festgelegt sein und in eine Ausgleichsschicht eingebettet werden (ungebundene Schüttung aus Natursand nicht zulässig). Dämmstoffe sind mit dichten Stößen, die Dämmplatten dabei im Verband zu verlegen. Bei mehrlagigen Dämmschichten sind die Stöße gegeneinander zu versetzen. Die Dämmschichten müssen vollflächig aufliegen und sind durch Dampfsperren oder andere Maßnahmen vor Feuchtigkeitseinwirkung zu schützen, bei Gussasphaltestrichen auch vor der Verlegetemperatur.

Vor dem Aufbringen des Estrichs ist die Dämmschicht abzudecken (nackte Bitumenbahn mit Papiereinlage, Polyethylenfolie mindestens 0,1 mm – bei Heizestrichen mindestens 0,2 mm – dick o.Ä.), Stöße müssen sich mindestens 8 cm überdecken. Bei *Fließestrichen* muss die Abdeckung wasserundurchlässig sein (Verkleben oder Verschweißen der Abdeckung). Schalldämmende Randstreifen müssen den Estrich von aufgehenden Bauteilen (Wände, Rohre) trennen.

Fugen im tragenden Untergrund müssen geradlinig verlaufen und dürfen von Heizelementen nicht gekreuzt werden.

Die erforderliche **Dicke** des Estrichs ist abhängig von der Zusammendrückbarkeit der Dämmschicht und der Belastung. Für gleichmäßig verteilte Verkehrslasten im Wohnungsbau bis 2,0 kN/m² gibt die Tafel 7.22 die notwendige Estrichdicke und **Festigkeit bzw. Härte** für Estriche an. Für höhere Verkehrslasten gibt Tafel 7.24 notwendige Estrichdicken an (wegen des größeren Widerstandsmoments bei der Biegebeanspruchung).

Bei Gussasphaltestrichen in unbeheizten Räumen oder Kühlräumen können andere Härteklassen als nach Tafel 7.22 erforderlich sein. Bei Fließestrichen sind auch von Tafel 7.22 abweichende Festigkeitsklassen möglich, wenn die bei der Bestätigungsprüfung geforderte Biegezugfestigkeit nachgewiesen wird.

Wird Estrich anderer Festigkeitsklassen eingebaut, sind abweichende Dicken möglich. Gegebenenfalls sind Werte für die Biegezugprüfung zu vereinbaren, wenn eine Bestätigungsprüfung durchgeführt werden soll. Größere Dicken sind bei Heizestrichen notwendig (Einfluss der Heizelemente auf statische Höhe bzw. Widerstandsmoment), und zwar je nach Lage der Heizelemente 40 oder 45 mm zuzüglich Dicke der Heizelemente (Außendurchmesser). Gussasphalt als Heizestrich muss mindestens 35 mm dick sein.

Unter Steinbelägen und keramischen Belägen sollte der Estrich mindestens 45 mm dick sein. Zementestriche können hierfür mit Betonstahlgitter oder Betonstahlmatten bewehrt werden, bei beheizten Zementestrichen wird eine Bewehrung hier empfohlen.

Bei *Heizestrichen* müssen die Randstreifen eine Längendehnung von mindestens 5 mm ermöglichen. Die Temperatur im Bereich der Heizelemente darf bei Anhydrit- und Zement-

7 Mauer- und Putzmörtel; Estriche

estrichen 60 °C, bei Gussasphaltestrichen 45 °C auf Dauer nicht überschreiten. Magnesiaestriche werden als Heizestriche nicht verwendet.

Werden **Heizestriche** höherer Festigkeit bzw. Härte eingebaut, kann die Estrichdicke um bis zu 15 mm vermindert werden, wenn bei der Erstprüfung die geforderte Tragfähigkeit nachgewiesen wird.

Calciumsulfatestrich als Ausgleichsestrich muss vor Aufbringen der Trennschicht trocken sein, zulässiger Feuchtigkeitsgehalt ≤ 0,3 Masse-%.

Schwindrisse der Ausgleichsestriche beeinträchtigen ihre Funktionsfähigkeit in der Regel nicht, da sie keine lastverteilende Funktion haben.

Tafel 7.22 Nenndicken und Biegezugfestigkeit bzw. Härte unbeheizter Estriche auf Dämmschichten für lotrechte Nutzlasten ≤ 2 kN/m²

Estrichart	Biegezugfestigkeitsklasse bzw. Härteklasse nach DIN EN 13 813	Estrichnenndicke[1] in mm bei einer Zusammendrückbarkeit der Dämmschichtdicke $C^{4)} \leq 5$ mm[2]	Bestätigungsprüfung			
			Biegezugfestigkeit in N/mm²		Eindringtiefe in mm	
			kleinster Einzelwert	Mittelwert	bei (22±1) °C	bei (40±1) °C
Calciumsulfat-Fließestrich CAF	F 4 F 5 F 7	≥ 35 ≥ 30 ≥ 30	≥ 3,5 ≥ 4,5 ≥ 6,5	≥ 4,0 ≥ 5,0 ≥ 7,0	– – –	– – –
Calciumsulfatestrich CA	F 4[3] F 5 F 7	≥ 45 ≥ 40 ≥ 35	≥ 2,0 ≥ 2,5 ≥ 3,5	≥ 2,5 ≥ 3,5 ≥ 4,5	– – –	– – –
Gussasphaltestrich AS	IC 10 ICH 10	≥ 25 ≥ 35	— 	— 	≤ 1,0 ≤ 1,0	≤ 4,0 ≤ 2,0
Kunstharzestrich SR	F 7 F 10	≥ 35 ≥ 30	≥ 4,5 ≥ 6,5	≥ 5,5 ≥ 7,0	– –	– –
Magnesiaestrich MA	F 4 F 5 F 7	≥ 45 ≥ 40 ≥ 35	≥ 2,0 ≥ 2,5 ≥ 3,5	≥ 2,5 ≥ 3,5 ≥ 4,5	– – –	– – –
Zementestrich CT	F 4 F 5	≥ 45 ≥ 40	≥ 2,0 ≥ 2,5	≥ 2,5 ≥ 3,5	– –	– –

[1] Bei Dämmschichten ≤ 40 mm kann bei Calciumsulfat-, Kunstharz-, Magnesia- und Zementestrichen die Estrichnenndicke um 5 mm reduziert werden. Die Nenndicke (außer Gussasphalt) darf 30 mm nicht unterschreiten.
[2] Bei Gussasphaltestrichen darf die Zusammendrückbarkeit der Dämmschichten nicht mehr als 3 mm betragen.
[3] Die Oberflächenhärte bei Steinholzestrichen muss mindestens SH 30 entsprechen.
[4] Bei höherer Zusammendrückbarkeit (≤ 10 mm) muss die Estrichdicke um 5 mm erhöht werden.

7.8 Schwimmende Estriche

Tafel 7.23 Nenndicken und Biegezugfestigkeit bzw. Härte unbeheizter Estriche auf Dämmschichten für lotrechte Nutzlasten ≤ 3 kN/m² und Einzellasten bis 2 kN

Estrichart	Biegezugfestig-keitsklasse bzw. Härteklasse nach DIN EN 13 813	Estrichnenndicke[1] in mm bei einer Zusammendrück-barkeit der Dämm-schichtdicke C ≤ 5 mm[2]	Bestätigungsprüfung			
			Biegezugfestig-keit in N/mm²		Eindringtiefe in mm	
			kleinster Einzel-wert	Mittel-wert	bei (22±1) °C	bei (40±1) °C
Calciumsulfat-Fließestrich CAF	F 4 F 5 F 7	≥ 50 ≥ 45 ≥ 40	≥ 3,5 ≥ 4,5 ≥ 6,5	≥ 4,0 ≥ 5,0 ≥ 7,0	– – –	– – –
Calciumsulfat-estrich CA	F 4[3] F 5 F 7	≥ 65 ≥ 55 ≥ 50	≥ 2,0 ≥ 2,5 ≥ 3,5	≥ 2,5 ≥ 3,5 ≥ 4,5	– – –	– – –
Gussasphalt-estrich AS	IC 10 ICH 10	≥ 30 ≥ 40	– 	– 	≤ 1,0 ≤ 1,0	≤ 4,0 ≤ 2,0
Kunstharzestrich SR	F 7 F 10	≥ 50 ≥ 40	≥ 4,5 ≥ 6,5	≥ 5,5 ≥ 7,0	– –	– –
Magnesiaestrich MA	F 4 F 5 F 7	≥ 65 ≥ 55 ≥ 50	≥ 2,0 ≥ 2,5 ≥ 3,5	≥ 2,5 ≥ 3,5 ≥ 4,5	– – –	– – –
Zementestrich CT	F 4 F 5	≥ 65 ≥ 55	≥ 2,0 ≥ 2,5	≥ 2,5 ≥ 3,5	– –	– –

[1] Bei Dämmschichten ≤ 40 mm kann bei Calciumsulfat-, Kunstharz-, Magnesia- und Zementestrichen die Estrichnenndicke um 5 mm reduziert werden. Die Nenndicke (außer Gussasphalt) darf 30 mm nicht unterschreiten.
[2] Bei Gussasphaltestrichen darf die Zusammendrückbarkeit der Dämmschichten nicht mehr als 3 mm betragen.
[3] Die Oberflächenhärte bei Steinholzestrichen muss mindestens SH 30 entsprechen.

Falls Estrich bewehrt wird, erfolgt dies mit Betonstahlmatten – Maschenweiten 150 mm × 150 mm – oder Betonstahlgitter – Maschenweiten 75 mm × 75 mm oder 100 mm × 100 mm, Stab-Ø 3 mm, oder Maschenweiten 50 mm × 50 mm, Stab-Ø 2 mm. **Bewehrung** muss an Bewegungsfugen unterbrochen werden. Das Entstehen von Rissen wird durch Estrichbewehrung nicht verhindert.

Bewegungs**fugen** sind bei beheizten Zementestrichen bei Flächengrößen ab 40 m² unbedingt nötig, bei kleineren Flächen auch dann, wenn eine Seitenlänge 8 m überschreitet. Soweit Scheinfugen angeordnet werden (maximal bis zu einem Drittel der Estrichdicke tief), sind diese nach dem Erhärten und Austrocknen des Estrichs kraftschlüssig zu schließen, z.B. durch Vergießen mit Kunstharz.

Bei Anhydrit-, Kunstharz- und Gussasphaltestrichen kann auf Fugen verzichtet werden; bei Heizestrichen und großen Flächen sollten aber auch hier Bewegungsfugen angeordnet werden.

7 Mauer- und Putzmörtel; Estriche

Tafel 7.24 Dicken der Estriche in mm bei verschiedenen lotrechten Nutzlasten – Dämmschicht > 40 mm

Estrichart	Biegezugfestigkeitsklasse nach DIN EN 13 813	Nutzlast ≤ 2,0 kN/m²	Nutzlast ≤ 3,0 kN/m²	Nutzlast ≤ 4,0 kN/m²	Nutzlast ≤ 5,0 kN/m²	Nutzlast ≤ 7,5 kN/m²	Nutzlast ≤ 10 kN/m²
Calciumsulfat-Fließestrich CAF	F 4 F 5 F 7	≥ 35 ≥ 30 ≥ 30	≥ 50 ≥ 45 ≥ 40	≥ 60 ≥ 50 ≥ 45	≥ 65 ≥ 55 ≥ 50	≥ 75 ≥ 65 ≥ 65	≥ 80 ≥ 70 ≥ 70
Calciumsulfatestrich CA	F 4 F 5 F 7	≥ 45 ≥ 40 ≥ 35	≥ 65 ≥ 55 ≥ 50	≥ 70 ≥ 60 ≥ 55	≥ 75 ≥ 65 ≥ 60	≥ 90 ≥ 80 ≥ 75	≥ 100 ≥ 90 ≥ 80
Magnesiaestrich MA	F 4 F 5 F 7	≥ 45 ≥ 40 ≥ 35	≥ 65 ≥ 55 ≥ 50	≥ 70 ≥ 60 ≥ 55	≥ 75 ≥ 65 ≥ 60	≥ 90 ≥ 80 ≥ 75	≥ 100 ≥ 90 ≥ 80
Zementestrich CT	F 4 F 5 F 7	≥ 45 ≥ 40 ≥ 35	≥ 65 ≥ 55 ≥ 50	≥ 70 ≥ 60 ≥ 55	≥ 75 ≥ 65 ≥ 60	≥ 90 ≥ 80 ≥ 75	≥ 100 ≥ 90 ≥ 80

Bezeichnung der schwimmenden Estriche:
DIN – Kurzzeichen für Estrichart und Biegezugfestigkeits- bzw. Härteklasse –, Nenndicke in mm mit vorgesetztem S für schwimmend, Heizestrich (H) und Überdeckung der Heizelemente in mm, z.B.:
Estrich DIN 18 560 – CT – F 4 – S 70 H 45
(Zementestrich der Biegezugfestigkeitsklasse 4 (F 4), schwimmend (S), mit 70 mm Nenndicke, als Heizestrich (H), mit einer Überdeckung der Heizelemente von 45 mm).

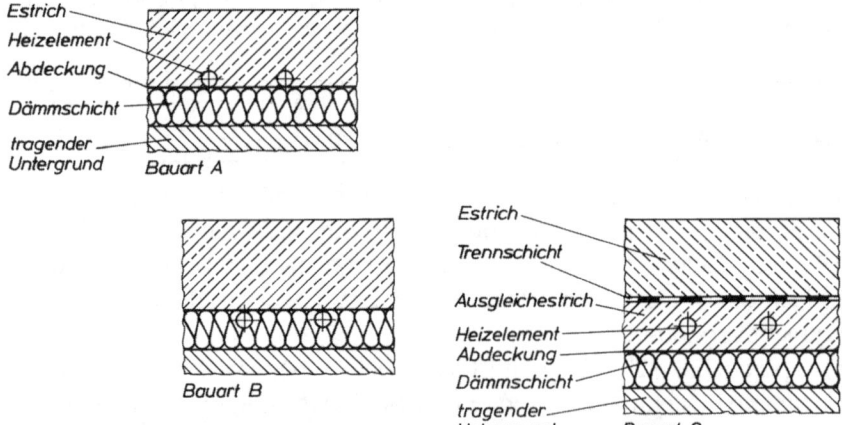

Abb. 7.1 Bauarten von Heizestrichen

7.9 Verbundestriche

Verbundestriche sind mit dem *tragenden* Untergrund verbunden und dienen als unmittelbare Nutzfläche oder werden mit einem Belag versehen. Der tragende Untergrund muss für die Aufnahme der vorgesehenen Estrichart geeignet sein. In Tafel 7.25 ist angegeben, welche Estricharten als Verbundestriche auf verschiedene Untergründe aufgebracht werden können.

7.9 Verbundestriche

Zum kraftübertragenden Verbund muss die **Oberfläche des Untergrunds** ausreichend fest, griffig und sauber und möglichst frei von Rissen sein und darf nicht durch Öl, Mörtelreste, Anstrichmittel oder Ähnliches verschmutzt sein. Bei Beton dürfen Nachbehandlungsmittel (z.B. aufgesprühte filmbildende Mittel) oder Anreicherungen von Feinstteilen den Verbund nicht stören. Rohrleitungen und Kabel müssen, falls sie auf dem tragenden Untergrund verlegt sind, in einen **Ausgleichsestrich** eingebettet werden. Ein Ausgleichsestrich ist auch notwendig, wenn der tragende Untergrund zu uneben ist. Der Ausgleichsestrich muss sich mit dem Untergrund fest verbinden und selbst als tragender Untergrund für den Verbundestrich geeignet sein. Zur Vorbereitung des tragenden Untergrunds kann gegebenenfalls auch das Vornässen der Tragschicht (bei Beton) oder das Aufbringen einer Haftbrücke notwendig sein. Wenn bei Zementestrich nicht nass in nass gearbeitet wird, ist das Aufbringen einer **Haftbrücke** die Regel; Haftbrücke aus Kunststoffdispersion oder -emulsion oder auch Zementleim mit $w/z = 0{,}5$ mit oder ohne Kunststoffzusatz.

Als Untergrundvorbehandlung kann auch ein Strahlen oder Fräsen und eine Hochdruckwasserstrahl-Reinigung erforderlich sein.

Tafel 7.25 Eignung tragender Untergründe für Verbundestriche

Estrichart	Beton Stahlbeton Zementestrich	Eignung bei tragendem Untergrund aus				
		Stahl[1]	Holz[1]	Gussasphaltestrich	Calciumsulfatestrich	Magnesiaestrich
Calciumsulfatestrich	+	o	o	o	+	o
Gussasphaltestrich	o	o	o	+	–	–
Kunstharzestrich	+	o	o	o	o	o
Magnesiaestrich[2]	+	o	+	o	o	+
Zementestrich	+	o	o	o	o	–

Zeichenerklärung:
+ geeignet
o geeignet mit besonderen Maßnahmen
– nicht geeignet
[1] Bei ausreichender Biegesteifigkeit.
[2] Bei Stahlbetondecken ist eine Sperrschicht vorzusehen.

Da sich Verbundestriche bei festem Haftverbund mit dem Untergrund praktisch nicht verformen können, können Schwinden, Austrocknen, Abkühlen und ähnliche mit dem Erhärten verbundene Vorgänge im Estrich – je nach Estrichart – Zugspannungen und in der Haftfläche Scherspannungen hervorrufen. Einer **Rissbildung** oder einem Ablösen vom Untergrund kann man dadurch entgegenwirken, dass durch entsprechende Nachbehandlung oder Zusammensetzung für einen raschen Anstieg der Biegezugfestigkeit des Estrichs gesorgt wird und der E-Modul des Estrichs möglichst kleiner ist als der des Untergrunds (bei Zementestrich auf Beton z.B. durch Kunststoffzusätze zum Estrich; siehe auch Abschnitt 7.11).

Auf stark biegebeanspruchten Bauteilen treten bei Verbundestrichen im Bereich der Stützmomente sehr leicht Risse auf, da dann die Zugspannungen im Estrich zu groß werden können. Hier verhalten sich Estriche auf Trennschicht (siehe Abschnitt 7.10) mit entsprechender Fugenanordnung günstiger.

Im Verbundestrich sind über Bauwerksfugen Bewegungsfugen auszubilden, sonstige **Fugen** nur über Fugen im tragenden Untergrund. Werden im Estrich über Schein- oder Pressfugen

des Untergrundes keine Fugen vorgesehen, können in diesem Bereich im Estrich Risse entstehen, die jedoch die Gebrauchsfähigkeit des Estrichs in der Regel nicht beeinträchtigen.
– Die Estrichfugen sind mit Fugenfüllmassen oder Fugenfüllprofilen auszufüllen.
Einbauteile aus Metall müssen, falls erforderlich, mit einem Korrosionsschutz versehen sein. Metallprofile als Kantenschutz sind im tragenden Untergrund zu verankern.
Als Verbundestriche kommen die in Tafel 7.26 angegebenen Estriche in Betracht.
Als **Verbundestriche im Freien** sind nur Gussasphaltestriche – in der Regel der Härteklasse IC 40 –, Kunstharz- und Zementestriche geeignet. Bei der Herstellung des Zementestrichs sind dabei dieselben Grundsätze zu beachten, die für die Herstellung von Beton mit hohem Frost- oder hohem Frost- und Tausalz-Widerstand zu berücksichtigen sind (Zugabe von Luftporenbildnern, w/z-Wert $\leq 0{,}6$ bzw. $\leq 0{,}5$, frostbeständige Gesteinskörnungen).

Tafel 7.26 Festigkeits- bzw. Härteklassen bei Verbundestrichen

Estrichmörtelart	Festigkeitsklasse bzw. Härteklasse nach DIN EN 13 813 bei Nutzung	
	mit Belag	ohne Belag
Calciumsulfatestrich	$\geq$ C20/F3	$\geq$ C25/F4
Kunstharzestrich	$\geq$ C20/F3	$\geq$ C25/F4
Magnesiaestrich	$\geq$ C20/F3	$\geq$ C25/F4
Zementestrich	$\geq$ C20/F3	$\geq$ C25/F4
Gussasphaltestrich – für beheizte Räume – für unbeheizte Räume und im Freien – für Kühlräume	IC10 oder IC15 IC15 oder IC40 IC40 oder IC100	

Die **Dicke** des Verbundestrichs soll bei einschichtiger Ausführung
40 mm bei Gussasphalt und
50 mm bei Anhydrit-, Magnesia- und Zementestrich
nicht überschreiten. Aus Herstellungsgründen soll sie das Dreifache des Durchmessers des Gesteinsgrößtkorns nicht unterschreiten. Für die Beanspruchung des Estrichs ist die Dicke nicht maßgebend, da statische und dynamische Kräfte durch den festen Verbund auf den tragenden Untergrund übertragen werden.
Herstellung der Estriche siehe Abschnitte 7.6.2 bis 7.6.5; **Prüfungen** siehe Abschnitt 7.12. Wird eine Bestätigungsprüfung gefordert, so müssen bei Anhydrit-, Magnesia- und Zementestrichen bis 40 mm Nenndicke im Mittel 80 % – Einzelwerte mindestens 70 % – der charakteristischen Biegezugfestigkeit erreicht werden.
Bei größerer Dicke des Estrichs wird statt der Biegezugfestigkeit die Druckfestigkeit geprüft. Dabei müssen mindestens 70 % der charakteristischen Festigkeitswerte erreicht werden. Bei der Prüfung des Schleifverschleißes dürfen höchstens 120 % der in Tafel 7.16 angegebenen Werte, bei dem Nachweis der Oberflächenhärte von Magnesiaestrichen müssen mindestens 80 % der in Tafel 7.14 genannten Werte erreicht werden. Gussasphaltestrich muss den in Tafel 7.17 aufgeführten Eindringtiefen entsprechen.
Bezeichnung der Verbundestriche:
DIN – Kurzzeichen für Estrichart sowie Druck- und Biegezugfestigkeits- bzw. Härteklasse – Nenndicke in mm mit vorgesetztem V für Verbund, z.B.:
Estrich DIN 18 560 – CT – C 30 – F 5 – A 15 – V 25

(Zementestrich (CT) der Druckfestigkeitsklasse C 30, der Biegezugfestigkeitsklasse F 5, der Verschleißwiderstandsklasse A 15 als Verbundestrich (V), mit 25 mm Nenndicke).

7.10 Estriche auf Trennschicht

Als Estriche auf Trennschicht gelten Estriche, die nur durch eine dünne Trennschicht vom *tragenden* Untergrund getrennt sind, ohne zwischenliegende Dämmschicht wie bei den schwimmenden Estrichen. Sie können direkt genutzt oder mit einem Belag versehen werden. Der tragende **Untergrund** muss ausreichend fest und eben sein. Rohrleitungen und Kabel – sie müssen auf dem Untergrund befestigt sein – sind in eine Ausgleichsschicht einzubetten. Die **Trennschicht** wird in der Regel zweilagig (Gleitschicht), bei Gussasphalt einlagig ausgeführt. Verwendet werden Polyethylenfolie von mindestens 0,1 mm Dicke (besser mindestens 0,3 mm Dicke), nackte Bitumenbahnen mit Schrenzpapiereinlage (mindestens 100 g Einlage/m^2), Rohglasvlies mit einem Flächengewicht von mindestens 50 g/m^2 oder andere vergleichbare Trennlagen. Dampfsperren und (bitumenhaltige) Abdichtungen können als *eine* Lage der Trennschicht gelten. Trennschichten sollen möglichst glatt verlegt sein und keine Falten schlagen. Stöße sind weit genug zu überdecken oder zu verkleben.

Über Bauwerksfugen sind im Estrich Bewegungsfugen anzuordnen. Von aufgehenden Bauteilen ist der Estrich mit weichen Randstreifen zu trennen. Die Abstände darüber hinaus notwendiger **Fugen** sind von der Estrichart, gegebenenfalls vom vorgesehenen Belag sowie der Beanspruchung, z.B. durch Temperatur und Verkehr, abhängig. Durch die Fugen sollen möglichst gedrungene (nahezu quadratische) Felder entstehen. Bei Zementestrichen werden je nach Belastung und Estrichdicke Fugenabstände im Allgemeinen von 5 bis 8 m, bei sehr dicken Estrichen auch Fugenabstände von 6 bis 10 m gewählt. Bei Einspannung des Estrichs durch die Nutzung, z.B. durch Belastung mit schweren Maschinen oder Regalen, ist es zweckmäßig, die Fugenabstände um 25 bis 50 % zu verringern. Das gilt auch für Estriche im Freien oder für Estriche, die hoher Wärmeeinstrahlung ausgesetzt sind.

Die Estrich**dicke** soll so groß sein, dass neben einer ausreichenden Tragfähigkeit auch die durch Schwinden, Temperatureinwirkung und ähnliche Vorgänge auftretenden Spannungen innerhalb der durch die Fugen begrenzten Felder ohne Rissbildung aufgenommen werden können. Daher soll die Estrichnenndicke

- 15 mm bei Kunstharzestrichen
- 25 mm bei Gussasphaltestrichen
- 30 mm bei Calciumsulfat- und Magnesiaestrichen sowie
- 35 mm bei Zementestrich (besser 40 mm)

nicht unterschreiten.

Einschichtige Gussasphaltestriche sollen nicht dicker als 40 mm hergestellt werden. **Einbauteile** aus Metall müssen, falls erforderlich, mit einem Korrosionsschutz versehen sein. Metallprofile als Kantenschutz sind in der Regel im tragenden Untergrund zu verankern. Als Estriche auf Trennschicht kommen die in Tafel 7.27 angegebenen Estriche in Betracht.

Tafel 7.27 Festigkeits- bzw. Härteklassen für Estriche auf Trennschicht

Estrichart	Festigkeitsklasse bzw. Härteklasse nach DIN EN 13 813 bei Nutzung	
	mit Belag	ohne Belag
Calciumsulfatestrich	≥ F 4	≥ F 4
Kunstharzestrich	≥ F 7	≥ F 7
Magnesiaestrich	≥ F 4	≥ F 4
Zementestrich	≥ F 4	≥ F 4
Gussasphaltestrich – für beheizte Räume – für unbeheizte Räume und im Freien – für Kühlräume	IC 10 oder IC 15 IC 15 oder IC 40 IC 40 oder IC 100	

Für **Estriche im Freien** – geeignet sind nur Zement-, Kunstharz- oder Gussasphaltestriche – gilt das Gleiche wie für Verbundestriche im Freien, siehe Abschnitt 7.9.
Herstellung der Estriche siehe Abschnitte 7.6.2 bis 7.6.5; **Prüfungen** siehe Abschnitt 7.12.
– Wird eine Bestätigungsprüfung gefordert, so muss die Biegezugfestigkeit von Anhydrit-, Magnesia- und Zementestrich im Mittel mindestens 70 % (kleinster Einzelwert mindestens 60 %) der Biegezugfestigkeitsklasse nach DIN EN 13 813 erreichen.
Bei der Prüfung des Schleifverschleißes dürfen höchstens 120 % der nach DIN EN 13 813 angegebenen Werte, bei dem Nachweis der Oberflächenhärte von Magnesiaestrichen müssen mindestens 80 % der nach DIN EN 13 813 angegebenen Werte erreicht werden. Gussasphaltestrich muss den in Tafel 7.17 aufgeführten Eindringtiefen entsprechen.
Außerdem wird bei der Bestätigungsprüfung die Estrichdicke gemessen.
Bezeichnung der Estriche auf Trennschicht:
DIN – Kurzzeichen für Estrichart und Festigkeits- bzw. Härteklasse – Nenndicke in mm mit vorgesetztem T für Trennschicht, z.B.:
Estrich DIN 18 560 – GE 15 – T 25
   (Gussasphaltestrich der Härteklasse 15 auf Trennschicht, 25 mm dick)

7.11 Estriche mit Kunststoffen

Kunstharzestriche SR (Synthetic resin screed) werden in der Regel nur als dünne, mehrere Millimeter dicke Schicht aus Epoxid-, Polyester-, Polymethacryl- oder Polyurethanharz auf Beton, Estriche oder andere Beläge aufgebracht (siehe auch Abschnitt 6.24.2). Reine Beschichtungen mit Kunstharzen unterscheiden sich nicht grundsätzlich von Kunstharzestrichen.
In der Regel haben sie keine oder nur geringe lastverteilende Funktionen, erhöhen aber die mechanische und chemische Beanspruchbarkeit und ergeben eine staubfreie, leicht zu reinigende Oberfläche.
Hochbeanspruchbare Kunstharzestriche nach DIN 18 560-7 müssen mindestens 5 mm (Beanspruchungsgruppe III) bzw. 10 mm (Beanspruchungsgruppen II und I) aufweisen.
Reaktionsharzestriche sind praktisch dampfdicht, die Rückseite darf deshalb nicht durchfeuchtet werden (Blasenbildung, Ablösung vom Untergrund). Übliche Estrichdicken sind 8 bis 15 mm, die Estriche enthalten neben Zuschlägen meist Farbpigmentzusätze. Bei höheren Temperaturen nimmt die Beständigkeit der Estriche ab, in der Regel widerstehen sie Temperaturen über 100 °C nicht.

Reaktionsharz-Zusatzstoffe werden häufig zementgebundenen Estrichen zugesetzt. Sie werden als wässrige Dispersionen zugegeben, um die Haftung am Untergrund zu verbessern, die Biegezugfestigkeit zu erhöhen, die Verarbeitbarkeit zu verbessern oder den Elastizitätsmodul zu verringern und die Gefahr der Rissbildung herabzusetzen. Die Dispersionen enthalten Reaktionsharze auf Basis Polyvinylacetat, Polyvinylpropionat, Butadien-Styrol oder Acrylsäureester, bei 50 % Feststoffgehalt Zusatzmenge meist 10 bis 20 % des Zementgewichts.

7.12 Prüfung von Estrichen

7.12.1 Allgemeines

Bei Estrichen gibt es Erstprüfungen, Bestätigungsprüfungen und Erhärtungsprüfungen (selten). Die **Erstprüfung** (ITT = Initial Type Testing) ist durchzuführen, um die Konformität mit DIN EN 18 383 nachzuweisen. Es soll festgestellt werden, ob mit einer vorgesehenen Estrichzusammensetzung die geforderten Eigenschaften erreicht werden. Für Estriche hoher Festigkeitsklassen ist sie stets erforderlich sonst nur, wenn keine ausreichenden Erfahrungen mit der geplanten Zusammensetzung oder mit den Ausgangsstoffen vorliegen.
Ein Konzept der **werkseigenen Produktionskontrolle** (FPC = Factory Production Control) ist durchzuführen und in einem Qualitätshandbuch zu dokumentieren. Das System der FPC muss aus Verfahren der Eigenüberwachung der Produktion bestehen.
Die **Bestätigungsprüfung** wird am fertigen Estrich vorgenommen und dient zum Nachweis, dass der Estrich ausreichend dick ist und die geforderten Eigenschaften besitzt. Die Bestätigungsprüfung wird in der Regel nur durchgeführt, wenn Zweifel an der Güte des eingebauten Estrichs bestehen.
Die **Erhärtungsprüfung** soll Aufschluss über die Eigenschaften bei Anhydrit-, Magnesia- oder Zementestrich geben, die zu einem bestimmten Zeitpunkt unter den Erhärtungsbedingungen der Baustelle erreicht sind. Hierzu werden Proben aus dem zum Einbau gelangenden Estrich auf der Baustelle – auf oder neben dem Estrich – gelagert und dann geprüft. Diese Prüfung wird nur ausnahmsweise durchgeführt, nämlich wenn es für die Gebrauchsfähigkeit des Estrichs zu einem bestimmten Zeitpunkt nötig ist.

7.12.2 Festigkeitsprüfung

Die Prüfung der Festigkeiten erfolgt bei Anhydrit-, Magnesia- und Zementestrich nach DIN EN 13 892-2. Danach werden für die Festigkeitsprüfung Prismen von 4 cm × 4 cm × 16 cm hergestellt. Lagerung der Prismen bis zur Prüfung siehe Tafel 7.3.
Im Probenalter von 28 Tagen wird die Druck- und Biegezugfestigkeit wie bei der Zementprüfung ermittelt, siehe Abschnitt 4.6.13.4.
Für die Bestätigungsprüfung bei schwimmenden Estrichen sind mindestens zwei Platten von etwa 40 cm × 40 cm Größe mit einer Trennscheibe trocken aus dem Estrich herauszuschneiden. Aus jeder Platte sind drei bis fünf Probekörper von 6 cm Breite herauszuschneiden, bei Anhydrit- und Magnesiaestrichen ebenfalls trocken. Die Länge der Prüfkörper soll der 6fachen Dicke entsprechen. Diese Probekörper werden auf Biegezugfestigkeit geprüft. Zuvor sind die Auflager- und Kraftangriffsflächen abzugleichen und die Proben bei Normalklima bis zum Erreichen des lufttrockenen Zustands zu lagern. Die Prüfkraft soll als Streifenkraft in der Mitte der Stützweite angreifen, die Stützweite soll etwa der 5fachen Estrichdicke entsprechen, die Probenunterseite soll in der Zugzone liegen. Die Prüfkraft ist

bis zum Bruch so zu steigern, dass die Biegezugspannung in der Probe um 0,1 N/mm² in der Sekunde zunimmt.
Die Biegezugfestigkeit β_{BZ} ist dann: $\beta_{BZ} = 1{,}5 \times F \times l/(b \cdot d^2)$ in N/mm²
Darin sind:

F   Bruchkraft in N
l   Stützweite in mm
b   Breite des Probekörpers im Bruchquerschnitt an der Zugseite in mm
d   mittlere Dicke des Probekörpers im Bruchquerschnitt in mm

b und d sind auf 1 mm genau zu messen, und die errechnete Biegezugfestigkeit ist auf 0,1 N/mm² gerundet anzugeben.

Bei der **Bestätigungsprüfung für Estriche auf Trennschicht** erfolgt die Prüfung der Biegezugfestigkeit wie bei schwimmenden Estrichen an 6 cm breiten Probekörpern, die aus etwa 40 cm × 40 cm großen Platten herausgeschnitten werden. Probeentnahme und -bearbeitung können hier bei Zementestrich auch nass erfolgen.

Bei der **Bestätigungsprüfung für Verbundestriche** sind für die Biegezugprüfung mindestens drei Proben zu entnehmen, aus denen mindestens je zwei Probekörper mit folgenden Abmessungen herausgeschnitten werden können:

  Dicke = Estrichdicke (d)
  Länge ≥ 4 d
  Breite etwa 40 mm

Probeentnahme und -bearbeitung sollen bei Anhydrit- und Magnesiaestrich trocken erfolgen. Abgleichen der Probekörper, Lagerung, Prüfung und Berechnung der Biegezugfestigkeit erfolgen wie bei der Prüfung der schwimmenden Estriche, nur muss bei der Biegezugfestigkeitsprüfung die Probenoberseite in der Zugzone liegen.

Für die **Druckfestigkeitsprüfung bei Estrichdicken ≥ 40 mm** werden mindestens drei Bohrkerne von 50 mm Durchmesser oder drei Proben entnommen, aus denen sich je ein Würfel mit einer der Estrichdicke entsprechenden Kantenlänge herausschneiden lässt. Bei Anhydrit- und Magnesiaestrich sollen Entnahme und Bearbeitung der Proben trocken erfolgen. Die Druckflächen der Probekörper sind planparallel zu schleifen oder abzugleichen, bei Bohrkernen müssen sie rechtwinklig zur Bohrkernachse liegen. Die Probekörperhöhe soll dem Bohrkerndurchmesser bzw. der Kantenlänge der Probekörper entsprechen, Abweichungen von ± 10 % sind zulässig. Die Probekörper sind bis zum Erreichen des lufttrockenen Zustands im Normalklima zu lagern und dann zu prüfen. Bei der Prüfung ist die Kraft so zu steigern, dass die Druckspannung im Probekörper um etwa 0,5 N/mm² in der Sekunde zunimmt. Aus dem Verhältnis erreichte Höchstkraft (Bruchkraft) in N zu Druckfläche in mm² ergibt sich die Druckfestigkeit in N/mm².

Für die **Bestätigungsprüfung bei hochbeanspruchbaren Estrichen** werden drei Proben für die Biegezugprüfung aus dem Estrich herausgeschnitten. Die Abmessungen der Proben sind von der Dicke d der Hartstoffschicht wie folgt abhängig:

Höhe bei zweischichtigem Estrich: $h = 2\,d$, aber mindestens 20 mm
Höhe bei einschichtigem Estrich: $h = d$, aber mindestens 10 mm
Länge: $l \geq 6 \cdot h$
Breite: $b \geq 40$ mm
Stützweite: $s = 5 \cdot h$

7.12 Prüfung von Estrichen

Bei der Prüfung muss die Probenoberseite (Hartstoffschicht) in der Zugzone liegen.

7.12.3 Härte von Gussasphalt

Die Härte von Gussasphaltestrichen wird gemäß DIN EN 12 697-20 aus der Stempeleindringtiefe ermittelt. Hierzu sind Ausbaustücke von etwa 300 mm × 300 mm zu entnehmen. Für die Prüfung werden die Würfel auf 22 °C bzw. 40 °C erwärmt (Wasserbad) und durch einen Stempel belastet. Größe der Stempelfläche und Belastungsdauer siehe Tafel 7.17. Die Eindringtiefe gilt als Maß für die Härte.

7.12.4 Oberflächenhärte von Magnesiaestrich

Die Oberflächenhärte wird bei Magnesiaestrich an Prismen 4 cm × 4 cm × 16 cm (wie für die Festigkeitsprüfung) ermittelt. Die Prismen werden vor der Prüfung wie in Tafel 7.3 angegeben gelagert. Die Oberflächenhärte wird aus der Eindringtiefe einer polierten Stahlkugel mit 10 mm Durchmesser bestimmt. Die Stahlkugel wird mit einer Vorlast von 10 ± 0,1 N auf die Oberfläche der Probe bzw. des Estrichs aufgesetzt und damit die Ausgangsablesung vorgenommen. Danach wird die Hauptlast von $F = 500$ N aufgebracht, nach drei Minuten Belastungsdauer bis auf Vorlast entlastet und nach einer weiteren Minute die bleibende Eindringtiefe t mit einer Genauigkeit von 0,01 mm gemessen. Als Oberflächenhärte H gilt dabei:

$$H = F / (10 \times \pi \times t) \text{ in N/mm}^2$$

Bei jedem Prisma ist die Prüfung an drei Stellen der bei der Herstellung oberen, geglätteten Fläche vorzunehmen. Anzugeben sind der Mittelwert für jedes einzelne Prisma sowie der Mittelwert der drei Prismen.

Bei der Bestätigungsprüfung ist die Prüfung vorzugsweise mit einem tragbaren Oberflächenhärte-Prüfgerät am verlegten Estrich durchzuführen.

7.12.5 Abnutzbarkeit, Schleifverschleiß

Die Prüfung der Abnutzbarkeit durch Schleifen – Schleifverschleiß, Abrieb – erfolgt nach DIN EN 13 892-3 – Bestimmung des Verschleißwiderstandes nach *Böhme*.

Die Prüfung wird bei der Erstprüfung an gesondert hergestellten, 4 cm dicken quadratischen Platten mit 7,1 cm Kantenlänge (50 cm² Fläche) vorgenommen. Bei der Bestätigungsprüfung werden drei entsprechend große Platten, aber mit Estrichdicke, aus dem fertigen Estrich herausgesägt. Zur Prüfung im lufttrockenen Zustand werden Anhydritestrichproben bei 40 °C ± 2 °C getrocknet. Die Prüfung selbst erfolgt durch schleifende Beanspruchung auf einer Scheibe mit feingeschlichteter (feingerillter), gusseiserner Schleifbahn, auf die Prüfschmirgel (Korund) gebracht wird. Bei den Umdrehungen der Scheibe wird an der Probe, die auf die Scheibe gedrückt wird, Abrieb erzeugt. Nach 22 Umdrehungen werden Probe und Schleifscheibe vom Abrieb gesäubert, neuer Schmirgel aufgebracht und die Beanspruchung wiederholt. Nach 16 solcher Perioden ist die Prüfung beendet.

Der Gewichtsverlust der Probe nach 16 × 22 Scheibenumdrehungen wird über die zuvor ermittelte Rohdichte der Probe in Volumenverlust umgerechnet. Der Abrieb bzw. der Schleifverschleiß wird dann in cm³/50 cm² Prüffläche angegeben. Zusätzlich kann auch die Dicke der abgenutzten Schicht gemessen werden.

Bei der Bestätigungsprüfung von Verbundestrichen und Estrichen auf Trennschicht dürfen höchstens 120 % der Verschleißwerte nach DIN EN 13 813 erreicht werden.

An Gussasphalt kann diese Prüfung wegen seiner thermoplastischen Eigenschaften nicht erfolgen.

7.13 Literaturverzeichnis

[7.1] Lipinski, in: Fehler in der Ziegelherstellung und ihre Beseitigung, von K. Spingler, Verlag W. Knapp, Halle (Saale)

[7.2] Ausführung von Mauerwerk in Skelettbauten, hrsg. von der Deutschen Gesellschaft für Mauerwerksbau, Berlin

[7.3] Piepenburg, Mörtel Mauerwerk Putz, Bauverlag GmbH, Wiesbaden/Berlin

[7.4] AGI Arbeitsblatt A 12 Teil 1: Industrieestriche, Zementestrich, zementgebundener Hartstoffestrich, Ausgabe 1997

[7.5] AGI Arbeitsblatt A 12 – 2.1: Industrieestriche, Konventioneller Anhydritestrich

[7.6] AGI Arbeitsblatt A 12 Teil 3: Industrieestriche, Gussasphaltestrich

[7.7] AGI Arbeitsblatt A 12 – 4: Industrieböden: Planung und Ausführung von Industrieestrichen – Reaktionsharzgebundene Estriche, 2009

[7.8] Müller, Chr. und Schießl, P., Schwinden mineralischer Baustoffe unter besonderer Berücksichtigung von Calciumsulfatestrichen, in: Zement – Kalk – Gips 1996, Heft 5, S. 266–273 und Heft 6, S. 344–355, Bauverlag, Wiesbaden

[7.9] Handbuch für das Estrich- und Belaggewerbe, 1999, hrsg. von der Bundesfachgruppe Estrich und Belag im Zentralverband des Deutschen Baugewerbes e. V., Verlagsges. R. Müller, Köln

[7.10] Technische Mitteilungen über Stucanet-Putzträger der Fa. Bekaert Deutschland GmbH, Bad Homburg v. d. Höhe

[7.11] Oberflächenbehandlung von Porenbeton, Putze, Beschichtungen, Verkleidungen, Bericht 7, Herausgeber: Bundesverband Porenbetonindustrie e. V., Wiesbaden

[7.12] Merkblatt 2-4-94: Beurteilung und Instandsetzung gerissener Putze an Fassaden sowie Merkblatt 2-2-91: Sanierputzsysteme, herausgegeben von der Wissenschaftlich-Technischen Arbeitsgemeinschaft für Bauwerkserhaltung und Denkmalpflege e. V., München

[7.13] Künzel, H., Schäden an Fassadenputzen, IRB-Verlag, Stuttgart, 1994

[7.14] Friese, P./Protz, A./Peschl, D., Kompressenputz mit passenden Porenradien in Bautenschutz und Bausanierung, 20/1997, Heft 5, S. 26–30, Verlagsges. R. Müller, Köln

[7.15] Schubert, P., Mauerwerk mit Mittelbettmörtel, Mauerwerk-Kalender, Verlag Ernst & Sohn, Berlin 1995, S. 703 ff.

8 Eisen und Stahl

Prof. Dr.-Ing. Imke Engelhardt

8.1 Allgemeines

Das chemische Element Eisen Fe steht hinsichtlich der Häufigkeit in der Erdkruste mit etwa 5,1 Masse-% an vierter Stelle nach Sauerstoff O (46,6 %), Silizium Si (27,7 %) und Aluminium Al (8,1 %). Eisen ist das häufigste Gebrauchsmetall. Die Welterzeugung an Roheisen beträgt etwa 560 Mio. Tonnen pro Jahr (1994).

Das Eisen wird im Bauwesen als Gusseisen, Stahlguss und Walz- und Schmiedestahl verwendet, wobei der Walzstahl den Hauptanteil darstellt. Gusseisen und Stahlguss werden unter dem Oberbegriff Gusswerkstoffe zusammengefasst (siehe Abschnitt 8.2). Vorteile des Eisens sind neben seiner Häufigkeit in der Erdkruste der vergleichsweise geringe Energieaufwand bei der Verarbeitung und die gute Recycelbarkeit (siehe Abschnitt 8.15).

Außer im Meteoreisen kommt Eisen in der Natur nur in Form von Verbindungen vor, in den Eisenerzen vorwiegend an Sauerstoff gebunden (Oxide). Die Eisenerze sind der wichtigste Ausgangsstoff für die Herstellung von Gusseisen und Stahl (siehe auch Abschnitt 8.3.2). Aus ihnen wird durch die Reduktion der oxidischen Eisenverbindungen im Hochofen Roheisen erschmolzen (siehe Abschnitt 8.3.3). Roheisen hat wegen seines hohen Kohlenstoffgehalts (3 bis 4 Masse-%) und der anderen aus den Rohstoffen stammenden Begleitelemente, wie Si, Mn, P und S, keine ausreichenden Gebrauchseigenschaften. Insbesondere ist das Roheisen zu spröde und lässt sich nicht schmieden und walzen. Daher muss es metallurgisch weiterverarbeitet werden, und zwar zu Gusseisen und Stahl.

Die Gusseisenherstellung ist im Abschnitt 8.2 beschrieben, die Herstellung von Stahl einschließlich der Formgebung und Beschichtung im Abschnitt 8.3.

8.2 Gusswerkstoffe

Gusswerkstoffe werden in die beiden Hauptgruppen Gusseisen (C-Gehalt > 2 Masse-%; Si-Gehalt 1 bis 3 %) und Stahlguss (C-Gehalt ≤ 2 Masse-%; wie üblicher Walzstahl) eingeteilt. Gusseisen zeichnet sich gegenüber Stahl und Stahlguss durch geringere Korrosionsempfindlichkeit und durch praktisch beliebige Umrissgestaltbarkeit aus. Stahlguss wird verwendet, wenn die Festigkeits- und Zähigkeitseigenschaften von Gusseisen nicht mehr ausreichen oder für Teile eingesetzt, die sich auf Grund ihrer Form durch Walzen oder Schmieden nicht herstellen lassen.

8.2.1 Gusseisen

Normen

DIN EN 1011-8	(02.05)	Schweißen von Gusseisen
DIN EN 1559-1 bis -3		Gießereiwesen; Technische Lieferbedingungen;
		Teil 1: Allgemeines (05.11);
		Teil 2: Zusätzliche Anforderungen an Stahlgussstücke (12.14);
		Teil 3: Zusätzliche Anforderungen an Eisengussstücke (01.12)
DIN EN 1560	(05.11)	Gießereiwesen; Bezeichnungssystem für Gusseisen; Werkstoffkurzzeichen und Werkstoffnummern
DIN EN 1561	(01.12)	wie vor; Gusseisen mit Lamellengraphit

8 Eisen und Stahl

DIN EN 1562	(05.12)	wie vor; Temperguss
DIN EN 1563	(03.12)	wie vor; Gusseisen mit Kugelgraphit
DIN EN 1564	(01.12)	wie vor; Ausferritisches Gusseisen mit Kugelgraphit
DIN EN 13 835	(04.12)	wie vor; Austenitische Gusseisen
DIN-Taschenbuch 454	(07.14)	Stahlguss und Gusseisen

8.2.1.1 Allgemeines

Gusseisen wird meist im Kupolofen, einem kleineren Schachtofen, aber auch in Induktions-, Lichtbogen- oder Drehtrommel-Öfen aus Roheisenmasseln (siehe Abschnitt 8.3.3) unter Zugabe von Schrott, Gussbruch und eventuell weiteren Zusätzen erschmolzen. Man spricht von Gusseisen zweiter Schmelzung, im Gegensatz zu dem aus dem Hochofen stammenden Gusseisen erster Schmelzung (Roheisen; C-Gehalt 3 bis 4 %).

Entscheidend für die Eigenschaften und die Art und Benennung des Gusseisens ist die Form des Kohlenstoffs (s.a. Abb. 8.1) im erstarrten Guss. Man unterscheidet danach graues Gusseisen und weißes Gusseisen (Temperguss). Im grauen Gusseisen liegt der Kohlenstoff als Graphit vor. Dagegen wird im weißen Gusseisen (Temperguss) der Kohlenstoff zunächst als Zementit (Fe_3C) gebunden und erst durch anschließende Glühbehandlung teilweise in Graphit umgewandelt.

Die Entstehung der beiden unterschiedlichen Gusseisensorten wird beeinflusst von der Abkühlungsgeschwindigkeit und damit von der Wanddicke des Gussteils und vom Siliziumgehalt. Schnelle Abkühlung in der Masselgießmaschine ergibt weißes Gusseisen, langsame Abkühlung in Sandformen graues Gusseisen. Erhöhter Si-Gehalt fördert die Ausbildung des grauen Gusseisens.

Gusseisen ist durch den hohen Kohlenstoffgehalt und die damit verbundene Sprödigkeit weder warm noch kalt verformbar, in Grenzfällen jedoch spanabhebend bearbeitbar.

8.2.1.2 Bezeichnung von Gusseisen nach DIN EN 1560 (2011-05)

Das Bezeichnungssymbol für Gusseisen hat maximal sechs Positionen, die allerdings nicht alle besetzt sein müssen. Sie haben die folgenden Bedeutungen:

Pos. 1: EN für genormtes Gusseisen

Pos. 2: GJ für Gusseisen (G = Guss, J = Eisen)

Pos. 3: Graphitstruktur: L = lamellar; S = kugelig; M = Temperkohle, einschließlich entkohlend geglühtem Temperguss; V = vermikular (vermiculus, lat. = Würmchen); N = graphitfrei = Hartguss, ledeburitisch; Y = Sonderstruktur

Pos. 4: (falls erforderlich) Mikro- bzw. Makrostruktur; z.B. A = Austenit, F = Ferrit, P = Perlit, Q = abgeschreckt, T = vergütet

Pos. 5: Klassifizierung durch mechanische Eigenschaften oder chemische Zusammensetzung, z.B. **Zugfestigkeit** in N/mm^2 und gegebenenfalls zusätzlich **Bruchdehnung** in %: EN-GJS-350-22S (S bedeutet: gemessen an getrennt gegossenen Proben); **Brinellhärte** in N/mm^2: EN-GJL-HB150; **chemische Zusammensetzung:** EN-GJN-X300CrNiSi9-5-2 (C-Gehalt = 3 %).

Pos. 6: Zusätzliche Anforderungen: D = Rohgussstück, H = wärmebehandeltes Gussstück, W = schweißgeeignet, Z = in der Bestellung festgelegte zusätzliche Anforderungen.

Die DIN EN 1560 beschreibt auch ein Nummernsystem zur Bezeichnung von Gusseisen.

8.2 Gusswerkstoffe

8.2.1.3 Gusseisen mit Lamellengraphit (GJL) nach DIN EN 1561 (2012-01)

Sein C-Gehalt liegt zwischen 2,7 und 4,2 Masse-%. Die Bruchflächen sind hell- bis dunkelgrau. Die große Sprödigkeit mit entsprechend geringer Zugfestigkeit liegt an der lamellenförmigen Ausbildung des Graphits. Damit wird der Zusammenhang der Grundmasse (perlitisch bzw. bei EN-GJL-150 ferritisch/perlitisch) vielfach unterbrochen. Die Kerbwirkung der Lamellen ruft Spannungsspitzen mit entsprechend geringen mechanischen Eigenschaften hervor. Graues Gusseisen besitzt sehr geringe Bruchdehnung und ist mit Feile und Meißel bearbeitbar. Es schwindet beim Erstarren wenig und besitzt eine geringere Korrosionsneigung als Stahl, bedingt durch den höheren Si-Gehalt.

Die Norm enthält sechs **Gusseisensorten**. Nach der an gegossenen Probestäben gemessenen Zugfestigkeit werden sie mit EN-GJL-100 bis 350 bezeichnet (die Zahlen bedeuten die Mindestzugfestigkeit in N/mm^2), nach der an der Oberfläche von Gussstücken gemessenen Brinellhärte HBW10/3000 mit EN-GJL-HB155 bis -HB255 (die Zahlen bedeuten die Brinellhärte HBW10/300 an Gussstücken mit $\geq$ 40 mm Wanddicke).

Weitere **Eigenschaften** nach steigender Zugfestigkeit, gemessen an getrennt gegossenen Proben: Bruchdehnung 0,8 bis 0,3 %; Druckfestigkeit 600 bis 1080 N/mm^2; E-Modul 78 bis 143 N/mm^2; Dichte 7,1 bis 7,3 g/cm^3; spezifische Wärmekapazität bzw. lineare Wärmedehnzahl zwischen 20 und 200 °C 460 J/(kg · K) bzw. 11,7 µm/(kg · K); Wärmeleitfähigkeit bis 500 °C 52,5 bis 41,5 W/(m · K).

Anwendung: Im Hausbereich vorzugsweise EN-GJL-150 und -200 zu Heizkörpern, Kanalrosten, Sinkkästen und Rohren. Im Ingenieurbau für Druckrohre und Tübbings (Zylindersegmente) im Schacht-, Tunnel- und Stollenbau. Im Maschinenbau wegen des guten Dämpfungsverhaltens für Werkzeugmaschinenständer.

8.2.1.4 Gusseisen mit Kugelgraphit (GJS) nach DIN EN 1563 (2012-03)

Sein C-Gehalt liegt etwa bei 3,7 Masse-%, der aber durch Zugabe weniger hundertstel Prozent Mg und Cer beim Erstarren sich als Graphit in Kugelform ausscheidet. Die Folge sind ein einheitlicheres Gefüge, eine geringere Kerbwirkung der Graphitkugeln und wesentlich verbesserte Eigenschaften: hoher Verschleißwiderstand, günstiges Korrosionsverhalten, hohe Warmfestigkeit der legierten Sorten, gute Bearbeitbarkeit, deutlich höhere Zugfestigkeit, zäher (stahlähnlicher). Schweißen bei thermischer Vor- und Nachbehandlung möglich. Charakteristisch für GJS sind seine silberweißen Bruchflächen.

Eigenschaften von GJS, gemessen an getrennt gegossenen und mechanisch bearbeiteten Proben:

Es gibt 13 Festigkeitsklassen EN-GJS-350-22, -400-18, -400-15 bis -900-2. Die erste Zahl bedeutet die Mindestzugfestigkeit, die zweite die Mindestbruchdehnung. Die 0,2%-Grenzen liegen zwischen 220 und 600 N/mm^2. Die Festigkeitsklassen 350-22 und 400-18 haben zusätzlich zwei weitere Klassen LT und RT mit definierten Mindestwerten für die Kerbschlagarbeit von 12 Joule bei – 20 und – 40 °C für LT bzw. von 17 und 14 Joule bei 23 °C für RT. Die 0,2%-Grenzen liegen zwischen 220 und 600 N/mm^2, die Brinellhärten HBS 10/3000 zwischen unter 160 bis 360 N/mm^2.

Weitere Eigenschaften sind: E-Modul (Zug/Druck) 169 bis 176 kN/mm^2; Dichte 7,1/7,2 kg/dm^3; spezifische Wärmekapazität zwischen 20 und 500 °C 515 J/(kg · K); lineare Wärmedehnzahl zwischen 20 und 400 °C 12,5 µ/(m · K); Wärmeleitfähigkeit 36,2 bis 31,1 W/(m · K).

8 Eisen und Stahl

Anwendung: Gussteile für schwere Baumaschinen und Tübbings. Wichtiges Anwendungsgebiet:
Druckrohre aus duktilem Gusseisen nach

DIN EN 545	(09.11)	Rohre, Formstücke, Zubehörteile aus duktilem Gusseisen und ihre Verbindungen für Wasserleitungen; Anforderungen und Prüfverfahren
DIN EN 598	(10.09)	Rohre, Formstücke, Zubehörteile aus duktilem Gusseisen und ihre Verbindungen für die Abwasser-Entsorgung; Anforderungen und Prüfverfahren
DIN EN 969	(07.09)	Rohre, Formstücke, Zubehörteile aus duktilem Gusseisen und ihre Verbindungen für Gasleitungen – Anforderungen und Prüfverfahren

Deutsche Gussrohre für Abwasserleitungen werden serienmäßig mit einer Tonerdezement-Mörtelschicht ausgekleidet. Die Schicht wird im Rotationsschleuderverfahren aufgebracht. Sie besteht aus einer Grobkornschicht, die fest mit der gussrauen Rohroberfläche verbunden ist, und einer innen liegenden Feinkornschicht. Als neuere Entwicklung der Gussrohrtechnik gibt es Gussrohre für den Vortrieb bis 200 m Vortriebslänge (s.a. FGR Abschnitt 21.8 und [8.24]).

8.2.1.5 Temperguss (GJM) nach DIN EN 1562 (2012-05)

Temperguss GJM (frühere Bezeichnung GT) ist im Gusszustand graphitfrei, d.h. „weiß" gegossen. Er enthält den Kohlenstoff (2,3 bis 3,4 %) in Form von Eisencarbid Fe_3C (Zementit) und ist dadurch hart, spröde und nicht bearbeitbar. Eine nachträgliche Glühbehandlung (Tempern) lässt den Zementit zerfallen, und es entsteht ein Grundgefüge (s. u.) und Kohlenstoff, der sich flockenförmig als Temperkohle (Graphit) im Gefüge abscheidet (siehe Abb. 8.1). Die Zähigkeit und Bearbeitbarkeit werden damit deutlich verbessert, er wird stahlähnlicher und ist je nach C-Gehalt härtbar und vergütbar.

Bei entkohlender Glühbehandlung, durch Einbettung der Gussteile in Eisenoxid (Fe_2O_3), entsteht **weißer Temperguss (GJMW)**. Dabei tritt Randentkohlung bis etwa 1 bis 4 mm Tiefe oder vollständige Entkohlung auf. Gegebenenfalls verbleibender Graphit liegt in Form von Temperkohle vor. Bei nichtentkohlender Glühbehandlung in Sand entsteht **schwarzer Temperguss (GJMB)**. Der gesamte Graphit liegt als Temperkohle vor. Das Grundgefüge der beiden Tempergussarten (Ferrit, Perlit oder andere Umwandlungsgefüge des Austenits; siehe Abschnitt 8.4) hängt von der Temperbehandlung, der nachfolgenden zusätzlichen Wärmebehandlung und/oder von der Zugabe von Legierungselementen ab.

Eigenschaften von Temperguss für Probendurchmesser 12 bzw. 15 mm:
Es gibt fünf Festigkeitsklassen EN-GJMW-350-4, -360-12, -400-5, -450-7, -550-4 bzw. neun Festigkeitsklassen EN-GJMB-300-6, -350-10, -450-6 bis -800-1. Die erste Zahl bedeutet die Mindestzugfestigkeit, die zweite die Mindestbruchdehnung. Die 0,2%-Grenzen in N/mm^2 liegen bei 170 bis 350 (GJMW) bzw. 200 bis 600 (GJMB), die Brinellhärten HB 10/3000 in N/mm^2 bei 200 bis 250 (GJMW) bzw. 150 bis 320 (GJMB).

Anwendung findet Temperguss für die Herstellung von Gussstücken mit kleinen Wanddicken sowie von Teilen für Druckgeräte, wie z.B. Fittings (Rohrverbindungstücke), Industriearmaturen und Membranventile.

8.2.1.6 Austenitische Gusseisen nach DIN EN 13 835 (2012-04)

Austenitisches Gusseisen erhält sein Grundgefüge durch hohe Legierungsgehalte vorwiegend von Ni, Mn, Cu und/oder Cr. Das Graphit kommt in zehn Sorten kugelig, in zwei Sorten

8.2 Gusswerkstoffe

lamellar vor. Sortenbezeichnungen sind z.B. EN-GJLA-XNiCuCr15-6-2 (L = lamellar), oder EN-GJSA-XNiCrNb20-2 (S = kugelig; gut schweißbar bei bestimmtem Nb-Gehalt). Durch die Legierung wird das Gusseisen unmagnetisch, korrosionsbeständig sowie verschleiß- und warmfester. Bei austenitischem Gusseisen mit Kugelgraphit sind Bruchdehnungen bis 45 % möglich, die Zugfestigkeit liegt zwischen 140 und 500 N/mm².

Gusseisen mit Lamellengraphit	Temperguss	Gusseisen mit Kugelgraphit	Stahlguss
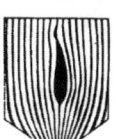	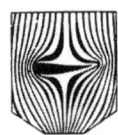		

Abb. 8.1 Durch Graphitausscheidung „gestörter" Spannungsverlauf im Gusseisen

8.2.2 Stahlguss (GS)

Normen

DIN EN 10 293	(04.15)	Stahlguss für allgemeine Anwendungen
DIN EN 1559-1, -2	(05.11)	Siehe Abschnitt 8.2.1 (Normen).
DIN EN 10 213	(01.08)	Stahlguss für Druckbehälter
DIN EN 10 340	(01.08)	Stahlguss für das Bauwesen
DIN EN 10 295	(01.03)	Hitzebeständiger Stahlguss
DIN EN 10 283	(06.10)	Korrosionsbeständiger Stahlguss

Stahlguss ist jeder in Formen gegossener Stahl, der keiner nachträglichen Umformung mehr unterworfen wird. Erschmolzen wird er aus beruhigtem, nichtlegiertem Stahl nach den bei der Herstellung von Stahl üblichen Verfahren (siehe Abschnitt 8.3.4). Wegen des gegenüber Gusseisen geringeren Kohlenstoffgehalts sind höhere Schmelztemperaturen erforderlich. Die DIN EN 10 293 nennt insgesamt 30 Stahlgusssorten. Für die Sorten GE200, GE240 und GE300 (früher GS-38, GS-45 und GS-60) werden Kerbschlagwerte bei Raumtemperatur in Höhe von 27/35, 27/31 und 27/31 J angegeben. Die Zahlen hinter GE bedeuten die Mindeststreckgrenze in N/mm². Die zugehörigen Zugfestigkeiten betragen 380, 450 und 600/520 N/mm², die Mindestbruchdehnungen 25, 22 und 15/18 %. Diese Stahlsorten sind normalgeglüht (+ N).

Die Bezeichnungen der übrigen in der DIN EN 10 293 genannten Gussstahlsorten geben in % als erstes den Kohlenstoffgehalt an (Faktor 100), danach den Gehalt anderer charakteristischer Legierungselemente (Faktoren entsprechend Tafel 8.4). Beispiel: G15CrMoV6-9 bedeutet C = 0,12 bis 0,18; Cr = 1,3 bis 1,8; Mo = 0,8 bis 1,00. Diese Sorten besitzen höhere Streckgrenzen/Zugfestigkeiten bis 950/1200 N/mm² und höhere Kerbschlagwerte bei Raumtemperatur bis 100 J und Kerbschlagwerte von 27 J bei Temperaturen bis – 45 °C. Als Wärmebehandlung wird Normalglühen + N und Vergüten + QT (Härten und Anlassen) angewendet.

Stahlgussteile sind wie Stahl schweißbar, müssen aber im Allgemeinen vorgewärmt und bei größeren Teilen spannungsfrei geglüht werden.

Anwendung: für hochbeanspruchte Werkstücke, wenn die Festigkeits- und Zähigkeitseigenschaften von Gusseisen nicht mehr ausreichen oder sich die Teile wegen ihrer verwickelten Form nicht durch Walzen oder Schmieden herstellen lassen, z.B. Maschinenteile, Lagerteile, Seilhülsen und -knoten, Gehäuse, Motorblöcke, Maschinenbetten, Pumpen etc.

8 Eisen und Stahl

8.3 Stahlherstellung
8.3.1 Allgemeines
Stahl ist ein durch Walzen oder Schmieden warmverformbarer Eisenwerkstoff mit einem Kohlenstoffgehalt von ≤ 2 Masse-%. Der C-Gehalt von 2 Masse-% ist allgemein der Grenzwert für die Unterscheidung von Stahl und Gusseisen.
Die Herstellung von Stahl (siehe auch Abb. 8.2) geschieht heute hauptsächlich nach dem Hochofen-Konverter-Verfahren in zwei Schritten:
- **Reduktion des Erzes** mit Koks im Hochofen zu flüssigem Roheisen (C-Gehalt 3 bis 4 %; siehe Abschnitt 8.3.3).
- **Frischen des flüssigen Roheisens** mit Sauerstoff im Konverter zur Verringerung des Gehalts an Kohlenstoff (unter 2 %) und der übrigen Begleitelemente wie z.B. Silizium, Mangan, Phosphor und Schwefel (siehe Abschnitt 8.3.4).

Daneben sind andere Verfahren im Gebrauch, die sich zum Teil noch in der Entwicklung befinden. Hierzu gehören das Direktreduktionsverfahren und das Schmelzreduktionsverfahren (siehe Abschnitt 8.3.5).

8.3.2 Ausgangsstoffe bei der Stahlherstellung
Rohstoff für die Herstellung von Stahl sind die **Eisenerze**. Eisenerze sind mit Gestein (Gangart) vermischte Eisen-Sauerstoff-Verbindungen (Eisenoxide). Die wichtigsten Eisenoxide sind: Magnetit oder Magneteisenstein Fe_3O_4, Hämatit oder Roteisenstein Fe_2O_3, Brauneisenerz oder Limonit $Fe_2O_3 \cdot H_2O$, Spateisenerz oder Siderit $FeCO_3$. Daneben gibt es Manganerze, Eisensilikate und Titaneisenstein sowie Abbrände und eisenhaltige Stäube. Letztere fallen z.B. bei der Herstellung von Schwefelsäure und NE-Schwermetallen an.
Bevor die Erze zu Roheisen verarbeitet werden, werden sie vorbehandelt. Die **Erzaufbereitung** hat den Zweck, den größten Teil der Gangart abzutrennen. Hierdurch werden Transportkosten gespart und die Hochöfen und sonstigen Reduktionsanlagen entlastet. Dazu werden die Erze zunächst gebrochen und gemahlen, um die miteinander verwachsenen Komponenten Eisenoxid und Gestein freizulegen. Die Verfahren zur anschließenden Trennung der beiden Komponenten machen sich ihre unterschiedliche Dichte (Flieh- und Auftriebskräfte in Spiralen) und Benetzbarkeit (Schaum-Aufschwimm-Verfahren) zunutze. Bei der magnetischen Aufbereitung werden die Erzteilchen durch Magnetfelder ausgesondert. Zur weiteren Vorbehandlung der Erze gehört die **Erzvorbereitung**. Grobe Erze werden gebrochen, gemahlen und gesiebt; zu feine Erze werden durch Sintern oder Pelletieren stückig gemacht. Beim **Sintern** werden angefeuchtete Feinerze mit Koksgrus sowie Kalkstein, Branntkalk, Olivin oder Dolomit gemischt, durch Erhitzen auf Sinterbändern miteinander verbacken und anschließend wieder gebrochen. Beim **Pelletieren** werden Feinsterze angefeuchtet, mit einem Bindemittel versehen, in Drehtrommeln oder auf Drehtellern zu sogenannten Grünpellets geformt und anschließend getrocknet und gebrannt. Dadurch entstehen Kügelchen (engl. pellet) von etwa 10 bis 15 mm Durchmesser. Durch das Sintern oder Pelletieren ergibt sich im Hochofen eine gute Gasdurchlässigkeit und Reduzierbarkeit der Eisenerze.
Bei der Stahlherstellung kommt in großem Maße, weltweit etwa zu 40 %, auch **Schrott** zum Einsatz. Schrott fällt als sogenannter Kreislaufschrott in den Hüttenwerken beim Walzen (Enden, Kanten usw.) sowie in der stahlverarbeitenden Industrie an. Beim Recycling anfallender Alt-

8.3 Stahlherstellung

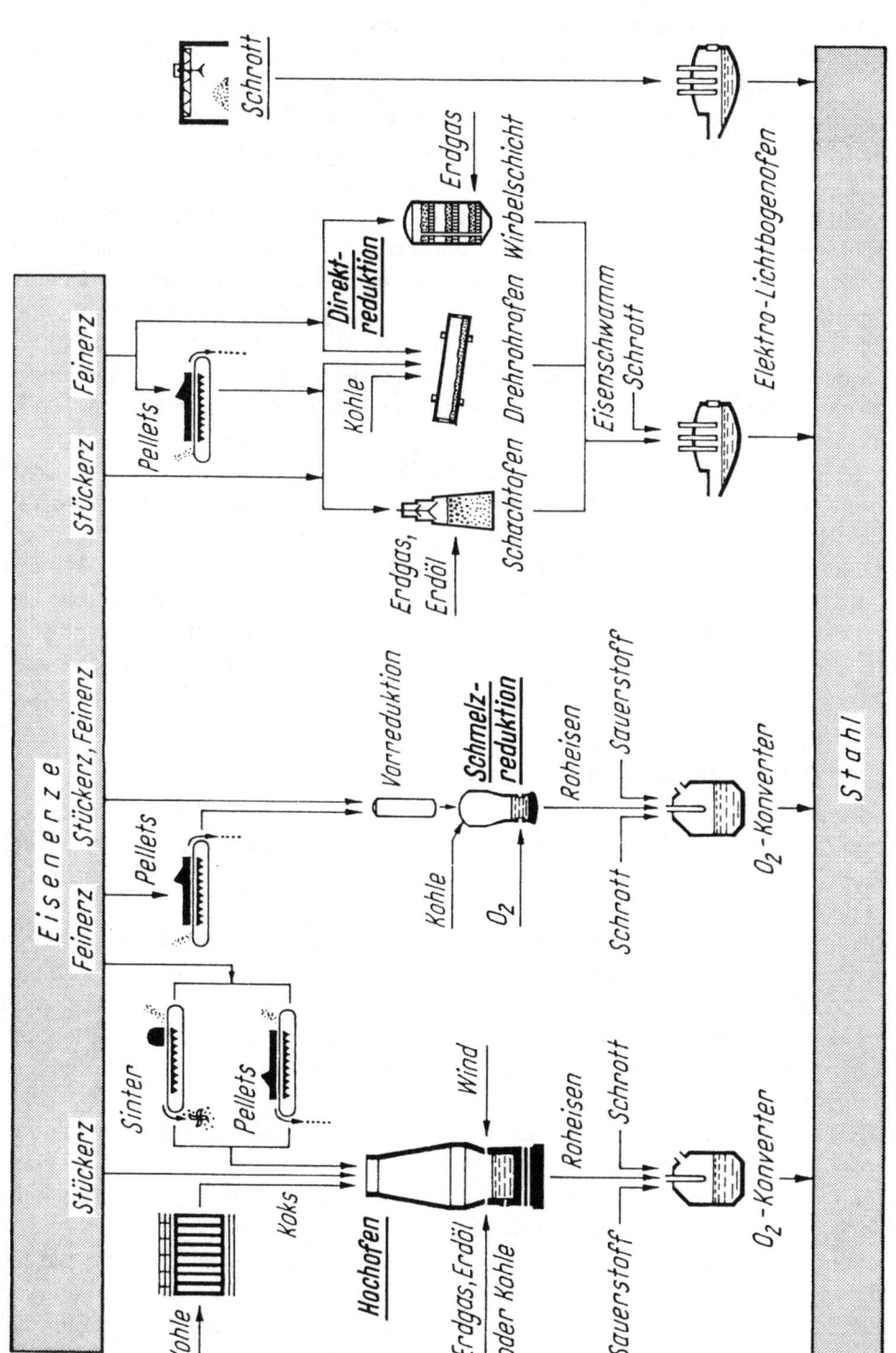

Abb. 8.2 Verfahrenswege bei der Herstellung von Stahl nach [8.3]

oder Sammelschrott muss in Pressen, Zerkleinerungs- oder Shredderanlagen sortiert und von Verunreinigungen und unerwünschten Begleitelementen, z.B. NE-Metallen, getrennt werden.
Als **Brennstoffe** und **Reduktionsmittel** werden Koks, Kohle, Öl oder Gas eingesetzt. Wichtigstes Reduktionsmittel ist der Koks. Er wird durch Verkoken, d.h. durch das Erhitzen schwefelarmer Kohle unter Luftabschluss, die sogenannte trockene Destillation, hergestellt. Dabei fallen als Nebenprodukte Teer, Benzol, Schwefelwasserstoff und Ammoniak an. Der Koks trägt im Hochofen die gesamte Schüttsäule. Seine Porigkeit und sein im Verhältnis zum Erz, Sinter oder zu den Pellets größeres Korn ermöglicht die Durchgasung der Säule. Daher ist ein vollständiger Ersatz des Kokses durch die anderen Reduktionsmittel nicht möglich.
Als **Zuschläge** bei der Roheisen- und Stahlherstellung kommen hauptsächlich Kalk in Form von Kalkstein, Branntkalk oder Kalkhydrat sowie Olivin und Dolomit zum Einsatz, daneben auch Bauxit, Flussspat und Quarz. Die Zuschläge setzen die hohen Schmelztemperaturen von 1700 bis 2000 °C der Gangart der Erze und der Asche des Kokses auf 1300 bis 1400 °C herab, wirken also als sogenanntes Flussmittel. Die auf diese Weise erzeugte dünnflüssige Schlacke nimmt gleichzeitig unerwünschte Begleitelemente wie Silizium, Aluminium, Phosphor und Schwefel, der zum größten Teil aus dem Koks herrührt, auf.
Wegen der im Hochofen und anderen Reaktionsgefäßen (Pfannenwagen, Konverter, Lichtbogenofen usw.) herrschenden hohen Temperaturen müssen diese mit **Feuerfeststoffen** ausgekleidet (zugestellt) werden. Dazu werden gebrannte oder ungebrannte (mineralisch gebundene) Steine oder Massen verwendet. Solche feuerfesten Baustoffe sind z.B. die in Abschnitt 2.6.1 genannten Steine. Die Ausmauerung kann auch mit großformatigen Elementen oder sogar monolithisch aus feuerfestem oder hochfeuerfestem Beton hergestellt werden. Solche Betone verwenden als Bindemittel Portland- oder Tonerdeschmelzzement, als Zuschlag hauptsächlich Schamotte, Korund Al_2O_3, Chromerz oder Siliziumkarbid (Karborund SiC), s.a. Abschnitt 6.10.6 c.

8.3.3 Der Hochofenprozess: Vom Erz zum Roheisen

Der Hochofen (s.a. Abb. 8.3) wird von oben durch die Gicht mit dem Möller (Gemisch aus Erzen und Zuschlägen) und dem Koks schichtweise beschickt. Durch den Schmelzvorgang im unteren Teil des Hochofens, der sogenannten Rast, sinken die Schichten durch den Schacht nach unten.
Aus einer im unteren Teil des Hochofens befindlichen Leitung wird durch Düsen Heißwind (Luft und Sauerstoff), gegebenenfalls zusammen mit Erdgas, Öl und/oder feinkörniger Kohle, eingeblasen, der den Hochofen von unten nach oben durchströmt. Der Heißwind wird in 25 bis 40 m hohen zylindrischen Winderhitzern erzeugt, die mit einem Gitterwerk aus feuerfesten Steinen ausgekleidet sind und mit dem Gichtgas aus dem Hochofen aufgeheizt werden.
Im untersten Teil des Hochofens, dem Gestell, befindet sich das flüssige Roheisen, darüber die flüssige Schlacke. Das flüssige Roheisen gelangt nach dem Abstich in fahrbaren Pfannenwagen in das Stahlwerk, oder man lässt es zur Gusseisenherstellung (siehe Abschnitt 8.2.1) in Masselmaschinen oder im Sandbett zu Masseln (Barren) erstarren.
Die Hochofenschlacke enthält als wesentliche Bestandteile Kalziumaluminatsilikate, die aus der Gangart (SiO_2 und Al_2O_3) und den Zuschlägen (CaO) stammen. Eine wichtige Aufgabe der Schlacke ist die Entschwefelung des Roheisens, wobei der Schwefel zum größten Teil aus dem Koks stammt. Zur Verwendung der Schlacke siehe Tafel 8.1.

8.3 Stahlherstellung

Tafel 8.1 Verwendung von Hochofenschlacke (s.a. DIN 4301, Eisenhüttenschlacke und Metallhüttenschlacke im Bauwesen (04.81))

Zustand	Schlackenart	Verwendung
gekörnt	Schlackensand mit hydraulischen Eigenschaften (Hüttensand)	zum Herstellen von Zementen
geschäumt	Schaumschlacke (Hüttenbims), wärmedämmend	für Leichtbeton
zerfasert	Schlackenwolle (Hüttenwolle)	als Dämmstoff für Wärme und Schall
in größeren Stücken erstarrt, gebrochen	Klotzschlacke, Stückschlacke, Betonschlacke	als Schotter im Straßen- und Eisenbahnbau, als Splitt im Betonbau
in Formen gegossen	Gussschlacke	als raue Schlackenpflastersteine

In den verschiedenen Zonen des Hochofens laufen, von oben nach unten gesehen, verschiedene Vorgänge und Prozesse ab: Trocknung, Vorwärmung, Austreiben des Hydratwassers, indirekte Reduktion, direkte Reduktion, Schmelzung (siehe Abb. 8.3).

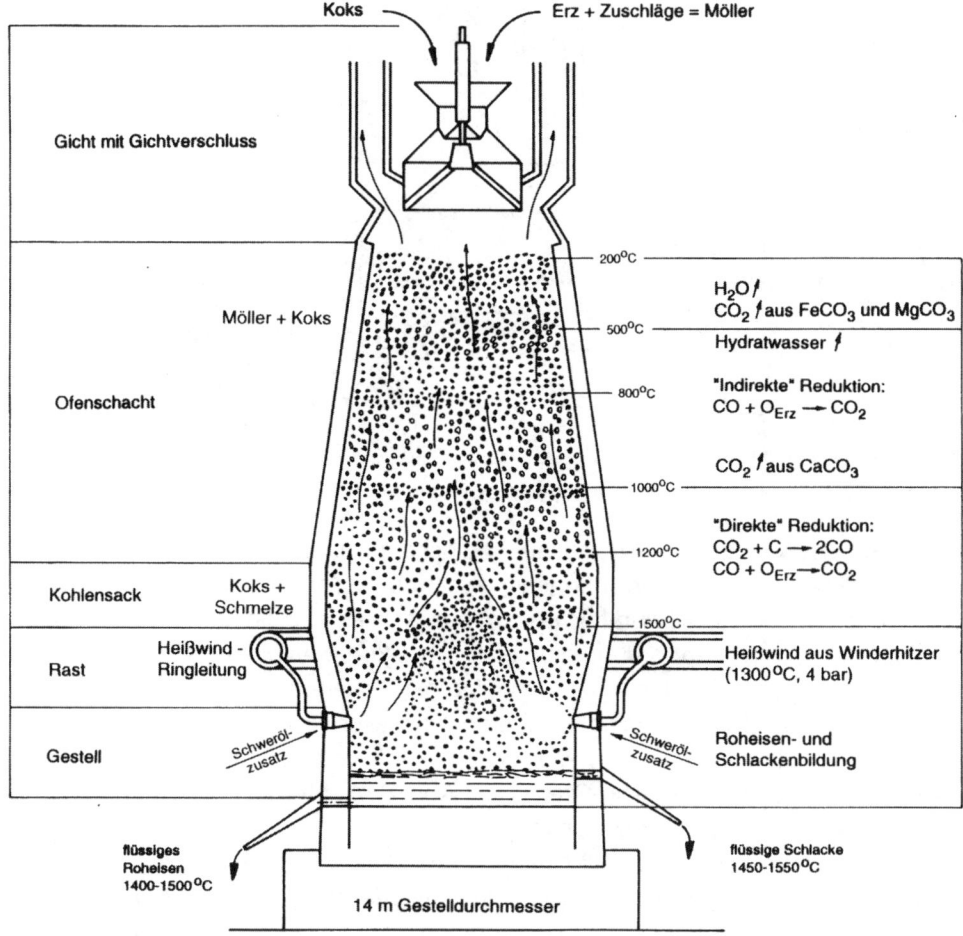

Abb. 8.3 Hochofen; Aufbau und chemische Vorgänge nach [8.3]

8 Eisen und Stahl

8.3.4 Verfahren der Stahlherstellung: Vom Roheisen zum Stahl
8.3.4.1 Allgemeines

Allen Verfahren der Stahlherstellung (siehe Abb. 8.4) ist das sogenannte **„Frischen"** gemeinsam, d.h. die Oxidation des im Roheisen enthaltenen Kohlenstoffs (Entkohlung) bis auf 0,2 bis 2 Masse-% und die Verschlackung der unerwünschten Begleitelemente, hauptsächlich Si, Mn, P und S. Außer Roheisen und Eisenschwamm werden dem Prozess Schrott (als zusätzlicher Fe-Lieferant und als Kühlmittel), Zuschläge wie Kalk, Kalkstein, Bauxit und Flussspat (als Schlackenbildner und als Flussmittel), Legierungselemente in Form von sogenannten Ferrolegierungen sowie Desoxidationsmittel (zur Entfernung des Restsauerstoffs im gefrischten Stahl) zugegeben.

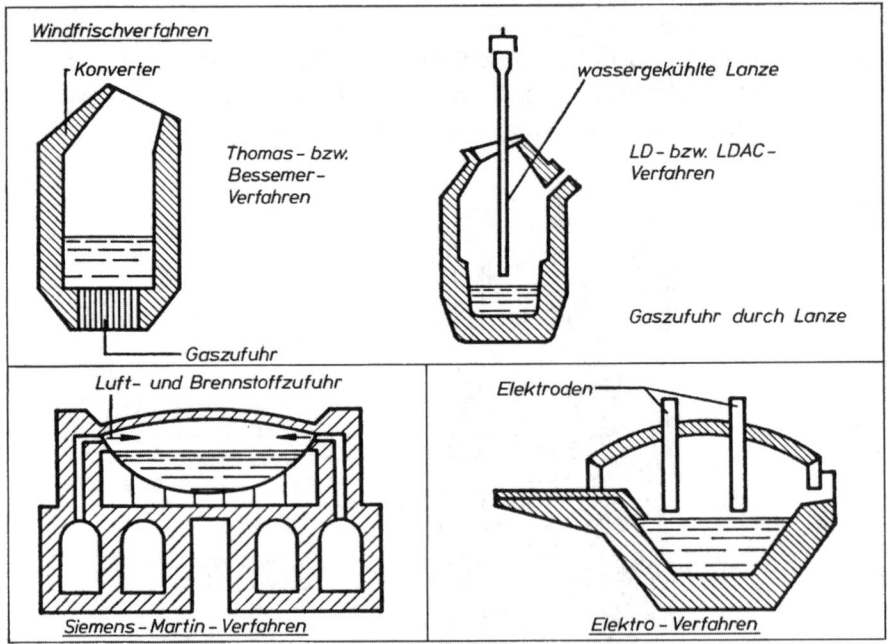

Abb. 8.4 Verfahren der Stahlherstellung (schematisch) nach [8.19]

Die **historische Entwicklung** der Stahlerzeugung begann vor etwa 140 Jahren mit dem von dem Engländer Henry Bessemer erfundenen „sauer" ausgekleideten, kippbaren Konverter (Bessemer-Birne), der sich für siliziumreiches und phosphorarmes Roheisen eignete. Wenige Jahre danach wurde für phosphor- und schwefelreiches Roheisen die basisch ausgekleidete Thomas-Birne entwickelt. Die Bessemer- bzw. Thomas-Birne entspricht in ihrer Form dem beim Sauerstoff-Aufblas-Verfahren verwendeten Konverter (siehe Abb. 8.5). Um den im Laufe der Jahre anfallenden Schrott wieder in Stahl zu verwandeln, wurde noch Ende des 19. Jahrhunderts der Siemens-Martin-Ofen (siehe Abb. 8.4) entwickelt (SM-Stahl). Alle drei Verfahren werden heute kaum noch verwendet.
Heute wird Stahl hauptsächlich nach den Sauerstoffblas-Verfahren im Konverter bzw. nach den Elektrostahl-Verfahren im Elektrolichtbogenofen, seltener im Induktionsofen, erschmolzen.

8.3 Stahlherstellung

8.3.4.2 Sauerstoffblas-Verfahren

Die wichtigsten heute angewendeten Verfahren sind:
- Sauerstoffaufblas-Verfahren
- Sauerstoffbodenblas-Verfahren
- kombinierte Blasverfahren.

Der **allgemeine Verfahrensablauf** ist Folgender: Beschickung des Konverters (Fassungsvermögen 50 bis 400 t) mit Schrott und gegebenenfalls Eisenschwamm (siehe Abschnitt 8.3.5.2), danach mit flüssigem Roheisen – Einblasen von Sauerstoff von oben durch eine eingefahrene Lanze *auf* das Bad und/oder durch den Düsenboden von unten *in* das Bad – Zugabe der Zuschläge zu Beginn oder während des Blasprozesses von oben aus Bunkern, feinkörnige Zusätze auch mit der Lanze – gegebenenfalls Zugabe von sogenannten Rührgasen durch den Düsenboden nach dem Blasen – durch Kippen des Konverters Abstich des Stahls durch das Abstichloch, danach Abfließen der Schlacke über den Konverterrand. Die Blaszeiten betragen 10 bis 20 Minuten, die Schmelzfolgezeiten 30 bis 50 Minuten. Die feuerfeste Auskleidung (etwa 1 m dick) des Konverters muss etwa alle 2 bis 4 Wochen erneuert werden.

Beim **Sauerstoffaufblas-Verfahren** (LD- bzw. LD/AC-Verfahren; s.a. Abb. 8.5) wird der Sauerstoff allein von oben auf das Bad geblasen. Das **Sauerstoffbodenblas-Verfahren** (OBM-Verfahren), bei dem Sauerstoff von unten durch einen Düsenboden des Konverters in die Schmelze geblasen wird, ermöglicht infolge der besseren Durchmischung der Schmelze mit Sauerstoff kürzere Schmelzfolgezeiten.

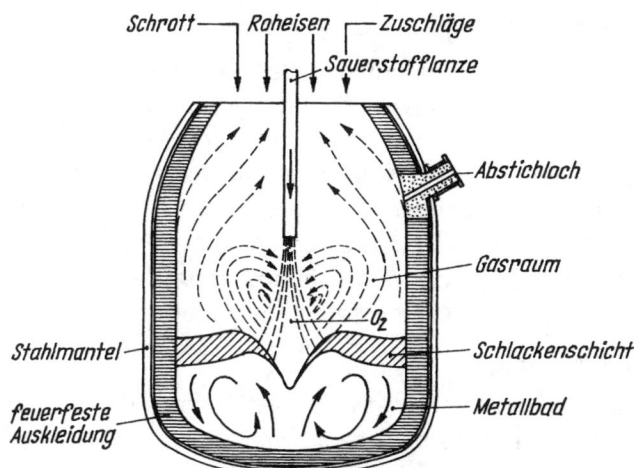

Abb. 8.5 Stahlherstellung: O_2-Konverter beim Sauerstoffaufblas-Verfahren [8.3]

Heute werden allgemein **kombinierte Blasverfahren** angewendet, die zusätzlich zu kürzeren Blaszeiten einen erhöhten Schrottzusatz ermöglichen. Bei ihnen wird von oben Sauerstoff aufgeblasen und zusätzlich durch den Düsenboden Sauerstoff und/oder Spülgas (Inertgas, wie z.B. N_2 oder Ar) eingeblasen. Hier gibt es außerdem eine Reihe von Sonderentwicklungen. Beim **KMS-Verfahren** (Klöckner-Maxhütte-Stahlverfahren) wird zusätzliche Energie in Form von Leichtöl, Erdgas, Feinkohle oder Feinkoks zugeführt. Der Kalteinsatz von Schrott liegt in der Regel bei 65 %, kann aber sogar bis 100 % gesteigert werden. Das **KMS-S-Verfahren** ist eine Variante des KMS-Verfahrens zur Erzeugung von rostfreiem

8 Eisen und Stahl

Stahl (S = stainless). Durch Verwendung von Kohle als alleinigem Energieträger können Cr-, Mn- oder Fe-Erze direkt eingesetzt werden. Der KMS-S-Konverter arbeitet somit wie ein Elektrolichtbogenofen (siehe Abschnitt 8.3.4.3). Ähnliches gilt für das **KVA-Verfahren** (Klöckner Voest Alpine), bei dem im Konverter durch Verbrennung von Erdgas und Sauerstoff reiner Schrott eingeschmolzen wird.

8.3.4.3 Elektrostahl-Verfahren

Bei den Elektrostahl-Verfahren wird die erforderliche Wärme nicht durch die Verbrennung von Sauerstoff, sondern durch den elektrischen Strom erzeugt, und zwar meistens im Elektrolichtbogenofen oder in sogenannten Induktionsöfen (seltener, etwa 10 %).

Im **Elektrolichtbogenofen** können höhere Temperaturen (bis zu 3500 °C) als bei den Blasverfahren erzeugt werden, was die Auflösung auch schwer schmelzender Legierungsanteile ermöglicht. Der Elektrolichtbogenofen diente daher zunächst hauptsächlich zur Erschmelzung von Edelstählen. Heute wird er durch Verfahrensverbesserungen und höhere Abstichgewichte (bis zu 300 t) für die Erschmelzung sehr unterschiedlicher Stahlgüten verwendet.

Der **Verfahrensablauf** ist Folgender: Einsatz von Schrott und/oder Eisenschwamm, Zuschlägen (Kalk, Flussspat), Reduktionsmitteln (Kohlenstoff) und Legierungselementen (Ferrolegierungen) – Einschmelzen durch Zünden des Lichtbogens, gegebenenfalls durch zusätzliches Einblasen von Sauerstoff oder anderen Brennstoffgemischen – Frischen durch Aufnahme des Kohlenstoffs aus dem Bad durch die Schlacke. Das dabei entstehende gasförmige CO bringt die Schmelze zum Kochen, wodurch Verunreinigungen der Schmelze wie z.B. P, H_2 und N_2 gasförmig entweichen oder von der Schlacke aufgenommen werden – Abstich.

8.3.4.4 Siemens-Martin-Verfahren (SM-Verfahren)

Der Siemens-Martin-Ofen besteht aus einem muldenförmigen Herd (Fassungsvermögen 50 bis 1000 t), in dem der Einsatz (Schrott und Roheisen oder Erz und Roheisen; Schrott etwa 75 %) über Brennerköpfe mit Hilfe von Koksofengasen, Öl oder auch Sauerstoff aufgeschmolzen und gefrischt wird. Der Herd ist entweder kippbar oder besitzt einen zum Abstich hin geneigten Boden. Unter dem Herd befinden sich zweiseitig große, aus feuerfesten Steinen gemauerte Wärmespeicher, die von den aus dem Herd abziehenden Gasen erwärmt werden und diese Wärme im Wechsel an die Verbrennungsluft wieder abgeben. In Deutschland bestehen keine SM-Werke mehr, weltweit beträgt ihr Anteil etwa 15 %.

8.3.5 Neuere Verfahren zur Stahlherstellung

Die beiden im Folgenden beschriebenen Verfahren (schematische Darstellung siehe Abb. 8.2) haben im Vergleich zum Hochofen-Konverter-Verfahren mengenmäßig nur eine geringe Bedeutung (< 10 %).

8.3.5.1 Schmelzreduktionsverfahren

Ein bereits großtechnisch mit maßgeblicher Beteiligung der deutschen Stahlindustrie entwickeltes Verfahren der Schmelzreduktion ist das sogenannte Corex-Verfahren. Die Umwandlung der Erze in Roheisen erfolgt hierbei in zwei übereinander angeordneten Reaktionsbehältern. Im oben liegenden Reaktionsschacht wird das Stückerz zu Eisenschwamm reduziert. Der darunter befindliche Einschmelzvergaser hat zwei Aufgaben: in ihm wird der Eisenschwamm zu Roheisen erschmolzen und außerdem mit zugesetzter Kohle und eingeblasenem Sauerstoff das im Reduktionsschacht benötigte Kohlenmonoxid CO erzeugt. Das

8.3 Stahlherstellung

so gewonnene Roheisen wird in der Regel im Lichtbogenofen zu Stahl weiterverarbeitet. Das die Anlage verlassende heiße Gas hat noch einen Heizwert von etwa 7000 kJ pro Normkubikmeter. Es könnte zum Betrieb eines Kraftwerks, z.B. eines kombinierten Gas-Dampf-Kraftwerks, oder zur Herstellung von Methanol weiterverwendet werden.

8.3.5.2 Direktreduktionsverfahren

Bei diesem Verfahren werden die Erze in kleineren Schacht-, Drehrohr- oder Wirbelschichtöfen im festen Zustand durch Reduktionsgase, wie z.B. Kohlenmonoxid, Wasserstoff oder Mischungen aus beiden, zu festem Eisenschwamm reduziert. Der feste Eisenschwamm besitzt eine hohe Porosität, unterschiedliche C-Gehalte, Eisengehalte von 80 bis 95 % und nur geringe Mengen von Verunreinigungen. Die Einschmelzung des Eisenschwamms zu Stahl erfolgt in der Regel ebenfalls im Lichtbogenofen.

8.3.6 Nachbehandlung von Stahl (Sekundärmetallurgie)

Die Nachbehandlung von Stahl nach dem Frischen (sogenannte Sekundärmetallurgie) dient der Erhöhung der Stahlqualität. Zu den Nachbehandlungsmaßnahmen gehören Entfernung unerwünschter, aus den Ausgangsstoffen stammender Begleitelemente (S, P, N, H), Zufügen von Legierungselementen, weitere Entkohlung. Wichtige Verfahren sind die im Folgenden beschriebene Vakuumbehandlung, Desoxidation und Entschwefelung.

8.3.6.1 Vakuumbehandlung

Bei der Vakuumbehandlung wird die Stahlschmelze stark vermindertem Druck ausgesetzt, um gelöste Gase zu entfernen, die beim Erstarren unter Normaldruck als Blasen im Stahl verbleiben würden. Bei der Vakuumbehandlung werden gleichzeitig noch weitere metallurgische Maßnahmen durchgeführt, wie z.B. Entkohlung, Zufügen von Legierungselementen und Desoxidieren.

8.3.6.2 Desoxidation

Die Desoxidation dient der Entfernung des Restsauerstoffs nach dem Frischen durch Zugabe von sogenannten Desoxidationsmitteln wie z.B. Ferrosilizium und Aluminium, die sich leicht mit Sauerstoff verbinden. Der Restsauerstoff verbindet sich beim Erstarrungsprozess mit dem Kohlenstoff zu Kohlenmonoxid CO, das als Gas entweicht und den Stahl zum „Kochen" bringt. Man sagt, der Stahl erstarrt „unberuhigt". Ein so erstarrter Stahlblock hat eine glatte und dichte Randschicht und im Inneren mit Blasen durchsetzte Zonen, sogenannte Blasenkränze. Im Kern tritt durch Entmischungsvorgänge eine Anreicherung von unerwünschten Begleitelementen auf, sogenannte Seigerungen, und zwar insbesondere P und S. Bei Zugabe von Desoxidationsmitteln wird das Kochen vermieden, der Stahl erstarrt „beruhigt", es findet keine Seigerung statt. Nach dem Grad der Desoxidation unterscheidet man unberuhigten (FU), beruhigten (FN) und besonders beruhigten (FF) Stahl.

8.3.6.3 Entschwefelung

Die üblicherweise in der Stahlschmelze auftretenden Schwefelgehalte betragen 0,02 bis 0,05 %. Beim Erstarren des Stahls bildet sich Mangansulfid, das beim Walzen unterschiedlich stark verformt, im Wesentlichen gestreckt wird. Zusammen mit Oxideinschlüssen führt dieses Mangansulfid zu geringerer Zähigkeit *senkrecht* zur Walzrichtung und unter Umständen zum Aufreißen des Stahls im Kern des Werkstücks (sogenannter Terrassenbruch). Durch

8 Eisen und Stahl

Injektion stark sauerstoffaffiner Elemente, wie z.B. Kalzium, werden Schwefelgehalte bis zu 0,001 % erreicht und das Zähigkeitsverhalten in Dickenrichtung verbessert. Als Kennzeichen dafür wird die größere Brucheinschnürung in Dickenrichtung gewertet.

8.3.7 Vergießen

Bis etwa 1985 bestand der übliche Weg beim Vergießen des flüssigen Stahls im sogenannten Blockguss, d.h. im portionierten Vergießen in Formen. Heute wird dagegen zu mehr als 90 % das kontinuierliche Stranggussverfahren angewendet.

8.3.7.1 Blockguss

Beim Blockguss wird der flüssige Stahl in nach oben sich verjüngende Formen, die sogenannten Kokillen, vergossen, die unterschiedliche Querschnitte haben: Blöcke und Knüppel haben mehr quadratischen, Brammen mehr rechteckigen Querschnitt. Der Stahl wird entweder von oben in die Kokille eingegossen (Oberguss) oder über einen Gießtrichter durch Kanäle in einer Grundplatte von unten steigend in mehrere Kokillen (Gespannguss) eingebracht. Stahl schwindet beim Erstarren, wodurch sich im oberen Teil, besonders bei beruhigtem Stahl, der weniger Gasblasen als der unberuhigte Stahl enthält, Vertiefungen, sogenannte Lunker, bilden. Diese werden vor dem Walzen abgeschnitten.

8.3.7.2 Strangguss

Das Stranggießen kann die im Stahlwerk anfallenden großen Mengen an flüssigem Stahl schneller bewältigen als der konventionelle Blockguss. Es vermeidet zudem seine möglichen Fehlerquellen wie Gasblasen und Lunker (siehe Abschnitt 8.3.7.1). Der flüssige Stahl gelangt beim Stranggießen aus der Gießpfanne zunächst in einen Verteiler und von da in eine wassergekühlte kurze Kupferkokille von Brammen-, Block-, Knüppel- oder Vorprofilquerschnitt (siehe Abb. 8.7), deren Boden zunächst durch eine Gliederkette, den sogenannten Kaltstrang, verschlossen ist. Sobald der rotglühende Strang in seiner Randzone erstarrt ist, wird er zunächst mit Hilfe des Kaltstrangs, danach mit Hilfe von Treibrollen aus der Kokille gezogen. Der Strang wird weiterhin sorgfältig mit Spritzwasser gekühlt. Durch mitlaufende Schneidbrenner oder Scheren wird der Strang auf Länge geschnitten und der Formgebung, z.B. der unter Umständen direkt anschließenden Walzstraße, zugeführt. Die Gießgeschwindigkeiten betragen 0,6 bis 3,5 m/min (siehe auch Abb. 8.6).

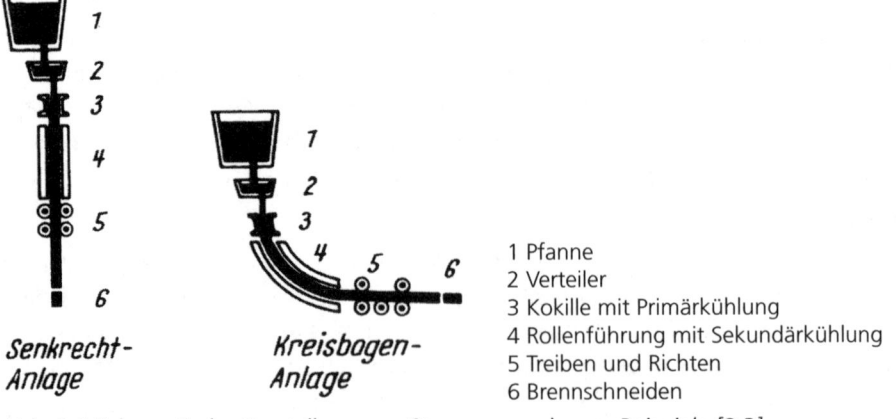

1 Pfanne
2 Verteiler
3 Kokille mit Primärkühlung
4 Rollenführung mit Sekundärkühlung
5 Treiben und Richten
6 Brennschneiden

Abb. 8.6 Schematische Darstellung von Stranggussanlagen, Beispiele [8.3]

8.3 Stahlherstellung

8.3.8 Formgebung

8.3.8.1 Allgemeines

Das Umformen der nach dem Gießen entstandenen Blöcke, Knüppel und Brammen geschieht in erster Linie durch das Warmwalz-Verfahren, nach dem nicht nur Profile und Bleche, sondern auch nahtlose oder geschweißte Stahlrohre hergestellt werden. Daneben gibt es auch Kaltumform-Verfahren, insbesondere das Kaltwalzen und das Kaltziehen. Als letzter Bearbeitungsvorgang schließt sich, besonders bei Stahlblechen, das Beschichten an. Eine grobe Übersicht über die verschiedenen Walzwerkserzeugnisse gibt Abb. 8.7.

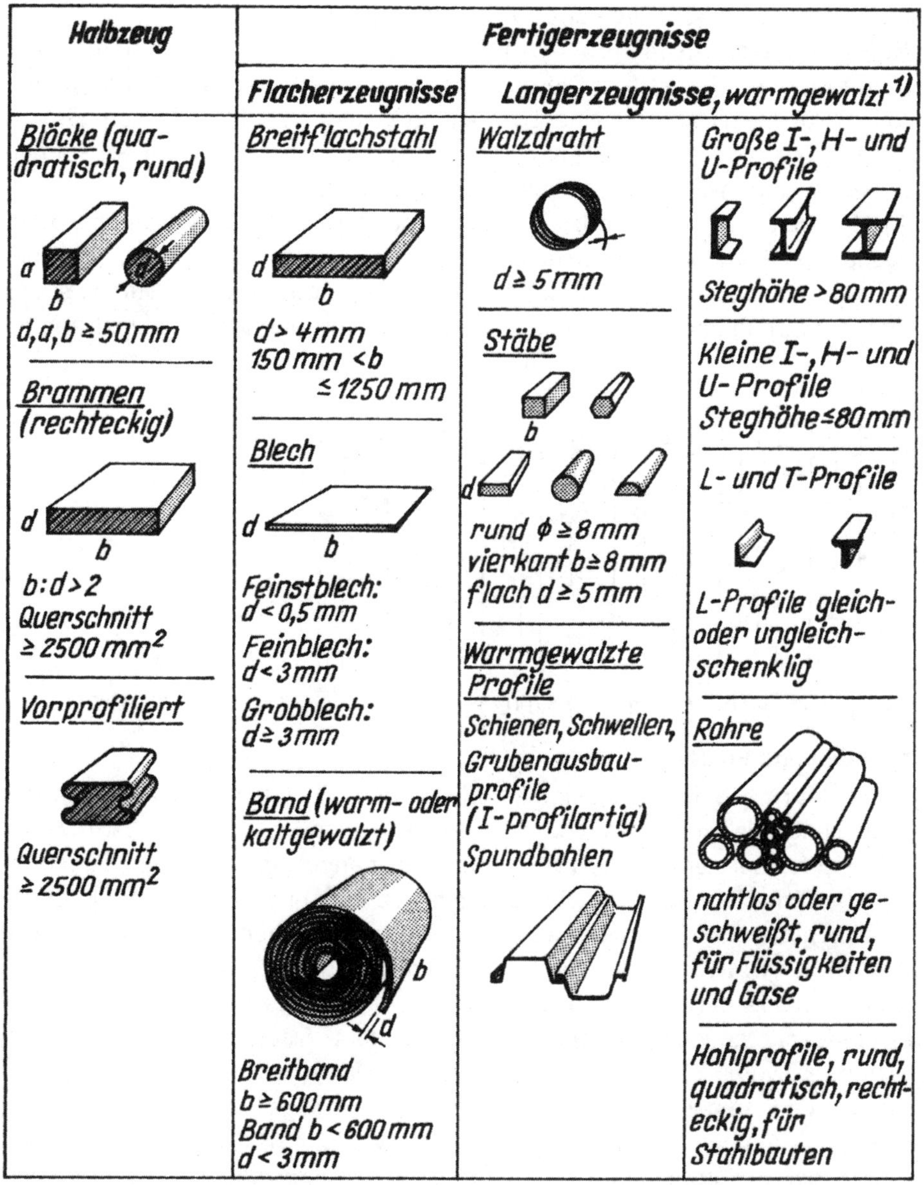

Halbzeug	Fertigerzeugnisse		
	Flacherzeugnisse	Langerzeugnisse, warmgewalzt [1]	
Blöcke (quadratisch, rund) $d, a, b \geq 50\,mm$	**Breitflachstahl** $d > 4\,mm$ $150\,mm < b \leq 1250\,mm$	**Walzdraht** $d \geq 5\,mm$	**Große I-, H- und U-Profile** Steghöhe $> 80\,mm$
Brammen (rechteckig) $b:d > 2$ Querschnitt $\geq 2500\,mm^2$	**Blech** Feinstblech: $d < 0{,}5\,mm$ Feinblech: $d < 3\,mm$ Grobblech: $d \geq 3\,mm$	**Stäbe** rund $\phi \geq 8\,mm$ vierkant $b \geq 8\,mm$ flach $d \geq 5\,mm$	**Kleine I-, H- und U-Profile** Steghöhe $\leq 80\,mm$ **L- und T-Profile** L-Profile gleich- oder ungleichschenklig
Vorprofiliert Querschnitt $\geq 2500\,mm^2$	**Band** (warm- oder kaltgewalzt) Breitband $b \geq 600\,mm$ Band $b < 600\,mm$ $d < 3\,mm$	**Warmgewalzte Profile** Schienen, Schwellen, Grubenausbauprofile (I-profilartig) Spundbohlen	**Rohre** nahtlos oder geschweißt, rund, für Flüssigkeiten und Gase Hohlprofile, rund, quadratisch, rechteckig, für Stahlbauten

Abb. 8.7 Walzstahlerzeugnisse

8.3.8.2 Warmwalzverfahren

Lang- und Flacherzeugnisse (s.a. Abschnitt 8.9.2 und 8.9.3) werden durch Längswalzen hergestellt. Dabei werden die Brammen, Blöcke, Knüppel oder Vorprofile (siehe Abb. 8.7) in glühendem Zustand (800 bis 1150 °C) in Richtung ihrer Längsachse durch hintereinander liegende Walzenpaare gezogen (siehe Abb. 8.8), die sich in sogenannten Walzengerüsten befinden. Der Walzspalt zwischen den Walzen verändert von Gerüst zu Gerüst kontinuierlich seine Höhe und bei Kaliberwalzen auch die Form. Kaliberwalzen dienen zur Herstellung von profilierten Langerzeugnissen, glatte Walzen zur Herstellung von Flacherzeugnissen. Je nach Anzahl der in einem Walzgerüst übereinander angeordneten Walzen innerhalb eines Gerüstes spricht man von Zwei-, Drei- oder Mehrwalzengerüst.

Nahtlose Rohre und Hohlprofile (s.a. Abschnitt 8.9.8) werden aus auf Walztemperatur gebrachten Rundblöcken hergestellt. Diese werden in unterschiedlichen Walzverfahren (siehe z.B. Abb. 8.10) durch Einführen eines Lochdorns zunächst zu Hohlblöcken umgeformt und durch weitere Walzverfahren, z.B. Streckreduzieren und/oder Kaltverformen, auf den gewünschten form- und maßgerechten Querschnitt gebracht.

Geschweißte Rohre werden aus Bandstahl (Warmband) hergestellt. Dieser wird zunächst in einem sogenannten Formwalzwerk zu einem Schlitzrohr umgeformt, das dann mit einer Längsschweißnaht geschlossen wird (z.B. nach Abb. 8.9). Rohre großen Durchmessers erhalten schraubenförmig über den Umfang verlaufende Schweißnähte (Spiralnahtrohre).

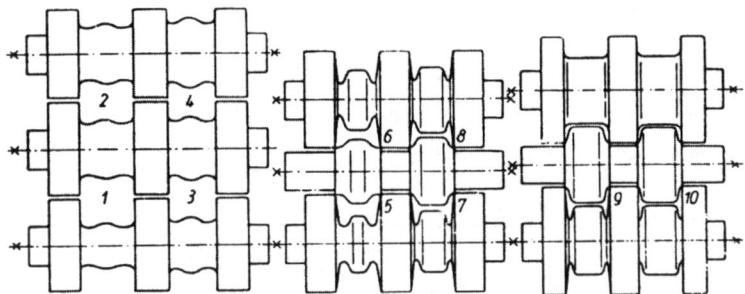

Abb. 8.8 Schematische Darstellung der Kalibrierung eines I-Trägers in drei Triowalzgerüsten

8.3.8.3 Schmieden und Pressen

Ausgangsmaterial für das **Schmieden** sind Rohblöcke bis 500 t Gewicht sowie gewalztes oder vorgeschmiedetes Halbzeug. Das Schmieden wird angewendet, wenn das Warmwalzen wegen des Gewichts oder der Form des Werkstücks nicht angewendet werden kann oder wenn es wirtschaftlicher als die Formgebung durch Zerspanen ist. So werden z.B. große Kurbelwellen durch Gesenkschmieden hergestellt. Die hellrotglühenden Schmiedestücke werden entweder durch wiederholtes Wenden und Drehen auf einem Amboss umgeformt (Freiformschmieden) oder in Hohlformen aus Stahl, sogenannte Gesenke, hineingeschlagen oder gepresst (Gesenkschmieden). Dabei werden entweder Schlaghämmer bis 15 000 kN Schlaggewicht oder hydraulische Pressen bis 15 Mio. kN Druck verwendet.

Beim **Strangpressen** wird der erhitzte Rohling in eine dickwandige Presskammer eingelegt und mit einem Pressstempel unter Verwendung von Glaspulver als Gleitmittel durch eine Matrize gepresst, bei Hohlprofilen und Rohren unter Verwendung eines in die Matrize eingelegten Dorns. Durch Strangpressen können vielfältig gestaltete, zum Teil sehr komplizierte

8.3 Stahlherstellung

Profile und Hohlprofile von der Größe der üblichen Warmwalzprofile hergestellt werden. Durch anschließendes Blankziehen (siehe Abschnitt 8.3.8.4) können Oberflächengüte und Maßgenauigkeit verbessert werden.

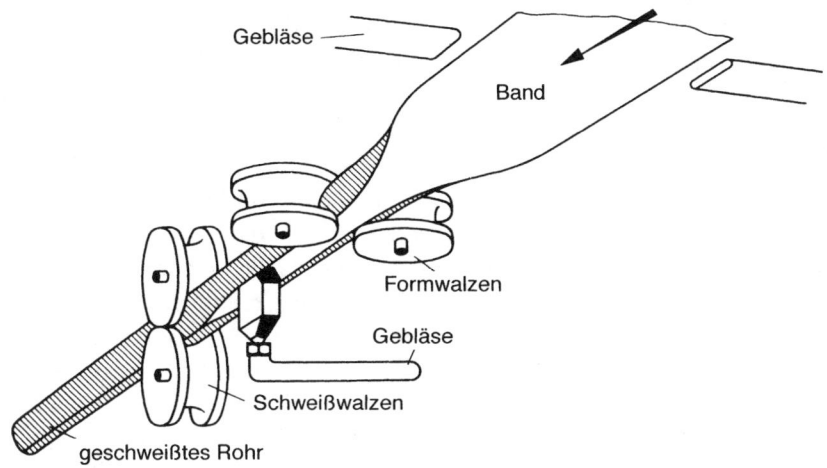

Abb. 8.9 Herstellen geschweißter Stahlrohre aus Stahlband (Beispiel) [8.3]

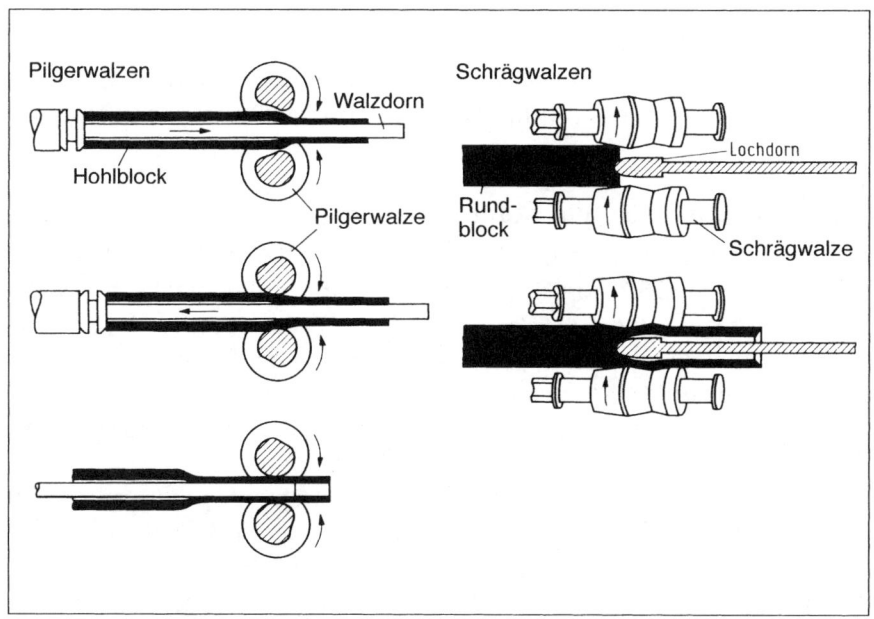

Abb. 8.10 Walzen nahtloser Stahlrohre aus Rundblöcken [8.3]

8.3.8.4 Kaltumformen

Zwei wichtige Verfahren der Kaltumformung von Stahl sind das Kaltwalzen und das Kaltziehen. Durch Kaltumformung werden folgende Eigenschaften erreicht: hohe Oberflächengüte und Maßgenauigkeit (bis wenige 10^{-3} mm), Erhöhung der Festigkeit durch Kaltverfestigung

8 Eisen und Stahl

(siehe Abschnitt 8.5.3) und fast beliebig kleine Abmessungen (bis 0,15 mm). Durch anschließende Wärmebehandlung (Glühen) kann eine zu starke Kaltverfestigung wieder beseitigt, können aber auch bestimmte vorgegebene technologische Eigenschaften erzielt werden. Durch **Kaltwalzen** werden hauptsächlich Flacherzeugnisse hergestellt, wie z.B. Tiefziehblech, Weißblech (verzinntes Blech aus weichem, unlegiertem Stahl), nichtrostendes Blech und Elektroblech (legiertes Feinblech mit besonderen magnetischen Eigenschaften, z.B. für Generatoren und Transformatoren).

Durch **Kaltziehen (Blankziehen)** werden Drähte, Profile und Rohre verschiedener Querschnitte mit hoher Maßgenauigkeit hergestellt. Dabei werden meist Stangen von rundem oder profiliertem Querschnitt oder Drähte oder Rohre durch eine runde oder anders profilierte Öffnung, das sogenannte Ziehol, hindurchgezogen, wobei ein dicker Schmiermittelfilm die Reibung verringert und eine glatte und blanke Oberfläche erzeugt. Zweck des sogenannten **Drahtziehens** ist die Verringerung des Durchmessers, da durch Warmwalzen keine Durchmesser < 5 mm hergestellt werden können. Zweck des **Stangenziehens** ist die Erzielung einer blanken und glatten Oberfläche. Außerdem verbessert sich die Bearbeitbarkeit, was für Automatenstähle, die in schnelllaufenden Drehmaschinen bearbeitet werden, von Bedeutung ist. Durch Kaltziehen werden z.B. Fensterhohlprofile hergestellt. Weitere Kaltumformverfahren sind das Biegen, Abkanten und Tiefziehen von Blechen. Trapezbleche z.B. werden aus endlosem Kaltband durch eine Vielzahl von Profilrollen in hintereinander angeordneten Gerüsten hergestellt.

8.3.9 Beschichten von Stahl

Das Beschichten von Stahl dient in erster Linie dem Korrosionsschutz, in zweiter Linie dem Oberflächendekor. Man unterscheidet nichtmetallische und metallische Überzüge (siehe Abschnitte 8.14.3 bis 8.14.5).

8.4 Gefügeaufbau von Eisen und Stahl

Eisen Fe (lat. ferrum) gehört als chemisches Element zu den Schwermetallen. Rohdichte 7,85 kg/dm^3, Schmelzpunkt 1536 °C, relative Atommasse 56, Ordnungszahl im periodischen System 26, Wertigkeit + 2 und + 3. Eisen steht mit 5,1 % nach Sauerstoff (46,6 %), Silizium (27,7 %) und Aluminium (8,1 %) an vierter Stelle der in der festen Erdkruste vertretenen Elemente. Als unedles Metall kommt Eisen in der Natur nicht in reiner Form vor, sondern nur in Verbindung mit anderen Elementen, besonders mit Sauerstoff als Eisenoxid. Die Abtrennung des Sauerstoffs vom Eisen nennt man Reduktion.

Stahl ist eine Legierung (= Mischung) aus Eisen und anderen Elementen, und zwar nichtmetallischen wie Kohlenstoff, Silizium, Phosphor und Schwefel und metallischen, wie z.B. Mangan, Chrom, Nickel, Molybdän. Hauptsächliches Legierungselement ist der Kohlenstoff. Bei der **Kristallbildung** von Eisen und Stahl entstehen aus der Schmelze unregelmäßig geformte kleine Kristallite (Kristallkörner), die ähnlich wie die Mineralien im Granit an den Korngrenzen aneinanderstoßen. Die Erstarrung beginnt an gleichmäßig in der Schmelze verteilten Kristallisationskeimen. Innerhalb der Kristallkörner sind die Elemente, hauptsächlich Eisen, in einem regelmäßigen kubischen Kristallgitter angeordnet (siehe Abb. 8.11). Legierungselemente können zwischen den Eisenatomen eingelagert sein (Einlagerungsmischkristall, gilt insbesondere für Kohlenstoff) oder bei etwa gleichem Atomdurchmes-

8.4 Gefügeaufbau von Eisen und Stahl

ser an die Stelle von Fe-Atomen treten (Substitutionsmischkristall; gilt z.B. für Nickel und Chrom). Solche metallischen Legierungselemente können auch ein eigenes Raumgitter mit oder zwischen den Eisenatomen bilden: Verbindungsbildung. Bis zu Kohlenstoffgehalten von 0,02 % lagert sich dieser zwischen die Fe-Atome ein; man nennt dieses praktisch reine Eisen Ferrit (Eisen: α-Eisen). Bei höheren Kohlenstoffgehalten bildet sich die Verbindung Fe_3C (Eisencarbid, Zementit) mit einem eigenen Raumgitter. Bis zu einem C-Gehalt von 0,8 % lagert sich Zementit plättchenförmig in den Ferrit-Körnern ab. Diese Kristallite nennt man Perlit. Sein C-Gehalt ist stets 0,8 %. Bei C-Gehalten in der Schmelze von unter 0,8 % kristallisieren nebeneinander Ferrit- und Perlitkörner aus. Bei C-Gehalten in der Schmelze von über 0,8 % kristallisieren nur Perlitkörner aus, um die sich bei steigendem C-Gehalt immer dicker werdende Zementitschalen legen.

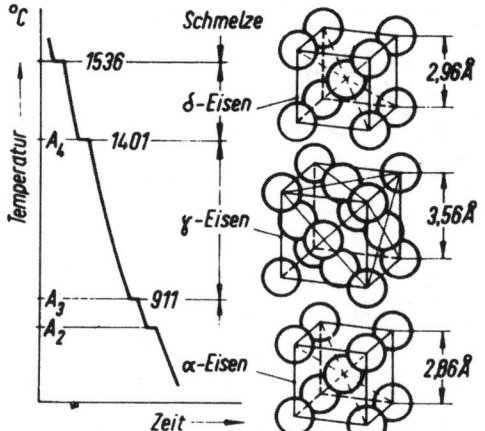

Abb. 8.11 Abkühlungskurve und Kristallformen von reinem Eisen
Eisen: α-Eisen = Ferrit, C-Gehalt ≤ 0,02 %
Eisen: γ-Eisen = Austenit, C-Gehalt ≤ 2 %
(Å = Ångström = 10^{-7} mm)

Beim **Erwärmen von Eisen und Stahl** finden im festen Zustand Kristallumwandlungen statt, die durch Diffusion der Atome möglich werden (siehe Abb. 8.11). Dabei klappt das raumzentrierte α-Eisen in das flächenzentrierte γ-Eisen (Austenit) um. Austenit kann einen Kohlenstoffgehalt von max. 2 % besitzen. Die Kohlenstoffatome diffundieren in den leeren Würfelraum des γ-Eisens hinein. Die Umwandlungstemperaturen hängen vom C-Gehalt der Schmelze und der Geschwindigkeit der Temperaturänderungen ab. Oberhalb 723 °C verwandelt sich das Perlit in Ferrit und Austenit um. Der Zusammenhang zwischen Temperatur, C-Gehalt und Kristallgefüge bei langsamen Temperaturänderungen ist im **Eisenkohlenstoffdiagramm** $Fe-Fe_3C$ dargestellt (siehe Abb. 8.12). In diesem Diagramm ist die Linie A – B – C – D die sogenannte Liquidus-Linie, oberhalb der nur Schmelze vorliegt, die Linie A – E – C – F die sogenannte Solidus-Linie, unterhalb derer nur feste Kristallkörner vorliegen. Unter Ledeburit versteht man gröbere Fe_3C-Körner, die im Eisengefüge verstreut sind.

8 Eisen und Stahl

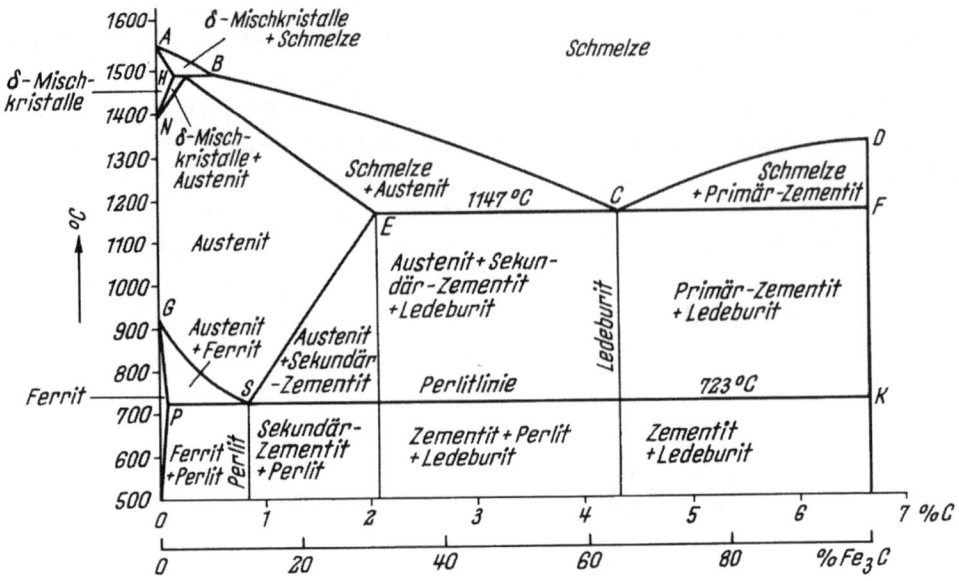

Abb. 8.12 Das Zustandsschaubild Fe-Fe$_3$C (metastabiles System) [8.3]

Rasche Abkühlungsvorgänge verändern die Verhältnisse. Die Kohlenstoffatome haben dann nicht genügend Zeit zur Diffusion innerhalb des Kristallverbands. Hierdurch entstehen Gefügeverzerrungen und innere Spannungszustände, die sich in einer Steigerung der Härte, Sprödigkeit und Festigkeit ausdrücken. Des Weiteren verschieben sich die Temperaturen zu niedrigeren Werten, bei denen die Umwandlung des γ-Eisens in das α-Eisen stattfindet. Auf dieser Tatsache beruhen die Verfahren der Wärmebehandlung, bei denen sich durch kontrollierte Erwärmungs- und Abkühlungsvorgänge des Stahls bestimmte erwünschte Gefüge- und Härtezustände herausbilden.

8.5 Wärmebehandlung

Normen

DIN 17 022-1	(10.96)	Wärmebehandlung von Eisenwerkstoffen – Verfahren der Wärmebehandlung; Teil 1: Härten, Bainitisieren, Anlassen und Vergüten von Bauteilen
DIN 17 022-2	(06.86)	wie vor; Teil 2: Härten und Anlassen von Werkzeugen
DIN 17 022-3	(04.89)	wie vor; Teil 3: Einsatzhärten
DIN 17 022-4	(01.98)	wie vor; Teil 4: Nitrieren und Nitrocarburieren
DIN 17 022-5	(03.00)	wie vor; Teil 5: Randschichthärten
DIN EN 10 052	(01.94)	Begriffe der Wärmebehandlung von Eisenwerkstoffen
Merkblatt MB 450	(2005)	Wärmebehandlung von Stahl (www.info-stahl.de)

8.5.1 Allgemeines

Unter Wärmebehandlung versteht man, dass ein Bauteil einer bestimmten Temperatur-Zeitfolge ausgesetzt wird, gegebenenfalls verbunden mit weiteren physikalischen (z.B. Kaltverformen) und/oder chemischen (z.B. Aufkohlen, Entkohlen, Karbonitrieren) Einwirkungen, mit dem Ziel bestimmte Eigenschaften zu erreichen, die für die Weiterverarbeitung oder

8.5 Wärmebehandlung

Verwendung des Stahls erforderlich sind. Jede Wärmebehandlung besteht aus Erwärmen, Halten der Temperatur und anschließendem Abkühlen. Wichtigste Formen der Wärmebehandlung sind das Glühen, Härten und Vergüten.

Die Wärmebehandlung geschieht in besonderen Glühöfen. Die Öfen können je nach Bauart absatzweise oder kontinuierlich beschickt werden. Bänder z.B. können nach dem Walzen, zu Bandringen aufgehaspelt, in sogenannten Haubenglühöfen gelangen oder in aufgerolltem Zustand einen Glühofen mit zwischengeschalteter Wasserkühlung durchlaufen.

8.5.2 Glühen

a) Normalglühen: Erwärmen des Stahls bis auf 20 bis 40 K oberhalb der Linie G – S – K im Fe-Fe$_3$C-Diagramm (siehe Abb. 8.12), dort etwa 30 bis 60 Minuten halten, anschließend Abkühlen an ruhender Luft. Durch die zweimalige α-γ-Umwandlung ensteht ein gleichmäßiges feinkörniges Stahlgefüge. Normalglühen wird z.B. bei Stahlguss zur Kornverfeinerung des Gussgefüges und bei kaltverformten Stahlteilen zur Beseitigung der alterungsbedingten Versprödung angewendet.

b) Weichglühen: Mehrstündige Erwärmung bis dicht unter die Perlit-Linie P – S – K oder um diese pendelnd bei jeweils langsamer Abkühlung. Dabei entsteht aus dem plättchenförmigen Zement der Perlitkörner körniger Zementit in einer ferritischen Grundmasse. Es entsteht dabei ein Stahl, der sich besser kaltumformen und spanabhebend bearbeiten lässt.

c) Spannungsarmglühen: Mehrstündiges Erwärmen auf Temperaturen von 550 bis 650 °C und anschließendes sehr langsames Abkühlen. Die Streckgrenze von Stahl wird oberhalb von 300 °C merklich erniedrigt, sodass Eigenspannungen, die durch Kaltumformen oder ungleichmäßiges Abkühlen beim Schweißen entstanden sind, durch Fließvorgänge weitgehend abgebaut werden können. Das sehr langsame Abkühlen ist erforderlich, um das Entstehen erneuter Eigenspannungen durch zu große Temperaturunterschiede im Querschnitt zu vermeiden.

8.5.3 Härten (Umwandlungshärtung)

Erwärmen des Stahls bis auf etwa 40 bis 60 K oberhalb der G – S – K-Linie, dort Temperatur so lange halten, bis die vollständige Umwandlung in Austenit erfolgt ist, anschließend sehr schnelles Abkühlen auf unter 300 °C. Beim schnellen Umklappen vom γ-Eisen zum α-Eisen haben die C-Atome nicht genügend Zeit, aus der Würfelmitte herauszudiffundieren, sodass sich dort ein C- und Fe-Atom zusammen befinden. Das führt zu hohen inneren Gitterspannungen, was sich in größerer Festigkeit, Härte und Sprödigkeit des Stahls äußert. Das dabei enstehende Stahlgefüge nennt man Martensit. Voraussetzung ist das Vorhandensein von genügend Kohlenstoff (C-Gehalt > 0,2 %). Weil die Beweglichkeit der C-Atome im unlegierten Stahl größer ist als im legierten, muss unlegierter Stahl schroff mit Wasser abgeschreckt werden, während bei legierten Stählen die Abkühlung in Öl oder Luft ausreicht. Eine Härtung durch Kaltverformen von Stahl **(Kaltverfestigung von Stahl)** entsteht, wenn der Stahl über die Fließgrenze hinaus belastet und dadurch plastisch verformt wird (siehe Abschnitt 8.6.1). Dabei treten Gleitvorgänge im Stahlgefüge auf und damit verbunden Verformungen und Verspannungen der Kristallkörner. Durch Glühen kann diese Kalthärtung durch Kristallerholung oder Rekristallisation teilweise oder ganz wieder aufgehoben werden.

8 Eisen und Stahl

8.5.4 Vergüten und Patentieren

Vergüten: Nach erfolgter Umwandlungshärtung Wiedererwärmen des Stahls auf eine Temperatur von 150 bis 330 °C (Anlassen). Dadurch gelingt es einem Teil der C-Atome, aus der Würfelmitte herauszudiffundieren, die hohen Gitterspannungen und das harte Martensitgefüge werden teilweise wieder abgebaut, der Stahl wird wieder zäher. Der Stahl nimmt bei der Erwärmung verschiedene Anlassfarben an, die durch Lichtbrechung an den sich bildenden Oxidschichten entstehen: hellgelb 220 ... 230 °C (Bohr- und Drehstähle für harten Stahl, Federmesser); dunkelgelb 240 °C (Bohr- und Hobelstähle für Stahl und Gusseisen); gelbbraun 255 °C bis brennrot 265 °C (Schraubenschneidbacken, Gewinde- und Spiralbohrer, Scheren, Meißel, Äxte, Hobel); purpurrot 275 °C (Bearbeitungsstähle für weichen Stahl und Messing, Tischmesser); violett 285 °C (Lochstempel, Meißel); dunkelblau 295 °C (Holzfräser und -hobler, Säbelklingen); hellblau 315 °C (Federn, Holzsägen); grau 330 °C (Sensen).

Das **Patentieren** wird bei gezogenem Stahldraht (Seildrähte und Spannlitzen) angewendet. Die kalt gezogenen Stahldrähte werden bis zum Austenitisieren geglüht und anschließend im Salz- oder Bleibad bei 400 bis 550 °C abgeschreckt und auf dieser Temperatur bis zur vollständigen Perlitumwandlung gehalten, danach an Luft abgekühlt. Kaltziehen und Patentieren wird zur Erreichung hochfester Spanndrähte auch mehrfach hintereinander durchgeführt. Das von dem Erfinder *Smith* (um 1870) lange sorgsam gehütete „Patent" hat die Namensgebung bestimmt.

8.5.5 Wärmebehandlung beim Walzen

Durch besondere Walztechniken ist es heute möglich, auf eine *nachträgliche* Wärmebehandlung zu verzichten und trotzdem gleich gute oder sogar höherwertige Stähle mit besserer Oberflächenbeschaffenheit herzustellen. Folgende Verfahren werden angewendet:

a) Normalisierendes Walzen: Dabei wird die Endwalztemperatur auf Normalisierungstemperatur von etwa 850 °C eingestellt. Beim Abkühlen stellt sich ein dem Normalglühen entsprechendes gleichmäßiges und feines Korngefüge ein. Gleichzeitig wird eine geringere Verzunderung der Oberfläche erreicht.

b) Thermomechanisches (TM-)Walzen: Dabei werden z.B. Bleche auf eine Endwalztemperatur von etwa 750 °C eingestellt. Beim Abkühlen erhält man ein feines Ferritkorn-Gefüge und damit eine höhere Streckgrenze und eine bessere Zähigkeit, außerdem wie beim normalisierenden Walzen eine bessere Oberflächenbeschaffenheit.

c) Beschleunigte Abkühlung aus der Walzhitze: sogenannte Intensivkühlung, z.B. Bleche auf eine Temperatur von etwa 550 °C. Es ergibt sich ein feineres und gleichmäßigeres Korngefüge und damit höhere Festigkeiten bei unverändert guter Zähigkeit.

d) Direkthärten und Anlassen aus der Walzhitze als Rationalisierung des nachträglichen Vergütens. Bei Blechen nennt man das Verfahren Direct Quenching and Tempering (DQT), bei großen Profilen Quenching and Self-Tempering (QST). Beim QST wird nur die Oberfläche der Profile mit Wasser abgeschreckt und anschließend durch den noch wärmeren Kern wieder angelassen.

8.6 Prüfung von Stahl

Normen

DIN 50 100	(11.15)	Schwingfestigkeitsversuch – Durchführung und Auswertung von zyklischen Versuchen mit konstanter Lastamplitude für metallische Werkstoffproben und Bauteile
DIN 50 125	(04.16)	Prüfung metallischer Werkstoffe; Zugproben
DIN EN ISO 148-1	(01.11)	Metallische Werkstoffe – Kerbschlagbiegeversuch nach Charpy
DIN EN ISO 6892-1	(07.15)	Metallische Werkstoffe; Zugversuch; Teil 1: Prüfverfahren bei Raumtemperatur
DIN EN ISO 6892-2	(05.11)	wie vor; Zugversuch; Teil 5: Prüfverfahren bei erhöhter Temperatur
DIN ISO 15 579	(06.02)	wie vor; Zugversuch bei tiefen Temperaturen (zurückgezogen)
DIN EN ISO 6506-1, -4	(02.15)	Metallische Werkstoffe; Härteprüfung nach Brinell; Teil 1: Prüfverfahren; Teil 4: Tabelle zur Bestimmung der Härte
DIN EN ISO 6507-1, -4	(03.06)	wie vor; Härteprüfung nach Vickers; Teil 1: Prüfverfahren; Teil 4: Tabelle zur Bestimmung der Härtewerte
DIN EN ISO 6508-1	(06.15)	wie vor; Härteprüfung nach Rockwell (Skalen A bis T); Teil 1: Prüfverfahren
DIN EN ISO 18 265	(02.14)	Metallische Werkstoffe; Umwertung von Härtewerten
DIN EN ISO 7438	(03.12)	wie vor; Biegeversuch

8.6.1 Zugversuch

Beim Zugversuch nach DIN EN 10 002-1, ISO 6892-1 (2009-01) wird eine Stahlprobe durch stetig steigende Zugbeanspruchung bis zum Bruch gedehnt, in der Regel bei einer Temperatur zwischen 10 und 35 °C, bei höheren Anforderungen bei (23 ± 5) °C.

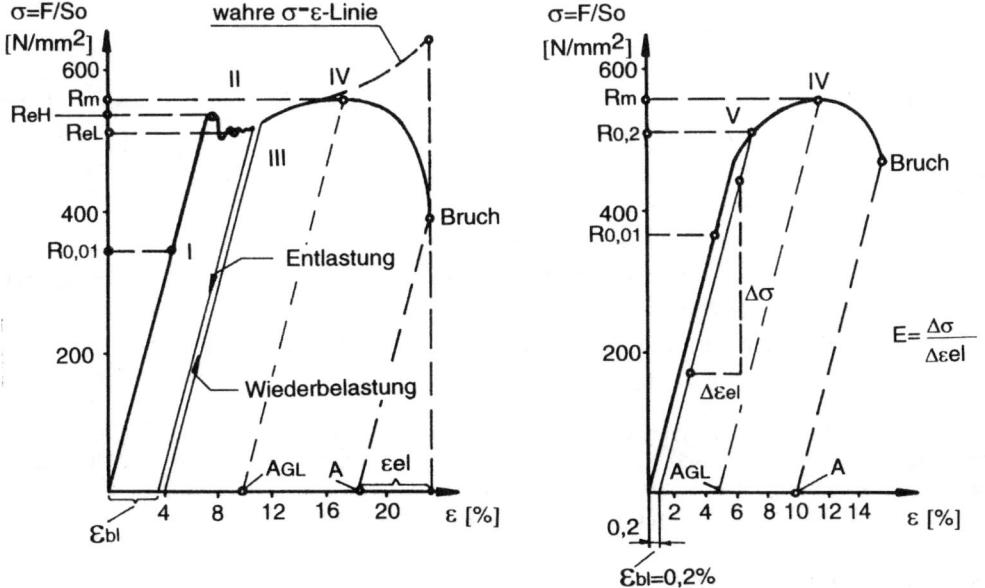

Abb. 8.13 Spannungs-Dehnungs-Linien von naturhartem (links) und kaltverfestigtem (rechts) Stahl

Das geradlinige Anfangsstück, der elastische Bereich (Hooke'sche Gerade), verläuft in Wirklichkeit steiler als im Bild. Die tatsächliche Entlastungslinie verläuft im unteren Bereich leicht gekrümmt und endet etwas links vom Punkt ε_p. Etwa im Punkt IV beginnt sich der

8 Eisen und Stahl

Probestab bis zum Ende des Diagramms immer mehr einzuschnüren (Einschnürbereich). Die wahre σ-ε-Linie ergibt sich, wenn die Kraft F im Einschnürbereich durch den tatsächlichen Querschnitt S der Probe dividiert wird.

Die Proben haben in der Regel kreisförmigen oder rechteckigen Querschnitt. Bei dem üblicherweise verwendeten kurzen Proportionalstab besteht zwischen Anfangsmesslänge L_0 und Anfangsquerschnitt S_0 das Verhältnis $L_0 = 5 \cdot d_0 = 5 \cdot \sqrt{4 \cdot S_0 / \pi} = 5\mathrm{tom}\ 65 \cdot \sqrt{S_0}$ (d_0 = Durchmesser einer Rundprobe). Bei gerippten Betonstählen errechnet sich der Anfangsquerschnitt zu $S_0 = 127{,}4 \cdot G/l$ in mm². G und l sind Masse in g und Gesamtlänge in mm eines aus einem Betonstahlstab herausgeschnittenen Stababschnitts. Der Faktor 127,4 ergibt sich aus 1000 : 7,85 (Dichte des Stahls).

In Abb. 8.13 bedeuten (1 N/mm² = 1 MPa):

$\sigma = F/S_0$	Spannung in N/mm; Kraft/Anfangsquerschnittsfläche des Probestabs
$\varepsilon = \Delta l/l_0$	Dehnung; dimensionslos oder % (· 100) bzw. ‰ (· 1000) Längenänderung/Anfangsmesslänge des Probestabs
ε_{el}	elastische Dehnung; geht bei Entlastung zurück
ε_{bl}	plastische oder bleibende Dehnung; geht nach Entlastung nicht zurück
ε_p	nichtproportionale Dehnung: bleibende Dehnung bei *geradlinig* angenommenem Verlauf der Entlastungslinie, $\varepsilon_{bl} < \varepsilon_p$
ε_{ges}	Gesamtdehnung = $\varepsilon_{el} + \varepsilon_{bl}$
A	Bruchdehnung: bleibende Dehnung nach dem Bruch in %
A_g	nichtproportionale Dehnung in % bei Höchstkraft F_m
A_{gt}	gesamte Dehnung in % bei Höchstkraft F_m
A_t	gesamte Dehnung beim Bruch in %
Punkt I:	0,01-Grenze = $R_{0,01}$: technische Elastizitätsgrenze; diejenige Spannung in N/mm², bei der nach Entlastung eine nichtproportionale Dehnung von 0,01 % auftritt
Bereich II bis III:	Fließbereich; R_e: (natürliche) Streckgrenze in N/mm². Man unterscheidet R_{eH} (obere Streckgrenze) und R_{eL} (untere Streckgrenze).
Punkt IV:	höchster Punkt der Spannungs-Dehnungs-Linie (max F); R_m Zugfestigkeit in N/mm² = max $F/S_0 = F_m/S_0$
Punkt V:	0,2 %-Dehngrenze = $R_{p\,0,2}$ = diejenige Spannung in N/mm², bei der nach Entlastung eine nichtproportionale Dehnung von 0,2 % auftritt (entspricht der[a] Streckgrenze)
$E = \Delta\sigma/\Delta\varepsilon_{el}$	Elastizitätsmodul (E-Modul) in N/mm² = $\Delta\sigma/\Delta\varepsilon$ im elastischen Bereich; bei Stahl: $E = 210\,000$ N/mm²

Während des Zugversuchs wird in der Regel ein Kraft-Verlängerungs-Diagramm bzw. Kraft-Dehnungs-Diagramm aufgezeichnet, aus dem wichtige Stahlkennwerte wie Streckgrenze, Zugfestigkeit, Elastizitätsmodul (E-Modul) und näherungsweise auch die Bruchdehnung A bestimmt werden können. In Abb. 8.13 sind diese Werte in die Spannungs-Dehnungs-Diagramme (σ-ε-Linien) von naturhartem und kaltverformtem Stahl eingezeichnet.

Als **Brucheinschnürung** bezeichnet man den Wert $Z = (S_0 - S_u) \cdot 100/S_0$. S_0 und S_u sind Anfangsquerschnittsfläche und Querschnittsfläche an der Bruchstelle in mm². Zur Bestimmung der Bruchdehnung $A = (L_u - L_0) \cdot 100/L_0$ legt man den gebrochenen Stab an den Bruchflächen sorgfältig zusammen und misst die Messlänge L_u nach dem Bruch.

Bei Temperaturen von 300 °C beginnt die Streckgrenze des Stahls erheblich abzusinken, bei hochwertigen Stählen (Spannstahl) schon bei 100 °C (s.a. Abb. 8.43).

8.6 Prüfung von Stahl

8.6.2 Dauerschwingversuch, Zeitstandversuch

a) Beim **Dauerschwingversuch** nach DIN 50 100 (2015-11) pendelt eine Belastung sinusförmig um einen Mittelwert σ_m. Liegt die Sinuskurve ganz im Zugbereich bzw. ganz im Druckbereich, spricht man von Schwellbeanspruchung, anderenfalls von Wechselbeanspruchung (s.a. Abb. 8.14). Die Spannungsausschläge σ_a, die nach einer bestimmten Lastspielzahl N zum Bruch führen, werden für jede Mittelspannung σ_m in der sogenannten **Wöhler-Kurve** (siehe Abb. 8.15) dargestellt. Aus ihr kann man denjenigen Spannungsausschlag $\sigma_a = \sigma_A$ entnehmen, der von der Stahlprobe nahezu unendlich oft ohne Bruch ertragen wird, in der Regel bei Stahl $10 \cdot 10^6$- bzw. $2 \cdot 10^6$-mal. Dieser Wert wird als Dauerschwingfestigkeit $\sigma_d = \sigma_m \pm \sigma_A$ bezeichnet.

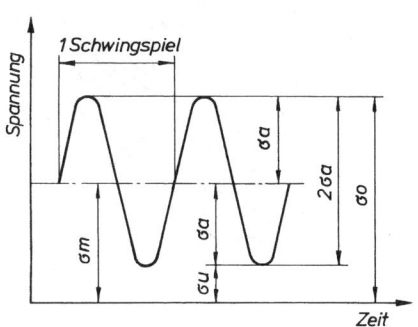
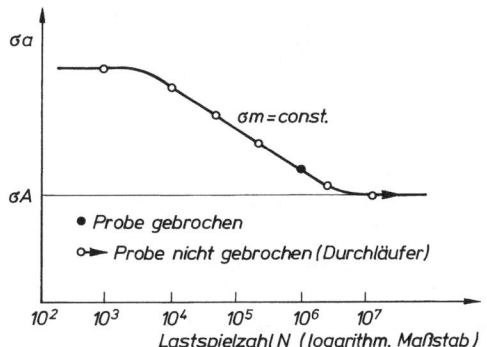

Abb. 8.14
Spannungs-Zeit-Schaubild beim Dauerschwingversuch (schematisch)
hier: Schwellbeanspruchung (nur Zug);
bei Wechselbeanspruchung ist $\sigma_o \geq 0$ und $\sigma_u \leq 0$
(Zug-Druck-Beanspruchung)
σ_o = Oberspannung; σ_u = Unterspannung;
σ_m = Mittelspannung; σ_a = Spannungsausschlag;
$2\sigma_a$ = Schwingbreite

Abb. 8.15
Wöhler-Kurve (schematisch)
Dauerschwingfestigkeit $\sigma_d = \sigma_m \pm \sigma_a$

Die Dauerschwingfestigkeiten σ_d zu *verschiedenen* Mittelwerten σ_m können in einer Kurve zusammengefasst werden, dem sogenannten **Dauerfestigkeitsschaubild nach Smith**. Großen Einfluss auf die Größe der Dauerschwingfestigkeit haben Kerben im Material, weswegen die Schwingfestigkeit insbesondere an geschweißten Proben untersucht wird.

b) **Zeitstandversuch** unter konstanter Belastung: Stahlteile, die bei hohen Temperaturen beansprucht werden, wie z.B. Kesselrohre und Turbinenschaufeln, verformen sich unter konstanter Spannung allmählich plastisch. Diesen Vorgang nennt man Kriechen. Unter normalen Temperaturen und Bedingungen treten beim Stahl keine bzw. vernachlässigbar kleine Kriechverformungen auf. Bei warmfesten Stählen schreibt man meist eine sogenannte Zeitdehngrenze bzw. Kriechgrenze vor. Das ist diejenige Spannung, bei der z.B. nach einer Belastungsdauer von 10^5 Stunden eine plastische Dehnung von 1 % erreicht ist. Unter *Zeitstandfestigkeit* versteht man diejenige Spannung, die nach längerer Einwirkung, z.B. nach 10^3, 10^4, 10^5 usw. Stunden zum Bruch führt, unter *Dauerstandfestigkeit* diejenige Spannung, die unendlich lange ohne Bruch ertragen wird.

8.6.3 Kerbschlagbiegeversuch

Beim Kerbschlagbiegeversuch nach DIN EN ISO 148-1 (2011-01) trifft ein Pendelhammer auf eine kleine einseitig gekerbte Stahlprobe, die von einem geschlitzten Widerlager gehalten wird (siehe Abb. 8.16). Sie wird dabei entweder zerbrochen (spröder Stahl) oder verbogen und vom Pendelhammer durch das Widerlager hindurchgezogen (zäher Stahl). Als Probenform hat sich die ISO-Spitzkerbprobe (Charpy-V-Probe) durchgesetzt: Abmessungen 50 mm × 10 mm × 10 mm; mittig eingearbeitete Kerbe mit 2 mm Tiefe und 0,25 mm Radius im Kerbgrund.

Aus der gemessenen Differenz der Ausgangs- und Durchschlagshöhe des Pendelhammers wird die verbrauchte Kerbschlagarbeit A_v in Joule (J) berechnet. A_v hängt insbesondere von der Prüftemperatur ab und

8 Eisen und Stahl

fällt mit fallender Temperatur in einem bestimmten Temperaturbereich (Übergangstemperatur) stark ab. Die Kennwerte des Kerbschlagbiegeversuchs stellen eine wichtige Beurteilungsmöglichkeit der Zähigkeit und Sprödbruchempfindlichkeit in Abhängigkeit von der Temperatur und der Schweißeignung dar.

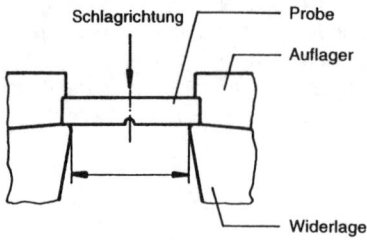
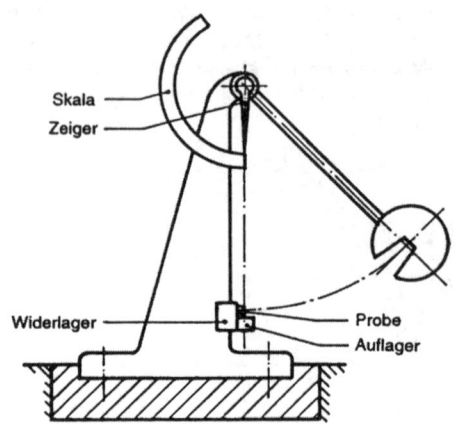

Abb. 8.16 Kerbschlagbiegeversuch
  a) Anordnung der Probe
  b) Pendelschlagwerk

8.6.4 Härte und Umformbarkeit

8.6.4.1 Härte

Als Härte wird der Oberflächenwiderstand eines Stoffes gegen das Eindringen eines härteren Prüfkörpers bezeichnet. Nach diesem Prinzip arbeiten die statischen Eindringverfahren nach *Brinell*, *Vickers* und *Rockwell*.
a) Bei der Härteprüfung **Brinell** nach DIN EN ISO 6506-1 wird eine polierte Hartmetallkugel (HBW) oder (früher) eine gehärtete Stahlkugel (HBS) 10 bis 15 Sekunden lang auf die Probeoberfläche gedrückt. Kugeldurchmesser sind D = 10/5/2,5/1 mm, die Prüfkräfte liegen zwischen 29.420 und 9.807 N (^= 3000 und 1 kp), Beanspruchungsgrad $0,102 \cdot F/D^2$ = 30 (Stahl) bzw. 10 oder 30 (Gusseisen). Ermittelt wird der mittlere Durchmesser d des kalottenförmigen Eindrucks. Die Brinell-Härte HBW wird berechnet als Quotient aus der Prüfkraft F und der gekrümmten Kalottenoberfläche nach der Formel

$$HBW = 0{,}102 \cdot 2F / \left[\left(\pi \cdot D^2 \left(-\sqrt{1 - d^2/D^2}\right)\right)\right] \text{ in N/mm}^2 .\,^1$$

350 HBW 10/3000 bedeutet Brinell-Härte von 350 N/mm², D = 10 mm, Prüfkraft = 29.420 N, Belastungsdauer 10 bis 15 Sek. Hieraus kann z.B. für unlegierten Stahl die Zugfestigkeit angenähert nach der Formel $R_m \approx 3{,}4 \cdot HBW = 3{,}4 \cdot 350 = 1190$ N/mm² berechnet werden (siehe DIN EN ISO 18 265 (02.04), Tabelle A.1). Andere Belastungsdauern müssen in der HBW-Bezeichnung angegeben werden, z.B. 120 HBW 5/250/30 bedeutet: Brinell-Härte 120 N/mm², Kugeldurchmesser 5 mm, Prüflast 2452 N, Belastungsdauer 30 s.

b) Bei der Härteprüfung nach **Vickers** nach DIN EN ISO 6507-1 drückt eine Diamantpyramide auf die Stahlprobe. Die Einwirkungsdauer der Kraft beträgt im Allgemeinen 10 bis 15 s. Ermittelt wird die mittlere Länge der Diagonalen des Eindrucks der Pyramide. Auch die Vickers-Härte wird als Quotient aus Prüfkraft und Oberfläche des Eindrucks in N/mm² berechnet und z.B. als 640 HV 30 (0,102 × Prüfkraft von 294,2 N = 30 kp) angegeben: Vickershärte von 640 N/mm², Prüfkraft 294,2 N, Einwirkungsdauer 10 bis 15 s. Abweichende Einwirkungsdauern müssen zusätzlich angegeben werden. Die Prüfkräfte liegen zwischen 0,09807 N (HV 0,01) und 980,7 N (HV 100). Die Höhe der Prüfkraft wird auf die Dicke und die Härte der Probe abgestimmt: HV 0,01 = Mikrohärteprüfung.

c) Die Härteprüfung nach **Rockwell** nach DIN EN ISO 6508-1 arbeitet in der Regel mit Hartmetallkugeln als Standard-Eindringkörper (Durchmesser 1,587 bzw. 3,175 mm), Stahlkugeln nur in Sonderfällen. Gemessen wird hier die bleibende Eindringtiefe h unter einer Prüfvorkraft (29,42 bzw. 98,07 N) nach Rücknahme der Prüfzusatzkraft (je nach Härteskala 117,7 N bis 1,373 kN) und daraus die dimensionslose Rockwellhärte $HR = N - h/S$ berechnet. Die Zahlenwerte N (100 oder 130) und S (0,001 oder 0,002 mm) ergeben sich aus der in der Norm angegebenen Härteskala.

---

[1] 0,102 = 1 : 9,807 (Umrechnung von Newton in kp); 0,102 · 29.420 N = 3000 kp (Kilopond).

Die Bezeichnung der Rockwellhärte geschieht durch das Kurzzeichen HR, dem der Härtewert vorgesetzt und dem der Buchstabe für die Härteskala und ein „W" für Hartmetallkugel folgen, gegebenenfalls ein „S" für Stahlkugel.
Beispiel: 40 HR30TW: Härte 40, Skala 30T, Prüfgesamtkraft 294,2 N, Hartmetallkugel.

8.6.4.2 Umformbarkeit
Die Umformbarkeit wird z.B. mit dem Biegeversuch nach DIN EN ISO 7438 geprüft. Dabei wird die Biegeprobe mit rundem, quadratischem, rechteckigem oder vieleckigem Querschnitt z.B. zwischen drehbaren Auflagerollen oder durch einen Druckstempel in eine V-förmige Matrize hinein zügig gebogen. Die Biegeprüfung ist bestanden, wenn der in der jeweiligen Produktnorm festgelegte Biegewinkel ohne Rissbildung erreicht wird.

8.7 Einteilung und Bezeichnungssysteme der Stähle

Normen

DIN EN 10 020	(07.00)	Begriffsbestimmungen für die Einteilung der Stähle
DIN EN 10 027		Bezeichnungssysteme für Stähle
-1	(10.05)	Kurznamen
-2	(07.15)	Nummernsystem

8.7.1 Allgemeines
Als Stahl werden Werkstoffe bezeichnet, deren Massenanteil an Fe größer ist als der jedes anderen Elements und die im Allgemeinen einen C-Gehalt < 2 % aufweisen. Einige Chromstähle enthalten mehr als 2 % Kohlenstoff.
Die **Einteilung** der Stähle nach DIN EN 10 020 erfolgt
– nach der chemischen Zusammensetzung und
– nach Hauptgüteklassen.
Bezeichnungssysteme der Stähle nach DIN EN 10 027 arbeiten mit Kombinationen von Buchstaben und Zahlen (Kurznamen; alphanumerisch) oder nur mit Ziffern (Nummernsystem). Beispiele für Stahlsortenbezeichnungen siehe Tafeln 8.7 bis 8.9. In der Stahl-Eisen-Liste des Vereins Deutscher Eisenhüttenleute (VDEh) sind über 2100 Stahlsorten registriert. Dazu kommt noch eine große Anzahl von Werksondersthählen, sodass sich eine Zahl von etwa 2500 Stahlsorten ergibt, die von den Unternehmen der deutschen Stahlindustrie erschmolzen werden.

8.7.2 Einteilung der Stähle nach DIN EN 10 020
Eine Übersicht über die Einteilung der Stähle nach DIN EN 10 020 enthält Tafel 8.2.

Tafel 8.2 Einteilung der Stähle nach DIN EN 10 020 (07.00)

Nach der chemischen Zusammensetzung	Nach Hauptgüteklassen[1)]
Unlegierte Stähle Gehalt von Legierungselementen < Werte der Tafel 8.3	– Unlegierte Qualitätsstähle – Unlegierte Edelstähle
Nichtrostende Stähle Cr-Gehalt ≥ 10,5 %; C-Gehalt < 1,2 % Ni-Gehalt < 2,5 % oder ≥ 2,5 %	– Korrosionsbeständige Stähle – Hitzebeständige Stähle – Warmfeste Stähle
Andere legierte Stähle Gehalt eines oder mehrerer Legierungselemente ≥ Werte der Tafel 8.3	– Legierte Qualitätsstähle – Legierte Edelstähle
[1)] Die bisherigen Grundstähle sind in der Hauptgüteklasse „Unlegierte Qualitätsstähle" enthalten.	

8 Eisen und Stahl

Tafel 8.3   Grenze zwischen unlegierten und legierten Stählen (Schmelzanalyse) nach DIN EN 10 020 (07.00)[1]

Vorgeschriebene Elemente		Grenzgehalt Massenanteil in %	Vorgeschriebene Elemente		Grenzgehalt Massenanteil in %
Al	Aluminium	0,30	Ni	Nickel	0,30 (0,50)
B	Bor	0,0008	Pb	Blei	0,40
Bi	Bismut	0,10	Se	Selen	0,10
Co	Kobalt	0,30	Si	Silizium	0,60
Cr	Chrom	0,30 (0,50)	Te	Tellur	0,10
Cu	Kupfer	0,40 (0,50)	Ti	Titan	0,05 (0,12)
La	Lanthanide (einzeln gewertet)	0,10	V	Vanadium	0,10 (0,12)
Mn	Mangan	1,65 (1,80)	W	Wolfram	0,30
Mo	Molybdän	0,08 (0,10)	Zr	Zirkon	0,05 (0,12)
Nb	Niob	0,06 (0,08)	Sonstige (mit Ausnahme von Kohlenstoff, Phosphor, Schwefel, Stickstoff) jeweils		0,10

[1] Die Einteilung dieser Tafel beruht auf dem in der Erzeugnisnorm oder Spezifikation für die Schmelzenanalyse festgelegten *Mindest*wert des jeweiligen Elements. Falls nur ein *Höchst*wert festgelegt ist, wird ein Wert von 70 % dieses Höchstwerts für die Einteilung verwendet, außer bei Mangan. Für Mangan gilt dann als Grenzwert 1,80 % und die 70 %-Regel nicht.
Die Klammerwerte dieser Tafel beziehen sich auf die Grenze zwischen Qualitäts- und Edelstählen bei schweißgeeigneten legierten Feinkornstählen.

Die **Hauptgüteklassen**:
a) Für **unlegierte Qualitätsstähle** bestehen *allgemein* festgelegte Anforderungen, z.B. an Zähigkeit, Korngröße und/oder Umformbarkeit. Zu diesen Stählen gehören z.B. die warmgewalzten Baustähle nach DIN EN 10 025-2 sowie auch unlegiertes Elektroblech und -band.
b) **Unlegierte Edelstähle** haben, insbesondere bezüglich nichtmetallischer Einschlüsse, einen höheren Reinheitsgrad als Qualitätsstähle. Die chemische Zusammensetzung ist genau eingestellt und der Herstellungsprozess wird besonders sorgfältig gesteuert und überwacht. Dadurch werden verbesserte Eigenschaften sichergestellt, z.B. bezüglich Zähigkeit (Kerbschlagarbeit), Streckgrenze, Härtbarkeit, Kaltumformbarkeit und Schweißbarkeit. In diese Klasse gehören z.B. Spannstähle und Kernreaktorstähle.
c) Für **legierte Qualitätsstähle** bestehen *grundsätzlich* festgelegte Anforderungen an Zähigkeit, Korngröße und/oder Umformbarkeit. Zu diesen Stählen gehören z.B.
   – schweißgeeignete Feinkornbaustähle nach DIN EN 10 025-3 und -4 einschließlich der Stähle für Druckbehälter und Rohre,
   – legierte Stähle für Schienen, Spundbohlen und für den Grubenausbau,
   – legierte Stähle für warm- oder kaltgewalzte Flacherzeugnisse für schwierige Kaltumformungen,
   – legierte Stähle, in denen Kupfer das einzige festgelegte Legierungselement ist,

8.7 Einteilung und Bezeichnungssysteme der Stähle

- legiertes Elektroblech und -band aus Stahl, der hauptsächlich Silizium oder Silizium und Aluminium als Legierungselemente enthält.

d) **Legierte Edelstähle** sind Stahlsorten (außer nichtrostenden Stählen), denen durch genaue Einstellung der chemischen Zusammensetzung und besondere Herstell- und Prüfbedingungen verbesserte Eigenschaften verliehen werden. Es gehören in diese Klasse z.B. legierte Maschinenbaustähle, legierte Stähle für Druckbehälter, Werkzeugstähle, Schnellarbeitsstähle und Stähle mit besonderen physikalischen Eigenschaften, wie z.B. ferritische Nickelstähle oder Stähle mit besonderem elektrischem Widerstand.

e) **Nichtrostende Stähle** sind Stähle mit mindestens 10,5 % Chrom und höchstens 1,2 % Kohlenstoff. Man unterscheidet sie außerdem nach ihrem Nickelgehalt in Stähle mit < 2,5 % Ni oder Stähle mit ≥ 2,5 % Ni. Außerdem nach den Haupteigenschaften in korrosionsbeständig, hitzebeständig und/oder warmfest (s.a. Abschnitt 8.8.5).

8.7.3 Bezeichnungssysteme nach DIN EN 10 027

8.7.3.1 Kurznamen nach DIN EN 10 027-1

Kurznamen bestehen aus Haupt- und Zusatzsymbolen, die ohne Zwischenraum hintereinander angeordnet werden. Diese sind in der Norm in 18 Tabellen für Stähle und Stahlerzeugnisse aufgeführt, z.B. für Stähle für den Stahlbau, Stähle für Druckbehälter, Betonstähle, Spannstähle, Flacherzeugnisse zum Kaltumformen. Tafel 8.5 ist eine Zusammenfassung der Symbole für Stahlbau-, Beton- und Spannstähle.

Hauptsymbole bestehen aus Kennbuchstaben und -zahlen, die Hinweise auf wesentliche Merkmale, wie z.B. auf das Hauptanwendungsgebiet, mechanische oder physikalische Eigenschaften oder die chemische Zusammensetzung, geben.

Die **Zusatzsymbole** ergänzen die Hauptsymbole und geben z.B. Auskunft über die Verwendbarkeit, Kerbschlagarbeit bei normalen oder niedrigen Temperaturen, Behandlungszustand, besondere Anforderungen sowie über die Art von Überzügen bei Stahlerzeugnissen.

a) **Hauptsymbole aufgrund der Verwendung und der Eigenschaften** (Beispiele):

S = Stähle für den allgemeinen Stahlbau
P = Stähle für den Druckbehälterbau
L = Stähle für den Rohrleitungsbau
E = Maschinenbaustähle

Gefolgt von einer Zahl, die der Mindeststreckgrenze in N/mm^2 für den kleinsten Dickenbereich entspricht. Gilt die Bezeichnung für Stahlguss, ist ihr ein G voranzustellen, z.B. GS ...

B = Betonstähle, gefolgt von der charakteristischen Streckgrenze in N/mm^2 für den kleinsten Abmessungsbereich
Y = Spannstähle, gefolgt vom Nennwert der Zugfestigkeit R_m in N/mm^2
D = Flacherzeugnisse zum Kaltumformen, gefolgt von einem der folgenden Kennbuchstaben:
    C für kaltgewalzte Flacherzeugnisse,
    D für zur unmittelbaren Kaltumformung bestimmte warmgewalzte Flacherzeugnisse,
    X für Flacherzeugnisse, deren Walzart (kalt oder warm) nicht vorgegeben ist,
    sowie gefolgt von zwei weiteren Kennbuchstaben oder -zahlen, die z.B. vom DIN-Institut oder vom ECISS (European Committee of Iron and Steel Standardization) festgelegt werden.

b) **Hauptsymbole aufgrund der chemischen Zusammensetzung**

Diese beginnen stets mit dem mittleren Kohlenstoffgehalt, danach folgen die Symbole und die Kennzahlen für die mittleren Gehalte der den Stahl *charakterisierenden* Legierungsele-

mente, geordnet nach abnehmendem Gehalt, bei gleichem Gehalt alphabetisch geordnet. Es werden unterschieden:
- Unlegierte Stähle mit Mn-Gehalt < 1% nach Tabelle 12 der DIN EN 10 027-1:
  C + 100 × C-Gehalt. Beispiel: C45 = Stahl mit 0,45 % Kohlenstoff
- Unlegierte Stähle mit Mn-Gehalt ≥ 1 % und legierte Stähle mit Gehalten der einzelnen Legierungselemente < 5 %, nach Tabelle 13 der DIN EN 10 027-1:
  C + 100 × C-Gehalt + Legierungselemente + Gehalte, multipliziert mit den Faktoren der Tafel 8.4. Beispiel: C13CrMo4-5 = 0,13 % C, 1 % Cr, 0,5 % Mo
- Nichtrostende Stähle und legierte Stähle, wenn bei diesen mindestens für ein Legierungselement der Gehalt ≥ 5 % ist, nach Tabelle 14 der DIN EN 10 027-1:
  X + 100 × C-Gehalt + Legierungselemente + Gehalte *ohne* Multiplikatoren.
  Beispiel: X6CrNiMoTi17-12-2 = C ≤ 0,08%, Cr 16,5 bis 18,5%, Ni 10,5 bis 13,5%, Mo 2 bis 2,5%

Tafel 8.4   Faktoren für die Ermittlung der Kennzahlen für die Legierungsgehalte
a) von unlegierten Stählen mit Mn ≥ 1 %
b) von legierten Stählen mit mittleren Legierungsgehalten der einzelnen Elemente < 5 % nach DIN EN 10 027-1 (10.05)

Element	Faktor
Cr, Co, Mn, Ni, Si, W	4
Al, Be, Cu, Mo, Nb, Pb, Ta, Ti, V, Zr	10
Ce, N, P, S	100
B	1000

c) Zusatzsymbole
- für Bau-, Beton- und Spannstähle nach Tabellen 1, 5 und 6 der DIN EN 10 027-1: siehe Tafel 8.5.
- für unlegierte Stähle mit Mn-Gehalt < 1 % nach Tabelle 12 der DIN EN 10 027-1. Beispiele: C = zum Kaltumformen; D = zum Drahtziehen; S = für Federn; E + 1 oder 2 nachfolgende Ziffern = vorgeschriebener Schwefelgehalt.
- für Stahlerzeugnisse nach Tabellen 16, 17 und 18 der DIN EN 10 027-1 werden mit einem Pluszeichen angehängt. Beispiele:
- für den Behandlungszustand: + A = weichgeglüht; + C = kaltverfestigt (z.B. durch Walzen oder Ziehen); + M = thermomechanisch umgeformt; + N = normalgeglüht oder normalisierend umgeformt; + U = unbehandelt; + Q = abgeschreckt; + T = angelassen; + QT = vergütet
- für die Art des Überzugs: + A = feueraluminiert; + AS = mit einer Al-Si-Legierung überzogen; + CE = elektrolytisch spezialverchromt (ECCS); + S bzw. + SE = feuer- bzw. elektrolytisch verzinnt; + Z bzw. + ZE = feuer- bzw. elektrolytisch verzinkt; + IC bzw. + OC = anorganisch bzw. organisch beschichtet.

8.7 Einteilung und Bezeichnungssysteme der Stähle

Tafel 8.5 Zusatz- und Hauptsymbole für Stähle, die nach Verwendungszweck und mechanischen oder physikalischen Eigenschaften bezeichnet sind (DIN EN 10 027-1 (10.05))

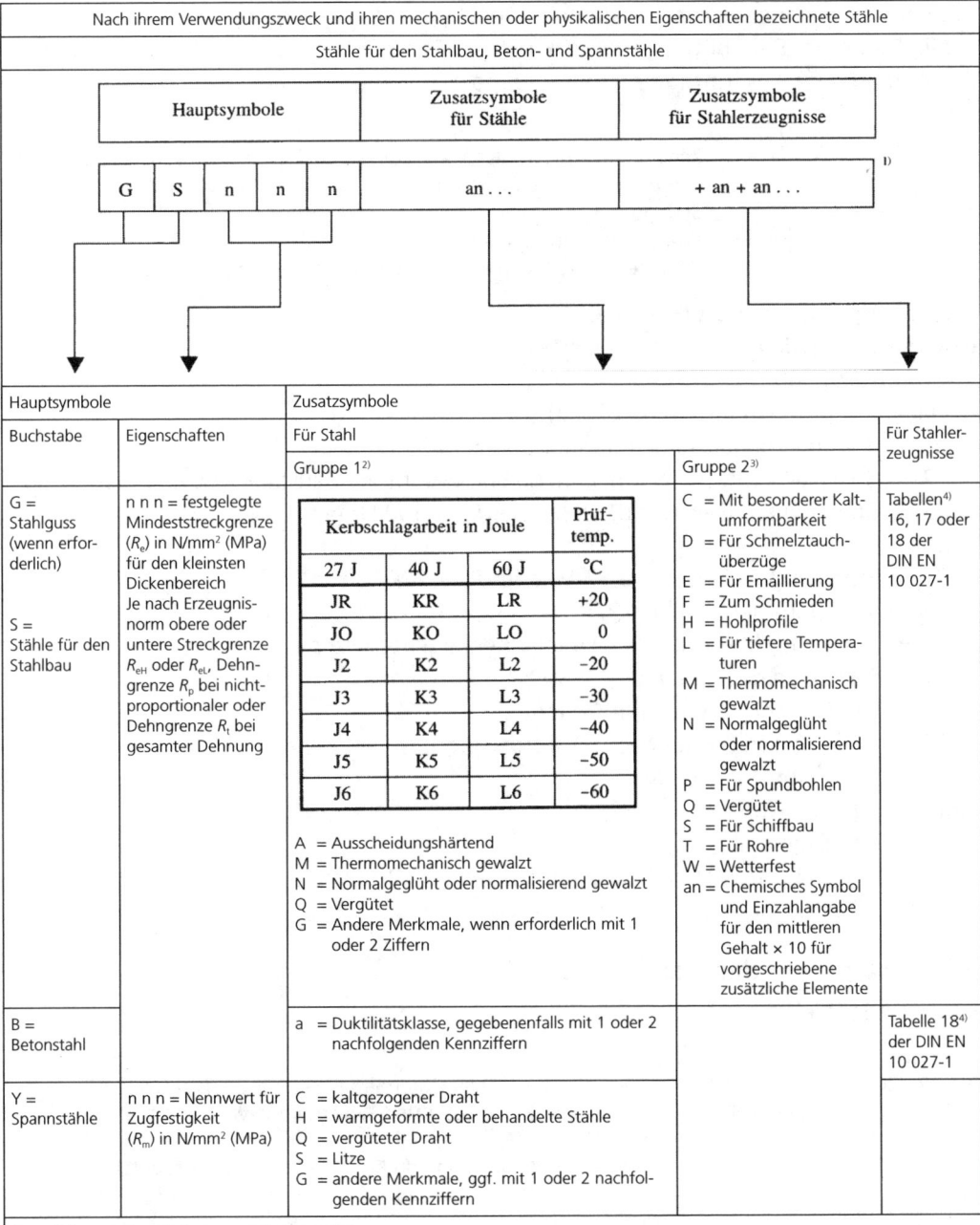

Hauptsymbole		Zusatzsymbole		Für Stahler-zeugnisse
Buchstabe	Eigenschaften	Für Stahl		
		Gruppe 1[2]	Gruppe 2[3]	
G = Stahlguss (wenn erforderlich) S = Stähle für den Stahlbau	n n n = festgelegte Mindeststreckgrenze (R_e) in N/mm² (MPa) für den kleinsten Dickenbereich Je nach Erzeugnisnorm obere oder untere Streckgrenze R_{eH} oder R_{el}, Dehngrenze R_p bei nichtproportionaler oder Dehngrenze R_t bei gesamter Dehnung	Kerbschlagarbeit in Joule / Prüftemp. 27 J / 40 J / 60 J / °C JR / KR / LR / +20 J0 / K0 / L0 / 0 J2 / K2 / L2 / −20 J3 / K3 / L3 / −30 J4 / K4 / L4 / −40 J5 / K5 / L5 / −50 J6 / K6 / L6 / −60 A = Ausscheidungshärtend M = Thermomechanisch gewalzt N = Normalgeglüht oder normalisierend gewalzt Q = Vergütet G = Andere Merkmale, wenn erforderlich mit 1 oder 2 Ziffern	C = Mit besonderer Kaltumformbarkeit D = Für Schmelztauchüberzüge E = Für Emaillierung F = Zum Schmieden H = Hohlprofile L = Für tiefere Temperaturen M = Thermomechanisch gewalzt N = Normalgeglüht oder normalisierend gewalzt P = Für Spundbohlen Q = Vergütet S = Für Schiffbau T = Für Rohre W = Wetterfest an = Chemisches Symbol und Einzahlangabe für den mittleren Gehalt × 10 für vorgeschriebene zusätzliche Elemente	Tabellen[4] 16, 17 oder 18 der DIN EN 10 027-1
B = Betonstahl		a = Duktilitätsklasse, gegebenenfalls mit 1 oder 2 nachfolgenden Kennziffern		Tabelle 18[4] der DIN EN 10 027-1
Y = Spannstähle	n n n = Nennwert für Zugfestigkeit (R_m) in N/mm² (MPa)	C = kaltgezogener Draht H = warmgeformte oder behandelte Stähle Q = vergüteter Draht S = Litze G = andere Merkmale, ggf. mit 1 oder 2 nachfolgenden Kennziffern		

[1] n = Ziffer, a = Buchstabe, an = alphanumerisch.
[2] Symbole A, M, N und Q in Gruppe 1 gelten für Feinkornstähle.
[3] Zwecks Unterscheidung zwischen zwei Stahlsorten der betreffenden Gütenorm können mit Ausnahme bei den Symbolen für chemische Elemente an die Zusatzsymbole der Gruppe 2 ein oder zwei Ziffern angehängt werden; das chemische Symbol muss an letzter Stelle stehen.
[4] Diese Tabellen enthalten Zusatzsymbole für besondere Anforderungen (Tabelle 16, z.B.: + Z35 = Mindestbrucheinschnürung senkrecht zur Oberfläche 35 %), für die Art des Überzugs (Tabelle 17, z.B.: + Z = feuerverzinkt), für den Behandlungszustand (Tabelle 18, z.B.: NT = normalgeglüht und angelassen).

8 Eisen und Stahl

8.7.3.2 Nummernsystem nach DIN EN 10 027-2

Die Werkstoffnummern haben eine bestimmte Stellenzahl und sind für die Datenverarbeitung besser geeignet als die Kurznamen. Die Werkstoffnummern werden auf Antrag vom Verein Deutscher Eisenhüttenleute (VDEh) Abt. „Europäische Stahlregistratur" vergeben. Der Aufbau der Werkstoffnummern erfolgt nach folgendem Schema:

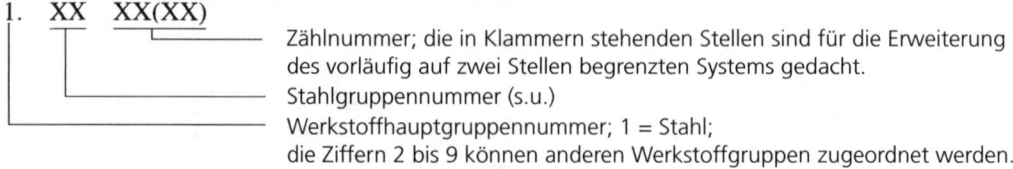

1. XX XX(XX)
   - Zählnummer; die in Klammern stehenden Stellen sind für die Erweiterung des vorläufig auf zwei Stellen begrenzten Systems gedacht.
   - Stahlgruppennummer (s.u.)
   - Werkstoffhauptgruppennummer; 1 = Stahl; die Ziffern 2 bis 9 können anderen Werkstoffgruppen zugeordnet werden.

Stahlgruppennummern (Beispiele):
Unlegierte Stähle (Nummern 00 bis 19)
– Grundstähle: 00
– Qualitätsstähle (Nummern 01 bis 07):
   01 = Allgemeine Baustähle mit $R_m < 500$ N/mm²
   02 = Sonstige, nicht für Wärmebehandlung bestimmte Baustähle mit $R_m < 500$ N/mm²
   03 = Stähle mit C-Gehalt < 0,12 % oder $R_m < 400$ N/mm² usw.
   bis
   07 = Stähle mit C-Gehalt ≥ 0,55 % oder $R_m \geq 700$ N/mm²
– Edelstähle (Nummern 10 bis 19):
   10 = Stähle mit besonderen physikalischen Eigenschaften
   11 = Baustähle mit C-Gehalt < 0,50 %
   12 = Maschinenbaustähle mit C-Gehalt ≥ 0,50 %
   13 = Baustähle mit besonderen Anforderungen
   15 bis 18 = Werkzeugstähle

Legierte Stähle (Nummern 20 bis 89)
   35 = Wälzlagerstähle
   40 bis 44 = Nichtrostende Stähle mit Ni-Gehalt < 2,5 % bzw. ≥ 2,5 %, mit oder ohne Mo, Nb, Ti

8.8 Stähle für den Stahlbau [8.23]

8.8.1 Allgemeines

Normen

DIN 17 100	(01.80)	Allgemeine Baustähle; Gütenorm (ersetzt durch DIN EN 10 025; s.u.)
DIN 18 800-1	(11.08)	Stahlbauten; Bemessung und Konstruktion(wird ersetzt durch DIN EN 1993-1)
DIN EN 1993-1	(12.10)	Eurocode 3: Bemessung und Konstruktion von Stahlbauten
DIN EN 10 021	(03.07)	Allgemeine technische Lieferbedingungen für Stahl und Stahlerzeugnisse
DIN EN 10 025		Warmgewalzte Erzeugnisse aus Baustählen; Technische Lieferbedingungen:
-1	(02.05)	Allgemeine technische Lieferbedingungen (Entw. 04.11)
-2	(04.05)	Technische Lieferbedingungen für unlegierte Baustähle (Entw. 04.11)
-3	(02.05)	Technische Lieferbedingungen für normalgeglühte/normalisierend gewalzte schweißgeeignete Feinkornbaustähle (Entw. 04.11)

8.8 Stähle für den Stahlbau [8.23]

	-4	(04.05)	Technische Lieferbedingungen für thermomechanisch gewalzte schweißgeeignete Feinkornbaustähle (Entw. 04.11)
	-5	(02.05)	Technische Lieferbedingungen für wetterfeste Baustähle (Entw. 04.11)
	-6	(08.09)	Technische Lieferbedingungen für Flacherzeugnisse aus Stählen mit höherer Streckgrenze im vergüteten Zustand (Entw. 04.11)
DIN-Taschenbücher 401 bis 405	(11.05)		Stahl und Eisen – Gütenormen 1 bis 5

Nach der gültigen DIN EN 1993-1 sind im Stahlbau die folgenden Werkstoffe zu verwenden:
1) Die Stahlsorten S235, S275, S355, S450 der unlegierten Baustähle nach DIN EN 10025-2 und die entsprechenden Stahlsorten für kaltgefertigte geschweißte Hohlprofile nach DIN EN 10219-1 sowie für warmgefertigte Hohlprofile nach DIN EN 10210-1.
2) Die Stahlsorten S275N, S275NL, S355N, S355NL, S420N, S420NL, S460N, S460NL der normalgeglühten/normalisierend gewalzten, schweißgeeigneten Feinkornbaustähle nach DIN EN 10025-3 und die entsprechenden Stahlsorten für Hohlprofile nach DIN EN 10219-1 und DIN EN 10210-1 sowie die Stahlsorten P275NH, P275NL1, P275NL2, P355N, P355NH, P355NL1 und P355NL2 nach DIN EN 10028-3.
3) Die Stahlsorten S275M, S275ML, S355M, S355ML, S420M, S420ML, S460M, S460ML der thermomechanisch gewalzten, schweißgeeigneten Feinkornbaustähle nach DIN EN 10025-4 und die entsprechenden Stahlsorten für Hohlprofile nach DIN EN 10219-1.
4) Die Stahlsorten S235W, S355 W der wetterfesten Baustähle nach DIN EN 10025-5.
5) Die Stahlsorten S460 Q/ QL/ QL1, S500 Q/ QL/ QL1, S550 Q/ QL/ QL1, S620 Q/ QL/ QL1, S690 Q/ QL/ QL1 der vergüteten Baustähle nach DIN EN 10025-6.
6) Die Stahlsorten S 235 H, S 275H, S355 H, S275 NH/NLH, S355 NH/NLH, S420 NH/NLH, S460 NH/NLH der DIN EN 10210-1 für warmgefertigte Hohlprofile.
7) Die Stahlsorten S 235 H, S 275H, S355 H, S275 NH/NLH, S355 NH/NLH, S420 NH/NLH, S460 NH/NLH, S275 MH/MHL, S355 MH/MHL, S420 MH/MHL, S460 MH/MHL der DIN EN 10219-1 für kaltgefertigte Hohlprofile.
8) Die Stahlsorten S500MC, S550MC, S600MC, S650MC, S700MC der DIN EN 10149-2 der warmgewalzten Flacherzeugnisse entsprechend der DIN EN 1993-1-12.
9) Weitere Stahlsorten für kaltgeformte Bauteile und Bleche entsprechend der DIN EN 1993-1-3.
10) Nichtrostende Stähle derzeit entsprechend der Bauaufsichtlichen Zulassung Z-30.6-3, da die DIN EN 1993-1-4 bauaufsichtlich noch nicht eingeführt ist.

Andere Stahlsorten dürfen nur verwendet werden, wenn ihre Eigenschaften in den Lieferbedingungen des Herstellers festgelegt sind und sie einer der genannten Stahlsorten zugeordnet werden können oder wenn ihre Verwendung und Brauchbarkeit anderweitig geregelt ist. Charakteristische Werte für die genannten Stahlsorten finden sich in Tafel 8.6. E-Modul $E = 210\,000$ N/mm^2, Schubmodul $G = 81\,000$ N/mm^2, Temperaturdehnzahl $\alpha_t = 12 \cdot 10^{-6}$ K^{-1}. Für nichtrostenden Stahl sind die entsprechenden Werte 170 000 und 64 000 N/mm^2 sowie $\alpha_t = 16 \cdot 10^{-6} \cdot$ K^{-1}.

8 Eisen und Stahl

8.8.2 Warmgewalzte unlegierte (allgemeine) Baustähle

Normen

DIN EN 10 025-1, -2		siehe Abschnitt 8.8.1 (Normen)
DIN EN 10 163	(03.05)	Lieferbedingungen für die Oberflächenbeschaffenheit von warmgewalzten Stahlerzeugnissen Teil 1: Allgemeine Anforderungen; Teil 2: Blech und Breitflachstahl; Teil 3: Profile
DIN EN 10 164	(03.05)	Stahlerzeugnisse mit verbesserten Verformungseigenschaften senkrecht zur Erzeugnisoberfläche; Technische Lieferbedingungen (Entw. 04.16)
DIN-Taschenbuch 402	(2009)	Stahl und Eisen – Gütenormen 2 (Bauwesen, Metallverarbeitung)
DASt-Richtlinie 009	(09.09)	Stahlsortenauswahl für geschweißte Stahlbauten
DIN EN 1993-1-10	(12.10)	Stahlsortenauswahl im Hinblick auf Bruchzähigkeit und Eigenschaften in Dickenrichtung

Die warmgewalzten unlegierten Baustähle nach DIN EN 10 025-2 sind die wichtigsten Stähle für geschweißte, geschraubte und genietete Bauteile im Stahlbau (früher DIN 17 100: Allgemeine Baustähle). Sie gehören entsprechend DIN EN 10 020 zur Hauptgüteklasse „unlegierte Qualitätsstähle" (siehe Abschnitt 8.7.2). Sie sind nach der Mindeststreckgrenze in Sorten (S185, S235 usw.) und nach der Kerbschlagarbeit in Gütegruppen (JR, J0 usw.) eingeteilt (siehe Tafeln 8.5 und 8.7). In Tafel 8.7 sind die chemische Zusammensetzung und die mechanischen Eigenschaften aufgeführt. Die Fußnote zu dieser Tafel enthält auch Hinweise zur Bearbeitbarkeit, zur Eignung zum Schmelztauchverzinken und zum Kohlenstoffäquivalent CEV.

Die Stähle JR, J0, J2 und K2 sind schweißbar. Das Lichtbogenschweißen muss den Anforderungen gemäß DIN EN 1011-2 entsprechen (siehe Abschnitt 8.10.3), außerdem ist die DASt-Richtlinie 009 (Stahlsortenauswahl für geschweißte Stahlbauten) zu beachten. Für Stähle der Gütegruppen J2 und K2 können zur Verringerung der Gefahr von Terrassenbrüchen bei der Bestellung verbesserte Verformungseigenschaften nach DIN EN 10 164 vereinbart werden. Hierfür gelten die Güteklassen Z 15, Z 25 und Z 35 = Brucheinschnürung senkrecht zur Erzeugnisoberfläche (also in Dickenrichtung) ≥ 15, 25 oder 35 %. Für die Güte und für Maßnahmen zur Ausbesserung von Fehlern hinsichtlich der Erzeugnisoberfläche gilt DIN EN 10 163.

Tafel 8.6 Charakteristische Werte für Walzstahl und Stahlguss nach DIN 18 800-1 (11.90)

Stahl	Erzeugnisdicke t in mm	Streckgrenze $f_{y,k}$ in N/mm²	Zugfestigkeit $f_{u,k}$ in N/mm²
Baustahl			
S235	$t \leq 40$	240	360
	$40 < t \leq 80$	215	
S275	$t \leq 40$	275	410
	$40 < t \leq 80$	255	
S355	$t \leq 40$	360	510
	$40 < t \leq 80$	325	

8.8 Stähle für den Stahlbau [8.23]

Stahl	Erzeugnisdicke t in mm	Streckgrenze $f_{y,k}$ in N/mm²	Zugfestigkeit $f_{u,k}$ in N/mm²
S450	$t \leq 40$	440	550
	$40 < t \leq 80$	410	
Feinkornbaustahl			
S275N u. NL, M u. ML P275NH, NL1 u. NL2	$t \leq 40$	275	370
	$40 < t \leq 80$	255	
S355N u. NL P355N, NH, NL1 u. NL2, QH1	$t \leq 40$	360	470
	$40 < t \leq 80$	335	
S355M u. ML	$t \leq 40$	360	450
	$40 < t \leq 80$	335	
S420N u. NL	$t \leq 40$	420	520
	$40 < t \leq 80$	390	
S420M u. ML	$t \leq 40$	420	520
	$40 < t \leq 80$	390	500
S460N u. NL	$t \leq 40$	460	550
	$40 < t \leq 80$	430	
S460M u. ML	$t \leq 40$	460	530
	$40 < t \leq 80$	430	
Vergütungsstahl			
C35+N	$t \leq 16$	300	550
	$16 < t \leq 100$	270	520
C45-N	$t \leq 16$	340	620
	$16 < t \leq 100$	305	580
Gusswerkstoffe			
GS200	$t \leq 100$	200	380
GS240		240	450
GE200	$t \leq 160$	200	380
GE 240		240	450
G17Mn5+QT	$t \leq 50$	240	450
G20Mn5+N	$t \leq 30$	300	480
G20Mn5+QT	$t \leq 100$	300	500
EN-GJS-400-15	$t \leq 60$	250	390
EN-GJS-400-18		250	
EN-GJS-400-18-LT		230	
EN-GJS-400-18-RT		250	

8 Eisen und Stahl

8.8.3 Wetterfeste Baustähle

(s.a. Abschnitt 8.14.2.2.a)

Normen

DIN EN 10 025-1, -5	(02.05)	Siehe Abschnitt 8.8.1 (Normen)
ISO 5952	(02.11)	Kontinuierlich warmgewalzte Flacherzeugnisse aus wetterfesten Baustählen
DASt-Richtlinie 007	(05.93)	Lieferung, Verarbeitung und Anwendung wetterfester Baustähle (Deutscher Ausschuss für Stahlbau-Richtlinie; siehe Abschnitt 21.8)
Merkblatt MB 434	(2004)	Wetterfester Baustahl (www.stahl-info.de)

Wetterfeste Baustähle sind legierte Edelstähle (C-Gehalt ≤ 0,16 %), die durch bestimmte Legierungszusätze, insbesondere P, Cr und Cu, daneben Ni, Mo und Zr, witterungsbeständig gemacht sind und ohne Korrosionsschutz eingesetzt werden können. Unter dem Einfluss der Bewitterung bildet sich auf der Oberfläche eine schützende Oxidschicht, die sich ständig erneuert und so den Widerstand gegen atmosphärische Korrosion erhöht. Da der anfänglich normal einsetzende Rostungsvorgang sich erst allmählich verlangsamt, dürfen wetterfeste Baustähle erst ab einer Mindestdicke von 3 mm verwendet werden. Die Bildung der Deckschicht dauert je nach Umweltbedingungen etwa 1,5 bis 3 Jahre und verläuft besonders günstig in aggressiver SO_2-reicher Industrieatmosphäre. Mit konventionellem Oberflächenschutz zu versehen sind wetterfeste Baustähle bei Chlorideinfluss, z.B. in Küstennähe bis circa 1 km Entfernung oder bei Streusalzeinfluss, und bei dauernder Befeuchtung, z.B. im Tief- und Wasserbau.

Bezeichnungen und Eigenschaften der wetterfesten Baustähle entsprechen weitgehend Tafel 8.7, auch das Umformverhalten und die Schweißeignung. Wetterfest muss auch das Schweißgut sein.

Sorten sind S235 und S355, Gütegruppen J0 (FN) sowie J2 und K2 (beide FF). Die Bezeichnungen enthalten am Ende ein W (= wetterfest) oder WP (P = höherer P-Gehalt; nur bei S355), z.B. S235J2W (früher WSt 37-3) oder S355J2W (früher WSt 52-3).

8.8.4 Feinkornbaustähle

Normen

DIN EN 10 025-1, -3, -4		Siehe Abschnitt 8.8.1 (Normen).
DIN EN 10 163-1, -2, -3		Siehe Abschnitt 8.8.2 (Normen).
DIN EN 10 164		Siehe Abschnitt 8.8.2 (Normen).
DASt-Richtlinie 011	(02.88)	Hochfeste schweißgeeignete Feinkornbaustähle – Anwendung im Stahlbau
SEW 090 T 2	(01.93)	Hochfeste flüssigkeitsvergütete Feinkornstähle; Technische Lieferbedingungen für Rohre und Hohlprofile

(SEW = Stahl-Eisen Werkstoffblatt; Hrsg. Verein Deutscher Eisenhüttenleute; siehe Abschnitt 21.8)

Feinkornbaustähle sind hochfeste Stähle mit für die Schweißeignung günstigen niedrigen C-Gehalten < 0,20 %, die durch Normalglühen, Flüssigkeitsvergütung (Abschrecken in Wasser oder Öl) bzw. thermomechanisches Walzen und Intensivkühlen eine erhöhte Streckgrenze aufweisen. Nach der Mindeststreckgrenze sind sie eingeteilt in Sorten (S275, S355, S420 und S460), nach der Kerbschlagarbeit in Gütegruppen (N, NL, M und ML). Sie sind mit ihrer chemischen Zusammensetzung und ihren mechanischen Eigenschaften in Tafel 8.8 aufgeführt. Für Lichtbogenschweißen, verbesserte Eigenschaften senkrecht zur Erzeugnisoberfläche und Oberflächengüte gilt das in Abschnitt 8.8.2 Gesagte.

8.8 Stähle für den Stahlbau [8.23]

Tafel 8.7 *Chemische Zusammensetzung und mechanische Eigenschaften für Flach- und Langerzeugnisse aus warmgewalzten unlegierten Baustählen nach DIN EN 10 025-2 (04.05); Auszug*

Bezeichnung			Desoxidationsart[2]	Schmelzanalyse[5] Massenanteile in % max.				Streckgrenze R_{eH}[1] in N/mm² mind. für Nenndicken in mm		Zugfestigkeit R_m[1] in N/mm²		Probenlage[1]	Bruchdehnung[1] in %, mind. $L_0 = 5{,}65 \cdot \sqrt{S_0}$	
nach EN 10 027-1[7] (10.05)	nach EN 10 027-2 (09.92)	nach DIN 17 100 (01.80)		C[3]	Mn	Si	P, S je ≤ 16	> 80 ≤ 100		< 3	≥ 3 ≤ 100		≥ 3 ≤ 40	> 63 ≤ 100
S235JR	1.0038	RSt 37-2	FN	0,17	1,40	–	0,035	235		215	360 bis 510	360 bis 510	t	26 24
S235J0	1.0114	St 37-3 U	FN	0,17	1,40	–	0,030						/	24 22
S235J2	1.0117	–	FF	0,17	1,40	–	0,025							
S275JR	1.0044	St 44-2	FN	0,21	1,50	–	0,035	275		235	430 bis 580	410 bis 560	t	22 20
S275J0	1.0143	St 44-3 U	FN	0,18	1,50	–	0,030						/	20 18
S275J2	1.0145	–	FF	0,18	1,50	–	0,025							
S355JR	1.0045	St 52-3 U	FN	0,24	1,60	0,55	0,035	355		315	510 bis 680	470 bis 630	t	22 20
S355J0	1.0553	–	FN	0,20	1,60	0,55	0,030						/	20 18
S355J2	1.0577	–	FF	0,20	1,60	0,55	0,025							
S355K2	1.0596	–	FF	0,20	1,60	0,55	0,025							
S450J0[6]	1.0590	–	FF	0,20	1,70	0,55	0,030	450		380	–	550 bis 720	t	– –
S185[4]	1.0035	St 33	freigestellt	–	–	–	–	185		175	310 bis 540	290 bis 510	/ t	17 18 16
E295[4]	1.0050	St 50-2	FN	–	–	–	0,045	295		255	490 bis 660	470 bis 610	/ t	20 18 18 16
E335[4]	1.0060	St 60-2	FN	–	–	–	0,045	335		295	590 bis 770	570 bis 710	/ t	16 14 14 12
E360[4]	1.0070	St 70-2	FN	–	–	–	0,045	360		325	690 bis 900	670 bis 830	/ t	11 10 9 8

[1] Die Werte gelten für Längsproben (*l*) in Walzrichtung; bei Band, Blech und Breitflachstahl in Breiten ≥ 600 mm für Querproben (*t*) quer zur Walzrichtung.
[2] FN: beruhigter Stahl; FF: vollberuhigter Stahl mit ausreichend hohem Gehalt an Stickstoff abbindenden Elementen, z.B. mindestens 0,020 % Al_{ges} üblich ist das Verhältnis $Al_{mind.}$: N = 2 : 1. Unberuhigte Stähle FU sind nicht zulässig.
[3] Für Erzeugnisdicken ≤ 40 mm.
[4] Stahlsorten ohne Angabe der Kerbschlagarbeit. Sie kommen für eine CE-Kennzeichnung nicht in Betracht und werden üblicherweise für U-Stahl, Winkel und Profile nicht verwendet.
[5] N ≤ 0,012 (kann überschritten werden, wenn genügend andere Stickstoff abbindende Elemente enthalten sind, z.B. Al_{ges} ≥ 0,020), bei S450J0 N ≤ 0,025; Cu ≤ 0,55, bei Cu-Gehalten > 0,40 Gefahr der Warmrissigkeit. – Zwecks verbesserter Bearbeitbarkeit kann der Schwefel um 0,015 höher sein, wenn der Ca-Gehalt ≥ 0,0020 % ist. – Für Langerzeugnisse dürfen die Gehalte an P und S um 0,005 % höher sein. – Für das Kohlenstoffäquivalent (CEV) für Nenndicken ≤ 40 mm gelten folgende Höchstwerte: 0,35 für S235; 0,40 für S275; 0,47 für S355; 0,49 für S450. – Nach der Eignung zum Schmelztauchverzinken sind die Stähle in drei Klassen eingeteilt. Klasse 1: Si ≤ 0,030 und Si + 2,5 P ≤ 0,09; Klasse 2 (gilt für spezielle Zinklegierungen): Si ≤ 0,35; Klasse 3: 0,14 ≤ Si ≤ 0,25 und P ≤ 0,035.
[6] Nur für Langerzeugnisse.
[7] Die Gütegruppen JR, J0 und J2 beziehen sich auf eine Kerbschlagarbeit (Spitzkerb-Langproben) von 27 Joule bei + 20 °C (JR), bei 0 °C (J0) bzw. bei –20 °C (J2). Gütegruppe K2 bedeutet eine Kerbschlagarbeit von 40 Joule bei –20 °C. – Die Stahlsorten S235, S275 und S355 sind zum Abkanten, Walzprofilieren und Kaltziehen geeignet, die Sorten E295, E335 und E360 nur zum Kaltziehen.

Eine vereinfachte schweißtechnische Verarbeitung ermöglichen die thermomechanisch gewalzten und intensiv gekühlten Stahlsorten S355M, S355ML, S460M und S460ML mit niedrigen C-Gehalten von ≤ 0,14 bzw. ≤ 0,16 %.

Die hochfesten Feinkornbaustähle werden im Bauwesen bei Geschossbauten, Stahlbrücken, Masten, Türmen, Industrie- und Lagerhallen und Apparategerüsten verwendet, außerhalb des Bauwesens für Erdbewegungsmaschinen, Kräne, Bergbaugeräte, im Fahrzeugbau und im Schachtbau, beim Bau von Gas- und Ölfernleitungen, Druckrohrleitungen von Wasserkraftwerken, für Behälter und Druckbehälter sowie für Offshore-Plattformen. Hier finden auch Feinkornstähle mit Mindeststreckgrenzen von 890 bis 960 N/mm^2 Verwendung.

8.8.5 Nichtrostende Stähle

Normen

DIN EN 10 088		Nichtrostende Stähle
Teil 1	(12.14)	wie vor; Verzeichnis der nichtrostenden Stähle
Teil 2	(12.14)	wie vor; Technische Lieferbedingungen für Blech und Band aus korrosionsbeständigen Stählen für allgemeine Verwendung
Teil 3	(12.14)	wie vor; Technische Lieferbedingungen für Halbzeug, Stäbe, Walzdraht, gezogenen Draht, Profile und Blankstahlerzeugnisse aus korrosionsbeständigen Stählen für allgemeine Verwendung
Teil 4	(01.10)	wie vor; Technische Lieferbedingungen für Blech und Band aus korrosionsbeständigen Stählen für das Bauwesen
Teil 5	(07.09)	wie vor; Technische Lieferbedingungen für Stäbe, Walzdraht, gezogenen Draht, Profile und Blankstahlerzeugnisse aus korrosionsbeständigen Stählen für das Bauwesen
DIN EN 10 028-7	(02.08)	Flacherzeugnisse aus Druckbehälterstählen; Teil 7: Nichtrostende Stähle (Berichtigung 05.06; E 10.05)
DIN EN 1011-3	(01.01)	Schweißen; Lichtbogenschweißen von nichtrostenden Stählen
DIN-Taschenbuch 405	(2009)	Stahl und Eisen – Gütenormen 5 (Nichtrostende und andere hochlegierte Stähle)
SEW 400	(02.97)	Nichtrostende Walz- und Schmiedestähle
SEL 421	(11.79)	Warmgewalzte Bleche aus nichtrostenden und hitzebeständigen Stählen
SEL 422	(05.79)	Kaltgewalztes Breitband und Blech aus nichtrostenden und hitzebeständigen Stählen

SEW; SEL = Stahl-Eisen-Werkstoffblätter bzw. -Lieferbedingungen; Hrsg. VDEh (siehe Abschnitt 21.8, www.stahleisen.de)

Merkblätter und Dokumentationen der „Informationsstelle Edelstahl Rostfrei" (siehe Abschnitt 21.8), z.B. die Nummern 821 (Eigenschaften), 822 (Verarbeitung), 828 (Korrosionsbeständigkeit), 861 (Anwendung), 892 (Umwelttechnik), Schrift „Nichtrostender Betonstahl"

a) Nichtrostende Stähle (Sammelbezeichnung „Edelstahl Rostfrei") sind legierte Stähle mit einem Kohlenstoffgehalt von maximal 1,2 % und einem Chromgehalt von mindestens 10,5 % bis maximal 25 % sowie einer Reihe von weiteren Legierungselementen, vor allem Nickel Ni, Molybdän Mo, Niob Nb, Titan Ti, Stickstoff N, daneben Aluminium Al, Zirkon Zr, Vanadium V, Kupfer Cu, Bor B, Wolfram W, Kobalt Co, Cer Ce (Lathanide) und Schwefel S (verbessert die Spanbarkeit). Außerdem werden Vergütungsverfahren wie z.B. Wärmebehandlung angewendet. Nichtrostende Stähle bilden mit dem Sauerstoff der Atmosphäre eine farblose und transparente, nur wenige Moleküllagen dicke Oxidschicht, vorwiegend aus Chromoxiden. Diese Passivschicht bildet sich bei Beschädigung sofort wieder neu, wenn Sauerstoff vorhanden ist. Durch den Angriff von Halogenen (Chlor, Brom, Jod sowie HCl und HClO kann die Passivschicht lokal zerstört werden.

8.8 Stähle für den Stahlbau [8.23]

Tafel 8.8 Chemische Zusammensetzung und mechanische Eigenschaften der normalgeglühten/normalisierend gewalzten bzw. thermomechanisch gewalzten Feinkornbaustähle bei Raumtemperatur nach DIN EN 10 025-3, -4 (02.05, 04.05); Auszug

	Bezeichnung			Schmelzanalyse[2] Massenanteile in %					Mindeststreckgrenze R_{eH} für Nenndicken in mm			Zugfestigkeit R_m für Nenndicken in mm		Bruchdehnung ($L_0 = 5{,}65 \sqrt{S_0}$) in % mind. (Nenndicke ≤ 16 mm)
	Kurzname nach EN 10 027-1[1]	Werkstoffnummer nach EN 10 027-2	nach DIN 17 100 (01.80)	C max.	Si max.	Mn	P max.	S max.	≤ 16	> 100 ≤ 150		≤ 100	> 100 ≤ 150	
										N/mm²				
normalgeglüht/normalisierend gewalzt	S275N	1.0490	StE 285	0,18	0,40	0,50 bis 1,50			275	225		370 bis 510	350 bis 480	24
	S275NL	1.0491	TStE 285	0,16										
	S355N	1.0545	StE 355	0,20	0,50	0,90 bis 1,65	N: 0,030	N: 0,025	355	295		470 bis 630	450 bis 600	22
	S355NL	1.0546	TStE 355	0,18										
	S420N	1.8902	StE 420	0,20	0,60	1,00 bis 1,70	NL: 0,025	NL: 0,020	420	340		520 bis 680	500 bis 650	19
	S420NL	1.8912	TStE 420											
	S460N	1.8901	StE 460	0,20	0,60	1,00 bis 1,70			460	380		550 bis 720	530 bis 700	17
	S460NL	1.8903	TStE 460											
thermomechanisch gewalzt	S275M	1.8818	–	0,13[3]	0,50	1,50			275	240[4]		370 bis 530[5]	350 bis 510[6]	24[7]
	S275ML	1.8819	–											
	S355M	1.8823	StE 355 TM	0,14[3]	0,50	1,60	M: 0,030	M: 0,025	355	320[4]		470 bis 630[5]	430 bis 5[9]0[6]	22[7]
	S355ML	1.8834	TStE 355 TM											
	S420M	1.8825	StE 420 TM	0,16[3]	0,50	1,70	ML: 0,025	ML: 0,020	420	365[4]		520 bis 680[5]	460 bis 620[6]	19[7]
	S420ML	1.8836	TStE 420 TM											
	S460M	1.8827	StE 460 TM	0,16[3]	0,60	1,70			460	385[4]		540 bis 720[5]	490 bis 660[6]	17[7]
	S460ML	1.8838	TStE 460 TM											

[1] Die Gütegruppen N und M beziehen sich auf eine Kerbschlagarbeit (Spitzkerb-Langproben) von 55 bis 40 J bei Temperaturen von + 20 bis − 20 °C; die Gütegruppen NL und ML von 63 bis 27 J bei Temp. von + 20 bis − 50 °C.
[2] Gehalte in % der Legierungselemente: Nb ≤ 0,05; V ≤ 0,12 (N, NL) bzw. 0,08 bis 0,20 (N, NL); Al ≤ 0,02; Ti ≤ 0,05; Mo ≤ 0,10 (N, NL) bzw. 0,10 bis 0,20 (M, ML); Cu ≤ 0,55; Ni ≤ 0,30 bis 0,80; Cr ≤ 0,30; N ≤ 0,015 bis 0,025; für den Eisenbahnbau kann ein S-Gehalt von ≤ 0,010 vereinbart werden.
[3] Bei Langerzeugnissen C-Gehalt ≤ 0,15 (S275), ≤ 0,16 (S355), ≤ 0,18 (S420, S450).
[4] Werte gelten für Nenndicken > 100 ≤ 120 mm, bei Langerzeugnissen ≤ 150 mm;
[5] Werte gelten für Nenndicken ≤ 40 mm;
[6] Werte gelten für Nenndicken > 100 ≤ 120 mm, bei Langerzeugnissen ≤ 150 mm.
[7] Ohne Nenndickenangabe.

8 Eisen und Stahl

Die nichtrostenden Stähle werden nach ihren wesentlichen Eigenschaften in korrosionsbeständige, hitzebeständige und warmfeste Sorten eingeteilt. Insgesamt gibt es etwa 150 Sorten, die in der DIN EN 10 088-1 in neun Tabellen nach ferritischen (Cr-Stähle), austenitischen (Cr-Ni-Stähle und Cr-Ni-Mo-Stähle) und martensitischen Sorten unterschieden werden. Sie werden in den Tabellen mit ihren Kurznamen und Werkstoffnummern (siehe Abschnitt 8.7.3.1 b und c) und ihrer chemischen Zusammensetzung aufgeführt. Ältere bzw. andere Bezeichnungen für rostfreie Stähle sind z.B. Edelstahl „18/10" (18 % Cr, 10 % Ni), V2A- bzw. V4A-Stahl (nach der 1912 begonnenen „Versuchsreihe 2 bzw. 4 Austenit"), INOX, Nirosta, Remanit, Cromargan.

b) Die mechanischen **Eigenschaften** sind Tafel 8.9 zu entnehmen. Sie gelten bis zu Temperaturen von – 40 °C. Nichtrostende Stähle können mechanisch bearbeitet und durch Lichtbogen-, Schutzgas- (WIG, MAG), Widerstands- und Bolzenschweißen geschweißt werden.

c) Die **Korrosionsbeständigkeit** hängt von Art und Höhe der Legierungsgehalte ab. Für normale Atmosphäre und im Lebensmittel- und Küchenbereich werden z.B. austenitische Cr-Ni-Stähle 1.4301 (X5CrNi18-10) und 1.4541 (X6CrNiTi18-10) eingesetzt, für stärkere Belastung (Küstennähe, aggressive Atmosphäre, mäßige Cl-Einwirkung) austenitische Cr-Ni-Mo-Stähle 1.4401 (X5CrNiMo17-12-2) und 1.4571 (X6CrNiMoTi17-12-2), bei sehr hoher Belastung (Chloride, SO_2) hochlegierte Stähle, z.B. 1.4429 (X2CrNiMoN17-3-3) oder 1.4565 (X2CrNiMnMoNbN25-18-5-4). Die Sorten 1.4003 (X2CrNi12) und 1.4512 (X2CrTi12) werden als „rostträge" Konstruktionswerkstoffe bezeichnet und lassen sich aufgrund der niedrigen Legierungsgehalte kostengünstiger herstellen.

Das Maß für die Beständigkeit gegen Korrosion kann durch die folgende Wirksumme bestimmt werden:

Wirksumme = Cr [%] + 3,3 Mo [%] (+ 16 N[%])

d) Lieferformen: kalt- und warmgewalzte Bleche (glatt, profiliert), warmgefertigte Profile (L, U, H, T), nahtlose und geschweißte Rohre, gewalzter, geschmiedeter und gezogener Stabstahl, gezogener und gewalzter Draht, Drahtgewebe.

e) Anwendung: *tragend* im Stahlhochbau (DIN 18 801) sowie für Tragwerke aus Hohlprofilen (DIN 18 808), Antennentragwerke (DIN 4131), dünnwandige Rundsilos (DIN 18 914) und fliegende Bauten (DIN EN 13 814); *nichttragend* für Fassadenbekleidungen und -befestigungen, Bedachungen, Treppen, Geländer, Eingänge, Türen, Fenster, Dachrinnen, Abgasleitungen (Schornsteine), Beschläge sowie in der Medizintechnik, Lebensmittelverarbeitung und beim technischen Ausbau. Beim Einsatz von nichtrostendem Stahl ist die Allgemeine bauaufsichtliche Zulassung Z-30.3-6 vom 20. April 2009 „Erzeugnisse, Verbindungsmittel und Bauteile aus nichtrostenden Stählen" zu berücksichtigen, die DIN EN 1993-1-4 ist bauaufsichtlich derzeit noch nicht eingeführt.

f) Nichtrostender Betonstahl kann in besonders korrosionsgefährdeten Bereichen eingesetzt werden. Allgemein die Sorten 1.4571 (X6CrNiMoTi17-12-2; wird seit Jahrzehnten für Maueranker verwendet) und 1.4462 (X2CrNiMoN22-5-3), die Sorte 1.4003 (X2CrNi12) nur, wenn die Einwirkung von chloridangereicherten Wässern ausgeschlossen ist. Der Stahl 1.4529 (X1NiCrMoCuN25-20-7) ist besonders gegen Loch- und Spaltkorrosion beständig und kann auch in Bereichen fehlender Betonumhüllung ohne jeglichen Korrosionsschutz eingesetzt werden, z.B. beim Anschluss wärmegedämmter Kragplatten, bei denen der Bewehrungsstahl die Dämmplatte ungeschützt durchstößt. Bei Anschlussbewehrungen für Betonfertigteile wird nichtrostender Betonstahl bereits serienmäßig verwendet.

8.8 Stähle für den Stahlbau [8.23]

Tafel 8.9 Technische Daten einiger wichtiger korrosionsbeständiger Stähle [8.25]

Werkstoff-nummer	Kurzname[2]	Anforderungen nach DIN EN 10 088-2 für Kaltband		Dichte	Elastizitäts-modul	Wärmeausdeh-nung zwischen 20 °C und 100 °C
		Streckgrenze[1] N/mm² quer	Zugfestigkeit[1] N/mm²	kg/dm³	kN/mm²	$10^{-6} \cdot K^{-1}$ [1]
1.4016	X6Cr17	280	450/600	7,7	220	10,0
1.4301	X5CrNi18-10	230	540/750	7,9	200	16,0
1.4541	X6CrNiTi 18-10	220	520/720	8,0	200	16,0
1.4401	X5CrNiMo 17-12-2	240	530/680	7,9	200	16,0
1.4571	X6CrNiMoTi 17-12-2	240	540/690	8,0	200	16,5

[1] Durch Kaltverfestigung können beim Stahl 1.4016 Stabstahl und Draht, bei den übrigen Stählen auch Band, jeweils mit kleineren Dicken bzw. Durchmessern, mit erheblich höheren Streckgrenzen und Zug-festigkeiten gefertigt werden.
[2] Siehe Abschnitt 8.7.3.1 b. X6Cr17 ist ein ferritischer Stahl, die übrigen sind austenitische Stähle.

8.8.6 Warmfeste und kaltzähe Stähle

Normen

DIN EN 10 028		Flacherzeugnisse aus Druckbehälterstählen
	-1 (07.09)	wie vor; Teil 1: Allgemeine Anforderungen
	-2 (09.09)	wie vor; Teil 2: Unlegierte und legierte Stähle mit festgelegten Eigenschaf-ten bei erhöhten Temperaturen;
	-4 (09.09)	wie vor; Teil 4: Nickellegierte kaltzähe Stähle; (Entw. 12.14)
DIN EN 10 302	(06.08)	Hochwarmfeste Stähle, Nickel- und Cobaltlegierungen

a) Warmfeste Stähle

Warmfeste Stähle bewahren ihre Eigenschaften auch bei langzeitiger Beanspruchung unter höheren Temperaturen. Es sind beruhigt vergossene Stähle, im Allgemeinen normalge-glüht, zum Teil luftvergütet und legiert (Cr, Cu, Mo, Ni, Ti, V). Die 0,2%-Dehngrenze ist für Betriebstemperaturen bis 500 °C gewährleistet, die Zeitstandfestigkeit für noch höhere Temperaturen. Der C-Gehalt liegt in der Regel unter 0,2 %. Beispiele: 17Mn4, 19Mn6, 15Mo3, 13CrMo44, 10CrMo9. Warmfeste Stähle finden z.B. Anwendung bei Dampfkes-selanlagen („Kesselbleche"), Druckbehältern, großen Druckleitungen, Stahlschornsteinen.

b) Kaltzähe Stähle

Kaltzähe Stähle besitzen auch bei tiefen Temperaturen eine ausreichende Zähigkeit. Sie finden Anwendung im Apparate-, Behälter- und Leitungsbau, z.B. für Flüssiggas-Kugel-behälter. Sie sind legiert, normalgeglüht, zum Teil gehärtet und/oder angelassen. Zu den kaltzähen Stählen gehören die nichtrostenden austenitischen Stähle, die Feinkornbaustähle und vorrangig die Stähle nach DIN EN 10 028. Beispiele: 26CrMo4, 11MnNi53, 13MnNi63, 10Ni14, 12Ni19, X7NiMo6, X8Ni9.

8 Eisen und Stahl

8.8.7 Vergütungs- und Einsatzstähle

Normen

DIN EN 10 083			Vergütungsstähle
	-1	(10.06)	wie vor; Teil 1: Allgemeine technische Lieferbedingungen
	-2	(10.06)	wie vor; Teil 2: Technische Lieferbedingungen für unlegierte Stähle
	-3	(01.07)	wie vor; Teil 3: Technische Lieferbedingungen für legierte Stähle
DIN EN 10 084		(06.08)	Einsatzstähle; Technische Lieferbedingungen
DIN EN 10 025-1, -6		(11.04)	Siehe Abschnitt 8.8.1 (Normen).

a) Vergütungsstähle

Als Vergütungsstähle bezeichnet man beruhigte – auch legierte – Stähle, die sich aufgrund der chemischen Zusammensetzung, insbesondere des C-Gehaltes, besonders zum Vergüten (Härten und anschließendes Anlassen) eignen. Sie weisen im vergüteten Zustand eine gute Zähigkeit bei gegebener Zugfestigkeit auf und finden als Maschinenbaustähle z.B. Anwendung für Lager, Gelenke und Sonderbauteile. Sorten sind: C35 bis C60 (Qualitätsstähle) und C22E/C22R bis C60E/C60R (Edelstähle; E und R unterscheiden sich im S-Gehalt).

b) Einsatzstähle

Einsatzstähle (unlegiert und legiert) besitzen verhältnismäßig niedrige C-Gehalte (0,07 bis 0,20 %) und sind an der Oberfläche (bis etwa 1 mm) aufgekohlt, unter Umständen gleichzeitig aufgestickt und anschließend gehärtet. Sie weisen eine große Oberflächenhärte und Verschleißfestigkeit auf und besitzen gleichzeitig einen zähen Kern.

8.8.8 Stähle für Seildrähte

Seildrähte werden aus beruhigt vergossenen Kohlenstoff-Stählen nach DIN EN 10 016-1 bis -4 (04.95: Walzdraht aus unlegiertem Stahl zum Ziehen und/oder Kaltwalzen) oder aus Cr-Ni-legierten, rost- und säurebeständigen Stählen (nichtrostende Stähle nach DIN EN 10 088; siehe Abschnitt 8.8.5) hergestellt. Wegen der hohen C-Gehalte zwischen 0,5 und 0,9 % (in der Regel 0,7 bis 0,8 %) haben die Stähle bereits eine hohe Festigkeit. Die Kohlenstoff-Stähle werden den folgenden Fertigungsschritten unterworfen: Warmwalzen bis auf 8 bis 6 mm Durchmesser; Wärmebehandlung (Patentieren); Kaltumformung (Runddrähte gezogen, Profildrähte gewalzt). Durch die Kaltumformung erhöhen sich die Zugfestigkeiten auf Werte zwischen 1200 und 2000 N/mm^2 und höher. Weiteres wichtiges Gütemerkmal ist mit Rücksicht auf die geforderte Dauerhaftigkeit die einwandfreie Beschaffenheit der Oberfläche. Die Einzeldrähte werden entweder vor oder nach dem Kaltumformen verzinkt (DIN EN 10 244-2 (07.01)). Seilarten und -ausbildung siehe Abschnitt 8.9.9.

8.9 Stahlerzeugnisse

Normen (s.a. [8.6])

a) Allgemeine Normen

DIN EN 10 021	(03.07)	Allgemeine technische Lieferbedingungen für Stahlerzeugnisse
DIN EN 10 079	(06.07)	Begriffsbestimmungen für Stahlerzeugnisse

b) Flacherzeugnisse

DIN EN 10 029	(02.11)	Warmgewalztes Stahlblech von 3 mm Dicke; Grenzabmaße und Formtoleranzen
DIN EN 10 048	(10.96)	Warmgewalzter Bandstahl; Grenzabmaße und Formtoleranzen

DIN EN 10 051	(02.11)	Kontinuierlich warmgewalztes Blech und Band abgelängt aus Warmbreitband aus unlegierten und legierten Stählen; Grenzabmaße und Formtoleranzen
DIN EN 10 058	(02.04)	Warmgewalzte Flachstäbe aus Stahl für allgemeine Verwendung; Maße, Formtoleranzen und Grenzabmaße
DIN EN 10 131	(09.06)	Kaltgewalzte Flacherzeugnisse ohne Überzug und mit elektrolytischem Zink- oder Zink-Nickel-Überzug aus weichen Stählen sowie aus Stählen mit höherer Streckgrenze zum Kaltumformen – Grenzabmaße und Formtoleranzen
DIN EN 10 140	(09.06)	Kaltband; Grenzabmaße und Formtoleranzen
DIN EN 10 143	(09.06)	Kontinuierlich schmelztauchveredeltes Blech und Band aus Stahl; Grenzabmaße und Formtoleranzen

c) Stabstahl, Profilstahl: siehe Tafel 8.10 und Abb. 8.17.
d) Hohlprofile, Rohre: siehe Abschnitt 8.9.8.
e) Kranschienen, Spundbohlen

DIN 536-1, -2	(09.91 und 12.74)	Kranschienen; Maße etc.
DIN EN 10 248-1, -2	(08.95)	Warmgewalzte Spundbohlen aus unlegierten Stählen; Teil1: Technische Lieferbedingungen; Teil 2: Grenzabmaße und Formtoleranzen (Entw. 05.06)
DIN EN 10 249-1, -2	(08.95)	Kaltgeformte Spundbohlen aus unlegierten Stählen; Teil 1: Technische Lieferbedingungen; Teil 2: Grenzabmaße und Formtoleranzen (Entw. 05.06)

Die aufgeführten Normen sind auch enthalten in folgenden DIN-Taschenbüchern:

DIN-TB 28	(06.04)	Stahl und Eisen – Maßnormen
DIN-TB 401-405	(09.05)	Stahl und Eisen – Gütenormen 1–5

8.9.1 Allgemeines

Nach DIN EN 10 079 werden die Stahlerzeugnisse begrifflich eingeteilt in Flacherzeugnisse und Langerzeugnisse. Daneben gibt es Freiform- und Gesenkschmiedestücke (siehe Abschnitt 8.3.8.3) und Stahlgussstücke (siehe Abschnitt 8.2.2). Zu den Stahlerzeugnissen gehören auch die pulvermetallurgischen Erzeugnisse. Sie werden aus Stahlpulver einer Korngröße < 1 mm hergestellt, und zwar entweder durch Sintern unterhalb der Schmelzgrenze (Sinterformteile) oder durch Temperatur- und Druckbeanspruchung (Sinterpressteile).
Im Anhang D der DIN EN 10 079 befindet sich eine umfangreiche Liste der Stahlbegriffe mit ihren Entsprechungen in Englisch und Französisch.
Die DIN EN 10 021 macht allgemeine Angaben über die bei Lieferung und Annahme zu beachtenden Regeln, wie z.B. Bestellangaben und Art und Umfang der Überprüfung der chemischen Zusammensetzung, der mechanischen Eigenschaften und der Oberflächenbeschaffenheit der Stahlerzeugnisse. Sie enthält keine Werkstoffkennwerte.

8.9.2 Flacherzeugnisse

Flacherzeugnisse haben einen etwa rechteckigen Querschnitt, dessen Breite viel größer ist als seine Dicke. Die Oberfläche ist technisch glatt oder besitzt absichtliche Vertiefungen oder Erhöhungen.

a) Warmgewalzte Flacherzeugnisse ohne Oberflächenveredelung
– Breitflachstahl: nicht aufgehaspelt, Breite 150 bis 1250 mm, Dicke im Allgemeinen > 4 mm,
– Blech: walzroh oder entzundert, in Tafeln; Dicke: Feinblech < 3 mm, Grobblech ≥ 3 mm,

- Band: aufgewickelt; Dicke: Feinband < 3 mm, Grobband ≥ 3 mm; Breite: Warmbreitband Walzbreite ≥ 600 mm, nach dem Walzen längsgeteiltes Warmbreitband < 600 mm, Bandstahl Walzbreite < 600 mm.

b) Kaltgewalzte Flacherzeugnisse ohne Oberflächenveredelung
Flacherzeugnisse, die durch Kaltwalzen eine Querschnittsverminderung in der Regel um mehr als 25 % erfahren haben, als Blech oder aufgerolltes Band, letzteres nach dem Walzen gebeizt oder kontinuierlich geglüht. Maße von Blech und Band wie unter a).

c) Verpackungsblech und -band
Aus unlegiertem weichem Stahl durch ein- oder zweimaliges Kaltwalzen als Bleche, Tafeln oder in Rollenform hergestellt; Dicken 0,14 bis 0,49 mm,
Lieferformen: Feinstblech ohne Überzug; Weißblech und -band mit elektrolytisch aufgebrachtem Zinnüberzug; verchromtes Blech und Band, untere Schicht aus metallischem Chrom, obere Schicht aus Chromhydroxid oder hydratisiertem Chromoxid.

d) Flacherzeugnisse mit Oberflächenveredelung (s.a. Abschnitte 8.14.4 und 8.14.5)
Warm- oder kaltgewalzt als Blech oder Band mit ein- oder zweiseitigen metallischen Überzügen oder anderen Beschichtungen,
Metallische Überzüge: aus dem Schmelzbad mit Blei (Ternblech), Zink, Alu, Alu-Zink (Feuerverbleien, Feuerverzinken etc.) oder elektrolytisch aufgebracht,
Organische Beschichtungen: werden auf Bleche oder Bänder (meist vorher verzinkt) als Farb- oder Folienbeschichtung aufgebracht, Farben gegebenenfalls mit Metallstaub durchsetzt.
Anorganische Beschichtungen: z.B. emaillierte Bleche.

e) Profilierte Bleche
Zum Beispiel Wellblech, gerippte Bleche.

f) Zusammengesetzte Erzeugnisse
Bänder und Bleche, die mit verschleißfesten, chemisch beständigen oder hitzebeständigen Stählen oder Legierungen plattiert sind (meist Walzplattieren). Sandwichbleche oder -elemente bestehen aus zwei glatten oder gerippten Blechen mit wärmeisolierender Zwischenschicht.

8.9.3 Langerzeugnisse
Langerzeugnisse haben einen über die Länge konstanten Querschnitt, dessen Form und Abmessungen in besonderen Normen oder Vorschriften (siehe Abschnitt 8.9, Normen) festgelegt sind. Oberfläche wie bei Flacherzeugnissen.

a) Walzdraht
Warmgewalzt und im warmen Zustand zu Ringen regellos aufgehaspelt. Querschnitt: rund, oval, quadratisch, rechteckig etc. Nenndurchmesser in der Regel ≥ 5 mm. Oberfläche glatt. Meist zur Weiterverarbeitung bestimmt, wie Baustahlmatten, Betonstahl.

b) Gezogener Draht
Durch Kaltumformung (Ziehen durch Ziehstein oder Walzen) hergestellt und kalt zu Ringen aufgewickelt. Querschnitt wie unter a); gegebenenfalls wärme- oder oberflächenbehandelt: kaltverfestigt, geglüht, verzinkt, kunststoffbeschichtet, verkupfert, vernickelt oder organische Überzüge.

c) Gewalzte Vollstäbe

Durch Warmwalzen hergestellt. Querschnitt rund ($d \geq 8$ mm), quadratisch, sechs- oder achteckig (Seitenlänge ≤ 8 mm, Schlüsselweite ≤ 13 mm), rechteckig flach (Dicke ≤ 5 mm, Breite ≤ 150 mm).

d) Blankstahl

Gezogen auf Ziehbank; geschält, d.h. spanabhebend bearbeitet, und anschließend druckpoliert; geschliffen, d.h. gezogen oder geschält, anschließend geschliffen, gegebenenfalls poliert. Besondere Maßgenauigkeit und Oberflächenbeschaffenheit. Kaltverfestigt, gegebenenfalls nachträglich warm behandelt (angelassen).

e) Beton- und Spannstahl: Siehe Abschnitte 8.11 und 8.12.

f) Warmgewalzte Profile (siehe auch Tafel 8.10 und Abb. 8.17)

– Gleisoberbauerzeugnisse: Schienen, Schwellen, Laschen, Klemmplatten, Unterlagen; Kranschienen,
– Spundwanderzeugnisse: z.B. U-, Z-, Ω- und S-Bohlen, durch Warmwalzen oder Kaltprofilieren (Ziehen, Biegen auf einer Presse, Kaltwalzen auf einer Kaltprofiliermaschine) hergestellt. Weiterhin: Stahlrammpfähle, entweder aus mehreren Profilen, z.B. U-Profilen, zusammengesetzt oder als Rammrohre,
– Grubenausbauprofile: U-, I- oder Ω-Querschnitt.

g) Geschweißte Profile

Profile wie unter f) aufgeführt, aber durch Zusammenschweißen von warm- oder kaltgewalzten Lang- oder Flacherzeugnissen hergestellt.

h) Kaltprofile: Siehe Abschnitt 8.9.4.

i) Rohre: Siehe Abschnitt 8.9.8.2, Tafel 8.10, Abb. 8.17.

k) Hohlprofile: Siehe Abschnitt 8.9.8.1, Tafel 8.10, Abb. 8.17.

l) Normallängen von Langerzeugnissen

– I-Träger: bei Profilhöhen < 300 mm 8 bis 16 m
– I-Träger: bei Profilhöhen $\geq$ 300 mm 8 bis 18 m
– U-Stahl: wie I-Träger, Ausnahme: U 30 × 15 bis 65 mm 6 bis 12 m
– Gleichschenkliger L-Stahl: ⎫
– Ungleichschenkliger L-Stahl: ⎬ 6 bis 12 m
– Z-Stahl, T-Stahl: ⎭
– Rund- und Vierkantstahl: 3 bis 16 m, gestaffelt je nach Durchmesser bzw. Kantenlänge a
– Flachstahl für $d < 31$ mm   6 bis 12 m
– sonstige Abmessungen   3 bis 12 m.

8 Eisen und Stahl

Tafel 8.10 Übersicht über wichtige Stahlbau-Profile[1] nach [8.6] (siehe auch Abb. 8.17)

		Kurzzeichen	Abmessungen in mm	Norm
1.		**Schmale I-Träger** mit geneigten inneren Flanschen, **I-Reihe**		
		I	h = 80 bis 550 b = 42 bis 200 s = 3,9 bis 19,0	DIN 1025-1 (05.95)
2.		**Mittelbreite I-Träger, I PE-Reihe**		
		I PE	h = 80 bis 600 b = 46 bis 220 t_s = 3,8 bsi12,0	DIN 1025-5 (03.94) Euronorm 19–57 (04.57)
		I PEo, I PEv (o = optimal, v = Steg und Flansch verstärkt)	h = 182 bis 618 b = 92 bis 228 t_s = 6,0 bis 18,0	nicht genormt
		I PEa = I PEl (l = leicht)	h = 78 bis 597 b = 46 bis 220 t_s = 3,3 bis 9,8	nicht genormt
		I PE 750	h = 753 bis 770 b = 263 bis 268 t_s = 11,5 bis 15,6	nicht genormt
3.		**Breite I-Träger** mit parallelen Flanschflächen, **Reihe HE, HD, HL, HP**		
		HE-AA = I PBll (ll = besonders leicht) **HSL 100** (superleicht; t_s = 3,0 mm)	h = 91 bis 970 b = 100 bis 300 t_s = 4,2 bis 16	nicht genormt
		HE-A = I PBl (l = leicht)	h = 96 bis 990 b = 100 bis 300 t_s = 5 bis 16,5	DIN 1025-3 (03.94) Euronorm 53–62 (07.62)
		HE-B = I PB	h = 100 bis 1000 b = 100 bis 300 t_s = 6 bis 19	DIN 1025-2 (11.95) Euronorm 53–62 (07.62)
		HL mit bes. Breite und Höhe	h = 970 bis 1118 b = 400 bis 405 t_s = 16,5 bis 26	nicht genormt
		HE-M = I PBv (v = Flansch verstärkt)	h = 120 bis 1008 b = 106 bis 302 t_s = 12 bis 21	DIN 1025-4 (03.94) Euronorm 53–62 (07.62)
		HE (größer als HE-M)	h = 444 bis 1036 b = 305 bis 314 t_s = 25,5 bis 31	nicht genormt
		HD (Breitflansch-Stützenprofile)	h = 244 bis 569 b = 260 bis 454 t_s = 6,5 bis 78	zum Teil nach ASTM A6/A 6M-90 a (amerik. Norm)
		HP (Flansch und Steg gleich dick)	h = 210 bis 372 b = 224,5 bis 402 t_s = 11 bis 26	zum Teil nach BS4 p. 1-1993 (brit. Norm)

[1] Normen für Grenzabmaße und Toleranzen: I-Träger DIN EN 10 034 (03.94); schmale I-Träger DIN EN 10 024 (05.95); L-Stahl DIN EN 10 056-2 (03.95).

	Kurzzeichen		Abmessungen in mm	Norm
4.	**Rundkantiger U-Stahl** mit geneigten bzw. parallelen Flanschflächen			
	U		h = 30 bis 400 b = 15 bis 110 t_s = 4 bis 14	DIN 1026-1 (03.00) DIN 1026-2 (10.02)
	U-Stahl mit parallelen inneren Flanschflächen			
	UAP (Arbed)		h = 80 bis 300 b = 45 bis 100 t_s = 5 bis 9,5	NF A 45-225 (France)
	UPE (Peiner Träger GmbH)		h = 80 bis 400 b = 50 bis 115 t_s = 4 bis 13,5	DIN 1026-2 (10.02)
5.	**T-Stahl**, rundkantig, gleichschenklig (hochstegig), warmgewalzt			
	T		h = 30 bis 140 b = 30 bis 140 t_s = 4 bis 15	DIN EN 10 055 (12.95)
	T-Stahl, scharfkantig mit parallelen Steg- und Flanschseiten, warmgewalzt			
	TPS		h = 20 bis 40 b = 20 bis 40 t_s = 3 bis 5	DIN 59 051 (04.04)
6.	**Gleichschenkliger L-Stahl**, rundkantig, warmgewalzt			
	L	a = 20 bis 250 s = 3 bis 35		DIN EN 10 056-1 (10.98) bzw. nicht genormt (zum Teil ehemals in DIN 1028)
	Gleichschenkliger L-Stahl, scharfkantig, warmgewalzt			
	LS	a = 20 bis 50 t_s = 3 bis 5		DIN 1022 (04.04)
7.	**Ungleichschenkliger L-Stahl**, rundkantig, warmgewalzt			
	L	$a \times b$ = 30 × 20 bis 200 × 150 bzw. 250 × 90 s = 3–16		DIN EN 10 056-1 (10.98) bzw. nicht genormt (zum Teil ehemals in DIN 1029)
8.	**Rundkantiger Z-Stahl**, warmgewalzt			
	Z	h = 30 bis 160 b = 38 bis 70 t_s = 4 bis 8,5		DIN 1027 (04.04)
9.	**Quadrat-Hohlprofile**, warmgefertigt, nahtlos oder geschweißt (Auswahl)			
		B = 40 bis 400 T = 3 bis 16		DIN EN 10 210-2 (07.06)
	Quadrat-Hohlprofile, kaltgefertigt, geschweißt (Auswahl)			
		B = 20 bis 400 T = 2 bis 12,5		DIN EN 10 219-2 (07.06)

8 Eisen und Stahl

	Kurzzeichen		Abmessungen in mm	Norm
10.	**Rechteck-Hohlprofile**, warmgefertigt, nahtlos oder geschweißt (Auswahl)			
		H = 50 bis 500 B = 30 bis 300 T = 3 bis 20		DIN EN 10 210-2 (07.06)
	Rechteck-Hohlprofile, kaltgefertigt, geschweißt (Auswahl)			
		H = 40 bis 400 B = 20 bis 300 T = 2 bis 12		DIN EN 10 219-2 (07.06)
11.	**Kreisförmige Hohlprofile**, kaltgefertigt und geschweißt bzw. warmgefertigt und nahtlos oder geschweißt (Auswahl)			
		D = 33,7 bis 1219 T = 2,6 bis 25		DIN EN 10 219-2 (07.06) DIN EN 10 210-2 (07.06)
12.	**Rohre** mit Eignung zum Schweißen und Gewindeschneiden (Auswahl)			
		D = 10,2 bis 165,1 T = 2,0 bis 5,4		DIN EN 10 255 (11.04)

Tafel 8.11 Beispiele für die Abkürzungen von Bezeichnungen von Stahlprofilen [8.6]

Abkürzung (Maße in mm)	Bedeutung
I PE 200 × 3000 DIN 1025-5	Mittelbreiter Doppel-T-Träger, 200 mm hoch, 3000 mm lang, nach DIN 1025
I PBv 400 × 5000 DIN 1025-4 (= HE-400-M)	Breiter Doppel-T-Träger, verstärkt, 432 mm hoch, 5000 mm lang, nach DIN 1025
U 200 × 800 DIN 1026-1	U-Stahl, 200 mm hoch, 800 mm lang, nach DIN 1026
L 60 × 6 × 90 Lg DIN EN 10 056-1	Rundkantiger Winkelstahl, gleichschenklig, 60 mm Schenkelbreite, 6 mm dick, 90 mm lang, nach DIN EN 10 056-1
L 100 × 50 × 8 × 3200 DIN EN 10 056-1	Rundkantiger Winkelstahl, ungleichschenklig, 100 mm und 50 mm Schenkelbreiten, 8 mm dick, 3200 mm lang, nach DIN EN 10 056-1
LS 50 × 5 × 800 DIN 1022	Scharfkantiger Winkelstahl, gleichschenklig, 50 mm Schenkelbreite, 5 mm dick, 800 mm lang, nach DIN 1022
Siehe auch DIN ISO 5261 (04.97). Vom Deutschen Stahlbau-Verband, Düsseldorf, wird „Produktbezeichnungen für den Datenaustausch im Stahlbau" (Ausgabe 11.02) empfohlen.	

8.9 Stahlerzeugnisse

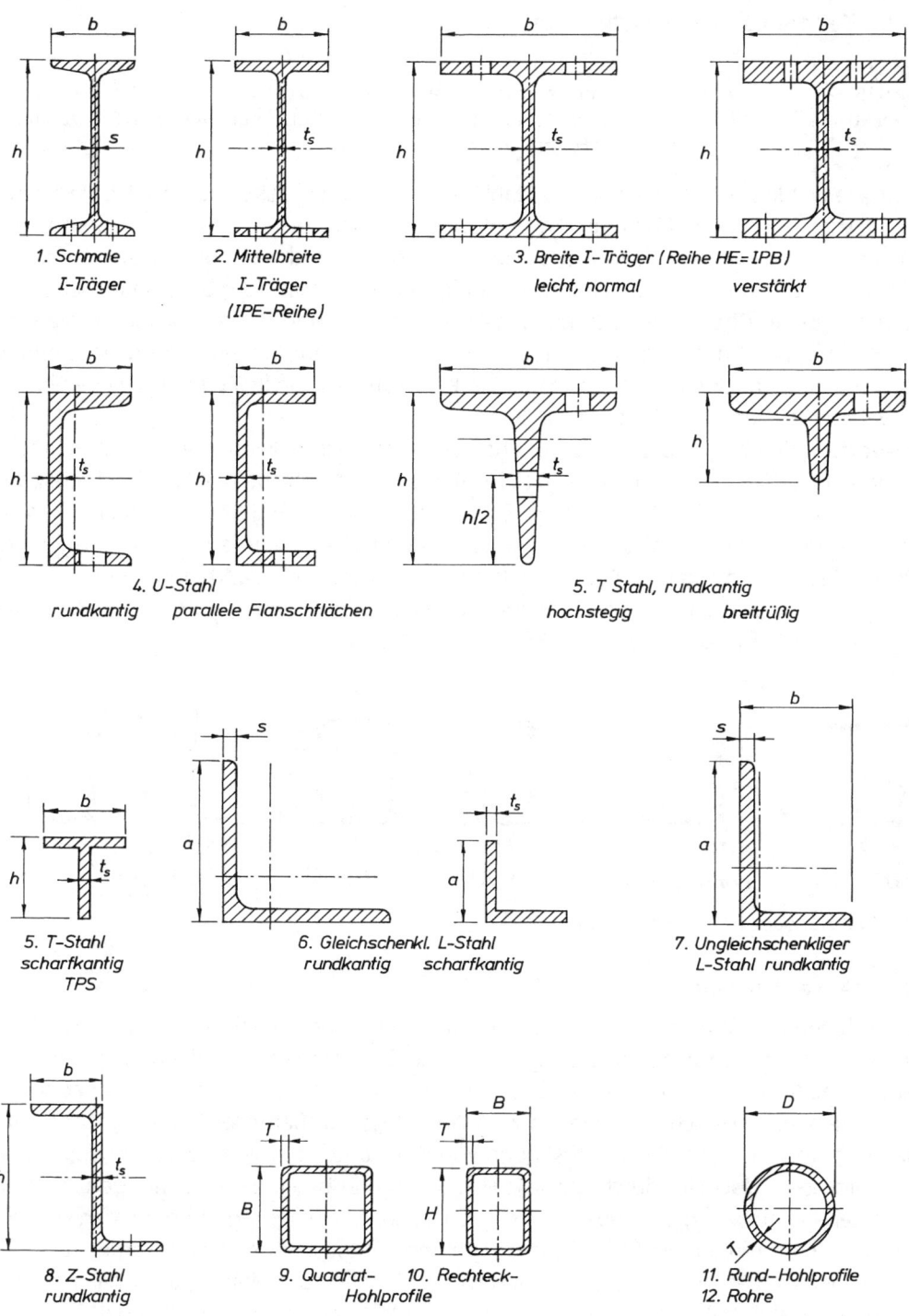

Abb. 8.17 Übersicht über wichtige Stahlbau-Profile nach [8.6]
(Die Ziffern 1, 2, 3 ... beziehen sich auf die Tafel 8.10.)

8.9.4 Kaltprofile *(Siehe auch [8.7].)*

Normen
DIN 6935   (10.11)   Kaltbiegen von Flacherzeugnissen aus Stahl
DIN EN 10 162   (12.03)   Kaltprofile aus Stahl; Technische Lieferbedingungen – Grenzabmaße und Formtoleranzen

Kaltprofile werden aus flachgewalztem Stahl hergestellt, wobei das so hergestellte Flachzeug durch Walzen und/oder Abkanten kalt geformt wird. Die Festigkeitskennwerte ergeben sich aus dem Ausgangswerkstoff. Besonderes Kennzeichen der Kaltprofile ist die nahezu gleichbleibende Wanddicke in allen Querschnitten eines Profils. Es gibt symmetrische und unsymmetrische, offene und geschlossene sowie gerad- und schiefwinklige Profile (s.a. Abb. 8.18). Querschnittsform und Abmessungen können dem Anwendungszweck optimal angepasst werden. Ausführliche Angaben zu Kaltprofilen siehe [8.7] und Fachvereinigung Kaltwalzwerke (siehe Abschnitt 21.8).

Anwendung finden Kaltprofile als typische Bauelemente im konstruktiven Stahlleichtbau. Maßgebend dafür sind die DIN 18 800 (11.90) und die DASt-Richtlinie 016 (Tragwerke aus dünnwandigen Bauteilen; 1992) und in Zukunft die DIN EN 1993-1-3 (Allgemeine Regeln – Ergänzende Regeln für kaltgeformte Bauteile und Bleche). Weitere Anwendungsgebiete sind u.a. Lager- und Hochregalbau, Hohlsteifen für orthotrope Fahrbahnplatten im Straßenbrückenbau, Zargenprofile für Innenwände, Hallen- und Garagentore, Verbundstützen aus stahlbetongefüllten Kaltprofilen, Pfetten, Wandriegel.

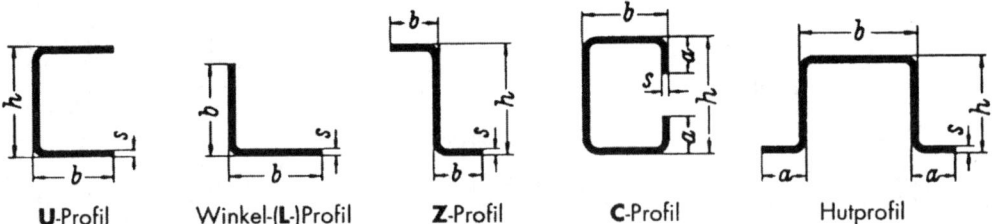

U-Profil   Winkel-(**L**-)Profil   **Z**-Profil   **C**-Profil   Hutprofil

Abb. 8.18 Standard-Kaltprofile aus Stahl [8.7]

8.9.5 Ankerschienen

Ankerschienen (kaltgefertigt oder warmgewalzt) mit angeschweißten Rund- oder Doppel-T-Ankern werden in Stahlbetonbauteile, wie Deckenplatten, Balken, Stützen oder Wände, einbetoniert (Beispiele siehe Abb. 8.19). Für Tunnelbauwerke gibt es auch gebogene Ankerschienen. Ankerschienen dienen zum Anschluss von Bauteilen untereinander, zum Abhängen von Lasten und zur Befestigung von Installationen. Die Befestigung der Lasten an die Schienen geschieht durch spezielle Gewindeschrauben mit dazugehörigen Muttern und Unterlegscheiben, die an jeder Stelle in den Schienenschlitz eingeführt werden können und nach einer Drehung um 90° mit einem Drehmomentenschlüssel fixiert werden müssen. Die Schienen werden durch Löcher im Rücken der Schienen durch Nägel (Holzschalung) oder Schrauben (Stahlschalung) oder durch Verkleben (Polyolefin-Heißkleber) an der Schalung befestigt. Vor dem Einführen der Gewindeschrauben in die Schienen werden die Nägel oder Schrauben und die Schaumfüllung im Schieneninneren (Polystyrol- oder Polyethylen-Schaum zum Schutz vor Frischbeton) entfernt.

8.9 Stahlerzeugnisse

Das gesamte Befestigungssystem (Schienen, Anker und Schrauben) ist bauaufsichtlich zugelassen und der DIN 1045-1 (07.01) angepasst. Je nach der für den Verwendungszweck zugeordneten Expositionsklasse (siehe Abschnitt 6.1.3) bestehen die Schienen und Anker aus walzblankem Stahl (S 235 JR, S 235 JRG2, S 275 JR) nach DIN EN 10 025 oder aus Edelstahl nach DIN EN 10 088, desgleichen die Gewindeschrauben, Sechskantmuttern und Unterlegscheiben.

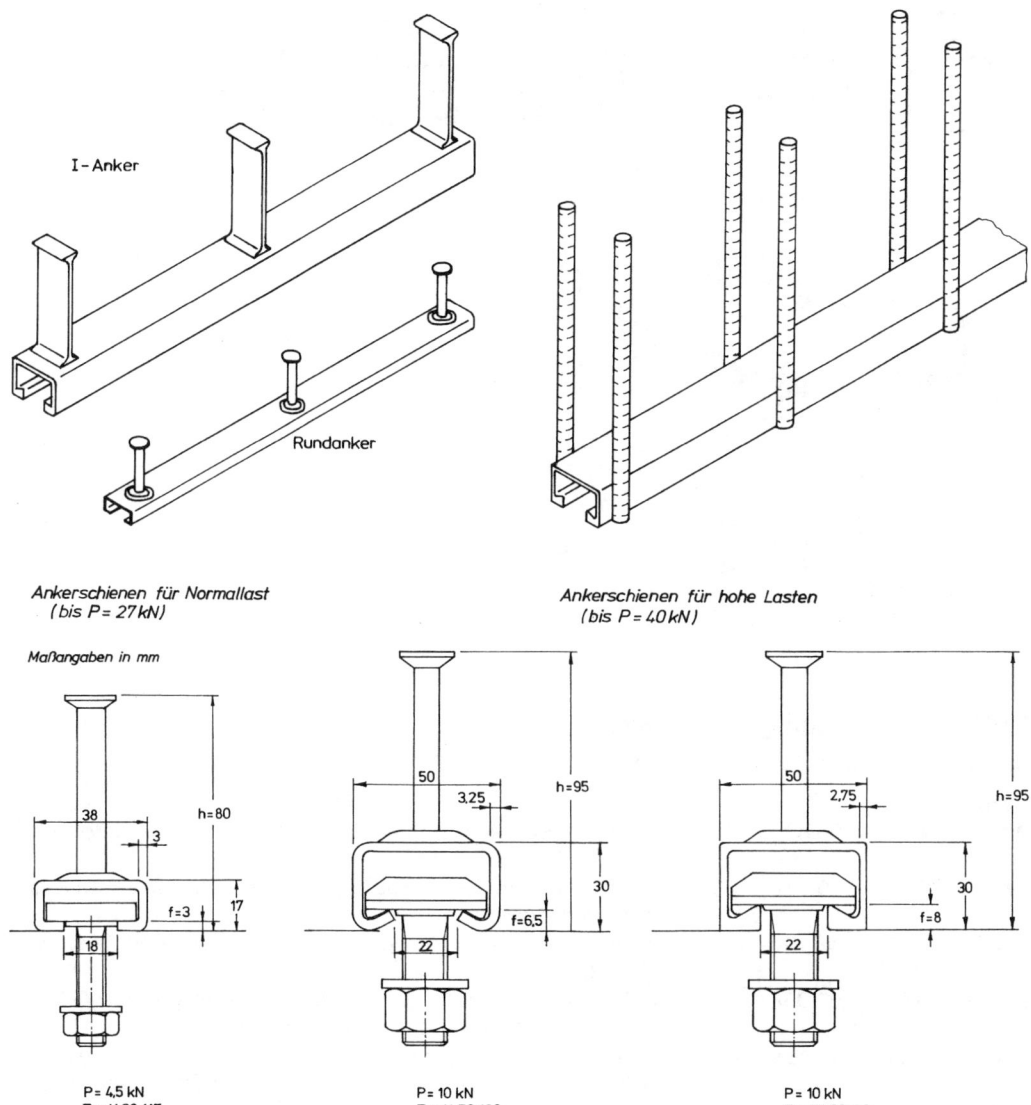

Abb. 8.19: Beispiele für Ankerschienen zur Befestigung von Lasten in Stahlbetonbauteilen [8.29]
Ankerschienen mit quer aufgeschweißten Doppel-T-Ankern sind auch für dynamische Lasten zugelassen. Die angegebenen Punktlasten P bedeuten kN pro 25 cm Abstand. Je nach den zulässigen Punktlasten (P = 3,0 bis 32 kN) betragen die Einbauhöhen h = 50 bis 180 m. Typ K = kalt gefertigtes Profil; Typ W = warmgewalztes Profil, gut geeignet für nichtruhende Lasten. (Fortsetzung S. 8.52)

8 Eisen und Stahl

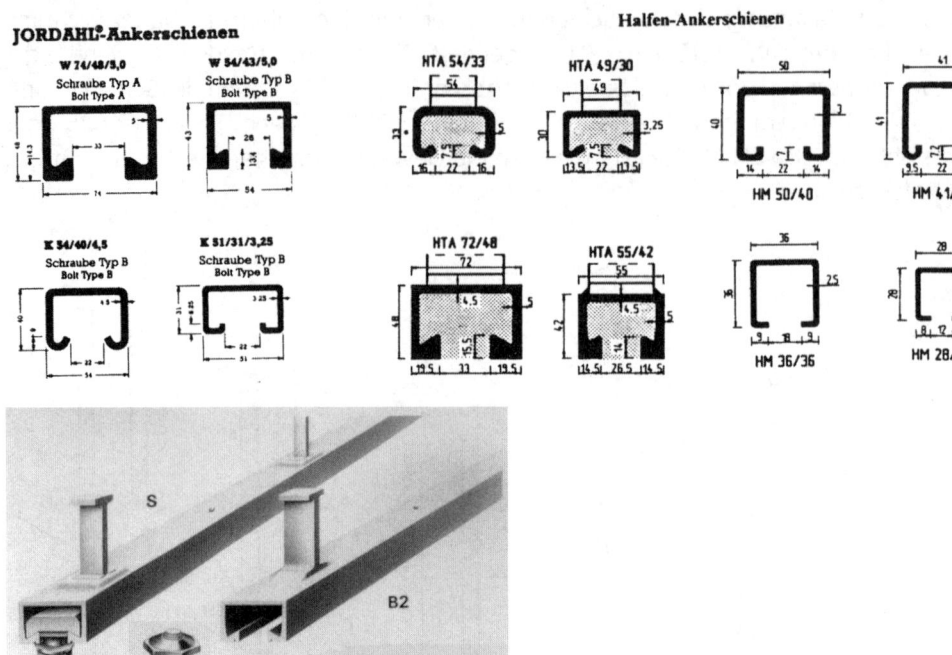

Abb. 8.19 (Fortsetzung)

8.9.6 Bauelemente aus Metallblech

Ausführliche Informationen durch Fachinformationen des IFBS (siehe Abschnitt 21.8)

Normen

DIN 18 807	(06.87)	Teil 1–3, Trapezprofile im Hochbau – Stahltrapezprofile, sowie Änderungen A1 (05.01)
DIN 18 807	(06.87)	Teil 6–9, Trapezprofile im Hochbau – Aluminium-Trapezprofile und ihre Verbindungen
DIN EN 1993-1-3	(12.10)	Allgemeine Regeln – Ergänzende Regeln für kaltgeformte Bauteile und Bleche
DIN EN 14 782	(03.06)	Selbsttragende Dachdeckungs- und Wandbekleidungselemente für die Innen- und Außenanwendung aus Metallblech
DIN EN 14 509	(12.13)	Selbsttragende, wärmedämmende Sandwich-Elemente mit beidseitigen Metalldeckschichten – Werkmäßig hergestellte Produkte – Spezifikationen
DIN EN 10 326	(09.04)	Kontinuierlich schmelztauchveredeltes Band und Blech aus Baustählen – Technische Lieferbedingungen (zurückgezogen)

Bauelemente aus oberflächenveredeltem Metallblech werden als Trapezprofile, Wellprofile, Kassettenprofile, Stehfalzprofile, Sidings sowie Sandwichelemente hergestellt (Beispiele siehe Abb. 8.20). Die tragenden bzw. raumabschließenden Profiltafeln werden auf vielfältige Weise im Dach-, Wand- und Deckenbereich eingesetzt und vorwiegend aus Stahl,

8.9 Stahlerzeugnisse

zunehmend auch aus anderen Metallen, speziell aus Aluminium und Edelstahl, gefertigt. Die Toleranzen für die Form und die Abmessungen von Stahlprofiltafeln sind gütegesichert nach RAL-GZ 617, Sandwichelemente werden von der europäischen Qualitätsgemeinschaft EPAQ überwacht.

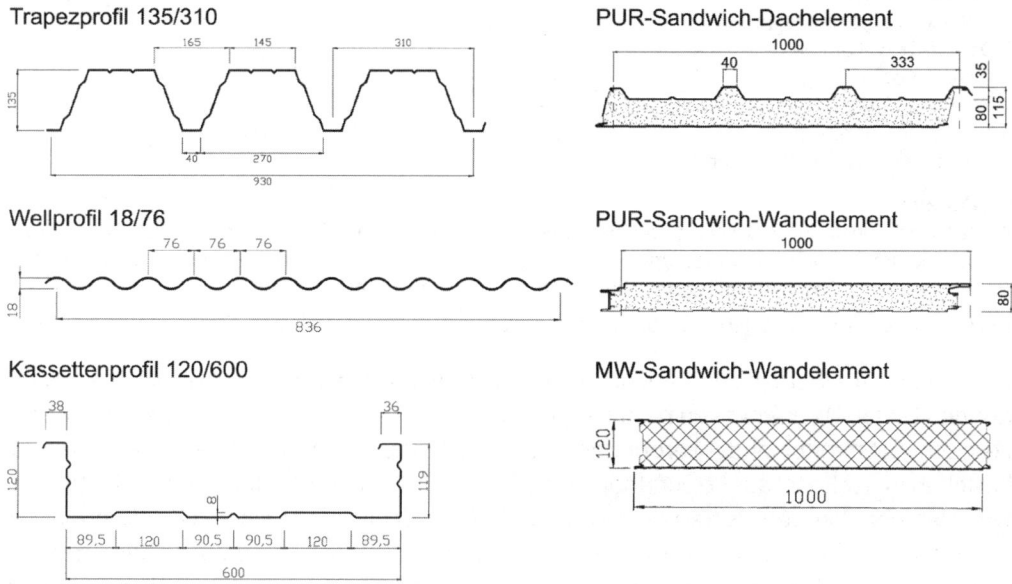

Abb. 8.20 Beispiele für Bauelemente aus Metallblech [8.32]

Trapezprofile und Wellprofile werden im Allgemeinen aus Stahlblech der Sorten S280 GD, S320 GD und S350 GD nach DIN EN 10 326 durch Kaltumformen hergestellt. Sie besitzen im kontinuierlichen Schmelztauchverfahren, zusätzlich auch im Duplexverfahren (s.a. Abschnitt 8.14.6.1) hergestellte Überzüge aus Zink Z 275, Zink-Aluminium ZA 255 und Aluminium-Zink AZ 185 nach DIN EN 10 236 mit einem Gesamtgewicht der Überzüge auf beiden Seiten von 275, 255 bzw. 185 g/m². Die Blechdicken liegen im Allgemeinen zwischen 0,63 und 1,50 mm, bei Stahlverbundprofilen zwischen 0,50 und 1,25 mm. Es werden zahlreiche Profilformen mit Höhen von 10 bis 200 mm unterschieden, mit denen tragende Dachschalen mit und ohne Wärmedämmung Stützweiten bis 10 m überbrücken können, bei bogenförmigen Profilen bis 20 m.

Mit wärmegedämmten Trapezprofildächern werden bewertete Schalldämmaße R_w bis 53 dB erreicht (Beispiel siehe Abb. 8.21). Zweischalige Trapezprofilwände erreichen bei der Brandprüfung Werte von F 30 bis W 90 (siehe Abschnitt 16.4.2). In Deckenkonstruktionen finden Stahltrapezprofile als tragende Deckenschale, als verlorene Schalung für Ortbeton und als Verbunddecke (siehe Abb. 8.22) Anwendung.

Stahlkassettenprofile werden überwiegend als innere Schale in zweischaligen wärmegedämmten Wandkonstruktionen verwendet. Diese Wandkonstruktionen erreichen bewertete Schalldämmaße R_w bis 57 dB und für den baulichen Brandschutz die Feuerwiderstandsklasse W 90.

8 Eisen und Stahl

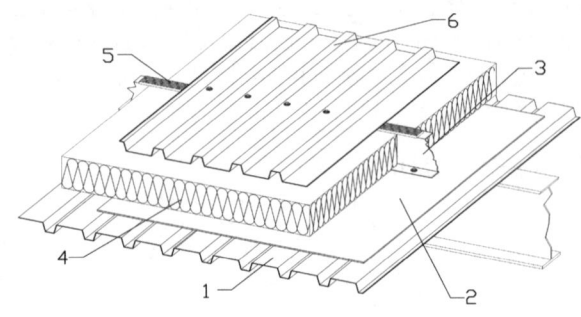

Konstruktion
1 Unterschale aus Trapezprofilen
2 Dampf- bzw. Luftsperre
3 Distanzprofile
4 Wärmedämmung
5 Thermische Trennung
6 Oberschale aus Trapezprofilen

Merkmale:
Pfetten-Dachkonstruktion, Unter- und Oberschale parallel verlaufend, Spannrichtung: First-Traufe, Distanzprofile um 90° gedreht angeordnet, Wärmedämmung zwischen den Distanzprofilen, thermische Trennung auf den Distanzprofilen bzw. beidseitig nach U-Wert-Berechnung.

Abb. 8.21 Beispiel für Dachaufbauten mit Bauelementen aus Metallblech [8.32]

Kassettenprofile werden zunehmend durch **Sandwichelemente** verdrängt, welche aus zwei dünnen Metall-Deckschichten bestehen, die über einen witterungsbeständigen Dämmstoffkern schubfest miteinander verbunden sind. Die Dämmstoffkerne von Sandwichelementen bestehen in der Regel aus Polyurethan-Hartschaum (PUR) oder aus Mineralwolle (MW). Sandwichelemente werden als tragende und/oder raumabschließende Dach- und Wandbauteile verwendet. Stahl-Sandwichelemente sind wartungsarm und verfügen über hervorragende Dämmeigenschaften sowie einen sehr guten Korrosionsschutz. Die Oberflächen sind mit Linierung, Trapez- oder Wellprofilierungen erhältlich. Die Dicke des Stahlbleches liegt im Allgemeinen zwischen 0,40 und 0,75 mm. Die Elemente sind in Dicken von circa 35 bis 240 mm erhältlich. Je nach Elementdicke können U-Werte bis zu 0,12 W/(m² · K) erzielt werden. Die Stützweiten betragen in Abhängigkeit von dem Elementtyp bis zu 11 m (Wand). Der normale Einsatzbereich liegt bei circa 3 m bis 5 m Stützweite. Die bewerteten Schalldämmmaße R_w liegen für PUR-Elemente bei circa 25 dB und für MW-Elemente bei circa 30 dB. Mit PUR-Kern entsprechen die Elemente der Baustoffklasse B1 (schwerentflammbar), mit MW-Kern A2 bzw. B1. Mit Sandwichelementen werden Feuerwiderstandsklassen bis F 120 bzw. W 90 erreicht.

8.9.7 Wabenträger und Cellform-Träger

Wabenträger sind in den Stegen zahnstangenartig getrennte I-Walzträger, deren Hälften um eine halbe Schnitteinheit gegeneinander versetzt und miteinander verschweißt worden sind, wodurch aus den verwendeten Grundprofilen (z.B. Breitflanschträger der Reihen IPB und IPE) Träger mit wabenförmigen Öffnungen (günstig für Installationen) und 1,5facher Höhe bei gleichem Gewicht entstehen. Sonderformen sind z.B. Bogenträger, Pultdachträger oder sattelförmig geknickte Träger.
Cellformträger (Cellular Beams) besitzen im Steg kreisförmige Öffnungen mit frei wählbaren Durchmessern und Abständen und können auch als gebogene, asymmetrische oder konische Träger bis zu Spannweiten von 50 m geliefert werden (Peiner GmbH; Arbed/Luxemburg).

8.9 Stahlerzeugnisse

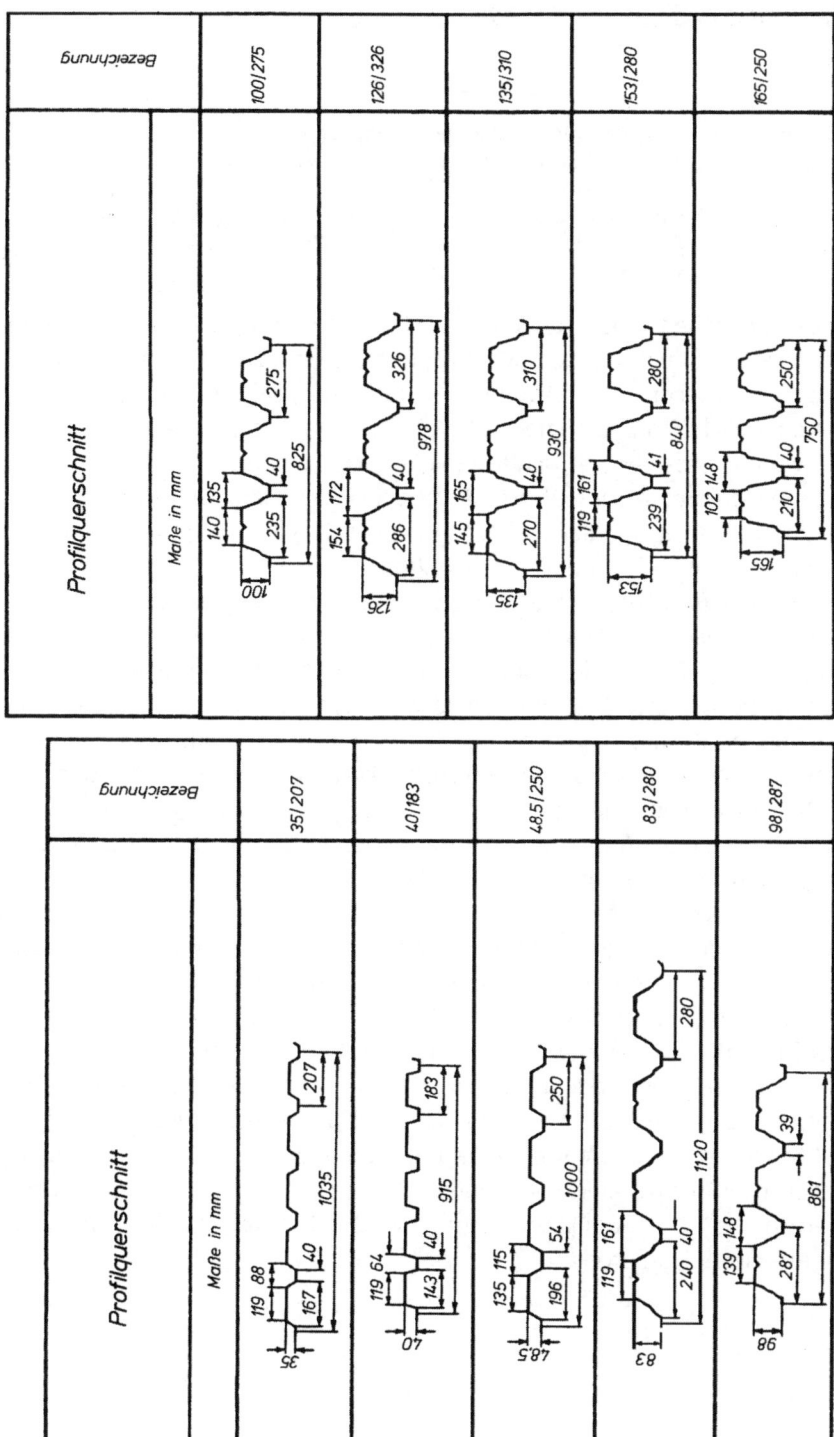

Abb. 8.22 Beispiel für Verbunddeckenkonstruktionen mit Stahltrapezprofilen [8.32]

8.9.8 Hohlprofile und Rohre *(s.a. Tafel 8.10)*
8.9.8.1 Hohlprofile

Normen

DIN EN 10 210	(07.06)	Warmgefertigte Hohlprofile für den Stahlbau Teil 1: Technische Lieferbedingungen; Teil 2: Grenzabmaße, Maße und statische Werte (Entw. 02.16)
DIN EN 10 219	(07.06)	Kaltgefertigte geschweißte Hohlprofile für den Stahlbau Teil 1: Technische Lieferbedingungen; Teil 2: Grenzabmaße, Maße und statische Werte (Entw. 02.16)

Warmgefertigte Hohlprofile für den Stahlbau nach DIN EN 10 210, Teil 1 und 2, werden nahtlos hergestellt oder aus Stahlband geschweißt und besitzen quadratischen, rechteckigen oder kreisförmigen Querschnitt (s.a. Abschnitt 8.3.8.2). Regellängen sind 12 bis 14 m, Längen bis 16 m sind möglich. Stahlgüten nach DIN 10 210-1 sind die unlegierten Baustähle S235 bis S355, sowie mit besserer Kerbschlagzähigkeit die Feinkornbaustähle S275 bis S460. Warmgefertigte Hohlprofile der Güten S235 und S355 sind legierungstechnisch mit geringem Kohlenstoffäquivalent und Kohlenstoffgehalt eingestellt und sind im gesamten Querschnitt, auch im Kantenbereich, optimal schweißbar.

Hohlprofile können nach verschiedenen Verfahren in kaltem oder warmem Zustand gebogen werden, müssen aber nach einer Kaltbiegung unter Umständen einer anschließenden Wärmebehandlung unterworfen werden, um den ursprünglichen Gefügezustand wieder herzustellen. Durch unterschiedliche Wanddicken bei gleichem Außendurchmesser können Hohlprofile z.B. als hohe Stützen bei gleichbleibender Außenansicht steigende Lasten aufnehmen. Zum Schutz gegen atmosphärische Korrosion kommen vorwiegend organische Beschichtungen oder Feuerverzinkung zum Einsatz (siehe Abschnitt 8.14). Als Brandschutz kommen die üblichen Ummantelungsverfahren infrage (siehe Abschnitt 8.13.2.2). Zusätzlich wird bei Stahlhohlprofilen Wasserkühlung (in den untereinander mit Rohrleitungen verbundenen Profilen setzt sich im Brandfall Wasser in Bewegung, das mit Frostschutzmittel versetzt ist) angewendet und bei Stützen außerdem die Ausfüllung mit bewehrtem Beton, was im kalten Zustand gleichzeitig eine Erhöhung der Tragfähigkeit bewirkt. Durch beide Verfahren können Feuerwiderstandsklassen bis F 90 erreicht werden.

Kaltgefertigte Hohlprofile für den Stahlbau nach DIN EN 10 219, Teil 1 und 2, werden kontinuierlich aus Stahlband (gebeizt oder ungebeizt, auch feuerverzinkt) zum gewünschten Hohlquerschnitt geformt und durch elektrische Widerstandspressschweißung geschlossen, anschließend auf Maß fertiggewalzt. Vorteil der Kaltfertigung ist die verbesserte Nutzung thermomechanischer Feinkornbaustähle (sogenannte QSTE-Stähle) mit ihrer guten Schweißbarkeit und höheren Sprödbruchsicherheit und einer wesentlich höheren Oberflächenqualität gegenüber warmgefertigten Hohlprofilen.

8.9 Stahlerzeugnisse

8.9.8.2 Rohre für Flüssigkeiten und Gase

Normen

DIN EN 1123-1, -2	Rohre und Formstücke aus längsnahtgeschweißten feuerverzinktem Stahlrohr mit Steckmuffe für Abwasserleitungen; Anforderungen (T. 1, 12.04), Maße (T. 2, 12.07)
DIN EN 10 208-1, -2	Stahlrohre für Rohrleitungen für brennbare Medien – Technische Lieferbedingungen für Anforderungsklasse A (T. 1, 02.98) bzw. B (T. 2, 07.09) ungültig
DIN EN ISO 3183	Erdöl- und Erdgasindustrie – Stahlrohre für Rohrleitungstransportsysteme (ISO 3183:2012); Deutsche Fassung EN ISO 3183:2012
DIN EN 10 216-1 bis -5	Nahtlose Stahlrohre für Druckbeanspruchungen – Technische Lieferbedingungen für Rohre aus unlegierten und legierten Stählen, legierten Feinkornbaustählen und nichtrostenden Stählen für verschiedene Temperaturbereiche (2014)
DIN EN 10 217-1 bis -7	Geschweißte Stahlrohre für Druckbeanspruchungen – Technische Lieferbedingungen für Rohre aus unlegierten und legierten Stählen, legierten Feinkornbaustählen und nichtrostenden Stählen für verschiedene Temperaturbereiche (2014)
DIN EN 10 220 (03.03)	Nahtlose und geschweißte Stahlrohre – Maße und Masse
DIN EN 10 224 (12.05)	Rohre und Fittings aus unlegiertem Stahl für den Transport von Wasser und anderen wässrigen Flüssigkeiten – Technische Lieferbedingungen
DIN EN 10 226-1, -2	Rohrgewinde für im Gewinde dichtende Verbindungen (2004/2005)
DIN EN 10 240 (02.98)	Schutzüberzüge für Stahlrohre durch Schmelztauchverzinken
DIN EN 10 255 (07.07)	Rohre aus unlegiertem Stahl mit Eignung zum Schweißen und Gewindeschneiden – Technische Lieferbedingungen (Entw. 05.15)
DIN EN 10 296-1, -2	Geschweißte kreisförmige Stahlrohre für den Maschinenbau und für allgemeine technische Anwendungen – Technische Lieferbedingungen für Rohre aus unlegierten, legierten und nichtrostenden Stählen (2004/2006)
DIN EN 10 297-1, -2	Nahtlose kreisförmige Stahlrohre für den Maschinenbau und allgemeine Anwendungen – Technische Lieferbedingungen für Rohre aus unlegierten, legierten und nichtrostenden Stählen (2003/2006)
DIN EN 10 305-1 bis -6	Präzisionsstahlrohre – Technische Lieferbedingungen für nahtlose und geschweißte kaltgezogene Rohre, geschweißte und maßgewalzte bzw. maßumgeformte (quadratischer und rechteckiger Querschnitt) Rohre (2005, 2010, 2011, Entw. 2015)

Stahlrohre nach den o.a. Normen werden für Gas- und Wasserinstallationen und in der Heizungs- und Klimatechnik verwendet. Die Rohre nach DIN EN 10 255 sind einsetzbar für Nenndrücke bis 25 bar und Temperaturen bis 120 °C bei Flüssigkeiten; bei Druckluft und ungefährlichen Gasen nur für Nenndrücke bis 10 bar, bei Sattdampf bis 10 bar und 180 °C. Für höhere Anforderungen stehen Stahlrohre nach DIN EN 10 216 und 10 217 bzw. DIN EN 296 und 297 zur Verfügung. Die Verbindung der Rohre geschieht durch Rundschweißnähte (Heizungsbau) bzw. durch dichtende Gewinderohrverbindungen nach DIN EN 10 226 (Wasser-, Gas- und Klima-Installation). Weiterhin stehen Präzisionsstahlrohre nach DIN EN 10 305 zur Verfügung.

8 Eisen und Stahl

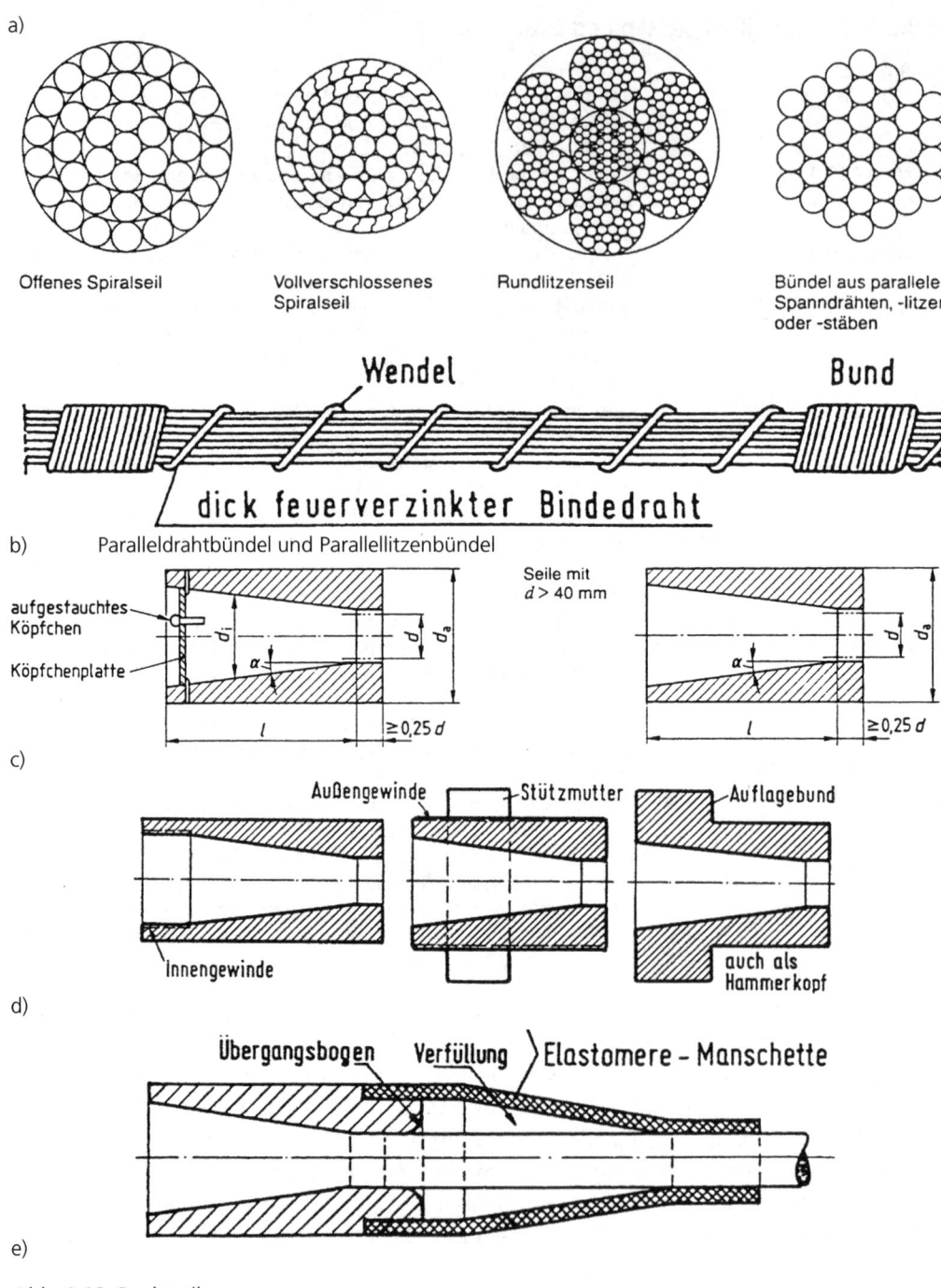

Abb. 8.23 Drahtseile
    a) Beispiele für Seilarten nach DIN 18 800-1
    b) Paralleldrahtbündel [8.23]
    c) Verankerungsköpfe (Seilhülsen oder Seilschuhe) nach DIN 18 800-1
    d) Lagerung der Verankerungsköpfe [8.23]
    e) Verankerungskopf mit Elastomere-Manschette nach Prof. Petersen [8.23]

8.9.9 Drahtseile [8.23]

Normen

DIN EN 12385-10	(07.08)	Drahtseile aus Stahldraht – Sicherheit – Teil 10: Spiralseile für den allgemeinen Baubereich
DIN 3068	(03.72)	wie vor; Litzenseile
DIN 3089-2	(04.84)	wie vor; Spleiße; Langspleiß
DIN 3091	(12.88)	Kauschen; Vollkauschen für Drahtseile
DIN EN 10 244	(2001, 2009)	Überzüge aus NE-Metallen auf Stahldraht T. 1: Allgemeine Regeln; T. 2: Zink und Zinklegierungen; T. 3: Aluminium; T. 4: Zinn; T. 5: Nickel; T. 6: Kupfer, Bronze oder Messing
DIN EN 10 264		Stahldraht für Seile T. 1: Allgemeine Anforderungen (02.12); T. 2: Kaltgezogener Draht aus unlegiertem Stahl für allgemeine Verwendungszwecke (03.12); T. 3: Draht für hohe Beanspruchungen (03.12); T. 4: Draht aus nichtrostendem Stahl (03.12)
DIN EN 12 385		Drahtseile aus Stahldraht – Sicherheit T. 1: Allgemeine Anforderungen (01.09); T. 2: Begriffe, Bezeichnung, Klassifizierung (06.08); T. 3: Gebrauch und Instandhaltung (06.08); T. 4 bis T. 9: Litzenseile und Spiralseile für Aufzüge, Schachtförderanlagen, Seilbahnen; T. 10: Spiralseile für den allgemeinen Baubereich (07.08)
DIN EN 13 411		Endverbindungen für Drahtseile aus Stahldraht – Sicherheit T. 1: Kauschen (02.09); T. 2: Spleißen (02.09); T. 3: Pressklemmen und Verpressen (04.11); T. 4: Vergießen mit Metall und Kunstharz (06.11); T. 5: Drahtseilklemmen mit U-förmigem Klemmbügel (02.09); T. 6: Asymmetrische Seilschlösser (04.09)

Bei den Seilen unterscheidet man stehende und laufende Seile, wovon die ersteren in Form von Spiralseilen oder Paralleldrahtbündeln als Tragseile im Bauwesen, die laufenden Seile als Litzenseile in der Fördertechnik, aber auch als Montage-, Abschlepp-, Anker- und Freileitungsseile zur Anwendung kommen.

Größte Bedeutung kommt dem Korrosionsschutz der Seile zu. Bei Brückenseilen werden in der Regel ein Haft-, zwei Grund- und zwei Deckbeschichtungen aufgebracht. Möglich ist auch das Einkammern in Kunststoff- oder Stahlwellrohre. Beispiele für Seilarten siehe Abb. 8.23 a.

8.9.9.1 Litzenseile

Die Litzen bestehen aus einem Kerndraht und mehreren Drahtlagen, sie sind meist viellagig aus dünnen Drähten aufgebaut. Im Litzenseil werden die Litzen um eine Kernlitze oder um einen Hanfkern geschlagen. Das Seil ist mit Schmiermittel gefüllt zwecks Verbesserung der Biegefestigkeit und Verringerung der Reibung und des Verschleißes.

8.9.9.2 Spiralseile

Spiralseile bestehen aus einer oder mehreren Lagen von Drähten, die schraubenartig um einen Kerndraht geschlagen (verlitzt) sind. Offene Spiralseile bestehen nur aus Runddrähten, verschlossene Spiraldrähte haben in der äußersten Lage Rund- und Taillendrähte. Als Tragseile im Bauwesen werden am häufigsten vollverschlossene Spiralseile verwendet. Sie besitzen eine oder mehrere Außenlagen aus Formdrähten (Keil- und/oder Z-Drähte nach DIN EN 10 264). Die Formdrähte erfordern eine hohe Fertigungsgenauigkeit. Sie müssen einerseits die für den Korrosionsschutz gewünschte Oberflächendichtigkeit gewährleisten und sollen andrerseits ein gleichmäßiges reibungsfreies Aufeinanderpressen der einzelnen

Drahtlagen zu einem quasihomogenen Tragquerschnitt ermöglichen. Die vollverschlossenen Spiraldrähte besitzen eine hohe Dehnsteifigkeit. Beispiele siehe Abb. 8.23 a.

8.9.9.3 Paralleldrahtbündel, Parallellitzenbündel

Paralleldrahtbündel (Beispiel siehe Abb. 8.23 a) bestehen aus bis zu 350 parallel liegenden Runddrähten von 5 bis 7 mm Durchmesser. Sie werden durch feuerverzinkten Draht entweder kontinuierlich durch eine Wendel oder in bestimmten Abständen durch Bünde zusammengefasst (siehe Abb. 8.23 b) und erhalten im Allgemeinen zusätzlich eine Schutzrohrummantelung. Parallellitzenbündel bestehen aus 7-drähtigen Litzen, die parallel zur Bündelachse verlaufen.

8.9.9.4 Endverankerung

Die Endverankerung der Seile nach DIN EN 13 411 geschieht durch reibschlüssige Verankerungen oder durch Vergussverankerungen aus Stahlguss. Nur Letztere kommen für hohe Tragkräfte, z.B. im Brückenbau, zur Anwendung. Zur Verankerung von vollverschlossenen Spiralseilen dürfen Kauschen und Klemmen nicht verwendet werden.

a) Zu den **reibschlüssigen Verbindungen** gehören
   - Verbindungen mit Kauschen und Seilklemmen (Klemmbügel, Klemmbacke und Bundmuttern), galvanisch verzinkt oder chromatisiert. Die Anzahl der Klemmen richtet sich nach der Tragkraft.
   - Verbindungen mit Kauschen und Pressklemmen aus Aluminium-Knetlegierungen, nur für dünndrähtige Spiralseile (Durchmesser der Drähte 2,2 mm, der Seile ≤ 30 mm).
   - Verbindungen mit Kauschen und Stahlpressklemmen, besonders belastbar.
   - Verbindungen mit zylindrischen Stahlpressstücken mit aufgedrehtem Gewinde, angeschweißtem Auge oder angeschmiedeter Gabel (nicht genormt).
   - Verbindungen mit Seilschlössern, z.B. nach DIN 15 315. Sie bestehen aus Seilschlossgehäuse und Seilkeil, der mittels eines Splints gesichert ist.

b) **Vergussverankerungen** werden bei hohen Tragkräften, wie z.B. im Brückenbau, angewendet. Sie sind in Form eines Verankerungskopfes, auch Seilhülse oder Seilschuh genannt, ausgebildet (siehe Abb. 8.23 c), s.a. DIN 18 800-1 und DIN 83 313 (Seilhülsen). Die Seilkraft wird im Kopf durch Keilwirkung und Reibung übertragen. Die Lagerung der Ankerköpfe in der Tragkonstruktion geschieht auf verschiedene Weise. Beispiele: Innengewinde, Außengewinde mit Stützmutter, Auflagebund als Bestandteil des Kopfes (siehe Abb. 8.23 d). Bei der von Professor Petersen vorgeschlagenen Ausführung mit Elastomere-Manschette ([8.23], siehe Abb. 8.23 e) ist ein absoluter Korrosionsschutz gegeben. Zum Vergießen des zu einem Besen aufgefächerten Seilendes wird Metall oder Kunststoff verwendet:
   - **Metallverguss:** Blei-Zinn-Legierungen (Weißmetall), Zink- oder Zinn-Legierungen, auch Feinzink-Legierungen.
   - **Kunststoffverguss:** Epoxidharz mit eingelagerten Stahlkügelchen von 1 bis 2 mm Durchmesser und Füller, z.B. aus Zinkstaub.

8.10 Verbindungsmittel im Stahlbau
8.10.1 Niete und Schrauben

Normen
Niete:

DIN 101, 124, 302	(02.11), (03.11), (03.11)	Niete, Halbrundniete, Senkniete

Schrauben, Muttern und Scheiben für Stahlkonstruktionen:

DIN 7990, 7968, 7969	(04.08), (07.07), (10.07).	Sechskantschrauben, Sechskantpassschrauben
DIN EN ISO 4014, 4017	(06.11), (05.15)	Sechskantschrauben mit Schaft, mit Gewinde
DIN EN ISO 4032, 4034	(03.14), (04.13)	Sechskantmuttern – Produktklassen A, B und C
DIN 7989	(04.01)	Scheiben, Produktklassen A, B und C
DIN 434	(04.00)	Scheiben, vierkant, keilförmig, für U-Träger
DIN 435	(01.00)	Scheiben, vierkant, keilförmig, für I-Träger
DIN EN ISO 7089 bis 7091	(11.00)	Flache Scheiben

Sechskantschrauben, hochfest, mit großen Schlüsselweiten, für Stahlkonstruktionen:

DIN EN 14 399		Hochfeste vorspannbare Schraubverbindungen im Metallbau T. 1: Allgemeine Anforderungen; T. 2: Eignung zum Vorspannen; T. 3 und 7: System HR; T. 4 und 8: System HV; T. 5 und 6: Flache Scheiben ohne und mit Fase
DIN EN ISO 8676, 8765	(07.11), (06.11)	Sechskantschrauben mit Gewinde, mit Schaft
DIN EN ISO 4033 bis 4036 und 8673 bis 8675		Sechskantmuttern
DIN 6917	(10.89)	Scheiben, vierkant, keilförmig, für HV-Schrauben an I-Profilen
DIN 6918	(04.90)	Scheiben, vierkant, keilförmig, für HV-Schrauben an U-Profilen

8.10.1.1 Niete
Niete werden in die vorgebohrten Löcher der zu verbindenden Stahlteile (Bleche, Profile) im warmen Zustand geschlagen. Wegen ihrer großen Zähigkeit können sie dabei ohne Rissbildung bis auf ein Drittel ihrer Länge gestaucht werden. Grundwerkstoff ist St 37 bzw. St 52 (heute S235 bzw. S355). Die Niettechnik ist heute zugunsten der Schweiß- und HV-Schraubverbindungen stark zurückgegangen, ist aber von Vorteil in Entwicklungs- und Schwellenländern mit weniger gut ausgebildeten Fachkräften.

8.10.1.2 Schrauben
Als Schrauben kommen im Stahlbau normalfeste und hochfeste Schrauben sowie normalfeste und hochfeste Passschrauben mit den darauf abgestimmten Muttern und Unterlegscheiben zum Einsatz. Die Festigkeitsklassen fertiger Schrauben nach DIN EN ISO 898-1 sind wie folgt festgelegt: 3.6, 4.6, 5.6, 5.8, 8.8, 10.9. Die erste Zahl gibt 1/100 der Zugfestigkeit R_m an, die zweite Zahl gibt das 10fache des Verhältnisses $R_e : R_m$ an. Beispiel Festigkeitsklasse 5.8: $R_m = 500$ N/mm², $R_e = 0{,}8 \cdot 500 = 400$ N/mm². Je kleiner die zweite Zahl ist, umso größer ist die Bruchdehnung und umso besser ist die Umformbarkeit.

Hinsichtlich der Oberflächenbeschaffenheit unterscheidet man die Klassen m (mittel = alle Oberflächen sauber und genau), mg (mittelgrob = Gewinde, Kopfauflagerfläche und Schaft sauber und genau) und g (grob = nur Gewinde bearbeitet).

Hinsichtlich der Beanspruchung unterscheidet man rohe, Pass- und hochfeste Schrauben.
Rohe Schrauben: nur für gering beanspruchte Verbindungen und Heftverbindungen

Passschrauben: mit gedrehten Schäften, werden wie Niete auf Lochleibung und Abscheren beansprucht. Die Löcher in den zu verbindenden Teilen sind gemeinsam zu bohren, damit ein geringes Lochspiel entsteht.

Hochfeste Schrauben: Kennzeichen: HV auf Kopf und Mutter, benötigen eine größere Schlüsselweite als normale Schrauben. Sie werden sowohl als rohe Schrauben (Lochspiel 1,0 mm) wie als Passschrauben (Lochspiel ≤ 0,3 mm) verwendet, und zwar vornehmlich in gleitfesten Verbindungen (früher: **h**ochfeste **v**orgespannte = HV-Verbindungen). Durch die Vorspannung der Schrauben werden die Kontaktflächen zusammengepresst, sodass eine Kraftübertragung durch Reibung erfolgt. Die Vorspannung wird aufgebracht und überprüft durch Drehmomentenschlüssel, Schlagschrauber und ähnliche Geräte.

Bei gleitfesten Verbindungen darf ein Zusammenwirken mit Schweißverbindungen angenommen werden.

Schließringbolzen sind in der Wirkungsweise den HV-Schrauben vergleichbar. Sie bestehen aus zwei Teilen, dem Bolzen und dem Schließring. Meist werden sie hydraulisch „gesetzt". Der sehr lange Bolzen erfordert zum Einsetzen beidseitige Zugänglichkeit. Für die kraftschlüssige Verbindung ist dagegen nur einseitige Zugänglichkeit notwendig. Der überlange Bolzen wird anschließend an der Sollbruchstelle abgerissen. Eine Wiederverwendung ist nicht möglich.

Blechschrauben übernehmen im Fassadenbau zum Teil tragende Funktion.

8.10.2 Kleben *(s.a. Merkblatt MB 382, Ausgabe 1998; www.stahl-info.de)*

8.10.2.1 Allgemeines

Geklebte Metallverbindungen haben sich im Flugzeug-, Fahrzeug- und Maschinenbau seit vielen Jahren bewährt. Als Verbindungsmittel im Stahlbau befinden sie sich in der Erprobungsphase.

Für die Klebbarkeit sind entscheidend die E-Moduln und Grenzflächenenergien der beteiligten Stoffe. Günstig sind der kleinere E-Modul des Klebers gegenüber Stahl und die geringe Grenzflächenenergie Klebstoff/Metall. Da Schraub- und Nietlöcher fehlen bzw. die Schweißoberflächen eventuell uneben sind, ergibt die Klebverbindung die günstigste Spannungsverteilung im Werkstoff. Vorteilhaft für jede Klebverbindung ist die Beanspruchung durch Druck- oder Schub-, nicht jedoch durch Zugkräfte. Arten von Klebern: siehe Abschnitt 15.1.

8.10.2.2 Verfahren

Beim Kleben werden die Bauteile durch **Haftkräfte** miteinander verbunden. Dabei wirken zwischen Bauteil und Kleber Adhäsionskräfte, innerhalb des Klebers Kohäsionskräfte. Die Adhäsion erfolgt durch mechanische Verklammerung des Klebers mit der rauen Oberfläche des Bauteils und seiner gegebenenfalls vorhandenen Porenstruktur sowie durch Kohäsion zwischen den Klebstoff- und Bauteilmolekülen.

Die **Vorbehandlung** der Bauteiloberfläche geschieht durch geeignete Reinigungs- und Entfettungsmittel wie z.B. Trichlor, Aceton, benzinähnliche Kohlenwasserstoffe oder Alkohole. Eine chemische Vorbehandlung durch Beizen mit Säuren wird bei hohen Anforderungen an die Festigkeit und Alterungsbeständigkeit der Klebverbindung angewendet. Eine mechanische Vorbereitung durch Schmirgeln, Schleifen, Bürsten oder Strahlen befreit die Oberfläche von Verschmutzungen und Oxidschichten und erzeugt eine raue Oberfläche.

8.10 Verbindungsmittel im Stahlbau

Durch Beimengungen im Strahlgut und durch spezielle Haftvermittler werden besonders dauerhafte Verbindungen hergestellt, z.B. im Brückenbau.

8.10.3 Schweißen

Normen
Schweißen:

DIN EN ISO 4063	(03.11)	Schweißen und verwandte Prozesse – Liste der Prozesse und Ordnungsnummern
DIN 8524-3	(08.75)	Fehler an Schweißverbindungen aus metallischen Werkstoffen (ungültig)
DIN EN ISO 6520-1	(11.07)	Einteilung der geometrischen Unregelmäßigkeiten an metallischen Werkstoffen – Teil 1: Schmelzschweißen
DIN EN ISO 5817	(06.14)	Schweißen – Schmelzschweißverbindungen an Stahl, Nickel, Titan und deren Legierungen (ohne Strahlschweißen) – Bewertungsgruppen von Unregelmäßigkeiten
DIN EN 1090-2	(10.11)	Ausführung von Stahltragwerken und Aluminiumtragwerken – Teil 2: Technische Regeln für die Ausführung von Stahltragwerken
DIN EN 1011-1 bis -8		Schweißen – Empfehlungen zum Schweißen metallischer Werkstoffe Teil 1: Allgemeine Anleitungen für das Lichtbogenschweißen (07.09); Teil 2: ... von ferritischen Stählen (05.01); Teil 3: ... von nichtrostenden Stählen (01.01); Teil 4: ... von Al und Al-Legierungen (02.01); Teil 5 ... von plattierten Stählen (10.03); Teil 6: Laserstrahlschweißen (03.06); Teil 7: Elektronenstrahlschweißen (10.04); Teil 8: ... von Gusseisen (02.05)

Schweißzusätze

DIN EN 439	(05.95)	Schutzgase zum Lichtbogenschweißen (zurückgezogen)
DIN EN ISO 14 175	(06.08)	Schweißzusätze – Gase und Mischgase für das Lichtbogenschweißen und verwandte Prozesse
DIN EN ISO 14 341	(04.11)	Schweißzusätze – Drahtelektroden und Schweißgut zum Metall-Schutzgasschweißen von unlegierten Stählen und Feinkornstählen
DIN EN ISO 16 834	(08.12)	Schweißzusätze – Drahtelektroden, Drähte, Stäbe und Schweißgut zum Schutzgasschweißen von hochfesten Stählen
DIN EN ISO 2560	(03.10)	Schweißzusätze – Umhüllte Stabelektroden zum Lichtbogenhandschweißen von unlegierten Stählen und Feinkornstählen
DIN EN 757	(05.97)	Schweißzusätze – Umhüllte Stabelektroden zum Lichtbogenhandschweißen von hochfesten Stählen – Einteilung(ungültig)
DIN EN ISO 18 275	(07.12)	Schweißzusätze – Umhüllte Stabelektroden zum Lichtbogenhandschweißen von hochfesten Stählen – Einteilung
DIN EN ISO 14 171	(01.11)	Schweißzusätze – Massivdrahtelektroden, Fülldrahtelektroden und Draht-Pulver-Kombinationen zum Unterpulverschweißen von unlegierten Stählen und Feinkornstählen
DIN EN 760	(05.96)	Schweißzusätze – Pulver zum Unterpulverschweißen – Einteilung (ungültig)
DIN EN ISO 18 276	(09.06)	Schweißzusätze – Fülldrahtelektroden zum Metall-Lichtbogenschweißen mit und ohne Schutzgas von hochfesten Stählen (Entw. 02.16)

Prüfung

DIN EN 287-1	(01.11)	Prüfung von Schweißern; Schmelzschweißen; Stähle (ungültig)
DIN EN ISO 9606-1	(12.13)	Prüfung von Schweißern – Schmelzschweißen – Teil 1: Stähle
DIN EN ISO 17 637	(05.11)	Zerstörungsfreie Prüfung von Schweißverbindungen – Sichtprüfung von Schmelzschweißverbindungen (Entw. 05.15)

DIN EN ISO 17 640	(04.11)	Zerstörungsfreie Prüfung von Schweißverbindungen – Ultraschallprüfung

Merkblätter und Richtlinien (s.a. www.stahl-info.de, Stahlinformationszentrum, siehe Abschnitt 21.8)

DASt-Ri-Li 009	(2005)	Stahlsortenauswahl für geschweißte Stahlbauten
Merkblatt 381	(1999)	Schweißen unlegierter und niedriglegierter Baustähle

DIN-Taschenbücher Schweißtechnik 9 (Bereich Widerstandsschweißen)

DIN-DVS-TB 312	(09.06)	Grundlagen, Verfahren, Geräte
DIN-DVS-TB 393	(09.06)	Prüfen, Qualitätssicherung

8.10.3.1 Allgemeines

Schweißen ist das Vereinigen von Werkstoffen in der Schweißzone unter Anwendung von Wärme und/oder Kraft ohne oder mit Schweißzusatzstoff. Schweißzusatzstoff ist der der Schweißstelle zugeführte Werkstoff, der beim Schmelzschweißen (s.u.) mit dem aufgeschmolzenen Grundwerkstoff zusammenfließt. Bei den Schweißverfahren unterscheidet man Schmelzschweißen und Pressschweißen.

Das **Schmelzschweißen** wird im Stahlbau hauptsächlich in drei Formen angewendet: Lichtbogenhandschweißen, Schutzgasschweißen und Unterpulverschweißen. Dabei brennt zwischen abschmelzenden Elektroden und dem Werkstück ein Lichtbogen. Im Bereich der fertigen Schweißnaht unterscheidet man drei Zonen (siehe Abb. 8.24). Das Schweißgut ist der nach dem Schweißen erstarrte Werkstoff. Er enthält Bestandteile des Grundwerkstoffs und der Schweißzusatzstoffe. Vor dem Herstellen der Schweißnaht wird diese durch spanabhebende Bearbeitung oder durch Brenn- oder Schmelzschneiden vorbereitet.

I   Erstarrter Werkstoff (Schmelzzone)
II Struktur- und Gefügeänderungen durch den Schweißvorgang (Wärmeeinflusszone WEZ)
III Thermisch unbeeinflusstes Gefüge, eventuell mit inneren Spannungen

Abb. 8.24 Gefügezonen einer Schmelzschweißung

Durch das Erwärmen und nachfolgende Abkühlen beim Schweißen treten in der Wärmeeinflusszone (WEZ) Eigenspannungen und Gefügeänderungen (Kornwachstum) auf, was zu Rissbildung und Aufhärtung führt bzw. führen kann. Um diese Erscheinungen möglichst gering zu halten, sind folgende Maßnahmen wichtig: temperaturgeregeltes Vorwärmen – ausreichend große Wärmeeinbringung – bei dicken Blechen Mehrlagenschweißung – Verwendung wasserstoffarmer Schweißzusätze (Schweißstäbe oder -drähte, Stabelektroden, Schweißpulver). Bei hohen Anforderungen, wie z.B. bei Offshore-Windenergieanlagen (WEA; DIN EN 10 225), hat sich das UP-Schweißen mit mehreren Schweißelektroden, z.B. das TandemTwin-Verfahren mit vier Schweißelektroden, bewährt. Bei kaltverfestigten Stählen tritt eine teilweise oder vollständige Entfestigung auf, bei abschreckbaren Stählen kann es zur Aufhärtung kommen, bei aushärtbaren Stählen wird der Aushärtungszustand teilweise oder vollständig aufgehoben.

Tafel 8.12 Grenzdicke der Stahlteile, bei der vor dem Schweißen vorzuwärmen ist (nach Merkblatt 381, s. unter Normen)

Mindestwert der Streckgrenze in N/mm²	Grenzdicke in mm
≤ 355	30
355 bis 420	20
420 bis 590	12
> 590	8

Beim **Pressschweißen** werden die Werkstücke durch örtliche Erwärmung in den teigigen Zustand versetzt und durch äußere Krafteinwirkung miteinander verbunden. Schweißzusatzstoffe werden in der Regel nicht eingesetzt. Verfahren sind z.B. Gaspressschweißen, Pressstumpf- und Abbrennstumpfschweißen, Widerstandspunktschweißen, Bolzenschweißen.

8.10.3.2 Metall-Lichtbogenhandschweißen (E)
Beim Lichtbogenhandschweißen brennt der Lichtbogen zwischen einer umhüllten, abschmelzenden Stabelektrode und dem Werkstück. Werkstück meist Pluspol, Elektrode Minuspol. Stromquelle meist Gleichstrom, Arbeitsspannung U = 15 bis 35 Volt. Stromstärke I = 20 bis 360 A. Faustformel für die Stromstärke I in Ampere: I = 30- bis 50-mal Dicke des Werkstücks in mm. Die Umhüllung der Elektrode bildet beim Abbrennen bzw. Abschmelzen eine Gasglocke und eine dünnflüssige Schlacke, die den Lichtbogen und das Schmelzbad vor dem Zutritt der Luft und damit gegen unerwünschte Oxidation schützen. Die Schlacke muss nach dem Erstarren von der Schweißnaht abgeklopft werden.

8.10.3.3 Schutzgasschweißen
Beim Schutzgasschweißen strömt aus einem um die Elektrode befindlichen Düsenkranz ein Schutzgas (meist Ar, auch He), das das Hinzutreten von Luft an den Lichtbogen und an das Schweißbad verhindert. Arbeitszeiten zum Entfernen der Schlacke von der fertigen Schweißnaht entfallen. Schutzgasschweißen eignet sich in der Regel nicht für Baustellen- und Montageschweißungen, da bereits geringer Windzug die Schutzgasglocke zerblasen kann. Zu den Schutzgasschweiß-Verfahren gehören:
- **W**olfram-**I**nert**g**as-Schweißen **(WIG):** Der Lichtbogen brennt zwischen einer nicht abschmelzenden Wolfram-Elektrode und dem Werkstück. Der Zusatzwerkstoff wird getrennt zugeführt.
- **M**etall-**I**nert**g**as-Schweißen **(MIG):** Halbautomatisches Verfahren. Der Lichtbogen brennt zwischen einer abschmelzenden Draht-Elektrode, die im Schweißgerät abgehaspelt und maschinell kontinuierlich zugeführt wird. Intensiver Lichtbogen und hohe Schweißgeschwindigkeit.
- **M**etall-**A**ktiv**g**as-Schweißen **(MAG):** Das Schutzgas besteht ganz oder zum Teil aus reaktionsfähigem Gas. Ein Gemisch aus etwa 80 % Ar und 20 % CO_2 ergibt tiefen Einbrand und feintropfigen Werkstoffübergang bei erträglichen Spritzverlusten.

8.10.3.4 Weitere Schweißverfahren
a) Unterpulververschweißen (UP): Dabei ist der Lichtbogen von einer Pulverschicht bedeckt und brennt zwischen einer oder mehreren Draht- und Bandelelektroden und dem Werkstück. Die Pulverschicht bildet die Schlacke und schützt das Schmelzbad vor Luftzutritt.

b) Gaspressschweißen (GP): Die Verbindungsenden von Profilen oder Rohren werden aneinander gelegt und mit einem Ring- oder Flächenbrenner (Brenngas-Sauerstoff-Flamme) auf Temperaturen unterhalb der Soliduslinie (siehe Abschnitt 8.4) erwärmt und meist hydraulisch aufeinandergepresst. Dabei entsteht ein Wulst. Eignet sich auch gut für Betonbewehrungsstähle auf Baustellen, da die dazu erforderlichen Geräte gut transportierbar sind.

c) Widerstandspressschweißen: An den Verbindungsenden wird mittels Spannbacken eine elektrische Spannung angelegt und ein Stauchdruck aufgebracht. Beim **Pressstumpfschweißen (RPS)** findet an der Stoßstelle durch den höheren Übergangswiderstand eine Erwärmung statt. Nach Erreichen eines teigigen Materialzustands wird unter Wulstbildung gestaucht. Beim **Abbrennstumpfschweißen (RA)** wird der Werkstoff teils geschmolzen, teils verdampft und an den Stoßstellen im teigigen Zustand schlagartig gestaucht. In beiden Fällen entsteht ein Grat, der meist noch im warmen Zustand entfernt wird.

d) Widerstandspunktschweißen (RP): Wird z.B. bei der Herstellung von Betonstahlmatten angewendet. Die sich kreuzenden Stahlstäbe werden an den Berührungsstellen durch Punktschweißelektroden aufeinandergepresst. Durch den Stromübergang an der Berührungsstelle wird infolge des erhöhten Übergangswiderstands der Werkstoff so weit erwärmt, dass örtlich ein linsenförmiges Schmelzbad entsteht.

e) Aluminothermisches Schweißen (Gießschmelzschweißen): Wird z.B. beim Schienenschweißen auf freier Strecke angewendet. In einen Spalt von 24 bis 26 mm Breite zwischen den auf 600 bis 1000 °C vorgewärmten Schienenenden, die eingeformt sind, wird flüssiger Stahl gegossen. Der flüssige Stahl wird in einem Abstichtiegel aus einem mit Zündpillen gezündeten Gemisch aus Al- und Fe_2O_3-Pulver (Thermit) erschmolzen. Die dabei ablaufende chemische Redox-Reaktion lautet:

$Fe_2O_3 + 2Al \rightarrow Al_2O_3 + 2Fe - 785$ kJ/mol (frei werdende Reaktionswärme = Schmelzenergie).

f) Bolzenschweißen: Bei Verbundträgern werden die Schubkräfte zwischen Stahlträger und Betonplatte durch aufgeschweißte Stahlbolzen übertragen. Der Bolzen wird mit einer Handpistole auf den Stahlflansch aufgesetzt und elektrisch gezündet. Wenn Bolzenfuß und Flansch genügend aufgeschmolzen sind, wird der Lichtbogen abgeschaltet und der Bolzen in das Schmelzbad gedrückt. Im Handbetrieb werden etwa sechs Bolzen je Minute verschweißt.

8.10.3.5 Schweißunregelmäßigkeiten

Unregelmäßigkeiten können z.B. sein (s.a. DIN EN ISO 6520-1 (11.07)
– in der Schweißnaht: Porennester, zeilenförmige Schlackeneinschlüsse, Wurzelbinde- und Lagenbindefehler,
– in und auf der Wärmeeinflusszone (WEZ): Risse und Schweißspritzer,
– zwischen Schweißnaht und WEZ: Einbrandkerben.

Die Bewertung der Unregelmäßigkeiten erfolgt nach DIN EN ISO 5817 (2006/10). Es erfolgt in Abhängigkeit von der Ausprägung der Unregelmäßigkeiten eine Einteilung in die Bewertungsgruppen B, C und D. Nach 18 800-7 waren bei Bauteilen mit vorwiegend ruhender Beanspruchung bei Verwendung von Schmelzschweißprozessen die zulässigen Grenzwerte für die Unregelmäßigkeiten der Bewertungsgruppe C nach DIN EN ISO 5817 einzuhalten. Bei Bauteilen mit nicht vorwiegend ruhender Beanspruchung waren bei Verwendung von Schmelzschweißprozessen die zulässigen Grenzwerte der Bewertungsgruppe B nach DIN EN ISO 5817 einzuhalten. Hinzu kamen einige Sonderregelungen, die entsprechend zu berücksichtigen waren. Auch in der heute gültigen DIN EN 1090-2 werden die Bewertungsgruppen entsprechend geregelt. Für die in dieser Norm beschriebenen „Execution Classes" sind folgende Bewertungsgruppen für die Ausführung von Stahlkonstruktionen vorgegeben:

EXC1: Bewertungsgruppe D;
EXC2: im Allgemeinen Bewertungsgruppe C mit Ausnahme von Bewertungsgruppe D für „Einbrandkerbe" (5011, 5012), „Schweißgutüberlauf" (506), „Zündstelle" (601) und „Offener Endkrater-lunker" (2025);
EXC3: Bewertungsgruppe B;
EXC4: Bewertungsgruppe B+, die sich aus Bewertungsgruppe B und den in Tabelle 17 angegebenen Zusatzanforderungen zusammensetzt

Prüfmethoden zur Beurteilung der Güte von Schmelz- und Widerstandspunktschweißungen sind u.a.
– visuelle Beurteilung äußerer Schweißfehler,
– zerstörungsfreie Prüfungen, wie z.B. Ultraschallprüfung nach dem Impulsechoverfahren oder Durchstrahlungsprüfung mit Röntgen- und Gammastrahlen,
– metallographische Prüfungen, wie z.B. Makro- und Mikroschliffbilduntersuchungen,
– mechanisch-technologische Prüfverfahren, wie z.B. Zugversuch (siehe Abschnitt 8.6.1); Härteprüfung nach *Brinell* und nach *Rockwell* (siehe Abschnitt 8.6.4.1); Technologischer Biegeversuch (siehe Abschnitt 8.6.4.2); Kerbschlagbiegeversuch (siehe Abschnitt 8.6.3).

8.11 Betonstahl (s.a. www.baustahlgewebe.com)

Normen

DIN 488			Betonstahl
	-1	(08.09)	Stahlsorten, Eigenschaften, Kennzeichnung
	-2	(08.09)	Betonstabstahl
	-3	(08.09)	Betonstabstahl; Prüfungen (zurückgezogen; ersetzt durch DIN EN ISO 15 630-1, Ausgabe 09.02, s.u.)
	-4	(08.09)	Betonstahlmatten und Bewehrungsdraht; Aufbau, Maße und Gewichte
	-5	(08.09)	Betonstahl Gitterträger
	-6	(01.10)	Übereinstimmungsnachweis
DIN 1045-1		(08.08)	Tragwerke aus Beton, Stahlbeton und Spannbeton. Bemessung und Konstruktion (Berichtigung 06.05)(ungültig)
DIN EN 1992-1-1		(01.11)	Eurocode 2: Bemessung und Konstruktion von Stahlbeton- und Spannbetontragwerken – Teil 1-1: Allgemeine Bemessungsregeln und Regeln für den Hochbau
DIN EN 1992-3		(01.11)	Eurocode 2: Bemessung und Konstruktion von Stahlbeton- und Spannbetontragwerken – Teil 3: Silos und Behälterbauwerke aus Beton
DIN EN 10 080		(08.05)	Stahl für die Bewehrung von Beton – Schweißgeeigneter Betonstahl – Allgemeines
DIN EN ISO 17 660		(12.06)	Schweißen – Schweißen von Betonstahl -1: Tragende Schweißverbindungen -2: Nichttragende Schweißverbindungen

8.11.1 Allgemeines

Betonstahl ist ein Stahl mit nahezu kreisförmigem Querschnitt, der der Bewehrung von Beton dient. Der Stahl nimmt dabei Zug-, Scher- und Biegespannungen auf, trägt aber auch zur Erhöhung der Drucktragfähigkeit bei. Die Rippung auf der Oberfläche der Stahlstäbe ist die Voraussetzung für eine besonders gute Kraftübertragung zwischen Beton und Stahl

8 Eisen und Stahl

und verbessert gegenüber glatten Betonstählen die Tragfähigkeit des so entstehenden Verbundbaustoffes Stahlbeton.

Betonstahl wird in den beiden Duktilitätskategorien A und B hergestellt (siehe Tafel 8.13). Die Anforderungen an die Eigenschaften und die zulässigen Schweißverfahren von Betonstahl sind in der Tabelle 3.4 der DIN EN 1992-1-1 (2011/01) festgelegt (siehe Tafel 8.14). Im Folgenden wird das Thema Betonstahl wie folgt gegliedert:

- Betonstahl nach DIN EN 10 080 (Abschnitt 8.11.2)
- Kennzeichnung von Betonstahl (Abschnitt 8.11.3)
- Betonstahl in Stäben (Abschnitt 8.11.4)
- Bewehrungsdraht (Abschnitt 8.11.5)
- Frühere Betonstahlsorten (Abschnitt 8.11.6)
- Betonstahlmatten (Abschnitt 8.11.7)
- Betonstahl in Ringen (Abschnitt 8.11.8)
- Stahlgitterträger (Abschnitt 8.11.9)
- Betonsonderstähle (Abschnitt 8.11.10)
- Betonstahlverbindungen, mechanisch oder durch Schweißen (Abschnitt 8.11.11)
- Prüfung von Betonstahl (Abschnitt 8.11.12)

8.11.2 Betonstahl nach DIN EN 10 080 (2005/08)

Die DIN EN 10 080 ist als teilweiser Ersatz für DIN 488-1, -2, -4 und -6 anzusehen. Sie enthält keine Angaben über Betonstahl*sorten* (sogenannte „technische Klassen"). Hierfür gelten spezielle Produktspezifikationen, z.B. in DIN 488 (Neufassung) oder in den allgemeinen bauaufsichtlichen Zulassungen.

Die DIN EN 10 080 enthält *allgemeine* Angaben zu: schweißgeeigneter Betonstahl in Form von Betonstabstahl, Betonstahl in Ringen (Walzdraht, Draht), abgewickelte Erzeugnisse (in Ringen hergestellter und anschließend gerichteter Betonstahl), Gitterträger und geschweißte Matten (Betonstahlmatten), und zwar z.B. bezüglich Schweißeignung, Festigkeitseigenschaften, Maßen, Oberflächengeometrie, Bewertung der Konformität und Prüfverfahren. Für die Schweißeignung von Betonstahl gibt die DIN EN 10 080 für das Kohlenstoffäquivalent c_{eq} und den Kohlenstoffgehalt die folgenden Werte an (in Masse-% für Schmelzanalyse/Stückanalyse):

$c_{eq} = C + Mn/6 + (Cr + Mo + V)/5 + (Ni + Cu)/15 \leq 0{,}50/0{,}52; \quad C \leq 0{,}22/0{,}24$

In der DIN EN 1992-1-1 werden die Eigenschaften von Betonstählen vorgegeben, für den Fall, dass Betonstähle, die die EN 10080 nicht erfüllen, eingesetzt werden. Folgende Eigenschaften sind nach Anhang C der DIN EN 1992-1-1 einzuhalten (siehe Tafel 8.13). Die Bewehrung muss dabei eine angemessene Duktilität aufweisen, die für die jeweiligen Betonstahlklassen angegeben ist. Die einsetzbaren Werkstoffe werden dabei in die Klassen A, B und C mit zunehmender Duktilität eingeteilt.

8.11 Betonstahl (s.a. www.baustahlgewebe.com)

Tafel 8.13 Eigenschaften von Betonstahl nach DIN EN 1992-1-1 (2011/01) Anhang C)

Produktart		Stäbe und Betonstabstahl vom Ring			Betonstahlmatten			Anforderung oder Quantilwert (%)
Klasse		A	B	C	A	B	C	–
Charakteristische Streckgrenze f_{yk} oder $f_{0,2k}$ (N/mm²)		400-600			400-600			5,0
Mindestwert von $k = (f_t/f_y)_k$		≥1,05	≥1,08	≥1,15 <1,35	≥1,05	≥1,08	≥1,15 <1,35	10,0
Charakteristische Dehnung bei Höchstlast, ε_{uk} (%)		≥2,5	≥5,0	≥7,5	≥2,5	≥5,0	≥7,5	10,0
Biegbarkeit		Biege- und Rückbiegetest			–			
Scherfestigkeit		–			0,25 A f_{yk} (A Stabquerschnittsfläche)			Minimum
maximale Abweichung von der Nennmasse (Einzelstab oder Draht) (%)	Nenndurchmesser des Stabs (mm) ≤ 8mm >8mm	+/- 6,0 +/- 4,5						
Ermüdungsschwingbreite (N/mm²) (für N≥2x10⁶ Lastzyklen) mit der Obergrenze von β_{yk}		≥150			≥100			10,0
Verbund: Mindestwerte der bezogenen Rippenfläche, $f_{R,min}$	Nenndurchmesser des Stabs (mm) 5 und 6 6,5 bis 12 >12	0,035 0,040 0,056						5,0

8.11.3 Kennzeichnung von Betonstahl

Betonstähle nach DIN 488 und nach gültigen allgemeinen bauaufsichtlichen Zulassungen sind so gekennzeichnet, dass am Stahlstab durch Augenschein sowohl die Stahlsorte als auch das Herstellwerk erkannt werden können.

Die **Stahlsorte** ist durch die Oberflächengestalt (Rippenausbildung) erkennbar (siehe Abb. 8.25, 8.28, 8.29 und 8.30).

Das **Herstellwerk-Kennzeichen**, das sich im Abstand von jeweils 1 m wiederholt, besteht aus besonderen Prägemerkmalen, z.B. verdickte Rippen. Den Anfang des Herstellwerk-Kennzeichens bilden dann zwei verdickte Rippen, darauf folgt mit normal breiten Rippen die Kennzahl für das Land (Staat) und danach zwischen weiteren verdickten Rippen die Kennzahl für den Hersteller (siehe Abb. 8.27). Anstelle verdickter Rippen kommen auch folgende Prägemerkmale vor: Punkte, kleine oder weggelassene Rippen oder ausgefüllte Rippenzwischenräume. Ein Verzeichnis der Werkkennzeichen der einzelnen Betonstahlhersteller wird vom Deutschen Institut für Bautechnik (DIBt/Berlin) herausgegeben.

8.11.4 Betonstahl in Stäben (Betonstabstahl)

Betonstahl in Stäben nach DIN 488 ist ein vollschweißbarer (C ≤ 0,22 %) hochduktiler Betonstahl BSt 500 S (B) mit Eigenschaften nach DIN EN 1992-1-1 (2011/01), Anhang C (siehe Tafel 8.13). Der Stahl ist warmgewalzt und aus der Walzhitze wärmebehandelt oder warmgewalzt und kaltverformt durch Recken.

Stabdurchmesser 6 bis 32 mm, Stablängen 12, 14 und 15 m ± 0,1 m, andere Abmessungen auf Anfrage möglich. Lieferung in Bunden von 2500 kg ± 100 kg (Ø 6 mm: 1500 kg Bund). Oberfläche nach DIN 488 (siehe Abb. 8.25) oder nach Zulassung. Kaltverwundener Stabstahl (Rippen-Torstahl; siehe Abb. 8.26) wird nicht mehr hergestellt.

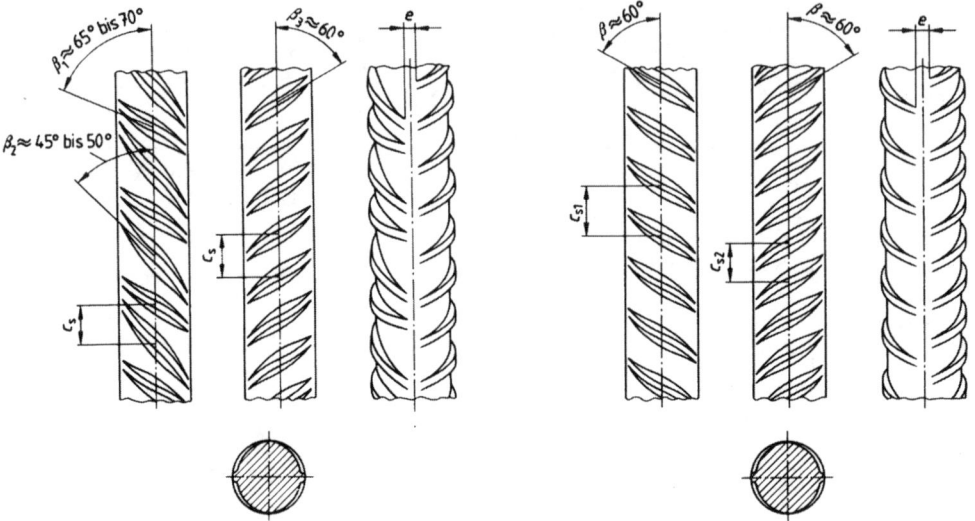

Abb. 8.25 Nicht verwundener Betonstabstahl ohne Längsrippen nach DIN 488-2 (06.86)
links: BSt 500 S, hochduktil B
rechts: BSt 420 S, wird nicht mehr hergestellt
Betonstahl mit Längsrippen wird ebenfalls nicht mehr hergestellt.

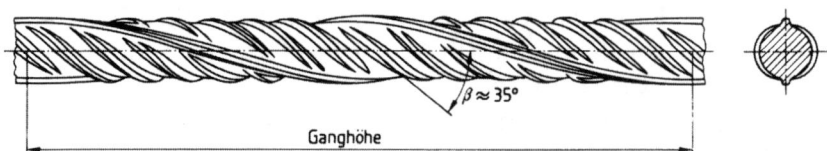

Abb. 8.26 Kaltverwundener Betonstahl BSt 500 S nach DIN 488-2 (06.86)
Wird nicht mehr hergestellt. Das Gleiche gilt für kaltverwundenen Betonstabstahl BSt 420 S. Kaltverwundener Betonstabstahl entspricht dem früheren Rippen-Torstahl.

8.11.5 Bewehrungsdraht

Bewehrungsdraht wird als kaltgewalzter BSt 500 P (Oberfläche profiliert; siehe Abb. 8.28) oder BSt 500 G (Oberfläche glatt) hergestellt. Er gilt nicht als Betonstahl nach DIN EN 1992-1-1, wird aber als Sonderbewehrung z.B. bei der Herstellung von Betonrohren verwendet. Bewehrungsdraht wird in gespulten Ringen oder in Bunden von gerichteten Stäben geliefert.

8.11 Betonstahl (s.a. www.baustahlgewebe.com)

Materialeigenschaften nach DIN 488: Streckgrenze $R_e \geq 500$ N/mm², Zugfestigkeit $R_m \geq 550$ N/mm², $R_m/R_e \geq 1{,}05$, Bruchdehnung $A_{10} \geq 8{,}0$ %. Stabdurchmesser 4,0 bis 12,0 mm in 0,5-mm-Schritten, andere Durchmesser auf Anfrage möglich.

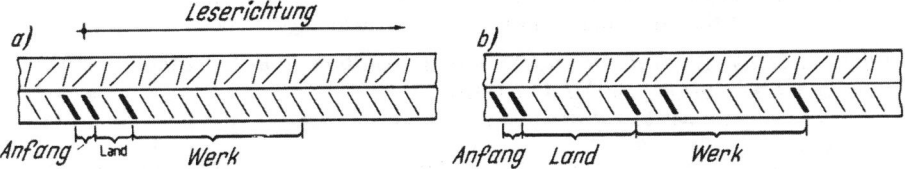

Abb. 8.27 Herstellwerk-Kennzeichen von BSt 500 S (Betonstabstahl) und BSt 500 WR (Betonstahl in Ringen) nach DIN 488-1; Prägemerkmal: verdickte Rippen
a) Land Nr. 1 (Deutschland), Werk Nr. 9 (Werk H. E. S., Hennigsdorf)
b) Land Nr. 4 (Italien), Werk Nr. 15 (LEALI S. p. A.)

Anstelle verdickter Rippen als Prägemerkmal treten auch auf:
– Punkte sowie kleine oder weggelassene Rippen bei hochgerippten Betonstahlmatten BSt 500 M,
– Punkte im Bereich der Eintiefung bei tiefgerippten Betonstahlmatten BSt 500 M
– ausgefüllte Rippenzwischenräume bei Bewehrungsdraht BSt 500 P und bei Betonstahl in Ringen BSt 500 KR.

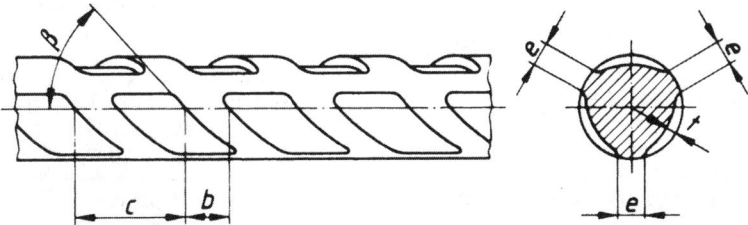

Abb. 8.28 Profilierter Bewehrungsdraht BSt 500 P nach DIN 488-4 (06.86)

8.11.6 Frühere Betonstahlsorten

Für die Beurteilung von Bauschäden kann die Kenntnis der nachfolgend zusammengestellten früheren Betonstahlsorten von Bedeutung sein. Zu den Stahlgütebezeichnungen IIa usw. siehe z.B. Scholz, Baustoffkenntnis, 8. Aufl. 1972.

Sogenannte **„Hochwertige Betonstähle"** (IIa); Kennzeichen: je m ein 50 mm langer aufgewalzter Strich mit zusätzlichen, morsezeichenähnlichen Werkzeichen.

Istegstahl (IIb) aus zwei seilförmig verwundenen Rundstählen war ein erster Versuch des Kaltstreckens. Seine Fabrikation wurde sehr bald eingestellt, weil er keine Druckspannungen aufnehmen konnte.

Nockenstahl Ø 8 bis 20 mm (IVa) bzw. 21 bis 26 mm (IIIa) waren Rundstähle mit 10 mm langen, parallel zur Längsachse liegenden kamelhöckerartigen Doppelnocken in 33 cm Abstand. Die ursprünglich quer zur Längsachse verlaufende Form der Doppelnocken wurde wegen auftretender Kerbwirkung aufgegeben.

Drillwulststähle (IIIa) (auch „Kreuzstähle" genannt, weil mit kreuzförmigem Querschnitt) Ø 7 bis 36 mm wurden zwar kalt verformt, aber danach geglüht. Deswegen fielen sie aus der Gruppe IIIb in die Gruppe IIIa zurück.

Torstahl (IIIb) war ein verwundener Rundstahl (bis Ø 32 mm) mit zwei schraubenförmigen Längsrippen, ohne Schrägrippen. Mit Schrägrippen: **Rippen-Torstahl** (s.a. Abb. 8.26).

Betonrippenstähle mit in die Längsrippen einbindenden Quer- oder Schrägrippen der Gruppen I, II, III und IV werden nicht mehr hergestellt. Ihr Kennzeichen war alle 2 m ein zusätzlicher Längssteg über zwei, drei bzw. vier Querrippenfelder mit nachfolgenden Punktmarken als Werkkennzeichen.

8 Eisen und Stahl

„bi-Stahl" war ein kaltgezogener Sonderbetonstahl St 70/90 (garantierte Streckgrenze/garantierte Zugfestigkeit in kp/mm^2) aus zwei gleichlaufenden Langstäben Ø 3,1 bis 9,8 mm, die im Abstand von 75 mm durch zwischengeschweißte Sprossen verbunden waren. Für schlaffe Bewehrung: zulässige Stahlspannung bis 400 N/mm^2.

Neptun-Stahl: Schraubenförmig verdrehter Rechteckstahl ohne und mit Rippen aus St 80/120 (Streckgrenze/Zugfestigkeit) für schlaffe Bewehrung. Wird nur noch als Neptun-Spannstahl hergestellt.

Tafel 8.14 Zulässige Schweißverfahren und Anwendungsfälle von Betonstählen nach Tabelle 3.4 der DIN EN 1992-1-1 (2011/01)

Zeile	Spalte	1		2	3
	Belastungsart	Schweißverfahren mit Kurzbezeichnung und Ordnungsnummer des Schweißprozesses nach DIN EN ISO 4063 (04.00)		Zugstäbe[1]	Druckstäbe[1]
1	Vorwiegend ruhend	Abbrennstumpfschweißen (RA)	24	Stumpfstoß	
2		Lichtbogenhandschweißen (E) und Metall-Lichtbogenschweißen (MF)	111 114	Stumpfstoß mit $d_s \geq 20$ mm, Laschenstoß, Überlappstoß, Kreuzungsstoß[3], Verbindung mit anderen Stahlteilen	
3		Metall-Aktivgasschweißen (MAG)[2]	135	Laschenstoß, Überlappstoß, Kreuzungsstoß[3], Verbindung mit anderen Stahlteilen	
4			136	–	Stumpfstoß mit $d_s \geq 20$ mm
5		Reibschweißen (FR)	42	Stumpfstoß, Verbindung mit anderen Stahlteilen	
6		Widerstandspunktschweißen (RP) (mit Einpunktschweißmaschine)	21	Überlappstoß[4] Kreuzungsstoß[2,4]	
7	Nicht vorwiegend ruhend	Abbrennstumpfschweißen (RA)	24	Stumpfstoß	
8		Lichtbogenhandschweißen (E)	111	–	Stumpfstoß mit $d_s \geq 16$ mm
9		Metall-Aktivgasschweißen (MAG)	135 136	–	Stumpfstoß mit $d_s \geq 20$ mm

[1] Es dürfen gleiche Stabnenndurchmesser sowie benachbarte Stabdurchmesser verbunden werden.
[2] Zulässiges Verhältnis der Stabnenndurchmesser sich kreuzender Stäbe $\geq 0{,}57$.
[3] Für tragende Verbindungen $d_s \leq 16$ mm.
[4] Für tragende Verbindungen $d_s \leq 28$ mm.

8.11 Betonstahl (s.a. www.baustahlgewebe.com)

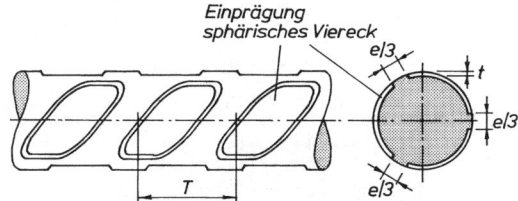

Abb. 8.29 Tiefgerippter Betonstahl BSt 500 M(A) für Lagermatten nach Zulassung [8.18]

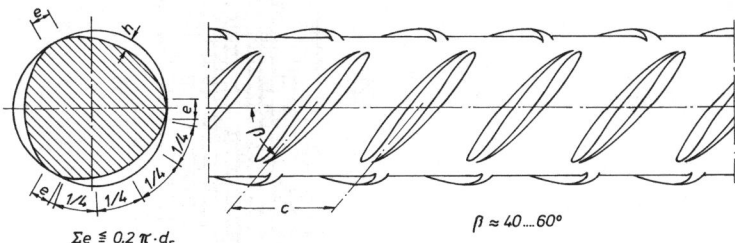

Abb. 8.30 Hochgerippter Betonstahl BSt 500 M für Betonstahlmatten nach DIN 488-4 (06.86). Normalduktil (A) nur, wenn gesichert $R_m/R_e \geq 1{,}05$.

8.11.7 Betonstahlmatten

8.11.7.1 Allgemeines

Geschweißte Betonstahlmatten sind werkmäßig vorgefertigte Bewehrungen aus sich kreuzenden Stahlstäben, die durch Widerstandspunktschweißung scherfest miteinander verbunden sind. Die Materialeigenschaften genügen der DIN EN 1992-1-1, Anhang C (siehe Tafel 8.13). Es gibt sie als Lagermatten (Abschnitt 8.11.7.2), Designmatten (Abschnitt 8.11.7.3) oder Vorratsmatten (Abschnitt 8.11.7.4). Zur Oberflächenausbildung der Stahlstäbe siehe Abb. 8.29 und Abb. 8.30. Die Verlegung der Matten in der Schalung geschieht durch besondere Unterstützungselemente (Abschnitt 8.11.7.5). Als Weiterentwicklung der Betonstahlmatten gibt es sogenannte 2D- und 3D-Elemente (Abschnitt 8.11.7.6).
Verbundstahlmatten sind Matten, bei denen die Stäbe an den Kreuzungspunkten durch angespritzte Kunststoffmuffen nur unverschieblich, nicht aber scherfest miteinander verbunden sind. Verbundstahlmatten werden zurzeit in Deutschland nicht mehr hergestellt.

8.11.7.2 Lagermatten

Lagermatten sind standardisierte, normalduktile geschweißte Betonstahlmatten (BSt 500 M(A), normalduktil A) aus kaltverformten Stäben mit festliegenden Abmessungen und feststehendem Aufbau. Sie können direkt ab Lager geliefert werden. Durch Schneiden lassen sie sich auf der Baustelle an die Bewehrungsverhältnisse anpassen. Oberfläche: Sonderrippung nach Zulassung (Tiefrippung; siehe Abb. 8.29).
Lagermatten werden durch eine Kurzbezeichnung vollständig beschrieben: Kennbuchstabe Q oder R für den Mattentyp plus Angabe des Stahlquerschnitts in mm²/m. Q-Matten für zweiachsige Lastabtragung Q 188 A, Q 257 A, Q 335 A, Q 377 A und Q 513 A, R-Matten für einachsige Lastabtragung entsprechend von R 188 A bis R 513 A. Die jeweils letzten beiden Mattentypen sind als Randsparmatten ausgebildet mit etwa 50 % des Stahlquerschnitts in der Mitte (Beispiele siehe Abb. 8.31).

8 Eisen und Stahl

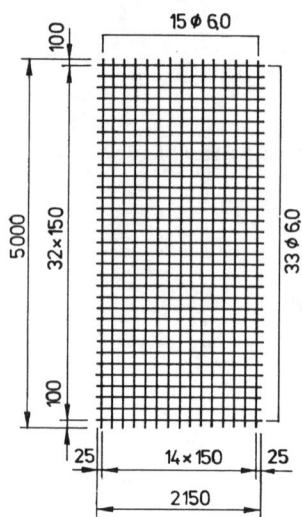

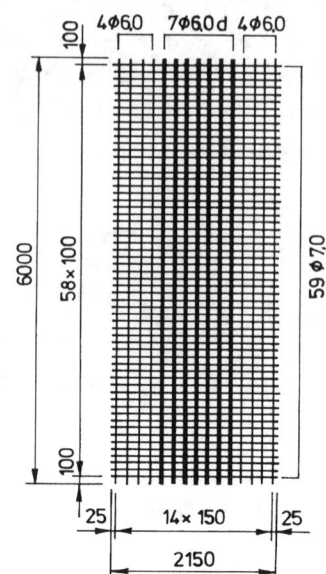

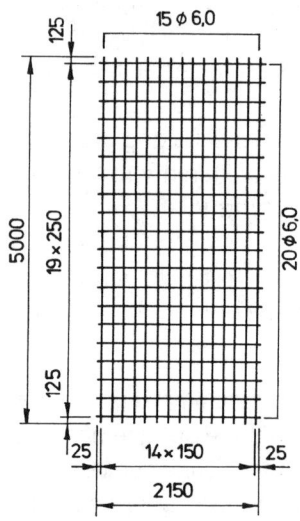

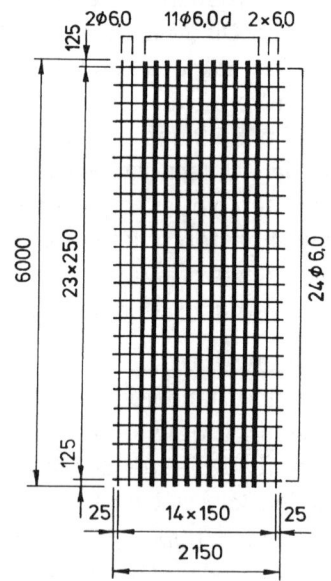

Maßangaben in mm

Abb. 8.31 Beispiele für Betonstahl-Lagermatten [8.30], BSt 500 M(A), normalduktil
Q = Zweiachsmatten, R = Einachsmatten
(Die Zahlen hinter Q bzw. R geben den Stahlquerschnitt in mm²/m an.)
Einstabmatten gibt es mit 188, 257 und 355 mm²/m Stahlquerschnitt,
Doppelstabmatten gibt es mit 377 und 513 mm²/m Stahlquerschnitt.

8.11 Betonstahl (s.a. www.baustahlgewebe.com)

8.11.7.3 Designmatten

Designmatten sind geschweißte Betonstahlmatten, bei denen Länge, Breite, Stabdurchmesser und Stababstand vom Anwender nach statischen und konstruktiven Anforderungen frei gewählt werden können, somit also jeder Stahlquerschnitt genau umgesetzt werden kann. Es gibt sie nach DIN 488 als normalduktile Matten BSt 500 M(A) aus kaltgewalzten Stäben mit Hochrippung (siehe Abb. 8.30) oder nach Zulassung als hochduktile Matten BSt 500 M(B) aus warmgewalzten Stäben mit Sonderrippung. Der Aufbau der Designmatten entspricht Abb. 8.32. Beispiele von Designmatten siehe Abb. 8.33.

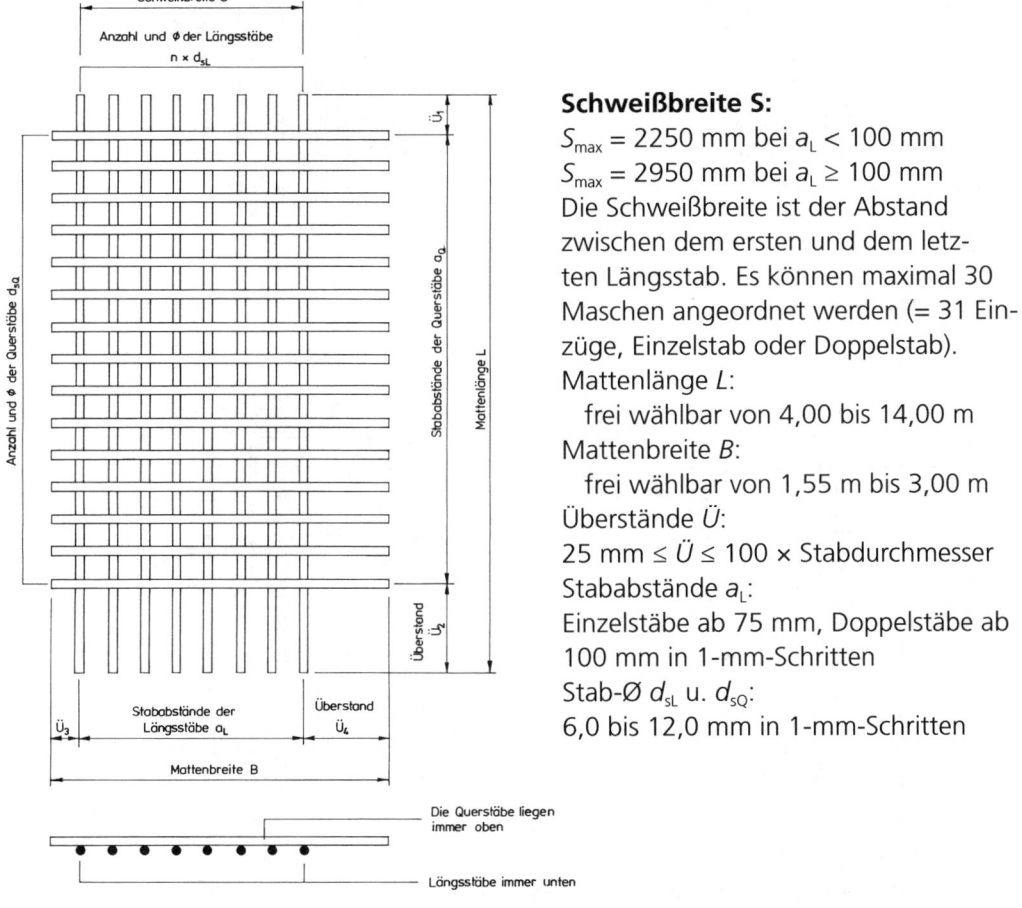

Schweißbreite S:
S_{max} = 2250 mm bei a_L < 100 mm
S_{max} = 2950 mm bei a_L ≥ 100 mm
Die Schweißbreite ist der Abstand zwischen dem ersten und dem letzten Längsstab. Es können maximal 30 Maschen angeordnet werden (= 31 Einzüge, Einzelstab oder Doppelstab).
Mattenlänge L:
  frei wählbar von 4,00 bis 14,00 m
Mattenbreite B:
  frei wählbar von 1,55 m bis 3,00 m
Überstände Ü:
25 mm ≤ Ü ≤ 100 × Stabdurchmesser
Stababstände a_L:
Einzelstäbe ab 75 mm, Doppelstäbe ab 100 mm in 1-mm-Schritten
Stab-Ø d_{sL} u. d_{sQ}:
6,0 bis 12,0 mm in 1-mm-Schritten

Abb. 8.32   Aufbau und Beschreibung einer Betonstahl-Designmatte [8.30]

8 Eisen und Stahl

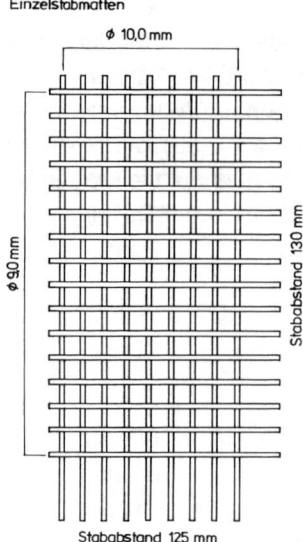
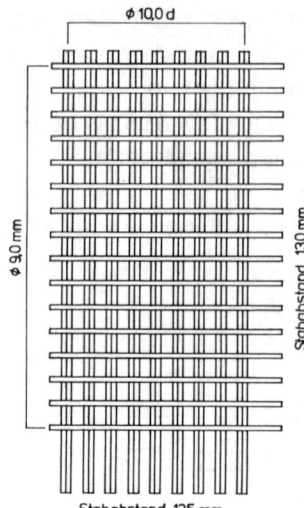
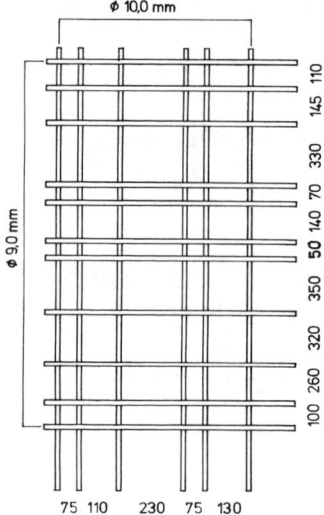
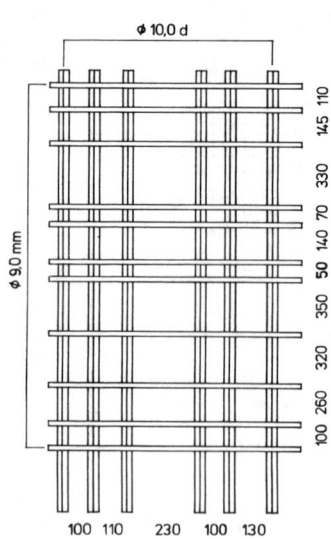

Abb. 8.33 Beispiele von Betonstahl-Designmatten [8.30]
Doppelstäbe sind dicht nebeneinander liegende Einzelstäbe gleichen Durchmessers; nur bei Längsstäben möglich. Bei Einzelstabmatten sind die Längsstababstände a_L ab 75 mm, die Querstababstände a_Q ab 50 mm frei kombinierbar, bei Doppelstabmatten entsprechend a_L ab 100 mm bzw. a_Q ab 50 mm. (Bezeichnungen siehe Abb. 8.32.)

Die Designmatten unterscheiden sich grundsätzlich von den in der DIN 488-4 definierten Listenmatten und dürfen nicht als „Listenmatte" bezeichnet werden. Listenmatten haben ein festes Stabraster mit Stababständen längs von 50 bis 300 mm in 50-mm-Schritten und quer von 50 bis 350 mm in 25-mm-Schritten. Bei den Designmatten dagegen ist die Anordnung der Mattenstäbe völlig rasterfrei.

8.11 Betonstahl (s.a. www.baustahlgewebe.com)

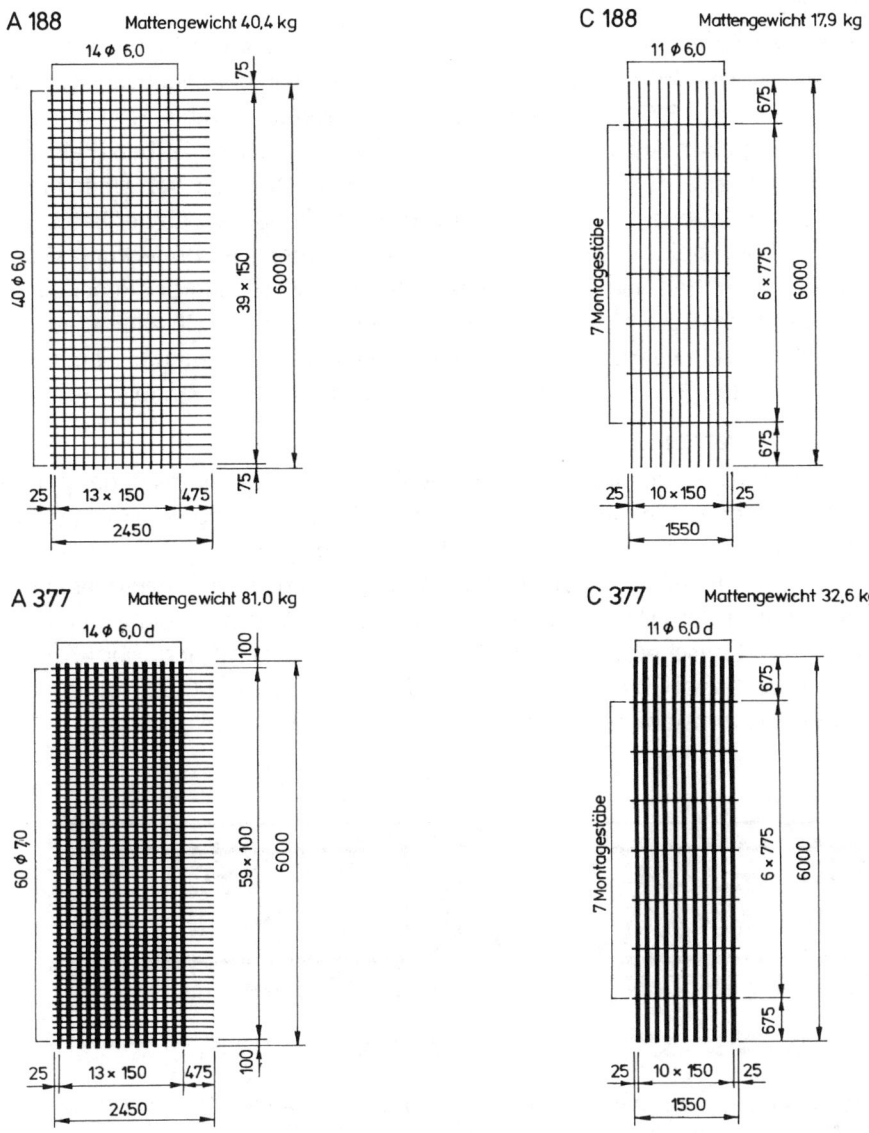

Abb. 8.34 Beispiele für Betonstahl-Vorratsmatten [8.30]
    Typ A: Zweiachsmatte mit einem seitlichen Überstand
          (auch mit zwei seitlichen Überständen möglich: Typ B)
          Stahlquerschnitte in mm^2/m:
          Einzelstabmatten (oben) 188; 257; 335
          Zweistabmatten (unten) 377; 513; 670
          Die seitlichen Überstände sind so ausgelegt, dass ab Betonfestigkeitsklasse
          C20/25 Einebenenstöße hergestellt werden können.
    Typ C: Einachsmatte; Stahlquerschnitte wie Typ A
          Daneben gibt es Zweiachsmatten für Wandbewehrungen (Typ D) mit Stahlquer-
          schnitten wie Typ A und Einachsmatten ohne Doppelstäbe (Typ E) mit Stahl-
          querschnitten von 524 bis 1131 mm^2/m.

8.11.7.4 Vorratsmatten

Vorratsmatten (nach Zulassung) sind standardisierte hochduktile geschweißte Betonstahlmatten (BSt 500 M(B); hochduktil B) aus warmgewalzten Stäben, in der Regel in den Stahlquerschnitten 188, 257, 335, 377, 513 und 670 mm²/m, maximal auch bis 1131 mm²/m. Es gibt sie in einer sehr großen Anzahl von Typen mit unterschiedlichem Aufbau (Beispiele siehe Abb. 8.34), und zwar als Einachs- und Zweiachsmatten. Die seitlichen Überstände sind so ausgelegt, dass *Einebenen*stöße mit guten Verbundbedingungen ab der Betonfestigkeitsklasse C20/25 hergestellt werden können und die geforderte Betondeckung sicher gewährleistet ist. Vorratsmatten haben kurze Lieferzeiten und werden in der Regel direkt vom Werk zur Verwendungsstelle geliefert. Durch Schneiden lassen sie sich wie Lagermatten auf der Baustelle den Bewehrungsverhältnissen anpassen. Vorratsmatten verbinden die Vorteile der Lagermatten (kurze Lieferzeiten) und der Designmatten (variabler Aufbau).

8.11.7.5 Verlegung der Matten

Die Bewehrungsstäbe müssen sich im Beton nach dem Erhärten des Betons in der planerisch vorgesehenen Lage befinden, damit die vorgegebene Betondeckung sichergestellt ist. Dazu werden Abstandhalter und für oben liegende Bewehrungsstäbe, z.B. einer Decke, Unterstützungen eingesetzt. Zur Unterstützung von Matten dienen in der Regel sogenannte Körbe. Diese sind nicht in der DIN EN 1992-1-1 genormt, sondern nach dem Merkblatt „Unterstützungen" des Deutschen Beton- und Bautechnik Vereins zertifiziert. Der Abstand der Körbe beträgt in der Regel 50 cm (Durchmesser der Mattenstäbe ≤ 6,5 mm) bzw. 70 cm (Durchmesser der Mattenstäbe > 6,5 mm). Beispiele siehe Abb. 8.35.

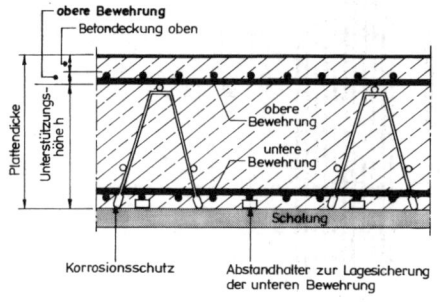 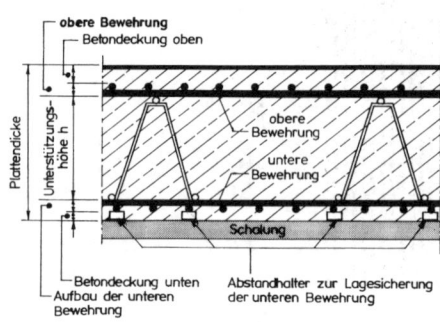

Abb. 8.35   Unterstützungselemente zum Verlegen von Betonstahlmatten [8.30] (nach DBV-Merkblatt „Unterstützungen")
  links: auf der unteren Schalung stehend
         (für Bauteile ohne besonderen Anforderungen an die Betonoberfläche)
         Elementlänge 2000 mm, Abstand der Standfüße 150 mm
         Elementhöhen 7 bis 28 cm, zulässige Lasten 0,67 kg/m
  rechts: auf der unteren Bewehrung stehend
         (für Bauteile mit besonderen Anforderungen an die Betonoberfläche)
         Elementlänge und Abstand der Standfüße wie links
         Elementhöhen 5 bis 40 cm, zulässige Lasten 0,67 kg/m

8.11.7.6 Betonstahl-Elemente

Betonstahl-Elemente sind Weiterentwicklungen der üblichen Betonstahlmatten. Es gibt sie als 2D- und als 3D-Elemente in Form von industriell vorgefertigten, geschweißten einach-

8.11 Betonstahl (s.a. www.baustahlgewebe.com)

sigen Bewehrungen, und zwar sowohl als Standard-Elemente als auch als nach statischen und konstruktiven Angaben des Anwenders hergestellte Design-Elemente. Die Stahlqualität ist BST 500 S(B), die Oberfläche der Stahlstäbe ist hochgerippt nach DIN 488-2 (siehe Abb. 8.25, links). Stabdurchmesser: 14, 16, 20 und 25 mm.

2D-Betonstahl-Elemente werden wie Betonstahlmatten als einachsige Bewehrungen für Flächentragwerke eingesetzt; Standard-Elemente z.B. in Form von Zulagebewehrungen.

3D-Betonstahl-Elemente sind einbaufertige räumliche Bewehrungselemente. Als Standard-Elemente werden sie zur Herstellung von Fertigteilen aus Stahlbeton verwendet, wie z.B. von Palisaden, Winkelstützen, Behälter-Abdeckplatten, Eisenbahnschwellen, Tübbingelementen, Betonrohren oder Stürzen.

8.11.8 Betonstahl in Ringen

Betonstahl in Ringen nach allgemeiner bauaufsichtlicher Zulassung gibt es als BSt 500 WR oder als BSt 500 KR. Er wird in Ringen sowohl links- als auch rechtsablaufend geliefert. Ringgewichte 2500 oder 3000 kg (Stab-Ø 8 bis 14 mm) sowie 2000 kg (Stab-Ø 6 mm). Den Endzustand als Bewehrung erreicht Betonstahl in Ringen durch Richten zum geraden Stab in einer Richtanlage oder durch Umformen zum Bügel in einem Bügelautomaten.

a) BSt 500 WR ist ein warmgewalzter hochduktiler Stahl (Duktilität B), der nach dem Walzen durch Recken kaltverformt oder wärmebehandelt ist oder aber keine Nachbehandlung aufweist. Die Staboberfläche entspricht dem BSt 500 S (siehe Abb. 8.25 links) oder es sind zwei oder vier Reihen Schrägrippen gleichen Abstandes und gleicher Neigung angeordnet. Auf einer Reihe ohne Werkkennzeichen befindet sich jeweils im Abstand von circa 1 m eine verstärkte Rippe oder ein verfüllter Rippenzwischenraum. Das Prägemerkmal der Werkkennzeichen hat die Form verdickter Rippen (siehe Abschnitt 8.11.3 und Abb. 8.27). Die Materialeigenschaften von BSt 500 WR sind: Streckgrenze $R_e \geq 500$ N/mm², $R_m \geq 550$ N/mm², $R_m/R_e \geq 1{,}08$, Bruchdehnung $A_{10} \geq 10$ %. Für den durch Richten oder Biegen weiterverarbeiteten BSt 500 WR gelten die Eigenschaften nach DIN EN 1992-1-1, Anhang C (siehe Tafel 8.13).

b) BSt 500 KR ist ein kaltgewalzter normalduktiler Stahl (Duktilität A). Die Staboberfläche entspricht der der Drähte, aus denen BSt 500 M hergestellt wird (Betonstahlmatten; siehe Abb. 8.29 und 8.30). Das Prägemerkmal der Werkkennzeichen sind verdickte Rippen oder verfüllte Rippenzwischenräume (siehe Abschnitt 8.11.3 und Abb. 8.27).

8.11.9 Stahlgitterträger

Stahlgitterträger (nach Zulassungsbescheid des DIBt Berlin; Beispiele siehe Abb. 8.36) bestehen aus Obergurt, Untergurt und Diagonalen aus glatten, profilierten oder gerippten Betonstählen (normalduktil A oder hochduktil B). Der Obergurt kann auch aus Stahlblechprofilen bestehen, die bis zu ihrer Oberkante oder maximal 40 mm darüber mit Beton gefüllt sind. Stahlgitterträger werden zur Herstellung von Fertigplatten, -trägern und -wänden aus Beton verwendet, die im Endzustand nach Vergießen mit Ortbeton zum tragenden Bauteil werden. Die Stöße an den Plattenlängsrändern lassen sich durch einbetonierte Justierelemente (siehe z.B. [8.27]) höhengenau einstellen.

Die **Fertigplatten** werden, z.B. auf Mauerwerkswände, verlegt und bilden nach dem Erhärten des Ortbetons eine Massivdecke, die in der DIN EN 1992-1-1 als „Fertigplatte + Ortbeton" berechnet wird. Die Aufgabe der Stahlgitterträger ist dabei: 1. Trag- und

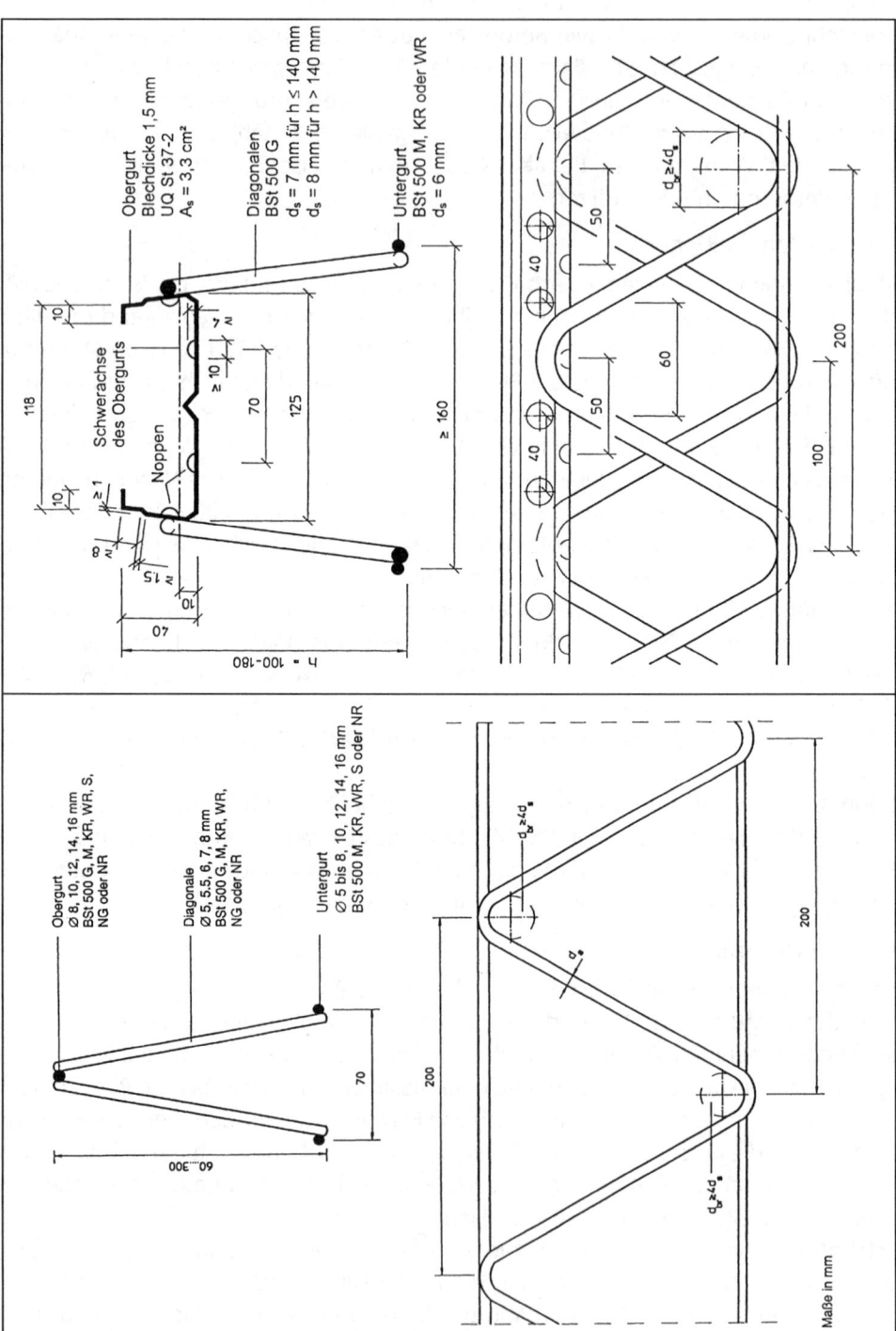

Abb. 8.36 Stahlgitterträger zur Herstellung von Fertigplatten, -trägern oder -wänden aus Beton (Das U-förmige Stahlblechprofil im rechten Bild ist bis zum Rand oder maximal 4 cm darüber mit Beton gefüllt und wirkt als Druckgurt [8.27].)

8.11 Betonstahl (s.a. www.baustahlgewebe.com)

Gebrauchsfähigkeit (Montagesteifigkeit) der Fertigplatte im Montagezustand. 2. Sicherung des Verbunds zwischen der Fertigplatte und dem aufgebrachten Ortbeton nach dem Erhärten im Endzustand. Die Fertig*träger* werden zur Herstellung von Stahlbetonrippendecken verwendet: auf die Träger werden nach dem Verlegen Deckenziegel (siehe Abschnitt 2.3) oder Zwischenbauteile, in der Regel aus Leichtbeton (siehe Abschnitt 2.13.2), aufgelegt und anschließend mit Beton vergossen (siehe z.B. Abb. 2.16 und 2.18).

Die **Fertigwände** bestehen aus zwei mit Stahlgitterträgern unverschieblich miteinander verbundenen Sichtbetonplatten, die, nach dem Aufstellen und Fixieren mit Stahlschrägstützen, mit Ortbeton zu einer monolithischen bewehrten Betonwand vergossen werden, auch z.B. als „weiße Wanne" für Kellerwände.

8.11.10 Weitere Betonstähle mit Zulassungsbescheid

a) Betonrippenstahl BSt 500 S-GEWI (IV S – GEWI): Betonstahl mit zwei Reihen schraubenförmig ausgewalzter Rippen, die ein links- oder rechtsgängiges Gewinde bilden zur Herstellung von Muffenverbindungen. Nenn-Stabdurchmesser: 16, 20, 25, 28, 40 und 50 mm.

b) Betonstahl BSt 1100: Betonstahl mit hoher Streckgrenze (R_m = 1100 N/mm²) und erhöhter Duktilität. Für Stoßbeanspruchung und andere außergewöhnliche Belastungen, wie z.B. Erdbeben und innere Störfälle, geeignet. Kommt daher insbesondere im kerntechnischen Ingenieurbau zur Anwendung.

c) Geschweißte Betonstahlmatte BSt 630/700 RK: Betonstahlmatte mit höheren Gebrauchsspannungen und eingeschränktem Durchmesserbereich (4 bis 10 mm).

d) Geschweißte Betonstahlmatte BSt 550 MW: Betonstahlmatte mit Längs- und Querstäben aus *warm*gewalzten gerippten Stahlstäben. Durchmesser: ganzzahlige Werte von 5 bis 12 mm. Höhere Dehnungswerte als üblich: Bruchdehnung A_{10} = 10 %, Gesamtdehnung bei Höchstlast außerhalb des Einschnürbereichs = 5 %. Verhältnis von Zugfestigkeit zu Streckgrenze R_m: R_e = 1,08.

e) Sonderdyn-Matte: Betonstahlmatte BSt 500 M, die nur ringsum im Randbereich verschweißt ist, sodass die Lage der Stäbe in der Matte beim Transport und Verlegen sowie beim Einbringen und Verdichten des Betons erhalten bleibt. Die im Innenbereich der Mattenfläche nicht verschweißten Stahlstäbe erreichen die Dauerschwingfestigkeit unverschweißter Stäbe. Daher Einsatz der Matte bei erhöhter dynamischer Beanspruchung.

8.11.11 Betonstähle mit erhöhtem Korrosionswiderstand

a) Feuerverzinkte Betonstähle: Betonstahlsorten: BSt 420 S, BSt 500 S und BSt 500 M. Die Stähle besitzen eine Zinkschicht, die im Mittel 85 µm dick ist, maximal 200 µm. Dauerschwingfestigkeit 75 % des unverzinkten Stahls. Das Verschweißen verzinkter Stäbe ist nicht zulässig, punktförmige Berührung mit unverzinkten Stäben ist erlaubt.

b) Nichtrostende Stähle: siehe Abschnitt 8.8.5 f.

c) Epoxidharzbeschichtete Stähle: BSt 500 SB, BSt 500 SB-GEWI und BSt 500 MB. Dicke der Beschichtung 130 bis 300 µm, mindestens 80 µm. Nach dem Verlegen dürfen Beschädigungen 1 % der Oberfläche nicht überschreiten. Die gesamte Bewehrung eines Bauteils soll in der Regel beschichtet sein. Bei Stößen sind die üblichen Übergreifungslängen um den Faktor 1,15 bis 1,5 zu vergrößern. Falls erforderlich, muss das Brandverhalten gutachterlich nachgewiesen werden.

d) PVC-beschichtete Betonstahlmatten: Sorte: BSt 500 M mit einer Beschichtung von

8 Eisen und Stahl

240 bis 400 µm Dicke. Bei Temperaturen > 150 °C treten Chloride in den Beton, und der Verbund geht verloren.

8.11.12 Betonstahlverbindungen

Betonstahlverbindungen dienen der axialen Verlängerung von Bewehrungsstäben, der Verankerung von Betonstahlstäben im Beton oder an Stahlbauteile oder der Positionierung von Betonstählen. Der übliche Bewehrungsstoß im Beton ist der axiale Übergreifungsstoß. Wenn die erforderliche Übergreifungslänge bzw. Verankerungslänge im Beton nicht zur Verfügung steht, werden Betonstahlverbindungen eingesetzt, oder wenn der Verbund mit Stahlbauteilen hergestellt werden soll (Verbundbau, Verankerungen).

Die Betonstahlverbindungen werden durch Schweißen (siehe Abschnitt 8.11.12.1) oder durch mechanische Verbindungen (siehe Abschnitt 8.11.12.2) hergestellt.

8.11.12.1 Schweißen von Betonstahl

Das Schweißen von Betonstahl ist geregelt in DIN EN ISO 17 660 und in DIN 4099.

Schweißen von Betonstahl kann bei folgenden Aufgabenstellungen angewendet werden: axiale Verlängerung von Stahlbetonstäben, Verbindung von Stahlbeton-Fertigteilen, Herstellung von Verankerungskonstruktionen, Verbund von Betonstahl und Stahlbauteilen im Stahlverbundbau, z.B. Bolzenschweißen (siehe auch Abschnitt 8.10.3.4 f).

Die zur Anwendung kommenden Schweißverfahren (siehe auch Abschnitt 8.10.3) und die Arten von Schweißverbindungen sind in Tafel 8.16 zusammengefasst. Beispiele für Schweißverbindungen siehe Abb. 8.37. Hinsichtlich der Schweißeignung der Betonstähle siehe Tafel 8.14.

8.11.12.2 Mechanische Verbindungen (s.a. [8.9])

Zur Herstellung von axialen Stößen von Betonstählen (siehe Abb. 8.38) werden besondere Betonstähle verwendet. Sie besitzen entweder wie der Betonrippenstahl BSt 500 S-GEWI (siehe Abschnitt 8.11.10 a) gewindeförmig ausgebildete Rippen oder tragen an den Stoßenden kalt aufgewalzte konische oder zylindrische Gewinde. Die Verbindung geschieht mit Muffen, die aufgeschraubt werden, in der Regel mit einem Drehmomentenschlüssel. Neben diesen Schraubanschlüssen gibt es für normale Betonrippenstähle Pressmuffenstöße. Bei diesen wird über die zu stoßenden Stabenden eine Muffe geschoben, die anschließend unter Reduzierung ihres Durchmessers zu Form- und Kraftschluss kalt aufgepresst wird.

Die Anschlusssysteme sind bauaufsichtlich zugelassen und von verschiedenen Firmen entwickelt worden, z.B. Erico GmbH/Schwanenmühle, Halfen/Langenfeld, Pfeifer/Memmingen und Frank/Leiblfing (Schraubanschluss), Eberspächer GmbH/Nabern-Kirchheim (Pressmuffenstoß), Dyckerhoff und Widmann (GEWI-Schraubmuffenstoß, Pressmuffenstoß). Die zulässigen Beanspruchungen der Stoßverbindungen liegen in der Regel bei 100 % Zug- und/oder Druckkraft der ungestoßenen Stäbe und sind zum Teil auf bestimmte Stabdurchmesser beschränkt, ebenso bei nicht vorwiegend ruhender Belastung auf bestimmte Schwingbreiten $2\,\sigma_a$ (siehe Abschnitt 8.6.2).

8.11 Betonstahl (s.a. www.baustahlgewebe.com)

Tafel 8.16 Schweißprozesse, Schweißverbindungen und zulässige Stabnenndurchmesser von Betonstahl nach DIN 4099-1 (08.03)

Spalte	1	2	3	4	5
Zeile	Schweißprozesse nach DIN EN ISO 4063[4)]	Arten der Schweißverbindungen	Bereich der Stabnenndurchmesser		
			Tragende Verbindung	Nichttragende Verbindung	
1	Lichtbogenhandschweißen (111)	Stumpfstoß	20 bis 40	–[1)]	
2	Metall-Lichtbogenschweißen mit Fülldrahtelektrode ohne Schutzgas (114)	Laschenstoß	6 bis 40	–[1)]	
3		Überlappstoß (Übergreifungsstoß)	6 bis 40	–[1)]	
4		Kreuzungsstoß	6 bis 16	–[1)]	
5		Verbindung mit anderen Stahlteilen	6 bis 40	–[1)]	
6	Reibschweißen (42)	Stumpfstoß	6 bis 40[2)]	–[1)]	
		Verbindungen mit anderen Stahlteilen	6 bis 40	–[1)]	
7	Abbrennstumpfschweißen (24)	Stumpfstoß	6 bis 40[2)]	–[1)]	
8	Buckelschweißen (23)	Überlappstoß (Übergreifungsstoß)	6 bis 28	6 bis 40	
9		Kreuzungsstoß	6 bis 28[3)]	6 bis 40	
10	Metall-Aktivgasschweißen (135 bzw. 136)	Stumpfstoß	20 bis 40	–[1)]	
11		Überlappstoß	6 bis 40	–[1)]	
12		Laschenstoß	6 bis 40	–[1)]	
13		Kreuzungsstoß	6 bis 16	6 bis 40	
14		Verbindung mit anderen Stahlteilen	6 bis 40	–[1)]	

Stumpfstoß ——×——   Laschenstoß ——/̸——
Überlappstoß ——×× ——   Kreuzungsstoß ——✕ ✕——

Symbolische Darstellung von nichttragenden Verbindungen:

Überlappstoß ——✷——   Kreuzungsstoß ——+——

[1)] Sofern der Stoß als nichttragend ausgeführt wird, gilt Spalte 3.
[2)] Es dürfen gleiche Stabnenndurchmesser miteinander verbunden werden sowie benachbarte Stabnenndurchmesser.
[3)] Zulässiges Verhältnis der Nenndurchmesser sich kreuzender Stäbe ≥ 0,57.
[4)] Zahlen in Klammern: Ordnungsnummern nach DIN EN ISO 4063 (04.00).

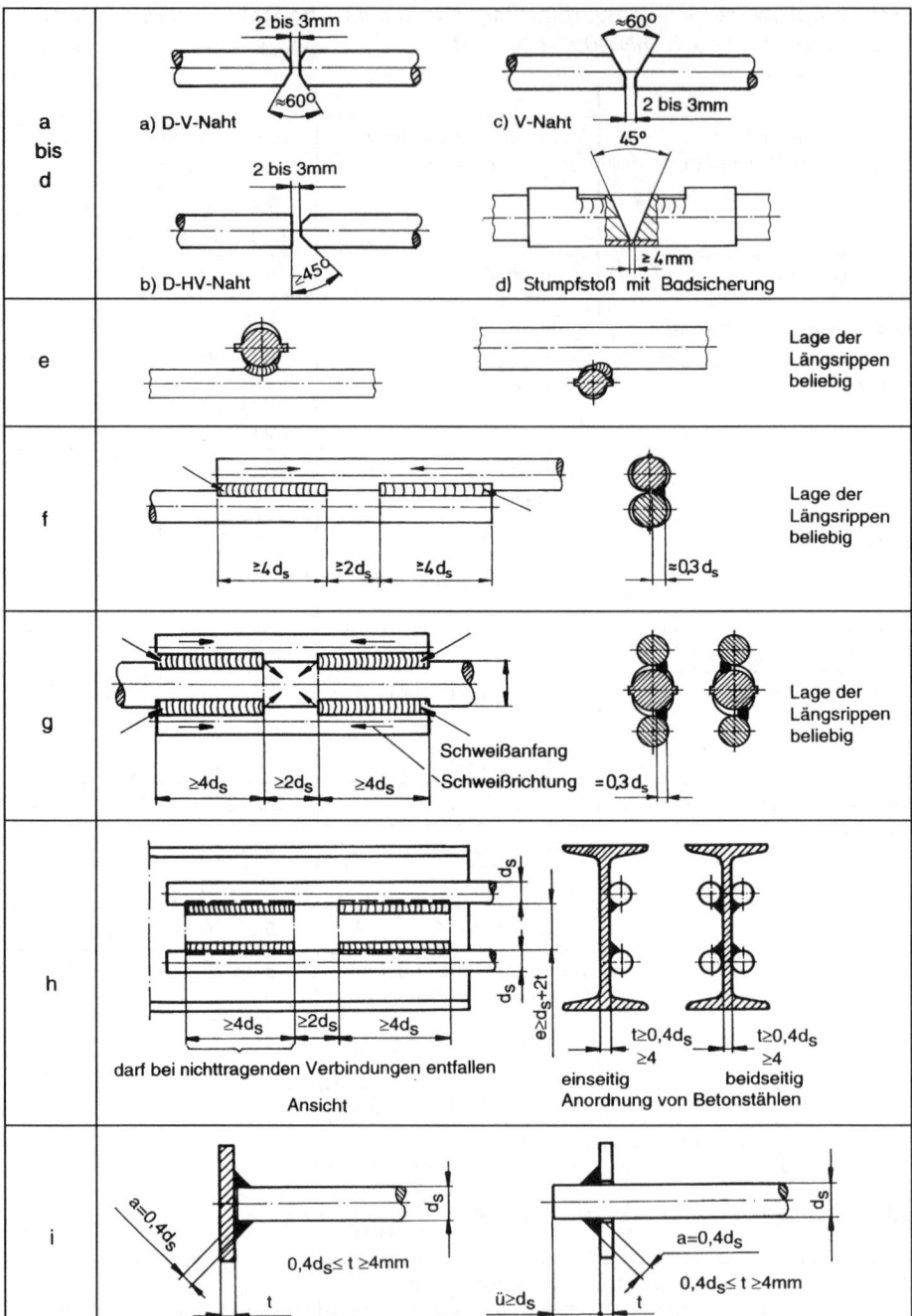

Abb. 8.37 Beispiele für Schweißverbindungen von Betonstahl nach DIN 4099-1 (08.03)
a bis d: Stumpfstöße; e: Kreuzungsstoß; f: Überlappstoß für tragende Verbindungen (Bedeutung der Pfeile wie in Zeile g); g: Laschenstoß; h: Verbindung mit einem Profil; i: Stirnkehlnaht am aufgesetzten (links) bzw. durchgeführten (rechts) Stab
d_s Nenndurchmesser des gegebenenfalls dünneren Stabs

8.11 Betonstahl (s.a. www.baustahlgewebe.com)

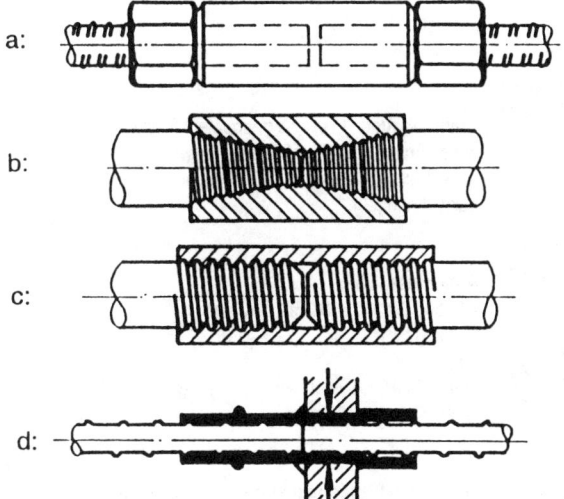

Abb. 8.38
Mechanische Muffen-Verbindungen von Betonstählen (schematisch) [8.8]
Muffenstöße mit gewindeförmig ausgebildeten Rippen, GEWI-Muffenstoß (a), konischem (b) oder zylindrischem (c) Gewinde; Pressmuffenstoß (d)

8.11.12.3 Vorgefertigte Bewehrungsanschlüsse

Sollen Bauteile, die in zeitlich unterschiedlichen Betonierabschnitten hergestellt worden sind, so zusammengefügt werden, dass in der Betonierfuge Schub- und Zugkräfte übernommen werden können, werden Schraubanschlüsse, ähnlich wie in Abschnitt 8.11.12.2 beschrieben, oder Steckverbindungen verwendet. Firmen z.B.: Erico/Schwanenmühle, Halfen/Langenfeld, Kahneisen/Berlin, Frank/Leiblfing, Betomax/Neuss, Reuß/Wuppertal.

Zum Einsatz kommen jedoch auch von denselben Firmen hergestellte vorgefertigte Bewehrungsanschlüsse (sogenannte Rückbiegeanschlüsse) in Form von sogenannten Verwahrkästen (siehe Abb. 8.39). Die **Verwahrkästen** sind meist aus Stahl (auch verzinkt), aber auch aus Beton, Holz, Kunststoff oder Karton und werden an der Schalung befestigt. In ihnen ist die Anschlussbewehrung in eingebogenem Zustand verwahrt. Nach dem Ausschalen wird die Abdeckung des Verwahrkastens entfernt und die Eisen mit besonderen Rückbiegewerkzeugen zurückgebogen. Maximale Stabdurchmesser 14 mm. Maßgebend für das Hin- und Rückbiegen ist die EN 1992-1-1 (2011/01) sowie das DBV-Merkblatt „Rückbiegen von Betonstahl und Anforderungen an Verwahrkästen" (Fassung 2005).

8 Eisen und Stahl

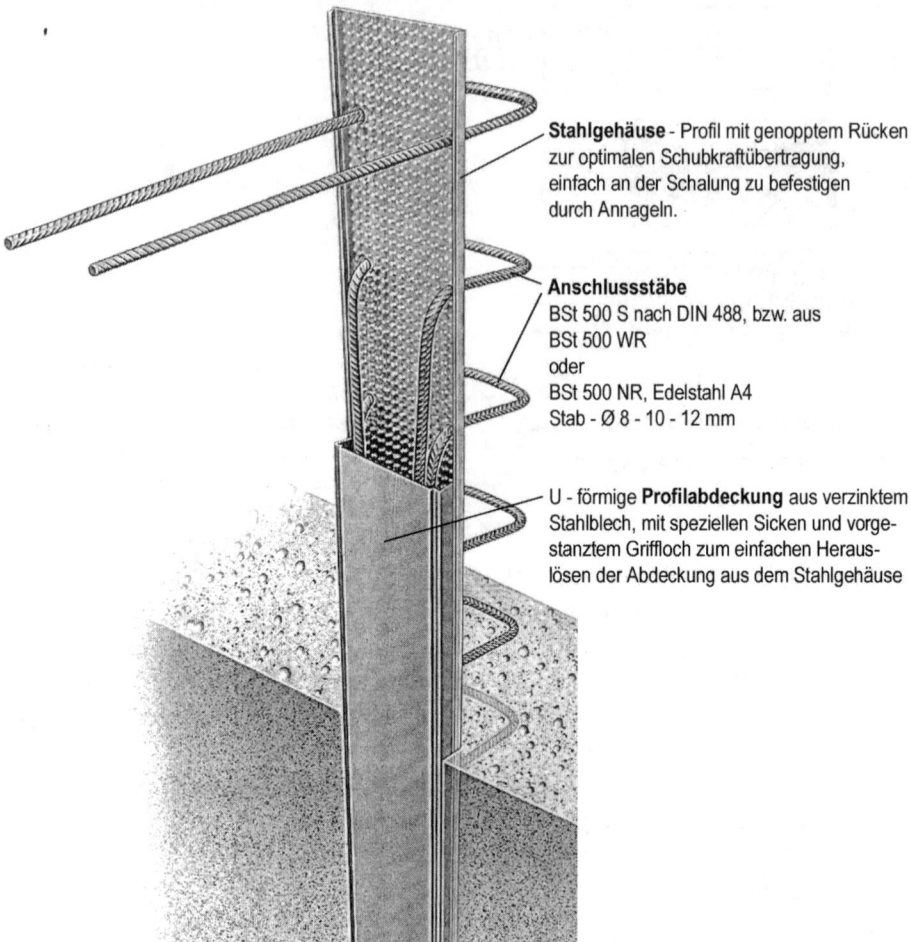

Abb. 8.39 Beispiel für einen Bewehrungsanschluss (Rückbiegeanschluss, Verwahrkasten) [8.28]

8.11.13 Prüfung von Betonstahl nach DIN EN ISO 15 630 (02.11)

Die Norm enthält allgemeine Angaben über die Prüfverfahren. Bezüglich des Zugversuchs wird auf ISO 6892, hinsichtlich der speziellen Prüfbedingungen und der Anforderungen an die Prüfergebnisse wird auf die jeweiligen Erzeugnisnormen, z.B. DIN 488 (neu), hingewiesen. Die für die Prüfungen verwendeten Proben werden den Betonstahlerzeugnissen im Anlieferungszustand entnommen.

8.11.13.1 Betonstabstahl, -walzdraht und -draht nach DIN EN ISO 15 630-1 (02.11)

a) Zugversuch nach DIN EN ISO 6892
DIN EN ISO 6892 entspricht DIN EN 10 002-1 (12.09); siehe Abschnitt 8.6.1.

b) Biegeversuch
Der Stab wird über einen Biegedorn (Durchmesser D) bis zu einem bestimmten Biegewinkel γ gebogen (siehe Abb. 8.40). Die Probe hat den Versuch bestanden, wenn durch Augenschein an der Biegestelle keine Risse festgestellt werden.

c) Rückbiegeversuch
Das Verfahren besteht aus drei Schritten: biegen – künstliches Altern durch Erwärmen – rückbiegen (siehe Abb. 8.40). Die Probe hat den Versuch bestanden, wenn durch Augenschein an der Biegestelle keine Risse festgestellt werden.

d) Axialer Dauerschwingversuch
Die Probe wird im elastischen Bereich mit einer sinusförmig wechselnden axialen Zugkraft entweder bis zum Versagen (Bruch) oder ohne Versagen bis zu einer festgelegten Anzahl von Lastwechseln beaufschlagt. Der in der DIN 488-2 (06.86) beschriebene Dauerschwingversuch im einbetonierten Zustand ist nicht mehr vorgesehen.

e) Geometrische Merkmale
Es werden die Tiefe der Profilierung (auf 0,01 mm), die Höhe der Quer- und Längsrippen (auf 0,02 mm) und der Abstand benachbarter Querrippen oder Profilierungen (auf 0,05 mm) sowie die Neigung der Querrippen/Profilierungen zur Längsachse und die Flankenneigung der Querrippen gemessen.

f) Bezogene Rippen- oder Profilfläche (f_R oder f_p)
Zu Beurteilung der Verbundwirkung zwischen der Oberfläche des Betonstahls und dem Beton kann aus den geometrischen Merkmalen nach verschiedenen Formeln ein Verbundfaktor f_R oder f_p berechnet werden. Eine empirische Formel ist z.B. f_R oder $f_p = \lambda \cdot (a_m/c)$. Hierin ist a_m die maximale Höhe der Rippe oder Tiefe der Profilierung, c der Abstand zwischen benachbarten Rippen oder Profilierungen und λ ein für das betreffende Profil nachgewiesener empirischer Faktor. Die Verbundwirkung kann auch durch einen Ausziehversuch (pull-out test) oder einen Balkenversuch (beam test) beurteilt werden.

8.11.13.2 Geschweißte Betonstahlmatten nach DIN EN ISO 15 630-2 (2011/02)
Die Proben müssen mindestens einen geschweißten Schnittpunkt enthalten. Kreuzende Stäbe sind vor der Prüfung abzuschneiden. Zugversuch und axialer Dauerschwingversuch werden, wie in Abschnitt 8.11.13.1 beschrieben, durchgeführt.

a) Biegeversuch an der Schweißstelle
Bei Einstabmatten muss der dickere Stab, bei Doppelstabmatten einer der Doppelstäbe gebogen werden (s.a. Abb. 8.40). Der Versuch ist bestanden, wenn durch Augenschein an der Biegestelle keine Risse festgestellt werden.

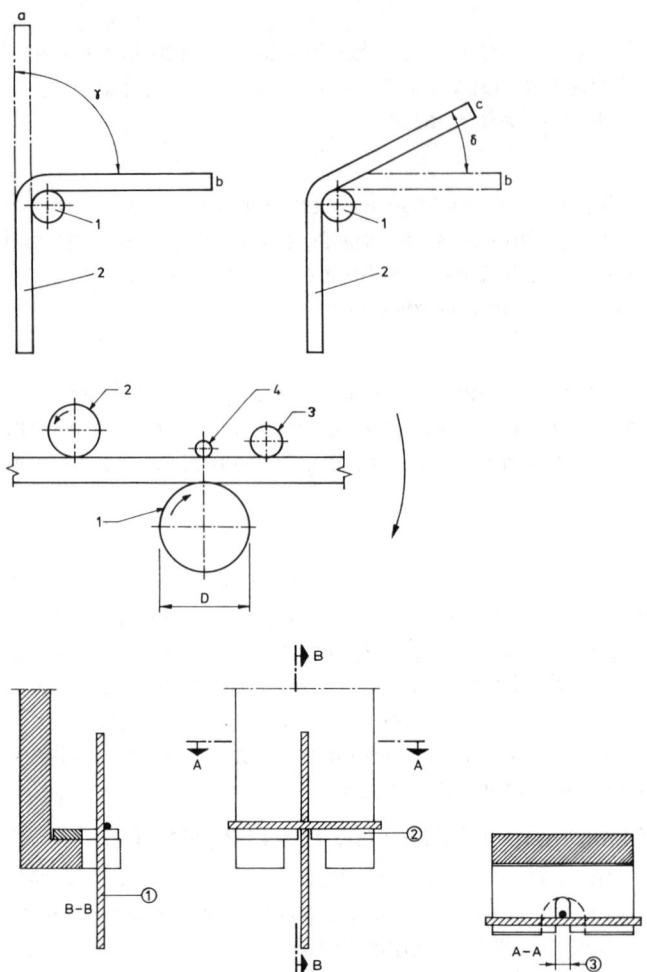

Abb. 8.40 Prüfung von Betonstahl und geschweißten Betonstahlmatten nach
DIN EN ISO 15 630-1, -2 (09.02)
Oben: Veranschaulichung des Verfahrens für den Rückbiegeversuch
1 = Dorn 2 = Probe a = Ausgangsstellung
b = Stellung nach dem Biegen um den Winkel γ
c = Stellung nach dem Rückbiegen um den Winkel δ
Mitte: Biege- und Rückbiegevorrichtung für Stabstahl und geschweißte Matten
1 = Biegedorn 2 = Auflager 3 = Mitnehmer
4 = kreuzender Draht
1 und 2 rotieren, Mitnehmer ist blockiert (oder umgekehrt)
Unten: Haltevorrichtung Typ a zur Ermittlung der Knotenscherkraft
1 = Zugstab 2 = Schlitzeinstellblech 3 = Schlitzbreite

b) Ermittlung der Knotenscherkraft

Bei Einstabmatten muss der dickere Stab, bei Doppelstabmatten einer der Doppelstäbe gezogen werden. Der kreuzende Stab wird dabei in einer besonderen Haltevorrichtung gegengehalten. Die Norm beschreibt drei verschiedene Ausführungen der Haltevorrichtung des kreuzenden Stabes. Die Höchstkraft beim Bruch und die Lage des Bruches sind zu registrieren.

c) Geometrische Merkmale der Matte
Der Drahtabstand und die Länge und Breite der Matte sind zu messen (auf 1 mm). Länge und Breite sind als Rohmaße der Matte anzugeben.

8.12 Spannstahl (s.a. Abschnitt 6.18)

Normen

DIN 1045-1	(08.08) zurückgezogen	Tragwerke aus Beton, Stahlbeton und Spannbeton – Teil 1: Bemessung und Konstruktion
DIN EN 1992-1-1	(01.11)	Eurocode 2: Bemessung und Konstruktion von Stahlbeton- und Spannbetontragwerken – Teil 1-1: Allgemeine Bemessungsregeln und Regeln für den Hochbau
DIN EN 1992-3	(01.11)	Eurocode 2: Bemessung und Konstruktion von Stahlbeton- und Spannbetontragwerken – Teil 3: Silos und Behälterbauwerke aus Beton

Spannstähle werden vornehmlich für den Spannbetonbau verwendet. Die lose in Hüllrohren liegenden Spannstähle (siehe Abb. 8.41) werden im erhärteten und unbelasteten Beton gespannt und leiten so Druckkräfte in das Bauteil, sodass der Betonquerschnitt unter Gebrauchslasten nicht oder nur begrenzt auf Zug beansprucht wird. Biegezugspannungen aus Eigengewicht und Nutzlast werden durch die Vorspannung aufgehoben bzw. überdrückt. Die Spannstähle wie auch ihre Verankerungen bedürfen einer Zulassung durch die obersten Baubehörden (Zulassungsliste führt das Deutsche Institut für Bautechnik Berlin).
Die Güteüberwachung obliegt dem Hersteller bzw. Lizenzinhaber in Form von Eigen- und Fremdüberwachung (anerkannte MPA). Zu Korrosion und zum Einsatz von Glasfaser-Harz-Verbundstäben für Spannbeton siehe Abschnitt 6.18.

8.12.1 Arten

Im Deutschen Institut für Bautechnik Berlin wird ein Verzeichnis der allgemeinen bauaufsichtlichen Zulassungen für europäische Spannstähle vorgehalten. Im Verzeichnis Juli 2005 werden Zulassungen (Zul.) für die folgenden **Spannstähle** der Festigkeitsklassen (Fkl.) $R_{0,2}/R_m$ aufgeführt (Adressen der Hersteller s.u.):

1) Kaltgezogener Spannstahldraht (29 Zul.): rund und glatt oder profiliert; Fkl. 1375/1570, 1470/1670, 1570/1770; Durchm. 6,0 bis 14,0 mm; Herst. z.B. DWK, VOEST, NEDRI, Emesa.
2) Spannstahllitzen (20 Zul.) aus 7 kaltgezogenen glatten Einzeldrähten, zum Teil kompaktiert und/oder mit Korrosionsschutzsystem versehen; Fkl. 1570/1770; Durchm. 6,9 bis 18,3 mm; Herst. z.B. DWK, WDI, NEDRI, VOEST.
3) Spannstabstahl (11 Zul.): rund und glatt oder mit Gewinderippen; warmgewalzt, wärmebehandelt, gereckt und angelassen; Fkl. 835/1030, 900/1100, 950/1050, 1080/1230; Durchm. 12,5 bis 40,0 mm; Herst. z.B. Annahütte.
4) Vergüteter Spannstahldraht (4 Zul.), rund und glatt oder gerippt; Fkl. 1420/1570, 1470/1620; Durchm. 6,0 bis 14,0 mm; Herst. z.B. Sigma.

Für Spannstähle werden folgende Stahlgüten verwendet:
– unlegierter Stahl mit 0,6 bis 0,9 Masse-% C, 0,10 bis 0,30 Masse-% Si und 0,50 bis 0,80 Masse-% Mn oder

8 Eisen und Stahl

– niedriglegierter Stahl mit 0,4 bis 0,7 Masse-% C, 0,7 bis 1,6 Masse-% Si und/oder 0,7 bis 1,2 Masse-% Mn sowie ≈ 0,5 Masse-% Cr (Zusammensetzung ähnlich Federstahl).

Hersteller sind: Sigma-Stahl GmbH, 47229 Duisburg; DWK Drahtwerk Köln GmbH, 51063 Köln; WDI Westfälische Drahtindustrie GmbH, 59067 Hamm; Stahlwerk Annahütte, 83404 Ainring; NEDRI Spanstaal BV, Niederlande, 5928 PA Venlo-Blerik; Emesa Trefileria, Spanien, 15080 A Coruna; VOEST-ALPINE AUSTRIA DRAHT GmbH, Bruck a. d. Mur. Daneben weitere Hersteller aus Belgien, Großbritannien, Italien, Schweden, Spanien, Schweiz, Slowakei und Ungarn.

8.12.2 Anforderungen und Eigenschaften

a) An Spannstähle werden folgende **Anforderungen** gestellt:
– hohe Zugfestigkeit und Streckgrenze (0,2%-Dehngrenze), um Spannkraftverluste infolge Schwindens und Kriechens aufzufangen (s.a. Abb. 8.42),
– hohe Dauerschwingfestigkeit (Ermüdungsfestigkeit) und Zähigkeit als Sicherheit gegen Sprödbruch,
– hohe Kriechgrenze, um Relaxationsverluste zu vermeiden,
– guter Haftverbund sowie ausreichender Korrosionswiderstand.

b) Wichtige mechanische **Eigenschaften** von Spannstählen sind:
Bruchdehnung A = 6 bzw. 7 %; E-Modul E = 2,05 × 10^5 N/mm² für Stäbe und Drähte bzw. 1,95 × 10^5 N/mm² für Litzen; nichtproportionale Dehnung A_g (früher Gleichmaßdehnung) = 2 % für kaltgezogene Drähte und 4 bzw. 5 % für die übrigen Spannstähle. Der Relaxationsverlust (Kriechen), d.h. der Spannkraftverlust unter σ_z = 0,7 R_m in 1000 h bei 20 °C beträgt bei Stäben 3,3 %, bei allen übrigen Spannstählen 2,0 bzw. 7,5 %. Weitere mechanische Eigenschaften sind den jeweils aktuellen Ausgaben des Betonkalenders oder den allgemeinen bauaufsichtlichen Zulassungen zu entnehmen.

8.12.3 Verankerungen

Warmgewalzte, gereckte und angelassene **Spannstahlstäbe** sind meist niedrig legiert. Die Verankerung wird erreicht durch aufgerollte oder aufgewalzte Gewinde (siehe Abb. 8.41) in Verbindung mit Ankerplatten und Schraubenmuttern. Stabstöße und Spanngliedkopplungen mit Gewindemuffen sind ebenfalls möglich.

Die Anwendung der hochfesten, vergüteten oder kaltgezogenen **Spannstahldrähte** ermöglicht geringere Stahlquerschnitte, jedoch ist ein erhöhter Aufwand für Verankerungen und Kopplungen notwendig. Es kommen Reibungs-(Keil-)verankerungen, Klemmverankerungen oder aufgestauchte Nietköpfchen in Verbindung mit Ankerkörpern zum Einsatz.

Geringste Stahlquerschnitte ergeben sich bei Verwendung von **Spannstahllitzen.** Litzen entstehen durch Verseilen von bis zu sieben kaltgezogenen Einzeldrähten (siehe Abb. 8.41), sie werden einzeln mittels Klemmmuffen an Platten verankert. Diese Ankerplatten fassen mehrere Litzen zu einem Bündel zusammen, das gemeinsam vorgespannt wird.

8.13 Brandverhalten und Brandschutz von Gusseisen und Stahl

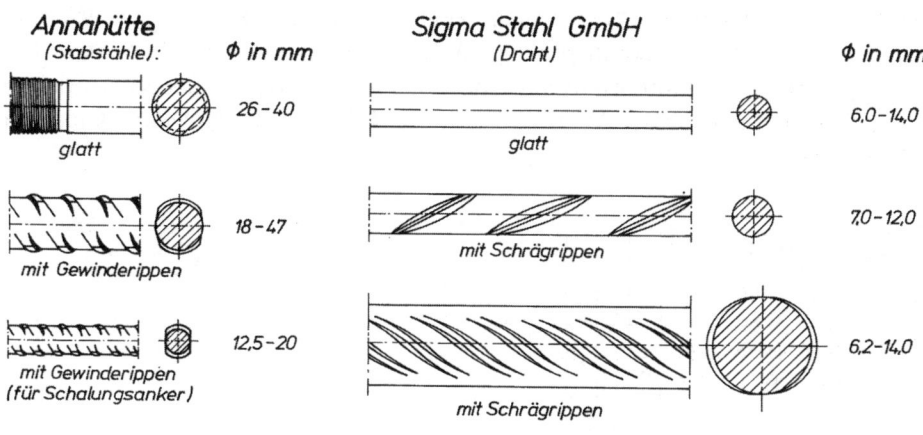

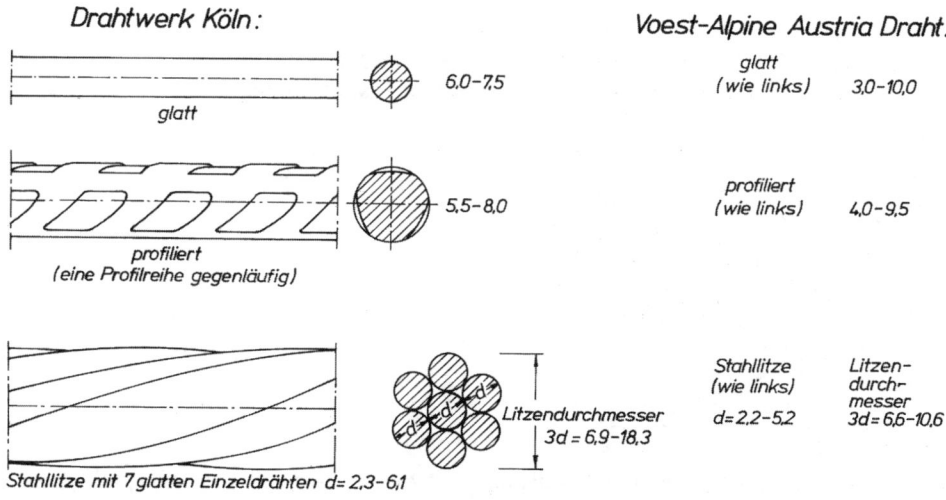

Abb. 8.41 Spannstähle; Querschnittsformen und Durchmesser
(Adressen der Hersteller siehe Abschnitt 8.12.1.)

8.13 Brandverhalten und Brandschutz von Gusseisen und Stahl

8.13.1 Gusseisen

Gusseisen verliert seine Druckfestigkeit bei etwa 700 °C (Zugfestigkeit früher!). Es zerspringt bei plötzlicher Abkühlung durch Löschwasser. Bei etwa 1100 °C geht Gusseisen plötzlich vom festen in den schmelzflüssigen Zustand über.

8.13.2 Stahl [8.23]

8.13.2.1 Verhalten bei Erwärmung

Bei Stahl steigt die Beweglichkeit der Versetzungen innerhalb der Kristallite an, wodurch die Verformbarkeit (A) zunimmt und die Festigkeiten (R_e und R_m) und der E-Modul abnehmen (siehe Abb. 8.43). Festigkeitssteigerungen, die durch Kaltverformung oder Wärmebehandlung im Stahl erreicht worden sind, gehen ab 400 °C zunehmend verloren. Die Streckgrenze R_e nimmt bei naturhartem Stahl weniger stark ab als bei nachbehandelten Stählen. Die Wärmeleitfähigkeit λ in W/(m · K) sinkt, und die spezifische Wärmekapazität in J/(kg · K) steigt an.

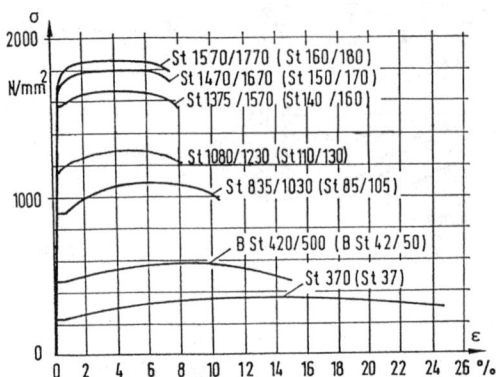

Abb. 8.42 Spannungs-Dehnungslinien verschiedener Stähle [8.23]
(St 37 = S235JR; BSt 42/50 = BSt 420 S; darüber: Spannstahlstäbe)

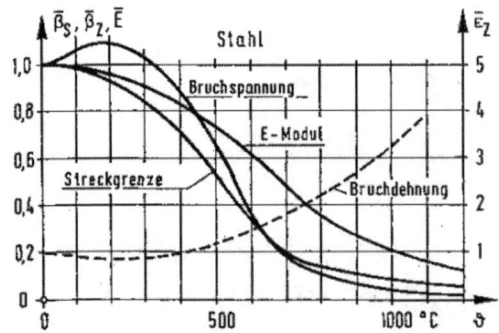

Abb. 8.43 Mechanische Werte von Stahl in Abhängigkeit von der Temperatur [8.23] (nach Kordina; bezogen auf Raumtemperatur = 1,0, schematisch)
β_S = Streckgrenze = R_e;
β_Z (Bruchspannung) = R_m (Zugfestigkeit);
ε_Z = A = Bruchdehnung

8.13 Brandverhalten und Brandschutz von Gusseisen und Stahl

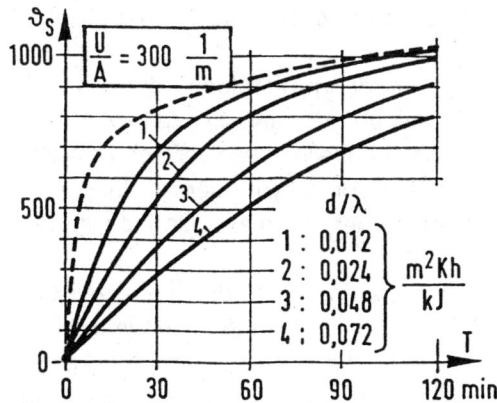

Abb. 8.44 Temperaturverlauf in einem der Erwärmung durch die Einheitstemperaturkurve (ETK nach DIN 4102) ausgesetzten ummantelten Stahlprofil [8.23]
(Ummantelung mit konstantem λ und vier verschiedenen, größer werdenden Dicken d; U/A = Profilfaktor, siehe Abschnitt 8.13.2.3)

Nach DIN 18 800 ist die temperaturabhängige Veränderung der charakteristischen Werkstoffkennwerte bei Temperaturen über 100 °C zu berücksichtigen. In Abhängigkeit von der vorliegenden Beanspruchung im Bauteil kann eine kritische Temperatur bestimmt werden, bei der die Streckgrenze des Stahls der Bauteilbeanspruchung entspricht. Nach DIN 4102 kann diese vereinfacht nach Bild 68 bestimmt werden. Es ist sicherzustellen, dass die kritische Temperatur im Bauteil nicht überschritten wird.
Im Eurocode 3: Bemessung und Konstruktion von Stahlbauten – Teil 1-2: Allgemeine Regeln – Tragwerksbemessung für den Brandfall (DIN EN 1993-1-2 (12.10) sind weitergehende Nachweise möglich. Neben der Bemessung über eine Bauteilklassifizierung, kann sowohl ein vereinfachtes Berechnungsverfahren unter Berücksichtigung der temperaturabhängigen Werkstoffkennwerte und der zugehörigen kritischen Temperatur erfolgen als auch die Anwendung erweiterter Berechnungsmodelle, die eine vollständige thermische und mechanische Analyse umfassen.

8.13.2.2 Brandschutzmaßnahmen

Durch Brandschutzmaßnahmen kann die Feuerwiderstandsdauer, die bei unbekleideten Stahlteilen nur 10 bis 20 Minuten beträgt, bis auf 180 Minuten und mehr gesteigert werden. Für Feuerschutzbekleidungen sind spezielle Baustoffe entwickelt worden, wie z.B. Perlite und Vermiculite (siehe Abschnitt 5.2.3 b), Gipsstoffe und Mineralfaserstoffe.
Folgende **Schutzmaßnahmen** werden angewendet (DIN 4102-4 oder bauaufsichtliche Zulassungen durch das DIBt Berlin):
- **Ummauern**, insbesondere von Stützen und Decken, mit Ziegeln, Kalksand-, Leichtbeton- und Gasbetonsteinen
- **Einbetonieren** von Stützen und Trägern, Aufbringen von Spritzbeton auf Trägermaterial aus Maschendraht oder Baustahlmatten
- **Ummanteln** (ein- oder mehrlagig) mit Gipskarton-, Perlite- oder Vermiculiteplatten, Formteilen aus Gips o. Ä., Mineralfasermatten
- **Putze auf Putzträgern** (in der Regel mehrlagig) aus Rippenstreckmetall, Streckmetall oder Drahtgewebe. Als Mörtel kommen Zement-, Kalk- oder Gipsmörtel in Frage, als

Putze Perlite-, Vermiculite- oder Mineralfaserputze. Putzdicke: bei Stützen 15 bis 65 mm, bei Trägern 5 bis 25 mm.
- **Putze ohne Putzträger** (in der Regel mehrlagig) werden profilfolgend direkt auf die Stahlteile in der Regel durch Streichen oder Spritzen aufgetragen. Wegen eventueller Haftvermittler im Putz sollten als Korrosionsschutz der Stahlteile schwerverseifbare Anstriche verwendet werden, z.B. Zinkchromat auf der Basis von Alkyd- oder Acrylharz.
- Abgehängte **Unterdecken** aus vorgefertigten Platten oder gespritzten Unterdecken auf Putzträgern.
- **Beschichtungen** (sogenannte Brandschutz„farben", aufgebracht durch Spritzen oder Streichen), die bei Hitzeeinwirkung etwa ab 100 bis 150 °C thermisch weitgehend stabile mikroporöse Dämmschichten bilden. Sie erreichen je nach Trockenschichtdicke (300 bis 4100 µm) Feuerwiderstandsklassen F 30 und F 90. Ein großer Profilfaktor U/A (siehe Abschnitt 8.13.2.3) erfordert eine hohe Schichtdicke des Dämmschichtbildners.
- **Feuerresistenter Sonderbaustahl** ist ein Stahl, der einschließlich Schrauben, Muttern und Unterlegscheiben vom DIBt/Berlin bauaufsichtlich zugelassen ist (z.B. ThyssenKrupp Stahl AG/Duisburg). Es handelt sich dabei um einen warmgewalzten schweißgeeigneten Feinkornsonderbaustahl mit der Bezeichnung FRS275N (Markenname FR30), der für offene und hohle Profile mit Profilfaktoren U/A = 60 bis 100 m^{-1} *ohne* Beschichtung der Feuerwiderstandsklasse F 30 genügt. Mit einem zusätzlich aufgebrachten speziellen Dämmschichtbildner erreicht dieser Stahl für Profile mit U/A-Werten $\leq$ 200 m^{-1} ohne aufwändige Bekleidung mit Dämmplatten die Feuerwiderstandsklasse F 90 (Markenname FRB 90).
- **Stahlverbundbauweise** (Decken, Träger, Stützen).

8.13.2.3 Feuerschutztechnische Berechnungen

Erforderliche Kenngrößen zur Durchführung feuerschutztechnischer Berechnungen ummantelter Stahlbauteile sind:
- **Profilfaktor** = O/V Verhältnis der Oberfläche, die der Erwärmung ausgesetzt ist, zum Volumen eines Stahlprofils je laufenden Meter. Bei konstantem Querschnitt ist der Profilfaktor = U/A Umfang/Querschnittsfläche (m^{-1}). Je größer dieses Verhältnis ist, umso schneller steigt die Temperatur im Bauteil.
- Wärmetechnische **Eigenschaften der Ummantelung** (Feuerschutzbekleidung): Wärmeleitfähigkeit λ in W/(m · K), spezifische Wärmekapazität c in J/(kg · K), Dicke d und gegebenenfalls die Menge des bei Temperaturen über 100 °C abgegebenen Kristallwassers, besonders hoch bei Vermiculite und Perlite (15 %) und Gipskarton (20 %).

Die **Temperaturerhöhung** $\Delta\theta_S$ während des Zeitintervalls ΔT und die **Temperatur** θ_S in °C im Stahlprofil nach der Zeit T in Minuten lässt sich näherungsweise mit den folgenden beiden Formeln berechnen ([8.23]):

$\Delta\theta_S = ((\lambda/d)/(c\,\rho)) \cdot (U/A) \cdot (\theta - \theta_S) \cdot \Delta T;$
$(\theta - 20) = 345 \lg (8T + 1)$

Hierin bedeuten: ρ Dichte des Stahls 7850 kg/m³, θ Brandtemperatur in °C nach der Einheitstemperaturkurve (ETK nach DIN 4102; siehe Abb. 3.15). ΔT ist bei der Berechnung mit 0,5 Minuten anzusetzen (s.a. Abb. 8.44).

Zur Berechnung der Feuerwiderstandsdauer ist zusätzlich die Kenntnis des Ausnutzungsgrads der zulässigen Spannungen erforderlich. Außerdem kann der Einfluss des gebundenen Wassers temperaturmindernd berücksichtigt werden.

8.14 Korrosion und Korrosionsschutz (s.a. [2; 2 a])

Normen
Korrosion
DIN 50 900-2 (06.02) Korrosion der Metalle; elektrochemische Begriffe
DIN EN ISO 9223 (05.12) Korrosion von Metallen und Legierungen; Korrosivität von Atmosphären

Beschichtungsstoffe
DIN EN ISO 4618 (01.15) Beschichtungsstoffe – Begriffe
DIN 55 945 (03.07) Beschichtungsstoffe und Beschichtungen – Ergänzende Begriffe zu DIN EN ISO 4618
DIN EN ISO 12 944 (07.98) Beschichtungsstoffe – Korrosionsschutz von Stahlbauten durch Beschichtungssysteme
 T. 1: Allgemeine Einleitung
 T. 2: Einteilung der Umgebungsbedingungen
 T. 3: Grundregeln zur Gestaltung
 T. 4: Arten von Oberflächen und Oberflächenvorbereitung
 T. 5: Beschichtungssysteme (Entw. 11.05)
 T. 6: Laborprüfung zur Bewertung von Beschichtungssystemen (Entw. 02.06)
 T. 7: Ausführung und Überwachung der Beschichtungsarbeiten
 T. 8: Erarbeiten von Spezifikationen für Erstschutz und Instandsetzung
DIN 55 634 (04.10) Beschichtungsstoffe und Überzüge – Korrosionsschutz von tragenden dünnwandigen Bauteilen aus Stahl
DIN 18 364 (09.12) VOB – Teil C: ATV – Korrosionsschutzarbeiten an Stahlbauten
ZTV-ING Teil 4 Zusätzliche Technische Vertragsbedingungen und Richtlinien für Ingenieurbauten – Teil 4 Abschnitt 3: Korrosionsschutz von Stahlbauten (ZTV-ING); Stand 2010-07-23
BMV S 5239 ZTV-ING ZTV-KOR-Stahlbauten Zusätzliche Technische Vertragsbedingungen und Richtlinien für Ingenieurbauten – Teil 4 Abschnitt 3: Korrosionsschutz von Stahlbauten (ZTV-ING); (07.10)

Oberflächenbeurteilung und -vorbereitung
DIN EN ISO 4628 Beschichtungsstoffe – Beurteilung von Beschichtungsschäden Teil 1 bis 10; Teil 1: Allgemeine Einführung und Bewertungssystem Teil 2: Bewertung des Blasengrades; Teil 3: Bewertung des Rostgrades (01.04);
DIN EN ISO 8501 Vorbereitung von Stahloberflächen zum Auftragen von Beschichtungsstoffen – Visuelle Beurteilung der Oberflächenreinheit – Rostgrade und Oberflächenvorbereitungsgrade ...
 Teil 1: ... nach ganzflächigem Entfernen vorhandener Beschichtungen (12.07)
 Teil 2: ... nach örtlichem Entfernen der vorhandenen Beschichtungen (03.02)
 Teil 4: Ausgangszustände, Vorbereitungsgrade und Flugrostgrade in Verbindung mit Hochdruck-Wasserwaschen (04.07)
DIN EN ISO 8503 Vorbereitung von Stahloberflächen zum Auftragen von Beschichtungsstoffen – Rauigkeitskenngrößen von gestrahlten Stahloberflächen; Teil 1 (05.13), Teil 2 bis 4 (06.12), Teil 5 (10.14)
DIN EN ISO 8504 Vorbereitung von Stahloberflächen vor dem Auftragen von Beschichtungsstoffen – Verfahren für die Oberflächenvorbereitung
 Teil 1: Allgemeine Grundsätze (01.02)
 Teil 2: Strahlen (01.02)
 Teil 3: Reinigen mit Handwerkzeugen und mit maschinell angetriebenen Werkzeugen (01.02)

Metallische Überzüge
DIN EN ISO 1461 (10.09) Durch Feuerverzinken auf Stahl aufgebrachte Zinküberzüge (Stückverzinken) – Anforderungen und Prüfungen
DIN EN 10346 (10.15) Kontinuierlich schmelztauchveredelte Flacherzeugnisse aus Stahl zum Kaltumformen – Technische Lieferbedingungen

Prüfung

DIN EN ISO 2409	(06.13)	Beschichtungsstoffe – Gitterschnittprüfung
DIN EN ISO 4624	(08.03)	Beschichtungsstoffe – Abreißversuch zur Beurteilung der Haftfestigkeit
DIN EN ISO 2808	(05.07)	Beschichtungsstoffe – Bestimmung der Schichtdicke

DIN-Taschenbücher
Nr. 143, 168, 266, 286: Korrosionsschutz von Stahl durch Beschichtungen und Überzüge, Nr. 1 bis 4

8.14.1 Ursachen der Korrosion
8.14.1.1 Allgemeines

a) Unter **Korrosion** (siehe auch [2; 2 a]) versteht man die Zerstörung von Werkstoffen durch chemische oder elektrochemische Reaktionen mit Bestandteilen der Umgebung (Atmosphäre, Wasser, Erdreich). Dies gilt für alle Werkstoffe, auch für nichtmetallische. Korrosion wird bewirkt durch Luft – bei Stahl etwa ab 65 % relativer Luftfeuchte – und durch Luftverunreinigung, besonders durch SO_2 und Cl, durch Wasser und durch Berührung mit Stoffen, die feucht sind und/oder korrodierende Stoffe enthalten: Holz, Holzschutzmittel, Säuren (außer Phosphorsäure), Salze, Erdreich, Moorwässer, Moorböden, Rauchgase, Flugasche, Ruß, Schlacke, Gips, Meerwasser usw. Bei Berührung mit NE-Metallen ist Kontaktkorrosion möglich.

Nach dem äußeren Erscheinungsbild unterscheidet man ebenmäßigen Angriff, Lochkorrosion, interkristalline und transkristalline Korrosion. Besonders gefährlich ist ein Zusammenwirken von Korrosion und mechanischer Beanspruchung: Schwingungsriss- bzw. Spannungsrisskorrosion (siehe auch Abschnitt 6.18).

b) Unter **Korrosionsschutz** versteht man die Verhütung der Korrosion und die Verlängerung der Lebensdauer von Werkstoffen, die der Witterung ausgesetzt sind.

Alle Eisenwerkstoffe, die von selbst keine schützenden Deckschichten ausbilden (wie z.B. wetterfeste Baustähle und nichtrostende Stähle), müssen gegen Korrosion geschützt werden. Korrosionsschutzmaßnahmen sind:
– **aktiver Korrosionsschutz** durch
– sachgemäße konstruktive Gestaltung (Abschnitt 8.14.2.1)
– Auswahl widerstandsfähiger Werkstoffe (Abschnitt 8.14.2.2)
– Beeinflussung des Korrosionsmittels (Abschnitt 8.14.2.3)
– kathodischen Korrosionsschutz (Abschnitt 8.14.2.4)
– **passiver Korrosionsschutz** durch Korrosionsschutzsysteme wie
– Beschichtungssysteme (Abschnitt 8.14.3)
– nichtmetallische Überzüge (Abschnitt 8.14.4)
– metallische Überzüge (Abschnitt 8.14.5)
– **Korrosionsschutzplanung**

Alle Korrosionsschutzmaßnahmen sind bereits im Ausschreibungstext für das Bauwerk zu planen. Dazu gehören z.B. folgende Punkte: Vorschläge zum korrosionsschutzgerechten Konstruieren; Angabe der Korrosivitätskategorie, der mechanischen Einflüsse und eventuell vorhandener konstruktionsbedingter Problemzonen; Festlegung des zweckmäßigsten Korrosionsschutzsystems und der dafür erforderlichen Vorarbeiten, wie z.B. Strahlen gemäß Normreinheitsgrad bei Beschichtungen oder Sweep-Strahlen bei Duplex-Systemen.

8.14 Korrosion und Korrosionsschutz

8.14.1.2 Chemische Korrosion

Die chemische Korrosion tritt aufgrund der Affinität der unedlen Metalle (Al, Zn, Fe, Ni, Cu) zum Sauerstoff auf. Auf frischen Metalloberflächen bilden sich sofort Metalloxide. Sind diese unlöslich, kann sich wie z.B. beim Aluminium, Zink oder bei wetterfesten Baustählen eine dichte, fest haftende Oxidschicht bilden, die das Metall vor weiterer Korrosion schützt. Entstehen lösliche Reaktionsprodukte, schreitet der Korrosionsprozess weiter fort. Mit Eisen (Stahl) bilden z.B. Salzsäure, Schwefelsäure und Salpetersäure lösliche Eisensalze. An der Luft bilden sich aus Eisen als erste Korrosionsprodukte $Fe(OH)_2$ und $Fe(OH)_3$, die als Flugrost auf der Stahloberfläche liegen bleiben. Mit dem weiteren Zutritt von Wasser und Sauerstoff bildet sich dann, z.B. nach der chemischen Reaktionsgleichung $4Fe + 2H_2O + 3O_2 \rightarrow 4FeO(OH)$, fest haftender bis plattig loser, mehr oder weniger poröser Rost. Rost wirkt treibend, da er ein größeres Volumen als Eisen hat (Fe : FeO(OH) = 1 : 2,5). Beschichtungen und zu geringe Betonüberdeckungen platzen ab.

8.14.1.3 Elektrochemische Korrosion

Die elektrochemische Korrosion des Eisens wird hervorgerufen durch anodische und kathodische Bereiche auf der Metalloberfläche, die wie galvanische Lokalelemente wirken (sogenannte Korrosionselemente). Das („unedlere") Metall wirkt dabei als Anode, die („edleren") Rostablagerungen bilden die Kathode, zu der hin sich das noch nicht oxidierte Metall weiterhin auflöst und damit einer fortschreitenden Korrosion unterliegt. Als elektrisch leitende Flüssigkeit (Elektrolyt) wirken z.B. Regenwassertropfen, aber auch bereits dünne Feuchtigkeitsfilme. Für die Korrosion ist das Flächenverhältnis Anode zu Kathode von wesentlicher Bedeutung. Ist die Anode aus bestimmten Gründen im Verhältnis zur Kathode sehr klein, so ist die anodische Abtragung an dieser Stelle besonders stark (Loch- oder Muldenkorrosion). Ähnlich tritt Spaltkorrosion auf, z.B. in Spalten oder unter Nieten, Laschen oder metallischen Dichtungsringen, besonders bei nichtrostenden und säurebeständigen Stählen. Beim Vorhandensein eines sauren Elektrolyten mit pH $\leq$ 4,5 spricht man vom Wasserstoff-Korrosionstyp.

8.14.1.4 Atmosphärische Korrosion

Die atmosphärische Stahlkorrosion ist eine elektrochemische Korrosion vom Sauerstoff-Korrosionstyp und ruft in weitaus größerem Umfang als der Wasserstoff-Korrosionstyp Schäden im Bauwesen hervor. Sie ist gekennzeichnet durch das unbegrenzte Sauerstoffangebot aus der Luft und durch zeitlich infolge von Nass-Trocken-Perioden unregelmäßig auftretende Flüssigkeitsschichten (Regenwasser, Kondenswasser, Nebel etc.; pH > 4,5) auf der Stahloberfläche. Ihre chemische Zusammensetzung hängt von Verunreinigungen der Atmosphäre ab, die die Korrosion stark fördern. In der Regel ist stets SO_2 vorhanden, in Abwasserbereichen gegebenenfalls zusätzlich Schwefelwasserstoff H_2S und/oder Ammoniak NH_3, in Küstengebieten Chloride, insbesondere NaCl. Stäube können korrosive Bestandteile (z.B. Sulfate) enthalten und durch das Ansammeln und Halten von Feuchtigkeit auf der Stahloberfläche die Korrosion ebenfalls fördern. Die Korrosionsgeschwindigkeit beträgt etwa bei Landluft 4 bis 60, bei Stadtluft 30 bis 70, bei Industrieluft 40 bis 160 und bei Meeresluft 60 bis 230 µm/Jahr. Zum Korrosionsverhalten von wetterfesten Baustählen, nichtrostenden Stählen und NE-Metallen siehe die Abschnitte 8.8.3 und 8.8.5 sowie Kapitel 9.

8.14.2 Aktiver Korrosionsschutz

8.14.2.1 Konstruktive Gestaltung

Vermeiden von Formgebungen, die die Rostbildung fördern: Schmutz und Wasser sollen sich nicht ansammeln können, deshalb sind U-Eisen und Winkel mit der Öffnung nach unten zu verwenden, eventuell Löcher für den Wasserabfluss schaffen, alle Flächen glatt und geneigt, möglichst kleine Oberflächen (Hohlquerschnitte), Verbindungsstellen geschweißt. Dazu gehören auch leichte Zugänglichkeit, gute elektrische Isolierung gegeneinander bei Verwendung verschiedener Metalle, Vermeidung der Kondenswasserbildung, ausreichende Belüftung von Spalten und Vorrichtungen für Kontrollen und Beschichtungserneuerungen.

8.14.2.2 Auswahl widerstandsfähiger Stähle

a) Wetterfeste Baustähle (siehe Abschnitt 8.8.3). Voraussetzungen für die Anwendung sind u.a.
- Die Werkstoffoberflächen *müssen* dem natürlichen Witterungswechsel ausgesetzt sein; ungehinderter Abfluss des Regenwassers; Flächen, die nicht der freien Bewitterung ausgesetzt sind, müssen mit einem Schutzanstrich versehen werden.
- Verbindungselemente (Schrauben usw.) müssen so ausgewählt sein, dass sich keine elektrochemischen Lokalelemente bilden können. Verbindungselemente deshalb aus wetterfestem Stahl. Bei Schraubenverbindungen besteht die Gefahr der Dauerfeuchtigkeit und damit der Korrosion. Die Berührungsflächen sind deshalb durch Beschichtung zu schützen.

Der Gesamtdickenverlust während der Deckschichtenbildung wird mit 0,8 bis 1,5 mm in 60 Jahren angenommen. Die dabei mitentstehenden lockeren Oxide können auf anderen Bauteiloberflächen in der Bewitterungszeit Rostfahnen bilden. Durch geeignete Werkstoffauswahl bzw. richtige Konstruktion ist dies vermeidbar.

b) Nichtrostende Stähle (siehe Abschnitt 8.8.5) sind nach DIN EN 1992-1-1 einzusetzen bei besonderen Maßnahmen zur Sicherstellung der Dauerhaftigkeit. Die Mindestbetondeckung darf unter Berücksichtigung der Auswirkungen auf den Verbund abgemindert werden. Geeignet sind z.B. die Stahlsorten 1.4401 (X5CrNiMo 17-12-2) und 1.4571 (X6CrNiMoTi 17-2-2). Gefordert werden Kaltformbarkeit und Schweißbarkeit; sehr wichtig: richtige Elektrode wählen! Nichtrostende Stähle werden auch eingesetzt für korrosionsfeste, dekorative Zwecke, z.B. Verankerung von Gebäudeverkleidungen, Fassadenelemente, Bauprofile, Bedachungen, Beschläge, Türbekleidungen, Fenster (etwa dreifache Kosten gegenüber normalem Baustahl).

8.14.2.3 Beeinflussung des Korrosionsmittels

Dies ist möglich bei Trinkwasser und in geschlossenen Wasserkreisläufen. Die Korrosion soll verhindert, zumindest aber vermindert werden.

Überschüssiger Sauerstoff lässt sich entfernen durch Hydrazinsulfat, Natriumsulfit oder Dithionit $Na_2S_2O_4$. Überschuss-Chlor lässt sich beseitigen mit Dechloritfilter oder Hydraffinfilter. Schutzdeckschichten in Wasserleitungen und Warmwasserheizungsanlagen werden gebildet durch Impfen mit Polyphosphaten bzw. Silikaten (Siliphos bzw. Ferrosil).

8.14.2.4 Kathodischer Korrosionsschutz

Dieser wird angewandt, wenn ein starker Korrosionsangriff zu erwarten und der übrige aktive sowie der passive Korrosionsschutz nicht anwendbar bzw. nicht zu erneuern ist, bei

8.14 Korrosion und Korrosionsschutz

Kesseln, Behältern, Spundwänden, Rohrleitungen, unterirdischen Stahltragwerken; inzwischen auch bei Stahlbetonbauten mit einbetonierter Titananode.

Stets wird ein kathodischer Schutzstrom erzeugt, der dem Korrosionsstrom entgegengerichtet ist und mindestens die gleiche Spannung wie dieser besitzt. Dies geschieht auf zweierlei Weise:

- Beim aktiven kathodischen Korrosionsschutz wird ein unedleres Metall (Zn-, Mg- oder Al-Legierungen) als Opferanode mit dem zu schützenden Bauteil elektrisch leitend verbunden. Dimensionierung im Allgemeinen für mindestens zehn Jahre.
- Beim passiven kathodischen Korrosionsschutz wird eine Gleichstromquelle zwischen Schutzobjekt (wird zur Kathode (−)) und einer Hilfsanode (+) (Graphit oder Edelmetall) geschaltet. Die Anode löst sich dabei nicht auf. Dimensionierung bis zu 40 km Leitungslänge.

8.14.3 Passiver Korrosionsschutz durch Beschichtungssysteme nach DIN EN ISO 12 944-1 bis -8 (s.a. Merkblatt 405, Ausgabe 2005; www.stahl-info.de)

Hierunter ist das Fernhalten aggressiver Stoffe von der Stahloberfläche durch nichtmetallische Beschichtungen oder metallische Überzüge zu verstehen. Der passive Korrosionsschutz durch Beschichtungssysteme ist für viele Anwendungen des Stahlbaus die wichtigste Art der Korrosionsverhinderung. Deshalb ist er bereits bei Entwurf, Konstruktion und Montage zu berücksichtigen (Bauüberwachung durch Korrosionsschutzingenieure).

8.14.3.1 Allgemeines

a) Die **DIN EN ISO 12 944-1 bis -8** (früher DIN 55 928-1 bis -7) befasst sich mit dem Korrosionsschutz von Bauteilen aus unlegiertem oder niedrig legiertem Stahl nach DIN EN 10 025 von mindestens 3 mm Dicke durch Aufbringen von Beschichtungssystemen, und zwar auf Stahloberflächen ohne oder mit bereits vorhandenen Metallüberzügen (z.B. Feuerverzinkung oder Spritzmetallisierung). Der Korrosionsschutz durch Überzüge aus metallischen oder nichtmetallisch-anorganischen Stoffen wird in Abschnitt 8.14.5 und 8.14.4 behandelt. Für den Korrosionsschutz tragender dünnwandiger Stahlbauteile unter 3 mm Dicke gilt die DIN 55 928-8 (siehe Abschnitt 8.14.3.7).

b) Beschichtungssysteme werden in der Regel durch Streichen oder Spritzen aufgebracht (siehe Abschnitt 8.14.3.6). Die Stahloberfläche muss dazu entsprechend gereinigt und aufgeraut werden, in der Regel durch mechanische Bearbeitung oder durch Strahlen (siehe Abschnitt 8.14.3.4). Bereits im Entwurfsstadium muss auf eine korrosionsschutzgerechte Gestaltung geachtet werden (siehe Abschnitt 8.14.3.3). Die Art des gewählten Beschichtungssystems (siehe Abschnitt 8.14.3.5 und Tafel 8.21) hängt von dem Korrosivitätsgrad der Umgebung ab (siehe Abschnitt 8.14.3.2) und von der erwarteten Schutzdauer. Die **Schutzdauer** wird eingeteilt in die Kategorien „kurz" = 2 bis 5 Jahre, mittel = 5 bis 15 Jahre und „lang" = über 15 Jahre. Sie ist keine Gewährleistungszeit. Diese ist in der Regel kürzer als die Schutzdauer.

c) Bei der Durchführung von Korrosionsschutzarbeiten ist der **Gesundheits- und Umweltschutz** zu beachten. Die folgenden Punkte erfordern besondere Beachtung:
- keine toxischen oder krebserregenden Stoffe verwenden,
- Emissionen flüchtiger organischer Bestandteile (VOC = volatile organic compounds) minimieren,
- Maßnahmen gegen Staub, Rauch, Dämpfe, Lärm und Brandgefahr ergreifen,

8 Eisen und Stahl

- Körperschutz einschließlich Augen-, Haut-, Gehör- und Atemschutz vorsehen,
- Gewässer- und Bodenschutz während der Korrosionsschutzarbeiten beachten,
- Recycling von Stoffen und Abfallentsorgung.

8.14.3.2 Umgebungsbedingungen nach DIN EN ISO 12 944-2 (1998/07)

a) Bei den Umgebungsbedingungen, denen Stahlbauten ausgesetzt sein können, werden entsprechend den an Standardproben aus Stahl oder aus Zink (siehe ISO 9223) auftretenden Masse- bzw. Dickeverlusten sechs **Korrosivitätskategorien** der Atmosphäre und drei (Immersions-)Kategorien für Stahlbauten im Wasser oder Erdreich unterschieden (siehe Tafeln 8.17 und 8.18). Nach dem Korrosivitätsgrad der Umgebung ist das Beschichtungssystem zu wählen (s.a. Tafel 8.21).

Tafel 8.17 Korrosivitätskategorien für atmosphärische Umgebungsbedingungen und Beispiele für typische Umgebungen in gemäßigtem Klima nach DIN EN ISO 12 944-2 (07.98)

Korrosivitätskategorie	Flächenbezogener Massenverlust bzw. Dickenabnahme von Standardproben nach ISO 9223[1] nach dem ersten Jahr der Auslagerung			
	Unlegierter Stahl		Zink	
	Massenverlust g/m^2	Dickenabnahme µm	Massenverlust g/m^2	Dickenabnahme µm
C1 (unbedeutend)	10	1,3	0,7	0,1
Beispiele	außen: – innen: Geheizte Gebäude mit neutraler Atmosphäre, z.B. Büros, Läden, Schulen, Hotels			
C2 (gering)	10 bis 200	1,3 bis 25	0,7 bis 5	0,1 bis 0,7
Beispiele	außen: meistens ländliche Bereiche innen: ungeheizte Gebäude mit Kondensation, z.B. Lager, Sporthallen			
C3 (mäßig)	200 bis 400	25 bis 50	5 bis 15	0,7 bis 2,1
Beispiele	außen: Stadt- und Industrieatmosphäre mit mäßigem CO_2-Gehalt, Küstenbereiche mit geringer Salzbelastung innen: Lebensmittelbetriebe, Wäschereien, Brauereien, Molkereien			
C4 (stark)	400 bis 650	50 bis 80	15 bis 30	2,1 bis 4,2
Beispiele	außen: Industriebereiche und Küstenbereiche mit mäßiger Salzbelastung innen: Chemieanlagen, Schwimmbäder, Bootsschuppen über Meerwasser			
C5-I (sehr stark; Industrie)	650 bis 1500	80 bis 200	30 bis 60	4,2 bis 8,4
Beispiele	außen: Industriegebiete mit hoher Feuchte und aggressiver Atmosphäre innen: Bereiche mit nahezu ständiger Kondensation und starker Verunreinigung			
C5-M (sehr stark; Meer)[2]	650 bis 1500	80 bis 200	30 bis 60	4,2 bis 8,4
Beispiele	außen: Küsten- und Offshore-Bereiche mit hoher Salzbelastung innen: wie C5-I			

[1] ISO 9223 (02.99): Korrosion von Metallen und Legierungen; Korrosivität von Atmosphären; Klassifizierung.
[2] In Küstenbereichen mit *warmfeuchten* Klimaten können die angegebenen Werte überschritten werden.

Tafel 8.18 (Immersions-)Kategorien für Wasser und Erdreich nach DIN EN ISO 12 944-2 (07.98)

Kategorie	Umgebung	Beispiele für Umgebungen und Stahlbauten
Im1	Süßwasser	Flussbauten, Wasserkraftwerke
Im2	Meer- und Brackwasser	Hafenbereich mit Stahlbauten wie Schleusentore, Staustufen, Molen; Offshore-Anlagen
Im3	Erdreich	Behälter im Erdreich, Stahlspundwände, Stahlrohre

b) Korrosion in der Atmosphäre nimmt zu mit steigender Luftfeuchte, durch Verunreinigungen und durch hygroskopische Salze. Besonders gefährdet sind Brückenunterseiten über Wasser, Dächer über Schwimmbädern sowie die Sonnen- und Schattenseiten von Gebäuden. **Korrosion im Wasser** hängt ab von der Art des Wassers (Süß-, Brack- oder Salzwasser), seinem Sauerstoffgehalt und seiner Temperatur, von Art und Menge gelöster Stoffe, auch von tierischen und pflanzlichen Ablagerungen oder Bewüchsen. Verstärkte Korrosion tritt in der Wasserwechsel- und Spritzwasserzone auf. **Korrosion im Erdreich** hängt ab von Art und Menge der Mineralien und von organischen Bestandteilen sowie vom Wasser- und Sauerstoffgehalt des Bodens. Durchlaufen Rohrleitungen, Tunnel oder Tanks Böden unterschiedlicher Art oder Eigenschaften, kann durch Bildung von Korrosionselementen örtlich begrenzte Korrosion auftreten (Lochfraß).

c) Verstärkte Korrosion kann in folgenden Situationen auftreten:
– Hallenbäder mit gechlortem Wasser; Viehställe; Kondenswasser im Bereich von Kältebrücken; stark durchnässte Bauteile,
– Hohlbauteile, auch solche, die „dicht konstruiert" wurden,
– betriebsbedingte chemische Immissionen, z.B. in Kokereien, Galvanisieranstalten, Färbereien, Zellstofffabriken oder in Erdölraffinerien,
– mechanische Belastungen, z.B. Abrieb durch Flugsand, Geschiebe (Kies, Geröll, Sand) und durch Wellenschlag in Wasser,
– länger andauernde und/oder periodisch auftretende Kondenswasserbildung, z.B. in Wasserwerken oder an Kühlwasserleitungen,
– erhöhte Temperaturen (bis + 400 °C), z.B. in Schornsteinen aus Stahlblech, in Rauchgaskanälen oder in Kokereien.

8.14.3.3 Grundregeln zur korrosionsschutzgerechten Gestaltung nach DIN EN ISO 12 944-3 (1998/07)

Stahlbauten sollen so konstruiert werden, dass Stellen, an denen Korrosion leicht entstehen und sich ausbreiten kann, vermieden werden. Nach Durchführung der Montage müssen die Oberflächenvorbereitung und das Aufbringen der Beschichtung, auch bei Instandsetzungs- und Erneuerungsarbeiten, einwandfrei möglich sein. Bauteile, die nach der Montage nicht mehr zugänglich sind, müssen unter Umständen aus korrosionsbeständigem Material, z.B. aus wetterfesten Baustählen (siehe Abschnitt 8.8.3), bestehen oder auswechselbar sein.

Geeignete Maßnahmen zur korrosionsschutzgerechten Gestaltung sind z.B.:
– Haken, Ösen und Verankerungen für Einrüstungen und Laufschienen für Strahl- und Spritzwagen vorsehen.

8 Eisen und Stahl

- Ausreichend Platz zwischen und Zugänglichkeit zu den einzelnen Bauteilen für die Durchführung von Korrosionsschutzarbeiten belassen.
- Vermeiden von Wasser- und Schmutzansammlungen, z.B. durch geneigte oder abgeschrägte Flächen; keine oben offenen Profile, Taschen oder Vertiefungen (siehe Abb. 8.45).
- Hohlkästen und Tanks mit ausreichend großen Zugangs-, Entlüftungs- und Entwässerungsöffnungen versehen.
- Bereiche, die nach der Montage unzugänglich sind, aus korrosionsbeständigem Material herstellen (z.B. wetterfester Baustahl; siehe Abschnitt 8.8.3) oder stärker beschichten oder mit Abrostungszuschlag (z.B. dickere Wanddicken) versehen.
- Scharfe Kanten und unebene Schweißnähte vermeiden (siehe Abb. 8.46 und 8.47).
- Flächen für Schraubverbindungen besonders sorgfältig herstellen. Reibflächen von gleitfesten Verbindungen (GV, GVP nach DIN 18 800-1) nach Sa 2 1/2 strahlen und Beschichtungsstoff mit geeignetem Reibbeiwert auswählen. Für Kontaktflächen von vorgespannten Schraubenverbindungen (SLV, SLVP nach DIN 18 800-1) sind Beschichtungssyteme zu verwenden, die nicht zu einem unzulässig hohen Abfall der Vorspannkraft führen.

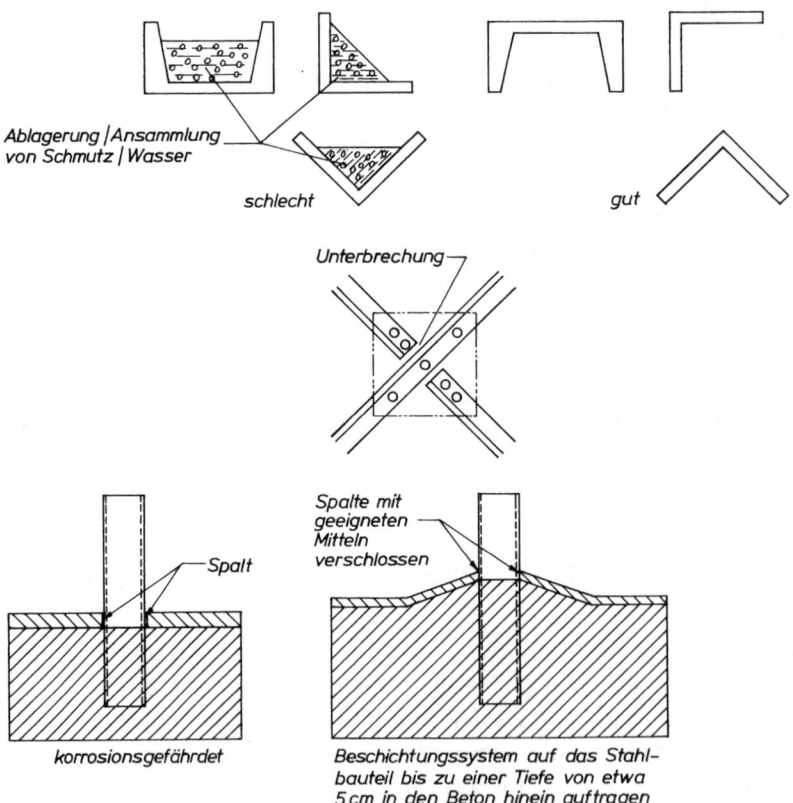

Abb. 8.45 Vermeiden von Schmutzwasser-Ansammlungen nach DIN EN ISO 12 944-3 (07.98)

8.14 Korrosion und Korrosionsschutz

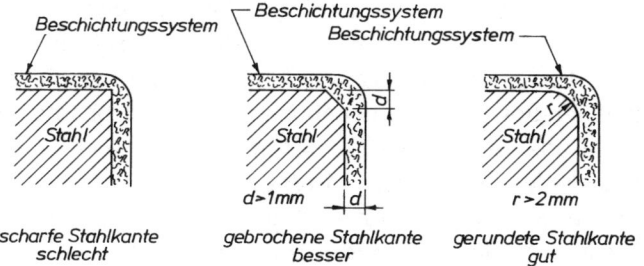

Abb. 8.46 Vermeiden von scharfen Kanten nach DIN EN ISO 12 944-3 (07.98)

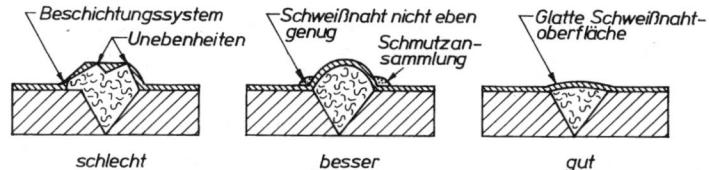

Abb. 8.47 Vermeiden von Oberflächenfehlern an Schweißstellen nach DIN EN ISO 12 944-3 (07.98)

- Kontaktkorrosion bei Verbindung von unterschiedlich edlen Metallen miteinander durch Beschichten der Kontaktflächen (elektrische Isolierung) vermeiden. Keine Bedenken bestehen bei der Verwendung von Verbindungsmitteln aus nichtrostendem Stahl mit kleiner Oberfläche.
- Beschädigungen des Beschichtungssystems bei Transport, Montage und Vorgängen auf der Baustelle (Schweißen, Schneiden, Schleifen) vermeiden.

8.14.3.4 Oberflächenvorbereitung nach DIN EN ISO 12 944-4 (1998/07)

a) Der **Zweck der Oberflächenvorbereitung** ist es, unbeschichteten oder bereits beschichteten Stahloberflächen die für die Haftung der Beschichtung erforderliche Reinheit (Reinheitsgrad, Vorbereitungsgrad) und Rauheit (Rauheitsgrad) zu geben. Bei der ganzflächigen (primären) Oberflächenvorbereitung werden Walzhaut/Zunder, Rost, vorhandene Beschichtungen und Verunreinigungen (Öl, Fett, Salz, Schmutz) entfernt, die gesamte Oberfläche besteht anschließend aus Stahl. Bei der partiellen (sekundären) Oberflächenvorbereitung werden Rost und Verunreinigungen entfernt, intakte Beschichtungen und Überzüge bleiben erhalten.

b) Verfahren der Oberflächenvorbereitung sind (s.a. DIN EN ISO 8504 und Tafel 8.19):
- **Reinigen** mit sauberem (kaltem oder heißem) Wasser bis 70 MPa Druck, gegebenenfalls unter Zugabe von Reinigungsmitteln, auch mit Dampf (Dampfstrahlen),
- **Beizen**, in der Regel mit Salz- oder Schwefelsäure, mit anschließendem sofortigem Neutralisieren,
- **mechanische Bearbeitung** von Hand oder maschinell mit Drahtbürsten, Schabern, Schleifern, Rostklopfhämmern oder Nadelpistolen,
- **Strahlen**, trocken oder nass (auch mit Druckwasser bis zu 170 MPa); Strahlmittel können kugelig (S = Shot), kantig (G = Grit) oder zylindrisch (C) sein. An metallischen (M) Materialien werden z.B. verwendet Hartguss (G), Stahlguss (S, G) oder Stahldraht (C); an nichtmetallischen (N) Quarzsand (G; wegen Silikosegefahr verboten), Metallhüttenschlacken (G) oder Elektrokorund (G).
- **Flammstrahlen** mit Azetylen-Sauerstoff-Flamme.

8 Eisen und Stahl

Unmittelbar nach den Vorbereitungsarbeiten ist die erste Grundbeschichtung aufzubringen. Anderenfalls sind die Flächen temporär zu schützen, z.B. durch selbstklebende Folien, Abziehlacke oder abwaschbare Lösungen oder Dispersionen. Temporär geschützte Oberflächen müssen vor der endgültigen Beschichtung gegebenenfalls erneut bearbeitet werden. Falls nachträglich geschweißt oder genietet worden ist, müssen die Rückstände in der Regel durch Schleifen und anschließendes Strahlen entfernt werden. Für das Entfernen alter Beschichtungen auf hohen Bauwerken, z.B. Kraftstofftanks, sind ferngesteuerte Magnetraupen (Magnet-Crawler) im Einsatz, die ein Einrüsten erübrigen.

c) Die erreichbaren **Vorbereitungsgrade (Reinheitsgrade)** sind Tafel 8.20 zu entnehmen. Sie hängen ab von dem gewählten Reinigungsverfahren und dem Rostgrad der unbeschichteten Stahloberfläche. Die im Stahlbau für Beschichtungen üblicherweise ausreichenden Reinheitsgrade sind Sa 2½ und St 2. Nach DIN EN ISO 8501 unterscheidet man die folgenden **Rostgrade**:

A Stahloberfläche mit fest haftendem Zunder bedeckt, in der Hauptsache frei von Rost.
B Stahloberfläche mit beginnender Zunderabblätterung und beginnendem Rostangriff.
C Stahloberfläche, von der der Zunder weggerostet ist oder sich abschaben lässt, die aber nur wenige für das Auge sichtbare Rostnarben aufweist.
D Stahloberfläche, von der der Zunder weggerostet ist und die zahlreiche für das Auge sichtbare Rostnarben aufweist.

Die Beurteilung der Reinheit ist nach Augenschein möglich durch Vergleich mit photographischen Vergleichsmustern nach DIN EN ISO 8501 (s.a. Tafel 8.20, 3. Spalte).

Auch nicht sichtbare Verschmutzungen der Oberfläche wie Öle, Fette, Wachse, lösliche Salze (Chloride und Sulfate), Staub, Abbauprodukte von Beschichtungen, Feuchte (Kondensfeuchte) können die Haftfestigkeit und Schutzwirkung von Beschichtungen beeinträchtigen.

d) Die **Rauigkeit** gestrahlter Stahloberflächen wird durch Sicht- oder Tastvergleich (gegebenenfalls Lupe) mit kleinen quadratischen Stahlplatten, sogenannten Rauigkeitsvergleichsmustern nach DIN EN ISO 8503-1, überprüft. Diese weisen vier Segmente mit unterschiedlichen Rauheitsgraden (Rautiefen) zwischen 25 und 150 µm auf. Für Beschichtungssysteme eignen sich die mittleren Rauheitsgrade „mittel (G = Grit)" mit 60 bis 100 µm oder „mittel (S = Shot)" mit 40 bis 70 µm Rautiefe.

e) Feuerverzinkte Oberflächen mit Fehl- oder beschädigten Stellen sind auszubessern, zu reinigen und vor dem Aufbringen einer Beschichtung zu bearbeiten, z.B. durch Sweep-Strahlen (siehe Tafel 8.19, Fußnote 6). Ähnliches gilt für Oberflächen, die thermisch gespritzt (Zink, Aluminium), galvanisch verzinkt oder sheradisiert sind.

Tafel 8.19 Verfahren zum Entfernen artfremder Schichten und Verunreinigungen auf Stahloberflächen zwecks Korrosionsschutzbeschichtung nach DIN EN ISO 12 944-4 (07.98)

Zu entfernende Stoffe	Verfahren	Bemerkungen[1]
Fett und Öl	Abspritzen mit Wasser	Sauberes Wasser mit Zusatz von Reinigungsmitteln. Druck (< 70 MPa) kann angewendet werden. Nachreinigen mit sauberem Wasser.
	Dampfstrahlen mit Wasserdampf	Sauberes Wasser. Falls Reinigungsmittel verwendet werden, Nachreinigen mit sauberem Wasser.
	Reinigen mit Emulsionen	Nachreinigen mit sauberem (heißem oder kaltem) Wasser.
	Reinigen mit Alkalien	Überzüge aus Aluminium, Zink und verschiedenen anderen Metallen können durch stark alkalische Lösungen angegriffen werden. Nachreinigen mit sauberem Wasser.
	Reinigen mit organischen Lösemitteln	Viele organische Lösemittel sind gesundheitsschädlich. Wenn mit Lappen gereinigt wird, Lappen oft erneuern, da sonst Öl- und Fettverunreinigungen nicht entfernt werden, sondern nach Verdunsten des Lösemittels verschmiert zurückbleiben.
Wasserlösliche Verunreinigungen, z.B. Salze	Reinigen mit Wasser	Sauberes Wasser. Druck (< 70 MPa) kann angewendet werden.
	Dampfstrahlen	Falls Reinigungsmittel verwendet werden: Nachreinigen mit sauberem Wasser.
	Reinigen mit Alkalien	Überzüge aus Aluminium, Zink und verschiedenen anderen Metallen können durch stark alkalische Lösungen angegriffen werden. Nachreinigen mit sauberem (heißem oder kaltem) Wasser.
Walzhaut/ Zunder	Beizen mit Säure	Eintauchen in Säurebad. Das Verfahren ist im Allgemeinen nicht auf der Baustelle anwendbar. Nachreinigen mit sauberem Wasser.
	Trockenstrahlen[2]	Shot- oder Grit-Strahlmittel[3]. Rückstände in Form von Staub und losen Ablagerungen sind durch Abblasen mit trockener, ölfreier Druckluft oder Absaugen mit Staubsauger zu entfernen.
	Nassstrahlen[2] (Azetylen-Sauerstoff-Flamme)	Nachreinigen mit sauberem Wasser.
	Flammstrahlen (Azetylen-Sauerstoff-Flamme)	Mechanisches Entfernen von Verbrennungsprodukten, z.B. durch maschinelles Abbürsten, ist notwendig. Rückstände in Form von Staub und losen Ablagerungen entfernen.

(Fußnoten sie Seite 8.106)

Fortsetzung Tafel 8.19

Zu entfernende Stoffe	Verfahren	Bemerkungen[1]
Rost: Gleiche Verfahren wie für Walzhaut/ Zunder (s.o.). Außerdem:	Reinigen mit maschinell angetriebenen Werkzeugen	Typische Werkzeuge: rotierende Drahtbürsten für losen Rost, Schleifer für fest haftenden Rost, Rostklopfhämmer, Nadelpistolen. Schwigrige Stellen mit Handdrahtbürste bearbeiten. Oberflächenbeschädigungen vermeiden. Rückstände in Form von Staub und losen Ablagerungen sind zu entfernen.
	Druckwasserstrahlen[4]	Zum Entfernen von losem Rost. Die Rauheit des Stahls wird nicht beeinflusst.
	Spot-Strahlen[5]	Zum örtlichen Entfernen von losem Rost (spot, engl. = Fleck).
Beschichtungen	Abbeizen (auf kleine Fläche beschränkt)	Lösemittelhaltige Pasten für Beschichtungen, die gegen organische Lösemittel empfindlich sind. Alkalische Pasten für verseifbare Beschichtungen. Gründliches Nachreinigen mit sauberem Wasser.
	Trockenstrahlen[2] (auf kleine Fläche beschränkt)	wie Walzhaut/Zunder
	Nassstrahlen[2]	Nachreinigen mit sauberem Wasser.
Beschichtungen (Forts.)	Druckwasserstrahlen[4]	Zum Entfernen von schlecht haftenden Beschichtungen. Ultrahochdruck-Druckwasserstrahlen (> 170 MPa) kann bei fest haftenden Beschichtungen angewendet werden.
	Sweep-Strahlen[6]	Zum Aufrauen von Beschichtungen oder zum Entfernen der obersten Schicht.
	Spot-Strahlen[5]	Zum örtlichen Entfernen von Beschichtungen (spot, engl. = Fleck).
Zinkkorrosionsprodukte	Sweep-Strahlen[6]	Sweep-Strahlen bei Zink kann mit Aluminiumoxid (Korund), Silicaten oder Olivinsand durchgeführt werden (to sweep, engl. = fegen, kehren).
	Alkalisches Reinigen	5 % Ammoniak-Lösung, aufgebracht mit Kunststoffvlies mit Schleifmitteleinbettung, kann für kleine Stellen mit Zinkkorrosionsprodukten verwendet werden, alkalische Reinigungsmittel für größere Flächen. Bei hohem pH-Wert wird Zink angegriffen.

[1] Beim Nachreinigen und Nachtrocknen sind Konstruktionen mit Spalten und Nieten besonders sorgfältig zu behandeln.
[2] Nach DIN EN ISO 8504-2.
[3] Grit = kantiges, Shot = kugeliges Strahlmittel; s.a. Abschnitt 8.14.3.4 b.
[4] Druck $\geq$ 70 MPa. Druck < 70 MPa wird als Reinigen (Spritzen) mit Wasser bezeichnet.
[5] Spot-Strahlen ist ein übliches Druckluft- oder Feuchtstrahlen, bei dem nur einzelne Stellen (z.B. Rost- oder Schweißstellen) in einer sonst intakten Beschichtung gestrahlt werden. Ergebnis Vorbereitungsgrad Sa 2 oder Sa 21/2 (siehe Tafel 8.20).
[6] Ziel des Sweep-Strahlens (Sweepen) ist es, Beschichtungen oder Überzüge nur an ihrer Oberfläche zu reinigen, aufzurauen oder abzutragen. Im Allgemeinen niedriger Druck und feiner Grit[3].

Tafel 8.20 Vorbereitungsgrade („Reinheitsgrade") von Stahloberflächen für die ganzflächige[1] (primäre) Oberflächenvorbereitung zwecks Korrosionsschutzbeschichtung nach DIN EN ISO 12 944-4 (07.98)

Vorbereitungsgrad	Verfahren für die Oberflächenvorbereitung	Repräsentative photographische Vergleichsmuster in ISO 8501-1[2]	Wesentliche Merkmale der vorbereiteten Oberflächen	Anwendungsbereich
Sa 1	Strahlen	B Sa 1 C Sa 1 D Sa 1	Lose(r) Walzhaut/Zunder, loser Rost, lose Beschichtungen und lose artfremde Verunreinigungen sind entfernt.[3]	Oberflächenvorbereitung von a) unbeschichteten Stahloberflächen b) beschichteten Stahloberflächen, wenn die Beschichtungen bis zum festgelegten Vorbereitungsgrad entfernt werden.
Sa 2		B Sa 2 C Sa 2 D Sa 2	Nahezu alle(r) Walzhaut/Zunder, nahezu aller Rost, nahezu alle Beschichtungen und nahezu alle artfremden Verunreinigungen sind entfernt. Alle verbleibenden Rückstände müssen fest haften.	
Sa 2½		A Sa 2½ B Sa 2½ C Sa 2½ D Sa 2½	Walzhaut/Zunder, Rost, Beschichtungen und artfremde Verunreinigungen sind entfernt. Verbleibende Spuren sind allenfalls noch als leichte, fleckige oder streifige Schattierungen zu erkennen.	
Sa 3[4]		A Sa 3 B Sa 3 C Sa 3 D Sa 3	Walzhaut/Zunder, Rost, Beschichtungen und artfremde Verunreinigungen sind entfernt. Die Oberfläche muss ein einheitliches metallisches Aussehen besitzen.	
St 2	Oberflächenvorbereitung von Hand und maschinelle Oberflächenvorbereitung	B St 2 C St 2 D St 2	Lose(r) Walzhaut/Zunder, loser Rost, lose Beschichtungen und lose artfremde Verunreinigungen sind entfernt.[3]	
St 3		B St 3 C St 3 D St 3	Lose(r) Walzhaut/Zunder, loser Rost, lose Beschichtungen und lose artfremde Verunreinigungen sind entfernt. Die Oberfläche muss jedoch viel gründlicher bearbeitet sein als für St 2, sodass sie einen vom Metall herrührenden Glanz aufweist.	
Fl	Flammstrahlen	A Fl B Fl C Fl D Fl	Walzhaut/Zunder, Rost, Beschichtungen und artfremde Verunreinigungen sind entfernt. Verbleibende Rückstände dürfen sich nur als Verfärbung der Oberfläche (Schattierungen in verschiedenen Farben) abzeichnen.	
Be	Beizen mit Säure		Walzhaut/Zunder, Rost und Rückstände von Beschichtungen sind vollständig entfernt. Beschichtungen müssen vor dem Beizen mit Säure mit geeigneten Mitteln entfernt werden.	z.B. vor dem Feuerverzinken

[1] Für die *partielle* (sekundäre) Oberflächenvorbereitung (siehe Abschnitt 8.14.3.4) lauten die entsprechenden Vorbereitungsgrade wie folgt: P Sa 2, 2½, 3 = örtliches Strahlen von vorher beschichteten Flächen; P St 2, 3 = örtliche Oberflächenvorbereitung von Hand oder maschinell; P Ma = maschinelles Schleifen auf Teilbereichen.
[2] A, B, C, und D sind die Ausgangszustände unbeschichteter Stahloberflächen nach ISO 8501-1 (siehe Abschnitt 8.14.3.4).
[3] Walzhaut/Zunder gilt als lose, wenn sie (er) sich mit einem stumpfen Kittmesser abheben lässt.
[4] Dieser Oberflächenvorbereitungsgrad kann nur unter bestimmten Bedingungen, die auf Baustellen nicht immer gegeben sind, erreicht und gehalten werden.

8.14.3.5 Beschichtungssysteme nach DIN EN ISO 12 944-5 (2008/01) (s.a. Tafel 8.21)

a) Beschichtungssysteme bestehen in der Regel aus einer oder zwei, seltener aus drei Grundbeschichtungen und je nach Korrosivitätskategorie (siehe Abschnitt 8.14.3.2) aus bis zu sechs weiteren Beschichtungen. Sie dienen *als Ganzes* dem Korrosionsschutz des Stahls. Die Norm gibt in ihrem Anhang A an Hand von neun ausführlichen Tabellen (siehe z.B. Tafel 8.21) für die im Stahlbau üblichen Oberflächenvorbereitungsgrade St 2 und Sa 21/2 in Abhängigkeit von den Korrosivitätskategorien und der erwarteten Schutzdauer Beispiele von in der Praxis bewährten Beschichtungssystemen an. Die Eignung eines Beschichtungssystems, insbesondere auch neuer Systeme, muss durch Erfahrungen in der Praxis oder Prüfungen nach Teil 6 der DIN EN ISO 12 944 nachgewiesen werden.

b) Grundbeschichtungen werden durch Auftragen eines Grundbeschichtungsstoffs hergestellt. Sie bewirken den eigentlichen Korrosionsschutz des Stahls und vermitteln die Haftfestigkeit der nachfolgenden Schichten auf dem Stahl. Die Grundbeschichtungsstoffe enthalten Korrosionsschutzpigmente (s. Abschnitt 8.14.3.5 i) und organische oder anorganische Bindemittel (s. Abschnitt 8.14.3.5 m). In Zinkstaub-Beschichtungsstoffen muss der Anteil an Zinkstaub nach ISO 12 944-5 mindestens 80 Masse-% (im nichtflüchtigen Teil) betragen.

c) Deckbeschichtungen haben die Aufgabe, die darunter liegenden Schichten, insbesondere die Grundbeschichtungen, vor Umwelteinflüssen zu schützen und dem System die Farbe zu geben. Sie tragen außerdem zur Korrosionsschutzwirkung des Gesamtsystems bei. **Zwischenbeschichtungen** (undercoat) liegen zwischen Grund- und Deckbeschichtungen.

d) Haftbeschichtungen (tie coat) dienen der Verbesserung der Haftfestigkeit zwischen den Schichten und/oder der Vermeidung bestimmter Fehler während des Beschichtens.

e) Schnell trocknende **Fertigungsbeschichtungen** (shop primer) haben in der Regel eine Dicke von nur 15 bis 25 µm und schützen das Bauteil während Bearbeitung, Transport und Lagerung zeitlich begrenzt vor Korrosion. Sie lassen das Schweißen des Stahls zu und können unter Umständen später als Teil der Grundbeschichtung angerechnet werden.

f) Dickschichtige **Kantenschutzbeschichtungen** sind zusätzliche Beschichtungen zum Schutz von kritischen Stellen, wie z.B. Kanten, Ecken, Nieten und Schweißnähten.

g) Schichtdicke: die vorhandene Trockenschichtdicke DFT (Dry Film Thickness) einer Beschichtung darf die Sollschichtdicke NDFT (Nominal Dry Film Thickness) in Einzelwerten um nicht mehr als 20 % unterschreiten, dabei muss ihr Mittelwert ≥ NDFT sein. Die Höchstschichtdicke muss ≤ 3 × NDFT sein. Die Messung der Schichtdicke geschieht nach DIN ISO 2808. Die Gesamt-Sollschichtdicken eines Beschichtungssystems liegen bei den Korrosivitätskategorien C2, C3 und C4 je nach erwarteter Schutzdauer zwischen 80 und 320 µm, die der einzelnen Schichten zwischen 40 und 80 µm (s.a. Tafel 8.21).

h) Beschichtungsstoffe nach DIN EN ISO 12 944-5 (s.a. DIN 55 945) sind flüssige, pastenförmige oder pulvrige Stoffe, die Bindemittel (lösemittel- oder wasserhaltig) und Korrosionsschutzpigmente und/oder Farbmittel und/oder Füllstoffe enthalten. Zur Reduzierung von Lösemittelemissionen werden festkörperreiche (sogenannte High-Solid-)Beschichtungsstoffe und Beschichtungsstoffe mit niedrigem VOC-Gehalt (VOCC = volatile organic compound content) verwendet. In Tafel 8.21, Fußnote 2 wird angegeben, welche Bindemittel wasserverdünnbar sind (sogenannte Hydro-Beschichtungssysteme).

8.14 Korrosion und Korrosionsschutz

i) Korrosionsschutzpigmente für Grund-, Fertigungs- und Kantenschutz-Beschichtungen sind (in Klammer der Mindest-Masseanteil in % in der Pigment-Füllstoff-Mischung des Beschichtungsstoffs): Bleimennige (60; soll nur bei Ausbesserungsarbeiten an Grundbeschichtungen verwendet werden); Zinkoxid, entweder als technisch reines Zinkoxid (Zinkweiß) oder als Farbenzinkoxid mit unterschiedlich hohem Bleianteil (./.); Zn- oder Zn-Al-Phosphat (20); Zinkstaub (92; bei Einkomponenten-Ethylsilicat als Bindemittel 88; besitzt sehr gute Korrosionsschutzwirkung und Widerstandsfähigkeit gegenüber mechanischen Belastungen); Eisenglimmer mit mind. 85 % Fe_2-O_3-Anteil (55).

k) Pigmente für Deckbeschichtungen: Al-Pigmente und Eisenglimmer, bieten besonderen Schutz gegen UV-Strahlung und Feuchtigkeit; Acrylamidgelb, Chromoxidgrün, Naphtholrot, Phthalocyanin; Ruß, Titanoxid (Rutil), Zinkoxid.

l) Füllstoffe, wie z.B. Bariumsulfate, Calciumsulfate und Silicate (Glimmer, Quarz, Talk), erhöhen die Dichtigkeit des Gefüges (Barriereprinzip) sowie die Haftung, den Diffusionswiderstand, die mechanische und chemische Beständigkeit und verbessern die Oberflächenstruktur der Beschichtungsstoffe.

m) Typische **Bindemittel** für Korrosionsschutz-Beschichtungsstoffe, die auch in anderen Modifikationen oder Kombinationen Verwendung finden, sind:
1. **Oxidativ härtende (trocknende) Stoffe**: Alkydharze, Urethan-Alkydharze, Epoxidharz-Ester. Filmbildung durch Verdunsten des organischen Lösemittels oder des Wassers und durch Reaktion mit dem Sauerstoff der Luft. Anwendbar bis unter 0 °C.
2. **Physikalisch trocknende Stoffe**:
   – lösemittelhaltig: Chlorkautschuk, PVC (Vinylchlorid-Copolymere), Acrylharze. Filmbildung durch Verdunsten des Lösemittels, bleibt im Lösemittel löslich. Anwendbar bis unter 0 °C.
   – wasserhaltig: Acrylharz-, Vinylharz-, Polyurethan-Dispersionen. Filmbildung durch Verdunsten des Wassers, danach nicht mehr in Wasser löslich. Anwendbar bis unter + 3 °C.
3. **Reaktionsbeschichtungsstoffe**: Filmbildung durch Verdunsten des Lösemittels und chemischer Reaktion zwischen Stamm- und Härter-Komponente.
– **Zweikomponenten-Epoxidharz-Stoffe**: Polymere von Epoxidharz mit Vinyl-, Acryl- oder Kohlenwasserstoff-Harzen oder mit Teer in organischen Lösemitteln, in Wasser oder lösemittelfrei. Härter sind Polyamine (chemikalienbeständig), Polyamide (für Grundbeschichtungen wegen guter Benetzbarkeit) oder Addukte dieser beiden. Zutritt von Luft nicht erforderlich. Anwendbar bis herab zu + 5 °C.
– **Zweikomponenten-Polyurethan-Stoffe**: Polymere mit freien Hydroxylgruppen von Polyurethan mit Polyester-, Acryl-, Epoxid-, Polyether-, Fluor-Harzen in Lösemitteln oder lösemittelfrei. Härter sind aliphatische oder aromatische Polyisocyanate. Letztere trocknen schneller, neigen aber zum Kreiden und zum Verfärben, daher weniger für außen geeignet. Zutritt von Luft nicht erforderlich, zulässige relative Luftfeuchte entsprechend Herstellerangaben. Anwendbar bis unter 0 °C.
– **Feuchtigkeitshärtende Stoffe**: Polyurethan (Einkomponenten-Stoff), Ethylsilicat (Ein- oder Zweikomponenten-Stoff). Filmbildung durch Verdunsten des Lösemittels und chemische Reaktion mit der Luftfeuchtigkeit. Je niedriger diese ist, umso langsamer die Härtung. Anwendbar bis unter 0 °C.

8 Eisen und Stahl

Tafel 8.21 Beschichtungssysteme (Beispiele) für Korrosivitätskategorien C2, C3 und C4 der Atmosphäre nach DIN EN ISO 12 944 (07.88); Auszug, s.a. Abschn. 8.14.3.5

Beschich-tungs-system Nr.	Oberflächen-vorbereitungsgrad[1]		Grundbeschichtung(en)				Deckbeschichtung(en), einschließlich Zwischen-beschichtung(en)		
	ST 2	Sa 2½	Bindemittel[2]	Art des Grund-beschich-tungs-stoffs[3]	Anzahl der Beschich-tungen	Soll-schicht-dicke (NDFT)[4] µm	Binde-mittel[2]	Anzahl der Beschich-tungen	Soll-schicht-dicke (NDFT)[4] µm
S1.01		x	AK, AY	div.	1–2	100	–	–	–
S1.02		x	EP, PUR	Zn (R)	1–2	80		–	–
S1.03		x	ESI	Zn (R)	1	80		–	–
S1.04	x		AK	div.	1	40	AK	1	40
S1.05		x			1	40		1	40
S1.06	x				2	80		1	40
S1.07		x			1–2	80		1	40
S1.08	x				2	80		1–2	80
S1.09		x			1–2	80		1–2	80
S1.10	x				1–2	80		2–3	120
S1.11		x			1–2	80		2–3	120
S1.12		x	AY	div.	1	80	AY	1	40
S1.13		x	EP		1	160		1–2	80
S1.14	x		AK, AY, CR	div.	2	80	AY	1–2	80
S1.15		x			1–2	80		1–2	80
S1.16		x	EP, PUR[7]	Zn (R)	1	40		1–2	120
S1.17		x	ESI[5]		1	80		1–2	80
S1.18		x	AK, AY CR	div.	1–2	80	CR	2–3	120
S1.19		x	ESI[5]	Zn (R)	1	80		2–3	120
S1.20		x	EP, PUR[7]		1	40		2–3	160
S1.21		x	AK, AY, CR	div.	1–2	80	PVC[6]	2–3	160
S1.22		x	ESI[5]	Zn (R)	1	80		2–3	200
S1.23		x	EP, PUR[7]		1	40		2–3	200
S1.24		x	EP	div.	1	160		1	120
S1.25		x	AK, AY, CR	div.	1–2	80	BIT[6]	2	160
S1.26		x			1–2	80		2–3	200
S1.27		x	EP	div.	1–2	80		1	140
S1.28		x			1–2	80		1–2	80
S1.29		x	EP, PUR[7]	Zn (R)	1	40		1–2	120
S1.30		x	ESI[5]		1	80		1–2	80
S1.31		x	EP	div.	1–2	80		2–3	120
S1.32		x	EP, PUR[7]	Zn (R)	1	40		2–3	160
S1.33		x	ESI[5]		1	80		2–3	120
S1.34		x	EP	div.	1–2	80		2–3	160
S1.35		x	EP, PUR[7]	Zn (R)	1	40		2–3	200
S1.36		x	ESI[5]		1	80	EP	2–3	160
S1.37		x	EP	div.	1–2	80		2–3	200
S1.38		x	EP, PUR[7]	Zn (R)	1	40		2–3	240
S1.39		x	ESI[5]		1	80	PUR[8]	2–3	200
S1.40		x	EP	div.	1–2	80		3–4	240
S1.41		x	EP, PUR[7]	Zn (R)	1	40		3–4	280
S1.42		x	ESI[5]		1	80		3–4	240

(Fußnoten auf Seite 8.113)

8.14 Korrosion und Korrosionsschutz

Tafel 8.21 (Fortsetzung)

Beschich-tungs-system Nr.	Beschichtungssystem (Grund- und Deckbeschichtung)		Erwartete Schutzdauer[9)10)]								
			C2			C3			C4		
	Anzahl der Beschichtun-gen	Gesamt Sollschicht-dicke[4)] µm	K	M	L	K	M	L	K	M	L
S1.01	1–2	100	■	■							
S1.02	1–2	80	■	■		■	■				
S1.03	1	80	■	■	■	■			■		
S1.04	2	80	■								
S1.05	2	80	■	■							
S1.06	3	120	■	■			■				
S1.07	2–3	120	■	■		■	■				
S1.08	3–4	160	■	■	■	■	■				
S1.09	2–4	160	■	■	■	■	■				
S1.10	3–5	200	■	■	■	■	■	■			
S1.11	3–5	200	■	■	■	■	■	■	■		
S1.12	2	120	■	■		■	■				
S1.13	2	200	■	■		■	■				
S1.14	3–4	160	■	■	■	■	■				
S1.15	2–4	160	■	■	■	■	■				
S1.16	2–3	160	■	■	■	■	■		■		
S1.17	2–3	160	■	■	■	■	■				
S1.18	3–5	200	▨	▨	▨	■	■	■	■		
S1.19	3–4	200	▨	▨	▨	■	■	■			
S1.20	3–4	200	▨	▨	▨	■	■	■			
S1.21	3–5	240	▨	▨	▨	▨	▨	▨	■	■	
S1.22	3–4	240	▨	▨	▨	▨	▨	▨	▨	▨	▨
S1.23	3–4	240	▨	▨	▨	▨	▨	▨	▨	▨	▨
S1.24	2	280	▨	▨	▨	▨	▨	▨	▨	▨	▨
S1.25	3–4	240	▨	▨	▨	■	■	■	▨	▨	▨
S1.26	3–5	280	▨	▨	▨	▨	▨	▨	▨	▨	▨
S1.27	2–3	120	■	■	■	■	■	■			
S1.28	2–4	160	■	■	■	■	■	■			
S1.29	2–3	160	▨	▨	▨	■	■	■			
S1.30	2–3	160	▨	▨	▨	■	■	■			
S1.31	3–5	200	▨	▨	▨	▨	▨	▨	■	■	
S1.32	3–4	200	▨	▨	▨	▨	▨	▨	■		
S1.33	3–4	200	▨	▨	▨	▨	▨	▨	■	■	
S1.34	3–5	240	▨	▨	▨	▨	▨	▨	▨	▨	▨
S1.35	3–4	240	▨	▨	▨	▨	▨	▨	■	■	■
S1.36	3–4	240	▨	▨	▨	▨	▨	▨	▨	▨	▨
S1.37	3–5	280	▨	▨	▨	▨	▨	▨	▨	▨	▨
S1.38	3–4	280	▨	▨	▨	▨	▨	▨	▨	▨	▨
S1.39	3–4	280	▨	▨	▨	▨	▨	▨	▨	▨	▨
S1.40	4–6	320	▨	▨	▨	▨	▨	▨	▨	▨	▨
S1.41	4–5	320	▨	▨	▨	▨	▨	▨	▨	▨	▨
S1.42	4–5	320	▨	▨	▨	▨	▨	▨	▨	▨	▨

Fußnoten zu Tafel 8.21
[1] St 2 bezieht sich hier auf den Rostgrad C, Sa 21/2 auf Rostgrad A, B oder C nach DIN EN ISO 8501-1 als Ausgangszustand.
[2] Erklärung der Kurzzeichen für Bindemittel (w = wasserverdünnbar):
AK = Alkydharz (w); CR = Chlorkautschuk; AY = Acrylharz (w); PVC = Polyvinylchlorid; EP = Epoxidharz (w); ESI = Ethylsilicat; PUR = Polyurethan; BIT = Bitumen. EP und PUR: zwei Komponenten. Die übrigen Bindemittel: eine Komponente.
[3] Zn (R) = Zinkstaub-Beschichtungsstoff; div. = verschiedene Korrosionsschutzpigmente.
[4] NDFT = Nominal Dry Film Thickness; die Sollschichtdicke des gesamten Beschichtungssystems ergibt sich durch Addition von Grund- und Deckbeschichtung.
[5] Es wird empfohlen, dass eine der Zwischenbeschichtungen als „tie coat" verwendet wird.
[6] Es wird empfohlen, die Verträglichkeit gemeinsam mit dem Beschichtungsstoffhersteller zu prüfen.
[7] Auch eine Sollschichtdicke von 80 μm ist möglich, wenn der gewählte EP- oder PUR-Zinkstaub-Beschichtungsstoff für eine solche Schichtdicke geeignet ist.
[8] Falls Farb- oder Glanzhaltung gefordert sind, wird als letzte Deckbeschichtung eine mit aliphatischem PUR empfohlen.
[9] Hellgraue Unterlegung bedeutet, dass dieses Beschichtungssystem im Allgemeinen nicht für diese Korrosivitätskategorien verwendet wird. Korrosivitätskategorien C2, C3, C4 siehe Tafel 8.17.
[10] K = kurz; M = mittel; L = lang.

8.14.3.6 Ausführung und Überwachung von Beschichtungsarbeiten nach DIN EN ISO 12 944-7 (1998/07) und DIN 18 364 (2012/09)

(s.a. ZTV-KOR-Stahlbauten, Abschnitt 8.14 Normen)

a) Allgemeines

Auftragnehmer von Beschichtungsarbeiten müssen personell und technisch so ausgerüstet sein, dass sie die Arbeiten fachgerecht und betriebssicher durchführen können. Die Oberflächen müssen sachgemäß vorbereitet sein. Sie sind hinsichtlich der geforderten Reinheit und Rauheit zu überprüfen (siehe Abschnitt 8.14.3.4).

Die **Verwendung der Beschichtungsstoffe** hat nach dem Datenblatt des Herstellers zu geschehen, insbesondere hinsichtlich
- der Lagerungstemperatur, in der Regel zwischen + 3 °C und + 30 °C, in einem geschützten Raum,
- der Umgebungsbedingungen auf der Baustelle, wie z.B. Temperatur ($\geq$ 3 K über Taupunkt der umgebenden Luft) und Feuchtigkeit der Bauteiloberfläche (in der Regel trocken, relative Luftfeuchtigkeit < 80 %),
- Arbeitstemperatur, in der Regel > 0 °C (s.a. Abschnitt 8.14.3.5 m) und < 50 °C, Gefahr der Risse- oder Runzelbildung.

b) Das anzuwendende **Beschichtungsverfahren** hängt von der Art des Beschichtungsstoffs und der Oberfläche, Art und Größe des Bauwerks sowie den örtlichen Gegebenheiten ab. Die Herstellerangaben sind zu beachten. Bei Kanten, Nietköpfen und Ecken ist besonders sorgfältig zu beschichten und ein zusätzlicher Kantenschutz durch dicker eingestellte Beschichtungsstoffe erforderlich (s. Abschnitt 8.14.3.5 f). Bauteilbereiche, die auf der Baustelle geschweißt werden sollen, sind vor dem Beschichten abzudecken. Die Grundbeschichtung muss die Rauheit der Oberfläche voll überdecken. Um die Solldicke der Trockenschicht (NDFT) sicher zu erreichen, ist die Nassschichtdicke regelmäßig zu messen. Der Kanten-Beschichtungsstoff ist beidseitig etwa 25 mm weit herunterzuziehen.

8.14 Korrosion und Korrosionsschutz

Arten von Beschichtungsverfahren sind:
- Streichen und Rollen (in der Regel nicht für Grundbeschichtungen); der Beschichtungsstoff muss gut eingerieben und verschlichtet, d.h. gleichmäßig verteilt werden.
- Spritzen, und zwar konventionell mit niedrigem Druck; Airless-Spritzen, auch mit Druckluft; elektrostatisches Spritzen. Kanten, Ecken oder schwer erreichbare Bereiche (Spritzschatten) sind vorzustreichen oder vorzuspritzen.
- Andere Verfahren, wie z.B. Fluten, Verwendung von Heißluftmassen oder von Korrosionsschutzbinden.

c) Der Umfang einer **Beschichtungserneuerung** hängt von der Größe der geschädigten Fläche ab. Der Erneuerungsgrad wird beurteilt nach dem Anteil der mit Rost bedeckten Flächen in fünf Rostgraden Ri 1 bis Ri 5 nach DIN 53 210. Bei geringer Rostbildung < 5 % der Fläche erfolgt „Ausfleckung", bei 5 bis 20 % ebenfalls, jedoch mit einem neuen geschlossenen Deckanstrich, bei mehr als 20 % muss die Gesamtoberfläche neu vorbereitet und beschichtet werden.

d) Die **Überwachung der Beschichtungsarbeiten** geschieht an Kontrollflächen, und zwar
1. **visuell** auf Gleichmäßigkeit, Farbe, Deckvermögen und Mängel, wie z.B. Fehlstellen, Runzeln, Krater, Luftblasen, Abblätterungen, Risse und Läufer,
2. **mit Geräten** (falls gefordert) zur Messung
   - der Trockenschichtdicke, in der Regel zerstörungsfrei (DIN ISO 2808) oder zerstörend nach dem Keilschnittverfahren,
   - der Haftfestigkeit (DIN EN ISO 2409, DIN EN ISO 4624) und
   - der Porosität mit Nieder- oder Hochspannungsgeräten (die Prüfspannung ist zwischen den Vertragspartnern zu vereinbaren).

Die **Kontrollflächen** werden dort angelegt, wo typische Korrosionsbelastungen am Bauwerk zu erwarten sind. Sie dienen *vor* den Beschichtungsarbeiten zur Festlegung des gewünschten Ausführungsstandards und *danach* zu seiner Überprüfung. Die Anzahl/Gesamtgröße der Kontrollflächen liegt zwischen 3/12 m² und 9/200 m² bei Beschichtungsflächen zwischen 2000 und ≥ 50 000 m².

8.14.3.7 Korrosionsschutz von tragenden dünnwandigen Bauteilen nach DIN 55 928-8 (07.94)

Wegen der Dünnwandigkeit hat der Korrosionsschutz für Bauteile bis 3 mm Dicke eine besondere Bedeutung und wird in DIN 55 928-8 gesondert behandelt. Dieser Teil gilt neben DIN EN ISO 12 944 weiterhin und behandelt den *werkmäßigen* Korrosionsschutz dünner Bauteile. Es handelt sich dabei um kontinuierlich schmelztauchveredeltes Stahlband und -blech nach DIN EN 10 326 und 10 327, das werkmäßig mit einer zusätzlichen Bandbeschichtung (BB) oder in seltenen Fällen auch mit einer Stückbeschichtung (BS) versehen wird. Die Beschichtung erfolgt in der Regel durch Spritzen oder ein- oder zweiseitiges Aufwalzen von Folien. Für die Stückbeschichtung dünnwandiger Bauteile gilt DIN EN ISO 12 944.
Wegen der höheren Korrosionsschutz-Anforderungen an dünnwandige Bauteile werden in der DIN 55 928-8 besondere Korrosionsschutzklassen und für die Bandbeschichtung besondere in der Praxis bewährte Korrosionsschutzsysteme angegeben. Die Bindemittel der Beschichtungsstoffe für die Bandbeschichtung sind generell wärmehärtend im Gegensatz zu den lufttrocknenden der DIN EN ISO 12 944.

8.14.4 Nichtmetallische Überzüge

a) Ein- oder mehrschichtige Überzüge aus **Emaille** (auch als Pyro-Emaille bezeichnet) erhält man, indem die gut gereinigte Metallfläche durch Tauchen oder Spritzen mit einer Suspension (Emaille-Schlicker) eines Alkali-Borsäure-Silikatglases überzogen wird, die nach sorgfältiger Trocknung im Tunnelofen bei 750 bis 1300 °C zur festen und dicht schließenden Glasur zusammenschmilzt. Emailschichten (Dicke 0,10 bis 0,30 mm) sind schlag- und stoßempfindlich. Die Lebensdauer von Emailschichten ist wesentlich höher als die von Beschichtungssystemen (Abschnitt 8.14.3.5), dafür doppelt so hohe Herstellungskosten. Das Emaillieren von Stahl wird hauptsächlich bei Stahlblech angewendet. Verwendet werden dafür *kalt*gewalzte Stahlbleche von 0,35 bis 3,00 mm Dicke aus weichen Stählen nach DIN EN 10 209 (05.96) zur Herstellung z.B. von Sanitärgegenständen, Architekturpaneelen und Schildern. Aus emaillierten *warm*gewalzten Stahlblechen bis 40 mm Dicke aus St 37-2 (= S235JR) und St 44-2 (= S 275JR) nach DIN EN 10 025 werden z.B. Großbehälter und Silos hergestellt (s.a. Merkblatt MB 414, Ausgabe 1999; www.stahl-info.de).

b) Wasserrohre, sofern nicht durch bitumenhaltige Beschichtungen geschützt, werden im Schleuderverfahren mit einem dünnflüssigen **Zementmörtel** ausgekleidet. Die dichten Schutzschichten sind gegen schwach betonschädliche Wässer widerstandsfähig. Bei etwa 5 mm Schichtdicke und der beim Schleudervorgang auftretenden geringen Entmischung karbonatisieren diese Schichten bei Luftzutritt sehr rasch.

c) Bitumen, meist mit Füllstoffen versetzt oder mit eingelegtem Glasvlies oder -gewebe, wird zum Korrosionsschutz von Rohren sowohl außen als auch innen, hier in der Regel durch Schleudern, heiß aufgebracht. Schichtdicken außen betragen 4 bis 6 mm, innen 0,5 bis über 4 mm.

d) Gummiüberzüge sowohl aus Hart- wie aus Weichgummi aus natürlichem oder künstlichem Kautschuk werden bei Temperaturen von 130 bis 140 °C auf der Stahloberfläche vulkanisiert. Gummiüberzüge dienen in erster Linie der Erhöhung des Widerstands gegen chemische Beanspruchungen in einem Temperaturbereich von − 40 bis + 160 °C.

e) Kunststoffe werden im Allgemeinen durch Wirbelsintern bei pulvrigen oder durch Spritzen (Flamm- oder elektrostatisches Spritzen) bei flüssigen oder pastenförmigen Kunststoffen auf die Stahloberfläche aufgebracht. In großem Umfang werden Folien ein- oder doppelseitig auf Stahlbänder in Dicken von etwa 0,35 bis 1,60 mm aufgeklebt. Die Schichten reißen beim Biegen oder Tiefziehen nicht auf. Das Gleiche gilt für Lackschichten, die in Schichtdicken von 3 bis 30 µm auf meist verzinkte oder verzinnte Stahlbänder aufgebracht worden sind.

8.14.5 Metallische Überzüge

Metallische Überzüge mit Zink siehe Abschnitt 8.14.6 und Tafel 8.22.

8.14.5.1 Elektrolytische Überzüge

Elektrolytische Überzüge werden häufig beim Verzinken von Schrauben, Muttern und Karosserieblech, beim Verzinnen von Blech für die Verpackungsindustrie (Weißblech) oder beim Verchromen aufgebracht. Das zu schützende Metall befindet sich als Kathode in dem Elektrolyten, einer Salzlösung des Schutzmetalls, z.B. Zink, Zinn, Nickel, Chrom, Cadmium. Die Schichtdicken liegen allgemein zwischen 2,5 und 10 µm, bei der galvanischen Verzinkung im Einzelbad zwischen 5 und 25 µm, im Durchlaufverfahren zwischen 2,5 und 5 µm. Elektrolytische Überzüge können auch aus Edelmetallen oder Legierungen bestehen. Chrom ist gegen mechanische Beanspruchungen sehr widerstandsfähig, jedoch nicht völlig porenfrei. Der Untergrund muss deshalb zuvor vernickelt oder verkupfert werden.

8.14.5.2 Spritzmetallüberzüge

Bei großflächigen und nicht tauchbaren Konstruktionen wird im Flammspritz- oder Lichtbogenverfahren ein NE-Metalldraht geschmolzen. Die geschmolzenen Metalltröpfchen werden mittels Druckluft auf die Oberfläche des Grundwerkstoffs geschleudert. (Untergrund durch Strahlen aufgeraut und metallisch blank.) Dabei werden beide Metalle nur physikalisch verklammert.

Zumeist wird Zink verwendet, teils auch Blei, seltener Aluminium. In jedem Fall muss der poröse Überzug durch nachträgliche Beschichtungen gedichtet werden. Das Verfahren wird besonders bei erschwerter Beobachtung und Unterhaltung von Konstruktionen angewendet. Gesamtdicke der Zinkspritzschicht 80 bis 150 µm.

8.14.5.3 Weitere Verfahren

a) Schmelztauchüberzüge werden je nach den verwendeten Überzugsmetallen als Feuerverzinken, Feueraluminieren, Feuerverbleien oder Feuerverzinnen bezeichnet. Große Bedeutung im Stahlbau hat das Feuerverzinken (siehe Abschnitt 8.14.6). Gesamtdicken der Feuerverzinkung siehe Tafel 8.17.

b) Beim **Plattieren** werden Auflagen (Folien) aus hochlegierten Stählen oder NE-Metallen, z.B. Titan, auf Stahl unter Temperatur und/oder Druck aufgebracht. Die Metallschichten haften danach so fest aufeinander, dass sie sich wie ein einheitlicher Werkstoff verhalten.

c) Beim **Diffusionsverfahren** diffundieren in einem Autoklaven in die Oberfläche des zu schützenden Metallteils gasförmige Metallatome, z.B. Chrom (Inchromieren), Aluminium (Alitieren) oder Fe-Zn (Sherardisieren). Inchromierte Stähle weisen in 0,1 mm Tiefe noch 12 Masse-% Cr auf und besitzen eine Korrosionsbeständigkeit wie legierte Chromstähle.

8.14.6 Feuerverzinken

Normen

DIN EN ISO 1461	(10.09)	Stückverzinken; Anforderungen und Prüfungen
DIN EN 10 346	(10.15)	Kontinuierlich schmelztauchveredelte Flacherzeugnisse aus Stahl zum Kaltumformen – Technische Lieferbedingungen
DIN EN 10 240	(02.98)	Innere und/oder äußere Schutzüberzüge für Stahlrohre – Festlegungen für durch Schmelztauchverzinken in automatisierten Anlagen hergestellte Überzüge
DIN EN 10 244-2	(08.09)	Drahtverzinken; Überzüge aus Zink und Zinklegierungen
DASt 022	(08.09)	Feuerverzinken von tragenden Stahlbauteilen

Man unterscheidet diskontinuierliches Feuerverzinken (Stückverzinken, Rohrverzinken) und kontinuierliches Feuerverzinken (Band-/Drahtverzinken). Feuerverzinken gehört zu den Schmelztauch-Verfahren. Die Schutzdauer von Zinküberzügen ist abhängig von der Art der atmosphärischen Belastung (siehe Tafel 8.17) und von der Dicke des Zinküberzuges (siehe Abb. 8.48). Die Abtragsrate beträgt in Deutschland circa 1 bis 2 µm pro Jahr.

8.14.6.1 Diskontinuierliches Verzinken (Stückverzinken)
(s.a. Merkblatt MB 329: Stückverzinken; www.stahl-info.de)

Beim Stückverzinken werden die Stahlbauteile oder auch Kleinteile, wie z.B. Schrauben, Muttern, HV-Schrauben, Unterlegscheiben und Haken, in ein Bad aus schmelzflüssigem Zink getaucht. Vorher ist eine gründliche Reinigung und Oberflächenvorbereitung erforderlich.

a) Die zeitlich aufeinander folgenden **Verfahrensschritte** sind: **1. Entfetten** mit wässrigen alkalischen oder sauren Lösungen und anschließendes Spülen; **2. Beizen,** in der Regel mit verdünnter Mineralsäure zum Entfernen von Rost und Zunder mit anschließendem Spülen; **3. Fluxen** in einem Flussmittelbad, meist eine Mischung aus Zinkchlorid- und Ammoniumchlorid-Lösung. Danach Trocknen im Trockenofen. Durch das Fluxen bildet sich ein dünner Film auf der Stahloberfläche, der später die Reaktion mit der Zink-Schmelze unterstützt; **4. Tauchen** in ein Bad mit flüssigem Zink; Zinkgehalt ≥ 98,5 %; Temperatur 440 bis 460 °C. Beim **Hochtemperaturverzinken** von Kleinteilen (Schrauben, Muttern, Nägel, Stifte o. ä. Schüttgüter) beträgt die Zinkbadtemperatur circa 530 °C. Nach dem Tauchen wird überflüssiges Zink abgeschleudert; **5. Kühlen** an der Luft oder in Wasser; **6. Ausbessern von Fehlstellen** durch thermisches Spritzen oder Zinkstaubbeschichtung (siehe Tafel 8.22).

b) Beim **Tauchvorgang** bilden sich durch wechselseitige Diffusionsvorgänge auf der Stahloberfläche Eisen-Zink-Legierungsschichten von üblicherweise 50 bis 150 μm Dicke, die härter als Stahl sind. Die Tauchwannen haben maximal Abmessungen von etwa 16 m Länge, 2 m Breite und 3 m Tiefe. Mit der Erwärmung auf 450 °C dehnen sich die Stahlbauteile um etwa 4 bis 5 mm/m aus und die Streckgrenze verringert sich vorübergehend. Aussehen der Oberfläche und Schichtdicke hängen vom prozentualen (Si + P)-Gehalt des Stahls ab (fließende Grenzen). < 0,03 %: Oberfläche aus silbrig-glänzendem Reinzink, Zinkblumenmuster, geringe Schichtdicke; 0,03 bis 0,13 % (Sandelin-Bereich): Oberfläche grau, zum Teil grießig, hohe Schichtdicke; 0,13 bis 0,28 % (Sebisty-Bereich): Oberfläche silbrig-glänzend, mittlere Schichtdicke; > 0,28 %: Oberfläche mattgrau, hohe Schichtdicke.

c) Wichtig ist das **feuerverzinkungsgerechte Konstruieren**: sperrige Bauteile vermeiden; „tote" für die Schmelze schwer zugängliche Bereiche vermeiden; Hohlkörper mit Öffnungen für Zulauf der Schmelze und Entlüftung versehen; sehr unterschiedliche Materialdicken vermeiden, Verhältnis max : min < 5 : 1. Stahlwerkstoff (Si-P-Gehalt) nach DIN EN 10 025-2 auswählen, gegebenenfalls Werkzeugnisse bzw. Abnahmeprüfzeugnisse nach DIN EN 10 204 anfordern. Sind Kaltverformungen nach dem Verzinken vorgesehen, möglichst alterungsunempfindliche Stahlsorten mit verbesserter Kerbschlagzähigkeit (> J2; siehe Tafel 8.5) verwenden.

Schweißeigenspannungen können zum Verziehen des Bauteils führen. Deshalb: symmetrische Querschnitte; Schweißnähte möglichst dicht an der Schwerachse des Bauteils oder symmetrisch dazu anordnen; rinnenförmige Vertiefungen oder pyramidenförmige Aussteifungen vorsehen.

Werden Muttergewinde nachträglich in einen verzinkten Rohling geschnitten, übernimmt der Zinküberzug auf der Schraube den (kathodischen) Korrosionsschutz, vorausgesetzt, dass die Mutter voll aufgeschraubt ist.

d) Das **Schweißen** feuerverzinkter Teile ist möglich. Der durch das Schweißen zerstörte Zinküberzug wird durch Auftragen einer Zinkstaubbeschichtung oder durch thermisches

Spritzen wieder hergestellt. Bei sehr hoch und/oder dynamisch belasteten Stahlbauteilen ist das Schweißen allerdings auf zink*freiem* Untergrund verbindlich vorgeschrieben.

e) Duplex-Systeme bestehen aus einer Verzinkung plus einer oder mehrerer nachfolgender Beschichtungen von 40 bis 120 µm Dicke. Die Schutzdauer eines solchen Systems ist im Regelfall deutlich höher als die Summe der Einzelschutzdauern (Verlängerungsfaktor 1,2 bis 2,5). Der Zinküberzug verhindert ein Unterrosten der Beschichtung, die Beschichtung dagegen die Korrosion des Zinküberzugs durch die Atmosphäre (Synergie-Effekt).

8.14.6.2 Kontinuierliches Verzinken (Bandverzinken)

Beim kontinuierlichen Verzinken von Stahl wird Flachzeug oder Draht nach entsprechender Vorbehandlung (siehe Abschnitt 8.14.6.1a) kontinuierlich durch ein schmelzflüssiges Zink- oder Metallbad geführt (früher „Sendzimir-Verzinken", Name des Erfinders). Beim Flachzeug spricht man von feuerverzinktem Bandstahl oder von schmelztauchveredeltem Band oder Blech. Beide sind Ausgangsmaterial für die weiterverarbeitende Industrie. Man unterscheidet:

a) Feuerverzinkter Bandstahl: Breiten von 15 bis 130 mm und Dicken von 1 bis 6 mm; wird in Ringen (Ringgewichte bis 80 kg/cm Bandbreite) oder in Stäben (Längen 500 bis 9000 mm) geliefert.

b) Schmelztauchveredeltes Band oder Blech (DIN EN 10 346)
Erhält nach dem Feuerverzinken weitere Überzüge als Oberflächenschutz. Diese **Überzüge** tragen folgende Kurzbezeichnungen: Z = Überzug aus einer Zinkschicht, mindestens 99 Gew.-% Zink; ZF = Überzug aus Zn-Fe-Legierung, auch als „galvannealed" bezeichnet; ZA = Überzug aus Zink-Aluminium, Al-Gehalt circa 5 Gew.-%, GALFAN; AZ = Überzug aus Aluminium-Zink, 55 % Al, 43,4 % Zn und 1,6 % Silizium, GALVALUME; AS = Überzug aus einer Al-Legierung mit 8 bis 10 % Si, feueraluminiert. Die Schichtdicken der Überzüge je Seite liegen zwischen 7 und 42 µm.

Die **Oberfläche** von ZF-Feinblech ist matt und zinkblumenfrei. Z-Blech weist die üblichen sichtbaren Zinkblumen auf (Zinkblume N) oder kleine bis nicht sichtbare Zinkblumen (Zinkblume M). Man unterscheidet außerdem drei Oberflächenqualitäten: A = übliche Oberfläche mit Unvollkommenheiten, wie z.B. Riefen, Warzen, Kratzern, Pickeln oder Verfärbungen; B = verbesserte und C = beste Oberfläche.

Zusätzlich gibt es die folgenden **Oberflächenbehandlungen**: U = unbehandelt (erhöhte Gefahr der Korrosion bei Lagerung und Transport); C = chemisch passiviert; O = geölt und CO = passiviert *und* geölt (geringere Korrosionsgefahr); S = versiegelt (transparenter Lackfilm; zusätzlicher Korrosionsschutz und Schutz vor Fingerabdrücken, Haftgrund für nachfolgendes Lackieren); P = phosphatiert (verbesserte Haftung und Schutzwirkung von nachfolgend aufgebrachten Beschichtungen).

8 Eisen und Stahl

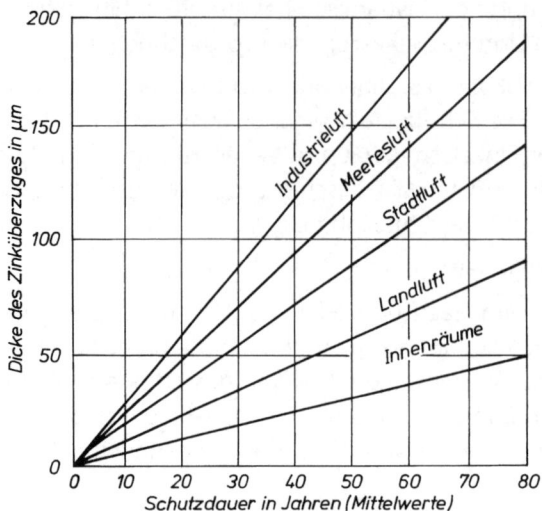

Abb. 8.48 Schutzdauer von Zinküberzügen [8.16]

Lieferformen sind: Band in Rollen (Ringen), Breiten 600 bis 2080 mm, Dicken 0,4 bis 3 mm; Blech in Tafeln, Breiten 600 bis 1880 mm, Dicken 0,40 bis 3,00 mm, Längen bis 6000 mm; Spaltband, Breiten 20 bis 600 mm, Dicken 0,40 bis 3,00 mm; Stäbe, Abmessungen sind zu vereinbaren.

Tafel 8.22 Korrosionsschutzverfahren von Stahl mit Zink [8.16]

VERFAHREN	Übliche Dicke des Überzugs bzw. der Beschichtung in μm	Legierung mit dem Untergrund	Aufbau und Zusammensetzung des Überzugs bzw. der Beschichtung	Verfahrenstechnik	Nachbehandlung üblich	Nachbehandlung möglich
A ÜBERZÜGE						
1) Feuerverzinken						
a) Diskontinuierlich:						
– Stückverzinken DIN EN ISO 1461	50 bis 150	ja	Eisen-Zink-Legierungsschichten am Stahluntergrund, in der Regel mit einer darüber liegenden Zinkschicht	Eintauchen in flüssiges Zink	–	Beschichten – sowie in geringem Umfang auch Galvanealen[1)]
– Rohrverzinken DIN EN 10 240	50 bis 150	ja			–	
b) Kontinuierlich:						
– Bandverzinken DIN EN 10346	15 bis 25	ja		Durchlaufen durch flüssiges Zink	Chromatieren	
– Kontinuierliches Feuerverzinken von Bandstahl	20 bis 40	ja		–		
– Drahtverzinken DIN EN 10 244-2	5 bis 30	ja		–		
2) Thermisches Spritzen – Spritzverzinken DIN EN ISO 2063	80 bis 150	nein	Überzug aus Zinktropfen mit Oxidhaut	Aufspritzen von geschmolzenem Zink	Versiegeln durch penetrierende Beschichtung	Beschichten
3) Galvanisches bzw. elektrolytisches Verzinken DIN EN 12 329 DIN EN 10 152 – Einzelbäder DIN 50 961	5 bis 25	nein	lamellarer Zinküberzug	Zinkabscheidung durch elektrischen Strom in wässrigen Elektrolyten	Chromatieren	Beschichten
– Durchlaufverfahren	2,5 bis 5	nein				

1) Umwandeln eines Zinküberzugs durch gezielte Wärmebehandlung, besonders beim Bandverzinken.

8 Eisen und Stahl

VERFAHREN	Übliche Dicke des Überzugs bzw. der Beschichtung in μm	Legierung mit dem Untergrund	Aufbau und Zusammensetzung des Überzugs bzw. der Beschichtung	Verfahrenstechnik	Nachbehandlung üblich	Nachbehandlung möglich
4) Metallische Überzüge						
a) Sherardisieren DIN EN 13 811	15 bis 25	ja	Eisen-Zink-Legierungsschichten	Diffusion Stahl-Zink unterhalb Zn-Schmelztemperatur	–	Beschichten
b) Mechanisches Plattieren DIN EN ISO 12 683	10 bis 20	nein	homogener Zinküberzug, gegebenenfalls auf Kupfer-Zwischenschichten	Aufhämmern von Zinkpulver durch Glaskugeln	zum Teil Chromatisieren	Beschichten
B BESCHICHTUNG Zinkstaubbeschichtung	dünnsch. 10 bis 20 normalsch. 0 bis 80 dicksch. 60 bis 120	nein	Zinkstaubpigment in Bindemittel	Auftragen durch Streichen, Rollen, Spritzen, Tauchen	Deckbeschichtung auf Grundbeschichtung abgestimmt	–
C KATHODISCHER KORROSIONSSCHUTZ	Zink-Anoden hoher Reinheit (99,995 %) zur Verhinderung der Eigenpolarisierung sind selbstregulierend und optimal in wässrigen Elektrolyten mittlerer und hoher Leitfähigkeit. Fremdstromanlagen erfordern begrenztes Schutzpotential und Sicherung gegen Übersteuerung. Die Stromkapazität je dm^2 Zinkanode von etwa 5300 Ah ermöglicht kleine Anoden mit geringem Strömungswiderstand. Die erforderliche Schutzstromdichte ist vom Zustand und den äußeren (Bewegungs-) Bedingungen abhängig. Optimal ist der aktiv in den Korrosionsprozess eingreifende kathodische Schutz in Verbindung mit einer Beschichtung.					

8.15 Recycling von Stahl

In den Stahlwerken fällt sogenannter Eigenschrott an, der direkt wieder verarbeitet wird. Sogenannter Neuschrott fällt in der stahl*verarbeitenden* Industrie überwiegend als Stanzabfälle, Verschnitt und Stahlspäne an. Sogenannter Altschrott fällt bei der Verschrottung von nicht mehr gebrauchsfähigen Produkten oder beim Abbau von Stahlkonstruktionen an. Die Aufbereitung von Alt- und Neuschrott unterliegt strengen Qualitätsanforderungen. Im Jahr 2008 betrug die Stahlproduktion in Deutschland ca. 45,8 Mio. t, das Schrottaufkommen 22,5 t, darunter 4,8 Mio. t Eigenschrott in den Stahlwerken, 7,4 Mio. t Neuschrott und 6,9 Mio. t Altschrott.

Weißblech, das besonders in der Lebensmittelindustrie als Verpackungsmaterial Verwendung findet, besteht zu 99 % aus Stahl. Es lässt sich problemlos aus den gelben Säcken oder dem Restmüll magnetisch herausziehen. 2008 betrug z.B. die Weißblech-Recyclingmenge in Deutschland ca. 466 000 Tonnen bei einem Weißblechverbrauch von 497 900 t.

Die rostfreien Gehäuse von Haushaltsgeräten liefern den Rohstoff für etwa 80 % der Edelstahlproduktion in Deutschland. Auto-Karosserien und -Fahrgestelle werden in speziellen Aufbereitungsanlagen (Shredder) zu Stahlschrott verarbeitet, in Deutschland zurzeit etwa 1,5 Mio. Tonnen pro Jahr.

Große Stahlkonstruktionen, wie z.B. Brücken, Schiffe und Industrieanlagen, werden durch Brennschneiden zerlegt. Allein der Materialwert des Stahlschrotts deckt die Kosten der Demontage. Mit riesigen Scheren von 2000 t Druckkraft werden die demontierten Teile für das Einschmelzen im Stahlwerk weiter zerkleinert. Im Sauerstoffblaskonverter benötigt man den Schrott als Kühlmittel für den Roheiseneinsatz, etwa 36 t auf 100 t Oxygenstahl. Im Elektrolichtbogenofen wird hochwertiger Stahl aus fast reinem Schrotteinsatz erschmolzen (circa 80 t Schrott auf 100 t E-Stahl).

8.16 Literatur

[8.1] Horstmann, D., Das Zustands-Schaubild Eisen – Kohlenstoff und die Grundlagen der Wärmebehandlung der Eisen-Kohlenstoff-Legierungen, 5. Aufl., Verlag Stahleisen, Düsseldorf, 1985
[8.2] Werkstoffkunde Stahl, Bd. 1: Grundlagen (1984), Bd. 2: Anwendung (1985), Hrsg.: Verein Deutscher Eisenhüttenleute (VDEh), Verlag Stahleisen, Düsseldorf
[8.3] Stahlfibel, Hrsg.: VDEh, Verlag Stahleisen, Düsseldorf, 1999 und 2002
[8.4] Stahlbau-Handbuch, Bd. 1, Teil A, Hrsg.: Deutscher Stahlbau-Verband (DStV), 3. Aufl., Stahlbau-Verlagsges., Köln, 1993
[8.5] Richters, H. (Hrsg.), Fügetechnik, Schweißtechnik, Deutscher Verlag für Schweißtechnik, Düsseldorf, 1990
[8.6] Schneider-Bürger, M., Stahlbauprofile, 24. Aufl., Verlag Stahleisen, Düsseldorf, 2004
[8.7] Broers, G./Martin-Bullmann, R., Kaltprofile, 4. Aufl., Verlag Stahleisen, Düsseldorf, 1993
[8.8] Rußwurm, D. (Institut für Stahlbetonbewehrung e. V., München), Betonstähle für den Stahlbetonbau – Eigenschaften und Verwendung, Bauverlag GmbH, Wiesbaden/Berlin, 1993
[8.9] Beton-Kalender, Bd. 1, Ernst & Sohn Verlag für Architektur und technische Wissenschaften GmbH, Berlin, 2001
[8.10] Stahl im Hochbau, Handbuch für die Anwendung von Stahl im Hoch- und Tiefbau, Hrsg.: VDEh, Bd. 1 bis 4, 15. Aufl., Verlag Stahleisen, Düsseldorf, in Vorb.
[8.11] Stahl-Lexikon, Eine Materialkunde für den Stahlhandel, -produktion und -verarbeitung, 22. Aufl., Hrsg.: Bundesverband Deutscher Stahlhandel (BDS), Beratungs- und Vertriebsges. des BDS, Bochum, 1985
[8.12] Tabellenbuch Stahl, Hrsg.: DIN, Beuth Verlag, Berlin, 1992

8 Eisen und Stahl

[8.13] Taschenbuch der Stahl-Eisen-Werkstoffblätter (SEW), 8. Aufl., Hrsg.: VDEh, Verlag Stahleisen, Düsseldorf, 1994
[8.14] Stahleisen-Wörterbuch, Deutsch-Engl./Engl.-Deutsch, 6. Aufl., Hrsg.: VDEh, Verlag Stahleisen, Düsseldorf, 1994
[8.15] Stahl-Eisenliste, Register europäischer Stähle, Hrsg.: VDEh in Zusammenarbeit mit der Europäischen Stahlregistratur, 9. Aufl., Verlag Stahleisen, Düsseldorf, 1994
[8.16] Arbeitsblätter Feuerverzinken, Hrsg.: Beratung Feuerverzinken (siehe Abschn. 21.9)
[8.17] Weißbach, W., Werkstoffkunde und Werkstoffprüfung, 11. Aufl., Verlag F. Vieweg und Sohn, Braunschweig, 1994
[8.18] D. Rußwurm/E. Fabritius, Bewehren von Stahlbeton-Tragwerken nach DIN 1045-1 (07.01), 2002, Hrsg.: Institut für Stahlbetonbewehrung (siehe Abschn. 21.8)
[8.19] Wesche, K., Baustoffe für tragende Bauteile, Bd. 3, 2. Aufl., Bauverlag GmbH, Wiesbaden/Berlin, 1985
[8.20] Jehmlick, G., Anwendung und Überwachung von Drahtseilen, VEB Verlag Technik, Berlin, 1985
[8.21] van Oeteren, K. A., Korrosionsschutz – Beschichtungsschäden auf Stahl: Ursache, Abhilfe, Vermeidung, 2 Bände, Bauverlag GmbH, Wiesbaden/Berlin, 1979/1980
[8.22] Katzung, W., Neue Norm für Korrosionsschutz von Stahlbauten, in: Stahlbau-Nachrichten 4/98
[8.23] Petersen, Chr., Stahlbau – Grundlagen der Berechnung und baulichen Durchbildung von Stahlbauten, 3. Aufl., Vieweg Verlag, Braunschweig/Wiesbaden, 1993
[8.24] Handbuch Gussrohrtechnik, Fachgemeinschaft Gussrohrtechnik, Köln (jetzt Berlin), 1996
[8.25] Dokumentation 861; Hrsg.: Informationsstelle Edelstahl Rostfrei, 1997 (siehe Abschn. 21.8)
[8.26] Stahl im Hochbau, 15. Aufl., Verlag Stahl Eisen, Düsseldorf, 1995
[8.27] Techn. Handbücher Plattendecke und -wand, Ausgabe 2001; Hrsg.: Badische Drahtwerke GmbH, Weststr. 31, 77694 Kehl/Rhein, www.bdw-kehl.de
[8.28] Techn. Informationen der Halfen GmbH, Liebigstr. 14, 40764 Langenfeld, Tel. 0 21 73/9 70–0; www.halfen-deha.de
[8.29] Katalog „Jordahl-Schienen", Stand 2005 der Deutschen Kahneisen Gesellschaft, Nobelstr. 51/55, 12057 Berlin, Tel. 0 30/6 82 83–02; www.jordahl.de
[8.30] Baustahlgewebe GmbH, Lieferprogramm 2006 (siehe Abschn. 21.8)
[8.31] Betonstahlverzeichnisse, Hrsg. DIBt/Berlin, Stand 2. 2. 2006 (siehe Abschn. 21.0)
[8.32] Fachinformation des IFBS (siehe Abschn. 21.8)

9 Nichteisenmetalle (NE-Metalle)

Prof. Dr.-Ing. Imke Engelhardt

9.1 Allgemeines

Normen

DIN 17 007-4	(12.12)	Werkstoffnummern; Systematik der Hauptgruppen 2 und 3: Nichteisenmetalle
DIN TB 459	(2012)	Blei, Magnesium, Nickel, Titan, Zink, Zinn und deren Legierungen

Nichteisenmetalle ist der Sammelbegriff für alle Metalle mit Ausnahme des Eisens. Man unterscheidet:

Schwere NE-Metalle (Buntmetalle; ρ in kg/dm³): Blei (Pb, $\rho = 11{,}3$), Kupfer (Cu, $\rho = 8{,}9$), Nickel (Ni, $\rho = 8{,}9$), Zink (Zn, $\rho = 7{,}2$), Zinn (Sn = Stannum, $\rho = 7{,}3$)

Leichte NE-Metalle (Leichtmetalle; ρ in kg/dm³): Aluminium (Al, $\rho = 2{,}7$), Magnesium (Mg, $\rho = 1{,}74$)

Knetlegierungen: sind kalt- und/oder warmformbar („knetbar").

Gusslegierungen: dienen zur Herstellung von Gussstücken, die nicht weiter verformt werden müssen, jedoch spanend bearbeitet werden können.

9.2 Blei Pb (2- und 4-wertig)

Normen

DIN 17 640-1	(02.04)	Bleilegierungen für allgemeine Verwendung
DIN 59 610	(02.04)	Blei und Bleilegierungen; Gewalzte Bleche aus Blei zur allgemeinen Verwendung
DIN EN 12 548	(11.99)	wie vor; Bleilegierungen in Blöcken für Kabelmäntel und Muffen
DIN EN 12 588	(03.07)	wie vor; Gewalzte Bleche aus Blei für das Bauwesen
DIN EN 12 659	(11.99)	wie vor; Blei
DIN EN 13 086	(10.00)	wie vor; Bleioxide
DIN EN 14 057	(06.03)	wie vor; Schrotte – Begriffe

9.2.1 Vorkommen, Gewinnung und Sorten

a) **Vorkommen, Gewinnung:** Das wichtigste Bleierz ist Bleiglanz PbS, meist gemeinsam vorkommend mit Zinkblende ZnS und anderen Mineralien. Der Bleigehalt der abbauwürdigen Lagerstätten liegt bei 5 bis 10 %.

Die Aufbereitung geschieht durch Schwimmverfahren (Flotation) auf 40 bis 80 % Bleigehalt. Durch Rösten (Schwefelentzug) erfolgt Umwandlung in Oxid (2 PbS + 3 O_2 → 2 PbO + 2 SO_2), und durch Reduktion (2 PbO + C → 2 Pb + CO_2) entsteht **Werkblei** mit 95 bis 98 % Pb. Nach Raffination, meistens selektive Oxidation oder Fällreaktion, ergeben sich daraus die folgenden Sorten.

b) **Sorten:**
- Feinblei Pb 99,99 und Pb 99,985 für die Herstellung von Akkumulatorenplatten, Bleimennige, Bleiweiß, Bleiglätte, Bleiblechen.
- Hüttenblei Pb 99,94 und Pb 99,9 für Trinkwasserleitungen und die Herstellung von Legierungen.
- Umschmelzblei Pb 99,75 und Pb 98,5 für Bleiwaren und die Herstellung von Legierungen.

Nach DIN EN 12 659 gibt es vier **Reinbleisorten** (R) mit den Werkstoffnummern PB990R, PB985R, PB970R und PB940R mit 99,990 – 99,985 – 99,970 – 99,940 % Pb.

9.2.2 Legierungen

Legierungselemente sind hauptsächlich Antimon (Sb), Kupfer (Cu) und Zinn (Sn). Sb verbessert die Härte und Festigkeit von Blei, Cu die Kornfeinheit, Festigkeit und den Korrosionswiderstand.

DIN 17 640-1 unterscheidet
- Legierungen für Halbzeug: Pb99,985Cu mit 0,04 bis 0,05 % Cu, Pb99,94Cu mit 0,03 bis 0,05 % Cu und PbSb0,5 mit 0,3 bis 0,7 % Sb,
- Legierungen für Gussstücke (Gussblei GB): fünf Legierungen GB-PbSb2 bis Gb-PbSb12, eine Legierung GB-PbSn2 und zwei Legierungen GB-PbSb10Sn5 und GB-PbSb15Sn5. Die Zahlen geben die mittleren Legierungsgehalte an.

Anwendung finden die Legierungen z.B. als Auflagerplatten (Hartblei mit 5 bis 13 % Sb), Rohre (0,2 bis 1,25 % Sb), Kabelmäntel (0,5 bis 1 % Sb oder mindestens 2,5 % Sn), Kabelblei (0,03 bis 0,05 % Cu), Lagermetalle für Achs- und Gleitlager (mit Sn und anderen Legierungselementen), Bleidruckguss (mit Sb und eventuell Sn und/oder Cu).

9.2.3 Eigenschaften

Blei besitzt eine hohe Dichte von 11,3 kg/dm³ und eine niedrige Schmelztemperatur von 327 °C. Seine Wärmedehnzahl beträgt $\alpha_t = 29{,}1 \cdot 10^{-6}$/K. Blei ist weich und in kaltem Zustand verformbar. Es lässt sich ziehen, walzen, gießen und löten. Zur Giftigkeit von Blei siehe Abschnitt 9.11b. Blei absorbiert durch seine große Dichte Schallwellen, Röntgen- und radioaktive Strahlen. Die Kurzzeitzugfestigkeit von 10 bis 20 N/mm² und das ausgeprägte Kriechverhalten sind beim Kupferblei und beim Hartblei günstiger; dennoch ist die Anwendung von Blei und Bleilegierungen bei mechanischer Beanspruchung durch die begrenzte Zeitstandfestigkeit eingeschränkt. Das Kriechen der Bleiabdeckungen von geneigten Dächern kann durch einen geeigneten Unterbau und durch den Gebrauch nichtrostender Befestigungsmittel vermieden werden.

9.2.4 Korrosionsverhalten

Blei ist durch die Bildung einer Schutzschicht aus Bleikarbonat an der Luft beständig. Bei SO_2-Einwirkung, z.B. von Ölheizungen, bildet sich ein schützendes, weil schwerlösliches Bleisulfat, auch bei Kontakt mit Gips. Gegen Löschkalk ist Blei empfindlich [9.1]. Weiches Wasser unter 8 °dH kann in Trinkwasserleitungen aus Blei gesundheitsschädliches $Pb(OH)_2$ lösen. Bei hartem Wasser bildet sich jedoch eine Schutzschicht aus Blei-Kalzium-Karbonat.

9.2.5 Verwendung im Bauwesen

Bleiblech (gewalztes Bleiblech) hat nach DIN EN 12 588 (E 11.06) die Werkstoffnummer PB 810M mit 99,810 % Pb. Es wird flach oder gewickelt geliefert und ist z.B. für Dächer, Abdeckungen, Fassadenbekleidungen und -elemente und wasserdichte Sperrschichten bestimmt. Die Dicke soll für Flachdächer nicht unter 2,0 mm, für Rinnenauskleidungen nicht unter 2,5 mm und für Maueranschlüsse nicht unter 1,75 mm betragen. Für Feuchtigkeitsisolierungen werden zwischen Bitumendachbahnen 1 mm dicke Bleibleche oder 0,1 bis 0,3 mm dicke eingeklebte **Bleifolien** verwendet („Siebelpappe"), auch als Dampfsperre. Gewalztes Bleiblech dient ferner für Absperrungen im Säureschutzbau, für Schallschutz und Strahlenschutz (Reaktorbau, Röntgenräume). Es wird als Zwischenlage zum Ausgleich von Unebenheiten im Fertigteilbau und als Zwischenlage in Form von Dichtungsringen bei Flanschrohren verwendet.

Weitere Anwendungen:
Bleiwolle und Riffelblei zum kalten Verstemmen des Hanfstricks von Muffenrohren anstelle von Gießblei; Bleidraht weich und hart, Durchmesser 0,5 bis 15 mm, in Ringen von 25 bis 50 kg, bei Dicken unter 4 mm auch auf Spulen; Sprossenblei für Bleiverglasungen; Bleirohre leicht verarbeitbar, biegsam, dämpfen Wasserfließgeräusche („Wasserschläge"), vertragen wiederholtes Zufrieren und sind nachgiebig bei Erdbewegungen; Druckrohre bis zum Nenndruck von 10 bar, und zwar aus Weichblei oder Hartblei; Mantelrohre mit innerer, 0,5 bis 1 mm dicker Verzinnung für weiche und kohlensäurehaltige Wässer; Abflussrohre und -bogen aus Blei für Entwässerungsanlagen; weiterhin: Bleiummantelung von Kabeln, Bleiplatten in Akkumulatoren, Weichlote, Lagermetall, Bleispritzgussartikel, Bleiband zum Beschweren von Vorhängen.

9.3 Zinn Sn (Stannum, 2- und 4-wertig)

Normen
DIN 1742	(07.71)	Zinn-Druckgusslegierungen; Druckgussstücke
DIN EN 611-1	(09.95)	Zinn und Zinnlegierungen; Zinnlegierungen und Zinngerät; Teil 1: Zinnlegierungen
DIN EN 611-2	(08.96)	wie vor; Teil 2: Zinngerät
DIN EN 610	(09.95)	Zinn und Zinnlegierungen; Zinn in Masseln

9.3.1 Vorkommen, Gewinnung und Eigenschaften

Zinn wird aus Zinnstein SnO_2 durch Reduktion gewonnen.
Seine Dichte beträgt 7,3 kg/dm³. Der Schmelzpunkt liegt bei 232 °C. Es ist fast so weich wie Blei, sehr dehnbar und knirscht beim Biegen infolge Reibung der Kristalle („Zinngeschrei"). Es lässt sich löten. Zinn ist an der Luft sowie gegen schwache Säuren und Laugen beständig. Bei unlegiertem Zinn kann unterhalb +13 °C Zerfall zu Pulver eintreten („Zinnpest").

9.3.2 Verwendung im Bauwesen

– Rostschutzüberzug (siehe Abschnitt 8.14.5), z.B. Weißblech (feuerverzinntes Stahlblech) für Konservendosen
– Überzug von in der Erde liegenden kupfernen Blitzableitern (bleiben blank!)
– Zinnrohre, z.B. für Mineralwasser- oder Bierleitungen
– Mantelrohre: zinnausgekleidete Bleirohre zum Schutz gegen bleiangreifende Wässer
– Legierungsmetall für Bronze (siehe Abschnitt 9.5.5) und für Lötzinn bzw. Weichlot (siehe Abschnitt 9.10.2)

9.4 Zink Zn (2-wertig)

Normen
DIN 18 339	(09.12)	Klempnerarbeiten (VOB Teil C)
DIN EN 988	(08.96)	Zink und Zinklegierungen; Anforderungen an gewalzte Flacherzeugnisse für das Bauwesen

9 Nichteisenmetalle (NE-Metalle)

DIN EN 1179	(09.03)	wie vor; Primärzink
DIN EN 1774	(11.97)	wie vor; Gusslegierungen; in Blockform und in flüssiger Form
DIN EN 12 844	(01.99)	wie vor; Gussstücke; Spezifikationen
DIN EN 13 283	(01.03)	wie vor; Sekundärzink
DIN EN 1559-6	(01.99)	Gießereiwesen; Technische Lieferbedingungen Teil 6: Zusätzliche Anforderungen an Gussstücke aus Zinklegierungen

9.4.1 Gewinnung und Sorten

a) Primärzink nach DIN EN 1179 wird durch Destillation oder durch chemische oder elektrolytische Reduktion in der Regel aus Zinkerzen, z.B. Zinkkarbonat $ZnCO_3$ (Zinkspat, Galmei) und/oder Zinkblende ZnS, gewonnen und normalerweise in Blöcken, aber auch in flüssiger Form, geliefert und in die fünf Sorten Z1 bis Z5 eingeteilt. Die Sorten Z1, Z2 und Z3 (Feinzink; Farbkodierung weiß, gelb, grün) besitzen Zinkgehalte von 99,995 – 99,99 – 99,95 % und werden für Anoden, elektrolytische Überzüge und Legierungen verwendet. Die Sorten Z4 und Z5 (Hüttenzink; Farbkodierung blau und schwarz) besitzen Zinkgehalte von 99,5 und 98,5 % und werden hauptsächlich zur Herstellung von Zinkblech und für Verzinkungen (z.B. Feuerverzinken; siehe Abschnitt 8.14.6) verwendet.

b) Sekundärzink nach DIN EN 13 283 wird nach unterschiedlichen Verfahren aus Prozessrückständen bei der Zinkverarbeitung, z.B. Zinkasche, oder aus recycelten Zinkwerkstoffen, z.B. Zinkblech, hergestellt. Die dabei entstehenden Sorten ZSA (98,5 % Zn), ZS1 (98 % Zn) und ZS2 (97,5 % Zn) werden z.B. für das Feuerverzinken oder für die Herstellung von Zinkfarben (siehe Abschnitt 11.3.2) verwendet.

c) Der **Zinkverbrauch** in Deutschland betrug im Jahre 2001 694 000 t, davon 358 000 t daselbst auch erzeugt. Verwendung: zu 27 % zur Herstellung von Messing (siehe Abschnitt 9.5.5) und 31 % zur Feuerverzinkung von 1,6 Mio. t Stahl.

9.4.2 Legierungen

a) Titanzink nach DIN EN 988 wird als gewalztes Flacherzeugnis im Bauwesen verwendet (s.a. Abschnitt 9.4.4) und entweder in aufgewickelter Form in Breiten ≥ 600 mm (Rolle, Coil) oder ≤ 600 mm (Spaltband) bzw. flach als Blech (Breite ≥ 600 mm) oder Streifen (Breite ≤ 600 mm) geliefert. Blechdicken von 0,6 bis 1,0 mm, Coilgewichte von Kleincoilen bis 1000 kg, Standardlängen der Bänder von circa 30 m.
Titanzink wird aus der Zinksorte Z1 (siehe Abschnitt 9.4.1) hergestellt und besitzt 0,06 bis 0,2 % Ti, 0,08 bis 1,0 % Cu und maximal 0,015 % Al. Zugfestigkeit $R_m \geq 150$ N/mm²; 0,2%-Dehngrenze $R_{p0,2} \geq 100$ N/mm²; Bruchdehnung A_{50} mm ≥ 35 %; bleibende Dehnung im Zeitstandversuch (unter 50 N/mm² über 60 Min.) ≤ 0,1 %; Dichte $\rho = 7,2$ kg/dm³; lineare Wärmedehnzahl $\alpha_t = 22 \cdot 10^{-6}$ m/(m · K); Wärmeleitfähigkeit $\lambda = 110$ W/(m · K). Die sehr hohe Dehnzahl ist konstruktiv durch entsprechende Falzverbindungen, Schiebenähte etc. zu berücksichtigen.

b) Zink-Gusslegierungen (ZL) nach DIN EN 1774, Verwendung z.B. für Beschläge, sind in acht Sorten eingeteilt. Hauptlegierungselemente sind Al, Cu und Mg. Werkstoffkurzzeichen sind z.B. ZnAl4, ZnAl4Cu1, ZnAl27Cu2. Die Zahlen hinter Al bzw. Cu bedeuten die mittleren %-Gehalte der Elemente. Die zugehörigen Werkstoffnummern bzw. Kurzbezeichnungen lauten ZL0400, ZL0410, ZL2720 bzw. ZL3, ZL5, ZL27.

c) Kupfer-Zink-Legierungen (Messing) siehe Abschnitt 9.5.5.

9.4.3 Korrosionsverhalten

Zink überzieht sich an der Luft mit einer dichten, wasserundurchlässigen und festhaftenden Schicht aus matter, graublauer Patina, einem wasserunlöslichen basischen Zinkcarbonat ($2\,ZnO + H_2O + CO_2 \rightarrow ZnCO_3 \cdot Zn(OH)_2$). Die Ablösung der äußersten Patinaschicht infolge Regenwasser führt zu sogenannten Abschwemmungen, die auf Grund des seit vielen Jahren abnehmenden SO_2-Gehalts der Luft jedoch immer geringer ausfallen und deren Gefährlichkeit bei Eindringen in den Erdboden unterschiedlich beurteilt wird. Zink ist empfindlich gegen Säuren und Basen [2]. Bei Berührung mit Kupfer entsteht elektrolytische Korrosion.

9.4.4 Verwendung im Bauwesen

a) Bauelemente bestehen aus Titanzinkblech, und zwar sowohl in walzblanker Form als auch vorbewittert in blau- oder schiefergrauer Färbung. Hauptanwendungsgebiete sind Fassadenbekleidungen und Eindeckungen von belüfteten und nicht belüfteten Dächern unter Verwendung entsprechender Dämmmaterialien sowie sämtliche Bauelemente für die Dachentwässerung, wie Dachrinnen, Regenfallrohre und Zubehör, daneben Mauer- und Gesimsabdeckungen. Zinkblech lässt sich einfach verarbeiten, löten oder schweißen und allen Bauformen gut anpassen. Bei Abdeckungen und Randeinfassungen ist auf ausreichendes Gefälle zu achten und sind Tropfnasen vorzusehen.

b) Fassadenbekleidungen werden mit horizontal, vertikal oder diagonal verlegten Well- oder Trapezprofilen sowie mit Paneelen oder Scharen (Blechbahnen) hergestellt. Auch rautenförmige klein- und großformatige Elemente werden verwendet. Die Befestigung auf der Unterkonstruktion erfolgt starr durch Schrauben oder beweglich durch besondere Befestigungselemente, sogenannte Haften.

c) Bei **Dacheindeckungen** werden die verwendeten Bleche zum Zwecke der Regendichtheit im Bereich der Stöße etwa 25 mm aufgekantet und durch unterschiedliche Falztechnik, z.B. Doppel- oder Winkelstehfalz oder Leistenfalz, miteinander verbunden. Dachrinnen gibt es halbrund oder kastenförmig, Regenfallrohre rund oder rechteckig. Die Nahtverbindungen werden gelötet oder geschweißt.

d) Als vorgefertigte **Solarstrom-Elemente** gibt es Paneele oder Scharen mit unterseitig angebrachten Kapillarröhrchen oder vollflächig aufgeklebten Solarmodulen.

9.5 Kupfer Cu (Cuprum[1] 2- und 1-wertig)

Normen

DIN 18 339	(09.12)	Klempnerarbeiten (VOB Teil C: Allgemeine Vertragsbedingungen für Bauleistungen)
DIN EN 1057	(06.10)	Kupfer und Kupferlegierungen; Nahtlose Rundrohre für Wasser- und Gasinstallationen für Sanitärinstallationen und Heizungsanlagen
DIN EN 1172	(02.12)	wie vor; Bleche und Bänder für das Bauwesen
DIN EN 1173	(08.08)	wie vor; Zustandsbezeichnungen
DIN EN 1412	(12.95)	wie vor; Europäisches Werkstoffnummernsystem (Entw. 02.16)
DIN EN 1652	(03.98)	wie vor; Platten, Bleche, Bänder, Streifen und Ronden zur allgemeinen Verwendung
DIN EN 1655	(06.97)	wie vor; Konformitätserklärungen
DIN EN 1976	(01.13)	wie vor; Gegossene Rohformen aus Kupfer

---

[1] Benannt nach der Insel Zypern.

9 Nichteisenmetalle (NE-Metalle)

DIN EN 1977	(04.13)	wie vor; Vordraht aus Kupfer
DIN EN 1978	(05.98)	wie vor; Kupfer-Kathoden
DIN EN 1981	(05.03)	wie vor; Vorlegierungen
DIN EN 1982	(08.08)	wie vor; Blockmetalle und Gussstücke
DIN EN 12 163	(08.11)	wie vor; Stangen zur allgemeinen Verwendung (Entw. 12.15)
DIN EN 12 164	(08.11)	wie vor; Stangen für die spanende Bearbeitung (Entw. 12.15)
DIN EN 12 165	(08.11)	wie vor; Vormaterial für Schmiedestücke
DIN EN 12 166	(08.11)	wie vor; Drähte zur allgemeinen Verwendung
DIN EN 12 167	(08.11)	wie vor; Profile und Rechteckstangen zur allgemeinen Verwendung
DIN EN 12 168	(08.11)	wie vor; Hohlstangen für die spanende Bearbeitung
DIN EN 12 420	(09.14)	wie vor; Schmiedestücke
DIN EN 12 449	(07.12)	wie vor; Nahtlose Rundrohre zur allgemeinen Verwendung
DIN EN 12 861	(10.99)	wie vor; Schrotte
DIN EN 13 148	(12.10)	wie vor; Feuerverzinnte Bänder
DIN EN 13 347	(03.11)	wie vor; Stangen und Drähte für Schweißzusatzstoffe und Hartlote (zurückgezogen)
DIN EN ISO 24 373	(08.09)	Schweißzusätze – Massivdrähte und -stäbe zum Schmelzschweißen von Kupfer und Kupferlegierungen
DIN TB 456	(2015)	Kupfer 1: Walzprodukte und RohreKupfer 2: Stangen, Drähte, Profile, Guss- und Schmiedestücke

9.5.1 Vorkommen, Gewinnung

a) Vorkommen: Kupfer steht mit einem Gehallt von 0,006 % in der Erdkruste an 23. Stelle der Elemente. Wichtige Kupfererze sind Kupferkies $CuFeS_2$, Kupferglanz Cu_2S und Rotkupfererz Cu_2O. Die bekanntesten Vorkommen liegen in Chile und den USA. Die bekannten weltweiten Ressourcen belaufen sich auf 340 Mio. Tonnen, Schätzungen auf insgesamt circa 2,3 Mrd. Tonnen (Stand 1998). In Deutschland wurde Kupfer in der einstmals größten europäischen Kupfermine in der Mansfelder Region bis in die 1980er Jahre gefördert. Ein Nebenerzeugnis waren die Mansfelder Kupferschlacken-Pflastersteine.

b) Gewinnung: Die Erze werden zunächst von taubem Begleitgestein befreit und durch Flotation (Schwimmaufbereitung) in Erzkonzentrate von 20 bis 30 % Cu-Gehalt gebracht. Kupferkies und Kupferglanz werden schmelzmetallurgisch, Rotkupfererz nassmetallurgisch weiter verarbeitet auf Kupfergehalte von 97 bis 99 %, danach durch Raffination, heute in der Regel elektrolytisch, auf mindestens 99,9 %. Kupfer kann beliebig oft recycelt und ohne Qualitätsverlust wieder zurückgewonnen werden.

9.5.2 Bezeichnung von Kupferwerkstoffen

Kupferwerkstoffe werden durch Kurzzeichen und/oder Werkstoffnummer, gegebenenfalls zusätzlich durch eine Zustandsbezeichnung charakterisiert.

Das **Kurzzeichen** besteht entweder aus einer Folge von Großbuchstaben mit davor gesetztem Cu- oder aus chemischen Symbolen mit mittleren %-Werten. Beispiel: Cu-DHP oder CuZn37 (= Legierung mit 63 % Cu und 37 % Zn).

Die **Werkstoffnummer** nach DIN EN 1412 besteht aus sechs Stellen. Stelle 1: stets C. Stelle 2: Großbuchstabe zur Werkstoffart, z.B. B = Kupfer in Blockform, C = Gusswerkstoff, R = Raffiniertes Kupfer in Rohform, W = Knetwerkstoff. Stelle 3 bis 5: dreistellige Zahl ohne besondere Bestimmung; 000 bis 799 bzw. 800 bis 999 = genormter bzw. nicht genormter Kupferwerkstoff. Stelle 6: Großbuchstabe für die Werkstoffgruppe, z.B. A oder B = Kupfer; C oder D = niedriglegierte Cu-Legierung (< 5 % Legierungsanteil);

9.5 Kupfer Cu (Cuprum 2- und 1-wertig)

G = Cu-Al-Legierung; K = Cu-Sn-Legierung; L oder M = Cu-Zn-Zweistofflegierung; N oder P = Cu-Zn-Pb-Legierung; R oder S = Cu-Zn-Mehrstofflegierung Beispiel: Cu-DHP hat die Werkstoffnummer CW024A.

Die **Zustandsbezeichnung** nach DIN EN 1173 besteht im Normalfall aus vier Stellen. Stelle 1: Großbuchstabe, z.B. für eine bezeichnende verbindliche Werkstoffeigenschaft wie Bruchdehnung (*A*), Härte (*H*; Brinell oder Vickers), Zugfestigkeit R_m (*R*), 0,2%-Dehngrenze (*Y*). Stelle 2 bis 4 (gegebenenfalls bis 5): Mindestwert der Eigenschaft. Beispiel: H150 = Härte $\geq$ 150 N/mm²; R500 = Zugfestigkeit $R_m \geq$ 500 N/mm², A007 = Bruchdehnung $A_5 \geq$ 7 %.

9.5.3 Eigenschaften

Reines Kupfer hat eine glänzend rötliche Farbe (Buntmetall). Dichte 8,9 kg/dm³, Schmelzpunkt 1083 °C, Wärmeleitfähigkeit 395 W/(m · K), lineare Wärmedehnzahl $17 \cdot 10^{-1}$ 1/K, spezifische elektrische Leitfähigkeit circa 60 m/(Ω · mm²), nur Silber mit 63 m/(Ω · mm²) ist besser. Zugfestigkeit circa 200 N/mm², 0,2%-Dehngrenze 40 bis 80 N/mm², Bruchdehnung $A_5 \geq$ 40 %. Durch Kaltverformung verändern sich diese Werte auf 350, $\geq$ 320 und $\leq$ 5%. Legierungen erreichen Festigkeiten bis maximal 1500 N/mm², die elektrische Leitfähigkeit sinkt dabei allerdings erheblich.

Kupfer und Cu-Legierungen lassen sich gut schmelzen und gießen, warm und kalt umformen (Bleche, Rohre, Stangen, Draht), gesenk- und freiformschmieden, spanabhebend bearbeiten, schweißen, weich- und hartlöten, wärmebehandeln (Weichglühen, Homogenisieren, Spannungsarmglühen, Härten), beschichten (z.B. galvanische Beschichtung von Armaturen zu verchromtem Messing).

9.5.4 Kupfersorten

Die **DIN EN 1976** (Gegossene Rohformen aus Kupfer) beschreibt 22 Kupfersorten mit einem Cu-Gehalt $\geq$ 99,9 % und einer spezifischen elektrischen Leitfähigkeit von $\geq$ 57 m/(Ω · mm²). Sie tragen die Werkstoffnummern CR003A bis CR025A. Fünf Sorten (phosphorhaltig) sind sauerstofffrei, darunter auch die im Bauwesen wichtige Sorte Cu-DHP (CR024A; s.a. Abschnitt 9.5.6).

Bei den in der DIN EN 1976 beschriebenen Gussformaten (gegossene Kupferrohformen) handelt es sich um Drahtbarren, Walzplatten, Rundblöcke und Blockmetalle. Blockmetalle dienen zum Herstellen von Kupfer-Knetlegierungen oder Kupfer-Gusslegierungen, die übrigen Gussformate zur Herstellung von Kupfer-Knetprodukten. Die Produktbezeichnung eines Gussformates besteht aus Benennung, Norm, Werkstoffbezeichnung (entweder Kurzzeichen nach DIN EN ISO 1190-1 oder Nummer nach DIN EN 1412) und Querschnitt und Länge. Beispiel: Rundblock EN 1976 – Cu-ETP oder CR004A – RND250 × 1000 (Rund, Durchmesser × Länge in mm).

9.5.5 Kupferlegierungen

a) Die **DIN EN 1982** (Blockmetalle und Gussstücke) legt die Zusammensetzung und die mechanischen Eigenschaften von Legierungen in Form von 35 Blockmetallen und 43 Gusswerkstoffen fest. Hauptlegierungselemente sind Zink (Zn), Zinn (Sn), Nickel (Ni) und Aluminium (Al), daneben Blei (Pb), Mangan (Mn) u.a. Man unterscheidet
- Kupfer-*Knetlegierungen*: kalt und/oder warm verformbar („knetbar"). Verwendung: Bleche, Bänder, Rohre.

9 Nichteisenmetalle (NE-Metalle)

- Kupfer-*Gusslegierungen*: für Gussteile, die nicht weiter verformt werden müssen, aber spanend bearbeitet werden können. Man unterscheidet Sand-, Kokillen-, Schleuder-, Strang- und Druckguss (GS, GK, GZ, GC, GP). Verwendung für Armaturen, Fittings etc., z.B. in der Sanitärinstallation.

b) Arten und Anwendung von Kupferlegierungen (s.a. Abschnitt 9.5.6):
- **Bronze** ist eine CuSn-Legierung. Knetlegierungen enthalten 2 bis 8,5 % Sn, Gusslegierungen 9 bis 12 % Sn, meist mit weiteren Legierungselementen wie Zn, Pb, Ni und Fe. Bronzeglocken enthalten circa 20 % Sn. Bronze ist unmagnetisch, fester und härter als reines Kupfer und sehr korrosionsbeständig, verschleißfest sowie meerwasserbeständig. Knetlegierungen lassen sich gut schweißen (z.B. Schutzgasschweißen WIG und Widerstandsschweißen) und finden Anwendung z.B. in der Elektrotechnik und im Maschinenbau (Gleitlager). Gusslegierungen sind gut spanend bearbeitbar, lassen sich gut weichlöten (Fittings bei Kupferrohren), aber nur bedingt schweißen. Anwendung z.B. im Maschinenbau und in der Trinkwasserverteilung für Ventilgehäuse, Pumpen und Armaturen.
- **Rotguss** ist eine Gussbronze, in der Teile des Zinns durch Zink ersetzt sind, ursprünglich als „gun metal" bezeichnet. Mit kleinen Anteilen an Pb Anwendung für Armaturen, Gleitlager und Pumpengehäuse, meerwasserbeständig.
- **Messing** ist eine CuZn-Legierung, die im Druckgussverfahren hergestellt wird. Zn-Gehalt 5 bis 45 %, 60 unterschiedliche Sorten, bei hohem Cu-Gehalt goldrot, bei hohem Zn-Gehalt hellgelb. Mit weiteren Legierungselementen wie Al, Fe, Mn, Ni, Si und Sn entstehen die sogenannten Sondermessinge. Zugabe von geringen Pb-Anteilen ergibt bessere Zerspanbarkeit (Automatenmessing). Messing findet Anwendung besonders in der Sanitärinstallation (Fittings, Armaturen etc.)
- **Neusilber** ist eine CuNiZn-Legierung mit 12 bis 45 % Cu und 7 bis 26 % Ni. Es besitzt silberweiße Farbe und eine hohe Festigkeit und Korrosionsbeständigkeit. Anwendung z.B. zur Herstellung von Schmuck und für Federn in der Elektrotechnik.

9.5.6 Verwendung im Bauwesen

a) Allgemeines: Im Bauwesen findet bevorzugt die phosphorarme und sauerstoff*freie* Kupfersorte Cu-DHP (ehemals SF-CU) mit der Werkstoffnummer CW024A (ehemals 2.0090) mit einem Cu-Gehalt ≥ 99,9 % Anwendung. Cu-DHP ist gut warm- und kaltumformbar. Es lässt sich gut schweißen und hart- und weichlöten, wobei nicht die Gefahr besteht, dass es durch Verbindung von Sauerstoff mit H_2 zu Blasen- und Rissbildung kommt (sogenannte Wasserstoffkrankheit). Hauptanwendungsgebiete sind Rohrleitungen in der Gas- und Wasserinstallation und in der Heizungs- und Klimatechnik sowie die Verwendung von Kupferblech im Bereich Dach und Wand.

b) Blech und Band aus Kupfer nach DIN EN 1172 findet Verwendung für Dachdeckung und -entwässerung sowie für Gesimsabdeckungen und Wandbekleidungen. Dicken von 0,5 bis 1 mm, Breiten bis 1250 mm. Verwendet wird der Kupfer-Knetwerkstoff Cu-DHP (CW024A) und als Kupfer-Knetlegierung CuZn0,5 (CW119C) mit einem Zn-Gehalt von 0,1 bis 1,0 %. Die Sorte CuZn0,5 ist nur geeignet für Dachrinnen, Fallrohre und Zubehör. Beim Schweißen, Hartlöten und bei Wärmebehandlung kann bei dieser Sorte Zink ausdampfen. Beide Sorten gibt es in den Zustandsformen R220, R240 und R290 (Zahlen = Mindestzugfestigkeit R_m in N/mm^2) und H040, H065 und H090 (Zahlen = Mindest-Vickershärte HV).

Beispiel für die Produktbezeichnung eines Kupferbleches der Maße Dicke × Breite × Länge in mm: Blech DIN EN 1172 – Cu-DHP (oder CW024A) – R 240 – 0,6 × 1000 × 2000.
Die windsogsichere **Befestigung der Bleche** (Schare) an der Unterkonstruktion erfolgt mit sogenannten Haften (Festhafte oder Schiebehafte). Die Verbindung untereinander geschieht durch Zusammenfalzen der überlappenden Ränder, wobei die Hafte in die Falzung mit einbezogen werden. Handwerklich geschieht dies mit Falzeisen und Hammer, heute aber meist mit Profilier-Falzschließmaschinen.

c) Kupferrohre aus Kupferlegierungen nach DIN EN 12 168 gibt es rund, quadratisch, rechteckig sowie sechs- und achteckig. Die Verbindung der Rohre geschieht durch Weich- und Hartlöten oder Schweißen sowie durch Verschrauben oder mit Flanschen oder Fittingen. Die Norm macht Angaben über Zusammensetzung, Vickershärte HV, Zugfestigkeit R_m und Bruchdehnung von 20 Kupferlegierungen:
- 2 niedriglegierte Cu-Legierungen mit ≥ 99,9 % Cu; HV = 90 bis 140, $R_m \approx 250$ N/mm², $A \approx 7$ %
- 12 Cu-Zn-Pb-Legierungen mit ≈ 60 % Cu; mit Angaben zur Zerspanbarkeit/Kaltumformbarkeit wie hervorragende/begrenzte, gute/gewisse, normale/sehr gute; HV 80 bis 170, $R_m \approx 340$ bis 440 N/mm², $A \approx 10$ bis 30 %
- 6 Cu-Zn-Mehrstofflegierungen mit ≈ 60 % Cu; HV 135 bis 230, $R_m \approx 370$ bis 620 N/mm², $A \approx 8$ bis 22 %.

Die **Produktbezeichnung** besteht aus Werkstoffkennzeichen – Zustand – Querschnitt. Beispiel: Hohlstange DIN EN 12 168 – CuZn39Pb3 oder CW614N – H090 – RND40BxWT10A (= rund, Außen-Ø 40 mm Toleranzklasse B, Wanddicke 10 mm Toleranzklasse A).

9.5.7 Korrosionsverhalten von Kupfer

Kupfer, insbesondere das im Bauwesen viel verwendete Cu-DHP, besitzt eine gute Korrosionsbeständigkeit in natürlicher Atmosphäre (auch Meeresluft) und Industrieatmosphäre. Es überzieht sich dabei zunächst mit einer dunklen, später grünen festhaftenden und schützenden Deckschicht (Patina). Auch gegen Trink- und Brauchwasser, alkalische Lösungen, reinen Wasserdampf, nichtoxidierende Säuren (ohne gelösten Sauerstoff) und neutrale Salzlösungen ist Cu-DHP gut beständig. Kupfer ist auch beständig gegen Zement, Kalk und Gips. Unbeständig dagegen ist es gegen Lösungen, die Cyanide, Halogenide bzw. Ammoniak enthalten, gegen oxidierende Säuren, feuchtes Ammoniak und halogenhaltige Gase sowie gegen Schwefelwasserstoff und Seewasser.
Bei Verarbeitung mit unedleren Metallen (Fe, Al, Zn) können diese elektrolytisch angegriffen werden. Daher ist bei Rohrinstallationen Kupfer nach Stahl in Fließrichtung anzuordnen. Bei Wandbekleidungen oder Bedachungen muss durch Isolierung Kontakt mit unedleren Metallen vermieden werden.

9.6 Nickel Ni (2- und 4-wertig)

Normen

DIN 1701	(05.80)	Hüttennickel
DIN 1702	(01.67)	Nickelanoden
DIN 17 740	(09.02)	Nickel in Halbzeug; Zusammensetzung
DIN 17 741	(09.02)	Niedriglegierte Nickel-Knetlegierungen; Zusammensetzung
DIN 17 750	(09.02)	Bänder und Bleche aus Nickel und Nickel-Knetlegierungen – Eigenschaften

DIN 17 751	(09.02)	Rohre aus Nickel und Nickel-Knetlegierungen; Eigenschaften
DIN 17 752	(09.02)	Stangen aus Nickel und Nickel-Knetlegierungen – Eigenschaften
DIN 17 753	(09.02)	Drähte aus Nickel und Nickel-Knetlegierungen – Eigenschaften

9.6.1 Vorkommen, Gewinnung und Eigenschaften

Nickelerze werden hauptsächlich in Kanada in Form von Ni-Magnetkiesen (FeNi)S mit $CuFeS_2$ ausgebeutet. Ein weiteres Nickelerz ist Garnierit $(Ni, Mg)_6 \cdot (OH)_8 \cdot (Si_4O_{10})$. Die Reduktion erfolgt in Flammöfen.

Nickel hat eine Dichte von 8,9 kg/dm³. Sein Schmelzpunkt liegt bei 1453 °C. Es ist von silberweißer Farbe und ziemlich hart, hämmerbar und schweißbar. Es kann durch Walzen, Pressen, Schmieden warm geformt werden. Nickel ist gegen Basen sowie in der Atmosphäre gut korrosionsbeständig und wird von schwachen Säuren wenig angegriffen.

9.6.2 Sorten, Legierungen und Verwendung

Hüttennickel (DIN 1701) mit mindestens 98,5 % Ni und Nickelanoden (DIN 1702) sowie Halbzeug (DIN 17 740) und Rohre (DIN 17 751) sind genormt.

Reinnickel wird im engeren Bauwesen kaum verwendet (Laboratoriumsgeräte), jedoch dient Nickel dem Korrosionsschutz (siehe z.B. Abschnitt 8.14.5.1) in Form von Schutzschichten oder als Legierungsbestandteil für nichtrostende Nickel- und Chromnickelstähle oder für Legierungen mit Kupfer (siehe Abschnitt 9.5.5).

Monelmetall enthält etwa 67 % Nickel, ist sehr fest, wetterbeständig und wird für Glasdachrahmen und für Dachdeckungen in den Tropen verwendet.

9.7 Aluminium Al (3-wertig)

Normen
Die Titel der Normen und ihre Ausgabedaten sind aus Platzersparnisgründen zum Teil verkürzt wiedergegeben.
Es bedeuten: –; = Aluminium und Aluminiumlegierungen, TL = Technische Lieferbedingungen, ME = Mechanische Eigenschaften, GF = Grenzabmaße und Formtoleranzen, AA = Allgemeine Anwendungen.

Halbzeug, Masseln, Barren

DIN EN 515	(12.93)	–; Halbzeug, Bezeichnung der Werkstoffzustände
DIN EN 573-1 bis -5		–; Chemische Zusammensetzung und Form von Halbzeug
		T. 1: Numerisches Bezeichnungssystem (02.05);
		T. 2: Bezeichnungssystem mit chemischen Symbolen (12.94);
		T. 3: Chemische Zusammensetzung (12.13);
		T. 4: Erzeugnisformen (05.04) zurückgezogen;
		T. 5: Bezeichnung von genormten Knetlegierungen (11.07)
DIN EN 486	(09.11)	–; Pressbarren
DIN EN 487	(09.11)	–; Walzbarren
DIN EN 575	(09.95)	–; Vorlegierungen; Spezifikationen
DIN EN 576	(01.04)	–; Unlegiertes Aluminium in Masseln
DIN EN 1676	(06.10)	–; Legiertes Aluminium in Masseln
DIN EN 1780	(01.03)	–; Bezeichnung von legiertem Al in in Masseln, Vorlegierungen und Gussstücken;
		T. 1: Nummernsystem; T. 2: Chemische Symbole; T. 3: Schreibregeln für die chemische Zusammensetzung

Guss- und Schmiedestücke

| DIN EN 586-1 bis -3 | | –; Schmiedestücke; TL (10.97), ME (11.94), GF (02.02) |

9.7 Aluminium Al (3-wertig)

DIN EN 603-1 bis -3		–; Stranggepresstes oder gewalztes Schmiedevormaterial; TL (11.96), ME (11.96), GF (06.00)
DIN EN 604-1, -2	(03.97)	–; Gegossenes Schmiedevormaterial; TL, GF
DIN EN 1706	(12.13)	–; Gussstücke

Andere Erzeugnisformen und Aluminium-Konstruktionen

DIN EN 546-1 bis -4	(03.07)	–; Folien; TL, ME, GF
DIN EN 1301-1 bis -3	(12.08)	–; Gezogene Drähte; TL, ME, GF
DIN EN 1715-1 bis -4	(07.08)	–; Vordraht; T. 1: AA und TL
DIN EN 754-1 bis -8		–; Gezogene Stangen und Rohre; T. 1: TL (06.08), T. 2: ME (12.13)
DIN EN 755-1 bis -9		–; Stranggepresste Stangen, Rohre und Profile; T. 1: TL (06.08), T. 2: ME (12.13)
DIN EN 1592-1 bis -4	(12.97)	–; HF-Längsnahtgeschweißte Rohre; TL, ME, GF
DIN EN 12 020-1, -2	(06.08)	–; Stranggepresste Präzisionsprofile aus Legierungen; TL, GF
DIN 485-1 bis -4		–; Bänder, Bleche; TL (02.10), ME (12.13), GF (06.03)
DIN EN 1396	(06.15)	–, Bandbeschichtete Bänder und Bleche
DIN EN 13 981-1 bis -4	T1 (11.03) T2 (10.04) T3 (12.06) T4 (02.07)	–; Erzeugnisse für tragende Anwendungen im Schienenfahrzeugbau; TL
DIN EN 13 920-1 bis -16	(08.03)	–; Schrott
DIN 18 807-6 bis -9	(06.98) zurückgezogen	Aluminium-Trapezprofile und ihre Verbindungen im Hochbau
DIN EN 1999-1-1	(03.14)	Eurocode 9: Bemessung und Konstruktion von Aluminiumtragwerken – Teil 1-1: Allgemeine Bemessungsregeln

Anodisieren, chemische Analyse, Schweißen

DIN 17 611	(11.11)	Anodisch oxidierte Erzeugnisse aus Al und Al-Knetlegierungen (ungültig)
DIN EN ISO 7599	(12.10)	Anodisieren von Aluminium und Aluminiumlegierungen – Allgemeine Spezifikationen für anodisch erzeugte Oxidschichten auf Aluminium
DIN EN 12 373-1 bis -19	größtenteils zurückgezogen	–; Anodisieren (Prüfverfahren)
DIN EN 14 361	(02.05)	–; Chemische Analyse; Probenahme von Metallschmelzen
DIN EN 14 242	(12.04)	–; Optische Emissionsspektralanalyse
DIN EN 1011-4	(02.01)	Lichtbogenschweißen von Aluminium und Al-Legierungen
DIN 1732-3	(06.07)	Schweißzusätze für Aluminium und Al-Legierungen
DIN EN ISO 18 273	(05.16)	Schweißzusätze zum Schmelzschweißen von Aluminium und Al-Legierungen (Einteilung)

Beuth-Verlag

Fachbuchreihe Schweißtechnik	Bd. 137: Schweißen und Hartlöten von Aluminiumwerkstoffen
Werkstoffdatenbank Aluminium	2 CD-ROM
Aluminium-Taschenbücher	Bd. 1: Grundlagen und Werkstoffe; Bd. 2: Umformen, Recycling, Ökologie; Bd. 3 Weiterverarbeitung und Anwendung
DIN-Taschenbücher	Nr. 450, 451, 452

9.7.1 Vorkommen, Gewinnung, Weiterverarbeitung

Vorkommen: Aluminium ist mit 8 % das dritthäufigste Element in der Erdrinde, nach Sauerstoff mit 46,8 % und Silizium mit 25,8 % (Eisen etwa 5 %). Es kommt nicht reinmetallisch vor, sondern nur chemisch gebunden. Als Rohstoff wird fast ausschließlich Bauxit verwendet (nach der südfranzösischen Stadt Les Baux), ein rötlich gefärbtes Sedimentgestein von etwa folgender Zusammensetzung: Al_2O_3 ~ 60 %, Fe_2O_3 ≤ 30 %, SiO_2 ≤ 5 %, TiO_2 ≤ 3 %

9 Nichteisenmetalle (NE-Metalle)

und chemisch gebundenes $H_2O \leq 30$ %. Große erschlossene Bauxitvorkommen befinden sich in Australien, Jamaika und Brasilien.

b) **Gewinnung:** Metallisches Aluminium wird in zwei Stufen gewonnen. *Stufe 1*: Gemahlener Bauxit wird mit Natronlauge $Na(OH)_2$ gemischt und im Autoklaven (200 °C und 40 bar) zu Aluminiumhydroxid $Al(OH)_3$ aufgeschlossen. Aus diesem wird im Drehrohrofen oder nach dem Wirbelschichtverfahren bei 1200 bis 1300 °C Al_2O_3 gewonnen. *Stufe 2*: In Elektrolyseöfen wird das Al_2O_3 zu etwa 5 bis 7 % bei 950 bis 970 °C in einer Kryolithschmelze gelöst (Kryolith = Na_3AlF_6). Die Elektrolyseöfen sind feuerfest ausgemauerte Stahlwannen, die mit Kohle (Minuspol) ausgekleidet sind. Von oben tauchen Kohle-Anoden (Pluspole) in die Schmelze. Die vereinfachte Reaktionsgleichung der einsetzenden Schmelzflusselektrolyse lautet: $2\ Al_2O_3 + 3\ C \rightarrow 4\ Al$ (flüssiges Hüttenaluminium) $+ 3\ CO_2$ (gasförmig). Reinstaluminium mit 99,995 Al wird in einer weiteren elektrolytischen Raffination hergestellt. Hüttenaluminium (99 bis 99,9 % Al) ist der Ausgangsstoff für die meisten Aluminiumerzeugnisse.

c) **Weiterverarbeitung:** Hüttenaluminium aus der Schmelzflusselektrolyse wird **Primäraluminium** genannt. Es wird als flüssiges Rohmetall in der Gießerei gereinigt, entgast und mit Legierungselementen versetzt. Hierzu werden in der Regel Al-Vorlegierungen (DIN EN 575) verwendet, die bis zu 65 % Legierungselemente enthalten. Das so veränderte Rohmetall wird dann zu Masseln oder Formaten vergossen. Masseln (DIN EN 576) sind Al-Gusslegierungen, die in Formgießereien zu fertigen Gussstücken (DIN 1706) weiterverarbeitet werden. Formate sind Al-Knetwerkstoffe, die in Formatgießereien in Stranggießanlagen hergestellt werden, und zwar in Form von rechteckigen Walzbarren (DIN EN 487), zu kreisförmigen Pressbarren (DIN EN 486) oder zu Schmiedebarren (DIN EN 604). **Sekundäraluminium** wird aus Altschrott oder Neuschrott (Rücklauf aus Aluminium verarbeitenden Betrieben) durch Aufschmelzen hergestellt und in Formgießereien zu Gussstücken verarbeitet.

9.7.2 Arten von Aluminiumwerkstoffen

Man unterscheidet
- Al-*Knet*werkstoffe, die warm- oder kaltumformbar („knetbar"), aber auch spanend bearbeitbar sind und der Herstellung von Halbzeug (Bänder, Bleche, Profile) dienen, und
- Al-*Guss*werkstoffe, die *nur* spanend bearbeitbar sind und der Herstellung von Gussstücken dienen.

9.7.2.1 Aluminium-Knetwerkstoffe

Al-Knetwerkstoffe werden durch Warm- und/oder Kaltumformen (Strangpressen, Schmieden, Warm- oder Kaltwalzen, Ziehen) von Barren zu Halbzeug verarbeitet. Die dafür geeigneten Al-Werkstoffe („Rein-Al") und Al-Legierungen (Legierungselemente hauptsächlich Cu, Mn, Si, Mg, Zn, Ti) werden bei der Umformung zu Halbzeug (DIN EN 573) „durchgeknetet" und daher Knetwerkstoffe genannt.

Die rechteckigen Walzbarren dienen zum Walzen von Blechen und Bändern (DIN EN 485, 1396) oder Folien (DIN EN 546). Kreisförmige Pressbarren bilden das Ausgangsmaterial für die Herstellung stranggepresster und kaltgezogener Profile, Stangen und Rohre (DIN EN 754, 755, 12 020), die eine hohe Oberflächengüte und geringe Maßabweichungen aufweisen, sowie von Draht (DIN EN 1301 und 1715). Schmiedebarren werden zu Freiformschmiedestücken bis zu 2 m × 5 m Größe oder zu Gesenkschmiedestücken für hochbeanspruchte Teile im Fahrzeug- oder Flugzeugbau weiterverarbeitet.

9.7 Aluminium Al (3-wertig)

Tafel 9.1   Beispiele von in Deutschland üblichen Aluminium-Knetwerkstoffen zur Herstellung von Halbzeug [9.5] (Werkstoffbezeichnung und -zustand siehe Abschnitt 9.7.3).

Art	Bezeichnung nach DIN EN 573	Werkstoffzustand nach DIN EN 515	Verwendung Blech-, Wanddicke	R_m in N/mm²
„Rein-Al"	[Al 99,5] AW-1050A	H22 rückgeglüht	Blech 3 bis 6 mm	85
		F, H12 gepresst	Profile jede Wanddicke	60
Legierungen, nicht aushärtbar	AW-3003 [AlMn1Cu]	H19 kaltgewalzt	Bleche 1,5 bis 3 mm	210
	[AlMg4,5Mn0,7] AW-5083	H16 rückgeglüht	Bleche 0,5 bis 4 mm	360
	[AlMg3] AW-5754	F, H112 kaltgewalzt	Profile bis 25 mm	180
Legierungen, aushärtbar	[AlMgSi] AW-6060	T6 warm ausgehärtet	Profile bis 3 mm	190
	[AlSi1MgMn] AW-6082	T6 warm ausgehärtet	Bleche 0,4 bis 1,5 mm	310
	[AlZn5,5MgCu] AW-7075	T62 warm ausgehärtet	Bleche 80 bis 90 mm	490

9.7.2.2 Aluminium-Gusswerkstoffe

Aluminium-Gusswerkstoffe (DIN EN 1676 und DIN EN 1706) werden in Formgießereien aus Al-Legierungen hergestellt und dienen zur Herstellung von Gussstücken. Zur Gewährleistung einer guten Gießbarkeit weisen diese in der Regel deutlich höhere Gehalte an Legierungselementen (Cu, Si, Mg, Ni und Ti) auf, als die Knetlegierungen. Je nach dem Gießverfahren unterscheidet man Sandgussstücke (bis circa 4000 kg), Kokillengussstücke (bis circa 100 kg), Druckgussstücke unter 700 bar (bis circa 50 kg) und Feingussstücke mit hoher Maßgenauigkeit (bis circa 25 kg).

Tafel 9.2 Beispiele von in Deutschland üblichen Al-Gusslegierungen nach DIN EN 1706 [9.5] (Werkstoffnummer und -zustand siehe Abschnitt 9.7.3).

Gussart	Werkstoffnummer	Kurzzeichen	wärmebehandelt (Werkstoffzustand)	Zugfestigkeit R_m in N/mm² mindestens	Brinellhärte HB in N/mm² mindestens
Druckguss	AC-43400	AlSi10Mg(Fe)	–	240	70
	AC-51200	AlMg9	–	200	70
Sandguss	AC43000	AlSi10Mg(a)	nein	150	50
			ja (T6)	220	75
Kokillenguss	AC-21000	AlCu4MgTi	ja (T4)	320	95
	AC-48000	AlSi12CuNiMg	ja (T6)	280	100

9 Nichteisenmetalle (NE-Metalle)

9.7.3 Bezeichnung von Aluminium-Werkstoffen
9.7.3.1 Knetwerkstoffe und Knetlegierungen
Die Bezeichnung beginnt mit EN AW und besteht aus einer vierstelligen Zahl xxxx (DIN EN 573-1) und chemischen Symbolen (DIN EN 573-2, -3) in eckigen Klammern. Kupfer*erzeugnisse,* wie z.B. Bleche und Profile, erhalten zusätzlich eine Bezeichnung für den Werkstoffzustand nach DIN EN 515. Auf die vierstellige Zahl kann ein Großbuchstabe folgen, z.B. xxxx A, wenn es sich um eine nationale Variante der Legierung handelt.

a) Vierstellige Zahlen xxxx (DIN EN 573-1):
Position 1: Legierungsgruppe; Gruppe 1xxx = unlegiertes Aluminium, Al-Gehalt ≥ 99,00 %. Die Gruppen 2 bis 8 bezeichnen Al-Legierungen mit folgenden Hauptlegierungselementen, Cu = 2xxx, Mn = 3xxx, Si = 4xxx, Mg = 5xxx, Mg + Si = 6xxx, Zn = 7xxx, 8xxx = sonstige Elemente.
Position 2: 0 = Originallegierung; 1 bis 9: Abwandlungen der Originallegierung
Position 3 und 4:
- Al-Knetwerkstoff (unlegiertes Al): Nachkomma-Stellen des Al-Gehaltes, z.B. 1099 = Al-Gehalt ≥ 99,99 %
- Al-Knetlegierung: bezeichnet eine bestimmte Legierung in der Gruppe, z.B. 7050 = Legierung Nr. 50 der Gruppe 7 (Hauptlegierungselement Zn).

b) Chemische Elemente (DIN EN 573-2, -3):
- Knetwerkstoff: Beispiel [Al 99,99] = unlegiertes Aluminium, Al-Gehalt ≥ 99,99 %. Enthält das Aluminium ein Legierungselement mit *geringem* Masseanteil, wird sein chemisches Symbol ohne Zwischenraum angehängt, z.B. [Al 99,0Cu] = unlegiertes Al mit Al-Gehalt ≥ 99,00 und geringem Cu-Anteil
- Al-Knet*legierung*: Auf Al folgen die chemischen Symbole von maximal vier Legierungselementen. Das Erste davon ist das Hauptlegierungselement mit seinem Nenngehalt, weitere Elemente folgen in der Reihenfolge des fallenden Nenngehaltes entsprechend DIN EN 573-3, z.B. [AlZn6CuMgZr] = Al-Legierung mit den in DIN EN 573-3 in Tabelle aufgeführten Legierungsgehalten: Zn 5,7 bis 6,7 %, Cu 2,0 bis 2,6 %, Mg 1,9 bis 2,6 %, Zr 0,08 bis 0,15 %. Auf den letzten Buchstaben kann ein Großbuchstabe in runden Klammern folgen, z.B. (A), wenn es sich um eine ähnliche Legierung wie die angegebene handelt.

c) Werkstoffzustand von Halbzeug (DIN EN 515):
Halbzeug kommt durch die entsprechenden Herstellungsverfahren und Nachbehandlungen in einen Werkstoffzustand mit bestimmten Werkstoffeigenschaften. Seine Bezeichnung besteht aus einem Großbuchstaben und nachfolgenden Ziffern. Der Großbuchstabe bezeichnet den Basiszustand, die nachfolgenden Ziffern bezeichnen Varianten des Basiszustandes. Die Norm definiert die folgenden Basiszustände: Herstellungszustand ohne Nachbehandlung (F), Weichgeglüht (O), Kaltverfestigt (H), Lösungsgeglüht (W), und Wärmebehandlung mit oder ohne zusätzliche Kaltverfestigung (T). Zu den Basiszuständen kann ein anschließendes Lagern bei Raumtemperatur (Kaltauslagern) oder bei erhöhter Temperatur gehören (Warmauslagern).
Die Norm verzeichnet eine große Anzahl von Buchstaben-Ziffern-Kombinationen. Beispiele: H12 = durch Kaltverfestigung geringfügig gehärtet; H18 = durch Kaltverfestigung voll durchgehärtet; H111 = geglüht und durch Recken geringfügig kalt verfestigt, T6 = lösungsgeglüht und warm ausgelagert; O = weichgeglüht durch Warmumformung.

9.7 Aluminium Al (3-wertig)

Beispiel für eine vollständige Werkstoffbezeichnung eines warm ausgehärteten Kupferbleches nach DIN EN 485:
EN AW-7075 [Al Zn5,5MgCu]T6 oder EN AW-AlZn5,5MgCuT6.

9.7.3.2 Gusswerkstoffe

Die Bezeichnungen der Gusswerkstoffe nach DIN EN 1706 und DIN EN 1780 haben einen ähnlichen Aufbau wie die der Knetwerkstoffe. Sie beginnen mit EN AB (Masseln) oder EN AC (Gussstücke) und bestehen aus einer 5-stelligen Zahl xxxxx, gefolgt von chemischen Symbolen in eckigen Klammern sowie einer Bezeichnung für den Werkstoffzustand (Beispiele siehe Abschnitt 9.7.3.1c) und für das Gießverfahren (S = Sandguss, K = Kokillenguss, D = Druckguss, L = Feinguss).

Die erste Ziffer der fünfstelligen **Nummer** gibt das Hauptlegierungselement an: 2xxxx = Cu, 4xxxx = Si, 5xxxx = Mg und 7xxxx = Zn. Die zweite Ziffer gibt die Legierungsgruppe an, z.B. 21xxx = AlCu, 41xxx = AlMgTi, 42xxx = AlSi7Mg usw. bis 48xxx = AlSiCuNiMg, 51xxx = AlMg, 71xxx = AlZnMg. Die dritte Ziffer ist willkürlich, die vierte *im Allgemeinen* eine 0, die fünfte *muss* 0 sein, außer bei Luft- und Raumfahrtlegierungen.

Die **chemischen Symbole** werden wie bei den Knetlegierungen angegeben. Hauptverunreinigungen werden in Klammern angehängt z.B. (Fe), (Cu), (Fe)(Zn), ähnliche Legierungen werden durch ein angehängtes (a), (b), (c) ... unterschieden.

Beispiel für ein warm ausgehärtetes Gussstück (Kokillenguss) nach DIN EN 1706:
EN 1706 AC-42000KT6 [AlSi7MgKT6] oder EN 1706 AC-AlSi7MgKT6.

9.7.4 Eigenschaften von Aluminiumwerkstoffen

9.7.4.1 Physikalische Eigenschaften

Reines Aluminium ist von silbrigweißer Farbe. Seine Dichte beträgt 2,7 kg/dm³; der Schmelzpunkt 660 °C; die Wärmeleitfähigkeit 235 W/(m · K); die Wärmedehnzahl $23{,}6 \cdot 10^{-6}$ 1/K; die spezifische elektrische Leitfähigkeit beträgt 37,7 m/(Ω · mm²), nach Kupfer mit 60 m/(Ω · mm²) die dritthöchste Leitfähigkeit. Bei Legierungen verändern sich die Werte: die Dichte auf 2,64 bis 2,85 kg/dm³; der Solidus-/Liquiduspunkt auf 480/640 °C; die Wärmeleitfähigkeit auf 110 W/(m · K); die lineare Wärmedehnzahl auf 22,8 bis $24{,}4 \cdot 10^{-6}$ 1/K; die elektrische Leitfähigkeit auf 15 und 16 m/(Ω · mm²). Zum Korrosionsverhalten von Aluminium siehe Abschnitt 9.7.5.

9.7.4.2 Mechanische Eigenschaften

Reines Aluminium hat nur eine geringe Zugfestigkeit R_m unter 80 N/mm² mit Bruchdehnungen $A_{50\,mm}$ bis 35 %. Aus diesem Grunde wird Aluminium vorwiegend in Form von Legierungen verwendet. Knetlegierungen haben Festigkeiten R_m von 95 bis 545 N/mm², Dehngrenzen $R_{p0,2}$ von 35 bis 475 N/mm² und Bruchdehnungen $A_{50\,mm}$ von 18 bis 4 %.

Eine Festigkeitssteigerung des „weichen" Reinaluminiums wird durch folgende Maßnahmen erreicht:

- Durch Kaltverfestigung, z.B. beim Kaltwalzen von Blechen oder Kaltziehen von stranggepressten Rohren. Dabei nimmt die Bruchdehnung stark ab. Durch Glühen auf Temperaturen von 200 bis 250 °C geht die Festigkeit von hart auf halbhart zurück und die Bruchdehnung steigt wieder („Entfestigungsglühen").
- Allein durch Zugabe von Legierungselementen bei den „nichtaushärtbaren" Legierungen der Gruppen AlMg, AlMn und AlMgMn („Legierungsverfestigung").

9 Nichteisenmetalle (NE-Metalle)

– Durch Aushärten bei den „aushärtbaren" Legierungen der Gruppen AlCuMg, AlZnMg oder AlMgSi. Der Vorgang des Aushärtens ist Folgender: Erwärmen auf Temperaturen, bei denen Fremdatome (Legierungselemente) im Mischkristall in Lösung gehen (sogenanntes „Lösungsglühen"), danach Abschrecken = plötzliches Abkühlen auf Raumtemperatur, wodurch die Fremdatome im Ungleichgewicht im Mischkristall in Lösung bleiben, anschließend Lagern bei Raumtemperatur (sogenanntes „Kaltauslagern") oder bei mäßig erhöhter Temperatur (sogenanntes „Warmauslagern")

9.7.4.3 Bearbeitungsmöglichkeiten

a) Spanende Bearbeitung: Gusslegierungen (bei Si-Gehalten $\geq$ 7 % mit Hartmetallwerkzeugen) lassen sich besser bearbeiten als Knetlegierungen. Die Schnittgeschwindigkeiten sind mit 20 000 bis 35 000 U/min wesentlich höher als bei Stahl.

b) Schweißen und Löten: Beim Schmelzschweißen unter Zusatz von Zusatzstoffen nach DIN 1732-3 wird vorwiegend das Lichtbogen-Schutzgasschweißen (WIG, MIG; siehe Abschnitt 8.10.3.3) angewendet. Möglich sind auch Kaltpressschweißen unter hohem Druck, Reibschweißen, Abbrenn-Stumpfschweißen und Lichtbogen-Bolzenschweißen. Wichtig ist die vorherige Entfernung der natürlichen Oxidschicht, z.B. durch chemische Flussmittel oder beim Schweißen unter Schutzgas durch Einwirkung des Lichtbogens. Löten ist möglich durch Hartlöten, z.B. mit dem Lötwerkstoff L-AlSi12 bei ungefähr 600 °C, sowie durch Weichlöten bei $\leq$ 450 °C (s.a. Abschnitt 9.10).

c) Kleben: Meist Überlapp- oder Steckverbindungen, die nur auf Schub beansprucht werden, nicht aber auf Schälen, Überlappungslänge circa das Zehnfache der Materialdicke. Die Oberfläche ist in der Regel aufzurauen, zu entfetten und/oder zu beizen. Auch anodisierte Teile können geklebt werden ohne Beeinträchtigung der Schutzwirkung oder des Aussehens.

9.7.5 Korrosionsverhalten und Oberflächenbehandlung

a) Korrosionsverhalten: Aluminium und seine Legierungen überziehen sich unter Einwirkung von Luftsauerstoff mit einer transparenten festhaftenden Schutzschicht (Al_2O_3; Dicke ca. 0,01 µm), die sich bei mechanischer Beschädigung spontan erneuert, jedoch nur im pH-Bereich 5 bis 8 beständig ist. Gegen Laugen und Säuren ist sie unbeständig. Im Laufe der Zeit entstehen dickere Schichten aus Oxiden und Hydroxiden von ca. 0,1 µm Dicke, wodurch die Schutzwirkung sich verstärkt, durch Schmutzeinlagerungen jedoch eine unansehnliche hell- bis dunkelgraue Färbung entsteht.

b) Oberflächenbehandlung: Der Oberflächenschutz kann durch verschiedene Verfahren verbessert werden: Anodische Oxidation, Aufbringen von Beschichtungsstoffen, galvanisch aufgebrachte metallische Überzüge (Cu, Ni, Cr, auch Edelmetalle), Emaillieren. Wichtig ist eine sorgfältige Oberflächenvorbehandlung auf mechanischem (Bürsten, Schleifen, Strahlen, Polieren) und/oder chemischem Wege (Entfetten mit organischen, alkalischen oder sauren Lösungen, Beizen).

Die **anodische Oxidation** (Eloxalverfahren = elektrolytische Oxidation von Aluminium) erzeugt eine festhaftende harte und abriebfeste Oxidschicht, die legierungs- und verfahrensabhängig transparent oder milchig-opak ist. Als Elektrolyten werden Schwefel- und/oder Oxalsäure verwendet, und zur Einfärbung Metallsalzlösungen (Sn, Co, Ni, Cu) oder organische Säuren mit Schwefelsäurezusatz. Die Schichtdicke hängt vom Verwendungszweck ab: für dekorative Zwecke, auch in glanzanodisierter Ausführung, unter 30 µm (z.B.

Fassadenbleche, Fenster- und Türrahmen, Beschläge), für verschleißfeste Teile 30 bis 150 µm. Als Schutz gegen Beschädigungen während des Bauzustandes dienen farblose Schutzlacke, die verwittern oder als Abziehlack entfernt werden können. Zur Reinigung anodisch oxidierter Oberflächen dürfen keine sauer oder alkalisch wirkenden Mittel verwendet werden.

9.7.6 Verwendung im Bauwesen

a) Halbzeug: Bleche und Bänder (DIN EN 485 und 1396) einschließlich Zubehör für Dachdeckung und Fassadenbekleidung. Die Falztechniken entsprechen denen von Kupfer- und Zinkblechen. Dünne Bänder und Folien (DIN EN 546) für Abdichtungszwecke oder Dampfsperren in bituminierten Dichtungsbahnen (siehe Abschnitt 10.7.2.3). Gezogene Rohre und Stangen (DIN EN 754), stranggepresste Stangen, Rohre und Profile (DIN EN 755; Doppel-T-, Winkel-, U-, T-Profile) für Fenster, Türen und tragende Konstruktionen des Leichtbaus (Hallen, Zelte, Gerüste, Krane, Brücken, Maste). Siehe hierzu DIN 18 807-6 bis -9 und DIN 4113-1 und -2.

b) Gusslegierungen: Platten mit reliefartiger oder strukturierter Oberfläche für dekorative Wandbekleidungen. Beschläge für Fenster und Türen; Gerüstkupplungen;

c) Fertigerzeugnisse: Vitrinen, Beleuchtungskörper, Reflektoren; Alu-Fenster und Alu-Holz-Fenster; Türen, Tore; Jalousien, Rollläden, Lamellenvordächer; Heizkörper, Geländer, Leitern.

d) Verschiedenes: Schilder, Zierleisten, Vorhangschienen, Lampenkörper. Al-Pulver für Porenbeton (Abschn. 2.11.1) und als Pigment für Anstriche (Abschn.11.3.4) sowie für Thermitschweißung von Stahl (Abschn. 8.10.3.4 e).

9.8 Magnesium Mg (2-wertig)

Normen

DIN 1729-1	(08.82)	Magnesiumlegierungen; Knetlegierungen
DIN 9711-1	(02.63)	Strangpressprofile aus Magnesium; Technische Lieferbedingungen
DIN 9711-2	(02.63)	wie vor; Gestaltung
DIN 9711-3	(02.63)	wie vor; Zulässige Abweichungen
DIN 9715	(08.82)	Halbzeug aus Magnesium-Knetlegierungen; Eigenschaften
DIN EN 1753	(08.97)	Magnesium und Magnesiumlegierungen; Blockmetalle und Gussstücke aus Magnesiumlegierungen
DIN EN 1754	(10.15)	wie vor; Bezeichnungssystem für Anoden, Blockmetalle und Gussstücke
DIN EN 12 421	(06.98)	wie vor; Reinmagnesium
DIN EN 12 438	(06.98)	wie vor; Magnesiumlegierungen für Gussanoden

9.8.1 Gewinnung und Sorten

a) Gewinnung: Magnesium wird aus Magnesit $MgCO_3$, Dolomit $CaMg(CO_3)_2$ oder Karnallit $KCl \cdot MgCl2 \cdot 6\,H_2O$ hauptsächlich durch Schmelzflusselektrolyse gewonnen.

b) Sorten: Im Bauwesen werden Knetlegierungen (DIN 1729-1) und Gusslegierungen (DIN EN 1753) verwendet. Die Bezeichnung der Sorten erfolgt ähnlich wie bei Al-Legierungen (siehe Abschnitt 9.7.3), z.B. GMgAl8Zn1; dabei handelt es sich um eine Gusslegierung mit 7,5 bis 9 % Al und 0,3 bis 1 % Zn und geringen Anteilen von Mn, Si und Cu. Für Bauzwecke wird fast ausschließlich Magnewin und Elektron verwendet. Das sind Handelsnamen für Magnesiumlegierungen mit etwa 90 % Mg, 8 % Al, 0,3 bis 0,5 % Mn und geringen Mengen Zn und Si. In Form von Legierungen ist Magnesium wichtiger als das reine Metall.

9 Nichteisenmetalle (NE-Metalle)

9.8.2 Eigenschaften und Verwendung im Bauwesen

a) Eigenschaften: Magnesium ist das leichteste Metall der Technik mit einer Dichte von 1,74 kg/dm³. Es glänzt silberweiß. Sein Schmelzpunkt liegt bei 650 °C. Es lässt sich walzen und ziehen. Sein chemisches Verhalten ähnelt dem des Aluminiums, jedoch ist die Härte geringer. Mit Mn-Erhöhung steigt die Korrosionsbeständigkeit. Das Material ist spanabhebend leicht bearbeitbar, schmied- und schweißbar. Späne und Schleifstaub brennen leicht, weil Mg mit dem Sauerstoff reagiert. Die Korrosionsbeständigkeit ist etwas geringer als bei Al-Legierungen, besonders gegen Chloride (Seewasser). In der Atmosphäre entsteht eine matte Oxidschicht von nur geringer Schutzwirkung. Es gibt zahlreiche Oberflächenbehandlungen, wie Beizverfahren, bevorzugt mit Chromatlösungen, und Anodisierverfahren, die jedoch anders als das Eloxieren von Aluminium nicht die gleiche Schutzwirkung besitzen, weil die Oxidschicht auf Mg poröser ist. Zusätzliche Lacküberzüge nach Entfettung der Oberflächen ergeben einen verbesserten Korrosionsschutz. Mg ist elektrolytisch wegen seiner Stellung in der Spannungsreihe (siehe [2]) sehr empfindlich. Daher muss die Berührung z.B. mit Stahl oder Kupfer vermieden werden; gegebenenfalls sind Sperrschichten anzuordnen. Beim Befestigen von Beschlägen wird empfohlen, die Schrauben vorher in Kunstharz zu tauchen.

b) Verwendung: Halbzeug in Form von Blechen und Profilen für den Leichtbau, für Geländer, Handläufe, Fertigerzeugnisse wie Bau- und Möbelbeschläge, Heizkörperverkleidungen, Kleiderablagen, Gardinenstangen, Schalteraufbauten, Zubehör für Elektroinstallationen.

9.9 Titan Ti (2- und 3-wertig)

Normen

DIN 17 850	(11.90)	Titan; Chemische Zusammensetzung
DIN 17 851	(11.90)	Titanlegierungen; Chemische Zusammensetzung
DIN 17 860	(01.10)	Titan und Titanlegierungen; Technische Lieferbedingungen; Bänder und Bleche
DIN 17 861	(11.90)	wie vor; Nahtlose kreisförmige Rohre
DIN 17 862	(03.12)	wie vor; Stangen
DIN 17 866	(11.90)	wie vor; Geschweißte kreisförmige Rohre
DIN 17 865	(11.90)	wie vor; Gussstücke; Feinguss, Kompaktguss
DIN 17 869	(06.92)	wie vor; Werkstoffeigenschaften; Zusätzliche Angaben
DIN 17 864	(03.12)	wie vor; Schmiedestücke (Freiform- und Gesenkschmiedeteile); Technische Lieferbedingungen
DIN 17 863	(11.73)	Drähte aus Titan

9.9.1 Vorkommen, Gewinnung und Eigenschaften

Titan ist nach Al, Fe und Mg (2,1 %) das vierthäufigste Metall der Erdrinde (0,44 %). Es wird unter Zuhilfenahme von Mg und Cl meist aus Ilmenit $FeTiO_3$ erschmolzen und zu Rohren, Blechen, Stangen, Drähten u.a.m. weiterverarbeitet. Wichtigste Titan-Rohstofflieferanten sind Indien, Norwegen, Australien und die USA. Als gut kaltverformbarer und schmiedbarer Werkstoff findet es wegen seiner Hitze- und Korrosionsresistenz besonders in der Luft- und Raumfahrt Verwendung. Titan ist weiß-metallisch glänzend, hat eine Zugfestigkeit wie Stahl, ist aber 40 % leichter. Die Dichte beträgt 4,5 kg/dm³. Der E-Modul liegt bei 105.000 N/mm². Die Schmelztemperatur beträgt 1727 °C, ist also sehr hoch, sodass Titan für Aufgaben hoher Hitzebeständigkeit bei niedriger Wärmeleitung eingesetzt wird. In Luft und Seewasser ist es korrosionssicher, gegen Säuren und Laugen beständiger als Stahl. Als Lösungsmittel ist Flusssäure am geeignetsten.

9.9.2 Verwendung im Bauwesen

Titan findet hauptsächlich als Legierungsbestandteil Verwendung. Mit Titan legierter Stahl ist besonders widerstandsfähig gegen Stoß und Schlag (Eisenbahnräder). Zur Verwendung von Titanzinkblech siehe Abschnitt 9.4.4. Titanweiß TiO_2 (siehe Abschnitt 11.3.2) ist ein nichtvergilbendes, ungiftiges Weißpigment für Anstriche und Einfärbung von Mörtel.

9.10 Löten

Normen

DIN 1707-100	(09.11)	Weichlote; Chemische Zusammensetzung und Lieferformen
DIN EN 29 454-1	(02.94)	Flussmittel zum Weichlöten – Einteilung
DIN EN ISO 9453	(12.14)	Weichlote – Chemische Zusammensetzung und Lieferformen
DIN EN ISO 9454-2	(09.00)	Flussmittel zum Weichlöten – Eignungsanforderungen
DIN EN ISO 17 672	(11.10)	Hartlöten – Lote
DIN EN 1045	(08.97)	Flussmittel zum Hartlöten – Einteilung und technische Lieferbedingungen
DIN ISO 857-2	(03.07)	Schweißen und verwandte Prozesse – Begriffe – Teil 2: Weichlöten, Hartlöten und verwandte Begriffe
DIN 8514	(05.06)	Lötbarkeit; Begriffe

9.10.1 Allgemeines

Im Gegensatz zum Schweißen (siehe Abschnitt 8.10.3.1) stellt das Löten eine Verbindung von Metallteilen mit einem sogenannten Lot als Zusatzwerkstoff (in der Regel Legierungen aus NE- oder Edelmetallen) dar, dessen Liquidustemperatur *tiefer* liegt als der Schmelzpunkt des zu verbindenden Grundwerkstoffs. Man unterscheidet Weichlöten mit Loten, deren Liquidustemperatur ≤ 450 °C, und Hartlöten, bei dem die Liquidustemperatur des Lots > 450 °C ist. Dabei werden Flussmittel aus nichtmetallischen Stoffen (siehe Abschnitt 9.10.3) verwendet, die dazu dienen, vorhandene Oxide von den Lötflächen zu entfernen oder ihre Neubildung zu verhindern. Zur Oxidbeseitigung wird auch unter reduzierendem oder inertem Schutzgas bzw. im Vakuum gelötet. Hochtemperaturlöten ist ein flussmittelfreies Löten unter Luftabschluss (Vakuum oder Schutzgas) mit Loten, deren Liquidustemperatur ≥ 900 °C ist.

9.10.2 Lotlegierungen (Lote, Lotmetalle)

a) Weichlote („Lötzinn") nach DIN 1707-100 gibt es als Barren, Block, Stab, Platte, Stange, Draht, Kügelchen und Pulver. Die Norm verzeichnet 15 Legierungen (in Klammern die Schmelztemperaturen in °C) aus Blei und Zinn mit Sb, Cu, Ag und P, z.B. S-Sn70Pb30 (183 bis 192), S-Pb88Sn12Sb (250 bis 295), S-Pb95Sn3Ag2 (304 bis 310) und Sn60Pb40CuP (183 bis 190). Daneben gibt es sieben Cadmium-Legierungen mit 68 bis 95 % Cd und Sn, Zn und Ag, z.B. S-Cd73Zn22Ag5 (270 bis 310), drei Zinn-/Zink-Leg., z.B. S-Sn90Zn10 (200 bis 250) sowie eine Legierung mit Aluminium S-Zn95Al5 (380 bis 390).

b) Hartlote nach DIN EN 1044 (E 08.06) gibt es als Stäbe, Drähte, Folien oder Pulver. Es sind z.B.

9 Nichteisenmetalle (NE-Metalle)

- Kupferhartlote: Acht Arten mit den Kurzzeichen Cu 101 bis Cu 202 mit 85 bis 99,9 % Cu sowie bis zu 13 % Sn und 3,5 % Ni; Liquidustemperaturen 825 und 1100 °C. Sechs Arten Cu 301 bis Cu 306 mit 46 bis 61 % Cu und 54 bis 39 % Zn; Liquidustemperaturen 870 bis 920 °C.
- Silberhartlote: 32 Arten AG 101 bis AG 503 mit bis zu 86 % Ag sowie bis zu 56 % Cu, 42 % Zn, 27 % Cd und 16 % Cd; Liquidustemperaturen 620 bis 870 °C.
- Aluminiumhartlote: Sieben Arten AL 101 bis AL 302 mit circa 85 % Al sowie 4 bis 13 % Si und 1 bis 2 % Mg; Liquidustemperaturen 520 bis 630 °C.
- Goldhaltige Hartlote: Sechs Arten Au 101 bis Au 106 mit 37 bis 82 % Au, 18 bis 70 % Cu und 17 bis 25 % Ni; Liquidustemperaturen 905 bis 1020 °C.

Kupferhartlote dienen zum Löten von Messing, Cu-Legierungen und Stahl (Bandsägen). Durch Zulegieren von Nickel kann die Liquidustemperatur variiert und die Festigkeit erhöht werden. Silberhartlote dienen zum Löten von Kupfer, Bronze und Messing (mit hohem Cu-Anteil). Aluminiumhartlote müssen in der Legierungszusammensetzung den zu lötenden Aluminiumteilen entsprechen. Korrosionsbeständiger sind allerdings Al-*Schweiß*verbindungen.

9.10.3 Ausführung von Lötverbindungen

Da sich die Lote nur mit sauberem Metall verbinden, muss die Lötstelle blank sein. Sie darf durch die Hitze während des Lötens nicht oxidieren (siehe Abschnitt 9.10.1).

Beim **Weichlöten** genügt eine Vorbehandlung mit Harz (Kolophonium) oder Lötfett als Flussmittel, die beim Löten schmelzen und dadurch Luftsauerstoff absperren. Günstig ist die Verwendung von Lötzinn in Röhrenform mit Kolophoniumfüllung im Inneren. Zur Lösung von Metalloxiden wird auch Lötwasser verwendet ($ZnCl_2$ = Zink in Salzsäure gelöst, oft mit Zusatz von Salmiakgeist NH_4Cl). Beim Löten von Zinkblech genügt Salzsäure, die mit dem Zink sofort $ZnCl_2$ bildet.

Beim **Hartlöten** sind Harze oder Lötwasser unwirksam, weil beide durch die stärkere Erhitzung verdampfen, bevor das Lot schmilzt. Hier verwendet man Flussmittel wie Borax ($Na_2B_4O_7 \cdot 10\, H_2O$) in Form von Schweißpulver, das nicht nur schmelzflüssig den Luftzutritt verhindert, sondern auch Metalloxide löst.

Das Schmelzen des Lots und eine Temperaturerhöhung der Lötstelle erfolgen mit einer Lötflamme (Flammlöten), durch erwärmte Luft (Warmgaslöten) oder mit einem Lötkolben (DIN 8501) aus Kupfer, der entweder elektrisch oder durch einen anmontierten Benzinbrenner erhitzt wird. Der Lötkolben überzieht sich leicht mit einer Oxidschicht, an der das Lötzinn nicht haftet und die die Wärme schlecht leitet. Er wird deswegen vor der Lötung auf einem Lötstein aus Salmiak (NH_4Cl) abgestrichen, wodurch das Kupferoxid gelöst wird.

9.11 Recycling, Umwelt und Gesundheitsrisiken[2]

a) Aluminium: Bei der Erzeugung von Hüttenaluminium werden neben CO_2 auch die Spurengase CF_4 und C_2F_6 frei. Die Al-Industrie entwickelt für die Schmelzöfen C-freie, sogenannte „inerte" Anoden, bei deren Einsatz die Abgabe von Treibhausgasen erheblich verringert werden wird. Die Energie für den Betrieb der Al-Hütten wird weltweit zu 60 % aus Wasserkraft gewonnen. In Westeuropa ist Norwegen mit seinem großen Angebot an Elektrizität aus Wasserkraft größter Aluminium-Erzeuger. Auch die Abwärme von Al-Hütten

---

[2] Bezüglich der Gesundheitsrisiken von NE-Metallen siehe auch Tafel 18.4.

kann in großem Maße zur Wärmeerzeugung für menschliche Siedlungen eingesetzt werden. So soll z.B. das weltgrößte Aluminium-Walzwerk der ALUNORF GmbH mit seiner Abwärme nach Fertigstellung einer Fernwärmeleitung den neuen Stadtteil Allerheiligen von Neuss mit etwa 6500 Bewohnern komplett mit Wärme versorgen. Die Gesamtproduktion von Aluminium in Deutschland wird zu 49 % mit Recycling- (Sekundär-)Aluminium bestritten. Die Recyclingrate im Bausektor beträgt circa 80 %.

b) Blei, Kupfer, Zink: In den früher verwendeten Trinkwasserleitungen aus Blei kann weiches Wasser unter 8 °dH gesundheitsschädliches Bleihydroxid $Pb(OH)_2$ lösen. Bei hartem Wasser bildet sich jedoch eine Art Schutzschicht aus Blei-Kalzium-Karbonat. Aus gesundheitlichen Gründen werden Bleirohre in Trinkwasserleitungen nicht mehr verwendet. Gemäß TRGS 505 stellt metallisches Blei in kompakter Form und in Legierungen keine Gesundheitsgefahr dar, wohl aber Bleiverbindungen und bleihaltige Gefahrstoffe (s.a. Kapitel 19.2 und Sicherheitsdatenblatt „Blei"[3]).

Übersteigt die freie Kohlensäure 22 mg/l, sollen Hausinstallationen nicht in feuerverzinkten Stahlrohren ausgeführt werden. Der Richtwert (kein Grenzwert) für Zink im Trinkwasser beträgt 5 mg/l. Bei höherer freier Kohlensäure als 44 mg/l sollen keine Kupferleitungen verwendet werden.

9.12 Literatur

[9.1] Schreiber/Radtke, Werkstoffe, Nichteisenmetalle, G.-Westermann-Verlag, Braunschweig, 1967
[9.2] Slade, E., Metalle, Gewinnung und Verarbeitung, König-Verlag, München, 1973
[9.3] Greven, E., Werkstoffkunde und Werkstoffprüfung für technische Berufe, 14. Aufl. 2004, Verlag Handwerk und Technik GmbH, Hamburg
[9.4] Aluminium-Taschenbuch, Aluminium-Verlag, Düsseldorf; Bd. 1: Grundlagen und Werkstoffe (16. Aufl. 2002); Bd. 2: Umformen, Gießen, Oberflächenbehandlung, Recycling, Ökologie (15. Aufl. 1999); Bd. 3: Weiterverarbeitung und Anwendung (16. Aufl. 2003)
[9.5] Der Baustoff Aluminium, Merkblatt W 1, Ausgabe 06–2004, Hrsg. GDA (siehe Abschn. 21.9)

Weiterführende Literatur
– Aluminium-Verlag, Düsseldorf
– Werkstoffdatenbanken für metallische Werkstoffe: Aluminium, Kupfer, Magnesium;
– Aluminium-Werkstoffdatenblätter, 5. Aufl., 2007, auch als CD-ROM (www.alu-verlag.de)
– Aluminiumrecycling, 1. Aufl., 2000
– Aluminium-Merkblätter, kompletter Ordner mit 28 Expl.
– Schweißen und Hartlöten von Aluminiumwerkstoffen, Fachbuchreihe Schweißtechnik Band 137, 2. Aufl. 2002, DVS-Verlag, Düsseldorf
– DIN-Taschenbücher 450, 451, 452 (Aluminium 1, 2, 3), Beuth Verlag, Berlin

---

3 Zu beziehen von Gütegemeinschaft Bleihalbzeug e. V. im GDB (siehe Abschnitt 21.9).

10 Bitumen, Asphalt, Teerpech

Prof. Dr.-Ing. Norbert Rogosch

10.1 Allgemeines

Normen

DIN EN 12 597	(08.14)	Bitumen und bitumenhaltige Bindemittel – Terminologie; Dreisprachige Fassung EN 12 597:2000
DIN EN 15 529	(05.07)	Derivate der Kohlenpyrolyse – Begriffe

Bitumen ist ein Bindemittel, das bei der Destillation von Erdöl als Rückstand entsteht.
Teer (Rohteer) ist ein Bindemittel, das bei der thermischen Zersetzung von natürlich vorkommendem organischem Material (vorwiegend Steinkohle → Steinkohlenteer) entsteht.
Pech (Straßenpech) ist ein Bindemittel, das durch Mischen von Pechen und Ölen, die durch die Destillation von Steinkohlenteer gewonnen werden, erzeugt wird. Pech wurde jahrzehntelang im Straßenbau und im Bautenschutz angewendet, jedoch mit dem Begriff Teer bezeichnet.
Die Umbenennung von Teer in Pech ist 1983 durch die inzwischen zurückgezogene Begriffsnorm DIN 55 946 festgeschrieben worden. Etwa zur gleichen Zeit wurde erkannt, dass Pech Inhaltsstoffe hat, die für Mensch und Umwelt gesundheitsgefährdend bzw. schädlich sind. Danach ist die Verwendung von Pech in den genannten Bereichen des Bauwesens stark zurückgegangen. Im Straßenbau wird seit Jahren kein Pech mehr eingesetzt. Jedoch ist dieses Bindemittel in älteren Straßenbefestigungen noch umfangreich enthalten und fällt bei Aufbrucharbeiten an. Es muss als Gefahrstoff entsorgt oder gefahrlos wieder verwendet werden (Recycling).
Bitumenhaltige Baustoffe ist die zusammenhängende Bezeichnung für Stoffe, die ganz oder teilweise aus Bitumen bestehen. „Bitumenhaltig" ersetzt damit den veralteten Begriff „bituminös", der neben der Stoffgruppe Bitumen auch die inzwischen aus Gesundheitsgründen nicht mehr verwendete Stoffgruppe Pech (Teer) enthält.
Asphalt ist ein Gemisch aus Mineralstoffkörnungen und Bitumen als Bindemittel. Die Einzelkörner werden durch Bitumen zu einem dauerhaft verbundenen Material „verkittet".

10.2 Bitumen

10.2.1 Begriffe

Normen

DIN EN 12 591	(08.09)	Bitumen und bitumenhaltige Bindemittel – Anforderungen an Straßenbaubitumen
DIN EN 13 808	(07.13)	Bitumen und bitumenhaltige Bindemittel – Rahmenwerk für die Spezifizierung kationischer Bitumenemulsionen
DIN 1995-4	(08.05)	Bitumen und Steinkohlenteerpech; Anforderungen an die Bindemittel; Teil 4: Kaltbitumen
TL Bitumen-StB 13	(2013)	Technische Lieferbedingungen für Straßenbaubitumen und gebrauchsfertige polymermodifizierte Bitumen

DIN EN 12 597 unterteilt bitumenhaltige Bindemittel in **Bitumen in Naturasphalt** sowie in **Bitumen und abgeleitete Produkte**.

Naturasphalt ist ein relativ hartes, in natürlichen Lagerstätten vorkommendes Bitumen, das häufig mit feinen oder sehr feinen Mineralstoffanteilen gemischt ist und welches bei 25 °C praktisch fest, bei 175 °C jedoch eine viskose Flüssigkeit ist.

Bitumen[1] ist nach DIN EN 12 597 definiert als ein „nahezu nicht flüchtiges, klebriges und abdichtendes erdölstämmiges Produkt, das auch in Naturasphalt vorkommt und das in Toluol vollständig oder nahezu vollständig löslich ist. Bei Umgebungstemperatur ist es hochviskos oder nahezu fest."

Zu den eigentlichen Bitumen können gezählt werden:

a) **Straßenbaubitumen:** Bitumen zur Herstellung von Asphalt für den Bau und die Erhaltung von Verkehrsflächen. Es handelt sich dabei um die bei der Destillation von Erdölen, vorzugsweise unter Anwendung eines Vakuums, verbleibenden weichen bis mittelharten Erzeugnisse (**Destillationsbitumen**). Die in Deutschland gebräuchlichen Sorten werden durch ihre Nadelpenetration bei 25 °C bis zu einem Höchstwert von 220 × 0,1 mm definiert (siehe Abschn. 10.2.4.1). Zu den Straßenbaubitumen gehören Weichbitumen und hartes Straßenbaubitumen. **Weichbitumen** dient zur Herstellung von weichen Asphalten und wird durch seine Viskosität bei 60 °C charakterisiert. **Hartes Straßenbaubitumen** wird für den Bau von hochfesten Asphalten verwendet. Die Unterscheidung von hartem Straßenbaubitumen und anderen Straßenbaubitumen ist nicht genau. Üblicherweise werden die Sorten 10/20, 15/25 und 20/30 als harte Straßenbaubitumen bezeichnet.

b) **Modifiziertes Bitumen:** Bitumen, dessen rheologische Eigenschaften bei der Herstellung durch Verwendung chemischer Zusätze modifiziert worden sind. Chemische Zusätze können Naturkautschuk, synthetische Polymere, Schwefel und bestimmte Organometallverbindungen sein. Bei einer Modifizierung mit einem oder mehreren organischen Polymeren spricht man von **polymermodifizierten Bitumen**.

c) **Spezialbitumen:** Bitumen, das durch ausgewählte Verfahren oder Ausgangsmaterialien hergestellt wurde, um besonders strengen Anforderungen im Straßenbau oder einer industriellen Anwendung zu entsprechen.

d) **Industriebitumen:** Bitumen, das für andere Zwecke als zum Bau oder der Erhaltung von Verkehrsflächen eingesetzt wird. Zu den Industriebitumen gehören vorzugsweise Oxidationsbitumen und Hartbitumen. **Oxidationsbitumen** ist Bitumen, dessen rheologische Eigenschaften wesentlich durch Reaktion mit Luft bei erhöhten Temperaturen modifiziert wurden. **Hartbitumen** ist Bitumen, das bei Umgebungstemperatur harte und spröde Eigenschaften besitzt. Als Hartbitumen werden **Hochvakuumbitumen** und die harten Sorten der Oxidationsbitumen bezeichnet.

10.2.2 Herstellung

Rohstoff für die Herstellung von Bitumen ist **Erdöl**, auch Rohöl genannt, dessen Gewinnungsstätten über die ganze Erde verstreut sind. Näheres über die Entstehung von Erdöl wie auch Bitumen, Kohlengesteine, Harze und Ölschiefer siehe auch unter Kapitel 1 Natursteine. Durch Bohrungen werden die Lagerstätten erschlossen, durch Pumpen erfolgt die Förderung des Erdöls, es sei denn, in der Tiefe herrscht ein hoher Gasdruck, der das Öl ohne maschinelle Hilfe an die Erdoberfläche treibt. Die tiefste Bohrung reicht heute mehr als

---

1 Aus dem Lateinischen: pix tumens = ausschwitzendes Pech.

10.2 Bitumen

9000 m unter die Erdoberfläche. Von den Ölfeldern gelangt das Rohöl durch Rohrleitungen („Pipelines") zur Bahnstation, zum Verschiffungshafen (in Tanker) oder direkt in die Verarbeitungsanlagen (Raffinerien).

Die Verarbeitung von Rohöl zu Bitumen ist im Prinzip einfach. Durch **Destillation** – also Verdampfung durch Erwärmung und anschließende Kondensation – werden nacheinander die leichten Destillate (Benzin, Petroleum, Düsentreibstoff), die mittleren Destillate (Diesel- bzw. Heizöl), dann die schweren Destillate (Maschinen- und Schmieröle) und schließlich das Bitumen gewonnen (fraktionierte Destillation).

Die **Erdöldestillation** erfolgt in modernen Raffinerien zweistufig mit Hilfe von Röhrenöfen und Destillationstürmen. Abb. 10.1 zeigt das Prinzipschema einer solchen zweistufigen Destillationsanlage. In der ersten Stufe wird das Erdöl unter atmosphärischem Druck destilliert, dabei verdampfen bei Temperaturen zwischen 350 und 400 °C Benzin, Petroleum, Diesel- und Heizöl. Der Destillationsrückstand wird dann bei einem Vakuum zwischen 4 und 7 kPa[2] am Kopf der Destillationskolonne weiter destilliert. Der bei atmosphärischem Druck erhaltene Rückstand wird mit einer Temperatur zwischen 350 und 380 °C, in besonderen Fällen von maximal 400 °C, in die Vakuumanlage eingespeist. Das Sumpfprodukt dieser Vakuumdestillation ist das Bitumen, aus dem die relativ leichtesten Anteile bis zur erwünschten Konsistenz bzw. Härte abdestilliert werden oder das durch eine anschließende Behandlung, z.B. weitere Destillation in einem besonders hohen Vakuum (Hartbitumen bzw. Hochvakuumbitumen) oder durch Einblasen von Luft in die heißflüssigen Bitumen (Oxidationsbitumen), auf die gewünschte Qualität gebracht wird.

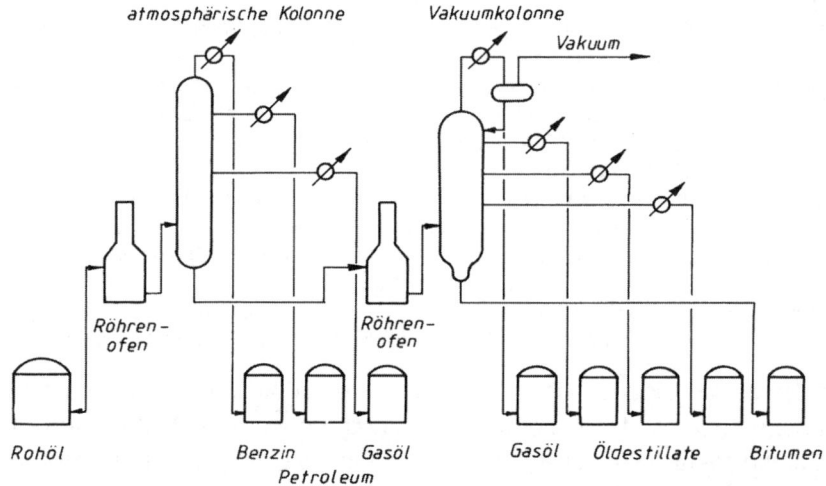

Abb. 10.1 Prinzipschema einer zweistufigen Destillationsanlage

10.2.3 Zusammensetzung und Struktur

Bitumen sind komplex aufgebaute **Naturprodukte**. Bisher ist die genaue Zusammensetzung des einzelnen Bitumens aus seinen Komponenten noch nicht bekannt. Das Gleiche gilt für die genaue Anzahl der Komponenten, die die Bitumen aufbauen.

---

2 Pa = Pascal; 1 kPa = 0,01 bar.

10 Bitumen, Asphalt, Teerpech

Bitumen bestehen aus einer sehr großen Anzahl verschiedener **Kohlenwasserstoffe**. Außerdem enthalten sie einen Anteil von andersartigen Stoffen. Obgleich Bitumen sehr unterschiedlich zusammengesetzt sein können, haben sie wegen der großen Anzahl der sie aufbauenden Stoffe nahezu gleiche Gebrauchseigenschaften. Diese variieren viel mehr nach ihrer Struktur als nach ihrer Zusammensetzung.

In Bezug auf ihre chemische **Struktur** sind Bitumen Kolloid-Systeme. Kolloide sind Lösungen, die in ihrem Zerteilungsgrad zwischen echten Lösungen und Suspensionen stehen. Untersuchungen zur Klärung der Kolloidstruktur der Bitumen haben ergeben, dass Bitumen zwei unterschiedlich dispergierte[3] Gruppen kolloidaler Anteile enthalten: die **Asphaltene,** die aus relativ polaren Verbindungen (Ionen-Bindungen) aufgebaut sind, und die **Erdölharze,** die überwiegend aus naphthenaromatischen Kohlenwasserstoffen und basisch organischen Stickstoffverbindungen bestehen. Die Asphaltene und die Erdölharze sind stabil in einer kohärenten öligen Phase dispergiert, den **Maltenen,** die als Dispersionsmittel anzusehen sind.

10.2.4 Eigenschaften

Normen

DIN EN 1426	(09.15)	Bitumen und bitumenhaltige Bindemittel – Bestimmung der Nadelpenetration
DIN EN 1427	(09.15)	Bitumen und bitumenhaltige Bindemittel – Bestimmung des Erweichungspunktes – Ring- und Kugel-Verfahren
DIN EN 12 593	(09.15)	Bitumen und bitumenhaltige Bindemittel – Bestimmung des Brechpunktes nach Fraaß
DIN 52 013	(06.07)	Prüfung von Bitumen; Bestimmung der Duktilität
DIN EN 13 398	(02.16)	Entwurf Bitumen und bitumenhaltige Bindemittel – Bestimmung der elastischen Rückstellung von modifiziertem Bitumen
DIN EN 13 589	(12.14)	Bitumen und bitumenhaltige Bindemittel – Bestimmung der Streckeigenschaften von modifiziertem Bitumen mit dem Kraft-Duktilitäts-Verfahren
DIN EN 12 595	(15.01)	Bitumen und bitumenhaltige Bindemittel – Bestimmung der kinematischen Viskosität
DIN EN 12 596	(01.15)	Bitumen und bitumenhaltige Bindemittel – Bestimmung der dynamischen Viskosität mit Vakuum-Kapillaren
DIN EN 14 771	(08.12)	Bitumen und bitumenhaltige Bindemittel – Bestimmung der Biegekriechsteifigkeit – Biegebalkenrheometer (BBR)
DIN EN 14 770	(08.12)	Bitumen und bitumenhaltige Bindemittel – Bestimmung des komplexen Schermoduls und des Phasenwinkels – Dynamisches Scherrheometer (DSR)

Bitumen haben ganz bestimmte Eigenschaften. Soweit diese für die Anwendung bedeutsam sind, werden sie anhand äußerer Merkmale durch empirisch entwickelte **Prüfverfahren** quantitativ erfasst. Merkmale und Prüfverfahren sollen so weit wie möglich auf das zu fordernde Verarbeitungs- und Gebrauchsverhalten ausgerichtet sein.

Für die Haupteinsatzgebiete der Bitumen im Asphaltstraßenbau und in der Abdichtungstechnik ergeben sich die für die Praxis wichtigsten vier Eigenschaften:

a) die Konsistenz,
b) das Fließverhalten bei Verarbeitungs- und Gebrauchstemperatur,
c) die Haftungs- bzw. Binde- und Klebeeigenschaften (Adhäsion),
d) die zeitliche Veränderung (die sog. „Alterung").

---

[3] Von Dispersion = Sammelbezeichnung für Gemische von festen, flüssigen oder gasförmigen Stoffen.

10.2 Bitumen

Die zu diesen Eigenschaften gehörenden Merkmale und die wichtigsten Prüfmethoden sollen nachstehend kurz beschrieben werden.

10.2.4.1 Konsistenz, Fließverhalten

a) Konsistenz

Hauptunterscheidungsmerkmal der Bitumensorten ist ihre unterschiedliche Härte oder Weichheit, ihre Konsistenz. Da die Konsistenz temperaturabhängig ist, ergeben sich zwei grundsätzlich unterschiedliche Möglichkeiten zur Größenangabe von Konsistenzmerkmalen: Entweder wird bei vorgegebener Temperatur, z.B. 25 °C, die zugehörige Zähigkeit bestimmt, oder für eine vorgegebene Zähigkeit wird die zugehörige Temperatur bestimmt.

Die erste Variante lässt sich relativ einfach durchführen und wird konventionell durch die sog. **„Nadelpenetration"** bestimmt. Das dabei benutzte Gerät ist das sog. Penetrometer. Mit diesem Gerät wird entsprechend der Normung nach DIN EN 1426 die Eindringtiefe in Zehntelmillimeter gemessen, also wie tief eine nach genauen Vorgaben geformte und mit 100 g belastete Nadel während einer bestimmten Zeit in Bitumen eindringt, dessen Temperatur mit einem temperierbaren Wasserbad auf einen bestimmten Wert eingestellt ist. Das Verfahren wird üblicherweise bis höchstens 500 Zehntelmillimeter Eindringtiefe durchgeführt. Dabei beträgt die Prüftemperatur 25 °C, und die Belastungszeit ist 5 Sekunden. Bei Bitumen mit größeren Eindringtiefen wird bei einer gleichen Belastungszeit von 5 Sekunden die Prüftemperatur auf 15 °C abgesenkt. Das Messprinzip ist in Abb. 10.2 dargestellt.

Die zweite Möglichkeit wird ebenfalls mit relativ geringem Prüfaufwand als eingeführte Methode in der Weise durchgeführt, dass bei einem vorgegebenen Aufheizprogramm unter Auflast eine bestimmte Verformung eintritt. Das am meisten angewendete und bei Kurzprüfungen wegen seiner sicheren Aussagefähigkeit immer zuerst durchgeführte Verfahren ist das in DIN EN 1427 genormte Verfahren der Bestimmung des **„Erweichungspunktes Ring und Kugel"** (abgekürzt EP RuK). Dabei wird eine Stahlkugel von bestimmtem Gewicht auf eine Bindemittelschicht gelegt, die in einem Ring mit vorgeschriebenen Maßen eingefüllt ist. Diese Probe wird in einer Prüfflüssigkeit unter festgelegten Bedingungen erwärmt. Als EP RuK wird die Temperatur gemessen, bei der die Probe durch die Kugel eine bestimmte Verformung erfahren hat. Messprinzip siehe ebenfalls Abb. 10.2.

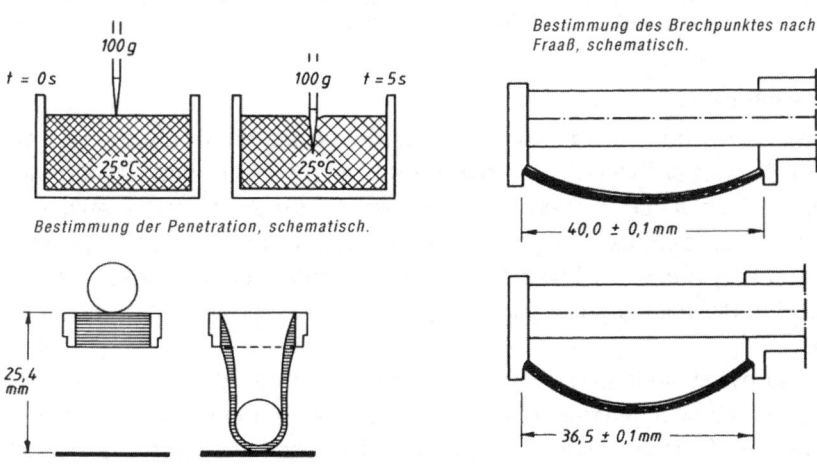

Abb. 10.2 Messprinzipien für Nadelpenetration, Erweichungspunkt RuK und Brechpunkt nach Fraaß

Als Ergänzung zur Bestimmung von Nadelpenetration und Erweichungspunkt wird häufig als weiteres Bitumenmerkmal ein vom EP weit entfernter Temperaturpunkt mit ebenfalls vorgegebener Zähigkeit auch mit konventioneller Methode gemessen: der sog. **"Brechpunkt nach Fraaß"** (abgekürzt BP Fr) als eine Temperatur, bei der Bitumen so spröde ist, dass es in einer vorgegebenen Filmdicke bei einer festgelegten Durchbiegung reißt. Dieses Prüfverfahren ist in der DIN EN 12 593 beschrieben. Dabei wird zur Erzielung der stets gleichen Filmdicke eine festgelegte Prüfmenge des Bitumens auf ein Stahlblech festgelegter Größe aufgeschmolzen bzw. aufgepresst (Letzteres bei Bitumen mit einem EP über 100 °C) und bei vorgeschriebener Abkühlungsgeschwindigkeit wiederholt so lange durch Biegen des Prüfblechs auf Biegung beansprucht, bis sich der erste Riss zeigt. Die dabei abgelesene Temperatur ist der BP Fr. Dieser Punkt gibt also einen Anhalt für das rheologische Verhalten von Bitumen bei niedrigen Temperaturen. Dieses Prüfverfahren darf für Bitumen, Peche und deren Gemische angewendet werden. Das Messprinzip ist auch in Abb. 10.2 dargestellt.

b) Fließverhalten

Neben den genannten Prüfverfahren lassen sich die rheologischen Eigenschaften des Bitumens durch weitere Verfahren bestimmen:

Unter der **Duktilität** nach DIN 52 013 versteht man das Fadenziehvermögen des Bitumens. Dabei wird ein Probekörper unter festen Bedingungen (Form des Probekörpers, Temperatur, Ziehgeschwindigkeit) ausgezogen, bis der entstehende Faden reißt. Die erreichte Länge des Probekörpers wird in Zentimetern gemessen und als Duktilität angegeben.

Unterschiede zwischen Straßenbaubitumen und polymermodifiziertem Bitumen lassen sich durch die Bestimmung der **elastischen Rückstellung** nach DIN EN 13 398 bestimmen. Dabei wird ein Probekörper bei 25 °C Prüftemperatur und einer vorgegebenen Ausziehgeschwindigkeit auf eine festgelegte Länge ausgezogen. Nach dem Durchschneiden des entstandenen Fadens genau in der Mitte tritt eine elastische Rückstellung der beiden Halbfäden ein, deren Größe abhängig ist von den elastischen Eigenschaften der Probe. Nach einer definierten Rückstelldauer wird die Verkürzung der Halbfäden gemessen und als Anteil der Faden-Ausgangslänge angegeben. Bei der **Kraftduktilitätsprüfung** nach DIN EN 13 589 wird zusätzlich zum Ausziehweg die beim Ausziehvorgang auftretende Zugkraft kontinuierlich gemessen.

Die TL Bitumen-StB sieht als zusätzliche Prüfverfahren für polymermodifizierte Bitumen Untersuchungen zum elastischen und viskosen Formänderungsverhalten nach DIN EN 14 770 mit dem **Dynamischen Scherrheometer (DSR)** und Prüfungen zum Kriechsteifigkeitsverhalten bei tiefen Temperaturen nach DIN EN 14 771 mit dem **Biegebalkenrheometer (BBR)** vor.

Bei weichen Bitumen können Aussagen zur Fließfähigkeit bei allen Arbeitsvorgängen über die Viskositätsbestimmung gewonnen werden. Dabei sind die Bestimmung der **kinematischen Viskosität** nach DIN EN 12 595 und die Bestimmung der **dynamischen Viskosität** mit Vakuum-Kapillaren nach DIN EN 12 596 von Bedeutung.

10.2.4.2 Plastizitätsspanne

Brechpunkt und Erweichungspunkt sind Temperaturpunkte, bei denen die Bitumen jeweils etwa vergleichbare Zähigkeit aufweisen. Unterhalb der BP-Temperatur wird das Bitumen zunehmend spröde, oberhalb der EP-Temperatur zunehmend flüssig. Zwischen diesen beiden Übergängen liegt ein Zustandsbereich zähplastischen Verhaltens: der Temperaturabstand Brechpunkt bis Erweichungspunkt wird deshalb oft als *„Plastizitätsspanne"* oder „Plastizitätsbereich" bezeichnet. Plastizitätsspanne und Dauergebrauchsspanne sollten möglichst aufeinander liegen.

Der BP Fr ist nur eine konventionell-empirische Größe und keinesfalls gleichbedeutent mit der Temperatur z.B. in einer Asphaltstraßendeckschicht, bei der ein abgekühltes Bitumen spontan bricht. Bei dem Prüfverfahren wird eine durch das Biegegerät vorgegebene, jedoch willkürliche Zugdehnung durch eine Durchbiegung mit definiertem Krümmungsradius dem Bitumen aufgezwungen.

10.2.4.3 Adhäsion und Alterung

Während die Merkmale Konsistenz und Viskosität auf Wechselwirkungen der Bitumenstrukturteilchen *unter*einander zurückzuführen sind (Kohäsion), bezieht sich eine weitere gebrauchsrelevante Eigenschaft, die **Adhäsion** oder das Haftverhalten, auf die Wechselwirkung von Bitumen mit *anderen* Stoffen. In Asphalten z.B. sind das Gesteinsstoffe mit oft variierender stofflicher Zusammensetzung, bei Bitumenbahnen die Trägereinlagen verschiedenster Art. Streng genommen ist die Adhäsion damit keine Eigenschaft des „Bindemittels", sondern die Eigenschaft von Stoffpaarungen: Beide Partner tragen einen gewissen „adhäsiven Beitrag" zur Bindungsfestigkeit bei.

Adhäsive Eigenschaften technischer Asphalte machen sich in zweierlei Hinsicht bemerkbar:
1. als Benetzung(-sgeschwindigkeit) der Kornoberflächen durch das Bindemittel bei der Asphaltaufbereitung,
2. als Verdrängungswiderstand des Bindemittelfilms von der Kornoberfläche durch Wasser während der Nutzungsdauer von Asphaltschichten.

I.Allg. ist der Einfluss des Stoffpartners des Bindemittels Bitumen viel größer als der Einfluss des Bitumens selbst. Deshalb ist es falsch, von guter oder schlechter „Haftfestigkeit" eines Bitumens zu sprechen, wie es immer wieder geschieht. Entscheidend ist immer eine einwandfreie **Benetzung**, und die ist i.d.R. dann gegeben, wenn die zu verbindenden Teile nicht nur *staubfrei*, sondern auch *trocken* sind. Möglichst hohe Temperaturen sowohl des Bindemittels – dadurch niedrige Bitumenviskosität – wie auch der Gesteinsoberflächen bei der Vermischung verbessern die Haftung erheblich, dagegen verschlechtert Wasser die bleibende Haftung im Gebrauchszustand. Wasser hat immer eine größere Affinität zum Gestein als Bitumen.

Die mit **Alterung** bezeichnete zeitliche Veränderung der Eigenschaften wird u.a. durch den Luftsauerstoff mittels Oxidation bewirkt, wobei eine „chemische" Verhärtung eintritt, die allerdings äußerst langsam erfolgt, und zwar im Dunkeln noch langsamer als unter Lichteinwirkung. In diesem Zusammenhang ist interessant, dass vor rund 5.000 Jahren errichtete Kaimauern am Euphrat und am Tigris heute noch in Teilen funktionsfähig sind. Ein „physikalischer" Verhärtungsanteil tritt u.a. durch geringes Verdampfen öliger Anteile bei erhöhten Gebrauchstemperaturen ein. Bedeutender als diese Langzeitalterung scheint aber die durch vermehrte großtechnische Heißaufbereitung von Asphalt verursachte thermische Alterung zu sein, die kurzzeitig eintritt. Dabei verringern sich durch destillative und oxidative Wirkung die leichten Maltene, und gleichzeitig tritt eine oxidative Zunahme der höhermolekularen Anteile der Asphaltene ein, was aus Gründen einer günstigen Adhäsion nicht erwünscht ist.

10.2.4.4 Verhalten gegenüber Wasser und Chemikalien

Bei Berührung mit **Wasser** in flüssiger und in Dampf-Form werden von Bitumen nur Spuren von Wasser aufgenommen. Die Löslichkeit von Wasser in reinem Bitumen liegt bei 0,001 bis 0,01 %. Ein Salzgehalt im einwirkenden Wasser (z.B. Seewasser beim Asphaltwasserbau) setzt die Wasseraufnahme noch weiter herab, wogegen wasserlösliche Salze im Bitumen die Wasseraufnahme durch Osmose geringfügig erhöhen können. Bitumen ist damit praktisch als wasserunlöslich anzusehen, und das begründet seine Eignung als **Korrosionsschutzstoff.** Die Wasserdurchlässigkeit beträgt, ausgedrückt als Diffusionskonstante, etwa 10^{-8} g/(cm · h · mbar). Sie ist damit kleiner als die anderer bewährter Korrosionsschutzstoffe und vergleichbar z.B. mit derjenigen von Guttapercha und kleiner als die von Kautschuk. Zusammen mit der Widerstandsfähigkeit gegenüber Luft macht diese Wasserunlöslichkeit Bitumen zu einem idealen **Abdichtungsmaterial.**

Bitumen ist **beständig gegen** die Einwirkung von organischen und anorganischen Salzen, aggressiven Wässern, Kohlensäure und anderen schwachen anorganischen Säuren jeder Konzentration sowie gegenüber Alkalien. Gegenüber Letzteren jedoch nicht in allen Fällen bei erhöhter Temperatur. Bei Raumtemperatur wird Bitumen auch nicht von starker Salzsäure, verdünnter Schwefelsäure und verdünnter Salpetersäure angegriffen. Je härter das Bitumen, desto härter ist i.Allg. seine Widerstandsfähigkeit gegen chemische Einflüsse. Diese wertvolle Eigenschaft wird in der Praxis ausgenutzt, indem man Bitumen außer als Korrosionsschutzstoff z.B. auch für Fußbodenbeläge in Lagerräumen für Chemikalien verwendet. **Löslich** ist Bitumen jedoch **in** Kohlenwasserstoffen gleicher Herkunft, wie z.B. in Benzin und anderen Mineralöldestillaten (deshalb Zerstörung von Asphaltdecken durch tropfendes oder auslaufendes Benzin, z.B. auf Flächen von Tankstellen) sowie in bestimmten chemischen Lösemitteln (chlorierte Kohlenwasserstoffe, Benzol, Toluol).

10.2.4.5 Physikalische Kenndaten

Die **Dichte** von Destillationsbitumen nimmt mit steigender Härte zu. Auch die Viskosität spielt eine Rolle. Sie beträgt bei 25 °C: ρ_{25} = 1,01 þ 0,02 bis 1,07 þ 0,03 g/cm³. Bei Oxidationsbitumen liegt sie i.d.R. niedriger.

Der kubische **Wärmeausdehnungskoeffizient** wird vor allem bei der volumetrischen Zugabe des heißen Bitumens bei der Mischgutaufbereitung benötigt. Er beträgt im praktisch interessierenden Bereich zwischen 15 und 200 °C nahezu konstant d_t = 0,0006/K.

Die **spezifische Wärme** wird u.a. zur Bemessung von Aufheizungs- und Wärmeübertragungssystemen von Mischanlagen benötigt. Sie ist von der Sorte unabhängig und beträgt je nach Temperatur bei 0 °C: 1,7 J/(g · K); bei 100 °C: 1,9 J/(g · K); bei 200 °C: 2,1 J/(g · K).

Die **Wärmeleitfähigkeit** ist sehr niedrig und damit Grundlage der guten Isolierwirkung des Bitumens. Die Wärmeleitzahl beträgt im Bereich von 0 bis 70 °C: λ = 0,16 W/(m · K).

Bitumen hat eine geringe **elektrische Leitfähigkeit**. Es eignet sich deshalb gut als Isolationsmittel in der elektrotechnischen und in der Kabelindustrie. Die spezifische Leitfähigkeit beträgt bei 35 °C 0,1 bis 1 · 10^{-13} S/cm; bei 80 °C 5 bis 10 · 10^{-13} S/cm.

10.2.5 Sorten und Beschaffenheitsvorschriften

10.2.5.1 Allgemeines

Von allen Mineralölprodukten gehört Bitumen zu den wenigen, welche nicht – wie z.B. Benzin, Diesel- oder Heizöle – der Energieerzeugung durch Verbrennung zugeführt werden, sondern traditionell als Baustoff Verwendung finden. Insofern wurden bei Bitumen schon am längsten die heutigen Forderungen vorweggenommen, die begrenzten fossilen Ressourcen für höherwertige und langlebige Produkte zu nutzen. Besonders deutlich wird diese Tatsache in der praktisch unbegrenzten Möglichkeit der **Wiederverwendung von Asphalt** und damit des Bitumens aus aufgebrochenen oder abgefrästen Asphaltschichten bei der Straßenerhaltung, insbesondere bei der Erneuerung von Fahrbahnen sowie bei Aus- und Umbaumaßnahmen an Asphaltstraßen. Die Verwendung wiedergewonnenen bitumenhaltigen Mischgutes **(Recycling)** hat inzwischen eine große Bedeutung.

Der Warencharakter des Bitumens unterscheidet sich neben den Baustoffanforderungen von allen anderen Mineralölprodukten einerseits durch die besonderen Produktionsverfahren, andererseits durch den *heißflüssigen Zustand* bei Vertrieb und Lagerung. Da Bitumen heißflüssig gewonnen und in diesem Zustand mit Temperaturen zwischen 110 und 160 °C

10.2 Bitumen

weiterverarbeitet wird, bietet es sich aus Gründen der Wirtschaftlichkeit und der Energieeinsparung an, den bei der Abgabe in der Raffinerie mitgelieferten Wärmeinhalt direkt für die Weiterverarbeitung zu nutzen.

Die üblichen Raffinerieauslieferungstemperaturen betragen je nach Bitumensorte 160 bis 210 °C. Die Auslieferung erfolgt heute zu mehr als 95 % in isolierten Straßentankwagen in Mengen von 20 bis 22 t. Beim Verbraucher erfolgt die Lagerung in beheizbaren Tanks. Zur Vermeidung hoher Heizkosten sind Anlieferungsmengen und Lagerkapazität den jeweiligen Bedarfsmengen anzupassen.

Je nach Art und Anzahl der bei der Bitumenherstellung angewandten Verfahrensschritte erhält man viskos fließende bis spröde Produkte. Die Sortenunterscheidung erfolgt nach äußeren Konsistenzdaten.

10.2.5.2 Straßenbaubitumen (DIN EN 12 591) – (Destillationsbitumen)

Konsistenz: weich bis hart, Anforderungen nach DIN.

Kurzbezeichnung: Zwei Zahlen (.../...), die die Spanne zwischen dem unteren und dem oberen Grenzwert der Nadelpenetration in Zehntelmillimeter angeben. Für Deutschland wurden durch die an der Bitumenherstellung und Anwendung beteiligten Stellen aus den in DIN EN 12 591 angegebenen Sorten fünf vereinbart, die den bisherigen Anforderungen der inzwischen zurückgezogenen DIN 1995 am nächsten kommen. Dabei handelt es sich um die Bitumen 160/220, 70/100, 50/70, 30/45 und 20/30.

Anwendung: Die weichen Sorten 160/220 bei *Oberflächenbehandlungen*, da sie nach Erhitzen versprizt werden können, und bei der Herstellung von Asphaltmischungen für dünne Schichten. Die mittelharten Sorten 70/100 und 50/70 geben *Walzasphalt* ausreichende Stabilität; die härteren Sorten wie 30/45 und 20/30 gewährleisten diese auch beim *Gussasphalt*. Die weichen Sorten werden wegen ihrer guten Benetzungsfähigkeit auch bei der Tränkung von *Bitumenpappen* und *Bitumenpapieren* genutzt. Ebenfalls sind die weichen Bitumen Grundstoffe für die Herstellung von *Bitumenemulsionen, Bitumenlösungen* und *polymermodifizierten Bitumen*.

10.2.5.3 Hochvakuumbitumen (Hartbitumen)

Auch Sprödbitumen genannt, ohne Norm.

Konsistenz: hart und spröde.

Kurzbezeichnung: Die Penetration von Hochvakuumbitumen ist so gering, dass sie kein ausreichendes Unterscheidungsmerkmal bildet (2 bis 11 × 1/10 mm). Eine Klassifikation erfolgt deshalb besser über den Bereich zwischen einer Obergrenze und einer Untergrenze bei den im Versuch Ring und Kugel ermittelten Erweichungspunkten (Beispiel: Ein H90/100 ist ein Hochvakuumbitumen mit einem EP RuK zwischen 90 °C und 100 °C). Die Bezeichnungen der im Handel erhältlichen Produkte sind herstellerspezifisch unterschiedlich und auf den jeweiligen Verwendungszweck abgestimmt.

Anzahl der Sorten: i.d.R. drei oder mehr.

HVB sind bei Normaltemperaturen hart und bereits spröde. Da ihre Plastizitätsspannen etwa gleiche Größen wie bei Straßenbaubitumen haben, liegen außer den Brechpunkten auch die Erweichungspunkte relativ hoch.

Entsprechend liegt ihre **Anwendung** im Bauwesen da, wo das Sprödverhalten nicht zur Wirkung kommt und auch bei höheren Temperaturen und langen Belastungszeiten gute

Stabilitäten erwartet werden, wie z.B. bei Gussasphaltestrichen in Innenräumen und für Bautenschutzlacke.

10.2.5.4 Oxidationsbitumen

Auch geblasenes und Industriebitumen genannt, ohne Norm.
Konsistenz: hart bis elastisch.
Kurzbezeichnung: Zwei Zahlen (.../...), die den Erweichungspunkt RuK und die Nadelpenetration angeben.
Beispiel: Oxidationsbitumen 70/30: Oxidationsbitumen mit einem EP RuK von 70 °C und einer Penetration von maximal 30 × 1/10 mm. Zum Vergleich: Straßenbaubitumen 20/30 erreicht nur einen EP von maximal 63 °C.
Anzahl der Sorten: etwa zehn.
Das Einblasen von Luft in heißflüssige, weiche Destillationsbitumen beim Herstellen von Oxidationsbitumen bewirkt durch die innere Umwandlung, bei der die dispergierten Anteile ein zusammenhängendes Gerüst bilden („Gel-Zustand"), eine wesentliche Erweiterung der Plastizitätsspanne, teilweise auf 100 °C und mehr. Das bedeutet, dass Oxidationsbitumen auch bei hohen Temperaturen nicht erweichen bzw. abfließen und bei tiefen Temperaturen nicht verspröden (gummi-elastisches Verhalten mit geringen, bleibenden plastischen Verformungen).
Anwendung finden Oxidationsbitumen da, wo extrem hohe und extrem tiefe Temperaturen zu erwarten sind: bei Beschichtungen von *Dichtungsbahnen* und bei der Verklebung solcher Bahnen. Auch bei Fugenvergussmassen und bei verschiedenen anderen industriellen Produkten: in der Gummiindustrie als Weichmacher, um den Kautschuk geschmeidiger zu machen, in der Papierindustrie für Kaschiermassen *kaschierter Papiere* und in der Röhrenindustrie beim *Außenschutz von Röhren*.
Die Verarbeitung von Oxidationsbitumen ist schwierig, da an den benetzten Flächen durch die Veränderung der Bitumengrundstoffe hohe Spannungen und eine geringere Haftfähigkeit entstehen. Deshalb kommt diesen Bitumen die Verarbeitungssicherheit in Fabriken entgegen.
Analysedaten und Anforderungen: Für die ungenormten Bitumensorten bzw. -typen *Hochvakuumbitumen* und *Oxidationsbitumen* bestehen Handelsspezifikationen in Form von Analysendaten der Hersteller, die einander weitgehend entsprechen. Auszugsweise sind die wichtigsten davon in Tafel 10.1 enthalten. Die Oxidationsbitumensorte 135/19 hat entsprechend den Werten für den Erweichungspunkt RuK und Penetration eine Konsistenz wie ein Hochvakuumbitumen und wird auch als Hartbitumen bezeichnet.

10.2.5.5 Polymermodifizierte Bitumen

TL Bitumen-StB 13 (2013) Technische Lieferbedingungen für Straßenbaubitumen und gebrauchsfertige polymermodifizierte Bitumen

Polymermodifizierte Bitumen (PmB) sind Gemische aus Bitumen und Polymeren, bei denen die Polymere das elastoviskose Verhalten des Bitumens verändern. Das setzt voraus, dass die Komponenten zueinander passen, damit die Polymerzusätze exakt in die Kolloidstruktur des Bitumens eingepasst werden können. Dies gelingt am besten bei der industriellen Herstellung gebrauchsfertiger polymermodifizierter Bitumen.
Polymermodifizierte Bitumen sollen Straßenbaubitumen nicht generell ersetzen, sondern entsprechend ihren besonderen Eigenschaften sinnvoll ergänzen. Ihre **Vorteile** sind:

- höhere Kohäsion, d.h. deutlich bessere Haftung an Mineralstoffen,
- größere Plastizitätsspanne,
- große elastische Rückformung nach Entlastung,
- geringere Alterung.

Aufgrund dieser Vorteile liegen die Einsatzgebiete von PmB vor allem in Bereichen besonders hoher Beanspruchung durch Witterung und/oder Verkehr.

Mit den Fortschritten in der Polymerchemie verlagerte sich die Bitumenmodifizierung auf die Verwendung von Synthesepolymeren. Die ursprüngliche Verwendung von Naturkautschuk ist auf einen sehr geringen Anteil zurückgegangen.

Durch die Polymerzusätze sollen die Sprödigkeit bei tiefen Temperaturen verringert und die Verformungsbeständigkeit bei hohen Temperaturen erhöht werden.

Eine Abgrenzung und eine Unterscheidung der in der Praxis eingeführten Begriffe für die polymeren Wirkstoffe sind aufgrund der Temperaturabhängigkeit ihres mechanischen Verhaltens vorgenommen worden. Danach muss man nach Elastomeren, Duroplasten und Thermoplasten unterscheiden.

Die **Bezeichnung** für gebrauchsfertige polymermodifizierte Bitumen erfolgt über die Angabe der für die jeweilige Sorte geltenden Anforderungsspanne für die Penetration und den Mindest-Anforderungswert für den Erweichungspunkt Ring und Kugel. Zusätzlich werden elastomermodifizierte Bitumen mit dem Buchstaben „A" und plastomermodifizierte Bitumen mit dem Buchstaben „B" bezeichnet (Beispiel: 25/55–55 A).

Die wichtigsten Anforderungen an gebrauchsfertige polymermodifiziert Bitumen nach den TL Bitumen-StB 13 sind in Tafel 10.1 aufgeführt. Zusätzlich sind das Verformungsverhalten im dynamischen Scherrheometer (DSR) und das Verhalten bei tiefen Temperaturen im Biegebalkenrheometer (BBR) anzugeben.

10.2.5.6 Heißbitumen

Wegen der notwendigen Heißflüssigkeit der vorgenannten Bitumensorten und gegebenenfalls ihrer Mischungen beim Abfüllen und Verarbeiten werden diese Sorten zusammenfassend auch Heißbitumen genannt. Eine Übersicht über alle gebräuchlichen Sorten von Bitumen und polymermodifizierten Bitumen ist in der Tafel 10.1 aufgeführt.

Auszugsweise sind auch die *„Anforderungen"* an die Bitumen wiedergegeben, wie sie in DIN EN 12 591 für Straßenbau und Destillationsbitumen enthalten sind (deshalb auch Normbitumen genannt), sowie für die Anforderungen für polymermodifizierte Bitumen nach den TL Bitumen-StB 13. Für die nicht genormten Hochvakuumbitumen und Oxidationsbitumen sind in der Tabelle für einige Sorten die vom Handel angebotenen Produkteigenschaften aufgeführt.

Bei Kurzprüfungen ist gemäß DIN EN 12 591 außer der Nadelpenetration, dem Erweichungspunkt RuK und dem Brechpunkt nach *Fraaß*, die in Tafel 10.1 als Auszug der Analysedaten wiedergegeben sind, die Beständigkeit gegen Verhärtung bei 163 °C zu prüfen. Wichtig ist auch das Kriterium des Paraffingehaltes: Unabhängig von der Bitumensorte darf dieser 2 % nicht übersteigen.

10.2.5.7 Zusätze zur Absenkung der Einbautemperatur von Asphalt

MTA (2011) Merkblatt für Temperaturabsenkung von Asphalt

Durch eine Absenkung der Einbautemperatur kann bei der Verarbeitung von Asphalten eine Energieeinsparung bei gleichzeitiger Verminderung der Emissionen unter dem Aspekt des Arbeitsschutzes erreicht werden.

Als Zusätze, die eine solche Temperaturabsenkung erreichen, wurden bisher mineralische Zusätze (Zeolithe) sowie viskositätsverändernde organische Zusätze (Fettsäureamide, Fischer-Tropsch- und Montanwachse) erprobt.

Zeolithe geben zwischen 100 °C und 200 °C Wasserdampf ab. Das führt zu einem Aufschäumeffekt, der die Geschmeidigkeit des Mischguts verbessert. Auf diese Weise ist eine Verarbeitung des Asphalts von ca. 30 °C unter den üblicherweise verwendeten Temperaturen möglich.

Bei den viskositätsändernden organischen Zusätzen basiert die Wirkungsweise darauf, dass diese Stoffe einen Schmelzbereich von ca. 70 °C bis 120 °C besitzen. Unterhalb dieser Temperatur kristallisieren sie aus und haben eine versteifende, elastifizierende Wirkung auf den Asphalt. Sie erhöhen somit die Standfestigkeit und Verformungsresistenz des Asphaltes im Gebrauchstemperaturbereich. Oberhalb dieses Temperaturbereiches erleichtert die deutlich verringerte Viskosität des Bitumens die Umhüllung der Mineralstoffe und sorgt gleichzeitig für eine bessere Verdichtungsfähigkeit. Auf diese Weise kann die Einbautemperatur je nach Mischgutsorte um ca. 20 °C bis ca. 40 °C abgesenkt werden. Die für die Herstellung und den Einbau von temperaturabgesenkten Asphalten zu beachtenden Regelungen wurden in dem „Merkblatt für Temperaturabsenkung von Asphalten (MTA)" von der Forschungsgesellschaft für Straßen- und Verkehrswesen veröffentlicht.

10.3 Aus Bitumen abgeleitete Produkte (früher: Bitumenhaltige Bindemittel)

Normen

DIN EN 13 808	(07.13)	Bitumen und bitumenhaltige Bindemittel – Rahmenwerk für die Spezifizierung kationischer Bitumenemulsionen
DIN 1995-4	(08.05)	Teil 4: Bitumen und bitumenhaltige Bindemittel; Anforderungen an die Bindemittel; Kaltbitumen
TL BE-StB 15	(2015)	Technische Lieferbedingungen für Bitumenemulsionen

10.3.1 Allgemeines

Werden Bitumen mit anderen Komponenten vermischt, so entstehen die aus Bitumen abgeleiteten bitumenhaltigen Bindemittel. Diese Komponenten sind entweder bestimmte Fluxöle, früher „Verschnittöle" (Erdöldestillate) genannt, oder Lösemittel (Benzine, Benzole u.a.m.), die sich homogen in das Kolloidsystem Bitumen einbauen lassen. Man spricht dann von „Verschneiden" oder „Fluxen" bzw. „Lösen" des Bitumens. Im ersten Fall erhält man „Verschnittbitumen" oder entsprechend der neuen Begriffsdefinition *Fluxbitumen*, im zweiten Fall erhält man *Kaltbitumen* oder *Bitumenanstrichmittel*. Alle diese drei bitumenhaltigen Bindemittel werden auch unter dem Oberbegriff **Bitumenlösungen** zusammengefasst.

Eine dritte Komponente neben Fluxölen und Lösemitteln, mit der aus Bitumen bitumenhaltige Bindemittel entstehen, ist Wasser. Ohne weiteres sind Bitumen und Wasser zwei ineinander nicht lösliche Flüssigkeiten. Eine äußerlich homogen erscheinende Vermischung gelingt jedoch durch Emulgierung. Rührt man nämlich heißes Bitumen intensiv in heißes Wasser ein, so verteilt sich das Bitumen tröpfchenförmig innerhalb des Wassers. Man sagt,

10.3 Aus Bitumen abgeleitete Produkte

Bitumen bildet die innere, disperse Phase, Wasser die äußere, geschlossene Phase eines so entstandenen bitumenhaltigen Bindemittels, das man **Bitumenemulsion** nennt.

Eine so einfach hergestellte Bitumenemulsion ist jedoch nicht beständig. Bei Beendigung des Mischvorgangs würden die Bitumenteilchen sofort wieder zu groben Fladen zusammenfließen, wenn nicht „Emulgatoren" dieser Mischung zugesetzt würden. Das sind grenzflächenaktive Stoffe, die sich in den Grenzflächen Bitumen/Wasser anreichern und das Zusammenfließen der Bitumenteilchen verhindern.

Gemeinsam haben alle bitumenhaltigen Bindemittel mit den Typen Bitumenlösungen und Bitumenemulsionen, dass sie nur leicht erwärmt (Fluxbitumen) oder kalt (Kaltbitumen, Bitumenanstrichmittel und -emulsion) verarbeitet werden können, was eine Arbeitserleichterung und Energieeinsparung bedeutet.

10.3.2 Bitumenlösungen

10.3.2.1 Allgemeines

Die Bitumenlösungen „Fluxbitumen" werden unter Zusatz schwerflüchtiger Fluxöle in Raffinerien neben der Produktion von Bitumen hergestellt, Kaltbitumen und Bitumenanstrichmittel werden ebenso wie die Bitumenemulsionen in besonderen Industrien, der Emulsionsindustrie, die i.d.R. auch Kaltbitumen herstellt, und der Anstrich- und Lackindustrie hergestellt.

Entscheidend für die praktische Einsatzmöglichkeit ist die Mitverwendung geeigneter Haftmittel – in geringer Menge (etwa 1 Masse-%) –, oberflächenaktiver Stoffe, welche die Oberflächenspannung der Bindemittel so ermäßigen, dass auch ein Feuchtigkeitsfilm auf der Gesteinsoberfläche bei der Herstellung von Straßenbaugemischen oder auf den mit Anstrichmitteln zu versehenden Flächen verdrängt werden kann. Denn interessant und wirtschaftlich können diese kalt zu verarbeitenden Bitumenlösungen natürlich nur dann sein, wenn auch die Gesteine bzw. Mineralstoffe im *kalten* Zustand zugemischt werden können. Im kalten Zustand haben Mineralstoffe jedoch i.Allg. einen mehr oder weniger großen Feuchtigkeitsgehalt.

Die für die praktische Anwendung an sich negative Eigenschaft von Bitumen, dass sie sich in Kohlenwasserstoffen gleicher Herkunft (Öl, Benzin) sowie in bestimmten chemischen Lösemitteln, wie z.B. in allen chlorierten Kohlenwasserstoffen, Benzol, Toluol u.a., auflösen, wird hier bei der Herstellung von Bitumenlösungen positiv genutzt, um die Viskosität herabzusetzen.

10.3.2.2 Fluxbitumen

Unter Fluxbitumen (früher: **Verschnittbitumen**) versteht man Bitumenlösungen, die dadurch hergestellt werden, dass insbesondere weiche Straßenbaubitumen mit bestimmten „Verschnittölen" (Erdöldestillaten) „verschnitten", d.h. vermischt oder, fachlich heute richtig, „gefluxt" werden, wodurch ihre Viskosität so herabgesetzt wird, dass sie nur leicht angewärmt verarbeitet werden können (Mischtemperaturen etwa bei 100 °C, Einbautemperaturen bei 60 °C). In den letzten Jahren wurde auch erfolgreich Rapsöl als Fluxmittel erprobt.

Verwendung finden die Fluxbitumen im Straßenbau nur bei hohlraumreichen Decken, die das Verdunsten des Fluxöls zulassen. Da solche Decken nur noch selten gebaut werden, ist die Anwendung von Fluxbitumen entsprechend gering. Außerdem erübrigt sich der Warmeinbau und der dadurch mögliche längere Transportweg des damit hergestellten

Mischguts, weil Heißmischanlagen in Deutschland inzwischen überall wegen ihres dichten Netzes schnell zu erreichen sind.

10.3.2.3 Kaltbitumen

Kaltbitumen sind nach DIN 1995-4 Bitumenlösungen, die aus weichem bis mittelhartem Straßenbaubitumen bestehen, dessen Viskosität durch Zusatz von leichtflüchtigen Lösemitteln herabgesetzt ist.

Die wichtigsten Anforderungen nach DIN 1995-4 sind die Ausflusszeit im Ausflussviskosimeter (hier mit der nur 4-mm-Düse und bei nur 25 °C gemessen) von höchstens 200 s, ein EP RuK des zurückgewonnenen Bindemittels: höchstens bei 49 °C und mindestens bei 27 °C, sowie ein Gewichtsverlust durch Verdunstung von höchstens 30 Masse-%.

Kaltbitumen-Sorten

Kaltbitumen nach DIN 1995-4 ist schnellabbindend und dient zur Herstellung von Straßenbaugemischen für den *Soforteinbau*. Etwa 70 bis 80 Masse-% Bitumengehalt. Nur für kleine Flächen und Straßen und Wege untergeordneter Bedeutung.

Kaltbitumen zur Herstellung *lagerfähigen Mischguts* ist langsam abbindend, etwa 90 Masse-% Bitumen.

Kaltbitumen zum *Vorspritzen* bindet schnell ab, etwa 40 Masse-% mittelhartes Straßenbaubitumen, Rest spezielle Lösemittel.

Kaltbitumen zum *Regenerieren* alter bitumenhaltiger Decken ist mittelschnell abbindend, eindringend, aktiviert in der Decke vorhandenes Bindemittel.

Kaltbitumen zur Anwendung in der *Bodenverfestigung*, mittelschnell abbindend, niedrigste Viskosität, um so tief wie möglich auch in feinkörnigen Boden einzudringen.

Kaltbitumen sind robuste Bindemittel. Sie sind im geschlossenen Gebinde unbegrenzt lagerfähig und nicht frostgefährdet. Zur Herstellung von Mischgut kommen sie mit minimalem apparativen Aufwand aus, da die Gesteinsstoffe nicht – wie bei Heißbitumen – vorgetrocknet werden müssen.

Vorsichtsmaßregel!

Infolge ihres hohen Anteils an leichtflüchtigen Lösemitteln sind Kaltbitumen feuergefährlich! Insbesondere entleerte Fässer müssen vor offener Flamme geschützt werden. Die in Qualitätsbitumen eingearbeiteten Lösemittel sind physiologisch verträglich, zumal wenn die Verarbeitungsbedingungen nur eine kurzzeitige Einwirkung mit sich bringen.

Trotzdem empfiehlt es sich, für **gute Belüftung** der Arbeitsplätze zu sorgen.

10.3.2.4 Bitumenanstrichmittel

Bitumenanstrichmittel können Bitumenlösungen oder Bitumenemulsionen sein. Bitumenanstrichmittel als Bitumenlösungen haben Eigenschaften und Anwendungen wie Kaltbitumen. Unterschied:

1. Herstellung statt aus weichem bis mittelhartem Straßenbaubitumen hier aus hartem Straßenbaubitumen, Hochvakuumbitumen oder Oxidationsbitumen.
2. Anwendung statt im Straßenbau hier vornehmlich in der Bautenschutz- und Abdichtungstechnik für Hoch- und Ingenieurbauwerke.

Wegen ihres glänzenden Aussehens nach der Verarbeitung und nach dem Abbinden sowie wegen der Konsistenz (harte Bitumen) wird Bitumenanstrichmittel gelegentlich auch

Bitumenlack genannt. Bitumenanstrichmittel werden – wie der Name sagt – vor allem als Anstrichmittel, und zwar i.d.R. als *Vor*anstrichmittel, für nachfolgende Abdichtungsschichten verwendet.

Als organische Lösemittel werden vorzugsweise Benzole, Test- und Spezialbenzine sowie chlorierte Kohlenwasserstoffe verwendet. Die Menge des zugemischten Lösemittels beeinflusst im Wesentlichen den Flüssigkeitsgrad der Lösung bzw. des Aufstrichmittels: dick- oder dünnflüssig.

Vorsichtsmaßregel![4]

Kaltbitumenan- bzw. -aufstrichmittel sollen nur dort verwendet werden, wo eine einwandfreie Verdunstung des Lösemittels möglich ist. Die Verwendung in geschlossenen Räumen setzt unbedingt eine **ausreichende Belüftung** voraus. Die verdunstenden organischen Lösemittel sind für den Menschen **giftig**. Im Vordergrund steht dabei die Gefahr des Einatmens der Dämpfe (Atemstillstandsgift!) und der Einwirkung auf die Haut mit der Möglichkeit von Augenschädigungen. Die Dämpfe der Lösemittel sind schwerer als Luft, sie sinken deshalb stets zum Boden (Vorsicht bei Innenanstrich von Behältern!).

Außerdem sind die Lösemittel **leicht brennbar** mit teilweise niedriger Zündtemperatur.[5] Die Verbrennung verläuft besonders heftig wegen des Dampfzustands mit großer Tröpfchenoberfläche (Raumexplosion). Äußerste Vorsicht mit Feuer und heißen Geräten ist notwendig!

10.3.3 Bitumenemulsionen

10.3.3.1 Allgemeines

Bitumen dispergiert in heißem Wasser, wenn es durch Rührwerke oder Kolloidmühlen in Tropfenform zerteilt und ein „Emulgator" zugesetzt wird, der verhindert, dass die Bitumenteilchen wieder miteinander verkleben. Die Oberfläche der Tropfen überzieht sich dabei mit einer seifenartigen, alkalischen oder auch mit einer sauren, trennenden Substanz. Es liegen die frei schwebenden Bitumenkügelchen als innere Phase in der geschlossenen äußeren Phase Wasser vor, wobei diese Kügelchen durch entgegengesetzte elektrische Ladung und dadurch bewirkte Abstoßung im Schwebezustand gehalten werden.

Beim Vermischen mit Mineralstoffen erfolgt das sog. „Brechen" (Zerfallen) der Emulsion durch Berührung mit den Gesteinsoberflächen unter Abscheiden des Wassers, das danach verdunsten oder versickern muss (das sog. „Abbinden"), während das frei gewordene Bitumen die Mineralkörner verklebend umhüllt. Beim „Brechen" werden die oben genannten elektrischen Spannungen durch Berühren mit einem festen Stoff (z.B. Gestein) gelöst oder durch zu langes Lagern verbraucht.

Als Bitumen werden i.d.R. weiche Destillationsbitumen (70/100, 160/220) verwendet. Bitumengehalt etwa 55 bis 70 Masse-%. Je nach Art des verwendeten Emulgators werden anionische und kationische Bitumenemulsionen unterschieden.

10.3.3.2 Anionische Emulsionen

Emulsionen mit alkalischem Emulgator geben den Oberflächen der Bitumenteilchen eine negative elektrische Ladung, die zunächst eine günstige Abstoßung der gleichgeladenen

---

[4] Näheres siehe Merkblatt „Lösemittel" der Berufsgenossenschaft der chemischen Industrie, zu beziehen vom „Jedermann-Verlag/Heidelberg", sowie den „Sachstandsbericht 2006 Gesprächskreis Bitumen" der GISBAU – Gefahrstoff-Informationssystem der Berufsgenossenschaft der Bauwirtschaft/Frankfurt am Main.

[5] Die mit Abstand niedrigste Zündtemperatur hat Schwefelkohlenstoff mit 102 °C.

Tröpfchen in der Emulsion bewirkt. Solche Emulsionen werden anionisch genannt, weil ihre Teilchen beim Anlegen einer Gleichspannung (Elektrophorese) zur Anode wandern. Die finden sie in den Oberflächen von basischem Gestein (z.B. Kalkstein). Deshalb sind anionische Emulsionen nur bei basischem Gestein geeignet, weil sie bei Berührung damit nach dem Brechen wirksam haften.

10.3.3.3 Kationische Emulsionen
Diese Emulsionen haben durch die Art ihres Emulgators positiv geladene Oberflächen der Bitumenteilchen, die zum Ladungsausgleich bei der Elektrophorese die Kathode brauchen. Die finden sie in den Gesteinsoberflächen saurer Gesteine (z.B. Quarz, Kies), sodass hier die Haftung gut ist. Darüber hinaus haften jedoch kationische Emulsionen auch auf allen anderen Gesteinen. Ebenfalls tritt eine unmittelbare Haftung unter Verdrängung der beim Brechen dazwischen liegenden Wasserschicht ein. Entsprechend haften kationische Emulsionen auf feuchtem Gestein, sodass sie auch bei ungünstigen Witterungsverhältnissen, die das Verdunsten von Wasser behindern, geeignet sind. Man nimmt an, dass die hier verwendeten Emulgatoren Gesteinsoberflächen hydrophob (wasserfeindlich) und bitumenfreundlich machen (regenfeste Verbindung).
Wichtig: Daraus folgt, dass anionische und kationische Bitumenemulsionen nie miteinander vermischt werden dürfen, da das sofort zum Zerfall und zur Agglomeration (Verklumpung) der Emulsionen führt. Bei Geräten, z.B. Spritzmaschinen, in denen beide Emulsionstypen verarbeitet werden sollen, muss das beachtet werden (Verstopfungsgefahr).

10.3.3.4 Brechverhalten und Bindemittelgehalt
Ein zweites Unterscheidungsmerkmal bei den Bitumenemulsionen ist die Dauer ihres **Brechverhaltens**, die bei der Produktion der Emulsion für die jeweiligen Einsatzbedingungen eingestellt werden kann.
Bei Oberflächenbehandlungen von Straßen sorgt ein rasches Brechen dafür, dass die Bauzeit gering gehalten wird und die Belastung durch den Verkehr schnell wieder erfolgen kann. Bei Mischbauweisen ermöglicht ein langsameres Brechen mit einer verzögerten Bindemittelausscheidung, dass ein Misch- und Einbauvorgang ausgeführt werden kann. Trotzdem läuft der Ausscheidungsprozess des Bindemittels noch so zügig ab, dass die Anforderungen an die Inbetriebnahme bei den verschiedenen Anwendungen erfüllt werden können. Als drittes Unterscheidungsmerkmal ist die verarbeitungstechnisch bestimmte Größe der **Bindemittelkonzentration** angegeben. Emulsionen lassen sich heute mit Konzentrationen von mehr als 70 % herstellen. I.d.R. werden im Straßenbau Emulsionen mit 55 bis 65 % Bindemittel hergestellt.
Wegen des Wasseranteils sind Bitumenemulsionen grundsätzlich frostgefährdet. Sie werden beim Einfrieren zerstört und lassen sich nicht wiederherstellen, d.h., beide Phasen, Bitumen und Wasser, trennen sich vollständig und sind nicht wieder miteinander dispergierbar.
So wie die eigentlichen Bitumen können auch Bitumenemulsionen mit Polymeren modifiziert werden, um ihre technischen Eigenschaften zu verbessern. Polymermodifizierte Bitumenemulsionen werden häufig bei Oberflächenbehandlungen und fast ausschließlich bei dünnen Schichten im Kalteinbau (DSK) eingesetzt. Sie können durch Fluxen mit relativ schnell abdunstenden Lösemitteln in ihrer Fließfähigkeit und Klebkraft noch weiter verbessert werden.

Eine Übersicht über die nach den TL BE-StB 15 klassifizierten Sorten von polymermodifizierten Bitumenemulsionen ist der Tafel 10.1 zu entnehmen.

10.3.3.5 Spezialprodukte

Bitumen-Haftkleber: kationische Emulsion auf der Basis eines mit leichtflüchtigen Lösemitteln stark gefluxten Bitumens. Der verhältnismäßig geringe Bindemittelanteil verhindert Überfettung beim Verkleben bitumenhaltiger Schichten.
Wird im Straßenbau häufig verwendet (bei längerer Einbau-Unterbrechung aufeinander folgender Schichten).

Fertigschlämmen und **Porenfüllmassen:** Aus Bitumenemulsionen mit feinen Mineralstoffen gemischte Produkte, die zum Versiegeln offener oder ausgemagerter Asphaltoberflächen im Rahmen der *Straßenunterhaltung* dienen.

10.3.3.6 Anwendung und Anforderungen

Generell finden **Bitumenemulsionen** häufig **Anwendung**, wo andere Bindemittel versagen, da sie auch bei Feuchtigkeit wegen ihrer hohen Benetzungsfähigkeit verarbeitet werden können. Ihr besonderer Vorzug ist ihre Dünnflüssigkeit, sodass sie vor der Verarbeitung nicht erwärmt zu werden brauchen. Sie sind unbrennbar und geruchlos.

Anionische Bitumenemulsionen werden wegen ihrer größeren Stabilität und ihrer Verträglichkeit mit mineralischen Füllstoffen und Styroporkugeln vorwiegend in der Bauwerksabdichtung (Dickbeschichtungen) eingesetzt. Wegen der dort notwendigen Flexibilität enthalten sie i.d.R. Polymeranteile. Im Straßenbau werden sie wegen der begrenzten Einsetzbarkeit bei unterschiedlichen Gesteinen nicht mehr eingesetzt. Die Anforderungen an anionische Emulsionen sind in den neueren europäischen Normen und in den technischen Lieferbedingungen nicht mehr aufgeführt.

Die **Anforderungen** bzw. Beschaffenheitsvorschriften für kationische Bitumenemulsionen sind in der europäischen Norm EN 13 808 festgelegt, die die bisherige DIN 1995-3 ersetzt hat. Die Umsetzung der europäischen Norm in ein nationales Anwendungsdokument erfolgt durch die Technischen Lieferbedingungen für Bitumenemulsionen (TL BE-StB 15). Die Richtlinie enthält Anforderungen für Bitumenemulsionen im Straßenbau und für ein gefluxtes Bindemittel für Oberflächenbehandlungen.

Die Bezeichnung der kationischen Bitumenemulsionen setzt sich zusammen aus dem Buchstaben C für die Benennung als kationische Emulsion, dem Nenngehalt an Bindemittel in Masse-%, der verwendeten Bindemittelart (B = Straßenbaubitumen, P = Zugabe von Polymeren, F = Zugabe von mehr als 2 % Fluxmittel), der Klasse des Brechwertes nach DIN EN 13 808 und dem Anwendungsbereich.

Danach ist z.B. eine Emulsion mit der Bezeichnung „C 60 BP 5 –DSH-V" eine kationische Bitumenemulsion mit einem Nenngehalt von 60 Masse-% Bindemittel aus PmB, die der Brechwertklasse 5 entspricht und für Dünne Schichten im Heißeinbau auf Versiegelung (DSH-V) angewendet wird.

Die TL BE-StB 15 enthält sechs Tabellen für die unterschiedlichen Anwendungsgebiete von Bitumenemulsionen, in denen die Anforderungen für eine jeweils variierende Anzahl von Sorten beschrieben werden.

Die wichtigsten **Anforderungsprüfungen** für die aufgeführten Emulsionssorten sind:
– Die Bestimmung der Ladungsart der Bitumenteilchen durch Elektrophorese (Prüfung,

10 Bitumen, Asphalt, Teerpech

ob die Teilchen beim Anlegen einer Gleichspannung an der Anode oder Kathode abgeschieden werden);
- die Prüfung der äußeren Beschaffenheit, wie z.B. der Farbe (Bitumenemulsionen aus schwarzem Bitumen haben eine braune bis schwarzbraune Farbe; je feiner die Aufteilung des Bitumens, umso heller der Braunton);
- die Bestimmung des Bindemittelgehaltes über den Wassergehalt der Bitumenemulsion;
- die Bestimmung des Brechverhaltens über die Mengenbestimmung von Quarzmehl, bei der eine bestimmte Menge einer kationischen Emulsion vollständig gebrochen wird;
- die Bestimmung der Auslaufzeit mit dem Straßenteer-Ausflussgerät mit der 2- bzw. 4-mm-Düse und bei 40 °C;
- die Bestimmung der Lagerbeständigkeit durch Ermittlung des Siebrückstands bei Herstellung und nach 7 Tagen Lagerzeit.

Neben den schon genannten Anforderungen an Bitumenemulsionen werden für polymermodifizierte Bitumenemulsionen auch Anforderungen an die Kraftduktilität und die elastische Rückstellung des rückgewonnenen Bindemittels gestellt. Außerdem wird die Bestimmung des Splitthaltevermögens nach DIN SPEC 52022 geprüft.

Die Anwendungsbereiche und dafür vorgeschriebenen Bitumenemulsionssorten sind der Tafel 10.1 zu entnehmen.[6]

Tafel 10.1 Bitumen und bitumenhaltige Bindemittel

		Destillationsbitumen								
		Straßenbaubitumen nach DIN EN 12 591					Hartbitumen (Hochvakuumbitumen)			
Bitumensorte			160/220	70/100	50/70	30/45	20/30	80/90	90/100	100/110	110/120
Nadelpenetration	1/10 mm		160–220	70–100	50–70	30–45	20–30	4–10	0–6	0–4	0–3
Erweichungspunkt RuK	°C		35–43	43–51	46–54	52–60	55–63	80–90	90–100	100–110	110–120
Brechpunkt nach Fraaß	°C		≤ –15	≤ –10	≤ –8	≤ –5		–	–	–	–
Beständigkeit gegen Verhärtung:											
Anstieg des Erweichungspunktes, höchstens	°C		11	9	9	8	8	–	–	–	–
Massenänderung höchstens	M.-%		≤1,0	≤0,8	≤0,5	≤0,5	≤0,5	0,1	0,1	0,1	0,1
Flammpunkt, mindestens	°C		≥220	≥230	≥230	≥240	≥240	290	300	300	300
		Oxidationsbitumen								
Bitumensorte			70/30	80/25	85/40	100/25	100/40	115/15	135/10		
Nadelpenetration	1/10 mm		25–35	20–30	35–45	20–30	35–40	10–20	5–15		
Erweichungspunkt RuK	°C		70–80	77,5–82,5	80–90	95–105	95–105	110–120	130–140		
Brechpunkt nach Fraaß	°C		–12	–10	–20	–18	–20	–10	–5		
Flammpunkt	°C		280	250	240	240	240	240	240		
Aschegehalt	M.-%		0,5								
Beständigkeit gegen Verhärtung, Massenänderung höchstens	M.-%		0,5	0,5	0,5	0,5	0,5	0,5	0,5		

---

[6] Auskünfte über Bitumenemulsionen und Bitumenlösungen sowie deren Verwendung erteilt der Fachverband für Bitumenemulsionen und Straßenerhaltungsbauweisen e. V., Heinrich-Börner-Straße 31, 36251 Bad Hersfeld.

10.3 Aus Bitumen abgeleitete Produkte

Tafel 10.1 (Fortsetzung)

			Polymermodifizierte Bitumen nach TL Bitumen-StB 13							
			elastomermodifiziert					thermoplastomermodifiziert		
Bitumensorte			120/200-40 A	45/80-50 A	25/55-55 A	10/40-65 A	40/100-65 A	45/80-50 C	25/55-55 C	10/40-65 C
Nadelpenetration	1/10 mm		120–200	45–80	25–55	10–40	40–100	45–80	25–55	10–40
Erweichungspunkt RuK	°C		≥40	≥50	≥55	≥65	≥65	≥50	≥55	≥65
Brechpunkt nach Fraaß	°C		≤–20	≤–15	≤–10	≤–5	≤–15	≤–15	≤–10	≤–5
Flammpunkt	°C		≥220	≥235	≥235	≥235	≥235	≥235	≥235	≥235
Elastische Rückstellung bei 25 °C	%		≥50	≥50	≥50	≥50	≥70			
Stabilität gegen Entmischen nach Heißlagerung, Differenz der Erweichungspunkte Ring und Kugel, höchstens	°C		≤5	≤5	≤5	≤5	≤5	≤5	≤5	≤5
Beständigkeit gegen Verhärtung unter Einfluss von Wärme und Luft bei 163 °C:										
Massenänderung	%		≤0,5	≤0,5	≤0,5	≤0,5	≤0,3	≤0,5	≤0,5	≤0,5
verbleibende Penetration	%		≥60	≥60	≥60	≥60	≥60	≥60	≥60	≥60
Zunahme des Erweichungspunktes Ring und Kugel	°C		≤8	≤8	≤8	≤8	≤8	≤8	≤8	≤8
Abfall des Erweichungspunktes Ring und Kugel	°C		≤2	≤2	≤2	≤2	≤2	≤2	≤2	≤5
Elastische Rückstellung bei 25 °C	%		≥50	≥50	≥50	≥50	≥50			

Sorte	Bitumenemulsionen und polymermodifiziertes Fluxbitumen nach TL BE-StB 15			
Sorten zur Herstellung des Schichtenverbundes	C60BP1-S	C40BF1-S	C60B1-S	
Sorten zur Herstellung von Dünnen Asphaltdeckschichten in Heißbauweise auf Versiegelung (DSH-V)	C67BP5-DSH-V			
Sorten zum Anspritzen und Abstreuen	C60B5-REP	C67B4-REP	C60BP5-REP	C67BP4-REP
Sorten zur Herstellung von Oberflächenbehandlungen	C67B4-OB	C69B4-OB	C70B4-OB	
Sorten zur Herstellung von Dünnen Schichten in Kaltbauweise (DSK)	C65B1-DSK			
Sorten zur Herstellung von bitumenemulsionsgebundenem Mischgut	C60B1-BEM			
Sorten zur Nachbehandlung hydraulisch gebundener Schichten	C60B1-N			
Polymermodifiziertes Fluxbitumen für Oberflächenbehandlungen	PmOB Art B			

10 Bitumen, Asphalt, Teerpech

10.4 Asphalt

Werden Bitumen oder bitumenhaltige Bindemittel mit Gesteins- bzw. Mineralstoffen vermischt, so nennt man diese Gemische Asphalte.

10.4.1 Naturasphalte

Naturasphalte sind in der Natur vorkommende Mischungen von Bitumen und feinkörnigen Mineralstoffen mit sehr unterschiedlicher Zusammensetzung. Sie haben heute bei der vergleichsweise wirtschaftlichen, großtechnischen Herstellungsmöglichkeit von Bitumen und Asphalt kaum noch Bedeutung als Baustoff.

Das in Deutschland bekannteste Vorkommen ist der **„Vorwohler Asphaltkalkstein"**, der bei Eschershausen, südlich von Hannover, mit einem Bitumenanteil von 4 bis 6 Masse-% vorkommt. Aus Wirtschaftlichkeitsgründen ist seine Gewinnung, die bergmännisch erfolgte, eingestellt worden. Solche Naturasphalte mit hohem Mineralstoffanteil nennt man *Asphaltgestein*.

Der **Trinidad-Asphalt** wird in aufbereiteter Form als *„Trinidad-Epuré"* als einziger Naturasphalt heute noch eingesetzt. Vorwiegend als Zusatz zu Gussasphalt, weil er durch das harte Bitumen und den feinen Füller, den er enthält, versteifend auf damit hergestellten Bitumen-Steinmehl-Mörtel wirkt. Der Trinidad-Asphalt kommt auf der mittelamerikanischen Insel Trinidad in einem „Asphaltsee" vor und enthält über 50 % Bitumen in feinkörniger vulkanischer Asche.

10.4.2 Technische Asphalte

Durch Mischen von körnigen Mineralstoffen mit Bitumen werden technische Asphalte hergestellt. Dabei gehen die beiden Stoffe eine grenzflächenaktive Verbindung miteinander ein. Diese beruht auf der Benetzung des Bitumens im flüssigen Zustand mit anschließender dauerhafter Bindung an den Gesteinsflächen.

Je nach Anteil und Auswahl seiner Komponenten lässt sich Asphalt mit unterschiedlichen Eigenschaften herstellen. Zur Aufstellung zweckmäßiger Mischrezepte ist deshalb nicht nur die Kenntnis der zahlreichen Bitumen, sondern auch die der in Frage kommenden Mineralstoffe nötig. Das umso mehr, weil bei den gebräuchlichen technischen Asphalten, von denen der größte Teil in den Oberbauschichten von Straßen verwendet wird, die Mineralstoffe den wesentlich größeren Anteil stellen als das Bitumen (etwa 85 % des Volumens bzw. 95 % des Gewichts).

10.4.2.1 Mineralstoffe

Normen

TL Gestein-StB 04	(2004/2007)	Technische Lieferbedingungen für Gesteinskörnungen im Straßenbau
TL G SoB-StB 04	(2004/2007)	Technische Lieferbedingungen für Baustoffgemische und Böden zur Herstellung von Schichten ohne Bindemittel im Straßenbau, Teil: Güteüberwachung
TP Gestein-StB	(2008)	Technische Prüfvorschriften für Gesteinskörnungen im Straßenbau
RuA-StB 01	(2001)	Richtlinien für die umweltverträgliche Anwendung von industriellen Nebenprodukten und Recycling-Baustoffen im Straßenbau

Die **Mineralstoffe,** die als Zuschlag im Asphalt verwendet werden, sind entweder natürliche Mineralstoffe in Form von Felsgestein, das in Steinbrüchen durch Brechen und Sieben zu Korngemischen aufbereitet wird, oder in Form von Kies und Sand, oder es handelt sich um künstliche Mineralstoffe, die industriell als Nebenprodukte entstanden sind, wie z.B. Hochofenschlacke oder Müllverbrennungsasche. Ungebrochene Mineralstoffe (Rundkorn) sind Kies und Natursand. Gebrochene Mineralstoffe (Brechkorn) sind Schotter, Splitt und Brechsand sowie Edelsplitt, Edelbrechsand und Füller.

Über **Lieferkörnungen** und Anforderungen an diese siehe Abschnitte 5.3, 5.6 und 5.7.

Edelsplitte und Edelbrechsand haben als höheres Qualitätsmerkmal verschärfte Anforderungen hinsichtlich Unter- und Überkorn im Vergleich zu Splitten und Brechsand. Außerdem sind die Anforderungen an Korngröße, Kornform, Frostbeständigkeit und Raumbeständigkeit bei Edelsplitten höher.

Mit **Füller** werden Gesteinsmehle oder andere feinstkörnige Mineralstoffe der Kornklasse 0/0,09 mm ohne Überkorn bezeichnet. Die Lieferkörnung Füller kann einen Überkornanteil über 0,09 mm enthalten. Füller verbessert die Kornabstufung im Feinkornbereich der Mineralmischung und verringert ihren Hohlraumgehalt (Füller „füllt"). Im Asphaltgemisch hat Füller eine zweite Aufgabe. Er versteift das Bindemittel Bitumen und steigert die Viskosität der flüssigen Phase bei höheren Temperaturen (Füller versteift).

Die Qualitätsmerkmale der Mineralstoffe folgen aus den unterschiedlichen *Beanspruchungen,* denen die Stoffe bei Herstellung, Einbau und unter dem Einfluss von Witterung und Verkehr ausgesetzt sind. Beim Erhitzen vor dem Mischen werden die Zuschlagstoffe auf *Temperaturen bis zu 400 °C* gebracht. Beim Einbau beanspruchen die Bandagen der schweren Glattmantelwalzen die Körner auf Druck und die Vibrationswalzen auf Schlag. Im Straßenoberbau wirken *Wasser und Frost* auf die Gesteine ein. Dabei dürfen die Körner weder zerstört werden noch sich vom Bindemittel trennen. Der Verkehr erzeugt ähnliche Schlagbelastungen wie die Vibrationswalze in ständiger Wiederholung, gleichzeitig wirkt er schleifend und schiebend.

Anforderungen: Die Mineralstoffe sollen in jedem Fall witterungs- und frostbeständig sein, außerdem schlagfest, druckfest, bei Heißeinbau hitzebeständig, und an der Oberfläche der Befestigung (Verschleißschicht) sollen sie ausreichenden Widerstand gegen Polieren und Abrieb haben. Dazu soll eine gute Haftung zwischen Gestein und Bitumen entstehen und bestehen bleiben. Damit die Reinheit der Mineralstoffe gewährleistet ist, muss die Aufbereitung der Gesteine entsprechend sorgfältig erfolgen. Es dürfen keine quellfähigen Bestandteile (organische, mergelige oder tonige) in das Mischgut geraten. Erwünscht ist **gedrungenes Korn**, weniger spießiges und möglichst kein plattiges. Körnungen aus gedrungenen Körnern lassen sich nämlich gut verdichten und unterliegen bei mechanischen Beanspruchungen nur geringer Kornzerkleinerung. Plattige Körner behindern den Verdichtungsvorgang und zerbrechen leicht. Aus diesem Grund ist der Anteil der nichtkubischen Körner, nach DIN EN 933-4 als Kornformkennzahl und nach DIN EN 933-3 als Plattigkeitskennzahl angegeben, je nach Anwendungserfordernis zu begrenzen.

10.4.2.2 Herstellung des Asphaltmischguts

Die Herstellung von Asphalt im Heißeinbau erfolgt i.d.R. in stationären Mischanlagen, bei Großbaustellen unter Umständen auch in mobilen Anlagen. Stationäre Mischanlagen liegen meist unmittelbar an den Gewinnungsstätten der Mineralstoffe. Die Arbeitsgänge bei der Herstellung des Asphaltmischguts sind immer die folgenden: Vordosieren der Mineralstoffe, Trocknen und Erhitzen des Gesteins, Sieben und Verwiegen des heißen Gesteins, Dosieren und Zugabe des Bitumens, Mischen, gegebenenfalls Zwischenlagern und schließlich Transport des fertigen Mischguts zur Baustelle.

10 Bitumen, Asphalt, Teerpech

a) **Vordosieren:** Aus den Vorratsboxen (Fassungsvermögen ca. 3 m^3) der einzelnen Korngruppen (i.d.R. sechs bis acht Lieferkörnungen gemäß TL Min) werden die feuchten Mineralstoffe abgewogen und mittels Klappen und Rüttelrinne auf das Förderband gegeben und zur Trockentrommel transportiert.

b) **Trocknen und Erhitzen:** Geschieht in der Trockentrommel mit Gas- oder Ölbrennern, i.d.R. im Gegenstromprinzip. Dabei im Gestein verbleibende Restfeuchte kann beim Mischen zum Schäumen des Bindemittels (Vortäuschen eines zu hohen Bindemittelgehalts) und zu mangelhafter Umhüllung der groben Gesteinskörner führen. Die Abgase werden mittels einer Entstaubungsanlage gereinigt. Der rückgewonnene Gesteinsstaub kann als Eigenfüller dem Mischprozess wieder zugeführt werden.

c) **Heißabsiebung:** Die in der Trockentrommel getrockneten und auf die erforderliche Mischtemperatur (ca. 170 bis 190 °C) gebrachten Mineralstoffe werden heiß abgesiebt, gemäß der Eignungsprüfung abgewogen und in den Mischer gegeben. Das in Silos gelagerte Gesteinsmehl wird i.d.R. getrennt verwogen und kalt zugegeben. Nur bei Gussasphalt mit seinen großen Füllergehalten und hohen Mischtemperaturen wird es bis auf ca. 150 °C vorgewärmt.

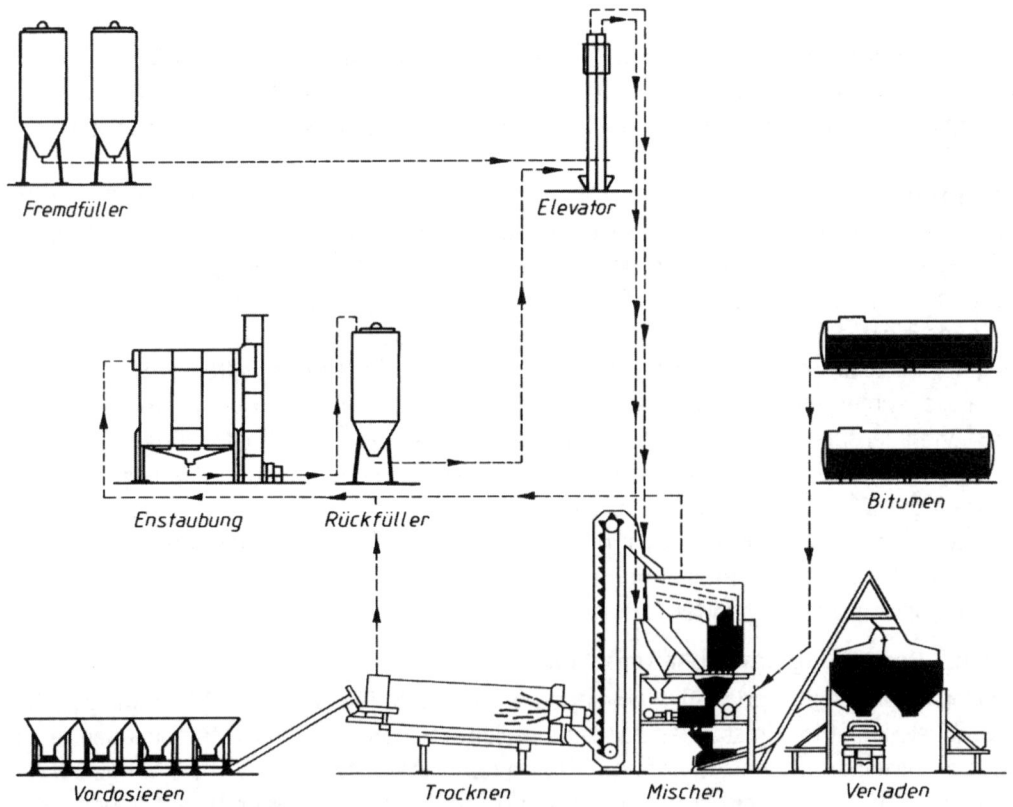

Abb. 10.3 Arbeitsschema einer Asphaltmischanlage

d) **Bindemitteldosierung:** wird i.d.R. volumetrisch mit Durchlaufmesser oder Ovalradzähler aus dem beheizten Vorratsbehälter abgepumpt, selten mit dem Messzylinder abgemessen, auf Mischtemperatur erhitzt und mit hohem Druck in das bewegte Mineralgemisch eingespritzt.

e) **Mischen:** geschieht meist mit Chargenmischern, selten mit kontinuierlichen Mischern (Durchlaufmischern). Die Mischdauer richtet sich nach der Art des Mischers und des Mischguts, dauert aber mindestens so lange, wie das Bindemittel eingespritzt wird. Je höher der Feinkornanteil ist, desto länger muss gemischt werden, bis das Bindemittel gleichmäßig verteilt und die Mineralkörner einwandfrei mit Bindemittel umhüllt sind.

f) **Zwischenlagern:** geschieht in wärmeisolierten und beheizbaren Mischgutsilos. Bei längerer Silolagerung (5 bis 12 Stunden) sind die Lagertemperaturen so niedrig wie möglich einzustellen, um die Verhärtung des Bindemittels in Grenzen zu halten.

g) **Transport des Mischguts:** erfolgt mit Hinterkipper-LKW zur Baustelle. Gefahr dabei: Das noch lockere, hohlraumreiche Walzasphalt-Mischgut wird durch den Fahrtwind abgekühlt, und das Bitumen wird durch den zugeführten Sauerstoff nachgehärtet. Deshalb darf das Mischgut immer nur mit Planen abgedeckt transportiert werden. Bei größeren Transportentfernungen werden geschlossene oder – falls nötig – wärmegedämmte Behälter genutzt.

10.4.2.3 Asphalteigenschaften

Die Eigenschaften des Asphalts lassen sich sowohl durch Härte und Menge des Bitumens als auch durch Art und Zusammensetzung der Mineralstoffe beeinflussen. Zu unterscheiden sind Eigenschaften des Mischgutes beim Einbau und Eigenschaften des fertig eingebauten Asphalts. Die wichtigste Eigenschaft des einzubauenden Mischguts ist die Verarbeitbarkeit, zusätzlich beim Walzasphalt die Verdichtbarkeit. Der gebrauchsfertige Asphalt muss gute Standfestigkeit und Risssicherheit haben. Herausragende Bedeutung hat beim Walzasphalt dazu der richtige Hohlraumgehalt. Zusätzlich werden für die oberste Schicht, die direkt dem Verkehr und der Witterung ausgesetzt ist, Dichtigkeit, Verschleißfestigkeit sowie Griffigkeit und Helligkeit verlangt.

Die **Verarbeitbarkeit** ist eine Mischguteigenschaft, die besagt, dass sich das Mischgut bei der jeweiligen Einbaudicke und der Art des Maschinen- bzw. Handeinbaus einwandfrei verteilen und verdichten (Walzasphalt) oder verstreichen (Gussasphalt) lässt. Sie ist von der Mischgutzusammensetzung und der Temperatur abhängig. Die **Verarbeitungsfrist** ist der Zeitraum, in dem das Mischgut von der Herstellungstemperatur bis auf die Temperatur abkühlt, bei der eine einwandfreie Verarbeitung gerade noch möglich ist. Sie ist abhängig von der Witterung, der Bitumensorte und der Einbaudicke. Je kühler die Witterung, je höher die notwendige Verarbeitungstemperatur wegen entsprechend harten Bitumens und je geringer die Einbaudicke, desto kürzer ist die Verarbeitungsfrist.

Die **Verdichtungswilligkeit** ist eine Eigenschaft des Walzasphalts. Sie ist erkennbar an der zunehmenden Dichte bei steigender Verdichtungsarbeit. Verdichtungswillig sind Mischungen mit geringer innerer Reibung und/oder weichem Bitumen. Sie werden dort bevorzugt, wo z.B. trotz geringer Einbaudicke eine hohe Dichtigkeit erzielt werden soll und wegen des geringen Verkehrs auf eine hohe Standfestigkeit verzichtet werden kann. Verdichtungsunwillige Mischungen entstehen durch hohe innere Reibung und härteres Bitumen. Sie brauchen eine intensivere Verdichtungsarbeit durch entsprechend ausgerüstete Walzen und eine längere Verdichtungszeit. Sie erreichen dadurch im fertigen Zustand höhere Standfestigkeit und werden deshalb auf Straßen mit starkem Verkehr angewendet.

Die **Standfestigkeit** ist für den praktischen Gebrauch die *wichtigste* Eigenschaft. Man versteht darunter den *Verformungswiderstand*, den der Asphalt dem Einwirken äußerer Kräfte entgegensetzt. Besonders für die Erhaltung der Ebenheit der Fahrbahnoberfläche ist eine hohe Standfestigkeit nötig. Es sollen *keine Spurrinnen* und keine Wellen entstehen. Zwischen der *Standfestigkeit und der Verdichtbarkeit* eines Mischgutes besteht also ein enger Zusammenhang. Asphalt, der eine hohe Standfestigkeit erreichen soll, muss beim Einbau mehr verdichtet werden und umgekehrt. Diese Tatsache kann dazu verführen, ein Mischgut verdichtungswilliger herzustellen, als es wegen seiner geforderten hohen Standfestigkeit sein dürfte. Anlass dafür können Einbauschwierigkeiten durch dünne Schichtdicken und kühle Witterung in ungünstiger Jahreszeit sein. Selbstverständlich ist diese Verfahrensweise grob falsch. Grundsätzlich muss gelten, dass die Eigenschaften der fertigen Asphaltschicht Vorrang haben vor leichter Verarbeitbarkeit des Mischguts. Schwierigkeiten beim Einbau ist nur dadurch zu begegnen, dass für günstigere Einbaubedingungen, wie z.B. größere Einbaudicke und Einbau in wärmerer Jahreszeit, gesorgt wird.

Die Standfestigkeit ist die Folge der **Verzahnung des Korngerüstes** der Mineralstoffe sowie der Adhäsion und Steifigkeit des Bitumens. Eine hohe Standfestigkeit wird erreicht durch *gebrochenes Korn aus kantenfestem Gestein mit rauer Oberfläche*, durch möglichst großes Größtkorn in Bezug auf die Schichtdicke wegen der daraus resultierenden Stützwirkung, durch hohe Lagerungsdichte als Folge intensiver Verdichtung, durch hartes bzw. durch Füller versteiftes Bitumen und durch sparsame Bitumendosierung zur Erzielung eines günstigen Hohlraumgehalts.

Die **Risssicherheit** ist vor allem in der kalten Jahreszeit wichtig, wenn Zugspannungen im Asphalt durch Volumenverkleinerungen infolge Temperaturabfall auftreten. Da Asphalt *keine Dehnungsfugen* hat, müssen solche Spannungen durch das Material selbst abgebaut werden. Das geschieht in höheren Temperaturbereichen durch **Relaxation,** weil die viskosen Eigenschaften des Bitumens wirksam werden. Mit Relaxation bezeichnet man die Fähigkeit des Asphalts, die durch aufgezwungene äußere Belastung erzeugten inneren Spannungen durch viskose Verformung allmählich abzubauen. Bei Temperaturen unter dem Gefrierpunkt reicht die Viskosität – je nach Härte des Bitumens früher oder später – nicht mehr aus, so dass im Asphalt so große Zugspannungen erzeugt werden, dass diese allein oder durch Überlagerung mit den Zugspannungen aus der Verkehrsbelastung zum Reißen des Asphalts führen können. Durch die Wahl weicherer Bitumen und durch dicke Bindemittelfilme kann die Risssicherheit erhöht werden.

Der **Hohlraumgehalt** bzw. dessen richtige Größe hat besonders für den Walzasphalt herausragende Bedeutung. Grundsätzlich soll Asphalt so dicht wie möglich sein, um das Eindringen von Wasser, Schmutz und Luftsauerstoff zu verhindern. Diese Eigenschaft ist bei Gussasphalt und Asphaltmastix gegeben. Sie sind hohlraumfrei und deshalb wasserdicht. Walzasphalt muss jedoch einen Resthohlraumgehalt haben, damit das Korngerüst bei dichtester Lagerung noch ausreichend innere Reibung behält und sich das Bitumen bei Erwärmung in diese Hohlräume ausdehnen kann. Dadurch bleibt die Standfestigkeit erhalten. Der günstige Bereich für den Resthohlraumgehalt liegt bei 3 bis 5 Vol.-%, mindestens bei 2 Vol.-%, je nach Mischgutsorte.

Die **Wasserundurchlässigkeit** ist erfahrungsgemäß bei einem Hohlraum kleiner als 3 Vol.-% gegeben, bei 3 bis 5 Vol.-% gilt Asphalt als praktisch dicht.

Die **Dichtigkeit** wird insbesondere von der obersten Schicht, der Deckschicht, verlangt. Sie muss vor allen Dingen ein hohes Maß an Wasserdichtigkeit haben. Wasser in der Deckschicht kann bei häufigen Frost-Tau-Wechseln durch seine Sprengwirkung beim Gefrieren zur Vergrößerung der Hohlräume und zur Zerstörung des Verbunds führen. Der Luftsauerstoff kann bei zu großen Hohlräumen zum Verhärten dünner Bitumenfilme beitragen (Alterung). In die Deckschicht eingedrungener Schmutz, insbesondere quellfähige Feinstmineralien, führen durch ihren Bindemittelanspruch zu innerer Ausmagerung. Deshalb ist ein niedriger Hohlraumgehalt auch günstiger für die Witterungsbeständigkeit, Verschleißfestigkeit und den Erhalt der Flexibilität. Dichte Asphaltschichten haben eine lange Haltbarkeit.

Unter **Verschleißfestigkeit** versteht man den Widerstand gegen Substanzverlust infolge der Verkehrsbeanspruchungen. In früheren Jahren erreichte dieser Verlust pro Jahr Größenordnungen von bis zu 5 mm, weil die Fahrbahnen mit Spikes befahren wurden. Nach dem Verbot dieser Reifen beträgt der Abrieb nur noch kaum messbare Werte von etwa 1 mm. Selbstverständlich bleibt die Verschleißfestigkeit eine wichtige Eigenschaft der Deckschichten. Hohe Verschleißfestigkeit erreicht man durch schlagfestes, witterungs- und frostbeständiges Gestein mit viel Grobkorn von gedrungener Kornform, das in möglichst steifem, dichtem Mörtel verankert ist.

Die **Griffigkeit** ist der von der Deckschicht herrührende Beitrag zum Kraftschluss zwischen Reifen und Fahrbahn. Diese Eigenschaft beeinflusst in hohem Maße die Verkehrssicherheit und muss deshalb stets vorhanden sein. Griffig sind Asphaltschichten, bei denen scharfkantige Splittkörner deutlich aus dem Mörtelbett herausragen. Bewährt haben sich Splittkörner 5/8 oder 8/11. Feinere Körnungen bilden zu geringe Rautiefen zwischen den Einzelkörnern, die bei regennassen Fahrbahnen die Verdrängung des Wassers zwischen Reifen und Decke ermöglichen. Gröbere Körnungen ergeben aufgrund der geringeren Zahl der aus dem Mörtelbett herausragenden Splittkörner eine geringere Feinrauigkeit (Schärfe der Kornoberfläche), die für den Kraftschluss bei trockener Fahrbahn benötigt wird.

Die **Helligkeit** einer Fahrbahnoberfläche entspricht der Leuchtdichte des reflektierenden Lichtes und hängt zusammen mit der Rautiefe und der Gesteinsart. Raue Oberflächen aus hellen Splitten ergeben helle Decken. Dunkle Hindernisse auf der Fahrbahn sind auf hellen Decken besonders bei Nacht besser zu erkennen. Allerdings muss in Kauf genommen werden, dass sich die ebenfalls hellen Fahrbahnmarkierungen schlechter abheben.

Helle Decken reflektieren auch die Wärmestrahlen der Sonne stärker und nehmen deshalb weniger Wärme auf als dunkle Decken. Helle Decken bleiben daher wegen der geringeren Aufheizung im Sommer standfester, werden aber im Winter aus dem gleichen Grunde nicht so schnell eisfrei wie dunkle Decken.

Die **Einflussfaktoren** der Mischguteigenschaften sind im Wesentlichen bei der Behandlung der Eigenschaften selbst genannt. Der hier vorgegebene Rahmen erlaubt keine eingehendere Darstellung.

10.5 Anwendung von Bitumen und Asphalt im Straßenbau

Normen und Richtlinien
DIN 1996-1 bis -20, Ausgaben ab 1966: „Prüfung bituminöser Massen für den Straßenbau",
ab 1984 ist der Titel der überarbeiteten Teile: „Prüfung von Asphalt"

DIN 18 317	(09.12)	VOB Vergabe- und Vertragsordnung für Bauleistungen – Teil C: Allgemeine Technische Vertragsbedingungen für Bauleistungen (ATV); Verkehrswegebauarbeiten, Oberbauschichten aus Asphalt
ZTV Asphalt-StB 07/13	(2007/2013)	Zusätzliche Technische Vertragsbedingungen und Richtlinien für den Bau von Verkehrsflächenbefestigungen aus Asphalt
ZTV BEA-StB 09/13	(2009/2013)	Zusätzliche Technische Vertragsbedingungen und Richtlinien für die Bauliche Erhaltung von Verkehrsflächen – Asphaltbauweisen
ZTV LW 99/01	(2001/2007)	Zusätzliche Technische Vertragsbedingungen und Richtlinien für die Befestigung ländlicher Wege
RStO 12	(2012)	Richtlinien für die Standardisierung des Oberbaues von Verkehrsflächen
TL Gestein-StB 04/07	(2004/2007)	Technische Lieferbedingungen für Gesteinskörnungen im Straßenbau
TL Asphalt-StB 07/13	(2007/2013)	Technische Lieferbedingungen für Asphaltmischgut für den Bau von Verkehrsflächenbefestigungen
TL G Asphalt-StB 04	(2004)	Technische Lieferbedingungen für Asphalt im Straßenbau Teil: Güteüberwachung; Teil: Ausführung von Oberflächenbehandlungen
TL G Asphalt-DSK-StB 98/03	(2003)	Technische Lieferbedingungen für Asphalt im Straßenbau Teil: Güteüberwachung, Teil: Mischgut für Dünne Schichten im Kalteinbau
E LA D	(2014)	Empfehlungen für die Planung und Ausführung von lärmtechnisch optimierten Asphaltdeckschichten aus AC D LOA und SMA LA
AP PMA	(2015)	Arbeitspapier für die Ausführung von Asphaltdeckschichten aus PMA

10.5.1 Begriffe

Der Aufbau der Fahrbahnbefestigung einer Straße besteht aus einzelnen Schichten, die verschiedene Anforderungen zu erfüllen haben und deshalb aus unterschiedlichen Baustoffen hergestellt werden, s.a. Abb. auf nächster Seite.

Für die Asphalt-Bauweise – 95 % des klassifizierten Straßennetzes der Bundesrepublik haben eine Befestigung mit Asphalt – sind laut Richtlinien des BMV folgende Begriffe einheitlich festgelegt:

Der **Oberbau** ist die eigentliche Fahrbahnbefestigung, die aus mehreren Schichten mit unterschiedlichen Anforderungen und entsprechend unterschiedlich zusammengesetzten ungebundenen oder gebundenen Baustoffen besteht. Vom Grundsatz her lassen sich diese Schichten einteilen in zwei Gruppen: die Tragschichten und die Decke, die aus der Deckschicht und – bei hoher Belastung – einer zwischen Tragschichten und Deckschicht liegenden Binderschicht besteht.

Die **Tragschichten** haben die Aufgabe, die Verkehrslasten möglichst gleichmäßig auf den Untergrund („gewachsener" Boden) bzw. Unterbau (aufgeschütteter Boden) zu verteilen (lastverteilende Plattenwirkung). Sie müssen deshalb besonders hohe Festigkeitseigenschaften aufweisen. Je nach Größe der Belastung wird die Tragschicht verschieden dick hergestellt bzw. werden eine, zwei oder drei Tragschichten angeordnet.

Die **Binderschicht** liegt im Bereich der größten Schubspannungen aus Brems- und Anfahrkräften der Fahrzeuge (6 bis 10 cm unter Fahrbahnoberfläche). Sie muss deshalb standfest

10.5 Anwendung von Bitumen und Asphalt im Straßenbau

und verformungsstabil ausgebildet und mit der Deckschicht schubfest verbunden sein (Verklebung).

Die **Deckschicht** schließt die Befestigung nach oben ab und muss deshalb möglichst dauerhaft eben, griffig und verschleißfest sein. Eine möglichst große Dichtigkeit erhöht die Nutzungsdauer dieser Schicht. Wichtige Materialeigenschaften des zu verwendenden Mischgutes sind deshalb hohe Verformungsbeständigkeit und Verschleiß- bzw. Abriebfestigkeit.

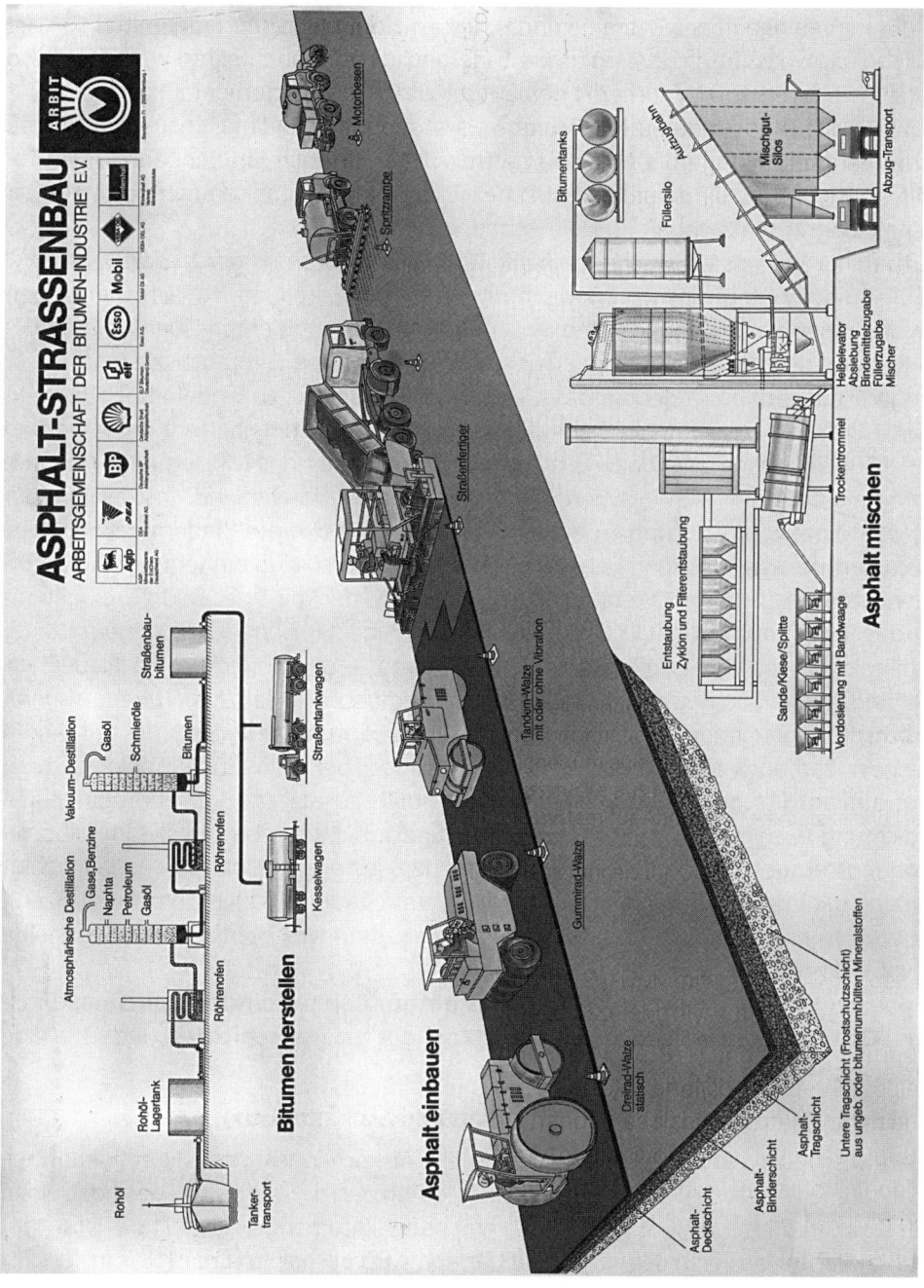

Wesentliches Unterscheidungsmerkmal, nach dem sich die zahlreichen im Straßenbau gebräuchlichen Mischgutsorten einteilen lassen, ist der Hohlraumgehalt der fertig eingebauten Schicht. Wir unterscheiden Asphalt mit verschieden großem Hohlraum (hohlraumarm, hohlraumreich) und Asphaltmischgut ganz ohne Hohlraum. Außerdem ist die Temperatur bei der Verarbeitung (heiß – warm – kalt) ein Unterscheidungsmerkmal.

10.5.2 Mischgut mit Hohlräumen (Walzasphalt)

Dies ist ein kornabgestuftes Mineralgemisch, dessen Hohlräume mit Bindemittel so weit ausgefüllt werden, dass bei höchstmöglicher Lagerungsdichte – also bei fest verkeiltem und verspanntem Korngerüst – noch ein mit Luft ausgefüllter Resthohlraumgehalt verbleibt. Das Mischgut verlässt die Mischanlage relativ locker. Es ist streufähig und muss nach dem Einbau bis auf den Resthohlraumgehalt verdichtet werden. Da nur noch Straßenbaubitumen für diese Mischguttypen als Bindemittel verwendet wird, werden sie zusammengefasst unter dem Sammelbegriff Walzasphalt im Heißeinbau.

Vom **Aufbau** her stellt dieses Mischgut ein *mit Mörtel verklebtes Korngerüst* dar. Der Mörtel ist das Füller-Bindemittel-Gemisch im Mischgut. Er hat die Aufgaben, zunächst im heißen Einbauzustand gewissermaßen als Schmiermittel die Verdichtung durch Überwindung der inneren Reibung des Korngerüstes zu erleichtern, im erkalteten Gebrauchszustand soll er das Korngerüst dauerhaft verkleben. Das Mengenverhältnis Füller zu Bindemittel liegt i.d.R. bei 1,5 bis 1,8. Da die verwendeten Bindemittel von weicher bis mittelharter Konsistenz sind (Bitumen 160/220 oder 70/100 bzw. 50/70), ist die Steifigkeit des Mörtels relativ gering. Deshalb erhalten diese Mischguttypen ihre Standfestigkeit vorwiegend aus der *inneren Reibung* des Mineralgerüstes und zusätzlich durch die *Kohäsion* des Bindemittels.

Die **Einbautemperaturen** liegen bei 120 bis 160 °C. Dadurch sind die temperaturabhängigen Verarbeitungsfristen im Vergleich zu Gussasphalt, der mit über 200 °C eingebaut wird, länger. Beim Transport mit LKW von der Mischanlage zur Einbaustelle genügt häufig – in Abhängigkeit von Jahreszeit und Außentemperatur – das Abdecken mit Planen zur Warmhaltung, besser und heute fast die Regel sind wärmeisolierte Behälter *(Thermowagen)*.

Der **Einbau** (s. vorstehende Abb.) geschieht mit sog. „Straßenfertigern", die auf einem Raupen- oder Radfahrwerk laufen, wobei die glättende, beheizte Einbaubohle auf dem Mischgut aufliegt („schwimmende" Bohle) und durch zusätzliche Vibration einen Teil der Verdichtung (Vorverdichtung) vornimmt. Die Endverdichtung bis auf die im Labor in einer Eignungsprüfung ermittelte Raumdichte mit dem jeweiligen Hohlraumgehalt erfolgt anschließend mit *Walzen* (statische Glattmantel-, Gummirad- und/oder Vibrationswalzen). Nach Auskühlen mindestens bis auf 18 °C des eingebauten Mischguts ist die hergestellte Schicht voll belastbar.

Zur Gruppe der Walzasphalte gehören: **Asphaltbeton, Asphaltbinder, Splittmastixasphalt** und **Offenporiger Asphalt,** ferner das Mischgut für **Tragschichten** und für einige **Sonderdeckschichten** (s. Abschn. 10.5.7).

10.5.3 Mischgut ohne Hohlräume (Gussasphalt und Asphaltmastix)

Bei diesen Mischguttypen handelt es sich immer um kornabgestufte Mineralgemische, deren Hohlräume vollständig mit Bitumen ausgefüllt sind und die darüber hinaus noch einen geringen *Bitumenüberschuss* besitzen. Durch den hohen Bitumengehalt stellt das Mischgut eine mit Mineralstoffen versteifte Flüssigkeit dar und wird deshalb mit dem Sammelbegriff

Gussasphalt bezeichnet. Das Mischgut ist von Anfang an hohlraumfrei und bedarf keiner Verdichtung. Zur Herstellung der Schichten wird es lediglich von Hand verstrichen oder maschinell mit einer Bohle glatt abgezogen.

Aufbau: Die Aufgabe des Mörtels besteht bei diesen Mischguttypen darin, das Verstreichen im heißen Zustand zu ermöglichen. Im abgekühlten und erhärteten Zustand soll der Mörtel die Splittkörner voll einbetten und schützen. Die Splittkörner haben nur wenige Berührungspunkte miteinander. Sie schwimmen im Mörtel und leisten deshalb einen nur geringen Anteil zur Standfestigkeit der eingebauten Schicht. Das eigentliche *tragende Element ist der Mörtel*, der deshalb eine hohe Steifigkeit hat. Verwendet werden überwiegend die mittelharten Straßenbaubitumen 30/45 und 20/30, und das Füller-Bitumen-Verhältnis liegt bei 3,0 bis 3,5. Das heißt, dass trotz des hohen Bitumengehalts ein etwa dreifach so hoher Füllergehalt verwendet wird.

Ein derart steifer Mörtel erfordert wesentlich höhere Einbautemperaturen als Walzasphalt, nämlich 220 bis 240 °C. Die Verarbeitungsfristen müssen deshalb kurz gehalten werden, bzw. der Transport zur Einbaustelle muss unter *ständiger Wärmezufuhr* erfolgen. Um der Absetzneigung der Splittkörner entgegenzuwirken, muss das Mischgut außerdem ständig gerührt werden. Deshalb übernehmen auf LKW aufsetzbare Behälter mit thermostatgesteuerter Heizung und Rührwerk oder *fahrbare Gussasphaltkocher* den Transport.

Einbau: Bei größeren Flächen wird der Gussasphalt mit einer auf seitlichen Schienen laufenden beheizbaren Bohle eingebaut. Der dabei unvermeidlich entstehende „*Mörtelspiegel*" wird zur Erreichung einer Anfangsgriffigkeit mit Hilfe von nachgestreutem feinkörnigen Splitt aufgeraut. Nach dem Auskühlen ist auch der eingebaute Gussasphalt voll belastbar. Das Verformungsverhalten des Gussasphalts bei Gebrauchstemperaturen lässt sich weitgehend über die Steifigkeit des Mörtels und den Splittgehalt beeinflussen, hängt letztlich aber von Temperatur und Belastungszeit ab.

Asphaltmastix gehört ebenfalls zur Gruppe der Mischguttypen ohne Hohlräume. Er ist eine im heißen Zustand gießfähige Masse aus Bitumen und feinkörnigen Mineralstoffen im Kornbereich 0/2 mm. Vom Gussasphalt unterscheidet sich der Mastix durch seine *extrem feine Körnung* und den hohen Gehalt (i.Allg. 14 bis 18 Masse-%) an relativ weichem Bitumen (160/220, 70/100, 50/70). Die Konsistenz lässt sich weitgehend über die Bitumensorte und den Bitumengehalt steuern: Je härter die Bitumensorte und je geringer der Bitumengehalt, desto steifer ist der Mastix.

Im Straßenbau ist die Verwendung von Asphaltmastix in den letzten Jahren stark zurückgegangen. Dementsprechend sind Anforderungen an Mischgut und Einbau in der aktuellen ZTV Asphalt 14 nicht mehr aufgenommen.

10.5.4 Mischgutarten und Anforderungen

Die oben besprochenen Mischguttypen werden je nach Art und Zusammensetzung der Mineralstoffe und Art des Bindemittels als verschiedene Mischgutarten für die Oberbauschichten eingesetzt. Die heute verwendeten Arten und deren Anzahl sind das Ergebnis der Forschung und Entwicklung und vor allem der praktischen Erfahrung von mehr als sechs Jahrzehnten Asphaltstraßenbau seit dem letzten Weltkrieg.

Die Arten und ihre Anforderungen sind festgeschrieben in „Technische Lieferbedingungen für Asphaltmischgut für den Bau von Verkehrsflächenbefestigungen" (TL Asphalt-StB 07/13), die die nationale Umsetzung der für Deutschland relevanten Teile der europäischen Normenreihe DIN EN 13 108 „Asphaltmischgut – Mischgutanforderungen" darstellen. Die ZTV Asphalt-StB 07/13 beinhaltet Richtlinien für den Bau von Tragschichten und Fahrbahndecken aus Asphalt. Insbesondere sind hier die Baustoffe und Bauweisen für Asphalttragschichten, für Asphaltbinderschichten und für die genannten Deckschichtsorten Asphaltbeton, Splittmastixasphalt, Gussasphalt und Offenporigen Asphalt beschrieben. Für Maßnahmen der Instandhaltung von Straßen sind Anwendungen und Anforderungen an Baustoffe in den ZTV BEA-StB 09/13 festgelegt. Von den dort beschriebenen Verfahren haben vor allem die Bauweisen **Dünne Schichten im Kalteinbau (DSK)** und **Dünne Schichten im Heißeinbau (DSH)** zunehmend an Bedeutung gewonnen.

Die Tafel 10.2 enthält eine Zusammenstellung der Anforderungen an das Mischgut für die verschiedenen bitumengebundenen Oberbauschichten nach ZTV Asphalt-StB 07/13, in der u.a. die zugelassenen Bindemittel enthalten sind. Die Bezeichnung dieser Mischgutarten besteht aus einer Kürzelkombination, die aus einer Angabe der Mischgutart (AC = Asphaltbeton, SMA = Splittmastixasphalt, MA = Gussasphalt, PO = Offenporiger Asphalt), aus einer Angabe der Mischgutsorte über die Nennung der oberen Siebgröße in mm, aus einer möglichen weiteren Untergliederung für die Einsatzweise von Asphaltbeton (T = Tragschicht, B = Binderschicht, D = Deckschicht, TD = Tragdeckschicht) sowie einem Buchstaben, der die Größe der Beanspruchung über die unterschiedlichen Bauklassen angibt (L = Leicht, N = Normal, S = Schwer). Danach bezeichnet man z.B. mit der Kürzelkombination AC 32 T S einen Asphaltbeton für Asphalttragschichten mit einer oberen Siebgröße von 32 mm zur Verwendung für Verkehrsflächen mit besonderer Beanspruchung.

10.5 Anwendung von Bitumen und Asphalt im Straßenbau

Tafel 10.2 Anforderungen an Mischgutarten für den Straßen-Oberbau Asphalttragschichten und Tragdeckschichten nach TL Asphalt-StB 07/13

Tragschicht		AC 32 T S	AC 22 T S	AC 16 T S	AC 32 T N	AC 22 T N
1. Baustoffe						
Gesteinskörnungen						
Anteil gebrochener Kornoberflächen	[1]	$C_{50/30}$	$C_{50/30}$	$C_{50/30}$	C_{NR}	C_{NR}
Mindestanteil feiner Gesteinskörnungen mit E_{cs} 35[1]	%	50	50	50		
Bindemittel, Art und Sorte		50/70 30/45	50/70 30/45	50/70 30/45	70/100 50/70	70/100 50/70
2. Zusammensetzung						
Gesteinskörnung						
Siebdurchgang bei						
45 mm	M.-%	100			100	
31,5 mm	M.-%	90–100	100		90–100	100
22,4 mm	M.-%	75–90	90–100	100	75–90	90–100
16 mm	M.-%		75–90	90–100		75–90
11,2 mm	M.-%			75–90		
2 mm	M.-%	25–40	25–40	25–40	25–40	25–40
0,125 mm	M.-%	4–14	4–14	4–14	4–14	4–14
0,063 mm	M.-%	2–9	2–9	2–9	3–9	3–9
Mindest-Bindemittelgehalt	[2]	$B_{min\,3,8}$	$B_{min\,3,8}$	$B_{min\,3,8}$	$B_{min\,4,2}$	$B_{min\,4,2}$
3. Asphaltmischgut						
Hohlraumgehalt MPK minimal maximal	[2]	$V_{min\,5,0}$ $V_{max\,7,0}$	$V_{min\,5,0}$ $V_{max\,7,0}$	$V_{min\,5,0}$ $V_{max\,7,0}$	$V_{min\,4,0}$ $V_{max\,7,0}$	$V_{min\,4,0}$ $V_{max\,7,0}$

Tafel 10.2 (Fortsetzung): **Anforderungen an Asphaltbinder nach TL Asphalt-StB 07/13**

		AC 16T N	AC 32T L	AC 22T L	AC 16T L	
Tragschicht						
Tragdeckschicht						AC 16 TD
1. Baustoffe						
Gesteinskörnungen						
Anteil gebrochener Kornoberflächen	1)	C_{NR}	C_{NR}	C_{NR}	C_{NR}	C_{NR}
Mindestanteil feiner Gesteinskörnungen mit E_{cs} 35[1)]	%	–	–	–	–	–
Bindemittel, Art und Sorte		70/100 50/70	70/100	70/100	70/100	70/100 50/70 160/220
2. Zusammensetzung						
Gesteinskörnung						
Siebdurchgang bei						
45 mm	M.-%		100			
31,5 mm	M.-%		90–100	100		
22,4 mm	M.-%	100	80–90	90–100	100	100
16 mm	M.-%	90–100		80–90	90–100	90–100
11,2 mm	M.-%	75–90			80–90	80–90
2 mm	M.-%	25–40	40–60	40–60	40–60	30–50
0,125 mm	M.-%	4–14	4–17	4–17	4–17	8–20
0,063 mm	M.-%	3–9	3–10	3–10	3–10	6–11
Mindest-Bindemittelgehalt	2)	$B_{min\,4,0}$	$B_{min\,4,0}$	$B_{min\,4,0}$	$B_{min\,4,0}$	$B_{min\,4,2}$
3. Asphaltmischgut						
Hohlraumgehalt MPK minimal maximal	2)	$V_{min\,4,0}$ $V_{max\,7,0}$	$V_{min\,4,0}$ $V_{max\,7,0}$	$V_{min\,4,0}$ $V_{max\,7,0}$	$V_{min\,4,0}$ $V_{max\,7,0}$	$V_{min\,1,0}$ $V_{max\,3,0}$

[1)] Kategorien nach DIN EN 13 043.
[2)] Kategorie nach DIN EN 13 108.

10.5 Anwendung von Bitumen und Asphalt im Straßenbau

Tafel 10.2 (Fortsetzung): Anforderungen an Asphaltbinder nach TL Asphalt-StB 07/13

Asphaltbinder		AC 22 B S	AC 16 B S	AC 16 B N	AC 11 T N
1. Baustoffe					
Gesteinskörnungen					
Anteil gebrochener Kornoberflächen	1)	$C_{100/0}$ $C_{95/1}$ $C_{90/1}$	$C_{100/0}$ $C_{95/1}$ $C_{90/1}$	$C_{90/1}$	$C_{90/1}$
Widerstand gegen Zertrümmerung	1)	SZ_{18}/LA_{20}	SZ_{18}/LA_{20} SZ_{22}/LA_{25}	SZ_{22}/LA_{25}	SZ_{22}/LA_{25}
Mindestanteil feiner Gesteinskörnungen mit E_{cs} 35 [1]	%	100	100	50	50
Bindemittel, Art und Sorte		25/55–55 30/45 10/40–65	25/55–55 30/45 10/40–65	50/70 30/45	50/70
2. Zusammensetzung					
Gesteinskörnung					
Siebdurchgang bei					
31,5 mm	M.-%	100			
22,4 mm	M.-%	90–100	100	100	
16 mm	M.-%	65–80	90–100	90–100	100
11,2 mm	M.-%		65–80	60–80	90–100
8 mm	M.-%				60–80
2 mm	M.-%	25–33	25–30	25–40	30–50
0,125 mm	M.-%	5–10	5–10	5–15	5–18
0,063 mm	M.-%	3–7	3–7	3–8	3–8
Mindest-Bindemittelgehalt	2)	$B_{min\ 4,2}$	$B_{min\ 4,4}$	$B_{min\ 4,4}$	$B_{min\ 4,6}$
3. Asphaltmischgut [3]					
Hohlraumgehalt MPK minimal maximal	2)	$V_{min\ 3,5}$ $V_{max\ 6,5}$	$V_{min\ 3,5}$ $V_{max\ 6,5}$	$V_{min\ 2,5}$ $V_{max\ 5,5}$	$V_{min\ 2,5}$ $V_{max\ 5,5}$

[1] Kategorien nach DIN EN 13 043.
[2] Kategorie nach DIN EN 13 108.
[3] Der Hohlraumfüllungsgrad und die proportionale Spurrinnentiefe nach den „Technischen Prüfvorschriften für Asphalt" (TP Asphalt-StB) sind anzugeben.

Tafel 10.2 (Fortsetzung): Anforderungen an Asphaltbeton (Heißeinbau) nach TL Asphalt-StB 07/13

Asphaltbeton		AC 16 D S	AC 11 D S	AC 8 D S	AC 11 D N
1. Baustoffe					
Gesteinskörnungen					
Anteil gebrochener Kornoberflächen	1)	$C_{90/1}$	$C_{90/1}$	$C_{90/1}$	$C_{90/1}$
Widerstand gegen Zertrümmerung	1)	SZ_{18}/LA_{20}	SZ_{18}/LA_{20}	SZ_{18}/LA_{20}	SZ_{22}/LA_{25}
Widerstand gegen Polieren	1)	PSV (48)	PSV (48)	PSV (48)	PSV (42)
Mindestanteil feiner Gesteinskörnungen mit E_{cs} 35[1)]	%	50	50	50	
Bindemittel, Art und Sorte		25/55–55 50/70 10/40–65	25/55–55 50/70	25/55–55 50/70	50/70 70/100
2. Zusammensetzung					
Gesteinskörnung					
Siebdurchgang bei					
22,4 mm	M.-%	100			
16 mm	M.-%	90–100	100		100
11,2 mm	M.-%	70–85	90–100	100	90–100
8 mm	M.-%		70–85	90–100	60–80
5,6 mm	M.-%			65–85	
2 mm	M.-%	35–45	40–50	40–55	45–55
0,125 mm	M.-%	7–17	7–17	8–20	8–22
0,063 mm	M.-%	5–9	5–9	6–12	6–12
Mindest-Bindemittelgehalt	2)	$B_{min\ 5,4}$	$B_{min\ 6,0}$	$B_{min\ 6,2}$	$B_{min\ 6,2}$
3. Asphaltmischgut[3)]					
Hohlraumgehalt MPK minimal maximal	2)	$V_{min\ 2,5}$ $V_{max\ 4,5}$	$V_{min\ 2,5}$ $V_{max\ 4,5}$	$V_{min\ 2,0}$ $V_{max\ 3,5}$	$V_{min\ 1,5}$ $V_{max\ 3,5}$
Asphaltbeton		AC 8 D N	AC 11 D L	AC 8 D L	AC 11 D L
1. Baustoffe					
Gesteinskörnungen					
Anteil gebrochener Kornoberflächen	1)	$C_{90/1}$	$C_{90/1}$	$C_{90/1}$	$C_{90/1}$
Widerstand gegen Zertrümmerung	1)	SZ_{22}/LA_{25}	SZ_{26}/LA_{30}	$SZ_{26}/LA30$	SZ_{26}/LA_{30}
Widerstand gegen Polieren	1)	PSV (42)	PSV (42)	PSV (42)	PSV (42)
Mindestanteil feiner Gesteinskörnungen mit E_{cs} 35[1)]	%				
Bindemittel, Art und Sorte		50/70 70–100	70/100 50/70	70/100	70/100

10.34

2. Zusammensetzung					
Gesteinskörnung					
Siebdurchgang bei					
22,4 mm	M.-%				
16 mm	M.-%		100		
11,2 mm	M.-%	100	90–100	100	
8 mm	M.-%	90–100	70–90	90–100	100
5,6 mm	M.-%	70–85		70–90	90–100
2 mm	M.-%	45–60	45–60	45–65	50–70
0,125 mm	M.-%	8–20	8–22	8–20	9–24
0,063 mm	M.-%	6–12	6–12	6–12	7–14
Mindest-Bindemittelgehalt	2)	$B_{min\ 6,4}$	$B_{min\ 6,4}$	$B_{min\ 6,6}$	$B_{min\ 7,0}$
3. Asphaltmischgut[3]					
Hohlraumgehalt MPK minimal maximal	2)	$V_{min\ 1,5}$ $V_{max\ 3,5}$	$V_{min\ 1,0}$ $V_{max\ 2,5}$	$V_{min\ 1,0}$ $V_{max\ 2,5}$	$V_{min\ 1,0}$ $V_{max\ 2,5}$

[1] Kategorien nach DIN EN 13 043.
[2] Kategorie nach DIN EN 13 108.
[3] Der Hohlraumfüllungsgrad nach den „Technischen Prüfvorschriften für Asphalt" (TP Asphalt-StB) ist anzugeben.

Tafel 10.2 (Fortsetzung): Anforderungen an Splittmastixasphalt und Offenporigen Asphalt nach TL Asphalt-StB 07/13

Splittmastixasphalt		SMA 11 S	SMA 8 S	SMA 5 S	SMA 8 N
1. Baustoffe					
Gesteinskörnungen					
Anteil gebrochener Kornoberflächen	1)	$C_{100/0}$ $C_{95/1}$ $C_{90/1}$	$C_{100/0}$ $C_{95/1}$ $C_{90/1}$	$C_{100/0}$ $C_{95/1}$ $C_{90/1}$	$C_{90/1}$
Widerstand gegen Zertrümmerung	1)	SZ_{18}/LA_{20}	SZ_{18}/LA_{20}	SZ_{18}/LA_{20}	SZ_{18}/LA_{20}
Widerstand gegen Polieren	1)	PSV (51)	PSV (51)	PSV (48)	PSV (48)
Mindestanteil feiner Gesteinskörnungen mit E_{cs} 35[1)]	%	100	100	100	50
Bindemittel, Art und Sorte		25/55–55 50/70	25/55–55 50/70	45/80–50 50/70 25/55–55	50/70 70/100 45/80–50
2. Zusammensetzung					
Gesteinskörnung					
Siebdurchgang bei					
22,4 mm	M.-%				
16 mm	M.-%	100			
11,2 mm	M.-%	90–100	100		100
8 mm	M.-%	50–65	90–100	100	90–100
5,6 mm	M.-%	35–45	35–55	90–100	35–60
2 mm	M.-%	20–30	20–30	30–40	20–30
0,063 mm	M.-%	8–12	8–12	7–12	7–12
Mindest-Bindemittelgehalt	2)	$B_{min\ 6,6}$	$B_{min\ 7,2}$	$B_{min\ 7,4}$	$B_{min\ 7,2}$
Bindemittelträger	M.-%	0,3–1,5	0,3–1,5	0,3–1,5	0,3–1,5
3. Asphaltmischgut[3)]					
Hohlraumgehalt MPK minimal maximal	2)	$V_{min\ 2,5}$ $V_{max\ 3,0}$	$V_{min\ 2,5}$ $V_{max\ 3,0}$	$V_{min\ 2,0}$ $V_{max\ 3,0}$	$V_{min\ 1,5}$ $V_{max\ 3,0}$

10.5 Anwendung von Bitumen und Asphalt im Straßenbau

		SMA 5 N			
Splittmastixasphalt					
Offenporiger Asphalt			PA 16	PA 11	PA 8
1. Baustoffe					
Gesteinskörnungen					
Anteil gebrochener Kornoberflächen	1)	$C_{90/1}$	$C_{100/0}$	$C_{100/0}$	$C_{100/0}$
Widerstand gegen Zertrümmerung	1)	SZ_{18}/LA_{20}	SZ_{18}/LA_{20}	SZ_{18}/LA_{20}	SZ_{18}/LA_{20}
Widerstand gegen Polieren	1)	PSV (48)		PSV (54)	PSV (54)
Mindestanteil feiner Gesteinskörnungen mit E_{cs} 35 [1)]	%	50	100	100	100
Bindemittel, Art und Sorte		50/70 70/100	40/100–65	40/100–65	40/100–65
2. Zusammensetzung					
Gesteinskörnung					
Siebdurchgang bei					
22,4 mm	M.-%		100		
16 mm	M.-%		90–100	100	
11,2 mm	M.-%		5–15	90–100	100
8 mm	M.-%	100		5–15	90–100
5,6 mm	M.-%	90–100			5–15
2 mm	M.-%	30–40	5–10	5–10	5–10
0,063 mm	M.-%	7–12	3–5	3–5	3–5
Mindest-Bindemittelgehalt	2)	$B_{min\ 7,4}$	$B_{min\ 5,5}$	$B_{min\ 6,0}$	$B_{min\ 6,5}$
Bindemittelträger	M.-%	0,3–1,5	≥ 0,3	≥ 0,4	≥ 0,5
3. Asphaltmischgut [3)]					
Hohlraumgehalt MPK minimal maximal	2)	$V_{min\ 1,5}$ $V_{max\ 3,0}$	$V_{min\ 24}$ $V_{max\ 28}$	$V_{min\ 24}$ $V_{max\ 28}$	$V_{min\ 24}$ $V_{max\ 28}$

[1)] Kategorien nach DIN EN 13 043.
[2)] Kategorie nach DIN EN 13 108.
[3)] Der Hohlraumfüllungsgrad ist nach den „Technischen Prüfvorschriften für Asphalt" (TP Asphalt-StB) für alle Sorten des Splittmastixasphalts und die proportionale Spurrinnentiefe für die Sorten SMA 11 S und SMA 8 S anzugeben.

Tafel 10.2 (Fortsetzung): Anforderungen an Gussasphalt nach TL Asphalt-StB 07/13

Gussasphalt		MA 11 S	MA 8 S	MA 5 S	MA 11 N
1. Baustoffe					
Gesteinskörnungen					
Anteil gebrochener Kornoberflächen	[1]	$C_{90/1}$	$C_{90/1}$	$C_{90/1}$	$C_{90/1}$
Widerstand gegen Zertrümmerung	[1]	SZ_{18}/LA_{20}	SZ_{18}/LA_{20}	SZ_{18}/LA_{20}	SZ_{22}/LA_{25}
Widerstand gegen Polieren[4]	[1]	PSV (48)	PSV (48)	PSV (48)	PSV (42)
Mindestanteil feiner Gesteinskörnungen mit E_{cs} 35[1]	%	35	35	35	
Bindemittel, Art und Sorte[5]		20/30 30/45 10/40–65 25/55–55	20/30 30/45 10/40–65 25/55–55	20/30 30/45 10/40–65 25/55–55	30/45 25/55–55
2. Zusammensetzung					
Gesteinskörnung					
Siebdurchgang bei					
16 mm	M.-%	100			100
11,2 mm	M.-%	90–100	100		90–100
8 mm	M.-%	70–85	90–100	100	70–80
5,6 mm	M.-%		75–90	90–100	
2 mm	M.-%	45–55	50–60	55–65	45–55
0,063 mm	M.-%	20–28	22–30	24–32	20–28
Mindest-Bindemittelgehalt	[2]	$B_{min\ 6,8}$	$B_{min\ 7,0}$	$B_{min\ 7,0}$	$B_{min\ 6,8}$
3. Asphaltmischgut[3]					
Statische Eindringtiefe am Würfel – minimal am Würfel – maximal Zunahme Eindringtiefe	[2]	$I_{min\ 1,0}$ $I_{max\ 3,0}$ $I_{nc\ 0,4}$	$I_{min\ 1,0}$ $I_{max\ 3,0}$ $I_{nc\ 0,4}$	$I_{min\ 1,0}$ $I_{max\ 3,0}$ $I_{nc\ 0,4}$	$I_{min\ 1,0}$ $I_{max\ 4,0}$ $I_{nc\ 0,6}$

Gussasphalt		MA 8 N	MA 5 N
1. Baustoffe			
Gesteinskörnungen			
Anteil gebrochener Kornoberflächen	[1]	$C_{90/1}$	$C_{90/1}$
Widerstand gegen Zertrümmerung	[1]	SZ_{22}/LA_{25}	SZ_{22}/LA_{25}
Widerstand gegen Polieren	[1]	PSV (42)	PSV (42)
Mindestanteil feiner Gesteinskörnungen mit E_{cs} 35[1]	%		
Bindemittel, Art und Sorte		30/45 25/55–55	30/45 25/55–55

Gussasphalt		MA 8 N	MA 5 N		
2. Zusammensetzung					
Gesteinskörnung					
Siebdurchgang bei					
16 mm	M.-%				
11,2 mm	M.-%	100			
8 mm	M.-%	90–100	100		
5,6 mm	M.-%	75–90	90–100		
2 mm	M.-%	50–60	55–65		
0,063 mm	M.-%	22–30	24–32		
Mindest-Bindemittelgehalt	2)	$B_{min\,7,0}$	$B_{min\,7,5}$		
3. Asphaltmischgut[3]					
Statische Eindringtiefe am Würfel – minimal am Würfel – maximal Zunahme Eindringtiefe	2)	$I_{min\,1,0}$ $I_{max\,4,0}$ $I_{nc\,0,6}$	$I_{min\,1,0}$ $I_{max\,4,0}$ $I_{nc\,0,6}$		

[1] Kategorien nach DIN EN 13 043.
[2] Kategorie nach DIN EN 13 108.
[3] Für die Sorten MA 11 S, MA 8 S und MA 5 S ist zusätzlich die dynamische Stempeleindringtiefe in mm anzugeben.
[4] Gilt nicht für Asphaltschutzschichten.
[5] Diesen Bindemitteln können viskositätsverändernde Zusätze zugegeben werden oder es können viskositätsveränderte Bindemittel verwendet werden.

10.5.5 Asphaltbefestigungen

10.5.5.1 Tragschichten

Tragschichten haben die Aufgabe, die Lasten des rollenden oder ruhenden Verkehrs gleichmäßig zu verteilen. Die Ansprüche an ihre Baustoffe sind im Vergleich zu den darüber liegenden Schichten der Decke gering. Die Anforderungen sowohl an die Mineralstoffe als auch an die Bindemittel sind entsprechend geringer. Für die Mineralstoffe können zur Kostenminderung örtlich vorhandene Gesteinsstoffe verwendet werden, wenn sie auch nicht so hochwertig sein sollten. Bindemitteleinsparungen können durch **Wiederverwendung** erreicht werden, indem im Zuge von Erneuerungsmaßnahmen aufgenommene Asphaltstoffe in bestimmten Prozentsätzen den Mineralstoffen zugemischt werden **(Recycling)**. Die Mineralstoffzusammensetzung für Tragschichten soll möglichst nach dem Betonprinzip hohlraumarm aufgebaut sein. Je höher die Verkehrsbelastung der zu bauenden Straße und je höher damit die Belastungsklasse nach RStO (Belastungsklasse BK100 und BK32 für sehr starken bis Belastungsklasse BK0,3 für sehr schwachen Verkehr), desto größer soll der Splittanteil (Kornanteil größer als 2 mm) sein.
Die TL Aphalt-StB 07 lassen auch gebrauchte Baustoffe **(Ausbauasphalt)** und **industrielle Nebenprodukte** (z.B. Schlacken, Aschen) für Asphalt-Tragschichten zu. Bitumenhaltige Tragschichten werden im Heißeinbau hergestellt. Die Einbautemperatur soll mindestens 140 °C bei Verwendung von Bitumen 70/100 betragen.

10.5.5.2 Tragdeckschichten

Tragdeckschichten kombinieren die Eigenschaften von Tragschichten und Deckschichten so gut wie möglich. Sie werden bei entsprechend geringer Beanspruchung statt in mehreren in nur einer Lage eingebaut und vermindern dadurch die Baukosten. Ihre gegenüber allen anderen Deckschichten größere Dicke von 5 bis 10 cm wirkt sich günstig auf die Verdichtung durch geringeren Wärmeverlust, vor allem in der kühleren Jahreszeit, beim Walzen aus. Bei standfester Unterlage genügen sie allen Beanspruchungen aus ländlichem und Radverkehr (leichte Bauweise). Ihre Zusammensetzung und Anforderungen sind in den TL Asphalt-StB 07/13 und in den ZTV Asphalt-StB 07/13 beschrieben.

10.5.5.3 Binderschichten

Die Binderschicht über den Tragschichten bildet zusammen mit der Deckschicht die Decke. Sie wird wegen der in ihrem Bereich besonders großen Scherspannungen entsprechend stabil aufgebaut. Der Hohlraumgehalt des Asphaltbinders ist u.a. deshalb größer als beim Deckschicht-Mischgut. Wegen der Verwendungsmöglichkeit geringerwertiger Mineralstoffe und eines geringeren Bindemittelgehalts kann mittels der Binderschichten ein kostengünstigerer Teil der Decke gebaut werden. Bindermischgut wird im Heißeinbau mit Mindesteinbautemperaturen von 150 °C bei einem Bindemittel 25/55–55 eingebaut.

10.5.5.4 Deckschichten

Die Deckschicht besteht entweder aus Walzasphalt oder aus Gussasphalt. Als Walzasphalt werden vorwiegend Asphaltbeton im Heißeinbau, Splittmastixasphalt, offenporiger Asphalt oder Gussasphalte, alle nach ZTV Asphalt-StB 07/13, verwendet.

a) Gussasphalt genügt höchsten Beanspruchungen aus sehr starkem Verkehr, z.B. für militärischen Schwerstverkehr, für Stadtstraßen mit den für diese typischen *hohen Beanspruchungen* aus z.B. Standverkehr und kanalisiert fließendem Verkehr mit hohen Achslasten, Bushaltestellen und Kreuzungsbereichen mit ihren stark belasteten Brems-, Halte- und Anfahrbereichen sowie für *Autobahnen*, die heute zu etwa *50 % Gussasphaltdecken* haben. Neben der früher üblichen Bauweise für Gussasphalt, bei der in die heiße Masse hinter der maschinellen Abzieh- bzw. Einbaubohle leicht mit Bindemittel umhüllter Edelsplitt der Lieferkörnung 2/5 in einer geringen Menge von etwa 5 kg/m^2 zum Aufrauen aufgestreut und mit einem mit Nocken profilierten Walzkörper leicht eingedrückt wurde, hat sich in den letzten Jahren der sog. *gewalzte Gussasphalt* bewährt, bei dem eine Gummirad- oder Glattmantelwalze nach Aufstreuen des Splitts in die heiße Masse fährt und zunächst unter Bildung von Spurrinnen den Abstreusplitt in den Gussasphalt eindrückt, wobei allmählich auch die notwendige Ebenheit der Deckschicht erreicht wird. Durch dieses Einwalzen des Splitts erhält der Gussasphalt ein noch steiferes Mineralgerüst zur Aufnahme hoher Lasten. Gussasphalt wird im Heißeinbau mit Einbautemperaturen bis maximal 230 °C je nach Verarbeitbarkeit des Mischguts eingebaut. Durch Zusätze kann die Einbautemperatur um bis zu 40 °C abgesenkt werden (siehe Abschn. 10.2.5.7).

b) Asphaltbeton-Deckschichten: Die weitaus meisten Deckschichten von Straßen jeder Art, von Plätzen zum Parken, Busverkehrsflächen von Flughäfen und von Sport- und Freizeitanlagen sowie von Rad-, Geh- und ländlichen Wegen mit Asphalt-, also bitumengebundenen Deckschichten bestehen aus Asphaltbeton, entweder aus splittreichem Asphaltbeton 0/8, 0/11 oder 0/16 oder aus splittarmem Asphaltbeton 0/5 oder 0/8 im Heißeinbau. Der Stra-

10.5 Anwendung von Bitumen und Asphalt im Straßenbau

ßenverkehr beansprucht den Asphaltbeton hinsichtlich Verformungsstabilität und Griffigkeit. Neben diesen beiden Anforderungen müssen Deckschichten verschleißfest und dicht gegen eindringendes Wasser und Tausalz sein. Zu den Belastungen aus den verschiedenen Verkehrsarten, die außer den genannten besonders große Beanspruchungen durch langsam fließenden Verkehr mit hohen Achslasten erzeugen, kommen Beanspruchungen klimatischer Art, die dann besonders groß sind, wenn z.B. hohe Durchschnittstemperaturen, intensive Sonneneinstrahlung oder extrem hohe Sommertemperaturen auftreten. Die örtliche Lage kann Straßen dementsprechend durch die Lage an einem Südhang zusätzlich beanspruchen.

c) Deckschichten aus Splittmastixasphalt eignen sich besonders gut für hochbelastete Straßen, bei denen durch spurfahrenden Schwerverkehr oder langsam fahrenden Schwerverkehr die Gefahr der Spurrinnenbildung besteht. Splittmastixasphalt besteht aus einem Mineralgemisch, das einen hohen Anteil grobkörnigen Splitt, wenig Feinsplitt und Sand und viel Füller aufweist. Aufgrund dieser Kornzusammensetzung (Ausfallkörnung) ergibt sich ein sich selbst abstützendes Splittgerüst, dessen Hohlräume durch einen Mörtel aus Asphaltmastix (Bitumen mit Füller und Feinsand) bis auf den gewünschten Hohlraumgehalt von 2 bis 4 Vol.-% ausgefüllt wird. Splittmastixasphalt weist im Vergleich zu Asphaltbeton einen relativ hohen Bindemittelgehalt auf, sodass im heißen Zustand die Gefahr des Entmischens besteht. Um ein Ablaufen des Bindemittels während der Herstellung, des Transports und des Einbaus zu verhindern, werden dem Mischgut stabilisierende Zusätze (Bindemittelträger) zugegeben. In Frage kommen dafür organische oder mineralische Faserstoffe, aber auch Kieselsäure, Kieselgur, Gummigranulat oder Polymere. Beim Einbau muss auf die Einhaltung einer Einbautemperaturspanne zwischen mindestens 100 °C und höchstens 180 °C geachtet werden. Bei einer zu hohen Temperatur besteht die Gefahr der Entmischung, bei einer zu geringen Temperatur lässt sich das Mischgut nicht ausreichend verdichten. Zur Erreichung einer ausreichenden Anfangsgriffigkeit wird in die noch warme Deckschicht als Abstumpfungsmaterial 1 bis 2 kg/m^2 Edelsplitt (2/5 mm) oder 1 kg/m^2 Brechsand-Splittgemisch 1/3 mm eingewalzt.

d) Offenporiger Asphalt ist ein besonders hohlraum- und splittreiches Deckschichtmaterial, das unter Verwendung von besonders beständigem Bindemittel-Füller-Mörtel, mit polymermodifiziertem Bitumen der Sorte 40/100–65, auf einer sehr dichten Unterlage eingebaut wird. Die verbleibenden Hohlräume erleichtern die Oberflächenentwässerung unter den Fahrzeugreifen, sodass es nicht so leicht zu „Aquaplaning" kommt. Im Winter besteht allerdings erhöhte Gefahr der Vereisung.

Als Nebeneffekt hat offenporiger Asphalt ein für Asphalt typisches, durch den großen Hohlraumgehalt jedoch besonders hervorragendes Lärmschluckvermögen und vermindert damit den Verkehrslärm durch die Kraftfahrzeug-Rollgeräusche (lärmmindernde Decken aus *„Flüsterasphalt"*).

Deckschichten aus Offenporigem Asphalt sind anfälliger gegenüber mechanischen Beanspruchungen als solche, die aus den anderen Deckschichtmaterialien bestehen. Bei Gefahr starker Verschmutzung (z.B. landwirtschaftlicher Verkehr) der Straße ist der Einsatz von offenporigen Asphaltdeckschichten nicht sinnvoll. Aber auch bei normalen Verkehrsbedingungen kann es zu Verunreinigungen der Deckschicht kommen, wodurch die lärmmindernde Wirkung und die Drainagewirkung teilweise oder ganz aufgehoben werden können. Aus diesem Grund erfolgen regelmäßig Reinigungsarbeiten mit speziellen Reinigungsgeräten.

10.5.5.5 Besondere Einbauweisen bei Deckschichten

a) Warmeinbauweisen für Deckschichten werden nur noch selten bei Unterhaltungs- und Instandsetzungsarbeiten bei kleinen Ausmaßen der zu befestigenden Flächen angewendet. Der verwendete Asphaltbeton besteht aus einem Mineralstoffgemisch abgestufter Körnung mit Fluxbitumen als Bindemittel. Die so hergestellten Deckschichten sind aber nach dem Einbau noch nicht dicht, sie werden während des Abbindens der Bindemittel (Verdunsten der Fluxöle) unter dem Verkehr nachverdichtet und ergeben erst dann hohlraumarme Decken. Die Bindemittel werden je nach Art auf höchstens 90 bis 130 °C vor dem Mischen erwärmt, die niedrigsten Einbautemperaturen sind entsprechend 30 bis 60 °C. In den Regelwerken ist der Einbau von Asphalt im Warmeinbau wegen der verwendeten Fluxöle aus Gründen des Umweltschutzes nicht mehr vorgesehen.

Deckschichten sind durch Verkehrsbelastung und Witterungseinflüsse einem Verschleiß ausgesetzt. Um die Gebrauchseigenschaften und die Standfestigkeit langfristig zu erhalten, wurden Verfahren entwickelt, die man mit dem Begriff Maßnahmen zur Instandhaltung (Bauliche Unterhaltung) und Instandsetzung zusammenfassen kann. Nach ZTV BEA-StB 09/13 gehören dazu im Wesentlichen der Einsatz bitumenhaltiger Schlämmen, Oberflächenbehandlungen, Dünne Schichten im Heißeinbau (DSH), Dünne Schichten im Kalteinbau (DSK) und das Rückformen (RF).

b) Lagerfähiges Kaltmischgut für die Ausbesserung kleiner Schadensflächen wird entweder mit einem Spezial-Kaltbitumen ebenfalls in Zwangsmischern hergestellt, dessen Fluxmittel schwer flüchtig sind, oder mit einem Zwei-Komponenten-Bindemittel auf Bitumenbasis in Emulsionsform in speziellen Mischanlagen, das unter dem Handelsnamen *Compomac* in der Bundesrepublik bekannt ist. Dieses Mischgut ist etwa ein Jahr lagerfähig und kann bei Regen und Kälte eingebaut werden.

c) Oberflächenschutzschichten sind dünne bitumengebundene Schichten auf Straßen, vorwiegend mit schwachem bis leichtem Verkehr, auf Wegen und Plätzen sowie in Ortsdurchfahrten. Sie dienen dem Erhalt bzw. der Wiederherstellung der Oberflächeneigenschaften wie Dichtigkeit, Griffigkeit und Licht-Reflektionsvermögen. Sie werden ausgeführt als „Oberflächenbehandlungen" und „Schlämmen".

d) Oberflächenbehandlungen werden dadurch hergestellt, dass Bitumenemulsionen bzw. polymermodifizierte Bitumenemulsionen oder polymermodifiziertes Heißbitumen nach TL Bitumen-StB 13 auf die zu schützende Fläche aufgespritzt, mit Splitt abgestreut und gewalzt wird. Meistens erfolgt dieser Vorgang zweimal (doppelte OB). Einbau zwecks gleichmäßiger Dosierung maschinell mit Rampenspritzgerät, nur bei kleinen Flächen mit handgeführter Spritzdüse.

e) Schlämmen sind Gemische aus Bitumenemulsionen und feinkörnigen, füllerreichen Mineralstoffen. Für den Handeinbau (Ausnahme) verwendet man anionische Schlämmen, die nur durch Verdunsten des Emulsionswassers abbinden. Aktuell sind wegen der Notwendigkeit großflächiger Substanzerhaltungsmaßnahmen auf zahlreichen Straßen der Bundesrepublik die maschinelle und damit gleichmäßige Aufbringung von kationischen Schlämmen unter Verwendung kationischer Emulsionen. Sie werden mit Hilfe kombinierter Misch- und Verteilergeräte eingebaut und ergeben nicht nur einen Poren- oder Rissschluss wie die Oberflächenbehandlung, sondern – insbesondere die doppelte bitumenhaltige Schlämme – eine Beschichtung und damit eine dauerhafte Versiegelung.

f) Dünne Schichten im Kalteinbau (DSK) können auf allen vorhandenen Befestigungen von Verkehrsflächen eingesetzt werden und werden im Rahmen der Instandsetzung von Fahrbahnoberflächen eingebaut, um die vorhandene Oberfläche vor weiterem Verschleiß zu schützen, ein Eindringen von Wasser zu verhindern, die Griffigkeit zu erhöhen und Spurrinnen sowie andere Unebenheiten bis 10 mm auszugleichen. Sie bestehen aus kornabgestuftem Mineralgemisch, polymermodifizierter Bitumenemulsion nach TL G Asphalt-DSK-StB 98/03, Regulatoren zur Steuerung des Brechvorgangs und Wasser. Der Einbau erfolgt mit einem selbstfahrenden Misch- und Verlegegerät. Die Einzelkomponenten werden innerhalb dieses Einbauzuges in Vorratsbehältern mitgeführt und unmittelbar vor dem Einbau mit einem Schleppverteiler in der erforderlichen Konsistenz gemischt. Der Einbau erfolgt auf vorgereinigter Straße in Fahrstreifenbreite. Das Einbaugewicht der dünnen Schicht beträgt je nach Mineralgemisch (Korngruppen von 0/3 mm bis 0/11 mm) zwischen 10 kg/m^2 und 35 kg/m^2. Abhängig vom Brechvorgang und von der Witterung kann die Straße bereits innerhalb von 10 bis 40 Minuten nach Einbau der neuen Schicht dem Verkehr übergeben werden.

g) Dünne Schichten im Heißeinbau stellen eine Instandsetzungsmaßnahme dar, mit der die Griffigkeit, Dichtigkeit und Ebenheit einer bestehenden Deckschicht wiederhergestellt werden kann. Als Material kommen Asphaltbeton der Körnung 0/5, Splittmastixasphalt der Körnungen 0/5 und 0/8, sowie Gussasphalt der Körnungen 0/5 und 0/8 in Frage. Sie werden üblicherweise mit einem Einbaugewicht zwischen 30 und 50 kg/m^2 über die gesamte Breite des Fahrstreifens eingebaut. Das entspricht einer Einbaudicke bis ca. 2,0 cm. Die Bauweise eignet sich besonders dort, wo infolge vorhandener Randeinfassungen die Einbaudicke begrenzt ist. Vor dem Einbau muss die Unterlage besonders sorgfältig gereinigt werden. Vor dem Einbau von Asphaltbeton und Splittmastixasphalt wird sie mit Haftkleber angesprüht. Bei dem Verfahren „Dünne Schichten im Heißeinbau mit Versiegelung" (DSH-V) erfolgt statt des Ansprühens mit Haftkleber eine Versiegelung der Oberfläche mit einer polymermodifizierten Bitumenemulsion nach TL BE-StB 15, die unmittelbar vor der Asphaltdeckschicht mittels einer Ansprüheinrichtung am Fertiger aufgebracht wird. Dünne Schichten im Heißeinbau kühlen schnell aus. Die Verdichtung erfolgt deshalb unmittelbar hinter dem Fertiger. Es werden ausschließlich statische Gleitmantelwalzen verwendet. Aufgrund des schnellen Auskühlens der eingebauten Schicht ist das Verfahren stark witterungsempfindlich. Die Anwendung dieser Bauweise begrenzt sich deshalb auf die Zeit von Anfang April bis Mitte Oktober.

10.5.5.6 Weitere Asphaltbefestigungen

Neben den klassifizierten Straßen gibt es weitere Flächen, deren Asphaltbefestigungen auf spezielle Anforderungen ausgelegt sind:

a) Parkflächen sind gekennzeichnet durch hohe statische Lasten der parkenden Fahrzeuge bei geringen Beanspruchungen aus rollendem Verkehr. Für ihre Asphaltdeckschichten ist außer hoher Stabilität der unteren Schichten eine hohe Standfestigkeit bei großem Widerstand gegen Eindrückungen, besonders bei hoher Temperatur, nötig: Asphaltbeton AC 11 D S und AC 16 D S mit harten bzw. hochviskosen Bindemitteln (50/70) kommt hier in Frage.

b) Rad- und Gehwege haben eine geringe Belastung. Für ihre Asphaltdeckschichten kommt Asphaltbeton AC 5 D N zur Anwendung, der von vornherein ohne Nachverdichtung dicht und durch entsprechende Wahl eines weichen Bindemittels genügend flexibel ist, da die Unterlage aus Kostenersparnisgründen meistens nicht sehr dick und standfest ausgebildet wird.

c) Sportplatzflächen sind in letzter Zeit immer mehr mit Asphalt-Befestigungen versehen worden. Tennisplätze, Leichtathletikbahnen, Pferderennbahnen, Rollschuh- und Kegelbahnen sowie Turnhallenböden sind Anwendungen für Asphalt- und Gussasphaltbauweisen. Durch Zusätze zum Bindemittel werden hier die gefragten Eigenschaften wie Dämpfung und besonders große Elastizität und durch Pigmentzugabe farbige Asphalte erzielt.

d) Flugplätze haben Start- und Landebahnen, Rollbahnen und Abstellflächen. Alle Betriebsflächen lassen sich mit dicken und besonders schubfesten Asphaltbauweisen des Straßenbaus befestigen. Für den Bereich von Start- und Landebahnen sind wegen der hohen Einzelradlasten nur Decken vorzusehen, die außer der Deckschicht auch eine Binderschicht haben. Die Deckschicht ist aus Asphaltbeton und Splittmastixasphalt mit möglichst großem Größtkorn (0/11 oder 0/16) herzustellen. Auf eine ausreichende Griffigkeit und Oberflächenentwässerung ist besonders zu achten. Zusatzstoffe wie Elastomere, Kunststoffe, mineralische Fasern erhöhen die Standfestigkeit.

e) Landwirtschaftliche Wege sind schon seit Jahrzehnten mit den Bauweisen des klassischen Straßenbaus befestigt worden. Auf relativ dünnen Asphalttragschichten wurden dichte feinkörnige und ebenfalls dünne Deckschichten gebaut. Die speziellen Beanspruchungen ländlicher Wege sind hohe Achslasten bei geringer Verkehrsmenge. In Anpassung daran wurden die Tragdeckschichten entwickelt.

10.5.6 Brückenbeläge

Normen und Richtlinien

ZTV-ING Teil 7		Zusätzliche Technische Vertragsbedingungen und Richtlinien für Ingenieurbauten – Teil 7: Brückenbeläge;
Abschn. 1	(2003)	Brückenbeläge auf Beton mit einer Dichtungsschicht aus einer Bitumen-Schweißbahn
Abschn. 2	(2010)	Brückenbeläge auf Beton mit einer Dichtungsschicht aus zwei Bitumen-Schweißbahnen
Abschn. 4	(2010)	Brückenbeläge auf Stahl mit einem Dichtungssystem
Abschn. 5	(2003)	Reaktionsharzgebundene Dünnbeläge auf Stahl
ZTV BEL-B Teil 3	1995	Zusätzliche Technische Vertragsbedingungen und Richtlinien für das Herstellen von Brückenbelägen auf Beton, Teil 3: Dichtungsschicht aus Flüssigkunststoff

Die **Gebrauchseigenschaften** der Fahrbahnoberfläche im Bereich von Brücken, die Bestandteil einer Straße sind, sollen u.a. aus Verkehrssicherheitsgründen gleich denen der anschließenden Straßenflächen sein. Die Deckschicht der Straße muss also über die Brücken hinweggeführt werden. Gleichzeitig muss die aus Beton oder Stahl bestehende Brücke selbst gegen die schädlichen Wirkungen von Oberflächenwasser abgedichtet werden, das z.B. auch aggressives Tausalz enthalten kann und durch eine stets in Betracht zu ziehende gewisse Wasserdurchlässigkeit der Deckschicht bzw. deren Randfugen auf den Brückenüberbau gelangen kann, wodurch Betonzerstörungen bzw. Stahlkorrosion eintreten können. Diese Aufgabe übernimmt die Dichtungsschicht, die vor den mechanischen Belastungen aus dem Verkehr und vor Witterungseinflüssen durch eine zwischen Deckschicht und Dichtungsschicht einzubauende Schutzschicht und zusätzlich durch die Deckschicht geschützt wird. Die einzelnen **Schichten des Aufbaus** sollen untereinander und mit der Unterlage einen kraftschlüssigen Verbund aufweisen. Auf diese Weise wird auch eine Unterläufigkeit der

Konstruktion durch eindringendes Wasser verhindert. Bei Betonbrücken wird zunächst die Unterlage mit Reaktionsharz grundiert oder versiegelt. Dabei werden die Poren der Betonoberfläche weitgehend verfüllt, um einen dauerhaften Verbund zur nachfolgenden Schicht zu gewährleisten und wachsende Blasen zu verhindern. Die Grundierung wird abgestreut. Zum Ausgleich zu großer Rautiefen kann eine Kratzspachtelung aufgetragen werden. Die darüber liegende Dichtungsschicht kann entweder aus einer kaschierten Schweißbahn, aus einer zweilagigen Bitumendichtungsbahn oder einem zweilagig aufgetragenen Flüssigkunststoff bestehen. Die über der Dichtungsschicht aufgebrachte Schutzschicht aus Gussasphalt schützt die Dichtungsschicht vor mechanischer Beanspruchung und stellt gleichzeitig einen doppelten Schutz gegen eindringendes Wasser dar. Die Deckschicht kann aus Asphaltbeton, aus Splittmastixasphalt oder aus einer weiteren Schicht Gussasphalt bestehen. Bei Stahlbrücken besteht die Möglichkeit, die Grundierungs- und Dichtungsschicht als Reaktionsharz-Dichtungsschicht, als Bitumen-Dichtungsschicht oder als Reaktionsharz/Bitumen-Dichtungsschicht herzustellen. Bei der letzten Möglichkeit besteht die Grundierung aus Kunstharz und die darauf aufgetragene Haftungsschicht aus Bitumenschweißbahn.
Bitumengebundene Brückenbeläge sind wegen der zu beschränkenden Eigenlast der Brückenüberbauten dünner als übliche Straßenbefestigungen. Da sie außerdem besonders starken Beanspruchungen durch Temperaturschwankungen und Schwingungen ausgesetzt sind, sind sie besonders sorgfältig und nur von Fachkräften mit Erfahrung auszuführen. Richtwert für die Dicken von Schutzschicht und Deckschicht ist 3,5 cm.
Beim Bau bitumengebundener Brückenbeläge liegt also eine Anwendung von Asphalt vor, die eine Kombination der Anwendungsgebiete Straßenbau und Bauwerksabdichtung darstellt.

10.5.7 Sonderbeläge

Zur Verbesserung der Gebrauchseigenschaften von bitumengebundenen Baustoffen für Straßenbauschichten wurden in den letzten Jahren besonders für Deckschichten Bauweisen entwickelt und erprobt, die sich durch Zusatzstoffe oder durch Änderung der Bauverfahren von den eingeführten unterscheiden. Sie sind nicht in die Technischen Vorschriften und Richtlinien aufgenommen, lassen aber teilweise deutliche Qualitätsverbesserungen erkennen. Sie sollen nachfolgend ohne Anspruch auf Vollständigkeit kurz vorgestellt werden.
a) Halbstarre Beläge sind Deckschichten, die die Flexibilität des Asphalts mit der Standfestigkeit des Betons kombinieren. In Dicken von 4 bis 6 cm wird zunächst ein hohlraumreiches asphaltmakadamartiges Mischgut eingebaut, dessen Hohlräume anschließend mit einer kunststoffhaltigen Zementschlämme vergossen werden, die nach dem Erhärten hohe Festigkeit, Dichtigkeit und Haftfähigkeit am bitumenhaltigen Material besitzt. Diese Decken werden vor allem im Flugplatzbau angewendet. Sie werden dann resistent gegen Kraftstoffe, Enteisungsmittel und Hitzeeinwirkung durch Düsentriebwerke hergestellt.
b) Eishemmende Deckschichten sind in der Schweiz entwickelt worden. Dem asphaltbetonähnlichen Mischgut werden etwa 5 Masse-% vorbehandelte Auftausalze anstelle von entsprechender Menge Sand beigemischt. Beim Abfahren der oberen Mörtelschicht durch den Verkehr wird das Salz freigelegt, wodurch Schnee und Eis weniger an der Decke haften und Glättbildung vermieden wird. Versuchsweise sind in den letzten Jahren mehrere Teilstrecken, besonders als Brückenbeläge, ausgeführt worden.
c) Deckschichten mit besonderer Aufhellung werden durch Zugabe von Splitt aus sehr hellem Naturstein, wie z.B. Labradorit oder Luxovit, einem gesinterten Flintstein, oder aus

Synopal, einem synthetischen weißen Gesteinsmaterial, hergestellt. Diese Mineralstoffe werden in den üblichen Körnungen 0/2, 2/5 oder 5/8 hergestellt und den Mineralstoffen in bestimmten Prozentsätzen – 10 bis 25 Masse-% –, je nach Grad der gewünschten Aufhellung, zugemischt oder ausgestreut und eingewalzt.

d) Farbige Deckschichten aus Asphalt: Für die Herstellung stehen heute synthetische farblose Bindemittel auf Mineralölbasis zur Verfügung, die in ihren rheologischen Eigenschaften den Bitumen sehr nahe kommen und die bei der Asphaltherstellung und Verarbeitung keine besonderen Geräte benötigen. Die Einfärbung erfolgt bei der Asphaltherstellung durch die natürliche Farbe der verwendeten Mineralstoffe oder durch Zugabe von Farbpigmenten.

e) Lärmtechnisch optimierte Deckschichten aus Asphalt führen aufgrund ihrer Oberflächentextur zu einer Reduzierung des Reifen-Fahrbahn-Geräusches. Darüber hinaus kann eine Zugänglichkeit der Hohlräume zusätzlich zu einer Absorption des Schalls führen. Asphaltdeckschichten aus lärmoptimiertem Asphaltbeton (AC D LOA) oder Splittmastixasphalt (SMA LA) zeichnen sich durch eine Oberflächentextur aus, die sich durch eine konkave Gestalt („Plateaus mit Schluchten") aus möglichst kubischen geformtem Größtkorn charakterisieren lässt. Das bedeutet, dass sich hier nebeneinander angeordnete ebene Plateaus ausbilden, die von Vertiefungen unterbrochen werden. Eine Entlüftung des Reifenprofils bei Überrollung wird somit ermöglicht und die sog. „Airpumping-Geräusche" reduziert. Gleichzeitig entsteht eine ebene Aufstandsfläche, die Reifenschwingungen minimiert. Hinweise über Mischgut und Bautechnik der genannten Deckschichtarten gibt das FGSV-Merkblatt E LA D. Eine neue Bauweise stellt Gussasphalt mit einer offenporigen Oberfläche (PMA) dar. Ausgehend von der traditionellen Herstellung von Gussasphalt wurde ein Konzept entwickelt und verfeinert, das ein Mischgut mit höherem Anteil an grober Gesteinskörnung vorsieht. Durch einen feinkörnigen Mörtel stellt sich ein Verfüllen des Korngerüstes im unteren Bereich ein und eine dichte, mit Gussasphalt vergleichbare Schicht entsteht, während in der oberflächennahen Zone kein Verfüllen stattfindet und eine OPA-ähnliche Struktur verbleibt. Hinweise über Mischgut und Bautechnik dieser Deckschichtart gibt das FGSV- Arbeitspapier für die Ausführung von Asphaltdeckschichten aus PMA (AP PMA).

10.5.8 Wiederverwendung von Asphalt

Die Verknappung und Verteuerung der bewährten Straßenbaumaterialien Bitumen und Mineralstoffe haben in den letzten Jahren dazu geführt, dass bei der Erhaltung, Instandsetzung und Erneuerung von Straßen vermehrt ausgebautes Asphaltmaterial in verschiedener Weise wiederverwendet wird. Außerdem wird der Abbau der vorhandenen Mineralstoffvorräte in Steinbruchbetrieben durch Forderungen nach mehr Umweltschutz erheblich erschwert, und die Ablagerung von Bauabfallstoffen, zu denen bei Straßenum- und -ausbaumaßnahmen anfallender Asphalt bisher gerechnet wurde, ist aufgrund gesetzlicher Bestimmungen sehr kostspielig.

a) Verfahren: Durch Maschinen, die mit Infrarotstrahlern oder anderen indirekt wirkenden Heizgeräten die durch Spurrinnen verformte oder in anderer Weise zerstörte bzw. rissige Deckschicht erwärmen, kann der Asphalt ohne Kornzertrümmerung aufgelockert und sofort anschließend in eine neue, gleichmäßig dicke Deckschicht eingebaut werden *(Rückformen)*. Dabei werden drei Verfahren unterschieden: Unter *„Reshape"* versteht man das Rückformen der Fahrbahnoberfläche *ohne* Materialzugabe, unter *„Repave"* das Rückformen *mit* gleichzeitiger Zugabe von neu hergestelltem Material *ohne* Mischen und unter *„Remix"* das Rückformen unter Materialzugabe *mit* Mischen der beiden Anteile. Bei allen Verfahren wird das profilgerecht eingebaute Material mit herkömmlichen Walzen verdichtet. Das Remix-Verfahren wird wegen der erreichbaren höheren Qualität am meisten angewendet. Die anderen in Abb. 10.4 zusammengestellten Verfahren unterscheiden zwischen „Rückformen der Fahrbahnoberfläche" (an Ort und Stelle) und „Verwendung von ausgebautem Asphalt" (auch an anderer als der Gewinnungsstelle). Durch Fräsen mit oder ohne vorheriges Aufwärmen oder durch anderes maschinelles Aufbrechen gewonnenes Asphaltmaterial kann mit oder ohne Aufbereiten wiederverwendet werden. Ohne besondere Aufbereitung in Form einer Zerkleinerung kann Aufbruchmaterial i.d.R. in Frostschutz- oder Tragschichten sowie zur mechanischen Bodenverbesserung, Material mit gröberen Stücken in Schüttungen von Lärmschutzwällen oder Dämmen verwendet werden.

b) Aufbereitungsanlagen: Inzwischen werden spezielle Asphalt-Recycling-Materialaufbereitungsanlagen von der Baumaschinenindustrie hergestellt, mit denen Ausbauasphalt bis auf jede gewünschte Größe zerkleinert werden kann. Nach Zugabe von Bitumen und Mineralstoffen in Chargen- oder Zwangsmischern kann Material für Trag- oder Binderschichten hergestellt werden, das schon auf zahlreichen Baustrecken mit Erfolg eingesetzt worden ist. Dabei werden grundsätzlich dieselben Anforderungen an das Mischgut und die fertige Schicht gestellt wie bei Schichten ohne Zugabe von ausgebautem Asphalt. Entsprechend sind die Eigenschaften des Altasphalts zu berücksichtigen und dessen Menge zu dosieren, was mittels einer Eignungsprüfung zu kontrollieren bzw. nachzuweisen ist. Bei den üblichen Chargenmischanlagen ist nach heutigen Erkenntnissen bei Kaltzugabe eine schonende und ausreichende Trocknung und Erwärmung des gebrochenen oder gefrästen Asphalts (Asphaltgranulat) nur bei Zugabemengen bis zu etwa 30 % möglich. Höhere Mengen erfordern zusätzliche Trockenaggregate. Versuchsweise ist auch auf untergeordneten Straßen Altasphalt in geringen Mengen dem Asphaltbeton für Deckschichten zugegeben worden. Wenn ausreichende Erfahrungen vorliegen, ist in naher Zukunft je nach Wirtschaftlichkeit eine Wiederverwendung von mehreren Mio. t pro Jahr möglich. Geht man von einer durchschnittlichen Nutzungsdauer nur der Deckschichten von 15 Jahren aus, so müssten jährlich etwa 170 Mio. m^2 Asphaltdeckschichten erneuert werden. Das entspricht etwa einer Gesamtmenge von jährlich 17 Mio. t Altasphalt. Bei einem durchschnittlichen Bitumengehalt von 5 Masse-% könnten auf der Basis von 20 Mio. t Altasphalt 1 Mio. t Bitumen und 19 Mio. t Mineralstoffe bei der Herstellung von Mischgut für neue Straßen, vornehmlich für Trag- und Binderschichten, eingespart werden. Die Bedeutung der einzusparenden Menge an Bitumen von 1 Mio. t wird deutlich, wenn man sie mit dem Gesamtverbrauch an Bitumen für den Straßenbau in den letzten Jahren von etwa 2,5 Mio. t vergleicht. Die Wiederverwendung der denkbaren 19 Mio. t Mineralstoffe bedeutet eine Schonung von bis zu 200.000 m^2 Steinbruchabbaufläche und eine entsprechende Entlastung der Abfallstoffdeponien und liefert damit einen bedeutsamen Beitrag zum Schutz von Umwelt und Landschaft.

10 Bitumen, Asphalt, Teerpech

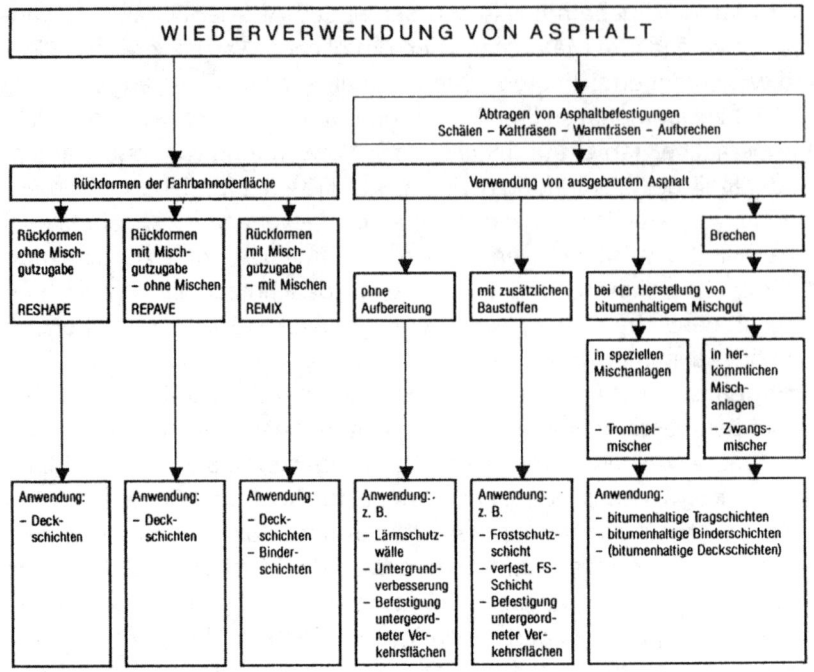

Abb. 10.4 Möglichkeiten der Wiederverwendung von Asphalt

10.6 Anwendung von Bitumen im Wasserbau

„Empfehlungen für Asphaltarbeiten im Wasserbau (EAAW 83/96)" der Deutschen Gesellschaft für Geotechnik e. V., Essen

Bitumen und Asphalt sind schon im Altertum im Bereich des Wasserbaus eingesetzt worden. Die ältesten Zeugnisse sind die vor rund 5.000 Jahren errichteten Kaimauern an Euphrat und Tigris, die heute noch in Teilen funktionsfähig sind – ein Beweis für die Widerstandsfähigkeit von Bitumen gegen Verwitterung, also gegen Luft und Wasser.

Vor etwa 50 Jahren hat man die Eignung von Bitumen und Asphalt für vielfältige Aufgaben bei Bauwerken des Wasserbaus „wiederentdeckt", angefangen mit Seedeichbefestigungen für den Küstenschutz, Böschungs- und Sohlbefestigungen im Fluss- und Kanalbau, Außen- und Kerndichtungen von Dämmen im Speicherbecken- und Talsperrenbau.

a) Trinkwasserversorgung und Bewässerung: Da Bitumen und damit Asphalt keine wasserlöslichen und giftigen Stoffe enthalten, ist Asphalt auch geeignet für alle Aufgaben der Befestigung und Dichtung von **Bauteilen der Trinkwasserversorgung und Bewässerung,** wie z.B. Reinigungs- und Speicherbecken, Grabenbefestigungen und Rohrleitungen. Bindemittel, die giftige Phenole enthalten, wie Teerpeche und die früher in Deutschland mit Teerölen hergestellten „Verschnitt"-Bitumen, können und werden nicht für Aufgaben des Wasserbaus eingesetzt, da sie das Grundwasser und gegebenenfalls das Trinkwasser verunreinigen. Andererseits wachsen wegen der nicht vorhandenen keimtötenden Wirkung Schilf, Reet und Schachtelhalm durch Asphaltdecken hindurch. Allerdings wird dichter Asphaltbeton mit einem Hohlraumgehalt von weniger als 3 Vol.-% und ausreichender Dicke (10 bis 15 cm) nicht durchwachsen. Will man Pflanzendurchwuchs verhindern, wie z.B.

10.6 Anwendung von Bitumen im Wasserbau

für Asphalt mit Dichtungsaufgaben, so muss der Boden mit Pflanzenvernichtungsmitteln gegen mehrjährige Unkräuter vorbehandelt werden. Andererseits ist es heute immer mehr zum Schutz der Landschaft und aus optischen Gründen erwünscht, wenn Pflanzen den Asphalt am Fluss-, Kanal-, Becken- oder Seeufer begrünen. Besonders geeignet sind dann *Asphalteingussdecken*. Das sind ein- oder mehrlagige Schotterschichten, deren Hohlräume mit Asphaltmastix voll verfüllt werden. Den Asphaltmastix durchstoßen die Pflanzen leicht, ohne den Zusammenhang des Schottergerüstes und der Decke zu zerstören.

b) Bei der Anwendung von Asphalt für **Klär- und Belebungsbecken in Kläranlagen** zur Aufnahme von häuslichen und industriellen Abwässern ist die chemische Resistenz gegen hohe Konzentrationen von Laugen und Säuren zu beachten. Dabei müssen auch säurefeste Mineralstoffe verwendet werden. Die Eignung des Asphalts für den Wasserbau beruht aber in erster Linie auf seinen physikalischen Eigenschaften. Bauwerke am und im Wasser müssen flexibel sein, da Untergrundbewegungen aus Nachverdichtungen und Volumenänderungen des Erdkörpers durch Wasseraufnahme und -entzug immer gegeben sind. Großflächige starre Bauwerke sind in viele Einzelelemente aufzuteilen, um diesen Bewegungen folgen zu können, während Asphalt in beliebiger Flächen- und Volumengröße fugenlos infolge seiner Wasserdichtigkeit abdichten oder gegen Erosion schützen sowie auftretende Spannungen wegen seiner Plastizität wieder abbauen und langsamen Setzungen folgen kann. Der Asphaltwasserbau ist ein Anwendungsgebiet, das auf der einen Seite mit seinen dicken Deckwerken auf Deichen und Dämmen den Anwendungen des Straßenbaus ähnelt und auf der anderen Seite mit seinen dünnen Dichtungsbelägen, meist aus Asphaltmastix, die i.d.R. einer Trägereinlage aus z.B. Glasvlies und einer Schutzschicht gegen mechanische Zerstörungen aus z.B. steinfreiem Boden bedürfen, den Anwendungen der Abdichtungstechnik ähnlich ist.

c) Als **Technische Asphalte für den Wasserbau** – auch Bauweisen genannt – hat sich im Laufe der Entwicklung vor allem Asphaltbeton für alle Dichtungsaufgaben wie auch für schwere Befestigungen und als Erosionsschutz durchgesetzt. Er kann maschinell hergestellt und eingebaut werden und ist deshalb für großflächige Ausführungen auch wirtschaftlich. Der hohlraumfreie Gussasphalt und der hohlraumarme Sandasphalt sind auch bewährte Bauweisen, haben aber aus Wirtschaftlichkeitsgründen nur noch geringe Bedeutung. Asphaltmastix wird als sog. *Asphaltverguss* zum Vergießen von Fugen (Fugenverguss) und zum Vergießen von Steinen, die entweder als große Steine von Hand für den Wellenauflauf bremsende Raudeckwerke versetzt werden (Setzsteinverguss) oder als Grobgesteinslagen zwecks Einsparung von Handarbeit geschüttet werden (Schüttsteinverguss). Mit Asphaltmastix ist auch Unterwasserverguss von groben Schüttungen für Buhnen, Böschungs-, Sohl- und Flussbefestigungen möglich, ohne dass die heiße Masse vorzeitig abschreckt. Offene Beläge werden eingebaut, wenn hinter einem Deckwerk auftretende Grundwasser- oder Porenwasserüberdrücke abgebaut werden sollen. Sie werden aus grobkörnigem Gesteinsmaterial ohne Feinkorn hergestellt.

d) Die **Zusammensetzung der** genannten **Mischgutarten** entspricht weitgehend den Asphalten für den Straßenbau. Wegen der generell notwendigen größeren Dichtigkeit und der leichteren Verarbeitbarkeit haben die Mischungen laut den „Empfehlungen" der Deutschen Gesellschaft für Erd- und Grundbau einen feineren Kornaufbau mit höheren Füller- und Bindemittelanteilen. Bevor Asphaltmassen eingebaut werden, ist eine Eignungsprüfung durchzuführen. Dabei wird auch die Wasserdurchlässigkeit am Probekörper ermittelt. Erfahrungsgemäß sind Asphaltmassen mit einem berechneten Hohlraum von weniger als 3 Vol.-% vollkommen, bei weniger als 5 Vol.-% praktisch dicht. Ist der Hohlraum größer als 8 Vol.-%, gilt der Asphalt als durchlässig bzw. durchsickernd.

10.7 Anwendung von Bitumen im Hoch- und Industriebau

Normen und Richtlinien

DIN 18195	(06.15)	Abdichtung von Bauwerken – Begriffe (Entwurf)
DIN 18 195-1	(12.11)	Bauwerksabdichtungen – Teil 1: Grundsätze, Definitionen, Zuordnung der Abdichtungsarten
-2	(04.09)	Bauwerksabdichtungen – Teil 2: Stoffe
-3	(12.11)	Bauwerksabdichtungen – Teil 3: Anforderungen an den Untergrund und Verarbeitung der Stoffe
-4	(12.11)	Bauwerksabdichtungen – Teil 4: Abdichtungen gegen Bodenfeuchte (Kapillarwasser, Haftwasser) und nichtstauendes Sickerwasser an Bodenplatten und Wänden; Bemessung und Ausführung
-5	(12.11)	Bauwerksabdichtungen – Teil 5: Abdichtungen gegen nichtdrückendes Wasser auf Deckenflächen und in Nassräumen; Bemessung und Ausführung
-6	(12.11)	Bauwerksabdichtungen – Teil 6: Abdichtungen gegen von außen drückendes Wasser und aufstauendes Sickerwasser; Bemessung und Ausführung
-7	(07.09)	Bauwerksabdichtungen – Teil 7: Abdichtungen gegen von innen drückendes Wasser; Bemessung und Ausführung
-8	(12.11)	Bauwerksabdichtungen – Teil 8: Abdichtungen über Bewegungsfugen
-9	(05.10)	Bauwerksabdichtungen – Teil 9: Durchdringungen, Übergänge, An- und Abschlüsse
-10	(12.11)	Bauwerksabdichtungen – Teil 10: Schutzschichten und Schutzmaßnahmen
DIN 18531-1 bis -5	(06.16)	Abdichtung von Dächern sowie von Balkonen, Loggien und Laubengängen (Entwurf)
DIN 18532-1 bis -6	(05.16)	Abdichtung von befahrbaren Verkehrsflächen aus Beton (Entwurf)
DIN 18533-1 bis -3	(10.15)	Abdichtung von erdberührten Bauteilen (Entwurf)
DIN 18534-1 bis -3	(07.15)	Abdichtung von Innenräumen (Entwurf)
DIN 18535-1 bis -3	(06.15)	Abdichtung von Behältern und Becken (Entwurf)

AIB (09.99) „Vorschrift für die Abdichtung von Ingenieurbauwerken" der Deutschen Bundesbahn, Drucksache 835 (DS 835).

Richtlinien für die Planung und Ausführung von Dächern mit Abdichtungen (Flachdachrichtlinien, Ausgabe 2008), herausgegeben vom Zentralverband des Deutschen Dachdeckerhandwerks und vom Hauptverband der Deutschen Bauindustrie, Bundesfachabteilung Bauwerksabdichtung, zu beziehen vom Fachverlag Helmut Gros, Ambosstr. 10, 13437 Berlin

abc der Bitumen-Bahnen, Technische Regeln, herausgegeben vom „vdd Industrieverband Bitumen-Dach- und Dichtungsbahnen e. V.", Karlstraße 21, 60329 Frankfurt/Main, 2011

10.7.1 Allgemeines, Begriffe

Die Abdichtung von Bauwerken soll verhindern, dass Wasser der unterschiedlichsten Art und Herkunft die Baustoffe und Teile eines Bauwerks angreift oder schädigt, wobei der Angriff bis zur Zerstörung führen kann. Wasser kann oberirdisch in Form von Niederschlag (Oberflächenwasser) oder nach dem Eindringen in den Baugrund als Bodenfeuchtigkeit, Sickerwasser oder Grundwasser seinen schädigenden Einfluss auf die erdberührten Teile des Bauwerks ausüben. Mit dem Bodenwasser können auch Chemikalien an das Bauwerk gelangen, vor deren Angriff die Abdichtung ebenfalls schützen soll.

10.7 Anwendung von Bitumen im Hoch- und Industriebau

Außerdem beansprucht Gebrauchswasser Bauwerke von innen, wie z.B. die Wand- und Fußbodenflächen von Nassräumen, wie Duschen und Waschkeller, oder von Speicher- bzw. Behälterbauwerken oder von Schwimmbecken. Auch dagegen werden zum Schutz Abdichtungen eingebaut.

Die Abdichtungstechnik unterscheidet zwischen der *Bauwerksabdichtung* und der *Dachabdichtung*. Wesentliches Unterscheidungsmerkmal ist, dass alle Dachabdichtungen frei liegen und deshalb regelmäßig unterhalten werden können. Dagegen gehören zur Bauwerksabdichtung solche Abdichtungen, die ständig von massiven Bauteilen oder Boden bedeckt sind. Eine ständige Beobachtung und Unterhaltung ist also nicht möglich, bzw. es müssen, wie z.B. bei der Beseitigung von Schäden, mehr oder weniger umfangreiche Vorarbeiten zum Freilegen der Abdichtung durchgeführt werden.

Für Planung und Ausführung von Abdichtungen sind die zurzeit noch gültigen nationalen Normen DIN 18 195 „Bauwerksabdichtung" mit den Teilen 1 bis 10 maßgeblich und gelten als anerkannte Regeln der Technik. Sie wurden allerdings inzwischen umfassend überarbeitet und in fünf neue, die Anwendungsbereiche umfassende Einzelnormen zusammengefasst. Die Anwendungsbereiche umfassen a) Abdichtung von Dächern sowie von Balkonen, Loggien und Laubengängen (DIN 18531), b) Abdichtung von befahrbaren Verkehrsflächen aus Beton (DIN 18532), c) Abdichtung von erdberührten Bauteilen (DIN18533), d) Abdichtung von Innenräumen (DIN 18534) und e) Abdichtung von Behältern und Becken (DIN 18535). Die neuen Normen wurden innerhalb des letzten Jahres als Entwurf der Öffentlichkeit zur Prüfung und Stellungnahme vorgelegt. Eine Einführung der Normen wird für das Jahr 2017 angestrebt.

10.7.2 Bauwerksabdichtungen

10.7.2.1 Abdichtungsarten

Nach der Art des Wasserangriffs sind drei Abdichtungsarten grundsätzlich voneinander zu unterscheiden:

a) Abdichtungen gegen Bodenfeuchtigkeit und nichtstauendes Sickerwasser

Sie sind bei allen unterirdischen Bauteilen als Mindestsicherung vorzusehen, weil in unseren Klimazonen Wasser im Boden immer vorhanden ist. Dabei kann man lediglich von Feuchtigkeit bei nichtbindigen Bodenarten sprechen. Bei bindigen Böden ist grundsätzlich bis zur Geländeoberfläche von Wasser in tropfbar-flüssiger Form auszugehen, sodass mindestens Abdichtungen gegen nichtdrückendes Wasser vorzusehen sind. Die Abdichtung muss die Poren der Bauteile schließen bzw. die Kapillarität unterbrechen, um das Eindringen bzw. Aufsteigen von Feuchtigkeit zu verhindern.

In der Reihenfolge ihrer Bedeutung unterscheidet man waagerechte Wandabdichtungen, senkrechte Wandabdichtungen und Fußbodenabdichtungen.

b) Abdichtungen gegen nichtdrückendes Wasser

Sie müssen drucklos fließendes Wasser (Sicker- und Oberflächenwasser) ableiten, wobei eine zuverlässige Abflussmöglichkeit des Wassers gegeben sein muss. Abdichtungen gegen Sickerwasser sind in erster Linie bei unterirdischen Deckenbauteilen nötig, z.B. bei U-Bahn-Decken oder Tiefgaragendecken, die wegen der Fortleitung des Wassers mit Gefälle hergestellt werden müssen, und bei unterirdischen Wandbauteilen, bei denen das Wasser in Dränagen abgeleitet werden muss.

Abdichtungen gegen Oberflächenwasser sind bei oberirdischen Bauteilen vorzusehen, wie bei begehbaren Dachterrassen und Brückenfahrbahnen sowie im Bauwerksinneren bei Decken unter Nassräumen.

c) Abdichtungen gegen von außen drückendes Wasser und stauendes Sickerwasser
Diese Abdichtungen müssen unter der Einwirkung des Wasserdrucks dauerhaft dicht und beständig sein. Wegen der vielen Vorzüge stellen sie als wasserdruckhaltende Außenabdichtung bei Neubauten den Regelfall dar. Aus konstruktiven Gründen oder bei späterem Einbau kann eine wasserdruckhaltende Innenabdichtung hergestellt werden.
Wird Letztere gegen von innen drückendes Gebrauchswasser eingebaut, so wird sie „Behälterabdichtung" genannt.
Für die drei Abdichtungsarten werden verschiedene Abdichtungsverfahren angewendet, die sich voneinander durch die verwendeten Stoffe und die Ausführung der Abdichtung unterscheiden. Neben den seit mehr als 80 Jahren bewährten und heute immer noch in der Mehrzahl aller Fälle angewendeten Abdichtungen mit bitumenhaltigen Stoffen gibt es die Abdichtungsverfahren mit Kunststoffen, mit wasserundurchlässigem Beton (veralteter Begriff: Sperrbeton), mit Sperrputz, Sperrestrich, Sperrmörtel, mit Dichtungsschlämmen und die reinen Metallabdichtungen aus Stahlblech, Kupfer, Zink, Aluminium und Edelstahl.

10.7.2.2 Abdichtungsstoffe (Bitumenhaltige Bautenschutzmittel)
Folgende Stoffe sind in DIN 18 195-2 mit den an sie zu stellenden Anforderungen aufgeführt, die grundsätzlich zum Herstellen von Bauwerksabdichtungen zugelassen sind:
a) Bitumenhaltige Voranstrichmittel sind Bitumenlösungen bzw. Bitumenanstrichmittel oder Bitumenemulsionen. Sie werden i.d.R. vor jeder bitumenhaltigen Abdichtung dünnflüssig und kalt verarbeitbar auf den Mauerwerksputz oder Beton der abzudichtenden Bauwerksteile aufgestrichen, um durch ein möglichst tiefes Eindringen in die Poren der Putz- oder Betonflächen ein festes Haften der folgenden bitumenhaltigen Abdichtung zu erreichen. Der dünne Anstrichfilm hat keinerlei abdichtende Wirkung. Wird jedoch ein nachfolgender Aufstrich aus heißflüssiger bitumenhaltiger Masse aufgebracht, so wird der Voranstrichfilm aufgeweicht und geht mit der heißen Masse eine innige Verbindung ein, wodurch eine wesentlich besser haftende Klebeabdichtung als ohne Voranstrich entsteht. Bitumenemulsionen dringen zwar nicht so tief ein, weil die Bitumenteilchen im Emulsionswasser nicht so fein verteilt sind wie in den Bitumenlösungen. Dafür haben sie den Vorteil, dass sie auch auf feuchtem Baukörper haften, bringen durch ihren Wasseranteil allerdings auch zusätzliche Feuchtigkeit in die zu dichtende Fläche, die anschließend erst austrocknen muss. Außerdem sind die Emulsionen umweltfreundlicher, weil sie keine gesundheitsgefährdenden und leichtentzündbaren Lösemittel enthalten. Sie sind vor allem da angebracht, wo wegen fehlender Belüftung Bitumenlösungen zu gefährlich sind, z.B. im Stollen- und Tunnelbau. Die neue DIN 18 195-2 ordnet die Voranstrichmittel ohne weitere Angaben zu den Anforderungen den Hilfsstoffen zu.
Voranstriche auf Lösemittelbasis enthalten gewöhnlich 30 bis 50 Masse-% Bindemittel, Bitumenemulsionen mindestens 30 Masse-%. Verarbeitet werden die Voranstriche durch Verstreichen, Rollen oder Verspritzen. Sie werden so aufgetragen, dass eine Menge von 200 g/m^2 bis 300 g/m^2 gleichmäßig verteilt wird.
b) Deckaufstrichmittel werden unterteilt in heiß (Heißaufstriche) und kalt zu verarbeitende (Kaltaufstriche) sowie in gefüllte und ungefüllte Deckaufstriche.

10.7 Anwendung von Bitumen im Hoch- und Industriebau

Heißaufstriche bestehen aus Elastomerbitumen, aus Destillations- oder Oxidationsbitumen ohne oder mit Füllstoffen. Als Füllstoffe werden stabilisierend wirkende Stoffe wie feingemahlene Gesteinsmehle aus Quarz oder Schiefer oder aus mineralischen Faserstoffen mit einem Anteil von mindestens 30 Masse-% verwendet. Die Füllstoffe können die Witterungsbeständigkeit und die Schlagfestigkeit verbessern sowie die Abfließneigung des Bitumens bei höheren Temperaturen verringern.

Die **Anforderungen** an heiß zu verarbeitende Deckaufstrichmittel: Destillationsbitumen mit einem EP RuK von 54 bis 75 °C, d.h. alle harten Sorten von 30/45 bis 20/30 oder alle marktüblichen Oxidationsbitumen mit einem EP RuK von 80 bis 125 °C. Wenn Füllstoffe enthalten sind, muss ihr Anteil mindestens 30 Masse-% betragen. Elastomerbitumen haben einen EP RuK von ≥ 100.

Verarbeitet werden die Heißaufstriche, indem sie bis zur Gießfähigkeit erhitzt (Destillationsbitumen auf etwa 150 °C, Oxidationsbitumen auf etwa 200 °C, Elastomerbitumen auf etwa 170 bis maximal 200 °C) und dann verstrichen werden.

Kaltaufstriche sind ungefüllte oder mit Gesteinsmehlen gefüllte Deckaufstriche aus Bitumenlösungen oder mit Mineralstoffen gefüllte stabile Bitumenemulsionen. Verarbeitet werden die Kaltaufstriche wie Voranstriche durch Verstreichen, Rollen oder Verspritzen. Als alleinige Abdichtungsschicht haben sich Kaltaufstriche nicht bewährt und wurden in der Praxis weitgehend durch Dichtungsbahnen oder Bitumendickbeschichtungen ersetzt. In der DIN 18 195-2 werden Kaltaufstriche unter den Stoffen für Bauwerksabdichtung nicht mehr aufgeführt.

c) Klebemassen entsprechen in Zusammensetzung und Anforderungen den heiß zu verarbeitenden Deckaufstrichmitteln. Sie dienen zum Verkleben von Dichtungsbahnen untereinander und mit dem Bauwerk. Verarbeitet werden sie wie Heißaufstriche durch Verstreichen oder Vergießen.

d) Spachtelmassen werden ebenfalls in heiß und kalt zu verarbeitende Massen unterteilt. Sie haben einen hohen Anteil an mineralischen Füllstoffen. Dadurch sind sie mit Spachtel, Kelle oder Schieber und durch Streichen zu verarbeiten.

Heiß zu verarbeitende Spachtelmassen entsprechen einem **Asphaltmastix** mit einem Bitumengehalt von 13 bis 16 Masse-%. Die Mineralstoffe sollen zu 25 Masse-% aus Füller und zu 75 Masse-% aus kornabgestuftem Sand 0,09/2 mm bestehen. Als Bindemittel können alle Destillationsbitumen verwendet werden.

Als **kalt zu verarbeitende Spachtelmassen** werden heute **kunstoffmodifizierte Bitumendickbeschichtungen (KMB)** eingesetzt. Dabei handelt es sich um pastöse, spachtel- und spritzfähige Massen auf der Basis von Bitumenemulsionen mit Füllstoffen aus Polystyrol oder Fasern. Man unterscheidet zwischen ein- und zweikomponentigen Bitumendickbeschichtungen. Bei zweikomponentigen Beschichtungen wird unmittelbar vor der Verarbeitung als zweite Komponente ein meist zementhaltiges Zusatzmittel zur Steuerung bzw. Beschleunigung des Brechvorgangs und des Erhärtens untergemischt. Die Eigenschaften der kunstoffmodifizierten Bitumendickbeschichtungen wurden in die DIN 18 195-2 aufgenommen. Neben der Angabe eines Bindemittelgehalts von mindestens 35 Masse-% sind dort vor allem die Eigenschaften der Trockenschicht hinsichtlich Wärmestandfestigkeit, Kaltbiegeverhalten, Wasserundurchlässigkeit, Rissüberbrückung und Druckbelastung vorgeschrieben.

10.7.2.3 Abdichtungsbahnen (Bitumenbahnen)

Abdichtungsbahnen sind in der DIN 18 195-2 aufgenommen. Die in den erst zum Teil ersetzten nationalen Anwendungsnormen beschriebenen Sorten sind in der Tafel 10.3 zusammengestellt.

Bitumenbahnen sind im Grundsatz so aufgebaut, dass sie eine Trägerbahn haben, die i.d.R. mit Bitumen getränkt und auf beiden Seiten bitumenbeschichtet ist. Trägerbahn bedeutet eine Bahn aus einem Stoff, der Bitumen „trägt", d.h. aufnimmt. Nichtbeschichtete Bahnen finden nur in Form der bekannten sog. „nackten" Bahnen (früher nackte Pappen) Anwendung. Die Notwendigkeit, für Bitumenbahnen Trägereinlagen einsetzen zu müssen, wird vielfach als Nachteil ausgelegt. Diese Ansicht ist aber nicht richtig. Vielmehr beruht gerade auf der wechselseitigen Anordnung von Trägereinlagen und Bitumenschichten sowie deren Zusammenwirken die außerordentliche Bewährung der Bauwerksabdichtung mit Bitumenbahnen. Die Trägereinlagen wirken gewissermaßen als Bewehrung in der Bitumenmasse, was dann wichtig wird, wenn z.B. bei kurzzeitig höherer Temperatureinwirkung das Bitumen beginnt, weicher zu werden, zu „fließen". Dann übernimmt die Trägereinlage bis zum Wiedererhärten die Festigkeit gegen Reißen und Abfließen dieses „Verbundsystems" Bitumenbahn.

Je nach Beschichtung, Anwendungsgebiet bzw. Art der Verlegung kann man fünf **Hauptgruppen** von **Bitumenbahnen** unterscheiden:
- Nackte Bitumenbahnen,
- Bitumen-Dachbahnen und -Dachdichtungsbahnen,
- Bitumen-Dichtungsbahnen,
- Bitumen-Schweißbahnen,
- kaltselbstklebende Bitumen-Dichtungsbahnen.

Bitumenbahnen werden in Industriewerken vollmechanisiert auf Bahnenmaschinen hergestellt, die eine Vielzahl von Aggregaten umfassen. Diese fabrikmäßige Herstellung gewährleistet gleichmäßige und hohe Qualität. Die meisten Betriebe sind dem „Industrieverband Bitumen-Dach- und Dichtungsbahnen e. V.", Karlstr. 21, 60329 Frankfurt (VDD) angeschlossen, der auch Auskünfte über die Bahnen, deren Verwendung und Verarbeitung erteilt.

Alle in Anwendung befindlichen Bitumenbahnen sind in Werkstoffnormen beschrieben. Gut bewährt haben sich inzwischen die 4 bis 5 mm dicken Bitumenschweißbahnen mit Trägereinlagen aus Jute- oder Glasgewebe oder Glasvlies, die nur durch Erhitzen ohne zusätzliche Klebemasse mit der Unterlage verschweißt, d.h. verklebt werden.

Ebenfalls in Werkstoffnormen beschrieben sind die Polymer-Bitumendachbahnen und die Polymer-Bitumenschweißbahnen. Wie der Name sagt, werden Polymer-Bitumen für Tränk- und Deckmassen verwendet. Durch die größere Plastizitätsspanne der Polymer-Bitumen werden die Eigenschaften der Bahnen verbessert, wie z.B. das Kaltbiegeverhalten und die Wärmestandfestigkeit der Bahnen. Da außerdem neben den üblichen Trägereinlagen Jute- oder Glasgewebe auch Bahnen mit Polyesterfaservlies hergestellt werden, wird auch die Zugfestigkeit vergrößert und der Prozentwert der Dehnung bei Höchstzugkraft bei der entsprechenden Prüfung nach DIN 52 123 wesentlich erhöht.

Eine Übersicht aller genormten Bitumenbahnen zeigt Tafel 10.3.

10.7 Anwendung von Bitumen im Hoch- und Industriebau

10.7.2.4 Abdichtungsverfahren

a) Abdichtungen gegen Bodenfeuchtigkeit und nicht stauendes Sickerwasser

Dafür können nach DIN 18 195-4 alle unter Abschn. 10.7.2.2 besprochenen Abdichtungsstoffe verwendet werden, d.h. heiß zu verarbeitende Deckaufstrichmittel und kunststoffmodifizierte Bitumendickbeschichtungen sowie alle Bitumenbahnen und auch Kunststoff-Dichtungsbahnen, ausgenommen der Voranstrich.

Für die **waagerechte Abdichtung in Wänden** gegen das kapillare Emporsteigen der Erdfeuchtigkeit werden aus guter Erfahrung Bitumendachbahnen verwendet, die beim Hochziehen der Außenwände 10 cm über Kellerfußboden und 30 cm über Gelände mit 20 cm Stoßüberlappung lose ohne Verkleben auf völlig ebene Mörteloberflächen verlegt werden. Zur Sicherheit gegen seitliches Verrutschen darüber zu errichtender Wände sollen die Bahnen ausreichend rau und deshalb besandet sein. Zur Sicherheit gegen kapillares Durchdringen von Wasser an den nur 20 cm breiten Überlappungen werden in altbewährter Weise jeweils zwei besandete Bitumendachbahnstreifen mit 1 m Versatz lose aufeinander gelegt, zumal ein Feuchtigkeitsschaden infolge Undichtigkeit dieser waagerechten Wandabdichtungen kaum saniert werden kann oder durch nachträgliches Einziehen einer neuen Abdichtung unverhältnismäßig teuer würde. Die DIN 18 195-4 lässt für diese Art Abdichtung auch Bitumendichtungsbahnen zu. Diese sind jedoch teurer und haben darüber hinaus den Nachteil, dass sie durch ihre dicken Bitumenschichten nahezu reibungslos wirken.

Für die **senkrechten Wandabdichtungen** werden von der DIN 18 195 alle Abdichtungsverfahren zugelassen, also heiße Deckaufstrichmittel, Dickbeschichtungen und Bahnabdichtungen. Letztere sind jedoch i.d.R. für diese nur mäßig beanspruchten Abdichtungen nicht nötig. Wird ein solches Verfahren gewählt, genügt eine Lage. Auch wegen der unproblematischen Verarbeitungsweise stellen heute die Bitumendickbeschichtungen die am häufigsten in der Praxis angewandte Abdichtungsbauweise für Kellerabdichtungen dar.

Kellerfußböden brauchen gegen Bodenfeuchtigkeit nur abgedichtet zu werden, wenn sie Wohnzwecken dienen sollen oder aus anderen Gründen völlig trocken sein müssen. Dafür werden Abdichtungen aus einer mindestens 7 mm dicken, heißflüssigen Spachtelmasse (Asphaltmastix), aus kaltselbstklebenden Bitumen-Dichtungsbahnen oder aus einlagigen Bitumenbahnen, gleich welcher Art, eingebaut. Als Unterlage ist eine mindestens 7 cm dicke Betonschicht nötig. Eine Schutzschicht aus z.B. Estrich schließt den Aufbau ab.

b) Abdichtungen gegen nichtdrückendes Wasser

Für diese Abdichtungen sind ebenfalls alle Stoffe nach DIN 18 195-2 mit Ausnahme der Bitumenbahnen ohne Gewebeeinlage zugelassen. Je nach Größe der auf die Abdichtung wirkenden Beanspruchungen durch Wasser, Verkehrslasten und Temperaturschwankungen werden *mäßig* und *hoch* beanspruchte Abdichtungen unterschieden. Die Begriffe dafür werden genau festgelegt.

Für mäßige Beanspruchungen sollten mindestens zwei Lagen aus nackten Bitumenbahnen und/oder Bitumendachbahnen und einem abschließenden Deckaufstrich aus ungefülltem Bitumen mit einer Mindesteinbaumenge von 1,5 kg/m² vorgesehen werden. Bei Verwendung von Schweißbahnen und Dichtungsbahnen mit Gewebe-, Polyestervlies- oder Metallbandeinlage genügt nach DIN 18 195-5 eine Lage.

10 Bitumen, Asphalt, Teerpech

Für hohe Beanspruchungen sind die gleichen Bahnen mit jeweils einer Lage mehr zu verwenden.

Abdichtungen aus selbstklebenden Bitumen-Dichtungsbahnen und aus Bitumendickbeschichtungen dürfen nur bei mäßig beanspruchten Abdichtungen eingesetzt werden. Bitumendickbeschichtungen sind in zwei Arbeitsgängen aufzubringen. Die Trockenschichtdicke muss mindesten 3 mm betragen. An Kehlen und Kanten müssen Gewebeverstärkungen zur Rissüberbrückung eingebaut werden.

Abdichtungen aus Asphaltmastix mit einer darüber angeordneten Schutzschicht eignen sich nur für waagerechte oder schwach geneigte Flächen.

Tafel 10.3 Bitumenbahnen

Bezeichnung	DIN	Kurzbezeichnung[1]	Höchstzugkraft in N		Dehnung in %	
			längs	quer	längs	quer
Nackte Bitumenbahnen Bitumendachbahnen	52 129	R 500 N	350	200	1,5	1,5
Bitumendachbahnen mit Rohfilzeinlage	52 128	R 500, R 333	300, 250	200, 150	2; 2	2; 2
Bitumen-Dachdichtungsbahnen	EN 13 707	J 300 DD, G 200 DD, PV 200 DD	600, 1.000, 800	500, 1.000, 800	2; 2; 40	3; 2; 40
Glasvliesbitumendachbahnen	EN 13 707	V 11, V 13	400	300	2	2
Bitumendichtungsbahnen mit Metallbandeinlage	EN 13 707	Cu 0,1 D, Al 0,2 D	500, 500	500, 500	5; 5	5; 5
Bitumenschweißbahnen mit Einlage aus Jutegewebe 4 oder 5 mm dick	EN 13 707	J 300 S 4, J 300 S 5	600, 600	500, 500	2	3
mit Einlage aus Glasgewebe 4 oder 5 mm dick	EN 13 707	G 200 S 4, G 200 S 5	1.000, 1.000	1.000, 1.000	2	2
mit Einlage aus Glasvlies 4 mm dick	EN 13 707	V 60 S 4	400	300	2	2
mit Einlage aus Polyestervlies 5 mm dick	EN 13 707	PV 200 S 5	800	800	40	40
Polymer-Bitumendachdichtungsbahnen	SPEC 20 000-201					
mit Einlage aus Glasgewebe		PYE-G200 DD	1.000	1.000	2	2
mit Einlage aus Polyestervlies		PYE-PV 200 DD	800	800	35	35
Polymer-Bitumenschweißbahnen	EN 13 707					
mit Einlage aus Jutegewebe		PYE-J300 S 4	600	500	2	3
mit Einlage aus Glasgewebe		PYE-G200 S 4 PYE-G200 S 5 PYP-G200 S 4 PYP-G200 S 5	700	700	2	2
mit Einlage aus Polyestervlies		PYE-PV200 S 5 PYP-PV200 S 5	800	800	40	40

10.7 Anwendung von Bitumen im Hoch- und Industriebau

Bezeichnung	DIN	Kurzbezeichnung[1]	Höchstzugkraft in N		Dehnung in %	
			längs	quer	längs	quer
kaltselbstklebende Bitumendichtungsbahnen	SPEC 20 000-201	KSK[2] PYE – KTG KSP – 2,8[2] PYE – KTP KSP – 2,8[2]	200 1.000 800	200 1.000 800	150 1,5 15	150 1,5 15

[1] Die Kurzbezeichnung setzt sich aus einem Buchstaben für die verwendete Einlage, einer Zahl, die Flächengewicht oder Dicke der Einlage angibt, sowie gegebenenfalls einer Kennzeichnung des Bahnentyps zusammen.

[2] Kurzbezeichnung nach DIN 18195-2:

R	= Rohfilz	500 = 500 g/m²	N	= Nackte Bitumenbahn
V	= Glasvlies	11 = 1.100 g/m²	DD	= Dach- und Dichtungsbahn
J	= Jute	0,1 = 0,1 mm	D	= Dichtungsbahn
G	= Glasgewebe	4 = 4 mm	S	= Schweißbahn
Cu	= Kupfer		PY	= Polymer-Bitumen
Al	= Aluminium		PYE	= Polymermodifizierung mit thermoplastischen Elastomeren
PV	= Polyestervlies		PYP	= Polymermodifizierung mit thermoplastischen Kunststoffen

c) Abdichtungen gegen von außen drückendes Wasser und stauendes Sickerwasser

Man unterscheidet nach DIN 18 195-6 zwei unterschiedliche Beanspruchungsarten.
Eine Beanspruchung durch **zeitweise stauendes Sickerwasser** liegt vor bei Kelleraußenwänden und Bodenplatten in einer Gründungstiefe bis 3,0 m in wenig durchlässigem Boden ohne Dränung, bei denen Bodenart und Geländeform nur Stauwasser erwarten lassen. Der Grundwasserspiegel liegt dabei mindestens 30 cm unterhalb der Kellersohle. Als Abdichtung gegen diese Beanspruchungsart eignen sich kunststoffmodifizierte Bitumendickbeschichtungen, Abdichtungen mit Polymerbitumen-Schweißbahnen und Abdichtungen mit Bitumen- oder Polymerbitumenbahnen. Bitumendickbeschichtungen sind hier in zwei Lagen aufzutragen, wobei nach dem ersten Arbeitsgang eine Verstärkungslage einzulegen ist. Abdichtungen mit Polymerbitumen-Schweißbahnen sind mindestens einlagig herzustellen, während Abdichtungen mit Bitumen- oder Polymerbitumenbahnen mindestens zweilagig aufzubringen sind. Die Abdichtungen bei allen Bauweisen werden durch Schutzschichten, z.B. aus Dränplatten oder Perimeterdämmplatten, gegen mechanische Beschädigungen geschützt. Die Abdichtung muss Schwind- und Setzungsrisse bis in einer Breite von höchstens 1 mm überbrücken können.

Eine Beanspruchung durch **drückendes Wasser** liegt vor, wenn Gebäude oder bauliche Anlagen durch Grundwasser oder Schichtenwasser einem hydrostatischen Druck ausgesetzt sind. Dabei werden Gründungstiefe, Eintauchtiefe und Bodenart nicht gesondert berücksichtigt. Die Abdichtung kann durch nackte Bitumenbahnen, durch nackte Bitumenbahnen mit eingelegten Metallbändern, durch Bitumen-Bahnen und/oder Polymerbitumen-Dachdichtungsbahnen, durch Bitumen-Schweißbahnen sowie durch Kunststoff- und Elastomer-Dichtungsbahnen als Zwischenlage zwischen zwei nackten Bitumenbahnen ausgeführt werden.
Die **Abdichtungen** müssen das Bauwerk wannenartig bis 30 cm über dem Bemessungswasserstand (bei nichtbindigem Boden gleich dem langjährig beobachteten höchsten Grundwasserstand, bei bindigem Boden gleich geplanter Geländeoberfläche) umschließen. Sie

müssen ferner Bewegungen des Bauwerks durch Schwinden, Temperaturänderungen und Setzungen und daraus gegebenenfalls resultierende Spannungsrisse bis höchstens 5 mm schadlos überbrücken. Breitere Risse sind durch konstruktive Maßnahmen zu verhindern.

Als Abdichtungsstoffe ließen frühere Normen ausschließlich nackte bituminöse Bahnen zu, deren Lagen jeweils mit 1,5 kg/m² Klebemasse (entspricht 1,3 mm Dicke) innig verklebt werden und mit einem gleich dicken Aufstrich abgedeckt werden müssen. Zusätzlich war nur noch das Zwischenkleben von 0,1 mm dicken Kupferbändern bei Druckluftgründungen zulässig. Eine äußere Schutzschicht aus Beton, mindestens 5 cm dick, oder Mauerwerk, mindestens 12 cm dick, musste die Abdichtung vor Beschädigungen schützen und einen bestimmten Einpressdruck erzeugen. Die Anzahl der Bahnen betrug laut alter Norm in Abhängigkeit von der Eintauchtiefe und/oder der Größe des Einpressdrucks drei bis sechs Lagen.

Die neue Norm legt die **Anzahl der Lagen** für 500-er nackte bitumenhaltige Bahnen nicht mehr in Abhängigkeit vom Einpressdruck, sondern von der Eintauchtiefe und dem Verarbeitungsverfahren fest. Mindestens drei Lagen bei einer Eintauchtiefe bis 4 m und höchstens fünf Lagen bei über 9 m Tiefe werden bei Einbau mit dem Bürstenstreich- oder Gießverfahren vorgeschrieben. Die Höchstzahl von fünf Lagen kann um eine auf vier vermindert werden, wenn nach dem Gieß- und Einwalzverfahren eingebaut wird. Ein Mindest-Einpressdruck von 10 kN/m² muss dabei grundsätzlich gewährleistet sein.

Werden zwischen die nackten bitumenhaltigen Bahnen eine oder zwei Metallbandlagen aus z.B. Kupfer-Riffelband eingeklebt, so ist laut neuer Norm die Mindesteinpressung von 10 kN/m² nicht erforderlich, und es erhöht sich die zulässige Druckbelastung von 0,6 MN/m² ohne Metallband auf 1,0 bei einem eingeklebten und auf 1,5 MN/m² bei zwei eingeklebten Metallbändern.

Außerdem lässt die neue Norm Klebeabdichtungen zu mit bitumenhaltigen Dichtungsbahnen und Bitumen-Schweißbahnen (jeweils mindestens zwei, höchstens drei Lagen, je nach Einbautiefe) sowie aus einer Lage PIB- oder PVC-Kunststoffdichtungsbahnen (siehe Abschn. 14.13.1), die zwischen zwei Lagen nackter Bitumenbahnen eingeklebt werden müssen. Die Kunststoffbahnen müssen bei Eintauchtiefen bis 4 m mindestens 1,5 mm, über 4 m mindestens 2 mm dick sein. Bei diesen drei letztgenannten Verfahren ist die Einpressung der Abdichtung nicht erforderlich.

d) Abdichtungen gegen von innen drückendes Wasser
Diese Abdichtungen werden in der DIN 18 195-7 genormt. Wenn sie üblicherweise auch „Behälterabdichtungen" genannt werden, so werden sie nicht nur für Speicherbauwerke, sondern auch für Flutkanäle, für die Zu- und Ableitung von Wasser im Industriebau, Druckstollen und dergleichen verwendet.

Im Prinzip ähneln sie den innen angebrachten Abdichtungen gegen von außen drückendes Wasser mit einer stabilen Auskleidung, die verhindern muss, dass die Abdichtung z.B. beim Entleeren des Bauwerks auf Zug beansprucht wird und an ihr Hohlräume entstehen. Bewährt hatten sich auch hier Klebeabdichtungen mit nackten Bitumenbahnen mit eingeklebten Kupferbändern, die den Druck des Wassers aktivieren und so eine Einpressung bewirken. In der neuen Norm wird eine mindestens zweilagige Abdichtung mit aufgeklebten Bitumenbahnen vorgeschrieben. Die erste Lage kann aus einer kaltselbstklebenden Polymerbahn (KSP) mit Trägereinlage oder einer Bitumenbahn mit Glasgewebe- oder Polyestervlies-Einlage bestehen, die zweite Lage besteht dann aus einer Polymerbitumenbahn (Bahntyp PYE). Alternativ können auch mindestens zwei Lagen von Polymerbitumenbahnen verlegt werden.

10.7.3 Dachabdichtungen

Dachabdichtungen aus Bitumenbahnen werden vorwiegend auf flachen und schwach geneigten Dächern verwendet, sind aber auch mit Erfolg auf steileren Dächern eingesetzt worden. Als Flachdächer gelten Dächer mit einer Dachneigung bis 10°.
Nach der Konstruktion des Dachaufbaus werden nichtbelüftete (einschalige) und belüftete (zweischalige) Dächer unterschieden (s. Abb. 10.5).

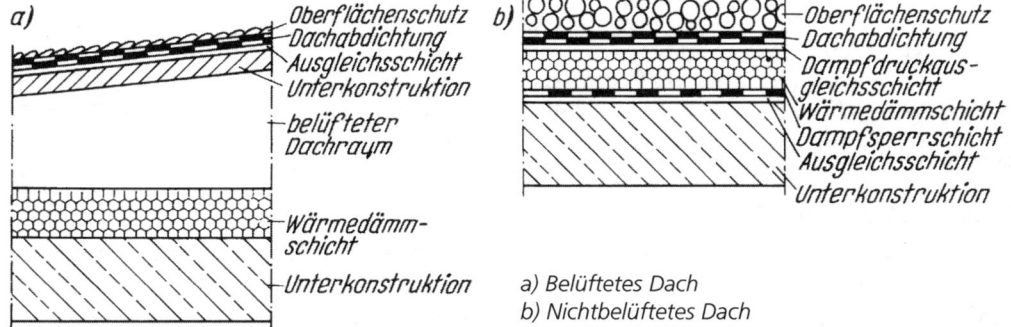

a) Belüftetes Dach
b) Nichtbelüftetes Dach

Abb. 10.5 Schematische Dachaufbauten

Seit Jahrzehnten bekannt und als technisches Regelwerk anerkannt ist das vom Industrieverband Bitumen-Dach- und Dichtungsbahnen (VDD), Frankfurt, verfasste **„abc der Bitumenbahnen – Technische Regeln"**. Darin sind alle Bitumenbahnen auf dem neuesten Stand der Normung einschließlich der neu entwickelten Polymer-Bitumenbahnen behandelt und ihre Verarbeitung in Dachaufbauten eingehend besprochen.

Die **Ausgleichsschicht** des nichtbelüfteten Daches unmittelbar über der Unterkonstruktion kann u.a. aus Lochglasvlies-Bitumendachbahnen oder einseitig bestreuten Glasvlies-Bitumendachbahnen hergestellt werden. Für die anschließende **Dampfsperrschicht** werden Bitumendachdichtungsbahnen, Glasvlies-Bitumendachbahnen und Bitumen-Schweißbahnen mit Einlagen aus Glasgewebe, Glasvlies oder Jutegewebe verwendet (siehe Tafel 10.3). Die eigentliche **Dachabdichtung** wird drei- oder zweilagig aus Bitumendach- und -dichtungsbahnen oder Schweißbahnen hergestellt. Für die Dachneigungsgruppen I ($\leq 3°$) und II ($> 3°$ bis 5°) sollen die Abdichtungen aus mindestens drei Lagen bestehen, wenn Glasvlies-Bahnen in Kombination mit Bahnen verwendet werden, die Trägereinlagen aus Glasgewebe, Jutegewebe oder Polyestervlies haben. Wenn keine Bahnen mit Glasvlieseinlage verwendet werden, genügen zwei Lagen. Für die Dachneigungsgruppen III ($> 5°$ bis 20°) und IV ($> 20°$) soll die Dachabdichtung mindestens zweilagig hergestellt werden. Dabei muss eine Bahn eine Trägereinlage aus Gewebe oder Polyestervlies haben.
Die einzelnen Lagen der Dachabdichtung sind untereinander vollflächig zu verkleben. Die Verklebung erfolgt mit heißflüssigen Bitumenklebemassen mit den beschriebenen Verfahren, vorzugsweise im Gießverfahren. Die Standfestigkeit der Klebemasse ist auf die Dachneigung abzustimmen.
Bitumen-Dachschindeln können für Dachdeckungen von Steildächern mit einer Dachneigung von mindestens 10° verwendet werden. Sie werden auf eine Holzschalung oder auf Porenbetondielen aufgenagelt. Eine Lage aus z.B. Glasvlies-Bitumendachbahnen unter den Schindeln als Vordeckung ist zu empfehlen.

10.7.4 Asphalt-Bodenbeläge

Normen

DIN 18 354	(08.15)	VOB Vergabe- und Vertragsordnung für Bauleistungen – Teil C: Allgemeine Technische Vertragsbedingungen für Bauleistungen (ATV); Gussasphaltarbeiten
DIN 18 560-1	(11.15)	Estriche im Bauwesen – Teil 1: Allgemeine Anforderungen, Prüfung und Ausführung
-2	(09.09)	Estriche im Bauwesen – Teil 2: Estriche und Heizestriche auf Dämmschichten (schwimmende Estriche)
-3	(03.06)	Estriche im Bauwesen – Teil 3: Verbundestriche
-4	(06.12)	Estriche im Bauwesen – Teil 4: Estriche auf Trennschicht
-7	(04.04)	Estriche im Bauwesen – Teil 7: Hochbeanspruchbare Estriche (Industrieestriche)
DIN EN 13 813	(01.03)	Estrichmörtel, Estrichmassen und Estriche – Estrichmörtel und Estrichmassen – Eigenschaften und Anforderungen
DIN 1996-13	(07.84)	Prüfung von Asphalt; Eindringversuch mit ebenem Stempel

10.7.4.1 Gussasphaltestrich

Als Unterboden für Nutzbeläge, wie z.B. Parkett oder Teppichbeläge, oder als direkt begehbarer bzw. befahrbarer Fußbodenbelag hat Gussasphalt ein vielfältiges Anwendungsfeld im Hoch- und Industriebau mit gleichem Umfang wie im Straßen- und Brückenbau.

Gussasphalt für schwimmende oder nicht schwimmende Estriche im Wohnungsbau, im öffentlichen und gewerblichen Hochbau sowie für Industriefußböden, z.B. in Werk- und Lagerhallen, lässt sich über die **Zusammensetzung** nahezu allen mechanischen, thermischen und chemischen Beanspruchungen anpassen. Er wird wie Straßenbaugussasphalt aus Steinmehl, Sand, Splitt und etwa 7 bis 10 Masse-% Bitumen mit einem geringen Bindemittelüberschuss in stationären Mischanlagen gemischt, in beheizbaren Kochern mit Rührwerk transportiert und durch Verstreichen von Hand in Dicken von 2 bis 3 cm eingebaut. Werden die Beläge befahren, z.B. in Lagerhallen oder auf Parkdecks, so sind sie 4 cm dick herzustellen und mit Feinsplitt abzustreuen. Normalerweise wird die Oberfläche mit Sand abgerieben, kann zusätzlich aber auch geglättet, gewachst oder mit Kunststofffarben beschichtet werden. Um eine gute Verarbeitungswilligkeit für den Handeinbau zu erzielen, wird der Splittgehalt mit 25 bis 35 Masse-% und einem Größtkorn von 5 mm für Estriche relativ gering eingestellt. Für Industriebeläge werden bis zu 40, bei Fahrverkehr bis zu 45 und bei Gabelstaplerverkehr bis zu 50 Masse-% Splitt zur Erzielung einer höheren Stabilität gewählt. Dabei ist das Größtkorn 8 oder sogar 11 mm, je nach Einbaudicke. Als Bitumensorten werden Hartbitumen für Beläge in beheizten Räumen und Hallen verwendet; in unbeheizten Hallen und im Freien werden die harten Straßenbitumen verwendet. Die Eigenschaften des Gussasphalts können durch Zusätze, z.B. Naturasphalte, Polymere, oder durch den Einsatz gebrauchsfertiger polymermodifizierter Bitumen nach den Technischen Lieferbedingungen für Straßenbaubitumen und gebrauchsfertige polymermodifizierte Bitumen (TL Bitumen-StB 07) unterschiedlichen Beanspruchungen angepasst werden.

Die harten Bitumensorten sollen die Sicherheit gegen Eindrückungen durch punktförmige Lasten wie Möbelfüße oder Warenstapel verbessern. Für schwimmende Estriche werden höchstens 1 mm, für Industriebeläge 1,5 mm, für solche mit Fahrverkehr und für Außenbeläge auf Balkonen, Terrassen usw. höchstens 3 mm Eindrucktiefe zugelassen. Die Prüfung der Eindrucktiefe erfolgt nach DIN 1996-13. Dabei wird ein Probewürfel fünf Stunden lang über einen kreisförmigen Stempel von 1 cm^2 Grundfläche mit 525 N belastet. Gussasphaltbeläge lassen sich demnach für die üblichen Belastungen ausreichend standfest herstellen.

Folgende weitere **Eigenschaften** sind für die Verwendung als Estrich oder Industrieböden von Bedeutung:

Gussasphalt hat eine *ausgezeichnete Schalldämpfung* und eine relativ *hohe Wärmedämmung*. Bei schwimmenden Estrichen kann deshalb die Dicke der einzubauenden Dämmstoffe vermindert und guter Trittschallschutz erreicht werden. Da Gussasphalt absolut wasserfrei ist, bringt er keine zusätzliche Feuchtigkeit in den Bau, vielmehr trägt er durch seine hohe Einbautemperatur von 200 bis 240 °C zur Austrocknung bei und kann ohne Rücksicht auf Temperatur und Luftfeuchtigkeit und *auch bei Frost verlegt* werden (Trockenestrich). Seine *kurze Erhärtungszeit durch Abkühlung* erlaubt schon nach etwa zwei bis vier Stunden die volle Nutzung. Das kann besonders für Beläge interessant sein, bei denen es auf kurze Bauzeiten ankommt, z.B. in Kaufhäusern oder für Reparaturarbeiten an vorhandenen Estrichen. Gussasphalt ist wasserdicht und damit unempfindlich gegen kapillaraufsteigende Feuchtigkeit. Er nimmt auch kein Wasser auf und ist deshalb in Nassräumen mit großem Wasseranfall geeignet, z.B. in Waschräumen, Brauereien, Markthallen oder Viehställen. Gegen die meisten Laugen und Salze ist Gussasphalt wie Bitumen beständig. Durch Verwendung von säurefesten Mineralstoffen (kein Kalkstein) wird er auch beständig gegen die meisten Säuren und kann Verwendung finden als Fußboden, z.B. in Laboratorien, chemischen und galvanischen Betrieben, Färbereien und Gerbereien.

Gegen Öle, Fette und Fettsäuren ist Gussasphalt besonders bei höheren Temperaturen *nicht* beständig. Durch entsprechende Beschichtungen kann diese Widerstandsfähigkeit erreicht werden. Wegen seines hohen elektrischen Ableitwiderstands wird er in Räumen von Hochspannungsanlagen und Umspannwerken, wegen seiner Geschmack- und Geruchlosigkeit auch in Lagerräumen für hochwertige Lebens- und Genussmittel angewendet. Eine weitere Entwicklung ist ein 40 mm dicker Spezial-Gussasphalt für Warmwasser-Fußbodenheizungen, bei denen die Rohrleitungen allseitig umhüllt sind und Vorlauftemperaturen bis 45 °C gefahren werden können. Die gesamte Bodenfläche dient als Heizelement.

10.7.4.2 Asphaltplattenbeläge

Unter Druck gepresste Asphaltplatten aus Naturasphaltrohmehl oder technischem Asphalt werden für gewerblich genutzte Räume als Fußbodenbelag hergestellt. Bei Vermeidung des Heißeinbaus von Gussasphaltestrich werden dessen Vorzüge und Anwendungen durch diese Platten möglich. Ihr Bindemittelgehalt liegt zwischen 8 und 10 Masse-%, die Eindrucktiefe nach DIN 1996-13 bei 1,5 mm. Die Dicke der Platten beträgt je nach Beanspruchung 2 cm (Fußgängerverkehr), 3 cm (leichter bis mittelschwerer Fahrverkehr) oder 4 cm (schwerer Fahrverkehr). Die Platten werden in einem Mörtelbett ohne Kalkzusätze verlegt. Mineralölfeste Platten werden mit Steinkohlenteer-Spezialpech als Bindemittel hergestellt.

Auskünfte über Asphalt-Bodenbeläge erteilt die Beratungsstelle für Gussasphaltverwendung e. V., Dottendorfer Str. 86, 53129 Bonn.

10.7.5 Bitumenhaltige Fugenvergussmassen

Richtlinien

ZTV Fug-StB 01	(2001)	Zusätzliche Technische Vertragsbedingungen und Richtlinien für Fugen in Verkehrsflächen
TL Fug-StB 01 und	(2001)	Technische Lieferbedingungen für Fugenfüllstoffe in Verkehrsflächen –
TP Fug-StB 01		Technische Prüfvorschriften für Fugenfüllstoffe in Verkehrsflächen

Vergussmassen sind heiß einzubauende, thermoplastische Massen mit Bitumen als Bindemittel. Sie können Zusätze von Kunststoffen, natürlichen Elastomeren, Weichmachern und mineralischen Füllstoffen enthalten. Nach den unterschiedlichen Anwendungsbereichen unterscheidet man heiß zu verarbeitende Fugenmassen für Fugen in Beton- oder Asphaltdecken sowie für Anschlüsse zwischen unterschiedlichen Befestigungen, Pflasterfugenmassen für Fugen in Pflasterdecken unter ruhendem oder rollendem Verkehr und Schienenfugenmassen, die unterschiedliche Bewegungen zwischen Verkehrsflächen und Schienen ausgleichen. Heiß einzubauende Fugenmassen sind für Änderungen der Fugenspaltbreiten bis 25 % ausgelegt. Demgegenüber können elastische Fugenmassen Änderungen der Fugenbreite bis 35 % ausgleichen. Sie eignen sich besonders für Fugen, die stärkeren Bewegungen ausgesetzt sind. Rissmassen sind Fugenmassen mit ausgeprägteren plastischen Eigenschaften. Sie dienen zur Verfüllung von Rissen in Verkehrsflächen aus Asphalt.

An Fugenvergussmassen werden besondere Anforderungen im Hinblick auf Vergießtemperatur, Beständigkeit gegen Überhitzung, Alterung, Dehnbarkeit und Haftvermögen gestellt. Die Anforderungen sind in den TL Fug-StB 01 festgelegt. Zur Beurteilung dieser Eigenschaften sind zum Teil gesonderte Prüfverfahren notwendig, die in den TP Fug-StB 01 beschrieben sind.

10.8 Sonstige Anwendungen von Bitumen

Einige Anwendungen von Bitumen sollen wegen ihres geringen Einsatzes nur kurze Erwähnung finden.

Im **Erdbau** werden *Planumsversiegelungen* und *Böschungssicherungen* gegen Erosion durch Aufspritzen kationischer Bitumenemulsionen vorgenommen. *Bodenverfestigungen* im Straßenuntergrund können bei nichtbindigen Bodenarten auch mit dünnflüssigen Bitumenemulsionen vorgenommen werden. *Bitumenhaltige Gleitschichten* können bei Pfahlgründungen zur Verminderung der negativen Mantelreibung, im Schachtbau und bei Brückenwiderlagern eingesetzt werden. Im **Eisenbahnbau** sind schon bitumenhaltige Tragschichten unter dem Schienenrost eingebaut worden, die gleichzeitig das Planum absiegeln.

Anwendungen außerhalb des Bauwesens

Die *Papierindustrie* erhöht die Feuchtigkeitsbeständigkeit, Dichtheit und Festigkeit von Papiersäcken und Packpapier durch Imprägnierung mit weichen Bitumen, Beschichtung mit Hochvakuumbitumen oder Verklebung mehrerer Schichten aus Papier mit oder ohne Gewebe (Kaschierung), wozu Oxidationsbitumen verwendet werden. Die *Elektroindustrie* benötigt Bitumen für die Herstellung von Isolierlacken, z.B. im Motorenbau, und für Vergussmassen in Batterien, Kondensatoren und anderen Geräten.

In der *Kabelindustrie* wird Bitumen als Korrosionsschutz von Land- und Seekabeln, als Isoliermasse und in Kabelvergussmassen verwendet. Die *Röhrenindustrie* verwendet Oxidationsbitumen als Rohrschutzmassen, die als Außenschutz zusammen mit einem Trägerband aus z.B. Glasfasergewebe und als Innenauskleidung unter Zusatz von Füllstoffen im Schleuderverfahren aufgebracht werden. Die *Gummiindustrie* macht Kautschuk mit Bitumen geschmeidiger und abriebfester. Die *Lackindustrie* stellt Korrosionsschutzlacke auf Bitumenbasis her, die als Schutzanstriche für Stahl, Eisen und andere Metalle und als Unterwasseranstriche von Schiffen verwendet werden, die sich besonders im Bereich der kritischen Wasserwechselzone bewährt haben. Der *Strahlenschutz* mit Bitumen hat in den letzten Jahren an Bedeutung gewonnen, weil Bitumen gegenüber relativ hoher radioaktiver Strahlung beständig ist und Gammastrahlung – besonders nach Zusatz von Schwerspat – absorbiert. Dieses modifizierte „Schwerbitumen" dient als Abschirmmaterial und zur Auskleidung von Behältern, in denen radioaktive Abfälle langfristig gelagert werden müssen.

10.9 Steinkohlenteerpech und Steinkohlenteer-Spezialpech

10.9.1 Allgemeines

Alle pechhaltigen Stoffe enthalten u.a. polyzyklische aromatische Kohlenwasserstoffe (PAK) und Phenole. Einige PAK gelten für Menschen bei intensiver Exposition als krebserregend, Phenole gefährden die Qualität von Wasser. Aus Gründen des Arbeits- und Umweltschutzes muss deshalb die Verwendung von Pechen in aller Regel ausgeschlossen werden bzw. auf Sonderfälle beschränkt bleiben. Hauptsächlich im Straßenbau und in der Bauwerksabdichtung wurden früher Teere, heute Zubereitungen aus Steinkohlenteer-Spezialpech genannt, angewendet. In beiden Bereichen werden diese Stoffe schon seit Jahren nicht mehr eingesetzt. Allerdings sind sie in alten Straßenbefestigungen und Abdichtungen enthalten und müssen bei Um-, Aus- und Rückbaumaßnahmen wegen der gesetzlich vorgeschriebenen Wiederverwertung verarbeitet werden.

10.9.2 Begriffe

Teer: Die durch thermische Zersetzung (Pyrolyse) organischer Naturstoffe gewonnenen flüssigen bis halbfesten Erzeugnisse. Je nach Ursprungsstoff unterscheidet man z.B. Holzteer, Braunkohlenteer, Steinkohlenteer. Er besteht überwiegend aus Pech und verschiedenen Teerölen.
Steinkohlenteerpech: bei Raumtemperatur plastische bis feste Rückstände der Destillation von **Steinkohlenteeren;** Steinkohlenteerpech fand als solches keine technische Anwendung.
Steinkohlenteer-Spezialpech: Steinkohlenteerpech, dessen physikalische und chemische Eigenschaften durch spezielle Verfahren (z.B. Polymerisation) verändert worden sind.
Zubereitungen aus Steinkohlenteer-Spezialpech wurden hergestellt aus Steinkohlenteer-Spezialpech und anderen für den jeweiligen Anwendungszweck geeigneten Komponenten, z.B. Lösemitteln und/oder Wasser, gegebenenfalls unter Zugabe geeigneter Emulgatoren. Solche sind:
Straßenpech (früher Straßenteer): Lösung von Steinkohlenteer-Spezialpech in Lösemitteln. Straßenpech wurde vorzugsweise im Straßenbau verwendet.
Kaltpechlösung (früher Kaltteer): Lösung von Straßenpech in leichtflüchtigen Lösemitteln. Hierdurch wird die Viskosität so herabgesetzt, dass die Kaltpechlösungen kalt verarbeitbar sind.
Kaltpechlösungen wurden vorwiegend für Straßenbauzwecke eingesetzt.
Bitumenpech: Mischung aus überwiegend Straßenpech mit Straßenbaubitumen. Bitumen-

peche wurden vorzugsweise als Straßenbaubindemittel bei der Oberflächenbehandlung von Straßen verwendet.

Weitere Definitionen von teer-/pechhaltigen Bindemitteln sind den Richtlinien für umweltverträgliche Verwertung von Ausbaustoffen mit teer-/pechtypischen Bestandteilen sowie für die Verwertung von Ausbauasphalt im Straßenbau (RuVA-StB 01) zu entnehmen.

10.9.3 Umweltverträgliche Verwertung von pechhaltigen Straßenbaustoffen

Gesetze und Richtlinien
Gesetz zur Förderung der Kreislaufwirtschaft und Sicherung der umweltverträglichen Beseitigung von Abfällen (Kreislaufwirtschafts- und Abfallgesetz KrW-/AbfG) vom 27. September1994 (zuletzt geändert 11.8.2010)
Merkblatt für die Verwertung von pechhaltigen Straßenausbaustoffen und von Asphaltgranulat in bitumengebundenen Tragschichten durch Kaltaufbereitung in Mischanlagen, M VB-K (2004)
Merkblatt für die Verwertung von Asphaltgranulat und pechhaltigen Straßenausbaustoffen in Tragschichten mit hydraulischen Bindemitteln (2002)
RuVA-StB 01   (2005)   Richtlinien für umweltverträgliche Verwertung von Ausbaustoffen mit teer-/pechtypischen Bestandteilen sowie für die Verwertung von Ausbauasphalt im Straßenbau

Das Kreislaufwirtschafts- und Abfallgesetz **fordert**, dass bei den Erhaltungsmaßnahmen von Straßen **die Wiederverwertung von Straßenausbaustoffen** umweltverträglich und möglichst hochwertig erfolgen soll, soweit das technisch möglich und wirtschaftlich vertretbar ist. Das gilt auch für die in großen Mengen anfallenden pechhaltigen Ausbauasphalte, für die aus Gründen des Umweltschutzes besondere Bestimmungen einzuhalten sind. Einige der im Straßenpech enthaltenen polyzyklischen aromatischen Kohlenwasserstoffe (PAK) gelten als krebserregend, und die im Pech enthaltenen Phenole sind schädlich und können sich insbesondere negativ auf die Wasserqualität auswirken. Eine Gefährdung für Mensch und Umwelt durch Pech ist über Dämpfe und Eluate möglich. Aus diesem Grund ist eine für Ausbauasphalte übliche Wiederverwendung im Heißmischverfahren nach arbeitsmedizinischen Gesichtspunkten bedenklich, da bei der Erhitzung des Materials eine Gefährdung über die Atemwege und über Hautkontakt auftreten kann. Eine Wiederverwertung muss also über Kaltaufbereitungsverfahren erfolgen, die außerdem gewährleisten, dass ein Ausspülen schädlicher Bestandteile vermieden wird.

Als gefährdend gilt Straßenaufbruchmaterial, das eine bestimmte Konzentration pechhaltiger Bestandteile enthält, die sich auf Grenzwerte in den Technischen Regeln für Gefahrstoffe (TRGS) beziehen. Danach können Ausbauasphalte in **Verwertungsklassen** eingeteilt werden, die sich nach dem Gesamtgehalt der im Feststoff enthaltenen polyzyklischen aromatischen Kohlenwasserstoffe (PAK) nach EPA (EPA = Enviromental Protection Agency, Umweltbehörde der USA) sowie einem ermittelten Phenolindex im Eluat richten.

Ausbauasphalte mit einem Gehalt PAK nach EPA von weniger als 25 mg/kg und einem Phenolindex von weniger als 0,1 mg/l werden der als unbedenklich geltenden Verwertungsklasse A zugeordnet und können als Asphaltgranulat im Heißmischverfahren wiederverwertet werden.

Ausbauasphalte mit einem Gehalt PAK nach EPA von mehr als 25 mg/kg und einem Phenolindex von weniger als 0,1 mg/l werden der Verwertungsklasse B zugeordnet. Diese Stoffe können zu Asphaltgranulat ohne Zusatz von Bindemittel kalt verarbeitet werden, wenn im Rahmen der Eignungsprüfung nachgewiesen werden kann, dass der Gesamtgehalt an PAK nach EPA nicht höher ist als 100 g/kg und im Eluat nicht mehr als 0,03 mg/l festgestellt werden.

Ausbauasphalte mit einem Gehalt PAK nach EPA von mehr als 25 mg/kg und einem Phenolindex von mehr als 0,1 mg/l werden der Verwertungsklasse C zugeordnet. Diese Stoffe müssen für eine Wiederverwendung in Kaltbauweise dauerhaft mit Bindemittel eingebunden und verdichtet werden, sodass die umweltbelastenden Stoffe nicht entweichen können. Als Bindemittel kommen Bitumenemulsionen und hydraulische Bindemittel in Frage.

Kaltaufbereitete Ausbaustoffe können in ungebundenen Schichten oberhalb der Frostschutzschicht wieder verwendet werden. Sie müssen aber, um ein Ausschwemmen der schädlichen Bestandteile sicher zu verhindern, durch gebundene, dichte Schichten überbaut werden. Die Seitenränder und gegebenenfalls auch die Oberfläche müssen zum Schutz vor eindringendem Oberflächenwasser mit Bitumenemulsion oder bitumenhaltiger Schlämme abgedichtet werden.

Der Einbau pechhaltiger Ausbaustoffe ist zu dokumentieren. Er verbietet sich für die Stoffe der Verwertungsklassen B und C allerdings bei bestimmten sensiblen Einbaugebieten, wie z.B. Wasserschutzzonen oder Überschwemmungsgebieten.

10.10 Literatur

[10.1] Hutzschenreuther, J./Wörner, Th., Asphalt im Straßenbau, 2. Aufl., Verlag für Bauwesen, Berlin, 2010

[10.2] Wehner, B. u. a., Handbuch des Straßenbaus, Bd. 2, Baustoffe, Bauweisen, Baudurchführung, Springer Verlag, Berlin, 1977

[10.3] Der Elsner, Handbuch für Straßen- und Verkehrswesen, jährlich neu bei Otto Elsner Verlagsgesellschaft, Dieburg

[10.4] Velske, S./Mentlein, H./Eymann, P., Straßenbautechnik, 7. Aufl., Werner Verlag, Düsseldorf, 2013

[10.5] Lufsky, K., Bauwerksabdichtung, 6. Aufl., Wiesbaden, 2010

[10.6] abc der Bitumen-Bahnen, Technische Regeln, Industrieverband Bitumen-Dach- und Dichtungsbahnen (VDD), Frankfurt, 2012

[10.7] Ingenieurbauwerke abdichten, Hinweise für die Abdichtung von Ingenieurbauwerken (AIB), Deutsche Bahn, Drucksache 835, 1999

[10.8] Empfehlungen für die Ausführung von Asphaltarbeiten im Wasserbau (EAAW), 2. Aufl., Deutsche Gesellschaft für Erd- und Grundbau e. V., Essen, 2008

[10.9] Maximale Arbeitsplatzkonzentrationen (MAK-Liste), jährlich hrsg. von der Deutschen Forschungsgemeinschaft, Bonn

[10.10] Straube, E./Krass, K., Straßenbau und Straßenerhaltung, 8. Aufl., Erich Schmidt Verlag, Berlin, 2009

[10.11] Beckedahl, H.-J., Schlagloch/Straßenerhaltung Handbuch Straßenbau- Band 1, Elsner Verlag, 2010

11 Beschichtungen, Anstriche

Prof. Dipl.-Ing. Rolf Möhring, Prof. Dr. rer. nat. Thomas Thielmann

Hinweis: Beschichtungen zum Zweck des Korrosionsschutzes siehe Abschnitt 8.14.3.5.

11.1 Allgemeines

Normen

DIN 2403	(06.14)	Kennzeichnung von Rohrleitungen nach dem Durchflussstoff
DIN ISO 3864-2	(07.08)	Graphische Symbole – Sicherheitsfarben und Sicherheitszeichen – Teil 2: Gestaltungsgrundlagen für Sicherheitsschilder zur Anwendung auf Produkten (ISO 3864-2:2004)
DIN ISO 3864-3	(11.12)	Graphische Symbole – Sicherheitsfarben und Sicherheitszeichen – Teil 3: Gestaltungsgrundlagen für graphische Symbole zur Anwendung in Sicherheitszeichen (ISO 3864-3:2012)
DIN 4844-1	(06.12)	Graphische Symbole – Sicherheitsfarben und Sicherheitszeichen – Teil 1: Erkennungsweiten und farb- und photometrische Anforderungen
DIN 5381	(02.85)	Kennfarben
DIN 6164-1	(02.80)	DIN-Farbenkarte; System der DIN-Farbenkarte für den 2°-Normalbeobachter
DIN 6164-2	(02.80)	DIN-Farbenkarte; Festlegungen der Farbmuster
DIN 18 363	(09.12)	VOB Vergabe- und Vertragsordnung für Bauleistungen – Teil C: Allgemeine Technische Vertragsbedingungen für Bauleistungen (ATV) – Maler- und Lackierarbeiten – Beschichtungen
DIN 55 901	(04.02)	Trockenstoffe für Beschichtungsstoffe – Bestimmung des Metallgehaltes von Mehrmetall-Trockenstoffen
DIN 55 945	(03.07)	Beschichtungsstoffe und Beschichtungen – Ergänzende Begriffe zu DIN EN ISO 4618
DIN 68 800-1	(10.11)	Holzschutz – Teil 1: Allgemeines
DIN 68 800-2	(02.12)	Holzschutz – Teil 2: Vorbeugende bauliche Maßnahmen im Hochbau
DIN 68 800-3	(02.12)	Holzschutz – Teil 3: Vorbeugender Schutz von Holz mit Holzschutzmitteln
DIN 68 800-4	(02.12)	Holzschutz – Teil 4: Bekämpfungs- und Sanierungsmaßnahmen gegen holzzerstörende Pilze und Insekten

11.2 Begriffe

Beschichtung ist ein Sammelbegriff für eine oder mehrere in sich zusammenhängende, aus Beschichtungsstoffen hergestellte Schichten auf dem Untergrund. Grundsätzlich sind hierbei Imprägnierungen, Versiegelungen, Lasuren oder deckende Anstriche zu unterscheiden. Die meisten Beschichtungen können für den Einsatz im Außenbereich, speziell für den Untergrund Holz, fungizid und/oder biozid ausgerüstet werden.
Als Sonderform sind darüber hinaus **Brandschutzanstriche** im Sinne der DIN 4102 für brennbare Bauteile zur Erhöhung des Feuerwiderstandes oder zum Erreichen der Schwerentflammbarkeit zu nennen. Bei diesen Beschichtungen ist neben der grundsätzlichen, amtlich zugelassenen Wirksamkeit der Untergrundaufbau mit entscheidend, um die aufschäumende, dämmend wirkende Substanz an der applizierten Fläche zu halten.
Beschichtungen dienen im Wesentlichen dem Schutz eines Bauteils oder Baustoffs, aber auch den Aspekten der Gestaltung. Im Sinne des Korrosionsschutzes werden metallische Schutzsysteme mit dem Begriff „Überzug" (s. Abschnitt 8.14.5) definiert. Neben dem

11 Beschichtungen, Anstriche

Erstbeschichten ist im Rahmen von Erneuerungen besonderes Augenmerk auf die Vorbehandlung, eventuell auf das Entschichten, zu legen (Abschnitt 11.6).
Beschichtungsstoff im Sinne von DIN 55 945 ist der Oberbegriff für flüssige bis pastenförmige oder pulverförmige Stoffe, die aus Bindemitteln sowie gegebenenfalls zusätzlich aus Pigmenten und anderen Farbmitteln, Füllstoffen, Lösemitteln und sonstigen Zusätzen bestehen. Beschichtungsstoffe sind Lacke, Anstrichstoffe, Beschichtungsstoffe für Kunstharzputz, Spachtelmassen, Bodenbeschichtungsmassen sowie ähnliche Beschichtungsstoffe. Die Begriffe Beschichtungsstoff, Anstrichstoff und Lack werden zum Teil alternativ verwendet. Es besteht ein Trend zur zunehmenden Verwendung der Oberbegriffe Beschichtung und Beschichtungsstoff. Das schlägt sich auch in der gültigen Ausgabe von VOB Teil C, DIN 18 363, nieder.
Ein großer Teil der Anstrichstoffe oder Beschichtungsstoffe wird heute streichfähig geliefert. Wandfarben bezieht man z.B. in der Regel weiß, die dann im Allgemeinen nur noch mit *Abtönfarben* in Form von Pigmentpasten (Tubenfarben) auf den gewünschten Farbton abgetönt werden.
Anstrich ist eine aus Anstrichstoffen hergestellte Beschichtung auf einem Untergrund. Der Anstrich kann mehr oder weniger in den Untergrund eingedrungen sein.
Anstrichstoff, auch Anstrichmittel genannt, ist ein flüssiger bis pastöser oder pulverförmiger Beschichtungsstoff.
Anstrichfilm ist eine zusammenhängende Schicht des Anstrichstoffes.
Imprägnierungen dringen ohne Filmbildung tief in einen porösen Untergrund ein, schützen bzw. konservieren ihn dadurch (z.B. Holz vor Fäulnis) oder machen ihn wasserabweisend (z.B. Hydrophobierung von Putz).
Versiegelungen stellen eine Abdichtung der Oberfläche dar, die auch tief in die Poren eindringen und sie verstopfen, ohne einen nennenswerten Film zu bilden. Der Begriff wird hauptsächlich für das Versiegeln von Parkett (DIN 18 356) und im Bautenschutz für Estrichversiegelungen verwendet. Nach DIN 52 460 ist Versiegelung der elastische Verschluss als Teil des Glasabdichtungssystems.
Damit die Beschichtungen nach dem Trocknen gut haften, kann eine **Untergrundvorbehandlung** des Streichgrundes notwendig sein. Zur *Reinigung* von anstrichfeindlichen Substanzen dienen Abbeizmittel, Entfettungsstoffe, Stoffe zum Entfernen von Schalölen oder Spezialreinigungsmittel für Metalloberflächen. Zur Untergrund*verbesserung* verwendet man als Grundierung *Absperrmittel,* um Einwirkungen von Stoffen aus dem Untergrund auf den Anstrich oder umgekehrt vom Anstrich auf den Untergrund oder zwischen einzelnen Schichten einer Beschichtung zu verhindern. *Haftgrundmittel* („Wash Primer") sind haftungsvermittelnde und passivierende Mittel zur Metallvorbehandlung für den Anstrich. Dünnflüssige Grundiermittel nennt man *Einlassmittel,* z.B. zur Regulierung der Saugfähigkeit und Festigung stark saugender Untergründe. Bei Holz gehört in vielen Fällen zur Vorbereitung des Untergrundes die Tränkung mit einem Imprägniermittel (DIN 68 800).
Mehrschichtige Anstriche (Anstrichsysteme) haben einen Anstrichaufbau, der aus Grund- und Deckanstrich besteht. Dabei ist zu beachten, dass die äußeren Schichten fetter als die darunter liegenden sein müssen, um Anstrichschäden infolge Spannungen zwischen den Schichten zu vermeiden. Für Außenanstriche sind im Allgemeinen mehr Anstrichschichten erforderlich als für Innenanstriche.

11.2 Begriffe

Nach DIN 18 363 unterscheidet man zwischen Erstbeschichtungen, Überholungsbeschichtungen und Erneuerungsbeschichtungen.

Der **Grundanstrich** (die Grundierung) wird aus ein oder zwei Anstrichschichten gebildet. Metalle erhalten nach dem Entrosten einen Korrosionsschutz-Grundanstrich mit passivierender Wirkung (siehe Abschnitt 8.14.3.5 und [2]). Die DIN 8501-1 und -2 beschreiben die Vorbereitung von Stahloberflächen vor dem Auftragen von Beschichtungsstoffen, die DIN 55 928-8 bzw. -9 beschreiben den Korrosionsschutz von Stahlbauten durch Beschichtungen und Überzüge.

Deckanstriche bestehen aus einer Schicht oder mehreren Schichten je nach Deckvermögen (Deckfähigkeit), nach Anstrich- bzw. Untergrundart oder nach den Qualitätsansprüchen. Die Deckanstriche werden in Form von einem oder mehreren *Zwischenanstrichen* und/oder einem *Schlussanstrich* aufgetragen (vgl. VOB Teil C, DIN 18 363). Mehrere dünne Anstriche sind zwar aufwendiger, ergeben aber gleichmäßigere Filme, die gut austrocknen können.

Das **Auftragen** der Anstrichstoffe bzw. der Beschichtungsstoffe erfolgt durch Streichen mit Pinsel, Quast bzw. Streichbürste, Walzen mit der Rolle, Spritzen mit der Spritzpistole oder Tauchen, Fluten und andere Verfahren, z.B. elektrostatische Techniken. Man unterscheidet nach der Lichtdurchlässigkeit zwischen deckenden, durchsichtigen und lasierenden (durchscheinenden) Anstrichen (Lasuren). Der Anstrich- bzw. Beschichtungsstoff muss für das Auftragen in mehr oder weniger flüssiger Form vorliegen. Dabei kann die Flüssigkeit selbst das Anstrichmittel (den Anstrichstoff) darstellen, oder sie dient in vorübergehend flüssiger, später aushärtender Form (Phase) eines Mehrstoffsystems als das *Bindemittel* für die *Pigmente* (Farbmittel oder Farbstoffe).

Gegebenenfalls werden dem Bindemittel **weitere Stoffe** zugesetzt, z.B. *Trocknungsstoffe* (Trockenstoffe oder *Sikkative*, DIN 55 901) zur Abkürzung der Trocknungszeit oder *Füllstoffe* (Verschnittmittel) zur Füllung bzw. Streckung oder *Stabilisatoren* zur Verhinderung der Entmischung bzw. Koagulation von Dispersionsfarben. Auch bei pigmentfreien Farben und Lacken wird die flüssige Phase oft Bindemittel genannt.

Die **Beschichtung von Metallteilen** (s.a. Abschnitt 8.14.3.4) erfolgt nach Entzundern oder Entrosten bis zur gewünschten Normreinheitsklasse heute im Wesentlichen in vier Schritten. Die Entscheidung für ein Korrosionsschutzsystem legt gleichzeitig die grundsätzliche Konstruktionsart fest: Überzüge für Schraubverbindungen, Beschichtungen für Schweißverbindungen. Die erste Beschichtungsebene ist deshalb eine durchschweißbare Fertigungsbeschichtung (FB) mit in aller Regel dreimonatiger Garantie gegen Rosten.

Es folgen je nach Beschichtungstyp zwei Grundbeschichtungen (GB) und eine folgende Deckbeschichtung (DB). Jede Ebene wird mit ca. 20 µm angenommen, eine Gesamtbeschichtungsstärke also von circa 80 µm. Zur deutlichen Unterscheidung kann jede Schicht mit anderer Pigmentierung ausgeschrieben werden. Je nach Anstrichgrund bzw. Geometrie des zu streichenden Körpers ist ein zusätzlicher Kantenschutz (KS) sinnvoll, da durch das Pigment „Kantenflüchter" je nach Farbtyp ein gleicher Anstrichfilm bzw. eine gleiche Anstrichstärke nicht erwartet werden kann. Bei Pulverbeschichtungen wird in der Regel gerade die Kante besonders dick beauftragt.

Das **RAL-Farbtonregister** RAL 840 HR, herausgegeben vom „Ausschuss für Lieferbedingungen und Gütesicherung (RAL)", enthält als Basisregister in Form von *Farbkarten* etwa 160 in der Wirtschaft gebräuchliche Farbtöne. Die Nummerierung dieser Farbtöne ermöglicht

11 Beschichtungen, Anstriche

es, bei Auftragserteilungen einen bestimmten Farbton genau festzulegen (z.B. RAL 1005: Postgelb). Das Farbregister RAL 841-GL enthält die gleichen Farbtöne, jedoch glänzend. Außerdem gibt es **„DIN-Farbenkarten"** (DIN 6164). Sie erlauben eine Bezeichnung der Farbe nach dem

Farbton (T) oder der Buntheit in 24 Farbtonfolgen, nach der
Sättigungsstufe (S), dem Grad der Buntheit in sieben Stufen, und der
Dunkelstufe (D) als Maß für die Helligkeit, je nach Grautönung in bis zu acht Stufen.

Die Bezeichnung für ein bestimmtes Rot ist z.B. T : S : D = 7 : 2 : 4. Die Farbe kann auch „farblos" sein. Außerdem lässt sich der *Glanzgrad* beschreiben (z.B. hochglänzend, seidenmatt).

Das RAL-Farbtonregister RAL 840 HR ist zu beziehen durch Beuth Verlag GmbH, Köln, und Muster-Schmidt KG, Göttingen.

Die DIN 4844-1 bis -3 beschreibt die Sicherheitskennzeichnung, die ISO 3864 und die DIN ISO 3864-1 beschreiben Sicherheitsfarben und Sicherheitszeichen. **Kennfarben** nach DIN 5381 dienen zum Kennzeichnen von Geräten, Maschinen, Schildern, Rohrleitungen usw. Nach dem Durchflussstoff sind in DIN 2403 kennzeichnende Farben genormt.

11.3 Farbmittel (Pigmente und Farbstoffe)

Normen

DIN 55 943	(10.01)	Farbmittel – Begriffe (zurückgezogen)
DIN 55 944	(12.11)	Farbmittel – Einteilung nach koloristischen und chemischen Gesichtspunkten (zurückgezogen)
DIN 55 950	(08.01)	Bindemittel für Beschichtungsstoffe – Kurzzeichen
DIN 55 968	(08.13)	Pigmente – Industriell hergestellte Pigmentruße (Flammruß, Furnaceruß, Gasruß) – Anforderungen und Prüfverfahren

11.3.1 Allgemeines

Farbmittel ist ein Sammelname für alle farbgebenden Stoffe. Man unterscheidet zunächst zwischen unlöslichen *Pigmenten,* die im trockenen Zustand pulverförmig sind, früher auch Körperfarben oder Farbkörper genannt, und löslichen *Farbstoffen.*

Die **Pigmente** sind die Bestandteile eines Anstrichstoffs, die das farbliche Aussehen des Anstrichs bestimmen. Man unterscheidet zwischen *inerten,* chemisch nicht reagierenden, und *reaktiven* Pigmenten, wie z.B. Rostschutzpigmenten (siehe auch Abschnitt 8.14.3.5), die auch chemisch mit dem Untergrund reagieren und eine passivierende Wirkung auf den metallischen Anstrichgrund ausüben. Die Pigmente sind keineswegs für alle Arten von Bindemitteln und Anstrichen oder Beschichtungen geeignet.

Bezüglich der **Anforderungen an Pigmente** kommt es daher an auf *Echtheit* (Widerstandsfähigkeit) gegen Kalk und Zement (kalkechte oder zementechte Pigmente), *Verträglichkeit* mit Lösemitteln, Wasser, Laugen, auf *Lichtechtheit* (lichtechte Pigmente), insbesondere gegen UV-Licht, auf *Wetterbeständigkeit* und auf das *Deckvermögen,* das mit der Mahlfeinheit zunimmt.

Die **löslichen organischen Farbstoffe** besitzen keine oder nur geringe Deckfähigkeit (Lasurfarben). Sie werden zwar hauptsächlich zum Färben von Textilien, Kerzenwachs usw. benutzt, jedoch in verschiedenen Verarbeitungsformen auch in Anstrichmitteln, so als durch Synthese direkt erzeugte organische Pigmente oder als *Farblacke;* das sind mit Teerfarbstoffen eingefärbte pulverförmige Substanzen, die Pigmentcharakter haben und

11.3 Farbmittel (Pigmente und Farbstoffe)

im Anstrich deckend wirken. Sie haben mit den Begriffen „Lack" und „Lackfarbe" nichts zu tun (Beispiele: Azurblau, Kalkgelb, d.h. für Kalkanstrich geeignetes Gelb).

11.3.2 Anorganische Pigmente *(Mineralfarben)*

a) Natürliche Erdpigmente („Erdfarben")

Sie werden durch mechanische Behandlung wie Mahlen, Schlämmen, Trocknen oder Glühen der betreffenden mineralischen Stoffe erzeugt.

Weißpigmente: Kreide (Schlämmkreide), Kalk (Weißkalk), Zement (Weißzement).
Buntpigmente: Ocker (eisenoxidreicher Ton), Bolus (weißlichgrauer bis rötlicher Ton), Umbra (durch Manganoxid braungefärbter Ton), Grünerde (verwitterte Hornblende).

b) Synthetische Pigmente (Mineralpigmente)

Sie werden durch chemische oder physikalische Umwandlung von anorganischen Grundstoffen (Metallverbindungen) erzeugt.

Weißpigmente: TiO_2 (Titandioxid) *Titanweiß* (TiO_2 + Verschnittmittel), *Zinkweiß* (ZnO), *Lithopone* (ZnS + $BaSO_4$), für Innenanstriche mit unterschiedlicher Deckkraft je nach ZnS-Gehalt, der durch Farbsiegel wie folgt kenntlich gemacht wird:

Siegelart	ZnS-Gehalt	Verwendung
Gelbsiegel Rotsiegel	mit 15 % ZnS mit 30 % ZnS	für Emulsions-, Leim-, Kalk- und Kaseinanstriche
Lilasiegel Grünsiegel	mit 35 % ZnS mit 40 % ZnS	für heute nur noch seltene Ölfarben
Goldsiegel Silbersiegel	mit 50 % ZnS mit 60 % ZnS	für Lackfarben

Lithoblanc (Bayer) mit 90 % ZnS wurde als weiteres Weißpigment entwickelt.
Titanweiß gibt es auf der Basis verschiedener Kristallformen, in Rutilform (teurer, für Außenanstriche) oder in Anatasform (leichter, billiger, für Innenanstriche).
Bleiweiß (2 $PbCO_3 \cdot Pb(OH)_2$), auch mit 20 bis 60 % Schwerspat ($BaSO_4$) verschnitten. Bleiweiß ist giftig und daher für Innenanstriche verboten. Es wird deshalb auch heute nicht mehr für Außenanstriche (für Korrosionsschutzanstriche) verwendet.

Buntpigmente:
Rostschutz: *Mennige* (Pb_3O_4) von roter Farbe, Bleicyanamid $PbCN_2$, Verboten! Zinkstaub (nach DIN EN ISO 3549), Bleisilicochromat
Gelb: Zinkgelb (chromsaures Zn), Chromgelb (chromsaures Pb)
Rot: Eisenoxidrot (gebranntes Fe_2O_3), Zinnober (HgS)
Blau: Ultramarin (Na-Al-Silicat + Natriumsulfid), Kobaltblau (Co-Aluminat), Berliner Blau (Fe-Cyanid)
Grün: Chromgrün, Zinkgrün
Schwarz: Eisenoxidschwarz
Braun: Manganbraun u.a.m.

Kohlenstoffpigmente:

Ruß (Acetylen-, Flamm- oder Gasruß). Er ist wegen seiner geringen Dichte im Bindemittel nicht immer leicht anreibbar (vermischbar). Trotzdem wird er wegen seiner intensiven Farbwirkung geschätzt.

11 Beschichtungen, Anstriche

11.3.3 Organische Pigmente und Farbstoffe

Natürliche Tier- und Pflanzenfarbstoffe wie Sepia oder Indigo sind wegen der fehlenden Lichtbeständigkeit und der Konkurrenz durch die synthetischen Farbstoffe heute für Anstrichzwecke bedeutungslos. *Synthetische Farbstoffe* sind die *Teerfarben* aus Holz- oder Steinkohlenteer einschließlich der aus dem Teerprodukt „Anilin" gewonnenen *Anilinfarben*.

11.3.4 Metallische Pigmente

Es handelt sich um pulverisierte Metalle oder Metalllegierungen, die mit Firnis oder Lack angesetzt werden („Bronzepulver"): *Goldbronze* (Kupfer-Zink-Legierung: Messing). Aluminiumpulver *(Aluminiumbronze)* ist wetterbeständig und ersetzt die empfindliche Silberbronze (metallische Pigmente für Grundbeschichtungen im Korrosionsschutz: siehe Abschnitt 8.14.3.5).

11.3.5 Leuchtpigmente

Normen

DIN 67 510-1	(11.09)	Langnachleuchtende Pigmente und Produkte – Teil 1: Messung und Kennzeichnung beim Hersteller
DIN 67 510-2	(10.02)	Langnachleuchtende Pigmente und Produkte – Teil 2: Messung von lang nachleuchtenden Produkten am Ort der Anwendung
DIN 67 510-3	(04.11)	Langnachleuchtende Pigmente und Produkte – Teil 3: Bodennahes lang nachleuchtendes Sicherheitsleitsystem
DIN 67 510-4	(02.08)	Langnachleuchtende Pigmente und Produkte – Teil 4: Produkte für langnachleuchtende Sicherheitsleitsysteme – Markierungen und Kennzeichnungen
DIN 5043-1	(12.73)	Radioaktive Leuchtpigmente und Leuchtfarben; Meßbedingungen für die Leuchtdichte und Bezeichnung der Pigmente (zurückgezogen)

Unter Leuchtpigmenten versteht man phosphoreszierende Pigmente aus Zink- oder Erdalkalisulfiden, die im Dunkeln nach vorheriger Beleuchtung nachleuchten oder mit Spuren radioaktiver Elemente selbst leuchten. Auch fluoreszierende Pigmente, meist aus Zinkcadmiumsulfiden oder organischen Verbindungen, werden als *Leuchtfarben* verwendet. Sie verwandeln Tageslicht oder UV-Strahlen in längere Lichtwellen größerer Leuchtkraft.

11.3.6 Kalk- bzw. Zementechtheit

Im Bauwesen ist die Verträglichkeit der Pigmente mit Kalk oder Zement von besonderem Interesse. „Kalkecht", d.h. gegen Basen widerstandsfähig, sind nur Pigmente, die sich, in Kalkmilch oder Kalkwasser $Ca(OH)_2$ erhitzt (im Vergleich zu einer Probe in kaltem Leitungswasser), nicht verändern.

Als **kalkechte Farben** gelten: Neapelgelb, Barytgelb, Terra di Siena natur, alle reinen Ockerfarben, Eisenoxidgelb, Cadmiumgelb; Chromorange, Cadmiumorange; Eisenoxidrot, Caputmortuum, Ocker gebrannt, Terra di Siena gebrannt, Bolusrot, Ultramarinrot, Chromrot, Cadmiumrot; Umbra natur und gebrannt, Grüne Erde gebrannt; Bremerblau, Kobaltblau, Manganblau, Ultramarinblau, Grüne Erde, Chromoxidgrün, Chromoxidhydratgrün, Kobaltgrün, Ultramaringrün; Schiefergrau; Ultramarinviolett; Eisenoxidschwarz, Elfenbeinschwarz, Rebschwarz, Schieferschwarz, Ruß. – Hinzu kommen für Innenanstriche als „Kalkfarben" bezeichnete Teerfarben (siehe Abschnitt 11.5.2, Schluss) wie Kalkblau, Kalkgrün, Kalkgelb, Kalkrot, Kalkorange, Kalkviolett.

Kalkechte Pigmente sind nur dann *„zementecht"*, wenn sie nicht mit Kreide oder vor allem nicht mit Gips verschnitten oder mit Teer-(Anilin-)Farben geschönt sind. Sie müssen nicht nur gegen Basen, sondern darüber hinaus auch gegenüber Schwefelverbindungen widerstandsfähig sein, weil alle Zemente vom Brande her aus dem Brennstoff, Hüttenzemente außerdem aus dem Hüttensand, Sulfide enthalten; auch wird allen Zementen zur Regelung der Erstarrungszeit Rohgips $CaSO_4 \cdot 2H_2O$ zugemahlen.

Als **zementechte Farben** gelten: Eisenoxidschwarz, Manganschwarz, besonders präparierter sogenannter „Zementruß"; Eisenoxidrot, -braun und -gelb; Umbra, Ocker, Terra di Siena, Neapelgelb; Chromoxidgrün, Chromoxidhydratgrün; Titanweiß R (nach der Kristallform des Rutil; die daneben gelieferte Anatasform ist nur für Innenanstriche). Ultramarinblau (Na-Al-Silicat) ist in der Verwendung umstritten, weil es infolge seines Gehalts an reaktionsfähigem SiO_2 und Al_2O_3 (ähnlich Trass, siehe Abschnitt 4.5.3) mit dem freien Kalk $Ca(OH)_2$ des Zements reagiert, wodurch Verblassung eintreten kann. Bei Sichtbetonteilen ist dies jedoch kaum zu befürchten, weil hier durch Aufnahme von Luftkohlensäure an der Oberfläche die Karbonatisierung des freien Kalks (siehe Abschnitt 4.6.2.4) der genannten Reaktion zuvorkommt. – Gebräuchlich ist auch Manganblau.

Zur **Kontrolle der Zementechtheit** fertigt man auf einer Glasplatte je zwei Zementkuchen ohne und mit Pigmentzusatz an. Nach einem Tag werden je ein gefärbter und ein ungefärbter Kuchen in Wasser gelegt und nach sechs Tagen luftgetrocknet. Dann darf der gefärbte Kuchen gegenüber dem gewässerten keine Farbänderung aufweisen. Zeigen nur die gefärbten Kuchen oder einer von ihnen Ausblühungen, so ist anzunehmen, dass diese von dem Pigment herrühren. Blühen dagegen auch die ungefärbten Kuchen aus, so liegt es am Zement.

11.3.7 Weitere Eigenschaften

Beständigkeit gegen Sulfide: *Sulfide* verfärben viele Pigmente (vorzüglich Blei- und Kupferfarben) – Putz aus *Hütten-* und *Schmelzzementen* enthält Sulfide. Auch Gummi dünstet Sulfide aus und vergilbt Anstriche (z.B. neben Gummidichtungen in Fenster- und Türfalzen).
Lichtechtheit ist gewährleistet, wenn ein im Dunkeln aufgetrockneter und zur Hälfte undurchlässig abgedeckter Probeanstrich bei längerer Belichtung durch Sonnenlicht sich dem abgedeckten Teil gegenüber nicht verändert.
Farbkraft kann man durch Vergleichsanstriche beurteilen, indem man bei Buntfarben puren Anstrichen solche, die mit Weiß im Verhältnis 1 : 10 gemischt sind, gegenüberstellt.
Deckkraft ergibt sich durch Vergleich von Aufstrichen auf einem schwarz-weiß gestreiften Untergrund. Die Farbkraft darf nicht mit Deckkraft verwechselt werden. Farben mit starkem Färbevermögen können durchaus nur lasieren, also wenig Deckkraft besitzen. Das gilt z.B. für Beizen und reine Anilinfarben ohne Körperzusatz, d.h. ohne unlösliches Farbpigment.

11.4 Bindemittel

Die Bindemittel haben die Aufgabe, die Pigmente durch Kohäsion untereinander und durch Adhäsion mit dem Untergrund filmbildend zu verbinden. Hinzu können weitere Forderungen kommen wie Wisch- und Waschbeständigkeit, Scheuer- und Wetterbeständigkeit (siehe Abschnitt 11.5.1).

Als **Bindemittel** wird der *nichtflüchtige Anteil* eines Anstrichstoffs bzw. Beschichtungsstoffs (ohne Pigment, aber einschließlich Weichmacher, Trockenstoffe und anderen nichtflüchtigen Hilfsstoffen) verstanden. In pigmentfreien Anstrichstoffen (Beschichtungsstoffen) umfasst das Bindemittel die nichtflüchtigen Bestandteile. Das Bindemittel macht den Anstrichstoff als flüssigen Bestandteil verarbeitungsfähig, und man nennt es in diesem Zusammenhang *„Bindemittel im Anstrichstoff"*.

Das Bindemittel verändert sich nach dem Auftragen physikalisch und/oder chemisch. Es heißt dann *„Bindemittel im trockenen Anstrich"*. Der Übergang vom flüssigen in den festen Zustand **(Trocknung)** erfolgt physikalisch durch *Verdunsten* z.B. des Lösemittels oder Emulsionswassers oder durch *chemische Reaktion* z.B. mit dem Luftsauerstoff, wie bei der historischen Anstrichtechnik mit Leinölfirnis, oder durch Reaktion zweier Komponenten, die vor dem Anstrichauftrag miteinander vermischt werden (DD-Lacke). Oft laufen physikalische und chemische Trocknung nebeneinander ab, wenn z.B. Lösemittel verdunsten und trocknende Ölanteile durch Sauerstoffaufnahme verharzen.

Die **Einteilung der Bindemittel** erfolgt nach ihrer stofflichen Natur in *anorganische* und *organische* Bindemittel oder in *wässrige, ölige* und *Lackbindemittel*. Man kann auch Bindemittel für *einfache* und *höhere Anforderungen* (Letztere sind die Ölfarben und Lackbindemittel) unterscheiden. Im Einzelnen werden die Bindemittel bei den verschiedenen Anstrichen behandelt (siehe Abschnitte 11.5.2 bis 11.5.10). Einen Überblick über die Bindemittel und ihre Verwendbarkeit auf verschiedenen Untergründen gibt die Tafel 11.1.

11.5 Anstriche (Beschichtungen)

Normen

DIN 55 939	(05.06)	Bindemittel für Beschichtungsstoffe – Rizinusöl – Anforderungen und Prüfung
DIN 55 940 (Entwurf)	(03.16)	Bindemittel für Beschichtungsstoffe – Anforderungen und Prüfung

11.5.1 Begriffe und Anforderungen

Begriffe

Ein Anstrich ist eine aus Anstrichstoffen (Anstrichmitteln) hergestellte Beschichtung. Ein Anstrichstoff (Beschichtungsstoff) besteht aus Bindemitteln sowie gegebenenfalls aus Pigmenten und anderen Farbmitteln, Füllstoffen, Lösemitteln bzw. Verdünnungsmitteln und sonstigen Zusätzen. Folgende Stoffe werden nach VOB Teil C, DIN 18 363 (10.06), Maler- und Lackierarbeiten, unterschieden:

a) **Stoffe zur Untergrundvorbehandlung**
   Absperrmittel, Anlaugestoffe, Abbeizmittel (z.B. Salmiakgeist), Entfettungs- und Reinigungsstoffe, Imprägniermittel zum Tränken saugfähiger Untergründe, wie Holzschutzmittel, wasserabweisende Stoffe zum Hydrophobieren mineralischer Untergründe oder Fungizidlösungen zum Beseitigen von Schimmelpilzen und Algenbefall

b) **Grundbeschichtungsstoffe**
   für mineralische Untergründe, für Holz und Holzwerkstoffe und für Metalle

c) **Spachtelmassen (Ausgleichmassen, siehe Abschnitt 15.2)**

d) **Wasserverdünnbare Beschichtungen (Beschichtungssysteme)**
   – für mineralische Untergründe: Kalkfarbe, Kalk-Weißzementfarbe, Silikatfarbe, Dispersionssilikatfarbe, Leimfarbe, Kunststoffdispersion, Kunststoffdispersionsfarbe, Mehrfarbeneffektfarbe, Siliconharzemulsionsfarbe, Dispersionslackfarbe, Kunstharzputz

11.5 Anstriche (Beschichtungen)

Tafel 11.1 Anstrich-Bindemittel und ihre Verwendbarkeit auf verschiedenen Untergründen[1]

Lfd. Nr.	Art des Bindemittels	Putze[2] A / I	Schalungs-beton[2] A / I	Sicht-beton[2] A / I	Mauer-ziegel (gebr.) A / I	Mauer-stein (ungebr.) A / I	Faser-zement[2] A / I	Europ. Hölzer A / I	Trop. Hölzer A / I	Stahl, Eisen A / I	Alu-legierung A / I	Zink A / I
	I. Wässrige Bindemittel[3]											
1	Kalk	− +	+ +	− −	+ +	+ +	− −	− −	− −	− −	− −	− −
2	Weißzement in Mischung mit 1, 13 und 14	− +	+ +	+ +	+ +	+ +	+ +	− −	− −	− −	− −	− −
3	Farbenwasserglas	− +	+ +	+ +	+ +	+ +	+ +	− /	− −	− −	+ +	+ +
	Leime											
4	Haut- und Knochenleime	− +	− +	− +	− +	− +	− +	− −	− −	− −	− −	− −
5	Alginate (Isländisch Moos)	− +	− +	− +	− +	− +	− +	− −	− −	− −	− −	− −
6	Methylcellulose MC	− +	− +	− +	− +	− +	− +	− /	− −	− −	− −	− −
7	Cellulose-Glykolate	− +	− +	− +	− +	− +	− +	− /	− −	− −	− −	− −
8	Kasein-Leim	− +	− +	− +	− +	− +	− +	− /	− −	− −	− −	− −
9	Kasein-Kalk-Aufschluss	+ +	+ +	/ +	+ +	− +	− +	− /	− −	− −	− −	− −
	Emulsionen und Dispersionen											
10	Kasein-Öl-Emulsionen	+ +	+ +	− +	+ +	+ +	+ +	− +	− /	− −	+ +	+ +
11	Alkydharz-Dispersionen	+ +	+ +	+ +	+ +	+ +	+ +	+ +	− /	− −	+ +	+ +
12	Acrylharz-Copolymerisate	+ +	+ +	+ +	+ +	+ +	+ +	+ +	/ /	+ +	+ +	+ +
13	Polyvinylacetat-Dispersionen	+ +	+ +	+ +	+ +	+ +	+ +	+ +	/ /	− −	+ +	+ +
14	PVA-Copolymerisat-Dispersionen (allein für sich oder in Mischung mit 2	+ +	+ +	+ +	+ +	+ +	+ +	+ +	/ /	− −	+ +	+ +
15	Polystyrol-Dispersionen o. Ä.	+ +	+ +	+ +	+ +	+ +	+ +	/ +	/ /	− −	/ /	/ /
16	Polyvinylpropionat-Dispersionen	+ +	+ +	+ +	+ +	+ +	+ +	+ +	/ /	− −	+ +	+ +
17	Kunstkautschuk-Latex	+ +	+ +	+ +	+ +	− +	− +	− +	− +	− −	− /	− +
	II. Ölige und Lackbindemittel											
18	Leinölfirnis	+ +	+ +	+ +	+ +	+ +	+ +	+ +	/ /	+ +	+ +	+ +
19	Leinöl- und Holzöl-Standöl	+ +	+ +	+ +	+ +	+ +	+ +	+ +	/ /	+ +	+ +	+ +
	Öllacke											
20	Standöl-Emaille-Lacke	+ +	+ +	+ +	+ +	+ +	+ +	+ +	+ +	+ +	+ +	+ +
21	Ölharzlacke, farblos oder pigmentiert	+ +	+ +	+ +	+ +	+ +	+ +	+ +	+ +	+ +	+ +	+ +
22	Aufgefettete Alkydharzlacke	+ +	+ +	+ +	+ +	+ +	+ +	+ +	+ +	+ +	+ +	+ +
23	Alkydharzlacke, schnelltrocknend	+ +	+ +	+ +	+ +	+ +	+ +	+ +	+ +	+ +	+ +	+ +

Fußnoten siehe nächste Seite.

11 Beschichtungen, Anstriche

Tafel 11.1 (Fortsetzung) Anstrich-Bindemittel und ihre Verwendbarkeit auf verschiedenen Untergründen[1]

Lfd. Nr.	Art des Bindemittels A = Außen I = Innen	Putze[2]	Schalungsbeton[2]	Sichtbeton[2]	Mauerziegel (gebr.)	Mauerstein (ungebr.)	Faserzement[2]	Europ. Hölzer	Trop. Hölzer	Stahl, Eisen	Alulegierung	Zink
		A I	A I	A I	A I	A I	A I	A I	A I	A I	A I	A I
	Zweikomponentenlacke[3]											
24	D/D-Lacke (PUR)	++	++	++	++	++	++	/+	/+	++	++	++
25	Aminhärtende Epoxidharzlacke	++	++	++	++	++	++	/+	/+	++	++	++
26	Säurehärtende Reaktionslacke	--	--	--	--	--	-/	-+	/+	/+	/+	/+
	Einbrennlacke											
27	Alkydharz-Aminoharzkombination als 80°C-Lacke für Autolackierung	--	--	--	--	--	--	--	--	++	++	/+
28	Wie 27, als reine Industrielacke ab 120 °C	--	--	--	--	--	++	--	--	++	++	/+
	Ölfreie Lacke (physikalisch trocknend)											
29	Spritlacke (aus Schelllack u.a. spritlöslichen Harzen)	-+	-+	-+	-+	-+	-+	-+	-+	-+	-+	-+
30	Nitro-Zaponlacke	-+	--	-+	-+	-+	-+	--	-+	-+	-+	-+
31	Nitro-Kombilacke, pigmentiert	-+	-+	-+	-+	-+	/+	-/	++	++	++	/-
32	Nitro-Mattinen	--	--	--	--	--	--	-+	-+	--	--	--
33	Vinylharz-Copolymerisat-Harzlacke	++	++	++	++	++	++	-+	/+	++	++	++
34	Washprimer auf Acetalharz-Basis	--	-+	-+	--	--	-+	-/	-/	++	++	++
	Kautschuk-Abkömmlinge											
35	Chlorkautschuklacke	++	++	++	++	++	++	--	--	++	++	/+
36	Cyclokautschuklacke	++	++	++	++	++	++	--	--	++	++	/+
37	Polychloropren	++	++	++	++	++	++	--	--	++	++	/+
	Sondergruppe											
38	Ungesättigte Polyesterlacke	//	++	++	//	//	/+	-+	-+	++	--	--
39	Chlorsulfoniertes Polyethylen	//	++	++	++	++	/+	--	--	/+	++	/+

[1] Nach *Sponsel/Wallenfang/Waldau*, Lexikon der Anstrichtechnik 1, München 1994.
[2] Ölhaltige Anstrichmittel nur verwendbar, wenn Flächen chemisch neutral sind.
[3] Es bedeutet: + geeignet / unzweckmäßig; bedingt geeignet – nicht geeignet.

- für Holz und Holzwerkstoffe: Kunststoffdispersion, KD- und Acryl-Lasurfarbe, farbloser Dispersionslack und farbige Acryllacke
- für Metalle: Kunststoffdispersionsfarbe, Acrylatfarben

e) Lösemittelhaltige Beschichtungsstoffe (Beschichtungssysteme)
Lacke (farblose Kunstharzlacke), Lasuren, Lackfarben, je nach Eignung für mineralische Untergründe, Holz- und Holzwerkstoffe und/oder Metalle (siehe Abschnitte 11.5.9 und 11.5.10).

Anforderungen
Anstriche müssen wie alle Beschichtungen fest haften. Die Oberfläche muss entsprechend der Art des Beschichtungsstoffes und des angewendeten Verfahrens gleichmäßig ohne Ansätze und Streifen erscheinen. Beschichtungen dürfen mit der Hand oder maschinell ausgeführt werden. Anstriche sind nach den geforderten Beanspruchungen auszuführen. Innenanstriche müssen waschbeständig oder scheuerbeständig sein. Für Außenbeschichtungen sind nur wetterbeständige Anstrichstoffe zu verwenden.
Bei den Anforderungen gibt es folgende Unterscheidungen:
a) Waschbeständig ist ein Anstrich, wenn er nach der dem Anstrichstoff entsprechenden Trocknungs- und Abbindezeit mit Schwamm und Wasser unter Zusatz eines neutralen Feinwaschmittels gewaschen werden kann, ohne dass sich das Reinigungswasser färbt. Dafür verwendbare Anstrich- und Beschichtungsstoffe sind Dispersionsfarben, Ölfarben, Öl-Lackfarben, Lacke und Lackfarben.
b) Scheuerbeständig ist ein Anstrich, wenn er nach der dem Anstrichstoff entsprechenden Trocknungs- und Abbindezeit mit einer Waschbürste aus Naturborsten und Wasser unter Zusatz eines neutralen Feinwaschmittels gescheuert werden kann, ohne dass der Anstrich beschädigt wird oder das Reinigungswasser sich färbt. Dafür verwendbare Anstrich- und Beschichtungsstoffe sind Dispersionsfarben, Lacke und Lackfarben.
c) Wetterbeständig ist ein Anstrich, wenn er auf Prüfstücken Bewitterungsprüfungen standhält. Die Widerstandsfähigkeit gegen atmosphärische Einflüsse hängt vor allem vom Bindemittel ab. Sie kann durch Pigmente und Füllstoffe gesteigert werden. Mangelhafte Grundierung, nicht ausreichende Dicke oder zu geringe Anzahl der Schichten sind nachteilig. Außer der Freibewitterung kann man Versuchsanstriche in Klimaprüfgeräten einer Kurzprüfung aussetzen (DIN 50 010 bis DIN 50 016). Anstrich- und Beschichtungsstoffe für wetterbeständige Anstriche sind Kalk-, Kalk-Weißzement-, Silikatfarben, Dispersionssilikatfarben, Dispersionsfarben, Ölfarben, Öl-Lackfarben, Lacke und Lackfarben.
Von allen Anstrichen, Lackierungen und Beschichtungen wird gefordert, dass sie *fest haften* und als gleichmäßige Fläche ohne Ansätze und Streifen erscheinen. Nadelhölzer erhalten gegebenenfalls eine *Holzschutzimprägnierung* und einen *Bläueschutz-Grundanstrich* auf Kunstharzbasis. Metallflächen sind, sofern erforderlich, zu entfetten, zu entrosten und mit einem *Korrosionsschutz-Grundanstrich* zu versehen. Näheres über *Rostschutzanstriche* siehe Abschnitt 8.14.3 und [2].

11.5.2 Kalkfarbanstrich

Das Bindemittel ist mit Wasser verdünnter gelöschter Weißkalk $Ca(OH)_2$.
Weißkalk wurde früher und wird – in Zentraleuropa nur noch selten – ohne Buntpigmente zum Weißen (Weißeln, Tünchen) von einfachen Räumen wie Kellern, Garagen und Ställen

11 Beschichtungen, Anstriche

benutzt. Wegen seines hohen pH-Wertes kann er gleichzeitig desinfizieren. Eine Einfärbung für helle Farbtöne mit bis zu 5 % kalkechten *Buntpigmenten* (siehe Abschnitt 11.3.6) ist möglich. Bei Innenanstrichen erhöht ein *Zusatz* bis zu 2 % Glutolinleim aus Methylzellulose die Streichfähigkeit.

Die **Wetterbeständigkeit** kann durch hydraulische Zusätze (siehe Abschnitte 4.4.2 und 4.5) erhöht werden. Sie sind meist in dem vom Hersteller gelieferten Kalkfarbenpulver schon enthalten. Im Gegensatz etwa zu den Mittelmeerländern werden hierzulande jedoch kaum noch Kalkfarbanstriche auf Außenflächen verwendet. *Andere Zusätze* zur Erhöhung der Wetterbeständigkeit sind Leinöl (10 bis 30 g/l Kalktünche), das mit $Ca(OH)_2$ wasserunlösliche Kalkseife bildet, oder Kaliwasserglas K_2SiO_3, welches den Kalk in wasser- und säurefestes Ca-Silicat $CaSiO_3$ verwandelt (1 Rtl. Wasserglas auf 10 bis 12 Rtl. Kalkmilch).

Für Kalkanstriche dürfen nur „kalkechte" Farben verwendet werden. Auch gewisse Teerfarben sind als „Kalkfarben" im Handel; sie sind aber oft nicht ganz lichtecht (siehe Abschnitt 11.3.6). Kalkanstriche müssen dünnflüssig aufgetragen werden, sonst neigen sie zum Abblättern.

11.5.3 Zementfarbanstrich

Zementschlämmen bestehen aus einer dünnflüssigen Zementmilch, also einer Aufschlämmung des Zements im Wasser. Sie haben ein ähnliches Anwendungsgebiet wie Kalkfarbanstriche bei guter Wasserfestigkeit und Wetterbeständigkeit. Sie eignen sich für Unterwasseranstriche, für Feucht-, Nass- und Kühlräume.

11.5.4 Wasserglasfarbanstrich

Bei fabrikmäßigen Erzeugnissen wird dieser Anstrich auch als Silicat- oder Mineralfarbanstrich bezeichnet.

Das **Bindemittel** ist Kaliwasserglas K_2SiO_3 mit einer Dichte von $\rho_0 = 1,28$ g/cm³ (22 °Bé) in wässriger Lösung. Es wird unter der Bezeichnung Fixativ geliefert und mit getrennt zugesetztem Farbpulver ohne Wasserzusatz angesetzt. Bei der Erhärtung setzt sich Wasserglas mit dem Kalkhydrat zu Calciumsilicat um. Das Wasserglas bildet keinen Film, sondern bewirkt eine Versteinerung oder Verkieselung des Untergrunds. Infolge der Alkalität wirken Wasserglasanstriche keimtötend.

Dispersionssilicatfarben enthalten bis zu 5 % Kunststoffdispersionen und können dadurch streichfertig angerührt geliefert werden. Sie sind damit ein sehr wichtiger Bestandteil bei der Anwendung von Oberflächen der Innenräume zur Prävention und Sanierung bei Schimmelpilzbefall.

Zur Abtönung sind nur kalkechte Pigmente brauchbar; sie müssen frei von Sulfaten (Anhydrit, Gips) sein. Als sogenannte „Silicatfarben" sind ausgewählte Mineralfarben im Handel mit Zusätzen (meist Kalkhydrat $Ca(OH)_2$), die die Verkieselung bzw. die Verbindung des Anstrichs mit Bestandteilen des Streichgrundes fördern.

Der **Grundanstrich** erfolgt mit verdünntem Wasserglas. Wasserglasfarben werden als zweifache Anstriche aufgetragen. Fensterscheiben und Fliesen sind – ähnlich wie bei Silikon-Anstrichen – vor Spritzern zu schützen, um Ätzflecken zu vermeiden. Wasserglasfarbanstriche werden heute nur noch selten angewandt.

11.5.5 Leimfarbanstrich

Als **Bindemittel** dient eine Leimlösung, früher aus Tischlerleim (Knochen-, Haut-, Lederleim), heute in der Regel aus pflanzlichem Stärkeleim (z.B. Henkel-Leim, Sichel-Leim u.a.), der als Nassleim in pastöser, als Trockenleim in gekörnter Form verwendet wird, oder als Celluloseleim (z.B. Glutolin-Leim, Henkel-Zell-Leim u.a.), der als Trockenleim gekörnt (wie Grieß), faserig oder plättchenförmig erhältlich ist. Da Leim im Allgemeinen chemisch nicht reagiert, sind fast alle Pigmente mit guter Deckkraft verwendbar.

Leim kann als organischer Stoff Nährboden für Bakterien sein. Daher kommt er nur auf trockenem Untergrund und in trockenen Räumen in Frage. Leimfarbanstriche werden heutzutage durch das Vordringen der Kunststoffdispersionsfarben nur noch selten ausgeführt. Zelluloseleime werden zwar durch Feuchtigkeit nicht zersetzt, da sie aber wasserlöslich sind, scheiden sie für Außenanstriche und Feuchträume aus.

Bei zu geringem Leimzusatz wird der Anstrich nicht wischbeständig. Zu reichlicher Leimzusatz führt bei Stärkeleim zu Spannungsrissen und Abblätterungen. „Überleimung" mit Celluloseleimen hat keine nachteiligen Folgen.

Der **Streichgrund** ist vor der Erneuerung erst abzuwaschen. Zimmerdecken brauchen nur wenig Leimanteil, weil sie nicht scheuerbeständig sein müssen. Auf Ölfarbe und Holz haftet Leimfarbe schlecht, auf festsitzenden Tapeten gut. Saugender Putzgrund ist mit Leim- oder Alaunlösung (Doppelsulfate, z.B. $K \cdot Al(SO_4)_2$) vorzustreichen, damit die Poren verschlossen werden, auch um eine glattere Oberfläche zu erzielen. Gipsputz wird zweckmäßig erst mit Alaunlösung, darauf mit Seifenwasser vorbehandelt. Basisch wirkende Seifenlösung neutralisiert etwaige Säurereste (Ausfällung von $Al(OH)_3$ bzw. Bildung von wasserlöslichen Al-Seifen). Alaun wirkt keimtötend und härtend. Der Deckanstrich erfolgt in die noch nasse Fläche.

Ein **Zusatz von Faserstoffen** (aus Holzcellulose) ergibt bessere Haftfestigkeit. Bei reichlichem Zusatz, wie er jedoch nur bei Verwendung von Celluloseleim möglich ist, sind plastische Anstriche, gepatscht, mit gestupften oder gekämmten Mustern möglich.

11.5.6 Kaseinleimanstrich

Kasein ist Milcheiweiß. Das gelbliche Pulver wird für Anstrichzwecke durch Ammoniak NH_3, Borax $Na_2B_4O_7 \cdot 10\ H_2O$ oder Kalk (Kalkkasein) alkalisch zu einem wasserlöslichen Leim aufgeschlossen. Die Kaseinleime werden in der Regel als fertige wasserverdünnbare Leime in Form gallertartiger Flüssigkeiten, selten in Pulverform bezogen. Wird das an sich wasserunlösliche Kasein mit Kalkhydrat in Wasser verrührt, so wird es alkalisch aufgeschlossen, d.h. wasserlöslich. *Kalkkaseine* sind stark, *Alkalikaseine* schwach alkalisch. Kalkkaseine sind daher nur mit kalkechten Pigmenten (siehe Abschnitt 11.3.6), Alkalikaseine auch mit sonstigen Pigmenten mischbar. Pigmente, die mit Lenzin (Rohgips) verschnitten sind, werden in Kaseinleim grießig.

Die **Erhärtung** der Kaseinleimanstriche beruht auf der Trocknung, zum Teil auch in einer Reaktion mit dem Kalk des Untergrunds. Bei Kalkkaseinen verbindet sich das Kasein mit dem Kalkhydrat zu wasserbeständigem Kalkalbuminat. Alkalikaseine bleiben wasserlöslich, wenn auch nicht in dem Maße wie gewöhnliche Leimfarben. Sie ergeben wetterbeständige Außenanstriche nur auf frischem Kalkputz, weil sich hier ebenfalls wasserbeständiges Kalkalbuminat bildet. Sie eignen sich daher mehr für Innenanstriche.

11.5.7 Kunststoffdispersionsfarben (KD-Farben)

11.5.7.1 Allgemeines

Dispersionsfarben werden auch als **Binderfarben** bezeichnet. Sie enthalten in Wasser dispergierte Polymerisationsharze als Bindemittel. Sie werden je nach Erfordernissen mit Weichmachern, Pigmenten und/oder Füllstoffen versetzt (DIN 53 778-3). Das Verhältnis des Pigmentvolumens zum Volumen des Pigments und Bindemittels in Prozent wird als Pigmentvolumenkonzentration PVK bezeichnet. Bei der kritischen Pigmentvolumenkonzentration KPVK ändern sich wichtige Eigenschaften einer Beschichtung negativ.

Als wasserverdünnbare Anstrichmittel, die sich wie Leimfarben verarbeiten lassen, deren Filme aber höhere Festigkeit und Wetterbeständigkeit erreichen, nehmen die Binderfarben eine Übergangsstellung zu lösemittelverdünnbaren Anstrichstoffen wie Ölfarben oder Lacken ein.

Wegen ihrer Eignung für fast alle Untergründe im Innen- und Außenbereich und der vielfältigen Oberflächenwirkung vom stumpfmatten über seidenmatten bis zum hochglänzenden Aussehen haben sie heute eine beherrschende Stellung auf dem Anstrichsektor. Nur auf Stahl ist eine Vorbehandlung durch einen Passivierungsanstrich (Rostschutzanstrich) erforderlich. Die Dispersionsfarben lassen sich auch gut zu strukturierter Oberflächengestaltung (z.B. Stupfen) oder mit mineralischen Zuschlägen zu dünnschichtigen Dispersionskunststoffputzen (siehe Abschnitt 7.3.12) verarbeiten (siehe Abschnitt 11.5.7.4).

Die verwendeten **Bindemittel** sind Polymere wie z.B. Polyvinylacetate (Mowilith), Polyvinylpropionate, Polyacrylate bzw. Acrylharze u.a.m. in vielfältiger Einstellung und Zusammensetzung (siehe auch Abschnitt 14.6).

Wenn das Bindemittel Styrol-Butadien SB (siehe Abschnitt 14.6.2.6) ist, nannte man den Anstrichstoff früher „Kunstkautschuk-Latex-Farbe". In den angelsächsischen Ländern hingegen werden die Dispersionen von PVAC, PVP usw. als Latexprodukte bezeichnet. So ist es zu verstehen, dass der Begriff „Latexfarbe" ebenfalls bei uns für hochwertige Innen- und Außenfarben, insbesondere mit seidenglänzender Oberfläche, auch für Anstriche auf anderer Basis, angewendet wird (Chlorkautschukfarbe siehe Abschnitt 11.5.10.8). „Latex" ist eigentlich der Name für den „Milchsaft" des Gummibaums. Die Latexfarben bilden meistens einen schwach glänzenden Film.

11.5.7.2 Eigenschaften

Alle genannten Binder-Anstrichstoffe haben im gebrauchsfertigen Zustand (d.h. in Wasser dispergiert bzw. gelöst) nur begrenzte *Lagerfähigkeit*. Sie sind frostempfindlich und neigen bei Kälte zum *„Brechen"*, d.h. Trennung in wässrige Phase und Bindemittel (die dispergierten Teilchen fließen wieder zusammen). *Die Erhärtung* des Dispersionsanstrichs erfolgt je nach Art des dispergierten bzw. emulgierten Stoffs und der Zusammensetzung durch Austrocknung der Dispersion nach dem Auftragen bzw. durch Verdunsten des Wassers und unter Umständen auch von Anteilen leicht flüchtigen Lösemittels und fast immer in Verbindung mit einer Nachpolymerisation. Es bildet sich ein zusammenhängender Beschichtungsfilm. Die Temperatur, bei der eine Dispersion gerade nicht mehr zu einem homogenen Film, sondern zu einer kreidigweißen Schicht austrocknet, nennt man den *„Weißpunkt"*. Durch Zusätze (Weichmacher, Lösemittel, Pigmente, Füllstoffe) kann der Weißpunkt gesenkt werden. Die Weißpunkte der Dispersionsbinder liegen zwischen 18 °C und etwa 0 °C.

Als *Mindestfilmbildungstemperatur MFT* bezeichnet man die niedrigste Temperatur, bei der Kunststoffdispersionen gerade noch verfilmen können. In der Praxis geht man von einer MFT von +5 °C aus. Unter Kältebruchtemperatur versteht man die Temperatur, bei der ein Dispersionsfarbanstrich bei geringer Belastung bricht (reißt). Bei Dispersionsfarben ist daher eine möglichst niedrige Kältebruchtemperatur anzustreben.

Als *Pigmente*, die vor der Zugabe in Wasser angeteigt werden, kommen im Allgemeinen nur kalk- und zementechte Erd- und Mineralfarben (siehe Abschnitt 11.3.6) in Frage. Farbstoffe, die wasserlösliche Salze enthalten (z.B. farbige Zinkoxide) oder mit Gips (löslich) verschnitten sind, dürfen nicht verwendet werden. Nichtpigmentierte Dispersionsfarben werden heutzutage meistens mit Dispersionsvollton- und *Abtönfarben* in Form von Pigmentpasten (Tubenfarben) auf den beabsichtigten Farbton abgetönt. Das sind mit säure- und alkalibeständigen Pigmenten versetzte Dispersionsfarben für Innen- und Außenanwendung. Sie sind zum Abtönen aller wässrigen Anstrichstoffe geeignet. Sie lassen sich untereinander und mit Weiß in beliebigem Verhältnis mischen.

11.5.7.3 KD-Farben für Außenanwendungen

KD-Farben, wetterbeständig, ohne spezielle Füllstoffe:
sind matt bis seidenglänzend auftrocknende *Fassadenfarben* mit hohem Deckvermögen, ausreichender Wasserdampf-, aber geringer Kohlendioxidgas-Durchlässigkeit, sodass kalkhaltiger Putzuntergrund vor Anstrichbeginn weitgehend erhärtet sein muss.
KD-Farben, wetterbeständig, mit Füllstoffen bis 0,2 mm Korndurchmesser (Fassadenfüllfarben) ergeben etwas fülligere Schichten pro Anstrich. Wegen des Füllstoffgehalts können die Anstriche für Wasserdampf und Kohlendioxid durchlässiger sein.
KD-Farben, wetterbeständig, mit Füllstoffen von 0,2 bis 1 mm Korndurchmesser (Kunststoffspritzputze oder -streichputze) ergeben eine matte, feinputzähnliche Oberfläche.
KD-Farben, wetterbeständig, mit Füllstoffen über 1 mm Korndurchmesser (Kunststoffspachtelputze) werden für Kunstharzputze (DIN 18 558 (01.85)) als Streich-, Reibe- oder Spritzputze im Dünnschichtverfahren angewendet. Mit Zuschlägen (Füllstoffen) aus Rundkorn oder Splitten oder Kunststoffgranulaten ähnlicher Wirkung lassen sich Waschputzeffekte oder mannigfaltige Wirkungen erzielen.
Einschichtfarben auf KD-Basis für außen trocknen durch ihren Füllstoffgehalt matt bis seidenmatt auf und ergeben Trockenfilmdicken von 200 bis 300 µm, bei wenig saugfähigem Untergrund auch ohne Grundanstrich.
Armierungsfarben auf KD-Basis mit eingebetteten Glasfasern oder Kunststofffasern armiert, werden zur Überbrückung von Rissen eingesetzt. In einem „Armierungssystem" auf einem wenig haftenden Grundanstrich lassen sich auch geringe Bewegungen der Rissflanken auffangen.
Lasuranstrichstoffe auf KD-Basis: Diese vielfach fungizid eingestellten Holzanstriche ergeben einen matten bis seidenglänzenden Film, der nicht abblättert.
Kunststoffdispersionsfarben für Holzflächen werden auf solchen (Außen-)Holzflächen eingesetzt, die wegen ihrer Auswitterung für Alkydharzlackfarben ungeeignet sind.

11.5.7.4 KD-Farben für Innenanwendungen

KD-Farben, waschbeständig: Diese viel verwendeten Wand- und Deckenfarben für innen trocknen im Allgemeinen matt auf und decken gut ab.

KD-Farben, scheuerbeständig: Dieser Anstrichfilm ist strapazierfähiger (siehe Abschnitt 11.5.1) mit jedoch nur geringem Aufnahmevermögen für Wasserdampf.

KD-Farben, pastös, waschbeständig oder scheuerbeständig: Durch die größere Filmdicke ergibt sich ein besonders strapazierfähiger „Plastik-Anstrich" in waschbeständiger oder scheuerbeständiger Einstellung.

KD-Farben für farblose Schlussanstriche dienen zum Überstreichen von matten Oberflächen, zur Erzielung von Seidenglanz oder leichterer Reinigungsfähigkeit.

KD-Farben für innen mit Füllstoffen bis 3 mm Korndurchmesser werden für Kunstharzputze (DIN18 558 (01.85)) verwendet – ähnlich wie die analog gefüllten, wetterbeständigen KD-Farben für außen (siehe Abschnitt 11.5.7.3).

Einschichtfarben auf KD-Basis für innen ergeben einen matten bis seidenglänzenden Film. Sie werden für Anstriche mit Raufasereffekt oder in Armierungssystemen verwendet.

Mehrfarbeneffektanstrichstoffe auf KD-Basis: Der Effekt kommt zustande durch die Verwendung von Farbpartikeln, die nicht zusammenfließen. Der Auftrag erfolgt im Spritzverfahren. Sie eignen sich gut für strapazierfähige Wandflächen, da der „Bunteffekt" gut deckt.

Lasuranstriche auf KD-Basis bilden einen matten bis seidenglänzenden Film.

Kunststoffdispersionsfarben, heizölbeständig, sollten ein Prüfzeugnis für Heizölbeständigkeit vorweisen können. Im Allgemeinen ergeben drei Schichten eine heizölbeständige, seidenmatte bis seidenglänzende Oberfläche.

Kunststoffdispersionen, unpigmentiert, werden nur in kleinem Umfang verdünnt als Grundanstriche und als Zusatz zu Leim- oder Kalkfarben eingesetzt.

Grundanstrichstoffe auf KD-Basis: Diese feindispersen Anstrichstoffe eignen sich für saugende oder leicht absandende mineralische Untergründe.

11.5.8 Ölfarbanstriche

Anstrichstoffe für höhere Anforderungen müssen einen ausreichend dicken geschlossenen Film bilden, der entsprechende Haltbarkeit aufweist. Insbesondere müssen Stahlbauteile vor Korrosion und Holz vor Fäulnis geschützt werden, wobei auch den ästhetischen Anforderungen entsprochen werden muss. Für diese Zwecke wurden früher Ölfarbanstriche verwendet, die jedoch heute durch Alkydharzlacke (siehe Abschnitt 11.5.10.1) nahezu verdrängt worden sind.

Als **Bindemittel** für Ölfarbanstriche wird *Leinölfirnis* verwendet. Leinöl wird durch Auspressen von Samen der Leinpflanze (Flachs) gewonnen. Früher war Leinölfirnis in DIN 55 932 genormt. Leinöl war jahrhundertelang führend unter den trocknenden Ölen. Seine Bedeutung ist inzwischen, wegen der für heutige Ansprüche zu starken Vergilbungsneigung, erheblich gesunken. Besonders negativ ist in diesem Zusammenhang die sogenannte Dunkelvergilbung, d.h. eine verstärkte Verfärbung in Abwesenheit von Licht (zum Beispiel in Schattenzonen). Leinöl wird allerdings noch häufig für Grundierungen und zur Herstellung von Mischalkyden eingesetzt. Zur Herstellung der Leinölfirnisse werden dem Leinöl Lösungen von Trockenstoffen, sogenannte *Sikkative*, bei 140 bis 150 °C beigemischt. Das nur langsam trocknende Leinöl wird dadurch zu einem schneller trocknenden Öl, das durch den Sikkativzusatz durch Sauerstoffaufnahme aus der Luft verharzen kann und daher als Bindemittel verwendbar ist. Die heute am meisten verwendeten Trockenstoffe sind Metallnaphthenate bzw. -octoate, hergestellt aus dem Naturprodukt Naphthensäure bzw. aus der synthetischen Ethylhexansäure. Aber auch andere seifenbildende Säuren mit aliphatischem oder cycloaliphatischem Charakter, wie die Öl- und die Abietinsäure, kommen hierfür sporadisch zur Anwendung, wobei deren Hauptaufgabe in der Vermittlung einer ausreichenden Löslichkeit der Trockenstoffe besteht. Die Trocknungseigenschaften hängen endlich ausschließlich von der Art des Metalls ab.

Die Trocknung des Ölanstrichs kann bei zu großem Sikkativzusatz (über 3 %) zu einer vorzeitigen Zersetzung (Kleben und Reißen) des Anstrichs führen. Bei Außenanstrichen soll ohne Sikkativ gearbeitet werden. Besser ist die Verwendung von *geblasenem Leinöl*, das in erhitztem Zustand durch Durchblasen von Luft mit Sauerstoff stark angereichert und zum Teil zu Linoxid umgesetzt wird. Die Wetterbeständigkeit kann durch Zusatz von bis zu 10 % *Standöl* zum Leinöl verbessert werden. Standöl ist eine durch Erhitzen eingedickte, polymerisierte Form des Leinöls („Standöl", weil früher durch langes Stehenlassen hergestellt). Es lässt sich schwer verstreichen, ergibt einen dichten Film, nimmt weniger Wasser auf, macht den Anstrich härter und glänzender.

Der **Untergrund** muss für einen Ölfarbanstrich relativ trocken sein, da sich Öl nicht gut mit Wasser mischt und andererseits der Ölfarbfilm die Feuchtigkeit nicht zur Verdunstung durchlässt (Blasenbildung, Verstocken von Holz).

Holzuntergrund: Der Feuchtigkeitsgehalt des Holzes, an mehreren Stellen in mindestens 5 mm Tiefe gemessen, darf bei Nadelhölzern 15 %, bei Laubhölzern 12 % nicht überschreiten. Außenanstriche auf Holzflächen mit Ölfarben werden mit einem Bläueschutz-Grundanstrichstoff auf Kunstharzbasis begonnen. Nadelhölzer können vorher mit Holzschutzmittel imprägniert worden sein (siehe Abschnitt 17.15.4).

Ein *Putzuntergrund* darf für Ölfarbanstriche nicht frisch aufgezogen sein. Kalkzementputz der Mörtelgruppe II und Zementputz der Mörtelgruppe III muss ausreichend erhärtet sein, sonst besteht die Gefahr, wie insbesondere bei frischem Kalkputz, dass der Ätzkalk das Leinöl verseift. Die wasserlöslichen Seifen und das Glyzerin lassen den Anstrich klebrig werden oder sirupartig zerfließen. Abhilfemöglichkeiten wären ein Anstrich mit Kalkfarbe oder gegebenenfalls eine Vorbehandlung mit Silicofluoriden (Fluaten) u.a.m. oder ein leinölfreier Anstrich.

Zinkblech muss längere Zeit angewittert sein oder mit Sandpapier angeraut bzw. mit einem Primer grundiert werden, bevor ein Ölfarbanstrich oder anderer Anstrich (siehe Abschnitt 9.4.4) aufgetragen wird. Zuvor sind Fettreste (auf frischen Blechen eingewalzte Schmiermittel oder Einwachsung) mit einem organischen Lösemittel zu entfernen bzw. einer Netzmittelwäsche zu unterziehen.

Auf *Teer- oder Bitumengrund* (z.B. gusseisernen Rohren) reißt Ölfarbe; auch schlagen Teer und Bitumen durch. Daher empfiehlt sich ein Abdeckanstrich mit Aluminiumbronze auf der Basis von Leinölfirnis in nicht anlösender Einstellung.

Bei *mehrschichtigen Anstrichen* ist zu beachten, dass der Grundanstrich mager, jeder folgende Anstrich jeweils fetter als der vorhergehende sein muss, damit er genügend elastisch wird, um dem Nachtrocknen des darunter liegenden Anstrichs nachgeben zu können. Mehrere dünnere Anstriche sind besser als ein dicker.

11.5.9 Öllackanstriche

Öllacke sind eine Kombination von Ölfarben und Lacken. Als wichtigsten filmbildenden Bestandteil enthalten sie trocknende Öle (z.B. Standöl, siehe Abschnitt 11.5.8), die durch Verkochen mit Harzen eingedickt worden sind. Sie lassen sich mit leichtflüssigen Lösemitteln verdünnen (siehe Abschnitt 11.11.2) und trocknen langsamer als die eigentlichen Lackanstriche

11 Beschichtungen, Anstriche

(24 bis 36 Stunden). Mit höherem Ölanteil ist der Öllack „fetter" (3 bis 5 Gtl. Öl auf 1 Gtl. Harz) und für Außenanstriche besser geeignet, wenn auch mit schnellerem Nachlassen des Glanzes. Magere Sorten nimmt man für Fußbodenlacke. Als Harz werden Naturharze (z.B. Kopal, Kolophonium, Dammarharz) und Kunstharze (Alkydharze) verwendet. Die Erhärtung erfolgt durch Oxidation, Verdunstung und Polymerisation. Die klassischen Öllacke wurden früher gern bei Holzanstrichen für den Schlussanstrich eingesetzt; heutzutage werden sie durch Alkydlacke (AK) und Acryllacke (AY) mehr und mehr verdrängt, wegen der besseren Glanzhaltung und Wetterbeständigkeit.

11.5.10 Lackfarbanstriche

11.5.10.1 Alkydlackanstriche

Alkydharze[1] (siehe auch [2]) sind Polyester aus Dicarbonsäuren (Phthalsäure, Adipinsäure, Maleinsäure, Bernsteinsäure u.a.) und mehrwertigen Alkoholen (Polyolen wie Butylenglykol, Glyzerin, Hexantriol u.a.) unter Zusatz von trocknenden und nichttrocknenden Ölen (Leinöl, Holzöl, Sojaöl, Erdnussöl u.a.) mit beigemischten Fettsäuren. Die Alkydharzlacke weisen einen Ölgehalt von etwa 20 bis 70 % auf. Sie trocknen innerhalb von 8 bis 10 Stunden. Sie werden auch als lufttrocknende Lacke oder Luftlacke bezeichnet. Ihre Erhärtung erfolgt an der Luft im Wesentlichen durch Oxidation und Polymerisation. Durch Erwärmung wird sie beschleunigt. Ofentrocknende Alkydharze dienen als Einbrennlacke für Metalllackierungen. Ein geeignetes Lösemittel für Alkydharzlacke ist Terpentinöl.

Im Bauwesen sind die Alkydharzlacke die meistverwendeten Lackfarben und die vorherrschende Bindemittelbasis streichfertiger Lacke, die als Imprägnier- und Grundiermittel, Spachtel- und Vorlackfarben, Klar-, Weiß- und Buntlacke zur Verfügung stehen.

Sie sind im Allgemeinen nach wenigen Stunden staubtrocken, nach einem viertel bis einem halben Tag grifffest, durch ihren hohen Feststoff- und damit geringen Lösungsmittelanteil aber erst nach circa 10 bis 12 Tagen durchgetrocknet.

11.5.10.2 Acrylharze und Acrylharzlacke

Acrylharze (siehe auch [2]) sind Ester der Acrylsäure mit bestimmten Alkoholen, die als Bindemittel in Dispersionsfarben, in physikalisch trocknenden Acrylharzlackfarben und in 2-K-Acrylharzlacken bzw. -lackfarben verwendet werden. Sie gewinnen immer mehr an Bedeutung. Hitzehärtbare Acrylharzlacke werden ofentrocknend auch als Einbrennlacke auf Metallen verwendet.

11.5.10.3 Spirituslacke

Diese Lacke heißen auch Spritlacke und sind nach den Lösemitteln (meist Ethylalkohol, auch Benzin, Benzol) benannt, also nicht nach dem Bindemittel, wie es sonst bei Lacken üblich ist. Es sind Klarlacke gelöster Naturharze (Schelllack, siehe Abschnitt 11.9.1, Kopal) oder spirituslöslicher Kunstharze. Sie erhärten schnell durch Verdunsten des Lösemittels und werden verwendet als Absperrlacke (Grundierungen) auf sonst durchschlagenden Untergründen, für Holzpolituren u.a.m. Im Malerbereich sind sie fast vollständig verschwunden, lediglich in Tischlereien für Oberflächen in geringem Umfang angewendet.

---

1 Alkyd (Kunstwort): Alkyd = **Alk**ohol + ac**id**um (Säure), ähnliche Kunstwortbildung wie Aldehyd = **Al**kohol **dehyd**rogenatus.

11.5 Anstriche (Beschichtungen)

11.5.10.4 Nitro- oder Celluloselacke

Sie werden auch Nitrolackfarben genannt und bestehen aus Nitrocellulose (siehe Abschnitt 14.9.1.3) in leichtflüchtigen Lösemitteln (Butylacetat oder dergleichen) und Weichmachern (z.B. Rizinusöl, Phthalsäureester). Sie trocknen innerhalb weniger Stunden durch Verdunstung des Lösemittels. Die Dämpfe sind ungesund. Nach Applikation entsteht durch das schnelle Abdunsten eine kalte Oberfläche, die bei hoher relativer Feuchte zu Schäden der Oberfläche führen kann. Sie werden vorwiegend für Lackierungen mit Spritzverfahren verwendet (siehe Abschnitt 11.9.3). Es gibt aber auch fabrikseitig streichfähig gemachte Nitro-Streichlacke mit Zusatz langsam trocknender Lösemittel.

Nitrokombinationslacke mit Zusatz von Alkydharzen u.a. zeichnen sich durch Fülle, Elastizität und Wetterbeständigkeit aus. Es gibt sie klar und pigmentiert für Metall und Holz. Farblose Nitrolacke werden auch als Mattinen (Mattierungen) meist für grobporige Hölzer (Möbel, Innentüren) verwendet. Oft sind den Mattinen Mattierungsmittel (z.B. fettsaure Salze der Palmitin- oder Stearinsäure des Aluminiums) beigefügt, um ein mattes Auftrocknen des Anstrichs zu bewirken.

11.5.10.5 Zaponlack

Zaponlack ist ein dünner Nitrocelluloselack in leichtflüchtigem Lösemittel, der in Sekunden trocknet. Es ist ein durchsichtiger Lack, der gegen die meisten Säuren und Schwefelwasserstoff beständig ist, aber durch heißes Wasser erweicht. Er wird gern als Überzug von Metallteilen verwendet, um Anlaufen zu verhindern. Der Lack ist nur für den Innenbereich geeignet.

11.5.10.6 Reaktionslacke (Zweikomponentenlacke)

Unter dieser Gruppe sind Lacke zu nennen, die nach dem Zusammenmischen chemisch miteinander reagierender Bestandteile aushärten. Die einzelnen Bestandteile sind Harz und Härter bei Zweikomponentenlacken. Hinzu kommen manchmal Katalysatoren (Anreger) und Beschleuniger als weitere Komponenten.

Polyurethanlacke oder DD-Lacke (Desmodur + Desmophen, siehe Abschnitt 14.7.5; PUR-Lacke) als Ein- oder Zweikomponentenlacke. Sie sind säure- und kondenswasserbeständig, lösemittel- und fettbeständig.

Epoxidharzlacke (EP-Lacke, siehe Abschnitt 14.7.3) als Zweikomponentenlacke. Sie sind beständig gegen Lösemittel, Alkalien und Wasser, außerdem kratz- und schlagfest und werden verwendet für Beschichtungen auf stark beanspruchten Bauteilen.

Ungesättigte Polyesterlacke (UP-Lacke, siehe Abschnitt 14.7.2.1). Sie werden als Zweikomponentenlacke (2-K-Lacke) zur Oberflächenbehandlung von Holz und Holzwerkstoffen im Inneren benutzt.

Säurehärtende Lacke (SH-Lacke) werden mit Härtern (stets sauer reagierend) verarbeitet, welche die Erhärtungsreaktion der Lackkomponente als Anreger auslösen. Verwendung für Holzlackierungen und für hochbeanspruchte Teile.

11.5.10.7 Siliconharzlacke (siehe Abschnitt 14.8)

Sie sind besonders hitzeunempfindlich und dienen vor allem als Elektroisolierlacke. Mit Metallpulver als Pigment wird die Hitze- und Wetterbeständigkeit noch gesteigert.

11.5.10.8 Chlorkautschuklackfarbe

Hergestellt wurde dieser Lack früher aus dem Milchsaft (Latex) des Gummibaums (heveabrasiliensis) durch Chlorieren. In Anlehnung daran werden aus Kunstkautschuk, z.B.

11 Beschichtungen, Anstriche

Styrol-Butadien (SB, siehe Abschnitt 14.6.2.6), hergestellte wässrige Anstrichdispersionen als Latexanstriche bezeichnet. Sie dürfen nicht mit den Dispersionsfarben (Binderfarben) verwechselt werden (siehe Abschnitt 11.5.7).

Die Chlorkautschuklackanstriche sind gegen Wasser, Laugen und Säuren sowie gegen Fette und organische Lösemittel weitestgehend beständig. Nach 8- bis 10-tägiger Durchhärtung sind sie wasch- und scheuerbeständig, schimmelfest und sehr dicht; daher von hoher Sperrwirkung. Sie werden verwendet für mechanisch und chemisch beanspruchte Innenanstriche, Anstriche in Feuchträumen sowie als sperrende Anstriche auf Putz, Mauerwerk, Beton, Faserplatten und Holz.

11.5.10.9 Weitere Lacke

Heizkörperlackfarben wurden früher aus hellen Kopalharzen und werden heute aus Alkydharzen hergestellt. Sie müssen wärmeunempfindlich und vergilbungsbeständig bis 120 °C sein. Sie erfordern hitzebeständige Pigmente. Ungeeignet sind geglühte oder geröstete eisenhaltige Farben.

Bitumen- und Teerpechlacke sind Lösungen von Bitumen oder Teerpech, die nach dem Verdunsten des Lösemittels einen lackartig glänzenden Überzug ergeben. Sie werden als Korrosionsschutzanstriche auf Stahl- und Gusseisen-Rohren bzw. -Formteilen und im Bautenschutz, z.B. für die Abdichtung gegen nichtdrückendes Wasser, verwendet.

Mehrfarbeneffekt-Lackfarben, Kunstharz-Lacklasurfarben, schichtbildend

Lasuranstrichstoffe, dünnschichtbildend mit erhöhter Wasserdampfdurchlässigkeit

Tafellacke, rau durch Zusatz von Schiefermehl

Wachsmattlacke, mit Wachszusatz eingestellte Mattlacke

Hartmattlacke, ohne Wachs durch höhere Pigmentierung oder Mattierungspräparate auf Matteffekt eingestellt. Sie eignen sich nicht für Außenanstriche.

Schleiflack: Bei echtem Schleiflack wird eingedickte, harttrocknende Ölfarbe (Holzöl-, Standöl oder Harttrockenöl, ein Gemisch aus Nusskernöl des chinesischen Tungbaumes mit Harzen und Sikkativ) in mehreren Lagen aufgespachtelt und mit immer feiner werdenden Schleifmitteln abgeschliffen.

Heute versteht man unter *Schleiflackierung* eine Lackierung, die sich durch eine besonders gleichmäßige Oberfläche und sorgfältige Vorbehandlung von Untergrund, Zwischenanstrichen und Schlussanstrich von einfachen Lackierungen unterscheidet. Schleiflackierungen werden überwiegend an Türen, Wandtäfelungen und Möbeln (meistens in Weiß) ausgeführt.

Emaillelack ist die Bezeichnung für jeden streichbaren, lufttrocknen Lack auf Ölharz- oder Alkydharzbasis, mit dem ein hochglänzender (emailähnlicher), gut verlaufender Lackfilm erzeugt werden kann.

11.6 Entfernung alter Anstriche/Beschichtungen

Die Entfernung alter Anstriche kann mechanisch (Stäube), thermisch durch Abbrennen oder Heißluft (atemgängige Zersetzungsprodukte) oder chemisch durch Abbeizen oder Ablaugen (Farbreste entsorgen) erfolgen.

Üblicherweise wird bei kleineren Flächen, z.B. Fenstern, thermisch entschichtet. Hierbei werden flüchtige Substanzen (s. auch Abschnitt 11.12, Tafel 18.4, Abschnitt 19.2 und 19.3.5) frei, z.B.:

- ungesättigte aliphatische Kohlenwasserstoffe,
- aliphatische Aldehyde,
- Aromaten,
- Styrol,
- Cyclohexan.

Damit kommen Schutzausrüstungen wie Handschuhe, Schürze und geeignete Atemschutzgeräte zur Verwendung. Man informiere sich anhand der entsprechenden berufsgenossenschaftlichen Vorschriften und der Gefahrstoffverordnung (siehe Kapitel 19).

11.7 Anstrichschäden

11.7.1 Allgemeines

Anstriche (Beschichtungen) sind nicht unbegrenzt haltbar. Insbesondere die Umwelt (saurer Regen) und klimatische Einflüsse, auch das Innenraumklima, bewirken eine Beschränkung der Nutzungsdauer, die in weiten Grenzen, zwischen 1 und 20 Jahren, schwanken kann und die auch von der Art des Anstrichs abhängt.

11.7.2 Schadensformen und ihre Ursachen

Mattwerden kann auftreten, wenn der Grund zu stark saugend oder der Voranstrich zu mager war. Es kann auch an einer ungenügenden Benetzung der Pigmente oder an Fehlern der Zusammensetzung des Anstrichs liegen. Ebenfalls kann dies durch einen hohen, schnell flüchtenden, Lösungsmittelanteil im Wechselverhältnis von Verdunstungskälte und hoher relativer Luftfeuchte entstehen.

Schlechtes Trocknen oder **Kleben** von Ölfarbanstrich wird beobachtet, wenn statt Firnis schlecht trocknende Öle verwendet werden oder Fette und Harze oder bitumenhaltige Stoffe im Grund vorhanden sind. Kiefern- und Lärchenholz sollte gegebenenfalls mit spiritushaltigen Lösemitteln entharzt werden. Die Erscheinung tritt auch auf, wenn ätzende Alkalien von Abbeiz- bzw. Reinigungsmitteln im Grund verblieben sind oder wenn der Putz noch nicht genügend karbonatisiert ist (siehe auch Abschnitt 11.5.8, Ölfarbanstriche).

Netzrissbildung tritt auf, wenn der Grundanstrich fetter als der Deckanstrich war oder der Deckanstrich auf nicht getrocknetem Untergrund aufgebracht wurde (siehe Abschnitt 11.5.8, Ölfarbanstriche). Schwindrisse von Putzuntergründen zeigen sich im Anstrich, wenn er im Rissbereich überdehnt wird. Statische Risse mit nicht netzförmigem, sondern langgezogenem oder abgetreptem Verlauf, die im Untergrund auftreten, lassen sich von Anstrichschäden deutlich unterscheiden und sind keine Anstrichfehler. Bei zuviel Sikkativzusatz neigen Ölfarbanstriche zum Kleben und Reißen (siehe Abschnitt 11.5.8, Ölfarbanstriche).

Ablösungen (Abblättern, Abschälen, Abschuppen, Abplatzen) sind Zeichen ungenügender Adhäsion am Untergrund. Sie können auftreten bei zu hohem Feuchtigkeitsgehalt des Grundes. Zunächst erfolgt durch Wasserdampf eine weiche **Blasenbildung.** Bei starkem Frost oder Hitze (oft verbunden mit spröder Blasenbildung) können Ablösungen ebenso auftreten wie auf wachshaltigem Grund und auf Zinkblech, das nicht angewittert oder mit Sandpapier aufgeraut wurde (siehe Abschnitt 11.5.8, Ölfarbanstriche). Bei feuerverzinkten oder senzimieverzinkten Oberflächen ist eine Netzmittelwäsche (Salmiak) erforderlich, zumindest sonst ein Farbsystem mit geeignetem Primer.

Durchschlagen (Durchbluten) ist bei Untergründen möglich, die Bitumen, Teer oder lösliche Farbstoffe enthalten.

Abkreiden kann bei Zusatz von Kreide oder auf stark saugenden Untergründen auftreten, die keine entsprechende Einlassgrundierung erhalten haben. Als Ursache kommt auch unzureichende Bindemittelzugabe oder Verwitterung in Frage.

Narbenbildung (Runzelbildung) ist am bekanntesten als Folge einer zu schnellen Oberflächentrocknung, insbesondere bei zu dickem Auftrag und bei Lacken mit hohem Holzölgehalt.

11.8 Beizen (Holzbeizen)

Beizen sind Stoffe, die den Farbton des Holzes unter Betonung der Holzmaserung verändern.

11.8.1 Farbstoffbeizen

Dies sind Farblösungen in Wasser oder Spiritus, meistens auf Teerfarbstoffbasis. Sie ergeben ein Negativbeizbild des Holzes, indem das ursprünglich hellere Frühholz innerhalb der Jahresringe mehr Lösung aufsaugt und damit dunkler wirkt als das Spätholz. *Spiritusbeizen* haben oft nur geringe Lichtbeständigkeit und sind daher allenfalls für Innenräume geeignet. *Wachsbeizen* enthalten emulgiertes Wachs. Sie ergeben nach dem Trocknen durch Bürsten einen matten Glanz.

11.8.2 Chemische Holzbeizen

Die chemischen Holzbeizen ergeben ein Positivbeizbild, bei dem das Spätholz der Jahresringe wie im ungebeizten Holz dunkler als das Frühholz aussieht. Meistens geschieht dies durch Einwirkung von Salmiakgeist auf das gerbsäurereiche Spätholz (z.B. von Eiche oder Lärche). Dabei entstehen gerbsaure Salze. Die Farbe wird durch beigemischte Metallsalzlösungen bestimmt. Beim *Doppelbeizverfahren* erfolgt ein *Vorbeizen* mit wässrigen, gerbstoffsauren Lösungen und ein *Nachbeizen* mit wässrigen Lösungen von Kupfersulfat, Kaliumbichromat, Eisenchlorid und dergleichen. Hierbei entwickelt sich der Farbton *(Entwicklerbeizen)*. Bei Außenholzwerk muss noch eine Nachbehandlung zur wetterfesten Fixierung mit entsprechenden Anstrichen erfolgen. Wenn die Einwirkung der Base auf die Säure nach dem Beizen noch durch Salmiakdämpfe in Kammern verstärkt wird, entstehen *Räucherbeizen*. Chemische Beizen werden in flüssiger oder pulveriger Form gehandelt. Das Pulver wird mit Wasser, Spiritus oder Terpentin angesetzt *(Wasser-, Spiritus-, Terpentinbeize)*. Chemische Beizen dürfen nicht mit Farbstoffbeizen vermischt werden.

11.9 Holzpolituren

11.9.1 Schellack-Politur

Schellack ist ein wasserhaltiges Naturharz aus Indien, das in hochprozentigem Spiritus gelöst wird. Der Auftrag erfolgt mit einem Polierballen, einem reinen Leinenlappen über einem weichen Wollballen, in mehreren dünnen Schichten. Anschließendes Blankreiben ergibt den typischen Glanz der Politur.

11.9.2 Nitrocellulose-Politur

Alkohollösliche Cellulose wird wie Schellack-Politur verarbeitet. Sie ist widerstandsfähiger gegen Wasser und Hitze. Gemische von Schellack- und Celluloselösungen sind als Mischpolitur im Handel (siehe auch Abschnitt 11.5.10.4, Nitro- oder Celluloselacke).

11.9.3 Spritzpolitur

Dies ist die Bezeichnung für Polituren, die mit einer Spritzpistole aufgebracht werden. Verwendbar sind Nitrocelluloselacke oder gut fließende Kunstharzlacke (siehe Abschnitt 11.5.10.4). Um eine gleichmäßige Politur zu erzielen, müssen auch Spritzpolituren mit dem Polierballen oder einer Schwabbelscheibe nachpoliert werden. Polituren decken nicht, sondern lassen den Untergrund durchscheinen. Gute Polituren sind farblos.

11.10 Blattmetalle

Blattgold, Blattsilber, Schlagmetall („unechtes" Blattgold aus einer Kupfer-Zink-Zinn-Legierung) und Blattaluminium in Form hauchdünner Blättchen werden mit besonderen Anschießpinseln auf einen mit „Anlegeöl" (langsam trocknendem Firnis) aufgestrichenen Klebegrund aufgedrückt. Blattsilber und Schlagmetall werden unter Lufteinwirkung schwarz und sind daher mit einem Klarlack gegen Oxidation zu schützen. Blattgold und Blattaluminium laufen nicht an. Für Außenvergoldungen wird „Doppelgold", das doppelt so dick ist wie das gewöhnliche Blattgold (Einfachgold = etwa 1/9000 mm dick), verwendet, wobei wegen der Haltbarkeit meist gering legierte Echtgoldfolien von 23 bis 23 3/4 Karat (Dukatengold) benutzt werden. (Der Goldanteil in der Gold-Silber-Kupfer-Legierung wird in Karat angegeben: 24 Karat entsprechen 100 % Goldanteilen.) Die Reinheit des Blattgoldes reicht vom Grüngold (16 Karat) in sechs Stufen bis zum Ewig-Gold (24 Karat) mit unterschiedlichen Farbtönen.

11.11 Hilfsstoffe für Anstriche

Hilfsstoffe sind einerseits Rohstoffe, die zur Verbesserung der Eigenschaften und der Haltbarkeit eines Anstrichstoffs dienen – bei industriell hergestellten Lackrohstoffen sind es bis zu 30 Bestandteile –, z.B. Antiabsetzmittel, Hautverhütungsmittel, Trockenstoffe (Sikkative), Verlaufmittel, Verdünnungsmittel, Weichmacher, Stabilisatoren, Anstricharmierungen usw., und andererseits Stoffe, welche zur Vorbereitung der Streichuntergründe dienen, wie Absperrmittel, Anlaugestoffe, Abbeizmittel, Entfettungsmittel, Reinigungsstoffe, Imprägniermittel und Spachtelmassen (Ausgleichsmassen).

11.11.1 Abbeizmittel *(siehe Abschnitt 11.6)*

11.11.2 Verdünnungsmittel

Sie werden zur leichteren Verstreichbarkeit den Anstrichstoffen zugesetzt. Mit Terpentin, Nitroverdünner oder Universalverdünner lassen sich ölige Bindemittel verdünnen, Ölfarben auch mit Leinölfirnis. Für ölfreie Lacke gibt es Speziallöse- bzw. Verdünnungsmittel, die von den Herstellerfirmen entsprechend der Lackart bezogen werden können. Nach VOC-Norm sind nur noch aromatenfreie Mittel zugelassen.

11.11.3 Anstrichfungizide *(pilzwidrige Anstriche)*

Schimmelpilze können auf feuchten Anstrichschichten mit organischen Bestandteilen einen Nährboden finden. Ein Sekundärbefall kann auch auf anorganischen Flächen in Nährstoffablagerungen (Staub, Fettdünste, Schwaden) auftreten. Von den vielen Schimmelpilzarten sind Penicillium- und Aspergillusarten am häufigsten anzutreffen, oft in Form schwarzer, auch andersfarbiger Beläge. Anstrichmittel mit alkalischer Reaktion wie Kalk- und Silicatfarben

11 Beschichtungen, Anstriche

wirken fungizid. Im Übrigen verwendet man als Pilzgifte Kupfersalze, Zinnsalze, Fluanide, Azole und organische Natriumsalze (über Alaun siehe Abschnitt 11.5.5, über Holzschutzmittel siehe Abschnitt 17.15.4).

11.11.4 Anstricharmierungen

Für die Beseitigung von Putzrissen werden je nach Art und Umfang der Schäden neben anderen Methoden (Verkleidung, Noppentapete und dergleichen) auch mit Fasern gefüllte Anstriche eingesetzt. Man verwendet Glasfasern (siehe Abschnitt 14.7.4) in Form von Glasfaservliesen oder Glasfasergeweben. Auch Chemiefasergewebe auf Polyesterbasis (z.B. Trevira) kommen zum Einsatz. Sie werden meistens in Kunststoffdispersionsfarben eingebettet und mit entsprechenden Dispersionsanstrichen überstrichen. Es gibt auch mit kurz geschnittenen Fasern gefüllte Farbpasten, die in der Regel auf Kunststoffdispersionsbasis hergestellt werden (siehe Abschnitt 11.5.7).

11.11.5 Spachtelmassen *(siehe Abschnitt 15.2)*

11.12 Gesundheitsrisiken und Schutzmaßnahmen beim Umgang mit Anstrichstoffen

Der Umgang mit Anstrichstoffen kann mit verschiedenen Risiken für Gesundheit und Umwelt verbunden sein, siehe hierzu auch Kapitel 19 „Gefahrstoffe im Bauwesen".

Zur Ermittlung der potentiellen Gefahren und der sich daraus ergebenden Arbeitsschutzmaßnahmen wurden von den Berufsgenossenschaften der Bauwirtschaft im Rahmen ihres Gefahrstoff-Informationssystems (GISBAU) umfangreiche Arbeiten eingeleitet. So wurden beispielsweise Messungen der Gefahrstoffkonzentration bei simulierten Beschichtungen durchgeführt. Produktinformationen über die umfangreiche Palette der Anstrichstoffe werden weiterhin kontinuierlich erstellt.

Wasserverdünnbare Anstrichstoffe enthalten einen geringen Anteil an Lösemitteln als Filmbildungshilfsmittel und z.B. Formaldehyd als Konservierungsstoff. Bei den Dispersionsfarben beträgt der Lösemittelanteil (in der Regel höhere Alkohole, aliphatische Kohlenwasserstoffe oder Terpene) bis zu 4 % und bei den Dispersionslacken bis zu 10 %.

Aufgrund des zunehmenden Umweltbewusstseins wurden lösemittelfreie Dispersionsfarben entwickelt, welche bis zu 0,1 % flüchtige organische Verbindungen sowie geringe Mengen Formaldehyd enthalten.

Emissions- und lösemittelfreie Dispersionsfarben (ELF) enthalten bis zu 0,01 % flüchtige organische Verbindungen, aber kein Formaldehyd als Konservierungsmittel. Es sind nur noch aromatenfreie Farben zulässig.

Lösemittelverdünnbare Anstrichstoffe (Alkydharzlacke, Naturharzlacke) besitzen einen Lösemittelanteil von 35 bis 55 %, wodurch in Deutschland schätzungsweise circa 40 000 t Lösemittel in die Umwelt gelangen. Das am häufigsten verwendete Lösemittel in konventionellen Alkydharzlacken ist Testbenzin (ein Gemisch aus aliphatischen und aromatischen Kohlenwasserstoffen). Die Tendenz geht substituierend zu Wasserlacken.

Gesundheitsgefahren gehen hauptsächlich von den lösemittelverdünnbaren Anstrichstoffen aus; die in diesen Produkten enthaltenen Kohlenwasserstoffgemische sind überwiegend der Gruppe 2 der TRGS 404 (Bewertung von Kohlenwasserstoffdämpfen in der Luft am Arbeitsplatz – nur kohlenstoff- und wasserstoffhaltig) zuzuordnen.

Folgende aromatische Kohlenwasserstoffe können enthalten sein:
Ethylbenzol, Xylol, Isopropylbenzol, Mesitylen sowie Toluol und Benzol in geringsten Mengen (0,3 bzw. 0,01 %).
Gesundheitsgefahren bestehen beim Einatmen von Lösemitteldämpfen oder Aerosolen, durch Verschlucken und durch die Aufnahme über die Haut, vor allem wenn es sich um hautresorptive Stoffe handelt – insbesondere Xylol, Ethylbenzol und Isopropylbenzol sind hautresorptiv –, oder durch direkten Augenkontakt. Beim Umgang mit hautresorptiven Stoffen ist selbst die Einhaltung des Luftgrenzwerts für den Schutz der Gesundheit nicht ausreichend.
Durch organisatorische und hygienische Maßnahmen ist sicherzustellen, dass der Hautkontakt mit diesen Stoffen verhindert wird.
Die in den wasserverdünnbaren Beschichtungslacken (Dispersionsfarben und Dispersionslackfarben) enthaltenen Glykole, Glykolether und Alkohole, außer Propylenglykol, sind nach TRGS 900 „Grenzwerte in der Luft am Arbeitsplatz" eingestuft. Auch hier muss auf die Hautresorption einzelner Stoffe, wie Ethylenglykol oder 2-Butoxyethanol, hingewiesen werden.
Die **Schutzmaßnahmen** richten sich nach der Art des Anstrichstoffs und dem Verarbeitungsverfahren. Je nach Herstellerangaben (Sicherheitsdatenblatt, Technisches Merkblatt) ist bei der Verarbeitung von Anstrichstoffen gegebenenfalls eine Atemschutzmaske mit geeignetem Gasfilter zu tragen, darüber hinaus eine Schutzbrille und Schutzhandschuhe. Unbedeckte Hautpartien sind mit einer Hautschutzsalbe zu schützen.

11.13 Ersatzstoffe

Viele Anstrichstoffe werden für sehr unterschiedliche Anwendungsbereiche eingesetzt. Insgesamt ist also die Anwendung von Bautenlacken sehr inhomogen. So kann z.B. ein Fensterlack auch für den Anstrich eines Geländers verwendet werden. Eine eindeutige Zuordnung eines Lacks zu einer bestimmten Anwendung ist nicht möglich, da diese in der Praxis sehr flexibel wird. Ob ein Lack für ein spezielles Einsatzgebiet verwendbar ist, muss von einem Fachmann vor Ort geprüft werden, mitunter sogar durch Probeanstriche (Musterlegung).
Wasserverdünnbare Anstrichstoffe besitzen wegen ihrer Eigenschaften für viele Anwendungen gegenüber lösemittelverdünnbaren Anstrichstoffen folgende Vorteile:
- hohe Nutzungsdauer auf nichtmaßhaltigen Ausbauteilen aus Holz und Zinkuntergründen,
- gute Wasserdampfdurchlässigkeit (bei Außenbeschichtungen),
- sehr geringe Vergilbung,
- rasche Trocknung für Folgeanstriche (bei „Normalklima"),
- keine bzw. kaum Versprödung bei Alterung,
- Geruchsarmut.

Lösemittelverdünnbare Anstrichstoffe kommen im Wesentlichen dann zum Einsatz, wenn folgende Eigenschaften gefordert sind:
- gute Untergrundbenetzung (Haftung auf Altlacken u. Ä.) und Penetration bei saugfähigen Untergründen (Hydrophobierung),
- Absperrung (isolierende Wirkung) z.B. gegen verfärbende Inhaltsstoffe im Untergrund,
- hohe mechanische Widerstandsfähigkeit der Oberfläche, gute Dekontaminierbarkeit der Lackoberfläche,
- Weichmacherbeständigkeit, Blockfestigkeit,
- optimaler Verlauf und Glanz.

Für **Türlackierungen** in Krankenhäusern oder Kindergärten sind hochstrapazierbare Lacke unabdingbar, während für Türlackierungen in Privathaushalten oder Büros in der Regel Dispersionslackfarben ausreichen. Hochstrapazierbare Oberflächen (Härte, Reinigungsfähigkeit) sind derzeit überwiegend mit lösemittelverdünnbaren Anstrichstoffen (Alkydharzlacken) erzielbar, und auch Hochglanzlacke werden auf Basis von Alkydharz hergestellt und verwendet. Als neue Gruppe sind jedoch Wasserlacke bereits verfügbar.

Aufgrund des Auftrags des Ausschusses für Gefahrstoffe, eine **Technische Regel für den Einsatz schadstoffarmer Bautenlacke** aufzustellen, ist ein Arbeitskreis gebildet worden, in welchem Vertreter des Verbandes der Lackindustrie e. V., der Technischen Informationsstelle des Deutschen Maler- und Lackiererhandwerks, der Innungen des Maler- und Lackiererhandwerks, des Umweltbundesamtes, der Gewerkschaft und von GISBAU mitgearbeitet haben. Nach ausführlicher Diskussion wurde übereinstimmend festgestellt, dass zurzeit kein Produkt und kein Anwendungsbereich angegeben werden kann, bei dem immer eindeutig eine Ersatzlösung möglich ist. Hier ist jeweils vor Ort die Entscheidung des Fachmanns notwendig.

Die **„Empfehlungen zum Einsatz lösemittelreduzierter Bautenlacke"** sind in erster Linie für Entscheidungsträger in Firmen und Institutionen gedacht. Sie enthalten als wesentliche Aussagen:
- Die Hersteller geben an, dass sie keine krebserzeugenden, reproduktionstoxischen und fruchtschädigenden Stoffe einsetzen.
- Das Umweltbundesamt befürwortet eine Änderung der Kriterien zur Vergabe des Umweltzeichens durch die Jury Umweltzeichen, um die Entwicklung von Dispersions- und High-Solid-Lacken mit verbesserten Eigenschaften zu fördern.
- Die Hersteller wollen Dispersionslackfarben (Lösemittelgehalte knapp über 10 %) und High-Solid-Lacke (bis 25 % Lösemittel) mit Eigenschaften, wie sie die Alkydharzlacke haben, entwickeln.
- Die Maler wollen sich verstärkt um die Akzeptanz der Dispersionslacke in ihren Betrieben bemühen.
- Die Hersteller von Farben und Lacken stimmen zu, dass Alkydharzlacke nicht mehr für den Heimwerker angeboten werden, sobald vergleichbare Dispersions- bzw. High-Solid-Lacke verfügbar sind.

Darüber hinaus wurde speziell für Maler und Lackierer von den Berufsgenossenschaften der Bauwirtschaft die Broschüre „Umgang mit Beschichtungsstoffen" herausgegeben. Auf EU-Ebene wurde 1999 die Richtlinie 1999/13/EG des Rates über die „Abgrenzung von Emissionen flüchtiger organischer Verbindungen, die bei bestimmten Tätigkeiten und in bestimmten Anlagen bei der Verwendung organischer Lösungsmittel entstehen", verabschiedet, um Umweltbelastungen zu verhindern. Eine Auswirkung davon wird sein, dass die Hersteller vermehrt Produkte mit geringem Lösemittelgehalt entwickeln. Diese Entwicklung kommt somit auch dem Gesundheitsschutz der Maler und Lackierer zugute.

11.4 Literatur

[11.1] Sponsel, K./Wallenfang, W. O., Lexikon der Anstrichtechnik, Bd. 1, 2000; Bd. 2, 2000, Verlag Georg D. W. Callwey, München

[11.2] Saechtling, Kunststoff-Taschenbuch, 30. Aufl., Carl Hanser Verlag, München, 2007

[11.3] Wesche, K., Baustoffe für tragende Bauteile, 3. Aufl., Vieweg Verlag Wiesbaden, 1996

11.4 Literatur

[11.4] Karsten, R., Bauchemie, 11. Aufl., Verlag C. F. Müller, Karlsruhe, 1992
[11.5] Glasurit GmbH (Hrsg.), Lacke und Farben, Techn. Merkblätter über Glasurit-Werkstoffe (Glasurit GmbH, Münster)
[11.6] Baumann, W./Muth, A., Farben und Lacke, Springer Verlag, 1997
[11.7] Glasurit-Hdb. Lacke und Farben, Hannover: Vincentz, 1984
[11.8] Pecina, H./Paprzycki, O., Lack auf Holz, Vincentz, Network 2000
[11.9] Baumstark R./Schwartz M., Dispersionen für Bautenfarben, Vincentz, Hannover, 2001
[11.10] Nanetti, P., Lackrohstoffkunde, Vincentz, Hannover, 2002
[11.11] Bielemann, J., Lackadditive, Wiley-VCH, 1998
[11.12] Kittel, H., Lehrbuch der Lacke und Beschichtungen – Verarbeitung von Lacken und Beschichtungsstoffen, 2. Aufl., S. Hirzel, 2004
[11.13] Kittel, H., Lehrbuch der Lacke und Beschichtungen – Geschichte, Grundlagen, Naturrohstoffe, anorganische Bindemittel, 2. Aufl., S. Hirzel, 1998
[11.14] Hantschke, B./Hantschke, C., Lacke und Farben am Bau, S. Hirzel, 1998
[11.15] Reinmüller, B., Handbuch Lacke, Anstrichstoffe und ähnliche Beschichtungsstoffe, Beuth, 1999
[11.16] Baumann, W./Muth, A., Farben und Lacke, 1. Aufl., Springer Berlin, 1997
[11.17] Brandes, C., Hrsg.: Weber, H., Anstriche und Beschichtungen für Bauwerke aus Naturstein, expert, 1999
[11.18] Knieriemen, H./Krampfer, M., Naturfarben, 1. Aufl., AT Verlag AZ Fachverlage, 2006
[11.19] Rusam, H., Anstriche und Beschichtungen im Bauwesen, 2004
[11.20] Rusam, H., Anstriche und Beschichtungen für mineralische Untergründe, 2. Aufl., expert, 2002
[11.21] Spille, J. (Hrsg.), Lehrbuch der Lacke und Beschichtungen, 2. Aufl., S. Hirzel, 2003
[11.22] Kittel, H., Lehrbuch der Lacke und Beschichtungen – Bindemittel für lösemittelhaltige und lösemittelfreie Systeme, 2. Aufl., S. Hirzel, 1998
[11.23] Kittel, H., Lehrbuch der Lacke und Beschichtungen – Bindemittel für wasserverdünnbare Systeme, 2. Aufl., S. Hirzel, 2001
[11.24] Kittel, H., Lehrbuch der Lacke und Beschichtungen – Herstellung von Lacken und Beschichtungsstoffen, Arbeitssicherheit, Umweltschutz, 2. Aufl., S. Hirzel, 2004
[11.25] Kittel, H., Lehrbuch der Lacke und Beschichtungen – Produkte für das Bauwesen, Beschichtungen, Baukleber, Dichtstoffe, 2. Aufl., S. Hirzel, 2005
[11.26] Deckwer, W. D./Dill, B./Eisenbrand, G./Fugmann, B./Heiker, F. R./Hulpke, H./Kirschning, A./Pohnert, G./Pühler, A./Schmidt, R. D./Schreier, P., Römpp CD 2006 – Ihre persönliche Enzyklopädie, 1. Aufl., Thieme, 2005
[11.27] Lehrbuch der Lacke und Beschichtungen, Analyse und Prüfungen, 2. Aufl., S. Hirzel, 2006
[11.28] Bode, M., Polyurethane für Lacke und Beschichtungen, Vincentz Network, 1999
[11.29] DIN e. V. (Hrsg.), Neues zu VOC-Richtlinien für Lacke und Anstrichstoffe in Europa, Beuth, 2000
[11.30] Flemming, H. J./Gerdes, A./Herb, S./Roth, K./Schiegg, A./Stahl, A./Wittmann, F. H., Zementgebundene Beschichtungen in Trinkwasserbehältern, Aedificatio Freiburg, 1996
[11.31] Schäper, M./Asendorf, K./Urban, F., Versuche zu rissüberbrückenden Beschichtungen im Massivbau, Fachhochschule Wiesbaden, 1991
[11.32] Franke, Lutz/Wesselmann, M., Verhinderung von Emissionen aus Baustoffen duch Beschichtungen, IRB Verlag, 1997
[11.33] Lichtensteiger, K. H., Schäden und Unregelmäßigkeiten an Beschichtungen, 1. Aufl., DVA, 2004
[11.34] Gottfried/Rolof, Schäden an Fassaden-Beschichtungen, 2001
[11.35] Mertz, K. W., Praxishandbuch moderne Beschichtungen, Carl Hanser, 2001
[11.37] Hantschke, B./Hantschke C., Metall und Kunststoff – sicher und umweltgerecht beschichtet, expert, 1998
[11.38] DIN e. V. (Hrsg.), Korrosionsschutz von Stahl durch Beschichtungen und Überzüge 4, 1. Aufl., Beuth, 2003
[11.39] DIN e. V., Korrosionsschutz von Stahl durch Beschichtungen und Überzüge 3, 2. Aufl., Beuth, 2004
[11.40] DIN e. V., Korrosionsschutz von Stahl durch Beschichtungen und Überzüge 2, 6. Aufl., Beuth, 2008
[11.41] DIN e. V., Korrosionsschutz von Stahl durch Beschichtungen und Überzüge 1, 6. Aufl., Beuth, 2002
[11.42] Wiss.-Techn. Arbeitsgemeinschaft f. Bauwerkserhaltung und Denkmalpflege e. V. – WTA –, München (Hrsg.), Fachwerkinstandsetzung nach WTA VI: Beschichtungen auf Fachwerkwänden, IRB Verlag, 2001

11 Beschichtungen, Anstriche

[11.43] Steckert, C., Ein Farbbildanalysesystem zur Quantifizierung optischer Veränderungen auf dekorativen Beschichtungen nach Freibewitterung, 1. Aufl., Logos Berlin, 2003

[11.44] Kussauer/Ruprecht, Die häufigsten Beanstandungen bei Beschichtungen und Wärmedämmverbundsystemen, 2006

[11.45] Reichel, A./Hochberg, A./Köpke, C., Detail-Praxis: Putze, Farben, Beschichtungen, 1. Aufl., Institut f. intern. Architektur-Dok., 2004

[11.46] Tretter A., Holzlackschäden, DRW Verlag Weinbrenner GmbH & Co. KG, Leinfelden-Echterdingen, 2004

[11.47] Schönburg K., Schäden an Sichtflächen, Fraunhofer IRB Verlag, Stuttgart, Teilauflage 2003

[11.48] Schönburg K., Korrosionsschutz am Bau, Fraunhofer IRB Verlag, Stuttgart, Teilauflage 2006

[11.49] Wild U., Lexikon Holzschutz, Fraunhofer IRB Verlag, Stuttgart, 2008; Baulino Verlag, Waldshut-Tiengen, 2008

12 Tapeten, Wand- und Deckenbeläge, Spannstoffe

Prof. Dipl.-Ing. Rolf Möhring, Prof. Dr. rer. nat. Thomas Thielmann

12.1 Allgemeines

Normen
DIN 18 366   (09.12)   VOB Vergabe- und Vertragsordnung für Bauleistungen – Teil C: Allgemeine Technische Vertragsbedingungen für Bauleistungen (ATV) – Tapezierarbeiten

Es werden hier die in DIN 18 366 (09.12), VOB Teil C, Tapezierarbeiten, genannten Materialien dargestellt, soweit sie Tapeten sind, ähnlich wie Tapeten zu verarbeiten sind bzw. als Rollen oder Bahnenware geliefert werden.

Es handelt sich meist um industrielle Fertigprodukte, die weder Baustoffe[1] noch Bauteile sind. Sie werden am Bau entweder fest mit Wänden oder Decken verbunden oder auf ihnen verspannt. Auf Herstellungsmethode und zu verarbeitende Rohstoffe hat der Planer normalerweise keinen Einfluss. Er wählt lediglich aus, muss sich aber auch ggf. genauestens über die vom Hersteller vorgeschriebene Verarbeitungsweise informieren, falls die Verarbeitung dieses Produkts außerhalb der üblicherweise zu erwartenden normalen Erfahrungen des Handwerks liegt.

Tapeten, tapetenähnliche Stoffe, Wand- und Deckenbeläge und Spannstoffe werden im Innenausbau zur Oberflächengestaltung von Wänden und Decken verwandt.

Im Gegensatz zu dem tradierten Betrachten in der Ausschließlichkeit als Gestaltungsmittel müssen heute zwingend die Applikationsfläche, die Außen- oder Innenwand, als raumklimatisch entscheidendes System Wand betrachtet werden. Die Dampfphase, die Sorptionsfähigkeit, aber auch die Absorptions- und Adsorptionsfähigkeit der in Frage kommenden Wand- und Deckenflächen spielen eine weit größere Rolle, als bisher, vernachlässigt, angenommen.

Unter der Betrachtung des Temperierens eines Raums mit der Dimension °C, der ungeregelten (Fensterlüftung) oder geregelten Be- und Entlüftung durch mechanisch betriebene Anlagen mit der Dimension h^{-1}, dem Quotienten aus Volumen zur ausgetauschten Außenluft je Stunde, werden für das Raumklima, dessen räumliche Begrenzungen eben die Wände, Decken und Böden sind, zusätzliche Parameter wie Oberflächentemperatur, diffusionsäquivalente Luftschichtdicke s_d des Wandaufbaus, Reflexionsgrade und Sorptionen sowie Speicherfähigkeiten der Bauteile entscheidend.

Insoweit ist die Beschichtung, das Applizieren von Oberflächen-„vergütungen", mitentscheidend für die Qualität eines Innenraums und letztlich des Gebäudes.

Die erwünschten stationären Bedingungen, über das Jahresmittel bis auf die Klimatisierung eines Gebäudes nicht einzuhalten, beziehen sich auf eine Raumtemperatur von ca. +20 °C, einer Oberflächentemperatur von ca. 17 °C und einer relativen Luftfeuchte von ca. 55 %, wobei minimal 40 % und maximal 60 % nicht zu unter- bzw. zu überschreiten sind.

---

[1] Im Sinne der DIN 4102 – Brandverhalten von Baustoffen und Bauteilen – rechnen Tapeten, tapetenähnliche Stoffe, Wand- und Deckenbeläge sowie Spannstoffe jedoch zu den Baustoffen, sind also nach DIN 4102-1 zu klassifizieren.

Unter diesen Voraussetzungen ist es keineswegs gleichgültig, inwieweit Sorptionen möglich sind und diffusionsoffene Konstruktionen letztlich als Basis für die Oberflächen in Bezug zur Qualität des Raumklimas vorgehalten werden.

Erst das Gesamtsystem Wand – das Substrat als tragendes Element, ein Innen- und Außenputz, eventuell zusätzlich nötige dampfoffene Außendämmung und die Oberflächenvergütung – kann seine Funktionsfähigkeit und langfristige Zuverlässigkeit vorhalten.

Die **Wasserdampfdiffusion** spielt eine wichtige Rolle. Dampfsperrende Metallfolien, dampfbremsende Glasseidengewebe mit der nötigen filmbildenden Einbettung im Klebebett der zunächst offenen Tapete mit in der Wirkung umkehrender Charakteristik als Dampfbremse durch mehrfache Renovierungsanstriche, sind zwingend bei der Auswahl zu bedenken. Gewünschte dampfoffene Systeme können eben gerade durch die Auswahl der abdeckenden Materialien in das Gegenteil verkehrt werden. Gleichzeitig können dampfoffene Oberflächen durch außen angebrachte dampfdichte Dämmsysteme in ihrer positiven Wirkung konterkariert werden.

Der Blick allein auf das Material ist heute zumindest für die Außenwände und entsprechenden Deckenflächen nicht mehr ohne Verantwortung. Darüber hinaus wird die großflächige Dimension in mikrobiologischer und medizinischer Hinsicht als Milieu für die Siedlung von Organismen zu betrachten sein, den **Schimmelpilzen.**

Der Mensch steht mit dem Organ Lunge großflächig (ca. 100 m^2) in Kontakt mit seiner Umwelt, der pulmonale Bereich ist hier die entscheidende Eingangspforte. Der Interaktion von Raum, hier im Wesentlichen die Oberfläche, mit dem Organismus kommt deshalb eine außerordentliche Bedeutung zu.

Speziell wird auf die Arbeitsergebnisse von **GISBAU**, dem Gefahrstoff-Informationssystem der Bau-BG, an dieser Stelle hingewiesen. Dort wird die Oberfläche unter dem Aspekt der Lebensmittelverpackung definiert. Dies ist deshalb sinnvoll, weil der Nutzer, vom speichelnden Kleinkind bis zum direkten Hautkontakt des Erwachsenen, diese raumabschließende Oberfläche als zweite Haut zu begreifen hat.

Tiefen-/Haftgrund, Kleber, Tapete, Farbe sind sorgfältig als Elemente eines Systems Wand zu betrachten und in Beziehung mit den dahinter liegenden Bauteilen zu beurteilen, gleichermaßen den Innenraum in seiner Nutzungsfunktion berücksichtigend.

Eine besonders kritisch anzusehende Gruppe spielen hierbei die unter Abschnitt 12.2.7 beschriebenen **kaschierten Schäume**, die letztlich als partiell wirkende Innendämmung propagiert werden und konstruktiv in aller Regel die bauphysikalisch bedenklichsten Ergebnisse erzielen.

Damit zeichnet sich ab, dass reguläre Tapeten einschließlich Kleber bei wärmebrückenfreier Konstruktion der Außenwände unkritisch und erst durch Auftrag von Farben wegen des Anteils organisch abbaubarer Inhaltsstoffe problematischer sind, wobei mehrfacher Anstrich die Situation verstärkt. Dampfsperrende Oberflächenbeläge dagegen sind kritisch unter dem Aspekt des Gesamtsystems zu sehen und sorgfältig hierauf abzustimmen.

12.2 Arten

(Siehe Tafel 12.1.)

12.2 Arten

12.2.1 Tapeten

Naturelltapeten. Leichtes holzhaltiges Papier, naturfarben oder gefärbt, zum Teil bedruckt.

Fondtapeten, glatt und gaufriert[2]. Leichtes, mittelschweres oder schweres holz*haltiges* Papier mit Grundfarbe oder leichtes, mittelschweres oder schweres holz*freies* Papier mit oder ohne Grundfarbe, mit Muster bedruckt.

Fondtapeten als Tapetenwechselgrund. Mittelschweres holzfreies Papier mit Grundfarbe oder mittelschweres holzfreies Papier mit oder ohne Grundfarbe, mit Muster bedruckt. Zusätzlich so ausgerüstet, dass diese Fondtapeten für die nachfolgende Tapezierung als Tapetenwechselgrund verwendet werden können.

Relieftapeten (bedruckt). Mittelschweres, festes holzhaltiges Papier, mit pastöser Farbe bedruckt.

Prägetapeten, duplex standfest (dupliert), bedruckt. Schweres, festes mehrschichtiges Papier, Vlies aus Baumwollfasern oder anderen Stoffen; Oberfläche bedruckt und durch Prägung strukturiert.

Tafel 12.1 Übersicht über die üblichen Anwendungen von Unterlagsstoffen für Tapeten (aus: Technische Richtlinien für Tapezierarbeiten) [12.1]

	Tapetenart	Putze der MG I, II, III, IV	Tapezier- und Sichtbeton	Asbestzementplatten	Gipszwischenwandplatten	Gipskartonplatten	Span- und Tischlerplatten	Unterlagsstoffe	
								Hartschaum	Pappoberfläche
1.	Naturelltapeten	K/M/WF	K HB/WF	K HB/WP	K T/WF*⁾	K/T/WF	T/WF	HB/WP	WF/WP
2.	Fondtapeten, leichte Qualität	K/M/WFK	K HB/WF	K HB/WP	K T/WF*⁾	K/T/WF	K/T/WF	HB/WP	WF/WP
3.	Fondtapeten, mittlere Qualität	K/M/WF	K HB/WF	K HB/WF	K T/WF*⁾	T/WF	T/WF	HB/WP	WF/WP
4.	Fondtapeten, schwere Qualität	K/H/R WF/WP	K/HB/R WF/WP	K HB/WP	T/R*⁾ WF/WP	K/T WF/WP	T WF/WP	HB/R WP	WF/WP
5.	Fondtapeten, als Wechselgrund	K/M/H	K/HB	K/HB	K/M	K/X	T	HB	X
6.	Relieftapeten (bedruckt)	K/M/WF	K HB/WF	K HB/WP	K/T/WF	K/T/WF	T/WF	HB/WP	WF/WP
7.	Prägetapeten (duplex standfest)	K/H/R WF/WP	K/HB/R WF/WP	K/HB/R WP	K/T/R*⁾ WF/WP	K/T WF/WP	T/R WF	HB/R WF	WF/WP
8.	Velourtapeten XX	K/H/R	K/HB/R	K/HB/R	K/T/R*⁾	K/T	T/R	HB/R	X
9.	Textiltapeten	K/T/HR	K/HB/R	K/HB/R	K/T*⁾	K/T/R	T/R	HB/R	X

---

2 Gaufriert = geprägt oder gerillt, oder auf glatte Gewebe werden erhabene Muster aufgeklebt (frz. gaufrer = Figuren pressen).

12 Tapeten, Wand- und Deckenbeläge, Spannstoffe

Tapetenart	Putze der MG I, II, III, IV	Tapezier- und Sichtbeton	Asbestzementplatten	Gipszwischenwandplatten	Gipskartonplatten	Span- und Tischlerplatten	Unterlagsstoffe Hartschaum	Unterlagsstoffe Pappoberfläche
10. Kunststofftapeten (PVC)	K/H/T	K/HB	K/HB/R	K/T*⁾	K/T	T/R	HB/R	X
11. Metalltapeten XX	T/H	T/H	–	T*⁾	T	T/R	–	–
12. Naturwerkstofftapeten XX	K/T/H R	K/HB/R	K/HB/R	K/T/R*⁾	K/T	T/R	HB/R	X
13. Wandbildtapeten (Fotodruck)	K/T/H R	K/T/HB R	HB/R	T/R*⁾	K/T	T/R	HB/R	R
14. Fotopapier	T/H/R	T/H/R	HB/R	T/R*⁾	T	T/R	–	–
15. Fotoleinen	T/H	T/H	T	T*⁾	T	T	–	–
16. Raufaser	K/M/WF	K/HB/WF	K/HB	K/WF	K/T/WF	T	HB/R	WF
17. Prägetapeten, unbedruckt	H/R WF/WP	HB/R WF/WP	HB/R WP	K/T/R*⁾ WF/WP	K/T WF/WP	T/R WF/WP	HB/R WP	WF/WP
18. Strukturpapier	K/M/WF	K HB/WF	K/HB	K/WF	K/T/WF	T	HB/R	WF

Zeichenerklärung:
K = Kleister
M = Feinmakulatur
T = Tiefgrund (lösungsmittelverdünnbarer Grundanstrichstoff)*⁾
H = Hydraulisch abbindende Spachtelmasse
HB = Haftbrücke
R = Rollenmakulatur aus Rohpapier
WF = Wechselgrund (flüssig)
WP = Wechselgrund (Papier)
X = keine besonderen Vorarbeiten
XX = alkaliempfindlich (auch Bronzedrucktapeten)
– = als Untergrund nicht geeignet
*⁾ Gegebenenfalls auch wasserverdünnbarer Grundanstrichstoff.

Velourtapeten. Schweres, festes Papier, das mit oder ohne Muster beflockt wird. Das Aufbringen der Perlonflocken erfolgt durch Elektrostatik. Bei antiken Velourtapeten wurden Wolle- und Seidenflocken im Klopfverfahren aufgetragen.

Textiltapeten. Sie bestehen aus einer Trägerschicht, auf die textile oder andere Stoffe aufgetragen werden. Muster können auf die Trägerschicht oder die Oberfläche gedruckt werden.

    Trägermaterialien: einschichtiges Papier
                             mehrschichtiges Papier (spaltbar)
                             Krepppapier (einschichtig)
                             Styropor
                             Synthetik-Vlies
    Deckmaterialien: jede Art von Geweben und Gewirken aus Natur- oder Kunststofffasern

12.2 Arten

Kunststofftapeten. Doppelschichtige Tapeten, z.B. PVC-Tapeten (Vinyl-Tapeten), deren Unterschicht aus einem Papierträger und deren Oberfläche aus ganzflächiger Kunststoffschicht besteht, bedruckt, glatt, oberflächenverformt oder geschäumt.

Metalltapeten. Auf Trägerpapier kaschierte[3] Metallfolie oder metallisierte Kunststofffolie, gemustert, glatt oder gaufriert.

Naturwerkstofftapeten. Auf Trägermaterialien (s.o.) werden Naturwerkstoffe kaschiert: Leder, Kork, Holz, Gras, Blätter, Glasfaserstoffe, Malimo, Kettfäden u.a.

Wandbildtapeten, z.B. Fotodruck, Fotopapier. Leichtes bis schweres, festes Papier, schwarzweiß oder farbig bedruckt oder Fotopapier. Fotoleinen: siehe Beläge.

Raufaser (fein, mittel oder grob). Mittelschweres, festes holzhaltiges Papier; Oberfläche durch Zusätze von Holzfasern fein, mittel oder grob strukturiert.

Relieftapeten, unbedruckt (Reliefpapier). Mittelschweres, festes holzhaltiges Papier; mit plastischer Masse strukturiert.

Prägetapeten, duplex standfest, unbedruckt. Schweres, festes mehrschichtiges Papier, Vlies aus Baumwollfasern oder anderen Stoffen; Oberfläche durch Prägung strukturiert.

Strukturpapier (unbedruckt). Mittelschweres, festes holzhaltiges Papier; Oberfläche strukturiert.

Vliestapeten feuchtebeständiges, maßstabiles Trägervlies, Auftrag des Klebers auf die Wand, Tapete wird ansatzfrei ohne vorheriges Einweichen verklebt, bei Renovierung trocken vom Substrat abziehbar.

12.2.2 Beläge (ohne Platten aus Kunststoffen, Holzwerkstoffen oder Keramik)

Glasseidengewebe. Gewebe aus mineralischen Fasern.

Jutegewebe. Gewebe aus Jutegarn.

Rupfen. Grobes Leinengewebe (Rupfenleinwand).

Kunststoff-Folien mit Unterlagen. Kunststoff-Folien, mit Unterlagsstoffen durch Nähte oder in anderer, mindestens gleichwertiger Weise verbunden.

Kunststoffbeschichtete Träger. Träger (außer Papier) aus Geweben, Gewirken, Vliesen, Schaumstoffen oder anderen Stoffen mit einer Kunststoffschicht fest verbunden (z.B. Kunststoff-Folien oder Schaumstoff, mit Geweberückseite oder Ähnlichem).

Kunststoff-Verbundfolien. Zwei oder mehrere Kunststoff-Folien, ganzflächig miteinander fest verbunden.

Kunststoff-Schaumbeläge. Kunststoff-Schaum mit oder ohne rückseitigem Träger (außer Papier).

Textile Wandbeläge. Getuftete, gelegte, genadelte, gewirkte oder gewebte Textil- oder Synthetikfasern mit oder ohne rückseitige Beschichtung.

Fotoleinen. Gewebe mit fotografischer Emulsion beschichtet.

12.2.3 Spannstoffe

Unter Spannstoffen sind textile Stoffe und Kunststoffe zu verstehen, die sich an Decken und Wände durch Spannen dauerhaft anbringen lassen.

---

3 Kaschieren = Bahnen gleichen oder verschiedenen Materials fest miteinander verbinden; frz. cacher = verbergen.

12 Tapeten, Wand- und Deckenbeläge, Spannstoffe

Textile Spannstoffe. Faserarten: z.B. Bast, Rupfen, Baumwolle, Leinen, Seide, Kunstseide, sonstige Chemiefasern. Gewebearten: z.B. Satin, Rips, Chintz (glattes, glänzendes, mit dünnem Wachsüberzug versehenes Baumwollgewebe, bedruckt; heute häufig mit Kunstharzeinlagerungen haltbarer gemacht), Velours, Filz, Molton (weiches, beidseitig aufgerautes Baumwollgewebe; frz. mollet = weich).
Spannstoffe aus Kunststoff, z.B. Kunststoff-Folien, Kunststoff-Verbundfolien.

12.2.4 Leisten: aus Holz, Kunststoff, Metall.

12.2.5 Kordeln: aus natürlichen oder synthetischen Fasern.

12.2.6 Borten: aus Papier, Textilien und anderen Stoffen entsprechend den Tapeten.

12.2.7 Unterlagsstoffe

Unterlagsstoffe für Tapezierarbeiten gibt es flüssig oder in Form von Bahnen aus Papier, Polystyrolhartschaum, Wollfilzpappe, Textil, Metallfolien und dergleichen. Sie dienen als Zwischenschicht zum Ausgleichen, Egalisieren und ggf. zum Dämmen, und um Spannungsdifferenzen zwischen Untergrund und Tapeten oder Belägen auszugleichen.

Flüssige Unterlagsstoffe

Tapetenunterlagsmasse (Feinmakulatur). Pulver für Tapetenunterlage aus Faserstoffen, Klebstoffen und Füllstoffen.

Flüssige Feinmakulatur ist nur bei Tapeten leichter bis mittlerer Papierqualität empfehlenswert. Bei Gipswandbauplatten kann die flüssige Makulatur nicht als Ersatz für einen Grundanstrichstoff gelten.

Tapetenwechselgrund. Er ist dann vorzuschreiben und anzuwenden, wenn die Tapezierung auf festem Untergrund später trocken und mühelos von der Fläche wieder abgezogen werden soll, ohne dabei den Untergrund zu beschädigen. Dieser Untergrund eignet sich für alle Tapeten, die ihn vollständig decken, wobei der Untergrund nicht durch die Tapete scheint.

Wasserverdünnbare Grundanstrichstoffe. Sie sind geeignet für saubere, feste, lufttrockene mineralische Putze, Beton, Asbest- und Faserzement, Wandbauplatten aus Gips, Sichtmauerwerk und gut haftende Dispersionsanstriche. Nicht geeignet für sandende Putze. Je nach Saugfähigkeit sind sie mit Wasser zu verdünnen. Mit ihnen ist die ungleichmäßige Saugfähigkeit auszugleichen.

Lösungsmittelverdünnbare Grundanstrichstoffe. Sie werden auch als **Tiefgrund** oder **Imprägnierung** bezeichnet. Es sind in den Untergrund eindringende, wasserabweisende, unverseifbare, vollständig in Lösemittel gelöste Kunststoffe, die zur Grundierung saugender, vorwiegend mineralischer Untergründe zur Schaffung eines wasserabstoßenden gefestigten Untergrunds verwendet werden. Geeignet für: Sichtbeton, Asbest- und Faserzement, Alt- und Neuputze, Wandbauplatten aus Gips (insbesondere mit feinen Haarrissen), alte Dispersionsanstriche, alte, noch fest haftende Kalk- und Mineralfarbenanstriche, ggf. mürben Gipsputz, Gipskartonplatten (nicht teerstoffhaltig).

Spachtelmassen. Bei Flächenverspachtelungen sind hydraulische Spachtelmassen nur für mineralische Untergründe geeignet, die noch keinen Grundanstrich erhalten haben. Für gipshaltige Untergründe sind zementhaltige hydraulische Spachtelmassen nicht geeignet. Auf grundierten Flächen sind Dispersionsspachtelmassen zu verwenden (jedoch nicht unter Vinyl- und Metalltapeten).

Unterlagsstoffe in Bahnen

Makulaturpapier (Rohpapier/Rollenmakulatur). Geeignet als Untergrund von schweren Tapeten und Tapeten, die beim Trocknen größere Spannungen verursachen, sowie wegen ihres hellen Tones als Untergrund von durchscheinenden Tapeten wie dünnen Gras- und Seidentapeten.

Unterlagsstoffe mit Abzieheffekt (Tapetenwechselgrund). Sie bestehen aus Rohpapier (Rollenmakulatur) mit spezieller Kunststoffbeschichtung. Tapetenwechselgrund ist angebracht, wenn z.B. auf Dämmstoffen tapeziert werden soll und die Tapezierung später ohne Beschädigung der Unterlage abgezogen werden soll.

Polystyrolhartschaum. Bahnen dieses Materials werden zur Verbesserung der Wärmedämmung und zur Überbrückung kleinerer Risse verwandt.

Extrudierter Polystyrolhartschaum

Polystyrolhartschaum mit Filzpappenoberfläche. Sie werden mit oder ohne Abzieheffekt geliefert. Druckempfindlichkeit des Polystyrols wird durch aufkaschierten Karton gemindert. Für auf Stoß zu klebende Tapeten ohne Makulaturpapier als Untergrund zu verwenden.

Polyurethanschaum

Wollfilzpappe, genoppt und ungenoppt. Genoppte Wollfilzpappen werden mit der Noppenseite auf den Untergrund geklebt. Sie eignen sich zur Überbrückung noch arbeitender Risse (Punktverklebung) und verbessern Wärmeschutz (Luftpolster) und Schallabsorption.

Gewebte oder vliesartige Unterlagsstoffe (Nessel/Molton u.a.). Ihre Verwendung ist angezeigt bei der Tapezierung von Holzuntergründen. Der einheitliche Untergrund eignet sich für spannungsreiche Tapeten. Gegebenenfalls ist auf diesen Untergrund noch Rollenmakulatur zu kleben.

Glasfaservlies

Metallfolien. Metallfolien sind auf glatte Untergründe in Spezialkleber einzuwalzen.

    Aluminiumfolien zur Wärmereflexion.

    Bleifolien als Strahlschutz.

    Zinnfolien als Strahlschutz.

Kupfergitter als Strahlschutz (eProtect/System Aligator)

Absperrfolien, z.B. als kaschierte Folien, als Dampfsperre.

Schaumstoff wird als Unterlage bei Spannarbeiten verwendet.

12.2.8 Klebstoffe für Tapezierarbeiten

Cellulosekleister aus reiner Methylcellulose (MC)

Spezialkleister aus reiner Methylcellulose (MC) und einem redispergierbaren Kunstharzpulver

Dispersionsklebstoff, transparent auftrocknend zum Kleben von PVC-Decken- und Wandbelägen, dickeren Gewebetapeten und Metalltapeten.

Dispersionsklebstoff mit geringer Quarzfüllung, streich- und spachtelfähig, lösungsmittelfrei zum Kleben von Hartschaum, Wollfilzpappe.

Klebstoff zum Kleben von Hartschaum
Kontaktkleber, lösungsmittelhaltig zum Kleben von Weich- oder Hart-PVC.
Holzleim auf Dispersionsbasis, transparent auftrocknend.

12.3 Beurteilungskriterien und Anforderungen

12.3.1 Tapeten

Tapeten einer Fertigung müssen von gleich bleibender Beschaffenheit und Farbtongleichheit sein und am Anfang und möglichst zusätzlich am Ende jeder Tapete die gleiche Anfertigungskennzeichnung tragen (siehe Abb. 12.1).

Die Anfertigungskennzeichnung hat der Reihenfolge nach folgende Angaben zu enthalten: Anfertigungsnummer, Hersteller, Qualitätsgruppe, Rapport und Art des Ansatzes, Musterrichtung (gestürztes Kleben).

Tapeten, die Besonderheiten in der Verarbeitung aufweisen bzw. die vor oder bei der Verarbeitung besonders behandelt werden müssen, sind mit einem entsprechenden Hinweis zu versehen. Nach der Waschbeständigkeit werden die Kategorien A, B und C unterschieden (siehe Abb. 12.1).

Kleisterbeschichtete Tapeten. Kleisterbeschichtete Tapeten haben rückseitig eine trockene Kleisterschicht. Diese muss durch Benetzung mit Wasser reaktivierbar sein.

Tapeten mit abziehbarer Oberschicht. Spaltbare Tapeten sind doppelschichtig. Sie werden trocken abgezogen und müssen an der Wand eine dünne Papierschicht zurücklassen, die als Tapeziergrund für die nächste Tapezierung verwendet werden kann, wenn sie noch einwandfrei haftet.

Vollständig abziehbare Tapeten. Vollständig abziehbare Tapeten müssen sich trocken, ohne Papierrückstände, vollständig von der Wand abziehen lassen.

Naturelltapeten. Naturelltapeten sind in der Regel nicht lichtbeständig. Kategorie C.

Fondtapeten, leichte Qualität. Kategorie C.

Fondtapeten, mittlere Qualität. Kategorie B.

Fondtapeten, schwere Qualität. Kategorie A oder B; lichtbeständig.

Fondtapeten als Tapetenwechselgrund mit zusätzlich ausgerüsteter Oberfläche. Kategorie B; lichtbeständig.

Relieftapeten (bedruckt). Relieftapeten (bedruckt) sind in der Regel lichtbeständig. Kategorie C.

Prägetapeten, duplex standfest (dupliert), bedruckt. Die Prägung muss so ausgerüstet sein, dass sie trotz späterer Durchfeuchtung beim Tapezieren standfest bleibt. Kategorie B oder C; lichtbeständig.

Velourtapeten. Kategorie A, B oder C; lichtbeständig, können trocken abziehbar sein.

Textiltapeten. Kategorie A, können trocken abziehbar sein. Darüber hinaus werden allgemeine Anforderungen nicht gestellt. Aus der Fülle der Materialkombinationen ergibt sich allerdings eine Vielzahl von besonderen Eigenschaften, die zu berücksichtigen sind:

> **Schwerentflammbarkeit** ist durch spezielle Ausrüstung zu erreichen. Bei vielen Flammschutzmitteln ist allerdings keine Abwaschbarkeit mehr gegeben. Waschbeständiger Flammschutz lässt sich durch Einlagern von basischen Metalloxiden oder Imprägnierung mit Harnstoff- oder Melamin-Phosphorsäureverbindungen und anschließender Kondensation (Pyrovatex-Verfahren) erreichen.

12.3 Beurteilungskriterien und Anforderungen

Lichtechtheit ist abhängig von den verwendeten Materialien. Sie kann durch zusätzliche Indanthrenfärbung verbessert werden. Für Textiltapeten sind Lichtechtheitsnoten von 4 bis 7 je nach Material auf dem Lichtechtheitsmaßstab (Note 1 bis 8) der DIN 54 003 (11.63) – Prüfung der Farbechtheit von Textilien; Bestimmung der Lichtechtheit von Färbungen und Drucken im Tageslicht – zu erreichen.

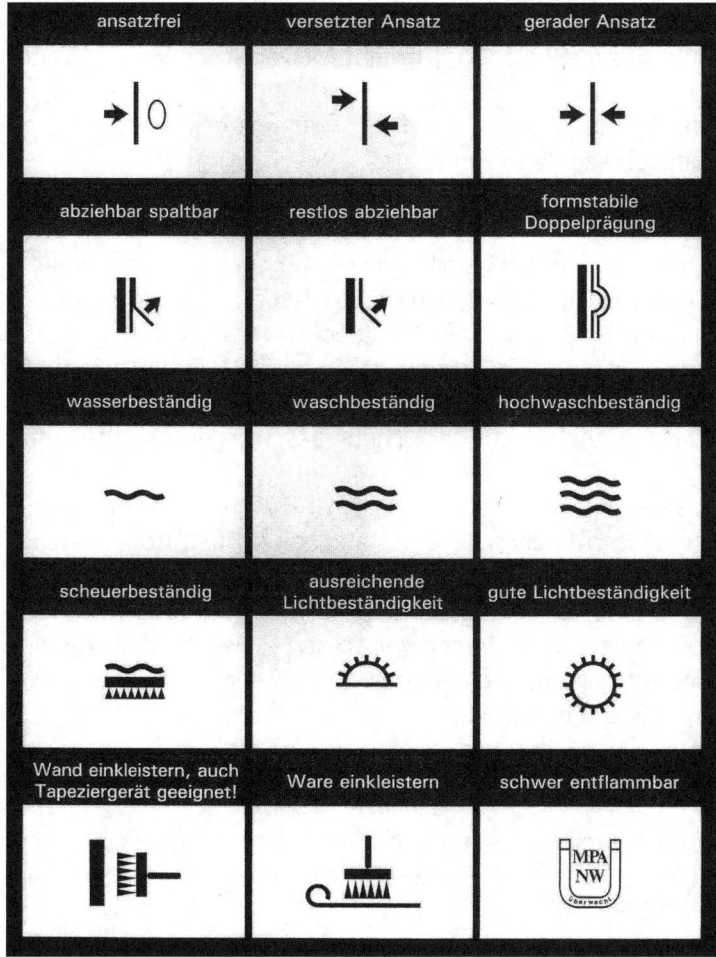

Abb. 12.1 Tapeten. Kennzeichen für besondere Anfertigungs- und Verarbeitungsmerkmale

Wasch- und Scheuerbeständigkeit wird ggf. durch zusätzliche Imprägnierung erreicht (Indanthrenfärbung).

Schimmelwiderstand ist nur bei Textiltapeten gegeben, bei denen das Gewebe mittels Schmelzträger (Granulat) auf dem Papierträger aufgebracht wurde. Dispersionskaschierung bietet keinen Schimmelwiderstand.

Diffusionsdurchlässigkeit ist nur bei Dispersionskaschierung gegeben. Schmelzkleberkaschierung hat einen hohen Wasserdampfdiffusionswiderstand. Die Art und Vorbehandlung des Untergrunds und die Auswahl der Tapete nach Material und Kaschierungsart sind für spätere Mängelfreiheit entscheidend. Herstellerhinweise müssen unbedingt beachtet werden. Grundsätzlich sollte auf einem hydrophobierten Untergrund (Tiefgrund) nicht gearbeitet werden, da wegen der fehlenden Saugfähigkeit der Austrocknungsprozess nur durch die Tapete hindurch sich vollziehen kann. Empfehlenswert sind wegen ihres geringen Wasseranteils Dispersionskleber. Krumpfung[4] des Gewebes kann somit verhindert werden.

Kunststofftapeten. Kategorie A; lichtbeständig und trocken abziehbar.

Metalltapeten. Kategorie A oder B; Metalltapeten müssen durch ausreichende Schutzschichten geschützt sein (Oxidation, Alkalität, galvanischer Strom). Sie können trocken abziehbar sein.

Naturwerkstofftapeten. Kategorie B oder C. Können trocken abziehbar sein. Grundsätzlich gelten die Hinweise zu den Textiltapeten.

Wandbildtapeten. Lichtbeständig.

Raufasertapeten. Raufaser muss überstreichbar sein und darf nur mit wasch- und scheuerbeständigen Dispersionsfarben gemäß DIN 53 778 überstrichen werden.

Relieftapeten, unbedruckt (Reliefpapier). Relieftapete, unbedruckt, muss überstreichbar sein. Sie darf nur mit wasch- oder scheuerbeständigen Anstrichstoffen überstrichen werden.

Prägetapeten, duplex standfest (dupliert), unbedruckt. Prägetapeten, duplex standfest, unbedruckt, müssen überstreichbar sein, die Prägung muss beim Überstreichen standfest bleiben. Sie dürfen nur mit wasch- und scheuerbeständigen Anstrichstoffen überstrichen werden.

Strukturpapier. Strukturpapier muss überstreichbar, die Struktur beim Überstreichen standfest sein. Es darf nur mit wasch- oder scheuerbeständigen Anstrichstoffen überstrichen werden.

Lieferformen: Tapeten und tapetenähnliche Stoffe: 0,53 m × 10,05 m.

Diese Maße verstehen sich ohne Selfkante. Eine Rolle mit diesen Abmessungen wird als Europarolle bezeichnet. Abweichungen von diesen Maßen müssen deutlich sichtbar und dauerhaft auf der Verpackung und in den Musterbüchern aufgebracht sein.

Raufaser: 0,56 m × 33,50 m und
       0,75 m × 125,00 m.

12.3.2 Beläge, Anforderungen und Lieferformen

Beläge einer Fertigung müssen von gleich bleibender Beschaffenheit sein, d.h. eine einheitliche Schichtdicke, Muster-, Farbtongleichheit und einheitliche Stoffqualität besitzen.
Beläge müssen lichtbeständig sein.
Glasseidengewebe und Jutegewebe müssen überstreichbar sein.
Beläge dürfen nicht zu Geruchsbelästigungen führen; sie müssen nach der Verarbeitung geruchlos sein.
Beläge werden in Bahnen nach Meter (m) in unterschiedlichen Breiten geliefert.

12.3.3 Spannstoffe, Anforderungen und Lieferformen

Zu spannende Stoffe müssen lichtbeständig sein.
Zu spannende textile Stoffe und zu spannende Kunststoffe müssen so beschaffen sein, dass sie beim Spannen dem erforderlichen Zug standhalten und sich glatt spannen lassen.

---

4 Krumpfung bedeutet: Einlaufen und ggf. wellenförmige Veränderung einer Gewebeoberfläche. Es besteht sprachliche Verwandschaft zu „schrumpfen" und „krumm".

12.3 Beurteilungskriterien und Anforderungen

Zu spannende textile Stoffe sollen einen möglichst geringen Zellwollanteil besitzen, damit sie sich bei zunehmender Luftfeuchtigkeit nicht übermäßig dehnen und dadurch die Spannung übermäßig beeinträchtigt wird.

Lieferung der Spannstoffe. Spannstoffe einer Lieferung sollen, wenn sie nicht aus einer Anfertigung zusammengestellt werden können, qualitäts-, farbton- und mustergleich sein. Spannstoffe aus mehreren Anfertigungen sind nach Fertigungsnummern zu sortieren, zu verpacken und zu kennzeichnen.

12.3.4 Leisten

Leisten müssen in Farbtönung, Oberflächenprofil, Oberflächenmodellierung und Querschnitt gleichmäßig sein. Sie dürfen nicht reißen, sich nicht werfen und nicht verziehen.

12.3.5 Kordeln

Kordeln müssen so beschaffen sein, dass sie sich auch durch Einwirkung von Luftfeuchtigkeit oder Wärme nicht verändern.

12.3.6 Borten

Borten müssen die gleichen Eigenschaften haben wie die entsprechenden Tapeten oder tapetenähnlichen Stoffe.

12.3.7 Unterlagsstoffe

Unterlagsstoffe müssen gleichmäßig dick und unbenutzt sein. Sie dürfen nicht zu Geruchsbelästigungen führen und müssen nach der Verarbeitung geruchlos sein. Unterlagsstoffe mit Abzieheffekt müssen das Abziehen der darauf geklebten Tapeten in trockenem Zustand ermöglichen.

Rohpapier (Makulaturpapier). Rohpapier als Papier für Tapetenunterlage muss unbedruckt und saugfähig sein.

Rohpapier mit Abzieheffekt (Stripmakulatur). Rohpapier mit vorderseitiger Beschichtung, die ein trockenes Abziehen der darüber geklebten Tapete ermöglicht.

Gewebte oder vliesartige Unterlagsstoffe. Gewebte oder vliesartige Unterlagsstoffe müssen gleichmäßig fest sein. Werden sie gespannt, müssen sie dem erforderlichen Zug standhalten.

Lieferformen: Rohpapier für Tapetenunterlage (Makulaturpapier): 0,56 m × 33,50 m
Rohpapier mit Abzieheffekt: 0,53 m × 33,50 m.

Hartschaum in unterschiedlichen Abmessungen und Dicken, in Rollen und Platten, kaschiert und unkaschiert, mit oder ohne Abzieheffekt.

Wollfilzpappe (genoppt oder ungenoppt) in unterschiedlichen Abmessungen.

Aluminiumfolie, kaschiert oder unkaschiert in unterschiedlichen Abmessungen und Dicken.

Bleifolie in unterschiedlichen Abmessungen und Dicken nach kg/netto.

Zinnfolie in unterschiedlichen Abmessungen und Dicken nach kg/netto.

Glasfaservlies 1,00 m × 50,00 m (und in unterschiedlichen Breiten/Längen).

Kunststoffvlies 1,00 m × 50,00 m (und in unterschiedlichen Breiten).

12.3.8 Klebstoffe für Tapezierarbeiten

Cellulosekleister aus Methylcellulose und Spezialkleister aus Methylcellulose und einem redispergierbaren Kunstharzpulver müssen nach dem Trocknen durch Wasser quellbar und wieder löslich sein.

12 Tapeten, Wand- und Deckenbeläge, Spannstoffe

Lösungsmittelhaltige Klebstoffe müssen den gesetzlichen Bestimmungen entsprechend gekennzeichnet sein.

Klebstoffe dürfen nach dem Auftrocknen keine Geruchsbelästigung hervorrufen.

Lieferformen: Tapetenkleister werden pulverförmig, Klebstoffe pulverförmig, flüssig oder pastös geliefert.

12.4 Literatur

[12.1] Raith, W., Wand-Konzepte – Mit innovativen Materialien und Tapeten, 1. Aufl., Tervehn, 2007

[12.2] Scherer, R., Fußböden, Wandbeläge und Deckenverkleidungen, Reprint d. Orginalausg. Leipzig 1922, Reprint-Verlag-Leipzig, Leipzig, 2003

[12.3] Hennings, U./Schröter, K./Polthast, A., Tapeten und Kupferfraß – Überlegungen zur Durchführung einer Restaurierungsbehandlung, 1. Aufl., BWV Berliner Wissenschafts-Verlag, Berlin, 2005

13 Bodenbeläge[1]

Prof. Dipl.-Ing. Rolf Möhring, Prof. Dr. rer. nat. Thomas Thielmann

13.1 Allgemeines

Normen
DIN 18 365 (09.12) VOB Vergabe- und Vertragsordnung für Bauleistungen – Teil C: Allgemeine Technische Vertragsbedingungen für Bauleistungen (ATV) – Bodenbelagarbeiten

Bodenbeläge grenzen den Raum nach unten ab und sind damit die am meisten belasteten raumabschließenden Oberflächen. Gleichzeitig sind sie durch die kurzfristigen Reinigungsintervalle hoch beansprucht. Sie sind mechanischen, thermischen und chemischen Belastungen ausgesetzt. In Räumen zum Aufenthalt von Menschen sind sie ein wesentlicher Bestandteil ihrer Umwelt mit Wirksamkeit für sinnliche Wahrnehmung und somit für Wohlbefinden (siehe Tafel 13.1). Farben und Materialstrukturen werden visuell, die Wirkung auf die Raumakustik und den Trittschall akustisch und Oberflächenstruktur und Materialhärte durch die Tastsensoren der Fußsohlen wahrgenommen. Je nach Materialeigenschaften oder sogar bereits durch optische Wirkung sind sie physiologisch wirksam (Holz = warm, Stein = kalt, weiß = kalt etc.).

Die relative Luftfeuchte in Innenräumen sollte circa 56 % betragen (mindestens 40 %, maximal 60 %), da bei Unterschreitung des Minimalwerts die elektrostatische Aufladung begünstigt wird. Elektrostatische Aufladung von Bodenbelägen kann durch schlagartige Entladung als sehr unangenehm empfunden werden. Insbesondere für Räume, die dem dauernden Aufenthalt von Menschen dienen, müssen Bodenbeläge unter Berücksichtigung von Nutzungsart, Bewegungsverhalten und Wahrnehmungsverhalten der Nutzer nicht nur nach ihren messbaren Merkmalen, sondern auch nach den für die sinnliche Wahrnehmung wirksamen Eigenschaften ausgewählt werden.

Elastische und textile Bodenbeläge sind industrielle Fertigprodukte, die am Bau auf den Unterboden lose verlegt, verspannt oder verklebt werden. Auf Herstellungsmethode und zu verarbeitende Rohstoffe hat der Planer normalerweise keinen Einfluss. Er wählt lediglich aus und vergleicht die verfügbaren Produktdaten, die in der Regel durch Prüfzeugnisse staatlich anerkannter Prüfstellen belegt sind.

Es gibt für Bodenbeläge den Nachweis durch **RAL-Testate**. RAL-Testate werden vom RAL-Institut für Gütesicherung und Kennzeichnung (RAL siehe Abschnitt 21.0) produktbezogen vergeben. Sie enthalten innerhalb eines einheitlichen Rahmens die kennzeichnenden Eigenschaften des Produkts, zu deren Einhaltung sich der Hersteller durch Testat-Vertrag verpflichten muss. Gegenüber den Prüfzeugnissen mit begrenzter Gültigkeitsdauer für die überprüfte Produktprobe ist das RAL-Testat Gewähr für Qualitätskonstanz. Das RAL-Testat wird nur vergeben, wenn die vertraglich vereinbarten kennzeichnenden Eigenschaften mindestens erreicht werden. Damit ist den Planern und den Nutzern der Produkte die Sicherheit gegeben, wirklich die ausgewiesene Produktqualität zu erhalten.

---

[1] Keramische Spaltplatten siehe Abschnitt 2.7.3, Parkett siehe Abschnitt 17.10. Glas siehe Abschnitt 3.7.6

13 Bodenbeläge

Die auf dem Markt angebotenen Bodenbeläge besitzen wegen unterschiedlicher Materialkomponenten, Dicken, Gewichte und Herstellungsverfahren sehr unterschiedliche Eigenschaften. Diese Produktdaten ändern sich ständig.

Allgemeine technische Vorschriften für Bodenbelagsarbeiten enthält DIN 18 365. Die DIN schließt eine Prüfungspflicht des Bodenlegers ein; dabei ist auf Aspekte wie größere Unebenheiten, mangelhaft feste Oberfläche oder Verunreinigung des Untergrundes sowie weitere Kriterien zu achten.

Der einzuhaltende Trocknungsgrad ist abhängig von der Art des Verlegeuntergrunds bzw. des zu verlegenden Materials und wird z.B. durch elektrische Widerstandsmessung, mit dem CM-Gerät oder am exaktesten durch Probenahme und Feststellung des Darrgewichtes gemessen.

Störende Zwischenschichten werden durch Gitterritzprüfung und/oder Hammerschlag erkannt und durch geeignete Methoden (Fräsen, Kugelstrahlen oder Schleifen) entfernt.

In konstruktiver Hinsicht ist auf das System Boden hinsichtlich Feuchte/Wasserdampf und Material der Tragstruktur (Holzbalkendecke, Massivplatte) bei der Wahl von dampfdichten oder diffusionsoffenen Belägen einzugehen.

13.2 Elastische Bodenbeläge aus Linoleum, Kunststoff[2] und Gummi

Normen

DIN EN 660-1	(06.99)	Elastische Bodenbeläge – Ermittlung des Verschleißverhaltens – Teil 1: Stuttgarter Prüfung; Deutsche Fassung EN 660-1:1999 + A1:2003 (2003.06.01) (zurückgezogen)
DIN EN 660-2/A1	(06.03)	Elastische Bodenbeläge – Ermittlung des Verschleißverhaltens – Teil 2: Frick –Taber-Prüfung; Änderung A1; Deutsche Fassung EN 660-2:1999/A1:2003
DIN EN 1399	(02.98)	Elastische Bodenbeläge – Bestimmung der Widerstandsfähigkeit gegen Ausdrücken und Abbrennen von Zigaretten; Deutsche Fassung EN 1399:1997
DIN 52 612-2	(06.84)	Wärmeschutztechnische Prüfungen; Bestimmung der Wärmeleitfähigkeit mit dem Plattengerät; Weiterbehandlung der Meßwerte für die Anwendung im Bauwesen (zurückgezogen)
DIN EN 1815	(14.08)	Elastische und textile Bodenbeläge – Beurteilung des elektrostatischen Verhaltens; Deutsche Fassung prEN 1815:1997 (Entwurf)
DIN EN 12 529	(06.07)	Räder und Rollen – Möbelrollen – Rollen für Drehstühle – Anforderungen; Deutsche Fassung EN 12 529:1998, Berichtigungen zu DIN EN 12 529:1999–05
DIN EN 1816	(11.10)	Elastische Bodenbeläge – Spezifikation für homogene und heterogene ebene Elastomer-Bodenbeläge mit Schaumstoffbeschichtung; Deutsche Fassung EN 1816:2010
DIN EN 1817	(11.10)	Elastische Bodenbeläge – Spezifikation für homogene und heterogene ebene Elastomer-Bodenbeläge; Deutsche Fassung EN 1817:2010
DIN EN 12 199	(11.10)	Elastische Bodenbeläge – Spezifikationen für homogene und heterogene profilierte Elastomer-Bodenbeläge; Deutsche Fassung EN 12 199:2010
DIN EN 654; SIA 253.034:2011	(00.11)	Elastische Bodenbeläge – Polyvinylchlorid-Flex-Platten – Spezifikation (enthält Änderung A1:2003; Deutsche Fassung EN 654:1996 + A1:2003; Ausgabedatum 2011 (zurückgezogen)
DIN EN 650	(12.12)	Elastische Bodenbeläge – Bodenbeläge aus Polyvinylchlorid mit einem Rücken aus Jute oder Polyestervlies oder auf Polyestervlies mit einem Rücken aus Polyvinylchlorid – Spezifikation; Deutsche Fassung EN 650:2012

---

[2] Siehe auch Kapitel 14.

13.3 Textile Bodenbeläge

DIN EN 651 (05.11) Elastische Bodenbeläge – Polyvinylchlorid-Bodenbeläge mit einer Schaumstoffschicht – Spezifikation (enthält Änderung A1:2003); Deutsche Fassung EN 651:2011

DIN EN 652 (06.11) Elastische Bodenbeläge – Polyvinylchlorid-Bodenbeläge mit einem Rücken auf Korkbasis – Spezifikation; Deutsche Fassung EN 652:2011

Linoleum

Linoleum besteht aus nachwachsenden Naturstoffen: Leinöl, Naturharze, Korkmehl, Holz- und Kalksteinmehl, Farbpigmente. Die fertige Linoleummasse wird mit großen Kalandern auf Jutegewebe gepresst und anschließend bis zum Erreichen der endgültigen Festigkeit in Trockenkammern mehrere Wochen lang gelagert.
Bei der Verlegung ist auf die Ausdehnung zu achten, der Belag ist vor Fixierung mindestens 24 Stunden im Verlegeklima stehend zu akklimatisieren.
Linoleum (EN 548, Anforderungen und Prüfung)
Linoleum-Verbundbelag (EN 687, Anforderungen und Prüfung)

13.3 Textile Bodenbeläge

Nach ISO 2424 (Begriffe, Einteilung, kennzeichnende Merkmale) werden textile Bodenbeläge eingeteilt nach: Maßen, Herstellungstechnik, struktureller Gestaltung der Oberseite, farblicher Gestaltung, Beschaffenheit der Unterseite und Werkstoff. Dies sind dann auch die zur Kennzeichnung eines textilen Bodenbelags erforderlichen Merkmale.
Eine weitere Einteilung ist die Verlegeart von lose, geklebt bis gespannt. Spannteppiche mit höchstem Trittkomfort werden in aller Regel mit textilem Zweitrücken eingesetzt auf Verlegefilz entsprechend der Auftragsstärke der Spannleisten. Bei gemusterten Teppichen ist besonders auf Rapportverzug zu achten. Verlegepläne mit Konfektionierung der Einzellängen und -breiten einschließlich Raum- und Geschossangaben bzw. Bauteil sind bei großen Projekten unumgänglich.
Werkstoffe: Für die Einteilung von textilen Bodenbelägen nach dem Werkstoff sind ausschließlich die für die Oberseite (Nutzfläche) verwendeten Faserstoffe maßgebend. Sie ist nach DIN 60 001-1 (Textile Faserstoffe, Faserarten (05.01)) vorzunehmen.
Allgemeine Begriffe nach DIN ISO 2424:
Pol: Ein Fadensystem, das die Oberseite des textilen Bodenbelags bildet und das senkrecht zur Ebene des Trägergewebes steht.
Schnittpol: Pol, bei dem die Fäden an der Oberseite aufgeschnitten sind (Abb. 13.1).
Schlingenpol: Pol, bei dem die Fäden an der Oberseite in Schlingenform liegen (Abb. 13.2).

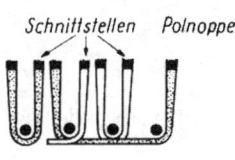

Abb. 13.1 Schnittpol   Abb. 13.2 Schlingenpol

Schlingen-Schnittpol: Pol, bei dem die Fäden teilweise in Schlingenform liegen und teilweise aufgeschnitten sind.
Pol (Webteppiche und Tuftingteppiche): Jener Teil des Teppichs aus textilen Garnen oder Fasern, geschnitten oder schlingenartig, die aus der Grundschicht hervortreten und als

13 Bodenbeläge

Nutzschicht dienen. Die Polnoppen sind, vereinfacht ausgedrückt, alle Fasern einer Teppichoberseite.

Chor: Die in einer Noppenlängsreihe (in Kettrichtung bei gewebten Teppichen) liegenden Polkettfäden. Je nachdem, wie viele verschiedene Polkettfäden in einer Noppenlängsreihe zur Polbildung herangezogen werden, wird der Teppich als ein-, zwei- usw. -choriger Teppich bezeichnet.

Nach DIN EN 1307 (**Produktbeschreibung**; Merkmale für die Produktbeschreibung (10.06)) gehören zur *vollständigen Beschreibung eines textilen Bodenbelags* folgende kennzeichnende Merkmale: der Artikelname, die Herstellungsart und Teilung (z.B. Webteppich, Tuftingteppich), die Lieferart (z.B. Rollenware), die Oberseitengestaltung (z.B. Schlinge, Velours), die Farbgestaltung (z.B. einfarbig, jaquardgemustert), das Nutzschichtmaterial (Angabe nach dem Textilkennzeichnungsgesetz, z.B. reine Schurwolle, 100 % Polyamid), die Rückenausrüstung (z.B. synthetischer Kunststoffrücken). Weitere Angaben sind danach erforderlich über das Flächengewicht (ISO 8543), die Gesamtdicke des Belags (ISO 1765) einschließlich Rückenbeschichtung, das Polschichtgewicht (ISO 8543), die Polschichtdicke (ISO 1766), die Polrohdichte (ISO 8543) als Quotient aus Polgewicht in kg/m^2 durch Poldicke in mm und die Noppenanzahl pro m^2.

13.3.1 Webteppiche

Flachteppiche. Webteppiche aus Kett- und Schussfäden ohne polbildendes Fadensystem (Pol).

Polteppiche. Webteppiche aus einem Grundgewebe und einem Pol; Grundgewebe und Polschicht sind in einem Arbeitsgang hergestellt.

    Rutenteppiche. Gewebte Polteppiche, deren Polschicht mittels Ruten gebildet ist. Rutenteppiche können mit Zugruten (gebräuchliche Bezeichnung derartiger Bodenbeläge: Bouclé, Brüssel) oder mit Schnittruten (gebräuchliche Bezeichnungen: Velours, Velvet, Tournay, Wilton) oder im Wechsel mit Zug- und Schnittruten hergestellt sein.

    Axminsterteppiche. Gewebte Schnittpolteppiche (ohne tote Chore).[3]

    Doppelteppiche. Gewebte Schnittpolteppiche, die als Ober- und Unterware durch Aufschneiden einer in einem Arbeitsgang hergestellten „Doppelware" (gebräuchliche Bezeichnung: Doppeltournay) entstanden sind.

    Knüpfteppiche. Teppiche, bei denen zwischen den Schussfäden kurze Polfadenabschnitte in Form eines Perserknotens (Senneh, Abb. 13.3) oder eines türkischen Knotens (Ghiordes, Smyrna, Abb. 13.4) um zwei oder mehr Kettfäden geschlungen (geknüpft) sind. Knüpfteppiche mit manuell gebildeten Knoten werden „Handknüpfteppiche", mit maschinell gebildeten Knoten „maschinengeknüpfte Teppiche" genannt.

13.3.2 Wirk- und Strickteppiche *(Gewirkte und Gestrickte)*

Flachteppiche. Auf Wirk- und Strickmaschinen hergestellte Teppiche ohne polbildendes Fadensystem.

Polteppiche. Auf Wirk- und Strickmaschinen in einem Arbeitsgang hergestellte Teppiche, die aus einem Grundgewirk oder -gestrick und einem Pol bestehen.

---

3 Tote Chore = der Teil der Polkettfäden, der keine Noppe bildet.

13.3 Textile Bodenbeläge

13.3.3 Tuftingteppiche *(Abb. 13.5)*

Tuftingteppiche bestehen aus einem textilen Flächengebilde als Träger, in das der Pol mit einer oder mehreren Nadeln eingearbeitet ist. Die Polfäden können beim Tuften in Schlingen belassen (Schlingenpol, Abb. 13.6) und/oder aufgeschnitten sein (Schnittpol bzw. Schlingen-Schnittpol, Abb. 13.7). Die Rückseite von Tuftingteppichen weist eine Rückenbeschichtung auf, die verschieden ausgeführt sein kann.

13.3.4 Nadelvlies-Bodenbeläge

Textile Bodenbeläge, die aus einem mechanisch durch Nadeln und zusätzlich adhäsiv verfestigten Faservlies bestehen; sie weisen häufig eine hohe Strapazierfähigkeit auf.
Es gibt Nadelvlies-Bodenbeläge ohne polartige Oberseite oder mit polartigem Aufbau (auch Pol-Vlies-Bodenbeläge genannt).
Nadelvlies-Bodenbeläge mit polartigem Aufbau können eine schlingenartige Oberseite, eine veloursartige Oberseite oder eine schlingenveloursartige Oberseite aufweisen.
Einschichtige Nadelvlies-Bodenbeläge. Das den Belag bildende Faservlies ist nach Faserart, Farbe und Beschaffenheit über die Dicke des Belags einheitlich.
Mehrschichtige Nadelvlies-Bodenbeläge. Das den Belag bildende Faservlies besteht aus mehreren in Faserart oder Farbe und/oder Beschaffenheit verschiedenen Schichten.

13.3.5 Klebpolteppiche *(Klebnoppentextilien)*

Auf einem vorgefertigten Träger sind Schichten aus Blöcken gebündelter Fasern oder Fäden (Schnittpol, Abb. 13.8) oder eine vorgefaltete Fadenschar bzw. ein vorgefaltetes Faservlies (Schlingenpol, Abb. 13.9) aufgebracht und mit dem Träger adhäsiv verbunden.
Die vorgefaltete Fadenschar oder das vorgefaltete Faservlies kann auch wechselnd mit zwei parallel geführten Träger-Bahnen adhäsiv verbunden und die so gebildete Kleb-Doppelware aufgeschnitten sein (Schnittpol).

13.3.6 Flockteppiche *(Flocktextilien)*

Mit einem vorgefertigten Träger ist eine Schicht von Flockenfasern, die auf elektrostatischem Wege orientiert und aufgebracht sind, adhäsiv verbunden. Flockteppiche haben immer eine veloursartige Oberseite.

13.3.7 Nähwirkteppiche *(Nähwirkstoffe)*

Nähwirkteppiche sind Polfaden-Nähwirkstoffe (siehe DIN 61 211 (05.05)). Die Polfäden sind, zu Polhenkeln oder in Schlaufen geformt, in ein Grundmaterial eingebunden.

13.3.8 Vlieswirkteppiche *(Vlieswirkstoffe)*

Vlieswirkteppiche sind Pol-Vlies-Wirkstoffe nach DIN 61 211. Sie bestehen aus einem Grundmaterial und einem zusätzlichen Faservlies, wobei die zu Polhenkeln geformten Fasern des Vlieses in das Grundmaterial eingebunden sind.

13.3.9 Richtungsloser Teppich (Kugelgarn)

Vollsynthetischer Träger mit Nutzschicht aus kugelförmigen Garnen, Polyamid und Polypropylen, aufgeschüttet und verpresst (s. nachstehende Abb. Kugelgarn).

13 Bodenbeläge

Abb. Kugelgarn

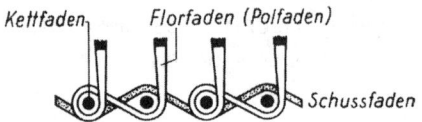

Abb. 13.3
Perserknoten über zwei Kettfäden beim Knüpfteppich

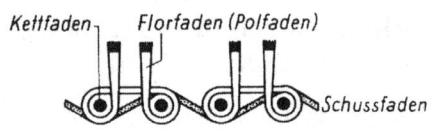

Abb. 13.4
Türkischer Knoten über zwei Kettfäden beim Knüpfteppich

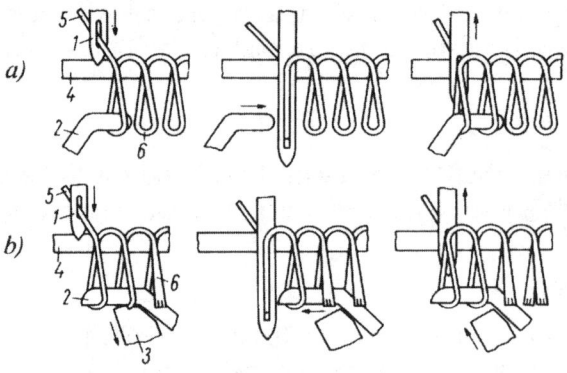

a) Schlingenflor, b) Schnittflor
1 Nadel, 2 Greifer, 3 Messer, 4 Grundgewebe, 5 Polgarn, 6 Schlaufen- bzw. Schnittflor
Abb. 13.5 Florherstellung beim Tuftingteppich

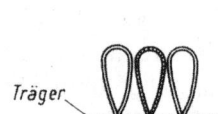

Abb. 13.6
Schlingenpol beim Tuftingteppich

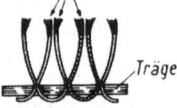

Abb. 13.7
Schnittpol beim Tuftingteppich

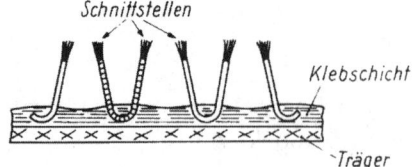

Abb. 13.8
Schnittpol beim Klebpolteppich

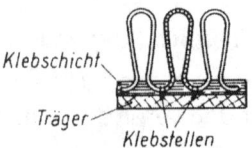

Abb. 13.9
Schlingenpol beim Klebpolteppich

13.4 Beurteilungskriterien

Für elastische Bodenbeläge sind Güteanforderungen in Tafel 13.2 zusammengestellt. Die kennzeichnenden Merkmale bzw. Beurteilungskriterien (siehe Tafel 13.1) und die zur Bestimmung der Merkmale angewandten Prüfmethoden bedürfen allerdings kurzer Erläuterungen ([13.3], [13.4]).

13.4.1 Rutschsicherheit ist bei strukturierten und profilierten Bodenbelägen im Allgemeinen größer als bei Fußbodenbelägen mit glatter Oberfläche.(Siehe auch Kapitel 2.7.7b/c).

13.4.2 Lichtreflexion ist bei Bodenbelägen mit strukturierter und profilierter Oberfläche in der Regel geringer als bei solchen mit glatter Oberfläche.

13.4.3 Brandverhalten von Baustoffen und Bauteilen wird nach DIN 4102 eingestuft. Die DIN 4102 ist mit den Rechtsvorschriften der Landesbauordnungen im Zusammenhang anzuwenden. Nach DIN 4102-1 (05.98) gelten platten- und bahnenförmige Materialien als Baustoffe. Für Bodenbeläge gelten also die für Baustoffe in der Norm dargestellten Klassifizierungen und Anforderungen. Die Einstufung von Bodenbelägen in Baustoffklassen wird in DIN 4102-1 und -4 geregelt. Zusätzlich gilt DIN EN 13 501-1, wobei die erste bezeichnende Ziffer die Baustoffklasse und die zweite Ziffer die Rauchbildung darstellt.

Bodenbeläge werden entsprechend DIN 4102-14 geprüft. Sie gehören in die Baustoffklasse B 1 (schwer entflammbar), wenn die Anforderungen bei der Prüfung nach dem Radiant-Panel-Test und dem Kleinbrenner-Test erfüllt sind.

Radiant-Panel-Test: Eine Probe wird unter 30° Neigung zu einem gasbeheizten Strahler mit Zündbrenner angeordnet. Im Versuch wird festgestellt, bei welcher Strahlungsenergie, die wegen der Neigung der Probe über deren Länge abnimmt, die Flammen verlöschen. Außerdem wird die Rauchdichte beurteilt. Dazu wird die Minderung der Lichtdurchlässigkeit im Abgasschacht gemessen und zeitabhängig als Diagramm aufgezeichnet. Aus dem Diagramm wird das Ergebnis ermittelt.

Kleinbrenner-Test: Proben werden kurzzeitig beflammt. Dabei wird das Brennverhalten der auf den Proben angebrachten Baumwollfäden beurteilt.

Für in die Baustoffklasse B 1 einzustufende Baustoffe, die zu kennzeichnen sind, muss aufgrund der Prüfbescheide ein Überwachungsvertrag abgeschlossen werden, der das überwachende Institut zur jährlichen Entnahme einer Probe der entsprechenden Qualität aus der laufenden Produktion berechtigt.

Ohne besonderen Nachweis und ohne die oben genannte Überwachungspflicht werden nach DIN 4102-4 **PVC-Bodenbeläge ohne Träger** (DIN EN 649) und **Flexplatten** (DIN EN 654) in die Baustoffklasse B 1 (schwer entflammbar) eingestuft, wenn sie auf mineralischem Untergrund verklebt werden.

Alle **elastischen Bodenbeläge,** die die Anforderungen der Baustoffklasse B 1 nicht erfüllen, sind nach DIN 4102 in die Klasse B 2 (normal entflammbar) einzustufen.

Textile Bodenbeläge können in die Baustoffklasse B 2 eingestuft werden, wenn sie die Anforderungen der DIN 66 090 erfüllen oder mindestens in die Brennklasse T – b nach DIN 66 081 *(gestrichen)* eingestuft werden können (siehe Abschnitt 13.4.4).

13 Bodenbeläge

Tafel 13.1 Beurteilungskriterien für Bodenbeläge

	Farbe Oberflächenstruktur Rutschhemmung Lichtreflexion Brandverhalten Wärmeableitung Wärmedurchlasswiderstand (Eignung für Fußbodenheizung) Schallabsorptionsgrad (bei textilen Belägen) Trittschallverbesserungsmaß subjektive Verschmutzungs- empfindlichkeit	Sicherung menschlicher Lebensbedingungen (sinnliche Wahrnehmung, Behaglichkeit, Hygiene, Unfallsicherheit, Brandschutz)
Wirtschaftlichkeit **(Lebensdauer,** **Anschaffungskosten,** **Unterhaltungs- und** **Pflegekosten, Reinigung)**	objektive Verschmutzungs- empfindlichkeit	
	Desinfizierbarkeit elektrostatisches Verhalten Leitfähigkeit	

	Verschleißfestigkeit (Lebensdauer)
	  dynamische Beanspruchung
	  statische Beanspruchung
	  Scheuerwirkung
	Feuchtigkeitsempfindlichkeit
	chemische Resistenz
		Besondere Anforderungen,
		z. B.
		in Fabrikationsräumen,
		explosionsgefährdeten
		Räumen u. a.

	Reinigungseigenschaft	
	Lichtechtheit, Farbechtheit	
	Flächengewicht	Statik

13.4.4 Brandverhalten von Bodenbelägen wird neben der Klassifizierung nach DIN 4102 noch nach anderen Normen beurteilt.
Elastische Bodenbeläge werden nach EN 1399 geprüft: Brandtiefe und -ausdehnung bei der Einwirkung glimmender Tabakwaren.
Textile Bodenbeläge werden nach DIN 66 080 (11.88) – Kennwerte für das Brennverhalten textiler Erzeugnisse; Grundsätze – in Brennklassen eingestuft. Die Prüfung erfolgt nach DIN 54 332 (02.75) – Prüfung von Textilien; Bestimmung des Brennverhaltens von textilen Fußbodenbelägen. Hierbei wird das Brennverhalten bei Beflammung mittels Kleinbrenner in Bezug auf die Auswirkungen auf einen über die Probe gespannten Baumwollfaden untersucht.
Brennklasse T – a: Beflammungszeit: 15 s. Baumwollfaden darf nicht durchbrennen. Proben dürfen nicht länger als 5 s nach Entfernen der Zündquelle weiterbrennen oder -glimmen.
Brennklasse T – b: Beflammungszeit: 15 s. Baumwollfaden darf nicht oder frühestens 25 s nach Beginn der Beflammung durchbrennen. Alternative: 5 Proben werden 5 s lang beflammt. Baumwollfaden darf frühestens 30 s nach Beflammungsbeginn durchbrennen.
Brennklasse T – c: Beflammungszeit: 5 s. Baumwollfaden darf nicht eher als 10 s nach Beflammungsbeginn durchbrennen.

13.4.5 Der Wärmedurchlasswiderstand wird nach DIN 52 612, insbesondere Teil 3 (09.79) – Wärmeschutztechnische Prüfungen – Wärmedurchlasswiderstand geschichteter Materialien für die Anwendung im Bauwesen – ermittelt. Seine Größe bestimmt u.a. die Verwendbarkeit des Bodenbelags auf Unterböden mit Fußbodenheizung (maximal 1/L = 0,17 m² · K/W).

13.4 Beurteilungskriterien

13.4.6 Schallabsorption wird nach DIN EN ISO 354 (12.03) – Bauakustische Prüfungen; Ermittlung des Schallabsorptionsgrades im Hallraum – bestimmt.

13.4.7 Das **Trittschallverbesserungsmaß** wird nach ISO 140-8 (03.98) ermittelt.

13.4.8 Elektrostatisches Verhalten wird mit einer Reihe von Daten beschrieben:
Oberflächenwiderstand R_3 (DIN EN 1081), R_{OF} (DIN 54 345-6) *(gestrichen)*
Durchgangswiderstand R_1 (DIN EN 1081), R_{DF} (DIN 54 345-6) *(gestrichen)*[4]
Erdableitwiderstand R_2 (DIN EN 1081), R_{EF} (DIN EN 54 345-6) *(gestrichen)*
Aufladung im Begehversuch (Volt) (DIN EN 1815)
a) Antistatische Bodenbeläge dürfen bei Prüfung für elastische Bodenbeläge nach DIN 1815 und textile Bodenbeläge nach ISO 6356 bei +23°C und 25 % relativer Luftfeuchte keine Aufladespannungen > 2 kV erzeugen.
b) Ableitfähige Bodenbeläge müssen einen Durchgangswiderstand von $< 10^9$ Ohm nachweisen.
c) Leitfähige Bodenbeläge müssen einen Durchgangswiderstand von $< 10^6$ Ohm haben.
Die Ermittlung der o.a. Daten erfolgt nach folgenden Normen:

Normen

DIN 54 345-1	(02.92)	Prüfung von Textilien; Elektrostatisches Verhalten; Bestimmung elektrischer Widerstandsgrößen
DIN 54 345-4	(07.85)	Prüfung von Textilien; Elektrostatisches Verhalten; Bestimmung der elektrostatischen Aufladbarkeit textiler Flächengebilde
DIN 54 345-5	(07.85)	Prüfung von Textilien; Elektrostatisches Verhalten; Bestimmung des elektrischen Widerstandes an Streifen aus textilen Flächengebilden

Das elektrostatische Verhalten von Bodenbelägen muss wegen seiner Auswirkungen auf Menschen, auf empfindliche elektronische Geräte und auf explosive Luftgemische unterschiedlich bewertet werden. Die für den Menschen spürbaren Entladungen beginnen bei 2000 bis 3000 V (**antistatische** Beläge erforderlich). Für Räume mit elektronischen Geräten werden von den Geräteherstellern meistens Höchstwerte für den **Erdableitwiderstand** und Mindestwerte für die **relative Luftfeuchte** angegeben (ableitfähige Beläge erforderlich; siehe Tafel 13.2). Niedrige Luftfeuchte begünstigt die elektrische Aufladung von Bodenbelägen. Für Bereiche, in denen wegen der Existenz explosiver Luftgemische Explosionsgefahr besteht (Operationsräume, Laboratorien usw.), fordern die zuständigen Berufsgenossenschaften grundsätzlich ableitfähige Bodenbeläge (Ableitwiderstand R_E[5] höchstens 10^8 Ohm). Antistatische Ausrüstung ist nicht erforderlich bei Belägen aus folgenden Materialien:
a) Elastische Bodenbeläge: Linoleum, Flexplatten,
b) Textile Bodenbeläge mit Nutzschicht aus Jute, Hanf, Sisal oder Kokosfaser.
Elastische Bodenbeläge werden durch Beimischung von **kristallinem Kohlenstoff** oder von **chemischen Zusätzen** ableitfähig ausgerüstet. Für textile Bodenbeläge werden drei Methoden der antistatischen bzw. ableitfähigen Ausrüstung verwendet:
1. Sehr gute elektrostatische Eigenschaften sind durch **Metallfaserbeimischung** in Verbindung mit **leitfähigem Rückenstrich** bei Tufting-Belägen oder **leitfähigen Klebstoffschichten** bei Nadelvlies-Belägen zu erreichen. Aufladungen können so über eine größere Fläche verteilt oder bei leitfähiger Verlegung abgeleitet werden.

---

[4] Ableitwiderstand, gemessen am unverlegten textilen oder elastischen Bodenbelag zwischen Oberfläche und Unterseite.
[5] Ableitwiderstand, gemessen am verlegten Bodenbelag zwischen Oberfläche und Erdpotential.

2. Die Leitfähigkeit durch **leitfähiges Polyamid** geht auch bei starker Beanspruchung nicht verloren. Volle Wirksamkeit ist nur in Verbindung mit **leitfähigem Rückenstrich** zu erreichen.
3. **Chemische Ausrüstung** (nur noch selten angewandt) durch Auftrag eines Antistatikums bzw. bei Nadelvlies-Belägen Beimischung eines Antistatikums zur Imprägnierung. Bei Tufting-Belägen muss mit Verschleiß der chemischen Imprägnierung gerechnet werden.

Ableitfähige Verlegung wird durch Kupferbänder (10 mm × 0,08 mm; bei textilen Belägen mit $a = 1,0$ m quer zur Bahn und bei elastischen Belägen unter jeder Plattenreihe oder Belagsbahn) oder durch leitfähigen Vorstrich und mit leitfähigem Klebstoff bewirkt. Die Bänder sollen im Abstand von etwa 1,00 m von den Wänden gitterartig verbunden werden. Der Anschluss an das **Potentialausgleichsnetz** muss entsprechend den VDE-Richtlinien 0100 und 0107 vom Elektrofachmann ausgeführt werden.

13.4.9 Verschleißverhalten

13.4.9.1 Verschleißverhalten von elastischen Bodenbelägen

Das Verschleißverhalten von elastischen Bodenbelägen wird nach DIN EN 660-1 – Prüfung von organischen Bodenbelägen (außer textilen Belägen); Verschleißprüfung (20-Zyklen-Verfahren) – bestimmt. Dabei wird der Dickenverlust in mm aus dem Gewichtsverlust und der Rohdichte der Nutzschicht unter Annahme einer kreisförmigen Verschleißfläche von 150 cm² errechnet.

Der Quotient aus Nutzschichtdicke und Dickenverlust bei der Verschleißprüfung ist der sogenannte **relative Verschleißwiderstand** *rV*. Er ist umso höher, je größer die Nutzungsschichtdicke und je geringer der Dickenverlust ist.[6] Die Angabe des relativen Verschleißwiderstandes ist in DIN EN 649 nicht vorgesehen.

Anforderungen an das Verschleißverhalten werden gestellt in den Normen für Flexplatten, PVC- und Elastomerbeläge: Die Nutzschichtdicke darf nach 20 Zyklen nicht abgetragen sein. Bei Linoleum (EN 548) muss der relative Verschleißwiderstand nach den „Technischen Grundlagen für RAL-Testate" je nach Dicke mindestens 2,0 bis 10,0 betragen, bei Linoleum-Verbundbelag (DIN EN 687) mindestens 2,0.

Ähnlich wie schon seit längerer Zeit für textile Bodenbeläge gibt es für elastische Bodenbeläge jetzt die Möglichkeit der sicheren Einstufung in bestimmte **Eignungsbereiche.** Die DIN EN 685 (11.07) (Elastische Bodenbeläge; Klassifizierung) nimmt eine Klassifizierung in die Nutzungsbereiche Wohnen, Gewerblich und Industriell vor (siehe Tafel 13.2).

Der Prüfumfang für die technische Beschreibung der einzelnen Belagsarten ist in technischen Grundlagen für RAL-Testate festgelegt. Das produktbezogen vergebene RAL-Testat enthält die Einstufung in bestimmte Eignungsbereiche sowie Zusatzeignungen.

Technische Grundlagen

RAL-TG EEB	Elastomere ebene Bodenbeläge
RAL-TG EPB	Elastomere profilierte Bodenbeläge
RAL-TG ESB	Elastomere schaumstoffbeschichtete Bodenbeläge
RAL-TG LBB	Linoleum-Beläge (DIN EN 548)
RAL-TG LBB	Linoleum-Verbundbeläge (DIN EN 687)
RAL-TG PVC	PVC-Beläge ohne Träger (DIN EN 649)

---

6   Nach RAL-TG PVC gilt für homogene PVC-Bodenbeläge: $rV = \dfrac{\text{Nutzschichtdicke} - 0{,}3 \text{ mm}}{\text{Dickenverlust}}$

13.4 Beurteilungskriterien

In die Technischen Grundlagen sind die Mindestanforderungen der vorhandenen Gütenormen und zusätzliche Anforderungen für Eignungsbereich und Zusatzeignungen eingegangen.

Tafel 13.2 Klassifizierung von elastischen Bodenbelägen nach DIN EN 685 (11.07)

Klasse	Nutzung	Beschreibung der Einsatzbereiche
	Wohnen	Bereiche, die für die private Nutzung vorgesehen sind.
21	gering	Bereiche mit geringer oder zeitweiser Nutzung z.B. Schlafräume
22	normal	Bereiche mit mittlerer Nutzung z.B. Wohnräume
23	stark	Bereiche mit mittlerer bis intensiver Nutzung z.B. Wohnräume, Flure, Esszimmer
23+		Bereiche mit intensiver Nutzung z.B. Eingangsflure, Korridore, Esszimmer
	Gewerblich	Bereiche, die für die öffentliche und gewerbliche Nutzung vorgesehen sind.
31	gering	Bereiche mit geringer oder zeitweiser Nutzung z.B. Hotels, Konferenzräume, kleine Büros
32	normal	Bereiche mit mittlerer Nutzung z.B. Klassenräume, Boutiquen, Hotels
33	stark	Bereiche mit starker Nutzung z.B. Kaufhäuser, Lobbys, Schulen, Großraumbüros
34	sehr stark	Bereiche mit intensiver Nutzung z.B. Kaufhäuser, Schalterhallen, Mehrzweckhallen
	Industriell	Bereiche, die für die Nutzung durch Leichtindustrie vorgesehen sind.
41	gering	Bereiche, in denen die Arbeit hauptsächlich sitzend durchgeführt wird und/oder gelegentlich leichte Fahrzeuge benutzt werden. z.B. Elektronik- und Feinmechanikerwerkstätten
42	normal	Bereiche, in denen die Arbeit hauptsächlich stehend ausgeführt wird und/oder mit Fahrzeugverkehr. z.B. Lagerräume, Elektronik-Werkstätten
43	stark	andere industrielle Bereiche z.B. Lagerräume, Produktionshallen

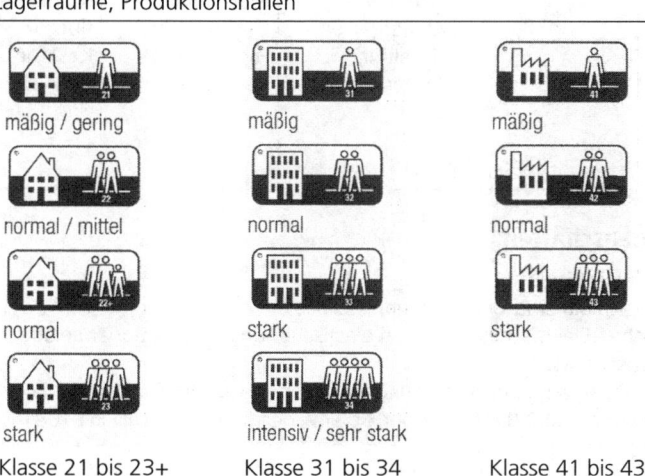

Kennzeichnungs-Symbole: Klasse 21 bis 23+   Klasse 31 bis 34   Klasse 41 bis 43

13 Bodenbeläge

Tafel 13.3 Elastische Bodenbeläge. Anforderungen für die Einstufung

		▪ E ▪	▪▪ E ▪▪	▪▪▪ E ▪▪▪	▪▪▪▪ E ▪▪▪▪
TG EEB TG LBB TG PVC	Verschleißindex	≥ 2	≥ 4	≥ 6	≥ 10
TG LBB TG PVC	zusätzliche Anforderungen an die Nutzschichtdicke bei den einzelnen technischen Grundlagen	– –	≥ 1,0 mm ≥ 1,0 mm	≥ 2,0 mm ≥ 2,0 mm	≥ 3,3 mm ≥ 2,1 mm
	Bereiche mit	leichter Beanspruchung	mittlerer Beanspruchung	starker Beanspruchung	höchster Beanspruchung
	Einsatzbeispiele	Wohnraum, Diele, Aufenthaltsraum, Hotelzimmer	Ausstellungs-, Konferenzraum, Boutique, Altenheim, Kindergarten, Hotelflur, Küche im Wohnbereich	Krankenhaus, Schul- und Lehrraum, Sporthalle, Großraumbüro, Fachgeschäft, Restaurant, Theater	Schalter-, Fabrikhalle, Kaufhaus, Schulflur, Tanzfläche, Kaserne
TG EEB TG EPB TG ESB	Gesamtdicke	≥ 3,0 mm	≥ 3,5 mm	≥ 4,0 mm	≥ 4,5 mm
	Abrieb ISO 4649	≤ 200 mm³	≤ 150 mm³	≤ 150 mm³	≤ 150 mm³
	Bereiche mit	leichter Beanspruchung	mittlerer Beanspruchung	starker Beanspruchung	höchster Beanspruchung
	Einsatzbeispiele	Ausstellungsraum, Boutique, Altenheim, Kindergarten, Hotelflur, Arztpraxis, Büro	Sanatorium, Besuchertribüne in Sporthalle, Wartehalle, Großraumbüro, Fachgeschäft, Restaurant	Schalterhalle, Kaufhaus, Schul- und Krankenhausflur, Kaserne	Flughafen, U-Bahnhof, Bahnhofshalle, Werkstätte, Eingangsbereich von Supermärkten, Autoausstellungsraum, Lagerhalle, Aufzug

Zusatzeigenschaften:

 ableitfähig
Ableitfähig sind Beläge, wenn der Ableitwiderstand nach DIN EN 1081 maximal 10^9 O beträgt. (Siehe „Elektrisches Verhalten elastischer und textiler Bodenbeläge" RAL-RG 725/3.)

 antistatisch
Der Belag zeigt bei der Prüfung in Anlehnung an DIN EN 1815 im Begehtest eine Personenaufladung von maximal 2,0 kV, oder der Ableitwiderstand nach DIN EN 1081 ist maximal 10^9 O.

13.4 Beurteilungskriterien

 für Fußbodenheizung geeignet
Der Belag besitzt eine normgerechte Maßbeständigkeit. Elastische Bodenbeläge müssen verschweißt werden. Der Wärmedurchlasswiderstand darf maximal 0,15 m² · K/W betragen.

 gegen Mineralöl und Fett beständig
Der Belag zeigt bei 24 Stunden Einwirkungsdauer nach DIN 51 958 *(gestrichen)* von Schmieröl ASTM Nr. 2 und Butter keine sichtbare Veränderung und maximal 25 % Änderung des Resteindrucks.

 stuhlrollengeeignet
In Anlehnung an DIN EN 985 (Stuhlrollenprüfung bei textilen Bodenbelägen (12.01)) wird der Belag mit Rollen nach DIN EN 12 529, Typ W geprüft. Der Belag ist stuhlrollengeeignet, wenn nach 30 000 Rollenumdrehungen keine erkennbare Schädigung am Belag auftritt (siehe auch DIN EN 425).

 zigarettenglutbeständig
Der Belag ist gegen Zigarettenglut beständig, wenn bei der Prüfung nach DIN EN 1399 keine bleibende, d.h. nicht entfernbare Schädigung auftritt.

13.4.9.2 Einstufung von Polteppichen (DIN EN 1307)
Einstufung des Verschleißverhaltens

	Beanspruchungsbeispiele		
	Wohnbereich	Geschäftsbereich	Industriebereich
Klasse 1	leichte Beanspruchung	leicht	–
Klasse 2	normale Beanspruchung	normal	–
Klasse 3	starke Beanspruchung	stark	normal
Klasse 4	extreme Beanspruchung	–	stark

Bei der Einstufung des Verschleißverhaltens werden folgende Prüfungen berücksichtigt:

Polschichtgewicht	ISO 8543
Polschichtdicke	ISO 1766
Tretradversuch	DIN EN 1963
Trommelversuch	ISO 10 361
Antistatik	DIN 54 345-3
Zahl der Noppen/Schleifen	ISO 1763

Einstufung des Komfortwerts
LC1 einfach
LC2 gut
LC3 hoch
LC4 luxuriös
LC5 prestige

Piktogramme

 1 einfach   2 gut   3 hoch   4 luxuriös   5 prestige

Der Komfortwert wird mit einer Rechenformel aus den Werten von Polschichtdicke, Polschichtgewicht und der Noppenzahl errechnet; dabei wird Velours mit einer anderen Festzahl als Schlingen-Beläge berechnet. Die Festzahl ist empirisch ermittelt.

13 Bodenbeläge

Strapazier- und Komfortwert werden mit den jeweiligen Klassen angegeben, z.B.

Strapazierwert	4	extrem
Komfortwert	LC3	hoch

TR = Textilrücken
CTR = Comforttextilrücken
VR = Vlies/Filzrücken
ComBack = Jute-Flachs-Rücken
Jute = Jutegewebe
latexiert = z.B. gewebte Ware
Appretur = z.B. gewebte Ware
PS = Prägeschaum bei Läuferware
Fliesen = Bitumen-/Schwerbeschichtung
S = schmutzabweisende Zusatzausrüstung

13.4.9.3 Verschleißverhalten von textilen Bodenbelägen
Es wird durch eine Reihe von **Prüfverfahren** festgestellt:

Normen
DIN 54 316   (10.83)   Prüfung von Textilien; Bestimmung des Eindruckverhaltens textiler Fußbodenbeläge unter statischer Druckbeanspruchung (zurückgezogen)

Zusatzeignungen:
z.B. Stuhlrollengeeignet
Beläge mit diesem Symbol sind stuhlrollengeeignet. Bürorollstühle müssen für den Einsatz auf textilen DLW-Bodenbelägen mit Rollen nach DIN EN 12 529, Typ H ausgestattet sein, d.h. mit harten, reibungsarmen Rollen in den genormten Abmessungen (Ø etwa 50 mm, etwa 20 mm Laufflächenbreite, etwa 100 mm Krümmungsradius der Lauffläche).

FH: für Warmwasser-Fussbodenheizung geeignet

r: für Stuhlrollen geeignet.

rw: für Stuhlrolle im Wohnbereich bei nicht ständiger Nutzung geeignet

t: für Verlegung auf Treppen im Wohnbereich geeignet

tw: für Verlegung auf Treppen im Wohnbereich geeignet

a: antistatisch ausgerüstet

Klasse B_n-s1: schwer entflammbar, bestmögliche Klasse für Bodenbeläge/Brandklasse alt B1

Klasse C_n-s1: schwer entflammbar, ausreichend für den Objektbereich/Brandklasse alt B1

Klasse D_n-s1: normal entflammbar/Brandklasse alt B2/T-a

Klasse E_n: normal entflammbar, Anforderung für Wohnbereich

Klasse F_n: leicht entflammbar, wenn keine Anforderungen an das Brandverhalten gestellt werden (niedrige Klasse)

13.4.10 Feuchtraumeignung
Feuchtraumeignung textiler Bodenbeläge wird u.a. nach ISO 2551 geprüft. Es kommen nur vollsynthetische Bodenbeläge infrage.

13.4 Beurteilungskriterien

13.4.11 Lichtechtheit

Lichtechtheit von elastischen Bodenbelägen wird nach EN ISO 105-B02 geprüft. Es werden Echtheitszahlen von 1 bis 8 (Höchstnote) erteilt (Mindestanforderungen siehe Tafel 13.4). **Lichtechtheit für textile Fußbodenbeläge** wird nach EN ISO 105-B02 – Prüfung der Farbechtheit von Textilien; Bestimmung der Lichtechtheit von Färbungen und Drucken mit künstlichem Tageslicht (gefiltertes Xenonbogenlicht) – geprüft. Es werden Echtheitszahlen von 1 bis 8 (Höchstnote) erteilt. Mindestanforderung nach DIN EN 1307 ist 5.

13.4.12 Reibechtheit

Reibechtheit von textilen Bodenbelägen wird nach EN ISO 105-X16 geprüft. Es werden Echtheitszahlen von 1 bis 5 (Höchstnote) erteilt. Mindestanforderung nach EN 1307 ist 3 bis 4 (trocken) bzw. 3 (nass).

13.4.13 Wasserechtheit

Wasserechtheit wird nach EN ISO 105-E01 geprüft. Die Mindestanforderung nach DIN EN 1307 ist 3 bis 4.

Die Mindestwerte für Licht-, Reib- und Wasserechtheit sind Grundanforderungen für die Einstufung von textilen Bodenbelägen. Sie brauchen daher bei Produktbeschreibungen mit Strapazier- und Komforteinstufung nach EN 1307 nicht besonders aufgeführt zu werden. Produktdaten für Bodenbeläge sind nur dann für den Planer als verbindliche Größe verwertbar, wenn die von ihm ausgewählten Produkte nachweislich in einen bestimmten Eignungsbereich eingestuft sind. Diese damit definierte Qualität umfasst eine Reihe von einzelnen Mindestkennwerten. Bei Produkten, die nicht durch Einstufung in einen Eignungsbereich ausgezeichnet sind, ist die Gewähr für eine bestimmte Qualität allenfalls dadurch zu erreichen, dass beim Abschluss von Lieferverträgen oder Werkverträgen bestimmte Prüfzeugnisse Vertragsbestandteil werden.

Allgemeine Güteanforderungen für elastische Bodenbeläge sind in Tafel 13.4 zusammengestellt.

13 Bodenbeläge

Tafel 13.4 Eigenschaften elastischer Bodenbeläge

		EN 649 (homogene und heterogene PVC-Beläge)	EN 652 (PVC-Beläge mit Rücken auf Korkbasis)	EN 548 (Linoleum mit und ohne Musterung)	EN 687 (Linoleum mit und ohne Musterung mit Korkmentrücken)	EN 654 (Polyvinyl-Flex-Platten)	EN 1817 (homogene und heterogene ebene Elastomer-Bodenbeläge)	EN 12 199 (homogene und heterogene profilierte Elastomer-Bodenbeläge)	EN 1816 (homogene und heterogene ebene Elastomer-Bodenbeläge mit Schaumstoffbeschichtung)
1.1	Abmessungen, zulässige Abweichungen vom Nennmaß (EN 426, EN 427)	Bahnen: ≤ Nennmaß Platten: ≤ 0,13 %, maximal 0,5 mm	Bahnen: ≤ Nennmaß Platten: ≤ 0,13 %, maximal 0,5 mm	Bahnen: ≥ Nennmaß Platten: ≤ 0,15 %, maximal 0,5 mm	Bahnen: ≥ Nennmaß	Platten: ≤ 0,13 %, maximal 0,5 mm	Bahnen: ≥ Nennmaß Platten: Nennlänge ± 0,15 %	Bahnen: ≥ Nennmaß Platten: Nennlänge ± 0,15 %	Bahnen: ≥ Nennmaß
1.2	Platten-Rechtwinkligkeit (EN 427) Seitenlänge ≤ 400 mm Seitenlänge > 400 mm Seitenlänge > 400 mm zum Verschweißen	≤ 0,25 mm ≤ 0,35 mm ≤ 0,5 mm	≤ 0,25 mm ≤ 0,35 mm ≤ 0,5 mm	≤ 0,25 mm ≤ 0,35 mm	–	≤ 0,25 mm ≤ 0,35 mm	≤ 610 mm: ± 0,25 % ≥ 610 mm: ± 0,35 %	≤ 610 mm: ± 0,25 % ≥ 610 mm: ± 0,35 %	–
1.3	Gesamtdicke zulässige Abweichung von der Nenndicke (EN 428)	– 0,10/+ 0,13 mm (Mittelwert) und ± 0,15 mm (Einzelwert)	+ 0,18/– 0,15 mm (Mittelwert) und ± 0,20 mm (Einzelwert)	± 0,15 mm (Mittelwert) und ± 0,20 mm (Einzelwert)	≥ 4,0 mm ± 0,20 mm (Mittelwert) und ± 0,25 mm (Einzelwert)	– 0,10/+ 0,13 mm (Mittelwert) und ± 0,15 mm (Einzelwert)	± 0,15 mm (Mittelwert) und ± 0,20 mm (Einzelwert)	± 0,20 mm (Mittelwert) und ± 0,25 mm (Einzelwert)	± 0,20 mm (Mittelwert) und ± 0,25 mm (Einzelwert)
1.4	Dicke der Schichten (EN 429)		Korkmentrücken: Nenndicke	Faserstoffrücken ≤ 0,80 mm			–	–	Schaumstoffbeschichtung ≥ Nennwert
1.5	Gesamtmasse (EN 430)	– 10 %/+ 13 %	– 10 %/+ 13 %	± 10 %	± 10 %	– 10 %/+ 13 %	–	–	–
1.6	Resteindruck nach konstanter Belastung (EN 433)	≤ 0,1 mm (Mittelwert)	≤ 0,40 mm (Mittelwert)	Dicke ≤ 3,2 mm ≤ 0,15 mm Dicke ≥ 4,0 mm ≤ 0,20 mm	≤ 0,40 mm (Mittelwert)	≤ 0,1 mm (Mittelwert)	< 2,56 mm ≤ 0,15 mm ≥ 2,5 mm ≤ 0,20 mm (Mittelwerte)	< 3,0 mm ≤ 0,20 mm ≥ 3,0 mm ≤ 0,25 mm (Mittelwerte)	≤ 0,25 mm (Mittelwert)
1.7	Maßänderung nach Wärmeeinwirkung (EN 434) Bahnen und Platten zum Verschweißen Platten, Trockenfugen	≤ 0,4 % ≤ 0,25 %	≤ 0,4 % ≤ 0,25 %	durch Luftfeuchte (EN 669) Platten: < 0,1 %	– –	– ≤ 0,25 %	± 0,4 % (Grenzabweichung)	± 0,4 % (Grenzabweichung)	± 0,4 % (Grenzabweichung)

13.4 Beurteilungskriterien

Tafel 13.4 (Fortsetzung) Eigenschaften elastischer Bodenbeläge

		EN 649 (homogene und heterogene PVC-Beläge)	EN 652 (PVC-Beläge mit Rücken auf Korkbasis)	EN 548 (Linoleum mit und ohne Musterung)	EN 687 (Linoleum mit und ohne Musterung mit Korkmentrücken)	EN 654 (Polyvinyl-Flex-Platten)	EN 1817 (homogene und heterogene ebene Elastomer-Bodenbeläge)	EN 12 199 (homogene und heterogene profilierte Elastomer-Bodenbeläge)	EN 1816 (homogene und heterogene ebene Elastomer-Bodenbeläge mit Schaumstoffbeschichtung)
1.8	Schüsselung nach Wärmeeinwirkung (EN 434) Bahnen u. Platten zum Verschweißen Platten, Trockenfugen	≤ 8 mm ≤ 2 mm	≤ 8 mm ≤ 2 mm	–	–	bei Feuchte-Einwirkung: (EN 662) – ≤ 0,75 mm	–	–	–
1.9	Biegsamkeit (EN 435) Dorndurchmesser 15 mm Dorndurchmesser 20 mm Dorndurchmesser 30 mm Dorndurchmesser 40 mm Dorndurchmesser 50 mm Dorndurchmesser 60 mm	Verfahren A kein Riss, sonst Ø 40 kein Riss	–	Verfahren A Nenndicke: 2,0 mm: kein Riss 2,5 mm: kein Riss 3,2 mm: kein Riss 4,0 mm: kein Riss	Verfahren A kein Riss	Verfahren B kein Riss	Verfahren A kein Riss (Dorn Ø 20 mm)	Verfahren A kein Riss (Dorn Ø 20 mm)	Verfahren A kein Riss (Dorn Ø 20 mm)
1.10	Trennwiderstand EN 431	–	Mittelwert ≥ 50 N/50 mm Einzelwerte ≥ 40 N/50 mm	–	–	–	–	–	Mittelwert ≥ 50 N/50 mm oder Riss im Schaum
1.11	Lichtechtheit EN 20 105-B02, Verf. 3	Note ≥ 6	Note ≥ 6	Note ≥ 6	Note ≥ 6	Note ≥ 6	mindestens 6 des Blaumaßstabes ≥ 3 des Graumaßst.	mindestens 6 des Blaumaßstabes ≥ 3 des Graumaßst.	mindestens 6 des Blaumaßstabes ≥ 3 des Graumaßst.
1.12	Stuhlrollen EN 425	nur leichte Oberfl.-Veränd., keine Delaminierung	nur leichte Oberfl.-Veränd., keine Delaminierung	nur leichte Oberfl.-Veränd., keine Delaminierung	keine Beschädigung darf sichtbar sein	nur leichte Oberfl.-Veränd., keine Delaminierung	ab Klasse 33/41: nur leichte Veränderungen	–	–
1.13	Weiterreißfestigkeit ISO 34-1: 1994 Verfahren A Arbeitsweise B	–	–	–	–	–	–	≥ 20 N/mm (Mittelwert)	–
1.14	Abriebfestigkeit ISO 4649: 1995 Verfahren A Auflast (5 ± 0,1) N	–	–	–	–	–	≤ 250 mm³	≤ 250 mm³	≤ 250 mm³
1.15	Beständigkeit gegen Zigaretten EN 1399	–	–	–	–	–			Verf. A ≥ Stufe 4 Verf. B ≥ Stufe 3
1.16	Härte ISO 7619	–	–	–	–	–	≥ 75 Shore A	≥ 75 Shore A	≥ 75 Shore A (Nutzschicht)

13.5 Literatur

[13.1] Kükelhaus, H., Organismus und Technik, Hugo Kükelhaus Gesellschaft 2006
[13.2] Kükelhaus, H., Unmenschliche Architektur, Gaia Verlag, Köln
[13.3] DLW Aktiengesellschaft, Bietigheim-Bissingen (siehe Abschnitt 21.13), Techn. Informationen
[13.4] DIN e. V. (Hrsg.), Kunststoff-Dachbahnen, Kunststoff-Dichtungsbahnen, Kunststoff-Folien, Bodenbeläge, Kunstleder, 2. Aufl., Beuth, 1998
[13.5] pro-bau-Kartei für Bau, Raum und Gerät
[13.6] Deutsches Teppich-Forschungsinstitut Aachen e. V. (siehe Abschnitt 21.13), Veröffentlichungen
[13.7] Fachverband Deutsches Fliesengewerbe im ZDB (Hrsg.), Merkblatt Mechanisch hoch belastbare keramische Bodenbeläge, Veränd. Aufl., Rudolf Müller, 2005
[13.8] Arbeitskreis Bodenbeläge im BEB, Kommentar zur DIN 18 365, SN-Vlg Michael Steinert, 2007
[13.9] Stark, U., Asphaltestriche und -bodenbeläge, IRB Verlag, 1986
[13.10] Fahrenkrog, H., Bodenbeläge aus Natur- und Betonwerkstein: Verlegetechniken, Callwey, 2001
[13.11] Kirchberg, S./Kittelmann, M., Beurteilung elastischer Bodenbeläge an Steharbeitsplätzen, Wirtschaftsverlag N. W. Verlag für neue Wissenschaft, 2001
[13.12] Unterböden und Unterlagen für Bodenbeläge und Parkett, Christiani, P., 2001
[13.13] Unger A., Fußbodenatlas, QUO-VADO AG, Donauwörth, 6. Auflage 2008
[13.14] Mader G., Zimmermann E., Bodenbeläge im Freiraum, Deutsche Verlagsanstalt, München, 2009

14 Kunststoffe

Prof. Dipl.-Ing. Rolf Möhring, Prof. Dr. rer. nat. Thomas Thielmann

14.1 Kurzzeichen für Kunststoffe

Normen

DIN EN ISO 1043-1	(03.12)	Kunststoffe – Kennbuchstaben und Kurzzeichen – Teil 1: Basis-Polymere und ihre besonderen Eigenschaften (ISO 1043-1:2011); Deutsche Fassung EN ISO 1043-1:2011
DIN EN ISO 1043-2	(03.12)	Kunststoffe – Kennbuchstaben und Kurzzeichen – Teil 2: Füllstoffe und Verstärkungsstoffe (ISO 1043-2:2011); Deutsche Fassung EN ISO 1043-2:2011
DIN EN ISO 1043-3	(01.00)	Kunststoffe – Kennbuchstaben und Kurzzeichen – Teil 3: Weichmacher (ISO 1043-3:1996); Deutsche Fassung EN ISO 1043-3:1999
DIN EN ISO 1043-4	(01.00)	Kunststoffe – Kennbuchstaben und Kurzzeichen – Teil 4: Flammschutzmittel (ISO 1043-4:1998); Deutsche Fassung EN ISO 1043-4:1999
DIN EN ISO 11 469	(10.00)	Kunststoffe – Sortenspezifische Identifizierung und Kennzeichnung von Kunststoff-Formteilen (ISO 11 469:2000); Deutsche Fassung EN ISO 11 469:2000

Kennbuchstaben und Kurzzeichen für Kunststoffe können den Normen DIN EN ISO 1043-1 bis -4 entnommen werden.

14.2 Begriffe und Einführung

Kunststoffe waren ursprünglich künstlich hergestellte Ersatzstoffe für Naturprodukte wie Horn, Naturgummi, Elfenbein oder Pflanzenharze. Der Makel minderwertiger Ersatzstoffe haftete ihnen teilweise lange an. Heute konkurrieren sie gleichwertig mit anderen Werkstoffen und können ihnen in ihren technischen Eigenschaften oder ihrer Wirtschaftlichkeit auch überlegen sein, sodass sie sogar auf manchen Anwendungsgebieten vorherrschen. Die mengenmäßige Erzeugung von Kunststoffen ist zwar wesentlich geringer als die Produktion mineralischer Baustoffe, immerhin jedoch dem Volumen nach schon etwa so groß wie der Verbrauch von Eisen und NE-Metallen zusammen. Etwa ein Viertel des Gesamtverbrauchs an Kunststoffen entfällt in Deutschland auf das Bauwesen.

Die meisten Kunststoffe sind entweder plastisch erweichbar oder waren bei ihrer Herstellung bzw. als Zwischenprodukte plastisch fließbar. Sie werden deshalb auch als *Plaste* oder *Plastik* (Hart- und Weichplastik) bezeichnet (engl.: plastics, französ.: matière plastique, russ.: plastmassa).

Der Ausdruck *Chemiewerkstoff* als wertfreier Name für Kunststoff und als Hinweis auf ein Produkt der Großchemie hat sich (bisher) nicht allgemein durchgesetzt. Polymerwerkstoff ist eine neue Wortprägung, welche den Begriff Kunststoff vollständig umfasst. Für harzähnliche Kunststoffe werden die Ausdrücke *Kunstharze, Reaktionsharze, Gießharze* oder *Laminierharze,* aus denen man dünnwandige, blattartige Laminate herstellt, verwendet. Reaktionsharze sind Kunstharze, die durch chemische Reaktion mit zwei oder mehr Komponenten, z.B. Harz, Härter und Beschleuniger, zu einem harzähnlichen Kunststoff aushärten. Kunststoffe sind durch chemische Umsetzungen hergestellte künstliche Werkstoffe, und zwar vorwiegend makromolekulare organische Stoffe.

14 Kunststoffe

Die **Herstellung** der Kunststoffe erfolgt entweder *vollsynthetisch* durch Verbindung kleiner Moleküle (Monomere) zu Makromolekülen (Polymere), z.B. bei PVC, Polyester, oder durch Abwandlung makromolekularer Naturstoffe *„halbsynthetisch"*, z.B. Zelluloid (s.a. Abschnitt 14.4.1).

Am **Aufbau** der Kunststoffe sind vorwiegend die Elemente C, H und O beteiligt; manche enthalten Cl (PVC), N (Polyamide), F („Teflon"), S (Polysulfide), Si („Silicone") u.a.m.

Die **Ausgangsstoffe** für die vollsynthetischen Kunststoffe sind hauptsächlich Erdöl, daneben auch Kohle und Erdgas sowie Kalk, Kochsalz, Wasser u.a. Kohlenwasserstoffe der Olefinreihe (auch Olefine oder Alkene genannt) spielen als Ausgangsstoffe eine wesentliche Rolle (siehe Tafel 14.1).

14.3 Allgemeine Eigenschaften der Kunststoffe (siehe Tafel 14.2)

Kunststoffe haben oft sehr unterschiedliche Eigenschaften.
Gemeinsame Merkmale sind: geringe Rohdichte (0,9 bis 1,5, einige bis 2,1 g/cm³, mit Füllstoffen auch höher, aufgeschäumt > 0,01 g/cm³), niedrige Wärmeleitfähigkeit (λ = 0,15 bis 0,40 W/(m · K), als Schaumstoff: λ = etwa 0,03 bis 0,04 W/(m · K), großer Wärmeausdehnungskoeffizient ($\alpha_T \leq 200 \cdot 10^{-6}$/K, d.h. bis zu 20-mal so groß wie von Beton oder Stahl), relativ hohe Zugfestigkeit, große Bruchdehnung, niedriger Elastizitätsmodul (E = etwa 100 bis 10 000 N/mm²), gutes elektrisches Isoliervermögen, große Beständigkeit gegen Wasser und aggressive Stoffe, leichte Verarbeitbarkeit, gute Einfärbbarkeit, Versprödungsgefahr bei tiefen Temperaturen.

Bei höheren Temperaturen (im Allgemeinen etwa zwischen 60 °C und 200 °C, je nach Kunststoffart) sind sie nicht formbeständig (siehe Tafel 14.3, Wärmeformbeständigkeit). Sie sind oft harzähnlich, mit dichter Oberfläche, oberflächenglatt und kommen nicht in gasförmigem Zustand vor. Im Allgemeinen sind sie wirtschaftlich und preislich günstig. Sie sind mehrheitlich brennbar, teils jedoch schwer entflammbar. Kunststoffe, insbesondere Thermoplaste, zeigen ein mehr oder weniger starkes Kriechen, d.h., die Verformung nimmt bei konstanter Spannung mit der Belastungszeit und der Temperatur zu.

Die *Zeitstandfestigkeit* wird durch Zeitstandprüfungen ermittelt als Spannung, die nach einer bestimmten Zeit, z.B. 10 000 Stunden, bei einer bestimmten Temperatur zum Bruch führt. Genormt sind bei Rohren Prüfungen mit dem Innendruck-Zeitstandversuch nach DIN 8061 bzw. DIN 8075 (siehe auch Abschnitt 14.14.8). In Zeitstand-Zugversuchen erhält man für verschiedene Temperaturen Zeitdehnlinien (Kriechkurven). Durch Umzeichnung lässt sich daraus das Zeitstandschaubild $s = f(t)$ mit der Dehnung als Parameter und die Zeitbruchlinie herleiten. Wenn vor dem Bruch schon Schäden, z.B. Risse, auftreten, kann man in das Zeitstandschaubild auch eine Schadenslinie eintragen (siehe auch [14.12]).

Richtwerte physikalischer Eigenschaften ausgewählter Kunststoffe sind aus Tafel 14.2 ersichtlich. Dazu folgende Prüfungshinweise:

Die *Kugeldruckhärte* ist der Quotient aus Prüfkraft und Oberfläche des im Prüfkörper erzeugten Eindrucks einer Stahlkugel von 5 mm Durchmesser nach bestimmter Zeitdauer des Einwirkens der Prüfkraft.

Zur Prüfung der *Schlagzähigkeit* werden Normkleinstäbe 50/6/4 mm in einem Pendelschlagwerk von einem Pendelhammer zerschlagen. Aus der abgelesenen Schlagarbeit A_n in kJ wird die Schlagzähigkeit $a_n = A_n / b \cdot h$ in kJ/m² berechnet.

14.3 Allgemeine Eigenschaften der Kunststoffe (siehe Tafel 14.2)

Tafel 14.1 Ausgangsstoffe für die Herstellung von Kunststoffen

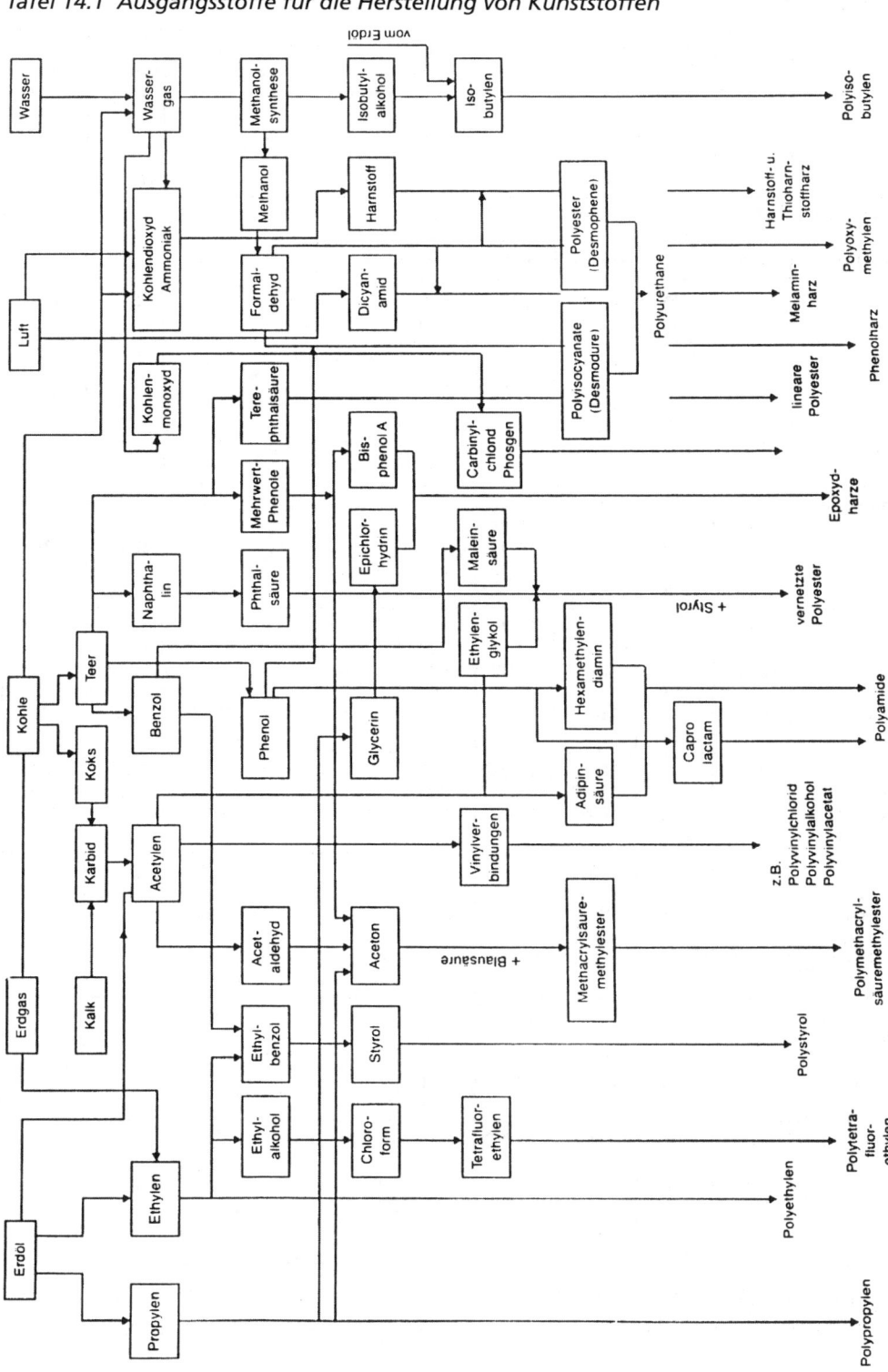

14 Kunststoffe

Tafel 14.2 Richtwerte physikalischer Eigenschaften ausgewählter Kunststoffe

Kunststoff	Kurzzeichen	Rohdichte	Zugfestigkeit	Reißdehnung	Zug-E-Modul	Kugeldruckhärte (10-s-Wert)	Schlagzähigkeit	Wärmedehnzahl α_T · 10^{-1}/K	Wärmeleitfähigkeit	Wärmeformbeständigkeit nach Vicat
		g/cm³	N/mm²	%	N/mm²	N/mm²	kJ/m²		W/(m·K)	°C
Polyethylen, weich	PE-LD	0,91–0,93	8–23	300–1000	200–500	13–20	ohne Bruch	ca. 200	0,32	40
Polyethylen, hart	PE-HD	0,94–0,96	18–35	100–1000	700–1400	40–65	o. Br.	150–180	0,4	ca. 65
Polypropylen	PP	0,90–0,91	21–37	20–800	1100–1300	36–70	o. Br.	110–170	0,22	80–90
Polybuten I	PB	0,91–0,92	30–38	250–280	250–350	30–38	o. Br.	120–130	0,20	70
Polyisobutylen	PIB	0,91–0,93	12–61	> 1000	–	–	o. Br.	120	0,12–0,20	–
Polyvinylchlorid, hart	PVC hart	1,38–1,55	50–75	10–50	1000–3500	75–155	o. Br.	70–80	0,16	70–80
Polyvinylchlorid, weich	PVC weich	1,16–1,35	10–25	170–400	–	–	o. Br.	150–210	0,15	40
Polystyrol	PS	1,05	45–65	3–4	3200	120–130	5–20	70	0,16	88
ABS-Pfropfpolymerisat	ABS	1,04–1,06	32–45	15–30	1900–2700	80–120	70–o. Br.	80–90	0,18	90–100
Polyacetal	POM	1,41–1,42	62–70	25–70	2800–3200	150–170	100	100	0,25–0,30	160–170
Polymethylmethacrylat	PMMA	1,17–1,20	50–77	2–10	2700–3200	180–200	12–18	70–80	0,18	125
Polytetrafluorethylen	PTFE	2,15–2,20	25–36	350–550	410	27–35	o. Br.	100–200	0,23	110
Polyamid 6	PA 6	1,13	70–85	200–300	1400	75	o. Br.	70–120	0,29	> 200
Polyamid 11	PA 11	1,04	56	500	1000	75	o. Br.	100–120	0,23	175
Polycarbonat	PC	1,20	56–67	100–130	2100–2400	110	o. Br.	60–70	0,21	150
Polyethylenterephthalat	PETP	1,37	47	50–300	3100	200	o. Br.	70	0,24	188
Phenolformaldehydharz	PF	1,40	25	0,4–0,8	5600–12 000	250–320	3,5–12	30–50	0,35	–
Harnstoffformaldehydharz	UF	1,50	30	0,5–1	7000–10 500	260–350	> 6,5	40–50	0,40	–
Melaminformaldehydharz	MF	1,50	30	0,6–0,9	4900–9100	260–410	> 7	10–30	0,35	–
Epoxidharz	EP	1,90	30–40	4	21 500	–	> 6	20	0,23	–
Polyurethangießharz	PUR	1,05	70–80	3–6	4000	–	–	10–20	0,58	–
Ungesättigter Polyesterharz	UP	2,00	30	0,6–1,2	14 000–20 000	240	> 4	60–150	0,6	–
Vulkanfiber	VF	1,10–1,45	85–100	–	–	80–140	20–120	20–100	–	–
Zellulosepropionat	CP	1,19–1,23	14–55	30–100	420–1500	47–79	o. Br.	110–130	0,21	100

Die Prüfung der *Wärmebeständigkeit* nach *Vicat* VST/B ist in DIN EN ISO 306 genormt. Gemessen wird an Probekörpern in einem Flüssigkeitsbad die Temperatur in °C für die Eindringtiefe 1 mm einer Nadel unter einer Druckkraft $B = 50$ N für einen vorgeschriebenen Temperaturanstieg.

14.4 Einteilung der Kunststoffe

Die Zahl der Kunststoffe ist seit ihrer ersten Herstellung ständig stark gestiegen, sodass es für den Nichtfachmann oft schwer ist, einen Überblick zu gewinnen. Hinzu kommt, dass die von der chemischen Industrie hergestellten Kunststoffe sowohl chemische Namen besitzen als auch unter unterschiedlichen Handelsnamen angeboten werden. Um einen einprägsamen Überblick zu erhalten, ist es zweckmäßig, die Kunststoffpalette unter folgenden Aspekten einzuteilen:
– Herstellungsprinzip,
– Molekularstruktur und daraus resultierendes mechanisch-thermisches Verhalten,
– Polarität.

14.4.1 Einteilung nach dem Herstellungsprinzip

Polymerisation

Durch Polymerisation werden aus vielen kleinen Molekülen, den sogenannten Monomeren, ohne Abspaltung niedermolekularer Stoffe Makromoleküle (Riesenmoleküle) aufgebaut. Die Polymerisation läuft zumeist unter Einfluss von besonderen Katalysatoren ab.

Der monomere Ausgangsstoff ist in der Regel eine ungesättigte Verbindung mit einer Kohlenstoff-Kohlenstoff-Doppelbindung. Solche Doppelbindungen können unter Anlagerung anderer Atome in eine Kohlenstoff-Kohlenstoff-Einfachbindung (gesättigter Zustand) übergehen, z.B. lässt sich Ethylen zu Polyethylen polymerisieren:

Ethylen → Polymerisation → Polyethylen

Die Bildung des Makromoleküls erfolgt in einer Kettenreaktion durch Verknüpfung vieler ungesättigter Monomeren unter Aufspaltung der Doppelbindungen, so wie dies am obigen Beispiel dargestellt ist. Eine Polymerisation kann z.B. durch Wärmezufuhr, Bestrahlung mit UV-Licht bestimmter Wellenlänge oder durch Zusatz katalytisch wirksamer *Initiatoren* ausgelöst werden. Das entstandene Makromolekül besitzt die gleiche chemische Zusammensetzung wie das Monomer, jedoch ein Vielfaches des Molekulargewichts.

Häufig wird die Polymerisation mit Hilfe von *Initiatoren* (z.B. Peroxiden) durchgeführt, die bei ihrem thermischen oder induzierten Zerfall hochreaktive Molekülfragmente, sogenannte Radikale, bilden:

Initiatorzerfall: R-O-O-R → 2 RO •

Das *Radikal* besitzt ein einsames (ungepaartes) Elektron und bewirkt eine Startreaktion, indem es sich an die Doppelbindung eines Monomermoleküls anlagert und auf diese Weise ein neues, höhermolekulares Radikal erzeugt:

14.5

14 Kunststoffe

Kettenstart:

$$RO\cdot + \begin{array}{c}H\\ \end{array}\!\!C = C\!\!\begin{array}{c}H\\ \end{array} \longrightarrow RO-\overset{\overset{H}{|}}{\underset{\underset{H}{|}}{C}}-\overset{\overset{H}{|}}{\underset{\underset{H}{|}}{C}}\cdot$$

Das entstandene Sekundärradikal lagert schrittweise weitere Monomermoleküle unter Wachstum der Kette an. Demnach wird diese Art der Polymerisation auch als *Radikalkettenpolymerisation* bezeichnet.

Kettenwachstum:

$$RO-\overset{\overset{H}{|}}{\underset{\underset{H}{|}}{C}}-\overset{\overset{H}{|}}{\underset{\underset{H}{|}}{C}}\cdot + n\cdot C = C \longrightarrow RO-\overset{\overset{H}{|}}{\underset{\underset{H}{|}}{C}}-\overset{\overset{H}{|}}{\underset{\underset{H}{|}}{C}}\!\!\left[\overset{\overset{H}{|}}{\underset{\underset{H}{|}}{C}}-\overset{\overset{H}{|}}{\underset{\underset{H}{|}}{C}}\right]_n\!\!\cdot \text{ usw.}$$

Der Abbruch der Radikalkette kann beispielsweise durch Rekombination zweier Radikale erfolgen:

[Reaktionsschema der Rekombination]

Infolge von Nebenreaktionen müssen die makromolekularen Polymerisationsprodukte nicht stets linear gebaut sein, sondern können auch Verzweigungen aufweisen.

Trägt die Hauptkette Substituenten R, so können diese Substituenten aufgrund der tetraedrischen Struktur des Kohlenstoffatoms an der gleichen Seite der Hauptkette stehen (*isotaktische* Struktur). Sind sie alternierend an beiden Seiten der Hauptkette angeordnet, so bezeichnet man die Struktur als *syndiotaktisch*. Bei unregelmäßiger Anordnung spricht man von *ataktischer* Struktur:

isotaktische Struktur

syndiotaktische Struktur

ataktische Struktur

14.6

14.4 Einteilung der Kunststoffe

Die radikalische Polymerisation liefert stets räumlich ungeordnete (ataktische) Polymere. Wird einer Polymerisation lediglich ein einheitliches Monomer eingesetzt, so entsteht ein sogenanntes *Homo- oder Unipolymerisat:*

n A → -A-A-A-A-A-A-A-

Werden zwei verschiedene Monomere polymerisiert, so entstehen *Misch- oder Copolymerisate* mit in der Regel statistischer Verteilung der Monomeren in der Polymerkette:

n A + m B → -A-B-B-A-B-B-B-A-A-B-

Wie bei den Homopolymerisaten können auch bei Mischpolymerisaten Kettenverzweigungen auftreten.

Polykondensation

Unter einer Kondensation versteht man eine chemische Reaktion, bei der sich mindestens zwei Moleküle unter Austritt eines einfachen Moleküls (z.B. Wasser) zu einem größeren Molekül vereinigen. Ein typisches Beispiel für diese häufig unter katalytischem Einfluss ablaufende Gleichgewichtsreaktion ist die Bildung eines Carbonsäureesters aus einer Carbonsäure und einem Alkohol:

$$R-CH_2-OH + HO-CO-R' \underset{\text{Verseifung}}{\overset{\text{Veresterung}}{\rightleftharpoons}} R-CH_2-O-CO-R' + H_2O$$

Alkohol   Säure   Ester   Wasser

R bzw. R' = org. Rest, z.B. Ethyl-, Propyl- etc.

Eine quantitative Umsetzung der beiden Edukte (Alkohol und Säure) kann nur erzielt werden, wenn das entstehende Wasser vollständig aus dem Reaktionsgemisch entfernt wird. Werden als Edukte bifunktionelle Moleküle, z.B. Dicarbonsäuren und Diole, eingesetzt, so erfolgt die Verknüpfung der funktionellen Gruppen unter Bildung eines Makromoleküls. Die dem obigen Beispiel einer Veresterung analog verlaufende Reaktion bezeichnet man als Polykondensation, das entstehende Polykondensat als Polyester:

$$n \cdot HO_2C-R-CO_2H + n \cdot HO-R'-OH \rightarrow \left[-\overset{O}{\underset{\|}{C}}-R-\overset{O}{\underset{\|}{C}}-O-R'-O-\right]_n \cdots + (2n-1) H_2O$$

Dicarbonsäure   Diol   Polyester

Polykondensationen sind z.B. auch mit Dicarbonsäuren und Diaminen durchführbar; die dabei entstehenden Polykondensate bezeichnet man als Polyamide.

Polyaddition

Bei einer Polyaddition werden mindestens zwei unterschiedliche Moleküle mit reaktionsfähigen Gruppen miteinander verknüpft. Sie ähnelt in ihrer Reaktionsweise stark der Polykondensation; bei der Reaktion findet jedoch keine Abspaltung eines kleineren Moleküls statt. Ein Beispiel für eine Polyaddition ist die Bildung eines Polyurethans aus einem Diisocyanat und einem Diol:

14 Kunststoffe

$$n \cdot O=C=N-R-N=C=O + n \cdot HO-R'-OH \longrightarrow \left[\begin{array}{c} C-NH-R-NH-C-O-R'-O \\ \parallel \quad\quad\quad\quad\quad\quad\quad\quad \parallel \\ O \quad\quad\quad\quad\quad\quad\quad\quad O \end{array} \right]_n$$

ein Diisocyanat   ein Diol   ein Polyurethan

Bezüglich der Reaktivität von Isocyanaten bzw. Diisocyanaten informiere man sich in Lehrbüchern der Organischen Chemie.

14.4.2 Molekularstruktur und daraus resultierendes mechanisch-thermisches Verhalten

Normen

DIN 7708-1	(12.80)	Kunststoff-Formmassen Kunststofferzeugnisse; Begriffe (gestrichen)
DIN 7708-4	(01.83)	Kunststoff-Formmassetypen; Kaltpreßmassen(gestrichen)
DIN 7724	(04.93)	Polymere Werkstoffe; Gruppierung polymerer Werkstoffe aufgrund ihres mechanischen Verhaltens(gestrichen)

Die Einteilung der Kunststoffe hinsichtlich ihres Syntheseprinzips in Polymerisate, Polykondensate und Polyaddukte ist für die Einschätzung des mechanisch-thermischen Verhaltens, ihres Verarbeitungsverhaltens und ihrer Anwendung völlig unzureichend. Um zu einer für die Praxis wichtigen Einschätzung der Eigenschaften zu gelangen, ist die Kenntnis der chemischen Struktur der Makromoleküle erforderlich. Hierzu gehören die elementare Zusammensetzung, die Gestalt und der Ordnungszustand, die durchschnittliche Kettenlänge sowie der Verzweigungs- bzw. Vernetzungszustand der Makromoleküle.

Funktionalität der Ausgangsstoffe und räumliche Struktur

Die meisten Kunststoffe werden heute vollsynthetisch hergestellt. Grundsätzlich eignen sich für Kunststoffsynthesen nur solche Monomere, die an mindestens zwei Stellen im Molekül zur Anlagerung weiterer Moleküle befähigt sind (bifunktionelle Moleküle). Damit lassen sich unverzweigte lineare langkettige Makromoleküle aufbauen:

n A → -A-A-A-A-A-A

Verzweigte oder vernetzte Makromoleküle entstehen bei der Beteiligung wenigstens einer trifunktionellen Verbindung an der Verknüpfung der Ausgangsstoffe:

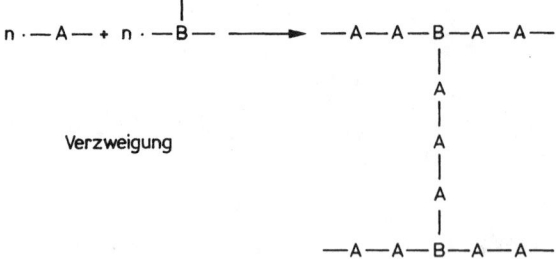

14.8

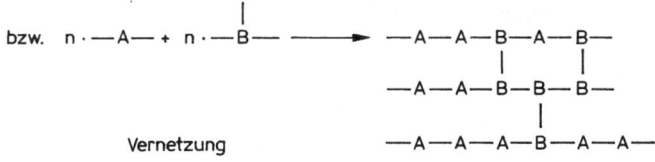

—A—: bifunktioneller Ausgangsstoff
—B—: trifunktioneller Ausgangsstoff

Gestalt und Ordnung der Makromoleküle

Gemäß der Molekularstruktur im Sinne von Gestalt des einzelnen Makromoleküls und der Anordnung der Makromoleküle untereinander lassen sich drei Kunststoffgruppen unterscheiden:
- amorphe bzw. teilkristalline Thermoplaste (Plastomere),
- Elastomere,
- Duroplaste (Duromere).

14.4.2.1 Thermoplaste (griech.: thermos – warm; plastikos – zum Formen)

Thermoplaste (Plastomere) sind Kunststoffe, die bei Zufuhr von Wärme verformbar oder schmelzflüssig werden und die nach Abkühlen auf Normaltemperatur wieder fest und belastbar sind. Ihr Verhalten lässt sich aus der Gestalt und Ordnung der Makromoleküle ableiten. Thermoplaste bestehen aus linearen (kettenförmigen) oder verzweigten Makromolekülen. Während die einzelnen Monomerbausteine durch Atombindungen miteinander zur Polymerkette verknüpft sind, bestehen zwischen den Polymerketten relativ schwache elektrostatische Anziehungskräfte, im Wesentlichen van-der-Waals-Kräfte oder Wasserstoffbrückenbindungen. Die Stärke dieser Wechselwirkungen hängt von der Anordnung der Polymerketten zueinander ab. Dabei bilden Makromoleküle mit starken Verzweigungen und sperrigen Seitengruppen ein ungeordnetes, verfilztes Haufwerk (*amorphes Thermoplast*). Langgestreckte, weniger verzweigte Polymerketten können sich aufgrund der geringeren sterischen Hinderung wenigstens in Teilbereichen parallel zueinander ausrichten (*teilkristallines Thermoplast*). Je linearer und je isotaktischer die Polymerkette aufgebaut ist, desto höher ist die mögliche Kristallinität und desto größer sind die zwischenmolekularen Wechselwirkungen im Vergleich zum ungeordneten Haufwerk (s.a. Abb. unten).

Durch Zuführung thermischer Energie (**Temperaturerhöhung**) wird die molekulare Beweglichkeit einzelner Kettenabschnitte zwischen noch existierenden Haftpunkten (kristalline Bereiche oder dergleichen) erhöht, sodass der Thermoplast in den weichelastischen Zustand übergeht. Weitere Temperaturerhöhung führt zu einer weiteren Abnahme der zwischenmolekularen Wechselwirkungen bzw. der Verfilzung, sodass die Polymerketten leicht aneinander abgleiten können. Der Kunststoff besitzt jetzt eine teigig-zähe bis flüssige Konsistenz. Ab 250 °C Kurzzeitbelastung muss mit der thermischen Zersetzung der Plastomere gerechnet werden, da die Schwingungsenergien der Molekülbausteine gleich den Atombindungskräften werden. Die Polymerketten brechen dann auf; die thermische Zersetzung ist irreversibel (Ausnahme: PTFE infolge stark polarer C-F-Bindungen bis circa 325 °C temperaturbeständig). Grenztemperaturen siehe Tafel 14.3.

14 Kunststoffe

Tafel 14.3 Grenztemperaturbereiche der Kunststoffe (Gebrauchstemperaturen bei kurz- und langzeitiger Belastung) in °C

Polyethylen, weich	PE-LD	90 bis 75
Polyethylen, hart	PE-HD	110 bis 95
Polyoxymethylen	POM	80 bis 60
Polypropylen	PP	140 bis 100
Polybuten-1	PB	100 bis 90
Polyvinylchlorid	PVC	90 bis 60
Polystyrol	PS	≤ 80 bis ≤ 70
ABS-Pfropfpolymer	ABS	≤ 100 bis ≤ 85
Acrylglas	PMMA	100 bis 90
Polytetrafluorethylen	PTFE	200 bis 150
Polyamid 6	PA 6	≤ 180
Polyamid 12	PA 12	80
Polycarbonat	PC	160 bis 135
Phenolharz	PF	120/160 bis 80/140
Melaminharz	MF	120 bis 80
Harnstoffharz	UF	100 bis 70
Epoxidharz	EP	130 bis 80
Polyurethanharz (PUR) vernetzt	PUR	130 bis 100
Polyesterharze	UP	110 bis 80
Siliconharze	SI	200 bis 140
Celluloseacetat	CA	80 bis 70
Celluloseacetobutyrat	CAB	100 bis 90

Tafel 14.4 Einfriertemperatur (Glasübergangstemperatur) ausgewählter Kunststoffe in °C

Polyethylen	PE	−70 bis −100
Polypropylen	PP	−10 bis −32
Polyisobutylen	PIB	−60 bis −74
Polybuten	PB	−24
Polyvinylchlorid, hart	PVC	+65 bis +75
Polyvinylchlorid, weich	PVC weich	−10 bis −100
Acrylglas	PMMA	+90 bis +110
Polytetrafluorethylen	PTFE	−20
Polyamid 6	PA 6	+40
Polyamid 66	PA 66	+50
Zelluloseacetat	CA	+55 bis +85
Zellulosepropionat	CP	+55 bis +105
Polycarbonat	PC	+150
Polystyrol	PS	+80 bis +100

14.10

14.4 Einteilung der Kunststoffe

Zur Kennzeichnung der bei Temperaturerhöhung durchlaufenden **Zustandsbereiche** hart, thermoelastisch und thermoplastisch wird der Schubmodul G verwendet. Er liegt im thermoelastischen Zustand bei $G > 100$ N/mm² und sinkt im thermoplastischen Zustand auf kaum messbare Werte $G > 0,1$ N/mm² ab (s.a. Abb. 14.1).

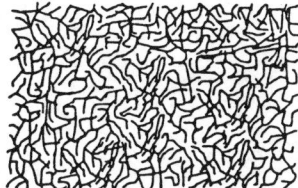

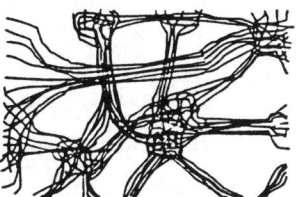

amorpher Thermoplast   *teilkristalliner Thermoplast*

Zwischen den Zustandsbereichen herrschen keine scharfen Übergänge bei bestimmten Temperaturen, etwa den Schmelz- und Siedepunkten anderer Werkstoffe entsprechend, sondern *Temperaturübergangsbereiche.* Dabei unterscheidet man (s. Abb. 14.2) zwischen dem *Erweichungstemperaturbereich* ET (auch Glasübergangstemperatur genannt, s. Tafel 14.4), dem *Fließtemperaturbereich* FT und dem Bereich beginnender *Zersetzung* Z. Hierbei ist zu beachten, dass eine niedrige, aber lange Temperatureinwirkung den gleichen Effekt hat wie eine höhere, aber kurze Einwirkung.
Sowohl die Höhe der Temperatur als auch die Dauer der Wärmeeinwirkung sind von Bedeutung.
Teilkristalline Thermoplaste weisen in ihrem Formänderungsverhalten eine zusätzliche Eigenart auf, nämlich den *Kristallitschmelzbereich* KSB (s. Abb. 14.2). Oberhalb des Einfriertemperaturbereichs ET bis zum KSB werden die amorphen Anteile zunehmend thermoelastisch, während die kristallinen Anteile noch hart sind. Erreichen die Temperaturen den KSB, schmelzen die kristallinen Anteile, sodass der Thermoplast zunehmend thermoelastisch und bei weiterer Temperaturerhöhung im Fließtemperaturbereich FT thermoplastisch wird.
Mit den verschiedenen Zustandsbereichen stehen die **Formungstechnik** und die **Verarbeitungs**verfahren der Thermoplaste in einem engen Zusammenhang:
– Im *thermoplastischen Zustand* lassen sie sich urformen (gießen, extrudieren, kalandrieren usw.) und *schweißen* (siehe Abschnitt 14.12.4),
– im *thermoelastischen* Zustandsbereich kann man sie umformen (z.B. durch Tiefziehen, Streckziehen, Biegen, Abkanten), und
– im *festen Zustand* sind die üblichen Formungstechniken möglich, nämlich Trennen (wie Bohren, Fräsen, Drehen, Feilen, Hobeln, Sägen, Schleifen) und Fügen (wie Kleben, mechanisch Verbinden, z.B. Nieten, Verschrauben).

Unterhalb der Zersetzungstemperatur werden Thermoplaste durch Abkühlung wieder hart. Beim **Warmformen** der Thermoplaste im thermoelastischen Zustandsbereich muss das Rückstellbestreben beachtet werden, d.h., die Umformkräfte müssen bis zum Erkalten wirksam bleiben, damit die Spannungen des Molekülfilzes „eingefroren" werden können. Bei erneuter Erwärmung gehen die unter Spannung stehenden Polymerketten wieder in ihre Urform zurück.
Anders ist es beim **Urformen** im thermoplastischen Bereich (z.B. beim Extrudieren): dabei verlieren die zwischenmolekularen Kräfte praktisch ihre Wirkung, und innere, eingefrorene Spannungen treten nicht auf.

14 Kunststoffe

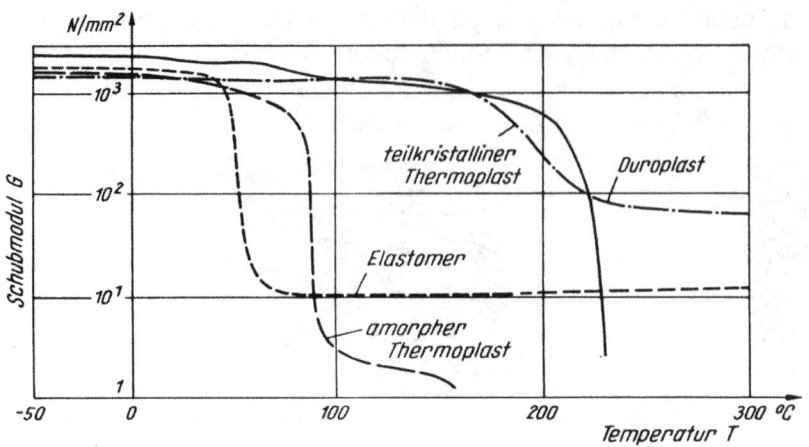

Abb. 14.1 Schubmodul G zur Kennzeichnung der Kunststoffe in Funktion der Temperatur

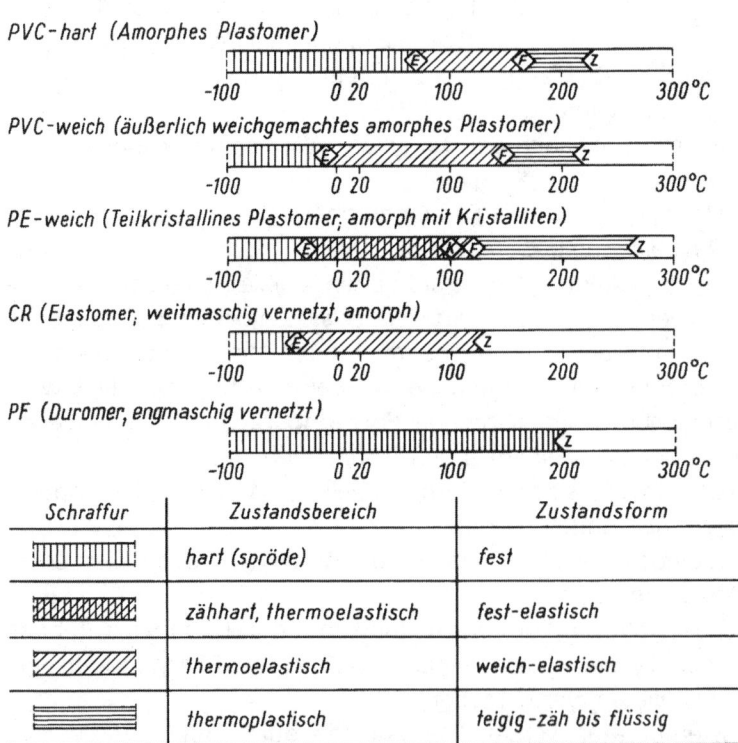

Abb. 14.2 Zustandsbereiche von Kunststoffen in Abhängigkeit von der Temperatur

14.12

14.4 Einteilung der Kunststoffe

Die Thermoplaste sind strukturbedingt grundsätzlich in spezifischen Lösemitteln *löslich*. Darauf beruht z.B. das kalte **Quellschweißen**. Dabei werden durch Aufstreichen eines Quellmittels die Überlappungen so weit angelöst (plastifiziert), dass sie unter Druck (ohne Erwärmung) verbunden werden können. Nach Verflüchtigung des Lösemittels (z.B. Tetrahydrofuran für PVC) entsteht eine homogene Verbindung durch Verfilzung der Polymerketten (s. Abschnitt 14.12.4).

Die **Zustandsformen** der verschiedenen Plastomere können *bei normaler Raumtemperatur* (20 °C) glasig-hart (PVC), weich-elastisch (wie Weich-PE) oder auch ölig-flüssig sein *(Fluidoplaste)*, weil die einzelnen Zustandsbereiche bei unterschiedlichen Temperaturen von ihnen durchlaufen werden. Die bei Raumtemperaturen harten Thermoplaste (z.B. PVC) können durch Zusatz nichtflüchtiger Lösemittel – durch sogenannte *Weichmacher* (s. Abschnitt 14.5.4) – weich gemacht werden. Sie befinden sich dann bei Raumtemperaturen im thermoelastischen Zustand, sind also weich und schmiegsam.

Neben Molekülgestalt und Ordnungszustand hat auch der *Polymerisationsgrad* (die mittlere Kettenlänge) einen wesentlichen Einfluss auf die mechanischen Eigenschaften der Thermoplasten (die Molekulargewichte der Thermoplaste liegen zwischen 5.000 und 1.000.000). Mit wachsender Kettenlänge nehmen in der Regel die Anziehungskräfte zwischen den Polymerketten und damit Reißfestigkeit, Reißdehnung, Schlagzähigkeit, Kerbschlagzähigkeit und der Widerstand gegen Spannungsrissbildung zu.

14.4.2.2 Elastomere (griech.: elastos – dehnbar, biegbar)

Elastomere bestehen aus *weitmaschig* dreidimensional vernetzten Makromolekülen (siehe Abb. unten), wobei die Vernetzung nicht nur über Atombindungen, sondern auch über Wasserstoffbrückenbindungen zwischen benachbarten Polymerketten erfolgen kann. Intensive Wechselwirkungen zwischen lokalisierten Kettenabschnitten führen dann zu teilkristallinen Bereichen, sodass z.B. bei linearen Polyurethanen eine hart-elastische (Haftbereiche) und eine weichelastische Phase (dehnbare Bereiche) unterschieden werden können. Elastomere sind bei tiefen Temperaturen unterhalb der Glasübergangstemperatur hart und spröde.

Bei Einwirkung einer äußeren Kraft oberhalb der Glasübergangstemperatur können die Polymerhauptketten unter Streckung der vernetzenden Kettenteile aneinander abgleiten; sie bleiben jedoch miteinander verbunden und stehen unter dem Einfluss einer Rückstellkraft. Lässt die äußere Kraft nach, so nehmen die Kettenteile wieder die ursprüngliche verknäuelte Lage ein. Diese Gummi-Elastizität mit Bruchdehnungen bis etwa 1.000 % wird bis zur Zersetzungstemperatur beibehalten.

Elastomere sind somit in der Wärme nicht plastisch verformbar, da die Polymerketten aufgrund der Vernetzung nicht wie bei den Thermoplasten frei beweglich werden. Elastomere sind also nicht schmelz- oder schweißbar und in organischen Lösemitteln kaum löslich, aber quellbar, wobei die Lösemittelmoleküle in das weitmaschige Netzwerk eingelagert werden.

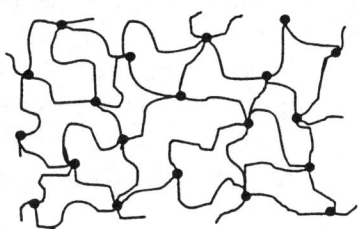

14 Kunststoffe

Es gibt neben dem *Naturkautschuk* (s. Abschnitt 14.10.3), der durch Schwefel zu Weichgummi *vulkanisiert*, d.h. vernetzt wird, auch *vollsynthetische Elastomere* („Buna" u.a., s. Abschnitt 14.11.1).

Thermoplastische Elastomere (TPE), in DIN 7724 nicht erfasst, bestehen aus amorphen (weichen) und kristallisierenden (harten) Phasen. Sie werden oberhalb einer durch Fließbarkeit des vernetzungswirksamen „Hart"-Anteils bestimmten Grenztemperatur reversibel thermoplastisch urformbar. Beispiele sind thermoplastisch-elastomere Polyolefine (TPE-O) oder Polyurethane (TPE-U).

Thermoelaste sind weitmaschig bis zur Zersetzungstemperatur vernetzte hochpolymere Werkstoffe, die sich bei niedrigen Temperaturen energie-elastisch verhalten und die auch bei hohen Temperaturen nicht viskos fließen, sondern von 20 °C oder einer höheren Temperatur bis zur Zersetzungstemperatur gummielastisch sind. Die Schubmodulwerte liegen wie bei den Elastomeren zwischen etwa 0,1 und 100 N/mm².

14.4.2.3 Duroplaste (lat.: durus – hart; griech.: plastikos – zum Formen) (Duromere)

Duroplaste können durch Polykondensation, Polyaddition oder vernetzende Polymerisation hergestellt werden. Sie ähneln in ihrem strukturellen Aufbau den Elastomeren, sind jedoch *engmaschig* vernetzt und daher in der Wärme nicht erweichbar. Sie sind im Gebrauchsbereich meist hart und spröde, in organischen Lösemitteln unlöslich, nur schwach quellbar, nicht schweißfähig und chemisch sehr widerstandsfähig.

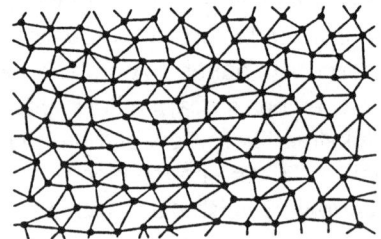

Für die oben beschriebenen Eigenschaften ist die feste Verankerung der einzelnen Monomere durch Atombindungen verantwortlich. Temperaturabhängige zwischenmolekulare Wechselwirkungen spielen nur eine untergeordnete Rolle; trotzdem erfolgt bei Temperaturerhöhung auch bei Duroplasten ein Erweichen, dessen Umfang u.a. von der Vernetzungsdichte abhängig ist. Der Erweichungsvorgang ist in der Regel mit der Verschlechterung der physikalischen und chemischen Eigenschaften verbunden.

Duroplaste sind bei niedrigen Temperaturen glasig-hart (energie-elastisch) und auch bei hohen Temperaturen nicht viskos-flüssig, sondern zwischen 50 °C oder einer höheren Temperatur und der Zersetzungstemperatur bei sehr begrenzter Deformierbarkeit elastisch. Der Schubmodul G beträgt bei jeder Gebrauchstemperatur $G > 10$ N/mm². Die Duromere können im Allgemeinen durch spanende Formgebung (z.B. Bohren; Sägen mit ungeschränkten Spezialblättern, sonst Splittergefahr) verarbeitet werden. Bei hohen Temperaturen werden sie zersetzt, für Untertemperaturen bestehen im Allgemeinen keine Grenzen.

Die **Ausgangsmaterialien** der Duroplaste sind entweder feste, vorgeformte Pressmassen (DIN 7708-1 bis -4) aus Harzen mit Zusatzstoffen (Füllstoffen, Farben, Gleitmitteln, Stabilisatoren) oder flüssige, meist zähflüssige Reaktionsharze (z.B. Gießharze, Laminierharze oder Binder der 2-Komponenten-Klebstoffe).

14.4 Einteilung der Kunststoffe

Unter Druck und Hitze erfolgt bei den Pressmassen die räumliche Vernetzung der Moleküle: der Kunststoff härtet aus. Die **Aushärtung** ist irreversibel, d.h. nicht umkehrbar. Die Reaktionsharze (z.B. Polyester- oder EP-Harze) können drucklos bei Raumtemperatur aushärten. Dazu wird ihnen ein *Härter* (je nach Art z.B. ein Peroxid) zugegeben. Die Vernetzungszeit kann durch weitere Zumischung eines *Beschleunigers* (z.B. Kobaltnaphthenat bei Polyestern) und/oder durch Erwärmung verkürzt werden.

Um die mechanischen Eigenschaften zu verbessern, z.B. die Sprödigkeit zu mindern, insbesondere um die Festigkeit und den E-Modul zu erhöhen, werden die Duroplaste mit Füll- oder Verstärkungsstoffen verarbeitet. Ihr Anteil liegt meist zwischen 40 und 80 %. Als **Füllstoffe** werden verwendet: Kreide, Glimmer, Asbest, Sand, Holzmehl, Textilfasern, Papier, Glasfasern in Form von Strängen (Rovings), Gewebe, Vlies oder Schnitzeln u.a.

14.4.3 Einteilung der Kunststoffe nach ihrer Polarität

Neben dem Gefügeaufbau der Polymere spielt deren Polarität eine erhebliche Rolle für die physikalischen und chemischen Eigenschaften der Kunststoffe. Die Polarität eines Moleküls wird verursacht durch die Verschiebung von Bindungselektronen zwischen Atomen unterschiedlicher Elektronegativität. Unter Elektronegativität versteht man die Fähigkeit der an den chemischen Bindungen beteiligten Atome, von benachbarten Atomen innerhalb des Moleküls gemeinsame Elektronen unterschiedlich stark anzuziehen. Ein einfaches Beispiel hierfür ist das Wassermolekül.

Das Sauerstoffatom besitzt eine höhere Elektronegativität als das Wasserstoffatom, d.h., die Bindungselektronen werden vom Wasserstoff zum Sauerstoff hin verschoben, sodass am Sauerstoffatom eine erhöhte Elektronendichte, an den Wasserstoffatomen jedoch eine verminderte Elektronendichte vorherrscht. Das Wassermolekül besitzt somit ein elektrisches Dipolmoment, es ist eine polare Verbindung (Dipol).

Auch Makromoleküle können polaren Charakter besitzen; so leistet die im PVC-Molekül vorhandene C-Cl-Gruppierung einen deutlichen Beitrag zur Polarität, da die Elektronegativität des Chloratoms erheblich höher ist als die des Wasserstoffatoms. Bei der Beurteilung der Polarität eines Makromoleküls ist zu berücksichtigen, dass Dipolmomente vektorielle Größen darstellen, die sich in ihrer Wirkungsrichtung verstärken oder abschwächen können.

Ein Beispiel dafür liefert die Kohlenstoff-Fluor-Bindung im PTFE, die in der Anordnung F-C-F keinen Beitrag zur Polarität leistet, da sich die beiden Dipolmomente F-C und C-F durch unterschiedliche Wirkungsrichtungen abschwächen. Analoges gilt für PE, sodass PTFE oder PE weitgehend unpolar sind.

Nach dem bisher Erläuterten können die Polymere nach ihrer Polarität wie folgt eingestuft werden:

14.15

sehr stark polar:	Polyamide, Polyurethane, Celluloseester, Polyvinylfluorid, Polyvinylidenfluorid und viele Duroplaste
erheblich polar:	Styrol/Acrylnitril, Acrylnitril/Butadien/Styrol, Polyvinylchlorid und Copolymerisate, Ester-Thermoplaste, Polyimid
wenig polar:	Copolymerisate aus Ethylen und ungesättigten Estern (E/V/A), Ethylen/Tetrafluorethylen, Polyphenylenoxid
unpolar:	Polyethylen, -propylen, -styrol, -tetrafluorethylen.

Mit steigender Polarität nehmen folgende Eigenschaften der Polymere zahlenmäßig zu: Festigkeit, Steifigkeit, Härte, Wärmeformbeständigkeit, Wasser- bzw. Feuchteaufnahme, Beständigkeit gegen Treibstoffe und Mineralöle, Durchlässigkeit gegenüber polaren Gasen und Dämpfen (z.B. Wasserdampf), HF-Schweißbarkeit, Klebbarkeit, Haftung an Metallteilen. Es nehmen dagegen zahlenmäßig mit steigender Polarität ab: Wärmedehnung, elektrisches Isoliervermögen, Neigung zur elektrostatischen Aufladung, Durchlässigkeit gegenüber unpolaren Gasen wie Sauerstoff, Stickstoff, Kohlendioxid.

14.5 Beeinflussung der Eigenschaften von Kunststoffen

Die Anwender von Kunststoffen stellen oft sehr detaillierte Ansprüche bezüglich der Qualitätsmerkmale, wie z.B. Beständigkeit gegenüber Chemikalien, Witterungsbeständigkeit, Wärmedehnverhalten, Schlag- und Formbeständigkeit, Brand- und Verarbeitungsverhalten. Die Erfüllung der gewünschten physikalischen und chemischen Eigenschaften kann durch gezielte Beeinflussung der Polymerstruktur (Polymerisationsgrad, Kristallinität, Verzweigungsgrad usw.) und durch die gezielte Modifikation mit Additiven sowie durch Herstellung von Polymermischungen (Polymerblends, Polymerlegierungen) erfolgen.

14.5.1 Polymerisationsgrad

Der Polymerisationsgrad (relative Molekülmasse, Kettenlänge) beeinflusst praktisch sämtliche Eigenschaften eines Polymers. Mit steigendem Polymerisationsgrad
– verringert sich die Kristallinität,
– verbessern sich die Festigkeitseigenschaften (Schlagzähigkeit, Spannungsrissbeständigkeit) und die elektrischen Isoliereigenschaften,
– verbessert sich die chemische Beständigkeit gegenüber organischen Lösemitteln,
– erhöht sich die Neigung zu elektrostatischer Aufladung.

14.5.2 Kristallinität

Unter der Kristallinität (Kristallisationsgrad) versteht man den prozentualen Anteil an kristallinen Bereichen in teilkristallinen Thermoplasten. Die Höhe der Kristallinität ist nicht nur vom Polymerisationsgrad, sondern auch von der Art und Menge an Zusatzstoffen sowie den Verarbeitungsbedingungen abhängig.
Mit steigender Kristallinität
– erhöht sich die Formbeständigkeit in der Wärme und Rohdichte,
– verringert sich die Lichtdurchlässigkeit und die Durchlässigkeit für Gase.

14.5 Beeinflussung der Eigenschaften von Kunststoffen

14.5.3 Verzweigungsgrad

Eine „Verzweigung" der Polymerkette liegt vor, wenn an der Hauptkette des Makromoleküls größere Seitengruppen oder -ketten angeknüpft sind. Mit steigendem Verzweigungsgrad verringern sich
- Kristallinität und Rohdichte,
- Festigkeit und Steifigkeit,
- Schmelz- und Einsatztemperaturen,
- Dichtigkeit gegenüber Gasen.

Dagegen erhöhen sich
- die Dehnungswerte
- und die Schlagzähigkeit.

14.5.4 Weichmacher

Durch Zusatz von nichtflüchtigen sogenannten „Weichmachern" können Kunststoffe, die normalerweise im Gebrauchsbereich hart und spröde sind, in den weich-elastischen Zustand überführt werden. Als Weichmacher werden häufig höhermolekulare Ester der Phthalsäure oder der Adipinsäure eingesetzt.

Die Erhöhung der Flexibilität und Zähigkeit eines Kunststoffs durch den Zusatz eines Weichmachers wird dadurch verursacht, dass sich die Weichmachermoleküle zwischen die Polymerketten schieben und so die molekularen Wechselwirkungen zwischen den Ketten verringert werden. Die Folge ist ein leichtes Abgleiten der Polymerketten aneinander, sodass der Thermoplast weicher und die Erweichungstemperatur herabgesetzt wird.

Der Einsatz von Weichmachern beschränkt sich jedoch nicht nur auf Thermoplaste; auch höher vernetzte Kunststoffe (Duroplaste, z.B. Epoxidharze) können durch Zusatz von Weichmachern flexibler gemacht werden.

Die Anwendung von Weichmachern, die sogenannte *„äußere Weichmachung"*, kann mit Problemen verbunden sein, da der zugesetzte Weichmacher durch Lösemittel herausgelöst oder durch Wärmeeinwirkung verdampfen kann. Außerdem kann bei Kontakt unterschiedlicher Kunststoffe, z.B. Weich-PVC mit Hart-PVC, Weichmacher in diesen einwandern (Migration). Als Folge der oben beschriebenen unterschiedlichen Vorgänge verliert der weichgemachte Kunststoff nachträglich seine Flexibilität, d.h., er versprödet.

Die oben beschriebenen Nachteile können bei Thermoplasten durch die *„innere Weichmachung"* vermieden werden. Hierbei werden durch Auswahl geeigneter höherfunktioneller Monomere oder durch Copolymerisation kurze Seitenketten eingeführt, wodurch der Abstand der Kettenmoleküle vergrößert und die zwischenmolekularen Anziehungskräfte verringert werden.

14.5.5 Stabilisatoren

Kunststoffe können durch Bestrahlung mit Sonnenlicht, durch Sauerstoff, Feuchtigkeit und andere Witterungseinflüsse schnell *altern*. Stabilisatoren sollen diese schädlichen Einflüsse verhüten bzw. vermindern.

Die photochemische Schädigung von Polymeren wird vor allem durch den nachteiligen Einfluss von energiereicher UV-Strahlung (Wellenlänge von 300 nm bis 400 nm) hervorgerufen. Die Energie dieser Strahlung liegt in der Größenordnung von Bindungsenergien, sodass infolge von Bindungsspaltungen und den damit verbundenen Folgeprozessen eine

14 Kunststoffe

Alterung des Kunststoffs eintreten kann. Die Schutzwirkung von UV-Stabilisatoren beruht auf der Absorption der Energie des schädlichen UV-Lichts oder der Energieübernahme von bereits angeregten Makromolekülteilen des Kunststoffs.

Durch Wärme, Licht sowie Metallspuren können in Gegenwart von Sauerstoff autokatalytische radikalische Oxidationsprozesse ablaufen, die als **Autoxidation** bezeichnet werden. Ein typisches Beispiel hierfür ist die Peroxigenierung von gesättigten oder ungesättigten Polymermolekülen nach einem *Wasserstoffabstraktions-Mechanismus*. Diese Kettenreaktion kann vereinfachend wie folgt wiedergegeben werden:

$$\cdot O_2 \cdot + R-H \rightarrow \cdot OOH + R \cdot \xrightarrow{\cdot O_2 \cdot} R O - O \cdot$$
$$\uparrow \qquad\qquad \downarrow R\text{–}H$$
$$R \cdot \ + \ RO-OH$$

Durch *Antioxidantien* werden die oben beschriebenen radikalischen Prozesse, die zu einer chemischen Veränderung der Polymerstruktur führen können, verhindert oder verlangsamt. Die Wirkung primärer Antioxidantien besteht darin, dass sie als „Radikalfänger" die o.a. gebildeten Radikale in unreaktive Verbindungen überführen und so die Kettenreaktion der Autoxidation unterbrechen. Sekundäre Antioxidantien zersetzen gebildete Peroxide in nichtperoxidische Sauerstoffverbindungen und verhindern dadurch das Entstehen von Radikalen. Häufig werden Kombinationen primärer Antioxidantien (z.B. substituierte Phenole) und sekundäre Antioxidantien (z.B. Phosphite) eingesetzt.

14.6 Bautechnisch wichtige Plastomere

14.6.1 Polyolefine und ähnliche Polymere

Als Polyolefine werden Polymerisate bestimmter Olefine zusammengefasst. Die Bildung der Polyolefine durch Polymerisation ist in Kapitel 14.4.1 erläutert.

Als *Ausgangsstoffe* für Polyolefine finden Verwendung: Ethylen (Ethen C_2H_4), Propylen (Propen C_2H_6), Butylen (Buten C_4H_8) und Methylen (Methen CH_2) in Form von CH_2O.

14.6.1.1 Polyethylen PE $(C_2H_4)_n$

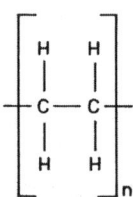

Normen

DIN 8074	(12.11)	Rohre aus Polyethylen (PE) –PE 80, PE 100 – Maße; Text Deutsch und Englisch
DIN 8075	(12.11)	Rohre aus Polyethylen (PE) –PE 80, PE 100 – Allgemeine Güteanforderungen, Prüfungen; Text Deutsch und Englisch
DIN 8076	(09.13)	Druckrohrleitungen aus thermoplastischen Kunststoffen – Klemmverbinder aus Metallen und Kunststoffen für Rohre aus Polyethylen (PE) – Allgemeine Güteanforderungen und Prüfung; Text Deutsch und Englisch

Ausgangsstoff zur Herstellung von Polyethylen (neue Bezeichnung: Polyethen) ist Ethylengas, das aus Erdgas (Methan) oder durch Spaltung beim Crackprozess in Erdölraffinerien gewonnen wird.

14.6 Bautechnisch wichtige Plastomere

Die **Herstellung** (Polymerisation) [2] erfolgt entweder nach dem *Hochdruckverfahren* (bei 1.000 bis 3.000 bar und 150 bis 300 °C) mit Sauerstoff als Katalysator (Anreger), durch Gaspolymerisation in einem Rohrsystem ohne Lösemittel (erstmals in England 1937) oder nach dem *Niederdruckverfahren* (bei 20 bis 150 °C und 1 bis 50 bar) nach *Ziegler* als Fällungspolymerisation mit Dieselöl als Lösemittel und Katalysatoren. In den USA werden auch *Mitteldruckverfahren* (30 bis 100 bar und 150 bis 180 °C) angewandt.

Je nach Herstellungsverfahren entstehen die teilkristallinen PE-Sorten, die sich nach Kristallinität, Verzweigungsgrad und Molekulargewicht unterscheiden.

Eigenschaften: PE ist transparent bis milchig durchscheinend (opak), einfärbbar und von wachsartiger Oberflächenbeschaffenheit. PE brennt nach dem Entzünden mit leuchtender Flamme (blauer Kern) weiter und tropft brennend ab (Paraffingeruch).

PE weich (PE-LD, Hochdruck-PE, LDPE[1] – Low density Polyethylene) hat verzweigte Ketten, niedrige Dichte ρ = 0,91 bis 0,935 g/cm³ und 40 bis 50 % Kristallinität. Die Druck- und Zugfestigkeiten liegen bei 10 bis 17 N/mm², die E-Moduln bei 150 bis 250 N/mm², die Bruchdehnungen bei 200 bis 600 %. PE-LLD (Linear Low Density) als neueres Produkt weist höhere Kristallinität, Zug- und Durchstoßfestigkeit auf, sodass z.B. gleich belastbare Folien auf die Hälfte der bisherigen Dicke vermindert werden können.

PE hart (PE-HD, Niederdruck-PE, HDPE[1] – High density Polyethylene, MDPE[1] – Middle density Polyethylene, HMW-PE-HD – High-Molecular Weight Polyethylene) hat höhere Dichten: ρ = 0,94 bis 0,97 g/cm³, 60 bis 80 % Kristallisationsgrad, Zugfestigkeit 18 bis 25 N/mm², E-Modul 500 bis 1.000 N/mm², Bruchdehnung von 300 bis 800 %.

Der Wärmeausdehnungskoeffizient ist bei PE sehr groß: α_T = etwa 150 bis 200 · 10⁻⁶/K. PE ist beständig gegen Alkalien und gegen wässrige Lösungen von Salzen und Säuren sowie gegen Lösemittel. Es ist auch resistent gegen Pilze und Mikroorganismen. PE ist weichmacherfrei. Bei PE kann daher durch Verflüchtigung oder Auswanderung eines Weichmachers kein Schwinden oder Versprӧden eintreten wie bei äußerlich weichgemachten Thermoplasten. Dagegen altert Polyethylen unter Einwirkung ultravioletter Strahlung (UV-Licht). Durch Einarbeitung von 2 bis 3 % Ruß als UV-Stabilisator kann die Lebensdauer, bezogen auf unpigmentiertes Material, 10- bis 15fach erhöht werden. Bei farblosen Stabilisatoren ist der Verlängerungsfaktor 2 bis 4. Die Zeitstandfestigkeit (siehe Abschnitt 14.3) von PE hart ist abhängig von Temperatur und Belastungszeit. PE kann mit Peroxiden chemisch oder durch Strahlen zu einem Thermoelasten vernetzt werden und ist dann temperaturbeständiger (VPE, PE-X). Außerdem wird die Beständigkeit gegen Alterung, Kaltfluss, aggressive Medien und UV-Strahlung erhöht sowie die Versprödung vermindert.

Es gibt auch chlorierte PE-Sorten (PE-C) mit 25 bis 40 % Cl-Gehalt. Sie sind schmiegsam bis gummiweich und kältestandfest (Hostapren, Lutrigen). PE-C wird verwendet als Zusatz zu PE zur Herabsetzung der Entflammbarkeit und zu PVC zur Erhöhung der Schlagzähigkeit. Aus PVC mit 70 bis 90 % PE-C werden auch bitumenbeständige Dach- und Dichtungsbahnen hergestellt.

Chlorsulfoniertes Polyethylen (CSM) wird für schweißbare Dachbahnen verwendet (Hypalon).

Verwendung: Folien, Dichtungsbahnen, Behälter (Eimer, Wannen, Kanister, Flaschen, Mörtelkübel, Öltanks), Tafeln, Rohre (DIN 8074, 8075) für Druckwasserleitungen, Trinkwasser-,

---

[1] Die angelsächsischen und deutschen Bezeichnungen bzw. Abkürzungen decken sich nicht vollständig.

14 Kunststoffe

Abwasser-, Gasleitungen, Rohrzubehör, Fittings pp., Geogitter, Bodenverfestigungsgitter, Profile, Beschichtungen anderer Werkstoffe u.a.
Handelsnamen: Hostalen G (früher Hoechst); Vestolen A (DSM Petrochemicals).

14.6.1.2 Polypropylen PP $(C_3H_6)_n$

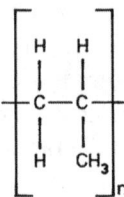

Normen

DIN 8077	(09.08)	Rohre aus Polypropylen (PP) – PP-H, PP-B, PP-R, PP-RCT – Maße
DIN 8078	(09.08)	Rohre aus Polypropylen (PP) – PP-H, PP-B, PP-R, PP-RCT – Allgemeine Güteanforderungen, Prüfung
DIN 19 560-10	(03.99)	Rohre und Formstücke aus Polypropylen (PP) für heißwasserbeständige Abwasserleitungen (HT) innerhalb von Gebäuden – Teil 10: Brandverhalten, Güteüberwachung und Verlegehinweise (zurückgezogen)
DIN 16 968	(11.12)	Rohre aus Polybuten-1 (PB-1) – PB 125 – Allgemeine Qualitätsanforderungen und Prüfung; Text Deutsch und Englisch
DIN 16 969	(11.12)	Rohre aus Polybuten-1 (PB-1) – PB 125 – Maße; Text Deutsch und Englisch

Ausgangsstoff ist Propylengas, das durch Spaltung von Erdölbestandteilen gewonnen wird (neue Bezeichnung von Propylen ist *Propen*). Die Polymerisation erfolgt nach mehreren Verfahren, wobei die Produkte je nach Anordnung der CH_3-Gruppen verschiedene Eigenschaften erhalten.

Von Bedeutung ist insbesondere PP mit isotaktischer Struktur (mit regelmäßigen Atomgruppierungen im Molekül), das nach dem Eingasverfahren nach *Ziegler* und *Natta* ähnlich dem Niederdruckverfahren für PE hergestellt wird. APP ist PP mit ataktischer Struktur.

Eigenschaften: PP erweicht bei etwa 165 °C. Es hat eine geringe Dichte ρ = etwa 0,90 g/cm³ und ist durchsichtig bis opak. Es lässt sich PE mit dem Fingernagel nicht ritzen. PP ist beständig gegen schwache Säuren und Laugen, bedingt beständig gegen einige Lösemittel. Es brennt wie PE nach dem Entzünden mit leuchtender Flamme (blauer Kern) weiter, tropft brennend ab und erzeugt dabei einen Paraffingeruch.

Die Versprödungsgefahr unter 0 °C kann durch Modifizieren (z.B. Copolymerisation mit Ethylen) verringert werden.

Die Zugfestigkeiten liegen zwischen 21 und 37 N/mm². PP ist temperaturstandfester, jedoch weniger kältefest als PE. Der Wärmeausdehnungskoeffizient beträgt α_T = etwa $110 \cdot 10^{-6}$/K. Die Oberfläche ist nicht paraffinartig wie bei PE, sondern glänzend wie bei Polyamiden (PA).

Verwendung: Rohre (DIN 8077, DIN 8078, DIN 19 560), Sanitärarmaturen, Beschläge, Akku-Kästen, Tafeln, Formteile, Folien, Seile (DIN 83 329, DIN 83 334), Behälter (Müll, Heizöl, Bierkästen), Teppichgrundgewebe, textile Fasern.

Handelsnamen: Hostalen PP (früher Hoechst); Vestolen P (DSM Petrochemicals); Novolen (Basell Polyolefine).

14.6 Bautechnisch wichtige Plastomere

14.6.1.3 Polybuten-1 PB [$(C_4H_8)_n$ = Polybutylen]
Aufbau und Eigenschaften: Das nach dem *Ziegler*-Verfahren polymerisierte PB mit einer Dichte ρ = 0,915 g/cm³ ähnelt dem PP auch in anderen Eigenschaften, besitzt aber hohe Zeitstandfestigkeit auch bei höheren Temperaturen und gute Spannungsrissbeständigkeit. PB ist gut schweißbar.
Strukturformel:

$$\left[\begin{array}{c} CH_2-CH \\ | \\ CH_2 \\ | \\ CH_3 \end{array} \right]_n$$

Verwendung: Rohre (DIN 16 968) für Heißwasserleitungen und den Großrohrsektor, Schweißfittings.

14.6.1.4 Polyisobutylen PIB $(C_4H_8)_n$
Ausgangsstoff ist Isobutylengas, das durch Spaltung von Erdölbestandteilen (Isobutan) gewonnen werden kann. Isobutylen ist ein Isomer des Butylens; bei gleicher Summenformel ist die Strukturformel eine andere als bei Butylen:

$$\left[\begin{array}{cc} H & CH_3 \\ | & | \\ C-C \\ | & | \\ H & CH_3 \end{array} \right]_n$$

Eigenschaften: PIB ist ölig bis gummiartig je nach Polymerisationsgrad. Die als Folien verwendeten Sorten haben hohes Molekulargewicht (etwa 200.000) und sind bei Raumtemperatur im thermoelastischen Zustand, d.h. gummi-elastisch, mit Reißfestigkeiten von 2 bis 6 N/mm² bei Reißdehnungen über 350 %. Die Dichte beträgt ρ = 0,92 g/cm³. Von –50 °C bis fast +100 °C ändert PIB seine Eigenschaften wenig; kurzfristig sind Temperaturen über 100 °C möglich. Es zersetzt sich ab 380 °C. Die Verformungstemperatur liegt bei 180 bis 200 °C. Über 50 °C gehen Festigkeit und Reißdehnung zurück. Durch Zusatz von Füllstoffen, wie Ruß, Talkum, Tonerde, werden Festigkeit und Härte erhöht, aber Reißdehnung und Kriechneigung (kalter Fluss) vermindert. PIB ist beständig gegen die meisten Säuren, Laugen, Salzlösungen und Bitumen, aber nicht dauerbeständig gegen Mineralöle und Treibstoff. Es ist ungiftig, verrottungsfest und alterungsbeständig. Löslich ist es in Benzin oder Tetrachlorkohlenstoff. Es ist weichmacherfrei, sodass Schwindungen oder Versprödungen durch Verflüchtigung bzw. Auswanderung eines Weichmachers nicht zu befürchten sind. Es brennt mit leuchtender Flamme, Geruch nach verbranntem Gummi.
Verwendung: Niedermolekulares PIB wird u.a. für Klebstoffe oder Fugenmassen verwendet, hochmolekulares PIB als Folien und Dichtungsbahnen für Bautenabdichtungen und Dachbahnen in Dicken von 1,5 und 2 mm mit Füllstoffen (Ruß). Seine Dichte beträgt ρ = 1,6 bis 1,7 g/cm³. Die Verlegung kann lose oder durch Verkleben mit Heißbitumen (B25,

B45, 85/25) oder kalt mit Lösemittelklebern erfolgen. Die Überlappungsnähte können mit Selbstklebebändern, durch Quellverschweißen, bei Auskleidungen auch mit Warmluftschweißverfahren gedichtet werden.
Handelsnamen der Rohstoffe: Oppanol B3, B15, B50, B100, B200 (mit steigendem Molekulargewicht); Tekol (Gummiwerk Kraiburg), Vistanex (Exxon Mobil Chemical). Bahnen: Rhepanol (Braas).

14.6.1.5 Polyoxymethylen POM $(CH_2O)_n$

$$\left[\begin{array}{c} H \\ | \\ -C-O- \\ | \\ H \end{array} \right]_n$$

Ausgangsstoff ist Formaldehyd; daher wird POM auch als *Polyformaldehyd* bezeichnet. Andere Namen sind Polymethylenoxid oder *Polyacetalharz*. Das Methylenradikal CH_2 ist im hochkristallinen Polymerisat durch Sauerstoffbrücken verkettet. Der Polymerisationsgrad n liegt bei 1.000.
Eigenschaften: Dichte ρ = etwa 1,4 g/cm³, Kristallit-Schmelztemperatur 175 °C, von 40 °C bis (unter Belastung) 100 °C formbeständig. Zugfestigkeit (bei 25 °C) etwa 70 N/mm² (bei 70 °C etwa 50 N/mm²), Reißdehnung 15 bis 35 %, E-Modul etwa 3.000 N/mm², Wärmeausdehnungskoeffizient α_T = etwa $80 \cdot 10^{-6}$/K bis $130 \cdot 10^{-6}$/K, niedriger Reibungsbeiwert. POM ist gegen Laugen, Lösemittel, Treibstoffe und Öle gut, gegen Säuren bedingt beständig. Es gibt auch Copolymerisate und mit Glasfasern verstärkte Sorten (ρ = 1,6 bis 1,7 g/cm³).
Verwendung: Beschläge, Zahnräder, Wasserarmaturen, Formteile (Gehäuse, Pumpen, Lüfter), Folien, Gleitlager u.a.m.
Handelsnamen: Delrin (DuPont), Hostaform (Ticona GmbH), Ultraform (BASF).

14.6.2 Polyvinyle und ähnliche Polymere

$$n \cdot \underset{R^1}{\overset{H}{\diagdown}} C = C \underset{R^3}{\overset{R^2}{\diagup}} \xrightarrow{Polymerisation} \left[\begin{array}{cc} H & R^2 \\ | & | \\ -C-C- \\ | & | \\ R^1 & R^3 \end{array} \right]_n$$

Polyvinyle sind Polymere, die nach oberem Schema aus Vinylverbindungen der allgemeinen Formel $R^1CH = CR^2R^3$ aufgebaut werden können, im Falle von Polyvinylchlorid ist das Monomer Vinylchlorid ($R^1 = R^2 = H$, $R^3 = Cl$), im Falle von Polystyrol ist das Monomer Vinylbenzol (Styrol, $R^1 = R^2 = H$, R^3 = Phenyl-):
Die freie Valenz des Vinylradikals kann mit verschiedenen Atomen, z.B. Cl beim PVC, oder mit anderen Molekülresten (Radikalen, mit R bezeichnet) besetzt sein, z.B. mit einem Phenylrest C_6H_5- beim Polystyrol. Im erweiterten Sinne spricht man von einer Vinylgruppe auch dann noch, wenn die Seitenvalenzen der C-Atome mit verschiedenen Radikalen, R_1, R_2, R_3,

14.6 Bautechnisch wichtige Plastomere

besetzt sind: $R_1HC = CR_2R_2$. Dieser Monomerenaufbau ist das gemeinsame Charakteristikum der Polyvinyle (einschließlich der Polyolefine).

14.6.2.1 Polyvinylchlorid PVC

Normen

DIN 6660	(04.96)	Rohrpost – Fahrrohre, Fahrrohrbogen und Muffen für Rohrpostanlagen aus weichmacherfreiem Polyvinylchlorid (PVC-U)
DIN 6663	(06.99)	Rohrpost – Verarbeitung von Bauteilen für Rohrpostanlagen aus Kunststoff (PVC-U), Stahl und nichtrostendem Stahl
DIN EN ISO 1043-3	(01.00)	Kunststoffe – Kennbuchstaben und Kurzzeichen – Teil 3: Weichmacher (ISO 1043-3:1996); Deutsche Fassung EN ISO 1043-3:1999
DIN EN ISO 1163-2	(10.99)	Kunststoffe – Weichmacherfreie Polyvinylchlorid (PVC-U)-Formmassen – Teil 2: Herstellung von Probekörpern und Bestimmung von Eigenschaften (ISO 1163-2:1995); Deutsche Fassung EN ISO 1163-2:1999
DIN 8061	(05.16)	Rohre aus weichmacherfreiem Polyvinylchlorid (PVC-U) – Allgemeine Güteanforderungen, Prüfung
DIN 8062	(10.09)	Rohre aus weichmacherfreiem Polyvinylchlorid (PVC-U) – Maße
DIN 16 928	(04.79)	Rohrleitungen aus thermoplastischen Kunststoffen; Rohrverbindungen, Rohrleitungsteile, Verlegung, Allgemeine Richtlinien
DIN 19 531-10	(12.99)	Rohr und Formstücke aus weichmacherfreiem Polyvinylchlorid (PVC-U) für Abwasserleitungen innerhalb von Gebäuden – Teil 10: Brandverhalten, Überwachung und Verlegehinweise
DIN 19 534-3	(07.00)	Rohre und Formstücke aus weichmacherfreiem Polyvinylchlorid (PVC-U) mit Steckmuffe für Abwasserkanäle und -leitungen – Teil 3: Güteüberwachung und Bauausführung

Ausgangsstoffe zur Herstellung von PVC (neue Bezeichnung: Polychlorethen) sind Acetylen C_2H_2 und Salzsäure HCl. Acetylen (Ethin) wird aus Kalziumkarbid CaC_2, dieses aus Branntkalk CaO und Kohle gewonnen. Auch dem aus Erdöl oder Erdgas entzogenen Ethylen kann Chlor angelagert werden. Das Gas Vinylchlorid (Chlorethen) hat nachstehende Strukturformel:

$$\begin{array}{c} H \quad\quad H \\ \diagdown \quad \diagup \\ C = C \\ \diagup \quad \diagdown \\ H \quad\quad Cl \end{array}$$

Bei der *Emulsionspolymerisation* fällt *E-PVC* als Pulver an, welches noch Emulgatorrückstände enthält und daher Neigung zu erhöhter Wasseraufnahme und gute Eignung zur Weichmacheraufnahme besitzt.
Bei der *Suspensionspolymerisation* fällt *S-PVC* in Form feiner Perlen an. Es ist daher rieselfähig, was für einige Verarbeitungsverfahren ohne Aufbereitung interessiert. Es hat keine störenden Zusätze und besitzt daher bessere mechanische und elektrische Eigenschaften. Besonders rein, ohne mineralische Beimengungen, fällt *M-PVC* bei der ähnlichen *Massepolymerisation* an.

14.6.2.2 PVC hart (Hart-PVC, PVC-U)

Eigenschaften: Das nicht weich gemachte PVC hart hat eine Rohdichte $\rho = 1{,}38$ bis $1{,}40$ g/cm³ (ohne Weichmacher). PVC ist bei 20 °C hart, erweicht bei 74 bis 79 °C in den plastoelastischen Zustand, Fließtemperatur 170 °C, Zersetzungstemperatur 230 °C. Es lässt sich gut schweißen, einfärben, in der Wärme leicht verformen; auch spanende Bearbeitung ist möglich. Unter Last erweicht es schon bei 50 bis 60 °C. Die Zugfestigkeit beträgt 50

14 Kunststoffe

bis 60 N/mm², die Bruchdehnung 10 bis 50 %, der E-Modul etwa 2.000 bis 3.000 N/mm², die *Shore*-Härte D etwa 83 bis 84, der lineare Wärmeausdehnungskoeffizient $α_T = 70$ bis $80 \cdot 10^{-6}$/K. PVC hart ist gegen Säuren in mittlerer Konzentration, gegen Laugen, Salze, niedere Alkohole, Benzin und Öle beständig. Benzol, Treibstoffgemische und viele Lösemittel wirken quellend. PVC ist schwer entflammbar, brennt aber in der Flamme, erlischt außerhalb infolge seines hohen Chlorgehalts (56 %, nachchloriertes CPVC [PVC-C]: 64 %). Im Brandfall wird Chlorwasserstoff frei, der mit Wasser Salzsäure bildet. Dadurch kann es zu Folgeschäden, z.B. Korrosion an Bauteilen, kommen.

Verwendung: Rohre und Formstücke für Wasserversorgung und Entwässerung, Gasversorgung, Dränrohre (DIN 8061, DIN 8062, DIN 16 928, DIN 19 531-10, DIN 19 534-3), Rohrpostleitungen (DIN 6660), Tafeln, Fliesen, Profile, Fassadenbekleidungen, Folien, Behälter, Apparate (Pumpen, Ventilatoren), Dachrinnen u.a.m.

Handelsnamen von PVC: Hostalit (Vinnolit Kunststoff GmbH), Vinnol (Wacker), Vinoflex (Solvin GmbH), Solvin (Solvay Deutschland GmbH), Vestolit (Vestolit GmbH), Trosiplast (Dynamit Nobel).

14.6.2.3 PVC weich (Weich-PVC; PVC-P)

Eigenschaften: Durch Weichmacher (z.B. hochsiedende Ester mehrbasischer Säuren mit einwertigen Alkoholen oder Glycolen, siehe [2]) und Extender (relativ billige Sekundärweichmacher) kann PVC weich eingestellt werden, sodass es sich bei Gebrauchstemperaturen im thermoelastischen Zustand befindet (z.B. Einfriertemperatur −10 °C, Fließtemperatur +150 °C). Je nach Art und Menge des Weichmachers besitzt PVC weich verschiedene Eigenschaften. Die üblichen Weichmachergehalte liegen zwischen 10 und 60 %, meist zwischen 20 und 40 %. Je nach Weichmachergehalt fällt die *Shore*-Härte A von 98 auf unter 50, von halbhart über lederartig bis mittel- oder weichgummiartig. Die Reißfestigkeit liegt dementsprechend zwischen 35 und 10 N/mm², die Reißdehnung zwischen 150 und 500 %. PVC weich kriecht mehr als vergleichbarer Weichgummi; es dämpft Schwingungen stärker, und die Rückstellung (Rückfederung) dauert länger.

Die Dichte beträgt (mit etwa 30 bis 40 % Dioctylphthalat) etwa 1,3 g/cm³, der lineare Wärmeausdehnungskoeffizient $α_T = 200 \cdot 10^{-6}$/K (vergleichsweise hoch), der E-Modul etwa 20 bis 40 N/mm². Die höchste Gebrauchstemperatur liegt zwischen 40 °C und 60 °C (belastet) und bei 80 °C (unbelastet). Weich-PVC ist chemisch weniger beständig als Hart-PVC (Verseifung des Weichmachers), auch stärker quellbar und leichter löslich. Nachteilig kann bei großem Weichmachergehalt die Gefahr der allmählichen Verflüchtigung oder Auswanderung (*Weichmacherwanderung,* siehe Abschnitt 14.5.4) sein. Auch durch Lösemittel kann der Weichmacher herausgelöst werden, was zur Versprödung führt. Berührungsflächen anderer Thermoplaste können klebrig werden. Weich-PVC brennt nach Entzündung weiter, kann aber schwerentflammbar gemacht werden.

Verwendung: Schläuche, Folien, speziell Wasserbeckenfolien, Abdichtungsbahnen Dachbelagsbahnen, Profile (DIN 16 941), z.B. für Handläufe oder Treppenkanten, Tafeln, Dichtungsprofile (Fugenbänder), Drahtisolierung, Isolierband, weiche Stecker, Kunstleder, Duschkabinenvorhänge („Acella"), Blechbeschichtung („Platalbleche"), Fußbodenbeläge (siehe Abschnitt 13.2), Weichschaumstoff u.a.m.

Handelsnamen für Weich-PVC: Trocal (HT Troplast AG), Delifol (DLW), Rhenofol (Braas), Leschuplast, Vinnol u.a.

14.6.2.4 Übrige PVC-Sorten

1. PVC-Copolymerisate
Durch die Copolymerisation mit anderen Vinylverbindungen kann eine „innere Weichmachung" (siehe Abschnitt 14.5.4) erreicht werden, jedoch ist eine stetige Abstufung der Härte wie mit Weichmachern schwieriger. PVCA aus Vinylchlorid mit 2 bis 15 % Vinylacetat wird für Folien und als Lackrohstoff (Korrosionsschutz) verwendet. PVCS aus Vinylchlorid mit 30 % Styrol wird als Bindemittel für Asbestfasern und für gefüllte Fußbodenbeläge und Fliesen verwendet.

2. Modifiziertes PVC
a) **Nachchloriertes PVC** („PeCe"), abgekürzt PVC-C, mit erhöhtem Chlorgehalt (von 57 auf 64 %) hat eine höhere Temperaturstandfestigkeit und wird u.a. für Rohre, Lacke, Klebstoffe verwendet.

b) **PVC erhöht schlagzäh, PVC-I; PVC hoch schlagzäh, PVC-HI**
Handelsname: Hostalit Z (Vinnolit Kunststoff GmbH).
Das Material wird als Polyblend (Polymergemisch) legierungsähnlich durch Einmischen von chloriertem Polyethylen erhalten. Es findet bautechnisch Verwendung für Fenster- und Türprofile, Dachrinnen und Fallrohre, Jalousien und Rollläden, Wellplatten, Wandplatten, Folien, Rohre, Profile u.a.m.

3. Polyvinylidenchlorid, PVDC $(CH_2CCl_2)_n$
Handelsname: Diofan (BASF).
Vorwiegend werden Copolymerisate mit Vinylchlorid (5 bis 20 %) hergestellt. Durch den symmetrischen Molekülaufbau ist die Kristallinität hoch. Es ergeben sich hochschmelzende, sehr harte, abriebfeste und chemikalienbeständige Produkte, die u.a. als Fäden, Folien und Dispersionen für Anstrichzwecke („Diofan D") verwendet werden.

14.6.2.5 Polystyrol PS

Ausgangsstoff zur Herstellung von Polystyrol (neue Bezeichnung: Polyphenylethen) ist Styrol (Vinylbenzol, Phenylethen), das aus Benzol und Ethylen hergestellt wird.
Strukturformel:

$$CH=CH_2 - C_6H_5$$

Eigenschaften: PS ist glasklar mit Oberflächenglanz, relativ hart, aber nicht kratzfest, spröde und hellklingend. Die Dichte beträgt $\rho = 1{,}05$ g/cm³. Es beginnt bei 80 bis 90 °C zu erweichen, lässt sich beliebig einfärben, bedrucken, kleben, polieren und spanabhebend bearbeiten. UV-Strahlen (Sonnenlicht, Leuchtstoffröhren) bewirken eine allmähliche fortschreitende Vergilbung, Festigkeitsabnahme und ein Mattwerden der Oberfläche. Die Zugfestigkeit liegt bei 45 bis 55 N/mm², der E-Modul bei 2.200 bis 2.500 N/mm², die lineare Wärmedehnzahl bei $\alpha_T = 60$ bis $80 \cdot 10^{-6}$/K. Die Schlagzähigkeit ist gering. PS ist beständig gegen verdünnte Säuren, Laugen, Alkohole und pflanzliche Öle; bedingt beständig gegen Benzin, Benzol, Dieselöl und Terpentinöl. Nach dem Entzünden brennt es mit leuchtender, stark rußender Flamme weiter und erzeugt dabei einen typischen süßlichen Styrolgeruch, wie er auch bei der Verarbeitung ungesättigter Polyesterharze UP (die in Monostyrol gelöst sind) auftritt. Polystyrol ist ein sehr preisgünstiger Kunststoff.

Verwendung: PS wird vorwiegend auf Spritzgussmaschinen und Extrudern (Strangpressen) verarbeitet. Produkte sind Massenartikel (Schachteln, Dosen, Behälter, Wegwerfgeschirr),

Profile, Beschläge. PS lässt sich mit Treibmittel gut zu *PS-Schaum* aufschäumen (siehe unten).
Handelsname: Vestyron, Styron u.v.a.

Polystyrol-Hartschaum

Normen
DIN 18 164	(02-03.93)	Einführung Technischer Baubestimmungen; DIN 18 164 Teil 1; Schaum-
T1 EErl MV	(08.92)	kunststoffe als Dämmstoffe für das Bauwesen; Dämmstoffe für die Wärmedämmung

Das treibmittelhaltige Granulat wird zunächst vorgeschäumt und in einer zweiten Stufe unter Dampfeinwirkung in Formen oberflächlich erweicht und weiter aufgebläht, sodass ein zusammenhängender Partikelschaumstoff mit überwiegend geschlossener, zähharter Zellstruktur entsteht. Es gibt auch extrudergeschäumten Polystyrolschaumstoff mit kleineren Zellen, dickeren Zellwänden und größerer Festigkeit. Die Rohdichten liegen bei ρ = 15 kg/m³ bis 40 kg/m³ (siehe Abschnitt 16.5.2). Die Verwendung erfolgt als Dämmstoffe für die Wärmedämmung und für die Trittschalldämmung bei schwimmenden Estrichen, für Drainplatten, ferner als Verpackungsmaterial, zur Herstellung und für Aussparungen in Betonbauteilen, für Verbundplatten u.a.m.
Handelsnamen: Styropor (BASF), Styrodur (BASF), Styrofoam (Dow Chemicals) u.a.
Speziell für Zwecke der Bodenauflockerung gibt es Hartschaumflocken unter dem Handelsnamen Styromull (BASF).

14.6.2.6 Styrol-Copolymerisate (Cop.)
Durch Copolymerisation des Styrols mit anderen Monomeren können die mechanischen und thermischen Eigenschaften gegenüber dem Homopolymerisat PS verbessert werden.
1. **SAN = Styrol-Acrylnitril-Cop.**
Mit etwa 30 % Acrylnitril (siehe Abschnitt 14.11.1) besitzt SAN eine höhere Wärmeformbeständigkeit, neigt weniger zu Rissbildung, insbesondere bei Temperaturwechsel, ist schlagzäher, öl- und benzinfest sowie bedingt beständig gegen ätherische Öle.
Handelsname: Luran (BASF).
2. **S/B = Styrol-Butadien-Cop.** (siehe Abschnitt 14.11.1)
Mit 10 bis 15 % kautschukartigem Butadien wird S/B schlagzäh, jedoch ist es weniger alterungsbeständig und empfindlich gegen Licht- und Wärmeeinwirkung mit Versprödungsgefahr.
Handelsnamen: Styronal (BASF), Vestyron (Hüls).
3. **ABS = Acrylnitril-Butadien-Styrol-Pfropfpolymerisat**
Dieses Terpolymer („Ter" bedeutet hier Copolymer aus drei Monomerarten) ist besonders schlagfest und besitzt eine höhere Wärmeformbeständigkeit, Alterungsbeständigkeit, Festigkeit und chemische Beständigkeit als PS. Seine Oberfläche glänzt und ist antistatisch, zieht also den Staub nicht an. *ABS* kann galvanisch mit Metallüberzügen versehen werden. *ABS* wird verwendet für Rohre, Geräteteile, Gehäuse (Telefon-Apparate), Schutzhelme, Möbel u.a.m.
Handelsname: Novodur (Lanxess).
4. **ASA = Acrylnitril-Styrol-Acrylester-Copolymerisat**
Das Terpolymer *ASA* zeichnet sich ebenfalls durch hohe Schlagzähigkeit, Wärmeform- und Alterungsbeständigkeit aus. Es wird im Bauwesen insbesondere für Rohre, Verkehrsampeln und Straßenschilder verwendet.
Handelsname: Luran S (BASF).

14.6 Bautechnisch wichtige Plastomere

14.6.2.7 Acrylharze
1. PMMA (Acrylglas) Polymethylmethacrylester (Polymethylmethacrylat)

Normen

DIN EN ISO 8257-1Berichtigung 1	(09.06)	Kunststoffe – Polymethylmethacrylat (PMMA)-Formmassen – Teil 1: Bezeichnungssystem und Basis für Spezifikationen (ISO 8257-1:1998); Deutsche Fassung EN ISO 8257-1:2006, Berichtigungen 2006-06
DIN EN ISO 8257-2	(06.06)	Kunststoffe – Polymethylmethacrylat (PMMA)-Formmassen – Teil 2: Herstellung von Probekörpern und Bestimmung von Eigenschaften (ISO 8257-2: 2001); Deutsche Fassung EN ISO 8257-2: 2006
DIN EN ISO 7823-1	(12.03)	Kunststoffe – Tafeln aus Polymethylmethacrylat – Typen, Maße und Eigenschaften – Teil 1: Gegossene Tafeln (ISO 7823-1:2003); Deutsche Fassung EN ISO 7823-1:2003
DIN EN ISO 7823-2	(12.03)	Kunststoffe – Polymethylmethacrylat – Typen, Maße und Eigenschaften – Teil 2:Extrudierte Tafeln (ISO 7823-2:2003); Deutsche Fassung ENISO 7823-2:2003

Methacrylsäure lässt sich u.a. aus Aceton $(CH_3)_2CO$ und Blausäure HCN herstellen. Strukturformel von PMMA:
Strukturformel:

$$\left[\begin{array}{cc} H & CH_3 \\ | & | \\ -C-C- \\ | & | \\ H & COOCH_3 \end{array} \right]_n$$

Eigenschaften: Die Dichte beträgt $\rho = 1{,}18$ g/cm^3 (halb so schwer wie Fensterglas!). Acrylglas ist glasklar, hochglänzend und ziemlich hart (*Mohs*-Härte 2 bis 3), aber nicht kratzfest wie Mineralglas mit *Mohs*-Härte etwa 6 bis 7. Es altert nicht; seine Zugfestigkeit liegt bei 70 bis 80 N/mm^2, die Bruchdehnung bei 4 %, der E-Modul bei 3.000 N/mm^2, die Schlagzähigkeit bei 20 bis 25 kJ/m^2. Es erweicht bei etwa 120 bis 140 °C. Die Wärmeformbeständigkeit liegt bei 70 bis 95 °C. Der lineare Wärmeausdehnungskoeffizient ist mit $\alpha_T = 70 \cdot 10^{-6}$/K wesentlich größer als bei Mineralglas. Es lässt sich sägen, bohren, drehen, fräsen, polieren, kleben, schweißen und bei 150 bis 180 °C thermoelastisch, z.B. durch Biegen, Ziehen, Tiefziehen, verarbeiten. Es ist beständig gegen wässrige Säuren, Laugen, Salzlösungen, Benzin, Mineralöl, tierische und pflanzliche Öle und Fette, verdünnten Ethylalkohol (bis 30 %); unbeständig ist es gegen Benzol, Äther, konzentrierten Ethylalkohol und viele (polare) Lösemittel. Nach dem Entzünden brennt es mit leuchtender, nicht rußender Flamme weiter und erzeugt einen scharfen, fruchtartigen Geruch. Gegossenes Acrylharz (monomer in Plattenformen gegossen und polymerisiert) mit einem Molekulargewicht von etwa 1.000.000 gehört zu der Zwischengruppe der Thermoelaste, die unterhalb der Zersetzungstemperatur nicht thermoplastisch fließbar werden. Seine Eigenschaften sind besser als bei dem billigeren extrudierten (gezogenen) Material (Molekulargewicht von etwa 100.000), das durch schwache Ziehstreifen von der Presse her kenntlich ist.

Verwendung: Lichtdurchlässige, auch farbige Platten, Stegdoppelplatten, Stegdreifachplatten, Blöcke, Stäbe, Rohre, Profile, Wellplatten (Sinusprofilplatten), splittersichere Scheiben (auch schusssichere Scheiben werden hergestellt), Lichtkuppeln, Badewannen, Waschbecken, Modellbau, Reaktionsharzbeton und -mörtel (siehe Abschnitt 6.24.2) u.a.m.

Handelsnamen: Plexiglas (Röhm), Resarit (Resart), Deglas, Degalan (Degussa).

14 Kunststoffe

2. Copolymerisat A/MMA
Durch Copolymerisation mit Acrylnitril (siehe Abschnitt 14.11.1) kann die Festigkeit auf Kosten der Lichtdurchlässigkeit erhöht werden.
Handelsname: Plexisol (Röhm).
3. Polyacrylester (Acrylharze, Methacrylharze, Methacrylsäureester, Polyacrylate)
Ester der Acrylsäure mit Methyl-, Ethyl- oder Butylalkohol lassen sich zu Emulsionen polymerisieren.
Strukturformel:

$$\left[\begin{array}{cc} H & H \\ | & | \\ -C-C- \\ | & | \\ H & COOR \end{array} \right]_n$$

Eigenschaften: Die Produkte sind oft relativ weich, durchsichtig, dehnbar und unter Umständen klebrig. Beim Eintrocknen entstehen Filme. Es gibt auch hart-elastisch aushärtende Zwei-Komponenten-Materialien.
Verwendung: Emulsionen bzw. Dispersionen für Beschichtungen, Anstriche, Imprägnierungen, Grundierungen (siehe Abschnitt 11.5.7); Betonzusätze (siehe Abschnitt 6.4 und 6.24), Klebstoff („Tesafilm", siehe Abschnitt 15.1.6), Kabelumhüllungen („Stabol"), Zwischenschicht in Sicherheitsgläsern („Sigla"). Zwei-Komponenten-Systeme von Methacrylaten aus Polymerpulver mit mineralischen Füllstoffen werden verwendet für Estrichbeschichtungen, schnell härtenden Reparaturmörtel, Flickbeton (PCC), Kunstharzbeton und Straßenmarkierungen.
Handelsname: Acronal (BASF).
4. Copolymere
Copolymere von Acrylsäureester mit Acrylnitril, Styrol, Vinylacetat oder Vinylchlorid besitzen verbesserte Eigenschaften für Beschichtungen: Die Filme sind nicht klebrig. Elastoplastische Copolymere sind Grundstoffe der Fugendichtungsmassen (siehe Abschnitt 15.4). Andere werden für Beschichtungen als Dispersionsbindemittel (siehe Abschnitt 11.5.7) oder als Lackharze (siehe Abschnitt 11.5.10) verwendet.

14.6.2.8 Polyvinylacetat PVAC
Ausgangsstoff ist Vinylacetat. Hierbei ist die freie Valenz des Vinylradikals mit einem Essigsäurerest verbunden. Acetate sind Salze der Essigsäure. Durch verschiedene Polymerisationsverfahren, insbesondere Emulsionspolymerisation, werden PVAC-Sorten mit unterschiedlichen Molekulargewichten hergestellt. Strukturformel des monomeren Vinylacetats:

$$\begin{array}{c} H \quad\quad H \\ \backslash/ \\ C=C \\ /\backslash \\ H \quad\quad O-\underset{\underset{O}{\|}}{C}-CH_3 \end{array}$$

Eigenschaften: PVAC ist farblos und lichtbeständig. Emulgiert wirkt es milchigweiß. Die Rohdichte liegt bei $\rho = 1{,}17$ g/cm³. Es erweicht je nach Polymerisationsgrad bei 30 bis 180 °C, ist weich bis hart, unlöslich in Wasser, Benzin und Pflanzenölen, aber löslich in vielen organischen Lösemitteln. Bei chemischer Beanspruchung kann Verseifung eintreten. Das Klebevermögen auf Oberflächen und die Bindekraft von Füllstoffen können durch Weichmacher noch vergrößert werden, die im Übrigen die Plastizität und Dehnbarkeit erhöhen sowie den „Weißpunkt" erniedrigen (siehe Abschnitt 11.5.7.2).

Verwendung: Infolge des stark ausgeprägten thermoplastischen Verhaltens und der dadurch bedingten mangelhaften Temperaturstandfestigkeit der aus PVAC hergestellten Formkörper ist die Verarbeitung als Spritz- oder Pressmasse nicht möglich.

Es findet Verwendung als Bindemittel für Anstriche und Beschichtungen (Dispersionsfarben, Binderfarben, siehe Abschnitt 11.5.7), zur Herstellung von Lacken, Klebstoffen und Spachtelmassen (siehe Abschnitt 15.2), als Haft- und Kontaktmittel für Haftbrücken zur Verbesserung des Haftens von Flickmörtel bzw. neuem Beton an altem, z.B. bei Behebungen von Oberflächenschäden (Estrich, Putz, Bruchkanten an Betonteilen).

Handelsnamen: Mowilith (Clariant GmbH), Vinnapas (Wacker); Klebstoffe, Leime: Mowicoll (früher Hoechst), Ponal (Henkel). Copolymere mit anderen Vinylestern: Mowilith DM (früher Hoechst).

Copolymere: Es gibt zahlreiche Möglichkeiten, durch die Copolymerisation das mechanische Verhalten von PVAC zur weicheren und härteren Seite zu verschieben.

E/VA, Ethylen/Vinylacetat: wird u.a. verwendet für Dichtungsbahnen, die bitumenfest sind und durch Quell- oder Warmverschweißung verbunden werden können.

14.6.2.9 Polyvinylpropionat PVP[2]

Ausgangsstoff ist Vinylpropionat, ein Vinylester mit einem Propionsäurerest C_2H_5COO-. Die Herstellung erfolgt nach dem Emulsionspolymerisationsverfahren.

Eigenschaften: PVP ist filmbildend, sehr weich und elastisch mit niedriger Filmbildungstemperatur. Es erfordert keinen Weichmacher; daher besteht keine Versprödungsgefahr. Es besitzt eine sehr hohe Pigment- und Füllstoffverträglichkeit, gute Verseifungsresistenz; daher ist es auch auf alkalischem Untergrund geeignet. Die Filme sind alterungs-, witterungs-, licht- und feuchtigkeitsbeständig. Die Eigenschaften können durch Copolymerisieren vielfältig variiert werden.

Verwendung: Für feste Formteile ist PVP nicht geeignet. Es wird als Bindemittel für Klebstoffe, Anstriche und Beschichtungen (Dispersionsfarben, siehe Abschnitt 11.5.7) sowie als Haft- und Zusatzmittel für Mörtel und Beton (ähnlich wie PVAC) verwendet.

14.6.2.10 Polyvinylalkohol PVAL

PVAL wird durch Verseifung (Umesterung) von PVAC hergestellt.

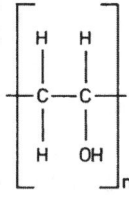

---

[2] Das Kurzzeichen PVP ist nach DIN EN ISO 1043-1 für das bautechnisch nicht verwendete Polyvinylpyrrolidon reserviert.

14 Kunststoffe

Eigenschaften: Das weißgelbliche Pulver liefert je nach Konzentration und Polymerisationsgrad schwach- bis zähviskose Lösungen mit Wasser, ist aber in allen gebräuchlichen Lösemitteln unlöslich.
Verwendung: Für Folien, insbesondere Trennfolien (z.B. bei der Verarbeitung von ungesättigten Polyestergießharzen, um das Anhaften an der Form zu verhindern), Dichtungen, Klebstoff, benzinfeste Schläuche, Schutzkolloid (zur Verringerung der Wasserempfindlichkeit) und Verdickungsmittel bei Dispersionsanstrichen sowie Fasern als Ersatz für Asbest in Faserzement (siehe Abschnitt 2.14.3.1).
Handelsnamen: Mowiol (früher Hoechst), Polyviol (Wacker).

14.6.2.11 Polyvinylbutyral PVB

PVB entsteht durch Umsetzung von Polyvinylalkohol mit Butyraldehyd. Es ist ein wasserunlösliches Pulver und kann zähe, relativ feste Filme bilden. PVB wird in der Lack- und Klebetechnik verwendet sowie zu Dichtungen und als Zwischenschichten in Sicherheitsglasscheiben verarbeitet. Haftzusätze für Mörtel und Beton gibt es auch auf der Basis Polyvinylbutyral.

14.6.2.12 Polyvinylether (ohne Abkürzung)

Polyvinylether sind Polymerisationsprodukte von Vinylethern (Methyl-, Ethyl-, Propylether u.a.), die je nach Polymerisationsgrad klebrig, zäh-weich bis rohgummiartig sind. Sie werden verwendet als Klebstoffe (Klebschicht auf Klebebändern und Isolierbändern), als Weichharz für Nitrolacke und Chlorkautschuklacke (siehe Abschnitt 11.5.10).
Handelsname: Lutonal (BASF).

14.6.3 Polyfluorcarbone = Fluorpolymerisate

Die CF-Bindung führt zu hoher chemischer Widerstandsfähigkeit und thermischer Beanspruchbarkeit bei freilich hohen Materialkosten.

14.6.3.1 Polytetrafluorethylen PTFE[3]

Ausgangsstoffe sind Trichlormethan (Chloroform) und Fluorwasserstoff:

$$2\ CHCl_3 + 4\ HF \rightarrow 2\ CHClF_2 + 4\ HCl$$
$$2\ CHClF_2 \rightarrow F_2C=CF_2 + 2\ HCl$$

Das Tetrafluorethylen wird unter hohem Druck mit Peroxiden in Wasser polymerisiert.
Strukturformel:

$$\underset{F}{\overset{F}{>}}C=C\underset{F}{\overset{F}{<}} \longrightarrow \left[\begin{array}{cc} F & F \\ | & | \\ -C-C- \\ | & | \\ F & F \end{array} \right]_n$$

Eigenschaften: Die Rohdichte beträgt $\rho = 2{,}2$ g/cm³. Der Kristallitschmelzpunkt liegt bei 327 °C. Oberhalb 300 °C wird PTFE etwas klebrig; erst oberhalb 400 °C beginnt es sich zu zersetzen, brennt aber nicht. Das hydrophobe (wasserabweisende) PTFE widersteht allen

---

[3] Tetra (griech.) = vier: 4 Fluoratome sind im Monomer an Kohlenstoff gebunden; für Ethylen gibt es die neuere Bezeichnung Ethen.

Chemikalien mit Ausnahme von geschmolzenen Alkalimetallen und heißem Fluor. Es ist sehr witterungsbeständig. Im Übrigen bleiben die mechanischen und chemischen Eigenschaften zwischen –90 °C und +250 °C nahezu unverändert. Der Einsatz ist sogar zwischen –200 °C und +300 °C möglich. PTFE hat eine geringe Härte und einen niedrigen Reibungskoeffizienten (tan j = μ ≤ 0,01). Es besitzt nur geringe Affinität zu klebrigen Stoffen (Trennmittel).
Verwendung: PTFE wird verwendet für Brückenlager, Gleitfolienlager, Folien, Platten, Dichtungen, Bratpfannenbeschichtungen, Trennmittel beim Kunststoffverschweißen mit Heizelementen u.a.m. Es gibt auch glasfaserverstärktes PTFE.
Handelsnamen: Teflon (DuPont), Hostaflon (früher Hoechst), Fluon (ICI).

14.6.3.2 Polychlortrifluorethylen PCTFE

Es besitzt ähnliche Eigenschaften wie PTFE mit ebenfalls hoher Chemikalienbeständigkeit, ist aber billiger. Die obere Anwendungstemperatur liegt jedoch niedriger: bei 150 °C.

Strukturformel:

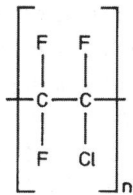

Verwendung findet es unter anderem für Beschichtungen.

14.6.3.3 Polyvinylfluorid PVF

PVF ist besonders beständig gegen Chemikalien- und Witterungseinwirkung. Es wird zu wetterfesten Folien, in speziellen Lösemitteln auch zu Gießfolien, verarbeitet und findet Verwendung zum Oberflächenschutz von Außenbauteilen in Form dünner Folien oder Beschichtungen, Straßenschildern, zu Trennfolien u.a.m.
Strukturformel:

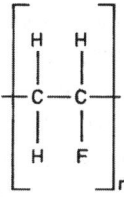

Handelsname: Tedlar (DuPont).

14.6.4 Polyamide PA

Normen
DIN 16 982   (09.74)   Rohre aus Polyamid (PA); Maße

PA sind stickstoffhaltige Thermoplaste, die durch Polykondensation (siehe [2]) von Diaminen mit Dicarbonsäuren oder aus Aminosäuren, z.B. Caprolactam, hergestellt werden. Die kettenförmigen Makromoleküle der Polyamide sind so gebaut, dass jeweils eine bestimmte Anzahl von Methylengruppen CH_2 durch Säureamid-Gruppen NH · CO („NH und Companie!") verbunden sind. Die einzelnen Polyamidsorten werden nach der Anzahl der Kohlenstoffatome ihrer Monomere bezeichnet, z.B.

PA 6 (Perlon)	[$(CH_2)_5 \cdot NH \cdot CO$]$_n$ mit 6 C-Gruppen
PA 66 (Nylon)	[$(CH_2)_6 \cdot NH \cdot CO\,(CH_2)_4 \cdot NH \cdot CO$]$_n$ mit 6 + 6 = 12 C-Gruppen
PA 11 (Rilsan)	[$(CH_2)_{10} \cdot NH \cdot CO$]$_n$ mit 10 + 1 = 11 C-Gruppen
PA 12 (Vestamid)	[$(CH_2)_{11} \cdot NH \cdot CO$]$_n$ mit 11 + 1 = 12 C-Gruppen

Eigenschaften: Die PA-Sorten haben Rohdichten von ρ = 1,02 bis 1,15 g/cm³. Sie sind teilkristallin mit einem schmalen Erweichungsbereich bzw. einer scharf ausgeprägten Schmelztemperatur je nach Sorte bei 185 bis 255 °C. Die Gebrauchstemperaturen liegen über 90 °C (von PA 12 bei 60 bis 90 °C). Polyamide sind hornartige Stoffe von milchigweißer Eigenfarbe, in dünnen Schichten zum Teil auch glasklar, mit glänzender Oberfläche. Sie sind ziemlich hart, sehr zäh und abriebfest. Sie lassen sich spanend bearbeiten, kleben, schweißen und gut einfärben. Durch längere Einwirkung von UV-Strahlen wird die Oberfläche geschädigt. Sie nehmen in Abhängigkeit von der Luftfeuchtigkeit und bei Wasserlagerung je nach Sorte Wasser auf. Die Polyamide sind gegen Säuren und stärkere Laugen empfindlich, jedoch beständig gegen die meisten organischen Lösemittel, Treibstoffe, Öle und Fette. Sie brennen mit blauer, gelbgeränderter Flamme und Selleriegeruch, tropfen dabei und ziehen Fäden wie Siegellack. Außerhalb der Flamme erlöschen sie zum Teil von selbst. Die Zugfestigkeiten liegen zwischen 40 und 70 N/mm². Durch Recken können sie etwa auf das Fünffache gesteigert werden, wobei die Bruchdehnungen von etwa 150 bis 500 % auf etwa 20 bis 40 % zurückgehen. Der E-Modul liegt je nach Sorte etwa bei 1.000 bis 1.500 N/mm², bei Guss-Polyamid auch höher. Die Wärmedehnzahl beträgt α_T = etwa 80 bis 150 · 10^{-6}/K. Speziell strukturierte Polyamide sind *Aramide*, die versponnen hohe Zugfestigkeit aufweisen.

Verwendung: Neben der aus dem Alltagsleben bekannten Verwendung für Fäden und Gewebe (Nylon, Perlon) werden Polyamide eingesetzt für Folien, Platten, Profile, Seile, Ketten, Zahnräder, Schrauben, Dübel, Beschläge (Tür- und Fenstergriffe u.a.), Kleiderhaken, Duschknöpfe, Mischbatterien, Industrieschutzhelme (DIN EN 397), Dichtungen u.a.m. Aramidfasern werden als Spannkabel verwendet.

Handelsnamen: Ultramid (BASF), Vestamid (Degussa), Trogamid (Degussa), Zytel (DuPont), Perlon (Bayer). Es sind auch Mischpolymerisate und mit 15 bis 50 % glasfaserverstärkte Produkte im Handel. Kevlar (USA) für Aramidverstärkungsfasern.

14.6.5 Lineare Polyester

14.6.5.1 Polycarbonate PC

Normen

DIN EN 1013	(03.15)	Lichtdurchlässige, einschalige, profilierte Platten aus Kunststoff für Innen- und Außenanwendungen an Dächern, Wänden und Decken– Anforderungen und Prüfverfahren Deutsche Fassung EN 1013:2000 + A1:2014
DIN EN 7391-1	(06.06)	Kunststoffe – Polycarbonat (PC)-Formmassen – Teil 1: Bezeichnungssystem und Basis für Spezifikationen (ISO 7391-1:2006); Deutsche Fassung EN ISO 7391-1:2006
DIN EN 7391-2	(06.06)	Kunststoffe – Polycarbonat (PC)-Formmassen – Teil 2: Herstellung von Probekörpern und Bestimmung von Eigenschaften (ISO 7391-2:2006); Deutsche Fassung EN ISO 7391-2:2006

14.6 Bautechnisch wichtige Plastomere

DIN EN ISO 11 963 (03.13) Kunststoffe – Tafeln aus Polycarbonat – Lieferformen, Abmessungen und charakteristische Eigenschaften (ISO 11963:2012); Deutsche Fassung EN ISO 11963:2012

Polycarbonate sind lineare Polyester der Kohlensäure, die aus Phosgen und Alkoholen (Dian) gewonnen werden.
Strukturformel von PC:

Eigenschaften: PC hat eine Rohdichte $\rho = 1{,}2$ g/cm^3, ist glasklar bis schwach gelblich transparent: 85 % lichtdurchlässig bei 6 mm, 89 % bei 1 mm, schlagzäh bis –100 °C. Die obere Anwendungsgrenze liegt bei +90 bis +135 °C. Es ist hart-elastisch und lässt sich auf Hochglanz polieren, spanend bearbeiten, kleben und schweißen. Die Zugfestigkeit liegt über 60 N/mm^2, die Bruchdehnung über 80 %, der E-Modul bei 2.200 N/mm^2, die lineare Wärmedehnzahl bei $\alpha_T = 60$ bis $70 \cdot 10^{-6}$/K.

PC ist recht witterungsbeständig und beständig gegen leichte Säuren, Fette und Öle, wird aber durch Alkalien zerstört. Es ist in manchen Lösemitteln löslich. Benzol und Tetrachlorkohlenstoff quellen es an. Es ist schwerentflammbar, brennt in der Flamme leuchtend, rußend und verkohlt blasig mit leichtem Phenolgeruch.

Verwendung: Platten, Flachstäbe, lichtdurchlässige Platten, Verglasungen (z.B. bei Sportstätten), Licht- und Lampenkuppeln, Jalousien, Duschkabinenwände, Telefonzellen, Akkugehäuse, Folien, Schutzhelme, durchsichtige Abdeckungen für Strom- und Wasserzähler oder Verkehrsampeln u.a.m.

Handelsnamen: Makrolon (Bayer), Makrofol-Folie (Bayer). Auch glasfaserverstärkte Sorten sind im Handel: Makrolon 30 GV (Bayer).

14.6.5.2 Polyethylenterephthalat PET

PET entsteht aus Polykondensation (siehe [2]) von Terephthalsäure (Benzoldicarbonsäure) und Ethylenglycol HO-(CH$_2$)$_2$-OH.

Eigenschaften: Die Rohdichte beträgt $\rho =$ etwa 1,32 g/cm^3. Der Schmelzpunkt liegt bei etwa 250 °C. Es ist zähfest von –60 °C bis +130 °C. PET ist äußerst widerstandsfähig gegen Licht und Wärme; Polyester nimmt kein Wasser auf, ist beständig gegen verdünnte Säuren, fast alle Lösemittel und Oxidationsmittel. Es brennt nach dem Entzünden mit gelber Flamme weiter und erzeugt dabei einen süßlichen Geruch. Es gibt amorphe PET-Formmassen und teilkristalline Sorten.

Die Streckspannungen liegen dementsprechend zwischen 57 und 80 N/mm², die Bruchdehnungen über 200 % bzw. 20 bis über 30 %, die E-Modul bei etwa 2.200 bzw. 2.700 N/mm². Durch Recken wird die Reißfestigkeit von Fäden erhöht. Es gibt auch glasfaserverstärkte Sorten.

Verwendung: PET wird zu klaren, äußerst reißfesten, hoch kälte- und wärmebeständigen Folien (auch Schrumpffolien) und zu Dichtungsbahnen für Bauwerksabdichtungen (DIN 18 190-4), Textilfasern (Diolen, Trevira) und Polyester-Seilen verarbeitet. Erhältlich auch in Form von Tafeln und Flachstäben. Ein ähnlicher Stoff ist Polybutylenterephthalat PBT.

Handelsnamen: Folie: Hostaphan (Mitsubishi Polyester Film); Formmassen: Hostadur (früher Hoechst), Arnite (DSM Engineering Plastics), für PBT: Crastin (DuPont), Pocan (Bayer).

14.7 Duroplaste → Bautechnisch wichtige duroplastische vollsynthetische Kunststoffe

Normen

DIN EN ISO 14 527-1	(08.00)	Kunststoffe – Rieselfähige Harnstoff-Formaldehyd und Harnstoff/Melamin-Formaldehyd-Formmassen (UF- und UF/MF-PCM) – Teil 1: Bezeichnungssystem und Basis für Spezifikationen (ISO 14527-1:1999); Deutsche Fassung EN ISO 14527-1:1999
DIN EN ISO 14 527-2	(08.00)	Kunststoffe – Rieselfähige Harnstoff-Formaldehyd und Harnstoff/Melamin-Formaldehyd-Formmassen (UF- und UF/MF-PCM) – Teil 2: Herstellung von Probekörpern und Bestimmung von Eigenschaften (ISO 14527-2:1999); Deutsche Fassung EN ISO 14527-2:1999
DIN EN ISO 14 527-3	(08.00)	Kunststoffe – Rieselfähige Harnstoff-Formaldehyd und Harnstoff/Melamin-Formaldehyd-Formmassen (UF- und UF/MF-PCM) – Teil 3: Anforderungen an ausgewählte Formmassen (ISO 14527-3:1999); Deutsche Fassung EN ISO 14527-3:1999
DIN EN ISO 14 530-1	(00.00)	Kunststoffe – Rieselfähige ungesättigte Polyester-Formmassen (UP-PMC) – Teil 1: Bezeichnungssystem und Basis für Spezifikationen (ISO 14530-1:1999); Deutsche Fassung EN ISO 14530-1-:1999
DIN EN ISO 14 530-2	(08.00)	Kunststoffe – Rieselfähige ungesättigte Polyester-Formmassen (UP-PMC) – Teil 2: Herstellung von Probekörpern und Bestimmung von Eigenschaften (ISO 14530-2:1999); Deutsche Fassung EN ISO 14530-2:1999
DIN EN ISO 14 530-3	(08.00)	Kunststoffe – Rieselfähige ungesättigte Polyester-Formmassen (UP-PMC) – Teil 3: Anforderungen an ausgewählte Formmassen (ISO 14530-3:1999); Deutsche Fassung EN ISO 14530-3:1999

14.7.1 Formaldehydharze

Diese Harze entstehen durch Polykondensation des Formaldehyds (sprich: Form-Aldehyd) mit einer zweiten Komponente (z.B. Phenol oder Resorcin) zu Phenoplasten (Phenolharzen) oder z.B. mit Harnstoff oder Melamin zu Aminoplasten (Harnstoffharzen).

Formaldehyd greift in einer ersten elektrophilen aromatischen Substitutionsreaktion den Aromaten an. In einer zweiten Substitutionsreaktion wird das Primärprodukt unter Wasserabgabe an einen weiteren aromatischen Ring ankondensiert, sodass in den anschließenden, analog verlaufenden Folgeschritten ein vernetztes Makromolekül entsteht (siehe [2] oder Lehrbücher der Organischen Chemie).

Die **Herstellung** der Harze erfolgt in zwei Stufen: Zunächst werden niedermolekulare Vorkondensate in Form löslicher, schmelzbarer Harze hergestellt und in den Handel gebracht. Die Vorkondensate werden mit Füllstoffen oder in reiner Form verarbeitet und während oder nach der Formgebung ausgehärtet. Dabei werden die Moleküle durch weitere Polykondensation zu unschmelzbaren, unlöslichen Duroplasten (Resiten) vernetzt.

14.7.1.1 Phenol-Formaldehydharze PF (Phenoplaste)
Herstellung: Phenolharze PF entstehen durch Polykondensation von Phenol (Hydroxybenzol) C_6H_5OH oder ähnlichen zyklischen Verbindungen wie Kresol $C_6H_4(CH_3)OH$ oder Xylenol $C_6H_3(CH_3)_2OH$ mit Formaldehyd unter Abspaltung von Wasser [2]. Mit Kresol wird das *Kresolformaldehydharz* CF hergestellt.
Strukturformel:

Prinzipielle Reaktionsgleichung (nicht dargestellt: die räumliche Vernetzung der Makromoleküle):
Phenol + Formaldehyd → **Phenolharz** + Wasser
Zwischenprodukte (Vorkondensate) sind Novolake, Resole und Resitole. Das bei saurer Kondensation entstehende Vorkondensat bezeichnet man als *Novolak*. Bei Verwendung von alkalischen Katalysatoren bildet sich *Resol*. Die Vorprodukte sind feste, pulverförmige oder zähflüssige Harze, die durch Wärmeeinwirkung oder mit bestimmten Katalysatoren kalt ausgehärtet werden können. Resole werden zunächst in schwachvernetzte *Resitole* übergeführt. Durch Druck und Hitze (150 °C) entsteht hieraus während oder nach der Formgebung das Endprodukt, welches als *Resit* bezeichnet wird.
Eigenschaften: Die Rohdichte beträgt $\rho = 1{,}25$ g/cm³, mit Füllstoffen $\rho = 1{,}4$ bis $1{,}9$ g/cm³. Die Harze sind gelbbraun bis dunkelbraun, ziemlich hart (*Mohs*-Härte 3), beständig gegen die meisten Chemikalien, u.a. gegen Alkohol, Benzin, Mineralöle, tierische und pflanzliche Öle und Fette, mittelstarke Säuren (z.B. 50%ige Schwefelsäure) und verdünnte Alkalien, aber unbeständig gegen starke Säuren und Laugen. Die Wasseraufnahme ist gering. Die Harze verkohlen bei Erhitzung; Pressmassen blähen sich dann auf oder werden rissig; es entsteht dabei Phenolgeruch.
Verwendung: Ohne Füllstoffe werden die Harze als „Edelkunstharze" in Formen zu Blöcken, Platten und Stäben gegossen. Hieraus werden durch Fräsen oder Drehen Beschläge oder Ähnliches hergestellt. Mit Füllstoffen, zum Teil aus Formmassen, erfolgt die Herstellung von Isolatoren, Schaltern, Steckdosen, Beschlägen, Schichtpressstoffen, Pressschichtholz, Holzfaserplatten, Holzspanplatten, Mineralwolleplatten u.a. Resole lassen sich auch kalt durch Zusatz von Säuren als Härter in Resite überführen. Sie werden als Lackrohstoffe zur Herstellung von Phenolharzleimen bzw. Klebstoffen und von Schaumstoffen verwendet.
Handelsname: Bakelite (Bakelite AG).

14.7.1.2 Harnstoff-Formaldehydharze UF (Aminoplaste)

Normen

DIN 18 159-2	(06.78)	Schaumkunststoffe als Ortschäume im Bauwesen; Harnstoff-Formaldehydharz-Ortschaum für die Wärmedämmung, Anwendung, Eigenschaften, Ausführung, Prüfung
DIN EN 301	(12.13)	Klebstoffe, Phenoplaste und Aminoplaste, für tragende Holzbauteile – Klassifizierung und Leistungsanforderungen; Deutsche Fassung EN 301:2013

Herstellung: Harnstoffharze entstehen durch Polykondensation von Harnstoff $CO(NH_2)_2$, der aus Kohlendioxid und Ammoniak gewonnen wird, mit Formaldehyd [2] unter Abspaltung von Wasser. Die Zwischenprodukte (Vorkondensate) entsprechen denen der Phenolharze.

Eigenschaften: Die Rohdichte beträgt $\rho = 1{,}25$ g/cm³, diejenige der Formmassen ρ = etwa 1,5 g/cm³. Die Harze sind glasklar, farblos, aber anfärbbar. Gegenüber den Phenolharzen zeichnen sie sich durch Beständigkeit gegen Sonnenlicht aus, d.h., sie verfärben sich weder bei Sonnenlicht noch bei Hitze. Dennoch sind sie hitze- und feuchtigkeitsempfindlich. Ihre Wasseraufnahme ist etwas größer als bei den Phenolharzen. Sie neigen zu größerer Spannungskorrosion und sind etwas spröder. Beim Brenntest macht sich stechender Formalingeruch bemerkbar. Im Übrigen gleichen die physikalischen Eigenschaften und die chemische Beständigkeit denen der Phenolharze.

Verwendung: Die Harze werden verwendet als Bindemittel von Pressmassen, z.B. für sanitäre Anlagen oder Teile der Elektroinstallation, als Bindemittel für Holzwerkstoffe, als feucht- bis wasserfeste Holzleime, als Schaumstoffe und als Lackharze.

Handelsnamen: für Leime: Kaurit (BASF), Urecoll (BASF); für Schaumstoffe: Iso-Schaum (Schaum-Chemie Wilhelm Bauer).

14.7.1.3 Melaminharze MF (Aminoplaste)

Normen

DIN EN 301	(12.13)	Klebstoffe, Phenoplaste und Aminoplaste, für tragende Holzbauteile – Klassifizierung und Leistungsanforderungen; Deutsche Fassung EN 301:2013

Herstellung: MF entsteht durch Polykondensation von Melamin $C_2H_6N_6$, das in mehrstufiger Synthese aus Kalkstickstoff gewonnen wird, mit Formaldehyd unter Abspaltung von Wasser [2].

Eigenschaften: Melaminharz ist glasklar, anfärbbar und beständig gegen Sonnenlicht. Seine Wasseraufnahme ist geringer und die Wärmebeständigkeit höher als bei Harnstoffharzen. Im Gegensatz zu Produkten aus Phenol- und Harnstoffharzen können Gegenstände aus Melaminharzen unbedenklich mit Lebensmitteln in Berührung kommen, z.B. bei Schichtpressstoffen in Küchen. Im Übrigen gleichen die Zwischenprodukte, die physikalischen Eigenschaften und die chemische Beständigkeit weitgehend denen der Harnstoffharze.

Verwendung: MF wird verwendet für Leime und Klebstoffe, als Lackrohstoff sowie als Bindemittel und Beschichtungsstoff für Pressmassen, Dekorationsplatten, Deckfurniere und Holzwerkstoffe.

Handelsnamen: Resopal (Resopal GmbH), Getalit, Getalan (Westag), Hornitex, Horniflex (Hornitex Werke Gebr. Künnemeyer), Pressalleim (Henkel).

14.7 Duroplaste

14.7.1.4 Resorcin-Formaldehydharz RF
Herstellung: RF ist ein Polykondensat von Formaldehyd und Resorcin (1.3-Dihydroxybenzol).
Eigenschaften: Im Vergleich zu anderen Formaldehydharzen weist RF eine höhere Beständigkeit gegen Chemikalien, heißes Wasser und Wärme auf.
Verwendung: RF wird als Holzleim verwendet, auch im Gemisch mit PF.
Handelsname: Kauresinleim (BASF).

14.7.2 Vernetzte Polyester
14.7.2.1 Ungesättigte Polyesterharze UP
Herstellung: Bei der Synthese dieser Harze wird das Verfahren der Polykondensation mit dem der Polymerisation [2] kombiniert. Zunächst werden durch Polykondensation von Dicarbonsäuren, z.B. Maleinsäure, und zweiwertigen Alkoholen, z.B. Ethylenglykol (bekannt als Frostschutzmittel für Autokühler), ungesättigte Polyester als feste, glasig-amorphe (strukturlose) Stoffe gewonnen. Sie werden dann in einem polymerisationsfähigen, zähflüssigen Lösemittel echt gelöst. Dazu benutzt man meistens monomeres Styrol, welches einen charakteristischen süßlichen Geruch hat und dessen Dämpfe auf Haut, Augen und Atemwege schmerzhaft-reizend wirken können.

Die **Lösungen** ungesättigter Polyester **in Styrol** (Phenylethen) werden als *Gießharze* oder *Laminierharze* oder *Reaktionsharze* bezeichnet und kommen als helle, schwach gelb oder bläulich gefärbte, transparente Flüssigkeiten unterschiedlicher Viskosität in den Handel. Der Styrolgehalt liegt bei 34 bis 40 %. Die Polymerisation zum Endprodukt erfolgt beim Verarbeiten durch Zugabe eines *Härters* (organische Peroxide – stark ätzend!) und Erwärmung auf 80 bis 160 °C. Bei Temperaturen unter 80 °C müssen noch Beschleuniger (organische Metallsalze) zugesetzt werden. Manche kalt aushärtende UP-Gießharze enthalten schon vom Hersteller zugesetzte Beschleuniger (siehe Abschnitt 14.4.2.3). Bei der Aushärtung entstehen duroplastische Makromoleküle aus den Polyestern und dem Lösemittel (z.B. Styrol) ohne Abspaltung von Wasser oder anderen Stoffen, jedoch unter Volumenverringerung von 5 bis 8 %. Diese Schrumpfung kann durch Zusatz mineralischer Füllstoffe erheblich verringert werden.

Eigenschaften: Die mechanischen und thermischen Eigenschaften sowie die chemische Beständigkeit hängen – außer von den Füllstoffen – weitgehend von der Auswahl der verschiedenen Ausgangsmaterialien ab. Neben den sogenannten *Standardharzen* werden u.a. flexible, alkalibeständige und lichtstabilisierte Typen von *Gießharzen* geliefert. *Thixotrope* (nach vorübergehender Verflüssigung wieder durch Rühren, Schütteln, Druck- und Ultraschall-Einwirkung in den ursprünglichen Gelzustand übergehende) Typen von Harzen können an senkrechten Wänden und überkopf in großer Schichtdicke aufgetragen werden, ohne abzusacken oder abzutropfen. Die Lagerfähigkeit beträgt etwa sechs Monate.

Die ausgehärteten *Standardharze* sind glasklar, hart und im Allgemeinen spröde. Sie lassen sich färben, leicht spanend bearbeiten, polieren und kleben. Die Rohdichte beträgt ρ = 1,2 bis 1,3 g/cm^3. Die Harze sind beständig gegen Wasser, Salzlösungen, Mineralsäure, tierische und pflanzliche Öle und Fette, bedingt beständig gegen verdünnte Laugen und Benzol, unbeständig gegen konzentrierte Säuren, starke Laugen, Oxidationsmittel und viele Lösemittel. – Sie brennen mit leuchtender, rußender Flamme und süßlichem Geruch. Die mechanischen Eigenschaften können durch *Glasfaserverstärkung* (GFK) verbessert werden

(siehe Abschnitt 14.7.4). Bei unverstärktem UP betragen die Biegefestigkeit mindestens 65 N/mm², die Zugfestigkeit mindestens 30 N/mm², der E-Modul etwa 3.500 N/mm² und die Wärmedehnzahl $\alpha_T = 60$ bis $80 \cdot 10^{-6}$/K.
Verwendung: UP wird verwendet als Klebstoff (2-Komponenten-Kleber), als schnellhärtender Lack, als Bindemittel teils in Form von Prepregs (siehe Abschnitt 14.12.1) für Pressmassen, Schichtpressstoffe, Kunstharz-Beton, glasfaserverstärkte Kunststoffe (GFK) bzw. glasfaserverstärkte, ungesättigte Polyester (früher GF-UP, jetzt UP-GF) und daraus hergestellte Formteile sowie für Beschichtungen und anderes.
Handelsnamen: Palatal (DSM Composite Resins BV), Vestopal (CW Marl-Hüls).

14.7.2.2 Alkydharze („Alkyd", gebildet aus Alkohol und Acid)
Herstellung: Sie werden aus Dicarbonsäuren (z.B. Maleinsäure, Adipinsäure, Phthalsäure) und mehrwertigen Alkoholen (z.B. Ethylenglykol, Ethenglykol oder Glycerin) durch Polykondensation hergestellt [2].
Bei Verwendung von Alkoholen mit drei oder mehr OH-Gruppen lassen sich vernetzte Makromoleküle synthetisieren. Es gibt zahlreiche, auch mit trockenen Ölsäuren modifizierte Alkydharze, zum Teil in Styrol (Phenylethen) gelöst, wodurch Makromoleküle, die durch Styrolbrücken vernetzt sind, entstehen können, ähnlich wie bei der Aushärtung von UP (siehe Abschnitt 14.7.2.1).
Eigenschaften und Verwendung: Alkydharze bilden elastische, wetter- und wasserfeste, lichtechte Filme und werden als Lackharze verwendet (siehe Abschnitt 11.5.10).
Handelsnamen: Alkydal (Bayer), Alftalat (Reichhold).

14.7.3 Epoxidharze EP
Herstellung: Sie werden aus Polyphenolen (z.B. Bisphenol) und Epichlorhydrin als flüssige bis feste Stoffe hergestellt [2]. Zur Verarbeitung der festen Harze sind Lösemittel erforderlich. Als reaktionsfähige Gruppen enthalten die Epoxidharze je Molekül mindestens zwei charakteristische Epoxidringe, bei denen das Sauerstoffatom mit zwei Kohlenstoffatomen verbunden ist (griech. epi = auf, über, darüber).
Strukturformel:

$$RHC\overset{O}{\underset{}{\diagup\!\!\diagdown}}CH_2 \quad bzw. \quad H_2C\overset{O}{\underset{}{\diagup\!\!\diagdown}}\underset{H}{C}-R-\underset{H}{C}\overset{O}{\underset{}{\diagup\!\!\diagdown}}CH_2$$

Die **Härtung** erfolgt beim Verarbeiten durch Polyaddition mit Aminoverbindungen (alkalisch-ätzend) ohne Druck bei Raumtemperatur (Kalthärtung) oder bei 100 bis 150 °C mit Säureanhydriden (Heißhärtung). Sie dauert bei Kalthärtung und 20 °C etwa 24 bis 48 Stunden, bei niedrigeren Temperaturen wesentlich länger (Mindesttemperatur +10 °C), bei Heißhärtung 30 Minuten bis 48 Stunden. Die heißgehärteten Produkte weisen höhere Wärmestandfestigkeit und bessere elektrische Eigenschaften auf. Die Volumenverringerung beim Erhärten ist, im Gegensatz zu den UP-Harzen, sehr gering (siehe auch Abschnitt 14.4.2.3).
Eigenschaften: Die mechanischen und thermischen Eigenschaften und die Chemikalienbeständigkeit hängen von der Auswahl der Ausgangsmaterialien und den meist mineralischen Füllstoffen ab. Die Chemikalienbeständigkeit ist im Allgemeinen besser als bei UP-Harzen; auch Laugen, Benzol und Treibstoffe greifen EP-Harze nicht an. Die Rohdichte der ausge-

härteten reinen Harze liegt bei ρ = 1,1 bis 1,4 g/cm^3. Die Biegefestigkeit liegt bei 100 N/mm^2, die Zugfestigkeit bei 70 N/mm^2, der E-Modul bei 3.500 N/mm^2, die Wärmedehnzahl bei α_T = etwa 90 · 10^{-6}/K.

EP-Harze haben relativ große Härte und Abriebfestigkeit. Sie haften gut auf fast allen Untergründen. Ihre Brennbarkeit ist gering, ihre Glutfestigkeit hoch. Sie brennen mit leuchtender, rußender Flamme und Phenolgeruch. Nachteilig ist ihr relativ hoher Preis.

Verwendung: EP-Harze werden verwendet als Lack- und Gießharze, als EP-Emulsionen und EP-Emulsionslacke, als Injektionsharz für Abdichtungen, als hochwertige 2-Komponenten-Klebstoffe sowie als Bindemittel zur Beschichtung, z.B. zur Beschichtung von Industriefußböden, oder zur Herstellung von Kunstharzbeton und Kunstharzmörtel. Auch glasfaserverstärktes Epoxidharz EP-GF wird verwendet (siehe Abschnitt 14.7.4). Bei Sanierungsarbeiten an geschädigten Betonteilen erfüllt ECC-Epoxid-Cement-Concrete die hohen Anforderungen an den Haftverbund (Neu- an Altbeton). Mit wasseremulgierten EP-Harzen modifizierter Beton ECC wird auch als Verbundestrich und für Spritzbeton eingesetzt.

Handelsnamen: Lekutherm (Bayer), Epocast, Araldite (Vantico), Epikote (Shell); Klebstoff: Uhu-Plus (Beiersdorf); Pattex Stabilit (Henkel); Injektionsharze: ispo Concretin (Dyckerhoff Schweiz).

14.7.4 Glasfaserverstärkte Kunststoffe GFK

Durch die Einbettung von Glasfasern lassen sich die mechanischen Eigenschaften von Kunststoffen verbessern, insbesondere die Festigkeit steigern. Von bautechnischem Interesse und großer wirtschaftlicher Bedeutung ist Glasfaserverstärkung von *Polyesterharzen*(UP-GF), daneben auch von *Epoxidharzen*(EP-GF). Es sind aber noch andere Kunststoffe mit Glasfaserverstärkung im Handel (PS, PA, PC, POM, PF, MF). Ebenso gibt es mit anderen Fasern (z.B. Asbest-, Aramid- oder Carbonfasern) verstärkte **Faserverbundkunststoffe** (FVK). Die Glasfasern werden in Form von Glasseidensträngen (*Roving*-Bündeln von 100 bis 200 Einzelfäden zu 5 bis 13 µm Dicke), *Glasseidengeweben* (Roving-Geweben), *Glasseidenwirrmatten* (Vliese) oder Glasstapelfasergeweben verwendet. Der Anteil der Glasfasern beträgt 20 bis 75 Masse-%. Die Kunstharze für sich allein werden in der Regel von Chemikalien weniger angegriffen als die Bindung zwischen Harz und Glasfasern. GFK-Teile werden daher zum Schutz gegen Chemikalieneinwirkung, auch zum Witterungsschutz, mit einer Feinschicht *(Gelcoat-Schicht)* versehen, die auch aus anderen Kunststoffen (z.B. Melaminharzen) bestehen kann.

Zur Formgebung von GFK-Formteilen gibt es mehrere Verfahren:

Das Handauflegeverfahren (Handlaminieren)[4]: Auflegen der Glasmatte oder des Glasgewebes von Hand auf die Formen aus Blech, Holz, Gips, Kunststoff u.a., die mit Trennmitteln vorbehandelt sein müssen (z.B. Heißwachs oder mit Lösemittel gelöstes Wachs). Auftragen und Verteilen des Laminierharzes mit Hilfe von Pinsel und Rolle.

Das Faserspritzverfahren: Gleichzeitiges Aufspritzen von Harz und geschnittenen Glasfasern auf einteilige Formen, die mit Trennmitteln vorbehandelt sein müssen, damit das GFK-Formteil nach dem Erhärten von der Form gelöst werden kann.

Das Wickelverfahren: Lagenweises Aufwickeln von mit Harz getränkten Fasersträngen oder Gewebebändern auf einen zylindrischen Kern zum Herstellen von Rohren.

---

4 Lamina (lat.) = Platte, Blatt der Säge.

Das Schleuderverfahren: Ein Hohlzylinder wird nach Einlegen einer Glasfasermatte in Rotation versetzt. Danach wird durch ein Rohr eingebrachtes Reaktionsharz zentrifugal an die Zylinderwand gedrückt; dabei durchtränkt es die Glasfasermatte.
Das kontinuierliche Laminierverfahren: Ebene und gewellte Platten werden auch kontinuierlich hergestellt.
Die Richtwerte (siehe Tafel 14.5) für glasfaserverstärkte Polyester (UP-GF) hängen vorwiegend von der Verstärkungsart und dem Glasfaseranteil ab.
Verwendung von GFK: Platten, ebene und gewellte Tafeln (z.B. für Fassadenbekleidungen); Lichtkuppeln, Dächer, Vordächer, Wartehallen, Betonbekleidungen; Profile, Rohre; Spannkabel (Polystal-Kabel); Schwimmbad-Bauelemente und Schwimmbecken; Behälter, Öltanks; Formschalungen; Fenster, Türen, Garagentore; Möbel, Verkehrsschilder u.a.m.

Tafel 14.5 Richtwerte von glasfaserverstärkten Polyesterharzen (UP-GF)

Verstärkungsart		Matten		Gewebe
Glasfaseranteil	Masse-%	30 %	40 %	60 %
Rohdichte	g/cm³	1,4	1,5	1,7
Zugfestigkeit	N/mm²	90	130	320
E-Modul	N/mm²	7.000	9.000	19.000
Biegefestigkeit	N/mm²	160	220	4.100
Wärmedehnzahl α_T	1/K	$50 \cdot 10^{-6}$	$70 \cdot 10^{-6}$	$110 \cdot 10^{-6}$

14.7.5 Vernetzte (und lineare) Polyurethane PUR

Norm
DIN 18 159-1   (12.91)   Schaumkunststoffe als Ortschäume im Bauwesen; Polyurethan-Ortschaum für die Wärme- und Kältedämmung; Anwendung, Eigenschaften, Ausführung, Prüfung (zurückgezogen)

Herstellung: Die vernetzten Polyurethane werden durch Polyaddition von Di- oder Triisocyanaten (*Desmodur* = Kohlenwasserstoffe mit –N=C=O-Gruppen) und OH-Gruppen enthaltenden Molekülen (*Desmophen*) synthetisiert [2]. Aus aliphatischen Diisocyanaten und Dialkoholen gewinnt man auch *lineare thermoplastische Polyurethane*. Ihre Eigenschaften sind denen der Polyamide sehr ähnlich. Aus aromatischen Di- oder Triisocyanaten und Polyestern oder Polyethern als Reaktionsmittel werden bei weitmaschiger Vernetzung elastische, bei enger Vernetzung duroplastische Kunststoffe hergestellt. Bei Gegenwart von Wasser wird CO_2 abgespalten, sodass Schaumstoffe entstehen. PUR-Schäume werden in weich-elastischer Einstellung als gummiartiger Weichschaum oder in harter, eng vernetzter Einstellung als Hartschaum hergestellt (siehe Abschnitt 16.5.2). Stofflich ähnlich sind *PIR-Schäume* aus Polyisocyanurat.
Eigenschaften: Die Rohdichten der linearen Polyurethane liegen bei $\rho = 1{,}21$ g/cm³, der vernetzten Polyurethane bei $\rho = 1{,}26$ g/cm³. Die vernetzten Polyurethane besitzen je nach Vernetzungsgrad hart- oder gummielastisches Verhalten, das aber über größere Temperaturbereiche wenig verändert bleibt. Die Harze haften gut auf verschiedenartigen Untergründen, sind alterungsbeständig und weitgehend beständig gegen verdünnte Säuren und Laugen, Benzin, Benzol, Öle und Fette, unbeständig gegen konzentrierte Säuren und starke Laugen. Sie zeigen geringe Wasserquellung und werden unter Umständen durch

heißes Wasser, Wasserdampf und schwache Laugen zerstört. PUR brennt mit leuchtender Flamme und stechendem Geruch.

Verwendung: Polyurethane finden Verwendung als Gießharze, Streich- und Spachtelmassen, als Hart- und Weichschaumstoffe, z.B. Moltopren (ISL-Chemie), auch als Strukturformteile, DD-Lacke (Desmodur-Desmophen-Lacke, 2-Komponenten-Lacke, siehe Abschnitt 11.5.10.6), 1-Komponenten-Lacke (die mit der Luftfeuchtigkeit als der 2. Komponente aushärten), Klebstoffe, Beschichtungsmassen, z.B. für Balkonbeläge, Estriche, Beton-Heizölbehälterauskleidung, oder als Dichtstoffe und Fugendichtstoffe (siehe Abschnitt 15.4.5). Gummielastische PUR-Sorten, Typ Vulkollan (Bayer), werden für Faltenbälge, Dichtungen u.a. verwendet. Lineare PUR-Sorten verwendet man u.a. als Konstruktionselemente beim Bau von Getrieben und im Apparatebau sowie als Fasern.

14.8   Silikone SI (auch Silicon-Polymere, Silicone oder Siloxane) [2]

Herstellung: Silikone sind kettenförmige, zum Teil vulkanisierbare Makromoleküle, die durch fortlaufende Verbindung von Silicium- und Sauerstoffatomen gebildet werden. Strukturformel:

$$\left[\begin{array}{c} R \\ | \\ -Si-O- \\ | \\ R \end{array} \right]_n$$

Die Seitenvalenzen des Siliciums sind mit organischen Resten (R) besetzt. Das wie Kohlenstoff 4-wertige Siliciumatom lässt sich nur über Sauerstoffbrücken polymerisieren, ähnlich wie POM (siehe Abschnitt 14.6.1.5). Je nach Art der Ausgangsstoffe, der Besetzung der Seitenvalenzen (z.B. mit Methyl CH_3 oder Phenyl C_6H_5) und dem Polymerisationsgrad, gegebenenfalls auch dem Vernetzungsgrad, können ölige (hydrophobe = wasserabweisende), pastenartige, harzartige oder kautschukartige Silikone hergestellt werden.

Eigenschaften: Trotz vieler Unterschiede ist ihnen gemeinsam die Unveränderlichkeit ihrer Eigenschaften über einen großen Temperaturbereich (–50 bis +180 °C, in Sonderfällen –100 bis +300 °C), ihr hydrophobes (wasserabweisendes) Verhalten, eine gute chemische Beständigkeit und Korrosionsunempfindlichkeit. Nachteilig kann die geringe mechanische Festigkeit von SI sein. Die Silikone reagieren neutral, sind unbrennbar und nichtleitend. Silikonkautschuk besitzt geringe Reibungsbeiwerte und große Wärmebeständigkeit.

Verwendung: Silikonharze für Imprägniermittel, Schutzanstriche, Schichtstoffe. Als Silikon-Bautenschutzmittel für wasserabweisende Imprägnierungen (Hydrophobierungsmittel) von Außenbauteilen stehen neben Dispersionen hauptsächlich in organischen Lösemitteln gelöste Produkte zur Verfügung. Diese Imprägniermittel gibt es als **Silikonharzlösung** von Alkylpolysiloxanen oder als monomere **Silane** (Alkylalkoxysilane), die erst bei gleichzeitiger Verdunstung des Lösemittels durch Reaktion mit Feuchtigkeit zum imprägnierenden Silikonharz (Polysiloxan) polykondensieren. Ferner benutzt man kurzkettige, **oligomere Siloxane** und langkettige, **polymere Siloxane** in Form von Alkyloxysiloxanen, die mit Feuchtigkeit zu den Makromolekülen des Silikonharzes (des Polysiloxans) nachpolykondensieren und nach Verdunsten des Lösemittels die Silikonharz-Imprägnierung (Hydrophobierung) bilden. Die

Wirksamkeit und Alkalibeständigkeit aller Silikon-Bautenschutzmittel hängen im Wesentlichen von der Länge der Alkylgruppen (R) am Siliciumatom ab.
Silikonöle für temperaturunabhängige Schmiermittel (Ganzjahresöle) mit geringer Änderung der Viskosität von –60 bis +300 °C.
Silikonkautschuk SI für Dichtungen, Transportbänder, Elektroisolation u.a.m.; für Fugenmassen pastös in Kartuschen (siehe Abschnitt 15.4.2).
Handelsnamen: Baysilone (Bayer), Silikone (Wacker), Silopren (Silikongummi; Bayer).

14.9 Hydrophobierungsmittel

Normen
DIN EN 13 579	(12.02)	Produkte und Systeme für den Schutz und die Instandsetzung von Betontragwerken – Prüfverfahren – Trocknungsprüfung für hydrophobierende Imprägnierungen; Deutsche Fassung EN 13 579:2002
DIN EN 13 581	(12.02)	Produkte und Systeme für den Schutz und die Instandsetzung von Betontragwerken – Prüfverfahren – Bestimmung des Masseverlustes von hydrophobiertem Beton nach der Beanspruchung durch Frost-Tausalz-Wechsel; Deutsche Fassung EN 13 581:2002

Unter Hydrophobierung versteht man die Imprägnierung eines mineralischen Baustoffes oder Naturgesteines mit dem Ziel, diesen Stoff wasserabweisend zu machen. Bei einer Hydrophobierung werden die inneren Kapillar- und Porenoberflächen mit dem wasserabweisenden Wirkstoff belegt, ohne dass die Poren verschlossen werden. Die Diffusionsfähigkeit (Atmungsaktivität) der mineralischen Oberfläche wird somit nicht oder nur unwesentlich eingeschränkt. Als Hydrophobierungsmittel werden siliciumorganische Verbindungen, z.B. oligomere und polymere Alkoxysiloxane, gelöst in wasserfreien Alkoholen (z.B. Isopropanol) oder in aliphatischen Kohlenwasserstoffen eingesetzt. Seit einigen Jahren sind auch wässrige Mikroemulsionen im Handel. Die Lösungen werden auf die mineralische Oberfläche aufgetragen, dringen durch die Kapillaraktivität ins Gestein ein und reagieren durch Feuchtigkeit innerhalb von circa zwei Wochen aus. Danach zeigt die mineralische Oberfläche einen Abperleffekt, bleibt jedoch dampfdiffusionsoffen. Der hydrophobe Effekt bleibt in der Regel mehrere Jahre erhalten; danach kann die Hydrophobierung ohne reinigende Vorbehandlung (bis auf die Entfernung oberflächlichen Schmutzes) wiederholt werden.

Ein gewisser Nachteil der Hydrophobierung kann sich aus der verminderten Benetzbarkeit der hydrophobierten Oberfläche im Falle von Sanierungsmaßnahmen ergeben. Wasserbasierte Bindemittel, die auf eine hydrophobierte Oberfläche aufgetragen werden, besitzen nur noch eine schlechte Antrags- bzw. Haftfähigkeit. Die Hersteller von Hydrophobierungsmitteln empfehlen in solchen Fällen den Einsatz von polymermodifizierten (z.B. epoxidmodifizierten) Bindemitteln.
Handelsnamen: Funcosil (Remmers)
Literatur: http://www.baustoffchemie.de/hydrophobierung/

14.10 Abgewandelte Naturstoffe (halbsynthetische Kunststoffe)

Halbsynthetische Kunststoffe werden aus makromolekularen Naturstoffen wie Zellulose, Naturkautschuk, Eiweiß durch entsprechende Aufbereitung bzw. Abwandlung hergestellt. Sie haben zwar im Vergleich zu den vollsynthetischen Kunststoffen an Bedeutung verloren, andererseits weist das absolute Herstellungsvolumen noch Zuwachs auf.

14.10 Abgewandelte Naturstoffe (halbsynthetische Kunststoffe)

14.10.1 Celluloseabkömmlinge

Normen

DIN 7742-1	(01.88)	Kunststoff-Formmassen; Celluloseester(CA, CP, CAB)-Formmassen; Einteilung und Bezeichnung
DIN 7742-2	(11.90)	Kunststoff-Formmassen; Celluloseester (CA, CP, CAB)-Formmassen; Herstellung von Probekörpern und Bestimmung von Eigenschaften

Ausgangsstoff: Die in den Pflanzen als Gerüstbaustoff vorhandene Cellulose $(C_6H_{10}O_5)_n$ wird vorwiegend aus Holz gewonnen, indem Lignin und andere Stoffe herausgelöst werden.

14.10.1.1 Zellglas

Durch Einwirkung von Natronlauge und Schwefelkohlenstoff CS_2 auf die Cellulose erhält man *Viskose,* die im Fällbad *Zellglas* (Cellulosehydrat) abscheidet oder, durch Düsen ins Fällbad gedrückt, zu Fäden verstreckt wird: gekräuselt und versponnen ist das Produkt als Zellwolle bekannt.

Die Folien (Cellulosehydratfolien) sind als *Cellophan* (Kalle) im Handel.

14.10.1.2 Vulkanfiber VF

Normen

DIN 7737	(09.59)	Schichtpreßstoff-Erzeugnisse; Vulkanfiber, Typen

Durch Aufquellen von Zellstoff oder Papierbahnen mittels Schwefelsäure oder Zinkchloridlösung und Aufeinanderpressen zu Platten oder Bahnen wird VF hergestellt: ein zäher Schichtpressstoff hoher Festigkeit.

Verwendet wird er u.a. für Kofferplatten, Schleifscheiben, Dichtungsscheiben.

14.10.1.3 Cellulosenitrat CN

Durch Behandlung von Cellulose mit einem Salpeter-Schwefelsäure-Gemisch erhält man Cellulosenitrat. Daraus stellt man mehrere Produkte her:

Nitrozellulose (Schießbaumwolle). Sie ist höher nitriert und dient als Sprengstoff.

Celluloid (Zellhorn) ist eine Mischung von CN mit 25 % *Kampfer* als Weichmacher. Es ist zähfest, glasklar, beliebig einfärbbar, spanabhebend und thermoplastisch verarbeitbar, aber leicht entzündlich. Seine Rohdichte liegt bei $\rho = 1,38$ g/cm³. Es wird verwendet für Griffe, Türschoner, Klarsichtverpackungen, Fotofilme, Schilder u.a.m.

Nitrolacke sind in organischen polaren Lösemitteln gelöstes CN (siehe Abschnitt 11.5.10.4) mit Weichmachern und gegebenenfalls Pigmenten, die als Anstrichstoffe mit guter Haftfestigkeit und als Klebstoff (Uhu) verwendet werden können.

14.10.1.4 Celluloseacetat CA (Acetylcellulose)

Durch Veresterung der Cellulose mit Essigsäure entsteht CA, welches mit synthetischen Weichmachern verwendet wird. Seine Rohdichte liegt bei $\rho = 1,27$ bis $1,30$ g/cm³. CA ist glasklar, von mittlerer Härte, hornartig, mit hoher Schlagzähigkeit und schwer entflammbar. CA brennt mit gelber, grüngesäumter Flamme und Essiggeruch und tropft dabei ab. Verwendung findet CA für Fasern (Azetatseide), Bau- und Möbelbeschläge, Lampenkuppeln, Sicherheitsfilme, Lacke, Klebstoffe u.a.m.

Handelsnamen: Bergacell (PolyOne Th. Bermann GmbH), Saxetat (Eilenburger).

14.10.1.5 Celluloseacetobutyrat CAB

Durch Behandlung von Cellulose mit Gemischen von Essigsäure und Buttersäure entsteht CAB. Rohdichte $\rho = 1,2$ g/cm^3. CAB hat höhere mechanische Festigkeiten als CA, gute Wetterbeständigkeit und hohen Oberflächenglanz. Es brennt wie CA mit Geruch nach Essig, verbranntem Papier und ranziger Butter. Verwendung findet CAB für Bau- und Möbelbeschläge, Rohre, Lichtwände und Beschichtung von Metallen nach dem Wirbelsinterverfahren.
Handelsname: Cellidor (Albis Plastic GmbH).

14.10.1.6 Cellulosepropionat CP

Hergestellt durch Behandlung von Cellulose mit Propionsäure stellt CP ein alterungsbeständiges und wasserfestes, gut weichmacherverträgliches Plastomer dar.
Handelsname: Cellidor (Albis Plastic GmbH).

14.10.1.7 Methylcellulose MC (Zellkleister)

Durch Behandlung der Cellulose mit Methanol (Methylalkohol) wird ein wasserlöslicher Anstrichleim (siehe Abschnitt 11.5.5) und Tapetenkleister gewonnen (Henkelkleber, Sichelleim, siehe Abschnitte 12.3.8 und 15.1.2).

14.10.2 Eiweißabkömmlinge (Casein-Formaldehyd CSF)

Auf der Basis von Kasein (CS, Milcheiweiß u.a.) werden Kunsthornpressmassen hergestellt.
Handelsname: Galalith R (Phoenix).

14.10.3 Kautschukabkömmlinge

14.10.3.1 Naturkautschuk NK und Gummi

Aus dem Milchsaft (Latex) des Kautschukbaums (Hevea brasiliensis) und anderer Pflanzen wird durch Koagulation der *Naturkautschuk* (NK oder NR abgekürzt) gewonnen. Der Rohkautschuk besteht im Wesentlichen aus *Polyisopren,* IR (C_5H_8)$_n$ (Methylbutadien). Er ist schwach durchsichtig, von gelber bis dunkelbrauner Farbe, weich, sehr elastisch, besitzt aber nur in einem engen Temperaturbereich gewisse Festigkeiten. Er wird mit organischen Lösemitteln zu *Klebstoffen* verarbeitet. Er lässt sich mit Schwefel *vulkanisieren* [2], d.h. vernetzen. Dabei werden Füllstoffe wie Ruß, Kreide, Weichmacher zugegeben.
Je nach Schwefelzugabe entstehen mehr oder weniger vernetzte Sorten: **Weichgummi** als Elastomer mit 1 bis 5 % S, **Hartgummi** als Duromer mit 15 bis 30 % S. Der Weichgummi ist weich, hoch-elastisch, wasserfest und wird verwendet für Fahrzeugreifen, Schläuche, Transportbänder, Dichtungen u.a.m. Der Hartgummi ist hart-elastisch, elektrisch isolierend und korrosionsfest. Verwendung als Isolator.

14.10.3.2 Chlorkautschuk

Chlorkautschuk wird durch Chloranlagerung an Naturkautschuk hergestellt; als Ausgangsprodukte dienen aber seit langem auch Polyisobutylen (siehe Abschnitt 14.6.1.4) und andere Polyolefine (siehe Abschnitt 14.6.1). Er ist ein Lackrohstoff, der in polaren Lösemitteln gelöst für chemikalien- und wetterfeste Anstriche bzw. Beschichtungen verwendet wird (siehe Abschnitt 11.5.10.8).
Handelsname: Pergut (Bayer).

14.10.3.3 Cyclokautschuk
Durch Behandlung des Kautschuks mit Schwefelsäure entsteht ein gut löslicher Lackrohstoff.
Handelsname: Alpex (Reichhold).

14.11 Elastomere (Elaste)

Normen
DIN ISO 1629   (03.15)   Kautschuk und Latices – Nomenklatur (ISO 1629:2013)
ISO 1629   (06.13)   Kautschuk und Latices – Einteilung, Kurzzeichen (ISO 1629:2013)

Elastomere als *weitmaschig* vernetzte Makromoleküle können durch Abwandlung des Naturkautschuks oder synthetisch hergestellt werden (siehe Abschnitt 14.10.3). Den Kautschukabkömmlingen liegt das *Isopren* C_5H_8 als Baustein zugrunde (Methylbutadien).
Synthetischer Kautschuk lässt sich unter anderem auf der Basis eines ähnlichen Bausteins, dem *Butadien* (Di-Vinyl) C_4H_6, herstellen, wobei auch vernetzbare Mischpolymerisate (z.B. Copolymere mit Styrol beim SBR) verwendet werden oder ein chloriertes Butadien (Di-Vinyl) C_4H_6 benutzt wird (beim CR). Sie werden auch als *Dien-Elastomere* zusammengefasst, wobei Diene (sprich „Di-ene") Verbindungen mit zwei konjugierten (durch Einfachbindungen getrennte) Doppelbindungen sind [2]. Zu den synthetischen Kautschuken gehören auch einige Vinylelastomere und die an anderen Stellen behandelten Polymere: Silikonkautschuk (siehe Abschnitt 14.8), Polyurethankautschuk (Vulkollan, siehe Abschnitt 14.7.5) und das bei normalen Gebrauchstemperaturen thermoelastische, gummiartige PIB (siehe Abschnitt 14.6.1.4, Oppanol B 150, B 200).

14.11.1 Dien-Elastomere

1. **Zahlenbuna:** Buna ist ein Kunstwort, das aus **Bu**tadien und **Na**trium zusammengesetzt wurde. Butadien kann unter Zusatz von Natrium als Katalysator polymerisiert werden. Heute ist nur noch *Buna 32* als Weichmacher für Kautschuk von Interesse. Die Zahl gibt den K-Wert an, eine Kenngröße für die mittlere Polymerisationsstufe (Polymerisationsgrad).
2. **Styrol-Butadien-Kautschuk SBR**
(*Buna S,* ein „Buchstabenbuna" im Gegensatz zum *„Zahlenbuna")*
Styrol-**B**utadien-Kautschuk, SBR (R von engl. rubber = Gummi)
SBR ist ein Copolymer aus Butadien mit normal 25 bis 30 % Styrol. Es ähnelt dem Naturkautschuk und ist mit ihm verträglich. Mit aktiven Füllstoffen hat SBR hohe Abriebfestigkeit und Hitzebeständigkeit. Es ist der in größtem Umfang gebrauchte Synthesekautschuk. Verwendung für Autoreifen, Förderbänder, Kabelummantelungen, Schläuche, Moos- und Schaumgummi, Puffer u.a.m. Rohstoffname: Buna-Hüls.
3. **Nitrilkautschuk NBR**
NBR ist ein Copolymer von Butadien mit 20 bis 40 % Anteil von Acrylnitril $H_2C=CH-C\equiv N$ (Vinylcyan), welches auch für die Copolymere SAN und ABS (siehe Abschnitt 14.6.2.6) verwendet wird und als Homopolymerisat PAN *(Polyacrylnitril)* für Textilien (Acrylwolle, Dralon) wirtschaftliche Bedeutung hat. Modifizierte Polyacrylnitrilfasern (Kohlenstoff- oder Carbonfasern) werden in Faserzement als Asbestersatz verwendet (siehe Abschnitt 2.14.3). Nitrilkautschuk ist besonders mineralöl- und benzinfest sowie mit viel aktivem Füllstoff hitzebeständig. Verwendung findet er für Benzinschläuche, Dichtungen u.Ä.
Handelsname: Perbunan N (Lanxess).

14 Kunststoffe

4. Chloroprenkautschuk (Polychloropren) CR
Ausgangsstoff ist Chlorbutadien gleich Chloropren $H_2C=C(Cl)C=CH_2$. Die Vulkanisation erfolgt ohne Schwefel. Eine vernetzende Wirkung geht von den Füllstoffen ZnO und MgO aus. CR ist wärme- und chemikalienbeständig, öl- und wetterfest; er besitzt eine hohe Oxidations- und Alterungsbeständigkeit. Er ist kerbzäh und schwer entflammbar. Verwendung findet er z.B. für Bauteil- und Brückenauflager, Dichtungsfolien, Profile, Fugenbänder, Kabelummantelungen, Transportbänder.
Handelsnamen: Neoprene (DuPont), Perbunan C, Baypren, Pergut (Bayer, Lanxess).
In nichtvulkanisierter Form wird CR auch als gummiartiger *Lösemittelklebstoff* verwendet.
Handelsname: Pattex (Henkel).

5. Butylkautschuk IIR (Isopren-Isobutylen-Rubber)
Das Copolymer des Isobutylens mit 2 bis 5 % Isopren ist, anders als PIB, vulkanisierbar; dadurch wird der „kalte Fluss" unterbunden und eine hohe Chemikalien- und Wärmebeständigkeit sowie Gasundurchlässigkeit erreicht. Verwendung findet IIR für Schläuche, Kabelisolierungen, Dichtungsbahnen, Fugendichtstoffe u.a.m.

6. Ethylen-Propylen-Kautschukarten EPM, EPDM
Durch Copolymerisation von Ethylen und Propylen entsteht gesättigter Ethylen-Propylen-Kautschuk EPM, der nicht mit Schwefel, sondern mit Peroxiden vulkanisiert wird. Durch Terpolymerisation von Ethylen und Propylen mit bestimmten Dienen erhält man Polymerketten, Ethylen-Propylen-Dien-Mischpolymerisate EPDM, mit seitlichen Doppelbindungen, die mit Schwefel vernetzbar sind.[5] Diese Kautschukarten weisen gute Chemikalien-, Witterungs- und Alterungsbeständigkeit auf. Verwendet werden sie u.a. für Fugenbänder, Dichtungsbahnen und Schläuche.
Handelsnamen: Buna AP, Keltan (DSM).

14.11.2 Polysulfidkautschuk SR

(Thioplaste = Alkylenpolysulfide)
Die Polysulfide sind schwefelhaltige Polymere $-[R-S_x-]_n-$. Sie besitzen hohe Benzin-, Öl- und Ozonfestigkeit, aber nur schwache mechanische Eigenschaften. Sie werden als fertige Elastomere, bautechnisch aber besonders als härtbare 2-Komponenten-Dichtstoffe und für Beschichtungen (z.B. Behälterauskleidungen) verwendet.
Handelsnamen: Thiokol (USA).

14.12 Verarbeitung der Kunststoffe

14.12.1 Begriffe

Halbzeug (Platten, Stäbe, Rohre usw.) und Fertigteile (Formteile) aus Kunststoffen werden nach verschiedenen Verfahren aus Vorprodukten (Pulver, Granulaten, Pasten, Formmassen, Prepregs (getränkte Bahnen) oder Flüssigkeiten) hergestellt. Das Grundverarbeitungsverfahren ist das *Urformen*. Bei Plastomeren ist auch ein warmes *Urformen* möglich. Weiterverarbeitungsverfahren sind das *Trennen* als spanende Formgebung und das *Fügen* als Verbindung durch Kleben und Schweißen.

---

[5] Der nachgestellte Buchstabe M bei Kautschuk bedeutet nach DIN ISO 1629: Kautschuke mit einer gesättigten Kette vom Polymethylen-Typ.

14.12 Verarbeitung der Kunststoffe

14.12.2 Formgebung der Plastomere

Extrudieren mit Extrudern (Strangpressen mit einer Schneckenpresse): Der Rohstoff wird im plastischen Zustand durch eine Düse (Vorsatz-Werkzeug) gepresst und tritt kontinuierlich als beliebig geformtes Profil, als Endlosstrang, aus dem Extruder aus.

Blasen: Extrudierte Rohre werden noch heiß mit Druckluft zu Hohlkörpern aufgeblasen. Folien lassen sich aus geblasenen, länglichen Ballons herausschneiden, die von einer Ringschlitzdüse senkrecht hängend aufgeblasen werden.

Kalandrieren mit dem Kalander: Kalander sind gegenläufig rotierende, erhitzte Walzenanlagen mit enger werdenden Schlitzen zur kontinuierlichen Herstellung von Folien und Bahnen durch eine Breitschlitzdüse.

Spritzgießen: Hierbei wird das Material mit einer Spritzgussmaschine unter Wärme und Druck verflüssigt bzw. plastifiziert und in eine gekühlte zweiteilige Form (Werkzeug) gedrückt, die sich in einem Arbeitstakt öffnet und das fertige Spritzgussformteil auswirft.

Vakuum-Tiefziehen: Bei diesem Umform-Verfahren werden erhitzte Platten im plasto-elastischen Zustand in Formen gesaugt und durch Abkühlung in ihrer neuen Form „eingefroren".

Streckformen: Beim Streckformen werden Platten zwischen Erweichungs- und Fließtemperatur mit Luftüberdruck geformt und durch Abkühlung „eingefroren" (z.B. Lichtkuppeln).

Flammspritzverfahren: Hierbei wird Kunststoffpulver auf Gegenstände aus Metall mittels eines Druckgases durch eine Brenngasflamme aufgeblasen. Der Kunststoff schmilzt auf der vorerwärmten Unterlage zu einer einheitlichen Schicht zusammen. Danach kann der Oberflächenschutz noch durch eine offene Flamme verbessert werden.

Wirbelsintern: Das Wirbelsintern dient zum Überziehen von Gegenständen mit einer Kunststoffschicht. Dazu wird das erhitzte Formteil in eine aufgewirbelte Kunststoffstaubwolke eingetaucht.

14.12.3 Formgebung der Duromere

Sowohl Halbzeug als auch Formteile werden in Hochdruckpressen unter Hitzeeinwirkung geformt und ausgehärtet. Reaktionsharze (siehe auch Abschnitt 14.7.3) können warm oder kalt drucklos aushärten.

14.12.4 Schweißen von Plastomeren

Normen
DIN 1910-3   (09.77)   Schweißen; Schweißen von Kunststoffen, Verfahren
DIN 16 960-1   (02.74)   Schweißen von thermoplastischen Kunststoffen; Grundsätze

Plastomere lassen sich besonders dann, wenn sie einen breiten thermoplastischen Bereich aufweisen, gut schweißen. Es werden verschiedene Verfahren angewandt:

Warmgasschweißen: Die zu verbindenden Teile werden durch eine V- oder X-förmige Schweißnaht durch Auftrag einer Schweißraupe mittels Schweißstab miteinander verbunden. Dazu wird ein elektrisch beheiztes Warmgasschweißgerät benutzt, welches Raumluft ansaugt und den Schweißdraht sowie die Fugenflanken auf die erforderliche Schweißtemperatur von etwa 250 bis 350 °C erhitzt.

Heizelementschweißen: Hierbei werden die Ränder der zu verbindenden Teile an einer elektrisch beheizten Metallplatte (Spiegel) erweicht und aneinander gedrückt, bis sie erkaltet sind. Das Verfahren dient u.a. zum Stumpfverschweißen von Rohrenden und Tür- bzw. Fensterprofilen mit exakt arbeitenden Spiegelschweißmaschinen.

Überlappschweißen: Mittels eines flachen Heizkolbens, der einem elektrischen Lötkolben ähnelt, werden Folien, Dach- und Dichtungsbahnen überlappend verschweißt.

Quellverschweißung (siehe auch Abschnitt 14.4.2.1): Bei diesem Verfahren werden die zu verbindenden Flächen mit einem Lösemittel angelöst (angequollen) und so lange aneinander gedrückt, bis das Lösemittel verdunstet ist. Mit dieser kalten Verschweißung werden u.a. Folien überlappend verbunden (z.B. Weich-PVC-Folien mit Tetrahydrofuran).

Extrusionsschweißen: Das Verfahren dient hauptsächlich zur Verschweißung dickerer PE-Dichtungsbahnen; ein Extrusionsstreifen von erweichtem PE-Granulat aus einer Breitschlitzdüse verbindet die überlappenden Bahnenränder, die gleichzeitig mittels Warmgas plastifiziert werden.

Weitere Schweißverfahren: Weitere Verfahren zum Verschweißen von Kunststoffen sind das Reibschweißen, Hochfrequenz-(HF-)Schweißen, Ultraschallschweißen und Wärmeimpulsschweißen, die aber bautechnisch kaum verwendet werden.

14.13 Geokunststoffe

Normen

DIN EN 13 249	(07.15)	Geotextilien und geotextilverwandte Produkte – Geforderte Eigenschaften für die Anwendung beim Bau von Straßen und sonstigen Verkehrsflächen (mit Ausnahme von Eisenbahnbau und Asphaltoberbau); Deutsche Fassung EN 13 249:2014
DIN EN 13 250	(07.15)	Geotextilien und geotextilverwandte Produkte – Geforderte Eigenschaften für die Anwendung beim Eisenbahnbau; Deutsche Fassung EN 13 250:2014
DIN EN 13 251	(07.15)	Geotextilien und geotextilverwandte Produkte – Geforderte Eigenschaften für die Anwendung in Erd- und Grundbau sowie in Stützbauwerken; Deutsche Fassung EN 13 251:2014
DIN EN 13 252	(07.15)	Geotextilien und geotextilverwandte Produkte – Geforderte Eigenschaften für die Anwendung in Dränanlagen; Deutsche Fassung EN 13 252:2014
DIN EN 13 253	(07.15)	Geotextilien und geotextilverwandte Produkte – Geforderte Eigenschaften für die Anwendung in Erosionsschutzanlagen (Küstenschutz, Deckwerksbau); Deutsche Fassung EN 13 253:2014
DIN EN 13 254	(07.15)	Geotextilien und geotextilverwandte Produkte – Geforderte Eigenschaften für die Anwendung beim Bau von Rückhaltebecken und Staudämmen; Deutsche Fassung EN 13 254:2014
DIN EN 13 255	(07.15)	Geotextilien und geotextilverwandte Produkte – Geforderte Eigenschaften für die Anwendung beim Kanalbau; Deutsche Fassung EN 13 255:2014
DIN EN 13 256	(07.15)	Geotextilien und geotextilverwandte Produkte – Geforderte Eigenschaften für die Anwendung im Tunnelbau und in Tiefbauwerken; Deutsche Fassung EN 13 256:2014
DIN EN 13 257	(07.15)	Geotextilien und geotextilverwandte Produkte – Geforderte Eigenschaften für die Anwendung in Deponien für feste Abfallstoffe; Deutsche Fassung EN 13 257:2014
DIN EN 13 265	(07.15)	Geotextilien und geotextilverwandte Produkte – Geforderte Eigenschaften für die Anwendung in Projekten zum Einschluss flüssiger Abfallstoffe; Deutsche Fassung EN 13 265:2014

Mit dem vermehrten Aufkommen von synthetischen Polymeren in den sechziger Jahren begann die Entwicklung und Verwendung von Geokunststoffen im Bauwesen. Geokunststoffe werden in der Geotechnik eingesetzt; sie dienen der Verbesserung mechanischer

14.13 Geokunststoffe

Eigenschaften von Böden und ersetzen oder reduzieren den Einsatz von traditionellen Baustoffen, wie z.B. Kies, Sand, Ton und gebrochenen Festgesteinen. Geokunststoffe dienen u.a. der Bewehrung, dem Dichten, Filtern, Dränen und dem Erosionsschutz von Untergründen und lassen sich einteilen in
- Geogitter und Geozellen,
- Geotextilien.

14.13.1 Geogitter

Geogitter sind knotensteife, monolithische Polymergitter oder hochzugfeste, zu einer Gitterstruktur verkettete Polymergarne, die speziell für die Bodenbewehrung entwickelt wurden. Sie finden im Wesentlichen Anwendung bei
- der Bewehrung von ungebundenen Tragschichten im Verkehrswegebau auf wenig tragfähigem Untergrund,
- der Bewehrung von Dammböschungen, Dammsohlen, Steilböschungen und Erdstützkörpern zur Gewährleistung der Standsicherheit,
- der Herstellung von Flächengründungen (elastisch-steife Bodenplatten),
- der Asphalt- und Betonbewehrung (Rissbewehrung).

Bei der Herstellung von monolithischen Geogittern werden extrudierte Polyethylen- oder Polypropylenbahnen in regelmäßigen Abständen gelocht. Unter Erwärmung werden die Bahnen entweder in Längsrichtung (einaxial) oder in Längs- und Querrichtung (zweiaxial) gestreckt, sodass die Polymermoleküle in eine geordnete und ausgerichtete Lage gebracht werden. Diese Ausrichtung hat folgende positive physikalische Eigenschaften zur Folge:
- Durch die Orientierung der Moleküle in den Knoten entsteht ein monolithisches, knotensteifes Geogitter (kein flexibles Gittergewebe mit gewebten oder geschweißten Verbindungen).
- Durch den hohen Elastizitätsmodul wird eine hohe Zugkraft bereits bei geringer Dehnung aktiviert.
- Das Kriechverhalten des Polymermaterials wird durch die Orientierung der Moleküle drastisch reduziert.

Die Art der geometrischen Anordnung der Rippen im Geogitter richtet sich nach dem Bewehrungsproblem und soll zu einer großen Kontaktfläche für das sich verzahnende Schüttmaterial führen, mit dem Ziel in Verbindung mit der hohen Zugfestigkeit und der geringen Kriechneigung des Polymerwerkstoffs eine hohe Gleitsicherheit des zu bewehrenden Schüttmaterials zu gewährleisten.

Die bei der Produktion der Geogitter eingesetzten Polyethylene und Polypropylene sind gegen alle im Erdreich, im Asphalt und in auf Zement basierenden Stoffen vorkommenden wässrigen Lösungen wie Säuren, Alkalien und Salze beständig; darüber hinaus bei Umgebungstemperaturen stabil gegen Lösungsmittel wie Benzin und Diesel sowie gegen den Abbau durch Mikroorganismen. Die Polymere sind UV-beständig und bei Einbettung in Erdschichten unverrottbar.

Neben Polyethylen und Polypropylen werden auch hochzugfeste, verkettete Polyestergarne zur Herstellung von Geogittern verwendet. Die Axialität wird durch entsprechende Mehranordnungen von Fäden in einer Gitterrichtung erreicht. Die Polyesterfäden zeichnen sich, verglichen mit einem Polyethylenwerkstoff, durch eine doppelt so große spezifische Festigkeit aus. Zur Erhöhung der Alkalibeständigkeit werden die Garne mit einer polymeren Schutzbeschichtung (z.B. PVC) versehen.

Geogitter werden als Rollenware in unterschiedlichen Abmessungen angeboten. Die Art des zu verwendenden Geogitters sowie das Verfahren zum Auslegen richten sich nach dem Bewehrungsproblem (vgl. hierzu *Schnell/Vahland* sowie die technischen Datenangaben der Hersteller).

14.13.2 Geozellen

Das System der Geozelle ist eine Verbundtragekonstruktion aus einem räumlichen Geogitter und dem eingefüllten Schottermaterial. Dabei entsteht eine wabenartige, dreidimensionale Schotter-Geogitterkonstruktion, die wie eine steifelastische Matratze wirkt und das Auspressen von weichem Untergrund und ein Gleiten verhindert. Der Einsatz von Geozellsystemen ermöglicht zum Beispiel Dammgründungen oder die Erschließung von Mülldeponien bei sehr ungünstigen Untergrundverhältnissen.

14.13.3 Geotextilien

Unter dem Oberbegriff „Geotextilien" werden Kunststofffasergewebe, z.B. Vliese und Gewebematten aus einheitlichen Polymerwerkstoffen sowie polymere, gewebeartige Verbundstoffe, die aus mehreren Komponenten schichtartig aufgebaut sein können, zusammengefasst. Zu den natürlichen Geotextilien wird Jute- und Kokosgewebe sowie Flachsvlies gezählt. Eine Einteilung der wichtigsten Arten der Geotextilien erfolgt zweckmäßigerweise nach ihren Anwendungsgebieten im Hoch- und Tiefbau.

Anwendung von Geotextilien:
a) Trennen. Die Vermischung unterschiedlicher Bodenarten (z.B. bei Dammschüttungen auf weichem Untergrund) kann durch Einbau von Geotextilien als Trennlage verhindert werden. Hierzu dienen mechanisch verfestigte Spinnfaservliesstoffe aus UV-stabilisiertem Polypropylen. Die Vliesstoffe werden in unterschiedlichen Schichtdicken angeboten und unterscheiden sich in den Geotextilrobustheitsklassen (GRK), z.B. Stempeldurchdrückkräfte, Höchstzugkraftdehnung, Wasserdurchlässigkeit. Bei den hochzugfesten Geotextilien ist der Vliesstoff zusätzlich mit Polyesterfäden bewehrt. Die Auswahl des geeigneten Produkts richtet sich nach den Körnungen der Schüttmaterialien und den zu erwartenden Belastungen. Polypropylenfaservliesstoffe sind gegenüber Säuren, Laugen und organischen Substanzen beständig und verändern sich unter extremen klimatischen Einflüssen wie Frost, Hitze oder Feuchtigkeit nicht. Sie bilden keine Nebenprodukte und sind damit umweltverträglich. Sie werden u.a. im Straßen-, Eisenbahn- und Sportplatzbau sowie bei der Sanierung von rissigen Asphaltstraßen eingesetzt.
b) Filtern. Die oben beschriebenen Polypropylenfaservliesstoffe können auch als dreidimensionale Filterschicht zwischen fein- und grob-gemischtkörnigen Böden eingesetzt werden. Bei richtiger Filterdimensionierung wird ein Durchschwemmen von Bodenteilchen verhindert, während der Durchfluss von Flüssigkeit senkrecht zur Filterebene nahezu druckverlustfrei ermöglicht wird.
Die Dichte des Geotextils, die wirksame Öffnungsweite und die Wasserdurchlässigkeit sind entscheidend für die langfristige mechanische und hydraulische Filterwirksamkeit.
c) Dränen. Zur flächigen Erfassung und Ableitung von Niederschlag, Grundwasser und anderen Flüssigkeiten werden verschiedene Geotextil-Verbundstoffe angeboten:
- Verbundstoffe, bei denen zwei Vliesstoff-Filterschichten sandwichartig mit einer Sickerschicht verbunden sind. Die Filterschichten bestehen aus Vliesstoff (PEHD oder PES), die

Sickerschicht aus einem PE-, PP- oder Polyamid-Wirrgelege. Weitere Alternativen sind z.B. Drainagegitter aus PEHD-Kunststoff mit ein- oder beidseitiger Kaschierung mit Vlies.
– Recyclingprodukte aus geschlossenzelligem Polyethylenschaum. Die einzelnen Flocken werden in einem thermischen Prozess ohne Verwendung chemischer Zusätze zu einer Matte verbunden; die Matte ist mit einem aufkaschierten Geotextilvlies vor Verschlämmung geschützt.

Die beiden beschriebenen Verbundstoffe werden als Rollenmaterial angeboten und lassen sich vor Ort mit einem Messer oder einer Schere konfektionieren. Sie sind vielseitig anwendbar, z.B. bei Entwässerungsproblemen
– im Tunnelbau, bei Galerien und Lawinenverbauungen,
– bei der Oberflächenabdichtung von Deponien,
– im Bereich von erdberührten Bauwerken, z.B. Brückenfundamenten, Stütz- und Kellerwänden,
– bei Flachdachbegrünungen.

Bei der Auswahl des geeigneten Dränsystems müssen neben den örtlichen Gegebenheiten wie Bodenbeschaffenheit, Auflast etc. beispielsweise folgende Daten des Dränsystems berücksichtigt werden:
– Wasserdurchlässigkeit und Abflussleistung,
– wirksame Öffnungsweite,
– Zugversuchseigenschaften.

Geotextile Dränsysteme zeichnen sich durch eine große Variabilität der einzelnen Komponenten aus, z.B. durch Variation der Rohstoffe, der Sickerschichtstruktur oder der Abstimmung der geotextilen Komponenten hinsichtlich der Filter und der Schutzwirksamkeit. Im Vergleich zum mineralischen Dränsystem (z.B. Kies) belasten sie den Untergrund wesentlich geringer, sind einfacher zu transportieren und wirken kostendämpfend durch geringeren Bodenaushub und eine hohe Verlegeleistung.

d) Dichten. Als Alternative zur konventionellen mineralischen Tondichtung, wie z.B. beim Grundwasserschutz, beim Dichten von Verkehrs- und Gewerbeflächen, bei Deich- und Dammdichtungen und bei Oberflächendichtungen im Deponiebau, werden spezielle dreikomponentige geosynthetische Tondichtungsbahnen eingesetzt. Sie bestehen aus einer Trägerschicht aus einem Polypropylen-Bändchengewebe, einer Schicht Natriumbentonit in Granulatform und einer Deckschicht aus mechanisch verfestigtem Polypropylen-Vliesstoff. Diese drei Schichten werden durch Vernadelung zu einem homogenen Produkt verbunden.

Bentonit ist ein Gesteinsmaterial, das in geeigneter Qualität zu circa 90 % aus dem Tonmaterial Montmorillonit besteht. Bentonit ist schichtweise wie Blätterteig aufgebaut; die Dichtwirkung entsteht durch starke Quellung, die auf Einlagerung von Wasser zwischen den Bentonitplättchen zurückzuführen ist. Die beiden Geotextilien dienen nicht nur als Verpackung für den Bentonit. Das Bändchengewebe stabilisiert die Verbundmatte, begrenzt die Dehnung und nimmt Zugkräfte, speziell auf geneigten Flächen auf. Die Dicke der Vliesdecklage ist so gewählt, dass beim Durchdringen des Wassers kein nennenswerter horizontaler Durchfluss stattfindet.

Bentonit-Geotextilmatten sind für den Einsatz bei pH-Werten von 5 bis 10 geeignet; für den Kontakt mit Salzwasser werden Sondertypen angeboten.

e) Schützen. Zum Schützen empfindlicher Bauteile vor mechanischer Beschädigung durch z.B. grobe Schüttmaterialien werden mechanisch verfestigte Polypropylenfaservliese angeboten (ähnlich denen wie unter *Trennen, Filtern* beschrieben). Für die Wirkungsweise einer Schutzschicht sind in erster Linie die Durchschlags- und Durchdrückfestigkeit und damit die Schichtdicke von entscheidender Bedeutung. Anwendungen finden sich beispielsweise im Tunnelbau (Schutz zwischen Fels und Dichtungsbahn) und im Rohrleitungsbau.

f) Erosionsschutz. Für den Böschungsschutz, den Uferschutz sowie die Oberflächenarmierung werden neben den oben beschriebenen Geogittern häufig *Krallmatten* eingesetzt. Sie bestehen aus einem dreidimensionalen Wirrgelege aus Polypropylen oder Polyamid, in das zur Steigerung der Reißfestigkeit ein Fiberglas- oder Polypropylengitter eingebettet sein kann. In Kombination mit einem Vliesstoff können zusätzlich Filter- und Dränaufgaben wahrgenommen werden (siehe oben).

Krallmatten verhindern nicht nur die Bodenerosion durch Wind und Regen, sondern bieten als Begrünungshilfe der Vegetation eine zusätzliche Verankerungsmöglichkeit.

Neben den oben beschriebenen Krallmatten werden *zweischichtig aufgebaute Geotextilien* aus einem grobmaschigen Trägergewebe und einem schwach verfestigten Kunststoffvlies mit mindestens 50 % Naturfaseranteil und eingelagertem Grassamen angeboten. Niederschläge werden vom Vlies abgepuffert; die nach Verrottung des Naturfaseranteils erfolgende Durchwurzelung des Bodens wirkt der Erosion entgegen.

14.13.4 Auswahlkriterien für die Anwendung von Geotextilien und Geogittern

Von der „Forschungsgesellschaft für Straßen- und Verkehrswesen" (FGSV) wird ein „Merkblatt für die Anwendung von Geotextilien und Geogittern im Erdbau des Straßenbaus" herausgegeben. Dieses Merkblatt bietet Auswahlkriterien für den Einsatz eines Geotextils bzw. eines Geogitters, indem es je nach Anwendung die zu erwartenden Beanspruchungen des Produktes erfasst und die unterschiedliche Bedeutung der Einflussgrößen gewichtet. Zu den Auswahlparametern gehören: Zugfestigkeit, Dehnbarkeit, Durchdrückverhalten, Durchschlagverhalten, Zeitstandsverhalten, Reibungsverhalten, allgemeine Beständigkeit, Wetterbeständigkeit, Bodenrückhalt, Wasserdurchlässigkeit.

Für die Auswahl eines Geotextils gibt es hinsichtlich des *Durchdrückverhaltens* zwei maßgebende Einflussgrößen:
- die Beanspruchung des Vliesstoffes durch die Beschaffenheit des Schüttmaterials AS (Anwendungsfall Schüttmaterial) und
- die Beanspruchung des Vliesstoffes durch Einbau und Baubetrieb AB (Anwendungsfall Baubetrieb).

Die einzelnen Vliesstoffe werden vom Hersteller in *Geotextilrobustheitsklassen* (GRK; Skala 1 bis 5) eingeordnet; die Skala der *Anwendungsfälle* AS und AB reicht ebenfalls von 1 bis 5 (AS 1 bzw. AB1 entspricht der niedrigsten Beanspruchung). Die Beanspruchungen AS bzw. AB sind nun mit den Geotextilrobustheitsklassen GRK korreliert, sodass unter Berücksichtigung der übrigen Auswahlparameter eine den Anforderungen entsprechende Auswahl getroffen werden kann; im Einzelfall empfiehlt sich die Beratung durch den Hersteller.

Hersteller, z.B.:
- NAUE FASERTECHNIK
- polyfelt Geosynthetics
- Bermüller & Co. GmbH

- AKZO NOBEL Geosynthetics GmbH
- REHAU.

Es existiert eine Reihe von Anforderungen und Anwendungsempfehlungen in Bezug auf Geokunststoffe, die in den Literaturhinweisen (s.u.) aufgeführt sind; im konkreten Einzelfall empfiehlt sich die Beratung durch den Hersteller.

Literatur:
1.) Kent P. von Maubeuge für www.geo-site.com, 10/2007 (als pdf-Datei)
2.) Schnell/Vahland, Verfahrenstechnik der Baugrundverbesserungen, B. G. Teubner, Stuttgart 1997
3.) www.ivgeokunststoffe.com

14.14 Verwendung von Kunststoffen im Bauwesen

Kunststoffe und Kunststoffprodukte haben heute schon einen Anteil von über 10 % an den Baustoffkosten bei mengenmäßigem Anteil von freilich kaum 1 %. Sie haben sich – bei richtiger Anwendung – seit vielen Jahren bewährt, und es kommen immer wieder neue Einsatzmöglichkeiten hinzu. Die nachstehend behandelte Verwendung der Kunststoffe im Bauwesen gibt daher nur einen Überblick, kann manches nur knapp ansprechen und ist zwangsläufig unvollständig. Weiterführende Literatur ist in Abschnitt 20.14 zu finden.

14.14.1 Folien und Bahnen

Heutiger Oberbegriff: Hochpolymere Kunststoff- und Elastomer-Bahnen.

14.14.1.1 Bautenschutzfolien

Sie werden transparent oder klar, im Allgemeinen in Dicken von 0,02 bis 0,4 mm und Breiten bis 6 m, aus PVC oder PE hergestellt. PE-Folien bleiben auch bei Frost flexibel. Sie sind jedoch empfindlich gegen UV-Strahlen. Die Alterungsempfindlichkeit ist bei schwarz eingefärbten Folien vermindert. Eigenschaften siehe Tafel 14.6.
Handelsnamen: für PVC-Folien z.B. Rhenofol (Braas) oder für PE-Folien z.B. Delta-Schutz- und Abdeckplanen (Dörken).

14.14.1.2 Dachbelagsbahnen

Normen
DIN 18 338   (09.12)   VOB Vergabe- und Vertragsordnung für Bauleistungen – Teil C: Allgemeine Technische Vertragsbedingungen für Bauleistungen (ATV) – Dachdeckungs- und Dachabdichtungsarbeiten

Bisher genormte Kunststoff-Dachbahnen sind solche aus PVC weich, PIB sowie aus Ethylencopolymerisat-Bitumen ECB (Polymer-Bitumen-Dachdichtungsbahnen und Polymer-Bitumen-Schweißbahnen siehe Tafel 10.3, Abschnitt 10.7.2.3) und chlorsulfoniertem Polyethylen (CSM), in nichtkaschierten oder einseitig kaschierten Formen. Außerdem werden auch Bahnen aus Butylkautschuk IIR, Polychloropren CR und Ethylen-Propylen-Terpolymer EPDM verwendet. Die Dachbelagsbahnen werden mit Heißbitumen oder mit Lösemittelspezialklebstoffen auf dem Untergrund verklebt,[6] eventuell auch lose verlegt, wenn durch eine

---
[6] Verarbeitung: siehe „Werkstoffblätter", Hrsg. TAKK (Technische Arbeitsgruppe Kunststoff- und Kautschukbahnen), Osannstr. 37, 64285 Darmstadt.

Bekiesung oder Plattierung ein Abheben bei Windsog verhindert wird. Die Überlappungsnaht- und die Stoßverbindungen erfolgen je nach Eignung des Materials durch Quell- bzw. Heißschweißen oder durch Verkleben mit Spezialklebebändern, Schmelzklebebändern oder Spezialklebstoffen. Die Bahnendicke liegt im Allgemeinen zwischen 1 und 2 mm.
Handelsnamen für PVC-Bahnen: z.B. Rhenofol (Braas), Trocal (Hüls).

Tafel 14.6 Eigenschaften von Folien

Folienart	Zugfestigkeit in N/mm^2	Bruchdehnung in %	Maximale Gebrauchstemperatur in °C	Wasseraufnahme nach 24 Stunden in %
Polyamid 66	40 bis 80	100 bis 150	80	2 bis 6
Polyethylen, hart	18 bis 28	500	110	0,01
Polyethylen, weich	8 bis 10	800	70	0,01
Polyisobutylen	2 bis 5	1000	65 bis 80	2 bis 3
PVC, ungereckt	30 bis 40	100 bis 200	50 bis 60	0,2
PVC, gereckt	40 bis 50	40 bis 80	50 bis 60	0,2
PVC mit 25 % Weichmacher	10 bis 18	170 bis 250	40 bis 50	0,3
PVC mit 40 % Weichmacher	10 bis 15	300 bis 400	40 bis 50	0,5
Polytetrafluorethylen	12,5	100 bis 300	200	< 0,01
Polyterephthalsäureglykolester	120 bis 180	140 bis 150	130 bis 150	0,3 bis 0,4

14.14.1.3 Abdichtungsbahnen

Normen

DIN 18 195-1	(12.11)	Bauwerksabdichtungen – Teil 1: Grundsätze, Definitionen, Zuordnung der Abdichtungsarten
DIN 18 195-2	(04.09)	Bauwerksabdichtungen – Teil 2: Stoffe
DIN 18 195-3	(12.11)	Bauwerksabdichtungen – Teil 3: Anforderungen an den Untergrund und Verarbeitung der Stoffe
DIN 18 195-4	(12.11)	Bauwerksabdichtungen – Teil 4: Abdichtungen gegen Bodenfeuchte (Kapillarwasser, Haftwasser) und nichtstauendes Sickerwasser an Bodenplatten und Wänden, Bemessung und Ausführung
DIN 18 195-5	(12.11)	Bauwerksabdichtungen – Teil 5: Abdichtungen gegen nichtdrückendes Wasser auf Deckenflächen und in Nassräumen; Bemessung und Ausführung
DIN 18 195-6	(12.11)	Bauwerksabdichtungen – Teil 6: Abdichtungen gegen von außen drückendes Wasser und aufstauendes Sickerwasser; Bemessung und Ausführung
DIN 18 195-7	(07.09)	Bauwerksabdichtungen – Teil 7: Abdichtungen gegen von innen drückendes Wasser, Bemessung und Ausführung
DIN 18 195-8	(12.11)	Bauwerksabdichtungen – Teil 8: Abdichtungen über Bewegungsfugen
DIN 18 195-9	(05.10)	Bauwerksabdichtungen – Teil 9: Durchdringungen, Übergänge, An- und Abschlüsse
DIN 18 195-10	(12.11)	Bauwerksabdichtungen – Teil 10: Schutzschichten und Schutzmaßnahmen
DIN 18 336	(09.12)	VOB Vergabe- und Vertragsordnung für Bauleistungen – Teil C: Allgemeine Technische Vertragsbedingungen für Bauleistungen (ATV) – Abdichtungsarbeiten

DIN 18 338	(09.12)	VOB Vergabe- und Vertragsordnung für Bauleistungen – Teil C: Allgemeine Technische Vertragsbedingungen für Bauleistungen (ATV) – Dachdeckungs- und Dachabdichtungsarbeiten
DIN 18 531-1	(05.10)	Dachabdichtungen – Abdichtungen für nicht genutzte Dächer – Teil 1: Begriffe, Anforderungen, Planungsgrundsätze
DIN 18 531-2	(05.10)	Dachabdichtungen – Abdichtungen für nicht genutzte Dächer – Teil 2: Stoffe
DIN 18 531-3	(05.10)	Dachabdichtungen – Abdichtungen für nicht genutzte Dächer – Teil 3: Bemessung, Verarbeitung der Stoffe, Ausführung der Dachabdichtungen
DIN 18 531-4	(05.10)	Dachabdichtungen – Abdichtungen für nicht genutzte Dächer – Teil 4: Instandhaltung

Bisher genormt sind Bahnen für Bautenabdichtungen aus PE-HD, PIB, PVC weich und bitumenhaltige Dichtungsbahnen mit Polyethylenterephthalat-(PET-)Einlage. Im Übrigen werden auch Bahnen aus ECB, CSM, CR, IIR und EPDM (vgl. Dachbelagsbahnen) verwendet, sofern sie den Güteanforderungen der Normen genügen. Sie müssen wasserundurchlässig, feuchtigkeitsbeständig, quellbeständig gegen Wasser, alterungsbeständig und verrottungsfest sein und bei Dauertemperaturen von −20 °C bis +70 °C ihre wesentlichen Eigenschaften beibehalten, weiterhin auch gegen Grund- und Sickerwasser sowie gegen normale chemische Einflüsse der angrenzenden Bauteile unempfindlich sein.

Abdichtungsbahnen werden mit Heißbitumen-Klebmassen oder Lösemittel-Spezialklebstoffen auf den Untergrund verklebt. Die Bahnen werden im Allgemeinen an den Stößen durch Heiß- oder Quellschweißung, durch Dichtungsbänder oder Spezialklebstoffe verbunden.[7] Die Dichtungsunterlage muss standfest und oberflächenglatt (sauber abgerieben) sein; lose Verlegung auf waagerechte Flächen kommt nur in Frage, wenn die Verkehrsbelastung gering ist und die Schutzschicht bzw. der Belag in sich standfest ist.

Ölschutzbahnen bzw. Tankinnenhüllen müssen als Leckschutzauskleidungen ölresistent sein. Für Schwimm- und Wasserbeckenbahnen und Bahnen für Deponieabdichtungen werden überwiegend die oben aufgeführten Kunststoffe verwendet.

Handelsnamen: z.B. ECB: Witec (Wilkoplast); PVC: Gekaplan (Kaliko); PIB: Rhepanol (Braas); PET-Folien: z.B. Hostaphan (Mitsubishi Polyester Film).

14.14.1.4 Wickelfolien

Sie werden als Korrosionsschutz für Rohre verwendet.
Handelsnamen für PVC: z.B. Coroplast (Coroplast Fritz Müller), Denso (Colas Bauchemie GmbH), Wilkoplast (selbstklebend); für PE: z.B. Corothene, Denso; für PIB: z.B. Rhepanol (Braas).

14.14.1.5 Dekorations- und Polsterfolien

Sie werden aus PVC weich hergestellt. Es gibt sie transparent, farbig, gemustert oder geprägt, bis 0,8 mm dick, 20 bis 1.500 mm breit für Vorhänge, Wand- und Möbelbespannung.
Handelsnamen: z.B. Acella (J. H. Benecke GmbH), Alkorplan (Solvay), Delifol, Gekafol (Kaliko); selbstklebend: Contac (Contac GmbH), d-c-fix (Hornschuch).

14.14.1.6 Dampfbremsen, Unterspannbahnen

Zur Verhinderung von Kondenswasserbildung in Bauteilen werden Kunststoffbahnen als

---

[7] Verarbeitung: siehe „Werkstoffblätter", Hrsg. TAKK (Technische Arbeitsgruppe Kunststoff- und Kautschukbahnen), Osannstr. 37, 64285 Darmstadt.

Dampfbremsen verwendet, da sie einen hohen Diffusionswiderstand für Wasserdampf aufweisen (Diffusionsbahnen). Unterspannbahnen sind mit Kunststoff-Fäden (PA) verstärkte bitumenhaltige Bahnen oder faserverstärkte Kunststofffolien zum Schutz des Dachraums gegen Flugschnee, Niederschläge und Wind unter den Dachpfannen.
Handelsname: Guttafol (Gutta).

14.14.2 Fußbodenbeläge
PVC-Bodenbeläge aus Bahnen oder Platten, Spachtelbeläge, Kunstharzestriche und Kunstharzbeschichtungen.

14.14.3 Wandbeläge
Wandbeläge aus Kunststoff mit glatter Oberfläche bestehen aus PVC und werden in Bahnen geliefert, zum Teil mit Schaumstoffunterlage.
Handelsnamen: z.B. IF-Folie, Lamin mit Thermopete, Somvyl.
Textile Wandbeläge aus Kunstfasern (PA, PAN, PP, PET) werden als Textiltapeten (siehe Abschnitt 12.2.1) oder als Teppichwandbeläge ähnlich wie Teppichbodenbeläge (siehe Abschnitt 13.2) verwendet.

14.14.4 Wandfliesen
Sie werden als faserbewehrte Vinylplatten aus PVC oder anderen Vinylharzen und einem Fasermaterial hergestellt und als quadratische oder rechteckige Platten in Dicken von 1,3 bis 2,5 mm geliefert. Sie können auf Putz, Holz und Metall geklebt und nachträglich gefugt werden.
Handelsnamen: z.B. Colovinyl, Floor-Flex.

14.14.5 Bau- und Möbelplatten
14.14.5.1 Dekorative Schichtpressstoffplatten

Normen
DIN EN 438-1	(04.05)	Dekorative Hochdruck-Schichtpressstoffplatten (HPL) – Platten auf Basis härtbarer Harze (Schichtpressstoffe) – Teil 1: Einleitung und allgemeine Informationen; Deutsche Fassung EN 438-1:2005 (zurückgezogen)
DIN EN 438-2	(04.05)	Dekorative Hochdruck-Schichtpressstoffplatten (HPL) – Platten auf Basis härtbarer Harze (Schichtpressstoffe) – Teil 2: Bestimmung der Eigenschaften; Deutsche Fassung EN 438-2:2005 (zurückgezogen)
DIN EN 438-3	(04.05)	Dekorative Hochdruck-Schichtpressstoffplatten (HPL) – Platten auf Basis härtbarer Harze (Schichtpressstoffe) – Teil 3: Klassifizierung und Spezifikationen für Schichtpressstoffe mit einer Dicke kleiner als 2 mm, vorgesehen zum Verkleben auf ein Trägermaterial; Deutsche Fassung EN 438-3:2005 (zurückgezogen)
DIN EN 438-4	(04.05)	Dekorative Hochdruck-Schichtpressstoffplatten (HPL) – Platten auf Basis härtbarer Harze (Schichtpressstoffe) – Teil 4: Klassifizierung und Spezifikationen für Kompakt-Schichtpressstoffe mit einer Dicke von 2 mm und größer; Deutsche Fassung EN 438-4:2005 (zurückgezogen)
DIN EN 438-5	(04.05)	Dekorative Hochdruck-Schichtpressstoffplatten (HPL) – Platten auf Basis härtbarer Harze (Schichtpressstoffe) – Teil 5: Klassifizierung und Spezifikationen für Schichtpressstoffe für Fußböden mit einer Dicke kleiner 2 mm, vorgesehen zum Verkleben auf ein Trägermaterial; Deutsche Fassung EN 438-5:2005 (zurückgezogen)

14.14 Verwendung von Kunststoffen im Bauwesen

DIN EN 438-6 (04.05) Dekorative Hochdruck-Schichtpressstoffplatten (HPL) – Platten auf Basis härtbarer Harze (Schichtpressstoffe) – Teil 6: Klassifizierung und Spezifikationen für Kompakt-Schichtpressstoffe für die Anwendung im Freien mit einer Dicke von 2 mm und größer; Deutsche Fassung EN 438-6:2005 (zurückgezogen)

DIN EN 438-7 (04.05) Dekorative Hochdruck-Schichtpressstoffplatten (HPL) – Platten auf Basis härtbarer Harze (Schichtpressstoffe) – Teil 7: Kompaktplatten und HPL-Mehrschicht-Verbundplatten für Wand- und Deckenbekleidungen für Innen- und Außenanwendung; Deutsche Fassung EN 438-7:2005

Die dekorativen Schichtpressstoffplatten bestehen aus heiß verpressten, im Allgemeinen phenolharzgetränkten Zellulosebahnen als Kernlagen und beliebig gefärbten oder gemusterten, mit durchsichtigem Melaminharz getränkten Deckschichten. Die Oberflächen können hochglänzend, seidenmatt oder strichmattiert sein, die Rückseiten sind für die Verklebung präpariert oder aufgeraut.

Die Platten sind unempfindlich gegen Wasser, Alkohol, Benzin, Benzol, Tetrachlorkohlenstoff, Trichlorethylen, Aceton, Ester, Ketone und Fette. Sie werden jedoch angegriffen von Mineralsäuren, Laugen, chlorhaltigen Bleilaugen, Wasserstoffperoxid, Silbernitratlösung, Natriumbisulfat, Jod- und anderen stark färbenden Tinkturen. Sie sind kratzfest, glatt, mit Wasser leicht zu reinigen, hygienisch einwandfrei und daher für Küchenmöbel, Ladentheken, Friseureinrichtungen u.a.m. geeignet. Sie lassen sich als Bekleidungsplatten im Innenausbau in großen Flächen anbringen.

Die Bearbeitung erfolgt mit einer feingezahnten, ungeschränkten Säge. Zum Furnieren ist möglichst ein plastifizierter Kunstharzleim zu verwenden. Bei stumpfen Stößen sind die Kanten von unten abgeschrägt zu schleifen. Den Leimbestrich lässt man kurz vor der Kante enden, um das Herausquetschen zu vermeiden. Auch ein Aufkleben der Platten auf Putz ist möglich.

Handelsnamen: z.B. Dekodur (André und Gernandt), Duropal (Duropal-Werk E. Wrede GmbH), Resopal.

14.14.5.2 Kunststoffbeschichtete Spanplatten und Holzfaserplatten

Spanplatten werden auch als kunststoffbeschichtete dekorative Flachpressplatten hergestellt (siehe Abschnitt 17.13.4). Ebenso sind kunststoffbeschichtete dekorative Holzfaserplatten erhältlich. Sie werden mit melaminharzgetränkten, uni- oder mehrfarbig, gemustert oder ungemustert bedruckten Dekorpapieren beschichtet. Es gibt auch Dekorpapiere, die mit Holzmaserung bedruckt sind, sodass die Furnierimitation von Originalfurnieren nur schwer zu unterscheiden ist. Als oberste Schicht wird ein transparent ausgehärtetes „Overlay"-Papier benutzt. Ebenso werden auch Formteile, wie Fensterbänke, Profilbretter für Balkongeländer, Wandbekleidungen usw., oder kassettenartige Elemente hergestellt.

Handelsnamen: Werzalit (Buna AG, Schkopau) u.a.

14.14.5.3 Kunstharzpressholz

Kunstharzpressholz und Isoliervollholz werden meist mit Phenolharz getränkt und unter Druck und Hitze zu Tafeln großer Dichte ($ñ \geq 0{,}90$, oft $> 1{,}35$ g/cm^3) und hoher Festigkeit (Biegefestigkeit > 100 N/mm^2) ausgehärtet (siehe Abschnitt 17.12.1).

14.14.6 Kunststoffbeschichtete Metalle

Plastik-Überzüge auf Blechen, Rohren und Drähten bestehen meist aus PE oder PVC.
Handelsnamen für Bleche: z.B. Platal, Tektal; für Drähte: z.B. Filmoplast, Silicor u.a.

14 Kunststoffe

14.14.7 Bauprofile

Bauprofile werden aus verschiedenen Kunststoffen, insbesondere aus PVC und Elastomeren, in beliebigen Farben, oft schwarz eingefärbt, für vielerlei Zwecke hergestellt.

1. Fugenprofile (siehe Abb. 14.3)

Normen

DIN 7863-1	(10.11)	Elastomer-Dichtprofile für Fenster und Fassade – Technische Lieferbedingungen – Teil 1:Nichtzellige Elastomer-Dichtprofile im Fenster- und Fassadenbau
DIN 7863-2	(07.13)	Elastomer-Dichtprofile für Fenster und Fassade – Technische Lieferbedingungen – Teil 2:Zellige Elastomer-Dichtprofile im Fenster- und Fassadenbau
DIN 18 541-1	(11.14)	Fugenbänder aus thermoplastischen Kunststoffen zur Abdichtung von Fugen in Beton – Teil 1: Begriffe, Formen, Maße, Kennzeichnung
DIN 18 541-2	(11.14)	Fugenbänder aus thermoplastischen Kunststoffen zur Abdichtung von Fugen in Ortbeton – Teil 2: Anforderungen an die Werkstoffe, Prüfung und Überwachung
DIN 18 197	(04.11)	Abdichten von Fugen in Beton mit Fugenbändern

Für das Eindichten bzw. Abdecken von Fugen stehen vielfältige Fugenprofilarten vor allem aus Weich-PVC, Chloroprenkautschuk (CR) und anderen Kautschukarten zur Verfügung. Neben Klemm- und Einputzprofilen gibt es Fugenbänder für Bewegungs- und Arbeitsfugen, deren Flügel (Laschen) einbetoniert werden. Bei den Fensterprofilen werden hauptsächlich Band-, U- und Klemmprofile unterschieden. Im Straßenbau werden CR-Raumfugen und -Scheinfugenprofile für Betonfahrbahnen verwendet. Bei starkem Temperaturwechsel wird für Fugenprofile (statt PVC weich) Polychloroprenkautschuk (CR), SBR- oder EPDM-Kautschuk angewandt. Im Beton- und Stahlbetonbau unterscheidet man zwischen innen und außen liegenden sowie auswechselbaren Fugenbändern.

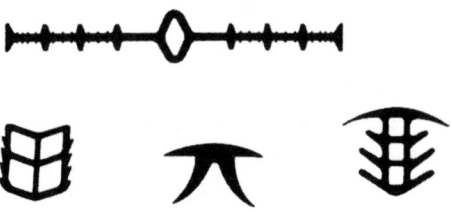

Abb. 14.3 Fugenband und Fugenklemmprofile

2. Fugenbänder nach DIN 7865 oder DIN 18 541 werden vor dem Erhärten des Betons eingelegt und dienen zur Dichtung von Arbeits- und Bewegungsfugen. Sie besitzen in der Mitte als Dehnteil einen schlauchförmigen Hohlkörper oder eine Dehnschlaufe, welche die Fugenbewegungen mitmachen können. Die Bänder bestehen aus thermoplastischen Kunststoffen, häufig aus PVC weich, oder aus Elastomeren SBR, EPDM oder schweren Ausführungen aus CR, gegebenenfalls mit einvulkanisierten Stahleinlagen. Es gibt auch Fugenbänder aus Tricomer (PVC-P/NBR). Dieses Kombinationspolymerisat besteht aus Weich-PVC und Nitrilkautschuk. Es ist schweißbar, elastisch, gut chemikalien- und alterungsbeständig.
Handelsnamen: Deflex-, Lugato-, Plastiment-, Rehau-, Sika-, Tricosal-Fugenband; Abdeckprofile: Deflex, Bolta, Leschuplast u.a.

3. Handlaufprofile: Handlaufprofile werden aus PVC weich in verschiedenen Farben als Klemmprofile hergestellt und im erwärmten Zustand aufgezogen. Handelsübliche Abmessungen: 50 mm × 8 mm bis 30 mm × 8 mm.

14.14 Verwendung von Kunststoffen im Bauwesen

Handelsnamen: z.B. Bolta, Conti, Gealan, Mipolam u.a.

4. Sockelleistenprofile: Sockelleistenprofile werden aus PVC weich und PVC hart hergestellt. Es gibt auch harte Einputz-Sockelleisten und andere mit Hartfaserkern.

Handelsnamen: z.B. Bolta, Conti, Dehoplast, Dunloplan, Gealan u.a.

5. Treppenkantenprofile: Hergestellt aus PVC weich werden sie verschiedenfarbig angeboten.

Handelsnamen: z.B. Bolta, Marley, Mipolam, Plastikant.

6. Sonstige Bauprofile: Vorwiegend aus PVC hergestellte Profile werden verwendet als Fenster- und Türrand-Dichtungsprofile, Umleimer, Vorhangschienen, Regenschutz- und Einputzschienen, Möbelprofile u.a.

14.14.8 Kunststoffrohre und -formstücke

Normen

DIN 1187	(11.82)	Dränrohre aus weichmacherfreiem Polyvinylchlorid (PVC hart); Maße, Anforderungen, Prüfungen
DIN 6660	(04.96)	Rohrpost – Fahrrohre, Fahrrohrbogen und Muffen für Rohrpostanlagen aus weichmacherfreiem Polyvinylchlorid (PVC-U)
DIN 6663	(06.99)	Rohrpost – Verarbeitung von Bauteilen für Rohrpostanlagen aus Kunststoff (PVC-U), Stahl und nichtrostendem Stahl
DIN 6665	(10.98)	Rohrpost – Prüfkaliber für Fahrrohre und Fahrrohrbogen
DIN 4740-1	(08.84)	Raumlufttechnische Anlagen; Rohre aus weichmacherfreiem Polyvinylchlorid (PVC-U); Berechnung der Mindestwanddicken
DIN 8061	(05.16)	Rohre aus weichmacherfreiem Polyvinylchlorid (PVC-U) – Allgemeine Güteanforderungen, Prüfung
DIN 8062	(10.09)	Rohre aus weichmacherfreiem Polyvinylchlorid (PVC-U) – Maße
DIN 3544-1	(09.85)	Armaturen aus Polyethylen hoher Dichte (HDPE); Anforderungen und Prüfung von Anbohrarmaturen
DIN 8074	(12.11)	Rohre aus Polyethylen (PE) –PE 80, PE 100 – Maße
DIN 8075	(12.11)	Rohre aus Polyethylen (PE) –PE 80, PE 100 – Allgemeine Güteanforderungen, Prüfungen
DIN 8077	(09.08)	Rohre aus Polypropylen (PP) – PP-H, PP-B, PP-R, PP-RCT – Maße
DIN 8078	(09.08)	Rohre aus Polypropylen (PP) – PP-H, PP-B, PP-R, PP-RCT – Allgemeine Güteanforderungen, Prüfung
DIN 4741-1	(08.84)	Raumlufttechnische Anlagen; Rohre aus Polypropylen (PP); Berechnung der Mindestwanddicken
DIN 8079	(10.09)	Rohre aus chloriertem Polyvinylchlorid (PVC-C) – Maße
DIN 8080	(10.09)	Rohre aus chloriertem Polyvinylchlorid (PVC-C) – Allgemeine Güteanforderungen, Prüfung
DIN 16 832-1	(10.02)	Rohrverbindungen und Formstücke für Druckrohrleitungen aus chloriertem Polyvinylchlorid (PVC-C) – PVC-C 200 – Teil 1: Maße (zurückgezogen)
DIN 16 832-2	(10.02)	Rohrverbindungen und Formstücke für Druckrohrleitungen aus chloriertem Polyvinylchlorid (PVC-C) – PVC-C 200 – Teil 2: Allgemeine Qualitätsanforderungen, Prüfung (zurückgezogen)
DIN 16 928	(04.79)	Rohrleitungen aus thermoplastischen Kunststoffen; Rohrverbindungen, Rohrleitungsteile, Verlegung, Allgemeine Richtlinien
DIN 16 961-1	(01.11)	Rohre und Formstücke aus thermoplastischen Kunststoffen mit profilierter Wandung und glatter Rohrinnenfläche – Teil 1: Maße
DIN 16 961-2	(03.10)	Rohre und Formstücke aus thermoplastischen Kunststoffen mit profilierter Wandung und glatter Rohrinnenfläche – Teil 2: Technische Lieferbedingungen
DIN 16 968	(11.12)	Rohre aus Polybuten-1 (PB-1) – Allgemeine Qualitätsanforderungen und Prüfung

14 Kunststoffe

DIN 16 969 (11.12) Rohre aus Polybuten-1(PB-1) – PB 125 – Maße
DIN 19 534-3 (07.00) Rohre und Formstücke aus weichmacherfreiem Polyvinylchlorid (PVC-U) mit Steckmuffe für Abwasserkanäle und -leitungen – Teil 3: Güteüberwachung und Bauausführung
DIN 19 535-10 (01.00) Rohre und Formstücke aus Polyethylen hoher Dichte (PE-HD) für heißwasserbeständige Abwasserleitungen (HT) innerhalb von Gebäuden – Teil 10: Brandverhalten, Güteüberwachung und Verlegehinweise
DIN 19 538-10 (12.99) Rohre und Formstücke aus chloriertem Polyvinylchlorid (PVC-C) für heißwasserbeständige Abwasserleitungen (HT) innerhalb von Gebäuden; Teil 10: Brandverhalten, Güteüberwachung und Verlegehinweise (zurückgezogen)
DIN 19 560-10 (03.99) Rohre und Formstücke aus Polypropylen (PP) für heißwasserbeständige Abwasserleitungen (HT) innerhalb von Gebäuden – Teil 10: Brandverhalten, Güteüberwachung und Verlegehinweise (zurückgezogen)
DIN 19 561-10 (12.99) Rohre und Formstücke aus Styrol-Copolymerisaten für heißwasserbeständige Abwasserleitungen (HT) innerhalb von Gebäuden – Teil 10: Brandverhalten, Güteüberwachung und Verlegehinweise (zurückgezogen)

14.14.8.1 Allgemeines

Materialien: Kunststoffe, die für Rohre verwendet werden, sind hauptsächlich PVC und – schon erheblich weniger – PE, daneben auch modifiziertes PVC in Form erhöht schlagzäher und nachchlorierter Sorten, ferner aus Polypropylen PP, Polybuten-1 (PB), schlagzähem Polystyrolpolymer ABS oder ASA und glasfaserverstärktem ungesättigtem Polyester UP-GF (siehe Tafel 14.5) und aus Epoxidharz EP-GF sowie für Kunstharzbetonrohre aus UP und EP.

Tafel 14.7 Kunststoffrohre, Abmessungen und Nenndruck PN der DIN-Rohrreihen

Rohrwerkstoff	Maßnorm DIN	PN in bar, min d_a in mm, max d_a in mm	Rohrreihe 1	2	3	4	5	6
PE hart PE-HD	8074	PN min d_a max d_a	2,5 63 1600	3,2 50 1600	4 32 1600	6 20 1000	10 16 630	16 10 450
PE weich	8072	PN min d_a max d_a	2,5 25 160	6 16 125	10 10 125			
PVC hart PVC-U PVC-HI	8062	PN min d_a max d_a	110 1600	4 75 1600	6 40 1000	10 25 630	16 10 400	5 250
PP	8077	PN min d_a max d_a	2,5 50 1000	4 40 1000	6 20 710	10 16 450	16 12 280	20 10 225
PB	16 969	PN min d_a max d_a	4 63 450	6 40 450	10 25 450	16 20 315	20 10 225	

Anwendungsgebiete sind Trinkwasserleitungen, Entwässerungsleitungen, Dränagen, Regenfallrohre, Gasleitungen, Rohrpostleitungen, elektrische Installations- und Kabelschutzrohre, Be- und Entlüftungsanlagen, Druckluftleitungen, Transportleitungen für flüssige Nahrungsmittel und Chemikalien u.a.

14.14 Verwendung von Kunststoffen im Bauwesen

Kunststoffrohre besitzen folgende **Vorteile:** Sie sind schnell und leicht verlegbar und korrosionsbeständig. PE-Rohre lassen sich in großen Längen von einer Rohrtrommel aus verlegen. Die verhältnismäßig große Wärmedehnung der Kunststoffrohre muss bei Installationsleitungen entsprechend berücksichtigt werden (siehe Tafel 14.8).

Tafel 14.8 Kennwerte von Kunststoffrohren für die praktische Anwendung

Rohrwerkstoff	Dichte	Vergleichs-spannung zul s	E-Modul	Wärmedehnzahl bei 20 °C a_T	Grenztemperaturen	
					Erweichung über °C	Kaltsprödigkeit unter °C
	g/cm³	N/mm²	N/mm²	l/K		
PE hart	0,95	5	900	$20 \cdot 10^{-5}$	50	−20
PE weich	0,92	2,5	120	$20 \cdot 10^{-5}$	[1]	−40
PVC hart[2]	1,38	10	3.000	$8 \cdot 10^{-5}$	60	0
PVC-C	1,54	10	> 3.000	$7 \cdot 10^{-5}$	95	0
PP	0,91	5	1.300	$15 \cdot 10^{-5}$	100	0
PB	0,92	(9)	> 500	$12 \cdot 10^{-5}$	100	−30

[1] Bei höheren Temperaturen zu weich.
[2] Gültig für Rohrtyp 100.

Für Rohre aus PVC hart oder Polyolefinen wird eine Mindestbetriebsdauer von 50 Jahren gefordert (vgl. Arbeitsblatt W 320 des DVGW-Regelwerks). Zur Prüfung der Festigkeitsanforderungen dienen Innendruckzeitstandversuche. Dabei werden mit Wasser gefüllte Rohrabschnitte mit Innendrücken geprüft, die in den Rohrwandungen bestimmte Prüfspannungen erzeugen (DIN 8061, DIN 8074, DIN 8075). Die Prüfdauer (Mindeststandzeit) bei 20 °C, und mit verminderten Prüfspannungen bei 60 bzw. 80 °C, müssen die Rohre ohne Bruch überstehen. Für die Festsetzung der zulässigen Vergleichsspannungen zul s werden aus den Innendruck-Zeitstandversuchen Mindestzeitstandfestigkeiten für 50 Jahre bei 20 °C entnommen und durch den Sicherheitsfaktor S geteilt (siehe Tafel 14.8). Wassertemperaturen unter 20 °C erhöhen die Sicherheit noch.

Bei erdverlegten Freispiegelleitungen stellt sich bei fachgerechter Verdichtung ein Membranzustand mit Gewölbewirkung ein, in dem die Spannungen im Rohr weit unter den normgemäß zulässigen Beanspruchungen für 50 Jahre Betriebszeit bleiben.

Zur statischen **Berechnung** innendruckbeanspruchter Rohre wird die Formel

$$s = \frac{p \cdot d}{2\sigma + p} \quad \text{oder} \quad \sigma = p\frac{d-s}{2s} \quad \text{angewendet.}$$

s Wanddicke in mm
d Außendurchmesser in mm
s Vergleichsspannung (Umfangsspannung) in N/mm²
p Innendruck in N/mm²

Für die hydraulische Berechnung der Kunststoffrohre stehen Tabellen nach *Prandtl/Colebrook* zur Verfügung, welche die geringen Reibungsverluste an den glatten Wänden berücksichtigen. Für die **Rohrverbindungen** gibt es Steckmuffen, Klebmuffen, Überschiebmuffen, Fittings; auch Elektroschweiß-, Flansch- und Schraubverbindungen werden angewendet. Zu den Rohren gibt es Rohrleitungsteile, wie Bogen, T-Stücke, Abzweige, Reduzierstücke u.a.m.

14.14.8.2 Arten von Kunststoffrohren

Kunststoffrohre sind mit Außendurchmessern bis 1.600 mm und für Innendrücke PN (früher ND) bis 20 bar genormt.

14 Kunststoffe

Rohre aus PE hart (DIN 8074, DIN 8075): Vier Rohrreihen mit d = 10 bis 1.600 mm, Nenndrücke PN = 2,5 bis 16 bar, Lieferlängen 6 bis 12 m.
Rohre aus PE weich: Drei Rohrreihen mit d = 10 bis 160 mm, Nenndrücke PN = 2,5 bis 10 bar, Ringbunde bis 300 m Länge.
Handelsnamen für PE-Rohre (Kennfarbe schwarz): z.B. Brandalen, Egelen, Hagulen, K-M-T, Mannesmann PE-Druckrohre, Omniplast, Rehau, Supralen, Wavin.
Handelsnamen für PE-Abflussrohre: Akatherm, Hagulen, Vulkathene u.a.
Rohre aus PVC hart (DIN 8061, DIN 8062): Rohre aus weichmacherfreiem Polyvinylchlorid (PVC-U, PVC-HI). Sechs Rohrreihen mit d = 5 bis 1.600 mm, Rohrreihe 1 drucklos, Rohrreihen 2 bis 5 für Nenndrücke PN = 4 bis 16 bar und Rohrreihe 6 für Umfangsspannungen s = 10 N/mm².
Handelsnamen für PVC-Trinkwasserrohre (Baulängen 6 bis 12 m, Kennfarbe dunkelgrau): Dynadur, Nordrohr, Rehau, Supradur, Wavin u.a.
Handelsnamen für PVC-Abflussrohre (Kennfarbe rotbraun, bis d = 500 mm in 1,5 m Baulänge): Awadukt, Dynadur, Omniplast, Rehau, Wavin u.a.
Rohre aus Polypropylen PP (DIN 8077, DIN 8078): Sechs Reihen mit d = 10 bis 1.000 mm,[8] Nenndrücke PN = 2,5 bis 20 bar.
Rohre aus Polybuten PB (DIN 16 968, DIN 16 969 siehe Abschnitt 14.6.1.3): Vier Rohrreihen mit d = 10 bis 450 mm, PN = 4 bis 20 bar.[9] PB-Rohre sind heißwasserbeständig.

14.14.8.3 Anwendungsgebiete von Kunststoffrohren

Trinkwasserrohrleitungen aus PVC hart: Rohre nach DIN 8062, DN = 10 bis 450 mm, PN = 10 und 16 bar, Kennfarbe dunkelgrau, Rohre mit glatten Rohrenden (G), Klebmuffe (K) oder Steckmuffe (S), Rohrverbindungen: DIN 8063-1 bis -12.

Trinkwasserrohrleitungen aus PE hart und weich
Rohre DN = 15 bis 30 mm (PE weich bis 80 mm),[10] PN = 10 bar, Kennfarbe schwarz, Rohre mit glatten Enden (G) oder Flanschanschlüssen (F), Rohrverbindungen mit Klemmverbindern aus Metall: DIN 8076-1 (03.84) und -3 (08.94).
Rohre und Formstücke für Abwasserkanäle und -leitungen aus PVC hart (DIN 19 534-3): Rohre und Formstücke für Grundleitungen, Kanalanschluss- und Kanalleitungen, DN 100 bis DN 600, Baulängen bis 5 m, mit Steckmuffen und Gummiringdichtungen. Kennfarbe orangebraun.
Rohre und Formstücke für Abwasserleitungen innerhalb von Gebäuden: Rohre aus PE hart: DN 40 bis 300 mm nach DIN 19 535; Rohre aus PP: DN 40 bis 150 mm mit beidseitiger Steckmuffe (DM) oder mit glatten Enden (GL) nach DIN V 19 560; Rohre aus Styrol-Copolymerisaten (z.B. ABS oder ASA): DN 40 bis 150 mm mit Steckmuffen nach DIN V 19 561; Rohre aus PVCC: DN 40 bis 150 mm mit Steckmuffen und Dichtungen aus Elastomeren nach DIN 19 538.

---

[8] Die Nennweite DN stimmt bei Kunststoffen nicht immer mit dem Innendurchmesser überein, weil die ISO-Normung den Außendurchmesser zugrunde legt.
[9] Die Druckstufen wurden früher ND (Nenndruck) abgekürzt, jetzt PN.
[10] Die Nennweite DN (Diameter normal) wurde früher NW abgekürzt.

14.14 Verwendung von Kunststoffen im Bauwesen

Rohre für Gasleitungen
a) aus PVC hart (PVC-U, PVC-HI), Kennfarbe gelb der Reihen 4 und 5 nach DIN 8062, 6 und 12 m lang, bis d_a = 315 mm und 1 bar Gasdruck, mit Klebmuffen oder Steckmuffen, und
b) aus PE hart, Kennfarbe schwarz, der Reihen 4 und 5 nach DIN 8074, bis d_a = 400 mm und bis 4 bar Gasdruck, mit Klebmuffen oder Steckmuffen, sind nach DVGW-Vorschriften zugelassen (Arbeitsblatt G 477).
Rohrpostleitungen (DIN 6660, DIN 6663, DIN 6665): Rohre aus PVC hart, dickwandige Fahrrohre DN 55 bis 100, dünnwandige Fahrrohre DN 55 bis 124, Lieferlängen von 5 bis 7 m, werden mit Klebmuffen- oder Schweißverbindungen verwendet.
Kabelschutzleitungen: Nach Postnormen werden Kabelkanalrohre aus PVC hart eingesetzt. PE- und PVC-Rohre dienen auch als Leerrohre für elektrische Leitungen innerhalb von Gebäuden.
Geschlitzte Dränrohre (DIN 1187 (11.82): Rohre aus PVC hart sind als Stangen-Dränrohre oder in Ringbunden großer Länge, auch mit Filtervliesumhüllung, lieferbar. Kennfarbe gelb, entsprechende Sickerrohre im Straßenbau auch blau.

14.14.9 Dachrinnen
Sie werden aus erhöht schlagzähem PVC hart mit zugehörigen Formstücken in hellgrauen Farbtönen hergestellt.
Handelsnamen: FK-Rinnen, Inefa, Marley, Plastmo, Rehau-Dachrinnen, S-Lon, Trocal u.a.

14.14.10 Profilplatten, Tafeln und Flachstäbe

Normen

DIN EN ISO 11 963	(03.13)	Kunststoffe – Tafeln aus Polycarbonat – Lieferformen, Abmessungen und charakteristische Eigenschaften (ISO 11 963:2012); Deutsche Fassung EN ISO 11 963:2012
DIN EN ISO 7823-1	(12.03)	Kunststoffe – Tafeln aus Polymethylmethacrylat – Typen, Maße und Eigenschaften – Teil 1: Gegossene Tafeln (ISO 7823-1:2003); Deutsche Fassung EN ISO 7823-1:2003
DIN EN ISO 7823-2	(12.03)	Kunststoffe – Tafeln aus Polymethylmethacrylat – Typen, Maße und Eigenschaften – Teil 2: Extrudierte Tafeln (ISO 7823-2:2003); Deutsche Fassung EN ISO 7823-2:2003
DIN EN ISO 7823-3	(08.07)	Kunststoffe – Tafeln aus Polymethylmethacrylat – Typen, Maße und Eigenschaften – Teil 3: Endlosprodukte (ISO 7823-3:2007); Deutsche Fassung EN ISO 7823-3:2007

Materialien und Arten: Profilplatten, Tafeln und Flachstäbe gibt es hauptsächlich aus PMMA, PC, PVC und UP-GF, aber auch aus PET, ABS, ASA, PA, POM und aus SB-Formmassen. Sie werden zum Teil farblos, transparent oder eingefärbt, eben oder gewellt geliefert. Sie sind leicht mit Bohrer oder Säge zu bearbeiten. Die Befestigung kann z.B. mit Holz- oder Hakenschrauben erfolgen. *Wellplatten* sind längsgewellt. Quergewellte Produkte heißen *Wellbahnen,* besitzen nur kleine Wellen und werden im Allgemeinen aufgerollt geliefert. *Standardprofile* sind Faserzementwellen 177/51 und 130/30 und Wellblechwellen 76/18. Außerdem gibt es Spundwand- und Trapezprofile sowie zahlreiche Sonderprofile, z.B. Klemmprofile, Stufenprofile. Für Fassadenbekleidungen werden auch Stegprofile aus 1 bis 2 mm dickem, erhöht schlagzähem PVC, in der Regel 6 m lang, mit Hakenfalzen oder Hohlkammerprofilen mit Nut- und Federverbindungen an den Längsseiten verwendet.

Daneben gibt es räumlich geformte Bekleidungselemente aus UP-GF oder PVC in Form von Kassetten, Schindeln usw.

Profilplatten finden allgemein **Verwendung** für Dächer, Vordächer, Lichtwände, Lichtbänder, Balkonbrüstungen, Gewächshäuser, Wartehallen, Fassadenbekleidungen u.a.

Handelsnamen: PMMA: Deglas, Perspex, Plexiglas, Resartglas u.a.; PVC: Astradur, Atlan, Organit, Rhenoplast, Trocal u.a. UP-GF (auch in sogenannter SL-Qualität = selbstlöschend bzw. F-Qualität = flugfeuersicher): Acoplan, Acowell, Eterplast, Filon (mit Nylonfadeneinlage), Lamilux, Owellan, Pecolit, Polydet, Scobalit u.a.

14.14.11 Lichtkuppeln, Lichtbänder und Lichtschalen

Lichtkuppeln gibt es mit rundem, quadratischem oder rechteckigem Grundriss, ein- oder mehrschalig, direkt in die Dachhaut einklebbar oder mit Aufsatzkranz, fest oder beweglich zum Lüften, glasklar oder opak. Für die eigentliche lichtdurchlässige Kuppel wird hauptsächlich PMMA verwendet, daneben auch CAB und UP-GF.

Handelsnamen:

Aus **PMMA** (Standardgrößen bis Ø 160 cm, quadratisch 160 cm × 160 cm, rechteckig bis 160 cm × 250 cm): Essmann u.a.

Aus **UP-GF** (Standardgrößen bis Ø 150 cm, quadratisch bis 150 cm × 150 cm, rechteckig bis 180 cm × 270 cm): Essmann, Lamilux, Scobalit u.a.

Lichtschalen in Form von Oberlichtbändern beliebiger Länge lassen sich aus doppelwandigen UP-GF-Lichtschalenelementen zusammenbauen.

Handelsnamen für Lichtschalen aus UP-GF: Polydet-Lichtschalen, Scobalit-Gigant u.a.

14.14.12 Fenster und Fenstertüren

Fenster aus Kunststoff sind in der Anschaffung teurer als vergleichbare Holzfenster; sie benötigen aber keinen Unterhalt durch Anstriche und bilden keine Wärmebrücken wie Metallfenster. Den Hauptanteil am Kunststofffenstermarkt haben extrudierte Profile aus schlagzähem weichmacherfreiem PVC. Sie werden an den Stoßstellen, z.B. den Gehrungen der Rahmenecken, durch Spiegelschweißmaschinen zu Fensterrahmen verschweißt.

Für größere Abmessungen, z.B. Fenstertüren, lassen sich manche Hohlprofile durch Einziehen von Vierkantstahlprofilen verstärken, oder es werden Verbundfenster mit Metallkern und PVC hart-Profilmantel verwendet. Es gibt aber auch Kunststoff-Metallfenster mit PVC weich-Profilmantel, dem keine tragende Funktion zukommt. Dachfenster für Steildächer gibt es mit Einsatzrahmen für verschiedene Eindeckungsarten aus PVC-, PE-Profilen oder UP-GF-Rahmen mit Fenstern aus CAB oder PMMA. Zur Abdichtung werden u.a. nichtzellige Elastomer-Dichtprofile nach DIN 7863 (04.83) verwendet.

Hauptsächlich verwendete Kunststofffensterarten und Handelsnamen

Mit PVC-ummanteltem Stahlkern: Meaplast, Meteor, Mipolam-Elastic u.a.

Aus PUR mit Metallprofileinlage und Acrylaußenhaut: Isogarant (Berit) auf Basis BaydurM (Bayer).

Mit PVC-ummanteltem Aluminiumkern: Ferroplast u.a.

Aus Vollkunststoff mit PVC-Profilen: Helmitin, Hocoplast, Trocal u.a.

14.14.13 Fensterzubehör

Kunststoffrollläden benötigen keinen Unterhalt durch Anstriche und sind leichter als vergleichbare Rollläden aus Holz oder Metall. Sie werden aus PVC-Einschiebehohlprofilen, selten noch aus Kettenprofilen hergestellt.

Rollladenkästen werden auch als Fertigteile aus PUR bzw. PS-Hartschaum oder UP-Harz-Leichtbeton hergestellt. Weiteres Fensterzubehör sind **Rollladenschienen** aus PVC-U-Profilen, **Außenfensterbänke** aus PVC hart-Hohlkammerprofilen, **Beschläge,** wie Fensteroliven, Türdrücker, für welche PVC, PA oder POM, zum Teil mit Metallkern, verwendet werden. **Jalousien** werden aus PVC hart, erhöht schlagzäh, hergestellt. Mit verstellbaren farbigen Lamellen werden sie innen liegend in Doppelfenstern oder als Außen- bzw. Innenjalousetten verwendet. **Markisen** aus Polyesterfasergewebe mit PVC weich-Beschichtungen dienen dem Sonnenschutz der Gebäude.

14.14.14 Tragwerke aus Kunststoffen

Stabförmige, auf Biegung beanspruchte **Tragglieder** aus Kunststoffen sind wegen ihres geringen E-Moduls und der damit verbundenen starken Verformung (Durchbiegung) nur begrenzt realisierbar. Hingegen bieten sich insbesondere glasfaserverstärkte Kunststoffe für **Kuppeln** und **Schalen** wegen ihrer beliebigen Formbarkeit an und werden z.B. für Hallen- und Tribünendächer verwendet. Auch PMMA kann für große Lichtkuppeln aus Einzelelementen nach Art der Apfelsinenscheiben zusammengefügt werden. **PUR-Hartschaum-Iglus** haben sich für Notunterkünfte, die an Ort und Stelle geschäumt werden, in Erdbebengebieten bewährt. **Membran-Tragwerke** können mit Kunststofffolien oder -geweben erstellt werden. Für **Traglufthallen** bietet sich Kunststoff als Hüllenmaterial an. Als sonstige Konstruktionen seien genannt: **Behälter** (für Mineralöl) und **Schwimmbecken.**

Bei **Auflagern** sind nach der Funktion Gleit- und Verformungslager zu unterscheiden: **Gleitlagerelemente** werden z.B. aus bronze- oder korundgefüllten Platten aus Polytetrafluorethylen (PTFE) hergestellt. Mit Silikon-Dauerschmierung ergibt sich gegen polierten Stahl eine Reibung von 0,03 %. Für unbewehrte oder mit mehreren Stahlblechen bewehrte Elastomer-**Verformungslager** ist in der Bundesrepublik Deutschland nur Polychloropren-(CR-)Kautschuk zugelassen.

14.14.15 Weitere Verwendungsgebiete von Kunststoffen

In anderen Kapiteln des vorliegenden Buches sind die nachstehend aufgeführten Kunststoffverwendungen behandelt worden:
Schaumstoffe als Dämmstoffe für den Wärme- und Schallschutz: siehe Kapitel 16.5.2.
Beschichtungen und Anstriche: siehe Kapitel 11.
Kunststoffe als Zusatz zu zementgebundenem Beton und Mörtel bzw. Estrich (PCC und ECC): siehe Abschnitte 6.24.1 und 14.7.3.
Kunstharze als Bindemittel (KH-Beton, KH-Mörtel, KH-Estrich): siehe Abschnitt 6.24.
Styropor-Beton: siehe Abschnitt 6.20.4.
Kunststoffe als Fugenmasse: siehe Abschnitt 15.4.
Kunststoffe als Klebstoffe und Spachtelmassen: siehe Abschnitte 15.1 und 15.2.
Geotextilien und Geogitter: siehe Abschnitt 14.13.

14.15 Gesundheitsrisiken und Recycling von Kunststoffen

Die Kunststoffe sind als fertige Baustoffe im Allgemeinen physiologisch unbedenklich. Die hochmolekularen Verbindungen selbst sind sehr beständig. Sie können jedoch Fremdstoffe wie Weichmacher, Stabilisator, Füllstoffe, Gleitmittel, Härter enthalten, welche die gesundheitliche Unbedenklichkeit in Frage stellen. Hier sind die von der „Kunststoffkommission des Bundesgesundheitsamtes" ausgearbeiteten Empfehlungen besonders zu beachten.

Die beim PVC vorkommenden Reste monomeren Vinylchlorids bleiben unter der Schädlichkeitsgrenze. Die großtechnische Produktion von PVC wird so eingerichtet, dass die Beschäftigten nicht mit dem giftigen Monomer in Berührung kommen. Bei Überhitzung können halogenhaltige Kunststoffe wie PVC, PTFE toxische Dämpfe abgeben, was tunlichst zu vermeiden ist.

Für die Verarbeitung von Flüssigkunststoffen wie Gießharzen, Klebstoffen, Lackharzen gibt es einschlägige Vorschriften der Berufsgenossenschaften. Wenn man davon ausgeht, dass solche Vorschriften beachtet werden, sind Kunststoffe beim richtigen Umgang nicht gefährlicher als andere Baustoffe.

Bei der Verarbeitung von ungesättigten Polyesterharzen verflüchtigt sich Monostyrol, das gesundheitliche Beschwerden hervorrufen kann. Daher bei der Verarbeitung von Polyestergießharzen gut lüften!

Aus Polystyrolschaumstoffen können später noch Reste von Monostyrol entweichen. Die Konzentrationen sind jedoch gering.

Phenolformaldehydharzschaum, der z.B. als Schüttelschaum verwendet wird, kann je nach Einstellung Phenol und/oder Formaldehyd abspalten. Unter Umständen kommt es zu einer Konzentration von Schadstoffen bis über die Wahrnehmungsgrenze hinaus. Allergiker können schon unterhalb der Wahrnehmungsgrenze betroffen sein.

Im Umgang mit Polyesterharzen, die als Mehrkomponentenkleber oder Mehrkomponenten-Gießharze verwendet werden, ist Vorsicht im Umgang mit den Härtern geboten, die Hautätzungen hervorrufen können und nicht in die Augen gelangen dürfen. Die Beschleuniger darf man keineswegs außerhalb des Harzes mit den Härtern zusammenbringen (Explosionsgefahr). Die reaktiven Verdünner können Hautirritationen oder Sensibilisierungen hervorrufen.

Im Umgang mit Polyester- und Epoxidharzen ist das Merkblatt der Berufsgenossenschaft der chemischen Industrie (Bestell-Nr. A 6) zu beachten: „Merkblatt für die Verarbeitung von Polyester- und Epoxidharzen". Über die Epichlorhydrinreste im fertigen Produkt von Epoxidharzen ist wenig bekannt.

Wegen des geschärften Umweltbewusstseins und der Begrenztheit der Ressourcen ist die ökologische Seite der Verwendung von Kunststoffen und deren eventuelle **Wiederverwendung** von Bedeutung. Kunststoffabfälle können zum Teil wiederverwertet werden. Für das Recycling von Fenstern, Rollläden, Platten und Profilresten aus PVC wird u.a. in Thüringen eine Großanlage betrieben. Auch Dachbahnen, Bodenbeläge und Rohre aus PVC werden zum Teil für artgleiche Anwendungen wieder verwertet.

Ein Hersteller fertigt Fenster zu zwei Dritteln aus Produktabfällen und alten Fensterprofilen, die als Kern mit Neuware umhüllt werden. Aber Recyclate sind in aller Regel teurer als neue Rohstoffe. Thermoplastische Abfälle wie Spritzgussangüsse werden gegebenenfalls als Anteil von 10 bis 20 % dem frischen Rohstoff bei der Produktion zugesetzt.

Ein **Recycling** von Kunststoffmüll (60 % PE, 20 % PS, 15 % PVC und 5 % sonstige) wird mit Hilfe von homogenisierenden Spezialextrudern (Remaker) betrieben und die Schmelze zu minder wertvollen, aber brauchbaren Produkten wie Randsteinen, Bauplatten u.a. verarbeitet. Zerkleinerte Gummireifen lassen sich als Baumaterial verwenden. In Mülldeponien oder im Boden verrotten Kunststoffabfälle im Allgemeinen sehr langsam. Abbaubare Kunststoffe sind entwickelt worden. Höhere Materialkosten und ökologische Gesichtspunkte der Umweltbelastung in Fällen biologisch bedenklicher Abbauprodukte setzen einer allgemeinen Anwendung Grenzen. Außerdem steht das Bedürfnis mancher Bauaufgaben nach Kunststoffen mit hoher Witterungsbeständigkeit und chemischer Widerstandsfähigkeit dem Wunsch nach leichter, umweltfreundlicher Abbaubarkeit der Abfälle entgegen. Das Problem der Umweltbelastung durch Kunststoffabfälle stellt sich im Übrigen mehr auf dem Gebiet der Kunststoffverpackung und Verbrauchsgüter aus Kunststoff (Wegwerfartikel) als auf dem Bausektor.

Neben der **Entsorgung** von Kunststoffabfällen auf Deponien ist die Verfeuerung in Müllverbrennungsanlagen üblich, wobei Abfälle mit großem Polyethylen-Anteil einen hohen Heizwert haben (thermische Nutzung). Bei der Verbrennung von PVC wird Chlor frei, das sich mit Wasser zu Salzsäure verbindet. Zur Neutralisation benutzt man in Müllverbrennungsöfen Kalk oder Natronlauge. Das Calciumchlorid wird auf Deponien endgelagert. Das in der Rauchgaswäsche ebenso wie in speziellen Anlagen anfallende Steinsalz $NaCl$ kann durch Elektrolyse wieder zu PVC verarbeitet werden.

Kunststoffe wieder in ihre Ausgangsstoffe zu zerlegen, ist die Idee der **Pyrolyse**. Dies geschieht unter Sauerstoffabschluss bei 400 bis 850 °C.

Beim **Kunststoffhydrierverfahren** (Hydrolyse) werden Kunststoffabfälle ebenfalls in Rohölbestandteile zurückverwandelt. Zerkleinerte Kunststoffe werden unter Druck und bei Temperaturen von 200 bis 300 °C unter Zusatz von Wasser oder Alkohol sowie Säuren oder Laugen mit Wasserstoff angereichert und in monomere Bestandteile, chlorfreie Öle und ungefährliche Salze umgewandelt. Ein koksartiges Restmaterial aus ehemaligen Kunststoffbeimischungen bleibt in geringem Umfang übrig. In der Kohleölanlage Bottrop werden Raffinerierückstände unter Zugabe von gemahlenem Kunststoff aus den DSD-Sammlungen („Grüner-Punkt"-Müll) durch Kunststoffhydrierung in synthetisches Rohöl umgewandelt, das in die Raffinerie zurückfließt.

14.16 Literatur

[14.1] Saechtling (Hrsg.), Bauen mit Kunststoffen, Carl Hanser Verlag, München, 1973
[14.2] Saechtling, Baustofflehre Kunststoffe für Bauingenieure und Architekten, Carl Hanser Verlag, München/Wien, 1975
[14.3] Saechtling, Kunststoff-Taschenbuch, 30. Aufl., Carl Hanser Verlag, München, 2007
[14.4] Stoeckhert, Kunststoff-Lexikon, Carl Hanser Verlag, München, 1973
[14.5] Biederbick, Kunststoffe – kurz und bündig, Vogel Verlag, Würzburg, 1970
[14.6] Die Kunststoffe und ihre Eigenschaften, 5. Aufl., Springer Berlin, 1998
[14.7] Leis, W., Einführung in die Werkstoffkunde der Kunststoffe, Carl Hanser Verlag, München, 1972
[14.8] Becker, R./Bussink, J./Dicke, H. R., Hochleistungs-Kunststoffe, Carl Hanser, 1993
[14.9] Keim, W. (Hrsg.), Kunststoffe, 1. Aufl., WILEY-VCH, 2006
[14.10] Menges, G., Werkstoffkunde Kunststoffe, Hanser Fachbuch 2002
[14.11] Jeska, S., Transparente Kunststoffe, 1. Aufl., Birkhäuser, 2007
[14.12] Hellerich/Harsch/Haeule, Werkstoff-Führer Kunststoffe, Hanser Fachbuch 2004
[14.13] Becker/Braun/Carlowitz (Hrsg.), Die Kunststoffe – Chemie, Physik, Technologie, Bd. 1 der Reihe Kunststoff-Handbuch, Carl Hanser Verlag, München, 1990
[14.14] Braun, D., Erkennen von Kunststoffen, 3. Aufl., Hanser Fachbuch 2003
[14.15] Gnauck, B./Fründt, P., Einstieg in die Kunststoffchemie, 3. Aufl., Carl Hanser Verlag, München, 1991
[14.16] Zweifel, H., (Hrsg.), Plastics Additives Handbook, Carl Hauser Verlag, München 2001

14 Kunststoffe

[14.17] Boysen, M./Braun, D./Carlowitz, B., Die Kunststoffe, Carl Hanser, 1990
[14.18] Wittfoht, A. M., Kunststofftechnisches Wörterbuch, Carl Hanser, 1992
[14.19] Gieler, R. P./Dimmig, A., Kunststoffe für den Bautenschutz und die Betoninstandsetzung, Birkhäuser, 2005

15 Klebstoffe, Dichtstoffe, Kitte, Spachtelmassen

Prof. Dipl.-Ing. Rolf Möhring, Prof. Dr. rer. nat. Thomas Thielmann

15.1 Klebstoffe

Normen

DIN EN 204	(09.01)	Klassifizierung von thermoplastischen Holzklebstoffen für nichttragende Anwendungen; Deutsche Fassung EN 204:2001
DIN EN 205	(06.03)	Klebstoffe – Holzklebstoffe für nichttragende Anwendungen – Bestimmung der Klebfestigkeit von Längsklebungen im Zugversuch; Deutsche Fassung EN 205:2003
DIN EN 923	(06.08)	Klebstoffe – Klebstoffe – Benennungen und Definitionen; Deutsche Fassung EN 923:2005 + A1 : 2008 (zurückgezogen)
DIN 18 156-3	(07.80)	Stoffe für keramische Bekleidungen im Dünnbettverfahren; Dispersionsklebstoffe (zurückgezogen)
VDI 3821	(09.78)	Kunststoffkleben
DIN 18 157-2	(10.82)	Ausführung keramischer Bekleidungen im Dünnbettverfahren; Dispersionsklebstoffe
DIN 18 157-3	(04.86)	Ausführung keramischer Bekleidungen im Dünnbettverfahren; Epoxidharzklebstoffe
DIN EN 1324	(11.07)	Mörtel und Klebstoffe für Fliesen und Platten – Bestimmung der Haftfestigkeit von Dispersionsklebstoffen; Deutsche Fassung EN 1324:2007
DIN EN 301	(12.13)	Klebstoffe,Phenoplaste und Aminoplaste für tragende Holzbauteile – Klassifizierung und Leistungsanforderungen; Deutsche Fassung EN 301:2013
DIN EN 12 004	(02.14)	Mörtel und Klebstoffe für Fliesen und Platten – Anforderungen, Konformitätsbewertung, Klassifizierung und Bezeichnung; Deutsche Fassung EN 12 004:2007+A1:2012
DIN EN 13 999-1	(03.14)	Klebstoffe – Kurzzeit-Verfahren zum Messen der Emissionseigenschaften von lösemittelarmen oder lösemittelfreien Klebstoffen nach Applikation – Teil 1: Allgemeines Verfahren; Deutsche Fassung EN 13 999-1:2013

15.1.1 Begriffe und Einführung

Zwischen Kleb- und Dichtstoffen besteht eine enge Verwandtschaft. Beide haben eine Brückenfunktion, die sowohl die Adhäsion zwischen den Fügeteilen bzw. Fugenflanken als auch die Kohäsion im Kleb- bzw. Dichtstoff selbst erfordert. Insoweit ist eine stringente Abgrenzung zwischen den beiden Stoffgruppen weder erforderlich noch möglich, da sich beide partiell in ihren Wirkungen und Funktionen auch überlappen können. Eine Klebefläche kann auch eine abdichtende Aufgabe haben oder umgekehrt. Vielmehr gilt für beide Stoffgruppen, dass erst das Verständnis der Wechselwirkungen zwischen Kleb- bzw. Dichtstoff und den zu verbindenden Baustoffen eine exakte Definition des spezifischen Anforderungsprofils erfordert, den jeweiligen Aufgabenbereich hinsichtlich des Spektrums der aufzunehmenden Belastungen und Beanspruchungen eindeutig zu klären, um dann die richtige konstruktive Ausbildung und optimierte Materialwahl treffen zu können. Ein Bauwerk ist als langlebiges Gut zu betrachten. Deshalb kommt bei Klebeverbindungen neben hohen Festigkeiten in besonderem Maß auch der langfristigen Funktion der Fügeverbindung eine gravierende Bedeutung zu. Aus dieser Sicht ist die Klebetechnik keine einfache Technik. Dies gilt bereits im Labormaßstab bei Entwicklung und Prüfverfahren, mit signifikanten Auswirkungen jedoch bei der Anwendung in der Werkstatt oder unter

15 Klebstoffe, Dichtstoffe, Kitte, Spachtelmassen

den dann instationären Bedingungen auf der Baustelle. Hier sind insbesondere folgende Parameter relevant: Temperatur, relative Feuchte, Feuchte aus dem Bauprozess, Restfeuchte während des Nutzungsbeginns, materialspezifische Feuchte nach Trocknung, aber auch die konstruktive Ausbildung der Geometrie der Klebefuge sowie die handwerkliche Ausführung von der Vorbereitung bis zur gewerkspezifischen Ausführung.

Die Chemie der Grenzflächen unterscheidet sich je nach zu fügenden Flächen und Charakter des Klebstoffes möglicherweise sehr erheblich. Eine stabile Grenzfläche bildet sich aber nur dann aus, wenn ihre Energie niedriger ist als ihre beiden Fügeoberflächen bzw. bei heterogenen Fügeteilen niedriger ist als bei beiden Oberflächen. Deshalb spielen Adsorptionen die entscheidende Rolle, da fast ausnahmslos die einzelnen Klebstoffkomponenten an der Grenzfläche des jeweiligen Fügeteils adsorbiert werden.

Der übliche Ablauf einer Verklebung erfolgt in drei Schritten:

Benetzen, zumindest auf einem Fügeteil wird der flüssige Klebstoff appliziert, wobei hier der Grad der Benetzung durch den Randwinkel bestimmt wird (von 90° gegen null, bei Spreitung bis vollflächig) unter Berücksichtigung der Viskosität des Klebstoffes und der Rauigkeit der Oberfläche.

Fügen, die Fügeteile werden positioniert, wobei bei einem vorher einseitigen Auftrag die Benetzung des zweiten Fügeteils erfolgt, und in ihre endgültige Lage gebracht. Dies gilt sinngemäß auch bei mehrlagigen Verklebungen. Falls erforderlich, wird die Konstruktion unter Druck gesetzt.

Härten, der Klebstoff wird von flüssigem (niedere Kohäsion) in den festen Zustand (hohe Kohäsion) überführt. Diese innere Verfestigung ist durch die während des Abbindevorgangs eintretende Einschränkung der Molekularbeweglichkeit in dem Klebstoff zu erklären.

Klebstoffe sind nichtmetallische Stoffe, die Fügeteile durch Flächenhaftung *(Adhäsion)* und innere Festigkeit *(Kohäsion)* verbinden.

Betrachtung der Klebfuge [15.20]:

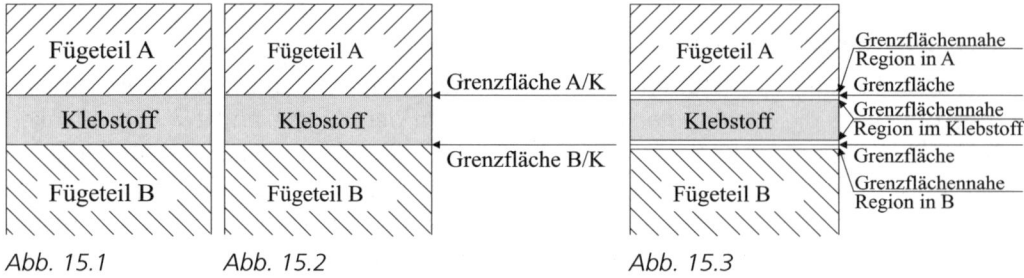

Abb. 15.1   *Abb. 15.2*   *Abb. 15.3*

Zu Abb. 15.1: Unter der Klebfuge ist sinngemäß der mit dem Klebstoff ausgefüllte Zwischenraum zwischen den Fügeteilen, hier A und B, zu verstehen.

Zu Abb. 15.2: In fast allen Fällen werden die Komponenten des Klebstoffes auf den Klebflächen adsorbiert. Dabei unterscheidet sich an den Grenzflächen je nach Material der zu fügenden Flächen der Charakter des Klebstoffes in der Chemie sehr erheblich. Eine stabile Grenzfläche bildet sich nur dann aus, wenn ihre Energie niedriger ist als ihre beiden Oberflächen bzw. bei heterogenen Fügeteilen niedriger ist als bei den Oberflächen beider Fügeteile. Somit spielen, zumindest für die physikalisch abbindenden Klebstoffe, die Adsorptionen die entscheidende Rolle der Adhäsion in der Verbindung von Klebstoff zu Fügeteil.

Zu Abb. 15.3: Neben der morphologischen Struktur der Grenzfläche sind weitere Beeinflussungen zu beachten, u.a.:
Chemische Reaktionen sowohl im grenzflächennahen Fügeteil als auch im grenzflächennahen Klebstoff, Migrationen von Inhaltsstoffen des Klebstoffes in das Fügeteil, Migrationen von Inhaltsstoffen des Fügeteils in den Klebstoff (vorrangig bei Holz und Kunststoff), Feuchten im Fügeteil, Kapillarkräfte, Diffusion, Dickeneinflüsse der Klebfuge, Glastemperatur des Klebstoffes. Hieraus ergeben sich auch folgende Ansätze für die Eignung eines Klebstoffes für eine spezifische Anwendung unter besonderer Berücksichtigung von saugenden und nicht saugenden Untergründen und auch bei Kombinationsklebungen:
saugend – saugend, saugend – nicht saugend und nicht saugend – nicht saugend.
Kleben von Metallen: hohe Oberflächenenergie, Oxidbildung auf der Oberfläche, physikalisch in fast allen Flüssigkeiten unlöslich, hohe Undurchlässigkeit, hohe Wärmedehnung
Kleben von Kunststoffen: Oberflächenspannung, Löslichkeit (lineare/amorphe Polymere gut löslich, vernetzte/kristalline Polymere schlecht bis nicht löslich), Quellfähigkeit, Gehalt an Verarbeitungshilfsmitteln, hohe Wärmedehnung
Kleben von Holz: Holzart/Inhaltsstoffe, Feuchtegehalt, Quell- und Schwindverhalten quer zur Faser
Mechanische Belastungen und Beanspruchungen u.a.: Druck, Zug, Zugscherung, Schälen, Spaltung, Torsion, Zeitfaktor (Geschwindigkeit des Kraftangriffes), Impulse, dauerhafte mechanische Belastung, UV-Belastung.
Es lassen sich vereinfacht folgende **Abbindemechanismen** unterscheiden:

a) Abbinden ohne chemische Reaktion
Der hochmolekulare klebende Stoff ist vor der Klebung vorhanden, der Abbindevorgang ist rein physikalischer Natur und besteht in der Änderung des Aggregatzustands flüssig/fest. In diese Kategorie lassen sich die lösungsmittelfreien Schmelzklebstoffe *(Hotmelts)* einordnen; daneben existieren Klebstofflösungen, bei denen die Verfestigung der Klebmasse nach Austritt des Lösemittels durch elektrostatische Anziehungskräfte zwischen den Makromolekülen eintritt. Hier ebenfalls einzuordnen sind die wässrigen Dispersionsklebstoffe, die durch Wasserabgabe und Verfilmung der emulgierten bzw. dispergierten Kunstharz- oder Kautschuktröpfchen abbinden.

b) Abbinden unter chemischer Reaktion (Reaktionsklebstoffe)
Hierbei wird der hochmolekulare klebende Stoff während des Abbindevorgangs aus den Monomeren bzw. niedermolekularen Bestandteilen gebildet. Der Aufbau dreidimensional hochvernetzter Makromoleküle kann durch Polymerisation, Polyaddition und Polykondensation (siehe auch Abschnitt 14.4.1) erfolgen.
Zu den *Reaktionsklebstoffen* werden Ein- oder Zweikomponentenkleber, Epoxidharzklebstoffe, Polyurethanklebstoffe, Polymethylolverbindungen, Siliconklebstoffe usw. gezählt.
Während die Verfestigung der Klebstoffmasse durch kohäsive Kräfte erklärt werden kann, nimmt man an, dass für die Flächenhaftung des Klebstoffs am Fügeteil Diffusionsvorgänge und elektrostatische Anziehungskräfte im molekularen Bereich zwischen Klebstoff und Fügeteil eine Rolle spielen.
Der *Klebvorgang* ist sehr kompliziert; es wirken hier folgende Faktoren zusammen: Oberflächenspannung des Klebstoffs, Grenzflächenspannung Klebstoff/Substrat, Polarität und

15 Klebstoffe, Dichtstoffe, Kitte, Spachtelmassen

Struktur der zu verklebenden Oberfläche und physikalische Eigenschaften des Klebfilms wie Reißfestigkeit und Dehnungsverhalten.

Zusammenfassend bleibt festzustellen, dass derzeit keine umfassendere physikalisch-chemische Deutung des Klebeeffekts als das Zusammenwirken von Adhäsion und Kohäsion existiert. Eine Einteilung der einzelnen **Klebstoffsysteme** nach Reaktionsmechanismus, Härtungstemperatur usw. kann der nachfolgenden Tafel 15.1 entnommen werden. Daneben kann eine Einteilung auch nach folgenden Gesichtspunkten erfolgen: z.B. Art des Stoffs, Konsistenz im Verarbeitungszustand, Art des eventuellen Lösemittels, Art des Aushärtens, oder nach dem Verwendungszweck, z.B. Parkettklebstoffe (DIN 281), Klebstoffe zum Verbinden von Rohren (DIN 16 970), Holzleim, Metallkleber.

Art und **Anwendungsgebiete** wichtiger Klebstofftypen können der Tafel 15.2 entnommen werden.

15.1.2 Leim, Leimlösungen

Leim ist wasserlöslicher Klebstoff auf organischer Basis mit Ausnahme von Wasserglasleim. Die Leimlösung härtet physikalisch durch Verdunsten oder Abwandern des Wassers aus. *Leime auf Eiweißbasis* sind Glutinleim (Knochenleim, Hautleim), Kaseinleim u.a. *Leime auf Kohlehydratbasis* sind Stärkeleim, Dextrinleim, Methylcelluloseleim (siehe Abschnitt 14.9.1.7), Sulfitablaugeleim (Malerleim).

15.1.3 Dispersionsklebstoffe

Es handelt sich hauptsächlich um Plastomere, auch um Copolymere, die in Wasser dispergiert (fein verteilt) sind. Sie werden vorwiegend für das Verkleben etwas saugfähiger Stoffe verwendet. Sie härten physikalisch durch Verdunsten oder Abwandern des Dispersionswassers, zum Teil auch chemisch aus. Beispiel: PVAC, PIB, Polyacrylsäureester, Polyvinylether, synthetischer Kautschuk; Bitumen-Dispersionen bzw. -Emulsionen werden zum kalten Verkleben verwendet.

Pulverförmige Baukleber aus hydraulischen Bindemitteln und dispergierten Kunststoffen, z.B. PVAC, PVP, erreichen durch das langsam erhärtende hydraulische Bindemittel größere Festigkeit und haften gut auf saugfähigen Baustoffen, wenn mindestens eine Kontaktfläche so porös ist, dass das Dispersionswasser eindringen und verdunsten kann. Durch den Kunststoff verliert die Klebschicht ihre Sprödigkeit.

Unter Umständen sind jedoch solche Kleber je nach Kunststoffart und -prozentsatz etwas wasserempfindlich.

Handelsname: z.B. Ponal (Henkel).

15.1.4 Lösemittelklebstoffe (Kleblacke)

Hierbei sind Klebstoffe in organischen Lösemitteln gelöst, die sich beim Erhärten verflüchtigen. Damit kann auch eine chemische Härtung des Klebelacks verbunden sein. Beispiel: gelöster Nitrolack (Cellulosenitrat CN, Handelsname z.B. Uhu) oder Celluloseacetat CA.

Manche dieser Kleblacke werden in Lösemitteln gelöst, die gleichzeitig die Fügeflächen anlösen oder anquellen. Auf diese Weise lässt sich eine besonders feste Verbindung zwischen den Fügeteilen und dem stofflich ähnlichen Klebefilm erzielen. Das Verfahren wird z.B. bei PVC-Muffenrohren mit anlösendem Tetrahydrofuran-Klebstoff (DIN 16 970) angewandt. Solche Rohrkleber werden auch in Form plastischer Klebstoffe aus hochgefüllten zähflüssigen Lösungen verwendet (*Klebkitte*).

15.1 Klebstoffe

Tafel 15.1 Allgemeines Einteilungsschema für Klebstoffe, das mehrere Einteilungskriterien verwendet [15.8]

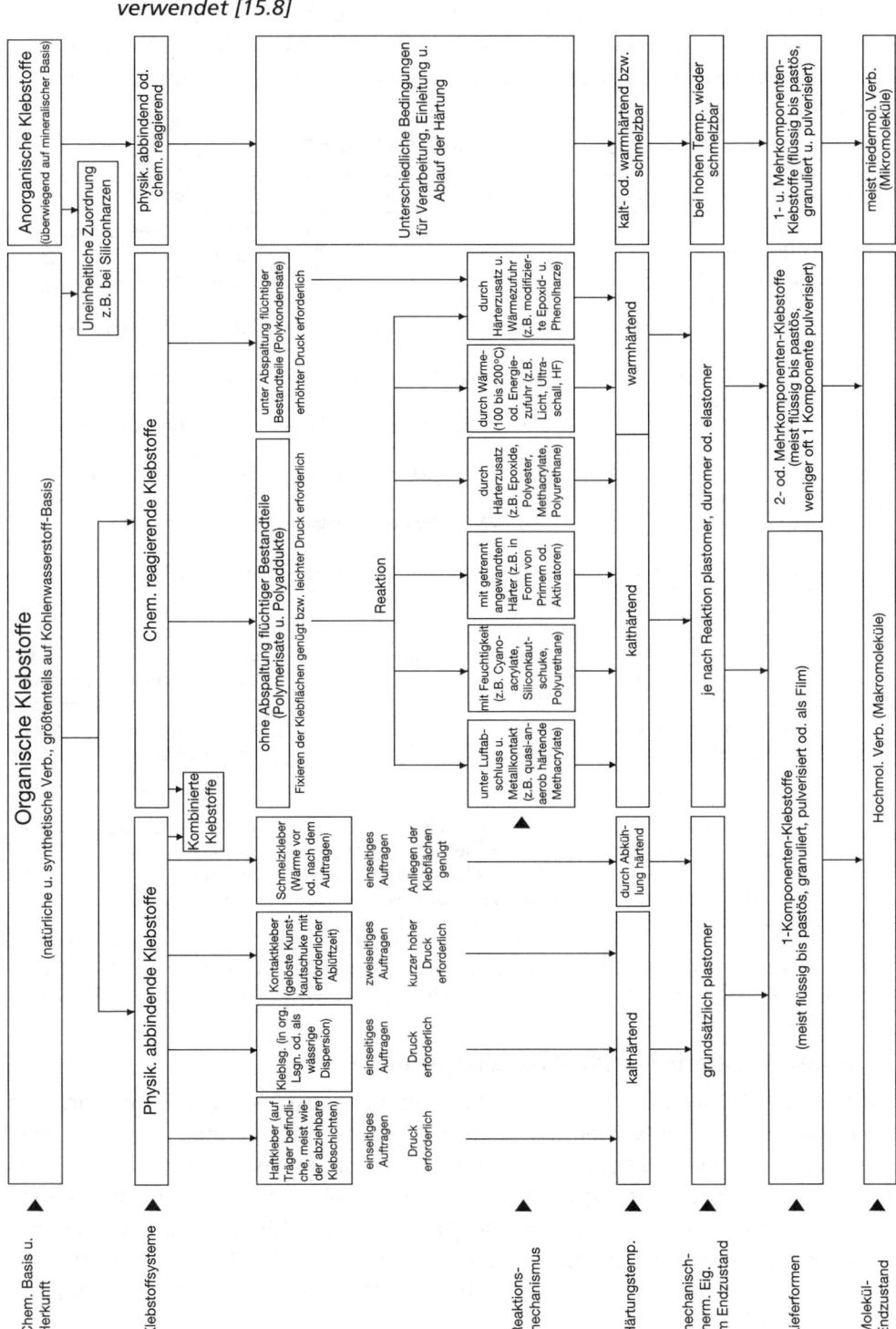

15 Klebstoffe, Dichtstoffe, Kitte, Spachtelmassen

Beim *Quellverschweißen* werden die Überlappungsflächen von PIB-Dichtungs- oder -Dachbahnen mit einem anlösenden Lösemittel eingestrichen. Der dabei gelöste Grundstoff der Bahnen bildet den Klebefilm. Unter leichtem Druck entsteht beim Verdunsten des Lösemittels eine homogene Klebeverbindung ohne Verwendung eines fremden Klebstoffs im Lösemittel.

Tafel 15.2 Art und Anwendungsgebiete wichtiger Klebstoff-Typen

K.-Typ mit Beisp. u. Reaktionsbedingungen		*	Lsg.-/Disp.-Mittel	Anwendung für
Physikalisch abbindende Klebstoffe	*Schmelz-K.:* SB, P, EVA, Polyester	1 w	ohne	Papier, Textilien, Leder, Kunststoffe
	Plastisol-K.: PVC + Weichmacher + Haftvermittler	1 w	ohne	Metalle, Keramik
	Haft-K.: Kautschuke, Polyacrylate	1 k	Verdunsten vor dem Kleben	Bänder, Folien, Etiketten
	Kontakt-K.: PUR, SB, Polychloropren	1 k	Verdunsten vor dem Kleben	Holz, Gummi, Kunststoffe, Metalle
	Lsgm.-/Disp.-K.: PUR, VA-, VC-, VDC-Copolymere	1 w	Verdunsten vor dem Kleben	Papier, Kunststoffe, Metalle
	Lsgm.-/Disp.-K.: NR, PVAC, EVA, Polyacrylate	1 k	Verdunsten beim Kleben	Papier, Holz, Kunststoffe, Keramik
	Leime: Glutin	1 w	Verdunsten beim Kleben	Holz, Papier, Pappe
	Leime: Stärke, Dextrin, Casein, PVAL, PVP, Celluloseether	1 k	Verdunsten beim Kleben	Papier, Pappe
Chemisch abbindende Klebstoffe	*Reaktions-K.*	w w	Reaktionsprodukte	
	EP + Säureanhydride	2 k		Metalle, Keramik, Kunststoffe
	EP + Polyamine	2 k		Metalle, Keramik, Kunststoffe
	Polyisocyanate + Polyole	1 k		Metalle, Keramik, Kunststoffe
	Cyanacrylate	1 k		Metalle, Keramik, Kunststoffe, Gummi
	Methacrylate	2 k		Metalle
	UP + Styrol od. Methacrylate	1 k	bleiben in der Klebschicht	Metalle, Keramik, Kunststoffe
	SI-Harze + Feuchtigkeit	1 w	verdunsten beim Kleben	Keramik
	PF + PVFM od. NBR	2 w	verdunsten beim Kleben	Metalle
	PI, Polybenzimidazole	2 wk	verdunsten beim Kleben	Metalle
	UF-, MF-, PF-, RF-Harze		verdunsten beim Kleben	Holz

Systematik der Klebstoffe in Anlehnung an DIN 16 920 (06.81). Legende: Disp. = Dispersion, * Zahl der Komponenten u. Abbindetemperatur (w = warm, k = kalt); Kurzzeichen nach DIN EN ISO 1043-1 (vgl. Kap. 14 Kunststoffe).

15.1.5 Kontaktklebstoffe (Kunstkautschukklebstoffe)

Dies sind Lösemittelklebstoffe mit kautschukartigen Feststoffen, z.B. Polychloropren CP, Polyisobutylen PIB. Sie werden auf beide Klebeflächen aufgetragen und nach dem Verdunsten (Abdampfen) des Lösemittels, wenn es nach einigen Minuten keine Fäden mehr zieht, kurzzeitig zusammengedrückt (Stahlandrückrollen). Der Klebefilm bleibt gummi-elastisch. Für thermisch oder durch Feuchtigkeit beanspruchte Klebfugen können den Kontaktklebstoffen Vernetzungsmittel (Härter) zugegeben werden. Die Kontaktklebstoffe werden im Bauwesen für Bodenbeläge, Schichtstoffplatten u.a. verwendet (Handelsname: Pattex Henkel u.a.).

15.1 Klebstoffe

15.1.6 Haftklebstoffe

Dies sind Klebstoffe, die nach dem Verdunsten des Lösemittels eine haftende Verbindung herstellen, aber klebrig bleiben. Sie lassen sich wieder lösen (abschälen) und werden verwendet für Isolierbänder, Klebestreifen, Haftetiketten u.a. Als Bindemittel enthalten sind Polyvinylether oder Polyisobutylen geringen Molekulargewichts (Beispiel: Klebebänder, Handelsname Tesafilm u.a.).

15.1.7 Reaktionsharzklebstoffe (Reaktionsklebstoffe)

Unter dieser Klebstoffgruppe werden Klebstoffe zusammengefasst, die durch chemische Reaktion erhärten. Sie werden auch als Reaktionskleber oder Reaktionskleblacke bezeichnet. Da auch bei manchen zuvor besprochenen Klebstoffen neben der physikalischen Erhärtung durch Abwandern und/oder Verdunsten des Löse- bzw. Dispergiermittels chemische Härtungsreaktionen ablaufen, ist die Einteilung nicht scharf abgegrenzt. Eine Gruppe der Reaktionsklebstoffe bilden z.B. die

a) Polykondensationsharze auf Formaldehydbasis PF, RF, UF und MF. Phenol-Formaldehydharze PF werden in der Resolstufe (siehe Abschnitt 14.7.1.1), als Pulver oder in Wasser gelöst, auf die Fügeflächen aufgebracht und unter Druck und Hitze ausgehärtet.
Resorcin-Formaldehydharze RF werden als Vorprodukte mit Formaldehyd-Defizit erst kurz vor der Verwendung durch Zugabe weiteren Formaldehyds zur Aushärtungsreaktion gebracht.
Harnstoff-Formaldehydharze UF sind als Vorprodukte wasserlösliche Leimharze, die für Holzverleimung und als Zusatz zu Leimlösungen (siehe Abschnitt 15.1.2) verwendet werden, um deren Wasserfestigkeit zu erhöhen.
Melamin-Formaldehydharze MF sind den UF-Harzen ähnlich, besitzen aber höhere Wasser- und Temperaturbeständigkeit.
Handelsnamen für Formaldehydharze: z.B. Kauramin, Kauresin, Kauritleim (BASF), Plastocoll (Plast-Elast Chemie), Aerolite (Ciba-Geigy).

b) Einkomponentenkleber (1-K-Kleber) enthalten eine 2. Reaktionskomponente, die erst bei höheren Temperaturen oder nach Verdunsten eines Lösemittels eine chemische Härtungsreaktion auslöst.

c) Reaktionsharze werden **Zweikomponentenkleber** (2-K-Kleber) genannt, wenn ihnen vor Gebrauch ein Härter zugesetzt werden muss. Die erste Komponente wird dabei auch als Binder bezeichnet. Nach Vermischung der Bestandteile ist der Klebstoff innerhalb der Topfzeit noch verarbeitbar (0,5 bis mehrere Stunden, auch temperaturabhängig). In Sonderfällen sind weitere Komponenten im Kleber enthalten oder werden vor der Verarbeitung zugegeben, wie Beschleuniger, Stabilisierungsmittel, Füllstoffe.
Als Zweikomponentenkleber werden für Stein-, Beton- und Metallverklebungen *Polyurethane* PUR (Desmodur und Desmophen, siehe Abschnitt 14.7.5), *Acrylharze* (siehe Abschnitt 14.6.2.7), *ungesättigte Polyesterharze* UP (siehe Abschnitt 14.7.2.1) und *Epoxidharze* EP (siehe Abschnitt 14.7.3) verwendet. UP-Harze ergeben bei niedrigem Preis hohe Klebfestigkeiten; sie sind aber gegen feuchte Klebeflächen empfindlich. Epoxidharze schrumpfen weniger, haften besser als UP-Harze und sind gegen Feuchtigkeitseinflüsse bei der Erhärtung unempfindlicher. Die Schrumpfneigung kann durch Füllstoffe verringert werden. Für Steinverklebungen kommen stark gefüllte Klebepasten in Frage, die auf porigen Klebeflächen noch genügend haften; dagegen sind für Metallverklebungen dünnflüssige Klebstoffe

günstiger. Die höchsten Bindefestigkeiten von Metallklebeverbindungen werden bei relativ dünnen Klebstoffschichten von 0,1 bis 0,3 mm erreicht.
Handelsnamen für 2-K-Kleber: z.B. Agomet (Degussa), Araldit (Ciba), Uhu-plus (Beiersdorf).

15.1.8 Feste Klebstoffe (Schmelzklebstoffe)

Es handelt sich um feste oder bei Raumtemperatur pastöse Klebstoffe, die geschmolzen werden müssen, damit sie ihre Klebkraft entwickeln. Sie werden auch in Form von Klebefolien verwendet.
Nichthärtende Schmelzkleber gibt es auch auf Bitumenbasis oder aus Polyvinylbutyral PVB, Polyvinylacetat PVAC, Polyisobutylen PIB.
Härtende Schmelzkleber, d.h. solche, die chemisch und nicht physikalisch härten, werden aus Epoxidharzen (EP), Melaminharzen (MF) oder Phenolharzen (PF) hergestellt.

15.1.9 Montageklebstoffe

Diese Gruppe ist im Gegensatz zu den bisher abgehandelten Klebstoffen mit ihren spaltüberbrückenden Eigenschaften von bis zu 10 mm (physikalisch abbindend) und bis zu 20 mm (chemisch abbindend) auch für raue und unebene Fügeflächen/Untergründe einsetzbar. Gleichzeitig sind Dilatationen unterschiedlicher Materialien bei Kombinationsklebungen mit den flexiblen Klebstoffen kompensierbar. Das Aushärten erfolgt sowohl physikalisch, wasserbasierend als Dispersion oder lösemittelhaltig (DIN EN 923-2008) als auch chemisch reaktiv durch die Vernetzung von Polymeren, Vernetzung durch relative Luftfeuchtigkeit bei Hybridpolymeren oder aber durch zwei Komponenten. Auch hier ist für eine erfolgreiche Verklebung insbesondere die Eignung hinsichtlich saugender oder nichtsaugender Materialien zu berücksichtigen.
(Handelsnamen z.B.: Pattex PA 500, – PL 600, – PA 700, Ceresit Elch Pro F 120)

15.2 Dichtstoffe

Normen

DIN 4060	(02.98)	Rohrverbindungen von Abwasserkanälen und -leitungen mit Elastomerdichtungen – Anforderungen und Prüfungen an Rohrverbindungen, die Elastomerdichtungen enthalten
DIN 7865	(02.15)	Elastomer-Fugenbänder zur Abdichtung von Fugen in Beton – Teil 1: Formen und Maße
DIN EN ISO 11 600	(11.11)	Hochbau – Fugendichtstoffe – Einteilung und Anforderungen von Dichtungsmassen (ISO 11 600:2002 + AMD 1:2011); Deutsche Fassung EN ISO 11 600:2003 + A1:2011
DIN 13 880-1 bis -10		Heiß verarbeitbare Fugenmassen. Ausgabedaten 2003
DIN 14 188-1 bis -4		Fugeneinlagen und Fugenmassen. Ausgabedaten seit 2004
DIN EN ISO 11 431	(01.03)	Hochbau – Fugendichtstoffe – Bestimmung des Haft- und Dehnverhaltens von Dichtstoffen nach Einwirkung von Wärme, Wasser und künstlichem Licht durch Glas (ISO 11 431:2002); Deutsche Fassung EN ISO 11 431:2002
DIN EN ISO 7389	(04.04)	Hochbau – Fugendichtstoffe – Bestimmung des Rückstellvermögens von Dichtungsmassen (ISO 7389:2002); Deutsche Fassung EN ISO 7389:2003
DIN EN ISO 7390	(04.04)	Hochbau – Fugendichtstoffe – Bestimmung des Standvermögens von Dichtungsmassen (ISO 7390:2002); Deutsche Fassung EN ISO 7390:2003

15.2 Dichtstoffe

DIN EN ISO 11 432	(10.05)	Hochbau – Fugendichtstoffe – Bestimmung des Druckwiderstandes (ISO 11 432:2005); Deutsche Fassung EN ISO 11 432:2005
DIN 18 540	(09.14)	Abdichten von Außenwandfugen im Hochbau mit Fugendichtstoffen
DIN 18 541-1	(11.14)	Fugenbänder aus thermoplastischen Kunststoffen zur Abdichtung von Fugen in Ortbeton – Teil 1: Begriffe, Formen, Maße, Kennzeichnung
DIN 18 541-2	(11.14)	Fugenbänder aus thermoplastischen Kunststoffen zur Abdichtung von Fugen in Ortbeton – Teil 2: Anforderungen an die Werkstoffe, Prüfung und Überwachung
DIN 18 195-1 bis -10		Bauwerksabdichtungen Ausgabedaten ab 2009
DIN 18 197	(04.11)	Abdichten von Fugen in Beton mit Fugenbändern
DIN 18 545	(07.15)	Abdichten von Verglasungen mit Dichtstoffen – Anforderungen an Glasfalze und Verglasungssysteme
DIN EN 28 394	(05.91)	Hochbau; Fugendichtstoffe; Bestimmung der Verarbeitbarkeit von Einkomponentendichtstoffen (ISO 8394:1988); Deutsche Fassung EN 28 394:1990 (zurückgezogen)
DIN EN 29 048	(05.91)	Hochbau; Fugendichtstoffe; Bestimmung der Verarbeitbarkeit von Dichtstoffen mit genormtem Gerät (ISO 9048:1987); Deutsche Fassung EN 29 048:1990 (zurückgezogen)
DIN EN ISO 8339	(09.05)	Hochbau – Fugendichtstoffe – Bestimmung des Zugverhaltens (Dehnung bis zum Bruch) (ISO 8339:2005); Deutsche Fassung EN ISO 8339:2005
DIN EN ISO 8340	(09.05)	Hochbau – Fugendichtstoffe – Bestimmung des Zugverhaltens unter Vorspannung (ISO 8340:2005); Deutsche Fassung EN ISO 8340:2005
DIN EN ISO 9047	(02.16)	Hochbau – Fugendichtstoffe – Bestimmung des Haft- und Dehnverhaltens von Dichtstoffen bei unterschiedlichen Temperaturen (ISO 9047:2001 + Cor. 1:2009); Deutsche Fassung EN ISO 9047:2003 + AC:2009
DIN EN ISO 10 563	(10.05)	Hochbau – Fugendichtstoffe – Bestimmung der Änderung von Masse und Volumen (ISO 10 563:2005); Deutsche Fassung EN ISO 10 563:2005
DIN EN ISO 10 590	(10.05)	Hochbau – Fugendichtstoffe – Bestimmung des Zugverhaltens unter Vorspannung nach dem Tauchen in Wasser (ISO 10 590:2005); Deutsche Fassung EN ISO 10 590:2005
DIN EN ISO 10 591	(10.05)	Hochbau – Fugendichtstoffe – Bestimmung des Haft- und Dehnverhaltens nach dem Tauchen in Wasser (ISO 10 591:2005); Deutsche Fassung EN ISO 10 591:2005
DIN EN ISO 11 432	(10.05)	Hochbau – Fugendichtstoffe – Bestimmung des Druckwiderstandes (ISO 11 432:2005); Deutsche Fassung EN ISO 11 432:2005
LAU AnlFugendichtstZulGrds	(05.01)	Zulassungsgrundsätze Fugenabdichtungssysteme
DIN 18 545-2	(12.08)	Abdichten von Verglasungen mit Dichtstoffen – Teil 2: Dichtstoffe, Bezeichnung, Anforderungen, Prüfung (zurückgezogen)
DIN 18 545-3	(02.92)	Abdichten von Verglasungen mit Dichtstoffen; Verglasungssysteme (zurückgezogen)
DIN EN 26 927	(05.91)	Hochbau; Fugendichtstoffe; Begriffe (ISO 6927:1981); Deutsche Fassung EN 26 927:1990 (zurückgezogen)
DIN 53 452-2	(09.77)	Prüfung von Materialien für Fugen- und Glasabdichtungen im Hochbau; Bindemittelabwanderung, Filterpapiermethode
DIN 52 455-1	(08.15)	Prüfung von Dichtstoffen für das Bauwesen – Haft- und Dehnversuch – Teil 1: Beanspruchung durch Normalklima, Wasser oder höhere Temperaturen
DIN 52 455-3	(08.98)	Prüfung von Dichtstoffen für das Bauwesen – Haft- und Dehnversuch – Teil 3: Einwirkung von Licht durch Glas (zurückgezogen)

15 Klebstoffe, Dichtstoffe, Kitte, Spachtelmassen

DIN 52 460	(12.15)	Fugen- und Glasabdichtungen – Begriffe
DIN EN 1279-1 bis -6	seit 2002	Glas im Bauwesen
ETAG 002	(12.98)	Geklebte Glaskonstruktionen

15.2.1 Begriffe und Einführung *(s.a. Abschnitt 15.1)*

Ein Dichtstoff ist ein Stoff, der als spritzbare Masse in eine Fuge eingebracht wird und sie abdichtet, indem er an geeigneten Flächen in der Fuge haftet. Die Dichtstoffe sind von früher her auch als Fugendichtungsmassen oder Fugenmassen bekannt. Nach DIN EN ISO 11 600 und DIN EN 26 927 werden sie heute Dichtstoffe genannt und dabei in elastische und plastische Dichtstoffe unterschieden, worunter weitergehend auch konfektionierte Fugenbänder fallen.

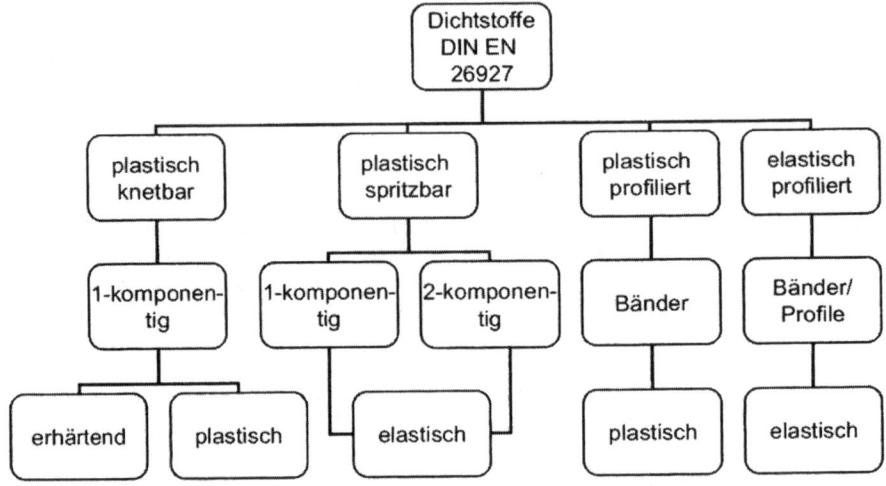

Abb. 15.4   Einordnung nach DIN EN 26 927

Elastischer Dichtstoff ist ein Dichtstoff, der nach der Verarbeitung vorwiegend elastische Eigenschaften aufweist, d.h., die durch Fugenbewegungen verursachten Spannungen im Dichtstoff sind annähernd proportional der Beanspruchung.

Plastischer Dichtstoff ist ein Dichtstoff, der nach der Verarbeitung vorwiegend plastische Eigenschaften behält, d.h., die durch Fugenbewegungen im Dichtstoff verursachten Spannungen werden sehr schnell abgebaut (Abb. 15.5).

Bei der **Beurteilung von Dichtstoffen** ist das Rückstellvermögen von Interesse. Es ist die Eigenschaft eines Dichtstoffs, die ursprüngliche Form und die ursprünglichen Maße ganz oder teilweise wieder anzunehmen, nachdem die Kräfte aufgehoben wurden, welche die Verformung verursacht haben. Daneben gibt es Anforderungen an die Verarbeitbarkeit, an das Standvermögen, die Dauerhaftigkeit bzw. die Zeit der Funktionsfähigkeit, an das Haft- und Dehnverhalten, die Verfärbung angrenzender Baustoffe, das Brandverhalten und die Überstreichbarkeit. Die Dehnfähigkeit der Dichtstoffe nimmt mit fallender Temperatur und mit steigendem Alter (Alterung) ab. Plastische Dichtstoffe besitzen kein Rückstellvermögen. Elastische Dichtstoffe sind gummi-elastisch mit Rückstellvermögen, wobei die Gummi-Elastizität durch hohe Verformbarkeit (große Bruchdehnung und kleinen E-Modul) gekennzeichnet ist.

15.2 Dichtstoffe

Früher wurden noch **Übergangsformen** unterschieden: plasto-elastische Dichtstoffe, die überwiegend plastisch und etwas elastisch sind, sowie elasto-plastische Dichtstoffe mit überwiegend gummi-elastischen Eigenschaften bei geringen, bleibenden Verformungsanteilen. Für das Abdichten von Verglasungen werden Dichtstoffe nach DIN 18 545-2 in fünf Dichtstoffgruppen eingeteilt, mit von Gruppe A bis E zunehmenden Anforderungen an das Rückstellvermögen sowie an das Haft- und Dehnverhalten. Die Dichtmittel aus Elastomeren für Rohrverbindungen von Abwasserkanälen werden eingeteilt in Dichtmittel mit dichter Struktur für vier Härteklassen und mit zelliger Struktur. Kalt verarbeitbare plastische Dichtstoffe für Abwasserkanäle enthalten als Bindemittel Bitumen, Steinkohlenteerpech, Kunststoff oder Mischungen daraus. Sie werden als Bänder oder knetbare Kitte verwendet (siehe Abschnitt 15.3).

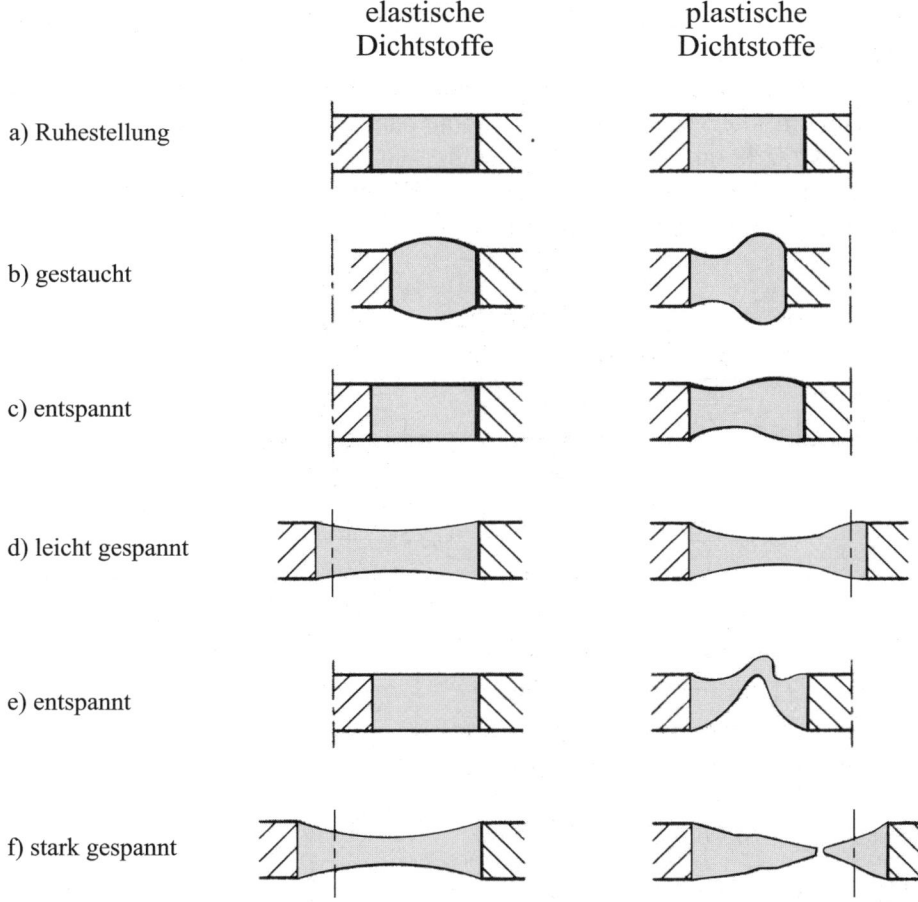

Abb. 15.5 Verhalten der Dichtstoffe bei Verformung (Ruhestellung = Einbausituation/Nulllage)

Für das Abdichten von Außenwandfugen im Hochbau mit Dichtstoffen gilt DIN 18 540. Die Fugenflanken müssen vor dem Einbringen des Fugendichtstoffes aus der Spritzpistole gesäubert, gegebenenfalls aufgeraut, entstaubt, mit Lösemittel entfettet und in der Regel zur Haftverbesserung mit einem Voranstrich (Primer) versehen werden.

15 Klebstoffe, Dichtstoffe, Kitte, Spachtelmassen

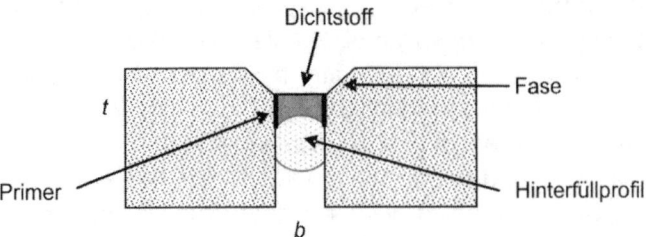

Abb. 15.6 Fugenausbildung, hier Hinterfüllprofil, sowohl durch rückseitige Begrenzung (Anfließen und Verdichten des Dichtstoffes fehlerfrei möglich) als auch durch trennende Oberfläche Zweiflankenhaftung gewährleistet

Die Berücksichtigung der Verformung des eingebrachten Dichtstoffes auch unter langfristigen Aspekten erfordert die Zuordnung zur ZGV, der zulässigen Gesamtverformung. Ausgang ist die Einbausituation (Abb. 15.5). Ein Dichtstoff, der +25 % oder –25 % verformt wird, ist der Klasse 25 % zuzuordnen, Gleiches gilt für einen Dichtstoff, der sowohl um –12,5 % gestaucht als auch um +12,5 % gedehnt wird. Somit handelt es sich bei den ZGV-Klassen 25 %, 20 % und 12,5 % um elastische Dichtstoffe, die bei weiterer Unterteilung in LM (niedermodulig) und HM (hochmodulig) unterschieden werden. Plastische Dichtstoffe sind den beiden Klassen 12,5 P und 7,5 P zugeordnet (Abb. 15.7).

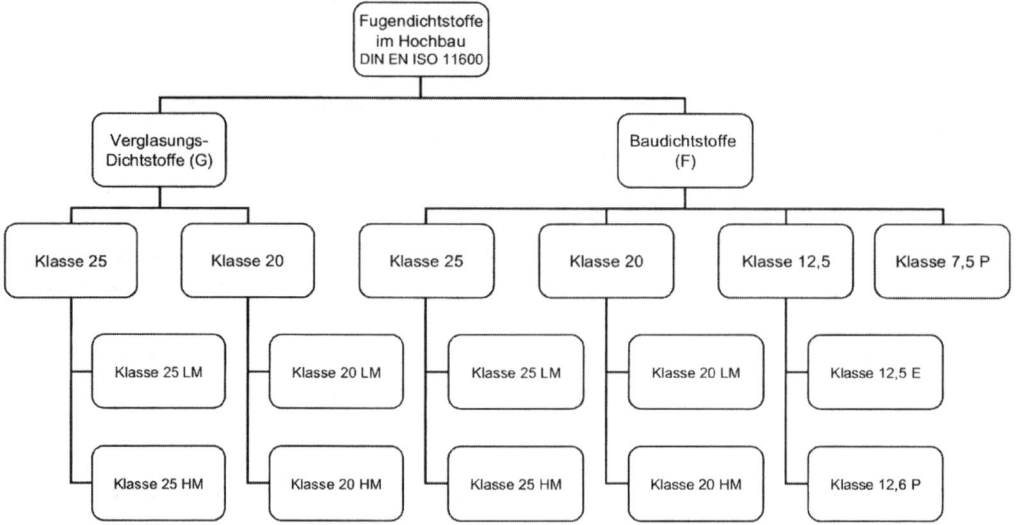

Abb. 15.7 Einteilung der Fugendichtstoffe [15.21]

Eine weitere Einteilung erfolgt im Wesentlichen von den Herstellern durch die Einordnung zu der verwendeten Basischemie (Abb. 15.8) bzw. den in der Rezeptur verwendeten Hauptrohstoff. Das Abbindeverhalten entspricht sinngemäß dem der Klebstoffe (Tafel 15.1).

15.2 Dichtstoffe

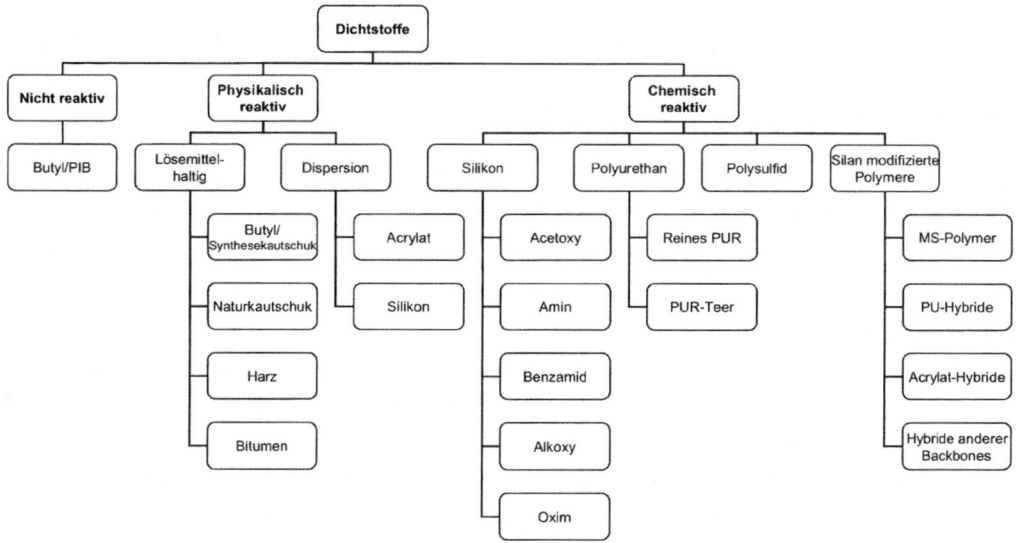

Abb. 15.8 Basischemie der Dichtstoffe [15.21]

Fugen sind konstruktiv überall dort zu planen, wo sich einzelne Baukörper oder Bauteile zwängungs- und zerstörungsfrei neben- und gegeneinander bewegen sollen. Dies gilt für bewitterte Fugen im Außenbereich bzw. im erdüberdeckten Bereich wie auch im Innenbereich, sowohl für die Primärkonstruktion als auch in den folgenden Sekundär- und Tertiärkonstruktionen des Innenausbaus. Die Entscheidung sowohl der Konstruktion der Fuge als auch der Entscheidung für die anzuwendende Produktgruppe erfordert auch hier wie bei den Klebstoffen die Definition des spezifischen Anforderungsprofiles.

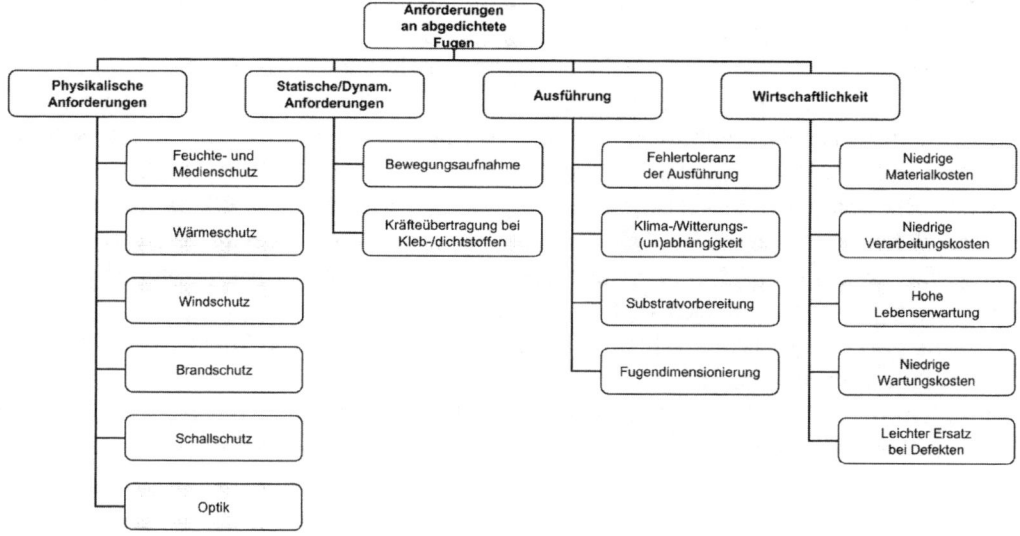

Abb. 15.9 Anforderungsprofil von Fugen [15.21]

15 Klebstoffe, Dichtstoffe, Kitte, Spachtelmassen

Versiegelungsstoffe sind im Glaserhandwerk elastisch bleibende, an Glas und Rahmen ausreichend haftende Dichtstoffe. Eine Versiegelung erfolgt bei einer Glasabdichtung auf eine bereits durchgeführte Abdichtung. Die Versiegelung kann dabei auch Teil einer Glasabdichtung sein, wenn sie den Glasfalz über einem Bandprofil abdichtet.

Die **Dichtstoffe** gibt es als Ein- oder Zweikomponenten-Dichtstoffe. Dabei haben Silicon-Dichtstoffe den größten Marktanteil. Es folgen Dichtstoffe auf Basis von Polysulfid (SR), Acryl, Polyurethan (PUR), Butyl (IIR), Polyisobutylen (PIB) und einige andere. Ein hoher Prozentsatz wird im Glasbau und für Baufugen verwendet. Bitumenhaltige Dichtstoffe siehe Abschnitt 10.7.5.

15.2.2 Silicon-Dichtstoffe

Silicon-Dichtstoffe sind kaltvernetzende pastenförmige Vorprodukte von Siliconkautschuk, die es als Zweikomponenten-Dichtstoffe mit speziellen Vernetzern, aber überwiegend als Einkomponentendichtstoffe gibt; sie vernetzen durch Lufteinfluss, indem eine in der Paste enthaltene, vernetzend wirkende Komponente beim Kontakt mit Luftfeuchtigkeit aktiviert wird. Die Paste ist in der Kartusche bei Luftabschluss etwa ein Jahr lagerfähig. Je nach Vernetzungscharakter lassen sich drei Hauptgruppen unterscheiden, nämlich das alkalisch reagierende *Amin-System,* das sauer reagierende *Acetat-System* und neutral reagierende Systeme, z.B. *Benzamid.*

Beim **Amin-System** erfolgt die Vernetzung bei 20 °C und 60 % relative Luftfeuchtigkeit in der Regel innerhalb von acht Tagen. Diese Dichtstoffe sind weich einstellbar und mit nahezu 100%igen elastischen Anteilen für Dehnungsfugen mit 25 % Fugenbewegung geeignet. Sie können auch auf Metallen, galvanisierten Oberflächen und alkalisch reagierenden Untergründen eingesetzt werden. Ihre Chemikalienbeständigkeit ist hoch. Sie werden transparent oder in verschiedenen Farben geliefert.

Beim **Acetat-System** bildet sich zunächst eine feste Oberflächenhaut, bei manchen Typen bereits nach einer Minute (bei 60 % relative Luftfeuchtigkeit). Die volle Vernetzung dauert z.B. bei 10 mm Dicke etwa vier Tage.

Diese Dichtstoffe sind wegen ihrer hervorragenden Hafteigenschaften auf Glas, Emaille, Keramik und Aluminium und ihrer möglichen fungiziden (pilzwidrigen) Einstellung besonders zur Abdichtung im Glaserhandwerk, Fenster- und Sanitärbau geeignet. Die Acetat-Systeme sind transparent oder transluzent lieferbar.

Silicon-Dichtstoffe auf Basis des neutral reagierenden Systems, z.B. **Benzamid,** zeichnen sich durch besonders hohe Dehnfähigkeit aus, benötigen aber etwas längere Vernetzungszeiten. Sie besitzen ausreichende Hafteigenschaften auf nahezu allen Untergründen bei hoher chemischer und physikalischer Belastbarkeit.

Anstriche haften auf Silicon-Dichtstoffen nicht. Hohlkehlen sind wie bei allen Dichtstoffen für das Dehnverhalten günstig.

Handelsnamen: Durasil (Ara), Ceresit SKM, FD-plast S (Compakta), Bostik 3052, Disboflex 204 (Disbon), Heinoxan (Durol) u.a.

15.14

Tafel 15.3 Fugendichtstoffe

Werkstoff	Dehnverhalten Härte	Anwendungshinweise
Bitumenhaltige Fugenvergussmassen (siehe Abschnitt 10.7.5)	plastisch	Heißvergussmassen für starre Fugen im Straßen- und Tiefbau
Mit Elastomeren vergütete bitumenhaltige Fugenvergussmassen	plastisch	Heißvergussmassen für starre Fugen im Straßen- und Tiefbau
Ölkitte	plastisch verhärtend	Für Glas- bzw. Fensterabdichtungen
Öl-Kautschuk-Kitte	plasto-elastisch	Für Glas- bzw. Fensterabdichtungen
Acryl-Dichtstoffe	plastisch bis plasto-elastisch, weich	Für starre Fugen mit geringer Dehnung
Acrylgummipasten	plasto-elastisch bis elasto-plastisch mittelweich bis stramm	Für Abdichtungen im Hochbau
Butylkautschuk	plasto-elastisch bis elasto-plastisch	Für Abdichtungen im Hochbau mit geringer Dehnung
Polyisobutylenmastix	plasto-elastisch bis elasto-plastisch	Für Abdichtungen im Hochbau mit geringer Dehnung
Polyurethan-Dichtstoffe	elastisch weich bis mittelhart stramm	Ein- und Zweikomponenten-Fugendichtstoffe für Abdichtungen mit größeren Dehnungen im Hoch- und Tiefbau
Polysulfid-Dichtstoffe (z.B. Thiokol)	elastisch mittelhart bis weich	Ein- und Zweikomponenten-Fugendichtstoffe für Abdichtungen mit größeren Dehnungen im Hoch- und Tiefbau
Silikonkautschuk-Dichtstoffe	elastisch bis elasto-plastisch weich bis sehr weich	Einkomponenten-Fugendichtstoffe für Abdichtungen mit größeren Dehnungen im Hochbau, auch im Tiefbau, Anschlussfugen im Sanitärbereich, Versiegelungen bei Verglasungen

15.2.3 Polysulfid-Dichtstoffe

Für Baufugen werden meistens Zweikomponenten-Dichtstoffe und im Glas- und Fensterbau Einkomponenten-Dichtstoffe eingesetzt. Die beiden Komponenten sind nach dem Vermischen während der Topfzeit von meist 1 bis 2 Stunden verarbeitbar und härten in 24 bis 30 Stunden durch. Die Einkomponenten-Dichtstoffe härten durch Aufnahme von Luftfeuchtigkeit. Die Härtungsreaktion dauert länger; das ist jedoch bei den schmalen Fugen im Fensterbau kaum nachteilig.

Die Polysulfid-Dichtstoffe gibt es mit guter Widerstandsfähigkeit gegen mechanische Beanspruchung bei Chemikalienbeständigkeit. Die *Shore*-Härte *A* liegt zwischen 15 und 50, die Dichte bei 1,5 bis 1,7 g/cm^3 und die praktische Dehnfähigkeit bei 15 bis 25 %. Die Lebensdauer ist bei den Polysulfiden größer als bei den Siliconfugendichtstoffen.

15 Klebstoffe, Dichtstoffe, Kitte, Spachtelmassen

Handelsnamen für Polysulfid-Kautschuk-(SR-)Fugendichtstoffe:
Köster Fugenspachtel-FS-V, Bornit u.a.

15.2.4 Acryl-Dichtstoffe *(siehe Abschnitt 14.6.2.7)*

Die Acryl-Dichtstoffe sind plastisch bleibende, modifizierte Polyacrylsäureester, die Zusätze von Füllstoffen, Viskositätskorrigentien, Weichmacher, Haftmittel usw. enthalten und als Einkomponenten-Dichtstoffe verarbeitet werden. Es gibt lösemittelhaltige Sorten und plasto-elastische Dispersionstypen mit höherem Molekulargewicht und höheren elastischen Anteilen. Sie härten im Wesentlichen physikalisch durch Trocknung aus und geben dabei Lösemittel, Wasser oder Monomere ab. Bei manchen Produkten ist damit eine gewisse Nachvernetzung verbunden. Der Trocknungsschwund beträgt 10 bis 20 %. Sie sind alterungs- und witterungsbeständig. Sie können nur begrenzt Bewegungen aufnehmen, aber sie haften gut, auch ohne Voranstrich, und ein Überstreichen ist möglich. Problematisch kann sich bei den Dispersionsdichtstoffen Regeneinfluss auswirken, bevor Hautbildung eingetreten ist (bis zu 10 Stunden). Der Dispersionstyp wird vorwiegend verwendet für Fugen und Risse ohne nennenswerte Bewegung und für Anschlussfugen im Innenbereich.
Handelsnamen: Alseccoflex (Alseco, Wildeck), Aracryl (Ara), Bayosan-Fugendicht (Bayosan, Nürnberg), Bostik, Disbofug u.a.

15.2.5 Polyurethan-Dichtstoffe *(siehe Abschnitt 14.7.5)*

Es gibt Zweikomponenten-Dichtstoffe (2 K), bei denen Isocyanate und Polyole nach Vermischung miteinander reagieren (bei 20 °C etwa 6 Std., bei 5 °C 2 bis 3 Tage nach 1 Std. Topfzeit), und Einkomponenten-Dichtstoffe (1 K), die durch Aufnahme von Luftfeuchtigkeit aushärten (1 Tag 2 mm, 1 Woche 3 mm nach 5 Std. Topfzeit). Sie enthalten je nach Typ Zusätze von Füllstoffen, Weichmachern, Pigmenten usw. Das Rückstellvermögen liegt bei PUR 1 K zwischen 90 und 100 % sowie bei PUR 2 K bei fast 100 %. Die Dichte liegt bei 1,35 bis 1,45 g/cm^3, die *Shore*-Härte *A* zwischen 20 und 35 und die praktische Dehnfähigkeit bei 15 % (PUR 1 K) und 25 % (PUR 2 K). Die Volumenänderung beträgt etwa þ 1 % bei 2 K und – 3 % bei 1 K. Vorteilhaft sind hohe Ölresistenz und Abriebfestigkeit. Nachteilig sind die sehr starke Oberflächenverwitterung durch UV-Strahlen und die starke Verschlechterung der Haftfestigkeit durch Wasser in Verbindung mit Lufteinwirkung, was durch Primer verbessert werden kann. Die Anwendung beschränkt sich bei insgesamt geringem Marktanteil auf Bodenfugen, Dehnungs- und Anschlussfugen. Dichtstoffe auf der Basis von Polyurethan-Teer zeichnen sich dagegen durch gute Haftung an Betonfugenflanken, Druckwasserstabilität und Resistenz gegen chemische Beanspruchungen aus.
Handelsnamen: Sikaflex (Sika), Bostik, Ceresit-PU, Compaktal PU u.a.

15.2.6 Butylkautschuk- und Polyisobutylen-Dichtstoffe
(IIR siehe Abschnitt 14.10.1 und PIB siehe Abschnitt 14.6.1.4.)

Die Dichtstoffe werden aus IIR und PIB allein oder im Gemisch mit Weichmachern, Haftverbesserern, Füllstoffen, Pigmenten usw., gegebenenfalls auch Lösemitteln, zusammengesetzt und bevorzugt zur Abdichtung von Anschlussfugen verwendet.
Handelsnamen:
IIR: Butyl 37, Bostik u.a.
PIB: Bostik, Heinoxan, Helmiplast (Helmitin) u.a.

15.3 Kitte

Normen

NF P85-550	(12-01.98)	Materialien für Fugen. Dichtungen und Nebenprodukte für Spiegel und Glaserzeugnisse. Kitte in vorgeformten Bändern. Spezifikationen
NF P85-551	(12-01.98)	Materialien für Fugen. Dichtungen und Nebenprodukte für Spiegel und Glaserzeugnisse. Kitte in vorgeformten Bändern. Bestimmung der Eigenschaften unter Druckbeanspruchung
NF P85-552	(12-01.98)	Materialien für Fugen. Dichtungen und Nebenprodukte für Spiegel und Glaserzeugnisse. Kitte in vorgeformten Bändern. Bestimmung des Haftvermögens und der Bindekraft unter Zugbeanspruchung.
NF P85-553	(12-01.98)	Materialien für Fugen. Dichtungen und Nebenprodukte für Spiegel und Glaserzeugnisse. Kitte in vorgeformten Bändern. Berechnung der rheologischen Beständigkeit.
NF P85-554	(12-01.98)	Materialien für Fugen. Dichtungen und Nebenprodukte für Spiegel und Glaserzeugnisse. Kitte in vorgeformten Bändern. Bestimmung der Stabilität bei hohen Temperaturen.

15.3.1 Begriff und Einführung

Kitte sind plastische Gemische aus trocknenden Ölen, Bitumen oder Kunststoffen und Füllstoffen, die nach einiger Zeit meist zu festen, mehr oder weniger elastischen Massen erhärten oder eine gewisse Plastizität beibehalten. Eine spezielle Definition gilt im Tiefbau: Kitte sind knetbare Dichtstoffe für Abwasserkanäle, die kalt verarbeitbar sind und dauernd plastisch bleiben. Im Glaserhandwerk werden Kitte nur noch für einfache Verglasungen ohne Bewegungen im Kittbett verwendet.

Klebekitte sind plastische Klebstoffe aus hochgefüllten zähflüssigen Lösungen.

Die Kitte besitzen gutes Haftvermögen. Sie sind zunächst plastisch und gehen je nach Zusammensetzung allmählich in einen festen, hart-elastischen oder bei Kautschukkitt in einen gummi-elastischen Zustand über.

15.3.2 Leinölkitte

Sie erhärten durch Linoxidbildung und Verharzung (siehe Abschnitt 11.5.8).

a) Glaserkitt besteht aus 15 Masse-% Leinöl und Leinölfirnis und 85 Masse-% Schlämmkreide. Er wird für Glas und Holz verwendet; das Holz soll vorgeölt werden.

Ein Wiederaufweichen ist mit Kalilauge und Schmierseife möglich. – Für Glasdächer, Oberlichte und Fenster mit eisernem Rahmen oder Sprossen werden noch 2 Masse-% Mennige als Rostschutzmittel zugesetzt.

Für die Verkittung von Verbundgläsern dürfen nur Verbundglaskitte verwendet werden, die keine schädliche Wirkung auf die Kunststoff-Zwischenschicht (meist Polyvinylbutyral PVB) haben.

b) Mennigekitt besteht aus Bleimennige Pb_3O_4 und Leinöl oder Leinölfirnis. Er wird sehr hart und ist für Verkittung von Metall auf Glas oder Metall verwendbar, z.B. für das Einkitten von Wasch- und Abortbecken, Dichten von hanfumwickelten Gewinden von Gas- und Wasserrohren.

c) Mangankitt wird aus Mangan und Leinöl zusammengesetzt. Verwendung findet er als schwarzer Glasereinsatzkitt (Handelsname z.B. Teroson-Plastic) oder für Dichtungen von Gas-, Wasser- und Heizungsleitungen (Handelsname z.B. Fermit-Spezial).

15.3.3 Glycerinkitt

Er setzt sich zusammen aus einem Masseteil Glycerin und zehn Masseteilen Bleiglätte PbO und etwas Wasser. Verwendung findet er für Kittverbindungen von Glas, Stein und Stahl, z.B. zum Kitten von Marmorplatten, Einsetzen von Stahlgittern und Geländern. Er ist unempfindlich gegen Säuren, Benzin und Öl, temperaturbeständig bis 250 °C.

15.3.4 Wasserglaskitt

Glas und Steingut können mit reinem Wasserglas gekittet werden. Die Verbindung ist jedoch nicht wasserbeständig. Als Steinkitt dient eine Mischung von Wasserglas mit Schlämmkreide, Ziegelmehl, Zement (Zementkitt) oder Kieselgur. Ein säurebeständiger Steinkitt wird aus Wasserglas und gebrannter Magnesia erhalten (Handelsname: z.B. Keralith).
Als Metallkitt dient ein Gemisch aus Wasserglas, Kreide und Zinkstaub. Als Pflasterfugenkitt wird Wasserglas mit feinem Quarzsand oder Klinkermehl vermischt.
Diese Kitte sind schnellhärtend und wasserfest. – Die Verkittungsflächen sind mit Wasserglas vorzustreichen.

15.3.5 Eiweißkitt

Er wird mit Kasein und Kalkhydratpulver als Bindemittel mit Zusatz von Hartholzmehl als „Knetholz" zum Ausbessern von Holzrissen und Holzlöchern verwendet. Als Steinkitt wird ein Gemisch aus Kaseinkalkleim, Schlämmkreide und Zinkweiß verwendet.

15.3.6 Leimkitt

Leimkitt besteht aus Leder- oder Knochenleim mit Sägemehl und Schlämmkreide im Mischungsverhältnis 1 : 1 : 1 Masseteilen und dient zum Ausbessern von Holz.

15.3.7 Sulfitablaugekitt

Aus der beim Sulfitaufschluss von Holz anfallenden Ablauge, die ligninsulfosaures Kalzium enthält, wird neben Leim (siehe Abschnitt 15.1.2) auch ein Sulfitablaugekitt für die Linoleumverlegung hergestellt.

15.3.8 Phenoplastkitt

Er besteht aus Aldehyd-Kondensationsprodukten und Füllstoffen und wird als säurefester Kitt verwendet.

15.3.9 Kautschukkitt

Er stellt ein Gemisch dar aus Naturkautschuk oder synthetischem Kautschuk mit Bitumen und/oder trocknenden Ölen, Harzen mit oder auch ohne Füllstoff. Er besitzt durch das Bitumen thermoplastische und durch den Kautschuk gummi-elastische Komponenten.

15.3.10 Bitumenkitt

Es handelt sich um zähviskose Lösungen von Bitumen ohne oder mit Füllstoff. Sie werden im Gegensatz zu bitumenhaltigen Fugenvergussmassen (siehe Abschnitt 10.7.5) kalt verarbeitet und für Rohr-, Muffen-, Dach-, Bauwerks- und Pflasterfugen verwendet.
Handelsnamen: Böck, Hermadix, Prodorit, Kawo, Stoko u.a.

15.3.11 Rostkitt, Eisenkitt

Es handelt sich um ein Gemisch aus Eisenpulver mit Schwefel und Reagenzien wie Ammoniumchlorid. Der Kitt härtet mit Wasser oder verdünnten Säuren aus und wird für starre Gussrohrmuffenverbindungen oder das Vergießen von Gusseisenlöchern verwendet.

15.4 Spachtelmassen

DIN 18 363 (09.12) VOB Vergabe- und Vertragsordnung für Bauleistungen – Teil C – Allgemeine Technische Vertragsbedingungen für Bauleistungen (ATV) – Maler- und Lackierarbeiten – Beschichtungen

15.4.1 Begriff und Einführung

Spachtelmassen (Ausgleichsmassen) oder Spachtelkitte, kurz auch Spachtel genannt, sind zähplastische, oft gefüllte und/oder pigmentierte Beschichtungsstoffe zum Ausgleichen von Unebenheiten des Untergrunds für Beschichtungen und zum Füllen von Rissen, Löchern, Lunkern und sonstigen Beschädigungen des Untergrunds. Der Name geht auf das Auftragen mit einem Spachtel bzw. Spachtelmesser zurück; es gibt aber auch spritzbar eingestellte Spachtelmassen. Je nach Anwendung spricht man auch von Ausgleichs-, Füll- und Nivelliermassen. Als Bindemittel werden für Spachtelmassen verwendet: Alkydharze, Epoxid- oder Polyesterharze, Polyurethan, Kunststoffdispersionen, trocknende Öle, Leim, Bitumen, Gips und Zement. Die Spachtelmassen enthalten außerdem Füllstoffe, wie Kreide, Schiefermehl, Feinstsande, und gegebenenfalls auch Pigmente.
Die **Bezeichnung** der Spachtelmassen kann nach dem Untergrund erfolgen, für den eine Spachtelmasse geeignet ist: Metallspachtel, Holzspachtel, Unterbodenspachtel, oder nach stofflichen Gesichtspunkten.

15.4.2 Spachtelputz, Kunstharzputz

Spachtelputz oder Kunstharzputz ist eine Dünnputzbeschichtung aus Spachtelkitten, die sich aus Kunstharzdispersionen (Binder) mit Füllstoffen, wie Pigmenten, Feinstsand oder gröberem Sand (z.B. mit Waschputzeffekt), zusammensetzen. Der Dispersionsgehalt liegt im Allgemeinen bei etwa 25 % entsprechend einer Pigmentvolumenkonzentration (PVK) von etwa 75 %. Beim Streichputz liegt der Verbrauch etwa bei 1.000 g/m^2 für etwa 2 mm Schichtdicke. Dickere Beschichtungen mit gröberem Sand oder Splittbestandteilen werden mit etwa 4.000 bis 7.000 g/m^2 ausgeführt.

15.4.3 Spachtelmakulatur

Sie besteht aus Füll- und Faserstoffen mit einem Bindemittel in Form eines Leims (z.B. Methylcellulose) oder einer Kunststoffdispersion (z.B. PVAC). Sie dient zur Glättung oder gestupft zur Belebung von Beschichtungsflächen oder als Grundierung für eine nachfolgende Tapezierung.
Handelsnamen: Moltofill, Dufix u.a.

15.4.4 Arten von Spachtelmassen

Leimspachtel aus gefüllten Leimen auf Eiweiß- oder Kohlehydratbasis.
Nitrocellulosespachtel auf CN-Basis.

15 Klebstoffe, Dichtstoffe, Kitte, Spachtelmassen

Emulsions- und Dispersionsspachtel aus PVAC (Handelsname Mowilith u.a.), Copolymeren des VAC, Methacrylat-Co- und Terpolymeren (Handelsname z.B. Acronal) oder ähnlichen Plastomeren und Füllstoffen, eventuell kombiniert mit hydraulischen Bindemitteln, welche die Klebkraft und Härte im Endzustand erhöhen.

Ölspachtel aus trockenen Ölen, wie Leinölfirnis u.a. (siehe Abschnitt 11.5.8) und Füllstoffen (trocknen langsam).

Öllackspachtel aus gefüllten Ölharzgemischen (z.B. ölhaltigen synthetischen Alkydharzen oder natürlichen Kopalharzen).

Kunstharzspachtel aus gefüllten Kunstharzen wie z.B. Alkydharzen, Epoxidharzen oder Polyurethan.

Lackspachtel aus Leinölfirnis oder Kunstharzlacken mit Füllstoffen.

Polyesterspachtel (Kitte) aus ungesättigten Polyestern (UP) in Form von 2-Komponenten-Spachteln mit Füllstoffen und Pigmenten. Er kann auch den Lack- oder Kunstharzspachteln zugerechnet werden und wird als Zieh- oder Spritzspachtel verwendet.

15.4.5 Verwendung von Spachtelmassen

Spachtelmassen sollen gut haften und die Unebenheiten ohne Schrumpfung und Rissbildung ausfüllen. Nur starre Untergründe dürfen mit Spachtel überzogen werden. Je nach Wasserempfindlichkeit des Bindemittels eignen sich die Spachtelmassen für Innen- oder Außenanwendung. So kann man den Leim- und Dispersionsspachtel z.B. für Innenputzflächen, Öl-, Lack- und Polyesterspachtel auf Außenflächen verwenden. Polyesterspachtel können auch in dickeren Schichten aufgetragen werden, ohne Rissbildung befürchten zu müssen. Als Unterbodenspachtelmassen, Ausgleichs-, Füll- und Nivelliermassen haben sich die pulverförmigen Haft- und Planierzement-Mehrzweckspachtelmassen bewährt.

Sie werden nur mit Wasser angerührt und erhärten nach dem Spachteln innerhalb etwa einer Stunde zu einer wasserfesten, fast spannungsfreien Schicht. Die Spachtelmassen sollen dabei nicht zu dünn, sondern pastös bis dickpastös angerührt werden. Zu dünnes Anrühren führt häufig zum Reißen, Abplatzen oder Absanden der Schicht. Auch darf der Masse das Anmachwasser nicht durch übermäßige Wärme, poröse Untergründe oder durch Zugluft zu rasch entzogen werden. Bei sehr saugfähigen und porösen Unterböden, z.B. Anhydrit-, Gips- oder Porenbetonestrichen, ist ein Voranstrich mit 1 : 5 verdünnter Kunstharzemulsion, bei Holz, Magnesiaestrichen und glattem Untergrund, z.B. Terrazzo, Fliesen u.a., ein Voranstrich mit 1 : 1 verdünntem Chloropren-Kautschuk-Kleber empfehlenswert; geölte und gewachste Böden sind zuvor mit Lösemittel abzuwaschen oder abzuschleifen. Zur Vermeidung von Spannungsrissen sollte beim Ausgleich von Löchern, Rissen und großflächigen Unebenheiten über etwa 6 mm Dicke die Spachtelmasse im Verhältnis von 1 : 1 Raumteilen mit trockenem Feinsplitt oder Sand gestreckt werden.

Handelsnamen: z.B. Disbon, Helmitin.

15.5 Gesundheitsrisiken und Recycling

Bei den Reaktionsklebstoffen auf Formaldehydbasis ist wegen der möglicherweise gesundheitsschädigenden Wirkung von nichtgebundenem Formaldehyd die Exposition des Menschen so gering wie möglich zu halten.

Bei Phenolharzverleimungen treten Formaldehydemissionen nicht auf (mögliche Geruchsbelästigungen sind anderer chemischer Natur). Sie werden nur bei Aminoplastverleimungen beobachtet.

Aus Spanplatten, die mit Formaldehydleimen gebunden sind, kann im Einbauzustand Formaldehyd in geringen Restmengen entweichen. Wenn als Kleber Phenolformaldehydharze verwendet werden, kann bei Phenolüberschuss auch Phenol frei werden.

Aus Klebern und Anstrichen kann auch Glutardialdehyd austreten.

Kleber und Harze aus Polyurethan (PUR) bzw. DD-Lacken können eventuell Isocyanat abgeben. Zum Umgang mit Polyester- und Epoxidharzen siehe Abschnitt 14.14.

Bei lösemittelhaltigen Klebern kann man in der Regel davon ausgehen, dass bei geringer Exposition keine gesundheitlichen Gefahren bestehen. Es ist aber zu beachten, dass derartige Klebstoffe gesundheitsschädliche Dämpfe abgeben, die Müdigkeit, Kopfschmerzen und Übelkeit als vorzeitige Vergiftungssymptome hervorrufen können. Daher sollte man nach schwedischen Empfehlungen nicht mehr als 20 Minuten hintereinander mit derartigen lösemittelhaltigen Klebstoffen arbeiten, häufig und kräftig lüften oder für einen ständigen Luftabzug sorgen.

Der Trend geht weg von gesundheitsgefährdenden und umweltbelastenden Lösemittelklebstoffen zu wässrigen Klebern, die zum Dispergieren des Grundstoffs, wenn überhaupt, nur einen geringen Anteil leichtflüchtiger Lösemittel enthalten.

Die hier behandelte Stoffgruppe ist nicht recycelbar. Reste und Altstoffe müssen als Sondermüll entsorgt werden.

15.6 Literatur

[15.1]   Plath, Taschenbuch der Kitte und Klebstoffe, Wissenschaftliche Verlagsgesellschaft, Stuttgart
[15.2]   Industrieverband Klebstoffe e. V. Adhäsion kleben & dichten (Hrsg.), Handbuch Klebtechnik 2006/2007, 1. Aufl., F. Vieweg, 2010
[15.3]   Lüttgen, Die Technologie der Klebstoffe, Schiele Verlag, Berlin
[15.4]   Sponsel, K./Wallenfang, W. O., Lexikon der Anstrichtechnik, Verlag G. D. W. Callwey, München, Bd. 1: 1992; Bd. 2: 1996
[15.5]   ATV-DVWK-M 143–8 Sanierung von Entwässerungssystemen außerhalb von Gebäuden, Teil 8: Injektionsverfahren zur Abdichtung von Abwasserleitungen und -kanälen, 1. Aufl., Deutsche Vereinigung für Wasserwirtschaft, Abwasser und Abfall, 2004
[15.6]   Saechtling, Kunststoff-Taschenbuch, 30. Aufl., Carl Hanser Verlag, München, 2007
[15.7]   Seidler, P., Kunststoffe auf der Baustelle, Expert Verlag, Grafenau (Württ.), 1982
[15.8]   Römpp, Chemie-Lexikon, 9. Aufl., Georg Thieme Verlag, Stuttgart, 1995
[15.9]   Distler, D. (Hrsg.), Wässrige Polymerdispersionen, Wiley-VCH, 1999
[15.10] Skeist, I.: Handbook of Adhesives, 3. Edition, Chapman & Hall, 1996
[15.11] Zentralverband d. Deutschen Dachdeckerhandwerks e. V., Regeln für Dächer mit Abdichtung mit der Neufassung der Flachdachrichtlinien, 1. Aufl., Rudolf Müller Verlag, 2008
[15.12] Ernst, W./Fischer, P./Jauch, M./Liesecke, H. J., Dachabdichtung – Dachbegrünung. Teil III, 1. Aufl., IRB Verlag, 2003
[15.13] Ernst, W./Fischer, P./Jauch, M./Liesecke, H. J., Dachabdichtung – Dachbegrünung. Sonderband „Abdichtung". IRB Verlag, 2009
[15.14] Frank, F., Abdichtung von Fenstern, IRB Verlag, 1994
[15.15] Endlich, W., Kleb- und Dichtstoffe in der modernen Technik, 4. Aufl., Vulkan, 1998
[15.16] Schuller, R./Ingomar, K./Saller, R./Garnich, F./Storz, H./Meyer, H. R.; Hrsg. von Reinhart, G./Milberg, J., Flexible fluide – Kleb-/Dichtstoffe, Herbert Utz, 1997
[15.17] Bundesinnungsverband d. Glaserhandwerks (Hrsg.), Dichtstoffe für Verglasungen und Anschlussfugen, 9. Aufl., Verlagsanstalt Handwerk, 2009

15 Klebstoffe, Dichtstoffe, Kitte, Spachtelmassen

[15.18] Brockmann, W./Geiss, P. L./Klingen, J./Schröder, B., Klebtechnik, 1. Aufl., WILEY-VCH, 2005
[15.19] Strukturelles Kleben und Leimen im Holzleimbau, R. Hinterwaldner, 1988
[15. 20] Pröbster, M., Baudichtstoffe, Vieweg + Teubner, 1. Aufl., 2008
[15. 21] Stotten, T./Majolo, M., Montageklebstoffe in der Praxis, Henkel AG & Co. KGaA, 2010

16 Dämmstoffe

Prof. Dipl.-Ing. Rolf Möhring, Prof. Dr. rer. nat. Thomas Thielmann

16.1 Allgemeines

In Anlehnung an DIN 4108 gelten Baustoffe dann als Dämmstoffe, wenn ihre Wärmeleitfähigkeit λ kleiner als 0,1 W/m · K ist. Diese Stoffeigenschaft beschreibt letztlich das, auch gesellschaftlich gewollte, Ziel des Dämmens von Gebäuden, um neben dem schon länger aus empirischer Erfahrung üblichen Verhindern von Bauschäden durch Feuchten (Wärmebrücken, Kondensat) insbesondere bereits mit der Erstellung und damit einmaligem Aufwand, aber auch als Nachrüstung im Bestand, dauerhaft die jährlich erforderlichen Energien zum temperieren eines Gebäudes möglichst gering zu halten und damit gleichzeitig zur Ressourcenschonung und Umweltverträglichkeit beizutragen. Insoweit soll die einmalige Investition dem sommerlichen und winterlichen Wärmeschutz durch den Einbau von Dämmstoffen für den gesamten Lebenszyklus dienen.

Diese Dauerhaftigkeit verlangt eine besondere Sorgfalt bei der Auswahl des Dämmstoffes sowohl hinsichtlich der Eignung für die erforderlichen spezifischen Einsatzbedingungen als auch möglicher weiterer Aufgaben bei Schall- und Brandschutz.

Dem großen Anteil an lichtundurchlässigen Dämmstoffen stehen auch neuere Entwicklungen opaker und transluzenter Dämmstoffe gegenüber, im Wesentlichen für die außenliegenden Dämmungen von Fassaden (Ausrichtung Süd/Ost bis West), die im Gegensatz zu den energieabschottenden Dämmungen dem solaren Zugewinn dienen, indem Strahlung an das tragende Substrat geführt wird und somit den Gradienten außen/innen verändert. Zu dieser Gruppe gehören Systeme der TWD, z.B. Aerogel und Polycarbonat, meist durch Glas oder Glasputz geschützt (Okalux, Sto), sowie Systeme der SWD als schaltbare Dämmung, die durch Aktivierung von Metallhydridgetter in dem Glasfaserkern der Vakuumdämmung sowohl dämmende als auch wärmeleitende (bei Angebot an Solarstrahlung) Zustände ermöglichen. Energieundurchlässige Elemente der VIP – vakuumgedämmte Isolationspaneele – z.B. mit pyrogener Kieselsäure, sind in der Entwicklung. Weiterhin sind anwendbar Latentwärmespeicher PCM (Phase Change Materials), die durch Kapselung in Innenputze eingearbeitete Stoffe, z.B. Paraffin, mit dem Wechsel der Aggregatzustände flüssig/fest geeignet sind, die Raumtemperaturen ausgleichend zu beeinflussen. In der Entwicklung befinden sich auch nanozelluläre Schäume wie auch bereits umgesetzte Verbesserungen vorhandener Produkte, z.B. Styropor zu Neopor durch Beimischung von Graphit als IR-Absorber mit einhergehender deutlicher Verbesserung des U-Wertes.

Bei zu dämmenden Ebenen, auf die nachträglich nicht oder nur mit sehr erheblichem Aufwand zugegriffen werden kann, also Dämmungen unter Sohlen und im Perimeterbereich, sollte die Materialwahl mit besonderer Sorgfalt erfolgen. Unter ständig ruhender Last (Plattengründung) bzw. stauender Feuchte ist zu entscheiden, ob organische Dämmstoffe diesen Zweck langfristig erfüllen können hinsichtlich Dimensionsstabilität und mikrobiellem Befall. Da Wasser in drei Aggregatzuständen wirksam werden kann, werden Angaben über Wasseraufnahme zu hinterfragen sein, ob dies im Sinne für flüssig oder auch für gasförmig im Einsatzfall gilt. Zellwände können bei Wasserdampfdiffusion durchdrungen werden, bei einer möglichen Unterschreitung des Taupunktes aber der Wasserdampf im Dämmstoff kon-

16 Dämmstoffe

densieren und somit nicht mehr entweichen. Auch innengedämmte Bodenplatten, zumal bei nicht unterkellerten Gebäuden, die isotherme Bedingungen im Übergangsbereich OK Sohle/UK Dämmung bzw. der Dampfsperre aufweisen, sind bei einer zu unterstellenden Unterschreitung des Taupunktes Materialwahl und konstruktive Ausbildung kritisch zu reflektieren. Es gilt grundsätzlich, dass bei wachsenden Dämmstärken (z.B. PH-Standard) eventuelle Fehler zu immer gravierenderen Schadensbildern führen können.

Insoweit gelten qualitative Angaben zu der jeweiligen Stoffart bzw. zu dem Produkt als Mittelwert unter Laborbedingungen; im instationären spezifischen Anwendungsfall können sie bei falscher Wahl zu mangelhaften Ergebnissen führen. Das Kapitel will deshalb Materialkennwerte anbieten, die heute überwiegend zur Anwendung kommen, gleichzeitig aber andeuten, dass eine für den Einsatzfall unreflektierte Beliebigkeit nur auf Basis technischer Kenndaten nicht generell genügt.

16.2 Wärmeschutz

Normen

DIN 4108-2 bis -10	(ab 03)	Wärmeschutz und Energie-Einsparung in GebäudenAusgabedaten ab 2003
DIN EN ISO 6946	(04.08)	Bauteile – Wärmedurchlasswiderstand und Wärmedurchgangskoeffizient – Berechnungsverfahren (ISO 6946:2007); Deutsche Fassung EN ISO 6946:2007
DIN EN ISO 7345	(01.96)	Wärmeschutz – Physikalische Größen und Definitionen (ISO 7345:1987); Deutsche Fassung EN ISO 7345:1995
DIN EN ISO 13 370	(04.08)	Wärmetechnisches Verhalten von Gebäuden – Wärmeübertragung über das Erdreich – Berechnungsverfahren (ISO 13 370:2007); Deutsche Fassung EN ISO 13 370:2007
DIN EN 13 162	(04.15)	Wärmedämmstoffe für Gebäude – Werkmäßig hergestellte Produkte aus Mineralwolle (MW) – Spezifikation; Deutsche Fassung EN 13 162:2012 + A1:2015
DIN EN 13 163	(04.15)	Wärmedämmstoffe für Gebäude – Werkmäßig hergestellte Produkte aus expandiertem Polystyrol (EPS) – Spezifikation; Deutsche Fassung EN 13 163:2012 + A1:2015
DIN EN 13 164	(04.15)	Wärmedämmstoffe für Gebäude – Werkmäßig hergestellte Produkte aus extrudiertem Polystyrolschaum (XPS) – Spezifikation; Deutsche Fassung EN 13 164:2012 + A1:2015
DIN EN 13 165	(04.15)	Wärmedämmstoffe für Gebäude – Werkmäßig hergestellte Produkte aus Polyurethan-Hartschaum (PUR) – Spezifikation; Deutsche Fassung EN 13 165:2012 + A1:2015
DIN EN 13 166	(04.15)	Wärmedämmstoffe für Gebäude – Werkmäßig hergestellte Produkte aus Phenolharzschaum (PF) – Spezifikation; Deutsche Fassung EN 13 166:2012 + A1:2015
DIN EN 13 167	(04.15)	Wärmedämmstoffe für Gebäude – Werkmäßig hergestellte Produkte aus Schaumglas (CG) – Spezifikation; Deutsche Fassung EN 13 167:2012 +A1:2015
DIN EN 13 168	(04.15)	Wärmedämmstoffe für Gebäude – Werkmäßig hergestellte Produkte aus Holzwolle (WW) – Spezifikation; Deutsche Fassung EN 13 168:2012 + A1:2015
DIN EN 13 169	(04.15)	Wärmedämmstoffe für Gebäude – Werkmäßig hergestellte Produkte aus Blähperlit (EPB) – Spezifikation; Deutsche Fassung EN 13 169:2012 + A1:2015

16.2 Wärmeschutz

DIN EN 13 170 (04.15) Wärmedämmstoffe für Gebäude – Werkmäßig hergestellte Produkte aus expandiertem Kork (ICB) – Spezifikation; Deutsche Fassung EN 13 170:2012 + A1:2015

DIN EN 13 171 (04.15) Wärmedämmstoffe für Gebäude – Werkmäßig hergestellte Produkte aus Holzfasern (WF) – Spezifikation; Deutsche Fassung EN 13 171:2012 + A1:2015

Es gilt die Verordnung über energiesparenden Wärmeschutz und energiesparende Anlagentechnik bei Gebäuden (Energieeinsparverordnung – EnEV) vom 1.1.2016.

16.2.1 Definitionen und Bemessungswerte

Die Wärmeleitfähigkeit λ eines Stoffes ist die wärmeschutztechnische Ausgangsgröße. Sie gibt an, welche Wärmemenge im Beharrungszustand stündlich durch eine 1,00 m² große Schicht des Stoffes strömt, wenn das Temperaturgefälle senkrecht zur Oberfläche in Richtung des Wärmestroms 1 K/m beträgt. Die Einheit für die Wärmeleitfähigkeit lautet Watt/(Meter · Kelvin), abgekürzt W/(m · K).

Die Wärmeleitfähigkeit λ hängt unter anderem von der Rohdichte des Stoffes ab. Dichtere Stoffe haben in der Regel eine größere Wärmeleitfähigkeit. Sie wird aber auch von möglichen Durchfeuchtungen wesentlich beeinflusst. Ein Ansteigen der Eigenfeuchte bewirkt auch ein Ansteigen der Wärmeleitfähigkeit (und damit ein Absinken des Wärmedämmwerts). Bemessungswerte λ sind der Tafel 16.3 zu entnehmen.[1]

Der **Wärmedurchlasswiderstand** (Wärmedämmwert) R (bisher $1/\Lambda$) eines Bauteils ergibt sich aus den Dicken der Baustoffschichten d in m und ihren Wärmeleitfähigkeiten λ in W/(m · K) zu

$$R = d_1/\lambda_1 + d_2/\lambda_2 + \ldots + d_n/\lambda_n \text{ in m}^2 \cdot \text{K/W}$$

Als Wärmedurchgangskoeffizient U (bisher k) bezeichnet man den Umkehrwert aus Wärmedurchlass- und Wärmeübergangswiderständen:

$$U = 1/(R + R_{si} + R_{se}) \text{ in W/(m}^2 \cdot \text{K)}$$

Die Wärmeübergangswiderstände R_{si} **und** R_{se} (bisher $1/\alpha_i$ und $1/\alpha_a$) sind nach Tafel 16.1 in Abhängigkeit von der Richtung des Wärmestroms anzusetzen. Die Werte gelten für ebene Oberflächen, soweit keine besonderen Angaben über Randbedingungen vorliegen. Für Fälle, in denen von der Richtung des Wärmestroms unabhängige Werte gefordert werden, wird die Verwendung der Werte für horizontalen Wärmestrom empfohlen. Die Werte R_{se} gelten nach DIN EN ISO 13 370 auch für Bauteile, die an Erdreich angrenzen.

Tafel 16.1 Wärmeübergangswiderstände R_{si} und R_{se} nach DIN EN ISO 6946, Tabelle I

Wärmestrom	Aufwärts	Horizontal[1)]	Abwärts
R_{si} in m² · K/W	0,10	0,13	0,17
R_{se} in m² · K/W	0,04	0,04	0,04

[1)] Bis ± 30° zur horizontalen Ebene.

---

[1] Diese Tafelwerte liegen „auf der sicheren Seite". Viele Hersteller, insbesondere von Mauersteinen, haben daher günstigere Bemessungswerte λ für ihre Produkte nachgewiesen. Das ist für geregelte Bauprodukte nach der Bauregelliste A Teil 1 unter Beachtung der dort angegebenen technischen Regeln im Rahmen des Übereinstimmungsnachweises möglich. Weichen die „verbesserten" Produkte wesentlich von den technischen Regeln ab, so ist eine allgemeine bauaufsichtliche Zulassung oder die Zustimmung im Einzelfall nötig. Die bisherigen sogenannten „bauaufsichtlichen Bescheide" gelten nicht mehr.

16 Dämmstoffe

Beim winterlichen Wärmeschutz besteht in den raumabschließenden Bauteilen von beheizten Räumen ein Dampfdruckgefälle (und damit die Neigung zur Dampfdiffusion) von innen nach außen. Der Widerstand, den ein Baustoff dieser Diffusionsneigung entgegensetzt, wird durch die **Wasserdampf-Diffusionswiderstandszahl μ** ausgedrückt. Sie ist dimensionslos und gibt an, um wievielmal größer der Diffusionswiderstand einer Stoffschicht gegenüber einer gleich dicken Luftschicht unter sonst gleichen Bedingungen ist. Poröse Stoffe haben niedrigere μ-Werte als dichte. Wie Tafel 16.3 zeigt, unterliegen die Werte auch für eng definierte Baustoffe erheblichen Schwankungen. Es ist daher jeweils der für den Nachweis ungünstigere Wert einzusetzen.

Der durch die raumabschließenden Bauteile diffundierende Wasserdampf kann im äußeren, kälteren Bereich bei Unterschreitung des Taupunktes kondensieren und dadurch die Baustoffe durchfeuchten. Dagegen kann man auf der Innenseite der Wärmedämmung je nach Erfordernis eine Dampfbremse, Dampfsperre oder Klimamembran anordnen oder dafür sorgen, dass die meist nur in Perioden strenger Kälte entstehende Kondensationsfeuchte nicht bis nach innen durchdringt, was insbesondere bei Dachdecken zu Tropfwasser führen kann, sondern im Jahresmittel wieder austrocknet. Dazu sind neben einer ausreichenden Dimensionierung der Wärmedämmung gegebenenfalls Lüftungsebenen oder -öffnungen anzuordnen.

Als Kenngröße für die Diffusionseigenschaft einer Stoffschicht bestimmter Dicke dient die **wasserdampfdiffusionsäquivalente Luftschichtdicke s_d**. Es ist die Dicke einer Luftschicht in m, die denselben Diffusionswiderstand aufweist wie die Stoffschicht mit der Dicke s und der Diffusionswiderstandszahl μ:

$$s_d = \mu \cdot s \text{ in m}$$

In D1N 4108-3 wird unterschieden zwischen
- diffusionsoffenen Schichten mit $s_d \leq 0{,}5$ m,
- diffusionshemmenden Schichten mit $0{,}5 < s_d < 1.500$ m (Dampfbremse),
- diffusionsdichten Schichten mit $s_d \geq 1.500$ m (Dampfsperre).

Tafel 16.2 Wasserdampfdiffusionsäquivalente Luftschichtdicke s_d dünner Schichten[1] nach DIN EN 12 524, Tabelle 3

Produkt/Stoff	s_d in m	Produkt/Stoff	s_d in m
Polyethylenfolie 0,15 mm	50	Aluminiumfolie 0,05 mm	1.500
Polyethylenfolie 0,25 mm	100	Aluminiumverbundfolie 0,4 mm	10
Polyesterfolie 0,2 mm	50	Unterdeck- und Unterspannbahn	0,2
PVC-Folie	30	Beschichtungsstoff	0,1
PE-Folie (gestapelt) 0,15 mm	8	Glanzlack	3
Bituminiertes Papier 0,1 mm	2	Vinyltapete	2

[1] Die Dicke der Produkte wird normalerweise nicht gemessen. Die angegebenen Dicken-Nennwerte sollen als Hilfe zur Identifizierung des Produkts dienen.

Das **Wärmespeichervermögen** der raumumschließenden Bauteile spielt insbesondere bei instationären Verhältnissen, z.B. bei nicht ständiger Beheizung im Winter oder bei Sonneneinstrahlung im Sommer, eine Rolle, weil durch die Wärmespeicherung der Bauteile ein gewisser Ausgleich der Innentemperatur stattfindet. Kenngröße für das Speichervermögen ist die *spezifische Wärmekapazität* c_p eines Baustoffs in J/(kg · K). Durch Multiplikation mit der Stoffdichte kann das Speichervermögen je m³ ermittelt werden. Wärmedämmende Schichten auf der Raumseite können die Speicherfähigkeit der dahinter liegenden Schichten verringern oder aufheben.

16.4

Tafel 16.3 Bemessungswerte der Wärmeleitfähigkeit und Richtwerte der Wasserdampf-Diffusionswiderstandszahlen nach DIN 4108-4 und DIN EN 12 524

Zeile	Stoffe	$\rho^{1)}$ in kg/m³	λ in W/(m · K)	$\mu^{2)}$
1 Putze, Mörtel, Estriche				
1.1	Putze			
1.1.1	aus Kalk, Kalkzement und hydraulischem Kalk	(1.800)	1,00	15/35
1.1.2	aus Kalkgips, Gips und (Kalk-)Anhydrit	(1.400)	0,70	10
1.1.3	Leichtputz	< 1.300	0,56	
1.1.4	Leichtput	≤ 1.000	0,38	15/20
1.1.5	Leichtputz	≤ 700	0,25	
1.1.6	Gipsputz ohne Zuschlag	(1.200)	0,51	10
1.1.7	Wärmedämmputz nach DIN V 18 550, je nach Wärmeleitfähigkeitsgruppe 060 070 080 090 100	(≥ 200)	0,060 0,070 0,080 0,090 0,100	5/20
1.1.8	Kunstharzputz	(1.100)	0,70	50/200
1.2	Mauermörtel			
1.2.1	Zementmörtel	(2.000)	1,6	
1.2.2	Normalmörtel NM	(1.800)	1,2	
1.2.3	Dünnbettmörtel DM	(1.600)	1,0	15/35
1.2.4	Leichtmörtel LM 36 nach	≤ 1.000	0,36	
1.2.5	Leichtmörtel LM 21 DIN 1053-1	≤ 700	0,21	
1.2.6	andere Leichtmörtel	250 400 700 1.000 1.500	0,10 0,14 0,25 0,38 0,69	5/20
1.3	Asphalt	2.100	0,70	50000
1.4	Estriche			
1.4.1	Zementestrich	(2.000)	1,4	
1.4.2	Anhydritestrich	(2.100)	1,2	15/35
1.4.3	Magnesiaestrich	1.400 2.300	0,47 0,70	
2 Betonbauteile				
2.1	Beton nach DIN EN 206	1.800 2.000 2.200 2.400	1,15 1,35 1,65 2,00	60/100 60/100 70/120 80/130
	armiert mit 1 % Stahl	2.300	2,3	80/130
	armiert mit 2 % Stahl	2.400	2,5	80/130
2.2	Leichtbeton und Stahlleichtbeton mit geschlossenem Gefüge nach DIN EN 206-1 und DIN 1045-2, hergestellt unter Verwendung von Zuschlägen mit porigem Gefüge nach DIN 4226-2, ohne Quarzsandzusatz[3)]	800 900 1.000 1.100 1.200 1.300 1.400 1.500 1.600 1.800 2.000	0,39 0,44 0,49 0,55 0,62 0,70 0,79 0,89 1,0 1,3 1,6	70/150

Fußnoten siehe Seite 16.14.

16 Dämmstoffe

Zeile	Stoffe	$\rho^{1)}$ in kg/m³	λ in W/(m · K)	$\mu^{2)}$
2.3	Dampfgehärteter Porenbeton nach DIN 4223-1	300 350 400 450 500 550 600 650 700 750 800 900 1000	0,10 0,11 0,13 0,15 0,16 0,18 0,19 0,21 0,22 0,24 0,25 0,29 0,31	5/10
2.4 2.4.1	Leichtbeton mit haufwerksporigem Gefüge mit nichtporigen Zuschlägen nach DIN 4226-1, z.B. Kies	1.600 1.800 2.000	0,81 1,1 1,4	3/10 5/10
2.4.2	mit porigen Zuschläge nach DIN 4226-2, ohne Quarzsandzusatz³⁾	600 700 800 1.000 1.200 1.400 1.600 1.800 2.000	0,22 0,26 0,28 0,36 0,46 0,57 0,75 0,92 1,2	5/15
2.4.2.1	ausschließlich unter Verwendung von Naturbims	500 600 700 800 900 1.000 1.100 1.200 1.300	0,15 0,18 0,20 0,24 0,27 0,32 0,37 0,41 0,47	
2.4.2.2	ausschließlich unter Verwendung von Blähton	400 500 600 700 800 900 1.000 1.100 1.200 1.300 1.400 1.500 1.600 1.700	0,13 0,16 0,19 0,23 0,26 0,30 0,35 0,39 0,44 0,50 0,55 0,60 0,68 0,76	5/15

Fußnoten siehe Seite 6.14.

16.2 Wärmeschutz

Zeile	Stoffe	$\rho^{1)}$ in kg/m³	λ in W/(m·K)	$\mu^{2)}$
3 Bauplatten				
3.1	Porenbeton-Bauplatten und -Planbauplatten, unbewehrt, nach DIN 4166			
3.1.1	Porenbeton-Bauplatten (Ppl), mit normaler Fugendicke und Mauermörtel nach DIN 1053-1 verlegt	400 500 600 700 800	0,20 0,22 0,24 0,27 0,29	
3.1.2	Porenbeton-Planbauplatten (Pppl), dünnfugig verlegt	300 350 400 450 500 550 600 650 700 750 800	0,10 0,11 0,13 0,15 0,16 0,18 0,19 0,21 0,22 0,24 0,25	5/10
3.2	Wandplatten aus Leichtbeton nach DIN 18 16	800 900 1.000 1.200 1.400	0,29 0,32 0,37 0,47 0,58	
3.3	Wandbauplatten aus Gips nach DIN 18 163, auch mit Poren, Hohlräumen, Füllstoffen oder Zuschlägen	600 750 900 1.000 1.200	0,29 0,35 0,41 0,47 0,58	
3.4	Gipskartonplatten nach DIN 18 180	900	0,25	4/10

Zeile	Stoffe	$\rho^{1)}$ in kg/m³	λ in W/(m·K)		$\mu^{2)}$
4 Mauerwerk einschließlich Mörtelfugen[4)]					
			LM 21/36	NM/DM	
4.1	Mauerwerk aus Ziegeln nach DIN 105-1 bis DIN 105-6				
4.1.1	Voll-, Hochloch- und Keramikklinker	1.800 2.000 2.200 2.400		0,81 0,96 1,2 1,4	50/100
4.1.2	Vollziegel, Hochlochziegel, Füllziegel	1.200 1.400 1.600 1.800 2.000 2.200 2.400		0,50 0,58 0,68 0,81 0,96 1,2 1,4	

Fußnoten siehe Seite 6.14.

16 Dämmstoffe

Zeile	Stoffe	$\rho^{1)}$ in kg/m³	λ in W/(m · K)		$\mu^{2)}$
4.1.3	Hochlochziegel mit Lochung A und B nach DIN 105-2 und -6	550 600 650 700 750 800 850 900 950 1.000	0,27 0,28 0,30 0,31 0,33 0,34 0,36 0,37 0,38 0,40	0,32 0,33 0,35 0,36 0,38 0,39 0,41 0,42 0,44 0,45	5/10
4.1.4	Hochlochziegel HLzW und Wärmedämmziegel WDz nach DIN 105-2, $h \geq 238$ mm	550 600 650 700 750 800 850 900 950 1.000	0,19 0,20 0,20 0,21 0,22 0,23 0,23 0,24 0,25 0,26	0,22 0,23 0,23 0,24 0,25 0,26 0,26 0,27 0,28 0,29	
4.1.5	Plan-Wärmedämmziegel PWDz nach DIN 105-6, $h \geq 248$ mm	550 600 650 700 750 800 850 900 950 1.000		0,20 0,21 0,21 0,22 0,23 0,24 0,24 0,25 0,26 0,27	
4.2	Mauerwerk aus Kalksandsteinen nach DIN 106-1 und DIN 106-2	1.000 1.200 1.400 1.600 1.800 2.000 2.200		0,50 0,56 0,70 0,79 0,99 1,1 1,3	5/10 15/25
4.3	Mauerwerk aus Hüttensteinen nach DIN 398	1.000 1.200 1.400 1.600 1.800 2.000		0,47 0,52 0,58 0,64 0,70 0,76	70/100
4.4	Mauerwerk aus Porenbeton-Plansteinen (PP) nach DIN 4165	300 350 400 450 500 550 600 650 700 750 800		0,10 0,11 0,13 0,15 0,16 0,18 0,19 0,21 0,22 0,24 0,25	5/10
Fußnoten siehe Seite 6.14.					

16.2 Wärmeschutz

Zeile	Stoffe	$\rho^{1)}$ in kg/m³	λ in W/(m·K)			$\mu^{2)}$
4.5	Mauerwerk aus Betonsteinen		LM21	LM36	NM	
4.5.1	Hohlblöcke (Hbl) nach DIN 18 151, Gruppe 1, ohne Quarzsandzusatz³⁾	450	0,20	0,21	0,24	
		500	0,22	0,23	0,26	
		550	0,23	0,24	0,27	
	Steinbreite 17,5 cm ≥ 2 K	600	0,24	0,25	0,29	
	Steinbreite 24 cm ≥ 3 K	650	0,26	0,27	0,30	
	Steinbreite 30 cm ≥ 4 K	700	0,28	0,29	0,32	
	Steinbreite 36,5 cm ≥ 5 K	800	0,31	0,32	0,35	
	Steinbreite 49 cm ≥ 6 K	900	0,34	0,36	0,39	
		1.000			0,45	
		1.200			0,53	
		1.400			0,65	
4.5.2	Hohlblöcke (Hbl) nach DIN 18 151, Hohlwandplatten nach DIN 18 148, Gruppe 2	450	0,22	0,23	0,28	
		500	0,24	0,25	0,29	
		550	0,26	0,27	0,31	
		600	0,27	0,28	0,32	
	Steinbreite 11,5 cm ≤ 1 K	650	0,29	0,30	0,34	
	Steinbreite 17,5 cm ≤ 1 K	700	0,30	0,32	0,36	5/10
	Steinbreite 24 cm ≤ 2 K	800	0,34	0,36	0,41	
	Steinbreite 30 cm ≤ 3 K	900	0,37	0,40	0,46	
	Steinbreite 36,5 cm ≤ 4 K	1.000			0,52	
	Steinbreite 49 cm ≤ 5 K	1.200			0,60	
		1.400			0,72	
4.5.3	Vollblöcke S-W (Vbl S-W) nach DIN 18 152	450	0,14	0,16	0,18	
		500	0,15	0,17	0,20	
		550	0,16	0,18	0,21	
		600	0,17	0,19	0,22	
		650	0,18	0,20	0,23	
		700	0,19	0,21	0,25	
		800	0,21	0,23	0,27	
		900	0,25	0,26	0,30	
		1.000	0,28	0,29	0,32	
4.5.4	Vollblöcke (Vbl) und Vollblöcke S (Vbl S) aus Leichtbeton mit leichten Zuschlägen außer Naturbims und Blähton	450	0,22	0,23	0,28	5/10
		500	0,23	0,24	0,29	
		550	0,24	0,25	0,30	
		600	0,25	0,26	0,31	
		650	0,26	0,27	0,32	
		700	0,27	0,28	0,33	
		800	0,29	0,30	0,36	
		900	0,32	0,32	0,39	10/15
		1.000	0,34	0,35	0,42	
		1.200			0,49	
		1.400			0,57	
		1.600			0,62	
		1.800			0,68	
		2.000			0,74	

Fußnoten siehe Seite 6.14.

16 Dämmstoffe

Zeile	Stoffe	$\rho^{1)}$ in kg/m³	λ in W/(m · K)			$\mu^{2)}$
4.5.5	Vollsteine (V) nach DIN 18 152	450	0,21	0,22	0,31	5/10
		500	0,22	0,23	0,32	
		550	0,23	0,25	0,33	
		600	0,24	0,26	0,34	
		650	0,25	0,27	0,35	
		700	0,27	0,29	0,37	
		800	0,30	0,32	0,40	
		900	0,33	0,35	0,43	10/15
		1.000	0,36	0,38	0,46	
		1.200			0,54	
		1.400			0,63	
		1.600			0,74	
		1.800			0,87	
		2.000			0,99	
4.5.6	Mauersteine aus Beton nach DIN 18 153	800			0,60	5/15
		900			0,65	
		1.000			0,70	
		1.200			0,80	
		1.400			0,90	20/30
		1.600			1,1	
		1.800			1,2	
		2.000			1,4	
		2.200			1,7	
		2.400			2,1	

Zeile	Stoffe	$\rho^{1)}$ in kg/m³		λ in W/(m · K)		$\mu^{2)}$
5 Wärmedämmstoffe						
5.1	Holzwolle-Leichtbauplatten nach DIN 1101, Plattendicke ≥ 25 mm, Wärmeleitfähigkeitsgruppe:	065 070 075 080 085 090	(360 bis 460)	0,065 0,070 0,075 0,080 0,085 0,090		2/5
	Plattendicke 15 mm ≤ d < 25 mm[5)]		(460 bis 570)	0,15		
	Homogene Platten (WW) nach DIN EN 13 168[6), 7)]	$\lambda_D =$ 0,060 bis 0,10	360 bis 460	Kat. I 0,063 bis 0,11	Kat. II 0,076 bis 0,13	2/5
5.2	Mehrschicht-Leichtbauplatten nach DIN 1101, Holzwolle je Einzelschicht: d ≥ 25 mm wie 5.1 10 mm ≤ d < 25 mm[8)]		(460 bis 650)	0,15		2/5
	Mehrschicht-Leichtbau-platten (WW-C) nach DIN EN 13 168[6), 7)] *je Holzwolleschicht:*	$\lambda_D =$ 0,10 bis 0,14	460 bis 650	Kat. I 0,11 bis 0,15	Kat. II 0,14 bis 0,18	2/5
	Hartschaum- und Mineralfaserschichten gemäß Ziffern 5.5 bzw. 5.6					
Fußnoten siehe Seite 6.14.						

16.2 Wärmeschutz

Zeile	Stoffe	$\rho^{1)}$ in kg/m³	λ in W/(m·K)		$\mu^{2)}$
5.3	Schaumkunststoffe, an der Baustelle hergestellt				
5.3.1	aus Polyurethan (PUR) nach DIN 18 159-1 (Treibmittel CO_2), Wärmeleitfähigkeitsgruppe: 035 / 040	(> 45)	0,035 / 0,040		30/100
5.3.2	aus Harnstoff-Formaldehyd (UF) nach DIN 18 159-2, Wärmeleitfähigkeitsgruppe: 035 / 040	(≥ 10)	0,035 / 0,040		1/3
5.4	Korkdämmstoffe Korkplatten nach DIN 18 161-1, Wärmeleitfähigkeitsgruppe: 045 / 050 / 055	(80 bis 500)	0,045 / 0,050 / 0,055		5/10
	Expandierter Kork nach DIN EN 13 170[6)]	λ_D = 0,040 bis 0,055	Kat. I 0,041 bis 0,056	Kat. II 0,049 bis 0,067	5/10
5.5 5.5.1 5.5.1.1	Schaumkunststoffe nach DIN 18 164-1[9)] Polystyrol(PS)-Hartschaum Polystyrol(PS)-Partikelschaum	≥ 15 ≥ 20 ≥ 30			20/50 30/70 40/100
	Wärmeleitfähigkeitsgruppe: 035 / 040		0,035 / 0,040		
	Expandierter Polystyrolschaum nach DIN EN 13 163[6)]	λ_D = 0,030 bis 0,050	Kat. I 0,030 bis 0,050	Kat. II 0,036 bis 0,060	20/100
5.5.1.2	Polystyrol-Extruderschaum[10)] Wärmeleitfähigkeitsgruppe: 030 / 035 / 040	(≥ 25)	0,030 / 0,035 / 0,040		80/250
	Extrudierter Polystyrolschaum nach DM EN 13 164[6)]	λ_D = 0,026 bis 0,040	Kat. I 0,026 bis 0,040	Kat. II 0,031 bis 0,048	80/250
5.5.2	Polyurethan(PUR)-Hartschaum Wärmeleitfähigkeitsgruppe:[11)]	020 bis 040	(≥ 30)	0,020 bis 0,040	30/100
	Polyurethan-Hartschaum nach DIN EN 13 165[6)]	λ_D = 0,020 bis 0,040	Kat. I 0,020 bis 0,040	Kat. II 0,024 bis 0,048	40/200
5.5.3	Phenolharz(PF)-Hartschaum Wärmeleitfähigkeitsgruppe:	030 bis 045	(≥ 30)	0,030 bis 0,045	10/50
	Phenolharz-Hartschaum nach DIN EN 13 166[6)]	λ_D = 0,020 bis 0,045	Kat. I 0,020 bis 0,045	Kat. II 0,024 bis 0,054	10/50

Fußnoten siehe Seite 6.14.

16 Dämmstoffe

Zeile	Stoffe	$\rho^{1)}$ in kg/m³		λ in W/(m · K)		$\mu^{2)}$
5.6	Mineralische und pflanzliche Faserdämmstoffe nach DIN 18 165-1[9)]	035 bis 050	(8 bis 500)	0,035 bis 0,050		1
	Mineralwolle nach DIN EN 18 162[6)]	$\lambda_D =$ 0,030 bis 0,050		Kat. I 0,030 bis 0,050	Kat. II 0,036 bis 0,060	1
5.7	Schaumglas nach DIN 18 174, Wärmeleitfähigkeitsgruppe:	045 bis 060	(100 bis 150)	0,045 bis 0,060		12)
	Schaumglas nach DIN EN 13 167[6)]	$\lambda_D =$ 0,038 bis 0,055		Kat. I 0,038 bis 0,055	Kat. II 0,046 bis 0,066	12)
5.8	Holzfaserdämmplatten nach DIN 68 755 Wärmeleitfähigkeitsgruppe:	040 bis 070	(120 bis 450)	0,040 bis 0,070		5
	Holzfaserdämmstoff nach DIN EN 13 171[6)]	$\lambda_D =$ 0,032 bis 0,065		Kat. I 0,035 bis 0,071	Kat. II 0,043 bis 0,085	5

Zeile	Stoffe	$\rho^{1)}$ in kg/m³	λ in W/(m · K)	$\mu^{2)}$
6 Holz und Holzwerkstoffe				
	Konstruktionsholz	500 700	0,13 0,18	500 700
	Sperrholz, bis auf weiteres auch Massivholzplatten (SWP) und Bauholz mit Furnierschichten (LVL)	300 500 700 1.000	0,09 0,13 0,17 0,24	300 500 700 1.000
	Zementgebundene Spanplatten Spanplatten	1.200 300 600 900	0,23 0,10 0,14 0,18	1.200 300 600 900
	OSB-Platten Holzfaserplatten einschließlich mitteldichter Holzfaserplatten nach dem Trockenverfahren (MDF)	650 250 400 600 800	0,13 0,07 0,10 0,14 0,18	650 250 400 600 800
7 Beläge, Abdichtstoffe und Abdichtungsbahnen				
7.1	Fußbodenbeläge Linoleum Kunststoff Unterlagen aus por. Gummi oder Kunststoff Unterlagen aus Filz oder Kork Unterlagen aus Wolle Teppiche und Teppichböden	1.200 1.700 270 120 bis 200 200 200	0,17 0,25 0,10 0,05 0,06 0,06	1.200 1.700 270 120 bis 200 200 200

Fußnoten siehe Seite 6.14.

Zeile	Stoffe	$\rho^{1)}$ in kg/m³	λ in W/(m · K)	$\mu^{2)}$
7.2	Abdichtstoffe			
	Asphalt	2.100	0,70	2.100
	Bitumen	1.050	0,17	1.050
7.3	Dachbahnen, Dachdichtungsbahnen[13)]			
7.3.1	Bitumendachbahnen nach DIN 52 128	(1.200)	0,17	(1.200)
7.3.2	Nackte Bitumenbahnen nach DIN 52 129	(1.200)	0,17	(1.200)
7.3.3	Glasvlies-Bitumendachbahnen nach DIN 52 143	–	0,17	–
7.4	Folien			
7.4.1	aus PTFE, Dicke ≥ 0,05 mm	–	–	–
7.4.2	aus PA, Dicke ≥ 0,05 mm	–	–	–
7.4.3	aus PP, Dicke ≥ 0,05 mm	–	–	–
8 Sonstige gebräuchliche Stoffe[14)]				
8.1	Lose Schüttungen, abgedeckt			
8.1.1	aus porigen Stoffen:			
	Blähperlit	(≤ 100)	0,060	
	Blähglimmer	(≤ 100)	0,070	
	Korkschrot, expandiert	(≤ 200)	0,055	
	Hüttenbims	(≤ 600)	0,13	
	Blähton, Blähschiefer	(≤ 400)	0,16	3
	Bimskies	(≤ 1.000)	0,19	
	Schaumlava	≤1.200	0,22	
		≤1.500	0,27	
8.1.2	aus Polystyrol-Schaumstoffpartikeln	(15)	0,050	
8.1.3	aus Sand, Kies, Splitt (trocken)	(1.800)	0,70	
8.2	Fliesen	(2.000)	1,0	–
	aus Keramik oder Porzellan	2.300	1,3	
	Fliesen aus Kunststoff	1.000	0,20	10 000
	Korkfliesen	> 400	0,065	20/40
8.3	Glas			
	Natronglas (einschließlich Floatglas)	2.500	1,0	
	Quarzglas	2.200	1,4	
	Glasmosaik	2.000	1,2	
8.4	Natursteine[15)]			
	Kristalline Natursteine	2.800	3,5	10.000
	Sediment-Natursteine	2.600	2,3	2/250
	Poröses Gestein, z.B. Lava	1.600	0,55	15/20
8.5	Lehmbaustoffe	500	0,14	
		600	0,17	
		700	0,21	
		800	0,25	
		900	0,30	
		1.000	0,35	
		1.200	0,47	5/10
		1.400	0,59	
		1.600	0,73	
		1.800	0,91	
		2.000	1,1	
8.6	Böden, naturfeucht			
	Ton, Schlick, Schlamm	1.200 bis 1.800	1,5	50
	Sand und Kies	1.700 bis 2.200	2,0	
8.7	Keramik und Glasmosaik, siehe 8.2, 8.3			
Fußnoten siehe Seite 6.14.				

16 Dämmstoffe

Zeile	Stoffe	$\rho^{1)}$ in kg/m³	λ in W/(m · K)	$\mu^{2)}$
8.8	Metalle[15] Stahl Nichtrostender Stahl Kupfer Aluminium-Legierungen Blei	 7.800 7.900 8.900 2.800 11.300	 50 17 380 160 35	
8.9	Gummi[15] Naturkautschuk Polyisobutylen-Kautschuk Schaumgummi	 910 930 60 bis 80	 0,13 0,20 0,06	 10.000 10.000 7.000

[1] Für Beton ist die Trockenrohdichte angegeben, für Steine die Rohdichteklasse der entsprechenden Normen, für lose Schürfungen die Schüttdichte. Die in Klammern angegebenen Werte der Rohdichte dienen nur zur Ermittlung der flächenbezogenen Massen.

[2] Die Richtwerte der Wasserdampf-Diffusionswiderstandszahlen μ sind meist als obere und untere Grenzwerte angegeben. Es ist jeweils der für die Baukonstruktion ungünstigere Wert einzusetzen.

[3] Mit Quarzsandzusatz gelten für Leichtbeton nach Zeilen 2.2 und 2.4.2 sowie für 2-K-Steine nach Zeilen 4.5.1 und 4.5.2 um 20 %, für entsprechende 3-K- bis 6-K-Steine um 15 % höhere Bemessungswerte λ.

[4] Die Bemessungswerte λ hängen teilweise von der verwendeten Mörtelart ab: NM = Normalmörtel, DM = Dünnbettmörtel, LM 21 und LM 36 = Leichtmörtel, jeweils nach DIN 1053-1

[5] Holzwolle-Leichtbauplatten nach DIN 1101 mit $d < 15$ mm dürfen wärmeschutztechnisch nicht berücksichtigt werden.

[6] Die Werte gelten erst nach Übernahme der Normen DIN EN 13 162 bis 13 171 in die Bauregelliste A Teil 1. Die Bemessungswerte der Kategorie I entsprechen weitgehend den Nennwerten λ_D (außer bei Holzwolle-Leichtbauplatten, Kork- und Holzfaserdämmstoffen – warum dort nicht?). Sie gelten nur, wenn die Produktion nach DIN EN 13 172 fremdüberwacht wird. Die Bemessungswerte der Kategorie II sind um 20 % größer. In diese Kategorie sind alle mit CE gekennzeichneten, aber nicht fremdüberwachten Produkte aufzunehmen.

[7] Die Werte gelten für zementgebundene HWL-Platten; für mit Kauster gebundene Platten sind sie geringfügig niedriger.

[8] Holzwolleschichten mit $d < 10$ mm dürfen zur Berechnung von R nicht berücksichtigt werden. Bei der Ermittlung von s_d für Diffusionsberechnungen werden sie jedoch angesetzt.

[9] Auch Trittschalldämmplatten müssen gemäß DIN 18 164-2 und 18 165-2 in eine Wärmeleitfähigkeitsgruppe eingeordnet werden, die auf den Verpackungen anzugeben ist.

[10] Bei Verwendung als Perimeterdämmung (an der Außenseite von Bauwerksabdichtungen) oder auf Umkehrdächern sind die zusätzlichen Anforderungen gemäß Bauregelliste A Teil 1, Anlage 5.4 zu beachten (siehe auch DIN 4108-4, Tabelle 1 b, Fußnote i).

[11] Wärmeleitfähigkeitsgruppe 020 nur mit diffusionsdichten Deckschichten.

[12] Praktisch dampfdicht.

[13] Für Kunststoff-Dachbahnen enthält DIN 4108-4 in den Zeilen 7.3.4 bis 7.3.6 der Tabelle 1 folgende Richtwerte μ: Für ECB-Bahnen nach DIN 16 729 → μ = 50.000/90.000, für PVC-P-Bahnen nach DIN 16 730 → μ = 10.000/30.000, für PIB-Bahnen nach DIN 16 731 → μ = 40.000/1.750.000.

[14] Diese Stoffe sind hinsichtlich ihrer wärmeschutztechnischen Eigenschaften nicht genormt. Die angegebenen Wärmeleitfähigkeitswerte stellen obere Grenzwerte dar.

[15] Auswahl; weitere einschlägige Stoffe siehe DIN EN 12 524, Tabelle 1.

16.2 Wärmeschutz

Tafel 16.4 Wärmedurchlasswiderstand R_g von ruhenden Luftschichten nach DIN EN 6946

d in mm[1]		5	7	10	15	25	50	100	300
R_g in m² · K/W[2]	↑	0,11	0,13	0,15	0,16	0,16	0,16	0,16	0,16
	→	0,11	0,13	0,15	0,17	0,18	0,18	0,18	0,18
	↓	0,11	0,13	0,15	0,17	0,19	0,21	0,22	0,23

[1] Dicke der Luftschicht.
[2] Richtung des Wärmestroms aufwärts (), horizontal bis ± 30° () oder abwärts ().

Die Bemessungswerte der Tafel 16.4 gelten für Luftschichten,
- die von zwei parallel zueinander und senkrecht zum Wärmestrom verlaufenden Flächen begrenzt sind und
- deren Dicke in Wärmestromrichtung weniger als das 0,1fache ihrer Länge bzw. Breite und höchstens 30 cm beträgt und
- die keinen Luftaustausch mit dem Innenraum aufweisen.

Für andere Luftschichten gilt DIN EN ISO 6946, Anhang B.
Eine Luftschicht gilt als *ruhend,* wenn der Luftraum von der Umgebung abgeschlossen ist oder wenn nur kleine Öffnungen zwischen einer außerhalb der Dämmschicht angeordneten Luftschicht und der Außenumgebung vorhanden sind.
Auch für *schwach belüftete* Luftschichten ist die Größe der zulässigen Öffnungen zur Außenumgebung begrenzt. Für solche Luftschichten darf R_g nur mit der Hälfte der Tafelwerte und höchstens mit 0,15 m² · K/W angesetzt werden.
Luftschichten mit größeren Öffnungen gelten als *stark belüftet.* In diesem Fall bleiben R_g und R für alle außerhalb der Luftschicht liegenden Schichten unberücksichtigt. Als R_{se} der an die Luftschicht angrenzenden inneren Schicht ist R_{si} anzusetzen.

Luftschicht	maximal zulässige Öffnungen bei Luftschicht	
	vertikal	horizontal
ruhend	500 mm² je m Länge	500 mm² je m² Oberfläche
schwach belüftet	1.500 mm² je m Länge	1.500 mm² je m² Oberfläche

Die Nennwerte der Wärmedurchgangskoeffizienten U_w für **Fenster und Fenstertüren** (w für window, bisher U_F) ergeben sich aus dem Nennwert der Verglasung U_g (g für glass, bisher U_V) und dem Bemessungswert des Rahmens $U_{f,BW}$ (f für frame).
Anstelle des Nennwertes U_g des *Glases* dürfen bis auf weiteres auch Rechenwerte U_V nach bestehenden Übereinstimmungszertifikaten verwendet werden (siehe Richtlinie für Mehrscheiben-Isolierglas (MIR) in Anlage 11.1 zur Bauregelliste A Teil 1 (2002/3). (Siehe auch Kapitel 3.)
Wird ausnahmsweise, etwa bei Renovierungen, ein Bemessungswert $U_{g,BW}$ für die Verglasung allein benötigt, so muss der Nennwert U_g (bzw. U_V) gegebenenfalls um einen Korrekturfaktor ΔU_g erhöht werden, z.B. bei Verwendung von Verglasungen ohne Überwachung oder zur Berücksichtigung von Fenstersprossen. Siehe dazu DIN 4108-4, Tabelle 10 und Anhang B.
Rahmen, für die kein Bemessungswert $U_{f,BW}$ vorliegt, die aber gemäß Anlage 8.5 (2000/2) zur Bauregelliste A Teil 1 den Rahmenmaterialgruppen I, 2.1, 2.2, 2.3 oder 3 zugeordnet sind, können nach einem Erlass des Bundesministeriums für Verkehr, Bau- und Wohnungswesen bis auf weiteres gemäß DIN 4108-4, Tabelle 6 zur Ermittlung von U_w verwendet werden.
Der Nennwert U_w für die Fenster und Fenstertüren ist mit Hilfe eines Korrekturwertes ΔU_w in

16 Dämmstoffe

den Bemessungswert $U_{w,BW}$ zu überführen. Diese Korrekturwerte betragen nach DIN 4108-4, Tabelle 8, in Verbindung mit den Anhängen B und C
- bei Verglasungen ohne Überwachung nach Anhang B: + 0,1 W/(m² · K)
- bei verbessertem Randverbund des Glases nach Anhang C: – 0,1 W/(m² · K)
- bei Anordnung von Sprossen je nach Sprossenart: 0,0 bis + 0,3 W/(m² · K).

Weitere Einzelheiten gemäß DIN 4108-4.

16.2.2 Wärmeschutznachweise

Mit der Novellierung der seit Februar 2002 eingeführten Verordnung über energiesparenden Wärmeschutz und energiesparende Anlagentechnik (EnEV) als Ersatz für die Wärmeschutzverordnung (WSVO) wurde seit Oktober 2009 die EnEV 2009 verbindlich. Die nunmehr seit dem 1.1.2016 gültige Fassung ist korrekt die *„zweite Verordnung zur Änderung der Energieeinsparverordnung vom 18. November 2013"*. Sie basiert auf der zwischenzeitlich gültigen EnEV 2014, verschärft aber gemäß Zeile 1 der Tabelle 1 mit dem Multiplikator 0,75 für neue Wohngebäude den maximal zulässigen Jahres-Primärbedarf um 25%. Es wird damit H'T des Referenzgebäudes (KfW) als Höchstwert vorgegeben. Ziel der Ermittlungen des Wärme- und Energiebedarfes für temperierte Gebäude war es davor, primär einen Vergleich der energetischen Qualitäten von Gebäuden untereinander zu ermöglichen, nicht jedoch exakte Verbrauchswerte darzustellen. Unter Berücksichtigung eines spezifischen Standortes, als geographisches Mittel das Klima von Würzburg, sollen vergleichbare energiebezogene Werte ermittelt werden, die aber unter veränderten Klimabedingungen innerhalb der Bundesrepublik auch zu deutlichen Abweichungen der Verbrauchswerte führen können. Der als Ergebnis zu erstellende Energieausweis kann wahlweise durch das vereinfachte Heizperioden-Verfahren oder das genauere Monatsbilanz-Verfahren erfolgen. Die dazu benötigten Ausgangswerte, insbesondere aus den Normen DIN V 4108-4, DIN V 4108-6 und DIN V 4701-10, sind u.a. in [3] zu finden.

Unabhängig von den Nachweisen nach der Energieeinsparverordnung muss der *Mindestwärmeschutz* nach DIN 4108-2 an jeder Stelle der Außenhaut vorhanden sein (siehe dazu den folgenden Abschnitt).

16.2.3 Mindestwerte des Wärmeschutzes für Aufenthaltsräume

Im Rahmen des **winterlichen Wärmeschutzes** müssen die Mindestwerte gemäß Tafel 16.5 an jeder Stelle vorhanden sein, z.B. auch an Nischen unter Fenstern, Brüstungen von Fensterbauteilen, Fensterstürzen und Rohrkanälen.

Die erhöhten Anforderungen für leichte Bauteile gemäß Tafel 16.5, Fußnote 2, gelten auch für den Gefachebereich von Rahmen- und Skelettbauten. Dabei ist gleichzeitig für das gesamte Bauteil ein Mittelwert von $R = 1,0$ m² · K/W einzuhalten. Für Rollladenkästen gilt im Mittel $R = 1,0$, im Deckenbereich $R = 0,55$ m² · K/W.

Der nichttransparente Teil der Ausfachungen von Fenstern und Fenstertüren, die mehr als 50 % der gesamten Ausfachungsfläche betragen, muss mindestens die Anforderungen nach Tafel 16.5 erfüllen. Für Flächenanteile unter 50 % gilt $R \geq 1,0$ m² · K/W.

Tafel 16.5 Mindestwerte für die Wärmedurchlasswiderstände R für nichttransparente Bauteile nach DIN 4108-2, Tabelle 3

Bauteile	R in $m^2 \cdot K/W$
Außenwände, Wände von Aufenthaltsräumen gegen Bodenräume, Durchfahrten, offene Hausflure, Garagen und gegen Erdreich	1,20[1), 2)]
Wände zwischen fremdgenutzten Räumen, Wohnungstrennwände	0,07
Wände zu Treppenräumen mit Innentemperaturen $\Theta \leq 10\ °C$	0,25
Wände zu Treppenräumen mit Innentemperaturen $\Theta > 10\ °C$, z.B. in Wohn-, Geschäfts-, Schulgebäuden, Hotels, Gaststätten	0,07
Wohnungstrenndecken, Decken zwischen fremden Arbeitsräumen und unter ausgebauten, gedämmten Dachräumen, allgemein	0,35
Decken wie vor, aber in zentralbeheizten Bürogebäuden	0,17
Unterer Abschluss nicht unterkellerter Aufenthaltsräume, unmittelbar oder über einem nicht belüfteten Hohlraum gegen Erdreich	0,90
Kellerdecken, Decken gegen abgeschlossene, unbeheizte Hausflure und unter nicht ausgebauten Dachräumen bzw. Dachraumteilen, z.B. außerhalb von Abseitenwänden	0,90[2)]
Decken und Dächer gegen Außenluft nach unten, gegen Garagen (auch beheizbare), Durchfahrten (auch verschließbare) und belüftete Kriechkeller	1,75
nach oben als Dächer oder Decken unter Terrassen	1,20

[1)] Für Gebäude mit niedrigen Innentemperaturen (12 °C $\leq$ i $<$ 19 °C) gilt $R = 0,55$.
[2)] Für Außenwände und Decken unter nicht ausgebauten Dachräumen mit einer flächenbezogenen Gesamtmasse unter 100 kg/m² gilt $R \geq 1,75\ m^2 \cdot K/W$.

Die Neuausgabe (04.03) der DIN 4108-2 enthält auch Mindestanforderungen an den **sommerlichen Wärmeschutz,** wobei sie über die entsprechenden Anforderungen des Energieeinsparungsgesetzes hinausgeht. Während dieses den Nachweis des Sonneneintrags nur verlangt, wenn das Verhältnis der Fensterflächen zu den Außenwandflächen des gesamten Gebäudes 30 % überschreitet, ist der Nachweis des solaren Wärmeeintrags nach der Norm für alle „kritischen", d.h., der Sonneneinstrahlung besonders ausgesetzten, Räume zu führen, deren Fensterflächenanteile die in Abhängigkeit von der Himmelsrichtung festgelegten Grenzwerte überschreiten bzw. nicht mit entsprechenden Sonnenschutzeinrichtungen versehen sind. Einzelheiten zu dem vergleichsweise aufwendigen Nachweis können der Norm entnommen werden.

16 Dämmstoffe

16.3 Wärmedämmstoffe

Tafel 16.6 Anorganische Dämmstoffe

ANWENDUNGSGEBIET		Glaswolle	Steinwolle	Schaumglas	Blähglas	Ca-Si-Schaum	Gipsschaum	Pyrogene Kieselsäure	Schlackenwolle	Keramikfaserschaum	Aerogel	Blähperlit (EPB)	Blähglimmer	Blähton	Bims	Wärmedämmziegel	Vermiculit (exp.)
		\multicolumn{10}{c}{SYNTHETISCH}		\multicolumn{6}{c}{NATÜRLICH}	
DAD	Außendämmung Dach/Decke, vor Bewitterung geschützt, Dämmung unter Deckung	■	■	■								■	■	■			■
DAA	Außendämmung Dach/Decke, vor Bewitterung geschützt, Dämmung unter Abdichtung	■	■	■													■
DUK	Außendämmung Dach, der Bewitterung ausgesetzt (Umkehrdach)																
DZ	Zwischensparrendämmung, zweischaliges Dach, nicht begehbar, aber zugängliche oberste Geschossdecke				■							■	■	■			■
DI	Innendämmung Decke (unterseitig)/Dach, Dämmung unter Sparren/Tragkonstruktion, abgehängte Decke usw.	■	■			■	■	■				■	■	■			■
DEO	Innendämmung Decke/Bodenplatte (oberseitig) unter Estrich ohne Schallschutzanforderung	■	■									■	■	■			■
DES	Innendämmung Decke/Bodenplatte (oberseitig) unter Estrich mit Schallschutzanforderung		■	■								■	■	■			■

DECKE/DACH

16.18

16.3 Wärmedämmstoffe

ANWENDUNGSGEBIET		WAB	WAA	WAP	WZ	WH	WI	WTH	WTR
		Außendämmung Wand hinter Bekleidung	Außendämmung Wand hinter Abdichtung	Außendämmung Wand unter Putz Sockel, Wärmebrücke	Dämmung vor zweischaligen Wänden, Kerndämmung	Dämmung vor Holzrahmen-/Holztafelbauweise	Innendämmung Wand	Dämmung zwischen Haustrennwänden, mit Schallschutzanforderungen	Dämmung Raumtrennwände
ANORGANISCHE DÄMMSTOFFE – NATÜRLICH	Vermiculit (exp.)	■		■		■	■	■	■
	Wärmedämmziegel	■		■			■		
	Bims	■		■					
	Blähton	■				■	■		■
	Blähglimmer	■		■	■	■	■	■	
	Blähperlit (EPB)	■		■	■	■	■	■	■
ANORGANISCHE DÄMMSTOFFE – SYNTHETISCH	Aerogel	■		■					
	Keramikfaserschaum								
	Schlackenwolle								
	Pyrogene Kieselsäure	■	■	■			■		
	Gipsschaum	■					■		
	Ca-Si-Schaum	■		■			■		
	Blähglas	■			■				
	Schaumglas	■	■	■	■	■	■		■
	Steinwolle	■	■	■	■	■	■	■	■
	Glaswolle	■		■	■	■	■	■	■

WAND

16 Dämmstoffe

Kategorie		Dämmstoff	PW	PB	Norm oder Zulassung	Wärmeleitfähigkeit (W/(m·K)) nach DIN EN 12 664	Rohdichte (kg/m³) nach DIN EN 1602	Brandverhalten/Baustoffklasse nach DIN 4102
ANORGANISCHE DÄMMSTOFFE	NATÜRLICH	Vermiculit (exp.)			gemäß Zulassung	0,046 bis 0,070	70 bis 160	A1, B1
		Wärmedämmziegel			gemäß Zulassung		500 bis 750	
		Bims			gemäß Zulassung		150 bis 230	A1
		Blähton			gemäß Zulassung		260 bis 500	A1
		Blähglimmer			gemäß Zulassung	0,046 bis 0,070	70 bis 160	A1, B1
		Blähperlit (EPB)			DIN EN 13 169	0,045 bis 0,070	90 bis 490	B2
	SYNTHETISCH	Aerogel			Zustl. Im Einzelfall	0,017 bis 0,021	60 bis 80	
		Keramikfaserschaum			gemäß Zulassung	0,030 bis 0,070	120 bis 560	A1
		Schlackenwolle						
		Pyrogene Kieselsäure				0,021	300	A1
		Gipsschaum			gemäß Zulassung	0,045		B2
		Ca-Si-Schaum			gemäß Zulassung	0,045 bis 0,065	115 bis 300	A1
		Blähglas	■	■	gemäß Zulassung	0,070 bis 0,093	150 bis 230	A1
		Schaumglas	■	■	DIN EN 13 167	0,040 bis 0,060	115 bis 220	A1
		Steinwolle			DIN EN 13 162	0,035 bis 0,040	20 bis 200	A1
		Glaswolle			DIN EN 13 162	0,035 bis 0,040	20 bis 200	A1, A2

ANWENDUNGSGEBIET / PERIMETER:
- PW: außenliegende Wärmedämmung von Wänden gegen Erdreich (außerhalb der Abdichtung)
- PB: außenliegende Wärmedämmung unter Bodenplatte gegen Erdreich (außerhalb der Abdichtung)

16.20

16.3 Wärmedämmstoffe

Anwendungsgebiet	Kategorie	Untergruppe	Material	Wärmespeicherkapazität c (J/(kg·K)) DIN 12524	Wasserdampfdiffusionswiderstandzahl μ
	ANORGANISCHE DÄMMSTOFFE	NATÜRLICH	Vermiculit (exp.)	800 bis 1000	3–4
			Wärmedämmziegel		5–10
			Bims	1000	4
			Blähton	1100	2–8
			Blähglimmer	800 bis 1000	3–4
		SYNTHETISCH	Blähperlit (EPB)	1000	3–5
			Aerogel		
			Keramikfasernschaum	1040	
			Schlackenwolle		
			Pyrogene Kieselsäure		
			Gipsschaum	1000	4–8
			Ca-Si-Schaum	1000	3–20
			Blähglas	800 bis 1000	1–5
			Schaumglas	800 bis 1100	8
			Steinwolle	600 bis 1000	1–2
			Glaswolle	600 bis 1000	1–2

16 Dämmstoffe

Tafel 16.7 Organische Dämmstoffe

ANWENDUNGSGEBIET		Polystyrol (EPS)	Polystyrol (XPS)	Polyurethan Hartschaum (PUR)	Polyurethan Ortschaum (PUR)	Phenolharzschaum (PF)	Melaminharzschaum (MF)	Polyethylenschaum (PE)	Harnstoff Formaldehydharz (UF)	Polyesterfasern	Holzwolle (WW/WWC) HWL/ML	Holzfasern (WF)	Kork exp. (ICB)	Zellulosefasern	Hanf	Schafwolle	Baumwolle	Flachs
DECKE/DACH	DAD — Außendämmung Dach/Decke, vor Bewitterung geschützt, Dämmung unter Deckung	■	■	■	■	■					■	■	■	■	■	■	■	■
	DAA — Außendämmung Dach/Decke, vor Bewitterung geschützt, Dämmung unter Abdichtung	■	■	■	■	■							■					
	DUK — Außendämmung Dach, der Bewitterung ausgesetzt (Umkehrdach)		■															
	DZ — Zwischensparrendämmung, zweischaliges Dach, nicht begehbar, aber zugängliche obere Geschossdecke			■	■	■	■		■	■	■	■	■	■	■	■	■	■
	DI — Innendämmung Decke (unterseitig)/Dach, Dämmung unter Sparren/Tragkonstruktion, abgehängte Decke usw.			■	■	■	■	■	■	■	■	■	■	■	■	■	■	■
	DEO — Innendämmung Decke/Bodenplatte (oberseitig) unter Estrich ohne Schallschutzanforderung	■	■	■								■	■					
	DES — Innendämmung Decke/Bodenplatte (oberseitig) unter Estrich mit Schallschutzanforderung	■						■			■	■				■		

Zeichen: ORGANISCHE DÄMMSTOFFE — SYNTHETISCH / NATÜRLICH

16.3 Wärmedämmstoffe

	Anwendungsgebiet →	WAB	WAA	WAP	WZ	WH	WI	WTH
		Außendämmung Wand hinter Bekleidung	Außendämmung Wand hinter Abdichtung	Außendämmung Wand unter Putz	Dämmung vor zweischaligen Wänden, Kerndämmung	Dämmung vor Holzrahmen-/Holztafelbauweise	Innendämmung Wand	Dämmung zwischen Haustrennwänden, mit Schallschutzanforderungen
ORGANISCHE DÄMMSTOFFE – NATÜRLICH	Flachs					■	■	
	Baumwolle	■				■	■	
	Schafwolle	■				■	■	
	Hanf	■				■	■	
	Zellulosefasern					■		
	Kork exp. (ICB)	■		■	■	■	■	
	Holzfasern (WF)	■				■	■	
	Holzwolle (WW/WWC) HWL/ML	■					■	
ORGANISCHE DÄMMSTOFFE	Polyesterfasern					■		■
SYNTHETISCH	Harnstoff Formaldehydharz (UF)				■			
	Polyethylenschaum (PE)							
	Melaminharzschaum (MF)						■	
	Phenolharzschaum (PF)	■	■	■			■	
	Polyurethan Ortschaum (PUR)	■				■		
	Polyurethan Hartschaum (PUR)	■	■	■	■			
	Polystyrol (XPS)	■	■	■	■			
	Polystyrol (EPS)	■		■		■		

WAND

16 Dämmstoffe

		ANWENDUNGSGEBIET				EIGENSCHAFTEN		
		WTR Dämmung Raumtrennwände	PW außenliegende Wärmedämmung vor Wänden gegen Erdreich (außerhalb der Abdichtung)	PB außenliegende Wärmedämmung unter Bodenplatte gegen Erdreich (außerhalb der Abdichtung)	PERIMETER	Norm oder Zulassung	Wärmeleitfähigkeit (W/(m x K)) nach DIN EN 12 664	Rohdichte (kg/m³) nach DIN EN 1602
ORGANISCHE DÄMMSTOFFE – NATÜRLICH	Flachs	■				gemäß Zulassung	0,037 bis 0,045	20 bis 80
	Baumwolle	■				gemäß Zulassung	0,04	20 bis 60
	Schafwolle	■				gemäß Zulassung	0,040 bis 0,045	25 bis 30
	Hanf	■				gemäß Zulassung	0,040 bis 0,050	20 bis 68
	Zellulosefasern	■				gemäß Zulassung	0,040 bis 0,045	30 bis 80
	Kork exp. (ICB)	■				DIN EN 13 170	0,045 bis 0,060	100 bis 220
	Holzfasern (WF)	■				DIN EN 13 171	0,040 bis 0,090	30 bis 270
	Holzwolle (WW/WWC) HWL/ML	■				DIN EN 13 168	0,09	350 bis 600
ORGANISCHE DÄMMSTOFFE – SYNTHETISCH	Polyesterfasern	■				gemäß Zulassung	0,035 bis 0,045	15 bis 20
	Harnstoff Formaldehydharz (UF)	■				DIN 18 195	0,035 bis 0,040	10
	Polyethylenschaum (PE)	■				gemäß Zulassung	0,033	50 bis 110
	Melaminharzschaum (MF)	■					0,035	8 bis 11
	Phenolharzschaum (PF)	■				DIN EN 13 166	0,022 bis 0,040	40
	Polyurethan Ortschaum (PUR)							
	Polyurethan Hartschaum (PUR)		■	■		DIN EN 13 165	0,024 bis 0,030	30 bis 100
	Polystyrol (XPS)		■	■		DIN EN 13 164	0,030 bis 0,040	25 bis 45
	Polystyrol (EPS)		■			DIN EN 13 163	0,035 bis 0,040	15 bis 30

16.24

16.3 Wärmedämmstoffe

ANWENDUNGSGEBIET			Brandverhalten/Baustoffklasse nach DIN 4102	Wärmespeicherkapazität c (J/(kg x K) DIN 12 524	Wasserdampfdiffusionswiderstandzahl μ
ORGANISCHE DÄMMSTOFFE	**NATÜRLICH**	Flachs	B2	1300 bis 1640	1–2
		Baumwolle	B1,B2	840 bis 1300	1–2
		Schafwolle	B2	960 bis 1300	1–5
		Hanf	B2	1500 bis 2200	1–2
		Zellulosefasern	B1,B2	1700 bis 2150	1–2
		Kork exp. (ICB)	B2		5–10
		Holzfasern (WF)	B1,B2	1600 bis 2200	5–10
		Holzwolle (WW/WWC) HWL/ML	B1	2100	2–5
	SYNTHETISCH	Polyesterfasern	B1		1–2
		Harnstoff Formaldehydharz (UF)	B1,B2	1500	1–3
		Polyethylenschaum (PE)			7000
		Melaminharzschaum (MF)	B1		
		Phenolharzschaum (PF)	B2		60
		Polyurethan Ortschaum (PUR)			
		Polyurethan Hartschaum (PUR)	B1,B2	1400 bis 1500	30–200
		Polystyrol (XPS)	B1	1300 bis 1700	80–200
		Polystyrol (EPS)	B1	1500	20–100

16 Dämmstoffe

Legende zu den Tafeln 16.6 und 16.7

Typenkurzbezeichnung

W	Wärmedämmstoffe nicht für Druckbelastung
WD	Wärmedämmstoffe für Druckbelastung unter Estrichen
WS, WDS	Wärmedämmstoffe für Druckbelastung für Sondereinsatz (z.B. Parkdecks)
WHD	Wärmedämmstoffe für erhöhte Druckbelastung (z.B. Feuerwehrfahrzeuge)
WZ	leicht zusammendrückbar (Faserdämmstoffe)
WV	mit Abriss- und Scherfestigkeit (Faserdämmstoffe)
T	für Trittschalldämmung geeignet
TK 3500	für Trittschalldämmung unter Trockenestrich (Verkehrslast 3,5 kN/m², c < 3 mm)
TK 5000	für Trittschalldämmung unter Trockenestrich (Verkehrslast 5,0 kN/m², c < 2 mm)
KD	für Kerndämmung geeignet
WL	Wärmedämmstoffe für belüftete Dachkonstruktionen ohne Druckbeanspruchung
WB	Wärmedämmstoffe, beansprucht auf Biegung (z.B. Bekleidung von windbelasteten Fachwerkkonstruktionen)

Druckbelastbarkeit

dk	keine Druckbelastbarkeit
dg	geringe Druckbelastbarkeit
dm	mittlere Druckbelastbarkeit
dh	hohe Druckbelastbarkeit
ds	sehr hohe Druckbelastbarkeit
dx	extrem hohe Druckbelastbarkeit

Wasseraufnahme

wk	keine Anforderungen an die Wasseraufnahme
wf	Wasseraufnahme durch flüssiges Wasser
wd	Wasseraufnahme durch flüssiges Wasser und/oder Diffusion

Zugfestigkeit

zk	keine Anforderungen an Zugfestigkeit
zg	geringe Zugfestigkeit
zh	hohe Zugfestigkeit

Schalltechnische Eigenschaften

sk	keine Anforderungen an schalltechnische Eigenschaften
sh	Trittschalldämmung erhöhter Zusammendrückbarkeit
sm	Trittschalldämmung mittlerer Zusammendrückbarkeit
sg	Trittschalldämmung geringer Zusammendrückbarkeit

Verformung

tk	keine Anforderungen an Verformbarkeit
tf	Dimensionsstabilität unter Feuchte und Temperatur
tl	Verformung unter Last und Temperatur

Euroklassen

A1	kein „flash over", Brennwert → 2 MJ/kg		s1	keine/kaum Rauchentwicklung
A2	kein „flash over", Brennwert → 3 MJ/kg		s2	mittlere Rauchentwicklung
B	kein „flash over"		s3	starke Rauchentwicklung
C	10 bis 20 min bis „flash over"		d0	kein Abtropfen
D	2 bis 10 min		d1	begrenztes Abtropfen
E	0 bis 2 min		d2	starkes Abtropfen
F	keine Leistung festgestellt			

16.3 Wärmedämmstoffe

Baustoffklassen
A1 nicht brennbar
A2 nicht brennbar
B1 schwer entflammbar
B2 normal entflammbar
B3 keine Leistung festgestellt

16.3.1 Faserdämmstoffe

Stoffarten: *Mineralfaser-Dämmstoffe* (Min)[2] nach DIN 18 165 (wurde zurückgezogen) aus der Glas-, Gesteins- oder Schlackenschmelze gewonnene Fasern.
Pflanzliche Faserdämmstoffe (Pfl) nach DIN 18 165: Kokos- oder Torffasern, mit oder ohne Faserbindung.
Faserdämmstoffe *aus nachwachsenden Rohstoffen* nach allgemeiner bauaufsichtlicher Zulassung: pflanzliche Fasern, Zellulosefasern (auch aus Recycling-Papier), Hobelspäne, Holz- oder Schafwolle in Form von Platten, Vliesen oder als lose Fasern und Flocken. Siehe dazu Holzbau-Handbuch, Reihe 4 Teil 5 (Schriftenreihe des Informationsdienst Holz; siehe Abschnitt 21.17).

Tafel 16.8 Lieferformen von Faserdämmstoffen nach DIN 18 165-1 und -2

Lieferform	Faserverbindung	Beschichtung oder Trägermaterial[1]	Verbindung mit den Fasern	Lieferart
Filze (F)	keine oder durch Bindemittel	mit oder ohne Trägermaterial[2]	versteppt oder vernadelt	gerollt (gegebenenfalls mit Zwischenlaufpapier)
Matten (M)	durch Bindemittel oder Verschmelzen	mit oder ohne Beschichtung[3]	verklebt	
Platten (P)				eben

[1] Beschichtungen und Trägermaterialien können von wesentlichem Einfluss auf die Eigenschaften sein, z.B. auf das Brandverhalten (siehe Abschnitt 16.5.1).
[2] Zum Beispiel Drahtgeflecht, Wellpappe, Vlies.
[3] Zum Beispiel Papier, Aluminiumfolie, Kunststoff-Folie, Farbbeschichtung.

Außerdem wird Mineralwolle lose für Stopfisolierungen, in Form von Zöpfen zur Abdichtung von Hohlräumen in Leitungsschlitzen oder von Tür- und Fensterlaibungen sowie in Form fertiger Schalen zur Ummantelung von Rohrleitungen geliefert.
Dicken einschließlich eventueller Beschichtungen (nur für Dämmstoffe nach DIN 18 165-2): Bemessungsdicken d_i in Stufen von 5 cm; $d_L \geq 15$ mm (Typ T) bzw. ≥ 12 mm (Typ TK); Zusammendrückbarkeit $c = d_L - d_B$ (Dicke unter Belastung); $c \leq 5$ mm (bei Typ T) bzw. ≤ 3 mm (bei Typ TK).
Wärmeleitfähigkeit: Faserdämmstoffe sind in die Wärmeleitfähigkeitsgruppen 035, 040, 045 oder 050 einzuordnen, Typ WL nur in die Gruppen 035 und 040.
Dynamische Steifigkeit: Wärmedämmstoffe des Typs WV-s und Trittschalldämmstoffe werden nach ihrem Federungsvermögen in die Steifigkeitsgruppen 90, 70, 50, 40, 30, 20, 15, 10 und 7 eingereiht und sind entsprechend zu kennzeichnen (siehe Abschnitt 16.4.3).

---

2 Nach DIN 18 165-2 lautet die Bezeichnung: Mineralwolle-Dämmstoffe (MW).

16 Dämmstoffe

Brandverhalten: Faserdämmstoffe nach DIN 18 165 müssen einschließlich etwa vorhandener Beschichtungen oder Trägermaterialien mindestens der Baustoffklasse B2 nach DIN 4102 entsprechen. Sie sind nach DIN 4102-1 zu prüfen.

Bezeichnung (Beispiele): Faserdämmstoff DIN V 18 165-1 – MinP – W – 035 – A2–80 (Mineralfaserplatte Typ W, Wärmeleitfähigkeitsgruppe 035, nichtbrennbar, d = 80 mm) Faserdämmstoff DIN 18 165 – MW – P – TK – 3,5–10–040 – A2–20–2 (Mineralwollplatte Typ TK, Verkehrslast ≤ 3,5 kN/m², s' = 10, Wärmeleitfähigkeit 040, nichtbrennbar, d_L = 20 mm, c = 2 mm)

Übereinstimmungszeichen: Faserdämmstoffe nach DIN 18 165-1 und -2 sind geregelte Bauprodukte nach Bauregelliste A Teil 1. Sie benötigen das Übereinstimmungszeichen ÜZ.

16.3.2 Schaumkunststoffe

Normen

DIN 18 159		Schaumkunststoffe als Ortschäume im Bauwesen
DIN 18 159-1	(12.91)	Schaumkunststoffe als Ortschäume im Bauwesen; Polyurethan-Ortschaum für die Wärme- und Kältedämmung; Anwendung, Eigenschaften, Ausführung, Prüfung (zurückgezogen)
DIN 18 159-2	(06.78)	Schaumkunststoffe als Ortschäume im Bauwesen; Harnstoff-Formaldehydharz-Ortschaum für die Wärmedämmung, Anwendung, Eigenschaften, Ausführung, Prüfung
ISO 4898	(03.10)	Schaumkunststoffe; Spezifikation für harte Schaumstoffe zur Wärmedämmung in Gebäuden

Als Dämmstoffe werden vorwiegend die folgenden Schaumkunststoffe verwendet:

Harte, überwiegend geschlossenzellige Schaumkunststoffe, die bei relativ hohem Verformungswiderstand geringe elastische Verformbarkeit zeigen. Sie werden als Platten und Bahnen für den Wärme- und teilweise für den Trittschallschutz[3] gemäß DIN 18 164-1 und -2 (wurden zurückgezogen) geliefert oder als Polyurethan-Ortschaum gemäß DIN 18 159-1 für den Wärme- und Kälteschutz an der Anwendungsstelle hergestellt.

Weich-elastische, gemischt bis offenzellige Schaumkunststoffe, die bei relativ geringem Verformungswiderstand hohe elastische Verformbarkeit zeigen. Insbesondere wird dafür Harnstoff-Formaldehydharz(UF)-Weichschaum verwandt, u.a. gemäß DIN 18 159-2 als Ortschaum zum Ausschäumen von Hohlräumen, z.B. Rohrleitungsschlitzen.

Stoffarten für harte Schaumkunststoffe nach DIN 18 164-1 und -2 (wurden zurückgezogen; siehe auch Kap. 14):

Phenolharz(PF)-Hartschaum, hergestellt aus Phenolharzen durch Zugabe eines Treibmittels und eines Härters, mit oder ohne äußere Wärmezufuhr.

Polystyrol(PS)-Hartschaum, hergestellt aus Polystyrol oder Mischpolymerisaten mit überwiegendem Polystyrolanteil. Je nach der Herstellungsart wird zwischen „Partikelschaum *(EPS)"* aus verschweißtem, geblähtem Polystyrolgranulat und „Extruderschaum *(XPS)"* unterschieden.

Polyurethan(PUR)-Hartschaum, hergestellt durch chemische Reaktion von Polyisocyanaten mit aciden Wasserstoff enthaltenden Verbindungen und/oder durch Trimerisierung von Polyisocyanaten.

---

3 Für den Trittschallschutz kommt nach DIN 18 164-2 nur Polystyrol-Hartschaum als Partikelschaum (EPS) in Frage, weil er die dafür erforderliche hohe Belastbarkeit mit geringer dynamischer Steifigkeit verbindet.

16.3 Wärmedämmstoffe

Lieferformen nach DIN 18 164-1 und -2: Platten und Bahnen, aus Blöcken in Lieferdicke geschnitten (Blockware) oder unmittelbar in Lieferdicke gefertigt und auf Länge geschnitten (Bandware) oder unmittelbar in Nennmaßen gefertigt (Automatenware).
Ein- oder mehrseitige Beschichtungen aus Papier, Pappe, Glasvlies, Besandung, Kunststoff oder Metallfolien sowie Kanten- und Oberflächenprofilierungen sind möglich.
Vorzugsmaße nach DIN 18 164-1 und -2:
Längen und Breiten 1000 mm × 500 mm bei Platten, 5000 mm × 1000 mm bei Bahnen; Nenndicken bei *Wärmedämmplatten* d = 20 bis 100 mm (bei Beschichtungsdicken bis 2 mm einschließlich Beschichtung, bei Beschichtungsdicken über 2 mm ohne Beschichtung gemessen);
Dicken für *Trittschalldämmstoffe* (einschließlich eventueller Beschichtungen):
Bemessungsdicken d_L in Stufen von 5 cm; $d_L \geq$ 15 mm (Typ T) bzw. $\geq$ 12 mm (Typ TK); Zusammendrückbarkeit $c = d_L - d_B$ (Dicke unter Belastung); $c \leq$ 5 mm (Typ T), $c \leq$ 3 mm (Typ TK, Verkehrslasten bis 3,5 kN/m²) bzw. $\leq$ 2 mm (Typ TK, $p \leq$ 5,0 kN/m²).
Wärmeleitfähigkeit: Ortschäume nach DIN 18 159-1 und -2 sind in die Wärmeleitfähigkeitsgruppen 035 und 040, Wärmedämmstoffe nach DIN 18 164-1 in die Gruppen 020, 025, 030, 035 oder 040, PF-Hartschaumplatten auch in die Gruppe 045, Trittschalldämmstoffe nach DIN 18 164-2 in die Gruppen 035, 040 und 045 einzuordnen.
Dynamische Steifigkeit: Trittschalldämmstoffe werden in die Steifigkeitsgruppen 50, 40, 30, 20, 15, 10 und 7 eingeordnet und sind entsprechend zu kennzeichnen.
Brandverhalten: Mindestanforderung für Ortschäume nach DIN 18 159 und Dämmstoffe nach DIN 18 164 (einschließlich etwaiger Beschichtungen) B2 nach DIN 4102-1.
Formaldehydabgabe: *UF-Ortschaum* nach DIN 18 159-2 muss durch Prüfung nach der ETB-Richtlinie vom April 1985 (Bauregelliste A Teil l, Ziffer 5.5) in die Formaldehyd-Emissionsklassen ES 1 bis ES 3 eingestuft werden. Dämmschichten oder Schlitzverfüllungen aus UF-Ortschaum sind gegen Aufenthaltsräume mit Bekleidungen[4] zu versehen.
Bezeichnung (Beispiele): Schaumdämmstoff DIN V 18 164 – PUR P – W – 030 – B2–50 (PUR-Hartschaumplatte Typ W, Wärmeleitfähigkeit 030, normalentflammbar, d = 50 mm) Schaumdämmstoff DIN 18 164 – EPS – P – TK – 3,5–10–045 – Bl – 40–3 (EPS-Hartschaumplatte Typ TK, max. Verkehrslast 3,5 kN/m², s' = 10, Wärmeleitfähigkeit 045, schwerentflammbar, d_L = 40 mm, c = 3 mm)
Übereinstimmungszeichen: Ortschäume nach DIN 18 159 und Hartschaumstoffe nach DIN 18 164 sind geregelte Bauprodukte nach Bauregelliste A Teil 1. Sie benötigen das Ü-Zeichen ÜZ.

16.3.3 Mineralische Schaumstoffe

a) Schaumglas ist ein aus silikatischem Glas durch Zugabe von Treibmitteln werkmäßig aufgeschäumter, geschlossenzelliger Baustoff (siehe auch Abschn. 3.14).
Lieferformen und Rohdichte: Platten, aus Blöcken geschnitten oder bandgefertigt, auch mit Stufenfalz an den Seitenflächen, unbeschichtet oder beschichtet mit Papier, Pappe, Dach- oder Dichtungsbahnen, Kunststoff- oder Metallfolien; Rohdichte 100 bis 150 kg/m³.

---

4 Bekleidungen mit $s_d \geq$ 1,0 m bei ES 3 und $s_d \geq$ 0,3 m bei ES 2 (keine Angaben bei ES 1). Die Richtlinie enthält außerdem Bekleidungsvorschläge, die ohne Nachweis als ausreichend gelten.

Tafel 16.9 Anwendungstypen, Kurzzeichen, Druckfestigkeiten und Vorzugsmaße von Schaumglas

Kurzzeichen	Verwendung im Bauwerk	Druckfestigkeit	$l \times b$ in mm	Dicke[1] in mm
WDS	Wärmedämmstoff, auch druckbelastet, auch unter Parkdecks für Pkw (entsprechend den Typen W, WD und WS nach Tafel 16.3	$\geq 0{,}50$ N/mm^2	500 × 500 500 × 250 300 × 450 600 × 450	40 50 . .
WDH	Wärmedämmstoff mit erhöhter Druckbelastbarkeit, z.B. unter Parkdecks für Lkw	$\geq 0{,}70$ N/mm^2		120 130

[1] Bezogen auf das Schaumglas ohne eventuelle Beschichtungen.

Wärmeleitfähigkeit: Einordnung in die Wärmeleitfähigkeitsgruppen 045, 050, 055, 060.
Brandverhalten: Unbeschichtete Schaumglasplatten sind nach DIN 4102-4 als Baustoffe der Klasse A1 klassifiziert. Beschichtete Platten müssen mindestens der Baustoffklasse B2 nach DIN 4102-1 angehören.
Bezeichnung (Beispiel): DIN 18 174 – WDS – 055–100 – A1
(Wärmedämmplatte Typ WDS, Wärmeleitfähigkeitsgruppe 055, 100 mm dick, nichtbrennbar; Beschichtungen sind zusätzlich anzugeben)
Übereinstimmungszeichen: Dämmstoffplatten nach DIN 18 174 sind geregelte Bauprodukte nach Bauregelliste A Teil 1. Sie benötigen das Ü-Zeichen ÜZ.
b) Perlite und **Vermiculite** entstehen durch Blähen von vulkanischem Rohperlite bzw. von Rohglimmer bei hohen Temperaturen. Die Perlite-Körner sind rundlich mit bis zu 6 mm Durchmesser, die Vermiculite-Körner grober, mit noch plättchenförmiger Struktur, Durchmesser bis 15 mm.
Lieferformen und Anwendungen
Für *lose Schüttungen* unter Estrichen und, mit wasserabweisender Umhüllung der Körner, als Kerndämmung in zweischaligem Mauerwerk, Schüttdichte ρ = 60 bis 170 kg/m^3, auch bituminiert, für gefällegebende Dämmschichten auf Flachdächern, ρ = 200 bis 300 kg/m^3. Als *Zuschlag in Werkmörteln* zum Mauern (z.B. in Leichtmörteln, siehe Abschnitt 7.2.1), vor allem aber zum Putzen, entweder als Perlite- oder Vermiculite-Putz zur Erhöhung der Feuerwiderstandsklasse von Bauteilen (siehe Abschnitte 7.3.8 und 16.5.2) oder als Zuschlag in Wärmedämmputzen nach DIN 18 550-3 (siehe Abschnitt 7.3.10).
Wärmeleitfähigkeit von Schüttungen nach DIN 4108-4 oder auf der Grundlage bauaufsichtlicher Bescheide.
Brandverhalten: Blähperlite und -vermiculite ohne Zusätze sind nach DIN 4102-4 klassifizierte Baustoffe der Klasse A1.

16.3.4 Wärmedämm-Verbundsysteme (WDVS)

Wärmedämm-Verbundsysteme werden zum Zweck der Wärmedämmung, gelegentlich auch zur Überbrückung von Rissen, vorwiegend auf einschalige Wände ohne ausreichenden Wärmeschutz aufgebracht.
System-Bestandteile (siehe dazu [16.4] und [16.5])
Zur *Befestigung* der Dämmschicht an der tragenden Wand werden vorwiegend Klebemassen aus kunststoffmodifizierten Zementmörteln oder zementfreien Dispersionsklebstoffen

(siehe Abschnitt 15.1.3) verwendet. Zusätzlich kann eine Verdübelung statisch erforderlich sein. Alternativ kommen auch mechanische Befestigungen an Schienensystemen vor, in Fassadenbereichen über 8 m mit zusätzlicher Verklebung oder Verdübelung.

Die *Dämmschicht* besteht bei den meisten Systemen aus 3 bis 12 cm dicken Polystyrol-Hartschaumplatten (Partikelschaum EPS nach DIN 18 164-1), seltener aus 3 bis 14 cm dicken Mineralfaserplatten oder Steinlamellen (in 20 bis 40 cm breiten und 5 bis 20 cm dicken Streifen) nach DIN 18 165-1.

Die *Armierungsschicht* dient vor allem der Überbrückung der Dämmplattenstöße. Sie besteht in der Regel ebenfalls aus kunststoffmodifizierten Zementmörteln oder Dispersionsmörteln, in die ein Glasseiden-Gittergewebe eingearbeitet wird.

Die *Schlussbeschichtung* gibt der Fassade ein putzartiges Aussehen und dient dem Schlagregenschutz. Man verwendet mineralische Putze nach DIN 18 550-1, Kunstharzputze nach DIN 18 558 sowie Silicat- und Siliconputze. Anstelle des Putzes können auch kunstharzgebundene oder gebrannte Flachverblender auf der Armierungsschicht angesetzt werden.

Wärmeleitfähigkeit: Es werden vorwiegend Dämmplatten der Wärmeleitfähigkeitsgruppe 040 gemäß DIN 18 164-1 bzw. DIN 18 165-1 verwendet.

Dynamische Steifigkeit: Die DIN 4109 enthält keine Rechenwerte $R'_{w,R}$ für Außenwände mit WDV-Systemen. Um das Schalldämm-Maß der Wand zu verbessern (zumindest aber nicht durch ungünstige Resonanzfrequenzen zu verschlechtern), sollten die verwendeten Dämmstoffe eine niedrige dynamische Steifigkeit haben und die Armierungs- und Schlussbeschichtung zusammen möglichst schwer sein. Dämmschichten aus Steinlamellen verschlechtern wegen ihrer stehenden Fasern das Schalldämm-Maß in der Regel [16.4]. Die in den bauaufsichtlichen Zulassungen genannten $\Delta R'_w$ sind zu beachten.

Brandverhalten: Nach den Landesbauordnungen dürfen Dämmstoffe in Außenwänden nur bei Gebäuden geringer Höhe normalentflammbar sein. Darüber hinaus müssen sie schwerentflammbar, bei Hochhäusern unbrennbar sein. Für Letztere kommen damit nur Mineralfaserplatten oder Steinlamellen nach DIN 18 165-1 in Frage.

Verwendungsnachweis: Da die DIN 18 559 nur allgemeine Angaben enthält, bedürfen WDV-Systeme bis auf Weiteres einer allgemeinen bauaufsichtlichen Zulassung.

16.3.5 Leichtbauplatten

Normen

DIN 18 184	(10.08)	Gipsplatten-Verbundelemente mit Polystyrol- oder Polyurethan-Hartschaum als Dämmstoff

Holzwolle-Leichtbauplatten (HWL-Platten) bestehen aus langfaseriger Holzwolle, die mit Zement oder kaustisch gebranntem Magnesit gebunden sind. Sie werden bei hoher Temperatur gepresst und anschließend getrocknet. Die Holzwolle wird gegen Schädlingsangriff vorbehandelt (siehe auch Abschnitt 4.3.2).

Mehrschicht-Leichtbauplatten (ML-Platten) bestehen aus einer Schicht Hartschaum gemäß DIN 18 164-1 (HS-ML) oder Mineralfasern gemäß DIN 18 165-1 (Min-ML) und ein- oder beidseitiger, mindestens 5 cm dicker Holzwolleschicht.

Lieferform: Als Standardplatten oder mit zusätzlicher Ausstattung wie Kanten- oder Oberflächenprofilierungen, ein- oder beidseitigen Beschichtungen oder aufgebrachten Dampf-

sperren oder auf einer Seite angebrachten Entspannungsschnitten (bis zu einem Drittel der Plattendicke und nur bei HWL- und ML-Dreischicht-Platten).
Anwendungstypen: HWL- und ML-Platten müssen hinsichtlich ihrer Verwendbarkeit als *Wärmedämmstoffe* den Anwendungstypen W, WD und WV gemäß Tafel 16.6 bzw. 16.7 sowie WB[5], HWL-Platten außerdem noch dem Typ WS gemäß Tafel 16.6 *gleichzeitig* entsprechen.

Tafel 16.10 Kurzzeichen, Maße, flächenbezogene Massen und Rohdichten von Leichtbauplatten

Holzwolle-Leichtbauplatten							
Kurzzeichen	Dicke[1] in mm	Masse[2] in kg/m²	$\rho^{2)}$ in kg/m³	Kurzzeichen	Dicke[1] in mm	Masse[2] in kg/m²	$\rho^{2)}$ in kg/m³
HWL 15	15	8,5	570	HWL 50	50	19,5	390
HWL 25	25	11,5	460	HWL 75	75	28	375
HWL 35	35	16,1	460	HWL 100	100	36	360

Mehrschicht-Leichtbauplatten					
Kurzzeichen	Vorzugsdicken in mm	Masse[2] in kg/m²	Kurzzeichen	Vorzugsdicken[3] in mm	Masse[2] in kg/m²
ML 15/2	5 + 10 = 15	4,4/–	ML 25/3	5 + 15 + 5 = 25	8,4/–
ML 25/2	5 + 20 = 25	4,6/–	ML 35/3	5 + 25 + 5 = 35	8,8/–
ML 35/2	5 + 30 = 35	5,0/–	ML 50/3	5 + 40 + 5 = 50	9,2/15
ML 50/2	5 + 45 = 50	5,4/12	ML 75/3	5 + 65 + 5 = 75	10,0/18
ML 75/2	5 + 70 = 75	6,2/15	ML 100/3	5 + 90 + 5 = 100	10,8/21
ML 100/2	5 + 95 = 100	6,8/18	ML 125/3	5 + 115 + 5 = 125	11,4/24
			ML 150/3	5 + 140 + 5 = 150	12,2/27

Vorzugsbreite: 500 mm; Vorzugslänge: 2.000 mm; andere Maße können vereinbart werden.
[1] Vorzugsdicke; andere Dicken können vereinbart werden.
[2] Mittelwerte der flächenbezogenen Masse und der Rohdichte (ohne Beschichtungen und Dampfsperren); erste Spalte für HS-ML, zweite für Min-ML (soweit genormt). Für HWL-Platten mit $d \geq 35$ mm und erhöhter Rohdichte für Sondereinsatzgebiete, z.B. Mantelbetonwände, gilt $\rho \leq 600$ kg/m³.
[3] Dreischichtige Min-ML-Platten können auch eine um 5 mm dünnere Dämmschicht und Holzwolleschichten von 5 + 10 oder 2 × 7,5 mm Dicke haben.

Wärmeleitfähigkeit: Holzwolleschichten mit $d \geq 25$ mm werden in die Wärmeleitfähigkeitsgruppen 065 bis 090 eingereiht. Bemessungswerte für dünnere HWL-Schichten sowie die HS- bzw. Min-Schicht entsprechend ihrer Wärmeleitfähigkeitsgruppe gemäß Tafel 16.3.
Brandverhalten: HWL-Platten und Min-ML-Platten sind nach DIN 4102-4 als Baustoffe der Klasse Bl, HS-ML-Platten als Baustoffe der Klasse B2 klassifiziert. Andere Platten müssen, auch einschließlich eventueller Beschichtungen, mindestens der Baustoffklasse B2 angehören.
Bezeichnung (Beispiele):   Leichtbauplatte DIN 1101 – HWL 50–075 – B1
Leichtbauplatte DIN 1101 – HS-ML 50/3–5/40/5–040 – B2
(Dicke je 50 mm, ML dreischichtig mit Schichtdicken 5/40/5, Wärmeleitfähigkeitsgruppe der HWL-Platte 075, der Hartschaumschicht 040, schwer- bzw. normalentflammbar)

---

5   Beanspruchung auf Biegung, z.B. zur Bekleidung windbelasteter Fachwerkkonstruktionen; gilt nicht für HWL-Platten mit $d < 15$ mm und ML-Zweischichtplatten aller Dicken sowie für Platten mit Entspannungsschnitten auf einer Seite.

16.3 Wärmedämmstoffe

Übereinstimmungszeichen: HWL- und ML-Platten nach DIN 1101 als Dämmstoffe für den Wärme- und Schallschutz (auch mit ein- oder beidseitiger mineralischer Oberflächenbeschichtung) sind geregelte Bauprodukte nach Baugegelliste A Teil 1 (siehe Abschnitt 16.5.1) und benötigen das Ü-Zeichen ÜZ.

16.3.6 Gips-Deckenplatten und Gipskarton-Verbundplatten

Normen
DIN 18 184   (10.08)   Gipsplatten-Verbundelemente mit Polystyrol- oder Polyurethan-Hartschaum als Dämmstoff
Gips-Wandbauplatten nach DIN EN 12 859 und Gipskartonplatten nach DIN 18 180 siehe Abschnitt 4.1.6.

a) Deckenplatten aus Gips mit rückseitigem Randwulst nach DIN 18 169 (wurde zurückgezogen) sind trocken verlegbare Platten aus Stuckgips mit oder ohne Zuschlag- oder Zusatzstoffe. Kantenlänge: 625 mm (auch 600 oder 500 mm)[6], Dicke des umlaufenden Randwulstes: $s = 28$ mm.

Anwendungstypen:
Dekorplatten (D)[1] mit glatter oder unregelmäßiger, geschlossener oder durchbrochener Sichtfläche.
Schallschluckplatten (S)[1] mit durchgehenden Öffnungen in der Gipsschale und einer schallschluckenden Einlage aus nichtbrennbarem Dämmstoff, gegebenenfalls auf einem Rieselschutz.
Lüftungsplatten (L) mit durchgehenden Öffnungen in der Gipsschale.
Feuerschutzplatten[1] mit geschlossener Oberfläche *(DF)* oder mit eingelegter Mineralfaser-Dämmschicht nach DIN 18 165-1 *(SF)*; die Einlage soll eine Rohdichte von $\rho \geq 50$ kg/m³ haben; für bestimmte Anwendungsfälle und Feuerwiderstandsdauern werden in DIN 4102-4 erhöhte Anforderungen gestellt (Schmelzpunkt ≥ 1.000 °C, $\rho \geq 100$ kg/m³, $d \geq 15$ mm).

Tafel 16.11 Befestigung und Stoßausbildung von Deckenplatten aus Gips nach DIN 18 169

Art der Befestigung	Art der Stoßausbildung	Kennziffer
Schraubbefestigung	stumpf	1
	gefalzt	2
	gespundet	3
Hängebefestigung (in Stahlblechschienen eingelegt oder eingeschoben)	gefalzt	4
	gespundet	5

Schallabsorptionsgrad: Schallschluckplatten müssen in einem mindestens 2 Oktaven breiten Bereich innerhalb der Frequenzen 200 bis 3.000 Hz und einem Rohdeckenabstand zwischen 3 und 15 cm einen Schallabsorptionsgrad von $\alpha_s > 0,5$ aufweisen (s. Abschnitt 16.4.4).
Brandverhalten: Baustoffe aus Gips gehören nach DIN 4102-4 der Baustoffklasse A1 an; Schallschluckeinlagen müssen ebenfalls unbrennbar sein; besondere Anforderungen an Feuerschutzplatten siehe oben.
Bezeichnung (Beispiel): Deckenplatte DIN 18 169 – DI – 625
(Dekorplatte mit Schraubbefestigung und Stumpfstoß, Kantenlänge 625 mm)

---

6   Die DIN 18 169 ist teilweise technisch überholt; einige Begriffe und Festlegungen haben sich deshalb entsprechend einem Normenentwurf vom Oktober 1979 eingebürgert, obwohl dieser Entwurf inzwischen zurückgezogen wurde.

16 Dämmstoffe

Übereinstimmungszeichen: Die Platten benötigen nach der Bauregelliste A Teil 2 (nicht oder nur teilweise geregelte Baustoffe) ein allgemeines bauaufsichtliches Prüfzeugnis und das Ü-Zeichen ÜH, soweit sie nicht auf der Grundlage einer allgemeinen bauaufsichtlichen Zulassung in Verkehr gebracht werden.

b) Gipskarton-Verbundplatten nach DIN 18 184 bestehen aus Gipskarton-Bauplatten gemäß DIN 18 180 und damit werkmäßig verbundenen Dämmstoffplatten aus Polystyrol- oder Polyurethan-Hartschaum nach DIN 18 164-1. Zwischen diesen Bestandteilen können noch dampfsperrende Schichten angeordnet sein. Zur Erzielung dichter Fugenstöße steht die Dämmschicht allseitig, zumindest aber an zwei benachbarten Seiten über.

Tafel 16.12 Typen, Kurzzeichen und Regelmaße von Gips-Verbundplatten nach DIN 18 184

Kurzzeichen	Verbundplatte, bestehend aus einer Gipskarton-Bauplatte und	Dicke in mm[1]		Breite in mm	Länge in mm
		s_1	s_2		
VBPSP	einer PS-Hartschaumplatte oder einer PUR-Hartschaumplatte	9,5	20 bis 30	1.250	2.500
VBPURP		12,5	20 bis 60		

[1] s_1 Dicke der Gipskartonplatte, s_2 Dicke der Dämmplatte.

Brandverhalten: Gipskarton-Verbundplatten nach DIN 18 184 sind in DIN 4102-4 als Baustoffe der Klasse B2 klassifiziert.

Bezeichnung (Beispiel): Verbundplatte DIN 18 184 – VBPSP – W – 025–12,5–30 – B2 (Mit PS-Dämmplatte, Typ W, Wärmeleitfähigkeitsgruppe 025 nach DIN 18 164-1, s_1 = 12,5 und s_2 = 30 mm, normalentflammbar).

Übereinstimmungszeichen: Normal- und schwerentflammbare Gipskarton-Verbundplatten nach DIN 18 184 sind geregelte Bauprodukte nach der Bauregelliste A Teil 1. Erstere benötigen das Ü-Zeichen ÜH, Letztere das Ü-Zeichen ÜZ.

16.3.7 Holzfaserdämmstoffe

Normen

DIN EN 622-1	(09.03)	Faserplatten – Anforderungen – Teil 1: Allgemeine Anforderungen; Deutsche Fassung EN 622-1:2003
DIN EN 622-2	(07.04)	Faserplatten – Anforderungen – Teil 2: Anforderungen an harte Platten; Deutsche Fassung EN 622-2:2004
DIN EN 622-2 Berichtigung 1	(06.06)	Faserplatten – Anforderungen – Teil 2: Anforderungen an harte Platten – Deutsche Fassung EN 622-2:2004, Berichtigung 1 zu DIN EN 622-2:2004-07; Deutsche Fassung EN 622-2:2004/AC:2005
DIN EN 622-3	(07.04)	Faserplatten – Anforderungen – Teil 3: Anforderungen an mittelharte Platten; Deutsche Fassung EN 622-3:2004
DIN EN 622-4	(03.10)	Faserplatten – Anforderungen – Teil 4: Anforderungen an poröse Platten; Deutsche Fassung EN 622-4:2009
DIN EN 622-5	(03.10)	Faserplatten – Anforderungen – Teil 5: Anforderungen an Platten nach dem Trockenverfahren (MDF); Deutsche Fassung EN 622-5:2009

Holzfaserplatten für allgemeine und tragende Zwecke siehe Abschnitt 17.13.9.

Holzfaserdämmstoffe (WF, für Wood Fibre) werden zu Wärme- und Schallschutzzwecken aus Holzfasern im Nassverfahren, gegebenenfalls mit Hilfe von Binde- oder Zusatzmitteln, oder mechanisch gebunden hergestellt. Sie können profilierte Kanten oder Oberflächen und werkmäßig aufgebrachte Beschichtungen haben. Man unterscheidet folgende Arten:

16.3 Wärmedämmstoffe

- *Holzfaserdämmplatten (WF-P)*, eben, mit oder ohne Beschichtungen,
- *Holzfaserdämmmatten (WF-M)*, gerollt, mit und ohne Beschichtungen,
- *Holzfaserlamellenmatten (WF-L)*, streifenförmig zugeschnitten und auf einem biegsamen Trägermaterial befestigt.

Nenndicken sind bei Beschichtungsdicken ≤ 2 mm einschließlich Beschichtung, bei dickeren Beschichtungen getrennt für Dämmstoff und Beschichtung anzugeben. Für Trittschalldämmstoffe gilt außerdem:
d_L Lieferdicke in mm;
d_F Dicke im Einbauzustand, die für den Wärmeschutznachweis zu verwenden ist;
p Zusammendrückbarkeit, $p = d_L - d_B$ (Dicke unter Verkehrsbelastung); bei Typ T muss p ≤ 5 mm, bei Typ TK muss p ≤ 3 mm sein.

Wärmeleitfähigkeit: Dämmstoffe nach DIN 68 755-1 und -2 (wurden zurückgezogen) sind in die Wärmeleitfähigkeitsgruppen 035 bis 060 einzuordnen.

Feuchtegehalt: Nach DIN EN 622-1 muss die Feuchte poröser Platten bei Auslieferung zwischen 4 und 9 % liegen.

Festigkeit: Dämmstoffe der Typen WV, WD, WDT und PT sind nach ihrer Zugfestigkeit senkrecht zur Plattenebene in die Abreißfestigkeitsgruppen T1 bis T30 (entsprechend einem Mittelwert der Abreißfestigkeit von ≥ 1 bis ≥ 30 kN/m²), die Typen WD, WDT und PT außerdem in die Druckfestigkeitsgruppen P20 bis P200 (entsprechend einem Mittelwert der Druckfestigkeit von ≥ 20 bis ≥ 200 kN/m²) einzuordnen.

Dynamische Steifigkeit: Trittschalldämmstoffe sind nach ihrer dynamischen Steifigkeit s' in MN/m³ (siehe Abschnitt 16.4.3) in die Steifigkeitsgruppen S 10 bis S 60 einzustufen.

Brandverhalten: Holzfaserdämmstoffe nach DIN 68 755-1 und -2 müssen einschließlich etwaiger Beschichtungen mindestens der Baustoffklasse B2 angehören.

Bezeichnung (Beispiele):
Holzfaserdämmstoff DIN 68 755-1 – WF – P – WDh – 040 – T2,5 – P40 – H10 – B2–80 (Dämmplatte Typ WDh, Wärmeleitfähigkeitsgruppe 040, Abreißfestigkeitsgruppe T2,5, Druckfestigkeitsgruppe P40, Hydrophobierungsgruppe H10, normalentflammbar, Dicke 80 mm)
Holzfaserdämmstoff DIN 68 755-2 – WF – P – TK S 20–040 – B2–31/30–2 (Dämmplatte Typ TK, Steifigkeitsgruppe S 20, Wärmeleitfähigkeitsgruppe 040, normalentflammbar, d_L/d_F = 31/32 mm, p = 2 mm)

Übereinstimmungszeichen: Holzfaserdämmstoffe nach DIN 68 755-1 und -2 gelten als geregelte Bauprodukte nach Bauregelliste A Teil 1. Sie benötigen das Ü-Zeichen ÜZ.

16.3.8 Spanplatten als Schallschluckplatten

Normen
DIN EN 312   (12.10)   Spanplatten – Anforderungen; Deutsche Fassung EN 312:2010
Spanplatten für allgemeine und tragende Zwecke siehe Abschnitt 17.13.4.

Lieferformen: Als quadratische Platten mit Kantenlängen bis 625 mm, als Meterware mit Längen bis etwa 3.000 mm, Dicken bis 70 mm.

Feuchtegehalt: Nach DIN 68 762 ab Werk bzw. nach DIN EN 312-1 bei Auslieferung einheitlich 5 bis 13 %, bezogen auf das Darrgewicht.

Brandverhalten: Schallschluckplatten nach DIN 68 762 müssen einschließlich etwaiger Beschichtungen mindestens der Baustoffklasse B2 angehören.

Formaldehydabgabe: Nach der DIBt-Richtlinie 100 vom Juni 1994 dürfen nur unbeschichtete oder werkmäßig beschichtete Spanplatten der Emissionsklasse E 1 in Verkehr gebracht werden; außerdem für eine örtliche Beschichtung vorgesehene unbeschichtete Platten der Emissionsklasse E 1 b, wenn sie wie folgt gekennzeichnet sind: „Nur in beschichtetem Zustand zu verwenden. Die Eignung der Beschichtung ist nachzuweisen."[7]
DIN EN 312-1 definiert die Formaldehyd-Potentialklassen 1 und 2. Nach dem nationalen Anhang zu dieser Norm sind in Deutschland unbeschichtete Spanplatten dieser Klassen nur verwendbar, wenn bestimmte Perforatorwerte eingehalten bzw. die Platten mit der vorgenannten Kennzeichnung versehen werden.
Bezeichnung (Beispiel): Spanplatte DIN 68 762 – LF 18 × 1250 × 2500 – H – Bl
(Typ LF gemäß Tafel, Dicke × Breite × Länge, Stoffart (H: aus Holzspänen, F: aus Flachsschäben), schwerentflammbar)

Tafel 16.13 Typen, Kurzzeichen, Schallabsorptionsgrade und Rohdichten von Spanplatten nach DIN 68 762

Kurzzeichen	Plattentypen mit höherem Schallabsorptionsgrad	α_s	ρ in kg/m³
LF	Leichte Flachpressplatten ohne oder mit Beschichtung oder Beplankung	0,2[1]) 0,5[1])	250 bis 500
LRD	Strangpress-Röhrenplatten mit durchbrochener Oberfläche, beidseitig beschichtet oder beplankt	0,5[2])	300 bis 600
LMD	Strangpress-Vollplatten mit durchbrochener Oberfläche, beidseitig beschichtet oder beplankt	0,2[2])	550 bis 850

[1]) Mindestwerte der mittleren Schallabsorption: $\alpha_s = 0{,}2$ für den Frequenzbereich 125 bis 250 Hz und/oder $\alpha_s = 0{,}5$ für den Bereich 250 bis 4.000 Hz, jeweils gemessen bei einem Wand- bzw. Deckenabstand von 50 mm.
[2]) Die angegebenen Schrankenwerte dürfen auch von vollflächig aufliegenden Platten in einem wenigstens zwei Oktaven breiten Frequenzbereich an keiner Stelle unterschritten werden.

16.3.9 Dämmstoffe aus Kork

Der Rohstoff **Kork** stammt aus der Rinde der vor allem entlang dem westlichen Mittelmeer gedeihenden Korkeiche. Als Dämmstoffe verwendet man vor allem die folgenden Korkwerkstoffe:
Naturkork wird wegen seiner guten Federung vor allem zur Dämmung gegen Erschütterungen unter Maschinenfundamenten verwendet; Rohdichte 120 bis 200 kg/m³; Platten aus einzelnen Naturkorkstreifen; Dicken 40 bis 100 mm.
Blähkork (expandierter Kork) wird aus gemahlenem Naturkork mit Korndurchmessern von 2 bis 30 mm gewonnen. Der Korkschrot wird unter Luftabschluss auf 300 bis 400 °C erhitzt und dabei expandiert, wobei die Rohdichte und die Wärmeleitfähigkeit durch Austreiben aller leichtflüssigen Bestandteile erheblich vermindert werden. *Backkork (BK)* ist mit korkeigenen Harzen, *imprägnierter Kork (IK)* mit Bindemitteln, z.B. Bitumen, gebunden.

---

[7] Klassifizierte Beschichtungen enthält eine Anlage zur DIBt-Richtlinie 100 (siehe auch Abschnitt 17.13.1).

Lieferformen für Blähkork
Platten zur Wärmedämmung, mit oder ohne ein- oder beidseitige Beschichtungen aus Papier, Pappe oder Metallfolie. Sie werden durch die DIN 18 161-1 erfasst.
Matten zur Trittschalldämmung aus expandiertem Korkschrot auf bituminiertem Natronkraftpapier, Rollenbreite 1 m, Dicken unter Belastung d_B = 5 bis 15 mm, bisher nicht genormt.
Lose Schüttungen aus expandiertem Korkschrot.

Tafel 16.14 Anwendungstypen, Kurzzeichen, Rohdichten und Vorzugsmaße für Korkplatten zur Wärmedämmung nach DIN 18 161-1 / DIN EN 13170

Kurzzeichen	Verwendung im Bauwerk	$\rho^{1)}$ in kg/m³		Breite und Länge in mm	Nenndicke in mm
		BK	IK		
WD	Wärmedämmstoffe, auch druckbelastet, in Wänden und Dächern	80	120	500 × 1.000 600 × 1.200	30 40
WDS	Wärmedämmstoffe, druckbelastet, für Sondereinsatzgebiete, z.B. in Industrieböden	120	200		50 60 80
[1] Mindestwerte für den Mittelwert der Rohdichte in trockenem Zustand.					

Wärmeleitfähigkeit: Korkdämmplatten nach DIN 18 161-1 werden in die Wärmeleitfähigkeitsgruppen 040, 050 und 060 eingeordnet, lose Schüttungen aus expandiertem Korkschrot siehe Tafel 16.7.
Brandverhalten: Korkerzeugnisse müssen durch ein allgemeines bauaufsichtliches Prüfzeugnis in die Baustoffklassen B2 oder B1 eingeordnet werden.
Bezeichnung (Beispiel): Korkdämmstoff DIN 18 161-1 – IK – WD – B2–045–30 (IK-WD gemäß Tafel, normalentflammbar, Wärmeleitfähigkeitsgruppe 045, Dicke 30 mm)
Übereinstimmungszeichen: Korkerzeugnisse zur Wärmedämmung nach DIN 18 161-1 sind geregelte Bauprodukte nach Bauregelliste A Teil 1. Sie benötigen das Ü-Zeichen ÜZ.

16.4 Schallschutz

Normen

DIN 4109 Beiblatt 1	(11.89)	Schallschutz im Hochbau; Ausführungsbeispiele und Rechenverfahren
DIN 4109 Berichtigung 1	(08.92)	Berichtigungen zu DIN 4109/11.89, DIN 4109 Bbl 1/11.89 und DIN 4109 Bbl 2/11.89
DIN 4109 Beiblatt 1/A1	(09.03)	Schallschutz im Hochbau – Ausführungsbeispiele und Rechenverfahren; Änderung A1
DIN 4109 Beiblatt 1/A2	(02.10)	Schallschutz im Hochbau – Beiblatt 1: Ausführungsbeispiele und Rechenverfahren; Änderung A2
DIN 4109 Beiblatt 2	(11.89)	Schallschutz im Hochbau; Hinweise für Planung und Ausführung; Vorschläge für einen erhöhten Schallschutz; Empfehlungen für den Schallschutz im eigenen Wohn- oder Arbeitsbereich
DIN 4109 Beiblatt 3	(06.96)	Schallschutz im Hochbau – Berechnung von $R'_{w,R}$ für den Nachweis der Eignung nach DIN 4109 aus Werten des im Labor ermittelten Schalldämm-Maßes R_w
DIN 4109/A1	(01.01)	Schallschutz im Hochbau – Anforderungen und Nachweise; Änderung A1
DIN 4109-11	(05.10)	Schallschutz im Hochbau – Teil 11: Nachweis des Schallschutzes – Güte- und Eignungsprüfung

Novellierung der DIN 4109 als Vornorm 11.06

16 Dämmstoffe

16.4.1 Definitionen und Anforderungen

Als Schall bezeichnet man mechanische Schwingungen und Wellen eines elastischen Mediums, insbesondere im Frequenzbereich des menschlichen Hörens. Durch einen Ton oder ein Geräusch erzeugter Schall breitet sich in der Luft als **Luftschall** aus. Er kann raumbegrenzende Bauteile in Schwingungen versetzen. Diese können die Luftteilchen des Nachbarraumes zu Schwingungen anregen. Auf diese Weise entsteht Luftschallübertragung. Wird ein Bauteil direkt, z.B. eine Decke durch Begehen, zu Schwingungen angeregt, so spricht man von Körperschall, im Fall der begangenen Decke von **Trittschall**. Maßnahmen zur Verminderung der Luft- und Trittschallübertragung dienen der *Schalldämmung*.

Beim Auftreffen der von einer Schallquelle erzeugten Wellen auf raumbegrenzende Flächen wird ein Teil der Wellen in den Raum reflektiert und verstärkt den von der Schallquelle ausgehenden Direktschall. Man bezeichnet diese Erscheinung als **Raumschall** oder Nachhall. Der nichtreflektierte Teil der Schallenergie wird in Wärme umgewandelt. Diese *Schallschluckung* oder *Schallabsorption* ist von der Schalldämmung zu unterscheiden. Erstere vermindert den Schallpegel vorwiegend im Raum der Schallerzeugung (siehe dazu Abschnitt 16.4.4), Letztere in angrenzenden Räumen.

Die Schalldämmung von raumabschließenden Bauteilen ist in der Regel bei verschiedenen Schwingungsfrequenzen der erzeugten Schallwellen von verschiedener Qualität. Eine Beurteilung über einen mittleren Schalldämmwert ist daher unzweckmäßig. Aus diesem Grund hat man zur Beurteilung der Luft- und Trittschalldämmung sogenannte **Soll-** oder **Bezugskurven** eingeführt, die einerseits die Frequenzverteilung üblicher Geräusche, andererseits die von der Frequenz abhängige Empfindlichkeit des menschlichen Gehörs im Bereich zwischen 100 und 3.200 Herz berücksichtigen.

Zur zahlenmäßigen Kennzeichnung der Luftschalldämmung von Bauteilen dient das auf diese Weise **bewertete Schalldämm-Maß R_w** bzw. R'_w in Dezibel (dB). Das *Labor-Schalldämm-Maß* R_w wird verwendet, wenn der Schall ausschließlich durch das zu prüfende Bauteil übertragen wird, z.B. in einem Prüfstand ohne Flankenübertragung. Das *Bau-Schalldämm-Maß* R'_w wird verwendet bei zusätzlicher Flanken- oder anderer Nebenwegübertragung, z.B. bei Prüfungen in Prüfständen mit festgelegter bauähnlicher Flankenübertragung oder bei Prüfungen in ausgeführten Bauten mit den dort vorhandenen Nebenwegen.

Als *Nebenwegübertragung* bezeichnet man den nicht direkt über das trennende Bauteil, sondern über flankierende Bauteile, Undichtheiten, Rohrleitungen usw. übertragenen Teil des Luftschalls. *Flankenübertragung* als Teil der Nebenwegübertragung entsteht nur durch die flankierenden Bauteile.

Zur zahlenmäßigen Kennzeichnung der Trittschalldämmung von Decken und Treppen dient der **bewertete Norm-Trittschallpegel $L_{n,w}$** (Labor) bzw. $L'_{n,w}$ (Bau) in dB. Um die Eignung einer Massivdecke oder -treppe ohne Auflage (Rohdecke bzw. -treppe) für die Verwendung als gebrauchsfertige Decke oder Treppe mit einer Auflage zu kennzeichnen, verwendet man den *äquivalenten bewerteten Norm-Trittschallpegel* $L_{n,w,eq}$. Zusammen mit dem *Trittschallverbesserungsmaß* ΔL_w der Decken- oder Treppenauflage ergibt sich daraus der Norm-Trittschallpegel $L_{n,w}$ bzw. $L'_{n,w}$ der gebrauchsfertigen Decke oder Treppe zu

$$L_{n,w} = L_{n,w,eq} + \Delta L_w.$$

Anforderungen an den Mindestschutz und Empfehlungen zum erhöhten Schutz von Aufenthaltsräumen gegen Schallübertragung aus fremden sowie eigenen Wohn- und

16.4 Schallschutz

Arbeitsbereichen enthalten die DIN 4109 und das Beiblatt 2. Sie sind auszugsweise in Tafel 16.15 wiedergegeben (ausführlichere Normenauszüge siehe [3] und [6]). Beim Nachweis der *kursiv* gedruckten Werte $L'_{n,w}$ dürfen weichfedernde Bodenbeläge gemäß Tafel 16.20 nicht angerechnet werden.

Tafel 16.15 Schutz von Aufenthaltsräumen gegen Schallübertragung aus fremden Wohn- und Arbeitsbereichen (Mindestanforderungen nach DIN 4109 Tab. 3 und Vorschläge für einen erhöhten Schallschutz nach Beiblatt 2)

Alle Angaben in dB

Bauteile	Mindestanforderungen		erhöhter Schallschutz	
	R'_w	$L'_{n,w}$	R'_w	$L'_{n,w}$
1 Geschosshäuser mit Wohnungen und Arbeitsräumen				
Wände neben und Decken über Durch- und Einfahrten,[1] Wände neben, Decken über/unter Spiel- und Gemeinschaftsräumen	55	*53* *46*	–	46 –
Wohnungstrenndecken und -treppen,[2] Decken unter Bad und WC[1), 2)]	54	*53*	55	46
Wohnungstrennwände, Decken unter allgemein nutzbaren Dachräumen[2]	53	– *53*	55	– 46
Wände neben Hausfluren und Treppenräumen,[3] Decken über Kellern, Hausfluren und Treppenräumen[1]	52	– *53*	55	– 46
Decken unter Terrassen, Loggien, Laubengängen, unter Hausfluren und innerhalb zweigeschossiger Wohneinheiten[1]	–	*53* *53*	–	46
Treppenläufe und –podeste[4] Türen[5]	– 27	*58* –	– 37	46 –
2 Einfamilien-Doppelhäuser und -Reihenhäuser				
Haustrennwände Decken[1] Treppenläufe und -podeste, Decken unter Fluren	57 – –	– *48* *53*	67 – –	– 38 46

[1] Die Werte $L'_{n,w}$ gelten nur für die Trittschallübertragung in fremde Aufenthaltsräume, sowohl in waagerechter als auch in schräger oder senkrechter (nach oben) Richtung.
[2] In Gebäuden mit nicht mehr als zwei Wohnungen gilt für diese Decken und Treppen R'_w = 52 dB, für Decken unter Bad, WC und unter allgemein nutzbaren Dachräumen außerdem $L'_{n,w}$ = 63 dB.
[3] Für Wände mit Türen gilt die Anforderung erf R'_w (Wand) = erf R_w (Tür) + 15 dB; Wandbreiten ≤ 30 cm bleiben dabei unberücksichtigt.
[4] Keine Anforderungen bestehen an Treppenläufe in Gebäuden mit Aufzug und an Treppen in Gebäuden mit nicht mehr als zwei Wohnungen.
[5] Bei Türen gilt statt R'_w das im Prüfstand ermittelte Schalldämm-Maß R_w. Türen, die unmittelbar von Hausfluren oder Treppenräumen in Aufenthaltsräume von Wohnungen führen, müssen den Vorschlägen für den erhöhten Schallschutz entsprechen.

16 Dämmstoffe

Für Wände und Decken zwischen schutzbedürftigen Räumen und Räumen mit *besonders lauten*[8] haustechnischen Anlagen, Handwerks- und Gewerbebetrieben oder Verkaufsstätten wird zusätzlich gefordert:

– für Wände und Decke des besonders lauten Raumes je nach zu erwartendem Schalldruckpegel	$76 \leq L_A \leq 80$ dB $81 \leq L_A \leq 85$ dB	$R'_w \geq 57$ dB $R'_w \geq 62$ dB
– für den Fußboden des besonders lauten Raumes, unmittelbar über schutzbedürftigem Raum gelegen		$L'_{n,w} \leq 43$ dB

Weitere Einzelheiten siehe DIN 4109 bzw. [3] oder [6].

16.4.2 Schalldämmung durch einschalige Bauteile

Die **Luftschalldämmung** einschaliger, homogener und dichter biegesteifer Wände oder Decken hängt vor allem von der flächenbezogenen Masse m' des trennenden Bauteils ab, d.h., sie steigt mit der Dicke der Konstruktion bzw. mit der Rohdichte der verwendeten Baustoffe. Das zu erreichende Schalldämm-Maß R'_w wird aber auch vom *Schall-Längsdämm-Maß* R_{Lw} der flankierenden Wände und Decken (Flankenübertragung) und von der Ausbildung der Stoßstellen zwischen trennenden und flankierenden Bauteilen beeinflusst. Als einschalig gelten Wände und Decken mit unmittelbar aufgebrachtem Putz, Verbundestrich oder Estrich auf Trennschicht. Die flächenbezogenen Massen m' gemäß Tafel 16.16 sind wie folgt zu ermitteln:

– bei Wänden und Decken aus Normalbeton mit 2.300 kg/m³
– bei Aufbeton aus Normalbeton auf Decken mit 2.100 kg/m³
– bei Wänden und Decken aus Leichtbeton aus dem Nennwert der Rohdichteklasse, abzüglich 100 kg/m³ bei Rohdichteklassen > 1,0 und abzüglich 50 kg/m³ bei Rohdichteklassen ≤ 1,0
– bei Massivdecken mit Hohlräumen nach DIN 1055-1 abzüglich 15 %
– bei gemauerten Wänden, die aus Steinen oder Platten gemäß DIN 1053-1 oder DIN 4103-1 mit normalen Mörtelfugen hergestellt sind, nach dem Ansatz:
Masse der Wand in kg/m³ = 900 × Rohdichteklasse + K, wobei
K = 100 kg/m³ für Vermauerung von Steinen aller Rohdichteklassen mit Normalmörtel,
K = 50 kg/m³ für Vermauerung von Steinen der Rohdichteklassen 0,4 bis 1,0 mit Leichtmörtel ist
– bei Wänden aus Plansteinen und -bauplatten in Dünnbettmörtel wie bei Leichtbetonwänden
– die flächenbezogene Masse m' von Putz auf Wänden und Decken:

Putzart mit Putzdicke	d in mm	10	15	20
Gips- und Kalkgipsputz	kg/m²	10	15	–
Kalk-, Kalkzement- und Zementputz	kg/m²	18	25	30

– bei Verbundestrichen und Estrichen auf Trennschicht nach DIN 1055-1 abzüglich 10 %.

---

8 Als „besonders laut" gelten Räume mit einem häufig auftretenden A-Schalldruckpegel $L_A > 75$ dB. Die A-Bewertung schwächt die Frequenzbeiträge unter 1.000 Hz und über 5.000 Hz zum Gesamtergebnis ab.

16.4 Schallschutz

Tafel 16.16 Rechenwerte $R'_{w,R}$ für einschalige, biegesteife Wände und Decken

m' kg/m²	$R'_{w,R}$ dB	m' kg/m²	$R'_{w,R}$ dB	m' kg/m²	$R'_{w,R}$ dB	m' kg/m²	$R'_{w,R}$[1] dB
85	34	160	42	320	50	630	58
90	35	175	43	350	51	680	59
95	36	190	44	380	52	740	60
105	37	210	45	410	53	810	61
115	38	230	46	450	54	880	62
125	39	250	47	490	55	960	63
135	40	270	48	530	56	1040	64
150	41	295	49	580	57		

[1] Die Werte dieser Spalte gelten nur für die Ermittlung von $R'_{w,R}$ zweischaliger Wände (siehe Abschnitt 16.4.3).

Die Rechenwerte der Tafel 16.16 dürfen um 2 dB erhöht werden
– bei verputzten Wänden aus Porenbeton oder Leichtbeton mit Blähtonzuschlag, Steinrohdichten ≤ 0,8 und $m' ≤ 250$ kg/m²,
– bei Wänden aus Gips-Wandbauplatten nach DIN 4102-2 mit $m' ≤ 125$ kg/m², sofern diese am Rand ringsum mit 2 bis 4 mm dicken Streifen aus Bitumenfilz eingebaut werden.

Tafel 16.17 enthält Beispiele einschaliger Trennwände aus Steinen oder Platten, mit Normal- oder Dünnbettmörtel vermauert und beidseitig mit 1,5 cm dicker Putzbekleidung aus Kalk- oder Kalkzementputz (mit Gips- oder Kalkgipsputz gleicher Dicke um etwa 1 dB niedrigere R'_w). Außerdem sind die Werte um 1 dB zu verringern, wenn die mittlere flächenbezogene Masse der flankierenden Bauteile $m'_{L,Mittel} < 250$ kg/m² ist.

Als flankierende Bauteile einer Trennwand gelten die angrenzenden Wände und Decken, soweit sie biegesteif und auf der Innenseite unverkleidet sind und über die Trennwand hinaus durchlaufen. Ist z.B. die untere Decke mit einem schwimmenden Estrich „verkleidet", rechnet sie nicht dazu. Die mittlere flächenbezogene Masse $m'_{L,Mittel}$ ergibt sich als arithmetisches Mittel aus den Massen m'_i der einzelnen flankierenden Bauteile.

Tafel 16.17 Bauschalldämmmaß: Einschalige Wände mit $R'_w ≥ 52$ dB (siehe Erläuterungen im Text)

Mauerwerksdicke in cm	R'_w in dB für Steinrohdichteklasse					
	0,9	1,0	1,2	1,4	1,6	1,8	2,0
Mauersteine oder Bauplatten nach DIN 1053-1[1]							
17,5							52
24				52*	53	54	55
30			53*	54	55	57	58
36,5	52*	53*	55*	56	57	59	60
Verfüllziegel,[2] verfüllt mit	Mörtel $\rho_0 = 1{,}8$		Mörtel $\rho_0 = 2{,}0$		≥ B 15		
17,5					52		
24	53		55		55		
30	56		57		–		

[1] Werte mit * sind für Plansteine und Planbauplatten in Dünnbettmörtel um 1 dB zu reduzieren.
[2] Auch Schallschutzziegel genannt, als Blockziegel mit Mörtelverfüllung, als Planziegel mit Betonverfüllung.

16 Dämmstoffe

Mit einschaligen Decken sind die Anforderungen an die Luftschalldämmung noch schwerer zu erfüllen (siehe dazu Tafel 16.18), die Anforderungen an die **Trittschalldämmung** in der Regel überhaupt nicht. Sie müssen mit Unterdecken und/oder schwimmenden Estrichen „verbessert" werden und gelten dann als mehrschalig.

Tafel 16.18 Bauschalldämmmaß: Rechenwerte $R'_{w,R}$ und $L_{n,w,eq,R}$ für Massivdecken nach DIN 4109 Beiblatt 1

Deckenbauarten	$m'^{1)}$ kg/m²	ohne		mit	
		Unterdecke[2)]			
Stahlbeton-Vollplatten aus Normal- oder Leichtbeton, Porenbeton-Deckenplatten		$R'_{w,R}$ in dB[3)]			
		a_1	b_1	a_2	b_2
	150	41	49	49	52
	200	44	51	51	54
	250	47	53	53	56
	300	49	55	55	58
	350	51	56	56	59
	400	53	57	57	60
Gilt auch für folgende Decken nach DIN 1045:	450	54	58	58	61
– Plattenbalken- und Rippendecken					
– Stahlsteindecken	500	55	59	59	62
– Decken aus vorgefertigten Balken	$L_{n,w,eq,R}$ in dB[5)]				
– Decken aus Stahlbeton-Hohldielen und für	135	86		75	
Decken aus Stahlbetondielen nach DIN 4028	160	85		74	
	190	84		74	
	225	82		73	
	270	79		73	
	320	77		72	
	380	74		71	
	450	71		69	
	500	69		67	

[1)] Flächenbezogene Masse einschließlich eines etwaigen Verbundestrichs oder Estrichs auf Trennlage oder eines unmittelbar aufgebrachten Putzes; Ermittlung von *m'* wie bei einschaligen Bauteilen (gemäß Abschnitt 16.4.2).
[2)] Biegeweiche Unterdecken, z.B. aus Putz auf Putzträger, aus Gipskartonplatten nach DIN 18 180, Dicke 12,5 oder 15 mm, oder aus Holzwolle-Leichtbauplatten nach DIN 1101, $d \geq 25$ mm, verputzt.
[3)] Spalten a_1 und a_2 für Massivdecken mit unmittelbar aufgebrachten Estrichen oder Gehbelegen, Spalten b_1 und b_2 für Massivdecken mit schwimmenden Estrichen oder anderen schwimmend verlegten Belägen.
[4)] Zum Beispiel aus Faserdämm-Matten nach DIN 18 165-1, Typ WL-w oder W-w, Nenndicke 40 mm, längenbezogener Strömungswiderstand (siehe Abschnitt 16.4.4) ≥ 5 kN · s/m⁴.
[5)] Bei Verwendung von schwimmenden Estrichen mit mineralischen Bindemitteln sind die Tabellenwerte für Decken *mit Unterdecken* um 2 dB zu erhöhen.

16.4 Schallschutz

16.4.3 Schalldämmung durch mehrschalige Bauteile

Bei den zweischaligen **Wänden** unterscheidet man zwischen
– Wänden aus zwei schweren biegesteifen Schalen,
– einschaligen biegesteifen Wänden mit biegeweicher Vorsatzschale,
– Wänden aus zwei biegeweichen Schalen auf Unterkonstruktion.

Während es für die zwei zuletzt genannten Wandbauarten umfangreiche Vorschriften gibt (hierzu muss auf die Ausführungsbeispiele im Beiblatt 1 zu DIN 4109 verwiesen werden), sind Wände aus zwei schweren Schalen einfacher zu beurteilen.

Gösele empfiehlt, die bis zum Fundament durchgehende Trennfuge mindestens 40 mm dick auszuführen und mit dicht an dicht verlegten Faserdämmstoffplatten Typ T (siehe Abschnitt 16.3.1) zu füllen, die im Deckenbereich vor dem Anbetonieren mit Folie abzudecken sind. Zur Ermittlung von R'_w schlägt er für Wände mit flächenbezogener Masse $m' \geq 300$ kg/m² den folgenden Ansatz vor:

$$R'_w = 50 \cdot \lg(m'/300) + 20 \cdot \lg(d/10) + 56 \text{ dB},$$

wobei m' = flächenbezogene Masse der Gesamtkonstruktion einschließlich Putz in kg/m² wie bei einschaligen Wänden gleicher Gesamtdicke zu ermitteln und für d der Schalenabstand in mm einzusetzen ist.

Das nach DIN 4109 Beiblatt 1 erlaubte Näherungsverfahren, wonach R'_w wie für einschalige Wände gleicher Gesamtdicke (gemäß Tafel 16.17) ermittelt und dann um 12 dB erhöht werden kann, gilt für Schalenabstände ≥ 30 mm, unter bestimmten Voraussetzungen sogar ohne Dämmstoffeinlage, und liegt daher auf der sicheren Seite. Andererseits ergeben sich insbesondere bei schweren Schalen erhebliche Abweichungen zwischen den beiden Ansätzen. Die tatsächlichen Werte liegen in der Regel wohl irgendwo dazwischen. Auch über die Frage, ob zur Vermeidung negativer Resonanzeffekte besser zwei gleiche Schalen oder verschieden dicke bzw. schwere Schalen günstiger sind, streiten die Experten.

Ein gemeinsames Fundament wirkt sich schalltechnisch ungünstig aus, ist aber oft schwer zu umgehen. Falls schutzbedürftige Räume unmittelbar an ein solches Fundament angrenzen, also bei Souterrain-Wohnungen oder nicht unterkellerten Gebäuden, sollte die Trennwand in diesem Bereich einen um einige Dezibel höheren Schallschutz haben.

Rechenwerte für den *Luftschallschutz* von **Massivdecken** enthält Tafel 16.18. Dabei gelten die Decken gemäß Spalte a_1 als einschalig (ohne schwimmenden Estrich und ohne Unterdecke), die Übrigen als mehrschalig. Bei einschaligen Decken sind die Werte $R'_{w,R}$, wie bei einschaligen Wänden, um 1 dB zu verringern, wenn $m'_{L,Mittel}$ der flankierenden Bauteile < 250 kg/m² ist. Für mehrschalige Decken gelten folgende Korrekturwerte $K_{L,I}$:

$m'_{L,Mittel}$ in kg/m²	450	400	350	300	250	200	150	100
Korrekturwert $K_{L,I}$ in dB	–	+ 2	+ 1	0	–1	–2	–3	–4

Ermittlung von $m'_{L,Mittel}$ wie bei den einschaligen Wänden (Abschnitt 16.4.2) erläutert.
Tafel 16.18 enthält auch Rechenwerte der *äquivalenten Norm-Trittschallpegel* $L_{n,w,eq,R}$ für Decken ohne Deckenauflage gemäß Abschnitt 16.4.1. Die Decken müssen in der Regel durch schwimmende Estriche und/oder weichfedernde Bodenbeläge verbessert werden. Der Norm-Trittschallpegel $L'_{n,w}$ der fertigen Decke muss um mindestens 2 dB unter dem nach Tafel 16.15 geforderten Wert erf $L'_{n,w}$ liegen. Daraus ergibt sich das notwendige Verbesserungsmaß zu

$$\Delta L_w \geq L_{n,w,eq,R} + 2 \text{ dB} - \text{erf } L'_{n,w}$$

16 Dämmstoffe

Tafel 16.19 Trittschallverbesserungsmaß: Rechenwerte $\Delta L_{w,R}$ für Estriche nach DIN 18 560-2 auf Massivdecken und Dämmstoffplatten nach DIN 18 164-2 und DIN 18 165-2 gemäß DIN 4109 Beiblatt I

Dämmstoffe mit dyn. Steifigkeit $s' \leq$	50	40	30	20	15	10	MN/m³
Gussasphaltestriche mit m' = 45 kg/m²	20	22	24	26	27	29	dB
Estriche mit m' = 70 kg/m²	22	24	26	28	29	30	dB

Tafel 16.20 Trittschallverbesserungsmaß: Rechenwerte $\Delta L_{w,R}$ für weichfedernde Bodenbeläge[1] auf Massivdecken gemäß DIN 4109 Beiblatt 1

Art der Deckenauflage		$\Delta L_{w,R}$ in dB	
1 Bodenbeläge aus Linoleum und PVC[2]			
Linoleum-Verbundbelag nach DIN EN 687		14	
PVC-Beläge mit genadeltem Jutefilz als Träger nach DIN EN 650		13	
mit Synthesefaser-Vliesstoff als Träger nach DIN EN 650		13	
mit Unterschicht aus PVC-Schaumstoff nach DIN EN 651		16	
mit Korkment als Träger nach DIN EN 652		16	
2 Textile Bodenbeläge nach DIN ISO 2424			
Nadelvlies, unbeschichtet, Dicke = 5 mm		20	
Polteppiche (siehe Kapitel 13.3.1)	4 mm	19	19
1. Spalte mit geschäumter 2. Spalte mit ungeschäumter 6 mm	6 mm	24	21
Unterseite, Dicken a_{20} nach DIN 53 855-3	8 mm	28	24

[1] Bodenbeläge müssen durch Hinweis auf die jeweilige Norm gekennzeichnet sein. Das maßgebliche Verbesserungsmaß muss auf dem Erzeugnis oder auf der Verpackung angegeben sein.
[2] Die Werte sind Mindestwerte; sie gelten nur für aufgeklebte Beläge.

Tafel 16.20 zeigt deutlich den Einfluss des Federungsvermögens, der sogenannten *dynamische Steifigkeit s'* auf das Verbesserungsmaß. Trittschalldämmstoffe nach DIN 18 164-2 und DIN 18 165-2 müssen deshalb in Steifigkeitsgruppen eingeordnet und entsprechend gekennzeichnet werden (siehe Abschnitte 16.4.1 und 16.4.2). Andere Dämmstoffe haben erheblich größere dynamische Steifigkeiten, die sich aus dem dynamischen Elastizitätsmodul E_{dyn} und der Dämmstoffdicke im belasteten Zustand d_a wie folgt ergeben:

Tafel 16.21 Dynamische Elastizitätsmodule E_{dyn} in MN/m² (Richtwerte)

Holzwolle-Leichtbauplatten	5,25	Schüttungen aus	
Holzfaserdämmplatten	1,95	Vermiculite	2,60
Blähkorkplatten	6,50	Korkschrot	1,60

16.4.4 Schallschluckung

Hinsichtlich der Raumschallminderung durch Schallschluckung werden in DIN 4109 keine Anforderungen gestellt. Schallschluckung dient (in erster Linie, siehe unten) der Schall-

16.4 Schallschutz

regulierung im Raum selbst und nicht dem Schutz benachbarter Räume. Trotzdem ist sie für bestimmte Räume wie Hörsäle, Konzertsäle, Kirchenräume usw. von entscheidender Bedeutung für eine zweckentsprechende Raumnutzung.

Wichtigster Kennwert für die Raumschallregulierung ist der *Schallschluckgrad α (Schallabsorptionsgrad)*. Er ist definiert als Verhältnis der nichtreflektierten zur auftretenden Schallenergie, d.h., $\alpha = 0$ bedeutet vollständige Reflexion, $\alpha = 1$ vollständige Absorption. Der Schallschluckgrad ist frequenzabhängig. Außerdem ist er keine reine Stoffeigenschaft, da er auch durch die Schichtdicke, den Wandabstand usw. beeinflusst wird. In den einschlägigen Baustoffnormen (siehe z.B. Abschnitte 16.5.6 und 16.5.7) werden daher Grenzwerte für die Schallabsorptionsgrade α_s angegeben, die diese Systemeigenschaften berücksichtigen (s.a. Auswahl von α_s-Werten in [1] bzw. [1a] sowie in [16.1]). Schließlich unterscheidet man zwischen porösen Absorbern und Resonanzabsorbern (Plattenschwingern).

Poröse Schallabsorber benötigen zur Schallschluckung eine ausreichende *Porosität* von $\sigma = V_{Luft}/V_{ges} \geq 80\,\%$, wobei die Poren untereinander verbunden und nach außen offen sein müssen. Das trifft für Mineral-, Glas- und Holzfaserplatten zu, außerdem für offenporige Kunststoffschäume, z.B. Polyurethan-Weichschaum. Neben der Porosität ist noch der *längenbezogene Strömungswiderstand* Ξ für den Schallschluckgrad poröser Stoffe von Bedeutung. Er wird gemessen in kN · s/m⁴ und ist eine Kenngröße für den Widerstand, den der poröse Stoff dem Schalldurchgang entgegensetzt: Bei gleicher Porosität ist der Strömungswiderstand vieler enger „Porenkanäle" größer als der weniger und entsprechend weiterer Kanäle. Ein optimaler Schallschluckgrad ergibt sich für einen mittleren Strömungswiderstand, das ist bei einer angenommenen Porosität von $\sigma = 0{,}80$ etwa der Bereich

$$1{,}0\,\text{kN} \cdot \text{s/m}^3 \leq \Xi \cdot d \leq 3{,}0\,\text{kN} \cdot \text{s/m}^3,$$

wobei d die Dicke des porösen Stoffes in m ist.

Wird eine poröse Dämmschicht auf eine nichtporöse Schicht aufgebracht, so lässt sich damit auch eine *Verbesserung der Luftschalldämmung* im Bereich der mittleren und hohen Frequenzen erzielen. Als Maß für die erreichbare Verbesserung dient vor allem das Produkt $\Xi \cdot d$, das möglichst groß sein soll. Man nutzt diese Möglichkeit der Luftschalldämmung in Form der sogenannten Hohlraumdämpfung in zweischaligen Bauteilen. So werden in den Ausführungsbeispielen des Beiblattes 1 zu DIN 4109 für Wände oder Decken mit Vorsatzschalen (z.B. mit Unterdecken) oder aus zwei biegeweichen Schalen schallschluckende Einlagen aus mineralischen Faserdämmstoffen mit $\Xi \geq 5\,\text{kN} \cdot \text{s/m}^4$ und in der Regel mindestens 40 mm Dicke verlangt, d.h. mit einem Produkt $\Xi \cdot d \geq 0{,}2\,\text{kN} \cdot \text{s/m}^3$.

Als **Resonanzabsorber** oder Plattenschwinger wirken dünne, dichte oder gelochte Platten, z.B. 3,5 mm dicke harte Holzfaserplatten, 4 mm dicke Sperrholzplatten, 8 bis 19 mm dicke Spanplatten sowie 9,5 und 12,5 mm dicke Gipskartonplatten. Die Platten müssen auf einer Lattung montiert werden. Der zwischen Untergrund und Absorber eingeschlossene Luftraum wirkt als Feder. Das Maximum der Schallabsorption weist der Plattenschwinger im Bereich seiner Resonanzfrequenz f_0 auf. Diese kann man durch Wahl des Wandabstands a und des Flächengewichts m' der schwingenden Platte nach dem Ansatz

$$f_0 = 160 \cdot \sqrt{s/w} = 160 \cdot \sqrt{E_{dyn}/(a \cdot m)}\ \text{in Hz}$$

beeinflussen. Trotzdem ist eine Raumschallregulierung mit Resonanzabsorbern nur für tiefe bis mittlere Frequenzen möglich, da für die hohen Frequenzen so geringe Gewichte m'

16 Dämmstoffe

notwendig wären, wie sie aus Festigkeitsgründen praktisch nicht realisierbar sind.

Praktische Ausführungen von Schallabsorbern stellen meist eine Kombination aus porösem Absorber und Resonanzabsorber dar. Denn einmal verlangen poröse Stoffe aus Gründen der mechanischen Beanspruchung und der Optik vielfach nach einer Verkleidung. Eine solche Verkleidung aus Holzfaser-, Span-, Gips- oder Gipskartonplatten beeinflusst einerseits den Schallschluckgrad des dahinterliegenden porösen Absorbers nicht, wenn ihr Loch- oder Schlitzanteil ausreichend groß ist, und wirkt andererseits in gewissem Umfang als Resonanzabsorber mit. Das Problem liegt darin, den Lochanteil der Verkleidung so groß zu halten, dass die Wirksamkeit des porösen Absorbers in den hohen Frequenzbereichen möglichst wenig beeinträchtigt wird, ihn aber auch nicht so groß zu wählen, dass keine Resonanzabsorption mehr zustande kommt. Eine optimale Absorption in allen Bereichen wird daher durch den in Abb. 16.1 skizzierten kombinierten Schallabsorber erreicht: Der Lochanteil der Verkleidung ist groß, und für die Absorption in den tiefen Frequenzbereichen wird ein zusätzlicher Plattenschwinger hinter dem porösen Absorber angebracht.

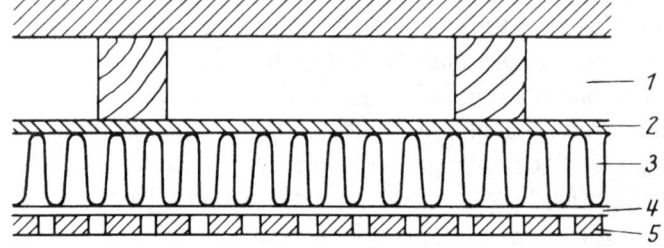

1 Wandabstand
2 Absorberabdeckung = Plattenschwinger
3 Dämmstoff
4 Rieselschutz
5 Lochplatte

Abb. 16.1 Prinzipieller Aufbau eines kombinierten Schallabsorbers

16.5 Brandschutz

Normen

DIN 4102[9]		Brandverhalten von Baustoffen und Bauteilen
DIN 4102-1	(05.98)	Brandverhalten von Baustoffen und Bauteilen – Teil 1: Baustoffe; Begriffe, Anforderungen und Prüfungen Dokument wurde berichtigt
DIN 4102-1 Berichtigung 1	(08.98)	Berichtigung zu DIN 4102-1:1998-05 (zurückgezogen)
DIN 4102-2	(09.77)	Brandverhalten von Baustoffen und Bauteilen; Bauteile, Begriffe, Anforderungen und Prüfungen
DIN 4102-3	(09.77)	Brandverhalten von Baustoffen und Bauteilen; Brandwände und nichttragende Außenwände, Begriffe, Anforderungen und Prüfungen
DIN 4102-4	(05.16)	Brandverhalten von Baustoffen und Bauteilen; Zusammenstellung und Anwendung klassifizierter Baustoffe, Bauteile und Sonderbauteile
DIN 4102-4/A1	(11.04)	Brandverhalten von Baustoffen und Bauteilen – Teil 4: Zusammenstellung und Anwendung klassifizierter Baustoffe, Bauteile und Sonderbauteile; Änderung A1 (zurückgezogen)
DIN 4102-5	(09.77)	Brandverhalten von Baustoffen und Bauteilen; Feuerschutzabschlüsse, Abschlüsse in Fahrschachtwänden und gegen Feuer widerstandsfähige Verglasungen, Begriffe, Anforderungen und Prüfungen

---

9 Außer den genannten Teilen existieren noch die reinen Prüfnormen Teile 8 und 14 bis 19. Für den Brandschutz im Industriebau sind auch die Normen DIN 18 230, DIN 18 232 und DIN 18 234 zu beachten.

16.5 Brandschutz

DIN 4102-6	(09.77)	Brandverhalten von Baustoffen und Bauteilen; Lüftungsleitungen, Begriffe, Anforderungen und Prüfungen
DIN 4102-7	(07.98)	Brandverhalten von Baustoffen und Bauteilen – Teil 7: Bedachungen; Begriffe, Anforderungen und Prüfungen
DIN 4102-8	(10.03)	Brandverhalten von Baustoffen und Bauteilen – Teil 8: Kleinprüfstand
DIN 4102-9	(05.90)	Brandverhalten von Baustoffen und Bauteilen; Kabelabschottungen; Begriffe, Anforderungen und Prüfungen
DIN 4102-11	(12.85)	Brandverhalten von Baustoffen und Bauteilen; Rohrummantelungen, Rohrabschottungen, Installationsschächte und -kanäle sowie Abschlüsse ihrer Revisionsöffnungen; Begriffe, Anforderungen und Prüfungen
DIN 4102-12	(11.98)	Brandverhalten von Baustoffen und Bauteilen – Teil 12: Funktionserhalt von elektrischen Kabelanlagen; Anforderungen und Prüfungen
DIN 4102-13	(05.90)	Brandverhalten von Baustoffen und Bauteilen; Brandschutzverglasungen; Begriffe, Anforderungen und Prüfungen
DIN 4102-14	(05.90)	Brandverhalten von Baustoffen und Bauteilen; Bodenbeläge und Bodenbeschichtungen; Bestimmung der Flammenausbreitung bei Beanspruchung mit einem Wärmestrahler
DIN 4102-15	(05.90)	Brandverhalten von Baustoffen und Bauteilen; Brandschacht
DIN 4102-16	(09.15)	Brandverhalten von Baustoffen und Bauteilen – Teil 16: Durchführung von Brandschachtprüfungen
DIN 4102-17	(12.90)	Brandverhalten von Baustoffen und Bauteilen; Schmelzpunkt von Mineralfaser – Dämmstoffen; Begriffe, Anforderungen, Prüfung
DIN 4102-18	(03.91)	Brandverhalten von Baustoffen und Bauteilen; Feuerschutzabschlüsse; Nachweis der Eigenschaft „selbstschließend" (Dauerfunktionsprüfung)
DIN 4102-22	(11.04)	Brandverhalten von Baustoffen und Bauteilen – Teil 22; Anwendungsnorm zu DIN 4102 – 4 auf der Bemessungsbasis von Teilsicherheitsbeiwerten (zurückgezogen)

Normenzweck
Mit Hilfe der DIN 4102 kann das Brandverhalten von Baustoffen und Bauteilen bestimmt werden. Neben Begriffsdefinitionen wird die Einordnung von Baustoffen nach ihrer Brennbarkeit in **Baustoffklassen** sowie die Einordnung von Bauteilen und Sonderbauteilen nach ihrer Feuerwiderstandsdauer in **Feuerwiderstandsklassen** geregelt.
DIN 4102 enthält dagegen, im Unterschied zu DIN 4108 und DIN 4109, **keine Anforderungen** an den vorbeugenden baulichen Brandschutz in Abhängigkeit von Gebäudeart und -nutzung. Solche Anforderungen sind vielmehr in den Landesbauordnungen sowie in verschiedenen ergänzenden Verordnungen und Richtlinien dazu niedergelegt. Im Detail weichen deshalb die Anforderungen an den baulichen Brandschutz leider in den Bundesländern etwas voneinander ab.

Gemäß Abb. 16.2 wird der bauliche Brandschutz in zwei Bereiche gegliedert. Für das vorliegende Kapitel ist ausschlaggebend der vorbeugende Brandschutz, also die präventiven Maßnahmen zur Verhinderung eines Brandes, dessen Ausbreitung und die Sicherung der Rettungswege mittels Einsatz und Anwendung der hierfür relevanten Dämmstoffe. Die Zuordnung erfolgt nach Tafel 16.6 und 16.7.

16 Dämmstoffe

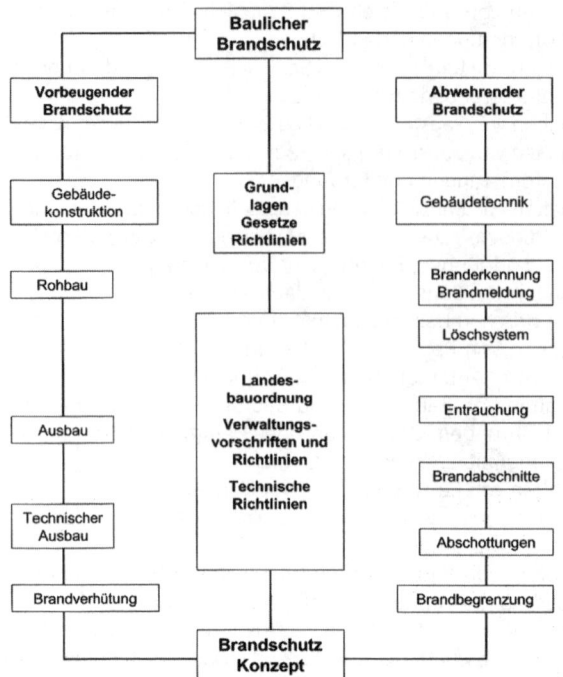

Abb. 16.2 Bereiche des baulichen Brandschutzes (bzw. 16.18)

Insbesondere sollte auch bei der Wahl von Baustoffen, die nicht im eigentlichen Sinn zu den für den Brandschutz erforderlichen Bauteilen gehören, der Aspekt der Rauchentwicklung von Stoffen (siehe Euroklassen in Legende zu Abb. 16.6/16.7) berücksichtigt werden. Nach Abb. 16.3 werden die beiden Zonen Rauchschicht (direkter Rauch) und raucharme Schicht (Anreicherung von Kaltgasen) unterschieden. Circa 70 bis 80 % der gesamten Brandwärme sind der Rauchschicht zuzuordnen, die wiederum vornehmlich das deckenunterseitige Raumvolumen betrifft. Geeignete Baustoffe für den Brandschutz müssen einen Schmelzpunkt von mehr als 1.000 °C haben. Es gelten die Feuerwiderstands- bzw. Kapselklassen nach DIN EN 14 135.

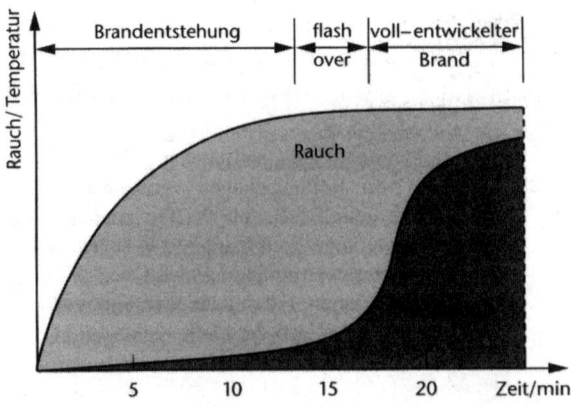

Abb. 16.3 Rauch- und Wärmeentwicklung beim natürlichen Brand (qualitativ) (bzw. 16.18)

16.5 Brandschutz

16.5.1 Brennbarkeit von Baustoffen

Für die praktische Bauplanung ist Teil 4 der Norm von besonderer Bedeutung. Er enthält klassifizierte, d.h. ohne weiteren Nachweis des Brandverhaltens zu verwendende Baustoffe und Bauteile. Alle dort nicht aufgeführten Baustoffe müssen nach DIN 4102-1 geprüft und durch ein Prüfzeugnis in eine Baustoffklasse gemäß Tafel 16.22 eingeordnet werden. Soweit sie nicht allein durch eine solche Prüfung einzuordnen sind, bedürfen sie einer *allgemeinen bauaufsichtlichen Zulassung* oder einer Zustimmung im Einzelfall. Das gilt in der Regel für alle Baustoffe, die in die Klassen A2 und B1 eingereiht werden sollen.[10]

Tafel 16.22 Baustoffklassen nach DIN 4102-1

Baustoffklasse	bauaufsichtliche Benennung	Baustoffklasse	bauaufsichtliche Benennung
A	nichtbrennbare Baustoffe	B	brennbare Baustoffe
A1	(ohne brennbare Bestandteile)	B1	schwerentflammbare Baustoffe
A2	(mit brennbaren Bestandteilen)	B2	normalentflammbare Baustoffe
		B3	leichtentflammbare Baustoffe

Nach DIN 4102 geprüfte und klassifizierte Baustoffe sind entsprechend ihrem Brandverhalten zu kennzeichnen (DIN 4102 A1, DIN 4102 A2 usw.). Von dieser Kennzeichnungspflicht ausgenommen sind nur
- Baustoffe der Klasse A1, die in DIN 4102-4 aufgeführt sind, und
- Holz und Holzwerkstoffe mit einer Rohdichte > 400 kg/m³ und einer Dicke > 2 mm der Baustoffklasse B2.

Neben den nach DIN 4102-4 *klassifizierten* Baustoffen („kl. B.") wurden auch Baustoffe aus der Bauregelliste A Teil 1[11], sogenannte *geregelte* Baustoffe („ger. B."), aufgenommen, die nur bei wesentlichen Abweichungen von den in der Regelliste genannten Normen (in diesem Zusammenhang also von DIN 4102) einer allgemeinen bauaufsichtlichen Zulassung oder einer Zustimmung im Einzelfall bedürfen.

Nach der Bauregelliste benötigen alle Baustoffe (mit Ausnahme einiger offensichtlich nicht brennbarer) neben der Kennzeichnung nach DIN 4102 einen **Übereinstimmungsnachweis** (Ü-Zeichen) in folgender Form:
- ÜH Übereinstimmungserklärung des Herstellers auf der Grundlage einer Erstprüfung und laufender Produktkontrolle (Eigenüberwachung) durch den Hersteller.
- ÜHP Erstprüfung durch eine anerkannte Prüfstelle vor der Übereinstimmungserklärung des Herstellers.
- ÜZ Übereinstimmungzertifikat durch eine anerkannte Zertifizierungsstelle und Fremdüberwachung durch eine anerkannte Überwachungsstelle.

16.5.2 Feuerwiderstandsdauer von Bauteilen

Bauteile und Sonderbauteile werden aufgrund ihrer Feuerwiderstandsdauer, während deren im Einzelnen festgelegte Bauteilfunktionen (z.B. tragende oder raumabschließende) nicht verloren gehen dürfen, in Feuerwiderstandsklassen eingestuft.

---

10 Die bisherige Prüfzeichenpflicht nach den Landesbauordnungen ist entfallen.
11 Die Bauregelliste wird in den Mitteilungen des Instituts für Bautechnik veröffentlicht und laufend ergänzt.

Tafel 16.23 Feuerwiderstandsklassen nach DIN 4102-2, -3 und -13

Feuerwiderstandsdauer in min	Bauteile allgemein	nichttragende Außenwände	G-Verglasungen	bauaufsichtliche Benennung
≥ 30	F 30	W 30	G 30	feuerhemmend[1]
≥ 60	F 60	W 60	G 60	
≥ 90	F 90	W 90	G 90	feuerbeständig[2]
≥ 120	F 120	W 120	G 120	
≥ 180	F 180	W 180	–	(hochfeuerbeständig)

[1] In den Landesbauordnungen kommt zusätzlich zu F 30 für feuerhemmend noch die Bezeichnung F 30-AB vor, d.h. feuerhemmend und in den wesentlichen Teilen aus nichtbrennbaren Baustoffen.
[2] Neben der Bezeichnung F 90 für feuerbeständig gibt es die Bezeichnungen F 90-AB und F 90-A, d.h. feuerbeständig und in den wesentlichen Teilen bzw. vollständig aus nichtbrennbaren Baustoffen.

An Bauteile der Feuerwiderstandsklasse W werden gegenüber denen der Klasse F abweichende Anforderungen gestellt. Grundsätzlich können jedoch auch nichttragende Außenwände in die F-Klassen eingeordnet werden, wenn sie die dort verlangten Anforderungen erfüllen. Für Verglasungen gibt es analog die Feuerwiderstandsklassen G und F (siehe dazu Abschnitt 3.10). Ebenfalls gelten spezifische Bezeichnungen analog für technische Gewerke, z.B. E 90 (Elektrische Anlagen), L 90 (Lüftung).

Die folgende Übersicht soll die brandschutztechnische Bedeutung von Dämmstoffen und einigen anderen Baustoffen aufzeigen, soweit sie in Form von Putzen, Verkleidungen, Beplankungen oder Zwischenschichten die Feuerwiderstandsdauer von Bauteilen erhöhen. Einzelheiten dazu sind der Norm oder den Auszügen in [3] und [6] zu entnehmen.

Faserdämmstoffe zur Verwendung im baulichen Brandschutz müssen DIN 18 165 entsprechen, eine Rohdichte von $\rho \geq 30$ kg/m³ aufweisen, aus Mineralfasern mit einem Schmelzpunkt über 1.000 °C (z.B. aus Schlacken- oder Steinfasern) bestehen und Baustoffe der Klasse A, als Dämmschichten unter Estrichen und Kiesschüttungen mindestens der Klasse B 1 sein. Sie sind brandschutztechnisch notwendig als Einlagen unterschiedlicher Dicke in zweischaligen Wänden aus Holzwerkstoffen, Holzwolle-Leichtbau- oder Gipskartonplatten. Als Dämmschichten unter nichtbrennbaren Estrichen können sie die Feuerwiderstandsdauer von Decken erhöhen bzw. zu einer Verringerung der Deckendicke bei gleichem Feuerwiderstand führen.

Putze erhöhen generell die Feuerwiderstandsdauer von Wänden, Decken, Balken und Stützen, wenn sie gemäß DIN 4102-4 ausgeführt werden. Besonders wirksam sind Perlite- oder Vermiculiteputze auf nichtbrennbaren Putzträgern wie Drahtgewebe oder Streckmetall. Bei den Mindestabmessungen von Stahlbetonbauteilen oder der Mindestüberdeckung ihrer Stahleinlagen können an die Stelle von 1 cm Normalbeton ersatzweise folgende Putzdicken treten:
– 15 mm Putz P II oder P IVc nach DIN 18 550, ohne Putzträger (maximal 20 mm),
– 10 mm Putz P IVa oder b nach DIN 18 550, ohne Putzträger (maximal 25 mm),
– 8 mm Putz nach DIN 18 550, auf nichtbrennbaren Putzträgern (maximal 25 mm),
– 5 mm Perlite- oder Vermiculiteputz, auf nichtbrennbaren Putzträgern (maximal 30 mm).

Mehr als die Maximalwerte in Klammern dürfen brandschutztechnisch nicht angerechnet werden, wobei die Dicken über Putzträger gemessen werden. Putze verwendet man im baulichen Brandschutz auch bei der Verkleidung von Stahlbauteilen.

16.5 Brandschutz

Holzwolle-Leichtbauplatten nach DIN 1101 sind als schwerentflammbare Baustoffe für den baulichen Brandschutz sehr geeignet. Als nichttragende zweischalige Wände können sie mit 60 mm Mineralfasereinlage und beidseitigem Putz auf Putzträger je nach Art und Dicke des verwendeten Putzes in die Klassen F 30-B bis F 180-B eingeordnet werden. In zweischaligen raumabschließenden Wänden aus Holzwerkstoffen können sie als brandschutztechnisch notwendige Dämmschicht dienen. Als dichtgestoßene verlorene Schalung unter Normalbetondecken erlauben sie in fast allen Fällen eine Verminderung der Betondicke bzw. der Überdeckung der unteren Stahleinlagen. Unterdecken aus Holzwolle-Leichtbauplatten unter Rippen und Balkendecken aus Normalbeton, unter Decken mit frei liegenden Stahlträgern oder unter Holzbalkendecken lassen, unter Verzicht auf andere Maßnahmen, eine Einreihung in die Klassen F 30-AB bis F 60-AB (bzw. F 30-B bis F 60-B bei Holzbalkendecken) zu.

Holzfaser- und Spanplatten sind nur bedingt für den baulichen Brandschutz verwendbar. Ausschließlich mit solchen Platten beplankte Leichtbauwände sind, wenn sie entsprechend dicke Dämmschichteinlagen haben, als raumabschließende Wände bis F 90-B klassifiziert, bei beidseitiger Brandbeanspruchung nur bis F 30-B. Spanplatten nach DIN 68 763 mit $\rho \geq 600$ kg/m^3 haben auch als obere oder untere Bekleidung von Holzbalkendecken brandschutztechnische Bedeutung.

Gips-Wandbauplatten und -Deckenplatten nach DIN 18 163 und DIN 18 169, als Baustoffe unbrennbar[12], können als zweischalige Wände, als Ummantelungen von Stahlträgern und Stahlstützen oder als Unterdecken unter Massiv-, Stahlträger- oder Holzbalkendecken bei entsprechender Konstruktion bis zur Feuerwiderstandsklasse F 180 führen.

Gipskartonplatten nach DIN 18 180, mit geschlossener Oberfläche unbrennbar, sonst schwerentflammbar, sind infolge ihrer guten Verarbeitbarkeit als Verkleidungen aller Art der beliebteste Feuerschutzbaustoff, insbesondere in Form der Feuerschutzplatten GKF. Nichttragende zweischalige Wände aus GKF-Platten mit geschlossener Oberfläche und einer Mineralfasereinlage können bis F 180-B konstruiert werden, wenn sie raumabschließend sind. Ebenso führen zusätzliche Beplankungen mit GKF-Platten zur brandschutztechnischen Verbesserung von Leichtbauwänden aus Holzwerkstoffen. Hierbei spielt das chemisch gebundene Wasser des Calcium-Sulfat-Dihydrats, das Kristallwasser, eine entscheidende Rolle. Unterdecken aus GKP- oder GKF-Platten sind wie solche aus Holzwolle-Leichtbauplatten einsetzbar und in Verbindung mit verschiedenen Deckenbauarten klassifiziert. Unterdecken aus zwei Lagen GKF-Platten mit verspachtelten Fugen können bei Brandbeanspruchung von unten auch allein, d.h. ohne Berücksichtigung der darüber liegenden tragenden Decke, den Klassen F 30-B oder F 60-B angehören.

Einzelbauteile/Brandabschnitte

Als Ummantelung für frei liegende Träger oder Stützen aus Stahl oder Holz sind neben Brandschutzbekleidungen (Promat, Silca) Mauerwerk, Wandbauplatten, Putz auf Gewebe und auch Gipskartonplatten, vorwiegend des Typs GKF, klassifiziert.

Die Ummantelungen für die technische Gebäudeausrüstung, z.B. Lüftungskanäle, Kabeltrassen/-pritschen sind je nach Brandschutzauflagen gänzlich oder aber bei Querungen von Brandabschnitten F 90 zu schotten (Promat). Bei Wanddurchbrüchen sind diese nach absolutem Montageende mit Weichschotts F 90 zu schließen (Hilti, Minimax).

---

12 Anforderungen an die Dämmstoffeinlage bei Schallschluckplatten siehe Abschnitt 16.4.4.

16.6 Literatur

[16.1] Gösele, K./Schüle, W., Schall – Wärme – Feuchte, 10. Aufl., Bauverlag GmbH, Wiesbaden/Berlin, 1997, s. auch: Lutz, P. u.a., Lehrbuch der Bauphysik – Schall, Wärme, Feuchte, Licht, Brand, Klima, 6. Aufl., Teubner, Wiesbaden, 2007
[16.2] Gösele, K., Schallschutz im Mauerwerksbau, in: Mauerwerk-Kalender, Ernst & Sohn, Berlin, 1998 und 1999
[16.3] Rieche, G./Zepf, K., Gesichtspunkte zur Auswahl des „richtigen" Wärmedämm-Verbundsystems, in: das bauzentrum, Heft 9/95, S. 34–44, Darmstadt
[16.4] Riechers, H.-J., Putzmörtel – Wärmedämm-Verbundsystem – Estrichmörtel, in: Mauerwerk-Kalender, Ernst & Sohn, Berlin 2003
[16.5] Bender, U./Hegner, H.-D./Hirsch, R., Bemessungswerte der Wärmeleitfähigkeit von Mauerwerk, in: Mauerwerk-Kalender, Ernst & Sohn, Berlin 2003
[16.6] Stiegel, H./Hauser, G., Wärmebrückenkatalog für Modernisierungs- und Sanierungsmaßnahmen zur Vermeidung von Schimmelpilzen, IRB Verlag, 2006
[16.7] Lohmeyer, G. C./Post, M./Bergmann, H., Praktische Bauphysik, 7. Aufl., Teubner, 2010
[16.8] Lutz, P./Jenisch, R./Klopfer, H./Freymuth, H./Petzold, K./Stohrer, M., Lehrbuch der Bauphysik, 6. Aufl., Teubner, 2007
[16.9] Fouad, N. A. (Hrsg.), Bauphysik-Kalender – Schwerpunkt: Brandschutz, Ernst & Sohn, 2011
[16.10] Fouad, N. A. (Hrsg.), Bauphysik-Kalender – Schwerpunkt: Gesamtenergieeffizienz von Gebäuden, Ernst & Sohn, 2007
[16.11] Cziesielski, E. (Hrsg.), Bauphysik-Kalender – Schwerpunkt: Nachhaltiges Bauen und Bauwerksabdichtungen, Ernst & Sohn, 2005
[16.12] Cziesielski, E. (Hrsg.), Bauphysik-Kalender – Schwerpunkt: Schimmelpilze in Gebäuden, Ernst & Sohn, 2003
[16.13] Vieweg Handbuch Bauphysik, Vieweg, 1. Aufl., 2006
[16.14] DIN e. V. (Hrsg.), Dämmstoffe, Baustoffe, 2. Aufl., Beuth, 2005
[16.15] Reyer, E./Schild, K./Völkner, S., Kompendium der Dämmstoffe, 3. Aufl., IRB Verlag, 2002
[16.16] IBO – Österreichisches Institut f. Baubiologie u. -ökologie/Donau-Universität (Hrsg.), Ökologie der Dämmstoffe, 1. Aufl., Springer Wien, 2000
[16.17] Grobe, C. (Hrsg.), Praxis-Check Architektur: Energiesparende Gebäudetechnik und innovative Dämmstoffe, 1. Aufl., WEKA media, 2005
[16.18] Fouad, N. A. (Hrsg.), Bauphysik-Kalender – Schwerpunkt: Gebäudediagostik, Ernst & Sohn, 2012
[16.19] Thomas H. (Hrsg.), Denkmalpflege für Architekten und Ingenieure, Verlagsgesellschaft Rudolf Müller GmbH & Co. KG, Köln 2004
[16.20] Appel S., Brandschutz im Detail, Decken, Band 3;Feuertrutz GmbH Verlag für Brandschutz, Köln 2014
[16.21] Künzel H., Bauphysik und Denkmalpflege; Fraunhofer IRB Verlag, Stuttgart, 2. Erweiterte Auflage 2009
[16.22] Ansorge D., Bauwerksabdichtung Band 1, Fraunhofer IRB Verlag, Stuttgart, 2003
[16.23] Graefe R., Kellersanierung, Verlagsgesellschaft Rudolf Müller GmbH & Co. KG, Köln2014
[16.24] Hölzen F-H., Kein Wärmeschutz ohne Feuchteschutz, Fraunhofer IRB Verlag, Stuttgart, 2015
[16.25] Stempel U., Häuser energetisch sanieren und dämmen, Franzis Verlag GmbH, Poing 2010
[16.26] Riedel W., Oberhaus H., Frössel F., Haegele W. ‚Wärmedämm -Verbundsysteme, Fraunhofer IRB Verlag, , Stuttgart, 2007; Baulino Verlag, Waldshut-Tiengen, 2007
[16.27] Lückmann R., Fassaden, Weka Media GmbH & Co, KG, Kissing 2014
[16.28] Arbeiter K., Innendämmung, Verlagsgesellschaft Rudolf Müller GmbH & Co. KG, Köln2014
[16.29] Pregizer D., Schimmelpilzbildung in Gebäuden, VDE Verlag GmbH, Berlin u. Offenbach 2014
[16.30] Gabriel I., Holzfassaden, ökobuch Verlag, Staufen bei Freiburg, 2009

17 Holz und Holzwerkstoffe

Prof. Dipl.-Holzw. Rainer Grohmann

Normen

DIN EN 844-1 bis -12		Rund- und Schnittholz – Terminologie (Holzbegriffe in engl., franz. und dt.)
Teil 1 und 3	(04.95)	Allgemeine Begriffe
Teil 2	(08.97)	Terminologie
Teil 4	(08.97)	Feuchtegehalt
Teil 5 und 6	(08.97)	Maße
Teil 7	(08.97)	Anatomischer Aufbau des Holzes
Teil 8 und 9	(08.97)	Merkmale
Teil 10	(06.98)	Verfärbung und Pilzbefall
Teil 11	(06.98)	Insektenbefall
Teil 12	(03.01)	Zusätzliche Begriffe und allgemeiner Index (Stichwortverzeichnis der Begriffe)

17.1 Allgemeines [17.8], [17.11], [17.35]

Der **Wald** hat in den Wechselbeziehungen zwischen den Lebewesen und ihrer Umwelt, d.h. der Ökologie, vor allem Bedeutung als Wasser- und Kohlenstoffspeicher, Windschutz, Schutz vor Bodenerosion, Staubfilter, Luftfeuchteregulator und als Erholungsgebiet für den Menschen. Der Wald ist einer der größten Sauerstofferzeuger und in den Kulturlandschaften letzter Lebensraum für viele Pflanzen und Tiere.

In Deutschland wird seit über 200 Jahren **nachhaltige Holzwirtschaft** betrieben. Das heißt u.a., dass dem Wald nicht mehr Holz entnommen wird, als nachwächst. Holz ist ein CO_2-neutraler, erneuerbarer und stets verfügbarer Baustoff. Aus der Bundeswaldinventur 2004 ergeben sich zur Holznutzung in Deutschland folgende Zahlen:

Tafel 17.1 Holznutzung in Deutschland ohne Brennholz

Baumarten-gruppe	Holzeinschlag 2004 ohne Brennholz in Mio. m^3	potenziell mögliches Rohholz-Aufkommen in Mio. m^3	Nutzung vom potenziell möglichen Rohholz-Aufkommen in %
Eiche	2,0	4,8	41,7
Buche	8,7	23,4	37,2
Fichte	33,7	27,5	121,5
Kiefe	10,3	15,0	68,7
Summe	**54,5**	**70,1**	**Durchschnitt 67 %**

In Deutschland werden also nur ca. 67 % des pro Jahr nachwachsenden Holzes genutzt.

17.2 Aufbau des Holzes [17.9], [17.10]

17.2.1 Lebendes Holz

Durch die Wurzeln im Boden werden Wasser und die darin befindlichen Nährstoffe wie N, P, S, K, Na, Ca und Spurenelemente aufgenommen und im Splintholz des Stammes zu den Blättern bzw. Nadeln geleitet. Diese nehmen über kleine Spaltöffnungen auf ihrer Unterseite aus der Luft CO_2 auf. Unter Mitwirkung von Sonnenenergie und Chlorophyll als Katalysator entstehen durch Photosynthese unter Abspaltung von Sauerstoff (Assimilation) zunächst Glucose und andere Kohlenhydrate als Monomere. Diese Stoffe wandern in der innersten Rinde, der so genannten Bastschicht, nach unten, wo aus ihnen die Holz- und Bastzellen gebildet werden (siehe Abschn. 17.2.3).

17.2.2 Chemischer Aufbau des Holzes [2], [17.36]

Tafel 17.2 Chemische Elemente in Masse-%

C	H	O	N	Mineralien/Asche
40 bis 50	5 bis 6	44	0,01	0,6

Tafel 17.3 Chemische Verbindungen in Masse-%

Substanz	Zellulose	Polyosen = Hemizellulosen	Lignin	Inhalts- bzw. Extraktstoffe
Masse-Anteil an der Holzsubstanz in %	40 – 60	6 – 27	18 – 41	2 – 7
Funktion	Gerüstsubstanz, „Armierung", überwiegend kristallin	Verbindung von Zellulose und Lignin, teils Gerüstsubstanz, überwiegend amorph, leicht von Schädlingen angreifbar	verleiht Druckfestigkeit	Schutz vor mikrobiellem Befall, Wundverschluss, Dauerhaftigkeit

Die Holzinhaltsstoffe sind vor allem für die Beständigkeit des Holzes bedeutsam.

Zellulose: aus fadenförmigen Makromolekülen aufgebaut, Grundbaustein: β-d-Glucose. Grundbausteine verknüpft zu langen Ketten, die ihrerseits wieder mit benachbarten Ketten in den sogenannten teilkristallinen Bereichen durch Wasserstoffbrückenbindungen miteinander verknüpft sind. Dadurch entstehen die hohe Zugfestigkeit des Zellulosefadens und seine relativ hohe chemische Beständigkeit.

Lignin: Makromolekül aufgebaut aus sogenannten C_9-Phenylpropan-Einheiten, somit ein Benzolderivat, dessen chemischer Bau noch nicht ganz aufgeklärt ist. Es entsteht gegen Ende des Zellwachstums. Lignin bewirkt eine Versteifung des Zellgerüstes und ist für die Druckfestigkeit des Holzes maßgebend.

17.2.3 Makroskopischer Aufbau des Holzes

Kambium ist das Bildungsgewebe, das für Dickenwachstum sorgt. Es ist eine dünne Zellteilungsschicht, die nach außen Bast- und nach innen Holzzellen bildet. Die **Markröhre** im Innern des ersten Wachstumsringes hat beim älteren Stamm im Allgemeinen 1 bis 2 mm Durchmesser. Die **Bastzellen** sind der innere lebende Teil der **Rinde**. Durch den fortlaufenden Dickenzuwachs des Holzes reißt die Rinde je nach Holzart mehr oder weniger auf. Die abgestorbenen Schichten bilden die äußere **Borke,** mit der Funktion Schutz vor Austrocknung und mechanischer Beschädigung.

17.2 Aufbau des Holzes

Das äußere Bild des Holzes wird von den drei Stammschnitten geprägt (siehe Abb. 17.1): Tangential- bzw. Sehnenschnitt, Radialschnitt und Quer- bzw. Hirnschnitt.

Der **Tangential-** oder **Fladerschnitt** zeigt die Jahresringe in einer für das Holz typischen, oft attraktiven, kegelförmigen Zeichnung. Die Markstrahlen sind rechtwinklig durchgeschnitten, von länglicher, spindelförmiger Gestalt und unterschiedlicher Höhe. Ihre Länge beträgt bei Eiche bis 20 mm, bei Rotbuche bis 6 mm, bei Ahorn bis 1 mm, bei Nadelhölzern ist sie noch kleiner.

Der **Radial-** oder **Spiegelschnitt** ist für die Holzartenbestimmung am wichtigsten. Die Jahresringe erscheinen hier als parallele Streifen. Die Markröhre ist nur bei Schnitt genau durch das Zentrum sichtbar. Radial verlaufen die Holzstrahlen hell und oft glänzend als sogenannter Spiegel; sie sind deutlich sichtbar bei Eiche, Hainbuche und Rotbuche, noch erkennbar bei Ahorn, Linde, Robinie und Rüster. Die längs aufgeschnittenen großen Gefäße nennt man Poren; grobporig bei Eiche, Esche, Ulme, Nussbaum; feinporig bei Buche, Ahorn, Linde.

Im **Quer-** oder **Hirnschnitt** sieht man bei Bäumen der gemäßigten Klimazone, farblich deutlich voneinander abgesetzt, die Jahrringe, bestehend aus den dünnwandigen, weitlumigen Zellen des **Frühholzes** und den dickwandigen, englumigen Zellen des **Spätholzes**. Innerhalb eines Jahresringes ist das hellere Frühholz vom dunkleren Spätholz bei Nadelholz gut, bei Laubhölzern nur zum Teil gut erkennbar. Bei tropischen Hölzern erfolgt der Zuwachs unabhängig vom Jahresrhythmus. Zuwachszonen sind nur verschwommen oder gar nicht erkennbar.

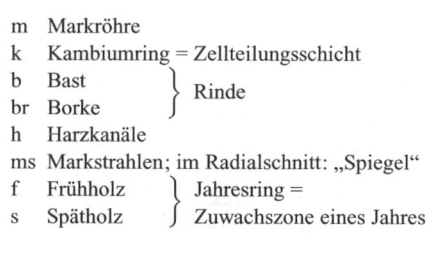
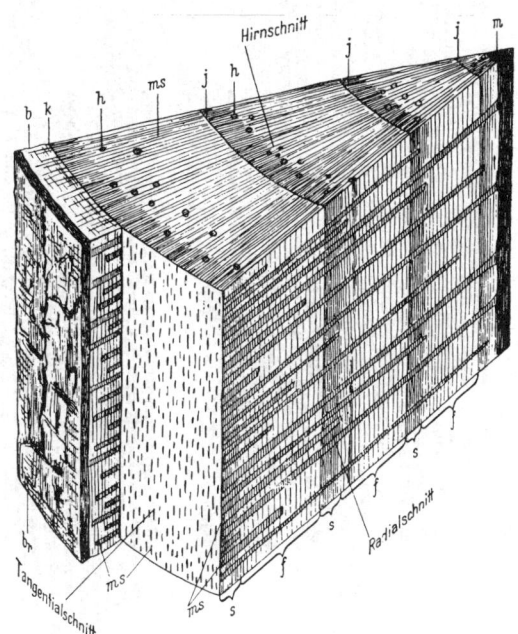

m Markröhre
k Kambiumring = Zellteilungsschicht
b Bast ⎫
br Borke ⎬ Rinde
h Harzkanäle
ms Markstrahlen; im Radialschnitt: „Spiegel"
f Frühholz ⎫ Jahresring =
s Spätholz ⎭ Zuwachszone eines Jahres

Abb. 17.1 Hirn- bzw. Quer- und Radialschnitt einer vierjährigen Kiefer [17.1]

Weiter unterscheidet man im Querschnitt Splint- und Kernholz. Das außen liegende **Splintholz** enthält lebende Zellen und dient der Saftleitung im lebenden Stamm. Bei Erle, Weißbuche, Aspe bzw. Pappel und Bergahorn nimmt es ohne Farb- und Feuchtigkeitsun-

17 Holz und Holzwerkstoffe

terschiede den gesamten Stammquerschnitt ein: Splintholzbäume. Das innen liegende, oft dunklere **Kernholz** besteht aus abgestorbenen Holzzellen, die keinen Saft mehr führen. Sie enthalten die im Laufe der Zeit abgelagerten Holzinhaltsstoffe, weshalb das Kernholz im Allgemeinen trockener, schwerer, härter, dauerhafter und schlechter imprägnierbar ist als das Splintholz. Kernholzbäume sind Kiefer, Lärche, Douglasie, Eiche, Kastanie, Nussbaum, Robinie. **Reifholz** unterscheidet sich vom hellen Splint farblich nicht, ist jedoch deutlich trockener als dieser und entspricht auch in anderen Eigenschaften dem Kernholz. Reifholzbäume wie Fichte, Tanne, Rotbuche, Linde, Birnbaum sind also Bäume mit hellem Kern.

17.2.4 Mikroskopischer Aufbau des Holzes

Die Holzzellen haben unterschiedliche, prismatische, faser- oder schlauchartige Formen mit Durchmessern von 25 bis 100 µm und verschiedenartige Funktionen (s. Tafel 17.4 und Abb. 17.2 und 17.3).

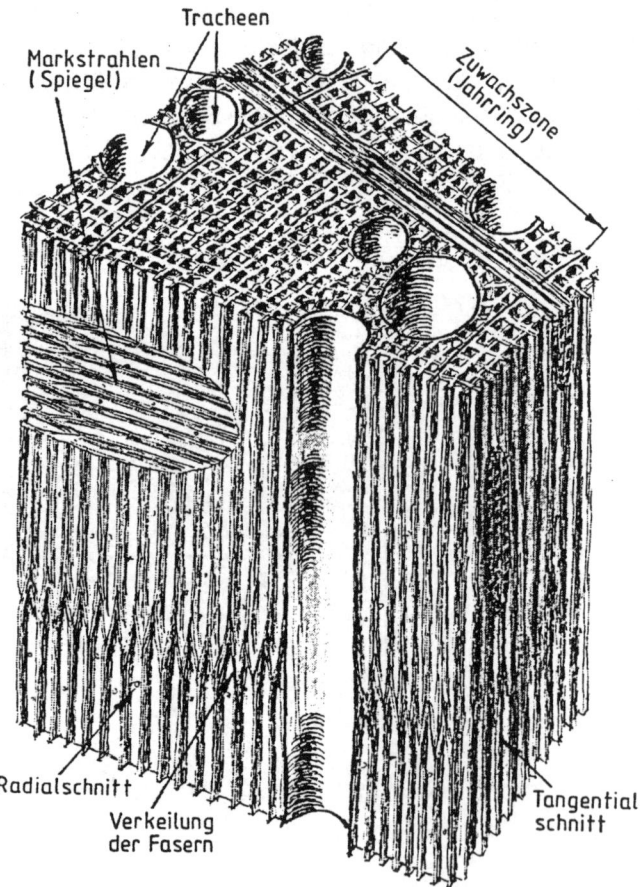

Abb. 17.2
Ein Jahresring der Eiche (etwa 20fach) nach [17.17]

Fasern (Sklerenchymzellen) sind ineinander verkeilt. Poren (Tracheen) und Markstrahlen (Parenchymzellen) sind angeschnitten.

17.2 Aufbau des Holzes

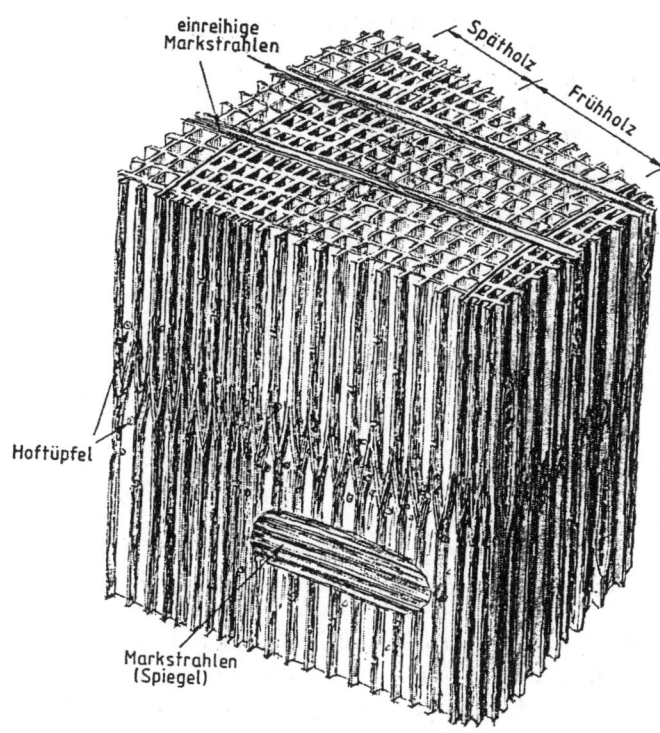

Abb. 17.3
Ein Jahresring der Kiefer (etwa 15fach) nach [17.17]

Tracheiden des Frühholzes sind dünnwandig und weitlumig, die des Spätholzes sind dickwandig und englumig; die Markstrahlen (Parenchymzellen) sind im Quer- und Radialschnitt (Spiegel) angeschnitten.

Tafel 17.4 Arten und Funktionen von Holzzellen nach [17.9]

Funktion	Laubholz	Nadelholz
Leiten	Gefäße = Tracheen	Frühholz-Tracheiden
Stützen	Sklerenchymzellen	Spätholz-Tracheiden
Speichern	Parenchymzellen	Parenchymzellen

Die Parenchymzellen als Speichergewebe sind dünnwandige Zellen von fast prismatischer Form. Sie speichern Reservestoffe für die Knospen- und Blütenbildung und verlaufen als Strang-Parenchymzellen axial in Stammrichtung oder als Strahlen-Parenchymzellen, Mark- oder Holzstrahlen in radialer Richtung.

Sklerenchymzellen = Festigungsgewebe sind dickwandige, langgestreckte zugespitzte Zellen, die beim Laubholz stützende Funktion haben. **Tracheen** = Poren = Gefäße sind beim Laubholz röhrenförmige Zellen und dienen der Saftleitung; Durchmesser bis 0,5 mm, Länge durchschnittlich 10 cm, maximal bis 2 m.

Tracheiden bei Nadelholz sind lang gestreckte, axial in Stammrichtung verlaufende spindelförmige Zellen, entweder weitlumig und mit dünnen Zellwänden oder englumig mit kleinem Hohlraum und dicken Zellwänden.

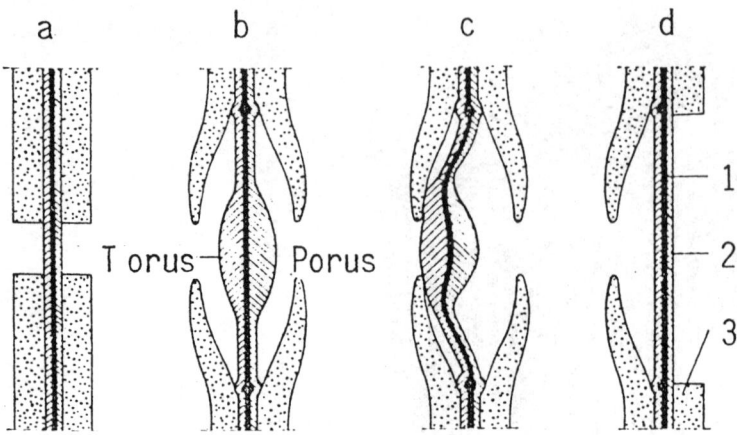

Abb. 17.4 Hoftüpfel nach [17.9]
 a) Einfachtüpfel;
 b) üpfel beidseitig behöft, Torus in Mittelstellung;
 c) üpfel beidseitig behöft, Torus angelegt, d.h. Tüpfel verschlossen;
 d) Tüpfel einseitig behöft: 1 Mittellamelle, 2 Primärwand, 3 Sekundärwand

Tracheen und Frühholztracheiden besitzen zum Safttransport untereinander Querverbindungen. Diese sind als sogenannte **Hoftüpfel** (siehe Abb. 17.4) ausgebildet, entweder als runde oder ovale Vertiefungen mit einer dünnen, flüssigkeitsdurchlässigen Schließhaut bei Einfachtüpfeln, oder sie bestehen, hauptsächlich bei Nadelholz, aus einer Öffnung = Porus mit einer in der Mitte verdickten Schließhaut = Torus, die je nach Stellung auch als Verschlussklappe wirken kann.
Auswirkungen von Tüpfelverschluss in der Praxis: erschwerte Imprägnierung und langsamere Trocknung.

17.3 Merkmale des Holzes

a) Risse sind Aufspaltungen längs der Holzfasern. Sie entstehen während der Trocknung infolge eines zu starken Feuchtegradienten oder durch sogenannte Schwindungsanisotropie: Holz schwindet in tangentialer Richtung bis zu 10 %, radial maximal 5 %, axial ca. 0,3 %. Man unterscheidet Oberflächen-, Hirn- oder Innenrisse. Je nach Ausprägung kann die Festigkeit wesentlich gemindert werden. Auch wird das Eindringen von Wasser und Schädlingen erleichtert.
Kern- oder **Sternrisse** gehen stets von der Markröhre aus. Sie entstehen bald nach dem Fällen am Stammende und mindern die Tragfähigkeit. Sie sind ungünstig für spätere Schnittware.
Ringklüfte oder **Schälrisse:** Hierunter versteht man die umlaufende oder teilweise Trennung von Jahresringen vor allem durch ungleichmäßig breite Jahresringausbildung. Die Folge ist ein erheblicher Festigkeitsverlust. Ringklüfte und Schälrisse sind die Ursache von Ring- und Wundfäule, das Holz ist für Bauschnittholz aller Sortierklassen ungeeignet. Diese Holzfehler werden verursacht durch stark unterschiedliche Licht- und Wasserangebote im Laufe eines Baumlebens.
Blitz- und **Frostrisse** entstehen durch Blitzschlag bzw. starke Abkühlung und Zusammenziehen der äußeren Schichten bei Frost. Der Rissverlauf geht von der Rinde aus radial tief ins Innere. Der Baum überwallt diese Risse oft und bildet sogenannte Frostleisten. Sie

machen das Holz für Bauzwecke unbrauchbar. Blitz- und Frostrisse werden leicht zum Einfallstor für Pilz- und Tierschädlinge, ähnlich wie bei Wildfraß. Das Holz ist oft nur noch als Brennholz verwendbar.

b) Äste setzen die Festigkeit herab, und zwar wird die Zug- und Biegezugfestigkeit je nach Astgröße und -Häufigkeit extrem herabgesetzt. Wichtig für die Einstufung des Holzes in die Güte- bzw. Sortierklasse sind die Größe des Einzelastdurchmessers und die Summe der Astdurchmesser auf einer bestimmten Länge (siehe Abschn. 17.9.2). Holz mit losen Ästen ist für Tischlerzwecke, mit faulen Ästen auch für Bauzwecke unbrauchbar.

c) Harzgallen sind linsenförmige Hohlräume. Sie entstehen am lebenden Baum als Folge großer Durchbiegungen bei Wind. Das Harz ergießt sich dabei örtlich unter das abgehobene Kambium. Der Harzfluss erfolgt besonders in der Wärme, Anstriche haften auf Harzgallen schlecht.

d) Sonstige Wuchsmerkmale
Abholzigkeit nennt man die Abweichung des Stammes von der Zylinderform.
Einseitiger Wuchs bzw. **Krümmungen** entstehen meist bei bestimmten Holzarten infolge einseitiger Belastungen: Hanglage, Winddruck, einseitige Krone. Solches Holz weist häufig Verformungen nach dem Trocknungsprozess auf. Abhilfe: Bei Balkenholz die engen Jahresringe auf die Zugseite legen; siehe auch DIN 4074.
Drehwuchs: Spiraliger Faserverlauf um die Markröhre. Äußerlich erkennbar an Trocknungs- oder Schwindrissen mit schraubenförmigem Verlauf beim Rundholz oder schräg laufend beim Schnittholz. Die zulässige Abweichung der Faser auf 1 m Länge ist für alle Sortierklassen des Bauschnittholzes festgelegt.
Verfärbungen: Rot- und Braunstreifigkeit, verursacht durch Pilzbefall, sind in begrenztem Umfang zulässig, je nach Sortierklasse bestehen Unterschiede, da sie Zeichen beginnenden Stockens sind. Blaufärbungen kommen besonders beim Splintholz der Kiefer vor. Die „Bläue" ist statisch unbedenklich, sie erfordert jedoch einen deckenden Anstrich.
Reaktionsholz wird im lebenden Baum als Reaktion auf äußere Beanspruchungen, z.B. Hanglage oder Wind, gebildet und besitzt eine vom normalen Holz abweichende Struktur. Man unterscheidet Druck- bzw. Rotholz bei Nadelbäumen und Zug- bzw. Weißholz bei Laubbäumen. In mäßigem Umfang ist Reaktionsholz ohne wesentlichen Einfluss auf die Festigkeitseigenschaften. Es besitzt jedoch ein ausgeprägtes Längsschwindverhalten und kann dadurch eine erhebliche Krümmung des Schnittholzes verursachen.

Fehler durch Insekten
Insektenfraßgänge setzen die Festigkeit herab und begünstigen das Eindringen von Feuchtigkeit. Reine Oberflächengänge sind unschädlich.

17.4   Holzarten und allgemeine Eigenschaften des Holzes

Normen
DIN 68 364	(05.03)	Kennwerte von Holzarten; Festigkeit, Elastizität, Resistenz
DIN EN 350-1	(10.94)	Dauerhaftigkeit von Holz und Holzprodukten; Natürliche Dauerhaftigkeit von Vollholz; Teil 1: Grundsätze für die Prüfung und Klassifikation der natürlichen Dauerhaftigkeit von Holz
-2	(10.94)	wie vor; Teil 2: Leitfaden für die natürliche Dauerhaftigkeit und Tränkbarkeit von ausgewählten Holzarten von besonderer Bedeutung in Europa

Nadelhölzer (NH) und Laubhölzer (LH), alle Kurzbezeichnungen nach DIN 4076.

17 Holz und Holzwerkstoffe

Tafel 17.5 Kennwerte wichtiger Bauholzarten nach DIN 68 364 (05.2003)

	1	2	3	4	5	6	7	8	9	10	11	12	13	14	15	16
				mittl. Bruchfestigkeiten in N/mm²					mittlere elastische Eigenschaftswerte[4]							
Nr.	Holzart	Kurz-zeichen nach DIN 4076-1	Roh-dichte[1]	Zug β_Z long.	Druck β_D long.	Bie-gung β_B	Schub[2] τ_a	Propor-tionali-täts grenze[3] σ_{DP}	Elasti-zitäts-modul E N/mm²	Schub-modul G N/mm²	Querkontraktion 10⁻⁵ mm²/N					Resis-tenz[5]
									long.	tang.	rad.	long., rad.	long., tang.			
	Benennung		g/cm³					N/mm²	$\frac{1}{S_{22}}$	$\frac{1}{S_{11}}$	$\frac{1}{S_{33}}$	$\frac{1}{S_{44}}$	$\frac{1}{S_{66}}$	$-S°_{12}$	$-S°_{32}$	Klasse
1	Nadelholz	NH														
1.1	Douglasie (Oregon pine) *Pseudotsuga menziesil Franco*	DGA	0,54	100	50	80	9,5	7	12.000	700	900	800	900	3,8	2,2	3
1.2	Fichte *Picea abies Karst.*	FI	0,47	80	40	68	7,5		10.000	450	800	600	650	3,3	2,7	4
1.3	Kiefer *Pinus sylvestris L.*	KI	0,52	100	45	80	10		11.000	500	1000		680	2,7	2,8	3 bis 4
1.4	Lärche, Europäische *Larix decidua Mill.*	LA	0,50	105	48	93	9	7	12.000							3
1.5	Redcedar, Western *Thuja plicata Donn.*	RCW	0,37	60	35	54	6	6,8	8.000							2
1.6	Tanne *Abies alba Mill.*	TA	0,47	80	40	68	7,5		10.000	450						4
2	Laubholz	LH														
2.1	Afrormosia *Pericopsis elata van Meeuven*	AFR	0,69	130	70	125	13		13.000							2
2.2	Afzelia (Doussie) *Afzelia spp.*	AFZ	0,79	120	70	115	12,5		13.500							1
2.3	Agba (Tola branca) *Gossweilerodendron balsamiferum Harms*	AGB	0,50	52	40	65	7,5		7.000							2 bis 3
2.4	Angélique (Basralocus) *Dicorynia guanensis Arnsh., D. parensis Benth.*	AGQ	0,76	130	70	120	12		14.000							1
2.5	Azobé (Bongossi) *Lophira alata Banks ex. Gaertn.*	AZO	1,06	180	95	180	14		17.000							1
2.6	Buche *Fagus sylvatica L.*	BU	0,69	135	60	120	10		14.000	1.160	2.280	1.640	1.080	3,7	3,2	5
2.7	Eiche *Quercus robur L.*	EI	0,67	110	52	95	11,5	8,5	13.000	1.000		1.150	800			2
2.8	Greenheart *Ocotea rodjej Mez*	GRE	1,00	220	100	180	14		22.000							1
2.9	Iroko (Kambala) *Chlorophora excelsa Benth. & Hook, C. regia A. Chev.*	IRO	0,63	79	55	95	10	5,8	13.000	900	1.450	1.080	980	4,5	2,6	1 bis 2
Fußnoten siehe nächste Seite.																

17.8

17.4 Holzarten und allgemeine Eigenschaften des Holzes

Tafel 17.5 (Fortsetzung)

	1	2	3	4	5	6	7	8	9	10	11	12	13	14	15	16
				\multicolumn{4}{} mittl. Bruchfestigkeiten in N/mm²			mittlere elastische Eigenschaftswerte[4]						
Nr.	Holzart	Kurzzeichen nach DIN 4076-1	Rohdichte[1]	Zug β_z long.	Druck β_D long.	Biegung β_B	Schub[2] τ_a	Proportionalitätsgrenze[3] σ_{DP}	Elastizitätsmodul E N/mm²			Schubmodul G N/mm²		Querkontraktion 10^{-5} mm²/N		Resistenz[5]
									long.	tang.	rad.	long., rad.	long., tang.			
	Benennung		g/cm³					N/mm²	$\frac{1}{S_{22}}$	$\frac{1}{S_{11}}$	$\frac{1}{S_{33}}$	$\frac{1}{S_{44}}$	$\frac{1}{S_{66}}$	$-S°_{12}$	$-S°_{32}$	Klasse
2.10	Kotibe (Danta) *Nesogordiniapaverifera Capuron, N. spp.*	KOB	0,74	140	65	130	8		11.000							2
2.11	Mahagoni, Amerikanisches *Swietenia macrophylla King*	MAE	0,54	100	45	80	11		9.500	570	990	770	590	4,6	2,6	2
2.12	Mahagoni, Khaya (Afrika, Mahagoni) *Khaya ivorensis A. Chev Kaya authoteca C. DC.*	MAA	0,50	62	43	75	9,5		9.500	420	1.040	830	560	6,2	2,9	3
2.13	Mahagoni, Kosipo- *Entandrophragma candollei Harms*	MAK	0,70	78	59	96	13	5,1	11.500	780	1.330					2 bis 3
2.14	Mahagoni, Sipoö (Utile) *Entandrophragma utile Spraque*	MAU	0,59	110	58	100	9,5	3,4	11.000	950	1.300	1.140	940	4,8	3,1	2
2.15	Makoré *Tieghemella heckelii Pierre (Mimusops heckelii)*	MAC	0,66	85	53	103	9	5,3	11.000	820	1.390	1.160	830	3,8	2,7	1 bis 2
2.16	Meranti, Rotes[6] *Shorea curtisii Dyer King, S. pauciflora King, S. spp.*	MER	0,71	146	63	119	9,2	3,6	14.500	670	1.810					2 bis 3
2.17	Merbau (Kwila) *Intsia bijuga O. Ktze., 1. spp.*	MEB	0,80	140	70	130	15		16.000							1 bis 2
2.18	Niangon *Tarrietia utilis Spraque (Heritiera utilis) T. densiflora Aubrev. & Normand*	NIA	0,69	130	53	110	9		11.000							2 bis 3
2.19	Teak *Tectona grandis L. f.*	TEK	0,69	115	58	100	10		13.000							1

[1] Rohdichte im normalklimatisierten Zustand (allgemein durch Umrechnung der Werte nach DIN 4076-1 ermittelt).
[2] Schubbeanspruchung in einer Ebene parallel zur Faserrichtung (stark abhängig von der Probenform).
[3] Bei Druckbeanspruchung quer zur Faserrichtung (siehe Abschn. 17.8.6).
[4] Kurzzeichen S gemäß *Keylwerth, R.:* Die anisotrope Elastizität des Holzes und der Lagerhölzer, VDI-Forschungsheft 430, 1951. Es bedeuten: $1/S_{22}$, $1/S_{11}$, $1/S_{33}$: E-Modul in Faser-, Tangential- bzw. Radialrichtung; $1/S_{44}$, $1/S_{66}$: Schubmodul der Radial- bzw. Tangentialfläche bei Belastung in Faserrichtung; $-S°_{12}$, $-S°_{32}$: Querkontraktion in Tangential- bzw. Radialrichtung bei Belastung in Faserrichtung.
[5] Das Splintholz aller Holzarten ist den Klassen 4 und 5 zuzuordnen.
[6] Das für Fenster geeignete „Dark Red Meranti" hat eine Rohdichte von 0,59.

17 Holz und Holzwerkstoffe

17.4.1 Arten
Wichtige Eigenschaften und Anwendungsbereiche der am häufigsten verwendeten Bauholzarten sind in Tafel 17.8 zusammengestellt.

17.4.2 Allgemeine Eigenschaften des Holzes
Holz besitzt bei geringer Eigenlast gute Festigkeitseigenschaften, geringe Schwind- und Quellmaße, und es ist mit Maschinen und Werkzeugen leicht bearbeitbar.
Im Holzbau sind nur die Hölzer zu verwenden, die für statische Beanspruchungen geeignet sind und bei denen die Standsicherheit des Bauwerks gewährleistet ist. Im Wesentlichen sind dies die europäischen Nadelholzarten Fichte, Tanne, Lärche, Kiefer und Douglasie sowie die Laubhölzer Eiche und Buche. Zugelassene Holzarten sind in DIN 1052 aufgeführt. Laubhölzer sind meist von höherer Eigenlast und nicht immer so gleichmäßig gewachsen wie Nadelhölzer. Die dadurch bedingte schwankende statische Beanspruchbarkeit, verbunden mit dem höheren Preis, machen sie für den Holzbau weniger geeignet. Neuere Untersuchungen lassen vermuten, dass Buche eine zunehmende Bedeutung erfährt.

17.4.3 Dauerhaftigkeit und Resistenz [17.5], [17.10]
a) Unter **natürlicher Dauerhaftigkeit** von Holz versteht man die dem Holz eigene Widerstandsfähigkeit gegen den Angriff durch **holzzerstörende Organismen**.
Die natürliche Dauerhaftigkeit gegen holzzerstörende Pilze wird nach DIN EN 350-2 (10.94) in 5 Klassen eingeteilt (siehe Tafel 17.6). Geprüft wird sie in Freiland- oder Laborversuchen. Dabei wird nach DIN EN 350-1 (10.94) das Verhältnis der Lebensdauer bzw. des Masseverlustes des zu prüfenden Holzes gegenüber einem bestimmten Vergleichsholz bestimmt, im Allgemeinen Splintholz von Kiefer (Pinus sylvestris) oder Buche (Fagus sylvatica).
Nach DIN EN 350-2 (10.94) wird die natürliche Dauerhaftigkeit gegen Termiten oder Holzschädlinge im Meerwasser in die 3 Klassen D = dauerhaft, M = mäßig dauerhaft und S = anfällig eingeteilt, gegen Larven von Trockenholz zerstörenden Käfern in die Klassen D = dauerhaft, S = anfällig und SH = anfällig auch im Kernholz.
Beispiele für die Dauerhaftigkeit und Tränkbarkeit von Holz siehe Tafel 17.7. Hölzer für bestimmte Anwendungsbeispiele siehe Tafel 17.8.
b) Die **Nutzungsdauer** von Holz bei Verwendung ohne Erdkontakt hängt nicht nur von der Dauerhaftigkeit, sondern auch von der Tränkbarkeit, d.h. von der Feuchtigkeitsaufnahmefähigkeit ab. Bei gleicher Dauerhaftigkeitsklasse wird ein Holz der Tränkbarkeitsklasse 4, d.h. geringer Fähigkeit zur Feuchtigkeitsaufnahme, i. Allg. deutlich länger halten als ein Holz der Tränkbarkeitsklasse 1 mit hoher Feuchtigkeitsaufnahmefähigkeit.
c) Unter **Resistenz** des Holzes versteht man nach DIN 68 364 (05.03) die Widerstandsfähigkeit des ungeschützten Kernholzes gegen den Befall durch holzzerstörende Pilze bei langandauernder hoher Holzfeuchtigkeit > 20 % oder bei Erdkontakt. Die DIN unterscheidet nach dem Grad der Anfälligkeit die folgenden Resistenzklassen:
1 = sehr resistent, 1 – 2 = sehr resistent bis resistent, 2 = resistent, 2 – 3 = resistent bis mäßig resistent, 3 = mäßig resistent, 3 – 4 = mäßig bis wenig resistent, 4 = wenig resistent, 5 = nicht resistent.
Holz mit weniger als 20 % Feuchtigkeitsgehalt, z.B. in gedeckten Bauten, wird von Pilzen nicht angegriffen. Das **Splintholz aller Holzarten ist den Klassen 4 und 5 zuzuordnen**. Die Resistenzklassen der verschiedenen Holzarten sind Spalte 16 der Tafel 17.5 zu entnehmen.

17.4 Holzarten und allgemeine Eigenschaften des Holzes

d) Unter dem **Stehvermögen** versteht man das Verhalten des verarbeiteten Holzes bezüglich Abmessung und Form gegenüber wechselndem Umgebungsklima. Sehr gut „stehen" z.B. Western Red Cedar, amerikanisches Mahagoni, Teak und Afzelia, d.h., sie zeigen auch bei ausgeprägten Klimaänderungen geringe Verformungen und Maßänderungen. Wegen der Vielzahl der Einflussgrößen gibt es keine spezielle Klassifizierungszahl. Bei Holzwerkstoffen spricht man in diesem Zusammenhang von **Formbeständigkeit**.

Tafel 17.6 Dauerhaftigkeits- und Tränkbarkeitsklassen von Holz nach DIN EN 350-2 (10.94)

Klasse	Dauerhaftigkeit von Kernholz gegen holzzerstörende Pilze	Tränkbarkeit beim Kesseldruck-Verfahren
1	sehr dauerhaft	gut tränkbar
2	dauerhaft	mäßig tränkbar (bei Nadelholz nach 2 bis 3 h: 6 mm Eindringung)
3	mäßig dauerhaft	schwer tränkbar (nach 3 bis 4 h: 3 bis 6 mm Eindringung)
4	wenig dauerhaft	sehr schwer tränkbar (praktisch unmöglich zu tränken)
5	nicht dauerhaft	–

Tafel 17.7 Natürliche Dauerhaftigkeit, Tränkbarkeit mit Holzschutzmitteln und Splintholzbreite von Holz nach DIN EN 350-2 (10.94), nach [17.5]

	Natürliche Dauerhaftigkeit[4]		Tränkbarkeit mit Holzschutzmitteln[4]		Splintholzbreite in cm
	Kernholz gegen Pilze	Splintholz gegen Insekten[2]	Kernholz	Splintholz	
Douglasie	3 – 4 (Splint bläueempfindlich)	S	4	2 – 3	2 – 5
Fichte	4	S, SH	3 – 4	3, v	Splint nicht deutlich unterschieden
Kiefer (Föhre)	3 – 4 (Splint sehr bläueempfindlich)	S	3 – 4	1	2 – 8
Lärche	3 – 4	S	4	2, v	2 – 5
Tanne (Weißtanne)	4	S, SH	2 – 3	2, v	Splint nicht deutlich unterschieden
Buche	5	S	1[1]	1	Splint nicht deutlich unterschieden
Eiche	2	S	4	1	2 – 5
Erle	5	S	1	1	Splint nicht deutlich unterschieden

[1] Rotkerniges Holz: 4; v = Tränkbarkeit sehr variabel.
[2] Bei den meisten Holzarten ist Kernholz dauerhaft.
[4] Dauerhaftigkeits- und Tränkbarkeitsklassen-Bezeichnungen siehe Tafel 17.6 und Abschn. 17.4.3a).

Tafel 17.8 Holzarten-Auswahl für bestimmte Anwendungsbereiche nach [17.5]

Konstruktionshölzer für mittlere bis hohe (und sehr hohe: >) mechanische Beanspruchungen	Birke (>), Douglasie, Edelkastanie, Eiche, Esche, Fichte, Greenheart (>), Hickory (>), Kiefer (Föhre), Lärche, Limba, Mahagoni, Makoré, Robinie, Tanne (Weißtanne), Teak
Harte Hölzer mit großer Verschleißfestigkeit und Härte	Ahorn, Birke, Birnbaum, Buche (Rotbuche), Eberesche, Eiche, Esche, Greenheart, Mahagoni, Makoré, Nussbaum, Robinie, Teak, Ulme
Hölzer mit großer Widerstandsfähigkeit gegen Organismen (Kernholz) für Außenbau (auch Erdbodenkontakt) und Wasserbau	Edelkastanie, Eiche, Greenheart, Makoré, Pockholz, Robinie, Teak, Zeder
Besonders gut imprägnierbare Hölzer für den Außenbau (auch Erdbodenkontakt)	Ahorn, Aspe, Birke, Buche, Douglasie, Eiche, Erle, Fichte (nur saftfrischer Splint), Hainbuche, Hickory, Kiefer (Splint), Lärche (Splint), Limba, Pappel, Rosskastanie, Tanne, Weymouthkiefer
Hölzer für Fenster, Fensterläden und andere maßhaltige Bauteile mit Wetterbeanspruchung	Douglasie, Eiche, Fichte, Kiefer (Föhre) ohne Splint, Lärche, Makoré, Tanne (Weißtanne), Teak
Industriehölzer für Furniersperrholz, Span- und Faserplatten	Abachi, Aspe, Buche, Douglasie, Erle, Fichte, Kiefer (Föhre), Limba, Makoré, Pappel, Pinie, Tanne (Weißtanne), Weide, Weymouthkiefer

17.4.4 Brandverhalten von Holz [17.7], [17.15]

Bei Erwärmung setzt bei Holz eine chemische Zersetzung der Holzsubstanz unter Bildung von Holzkohle und brennbaren Gasen ein.

Beim Prozess der **Holzverkohlung** entstehen mit steigender Temperatur (150 bis 900 °C) folgende Stoffe (in Klammern jeweils die Kondensate): Wasserdampf (Wasser), sauerstoffhaltige Gase sowie CO_2 und CO (Wasser, Essigsäure), Kohlenwasserstoffverbindungen (Essigsäure, Holzgeist, Teer, Paraffin), Wasserstoff H_2. Der höchste Anteil brennbarer Kohlenwasserstoffe bildet sich bei 400 °C, oberhalb 500 °C tritt vermehrt Holzkohlebildung auf. Der Heizwert der abgegebenen Gase beträgt etwa 18,8 MJ pro m^3 Holz.

Einen festen Wert für den Beginn der Zersetzung und für die **Entzündungstemperatur** von Holz und Holzwerkstoffen gibt es nicht. Sie hängt ab vom Feuchtegehalt, der Erwärmungsdauer und sekundär auch von der Holzrohdichte. Mit steigender Rohdichte steigt der sog. Zündverzug. Balsaholz hat den kleinsten Zündverzug, entzündet sich also am schnellsten, Bongossiholz am schwersten. Spontan kann eine Entzündung von Holz zwischen 200 und 400 °C stattfinden, bei lang anhaltender Erwärmung ab 20 Stunden bereits bei 120 °C. Bei Holzwerkstoffen, die unter Zugabe von Feuerschutzmitteln hergestellt werden, tritt die Entzündung erst später und bei höheren Temperaturen ein und kann sogar ganz unterbunden werden.

Die **Abbrandgeschwindigkeit** v in mm/min hängt u.a. ab von der Rohdichte und Feuchte des Holzes, vom Verhältnis Oberfläche/Volumen, von der Holzbeschaffenheit (z.B. Risse, Ästigkeit, Drehwuchs), dem Belüftungsangebot sowie von der Temperaturbeanspruchung und dem Verformungsverhalten im Brandfall. Sie wird ermittelt aus der Dicke der Holzkohleschicht in mm, die sich nach einer bestimmten Branddauer in Minuten gebildet hat. Verfahren zur Berechnung der Querschnittsminderung von Holzbauteilen infolge Brandeinwirkung verwenden nach DIN 4102-4 (03.94) die folgenden Rechenwerte für die Abbrandgeschwindigkeit:

17.5 Feuchtetechnische Eigenschaften des Holzes – Sorption

BSH aus Nadelholz und Buche 0,7 mm/min
Vollholz aus Nadelholz und Buche 0,8 mm/min
Vollholz aus Laubholz ($\rho >$ 600 kg/m³) außer Buche 0,56 mm/min

Zum Brandschutz von Holz siehe Abschn. 17.15.6. Zur Einordnung von Holz und Holzwerkstoffen in die Baustoffklassen nach DIN 4102-4 „Brennbarkeit klassifizierter Baustoffe usw." siehe Abschn. 16.4.1 und Tafel 16.16. Danach gehört z.B. unbehandeltes Holz mit einer Dicke $d \geq$ 2 mm und einer Rohdichte $\rho \geq$ 400 kg/m³ bzw. $d \geq$ 5 mm und $\rho \geq$ 230 kg/m³ zur Baustoffklasse B 2 „normal entflammbar".

17.5 Feuchtetechnische Eigenschaften des Holzes – Sorption

17.5.1 Holzfeuchte und Wassergehalt

Als **Holzfeuchte u** ist das Verhältnis des im Holz enthaltenen Wassers zur Darrmasse des Holzes definiert:

$$u = \frac{m_{H_2O}}{m_0} \cdot 100\,\% = \frac{m_f - m_0}{m_0} \cdot 100\,\%$$

mit m_{H_2O} = Masse des im Holz enthaltenen Wassers, m_0 = Masse der darrtrockenen Probe, m_f = Masse der feuchten Probe. Die Holzfeuchte kann bei saftfrischem Holz mehrere hundert Prozent betragen.

Im Gegensatz dazu ist der **Wassergehalt x** eines Stoffes bezogen auf die feuchte Masse: $X = \frac{m_{H_2O}}{m_f} \cdot 100\,\%$; der Wassergehalt kann also 100 % nicht übersteigen.

17.5.2 Anlagerung von Feuchte im Holz [17.37]

Holz nimmt in wechselnden Luftfeuchten Wasserdampf auf und gibt diesen wieder ab, es ist hygroskopisch. Man unterscheidet dabei die **Chemosorption,** eine Wechselwirkung zwischen den OH-Gruppen in den Kapillaren der Zellwand und den Wasserdipolen. Chemosorption findet im Holzfeuchtebereich von 0 bis ca. 6 % statt. Daran schließt sich eine **polymolekulare = mehrschichtige Adsorption** von H_2O-Molekülen an die innere Oberfläche der Kapillaren an. Bei einer inneren Holzoberfläche von etwa 200 m²/cm³ lassen sich damit ca. 6 – 20 % Holzfeuchte anlagern. Darüber hinaus findet nur noch **Kapillarkondensation statt,** d.h., in den Kapillaren der Zellwand findet sich bei Holzfeuchten von ca. 20 % bis zum Fasersättigungsbereich flüssiges Wasser. Der Vorgang der Sorption, d.h. das automatische Anlagern und Abgeben von Wassermolekülen, findet also nur statt im Holzfeuchtebereich von $u =$ 0 % bis $u = u_{FS}$, oberhalb der Fasersättigungsfeuchte gibt es kein Feuchtegleichgewicht zwischen Holz und seiner Umgebung.

Im Holzfeuchtebereich von 0 % bis Fasersättigung ist Holz also bestrebt, ein Gleichgewicht mit dem Umgebungsklima, d.h. mit Lufttemperatur und relativer Luftfeuchte, einzugehen. Der Zusammenhang zwischen Lufttemperatur (Trockentemperatur), relativer Luftfeuchte und Holzfeuchtegleichgewicht ist in folgendem, nach seinem Ersteller genannten **Keylwerth-Diagramm** erkennbar.

17 Holz und Holzwerkstoffe

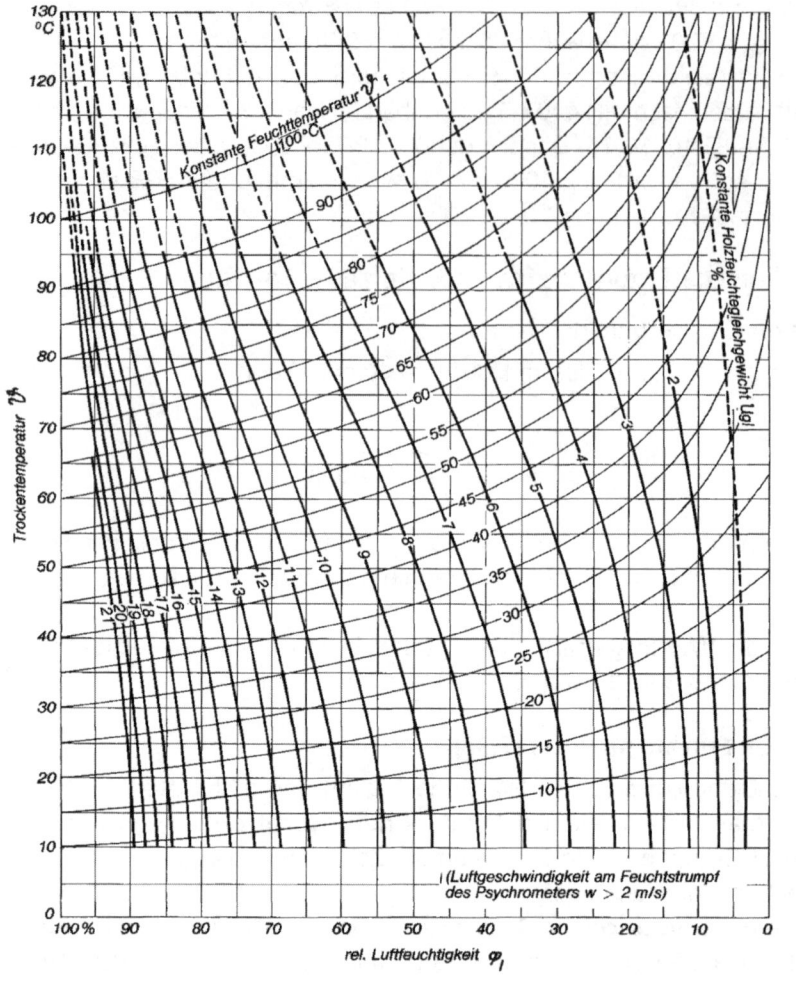

Ablesebeispiel:
Trockentemperatur
$\vartheta = 25\,°C$
(waagerecht)
rel. Luftfeuchte
$\varphi = 60\,\%$
(senkrecht)
→ am Schnittpunkt:
ca. 10,8 % Holzfeuchtegleichgewicht

Abb. 17.5 Keylwerth-Diagramm

Für die mittlere **Gleichgewichtsfeuchte** von Holz und Holzwerkstoffen im Gebrauchszustand sind die folgenden Holzfeuchtewerte anwendbar:

bei allseitig geschlossenen Bauwerken mit Heizung	9 ± 3 %
bei allseitig geschlossenen Bauwerken ohne Heizung	12 ± 3 %
bei überdeckten offenen Bauwerken	15 ± 3 %
bei Konstruktionen, die der Witterung allseitig ausgesetzt sind	18 ± 6 %

17.5.3 Quellen und Schwinden

Dimensionsänderungen des Holzes vollziehen sich bei Holzfeuchteänderungen im hygroskopischen Bereich des Holzes, d.h. von $u = 0\,\%$ bis zur Fasersättigungsfeuchte u_{FS}; Letztgenannte ist holzartabhängig und liegt zwischen 24 und 35 %. In diesem Bereich ist Wasser an die innere Struktur der Zellwand gebunden, darüber liegt es als freies Wasser in den Lumina der Zellen vor.

17.14

17.5 Feuchtetechnische Eigenschaften des Holzes – Sorption

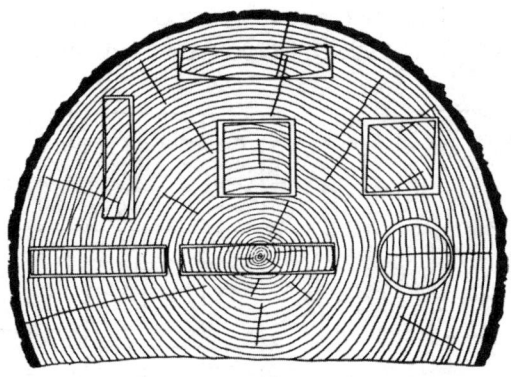

Abb. 17.6 Verzerrung von Holzquerschnitten infolge Schwindungsanisotropie [17.1]

In den drei Hauptschnittrichtungen des Holzes sind die Dimensionsänderungen, die durch Holzfeuchteänderungen auftreten können, unterschiedlich groß. Dies nennt man **Schwindungsanisotropie.** Dieses „Arbeiten des Holzes" bewegt sich etwa in folgenden Verhältnissen (siehe Abb. 17.6).

axial	radial	tangential	volumenmäßig
1	10	20	30

Der bei Holzfeuchte-Zunahme auftretende Quellungsdruck kann erheblich sein. Er kann zum Lösen von Anschlüssen, zum Herausdrücken von Leichtbauwänden, zu Querschnittsverwölbungen und zu unzulässigen Zwängungsspannungen führen. Beispiel: Die Quelldruckspannung bei Buche kann in wassergesättigter Luft bis 5 N/mm² betragen; Eiche und Kiefernsplint üben einen etwa halb so hohen Druck aus. Buchenholzkeile wurden in früheren Zeiten zum Sprengen von Felsen verwendet. Quellungskurven in Abhängigkeit von der Holzfeuchte siehe Abb. 17.8.

Der negative Einfluss steigender Holzfeuchte auf das **Festigkeitsverhalten** ist durch die Wirkung des gebundenen Wassers erklärbar: Die elektrostatischen Anziehungskräfte zwischen den einzelnen Molekülen werden gelockert, dadurch erfolgt eine Abnahme der Holzfestigkeiten (siehe Abb. 17.7).

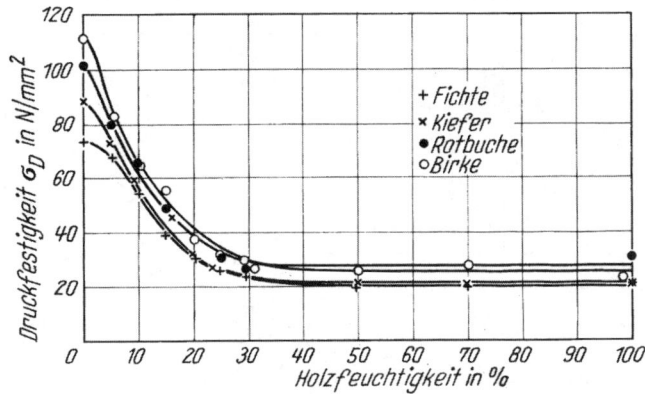

Abb. 17.7 Abhängigkeit der Druckfestigkeit verschiedener Hölzer von der Holzfeuchtigkeit [17.1]

Bemessungsspannungen richten sich nach der im Gebrauch zu erwartenden mittleren Holzfeuchte und sind gemäß EN 1995-1-1 (2004) den Nutzungsklassen zu entnehmen.

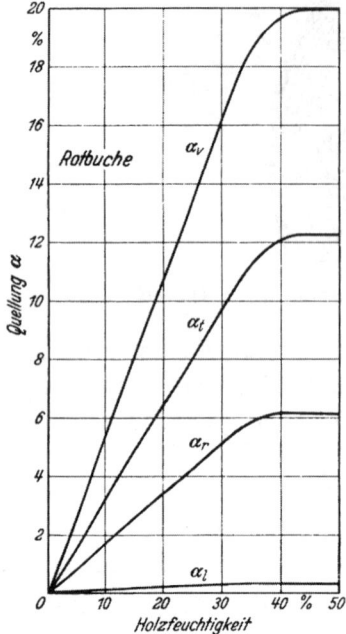 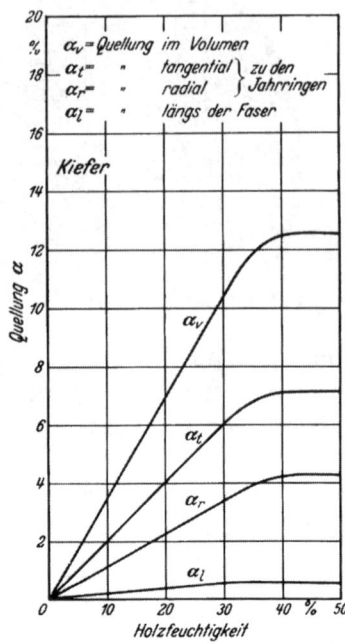

Abb. 17.8   Quellungskurven für Rotbuchen- und Kiefernholz [17.1]

Tafel 17.9   Rechenwerte der Schwind- und Quellmaße in % von Holz rechtwinklig zur Faser und von Holzwerkstoffen in Plattenebene bei unbehindertem Quellen und Schwinden nach DIN 1052-1 Anhang F (2004)

	Baustoff	Schwind- und Quellmaß für 1 % Holzfeuchteänderung bei $u = 6 \ldots 20\ \%$ in %/%
1	Fichte, Kiefer, Tanne, Lärche, Douglasie, Southern Pine, Western Hemlock, Eiche	0,24[1)
2	Buche	0,3[1)
3	Teak, Yellow Cedar	0,2[1)
4	Azobé (Bongossi), Ipe	0,36[1)
5	Sperrholz, Brettsperrholz	0,02[2)
6	Furnierschichtholz ohne Querfurniere 　in Faserrichtung 　quer zur Faserrichtung Furnierschichtholz mit Querfurnieren 　in Faserrichtung der Deckfurniere 　quer zur Faserrichtung der Deckfurniere	0,01[2) 0,32[2) 0,01[2) 0,03[2)
7	Kunstharzgebundene Spanplatten, Faserplatten	0,035[2)
8	Zementgebundene Spanplatten	0,03[2)
9	OSB/2 und OSB/3 OSB/4	0,03[2) 0,015[2)

[1) Mittel aus den Werten tangential und radial zum Jahresring bzw. zur Zuwachszone.
[2) Werte gelten in Plattenebene.

17.6 Bauphysikalische und chemische Eigenschaften des Holzes

17.6.1 Dichte

Die **Dichte** der reinen Zellwandsubstanz ohne Zellhohlräume liegt für alle Holzarten bei ca. 1,50 g/cm³. Die **Rohdichte des Holzes** einschließlich aller Zellhohlräume ist dagegen stark unterschiedlich. Sie beträgt für Balsaholz: ρ_{12} = 0,03 bis 0,05 g/cm³, und für Pockholz: ρ_{12} = 1,25 bis 1,50 g/cm³.

Da die Rohdichte ρ (griechisch: Rho) stark von der Holzfeuchte abhängig ist, wird sie entweder bei einer Holzfeuchte von 12 % angegeben → ρ_{12}, was zur Ermittlung langfristige Lagerung im Normalklima 20 °C/65 % relative Luftfeuchte voraussetzt, oder als sogenannte Darr-Rohdichte ρ_0 mit 0 % Holzfeuchte.

Wegen des abnehmenden Zellhohlraums nehmen i.Allg. mit steigender Rohdichte die elastomechanischen Eigenschaften sowie Härte, Abnutzungswiderstand und Wärmeleitfähigkeit zu, die Quell- und Schwindmaße ab.

17.6.2 Thermische Eigenschaften

Die **Wärmeleitfähigkeit** λ steigt mit zunehmender Rohdichte und Holzfeuchte. Sie ist in Faserrichtung etwa doppelt so groß wie senkrecht dazu. Nach DIN 4108 wird als Rechenwert 0,13 W/(m K) bei Fichte, Kiefer und Tanne bzw. 0,20 W/(m K) bei Buche und Eiche angenommen.

Die **spezifische Wärme c** oder **spezifische Wärmekapazität c** ist für den Wärmeschutz bedeutsam. Sie hängt stark von der jeweiligen Holzfeuchte ab. Sie beträgt bei etwa 15 % Holzfeuchte c_{Holz} = 1,3 kJ/(kg K).

Holz: Wärmeausdehnungskoeffizient α: Fichtenholz z.B. besitzt folgende Kennwerte $\alpha_\perp$ = 34,1 · 10^{-6} K^{-1}, $\alpha_\parallel$ = 5,41 · 10^{-6} K^{-1}. Praktisch bedeutsam ist nur die Maßänderung des Holzes bei Abkühlung unter 0 °C und bei Temperaturdifferenzen von > etwa 40 °C, da dann eine Oberflächenrissbildung möglich ist.

Brandverhalten (s.a. Abschn. 17.4.4): Alle ungeschützten Hölzer sind brennbar und deshalb nur für Bauteile mit Feuerwiderstandsklassen F 30-B, F 60-B und in Ausnahmefällen durch entsprechende Konstruktionen als F 90-B nach DIN 4102 geeignet (siehe Abschn. 16.4.2). Holz ist zwar normal entflammbar, Klasse B 2 nach DIN 4102, seine **Abbrandgeschwindigkeit** ist jedoch gering wegen der geringen Wärmeleitfähigkeit und der Bildung einer oberflächlichen Holzkohleschicht, die als Wärmedämmung wirkt.

17.6.3 Wasserdampfdiffusion von Holz

Die Wasserdampfdiffusionswiderstandszahl μ von Holz fällt mit steigender Holzfeuchte stark ab, z.B. bei Fichte von 230 bei Holzfeuchte 4 % auf 10 bei Holzfeuchte 20 %. Für bauphysikalische Berechnungen nach DIN 4108 wird als Richtwert μ = 40 angenommen (siehe Tafel 16.4).

17.6.4 Akustische Eigenschaften von Holz

Holz besitzt gegenüber anorganischen Baustoffen infolge seiner geringeren Dichte eine geringere Schalldämmung, was sich u.a. auswirkt auf die Schallübertragung bei Holzdecken, Holzfußböden und Holzwänden. Bei Holzkonstruktionen lässt sich dieser Nachteil kompensieren durch Mehrschaligkeit und durch Vermeidung von Schallbrücken. Dagegen eignet sich Holz sehr gut zur Minderung der Schallreflektionen in Verbindung mit anderen Stoffen innerhalb des Raumes, da der Schall absorbiert wird. Verwendung von Holzverkleidungen in Sälen, Versammlungsräumen usw.

17.6.5 Verhalten von Holz gegenüber elektrischem Strom

Holz wirkt im darrtrockenen Zustand als reiner Isolator. Die elektrische Leitfähigkeit l/R nimmt bis zum Fasersättigungspunkt stetig zu. Bei weiterer Aufnahme von freiem Wasser steigt die elektrische Leitfähigkeit wesentlich langsamer an.

Die elektrische Leitfähigkeit von Holz ist parallel zur Faserrichtung etwa doppelt so hoch wie senkrecht dazu. Mit steigender Temperatur, durch Salzimprägnierung nimmt der Widerstand des Holzes ab.

Praktischen Nutzen haben diese Zusammenhänge bei der Holzfeuchtemessung mittels Widerstandsmethode, die das meistgebräuchliche Verfahren ist und im Bereich $u = 5 \ldots 25\,\%$ brauchbare Messgenauigkeiten liefert.

17.6.6 Korrosionseigenschaften von Holz

UV-Strahlung ohne gleichzeitige Feuchtigkeitsbeanspruchung kann bei unterschiedlich starker Sonneneinstrahlung zu ungleichmäßiger Verfärbung (Vergilben, Braunfärbung) führen. Kommt Feuchtigkeit, z.B. durch Regen, hinzu, vergraut das Holz allmählich. Vorbeugungsmaßnahme: Lasuren, ggf. mit starkem Bindemittelgehalt, deckende Anstriche.

Die **Chemikalienbeständigkeit** von Holz ist unterschiedlich. Verdünnte Säuren, gasförmiges Formaldehyd und Ammoniak greifen Holz wenig an, Laugen und Schwefeldioxid (insbesondere bei höheren Temperaturen und Holzfeuchten) stärker. Nadelhölzer sind aufgrund ihres höheren Ligningehalts widerstandsfähiger als Laubhölzer.

Die Korrosionswirkung von Holz mit pH-Werten von etwa 6,0 bis 3,5 auf Eisen und auf die Zementabbindung ist unterschiedlich groß. Ausgeprägt ist sie auf Eisen bei Douglasie und Eiche, auf die Zementabbindung bei Lärche und Buche, sonst ist sie i.d.R. gering.

17.7 Elastomechanische Eigenschaften von Holz [17.9], [17.13]

17.7.1 Festigkeit, E-Modul, G-Modul von Holz

Wegen der **Anisotropie** des Holzes hängen die elastomechanischen Eigenschaften besonders stark vom **Winkel zwischen Last- und Faserrichtung** ab (siehe Abb. 17.9). Quer zur Faser sind die Werte wesentlich geringer als parallel dazu. Werte siehe Tafel 17.5. Diese Werte sind an kleinen fehlerfreien Proben nach Klimatisierung im Normalklima 20/65 nach DIN 50 014 gemessen, d.h. bei einer Holzfeuchte von etwa 12 %. In Radialrichtung ist Holz etwas steifer als in Tangentialrichtung.

Die elastischen Kennwerte nehmen zu mit steigender Rohdichte und abnehmender Temperatur und nehmen ab mit steigender Feuchtigkeit. Daher müssen die für statische Berechnungen anzusetzenden Bemessungswerte entsprechend den Nutzungsklassen der DIN 1052 angewandt werden.

Das **Spannungs-Stundungs-Diagramm** von Holz beim Druckversuch parallel zur Faser verläuft fast bis zum Bruch nahezu geradlinig (Hooke'sche Gerade; s. Abb. 17.10). Quer zur Faser lässt sich i.d.R. keine definierte Druckfestigkeit bestimmen, da sich das Holz in dieser Richtung bei steigender Belastung zunehmend verdichtet. Stattdessen wird senkrecht zur

17.7 Elastomechanische Eigenschaften von Holz [17.9], [17.13]

Faser die **Stauchgrenze** bei einer bestimmten überproportionalen bleibenden bzw. plastischen Dehnung bestimmt (siehe Abschn. 17.8.6).

Die **Festigkeit von Bauholz** in Abmessungen, wie sie am Bauwerk vorkommen, ist deutlich geringer als die an kleinen Proben gemessenen Werte. Hier machen sich Holzfehler, wie z.B. Äste, Faserabweichung, Baumkante, sowie die größeren Abmessungen der Bauteile und die wesentlich längere Belastungsdauer bemerkbar. So beträgt die Dauerstandfestigkeit von Holz (Zeitstandfestigkeit bei „unendlich" langer Lasteinwirkungsdauer) nur etwa 60 % der Kurzzeitfestigkeit. Zu Dauerschwingfestigkeit und Kriechen siehe [17.14].

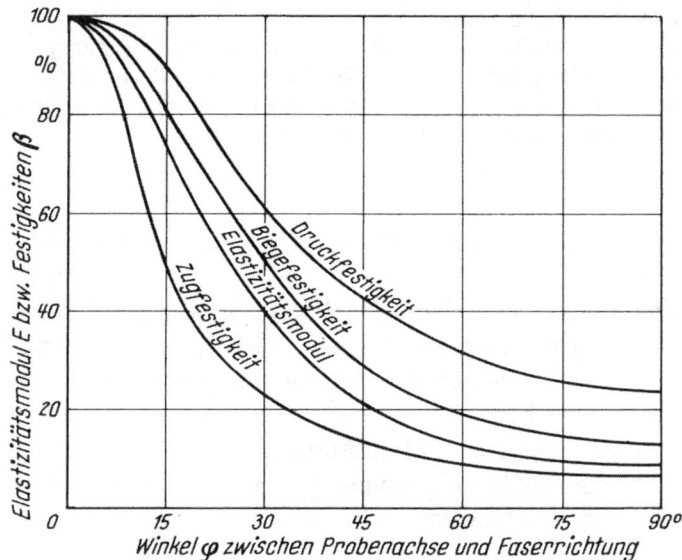

Abb. 17.9 Abhängigkeit der Festigkeit und des E-Moduls vom Winkel zwischen Last- und Faserrichtung des Holzes [17.12]

17.7.2 Härte von Holz

In Deutschland wird die Härte nach **Brinell** ermittelt. Praxisgerecht lässt sie sich als Widerstand auffassen, den das Holz dem Eindringen von kleinflächigen Gegenständen entgegensetzt, z.B. Pfennigabsätze, Steine in Profilsohlen. Beim Brinell-Verfahren wird eine Kugel mit definiertem Durchmesser mit bestimmter Last ins Holz gedrückt. Aus dem Quotienten dieser Last und der entstehenden Eindruckfläche wird die **Brinell-Härte** ermittelt. Für die Praxis ist folgende Einteilung zweckmäßig:

sehr weich: Espe, Linde, Pappel, Weide
weich: Erle, Fichte, Tanne, Weymouthkiefer
mittelhart: Birke, Birne, Eberesche, Edelkastanie, Eiche, Rotbuche, Nussbaum, Kiefer, europäischer Ahorn
hart: Esche, Hartriegel, Platane, Robinie, Rüster, Weißbuche, Weißdorn, kanadischer Ahorn.

17 Holz und Holzwerkstoffe

17.8 Prüfung von Holz (siehe auch [5])

Normen

DIN 52 182	(09.76)	Prüfung von Holz; Bestimmung der Rohdichte
DIN EN 13 183-1	(07.02)	Feuchtegehalt eines Stückes Schnittholz; Bestimmung durch Darrverfahren
DIN EN 13 183-2	(07.02)	Feuchtegehalt eines Stückes Schnittholz; Schätzung durch elektrisches Widerstands-Messverfahren
DIN EN 13 183-3	(06.05)	Feuchtegehalt eines Stückes Schnittholz; Schätzung durch kapazitives Messverfahren
DIN 52 184	(05.79)	Prüfung von Holz; Bestimmung der Quellung und Schwindung
DIN 52 185	(09.76)	Prüfung von Holz; Bestimmung der Druckfestigkeit parallel zur Faser
DIN 52 186	(06.78)	Prüfung von Holz; Biegeversuch
DIN 52 187	(05.79)	Prüfung von Holz; Bestimmung der Scherfestigkeit in Faserrichtung
DIN 52 188	(05.79)	Prüfung von Holz; Bestimmung der Zugfestigkeit parallel zur Faser
DIN 52 189-1	(12.81)	Prüfung von Holz; Schlagbiegeversuch; Bestimmung der Bruchschlagarbeit
DIN 52 192	(05.79)	Prüfung von Holz; Druckversuch quer zur Faserrichtung

17.8.1 Allgemeines

Holzprüfungen dienen der Bestimmung der physikalischen und technologischen Eigenschaften von Holz. Man unterscheidet:
– Prüfung von kleinen, fehlerfreien Proben, speziell frei von Ästen. Sie werden i. Allg. bei einer Gleichgewichts-Holzfeuchte nach Klimatisierung bei 20 °C und relativer Luftfeuchte von 65 % (Normalklima nach DIN 50 014) geprüft. Holzfeuchte und Rohdichte sind bei jeder Prüfung zu bestimmen und anzugeben.
– Prüfung von Baugliedern und Bauteilen in Originalabmessungen.

Für orientierende Aussagen sind mindestens 10 Probekörper erforderlich, für die Bestimmung eines ausreichend aussagekräftigen Mittelwerts i.d.R. weit mehr.

17.8.2 Bestimmung der Rohdichte ρ

Die Rohdichte wird nach Lagerung im Normalklima mit ρ_N bezeichnet. Bei anderen Holzfeuchten u ist diese als Index anzugeben, z.B. bei $u = 18{,}3$ % als ρ_{18}, die Darr-Rohdichte als Dichte im absolut trockenen Zustand als ρ_0. Berechnet wird ρ nach $\rho = m/V$ in g/cm³ mit m = Masse, V = Volumen der Probe.

17.8.3 Bestimmung der Holzfeuchte u

a) Darrmethode gemäß DIN EN 13 183-1

Zur Bestimmung des Feuchtigkeitsgehalts wird die Masse m_f durch Wiegen bestimmt. Im Anschluss erfolgt Trocknung im Wärmeschrank bei 103 °C bis zur Gewichtskonstanz. Holzarten, die größere Mengen an leicht flüchtigen Inhaltsstoffen, wie z.B. Harze, ätherische Öle o. Ä., enthalten, werden bei Temperaturen bis maximal 50 °C im Vakuumschrank bei einem Druck von < 1 mbar oder im Exsikkator bei Anwesenheit eines Trockenmittels getrocknet. Berechnung der Holzfeuchte siehe Abschn. 17.5.1.

b) Schätzung mittels Widerstandsmethode gemäß DIN EN 13 183-2

Die elektrische Leitfähigkeit ist in starkem Maße von der Holzfeuchte abhängig. Dieser Zusammenhang kann im Holzfeuchtebereich von ca. 7 bis ca. 25 % mit für die meisten praktischen Belange ausreichender Genauigkeit genutzt werden. Dabei werden zwei Elektroden in das Holz getrieben. Kurze Zeit nach Einschaltung des Messkreises kann der

17.8 Prüfung von Holz

Messwert abgelesen werden. Einflussgrößen auf die Genauigkeit: Lacke, Öle, Salze, Leime, Bindemittel, Rohdichte, Inhaltsstoffe.

c) Schätzung mittels kapazitiver Messmethode gemäß DIN EN 13 183-3
Hierbei wird Holz als Dielektrikum zwischen zwei Leiterplatten eines Kondensators gebracht. Die hierbei entstehende Änderung der Kapazität des Kondensators wird gemessen. Da sie maßgeblich abhängt von der im Holz enthaltenen Feuchte, kann auf die Holzfeuchte geschlossen werden. Einflussgrößen auf die Genauigkeit: Rohdichte des Holzes, Rauigkeit.

17.8.4 Bestimmung von Quellung und Schwindung
Durch die Bestimmung der linearen Quell- und Schwindmaße in den drei Holzrichtungen längs l, tangential t und radial r werden die Maßänderungen von Holz bei Feuchtigkeitsaufnahme bzw. -abgabe innerhalb des hygroskopischen Holzfeuchtebereichs unterhalb des Fasersättigungspunktes von etwa 30 % bestimmt. Das lineare Quell- bzw. Schwindmaß α bzw. β ist definiert als $\alpha = (l_2 - l_1) \cdot 100/l_0$ bzw. $\beta = (l_2 - l_1) \cdot 100/l_W$ in %. l_1, l_2, l_0, l_W = Länge der Proben in den verschiedenen Feuchtzuständen (l_1, l_2), im darrtrockenen Zustand (l_0) und im nassen Zustand oberhalb des Fasersättigungspunktes (l_W). Das Volumenquellmaß α_v ist näherungsweise $\alpha_v \sim \alpha_t + \alpha_r + \alpha_l \sim \alpha_t + \alpha_r$. Das Volumenschwindmaß ist $\beta_v = \beta_t + \beta_T + \beta_l$. Für die Praxis sind folgende Kennwerte von Bedeutung:

a) Die **differentielle Quellung q** ist das prozentuale Quell- bzw. Schwindmaß des Holzes je 1 % Holzfeuchteänderung **Δu** im Holzfeuchtebereich von 5 –20 %. q gibt also an, um wie viel sich die Dimension einer Probe im praxisrelevanten Holzfeuchtebereich je 1 % Δu verändert, und zwar unterschieden nach den jeweiligen Schnittrichtungen. Definition: $q = ((l_F - l_T)/(l_0 \cdot [u_F - u_T])) \cdot 100$ in %.
Rechenbeispiel: Ein Buchenbrett mit liegenden Jahresringen mit der Breite b = 100 mm, der Dicke d = 50 mm erfährt eine Holzfeuchte-Erhöhung Δu = + 5 %. Brettmaße nach Holzfeuchte-Zunahme = ?
Kennwerte q: tangential $q_{TG, BU}$ = 0,41 %/%, radial $q_{RAD, BU}$ = 0,2 %/%
Berechnung Δb = b · $q_{TG, BU}$ · Δu · 0,01 = 100 mm · 0,41 %/% · 0,05 = 2,05 mm.
Berechnung Δd = d · $q_{RAD, BU}$ · Δu · 0,01 = 50 mm · 0,2 %/% · 0,05 = 0,5 mm.
Ergebnis: die Breite nimmt um 2,05 mm, die Dicke um 0,5 mm zu.
q-Werte vieler Holzarten finden sich z.B. in DIN 68 100. Für die Längsschwindung bzw. -quellung des Holzes sind wegen des vernachlässigbar geringen Ausmaßes keine Kennwerte vorhanden.

b) Der **Quellungskoeffizient h** ist das prozentuale Quell- bzw. Schwindmaß des Holzes je 1 % Luftfeuchteänderung Δφ im Luftfeuchtebereich von 3 – 85 %. h gibt also an, um wie viel sich die Dimension einer Probe im praxisrelevanten Luftfeuchtebereich je 1 % Δφ verändert, und zwar unterschieden nach der jeweiligen Schnittrichtung. Anwendung und Kennwerte analog zu a).

17.8.5 Bestimmung der Druck- und Zugfestigkeit parallel zur Faser
Die Bestimmung der **Druckfestigkeit** σ_{DII} geschieht an kleinen Proben von quadratischem Querschnitt mit Kantenlängen a, b = 20 mm bei einer Höhe in Faserrichtung h = 1,5a bis 3a, i.d.R. im normal klimatisierten Zustand und wird berechnet nach der Formel $\sigma_{DII} = F_{max}/(a \cdot b)$ in N/mm². Wird bei dem Versuch ein Spannungs-Stauchungs-Diagramm aufgenom-

17 Holz und Holzwerkstoffe

men, so kann für den linearen Bereich aus der Stauchung $\Delta\varepsilon$ in % und der Spannung $\Delta\sigma$ in N/mm der Elastizitätsmodul E_{DII} bestimmt werden: $E_{DII} = (\Delta\sigma/\Delta\varepsilon) \cdot 100$ in N/mm² (siehe Abbildung 17.10).

Die Bestimmung der **Zugfestigkeit** σ_Z geschieht an besonders hergestellten rechteckigen Flachstäben von 470 mm Gesamtlänge mit angeleimten Einspannköpfen und einer Verjüngung im mittleren Bereich (Dicke $a = 6$ mm, Breite $b = 20$ mm): $\sigma_Z = F_{max}/(a \cdot b)$ in N/mm².

17.8.6 Bestimmung der Druckfestigkeit quer zur Faser

Man unterscheidet hier die Bestimmung in radialer (r) und in tangentialer (t) Richtung. Wegen der zunehmenden Verdichtung des Holzes im plastischen Bereich lässt sich keine definierte Druckfestigkeit bestimmen. Daher bestimmt man in diesem Versuch (s.a. Abb. 17.10)
- die Druckspannung σ_S, die zu einer überproportionalen, plastischen Stauchung ε_S gehört, z. B. $\varepsilon_S = 0{,}02$ %. Die Stauchgrenze $\sigma_S = F_S/(a \cdot b)$ wird dann $\sigma_{0,02} = F_{0,02}/(a \cdot b)$ in N/mm²,
- den Elastizitätsmodul $E_D = \Delta\sigma \cdot 100/\Delta\varepsilon$ in N/mm²,
- die erweiterte Proportionalitätsgrenze σ_{DP}. Das ist diejenige Spannung, bei der die Tangente an die Spannungs-Stauchungs-Kurve 2/3 der Steigung im linearen Anfangsbereich der Kurve beträgt. $\sigma_{DP} = F_P/(a \cdot b)$ in N/mm².

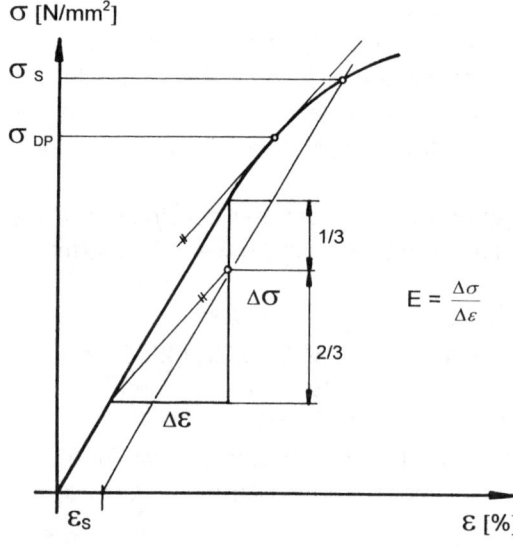

Abb. 17.10 Spannung-Stauchungs-Kurve von Holz (schematisch)
- ε_S überproportionale, plastische Dehnung
- σ_S Stauchgrenze
- σ_{DP} erweiterte Proportionalitätsgrenze
- E Elastizitätsmodul

Abmessungen der quadratischen Proben, die erforderlichenfalls durch Verleimen kleinerer Abschnitte hergestellt werden: Kantenlänge a, $b = 20$ mm, Länge (Höhe) $3a$.

17.8.7 Bestimmung der Scherfestigkeit in Faserrichtung

Die Scherfestigkeit in Faserrichtung τ_l (l = longitudinal) wird an würfelförmigen Proben mit Kantenlänge a, $b = 50$ mm so geprüft, dass die Scherebene in radialer ($\tau_{l\,r}$) oder tangentialer Richtung ($\tau_{l\,t}$) in der Mitte des Probewürfels liegt: $\tau = F_{max}/(a \cdot b)$ in N/mm².

17.9 Konstruktive Vollholzprodukte [17.16]

Normen

DIN 1052-10	(12.05)	Herstellung und Ausführung von Holzbauwerken - Teil 10: Ergänzende Bestimmungen
DIN 4074-1	(12.06)	Sortierung von Holz nach der Tragfähigkeit; Teil 1: Nadelschnittholz
-2	(12.58)	Bauholz für Holzbauteile; Gütebedingungen für Baurundholz (Nadelholz)
-3	(12.08)	Sortierung von Holz nach der Tragfähigkeit; Teil 3: Apparate zur Unterstützung der visuellen Sortierung von Schnittholz
-4	(12.08)	Sortierung von Holz nach der Tragfähigkeit; Teil 4: Nachweis der Eignung zur apparativ unterstützten Schnittholzsortierung
-5	(12.08)	Sortierung von Holz nach der Tragfähigkeit; Teil 5: Laubholz
DIN EN 13 556	(10.03)	Nomenklatur der in Europa verwendeten Handelshölzer
DIN 18 203-3	(08.08)	Toleranzen im Hochbau – Bauteile aus Holz und Holzwerkstoffen
DIN 18 334	(09.12)	VOB Verdingungsordnung für Bauleistungen (ATV): Zimmer- und Holzbauarbeiten
DIN EN 14 080	(09.13)	Holzbauwerke – Brettschichtholz und Balkenschichtholz – Anforderungen
DIN EN 338	(09.13)	Bauholz für tragende Zwecke; Festigkeitsklassen (Entwurf)
DIN EN 14 081-1	(06.16)	Holzbauwerke – Nach Festigkeit sortiertes Bauholz für tragende Zwecke mit rechteckigem Querschnitt
-2	(06.16) (Entwurf)	
-3	(04.12)	
DIN EN 385	(11.07)	Keilzinkenverbindung in Bauholz; Anforderungen an die Herstellung (zurückgezogen)
DIN EN 1310	(08.97)	Rund- und Schnittholz; Messung der Merkmale
DIN EN 1313-1	(05.10)	Rund- und Schnittholz – Zulässige Abweichungen und Vorzugsmaße; Teil 1: Nadelschnittholz
-2	(01.99)	wie vor; Teil 2: Laubschnittholz

a) Arten: Konstruktive Vollholzprodukte sind Holzerzeugnisse, die im Gegensatz zu den konstruktiven Holzwerkstoffen (siehe Abschn. 17.13) in ihrem Gefüge nicht oder nur wenig verändert sind. Ihre Herstellung besteht im Wesentlichen aus den Schritten Sägen, Trocknen, Festigkeitssortierung, Heraustrennen von Fehlstellen, Keilzinken (siehe Abb. 17.11) und Kleben. Unter dem Begriff werden zusammengefasst die Produkte **Baurundholz, Bauschnittholz, Konstruktionsvollholz KVH®, Massivholz MH®, Balkenschichtholz (Duo- und Trio-Balken), Kreuzbalken, Brettschichtholz BSH.**

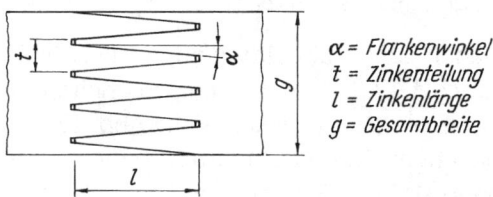

α = Flankenwinkel
t = Zinkenteilung
l = Zinkenlänge
g = Gesamtbreite

Abb. 17.11 Keilzinkenverbindung nach DIN 68 140-1 [17.16]

b) Verwendung: Konstruktive Vollholzprodukte werden für alle tragenden und/oder aussteifenden Konstruktionen nach DIN 1052 oder DIN 1074 verwendet. Sie müssen eine Einbau-Holzfeuchte unter 20 % besitzen, bei Nachtrocknungsmöglichkeit im eingebauten Zustand unter 30 % bzw. bei Querschnittsflächen über 200 cm² unter 35 %, keilgezinktes Holz und Holz für den Holzhausbau unter 18 %. Bei Beachtung baulicher Holzschutzmaßnahmen nach DIN 68 800-2 kann auf vorbeugenden chemischen Holzschutz verzichtet werden, bei Verwendung von Holzarten mit ausreichender natürlicher Resistenz auch in höheren Gefährdungsklassen (s.a. Abschn. 17.15.4.2).

17.9.1 Baurundholz

Normen (s.a. Abschn. 17.9)
DIN 4074-2 (12.58) Bauholz für Holzbauteile; Gütebedingungen für Baurundholz (Nadelholz)

Als Baurundholz bezeichnet man entastete und entrindete Stämme. Sie werden meist ohne Bearbeitung verwendet. Die Verwendung erfolgt hauptsächlich für Bau- und Lehrgerüste, Holzbrücken, im landwirtschaftlichen Bauwesen, als Rammpfähle im Grundbau sowie als Palisaden im Landschaftsbau. Halbrundholz wird benötigt für Verstrebungen, Verbandstäbe im Gerüstbau und Holme von Gerüstleitern. Übliche Holzarten: Fichte, Tanne, Kiefer, Lärche, Douglasie. Weitere Holzarten siehe DIN 1052.

Bei den **Anforderungen** unterscheidet man die Güteklassen I, II, III, die den Schnittholz-Sortierklassen S 13, S 10 und S 7 entsprechen (siehe Tafel 17.15). Die Einbau-Holzfeuchte muss unter 20 % liegen, bei Nachtrocknungsmöglichkeit im eingebauten Zustand unter 30 %.

17.9.2 Bauschnittholz

Normen (s.a. Abschn. 17.9)
DIN 4072 (08.77) Gespundete Bretter aus Nadelholz
DIN 4074-1 (06.12) Sortierung von Holz nach der Tragfähigkeit; Teil 1: Nadelschnittholz
DIN 4074-2 (12.58) Bauholz für Holzbauteile; Gütebedingungen für Baurundholz
DIN 4074-3 (12.08) Sortierung von Holz nach der Tragfähigkeit – Teil 3: Apparate zur Unterstützung der visuellen Sortierung
DIN 4074-4 (12.08) wie vor; Teil 4: Nachweis der Eignung zur apparativ unterstützten Schnittholzsortierung
DIN 4074-5 (12.08) wie vor; Teil 5: Laubschnittholz
DIN 68 119 (09.96) Holzschindeln
DIN 68 126-1 (07.83) Profilbretter mit Schattennut; Maße
DIN 68 127 (08.70) Akustikbretter
DIN 68 128 (04.77) Balkonbretter
DIN 68 365 (12.08) Schnittholz für Zimmererarbeiten; Sortierung nach dem Aussehen
DIN EN 975-1 (08.11) Schnittholz – Sortierung nach dem Aussehen von Laubholz; Teil 1: Eiche und Buche
DIN EN 975-2 (09.04) Schnittholz – Sortierung nach dem Aussehen von Laubholz; Teil 2: Pappel

a) Herstellung: Bauschnittholz (Vollholz) aus Nadel- oder Laubholz wird durch Einschneiden und/oder Profilieren aus Rundholz (siehe Abschn. 17.9.1) gewonnen. Einschnittarten siehe Tafel 17.10. Veredelungsmöglichkeiten sind Trocknen, Keilzinken (siehe Abb. 17.11), Hobeln, Fasen und gegebenenfalls weitere Profilierungen. Übliche Holzarten: Fichte, Tanne, Kiefer, Lärche, Douglasie bzw. Buche, Eiche, Bongossi, Teak. Getrocknetes Laubholz ist als Schnittholz wegen der geringeren Verfügbarkeit seltener. Holzfeuchte beim Einbau siehe Abschn. 17.9b), bei Querschnitten über 200 cm² 20 bis 35 %.

b) Bezüglich der **Querschnitte wird bei Nadelholz unterschieden** zwischen Latten, Brettern, Bohlen, Kanthölzern und Balken (siehe Tafel 17.11).

17.9 Konstruktive Vollholzprodukte

Tafel 17.10 Einschnittarten von Vollholz [17.6]

	einstieliger Einschnitt: hohe Rissgefahr beim Trocknen, nur für untergeordnete Zwecke empfohlen
	zweistieliger kern- bzw. herzgetrennter Einschnitt
	zweistieliger kern- bzw. herzfreier Einschnitt
	vierstieliger kern- bzw. herzfreier Einschnitt

Maße von Vorratsholz und Dachlatten aus Nadelholz nach DIN 4070-1 in mm/mm: Dachlatten 24/28, 30/50, 40/60; Kantholz 60/60 bis 160/180; Balken 100/200 bis 200/240. Weitergehende Querschnitte bis 300/300 sind in DIN 4070-2 aufgeführt. Die in dieser Norm fettgedruckten Querschnitte ermöglichen eine günstige Rundholzausnutzung. Querschnitte mit einem Verhältnis $d\,(h) : b = 2 : 1$ ergeben eine günstige statische Ausnutzung. Maße von ungehobelten Brettern und Bohlen aus Nadelholz nach DIN 4071-1 in mm: Dicken 16 bis 38 → Bretter, bzw. 44 bis 75 → Bohlen; Breiten 75 bis 300; Längen 1.500 bis 6.000.

c) Sortierung: Im Baurecht finden weder Tegernseer Gebräuche noch DIN 68 365 Anwendung für die Holzsortierung. Das Baurecht nimmt vielmehr Bezug auf DIN 4074 (06.12), die bauaufsichtlich eingeführt und vom Deutschen Institut für Bautechnik DIBt als Produktnorm in die Bauregelliste aufgenommen wurde. Tragende Bauteile müssen zwingend nach DIN 4074-1 sortiert sein. Die Übereinstimmung des Holzes mit den Bestimmungen der DIN 4074-1 ist vom Hersteller zu kennzeichnen; das Überwachungszeichen muss am Holz erkennbar sein.

Die **Sortierung nach DIN 4074** (2012) – siehe Tafeln 17.12 – 17.15 – nach der Festigkeit für Nadelholz erfolgt in die Sortierklassen S 7, S 10 und S 13 bei visueller Sortierung; in MS 7, MS 10, MS 13 und MS 17 bei maschineller Sortierung. Die Messung und Berechnung der in den Tafeln aufgeführten geometrischen Sortiermerkmale geschieht nach den in der DIN 4074-1 angegebenen Abbildungen und Formeln. Zur Bestimmung der Schnittklassen an Hand der Baumkante siehe Tafeln 17.12 bis 17.14. In DIN 4074 sind den einzelnen Sortierklassen bestimmte Festigkeitskennwerte zugeordnet, siehe Tafel 17.15.

Nach DIN 4074 erhält trocken sortiertes Holz den Zusatz „TS" zur Sortierklassenbezeichnung. Diese Sortierung muss bei Holzfeuchten ≤ 20 % erfolgen, damit die Einhaltung der Kriterien Krümmung und Schwindrisse gewährleistet ist.

Tafel 17.11 Schnittholzeinteilung nach DIN 4074-1 (2012) (Maße in mm)

	Dicke $d^{1)}$ bzw. Höhe h	Breite b
Latte (nicht bei Laubholz)	$d \leq 40$	$b < 80$
Brett[2)]	$d \leq 40$	$b \geq 80$
Bohle[2)]	$d > 40$	$b > 3d$
Kantholz einschließlich Kreuzholz (Rahmen)[3)] und Balken[4)]	$b \leq h \leq 3b$	$b > 40$

[1)] Mindestdicke 6 mm; größte Querschnittsseite 300 mm, Mindestquerschnittsfläche 11 cm².
[2)] Vorwiegend hochkant biegebeanspruchte Bretter und Bohlen sind wie Kantholz zu sortieren.
[3)] Kreuzholz (Rahmen): Querschnittsfläche ≥ 32 cm²; aus einem Rundholz werden 4 Stück kerngetrennt (Kreuzholz) oder *mindestens* 4 Stück (Rahmen) eingeschnitten.
[4)] Balken = Kantholz, dessen größere Querschnittsseite ≥ 200 mm und dessen kleinste Seite ≥ 100 mm ist.

Tafel 17.12 Sortierkriterien nach DIN 4074-1) (2012) für Nadelschnittholz bei der visuellen Sortierung für Kanthölzer und vorwiegend hochkant (K) biegebeanspruchte Bretter und Bohlen

Sortiermerkmale	Sortierklasse		
	S 7, S 7K	S 10, S 10K	S 13, S 13K
1. Äste	bis 3/5	bis 2/5	bis 1/5
2. Faserneigung	bis 12 %	bis 12 %	bis 7 %
3. Markröhre	zulässig	zulässig	nicht zulässig
4. Jahresringbreite im Allgemeinen bei Douglasie	bis 6 mm bis 8 mm	bis 6 mm bis 8 mm	bis 4 mm bis 6 mm
5. Risse Schwindrisse (nur bei trockensortiertem Holz) Blitzrisse, Ringschäle	bis 1/2 nicht zulässig	bis 1/2 nicht zulässig	bis 2/5 nicht zulässig
6. Baumkante	bis 1/4	bis 1/4	bis 1/5
7. Krümmung (nur bei trockensortiertem Holz) Längskrümmung Verdrehung	bis 8 mm 1 mm/25 mm Breite	bis 8 mm 1 mm/25 mm	bis 8 mm 1 mm/25 mm
8. Verfärbungen, Fäule Bläue nagelfeste braune und rote Streifen Braunfäule, Weißfäule	zulässig bis zu 2/5 des Querschnitts nicht zulässig	zulässig bis zu 2/5 des Querschnitts nicht zulässig	zulässig bis zu 1/5 des Querschnitts nicht zulässig
9. Druckholz	bis zu 2/5 des Querschnitts oder der Oberfläche zulässig	bis zu 2/5 des Querschnitts oder der Oberfläche zulässig	bis zu 1/5 des Querschnitts oder der Oberfläche zulässig
10. Insektenfraß durch Frischholzinsekten	Fraßgänge bis 2 mm Durchmesser: zulässig		
11. sonstige Merkmale	sind analog 1. 10. sinngemäß zu berücksichtigen		

17.9 Konstruktive Vollholzprodukte

Tafel 17.13 Sortierkriterien nach DIN 4074-1 (2012) für Nadelschnittholz bei der visuellen Sortierung für Bretter und Bohlen (siehe auch Tafel 17.12)

Sortiermerkmale	Sortierklasse		
	S 7	S 10	S 13
1. Äste Einzelast Astansammlung Schmalseitenast	bis 1/2 bis 2/3 –	bis 1/3 bis 1/2 bis 2/3	bis 1/5 bis 1/3 bis 1/3
2. Faserneigung	bis 16 %	bis 12 %	bis 7 %
3. Markröhre	zulässig	zulässig	nicht zulässig
4. Jahresringbreite im Allgemeinen bei Douglasie	bis 6 mm bis 8 mm	bis 6 mm bis 8 mm	bis 4 mm bis 6 mm
5. Risse Schwindrisse Blitzrisse, Ringschäle	zulässig nicht zulässig	zulässig nicht zulässig	zulässig nicht zulässig
6. Baumkante	bis 1/3	bis 1/3	bis 1/4
7. Krümmung Längskrümmung Verdrehung Querkrümmung	bis 12 mm 2 mm/25 mm bis 1/20	bis 8 mm 1 mm/25 mm bis 1/30	bis 8 mm 1 mm/25 mm bis 1/50
8. Verfärbungen, Fäule Bläue nagelfeste braune und rote Streifen Braunfäule, Weißfäule	zulässig bis zu 3/5 des Querschnitts nicht zulässig	zulässig bis zu 2/5 des Querschnitts nicht zulässig	zulässig bis zu 1/5 des Querschnitts nicht zulässig
9. Druckholz	bis zu 3/5 des Querschnitts oder der Oberfläche zulässig	bis zu 2/5 des Querschnitts oder der Oberfläche zulässig	bis zu 1/5 des Querschnitts oder der Oberfläche zulässig
10. Insektenfraß durch Frischolzinsekten	Fraßgänge bis 2 mm Durchmesser: zulässig		
11. sonstige Merkmale	sind analog 1 – 10. sinngemäß zu berücksichtigen		

Tafel 17.14 Sortierkriterien nach DIN 4074-1 (2012) für Nadelschnittholz bei der visuellen Sortierung für Latten

Sortiermerkmale	Sortierklasse	
	S 10	S 13
1. Äste im Allgemeinen bei Kiefer	bis 1/2 bis 2/5	bis 1/3 bis 1/5
2. Faserneigung	bis 12 %	bis 7 %
3. Markröhre	nicht zulässig	nicht zulässig
4. Jahresringbreite im Allgemeinen bei Douglasie	bis 6 mm bis 8 mm	bis 6 mm bis 6 mm

17 Holz und Holzwerkstoffe

Sortiermerkmale	Sortierklasse	
	S 10	S 13
5. Risse Schwindrisse (nur bei trockensortiertem Holz) Blitzrisse, Ringschäle	zulässig nicht zulässig	zulässig nicht zulässig
6. Baumkante	bis 1/3	bis 1/4
7. Krümmung (nur bei trockensortiertem Holz) Längskrümmung Verdrehung	bis 12 mm 1 mm/25 mm	bis 8 mm 1 mm/25 mm
8. Verfärbungen, Fäule Bläue nagelfeste braune und rote Streifen Braunfäule, Weißfäule	zulässig bis zu 3/5 des Querschnitts nicht zulässig	zulässig bis zu 2/5 des Querschnitts nicht zulässig
9. Druckholz	bis zu 3/5 des Querschnitts oder der Oberfläche zulässig	bis zu 2/5 des Querschnitts oder der Oberfläche zulässig
10. Insektenfraß durch Frischolzinsekten	Fraßgänge bis 2 mm Durchmesser zulässig	
11. sonstige Merkmale	sind analog 1.–10. sinngemäß zu berücksichtigen	

Die **maschinelle Sortierung** von Bauschnittholz darf gemäß DIN 4074 (2012) nur von geeigneten Betrieben und nur mit Sortiermaschinen durchgeführt werden, die von einer dafür anerkannten Stelle geprüft worden sind.

Tafel 17.15 Zuordnung von Sortierklassen nach DIN 4074-1 zu Festigkeitsklassen nach EC 5 für wichtige Holzarten

Holzart	Sortierklasse	Festigkeitsklasse	Zuordnung zu Güteklassen, die bis 1989 in DIN 4074 genutzt wurden
FI, TA, LÄ, KI, DOU	S 7, S 7K, MS 7 S 10, S 10K, MS 10 S 13, S 13K, MS 13	C16 C24 C30	III
EI	LS 10, LS 10K	D30	II
BU	LS 10, LS 10K LS 13, LS 13K	D35 D40	I

Kennzeichnung: Schnittholz, das nach DIN 4074 sortiert wurde, muss gemäß Übereinstimmungsverordnungen der Länder mit dem Übereinstimmungszeichen (Ü-Zeichen) gekennzeichnet werden. Für visuell sortiertes Schnittholz ist lediglich die Übereinstimmungserklärung des Herstellers (ÜH) erforderlich. Maschinell sortiertes Holz benötigt ein Übereinstimmungszertifikat (ÜZ) einer anerkannten Zertifizierungsstelle.

Abb. 17.12
ÜH – Übereinstimmungserklärung des Herstellers

Abb. 17.13
ÜZ – Übereinstimmungszertifikat bei maschineller Sortierung

17.9 Konstruktive Vollholzprodukte

Die **Sortierung von Bauholz nach DIN EN 338 (02.10,** Entwurf von 09.13) für tragende Zwecke geschieht durch Einteilung in Festigkeitsklassen. Für Pappelholz und Nadelhölzer gibt es die Festigkeitsklassen C 14, C 16, C 18, C 22, C 24, C 27, C 30, C 35, C 40, für die übrigen Laubhölzer die Festigkeitsklassen D 30, D 35, D 40, D 50, D 60, D 70. Die Zahlen bedeuten die **charakteristischen Biegefestigkeiten** $f_{m,k}$ in N/mm². Die Norm gibt für jede Festigkeitsklasse alle weiteren charakteristischen Festigkeits-Kennwerte an.

Bauholz für Zimmerarbeiten nach DIN 68 365 (12.2008) gibt es als **Schnitthölzer:** Kanthölzer bzw. Balken; Bretter und Bohlen, auch Rauspund; Latten und Leisten und **Rundhölzer:** abgelängt und entrindet; nicht geschnitten und nicht behauen oder ein- oder zweiseitig geschnitten und behauen. Maße und Gütebedingungen siehe DIN 68 365.

Schalungsplatten aus Holz für Beton- und Stahlbetonbauten sind nach DIN 68 791 und 68 792 (11.2015) erhältlich.

17.9.3 Konstruktionsvollholz (KVH®) [17.6], [17.16]

Normen siehe Abschn. 17.9.

Das Qualitätslabel **Konstruktionsvollholz KVH®** ist Bauschnittholz aus den Nadelhölzern Fichte, Tanne, Kiefer oder Lärche, das die Bedingungen an Schnittholz üblicher Tragfähigkeit erfüllt, d.h. Sortierklasse S 10 nach DIN 4074-1 (06.2012). Darüber hinaus gelten *zusätzliche Anforderungen*, die in einer Vereinbarung zwischen der Vereinigung deutscher Sägewerksverbände e. V (VDS) und dem Bund Deutscher Zimmermeister (BDZ) vom 20.6.1994 (Ausgabe 06.97) festgelegt sind. Man unterscheidet dabei Konstruktionsvollholz für sichtbare (KVH-Si) und für nicht sichtbare (KVH-NSi) Konstruktionen. Vorzugsmaße siehe Tafel 17.16. Neben dem amtlich vorgeschriebenen Übereinstimmungszeichen (Ü-Zeichen) kann KVH® mit einem Überwachungszeichen gekennzeichnet werden (siehe Abb. 17.12 und 17.13).

Tafel 17.16 Vorzugsquerschnitte für Konstruktionsvollholz (KVH) [17.16]

Dicke in mm	Breite in mm					
	120	140	160	180	200	240
60	x	x	x	x	x	x
80	x	x	x		x	x
100	x				x	
120	x				x	x

Die über DIN 4074-1 (06.2012) hinausgehenden **Anforderungen** beziehen sich auf: Holzfeuchte: 15 ± 3 %; Maßtoleranzen: ± 1 mm bei 15 % Holzfeuchte; Einschnittart: für KVH-Si herzfrei bei Querschnitten ≤ 100 mm Kantenlänge, sonst herzgetrennt (siehe Tafel 17.10); Oberflächenbeschaffenheit: KVH-NSi egalisiert und gefast, KVH-Si vierseitig gehobelt und gefast; zusätzliche Sortierregeln: höhere Anforderungen an Ästigkeit, Rissbildung, Verfärbungen (Bläue, nagelfeste rote und braune Streifen), Harzgallen, Insektenfraß, Längskrümmung und Verdrehung.

17 Holz und Holzwerkstoffe

Abb. 17.14 Überwachungszeichen für Konstruktionsvollholz [17.16]

17.9.4 Massivholz MH® [17.22]

Normen siehe Abschn. 17.9.

MH® Massivholz ist ein veredeltes Bauschnittholz der Sortierklasse S 10, das von der Herstellergemeinschaft MH® MassivHolz e.V (siehe Abschn. 21.17) angeboten wird. Es besitzt aufgrund niedriger Holzfeuchte (≤ 15 ± 3 %) und zusätzlicher und schärferer Sortierkriterien eine hohe Formstabilität und geringe Rissbildung. Oberflächenqualitäten sind MH-Plus: vierseitig gehobelt und gefast, Verfärbungen und Insektenfraß nicht erlaubt; MH-Fix: egalisiert und gefast; MH-Natur: sägerau. Holzarten: üblich Fichte, Tanne, auf Wunsch auch Kiefer, Lärche, Douglasie. Querschnittstoleranzen bei MH-Plus und MH-Fix: ± 1 mm.

17.9.5 Balkenschichtholz (Duo-, Triobalken) [17.16], [17.24]

Normen siehe Abschn. 17.9.

Balkenschichtholz ist ein stabförmiger Werkstoff, üblicherweise der Sortierklasse S 10, mit allgemeiner bauaufsichtlicher Zulassung, der aus zwei oder drei miteinander verklebten Holzbohlen besteht: sogenannten Duo- oder Trio-Balken. Holzarten: üblich Fichte, aber auch Tanne, Kiefer, Lärche, Douglasie. Die Bohlen werden auf unter 15 % Holzfeuchte getrocknet, verklebt und anschließend vierseitig gehobelt, gefast und gelängt. Für längere Balken werden die Bohlen kraftschlüssig keilgezinkt (siehe Abb. 17.11). Querschnittsabmessungen der Einzelbohlen und der Balken siehe Abb. 17.15, Balkenlängen maximal 18 m, Sondermaße möglich. Anwendung für tragende Konstruktionen nach EC 5 besonders für

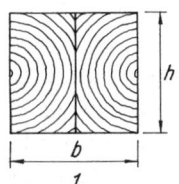
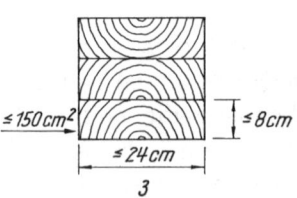

Abb. 17.15
Balkenschichtholz (Duo-, Triobalken) [17.24]
1) Duobalken: Breite b = 80 160 mm; Höhe h = 100 – 240 mm
2) Triobalken: Breite b = 180 240 mm; Höhe h = 100 – 240 mm
3) Abmessungen der Einzelbohlen

Abb. 17.16
Kreuzbalken-
Querschnitt
[17.16]

17.9 Konstruktive Vollholzprodukte

die Erstellung luftdichter Gebäudehüllen, wie z.B. im Holzrahmenbau, Skelettbau und bei ausgebauten Dachstühlen. Vorbeugender chemischer Holzschutz ist bei Beachtung baulicher Holzschutzmaßnahmen nicht erforderlich.

17.9.6 Kreuzbalken
Normen siehe Abschn. 17.9.
Kreuzbalken bestehen aus vier viertelholzähnlichen, faserparallelen, miteinander mit PUR-Klebstoff verklebten Rundholzsegmenten aus Nadelholz. Die Außenseiten der Segmente werden dabei nach innen gewendet. Dadurch befindet sich in der Mitte des zusammengeklebten Rechteckquerschnitts eine über die ganze Länge des Kreuzbalkens durchlaufende Röhre (siehe Abb. 17.16). Holzarten: üblich Fichte und Tanne, seltener Kiefer, Lärche, Douglasie. Querschnittsabmessungen $h \times b = 80 \times 100$ bis 200×260 mm², $h : b \leq 2$; Längen ≤ 12 m. Sortierklassen: S 10, S 13. Oberfläche ungehobelt oder gehobelt und gefast. Feuchtigkeit ≤ 15 %.

17.9.7 Brettschichtholz BSH [17.16], [17.18], [17.19]

Normen siehe Abschn. 17.9, außerdem:
DIN 20 000-3   (02.15)   Anwendung von Bauprodukten in Bauwerken – Teil 3: Brettschichtholz und Balkenschichtholz nach DIN EN 14 080
DIN EN 408   (10.12)   Holzbauwerke – Bauholz für tragende Zwecke und Brettschichtholz …

Brettschichtholz (alte Bezeichnung: Leimholz, Leimbinder, Hetzer-Träger) besteht aus mindestens drei faserparallel miteinander verklebten Brettern oder Brettlamellen aus Nadelholz. Es darf nur von besonders zugelassenen Betrieben mit entsprechender „Leimgenehmigung" (siehe Verzeichnis des DIBt Berlin) hergestellt werden. Ü-Zeichen und RAL-Gütezeichen siehe Abb. 17.17.

a) Herstellung (s.a. Abb. 17.18)
Die Herstellungsschritte sind: Trocknen auf etwa 12 % Holzfeuchte; Festigkeitssortierung (S bzw. MS 10, 13, auch 17), gegebenenfalls Auskappen von größeren Fehlstellen; für lange Bauteile Keilzinken der Lamellen (siehe Abb. 17.11); Verkleben der Breitseiten der Holzlamellen im geraden oder gekrümmten Pressbrett und Aushärten unter Druck; nach dem Aushärten in der Regel Hobeln, Fasen und Ablängen. Holzarten: üblich Fichte; seltener Tanne, Kiefer Lärche, Douglasie; auch Laubholz, z.B. Buche. Klebstoffe und Farbe der Klebfuge: Harnstoffharz, hell, nur für Innenverwendung; modifiziertes Melaminharz, hell bis braun; Phenol-Resorcinharz, dunkelbraun; Polyurethan, hell bis transparent.

b) Aufbau
Lamellendicken für gerade Bauteile ohne direkte Bewitterung 6 bis 42 mm, bei direkter Bewitterung 6 bis 33 mm. Standard-Querschnittsmaße der BSH-Bauteile siehe Tafel 17.17, Längen für diese Querschnitte bis 20 m, bei größeren Querschnitten auch länger. Über die Querschnittshöhe können Lamellenlagen unterschiedlicher Sortierklassen angeordnet sein. Am Zugrand von Biegeträgern sind Lamellen höherer Sortierklasse angeordnet, im Inneren und am Druckrand Lamellen der nächstniedrigeren Klasse. Die Sortierklasse des auf Zug beanspruchten Querschnittsteils bestimmt die Festigkeitsklasse des BSH-Bauteils. Im Wesentlichen auf Zug beanspruchte Bauteile müssen aus *einer* Sortierklasse bestehen. Ebene und räumliche Krümmungen und Verdrehungen von BSH-Bauteilen sind möglich.

17 Holz und Holzwerkstoffe

c) Oberflächenqualitäten und Nutzungsklassen

Brettschichtholz ist standardmäßig gehobelt und i.d.R. gefast.
Auslesequalität: gehobelt, i.d.R. gefast; fest verwachsene Äste und werkseitig ersetzte Äste zulässig; kleinastig; frei von Bläue und Rotstreifigkeit. Sichtqualität: gehobelt, i.d.R. gefast; Ausfalläste über 20 mm werkseitig ersetzt; fest verwachsene Äste zulässig; farbliche Differenzen durch Bläue und Rotstreifigkeit auf sichtbaren Oberflächen bis 10 % zulässig. Industriequalität: keine Anforderungen.
Nach der Feuchtebeständigkeit im Gebrauchszustand unterscheidet man bei BSH für eine Raumtemperatur von 20 °C die Nutzungsklassen 1 mit dauernden relativen Luftfeuchten < 65 %, 2 < 85 % bzw. 3 > 85 %.

d) Eigenschaften und Anwendung

BSH wird nach der zulässigen Biegespannung in die Festigkeitsklassen BS 11, BS 14, BS 16 und BS 18 eingeteilt. Zulässige Spannungen in N/mm^2: Biegung 11 bis 18; Zug und Druck; Faser 8,5 bis 13; E-Modul Biegung und Druck/Zug; Faser 11.000 bis 14.000 N/mm^2. BSH ist besonders geeignet für hoch belastete und weit gespannte Bauteile und/oder für Bauteile mit besonders hohen Anforderungen an die Formstabilität und das Aussehen wie Hallenbauten, Sportstätten, Brücken o.Ä.

Abb. 17.17
Links: RAL-Gütezeichen Holzleimbau
Rechts: Beispiel für das Ü-Zeichen von BSH der Festigkeitsklasse BS 14

Tafel 17.17 Standardquerschnitte von Brettschichtholz der Festigkeitsklasse BS 11 in Sichtqualität der Oberfläche in cm [17.24][1)]

Höhe \ Breite	6	8	10	12	14	16	20
10			×				
12	×	×	×	×			
14					×		
16	×	×	×	×	×	×	
20		×	×	×	×	×	×
24		×		×	×	×	
28				×	×	×	
32				×	×	×	×
36					×	×	×
40						×	×

[1)] Größere Höhen und kleinere Breiten sind möglich.

17.10 Parkett

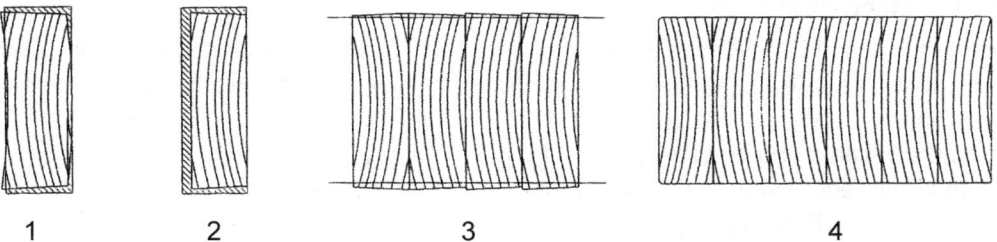

Abb. 17.18 Vergütung von Massivholz durch technische Trocknung und Homogenisierung zu Brettschichtholz (BSH) [17.18]
1 und 2: Formänderung der Rohlamellen, die bei der Trocknung bis auf ca. 11 % Holzfeuchte entstehen, werden vor der Verleimung abgehobelt.
3: Wasserfeste Verleimung der Lamellen zum BS-Holz-Rohling
4: BS-Holz nach 4-seitiger Hobelung und Fasung

17.10 Parkett [17.20]

Normen

DIN 18 356	(10.12)	VOB Teil C: ATV; Parkettarbeiten
DIN EN 13 226	(09.09)	Holzfußböden – Massivholz-Elemente mit Nut und/oder Feder
DIN EN 13 227	(Entwurf 02.16)	wie vor; Massivholz-Lamparkettprodukte
DIN EN 13 228	(08.11)	wie vor; Massivholz-Overlay-Parkettstäbe einschließlich Parkettblöcke mit einem Verbindungssystem
DIN EN 13 488	(05.03)	wie vor; Mosaikparkettelemente
DIN EN 13 489	(Entwurf 11.14)	wie vor; Mehrschichtparkettelemente
DIN EN 13 756	(Entwurf 01.15)	wie vor; Terminologie
TRGS 610	(01.11)	Ersatzstoffe und Ersatzverfahren für stark lösemittelhaltige Vorstriche und Klebstoffe für den Bodenbereich (Hrsg.: BAuA, siehe Abschn. 21.18)
TRGS 617	(11.01) (01.13)	Ersatzstoffe für stark lösemittelhaltige Oberflächenbehandlungsmittel für Parkett und andere Holzfußböden (Hrsg.: BAuA, siehe Abschn. 21.18)
TRGS		Technische Regel Gefahrstoffe

Parkett ist ein Fußboden, der aus Parkettstäben, Parkettblöcken, unterschiedlichen Parketthölzern oder Parkett-Elementen besteht.

17.10.1 Allgemeines

Die am häufigsten verwendeten **Holzarten** der in Deutschland verlegten Parkettfußböden sind Eiche und Buche. Daneben werden Esche, Kiefer, Ahorn und Fichte, Kirsche, Merbau und Doussie, Lärche, Kambala und das fast schwarze Wenge verwendet. Einige Hölzer können durch Bleichen, Räuchern, Dämpfen oder Beizen farblich verändert werden.

Die **Sortiermerkmale** der Parketthölzer beziehen sich auf Farb- und Strukturunterschiede der Oberfläche sowie auf zulässige gesunde verwachsene Äste. Die europäischen Normen (siehe Abschn. 17.10, Normen) verwenden für Eiche, Rotbuche und Esche die Symbole Kreis (^= N), Dreieck (^= G) und Quadrat (^= R). Daneben sind am Markt Eigensortierungen mit von der Norm abweichenden Bezeichnungen der jeweiligen Hersteller erhältlich.

17 Holz und Holzwerkstoffe

17.10.2 Parkettarten

Die verschiedenen Parkettarten unterscheiden sich vor allem nach Konstruktion, Form und Abmessungen sowie des Weiteren hinsichtlich der Anwendungsbereiche und der Verlegerichtlinien.

Massivholz-Lamparkettstäbe DIN EN 13 227 (Entwurf 02.16) sind Elemente, die ohne Nut und/oder Feder am Untergrund verklebt werden. Abmessungen der Stäbe: Dicke 9 – 14 mm; Breite 30 – 80 mm; Länge 120 – 600 mm in unterschiedlichen Stufungen.

Mosaikparkettlamellen (DIN EN 14 488) sind kleine Parketthölzer (z.B. Dicke 8 mm, Breite 20 – 25 mm, Länge 120 – 165 mm) mit glatt bearbeiteten Längskantenflächen. Die Lamellen können durch ablösbare Kunststoff-Folien oder -Netze zu plattenförmigen Verlegeeinheiten zusammengesetzt sein und werden mit dem Untergrund verklebt.

Mehrschichtparkett-Elemente DIN EN 13 489 (Entwurf 11.14) sind industriell hergestellte, fertig oberflächenbehandelte rechteckige oder quadratische, mehrschichtige Fußbodenelemente aus Holz oder einer Verbindung von Holz, Holzwerkstoffen oder anderen Baustoffen. Die Mindestdicke der Nutzschicht aus Vollholz beträgt 2,5 mm. Dreischichtige Elemente sind besonders formstabil und können geklebt oder „schwimmend" verlegt, zweischichtige Elemente *müssen* am Untergrund verklebt werden.

Hochkant-Lamellenparkett (Mehrzweckparkett, Industrieparkett) besteht aus hochkant aneinander geklebten Holzlamellen, die in verschieden großen vorgefertigten Einheiten mit robuster Oberfläche geliefert werden. Abmessungen der Holzlamellen: Dicke 10 – 24 mm; Breite 7 – 9 mm; Länge 120 – 165 mm, auch darüber.

Dielenböden bestehen aus gespundeten Hobeldielen (Bretter nach DIN 4072) aus Nadel- oder Laubholz, mit Nut und Feder, die auf Lagerhölzer oder Holzbalkendecken genagelt bzw. geschraubt werden. Übliche Abmessungen der Hobeldielen: Dicke 19,5 – 35,5 mm; Breite 95 – 180 mm; Länge 1,50 – 6,00 m. **Landhausdielen** sind meistens ähnlich wie Fertigparkett-Elemente mehrschichtig abgesperrt und werden in Dicken von ca. 14 mm für schwimmende Verlegung bzw. 22 mm für Verlegung auf Lagerhölzern oberflächenversiegelt geliefert.

17.10.3 Verlegung von Parkett

Die Verlegung des Parketts kann durch (verdeckte) Nagelung, durch schwimmende Verlegung oder durch Verklebung mit dem Untergrund geschehen. Für die erfolgreiche **Verklebung** ist die fachgerechte, vom Klebstoffhersteller empfohlene Untergrundvorbereitung unabdingbar. Hierzu zählen Grundierung, Vorstrich und Spachtelung, Unterlagsbahnen usw. Als Parkettklebstoffe werden verwendet: Dispersionskleber (D), sehr emissionsarm, relativ hohe Holzquellung; Polyurethan-Kleber, wasser- und lösemittelfrei, enthält Isocyanate, für die spätere Nutzung ungefährlich; SMP-Klebstoffe (Silymodifizierte Polymere), geringe Scherfestigkeit, in DIN 281 nicht aufgeführt; lösemittelhaltige Klebstoffe (G), universell einsetzbar, leicht verarbeitbar, sehr gute Hohlstellenüberbrückung. Die TRGS 610 empfiehlt Dispersionskleber, wenn technisch vertretbar.

17.10 Parkett

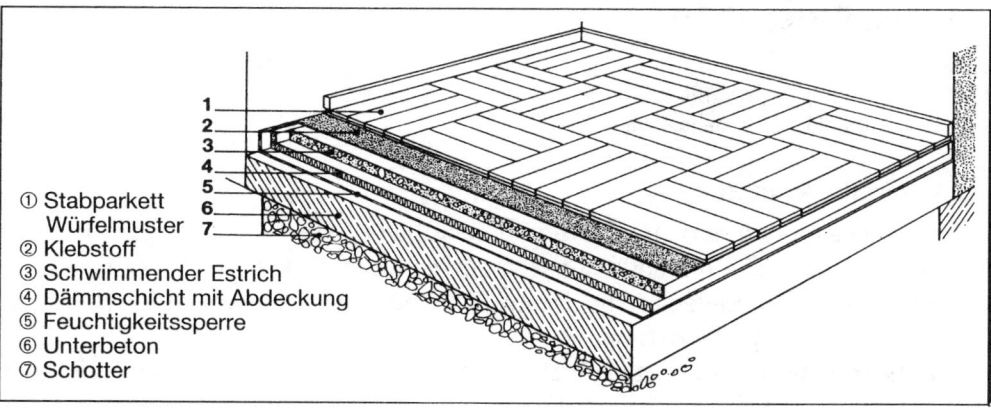

① Stabparkett
   Würfelmuster
② Klebstoff
③ Schwimmender Estrich
④ Dämmschicht mit Abdeckung
⑤ Feuchtigkeitssperre
⑥ Unterbeton
⑦ Schotter

Abb. 17.19a Konstruktionsbeispiel für Stabparkettverlegung (ST) nach [17.20]

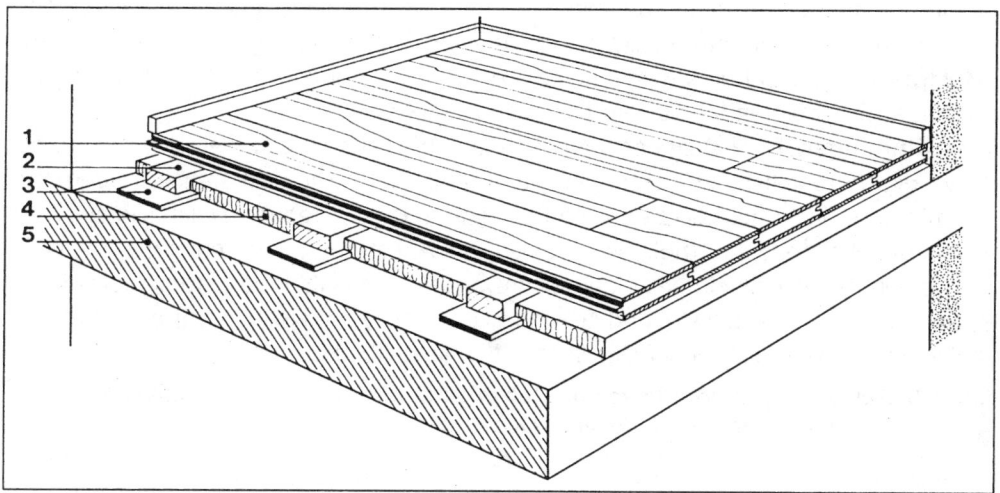

1 Frei tragende Fertigparkett-Elemente – Schiffsbodenmuster – lang
2 Lagerholz
3 Dämmplattenstreifen
4 Dämmschicht mit Abdeckung
5 Rohdecke

Abb. 17.19b Konstruktionsbeispiel für Verlegung von Fertigparkett-Elementen nach [17.20]

Unbehandeltes Parkett ist nach dem Abbinden des Klebers abzuschleifen. Die anschließende **Oberflächenbehandlung** richtet sich nach den Anforderungen und dem Geschmack des Nutzers. Es kommen in Frage: 1) Film bildende, glänzende oder matte Versiegelung mit geringstem Pflegeaufwand, üblich sind heutzutage wasserlösliche Acryllacke; 2) dünnflüssige Imprägnierungen (Öl-Kunstharz-Systeme, Einkomponenten-Polyurethane), dringen in die Holzoberfläche ein und verfestigen sie; 3) Öl- bzw. Öl-Wachs-Systeme, meist auf Basis natürlicher Rohstoffe, Oberfläche bleibt zum Teil offenporig und ermöglicht Feuchteausgleich, relativ hoher Reinigungs- und Pflegeaufwand. Parkett kann auch auf Estrich mit Fußbodenheizung verlegt werden.

Verlegemuster, auch farblich unterschiedlich (z.B. Intarsienparkett), können sein (s.a. Abb. 17.19a und 17.19b): Schiffsboden-, Würfel-, Fischgrät- und Flechtmuster.

17.11 Holzpflaster [17.21]

Normen
DIN 68 702 (10.09) Holzpflaster
DIN 18 365 (08.15) Bodenbelagarbeiten

17.11.1 Holzpflasterarten

Holzpflaster ist ein besonders strapazier- und belastbarer Fußboden für Innenräume, der aus scharfkantigen, nicht imprägnierten Holzklötzen besteht, deren Hirnfläche als Nutzfläche dient. Holzarten: Kiefer, Lärche, Fichte, Eiche oder diesen gleichwertige Holzarten. Man unterscheidet folgende **Arten:**

a) **Holzpflaster RE:** repräsentativer rustikaler Fußboden in Verwaltungsgebäuden und Versammlungsstätten, z.B. Kirchen, Theatersäle, Gemeinde- und Freizeitzentren sowie in Hobbyräumen und im Wohnbereich

b) **Holzpflaster WE:** widerstandsfähiger und fußelastischer Boden in Werk- und ähnlichen Räumen ohne große Klimaschwankungen mit Leichttransportverkehr, bei Klotzhöhen ab 40 mm und geeigneter Klebung auch für normalen Fahrzeug- und Staplerverkehr

c) **Holzpflaster GE:** Fußboden im Industrie- und Gewerbebereich mit dem damit verbundenen auch schweren Stapler- und Fahrzeugverkehr.

Gütebedingungen: Die Klötze sind aus gesundem, trockenem, scharfkantigem Schnittholz rechtwinklig herzustellen. Abmessungen siehe Tafel 17.18. Die höchsten Anforderungen gelten für Holzpflaster RE: Klötze aus mehrstieligem, kerngetrenntem (siehe Tafel 17.10), vierseitig gehobeltem Schnittholz, Feuchtigkeit bei Anlieferung und Verlegung 8 – 12 %. Bei Eiche geringer Anteil von gesundem Splint, bei WE und GE unbeschränkt zulässig, bei Kiefer nur leichte Bläue (bei WE und GE unbeschränkt). Gering bzw. leicht bedeutet beim Einzelklotz maximal 5 %, bei der Gesamtfläche maximal 3 %.

Tafel **17.18 Abmessungen der Klötze von Holzpflaster** *nach DIN 68 702 (10.09) (Länge × Breite ergibt die Sichtfläche.)*

Holzpflasterart	Höhe[1] mm	Breite[1] mm	Länge[1] mm
RE + WE	22 – 80	40 – 80	40 – 120
GE	50 – 100	60 – 80	60 – 140

[1] Bei WE mit Fahrzeug- und Staplerverkehr: Höhe mindestens 40, Breite maximal 80 und Länge maximal 100 mm.

17.11.2 Verlegung von Holzpflaster

Die Holzklötze werden dicht an dicht verlegt und mit dem Untergrund verklebt, gegebenenfalls auf Unterlegbahnen. Fugen an den Rändern, z.B. zu Wänden und über Bauwerksbewegungsfugen, sind zu verfüllen. Der Untergrund, z.B. C 20/25 oder Verbundestrich oder schwimmender Estrich mit Mindestdicke 50 mm aus ZE 30 oder AE 30, muss ausreichend eben (siehe DIN 18 202 (04.13)) und tragfähig sein. Als Klebstoffe haben sich hartplastische, schubfeste Kleber, bei Stapler- und Fahrzeugverkehr weichplastische Kleber bewährt. Vor, während und nach der Verlegung ist auf ein zweckmäßiges Raumklima zu achten, bei RE z.B. 18 °C und 65 % relative Luftfeuchte. Später sollte zur Verringerung der Fugenbildung grundsätzlich eine konstante relative Luftfeuchte von 55 bis 65 % eingehalten werden. Material- und raumklimatisch bedingte natürliche Fugen sind bei RE-Pflaster bis 1 mm Breite und bei WE-Pflaster bis 3 mm zu tolerieren. Das fertig verlegte Pflaster ist abzuschleifen und unmittelbar danach mit einem Oberflächenschutz zu versehen, bei RE-Pflaster z.B. durch Kalt- oder Warmwachsen, Ölen oder Lasieren, bei GE und WE auch durch Behandlung mit öligen, paraffinhaltigen Mitteln.

17.12 Besondere Holzbauteile

17.12.1 Vergütetes Holz

Normen
DIN 7707-1   (01.79)   Kunstharz-Pressholz und Isolier-Vollholz; Prüfverfahren (zurückgezogen)
    -2   (01.79)   Kunstharz-Pressholz und Isolier-Vollholz; Typen (zurückgezogen)
Ersatzdokumente:
DIN EN 60 893-1 (12.04)   Isolierstoffe – Tafeln aus technischen Schichtpressstoffen auf der Basis warmhärtender Harze für elektrotechnische Zwecke – Teil 1: Definitionen, Bezeichnungen und allgemeine Anforderungen (8 weitere Teile)

DIN EN 61 061-1 (08.07)   Nicht-imprägniertes Kunstharzpressholz für elektrotechnische Zwecke, Teil 1: Begriffe, Bezeichnungen und allgemeine Anforderungen (2 weitere Teile)

Kunstharz-Pressholz (KP): Kunstharz-Pressholz wird aus Rotbuchenfurnieren (mindestens 5 Lagen je cm Erzeugnisdicke) und Phenol- oder Melaminharz hergestellt. Es wird durch Heißpressen (140 ... 150 °C; 20 ... 40 N/mm^2) verdichtet zur Erhöhung der Rohdichte bis 1,4 g/cm^3. KP ist kochfest, witterungsbeständig und weitgehend säurebeständig. Verwendung u.a.: Maschinen- und Vorrichtungsbau, Blechverformung, einbruch- und durchschusssichere Bauelemente.

Formvollholz (Biegeholz): Besonders geeignet: Buche, Esche, Eiche. Die zugeschnittenen und bearbeiteten Holzstücke werden gedämpft, sodass die Holzzellen erweichen, danach kalt gebogen, gegebenenfalls in Faserrichtung gestaucht, und anschließend künstlich getrocknet. Verwendung: Sitzmöbel, Tischzargen, ebenso Flugzeug- und Fahrzeugbau. Patentiertes Verfahren.

Isoliervollholz: Holz wird vergütet durch Tränken, Imprägnieren, Verdichten und Oberflächenbehandlung. Typen: IVH (Rohdichte 0,6 ... 0,8); IVHT (getränkt; Rohdichte 0,6 ... 1,0); IVHP (verdichtet; Rohdichte > 1,3). Kenngrößen im Sonderdruck von VDE 0310-1 (08.07).

17.12.2 Nagelplatten-Binder [17.32]

Nagelplatten-Binder (NP-Binder) sind weitgehend industriell vorgefertigte Holzbinder. In die auf einer ebenen Fläche lose aneinander gelegten Holzstäbe des Binders werden im Bereich der Knoten oder Stöße mittels Pressen 1 bis 2 mm dicke, mit eingestanzten und aufgebogenen schmalen Zungen oder Zähnen versehene Stahlbleche eingedrückt, die im fertigen Binder die Kräfte übertragen.

17.12.3 Holzrahmenbau [17.33]

Der Holzrahmenbau stellt scheibenförmige Wand-, Dach- und Deckenelemente her. Sie bestehen aus einem Traggerippe aus vertikalen und horizontalen relativ schlanken Hölzern, die ein- oder zweiseitig durch Holzwerkstoff- oder Gipskarton- oder Gipsfaserplatten beplankt sind. Die so entstehenden Scheiben übernehmen im Bauwerk gleichzeitig tragende und raumabschließende Funktionen.

17.12.4 Brettstapelbauweise [17.34]

Auch die Brettstapelbauweise dient zur Herstellung von Wand-, Dach- und Deckenelementen. Gewöhnliche Holzbretter oder -bohlen (Höhe 8 ... 24 cm, Dicke 24 ... 60 mm) werden nebeneinander hochkant stehend, dicht an dicht angeordnet und durch kontinuierliche Nagelung, Dübelung oder Verleimung miteinander verbunden. Die Bretter und Bohlen können scharfkantig oder gefast und an den Berührungsflächen mit Feder und Nut oder nur mit einer durchgehenden Kabelnut für Leitungsverlegungen versehen sein.

17.13 Holzwerkstoffe [17.3], [17.10]

Normen
DIN EN 13 986   (06.15)   Holzwerkstoffe zur Verwendung im Bauwesen – Eigenschaften, Bewertung der Konformität und Kennzeichnung

Prüfnormen DIN EN:
120: Formaldehydabgabe (Perforatormethode); 310: Biegefestigkeit, Biege-E-Modul; 311: Abhebefestigkeit; 317: Dickenquellung nach Wasserlagerung; 318: Maßänderungen infolge Luftfeuchteänderung; 319: Zugfestigkeit Plattenebene; 321: Feuchtebeständigkeit durch Zyklustest; 322: Feuchtegehalt; 323: Rohdichte; 324-1, -2: Plattenmaße, Rechtwinkligkeit; 717-1 bis -3: Formaldehydabgabe (Prüfkammer-[1], Gasanalyse-[2], Flaschen-Methode[3]); Kantengeradheit; 1087-1: Feuchtebeständigkeit durch Kochprüfung.
Weitere Normen in den Unterabschnitten von Abschn. 17.13.
Information: Verband der Deutschen Holzwerkstoffindustrie (VHI), Gießen (siehe Abschn. 21.17)

Unter den Begriff **Holzwerkstoffe** fallen im Wesentlichen die Holzprodukte Sperrholz, Massivholzplatten SWP, kunstharz- und zementgebundene Spanplatten, OSB-Platten, Furnierschichtholz und Faserplatten. Gemeinsames Merkmal der Holzwerkstoffe ist die Zerlegung des Vollholzes und anschließendes Zusammenfügen, meist unter Zugabe von Bindemitteln oder Klebstoffen.

Die neue DIN EN 13 986 (2015) enthält dazu die folgenden allgemeinen Angaben:
– Begriffe und zugehörige DIN-EN-Normen,
– DIN-EN-Normen der Verfahren, nach denen die Leistungseigenschaften bestimmt werden,
– Technische und Formaldehyd-Klassen,
– Angaben zur CE-Kennzeichnung.

17.13.1 Allgemeines

Die **Herstellung** der Holzwerkstoffe geschieht durch Verpressen von Brettern, Stäben, Furnieren, Furnierstreifen, Spänen oder Fasern mit Klebstoffen (Kunstharzen) oder mineralischen Bindemitteln (Zement, Gips, Magnesiabinder). Aufgrund der dabei angewen-

---
1   DIN EN 717-1.
2   DIN EN 717-2.
3   DIN EN 717-2.

deten Herstellungsverfahren wird die Anisotropie des Holzes – seine unterschiedlichen Eigenschaften längs und quer zur Faser – weitgehend ausgeglichen. Bei Holzwerkstoffen spielen die Fehler des Vollholzes, wie z.B. Äste, Risse oder Drehwuchs, keine bzw. nur eine untergeordnete Rolle. Das Schwinden und Quellen der Holzwerkstoffe ist in der Regel deutlich kleiner als bei Vollholz.

Vorschriften: Für Holzwerkstoffe existieren entweder bauaufsichtlich eingeführte Normen (siehe unten) oder sehr häufig auch bauaufsichtliche Zulassungen des Deutschen Instituts für Bautechnik Berlin (DIBt). Die Herstellung von Holzwerkstoffen unterliegt einer laufenden Eigen- und Fremdüberwachung. Der Nachweis für die Übereinstimmung mit den Normen oder Zulassungen geschieht in der Regel durch Kennzeichnung mit den Übereinstimmungszeichen (Ü-Zeichen) mit Angabe des Herstellwerks, der DIN- bzw. Zulassungsnummer, der fremdüberwachenden Stelle, der Holzwerkstoffart und z.B. der Plattendicke.

Holzwerkstoffklassen: Holzwerkstoffe werden je nach der Verleimungsart und Feuchteresistenz in unterschiedliche Plattentypen eingeteilt. Diese sind unten in den jeweiligen Abschnitten zu den Holzwerkstoffarten zu finden. Eine Gegenüberstellung der **alten Holzwerkstoffklassen** zu den **neuen Plattentypen** bietet die Tafel 17.19 [17.38].

Formaldehydabgabe: Nach der „Richtlinie über die Klassifizierung und Überwachung von Holzwerkstoffplatten bezüglich der Formaldehydabgabe" (DIBt-Richtlinie 100) dürfen nur Platten der Emissionsklasse E 1 verwendet werden. Das entspricht einer Formaldehyd-Ausgleichskonzentration im Prüfraum 0,1 ml/m^3 = 0,1 ppm. Für Span- und Faserplatten, die für eine Beschichtung vorgesehen sind, gilt die Klasse E 1 b. Siehe dazu Abschn. 16.5.8. Bei einer Reihe von Holzwerkstoffen findet nach Angaben der Hersteller praktisch keine Formaldehyd-Abspaltung statt.

Baustoffklassen und Holzschutz: Holzwerkstoffe gehören in der Regel der Baustoffklasse B 2 (normal entflammbar) an. Sollen sie höheren Baustoffklassen genügen, z.B. B 1, muss dies bauaufsichtlich nachgewiesen werden (siehe Abschn. 16.4.1). Der Holzschutz für Holzwerkstoffe richtet sich nach den Bestimmungen der DIN 68 800 (siehe Abschnitte 17.15.3.4 und 17.15.4.7).

17.13.2 Massivholzplatten SWP

Diese Platten werden nach DIN EN 12 775 (2001) wie folgt klassifiziert:
- nach dem Plattenaufbau:
  einlagig oder mehrlagig
- nach den Verwendungsbedingungen:
  im Innenbereich bzw. Trockenbereich → SWP/1 (Anforderungen lt. DIN EN 13 353) (07.11)
  im Feuchtbereich → SWP/2 (Anforderungen lt. DIN EN 13 353) (07.11)
  im Außenbereich → SWP/3 (Anforderungen lt. EN 13 353) (07.11)
- nach den mechanischen Eigenschaften:
  Platten für allgemeine Zwecke
  Platten für tragenden Zwecke
- nach dem Aussehen der Oberfläche:
  - Holzartengruppe in der Decklage:
    Nadelholzplatten
    Laubholzplatten

17 Holz und Holzwerkstoffe

Tafel 17.19 Gegenüberstellung neue Plattentypen ←→ alte Holzwerkstoffklassen

Holzwerkstoffe nach DIN EN 13 986 (2015) – Bezeichnungen, Anwendungsbereiche, Produktnormen – Stand 03/2005

Anwendungsbereich		Neue Bezeichnungen									Alte Bezeichnungen						
	Spanplatten nach DIN EN 312 11/2003[1]	OSB-Platten nach DIN EN 300 6/1997[1]	Sperrholzplatten nach DIN EN 636 (2015) 11/2003	Massivholzplatten nach DIN EN 13 353 9/2003	Furnierschichtholz nach DIN EN 14 374 2/2005	Zementgebundene Spanplatten nach DIN EN 634-1/-2 4/1995[2]	Faserplatten, harte nach DIN EN 622-2 7/2004[3]	Faserpl., mittelharte nach DIN EN 622-3 7/2004	Faserplatten, poröse nach DIN EN 622-4 8/1997	Faserplatten, MDF nach DIN EN 622-5 8/1997	Spanplatten und Flachpressplatten nach DIN 68 761 (zurückgezogen) 1973	Spanplatten und Flachpressplatten nach DIN 68 761-4 (zurückgezogen) 1982	Spanplatten und Flachpressplatten nach DIN 68 763 9/1990	OSB-Platten nach DIN EN 300 6/1997	harte und mittelharte Holzfaserplatten nach DIN 68 754-1 1976	Sperrholz nach DIN 68 705-2 7/1981	Sperrholz nach DIN EN 63 705-3 12/1981
nicht tragend																	
allgemeine Zwecke im Trockenbereich	P1	OSB/1	EN 636-1				HB	MBL und MBH	SB	MDF	FPY	FPO		OSB/1		IF	
Inneneinrichtungen (Möbel) im Trockenbereich	P2	OSB/1									FPY	FPO		OSB/1			
nicht tragende Zwecke im Feuchtbereich	P3		EN 636-2				HB.H	MBL.H und MBH.H	SB.H	MDF.H						AW	
allgemeine Zwecke im Außenbereich			EN 636-3				HB.E	MBL.H und MBH.H	SB.E								
tragend																	
tragende Zwecke im Trockenbereich	P4	OSB/2	EN 636-1	SWP/1	LVL[4]	EN 634	HB.LA	MBH.LA1	SB.LS	MDF.LA			V 20	OSB/2	HFH 20 und HFM 20		BFU 20
tragende Zwecke im Feuchtbereich	P5	OSB/3	EN 636-2	SWP/2	LVL[4]	EN 634	HB.HLA1	MBH.HLS 1	SB.HLS	MDF.HLS			V 100	OSB/3		AW 100	BFU 100
hochbelastbare Platten für tragende Zwecke im Trockenbereich	P6							MBH.LA2						OSB/4			
hochbelastbare Platten für tragende Zwecke im Feuchtbereich	P7		EN 636-2	SWP/3	LVL[4]	EN 634	HB.HLA2	MBH.HLS 2									
tragende Zwecke im Außenbereich													(V 100 G)			AW 100 G	BFU 100 G

[1] Normenentwurf: zzt. 07/2004.
[2] Teil 2: Ausgabe 10/1996.
[3] Berichtigung zur Norm: Ausgabe 06/2006.
[4] Mechanische Kennwerte werden durch den Hersteller mit dem CE-Zeichen deklariert, Anwendungsbereiche und Übernahme dieser Werte werden bei Aufnahme in die DIN 20 000 geregelt.

- nach der Länge der Holzstücke in der Decklage:
  Platten mit gekürzten Holzstücken SC (= showing cuts)
  Platten mit ungekürzten Holzstücken NC (= no cuts)
- nach der Oberflächenbeschaffenheit:
  Rohplatten
  geschliffene Platten
  Strukturplatten
  Oberflächenbehandelte Platten: z.B. beschichtet, gestrichen, grundiert, lackiert, geölt.

Anwendung: entsprechend den bauaufsichtlichen Zulassungen in Klassen SWP 1, 2 oder 3 als tragende und aussteifende Beplankung von Wand-, Decken- und Dachtafeln für Holzhäuser in Tafelbauart nach DIN 1052-3; außerdem in Einzelfällen wie Bau-Furniersperrholz nach DIN 1052-1.
Standard-Abmessungen je nach Hersteller (s.u.): Dicken 13 – 75 mm.
Formate (m) 2,50/3,00 × 5,00; 2,00 × 5,00/6,00; 4,00/4,50/5,00 × 1,25; 5,00 × 2,05.
Durch Keilzinkung (siehe Abb. 17.11) Längen bis 25 m möglich.
Angaben für die **Bestellung** (Beispiel): Dreischichtplatte aus Nadelholz, Zulassungsnummer, Plattentyp, 21 × 3000 × 2500.

17.13.3 Sperrholz

Normen (s.a. Abschn. 17.13)
DIN 68 705-2 (03.16) Stab- und Stäbchensperrholz für allgemeine Zwecke
DIN 68 791 (Entwurf 11.15) Großflächen-Schalungsplatten aus Stab- und Stäbchensperrholz für Beton und Stahlbeton
DIN 68 792 (Entwurf 11.15) Großflächen-Schalungsplatten aus Furniersperrholz für Beton und Stahlbeton
DIN EN 313-1 (05.96) Sperrholz; Klassifizierung und Terminologie; Teil 1: Klassifizierung
    -2 (11.99) wie vor; Teil 2: Terminologie
DIN EN 314-1 (03.05) Sperrholz; Qualität der Verklebung; Teil 1: Prüfverfahren (E 12.01 liegt vor)
    -2 (08.93) wie vor; Teil 2: Anforderungen
DIN EN 315 (10.00) Sperrholz; Maßtoleranzen
DIN EN 635-1 (01.95) Sperrholz; Klassifizierung nach dem Aussehen der Oberfläche; Teil 1: Allgemeines
    -2 (08.95) wie vor; Teil 2: Laubholz
    -3 (08.95) wie vor; Teil 3: Nadelholz
    -5 (05.99) wie vor; Teil 5: Messverfahren und Angabe der Merkmale und Fehler
Prüfnormen
DIN 53 255 (06.64) Bestimmung der Bindefestigkeit von Sperrholzleimungen
Information: Güteschutzgemeinschaft Sperrholz e. V., Gießen (s. Abschn. 21.17, www.infoholz.de)

Sperrholz besteht aus einer ungeraden Anzahl (mindestens drei) miteinander verleimter Holzlagen (s. Abb. 17.20). Die Faserrichtung aneinander liegender Holzlagen kreuzt sich i.d.R. unter 90°. Die außen liegenden Decklagen sind stets Furniere und haben parallelen Faserverlauf.

17.13.3.1 Klassifizierung von Sperrholz nach DIN EN 313-2

a) Nach dem Plattenaufbau:
- Furniersperrholz: aus einzelnen Furnierlagen
- Mittellagen-Sperrholz:
  Mittellage aus Stäben → Stabsperrholz, ST
  Mittellage aus Stäbchen → Stäbchensperrholz, STAE
- Verbundsperrholz: besteht auch aus anderen Materialien als Vollholz und Furnieren

b) Nach der Form: eben oder geformt → Formsperrholz
c) Nach der Dauerhaftigkeit:
   - zur Verwendung im Trockenbereich
   - zur Verwendung im Feuchtbereich
   - zur Verwendung im Außenbereich
d) Nach den mechanischen Eigenschaften
e) Nach dem Aussehen der Oberfläche → Klassifizierung in DIN EN 635-1, -2, -3
f) Nach dem Oberflächenzustand:
   nicht geschliffen
   geschliffen
   grundiert
   beschichtet
g) Nach den Anforderungen des Verbrauchers

Die **Sperrholzarten** unterscheiden sich nach der Innenlage (Furniere, Stäbe, Stäbchen) in Furnier-, Stab- und Stäbchensperrholz, nach den Anforderungen in DIN EN 313 und DIN EN 635.

Furniersperrholzplatten bestehen aus meist geschälten Furnieren. Beim Schälen wird der gedämpfte Stamm walzenförmig gegen das Schälmesser gedreht, wodurch sich das Furnier als streifenförmiges Band abschält. Dabei treten auf der Oberfläche leichte Farbänderungen und Haarrisse auf. Nach Trocknung auf 6 – 10 % Feuchte werden die Furnierbänder beleimt und in beheizten Pressen miteinander verbunden.

Bei **Stabsperrholz** (ST) besteht die Mittellage aus aneinander geleimten, 24 – 30 mm breiten Holzleisten, bei **Stäbchensperrholz** (STAE) aus hochkant zur Plattenebene stehenden, maximal 8 mm dicken Holzstäbchen oder Furnierstreifen. Die Furnierstreifen entstehen durch Aufschneiden von Paketen aus aneinander geleimten Schälfurnieren. Sie haben in der fertigen Platte stehende Jahresringe.

Die **Maße** von Sperrholzplatten werden auf den Verwendungszweck abgestimmt. Maximalmaße je nach Hersteller unterschiedlich.

Klassifizierung nach Feuchtebeständigkeit gemäß DIN EN 314-2 (1993), die Qualität der Verklebung wird in drei Klassen eingeteilt:
Klasse 1: Trockenbereich → Innenräume
Klasse 2: Feuchtbereich → bei Schutz vor direkter Bewitterung Außenklima
Klasse 3: Außenbereich → für direkte Bewitterung einsetzbar

Die **Klassifizierung nach dem Aussehen der Oberfläche** nach DIN EN 635-1 bis -3 erfolgt anhand folgender Kategorien:
- Anzahl und Größe von natürlichen holzeigenen Merkmalen wie Äste, Risse, Harzgallen; Unregelmäßigkeiten der Holzstruktur; nicht Holz zerstörende Verfärbungen; Holz zerstörender Pilzbefall;
- fertigungsbedingte Fehler wie offene Fugen, Überlappungen, Hohl- und Druckstellen, Rauigkeit, Durchschliff, Leimdurchschlag, Fremdpartikel, Ausbesserungen, Kantenfehler.

Es werden dabei die fünf Klassen E (beste Qualität), I, II, III, IV (schlechteste Qualität) angegeben, und zwar zuerst die Klasse der Vorderseite und an zweiter Stelle die Klasse der Rückseite.

Die **Anforderungen an Sperrholz** nach DIN EN 636-1 bis -3 beziehen sich auf Maßtoleranzen, biologische Dauerhaftigkeit, mechanische Eigenschaften und Formaldehydabgabe (Klasse A, B, C nach DIN EN 1084).

17.13.3.2 Stab- und Stäbchensperrholz für allgemeine Zwecke nach DIN 68 705-2 (03.16)

Arten: Stab- bzw. Stäbchensperrholz ST bzw. STAE (Tischlerplatten). Es werden i.d.R. keine definierten Anforderungen an die elasto-mechanischen Eigenschaften gestellt, diese können aber zwischen Hersteller und Abnehmer vereinbart werden.

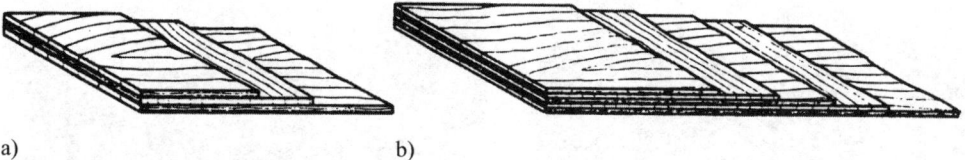

a) b)
Furnier-Sperrholz: a) dreifach verleimt; b) fünffach verleimt

Stabsperrholz (ST)

Stäbchensperrholz (STAE)

Abb. 17.20 Aufbau von Sperrholz

Anwendung: z.B. Ausbau von Räumen (z.B. Wand- und Deckenbekleidungen), Möbelbau, Lager- und Werkstattausrüstungen.

Güteklassen: 1, 2 und 3 je nach Güte der Deckfurniere hinsichtlich der Größe von Holzverfärbungen sowie Größe und Anzahl von Aststellen, Fugen und Insektenfraßlöchern. Güteklasseangaben für Vorder- und Rückseite: 1–2, 1–3, 2–2, 2–3, 3–3.

Anforderungen: Innenlagen von ST oder STAE dürfen keine Fehler haben, die durch die Deckfurniere durchschlagen. Die Holzstäbe bzw. -stäbchen von ST bzw. STAE müssen vollkantig sein, in den Längs- und Stoßfugen möglichst dicht aneinander liegen und dürfen Baumkanten und abgesplitterte Stellen bis 500 mm Länge aufweisen. Astlöcher über 15 mm Durchmesser müssen ausgeschnitten oder ausgefüllt sein. Holzfeuchtigkeitsgehalt ab Werk 12 % bezogen auf Trockenmasse.

Abb. 17.21 Furniersperrholz aus Buche

Abb. 17.22 Dreischichtplatte aus Nadelholz

17.13.4 Spanplatten

Normen (s.a. Abschn. 17.13)
DIN EN 13 986	(06.15)	Holzwerkstoffe zur Verwendung im Bauwesen – Eigenschaften, Bewertung der Konformität und Kennzeichnung
DIN EN 312	(12.10)	Spanplatten – Anforderungen
DIN EN 300	(09.06)	Platten aus langen, flachen, ausgerichteten Spänen (OSB); Definitionen, Klassifizierung und Anforderungen
DIN EN 309	(04.05)	Spanplatten; Definition und Klassifizierung
DIN EN 633	(12.93)	Zementgebundene Spanplatten; Definition und Klassifizierung
DIN EN 634-1	(04.95)	Zementgebundene Spanplatten; Anforderungen; Teil 1: Allgemeine Anforderungen
-2	(05.07)	wie vor; Teil 2: Anforderungen an Portlandzement(PZ)-gebundene Spanplatten im Trocken-, Feucht- und Außenbereich

Information: Güteschutzgemeinschaft Sperrholz e. V, Gießen (siehe Abschn. 21.17)

17.13.4.1 Herstellung von Spanplatten

Bei der Herstellung von Spanplatten werden i. d. R. grobe und/oder feine Holzspäne mit Kunstharzklebern unter Druck und Wärme miteinander verpresst. Als Kleber werden i.d.R. Aminoplaste mit geringer Feuchtebeständigkeit sowie alkalisch härtende Phenoplaste oder Phenolresorcinharze für höhere Feuchteresistenz verwendet.

Bei **Strangpressplatten** werden die beleimten Späne in einen beheizten Schacht gestopft und von einem Kolben zusammengepresst. Dabei richten sich die Späne *senkrecht* zur Plattenebene aus. Außer als Verlegeplatten müssen die Platten deshalb beplankt werden. Sie können Röhren besitzen, die parallel zur Plattenebene verlaufen → Röhrenspanplatte.

Bei **Flachpressplatten** werden die beleimten Späne auf eine Metallplatte geschüttet und anschließend verpresst. Dabei richten sich die Späne *parallel* zur Plattenebene aus. Zur Erzielung höherer elastomechanischer Eigenschaften können auch Flachpressplatten beidseitig beplankt werden, z.B. mit Furnieren, Furnierplatten, harten Holzfaserplatten, GFK o.Ä.

Mineralisch gebundene Flachpressplatten werden mit Zement, Gips oder Anhydritbinder als Bindemittel hergestellt.

17.13 Holzwerkstoffe

17.13.4.2 Klassifizierung von Spanplatten nach DIN EN 309

Nach DIN EN 309 werden die Spanplatten wie folgt klassifiziert:
- **Herstellverfahren:** flachgepresst; kalandergepresst; stranggepresst ohne und mit Röhren
- **Oberflächenbeschaffenheit:** roh, d.h. ungeschliffen; geschliffen oder gehobelt; flüssigbeschichtet, z.B. mit Lack; pressbeschichtet mit festem Material, z.B. Furnier, harzgetränktem Dekorpapier, dekorativer Schichtpressstoffplatte, Folie
- **Form:** flach; mit profilierter Oberfläche; mit profilierten Schmalflächen
- **Größe und Form der Teilchen:**
    - Spanplatte; Platte aus großen flächigen Spänen
    - Waferboard; flache, eher quadratische, große Späne
    - OSB (siehe Abschn. 17.13.5); flache, langgestreckte, große Späne
- **Plattenaufbau:** einschichtig; mehrschichtig; mit stetigem Strukturübergang; stranggepresste Platten mit Röhren
- **Verwendungszweck:** allg. Zwecke; Inneneinrichtungen (einschl. Möbel) im Trockenbereich; tragende und aussteifende Zwecke im Bauwesen im Trocken- und Feuchtbereich
- **spezielle Zwecke:** besonders erhöhte Belastbarkeit, erhöhter Widerstand gegen biologischen Angriff, erhöhter Feuerwiderstand, Akustikplatten, andere Zwecke.

17.13.4.3 Anforderungen an Spanplatten nach DIN EN 312

In DIN EN 312 (12.10) sind folgende **allgemeine Anforderungen an Spanplatten** bei Auslieferung definiert:

Eigenschaft	Anforderung
Dicke bei geschliffener Platte	± 0,3 mm
Dicke bei ungeschliffener Platte	-0,3 bis +1,7 mm
Länge und Breite	± 5 mm
Kantengeradheit	1,5 mm je m
Rechtwinkligkeit	2 mm je m
Plattenfeuchte	5 ... 13 %
Rohdichte-Abweichung bezogen auf mittlere Rohdichte innerhalb einer Platte	± 10 %

Formaldehydabgabe:
– Klasse E1– Perforatorwert
  Ausgleichskonzentration
– Klasse E2 – Perforatorwert
  Ausgleichskonzentration
	Gehalt ≤ 8 mg/100 g atro Platte
	Abgabe ≤ 0,124 mg/m³ Luft
	Gehalt 8 ... 30 mg/100 g atro Platte
	Abgabe > 0,124 mg/m³ Luft

Neben diesen allgemeinen Anforderungen klassifiziert die DIN EN 312 hinsichtlich **der Verleimungsart** folgende sieben Plattenarten P1 bis P7:

17 Holz und Holzwerkstoffe

Typ P1: Platten für allgemeine Zwecke zur Verwendung im Trockenbereich

Eigenschaft	Anforderung						
	Dickenbereich in mm						
	3–6	> 6–13	> 13–20	> 20–25	> 25–32	> 32–40	> 40
Biegefestigkeit in N/mm^2	14	12,5	11,5	10	8,5	7	5,5
Querzugfestigkeit in N/mm^2	0,31	0,28	0,24	0,20	0,17	0,14	0,14

Anm.: Die Werte gelten für einen Feuchtegehalt, der sich im Material bei 20 °C und 65 % relative Luftfeuchte einstellt.

Typ P2: Platten für Inneneinrichtungen (auch Möbel) zur Verwendung im Trockenbereich

Eigenschaft	Anforderung						
	Dickenbereich in mm						
	3–4	> 4–6	> 6–13	> 13–20	> 20–25	> 25–32	> 32–40	> 40
Biegefestigkeit in N/mm^2	13	14	13	13	11,5	10	8,5	7
Biege-E-Modul in N/mm^2	1.800	1.950	1.800	1.600	1.500	1.350	1.200	1.050
Querzugfestigkeit in N/mm^2	0,45	0,45	0,40	0,35	0,30	0,25	0,20	0,20
Abhebefestigkeit in N/mm^2	0,8	0,8	0,8	0,8	0,8	0,8	0,8	0,8

Anm.: Die Werte gelten für einen Feuchtegehalt, der sich im Material bei 20 °C und 65 % relative Luftfeuchte einstellt.

Typ P3: Platten für nicht tragende Zwecke zur Verwendung im Feuchtbereich:[1)]

Eigenschaft	Anforderungen an mechanische Eigenschaften						
	Dickenbereich in mm						
	3–4	> 4–6	> 6–13	> 13–20	> 20–25	> 25–32	> 32–40	> 40
Biegefestigkeit in N/mm^2	13	14	15	14	12	11	9	7,5
Biege-E-Modul in N/mm^2	1.800	1.950	2.050	1.950	1.850	1.700	1.550	1.350
Querzugfestigkeit in N/mm^2	0,50	0,50	0,45	0,45	0,40	0,35	0,30	0,25
Dickenquellung 24 h in %	17	16	14	14	13	13	12	12
Anforderungen an die Feuchtebeständigkeit								
OPTION 1: Querzugfestigkeit in N/mm^2 nach Zyklustest	0,18	0,18	0,15	0,13	0,12	0,10	0,09	0,08
Dickenquellung in % nach Zyklustest	15	14	14	13	12	12	11	11
OPTION 2: Querzugfestigkeit in N/mm^2 nach Kochprüfung	0,09	0,09	0,09	0,08	0,07	0,07	0,06	0,06

Anm.: Die Werte gelten für Feuchtegehalte, die sich im Material vor der Dickenquellung bzw. Kochprüfung bei 20 °C und 65 % relative Luftfeuchte einstellen.

[1)] Diese sind gekennzeichnet durch eine Materialfeuchte, die 20 °C und einer relativen Luftfeuchte entspricht, die 85 % nur wenige Wochen im Jahr übersteigt.

17.13 Holzwerkstoffe

Typ P4: Platten für tragende Zwecke im Trockenbereich

Eigenschaft	Anforderung							
	Dickenbereich in mm							
	3–4	> 4–6	> 6–13	> 13–20	> 20–25	> 25–32	> 32–40	> 40
Biegefestigkeit in N/mm²	15	16	16	15	13	11	9	7
Biege-E-Modul in N/mm²	1.950	2.200	2.300	2.300	2.050	1.850	1.500	1.200
Querzugfestigkeit in N/mm²	0,45	0,45	0,40	0,35	0,30	0,25	0,20	0,20
Dickenquellung 24 h in %	23	19	16	15	15	15	14	14

Anm.: Die Werte gelten für einen Feuchtegehalt, der sich im Material bei 20 °C und 65 % relative Luftfeuchte einstellt.

Typ P5: Platten für tragende Zwecke im Feuchtbereich[1)]

Eigenschaft	Anforderung							
	Dickenbereich in mm							
	3–4	> 4–6	> 6–13	> 13–20	> 20–25	> 25–32	> 32–40	> 40
Biegefestigkeit in N/mm²	20	19	18	16	14	12	10	9
Biege-E-Modul in N/mm²	2.550	2.550	2.550	2.400	2.150	1.900	1.700	1.550
Querzugfestigkeit in N/mm²	0,5	0,5	0,45	0,45	0,4	0,35	0,3	0,25
Dickenquellung 24 h in %	13	12	11	10	10	10	9	9

Wenn durch den Käufer bekannt gegeben wurde, dass die Platten für den speziellen Einsatz in Böden, bei Wänden oder Dachkonstruktionen verwendet werden sollen, ist auch die Leistungsnorm EN 12 871 in Betracht zu ziehen. Deshalb kann ggf. die Einhaltung zusätzlicher Anforderungen verlangt werden.

Anm.: Die Werte gelten für einen Feuchtegehalt, der sich im Material bei 20 °C und 65 % relative Luftfeuchte einstellt.

[1)] Diese sind gekennzeichnet durch eine Materialfeuchte, die 20 °C und einer relativen Luftfeuchte entspricht, die 85 % nur wenige Wochen im Jahr übersteigt.

Typ P6: Hoch belastbare Platten für tragende Zwecke im Trockenbereich

Eigenschaft	Anforderung					
	Dickenbereich in mm					
	6–13	> 13–20	> 20–25	> 25–32	> 32–40	> 40
Biegefestigkeit in N/mm²	20	18	16	15	14	12
Biege-E-Modul in N/mm²	3.150	3.000	2.550	2.400	2.200	2.050
Querzugfestigkeit in N/mm²	0,6	0,5	0,4	0,36	0,3	0,25
Dickenquellung 24 h in %	15	14	14	14	13	13

Wenn durch den Käufer bekannt gegeben wurde, dass die Platten für den speziellen Einsatz in Böden, bei Wänden oder Dachkonstruktionen verwendet werden sollen, ist auch die Leistungsnorm EN 12 871 in Betracht zu ziehen. Deshalb kann ggf. die Einhaltung zusätzlicher Anforderungen verlangt werden.

Anm.: Die Werte gelten für einen Feuchtegehalt, der sich im Material bei 20 °C und 65 % relative Luftfeuchte einstellt.

Typ P7: Hoch belastbare Platten für tragende Zwecke im Feuchtbereich[1)]

Eigenschaft	Anforderungen an mechanische Eigenschaften					
	Dickenbereich in mm					
	> 6 13	> 13 20	> 20 25	> 25 32	> 32 40	> 40
Biegefestigkeit in N/mm²	22	20	18,5	17	16	15
Biege-E-Modul in N/mm²	3.350	3.100	2.900	2.800	2.600	2.400
Querzugfestigkeit in N/mm²	0,75	0,7	0,65	0,6	0,55	0,5
Dickenquellung 24 h in %	9	8	8	8	7	7
Anforderungen an die Feuchtebeständigkeit						
OPTION 1: Querzugfestigkeit in N/mm² nach Zyklustest	0,41	0,36	0,33	0,28	0,25	0,2
Dickenquellung in % nach Zyklustest	11	11	10	9	8	8
OPTION 2: Querzugfestigkeit in N/mm² nach Kochprüfung	0,25	0,23	0,2	0,18	0,17	0,15
Wenn durch den Käufer bekannt gegeben wurde, dass die Platten für den speziellen Einsatz in Böden, bei Wänden oder Dachkonstruktionen verwendet werden sollen, ist auch die Leistungsnorm EN 12 871 in Betracht zu ziehen. Deshalb kann ggf. die Einhaltung zusätzlicher Anforderungen verlangt werden.						
Anm.: Die Werte gelten für Feuchtegehalte, die sich im Material vor der Dickenquellung bzw. Kochprüfung bei 20 °C und 65 % relative Luftfeuchte einstellen.						

[1)] Diese sind gekennzeichnet durch eine Materialfeuchte, die 20 °C und einer relativen Luftfeuchte entspricht, die 85 % nur wenige Wochen im Jahr übersteigt.

17.13.4.4 Mineralisch gebundene Flachpressplatten [17.3]

a) Zementgebundene Flachpressplatten

Diese Platten bestehen aus naturbelassenen oder chemisch vorbehandelten Holzspänen aus Fichte oder Tanne, die mit Portlandzement CEM I 42,5 R (PZ 45 F) gebunden sind. Es existieren bauaufsichtliche Zulassungen sowie die Normen DIN EN 633 und DIN EN 634-1 und -2.
Anwendung: Tragende und aussteifende Beplankung für Holzhäuserelemente (Fußböden, Wände, Decken, Dächer) für die Holzwerkstoffklassen V 20, V 100 und V 100 G im Trocken-, Feucht- und Außenbereich (bei vorhandenem Wetterschutz).
Anforderungen nach DIN EN 634-2: Rohdichte > 1000 kg/m³; Biegefestigkeit 9 N/mm², Biege-Elastizitätsmodul > 4.500 bzw. 4.000 N/mm²; Dickenquellung $q24 < 1,5$ %.
Abmessung: Dicken 8 bis 40 mm; Formate 2,60/3,10/3,20/3,35 × 1,25; 6,50 × 3,00.
Angabe bei der Bestellung (Beispiel): Zementgebundene Flachpressplatte – Zulassungsnummer bzw. Norm – 12 × 2600 × 1250.
Information (Auswahl): CIDEM HRANICE a.s., CZ-Hranice; AMROC Baustoffe, Magdeburg; CAPE CALSILE Deutschland, Köln.

b) Gipsgebundene Flachpressplatten

Diese Platten bestehen aus Holzspänen aus Fichte, die mit kalziniertem Gips gebunden sind.

Anwendung: Mittragende und aussteifende Beplankung von Wandtafeln für Holzhäuser in den Holzwerkstoffklassen 20 und 100.
Abmessung: Dicken 10 bis 18 mm; Formate 2,40/2,60/3,00 × 1,20/1,22/1,25 m; Information: Sasmox OY, Kuopio (Finnland).

17.13.5 OSB-Platten [17.3]

OSB-Flachpressplatten (bauaufsichtliche Zulassungen; DIN EN 300; Oriented Strand Board) sind Mehrschichtplatten aus langen, schlanken, ausgerichteten Holzspänen, sog. Strands (im Mittel 0,6 mm dick, 75 bis 130 mm lang, 35 mm breit), die mit Phenolharz oder PMDI verleimt sind. Die Strands sind in den Außenschichten parallel zur Plattenlänge oder -breite, in der Mittelschicht rechtwinklig zu den Strands der Außenschicht ausgerichtet (siehe Abb. 17.23).
Anwendung wie Flachpressplatten für das Bauwesen. Platten für mittragende und aussteifende Zwecke, z.B. für Wand-, Fußboden- und Dachkonstruktionen oder I-Träger.
Klassifizierung nach DIN EN 300:
– OSB/1: Platten für allgemeine Zwecke (einschl. Möbel) im Trockenbereich
– OSB/2: Platten für tragende Zwecke im Trockenbereich
– OSB/3: Platten für tragende Zwecke im Feuchtbereich
– OSB/4: Hochbelastbare Platten für tragende Zwecke im Feuchtbereich.
Die Anforderungen entsprechen DIN EN 312 (siehe Abschn. 17.13.4.3).
Standardabmessungen: Dicken 6 bis 40 mm; Längen (m) 2,44/2,50/2,62/2,65/2,80/5,00; Breiten (m) 1,22/1,25/2,07/2,50.
Angabe für Bestellung (Beispiel): OSB-Flachpressplatte – Plattentyp – Zulassungsnummer bzw. DIN EN 300 – 15 × 5000 × 2500.
Information (Auswahl): Glunz AG Meppen; Egger Holzwerkstoffe Wismar; Kronospan Ltd. & Cie.; Sanem (Luxemburg).

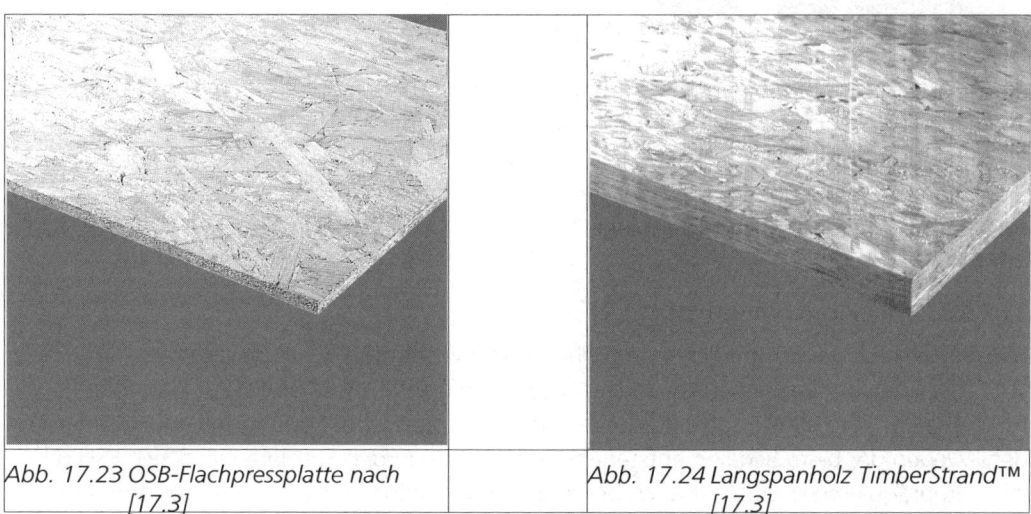

Abb. 17.23 OSB-Flachpressplatte nach [17.3]

Abb. 17.24 Langspanholz TimberStrand™ [17.3]

17.13.6 Langspanholz TimberStrand™ [17.3]

Langspanholz TimberStrand™ (alte Bezeichnung: Spanstreifenholz Intrallam) besteht aus mit MDI-Polyurethan-Kleber verleimten Pappel-Spanstreifen der Abmessungen ca. 0,8 ×

17 Holz und Holzwerkstoffe

25 × 300 in mm. Je nach Abstand der Streumaschine zur Plattenoberfläche (51 bzw. 203 mm) orientieren sich die Spanstreifen mehr parallel bzw. mehr quer zur Plattenlängsrichtung (zugehörige Güteklassen: 1.5 E bzw. 1.3 E); siehe Abb. 17.24.
Anwendung entsprechend der bauaufsichtlichen Zulassung wie Brettschichtholz nach DIN 1052-1 oder wie Bau-Furniersperrholz nach DIN 1052-2 und -3. **Abmessungen:** Dicke 32 bis 89 mm; maximales Format 2438 × 10 700 in mm. **Information:** Trus Joist sprl, Genval (Belgien).
Angabe bei der **Bestellung** (Beispiel): Langspanholz TimberStrand P – Zulassungsnummer – 89 × 10 000 × 1000.

17.13.7 Furnierstreifenholz Parallam PSL [17.3]

Parallam PSL (Parallel Strand Lumber) besteht aus ca. 16 mm breiten und ca. 3 mm dicken, parallel zur Balkenlängsachse ausgerichteten, miteinander mit Phenolharz verleimten Schälfurnierstreifen aus Douglas Fir (DF; Douglasie, Douglastanne) oder Southern Yellow Pine (SYP, Pitch Pine); s. Abb. 17.25.

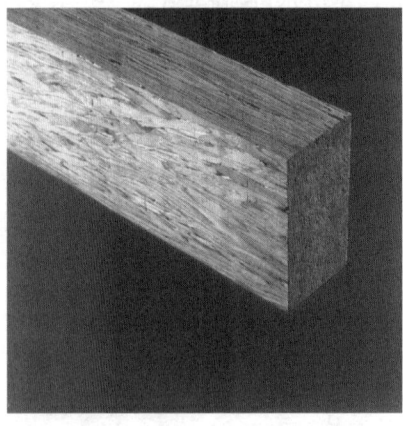

Abb. 17.25 urnierstreifenholz Parallam PSL [17.3]

Anwendung entsprechend der bauaufsichtlichen Zulassung wie Brettschichtholz nach DIN 1052-1 und -3. **Abmessungen:** Breite 44 bis 280 mm; Höhe 44 bis 483 mm; Länge bis 20 m; Standardquerschnitt bei der Herstellung: 483 × 280 in mm, woraus die gewünschten Querschnitte herausgeschnitten werden. Information: wie in Abschn. 17.13.5.
Angabe bei der **Bestellung** (Beispiel): Parallam – Zulassungsnummer – DF – 100 × 300 × 4000.

17.13.8 Furnierschichtholz FSH [17.3]

FSH besteht aus ca. 3 mm dicken, mit Phenolharz verleimten Schälfurnieren aus Nadelholz. Die Fasern der Furniere verlaufen generell bzw. zum größten Teil parallel zur Plattenlängsrichtung. Die Furniere einer Lage sind durch Schäftung oder Überlappung miteinander verbunden. Wegen der beim Schälen entstehenden Haarrisse in den Furnieren lässt sich FSH relativ leicht imprägnieren und daher auch bei ungünstigen Witterungsbedingungen verwenden.
Typen: Kerto Q, S, T; Microllam LVL
Anwendung entsprechend den bauaufsichtlichen Zulassungen wie Brettschichtholz nach DIN 1052-1 und -3; Kerto Q auch als Platte in ebenen Flächentragwerken. **Standardabmessung:** Dicken in mm von 21 bis 75 (Kerto) bzw. 44 bis 89 (Microllam) in 6-mm-Stufen;

maximale Formate in m 23,00 × 1,82 (Kerto) bzw. 20 × 0,61 (Microllam). **Information:** Finnforest Deutschland GmbH, Köln (Kerto); Truy Joist sprl, Genval/Belgien (Microllam). Angabe für die **Bestellung** (Beispiel): Kerto-Schichtholz – Zulassungsnummer – Kerto S – 75 × 4000 × 500.

17.13.9 Faserplatten

Normen (s.a. Abschn. 17.13)
DIN EN 316	(07.09)	Holzfaserplatten; Definition, Klassifizierung und Kurzzeichen
DIN EN 622-1	(09.03)	Faserplatten – Anforderungen: Allgemeine Anforderungen (T. 1); an harte
-2	(06.06)	Platten (T. 2); an mittelharte Platten (T. 3); an poröse Platten (T. 4); an
-3	(07.04)	MDF-Platten nach dem Trockenverfahren (T. 5)
-4	(03.10)	
-5	(03.10)	

Prüfnormen (s. Abschn. 17.13, Normen)

17.13.9.1 Herstellung und Anwendung

Die Holzfasern werden durch Heißdampf aufgeschlossen und anschließend mechanisch weiter zerkleinert. Die so entstandenen Lignozellulosefasern werden dann im Nass- oder Trockenverfahren zu Platten verpresst.

Beim **Nassverfahren** wird der Faserbrei, ggf. unter Zugabe von Zusätzen, auf einem Langsieb zu einem flachen Vlies ausgebreitet, entwässert und entweder nur getrocknet (poröse Platten) oder in Heißpressen verdichtet und, bei Zugabe geringer Mengen von Bindemitteln, ausgehärtet. Die Bindung beruht weitgehend auf der Verfilzung und eigenen Klebfähigkeit der Fasern. Bei den verdichteten Platten ist die Oberseite pressblank, die Unterseite zeigt den Abdruck des Entwässerungssiebes.

Beim **Trockenverfahren** werden die Fasern im Luftstrom beleimt, i.d.R. mit Harnstoff- oder Phenolharzen, vermischt und anschließend zu Platten, die i.d.R. zwei glatte Oberflächen besitzen, verpresst und ausgehärtet.

Die **Anwendung** der Holzfaserplatten liegt insbesondere bei der Herstellung von Wand-, Decken- und Dachtafeln für Holzhäuser in Tafelbauweise nach DIN 1052-3 als mittragende und aussteifende Beplankung. Andere Anwendungsformen, z.B. als eingeleimte Stege für Doppel-T-Träger, müssen besonders bauaufsichtlich geregelt sein.

17.13.9.2 Holzfaserplatten nach DIN EN 316 und DIN EN 622

Nach DIN EN 316 sind Holzfaserplatten plattenförmige Werkstoffe (Nenndicke > 1,5 mm), die aus Lignozellulosefasern unter Anwendung von Druck und/oder Hitze hergestellt werden. Die Bindung der Fasern beruht entweder auf der Verfilzung der Fasern sowie deren inhärenter Verklebungseigenschaft oder auf der Zugabe eines synthetischen Bindemittels. Durch weitere Zusätze oder spezifische Behandlung können den Platten zusätzliche Eigenschaften verliehen werden. Kurzzeichen siehe Tafel 17.20.

a) Plattentypen nach DIN EN 316:
Faserplatten nach dem Nassverfahren
– Poröse Faserplatten (SB), $\rho <$ 230 bis 400 kg/m³
– Mittelharte Faserplatten geringer Dichte mit $\rho =$ 400 bis 560 kg/m³ (MBL) bzw. hoher Dichte mit $\rho =$ 560 bis < 900 kg/m³ (MBH)
– Harte Faserplatten mit $\rho \geq$ 900 kg/m³ (HB).

Faserplatten nach dem Trockenverfahren
- Mitteldichte Faserplatten mit $\rho \geq 450$ kg/m³ (MDF) werden mit einem synthetischen Bindemittel unter Druck und Hitze hergestellt.

Platten mit zusätzlichen Eigenschaften, wie verbesserte Festigkeit, Feuerschutz, Feuchteresistenz, Resistenz gegen biologische Angriffe, Bearbeitbarkeit, enthalten im Kurzzeichen ein zusätzliches I: SB.I, MB.I (mittelharte Platten mit *hoher* Dichte), HB.I, MDF.I.

Je nach der **Verwendbarkeit** der Holzfaserplatten werden den Kurzzeichen weitere Buchstaben und ggf. Ziffern angehängt (siehe Tafel 17.20). Bei der Verwendbarkeit unterscheidet man:
- **Trockenbereich:** Nutzungsklasse 1 nach ENV 1995-1, das entspricht einem Feuchtegehalt des Werkstoffs, der sich bei einem Umgebungsklima von $T = 20$ °C und einer relativen Luftfeuchte φ, die in nur wenigen Wochen eines Jahres 65 % überschreitet, einstellt. Diese Platten sind geeignet für die Gebrauchsklasse 1 nach DIN EN 335 (06-2013) (siehe Abschn. 17.15.4.2).
- **Feuchtbereich:** Nutzungsklasse 2 nach ENV 1995-1, das entspricht einem Feuchtegehalt des Werkstoffs bei 20 °C von $\varphi > 85$ % in nur wenigen Wochen des Jahres. Diese Platten sind geeignet für die Gebrauchsklassen 1 und 2 nach DIN EN 335 (06-2013).
- **Außenbereich:** Bewitterung oder Kontakt mit Wasser oder Wasserdampf an einem feuchten, jedoch belüfteten Ort. Platten geeignet für die Gebrauchsklassen 1 bis 3 nach DIN EN 335 (06-2013).
- **Allgemeine Zwecke:** alle nichttragenden Anwendungen, z.B. Möbel und Innenausbau
- **Tragende Zwecke:** Einsatz in tragenden Konstruktionen, deren mechanische Festigkeit und Standsicherheit berechnet wird.

b) Anforderungen nach DIN EN 622:

Allgemeine Anforderungen an alle Holzfaserplatten bei Auslieferung nach DIN EN 622-1 werden gestellt an Grenzabmaße für die Dicke, Länge und Breite, an Rechtwinkligkeit, Kantengeradheit und Plattenfeuchte (4 bis 9 %, bei MDF bis 11 %) sowie bei MDF an das Formaldehydpotential (Klasse A: 9 mg/100 g; Klasse B: ≤ 40 mg/100 g).

Zusätzliche Anforderungen je nach Verwendungszweck nach DIN EN 622-2 bis -5 werden gestellt an die Dickenquellung nach 24 Stunden, an Querzugfestigkeit, Biegefestigkeit und an das Biege-Elastizitätsmodul.

Lasteinwirkungsdauer: „ständig" = länger als 10 Jahre (z.B. Eigenlast); „lang" = 6 Monate bis 10 Jahre (z.B. Nutzlasten in Lagerhallen); „mittel" = 1 Woche bis 6 Monate (z.B. Verkehrslasten); „kurz" = kürzer als eine Woche (z.B. Schnee und Wind); „sehr kurz" (außergewöhnliche Einwirkungen).

Farbkennzeichnungen *können* in Form von zwei oder drei mindestens 12 mm breiten senkrechten Streifen in der Nähe einer Ecke auf der Platte oder dem Plattenstapel angebracht werden (Farben siehe Tafel 17.20).

Weiche Holzfaserplatten sind Holzfaserdämmstoffe für das Bauwesen für die Wärme- und Trittschalldämmung nach DIN V 4108-10 (2002-02), DIN V 4108-10 (2004-06), DIN EN 13171 (2001-10) sowie werkmäßig hergestellte Produkte aus Holzfasern (WF) für Wärmedämmstoffe für Gebäude nach DIN EN 13 171 (04.15).

Tafel 17.20 Kurzzeichen für Holzfaserplatten nach DIN EN 316 (07.09) und DIN EN 622 (06.97) (09.03)

Verwendungszweck	Farbkenn-zeichnung[1]	Harte Platten DIN EN 622-2	Mittelharte Platten DIN EN 622-3		Poröse Platten DIN EN 622-4	MDF-Platten DIN EN 622-5
			geringe	hohe		
			____ Dichte ____			
Allgemeine Zwecke im Trockenbereich	w, w, bl	HB	MBL	MBH	SB	MDF
Allgemeine Zwecke im Feuchtbereich	w, w, gr	HB.H	MBL.H	MBH.H	SB.H	MDF.H
Allgemeine Zwecke im Außenbereich	w, w, br	HB.E	MBL.E	MBH.E	SB.E	–
Tragende Zwecke im Trockenbereich	g, g, bl	HB.LA	–	MBH.LA1	SB.LS	MDF.LA
Hochbelastbare Platten im Trockenbereich	g, bl	–	–	MBH.LA2	–	–
Tragende Platten im Feuchtbereich	g, g, gr	HB.HLA1	–	MBH.HLS 1[2]	SB.HLS[2]	MDF.HLS2)
Hochbelastbare Platten im Feuchtbereich	g, gr	HB.HLA2	–	MBH.HLS 2[2]	–	–

[1] w = weiß, g = gelb, bl = blau, gr = grün, br = braun; z. B. bedeutet „w, w, bl": zwei Streifen weiß, ein Streifen blau.
[2] S = Platten nur für Momentan- oder Kurzzeitbelastung (s.a. Abschn. 17.13.9.2b).

17.13.9.3 Zementfaserplatten

a) Arten:
– Zellstoffarmierte Kalziumsilikat-Platten bestehen aus Portlandzement, silikatischen Zuschlägen und Zellstofffasern. Dicke 6 bis 20 mm; Formate 1,25 × 2,60/3,00 in m.
– Glasfaserbewehrte Leichtbauplatten bestehen aus Portlandzement, Glasfasern in den äußeren Deckschichten und mineralischen Leichtzuschlägen (z.B. Blähtongranulat) in der Mittelschicht. Dicke 15 mm, Formate wie Kalziumsilikat-Platten.

b) Anwendung:
Mittragende und aussteifende Beplankung von Wandelementen für Holzhäuser; wenn mit einem dauerhaft wirksamen Wetterschutz versehen, auch für Außenwände. Glasfaserbewehrte Leichtbauplatten mit fachgerecht ausgebildeten Fugen, Ecken und Öffnungen bieten temporären Wetterschutz.
Information: Cape Calsil Deutschland GmbH, Köln; Felswerke GmbH Goslar.

17.14 Holzzerstörer [17.10], [17.23]

17.14.1 Allgemeines

Die wichtigsten Holzzerstörer sind Pilze und Insekten. **Bakterien** spielen als holzzerstörende Organismen nur eine untergeordnete Rolle. Sie treten nur in sehr nassem Holz auf, z.B. bei Berieselung in Kühltürmen, bei Masten oder Schwellen. Durch ihre Tätigkeit werden die Holztüpfel zerstört, wodurch sich die Aufnahmefähigkeit für Flüssigkeiten, auch für Holzschutzmittel, erhöhen kann.

Durch **Witterungseinflüsse** kann das Holz oberflächlich abwittern. Durch Einwirkung von UV-Strahlung, insbesondere auf das Lignin, kann es zur Vergrauung des Holzes kommen. Holz, das ständig völlig trocken ist oder sich ständig unter Wasser befindet, ist praktisch unbegrenzt haltbar.

17.14.2 Holzzerstörende Pilze

a) In völlig trockenem und in wassergesättigtem Holz haben Pilze keine **Lebensbedingungen**. Erst bei Holzfeuchten > 20 % und Temperaturen etwa zwischen +3 und +40 °C entwickeln sich aus den Pilzsporen Zellfäden (Hyphen), die den Holzkörper verzweigt durchwachsen und in ihrer Gesamtheit als Mycel bezeichnet werden. Lagern sich die Zellfäden zusammen, spricht man von Strängen. Am Mycel entstehen die Fruchtkörper als flache, fladenförmige oder konsolenartige Gebilde von unterschiedlicher Form und Farbe. In den Fruchtkörpern entstehen die Pilzsporen, die für die Vermehrung der Pilze sorgen.

Die Pilze greifen das Holz an, indem sie die Zellulose oder das Lignin oder gleichzeitig beides zusammen abbauen. Bei den Zerfallserscheinungen unterscheidet man **Braunfäule** (Destruktionsfäule), die vorzugsweise die Zellulose abbaut, wodurch sich das Holz dunkel färbt und würfelartig aufreißt, und die **Weißfäule** (Korrosionsfäule). Bei der **Weißfäule** werden Zellulose und Lignin zu etwa gleichen Teilen abgebaut, wodurch, da der Zelluloseanteil insgesamt größer ist als der Ligninanteil, das Holz heller und leichter und im Endzustand „schwammig" wird. Auch können zunächst auf der Holzoberfläche punkt- bzw. narbenförmige weiße Verfärbungen auftreten. Die wichtigsten holzzerstörenden Pilze sind:

b) Echter Hausschwamm (Serpula lacrymans): Der am meisten gefürchtete Holzzerstörer in Gebäuden. Wächst auf der Oberfläche und im Holzinneren und greift vorwiegend Nadelholz an (Braunfäule, siehe unter a)), weniger Laubholz, gar nicht Eiche (das Mycel ist gerbsäureempfindlich). Günstige Holzfeuchte: 20 bis 30 %. Das Mycel kann holzfreie und trockene Strecken (Mauerwerk, Mörtel) über- bzw. durchwachsen und auch auf trockenes Holz übergreifen, da es im Inneren der Mycelstränge Wasser leiten kann. Es überdauert lange Trockenzeiten.

Erkennungsmerkmale: Zunächst weiße, dann schmutzig-graue, in trockenem Zustand brüchige Mycelstränge (bis 1 cm dick); im fortgeschrittenen Zustand rostbraune, weiß-gerandete, fladenförmige fleischige Fruchtkörper (bis 1 m Durchmesser), gelegentlich mit Wassertropfen („Tränenhausschwamm") und gelblichen Zonen auf der Oberfläche (siehe Abb. 17.26 bis 17.28).

c) Kellerschwamm (Coniophora puteana): Sehr häufig, wächst auf der Holzoberfläche (Oberflächenpilz) und greift nur sehr feuchtes Nadel- und Laubholz an („Nassfäule"), verursacht **Braunfäule**. Günstige Holzfeuchte: 30 bis 60 %. Stirbt bei Austrocknung ab. Tritt daher meist in Kellerräumen und in Bodennähe auf.

Erkennungsmerkmale: Spärliches gelbbraunes Oberflächenmycel, bisweilen braunschwarze wurzelartige Mycelstränge (siehe Abb. 17.29); weiß-gelbliche, später graubraune krustenförmige Fruchtkörper mit charakteristischen warzenförmigen Erhebungen (Warzenschwamm), die allmählich eintrocknen und abfallen.

d) Porenschwamm (Poria spec.): Wächst auf der Holzoberfläche (Oberflächenpilz) und greift vorwiegend Nadelholz an. Benötigt viel Feuchte und besitzt dann große Zerstörungskraft. Durchwächst Mauerwerk und verträgt jahrelange Austrocknung (Trockenstarre).

Erkennungsmerkmale: Reichliches schneeweißes, eisblumenartiges Mycel mit dünnen

17.14 Holzzerstörer

Strängen (siehe Abb. 17.30); weiße, später gelbliche, samtartig schimmernde Fruchtkörper (selten auftretend) mit charakteristischen röhrenförmigen Poren, auch bienenwabenartig.

e) Tannenblättling (Gloeophyllum abietinum): Greift nur Nadelholz an. Bevorzugt sehr feuchtes Holz, das im Freien lagert oder verbaut ist (Lagerfäule). Bewirkt die Zerstörung seines Nährbodens (Substrat) im Holzinneren (Substratpilze) und erzeugt sowohl Braun- als auch Weißfäule (siehe unter a)). Kann lange Trockenzeiten überstehen („Trockenstarre"). Sehr häufig an Fensterrahmen aus Holz.

Erkennungsmerkmale: Erste Anzeichen Rotstreifigkeit. Beige bis braun gefärbtes Mycel nur im Holzinneren. Fruchtkörper im frischen Zustand rötlich mit hellen Randzonen, später dunkelbraun bis schwärzlich mit deutlich sichtbaren Lamellen. Die Fruchtkörper wachsen erst in einem sehr fortgeschrittenen Stadium der Zerstörung leisten- oder konsolförmig aus Holzspalten hervor, weswegen der Tannenblättling meist zu spät erkannt wird.

f) Moderfäule (Ascromyceten; Fungi perfecti): Greift bevorzugt Laubholz (Buche), aber auch Nadelholz an. Baut die Substanz der Zellwände ab und bewirkt erhebliche Zerstörungen an Holz, das längere Zeit Erd- oder Wasserkontakt hat, z.B. Kühltürme, Maste, Schwellen.

g) Bläuepilz: Befällt nur sehr feuchtes Nadelholz, vornehmlich den Splint der Kiefer. Bläuepilze leben nur von Zellinhaltsstoffen, greifen die Zellsubstanz selbst nicht oder nur geringfügig an. Die Holzfestigkeit wird praktisch nicht beeinträchtigt.

Erkennungsmerkmale: Mycel dunkel gefärbt, mit kleinen, oft flaschenförmigen Fruchtkörpern, die Lack- oder Farbschichten auf der Holzoberfläche durchbrechen. Das Holz erscheint bläulich (s. Abb. 17.31). Unter günstigen Wachstumsbedingungen kann das Splintholz in wenigen Tagen völlig verblauen. Starker Bläuebefall bewirkt eine höhere Aufnahmefähigkeit für Flüssigkeiten, auch für Holzschutzmittel. Die Festigkeiten des Holzes werden von Bläue nicht beeinflusst.

17.14.3 Holzzerstörende Insekten

a) Entwicklung: Bei den Insekten unterscheidet man vier Entwicklungsstadien: Ei – Larve – Puppe – Vollinsekt (Käfer). Der eigentliche Holzzerstörer ist die Larve. Frischholzinsekten finden ihre Lebensbedingungen in lebenden, stehenden Bäumen oder in gefälltem, jedoch noch saftfrischem und berindetem Holz. Zu ihnen gehören insbesondere die Borkenkäfer, die als bauholzzerstörende Insekten nur eine untergeordnete Rolle spielen. Die Trockenholzinsekten benötigen sehr viel weniger Feuchte und vermögen daher in luft- oder werktrockenem Holz zu leben. Zu ihnen gehören als die wichtigsten holzzerstörenden Insekten der Hausbockkäfer, die Anobien und die Splintholzkäfer.

b) Hausbockkäfer (Hylotrupes bajulus): Gefährlichster tierischer Holzschädling. Befällt Nadelholz, hauptsächlich den Splint, Laubholz so gut wie gar nicht. Gefährdet sind vor allem Dachstühle, aber auch Fachwerk, Fußböden, Türen u. Ä., auch im Freien verbautes oder lagerndes Holz. Bei Befall besteht in einigen Bundesländern **Meldepflicht.** Alle Gebäude im Umkreis von mindestens 300 m müssen überprüft werden.

Erkennungsmerkmale: Käfer 8 bis 22 mm lang, meist von schwarzbrauner Farbe, Halsschild hellgrau behaart mit zwei glänzenden Höckern, auf den Flügeldecken zwei quer-bindenartige grauweiße Haarflecken (siehe Abb. 17.32). Das Weibchen legt etwa 200 glasige, bis 2 mm lange Eier in Spalten und Rissen ab. Larve 20 bis 30 mm lang, Körper nach hinten verjüngt (siehe Abb. 17.33). Fraßgänge oval, mit hellem Fraßmehl angefüllt, haben oft höhlenartige Erweiterungen (siehe Abb. 17.34). Fluglöcher (Flugzeit Juli/August) länglich-eiförmig, größter Durchmesser 6 bis 10 mm, in Gebäuden sind ihre Ränder ausgefranst. Holzoberfläche bleibt unbeschädigt.

c) Gewöhnlicher Nagekäfer (Anobium punctatum): Nach dem Holzbock der gefährlichste Holzschädling. Gehört zur Gruppe der Anobien, die auch Poch- oder Klopfkäfer genannt werden (klopfen mit dem Kopf an die Wände der Gänge, um das andere Geschlecht anzulocken: „Totenuhr"). Befällt fast alle Holzarten. Benötigt feuchte und kühle Orte, beste Larvenentwicklung bei 22 bis 23 °C und etwa 28 % relative Luftfeuchte. Bevorzugt daher feuchte Gebäudebereiche (Erdgeschosse, Keller, Rückwände und Füße alter Möbel; „Möbelkäfer"), in Dachgeschossen seltener.

Erkennungsmerkmale: Käfer ca. 3 bis 5 mm lang, walzenförmiger Körper, meist dunkel gefärbt, Halsschild kapuzenförmig, Flügeldecken längsgestreift (siehe Abb. 17.35). Weichhäutige Larven (fälschlich als Holz"wurm" bezeichnet) engerlingartig gekrümmt (ähnlich Abb. 17.38), ca. 4 bis 6 mm lang mit drei Paar Brustbeinen (im Gegensatz zu den sonst sehr ähnlichen, aber beinlosen Borkenkäferlarven; siehe unter e)). Fraßgänge und die zahlreichen Fluglöcher (Hauptflugzeit Mai/Juni) kreisrund (siehe Abb. 17.36), Durchmesser ca. 1 bis 2 mm. Die dünne Außenschicht des befallenen Holzes bleibt unversehrt. Aus den Fluglöchern rieselt kurz vor der Flugzeit Fraßmehl.

d) Splintholzkäfer (Lyctus spec.): Gehören zur Familie der Lyctidae, nicht zu verwechseln mit Splintkäfern (Borkenkäfern, siehe unter e)). Befallen vor allem die Splintholzanteile (Frühholz) stärkereicher Laubholzarten, wie Eiche, Edelkastanie, Esche, Ulme, Ahorn, Pappel und Weide, sowie die tropischen Hölzer, besonders Abachi und Limba, mit denen z.B. der braune Splintholzkäfer (Lyctus brunneus) aus den Tropen eingeschleppt worden ist. Benötigen von allen Trockenholzinsekten (siehe unter a)) die wenigste Feuchtigkeit. Die häufigsten Fundorte sind Verkleidungen, Leisten, Parkettböden („Parkettkäfer" Lyctus linearis, wichtigste heimische Lyctus-Art), Möbel.

Erkennungsmerkmale: Käfer 3 bis 5 mm lang, länglich-schmal, langes Halsschild, Farbe variierend: rostrot, braun (Brauner Splintholzkäfer; siehe Abb. 17.37) bis schwärzlich. Larve bis 5 mm lang, engerlingartig gekrümmt (siehe Abb. 17.38). Fraßgänge (Durchmesser bis 2 mm) verlaufen überwiegend in Richtung der Holzfasern und sind mit fest zusammengedrücktem Bohrmehl angefüllt, das z.T. von den Larven durch die Fluglöcher (Durchmesser 1 bis 1,5 mm; Flugzeit Mai/Juni) herausgedrückt wird. Außenflächen des befallenen Holzes bleiben unversehrt (siehe Abb. 17.39).

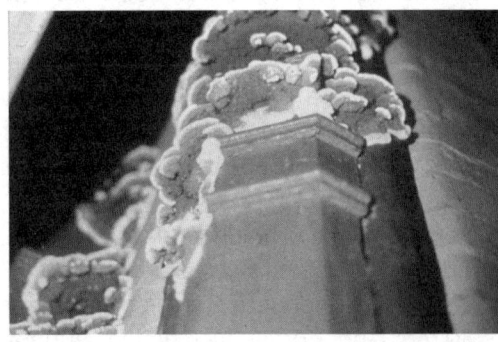

Abb. 17.26 Echter Hausschwamm, Fruchtkörper [17.23]

Abb. 17.27 Echter Hausschwamm, Stränge [17.23]

17.14 Holzzerstörer

Abb. 17.28 Echter Hausschwamm, Holzzerstörung [17.23]

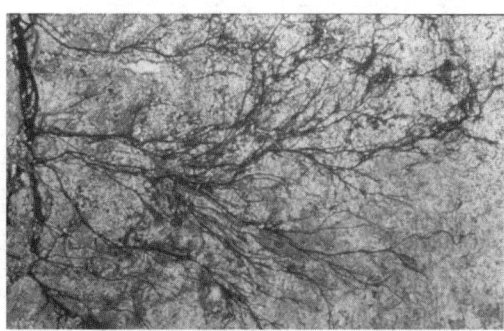

Abb. 17.29 Kellerschwamm, Mycel [17.23]

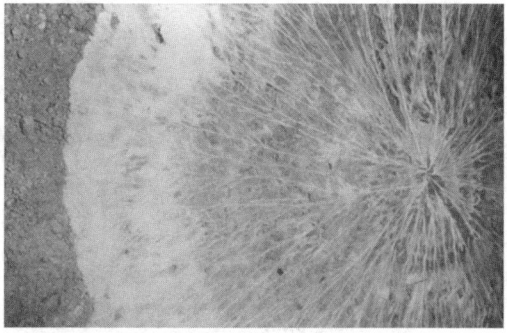

Abb. 17.30 Weißer Porenschwamm, Mycel [17.23]

Abb. 17.31 Bläuepilz [17.23]

Abb. 17.32 Hausbockkäfer, Weibchen

Abb. 17.33 Hausbockkäfer, Larve (Länge 15 bis 30 mm) [17.23]

17 Holz und Holzwerkstoffe

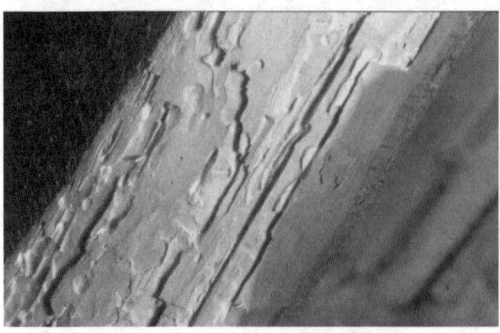

Abb. 17.34 Hausbockkäfer, Fraßgänge [17.23]

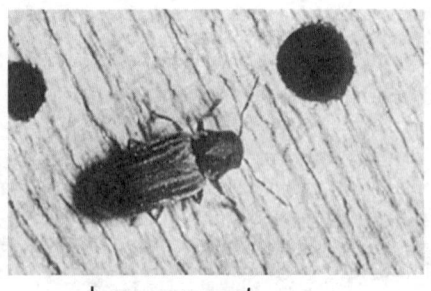

Abb. 17.35 Gewöhnlicher Nagekäfer (Pochkäfer; Länge 2,5 bis 4,5 mm)

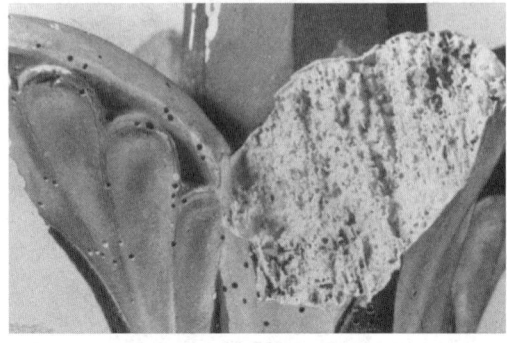

Abb. 17.36 Gewöhnlicher Nagekäfer, Schadensbild [17.23]

Abb. 17.37 Brauner Splintholzkäfer (Lyctus)

Abb. 17.38 Splintholzkäfer, Larve (Länge 4 bis 6 mm) [17.23]

Abb. 17.39 Splintholzkäfer, Befall einer Holzwerkstoffplatte, Außenfläche (im Bild oben) unversehrt

Abb. 17.40 Holzwespe (Länge 15 bis 30 mm) [17.23]

e) Borkenkäfer (Forstschädlinge; sog. Frischholzinsekten, siehe unter a)): Meist nur wenige mm lange schwarze oder braune Käfer, die nur saftfrisches Laub- und Nadelholz, d.h. stehende oder frisch gefällte, insbesondere bereits anderweitig geschwächte Bäume befallen. Die Larven sind weiß, weich und fußlos, dringen max. 6 cm in das Holz ein und hinterlassen 1 bis 2 mm große kreisrunde Gänge. Als gewöhnliches Bauholz, auch als Mäste, ist sog. „Borkenkäferholz" unbedenklich.

f) Holzwespen (Siricidae; siehe Abb. 17.40): Waldinsekten (Frischholzinsekten, siehe unter a)). Befallen nur kränkelnde stehende Bäume oder frisch gefälltes Holz. Sie können mit frischem Bauholz in Neubauten gelangen. Geringfügige Schäden können z.B. auftreten, wenn sie aus Fußböden schlüpfen und dabei u.U. den Belag (Teppichbelag, Linoleum o.Ä.) durchnagen oder im verbauten Holz beim Schlüpfen kreisrunde Ausfluglöcher (Durchmesser 4 bis 7 mm) hinterlassen.

g) Termiten bewohnen vorwiegend tropische und subtropische Gebiete der Erde. In Mitteleuropa sind sie nicht heimisch, haben aber im südlichen Europa beträchtliche Schäden angerichtet. Mit ihren kräftigen Kauwerkzeugen benagen und zerstören sie außer Metall und Glas praktisch alle Materialien. Vor einigen Jahrzehnten trat eine bodenwohnende Termitenart (Reticulitermes flavipes) in Hamburg auf und hat dort in Häusern an Lagerhölzern, Fensterrahmen und Fußbodenleisten Schäden angerichtet.

17.15 Holzschutz

Normen

DIN 68 800-1	(10.11)	Holzschutz – Teil 1: Allgemeines
-2	(02.12)	Holzschutz – Teil 2; Vorbeugende bauliche Maßnahmen im Hochbau
-3	(02.12)	Holzschutz – Teil 3: Vorbeugender Schutz von Holz mit Holzschutzmitteln
-4	(02.12)	Holzschutz –Teil 4: Bekämpfungs- und Sanierungsmaßnahmen gegen Holz zerstörende Pilze und Insekten
DIN EN 335	(06.13)	Dauerhaftigkeit von Holz und Holzprodukten – Gebrauchsklassen: Definitionen, Anwendung bei Vollholz und Holzprodukten
prEN DIN EN 350	(12.14)	Dauerhaftigkeit von Holz und Holzprodukten – Prüfung und Klassifizierung der Widerstandsfähigkeit gegenüber biologischen Organismen, der Wasserdurchlässigkeit und der Leistungsfähigkeit von Holz und Holzprodukten

17 Holz und Holzwerkstoffe

DIN EN 350-1	(10.94) (Entwurf: 12.14)	Dauerhaftigkeit von Holz und Holzprodukten; Grundsätze für die Prüfung und Klassifizierung der natürlichen Dauerhaftigkeit von Holz
DIN EN 350-2	(10.94) (Entwurf: 12.14)	Dauerhaftigkeit von Holz und Holzprodukten; Leitfaden für die natürliche Dauerhaftigkeit und Tränkbarkeit von ausgewählten Holzarten von besonderer Bedeutung in Europa
DIN EN 351-1	(10.07)	Dauerhaftigkeit von Holz und Holzprodukten; mit Holzschutzmitteln behandeltes Vollholz; Teil 1: Klassifizierung der Schutzmitteleindringung und -aufnahme
-2	(10.07)	wie vor; Teil 2: Leitfaden zur Probenentnahme für die Untersuchung des mit Holzschutzmitteln behandelten Holzes
DIN EN 460	(10.94)	Dauerhaftigkeit von Holz und Holzprodukten; Natürliche Dauerhaftigkeit von Vollholz; Leitfaden für die Anforderungen an die Dauerhaftigkeit von Holz für die Anwendung in den Gefährdungsklassen
DIN EN 599-1	(03.14)	Dauerhaftigkeit von Holz und Holzprodukten; Wirksamkeit von Holzschutzmitteln wie sie durch biologische Prüfungen ermittelt wird – Teil 1: Spezifikation entsprechend der Gebrauchsklasse
-2	(08.95, neuer Entwurf 03.15)	wie vor; Teil 2: Klassifikation und Kennzeichnung

Prüfnormen

DIN EN 20-1, 21, 22, 46 – 49, 113, 117, 118, 152, 252, 273, 275, 330	Holzschutzmittel; Bestimmung der vorbeugenden und bekämpfenden Wirkung gegen holzzerstörende Pilze und Insekten

17.15.1 Allgemeines

Die Dauerhaftigkeit von verbautem Holz ist durch zahlreiche, teilweise jahrhundertealte Bauwerke, deren Holz chemisch *nicht* behandelt wurde, bekannt. Veränderte Bauweisen und neue Baustoffe machen jedoch Holzschutzmaßnahmen seit vielen Jahren notwendig. Holzschutzmaßnahmen sollen Holz, Holzwerkstoffe und Holzbauteile vor der unzulässigen Einwirkung von pflanzlichen und tierischen Schädlingen, insbesondere Pilzen und Insekten, und vor der Zerstörung durch Feuer schützen. Man unterscheidet dabei:
– Vorbeugende bauliche Maßnahmen nach DIN 68 800-2 (02.12)
– Vorbeugende chemische Maßnahmen nach DIN 68 800-3 (02.12)
– Bekämpfende Maßnahmen nach Befall nach DIN 68 800-4 (02.12)
– Brandschutz nach DIN 4102 (-4 neu seit 05.16)

Die Anforderungen des Holzschutzes gelten vor allem für tragende und aussteifende Bauteile des Hochbaus, haben jedoch empfehlenden Charakter auch für nichttragende, insbesondere maßhaltige Bauteile.

Holzschutz besteht grundsätzlich immer aus baulichem und chemischem Holzschutz. Ziel muss es dabei sein, aus Gründen des Umwelt- und Gesundheitsschutzes den Einsatz chemischer Holzschutzmittel (HSM) zurückzudrängen bzw. ganz überflüssig zu machen, und zwar durch geeignete baulich-konstruktive Maßnahmen und/oder durch den Einsatz von Hölzern mit hoher natürlicher Dauerhaftigkeit. Auf den vorbeugenden chemischen Holzschutz darf aber nicht verzichtet werden, wenn Bedenken hinsichtlich der korrekten Ausführbarkeit solcher baulicher Maßnahmen bestehen.

17.15.2 Planung von Holzschutzmaßnahmen

Bauliche und chemische Holzschutzmaßnahmen müssen rechtzeitig und sorgfältig geplant werden. Nach DIN 68 800 sind dabei u.a. die folgenden Gesichtspunkte zu berücksichtigen:

- Art und Grad der Gefährdung, insbesondere der Feuchtigkeitseinflüsse und des Brandrisikos,
- Auswahl geeigneter Holzarten, insbesondere solcher mit hoher natürlicher Dauerhaftigkeit; sachgemäße Lagerung und Vorbereitung (z.B. Entfernen der Rinde einschließlich Bast), Trocknung,
- etwaige Vorbehandlungen, z.B. vorangegangene Schutzbehandlungen und Farbanstriche,
- Nebenwirkungen beim Einsatz chemischer Mittel, z.B. Verträglichkeit mit Kalk, späteren Anstrichen oder Verleimung; hygienische Gesichtspunkte,
- Berücksichtigung der richtigen Holzwerkstoffklasse bei der Verwendung von Holzwerkstoffen
- Nachträgliche Zugänglichkeit der Holzbauteile (Nachschutz).

17.15.3 Vorbeugender baulicher Holzschutz [17.2]

17.15.3.1 Allgemeines

Vorbeugende bauliche Maßnahmen sind konstruktive und bauphysikalische Maßnahmen, die eine unzuträgliche Veränderung des Holzfeuchtegehalts u (dadurch: Ansiedlung von holzzerstörenden Pilzen bei $u > 20\,\%$; unzulässige Verformung durch Schwinden und Quellen) sowie den Zutritt von Trockenholzinsekten zu verdeckt angeordneten Holzbauteilen verhindern sollen. Pilzbesiedeltes Holz wird von Insekten bevorzugt befallen. Man unterscheidet beim baulichen Holzschutz in
- bauliche Maßnahmen im Allgemeinen,
- besondere bauliche Maßnahmen als Voraussetzung für die Einordnung von Holzbauteilen in die Gefährdungsklasse 0 (GK 0; Beispiele siehe Abb. 17.42a und 17.42b).

17.15.3.2 Vorbeugende bauliche Maßnahmen

Vorbeugende bauliche Maßnahmen sind neben dem i.d.R. erforderlichen chemischen Holzschutz *immer* vorzusehen. Sie sind eine wesentliche Voraussetzung für die dauerhafte Funktionstüchtigkeit einer Konstruktion. Durch sie kann in besonderen Fällen auch die Einstufung in eine niedrigere Gefährdungsklasse erreicht werden (siehe z.B. Tafel 17.21 und Abb. 17.41a und 17.41b).
Im Einzelnen sind nach DIN 68 800-2 die folgenden Maßnahmen zu beachten:
Bei **Transport** und **Lagerung** Schutz des Holzes vor Bodenfeuchte, Niederschlag und Austrocknung durch Lagerung auf Unterlagen und unter Abdeckung.
Beim **Einbau:**
- Holz und Holzwerkstoffe mit der der Nutzung entsprechenden Holzfeuchte einbauen (siehe Abschn. 17.5.3.1).
- Chemisch nicht behandeltes Holz muss ohne Beeinträchtigung der Gesamtkonstruktion bei einer Holzeinbaufeuchte $u > 20\,\%$ durch Wahl ausreichend diffusionsoffener Bauteilquerschnitte innerhalb von sechs Monaten auf $u < 20\,\%$ austrocknen können. Dazu muss z.B. die Abdeckung an mindestens einer Bauteiloberfläche eine diffusionsäquivalente Luftschichtdicke $s_d < 0{,}2$ m aufweisen. Anderenfalls ist chemisch ungeschütztes Holz der Gefährdungsklasse GK 2 zuzuordnen.
- Andere Bau- und Dämmstoffe innerhalb des Bauteilquerschnitts dürfen angrenzendes Holz nicht gefährden.

17 Holz und Holzwerkstoffe

- Eingebaute Holzwerkstoffe sind unverzüglich gegen Niederschläge zu schützen.
- Räume mit hoher Baufeuchte, z.B. aus frischem Beton oder Mauerwerk (Mauer- und/oder Putzmörtel), sind intensiv zu lüften.

Im Gebrauchszustand:
- Niederschläge müssen vom Holz ferngehalten oder schnell abgeleitet werden (Beispiele: Abdeckung bzw. ausreichende Abschrägung horizontaler Flächen; Abrundung von scharfen Kanten zur Erhöhung der Dauerhaftigkeit von Anstrichen; ausreichend großer Dachüberstand zum Schutz von Fenstern und Fassaden). Holzwerkstoffe müssen mit einem dauerhaft wirksamen Wetterschutz versehen werden.
- Direkte Feuchtebeanspruchung der Holzbauteile und das Eindringen von Feuchte durch kapillare Wasserleitung aus angrenzenden Bau- und Dämmstoffen ist zu verhindern. Beispiele: Holzbalken auf Massivwänden auf eine Sperrschicht (z.B. Zwischenlagen aus Dachpappe) auflegen und zwischen Kopf und umgebendem Mauerwerk 2 bis 3 cm Luftschicht vorsehen; Holzstützen im Freien 30 cm über dem Erdreich verankern (siehe Abb. 17.41a).
- Für den Tauwasserschutz gilt DIN 4108-3 (11.14). Tauwassermengen an Berührungsflächen zu kapillar nichtsaugenden Schichten dürfen den Wert W_T = 1 kg/m² erreichen, wenn die Verdunstungswassermasse W_V mindestens das Fünffache davon beträgt.
- Einbau von Insektengittern in Dach- und Bodenräumen.

17.15.3.3 Besondere bauliche Maßnahmen

Besondere bauliche Maßnahmen haben das Ziel, chemisch nicht geschütztes Holz vor dem Auftreten und Eindringen ungewollter Feuchte zu schützen, die Abgabe unzulässig hoher Holzfeuchten durch Verdunsten zu ermöglichen sowie den Zutritt von Insekten zu verdeckt angeordneten Holzbauteilen zu verhindern. Damit soll die Zuordnung von Holzbauteilen zur Gefährdungsklasse 0 (GK 0) und dadurch der Verzicht auf chemischen Holzschutz ermöglicht werden. Die DIN 68 800-2 gibt dazu u.a. die folgenden konstruktiven Hinweise:
- Geneigte Dächer müssen an der Außenseite eine diffusionsoffene Abdeckung besitzen, d.h. diffusionsäquivalente Luftschichtdicke s_d ≤ 0,2 m (diffusionsoffen) bzw. ≤ 0,02 m (extrem diffusionsoffen; siehe Abb. 17.42a).
- Bei Außenwänden, Flachdächern und Decken unter nicht ausgebauten Dachgeschossen muss die Einbaufeuchte des Holzes u ≤ 20 % sein, wenn die äußere Abdeckung s_d ≥ 0,2 m aufweist.
- Bei Außenwänden ist der Wetterschutz besonders auszubilden (siehe Abb. 17.42b) und müssen die Anschlüsse an Fenster und Türen dicht sein.
- Deckenbalken auf massiven Außenwänden müssen im Kopfbereich zusätzlich vor unzulässiger Tauwasserbildung sicher geschützt werden, z.B. durch eine *zusätzlich* außen aufgebrachte Wärmedämmschicht.
- Allseitig insektenundurchlässige Abdeckung der Holzbauteile; bei Außenbauteilen sind nicht belüftete Querschnitte Voraussetzung.
- Kontrollierbarkeit von Holz (Holz muss mindestens dreiseitig offen liegen), zu dem Insekten Zutritt haben, z.B. in nicht ausgebauten Dachräumen.

17.15 Holzschutz

Tafel 17.21 Verringerung der Gefährdungsklasse von Holzbauteilen, die der Witterung direkt ausgesetzt sind, durch zusätzliche bauliche Maßnahmen [17.2]

Außenbauteile	Ausgangszustand	Zusätzliche bauliche Maßnahmen	Neue Zuordnung
Skelettbauten Fachwerkwände	GK 3	Vorhangschale	GK 2
Stützen im Freien mit Erdkontakt (siehe Abb. 17.41a)	GK 4	Aufständerung auf Betonsockel	GK 3
		Zusätzliche Vorhangschale	GK 2

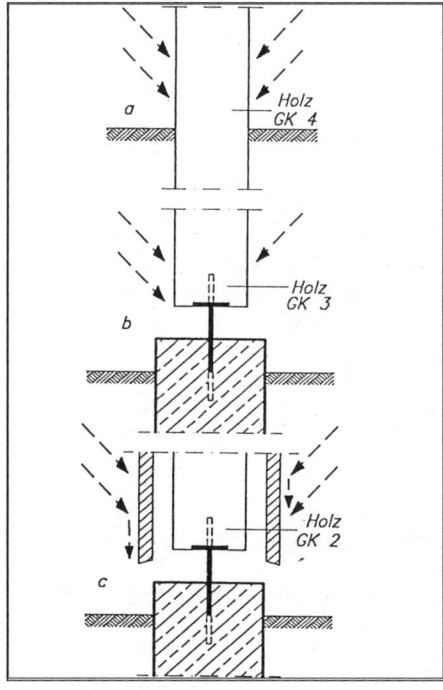

Abb. 17.41a
Reduzierung der Gefährdungsklasse einer Holzstütze im Freien durch bauliche Maßnahmen nach [17.2]

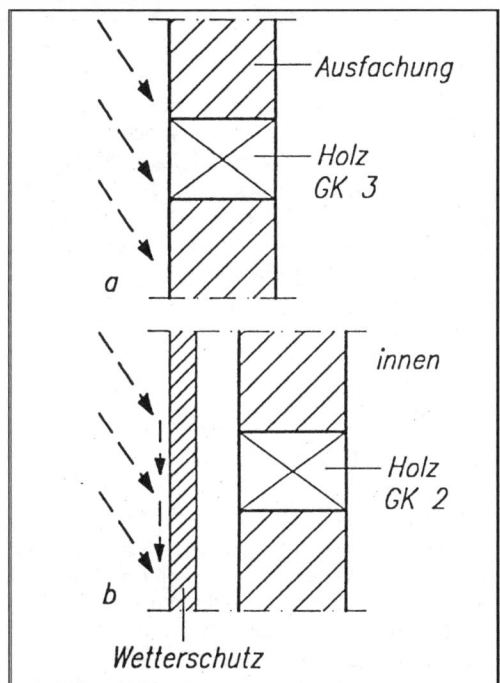

Abb. 17.41b
Reduzierung der Gefährdungsklasse einer Fachwerkaußenwand durch bauliche Maßnahmen nach [17.2]
a) Voraussetzung für GK 3 ist, dass sich kein stehendes Wasser im Holz bilden kann, z.B. in Schwindrissen, an Anschlussstellen o.Ä., anderenfalls wäre GK 4 maßgebend.
b) Durch Vorhangschale (Wetterschutz) GK 2 maßgebend.

17 Holz und Holzwerkstoffe

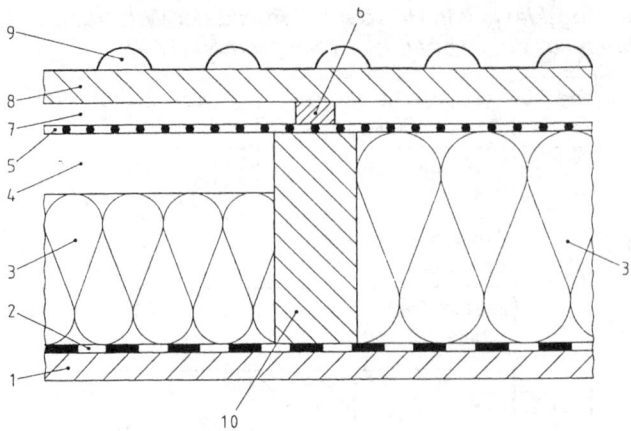

Abb. 17.42a
Querschnitt eines geneigten nicht-belüfteten Daches (Prinzipskizze) der Gefährdungsklasse 0 (GK 0) nach DIN E 68 800-2 (11.09)
Kein chemischer Schutz der Holzbauteile erforderlich!

1: innenseitige Bekleidung ohne oder mit Lattung
2: erforderlichenfalls Dampfsperrschicht
3: mineralischer Faserdämmstoff nach DIN 18 165-1 mit allg. bauaufsichtlicher Zulassung für diesen Anwendungsfall
4: Hohlraum, nicht belüftet, insektenunzugänglich oder vollständig mit Dämmstoff ausgefüllt
5: obere Abdeckung, z.B. Schalung mit Vordeckung oder Unterspannbahn, diffusionsoffen (diffusionsäquivalente Luftschichtdicke $s_d \leq 0{,}2$ m) oder extrem diffusionsoffen ($s_d \leq 0{,}02$ m)
6: Konterlattung oder ggf. Unterspannbahn mit für die Belüftung ausreichendem Durchhang
7: belüfteter Hohlraum
8: Traglattung
9: Dachdeckung
10: Sparren

Ausführungsbeispiele nach [17.2]:
a) Für Schicht 5:
 – Unterspannbahn o.Ä. mit $s_d \leq 0{,}2$ m (diffusionsoffen) oder
 – Unterspannbahn mit $s_d \leq 0{,}02$ (extrem diffusionsoffen); auf Schicht 2 kann verzichtet werden, wenn der Tauwasserschutz nach DIN 4108-3 eingehalten ist; oder
 – offene Brettschalung (Brettbreite 100 mm, Fugenbreite ≤ 5 mm) mit aufliegender wasserableitender Schicht ($s_d \leq 0{,}02$ m).
b) Für Schicht 8 und 9:
 Sonderdeckung (z.B. Blech oder Schiefer) auf Zwischenlage (Dampfsperre oder -bremse), Schicht 5 z.B. Unterspannbahn wie oben

17.15.3.4 Bauliche Maßnahmen bei Holzwerkstoffen

Für die Bekleidung bzw. Beplankung von Wänden, Decken und Dächern werden die in Abschn. 17.13 beschriebenen Holzwerkstoffe verwendet. Dafür gibt die DIN 68 800-2 Hinweise zu den maximal zulässigen Holzfeuchten der Holzwerkstoffe im Gebrauchszustand.

17.15 Holzschutz

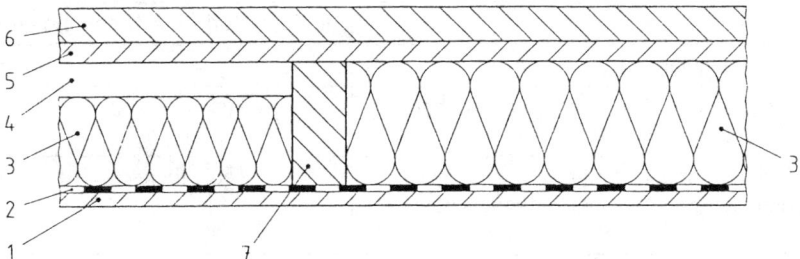

Abb. 17.42b Querschnitt einer Außenwand (Prinzipskizze) der Gefährdungsklasse 0 (GK 0) nach DIN 68 800-2 (02.12)
Kein chemischer Schutz der Holzbauteile erforderlich!

1: innenseitige Bekleidung oder Beplankung
2: erforderlichenfalls Dampfsperre
3: mineralischer Faserdämmstoff nach DIN 18 165-1 oder Dämmstoff mit allgemeiner bauaufsichtlicher Zulassung für diesen Anwendungsfall
4: Hohlraum, nicht belüftet, insektenunzugänglich oder vollständig mit Dämmstoff ausgefüllt
5: äußere Bekleidung oder Beplankung, z.B. Flachpressplatten
6: Wetterschutz
7: Kantholz

Beispiele zu Schicht 6 nach [17.2] (von innen nach außen):

Hinterlüftete Bekleidungen:
a) luftdurchlässige Brettschalung auf Lattung/Konterlattung
b) luftundurchlässige großformatige Platten, z.B. Faserzementplatten, auf lotrechter Lattung
c) Verblendmauerwerk nach DIN 1053-1, Luftschichtdicke ≥ 40 mm; wasserableitende Schicht *oder* Hartschaumplatten *oder* Mineralfaser + wasserableitende Schicht, diffusionsoffen (diffusionsäquivalente Luftschichtdicke s_d ≤ 0,2 m)

Nicht hinterlüftete Bekleidungen:
a) luftdurchlässige Brettschalung auf horizontaler Lattung *oder* luftundurchlässige großformatige Platten auf horizontaler und vertikaler Lattung in *einer* Ebene (Lattung hier GK 2!); wasserableitende Schicht, diffusionsoffen (s_d ≤ 0,2 m)
b) Wärmedämmverbundsystem mit Hartschaumplatten nach DIN 18 164-1 (bauaufsichtliche Zulassung erforderlich)
c) HWL-Platten mit Außenputz; wasserableitende Schicht direkt auf Kantholz, d.h. ohne Schicht 5

Tafel 17.22 Erforderliche Feuchtebeständigkeit von Holzwerkstoffen in Abhängigkeit von dem Anwendungsbereich nach DIN 68 800-2 (02.12)

Anwendungsbereich	Holzwerkstoff für Anwendung im
1. Raumseitige Bekleidung von Wänden, Decken und Dächern in Wohngebäuden sowie in Gebäuden mit vergleichbarer Nutzung	
1.1 Allgemein	Trockenbereich
1.2 Obere Beplankung sowie tragende Schalung von Decken unter nicht ausgebauten Dachgeschossen a) belüftete Decken b) nicht belüftete Decken – ohne ausreichende Dämmschichtauflage – mit ausreichender Dämmschichtauflage	Trockenbereich Feuchtbereich Trockenbereich

17 Holz und Holzwerkstoffe

Anwendungsbereich	Holzwerkstoff für Anwendung im
2. Außenbeplankung von Außenwänden	
2.1 Hohlraum zwischen Außenbeplankung und Vorhangschale (Wetterschutz) belüftet	Feuchtbereich
2.2 Vorhangschale aus kleinformatigen Platten als Wetterschutz, Hohlraum nicht ausreichend belüftet, wasserableitende Abdeckung der Beplankung	Feuchtbereich
2.3 Auf der Beplankung direkt aufliegendes Wärmedämm-Verbundsystem mit einem dauerhaft wirksamen Wetterschutz nach einem bauaufsichtlichen Verwendbarkeitsnachweis	Trockenbereich
2.4 Mauerwerk-Vorsatzschale, Abdeckung der Beplankung mit wasserableitender Schicht	Feuchtbereich
3. Obere Beplankung von Dächern, tragende Dachschalung	
3.1 Beplankung oder Schalung steht mit der Raumluft in Verbindung 3.1.1 Mit aufliegender Wärmedämmschicht (z.B. in Wohngebäuden, beheizten Hallen) 3.1.2 Ohne aufliegende Wärmedämmschicht	Trockenbereich Feuchtbereich
3.2 Dachquerschnitt unterhalb der Beplankung oder Schalung belüftet 3.2.1 Geneigtes Dach mit Dachdeckung 3.2.2 Flachdach mit Dachabdichtung	Feuchtbereich Feuchtbereich
3.3 Dachquerschnitt unterhalb der Beplankung oder Schalung nicht belüftet 3.3.1 Geneigtes Dach mit belüftetem Hohlraum oberhalb der Beplankung oder Schalung, Holzwerkstoff oberseitig mit wasserabweisender Folie oder dergleichen abgedeckt 3.3.2 Flachdach mit belüftetem Hohlraum oberhalb der Beplankung oder Schalung, Holzwerkstoff oberseitig mit wasserabweisender Folie oder dergleichen abgedeckt 3.3.3 Keine dampfsperrenden Schichten (z.B. Folien) unterhalb der Beplankung oder Schalung, Wärmeschutz überwiegend oberhalb der Beplankung oder Schalung	Feuchtbereich Feuchtbereich Feuchtbereich
4. Untere Bekleidung/Beplankung von Decken über – unbeheizten, abgedichteten Kellerräumen – belüfteten Kriechkellern – Außenklima	Feuchtklima

Anm.: Zur Gegenüberstellung der im Folgenden dargestellten alten Holzwerkstoffklassen zu den neuen Plattentypen siehe Abschn. 17.13.1.

17.15.4 Vorbeugender chemischer Holzschutz [17.25 bis 17.30]

17.15.4.1 Allgemeines

Zusätzlich zum vorbeugenden *baulichen* Holzschutz wird ein vorbeugender *chemischer* Holzschutz erforderlich, wenn die Gefahr von Bauschäden durch den Befall des Holzes durch holzzerstörende Pilze oder Insekten besteht. Pilze können sich ansiedeln, wenn die

17.15 Holzschutz

Holzfeuchte langfristig 20 % übersteigt. Bauschäden durch Insektenbefall treten im Allgemeinen *nicht* auf, wenn der Splintholzanteil < 10 % beträgt oder wenn in Räumen mit üblichem Raumklima die Holzbauteile allseitig geschlossen bekleidet oder zur Raumseite hin offen und kontrollierbar sind.

a) Die **Zulassung von Holzschutzmitteln** (HSM) wird bauaufsichtlich verlangt nur für Holzbauteile und Bauteile aus Holzwerkstoffen, die *tragende* und *aussteifende* Funktionen erfüllen. Allgemeine bauaufsichtliche Zulassungen für solche HSM werden vom DIBt Berlin erteilt. Sie erhalten dafür ein entsprechendes Prüfzeichen (siehe Abb. 17.44). Ein vorbeugender chemischer Holzschutz für *nichttragende* Holzbauteile wird von der DIN 68 800-3 empfohlen (siehe Abschn. 17.15.4.6). Diese Holzschutzmittel, die dem Erhalt der Gebrauchstauglichkeit und Werterhaltung z.B. von Flächenbekleidungen, Giebelverschalungen, Fensterrahmen o.Ä. dienen, werden amtlich geprüft und erhalten, wenn sie die Gütebestimmungen des Deutschen Instituts für Gütesicherung und Kennzeichnung e. V. (RAL; siehe Abschn. 21.0) erfüllen, von der Gütegemeinschaft „Holzschutzmittel e. V." (siehe Abschn. 21.17) das RAL-Gütezeichen „Holzschutzmittel" (siehe Abb. 17.43). Die Wirksamkeit der HSM und ihre laufende Produktion werden durch Materialprüfanstalten und/oder unabhängige Prüfinstitute überprüft und vom BgVV und vom Umweltbundesamt (siehe Abschn. 21.18) bewertet.

b) Die **gesundheitliche Unbedenklichkeit und Umweltverträglichkeit** von HSM wird aufgrund eines „Prüfungskatalogs zur gesundheitlichen und umweltbezogenen Bewertung von HSM" beurteilt. Dieser Katalog wird vom Bundesinstitut für gesundheitlichen Verbraucherschutz und Veterinärmedizin Berlin (BgVV; früher Bundesgesundheitsamt) und vom Umweltbundesamt Berlin (UBA) erarbeitet und im Bundesgesundheitsblatt veröffentlicht (siehe Abschn. 21.18). Die gesundheitliche Untersuchung bezieht sich u.a. auf Toxizität, auch Embryo- und Neurotoxizität, Aufnahmewege (oral, dermal, inhalativ), Kanzerogenität und Mutagenität. Die Umweltverträglichkeit wird über alle Phasen des Produkts von der Herstellung bis zur Entsorgung untersucht und bezieht sich auf Einträge in Böden, Grundwasser, Oberflächengewässer, Sedimente und Luft.

c) Bei der Anwendung von Holzschutzmitteln sind neben den anerkannten Regeln der Technik und den Vorschriften hinsichtlich Gesundheits-, Umwelt-, Arbeits- und Unfallschutz (z.B. Gefahrstoffverordnung) zusätzlich die Auflagen zu beachten, die in den „Besonderen Bestimmungen" der bauaufsichtlichen Zulassungsbescheide aufgeführt sind, insbesondere auch die aus gesundheitlichen Gründen erforderlichen Einschränkungen. Bei der Anwendung der Holzschutzmittel ist außerdem das „Merkblatt über den Umgang mit Holzschutzmitteln" des Verbandes „Deutsche Bauchemie e. V." (siehe Abschn. 21.17) zu beachten. Die Holzschutzmittelbehandlung ist nur von erfahrenen Unternehmen durchzuführen und muss nach DIN 68 800-1 an mindestens einer sichtbar bleibenden Stelle des Bauwerks in dauerhafter Form wie folgt angegeben werden: Name und Anschrift des ausführenden Unternehmens; angewandte Holzschutzmittel mit Prüfzeichen und Prüfprädikat; eingebrachte Holzschutzmittelmenge in g/m^2 oder ml/m^2 der gesamten Holzoberfläche oder in kg/m^3 des Holzvolumens einschließlich der berücksichtigten Holzschutzmittelverluste; Jahr und Monat der Behandlung. Großflächige (Fläche/Rauminhalt > $0,2\ m^{-1}$) Anwendung von HSM in Aufenthaltsräumen von Menschen und Tieren ist zu vermeiden.

d) Sog. Wetterschutzmittel sind frei von Wirkstoffen gegen Pilze. Sie haben die Aufgabe, Holzbauteile vor witterungsbedingter Zerstörung durch Feuchteänderungen des Holzes

17 Holz und Holzwerkstoffe

und durch Sonnenlicht zu schützen. Es gibt **Dünnschicht-** und **Dickschichtlasuren** und deckende Systeme sowohl auf Lösemittel- als auch auf Wasserbasis. Der Schutz vor UV-Licht, das das Lignin abbaut und zur Vergrauung führt, wird durch im Schutzmittel enthaltene Pigmente oder spezielle UV-Filter erreicht. Wetterschutzmittel enthalten sog. Film- oder Topfkonservierer, die einen Pilzbefall des Anstrichfilms oder des Mittels im Gebinde („Topf") verhindern sollen. Werden dabei die vom UBA (siehe unter b)) festgelegten Obergrenzen eingehalten, erhalten die Mittel das „Umweltzeichen, weil schadstoffarm" (sog. „Blauer Engel"; siehe Abb. 17.45). Für maßhaltige Bauteile wie Fenster und Außentüren werden i.d.R. Dickschichtlasuren oder deckende Systeme verwendet. Sog. **Holzveredelungsmittel** enthalten ebenfalls keine Wirkstoffe gegen Pilze. Sie dienen dekorativen Zwecken und schützen Holzgegenstände vor physikalischen Beeinträchtigungen, z.B. vor Spritzwasser, Staub und Kratzern.

17.15.4.2 Gebrauchsklassen von Vollholz

Die DIN EN 335 (06.13) definiert bestimmte Gebrauchsklassen von Holz und gibt die Zuordnung von Holzbauteilen im Gebrauchszustand zu diesen Gebrauchsklassen an (siehe Tafel 17.23). Zur natürlichen Dauerhaftigkeit von Holz gegen holzzerstörende Pilze und zur Tränkbarkeit von Holz mit Holzschutzmitteln siehe Abschn. 17.4.3 und Tafeln 17.6 und 17.7.

Abb. 17.43
RAL-Gütezeichen der Gütegemeinschaft Holzschutzmittel e. V. für HSM (vorbeugend und bekämpfend) für nichttragende Bauteile

Abb. 17.44
Prüfzeichen des DIBt Berlin für HSM (vorbeugend und bekämpfend) für tragende Bauteile

Abb. 17.45
RAL – „Umweltzeichen, weil schadstoffarm", sog. „Blauer Engel" (kein Schutz gegen Pilze!)

Tafel 17.23 Gebrauchsklassen von Holz gemäß DIN EN 355 (2013)

Gebrauchsklasse 1	Situation, in der sich das Holz oder Holzprodukt unter Dach befindet, nicht der Witterung und keiner Befeuchtung ausgesetzt ist.
Gebrauchsklasse 2	Situation, in der sich das Holz oder Holzprodukt unter Dach befindet und nicht der Witterung ausgesetzt ist, in der aber eine hohe Umgebungsfeuchte zu gelegentlicher, aber nicht andauernder Befeuchtung führen kann.
Gebrauchsklasse 3	Situation, in der sich das Holz oder Holzprodukt nicht unter Dach, aber nicht im Erdkontakt befindet. Es ist entweder ständig der Witterung ausgesetzt oder ist vor der Witterung geschützt, aber Gegenstand häufiger Befeuchtung.
Gebrauchsklasse 4	Situation, in der sich das Holz oder Holzprodukt in Kontakt mit Erde oder Süßwasser befindet und so ständig einer Befeuchtung ausgesetzt ist.
Gebrauchsklasse 5	Situation, in der das Holz oder Holzprodukt ständig Meerwasser ausgesetzt ist.

17.15 Holzschutz

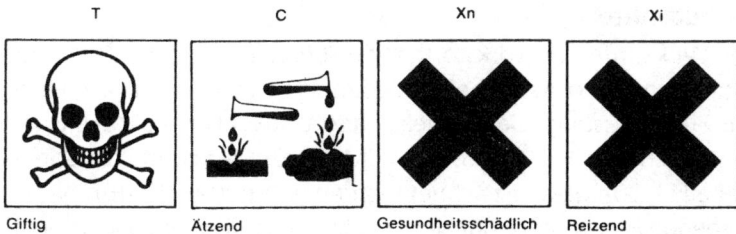

Abb. 17.46 Kennzeichnung von Holzschutzmitteln: Gefahrensymbole gemäß GefStoffV [17.30]

Tafel 17.24 Auftreten von Organismen in den Gebrauchsklassen nach DIN EN 335 (2013)

Gebrauchs-klasse	Allgemeine Gebrauchs-bedingungen	Beschreibung der Exposition gegen-über Befeuch-tung während des Gebrauchs	Organismen	
1	Innenbereich, abgedeckt	trocken	Holzzerstörende Käfer	Falls Termiten auch anwesend sein könnten, wird die Gebrauchsklasse als **1T** bezeichnet.
2	Innenbereich oder abge-deckt	gelegentlich feucht	wie oben	Falls Termiten auch anwesend sein könnten, wird die Gebrauchsklasse als **2T** bezeichnet.
3	3.1 Außenbereich, ohne Erdkontakt, geschützt	gelegentlich feucht	+ holzverfärbende Pilze	Falls Termiten auch anwesend sein könnten, wird die Gebrauchsklasse als **3.1T** bzw. **3.2T** bezeichnet.
	3.2 Außenbereich, ohne Erdkontakt, ungeschützt	häufig feucht	+ holzzerstörende Pilze	
4	4.1 Außenbereich, in Kontakt mit Erde und/oder Süßwasser	vorwiegend oder ständig feucht	wie oben + Weich-fäule	Falls Termiten auch anwesend sein könnten, wird die Gebrauchsklasse als **4.1T** bzw. **4.2T** bezeichnet.
	4.2 Außenbereich, in Kontakt mit Erde (hohe Beanspruchung) und/oder Süßwasser	ständig feucht		
5	In Meerwasser	ständig feucht	Holzzerstörende Pilze	**A** Teredinidae Limnoria
			Weichfäule	**B** wie in A + teeröltolerante Limnoria
			Holzschädlinge im Meerwasser	**C** wie in B + Pholadidae
ANMERKUNG: Ein Schutz gegen alle aufgeführten Organismen ist nicht unbedingt erforderlich, da diese nicht unter allen Gebrauchsbedingungen an allen geographischen Standorten vorkommen oder wirtschaftlich von Bedeutung sind. Eine höhere Gebrauchsklasse kann angewendet werden, wenn zu erwarten ist, dass die Gebrauchsbedingungen sich verschärfen können, was zu einer unvorhergesehenen Befeuchtung des Holzes führt, zum Beispiel als Folge von Konstruktionsfehlern, unsachgemäßem Einbau oder fehlender Instandhaltung.				

17.15.4.3 Arten von Holzschutzmitteln

Holzschutzmittel (HSM) sind Wirkstoffe oder wirkstoffhaltige Zubereitungen, die dem Befall von Holz durch holzzerstörende oder holzverfärbende Organismen vorbeugen oder einen solchen Befall bekämpfen. Zur Zulassung, Gesundheits- und Umweltverträglichkeit und Anwendung von HSM siehe auch Abschn. 17.15.4.1. HSM müssen durch die Gefahrensymbole der GefStoffV (siehe [17.30]) gekennzeichnet werden (siehe Abb. 17.46).

Grundsätzlich dürfen für tragende Holzbauteile nur Holzschutzmittel mit einem bauaufsichtlichen Verwendbarkeitsnachweis verwendet werden. Für alles übrige Holz sind neben den HSM mit bauaufsichtlichem Verwendbarkeitsnachweis nur solche HSM zu verwenden, deren Wirksamkeit durch eine akkreditierte Stelle nachgewiesen wurde (DIN 68800-3:2012-02).

a) Vorbeugend wirkende chemische HSM enthalten biozide Wirkstoffe. HSM sind daher nur dort zu verwenden, wo der Schutz des Holzes gegen tierische und pflanzliche Schädlinge es erforderlich macht. Die DIN 68 800-3 unterscheidet hinsichtlich der Wirksamkeit die folgenden **Prüfprädikate:**
- **Iv** gegen Insekten vorbeugend wirksam,
- **P** gegen Pilze vorbeugend wirksam (Fäulnisschutz),
- **W** auch für Holz, das der Witterung ausgesetzt ist, jedoch nicht im ständigen Erdkontakt und nicht im ständigen Kontakt mit Wasser,
- **E** auch für Holz, das extremer Beanspruchung ausgesetzt ist (im ständigen Erdkontakt und/oder im ständigen Kontakt mit Wasser sowie bei Schmutzablagerungen in Rissen und Fugen),
- **(P)** Sonderpräparate für Holzwerkstoffe; nur wirksam gegen Pilze.

b) HSM lassen sich hinsichtlich ihrer Zusammensetzung und Anwendungsbereiche in folgende **Gruppen** einteilen:
- **Wasserbasierte** (wässrige) **HSM**, z.B. als Salze und Grundierungen. Sie werden im Allgemeinen als Konzentrate geliefert und durch Auflösen in Wasser gebrauchsfertig gemacht, aber auch gebrauchsfertig geliefert. Sie eignen sich besonders für halbtrockenes (20 bis 30 % Holzfeuchte) bis feuchtes (Holzfeuchte > 30 %) Holz, in besonderen Verfahren auch für saftfrisches Holz.
- **lösemittelhaltige HSM,** z.B. als Grundierungen, Lasuren und Imprägnierungen, enthalten organische Wirkstoffe in organischen Lösungen. Sie werden gebrauchsfertig geliefert und eignen sich besonders für trockenes ($u < 20$ %) bis halbtrockenes Holz ($u = 20 - 30$ %).
- **Emulsionen,** in Wasser feinstverteilte organische Wirkstoffe (Mikroemulsionen)
- **Ölige HSM (Steinkohlenteer-Imprägnieröle),** nur für spezielle industrielle Verfahren.
- **Chromathaltige HSM** sind in der „Technischen Regel für Gefahrstoffe (TRGS)" Nr. 905 als krebserzeugend eingestuft. Außerdem sind sie wegen des sehr niedrigen pH-Werts stark ätzend und können zu sehr schlecht heilenden Wunden führen und Allergien auf der Haut hervorrufen. Wegen der Krebswirkung sollten daher die neuen chromatfreien, aber trotzdem fixierenden Kupfer-Präparate (siehe Tafel 17.25) verwendet werden. Im Bundesarbeitsblatt 12/97 ist zum Thema Chrom(VI)-haltige HSM die TRGS 618 erschienen.

c) Unterdessen gibt es **Produkt-Codes für HSM,** die von den Herstellern in Zusammenarbeit mit der Deutschen Bauchemie e. V. (siehe Abschn. 21.17) den einzelnen Produktgruppen zugeordnet sind. Beispiele: HSM-W (vorbeugendes wässriges HSM auf Salzbasis); HSM-LV (vorbeugendes wässriges oder lösemittelhaltiges HSM); HSM-LB (bekämpfendes wässriges oder lösemittelhaltiges HSM). Auf diese Buchstaben folgen zweistellige Ziffernkombinationen, z.B. HSM-W 10 = Borverbindungen, HSM-LV 20 = lösemittelhaltig, entaromatisiert; HSM-LB 50 = lösemittelhaltig, aromatenreich. Außerdem erstellen die HSM-Hersteller **Betriebsanweisungen** nach der GefStoffVO (§ 20) für die einzelnen Produktgruppen mit Angaben zu folgenden Punkten: Gefahren für Mensch und Umwelt; Schutzmaßnahmen und Verhaltensregeln; Verhalten im Gefahrenfall; Erste Hilfe; sachgerechte Entsorgung.

d) Die **Einsatzbereiche von HSM** nach Tafel 17.25 sind unterschiedlich:

B-Salze, SF-Salze: für alle witterungsgeschützten Holzbauteile,
CFB-Salze, Quats: für alle Holzbauteile im Innen- und Außenbau, vorzugsweise jedoch für geringe bis mittlere Auswaschbeanspruchung,
CK-, CKA-, CKB-, CKF-Salze: für alle Holzbauteile im Innen- und Außenbau, vorzugsweise jedoch mit starker Auswaschbeanspruchung,
Lösungsmittelhaltige HSM: im Innen- und Außenbau; evtl. Anwendungsbeschränkungen, z.B. in Aufenthaltsräumen,
Ölige HSM: nur für Holz im Außenbau,
Betain- und Cu-HDO-Präparate: je nach Art im Innen- oder Außenbau ohne oder mit Erdkontakt.

Hinsichtlich der zulässigen Einbringverfahren siehe Abschn. 17.15.4.4 und Tafel 17.25.

17.15.4.4 Einbringverfahren von Holzschutzmitteln

Je nach der **Eindringtiefe e** unterscheidet man
– Oberflächenschutz: keine Eindringtiefe gefordert,
– Randschutz: e = einige mm,
– Tiefschutz: e = einige cm, nicht unter 1 cm,
– Teilschutz: Tiefschutz an gefährdeten Stellen.

Bei den **Einbringverfahren** unterscheidet man Nichtdruckverfahren, wie Streichen, Sprühen (nur in stationären Anlagen), Tauchen, Tränkung (auch Bohrlochtränkung), und Druckverfahren, wie Kesseldruckverfahren und Vakuumtränkung. Bei der Anwendung von Nichtdruckverfahren gegen Insektenbefall ist den Innenflächen von Rissen besondere Aufmerksamkeit zu schenken.

Folgende **Arten der Schutzmitteleinbringung** befinden sich in der Anwendung:

1. Kurztauchen (mindestens 10 Min.) bzw. **Streichen** oder **Sprühen** (mindestens zweimal satt): Die eingebrachte Menge ist nur bedingt messbar (Streichverluste). Das Holz muss trocken oder halbtrocken sein. Das Verfahren ist nicht zulässig für Holz, das der Erdfeuchte ausgesetzt ist. Bei Holz, das Niederschlägen ausgesetzt ist, darf Kurztauchen nur bis 4 cm Holzstärke angewandt werden. Für frisches Holz ist das Verfahren nur zulässig, wenn es oberflächentrocken ist, der Einbau unter Dach erfolgt und mindestens 20%ige wässrige Schutzmittellösungen verwendet werden.

2. Tauchen: Tauchzeit mindestens 30 Min. Die eingebrachte Schutzmittelmenge ist bedingt messbar (durch Abnahme des Flüssigkeitsspiegels in der Tauchwanne). Das Verfahren gewährt nur Randschutz.

17 Holz und Holzwerkstoffe

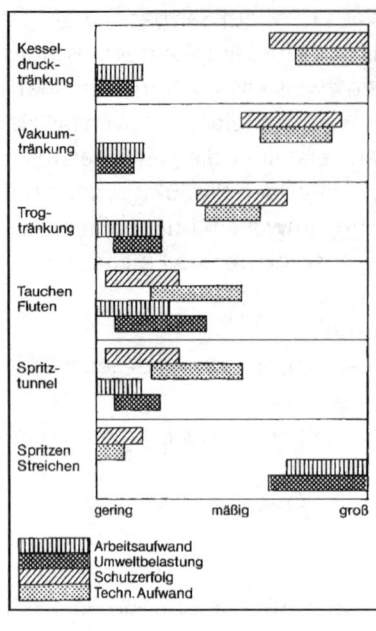

Abb. 17.47 Schematische Charakterisierung der wichtigsten Einbringverfahren

3. Trog- und Einstelltränkung (4 bis 6 Tage): Ein Tiefschutz ist möglich. Die eingebrachte Menge ist während des Tränkvorgangs zu messen. Ölige Schutzmittel sind nur für trockenes bzw. halbtrockenes Holz, wasserlösliche auch für frisches Holz geeignet. Bei Kiefer, Lärche und Eiche soll der Splintholzanteil ganz durchtränkt sein. Es wird unterschieden zwischen Trogtränkung ohne Erwärmen und Trogtränkung unterstützt durch Erwärmen.

4. Saftverdrängungsverfahren (Boucherieverfahren). Vollschutz: Frische, ungeschälte gefällte Stämme werden zur Beschleunigung des Saftflusses zum Zopfende geneigt gelagert und am Stammende durch abgedichtete Kappen an einen Hochbehälter mit Schutzsalzlösung angeschlossen. Solange die Zellen noch nicht verschlossen sind, drängt die Lösung den Saft vor sich her (etwa 1 m je 24 Std.) bis zum Austritt am Zopf. Dauer 2 bis 3 Wochen.

Tafel 17.25 Vorbeugend wirksame Holzschutzmittel gegen Pilze und Insekten [17.25]

A) Wasserbasierte (wasserlösliche) vorbeugende Holzschutzmittel (HSM) gegen Pilze und Insekten				
Art des HSM Gefährdungsklasse [...][4)]	Hauptbestandteile[1)]	Prüfprädikate[2)]	Einstufung und Kennzeichnung nach der Gefahrstoff-VO (s.a. Abb. 17.46)	Einbringverfahren[3)]
B-Salze 1, 2 [37]	Anorganische Borverbindungen	Iv, P	nicht kennzeichnungspflichtig	(K), Tr, S, T, Spr
SF-Salze 1, 2 [2]	Silicofluoride	Iv, P	Xn, mindergiftig	K, Tr, S, T, Spr
CFB-Salze 1, 2, 3 [9]	Fluoride und Zusatz von Borverbindungen, Chromate	Iv, P, W	C, ätzend	K, Tr
CK-Salze 1 bis 4 [5]	Kupfersalze, Chromate	Iv, P, W, E	T, giftig, oder Xn, mindergiftig	K
CKA-Salze 3, 4 [1]	Kupfersalze und Zusatz von Arsenverbindungen, Chromate	Iv, P, W, E	Herstellerangaben	K

17.72

CKB-Salze 1 bis 4 [20]	Kupfersalze und Zusatz von Borverbindungen, Chromate	Iv, P, W, E	Xn, mindergiftig	K, Tr
CKF-Salze 1 bis 4 [4]	Kupfersalze und Zusatz von Fluorverbindungen, Chromate	Iv, P, W, E	Xn, mindergiftig, oder T, giftig	K
Quat-Präparate 1 bis 3 [3]	Quartäre Ammoniumverbindungen	Iv, P, W	C, ätzend	K, Tr
Quat-Bor-Präparate 1, 2, (3) [19]	Quartäre Ammonium-Borverbindungen	Iv, P, (W)	C, ätzend	K, Tr (S, Spr, T)
Chromfreie Kupfer-Präparate: 1 bis 3, (4) [24]	Cu, Cu-HDO, Cu-Quat, Cu-Triazol, Cu-Bor	Iv, P, W, (E)	C, ätzend	K, Tr
HSM mit anderen als den vorgenannten Hauptbestandteilen 1, 2, 3 [28]	Iv, P, W	C, ätzend	siehe bauaufsichtliche Zulassung	

B) Lösemittelhaltige vorbeugende HSM gegen Pilze und Insekten [20]

Hauptbestandteile:	Organische Fungizide und Insektizide in organischen Lösungsmitteln
Prüfprädikate:	Iv, P, W, teilweise mit erhöhter Wirksamkeit
Anwendungsverfahren:	Teilweise nur Doppel-V; Tr, S, T, Spr
Besonderheiten:	Flammpunkt über 55 °C
Eigenschaften:	Nur für halbtrockene und trockene Hölzer geeignet; zum Teil intensiver Eigengeruch, nach Abdunsten der Lösungsmittel überwiegend geruchsfrei; Flammpunkt unmittelbar nach Anwendung gegebenenfalls niedriger als 55 °C; Mittel unverdünnt anwenden.

C) Lösemittelhaltige vorbeugende HSM gegen Insekten, keine Wirkung gegen Pilze [2]

Hauptbestandteile:	Organische Insektizide in organischen Lösemitteln bzw. in wässriger Emulsion
Prüfprädikate:	Iv, teilweise mit erhöhter Wirksamkeit
Anwendungsverfahren:	K, Tr, S, T, Spr
Besonderheiten:	Flammpunkt überwiegend über 55 °C
Eigenschaften:	wie bei B) bzw. A) Sammelgruppe HSM

D) Vorbeugende Sonderpräparate gegen Pilze für Holzwerkstoffe, keine Wirkung gegen Insekten [6]

Hauptbestandteile:	Anorganische Borverbindungen, Kaliumfluoride oder Kalium-HDO
Prüfprädikate:	(P) Holzschutzmittel für Holzwerkstoffe
Anwendung:	Ausschließlich im Werk für Plattentypen der Holzwerkstoffklasse100 G gemäß den „Besonderen Bestimmungen" des Zulassungsbescheids

E) Ölige HSM gegen Pilze und Insekten (Teerölpräparate = Steinkohlenteer-Imprägnieröle) [1]

Hauptbestandteile:	Steinkohleteeröl Klasse WEI Typ B oder C, Benzo(a)pyringehalt ≤ 50 mg/kg
Prüfprädikate:	Iv, P, W, E
Anwendung:	nur spezielle K; nur für Holzbauteile im Außenbau
Besonderheiten:	Die Chemikalienverbotsordnung ist zu beachten.
Eigenschaften:	nur für halbtrockene und trockene tränkfreie Hölzer geeignet; z.T. lang anhaltender intensiver Eigengeruch; unverdünnt anwenden.

F) Betain-Präparate (Be-ta-in gesprochen) [/]

Hauptbestandteile:	polymeres Betain, z.T. zusätzlich Bor- und Kupferverbindungen
Prüfprädikate:	Iv, P, W, E je nach Zusammensetzung der Präparate
Anwendungsverfahren:	K, Tr

[1]) Bei der Verwendung und Neuzulassung **chromathaltiger** Holzschutzmittel können zukünftig Änderungen eintreten.
[2]) Abkürzungen siehe Abschn. 17.15.4.3.a.
[3]) S = Streichen; Spr = Spritzen oder Sprühen (nur in stationären Anlagen zulässig); T = Tauchen; Tr = Trogtränkung; V = Vakuumtränkung; K = Kesseldruckverfahren (z.B. Volltränkung oder Wechseldrucktränkung).
[4]) Anzahl der zugelassenen HSM gemäß HSM-Verzeichnis 2001 [17.25].

5. Trogsaugverfahren: Die grünen, geschälten Stämme werden an beiden Enden mit Saugkappen versehen und in Bottiche mit Salzlösung gelegt. Durch Schlauchanschlüsse werden Luft und Zellsaft abgesaugt. Der Unterdruck im Stamm saugt die Imprägnierlösung an. Das Verfahren lässt sich durch Wechseldrucktränkung beschleunigen: rasch wechselnder Unter- und Überdruck im Druckkessel.

6. Kesseldrucktränkung: Das Schutzmittel dringt hierbei tief und gleichmäßig ein. Die eingebrachte Menge muss während des Tränkvorgangs gemessen werden. Das Holz muss in jedem Fall trocken bis halbtrocken und entrindet sein. Splintholz muss vollständig durchtränkt sein, bei Fichte und Tanne ist wenigstens 1 cm Eindringtiefe erforderlich. Man unterscheidet bei der Kesseldrucktränkung:

a) Volltränkung: Durch Vakuum wird zunächst Luft aus den Poren gesogen. Anschließend wird Schutzmittel in den Kessel eingefüllt. Die Holzporen saugen das HSM an und werden durch den nachfolgenden Überdruck voll gesättigt (Überdruck vor allem erforderlich bei Fichte und Tanne, da deren Holz schwer wegsam ist). Die Volltränkung erfolgt stets bei Salzlösungen.

b) Mit Teerölen: Spartränkung (nach Rüping). Luft wird in den Poren mit 4 bar zusammengepresst, anschließend wird mit 8 bar das Teeröl eingebracht. Nach Entspannung drückt die in den Poren komprimierte Luft das Öl wieder heraus. Nur die Zellwände werden imprägniert; Anwendung z.B. bei Eisenbahnschwellen aus Buche.

c) Wechseldrucktränkung: Frisches Holz wird in Holzschutzflüssigkeit abwechselnd Unter- und Überdruck ausgesetzt. Der Baumsaft wird durch die Holzschutzflüssigkeit ersetzt.

d) Vakuumtränkung: Trockenes oder halbtrockenes Holz wird Unterdruck ausgesetzt. Beim Druckausgleich tritt die Holzschutzflüssigkeit in das Holz ein.

7. Osmoseverfahren (Osmose = Austausch durch Diffusion, hier von Zellsaft und Salzlösung durch die Zellwände): Frisch geschlagenes und entrindetes Rundholz wird mit Salzpaste bestrichen und mit Ölpapier abgedeckt. Gute Tiefenwirkung: Dauer etwa drei Monate. Pasten-, Binden-, Bohrlochbehandlung. Eingebaute Mäste in der Erd-Luft-Zone freilegen und mit Salzwickel bandagieren (Nachschutz). Zopfenden mit Salzkissen abdecken. Zwischen frisch geschnittene, saftreiche Bretter im Stapel Imprägniersalze streuen.

Ausnahmsweise können Schutzsalze auch trocken im Streuverfahren vorsorglich angewandt werden, z.B. auf Holzflächen unter Sperrschichten. Bei Feuchteeintritt gehen die Salze in Lösung und imprägnieren die betroffenen überstreuten Holzteile.

17.15.4.5 Schutz von tragendem Holz

a) Vorbehandlung

Rinde und Bast sind vollständig zu entfernen. Die Schutzbehandlung ist erst nach der letzten Bearbeitung (Abbund, Kürzen, Hobeln, Fräsen etc.) vorzunehmen.

Die zu Beginn der Schutzbehandlung gegebene **Holzfeuchte** ist auf das Einbringverfahren und das verwendete Holzschutzmittel abzustimmen und ggf. dem Prüfbescheid zu entnehmen. Wasserbasierte Holzschutzmittel sind i.d.R. für trockenes ($u < 20\ \%$) und halbtrockenes ($u < 30\ \%$) Holz anwendbar, bei bestimmten Einbringverfahren und Anwendungskonzentrationen auch bei höheren Feuchten. Hinweise dazu sind in [17.25] zu finden.

b) Einbringverfahren

Bei der Auswahl der Einbringverfahren (siehe Abschn. 17.15.4.4) ist der Prüfbescheid bzw. die allg. bauaufsichtliche Zulassung zu beachten.

17.15 Holzschutz

Die Art des Verfahrens hängt auch von der Gefährdungsklasse ab:
- Bei den Gefährdungsklassen 1 und 2 ist das Einbringverfahren freigestellt. Bei der Gefährdungsklasse 3 gelten die Einbringverfahren nach Tafel 17.26.
- Bei der Gefährdungsklasse 4 ist ausschließlich das Kesseldruckverfahren anzuwenden. Im Bereich der Erd-(Wasser-)Luftzone, d.h. von 50 cm unterhalb bis 40 cm oberhalb der Erdgleiche oder des Wasserspiegels, ist vorzugsweise Rundholz zu verwenden, und zwar bei leicht tränkbaren Holzarten (z.B. Kiefer) Holz mit mindestens 20 mm Splintbreite, bei schwer tränkbaren Holzarten (z.B. Fichte, Douglasie) muss mechanisch vorbehandelt werden, z.B. Perforierung der Oberfläche. Bei schwer tränkbarem Schnittholz muss die mechanische Vorbehandlung die gesamte Holzoberfläche je nach Holzabmessung bis zu einer Tiefe von 10 mm erfassen.

c) Einbringmengen

Es muss die im Prüfbescheid genannte **Größe der Einbringmenge** vom Imprägnierer eingehalten und nach dem Imprägnieren die eingebrachte Menge von ihm ermittelt werden. Bei Vakuum- und Kesseldrucktränkung gelten zusätzlich die in Tafel 17.27 angegebenen Multiplikatoren. Die Einbringmengen werden bei Vakuum- und Kesseldruck-Tränkung in kg/m³ Holzvolumen, bei den übrigen Verfahren in g/m² oder ml/m² Holzoberfläche angegeben. Der **nachträgliche quantitative Nachweis der Einbringmenge** im Holz hat durch sachkundige Prüfstellen zu erfolgen. Bei Schnittholz müssen die in Tafel 17.28 angegebenen Mengen nachgewiesen werden. **Qualitative Nachweise** der Holzschutzmittelart und der Eindringtiefe können mit Reagenzien der Lieferfirmen durch spezifische Verfärbungen an angeschnittenen Flächen oder an Bohrkernproben durchgeführt werden.

d) Nachbehandlung

Bei Verwendung von nicht fixierenden Holzschutzsalzen, die also *nicht* das Prüfprädikat W besitzen, ist das Holz regengeschützt zu lagern und zu verarbeiten, um es vor Auswaschung zu schützen. Anderenfalls ist das Holz mit Holzschutzmitteln nachzubehandeln. Bei fixierenden Holzschutzsalzen mit dem Prüfprädikat W muss die Fixierung so weit fortgeschritten sein, dass eine kurzzeitige Beregnung nicht zur Auswaschung führt. Bei den Gefährdungsklassen 3 und 4 muss die Fixierung vor Auslieferung vollständig abgeschlossen sein. Nachträglich auftretende Trockenrisse müssen mit Holzschutzmitteln nachbehandelt werden.

17.15.4.6 Schutz von nichttragendem Holz

Bei Holzbauteilen ohne statische Funktion ist zu prüfen, ob Gefährdungsgrad und Wert der Bauteile eine chemische Schutzbehandlung erforderlich machen oder ob dies durch konstruktive (bauliche) Maßnahmen vermieden werden kann. Im Einzelnen gibt die DIN 68 800-3 u.a. die folgenden Hinweise:
- Auf großflächige (Fläche/Raum > 0,2 m^{-1}) Anwendung von Holzschutzmitteln ist zu verzichten.
- In Räumen mit üblichem Wohnklima benötigen nur stärkereiche Hölzer (z.B. Abachi, Limba, Eichensplintholz) Insektizide gegen Lyctusbefall (Splintholzkäfer).
- Für die Zuordnung der Holzbauteile zu den Gefährdungsklassen gilt Tafel 17.23. Für die Einbringverfahren gilt Abschn. 17.15.4.4 sinngemäß.
- Für allseits bewittertes Holz (z.B. im Garten- und Landschaftsbau) ist vorzugsweise das Kesseldruckverfahren anzuwenden. Holz der Gefährdungsklasse 4 ist wie tragendes

Holz zu behandeln (siehe Abschn. 17.15.4.5), Kiefernholz ist im gesamten Splintholzbereich durchzutränken, Fichtenholz allseitig mindestens 6 mm tief. Maßhaltiges Holz (Außenfenster und -türen) gehört zur Gefährdungsklasse 3. Es muss gegen Bläue und Pilze geschützt werden, es sei denn, es wird Kernholz der Dauerhaftigkeitsklasse 1 oder 2 verwendet (siehe Abschn. 17.4.3).

Tafel 17.26 Anwendbare Einbringverfahren von HSM in Gefährdungsklasse 3, soweit auch in der bauaufsichtlichen Zulassung angegeben, nach DIN 68 800-3 (02.12)

Holz	Holzfeuchte in % zu Beginn der Schutzbehandlung		
	bis 30	über 30 bis 50	über 80 im Splint
Brettschichtholz[1]	Kesseldrucktränkung Vakuumtränkung Trogtränkung	–	–
Schnittholz[2]		Trogtränkung[3]	–
Rundholz	Kesseldrucktränkung Vakuumtränkung	–	Wechseldruckverfahren

[1] Für verleimte Bauteile (z.B. Brettschichtholz) sind auch Streich- und Sprühtunnelverfahren sowie Tauchen zulässig, wenn die frei bewitterten Bauteile kontrolliert und die Oberflächen einschließlich der nachträglich gebildeten Schwindrisse nachgeschützt werden. Der erste Nachschutz von Schwindrissen ist im ersten Spätsommer durchzuführen, weitere Kontrollen und hiernach erforderliche Nachschutzmaßnahmen sind in Abständen von rund zwei Jahren vorzunehmen.
[2] Für den Grundschutz sollen Kesseldruck- und Vakuumverfahren angewendet werden. Tauchen ist nur zulässig, wenn das Holz für Stunden untergetaucht gehalten wird und die Anwendbarkeit des Präparats hierfür ausgewiesen ist. Bei ein- und zweigeschossigen Wohnhäusern und vergleichbaren Gebäuden gelten für die Behandlung von Einzelteilen aus Schnittholz (z.B. Balken, Stützen) mit einer Querschnittsfläche von höchstens 300 cm^2 und einer Einbaufeuchte von höchstens 20 % gleiche Bedingungen wie für verleimte Bauteile.
[3] Wenn die Anwendbarkeit im Prüfbescheid ausgewiesen ist; das Holz ist für Tage untergetaucht zu halten.

Tafel 17.27 Multiplikatoren für die Einbringmengen von HSM nach bauaufsichtlicher Zulassung in kg/m^3 Holzvolumen bei Anwendung durch Druckverfahren in den Gefährdungsklassen 1 bis 4 nach DIN 68 800-3 (02.12)

Schnittholzdicke in cm	Rundholzdurchmesser in cm	Multiplikator
< 4	< 7	1,50
4 bis 8	7 bis 10	1,25
> 8	> 10	1,00

Tafel 17.28 Nachzuweisende Einbringmengen von HSM im Schnittholz bei Anwendung des Kesseldruck- oder Vakuum-Verfahrens in den Gefährdungsklassen 1 bis 3 nach DIN 68 800-3 (02.12)

Kern-/Reifholzanteil	Einbringmenge[1]
60 %	100 %
70 %	80 %
80 %	60 %
90 %	40 %
100 %	20 %

[1] Allgemein sind Unterschreitungen bis 20 % zulässig. Im Oberflächenbereich müssen mindestens 50 % der geforderten Einbringmenge nachgewiesen werden

17.15.4.7 Schutz von Holzwerkstoffen

Holzwerkstoffe sollen einer chemischen Schutzbehandlung unterworfen werden, wenn langfristig eine höhere Gleichgewichtsfeuchte (> 18 %) bzw. eine Befeuchtung möglich ist und die eingedrungene Feuchtigkeit nur über einen längeren Zeitraum entweichen kann, wodurch die Gefahr eines Pilzbefalls gegeben ist. Gegen Pilze sind chemische Schutzmaßnahmen nur bei Holzwerkstoffen für den Feuchtbereich erforderlich, gegen Insekten im Feucht- und Trockenbereich. Gegen Insekten sind Holzwerkstoffe allerdings weniger als Vollholz gefährdet, Span-und Faserplatten gar nicht. Die Durchführung chemischer Schutzmaßnahmen muss im Herstellwerk erfolgen, und zwar, damit eine gleichmäßige Verteilung des Holzschutzmittels im Holzwerkstoff erreicht wird, während des Herstellprozesses.

17.15.5 Bekämpfender Holzschutz

17.15.5.1 Allgemeines

Die Bekämpfung von holzzerstörenden Pilzen und Insekten in verbautem Holz kann durch Behandlung mit einem chemischen Schutzmittel oder, bei Insektenbefall, auch durch Heißluftverfahren oder chemische Begasungsverfahren vorgenommen werden. Die Befallsart (Pilze, Insekten) und der Befallsumfang müssen durch qualifizierte Fachleute oder Sachverständige festgestellt, die Bekämpfungsmaßnahmen von qualifizierten Fachfirmen und -leuten ergriffen werden. Durchgeführte Bekämpfungsmaßnahmen sind an mindestens einer sichtbar bleibenden Stelle des Bauwerks in dauerhafter Form anzugeben (s.a. Abschn. 17.15.4.1c).

17.15.5.2 Bekämpfungsmaßnahmen gegen Pilzbefall (Schwammschäden)

Hierzu gibt die DIN 68 800-4 (02.12) u.a. folgende Hinweise:
Pilzbefallene Holzteile über mindestens 0,3 m in Längsrichtung der Hölzer hinaus entfernen, bei echtem Hausschwamm und verwandten Schwammarten mindestens 1,0 m. Durchwachsene Schüttungen in allen Richtungen entfernen, beim Hausschwamm mindestens um 1 m. Auch verdeckt eingebaute Holzteile sorgfältig untersuchen und ggf. entfernen.
Putz, Fugenmörtel und Mauerwerk sorgfältig auf Pilzwachstum untersuchen, sanieren (z.B. absengen oder abbrennen) und soweit wie möglich entfernen.
Entfernte Oberflächenmycele (Pilzgeflecht und Stränge), Fruchtkörper sowie sonstige entfernte Baustoffe und Schüttungen kontrolliert entsorgen.
Ursachen von erhöhter Feuchtigkeit feststellen und beseitigen. Für Austrocknung sanierter Bauteile sorgen.
Verbleibende nichtbefallene sowie neu einzubauende Hölzer und Holzwerkstoffe sind, falls nach DIN 68 800-3 erforderlich, chemisch vorbeugend zu schützen, besondere Gefährdungsstellen u.U. durch Sonderverfahren, z.B. Bohrlochtränkung, Verpressen durch Druckinjektion, die bei Mauerwerk, das von Mycel durchwachsen ist, grundsätzlich anzuwenden sind.
Um nach Befall auf chemische Maßnahmen ganz verzichten zu können, ist u.U. auf Wiedereinbau von Holz zu verzichten und befallenes Mauerwerk herauszubrechen und durch neues zu ersetzen.

17.15.5.3 Bekämpfungsmaßnahmen gegen Insektenbefall

Bei lebendem Befall durch Trockenholzinsekten wie Hausbock, Anobien (z.B. Nagekäfer) gibt die DIN 68 800-4 u.a. die folgenden Hinweise:

Feststellung des gesamten Verbreitungsgebiets im Vollholz und in den Holzwerkstoffen: Dielung, Bekleidungen, Deckenbalken, Lagerhölzer, Ausbauten, Abseiten, Dachüberstände. Gegebenenfalls ist das Dach zu öffnen.

Vermulmtes Vollholz entfernen (Standsicherheit prüfen!), angeschnittene Fraßgänge ausbürsten. Ausgebautes Holz und Späne und Bohrmehl unverzüglich kontrolliert entsorgen. Die Behandlung mit chemischen Bekämpfungsmitteln hat sich auf allei.d.R. auch auf die augenscheinlich nicht befallenen Teile der Konstruktion zu erstrecken. Ausnahme: nichtbefallenes Holz bei Hausbockbefall, das vor mehr als 60 Jahren eingebaut wurde. Neu einzubauende Hölzer und Holzwerkstoffe sind, falls nach DIN 68 800-3 erforderlich, vorbeugend chemisch zu schützen.

Die Bekämpfung holzzerstörender Insekten durch **Heißluftverfahren** (Heizgeräte: Öl- oder Gasbrenner) bewirkt keinen vorbeugenden Schutz. Dieser muss erforderlichenfalls nachträglich durchgeführt werden. Durch die Heißluft muss eine Mindesttemperatur von 55 °C über mindestens 60 Minuten an allen zu behandelnden Holzteilen erreicht und darf eine Oberflächentemperatur von 120 °C aus Feuersicherheitsgründen nicht überschritten werden. Auch die Bekämpfung von Insekten mit **Begasungsverfahren** bietet keinen vorbeugenden Schutz, weshalb dieser ebenfalls ggf. nachgeholt werden muss. Zulässige Begasungsmittel: Brommethan (Methylbromid), Hydrogenzyanid (Blausäure), Phosphortrihydrid (Phosphorwasserstoff). Nach § 15 d der GefStoffV handelt es sich dabei um giftige und sehr giftige Stoffe. Sie dürfen nur in geschlossenen Räumen, unter gasdichten Planen oder in einer Begasungsanlage verwendet werden. Die besonderen Bestimmungen der Gefahrstoffverordnung [17.30] und die „Technischen Regeln für Gefahrstoffe: Begasungen (TRGS) 512" sind zu beachten.

17.15.5.4 Bekämpfende Holzschutzmittel

Bekämpfungsmittel, die für tragende und nichttragende Bauteile in baulichen Anlagen angewendet werden, bedürfen grundsätzlich einer allgemeinen bauaufsichtlichen Zulassung des DIBt Berlin. Man unterscheidet Ib-Mittel und M-Mittel (siehe [17.25]).

a) Ib-Mittel: HSM mit bekämpfender Wirksamkeit gegen holzzerstörende Insekten. Zugelassen sind 31 Mittel nach [17.25].

Hauptbestandteile:	Anwendungsfertige Bor-Verbindungen bzw. lösungsmittelhaltige Präparate mit organischen Insektiziden; wasserverdünnbare Emulsionskonzentrate
Prüfprädikate:	Ib; ein zusätzlicher vorbeugender Schutz gegen Insektenbefall oder mittelabhängig auch gegen Pilzbefall ist nicht erforderlich.
Anwendungsbereich:	Ausschließlich zur Verwendung an verbautem Holz im Rahmen von Bekämpfungsmaßnahmen
Anwendungsverfahren:	Mittelabhängig geeignet zum Streichen, Spritzen, Fluten sowie zur Bohrloch- und Bohrlochdrucktränkung
Besonderheiten:	Fast alle Mittel dürfen am augenscheinlich nicht befallenen Holz zugleich vorbeugend gegen Insekten – mittelabhängig auch vorbeugend gegen Pilze und Insekten – mit verringerter Einbringmenge eingesetzt werden.

b) M-Mittel: Schutzmittel zur Verhinderung des Durchwachsens von Hausschwamm durch Mauerwerk, sog. Schwammsperrmittel. Zugelassen sind 13 Mittel nach [17.25]. Hauptbestandteile: Bor-Verbindungen, Quat- und Quat-Bor-Verbindungen, Carbonate

Prüfprädikate: M
Anwendungsbereich: Nur für witterungsgeschütztes Mauerwerk, das keinen Niederschlägen ausgesetzt ist.
Anwendungsverfahren: Mittelabhängig geeignet für Streichen, Spritzen, Fluten, zur Bohrloch-Tränkung sowie zur Anwendung im Schaumverfahren.

17.15.6 Brandschutz von Holz

Das **Brandverhalten** von Holz (siehe Abschn. 17.4.4) kann durch konstruktive Maßnahmen, wie z.B. die Abdeckung der Holzbauteile mit Feuerschutzplatten (z.B. Gipsplatten) und/oder durch die Behandlung mit Feuerschutzmitteln (Brandschutzmitteln) verbessert werden. Durch **Feuerschutzmittel** kann die Entflammbarkeit des Holzes von der Baustoffklasse B 2 (normal entflammbar) auf B 1 (schwer entflammbar) herabgesetzt werden. Feuerschutzmittel benötigen grundsätzlich eine allgemeine bauaufsichtliche Zulassung durch das DIBt Berlin. Es gibt sie in Form von Brandschutzsalzen, die mittels Kesseldruckimprägnierung eingebracht werden, oder als Brandschutzbeschichtungen.

Brandschutzbeschichtungen entwickeln bei Feuer eine 2 bis 3 cm dicke, mikroporöse nichtbrennbare Schaumschicht (sog. Dämmschichtbildner), wobei Wärme gebunden wird. Außerdem verlangsamt die Schaumschicht die Aufheizung des Holzes und verhindert den Zutritt von Luftsauerstoff zur Holzoberfläche. Bei den Brandschutzbeschichtungen handelt es sich i.d.R. um wasserverdünnbare Systeme ohne Lösemittelemissionen. Die zu den Schutzsystemen gehörenden Schutzlacke enthalten dagegen Lösemittel. Die Mittel werden mit Pinsel, Bürste, Rolle oder im Spritzverfahren aufgebracht. Sie sind anwendbar für Holzbauteile in trockenen Räumen, nicht jedoch in Räumen mit lang anhaltender Luftfeuchte > 70 %. Die Verarbeitungstemperatur muss ≥ +5 °C sein.

17.16 Gesundheitsrisiken und Recycling [17.29], [17.31]

17.16.1 Gesundheitsrisiken

Gesundheitsrisiken bei der Verwendung von Holz bestehen im Wesentlichen nur im Zusammenhang mit dem chemischen Holzschutz. Biozid-Produkte werden heute in Deutschland nur noch freigegeben, wenn sie hinreichend wirksam sind und wenn von ihnen keine unannehmbaren Risiken für Mensch und Umwelt ausgehen. Holzschutzmittel (HSM) können trotzdem ernsthafte Gesundheitsschäden bewirken, wenn sie mit Haut und Augen in Kontakt kommen. Auch die Dämpfe von HSM können bei längerer Einatmungszeit zu akuten Vergiftungserscheinungen führen.

Daher sind die Betriebsanweisungen für den Umgang mit Holzschutzmitteln genau einzuhalten (siehe Abschn. 17.15.4.1.c und [17.27], [17.28]).

Auf Jahrzehnte hinaus, besonders in den 1970 er-Jahren, sind HSM in Deutschland unsachgemäß und in übertriebener Dosis auch bei Holz in Wohnräumen angewendet worden. Das hat bei Menschen zu Kopfschmerzen, Übelkeit, Atembeschwerden, Schlafstörungen, Abgeschlagenheit sowie zu Reizungen der Haut und der Schleimhäute geführt, ein unspezifisches Krankheitsbild, das mit dem **Begriff „Holzschutzmittelsyndrom"** bezeichnet wurde, ohne dass immer ein eindeutiger Ursachenzusammenhang nachgewiesen werden konnte. Das gilt auch für den **Wirkstoff PCP** (Pentachlorphenol), dessen Verwendung in Holzschutzmitteln allerdings in Deutschland seit 1989 verboten ist, genauso wie Lindan. PCP und Lindan sind heute als Altlast immer noch in der Luft und im Boden anzutreffen. Die im Holz von früher her noch vorhandenen PCP-Anteile werden weiterhin in Wohnräumen abdunsten. Deren Abbauprodukte sind u.a. sogenannte Chloranisole, die in geringsten Konzentrationen einen muffigen Geruch in Räumen, aber insbesondere auch an Kleidung hinterlassen. Auch andere kritische Holzschutzsubstanzen, wie z.B. die Fungizide Furmecyclox, Carbendazim, Tributylzinnverbindungen sowie das Insektizid Endosulfan sind heute nicht mehr zugelassen. Der beste Schutz ist die Entfernung so behandelter Hölzer unter Beachtung der Entsorgungsvorschriften (siehe Abschn. 17.16.2).

In den neuen Bundesländern wurde außerdem bis 1989 Holzschutz mit dem insektiziden Wirkstoff DDT betrieben, der in der alten Bundesrepublik bereits seit 1972 verboten ist. DDT dunstet aufgrund seines niedrigen Dampfdrucks kaum aus. Rückstände können sich jedoch bei Ausbringung von DDT im Staub der Umgebung festgesetzt haben. Auch bei Abbruch- und Sanierungsarbeiten wird DDT in größeren Mengen freigesetzt. Für akute Vergiftungen bedarf es sehr hoher Dosen, die dabei sicher vom Menschen nicht aufgenommen werden. DDT ist aber ein sehr beharrlicher, auch mikrobiell im Boden schwer abbaubarer Stoff. Seine Halbwertzeit in mitteleuropäischen Böden wird auf 5 bis 20 Jahre geschätzt. DDT reichert sich dadurch in der Nahrungskette an und schädigt das Ökosystem.

17.16.2 Umgang mit schutzmittelbehandeltem Altholz

Für den Umgang mit schutzmittelbehandeltem Altholz ist u.a. das „Gesetz zur Förderung und Sicherung der umweltverträglichen Beseitigung von Abfällen (Kreislaufwirtschafts- und Abfallgesetz)", das seit 1996 in Kraft ist, maßgebend. Danach hat die Vermeidung von Abfällen stets Vorrang.

Hölzer im bewohnten Innenbereich sind i.d.R. weitestgehend frei von Schutzmitteln. Hölzer, die im Außenbereich und/oder als tragende Holzbauteile Anwendung gefunden haben, sind mit hoher Wahrscheinlichkeit schutzmittelbehandelt. Bei einer Verwertung solcher Hölzer (s.u.) ist die Kenntnis der eingebrachten Schutzmittel und ihrer Wirkstoffe (siehe z.B. Tafel 17.25) zwingende Voraussetzung. Dies ist jedoch nur bei erfolgter und nach DIN 68 800-3 vorgeschriebener Kennzeichnung über eine erfolgte Schutzbehandlung (siehe Abschn. 17.15.4.1c) möglich. Je nach Gebrauchsdauer und -ort des Altholzes ist die Art des eingebrachten Schutzmittels auf diese Weise oft nicht festzustellen und auch durch chemische Untersuchungen nicht immer eindeutig nachweisbar.

Für die **Verwertung** von schutzmittelhaltigen Althölzern gibt es verschiedene Verfahren (siehe Tafel 17.29). Dabei sind die verschiedenen Verordnungen hinsichtlich der für die Umwelt und den Menschen schädlichen Stoffe zu beachten (z.B. PCP-Verbotsordnung, Gefahrstoffverordnung). Die thermische Verwertung darf nur in Feuerungsanlagen erfolgen, die über die nach dem Bundesimmissionsschutzgesetz und den verschiedenen Bundesimmissionsschutzverordnungen vorgeschriebene technische Ausrüstung (Filter, Rauchgaswäsche, Steuerung der Abbrandbedingungen etc.) verfügen. Die Verbrennung von behandelten Hölzern in Hausfeuerungsanlagen ist verboten.

Schutzmittelbehandelte Hölzer, die nicht verwertet werden können, müssen als „besonders überwachungsbedürftig" beseitigt werden. Der dabei vorgeschriebene **Beseitigungsnachweis,** der auch bei einer Verwertung erforderlich ist, dokumentiert den gesamten Entsorgungs- bzw. Verwertungsvorgang und macht ihn jederzeit nachvollziehbar. Die Beseitigung geschieht, u. U. erst nach einer chemisch-physikalischen Aufbereitung bzw.

einer thermischen Behandlung, in einer Sonderabfall- oder Hausmüll-Verbrennungsanlage oder auf einer Sondermüll-Deponie.

Tafel 17.29 Übersicht über die möglichen Verwertungswege von schutzmittelbehandeltem Holz [17.29]

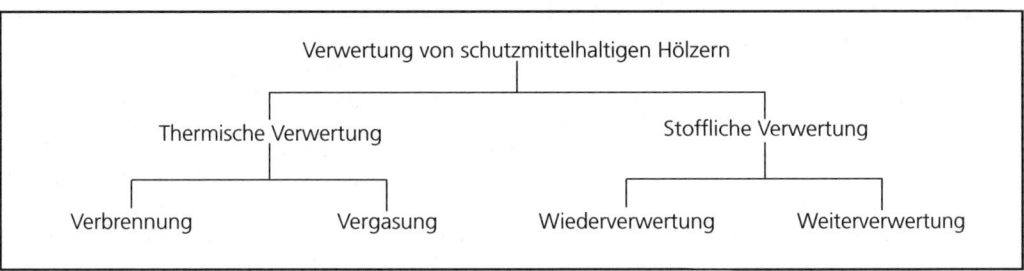

17.17 Literatur

Anmerkung: Für die vom „Informationsdienst Holz" herausgegebenen Veröffentlichungen werden bei den Literaturangaben die folgenden Abkürzungen verwendet:
IH = Informationsdienst Holz; hh = holzbauhandbuch; R = Reihe; T = Teil; F = Folge.

[17.1] Kollmann F., Technologie des Holzes und der Holzwerkstoffe, 2. Aufl., Springer Verlag, Berlin/Göttingen/Heidelberg
[17.2] IH-hh, R3 T5 F1 (03.97) und F2 (09.97): Baulicher Holzschutz
[17.3] IH-hh, R4 T4 F1 (10.97): Konstruktive Holzwerkstoffe
[17.4] IH, Einheimische Nutzhölzer und ihre Verwendungsmöglichkeiten (12.89)
[17.5] Sell, J., Eigenschaften und Kenngrößen von Holzarten, 4. Aufl., Lignum Verlag, Zürich, 1997
[17.6] IH-hh, R4 T2 F1 (01.97 u. 10.97): Konstruktionsvollholz
[17.7] IH-hh, R3 T4 F2 (05.94): Brandschutz – Feuerhemmende Holzbauteile
[17.8] IH, Holz, ein Rohstoff der Zukunft (09.01)
[17.9] Lohmann, U., Holz-Handbuch, 5. Aufl., DRW-Verlag, Leinfelden-Echterdingen, 1998
[17.10] Holz-Lexikon, 4. Aufl., DRW-Verlag, Leinfelden-Echterdingen, 2003
[17.11] IH, Ökobilanzen Holz (04.97)
[17.12] Ghelmeziu, N., Untersuchungen über die Schlagfestigkeit von Bauhölzern, in: Holz – Roh- und Werkstoff, Heft 1, 1958
[17.13] Holzbau-Taschenbuch, Bd. 1, 9. Aufl., Verlag Ernst & Sohn, Berlin, 1995
[17.14] Ehlbeck, J., Dauerschwingfestigkeit von Holz und Holzverbindungen – eine Bestandsaufnahme, in: Ingenieurholzbau in Forschung und Praxis, Bruder Verlag, Karlsruhe, 1982
[17.15] Meyer-Ottens, C. u.a., Holz-Brandschutz-Handbuch, Deutsche Gesellschaft für Holzforschung e.V., München, 1994
[17.16] IH hh, R4 T2 F3 (06.00): Konstruktive Vollholzprodukte
[17.17] Glinski, W. u.a., Grundstufe Holztechnik-Technologie, 5. Aufl., Verlag Handwerk und Technik, Hamburg, 1991
[17.18] IH, Bauen mit BS-Holz (10.96); Argument für BSH; BSH-Herstellerliste (03.02)
[17.19] IH, hh R7 T2 F1: Ausschreibung von BS-Holz-Konstruktionen
[17.20] IH-hh, R6 T4 F2 (04.93 u. Berichtigung 10.97): Parkett
[17.21] IH, Holzpflaster – Technische Informationen (neu bearbeitete Fassung und korrigierte Fassung von 02.93), und Glas, A., Aktuelle Fragen zur Holzpflasterverlegung, Vortrag in Münster, 1995
[17.22] IH hh, R4 T2 F3 (12.00): MH Massiv-Holz
[17.23] FINISH Heft 4 (03.91): Bekämpfung von Holzschädlingen, Hrsg.: DESOWAG Materialschutz GmbH, Düsseldorf
[17.24] IH, Duo- und Triobalken (12.99)
[17.25] Holzschutzmittelverzeichnis, Stand 06.01; Hrsg.: DIBt/Berlin; Vertrieb: Erich Schmidt Verlag, Berlin

[17.26] Beuth-Kommentar Holzschutz (baulich, chemisch, bekämpfend), Ausg. 03.98, Beuth Verlag, Berlin/Köln
[17.27] Deutsche Bauchemie e. V., Frankfurt/M. (Hrsg.): 1) Schutz von Holz im Bauwesen (04.97); 2) Holzschutzmittel und Umwelt – Sachstandsbericht 2002; 3) Merkblatt für den Umgang mit Holzschutzmitteln (11.97)
[17.28] Holzschutzmittel. – Bringt die TRGS 618 das Aus für chromathaltige Holzschutzmittel? Bau-BG Rheinland und Westfalen (03/98)
[17.29] IH, Entsorgung von schutzmittelhaltigen Hölzern und Reststoffen (07.93)
[17.30] Gesetz zum Schutz vor gefährlichen Stoffen (Chemikaliengesetz – ChemG; 05.98) mit: 1) Verordnung zum Schutz vor gefährlichen Stoffen (Gefahrstoffverordnung – GefStoffV, (06.98); 2) Erläuterungen zur Verordnung über Verbote und Beschränkung des Inverkehrbringens gefährlicher Stoffe, Zubereitungen und Erzeugnisse nach dem Chemikaliengesetz (Chemikalienverbotsverordnung – ChemVerbotsV; (07.96))
[17.31] Vom Umgang mit Holzschutzmitteln – Eine Informationsschrift, Hrsg.: Bundesinstitut für gesundheitlichen Verbraucherschutz und Veterinärmedizin BgVV (1997)
[17.32] IH-hh, R2 T12 F3 (10.99): Aussteifung von NP-Konstruktionen
[17.33] IH-hh, R1 T3 F4 (04.98): Holzrahmenbau
[17.33a] IH-hh, R1 T17 F1: Brettstapelbauweise
[17.34] Dunky, M./Niemz, P., Holzwerkstoffe und Leime (2002), Springer Verlag.
[17.35] Natürlich Holz – Forst- und Holzwirtschaft in Deutschland Holzabsatzfonds 2006 (s. a. Abschn. 21.17)
[17.36] D. Fengel u. G. Wegener: WOOD – Chemistry, Ultrastructure, Reactions, Verlag Walter de Gruyter 1989
[17.37] Brunner-Hildebrand, Die Schnittholztrocknung, 5. Auflage
[17.38] TB Holz www.tb-holz.de

Weiterführende Literatur:
- **DRW-Verlag**, Weinbrenner GmbH & Co., Postfach 100 157, 70745 Leinfelden-Echterdingen:
- Holzlexikon, 4. Aufl., 2003
- Lohmann, Ulf, Holzhandbuch, 5. Aufl., 1998
- Soiné, H., Holzwerkstoffe, 1. Aufl., 1995
- Deppe, H.-J. u. a., Taschenbuch der Spanplattentechnik, 4. Aufl., 2000
- Dahms, K.-G., Afrikanische Exporthölzer, 3. Aufl., 1999
- Schleusener, J., Oberflächenlexikon, 2. Aufl., 2003
- Weiß, B. u. a., Beschreibung und Bestimmung von Bauholzpilzen, 1. Aufl., 2000
- Leiße, B., Holzbauteile richtig geschützt, 1. Aufl., 2001
- Niemz, P., Physik des Holzes und der Holzwerkstoffe, 1993
- Wagenführ, R., Anatomie des Holzes, 5. Aufl., 1999
- Steuer, W., Vom Baum zum Holz, 2. Aufl., 1990
- Begemann, H. F., Bildlexikon der Nutzhölzer, 7 Bände, Holzverlag GmbH, Kissing, 1970 ff.
- Bosshard, H. H., Holzkunde, Bd. 1: Mikroskopie und Makroskopie des Holzes (2. Aufl. 1982); Bd. 2: Zur Biologie, Physik und Chemie des Holzes (2. Aufl. 1984); Bd. 3: Aspekte der Holzbearbeitung und -verwertung (2. Aufl. 1984), Birkhäuser-Verlag, Basel und Stuttgart (über Springer Verlag, Berlin)
- Wagenführ, R., Holzatlas, 5. Aufl., Carl Hauser Verlag, München, 2000
- Wagenführ, R., Bildlexikon Holz, 1. Aufl., Carl Hauser Verlag, München, 2001
- Wagenführ, Scholz, Taschenbuch der Holztechnik, Hanser-Verlag 2008
- Trübswetter, Holztrocknung, Fachbuchverlag Leipzig, 2. Auflage 2009

18 Ökologische Aspekte von Baustoffen

Ass. Prof. Dipl.-Ing. Dr. techn. Heinrich Bruckner

18.1 Ökologische Grundlagen

Grundlage für die Untersuchung umweltrelevanter Gesichtspunkte im Zusammenhang mit Baustoffen ist die Definition folgender Begriffe:
- Ökologie, Ökosystem
- ökologisches Bauen
- Ressourceneffizienz
- Lebensweg
- Nachhaltigkeit
- Natur
- Gesundheit
- Schadstoff
- Grenzwert

18.1.1 Ökologie

Die Ökologie (oikos griech. Haus) – die Lehre vom Haushalt der Natur – ist eine aus der Biologie hervorgegangene Wissenschaft, die sich mit den Wechselbeziehungen zwischen den Organismen bzw. der unbelebten und der belebten Natur befasst. Die Themen der Ökologie umfassen die dynamischen Veränderungen dieser Wechselbeziehungen, ihre Entwicklungen, Mechanismen der zeitlichen Verschiebungen und gegebenenfalls die Möglichkeiten der Wiederherstellung von Gleichgewichten. Diese Aspekte werden in definierten Grenzen oder Bereichen betrachtet, die als Ökosysteme bezeichnet werden.

Die Humanökologie beschäftigt sich mit den spezifischen Wechselwirkungen zwischen den Menschen und ihrer Umwelt und ist daher für den Menschen von besonderer Bedeutung. Ein Ökosystem ist eine aus Lebensgemeinschaften (Lebewesen, unbelebte natürliche oder vom Menschen geschaffene Bestandteile) und deren Lebensraum (Biotop) bestehende natürliche funktionelle Einheit, die ein Kreislaufsystem bildet. Ein Ökosystem ist durch die Wechselwirkungen zwischen Organismen und Umweltfaktoren gekennzeichnet und besitzt des Weiteren folgende Charakteristika [18.2]:
- ausgeglichene natürliche Stoffkreisläufe,
- Selbstregulierung der Energie- und Stoffkreisläufe,
- Einheit zwischen Lebensraum und Lebensgemeinschaften innerhalb des Raums,
- Wechselwirkungen zwischen Organismen und Umweltfaktoren,
- Offenheit des Systems (Aufnahme von Sonnenenergie sowie Energieabgabe durch natürliche Stoffumwandlungen),
- Einstellen eines dynamischen Gleichgewichts bei gleichbleibenden Systemparametern.

18.1.2 Ökologisches Bauen

Der Grundgedanke des ökologischen Bauens ist die Übernahme von Prinzipien der Ökosysteme für das Bauwesen, um den Bestand der Natur innerhalb des Systems „bebaute Umwelt" so weit es möglich ist zu garantieren. Man unterstellt dabei die Richtigkeit der Hypothese, dass die Regeln und Mechanismen des über Jahrmillionen bewährten Naturhaushalts in Form von Ökosystemen auch auf das Bauwesen übertragbar sind [18.2]. Praktische Maßnahmen des ökologischen Bauens ergeben sich daher durch eine Übertragung der Charakteristika von Ökosystemen auf Planungskonzepte für konkrete Baumaßnahmen (Tafel 18.1). Wichtige Ansätze, die sich aus dieser Gegenüberstellung ergeben, sind Beobachtungen hinsichtlich der Stoffflüsse, Energieflüsse und des Flächenverbrauchs während des Lebenswegs eines Bauproduktes.

18 Ökologische Aspekte von Baustoffen

Tafel 18.1 Prinzipien von Ökosystemen und Beispiele für die Umsetzung im Bauwesen [18.2]

Ökosysteme	Bauwesen
Ausgeglichene natürliche Stoffkreisläufe	Anwendung nachwachsender (z.B. Holz, Schafwolle, Flachs, Hanf, Schilf, Stroh) und wiederverwendbarer Baustoffe (Lehm, Natursteine etc.) und im Weiteren von Recyclingbaustoffen
	Sicherung der Kreislaufwirtschaft bzw. Wiederverwertung
	Geringer Verbrauch von Primärrohstoffressourcen
	Konzeption von Bauprodukten und Konstruktionen mit hoher Lebensdauer
Einheit zwischen Lebensraum und Lebensgemeinschaften innerhalb des Raums	Verwendung regional verfügbarer Baustoffe
	Einsatz lokal verfügbarer Energieträger
	Erhaltung von Naturflächen als Lebensraum für Pflanzen und Tiere
Wechselwirkungen zwischen Organismen und Umweltfaktoren	Entwurf eines individuell abgestimmten Wohnkonzepts
	Minimierung der negativen Auswirkungen auf die Natur bzw. die menschliche Gesundheit
	Verwendung von Baustoffen, die ein behagliches Raumklima schaffen in Bezug auf Feuchte, Oberflächentemperatur, Schadgase, Geruch, Bakterien, Pilze etc.
Selbstregulierung der Energie- und Stoffkreisläufe, in deren Folge sich ein dynamisches Gleichgewicht einstellt	Einsatz lokaler Energieträger (Hackschnitzelheizung, Biogasanlage usw.)
	Energieeinsparung bei der Herstellung und während der Nutzung
	Einrichtung von Recyclingbörsen
Offene Systeme (Aufnahme von Sonnenenergie, Energieabgabe durch natürliche Stoffumwandlungen)	Einsatz von Sonnenenergie- und Windenergiesystemen
	Biogasanlagen
	Rückführung organischer Stoffe in äquivalenter Form (Schilfkläranlagen, natürliche Wasserreinigung)

18.1.3 Der Lebensweg eines Bauprodukts

Der Lebensweg eines Bauprodukts, d.h. eines Bauwerks, Bauteils oder Baustoffs, kann in die in Abb. 18.1 dargestellten Phasen zerlegt werden.

Analog zu den Kreislaufprozessen in Ökosystemen wird im Rahmen des ökologischen Bauens versucht, Bauprodukte ebenfalls in Kreisprozesse mit möglichst langer Dauer einzubinden. Als ökologisch günstigste Lösung gilt die Wiederverwendung (Produktrecycling), danach folgt die Wiederverwertung (Stoffrecycling). Bei der stofflichen Verwertung von Bauprodukten sollte die Erhaltung der Qualität des Stoffs angestrebt werden, ungünstigere Verwertungsmöglichkeiten sind die Verwertung mit niederer Stoffqualität (Downcycling) und

18.1 Ökologische Grundlagen

energetische Entsorgung (Thermocycling). Als ökologisch schlechteste Maßnahme gilt die Entsorgung (Deponierung) von Stoffen.

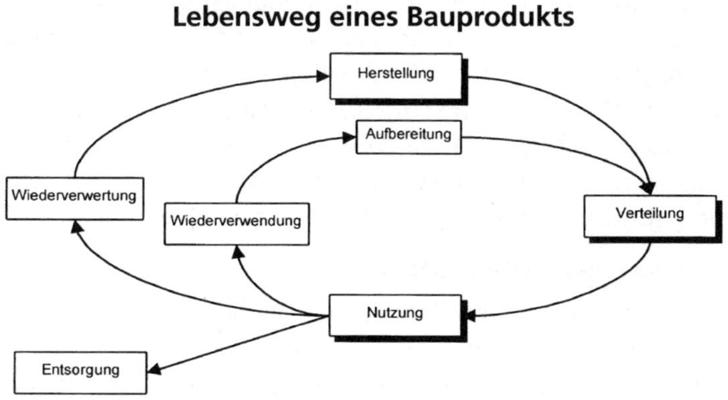

Lebensweg eines Bauprodukts

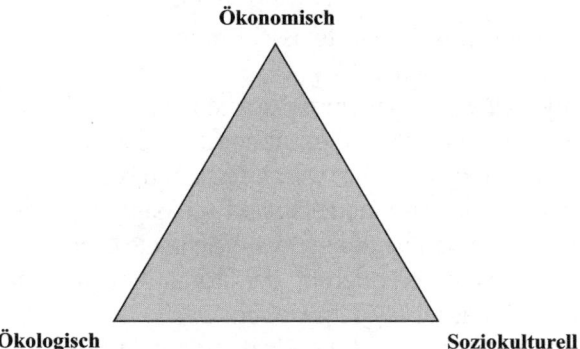

Abb. 18.1 Lebenszyklus eines Bauprodukts

18.1.4 Nachhaltige Bewirtschaftung

Nachhaltigkeit, nachhaltige Entwicklung oder im Englischen sustainability, sustainable development sind Begriffe, die im Zuge der ökologischen Bewegung etwa seit den 1970er-Jahren verwendet werden. Man versucht mit diesem Begriff einen Zusammenhang zwischen ökologischen, ökonomischen und soziokulturellen Interessen herzustellen [18.3].

Nachhaltige Bewirtschaftung – Nachhaltigkeit – ist im Deutschen ursprünglich ein Begriff aus der Forstwirtschaft, der besagt, dass pro Jahr nur so viel Holz eingeschlagen wird, wie der jährliche Zuwachs beträgt (Vorratsnachhaltigkeit), oder, dass immer die gleiche Menge an Bauholz zur Verfügung stehen soll (Nachhaltigkeit der Holzerzeugung).

Die Nachhaltigkeit wie sie heute auch im Bauwesen verwendet wird, ist umfassender und beinhaltet die ökologische, ökonomische und soziokulturelle Dimension (vgl. Abb. 18.2).

Abb. 18.2 Dreieck der Nachhaltigkeit

Die Überlegungen beinhalten sowohl die Erhaltung eines zu definierenden bzw. gewünschten ökologischen, ökonomischen, sozialen und kulturellen Zustands als auch eine damit verbundene ökologische, ökonomische, soziale und kulturelle Leistung über vergleichsweise lange Zeiträume.

18 Ökologische Aspekte von Baustoffen

Nachhaltigkeit in der Bauwirtschaft kann z.B. folgende Gebiete umfassen: Rohstoffe, Energieverfügbarkeit, Produktangebot, Wohn-, Betriebs-, Freizeit- und Naturflächen, Boden-, Luft-, und Wasserqualität; aber auch die Nachhaltigkeit, d.h. Verfügbarkeit, des Arbeitsplatzangebots in der Bauwirtschaft, der Infrastruktur etc. kann damit gemeint sein. Bezeichnend in diesem Zusammenhang ist, dass sich der Begriff der Nachhaltigkeit immer auf konkrete wirtschaftliche, soziale oder ökologische Ziele beziehen muss, damit eine konkrete Aussage getroffen werden kann. Nachhaltige Bewirtschaftung in ihrer Gesamtheit kann somit als die Übereinstimmung eines ökologischen, eines sozio-kulturellen und eines ökonomischen Zustands bzw. der daraus hervorgebrachten Leistungen definiert werden [18.2].

18.1.5 Ressourceneffizienz, ressourceneffizientes Bauen

Jede Bautätigkeit benötigt verschiedene Arten von Ressourcen. Die auf den ersten Blick einfach erkennbaren Arten der Ressourcen sind Geld (Kosten für das Bauwerk) und Stoffe für die Herstellung eines Gebäudes. Wird für ein Gebäude eine Ressourceneffizienzuntersuchung durchgeführt, gilt es folgende Ressourcen zu betrachten: Stoffe, Energie, Fläche, Kosten, Schadwirkungen an der Natur (z.B. Ressourcen Luft, Boden oder Wasser), Schadwirkungen am Menschen (Ressource menschliche Gesundheit).
Unter ressourceneffizientem Bauen versteht man eine Optimierung, d.h. im Regelfall eine Minimierung bzw. Schonung, der eingesetzten Ressourcen im Hinblick auf die gestellte technische Aufgabe (Anforderung).

18.1.6 Natur

Bauen stellt immer einen Eingriff in die Prozesse der Natur dar, der im Sinne des ökologischen Bauens bzw. nachhaltigen Wirtschaftens möglichst gering zu halten ist. Um Aussagen über die Größe eines Eingriffs treffen zu können, müssen die Abläufe in der Natur, die eventuell gestört werden, untersucht und auftretende Wirkungen beschrieben werden.
Die Natur kann dazu in vier Bereiche gegliedert werden:
– Luft (Atmosphäre),
– Wasser (Hydrosphäre),
– Boden (Pedosphäre – Bodenschichten, Lithosphäre – Gesteinsschichten),
– Lebewesen (Biosphäre – Pflanzen, Tierwelt, Menschen).
Die durch Eingriffe in die Natur auftretenden Umweltbelastungen entstehen durch physikalische, chemische oder biologische Veränderungen (z.B. Stoffentnahmen, Flächenversiegelung, Aufstauungen, Schadstoffemissionen, Energieabgabe, Lärmemissionen, Verbreitung fremder Lebewesen, Tourismus). Bei Umweltuntersuchungen erstreckt sich die Analyse auf:
– Stoffströme: Stoffströme in der Natur sind Kreislaufsysteme, über welche die Lebewesen mit ihrer Umwelt in Beziehung stehen. Bei einer Veränderung der Stoffströme kann das Kreislaufsystem zerstört werden und damit das Ökosystem kippen.
– Energieströme: Die Energie fließt in der Natur immer in der Richtung von Produzenten (Sonne) zu den Konsumenten (Pflanzen, Tiere) und weiter zu den Destruenten (Bakterien, Pilze). Die vom Menschen verwendeten Energieformen werden in erneuerbare (Sonne, Wind, Wasser, Biomasse etc.) und nichterneuerbare Energien (Erdöl, Erdgas, Kohle etc.) unterteilt, womit jeweils die Stoffressourcen gemeint sind. Die Verwendung von nicht erneuerbaren Energieträgern stellt eine praktisch unwiederbringliche Stoffentnahme im Ökosystem Erde dar.

18.1 Ökologische Grundlagen

– Flächenverbrauch: Der Verbrauch der Flächen setzt sich aus den Flächen zum Rohstoffabbau, der Herstellungsbetriebe und den Flächen zum Transport zusammen.

In der Natur treten Belastungen im Bereich der Stoffströme dort auf, wo das Zusammenwirken der Umweltbereiche durch den Menschen verändert bzw. signifikant gestört wird. Dieses Zusammenwirken lässt sich durch verschiedene Kreislaufsysteme [18.27], wie z.B. Nahrungsketten, Sauerstoff-, Kohlenstoff-, Stickstoff-, Phosphorkreislauf, aber auch Schwefel- und Calciumkreislauf beschreiben.

– In der Nahrungskette der Natur werden in einem Kreisprozess anorganische Stoffe zu organischen und wieder zurück in anorganische Stoffe verwandelt. Anorganische Stoffe werden in den Kreisläufen (Sauerstoff-, Stickstoff-, Kohlenstoffkreislauf usw.) durch die Pflanzen direkt aufgenommen. Tiere und Menschen nehmen anorganische Stoffe im Weiteren vor allem über die Nahrung auf, um damit den erforderlichen Stoff- und Energiebedarf des Körpers abzudecken (Abb. 18.3).

Abb. 18.3 Nahrungskette

– Der Kohlenstoff- und Sauerstoffkreislauf lässt sich im Kreislauf der Kohlehydrate zusammenfassen. Der Kohlenstoffkreislauf in der Natur ist vor allem vom CO_2 bestimmt. Beim biochemischen CO_2-Kreislauf, der mit dem Sauerstoffkreislauf verbunden ist, werden bei der Photosynthese CO_2 und H_2O mit Hilfe von Sonnenenergie zunächst in Kohlehydrate wie Zucker bzw. Stärke und Sauerstoff umgewandelt (6 CO_2 + H_2O + Lichtenergie $\rightarrow$ $C_6H_{12}O_6$ + 6 O_2). Aus den Kohlehydraten wird im Weiteren Biomasse aufgebaut [vgl. 18.2]. Sauerstoff ist in der Natur bei vielen Prozessen, wie z.B. der Atmung, Verwitterung, Verwesung und Verbrennung, erforderlich. Sauerstoff entsteht bei der Assimilation (Photosynthese). Darunter versteht man die Umwandlung von Kohlendioxid, Wasser und Sonnenenergie zu Kohlehydraten unter Sauerstoffabgabe im Blattgrün der Pflanzen. Bei der Dissimilation werden Kohlehydrate unter Sauerstoffaufnahme durch die Atmung (Energiefreisetzung) der Organismen abgebaut. Assimilation und Dissimilation bilden somit einen Kreisprozess (Abb. 18.4).

18 Ökologische Aspekte von Baustoffen

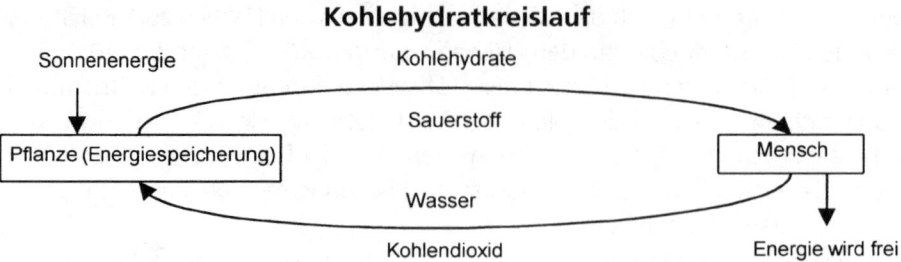

Abb. 18.4 Kohlehydratkreislauf

- Stickstoff – z.B. Aminosäuren (NH_2) – ist in Form von Eiweiß (Proteine) in vielen pflanzlichen und tierischen Stoffen gebunden und wesentlicher Stoff eines Kreislaufsystems. Ammonium entsteht als Abbauprodukt von Eiweiß und Aminosäuren über Zwischenprodukte (z.B. Harnstoff), die mit den abgestorbenen Substanzen von Pflanzen und Tieren in das Wasser oder den Boden gelangen. Lebewesen nehmen Stickstoff im Allgemeinen nur in Form von Nitrat (NO_3) auf. Bei der Nitrifikation wird Ammoniak durch Bakterien über Nitrit zu Nitrat oxidiert. Stickstoff ist auch ein Grundstrukturbestandteil der Nukleinsäuren (Ribonukleinsäure RNA, und Desoxyribonukleinsäure DNA), den Trägern der Erbsubstanzen.
- Phosphor ist im mineralischen Kreislauf meist als Phosphat zu finden. Phosphate spielen eine wesentliche Rolle beim Energiehaushalt und den Wachstumsprozessen von Ökosystemen. Tiere und Menschen enthalten circa 80 % Calciumphosphat in den Knochen, wobei die Phosphorverbindungen als Trägersubstanzen zur Speicherung von Energie im Körper dienen. Der Phosphorkreislauf in der Natur ist auf die Litho- und Hydrosphäre beschränkt. Beim Kreislauf in der Lithosphäre werden Phosphate aus dem Boden von Pflanzen aufgenommen und in Ester umgewandelt. Sie gelangen bei der Verrottung oder über die Nahrungskette wieder in den Boden. In der Hydrosphäre werden die Phosphate z.B. von Algen im Wasser aufgenommen.
- Schwefel ist in Form von schwefelhaltigen Aminosäuren in den Zellen von Organismen gespeichert. Er wird jedoch nicht im gleichen Ausmaß wie Phosphor oder Stickstoff benötigt.

18.1.7 Gesundheit

Gesundheit ist nach der Definition der Weltgesundheitsorganisation (WHO) der Zustand vollständigen körperlichen, geistigen und sozialen Wohlergehens und nicht nur das Fehlen von Krankheit oder Gebrechen. Das für jeden Menschen erreichbare individuelle Höchstmaß an Gesundheit ist eines seiner Grundrechte. Dieses Höchstmaß ist nicht allgemein zu definieren, da es neben der somatischen Funktionstüchtigkeit auch von der seelischen und geistigen Einstellung des Einzelnen abhängt. Im alltäglichen Sprachgebrauch versteht man unter Gesundheit meist das Freisein von Krankheit. Eine Gesundheitsgefährdung erfolgt nach der Definition der WHO also nicht nur durch direkte toxische Wirkung von Substanzen, sondern auch durch die Rahmenbedingungen sowohl der Umwelt als auch des sozialen Umfelds.

Für das Bauwesen gilt besonders in diesem Zusammenhang, die gebaute Umwelt so zu gestalten, dass sie nicht nur frei von toxischen Substanzen ist, sondern auch alle anderen Rahmenbedingungen für die Gesundheit des Menschen optimal erfüllt.

18.2 Schadstoffe, ionisierende Strahlung, Grenzwerte

Unter Schadstoffen versteht man in der Natur im Allgemeinen Stoffe oder Stoffgemische, die bei ihrer Aufnahme durch Menschen, Tiere oder Pflanzen, oder bei ihrem Eintrag in ein Ökosystem negativ verändernde Wirkungen hervorrufen. Belastungen werden im Allgemeinen in Luftschadstoffe, Schadstoffe des Wassers, Bodenbelastungen und Schadwirkungen in der Biosphäre eingeteilt. Darüber hinaus gibt es Schadstoffe, die in allen Bereichen vorkommen (Ubiquisten).

Neben den Schadstoffen sind Schadwirkungen zu untersuchen, die aufgrund von Radioaktivität bzw. ionisierender Strahlung entstehen.

Schadwirkungen, die durch elektromagnetische Schwingungen von Radiowellen, elektrostatische Felder, elektrische Ladungen aus der Luft in Ionenform und elektrische Wechselfelder von Hausinstallationen hervorgerufen werden, stehen nicht im direkten Zusammenhang mit Baustoffen und werden daher hier nicht näher behandelt.

Durch die Verordnung 166/2006 wurde auf EU-Ebene ein Register zur Erfassung der Freisetzung und Verbringung von Schadstoffen (PRTR) in Form einer der Öffentlichkeit zugänglichen elektronischen Datenbank eingerichtet (vgl. dazu [18.29a]).

18.2.1 Grenzwerte, Richtwerte

Zur Beurteilung der Schadstoffe ist eine Abschätzung und Bewertung des Risikopotenzials erforderlich. Es wird versucht anzugeben, ab welcher Menge ein Stoff für den Menschen bzw. die Umwelt nach bisherigem Wissen bedenklich bzw. schädlich ist. Das führt zur Festlegung von Grenzwerten für Schadstoffe, da eine völlige Vermeidung in vielen Fällen nicht möglich ist. Grenzwerte inkludieren einen Sicherheitsfaktor, differieren aber von Land zu Land. Das zeigt, dass Grenzwerte auch das Ergebnis politischer, gesundheitspolitischer und wirtschaftlicher Verhandlungen sind.

In vielen Fällen wird die toxikologische Wirkung allein von den Immissionen eines Schadstoffs beurteilt, was aber bedenklich erscheint, weil dabei Synergieeffekte nicht berücksichtigt werden. Zur Beurteilung der Schadwirkungen von Schadstoffen an die Luft werden u.a. die in Tafel 18.2 angegebenen Grenzwerte verwendet.

Tafel 18.2 Grenzwerte für Luftschadstoffe

Bezeichnung	Definition (Gültigkeitsbereich)
Grenzwert, Orientierungswert	Grenze der Menge eines Stoffs in der Raumluft, die bedenklich bzw. schädlich ist (Großteil der Bevölkerung inklusive empfindlicher Personen).
MAK-Wert, AGW-Wert	höchstzulässige Konzentration eines Arbeitsstoffs am Arbeitsplatz (Arbeitnehmer).
TRK-Wert	Grundlage ist die technisch erreichbare Konzentration eines gefährlichen Stoffs am Arbeitsplatz, für die kein MAK-Wert existiert (Arbeitnehmer).
MIK-Wert	Obergrenze der Konzentration luftverunreinigender Stoffe in der Atmosphäre (Mensch, Tier, Pflanze, Sachgüter).
Dosis-Wirkungsbeziehung	Hilfsgröße eines Gefährdungspotenzials in der Raumluft, Grundlage sind die Schadstoffmengen und Wirkungsgrenzen.
Richtwert (Eingreif-, Vorsorge- oder Zielwert)	Kriterium für die Risikoabschätzung in Innenräumen (Allgemeinbevölkerung inklusive Risikogruppen).
MEK	maximale Emissionskonzentration, Abgabekonzentration eines Stoffs einer technischen Anlage an die Luft.

18 Ökologische Aspekte von Baustoffen

Orientierungswert
Die Wirkung von Schadstoffen aus der Pharmakologie und der Arbeitsmedizin kann in Experimenten am Menschen untersucht werden (gilt nicht für Stoffe, die nur sensibilisierend wirken). Im Experiment werden Versuchsgruppen einer sich verändernden Konzentration von Schadstoffen in der Raumluft ausgesetzt. Es ist diejenige Stoffkonzentration von Interesse, bei der die Versuchspersonen keine Beschwerden (z.B. Augenreizungen) mehr haben. Diese Wirkungsschwelle wird mit einem Sicherheitsfaktor für empfindliche Personen (z.B. Schwangere, Kranke, Alte, Kinder) minimiert und als Orientierungswert bezeichnet. Dieser Wert gilt als Grenzwert für die maximale Raumluftkonzentration, dient also zum Schutz des größten Teils der Bevölkerung. Der Orientierungswert kann aber, je nach Stoff, unterschiedlich weit unterhalb des Werts für die maximale Arbeitsplatzkonzentration von Schadstoffen, dem sogenannten MAK-Wert liegen [18.10].

In der deutschen Gefahrstoffverordnung (2005 bzw. 2015) wurde ein gesundheitsbasiertes Grenzwertkonzept eingeführt. Die Technischen Regeln für Gefahrstoffe (TRGS 900) geben den Stand der Technik, Arbeitsmedizin und Arbeitshygiene sowie sonstige gesicherte wissenschaftliche Erkenntnisse für Tätigkeiten mit Gefahrstoffen, einschließlich deren Einstufung und Kennzeichnung, wieder.

In Österreich erfolgt die Regelung in der Verordnung des Bundesministers für Arbeit, Soziales und Konsumentenschutz über Grenzwerte für Arbeitsstoffe (Grenzwertverordnung 2011) und über krebserzeugende Arbeitsstoffe, hier sind die MAK- und die TRK-Liste weiter in Gebrauch.

AGW
Der Arbeitsplatzgrenzwert ist die zeitlich gewichtete durchschnittliche Konzentration eines Stoffes in der Luft am Arbeitsplatz, bei der eine akute oder chronische Schädigung der Gesundheit der Beschäftigten nicht zu erwarten ist. Bei der Festlegung wird von einer in der Regel achtstündigen Exposition an fünf Tagen in der Woche während der Lebensarbeitszeit ausgegangen.

MAK-Wert
Als Maximale-Arbeitsplatz-Konzentration (MAK) wird die höchste zulässige Konzentration eines Arbeitsstoffs (z.B. Gase, Schwebstoffe) in der Luft am Arbeitsplatz bezeichnet, die nach dem gegenwärtigen Stand des Wissens bei einer durchschnittlichen Arbeitszeit von 40 Wochenstunden die Beschäftigten weder belästigen noch deren Gesundheit beeinträchtigen darf [18.9]. Die vollständige Rückbildungsfähigkeit der hervorgerufenen Wirkungen muss gegeben sein (vgl. dazu: Arbeitsplatz-Richtgrenzwerterichtlinie der Europäischen Kommission).

TRK-Wert
Die TRK-Werte werden in Österreich in der Grenzwertverordnung in einem eigenen Abschnitt angeführt und betreffen krebserzeugende und krebsverdächtige Stoffe, für die daher keine MAK-Werte angegeben werden können.

Unter der technischen Richtkonzentration eines gefährlichen Stoffs versteht man diejenige Konzentration als Gas, Dampf oder Schwebstoff in der Luft, die nach dem Stand der Technik erreicht werden kann und die als Anhalt für die zu treffenden Schutzmaßnahmen und die messtechnische Überwachung am Arbeitsplatz heranzuziehen ist.

18.2 Schadstoffe, ionisierende Strahlung, Grenzwerte

MIK-Wert

Die maximale Immissionskonzentration (MIK) ist die Konzentration luftverunreinigender Stoffe in der freien Atmosphäre, unterhalb der bei ständiger Exposition im Allgemeinen Menschen, Tiere, Pflanzen und schutzwürdige Sachgüter vor Schädigung und erheblicher Belästigung geschützt sein sollen. Die Werte berücksichtigen nicht die technische Realisierbarkeit eventuell erforderlicher Maßnahmen.

WIK-Wert

Die von der ÖAW beschriebenen wirkungsbezogenen Immissionsgrenzkonzentrationen (WIK) charakterisieren jene Dosen eines Schadstoffs, oberhalb derer für einen bestimmten Rezeptor oder eine bestimmte Rezeptorgruppe Schädigungen auftreten können. Vergleichbar sind die WIK-Werte mit den „Guideline Values" der WHO (zu deutsch: Immissionsrichtwerte) [18.11]. Bei der Festlegung der GV durch die WHO werden aus der Literatur über die Toxizität der jeweiligen Substanz für Tiere und Menschen sowie über die Exposition der Bevölkerung Informationen gewonnen, aus denen der TI-Wert (tolerable intake) abgeleitet wird. Für Effekte, bei denen kein Schwellenwert existiert, wird eine Dosis-Wirkungs-Beziehung angegeben.

Dosis-Wirkungsbeziehung

Da der Nachweis eines Schadstoffes in der Raumluft noch kein verlässlicher Hinweis auf gesundheitliche Gefahren für den Benutzer des Raumes ist, können als Hilfsgrößen für die Beurteilung eines Gefährdungspotenzials die Schadstoffmengen und die Wirkungsgrenzen herangezogen werden. Die Kombination dieser Parameter, die Dosis-Wirkungsbeziehung, wird damit zur entscheidenden Größe bei der Beurteilung gesundheitlicher Gefahren. Dies gilt jedoch nicht für kanzerogene, mutagene und viele allergene Stoffe.

Richtwerte

Richtwerte dienen als Kriterien für eine Risikoabschätzung (toxikologische Wirkungen, Lärm), dabei werden folgende Richtwerte unterschieden [vgl. 18.6]:
– Der **Interventions- oder Eingreifwert** definiert ein toxikologisches Konzentrationsniveau, bei dem Maßnahmen zur Absenkung der Schadstoffbelastung getroffen werden müssen, um Schäden für die Gesundheit zu vermeiden.
– Mit dem **Vorsorge- oder Sanierungswert** soll sichergestellt werden, dass mit keinen gesundheitlichen Beeinträchtigungen für die Allgemeinbevölkerung inklusive der Risikogruppen zu rechnen ist, wenn das angegebene Konzentrationsniveau unterschritten wird; Sanierungsmaßnahmen sollten sich an diesem Wert orientieren.
– Der **Zielwert** gibt das Konzentrationsniveau an, das der Forderung nach der Vermeidung von Schadstoffen in Innenräumen entspricht und insofern als die natürlich bedingte Schadstoffgrundbelastung zu definieren ist.

18.2.2 Schadstoffe und Schadwirkungen im Bauwesen

Zu den – für das Bauwesen – wichtigen Schadstoffen und Schadwirkungen zählen alle Beeinflussungen der Natur, die in den Bereichen Herstellung, Transport, Verarbeitung, Nutzung und Entsorgung der Baustoffe anfallen.

Schadwirkungen in der Biosphäre

Schadwirkungen in der Biosphäre werden nicht nur durch Schadstoffe hervorgerufen, sondern auch durch

18 Ökologische Aspekte von Baustoffen

- Rodung von Wäldern
- Kultivierung des Bodens
- Monokulturen der Land- und Forstwirtschaft
- Bodenversiegelungen
- Straßenbau und Hochbau
- Trockenlegung von Mooren und Sümpfen
- Gewässerregulierung
- Verunreinigung der Gewässer
- Ausrottung von Tierarten
- Lärmemissionen
- Strahlenemissionen, ionisierende Strahlung.

Luftschadstoffe

Luftschadstoffe können in Form von Stäuben, Aerosolen oder als Gase auftreten und damit die Umwelt und die Lebensbedingungen des Menschen beeinflussen.

Bei der Ausbreitung (Transmission) von gasförmigen Stoffen, die u.a. von der Gastemperatur, Verweilzeit, Wetterlage, Staubpartikelgröße, Wasserlöslichkeit und Reaktionsfähigkeit der Gase abhängig sind, wird folgendermaßen unterschieden bzw. charakterisiert:

– Als **Emissionen** werden Substanzen beim Ausströmen (z.B. beim Schlot) bezeichnet. Die Charakterisierung erfolgt u.a. über Art, Menge (mg/m^3), Menge pro Zeiteinheit ($g/(m^3 \times d)$), Temperatur, Ausströmgeschwindigkeit.

– Als **Immissionen** werden Stoffe am Ort der Einwirkung bezeichnet. Die Charakterisierung erfolgt über Art, Menge (g/m^3), Menge pro Zeiteinheit ($g/(m^3 \times d)$), Temperatur.

Wasserschadstoffe

Oberflächenwässer und das Grundwasser werden vor allem durch das Einleiten von ungenügend gereinigten Abwässern verunreinigt. Die Abwässer stammen einerseits aus industriellen Betrieben, andererseits aus dem kommunalen Bereich und sind anorganischer oder organischer Natur.

Wasserschadstoffe belasten die Gewässer im Allgemeinen durch Sauerstoffzehrung bzw. aufgrund der biologischen Toxizität für die im Wasser lebenden Tiere und Pflanzen (z.B. durch Belegung der Kiemen bei Fischen).

Bodenbelastungen

Bodenbelastungen treten in Industrie, Gewerbe oder im privaten Bereich durch Stoffe auf, die in den Boden eingetragen werden und die Bodenfunktion behindern bzw. ausschalten. Belastungen erfolgen aber auch durch Bodenverdichtungen und Bodenveränderungen durch verschiedene Nutzungsformen.

Allgemein verbreitete Substanzen – Ubiquisten

Eine große Anzahl der vom Menschen in die Umwelt eingebrachten Stoffe ist in allen Umweltbereichen anzutreffen (ubiquitär = allgegenwärtig). In Tafel 18.4 sind wichtige Schadstoffe, ihr Vorkommen und ihre Schadwirkungen im Gebrauchszustand zusammengestellt.

Tafel 18.4 Wichtige umweltschädigende Stoffe im Zusammenhang mit dem Bauwesen (Österreich: MAK (Tagesmittelwert) und TRK (E = einatembare Fraktion), Deutschland: AGW (Arbeitsplatzgrenzwert) (Quellen [18.19], [18.20], [18.27])

Aceton
Entstehung/Anwendung: Lösemittel
Gesundheitliche bzw. ökologische Auswirkungen: MAK. = $1.200 mg/m^3$, AGW = $1.200\ mg/m^3$, Stoffwechselerkrankungen.

18.2 Schadstoffe, ionisierende Strahlung, Grenzwerte

Aerosol (Nebel, Rauch – Luftschadstoff)
Allgemeine Bezeichnung für kolloide Systeme aus Gasen (Luft) mit darin verteilten, kleinen, festen oder flüssigen Teilchen mit einer Partikelgröße zwischen 0,1 und 0,001 µm (Schwebstoffen).

Aldehyd (Ubiquist)
Entstehung/Anwendung: Halogenkohlenwasserstoff, Formaldehyd wird z.B. als Bindemittelkomponente in Holzwerkstoffen, Mineralwolledämmstoffen, Klebern verwendet.
Gesundheitliche bzw. ökologische Auswirkungen: bewirkt u.a. Augen- und Schleimhautreizungen, allergische Reaktionen, Atembeschwerden.

Aliphatische Kohlenwasserstoffe (Ubiquist)
Entstehung/Anwendung: beim Cracken von Erdöl, Lösungsmittel (z.B. Ethylen zur Herstellung von Styrol)
Gesundheitliche bzw. ökologische Auswirkungen: bewirkt Müdigkeit, Kopfschmerzen, in höherer Konzentration narkotisch.

Aromatische Kohlenwasserstoffe (Benzol – Ubiquist)
Entstehung/Anwendung: beim Cracken von Erdöl, Lösungsmittel für Harze, Fette und Öle (Benzol zur Herstellung von Styrol)
Gesundheitliche bzw. ökologische Auswirkungen: Benzol – TRK = kanzerogen (III A1), schleimhautreizend, Übelkeit, Knochenmarksschäden.

Arsen
Entstehung/Anwendung: Holzschutzmittel, Kunststoffe
Gesundheitliche bzw. ökologische Auswirkungen: chronische Schäden, kanzerogene Wirkungen.

Asbest
Entstehung/Anwendung: Faserzementplatten, Brandschutz, Verputze, Dichtungsmaterial, Bodenbeläge
Gesundheitliche bzw. ökologische Auswirkungen: TRK = kanzerogene (III A1), Lungenschäden, Lungenkarzinome.

Benzol
Entstehung/Anwendung: Extraktionsmittel, Lösemittel
Gesundheitliche bzw. ökologische Auswirkungen: MAK = kanzerogen (III A1), Kopfschmerzen, Schädigung des Knochenmarks und der Blutbildung, Leukämie.

Blei
Entstehung/Anwendung: Farben und Lacke, Kunststoffe, Korrosionsschutz
Gesundheitliche bzw. ökologische Auswirkungen: chronische Schäden, kanzerogene Wirkungen.

Butanol
Entstehung/Anwendung: Lösemittel, Reinigungsmittel
Gesundheitliche bzw. ökologische Auswirkungen: MAK = 150 mg/m³, Kopfschmerzen, Schwindel.

Butanon
Entstehung/Anwendung: Lösemittel, Farben und Lacke
Gesundheitliche bzw. ökologische Auswirkungen: MAK = 295 mg/m³, AGW = 600 mg/m³, Schwindel, Haut- und Augenreizungen.

Cadmium
Entstehung/Anwendung: Farben und Lacke, Kunststoffe
Gesundheitliche bzw. ökologische Auswirkungen: chronische Schäden, kanzerogene Wirkungen.

Cadmium (Ubiquist)
Entstehung/Anwendung: Hauptemissionsquellen sind Eisen- und Stahlindustrie, Feuerungsanlagen und die Zement-, Keramik- und Glasproduktion, die Nichteisen-Metallindustrie und die Abfallverbrennung.
Gesundheitliche bzw. ökologische Auswirkungen: Cadmium ist für Menschen und Tiere stark toxisch.

18 Ökologische Aspekte von Baustoffen

Chlorierte Kohlenwasserstoffe (Untergruppe der chlororganischen Verbindungen und der Halogenkohlenwasserstoffe)
Entstehung/Anwendung: Verbindungen, die aus den Kohlenwasserstoffen entstehen, wenn ein oder mehrere Wasserstoffatome durch Chlor ersetzt werden. Dazu zählen u.a. Dichlormethan, Trichlormethan, Chlorparaffine, 1,2-Dichlorethan, Trichlorethylen, Tetrachlorethylen.

Chlorthalonil
Entstehung/Anwendung: Holzschutzmittel
Gesundheitliche bzw. ökologische Auswirkungen: kanzerogene Wirkungen.

Chrom
Entstehung/Anwendung: Farben und Lacke, Kunststoffe, Korrosionsschutz
Gesundheitliche bzw. ökologische Auswirkungen: AGW = 2E; Hautreizungen, chronische Schäden, mutagene Wirkungen.

Cyclohexan
Entstehung/Anwendung: Lösemittel, Kunststoffherstellung
Gesundheitliche bzw. ökologische Auswirkungen: MAK = 700 mg/m^3, AGW = 700 mg/m^3, Schleimhautreizungen.

Cyclohexanon
Entstehung/Anwendung: Farben und Lacke
Gesundheitliche bzw. ökologische Auswirkungen: MAK. = 20 mg/m^3, AGW = 80 mg/m^3, Schleimhaut- und Hautreizungen, kanzerogene Wirkungen.

(1,2)-Dichlorethan
Entstehung/Anwendung: Lösemittel
Gesundheitliche bzw. ökologische Auswirkungen: TRK = kanzerogen (III A2), Schädigungen des Kreislaufs und des Stoffwechsels, Schleimhautreizungen, Leber- und Nierenschäden, kanzerogene Wirkungen.

Dichlorfluanid
Entstehung/Anwendung: Lösemittel, Holzschutzmittel, Lacke und Anstriche
Gesundheitliche bzw. ökologische Auswirkungen: Schleimhautreizungen.

Dichlormethan
Entstehung/Anwendung: Lösemittel, Abbeizmittel
Gesundheitliche bzw. ökologische Auswirkungen: MAK = 175 mg/m^3 (B) AGW = 180 mg/m^3, Schleimhautreizungen, Kopfschmerzen, Schwindel.

Dioxin (Ubiquist)
Entstehung/Anwendung: Halogenkohlenwasserstoff; Sammelbegriff für polychlorierte Verbindungen, die sich vom Dibenzo-p-dioxin ableiten und denen auch die polychlorierten Abkömmlinge der Dibenzofurane zugeordnet werden; Dioxine treten als Nebenprodukte der aromatischen Chlorchemie auf und fanden u.a. Verwendung in Weichmachern, Flammschutzmitteln und verschiedenen Holzschutzmitteln.
Gesundheitliche bzw. ökologische Auswirkungen: circa zwölf Dioxine und Dibenzofurane gelten als Ultragifte.

Endosulfan
Entstehung/Anwendung: Holzschutzmittel
Gesundheitliche bzw. ökologische Auswirkungen: MAK = 0,1 E mg/m^3, Kopfschmerzen, Benommenheit, Krämpfe.

Erdöl(-produkte) (Wasserschadstoff)
Entstehung/Anwendung: durch Versickern von Altöl.
Gesundheitliche bzw. ökologische Auswirkungen: Zerstörung von Wasserreserven.

Ethanol
Entstehung/Anwendung: Lösemittel, Reinigungsmittel
Gesundheitliche bzw. ökologische Auswirkungen: MAK = 1.900 mg/m^3, AGW = 960 mg/m^3, Schwindel, Trunkenheitsmerkmale, Bewusstlosigkeit.

18.2 Schadstoffe, ionisierende Strahlung, Grenzwerte

Ethylbenzol
Entstehung/Anwendung: Lösemittel
Gesundheitliche bzw. ökologische Auswirkungen: Schleimhautreizungen.

Fluorchlorkohlenwasserstoffe (FCKW – Luftschadstoff)
Entstehung/Anwendung: Verwendung als Kältemittel
Gesundheitliche bzw. ökologische Auswirkungen: schädigen die Ozonschicht durch Ozonabbau (Fluor ist radikaler als Sauerstoff und löst daher ein Sauerstoffatom aus dem Ozonmolekül), tragen zum Treibhauseffekt bei.

Formaldehyd
Entstehung/Anwendung: Holzwerkstoffe, Anstriche, Reinigungsmittel
Gesundheitliche bzw. ökologische Auswirkungen: MAK = 0,6 mg/m³ (III B), AGW = 0,37mg/m³, Schleimhaut- und Hautreizungen, Kopfschmerzen.

Gamma-Hexachlorcyclohexan (Lindan)
Entstehung/Anwendung: Holzschutzmittel
Gesundheitliche bzw. ökologische Auswirkungen: MAK = 0,5 E mg/m³ (III B), Schädigung des Nervensystems, Schädigung des Knochenmarks und der Blutbildung, Lebererkrankungen.

Harnstoffe und Ammoniakbildung im Wasser (Wasserschadstoff)
Entstehung/Anwendung: Wässer aus der Herstellung von Harnstoff-Formaldehydharzen und als Zwischenprodukt der Melaminherstellung, Belastung durch Urin und Jauche
Gesundheitliche bzw. ökologische Auswirkungen: z.B. bei erhöhter Jauchenbelastung → Ammoniumentwicklung im Wasser → bewirkt Fischsterben.

Ionen aus Tausalzen (NaCl – Wasserschadstoff)
Entstehung/Anwendung: Tausalz
Gesundheitliche bzw. ökologische Auswirkungen: ist in weiten Konzentrationsbereichen für viele Lebewesen nicht toxisch, kann aber bei stark belasteten Gewässern für Lebewesen im Süßwasser schädlich wirken.

Isopropylalkohol
Entstehung/Anwendung: Lösemittel
Gesundheitliche bzw. ökologische Auswirkungen: MAK = 500 mg/m³, Schleimhautreizungen.

Ketone (Ubiquist)
Entstehung/Anwendung: Halogenkohlenwasserstoff; Verwendung als Lösemittel in Anstrichstoffen und Klebestoffen, z.B. Aceton bei Nitrolacken
Gesundheitliche bzw. ökologische Auswirkungen: Aufnahme über die Haut, Nahrung oder die Atmung, Reizungen der Atem- und Verdauungswege, Leber, Nierenschäden etc.

Klärschlamm (Bodenschadstoff)
Entstehung/Anwendung: Entstehung in Kläranlagen
Gesundheitliche bzw. ökologische Auswirkungen: Klärschlamm ist häufig mit Schwermetallverbindungen angereichert und kann dadurch schädigend wirken.

Kohlendioxid (CO_2 – Luftschadstoff)
Entstehung/Anwendung: Verbrennungsprozesse
Gesundheitliche bzw. ökologische Auswirkungen: MAK = 9.000 mg/m³ AGW = 9.000 mg/m³, der Menge nach bedeutendstes Treibhausgas.

Kohlenmonoxid (CO – Luftschadstoff)
Entstehung/Anwendung: unvollständige Verbrennung.
Gesundheitliche bzw. ökologische Auswirkungen: Sehstörungen, Kopfschmerzen, Mattigkeit bis zu Lähmungserscheinungen.

18 Ökologische Aspekte von Baustoffen

Künstliche Mineralfasern (sofern krebserregend) Entstehung/Anwendung: Dämmstoffe Gesundheitliche bzw. ökologische Auswirkungen: MAK = 500.000 F/m³ (III C), Schleimhautreizungen, Lungenkarzinome, kanzerogene Wirkungen.
Kupfer Entstehung/Anwendung: Legierungen, Imprägniermittel, Holzschutzmittel Gesundheitliche bzw. ökologische Auswirkungen: chronische Schäden.
Ligninsulfonsäure (Wasserschadstoff) Entstehung/Anwendung: Ligninsulfonsäure entsteht bei der Behandlung von Holz zur Abtrennung von Zellulose Gesundheitliche bzw. ökologische Auswirkungen: verändert den Geruch, Farbe und Geschmack des Wassers.
Methanol Entstehung/Anwendung: Lösemittel, Abbeizmittel, Verdünnungsmittel Gesundheitliche bzw. ökologische Auswirkungen: MAK = 260 mg/m³, AGW = 270 mg/m³, Augenschäden, Schleimhautreizungen.
Mikrobiell abbaubare Stoffe (Wasserschadstoff) Gesundheitliche bzw. ökologische Auswirkungen: das Verhalten biologisch abbaubarer Stoffe wird vom Sauerstoffgehalt des Wassers bestimmt; bei genügend Sauerstoff werden aerobe Mikroorganismen, die organische Stoffe veratmen, aktiv, wobei CO_2, H_2O, Nitrate, Phosphate und Sulfate entstehen; Eutrophierung.
n-Dekan Entstehung/Anwendung: Lösemittel Gesundheitliche bzw. ökologische Auswirkungen: Schwindel- und Müdigkeitsanfälle.
n-Hexan Entstehung/Anwendung: Verdünnungsmittel, Lösemittel Gesundheitliche bzw. ökologische Auswirkungen: MAK = 72 mg/m³, AGW = 180 mg/m³, Lungenschäden, Schädigungen des peripheren Nervensystems.
Nickel Entstehung/Anwendung: Lacke und Anstriche, Kunststoffe, Beläge und Beschichtungen Gesundheitliche bzw. ökologische Auswirkungen: chronische Schäden, mutagene Wirkungen, kanzerogene Wirkungen.
n-Nonan Entstehung/Anwendung: Lösemittel Gesundheitliche bzw. ökologische Auswirkungen: Schwindel- und Müdigkeitsanfälle.
n-Undekan Entstehung/Anwendung: Lösemittel Gesundheitliche bzw. ökologische Auswirkungen: Schwindel- und Müdigkeitsanfälle.
Pentachlorphenole (PCP – Ubiquist) Entstehung/Anwendung: Halogenkohlenwasserstoff; Verwendung finden Pentachlorphenole als Fungizide, Insektizide und Bakterizide beim Holzschutz, wo es ausgasen kann und vom Menschen über die Atemluft im Körper gespeichert wird. Gesundheitliche bzw. ökologische Auswirkungen: kanzerogen (III A2), wirkt stark toxisch.
Pestizide (Bodenschadstoff) Entstehung/Anwendung: organische Pflanzenschutzmittel Gesundheitliche bzw. ökologische Auswirkungen: in Abhängigkeit von ihrer chemischen Gruppe rufen sie Schäden hervor, z.B. DDT oder Lindan sind stark toxische Chlorkohlenwasserstoffe.

18.2 Schadstoffe, ionisierende Strahlung, Grenzwerte

Phenole (Wasserschadstoff)
Entstehung/Anwendung: Phenol für Phenol-Formaldehydharze und im Weiteren für Kunstharze
Gesundheitliche bzw. ökologische Auswirkungen: bewirkt Schleimhautreizungen, Leber- und Nierenschäden, erbgutschädigend.

Phthalate (Ubiquist)
Entstehung/Anwendung: Halogenkohlenwasserstoff; Weichmacher (Kunststoffe), Anstriche, Kleber
Gesundheitliche bzw. ökologische Auswirkungen: Verdacht auf krebserregende Wirkung.

Polychlorierte Biphenyle (PCB – Ubiquist)
Entstehung/Anwendung: Halogenkohlenwasserstoff; Verwendung als Weichmacher in Kunststoffen, Flammschutzmitteln, Schalölen, Isolierflüssigkeiten, im Klärschlamm, Fugenmassen, Farben und Beschichtungen.
Gesundheitliche bzw. ökologische Auswirkungen: (III B) Cl-Geh. 42%: MAK = 0,5 mg/m³; Cl-Geh. 0,54%: MAK = 1 mg/m³; Schwächung des Immunsystems, Schädigung des Nervensystems, Leberfunktionsstörungen, Chlorakne.

Polycyclische aromatische Kohlenwasserstoffe (PAK – Ubiquist)
Entstehung/Anwendung: PAK sind kondensierte aromatische Kohlenwasserstoffe, sie entstehen u.a. bei der Verbrennung.
Gesundheitliche bzw. ökologische Auswirkungen: besitzen krebserregende Wirkung.

Polyvinylchlorid (PVC)
Entstehung/Anwendung: Rohre und Platten, Beschichtungen, Fußbodenbeläge, Wandbeläge
Gesundheitliche bzw. ökologische Auswirkungen: MAK = 5A.

Quecksilber und anorganishce Quecksilberverbindungen
Entstehung/Anwendung: Farben und Lacke, Kunststoffe, Holz- und Materialschutzmittel
Gesundheitliche bzw. ökologische Auswirkungen: MAK = 0,02 mg/m³, AGW = 0,02(E) mg/m³, chronische Schäden, kanzerogene Wirkungen.

Radon
Entstehung/Anwendung: Baugrund, Baustoffe
Gesundheitliche bzw. ökologische Auswirkungen: Leukämie, Lungenkarzinome, kanzerogene Wirkungen, ionisierende Strahlung.

Säureeinträge (Bodenschadstoff)
Entstehung/Anwendung: saurer Regen.
Gesundheitliche bzw. ökologische Auswirkungen: Belastung der Pufferkapazität des Bodens bewirkt die Auswaschung von Ionen, die für die Pflanzenernährung notwendig sind und geringere Bodenfruchtbarkeit nach sich ziehen.

Säuren (Wasserschadstoff)
Entstehung/Anwendung: z.B. Dünnsäuren – bei der Herstellung organischer Substanzen
Gesundheitliche bzw. ökologische Auswirkungen: Säureschäden bei Fischen und Planktonlebewesen.

Schwefeldioxid (SO_2 – Luftschadstoff)
Entstehung/Anwendung: Verbrennung von Kohle und Erdöl und anderen Stoffen der chemischen Industrie
Gesundheitliche bzw. ökologische Auswirkungen: AGW = 2,5 mg/m³; erhöht den Säuregehalt der Luft → saurer Regen, neben Ozon und den Stickoxiden eine der Ursachen der Blatt- und Nadelschädigungen, Reizung der Schleimhäute, Bildung von Nekrosen (örtliches Absterben der das Gewebe bildenden organismischen Strukturen (meist Zellen) durch Sauerstoffmangel).

Schwermetalle
Entstehung/Anwendung: (Metalle mit > 4,5 g/cm³, z.B. Chrom, Eisen) Kunststoffherstellung, Metallveredelung
Gesundheitliche bzw. ökologische Auswirkungen: Schwermetalle sind nur bedingt abbaubar und reichern sich in der Nahrungskette an, die Wirkungsweise ist vom jeweiligen Schwermetall und der Konzentration abhängig; z.B. toxisch, verursacht Hautekzeme.

18 Ökologische Aspekte von Baustoffen

Staub (Luftschadstoff)
sedimentierbare Partikel von Feststoffen mit einem Durchmesser > 1 µm. Stäube bestehen u.a. aus mineralischen (auch Schwermetall), aber auch organischen Anteilen (Pollen etc.). Partikel (Staub, Fasern) mit d < 5 µm sind lungengängig, und können Lungenerkrankungen bewirken. Die Gesundheits-gefährdung hängt u.a. von der Größe und dem Durchmesser der Faser, von der chemischen Zusammensetzung und der Verweildauer in der Lunge ab. Stäube und Aerosole können allergische Reaktionen beim Menschen hervorrufen, den Strahlungshaushalt der Erde und die Wärmebilanz durch Streuung, Reflexion und Absorption verändern.

Stickoxide (NO_x – Luftschadstoff)
Entstehung/Anwendung: Verbrennungsprozesse, vor allem beim Kraftfahrzeugverkehr
Gesundheitliche bzw. ökologische Auswirkungen: Bildung von photochemischem Smog, erhöhen den Säuregehalt der Luft → saurer Regen, Reizung der Schleimhäute, neben dem Ozon und Schwefeldioxid auch eine der Ursachen von Pflanzenschädigungen.

Styrol
Entstehung/Anwendung: Kunststoffherstellung
Gesundheitliche bzw. ökologische Auswirkungen: MAK = 85 mg/m³, AGW = 86 mg/m³,

Tausalz (Bodenschadstoff)
Entstehung/Anwendung: Bodenversalzung, besonders in der Nähe der Straßenränder
Gesundheitliche bzw. ökologische Auswirkungen: pH-Werte zwischen 7 und 9; bewirkt alkalische Reaktionen, wodurch eine Reihe wichtiger Pflanzennährstoffe ausfallen kann.

Tenside (Wasserschadstoff)
Entstehung/Anwendung: grenzflächenaktive Stoffe (führen zu einer Verringerung der Oberflächenspannung und sind schaumbildend)
Gesundheitliche bzw. ökologische Auswirkungen: wirken fisch-toxisch, werden vielfach schon durch vollständig abbaubare Tenside biogenen Ursprungs ersetzt.

Terpentinöl
Entstehung/Anwendung: Lösemittel
Gesundheitliche bzw. ökologische Auswirkungen: MAK = 560 mg/m³, Schleimhautreizungen.

Tetrachlorethylen (Per)
Entstehung/Anwendung: Reinigungsmittel, Entfettungsmittel
Gesundheitliche bzw. ökologische Auswirkungen: MAK = 345 mg/m³ (III B) Schädigung des Nervensystems, Leber- und Nierenschäden.

Toluol
Entstehung/Anwendung: Lösemittel, Verdünnungsmittel, Reinigungsmittel
Gesundheitliche bzw. ökologische Auswirkungen: MAK = 190 mg/m³, AGW = 190 mg/m³, Atemstörungen, Kopfschmerzen, Leber- und Nierenschäden.

Trichlorethylen (Tri)
Entstehung/Anwendung: Abbeizmittel, Reinigungsmittel, Lösemittel (Bitumen und Asphalt)
Gesundheitliche bzw. ökologische Auswirkungen: MAK = 270 mg/m³ (B), Schädigung des Nervensystems, Leberschäden.

Trimethylbenzol
Entstehung/Anwendung: Lösemittel
Gesundheitliche bzw. ökologische Auswirkungen: MAK = 100 mg/m³, AGW = 100 mg/m³, Schleimhaut- und Hautreizungen.

Vinylchlorid (R1140)
Entstehung/Anwendung: PVC-Schäume, Fußbodenbeläge, Treibmittel
Gesundheitliche bzw. ökologische Auswirkungen: TRK = kanzerogen (III A1) MAK = 5mg/m³, Kopfschmerzen, Leberschäden, Haut- und Knochenveränderungen.

18.2 Schadstoffe, ionisierende Strahlung, Grenzwerte

Xylol
Entstehung/Anwendung: Lösemittel, Holzschutzmittel, Lacke, Farben
Gesundheitliche bzw. ökologische Auswirkungen: MAK = 221 mg/m³, AGW = 440 mg/m³, Schleimhautreizungen, Leber-, Nierenschäden.

Zink
Entstehung/Anwendung: Farben und Lacke, Holzbaustoffe, Kunststoffe, Korrosionsschutz
Gesundheitliche bzw. ökologische Auswirkungen: chronische Schäden.

Zinn
Entstehung/Anwendung: Farben und Lacke, Kunststoffe
Gesundheitliche bzw. ökologische Auswirkungen: chronische Schäden.

18.2.3 Radioaktivität

Die Materie ist aus Atomen aufgebaut. Unterscheiden sich Atome dadurch, dass sie eine gleiche Kernladungszahl (gleiche Anzahl an Protonen), aber eine unterschiedliche Anzahl an Neutronen besitzen, so nennt man diese Atome Isotope. Isotope unterscheiden sich untereinander durch ihre Masse (Massenzahl), aber nicht durch ihre chemischen Eigenschaften. Die chemischen Eigenschaften sind vor allem von der Atomhülle, d.h. vom Elektronenaufbau abhängig.

Atomkerne mit unterschiedlicher Zusammensetzung nennt man Nuklide. Zur Charakterisierung eines Nuklids schreibt man neben dem Elementsymbol links oben die Massenzahl und links unten die Kernladungszahl (Ordnungszahl im Periodensystem). Für die Uranisotope U 238, U 235 und U 234 gilt z.B.:

$$^{238}_{92}U, \,^{235}_{92}U, \,^{234}_{92}U \qquad ^{Massenzahl}_{Kernladungszahl}Element$$

Unter **Radioaktivität** versteht man die Eigenschaft mancher Isotope, spontan unter Emission von Strahlung und/oder Kernbausteinen zu zerfallen, die dabei frei werdende Strahlung (räumliche und zeitliche Ausbreitung von Energie oder Teilchen) nennt man radioaktive Strahlung. Die Strahlung wird daher entweder in Form von Wellenenergie oder auch als Strom bzw. Fluss von Teilchen beschrieben.

Der Zerfall radioaktiver Kerne erfolgt nach dem Gesetz $n(t) = n_0 \times e^{-\lambda \cdot t}$. Zur Charakterisierung radioaktiver Isotope verwendet man die Halbwertszeit ($t_{1/2}$), d.h. jene Zeit, innerhalb derer die Hälfte der ursprünglich vorhandenen Atome (Masse) zerfallen ist. Die Halbwertszeit ist eine von äußeren Bedingungen (Druck, Temperatur etc.) unabhängige Konstante.

Sie beträgt z.B. bei:

Blei 214	26,8 Min.	Caesium 137	33 Jahre
Kalium 42	12,4 Std.	Radium 226	1.620 Jahre
Radon 222	3,8 Tage	Plutonium 239	24.100 Jahre
Strontium 90	28,5 Jahre	Thorium 232	14,1 Mrd. Jahre

18.2.3.1 Arten von Radioaktivität

Viele Atome verändern die Anzahl und das Verhältnis von Protonen zu Neutronen im Kern nicht, sie sind stabil. Einige Atome sind dagegen von Natur aus instabil oder aus radioaktiven Abfällen aus Kernreaktionen entstanden, die ebenfalls im Allgemeinen instabil sind. **Natürliche Radioaktivität** findet man bei allen natürlich vorkommenden Stoffen mit einer Ordnungszahl größer als 80 sowie auch bei verschiedenen Elementen mit niedrigerer Ordnungszahl, z.B. bei Kalium.

Künstliche Radioaktivität tritt bei den durch Kernreaktionen (z.B. in Atomreaktoren) künstlich erzeugten instabilen Atomkernen auf.

Entsprechend der Art der ausgesandten natürlichen radioaktiven Strahlung unterscheidet man u.a. α-Strahlung, β-Strahlung und γ-Strahlung (Neutronenstrahlung oder Ähnliches wird im Folgenden nicht behandelt).

- **α-Strahler** emittieren Heliumkerne mit zwei positiven elektrischen Ladungen. Deshalb sind α-Strahlen magnetisch ablenkbar und haben beim Flug durch die Materie eine starke ionisierende Wirkung. α-Strahlung ist sehr energiereich, sie besitzt aber wegen ihrer großen Masse in der Luft nur eine Reichweite von wenigen Zentimetern und kann bereits durch ein Blatt Papier abgehalten werden. Wenn Alphastrahler durch Inhalation oder über die Nahrungskette in den Körper aufgenommen werden, z.B. das gasförmige Radon über die Atemluft, so führt dies trotz der geringen Reichweite zu einer Einwirkung auf die Körperzellen. α-Strahler sind z.B. Radium 226, Thorium 232, Plutonium 239 und das radioaktive Gas Radon 222.
- **β-Strahler** emittieren negative Elektronen, d.h., die Strahlen haben nur eine geringe Masse und einen geringen Energiegehalt. β-Strahlen können schon von dünnen Materialschichten (Kleidung) abgefangen werden. β-Strahler sind Kalium 40, Caesium 137, Strontium 90.
- Die **γ-Strahler** emittieren kurzwellige elektromagnetische Strahlen, d.h., im Isotop bewirken sie weder eine Ladungs- noch eine Massenänderung, der Atomkern geht von einem angeregten in einen stabileren Zustand niedrigerer Energie über. γ-Strahlen besitzen ein sehr hohes Durchdringungsvermögen und können bei äußerer Einwirkung alle Organe im menschlichen Körper erreichen. γ-Strahlung kann nur durch schwere bzw. dicke Materialschichten, z.B. durch Bleiplatten, absorbiert werden.

Radioaktive Elemente strahlen α- und γ-Teilchen in einer oder einigen diskreten Energiestufen aus, β-Strahlen weisen dagegen eine kontinuierliche Energieverteilung auf.

Beim natürlichen radioaktiven Zerfall senden die schwersten Elemente ohne äußere Ursache α-, β- oder γ-Strahlen aus. Gewöhnlich sind die entstehenden Kerne wieder radioaktiv, sodass sie sich weiter umwandeln, was zur Entstehung von Zerfallsreihen führt (Uran-Radiumreihe, Uran-Aktiniumreihe, Thoriumreihe). Am Ende der Zerfallsreihe steht ein stabiler Kern.

Durch technische Vorgänge künstlich entstandene Nuklide, z.B. aus Atomreaktoren stammende Nuklide, sind durchwegs β- und γ-Strahler.

18.2.3.2 Kenngrößen zur Beschreibung der Radioaktivität

Zur Beschreibung der Radioaktivität werden die in Tafel 18.5 zusammengestellten Kenngrößen verwendet.

Der Bewertungsfaktor q ist für β-Strahlung (negative Elektronen) und γ-Strahlung gleich 1, für α-Strahlung (Heliumkerne) gleich 10 bis 20 (je nach Energie).

Die Messung von radioaktiver Strahlung erfolgt je nach Art der Strahlung und der erwünschten Genauigkeit der Messung, z.B. mit photografischen Methoden, Geigerzählern, Dosisleistungsmessgeräten, Aktivkohledosen, Szintillationszählern.

Tafel 18.5 Kenngrößen zur Beschreibung der Radioaktivität

Aktivität A	Anzahl der Zerfälle pro Zeit	Becquerel (Bq = 1 Zerfallsakt/s), früher in Curie (1 Ci entspricht $3{,}7 \cdot 10^{-10}$ Bq)	Maß für die Zahl der emittierten Teilchen bzw. für die Zahl der Quanten der Gammastrahlung	
spezifische Aktivität	die auf die Masseneinheit bezogene Aktivität	Bq/kg		
Radioaktivität: Aktivitätskonzentration c		Quotient aus der Konzentration eines in einem Material enthaltenen radioaktiven Stoffes und dem Volumen des Materials	Bq/m³	
Energiedosis D		die durch ionisierende Strahlung auf das Volumenelement eines Materials übertragene Energie, bezogen auf die Masse dieses Volumenelementes	wird in Gray gemessen (1 Gy = 1 J/kg), früher in rad (1 rad entspricht 10^{-2} Gy)	Beschreibung der durch radioaktive Strahlung übertragenen Energie
Äquivalentdosis H		Energiedosis mal einem Gewichtungsfaktor für die Strahlungsart	$H = q \cdot D$ [Sv = Sievert], früher in rem (1 rem entspricht 10^{-2} Sv)	Wirkung radioaktiver Strahlung auf ein biologisches Gewebe, dimensionsloser Bewertungsfaktor q, der die unterschiedliche Wirkung der verschiedenen Strahlungsarten berücksichtigt.
Äquivalentdosisleistung H^*		die auf die Zeit bezogene Äquivalentdosis	$H^* = H/t$ [J/(kg · s)] oder [W/kg] z.B. Sievert pro Jahr (Sv/a)	

18.2.3.3 Strahlenbelastung

Bei den Arten der Strahlenbelastung unterscheidet man:
- **Künstliche Strahlenbelastung:** primär durch medizinische Anwendungen wie Röntgenuntersuchungen hervorgerufen. Typische Belastungen für Bewohner in Industrieländern: 1,0 bis 2,0 mSv/a.
- **Natürliche Strahlenbelastung:** setzt sich zusammen aus Strahlungsanteilen von

18 Ökologische Aspekte von Baustoffen

- kosmischer Strahlung – abhängig von der Höhenlage (in 3.000 m Höhe etwa 1,1 mSv/a, in Meereshöhe circa 0,3 mSv/a),
- terrestrischer Strahlung – abhängig vom Gebiet bzw. geologischer Beschaffenheit des Bodens (Gehalt an Uran oder Thorium),
- inkorporierten radioaktiven Stoffen – durch Nahrung und Luft.

Neben der vor allem aus γ-Strahlung bestehenden äußeren Belastung (kosmische und terrestrische Strahlung) kommt noch ein Anteil durch **inkorporierte radioaktive** Stoffe, die mit der Nahrung aufgenommen und eingeatmet werden, hinzu. Ein Großteil der durch die Nahrung aufgenommenen und im Körper verbleibenden Anteile wird im Skelett eingelagert. Dazu kommen die durch die Lunge aufgenommenen Anteile aus dem Radon 222 bzw. den entsprechenden Zerfallsprodukten.

Der Hauptanteil der veränderten **natürlichen Strahlenbelastung** wird durch das Bewohnen von Häusern und dabei insbesondere durch die Inhalation von Radon und seinen Folgeprodukten verursacht. Der Anteil direkter Gammastrahlung durch die in den Baustoffen vorhandenen radioaktiven Stoffe trägt zur Strahlenbelastung der Bewohner nur unwesentlich bei. Chemisch gesehen ist **Radon** ungefährlich, da es als Edelgas gänzlich reaktionsträge ist. Von den natürlich vorkommenden Radonisotopen Radon 222, Radon 220 und Radon 219 besitzt Radon 222 die größte Bedeutung. Es entsteht durch Alphazerfall ($\lambda_{1/2}$ = 3,83 d) aus Radium 226. Es kann durch den bei der Alphaumwandlung erhaltenen Rückstoß zu einem bestimmten Prozentsatz die Gesteinsmatrix verlassen und gelangt in das offene Porensystem der Gesteine (Emanation, Emaniervermögen). Ein Teil der Radonatome gelangt durch Diffusion und Konvektion im Porensystem an die Grenzfläche zur freien Atmosphäre und wird an die Luft abgegeben (Exhalation, Ausgasung). Die Löslichkeit von Radon 222 im Lungengewebe ist sehr gering und trägt nur wenig zur Lungendosis bei. Die Folgeprodukte aus dem radioaktiven Zerfall des Radons – die Schwermetalle Polonium, Wismut und Blei – lagern sich überwiegend an Staubpartikel an und führen über Inhalation zu einer selektiven Bestrahlung der Lunge mit Alphastrahlen.

Zur Beurteilung der **gesamten** (inneren und äußeren) **Strahlungsexposition** der Gammastrahlung durch Baustoffe wird in der ÖNORM S 5200 [18.13] ein Berechnungsmodell definiert:

$$\frac{a\,K-40}{8800} + \frac{a\,Ra-226}{880}(1+0{,}07\cdot\varepsilon\cdot\rho\cdot d) + \frac{a\,Th-232}{530} \leq 1 \tag{18.1}$$

d Dicke des Bauteils (m)
ε Emaniervermögen (Quotient aus der den Baustoff verlassenden Radonmenge und jener Radonmenge, die durch radioaktiven Zerfall des Radiums im Baustoff entsteht)
ρ Rohdichte des Baustoffs (kg/m³)

a Ra-226 Radiumaktivitätsgehalt des Baustoffs (Bq/kg)
a K-40 Kaliumaktivitätsgehalt des Baustoffs (Bq/kg)
a Th-232 Thoriumaktivitätsgehalt des Baustoffs (Bq/kg)

Die Berechnung nach Gl. (18.1) beruht auf einem Richtwert von maximal 2,2 mSv/a für die gesamte jährliche Belastung eines Bewohners durch die natürlichen Radonnuklide in Baustoffen.
In Tafel 18.6 sind Werte für die mittlere Aktivitätskonzentration verschiedener Baustoffgruppen für die radioaktiven Isotope K 40, Th 232 und Ra 226 zusammengestellt.
Für die Beurteilung der äußeren Strahlenexposition durch **Betastrahlung**, die bei Farbstoffen

18.2 Schadstoffe, ionisierende Strahlung, Grenzwerte

und keramischen Fliesen auftreten kann, wird in ÖNORM S 5200 von einer Bestrahlungsdauer der Bewohner von acht Stunden pro Tag ausgegangen. Mit einem festgelegten Grenzwert der jährlichen Hautdosis von 0,05 mSv/a ergibt sich eine höchstzulässige Hautdosisleistung von $H^* = 17$ µSv · h^{-1}. Daraus ergibt sich unter Berücksichtigung eines Sicherheits- und eines Konversionsfaktors eine höchstzulässige flächenbezogene Aktivität von 2 Bq/cm².

18.2.4 Gesundheitliche Auswirkungen

Der Mensch kann sich der Strahlenbelastung – auch den natürlichen Strahlenbelastungen – nicht anpassen. Strahlenbelastungen können zu genetischen und somatischen Erkrankungen führen, wobei die Auswirkungen auf das lebende Gewebe sehr unterschiedlich sein können. Die Wirkung ist u.a. abhängig:
- davon, ob in einer Zelle überhaupt ein Stoffteilchen (Molekül) getroffen wird,
- von der Aufgabe des Moleküls in der Zelle,
- von einem Dosisgrenzwert, unter dem keine Reaktion des Körpers ausgelöst wird,
- vom getroffenen Organ,
- vom Gesundheitszustand der Person.

Für **Radonbelastungen** wurde zum Schutz der Bevölkerung von der EU-Kommission 2014 ein einheitlicher Referenzwert für alle Gebäude (Umsetzung in nationales Recht bis Anfang 2018) von 300 Bq/m³ festgelegt. Nach Borsch u.a. [18.15] liegt der Schwellenwert für den Menschen bei Ganzkörperexpositionen im ungünstigsten Fall zwischen 200 und 300 mSv. In diesem Bereich werden Reaktionen der strahlenempfindlichen Gewebe und Organe durch die Belastungen erkennbar.

Tafel 18.6 Mittlere Aktivitätskonzentration von Baustoffen (vgl. [18.2])

Baustoff	Kalium 40 [Bq/kg]	Radium 226 [Bq/kg]	Thorium 232 [Bq/kg]
Granit	1.480	55	81
Basalt	444	107	125
Schiefer	851	48	55
Kalkstein	111	18	14
Tuffstein, Lava	1.406	40	51
Sandstein	592	40	44
Ziegel	666	59	66
Bimsbetonstein	814	51	55
Blähton-Vollblöcke	685	55	33
Ziegelsplittsteine	481	51	70
Kalksandsteine	407	40	33
Gasbeton	407	40	33
Fertigmörtel	259	55	51
PZ	407	29	22
HOZ	148	59	74
Kalk	333	33	25
Naturgips	111	40	7
Chemiegips	111	555	18

Baustoff	Kalium 40 [Bq/kg]	Radium 226 [Bq/kg]	Thorium 232 [Bq/kg]
Steinkohlenflugasche	740	236	159
Sand und Kies	370	18	33
Blähschiefer	444	44	62
Blähton	1.147	66	51
Massivholz	8	44	3
Zellulosefaser	7	39	7
Wasser	0	< 0,14	0

18.3 Rechtliche Bedingungen für die Anwendung von Baustoffen

18.3.1 Bauproduktenverordnung

2011 wurde die Bauproduktenrichtlinie der EU durch die „Festlegung harmonisierter Bedingungen für die Vermarktung von Bauprodukten" ersetzt. Darin wird festgelegt [18.31]: Bauwerke müssen als Ganzes und in ihren Teilen für deren Verwendungszweck tauglich sein, wobei insbesondere der Gesundheit und der Sicherheit der während des gesamten Lebenszyklus der Bauwerke involvierten Personen Rechnung zu tragen ist. Bauwerke müssen diese Grundanforderungen bei normaler Instandhaltung über einen wirtschaftlich angemessenen Zeitraum erfüllen.

1. Mechanische Festigkeit und Standsicherheit
Das Bauwerk muss derart entworfen und ausgeführt sein, dass die während der Errichtung und Nutzung möglichen Einwirkungen keines der nachstehenden Ereignisse zur Folge haben: – Einsturz des gesamten Bauwerks oder eines Teils, – größere Verformungen in unzulässigem Umfang, – Beschädigung anderer Bauteile oder Einrichtungen und Ausstattungen infolge zu großer Verformungen der tragenden Baukonstruktion, – Beschädigung durch ein Ereignis in einem zur ursprünglichen Ursache unverhältnismäßig großen Ausmaß.
2. Brandschutz
Das Bauwerk muss derart entworfen und ausgeführt sein, dass bei einem Brand – die Tragfähigkeit des Bauwerks während eines bestimmten Zeitraums erhalten bleibt, – die Entstehung und Ausbreitung von Feuer und Rauch innerhalb des Bauwerks begrenzt wird, – die Ausbreitung von Feuer auf benachbarte Bauwerke begrenzt wird, – die Bewohner das Gebäude unverletzt verlassen oder durch andere Maßnahmen gerettet werden können, – die Sicherheit der Rettungsmannschaften berücksichtigt ist.
3. Hygiene, Gesundheit und Umweltschutz
Das Bauwerk muss derart entworfen und ausgeführt sein, dass es während seines gesamten Lebenszyklus weder die Hygiene noch die Gesundheit und Sicherheit von Arbeitnehmern, Bewohnern oder Anwohnern gefährdet und sich über seine gesamte Lebensdauer hinweg weder bei Errichtung noch bei Nutzung oder Abriss insbesondere durch folgende Einflüsse übermäßig stark auf die Umweltqualität oder das Klima auswirkt: – Freisetzung giftiger Gase, – Emission von gefährlichen Stoffen, flüchtigen organischen Verbindungen, Treibhausgasen oder gefährlichen Partikeln in die Innen- oder Außenluft, – Emission gefährlicher Strahlen,

18.3 Rechtliche Bedingungen für die Anwendung von Baustoffen

- Freisetzung gefährlicher Stoffe in Grundwasser, Meeresgewässer, Oberflächengewässer oder Boden,
- Freisetzung gefährlicher Stoffe in das Trinkwasser oder von Stoffen, die sich auf andere Weise negativ auf das Trinkwasser auswirken,
- unsachgemäße Ableitung von Abwasser, Emission von Abgasen oder unsachgemäße Beseitigung von festem oder flüssigem Abfall,
- Feuchtigkeit in Teilen des Bauwerks und auf Oberflächen im Bauwerk.

4. Sicherheit und Barrierefreiheit bei der Nutzung

Das Bauwerk muss derart entworfen und ausgeführt sein, dass sich bei seiner Nutzung oder seinem Betrieb keine unannehmbaren Unfallgefahren oder Gefahren einer Beschädigung ergeben, wie Gefahren durch Rutsch-, Sturz- und Aufprallunfälle, Verbrennungen, Stromschläge, Explosionsverletzungen und Einbrüche. Bei dem Entwurf und der Ausführung des Bauwerks müssen insbesondere die Barrierefreiheit und die Nutzung durch Menschen mit Behinderungen berücksichtigt werden.

5. Schallschutz

Das Bauwerk muss derart entworfen und ausgeführt sein, dass der von den Bewohnern oder von in der Nähe befindlichen Personen wahrgenommene Schall auf einem Pegel gehalten wird, der nicht gesundheitsgefährdend ist und bei dem zufriedenstellende Nachtruhe-, Freizeit- und Arbeitsbedingungen sichergestellt sind.

6. Energieeinsparung und Wärmeschutz

Das Bauwerk und seine Anlagen und Einrichtungen für Heizung, Kühlung, Beleuchtung und Lüftung müssen derart entworfen und ausgeführt sein, dass unter Berücksichtigung der Nutzer und der klimatischen Gegebenheiten des Standortes der Energieverbrauch bei seiner Nutzung gering gehalten wird. Das Bauwerk muss außerdem energieeffizient sein und während seines Auf- und Rückbaus möglichst wenig Energie verbrauchen.

7. Nachhaltige Nutzung der natürlichen Ressourcen

Das Bauwerk muss derart entworfen, errichtet und abgerissen werden, dass die natürlichen Ressourcen nachhaltig genutzt werden und insbesondere Folgendes gewährleistet ist:
- das Bauwerk, seine Baustoffe und Teile müssen nach dem Abriss wiederverwendet oder recycelt werden können,
- das Bauwerk muss dauerhaft sein,
- für das Bauwerk müssen umweltverträgliche Rohstoffe und Sekundärbaustoffe verwendet werden.

Die wesentlichen Merkmale von Bauprodukten werden in harmonisierten technischen Spezifikationen in Bezug auf die Grundanforderungen an Bauwerke festgelegt.

18.3.2 Rechtliche Bedingungen für die Anwendung (Bauregellisten)

In Deutschland wird in den Landesbauordnungen zwischen geregelten, nichtgeregelten und sonstigen Bauprodukten unterschieden. Die Einteilung erfolgt entsprechend der Bauregelliste in die Bauregelliste A, B, C des Deutschen Instituts für Bautechnik [8.29].
Die jeweilige Verwendbarkeit eines Bauprodukts ergibt sich für Bauregelliste A für:
- **geregelte Bauprodukte** aus der Übereinstimmung mit den in der Bauregelliste (A Teil 1) bekannt gemachten technischen Regeln,
- **nicht geregelte Bauprodukte** aus der allgemeinen bauaufsichtlichen Zulassung oder dem allgemeinen bauaufsichtlichen Prüfzeugnis oder der Zustimmung im Einzelfall.

Geregelte und nichtgeregelte Bauprodukte dürfen verwendet werden, wenn ihre Verwendbarkeit in dem für sie geforderten Übereinstimmungsnachweis bestätigt ist (Übereinstimmungszeichen: Ü-Zeichen).

In der Bauregelliste B, Bauprodukte die das CE-Kennzeichen tragen, sind Bauprodukte aufgeführt, die nach Vorschriften der Bauproduktenrichtlinie in Verkehr gebracht und gehandelt werden dürfen.

In der Bauregelliste C sind nicht geregelte Bauprodukte aufgenommen, für die baurechtliche Anforderungen eine untergeordnete Rolle spielen und es weder technische Bestimmungen noch Regeln der Technik gibt.

In Österreich werden in der Baustoffliste ÖE-Bauprodukte mit CE-Kennzeichnung aufgelistet und deren Verwendungsbestimmungen und Leistungsanforderungen festgelegt. In der Baustoffliste ÖA sind Bauprodukte enthalten, die in Serie hergestellt werden und für die es noch keine europäischen technischen Spezifikationen gibt. Hier werden auch die entsprechenden technischen Merkmale und Übereinstimmungsnachweise festgelegt (ÜA-Kennzeichnung) [18.30].

18.4 Methoden und Kennwerte zur ökologischen Beurteilung

18.4.1 Ansätze zur ökologischen Beurteilung

Als Umweltwirkungen werden Veränderungen in der Natur verstanden, die in Folge von Eingriffen des Menschen bei ökologischen Abläufen entstehen. Nach *Fischer-Kowalsky/Haberl/Payer* (vgl. [18.16]) lässt sich die Vielfalt der Vorstellungen, unter welchem Aspekt die Umweltauswirkungen zu betrachten sind, in vier grundlegende Modelle zusammenfassen. Jedes dieser vier Modelle ist geeignet, wichtige Aspekte einer Umweltschädlichkeit abzubilden:

- **Schadstoffmodell**: Dieses Modell für Umweltprobleme konzentriert sich auf die Frage der Ökotoxizität von Substanzen. Die Giftigkeit der in Produkten enthaltenen und aus diesen emittierten Stoffe ist das zentrale Kriterium für Umweltschädlichkeit bzw. Umweltverträglichkeit.
- **Modell des natürlichen Gleichgewichts**: Mittelpunkt dieses Denkmodells sind natürliche Systeme und deren Funktionsweisen. Die Umweltschädlichkeit menschlicher Aktivitäten ergibt sich aus dem Ausmaß der Störung des Gleichgewichts in solchen natürlichen Systemen.
- **Entropiemodell**: Dieser Ansatz baut auf den Erkenntnissen der theoretischen Physik, insbesondere auf dem Gebiet der Thermodynamik auf und stellt eine Beziehung zwischen Natur- und Wirtschaftswissenschaften her. Der Verbrauch und die Entwertung von Energie und Materie im Wirtschaftsprozess stellen nach dem Entropiemodell die bedeutendste Umweltschädigung dar.
- **Konvivialitätsmodell**: Dieses Modell stellt die Natur in den Mittelpunkt der Betrachtung, der Mensch ist darin nur ein gleichberechtigter Partner. Das Ziel ist die Einschränkung des Ausmaßes, in dem die Menschen auf Kosten anderer Lebewesen leben. Die Umweltschädlichkeit wird an der Beeinträchtigung der Lebensbedingungen anderer Lebewesen gemessen.

Die umweltpolitischen Handlungsmöglichkeiten sind je nach Modell sehr verschieden, und die Sinnhaftigkeit einzelner Maßnahmen auf dem Gebiet des Umweltschutzes wird nach dem jeweiligen Modell unterschiedlich bewertet.

18.4 Methoden und Kennwerte zur ökologischen Beurteilung

18.4.2 Umweltverträglichkeitsprüfung

Der Begriff der Umweltverträglichkeitsprüfung (UVP) entstammt ursprünglich dem US-Recht und ist eine sinngemäße Übersetzung des „Environmental Impact Statement" bzw. des „Environmental Impact Assessment" [18.4].

Die Umweltverträglichkeitsprüfung ist eine Entscheidungshilfe für Behörden, die für die Zulassung eines Projekts verantwortlich sind. Die Ergebnisse der UVP müssen entsprechend berücksichtigt werden. Der Inhalt einer Umweltverträglichkeitsprüfung ist die Darstellung der mittelbaren und unmittelbaren Auswirkungen eines Projekts auf die Natur (Biosphäre, Luft, Wasser, Boden), aber auch auf die Sachgüter und eventuell auf das kulturelle Erbe.

18.4.3 Umweltmanagementsysteme EN 14 001, EN 14 004

Viele Unternehmen und Organisationen sind bemüht, ihre Tätigkeit in Bezug auf die Umweltauswirkungen zu untersuchen. Dies geschieht einerseits aufgrund von neuen Gesetzen im Umweltbereich, andererseits um Wettbewerbsvorteile zu erreichen, d.h. einerseits Werbevorteile und andererseits Umstellungen in der Organisation und der Herstellung, bevor gesetzliche Regelungen Änderungen erzwingen. Diese Untersuchungen erfolgen im Rahmen von Umweltuntersuchungen, die jedoch sowohl in ihrem Umfang als auch in ihrer Tiefe sehr unterschiedlich sein können. In den entsprechenden Normen wird daher versucht, die Anforderungen für ein strukturelles Umweltmanagementsystem darzustellen. In der EN 14 001 [18.17] (Umweltmanagementsysteme, Spezifikationen mit Anleitung zur Anwendung) wird der Begriff Umweltmanagement definiert bzw. werden die Forderungen an ein solches Umweltmanagementsystem festgelegt. Unter einem Umweltmanagementsystem versteht man danach den „Teil des Managementsystems, der dazu dient, Umweltaspekte zu handhaben, bindende Verpflichtungen zu erfüllen und mit Risiken und Chancen umzugehen".

Die EN 14 004 [18.18] enthält Leitlinien für den Aufbau, die Verwirklichung, die Aufrechterhaltung und die Verbesserung eines Umweltmanagementsystems.

18.4.4 Umweltmanagement – EN ISO 14 040, EN ISO 14 044

Unter einer Ökobilanz versteht man die Zusammenstellung und Beurteilung der Input- und Outputflüsse und der potenziellen Umweltwirkungen eines Produktsystems (Ware oder Dienstleistung) im Verlauf seines Lebensweges.

Rahmen einer Ökobilanz

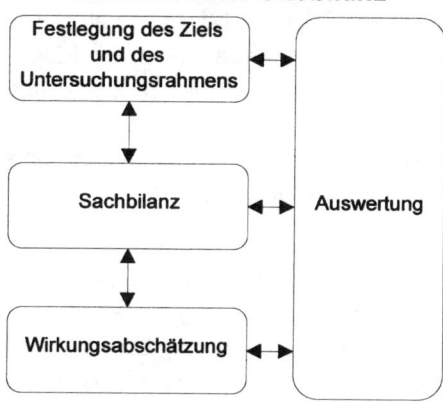

Abb. 18.5 Rahmen einer Ökobilanz nach EN ISO 14 040

18 Ökologische Aspekte von Baustoffen

Im Bauwesen kann unter der Ware sowohl der einzelne Baustoff als auch ein Bauteil, das gesamte Gebäude als auch die erforderlichen Dienstleistungen verstanden werden. Die produktbezogene Ökobilanz für Baustoffe oder Bauteile erfasst als Ergänzung zur technischen Bewertung durch physikalische Größen die wesentlichen Umweltauswirkungen. Eine Produktökobilanz kann sowohl als ökologische Schwachstellenanalyse als auch als Instrument für Vergleichszwecke herangezogen werden. Der Vergleich verschiedener Baustoffe ist aber aufgrund der unterschiedlichen technischen Eigenschaften und des Einflusses der bei der Ökobilanz gewählten Bilanzgrenzen mit Vorbehalt zu sehen. Die Normen enthalten einerseits Grundsätze und Rahmenbedingungen (EN ISO 14 040 – 11-2009) als auch Anforderungen und Anleitungen (EN ISO 14 044 – 10-2006).

Der Rahmen einer **ökologischen Untersuchung** umfasst vier Schritte (Abb. 18.5). Dieser Rahmen der Ökobilanz korrespondiert mit den direkten Anwendungen, wie z.B. Entwicklung und Verbesserung von Produkten, strategischer Planung, politische Entscheidungsprozesse, Marketing.

Festlegung des Ziels und des Untersuchungsrahmens
In der Zieldefinition einer Ökobilanz sollten folgende Komponenten enthalten sein:
- Festlegung der funktionellen Äquivalenz, d.h. der nutzen- und leistungsbezogenen Vergleichseinheiten,
- Festlegung des Bilanzraums hinsichtlich der räumlichen, geographischen und der zeitlichen Systemgrenzen,
- Festlegung der Systemgrenzen bezüglich der Sachbilanz (Abschneidekriterien) und der Wirkungsabschätzung (Kuppelprodukte etc.),
- Datenanforderungen (Datenqualität), Annahmen und Einschränkungen,
- Aufbau der Studie.

Sachbilanz, Input-Output-Analyse
Die Sachbilanz enthält eine Zusammenfassung und Quantifizierung der wesentlichen Stoff- und Energieströme (Input-Output-Analyse) in Abhängigkeit von den definierten Bilanzgrenzen. Sie umfasst eine vertikale und eine horizontale Betrachtung des Produkts. Die vertikale Betrachtung beschreibt den gesamten Lebensweg des Produkts (Rohstoffe, Herstellung etc.). Die horizontale Betrachtung erfasst die mit dem Lebensweg des Produkts verbundenen Wechselbeziehungen mit der Umwelt.

In der **Sachbilanz** wird der Lebensweg des Baustoffes in Module (abgrenzbare Untersuchungseinheiten) unterteilt. Jedes Modul ist mit Nachbarmodulen und der Umwelt durch Stoff- und Energieströme verbunden und wird mit den entsprechenden Stoff- und Energiedaten gefüllt. Am Schluss werden die Einzelstoffe aller Module summiert, woraus sich eine Input-Output-Analyse ergibt.

Das Ergebnis einer Sachbilanz ist eine Matrix unterschiedlicher Daten, wobei das Ergebnis wesentlich vom gewählten Bilanzrahmen und der Datenqualität abhängig ist.

Wirkungsabschätzung
Das Ziel der Wirkungsabschätzung ist die Erfassung der wesentlichen Umweltwirkungen eines Produkts unter Verwendung der Ergebnisse der Sachbilanz.
Es ist dabei zu bedenken, dass die Definition, was unter einer Umweltwirkung (Umweltschaden) zu verstehen ist, von unserem derzeitigen Wissensstand über die Wechselwirkungen

18.4 Methoden und Kennwerte zur ökologischen Beurteilung

bzw. Zusammenhänge in der Natur abhängt. Entsprechend dieser Problematik gibt es kein allgemein gültiges Modell zur Erfassung der Umweltwirkungen, aber eine Vielzahl von Ansätzen, die im Abschnitt 18.4.5 näher erläutert werden.

Auswertung
In der Auswertung werden die Ergebnisse der Sachbilanz und der Wirkungsabschätzung den Zielen der Ökobilanz gegenübergestellt.
Die Erkenntnisse dieser Interpretation können in Form von Zusammenfassungen und Empfehlungen für die Anwender in Übereinstimmung mit der Zieldefinition zusammengefasst werden. Die Interpretation sollte auch die Schwachstellen der durchgeführten Untersuchungen hervorheben.

18.4.5 Überblick über Ansätze zur Wirkungsabschätzung und Auswertung

Bei der Konzeption einer Methode zur Wirkungsabschätzung sind zwei divergierende Anforderungen zu erfüllen:
– umfassende Darstellung aller auftretenden Umweltwirkungen,
– Darstellung in möglichst einfacher Form, z.B. Einzahlangabe.

Das Problem besteht vor allem darin, dass als Ergebnis der Sachbilanz Werte für Flächen, Stoffe, Emissionen und Energie vorliegen, die in irgendeiner Form zusammengerechnet werden sollen. Eine solche Aggregierung kann jedoch nicht nur aufgrund rein objektiver Grundlagen durchgeführt werden, sondern wird durch subjektive Werte bestimmt, da die Wertpräferenzen (z.B. Energieverbrauch, Deponieraum) sowohl zeitlich als auch regional verschieden sein können und daher entsprechend unterschiedlich bewertet werden.
Bei den Verfahren zur Abschätzung der Umweltwirkungen unterscheidet man:
– **Quantitative Modelle**, die zu einer abstrakten Kennzahl führen, die ein zuverlässiges Bild der durch viele vernetzte Wechselwirkungen hervorgerufenen Umweltwirkungen liefern soll. Solche Modelle bieten die Möglichkeit eines relativ einfachen Vergleichs funktionell äquivalenter Produkte.
– **Qualitative Modelle** sind Modelle, die eine Aufgliederung der Einzelbelastungen mit individueller, zum Teil rein qualitativer Bewertung jedes Einzelparameters zum Ziel haben.

Es werden in der Literatur mehrere Bewertungsmethoden vorgeschlagen. In den Baunormen (EPD) wird die Methode der Wirkungskategorien verwendet [18.28]:

– SPI-Konzept
– Methode der Wirkungskategorien (SETAC, VNCI, CML, UBA-Berlin)
– MIPS
– KEA
– monetäre Verfahren
– ABC-Methode.

18.4.5.1 SPI-Konzept

Das SPI-Konzept (Sustainable Process Index, [18.28]) wurde am Institut für Verfahrenstechnik der TU Graz entwickelt. Die Idee des Konzepts beruht auf der Annahme, dass für eine nachhaltige Gesellschaft der Strom an solarer Exergie (der in wirtschaftlicher Form umwandelbare Teil der zugeführten Energie) die wesentliche knappe Ressource ist. Die Umwandlung der solaren Exergie benötigt Fläche. Da die Erde von den Materialien her als geschlossenes System angenommen werden kann und bei beliebig zur Verfügung stehender Energie ein Recycling technisch und theoretisch in jeder Form möglich ist, ist die Knappheit durch die solare Exergie bedingt. Im Wesentlichen erfolgt der Bewertungsvorgang im SPI-Konzept unter dem Gesichtspunkt, dass alle Stoff- und Energieflüsse eines Prozesses in Flächenäquivalente umgerechnet werden. Die errechneten Flächenäquivalente werden anschließend zu einer Gesamtfläche aufsummiert.

18.4.5.2 Methode der Wirkungskategorien

Bei der Methode der Wirkungskategorien werden die Veränderungen der Umwelt durch technische Prozesse als Umweltwirkungen (z.B. Treibhauseffekt) zusammengefasst und die die Veränderungen bewirkenden Stoffe entsprechend ihrem Einfluss gewichtet. Für diese Gewichtung der einzelnen Wirkungskategorien werden entsprechende Leitsubstanzen definiert (vgl. [18.28]).

Dieser Ansatz wurde von mehreren Instituten gewählt, demnach gibt es ähnliche Methoden nach SETAC, VNCI, CML, IPCC und UBA-Berlin und die Ökoinventare.

Im Wesentlichen werden folgende Wirkungskategorien verwendet, die mit Hilfe eines entsprechenden Formelapparats berechnet werden: Inanspruchnahme von Ressourcen, Treibhauseffekt, Ozonabbau (Stratosphäre), Humantoxizität, Ökotoxizität, Versauerung der Gewässer und Böden, Eutrophierung der Gewässer, Bildung von Photooxidantien, Flächenbedarf, Belästigungen (Lärm, Geruch), Gesundheitsgefährdung am Arbeitsplatz („Arbeitsschutz"), Globale Erwärmung, Abwärme, feste Abfälle (gefährliche, nicht gefährliche), Beeinträchtigung der Naturschönheit und der Artenvielfalt („Naturschutz").

Das Ergebnis der Untersuchung ist eine Matrix der entsprechenden Umweltwirkungskategorien, die eine Abschätzung der Umweltauswirkungen in den einzelnen Bereichen gestatten (vgl. [18.28]).

Bei diesem Konzept werden die Umweltwirkungen bis zur Schlussbewertung getrennt untersucht und bewertet. Zur Bewertung der Wirkungskategorien werden allerdings verschiedene Verknüpfungslogiken verwendet, zum Beispiel die eindimensionale Schadensaggregation beim Treibhauseffekt und Ozonabbau, sowie der Ansatz der kritischen Mengen bei der Verteilung toxischer Substanzen.

Bei der VNCI-Methode wird abschließend versucht, durch eine Gewichtung der Wirkungskategorien zu einer einzigen Bewertungszahl zu kommen.

Vorteile: umfassende Betrachtung.

Nachteile: Auswahl der Wirkungskategorien ist nicht nachvollziehbar, Synergieeffekte werden nicht betrachtet, große Anzahl an Daten (Matrix), die es durch eine subjektive Beurteilung gegeneinander abzuwägen gilt.

18.4.5.3 MIPS

Die Methode der MIPS (Materialinput pro Serviceeinheit) wurde vom Wuppertal Institut für Klima, Umwelt und Energie entwickelt. Der Anspruch der Autoren ist die Schaffung eines einfachen Instruments zur Abschätzung der ökologischen Wirkungen mit einer Aussage, die lediglich die „ökologische Richtung" angibt. Grundlage der Methode sind die bei der Herstellung eines Produkts bewegten Stoffströme (vgl. [18.25]). Die Untersuchung erfolgt auf der Basis einer Materialintensitätsanalyse mit der Ermittlung der jeweiligen Massenzahl MI in Tonnen pro Tonne des analysierten Produkts. Jedes in einen Produktionsprozess eingebrachte Produkt ist mit Masseninputs behaftet, die es als „Rucksäcke" in die Produktion des Hauptprodukts einbringt. Die Massenzahl wird anschließend auf die Serviceeinheit (Anzahl der Benutzung mal der Anzahl der Personen, die das Produkt gleichzeitig benutzen) bezogen.

18.4.5.4 KEA

Die Methode des KEA (kumulierter Energieaufwand) wurde vom VDI (Verband Deutscher Ingenieure) veröffentlicht. Die Abschätzung der ökologischen Wirkungen erfolgt durch die Ermittlung des Energieaufwands während der einzelnen Lebensabschnitte Herstellung, Nutzung und Entsorgung (vgl. [18.28]).

Alle Energieinputs werden proportional zum Gesamtenergieaufwand als Umweltbelastung dargestellt. Eine Differenzierung in erneuerbare und nicht erneuerbare Energieträger wird nicht vorgenommen. Schadstoffe bzw. Umweltwirkungen werden ebenfalls nicht berücksichtigt. Durch Energiereduzierungen werden zwar meist auch Ressourcen eingespart, direkte Angaben dazu fehlen jedoch.

18.4.5.5 Monetäre Bewertungssysteme

Mit der Monetarisierung von Umweltbelastungen wird einerseits der Schaden, der durch die Umwelteinwirkung verursacht wird, beziffert, andererseits kann auch der entgangene Nutzen quantifiziert werden.

Die Berechnung ökologischer Kosten wird als Internalisierung externer Umweltkosten definiert. Das kann als Einbeziehung von empirisch entwickelten Kosten aufgefasst werden, die aus einer Umweltverschmutzung entstanden sind, die den eigentlichen inneren Kosten, den Produktionskosten, zugerechnet werden. Kosten z.B. für die Verluste von Ökosystemen, Lebensräumen von Tierarten, Verringerung von Ressourcen können allerdings nicht oder nur unzureichend angegeben werden [18.28].

Folgende Ansätze werden bei der Monetarisierung verwendet:

- **Schadenskosten** berücksichtigen die Kosten, die durch Ausfall oder Beeinträchtigung eines (Umwelt-)Gutes entstehen (z.B. Waldsterben, Gesundheitskosten). Sie werden häufig unterschätzt, da längst nicht alle Schäden bekannt sind und nur ein Teil davon bereits monetarisiert wurde.
- **Ersatz- oder Vermeidungskosten** sind Kosten, die durch den Ersatz eines (Umwelt-)Gutes durch andere, in der Regel technische Leistungen (zum Beispiel Wärmedämmung, Energiesparlampen, Rauchgasreinigung zur Einhaltung gesetzlicher Verordnungen), entstehen. Es kann nur der Schaden an sich behandelt werden, da der Zusammenhang mit den einzelnen Schadstoffen nur selten bekannt ist.
- Der **potentielle Preis** beziffert die Bereitschaft des Bürgers, für den Erhalt oder die Wiedererlangung eines (Umwelt-)Gutes einen Beitrag zu bezahlen. Dieser wird durch Befragung erhoben (zum Beispiel: Wie viel würden sie monatlich dafür bezahlen, dass an ihrem Wohnort ständig reine Luftqualität herrschen würde?).
- Der **kompensatorische Preis** enthält denjenigen Betrag, für den der Bürger bereit ist, auf ein (Umwelt-)Gut zu verzichten. Dieser wird durch Befragung erhoben (zum Beispiel: nötige Mietzinsreduktion, sodass eine „laute" Wohnung vermietbar wird).

Mit Hilfe des **potentiellen** und kompensatorischen Preises können Effekte erfasst werden, die noch nicht zu Schäden geführt haben, von der Bevölkerung aber entsprechend der direkten Belastung als Schaden aufgefasst werden, vgl. [18.28].

18.4.5.6 ABC-Methode

Die ABC-Methode ist kein spezifisches ökologisches Bewertungsinstrument. Sie wird hauptsächlich im Rahmen betriebswirtschaftlicher Entscheidungsprozesse (innerbetriebliche Schwachstellenanalyse) angewendet, vgl. [18.28].

Die Benutzung eines ABC-Rasters zur ökologischen Bewertung von Aktivitäten wurde vom Institut für ökologische Wirtschaftsforschung in Berlin (IÖW) erarbeitet. Das Konzept wird für die ökologische Bewertung von möglichst „allen Umwelteinwirkungen, die im Zusammenhang mit betrieblichen Aktivitäten stehen" angewendet.

Die ABC-Methode beruht auf dem Gedanken, dass häufig nur sehr wenige Faktoren ein Problem entscheidend prägen und damit die eigentliche Schwachstelle bilden, die es zu beeinflussen gilt. Deswegen teilt das ABC-Bewertungsraster die zu beurteilenden Faktoren nach ihrer Relevanz für eine gegebene Fragestellung in drei Kategorien ein. Grundsätzlich bedeutet Kategorie A den größten Problembeitrag eines Faktors beziehungsweise Handlungsbedarfs und C den geringsten. Bei der Vergabe der Wertung B ist der Beitrag zu einem Problem unklar, also nicht eindeutig den Kategorien A oder C zuzuordnen, beziehungsweise es besteht mittelfristig Handlungsbedarf (vgl. [18.28]).

Die Vergabe der A-, B- oder C-Einstufungen für einzelne Umwelteinwirkungen erfolgt nach verschiedenen Kriterien (Umweltbelastungen, Störfallrisiko, internalisierte Umweltkosten, Umweltbelastungen im Produktlebenszyklus), die jedoch entsprechend den Anforderungen erweitert werden können.

Wie für die Kriterien selbst, so gibt es auch für eine Entscheidungsfindung keinen Standard. Vielmehr wird eine argumentativ abwägende Gesamtbeurteilung aufgrund verschiedener Kriterien vorgenommen.

Die Kriterien können auch auf die einzelnen Lebenswegphasen angewendet werden. Die Gesamtbeurteilung der Einzelbilanzen für jede Lebenswegphase erfolgt unter der Berücksichtigung der Häufigkeit der A-Bewertung, eventuell Mengenvergleichen, Quervergleichen zwischen den Teilbilanzen, Umweltkennzahlen und verbalen Kommentaren.

18.4.5.7 EN 15 804 Umweltproduktdeklarationen – Grundregeln für die Produktkategorie Bauprodukte

Die EN 15 804 (Nachhaltigkeit von Bauwerken – Umweltproduktdeklarationen – Grundregeln für die Produktkategorie Bauprodukte [18.32]) liefert grundlegende Produktkategorieregeln (PCR) für Typ III Umweltdeklarationen für Bauprodukte und Bauleistungen aller Art. Eine Typ-III-Umweltdeklaration stellt quantitative umweltbezogene Daten auf der Grundlage festgelegter Parameter, und dort, wo dies notwendig ist, ergänzende Umweltinformationen bereit. Die Berechnung der Parameter basiert auf der Normenreihe ISO 14 040. Die Auswahl der Parameter gründet sich auf EN ISO 14 025 [18.33]. Nach EN 15 804 enthält eine EPD eine „quantifizierte Umweltinformationen für ein Bauprodukt oder -leistung auf harmonisierter und wissenschaftlicher Grundlage. Sie bietet auch Informationen zu gesundheitsbezogenen Emissionen in Innenraumluft, Boden und Wasser während der Nutzungsphase des Gebäudes."
- Eine EPD muss nicht alle Lebensphasen enthalten, man unterscheidet nach der Norm: Nur die Herstellungsphase: Eine solche EPD umfasst die Bereitstellung der Rohstoffe, den Transport, die Herstellung und damit verknüpfte Prozesse. Diese EPD wird als „von der Wiege bis zum Werkstor" (cradle to gate) bezeichnet. Nur diese Lebensphasen sind zur Übereinstimmung mit dieser Norm Pflicht (Module A1 bis A3).

- Die Herstellungsphase und weitere ausgewählte Phasen des Lebenszyklus: Eine solche EPD wird als „von der Wiege bis zum Werkstor mit Optionen" bezeichnet und ist eine EPD, die auf den Informationsmodulen A1 bis A3 zuzüglich weiterer ausgewählter optionaler Module beruht.
- Den Lebenszyklus eines Produkts entsprechend den Systemgrenzen: In diesem Fall umfasst die EPD die Herstellungsphase, den Einbau ins Gebäude, die Nutzung und Inspektion, Wartung und Reinigung, Austausch und Ersatz, Abriss, Abfallbehandlung für die Wiederverwendung, Rückgewinnung, Recycling und Beseitigung. Eine solche EPD wird als „von der Wiege bis zur Bahre" (cradle to grave) bezeichnet.

Zur Beschreibung der Umweltwirkungen werden folgende Parameter verwendet:
- Verknappung von abiotischen Ressourcen – Stoffe (ADP-Stoffe; kg SB äquiv.);
- Verknappung von abiotischen Ressourcen – fossile Energieträger (ADP-Fossile Energieträger; MJ unterer Heizwert);
- Versauerung von Boden und Wasser (AP, kg SO_2 äquiv.);
- Ozonabbau (der stratosphärischen Ozonschicht; ODP; kg CFC 11 äquiv.);
- Globale Erwärmung Treibhauspotenzial (GWP; kg CO_2 äquiv.);
- Eutrophierung (EP; kg Ethen äquiv.);
- Photochemische Ozonbildung (troposphärisches Ozonbildungspotenzial; POCP; kg Ethen äquiv.).

Das Problem der Vergleichbarkeit von Produkten kann auch mit der Norm EN 15 804 nicht eindeutig gelöst werden. So finden sich darin die zwei Formulierungen:
- „EPD außerhalb des Gebäudekontextes sind keine Hilfsmittel, um Bauprodukte und -leistungen für Gebäude zu vergleichen."
- „Vergleiche sind auf einer Ebene unterhalb der Gebäudeebene, z.B. für zusammengesetzte Bauteile, Komponenten oder Produkte für eine oder mehrere Phasen des Lebenszyklus möglich."

Die für die Beurteilung der Baustoffe benötigten Werte sind, wie die meisten Kenngrößen, im Internet abrufbar z.B.:
- Onlinedatenbank des Bundesministeriums für Umwelt, Naturschutz, Bau und Reaktorsicherheit: http://www.nachhaltigesbauen.de/baustoff-und-gebaeudedaten.html
- http://www.ecoinvent.org/home.html

18.5 Literatur

[18.1] Amtsblatt der Europäischen Gemeinschaften Nr. I. 40 12 vom 11. 2. 1989
[18.2] Bruckner H./Schneider U., Naturbaustoffe, Werner-Verlag, Düsseldorf, 1998
[18.3] Esterbauer R./Ruckenbauer H. W., Ökonomie, Ökologie, Ethik, vom Wissen zum richtigen Handeln, Tyrolia-Verlag, 1996
[18.4] H. Hulpke, H. A. Koch; Römpp Lexikon, Umwelt; Verlag Thieme; 2., völlig überarbeitete Auflage 1999
[18.5] Bauregelliste A, Bauregelliste B und Liste C, Deutsches Institut für Bautechnik Mitteilungen, 28. Jahrgang Sonderheft 15, 29. Jahrgang Nr. 4, 1998
[18.6] Samnitz, S., Schadstoffe in der Raumluft, Diplomarbeit am Institut für Baustofflehre, Bauphysik und Brandschutz der TU Wien, 1998
[18.7] Asbest und Umwelt, Institut für Umwelthygiene, Wien 1983
[18.8] MAK-Werte-Liste, Kundmachung des BM für Arbeit und Soziales vom 28.12.1994, Zahl 61.720/10–4/94 über Maximale Arbeitsplatzkonzentrationen und Technische Richtkonzentrationen, Wien 1995

18 Ökologische Aspekte von Baustoffen

[18.9] Schwarz, J., Ökologie im Bau, Entscheidungshilfen zur Beurteilung und Auswahl von Baumaterialien, Stuttgart, Haupt Verlag, 1991
[18.10] Schmid, P., Biologische Architektur, ganzheitliches human-ökologisches Bauen, Köln, R. Müller, 1988
[18.11] Flüchtige Kohlenwasserstoffe in der Atmosphäre – Entstehung, Verhalten und Wirkungen, Luftqualitätskriterien VOCs. Österreichische Akademie der Wissenschaften, Wien, 1996
[18.12] Gaubinger, B., Wechselseitige Beziehung baustoffbedingter Schadstoffeinwirkungen auf den Menschen, Diplomarbeit am Institut für Baustofflehre, Bauphysik und Brandschutz der TU Wien, 1997
[18.13] ÖNORM S 5200, 2009-04-01
[18.14] Theuer W./Sprinzl G./Tappler P., Luftverunreinigung in Innenräumen, Forschungsbericht, Wien, 1995
[18.15] Borsch u.a., Strahlenschutz, Radioaktivität und Gesundheit, Bayrisches Staatsministerium für Landesentwicklung und Umweltfragen, 4. Auflage 1991
[18.16] Sokol, G., Entropie und Syntropie – Die Hauptsätze der Thermodynamik als Grundlage der Beurteilung der ökologischen Beurteilung von Baustoffen, Diplomarbeit am Institut für Baustofflehre, Bauphysik und Brandschutz der TU Wien, 1997
[18.17] EN ISO 14 001 Umweltmanagementsysteme, Anforderungen mit Anleitung zur Anwendung, November 2015
[18.18] EN ISO 14 004, Umweltmanagementsysteme, Allgemeiner Leitfaden über Grundsätze, August 2015pr
[18.19] Verordnung des Bundesministers für Wirtschaft und Arbeit über Grenzwerte für Arbeitsstoffe und über krebserzeugende Arbeitsstoffe (Grenzwerteverordnung 2011 – GKV 2011)
[18.20] TRGS900 04-2011
[18.21] ISO 19 011 Leitfaden zur Auditierung von Managementsystemen; Dezember 2011
[18.22] EN ISO 14 040 Umweltmanagement, Ökobilanz Prinzipien und allgemeine Anforderungen November 2009
[18.23] ISO 14 044 Umweltmanagement, Ökobilanz, Festlegung des Ziels und des Untersuchungsrahmens sowie der Sachbilanz, Oktober 2006
[18.24] Gort, Hans-Jörg, Strukturen einer Ökobilanz unter besonderer Berücksichtigung der Bewertungsmethoden und der Anwendung bei Baustoffen, Diplomarbeit am Institut für Baustofflehre, Bauphysik und Brandschutz der TU Wien
[18.25] Wuppertal Institut, Abteilung U; M. Ritthof; 1998
[18.26] Kohler/Klingele u.a., Baustoffdaten – Ökoinventare, Institut für Industrielle Bauproduktion (ifib), Universität Karlsruhe (TH), Lehrstuhl Bauklimatik und Bauökologie, Hochschule für Architektur und Bauwesen (HAB) Weimar, Institut für Energietechnik (ESU), Eidgenössische Hochschule (ETH) Zürich, M. Holliger, Holliger Energie Bern, Karlsruhe, Weimar, Zürich Dezember 1995
[18.27] Knoblauch H./Schneider U., Bauchemie, 6. Auflage, Werner Verlag, Neuwied, 2006
[18.28] Bonell, G. u.a., Ökologie der Althaussanierung, Forschungsprojekt der NÖ Landesakademie – Bereich Umwelt und Energie, St. Pölten
[18.29a] http://www.eper.ec.europa.eu/eper/documents/GuidanceDocs / DE_E-PRTR_fin.pdf (letzter Zugriff 04-2016)
[18.29] www.eu-bauproduktenverordnung.de (letzter Zugriff 04.2016)
[18.30] www.OIB.OR.AT (letzter Zugriff 04.2016)
[18.31] eurobau.com (letzter Zugriff 04.2016)
[18.32] EN 15804 Nachhaltigkeit von Bauwerken – Umweltproduktdeklarationen – Grundregeln für die Produktkategorie Bauprodukte; 07-2014
[18.33] EN ISO 14025 Umweltkennzeichnungen und -deklarationen – Typ III Umweltdeklarationen – Grundsätze und Verfahren; 10-2011

19 Gefahrstoffe im Bauwesen

Prof. Dipl.-Ing. Rolf Möhring, Prof. Dr. rer. nat. Thomas Thielmann

19.1 Einleitung und Vorbemerkungen

Die moderne Bauwirtschaft setzt immer mehr Produkte der chemischen Industrie bzw. chemisch modifizierte Produkte als Baumaterialien ein. Dadurch ergeben sich zahlreiche Probleme für den Arbeitsschutz der Beschäftigten.

Zugleich wird sowohl von staatlicher Seite als auch von den Kunden der Baubranche sehr viel Wert auf möglichst umweltverträgliche Materialien gelegt.

Andererseits bestehen erhebliche Informationsdefizite über Gefahrstoffvorschriften bei Herstellern und Verwendern, sowie das Problem, dass viele Hersteller mit der Kennzeichnung eines Produktes ihre Informationspflicht für erledigt ansehen und viele Verwender mangels chemischer Kenntnisse ihre Schutzmaßnahmen bestenfalls an Gefahrstoffsymbolen orientieren.

Für die Tatsache, dass es bei nicht sachgerechtem Einsatz von Gefahrstoffen zu schweren Unfällen (bis hin zur Todesfolge) kommen kann, mögen die nachstehend aufgeführten Fallbeispiele Warnung sein:

Fall 1: *Ein Maler sollte die Wände eines Badezimmers streichen. Vorher musste die aus Ölfarbe bestehende Altbeschichtung entfernt werden. Der Maler begann um 8.40 Uhr mit dem Auftragen eines dichlormethanhaltigen Abbeizmittels; er benutzte keine persönliche Schutzausrüstung. Der Wohnungsmieter fand den Maler um 9.15 Uhr bewusstlos auf dem Boden liegend. Das Badezimmerfenster war geöffnet, die Tür geschlossen. Eine technische Raumlüftung war nicht vorhanden. Der Maler wurde ins Krankenhaus gebracht, wo er fünf Tage später an den Folgen der Dichlormethanvergiftung starb.*

Fall 2: *Ein Fliesenleger verkleidet in einem Neubau eine Badewanne und schäumt die Hohlräume mit einem Polyurethanschaum aus. Da im Badezimmer noch kein Licht vorhanden ist, benutzt er sein Feuerzeug, um seine Arbeit zu kontrollieren. Es kommt zu einer Verpuffung der explosionsfähigen Atmosphäre, die der Fliesenleger nur schwer verletzt überlebt.*

Der Umgang mit Gefahrstoffen muss nicht – wie in diesen authentischen Fallbeispielen gezeigt – so drastisch zu einem Unfall führen. Häufig ergeben sich auch Probleme, die aus dem jahrelangen gedankenlosen Umgang mit gefahrstoffhaltigen Baustoffen (z.B. Hautekzeme, Isocyanatasthma) resultieren oder es ergibt sich die Frage, ob eine dauerhaft gefahrlose Nutzung eines Bauobjektes (Verklebung eines Buchenholzparkettes in einem Kindergarten mit einem lösemittelhaltigen Klebstoff) überhaupt möglich ist.

Die Beispiele deuten an, wie vielfältig der Einsatz von Chemikalien in der Bauwirtschaft heute bereits ist, wobei die Auswahl der Beispiele die Bandbreite der Chemieprodukte auch nicht annähernd abdeckt. Sie mögen aber illustrieren, wie wichtig die Kenntnis der stofflichen Eigenschaften und die Beachtung der gesetzlichen Regelungen und der sich daraus ergebenden Konsequenzen für den sicheren Umgang mit Gefahrstoffen und deren Einsatz im Bauwesen sind.

Am 6. Februar 2015 ist die Verordnung zur Neuregelung der Anforderungen an den Arbeitsschutz bei der Verwendung von Arbeitsmitteln und Gefahrstoffen im Bundesgesetzblatt verkündet worden (BGBl. I, S. 49). Artikel 2 ändert die Gefahrstoffverordnung. Diese Verordnung ist am 1.6.2015 in Kraft getreten. Nachfolgend wird deshalb auf die wichtigsten gesetzlichen Bestimmungen eingegangen und ihre Bedeutung für das Bauwesen erläutert.

19.2 Die Gefahrstoffverordnung

Die „Verordnung zum Schutz vor Gefahrstoffen", allgemein als „Gefahrstoffverordnung" (abgekürzt „GefStoffV") bekannt, stellt die wichtigste Verordnung des Chemikaliengesetzes für das Bauwesen dar. Die erste Fassung ist 1986 in Kraft getreten; sie ersetzte die bis dahin gültige „Arbeitsstoffverordnung" und alle speziellen Giftgesetze der einzelnen Bundesländer durch bundeseinheitliche Regelungen. Mit Veröffentlichung im Bundesgesetzblatt ist am 26. November 2010 die neue Gefahrstoffverordnung in Kraft getreten. Dabei steht die Stärkung der Unternehmerverantwortung bezüglich Gefährdungsbeurteilung und Festlegung geeigneter Schutzmaßnahmen im Vordergrund. Neben den weiterhin geltenden Unternehmerpflichten, z.B. Erstellung von Betriebsanweisungen und Gefahrstoffverzeichnissen, kommt der Dokumentation der Gefährdungsbeurteilung eine größere Bedeutung zu. Da die GefStoffV selten konkrete Handlungsanweisungen beinhalten kann, werden vom Bundesarbeitsministerium (Ausschuss für Gefahrstoffe, AGS) „Technische Regeln für Gefahrstoffe" (TRGS) bekannt gegeben, welche die Verordnung aber nur interpretieren, sodass grundsätzlich auch andere Maßnahmen ergriffen werden können, solange das in der Verordnung definierte Schutzziel erreicht wird.

Aus der neuen Gefahrstoffverordnung ergeben sich Änderungen für Hersteller („Inverkehrbringer") und Anwender gefährlicher Stoffe und Zubereitungen, die im Folgenden auszugsweise aufgelistet sind.

19.2.1 Änderungen in der GefStoffV vom 26. November 2010

Die GefStoffV besteht nunmehr aus 24 Paragraphen und 2 Anhängen. Die Neufassung von 2010 gegenüber der Altfassung von 2005 ergab sich aus der Notwendigkeit, erstere an das neue EU-Chemikalienrecht, insbesondere an die REACH-Verordnung und an die CLP-Verordnung, anzupassen. Die EU-Verordnung Nr. 1907/2006 (REACH-Verordnung) ist eine EU-Chemikalienverordnung, die am 1. Juni 2007 in Kraft getreten ist. REACH steht für Registration, Evaluation, Authorisation and Restriction of Chemicals, also für die Registrierung, Bewertung, Zulassung und Beschränkung von Chemikalien. Als EU-Verordnung besitzt REACH gleichermaßen und unmittelbar in allen Mitgliedstaaten Gültigkeit. Durch REACH soll das bisherige Chemikalienrecht grundlegend harmonisiert und vereinfacht werden. CLP ist die Abkürzung für Classification, Labelling and Packaging. Die CLP-Verordnung regelt die Einstufung, Kennzeichnung und Verpackung von Stoffen und Gemischen neu. Sie wurde am 31. Dezember 2008 bekannt gemacht und ist bereits in Kraft. Die neue EU-Verordnung für die Kennzeichnung von Chemikalien basiert auf dem sogenannten Globally Harmonised System of Classification and Labelling of Chemicals, kurz GHS. Dieses neue System soll sicherstellen, dass dieselben Gefahren weltweit auf dieselbe Weise gekennzeichnet werden. Durch die Verwendung international vereinbarter Einstufungskriterien und Kennzeichnungselemente sollen der Handel erleichtert und Mensch und Umwelt auf der ganzen Welt vor Gefahren, die von Chemikalien ausgehen können, geschützt werden. Aus der REACH-Verordnung ergeben sich beispielsweise folgende Änderungen:

Die GefStoffV 2010 besitzt nur noch 2 Anhänge (Anhang I: Besondere Vorschriften für bestimmte Gefahrstoffe und Tätigkeiten, bzw. Anhang II: Besondere Herstellungs- und Ver-

19.2 Die Gefahrstoffverordnung

wendungsbeschränkungen für bestimmte Stoffe, Zubereitungen und Erzeugnisse) neben einigen redaktionellen Änderungen aufgrund des REACH-Anpassungsgesetzes. Aus der neuen CLP-Verordnung ergeben sich einige Änderungen, die sich auf die Einstufung und Kennzeichnung von Stoffen und Gemischen beziehen. So werden beispielsweise altbekannte Gefahrensymbole durch neue Gefahrenpiktogramme, R- und S-Sätze durch international gültige H- und P-Sätze ersetzt. Während Stoffe hinsichtlich Einstufung und Kennzeichnung zwingend nach der neuen CLP-VO ab 1.12.2010 behandelt werden müssen, ist bei Gemischen eine Umstellung erst ab 1.6.2015 zwingend erforderlich. Eine vollständige Umstellung der GefStoffV auf EU-GHS erfolgt erst nach Ablauf der Übergangsfristen der CLP-VO zum 1.6.2015. Das in der GefStoffV von 2005 formulierte Schutzstufenkonzept mit seinem kennzeichnungsbezogenen Ansatz ist mit dem neuen EU-GHS-Einstufungs- und Kennzeichnungssystem nicht kompatibel und wird deshalb in der GefStoffV von 2010 nicht mehr angeführt.

Nachfolgend werden die wichtigsten für den Bauschaffenden relevanten Begriffe und die Pflichten, die sich aus der GefStoffV ergeben, näher erläutert, und es wird auf ihre Bedeutung eingegangen.

19.2.2 Der Gefahrstoffbegriff

Gefahrstoffe im Sinne der gesetzlichen Definition sind
1. Gefährliche Stoffe und Zubereitungen nach § 3 der GefStoffV, d.h. Stoffe mit mindestens einer der nachfolgend genannten 15 gefährlichen Eigenschaften: explosionsgefährlich, brandfördernd, hochentzündlich, leichtentzündlich, entzündlich, sehr giftig, giftig, gesundheitsschädlich, ätzend, reizend, sensibilisierend, krebserzeugend, fortpflanzungsgefährdend, erbgutverändernd oder umweltgefährlich; ausgenommen sind gefährliche Eigenschaften ionisierender Strahlen;
2. Stoffe, Zubereitungen und Erzeugnisse, die explosionsfähig sind;
3. Stoffe, Zubereitungen und Erzeugnisse, aus denen bei der Herstellung oder Verwendung Stoffe nach Nummer 1 oder Nummer 2 entstehen oder freigesetzt werden;
4. Stoffe und Zubereitungen, die die Kriterien nach den Nummern 1 bis 3 nicht erfüllen, aber auf Grund ihrer physikalisch-chemischen, chemischen oder toxischen Eigenschaften und der Art und Weise, wie sie am Arbeitsplatz vorhanden sind oder verwendet werden, die Gesundheit und die Sicherheit der Beschäftigten gefährden können;
5. alle Stoffe, denen ein Arbeitsplatzgrenzwert zugewiesen worden ist.

Im Sinne des Chemikaliengesetzes sind

Stoffe:

Chemische Elemente oder chemische Verbindungen, wie sie natürlich vorkommen oder hergestellt werden, einschließlich der zur Wahrung der Stabilität notwendigen Hilfsstoffe und der durch das Herstellungsverfahren bedingten Verunreinigungen, mit Ausnahme von Lösungsmitteln, die von dem Stoff ohne Beeinträchtigung seiner Stabilität und ohne Änderung seiner Zusammensetzung abgetrennt werden können (§ 3 Nr. 1 ChemG).

Zubereitungen:

Gemenge, Gemische und Lösungen, die aus zwei oder mehreren Stoffen bestehen (§ 3 Nr. 4 ChemG). Wässrige Lösungen sind Zubereitungen; dies gilt in der Regel auch für Säuren und Basen.

Erzeugnisse:
Stoffe oder Zubereitungen, die bei der Herstellung eine spezifische Gestalt, Oberfläche oder Form erhalten haben, die deren Funktion mehr bestimmen als ihre chemische Zusammensetzung (§ 3 Nr. 5 ChemG). Granulate, Flocken, Späne und Pulver sind in der Regel keine Erzeugnisse, sondern Stoffe oder Zubereitungen in der für die Verwendung bestimmten Form.

19.2.3 Einstufung und Kennzeichnung

Die Einstufung und Kennzeichnung soll der Allgemeinheit und den Baubeschäftigten erste wesentliche Informationen über gefährliche Stoffe und Zubereitungen vermitteln.
Unter der „Einstufung" eines Stoffes versteht man dessen Zuordnung zu einem oder mehreren der 15 Gefährlichkeitsmerkmale, wie sie im § 3 Nr. 6 des Chemikaliengesetzes beschrieben sind. Nach der Gefahrstoffverordnung ist die Einstufung von Stoffen und Zubereitungen eine zentrale Pflicht für denjenigen, der diese in Verkehr bringt. Die Einstufung ist die Voraussetzung für eine ordnungsgemäße Kennzeichnung des Stoffes oder der Zubereitung. Die augenfälligste Information über den gelieferten Gefahrstoff bzw. die Zubereitung ist die „Kennzeichnung" auf dem Gebinde und der Verpackung. Der Kennzeichnung sind erste wesentliche Hinweise über die Gefährlichkeit des Produktes und Ratschläge für ein sicheres Verarbeiten zu entnehmen. Durch eine global gültige Einstufungsmethode mit einheitlichen Gefahrenpiktogrammen und Texten sollen die Gefahren für die menschliche Gesundheit und die Umwelt bei Herstellung, Transport und Verwendung von Gefahrstoffen weltweit minimiert werden. Laut GHS-Verordnung beinhaltet die Kennzeichnungsmethode die Verwendung von Gefahrenpiktogrammen (früher: Gefahrensymbole), H Sätzen (Hazard-Statements, früher R-Sätze) und P-Sätzen (Precautionary Statements, früher S-Sätze). Einzelheiten der Kennzeichnung können der EU-Verordnung 1272/2008 bzw. der TRGS 200 entnommen werden.
Zubereitungen müssen nur dann eingestuft werden und sind nur dann kennzeichnungspflichtig, wenn sie gefährliche Stoffe in festgelegten Mindestkonzentrationen enthalten bzw. überschreiten. Allerdings können auch kennzeichnungsfreie Stoffe Gefahrstoffe sein, nämlich dann, wenn bei der Be- oder Verarbeitung dieser Stoffe gefährliche Stoffe entstehen oder freigesetzt werden können. Somit können nicht gekennzeichnete Stoffe nicht allein deswegen als ungefährlich betrachtet werden (siehe auch TRGS 200).

19.2.4 Arbeitgeberpflichten

Die grundsätzlich von einer Chemikalie ausgehenden Gefahren müssen nicht identisch sein mit den beim Umgang mit der Chemikalie auftretenden Gefahren. So gibt Zement keine Gase und Dämpfe ab, ist aber als „reizend" gekennzeichnet und trotz seines sehr geringen Chromatgehaltes Ursache einer der häufigsten Berufskrankheiten (allergisches Hautekzem, „Maurerkrätze"). Asbeststäube sind beim Einatmen eindeutig krebserregend, aber beim Einhalten der sehr strengen Schutzmaßnahmen für den Entsorger ungefährlich. Wie die Beispiele zeigen, können aus der alleinigen Betrachtung der potenziellen Gefahren nicht zwangsläufig Rückschlüsse auf die in der Praxis auftretenden Gefahren gezogen werden, es ist vielmehr unabdingbar, das Verarbeitungsverfahren zu kennen, die verfahrensbedingten Gefahren zu beurteilen und dann die entsprechenden Schutzmaßnahmen einzuleiten. Dies ist bei stationären Arbeitsplätzen relativ leicht möglich, sodass hier durch technische und organisatorische Maßnahmen der Einsatz persönlicher Schutzmaßnahmen sehr stark redu-

ziert werden kann. Für die in der Bauwirtschaft überwiegend nichtstationären, ständigen Veränderungen unterworfenen, Arbeitsplätze sind die Einsatzmöglichkeiten technischer und organisatorischer Schutzmaßnahmen grundsätzlich beschränkt, da sie häufig Voraussetzungen baulicher Art verlangen, die auf Baustellen nicht vorhanden sind. Zusätzlich wird der sinnvolle Einsatz technischer und organisatorischer Maßnahmen durch die Beteiligung mehrerer Firmen bzw. unterschiedlicher Tätigkeiten auf der Baustelle erschwert.
Im Folgenden werden die wichtigsten Vorschriften, die vom Gesetzgeber und den Berufsgenossenschaften zum Schutz vor gesundheitsgefährdenden Arbeitsstoffen aufgestellt worden sind, erläutert und interpretiert.

19.2.4.1 Informationsermittlung und Gefährdungsbeurteilung
Bei der Beurteilung der Arbeitsbedingungen hat der Arbeitgeber nach **§ 6 GefStoffV** zunächst, d.h. vor Aufnahme der Tätigkeit, festzustellen, ob die Beschäftigten Tätigkeiten mit Gefahrstoffen durchführen oder ob Gefahrstoffe hierbei entstehen bzw. freigesetzt werden können. Im Einzelnen heißt es hierzu:
(1) Im Rahmen einer Gefährdungsbeurteilung als Bestandteil der Beurteilung der Arbeitsbedingungen nach § 5 des Arbeitsschutzgesetzes hat der Arbeitgeber festzustellen, ob die Beschäftigten Tätigkeiten mit Gefahrstoffen ausüben oder ob bei Tätigkeiten Gefahrstoffe entstehen oder freigesetzt werden können. Ist dies der Fall, so hat er alle hiervon ausgehenden Gefährdungen der Gesundheit und Sicherheit der Beschäftigten unter folgenden Gesichtspunkten zu beurteilen:
1. *gefährliche Eigenschaften der Stoffe oder Zubereitungen, einschließlich ihrer physikalisch-chemischen Wirkungen,*
2. *Informationen des Herstellers oder Inverkehrbringers zum Gesundheitsschutz und zur Sicherheit insbesondere im Sicherheitsdatenblatt,*
3. *Art und Ausmaß der Exposition unter Berücksichtigung aller Expositionswege; dabei sind die Ergebnisse der Messungen und Ermittlungen nach § 7 Absatz 8 zu berücksichtigen,*
4. *Möglichkeiten einer Substitution,*
5. *Arbeitsbedingungen und Verfahren, einschließlich der Arbeitsmittel und der Gefahrstoffmenge,*
6. *Arbeitsplatzgrenzwerte und biologische Grenzwerte,*
7. *Wirksamkeit der ergriffenen oder zu ergreifenden Schutzmaßnahmen,*
8. *Erkenntnisse aus arbeitsmedizinischen Vorsorgeuntersuchungen nach der Verordnung zur arbeitsmedizinischen Vorsorge.*

In **§ 7 GefStoffV** heißt es weiter:
Der Arbeitgeber darf eine Tätigkeit mit Gefahrstoffen erst aufnehmen lassen, nachdem eine Gefährdungsbeurteilung nach § 6 durchgeführt und die erforderlichen Schutzmaßnahmen nach Abschnitt 4 ergriffen worden sind.
Zu beachten ist, dass das eingesetzte Produkt nicht „an sich" bzw. in der Lieferform hinsichtlich seines Gefährdungspotenzials beurteilt werden muss, sondern hinsichtlich des Gefahrenpotenzials bei der Tätigkeit, die mit diesem Produkt durchgeführt wird. Bei einem Reinigungsmittel kann dies bedeuten, dass die Lieferform gefährlicher ist als die später verwendete verdünnte 2%ige wässrige Lösung. Oft liegt aber der umgekehrte Fall vor, dass ein Gefahrstoff bei der Verwendung größere Gefahren entwickelt als im Lieferzustand; als Beispiel seien hier nickelhaltige Schweißelektroden genannt.

19 Gefahrstoffe im Bauwesen

Wesentliche Grundlage für die Gefährdungsbeurteilung ist das Sicherheitsdatenblatt nach § 5, dessen fachlich korrekte, vollständige Anfertigung, Aktualisierung und Übermittlung dem Produkthersteller bzw. Inverkehrbringer obliegt. Ausdrücklich gefordert wird ferner die Prüfung der Substitutionsmöglichkeit des Gefahrstoffes, eine Forderung, die zusätzlich in § 6 Absatz 8 der GefStoffV weiter ausgeführt wird.

§ 6 Absatz 2 fordert den Arbeitgeber zur Informationsbeschaffung auf und verpflichtet ihn zur Gefährdungsermittlung auch bei solchen Stoffen, für die kein Sicherheitsdatenblatt zu erstellen ist:

(2) Der Arbeitgeber hat sich die für die Gefährdungsbeurteilung notwendigen Informationen beim Inverkehrbringer oder aus anderen, ihm mit zumutbarem Aufwand zugänglichen Quellen zu beschaffen. Insbesondere hat der Arbeitgeber die Informationen zu beachten, die ihm nach Titel IV der Verordnung (EG) Nr. 1907/2006 zur Verfügung gestellt werden; dazu gehören Sicherheitsdatenblätter und die Informationen zu Stoffen oder Zubereitungen, für die kein Sicherheitsdatenblatt zu erstellen ist. Sofern die Verordnung (EG) Nr. 1907/2006 keine Informationspflicht vorsieht, hat der Inverkehrbringer dem Arbeitgeber auf Anfrage die für die Gefährdungsbeurteilung notwendigen Informationen über die Gefahrstoffe zur Verfügung zu stellen.

§ 6 Absatz 1 Punkt 4 impliziert eine Prüfungspflicht, welche immer dann besteht, wenn der Arbeitgeber (z.B. durch Hinweise in Fachzeitschriften) Anlass zu der Annahme hat, dass Produkte mit einem geringeren gesundheitlichen Risiko als Substitut erhältlich sind. Ersatzstoffe, Ersatzverfahren und Verwendungsbeschränkungen für verschiedene Gefahrstoffe werden u.a. in den Technischen Regeln der 600er Reihe beschrieben. Darüber hinaus haben die Berufsgenossenschaften der Bauwirtschaft für alle Verwender in der Bauwirtschaft Informationen über Bau-Chemikalien unter besonderer Berücksichtigung der Ersatzverfahren und Ersatzstoffe erstellt, welche bei den Berufsgenossenschaften angefordert werden können. Ersatzstoffe können beispielsweise staubarme Granulate sein, bei Epoxidharzsystemen miteinander verbundene Gebinde, die eine gefahrlose Vermischung von Harz und Härter ermöglichen, oder auch lösemittelarme Klebstoffe. Kann darüber hinaus durch eine Änderung des Verwendungsverfahrens auf den Einsatz von Gefahrstoffen ganz verzichtet oder das Auftreten der Gefahrstoffe am Arbeitsplatz verhindert bzw. verringert werden, muss diesbeachtet werden. Absatz 5 weitet die Gefährdungsbeurteilung bezüglich mittelbarer Tätigkeiten im Gefahrstoffbereich (Wartungsarbeiten, Bedien- und Überwachungstätigkeiten) aus; Absatz 10 verlangt die Erstellung eines Gefahrstoffverzeichnisses (siehe hierzu auch TRGS 440):

(5) Bei der Gefährdungsbeurteilung sind auch Tätigkeiten innerhalb des Unternehmens oder Betriebs zu berücksichtigen, bei denen anzunehmen ist, dass auch nach Ausschöpfung sämtlicher technischer Maßnahmen die Möglichkeit einer Exposition besteht (zum Beispiel Wartungsarbeiten). Darüber hinaus sind auch andere Tätigkeiten wie zum Beispiel Bedien- und Überwachungstätigkeiten zu berücksichtigen, sofern diese zu einer Gefährdung von Beschäftigten durch Gefahrstoffe führen können.

(10) Der Arbeitgeber hat ein Verzeichnis der im Betrieb verwendeten Gefahrstoffe zu führen, in dem auf die entsprechenden Sicherheitsdatenblätter verwiesen wird.

Die von § 6 Absatz 9 vorgeschriebene Gefährdungsbeurteilung muss von einer fachkundigen Person durchgeführt werden, was gegebenenfalls bedeutet, dass sich der Arbeitgeber von einer Fachkraft für Arbeitssicherheit/Betriebsarzt beraten lassen muss. Der Arbeitgeber kann jedoch auch eine tätigkeitsspezifische Gefährdungsbeurteilung des Herstellers verwenden. Zukünftig werden Anwender diese Gefährdungsbeurteilung fordern. Grundsätzlich zu beachten ist, dass zuerst eine Gefährdungsbeurteilung durchzuführen ist, danach angepasste Schutzmaßnahmen umzusetzen sind und erst dann eine Aufnahme der Tätigkeit durch die Beschäftigten erfolgen darf.

§ 7 GefStoffV beinhaltet die Grundpflichten des Arbeitsschutzes; dazu gehören beispielsweise die Substitutionsprüfung, die Verwendung von Arbeitsmitteln und Materialien nach dem Stand der Technik, die Anwendung kollektiver Schutzmaßnahmen und geeigneter organisatorischer Maßnahmen sowie die Bereitstellung und Verwendung persönlicher Schutzausrüstung. Auf die Rangfolge dieser Maßnahmen wird in § 7 Absatz 4 ausdrücklich hingewiesen.

§ 7 Absatz 8 und 9 fordern schließlich die Einhaltung und Überprüfung der Arbeitsplatzgrenzwerte:

(8) Der Arbeitgeber stellt sicher, dass die Arbeitsplatzgrenzwerte eingehalten werden. Er hat die Einhaltung durch Arbeitsplatzmessungen oder durch andere geeignete Methoden zur Ermittlung der Exposition zu überprüfen. Ermittlungen sind auch durchzuführen, wenn sich die Bedingungen ändern, welche die Exposition der Beschäftigten beeinflussen können. Die Ermittlungsergebnisse sind aufzuzeichnen, aufzubewahren und den Beschäftigten und ihrer Vertretung zugänglich zu machen. Werden Tätigkeiten entsprechend einem verfahrens- und stoffspezifischen Kriterium ausgeübt, das nach § 20 Absatz 4 bekannt gegeben worden ist, kann der Arbeitgeber in der Regel davon ausgehen, dass die Arbeitsplatzgrenzwerte eingehalten werden; in diesem Fall findet Satz 2 keine Anwendung.

(9) Sofern Tätigkeiten mit Gefahrstoffen ausgeübt werden, für die kein Arbeitsplatzgrenzwert vorliegt, hat der Arbeitgeber regelmäßig die Wirksamkeit der ergriffenen technischen Schutzmaßnahmen durch geeignete Ermittlungsmethoden zu überprüfen, zu denen auch Arbeitsplatzmessungen gehören können.

Erläutert und inhaltlich ausgefüllt wird der Absatz in der TRGS 402. Wichtig im Zusammenhang mit der Überwachungspflicht ist, dass von „Ermitteln" die Rede ist. Ermitteln muss nicht zwangsläufig eine Arbeitsplatzmessung zur Folge haben, sondern kann auch bedeuten, dass eine Abschätzung der Gefahrstoffkonzentration durch Berechnung oder Extrapolation bereits vorhandener Messergebnisse, welche durch Messung an einem Arbeitsplatz und Übertragung der Ergebnisse auf ähnliche Arbeitsplätze vorhanden sind, möglich wird.

19.2.4.2 Schutzpflicht

Die Paragrafen 8 bis 12 stellen die zentralen, den Arbeitsschutz beim Umgang mit Gefahrstoffen regelnden Bestimmungen dar und erläutern die Fürsorgepflicht des Arbeitgebers.

§ 8 der GefStoffV behandelt allgemeine Schutzmaßnahmen und verpflichtet den Arbeitgeber, die Gefährdung der Gesundheit und der Sicherheit der Arbeitnehmer durch geeignete Maßnahmen zu beseitigen oder auf ein Minimum zu reduzieren:

(1) Der Arbeitgeber hat bei Tätigkeiten mit Gefahrstoffen die folgenden Schutzmaßnahmen zu ergreifen:
1. *geeignete Gestaltung des Arbeitsplatzes und geeignete Arbeitsorganisation,*
2. *Bereitstellung geeigneter Arbeitsmittel für Tätigkeiten mit Gefahrstoffen und geeignete Wartungsverfahren zur Gewährleistung der Gesundheit und Sicherheit der Beschäftigten bei der Arbeit,*

3. Begrenzung der Anzahl der Beschäftigten, die Gefahrstoffen ausgesetzt sind oder ausgesetzt sein können,
4. Begrenzung der Dauer und der Höhe der Exposition,
5. angemessene Hygienemaßnahmen, insbesondere zur Vermeidung von Kontaminationen, und die regelmäßige Reinigung des Arbeitsplatzes,
6. Begrenzung der am Arbeitsplatz vorhandenen Gefahrstoffe auf die Menge, die für den Fortgang der Tätigkeiten erforderlich ist,
7. geeignete Arbeitsmethoden und Verfahren, welche die Gesundheit und Sicherheit der Beschäftigten nicht beeinträchtigen oder die Gefährdung so gering wie möglich halten, einschließlich Vorkehrungen für die sichere Handhabung, Lagerung und Beförderung von Gefahrstoffen und von Abfällen, die Gefahrstoffe enthalten, am Arbeitsplatz.

Geeignete Schutzmaßnahmen sind in der TRGS 500 „Schutzmaßnahmen" beschrieben.
In weiteren Absätzen des § 8 wird zusätzlich u.a. auf die Identifizierbarkeit bzw. die innerbetriebliche Kennzeichnung von gefährlichen Stoffen, auf die Verwendung verschließbarer Behälter für die Beförderung und Entsorgung und auf die Lagerung von Gefahrstoffen hingewiesen. § 8 Absatz 7 legt den Zugang von Fachkundigen bei Gefahrstoffen fest, die als giftig, sehr giftig, krebserzeugend, erbgutverändernd oder fortpflanzungsgefährdend eingestuft sind:

(7) Der Arbeitgeber hat sicherzustellen, dass als giftig, sehr giftig, krebserzeugend Kategorie 1 oder 2, erbgutverändernd Kategorie 1 oder 2 oder fortpflanzungsgefährdend Kategorie 1 oder 2 eingestufte Stoffe und Zubereitungen unter Verschluss oder so aufbewahrt oder gelagert werden, dass nur fachkundige und zuverlässige Personen Zugang haben. Tätigkeiten mit diesen Stoffen und Zubereitungen sowie mit atemwegssensibilisierenden Stoffen und Zubereitungen dürfen nur von fachkundigen oder besonders unterwiesenen Personen ausgeführt werden. Die Sätze 1 und 2 gelten nicht für Kraftstoffe an Tankstellen.

§ 9 der GefStoffV legt zusätzliche Maßnahmen fest, wenn die allgemeinen Schutzmaßnahmen nach § 8 nicht ausreichend sind, um Gefährdungen durch Einatmen, Aufnahme über die Haut oder Verschlucken entgegenzuwirken:

(1) Sind die allgemeinen Schutzmaßnahmen nach § 8 nicht ausreichend, um Gefährdungen durch Einatmen, Aufnahme über die Haut oder Verschlucken entgegenzuwirken, hat der Arbeitgeber zusätzlich diejenigen Maßnahmen nach den Absätzen 2 bis 7 zu ergreifen, die auf Grund der Gefährdungsbeurteilung nach § 6 erforderlich sind. Dies gilt insbesondere, wenn
1. *Arbeitsplatzgrenzwerte oder biologische Grenzwerte überschritten werden,*
2. *bei hautresorptiven oder haut- oder augenschädigenden Gefahrstoffen eine Gefährdung durch Haut- oder Augenkontakt besteht oder*
3. *bei Gefahrstoffen ohne Arbeitsplatzgrenzwert und ohne biologischen Grenzwert eine Gefährdung auf Grund der ihnen zugeordneten Gefährlichkeitsmerkmale nach § 3 und der inhalativen Exposition angenommen werden kann.*

Absatz 2 fordert die Handhabung von inhalierbaren, nicht substituierbaren Gefahrstoffen in einem geschlossenen System bzw. die Verringerung der Exposition nach dem Stand der Technik. Der Stand der Technik ist nach GefStoffV § 2 Absatz 11

... der Entwicklungsstand fortschrittlicher Verfahren, Einrichtungen oder Betriebsweisen, der die praktische Eignung einer Maßnahme zum Schutz der Gesundheit und zur Sicherheit der

Beschäftigten gesichert erscheinen lässt. Bei der Bestimmung des Stands der Technik sind insbesondere vergleichbare Verfahren, Einrichtungen oder Betriebsweisen heranzuziehen, die mit Erfolg in der Praxis erprobt worden sind. Gleiches gilt für die Anforderungen an die Arbeitsmedizin und die Arbeitsplatzhygiene.

Kann trotz Ausschöpfung aller technischen und organisatorischen Schutzmaßnahmen der Arbeitsplatzgrenzwert nicht eingehalten werden bzw. ist eine Gefährdung durch Haut- bzw. Augenkontakt möglich, so ist nach den Absätzen 3 und 4 persönliche Schutzausrüstung bereitzustellen:

(3) Bei Überschreitung eines Arbeitsplatzgrenzwerts muss der Arbeitgeber unverzüglich die Gefährdungsbeurteilung nach § 6 erneut durchführen und geeignete zusätzliche Schutzmaßnahmen ergreifen, um den Arbeitsplatzgrenzwert einzuhalten. Wird trotz Ausschöpfung aller technischen und organisatorischen Schutzmaßnahmen der Arbeitsplatzgrenzwert nicht eingehalten, hat der Arbeitgeber unverzüglich persönliche Schutzausrüstung bereitzustellen. Dies gilt insbesondere für Abbruch-, Sanierungs- und Instandhaltungsarbeiten.

Absatz 5 schließlich fordert die getrennte Aufbewahrungsmöglichkeit von Straßen- und Schutzkleidung.

§ 10 der GefStoffV beinhaltet besondere Schutzmaßnahmen bei Tätigkeiten mit krebserzeugenden, erbgutverändernden und fruchtbarkeitsschädigenden Gefahrstoffen.

§ 11 der GefStoffV formuliert ergänzende Schutzmaßnahmen gegen physikalisch-chemische Einwirkungen, insbesondere gegen Brand- und Explosionsgefahren.

19.2.4.3 Schutzmaßnahmen

Die bereits erläuterte Ermittlungs- bzw. Schutzpflicht bezieht sich nicht nur auf den aktiven Umgang mit gesundheitsgefährlichen Stoffen, sondern auch auf Tätigkeiten im Gefahrenbereich der Stoffe. § 7 Absatz 4 macht deutlich, dass es nicht allein auf die richtigen Schutzmaßnahmen ankommt, sondern auch auf deren Rangfolge. Grundsätzlich gilt, dass unkritischere Ersatzverfahren bzw. die Verwendung ungefährlicherer Substitutionsprodukte Vorrang vor technischen Schutzmaßnahmen, diese wiederum Vorrang vor organisatorischen bzw. persönlichen Schutzmaßnahmen haben. Technische Schutzmaßnahmen zur Verringerung der Gefahrstoffkonzentration in der Bauwirtschaft sind nur wenig im Einsatz; bei Renovierungsarbeiten werden im Rahmen der Umweltschutzdiskussion allerdings vereinzelt mobile Absauganlagen angeboten.

Durch organisatorische Maßnahmen ist dafür zu sorgen, dass die Zahl der gefährdeten Personen so gering wie möglich ist; § 13 Absatz 3 regelt den Einsatz persönlicher Schutzmaßnahmen:

(3) Der Arbeitgeber hat Beschäftigten, die im Gefahrenbereich tätig werden, vor Aufnahme ihrer Tätigkeit geeignete Schutzkleidung und persönliche Schutzausrüstung sowie gegebenenfalls erforderliche spezielle Sicherheitseinrichtungen und besondere Arbeitsmittel zur Verfügung zu stellen. Im Gefahrenbereich müssen die Beschäftigten die Schutzkleidung und die persönliche Schutzausrüstung für die Dauer des nicht bestimmungsgemäßen Betriebsablaufs verwenden. Die Verwendung belastender persönlicher Schutzausrüstung muss für die einzelnen Beschäftigten zeitlich begrenzt sein. Ungeschützte und unbefugte Personen dürfen sich nicht im festzulegenden Gefahrenbereich aufhalten.

Wenn beim Umgang mit chemischen Arbeitsstoffen ungefährlichere Ersatzstoffe bzw. Ersatzverfahren nicht eingesetzt werden können und durch technische und organisatorische Maß-

nahmen kein ausreichender Gesundheitsschutz für die Mitarbeiter zu erreichen ist, müssen persönliche Schutzmaßnahmen ergriffen werden. Hierbei sind besonders von Bedeutung:
- Atemschutz,
- Handschutz und Hautschutz.

Bei den Atemschutzgeräten können von der Umgebungsatmosphäre unabhängige Isoliergeräte bzw. von der Umgebungsatmosphäre abhängige Filtergeräte unterschieden werden. Filtergeräte können je nach Aggregatzustand weiter in Partikel-, Gas- und Kombinationsfilter eingeteilt werden, wobei die verschiedenen Filter mit unterschiedlichen Maskentypen (Voll-, Halbmaske usw.) kombiniert werden können. Grundsätzlich dürfen Filtergeräte nur eingesetzt werden, wenn der Sauerstoffgehalt der Umgebungsluft mindestens 17 % beträgt. Welche Art von Atemschutz im speziellen Fall zweckmäßigerweise zu verwenden ist, ist vom Gefahrstoff abhängig. Es existiert kein Universalfilter, welcher gegen alle Partikel, Gase oder Dämpfe gleichermaßen gut schützt. Bei hohen Gefahrstoffkonzentrationen, unbekannter Gefahrstoffzusammensetzung, Sauerstoffmangel oder komplexen Gefahrstoffmischungen von hoch- und niedrigsiedenden Stoffen empfiehlt sich der Einsatz von Isoliergeräten.

Eine besondere Bedeutung fällt auch dem Hand- und Hautschutz zu. Erkrankungen der Haut, insbesondere Allergien, nehmen in der Bevölkerung unabhängig vom Alter und Geschlecht zu; Hautkrankheiten stellen über ein Drittel der angezeigten Berufskrankheiten dar und stehen damit deutlich an der Spitze aller Berufskrankheiten.

Bei der Auswahl der Schutzhandschuhe ist vorrangig das Rückhaltevermögen (bedingt in erster Linie durch Permeations- und Quellvorgänge sowie durch die Durchbruchzeit) von Bedeutung. In Abhängigkeit vom Verwendungszweck (d.h. von der chemischen Struktur und der Konzentration der Gefahrstoffe) kommen die unterschiedlichsten Handschuhmaterialien (Chloroprenkautschuk, Nitril-, Butyl- und Fluorkautschuk, Polyvinylchlorid und Polyethylen usw.) zum Einsatz. Auch hier gilt analog zum Atemschutz: es gibt kein Universalmaterial, welches gegen jeden Gefahrstoff gleichermaßen gut schützt.

Auf Einzelheiten kann an dieser Stelle nicht näher eingegangen werden, es wird vielmehr auf die einschlägige Literatur (s.u.) verwiesen.

19.2.4.4 Information der Beschäftigten

Die Information der Beschäftigten über die am Arbeitsplatz vorhandenen potenziellen Gefahren und erforderlichen Schutzmaßnahmen ist eine wesentliche Voraussetzung für ein sicheres Arbeiten mit Gefahrstoffen. Um dieser Informationspflicht Genüge zu tun, hat der Arbeitgeber nach § 14 GefStoffV eine Betriebsanweisung zu erstellen und die Beschäftigten anhand dieser Betriebsanweisung arbeitsplatzbezogen zu unterweisen:

(1) Der Arbeitgeber hat sicherzustellen, dass den Beschäftigten eine schriftliche Betriebsanweisung, die der Gefährdungsbeurteilung nach § 6 Rechnung trägt, in einer für die Beschäftigten verständlichen Form und Sprache zugänglich gemacht wird. Die Betriebsanweisung muss mindestens Folgendes enthalten:

1. Informationen über die am Arbeitsplatz vorhandenen oder entstehenden Gefahrstoffe, wie beispielsweise die Bezeichnung der Gefahrstoffe, ihre Kennzeichnung sowie mögliche Gefährdungen der Gesundheit und der Sicherheit,

2. Informationen über angemessene Vorsichtsmaßregeln und Maßnahmen, die die Beschäftigten zu ihrem eigenen Schutz und zum Schutz der anderen Beschäftigten am Arbeitsplatz durchzuführen haben; dazu gehören insbesondere

19.2 Die Gefahrstoffverordnung

   a) *Hygienevorschriften,*
   b) *Informationen über Maßnahmen, die zur Verhütung einer Exposition zu ergreifen sind,*
   c) *Informationen zum Tragen und Verwenden von persönlicher Schutzausrüstung und Schutzkleidung,*
3. *Informationen über Maßnahmen, die bei Betriebsstörungen, Unfällen und Notfällen und zur Verhütung dieser von den Beschäftigten, insbesondere von Rettungsmannschaften, durchzuführen sind.*

Die Betriebsanweisung muss bei jeder maßgeblichen Veränderung der Arbeitsbedingungen aktualisiert werden. Der Arbeitgeber hat ferner sicherzustellen, dass die Beschäftigten
1. Zugang haben zu allen Informationen nach Artikel 35 der Verordnung (EU) Nr. 1907/2006 über die Stoffe und Zubereitungen, mit denen sie Tätigkeiten ausüben, insbesondere zu Sicherheitsdatenblättern, und
2. über Methoden und Verfahren unterrichtet werden, die bei der Verwendung von Gefahrstoffen zum Schutz der Beschäftigten angewendet werden müssen.

Die Notwendigkeit, eine Betriebsanweisung zu erstellen, bezieht sich also auf die **Tätigkeit** mit Gefahrstoffen am Arbeitsplatz. In einer Betriebsanweisung können Produkte zu Gruppen zusammengefasst werden, wenn von diesen die gleiche Gefährdung ausgeht und beim Umgang mit ihnen die gleichen Schutzmaßnahmen zu treffen sind. Wichtig ist, dass auch beim Umgang mit nicht gekennzeichneten Stoffen, Zubereitungen und Erzeugnissen eine Betriebsanweisung dann erstellt werden muss, wenn von diesen Produkten Gefährdungen ausgehen können.

Form und Inhalt der Betriebsanweisung sind in der TRGS 555 beschrieben; im Einzelnen sind folgende Punkte aufzuführen:
– Arbeitsbereich, Arbeitsplatz, Tätigkeit,
– Gefahrstoffbezeichnung,
– Gefahren für Mensch und Umwelt,
– Schutzmaßnahmen, Verhaltensregeln und hygienische Maßnahmen,
– Verhalten im Gefahrfall,
– Erste Hilfe,
– Sachgerechte Entsorgung.

(2) Der Arbeitgeber hat sicherzustellen, dass die Beschäftigten anhand der Betriebsanweisung nach Absatz 1 über alle auftretenden Gefährdungen und entsprechende Schutzmaßnahmen mündlich unterwiesen werden. Teil dieser Unterweisung ist ferner eine allgemeine arbeitsmedizinisch-toxikologische Beratung. Diese dient auch zur Information der Beschäftigten über die Voraussetzungen, unter denen sie Anspruch auf arbeitsmedizinische Vorsorgeuntersuchungen nach der Verordnung zur arbeitsmedizinischen Vorsorge haben, und über den Zweck dieser Vorsorgeuntersuchungen. Die Beratung ist unter Beteiligung der Ärztin oder des Arztes nach § 7 Absatz 1 der Verordnung zur arbeitsmedizinischen Vorsorge durchzuführen, falls dies erforderlich sein sollte. Die Unterweisung muss vor Aufnahme der Beschäftigung und danach mindestens jährlich arbeitsplatzbezogen durchgeführt werden. Sie muss in für die Beschäftigten verständlicher Form und Sprache erfolgen. Inhalt und Zeitpunkt der Unterweisung sind schriftlich festzuhalten und von den Unterwiesenen durch Unterschrift zu bestätigen.

Für die Bauwirtschaft ist die Unterweisung anhand der Betriebsanweisung wegen der häufig wechselnden Arbeitsplatzumgebung besonders wichtig. Prinzipiell sind zwei Arten von Unterweisungen zu unterscheiden, in denen grundlegende Hintergründe der Gefährdung und dementsprechende Verhaltensregeln erläutert werden bzw. konkrete arbeitsplatzbezogene Hinweise, die kurz und knapp vor der Aufnahme der Arbeit erfolgen. In jedem Fall sollte bei verändertem Produkteinsatz oder verändertem Verfahren unterwiesen werden.

19.2.4.5 Einsatz von Fremdfirmen

§ 15 der GefStoffV regelt die Zusammenarbeit verschiedener Firmen. Bei der Zusammenarbeit verschiedener Firmen, z.B. beim Einsatz von Fremdfirmen, ist darauf zu achten, dass der Auftragnehmer über die stofflichen Gefahrenquellen informiert wird und die erforderliche Fachkunde besitzt:

(1) Sollen in einem Betrieb Fremdfirmen Tätigkeiten mit Gefahrstoffen ausüben, hat der Arbeitgeber als Auftraggeber sicherzustellen, dass nur solche Fremdfirmen herangezogen werden, die über die Fachkenntnisse und Erfahrungen verfügen, die für diese Tätigkeiten erforderlich sind. Der Arbeitgeber als Auftraggeber hat die Fremdfirmen über Gefahrenquellen und spezifische Verhaltensregeln zu informieren.

§ 17 Absatz 2 verlangt die Zusammenarbeit der Firmen bei der Durchführung der Gefährdungsbeurteilung, Absatz 4 bei der Möglichkeit der gegenseitigen Gefährdung die Bestellung eines Koordinators:

(2) Kann bei Tätigkeiten von Beschäftigten eines Arbeitgebers eine Gefährdung von Beschäftigten anderer Arbeitgeber durch Gefahrstoffe nicht ausgeschlossen werden, so haben alle betroffenen Arbeitgeber bei der Durchführung ihrer Gefährdungsbeurteilungen nach § 6 zusammenzuwirken und die Schutzmaßnahmen abzustimmen. Dies ist zu dokumentieren. Die Arbeitgeber haben dabei sicherzustellen, dass Gefährdungen der Beschäftigten aller beteiligten Unternehmen durch Gefahrstoffe wirksam begegnet wird.

(3) Jeder Arbeitgeber ist dafür verantwortlich, dass seine Beschäftigten die gemeinsam festgelegten Schutzmaßnahmen anwenden.

(4) Besteht bei Tätigkeiten von Beschäftigten eines Arbeitgebers eine erhöhte Gefährdung von Beschäftigten anderer Arbeitgeber durch Gefahrstoffe, ist durch die beteiligten Arbeitgeber ein Koordinator zu bestellen. Wurde ein Koordinator nach den Bestimmungen der Baustellenverordnung vom 10. Juni 1998 (BGBl. I S. 1283), die durch Artikel 15 der Verordnung vom 23. Dezember 2004 (BGBl. I S. 3758) geändert worden ist, bestellt, gilt die Pflicht nach Satz 1 als erfüllt. Dem Koordinator sind von den beteiligten Arbeitgebern alle erforderlichen sicherheitsrelevanten Informationen sowie Informationen zu den festgelegten Schutzmaßnahmen zur Verfügung zu stellen. Die Bestellung eines Koordinators entbindet die Arbeitgeber nicht von ihrer Verantwortung nach dieser Verordnung.

19.3 Grenzwerte

Beim Umgang mit Chemikalien muss grundsätzlich davon ausgegangen werden, dass die Beschäftigten mit ihnen in Kontakt kommen; für die Bauwirtschaft ist die dermale und die inhalative Exposition von großer Bedeutung. Um der Gefahr des Einatmens von Gefahrstoffen begegnen zu können, sind Grenzwerte für Gefahrstoffe in der Luft am Arbeitsplatz festgelegt worden, welche in der TRGS 900 veröffentlicht werden und die Gefahrstoffverordnung sinnvoll ergänzen. Die Grenzwerte sind das entscheidende Instrument zur Überwachung

19.3 Grenzwerte

der Gefahrstoffkonzentration am Arbeitsplatz; allerdings existieren nicht für alle Stoffe Grenzwerte, sodass deren Bewertungsmaßstäbe fehlen. Laut GefStoffV sind Arbeitsplatzgrenzwert (AGW) und biologischer Grenzwert wie folgt definiert:
(7) Der Arbeitsplatzgrenzwert ist der Grenzwert für die zeitlich gewichtete durchschnittliche Konzentration eines Stoffs in der Luft am Arbeitsplatz in Bezug auf einen gegebenen Referenzzeitraum. Er gibt an, bis zu welcher Konzentration eines Stoffs akute oder chronische schädliche Auswirkungen auf die Gesundheit von Beschäftigten im Allgemeinen nicht zu erwarten sind.
(8) Der biologische Grenzwert ist der Grenzwert für die toxikologisch-arbeitsmedizinisch abgeleitete Konzentration eines Stoffs, seines Metaboliten oder eines Beanspruchungsindikators im entsprechenden biologischen Material. Er gibt an, bis zu welcher Konzentration die Gesundheit von Beschäftigten im Allgemeinen nicht beeinträchtigt wird.
Bei der Definition von Grenzwerten, wie auch bei der Festlegung einzelner Grenzwerte, werden viele Einschränkungen formuliert. **Grundsätzlich sollte immer berücksichtigt werden, dass bei Unterschreitung eines Grenzwertes eine gesundheitliche Beeinträchtigung nicht grundsätzlich ausgeschlossen werden kann, während eine Überschreitung nicht zwangsläufig zu einem Gesundheitsschaden führen muss. Ein Grenzwert ist als Kollektivschutz, nicht jedoch als Individualschutz zu betrachten, da nicht alle Arbeitnehmer bei gegebener Exposition gleichartig reagieren.**
Grenzwerte gelten meist nur für reine Stoffe; in der Regel sind die Beschäftigten aber einer Vielzahl von Stoffen bzw. Stoffgemischen ausgesetzt. Über physiologisch relevante synergistische Effekte dieser Stoffe existieren nur geringe Kenntnisse; es kann also grundsätzlich nicht ausgeschlossen werden, dass sich die schädlichen Wirkungen beim Zusammenwirken mehrerer Stoffe verstärken.
Nicht ausreichend durch Grenzwerte werden Jugendliche und Schwangere geschützt, sodass hier ergänzende Vorschriften der Gefahrstoffverordnung mit beachtet werden müssen.
Grenzwerte entsprechen dem heutigen Stand des Wissens über die Eigenschaften dieser Stoffe. Sie werden ständig den neuesten Erkenntnissen angepasst und zum Teil erheblich herabgesetzt, wenn die betriebliche Praxis oder arbeitsmedizinische Erfahrungen gezeigt haben, dass trotz Einhalten der aktuell bestehenden Grenzwerte Gesundheitsschäden aufgetreten sind.
Die Unternehmen der Bauwirtschaft haben ebenso wie alle anderen die Vorschriften der Gefahrstoffverordnung und der Technischen Regeln für Gefahrstoffe zu erfüllen. Bei der Ermittlung und Überwachung der Gefahrstoffkonzentrationen bestehen allerdings große Schwierigkeiten, die durch die Besonderheit der mobilen Arbeitsplätze bedingt sind:
– Analytische Ergebnisse liegen erst nach Auflösung der Baustelle vor.
– Die entsprechenden Arbeitsverfahren sind nur von kurzer Dauer.
– Kontrollmessungen sind unmöglich, da die Baustellen einer dauernden Änderung unterworfen sind.
– Es gibt eine Vielzahl von Bau-Chemikalien, Arbeitsverfahren und eine fast unübersehbare Variationsmöglichkeit der Umgebungsparameter.
– Eine Messung der Gefahrstoffkonzentrationen ist schon aufgrund fehlender Messkapazitäten auf vielen Baustellen weder möglich noch sinnvoll.
Um hier dem Verwender von Bauprodukten die nötigen Informationen und Entscheidungshilfen zukommen zu lassen, haben die messtechnischen Dienste der Bauberufsgenossenschaf-

ten der Bauwirtschaft in Zusammenarbeit mit dem Berufsgenossenschaftlichen Institut für Arbeitssicherheit seit den 1990er-Jahren einen umfangreichen Messdatenpool aufgebaut. Um den Unternehmen der Bauwirtschaft eine Hilfe in Bezug auf die Überwachungspflicht nach § 9 GefStoffV geben zu können, liefern die TRGS 400, 402 und 420 die Voraussetzung für eine Aussage zu Arbeitsstoffkonzentrationen an konkreten Arbeitsplätzen. Grundlage hierfür sind die Auswertungen des Messdatenpools der Berufsgenossenschaften der Bauwirtschaft, welche zu zahlreichen BG/BIA-Empfehlungen geführt haben, so z.B. in Bezug auf den Einsatz von Bautenlacken, die Verarbeitung von Walzasphalt, Voranstriche und Klebstoffe für Bodenbeläge usw. Solche BG/BIA-Empfehlungen befreien den Unternehmer von Kontrollmessungen, allerdings bleibt die Verpflichtung zur Ermittlung, zur Beachtung der Rangfolge der Schutzmaßnahmen und zur regelmäßigen Unterweisung der Beschäftigten weiterhin bestehen.

19.4 Informationsbeschaffung mit GISBAU

19.4.1 Allgemeines

Eine wesentliche Schwierigkeit bei der Gefahrstoffproblematik ist die Informationsbeschaffung über die im Bauwesen verwendeten chemischen Arbeitsstoffe. Die Verantwortlichen sind nach § 6 GefStoffV zur Informationsbeschaffung rechtlich verpflichtet und müssen daher zumindest in die Lage versetzt werden, die leicht zugänglichen Informationen über Produkte bewerten und die entsprechenden Konsequenzen ziehen zu können. Zu diesen Informationen gehören:

- Die Kennzeichnung des Produktes nach der GefStoffV.
- Das Sicherheitsdatenblatt und das Technische Merkblatt.
- Gegebenenfalls eine gezielte Nachfrage bei den Herstellern oder Vertreibern von Gefahrstoffen.
- Das Nachschlagen in Regelwerken und Informationsschriften über Gefahrstoffe.
- GISBAU-Produktinformationen.

GISBAU steht für „Gefahrstoff-Informationssystem der Berufsgenossenschaften der Bauwirtschaft", welches seit 1989 mit Unterstützung durch das Bundesministerium für Forschung und Technologie produktrelevante, verwenderbezogene Informationen erarbeitet und sie den Baubeschäftigten zur Verfügung stellt. Ziel ist es, die Unternehmen und Mitarbeiter auf einfache und verständliche Art und Weise über alle für den sicheren Umgang mit Bau-Chemikalien notwendigen Maßnahmen zu informieren. Dazu gehört es unter anderem, die Erfüllung der im betrieblichen Alltag aus der Gefahrstoffverordnung erwachsenden rechtlichen Verpflichtungen (z.B. das Studium von Sicherheitsdatenblättern, Erstellen von Betriebsanweisungen) zu erleichtern bzw. überflüssig zu machen.

19.4.2 Produktgruppen und Produkt(gruppen)-Informationen, der Produktcode

Das bekannteste und am weitesten entwickelte Konzept einer überbetrieblichen Unterstützung ist das System der Produktgruppen-Information. Das System basiert auf der Überlegung, dass die Produkte für den gleichen Verwendungszweck, auch wenn sie von einer Vielzahl von Herstellern angeboten werden, sich in ihrer chemischen Zusammensetzung häufig nicht wesentlich voneinander unterscheiden. Folglich gehen von den Produkten einer Gruppe auch vergleichbare Gefährdungen aus, sodass auch die Schutzmaßnahmen

und Verhaltensregeln für alle Produkte dieser Gruppe zutreffend sind.
Für die Zuordnung von bauchemischen Produkten zu einer Gruppe wurden die Produktgruppen mit einem Code (Produktcode bzw. GISCODE) versehen. Die Hersteller ordnen ihre Produkte den vereinbarten Produktgruppen zu und nehmen den Produktcode in ihre Herstellerinformation (Sicherheitsdatenblätter, Preislisten usw.) und auf das Gebindeetikett auf. Der Code besteht aus einer Buchstaben-Zahlenkombination, wobei die Buchstaben auf das jeweilige Gewerk bzw. den Einsatzzweck, die nachfolgenden Zahlen innerhalb einer Produktgruppe grundsätzlich auf den Grad der Gefährlichkeit verweisen. Je kleiner die Zahl, desto geringer die mögliche Gefährdung – und umgekehrt. Dies bedeutet auch, dass der Verwender bereits auf den ersten Blick anhand des Codes auch Hinweise auf weniger gefährliche Produkte erhält.
Für lösemittelfreie Dispersions-Klebstoffe/Voranstriche lautet der GISCODE beispielsweise D1, für das toluol- und damit lösemittelhaltige, gefährlichere Produkt D7. Diese Codierung erscheint auch auf den von GISBAU herausgegebenen Produkt-Informationen (s.u.) und auf den Betriebsanweisungsentwürfen (s.u.), sodass eine eindeutige Korrelation zwischen Produkt und Produkt(gruppen)-Information bzw. Betriebsanweisung gegeben ist.
Die GISBAU-Produkt-Informationen werden für Unternehmer, Betriebsräte, Arbeitsmediziner, Fachkräfte für Arbeitssicherheit und Beschäftigte erstellt, mit dem Ziel, genau die Informationen zu geben, die benötigt werden. Sie beschränken sich in der Regel auf maximal zwei Seiten pro Information. Besonders beachtet werden sollte, dass nach Möglichkeit auch auf vergleichsweise unkritische Substitutionsprodukte bzw. Ersatzverfahren hingewiesen wird.

19.4.3 Betriebsanweisungsentwürfe

Gleichzeitig mit diesen ausführlichen Produktinformationen kann der Unternehmer von GISBAU auch Entwürfe von Betriebsanweisungen, wie sie nach § 14 GefStoffV vorgeschrieben sind, erhalten. Diese sind vom Unternehmer lediglich durch betriebsspezifische Angaben (z.B. Unfalltelefonnummer, Name des Ersthelfers) zu ergänzen und können als Grundlage für die Unterweisung der Beschäftigten nach § 14 GefStoffV dienen. Die Betriebsanweisungen sind in 13 Sprachen ausgearbeitet, um auch ausländische Mitarbeiter unterweisen zu können. Alle hier beschriebenen Informationen sind komplett auf der GISBAU CD-ROM „WINGIS" enthalten und können darüber hinaus auch direkt aus dem Internet unter *www.GISBAU.de* abgerufen werden.
Zusammenfassend bleibt festzustellen, dass es den Berufsgenossenschaften der Bauwirtschaft mit GISBAU in vorbildlicher Weise gelungen ist, Informationsdefizite zu verringern und unter Berücksichtigung aller rechtlich relevanten Aspekte zu einem sicheren Arbeiten mit Bau-Chemikalien anzuleiten. In diesem Sinne ist GISBAU eine möglichst weite Verbreitung zu wünschen.

19.5   Literatur

[19.1]   Rühl/Kluger, Handbuch Bau-Chemikalien, ecomed SICHERHEIT, 2002
[19.2]   Umweltrecht, Beck-Texte im dtv, 22. Auflage, 2011
[19.3]   Bender, H. F., Das Gefahrstoffbuch, 3. Auflage, VCH-Verlag, 2008
[19.4]   Zwiener, G./Mötzl, H., Ökologisches Baustoff-Lexikon, 3. Aufl., Müller, C. F. in Hüthig, 2006

20 Allgemeines Literaturverzeichnis

Neben den üblichen Quellenangaben (in eckigen Klammern) enthält das Literaturverzeichnis auch Angaben über weiterführende Literatur (Auswahl).

[1] Schneider (Hrsg. Albert A., Heisel J.), Bautabellen für Ingenieure, 22. Aufl., Bundesanzeiger Verlag, Köln, 2016
[1a] Schneider (Hrsg. Albert A.), Bautabellen für Architekten, 22. Aufl., s. o.
[2] Knoblauch, H./Schneider, U., Bauchemie. 6. Auflage, Werner Verlag Köln, 2006
[2a] Henning, O./Knöfel, D., Baustoffchemie, 6. Auflage, Verlag Bauwesen Berlin, 2002
[3] Frommhold/Hasenjäger, Wohnungsbaunormen – Normen, Verordnungen, Richtlinien; neu bearbeitet von Fleischmann/Schneider/Schoch/Wormuth, 25. Auflage, Werner Verlag Köln, 2007
[5] Hiese, W./Knoblauch, H., Baustoffprüfungen, Werner Verlag, Düsseldorf, 1988
[6] Heisel, J. P./Fleischmann, H. D./Schneider, K.-J., Industrie- und Verwaltungsbaunormen – Normen, Verordnungen, Richtlinien, Werner Verlag, Düsseldorf, 1997
[7] Bargmann H., Historische BautabellenWolters Kluwer GmbH, Köln, 4. Auflage 2008

Weiterführende Literatur:
Tabellenwerke und Lexika
- Holschemacher (Hrsg.), Entwurfs- und Berechnungstafeln für Architekten, 4. Aufl., Bauwerk-Verlag Berlin, 2009
- Holschemacher (Hrsg.), Entwurfs- und Berechnungstafeln für Bauingenieure, 4. Aufl., Bauwerk-Verlag Berlin, 2009
- Wormuth, R./Schneider, K.-J., Baulexikon, Bauwerk Verlag Berlin, 2. Aufl. 2007, auch online (kostenlos) unter www.bauwerk-verlag.de

Fachbücher zu Baustoffen
- Fleischmann, H. D./Schneider, K.-J., Baukalender 2007, Sonderausgabe der Wienerberger Ziegelindustrie Hannover, Bauwerk-Verlag Berlin, 2007
- Ettel, W.-P., Baustoffe gestern und heute, Bauwerk-Verlag Berlin, 2005

Fachbücher zu Bauschäden und Bautenschutz
- Oswald, R. (Hrsg.), Aachener Bausachverständigentage (Schriftenreihe des Aachener Institutes ür Bauschadensforschung und angewandte Bauphysik 1975 bis 2006), Vieweg Verlag Wiesbaden, 2010 (früher Bauverlag/Wiesbaden, Berlin)
- Reul, H., Handbuch für Bautenschutz und Bausanierung – Schadensursachen, Diagnoseverfahren, Sanierungsmöglichkeiten, 5. Auflage, Verlagsgesellschaft Rudolf Müller Köln, 2006

Fachbücher zur Bauchemie
- Benedix, R., Bauchemie – Einführung in die Chemie für Bauingenieure, 4. Aufl. 2008, B. G. Teubner Verlag/Wiesbaden
- Karsten, R., Bauchemie, 11. Auflage, Verlag C. F. Müller 2003 (jetzt Verlag Hüttig, Jehle, Rehm)

Stichwortverzeichnis

Symbole
1-K-Kleber 15.7
2-K-Kleber 15.7
5%-Quantil 6.70, 6.72
α-Eisen 8.19
α-Strahler 18.18
β-Strahler 18.18
γ-Eisen 8.19
γ-Strahler 18.18

A
Abdichtungsbahnen 10.54
ABS 14.26, 14.45
Absatzgestein 1.5
Absorption 3.25
Acella 14.55
Acronal 14.28
Acrylglas 14.27
Acrylharze 14.28
Acrylnitril-Butadien-Styrol-Pfropfpolymerisat 14.26
Acrylnitril-Styrol-Acrylester-Copolymerisat 14.26
Acrylwolle 14.45
AGS 19.2
AKR , 5.18
Aktivitätskonzentration 18.20, 18.21
Aktivitätskonzentration c 18.19
Akustik-Ziegel 2.18
Alabasterglas 3.13
Albit 1.4
Alftalat 14.38
Alkalibasalt 1.24
Alkali-Kalkglas 3.13
Alkali-Kieselsäure-Reaktion 6.64
Alkali-Kieselsäure-Reaktion (AKR) 5.18
Alkorplan 14.55
Alkydal 14.38
Alkylenpolysulfide 14.46
Alpex 14.45
Alseccoflex 15.16
Aluminium Al
– Aluminiumwerkstoffe 9.12
– anodische Oxidation 9.16
– Bezeichnung von Knetlegierungen 9.14
– Bezeichnung von Knetwerkstoffe 9.14
– Eloxalverfahren 9.16
– Gewinnung 9.12
– Gusswerkstoffe 9.13, 9.15
– Hüttenaluminium 9.12
– Kleben 9.16
– Knetwerkstoffe 9.12
– Korrosionsverhalten 9.16
– Löten 9.16
– mechanische Eigenschaften 9.15
– Oberflächenbehandlung 9.16
– physikalische Eigenschaften 9.15
– Primäraluminium 9.12
– Reinstaluminium 9.12
– Schweißen 9.16
– Sekundäraluminium 9.12
– spanende Bearbeitung 9.16

– Vorkommen 9.11
Amethyst 1.16
AM-Gerät 5.52
A/MMA 14.28
Amphibol 1.1, 1.4
Amphibolit 1.15, 1.25
Andesit 1.6, 1.25
Angulatensandstein 1.20
Anhydrit 1.1, 1.3
– natürlicher 4.13
– synthetischer 4.13
Anilin 11.6
anorganische Bindemittel 4.1
– Gipsbinder 4.1
– Gips-Trockenmörtel 4.1
– Umwelt 4.59, 4.60
anorganische Bindemittel, Einwirkung auf Baumetalle
– Lehm 4.58
– Magnesiamörtel 4.58
Anorthit 1.4
Anstrich 11.2, 11.8
– Abkreiden 11.22
– Ablösungen 11.21
– Binderfarben 11.14
– Blasenbildung 11.21
– Durchschlagen 11.22
– Mattwerden 11.21
– Narbenbildung 11.22
– Netzrissbildung 11.21
– Scheuerbeständigkeit 11.11
– schlechtes Kleben 11.21
– schlechtes Trocknen 11.21
– Verwendbarkeit auf verschiedenen Untergründe (Übersicht) 11.9
– Waschbeständigkeit 11.11
– Wetterbeständigkeit 11.11
Anstrichfilm 11.2
Anstrichstoff 11.2, 11.8
– lösemittelverdünnbare 11.25
– wasserverdünnbare 11.25
Anstrichsysteme 11.2
Anthrazit 1.11
Antikglas 3.13
Apatit 1.3
Aplite 1.7
AQL 6.76
Äquivalentdosis H 18.19
äquivalenter bewerteter Norm-Trittschallpegel 16.38
Aracryl 15.16
Aragonit 1.1, 1.3
Araldite 14.39
Arbeitsmedizin 19.9
Arbeitsmittel 19.7
Arbeitsorganisation 19.7
Arbeitsplatz 19.7
Arbeitsplatzgrenzwert 19.3
Arbeitsplatzhygiene 19.9
Arbeitsplatzmessung 19.7
Arbeitsstoffverordnung 19.2

Stichwortverzeichnis

arithmetischer Mittelwert 6.72
Arnite 14.34
ASA 14.26
Asbest 1.16, 2.72
– Gesundheitsgefährdung 2.71
Asbest, aus Feinstaubfasern 2.72
Asbestose 2.72
Asbestzement 2.71
– Anwendungsbereiche 2.72
Aschen (Ergussgestein) 1.7
Asphalt
– Asphaltmischanlage 10.22
– Ausbauasphalte 10.64
– Brückenbeläge, Gebrauchseigenschaften 10.44
– Brückenbeläge, Schichten des Aufbaus 10.44
– Deckschichten 10.42
– Deckschichten mit besonderer Aufhellung 10.45
– Dichtigkeit 10.25
– Edelbrechsand 10.21
– Edelsplitte 10.21
– Eigenschaften 10.23
– eishemmende Deckschichten 10.45
– farbige Deckschichten 10.46
– Flüsterasphalt 10.41
– Füller 10.21
– Griffigkeit 10.25
– halbstarre Beläge 10.45
– Helligkeit 10.25
– Herstellung (Abb.) 10.28
– Herstellung des Mischguts 10.21
– Hohlraumgehalt 10.24
– im Straßenbau . siehe siehe Asphalt-Straßenbau
– Mineralstoffe 10.20
– Naturasphalte 10.20
– Relaxation 10.24
– Risssicherheit 10.24
– Sonderbeläge 10.45
– Standfestigkeit 10.24
– Straßenbau (Abb.) 10.28
– technische Asphalte 10.20
– Verarbeitbarkeit 10.23
– Verarbeitungsfrist 10.23
– Verdichtungswilligkeit 10.23
– Verschleißfestigkeit 10.25
– Wasserundurchlässigkeit 10.24
– Wiederverwendung 10.8, 10.46
– Wiederverwendung, Aufbereitungsanlagen 10.47
– Wiederverwendung, Remix 10.46
– Wiederverwendung, Repave 10.46
– Wiederverwendung, Reshape 10.46
– Wiederverwendung, Rückformen 10.46
– Wiederverwendung (Übersicht) 10.48
– Wiederverwendung, Verfahren 10.46
Asphaltbefestigungen
– Flugplätze 10.44
– landwirtschaftliche Wege 10.44
– Parkflächen 10.43
– Rad- und Gehwege 10.43
– Sportplatzflächen 10.44
– Tragdeckschichten 10.40
Asphaltbeton 10.34
Asphaltbinder 10.32, 10.33
Asphaltgestein 10.20
Asphaltkalkstein 1.17

Asphaltmastix 10.29
Asphaltmischanlage (Abb.) 10.22
Asphalt-Straßenbau
– Asphaltbeton-Deckschichten 10.40
– Asphaltbeton (Heißeinbau) 10.34, 10.36, 10.38
– Asphaltbinder 10.32, 10.33
– Asphaltmastix 10.29
– Asphalttragschichten 10.31
– Ausbauasphalt 10.39
– Binderschicht 10.26, 10.40
– Deckschicht 10.27, 10.40, 10.42, 10.43
– Deckschichten 10.43
– dünne Schichten im Heißeinbau 10.42
– dünne Schichten im Kalteinbau (DSK) 10.30, 10.42
– Gussasphalt 10.38, 10.40
– lagerfähiges Kaltmischgut 10.42
– Mischgut mit Hohlräumen 10.28
– Oberbau 10.26
– Oberflächenbehandlungen 10.42
– Oberflächenschutzschicht 10.42
– offenporiger Asphalt 10.41
– Recycling 10.39
– Schichten im Heißeinbau (DSH) 10.30
– Schlämmen 10.42
– Splittmastixasphalt 10.36
– Tragschichten 10.26, 10.39
– Walzasphalt 10.28
– Warmeinbau 10.42
Atemschutz 19.10
Auelehm 1.26, 1.29
Augit 1.4, 1.16
Ausbauasphalte 10.64
– pechhaltige 10.64
– Verwertungsklassen 10.64
Ausfällungsgestein 1.13
Außenfensterbänke aus Kunststoff 14.65
Außenputz
– Aufbau 7.19
– Dichtungsmittel 7.21
– Edelputze 7.21
– Hydrophobierungsmittel 7.21
– Kunstharz-Dispersionsbinderanstriche 7.21
– Oberflächengestaltung 7.21
– Putzsysteme 7.20
– Steinputze 7.21
– Waschputze 7.22
Austenit 8.19
Auswürflinge (Ergussgestein) 1.7
Autoxidation 14.18
Axminsterteppiche 13.4

B
Bakelite 14.35
Bänderton 1.29
Bariumzement 4.54
Baryt 1.3
Basalt 1.6
Basaltlava 1.24
Basalttuff 1.24
Bastzellen 17.2
Bauen, ressourceneffizientes 18.4
Bauglas
– Glaskonstruktionen 3.8

Stichwortverzeichnis

– lichtstreuende Verglasung 3.29
– Temperaturverlauf beim Brandversuch 3.37
Baukalke
– Anforderungen 4.20
– Bezeichnung 4.19, 4.20
– Dolomitkalk DL 4.18
– Druckfestigkeit 4.20
– Einsumpfdauer 4.20
– Feinkalk 4.19
– hochhydraulischer Kalk 4.18
– hydraulischer Kalk 4.18
– Kalkhydrat 4.19
– Kalkkreislauf 4.17
– Kalkteig 4.19
– Mörtelliegezeit 4.21
– Muschelkalk 4.20
– natürliche hydraulische Kalke (NHL) 4.18
– Stückkalk 4.19
– Wasserkalk 4.18
– Weißkalk CL 4.18
Baukalke, Prüfungen
– an Normmörtel, Ausbreitmaß 4.23
– Eindringmaß 4.23
– Luftgehalt 4.23
– Wasseranspruch 4.23
– Wasserrückhaltevermögen 4.23
Baumscheiben aus Beton 2.70
Bauplatten mit Fibersilikat 2.78
Bauprodukt, Lebensweg 18.3
Bauprodukt, Lebenszyklus 18.3
Bauregelliste 16.49
Bauregellisten 18.23
Bauschalldämmmaß
– einschalige Wände mit $R'w \geq 52$ dB 16.41
– Rechenwerte $R'w,R$ und Ln,w,eq,R für Massivdecken 16.42
Bauschnittholz
– Balken 17.26
– Bohle 17.26
– Brett 17.26
– Einschnittarten 17.25
– Festigkeitsklassen 17.28
– Herstellung 17.24
– Kantholz 17.26
– Kennzeichnung 17.28
– Kreuzholz 17.26
– Latte 17.26
– Maße 17.25
– Querschnitte 17.24
– Schnittholzeinteilung 17.26
– Schnittklassen 17.25
– Sortierkriterien für Nadelschnittholz (Tafel) 17.26, 17.27
– Sortiermerkmale 17.26
– Sortierung 17.25
– ungehobelte Bretter 17.28
Baustoffe
– geregelte 16.49
– ökologische Beurteilung 18.24
Baustoffe, Aktivitätskonzentration 18.21
Baustoffe, ökologische Aspekte 18.1
Baustoffe, ökologische Beurteilung
– Entropiemodell 18.24
– Modell des natürlichen Gleichgewichts 18.24

– Schadstoffmodell 18.24
Baustoffklassen 16.49
Baustoffliste ÖA 18.24
Bauteile aus Beton
– Mantelrohre für Hausschornsteine 2.65
– Zwischenbauteile für Spannbetondecken 2.66
Bayosan-Fugendicht 15.16
Baysilone 14.42
BBR 10.6
BE 6.23
Beanspruchungsindikator 19.13
Behälter aus Kunststoff 14.65
Belitzement 4.54
Bemessungswerte der Wärmeleitfähigkeit (Tafel) 16.5
Bentonit 1.22, 14.51
Bergacell 14.43
Bergkristall 1.16
Berglehm 1.27
Bernstein 1.11
Beryll 1.14
Beschichtung 11.1
– von Metallteilen 11.3
Beschichtungsstoff 11.2, 11.8
– Umgang mit 11.26
Beschläge aus Kunststoff 14.65
Betastrahlung 18.20
Beton 6.1, 6.2
– 5%-Quantil 6.71, 6.72
– 5%-Quantilwert 6.2
– Aggressivität von Wässern 6.65
– AKR 6.64
– Alkali-Kieselsäure-Reaktion 6.64
– Annahmekennlinie 6.73
– Annahmekriterien für Druckfestigkeiten der Baustelle 6.75
– Annahmezahlen für andere Eigenschaften 6.76
– annehmbare Qualitätsgrenzlage (AQL) 6.76
– Anordnung von Fugen 6.88
– äquivalenter Wasserzementwert 6.13
– arithmetischer Mittelwert 6.72
– Baumscheiben 2.70
– Begriffe 6.1
– betonangreifende Böden 6.66
– betonangreifende Medien 6.64
– betonangreifende Stoffe 6.64
– betonangreifende Wässer 6.65
– Betondeckung 6.51
– Beton nach Eigenschaften 6.8, 6.15
– Beton nach Zusammensetzung 6.8, 6.16
– Betonwerkstein 2.67
– Beton X0 6.29
– Beton XA 6.30
– Beton XF 6.29
– Beton XM 6.30
– Bewehrungskorrosion 6.114
– Bordsteine 2.70
– charakteristische Druckfestigkeit f_{ck} 6.2
– Colcretebeton 6.58
– Dauerhaftigkeit 6.1
– Druckfestigkeitsklassen 6.71
– Eignungsprüfung 6.70
– Einfassungssteine 2.70
– Einteilung nach Rohdichte 6.2

21.3

Stichwortverzeichnis

- Entwässerungsrinnen 2.70
- Entwurfsbeton 6.15
- Erhärtungsbeschleuniger 6.23
- Erhärtungsprüfung 6.83
- Ermittlung einer Betonzusammensetzung 6.14
- Erstarrungsbeschleuniger 6.23
- Expositionsklassen (Übersicht) 6.4
- FD-Beton 6.69
- FDE-Beton 6.69
- Festbeton 6.2
- Fließbeton 6.19
- Formsteine 2.67
- Frischbeton 6.2
- Frost-Taumittel-Beständigkeit 6.21
- für hohe Gebrauchstemperaturen 6.67
- für massige Bauteile 6.88
- für Temperaturen bis 250°C 6.67
- Gefrierbeständigkeit 6.54
- Gefüge 6.1
- Gehwegplatten 2.70
- Grenzwerte für Zusammensetzung 6.29
- grüner 6.2
- Grünstandfestigkeit 6.2
- Güte 6.1
- Häufigkeitsverteilung 6.72
- haufwerksporiger 6.101
- hochfeste 6.3
- hochfester Beton 6.74
- hochfeuerfeste 6.68
- Hochleistungsbeton 6.60
- Hofabläufe 2.70
- Hydrocrete 6.57
- junger 6.2
- junger Beton 6.50
- Kabelkanal-Formsteine 2.70
- Karbonatisierungsfortschritt 6.115
- Karbonatisierungsverlauf 6.116
- Konformitätskriterien für die Druckfestigkeit 6.74
- Korrosionsschutz der Bewehrung 6.13
- Kunststoffen 6.111
- LP-Beton 6.20
- LP-Mittel 6.20
- LP-Topf 6.81
- Luftgehalt im Frischbeton 6.21
- Mantelrohre für Hausschornsteine 2.65
- Massenbeton 6.88
- Mindestzementgehalte für Standardbeton 6.15
- Mischungsberechnung 6.27
- Mischungsverhältnis (MV) 6.26
- mit besonderen Eigenschaften 6.60
- mit hohem Frost-Taumittel-Widerstand 6.64
- mit hohem Verschleißwiderstand 6.66
- mit hohem Wassereindringwiderstand (FD-Beton) 6.68
- mit hohem Widerstand gegen chemischen Angriff 6.64
- Nennfestigkeit (βWN) 6.2, 6.71
- Passivierung der Stahlbewehrung 6.115
- Pumpbeton 6.47
- Radwegplatten 2.70
- Randsteine 2.70
- Rasensteine 2.70
- Referenzbeton 6.77
- Selbstverdichtender Beton (SVB) 6.19, 6.49, 6.62
- Sichtbeton 6.21
- Spritzmörtel 6.58
- Spurwegplatten 2.70
- Standardabweichung 6.72
- Standardbeton 6.8, 6.15
- statistische Maßzahlen 6.72
- Strahlenschutzbeton 6.105
- Straßensteine 2.70
- Taumittelbeanspruchung 6.21
- Temperaturerhöhung infolge Hydratationswärme 6.88
- Torkretbeton 6.58
- Übereinstimmungserklärung 6.75
- Übereinstimmungskriterien 6.72
- Übereinstimmungskriterien für andere Eigenschaften 6.76
- Übereinstimmungsprüfung 6.72
- Überwachungsklassen 6.79
- Ultrahochfester Beton 6.61
- Wandplatten aus 2.58
- wasserundurchlässiger Beton 6.68
- Wasserzementwert-Gesetz von Walz 6.13
- wirksamer w/z-Wert 6.13
- wirksames Betonalter 6.53
- Zielfestigkeit 6.70
- Zusatzmittel 6.16
- Zusatzstoffe 6.16
- Zwischenbauteile für Spannbetondecken 2.66

Beton, Betondeckung
- in Abhängigkeit von der Expositonsklasse 6.52
- Mindestmaße 6.51
- Nennmaß 6.52

Beton, Betonfamilie
- Nachweis der Zugehörigkeit 6.77

Beton, Betonzusatzstoffe
- Farbpigmente 6.26
- Gesteinsmehle 6.25
- Puzzolane 6.25
- Silikastaub 6.26
- Steinkohlenflugasche 6.26

Beton, Fließmittel
- Ligninsulfonate 6.18
- Melaminharze 6.18
- Naphthalinsulfonate 6.19
- Polycarboxylate 6.19
- Wirkungsdauer 6.19

Betonherstellung
- bei Frost 6.53
- bei heißer Witterung 6.55
- bei kühler Witterung 6.53
- Betonwaren 6.48
- Colcreteverfahren 6.58
- Contractorverfahren 6.57
- Einbringen des Betons 6.47
- Hydrocreteverfahren 6.57
- Hydroventilverfahren 6.57
- in Betonfertigteilwerken 6.48
- junger Beton 6.50
- Maßnahmen bei Frost 6.54
- Maßnahmen bei kühler Witterung 6.54
- Mindestnachbehandlungsdauer 6.51
- Mindesttemperaturen von Frischbeton 6.54
- Mörtelinjektionsverfahren 6.57
- Nachbehandlungsdauer 6.50

Stichwortverzeichnis

- nach besonderen Verfahren 6.56
- Nachverdichten 6.49
- Prepaktverfahren 6.58
- Pumpbeton 6.47
- Schalung 6.47
- Selbstverdichtender Beton (SVB) 6.49
- Spritzmörtel 6.58
- Temperatur des Frischbetons 6.54
- Trennmittel 6.48
- Verdichtungsverfahren 6.49
- Verfahren der Wärmebehandlung 6.56

Betonherstellung, Baustellenbeton
- Befördern des Betons 6.45
- Mischanweisung 6.45
- Mischzeit 6.45

Beton, hochfester Beton
- Produktionskontrolle 6.74

Beton, LP-Mittel
- Abstandsfaktor 6.20
- bei Frostangriff 6.20

Betonrohre 2.69

Beton, Selbstverdichtender Beton
- Selbstentlüftungsfähigkeit 6.62

Betonstahl
- Betonrippenstahl BSt 500 S-GEWI 8.81
- Betonrippenstähle 8.71
- Betonstabstahl 8.70
- Betonstahl BSt 1100 8.81
- Betonstähle mit Zulassungsbescheid 8.81
- Bewehrungsanschluss (Abb.) 8.86
- bi-Stahl 8.72
- Drillwulststähle 8.71
- Duktilitätskategorien 8.69
- epoxidharzbeschichtete Stähle 8.81
- feuerverzinkte Betonstähle 8.81
- geschweißte Betonstahlmatte BSt 550 MW 8.81
- Herstellwerk-Kennzeichen 8.69
- Herstellwerk-Kennzeichen (Abb.) 8.71
- hochgerippter Betonstahl für Betonstahlmatten (Abb.) 8.73
- hochwertige Betonstähle (IIa) 8.71
- Istegstahl (IIb) 8.71
- kaltverwundener (Abb.) 8.70
- mit erhöhtem Korrosionswiderstand 8.81
- Muffen-Verbindungen 8.85
- nach DIN EN 10 080 8.68
- Neptun-Stahl 8.72
- nichtrostender 8.40
- nichtrostende Stähle 8.81
- nicht verwundener (Abb.) 8.70
- Nockenstahl 8.71
- profilierter Bewehrungsdraht (Abb.) 8.71
- Rückbiegeanschluss (Abb.) 8.86
- Schweißprozesse (Übersicht) 8.83
- Schweißverbindungen (Abb.) 8.84
- Schweißverbindungen (Übersicht) 8.83
- Schweißverfahren (Übersicht) 8.72
- Stahlgitterträger (Abb.) 8.80
- tiefgerippter Betonstahl für Lagermatten (Abb.) 8.73
- Torstahl (IIIb) 8.71
- Verwahrkästen 8.85

Betonstahlmatten
- Aufbau einer Designmatte 8.75

- Designmatte (Abb.) 8.76
- geschweißte Betonstahlmatte BSt 630/700 RK 8.81
- geschweißte Betonstahlmatten 8.73
- Lagermatten (Abb.) 8.74
- Prüfung von 8.87
- PVC-beschichtete Betonstahlmatten 8.81
- Sonderdyn-Matte 8.81
- Verbundstahlmatten 8.73
- Vorratsmatten (Abb.) 8.77

Betonstraßen 6.96

Beton, Verzögerer (VZ)
- Umschlagen 6.23

Betonwerkstein 2.67

Betonzusammensetzung
- Korrekturwerte von Walz für den Wasserbedarf 6.11
- Mehlkornmenge 6.9
- Mindestzementgehalte 6.10
- Mischungsverhältnis (MV) 6.26
- Sieblinien 6.9
- Sieblinien für gebrochene Gesteinskörnung 6.9
- Wasseranspruch 6.12
- Wasserbedarf 6.10
- wirksamer Wassergehalt 6.10
- Zementfestigkeitsklassen 6.10
- Zugabewasser 6.10

Betriebsanweisung 19.2
Betriebsstörung 19.11
bewerteter Norm-Trittschallpegel 16.38
BFA 4.28
Biberschwanzziegel 2.24
Biberschwanzziegel (Abb.) 2.25, 2.28
Bims 1.24, 5.2
Bimssteine (Ergussgestein) 1.7

Bindemittel
- für Anstriche 11.8, 11.9, 11.10

biologischer Grenzwert 19.13
Biosphäre 18.7
Biotit 1.4, 1.16
Biotitschiefer 1.15
Bitumen 1.11, 10.1, 10.2, 10.3
- Adhäsion 10.7
- Alterung 10.7
- anionische Emulsionen 10.15
- Asphaltene 10.4
- Auslieferung 10.9
- Biegebalkenrheometer (BBR) 10.6
- Bitumenanstrichmittel 10.14
- Bitumenemulsionen 10.15
- Bitumenemulsionen (Übersicht) 10.19
- Bitumen-Haftkleber 10.17
- bitumenhaltige Bindemittel (Übersicht) 10.18
- Bitumenlösungen 10.13
- Brechpunkt nach Fraaß 10.6
- Dauergebrauchsspanne 10.6
- Destillationsbitumen 10.2, 10.9
- Destillationsbitumen (Übersicht) 10.18
- Dichte 10.8
- Duktilität 10.6
- Dynamisches Scherrheometer (DSR) 10.6
- elastische Rückstellung 10.6
- elektrische Leitfähigkeit 10.8
- Erdöldestillation 10.3

21.5

Stichwortverzeichnis

– Erdölharze 10.4
– Erweichungspunkte Ring und Kugel 10.5
– Fertigschlämmen 10.17
– Fließverhalten 10.6
– Fluxbitumen 10.13
– Hartbitumen 10.2, 10.9
– hartes Straßenbaubitumen 10.2
– Heißbitumen 10.11
– Herstellung 10.2
– Herstellung (Abb.) 10.28
– Hochvakuumbitumen 10.2, 10.9
– im Eisenbahnbau 10.62
– im Erdbau 10.62
– in der Gummiindustrie 10.63
– in der Kabelindustrie 10.62
– in der Lackindustrie 10.63
– in der Papierindustrie 10.62
– in der Röhrenindustrie 10.62
– Industriebitumen 10.2
– Kaltbitumen 10.14
– kationische Emulsionen 10.16
– Konsistenz 10.5
– Kraftduktilitätsprüfung 10.6
– Maltene 10.4
– modifiziertes Bitumen 10.2
– Nadelpenetration 10.2, 10.5
– Oxidationsbitumen 10.10
– Oxidationsbitumen (Übersicht) 10.18
– physikalische Kenndaten 10.8
– Plastizitätsbereich 10.6
– Plastizitätsspanne 10.6
– polymermodifizierte 10.2
– polymermodifizierte Bitumenemulsionen 10.16
– polymermodifizierte Bitumen (Übersicht) 10.19
– Porenfüllmassen 10.17
– Schwerbitumen 10.63
– Spezialbitumen 10.2
– spezifische Wärme 10.8
– Strahlenschutz 10.63
– Straßenbaubitumen 10.2, 10.9
– Struktur 10.4
– Verhalten gegenüber Chemikalien 10.7
– Verhalten gegenüber Wasser 10.7
– Wärmeausdehnungskoeffizient 10.8
– Wärmeleitfähigkeit 10.8
– Weichbitumen 10.2
Bitumen . siehe siehe Asphalt
Bitumenbahnen 10.54
Bitumenbahnen (Übersicht) 10.56
Bitumendachbahn 10.56
Bitumen-Dachdichtungsbahnen 10.56
Bitumen-Dachschindel 10.59
Bitumendichtungsbahn
– kaltselbstklebend 10.57
Bitumendickbeschichtungen
– kunstoffmodifizierte 10.53
Bitumenemulsionen
– Anforderungsprüfungen 10.17
– Bindemittelkonzentration 10.16
bitumenhaltige Baustoffe 10.1
bitumenhaltige Bauwerksabdichtungen
– Deckaufstrichmittel 10.52
– gegen Bodenfeuchtigkeit 10.51
– gegen nichtdrückendes Wasser 10.51, 10.55

– gegen nichtstauendes Sickerwasser 10.51
– gegen stauendes Sickerwasser 10.52
– gegen von außen drückendes Wasser 10.52
– Heißaufstriche 10.53
– Kaltaufstriche 10.53
– Kellerfußböden 10.55
– Klebemassen 10.53
– kunstoffmodifizierte Bitumendickbeschichtung 10.53
– senkrechte Wandabdichtungen 10.55
– Spachtelmassen 10.53
– Voranstrichmittel 10.52
– waagerechte Abdichtung in Wänden 10.55
Bitumen im Wasserbau
– Asphaltbeton 10.49
– Asphaltmastix 10.49
– Asphaltverguss 10.49
– Bewässerung 10.48
– Kläranlagen 10.49
– Mischgutarten 10.49
– Trinkwasserversorgung 10.48
Bitumenpech 10.63
Bitumenschweißbahn 10.56
bituminöse Baustoffe 10.1
Blähglas 3.43
Blähkork 16.36
Blähton 1.21
Blaine 4.46
Blaine-Gerät 4.45
Blättersandstein 1.20
Bläue 17.7
– von Glas 3.4
Bläuepilz 17.55
Blauer Engel 17.68
Bleiglanz 1.3
Bleiglas 3.13
Blei Pb
– Bleiblech 9.2
– Bleifolien 9.2
– Bleiwolle 9.3
– Eigenschaften 9.2
– Feinblei 9.1
– Hüttenblei 9.1
– Korrosionsverhalten 9.2
– Legierungen 9.2
– Reinblei 9.2
– Riffelblei 9.3
– Siebelpappe 9.2
– Sorten 9.1
– Umschmelzblei 9.1
– Verwendung im Bauwesen 9.2
Bleiweiß 11.5
Böden 1.13
– Korngrößenklassifikation 1.30
Bodenbeläge
– Baustoffklassen nach DIN 4102 13.7
– Brandverhalten 13.7, 13.8
– elektrostatisches Verhalten 13.9
– Lichtreflexion 13.7
– RAL-Testate 13.1
– Rutschsicherheit 13.7
– Schallabsorption 13.9
– Trittschallverbesserungsmaß 13.9
– Wärmedurchlasswiderstand 13.8

Stichwortverzeichnis

Bodenbeläge, Beurteilungsbeläge (Übersicht) 13.8
Bodenbeläge, elastische 13.10, 13.11
– Eigenschaften 13.16
– Eignungsbereich 13.11
– Einsatzbereiche 13.11
– Einstufung 13.12
– relativer Verschleißwiderstand 13.10
– Zusatzeigenschaften 13.12
Bodenbeläge, textile 13.9
– antistatische Ausrüstung 13.9
– Chor 13.4
– Pol 13.3
– Schlingenpol 13.3
– Schlingen-Schnittpol 13.3
– Schnittpol 13.3
– stuhlrollengeeignet 13.14
Bodenbelagsarbeiten
– Trocknungsgrad des Verlegeuntergrunds 13.2
Bodenbelastungen 18.7
Bodengruppen nach DIN 18 196 1.29
Bohrlochzement 4.52
Bohrpfahlbeton 4.27
Bolta 14.59
Bordsteine aus Beton 2.70
Borkenkäfer 17.59
Borosilicatglas 3.13
Bossierhammer 1.31
Bostik 15.16
Bostik 3052 15.14
BP Fr 10.6
Brandschutz
– Faserdämmstoffe 16.50
– Gips-Deckenplatten 16.51
– Gipskartonplatten 16.51
– Gips-Wandbauplatten 16.51
– Holzfaser- und Spanplatten 16.51
– Holzwolle-Leichtbauplatten 16.51
– klassifizierte Baustoffe nach DIN 4102-4 16.49
– Putze 16.50
Brandschutzanstriche 11.1
Brauneisen 1.3
Brauneisenstein 1.12
braune Wanne 1.22
Braunfäule 17.54
Braunkohle 1.11
Braunkohlenflugasche 4.28
Braunkohlenteer 10.63
Breccien 1.10
Brechpunkt nach Fraaß 10.6
Brekzien 1.10, 1.21
Brettschichtholz, Festigkeitsklassen 17.32
Brettschichtholz, Gütezeichen 17.32
Brettschichtholz, Standardquerschnitte 17.32
Brinellhärte 8.26
Bronze 9.8
Buchstabenbuna 14.45
Buchstein 1.20
Buna AP 14.46
Buna-Hüls 14.45
Buna S 14.45
Buntpigmente 11.5
Buntsandstein 1.20
Butylkautschuk IIR 14.46
BV 6.17

C
CAC 4.13
CAF 7.35
Calcit 1.16
Calciumsulfat-Compositbinder (CAC) 4.13
Calciumsulfatestrich CA 7.34
Calciumsulfat-Fließestriche 7.35
Calcium sulfat screed 7.34
Carbonfasern 14.45
Cellidor 14.44
Celluloid 14.43
CEM 4.32
Ceresit 15.14
Ceresit-PU 15.16
Chalcedon 1.15
Chalzedon 1.9, 1.11
Charpy-V-Probe 8.25
Chemiegips 4.12
Chemiewerkstoff 14.1
Chemikaliengesetz 19.2
Chlorit 1.1
Chloritschiefer 1.12, 1.15
Chloroprenkautschuk CR 14.46
Chromgelb 11.5
Chromgrün 11.5
Chrommagnesitsteine 2.33
CL 4.18
CLP-Verordnung 19.2
CLP-VO 19.3
CM-Gerät 5.52
Codierung 19.15
Compaktal PU 15.16
Concretin 14.39
Contac 14.55
Conti 14.59
Copolymere 14.28
Copolymerisat A/MMA 14.28
Coroplast 14.55
Corothene 14.55
CR 6.24
Crastin 14.34
CSH 4.35
CT 7.37

D
Dachschiefer
– Richtwerte 1.26
Dachziegel
– Eigenschaften 2.27
– Lattung 2.28
– Mindestdachneigung 2.28
– Mindestdachneigungen 2.29
– Unterkonstruktion 2.28
Dacit 1.6, 1.25
Dämmstoffe
– Deckenplatten aus Gips 16.33
– Gipskarton-Verbundplatten 16.34
– harte 16.28
– Holzfaserdämmmatten 16.35
– Holzfaserdämmplatten 16.35
– Holzfaserlamellenmatten 16.35
– Holzwolle-Leichtbauplatten (HWL-Platten) 16.31
– Mehrschicht-Leichtbauplatten (ML-Platten) 16.31
– mit Perlite 16.30

Stichwortverzeichnis

– mit Vermiculite 16.30
– Schaumglas 16.29
– weich-elastische 16.28
Dauerhaftigkeit, natürliche 17.11
d-c-fix 14.55
DDT 17.79
Deckanstriche 11.3
Deckenziegel 2.20, 2.21
Deckenziegel für Stahlbetonrippendecken 2.21
Deckenziegel für Ziegeldecken 2.20
Deflex-Fugenband 14.58
Degalan 14.27
Deglas 14.27
Dehoplast 14.59
Delifol 14.24, 14.55
Delta-Schutz-Abdeckplanen 14.53
Delta-Schutzplanen 14.53
Dendriten 1.18
Denso 14.55
Deponierung 18.3
dermale Exposition 19.12
Diabas 1.6, 1.24
Diagenese 1.9, 1.10
Diamant 1.16
Diatomeen 1.11
Diatomeenerde 1.11, 1.20
Diatomeengesteine 1.9
Dichtstoff 15.14
– Acryl 15.16
– Beurteilung 15.10
– Butylkautschuk 15.16
– elastischer 15.10
– plastischer 15.10
– Polyisobutylen 15.16
– Polysulfid 15.15
– Polyurethan 15.16
– Silicon 15.14
– Versiegelungsstoff 15.14
DIN-Farbenkarten 11.4
Diofan D 14.25
Diorit 1.6, 1.23
Dioritgneis 1.15
Dioritporphyrit 1.6
Direct Quenching and Tempering (DQT) 8.22
Disboflex 204 15.14
Disbofug 15.16
Disbon 15.20
Dispersionsspachtel 15.20
DL 4.18
DM 6.21
Doggersandstein 1.20
Dolerit 1.24
Dolomit 1.1, 1.3, 1.11, 1.17
Dolomitmarmor 1.15
Dolomitmergel 1.17
Dolomitsteine 2.33
Dolomitvorkommen 1.18
Doppelfalzziegel 2.25
Doppelfalzziegel (Abb.) 2.27
Doppelteppiche 13.4
Downcycling 18.2
Drainbeton 6.95
Dralon 14.45
Druckfestigkeit, Baukalke 4.20

DSH 10.30
DSK 10.16, 10.30
DSR 10.6
Dufix 15.19
Dunit 1.6
Dunloplan 14.59
Duplex-Systeme 8.117
Durasil 15.14
Duroplaste
– Ausgangsmaterialien 14.14
– Aushärtung 14.15
– Füllstoffe 14.15
Dyassandstein 1.20

E
echter Hausschwamm 17.54
Echter Mauersalpeter 7.32
Edelbrechsand 10.21
Edelputze 7.21
Edelsplitte 10.21
EH 6.24
Eiche, Jahresring 17.4
Eindampfungsgestein 1.13
Einfassungssteine aus Beton 2.70
Eingreifwert 18.9
Einkomponentenkleber 15.7
Einscheiben-Sicherheitsglas (ESG)
– thermisch vorgespannt 3.17
Einstufung 19.2
Eisen 8.1
– Abkühlungskurve 8.19
– Austenit 8.19
– Einlagerungsmischkristall 8.18
– Eisencarbid 8.19
– Eisenkohlenstoffdiagramm 8.19
– Ferrit 8.18, 8.19
– Kristallbildung 8.18
– Ledeburit 8.20
– Liquidus-Linie 8.19
– Perlit 8.19
– Sekundär-Zementit 8.20
– Solidus-Linie 8.19
– Substitutionsmischkristall 8.19
– Zementit 8.19
Eisencarbid 8.19
Eisenerze 8.6
Eisenkohlenstoffdiagramm 8.19
Eisenportlandzement (EPZ) 4.37
Eiweiß 4.30
Eklogit 1.15
Elastomere, thermoplastische 14.14
Eloxalverfahren 9.16
Emaille 3.13, 8.114
Emaillelack 11.20
Emulsionspolymerisation 14.23
Emulsionsspachtel 15.20
Energie 18.2
Energiedosis D 18.19
Energieeinsparverordnung 3.2
Energieströme 18.4
EnEV 3.2
EN ISO 14 040 18.25
EN ISO 14 044 18.25
Enstatit 1.4

Stichwortverzeichnis

Entglasung 3.4
Entropiemodell 18.24
Entwässerungsrinnen aus Beton 2.70
Entwicklerbeizen 11.22
Enviromental Protection Agency 10.64
EPA 10.64
EPDM 14.46
EP-GF 14.39
Epidotschiefer 1.15
Epikote 14.39
EPM 14.46
Epocast 14.39
EP RuK 10.5
EPZ 4.37
Erblinden von Glas 3.4
Erdöl 1.11
Erdöldestillation 10.3
– zweistufige Destillationsanlage 10.3
Ergussgestein 1.6
Erhaltung von Betonstraßen 6.96
Ermitteln 19.7
Ersatzstoff 19.6
Ersatzverfahren 19.6
Erstarrungsgestein 1.5
Eruptivgestein 1.5
Erweichungspunkte Ring und Kugel 10.5
Erzeugnis 19.3
Erzlagerstätten 1.12
Erzzement 4.54
Estriche
– auf Trennschicht 7.33
– Bezeichnungen 7.34
– CAF 7.35
– Calciumsulfat-Fließestriche 7.35
– Calcium sulfat screed 7.34
– Fertigteilestriche 7.34
– Fugen 7.34
– Heizestriche 7.44
– Industriestrich 7.40
– mehrschichtige 7.34
– Oberflächenhärteklassen 7.36
– schwimmende 7.33
– Terrazzo 7.39
– Verbundestriche 7.33
– Verschleißwiderstandsklassen 7.38
– zementgebundene Hartstoffestriche 7.42
Estriche, auf Trennschicht 7.49
– Bezeichnung 7.50
– Festigkeitsklassen 7.50
– Härteklassen 7.50
Estrichprüfung 7.51
– Bestätigungsprüfung 7.51, 7.52
– Bestätigungsprüfung für Estriche auf Trennschicht 7.52
– Bestätigungsprüfung für Verbundestriche 7.52
– Druckfestigkeitsprüfung 7.52
– Erhärtungsprüfung 7.51
– FPC = Factory Production Control 7.51
– ITT = Initial Type Testing 7.51
– Schleifscheibe nach Böhme 7.53
– Schleifverschleiß 7.53
– werkseigene Produktionskontrolle 7.51
Ethylen-Propylen-Kautschukarten EPM, EPDM 14.46
Ettringit 4.36

Ettringittreiben 4.36
EU-GHS 19.3
EU-Verordnung 19.2
Exposition 19.6

F
FA 4.26
fachkundig 19.6
FAHZ 4.40
Falzpfanne 2.25
Fama 4.15
Farben, kalkechte 11.6
Farben, zementechte 11.7
Farbglas 3.13
Farbmittel 11.4
– Beständigkeit gegen Sulfide 11.7
– Deckkraft 11.7
– Farbkraft 11.7
– Lichtechtheit 11.7
Farbsiegel 11.5
Farbstoffe
– organische 11.4
Farbwiedergabe-Index 3.25
Faserbeton
– Kohlenstofffasern 6.109
– Kunststofffasern 6.109
Faserdämmstoffe
– aus nachwachsenden Rohstoffen 16.27
– Lieferformen von Faserdämmstoffen 16.27
– Mineralfaser-Dämmstoffe 16.27
– pflanzliche Faserdämmstoffe 16.27
Faserverbundkunststoffe (FVK) 14.39
Faserzement
– Bauteile aus 2.71
– Brandschutzplatten 2.77
Fayalit 1.4
FAZ 4.39
FD-Beton 6.69
FDE-Beton 6.69
FD-plast S 15.14
FE 4.43
Feinkeramik 2.4
Feinmakulatur 12.6
Feinstzement 4.52
Feldspat 1.1, 1.4, 1.16
Feldspatvertreter 1.1
Felsit 1.25
Fenster aus Kunststoff 14.64
Fenstertüren aus Kunststoff 14.64
Ferrarizement 4.54
Ferrit 8.18, 8.19
Ferrozement 4.54
Festbeton
– autogenes Schwinden 6.41
– Bewegungsfugen 6.43
– charakteristische Druckfestigkeit 6.38
– chemisches Schwinden 6.41
– Dehnung 6.37
– Einfluss der Temperatur 6.33
– Endschwindmaß 6.40
– Endschwindmaße 6.41
– Erhärtungsprüfung 6.83
– Festigkeitswerte 6.38
– Feuchtigkeitsdehnung 6.42

Stichwortverzeichnis

- Formänderungskennwerte 6.38
- Frühschwinden 6.40
- Fugen 6.43
- Fugenabstand 6.44
- Gelporen 6.35
- Gesamtschwindmaße 6.42
- Hydratationsdauer 6.33
- Hydratationsgrad 6.35
- Kapillarporen 6.34, 6.35
- Kapillarporosität 6.35
- Kapillarschwinden 6.40
- Karbonatisierungsschwinden 6.41
- Kriechverformung 6.39
- plastisches Schwinden 6.40
- Prüfung 6.85
- Prüfung der reinen Zugfestigkeit 6.85
- Prüfung der Spaltfestigkeit fct 6.85
- Prüfung des Bindemittelgehaltes 6.86
- Prüfung von Bohrkernen 6.83
- Quellen 6.42
- Querdehnzahl 6.38
- Relaxation 6.38
- Rückprallprüfung 6.83
- Schalenrisse 6.43
- Schrumpfen 6.39, 6.41
- Schrumpfporen 6.35
- Schwinden 6.39, 6.42
- Spaltrisse 6.43
- Spannungs-Dehnungs-Linie 6.37
- Trocknungsschwinden 6.41
- Umrechnung von Würfeldruckfestigkeiten 6.83
- Verdichtungsporen 6.35
- Wasserzementgesetz von Walz 6.33
- Wirkung des Wasserzementwerts 6.33
- Zunahme der Druckfestigkeit mit dem Alter 6.34
- Zusammenhang zwischen Zug- und Druckfestigkeit 6.32

feuerfeste Steine 2.4
Feuerstein 1.11, 1.15
Feuerton 2.42
Feuerverzinken
- Bandverzinken 8.117
- Duplex-Systeme 8.117
- feuerverzinkungsgerechtes Konstruieren 8.116
- Oberflächenbehandlungen 8.117
- Schweißen feuerverzinkter Teile 8.116
- Stückverzinken 8.116
- Verfahrensschritte 8.116
Feuerwiderstandsklassen (Tafel) 16.50
FE-Zemente 4.43
Fibersilikat 2.78
FK-Rinnen 14.63
Flachdachpfanne 2.25
Flachdachpfanne (Abb.) 2.27
Flächenverbrauch 18.5
Flächhammer 1.31
Flachteppiche 13.4
Flakiness Index 5.22
Fleckengneis 1.15
Fleckschiefer 1.15
Fleins 1.20
Fleinsstein 1.20
Flint 1.11, 1.15
Flinz 1.29

Floatglas
- Lichttransmissionsgrad 3.6
- Zebra-Test 3.10
Floatglas-Verfahren 3.1
Flugasche
- Anrechenbarkeitskennwert 4.27
- Eigenschaften 4.28
- Verwendung als Betonzusatzstoff 4.27
- Wirkung bei Zugabe zu Beton 4.28
Flugasche in selbstverdichtendem Beton 4.28
Fluon 14.31
Flussspat 1.3
Flüsterasphalt 10.41
FM 6.18
Foide 1.24
Foidite 1.24
Fondtapeten 12.3
Formsteine aus Beton 2.67
Forsterit 1.4
Fossilien 1.10
Fourcault-Verfahren 3.1
Fremdfirma 19.12
Frischbeton 6.6
- Ausbreitmaßklassen 6.6
- Ausbreitversuch 6.80
- Frischbetondichte 6.8
- Frischbetonrecycling 6.131
- Konsistenz 6.6
- Konsistenzbereiche 6.6
- Luftgehalt 6.7, 6.21
- Mindesttemperaturen von Frischbeton 6.54
- Setzversuch 6.81
- Temperatur des Frischbetons 6.54
- Vébé-Test 6.81
- Verdichtungsmaßklasse 6.6
- Verdichtungsversuch 6.80
- Wasseranspruch 6.12
Fruchtschiefer 1.15
Frühholz 17.3
Fugenband 14.58
Fugenbänder 14.58
Fugendichtstoff (Übersicht) 15.15
Fugenklemmprofile 14.58
Fugenprofile 14.58
Füller 4.26, 5.28, 10.21
Fullerparabel 5.40
FVK 14.39

G

Gabbro 1.6, 1.23
Gabbroporphyrit 1.6
Gado 3.23
Gammastrahlung, Berechnungsmodell 18.20
Ganggestein 1.6
Gartenblankglas 3.9
Gartenklarglas 3.9
Gase 18.10
GE 7.39
Gealan 14.59
Gefährdung 19.11
Gefährdungsbeurteilung 19.2
Gefahrenpiktogramm 19.3
Gefahrenpotential 19.5
Gefahrenquelle 19.12

Stichwortverzeichnis

Gefahrensymbol 19.3
Gefährlichkeitsmerkmal 19.4
Gefahrstoffsymbol 19.1
Gefahrstoffverzeichnis 19.2, 19.6
Gefäße 17.5
GefStoffV 19.2
Gehängelehm 1.27
Gehwegplatten aus Beton 2.70
Gekafol 14.55
Gekaplan 14.55
Geotextile Dränsysteme 14.51
Geotextilien, Anwendung
– Dichten 14.51
– Dränen 14.50
– Erosionsschutz 14.52
– Filtern 14.50
– Geotextilrobustheitsklassen GRK 14.52
– GRK 14.52
– Hersteller 14.52
– Schützen 14.52
– Trennen 14.50
geregelte Bauprodukte 18.23
Geröllgneise 1.15
Gesamtenergiedurchlassgrad 3.25
Geschiebelehm 1.26, 1.29
Geschiebemergel 1.29
Geschlitzte Dränrohre aus PVC hart 14.63
Gesteine
– basische 1.6
– intermediäre 1.6
– Kreislauf der 1.14
– metamorphe (Übersicht) 1.15
– saure 1.6
Gesteinskörnung
– AKR 6.64
Gesteinskörnungen
– AAV-Wert 5.26
– Abflamm-Methode 5.52
– alkaliempfindliche 5.16
– Alkali-Kieselsäure-Reaktionen (AKR) 5.18
– AM-Gerät 5.52
– Ausfallkörnungen 5.40
– Auswaschversuch 5.11
– Bestimmung der Plattigkeit 5.23
– Bezeichnungsweisen 5.27
– Calciumcarbid-Methode 5.52
– CM-Gerät 5.52
– Feinanteile 5.28
– Feinbrechsand 5.27
– feine 5.28
– Feinsand 5.27
– Feinstbrechsand 5.27
– Feinstsand 5.27
– Festgesteine 5.2
– Füller 5.28
– Fullerparabel 5.40
– Grenzsieblinien 5.40
– Grenzsieblinien für gebrochenen Zuschlag 0/22 5.42
– Grobbrechsand 5.27
– grobe 5.28
– Grobkies 5.27
– Grobsand 5.27
– Grundsiebsatz 5.28
– Grundsiebsatz plus Ergänzungssiebsatz 5.28
– Kategorie 5.28
– Kennwerte der Grenzsieblinien 5.46
– Kies 5.2, 5.27
– Kornaufbau bei Brechsand 5.41
– Kornaufbau bei Sichtbeton 5.41
– Kornaufbau bei Splitt 5.41
– Kornaufbau bei wasserundurchlässigem Beton 5.41
– Kornform-Messschieber 5.22
– Korngemisch 5.28
– Korngruppe 5.27
– Kornzusammensetzung für enggestufte grobe 5.33
– Kornzusammensetzung für Splittbetone 5.42
– Kornzusammensetzung für weitgestufte grobe 5.34
– Los-Angeles-Prüfung, LA-Wert 5.25
– MDE-Wert 5.26
– Mischkreuz-Verfahren 5.48
– Natronlaugenversuch 5.13
– Normen 5.1
– Oberflächenbeschaffenheit 5.23
– Plattigkeitskennzahl FI (Flakiness Index) 5.22
– Polierwiderstand 5.25
– Prüfverfahren (Normen) 5.8
– Prüfverfahren (Übersicht) 5.35
– PSV-Wert 5.25
– Raumbeständigkeit leichter Gesteinskörnungen 5.26
– Raumbeständigkeit rezyklierter Gesteinskörnungen 5.26
– Sand 5.2
– Schlagprüfung, SZ-Wert 5.25
– Schotter 5.27
– Sieblinien nach DIN 1045-2 5.38, 5.39
– spezieller Herkunft 5.36
– Splitt 5.27
– stetiger Kornaufbau 5.40
– Sulfide 5.15
– Überkorn 5.28
– unstetiger Kornaufbau 5.40
– Unterkorn 5.27
– Unterkorn-Überkorn-Verfahren 5.48
– Unterwasserwägung nach Thaulow 5.53
– Verschleiß 5.26
– weitgestufte grobe 5.29
– Widerstand gegen Abrieb 5.26
Gesteinskörnungen, grobe 5.29
– eng gestuft 5.29
– weit gestuft 5.29
Gesteinsmehle
– getemperte (GG) 4.30
gesundheitliche Auswirkungen 18.21
Getalan 14.36
Getalit 14.36
Gewöhnlicher Nagekäfer 17.56
GFB 6.108
GFK
– Formgebungsverfahren 14.39
GG 4.30
GHS 19.2
Gießharze 14.1
Gips 1.1, 1.3

Stichwortverzeichnis

Gipsbinder
– Biegezugfestigkeit 4.6
– Deckenputz mit 4.5
– Druckfestigkeit 4.6
– Eigenschaften 4.3
– Estrichgips 4.3
– Festigkeit 4.5
– Feuerschutzwirkung 4.4
– Haftzugfestigkeit 4.7
– Härte 4.6
– Isoliergips 4.3
– Korrosion von Eisen und Stahl 4.5
– Kristallisationsdruck 4.7
– Leichtgips 4.3
– Marmorgips 4.3
– Mauermörtel aus 4.5
– Modellgips 4.3
– Putzgips 4.2
– Raumbeständigkeitsversuch 4.7
– Spachtelmasse 4.3
– Stuckgips 4.2
– Versteifungsbeginn 4.6
– Verwendung 4.3
– Volumenvergrößerung beim Abbinden 4.4
– Wassergipswert 4.6
– Wasserlöslichkeit 4.4
Gipskarton-Bauplatten (GKB) 4.8
Gipskarton-Bauplatten (GKF) 4.8
Gipskarton-Bauplatten, imprägniert (GKBI) 4.8
Gipskarton-Bauplatten, imprägniert (GKFI) 4.8
Gipskarton-Kassetten 4.10
Gipskarton-Lochkassetten 4.10
Gipskarton-Lochplatte 4.10
Gipskartonplatten
– Kantenausbildung 4.9
– Trockenestrichelement 4.10
Gipskarton-Putzträgerplatten (GKP) 4.9
Gipskarton-Zuschnittplatte 4.10
Gipsspat 1.16
Gips-Trockenmörtel
– Anforderung 4.7
GISBAU 19.14
GJM 8.4
GJMB 8.4
GJS 8.3
GKB 4.8
GKBI 4.8
GKB-Platten 4.9
GKF 4.8
GKFI 4.8
GKF-Platten 4.9
GKP 4.9
Glas
– Absorption 3.25
– Emissionsvermögen 3.26
– Farbe 3.2
– Farbwiedergabe-Index 3.25
– Gado 3.23
– Gesamtenergiedurchlassgrad 3.25
– Glasstruktur 3.2
– Kalk-Natronglas 3.3
– Lichtdurchlässigkeit 3.25
– Lichttransmissionsgrad 3.25
– mittlerer Durchlassfaktor 3.26

– Reflexion 3.25
– Sedo 3.23
– Selektivkennzahl 3.26
– Transmission 3.25
– TWD-Elemente 3.35
– Wärmedurchgangskoeffizient 3.26
– Zusammensetzung 3.2
Glaserkitt 15.17
Glasfaserbeton
– Anwendungsgebiete 6.109
– Herstellung 6.108
Glasfaser-Harz-Verbundstäbe 6.91
Glasfasern 6.108
glasfaserverstärkte Epoxidharze (EP-GF) 14.39
glasfaserverstärkte Kunststoffe, Formgebungsverfahren
– Faserspritzverfahren 14.39
– Handlaminieren 14.39
– kontinuierliches Laminierverfahren 14.40
– Schleuderverfahren 14.40
– Wickelverfahren 14.39
glasfaserverstärkte Polyesterharze (UP-GF) 14.39
Glasfassade
– Beispiele 3.35
– Kaltfassade 3.34
– StructuralGlazing 3.34
Glasfassade, Warmfassade 3.34
Glaskeramik 3.13
Glasmacherpfeife 3.1
Glasvliesbitumendachbahnen 10.56
Glaukonit 1.1
Gleitlager aus Kunststoff 14.65
Glimmer 1.1, 1.4, 1.16
Glimmerschiefer 1.12, 1.15
Goethit 1.3
Granat 1.1, 1.4
Granatamphibolit 1.15
Granit 1.6, 1.23
– Schwarzer 1.23
– Schwedischer 1.23
– Verwitterung von 1.9
Granitgneis 1.15
Granitporphyr 1.6
Granodiorit 1.23
Graphit 1.1
Grauwacke 1.21
Greise 1.14
Greise (Gestein) 1.15
GRK 14.52
– Hersteller 14.52
grobe Gesteinskörnungen 5.29
Grobkeramik 2.4
Grundanstrich 11.3
Grünsandstein 1.20
GS 8.5
Gussasphalt 10.38, 10.40
– gewalzter 10.40
Gussasphaltestriche
– Härteklassen 7.39
– Herstellung 7.39
Gusseisen 8.2
– austenitisches 8.4
– Druckrohre aus 8.4
– mit Kugelgraphit (GJS) 8.3

Stichwortverzeichnis

– Temperguss, schwarzer (GJMB) 8.4
– Temperguss, weißer (GJMW) 8.4
Gusstischblasverfahren 3.1
Guttafol 14.56

H
Halbwertszeit 18.17
Hämatit 1.3
Hämatit Fe_2O_3 1.1
Handlaufprofile 14.58
Handschutz 19.10
Härteskala nach Mohs 1.2
Hartgestein 1.5
Hartgummi 14.44
Hart-PVC 14.23
Harze 1.11
Hausbockkäfer 17.55
Hautekzem 19.1
Hautschutz 19.10
HD-Ziegel 2.5
Heinoxan 15.14
Helmitin 15.20
Heulandit 1.17
HGT 4.56
HLz 2.10
HO 4.43
Hochleistungsbeton 6.60
Hochofen 8.8
Hochofenschlacke 4.25, 8.8
Hochofenzement (HOZ) 4.37
Hofabläufe aus Beton 2.70
Hoftüpfel 17.6
Hohlpfanne 2.24
Hohlpfanne (Abb.) 2.25
Holz
– Abbrandgeschwindigkeit 17.12
– Abholzigkeit 17.7
– Anisotropie 17.18
– Anwendungsbereiche 17.12
– Äste 17.7
– Bläue 17.7
– Blitzrisse 17.6
– Brandverhalten 17.17
– Braunstreifigkeit 17.7
– Chemikalienbeständigkeit 17.18
– Chemosorption 17.13
– Dauerhaftigkeit, natürliche 17.10
– Dauerhaftigkeitsklassen 17.11
– Dichte 17.17
– differentielle Quellung 17.21
– Drehwuchs 17.7
– einseitiger Wuchs 17.7
– elektrische Leitfähigkeit 17.18
– Entzündungstemperatur 17.12
– Fehler durch Insekten 17.7
– Festigkeit 17.19
– Fladerschnitt 17.3
– Formbeständigkeit 17.11
– Frostrisse 17.6
– Gleichgewichtsfeuchte 17.14
– Harzgallen 17.7
– Hirnschnitt 17.3
– Holzarten 17.12
– Holzfeuchte 17.13

– Holzfeuchte und Druckfestigkeit 17.15
– Holznutzung 17.1
– Holzveredelungsmittel 17.68
– Kapillarkondensation 17.13
– Kennwerte (Tafel) 17.8
– Kernrisse 17.6
– Korrosionswirkung 17.18
– Krümmungen 17.7
– Nutzungsdauer 17.10
– polymolekulare Adsorption 17.13
– Quellmaße 17.16
– Quellungskoeffizient 17.21
– Quellungskurven 17.16
– Querschnitt 17.3
– Radialschnitt 17.3
– Reaktionsholz 17.7
– Resistenz 17.10
– Resistenzklasse 17.8, 17.9
– Ringklüfte 17.6
– Risse 17.6
– Rohdichte 17.17
– Rotstreifigkeit 17.7
– Schälrisse 17.6
– Schwindmaße 17.16
– Schwindungsanisotropie 17.15
– Spannungs-Dehnungs-Diagramm 17.18
– Spannung-Stauchungs-Kurve 17.22
– spezifische Wärme 17.17
– spezifische Wärmekapazität 17.17
– Spiegelschnitt 17.3
– Stehvermögen 17.11
– Sternrisse 17.6
– Tangentialschnitt 17.3
– Tränkbarkeitsklassen 17.11
– Verfärbungen 17.7
– Wärmeleitfähigkeit 17.17
– Wassergehalt 17.13
– Wetterschutzmittel 17.67
Holzfaserplatten
– harte Platten 17.53
– Kurzzeichen 17.53
– MDF Platten 17.53
– mittelharte Platten 17.53
– nach dem Trockenverfahren 17.52
– poröse Platten 17.53
Holzfeuchteänderung 17.21
Holzpflaster 17.36
Holzschutz
– bei Außenwand der Gefährdungsklasse 0 17.65
– Brandschutzbeschichtungen 17.79
– Feuerschutzmittel 17.79
– Holzbauteile, die der Witterung direkt ausgesetzt sind 17.63
– Holzschutzmaßnahmen 17.60
– Holzschutzmittelsyndrom 17.79
– Kesseldrucktränkung 17.74
– Kurztauchen 17.71
– nichtbelüftetes Dach der Gefährdungsklasse 0 17.64
– Osmoseverfahren 17.74
– Saftverdrängungsverfahren 17.72
– Tauchen 17.71
– Teeröl 17.74
– Trogsaugverfahren 17.74

Stichwortverzeichnis

– Trog- und Einstelltränkung 17.72
– Vakuumtränkung 17.74
– Verringerung der Gefährdungsklasse 17.63
– Volltränkung 17.74
– vorbeiügende bauliche Maßnahmen 17.61
– Wechseldrucktränkung 17.74
– Zulassung von Holzschutzmitteln 17.67
Holzschutz, Altholz, schutzmittelbehandeltes
– Beseitigungsnachweis 17.80
– Verwertung 17.80
Holzschutzmittel
– Anwendung 17.67
– Blauer Engel 17.68
– chromathaltige HSM 17.70
– DDT 17.80
– E 17.70
– Einbringmengen im Schnittholz 17.76
– Einbringverfahren in Gebrauchsklasse 3 17.76
– Eindringtiefe 17.71
– Einsatzbereiche 17.71
– Einstelltränkung 17.72
– Emulsionen 17.70
– gegen Pilze und Insekten (Übersicht) 17.72
– gesundheitliche Unbedenklichkeit 17.67
– Holzschutzmittelsyndrom 17.79
– Ib-Mittel 17.78
– Iv 17.70
– Kesseldrucktränkung 17.74
– Kurztauchen 17.71
– lösemittelhaltige HSM 17.70
– M-Mittel 17.78
– ölige HSM 17.70
– Osmoseverfahren 17.74
– (P) 17.70
– P 17.70
– Produkt-Codes 17.70
– Prüfzeichen des DIBt Berlin 17.68
– RAL-Gütezeichen 17.68
– Saftverdrängungsverfahren 17.72
– Tauchen 17.71
– Teeröl 17.74
– Trogsaugverfahren 17.74
– Trogtränkung 17.72
– Umweltverträglichkeit 17.67
– Vakuumtränkung 17.74
– Volltränkung 17.74
– W 17.70
– wasserbasierte (wässrige) HSM 17.70
– Wechseldrucktränkung 17.74
– Wetterschutzmittel 17.67
– Zulassung von Holzschutzmitteln 17.67
Holzschutzmittelsyndrom 17.79
Holzteer 10.63
Holzverkohlung 17.12
Holzwerkstoffe
– alte Holzwerkstoffklassen 17.40
– Baustoffklassen 17.39
– Formaldehydabgabe 17.39
– Herstellung 17.38
– Holzwerkstoffklassen 17.39
– neue Plattentypen 17.40
– OSB-Platten 17.49
– Quellmaße 17.16
– Schwindmaße 17.16

Holzwerkstoffe, Holzschutz 17.64, 17.77
Holzwespen 17.59
Holzwirtschaft, nachhaltige 17.1
Holzwolle-Leichtbauplatten 4.16
Holzzellen 17.5
Holzzerstörer
– Bläuepilz 17.55
– Borkenkäfer 17.59
– echter Hausschwamm 17.54
– gewöhnlicher Nagekäfer 17.56
– Hausbockkäfer 17.55
– Holzwespen 17.59
– Kellerschwamm 17.54
– Moderfäule 17.55
– Porenschwamm 17.54
– Splintholzkäfer 17.56
– Tannenblättling 17.55
– Termiten 17.59
Hornblende 1.1, 1.4, 1.16
Hornblendefels 1.25
Hornblendeschiefer 1.15
Hornfels 1.14
Horniflex 14.36
Hornitex 14.36
Hostadur 14.34
Hostaflon 14.31
Hostalen G 14.20
Hostalit 14.24
Hostalit Z 14.25
Hostaphan 14.34, 14.55
HOZ 4.37
HO-Zement 4.43
HRB 4.56
HS 4.42
H Sätze (Hazard-Statements, früher R-Sätze) 19.4
HT 4.56
Humanökologie 18.1
Hüttensand 4.25
HWL-Platten 16.31

I

IG 2.35
IIR 14.46
Ilmenit 1.3
Imprägnierungen 11.2
Individualschutz 19.13
Industriestrich 7.40
Informationsbeschaffung 19.14
Informationspflicht 19.1
inhalative Exposition 19.12
inhalierbar 19.8
Injektionsgneise 1.15
Innenputz
– Putzsysteme 7.24
Instandsetzung von Beton
– Bindemittelgruppen 6.126
– Druckwasserstrahlen 6.127
– Flammstrahlen 6.127
– Fräsen 6.127
– Hochdruckwasserstrahlen 6.127
– Oberflächenschutzsysteme 6.125
– Strahlen mit Feststoffen 6.127
– Verfahren zur Behebung von Schäden 6.113

Stichwortverzeichnis

Instandsetzung von Beton, Verfahren bei Bewehrungskorrosion
– Beanspruchbarkeitsklassen 6.123
– Grundsatzlösung C 6.121
– Grundsatzlösung R 1 6.118
– Grundsatzlösung R1 – Cl 6.122
– Grundsatzlösung R 2 6.120
– Grundsatzlösung W 6.120
– Instandsetzungsbetone 6.123
– Instandsetzungsprinzip C, C – C 6.121
– Reaktionsharzbeton 6.124
– Reaktionsharzmörtel (PC) 6.124
Interventionswert 18.9
Inverkehrbringer 19.2
Irdengut 2.4
Irdengutfliesen IG 2.35
ISO 14 001 18.25
ISO 14 004 18.25
Isocyanatasthma 19.1
Isoliergerät 19.10
Isolierglas
– Alarm-Isolierglas 3.21
– Anisotropie 3.24
– beschichtetes Zweischeiben-Isolierglas 3.26, 3.27
– Doppelscheiben-Effekt 3.24
– Interferenzerscheinung 3.24
– Sonnenenergiedurchgang 3.26
– Sonnenschutzglas 3.29
Isopren-Isobutylen-Rubber 14.46
ISO-Spitzkerbprobe 8.25
Isotope 18.17
ispo 14.39

J
Jalousien aus Kunststoff 14.65

K
Kabelkanal-Formsteine aus Beton 2.70
Kabelschutzleitungen aus PVC hart 14.63
Kalifeldspat 1.4, 1.16
Kaliglimmer 1.16
Kalisalz 1.1
Kalkfeldspat 1.4
Kalkgestein
– Farbe 1.18
Kalkglimmerschiefer 1.15
Kalknatronfeldspat 1.16
Kalkoolithe 1.11
Kalksandsteine
– Bauplatten 2.44
– Blocksteine 2.43
– Dampfstrahlreinigung 2.50
– deckende Beschichtungen 2.49
– Druckfestigkeitsklassen 2.47
– Fasensteine 2.44
– Flachstürze 2.47
– Griffhilfen 2.44
– Hohlblocksteine 2.43
– KS-Steine 2.43
– Lochsteine 2.43
– Maßtoleranzen 2.44
– Mauerwerk mit Putz 2.49
– Mörteltaschen 2.44
– Nennmaße 2.45
– Nut-Feder-Systeme 2.44
– Planelemente 2.44
– Plansteine 2.44
– reinigen 2.50
– Riemchen 2.44
– Rohdichteklassen 2.47
– Sondersteine 2.47
– Steinformate (Abb.) 2.46
– U-Schalen 2.47
– Verblender 2.44
– Verwendung im Mauerwerksbau 2.48
– Vollsteine 2.43
– Vormauersteine 2.44
Kalkschiefer 1.15
Kalksilikathornfelse 1.15
Kalksinter 1.11
Kalkspat 1.1, 1.3, 1.16
Kalkstein 1.17
– dolomitischer 1.17
Kalkstein als Werkstein 1.18
Kalksteine
– Richtzahlen 1.19
Kalksteinmergel 1.17
– dolomitischer 1.17
Kalkstein-Ton-Gesteine (Übersicht) 1.17
Kalktuff 1.11
Kaltpechlösung 10.63
Kaltteer 10.63
Kambium 17.2
Kaolin 2.1
Kaolinit 1.4
Kaolinton 1.9
Kauresinleim 14.37
kaustische Magnesia 7.35
KDT-Tremie-Methode 6.56
Kellerschwamm 17.54
Keltan 14.46
Kennfarben 11.4
Kennzeichnung 19.2
keramische Baustoffe 2.2, 2.3
– Brenntemperatur 2.3
– Einteilung der (Übersicht) 2.4
– Farbe 2.1
– Hartstoffe 2.1
– Kaolin 2.1
– Lehm 2.1
– Rohstoffe 2.1
– Ton 2.1
keramische Fliesen 2.34
keramische Fliesen und Platten
– Bodenbelag 2.40
– Bodenbeläge 2.39
– Bodenbelag im Objektbereich 2.40
– Güteanforderungen 2.35
– Gütemerkmale 2.35
– Irdengutfliesen IG 2.35
– Kennzeichnung 2.36
– Klassifizierung 2.34
– mit E > 10 % 2.35
– Steingutfliesen STG 2.35
– Vorzugsmaße 2.37
– Wandbelag 2.40
– Wandbeläge 2.39
keramische Platten 2.34

21.15

Stichwortverzeichnis

Keratophyr 1.25
Kernholz 17.4
Kernholzbäume 17.4
Kevlar 14.32
Keylwerth-Diagramm 17.13
Kiefer, Jahresring 17.5
Kieselgesteine 1.11
Kieselgur 1.9, 1.11, 1.20
Kimberlit 1.6
Kitt 15.17
KK 2.10
Kleblacke 15.4
Klebpolteppich, Schlingenpol 13.6
Klebpolteppich, Schnittpol 13.6
Klebstoff
– Abbinden 15.3
– anorganischer 15.5
– Anwendungsgebiete 15.6
– auf Formaldehydbasis 15.7
– Einkomponentenkleber 15.7
– Einteilung (Übersicht) 15.5
– fester 15.8
– Gesundheitsrisiken 15.20
– Haftklebstoff 15.7
– Kleblack 15.4
– Kontaktklebstoff 15.6
– Kunstkautschukklebstoff 15.6
– Leim 15.4
– Leimlösung 15.4
– Lösemittelklebstoff 15.4
– organischer 15.5
– Reaktionsharzklebstoff 15.7
– Reaktionsklebstoff 15.3, 15.7
– Recycling 15.20
– Schmelzklebstoff 15.8
– Zweikomponentenkleber 15.7
Klebstoffe
– Dispersionsklebstoffe 15.4
Kleinbrenner-Test 13.7
Klingstein 1.24
KMB 10.53
KMz 2.10
Knotenschiefer 1.15
Knüpfteppiche 13.4
Kobaltblau 11.5
Kohlehydratkreislauf 18.6
Kohlengesteine 1.11
Kohlensandstein 1.19
Kohlenstofffasern 14.45
Kohlenstoffkreislauf 18.5
Kohlenstoffpigmente 11.5
Kohlenstoffsteine 2.33
Kollektivschutz 19.13
Kolloidzement 4.54
Kompositzement CEM V 4.40
Konformitätskontrolle 6.70
Konglomerate 1.10, 1.21
konstruktive Vollholzprodukte
– Arten 17.23
– Verwendung 17.23
Kontaktgestein 1.15
Kontamination 19.8
Konvivialitätsmodell 18.24
Konzentration 19.13

Koordinator 19.12
Korallenkalk 1.11
Kork 16.36
Kornformkennzahl SI (Shape Index) 5.22
Kornform-Messschieber 5.22
Kornzusammensetzung für Sand 5.32
Korrosionsschutz
– von Gussrohren 4.51
– von Stahlrohren 4.51
Korrosionsschutz von Stahl
– aktiver 8.96
– aktiver kathodischer 8.99
– Beschichtungsarbeiten 8.112
– Beschichtungserneuerung 8.113
– Beschichtungsstoffe 8.108
– Beschichtungssysteme 8.99
– Beschichtungsverfahren 8.112
– Bindemittel für Beschichtungsstoffe 8.109
– Deckbeschichtungen 8.108
– Diffusionsverfahren 8.115
– elektrolytisches Verzinken 8.119
– Emaillieren von Stahl 8.114
– Fertigungsbeschichtungen 8.108
– Feuchtigkeitshärtende Stoffe 8.109
– Füllstoffe für Beschichtigungen 8.109
– galvanisches Verzinken 8.119
– Gesundheitsschutz 8.99
– Grundbeschichtungen 8.108
– Gummiüberzüge 8.114
– Haftbeschichtungen 8.108
– Kantenschutzbeschichtungen 8.108
– kathodischer 8.120
– Korrosionsschutzarbeiten 8.99
– korrosionsschutzgerechte Gestaltung 8.101
– Korrosionsschutzpigmente 8.109
– Korrosionsschutzplanung 8.96
– Korrosionsschutzverfahren mit Zink (Übersicht) 8.119
– mechanisches Plattieren 8.120
– metallische Überzüge 8.120
– mit Bitumen 8.114
– mit Kunststoffen 8.114
– nichtrostende Stähle 8.98
– oxidativ härtende Stoffe 8.109
– passiver 8.96
– passiver kathodischer 8.99
– physikalisch trocknende Stoffe 8.109
– Pigmente für Deckbeschichtungen 8.109
– Plattieren 8.115
– Rauigkeit gestrahlter Stahloberflächen 8.104
– Reaktionsbeschichtungsstoffe 8.109
– Reinheitsgrade von Stahloberflächen 8.104
– Reinheitsgrade von Stahloberflächen (Tafel) 8.107
– Schichtdicke von Beschichtungen 8.108
– Schmelztauchüberzüge 8.115
– Schutzdauer von Zinküberzügen 8.118
– Sherardisieren 8.120
– Spritzverzinken DIN EN ISO 2063 8.119
– thermisches Spritzen 8.119
– trocknende Stoffe 8.109
– Überwachung der Beschichtungsarbeiten 8.113
– Überzüge aus Emaille 8.114
– Umweltschutz 8.99
– Verfahren der Oberflächenvorbereitung 8.103

Stichwortverzeichnis

– Verfahren zum Entfernen artfremder Schichten (Übersicht) 8.105
– Verfahren zum Entfernen von Verunreinigungen (Übersicht) 8.105
– von tragenden dünnwandigen Bauteilen 8.113
– von Wasserrohren mit Zementmörtel 8.114
– Vorbereitungsgrade von Stahloberflächen 8.104
– Vorbereitungsgrade von Stahloberflächen (Tafel) 8.107
– wetterfeste Baustähle 8.98
– widerstandsfähige Stähle 8.98
– Zinkstaubbeschichtung 8.120
– Zweikomponenten-Epoxidharz-Stoffe 8.109
– Zweikomponenten-Polyurethan-Stoffe 8.109
– Zwischenbeschichtungen 8.108
Korrosionsschutz von StahlFeuerverzinken . siehe Feuerverzinken
Korrosion von Stahl
– Dickenabnahme 8.100
– flächenbezogener Massenverlust 8.100
– im Erdreich 8.101
– (Immersions-)Kategorien 8.101
– im Wasser 8.101
– in der Atmosphäre 8.101
– Korrosivitätskategorien 8.100
– verstärkte Korrosion 8.101
Korund 1.3, 1.17
Korundsteine 2.33
Kreide 1.17
Krempziegel 2.24
Kröneleisen 1.31
Kunstharze 14.1
Kunstharzspachtel 15.20
Kunststoff
– Zustandsbereich 14.12
– Zustandsbereiche in Abhängigkeit von der Temperatur (Abb.) 14.12
Kunststoffe
– ataktische Struktur 14.7
– Aufbau 14.2
– Ausgangsstoffe 14.2
– Ausgangsstoffe für die Herstellung (Übersicht) 14.3
– Autoxidation 14.18
– Beständigkeit gegen aggressive Stoffe 14.2
– Beständigkeit gegen Wasser 14.2
– Bruchdehnung 14.2
– Einfriertemperatur 14.10
– Elastizitätsmodul 14.2
– elektrisches Isoliervermögen 14.2
– Entsorgung auf Deponien 14.67
– Fugenbänder 14.58
– Fugenprofile 14.58
– gemeinsame Merkmale 14.2
– Gestalt der Makromoleküle 14.9
– Glasübergangstemperatur 14.10
– Grenztemperaturbereiche 14.10
– gute Einfärbbarkeit 14.2
– halbsynthetische 14.2
– Handlaufprofile 14.58
– Herstellung 14.2
– isotaktische Struktur 14.7
– Kugeldruckhärte 14.2
– leichte Verarbeitbarkeit 14.2

– physikalische Eigenschaften (Übersicht) 14.4
– Plastomere 14.9
– Polyaddition 14.7
– Polykondensation 14.7
– Polymerisation 14.5
– räumliche Struktur 14.8
– Recycling 14.66
– Rohdichte 14.2
– Schlagzähigkeit 14.2
– Schubmodul 14.12
– Sockelleistenprofile 14.59
– syndiotaktische Struktur 14.7
– Treppenkantenprofile 14.59
– Verfeuerung in Müllverbrennungsanlagen 14.67
– Wärmeausdehnungskoeffizient 14.2
– Wärmebeständigkeit nach Vicat 14.4
– Wärmeformbeständigkeit 14.2
– Wärmeleitfähigkeit 14.2
– Zeitstandfestigkeit 14.2
– Zugfestigkeit 14.2
– Zustandsform 14.12
Kunststofffensterarten 14.64
Kunststoffhydrierverfahren 14.67
Kunststoffrohre
– Abmessungen 14.60
– Anwendungsgebiete 14.60
– aus PE hart 14.62
– aus PE weich 14.62
– aus Polybuten PB 14.62
– aus Polypropylen PP 14.62
– aus PVC hart 14.62
– für Abwasserkanäle 14.62
– für Abwasserleitungen 14.62
– für Gasleitungen 14.63
– Kennwerte 14.61
– Materialien 14.60
– Nenndruck 14.60
Kunststoffrollläden 14.64
Kunststofftapeten 12.5
Kupfer Cu
– Band 9.8
– Bezeichnung von Kupferwerkstoffen 9.6
– Blech 9.8
– Bronze 9.8
– Eigenschaften 9.7
– Gewinnung 9.6
– Korrosionsverhalten 9.9
– Kupfer-Gusslegierungen 9.8
– Kupfer-Knetlegierungen 9.7
– Kupferlegierungen 9.7
– Kupferrohre 9.9
– Kupfersorten 9.7
– Messing 9.8
– Neusilber 9.8
– Rotguss 9.8
– Verwendung 9.8
– Vorkommen 9.6
Kupferkies 1.3

L
Lacke
– Bitumenlacke 11.20
– Emaillelack 11.20
– Epoxidharzlacke 11.19

Stichwortverzeichnis

– Hartmattlacke 11.20
– Heizkörperlackfarben 11.20
– Kunstharz-Lacklasurfarben 11.20
– lösemittelreduzierte 11.26
– Mehrfarbeneffekt-Lackfarben 11.20
– Polyurethanlacke 11.19
– säurehärtende Lacke 11.19
– schadstoffarme 11.26
– Schleiflack 11.20
– Schleiflackierung 11.20
– Tafellacke 11.20
– Teerpechlacke 11.20
– ungesättigte Polyesterlacke 11.19
– Wachsmattlacke 11.20
Lackspachtel 15.20
Lahyment 4.25
Laminierharze 14.1
Latent-hydraulische Stoffe 4.25
latent-hydraulische Stoffe, Reaktionsschema 4.30
Latex 14.44
LD-Ziegel 2.5
Le-Chatelier-Ring 4.48
– C3A-Gehalt 4.48
– chemische Zusammensetzung 4.48
– Puzzolanität 4.48
Ledeburit 8.20
Lehm 1.21, 1.29, 2.1
– Druckfestigkeit 1.27
Lehmbau
– Anwendung 2.2
– Faserlehm 2.2
– Lehmstroh 2.2
– Leichtlehm 2.2
– Massivlehm 2.2
– Schwerlehm 2.2
Lehmbaustoffe 2.1
Lehmmörtel 7.28
Leichtbeton
– Festigkeit 6.102
– Festigkeitsklassen 6.102
– gefügedichter 6.100
– Herstellung 6.103
– mit geschäumtem Polystyrol (Styroporbeton) 6.101
– nach Eigenschaften 6.103
– Porenleichtbeton 6.99
– Rohdichteklassen 6.103
– Spannungs-Dehnungs-Linien 6.104
– Styroporbeton 6.101
– Übereinstimmungskriterien 6.104
– Vollblöcke aus 2.58
– wirksamer Wasserzementwert 6.103
Leimspachtel 15.19
Leinölfirnis 11.16
Lekutherm 14.39
Leschuplast 14.24
Leuzit 1.4
LH 4.42
Liassandstein 1.20
Lichtdurchlässigkeit 3.25
Lichtkuppeln aus Kunststoff 14.64
Lichtschalen aus Kunststoff 14.64
Lichttransmissionsgrad 3.5, 3.25
Limonit 1.1, 1.3
Liparit 1.6

Liquidus-Linie 8.19
Lithiumglimmer 1.14
Lithopone 11.5
Lithoxyl 4.15
LLz 2.10
Los-Angeles-Prüfung 5.25
Löss 1.29
Lösslehm 1.27, 1.29
Löten
– goldhaltige Hartlote 9.20
– Hartlote 9.19
– Hartlöten 9.20
– Kupferhartlote 9.20
– Lote 9.19
– Lotmetalle 9.19
– Silberhartlote 9.20
– Weichlote 9.19
– Weichlöten 9.20
LP 6.20
LP-Beton 6.20
LP-Topf 6.81
Luftdurchlässigkeitsprüfer 4.46
Luftfeuchteänderung 17.21
Luftschadstoffe 18.7
– Grenzwerte 18.7
Luftschall 16.38
Luftschalldämmung 16.40
Luftschallschutz von Massivdecken 16.43
Lugato-Fugenband 14.58
Luran 14.26
Luran S 14.26

M

Magma 1.5
Magmagesteine (Übersicht) 1.6
Magmatite 1.5
Magnesia 4.14
Magnesiaestriche
– Feuchtigkeitsverhalten 7.36
– Herstellung 7.35
– kaustische Magnesia 7.35
– Pflege 7.37
– Rohdichteklassen 7.37
– Steinholz 7.37
– Steinholzestrich 7.37
– ungeeignete Unterböden 7.37
Magnesiaglimmer 1.16
Magnesit 1.3
Magnesitsteine 2.33
Magnesitvorkommen 1.18
Magnesiumchlorid 4.14
Magnetit 1.3
Magnetit Fe3O4 1.1
Magnetkies 1.3
Makrofol-Folie 14.33
Makrolon 14.33
Makrolon 30 GV 14.33
Makulaturpapier 12.7
Malbstein 1.20
Manganskitt 15.17
Markisen aus Kunststoff 14.65
Markröhre 17.2
Marley 14.59
Marmor 1.12, 1.15

– echter 1.18
– reiner 1.18
Marmorgips 4.3
Massenbeton 6.88
Massepolymerisation 14.23
matière plastique 14.1
Mauerfraß 7.32
Mauermörtel 7.2, 7.3
– Anforderungen an 7.7
– Baustellenmörtel 7.6
– bewehrtes Mauerwerk 7.9
– Bindemittel 7.5
– Brandverhaltensklasse 7.7
– Chloridgehalt 7.7
– Druckfestigkeit 7.7
– Druckfestigkeitsklasse 7.7
– Dünnbettmauermörtel 7.9
– Dünnbettmörtel (DM) 7.5
– Fugendruckfestigkeit 7.7
– für Glasbausteine 7.10
– für Lehmsteinwände 7.10
– für Schornsteinformsteine 7.10
– für Verblendmauerwerk 7.9
– Klebemörtel 7.10
– Kolloidalmörtel 7.10
– Korrigierbarkeitszeit 7.7
– Leichtmauermörtel 7.9
– Leichtmörtel (LM) 7.5
– Mischungsverhältnisse 7.6
– Mittelbettmörtel 7.10
– Mörtelgruppe I 7.8
– Mörtelgruppe III und IIIa 7.9
– Mörtelgruppe II und IIa 7.9
– Natursteinmauerwerk 7.9
– Normalmörtel 7.6
– Normalmörtel (NM) 7.5
– Sand 7.5
– Schaummörtel 7.10
– Trockenrohdichte 7.7
– Verarbeitbarkeitszeit 7.7
– Verbundfestigkeit 7.7, 7.8
– Vergussmörtel 7.10
– Wärmeleitfähigkeit 7.7
– Zusatzmittel 7.5
– Zusatzstoffe 7.5
Mauermörtel, Leichtmauermörtel 7.8
– Längsdehnungsmodul El 7.8
Mauersalpeter 7.30
Mauerwerk aus Mauerziegeln 2.11
– Drahtanker 2.13
– Sichtmauerwerk 2.12, 2.14
Mauerziegel 2.5
– Druckfestigkeitsklassen 2.9
– Farbkennzeichnung 2.9
– Formziegel 2.5
– Frostbeständigkeit 2.10
– Handformziegel 2.5
– HD-Ziegel 2.5
– hochfeste Klinker 2.5
– hochfeste Ziegel 2.5
– Hochlochziegel 2.5
– Hochlochziegel W 2.5
– Keramikklinker 2.5
– Klinker 2.5

– Langlochziegel 2.5
– LD-Ziegel 2.5
– Leichthochlochziegel W 2.7
– Leichtlanglochziegel 2.5
– Leichtlangloch-Ziegelplatte 2.7
– Leichtlangloch-Ziegelplatten 2.5
– Maßspanne 2.6
– Mauertafelziegel 2.5
– mit allgemeiner bauaufsichtlicher Zulassung 2.11
– Normen 2.4
– Planziegel 2.5, 2.11
– Prüfung auf Druckfestigkeit 2.9
– Riemchen 2.7
– Rohdichteklassen 2.9
– Salze 2.10
– Schallschutz-Füllziegel 2.11
– Scherbenrohdichte 2.8
– Sparverblender 2.7
– Vollziegel 2.5
– Vormauerziegel 2.5
– Wärmedämmziegel 2.5
– Wasseraufnahme 2.10
– Ziegelformate 2.8
– Ziegelmaße im Mauerwerk 2.8
– Ziegelrohdichte 2.8
Maximale-Arbeitsplatz-Konzentration (MAK) 18.8
maximale Immissionskonzentration (MIK) 18.9
MC 4.54
MC-Binder 4.55
Melaphyr 1.6, 1.24
Membran-Tragwerke aus Kunststoff 14.65
Mennige 11.5
Mennigekitt 15.17
Mergel 1.17, 1.29
– dolomitischer 1.17
Mergeldolomit 1.17
Mergelkalkstein 1.17
– dolomitischer 1.17
Mergelton 1.17
– dolomitischer 1.17
Messdatenpool 19.14
Messing 9.4, 9.8
Metabolit 19.13
Metakaolin 1.21, 4.29
Metalltapeten 12.5
Metallverbindungen, geklebte 8.62
metamorphe Gesteine 1.5
Metasomatose 1.9, 1.10
Meteoreisen 8.1
Methacrylharze 14.28
Methacrylsäureester 14.28
Microsilica 4.29
Mikrodiorit 1.23
Mikrosilica 6.60
Milchquarz 1.16
Mineralien
– Augit 1.1
– Kristallklassen 1.2
– Kristallsysteme 1.3
mineralisch gebundene Baustoffe 2.1
Minette-Erze 1.12
Mipolam 14.59
Mischgestein 1.15
Mischkreuz-Verfahren 5.48

Stichwortverzeichnis

mittlerer Durchlassfaktor 3.26
ML-Platten 16.31
Modell des natürlichen Gleichgewichts 18.24
Moderfäule 17.55
Mohs'sche Härteskala 1.2
Molasse 1.20
Molassesandstein 1.20
Moltofill 15.19
Mönch und Nonne (Abb.) 2.26
Mönch- u. Nonnenziegel 2.24
Monelmetall 9.10
Montmorillonit 1.4
Mörtel
– definierte Ausbreitmaße 7.3
– Festigkeitsprüfung 7.3
– Konsistenz 7.3
– Lehmmörtel 7.28
– Luftgehalt 7.3
– Mehrkammer-Silomörtel 7.2
– Prüfung der Mörtel 7.2
– Prüfverfahren 7.3
– Rohdichte 7.3
– Schlitzmörtel 7.28
– trasshaltige 4.26
– Werk-Frischmörtel 7.2
– Werkmörtel 7.2
– Werk-Trockenmörtel 7.2
– Werk-Vormörtel 7.2
Mörtel . siehe Mauermörtel; siehe Putzmörtel
Mörtel, Prüfung
– Mindestmengen für Probematerial 7.3
Mörtel, Prüfverfahren
– Haftzugfestigkeit 7.4
– Korrigierbarkeitszeit 7.4
– Lagerungsbedingungen für Mörtel-Probekörper 7.4
– Mörtelfestigkeit in der Fuge 7.4
– Verarbeitbarkeitszeit von Dünnbettmörteln 7.4
Mowiol 14.30
Muldenfalzziegel 2.25
Mullitsteine 2.33
Mundblasverfahren 3.1
Muschelkalk 1.11
Muskovit 1.4, 1.16
Mz 2.10

N
NA 4.42
NA2-Äquivalent 4.42
Nachhaltige Bewirtschaftung 18.3
Nachhaltigkeit 18.3
Nackte Bitumenbahn 10.56
Nadeleisenerz 1.3
Nadelpenetration 10.5
Nahrungskette 18.5
Nanosilica 4.29
Natronfeldspat 1.4
Natronlaugenversuch 5.19
Natur 18.1, 18.4
Naturasphalt 10.2
Naturasphalte 10.20
Naturelltapeten 12.3
Naturkork 16.36
Naturstein 1.5
– Eigenschaften (Übersicht) 5.5
– Mauerwerk aus 1.32
– Normen 1.33, 1.35
– Steinbearbeitungswerkzeug 1.31
Naturwerkstein
– Informationsstelle 1.18
Naturwerksteinarbeiten 1.31
Naturwerkstofftapeten 12.5
NA-Zement 4.42
NE-Metalle 9.2, 9.3
– Buntmetalle 9.1
– Gesundheitsrisiken 9.20
– Gusslegierungen 9.1
– Knetlegierungen 9.1
– leichte 9.1
– schwere 9.1
– Umwelt 9.20
NE-MetalleLöten . siehe Löten
Neoprene 14.46
Nephelin 1.4
Neusilber 9.8
NHL 4.18
Nichteisenmetalle 9.2, 9.3
nicht geregelte Bauprodukte 18.23
nichtrostender Betonstahl 8.40
Nitrilkautschuk NBR 14.45
Nitrocellulosespachtel 15.19
Nitrolacke 14.43
Nitrozellulose 14.43
Normalverteilung 6.72
Notfall 19.11
Novodur 14.26
Nuklide 18.17
Nylon 14.32

O
Ökobilanz 18.25
– Input-Output-Analyse 18.26
Ökologie 18.1
ökologische Beurteilung
– Konvivialitätsmodell 18.24
Ökosystem 18.1
Ökosysteme 18.2
Olivin 1.1, 1.4
Olivinbasalt 1.6
Olivinfels 1.15
Olivingabbro 1.6
Öllackanstriche 11.17
Öllackspachtel 15.20
Ölschiefer 1.11
Ölspachtel 15.20
Oolith 1.12
Opal 1.1, 1.9, 1.11, 1.15
Ornamentglas
– Oberflächenstrukturen 3.14
Orthogesteine 1.12, 1.15
Orthoklas 1.4, 1.16
Orthophyr 1.6
OSB-Flachpressplatten 17.49

P
PAK 10.63
Palatal 14.38
PAN 14.45

Stichwortverzeichnis

Paragesteine 1.12, 1.15
Parenchymzellen 17.5
Parkett
– Oberflächenbehandlung 17.35
Pattex 14.39, 14.46, 15.6
PCC 6.111
Pech 10.1
Pectacrete 4.49
Pegmatit 1.6, 1.7
Perbunan 14.45
Perbunan C 14.46
Pergut 14.44, 14.46
Peridotit 1.6
Perlit 8.19, 16.30
Perlon 14.32
Phenole 10.63
Phonolith 1.24
Phosphor 18.6
Phyllite 1.12
Pigmente 11.4
– kalkechte 11.6
Pikrit 1.6
Pikritbasalt 1.6
PIR-Schäume 14.40
PKHZ 4.40
PKZ 4.39
Plagioklas 1.4, 1.16
Planziegel 2.11
Plaste 14.1
plastics 14.1
Plastik 14.1
Plastikant 14.59
Plastiment-Fugenband 14.58
plastmassa 14.1
Plastomere 14.9
Plastomere, Formgebung
– Blasen 14.47
– Extrudieren 14.47
– Flammspritzverfahren 14.47
– Kalandrieren 14.47
– Spritzgießen 14.47
– Streckformen 14.47
– Vakuum-Tiefziehen 14.47
– Wirbelsintern 14.47
Plastomere, Schweißen
– Extrusionsschweißen 14.48
– Heizelementschweißen 14.47
– Hochfrequenz-(HF-)Schweißen 14.48
– Quellverschweißung 14.48
– Reibschweißen 14.48
– Überlappschweißen 14.48
– Ultraschallschweißen 14.48
– Wärmeimpulsschweißen 14.48
– Warmgasschweißen 14.47
Plattieren 8.115
Plattigkeitskennzahl (Fl) 5.22
Plexiglas 14.27
Plexisol 14.28
Plutonit 1.5
PM-Binder 4.54
PMMA 14.27
PMz 2.10
Pocan 14.34
Polteppiche 13.4

– Einstufung des Komfortwerts 13.13
Polyacrylate 14.28
Polyacrylester 14.28
Polyacrylnitril 14.45
Polyaddition 14.7
Polychloropren 14.46
Polyesterspachtel (Kitte) 15.20
Polyethylen
– Eigenschaften 14.19
– High density Polyethylene 14.19
– High-Molecular Weight Polyethylene 14.19
– HMW-PE-HD 14.19
– Hochdruck-PE 14.19
– Linear Low Density 14.19
– Low density Polyethylene 14.19
– MDPE 14.19
– Middle density Polyethylene 14.19
– Niederdruck-PE 14.19
– PE hart 14.19
– PE-HD 14.19
– PE-LD 14.19
– PE-LLD 14.19
– PE weich 14.19
Polykondensation 14.7
Polymer-Bitumendachdichtungsbahn 10.56
Polymer-Bitumenschweißbahn 10.56
Polymere 14.2
Polymerisation 14.5
Polymethylmethacrylat 14.27
Polymethylmethacrylester 14.27
Polystyrol-Hartschaum 14.26
Polyurethane, lineare, thermoplastische 14.40
Polyvinylidenchlorid 14.25
Polyviol 14.30
Ponal 15.4
Poren 17.5
Porenbeton , 2.50
– Bauplatten 2.54
– Planbauplatten 2.54
– Planelemente 2.53
– Plansteine 2.51
Porenbeton, bewehrt
– Rohdichteklassen 2.56
Porenbeton, Plansteine
– Festigkeitsklassen 2.53
– Rohdichteklassen 2.53
Porenleichtbeton 6.99
Porenschwamm 17.54
Porphyrit 1.6, 1.25
Portlandflugaschehüttenzement (FAHZ) 4.40
Portlandkalksteinhüttenzement (PKHZ) 4.40
Portlandkompositzement CEM II 4.40
Portlandstone 4.33
Portlandzement
– Hydratation 4.35
– Kalkausblühungen 4.36
Portlandzementklinker 4.34
PÖZ 4.39
Prägetapeten 12.3, 12.5
Pressalleim 14.36
Produktcode 19.15
Produktrecycling 18.2
Prüfungspflicht 19.6

Stichwortverzeichnis

P-Sätze (Precautionary Statements, früher S-Sätze) 19.4
Pumpbeton 5.41
PUR-Hartschaum-Iglus aus Kunststoff 14.65
Putz
– Außenputz 7.13
– einlagiger 7.12
– für den Brandschutz 7.22
– Innenputz 7.13
– Kellenputz 7.12
– Kompressenputz 7.27
– mehrlagig 7.12
– Mischungsverhältnisse 7.14
– mit Putzträger 7.23
– mit überwiegend organischem Zuschlag 7.24
– Mörtelgruppen 7.13
– ohne Putzträger 7.22
– Putzschäden 7.28
– Putzweisen 7.12
– Rauputz 7.12
– Sanierputze 7.27
– Spritzputz 7.12
– Trockenputz 7.28
– Vermiculiteputz 7.24
– Wärmedämmputze 7.24
– Wärmedämmputzsysteme 7.25
– Wärmedämm-Verbundsysteme 7.24, 7.25
– wasserabweisender Außenwandputz 7.12
– zweilagiger 7.12
Putz, Anforderungen an
– Außenputz 7.13
– Innenputz 7.13
Putzausblühungen
– am Ziegelrohbau 7.30
– an altem Mauerwerk 7.30
– an Kalkmörtel 7.30
– an Zementmörtel 7.30, 7.31
– Chloridausblühungen 7.31
– durch Frostschutzmittel 7.32
– durch unsachgemäßes Absäuern 7.31
– Echter Mauersalpeter 7.32
– feuchte Wandflecke 7.30
– Mauerfraß 7.32
– Nitratausblühungen 7.32
– Prüfung 7.30
Putzgips 4.2
Putzgrund
– Beton 7.15
– Holzwolle-Leichtbauplatten 7.16
– Kalksandsteine 7.16
– Leichtbetonsteine 7.16
– Mauerziegel 7.16
– Porenbetonsteine 7.16
– Zement-Spritzbewurf 7.15
Putzmörtel 7.1, 7.2, 7.3
– Benennung nach den Bindemitteln 7.12
– Druckfestigkeit 7.12
– Eigenschaften 7.12
– Einteilung 7.11
– Größtkorn des Sandes 7.15
– kapillare Wasseraufnahme 7.12
– Kornform des Sandes 7.15
– Kornzusammensetzung des Sandes 7.14
– Mischungsverhältnisse 7.14

– Mörtelgruppen 7.13
– Reinheit des Sandes 7.13
– Wärmeleitfähigkeit 7.12
– Zement-Spritzbewurf 7.15
PutzPutzträger . siehe Putzträger
Putzträger 7.17
– Baustahl-Rabitzmatten 7.17
– Drahtgewebe 7.17
– Drahtputzdecken 7.18
– Drahtziegelgewebe 7.17
– FLACHRIP 7.18
– Gipskarton-Putzträgerplatten 7.18
– Holzwolle-Leichtbauplatten 7.18
– LOCHRIP 7.18
– Rabitzgewebe 7.17
– Rippenlochmetall 7.17
– Rippenstreckmetall 7.17
– Rohrgewebe aus Schilfrohr 7.17
– stählerne 7.18
– Staußziegelgewebe 7.17
– Sterndelrabitz 7.17
– Streckmetall 7.17
– verzinkte Drahtgewebe 7.17
– VOLLRIP 7.18
– Ziegelrabitz 7.17
Puzzolane 4.24, 4.25
– natürliche 4.25
Puzzolanerde 4.25
puzzolanische Stoffe, Reaktionsschema 4.30
PVC
– Ausgangsstoffe 14.23
– Emulsionspolymerisation 14.23
– E-PVC 14.23
– Massepolymerisation 14.23
– M-PVC 14.23
– S-PVC 14.23
– Suspensionspolymerisation 14.23
PVC-C 14.25
PVC-Copolymerisat 14.25
PVC erhöht schlagzäh 14.25
PVC hart 14.23
PVC-HI 14.25
PVC hoch schlagzäh 14.25
PVC-I 14.25
PVC, modifiziertes 14.25
PVC, nachchloriertes 14.25
PVC-U 14.23
PVDC 14.25
Pyrit 1.16
Pyro-Emaille 8.114
Pyrolyse von Kunststoffen 14.67
PZ 4.33

Q

QMS 6.69
Quadersandstein 1.20
Qualitätsmanagementsysteme (QMS) 6.69
Quarz 1.1, 1.3, 1.16
Quarzit 1.10, 1.12, 1.15
Quarzphyllite 1.15
Quarzporphyr 1.6, 1.25
Quenching and Self-Tempering (QST) 8.22

Stichwortverzeichnis

R
Radialziegel 2.16
Radiant-Panel-Test 13.7
Radioaktivität 18.17, 18.18
– 1 rem 18.19
– Aktivität 18.19
– Aktivitätskonzentration c 18.19
– Becquerel 18.19
– Curie 18.19
– Energiedosis D 18.19
– Gray 18.19
– inkorporierte radioaktive Stoffe 18.20
– Kenngrößen 18.19
– künstliche Radioaktivität 18.18
– künstliche Strahlenbelastung 18.19
– natürliche Radioaktivität 18.17
– natürliche Strahlenbelastung 18.19
– rad 18.19
– Sievert 18.19
– spezifische Aktivität 18.19
– α-Strahlung 18.18
– β-Strahlung 18.18
– γ-Strahlung 18.18
Radioaktivität, Kenngrößen
– Bewertungsfaktor q 18.18
Radioaktivität, Zerfallsgesetz 18.17
Radiolaren 1.11
Radon 18.20
Radonbelastung 18.21
Radwegplatten aus Beton 2.70
RAL-Farbtonregister 11.3
Randsteine aus Beton 2.70
Rangfolge 19.9
Rasensteine aus Beton 2.70
Rätsandstein 1.20
Räucherbeizen 11.22
Rauchquarz 1.16
Raufaser 12.5
Raumschall 16.38
REACH-Verordnung 19.2
REA-Gips 4.13, 4.59
Reaktionsharze 14.1
Reaktionsklebstoff 15.3
Recycling
– Frischbetonrecycling 6.131
– rezyklierte Gesteinskörnung 6.130
– Verfahren für Festbeton 6.130
Recyclingbinder 4.54
Referenzzeitraum 19.13
Reflexion 3.25
Rehau-Dachrinnen 14.63
Rehau-Fugenband 14.58
Reifholz 17.4
Relieftapeten 12.3, 12.5
Remix 10.46
Repave 10.46
Resarit 14.27
Reshape 10.46
Resonanzabsorber 16.45
Resopal 14.36
RH 6.25
Rhenofol 14.24, 14.53, 14.54
Rhepanol 14.55
Rhyolith 1.6, 1.25

Riemchen 2.7
Rilsan 14.32
Rinde 17.2
Risse
– Injektionen 6.129
– Injektionsgeräte 6.129
– Rissentstehung 6.127
– Rissfüllstoffe 6.129
– Rissfüllung 6.128
– Schließen durch Injektionen 6.128
– Schließen durch Tränkung 6.128
Rockwellhärte 8.26
Rohrpostleitungen aus PVC hart 14.63
Rollladenkästen aus Kunststoff 14.65
Rollladenschienen aus Kunststoff 14.65
Rotguss 9.8
Rotsandstein 1.20
Rückhaltevermögen 19.10
Rückprallprüfung 6.83
Rückstandsgestein 1.13
Ruhrsandstein 1.20
Ruß 11.5
Rutenteppiche 13.4
Rutil 1.3

S
Sachbilanz 18.26
Salzgesteine 1.11
SAN 14.26, 14.45
Sandstein
– eisenschüssig 1.19
– Farbe 1.19
– kalkig 1.19
– kieselig 1.19
– Obernkirchner 1.20
– schädliche Beimengungen 1.19
– Schlaitdorfer 1.20
– tonig 1.19
Sanierputze 7.28
Sanierungswert 18.9
Sanitärporzellan 2.42
Santorinerde 4.25
Sauerstoffkreislauf 18.5
Saxetat 14.43
S/B 14.26
Schadstoffe
– Eingreifwert 18.9
– Interventionswert 18.9
– Richtwerte 18.7
– Sanierungswert 18.9
– Vorsorgewert 18.9
– Zielwert 18.9
Schadstoffmodell 18.24
Schadwirkungen 18.7
Schadwirkungen durch Ubiquisten 18.10
Schadwirkungen im Bauwesen 18.9
Schallabsorber
– poröse 16.45
Schallabsorption 16.38
Schallabsorptionsgrad 16.45
Schalldämmung 16.38
Schalldämmung durch zweischalige Wände 16.43
Schallschluckgrad 16.45
Schallschutz

Stichwortverzeichnis

– von Aufenthaltsräumen (Tafel) 16.39
Schallschutzgläser
– Beispiele 3.32
Schamottenrohre 2.33
Schamottesteine 2.33
Scharriereisen 1.31
Schaumbeton 6.99
Schaumglas 16.29
Schichtgestein 1.5
Schiefer, kristalline 1.16
Schieferton 1.9, 1.10
Schilfsandstein 1.20
Schlageisen 1.31
Schleiflack 11.20
Schleifscheibe nach Böhme 7.53
Schlitzmörtel 7.28
Schluff 1.29
Schmelzbasalt 1.24
Schnellbinder 4.51
Schornsteinziegel 2.14
Schutzausrüstung 19.7, 19.9
Schutzmaßnahme 19.1, 19.2
Schutzstufenkonzept 19.3
Schutz von Beton
– Anforderungen an den Betonuntergrund 6.126
– Fuge mit Fugenband 6.114
– Fugen 6.114
Schutz von Beton, Oberflächenschutzsysteme 6.125
– Beschichtung 6.125
– Bindemittelgruppen 6.126
– Korrosionsschutzstoff 6.125
Schutz von Beton, Oberflächensysteme
– Imprägnierung 6.124
Schwefel 18.6
Schwefelkies 1.16
Schweißen
– von Kunststoffen 14.48
Schwerbeton
– Herstellung 6.106
– Mischungsberechnung 6.105
– Zusammensetzung 6.105
Schwerspat 1.3
Schwimmbecken aus Kunststoff 14.65
schwimmende Estriche
– Bewehrung 7.45
– Bezeichnung 7.46
– Biegezugfestigkeitsklasse 7.44
– Dicke 7.43
– Dicken 7.46
– Estrichnenndicke 7.44
– Festigkeit 7.43
– Fugen 7.43
– Härte 7.43
– Härteklasse 7.44
– Heizestriche 7.44
SE 4.43
Sedimente
– chemische 1.10, 1.13
– klastische 1.10, 1.13
– organische 1.10, 1.13
Sedimentgestein 1.5
Sedimentgesteine (Übersicht) 1.13
Sedo 3.23
Sekundär-Zementit 8.20

Selbstverdichtender Beton 6.19, 6.49, 6.62
Selektivkennzahl 3.26
Serizit 1.12
Serizitschiefer 1.12, 1.15
Serpentin 1.1, 1.4, 1.16
Serpentinfels 1.15
Serpentinit 1.25
SE-Zemente 4.43
Shape Index 5.22
Sherardisieren 8.120
SHZ 4.50
Sicherheitsdatenblatt 19.6
Sicherheitsglas
– Schutzwirkungsklasse 3.15
Sichtbeton 5.41
Sichtmauerwerk 2.14
Siebelpappe 9.2
Sieblinien nach DIN 1045-2 5.38, 5.39
Siebversuch 5.37
Sikaflex 15.16
Sika-Fugenband 14.58
Sikkative 11.16
Silane 14.41
Silica fume 6.60
Silica-Fume (SF) 4.28
Silicastaub 6.60
– Einsatzmenge 6.61
– Wirkung 6.60
Siliciumcarbidsteine 2.33
Silikasteine 2.33
Silikasuspension 4.28
Silikat-Gitter 1.4
Silikone 14.42
Silikongummi 14.42
Silikonharze 14.41
Silikonharzlösung 14.41
Silikonkautschuk 14.42
Silikonöle 14.42
Siliziumkarbid 1.16
Sillimanitsteine 2.33
Silopren 14.42
Siloxane
– oligomere 14.41
– polymere 14.41
Sinterzeug 2.4
Sklerenchymzellen 17.5
Sockelleistenprofile 14.59
Solidus-Linie 8.19
Solling-Platten 1.20
Solvin 14.24
Sonderdyn-Matte 8.81
Sonnenbrenner 1.24
Sonnenbrenner-Basalt 1.6
Sonnenschutzgläser
– Beispiele 3.31
Sorelzement 4.15
Spachtelmasse
– Verwendung 15.20
Spannstahl 8.89
– Durchmesser (Abb.) 8.91
– Eigenschaften 8.90
– Einpressmörtel 6.92
– Glasfaser-Harz-Verbundstäbe 6.91
– Hersteller 8.90

Stichwortverzeichnis

– Korrosionsschutz 6.92
– Querschnittsformen (Abb.) 8.91
Spannstoffe aus Kunststoff 12.6
Spannstoffe, textile 12.6
Spannungs-Dehnungs-Linie (Beton) 6.38
Spanplatten
– Flachpressplatten 17.44
– für allgemeine Zwecke im Trockenbereich 17.46
– für Inneneinrichtungen im Trockenbereich 17.46
– für nicht tragende Zwecke im Feuchtbereich 17.46
– für tragende Zwecke im Feuchtbereich 17.47
– für tragende Zwecke im Trockenbereich 17.47
– hoch belastbare Platten im Feuchtbereich 17.48
– hoch belastbare Platten im Trockenbereich 17.47
– Strangpressplatten 17.44
Sparverblender 2.7
Spätholz 17.3
Sperrholz
– Furniersperrholzplatten 17.42
– Sperrholzarten 17.42
– Stäbchensperrholz (STAE) 17.42
– Stabsperrholz (ST) 17.42
Spiritusbeize 11.22
Spitzeisen 1.31
Splintholz 17.3
Splintholzbäume 17.4
Splintholzkäfer 17.56
Splittbetone 5.42
Splittmastixasphalt 10.36, 10.41
Spritzbetonzement 4.54
Spurwegplatten aus Beton 2.70
ST 6.24
Stabilit 14.39
Stahl 8.1, 8.2, 8.3
– 0,01-Grenze 8.24
– 0,2 %-Dehngrenze 8.24
– Abhängigkeit von der Temperatur 8.92
– allgemeine Baustähle 8.34
– Ankerschienen 8.51
– beruhigter Stahl (FN) 8.37
– Bezeichnung nach DIN 17 100 8.37
– Bezeichnung nach EN 10 027-1 8.37
– Bezeichnung nach EN 10 027-2 8.37
– Bezeichnungssysteme 8.27
– Brandschutz 8.91
– Bruchdehnung 8.24
– Brucheinschnürung 8.24
– Cellform-Träger 8.54
– Desoxidationsart 8.37
– Direct Quenching and Tempering (DQT) 8.22
– Drahtseile (Abb.) 8.58
– Einteilung nach der chemischen Zusammensetzung 8.27
– Einteilung nach Hauptgüteklassen 8.27
– elastische Dehnung 8.24
– Elastizitätsmodul (E-Modul) 8.24
– Feinkornbaustähle (Übersicht) 8.39
– feuerresistenter Sonderbaustahl 8.94
– Flacherzeugnisse 8.15
– geklebte Metallverbindungen 8.62
– Gleisoberbauerzeugnisse 8.45
– Grubenausbauprofile 8.45
– Gütegruppen von unlegierten Baustählen 8.37
– Hauptgüteklassen 8.28

– HV-Schrauben 8.62
– Intensivkühlung 8.22
– Kaltverfestigung 8.21
– Kennzahlen für die Legierungsgehalte 8.30
– Korrosion 8.96
– korrosionsbeständige Stähle 8.41
– Korrosionsschutz 4.36, 8.96
– Langerzeugnisse 8.15
– legierte Edelstähle 8.29
– legierte Qualitätsstähle 8.28
– Legierung 8.18
– nichtproportionale Dehnung 8.24
– nichtrostende Stähle 8.29
– Normalglühen 8.21
– normalisierendes Walzen 8.22
– Patentieren 8.22
– plastische Dehnung 8.24
– Quenching and Self-Tempering (QST) 8.22
– Sandwichelemente 8.54
– Schließringbolzen 8.62
– Spannungsarmglühen 8.21
– Spannungs-Dehnungslinien 8.92
– Spannungs-Dehnungs-Linien 8.23
– Spundwandererzeugnisse 8.45
– Stahlbau-Profile (Abb.) 8.49
– Stahlbau-Profile (Bezeichnungen) 8.48
– Stahlbau-Profile (Übersicht) 8.46
– Stähle für den Stahlbau 8.32
– Stahlerzeugnisse 8.43
– Stahlgruppennummern 8.32
– Stahlguss nach DIN 18 800-1 8.34
– Stahlkassettenprofile 8.53
– Streckgrenze 8.24
– technische Elastizitätsgrenze 8.24
– thermomechanisches Walzen 8.22
– TM-Walzen 8.22
– Trapezprofile 8.53
– Umwandlungshärtung 8.21
– unlegierte Edelstähle 8.28
– unlegierte Qualitätsstähle 8.28
– Vergüten 8.22
– Verpackungsband 8.44
– vollberuhigter Stahl (FF) 8.37
– Walzstahl 8.34
– Walzstahlerzeugnisse (Übersicht) 8.15
– warmgewalzte unlegierte Baustähle (Übersicht) 8.37
– Weichglühen 8.21
– Wellprofile 8.53
– Werkstoffnummern 8.32
– Zugfestigkeit 8.24
Stahl . siehe Korrosionsschutz von Stahl
Stahlbeton 6.36
– Berechnung der Tragfähigkeit 6.36
– Bewehrungskorrosion 6.114
– Depassivierung der Bewehrung 6.114
– Korrosion der Bewehrung 6.114
– Passivierung der Stahlbewehrung 6.115
– Verbundfestigkeit 6.36
Stahlbetonrippendecke (Abb.) 2.21, 2.22, 2.23
Stahl, Drahtseile
– Parallellitzenbündel 8.60
Stahlfaserbeton
– Anwendung 6.108

Stichwortverzeichnis

– Blechfasern 6.107
– Drahtfasern 6.107
– Fasergehalt 6.107
– Herstellung 6.107
– spanabhebend gewonnene Stahlfasern 6.107
– Stahlfaserspritzbeton 6.108
Stahlfaserspritzbeton 6.108
Stahlgitterträger (Abb.) 8.80
Stahlguss nach DIN 18 800-1 8.34
Stahlherstellung 8.7
– Blankziehen 8.18
– Brennstoffe 8.8
– Drahtziehen 8.18
– Eisenerze 8.6
– Elektrolichtbogenofen 8.12
– Erzaufbereitung 8.6
– Erzvorbereitung 8.6
– Flacherzeugnisse 8.16
– Frischen 8.10
– geschweißte Rohre 8.16
– geschweißte Stahlrohre 8.17
– Halbzeug 8.15
– historische Entwicklung 8.10
– Hochofen 8.9
– Hochofenprozess 8.8
– Hochofenschlacke 8.8
– Hohlprofile 8.16
– I-Träger 8.16
– Kaltwalzen 8.18
– Kaltziehen 8.18
– KMS-S-Verfahren 8.11
– KMS-Verfahren 8.11
– kombinierte Blasverfahren 8.11
– KVA-Verfahren 8.12
– Langerzeugnisse 8.16
– LD- bzw. LD/AC-Verfahren 8.11
– nahtlose Rohre 8.16
– nahtlose Stahlrohre 8.17
– O2-Konverter 8.11
– Pelletieren 8.6
– Reduktionsmittel 8.8
– Sauerstoffaufblas-Verfahren 8.11
– Schmieden 8.16
– Schrott 8.6
– Sekundärmetallurgie 8.13
– Spiralnahtrohre 8.16
– Stranggussanlagen 8.14
– Strangpressen 8.16
– Verfahrenswege (Übersicht) 8.7
– Verfahren (Übersicht) 8.10
– Verwendung von Hochofenschlacke 8.9
– vom Erz zum Roheisen 8.8
– vom Roheisen zum Stahl 8.10
– Zuschläge 8.8
Stahl, Hohlprofile
– kaltgefertigte 8.56
– warmgefertigte 8.56
Stahl, Kurznamen
– Hauptsymbole 8.29
– Zusatzsymbole 8.29, 8.30
Stahl, Kurznamen (Übersicht) 8.31
Stahlnichtrostender Betonstahl . siehe Betonstahl
Stahlprüfung
– 0,01-Grenze 8.24

– 0,2 %-Dehngrenze 8.24
– Biegeversuch 8.27
– Brinellhärte 8.26
– Bruchdehnung 8.24
– Brucheinschnürung 8.24
– Charpy-V-Probe 8.25
– Dauerfestigkeitsschaubild nach Smith 8.25
– elastische Dehnung 8.24
– Elastizitätsmodul (E-Modul) 8.24
– Härteprüfung nach Brinell 8.26
– Härteprüfung nach Rockwell 8.26
– Härteprüfung nach Vickers 8.26
– ISO-Spitzkerbprobe 8.25
– nichtproportionale Dehnung 8.24
– plastische Dehnung 8.24
– Proportionalstab 8.24
– Rockwellhärte 8.26
– Spannungs-Dehnungs-Linien 8.23
– Streckgrenze 8.24
– technische Elastizitätsgrenze 8.24
– Vickers-Härte 8.26
– Wöhler-Kurve 8.25
– Zeitstandversuch 8.25
– Zugfestigkeit 8.24
Stahlschweißverfahren
– Abbrennstumpfschweißen (RA) 8.66
– Aluminothermisches Schweißen 8.66
– Bolzenschweißen 8.66
– Gaspressschweißen (GP) 8.66
– Gießschmelzschweißen 8.66
– Metall-Aktivgas-Schweißen (MAG) 8.65
– Metall-Inertgas-Schweißen (MIG) 8.65
– Pressschweißen 8.65
– Pressstumpfschweißen (RPS) 8.66
– Prüfmethoden 8.67
– Schmelzschweißen 8.64
– Thermit 8.66
– Unterpulververschweißen (UP) 8.65
– Widerstandspressschweißen 8.66
– Widerstandspunktschweißen (RP) 8.66
– Wolfram-Inertgas-Schweißen (WIG) 8.65
Stahlschweißverfahren, Schmelzschweißen
– Gefügezonen 8.64
Stahlsteindecken 2.21
Stalagmiten 1.11
Stalaktiten 1.11
Standardabweichung 6.72
Stangenziehen 8.18
Steingut 2.42
Steingutfliesen STG 2.35
Steinholz , 4.15
Steinholzestrich 7.37
Steinkohle 1.11
Steinkohlenteer 10.63
Steinkohlenteerpech 10.63
Steinkohlenteer-Spezialpech 10.63
Steinputze 7.21
Steinsalz 1.1, 1.3
Steinzeug 2.42
Steinzeugfliesen
– glasierte 2.36
– unglasierte 2.36
Steinzeugrohr (Abb.) 2.30
Steinzeugrohre 2.31

Stichwortverzeichnis

– Dichtungen 2.31
– Maße 2.32
– Tragfähigkeitsklasse 2.31
Steinzeugteile für den Stallbau 2.32
Steinzeugteile für die Kanalisation 2.32
Steinzeugwaren
– Steinzeugformstücke 2.29
STG 2.35
Stickstoff 18.6
Stockhammer 1.31
Stoffe 19.3
Stoffrecycling 18.2
Stoffströme 18.4
Strahlenbelastung 18.19, 18.20, 18.21
Strahlenschutzbeton 6.105
Strangfalzziegel 2.25
Strangfalzziegel (Abb.) 2.26
Straßenaufbruchmaterial 10.64
Straßenbeton
– Anforderungen an den Deckenbeton 6.93
– Anker 6.96
– Bauklassen 6.93
– Drainbeton 6.95
– Dübel 6.96
– Einbau 6.95
– Erneuerung 6.98
– Ersatz von Platten 6.98
– Fugen 6.96
– Kantenabbrüche 6.98
– Konsistenz 6.94
– Kornzusammensetzung 6.94
– Mindestluftgehalt 6.95
– Mischen 6.95
– nachträgliche Verdübelung von Rissen 6.97
– Oberflächenbehandlung 6.98
– Pressfugen 6.96
– Risse 6.97
– Scheinfugen 6.96
– Verdichtung 6.95
– Walzbeton 6.96
– Wasserzementwert 6.94
– Zement 6.94
Straßenpech 10.1, 10.63
Straßensteine aus Beton 2.70
Straßenteer 10.63
Strontiumzement 4.54
StructuralGlazing 3.34
Stuckgips 4.2
Styrodur 14.26
Styrofoam 14.26
Styrol-Acrylnitril-Cop. 14.26
Styrol-Butadien-Cop. 14.26
Styrol-Butadien-Kautschuk SBR 14.45
Styromull 14.26
Styron 14.26
Styronal 14.26
Styropor 14.26
Substitutionsmöglichkeit 19.6
Sulfattreiben 4.36
Suspensionspolymerisation 14.23
Süßwasserkalke 1.10
SVB 6.20, 6.49, 6.62
Syenit 1.6, 1.23
– Hessen-Naussischer 1.23

Syenitgneis 1.15
Syenitporphyr 1.6
Sylvin 1.3
synergistischer Effekt 19.13

T
Tagsteinen 1.23
Talk 1.1, 1.16
Talkschiefer 1.12, 1.15
Tannenblättling 17.55
Tapeten 12.1
– Raufaser 12.5
– Schimmelpilze 12.2
– Unterlagsstoffe 12.3
– Wasserdampfdiffusion 12.2
Tapeten, Anforderungen
– Diffusionsdurchlässigkeit 12.9
– Lichtechtheit 12.9
– Scheuerbeständigkeit 12.9
– Schimmelwiderstand 12.9
– Schwerentflammbarkeit 12.8
– Waschbeständigkeit 12.9
Tapetenwechselgrund 12.6
Tapezierarbeiten, Klebstoffe
– Holzleim 12.8
– Kontaktkleber 12.8
– zum Kleben von Hartschaum 12.8
Tapezierarbeiten, Klebstoffe für
– aus reiner Methylcellulose 12.7
– Dispersionsklebstoff 12.7
– Dispersionsklebstoff mit geringer Quarzfüllung 12.7
technische Richtkonzentration TRK 18.8
Tedlar 14.31
Teer 10.1, 10.63
Teflon 14.31
Temperguss, schwarzer (GJMB) 8.4
Temperguss, weißer (GJMW) 8.4
Tephrit 1.24
Termiten 17.59
Terpentinbeize 11.22
Terrazzo 7.39
Terrazzoplatten 2.68
Textilbeton
– Rovings 6.110
Textiltapeten 12.4
Thaulow 5.53
Thermoelaste 14.14
Thermoplast, amorpher 14.11
Thermoplaste
– Kristallitschmelzbereich KSB 14.11
– Polymerisationsgrad 14.13
– Quellschweißen 14.13
– teilkristalline 14.11
– thermoelastischer Zustandsbereich 14.11
– thermoplastischer Zustand 14.11
– Urformen 14.11
– Warmformen 14.11
– Weichmacher 14.13
– Zustandsbereiche 14.11
– Zustandsformen 14.13
Thermoplaste, Polyester 14.33
Thermoplast, teilkristalliner 14.11
Thiokol 14.46

Stichwortverzeichnis

Thioplaste 14.46
THLz 2.10
Thurament 4.25
Tiefengestein 1.6
– Verwendung 1.23
Tiefengesteine 1.5
Titanweiß 11.5
TL Bitumen-StB 07 10.19
TOC-Wert 4.40
Ton 1.8, 1.17, 1.21, 2.1
Tonmergel 1.17
– dolomitischer 1.17
Tonmineralien 1.1
Tonschiefer 1.10
Topas 1.4, 1.14
Torkretbeton 6.58
Tracheen 17.5
Tracheiden 17.5
Trachyt 1.6, 1.24
Trachyttuff 1.6, 1.24
Tränkbarkeit 17.11
Transmission 3.25
Transportbeton 6.45
– fahrzeuggemischter 6.46
– Lieferschein 6.46
– Lieferung 6.46
Trass 1.6, 4.25
Trasshochofenzement (TrHOZ) 4.40
Trasszement (TrZ) 4.38
Travertin 1.11, 1.18
Treppenkantenprofile 14.59
TRGS 19.2
TRGS 200 19.4
TRGS 402 19.7
TRGS 440 19.6
TrHOZ 4.40
Tricosal-Fugenband 14.58
Trinidad-Asphalt 10.20
Trinidad-Epuré 10.20
Trinkwasserrohrleitungen aus PVC hart 14.62
Trittschall 16.38
Trittschallverbesserungsmaß
– Rechenwerte ΔLw,R für weichfedernde Bodenbeläge 16.44
Trocal 14.24, 14.54
Trockenputz 7.28
Trogamid 14.32
Trosiplast 14.24
Trübglas 3.13
Trümmergesteine 1.10
TrZ 4.38
TSZ 4.50
Tuffe (Ergussgestein) 1.7
Tuffgesteine 1.10
Tuftingteppich, Florherstellung 13.6
Tunnelzement (TZ) 4.54
Turmalin 1.14
TWD-Elemente 3.35

U

Übereinstimmungsnachweis 16.49
Überfangglas 3.13
Ubiquisten 18.7
Uhu-Plus 14.39
Ultramarin 11.5
Ultramid 14.32
Umwandlungsgestein 1.5
Unfall 19.11
Unterkorn-Überkorn-Verfahren 5.48
Unterlagsstoffe für Tapezierarbeiten
– Absperrfolien 12.7
– Abzieheffekt 12.7
– Anforderungen 12.11
– extrudierter Polystyrolhartschaum 12.7
– Feinmakulatur 12.6
– gewebte 12.7
– Glasfaservlies 12.7
– lösungsmittelverdünnbare Grundanstrichstoffe 12.6
– Makulaturpapier 12.7
– Metallfolien 12.7
– Polystyrolhartschaum 12.7
– Polystyrolhartschaum mit Filzpappenoberfläche 12.7
– Polyurethanschaum 12.7
– Schaumstoff 12.7
– Spachtelmassen 12.6
– Tapetenunterlagsmasse 12.6
– Tapetenwechselgrund 12.6, 12.7
– vliesartige 12.7
– wasserverdünnbare Grundanstrichstoffe 12.6
– Wollfilzpappe 12.7
Unternehmerverantwortung 19.2
Unterwasserbeton 4.27
UP-GF 14.39
UVP 18.25
UV-Strahlung 3.25
Ü-Zeichen 16.49
– ÜH 16.49
– ÜHP 16.49
– ÜZ 16.49

V

Velourtapeten 12.4
Venezianisches Glas 3.1
Verarbeitungsverfahren 19.4
Verbundestriche 7.46
– Bezeichnung 7.48
– Festigkeitsklassen 7.48
– Fugen 7.47
– Härteklassen 7.48
– Rissbildung 7.47
– Untergrund 7.47
Verformungslager aus Kunststoff 14.65
Vermiculite 16.30
Vermiculiteputz 7.24
Verpackung 19.2
Versiegelungen 11.2
Verwendungsbeschränkung 19.6
Verwendungsverfahren 19.6
Verwitterung
– chemische 1.8
– physikalische 1.8
Vestamid 14.32
Vestolen A 14.20
Vestolit 14.24
Vestopal 14.38
Vestyron 14.26

Stichwortverzeichnis

Vicat-Nadel 4.41
Vicat'sches Nadelgerät 4.46
Vickers-Härte 8.26
Vinnol 14.24
Vinoflex 14.24
VLH 4.49
Vorsorgeuntersuchung 19.11
Vorsorgewert 18.9
Vorwohler Asphaltkalkstein 10.20
Vulkanit 1.6
VZ 6.22

W

Wald 17.1
Walzbeton 6.96
Walzstahl 8.34
Wandbeläge
– Fotoleinen 12.5
– Glasseidengewebe 12.5
– Jutegewebe 12.5
– kunststoffbeschichtete Träger 12.5
– Kunststoff-Folien 12.5
– Kunststoff-Schaumbeläge 12.5
– Kunststoff-Verbundfolien 12.5
– Rupfen 12.5
– textile 12.5
Wandbildtapeten 12.5
Wärmedämmputze 7.24
Wärmedämmputzsysteme 7.25
Wärmedämm-Verbundsysteme 7.25
Wärmedämmziegel 2.5
Wärmedurchgangskoeffizient 3.26
Wärmedurchgangskoeffizient U (bisher k) 16.3
Wärmedurchlasswiderstand R (bisher $1/\Lambda$) 16.3
– für nichttransparente Bauteile 16.17
– von ruhenden Luftschichten 16.15
Wärmeleitfähigkeit 16.3
Wärmeschutz
– sommerlicher 16.17
– winterlicher 16.16
Wärmeschutzgläser
– Beispiele 3.31
Wärmespeichervermögen 16.4
Wärmeübergangswiderstände Rse (bisher $1/\alpha a$) 16.3
Wartungsverfahren 19.7
Waschbeton 2.68
Waschputze 7.22
Wasserbeize 11.22
Wasserdampf-Diffusionswiderstandszahlen (Tafel) 16.5
Wasserglas 3.14
Wasserschadstoffe 18.9
Weichgestein 1.5
Weichgummi 14.44
Weißfäule 17.54
Weißpigmente 11.5
Werkstein 1.5
– Sichtflächen 1.30
Werksteinbearbeitung
– mit Maschinen 1.31
Werzalit 14.57
Wiederverwertung von Straßenausbaustoffen 10.64
Wilkoplast 14.55
wirkungsbezogene Immissionsgrenzkonzentration (WIK) 18.9
Witec 14.55
Wöhler-Kurve 8.25

Z

Zahlenbuna 14.45
Zahneisen 1.31
ZDT 2.20
ZDV 2.20
Zebra-Test (Glas) 3.10
Zellhorn 14.43
Zement
– weißer 4.48
Zementbazillus 4.36
Zemente
– Bariumzement 4.54
– Belitzement 4.54
– Bohrlochzement 4.52
– chromatarme 4.59
– Dämmer-Suspensionen 4.54
– Erzzement 4.54
– falsches Erstarren 4.41
– Feinstzement 4.52
– Ferrarizement 4.54
– Festigkeitsklassen 4.42
– Hauptbestandteile 4.31
– Hydratationswärme 4.37
– Kolloidzement 4.54
– Lagerung 4.44
– Le-Chatelier-Ring 4.41
– mit erhöhtem Anteil an organischen Bestandteilen (HO) 4.43
– mit hohem Sulfatwiderstand (HS) 4.42
– mit niedrigem, wirksamem Alkaligehalt (NA) 4.42
– mit niedriger Hydratationswärme (LH) 4.42
– mit sehr niedriger Hydratationswärme 4.49
– mit verkürztem Erstarren (FE) 4.43
– mit verkürztem Erstarren (SE) 4.43
– nach DIN EN 197 (Übersicht) 4.32
– Nebenbestandteile 4.33
– Schnellbinder 4.51
– Schüttdichte 4.44
– Spritzbetonzement 4.54
– Strontiumzement 4.54
– Tonerdeschmelzzement (TSZ) 4.50
– Tunnelzement (TZ) 4.54
– Zusätze 4.33
Zementestriche
– Fugen 7.38
zementgebundener Hartstoffestrich
– Festigkeitsklasse 7.42
Zementit 8.19
Zementklinker 4.33, 4.34
– Eigenschaften der Klinkerbestandteile 4.34
Zementleim
– rheologisches Verhalten 4.37
Zementprüfung
– Hydratationswärme 4.48
– Le-Chatelier-Ring 4.47
– Luftdurchlässigkeitsprüfer nach Blaine 4.46
– spezifische Oberfläche 4.45
– Vicat'sches Nadelgerät 4.46
Zementstein

Stichwortverzeichnis

– Gelporen 6.35
– Kapillarporen 6.35
– Schrumpfporen 6.35
– Verdichtungsporen 6.35
– Wasserdurchlässigkeit 6.35
Zeolithe 1.17
Ziegel
– für geschosshohe Wandtafeln 2.20
– für Stahlbetonrippendecken 2.20, 2.22
– für Wandtafeln 2.20
– Ziegeldecken 2.20
– Zwischenbauteile für Stahlbetonrippendecken 2.21
Ziegel . siehe Mauerziegel
Ziegelarten (Übersicht) 2.5
– Mauerziegel 2.5
Ziegel, besondere 2.15
– Akustik-Ziegel 2.18
– L-Schalen 2.18
– Radialziegel 2.16
– Rollladen-Gurtwickler-Ziegel 2.19
– Rollladenkasten 2.19
– U-Schalen 2.18
Ziegeldecken 2.20
Ziegelmehl 4.30
Zielwert 18.9
Zinkblende 1.3
Zinkgelb 11.5
Zinkgrün 11.5
Zinkweiß 11.5
Zink Zn
– Bauelemente 9.5
– Dacheindeckungen 9.5
– Fassadenbekleidungen 9.5
– Gewinnung 9.4
– Kupfer-Zink-Legierungen 9.4
– Legierungen 9.4
– Messing 9.4
– Primärzink 9.4
– Sekundärzink 9.4
– Solarstrom-Elemente 9.5
– Sorten 9.4
– Titanzink 9.4

– Zink-Gusslegierungen 9.4
– Zinkverbrauch 9.4
Zinnober 11.5
Zubereitung 19.3
Zuschläge für Mörtel und Beton
– Asbest 5.6
– Bauwerkbrechsand 5.7
– Bauwerksplitt 5.7
– Betonbrechsand 5.7
– Betonsplitt 5.7
– Blähglas 5.4
– Blähschiefer 5.3
– Blähton 5.3
– extrem leichte 5.4
– für den Strahlenschutz 5.6
– geschäumtes Polystyrol 5.4
– Glasfasern 5.6
– Hartstoffzuschlag 5.4
– Hochofenschlacke 5.3, 5.15
– Hüttenbims 5.3
– Hüttensand 5.3
– Kesselsand 5.3
– Kunststofffasern 5.6
– langsam gekühlte Hochofenschlacke 5.3
– Mauerwerkbrechsand 5.7
– Mauerwerksplitt 5.7
– Metallhüttenschlacken 5.3
– Mischbrechsand 5.7
– Mischsplitt 5.7
– Perlite 5.4
– rezyklierte Gesteinskörnungen 5.7
– Schlacke aus Verbrennungsprozessen 5.15
– Schmelzkammergranulat 5.3
– Siliziumkarbid (SiC) 5.4
– Stahlfasern 5.6
– synthetischer Korund 5.4
– Vermiculite 5.4
– Ziegelsplitt 5.3
Zweikomponentenkleber 15.7
Zweispitz 1.31
Zytel 14.32